Springer Reference Technik

Springer Reference Technik bietet Ingenieuren – Studierenden, Praktikern und Wissenschaftlern – zielführendes Fachwissen in aktueller, kompakter und verständlicher Form. Während traditionelle Handbücher ihre Inhalte bislang lediglich gebündelt und statisch in einer Printausgabe präsentiert haben, bietet „Springer Reference Technik" eine um dynamische Komponenten erweiterte Online-Präsenz: Ständige digitale Verfügbarkeit, frühes Erscheinen neuer Beiträge online first und fortlaufende Erweiterung und Aktualisierung der Inhalte.

Die Werke und Beiträge der Reihe repräsentieren den jeweils aktuellen Stand des Wissens des Faches, was z. B. für die Integration von Normen und aktuellen Forschungsprozessen wichtig ist, soweit diese für die Praxis von Relevanz sind. Reviewprozesse sichern die Qualität durch die aktive Mitwirkung von namhaften HerausgeberInnen und ausgesuchten AutorInnen.

Springer Reference Technik wächst kontinuierlich um neue Kapitel und Fachgebiete. Eine Liste aller Reference-Werke bei Springer – auch anderer Fächer – findet sich unter www.springerreference.de.

Manfred Hennecke • Birgit Skrotzki
Hrsg.

HÜTTE Band 1: Mathematisch-naturwissenschaftliche und allgemeine Grundlagen für Ingenieure

35. Auflage

Akademischer Verein Hütte e. V.

mit 516 Abbildungen und 189 Tabellen

Springer Vieweg

Hrsg.
Manfred Hennecke
Bundesanstalt für Materialforschung
und -prüfung (im Ruhestand)
Berlin, Deutschland

Birgit Skrotzki
Bundesanstalt für Materialforschung
und -prüfung
Berlin, Deutschland

Wissenschaftlicher Ausschuss des Akademischen Vereins Hütte e. V., Berlin
Ernst-Martin Raeder
Berlin

wa@av-huette.de
Homepage, mit Übersicht zu den HÜTTE-Handbüchern: https://www.av-huette.de

ISSN 2522-8188 ISSN 2522-8196 (electronic)
Springer Reference Technik
ISBN 978-3-662-64368-6 ISBN 978-3-662-64369-3 (eBook)
https://doi.org/10.1007/978-3-662-64369-3

Die Deutsche Nationalbibliothek verzeichnet diese Publikation in der Deutschen Nationalbibliografie; detaillierte bibliografische Daten sind im Internet über http://dnb.d-nb.de abrufbar.

Springer Vieweg

Lektorat: Michael Kottusch
Springer Vieweg ist ein Imprint der eingetragenen Gesellschaft Springer-Verlag GmbH, DE und ist ein Teil von Springer Nature.
Die Anschrift der Gesellschaft ist: Heidelberger Platz 3, 14197 Berlin, Germany

Geleitwort

Die HÜTTE, welche nun in der 35. Auflage erscheint, ist weltweit das älteste regelmäßig aktualisierte ingenieurwissenschaftliche Nachschlagewerk. Herausgeber der Buchreihe ist seit der ersten Auflage der Akademische Verein Hütte, dessen Name auch zum Titel der Bücher wurde. Im Jahr 2021 konnte der A. V. Hütte auf sein 175jähriges Bestehen zurückblicken, er ist die älteste studentische Vereinigung an der Technischen Universität Berlin und ihren Vorläufern. Seit 1948 ist er zusätzlich auch an der TH Karlsruhe, heute KIT, vertreten.

Der Verein hat sich von Anfang an die Veröffentlichung und Förderung wissenschaftlicher Literatur zur Aufgabe gestellt. Unter maßgeblicher Beteiligung seiner Mitglieder wurde 1856 der Verein Deutscher Ingenieure (VDI) gegründet, was zusätzlich das Engagement zur Verbesserung der gesellschaftlichen Stellung der Ingenieure verdeutlicht. In die Technikgeschichte eingeschrieben hat sich der A. V. Hütte darüber hinaus auch durch die Herausgabe von beispielhaften technischen Zeichnungen und, mit ministerieller Genehmigung, von „Normalien für Betriebs-Mittel", die als Vorläufer der uns heute allen so selbstverständlich erscheinenden DIN-Normen betrachtet werden können.

Die Grundintention der HÜTTE-Bücher war, formuliert von der „Vademecum-Commission", dem heutigen Wissenschaftlichen Ausschuss des Vereins, in der Sprache der damaligen Zeit:

> *ein Werk zu schaffen „welches in übersichtlicher Weise Formeln, Tabellen und Resultate aus den Vorträgen der Herren Lehrer zusammenfasst, und ihnen nicht allein bei den auf dem Gewerbe-Institut angestellten Uebungen im Entwerfen und Berechnen, sondern besonders in ihrer künftigen practischen Lebensstellung bei dem Projectiren und Veranschlagen von Maschinen und baulichen Anlagen als ein sicher und bequem zu gebrauchendes Handbuch dienen kann."*

Dieses Konzept hat sich nun schon über viele Generationen als tragfähig erwiesen. Für die technische Welt existiert damit ein Standardwerk, welches das Grundwissen der Ingenieure darstellt, wie es aktuell an den Universitäten und Hochschulen gelehrt wird. Alles ist mit didaktischem Geschick von anerkannten Expertinnen und Experten ihrer jeweiligen Fachgebiete kompakt und kompetent für Studium und Praxis verfasst. Die renommierten Autoren, eingeschlossen die beiden Bandherausgeber, sind die Garanten für den umfassenden Wissensschatz der HÜTTE-Bücher, und der Verein spricht ihnen allen seinen großen Dank und seine Anerkennung für ihren hohen fachlichen und zeitlichen Einsatz aus.

Längst sind aus den „Herren Lehrern“ des vorletzten Jahrhunderts nun „Lehrende“ geworden. Daher freut es uns ganz besonders, neben dem langjährigen Bandherausgeber Herrn Prof. Dr. rer. nat. Manfred Hennecke jetzt als neu dazugekommene Bandherausgeberin Frau Prof. Dr.-Ing. Birgit Skrotzki begrüßen zu dürfen. Sie hat sich als erste Frau in der Geschichte der Fakultät Maschinenbau der Ruhr-Universität Bochum habilitiert. Auch im A. V. Hütte liegt die Gesamtkoordination der wissenschaftlichen Aktivitäten des Vereins bei der 35. Auflage in weiblicher Verantwortung.

Die Wertschätzung und Bedeutung der HÜTTE-Bücher lässt sich auch daran erkennen, dass diese im Laufe der Zeit in mehr als zehn Sprachen übersetzt wurden, darunter Ausgaben in Russisch, Französisch, Spanisch, Italienisch, Türkisch und Chinesisch. Dadurch wurde die HÜTTE weit über den deutschsprachigen Raum hinaus bekannt und anerkannt.

Der Umfang des technischen Wissens hat während der 35 Auflagen stark zugenommen. Deshalb erscheint dieses Grundlagenbuch nun in drei Teilbänden, die sowohl getrennt als auch, vorteilhafter, gemeinsam erworben werden können. In diesem Zusammenhang ist es bemerkenswert, dass bereits die allererste Auflage im Jahr 1857 in einer ähnlichen Dreiteilung angeboten wurde, bei einem damaligen Gesamtumfang von 584 Seiten im Oktavformat. Für technikgeschichtlich Interessierte sei erwähnt, dass diese „UrHÜTTE“ als Reprint zwischenzeitlich neu aufgelegt wurde. Das Werk kann somit in diesem Jahr sein 165jähriges Jubiläum feiern.

Heute ist der Inhalt der HÜTTE natürlich neben der Printform genauso als E-Book erhältlich und auch kapitelweise online verfügbar. Solche digitalen Formate ergänzen die Bücher, sie können diese aber, nicht nur wegen der Haptik, keinesfalls völlig ersetzen. Gedrucktes ist auch weiterhin sinnvoll, um das Wissen der heutigen Zeit bleibend für die Nachwelt zu bewahren. Unsere Bücher dienen außerdem als verlässliche und zitierfähige Referenz, die den jeweiligen Stand der Wissenschaft und Technik dokumentieren.

Dem Springer Verlag danken wir für die zukunftsweisende Aufnahme in die Reihe „Springer Reference Technik“ sowie die wiederum sehr sorgfältige Bearbeitung und hochwertige Ausstattung der Bände. Im Jahr 2021 konnte der Akademische Verein Hütte auf eine bereits 50 Jahre andauernde erfolgreiche Zusammenarbeit mit dem Verlag zurückblicken.

Hinweise unserer Leser zur Weiterentwicklung des Werkes erbitten wir an die vorne im Buch angegebene Adresse. Wir sind uns sicher, dass die HÜTTE-Bücher auch zukünftig allen neuen Anforderungen entsprechen und mit dieser sowie nachfolgenden Auflagen weiterhin zum unverzichtbaren Rüstzeug für Ingenieurinnen und Ingenieure gehören werden.

Berlin, im Herbst 2022
Akademischer Verein Hütte e. V.

Wissenschaftliche Koordinatorin
Christina Baumgärtner

Wissenschaftlicher Ausschuss
Ernst-Martin Raeder

Vorwort

Das Leseverhalten, nicht nur der jüngeren Generation, wird vom anhaltenden Siegeszug der Informationstechnik massiv beeinflusst. Das E-Book hat erhebliche Marktanteile gegen das klassische Buch gewonnen, ebenso wie der download gerade benötigter Informationen gegenüber dem Suchen und Nachschlagen im kilogrammschweren Nachschlagewerk.

Herausgeber und Verlag tragen dem mit der 35. Auflage der HÜTTE Rechnung. Zwar wird es weiterhin eine Buchversion der HÜTTE geben, in der das Ingenieurwissen auf traditionelle Weise dargeboten wird, d. h. gegliedert nach den klassischen Fachgebieten. Allerdings wird das Buch Hütte auf drei Bände aufgeteilt; nur so bleibt es handhabbar.

Neu ist, dass alle Wissensgebiete in Form von Kapiteln dargestellt werden, die einen (auch für den download) handhabbaren Umfang besitzen und für sich allein ein Teilgebiet verständlich und abgeschlossen darstellen. Wer sich im Moment ausschließlich für die Gasdynamik interessiert, muss nicht die gesamte Technische Mechanik herunterladen. Die Gliederung in Kapitel macht sich in erster Linie bei den umfangreichen alten Fachgebieten bemerkbar (wie Physik, Technische Mechanik, Elektrotechnik).

Ingenieurinnen und Ingenieure benötigen im Studium und für ihre beruflichen Aufgaben in der produzierenden Wirtschaft, im Dienstleistungsbereich oder im öffentlichen Dienst ein multidisziplinäres Wissen, das sich einerseits an den bisherigen Fächern und ihrem Fortschritt und andererseits an der Beachtung neuer Disziplinen orientiert. Die HÜTTE enthält in drei Bänden – orientiert am Stand von Wissenschaft und Technik und den Lehrplänen der Technischen Universitäten und Hochschulen – die Grundlagen des Ingenieurwissens, und zwar im Band 1 die mathematisch-naturwissenschaftlichen und allgemeinen Grundlagen, im Band 2 Grundlagen des Maschinenbaus und ergänzende Fächer und im Band 3 elektro- und informationstechnische Grundlagen. Allen Bänden angefügt sind ökonomisch-gesellschaftliche Kapitel, ohne die das heutige Ingenieurwissen unvollständig wäre.

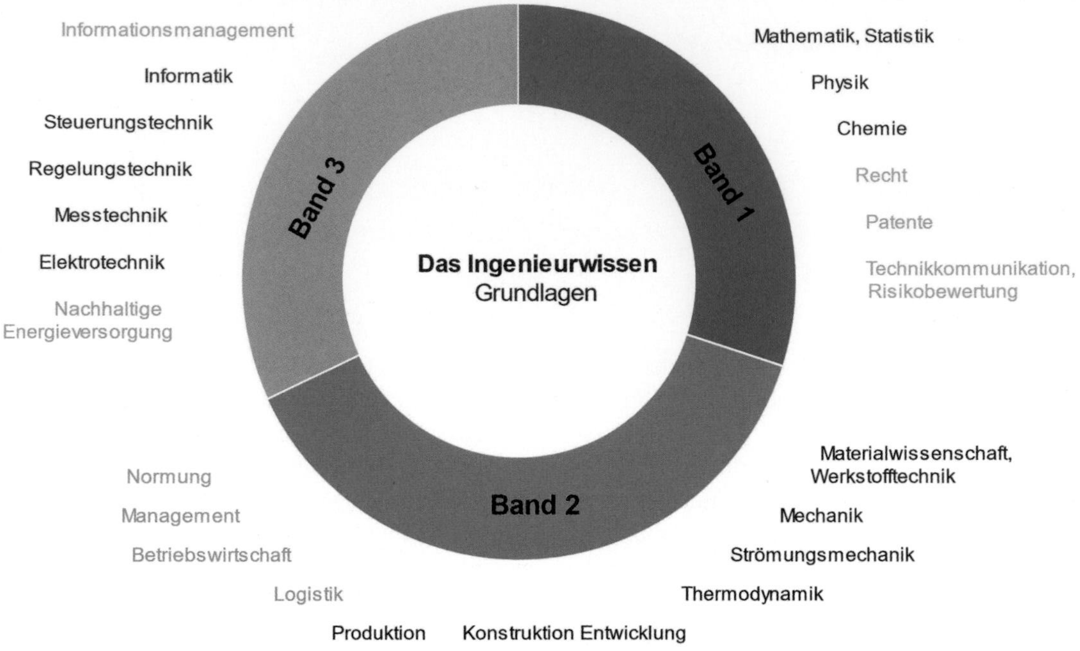

Die HÜTTE ist ein Kompendium und Nachschlagewerk für unterschiedliche Aufgabenstellungen. Durch Kombination der Einzeldisziplinen dieses Wissenskreises kann das multidisziplinäre Grundwissen für die verschiedenen Technikbereiche und Ingenieuraufgaben zusammengestellt werden.

Die vorliegende 35. Auflage der HÜTTE – begründet 1857 als *Des Ingenieurs Taschenbuch* – ist in allen Beiträgen aktualisiert worden. Ihrer technischen und gesellschaftlichen Bedeutung entsprechend wurden neue Kapitel aufgenommen: Informationsmanagement, Logistik, nachhaltige Energieversorgung sowie Technikkommunikation, Risikobewertung, Risikokommunikation.

Unser herzlicher Dank gilt allen Kolleginnen und Kollegen für ihre Beiträge und den Mitarbeiterinnen und Mitarbeitern des Springer-Verlages für die sachkundige redaktionelle Betreuung sowie dem Verlag für die vorzügliche Ausstattung des Buches.

Berlin, August 2022

Manfred Hennecke
Birgit Skrotzki

Inhaltsverzeichnis

Autorenverzeichnis

Carolin **Birk** Statik und Dynamik der Flächentragwerke, Universität Duisburg-Essen, Essen, Deutschland

Walter **Frenz** Lehr- und Forschungsgebiet Berg-, Umwelt- und Europarecht, RWTH Aachen, Aachen, Deutschland

Manfred **Hennecke** Bundesanstalt für Materialforschung und -prüfung (im Ruhestand), Berlin, Deutschland

Heinz **Niedrig** Technische Universität Berlin (im Ruhestand), Berlin, Deutschland

Wilhelm **Oppermann** Technische Universität Clausthal (im Ruhestand), Clausthal-Zellerfeld, Deutschland

Bodo **Plewinski** Berlin, Deutschland

Ortwin **Renn** Institute for Advanced Sustainability Studies e.V., Potsdam, Deutschland

Peter **Ruge** Institut für Statik und Dynamik der Tragwerke, Technische Universität Dresden, Dresden, Deutschland

Jürgen **Schade** Gauting, Deutschland

Martin **Sternberg** Hochschule Bochum, Bochum, Deutschland

Marc-Denis **Weitze** acatech, München, Deutschland

Manfred J. **Wermuth** Institut für Verkehr und Stadtbauwesen, Technische Universität Braunschweig (im Ruhestand), Braunschweig, Deutschland

Volker **Winterfeldt** Bundespatentgericht München (im Ruhestand), München, Deutschland

Blanka **Zimmerer** Bundespatentgericht München, München, Deutschland

Teil I

Mathematik und Statistik

1 Mathematische Grundlagen

Peter Ruge und Carolin Birk

Zusammenfassung

Dieser Beitrag fasst die Grundlagen der Ingenieurmathematik zusammen. Neben den Grundbegriffen der Mengenlehre, Aussagenlogik und Graphentheorie werden wesentliche Grundzüge von Zahlen, Abbildungen und Folgen dargestellt. Elemente der Matrizen- und Tensorrechnung sowie der elementaren Geometrie sind ebenfalls Gegenstand dieses Beitrages. Eingeführt wird weiterhin in den Themenkreis der Projektionen.

1.1 Mengen, Logik, Graphen

1.1.1 Mengen

1.1.1.1 Grundbegriffe der Mengenlehre

Eine *Menge* M ist die Gesamtheit ihrer *Elemente* x. Man schreibt $x \in M$ (x ist Element von M) und fasst die Elemente in geschweiften Klammern zusammen. Eine erste Möglichkeit der Darstellung einer Menge ist die Aufzählung ihrer Elemente:

$$M = \{x_1, x_2, \ldots, x_n\}. \tag{1}$$

Weitreichender ist folgende Art der Darstellung: Eine Menge M im klassischen Sinn ist eine Gesamtheit von Elementen x mit einer bestimmten definierenden Eigenschaft P, die eine eindeutige Entscheidung ermöglicht, ob ein Element a aus einer Klasse („Vorrat") A zur Menge M gehört.

$$\begin{array}{llll} a \in M & \text{falls} & P(a) & \text{wahr:} \quad \mu = 1, \\ a \notin M & \text{falls} & P(a) & \text{nicht wahr:} \quad \mu = 0. \end{array}$$

Die *Zugehörigkeitsfunktion* $\mu(a)$ ordnet jedem Objekt einen der Werte 0 oder 1 zu. Man schreibt

$$M = \{x \,|\, x \in A, \ P(x)\}. \tag{2}$$

M ist die Menge aller Elemente aus A, für welche die Eigenschaft P zutrifft. **Beispiel**:

$$\begin{aligned} M_1 &= \left\{x \mid x \in \mathbb{C}, \ x^4 + 4 = 0\right\} \\ &= \{1 + \mathrm{j}, \ 1 - \mathrm{j}, -1 + \mathrm{j}, -1 - \mathrm{j}\}. \\ \mathrm{j}^2 &= -1. \end{aligned}$$

P. Ruge
Institut für Statik und Dynamik der Tragwerke, Technische Universität Dresden, Dresden, Deutschland
E-Mail: peter.ruge@tu-dresden.de

C. Birk (✉)
Statik und Dynamik der Flächentragwerke, Universität Duisburg-Essen, Essen, Deutschland
E-Mail: carolin.birk@uni-due.de

M. Hennecke, B. Skrotzki (Hrsg.), *HÜTTE Band 1: Mathematisch-naturwissenschaftliche und allgemeine Grundlagen für Ingenieure*, Springer Reference Technik,
https://doi.org/10.1007/978-3-662-64369-3_1

Gewisse Standard-Zahlenmengen werden durch bestimmte Buchstabensymbole gekennzeichnet (Tab. 1).

Leere Menge	enthält kein Element $\varnothing = \{\}$.
Endliche Menge	enthält endlich viele Elemente.
Mächtigkeit $\lvert M \rvert$	auch Kardinalität card(M) einer endlichen Menge M ist die Anzahl ihrer Elemente.
Gleichmächtigkeit	A ist gleichmächtig B, $A \sim B$, wenn sich jedem Element von A genau ein Element von B zuordnen lässt und umgekehrt. Zum Beispiel: $\mathbb{N}\backslash\{0\} = \{1, 2, 3, 4, 5, \ldots\}$, $\mathbb{U} = \{1, 3, 5, 7, 9, \ldots\}$. Zu jedem Element k aus $\mathbb{N}\backslash\{0\}$ gibt es ein Element $2k - 1$ aus $\mathbb{U}$ und umgekehrt. Zudem sind alle Elemente von $\mathbb{U}$ in $\mathbb{N}\backslash\{0\}$ enthalten.
Unendliche Menge	Eine Menge A ist unendlich, falls sich eine echte Teilmenge B von A angeben lässt, die mit A gleichmächtig ist.
Abzählbarkeit	Jede unendliche Menge, die mit $\mathbb{N}$ gleichmächtig ist, heißt abzählbar.
Überabzählbarkeit	Eine Menge M heißt überabzählbar, falls M nicht abzählbar ist.
Kontinuum	Jede Menge, welche die Mächtigkeit der reellen Zahlen hat, heißt Kontinuum.

Fuzzy-Menge (unscharfe Menge). Unter einem Element f einer Fuzzy-Menge versteht man ein Paar aus einem Objekt x und der Bewertung $\mu(x)$ seiner Mengenzugehörigkeit mit Werten aus dem Intervall [0,1]; d. h., $0 \leq \mu \leq 1$. Die Elemente werden einzeln aufgezählt,

$$\text{Element}\, f = (x,\ \mu(x)),\ \ \mu \in [0, 1],$$

$$F = \{ f_1,\ f_2,\ \ldots, f_n\},$$

oder die Menge wird durch geschlossene Darstellung der Objekte und der Bewertung erklärt wie im folgenden **Beispiel**.

Tab. 1 Bezeichnungen der Standard-Zahlenmengen

Natürlich	Ganz	Rational	Reell	Komplex
$\mathbb{N}$	$\mathbb{Z}$	$\mathbb{Q}$	$\mathbb{R}$	$\mathbb{C}$

Die Fuzzy-Mengen

$$F_1 = \left\{(x\mu(x))|x \in \mathbb{R} \quad \text{und} \quad \mu = \left(1 + x^2\right)^{-1}\right\},$$

$$F_2 = \left\{(x\mu(x))|x \in \mathbb{R} \quad \text{und} \quad \mu = \left(1 + x^4\right)^{-4}\right\}$$

können mit den die Unschärfe andeutenden Namen F_1 = NAHENULL, F_2 = SEHRNAHENULL belegt werden.

Weitere Einzelheiten und Anwendungen siehe in der Literatur (Böhme 1996; Kruse et al. 1995; Browder 1996; Mohan 2015).

1.1.1.2 Mengenrelationen und -operationen

Mengen und ihre Beziehungen zueinander lassen sich durch Punktmengen in der Ebene, z. B. Ellipsen, veranschaulichen; sog. Venn-Diagramme, siehe Abb. 1.

Gleichheit, $A = B$	Jedes Element von A ist auch Element von B und umgekehrt.
Teilmenge, $A \subseteq B$	A Teilmenge von B. Jedes Element von A ist auch Element von B. Gleichheit ist möglich.
Echte Teilmenge, $A \subset B$	Gleichheit wird ausgeschlossen.
Potenzmenge, $P(M)$	Potenz von M. Menge aller Teilmengen der Menge M. Zum Beispiel $M = \{a, b\}$, $P(M) = \{\varnothing, \{a\}, \{b\}, \{a, b\}\}$.
Durchschnitt, $A \cap B$	A geschnitten mit B. Menge aller Elemente, die sowohl zu A als auch zu B gehören.
Vereinigung, $A \cup B$	A vereinigt mit B. Menge aller Elemente, die zumindest zu A oder B gehören.

(Fortsetzung)

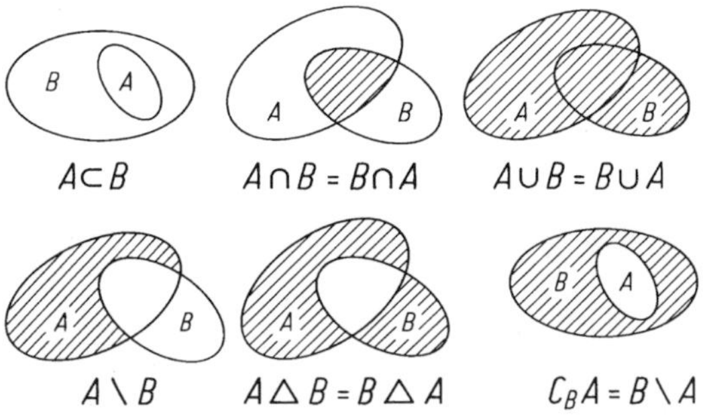

Abb. 1 Venn-Diagramme. Ergebnismengen sind schraffiert

Differenz, $B \backslash A$	B ohne A. Menge aller Elemente von B, die nicht gleichzeitig Elemente von A sind.
Komplement, $C_B A$	Komplement von A bezüglich B. Für $A \subseteqq B$ ist $C_B A = B \backslash A$.
Symmetrische Differenz, $A \Delta B$	Menge aller Elemente von A oder B außerhalb des Durchschnitts: $A \Delta B = (A \backslash B) \cup (BA)$ $= (A \cup B) \backslash (A \cap B)$.
Produktmenge, $A \times B$	A kreuz B. Menge aller geordneten Paare (a_i, b_j), die sich aus je einem Element der Menge A und der Menge B bilden lassen. Zum Beispiel $A = \{a_1, a_2, a_3\}$, $B = \{b_1, b_2\}$, $A \times B = \{(a_1, b_1), (a_1, b_2), (a_2, b_1), (a_2, b_2), (a_3, b_1), (a_3, b_2)\}$. Anmerkung: Bei einem geordneten Paar ist die Reihenfolge von Bedeutung: $(x, y) \neq (y, x)$ für $x \neq y$.
$A_1 \times A_2 \times \ldots \times A_n$	Menge aller geordneten n-Tupel $(A_{1i}, A_{2j}, \ldots, A_{nk})$ aus je einem Element der beteiligten Mengen.

1.1.2 Verknüpfungsmerkmale spezieller Mengen

Charakteristische Eigenschaften von Verknüpfungen und Relationen sind:

Kommutativität, $a \circ b = b \circ a$	a verknüpft mit b. Falls die Reihenfolge der Verknüpfung zweier Elemente a und b einer Menge unerheblich ist, dann ist die betreffende Verknüpfung in der Menge kommutativ.
Assoziativität, $a \circ (b \circ c) = (a \circ b) \circ c$	Gilt dies für alle Tripel (a, b, c) einer Menge, so ist die betreffende Verknüpfung in der Menge assoziativ.
Distributivität, $a \circ (b \diamond c) = (a \circ b) \diamond (a \circ c)$	Gilt dies für zwei verschiedenartige Verknüpfungen (Kreis und Karo) angewandt auf alle Tripel einer Menge, so sind die Verknüpfungen in der Menge distributiv.
Reflexivität, $a \circ a$	Relation $\circ$ reflektiert a auf sich selbst; z. B. $a = a$, g parallel g (g Gerade).

(Fortsetzung)

Symmetrie, $a \circ b \leftrightarrow b \circ a$	Relation ist symmetrisch; z. B. $a = b$, g parallel h (g, h Geraden).
Transitivität, $a \circ b$ und $b \circ c \rightarrow a \circ c$	Zum Beispiel aus $a = b$ und $b = c$ folgt $a = c$. Aus $A \subset B$ und $B \subset C$ folgt $A \subset C$.
Äquivalenz	Eine Relation, die reflexiv, symmetrisch und transitiv ist, heißt Äquivalenzrelation, z. B. die Gleichheitsrelation.

Drei in der modernen Mathematik wichtige algebraische Strukturen sind Gruppen, Ringe und Körper.

Gruppe: Eine Menge $G = \{a_1, a_2, \ldots\}$ heißt Gruppe, wenn in G eine Operation $a_1 \circ a_2 = b$ erklärt ist und gilt:

1.	$b \in G$	Abgeschlossenheit
2.	$(a_i \circ a_j) \circ a_k = a_i \circ (a_j \circ a_k)$	Assoziativität
3.	$a_i \circ e = e \circ a_i = a_i, e \in G$	Existenz eines Einselementes
4.	$a_i \circ a_i^{-1} = a_i^{-1} \circ a_i = e$	Existenz von inversen Elementen.

Abel'sche Gruppe. Es gilt zusätzlich:

5.	$a_i \circ a_j = a_j \circ a_i$	Kommutativität.

Ring: Eine Menge $R = \{r_1, r_2, \ldots\}$ heißt assoziativer Ring, wenn in R zwei Operationen $\circ$ und $\diamond$ erklärt sind und Folgendes gilt:

1.	R ist eine Abel'sche Gruppe bezüglich der Operation $\circ$	
2.	$r_i \diamond r_j = c,\ c \in R$	Abgeschlossenheit
3.	$r_i \diamond (r_j \diamond r_k) = (r_i \diamond r_j) \diamond r_k$	Assoziativität
4.	$r_i \diamond (r_j \circ r_k) = (r_i \diamond r_j) \circ (r_i \diamond r_k)$	Distributivität.
	$(r_i \circ r_j) \diamond r_k = (r_i \diamond r_k) \circ (r_j \diamond r_k)$	

Kommutativer Ring: Es gilt zusätzlich

5.	$r_i \diamond r_j = r_j \diamond r_i$	Kommutativität.

Kommutativer Ring mit Einselement: Es gilt zusätzlich

6.	$r_i \diamond e = e \diamond r_i = r_i$; e Einselement.

Körper: Kommutativer Ring mit Einselement und Division (außer durch $r_i = 0$).

7.	$r_i \diamond r_i^{-1} = r_i^{-1} \diamond r_i = e, \quad r_i \neq 0.$

Tab. 2 Verknüpfungen der Aussagenlogik (Junktoren)

Symbol/Verwendung	Sprechweise: Definition		Benennung
$\neg a$ (auch: $\overline{a}$)	nicht a		Negation
$a \wedge b$	a und b		Konjunktion, UND-Verknüpfung
$a \vee b$	a oder b		Disjunktion, ODER-Verknüpfung
Abgeleitete Verknüpfungen			
$a \rightarrow b$	a impliziert b:	$\overline{a} \vee b$	Implikation, Subjunktion
$a \leftrightarrow b$	a äquivalent b:	$(a \wedge b) \vee (\overline{a} \wedge \overline{b})$	Äquivalenz, Äquijunktion
$a \nleftrightarrow b$	entweder a oder b:	$(a \wedge \overline{b}) \vee (\overline{a} \wedge b)$	Antivalenz, XOR-Funktion
$a \overline{\wedge} b$	a und b nicht zugleich:	$\overline{a \wedge b} = \overline{a} \vee \overline{b}$	NAND-Funktion
$a \overline{\vee} b$	weder a noch b:	$\overline{a \vee b} = \overline{a} \wedge \overline{b}$	NOR-Funktion

Tab. 3 Wahrheitswerte von Aussagenverknüpfungen

		$a \wedge b$	$a \vee b$	$a \rightarrow b$	$a \leftrightarrow b$	$a \overline{\wedge} b$	$a \overline{\vee} b$
a	b	UND	ODER	Impliziert	Äquivalent	NAND	NOR
0	0	0	0	1	1	1	1
0	1	0	1	1	0	1	0
1	0	0	1	0	0	1	0
1	1	1	1	1	1	0	0

1.1.3 Aussagenlogik

Gegenstand der Aussagenlogik sind die Wahrheitswerte verknüpfter Aussagen (Tab. 2). a heißt eine Aussage, wenn a einen Sachverhalt behauptet. Besonders wichtig ist die Menge A_2 der zweiwertigen Aussagen, die entweder wahr (W, true) oder falsch (F, false) sein können; üblich ist auch eine Codierung durch die Zahlen 1 (wahr) und 0 (falsch).

Die logischen Verknüpfungen in Tab. 3 entsprechen den Verknüpfungen der Boole'schen Algebra (siehe Kap. „Theoretische Informatik").

Aussagenverknüpfungen, die unabhängig vom Wahrheitswert der Einzelaussagen stets den Wert wahr (1) besitzen, heißen *Tautologien* (Tab. 4).

Mithilfe von Wahrheitstabellen lassen sich die Wahrheitswerte von Aussagenverknüpfungen systematisch ermitteln. Bei Tautologien muss die Schlusszeile (vgl. Tab. 5) überall den Wahrheitswert 1 aufweisen.

Tautologien wie in Tab. 4 liefern die Bausteine für Beweistechniken, so zum Beispiel der *Methode der vollständigen Induktion*, siehe Tab. 6.

Tab. 4 Beispiele von Tautologien

Abtrennungsregel	$(a \wedge (a \rightarrow b)) \rightarrow b$
Indirekter Beweis	$(a \wedge (\overline{b} \rightarrow \overline{a})) \rightarrow b$
Fallunterscheidung	$((a \vee b) \wedge (a \rightarrow c) \wedge (b \rightarrow c)) \rightarrow c$
Kettenschluss	$((a \rightarrow b) \wedge (b \rightarrow c)) \rightarrow (a \rightarrow c)$
Schluss auf eine Äquivalenz	$((a \rightarrow b) \wedge (b \rightarrow a)) \rightarrow (a \leftrightarrow b)$
Kontraposition	$(a \rightarrow b) \rightarrow (\overline{b} \rightarrow \overline{a})$ $(\overline{b} \rightarrow \overline{a}) \rightarrow (a \rightarrow b)$

1.1.4 Graphen

Graphen und die Graphentheorie finden als mathematische Modelle für Netze jeder Art Anwendung. Ein Graph G besteht aus einer Menge $X = \{x_1, \ldots, x_n\}$ von n *Knoten* und einer Menge V von *Kanten* als Verbindungen zwischen je 2 Knoten.

Gerichtete Kanten werden durch ein geordnetes Knotenpaar (x_i, x_k) beschrieben, ungerichtete

Tab. 5 Wahrheitstabelle für den Kettenschluss

a	0	1	0	1	0	1	0	1
b	0	0	1	1	0	0	1	1
c	0	0	0	0	1	1	1	1
$u = a \rightarrow b$	1	0	1	1	1	0	1	1
$v = b \rightarrow c$	1	1	0	0	1	1	1	1
$w = a \rightarrow c$	1	0	1	0	1	1	1	1
$x = u \wedge v$	1	0	0	0	1	0	1	1
$x \rightarrow w$	1	1	1	1	1	1	1	1

Tab. 6 Methode der vollständigen Induktion

Eine Aussage „Für jedes x aus der Menge X gilt $p(x)$ mit $X = \{x \mid (x \in \mathbb{N}) \wedge (x \geq a)\}$, $a \in \mathbb{N}$" ist wahr, wird in 4 Schritten bewiesen.	
1.	Induktionsbeginn: Nachweis der Wahrheit von $p(a)$.
2.	Induktionsannahme: $p(k)$ mit beliebigem $k > a$ sei wahr.
3.	Induktionsschritt: Berechnung von $p(k+1)$ als $P(k+1)$ von $p(k)$ ausgehend.
4.	Induktionsschluss: $p(x)$ ist wahr, falls $P(k+1) = p(k+1)$.
	Beispiel. Aussage: $p(x) = 1^2 + 2^2 + \ldots + x^2$ $= x(x+1)(2x+1)/6$. 1. $a = 1$. $p(1) = 1^2 = 1(1+1)(2+1)/6$. 2. $p(k) = k(k+1)(2k+1)/6$. 3. $P(k+1) = p(k) + (k+1)^2$ $= (k+1)k(2k+1)/6 + (k+1)$ $= (k+1)(2k^2 + 7k + 6)/6$. 4. $p(k+1) = (k+1)(k+2)(2k+3)/6 = P(k+1)$.

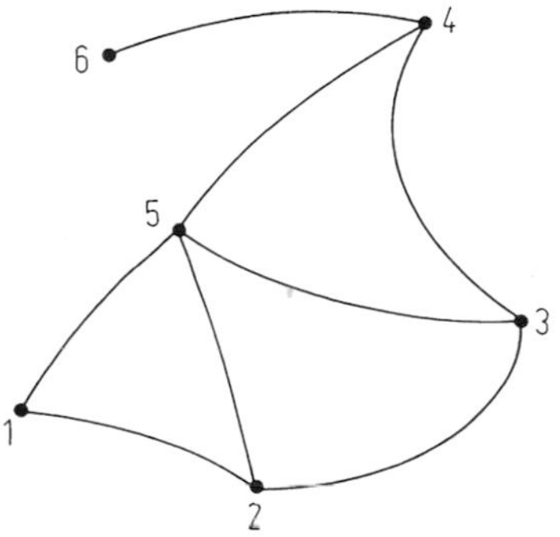

Abb. 2 Schlichter Graph mit ungerichteten Kanten

Kanten durch eine zweielementige Knotenmenge $\{x_i, x_k\}$. *Schlichte Graphen* enthalten keine Schlingen, d. h. keine Kanten $\{x, y\}$ mit $x = y$, und keine Parallelkanten zu Kanten (x, y) oder Mengen $\{x, y\}$.

Ein Graph G mit ungerichteten Kanten lässt sich durch eine symmetrische Verknüpfungsmatrix $\boldsymbol{V}$ mit Elementen

$$v_{ij} = \begin{cases} 1, & \text{falls } \{x_i, x_j\} \in G \\ 0, & \text{falls } \{x_i, x_j\} \notin G \end{cases} \tag{3}$$

beschreiben.

Der Grad $d(x)$ eines Knotens x bezeichnet die Anzahl der Kanten, die sich in x treffen. Bei einem gerichteten Graphen unterscheidet man d^+ und d^-:

$d^+(x)$	Anzahl der vom Knoten abgehenden Kanten,
$d^-(x)$	Anzahl der in den Knoten einlaufenden Kanten,

$$d(x) = d^+(x) + d^-(x).$$

Die Summe aller Knotengrade eines schlichten Graphen ist gleich der doppelten Kantenanzahl. Eine endliche Folge benachbarter Kanten nennt man Kantenfolge. Sind End- und Anfangsknoten identisch, so heißt die Kantenfolge geschlossen, andernfalls offen.

Eine Kantenfolge mit paarweise verschiedenen Kanten heißt *Kantenzug* und speziell *Weg*, falls dabei jeder Knoten nur einmal passiert wird. Geschlossene Wege nennt man *Kreise*. Ein ungerichteter Graph, bei dem je zwei Knoten durch einen Weg verbunden sind, heißt *zusammenhängend*. Einen zusammenhängenden ungerichteten Graphen ohne Kreise nennt man *Baum*.

Beispiel: Verknüpfungsmatrix $\boldsymbol{V}$ sowie spezielle Kantenfolgen für den Graphen in Abb. 2.

$$V = \begin{bmatrix} 0 & 1 & 0 & 0 & 1 & 0 \\ 1 & 0 & 1 & 0 & 1 & 0 \\ 0 & 1 & 0 & 1 & 1 & 0 \\ 0 & 0 & 1 & 0 & 1 & 1 \\ 1 & 1 & 1 & 1 & 0 & 0 \\ 0 & 0 & 0 & 1 & 0 & 0 \end{bmatrix}, \quad V = V^{\mathrm{T}}.$$

$$\begin{aligned} &\text{Kantenfolge, geschlossen}: && \{52\},\{21\},\{15\}, \\ & && \{53\},\{32\},\{25\} \\ &\text{Kantenzug, offen}: && \{52\},\{21\},\{15\} \\ & && \{53\},\{32\} \\ &\text{Weg}: && \{64\},\{45\},\{51\} \\ &\text{Kreis}: && \{43\},\{32\},\{25\}, \\ & && \{54\}. \end{aligned}$$

1.2 Zahlen, Abbildungen, Folgen

1.2.1 Reelle Zahlen

1.2.1.1 Zahlenmengen, Mittelwerte

Mithilfe der Zahlen können reale Ereignisse quantifiziert und geordnet werden. Rationale Zahlen lassen sich durch ganze Zahlen einschließlich null darstellen.

$$\begin{aligned} &\textbf{Naturliche Zahlen}: \mathbb{N} = \{0,1,2,3\ldots\}, \\ &\textbf{Ganze Zahlen}: \mathbb{Z} = \{\ldots, -2, -1,0,1,2\ldots\}, \\ &\textbf{Rationale Zahlen}: \mathbb{Q} = \left\{\frac{a}{b} | a \in \mathbb{Z} \wedge b \in \mathbb{Z}\backslash\{0\}\right\}, \\ &\qquad\qquad a,\ b \text{ teilerfremd.} \end{aligned} \tag{4}$$

Algebraische und transzendente Zahlen, z. B. als Lösungen x der Gleichungen $x^2 = 2$ bzw. $\sin x = 1$, erweitern die Menge $\mathbb{Q}$ der rationalen Zahlen zur Menge $\mathbb{R}$ der reellen Zahlen. Die Elemente der Menge $\mathbb{R}$ bilden einen Körper bezüglich der Addition und Multiplikation. Für jedes Paar $r_1,\ r_2 \in \mathbb{R}$ gilt genau eine der drei Ordnungsrelationen:

$$r_1 < r_2 \quad \text{oder} \quad r_1 = r_2 \quad \text{oder} \quad r_1 > r_2. \tag{5}$$

Zur Charakterisierung einer Menge n reeller Zahlen sind gewisse Mittelwerte erklärt:

Arithmetischer Mittelwert:

$$A = (a_1 + \ldots + a_n)/n.$$

Geometrischer Mittelwert:

$$G^n = a_1 \cdot a_2 \cdot \ldots \cdot a_n. \tag{6}$$

Harmonischer Mittelwert:

$$H^{-1} = \left(a_1^{-1} + \ldots + a_n^{-1}\right)/n.$$

Für $a_i > 0,\ n \in \mathbb{N}$ gilt:

$$H \leqq G \leqq A.$$

Pythagoreische Zahlen sind gekennzeichnet durch ein Tripel $a,\ b,\ c\ \in\ \mathbb{Z}$ ganzer Zahlen mit der Eigenschaft

$$a^2 + b^2 = c^2. \tag{7}$$

Ein beliebiges Paar $(m,\ n) \in \mathbb{Z}$ garantiert mit $a = m^2 - n^2$, $b = 2mn$ die Eigenschaft (7).

Beispiel:

$$m = 7, \quad n = 1 \rightarrow a = 48, \quad b = 14, \quad c = 50.$$

1.2.1.2 Potenzen, Wurzeln, Logarithmen

Potenzen. Die Potenz a^b (a hoch b) mit der Basis a und dem Exponenten b ist für die drei Fälle $a > 0 \wedge b \in \mathbb{R},\ a \neq 0 \wedge b \in \mathbb{Z},\ a \in \mathbb{R} \wedge b \in \mathbb{N}$ reell.

Rechenregeln:

$$\begin{aligned} &a^1 = a, \quad a^0 = 1\ (a \neq 0), \quad 1^b = 1, \\ &a^{-b} = 1/a^b, \quad a^b a^c = a^{b+c}, \\ &(ab)^c = a^c b^c, \quad \left(a^b\right)^c = a^{bc}, \quad a^b/a^c = a^{b-c}, \\ &(a/b)^c = a^c/b^c. \end{aligned} \tag{8}$$

Wurzeln. Die Wurzel $\sqrt[b]{c} = c^{1/b} = a$ (b-te Wurzel aus c) ist eine Umkehrfunktion zur Potenz

$c = a^b$ mit dem „Wurzelexponenten" b und dem Radikanden c. Für $c > 0 \wedge b \neq 0$ ist a reell. Bei der Quadratwurzel schreibt man die 2 in der Regel nicht an: $\sqrt[2]{c} = \sqrt{c}$.

Rechenregeln:

$$\sqrt[1]{c} = c, \quad \sqrt[b]{1} = 1, \quad \sqrt[b]{c^b} = c, \quad \sqrt[b]{c^a} = c^{a/b},$$
$$\sqrt[ab]{d^{ac}} = \sqrt[b]{d^c}, \quad \sqrt[ab]{c} = \sqrt[a]{\sqrt[b]{c}} = \sqrt[b]{\sqrt[a]{c}},$$
$$\sqrt[a]{c} \cdot \sqrt[b]{c} = \sqrt[ab]{c^{a+b}}, \quad \sqrt[c]{ab} = \sqrt[c]{a} \cdot \sqrt[c]{b},$$
$$\sqrt[c]{a/b} = \sqrt[c]{a}/\sqrt[c]{b}. \tag{9}$$

Logarithmen. Der Logarithmus $\log_a c = b$ (Logarithmus vom Numerus c zur Basis a) ist eine weitere Umkehrfunktion zur Potenz $c = a^b$. Für $a > 0 \backslash 1 \wedge c > 0$ ist b reell. Bevorzugte Basen sind

$a = 10$,	dekadischer (Brigg'scher) Logarithmus $\log_{10} c = \lg c$.
$a = \mathrm{e}$,	natürlicher Logarithmus $\log_{\mathrm{e}} c = \ln c$.

Rechenregeln:

$$\log_a 1 = 0, \quad \log_a a^b = b, \quad a^{\log_a c} = c,$$
$$\log_a(1/b) = -\log_a b,$$
$$\log_a(bc) = \log_a b + \log_a c,$$
$$\log_a(b/c) = \log_a b - \log_a c,$$
$$\log_a b^c = c \log_a b, \quad \log_a \sqrt[c]{b} = c^{-1} \log_a b. \tag{10}$$

Umrechnung zwischen verschiedenen Basen:

$$\log_a c = \log_a b \, \log_b c, \quad \log_a b = 1/\log_b a,$$
$$\lg c = \ln c \lg \mathrm{e}, \quad \ln c = \lg c \;\ln 10,$$
$$\lg \mathrm{e} = 1/\ln 10 = M,$$
$$[M] = [0{,}434294, \;\; 0{,}434295].$$

1.2.2 Stellenwertsysteme

Natürliche Zahlen $n \in \mathbb{N}$ werden durch Ziffernfolgen dargestellt, wobei jedes Glied einen *Stellenwert* bezüglich einer Basis g besitzt:

$$n = [a_m \ldots a_1 \, a_0]_g = a_m g^m + \ldots + a_0 g^0 \quad \text{mit} \quad a_i \in \{0, 1, \ldots, g-1\}. \tag{11}$$

Dezimalsystem $g = 10$. $a_i \in \{0,1,\ldots,9\}$.
Beispiel: $n = [5309]_{10} = 5 \cdot 10^3 + 3 \cdot 10^2 + 0 \cdot 10^1 + 9 \cdot 10^0$.
Dualsystem $g = 2$. $a_i \in \{0, 1\}$,
Beispiel: $n = [10100]_2 = 1 \cdot 2^4 + 0 \cdot 2^3 + 1 \cdot 2^2 + 0 \cdot 2^1 + 0 \cdot 2^0 = [20]_{10}$.

1.2.3 Komplexe Zahlen

1.2.3.1 Grundoperationen, Koordinatendarstellung

Die Menge $\mathbb{C}$ der komplexen Zahlen z besteht aus geordneten Paaren reeller Zahlen a und b.

$$\begin{aligned} &z = a + \mathrm{j}b, \quad \text{auch} \quad z = (a,b),\\ &\mathrm{j} \;\textit{imaginäre Einheit} \text{ mit } \mathrm{j}^2 = -1,\\ &a \in \mathbb{R}, \quad \text{Realteil von } z, \ \mathrm{Re}(z) = a,\\ &b \in \mathbb{R}, \quad \text{Imaginärteil von } z, \ \mathrm{Im}(z) = b. \end{aligned} \tag{12}$$

Grundoperationen

$$\begin{aligned} z_1 + z_2 &= (a_1 + a_2) + \mathrm{j}(b_1 + b_2),\\ z_1 - z_2 &= (a_1 - a_2) + \mathrm{j}(b_1 - b_2),\\ z_1 \cdot z_2 &= (a_1 a_2 - b_1 b_2) + \mathrm{j}(a_1 b_2 + b_1 a_2),\\ z_1/z_2 &= \frac{a_1 + \mathrm{j}b_1}{a_2 + \mathrm{j}b_2} \cdot \frac{a_2 - \mathrm{j}b_2}{a_2 - \mathrm{j}b_2}\\ &= \frac{(a_1 a_2 + b_1 b_2) + \mathrm{j}(b_1 a_2 - a_1 b_2)}{a_2^2 + b_2^2}. \end{aligned} \tag{13}$$

Konjugiert komplexe Zahl $\bar{z}$ zu z:

$$\begin{aligned} &z = a + \mathrm{j}b; \quad \bar{z} = a - \mathrm{j}b\\ &z\bar{z} = a^2 + b^2. \end{aligned} \tag{14}$$

Die Paare (a, b) können als kartesische Koordinaten eines Punktes in einer Zahlenebene aufgefasst werden. Die gerichtete Strecke vom

Ursprung (0, 0) zum Punkt $z = (a, b)$ heißt auch *Zeiger*.

$$\text{Zeigerlänge}: \quad r = \sqrt{z\bar{z}} = \sqrt{a^2 + b^2}. \quad (15)$$

Sinnvoll ist ebenfalls eine Umrechnung in Polarkoordinaten $z = (r, \varphi)$ nach Abb. 3 mit Zeigerlänge r und Winkel φ.

$$\begin{aligned} &a = r\cos\varphi, \quad b = r\sin\varphi, \\ &r = +\sqrt{a^2 + b^2}. \\ &z_1 \cdot z_2 = r_1 r_2[\cos(\varphi_1 + \varphi_2) + \mathrm{j}\ \sin(\varphi_1 + \varphi_2)], \\ &z_1/z_2 = (r_1/r_2)[\cos(\varphi_1 - \varphi_2) + \mathrm{j}\ \sin(\varphi_1 - \varphi_2)]. \end{aligned} \quad (16)$$

1.2.3.2 Potenzen, Wurzeln

Potenz. Für Exponenten $a \in \mathbb{Z}$ gilt die *Moivre'sche Formel*:

$$\begin{aligned} &z = r(\cos\varphi + \mathrm{j}\sin\varphi) = r \cdot \mathrm{e}^{\mathrm{j}\varphi} \\ &a \in \mathbb{Z}: \quad z^a = r^a[\cos(a\varphi) + \mathrm{j}\sin(a\varphi)]. \end{aligned} \quad (17)$$

Im Allgemeinen ist die Potenz jedoch mehrdeutig:

$$\begin{aligned} a \in \mathbb{R} \ : z^a &= r^a\{\cos[a(\varphi + 2k\pi)] \\ &\quad + \mathrm{j}\sin[a(\varphi + 2k\pi)]\}, \quad k \in \mathbb{Z}. \\ &\text{Hauptwert für } k = 0: \\ z^a &= r^a[\cos(a\varphi) + \mathrm{j}\sin(a\varphi)]. \end{aligned} \quad (18)$$

Wurzel. Umkehrfunktion $\sqrt[a]{b} = b^{\frac{1}{a}} = z$ zur Potenz $b = z^a$. Die Wurzeln – auch reeller Zahlen – sind a-fach.

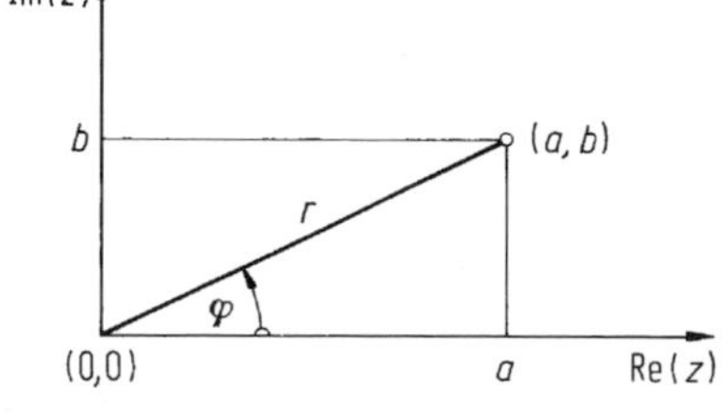

Abb. 3 Komplexe Zahl z in Polarkoordinaten (r, φ)

$$\begin{aligned} &a \in \mathbb{N}: \sqrt[a]{z} = \sqrt[a]{r}\left(\cos\frac{\varphi + 2k\pi}{a} + \mathrm{j}\sin\frac{\varphi + 2k\pi}{a}\right), \\ &\qquad k \in \{0, 1, \ldots, a-1\}. \end{aligned} \quad (19)$$

Beispiel:

$$\begin{aligned} &z = \sqrt[4]{1} = \sqrt[4]{\cos 0 + \mathrm{j}\sin 0}, \\ &z = \{1, \ \mathrm{j}, \ -1, \ -\mathrm{j}\}. \end{aligned}$$

1.2.4 Intervalle

Beim Rechnen mit konkreten Zahlen muss man sich mit endlich vielen Stellen begnügen, also mit Näherungszahlen. Aussagekräftiger sind Zahlenangaben durch gesicherte untere und obere Schranken. An die Stelle diskreter reeller Zahlen tritt die Menge I der abgeschlossenen *Intervalle* mit Elementen

$$[u] = [\underline{u}, \overline{u}] = \{u \,|\, u \in \mathbb{R}, \ \underline{u} \leq u \leq \overline{u}\}. \quad (20)$$

Grundrechenarten

$$\begin{aligned} &[u] + [v] = [\underline{u} + \underline{v}, \ \overline{u} + \overline{v}], \\ &[u] - [v] = [\underline{u} - \overline{v}, \ \overline{u} - \underline{v}], \\ &[u] \cdot [v] = [p_{\min}, p_{\max}], \ p = \{\underline{uv}, \ \underline{u}\overline{v}, \ \overline{u}\underline{v}, \ \overline{uv}\}, \\ &[u] \,/\, [v] = [q_{\min}, q_{\max}], \\ &\qquad q = \{\underline{u}/\underline{v}, \ \underline{u}/\overline{v}, \ \overline{u}/\underline{v}, \ \overline{u}/\overline{v}\}. \end{aligned} \quad (21)$$

Runden: $\underline{u}$ abrunden, $\overline{u}$ aufrunden.

Beispiel:

$$\begin{aligned} &A = (a + b)(a - b), \quad a^2 = 9{,}9, \quad b = \pi, \\ &[a] = [3{,}146, \ 3{,}147], \quad [b] = [3{,}141, \ 3{,}142], \\ &[a] + [b] = [6{,}287, \ 6{,}289], \\ &[a] - [b] = [4{,}000 \cdot 10^{-3}, \ 6{,}000 \cdot 10^{-3}], \\ &\quad [A] = [2{,}514 \cdot 10^{-2}, \ 3{,}774 \cdot 10^{-2}]. \end{aligned}$$

In der Menge der Intervalle definiert man *Ordnungsrelationen* nach Abb. 4.

$$\begin{aligned}&1.[u] < [v] \text{ gilt, wenn } \overline{u} < \underline{v}.\\&2.[u] \leqq [v] \text{ gilt, wenn } \underline{u} \leqq \underline{v} \text{ und } \overline{u} \leqq \overline{v}.\\&3.[u] \subseteqq [v] \text{ gilt, wenn } \underline{v} \leqq \underline{u} \text{ und } \overline{u} \leqq \overline{v}.\end{aligned} \quad (22)$$

Weiteres zur Intervallrechnung findet man in (Böhme 1992).

1.2.5 Abbildungen, Folgen und Reihen

1.2.5.1 Abbildungen, Funktionen

X und Y seien zwei Mengen. Dann heißt $A \subset X \times Y$ eine Abbildung der Menge X in die Menge Y, falls zu jedem Original $x \in X$ nur ein einziges Bild $y \in Y$ gehört, also eine eindeutige Zuordnung existiert. Statt Abbildung spricht man auch von Funktion oder Operator f:

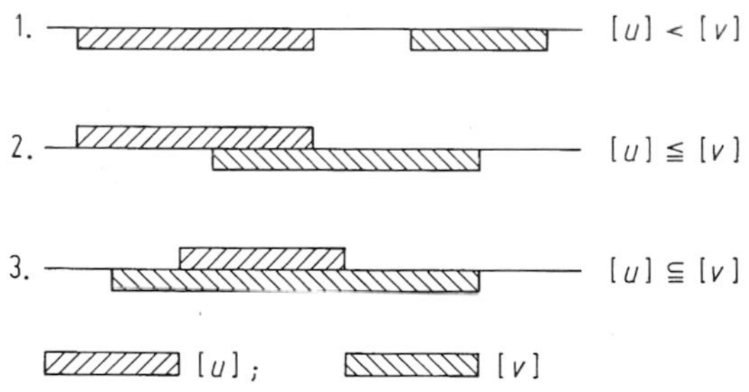

Abb. 4 Ordnungsrelationen von Intervallen

$$\begin{aligned}&f: x \rightarrow y. \qquad f \text{ bildet } x \text{ in } y \text{ ab.}\\&\text{Auch } x \rightarrow y = f(x).\end{aligned} \quad (23)$$

Bei Gültigkeit der Abbildung (23) sowie $S \subset X$ und $T \subset Y$ sind die Begriffe

Bildmenge $f(S)$ von S, $f(S) = \{f(x) | x \in S\}$,
Urbildmenge $f^{-1}(T)$ von T,
$f^{-1}(T) = \{x | f(x) \in T\}$,

definiert.

Injektiv heißt eine Abbildung (23) dann, wenn keine zwei Elemente von X auf dasselbe Element y abgebildet werden.

Surjektiv heißt eine Abbildung (23) dann, wenn jedes Element $y \in Y$ Bild eines Originals $x \in X$ ist.

Bijektiv heißt eine Abbildung (23) dann, wenn sie injektiv und surjektiv ist. Für diesen Sonderfall hat die inverse Relation f^{-1} den Charakter einer Abbildung und heißt Umkehrfunktion.

1.2.5.2 Folgen und Reihen

Unter einer Folge mit Gliedern a_k, $k = 1, 2, \ldots$, versteht man eine Funktion f, die auf der Menge $\mathbb{N}$ der natürlichen Zahlen definiert ist.

Arithmetische Folge. Die Differenzen Δ^k k-ter Ordnung von $k + 1$ aufeinander folgenden Gliedern sind konstant.

$$\begin{aligned}k = 1 &: \Delta_j^1 = a_{j+1} - a_j = const\\k = 2 &: \Delta_j^2 = \Delta_{j+1}^1 - \Delta_j^1 = const\end{aligned} \quad (24)$$

Geometrische Folge. Der Quotient q von zwei aufeinander folgenden Gliedern ist konstant.

Tab. 7 Einteilung der Funktionen $y = f(x)$

Name	Darstellung	Beispiel
Algebraisch	$P_n(x)y^n + \ldots + P_1(x)y + P_0(x) = 0$, $n \in \mathbb{N}$, $P_k(x)$: Polynome in x	$x\sqrt{y} = y + 1$ d. h. $y^2 + y(2 - x^2) + 1 = 0$
Algebraisch ganz rational	$P_n(x)$ bis $P_2(x) = 0$, $P_1(x) = 1$: $y = a_0x^n + a_1x^{n-1} + \ldots + a_{n-1}x + a_n$	$y = 4x^3 - 1$
Algebraisch gebrochen rational	$P_n(x)$ bis $P_2(x) = 0$, $y = \frac{a_0x^m + \ldots + a_{m-1}x + a_m}{b_0x^n + \ldots + b_{n-1}x + b_n}$, $m < n$: echt-, sonst unecht gebrochen	$y = \frac{x^2 + 7x}{x^3 - 1}$
Algebraisch nicht rational: Irrational		$y = x^{1/n}$
Nicht algebraisch: Transzendent		$y = a^x$, $y = \sin x$

Reihen. Die Summe der Glieder von Folgen nennt man Reihen.

Einige Reihen. Summation jeweils von $k = 1$ bis $k = n$.

$$\sum k = n(n+1)/2.$$
$$\sum k^2 = n(n+1)(2n+1)/6.$$
$$\sum k^3 = [n(n+1)/2]^2.$$
$$\sum k^4 = n(n+1) \times (2n+1)(3n^2+3n-1)/30.$$
$$\sum (2k-1) = n^2.$$
$$\sum (2k-1)^2 = n(2n-1)(2n+1)/3.$$
$$\sum (2k-1)^3 = n^2(2n^2-1).$$
$$\sum kx^{k-1} = [1-(n+1)x^n + nx^{n+1}] \times /(1-x)^2, \quad x \neq 1.$$
$$\sum \frac{k}{2^k} = 2 - \frac{n+2}{2^n}. \tag{25}$$

Konvergenz. Eine Folge von Gliedern a_k, $k = 1,2,\ldots,n$, heißt konvergent und g der Grenzwert der Folge,

$$\lim_{k\to\infty} a_k = g, \quad \text{falls} \quad |g - a_n| < \varepsilon, \quad n > N, \tag{26}$$

falls bei beliebig kleinem $\varepsilon > 0$ stets ein gewisser Index N angebbar ist, ab dem die Ungleichung (26) gilt.

Beispiel:

$$\lim_{k\to\infty} a^k = \begin{cases} \infty & \text{für} \quad a > 1 \\ 1 & \text{für} \quad a = 1 \\ 0 & \text{für} \quad -1 < a < 1 \\ \text{divergent} & \text{für} \quad a \leqq -1 \end{cases}$$

Eine unendliche Reihe

$$r = \sum_{k=1}^{\infty} a_k, \quad s_n = \sum_{k=1}^{n} a_k, \tag{27}$$

heißt konvergent, wenn die Folge der Teilsummen s_n konvergiert. Notwendige Bedingung:

$$\lim_{k\to\infty} a_k = 0. \tag{28}$$

Absolute Konvergenz:

$$r = \sum_{k=1}^{\infty} a_k \quad \text{absolut konvergent,} \qquad \text{falls} \quad \tilde{r} = \sum_{k=1}^{\infty} |a_k| \quad \text{konvergiert.} \tag{29}$$

Rechenregel:

$$r_1 = \sum_{k=1}^{\infty} a_k, \quad r_2 = \sum_{l=1}^{\infty} b_l \quad \text{absolut konvergent;} \quad \to r_1 r_2 = \sum_{k=1}^{\infty} \sum_{l=1}^{k} a_{k+1-l} b_l. \tag{30}$$

Majorantenprinzip. Wenn

$$r_1 = \sum_{k=1}^{\infty} |a_k| \quad \text{konvergent und} \quad |b_s| \leqq |a_s|, \quad \text{für } s \geq N, \quad N \in \mathbb{N}\backslash 0 \quad \text{dann ist auch} \quad r_2 = \sum_{k=1}^{\infty} |b_k| \quad \text{konvergent.} \tag{31}$$

Hinreichende Konvergenzkriterien:

$$\lim_{k\to\infty} \sqrt[k]{|a_k|} < 1, \quad \text{Wurzelkriterium;} \qquad \lim_{k\to\infty} \left|\frac{a_{k+1}}{a_k}\right| < 1, \quad \text{Quotientenkriterium.} \tag{32}$$

Notwendig und hinreichend für alternierende Reihen (wechselndes Vorzeichen):

$$\lim_{k\to\infty} |a_k| = 0. \tag{33}$$

Potenzreihen sind ein Spezialfall von Reihen mit veränderlichen Gliedern und vorgegebenen Koeffizienten a_k:

$$p = \sum_{k=1}^{\infty} a_k x^k. \tag{34}$$

Der Konvergenzbereich $|x| < \varrho \neq 0$ einer Potenzreihe wird durch den Konvergenzradius ϱ bestimmt. Für gleichmäßige Konvergenz im Bereich $|x| < \varrho$ darf die n-te Teilsumme $s_n(x)$ ab einem gewissen Index N $(n > N)$ eine vorgegebene Differenz $\varepsilon > 0$ zum Grenzwert $p(x)$ der Reihe nicht überschreiten.

$$\begin{aligned} s_n(x) &= \sum_{k=1}^{n} a_k x^k, \quad p(x) = \sum_{k=1}^{\infty} a_k x^k. \\ |p(x) - s_n(x)| &\leq \varepsilon \quad \text{für} \quad n > N. \\ \varrho^{-1} &= \lim_{k\to\infty} \sqrt[k]{|a_k|} \quad \text{oder} \quad \varrho = \lim_{k\to\infty} \left| \frac{a_k}{a_{k+1}} \right|. \end{aligned} \tag{35}$$

Potenzreihen dürfen innerhalb des Konvergenzbereiches differenziert und integriert werden.

Beispiel:

$$p(x) = \sum_{k=1}^{\infty} x^k / k.$$

$$\left.\begin{aligned} \varrho &= \lim_{k\to\infty} \left| \frac{k+1}{k} \right| = 1 \\ \varrho^{-1} &= \lim_{k\to\infty} \sqrt[k]{\frac{1}{k}} = 1 \end{aligned}\right\} \to |x| < 1.$$

1.2.5.3 Potenzen von Reihen

Polynomiale Sätze beschreiben die Bildung der Potenzen von Reihen.

$$(a_1 + a_2 + \ldots + a_n)^m. \tag{36}$$

Wichtig ist der Fall $n = 2$ der binomialen Sätze. Mit dem Symbol $n!$ (n Fakultät) und den

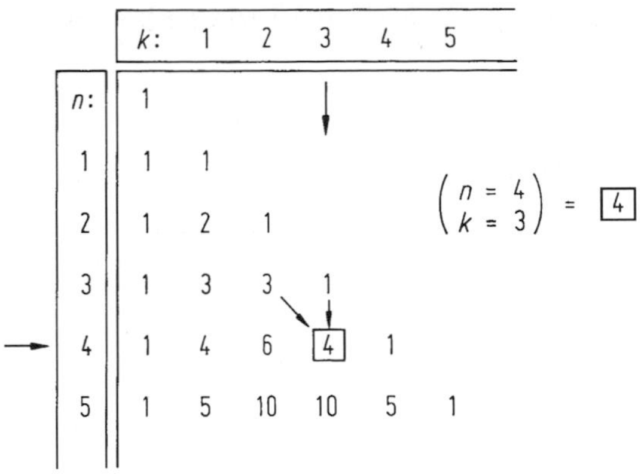

Abb. 5 Pascal'sches Dreieck. Nicht-Einselemente sind gleich Summe aus darüberstehendem Element und dessen linkem Nachbarn

Binomialkoeffizienten b_{ck} (lies: c über k) gilt der *Binomische Satz*.

$$\begin{aligned} b_{ck} &= \binom{c}{k} = \frac{c(c-1)(c-2)\ldots[c-(k-1)]}{k!}, \\ k &\in \mathbb{N}, \quad c \in \mathbb{R}, \quad k! = 1 \cdot 2 \cdot \ldots \cdot k, \quad 0! = 1, \\ (a+b)^n &= \sum_{k=0}^{n} \binom{n}{k} a^{n-k} b^k, \quad n \in \mathbb{N}. \end{aligned} \tag{37}$$

Beispiel:

$$\begin{aligned} (a \pm b)^5 = a^5 &\pm 5a^4 b + 10a^3 b^2 \pm 10a^2 b^3 \\ &+ 5ab^4 \pm b^5. \end{aligned}$$

Die Binomialkoeffizienten lassen sich aus dem Pascal'schen Dreieck in Abb. 5 ablesen.

Rechenregeln:

$$\begin{aligned} &\binom{k}{0} = 1, \quad \binom{n}{k} = \binom{n}{n-k}, \\ &\binom{c}{k} + \binom{c}{k+1} = \binom{c+1}{k+1}. \end{aligned} \tag{38}$$

1.3 Matrizen und Tensoren

1.3.1 Matrizen

1.3.1.1 Bezeichnungen, spezielle Matrizen

Eine zweidimensionale Anordnung von $m \times n$ Zahlen a_{ij} in einem Rechteckschema nennt man Matrix $\boldsymbol{A}$, auch genauer (m,n)-Matrix $\boldsymbol{A} = (a_{ij})$. Die Zahlen a_{ij} heißen auch Elemente.

$$\boldsymbol{A} = (a_{ij}) = \begin{bmatrix} a_{11} & \dots & a_{1n} \\ \vdots & & \vdots \\ a_{m1} & \dots & a_{mn} \end{bmatrix},$$

1. Index i : Zeilenindex, m Zeilenanzahl.
2. Index j : Spaltenindex, n Spaltenzahl.

(39)

Teilfelder des Rechteckschemas kann man zu Untermatrizen zusammenfassen, so speziell zu n Spalten $\boldsymbol{a}_i$ oder m Zeilen $\boldsymbol{a}^j$.

$$\boldsymbol{A} = [\boldsymbol{a}_1 \dots \boldsymbol{a}_n] = \begin{bmatrix} \boldsymbol{a}^1 \\ \vdots \\ \boldsymbol{a}^m \end{bmatrix}, \quad \boldsymbol{a}_i = \begin{bmatrix} a_{1i} \\ \vdots \\ a_{mi} \end{bmatrix}, \quad (40)$$

$$\boldsymbol{a}^j = [a_{j1} \dots a_{jn}].$$

Durch Vertauschen von Zeilen und Spalten entsteht die sogenannte *transponierte Matrix* $\boldsymbol{A}^{\mathrm{T}}$ (gesprochen: $\boldsymbol{A}$ transponiert) zu $\boldsymbol{A}$.

$$\boldsymbol{A}^{\mathrm{T}} = \begin{bmatrix} a_{11} & \dots & a_{m1} \\ \vdots & & \vdots \\ a_{1n} & \dots & a_{mn} \end{bmatrix} = \begin{bmatrix} \boldsymbol{a}_1^{\mathrm{T}} \\ \vdots \\ \boldsymbol{a}_n^{\mathrm{T}} \end{bmatrix} = [\boldsymbol{a}_{\mathrm{T}}^1 \dots \boldsymbol{a}_{\mathrm{T}}^m],$$

$$\boldsymbol{a}_{\mathrm{T}}^j = \begin{bmatrix} a_{j1} \\ \vdots \\ a_{jn} \end{bmatrix}, \quad \boldsymbol{a}_i^{\mathrm{T}} = [a_{1i} \dots a_{mi}].$$

(41)

Durch Vertauschen von Zeilen und Spalten der komplexen Matrix $\boldsymbol{C}$ und zusätzlichem Austausch der Elemente $c_{ik} = a_{ik} + \mathrm{j}b_{ik}$ durch die konjugiert komplexen $\bar{c}_{ik} = a_{ik} - \mathrm{j}b_{ik}$ entsteht die *konjugiert Transponierte* $\overline{\boldsymbol{C}}^{\mathrm{T}}$ zu $\boldsymbol{C}$.

Beispiel:

$$\boldsymbol{C} = \begin{bmatrix} 3-\mathrm{j} & 2 \\ 5+\mathrm{j} & 1+\mathrm{j} \end{bmatrix},$$

$$\overline{\boldsymbol{C}}^{\mathrm{T}} = \begin{bmatrix} 3+\mathrm{j} & 5-\mathrm{j} \\ 2 & 1-\mathrm{j} \end{bmatrix}.$$

Spezielle Matrizen (auch Abb. 6)

Diagonalmatrix	$\boldsymbol{D}$ mit $d_{ij} = 0$ für $i \neq j$
	$\boldsymbol{D} = \mathrm{diag}(d_1 \dots d_{\mathrm{n}})$
Einheitsmatrix	$\boldsymbol{I} = \mathrm{diag}(1 \dots 1)$, auch $\mathbf{1}$ oder $\boldsymbol{E}$
Nullmatrix	$\boldsymbol{A} = \mathbf{0}$ mit $a_{ij} = 0$
Rechteckmatrix	Zeilenanzahl $\neq$ Spaltenanzahl
Quadratische Matrix	Zeilenanzahl = Spaltenanzahl

(42)

Symmetrische Matrix	$\boldsymbol{A}^{\mathrm{T}} = \boldsymbol{A}$, $a_{ij} = a_{ji}$
Schiefsymmetrische Matrix	$\boldsymbol{A}^{\mathrm{T}} = -\boldsymbol{A}$, $a_{ii} = 0$, $a_{ij} = -a_{ji}$
Hermite'sche Matrix	$\overline{\boldsymbol{A}}^{\mathrm{T}} = \boldsymbol{A}$, $a_{ij} = \bar{a}_{ji}$.
Schiefhermite'sche Matrix	$\overline{\boldsymbol{A}}^{\mathrm{T}} = -\boldsymbol{A}$, $a_{ij} = -\bar{a}_{ji}$.

1.3.1.2 Rechenoperationen

Addition $\boldsymbol{A} = \boldsymbol{B} \pm \boldsymbol{C}$	Voraussetzung Zeilenanzahlen $m_B = m_C$ und Spaltenanzahlen $n_B = n_C$ sind gleich: $a_{ij} = b_{ij} \pm c_{ij}$
$\boldsymbol{B} = k\boldsymbol{A} = \boldsymbol{A}k$	Multiplikation mit Skalar k: $b_{ij} = ka_{ij}$
$\boldsymbol{A} = \boldsymbol{A}_{\mathrm{s}} + \boldsymbol{A}_{\mathrm{a}}$	Aufspaltung einer unsymmetrischen quadratischen Matrix $\boldsymbol{A}$ in symmetrischen und schiefsymmetrischen Teil: $\boldsymbol{A}_{\mathrm{s}} = (\boldsymbol{A} + \boldsymbol{A}^{\mathrm{T}})/2$, $\boldsymbol{A}_{\mathrm{a}} = (\boldsymbol{A} - \boldsymbol{A}^{\mathrm{T}})/2$
Spur	Spur einer Matrix, kurz sp$\boldsymbol{A}$, ist die Summe der Hauptdiagonalelemente sp$\boldsymbol{A} = \sum a_{ii}$
Rang	einer Matrix ist die Anzahl der linear unabhängigen Spalten oder Zeilen von $\boldsymbol{A}$.

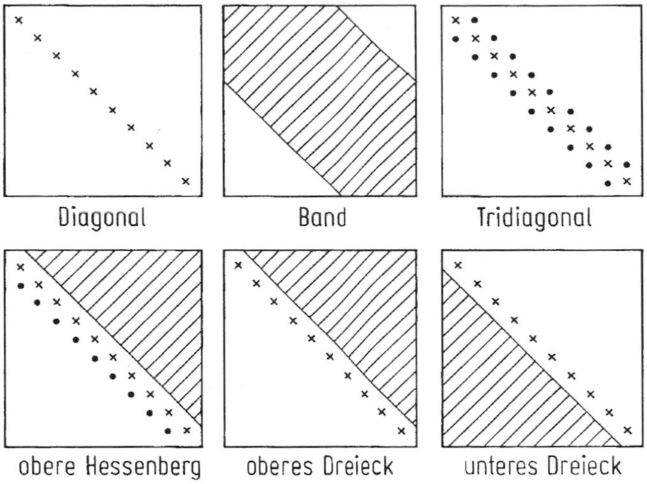

Abb. 6 Spezielle Matrizen. Kreuze $\times$ stehen für Hauptdiagonalelemente

Tab. 8 Praxis der Matrizenmultiplikation. Vier Versionen zur Berechnung der Matrix $C = AB$ sind praktikabel

1.	Elementweise über Skalarprodukte $c_{ij} = \boldsymbol{a}^i \boldsymbol{b}_j$.
2.	Blockweise über Summation von Dyaden $\boldsymbol{C} = \sum_{k=1}^{n} \boldsymbol{a}_k \boldsymbol{b}^k, \quad n = n_A = m_B$.
3.	Spaltenweise $\boldsymbol{C} = [\boldsymbol{A}\boldsymbol{b}_1\ \boldsymbol{A}\boldsymbol{b}_2 \ldots \boldsymbol{A}\boldsymbol{b}_n]$, $n = n_B$.
4.	Zeilenweise $\boldsymbol{C} = \begin{bmatrix} \boldsymbol{a}^1\boldsymbol{B} \\ \vdots \\ \boldsymbol{a}^n\boldsymbol{B} \end{bmatrix}, \quad n = m_A$.

Multiplikation

Matrizenprodukt. Das Produkt $\boldsymbol{C} = \boldsymbol{AB}$ (Signifikanz der Reihenfolge) zweier Matrizen ist nur bei passendem Format ausführbar: Spaltenanzahl von $\boldsymbol{A}$ gleich Zeilenanzahl von $\boldsymbol{B}$.

$$\boxed{(m_A, n_A)\text{-Matrix } \boldsymbol{A}} \cdot \boxed{(m_B, n_B)\text{-Matrix } \boldsymbol{B}}$$
$$\text{ist gleich } \boxed{(m_A, n_B)\text{-Matrix } \boldsymbol{C}}, \text{ falls } n_A = m_B.$$

Für die Zahlenrechnung empfiehlt sich die elementweise Ermittlung der Elemente c_{ij} über Skalarprodukte, $c_{ij} = \boldsymbol{a}^i \boldsymbol{b}_j$. Siehe Tab. 8 und das Beispiel.

Skalarprodukt: Das Produkt einer Zeile $\boldsymbol{a}^1$ (n_1 Elemente) mit einer Spalte $\boldsymbol{a}_2$ (n_2 Elemente) ist berechenbar für $n_1 = n_2$ und unabhängig von der Reihenfolge.

$$c = \boldsymbol{a}^1 \boldsymbol{a}_2 = \boldsymbol{a}_2^{\mathrm{T}} \boldsymbol{a}_{\mathrm{T}}^1, \quad \text{falls} \quad n_1 = n_2. \tag{44}$$

Dyadisches Produkt. Die Dyade $\boldsymbol{C} = \boldsymbol{a}\boldsymbol{b}^{\mathrm{T}}$ als Anordnung linear abhängiger Spalten $\boldsymbol{c}_k = b_k \boldsymbol{a}$ oder Zeilen $\boldsymbol{c}^k = a_k \boldsymbol{b}$ ist erklärt für beliebige Elementanzahl n_a, n_b und hat den Rang 1.

Beispiel:

$$\boldsymbol{A} = \begin{bmatrix} 1 & 0 & 1 \\ 2 & 1 & 1 \end{bmatrix}, \quad \boldsymbol{B} = \begin{bmatrix} 1 & 3 & 0 \\ 1 & -1 & 0 \\ 1 & 1 & 1 \end{bmatrix}.$$

Typisches Skalarprodukt

$$\boldsymbol{a}^1 \boldsymbol{b}_1 = [1\ 0\ 1] \begin{bmatrix} 1 \\ 1 \\ 1 \end{bmatrix} = 2.$$

Typische Dyade

$$\boldsymbol{a}_1\boldsymbol{b}^1 = \begin{bmatrix} 1 \\ 2 \end{bmatrix} [1\ 3\ 0] = \begin{bmatrix} 1 & 3 & 0 \\ 2 & 6 & 0 \end{bmatrix}.$$

$$\boldsymbol{AB} = \begin{bmatrix} \boldsymbol{a}^1\boldsymbol{b}_1 & \boldsymbol{a}^1\boldsymbol{b}_2 & \boldsymbol{a}^1\boldsymbol{b}_3 \\ \boldsymbol{a}^2\boldsymbol{b}_1 & \boldsymbol{a}^2\boldsymbol{b}_2 & \boldsymbol{a}^2\boldsymbol{b}_3 \end{bmatrix} = \begin{bmatrix} 2 & 4 & 1 \\ 4 & 6 & 1 \end{bmatrix},$$

$$\boldsymbol{AB} = \boldsymbol{a}_1\boldsymbol{b}^1 + \boldsymbol{a}_2\boldsymbol{b}^2 + \boldsymbol{a}_3\boldsymbol{b}^3$$

$$= \begin{bmatrix} 1 & 3 & 0 \\ 2 & 6 & 0 \end{bmatrix} + \begin{bmatrix} 0 & 0 & 0 \\ 1 & -1 & 0 \end{bmatrix} + \begin{bmatrix} 1 & 1 & 1 \\ 1 & 1 & 1 \end{bmatrix}$$

$$= \begin{bmatrix} 2 & 4 & 1 \\ 4 & 6 & 1 \end{bmatrix}.$$

Das Produkt $\boldsymbol{BA}$ ist nicht ausführbar, da Spaltenanzahl von $\boldsymbol{B}$ und Zeilenanzahl von $\boldsymbol{A}$ nicht übereinstimmen.

Falk-Anordnung. Insbesondere für die Handausführung von Mehrfachprodukten, z. B. $\boldsymbol{D} = \boldsymbol{ABC} = (\boldsymbol{AB})\boldsymbol{C}$, empfiehlt sich das folgende Anordnungsschema. Das Zwischenergebnis $\boldsymbol{Z} = \boldsymbol{AB}$ ist dabei nur einmal hinzuschreiben.

$$\begin{array}{cccc} & \boldsymbol{B} \begin{bmatrix} 1 & 3 & 0 \\ 1 & -1 & 0 \\ 1 & 1 & 1 \end{bmatrix} & \begin{bmatrix} -1 & 2 \\ 1 & 0 \\ -1 & 1 \end{bmatrix} \boldsymbol{C} \\ \begin{bmatrix} 1 & 0 & 1 \\ 2 & 1 & 1 \end{bmatrix} & \begin{bmatrix} (2) & 4 & 1 \\ 4 & 6 & 1 \end{bmatrix} & \begin{bmatrix} 1 & 5 \\ (1) & 9 \end{bmatrix} \\ \boldsymbol{A} & \boldsymbol{AB} = \boldsymbol{Z} & \boldsymbol{ABC} = \boldsymbol{D} \end{array}$$

Die durchgezogene Umrahmung zeigt das Skalarprodukt $z_{11} = \boldsymbol{a}^1\boldsymbol{b}_1$, die gestrichelte Umrahmung $d_{21} = \boldsymbol{z}^2\boldsymbol{c}_1$.

Multiplikative Eigenschaften

Orthogonale Matrizen (quadratisch) enthalten Spalten $\boldsymbol{a}_i$ (Zeilen $\boldsymbol{a}^k$), deren Skalarprodukte $\boldsymbol{a}_i^{\mathrm{T}}\boldsymbol{a}_j$ entweder 1 $(i = j)$ oder 0 $(i \neq j)$ werden:

$$\boldsymbol{A}^{\mathrm{T}}\boldsymbol{A} = \boldsymbol{A}\boldsymbol{A}^{\mathrm{T}} = \boldsymbol{I} \tag{45}$$

Beispiel:

$$\boldsymbol{A} = \begin{bmatrix} c & -s \\ s & c \end{bmatrix}, \quad s = \sin\varphi, \quad c = \cos\varphi.$$

Unitäre Matrizen (quadratisch) erweitern die reelle Orthogonalität auf komplexe Matrizen:

$$\overline{\boldsymbol{A}}^{\mathrm{T}}\boldsymbol{A} = \boldsymbol{A}\overline{\boldsymbol{A}}^{\mathrm{T}} = \boldsymbol{I} \tag{46}$$

Beispiel:

$$\boldsymbol{A} = \begin{bmatrix} c & \mathrm{j}s \\ \mathrm{j}s & c \end{bmatrix}, \quad \overline{\boldsymbol{A}}^{\mathrm{T}} = \begin{bmatrix} c & -\mathrm{j}s \\ -\mathrm{j}s & c \end{bmatrix},$$
$$s = \sin\varphi, \qquad c = \cos\varphi.$$

Involutorische Matrizen sind orthogonal und symmetrisch (reell) bez. unitär und hermite'sch (komplex):

$$\boldsymbol{A}^2 = \boldsymbol{I}. \tag{47}$$

Beispiel:

$$\boldsymbol{A} = \begin{bmatrix} c & s \\ s & -c \end{bmatrix}, \quad \boldsymbol{A} = \begin{bmatrix} -c & \mathrm{j}s \\ -\mathrm{j}s & c \end{bmatrix}.$$

Die *Kehrmatrix* oder *inverse Matrix* $\boldsymbol{A}^{-1}$ zu einer gegebenen Matrix $\boldsymbol{A}$ ist erklärt als Faktor zu $\boldsymbol{A}$ derart, dass die Einheitsmatrix entsteht:

$$\boldsymbol{A}\boldsymbol{A}^{-1} = \boldsymbol{A}^{-1}\boldsymbol{A} = \boldsymbol{I}. \tag{48}$$

Bei quadratischen (2,2)-Matrizen gilt

$$\boldsymbol{A} = \begin{bmatrix} a_{11} & a_{12} \\ a_{21} & a_{22} \end{bmatrix},$$
$$\boldsymbol{A}^{-1} = \mathrm{A}^{-1} \begin{bmatrix} a_{22} & -a_{12} \\ -a_{21} & a_{11} \end{bmatrix}, \tag{49}$$

falls $\mathrm{A} = \det(\boldsymbol{A}) = a_{11}a_{22} - a_{12}a_{21} \neq 0$.

Rechenregeln:

$$\begin{aligned}
&\boldsymbol{AB} \neq \boldsymbol{BA}, \text{von Sonderfällen abgesehen}\\
&\boldsymbol{ABC} = (\boldsymbol{AB})\boldsymbol{C} = \boldsymbol{A}(\boldsymbol{BC})\\
&(\boldsymbol{A}_1\boldsymbol{A}_2\ldots\boldsymbol{A}_k)^{\mathrm{T}} = \boldsymbol{A}_k^{\mathrm{T}}\ldots\boldsymbol{A}_2^{\mathrm{T}}\boldsymbol{A}_1^{\mathrm{T}}\\
&(\boldsymbol{A}_1\boldsymbol{A}_2\ldots\boldsymbol{A}_k)^{-1} = \boldsymbol{A}_k^{-1}\ldots\boldsymbol{A}_2^{-1}\boldsymbol{A}_1^{-1}\\
&\boldsymbol{A}(\boldsymbol{B}+\boldsymbol{C}) = \boldsymbol{AB}+\boldsymbol{AC}\\
&(\boldsymbol{A}+\boldsymbol{B})\boldsymbol{C} = \boldsymbol{AC}+\boldsymbol{BC}
\end{aligned} \tag{50}$$

Kronecker-Produkt (auch: direktes Produkt). Das Kronecker-Produkt ist definiert als multiplikative Verknüpfung (Symbol $\otimes$) zweier Matrizen $\boldsymbol{A}$ (p Zeilen, q Spalten) und $\boldsymbol{B}$ (r Zeilen, s Spalten) zu einer Produktmatrix $\boldsymbol{K}$ (pr Zeilen, qs Spalten) nach folgendem Schema:

$$\boldsymbol{K} = \boldsymbol{A}\otimes\boldsymbol{B} = \begin{vmatrix} a_{11}\boldsymbol{B} & \ldots & a_{1q}\boldsymbol{B}\\ \vdots & & \vdots\\ a_{p1}\boldsymbol{B} & \ldots & a_{pq}\boldsymbol{B}\end{vmatrix}. \tag{51}$$

Beziehungen:

$$\begin{aligned}
&\boldsymbol{A}\otimes\boldsymbol{B} \neq \boldsymbol{B}\otimes\boldsymbol{A}, \quad \text{von Sonderfällen abgesehen}\\
&\boldsymbol{A}\otimes(\boldsymbol{B}\otimes\boldsymbol{C}) = (\boldsymbol{A}\otimes\boldsymbol{B})\otimes\boldsymbol{C}\\
&(\boldsymbol{A}\otimes\boldsymbol{B})(\boldsymbol{C}\otimes\boldsymbol{D}) = (\boldsymbol{AC})\otimes(\boldsymbol{BD})\\
&(\boldsymbol{A}\otimes\boldsymbol{B})^{\mathrm{T}} = \boldsymbol{A}^{\mathrm{T}}\otimes\boldsymbol{B}^{\mathrm{T}}\\
&(\boldsymbol{A}\otimes\boldsymbol{B})^{-1} = \boldsymbol{A}^{-1}\otimes\boldsymbol{B}^{-1}, \quad \text{falls } \boldsymbol{A}, \boldsymbol{B} \text{ regulär}\\
&\det(\boldsymbol{A}\otimes\boldsymbol{B}) = (\det(\boldsymbol{A}))^{n_b}(\det(\boldsymbol{B}))^{n_a}\\
&\quad \text{für } p = q = n_a, \quad r = s = n_b.
\end{aligned} \tag{52}$$

Man beachte die Unterschiede zu den Rechenregeln (50) für gewöhnliche Matrizenprodukte.

Matrixnormen

Bei der Beurteilung und globalen Abschätzung von linearen Operationen sind Normen von großer Bedeutung.

Abschätzung eines Skalarproduktes

$$|\,\boldsymbol{a}^{\mathrm{T}}\boldsymbol{b}\,| \leqq \begin{cases} \|\boldsymbol{a}\|_2\|\boldsymbol{b}\|_1\\ \|\boldsymbol{a}\|_1\|\boldsymbol{b}\|_2\\ \|\boldsymbol{a}\|_3\|\boldsymbol{b}\|_3\end{cases}. \tag{53}$$

Abschätzung einer linearen Abbildung (Tab. 9)

$$\|\boldsymbol{Ax}\|_k \leqq \|\boldsymbol{A}\|_k\|\boldsymbol{x}\|_k, \quad k = 1,\ 2 \text{ oder } 3. \tag{54}$$

Beispiele:

$$\begin{aligned}
&\boldsymbol{a}^{\mathrm{T}} = [1\ \ 2\ \ 3 - 4], \quad \boldsymbol{b}^T = [1\ \ 1\ \ 1 - 2]\\
&\text{mit } \boldsymbol{a}^{\mathrm{T}}\boldsymbol{b} = 14.\\
&\|\boldsymbol{a}\|_1 = 4, \quad \|\boldsymbol{a}\|_2 = 10, \quad \|\boldsymbol{a}\|_3 = \sqrt{30}.\\
&\|\boldsymbol{b}\|_1 = 2, \quad \|\boldsymbol{b}\|_2 = 5, \quad \|\boldsymbol{b}\|_3 = \sqrt{7}.\\
&(\boldsymbol{a}^{\mathrm{T}}\boldsymbol{b} = 14) \leqq 10\cdot 2, \quad 4\cdot 5, \quad \sqrt{30\cdot 7} = 14{,}5
\end{aligned}$$

$$\boldsymbol{A} = \begin{bmatrix} 5 & -1 & 2\\ -1 & 0 & 2\\ 3 & -2 & 1\end{bmatrix}, \quad \boldsymbol{x} = \begin{bmatrix} 1\\ -\mathrm{j}\\ 2\end{bmatrix},$$

$$\boldsymbol{y} = \boldsymbol{Ax} = \begin{bmatrix} 9+\mathrm{j}\\ 3\\ 5+2\mathrm{j}\end{bmatrix}$$

	$k = 1$	$k = 2$	$k = 3$
$\|\boldsymbol{A}\|_k$	8	9	$\sqrt{49} = 7$
$\|\boldsymbol{x}\|_k$	2	4	$\sqrt{6}$
$\|\boldsymbol{A}\|_k\|\boldsymbol{x}\|_k$	16	36	17,15
$\|\boldsymbol{y}\|_k$	$\sqrt{82}$	17,44	$\sqrt{120}$

Für inverse Formen gibt es folgende Abschätzungen, die für alle Normen $k = 1, 2, 3$ gelten:

Tab. 9 Notwendige Eigenschaften von Normen

Name	Spaltennorm $\|\boldsymbol{a}\|$	Matrixnorm $\|\boldsymbol{A}\|$
	$\|\boldsymbol{a}\| > 0$ für $\boldsymbol{a} \neq 0$	$\|\boldsymbol{A}\| > 0$ für $\boldsymbol{A} \neq 0$
Homogenität	$\|c\boldsymbol{a}\| = \|c\|\ \|\boldsymbol{a}\|$	$\|c\boldsymbol{A}\| = \|c\|\ \|\boldsymbol{A}\|$
Dreiecksungleichung	$\|\boldsymbol{a}+\boldsymbol{b}\| \leqq \|\boldsymbol{a}\| + \|\boldsymbol{b}\|$	$\|\boldsymbol{A}+\boldsymbol{B}\| \leqq \|\boldsymbol{A}\| + \|\boldsymbol{B}\|$
	$\|\boldsymbol{a}^{\mathrm{T}}\boldsymbol{b}\| \leqq \|\boldsymbol{a}\|_j\|\boldsymbol{b}\|_k$	$\|\boldsymbol{AB}\| \leqq \|\boldsymbol{A}\|_j\|\boldsymbol{B}\|_k$

Tab. 10 Spezielle Normen und Abschätzungen

Spaltennorm $\boldsymbol{a}$	
$\lVert \boldsymbol{a} \rVert_1 = \max_{k=1}^{n} \mid a_k \mid$	Maximumnorm
$\lVert \boldsymbol{a} \rVert_2 = \sum_{k=1}^{n} \mid a_k \mid$	Betragssummen-norm
$\lVert \boldsymbol{a} \rVert_3 = \sqrt{\overline{\boldsymbol{a}}^{\mathrm{T}} \boldsymbol{a}}$	Euklid'sche Norm
Matrixnorm $\boldsymbol{A}$	
$\lVert \boldsymbol{A} \rVert_1 = \max_{k=1}^{n} \lVert \boldsymbol{a}^k \rVert_2$	Zeilennorm
$\lVert \boldsymbol{A} \rVert_2 = \max_{k=1}^{n} \lVert \boldsymbol{a}_k \rVert_2$	Spaltennorm
$\lVert \boldsymbol{A} \rVert_3 = \sqrt{\sum_{i=1}^{n} \sum_{k=1}^{n} \lvert a_{ik} \rvert^2} = \sqrt{\mathrm{sp}\left(\overline{\boldsymbol{A}}^{\mathrm{T}} \boldsymbol{A}\right)}$	Euklid'sche Norm

$$\begin{aligned} &\left\lVert (\boldsymbol{A}+\boldsymbol{B})^{-1} \right\rVert \leqq \frac{\left\lVert \boldsymbol{A}^{-1} \right\rVert}{1 - \left\lVert \boldsymbol{A}^{-1}\boldsymbol{B} \right\rVert}, \\ &\text{falls Nenner} > 0, \\ &\left\lVert (\boldsymbol{A}+\boldsymbol{B})^{-1} \right\rVert \leqq \frac{\left\lVert \boldsymbol{A}^{-1} \right\rVert}{1 - \left\lVert \boldsymbol{A}^{-1} \right\rVert \left\lVert \boldsymbol{B} \right\rVert}, \\ &\text{falls Nenner} > 0. \end{aligned} \tag{55}$$

1.3.2 Determinanten

Die Determinante ist eine skalare Kenngröße einer quadratischen Matrix mit reellen oder komplexen Elementen:

$$A = \det(\boldsymbol{A}) = \begin{vmatrix} a_{11} & \dots & a_{1n} \\ \vdots & & \vdots \\ a_{n1} & \dots & a_{nn} \end{vmatrix} = \mid \boldsymbol{A} \mid . \tag{56}$$

Theoretisch ist $\det(\boldsymbol{A})$ gleich der Summe der $n!$ Produkte

$$\det(\boldsymbol{A}) = \sum (-1)^r a_{1k_1} a_{2k_2} \dots \, a_{nk_n} \tag{57}$$

mit den $n!$ verschiedenen geordneten Indexketten $k_1, k_2, \dots, k_n$; $k_i \in \{1, 2, \dots, n\}$. Der Exponent $r \in \mathbb{N}$ gibt die Anzahl der Austauschungen innerhalb der Folge $1, 2, \dots, n, k_1, k_2, \dots, k_n$ an. Die praktische Berechnung erfolgt über eine Dreieckszerlegung.

Beispiel: $n = 3$, $n! = 6$

k_1	k_2	k_3	r	Summand
1	2	3	0	$a_{11}\, a_{22}\, a_{33}$
1	3	2	1	$-a_{11}\, a_{23}\, a_{32}$
2	3	1	0	$a_{12}\, a_{23}\, a_{31}$
2	1	3	1	$-a_{12}\, a_{21}\, a_{23}$
3	1	2	0	$a_{13}\, a_{21}\, a_{32}$
3	2	1	1	$-a_{13}\, a_{22}\, a_{31}$

Adjungierte Elemente A_{ij} zu a_{ji} (Indexvertauschung) sind als partielle Ableitungen der Determinante erklärt oder als Unterdeterminanten D_{ji} des Zahlenfeldes der Matrix $\boldsymbol{A}$, das durch Streichen der i-ten Spalte und j-ten Zeile entsteht.

$$A_{ij} = \frac{\partial A}{\partial a_{ji}}, \quad A_{ij} = (-1)^{i+j} D_{ji}. \tag{58}$$

Die adjungierte Matrix $\boldsymbol{A}_{\mathrm{adj}} = (A_{ij})$ zu $\boldsymbol{A}$ ist gleich dem A-fachen der Inversen:

$$\begin{aligned} &\boldsymbol{A}_{\mathrm{adj}} = \left(A_{ij}\right), \quad \boldsymbol{A}\boldsymbol{A}_{\mathrm{adj}} = \boldsymbol{A}_{\mathrm{adj}}\boldsymbol{A} = A\boldsymbol{I}, \\ &\boldsymbol{A}_{\mathrm{adj}} = A\boldsymbol{A}^{-1}. \end{aligned} \tag{59}$$

Rechenregeln:

1. $\det(\boldsymbol{A}) = \det(\boldsymbol{A}^{\mathrm{T}}) = A$ (60)
2. $\det(\boldsymbol{a}_1, \lambda\boldsymbol{a}_2, \boldsymbol{a}_3, \dots)$
   $= \lambda \det(\boldsymbol{a}_1, \boldsymbol{a}_2, \boldsymbol{a}_3, \dots)$
   $\det(\lambda\boldsymbol{A}) = \lambda^n A$, $\boldsymbol{A} = (\boldsymbol{a}_1, \dots, \boldsymbol{a}_n)$
3. Additivität
   $\det(\boldsymbol{a}_1, \boldsymbol{a}_2 + \boldsymbol{b}_2, \boldsymbol{a}_3, \dots)$
   $= \det(\boldsymbol{a}_1, \boldsymbol{a}_2, \boldsymbol{a}_3, \dots) +$
   $\det(\boldsymbol{a}_1, \boldsymbol{b}_2, \boldsymbol{a}_3, \dots)$
4. Vorzeichenänderung pro Austausch
   $\det(\boldsymbol{a}_1, \boldsymbol{a}_3, \boldsymbol{a}_2, \boldsymbol{a}_4, \dots)$
   $= -\det(\boldsymbol{a}_1, \boldsymbol{a}_2, \boldsymbol{a}_3, \boldsymbol{a}_4, \dots)$
5. Lineare Kombination von Zeilen und/oder Spalten verändert A nicht.
   $\det(\boldsymbol{a}_1, \boldsymbol{a}_2 + \lambda\boldsymbol{a}_1, \boldsymbol{a}_3, \dots)$
   $= \det(\boldsymbol{a}_1, \boldsymbol{a}_2, \boldsymbol{a}_3, \dots)$
6. det(Dreiecksmatrix) = Produkt der Hauptdiagonalelemente
7. $\det(\boldsymbol{AB}) = \det(\boldsymbol{A}) \det(\boldsymbol{B}) = \det(\boldsymbol{BA})$
8. Regeln 2 bis 5 gelten analog für Zeilen.

9. Hadamard'sche Ungleichung

$$[\det(\boldsymbol{A})]^2 \leqq \prod_{i=1}^{n} \sum_{k=1}^{n} a_{ik}^2$$

10. $$\det \begin{bmatrix} \boldsymbol{A} & \boldsymbol{B} \\ \boldsymbol{C} & \boldsymbol{D} \end{bmatrix} = \det(\boldsymbol{A}) \det\left(\boldsymbol{D} - \boldsymbol{C}\boldsymbol{A}^{-1}\boldsymbol{B}\right)$$

Entwicklungssatz:
Eine Determinante $\det(\boldsymbol{A})$ lässt sich nach den Elementen einer beliebigen Zeile i oder Spalte k entwickeln.

$$\begin{aligned} \det(\boldsymbol{A}) &= a_{i1}A_{1i} + a_{i2}A_{2i} + a_{i3}A_{3i} + \cdots + a_{in}A_{ni}, \\ \det(\boldsymbol{A}) &= a_{1k}A_{k1} + a_{2k}A_{k2} + a_{3k}A_{k3} + \cdots + a_{nk}A_{kn}. \end{aligned} \quad (61)$$

A_{ij} : adjungierte Elemente zu a_{ji}

Beispiel: Entwickung einer Determinante 3. Ordnung nach der 1. Zeile

$$\det(\boldsymbol{A}) = \begin{vmatrix} a_{11} & a_{12} & a_{13} \\ a_{21} & a_{22} & a_{23} \\ a_{31} & a_{32} & a_{33} \end{vmatrix} - a_{11} \begin{vmatrix} a_{22} & a_{23} \\ a_{32} & a_{33} \end{vmatrix} - a_{12} \begin{vmatrix} a_{21} & a_{23} \\ a_{31} & a_{33} \end{vmatrix} + a_{13} \begin{vmatrix} a_{21} & a_{22} \\ a_{31} & a_{32} \end{vmatrix}$$

1.3.3 Vektoren

1.3.3.1 Vektoreigenschaften

In der Physik treten gerichtete Größen auf, die durch einen Skalar alleine nicht vollständig bestimmt sind; so zum Beispiel das Moment. Zu seiner Charakterisierung benötigt man insgesamt drei Angaben, die zusammengenommen einen Vektor $\boldsymbol{v}$ bestimmen. Bildlich wird $\boldsymbol{v}$ durch einen Pfeil dargestellt, siehe Abb. 7.

Ein Vektor ist gekennzeichnet durch die drei Größen *Betrag* (Länge, Norm), *Richtung* und *Richtungssinn* (Orientierung).

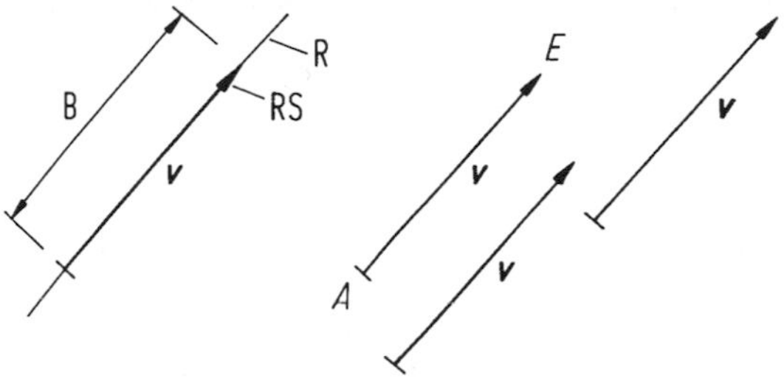

Abb. 7 Feld gleicher freier Vektoren $\boldsymbol{v}$. B: Betrag; R: Richtung; RS: Richtungssinn

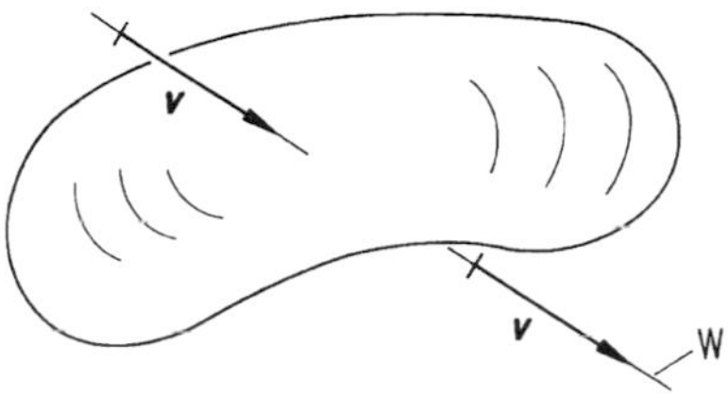

Abb. 8 Feld gleicher linienflüchtiger Vektoren $\boldsymbol{v}$ beim starren Körper. *W*: Wirkungslinie

Tab. 11 Merkmale von Vektoren

	Merkmale				
Freier Vektor	B	R	RS		
Linienflüchtiger Vektor	B		RS	W	
Gebundener Vektor	B		RS	W	A

B Betrag, R Richtung, RS Richtungssinn, W Wirkungslinie, A Angriffspunkt

Im dreidimensionalen Raum unserer Anschauung lassen sich Vektoren als geordnetes Paar eines Anfangspunktes A und eines Endpunktes E darstellen; sog. gerichtete Strecke. Dabei ist die absolute Lage der End- oder Anfangspunkte unerheblich, siehe Abb. 7. In der Physik kommen Vektoren besonderer Art vor, die zusätzliche Merkmale aufweisen. Beim starren Körper z. B. verursachen nur solche Kräfte identische Wirkungen, die in Betrag, Wirkungslinie und Richtungssinn übereinstimmen, wobei die Wirkungslinie die Richtung enthält, Abb. 8.

In der Mathematik versteht man unter einem „Vektor" stets einen *freien Vektor*.

Wird im Raum (mit dem Sonderfall der Ebene) ein Bezugspunkt (auch: Initialpunkt)

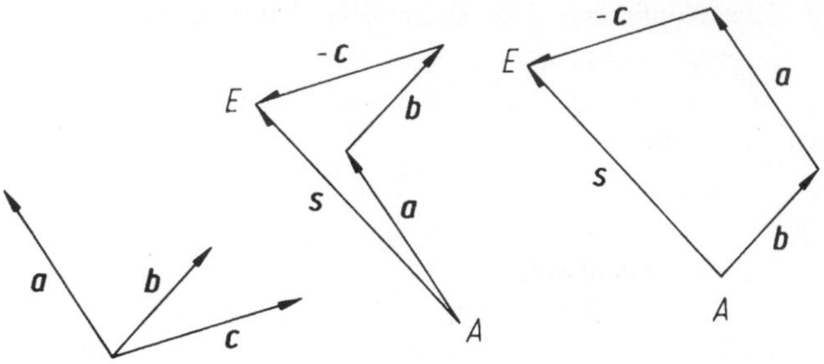

Abb. 9 Vektoraddition $s = a + b - c = b + a - c$

O ausgezeichnet, so nennt man die gerichtete Strecke von O zu einem beliebigen anderen Punkt P *Ortsvektor*. *Einheitsvektoren* haben den Betrag 1 und werden durch den Exponenten null oder mit dem Buchstaben $\boldsymbol{e}$ bezeichnet.

$$\begin{aligned}&\text{Vektor } \boldsymbol{a}, \quad \text{Betrag } a = |\, \boldsymbol{a}\, |,\\ &\text{Richtungseinheitsvektor } \boldsymbol{a}^0 \text{ oder } \boldsymbol{e}_a \text{ zu } \boldsymbol{a}:\\ &\boldsymbol{e}_a = \boldsymbol{a}^0 = \boldsymbol{a}/a.\end{aligned} \tag{62}$$

Ein Vektor mit der Länge null heißt Nullvektor $\boldsymbol{o}$. Die Norm (Betrag, Länge) eines Vektors hat die Eigenschaften der Spaltennorm.

Kollineare Vektoren sind einander parallel.
Komplanare Vektoren im Raum haben
eine gemeinsame Senkrechte. (63)

Addition zweier Vektoren geschieht im Raum unserer Anschauung durch Aneinanderreihung der Vektoren (Vektorzug), wobei der Summenvektor $\boldsymbol{s}$ als gerichtete Strecke vom willkürlichen Anfangspunkt A bis zum abhängigen Endpunkt E unabhängig von der Reihung der Vektorsummanden ist, siehe Abb. 9.

$$\begin{aligned}&\boldsymbol{a} + \boldsymbol{b} = \boldsymbol{b} + \boldsymbol{a},\\ &\boldsymbol{a} + \boldsymbol{b} + \boldsymbol{c} = \boldsymbol{a} + (\boldsymbol{b} + \boldsymbol{c}) = (\boldsymbol{a} + \boldsymbol{b}) + \boldsymbol{c},\\ &\boldsymbol{a} - \boldsymbol{b} = \boldsymbol{a} + (-\boldsymbol{b}) = (-\boldsymbol{b}) + \boldsymbol{a},\\ &\boldsymbol{a} + (-\boldsymbol{a}) = \boldsymbol{0}.\end{aligned} \tag{64}$$

Der negative Vektor $-\boldsymbol{a}$ unterscheidet sich von $\boldsymbol{a}$ nur durch den Richtungssinn. Bezüglich der Multiplikation eines Vektors mit einem Skalar c verhalten sich Vektoren wie Skalare.

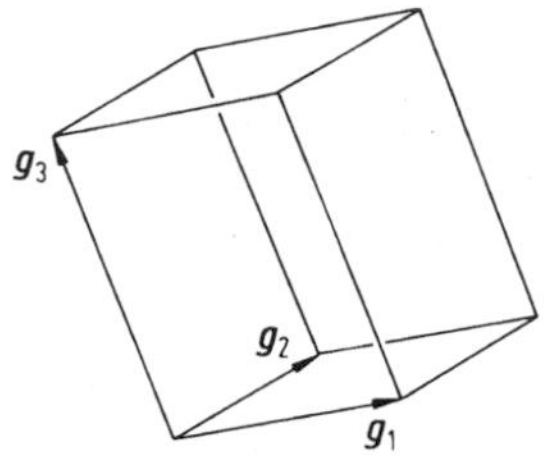

Abb. 10 Spat eines nicht komplanaren Tripels $\boldsymbol{g}_i$

$$\begin{aligned}c_1(c_2\boldsymbol{a}) &= (c_1c_2)\boldsymbol{a},\\ c(\boldsymbol{a} + \boldsymbol{b}) &= c\boldsymbol{a} + c\boldsymbol{b},\\ (c_1 + c_2)\boldsymbol{a} &= c_1\boldsymbol{a} + c_2\boldsymbol{a}.\end{aligned}$$

1.3.3.2 Basis

Die Vektoren $\boldsymbol{g}_1$, $\boldsymbol{g}_2$, $\boldsymbol{g}_3$, im Raum sind linear unabhängig voneinander, wenn zwei beliebige von ihnen nicht den dritten darstellen können:

$$\begin{aligned}&c_1\boldsymbol{g}_1 + c_2\boldsymbol{g}_2 + c_3\boldsymbol{g}_3 = \boldsymbol{o} \quad \text{nur für}\\ &c_1 = c_2 = c_3 = 0.\end{aligned} \tag{65}$$

Dies ist gegeben, falls das Vektortripel nicht komplanar ist, also ein Volumen (*Parallelepiped, Spat*) nach Abb. 10 aufspannt. Jeder Vektor $\boldsymbol{v}$ des Raumes lässt sich dann eindeutig als Linearkombination des Tripels $\boldsymbol{g}_i$ darstellen. Man spricht in diesem Zusammenhang von einer Koordinatendarstellung des Vektors $\boldsymbol{v}$ bezüglich der Basis $\boldsymbol{g}_i$.

$$\begin{aligned}&\text{Falls (65) für } \boldsymbol{g}_1, \boldsymbol{g}_2, \boldsymbol{g}_3 \text{ gilt}: \ \boldsymbol{g}_i \text{ Basis.}\\ &\boldsymbol{v} = v^i\boldsymbol{g}_i = v^1\boldsymbol{g}_1 + v^2\boldsymbol{g}_2 + v^3\boldsymbol{g}_3.\\ &v^i, \text{ auch } v_i, \textit{Koordinaten};\ v^i\boldsymbol{g}_i, \text{ auch } v_i\boldsymbol{g}^i,\\ &\textit{Komponenten}.\end{aligned} \tag{66}$$

Der Kopfzeiger $i \in \mathbb{N}$ ist eine Nummerierungsgröße und keine Potenz.

Summationskonvention: Über gleiche Indizes ist zu summieren.

Eine Basis $\boldsymbol{g}_i$ bildet ein *Rechtssystem*, wenn beim Drehen von $\boldsymbol{g}_1$ nach $\boldsymbol{g}_2$ auf kürzestem Wege eine Rechtsschraube in die Richtung von $\boldsymbol{g}_3$ vorrücken würde oder wenn $\boldsymbol{g}_1$ dem Daumen, $\boldsymbol{g}_2$ dem Zeigefinger und $\boldsymbol{g}_3$ dem Mittelfinger der gespreizten rechten Hand zugeordnet werden kann.

Koordinatendarstellungen für Vektoren ermöglichen das konkrete Rechnen besonders im Fall nur einer einheitlichen Basis $\boldsymbol{g}_i$. Die Addition reduziert sich dann auf die skalare Addition der Koordinaten.

$$\begin{aligned}\text{Addition } \boldsymbol{s} &= \boldsymbol{u} + \boldsymbol{v},\\ \boldsymbol{u} &= u^i \boldsymbol{g}_i, \quad \boldsymbol{v} = v^i \boldsymbol{g}_i,\\ \boldsymbol{s} &= (u^i + v^i)\boldsymbol{g}_i.\end{aligned} \tag{67}$$

Die Multiplikation zweier Vektoren $\boldsymbol{a}$ und $\boldsymbol{b}$ wird in zweckmäßiger Weise zurückgeführt auf die skalare Multiplikation der Koordinaten. Die Motivation für die zwei eingeführten Multiplikationstypen

inneres (Skalar-, Punkt-)Produkt

$\boldsymbol{a} \cdot \boldsymbol{b} = c, \quad c$ Skalar;

äußeres (Vektor-, Kreuz-)Produkt

$\boldsymbol{a} \times \boldsymbol{b} = \boldsymbol{c}, \quad \boldsymbol{c}$ Vektor;

ergibt sich aus den Anwendungen.

1.3.3.3 Inneres oder Skalarprodukt

Das Skalarprodukt von zwei Vektoren $\boldsymbol{a}$ und $\boldsymbol{b}$ im Raum ist bei einheitlicher orthonormaler Basis gleich dem Skalarprodukt ihrer Koordinatenspalten.

$$\begin{aligned}&\boldsymbol{a} = a^i \boldsymbol{e}_i, \quad \boldsymbol{b} = b^i \boldsymbol{e}_i, \quad \boldsymbol{e}_i \text{ orthonormal},\\ &\boldsymbol{a} \cdot \boldsymbol{b} = \boldsymbol{a}^{\mathrm{T}} \boldsymbol{b} = a^1 b^1 + a^2 b^2 + a^3 b^3 = a^i b^i.\end{aligned} \tag{68}$$

Im Raum unserer Anschauung, Abb. 11, entspricht das Skalarprodukt der Projektion des Einheitsvektors $\boldsymbol{e}_a$ in die Richtung $\boldsymbol{e}_b$ multipliziert mit dem Produkt der Beträge a, b und umgekehrt.

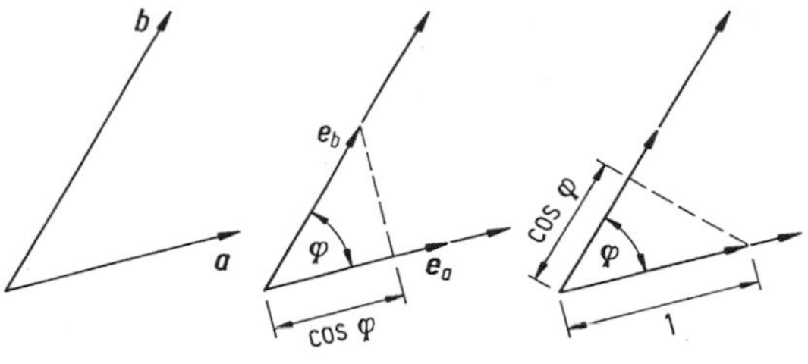

Abb. 11 Skalarprodukt

$$\begin{aligned}&\boldsymbol{a} \cdot \boldsymbol{b} = ab\boldsymbol{e}_a \cdot \boldsymbol{e}_b = ab\cos\varphi,\\ &a = |\,\boldsymbol{a}\,|, \; b = |\,\boldsymbol{b}\,|,\\ &\varphi \text{ Winkel zwischen } \boldsymbol{a} \text{ und } \boldsymbol{b}, \; 0 \leqq \varphi \leqq \pi.\end{aligned} \tag{69}$$

Rechenregeln:

$$\begin{aligned}\cos\varphi &= \boldsymbol{a} \cdot \boldsymbol{b}/(ab),\\ \boldsymbol{a} \cdot \boldsymbol{b} &= \boldsymbol{b} \cdot \boldsymbol{a},\\ (c\boldsymbol{a}) \cdot \boldsymbol{b} &= c(\boldsymbol{a} \cdot \boldsymbol{b}),\\ \boldsymbol{a} \cdot (\boldsymbol{b} + \mathbf{c}) &= \boldsymbol{a} \cdot \boldsymbol{b} + \boldsymbol{a} \cdot \mathbf{c},\\ \boldsymbol{a} \cdot \boldsymbol{a} &= a^2 = |\,\boldsymbol{a}\,|^2.\end{aligned}$$

Beliebige Basis $\boldsymbol{a}_i$, $\boldsymbol{u} = u^i \boldsymbol{a}_i$, $\boldsymbol{v} = v^i \boldsymbol{a}_i$

$$\begin{aligned}\boldsymbol{u} \cdot \boldsymbol{v} &= u^1 v^1 \boldsymbol{a}_1 \cdot \boldsymbol{a}_1 + u^1 v^2 \boldsymbol{a}_1 \cdot \boldsymbol{a}_2 + u^1 v^3 \boldsymbol{a}_1 \cdot \boldsymbol{a}_3\\ &+ u^2 v^1 \boldsymbol{a}_2 \cdot \boldsymbol{a}_1 + u^2 v^2 \boldsymbol{a}_2 \cdot \boldsymbol{a}_2 + u^2 v^3 \boldsymbol{a}_2 \cdot \boldsymbol{a}_3\\ &+ u^3 v^1 \boldsymbol{a}_3 \cdot \boldsymbol{a}_1 + u^3 v^2 \boldsymbol{a}_3 \cdot \boldsymbol{a}_2 + u^3 v^3 \boldsymbol{a}_3 \cdot \boldsymbol{a}_3\\ &= \sum_{j=1}^{3} \sum_{k=1}^{3} u^j v^k \boldsymbol{a}_j \cdot \boldsymbol{a}_k = u^j v^k a_{jk}.\end{aligned} \tag{70}$$

$$a_{jk} = a_{kj} = \boldsymbol{a}_j \cdot \boldsymbol{a}_k \quad \textit{Metrikkoeffizienten}. \tag{71}$$

$$v = \sqrt{\boldsymbol{v} \cdot \boldsymbol{v}} = \sqrt{v^j v^k a_{jk}}. \tag{72}$$

Skalarprodukt orthonormaler Basisvektoren $\boldsymbol{e}_i$

$$\boldsymbol{e}_i \cdot \boldsymbol{e}_j = \delta_{ij} = \begin{cases} 0 & \text{für } i \neq j\\ 1 & \text{für } i = j\end{cases}, \tag{73}$$

δ_{ij} Kronecker-Symbol.

Beispiel:

$$\boldsymbol{a} = 5\boldsymbol{e}_1 + 2\boldsymbol{e}_2 + \boldsymbol{e}_3$$
$$\boldsymbol{b} = -\boldsymbol{e}_1 - 4\boldsymbol{e}_2 + 2\boldsymbol{e}_3$$

Koordinatenspalten

$$\boldsymbol{a} = \begin{bmatrix} 5 \\ 2 \\ 1 \end{bmatrix}, \quad \boldsymbol{b} = \begin{bmatrix} -1 \\ -4 \\ 2 \end{bmatrix}$$

$$\cos\varphi = \frac{\boldsymbol{a}\cdot\boldsymbol{b}}{ab} = \frac{\boldsymbol{a}^{\mathrm{T}}\boldsymbol{b}}{\sqrt{30}\sqrt{21}} = \frac{-11}{\sqrt{630}} = -0{,}438,$$
$$\varphi = 64{,}0^{\circ}.$$

1.3.3.4 Äußeres oder Vektorprodukt

Das Vektorprodukt von zwei Vektoren $\boldsymbol{a}$ und $\boldsymbol{b}$ im Raum ist bei einheitlicher orthonormaler Basis erklärt als schiefsymmetrische Linearkombination der beteiligten Koordinatenspalten.

$$\boldsymbol{a} = a^i\boldsymbol{e}_i, \quad \boldsymbol{b} = b^i\boldsymbol{e}_i,$$
$$\boldsymbol{a}\times\boldsymbol{b} = \boldsymbol{c}, \; \boldsymbol{c} = c^i\boldsymbol{e}_i,$$
$$\begin{bmatrix} c^1 \\ c^2 \\ c^3 \end{bmatrix} = \begin{bmatrix} b^3a^2 - b^2a^3 \\ -b^3a^1 + b^1a^3 \\ b^2a^1 - b^1a^2 \end{bmatrix} = (\boldsymbol{a}\,\times)\;\boldsymbol{b} = -(\boldsymbol{b}\,\times)\;\boldsymbol{a}, \tag{74}$$

$$(\boldsymbol{a}\,\times) = \begin{bmatrix} 0 & -a^3 & a^2 \\ a^3 & 0 & -a^1 \\ -a^2 & a^1 & 0 \end{bmatrix} = \widetilde{\boldsymbol{a}}.$$

Im Raum unserer Anschauung, Abb. 12, entspricht das Vektorprodukt $\boldsymbol{a}\times\boldsymbol{b}$ einem Vektor $\boldsymbol{c}$ mit folgenden Eigenschaften:

$\boldsymbol{c} = \boldsymbol{a}\times\boldsymbol{b}$:

Richtung :	Senkrecht auf $\boldsymbol{a}$ und $\boldsymbol{b}$
Richtungssinn :	$\boldsymbol{a}, \boldsymbol{b}, \boldsymbol{c}$ bilden in dieser Reihenfolge ein Rechtssystem
Betrag :	$c = ab\sin\varphi, \; 0 \le \varphi \le \pi$
	φ Winkel zwischen $\boldsymbol{a}$ und $\boldsymbol{b}$
	c gleich der Fläche des Parallelogramms mit den Kanten $\boldsymbol{a}$ und $\boldsymbol{b}$.

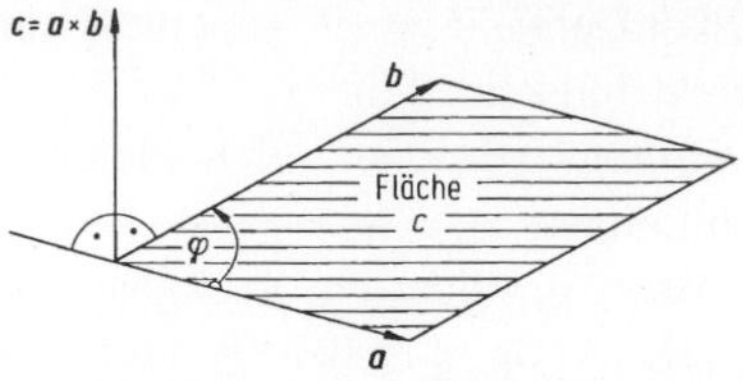

Abb. 12 Kreuzprodukt $\boldsymbol{c} = \boldsymbol{a}\times\boldsymbol{b}$

Rechenregeln:

$$\begin{aligned} &\boldsymbol{a}\times\boldsymbol{b} = -\boldsymbol{b}\times\boldsymbol{a}, \\ &(c\boldsymbol{a})\times\boldsymbol{b} = c(\boldsymbol{a}\times\boldsymbol{b}), \\ &\boldsymbol{a}\times(\boldsymbol{b}+\boldsymbol{c}) = \boldsymbol{a}\times\boldsymbol{b} + \boldsymbol{a}\times\boldsymbol{c}, \\ &\boldsymbol{a}\times\boldsymbol{a} = \boldsymbol{o}, \\ &\boldsymbol{e}_1\times\boldsymbol{e}_2 = \boldsymbol{e}_3, \quad \boldsymbol{e}_3\times\boldsymbol{e}_1 = \boldsymbol{e}_2, \quad \boldsymbol{e}_2\times\boldsymbol{e}_3 = \boldsymbol{e}_1, \\ &\sin\varphi = \frac{|\,\boldsymbol{a}\times\boldsymbol{b}\,|}{ab}. \end{aligned} \tag{75}$$

1.3.3.5 Spatprodukt, Mehrfachprodukte

Das gemischte Produkt $(\boldsymbol{a}_1\times\boldsymbol{a}_2)\cdot\boldsymbol{a}_3$ eines Vektortripels ist ein Skalar, dessen Betrag bei Priorität des Vektorproduktes unabhängig ist von der Reihung der Vektoren und Verknüpfungen. Bei Veränderung des Zyklus 1, 2, 3 verändert sich lediglich das Vorzeichen. Im Anschauungsraum entspricht das Produkt $(\boldsymbol{a}_1\times\boldsymbol{a}_2)\cdot\boldsymbol{a}_3$ dem Volumen V des Parallelepipeds mit $\boldsymbol{a}_1$, $\boldsymbol{a}_2$ und $\boldsymbol{a}_3$ als Kanten; es wird deshalb auch *Spatprodukt* genannt.

$$\begin{aligned} &(\boldsymbol{a}_1,\; \boldsymbol{a}_2,\; \boldsymbol{a}_3) = \left(\boldsymbol{a}_i\times\boldsymbol{a}_j\right)\cdot\boldsymbol{a}_k = \boldsymbol{a}_i\cdot\left(\boldsymbol{a}_j\times\boldsymbol{a}_k\right). \\ &i,\; j,\; k \text{ sind zyklisch} : \left(\boldsymbol{a}_i,\; \boldsymbol{a}_j,\; \boldsymbol{a}_k\right) = V, \\ &i,\; j,\; k \text{ antizyklisch} : \left(\boldsymbol{a}_i,\; \boldsymbol{a}_k,\; \boldsymbol{a}_j\right) = -V. \end{aligned}$$

Bei einheitlicher orthonormaler Basis für alle 3 Vektoren ist V gleich der Determinante.

$$\begin{aligned} &\boldsymbol{a}_1 = a^{i1}\boldsymbol{e}_i, \quad \boldsymbol{a}_2 = a^{i2}\boldsymbol{e}_i, \quad \boldsymbol{a}_3 = a^{i3}\boldsymbol{e}_i, \\ &V = \det(\boldsymbol{A}), \quad \boldsymbol{A} = \left(a^{ij}\right). \end{aligned} \tag{76}$$

Regeln

$$\begin{aligned} &(\boldsymbol{a},\; \boldsymbol{b},\; \boldsymbol{c}+\boldsymbol{d}) = (\boldsymbol{a},\; \boldsymbol{b},\; \boldsymbol{c}) + (\boldsymbol{a},\; \boldsymbol{b},\; \boldsymbol{d}) \;. \\ &(\boldsymbol{a},\; \boldsymbol{b},\; \boldsymbol{c}+\boldsymbol{a}) = (\boldsymbol{a},\; \boldsymbol{b},\; \boldsymbol{c}) \;. \end{aligned} \tag{77}$$

$(\boldsymbol{a}, \boldsymbol{b}, \boldsymbol{c}) = 0$ heißt, dass $\boldsymbol{a}, \boldsymbol{b}, \boldsymbol{c}$ komplanar sind.

Doppeltes Kreuzprodukt

$$\begin{aligned} \boldsymbol{a}\times(\boldsymbol{b}\times\boldsymbol{c}) &= (\boldsymbol{a}\cdot\boldsymbol{c})\boldsymbol{b}-(\boldsymbol{a}\cdot\boldsymbol{b})\boldsymbol{c}.\\ (\boldsymbol{a}\times\boldsymbol{b})\times(\boldsymbol{c}\times\boldsymbol{d}) &= (\boldsymbol{a},\boldsymbol{c},\boldsymbol{d})\boldsymbol{b}-(\boldsymbol{b},\boldsymbol{c},\boldsymbol{d})\boldsymbol{a}\\ &= (\boldsymbol{a},\boldsymbol{b},\boldsymbol{d})\boldsymbol{c}-(\boldsymbol{a},\boldsymbol{b},\boldsymbol{c})\boldsymbol{d}.\\ \boldsymbol{d} &= [(\boldsymbol{d},\boldsymbol{b},\boldsymbol{c})\boldsymbol{a}+(\boldsymbol{a},\boldsymbol{d},\boldsymbol{c})\boldsymbol{b}+(\boldsymbol{a},\boldsymbol{b},\boldsymbol{d})\boldsymbol{c}]/V, \end{aligned}$$

falls $V=(\boldsymbol{a},\boldsymbol{b},\boldsymbol{c})\neq 0$.

$$\begin{aligned} (\boldsymbol{a}\times\boldsymbol{b})\cdot(\boldsymbol{c}\times\boldsymbol{d}) &= (\boldsymbol{a}\cdot\boldsymbol{c})(\boldsymbol{b}\cdot\boldsymbol{d})-(\boldsymbol{a}\cdot\boldsymbol{d})(\boldsymbol{b}\cdot\boldsymbol{c}).\\ (\boldsymbol{a}\times\boldsymbol{b})\cdot(\boldsymbol{a}\times\boldsymbol{b}) &= a^2b^2-(\boldsymbol{a}\cdot\boldsymbol{b})^2. \end{aligned}$$

1.3.4 Tensoren

1.3.4.1 Tensoren *n*-ter Stufe

Vektoren im Raum unserer Anschauung, kurz im $\mathbb{R}^3$, stehen für reale, z. B. physikalische Größen, die drei skalare Einzelinformationen enthalten. Die Beschreibung eines Vektors $\boldsymbol{v}$ in verschiedenen Basen $\boldsymbol{a}_i$ und $\boldsymbol{b}_i$ mit entsprechenden Koordinaten ändert nichts an seinem eigentlichen Wert; man nennt $\boldsymbol{v}$ auch eine invariante Größe.

$$\boldsymbol{v}=v_a^i\boldsymbol{a}_i=v_b^i\boldsymbol{b}_i. \quad (78)$$

Die Menge aller invarianten Größen nennt man Tensor. Ein Skalar ist dann ein Tensor, wenn er als Skalarprodukt $\boldsymbol{u}\cdot\boldsymbol{v}$ von zwei Vektoren gebildet wird (Tab. 12 und 13).

$$\begin{aligned} &\text{Skalar} \quad T^{(0)}=\boldsymbol{u}\cdot\boldsymbol{v} \quad \text{Tensor 0. Stufe.}\\ &\text{Vektor} \quad T^{(1)}=T^i\boldsymbol{g}_i \quad \text{Tensor 1. Stufe.}\\ &\qquad T^i: \text{ Koordinaten des Tensors}\\ &\qquad \text{bezüglich der Basis } \boldsymbol{g}_i. \end{aligned} \quad (79)$$

Rein operativ kommt man zu Tensoren höherer Stufe durch Definition des *dyadischen oder tensoriellen Produktes* $T=\boldsymbol{uv}$ von zwei Vektoren. Zwischen den Vektoren ist keine Verknüpfung erklärt. Allgemeiner Tensor *n*-ter Stufe ist eine invariante Größe $T^{(n)}$, deren Basis ein tensorielles Produkt von *n*-Grundvektoren ist:

$$\begin{aligned} T^{(0)} &= t,\\ T^{(1)} &= t^i\boldsymbol{g}_i,\\ T^{(2)} &= t^{ij}\boldsymbol{g}_i\boldsymbol{g}_j,\\ T^{(3)} &= t^{ijk}\boldsymbol{g}_i\boldsymbol{g}_j\boldsymbol{g}_k,\\ T^{(4)} &= t^{ijkl}\boldsymbol{g}_i\boldsymbol{g}_j\boldsymbol{g}_k\boldsymbol{g}_l \quad \text{usw.} \end{aligned} \quad (80)$$

Spezielle Tensoren und Tensoreigenschaften:

$$\begin{aligned} &\text{Einheitstensor} && E^{(2)} = \delta^{ij}\boldsymbol{e}_i\boldsymbol{e}_j=\boldsymbol{I}\boldsymbol{e}_i\boldsymbol{e}_j\\ &\text{Transposition} && T=\boldsymbol{uv}, \quad T^{\mathrm{T}}=\boldsymbol{vu}\\ &\text{Symmetrie} && T^{\mathrm{T}}=T\\ &\text{Antimetrie} && T^{\mathrm{T}}=-T\\ &\text{Inverser Tensor} && TT^{-1}=T^{-1}T=E \end{aligned} \quad (81)$$

1.3.4.2 Tensoroperationen

Addition: Erklärt für Tensoren gleicher Stufe. Zum Beispiel

Tab. 12 Spezielle Basen

Bezeichnung	Darstellung
Allgemein	$\boldsymbol{x}=x^1\boldsymbol{g}_1+x^2\boldsymbol{g}_2+x^3\boldsymbol{g}_3=x^i\boldsymbol{g}_i$
Normiert	$\boldsymbol{x}=x^i\boldsymbol{g}_i$, $\lvert\boldsymbol{g}_i\rvert=1$
Orthogonal	$\boldsymbol{g}_1, \boldsymbol{g}_2, \boldsymbol{g}_3$ senkrecht zueinander
Orthonormal	$\boldsymbol{x}=x^i\boldsymbol{e}_i$, $\lvert\boldsymbol{e}_i\rvert=1$ und $\boldsymbol{e}_1, \boldsymbol{e}_2, \boldsymbol{e}_3$ senkrecht zueinander; x^i heißen hier kartesische Koordinaten

Tab. 13 Eigenschaften des tensoriellen Produktes $T=\boldsymbol{uv}$

$\boldsymbol{u}, \boldsymbol{v}, \boldsymbol{w}\in T^{(1)}$, $c\in\mathbb{R}$.
$\boldsymbol{u}(\boldsymbol{v}+\boldsymbol{w})=\boldsymbol{uv}+\boldsymbol{uw}$, $(\boldsymbol{u}+\boldsymbol{v})\boldsymbol{w}=\boldsymbol{uw}+\boldsymbol{vw}$ Distributiv
$(c\boldsymbol{u})\boldsymbol{v}=\boldsymbol{u}(c\boldsymbol{v})=c\boldsymbol{uv}$ Assoziativ bez. Skalar
Koordinatendarstellung $\boldsymbol{u}=u^i\boldsymbol{g}_i$, $\boldsymbol{v}=v^j\boldsymbol{g}_j$,
$T=u^iv^j\boldsymbol{g}_i\boldsymbol{g}_j=t^{ij}\boldsymbol{g}_i\boldsymbol{g}_j$, t^{ij} Tensorkoordinaten, $\boldsymbol{g}_i\boldsymbol{g}_j$ Basis
Indexnotation $T=t^{ij}\,\boldsymbol{g}_i\boldsymbol{g}_j$
Matrixnotation $T=\begin{bmatrix} t^{11} & t^{12} & t^{13}\\ t^{21} & t^{22} & t^{23}\\ t^{31} & t^{32} & t^{33}\end{bmatrix}\boldsymbol{g}_i\boldsymbol{g}_j$

Tab. 14 Skalar- und Kreuzprodukte aus $T^{(1)}=\boldsymbol{u}$ und $T^{(2)}=\boldsymbol{vw}$

Verknüpfung	Umrechnung	Typ des Produktes
$T^{(1)}\cdot T^{(2)}$	$\boldsymbol{u}\cdot(\boldsymbol{vw})=(\boldsymbol{u}\cdot\boldsymbol{v})\,\boldsymbol{w}$	$T^{(1)}$
$T^{(2)}\cdot T^{(1)}$	$(\boldsymbol{vw})\cdot\boldsymbol{u}=\boldsymbol{v}(\boldsymbol{w}\cdot\boldsymbol{u})$	$T^{(1)}$
$T^{(1)}\times T^{(2)}$	$\boldsymbol{u}\times(\boldsymbol{vw})=(\boldsymbol{u}\times\boldsymbol{v})\,\boldsymbol{w}$	$T^{(2)}$
$T^{(2)}\times T^{(1)}$	$(\boldsymbol{vw})\times\boldsymbol{u}=\boldsymbol{v}(\boldsymbol{w}\times\boldsymbol{u})$	$T^{(2)}$

$$T_1^{(3)} + T_2^{(3)} = T_3^{(3)},$$
$$T_1^{(3)} = t_1^{ijk} g_i g_j g_k, \quad T_2^{(3)} = t_2^{ijk} g_i g_j g_k, \qquad (82)$$
$$T_3^{(3)} = \left(t_1^{ijk} + t_2^{ijk}\right) g_i g_j g_k.$$

Tensorielles Produkt (Tab. 15):

$$T^{(m)} T^{(n)} = T^{(m+n)}, \qquad (83)$$

Zum Beispiel

$$T^{(2)} = t^{ij} g_i g_j, \quad T^{(1)} = t^k g_k, \qquad (84)$$
$$T^{(2)} T^{(1)} = t^{ij} t^k g_i g_j g_k = t^{ijk} g_i g_j g_k.$$

Beispiel:
Volumenbezogenes elastisches Potenzial Π.
Verzerrungstensor $\varepsilon \in T^{(2)}$,
Elastizitätstensor $E \in T^{(4)}$,
$2\Pi = \varepsilon \cdot\cdot E \cdot\cdot \varepsilon \in T^{(0)}$.

1.4 Elementare Geometrie

1.4.1 Koordinaten

1.4.1.1 Koordinaten, Basen

Der Lagebeschreibung eines Punktes dienen nach 3.3.2 Ortsvektoren mit bestimmten Koordinaten bezüglich einer vorgegebenen Basis. Die Basen selbst können punktweise verschieden sein (lokale Basis; siehe Differenzialgeometrie), müssen aber vor einer Verknüpfung miteinander auf eine gemeinschaftliche Basis (globale Basis) transformiert werden.

1.4.1.2 Kartesische Koordinaten

Sie sind bezüglich einer rechtshändigen Orthonormalbasis definiert, siehe Tab. 12, und werden bevorzugt als globales Bezugssystem benutzt.

$$x = x_1 e_1 + x_2 e_2 + x_3 e_3$$
$$\text{auch } x = x e_1 + y e_2 + z e_3. \qquad (85)$$

1.4.1.3 Polarkoordinaten

Ein Punkt in der Ebene (z. B. e_1, e_2-Ebene nach Abb. 13) wird durch Nullpunktabstand $r \geqq 0$ und Orientierung zur e_1-Richtung bestimmt.

$$\textit{Koordinaten } r, \ \varphi. \quad x = r\cos\varphi, y = r\sin\varphi. \qquad (86)$$

Koordinatenlinien

$r = \text{const}$: Kreise um Koordinatenursprung *0*.

$\varphi = \text{const}$: Halbgeraden durch *0*.

1.4.1.4 Flächenkoordinaten

Für Operationen in Dreiecksnetzen (Abb. 14) ist ein Koordinatentripel (L_1, L_2, L_3) zweckmäßig. Rein anschaulich entspricht zum Beispiel die L_1-Koordinate des Punktes P dem Verhältnis der schraffierten Fläche A_{P23} zur gesamten A_{123}.

$$L_1 = A_{P23}/A_{123}, \quad A_{123} = \text{Fläche } 123.$$
$$L_1 + L_2 + L_3 = (A_{P23} + A_{P13} + A_{P12})/A_{123} = 1. \qquad (87)$$

Koordinatenlinien

$L_1 = \text{const}$: Linien parallel zur Dreiecksseite 23.

$L_2, \ L_3 = \text{const}$: entsprechend.

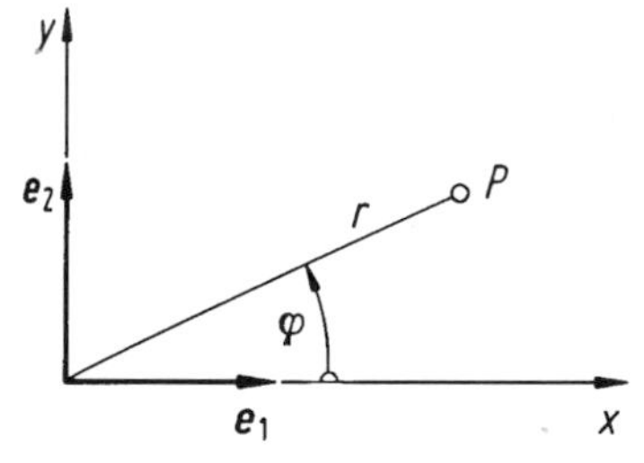

Abb. 13 Polarkoordinaten

Tab. 15 Skalar- und Kreuzprodukte aus $T_1 = ab$ und $T_2 = uv$, T_1, $T_2 \in T^{(2)}$

Verknüpfung	Umrechnung	Typ des Produktes
$T_1 \cdot T_2$	$(ab)\cdot(uv) = (b\cdot u)(av)$	$T^{(2)}$
$T_1 \times T_2$	$(ab)\times(uv) = a(b\times u)v$	$T^{(3)}$
$T_1 \cdot\cdot T_2$	$(ab)\cdot\cdot(uv) = (a\cdot v)(b\cdot u)$	$T^{(0)}$ Doppel-Skalar-Produkt
$E^{(2)} \cdot\cdot T^{(2)}$	$\delta^{ij} t^{kl}(e_i e_j)\cdot\cdot(e_k e_l) = t_{ii}$	Spur von T

Die Flächenkoordinaten entstehen durch lineare Transformation der kartesischen Koordinaten x, y mittels der speziellen Paare (x_i, y_i), der 3 Eckpunkte des Dreiecks $i = 1, 2, 3$.

$$\begin{aligned} x &= x_1L_1 + x_2L_2 + x_3L_3,\\ y &= y_1L_1 + y_2L_2 + y_3L_3,\\ 1 &= L_1 + L_2 + L_3. \end{aligned} \tag{88}$$

Die Integration von Flächenkoordinatenpotenzen über der Dreiecksfläche gestaltet sich einfach:

$$\int_{A_{123}} L_1^p L_2^q L_3^r \;\mathrm{d}A = \frac{p!q!r!}{(p+q+r+2)!} \cdot 2A_{123}. \tag{89}$$

1.4.1.5 Volumenkoordinaten

Für Operationen in räumlichen Tetraedernetzen (Abb. 15) sind Volumenkoordinaten L_1, L_2, L_3, L_4 zweckmäßig. Rein anschaulich entspricht der L_1-Koordinate des Punktes P das Verhältnis des Teilvolumens V_{P234} zum gesamten.

$$\begin{aligned} &L_1 = V_{P234}/V_{1234}, \quad V_{1234} = \text{Volumen } 1234.\\ &L_1 + L_2 + L_3 + L_4\\ &= (V_{P234} + V_{P134} + V_{P124} + V_{P123})/V_{1234} = 1. \end{aligned} \tag{90}$$

Koordinatenflächen

$L_1 = \text{const}$: Flächen parallel zur Fläche 234.

L_2, L_3, $L_4 = \text{const}$: entsprechend.

Volumen- und kartesische Koordinaten sind linear verknüpft mittels der Eckpunktkoordinaten (x_i, y_i, z_i), $i = 1, 2, 3, 4$.

$$\begin{aligned} x &= x_1L_1 + x_2L_2 + x_3L_3 + x_4L_4,\\ y &= y_1L_1 + y_2L_2 + y_3L_3 + y_4L_4,\\ z &= z_1L_1 + z_2L_2 + z_3L_3 + z_4L_4,\\ 1 &= L_1 + L_2 + L_3 + L_4. \end{aligned} \tag{91}$$

Die Integration von Volumenkoordinatenpotenzen im Bereich des Tetraedervolumens gestaltet sich einfach:

$$\int_{V_{1234}} L_1^p L_2^q L_3^r L_4^s \;\mathrm{d}V = \frac{p!q!r!s!}{(p+q+r+s+3)!} \cdot 6V_{1234}. \tag{92}$$

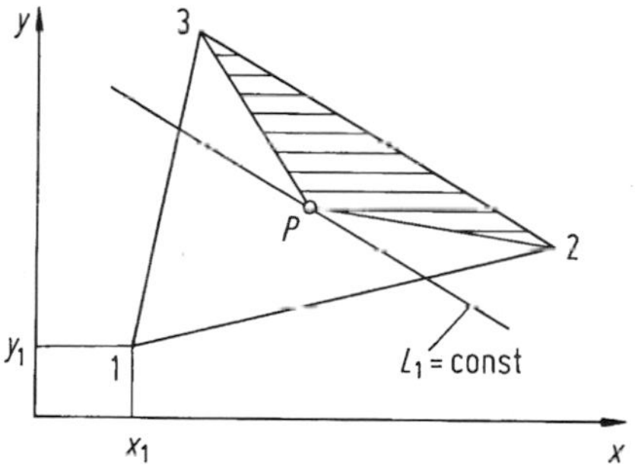

Abb. 14 Flächenkoordinaten

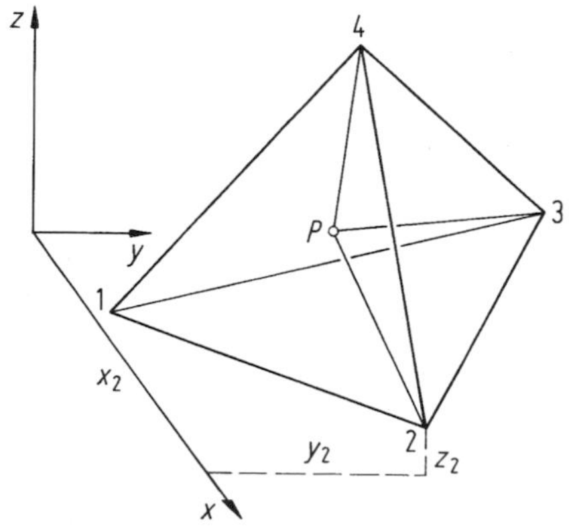

Abb. 15 Volumenkoordinaten

1.4.1.6 Zylinderkoordinaten

Ein Punkt P im kartesischen Raum kann nach Abb. 16 durch seine z-Koordinate und die Polarkoordinaten ϱ, φ seiner Projektion P^* in die $\boldsymbol{e}_1$, $\boldsymbol{e}_2$-Ebene dargestellt werden.

Koordinaten ϱ, φ, z.

$$x = \varrho\cos\varphi, \quad y = \varrho\sin\varphi, \quad z = z. \tag{93}$$

$$r^2 = \varrho^2 + z^2.$$

Koordinatenflächen

$\varrho = \text{const}$: Zylinder mit $\boldsymbol{e}_3$ als Achse.

$\varphi = \text{const}$: Ebenen durch die $\boldsymbol{e}_3$ – Achse.

$z = \text{const}$: Ebenen senkrecht zur $\boldsymbol{e}_3$ – Achse.

1.4.1.7 Kugelkoordinaten

Ein Punkt P im kartesischen Raum kann nach Abb. 17 durch seine Projektion in die z-Achse und die Polarkoordinaten seiner Projektion P^* in die $\boldsymbol{e}_1$, $\boldsymbol{e}_2$-Ebene beschrieben werden.

Koordinaten r, ϑ, φ.

$$x = r\sin\varphi\cos\vartheta, \quad y = r\sin\varphi\sin\vartheta, \quad z = r\cos\varphi. \tag{94}$$

Koordinatenflächen

$r = \text{const}$: Kugeln um den Koordinatenursprung O.

$\vartheta = \text{const}$: Ebenen durch die $\boldsymbol{e}_3$ – Achse.

$\varphi = \text{const}$: Kegel mit $\boldsymbol{e}_3$ als Achse und O als Spitze.

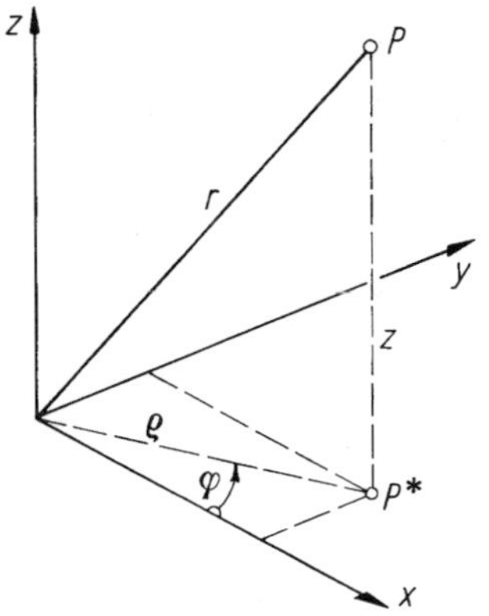

Abb. 16 Zylinderkoordinaten

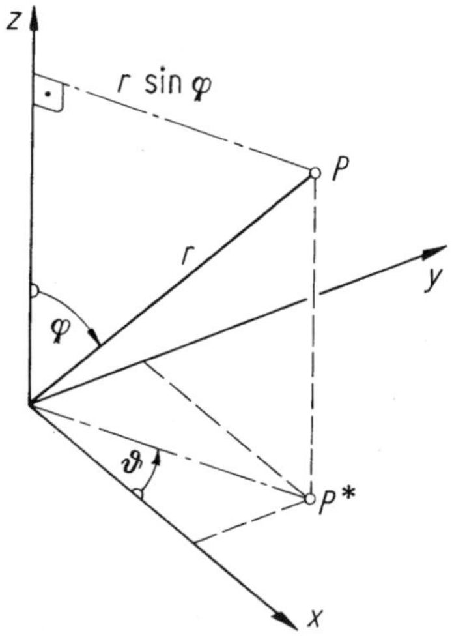

Abb. 17 Kugelkoordinaten

1.4.2 Kurven, Flächen 1. und 2. Ordnung

1.4.2.1 Gerade in der Ebene

In einem kartesischen x, y-System nach Abb. 18 ist jede Gerade der Graph einer linearen Funktion

$$\begin{aligned} &ax + by + c = 0 \quad \text{mit} \quad a^2 + b^2 > 0, \\ &a = 0 : \text{Parallele zur } x\text{-Achse mit } y = -c/b, \\ &b = 0 : \text{Parallele zur } y\text{-Achse mit } x = -c/a, \\ &c = 0 : \text{Gerade durch den Nullpunkt,} \end{aligned} \tag{95}$$

wobei ein Koeffizient beliebig zu 1 normiert werden kann. Das Tripel (a, b, c) bestimmt alle charakteristischen Größen einer Gerade.

$$\begin{aligned} &\text{Achsenabschnitte} \\ &\hat{x} = -c/a \;\text{ zu }\; \hat{y} = 0 \;\text{ falls }\; a \neq 0, \\ &\hat{y} = -c/b \;\text{ zu }\; \hat{x} = 0 \;\text{ falls }\; b \neq 0. \end{aligned} \tag{96}$$

$$\begin{aligned} &\text{Richtungsvektor} \quad \boldsymbol{v} = \pm \begin{bmatrix} b \\ -a \end{bmatrix}. \\ &\text{Normalenvektor} \quad \boldsymbol{n} = \pm \begin{bmatrix} a \\ b \end{bmatrix}. \end{aligned} \tag{97}$$

$$\begin{aligned} &\text{Steigung} \quad m = -a/b = \tan\alpha, \quad y = mx - c/b. \\ &\text{Abstand Gerade – Ursprung} \\ &d_0 = |\boldsymbol{r}^{\mathrm{T}}\boldsymbol{n}| \,/\, \sqrt{a^2 + b^2} = |c| \,/\, \sqrt{a^2 + b^2}. \end{aligned} \tag{98}$$

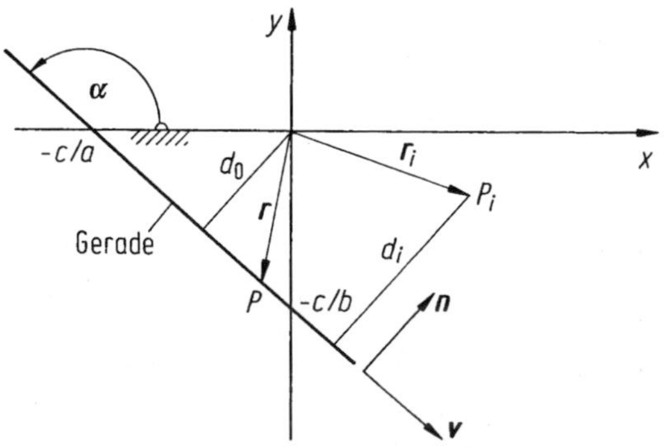

Abb. 18 Gerade in kartesischer Basis

Tab. 16 Darstellung einer Geraden in der Ebene

Gegeben	Geradengleichung
Achsenabschnitte x_a auf x-Achse, y_a auf y-Achse	$\frac{x}{x_a} + \frac{y}{y_a} = 1$
2 Punkte $P_1 \neq P_2$, $P_i(x_i, y_i)$	$(y - y_1)(x_2 - x_1) = (x - x_1)(y_2 - y_1)$ oder $\begin{vmatrix} x & y & 1 \\ x_1 & y_1 & 1 \\ x_2 & y_2 & 1 \end{vmatrix} = 0$
Punkt P_1, Steigung m	$y - y_1 = m(x - x_1)$
Punkt P_1, Richtung $\boldsymbol{v}$	$\boldsymbol{r} = \boldsymbol{r}_1 + t\boldsymbol{v}$, t beliebiger Skalar, $\boldsymbol{r}_1$ Ortsvektor zum Punkt P_1

$\boldsymbol{r}$: Ortsvektor zu einem Punkt P der Geraden.

Abstand d_i eines beliebigen Punktes $P_i(x_i, y_i)$ von der Geraden :

$$d_i = \frac{ax_i + by_i + c}{\sqrt{a^2 + b^2}}(-\operatorname{sgn}\ c). \tag{99}$$

sgn c : Vorzeichen von c.

$d_i > 0$: Gerade zwischen P_i und Ursprung.

Beispiel: Der Punkt $P_1(x_1 = 2, y_1 = 1)$ hat nach (99) von der Geraden $3x + 4y + 12 = 0$ den Abstand

$$\frac{3 \cdot 2 + 4 \cdot 1 + 12}{\sqrt{9 + 16}}(-1) = -4{,}4,$$

wobei das Minuszeichen anzeigt, dass P_1 und Ursprung gleichseitig zur Geraden liegen.

Drei Punkte P_1, P_2, P_3 liegen auf einer Geraden, falls ihre Koordinatendeterminante D verschwindet; ansonsten ist D gleich dem doppelten Flächeninhalt des Dreiecks A_{123}. Bei positivem Umlaufsinn P_1, P_2, P_3 (x-Achse auf kürzestem Wege in die y-Achse gedreht) ist die Determinante positiv.

$$D = \begin{vmatrix} x_1 & y_1 & 1 \\ x_2 & y_2 & 1 \\ x_3 & y_3 & 1 \end{vmatrix} = 2A_{123}. \tag{100}$$

Zwei nicht parallele Geraden g_1, g_2 schneiden sich in einem Punkt mit den Koordinaten (x_s, y_s).

$$g_1 : a_1x + b_1y + c_1 = 0 \quad \text{oder} \quad y = m_1x + n_1$$
$$g_2 : a_2x + b_2y + c_2 = 0 \quad \text{oder} \quad y = m_2x + n_2$$
$$x_s = \frac{b_1c_2 - b_2c_1}{a_1b_2 - a_2b_1} = \frac{n_1 - n_2}{m_2 - m_1}$$
$$y_s = \frac{c_1a_2 - c_2a_1}{a_1b_2 - a_2b_1} = \frac{m_2n_1 - m_1n_2}{m_2 - m_1}. \tag{101}$$

Drei Geraden $a_ix + b_ix + c_i = 0$, $i = 1, 2, 3$ sind parallel oder schneiden sich in einem Punkt, falls ihre Koeffizienten linear abhängig sind:

$$\begin{vmatrix} a_1 & b_1 & c_1 \\ a_2 & b_2 & c_2 \\ a_3 & b_3 & c_3 \end{vmatrix} = 0. \tag{102}$$

Strahlensätze beschreiben die Relationen der Abschnitte a_i auf Parallelen p_1, p_2 und a_{ij} auf nicht parallelen Geraden g_1, g_2 nach Abb. 19.

$$\frac{a_{22}}{a_{21}} = \frac{a_{12}}{a_{11}}, \quad \frac{a_{22} - a_{21}}{a_{21}} = \frac{a_{12} - a_{11}}{a_{11}},$$
$$\frac{a_2}{a_1} = \frac{a_{22}}{a_{21}}, \quad \frac{a_2}{a_1} = \frac{a_{12}}{a_{11}}.$$

1.4.2.2 Ebene im Raum

In einem kartesischen x, y, z-System nach Abb. 20 ist jede Ebene der Graph einer linearen Funktion

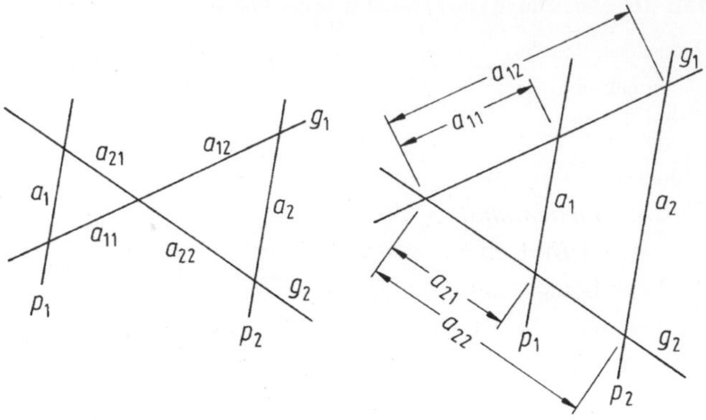

Abb. 19 Geradenabschnitte für die Strahlensätze

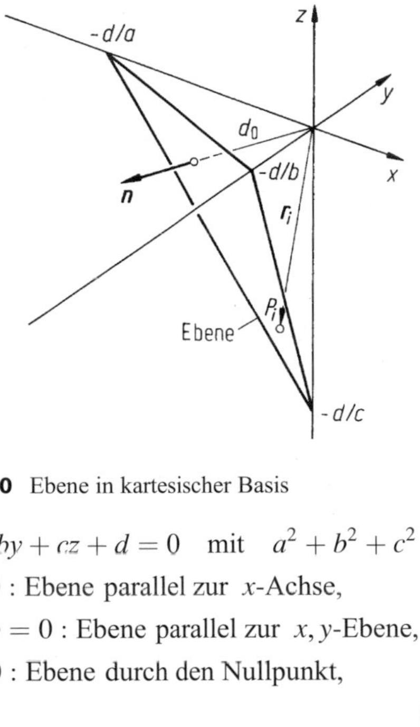

Abb. 20 Ebene in kartesischer Basis

$$
\begin{aligned}
&ax + by + cz + d = 0 \quad \text{mit} \quad a^2 + b^2 + c^2 > 0,\\
&a = 0 : \text{Ebene parallel zur } x\text{-Achse},\\
&a = b = 0 : \text{Ebene parallel zur } x, y\text{-Ebene},\\
&d = 0 : \text{Ebene durch den Nullpunkt},
\end{aligned}
\tag{103}
$$

wobei ein Koeffizient beliebig zu 1 normiert werden kann. Das Quadrupel (a, b, c, d) bestimmt alle charakteristischen Größen einer Ebene.

Achsenabschnitte

$$
\begin{aligned}
&\widehat{x} = -d/a \quad \text{zu} \quad \widehat{y} = \widehat{z} = 0 \quad \text{falls} \quad a \neq 0,\\
&\widehat{y} = -d/b \quad \text{zu} \quad \widehat{x} = \widehat{z} = 0 \quad \text{falls} \quad b \neq 0,\\
&\widehat{z} = -d/c \quad \text{zu} \quad \widehat{x} = \widehat{y} = 0 \quad \text{falls} \quad c \neq 0.
\end{aligned}
\tag{104}
$$

Normalenvektor $\boldsymbol{n}^{\mathrm{T}} = \pm[a \quad b \quad c]$,

Abstand Ebene-Ursprung (105)

$d_0 = \mid \boldsymbol{r}^{\mathrm{T}}\boldsymbol{n} \mid /n = \mid d \mid /n, \quad n^2 = a^2 + b^2 + c^2.$

Tab. 17 Darstellungen einer Ebene

Gegeben	Ebenengleichung
Achsenabschnitte x_a auf x-Achse, y_a auf y-Achse, z_a auf z-Achse	$\frac{x}{x_a} + \frac{y}{y_a} + \frac{z}{z_a} = 1$
3 Punkte nicht auf einer Geraden	$\begin{vmatrix} x & y & z & 1 \\ x_1 & y_1 & z_1 & 1 \\ x_2 & y_2 & z_2 & 1 \\ x_3 & y_3 & z_3 & 1 \end{vmatrix} = 0$
Punkt P_1 Normale $\boldsymbol{n}$	$\boldsymbol{n}^{\mathrm{T}} = [a\ b\ c]$, $a(x - x_1) + b(y - y_1) +$ $c(z - z_1) = 0$
Punkt P_1, 2 Vektoren $\boldsymbol{a} \neq \boldsymbol{b}$ in der Ebene	$\boldsymbol{r} = \boldsymbol{r}_1 + u\boldsymbol{a} + v\boldsymbol{b}$, u, v beliebige Skalare, $\boldsymbol{r}_1$ Ortsvektor zum Punkt P_1

Abstand d_i eines beliebigen Punktes $P_i(x_i, y_i, z_i)$ von der Ebene.

$$
d_i = \frac{ax_i + by_i + cz_i + d}{\sqrt{a^2 + b^2 + c^2}} (-\operatorname{sgn}\, d).
\tag{106}
$$

$\operatorname{sgn}\, d$: Vorzeichen von d.

$d_i > 0$: Ebene zwischen P_i und Ursprung.

Vier Punkte P_1, P_2, P_3, P_4 liegen in einer Ebene, falls ihre Koordinatendeterminante D verschwindet; ansonsten ist D gleich dem sechsfachen Volumen des Tetraeders V_{1234}. Das Vorzeichen ist abhängig vom Umlaufsinn.

$$D = \begin{vmatrix} x_1 & y_1 & z_1 & 1 \\ x_2 & y_2 & z_2 & 1 \\ x_3 & y_3 & z_3 & 1 \\ x_4 & y_4 & z_4 & 1 \end{vmatrix} = 6V_{1234}. \quad (107)$$

Der *Flächeninhalt* A dreier Punkte P_i in der Ebene $ax + by + cz + d = 0$ wird für $d \neq 0$ durch die Koordinaten von P_i (x_i, y_i, z_i) und den Abstand d_0 bestimmt. Das Vorzeichen ist abhängig vom Umlaufsinn.

$$A = \frac{1}{2d_0} \begin{vmatrix} x_1 & y_1 & z_1 \\ x_2 & y_2 & z_2 \\ x_3 & y_3 & z_3 \end{vmatrix}, \quad d_0^2 = \frac{d^2}{a^2 + b^2 + c^2}. \quad (108)$$

Beispiel. Eine Ebene ist gegeben durch ihre Achsenabschnitte mit den Punkten P_1 $(x_a, 0, 0)$, P_2 $(0, y_a, 0)$, P_3 $(0, 0, z_a)$. Gesucht ist die von P_1, P_2, P_3 aufgespannte Fläche A. Aus der Achsenabschnittsform $x/x_a + y/y_a + z/z_a = 1$ folgt die Normalform $xy_az_a + yx_az_a + zx_ay_a + d = 0$ mit $d = -x_ay_az_a$ und $d_0^2 = x_a^2y_a^2z_a^2/(y_a^2z_a^2 + x_a^2z_a^2 + x_a^2y_a^2)$ nach (108). Die Koeffizientendeterminante in (108) ist nur in der Hauptdiagonale belegt, und es gilt

$$A = x_ay_az_a/(2d_0) = \sqrt{y_a^2z_a^2 + x_a^2z_a^2 + x_a^2y_a^2}\ /2.$$

Der Schnittpunkt P_s (x_s, y_s, z_s) dreier Ebenen E_1 bis E_3 berechnet sich aus einem linearen System.

$$\begin{aligned} &E_i: \ a_ix + b_iy + c_iz + d_i = 0, \\ &\boldsymbol{A}\boldsymbol{r}_s + \boldsymbol{d} = \boldsymbol{o}, \quad \boldsymbol{A} = [\boldsymbol{a}\ \boldsymbol{b}\ \boldsymbol{c}], \\ &\boldsymbol{d}^T = [d_1\ d_2\ d_3]\ . \end{aligned} \quad (109)$$

Die Normalenvektoren $\boldsymbol{n}_1$ und $\boldsymbol{n}_2$ zweier Ebenen bestimmen den Winkel α zwischen den Ebenen und einen Vektor $\boldsymbol{v}$ in Richtung der Schnittgerade.

$$\begin{aligned} &\cos\alpha = \boldsymbol{n}_1 \cdot \boldsymbol{n}_2/(n_1n_2), \quad \boldsymbol{n}_i^T = [a_i \quad b_i \quad c_i], \\ &n_i^2 = a_i^2 + b_i^2 + c_i^2, \qquad \boldsymbol{v} = \boldsymbol{n}_1 \times \boldsymbol{n}_2. \end{aligned} \quad (110)$$

Tab. 18 Darstellungen einer Geraden im Raum

Gegeben	Geradengleichung
2 Punkte P_1, P_2	$\frac{x - x_1}{x_2 - x_1} = \frac{y - y_1}{y_2 - y_1} = \frac{z - z_1}{z_2 - z_1}$
Punkt P_1, Richtung $\boldsymbol{v}$	$\boldsymbol{r} = \boldsymbol{r}_1 + t\boldsymbol{v}$, t beliebiger Skalar

Tab. 19 Lagebeziehungen zweier räumlicher Geraden g_1, g_2: g_1: $\boldsymbol{r} = \boldsymbol{r}_1 + t_1\boldsymbol{v}_1$, g_2: $\boldsymbol{r} = \boldsymbol{r}_2 + t_2\boldsymbol{v}_2$

Kreuzprodukt $\boldsymbol{v}_1 \times \boldsymbol{v}_2$	Richtungsbeziehung Abstand d
$\boldsymbol{o}$	Geraden parallel $d = \lvert\boldsymbol{v}_i \times (\boldsymbol{r}_1 - \boldsymbol{r}_2)\rvert \ / \ \lvert\boldsymbol{v}_i\rvert$, $i = 1$ oder 2
$\neq \boldsymbol{o}$	Geraden nicht parallel $d = \frac{\lvert(\boldsymbol{r}_2 - \boldsymbol{r}_1)(\boldsymbol{v}_1 \times \boldsymbol{v}_2)\rvert}{\lvert\boldsymbol{v}_1 \times \boldsymbol{v}_2\rvert}$ $d = 0$: Geraden schneiden einander $d \neq 0$: windschiefe Geraden

1.4.2.3 Gerade im Raum

Die Gerade g im Raum entsteht als Schnittlinie $\boldsymbol{v}$ (110) zweier Ebenen E_1, E_2 mit den Normalenvektoren $\boldsymbol{n}_1$, $\boldsymbol{n}_2$.

Drei Punkte P_1, P_2, P_3 liegen auf einer Geraden (sind kollinear), falls die von P_1, P_2, P_3 aufgespannte Fläche A in (108) verschwindet.

1.4.2.4 Kurven 2. Ordnung

Sie genügen einer quadratischen Gleichung mit 2 Koordinaten und beschreiben *Kegelschnitte*: *Ellipse*, *Hyperbel* und *Parabel*.

$$\begin{aligned} &xc_{11}x + xc_{12}y + b_1x \\ &+yc_{12}x + yc_{22}y + b_2y + a_0 = 0, \end{aligned} \quad (111)$$

$$\text{kurz} \quad \boldsymbol{x}^T\boldsymbol{C}\boldsymbol{x} + \boldsymbol{b}^T\boldsymbol{x} + a_0 = 0, \ \boldsymbol{C}, \ \boldsymbol{b}, \ a_0 \in \mathbb{R},$$

$$\boldsymbol{C} = \begin{bmatrix} c_{11} & c_{12} \\ c_{12} & c_{22} \end{bmatrix} = \boldsymbol{C}^T, \quad \boldsymbol{b} = \begin{bmatrix} b_1 \\ b_2 \end{bmatrix}, \quad \boldsymbol{x} = \begin{bmatrix} x \\ y \end{bmatrix}.$$

Kegelschnitte entstehen als Schnittkurven von Ebenen und Kreiskegeln. Geht die Ebene durch die Kegelspitze, entstehen entartete Kegelschnitte, Geradenpaare oder auch nur ein Punkt.

Koeffizientenpaarungen $\boldsymbol{C}$, $\boldsymbol{b}$, a_0, die nicht durch reelle Koordinaten erfüllt werden können, nennt man imaginäre Kegelschnitte.

Beispiel: $a^2x^2 + b^2y^2 + 1 = 0$.

Eine globale Klassifikation gelingt durch 2 Koeffizientendeterminanten.

$$C = |\boldsymbol{C}|\,, \quad D = \begin{vmatrix} \boldsymbol{C} & \boldsymbol{b}/2 \\ \boldsymbol{b}^{\mathrm{T}}/2 & a_0 \end{vmatrix}. \tag{112}$$

	$C > 0$	$C < 0$	$C = 0$
$D \neq 0$	Ellipse (reell oder imaginär)	Hyperbel	Parabel
$D = 0$	Punkt	Geradenpaar, nicht parallel	Geradenpaar, parallel (reell oder imaginär)

Mittelpunktform nennt man eine Darstellung von (111) ohne linearen Term, wobei der Vektor $\boldsymbol{r}$ (bezogen auf die alte Basis $\boldsymbol{e}_1$, $\boldsymbol{e}_2$) vom Mittelpunkt M (falls vorhanden) ausgeht.

$$\begin{aligned} &\boldsymbol{r}^{\mathrm{T}}\boldsymbol{C}\boldsymbol{r} + d = 0, && \boldsymbol{x} = \boldsymbol{x}_{\mathrm{M}} + \boldsymbol{r}, \\ &2\boldsymbol{x}_{\mathrm{M}} = -\boldsymbol{C}^{-1}\boldsymbol{b}, && d = a_0 + \boldsymbol{x}_{\mathrm{M}}^{\mathrm{T}}\boldsymbol{b}/2. \end{aligned} \tag{113}$$

Differenzieren der Mittelpunktform (113) ergibt den Normalenvektor $\boldsymbol{n}$, senkrecht zum Vektor $\mathrm{d}\boldsymbol{r}$ in Tangentenrichtung.

$$\begin{aligned} \mathrm{d}\boldsymbol{r}^{\mathrm{T}}\boldsymbol{C}\boldsymbol{r} + \boldsymbol{r}^{\mathrm{T}}\boldsymbol{C}\mathrm{d}\boldsymbol{r} = 2\mathrm{d}\boldsymbol{r}^{\mathrm{T}}\boldsymbol{C}\boldsymbol{r} = 0 \to \boldsymbol{n} \\ = \boldsymbol{C}\boldsymbol{r}. \end{aligned} \tag{114}$$

Hauptachsen $\boldsymbol{h}$ liegen vor, wenn Vektor $\boldsymbol{r} = \boldsymbol{h}$ und Normale $\boldsymbol{n} = \boldsymbol{C}\boldsymbol{h}$ parallel sind mit einem Proportionalitätsfaktor λ.

$$\boldsymbol{C}\boldsymbol{h} = \lambda\boldsymbol{h}, \quad \lambda \text{ aus } |\,\boldsymbol{C} - \lambda\boldsymbol{I}\,| = 0. \tag{115}$$

Dieses spezielle Eigenwertproblem hat 2 Lösungspaare $\boldsymbol{h}_i$, λ_i mit zueinander senkrechten *Hauptrichtungen*.

$$\boldsymbol{h}_1^{\mathrm{T}}\boldsymbol{h}_2 = 0 \quad \text{und} \quad \boldsymbol{h}_1^{\mathrm{T}}\boldsymbol{C}\boldsymbol{h}_2 = 0. \tag{116}$$

Normalform der Kegelschnittgleichung ist die Darstellung in Hauptachsenkomponenten mit Koordinaten ξ und η.

$$\boldsymbol{r} = \xi\boldsymbol{h}_1^0 + \eta\boldsymbol{h}_2^0, \quad |\boldsymbol{h}_i^0| = 1, \tag{117}$$

Ellipse und Hyperbel:

$$\xi^2\lambda_1 + \eta^2\lambda_2 + d = 0. \tag{118}$$

Parabel:

$$\xi^2\lambda_1 + 2h\eta + d = 0. \tag{119}$$

Hauptachsenlängen $\quad r_i = \sqrt{-d/\lambda_i}. \quad (120)$

Die Werte λ_1, λ_2, d, h enthalten ähnlich wie (112) die Kegelschnittcharakteristik (Tab. 20).

Beispiel:

$$\text{Gegeben } \boldsymbol{C} = \begin{bmatrix} 17 & -6 \\ -6 & 8 \end{bmatrix}, \quad \boldsymbol{b} = \begin{bmatrix} -22 \\ -4 \end{bmatrix},$$

$$a_0 = -7\ .$$

$$\boldsymbol{x}_{\mathrm{M}} = -\frac{1}{2}\cdot\frac{1}{100}\begin{bmatrix} 8 & 6 \\ 6 & 17 \end{bmatrix}\begin{bmatrix} -22 \\ -4 \end{bmatrix} = \begin{bmatrix} 1 \\ 1 \end{bmatrix},$$

$$d = -7 + \frac{1}{2}[1\ \ 1]\begin{bmatrix} -22 \\ -4 \end{bmatrix} = -20.$$

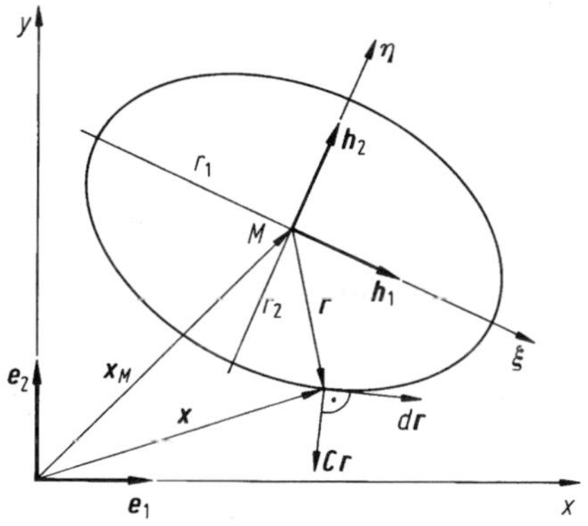

Abb. 21 Hauptachsen h_1 und h_2 einer Ellipse

Tab. 20 Klassifizierung der Kegelschnitte

λ_1	λ_2	d	Name der Kurve
> 0	> 0	< 0	Ellipse
> 0	> 0	$= 0$	Nullpunkt (entartete Ellipse)
> 0	< 0	$\neq 0$	Hyperbel
> 0	< 0	$= 0$	Paar sich schneidender Geraden
λ_1	h	d	Name der Kurve
> 0	$\neq 0$	beliebig	Parabel
> 0	$= 0$	< 0	zur y-Achse parallele Gerade
> 0	$= 0$	$= 0$	Gerade (y-Achse)
$= 0$	$\neq 0$	beliebig	zur x-Achse parallele Gerade

Eigenwerte aus

$$\begin{vmatrix} 17-\lambda & -6 \\ -6 & 8-\lambda \end{vmatrix} = 0 \ : \ \lambda_1 = 5, \ \lambda_2 = 20.$$

$$\boldsymbol{h}_1 = \begin{bmatrix} 1 \\ 2 \end{bmatrix}, \quad \boldsymbol{h}_2 = \begin{bmatrix} 2 \\ -1 \end{bmatrix},$$

$$r_1 = \sqrt{\frac{20}{5}} = 2, \qquad r_2 = 1.$$

$\lambda_1, \lambda_2 > 0$, $d < 0$ bestimmen eine Ellipse.

Standardparabel $y^2 = 2\ px$. *Die Parabel ist die Menge der Punkte M(x, y), die von einem festen Punkt (Brennpunkt F(p/2,0)) und einer festen Gerade (Leitlinie) gleich weit entfernt sind,* siehe Abb. 22.

Scheitel S im Ursprung.

Konstruktion: Leitlinie $x = -p/2$ zeichnen. Beliebigen Punkt L auf Leitlinie wählen. Mittelsenkrechte auf LF (gleichzeitig Tangente in P) und Parallele zur x-Achse durch L schneiden sich im Parabelpunkt P.

Standardellipse $b^2x^2 + a^2y^2 = a^2b^2$. *Die Ellipse ist die Menge aller Punkte M(x, y), für die die Summe der Abstände von zwei gegebenen Punkten* $F_1 = (-e\ ,0)$, $F_2 = (+e\ ,0)$ *(Brennpunkte) konstant ist,* siehe Abb. 23.

Brennpunkte $F_1(-e\ ,0)$, $F_2\,(e\ ,0)$. $e^2 = a^2 - b^2$, $a > b$.

Konstruktion: Leitkreis um F_1 mit Radius $2a$ zeichnen. Beliebigen Punkt L auf Leitkreis wählen. Mittelsenkrechte auf LF_2 (gleichzeitig Tangente in K) schneidet Leitstrahl F_1L im Kegelschnittpunkt K.

Speziell: $\overline{F_1K} + \overline{F_2K} = 2a$.

Standardhyperbel $b^2x^2 - a^2y^2 = a^2b^2$. *Die Hyperbel ist die Menge aller Punkte M(x, y), für die die Differenz der Abstände von zwei gegebenen festen Punkten* $F_1 = (-e\ ,0)$, $F_2 = (+e\ ,0)$ *(Brennpunkte) konstant ist,* siehe Abb. 24.

Brennpunkte und Konstruktion wie bei Ellipse. $e^2 = a^2 + b^2$.

Speziell: $\overline{F_1K} - \overline{F_2K} = 2a$.

Asymptoten $ay = \pm bx$

1.4.2.5 Flächen 2. Ordnung

Einige entstehen z. B. durch Rotation von Kurven 2. Ordnung um deren Hauptachsen und genügen einer quadratischen Gleichung mit 3 Koordinaten.

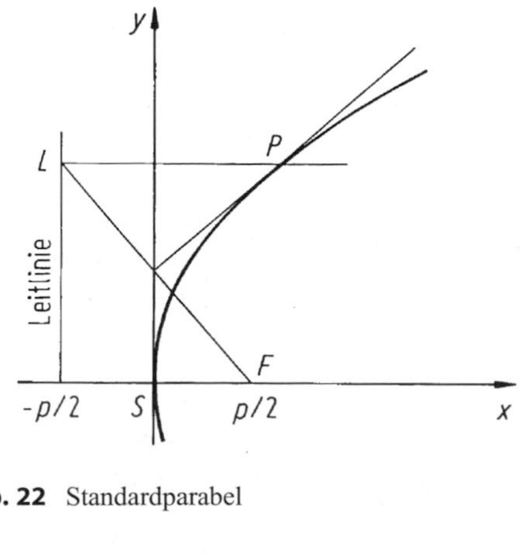

Abb. 22 Standardparabel

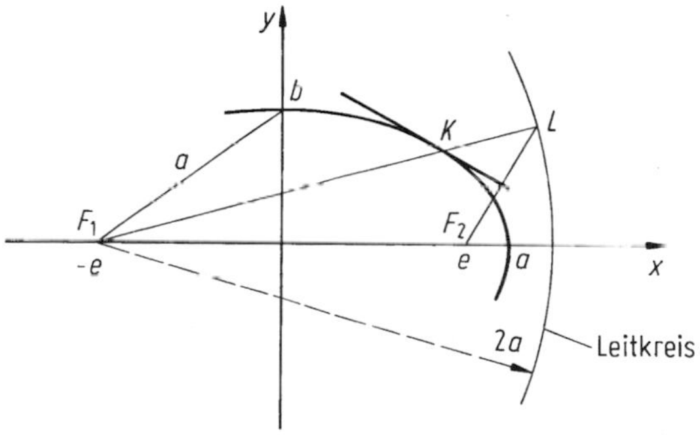

Abb. 23 Standardellipse

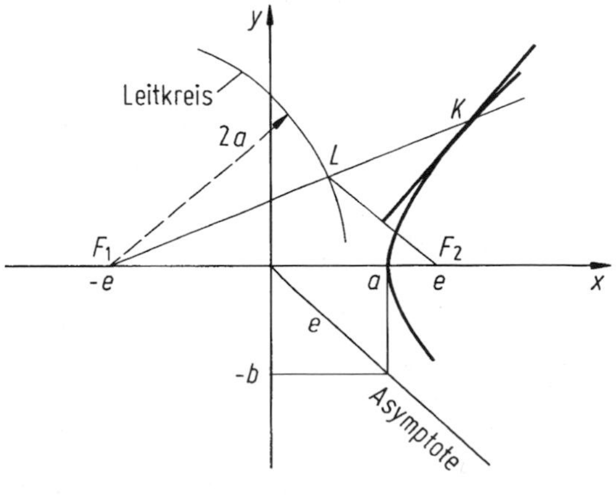

Abb. 24 Standardhyperbel

$$\begin{aligned}&xc_{11}x + xc_{12}y + xc_{13}z + b_1x\\&+yc_{12}x + yc_{22}y + yc_{23}z + b_2y\\&+zc_{13}x + zc_{23}y + zc_{33}z + b_3z + a_0 = 0.\\&\text{kurz } \boldsymbol{x}^{\mathrm{T}}\boldsymbol{C}\boldsymbol{x} = \boldsymbol{C}\boldsymbol{x} + \boldsymbol{b}^{\mathrm{T}}\boldsymbol{x} + a_0 = 0, \quad \boldsymbol{C},\ \boldsymbol{b},\ a_0 \in \mathbb{R},\end{aligned}$$

$$\boldsymbol{C} = \begin{bmatrix} c_{11} & c_{12} & c_{13} \\ c_{12} & c_{22} & c_{23} \\ c_{13} & c_{23} & c_{33} \end{bmatrix}, \ \boldsymbol{b} = \begin{bmatrix} b_1 \\ b_2 \\ b_3 \end{bmatrix}, \ \boldsymbol{x} = \begin{bmatrix} x \\ y \\ z \end{bmatrix}. \tag{121}$$

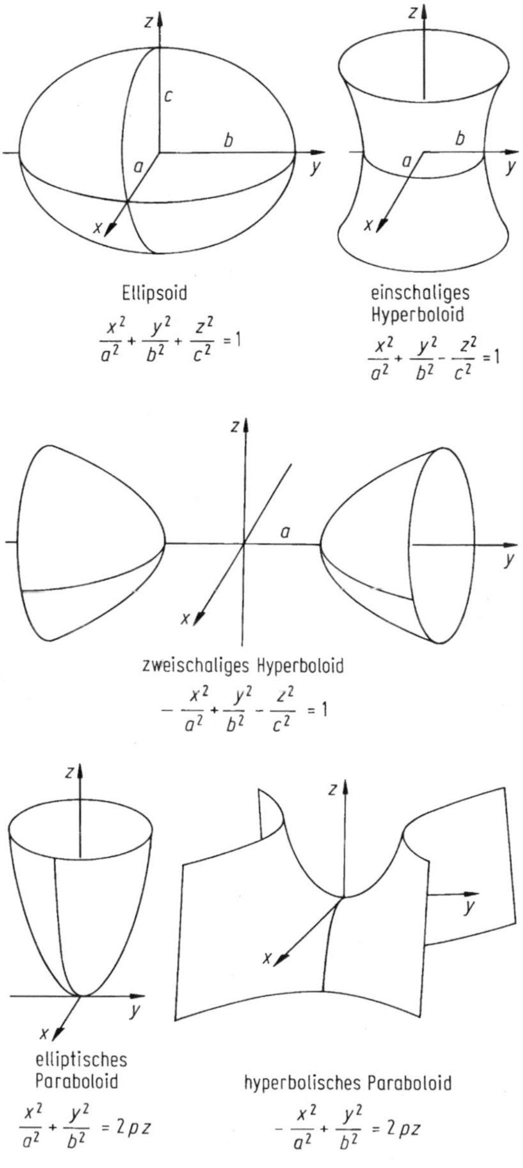

Abb. 25 Flächen 2. Ordnung, Standardformen

Mittelpunktform (falls $\boldsymbol{C} \neq \boldsymbol{O}$) $\boldsymbol{r}^{\mathrm{T}}\boldsymbol{C}\boldsymbol{r} + d = 0$ entsprechend (113).

Hauptrichtungen $\boldsymbol{h}_1$, $\boldsymbol{h}_2$, $\boldsymbol{h}_3$ aus (115).

Orthogonalität

$$\boldsymbol{h}_i^{\mathrm{T}}\boldsymbol{h}_j = \boldsymbol{h}_i^{\mathrm{T}}\boldsymbol{C}\boldsymbol{h}_j = 0, \quad ij = 12,\ 13,\ 23. \tag{122}$$

Normalform für Nichtparaboloide in Hauptachsenkomponenten.

$$\begin{aligned}&\boldsymbol{r} = \xi\boldsymbol{h}_1^0 + \eta\boldsymbol{h}_2^0 + \zeta\boldsymbol{h}_3^0,\\&\xi^2\lambda_1 + \eta^2\lambda_2 + \zeta^2\lambda_3 + d = 0.\end{aligned} \tag{123}$$

Hauptachsenlängen $r_i = \sqrt{-d/\lambda_i}$. (124)

1.4.3 Planimetrie, Stereometrie

Schiefwinklige ebene Dreiecke besitzen drei ausgezeichnete Punkte nach Abb. 26.

Schwerpunkt S im Schnittpunkt der Seitenhalbierenden s_i;

Mittelpunkt M_{i} des Innenkreises im Schnittpunkt der Winkelhalbierenden w_i, Radius r;

Mittelpunkt M_{a} des Außenkreises im Schnittpunkt der Mittelsenkrechten m_i, Radius R (Tab. 22).

Tab. 21 Klassifizierung der Flächen $\lambda_1\xi^2 + \lambda_2\eta^2 + \lambda_3\zeta^2 + d = 0$ im Reellen

λ_1	λ_2	λ_3	d	Name
>0	>0	>0	<0	Ellipsoid
>0	>0	>0	$=0$	Nullpunkt
>0	>0	<0	<0	Einschaliges Hyperboloid
>0	>0	<0	>0	Zweischaliges Hyperboloid
>0	>0	<0	$=0$	Elliptischer Doppelkegel mit Achse $\boldsymbol{e}_3$
>0	>0	$=0$	<0	Elliptischer Zylinder
>0	<0	$=0$	$\neq 0$	Hyperbolischer Zylinder
>0	<0	$=0$	$=0$	Paar sich schneidender Ebenen parallel zur $\boldsymbol{e}_3$-Achse
>0	$=0$	$=0$	$=0$	Koordinatenebene $\boldsymbol{e}_2$, $\boldsymbol{e}_3$

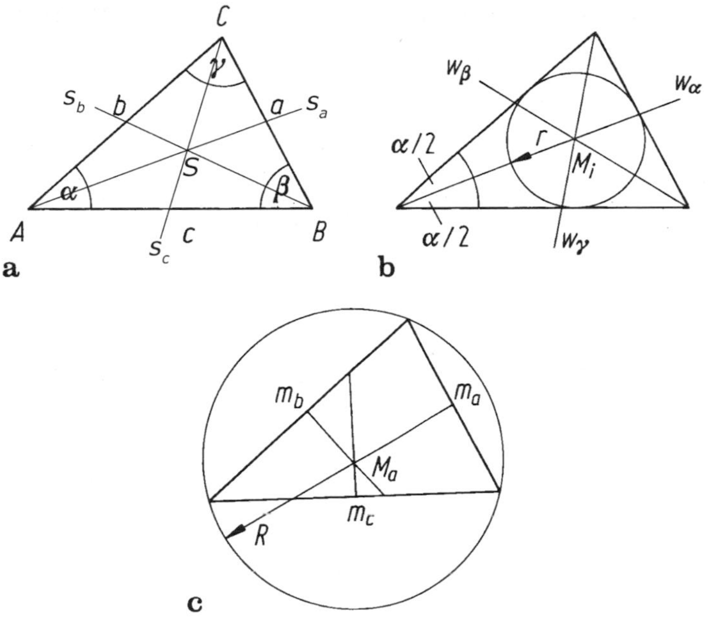

Abb. 26 Ebenes Dreieck mit Innenkreis und Außenkreis

$$\begin{aligned} r^2 &= (s-a)(s-b)(s-c)/s, \\ 2s &= a+b+c, \\ r &= s\tan\frac{\alpha}{2}\tan\frac{\beta}{2}\tan\frac{\gamma}{2}, \\ R &= abc/(4rs), \\ r/R &= 4\sin\frac{\alpha}{2}\sin\frac{\beta}{2}\sin\frac{\gamma}{2}. \end{aligned} \tag{125}$$

Beziehungen zwischen Seitenlängen und Winkeln. Formeln für a und α gelten entsprechend zyklisch fortgesetzt für die anderen Größen.

$$\begin{aligned} \alpha+\beta+\gamma &= 180^\circ \hat{=} \pi, \\ \sin\alpha &= \sin(\beta+\gamma), \\ \cos\alpha &= -\cos(\beta+\gamma). \end{aligned} \tag{126}$$

Sinussatz:

$$a/\sin\alpha = b/\sin\beta = c/\gamma = 2R. \tag{127}$$

$$\text{Cosinussatz: } a^2 = b^2+c^2-2bc\cos\alpha, \quad (\alpha=\pi/2: \text{Satz des Pythagoras}). \tag{128}$$

$$\text{Tangenssatz: } (a-b)\tan\frac{\alpha+\beta}{2} = (a+b)\tan\frac{\alpha-\beta}{2}. \tag{129}$$

Halbwinkelsatz:

$$\begin{aligned} \left(\sin\frac{\alpha}{2}\right)^2 &= \frac{(s-b)(s-c)}{bc}, \\ \left(\cos\frac{\alpha}{2}\right)^2 &= \frac{s(s-a)}{bc}. \end{aligned} \tag{130}$$

Mollweide-Formel:

$$\begin{aligned} (b+c)\sin(\alpha/2) &= a\cos[(\beta-\gamma)/2], \\ (b-c)\cos(\alpha/2) &= a\sin[(\beta-\gamma)/2]. \end{aligned} \tag{131}$$

Nichtebene Dreiecke werden mit den Mitteln der Differenzialgeometrie behandelt. Kugeldreiecke sind wichtig für Geografie und Geodäsie. Die Schnittlinie von Kugel und Mittelpunktebene ist ein Großkreis mit dem Kugelradius R. Durch 2 Punkte A, B auf der Kugeloberfläche, die nicht auf einem Durchmesser liegen, lässt sich genau ein Großkreis zeichnen. Der kürzere Bogen ist der kürzeste Weg auf der Oberfläche von A nach B (*geodätische Linie*).

1.5 Projektionen

Die ebene Abbildung räumlicher Gebilde auf dem Zeichenpapier – der Projektionsebene – soll einen möglichst realistischen Eindruck der Wirklichkeit

Tab. 22 Fläche A, Volumen V, Umfang U, Oberfläche S ausgewählter Gebilde

Dreieck

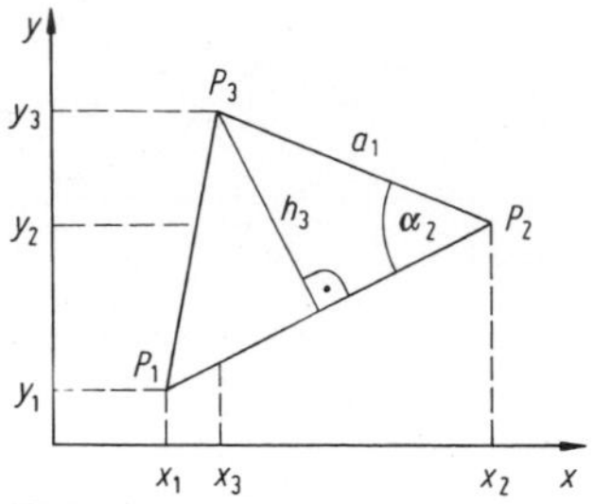

$\alpha_1 + \alpha_2 + \alpha_3 = \pi \mathrel{\hat{=}} 180°$

$A^2 = s(s - a_1)(s - a_2)(s - a_3)$ mit $2s = a_1 + a_2 + a_3$

$h_i = 2A/a_i$

$2A = (x_2 - x_1)(y_3 - y_1) - (x_3 - x_1)(y_2 - y_1)$

Innenkreis $r_i = s \tan\dfrac{\alpha_1}{2} \tan\dfrac{\alpha_2}{2} \tan\dfrac{\alpha_3}{2} = A/s$

Außenkreis $r_a = \dfrac{a_1 a_2 a_3}{4A}$ $\quad r_i/r_a = 4 \sin\dfrac{\alpha_1}{2} \sin\dfrac{\alpha_2}{2} \sin\dfrac{\alpha_3}{2}$

Viereck

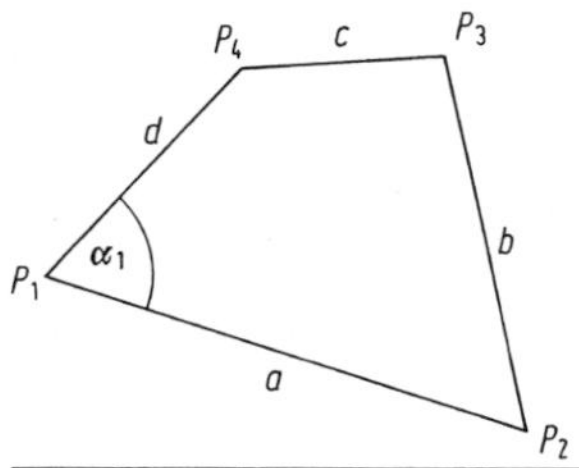

Berechnung durch Aufteilung in 2 Dreiecke

$\alpha_1 + \alpha_2 + \alpha_3 + \alpha_4 = 2\pi \mathrel{\hat{=}} 360°$

$\left|\cos\dfrac{\alpha_1 + \alpha_3}{2}\right| = \left|\cos\dfrac{\alpha_2 + \alpha_4}{2}\right| = w$

$2s = a + b + c + d$

$A^2 = (s - a)(s - b)(s - c)(s - d) - abcdw^2$

Sehnenviereck

Alle Punkte P_i liegen auf einem Kreis; es existiert ein Außenkreis.

$\alpha_1 + \alpha_3 = \alpha_2 + \alpha_4 = \pi \mathrel{\hat{=}} 180°$

Tangentenviereck

Es existiert ein Innenkreis $a + c = b + d$

Trapez

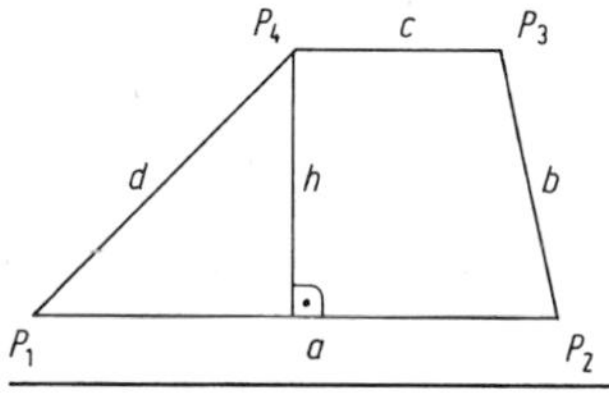

Viereck mit parallelem Seitenpaar a, c.

$A = h\dfrac{a + c}{2}$

Parallelogramm

Viereck mit zwei parallelen Seitenpaaren.

$a = c,\ a \parallel c, \quad b = d,\ b \parallel d$

$A = ah$

Rhombus

Parallelogramm mit 4 gleichen Seiten.

$a = b = c = d$

n-Eck

Durch n Geraden begrenzte Fläche.

Regelmäßiges n-Eck

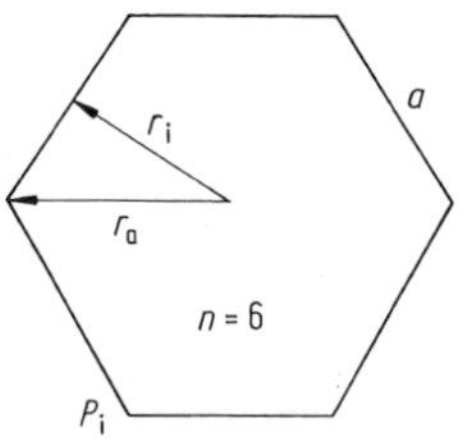

Alle Seiten a_i sind gleich lang $a_i = a$.

Alle Ecken P_i liegen auf einem Kreis.

$a^2 = 4(r_a^2 - r_i^2)$

$A = nar_i/2 = na\sqrt{r_a^2 - a^2/4}/2$

(Fortsetzung)

Tab. 22 (Fortsetzung)

Kreis

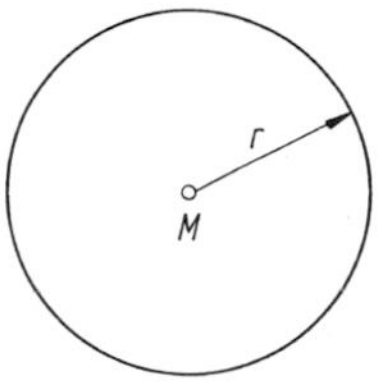

$A = \pi r^2, \quad U = 2\pi r$

Kreisring

$A = \pi(r_a^2 - r_i^2) = \pi(r_a + r_i)(r_a - r_i)$

r_a Außenradius, r_i Innenradius

Kreissektor

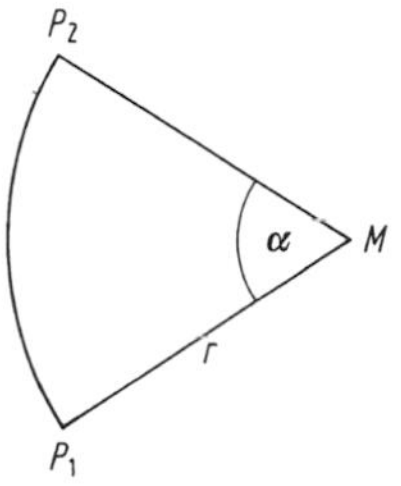

$A = \pi r^2 \alpha^\circ / 360^\circ = r^2 \alpha / 2$

α° Winkel im Gradmaß (rechter Winkel $\triangleq 90^\circ$)
α Winkel im Bogenmaß (rechter Winkel $\triangleq \pi/2$)

Kreissegment

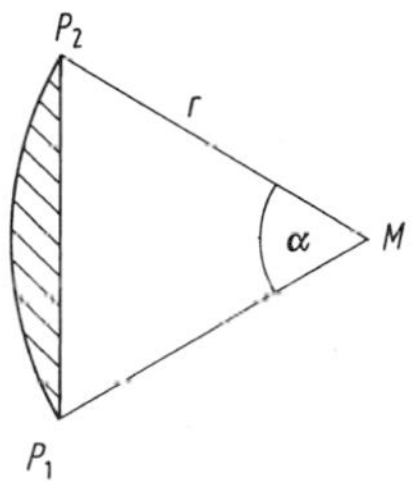

$2A = r^2 \, (\alpha - \sin \alpha)$

Bogen $P_1 P_2 = \alpha r$

Polynomfläche

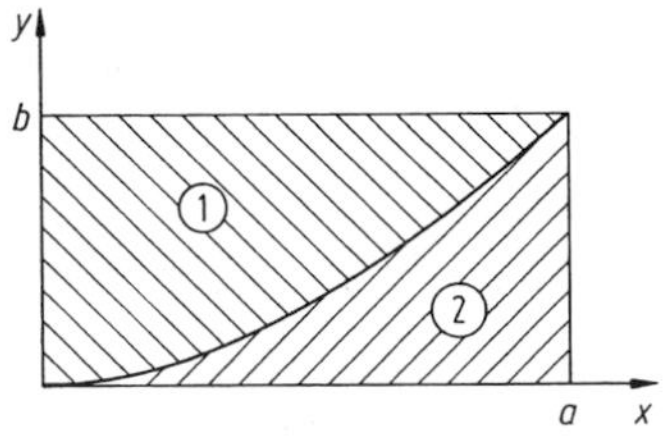

$y = b(x/a)^n$

$A_1 = \frac{n}{n+1} ab$

$A_2 = \frac{1}{n+1} ab$

Ellipse

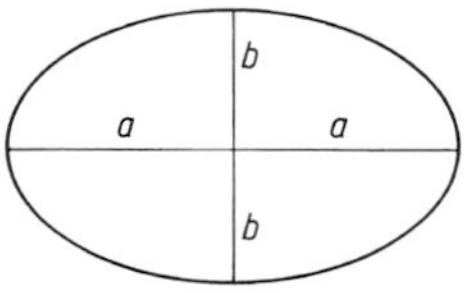

$A = \pi ab$ Exzentrizität $e = \sqrt{1 - b^2/a^2}$

$U = 4aE(e) = 2\pi a \left[1 - \left(\frac{1}{2}\right)^2 e^2 - \left(\frac{1 \cdot 3}{2 \cdot 4}\right)^2 \frac{e^4}{3} - \left(\frac{1 \cdot 3 \cdot 5}{2 \cdot 4 \cdot 6}\right)^2 \frac{e^6}{5} - \ldots\right],$

$E\left(e, \frac{\pi}{2}\right)$ vollständiges elliptisches Integral zweiter Gattung.

$U = \pi(a+b)\left[1 + \frac{\lambda^2}{4} + \frac{\lambda^4}{64} + \frac{\lambda^6}{256} + \frac{25\lambda^8}{16\,384} + \ldots\right], \quad \lambda = \frac{a-b}{a+b}$

Polyeder

Von ebenen Flächen begrenzter Körper

(Fortsetzung)

Tab. 22 (Fortsetzung)

Prisma 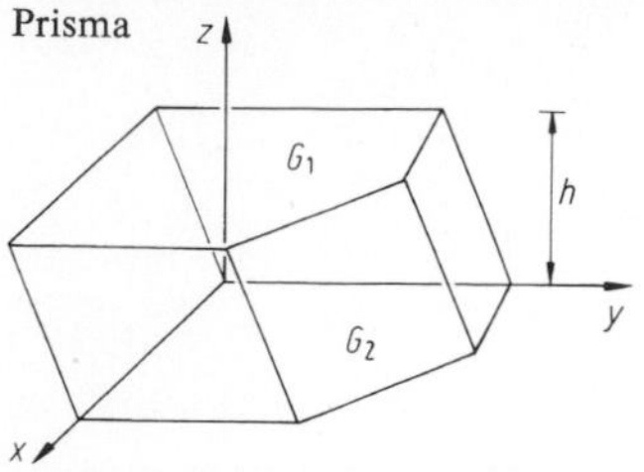	Grundflächen G_1, G_2 sind kongruente Vielecke. Die Mantelflächen sind Parallelogramme. $V = Ah$ falls $G_1 \parallel G_2$ mit $A_1 = A_2 = A$ Für ein Prisma mit nicht parallelen Deckflächen sei l der Abstand der Flächenschwerpunkte von G_1 und G_2, A_3 der Flächeninhalt des zu l senkrechten Schnittes. $V = lA_3$
Gerades Prisma	Mantelkanten sind senkrecht zu den Grundflächen
Reguläres Prisma	Gerades Prisma mit regelmäßigen n-Ecken als Grundflächen
Quader 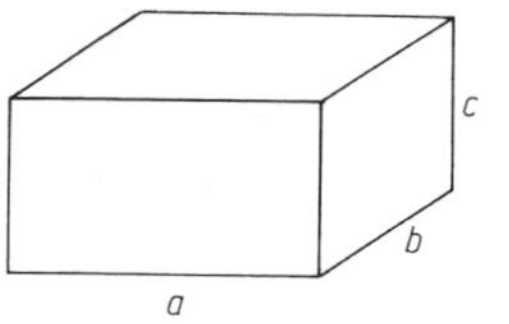	Spezielles reguläres Prisma $V = abc$
Pyramide 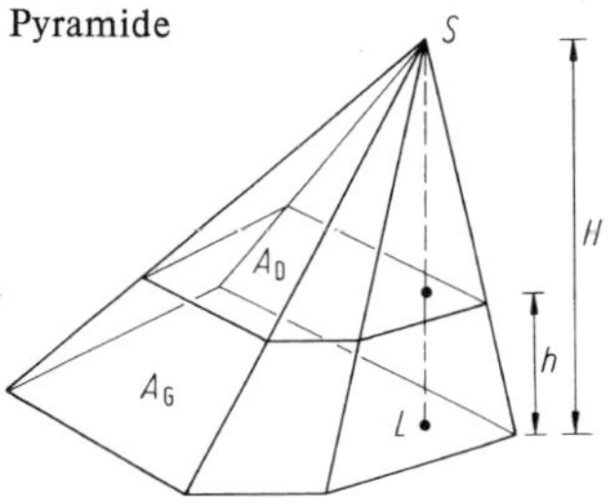	Körper mit n-Eck als ebener Grundfläche A_G und Spitze S, die mit allen Ecken P_i verbunden ist. $V = A_G H/3$, H Abstand von S zu A_G.
Pyramidenstumpf	Entsteht aus Pyramide durch ebenen Schnitt parallel zur Grundfläche A_G mit der Schnitt- gleich Deckfläche A_D. $V = \frac{h}{3}\left(A_G + \sqrt{A_G A_D} + A_D\right)$, h Abstand zwischen Grund- und Deckfläche
Reguläre Pyramide	Pyramide mit regelmäßigem n-Eck als Grundfläche und Spitze S lotrecht über dem Mittelpunkt der Grundfläche.
Tetraeder 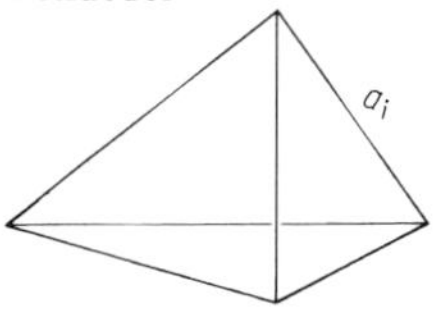	Pyramide mit 4 begrenzenden Dreiecken mit Flächen A_i. Falls alle Kanten $a_i = a$ und damit $A_1 = A_2 = A_3 = A_4 = A$ gilt $V = a^3 \sqrt{2}/12$, $S = a^2 \sqrt{3}$ $r_a = a\sqrt{6}/4$, $r_i = a\sqrt{6}/12$ r_a Radius Außenkugel, r_i Radius Innenkugel
Oktaeder 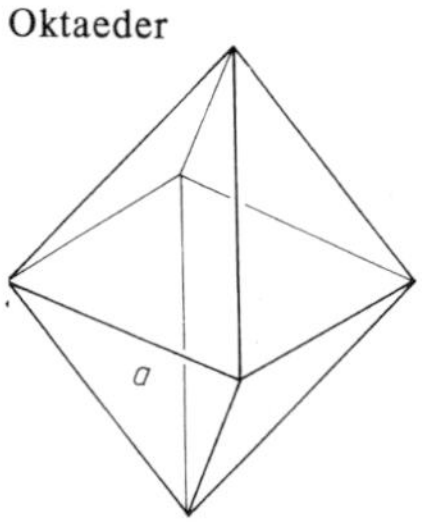	Polyeder mit 8 gleichseitigen Dreiecken, 6 Ecken, 12 Kanten $r_a = a\sqrt{2}/2$, $r_i = a\sqrt{6}/6$ $S = 2a^2\sqrt{3}$, $V = a^3\sqrt{2}/3$

(Fortsetzung)

Tab. 22 (Fortsetzung)

Dodekaeder

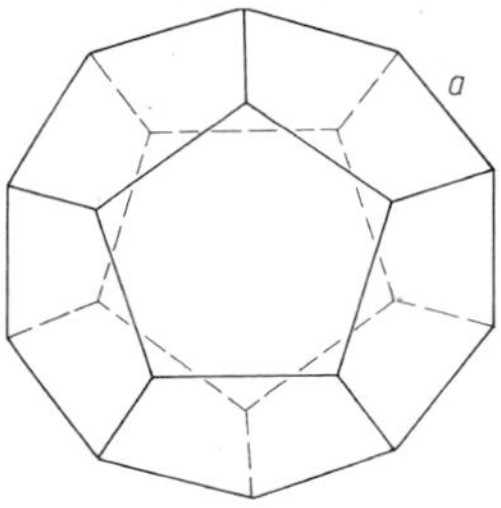

Polyeder mit 12 gleichseitigen Fünfecken, 20 Ecken, 30 Kanten

$$r_a = a\sqrt{6(3+\sqrt{5})}/4, \quad r_i = a\sqrt{\frac{5}{2}+\frac{11}{10}\sqrt{5}}/2$$

$$S = 15a^2\sqrt{1+2\sqrt{5}/5}, \quad V = a^3(15+7\sqrt{5})/4$$

Ikosaeder

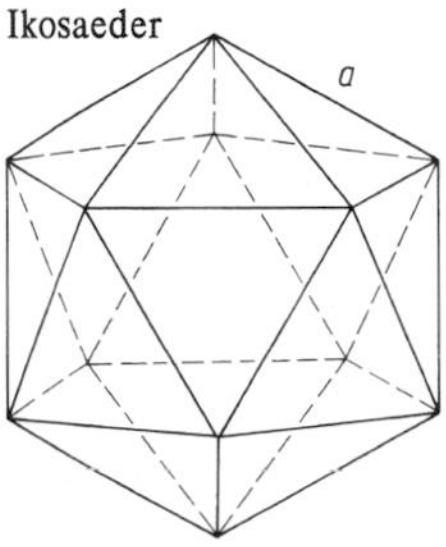

Polyeder mit 20 gleichseitigen Dreiecken, 12 Ecken, 30 Kanten

$$r_a = a\sqrt{10+2\sqrt{5}}/4, \quad r_i = a(3+\sqrt{5})/(4\sqrt{3})$$

$$S = 5a^2\sqrt{3}, \quad V = 5a^3(3+\sqrt{5})/12$$

Keil

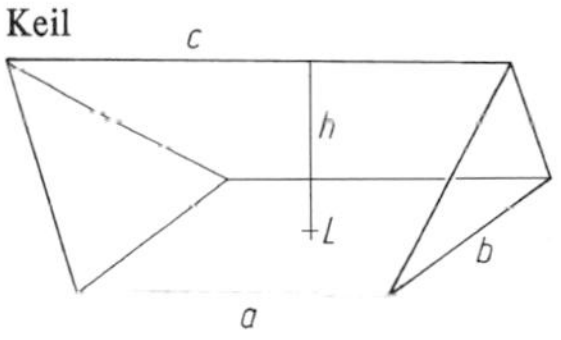

Grundfläche rechteckig. Jeweils zwei gleichschenklige Manteldreiecke und Manteltrapeze. Höhe h, Gratkante c.

$$V = (2a + c)\,bh/6$$

Zylinder

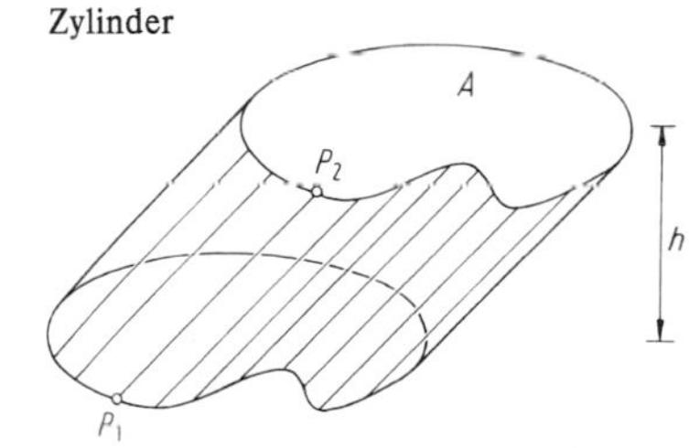

Körper mit identischer Deck- und Mantelfläche in parallelen Ebenen mit parallelen Geraden P_1P_2 entsprechender Punkte.

$$V = Ah$$

Gerader Kreiszylinder

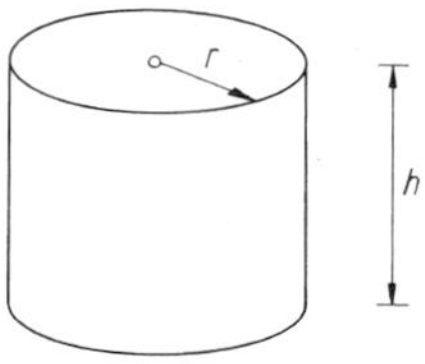

$$V = \pi r^2 h, \quad S = 2\pi r(r + h)$$

Schräg abgeschnittener Kreiszylinder

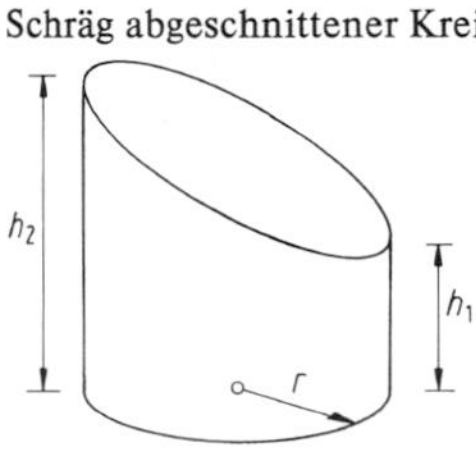

$$V = \pi r^2(h_1 + h_2)/2$$

$$h_1 = h_{\min}, \quad h_2 = h_{\max}$$

$$S = \pi r\left[h_1 + h_2 + r + \sqrt{r^2 + \left(\frac{h_2 - h_1}{2}\right)^2}\right]$$

(Fortsetzung)

Tab. 22 (Fortsetzung)

Kegel

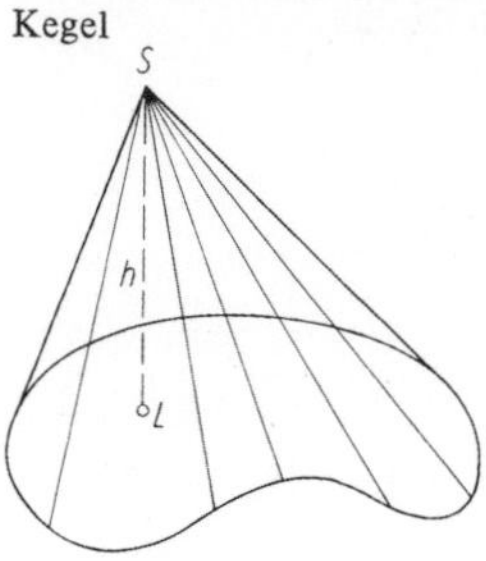

Körper mit ebener Grundfläche A und geraden Mantellinien SP_i

$V = Ah/3$

Gerader Kreiskegel

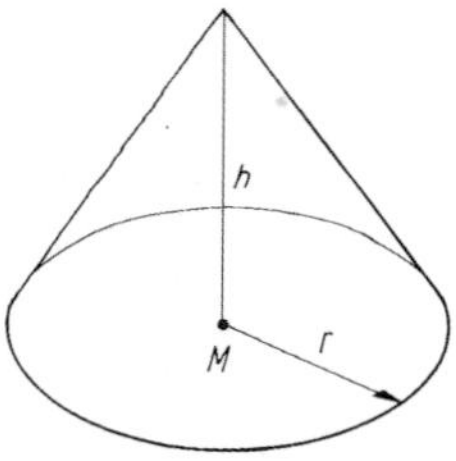

Grundfläche ist ein Kreis. Spitze S liegt lotrecht über Mittelpunkt M.

$V = \pi r^2 h/3$.

$S = \pi r(r + a), \quad a^2 = h^2 + r^2$

Kugel

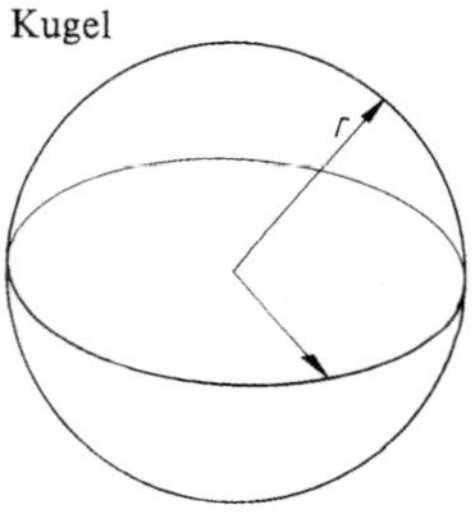

Radius r. Großkreis mit Radius r entsteht bei ebenem Kugelschnitt, der durch den Mittelpunkt geht.

$V = 4\pi r^3/3$

$S = 4\pi r^2$

Kugelkappe

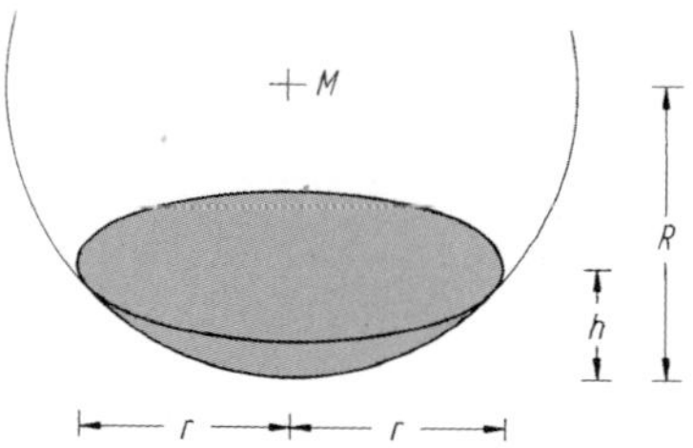

$r^2 = h(2R - h)$

$V = \pi h(3r^2 + h^2)/6 = \pi h^2(3R - h)/3$

$S = \pi(2Rh + r^2) = \pi(h^2 + 2r^2)$

Kugelsektor

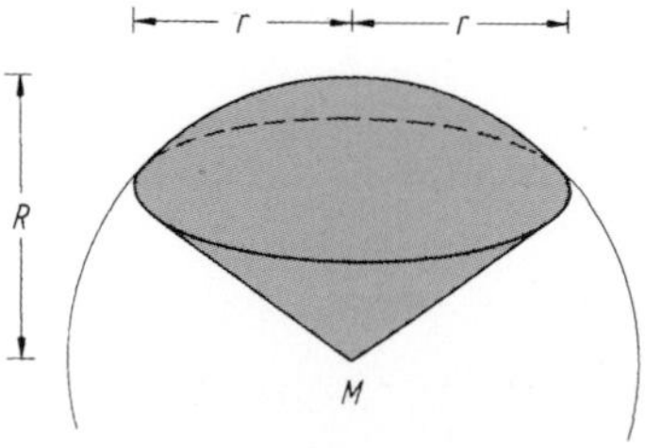

$V = 2\pi R^2 h/3$

$S = \pi R(2h + r)$

(Fortsetzung)

Tab. 22 (Fortsetzung)

Kugelschicht

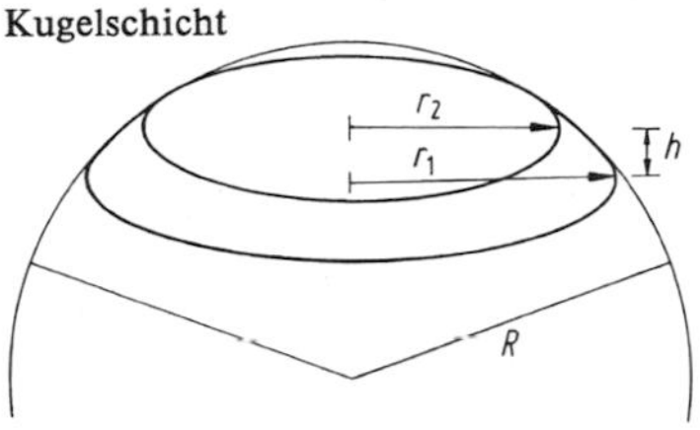

$R^2 = r_1^2 + (r_1^2 - r_2^2 - h^2)^2/(2h)^2$

$V \;= \pi h(3r_1^2 + 3r_2^2 + h^2)/6$

$S \;= \pi(2Rh + r_1^2 + r_2^2)$

Ellipsoid

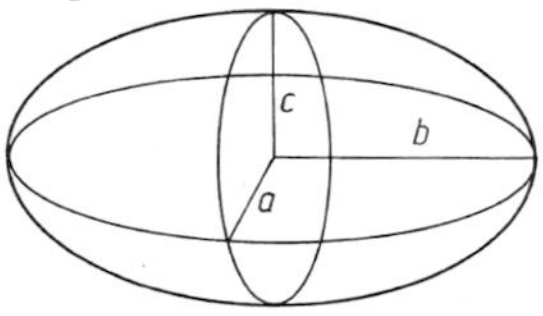

$V = 4\pi abc/3$

Umdrehungsfläche

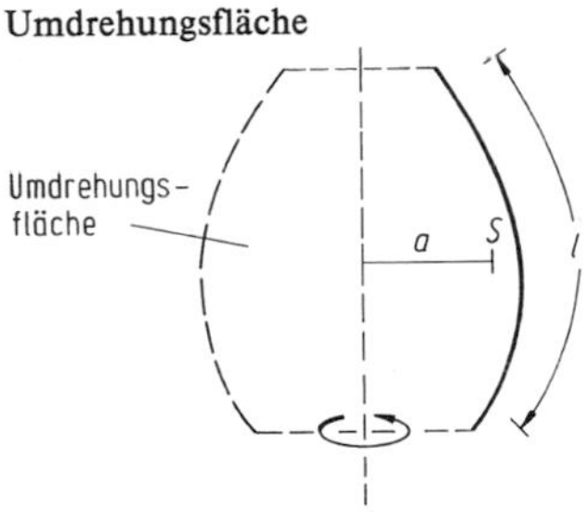

Ebene Kurve der Länge l dreht sich um eine in ihrer Ebene liegende, sie nicht schneidende Achse.

a Abstand des Kurvenschwerpunktes von der Achse

1. Guldinsche Regel: Mantelfläche $S = 2\pi al$

Umdrehungskörper

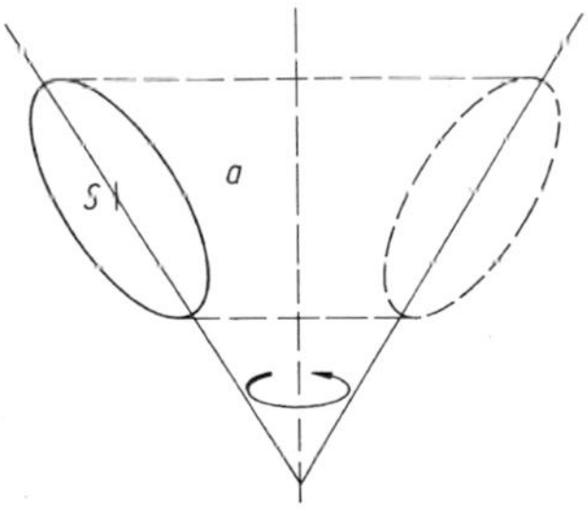

Ebene Fläche mit Inhalt A dreht sich um eine in ihrer Ebene liegende, sie nicht schneidende Achse.

a Abstand des Flächenschwerpunktes von der Achse

2. Guldinsche Regel: Volumen $V = 2\pi aA$

Torus

A speziell Kreisfläche mit Radius r

$V = 2\pi^2 ar^2$

$S = 4\pi^2 ar$

Rotationsparaboloid

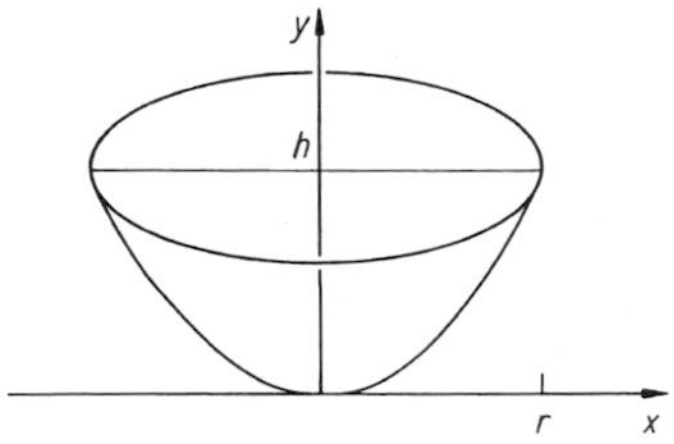

Erzeugende Kurve $y = h(x/r)^2$, Drehung um y-Achse

$V = \pi r^2 h/2$

Tab. 23 Parallelprojektionen (PP) eines Körpers auf eine Ebene Π

Typ	Eigenschaften
Orthogonale oder normale PP	Projektionsstrahlen $\boldsymbol{p}$ senkrecht zur Ebene; das Bild in Π heißt auch Riss
Schräge PP	$\boldsymbol{p}$ nicht senkrecht zu Π, z. B. Militär- und Kavalierperspektive

Tab. 24 Projektionen einer ebenen Figur in der Originalebene Ω in die Projektionsebene Π nach Abb. 27

Typ	Invariante Größen (durch Abbildung nicht verändert)
Zentralprojektion $\Omega \parallel \Pi$	W, P, V, T, I Ähnlichkeit
Zentralprojektion $\Omega \nparallel \Pi$	I
Parallelprojektion $\Omega \parallel \Pi$	S, W, A, P, V, T, I Kongruenz
Parallelprojektion $\Omega \nparallel \Pi$	P, T, I

vermitteln und die eindeutige Reproduktion geometrischer Daten ermöglichen. Typische Merkmale bei der Abbildung eines Dreieckes $P_1P_2P_3$ (Seitenlänge a_i, Winkel α_i) in das Bild $P'_1P'_2P'_3$ (Seitenlänge a'_i, Winkel α'_i) sind

(S)	Strecken $a_i \leftrightarrow a'_i$
(W)	Winkel $\alpha_i \leftrightarrow \alpha'_i$
(A)	Flächen $A_{P_1P_2P_3} \leftrightarrow A_{P'_1P'_2P'_3}$
(P)	Parallelität
(V)	Streckenverhältnis
(T)	Teilungsverhältnis zwischen 3 Punkten einer Geraden
(I)	Inzidenz (Zugehörigkeit von mehr als 2 Punkten zu einer Geraden)

Axonometrische Bilder vermitteln einen anschaulichen Eindruck und liefern zudem alle geometrisch relevanten Daten, indem das Objekt zusammen mit einem Koordinatenkreuz $\boldsymbol{e}_1$, $\boldsymbol{e}_2$, $\boldsymbol{e}_3$ dargestellt wird. Bei *normaler Axonometrie* ist die Projektionsrichtung $\boldsymbol{p}$ senkrecht zur Projektionsebene Π, die durch das Spurendreieck der Achsendurchstoßpunkte S_1, S_2, S_3 durch Π bestimmt wird; siehe Abb. 28.

Durch Klappung um die Spurenachsen $s_{ij} = \overline{S_iS_j}$ erzeugt man nach Abb. 29 ein unverzerrtes

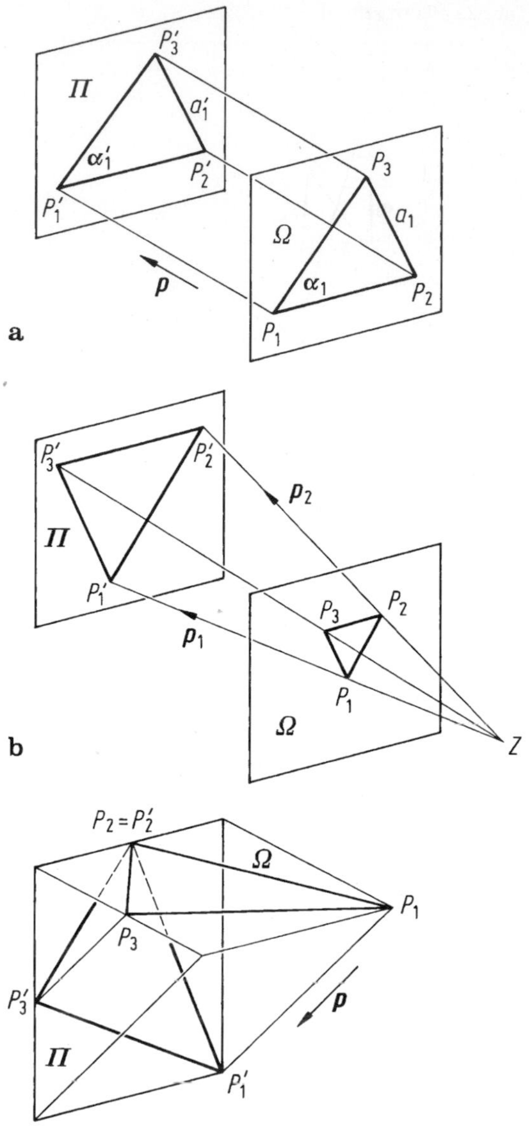

Abb. 27 Projektionen. **a** Parallelprojektion mit $\Omega \parallel \Pi$; **b** Zentralprojektion mit $\Omega \parallel \Pi$; **c** Parallelprojektion mit $\Omega \nparallel \Pi$

Bild der $\boldsymbol{e}_i$, $\boldsymbol{e}_j$-Ebene mit den orthogonalen Achsen $\boldsymbol{e}_i$, $\boldsymbol{e}_j$ und den wahren Längen e im Thaleskreis. Die Längenverhältnisse sind quadratisch gekoppelt.

$$m_i = e_i/e, \quad m_1^2 + m_2^2 + m_3^2 = 2. \qquad (132)$$

Durch Klappen um das Bild $\overline{O'A_i}$ der Achse $\boldsymbol{e}_i$ in Abb. 29 erhält man das *Achsenprofil* mit dem

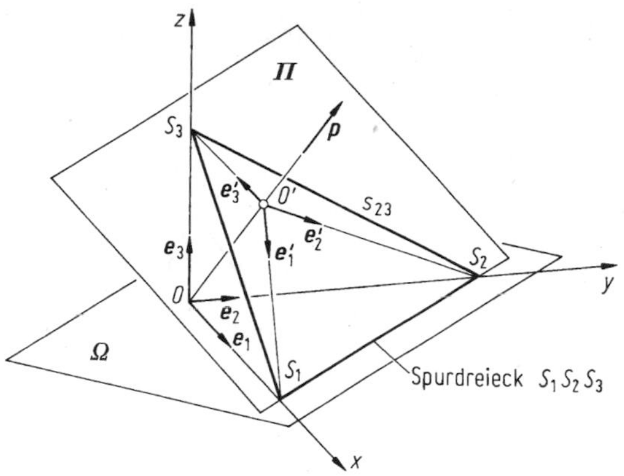

Abb. 28 Axonometrische Abbildung mit Projektionsrichtung $\boldsymbol{p}$

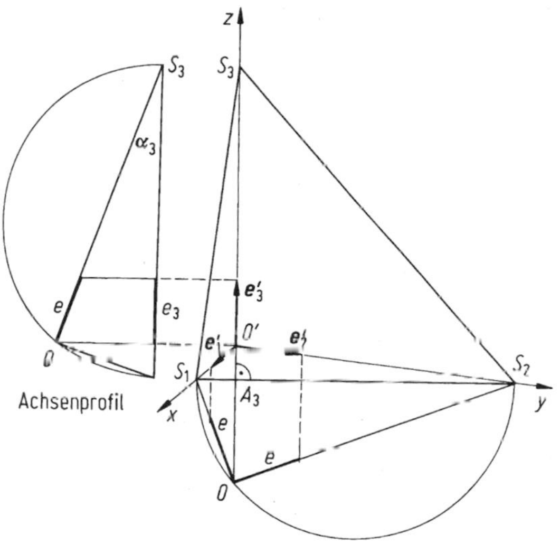

Abb. 29 Normale Axonometrie

typischen Winkel α_i als Funktion des Maßstabes (Tab. 25).

$$e_i = e \cos \alpha_i, \quad \cos \alpha_i = m_i, \quad \alpha_i < \pi/2. \tag{133}$$

Bei vorgegebenen Maßstäben e_i bez. Winkeln α_i zeichnet man wie im Abb. 30 zunächst die z-Achse mit Winkel α_3 bei S_3 sowie den Ursprung O' in beliebigem Abstand von S_3. Der Ursprung O im Achsenprofil $O'S_3O$ folgt ebenso zwangsläufig wie der Punkt L_3 mit der Senkrechten s_{12} zu $\overline{S_3L_3}$ als Ort für S_1 und S_2.

Tab. 25 Axonometrische Abbildungen. Maßstäbe $m_i = e_i/e$ und Winkel α_{ij} zwischen den Bildern $\boldsymbol{e}_i'$ der Achsen

Maßstäbe	Winkel	Typ der Abbildung
$m_1 = m_2 = m_3 = m$	$\alpha_{ij} = 120°$	Isometrie. $m = \sqrt{2/3}$
$m_1 = m/2$, $m_2 = m_3 = m$	$\alpha_{12} = \alpha_{13} = 131{,}42°$, $\alpha_{23} = 97{,}18°$	Sonderfall der Dimetrie; auch Ingenieuraxonometrie genannt. $m = 2\sqrt{2}/3$
$m_1 \neq m_2 \neq m_3$	–	Trimetrie. Alle 3 Maßstäbe verschieden

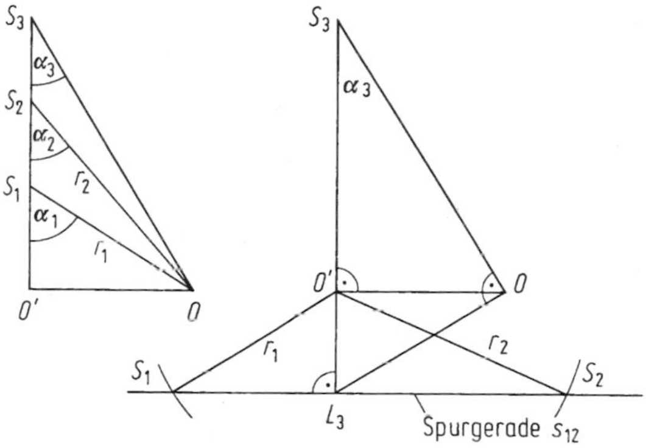

Abb. 30 Konstruktion des Spurdreieckes bei vorgegebenen Maßstäben $m_i = \cos \alpha_i$

Das Dreieck $S_3O'O$ überträgt man in eine Hilfsskizze, ergänzt die Winkel α_1, α_2 und findet die Radien $r_1 = \overline{O'S_1}$, $r_2 = \overline{O'S_2}$ zweier Kreise, die im Hauptbild um O' geschlagen sowohl S_1 (zu r_1) als auch S_2 (zu r_2) auf der Spurgerade s_{12} markieren.

Militärperspektive ist eine schräge Parallelprojektion mit der $\boldsymbol{e}_1$, $\boldsymbol{e}_2$-Ebene als Projektionsebene Π und der $\boldsymbol{e}_3$-Achse lotrecht nach oben (Projektionsrichtung $\boldsymbol{p}$ unter 45° zu Π). Alle Maßstäbe werden gleich gewählt, wobei Flächen parallel zu Π und Längen parallel $\boldsymbol{e}_3$ unverzerrt erhalten bleiben, siehe Abb. 31a.

Kavalierperspektive ist eine schräge Parallelprojektion mit der $\boldsymbol{e}_2$, $\boldsymbol{e}_3$-Ebene als Bildebene Π, $\boldsymbol{p}$ unter 45° zu Π und $m_2 = m_3 = m$ sowie $m_1 = m/2$ siehe Abb. 31b. Der Winkel zwischen den Bildern der $\boldsymbol{e}_1$ und $\boldsymbol{e}_2$-Achsen wird meist zu 30° oder 45° gewählt.

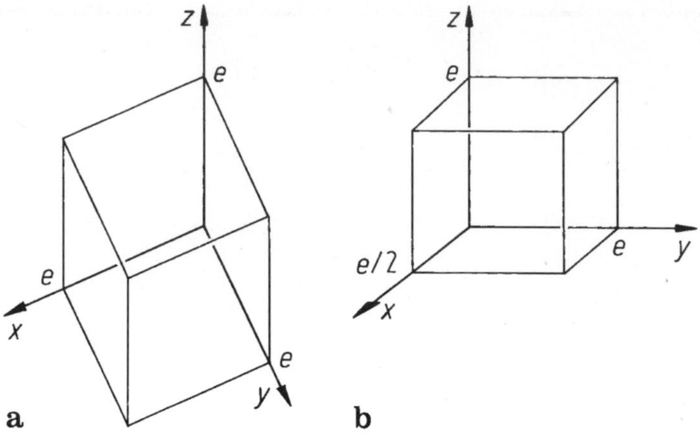

Abb. 31 Würfel in **a** Militär-, **b** Kavalierperspektive

Literatur

Andrie M, Meier P (1996) Lineare Algebra & Geometrie für Ingenieure, 3. Aufl. Springer, Berlin

Asser G (1983, 1976, 1981) Einführung in die mathematische Logik. 3 Teile. Deutsch, Frankfurt am Main

Bär C (2018) Lineare Algebra und analytische Geometrie. Springer Spektrum, Wiesbaden

Baule B (1979) Die Mathematik des Naturforschers und Ingenieurs. Deutsch, Frankfurt am Main

Böhme G (1990) Anwendungsorientierte Mathematik, Bd 1 und 2, 6. Aufl. Springer, Berlin, S 1991

Böhme G (1996) Algebra. Anwendungsorientierte Mathematik, 7. Aufl. Springer, Berlin

Browder A (1996) Mathematical analysis: an introduction. Springer, New York

Dürrschnabel K (2012) Mathematik für Ingenieure. Vieweg+Teubner Verlag, Wiesbaden

Duschek A, Hochrainer A (1965, 1968, 1970) Grundzüge der Tensorrechnung in analytischer Darstellung, Bd 1–3. Springer, Wien

Ebbinghaus D (2003) Einführung in die Mengenlehre. Springer Spektrum, Heidelberg

Gantmacher FR (1986) Matrizentheorie. Springer, Berlin

Gerlich G (1977) Vektor- und Tensorrechnung für die Physik. Vieweg, Braunschweig

Jänich K (2003) Lineare algebra, 7. Aufl. Springer, Berlin

Knauer U, Knauer K (2015) Diskrete und algebraische Strukturen – kurz gefasst. Springer Spektrum, Berlin

Knörrer H (2006) Geometrie, 2. Aufl. Vieweg+Teubner, Wiesbaden

Kruse R, Gebhardt J, Klawonn F (1995) Fuzzy-Systeme, 2. Aufl. Teubner, Braunschweig

Lau D (2011) Algebra und diskrete Mathematik 1, 3. Aufl. Springer, Heidelberg

Liesen J, Mehrmann V (2012) Lineare Algebra. Ein Lehrbuch über die Theorie mit Blick auf die Praxis. Vieweg +Teubner Verlag, Wiesbaden

Maess G (1985) Vorlesungen über numerische Mathematik I. Birkhäuser, Basel

Mangoldt H von, Knopp K (1990) Höhere Mathematik, Bd 1, 17. Aufl. Rev. von Lösch F. Hirzel. Stuttgart

Mohan C (2015) An introduction to fuzzy set theory and fuzzy logic. MV Learning. Hirzel, New York

Rehbock F (1969) Darstellende Geometrie. Springer, Berlin

Smirnow WI (1990) Lehrgang der höheren Mathematik. Teil 1, 16. Aufl. Deutscher Verlag der Wissenschaften, Berlin

Wunderlich W (1966, 1967) Darstellende Geometrie. Bibliogr. Inst., Mannheim

Zurmühl R, Falk S (1997, 1986) Matrizen und ihre Anwendungen, Bd 1, 7. Aufl., Bd 2, 5. Aufl. Springer, Berlin

Funktionen 2

Peter Ruge und Carolin Birk

Zusammenfassung

In diesem Beitrag werden wesentliche mathematische Funktionen charakterisiert. Für algebraische Funktionen einer Veränderlichen werden Sätze über Nullstellen angegeben. Dargestellt wird der Zusammenhang zwischen Exponential-, trigonometrischen und hyperbolischen Funktionen. Entsprechende Additionstheoreme werden zusammengestellt. Behandelt werden weiterhin höhere Funktionen, wie Zykloiden, Delta-, Heaviside-, Gamma- und Betafunktion.

2.1 Algebraische Funktionen einer Veränderlichen

2.1.1 Sätze über Nullstellen

Rationale Funktionen enthalten nur die Grundoperationen Addition, Subtraktion, Multiplikation und Division. *Ganzrationale Funktionen*

$$P_n(z) = a_n z^0 + a_{n-1} z^1 + \ldots + a_1 z^{n-1} + a_0 z^n, \quad n \in \mathbb{N}, \qquad a_0 \neq 0, \tag{1}$$

auch Polynome n-ten Grades genannt, enthalten keine Division. Die Variablen z und die Koeffizienten a_i können auch komplex sein. Die Berechnung von Funktionswerten für spezielle Werte z geschieht effektiv nach dem *Horner-Schema*, siehe ▶ Abschn. 5.2.2 in Kap. 5, „Lineare Algebra, Nichtlineare Gleichungen und Interpolation", (36).

Algebraische Gleichungen haben die Form $P_n(z) = 0$; in der Normalform ist der Koeffizient $a_0 = 1$. Ihre Lösungen werden auch Wurzeln genannt. Sie entsprechen den Nullstellen z_i des Polynoms $P_n(z)$.

Fundamentalsatz der Algebra. Jede algebraische Gleichung n-ten Grades besitzt n Lösungen z_i, wobei r-fache Wurzeln r-mal zu zählen sind; jedes Polynom n-ten Grades lässt sich als Produkt seiner Linearfaktoren $(z - z_i)$ darstellen:

$$\begin{aligned} P_n(z) &= \sum_{i=0}^{n} a_{n-i} z^i = a_0 (z - z_1) \cdots (z - z_n) \\ &= a_0 \prod_{i=1}^{n} (z - z_i); \qquad z_i, a_i \in \mathbb{C}. \end{aligned} \tag{2}$$

Reelle Koeffizienten a_i. Die Nullstellen können weiterhin komplex sein, doch treten sie paarweise konjugiert komplex auf.

P. Ruge
Institut für Statik und Dynamik der Tragwerke, Technische Universität Dresden, Dresden, Deutschland
E-Mail: peter.ruge@tu-dresden.de

C. Birk (✉)
Statik und Dynamik der Flächentragwerke, Universität Duisburg-Essen, Essen, Deutschland
E-Mail: carolin.birk@uni-due.de

M. Hennecke, B. Skrotzki (Hrsg.), *HÜTTE Band 1: Mathematisch-naturwissenschaftliche und allgemeine Grundlagen für Ingenieure*, Springer Reference Technik,
https://doi.org/10.1007/978-3-662-64369-3_2

$$a_i \in \mathbb{R}: r\,\text{Nullstellen reell},\quad t\,\text{Paare komplex},\ z = x \pm \mathrm{j}y;$$
$$0 = a_0 \left\{\prod_{i=1}^{r}(z - z_i)\right\} \times \left\{\prod_{k=1}^{t}\left(z^2 - 2x_k z + x_k^2 + y_k^2\right)\right\},$$
$$r + 2t = n. \tag{3}$$

Durch Ausmultiplizieren der faktorisierten Normalform $P_n(z) = 0$, $a_0 = 1$, erhält man die **Vieta'schen Wurzelsätze**.

$$z_1 + z_2 + \ldots + z_n = \sum_{i=1}^{n} z_i = -a_1,$$
$$z_1 z_2 + z_1 z_3 + \ldots + z_{n-1} z_n = \sum_{\substack{i,k=1\\(i<k)}}^{n} z_i z_k = a_2,$$
$$z_1 z_2 z_3 + z_1 z_2 z_4 + \ldots + z_{n-2} z_{n-1} z_n \tag{4}$$
$$= \sum_{\substack{i,j,k=1\\(i<j<k)}}^{n} z_i z_j z_k = -a_3,$$
$$\prod_{i=1}^{n} z_i = (-1)^n a_n.$$

Bei *Stabilitätsuntersuchungen* dynamischer Systeme profitiert man von generellen Aussagen über die Realteile x_k der komplexen Nullstellen

$$z_k = x_k + \mathrm{j}y_k.$$

Gegeben: $P(z) = a_n + a_{n-1}z + \ldots + a_1 z^{n-1} + z^n = 0$.

Gesucht: Bedingungen für ausschließlich negative Realteile ($x_k < 0$).

$$\text{Notwendig: } \textit{Stodola}: a_k > 0,\ k = 1, 2, \ldots, n. \tag{5}$$

Hinreichend: *Hurwitz*: $H_k > 0$, $k = 1, 2, \ldots, n$. H_k sind die Hauptabschnittsdeterminanten der *(n,n)-Hurwitz-Matrix*.

$$\boldsymbol{H} = \begin{bmatrix} a_1 & 1 & 0 & 0 & 0 & 0 & \ldots & 0 \\ a_3 & a_2 & a_1 & 1 & 0 & 0 & \ldots & 0 \\ a_5 & a_4 & a_3 & a_2 & a_1 & 1 & \ldots & 0 \\ \cdot & & & \cdot & & & & \cdot \\ \cdot & & & & \cdot & & & \cdot \\ \cdot & & & & & \cdot & & \cdot \\ 0 & 0 & 0 & 0 & 0 & 0 & \ldots & a_n \end{bmatrix}, \tag{6}$$

$$H_1 = a_1,\quad H_2 = a_1 a_2 - a_3,$$
$$H_3 = a_3 H_2 - a_1(a_1 a_4 - a_5) \quad \text{usw.}$$

Lienard-Chipart:

$$a_n > 0,\quad H_{n-1} > 0,\quad a_{n-2} > 0, \tag{7}$$
$$H_{n-3} > 0,\quad \ldots,\quad H_1 = a_1 > 0.$$

Routh:

$$R_k > 0,\quad k = 1, 2, \ldots, n, \tag{8}$$

$$R_k = H_k / H_{k-1},\quad H_0 = 1.$$

2.1.2 Quadratische Gleichungen

Für die quadratische Gleichung gibt es eine explizite Lösung, wobei zugunsten der numerischen Stabilität der Vieta'sche Satz herangezogen wird.

$$az^2 + bz + c = 0,\quad a \neq 0,\quad D = b^2 - 4ac,$$
$$z_1 = \left(-b - \operatorname{sgn}(b)\sqrt{D}\right)/2a, \tag{9}$$
$$z_2 = c/z_1,\quad b \neq 0.$$

2.2 Transzendente Funktionen

2.2.1 Exponentialfunktionen

Von den Exponentialfunktionen $y = a^x$ mit der allgemeinen Basis a und dem variablen Exponenten $x \in \mathbb{C}$ ist die mit Basis e besonders wichtig.

$$f(x) = \mathrm{e}^x, \quad \text{Umkehrfunktion } f(x) = \ln x. \quad (10)$$

Die trigonometrischen und hyperbolischen Funktionen lassen sich auf e^x zurückführen:

$$\begin{aligned} \sin x &= \left(\mathrm{e}^{\mathrm{j}x} - \mathrm{e}^{-\mathrm{j}x}\right)/2\mathrm{j}, \\ \cos x &= \left(\mathrm{e}^{\mathrm{j}x} + \mathrm{e}^{-\mathrm{j}x}\right)/2, \\ \sinh x &= \left(\mathrm{e}^{x} - \mathrm{e}^{-x}\right)/2, \end{aligned} \quad (11)$$

$$\begin{aligned} &\cosh x = \left(\mathrm{e}^{x} + \mathrm{e}^{-x}\right)/2, \quad x \in \mathbb{R}. \\ &\mathrm{e}^{\mathrm{j}x} = \cos x + \mathrm{j}\sin x. \\ &\sin \mathrm{j}x = \mathrm{j}\,\sinh x, \quad \cos \mathrm{j}x = \cosh x. \\ &\sinh \mathrm{j}x = \mathrm{j}\,\sin x, \quad \cosh \mathrm{j}x = \cos x. \end{aligned} \quad (12)$$

Diese Exponentialdarstellungen erlauben die Herleitung von Summen- und Produktformeln.

Beispiel:

$$\begin{aligned} y = (\sin x)^3 &= \left(\mathrm{e}^{\mathrm{j}x} - \mathrm{e}^{-\mathrm{j}x}\right)^3/(2\mathrm{j})^3 \\ &= \left(\mathrm{e}^{3\mathrm{j}x} - 3\mathrm{e}^{2\mathrm{j}x}\mathrm{e}^{-\mathrm{j}x} + 3\mathrm{e}^{\mathrm{j}x}\mathrm{e}^{-2\mathrm{j}x} - \mathrm{e}^{-3\mathrm{j}x}\right)/(-8\mathrm{j}) \\ &= (3\sin x - \sin 3x)/4. \end{aligned}$$

2.2.2 Trigonometrische Funktionen

Allgemein benutzt werden vier trigonometrische Funktionen (Kreisfunktionen) (Abb. 1 und Abb. 2),

$$\begin{aligned} &\text{Sinus} && f(x) = \sin x = \frac{g}{h}, \\ &\text{Cosinus} && f(x) = \cos x = \frac{a}{h}, \\ &\text{Tangens} && f(x) = \tan x = \frac{g}{a}, \\ &\text{Cotangens} && f(x) = \cot x = \frac{a}{g}, \end{aligned} \quad (13)$$

die am Kreis nach Abb. 1 für ein rechtwinkliges Dreieck mit Gegenkathete g, Ankathete a und Hypotenuse h darstellbar sind.

Für die Rechenpraxis sind spezielle Funktionswerte (Vielfache von $\pi/12$) von Nutzen (Tab. 1).

Umrechnung zwischen Bogenmaß und Gradmaß:

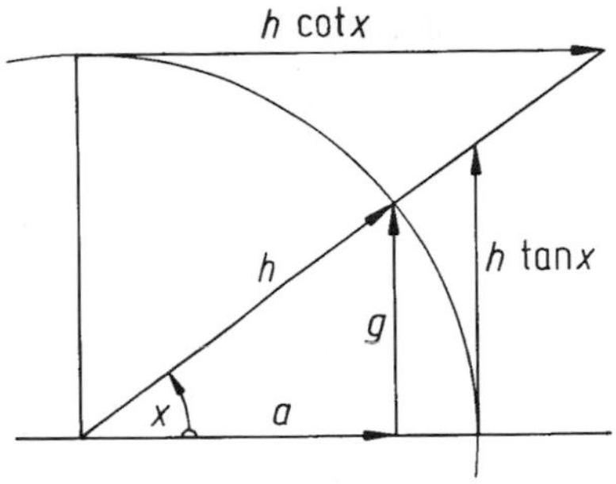

Abb. 1 Trigonometrische Funktionen am Kreis mit Radius h

$$180^\circ x_{\text{Bogen}} = \pi x_{\text{Grad}}. \quad (14)$$

Periodizität (Tab. 2):

$$\begin{aligned} \sin(x + 2\pi k) &= \sin x, \\ \cos(x + 2\pi k) &= \cos x, \\ \tan(x + \pi k) &= \tan x, \\ \cot(x + \pi k) &= \cot x; \quad k \in \mathbb{Z}. \end{aligned} \quad (15)$$

$$\sin(-x) = -\sin x, \quad \cos(-x) = \cos x, \quad (16)$$

$$\tan(-x) = -\tan x, \quad \cot(-x) = -\cot x.$$

Zusammenhang zwischen den trigonometrischen Funktionen bei gleichem Argument:

$$\begin{aligned} &\sin^2 x + \cos^2 x = 1, \quad \tan x = \sin x/\cos x, \\ &\tan x \cdot \cot x = 1. \end{aligned} \quad (17)$$

Additionstheoreme:
Für Summe und Differenz zweier Argumente (Tab. 4):

$$\begin{aligned} \sin(x \pm y) &= \sin x \cos y \pm \cos x \sin y; \\ \cos(x \pm y) &= \cos x \cos y m \sin x \sin y; \\ \tan(x \pm y) &= \frac{\tan x \pm \tan y}{1 \mp \tan x \tan y}; \end{aligned} \quad (18)$$

$$\cot(x \pm y) = \frac{\cot x \cot y \mp 1}{\cot y \pm \cot x}.$$

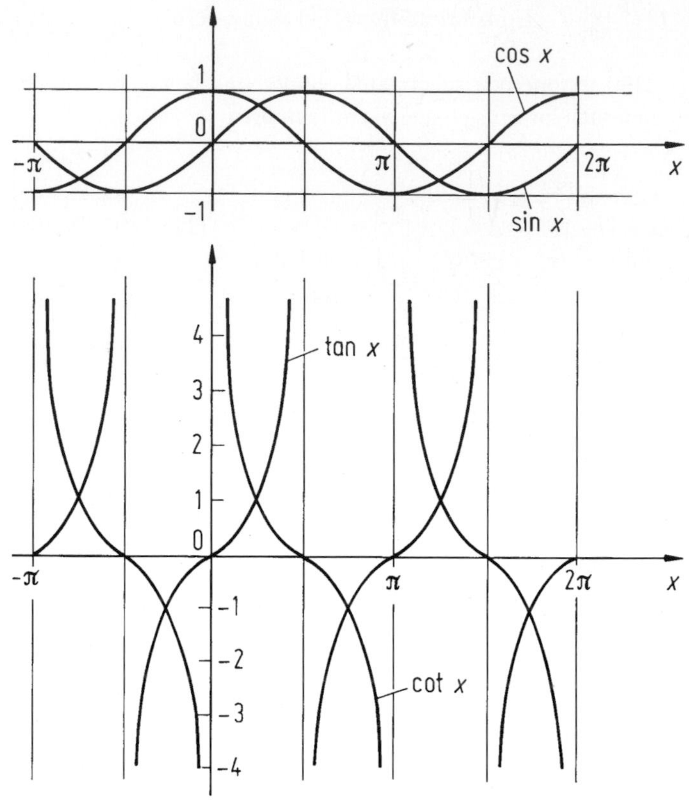

Abb. 2 Trigonometrische Funktionen

Tab. 1 Spezielle Werte trigonometrischer Funktionen

Bogenmaß x	0	$\pi/6$	$\pi/4$	$\pi/3$	$\pi/2$
Gradmaß x	0°	30°	45°	60°	90°
$\sin x$	0	1/2	$\sqrt{2}/2$	$\sqrt{3}/2$	1
$\cos x$	1	$\sqrt{3}/2$	$\sqrt{2}/2$	1/2	0
$\tan x$	0	$\sqrt{3}/3$	1	$\sqrt{3}$	–
$\cot x$	–	$\sqrt{3}$	1	$\sqrt{3}/3$	0

Tab. 2 Periodizität bezüglich $\pi/2$

y	$\frac{\pi}{2}+x$	$\pi+x$	$\frac{3}{2}\pi+x$
$\sin y =$	$\cos x$	$-\sin x$	$-\cos x$
$\cos y =$	$-\sin x$	$-\cos x$	$\sin x$
$\tan y =$	$-\cot x$	$\tan x$	$-\cot x$
$\cot y =$	$-\tan x$	$\cot x$	$-\tan x$

Für Vielfache des Argumentes:

$$\begin{aligned}
\sin 2x &= 2\sin x\cos x = \frac{2\tan x}{1+\tan^2 x};\\
\sin 3x &= 3\sin x - 4\sin^3 x;\\
\sin 4x &= 8\cos^3 x\sin x - 4\cos x\sin x;\\
\cos 2x &= \cos^2 x - \sin^2 x = \frac{1-\tan^2 x}{1+\tan^2 x};\\
\cos 3x &= 4\cos^3 x - 3\cos x;\\
\cos 4x &= 8\cos^4 x - 8\cos^2 x + 1;\\
\tan 2x &= \frac{2\tan x}{1-\tan^2 x} = \frac{2}{\cot x - \tan x};\\
\tan 3x &= \frac{3\tan x - \tan^3 x}{1-3\tan^2 x};\\
\tan 4x &= \frac{4\tan x - 4\tan^3 x}{1-6\tan^2 x + \tan^4 x};\\
\cot 2x &= \frac{\cot^2 x - 1}{2\cot x} = \frac{\cot x - \tan x}{2};\\
\cot 3x &= \frac{\cot^3 x - 3\cot x}{3\cot^2 x - 1};\\
\cot 4x &= \frac{\cot^4 x - 6\cot^2 x + 1}{4\cot^3 x - 4\cot x}.
\end{aligned} \tag{19}$$

Für halbe Argumente: (Das Vorzeichen ist entsprechend dem Argument $x/2$ zu wählen.)

$$\sin\frac{x}{2}=\pm\sqrt{\frac{1-\cos x}{2}};$$
$$\cos\frac{x}{2}=\pm\sqrt{\frac{1+\cos x}{2}};$$
$$\tan\frac{x}{2}=\pm\sqrt{\frac{1-\cos x}{1+\cos x}}=\frac{\sin x}{1+\cos x}=\frac{1-\cos x}{\sin x};\qquad(20)$$
$$\cot\frac{x}{2}=\pm\sqrt{\frac{1+\cos x}{1-\cos x}}=\frac{\sin x}{1-\cos x}=\frac{1+\cos x}{\sin x}.$$

Produkte von Funktionen:

$$\begin{aligned}&\sin(x+y)\sin(x-y)=\cos^2 y-\cos^2 x;\\&\cos(x+y)\cos(x-y)=\cos^2 y-\sin^2 x;\\&\left.\begin{matrix}\sin x\sin y\\ \cos x\cos y\end{matrix}\right\}=\frac{1}{2}\{\cos(x-y)\mp\cos(x+y)\};\end{aligned}\qquad(21)$$

$$\left.\begin{matrix}\sin x\cos y\\ \cos x\sin y\end{matrix}\right\}=\frac{1}{2}\{\sin(x+y)\pm\sin(x-y)\}.$$

Potenzen (Tab. 3):

$$\begin{aligned}\sin^2 x&=\frac{1}{2}(1-\cos 2x);\\ \cos^2 x&=\frac{1}{2}(1+\cos 2x);\\ \sin^3 x&=\frac{1}{4}(3\sin x-\sin 3x);\\ \cos^3 x&=\frac{1}{4}(3\cos x+\cos 3x);\end{aligned}\qquad(22)$$

Tab. 3 Beziehungen zwischen trigonometrischen Funktionen gleichen Arguments

	$\sin^2 x$	$\cos^2 x$	$\tan^2 x$	$\cot^2 x$
$\sin^2 x=$	–	$1-\cos^2 x$	$\frac{\tan^2 x}{1+\tan^2 x}$	$\frac{1}{1+\cot^2 x}$
$\cos^2 x=$	$1-\sin^2 x$	–	$\frac{1}{1+\tan^2 x}$	$\frac{\cot^2 x}{1+\cot^2 x}$
$\tan^2 x=$	$\frac{\sin^2 x}{1-\sin^2 x}$	$\frac{1-\cos^2 x}{\cos^2 x}$	–	$\frac{1}{\cot^2 x}$
$\cot^2 x=$	$\frac{1-\sin^2 x}{\sin^2 x}$	$\frac{\cos^2 x}{1-\cos^2 x}$	$\frac{1}{\tan^2 x}$	–

$$\sin^4 x=\frac{1}{8}(\cos 4x-4\cos 2x+3);$$
$$\cos^4 x=\frac{1}{8}(\cos 4x+4\cos 2x+3).$$

Bezug zu *harmonischen Schwingungen* mit der Frequenz ω, der Zeit t, der Amplitude A und der Phase φ:

$$\begin{aligned}&f(t)=a\sin\omega t+b\cos\omega t=A\sin(\omega t+\varphi),\\&A^2=a^2+b^2,\quad \tan\varphi=b/a.\\&\sum_{i=1}^{n}A_i\sin(\omega t+\varphi_i)=A\sin(\omega t+\varphi_s),\end{aligned}\qquad(23)$$

$$n=2:\quad \tan\varphi_s=(A_1\sin\varphi_1+A_2\sin\varphi_2)/(A_1\cos\varphi_1+A_2\cos\varphi_2).$$

Inverse trigonometrische Funktionen

Sie werden auch Arcus- oder zyklometrische Funktionen genannt und ergeben sich durch Spiegelung an der Geraden $y=x$. Allgemein werden vier Arcusfunktionen benutzt, siehe Abb. 3.

$$\begin{aligned}&\text{Arcussinus}\quad f(x)=\arcsin x\ (\text{auch }\sin^{-1}x),\\&\text{Arcuscosinus}\quad f(x)=\arccos x\ (\text{auch }\cos^{-1}x),\\&\text{Arcustangens}\quad f(x)=\arctan x\ (\text{auch }\tan^{-1}x),\\&\text{Arcuscotangens}\quad f(x)=\operatorname{arccot}x\ (\text{auch }\cot^{-1}x).\end{aligned}\qquad(24)$$

Die Arcusfunktionen sind mehrdeutig, deshalb werden sogenannte *Hauptwerte* definiert:

$$\begin{aligned}-\pi/2&\leqq\arcsin x\leqq+\pi/2,\ \text{auch Arcsin } x,\\ 0&\leqq\arccos x\leqq\pi,\ \text{auch Arccos } x,\\ -\pi/2&<\arctan x<+\pi/2,\ \text{auch Arctan } x,\\ 0&<\operatorname{arccot}x<\pi,\ \text{auch Arccot } x.\end{aligned}\qquad(25)$$

Beziehungen im Bereich der Hauptwerte:

$$\begin{aligned}\arcsin x&=\pi/2-\arccos x=\arctan\left(x/\sqrt{1+x^2}\right),\\ \arccos x&=\pi/2-\arcsin x=\operatorname{arccot}\left(x/\sqrt{1-x^2}\right),\\ \arctan x&=\pi/2-\operatorname{arccot}x=\arcsin\left(x/\sqrt{1+x^2}\right),\\ \operatorname{arccot}x&=\pi/2-\arctan x=\arccos\left(x/\sqrt{1+x^2}\right),\\ \operatorname{arccot}x&=\begin{cases}\arctan(1/x), & \text{für } x>0,\\ \pi+\arctan(1/x) & \text{für } x<0.\end{cases}\end{aligned}\qquad(26)$$

Tab. 4 Additionstheoreme für Summe und Differenz zweier trigonometrischer Funktionen

f	g	$f+g$	$(f \pm g)$	$f-g$
$\sin x$	$\sin y$	$2\sin\frac{x+y}{2}\cos\frac{x-y}{2}$;		$2\cos\frac{x+y}{2}\sin\frac{x-y}{2}$
$\cos x$	$\cos y$	$2\cos\frac{x+y}{2}\cos\frac{x-y}{2}$;		$-2\sin\frac{x+y}{2}\sin\frac{x-y}{2}$
$\cos x$	$\sin x$		$\sqrt{2}\sin\left(\frac{\pi}{4}\pm x\right)=\sqrt{2}\cos\left(\frac{\pi}{4}\mp x\right)$	
$\tan x$	$\tan y$		$\dfrac{\sin(x\pm y)}{\cos x\cos y}$	
$\cot x$	$\cot y$		$\pm\dfrac{\sin(x\pm y)}{\sin x\sin y}$	
$\tan x$	$\cot y$	$\dfrac{\cos(x-y)}{\cos x\sin y}$		
$\cot x$	$\tan y$			$\dfrac{\cos(x+y)}{\sin x\cos y}$

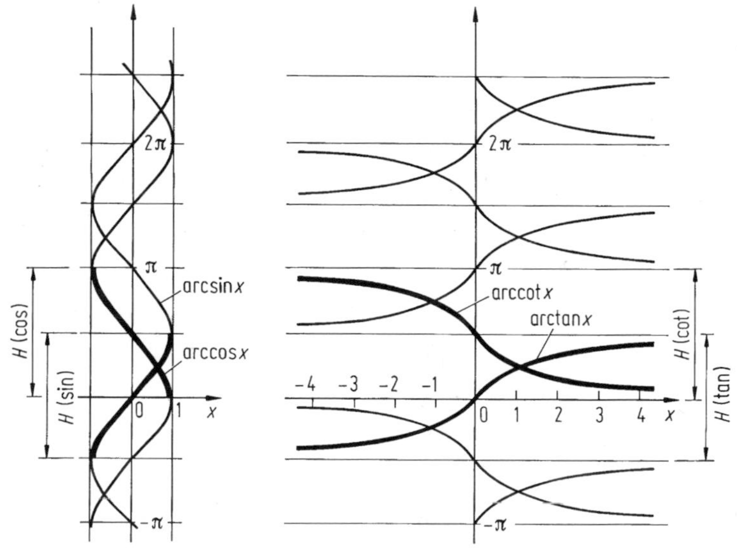

Abb. 3 Inverse trigonometrische Funktionen. Kennzeichnung der Hauptwerte durch $H()$

2.2.3 Hyperbolische Funktionen

Allgemein benutzt werden vier hyperbolische Funktionen, auch *Hyperbelfunktionen* genannt, siehe Abb. 4.

Hyperbolischer Sinus, Hyperbelsinus

$$\sinh x = (\mathrm{e}^x - \mathrm{e}^{-x})/2,$$

Hyperbolischer Cosinus, Hyperbelcosinus

$$\cosh x = (\mathrm{e}^x + \mathrm{e}^{-x})/2,$$

Hyperbolischer Tangens, Hyperbeltangens

$$\tanh x = (\mathrm{e}^x - \mathrm{e}^{-x})/(\mathrm{e}^x + \mathrm{e}^{-x}), \qquad (27)$$

Hyperbolischer Cotangens, Hyperbelcotangens

$$\coth x = (\mathrm{e}^x + \mathrm{e}^{-x})/(\mathrm{e}^x - \mathrm{e}^{-x}).$$

Beziehungen zwischen den hyperbolischen Funktionen entstehen formal aus den entsprechenden trigonometrischen Gleichungen, wenn man $\sin x$ durch $\mathrm{j}\sinh x$ ersetzt und $\cos x$ durch $\cosh x$ (siehe auch Tab. 5).

Beispiel:

$$\sin 2x = 2\sin x \cos x \to \mathrm{j}\ \sinh 2x = 2\mathrm{j}\ \sinh x \cosh x,$$
$$\to \mathrm{j}\ \sinh 2x = 2\ \sinh x \cosh x.$$

Spezielle Beziehungen bei gleichem Argument:

$$\cosh^2 x - \sinh^2 x = 1, \quad \tanh x = \sinh x / \cosh x, \quad \tanh x \coth x = 1.$$

Additionstheoreme für Summe und Differenz zweier Argumente:

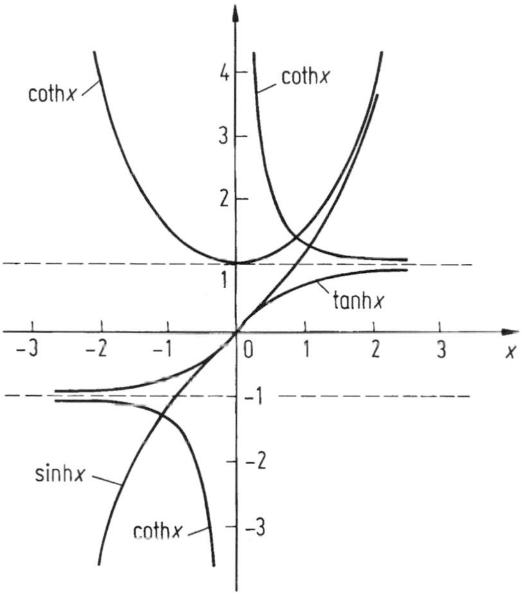

Abb. 4 Hyperbolische Funktionen

$$\sinh(x \pm y) = \sinh x \cosh y \pm \cosh x \sinh y;$$
$$\cosh(x \pm y) = \cosh x \cosh y \pm \sinh x \sinh y;$$
$$\tanh(x \pm y) = \frac{\tanh x \pm \tanh y}{1 \pm \tanh x \tanh y};$$
$$\coth(x \pm y) = \frac{1 \pm \coth x \coth y}{\coth x \pm \coth y}. \tag{28}$$

Theoreme für doppeltes und halbes Argument:

$$\sinh 2x = 2\sinh x \cosh x;$$
$$\cosh 2x = \sinh^2 x + \cosh^2 x;$$
$$\tanh 2x = \frac{2\tanh x}{1 + \tanh^2 x};$$
$$\coth 2x = \frac{1 + \coth^2 x}{2\coth x}; \tag{29}$$
$$\sinh^2 x = (\cosh 2x - 1)/2;$$
$$\cosh^2 x = (\cosh 2x + 1)/2;$$
$$\tanh x = \frac{\cosh 2x - 1}{\sinh 2x} = \frac{\sinh 2x}{\cosh 2x + 1}.$$

Summe und Differenz zweier Funktionen:

$$\sinh x \pm \sinh y = 2\sinh \frac{1}{2}(x \pm y) \cosh \frac{1}{2}(x + y);$$
$$\cosh x + \cosh y = 2\cosh \frac{1}{2}(x + y) \cosh \frac{1}{2}(x - y); \tag{30}$$

$$\cosh x - \cosh y = 2\sinh \frac{1}{2}(x + y) \sinh \frac{1}{2}(x - y);$$
$$\tanh x \pm \tanh y = \sinh(x \pm y) / \cosh x \cosh y.$$

Potenzen werden nach (11) über e-Funktionen berechnet.

Tab. 5 Beziehungen zwischen hyperbolischen Funktionen gleichen Arguments

	$\sinh^2 x$	$\cosh^2 x$	$\tanh^2 x$	$\coth^2 x$
$\sinh^2 x$	–	$\cosh^2 x - 1$	$\frac{\tanh^2 x}{1-\tanh^2 x}$	$\frac{1}{\coth^2 x - 1}$
$\cosh^2 x$	$\sinh^2 x + 1$	–	$\frac{1}{1-\tanh^2 x}$	$\frac{\coth^2 x}{\coth^2 x - 1}$
$\tanh^2 x$	$\frac{\sinh^2 x}{\sinh^2 x + 1}$	$\frac{\cosh^2 x - 1}{\cosh^2 x}$	–	$\frac{1}{\coth^2 x}$
$\coth^2 x$	$\frac{\sinh^2 x + 1}{\sinh^2 x}$	$\frac{\cosh^2 x}{\cosh^2 x - 1}$	$\frac{1}{\tanh^2 x}$	–

Satz von Moivre:

$$(\cosh x \pm \sinh x)^n = \cosh nx \pm \sinh nx = e^{\pm nx}. \quad (31)$$

Inverse hyperbolische Funktionen
Sie werden auch *Areafunktionen* genannt (entsprechend der Flächenzuordnung an der Einheitshyperbel) und ergeben sich durch Spiegelung an der Geraden $y = x$, siehe Abb. 5.

Areasinus	$f(x)$	$=$	$\operatorname{arsinh} x$;
Areacosinus	$f(x)$	$=$	$\operatorname{arcosh} x$;
Areatangens	$f(x)$	$=$	$\operatorname{artanh} x$;
Areacotangens	$f(x)$	$=$	$\operatorname{arcoth} x$.

Statt Areasinus usw. sagt man auch Areasinus hyperbolicus oder Areahyperbelsinus.

Explizite Darstellung durch logarithmische Funktionen:

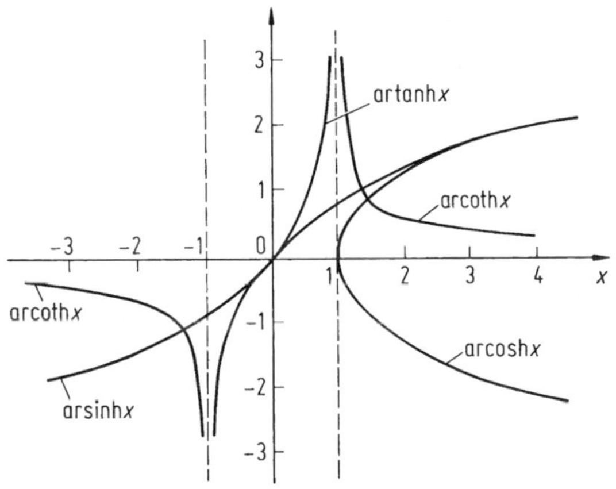

Abb. 5 Inverse hyperbolische Funktionen

$$y = \operatorname{arcosh} x = \begin{cases} \ln\left(x + \sqrt{x^2 - 1}\right), & x > 1, y \geqq 0, \\ \ln\left(x - \sqrt{x^2 - 1}\right), & x \geqq 1, y \leqq 0, \end{cases}$$
$$\operatorname{arsinh} x = \ln\left(x + \sqrt{x^2 + 1}\right),$$
$$\operatorname{artanh} x = \frac{1}{2}\ln\frac{1+x}{1-x}, \quad |x| < 1,$$
$$\operatorname{arcoth} x = \frac{1}{2}\ln\frac{x+1}{x-1}, \quad |x| > 1. \quad (32)$$

2.3 Höhere Funktionen

2.3.1 Algebraische Funktionen 3. und 4. Ordnung

Algebraische Kurven in der Ebene sind Graphen von Potenzfunktionen mit ganzzahligen Exponenten.

$$F(x^m,\ y^n) = 0. \quad (33)$$

Die Vielfalt ihrer Erscheinungsformen ist sehr groß, und die Hervorhebung spezieller Funktionen ist weitgehend historisch bedingt, siehe Tab. 6.

2.3.2 Zykloiden, Spiralen

Zykloiden (Rollkurven) entstehen durch Abrollen eines zentrischen Kreises mit Radius r auf einer Kreisscheibe K mit Radius R_S längs einer Leitkurve k_L, indem man die Bahn eines fest gewählten Punktes P auf K mit Mittelpunktabstand r_p aufzeichnet, siehe Abb. 7, 8 und Tab.7, 8.

Tab. 6 Einige Kurven 3. und 4. Ordnung ($a > 0$, $b > 0$)

Name	Kartesische Koordinaten	Polarkoordinaten
Zissoide	$y^2(a - x) = x^3$	$r = a \sin^2 \varphi / \cos \varphi$
Strophoide	$(a - x)\, y^2 = (a + x)\, x^2$	$r = -a \cos 2\varphi / \cos \varphi$
Kartesisches Blatt	$x^3 + y^3 = 3axy$	$r = \dfrac{3a \sin\varphi \cos\varphi}{\sin^3\varphi + \cos^3\varphi}$
Konchoide	$(x - a)^2(x^2 + y^2) = x^2 b^2$	$r = b + a/\cos \varphi$
Cassini'sche Kurve	$(x^2 + y^2)^2 - 2a^2(x^2 - y^2) = b^4 - a^4$	$r^2 = a^2 \cos 2\varphi \pm \sqrt{b^4 - a^4 \sin^2 2\varphi}$ Abb. 6

2.3.3 Delta-, Heaviside- und Gammafunktion

Deltafunktion von Dirac. Sie ist definiert über die Integraltransformation einer Funktion f (x), die an einer Stelle $x = x_i$ stetig ist. Bei gleicher Gewichtung der Randwerte $x_i = a$ und $x_i = b$ spricht man von einer symmetrischen Deltafunktion:

$$\int_a^b f(x)\delta(x - x_i)\ \mathrm{d}x = \begin{cases} 0 & \text{für } x_i < a \\ \frac{1}{2}f(a) & \text{für } x_i = a \\ f(x_i) & \text{für } a < x_i < b \quad (34) \\ 0 & \text{für } x_i > b \\ \frac{1}{2}f(b) & \text{für } x_i = b. \end{cases}$$

Für $f(x) \equiv 1$ erhält man die **Sprung-** *oder* **Heaviside-Funktion** (Abb. 10) mit

$$\frac{\mathrm{d}}{\mathrm{d}x}H(x \quad x_i) = \delta(x - x_i).$$

$$\text{Symmetrisch} \quad H(x - x_i) = \begin{cases} 0 & \text{für } x < x_i, \\ \frac{1}{2} & \text{für } x = x_i, \\ 1 & \text{für } x > x_i, \end{cases}$$

$$\text{Antimetrisch} \quad H_-(x - x_i) = \begin{cases} 0 & \text{für } x < x_i, \\ 1 & \text{für } x \geqq x_i, \end{cases}$$

$$H_+(x - x_i)$$
$$= \begin{cases} 0 & \text{für } x \leqq x_i, \\ 1 & \text{für } x > x_i. \end{cases} \quad (35)$$

Eine exakte mathematische Analyse der Deltafunktion erfolgt in der Theorie der *Distributionen*; kontinuierliche Approximationen der Delta- und Sprungfunktion beruhen auf einer Kontraktion der wirksamen „Belastungslänge" a, so zum Beispiel:

$b^2 > 2a^2$

a

$a^2 < b^2 < 2a^2$

b

$a = b$

c

$b < a$

d

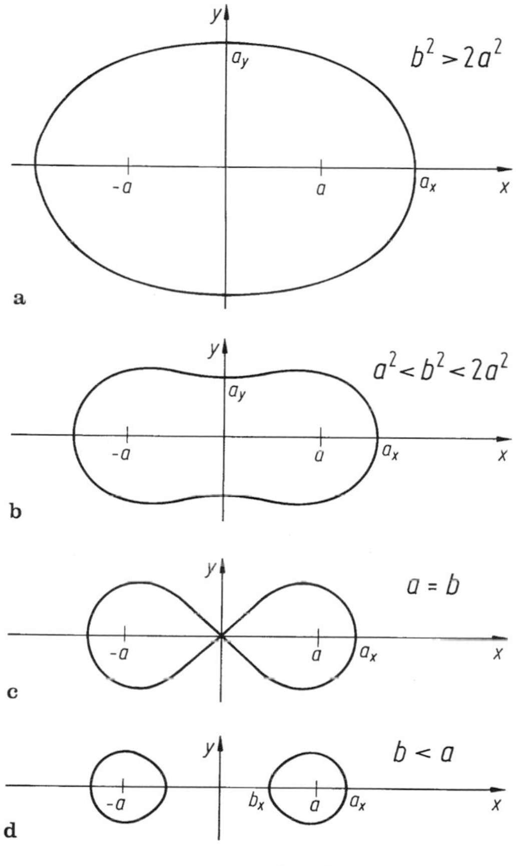

Abb. 6 Cassini'sche Kurven. $a_x^2 = a^2 + b^2,\ b_x^2 = a^2 - b^2,\ a_y^2 = -a^2 + b^2$. Fall c auch Lemniskate

Abb. 7 Verlängerte Zykloide mit $r_p > r$

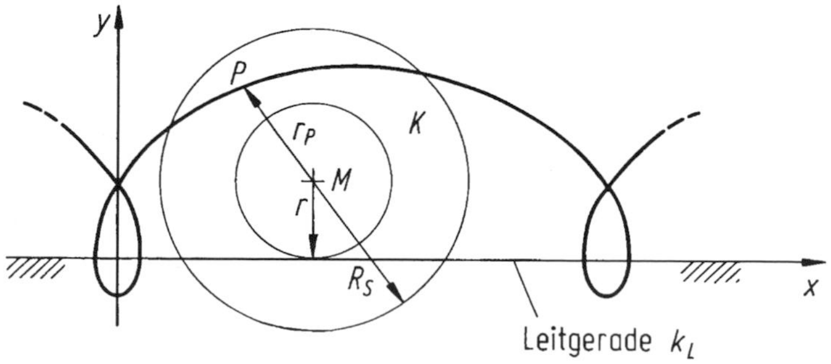

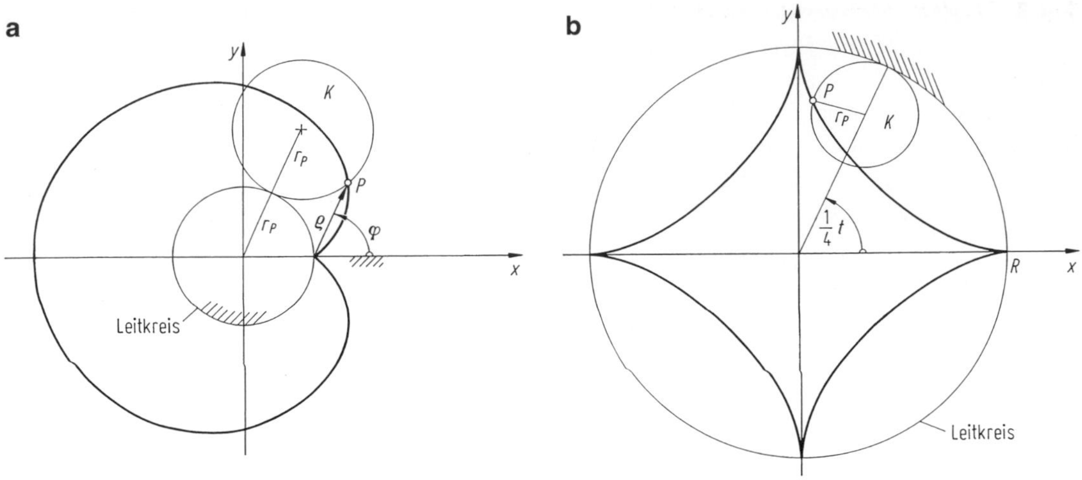

Abb. 8 **a** Gewöhnliche Epizykloide mit $r = r_P$, **b** gewöhnliche Hypozykloide mit $r = r_P = R/4$

$$\begin{aligned} &\delta(x-0):\left[\frac{a}{\pi(x^2+a^2)}\right],\left[\frac{1}{a\sqrt{\pi}}\exp\left(-x^2/a^2\right)\right].\\ &H(x-0):\left[\frac{1}{2}+\frac{1}{\pi}\arctan(x/a)\right].\\ &\qquad\text{Jeweils}\quad a\to 0. \end{aligned} \tag{36}$$

Rechenregeln für $H(x)$ und $\delta(x)$.

$$\begin{aligned} &\frac{\mathrm{d}}{\mathrm{d}x}H(x)=\delta(x),\quad x\delta(x)=0,\\ &\delta(ax)=(1/a)\delta(x)\quad(a>0),\\ &\delta[f(x)]=\sum_j\frac{\delta(x-x_j)}{|f'(x_j)|}\ \text{mit}\\ &f(x_j)=0\ \text{einfache Nullstelle},\\ &\frac{\mathrm{d}^n}{\mathrm{d}x^n}\delta(x)=(-1)^n n!\frac{\delta(x)}{x^n},\\ &\int_{-\infty}^{\infty}\delta(x_i-x)\delta(x-x_j)\,\mathrm{d}x=\delta(x_i-x_j),\\ &\int_{-\infty}^{\infty}f(x)\delta'(x_j-x)\,\mathrm{d}x=f'(x_j)\quad(\text{falls } f' \text{ in } x_j \text{ stetig}),\\ &H(s)=\frac{1}{2\pi}\int_{-\infty}^{\infty}\frac{\sin st}{t}\mathrm{d}t+\frac{1}{2},\\ &\delta(x-a)=\frac{1}{2\pi}\int_{-\infty}^{\infty}\mathrm{e}^{(x-a)\mathrm{j}t}\mathrm{d}t. \end{aligned} \tag{37}$$

Gammafunktion $\Gamma(x)$ und *Gauß'sche Pi-Funktion* $\Pi(x)$ sind Erweiterungen der Fakultät-Funktion auf nichtganzzahlige Argumente x, siehe Abb. 11, es gilt $\Pi(x) = \Gamma(x+1)$.

Formeln für $\Gamma(x)$:

$$\Gamma(x)=\int_0^{\infty}\mathrm{e}^{-t}t^{x-1}\mathrm{d}t,\quad x>0.$$

$$\Gamma(x)=\lim_{n\to\infty}\frac{n^x(n-1)!}{x(x+1)(x+2)\dots(x+n-1)},$$

$$x\neq -1,-2,\dots$$

$$\Gamma(x+1)=x\Gamma(x),$$

$$\Gamma(x)\Gamma(1-x)=\pi/(\sin\pi x)\ \text{für}\ x^2\neq 0,1,4,9,\dots,$$

$$n=0,\ 1,\ 2,\ \dots:\ \Gamma(n+1)=\Pi(n)=n!,$$

$$\Gamma\left(n+\frac{1}{2}\right)=(2n)!\sqrt{\pi}/\left(n!2^{2n}\right).$$

Betafunktion

$$B(x,y)=\int_0^1 t^{x-1}(1-t)^{y-1}\mathrm{d}t=\frac{\Gamma(x)\Gamma(y)}{\Gamma(x+y)}. \tag{38}$$

Tab. 7 Zykloiden. $r_P = r$ gewöhnliche Form, $r_P > r$ verlängerte Form, $r_P < r$ verkürzte Form

Leitkurve	Name	Parameterdarstellung
Gerade	Zykloide	$x = rt - r_P \sin t$
		$y = rt - r_P \cos t$
Kreis K_L mit Radius R	Abrollen auf Außenseite von K_L: Epizykloide	$x = (R + r)\cos\left(\frac{rt}{R}\right) - r_P \cos\left(\frac{R+r}{R}t\right)$ $y = (R + r)\sin\left(\frac{rt}{R}\right) - r_P \sin\left(\frac{R+r}{R}t\right)$
Kreis K_L mit Radius $R > r$	Abrollen auf Innenseite von K_L: Hypozykloide	$x = (R - r)\cos\left(\frac{rt}{R}\right) + r_P \cos\left(\frac{R-r}{R}t\right)$ $y = (R - r)\sin\left(\frac{rt}{R}\right) - r_P \sin\left(\frac{R-r}{R}t\right)$
Kreis $r = R$	Epizykloide: Kardioide (Herzkurve)	Kartesisch/Polar $\left(x^2 + y^2 - r_P^2\right)^2 = 4r_P^2\left[(x - r_P)^2 + y^2\right]$ $\varrho = 2\, r_P(1 - \cos\varphi)$, siehe Abb. 8a
Kreis $r = r_P = R/4$	Hypozykloide: Astroide (Sternkurve)	$(x^2 + y^2 - R^2)^3 + 27R^2x^2y^2 = 0$, siehe Abb. 8b

Tab. 8 Weitere kinematisch begründete Kurven

Name	Entstehung, Darstellung
Kreisresolvente	Bahn des Angriffspunktes A an einem Faden, der straff von einer festen Rolle mit Radius r abgewickelt wird, wobei der jeweils freie „Fadenstrahl" AB die Rolle in B tangiert. $\tau = t/r$. $x = r(\cos\tau + \tau\sin\tau)$, $y = r(\sin\tau - \tau\cos\tau)$. t: abgewickelte Kreisbogenlänge, siehe Abb. 9a.
Kettenlinie	Gleichgewichtsform eines Seiles (keine Biegesteifigkeit) mit konstantem Querschnitt, das im Schwerefeld zwischen 2 Punkten aufgehängt ist. $y = a\cosh(x/a)$.
Schleppkurve, auch Traktrix	Evolvente der Kettenlinie. $x = h(t - \tanh t)$, $y = h/\cosh t$. Der Tangentenabschnitt von einem beliebigen Kurvenpunkt P bis zum Schnitt T der Tangente in P mit der x-Achse ist für alle P konstant.
Archimed'sche Spirale	Bahn eines Punktes P, dessen Abstand r zum Nullpunkt 0 proportional ist zum Umlaufwinkel φ, der von einem festen Anfangsstrahl durch 0 gemessen wird, siehe Abb. 9b. $r = a\varphi$, $0 \leq \varphi < \infty$.
Hyperbolische Spirale	Gekennzeichnet durch inverse Proportionalität zwischen r und φ. $r = a/\varphi$, $0 < \varphi < \infty$.
Logarithmische Spirale	$r = ae^{m\varphi}$, $m > 0$, $a > 0$. Die Tangente in einem Spiralenpunkt P bildet mit dem Strahl P einen konstanten Winkel τ. $\tau = \operatorname{arccot} m$
Klothoide (Cornu'sche Spirale)	Ihre Bogenlänge s ist proportional zur Krümmung: $s = a^2\, \mathrm{d}\alpha/\mathrm{d}s$. $x = \int_0^s \cos\left(\frac{\sigma^2}{2a^2}\right)\mathrm{d}\sigma$, $y = \int_0^s \sin\left(\frac{\sigma^2}{2a^2}\right)\mathrm{d}\sigma$. C, S: Fresnel'sche Integrale.$\sigma = ta\sqrt{\pi}$. $C = \int_0^u \cos\left(\frac{\pi}{2}t^2\right)\mathrm{d}t = u - \left(\frac{\pi}{2}\right)^2 \cdot \frac{u^5}{2!5} + \left(\frac{\pi}{2}\right)^4 \cdot \frac{u^9}{4!9} - + \ldots$ $S = \int_0^u \sin\left(\frac{\pi}{2}t^2\right)\mathrm{d}t = \frac{\pi}{2}\cdot\frac{u^3}{1!3} - \left(\frac{\pi}{2}\right)^3 \cdot \frac{u^7}{3!7} + \left(\frac{\pi}{2}\right)^5 \cdot \frac{u^{11}}{5!11} - + \ldots$

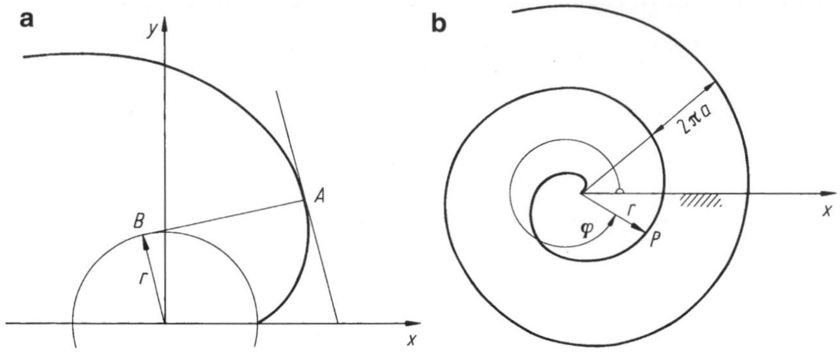

Abb. 9 **a** Kreisresolvente, **b** Archimed'sche Spirale

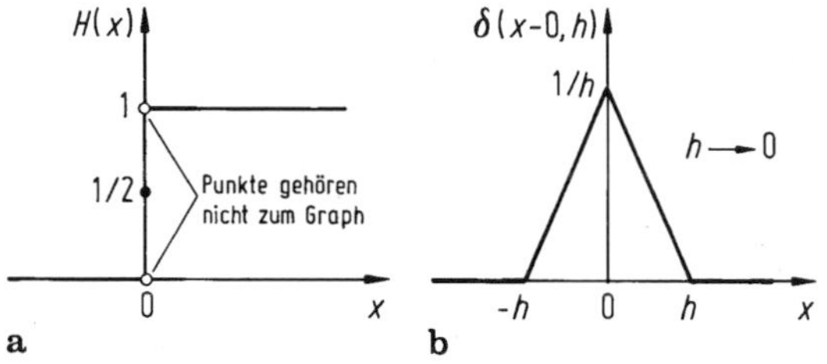

Abb. 10 **a** Heaviside-Funktion, **b** Approximation der δ-Funktion

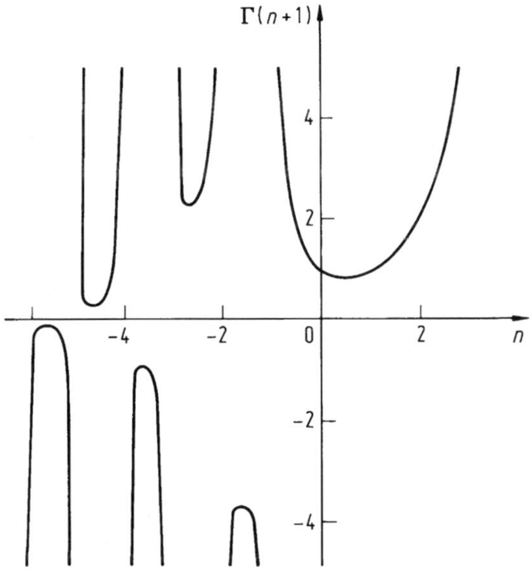

Abb. 11 Gammafunktion

Literatur

Abramowitz M, Stegun IA (2014) Handbook of mathematical functions. Martino Fine Books, New York

Erdélyi A, Magnus W, Oberhettinger F, Tricomi F (1981) Higher transcendental functions, Bd 1–3. McGraw-Hill, New York

\Gradstein IS, Ryshik IW (1981) Summen-, Produkt- und Integraltafeln, 5. Aufl. Deutsch, Frankfurt am Main

Grübl G (2019) Mathematische Methoden der Theoretischen Physik 1. Gewöhnliche Differentialgleichungen – Fourieranalysis – Vektoranalysis. Springer Spektrum, Berlin

Jahnke E, Emde F, Lösch F (1966) Tafeln höherer Funktionen, 7. Aufl. Teubner, Stuttgart

Lighthill MJ (1985) Einführung in die Theorie der Fourier-Analysis und der verallgemeinerten Funktionen. Bibliographisches Institut, Mannheim

Schäffler S (2018) Verallgemeinerte Funktionen. Grundlagen und Anwendungsbeispiele. Springer Spektrum, Wiesbaden

Smith R, Minton R (2011) Calculus: early transcendental functions, 4. Aufl. McGraw-Hill Education, Boston

Differenzialgeometrie und Integraltransformationen

3

Peter Ruge und Carolin Birk

Zusammenfassung

Dieser Beitrag vermittelt die Grundlagen der Differenziation und Integration reeller und komplexer Funktionen einer und mehrerer Variablen. Für die genannten Fälle werden jeweils die Begriffe Grenzwert und Stetigkeit definiert sowie Ableitungs- und Integrationsregeln zusammengefasst. Gegenstand dieses Beitrages ist weiterhin die Differenzialgeometrie der Kurven, der gekrümmten Flächen sowie des Raumes. Im Zusammenhang mit der Differenziation und Integration in Feldern werden Differenzialoperatoren und Integralsätze eingeführt. Neben einem kurzen Überblick zu konformen Abbildungen, Orthogonalsystemen und Fourier-Reihen liefert der Beitrag die Definitionen der wichtigsten Integraltransformationen sowie eine Zusammenstellung häufig verwendeter Paare aus Original- und Bildfunktion.

P. Ruge
Institut für Statik und Dynamik der Tragwerke, Technische Universität Dresden, Dresden, Deutschland
E-Mail: peter.ruge@tu-dresden.de

C. Birk (✉)
Statik und Dynamik der Flächentragwerke, Universität Duisburg-Essen, Essen, Deutschland
E-Mail: carolin.birk@uni-due.de

3.1 Differenziation reeller Funktionen einer Variablen

3.1.1 Grenzwert, Stetigkeit

Reellwertige Funktionen beschreiben eindeutige Zuordnungen von Elementen y einer Teilmenge W der reellen Zahlen zu den Elementen x einer Teilmenge D der reellen Zahlen

D:	Definitionsbereich (-menge), Argumentmenge der Funktion (Abbildung) f
W:	Bildbereich (-menge), Wertebereich der Funktion f $W(f) = \{y \mid y = f(x)$ für $x \in D\}$.

Die Eindeutigkeit der Zuordnung ist das kennzeichnende Merkmal von Funktionen. Der Definitionsbereich muss kein Kontinuum sein. Funktionen können z. B. durch Gleichungen mit zwei Variablen x und y erklärt sein oder durch Wertetabellen, die durch grafische Darstellungen veranschaulicht werden können.

Beispiel 1:

$$f_1: y = \left(x^2 - x\right)/x, \quad D = \mathbb{R}\backslash\{0\}, \text{ d. h. } x \neq 0, \quad W = \mathbb{R}\backslash\{-1\}, \quad \text{d. h. } y \neq -1.$$

Beispiel 2:

$$f_2: y = \begin{cases} (x^2 - x)/x & \text{für} \quad x \neq 0 \\ 1 & \text{für} \quad x = 0. \end{cases}$$

M. Hennecke, B. Skrotzki (Hrsg.), *HÜTTE Band 1: Mathematisch-naturwissenschaftliche und allgemeine Grundlagen für Ingenieure*, Springer Reference Technik,
https://doi.org/10.1007/978-3-662-64369-3_3

Nicht zur Funktion gehörende Paare $\{x, y = f(x)\}$ werden in der Abbildung durch einen leeren Kreis markiert, siehe Abb. 1.

Grenzwert. Konvergiert bei jeder Annäherung von x gegen einen festen Wert x_0 (das heißt $x \longrightarrow x_0$ ohne $x = x_0$) die zugehörige Folge der Funktionswerte $f(x)$ gegen einen Grenzwert g_0, so heißt g_0 der Grenzwert der Funktion f an der Stelle $x = x_0$. Hierbei ist vorausgesetzt, dass in der Umgebung von x_0 unendlich viele Werte x aus D für die Annäherung $x \longrightarrow x_0$ zur Verfügung stehen (x_0 Häufungspunkt).

$$\lim_{x \to x_0} f(x) = g_0(x \in D). \tag{1}$$

Grenzwert g_0 (falls überhaupt vorhanden) und Funktionswert $f(x_0)$ (falls definiert) sind wohl zu unterscheiden. Man definiert 3 *Grenzwerte*:

$$\begin{aligned} &\text{Grenzwert, allgemein}: && \lim_{x \to x_0} f(x) = g, \\ &\text{Grenzwert, linksseitig}: && \lim_{x \to x_0 - 0} f(x) = g_l, \\ &\text{Grenzwert, rechtsseitig}: && \lim_{x \to x_0 + 0} f(x) = g_r. \end{aligned} \tag{2}$$

Beispiel 3:

$$\lim_{x \to 0} f_2 = \lim_{x \to 0} (x - 1) = -1.$$

Grenzwertsätze. Mit lim für $\lim\limits_{x \to x_0}$ und $\lim f_1(x) = g_1$ und $\lim f_2(x) = g_2$ sowie $g_1, g_2, c \in \mathbb{R}$ gilt:

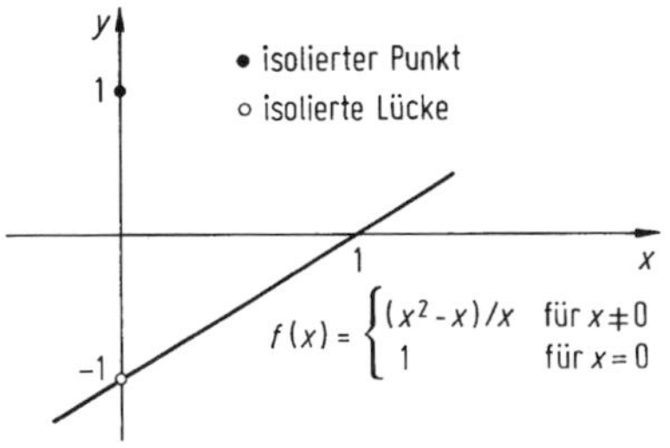

Abb. 1 Unstetige Funktion

$$\begin{aligned} &\lim cf = c \lim f = cg, \\ &\lim (f_1 \pm f_2) = (\lim f_1) \pm (\lim f_2) = g_1 \pm g_2, \\ &\lim (f_1 f_2) = (\lim f_1)(\lim f_2) = g_1 g_2, \\ &\lim (f_1/f_2) = (\lim f_1)/(\lim f_2) = g_1/g_2,\ g_2 \neq 0. \end{aligned} \tag{3}$$

Stetigkeit. Eine Funktion $f(x)$ heißt an der Stelle x_0 ihres Definitionsbereiches stetig, wenn dort der Grenzwert g_0 existiert und $g_0 = f(x_0)$ gilt:

$$\lim_{x \to x_0} f(x) = f(x_0). \tag{4}$$

Beispiel 4:

f_2 ist bei $x_0 = 0$ nicht stetig, weil $g_0 = -1$ und $f_2(x_0) = 1$ nicht übereinstimmen.

Beispiel 5:

$$f_3 : y = \begin{cases} \dfrac{x^2(x^2-1)}{(x+1)(x-1)} & \text{für} \quad x \neq \pm 1 \\ 1 & \text{für} \quad x = \pm 1 \end{cases},$$

f_3 stetig für alle $x \in \mathbb{R}$.

3.1.2 Ableitung einer Funktion

Eine Funktion f ist in x_0 differenzierbar, wenn der **Differenzenquotient**

$$\frac{f(x) - f(x_0)}{x - x_0} \quad \text{mit} \quad x, x_0 \in D \quad \text{und} \quad x \neq x_0 \tag{5}$$

für x gegen x_0 einen Grenzwert besitzt, den man mit f' (f Strich) oder auch $\dot{f}$ (f Punkt, falls x z. B. für die Zeit steht) bezeichnet und auch *Ableitung der Funktion* f nennt (Tab. 1).

$$\begin{aligned} f'(x_0) &= \lim_{\Delta x \to 0} \frac{f(x_0 + \Delta x) - f(x_0)}{\Delta x} \\ &= \lim_{\Delta x \to 0} \frac{\Delta f}{\Delta x}, \quad x = x_0 + \Delta x. \end{aligned} \tag{6}$$

Tab. 1 Ableitungen elementarer reeller Funktionen. D: Bereich der Differenzierbarkeit

$f(x)$	f'	D	$f(x)$	f'	D
c	0	$c \in \mathbb{R}$	$x^n\ (n \in \mathbb{N})$	nx^{n-1}	$x \in \mathbb{R}$
$x^r\ (r \in \mathbb{R})$	rx^{r-1}	$x > 0$	$x^{1/n}\ (n \in \mathbb{N})$	$\frac{1}{nx^{1-1/n}}$	$x > 0$
e^x, auch $\exp(x)$	e^x	$x \in \mathbb{R}$	$\ln x$	x^{-1}	$x > 0$
$\sin x$	$\cos x$	$x \in \mathbb{R}$	$\arcsin x$	$\frac{1}{\sqrt{1-x^2}}$	$\lvert x\rvert < 1$
$\cos x$	$-\sin x$	$x \in \mathbb{R}$	$\arccos x$	$-\frac{1}{\sqrt{1-x^2}}$	$\lvert x\rvert < 1$
$\tan x$	$\frac{1}{\cos^2 x} = 1 + \tan^2 x$	$x \neq \pi/2 + n\pi$	$\arctan x$	$\frac{1}{1+x^2}$	$x \in \mathbb{R}$
$\cot x$	$-\frac{1}{\sin^2 x} = -1 - \cot^2 x$	$x \neq n\pi$	$\operatorname{arccot} x$	$-\frac{1}{1+x^2}$	$x \in \mathbb{R}$
$\sinh x$	$\cosh x$	$x \in \mathbb{R}$	$\operatorname{arsinh} x$	$\frac{1}{\sqrt{1+x^2}}$	$x \in \mathbb{R}$
$\cosh x$	$\sinh x$	$x \in \mathbb{R}$	$\operatorname{arcosh} x$	$\frac{1}{\sqrt{x^2-1}}$	$x > 1$
$\tanh x$	$\frac{1}{\cosh^2 x} = 1 - \tanh^2 x$	$x \in \mathbb{R}$	$\operatorname{artanh} x$	$\frac{1}{1-x^2}$	$\lvert x\rvert < 1$
$\coth x$	$-\frac{1}{\sinh^2 x} = 1 - \coth^2 x$	$x \neq 0$	$\operatorname{arcoth} x$	$\frac{1}{1-x^2}$	$\lvert x\rvert > 1$

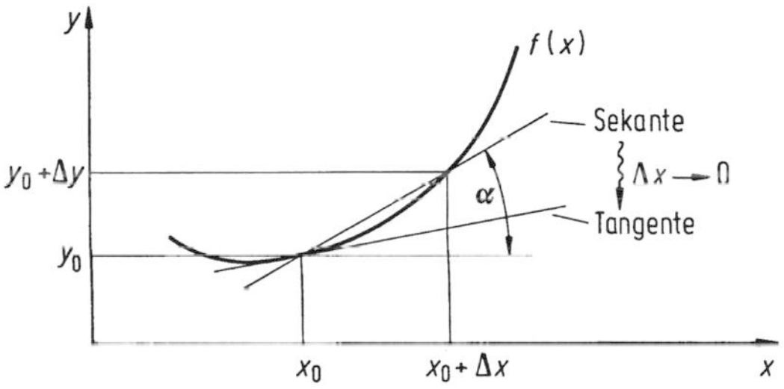

Abb. 2 Sekante und Tangente

Nach Abb. 2 steht der Differenzenquotient für die Steigung $\tan\alpha = \Delta y/\Delta x$ der Sekante, die für x gegen x_0 gegen die Tangente im Punkt $(x_0, f(x_0))$ konvergiert, falls f' in x_0 existiert. Den Grenzwert des Differenzenquotienten nennt man auch *Differenzialquotient*; sein Zähler $\mathrm{d}f = \mathrm{d}y$ gibt den differenziellen Zuwachs der Funktion beim Fortschreiten um $\mathrm{d}x$ in x-Richtung an.

$$f' = \lim_{\Delta x\to 0}\frac{\Delta f}{\Delta x} = \frac{\mathrm{d}y}{\mathrm{d}x} \quad \text{oder} \quad \mathrm{d}y = f'\,\mathrm{d}x, \qquad (7)$$
$$f(x_0+\mathrm{d}x) = f(x_0) + \mathrm{d}y.$$

Beispiel 1:

$$f(x) = x^2 + x.$$
$$f'(x_0) = \lim_{\Delta x\to 0}\frac{\left[(x_0+\Delta x)^2 + x_0 + \Delta x\right] - \left[x_0^2 + x_0\right]}{\Delta x}$$
$$= \lim_{\Delta x\to 0}(2x_0 + \Delta x + 1) = 2x_0 + 1.$$

Beispiel 2:

$$f(x) = \sin x.$$
$$f'(x_0) = \lim_{\Delta x\to 0}\frac{\sin(x_0+\Delta x) - \sin x_0}{\Delta x}$$
$$= \lim_{\Delta x\to 0}\frac{\sin x_0\cos\Delta x + \cos x_0\sin\Delta x - \sin x_0}{\Delta x}$$
$$= \sin x_0 \lim_{\Delta x\to 0}\frac{\cos\Delta x - 1}{\Delta x}$$
$$+ \cos x_0 \lim_{\Delta x\to 0}\frac{\sin\Delta x}{\Delta x} = \cos x_0.$$

Für die Grenzwertberechnung der Quotienten benutze man die Reihenentwicklungen in Tab. 3.

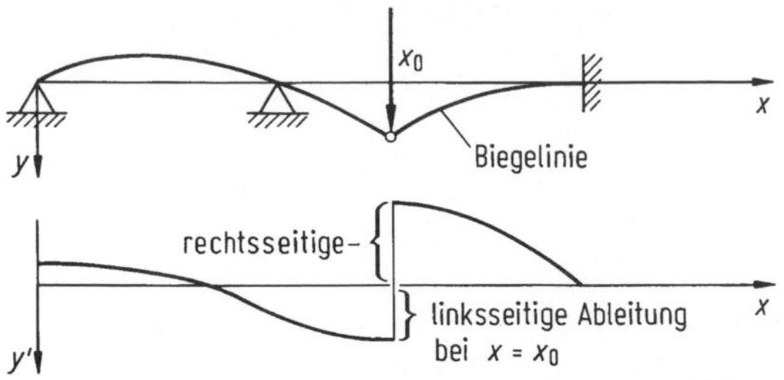

Abb. 3 Einseitige Ableitungen bei einem Gelenkträger

Einseitige Ableitungen in x_0 sind dann von Bedeutung, wenn der Grenzwert des Differenzenquotienten (5) nur bei einseitiger Annäherung an den Wert x_0 existiert. Man spricht dann von links- oder rechtsseitiger Ableitung, siehe Abb. 3.

Ableitungsregeln. Bei Existenz der Ableitungen f' und g' zweier Funktionen $f(x)$ und $g(x)$ gilt:

$$\begin{aligned} (f \pm g)' &= f' \pm g', \\ (fg)' &= f'g + fg', \\ f = \text{const} = c : (cg)' &= cg', \\ (f/g)' &= (f'g - fg')/g^2, \quad g \neq 0. \end{aligned} \tag{8}$$

Kettenregel. Lässt sich eine Funktion als ineinandergeschachtelter Ausdruck von differenzierbaren Teilfunktionen darstellen, dann ist die Kettenregel von Nutzen, wobei die einzelnen Differenzialquotienten als Einheit zu behandeln sind.

$f(x) = f[g(x)]$	$f(x) = f\{g[h(x)]\}$
$f'(x) = \left(\frac{\mathrm{d}f}{\mathrm{d}g}\right) \cdot \left(\frac{\mathrm{d}g}{\mathrm{d}x}\right)$	$f'(x) = \left(\frac{\mathrm{d}f}{\mathrm{d}g}\right) \cdot \left(\frac{\mathrm{d}g}{\mathrm{d}h}\right) \cdot \left(\frac{\mathrm{d}h}{\mathrm{d}x}\right)$

(9)

Die Quotientenkette lässt sich beliebig weiterführen.

Beispiel 1:

$$\begin{aligned} f(x) &= \sin(x^2). \quad g(x) = x^2. \\ f' &= \left[\frac{\mathrm{d}(\sin g)}{\mathrm{d}g}\right]\left[\frac{\mathrm{d}(x^2)}{\mathrm{d}x}\right] \\ &= (\cos g)2x = 2x \cos x^2. \end{aligned}$$

Beispiel 2:

$$f(x) = \left[\sin x^2\right]^3. \quad g(x) = \sin h,\ h(x) = x^2.$$

$$f' = (3g^2)(\cos h)2x = 6x\left[\sin x^2\right]^2 \cos x^2.$$

Ableitungen von Umkehrfunktionen. Bei Umkehrfunktionen wird die Gleichberechtigung von x und $y = f(x)$ benutzt.

$$\frac{\mathrm{d}y}{\mathrm{d}x} = \left(\frac{\mathrm{d}x}{\mathrm{d}y}\right)^{-1}. \tag{10}$$

Beispiel:

$f(x) = y = \arcsin x$. Umkehrung $x = \sin y$.

$\mathrm{d}x/\mathrm{d}y = \cos y = \sqrt{1 - x^2}$, $f' = 1/\sqrt{1 - x^2}$.

Logarithmisches Ableiten. Statt $f(x)$ wird die logarithmierte Hilfsform $h = \ln f(x)$ abgeleitet.

$$h' = f'/f \quad \text{(Kettenregel)} \quad \to f' = h'f. \tag{11}$$

Beispiel:

$$\begin{aligned} & f(x) - x\sqrt{1+x}/(1+x^2). \\ & h = \ln f(x) = \ln x + \frac{1}{2}\ln(1+x) - \ln(1+x^2). \\ & f' = \left(\frac{1}{x} + \frac{1}{2(1+x)} - \frac{2x}{1+x^2}\right)x\sqrt{1+x}/(1+x^2). \end{aligned}$$

Ableitungen höherer Ordnung. Die n-te Ableitung $f^{(n)}$ einer entsprechend oft differenzierbaren Funktion f ist die einfache Ableitung von $f^{(n-1)}$.

$$\begin{aligned} f^{(n)} &= \frac{\mathrm{d}f^{(n-1)}}{\mathrm{d}x} = \frac{\mathrm{d}}{\mathrm{d}x}\left[\frac{\mathrm{d}f^{(n-2)}}{\mathrm{d}x}\right] \\ &= \ldots = \frac{\mathrm{d}^n f}{\mathrm{d}x^n}. \end{aligned} \tag{12}$$

Man schreibt auch $f^{(0)} = f, f^{(1)} = f', f^{(2)} = f''$ usw.

Mehrfache Ableitung eines Produktes

$$f(x) = u(x)v(x).$$
$$[u(x)v(x)]^{(n)} = \sum_{k=0}^{n} \binom{n}{k} u^{(n-k)} v^{(k)}. \tag{13}$$

Die Binomialkoeffizienten entnimmt man zweckmäßig dem Pascal'schen Dreieck, siehe ▶ Abschn. 1.2.5.3 in Kap. 1, „Mathematische Grundlagen".

Beispiel:

$$(uv)''' = u'''v + 3u''v' + 3u'v'' + uv'''.$$

3.1.2.1 Funktionsdarstellung nach Taylor

Jedes Polynom n-ten Grades $p(x)$ lässt sich durch seine n Ableitungswerte an einer beliebigen Stelle x_0 darstellen.

Taylor-Formel für Polynome:

$$p(x) = \sum_{k=0}^{n} a_k x^k = \sum_{k=0}^{n} \frac{f^{(k)}(x_0)}{k!}(x - x_0)^k. \tag{14}$$

Für eine beliebige Funktion $f(x)$, die in der Umgebung von x_0 $(n+1)$-fach differenzierbar ist, gilt eine entsprechende Formel, die in der Regel nicht abbricht, sondern ein Restglied R_n hinterlässt.

Allgemeine Taylor-Formel:

$$f(x) = \sum_{k=0}^{n} \frac{f^{(k)}(x_0)}{k!}(x - x_0)^k + R_n(x, x_0),$$

$$R_n(x, x_0) = \frac{f^{(n+1)}(x_0 + \xi(x - x_0))}{(n+1)!}(x - x_0)^{n+1},$$
$$0 < \xi < 1. \tag{15}$$

Mittelwertsatz. Die Restgliedformel in (15) folgt aus dem Mittelwertsatz für eine im abgeschlossenen Intervall $a \leq x \leq b$ stetige und im offenen Intervall $a < x < b$ differenzierbare Funktion $f(x)$. Es existiert wenigstens eine Stelle $x = c$ zwischen $x = a$ und $x = b$ mit einer Steigung gleich der der Sekante von $x = a$ nach $x = b$, siehe Abb. 4.

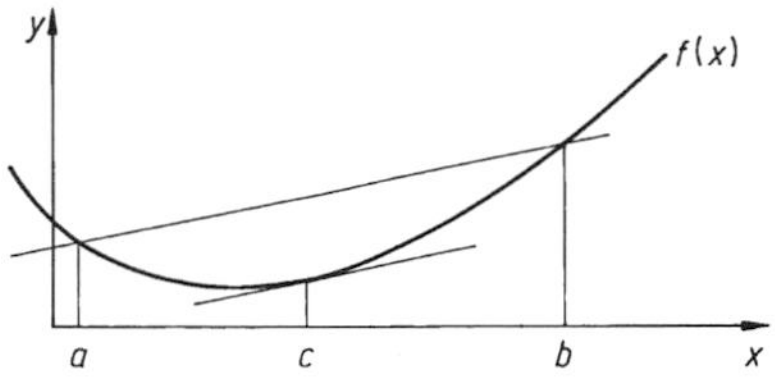

Abb. 4 Mittelwertsatz

$$f'(c) = \frac{f(b) - f(a)}{b - a}$$
$$c = a + \xi(b - a), \quad 0 < \xi < 1. \tag{16}$$

MacLaurin-Formel ist eine spezielle Taylor-Form mit $x_0 = 0$.

$$f(x) = \sum_{k=0}^{n} \frac{f^{(k)}(0)}{k!} x^k + \frac{f^{(n+1)}(\xi x)}{(n+1)!} x^{n+1},$$
$$0 < \xi < 1. \tag{17}$$

Mit (16) und (17) können Funktionen durch Polynome approximiert werden, wodurch auch Entwicklungen für spezielle Konstanten wie $\arctan 1 = \pi/4$, e oder ln 2 entstehen (Tab. 2 und 3).

Beispiel:

$$f(x) = e^x = 1 + \frac{x}{1!} + \frac{x^2}{2!} + \frac{x^3}{3!} + R_3.$$
Speziell
$$x = 1\colon e \leqq 1 + 1 + \frac{1}{2} + \frac{1}{6} + \frac{e}{24} \quad . \quad e \leqq 2{,}783.$$

3.1.2.2 Grenzwerte durch Ableitungen

Hat eine Funktion $f(x)$ für $x = x_0$ eine numerisch unbestimmte Form wie

$$\frac{0}{0}, \quad \frac{\infty}{\infty}, \quad 0 \cdot \infty,$$
$$\infty - \infty, \quad 0^0, \quad \infty^0, \quad 1^\infty, \tag{18}$$

Tab. 2 MacLaurin-Restglieder mit Abschätzung $R_n(x\xi) \leqq \bar{R}_n(x)$

$f(x)$	$R_n(x\ \xi)$	$\bar{R}_n(x)$
e^x	$\frac{e^{\xi x}}{(n+1)!}x^{n+1}$	$\frac{e^{\lvert x\rvert}}{(n+1)!}\lvert x\rvert^{n+1}$
$\ln(1+x)$	$\frac{(-1)^n}{(1+\xi x)^{n+1}} \cdot \frac{x^{n+1}}{n+1}$	$\frac{x^{n+1}}{n+1} \quad (x \geqq 0)$ $\frac{\lvert x\rvert^{n+1}}{1+x} \quad (-1 < x < 0)$
$(1+x)^r$ $x > -1,\ r \in \mathbb{R}$	$B(1+\xi x)^{r-n-1}x^{n+1}$ $B = \binom{r}{n+1}$	$\lvert B\rvert x^{n+1} \ (x \geqq 0,\ r < n+1)$ $\left.\begin{matrix}(n+1)\lvert B\rvert\lvert x\rvert^{n+1} \\ (r \geqq 1,\ -1 < x < 0)\end{matrix}\right\}$ $\left.\begin{matrix}(n+1)\mid B\mid \frac{\lvert x\rvert^{n+1}}{(1+x)^{1-r}} \\ (r < 1,\ -1 < x < 0)\end{matrix}\right\}$

Tab. 3 MacLaurin-Reihen

$f(x)$	Allgemein	Erste 4 Glieder; Konvergenz
$(1+x)^r$	$\sum_{n=0}^{\infty}\binom{r}{n}x^n$	$1 + rx + \frac{r(r-1)}{2!}x^2 + \frac{r(r-1)(r-2)}{3!}x^3$ $\lvert x\rvert < 1,\ r \in \mathbb{R};\ -1 < x \leqq 1,\ r > -1$ $x \in \mathbb{R},\ r \in \mathbb{N};\ -1 \leqq x \leqq 1,\ r > 0$
$\frac{1}{1+x}$	$\sum_{n=0}^{\infty}(-1)^n x^n$	$1 - x + x^2 - x^3;\ \lvert x\rvert < 1$
$\sqrt{1+x}$	$\sum_{n=0}^{\infty}\binom{1/2}{n}x^n$	$1 + \frac{1}{2}x - \frac{1}{8}x^2 + \frac{1}{16}x^3; \quad \lvert x\rvert \leqq 1$
$\frac{1}{\sqrt{1+x}}$	$\sum_{n=0}^{\infty}\binom{-1/2}{n}x^n$	$1 - \frac{1}{2}x + \frac{3}{8}x^2 - \frac{5}{16}x^3; \quad -1 < x < 1$
e^x	$\sum_{n=0}^{\infty}\frac{x^n}{n!}$	$1 + x + \frac{x^2}{2!} + \frac{x^3}{3!}; \quad \lvert x\rvert < \infty$ $\rightarrow \mathrm{e} = 2{,}71828\ldots$
$\ln(1+x)$	$\sum_{n=1}^{\infty}(-1)^{n+1}\frac{x^n}{n}$	$x - \frac{x^2}{2} + \frac{x^3}{3} - \frac{x^4}{4}; \quad -1 < x \leqq 1$ $\ln 2 = 0{,}693147\ldots$
$\sin x$	$\sum_{n=0}^{\infty}(-1)^n\frac{x^{2n+1}}{(2n+1)!}$	$x - \frac{x^3}{3!} + \frac{x^5}{5!} - \frac{x^7}{7!}; \quad \lvert x\rvert < \infty$
$\cos x$	$\sum_{n=0}^{\infty}(-1)^n\frac{x^{2n}}{(2n)!}$	$1 - \frac{x^2}{2!} + \frac{x^4}{4!} - \frac{x^6}{6!}; \quad \lvert x\rvert < \infty$
$\tan x$	–	$x + \frac{1}{3}x^3 + \frac{2}{3\cdot 5}x^5 + \frac{17}{9\cdot 5\cdot 7}x^7; \quad \lvert x\rvert < \frac{\pi}{2}$
$x\cot x$	–	$1 - \frac{1}{3}x^2 - \frac{1}{3^2\cdot 5}x^4 - \frac{2}{3^3\cdot 5\cdot 7}x^6; \quad \lvert x\rvert < \pi$
$\arcsin x$	$\sum_{n=0}^{\infty}\frac{(2n)!x^{2n+1}}{4^n(n!)^2(2n+1)}$	$x + \frac{1}{6}x^3 + \frac{3}{40}x^5 + \frac{5}{112}x^7; \quad \lvert x\rvert < 1$
$\arctan x$	$\sum_{n=0}^{\infty}(-1)^n\frac{x^{2n+1}}{2n+1}$	$x - \frac{x^3}{3} + \frac{x^5}{5} - \frac{x^7}{7}; \quad \lvert x\rvert \leqq 1$ $\rightarrow \arctan 1 = \frac{\pi}{4} = 1 - \frac{1}{3} + \frac{1}{5} - \frac{1}{7}\ldots$
$\sinh x$	$\sum_{n=0}^{\infty}\frac{x^{2n+1}}{(2n+1)!}$	$x + \frac{x^3}{3!} + \frac{x^5}{5!} + \frac{x^7}{7!}; \quad \lvert x\rvert < \infty$
$\cosh x$	$\sum_{n=0}^{\infty}\frac{x^{2n}}{(2n)!}$	$1 + \frac{x^2}{2!} + \frac{x^4}{4!} + \frac{x^6}{6!}; \quad \lvert x\rvert < \infty$

kann dennoch ein Grenzwert $\lim\limits_{x=x_0} f(x)$ existieren.

Für die grundlegenden Quotientenformen 0/0 und ∞/∞ gilt die

Regel von de l'Hospital für $\frac{0}{0}, \frac{\infty}{\infty}$:

$$f(x_0) = \frac{u(x_0)}{v(x_0)} = \lim_{x\to x_0} \frac{u(x)}{v(x)} = \lim_{x\to x_0} \frac{u'(x)}{v'(x)}. \quad (19)$$

Falls erforderlich, ist die Ableitungsordnung zu erhöhen, siehe Beispiel 1.

Die anderen Fälle in (18) werden auf (19) zurückgeführt.

$$\begin{aligned} f(x_0) &= u(x_0)\cdot v(x_0) = 0\cdot\infty = \frac{u(x_0)}{v^{-1}(x_0)};\ \text{Typ}\ \frac{0}{0}. \\ f(x_0) &= u(x_0) - v(x_0) = \infty - \infty \\ &= \frac{v^{-1}(x_0) - u^{-1}(x_0)}{[u(x_0)v(x_0)]^{-1}};\ \text{Typ}\ \frac{0}{0}. \\ f &= [u(x_0)]^{v(x_0)} = \begin{cases} 0^0 \\ \infty^0; \\ 1^\infty \end{cases} \\ \ln f &= v(x_0)\ln[u(x_0)];\ \text{Typ}\ 0\cdot\infty. \end{aligned} \quad (20)$$

Beispiel 1:

$$f(x) = \frac{x^2}{\exp x}.\ \text{Gesucht}\ \lim_{x\to\infty} f = g.\ \text{Typ}\ \frac{\infty}{\infty}.$$

$$g = \lim_{x\to\infty} \frac{2x}{\exp x}$$

$$\left(\text{immer noch}\ \frac{\infty}{\infty}\right) = \lim_{x\to\infty} \frac{2}{\exp x} = 0.$$

Beispiel 2:

$$f(x) = [\cos x]^{1/x}.$$

$$\text{Gesucht}\ \lim_{x\to 0} f(x) = g.\quad \text{Typ}\ 1^\infty.$$

$$\ln g = \lim_{x\to 0} \frac{\ln(\cos x)}{x} = \lim_{x\to 0} \frac{\frac{-\sin x}{\cos x}}{1} = 0 \to g = 1.$$

Grenzwertberechnungen durch eine Reihenentwicklung nach Taylor oder MacLaurin sind oft nützlich.

Beispiel 3:

$$f(x) = \frac{\tan x - x}{x\cos x - \sin x}.$$

$$\text{Gesucht}\ \lim_{x\to 0} f = g.\quad \text{Typ}\ \frac{0}{0}.$$

$$f(x) = \frac{\frac{1}{3}x^3 + \frac{2}{15}x^5 + \cdots}{\left(x - \frac{x^3}{2} + \cdots\right) - \left(x - \frac{x^3}{6} + \cdots\right)},$$

$$\lim_{x\to 0} f(x) = \frac{1/3}{-1/2 + 1/6} = -1.$$

3.1.2.3 Extrema, Wendepunkte

Extrema sind Maxima oder Minima. Strenge oder eigentliche Maxima (Minima) einer Funktion $f(x_0)$ für $x = x_0$ zeichnen sich dadurch aus, dass in ihrer Umgebung kein größerer (kleinerer) Wert existiert. Man nennt sie auch relative oder lokale Extrema.

Der Größtwert (Kleinstwert) der Funktion $f(x)$ innerhalb des vorgegebenen Intervalls $a \leqq x \leqq b$ heißt absolutes oder globales Maximum (Minimum). Ein Wert $f(x_0)$ kann sowohl lokal als auch global extremal sein, siehe Abb. 5.

Lokale Extrema $f(x_0)$ bei $x = x_0$:

Notwendige Bedingung $f'(x_0) = 0$.

Hinreichende Bedingung aus Vorzeichenverhalten von $f'(x_0 - \delta)$ und $f'(x_0 + \delta)$ bei Differenzierbarkeit in lokaler Umgebung von x_0; $\delta > 0$.

$f'(x_0 - \delta)$	$f'(x_0 + \delta)$		
> 0	> 0	kein relatives Extremum	(21)
< 0	< 0		
< 0	> 0	Minimum	
> 0	< 0	Maximum	

Hinreichende Bedingung aus höheren Ableitungen $f^{(k)}(x_0)$ mit $k > 1$.

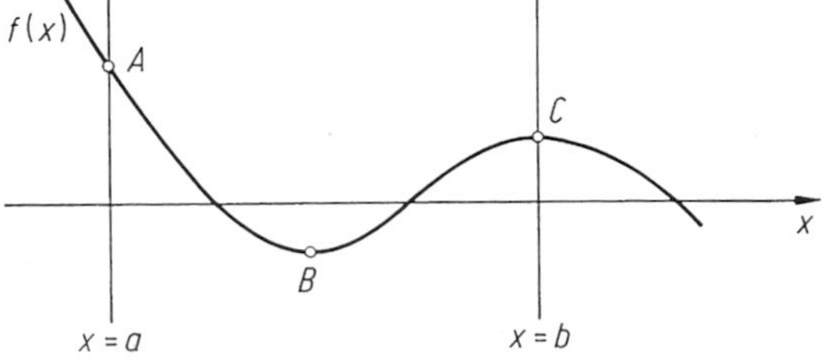

Abb. 5 Lokale und globale Extrema im Intervall $a \leqq x \leqq b$. A globales Maximum, B lokales und globales Minimum, C lokales Maximum

$$f''(x_0)\begin{matrix}<0: & \text{Maximum}\\ >0: & \text{Minimum}\end{matrix},$$

$$\begin{aligned}f''(x_0)=0:\quad & \text{So lange differenzieren und } x=x_0\\ & \text{setzen bis } f^{(k)}(x_0)\neq 0\ ,k>2.\\ & \text{Wenn } k \text{ gerade}:\\ & f^{(k)}(x_0)\begin{matrix}<0: & \text{Maximum}\\ >0: & \text{Minimum}\end{matrix},\\ & \text{wenn } k \text{ ungerade}: \text{kein Extremum.}\end{aligned} \tag{22}$$

Wendepunkte: Die Funktion $f(x)$ hat an der Stelle x_0 einen Wendepunkt, wenn die Ableitung f' bei x_0 ein relatives Extremum besitzt mit der notwendigen Bedingung $f''(x_0) = 0$.

Sattel- oder Stufenpunkt: $f'(x_0) = 0$, $f''(x_0) = 0$.

Beispiel:

$f(x) = (x-1)^3(x+1), \quad -\infty < x < \infty.$

$f' = (x-1)^2(4x+2). \quad f'(-1/2) = 0, \quad f'(1) = 0.$

$f'\left(-\frac{1}{2}-\delta\right) < 0, \quad f'\left(-\frac{1}{2}+\delta\right) < 0 \rightarrow$ Minimum.

$f'(1-\delta) > 0, \quad f'(1+\delta) > 0$
$\rightarrow$ kein relatives Extremum.

$f'' = (x-1)(12x). \quad f''(1) = 0, \quad f''(0) = 0.$

$f''(0-\delta) > 0, \quad f''(0+\delta) < 0 \rightarrow$ Wendepunkt.

$f''(1-\delta) < 0, \quad f''(1+\delta) > 0 \rightarrow$ Wendepunkt.

Sattelpunkt bei $x_0 = 1$.

3.1.3 Fraktionale Ableitungen

Stoffgesetze in der Strukturdynamik werden u. a. auch durch fraktionale, d. h. nicht ganzzahlige Ableitungen z. B. der Verschiebungsfunktion $u(t)$ nach der Zeit t beschrieben (Tab. 4):

$$\frac{d^\alpha u(t)}{dt^\alpha} = {}_a D^\alpha[u(t)], \quad \alpha \text{ rational.} \tag{23}$$

Die Definition nach Riemann und Liouville,

Tab. 4 Ausgewählte fraktionale Ableitungen für $\alpha = \frac{1}{2}$, $a = 0$

$f(t)$	${}_0D^{\frac{1}{2}}[f(t)]$
C (beliebige Konstante)	$C/\sqrt{\pi t}$
$\sqrt{t}$	$\frac{1}{2}\sqrt{\pi}$
$1/\sqrt{t}$	0
t	$2\sqrt{t/\pi}$
$t^n;\ n = 0, 1, 2 \ldots$	$\frac{(n!)^2(4t)^n}{(2n)!\sqrt{\pi t}}$
$\exp(t)$	$1/\sqrt{\pi t} + \exp(t)\text{erf}(\sqrt{t})$; $\text{erf}\, z = \frac{2}{\sqrt{\pi}}\int_0^z e^{-x^2}dx$
$\exp(t)\text{erf}(\sqrt{t})$	$\exp(t)$

$${}_aD^\alpha[u(t)] = \frac{1}{\Gamma(1-\alpha)}\frac{d}{dt}\int_a^t \frac{u(t-\tau)}{\tau^\alpha}d\tau, \quad 0 < \alpha < 1, \tag{24}$$

kann mithilfe der Verkettungsregel (28) auf $\alpha \geq 1$ erweitert werden. Die Definition nach Grünwald,

$$\begin{aligned}&{}_aD^\alpha[u(t)]\\ &= \lim_{n\to\infty}\left\{\left(\frac{t-a}{n}\right)^{-\alpha}\sum_{j=0}^{n-1}\frac{\Gamma(j-\alpha)}{\Gamma(-\alpha)\Gamma(j+1)}x\cdot u\left(t-j\frac{t-a}{n}\right)\right\},\end{aligned} \tag{25}$$

gilt für alle reellen Zahlen α. Beide Definitionen enthalten die Gammafunktion

$$\Gamma(1-\alpha) = \int_0^\infty x^{-\alpha}\exp(-x)dx \tag{26}$$

und besitzen die folgenden Eigenschaften:

Linearität:

$$\begin{aligned}D^\alpha[c_1f_1(t) + c_2f_2(t)] = c_1D^\alpha[f_1(t)]\\ + c_2D^\alpha[f_2(t)],\end{aligned} \tag{27}$$

Verkettung:

$$\mathrm{D}^{\alpha}\{\mathrm{D}^{\beta}[f(t)]\} = \mathrm{D}^{\alpha+\beta}[f(t)], \tag{28}$$

Laplace-Transformation: (vgl. Abschn. 3.15.2)

$$\mathrm{L}\left\{\frac{\mathrm{d}^{\alpha}f(t)}{\mathrm{d}t^{\alpha}}\right\} = \int_0^{\infty}\{\ldots\}\mathrm{e}^{-st}\mathrm{d}t$$
$$= s^{\alpha}\mathrm{L}\{f(t)\} - \sum_{j=0}^{n-1} s^{j}\frac{\mathrm{d}^{\alpha-1-j}}{\mathrm{d}t^{\alpha-1-j}}f(0),$$
$$n-1 < \alpha \leq n. \tag{29}$$

Beispiel: Die einhalbte Ableitung ${}_0\mathrm{D}^{\frac{1}{2}}$ der Funktion $f(t) = t^2$ lässt sich mithilfe der Definition

$${}_0\mathrm{D}^{\frac{1}{2}}[t^2] = \frac{1}{\Gamma\left(\frac{1}{2}\right)}\frac{\mathrm{d}}{\mathrm{d}t}\int_0^t \frac{(t-\tau)^2}{\tau^{\frac{1}{2}}}\mathrm{d}\tau$$

und unter Benutzung der Leibniz-Regel (Abschn. 3.4.1, (69))

$${}_0\mathrm{D}^{\frac{1}{2}}[t^2] = \frac{1}{\Gamma\left(\frac{1}{2}\right)}\int_0^t \frac{\partial}{\partial t}\left[\frac{(t-\tau)^2}{\tau^{\frac{1}{2}}}\right]\mathrm{d}\tau + \frac{1}{\Gamma\left(\frac{1}{2}\right)} \times \frac{(t-t)^2}{t^{\frac{1}{2}}}$$

wie folgt darstellen:

$${}_0\mathrm{D}^{\frac{1}{2}}[t^2] = \frac{2}{\Gamma\left(\frac{1}{2}\right)}\int_0^t\left(t\tau^{-\frac{1}{2}} - \tau^{\frac{1}{2}}\right)\mathrm{d}\tau = \frac{8}{3}\frac{t^{\frac{3}{2}}}{\sqrt{\pi}};$$
$$\Gamma\left(\frac{1}{2}\right) = \sqrt{\pi}.$$

Die Funktion

$$\tilde{f} = \frac{1}{\sqrt{\pi t}} + \exp(t)\left[1 - \mathrm{erf}\left(-\sqrt{t}\right)\right]$$
$$\text{mit } \mathrm{D}^{\frac{1}{2}}[\tilde{f}] = \tilde{f}$$

stimmt mit ihrer einhalbten Ableitung überein, sie ist demnach Eigenfunktion $\tilde{f}$ zum Operator $\mathrm{D}^{\frac{1}{2}}$. Dabei ist

$$\mathrm{erf}(z) = \frac{2}{\sqrt{\pi}}\int_0^z \exp(-t^2)\mathrm{d}t$$

die sog. *error function oder Gauß'sche Fehlerfunktion*. Einzelheiten sind der Spezialliteratur zu entnehmen (Oldham und Spanier 1974; Miller und Ross 1993; Oustaloup 1995; Kochubei und Luchko 2019a, b).

3.2 Integration reeller Funktionen einer Variablen

3.2.1 Unbestimmtes Integral

Die zum Differenzieren inverse Operation nennt man Integration

$$\begin{aligned}
&\text{Gegeben:} \quad f(x).\\
&\text{Gesucht:} \quad F(x) = \int f(x)\mathrm{d}x \text{ so, dass}\\
&\qquad F'(x) = \frac{\mathrm{d}F}{\mathrm{d}x} = f(x).\\
&F(x): \textit{Stamm- oder Integralfunktion zu } f(x).
\end{aligned} \tag{30}$$

Beispiel:

Gegeben: $f(x) = \cos x$.
$F(x) = C + \sin x, \quad C \in \mathbb{R}, \quad$ da
$F'(x) = (C + \sin x)' = 0 + \cos x = f(x).$

Die Menge aller Stammfunktionen, die sich durch eine reelle Konstante $C \in \mathbb{R}$ unterscheiden, nennt man unbestimmtes Integral.

Tab. 5 wird durch die Umkehrung der Ableitungstabelle 1 gewonnen.

Tab. 5 Elementare Integralfunktionen $\int f(x)\mathrm{d}x = F(x) + C$

$f(x)$	$F(x) = \int f(x)\,\mathrm{d}x$	$f(x)$	$F(x)$
a	ax	x^r	$\frac{x^{r+1}}{r+1},\ r \neq -1$
e^x	e^x	$\frac{1}{x}$	$\ln\lvert x\rvert$
$\cos x$	$\sin x$		
$\sin x$	$-\cos x$	$\frac{1}{\sqrt{1-x^2}}$	$\begin{cases} \arcsin x \\ -\arccos x \end{cases}$
$\frac{1}{\cos^2 x}$	$\tan x$		
$\frac{1}{\sin^2 x}$	$-\cot x$	$\frac{1}{1+x^2}$	$\begin{cases} \arctan x \\ -\operatorname{arccot} x \end{cases}$
$\cosh x$	$\sinh x$	$\frac{1}{\sqrt{1+x^2}}$	$\operatorname{arsinh} x$
$\sinh x$	$\cosh x$	$\frac{1}{\sqrt{x^2-1}}$	$\operatorname{arcosh} x$
$\frac{1}{\cosh^2 x}$	$\tanh x$		
$\frac{1}{\sinh^2 x}$	$-\coth x$	$\frac{1}{1-x^2}$	$\begin{cases} \operatorname{artanh} x, \\ \lvert x\rvert < 1 \\ \operatorname{arcoth} x, \\ \lvert x\rvert > 1 \end{cases}$

Integrationsregeln

$$\int rf(x)\mathrm{d}x = r\int f(x)\mathrm{d}x, \quad r \in \mathbb{R}.$$
$$\int (f(x) + g(x))\mathrm{d}x = \int f(x)\mathrm{d}x + \int g(x)\mathrm{d}x. \tag{31}$$

Integrationstechniken haben das Ziel, eine gegebene Funktion $f(x)$ so umzuformen, dass ein Grundintegral entsteht.

Partielle Integration ist die inverse Differenziation eines Produktes $u(x)\ v(x)$. Sie ist nur dann sinnvoll, wenn $u'v$ einfacher zu integrieren ist als uv'.

$$\int uv'\,\mathrm{d}x = uv - \int u'v\,\mathrm{d}x. \tag{32}$$

Beispiel:

$$\int x\cos x\ \mathrm{d}x = x\sin x - \int 1\cdot\ \sin x\ \mathrm{d}x$$
$$= x\sin x + \cos x.$$

Die **Substitutionsmethode** ist das Analogon zur Kettenregel, wobei die geeignete Wahl einer Hilfsfunktion von entscheidender Bedeutung ist; s. Tab. 6.

$$\int f[g(x)]\mathrm{d}x = \int \frac{f(g)}{g'}\mathrm{d}g. \tag{33}$$

Beispiel 1:

$$\int [\cos(3x+1)]\mathrm{d}x = \int \frac{\cos g}{3}\mathrm{d}g$$
$$= \frac{1}{3}\sin(3x+1) + C.$$

Beispiel 2:

$$\int \frac{x\,\mathrm{d}x}{\sqrt{x^2+a}}. \quad g = \sqrt{x^2+a},$$
$$g' = x/\sqrt{x^2+a} \rightarrow F = \int \mathrm{d}g = \sqrt{x^2+a} + C.$$

Partialbruchzerlegung. Sie ist anwendbar bei einer echt gebrochen rationalen Funktion $f(x) = u_n(x)/v_m(x)$ (Nennergrad $m >$ Zählergrad n), die sich nach den Regeln der Algebra in eine Summe von Partialbrüchen $P(x)$ zerlegen lässt. Die Zerlegung wird durch die Nullstellen des Nennerpolynoms gesteuert.

$$\begin{aligned}
&k\text{-fache reelle Nullstelle } x_0:\\
&P(x) - \sum_{i=1}^{k} \frac{A_i}{(x-x_0)^i}\\
&k\text{-fache konjugiert komplexe Nullstelle } x_0 = s_0 \pm \mathrm{j}t_0:\\
&P(x) = \sum_{i=1}^{k}\\
&\quad \times \frac{B_i + xC_i}{\left(x^2 - 2s_0x + s_0^2 + t_0^2\right)^i}\ .
\end{aligned} \tag{34}$$

Die Koeffizienten A_i, B_i, C_i, werden bestimmt durch Koeffizientenvergleich, Gleichsetzen an den Nullstellen x_0 oder Gleichsetzen an beliebigen Stellen x_i.

Die Darstellbarkeit einer Integralfunktion durch elementare Funktionen ist relativ selten. Bei-

Tab. 6 Geeignete Hilfsfunktionen zur Substitution

Typ	$f(x)$	$g(x)$
1	$f\left(x, \sqrt[n]{\frac{ax+b}{cx+d}}\right)$	$\sqrt[n]{\frac{ax+b}{cx+d}}$
2	$f\left(x, \sqrt{1 \pm x^2}\right)$	$\sqrt{1 \pm x^2}$
3	$f\left(x, \sqrt{ax^2+bx+c}\right)$ $\Delta = b^2 - 4ac$	$\Delta > 0{:}\ \frac{2ax+b}{\sqrt{\Delta}} \to$ Typ 2 $\Delta < 0{:}\ \frac{2ax+b}{\sqrt{-\Delta}} \to$ Typ 2
4	$f(e^x)$	e^x
5	$f(\cos x,\ \sin x)$	$\tan \frac{x}{2}$ (trigonometrische Umformungen nutzen)
6	$f(\sinh x,\ \cosh x)$	e^x

spiele dazu zeigen die Tab. 5 und 7. Als Ausweg bleibt die numerische Integration oder die gliedweise Integration einer Reihenentwicklung von $f(x)$; siehe dazu Tab. 8.

3.2.2 Bestimmtes Integral

3.2.2.1 Integrationsregeln

Die Fläche zwischen der x-Achse und dem Bild der Funktion $f(x)$ in Abb. 6 lässt sich als Flächensumme über- oder unterschießender Rechtecke darstellen, die im Übergang zu unendlich vielen Streifen dem wahren Wert der Fläche A zustrebt.

$$\sum_{i=1}^{n} f_i(\text{links})\Delta x \leqq A \leqq \sum_{i=1}^{n} f_i(\text{rechts})\Delta x,$$
$$A = \lim_{n\to\infty} \sum_{i=1}^{n} f_i \Delta x = \int_{x_a}^{x_e} f\,dx\ ,\quad x_e \geqq x_a. \tag{35}$$

Für die konkrete Rechnung wesentlich ist der **Hauptsatz der Differenzial- und Integralrechnung**

$$\int_{x_a}^{x_e} f(x)dx = F(x_e) - F(x_a),\quad F'(x) = f(x). \tag{36}$$

Das bestimmte Integral ist vorzeichenbehaftet und positiv erklärt für $f(x) > 0$ sowie $x_e \geqq x_a$. Für

Tab. 7 Integralfunktionen $\int f(x)dx = F(x) + C$

$f(x)$	$F(x)$
$(ax+b)^n$	$(ax+b)^{n+1}/(a(n+1)),\quad n \neq -1$ $\ln\lvert ax+b\rvert/a,\quad n = -1$
$(a^2+x^2)^{-1}$	$a^{-1}\arctan(x/a)$
$(a^2-x^2)^{-1}$	$\frac{1}{2a}\ln\left\lvert\frac{a+x}{a-x}\right\rvert$
$(ax^2+bx+c)^{-1}$, $\Delta^2 = 4ac - b^2$	$\begin{cases} \Delta^2 > 0: & \frac{2}{\Delta}\arctan\frac{2ax+b}{\Delta} \\ \Delta = 0: & -2/(2ax+b) \\ \Delta^2 < 0: & \frac{j}{\Delta}\ln\left\lvert\frac{2ax+b+j\Delta}{2ax+b-j\Delta}\right\rvert \end{cases}$
$\frac{x}{ax^2+bx+c} = \frac{x}{q(x)}$	$\frac{1}{2a}\ln\lvert q(x)\rvert - \frac{b}{2a}\int\frac{dx}{q(x)}$
$1/\sqrt{a^2-x^2}$	$\arcsin(x/a)$; $-\arccos(x/a)$
$1/\sqrt{a^2+x^2}$	$\ln\left(x+\sqrt{x^2+a^2}\right)$
$\sqrt{a^2-x^2}$	$(x/2)\sqrt{a^2-x^2}$ $+(a^2/2)\arcsin(x/a)$
$\sqrt{x^2+a^2} = f(x)$	$(x/2)f(x) + (a^2/2)\ln(x+f(x))$
$\sin mx \cos nx$ $(m^2 \neq n^2)$	$-\frac{\cos(m-n)x}{2(m-n)} - \frac{\cos(m+n)x}{2(m+n)}$
$\sin mx \sin nx$ $(m^2 \neq n^2)$	$\frac{\sin(m-n)x}{2(m-n)} - \frac{\sin(m+n)x}{2(m+n)}$
$\cos mx \cos nx$ $(m^2 \neq n^2)$	$\frac{\sin(m-n)x}{2(m-n)} + \frac{\sin(m+n)x}{2(m+n)}$
$e^{ax}\sin bx$	$e^{ax}(a\sin bx - b\cos bx)/(a^2+b^2)$
$e^{ax}\cos bx$	$e^{ax}(a\cos bx + b\sin bx)/(a^2+b^2)$
$1/\sin x$	$\ln\lvert\tan(x/2)\rvert$
$1/(1+\cos x)$	$\tan(x/2)$
$\tan x$	$-\ln\lvert\cos x\rvert$
$1/\sinh x$	$-2\,\text{artanh}\,(e^x)$
$\ln x$	$x\ln x - x$
$\arcsin x$	$x\arcsin x + \sqrt{1-x^2}$
$\arccos x$	$x\arccos x - \sqrt{1-x^2}$
$\arctan x$	$x\arctan x - \ln\sqrt{1+x^2}$

(Fortsetzung)

Tab. 7 (Fortsetzung)

$f(x)$	$F(x)$
$\operatorname{arccot} x$	$x \operatorname{arccot} x + \ln\sqrt{1+x^2}$
$\sin^2 x$	$(2x - \sin 2x)/4$
$\tan^2 x$	$\tan x - x$
$x \sin x$	$\sin x - x \cos x$
$x^2 \sin x$	$2x \sin x - (x^2 - 2)\cos x$
$1/\cos x$	$\ln\lvert\tan(x/2 + \pi/4)\rvert$
$1/(1 - \cos x)$	$-\cot(x/2)$
$\cot x$	$\ln\lvert\sin x\rvert$
$1/\cosh x$	$2 \arctan(\mathrm{e}^x)$
$\ln x/x$	$(\ln x)^2/2$
$\operatorname{arsinh} x$	$x \operatorname{arsinh} x - \sqrt{1+x^2}$
$\operatorname{arcosh} x$	$x \operatorname{arcosh} x - \sqrt{x^2-1}$
$\operatorname{artanh} x$	$x \operatorname{artanh} x + \ln\sqrt{1-x^2}$
$\operatorname{arcoth} x$	$x \operatorname{arcoth} x + \ln\sqrt{x^2-1}$
$\cos^2 x$	$(2x + \sin 2x)/4$
$\cot^2 x$	$-\cot x - x$
$x \cos x$	$\cos x + x \sin x$
$x^2 \cos x$	$2x \cos x + (x^2 - 2)\sin x$

Tab. 8 Nichtelementare Integralfunktionen

$f(x)$	$F(x) = \int f(x)\,\mathrm{d}x$
$\dfrac{\sin x}{x}$	Integralsinus $\sum_{k=0}^{\infty} \dfrac{(-1)^k x^{2k+1}}{(2k+1)(2k+1)!} + C$
$\dfrac{\cos x}{x}$	Integralcosinus $\ln x + \sum_{k=1}^{\infty} \dfrac{(-1)^k x^{2k}}{2k(2k)!} + C, \quad 0 < x.$
$\dfrac{\sinh x}{x}$	Hyperbolischer Integralsinus $\sum_{k=0}^{\infty} \dfrac{x^{2k+1}}{(2k+1)(2k+1)!} + C$
$\dfrac{\cosh x}{x}$	Hyperbolischer Integralcosinus $\ln x + \sum_{k=1}^{\infty} \dfrac{x^{2k}}{2k(2k)!} + C, \quad 0 < x.$
$(\ln x)^{-1}$	$\ln\lvert\ln x\rvert + \sum_{k=1}^{\infty} \dfrac{(\ln x)^k}{k\,k!} + C, \quad 0 < x.$
e^{-x^2}	Gauß'sches Fehlerintegral $\sum_{k=0}^{\infty} \dfrac{(-1)^k x^{2k+1}}{k!(2k+1)}$

im Intervall $x_a \leqq x \leqq x_e$ stetige Funktionen gelten folgende *Regeln für bestimmte Integrale* ($x_a = a$, $x_e = e$):

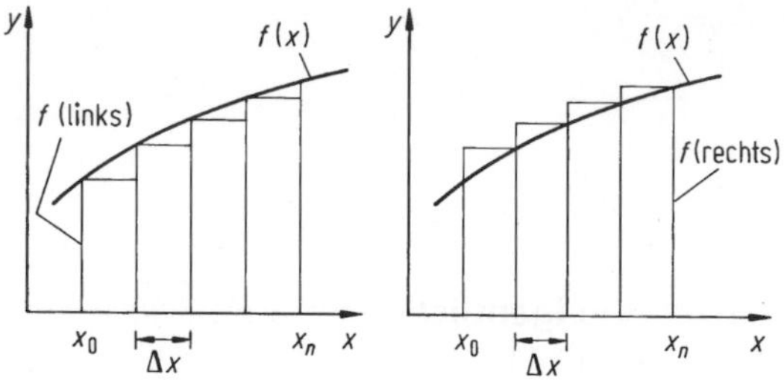

Abb. 6 Geometrische Interpretation des bestimmten Integrals im Intervall $x_0 \leqq x \leqq x_n$

$$\begin{aligned}
&\int_a^a f(x)\mathrm{d}x = 0, \quad \int_a^e f(x)\mathrm{d}x = -\int_e^a f(x)\mathrm{d}x.\\
&\int_a^z f(x)\mathrm{d}x + \int_z^e f(x)\mathrm{d}x = \int_a^e f(x)\mathrm{d}x,\\
&a \leqq z \leqq e.\\
&\left|\int_a^e f(x)\mathrm{d}x\right| \leqq \int_a^e |f(x)|\,\mathrm{d}x.\\
&\int_a^e f(x)\mathrm{d}x \leqq \int_a^e g(x)\mathrm{d}x \quad \text{falls}\\
&f(x) \leqq g(x).
\end{aligned} \tag{37}$$

$$\left\{\begin{aligned}
&\left(\int_a^e f(x)g(x)\mathrm{d}x\right)^2\\
&\leqq \left(\int_a^e f^2(x)\mathrm{d}x\right)\left(\int_a^e g^2(x)\mathrm{d}x\right),\\
&\text{Schwarz'sche Ungleichung;}
\end{aligned}\right. \tag{38}$$

$$\left\{\begin{aligned}
&\left|\int_a^e [f(x) + g(x)]\mathrm{d}x\right|\\
&\leqq \int_a^e |f(x)|\,\mathrm{d}x + \int_a^e |g(x)|\,\mathrm{d}x,\\
&\text{Dreiecksungleichung;}
\end{aligned}\right. \tag{39}$$

$$\left\{\begin{array}{l}\int_a^e f(x)\mathrm{d}x = f(z)(e-a), \quad a \leqq z \leqq e, \\ \text{Mittelwertsatz der Integralrechnung.}\end{array}\right. \tag{40}$$

3.2.2.2 Uneigentliche Integrale

Bei unbeschränkten Integrationsgrenzen oder unbeschränkten Funktionswerten $f(x)$ an einer Stelle $x = \xi$ berechnet man die uneigentlichen Integrale als Grenzwerte bestimmter Integrale.

$$\begin{gathered}\int_a^\infty f(x)\mathrm{d}x = \lim_{b\to\infty}\int_a^b f(x)\mathrm{d}x. \\ \int_{-\infty}^\infty f(x)\mathrm{d}x = \lim_{\substack{a\to-\infty \\ b\to\infty}}\int_a^b f(x)\mathrm{d}x,\end{gathered} \tag{41}$$

$a \to -\infty$ und $b \to \infty$ unabhängig voneinander.

$$\int_a^b f(x)\mathrm{d}x = \lim_{\substack{\varepsilon\to0 \\ \delta\to0}}\left[\int_a^{\xi-\varepsilon} f(x)\mathrm{d}x + \int_{\xi+\delta}^b f(x)\mathrm{d}x\right],$$

$\varepsilon \to 0$, $\delta \to 0$ unabhängig voneinander, falls $f(\xi)$ unbeschränkt; $\varepsilon, \delta > 0$.

Bei zweiseitiger Annäherung mit gleicher Rate spricht man vom *Cauchy'schen Hauptwert*.

$$\begin{gathered}\int_{-\infty}^\infty f(x)\mathrm{d}x = \lim_{a\to\infty}\int_{-a}^a f(x)\mathrm{d}x \\ \int_a^b f(x)\mathrm{d}x = \lim_{\varepsilon\to0}\left[\int_a^{\xi-\varepsilon} f(x)\mathrm{d}x + \int_{\xi+\varepsilon}^b f(x)\mathrm{d}x\right], \\ \varepsilon > 0, \quad \text{falls } f(\xi) \text{ unbeschränkt.}\end{gathered} \tag{42}$$

Beispiel 1:

$\int_{-\infty}^{\infty} x\,\mathrm{d}x$ ist divergent. Der Cauchy'sche Hauptwert ist bestimmt, und zwar null.

Beispiel 2:

$$\begin{aligned}\int_0^1 \ln x\ \mathrm{d}x &= \lim_{\varepsilon\to0}\int_\varepsilon^1 \ln x\ \mathrm{d}x \\ &= \lim_{\varepsilon\to0}[x\ln x - x]_\varepsilon^1 = \lim_{\varepsilon\to0}(-1+\varepsilon-\varepsilon\ln\varepsilon) = -1.\end{aligned}$$

$$\lim_{\varepsilon\to0}\varepsilon\ln\varepsilon = \lim\frac{\ln\varepsilon}{\varepsilon^{-1}} = \lim\frac{\varepsilon^{-1}}{-\varepsilon^{-2}} = 0.$$

3.3 Differenziation reeller Funktionen mehrerer Variablen

3.3.1 Grenzwert, Stetigkeit

Reellwertige Funktionen mit mehreren Veränderlichen beschreiben eine eindeutige Zuordnung von Elementen $f(x)$ einer Teilmenge W der reellen Zahlen zu den Elementen x_1 bis x_n ($n \in \mathbb{N}$), (auch zusammengefasst zur Spalte $\boldsymbol{x}$), einer Teilmenge D der reellen Zahlen des $\mathbb{R}^n$.

D: Definitionsbereich (-menge) der Funktion.
W: Wertebereich (-menge) der Funktion.
$W(f) = \{f(x)\ |x\in D\}$.
Übliche Bezeichnung bei $n = 2$ Veränderlichen:
$x_1 = x,\quad x_2 = y;\quad f(x, y) = z.$ (43)

Im dreidimensionalen Raum $\mathbb{R}^3$ unserer Anschauung sei jedem Punkt (x, y) ein Wert z eindeutig zugeordnet, vgl. Abb. 7. Für vorgege-

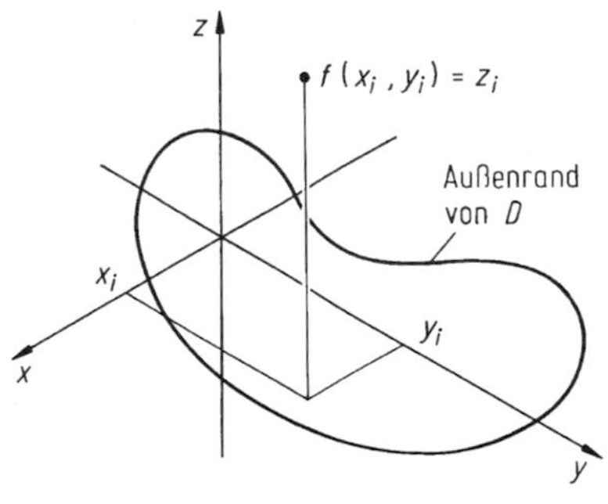

Abb. 7 Abbildung $z = f(x, y)$ für einen Punkt i im $\mathbb{R}^3$

bene konstante z-Werte c erhält man sogenannte Niveaulinien $c = f(x, y)$.

Beispiel:

$$z = f(x,y) = \sqrt{1 - x^2 - y^2}.$$

Halbkugel. Niveaulinien mit $0 \leqq c < 1$ sind Kreise mit dem Radius $\sqrt{1 - c^2}$.

Grenzwert. Konvergiert bei jeder Annäherung von $\boldsymbol{x}$ gegen einen festen Wert $\boldsymbol{x}_0$ (das heißt $\boldsymbol{x} \to \boldsymbol{x}_0$ ohne $\boldsymbol{x} = \boldsymbol{x}_0$) die zugehörige Folge der Funktionswerte $f(\boldsymbol{x})$ gegen einen Grenzwert g_0, so heißt g_0 der Grenzwert der Funktion f an der Stelle $\boldsymbol{x}_0$. Hierbei ist vorausgesetzt, dass in jeder Umgebung von $\boldsymbol{x}_0$ unendlich viele Punkte aus D für die Annäherung $\boldsymbol{x} \to \boldsymbol{x}_0$ zur Verfügung stehen (d. h. $\boldsymbol{x}_0$ ist Häufungspunkt).

$$\lim_{\boldsymbol{x} \to \boldsymbol{x}_0} f(\boldsymbol{x}) = g_0 (\boldsymbol{x} \in D). \qquad (44)$$

Grenzwert g_0 (falls überhaupt vorhanden) und Funktionswert $f(\boldsymbol{x}_0)$ (falls definiert) sind wohl zu unterscheiden.

Beispiel:

$$f = (x^2 + y^2)/(xy).$$
$$\lim_{\boldsymbol{x} \to \boldsymbol{0}} f = \lim_{\boldsymbol{x} \to \boldsymbol{0}} \left(\frac{x}{y} + \frac{y}{x}\right).$$

Ein Grenzwert g_0 existiert nicht ($g_0 = 2$ ist falsch), da beim Annäherungsprozess $\boldsymbol{x} \to \boldsymbol{0}$ das Verhältnis x/y beliebig gewählt werden kann.

Es gelten die Grenzwertsätze und der Stetigkeitsbegriff nach Abschn. 3.1.1.

3.3.2 Ableitungen

Eine reellwertige Funktion $f(x, y)$ ist in einem beliebigen Punkt $(x, y) \in D$ partiell differenzierbar, wenn die Differenzenquotienten beim Grenzübergang

$$\begin{aligned} &\lim_{\Delta x \to 0} \frac{f(x + \Delta x, y) - f(x,y)}{\Delta x} \\ &\quad = f_{,x}(x,y) = \frac{\partial f}{\partial x}(x,y), \\ &\lim_{\Delta y \to 0} \frac{f(x, y + \Delta y) - f(x,y)}{\Delta y} \\ &\quad = f_{,y}(x,y) = \frac{\partial f}{\partial y}(x,y) \end{aligned} \qquad (45)$$

jeweils Grenzwerte besitzen; man nennt diese *partielle Ableitungen*. Bei der Berechnung von $f_{,x}$ ist y als unveränderlich, also wie eine Konstante zu behandeln. Entsprechendes gilt für $f_{,y}$ bzw. x.

Zur Bezeichnung. Statt $f_{,x}$ und $f_{,y}$ schreibt man oft nur f_x und f_y.
Zur Unterscheidung gegenüber Indizes, besonders bei Tensoren und Matrizen, ist das zusätzliche Komma sehr zu empfehlen. (46)

Die partiellen Ableitungen entsprechen nach Abb. 8 den Tangentensteigungen in den Koordinatenflächen.

Entsprechende Differenzierbarkeit vorausgesetzt, sind höhere partielle Ableitungen möglich.

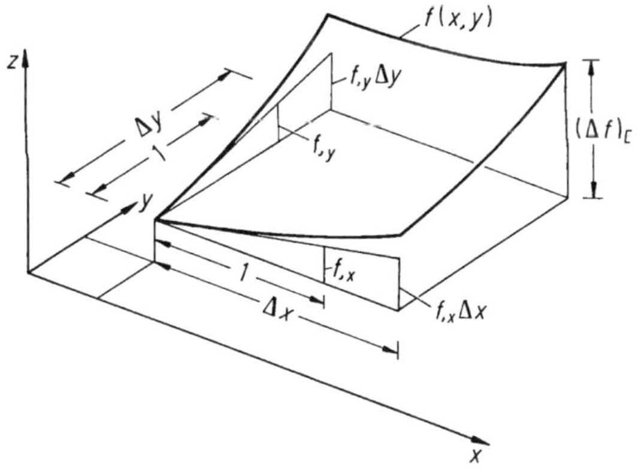

Abb. 8 Partielle Ableitungen $f_{,x}$ und $f_{,y}$ als Tangentensteigungen in den Koordinatenflächen

$$\frac{\partial}{\partial x}(f_{,x}) = f_{,xx} = \frac{\partial^2 f}{\partial x^2},$$

$$\frac{\partial}{\partial y}(f_{,x}) = f_{,xy} = \frac{\partial^2 f}{\partial x \partial y}, \quad (47)$$

$$\frac{\partial}{\partial x}(f_{,y}) = f_{,yx} = \frac{\partial^2 f}{\partial y \partial x}.$$

Wenn $f_{,xy}$ und $f_{,yx}$ stetig in D, dann $f_{,xy} = f_{,yx}$.
Für die partiellen Ableitungen gelten die Ableitungsformeln nach Abschn. 3.1.1.

Beispiel. $f = xy^2 \sin(xy)$.

$$f_{,x} = y^2[\sin(xy) + xy\cos(xy)],$$

$$f_{,y} = x[2y\sin(xy) + y^2 x\cos(xy)],$$

$$f_{,xy} = 2y[\sin(xy) + xy\cos(xy)]$$
$$+ y^2[x\cos(xy) - x^2 y\sin(xy) + x\cos(xy)],$$

$$f_{,yx} = 2y\sin(xy) + y^2 x\cos(xy)$$
$$+ x[2y^2\cos(xy) - y^3 x\sin(xy) + y^2\cos(xy)].$$

Eine reellwertige Funktion ist total differenzierbar, wenn die Differenz der Funktionszuwächse $(\Delta f)_1$ und $(\Delta f)_e$ bei Annäherung der Punkte (x, y) und $(x + \Delta x, y + \Delta y)$ relativ zum Abstand r gegen null strebt (1: lineare Entwicklung, e: exakt).

$$\lim_{r \to 0}\left[(\Delta f)_e - (\Delta f)_1\right]/r = 0, \quad r^2 = \Delta x^2 + \Delta y^2,$$

$$(\Delta f)_e = f(x + \Delta x, y + \Delta y) - f(x,y),$$

$$(\Delta f)_1 = f_{,x}\Delta x + f_{,y}\Delta y. \quad (48)$$

Dies ist für stetige partielle Ableitungen gewährleistet. Beim Übergang von Differenzen Δx, Δy zu Differenzialen dx, dy entsteht das **totale Differenzial**

$$df = f_{,x}dx + f_{,y}dy, \quad (49)$$

allgemein $df = \sum_{k=1}^{n} f_{,k}dx_k$, $f_{,k} = \partial f / \partial x_k$.

Gleichung der Tangentialebene im Punkt (x_0, y_0):

$$z(x,y) = f(x_0, y_0) + f_{,x}(x_0, y_0)(x - x_0)$$
$$+ f_{,y}(x_0, y_0)(y - y_0). \quad (50)$$

Totale Differenziale höherer Ordnung

$$d^2 f = f_{,xx}(dx)^2 + 2f_{,xy}dxdy + f_{,yy}(dy)^2$$
$$= (\partial_{,x}dx + \partial_{,y}dy)^2 f, \quad \partial_{,x} = \partial/\partial x, \quad (51)$$

$$d^k f - (\partial_{,x}dx + \partial_{,y}dy)^k f,$$

allgemein $d^k f = \left(\sum_{r=1}^{n} \partial_{,r}dx_r\right)^k f$, $\partial_{,r} = \partial/\partial x_r$.

Kettenregel. Sind die Argumente x und y in $f(x, y)$ ihrerseits differenzierbare Funktionen $x(t)$, $y(t)$ (Parameterdarstellung in $t \in \mathbb{R}$) oder $x(u, v)$, $y(u, v)$, so gilt für die totalen Differenziale dx, dy (49).

$$x(t), y(t): \quad df = f_{,x}x_{,t}dt + f_{,y}y_{,t}dt. \quad (52)$$

$x(u,v), y(u,v)$:
$$df = f_{,x}(x_{,u}du + x_{,v}dv) + f_{,y}(y_{,u}du + y_{,v}dv)$$
$$= f_{,u}du + f_{,v}dv. \quad (53)$$

$$\to \operatorname*{grad}_{u} f = \boldsymbol{J}\operatorname*{grad}_{x} f, \quad \boldsymbol{u} = \begin{bmatrix} u \\ v \end{bmatrix}, \quad \boldsymbol{x} = \begin{bmatrix} x \\ y \end{bmatrix},$$

$$Jacobi- \text{ oder } Funktionalmatrix: \boldsymbol{J} = \begin{bmatrix} x_{,u} & y_{,u} \\ x_{,v} & y_{,v} \end{bmatrix},$$

$$Gradient \text{ von } f \text{ nach } \boldsymbol{x}: \operatorname*{grad}_{x} f = \begin{bmatrix} f_{,x} \\ f_{,y} \end{bmatrix},$$

Umkehrung: $\operatorname*{grad}_{x} f = \boldsymbol{J}^{-1} \operatorname*{grad}_{u} f$.

Beispiel: Gesucht $F = f^2_{,x} + f^2_{,y}$ in Polarkoordinaten

$r \triangleq u$ und $\varphi = v, \quad x = r\cos\varphi, \quad y = r\sin\varphi$.

$$J = \begin{bmatrix} \cos\varphi & \sin\varphi \\ -r\sin\varphi & r\cos\varphi \end{bmatrix},$$

$$J^{-1} = \frac{1}{r}\begin{bmatrix} r\cos\varphi & -\sin\varphi \\ r\sin\varphi & \cos\varphi \end{bmatrix}.$$

$$F = [f_{,x}\ f_{,y}]\begin{bmatrix} f_{,x} \\ f_{,y} \end{bmatrix} = [f_{,u}\ f_{,v}]J^{-\mathrm{T}}J^{-1}\begin{bmatrix} f_{,u} \\ f_{,v} \end{bmatrix}.$$

$$J^{-\mathrm{T}}J^{-1} = \begin{bmatrix} 1 & 0 \\ 0 & 1/r^2 \end{bmatrix} \to F = f^2{}_{,u} + f^2{}_{,v}/r^2.$$

Zweite Ableitung.

$$f_{,uu} = (f_{,u})_{,u}.$$

$$f_{,uu} = \left(f_{,xx}x_{,u} + f_{,xy}y_{,u}\right)x_{,u} + \left(f_{,yx}x_{,u} + f_{,yy}y_{,u}\right)y_{,u}. \tag{54}$$

Implizites Differenzieren ist nützlich, wenn eine Funktion $y = f(x)$ nur einer Veränderlichen x in der sogenannten impliziten Form $F(x, y) = 0$ vorliegt. Durch Bilden des totalen Differenzials $\mathrm{d}F/\mathrm{d}x = 0$ nach (49) gilt

$$f'(x) = -F_{,x}/F_{,y}. \tag{55}$$

Entsprechend gilt für $z = f(x, y)$ in impliziter Form, $F(x, y, z) = 0$:

$$f_{,x} = -F_{,x}/F_{,z}; \quad f_{,y} = -F_{,y}/F_{,z}. \tag{56}$$

Beispiel:

$$F(x,y) = x^2 - xy + y^2 = 0,$$
$$f' = \mathrm{d}y/\mathrm{d}x = -(2x - y)/(2y - x), \ x \neq 2y.$$

Vollständiges Differenzial. Eine Form $\Delta = g_1(x, y)\mathrm{d}x + g_2(x, y)\mathrm{d}y$ mit 2 gegebenen Funktionen g_1, g_2 hat dann den Charakter eines totalen Differenzials $\mathrm{d}f = f_{,x}\,\mathrm{d}x + f_{,y}\,\mathrm{d}y$, wenn g_1 und g_2 auf f rückführbar sind.

$$f_{,x} = g_1, f_{,y} = g_2 \quad \text{oder} \, f_{,xy} = g_{1,y}, f_{,yx} = g_{2,x}.$$

Aus $f_{,xy} = f_{,yx}$ folgt die Bedingung, dass $g_1(x, y)$ und $g_2(x, y)$ ein vollständiges Differenzial bilden:

$$g_{1,y} = g_{2,x}. \tag{57}$$

Beispiel:
$g_1 = 3x^2y$ und $g_2 = x^3$ bilden wegen $g_{1,y} = g_{2,x} = 3x^2$ ein vollständiges Differenzial mit $\mathrm{d}f$. Aus $g_1 = f_{,x}$ und $g_2 = f_{,y}$ folgt $f = x^3y + C$.

3.3.2.1 Funktionsdarstellung nach Taylor

Für eine reellwertige Funktion $f(x, y)$, die in der Umgebung

$$x = x_0 + th_x, \ y = y_0 + th_y, \ |t| \leqq 1 \text{ von } (x_0, y_0)$$

$(n + 1)$-mal differenzierbar ist, gilt eine Entwicklung zunächst im Parameter t

$$f(x,y) = f(t) = \sum \frac{t^k}{k!}\frac{\mathrm{d}^k f(t=0)}{(\mathrm{d}t)^k} + R_n(t,0), \tag{58}$$

wobei die Zuwächse $\mathrm{d}^k f$ durch partielle Ableitungen bezüglich x und y darstellbar sind.

$$\mathrm{d}f/\mathrm{d}t = f_{,x}h_x + f_{,y}h_y,$$
$$\mathrm{d}^2f/\mathrm{d}t^2 = f_{,xx}h_x^2 + 2f_{,xy}h_xh_y + f_{,yy}h_y^2, \tag{59}$$

allgemein

$$\mathrm{d}^nf/\mathrm{d}t^n = \sum_{r=0}^{n}\binom{n}{r} h_x^{n-r}h_y^r\frac{\partial^n f}{\partial x^{n-r}\partial y^r}.$$

Für $t = 1$, also $x = x_0 + h_x$, $y = y_0 + h_y$, entsteht die *Taylor-Formel mit Restglied*:

$$f(x_0 + h_x, y_0 + h_y) = f(x_0, y_0) + \sum_{k=1}^{n}\frac{\mathrm{d}^k f(x_0, y_0)}{(\mathrm{d}t)^k n!} + R_n(\xi, x_0, y_0), \tag{60}$$

$$R_n(\xi,x_0,y_0)=\frac{1}{(n+1)!}\cdot\frac{\mathrm{d}^{n+1}f\left(x_0+\xi h_x,y_0+\xi h_y\right)}{(\mathrm{d}t)^{n+1}},$$

$0<\xi<1$, ξ aus Abschätzung des Restgliedes.

Mittelwertsatz. Das Restglied in (60) folgt aus dem Mittelwertsatz für eine im Intervall $x_0 \leqq x \leqq (x_0 + h_x)$ und $y_0 \leqq y \leqq (y_0 + h_y)$ stetige und differenzierbare Funktion. Es gibt wenigstens eine Stelle $x = x_0 + \xi h_x$, $y = y_0 + \xi h_y$ im Intervall, wo Funktionsdifferenz und totaler Zuwachs übereinstimmen:

$$f(1)-f(0)=f_{,x}(\xi)h_x+f_{,y}(\xi)h_y,$$
$$f(r)=f\left(x_0+rh_x,y_0+rh_y\right),\quad r=0,\ 1,\ \xi. \tag{61}$$

Für $x_0 = 0$, $y_0 = 0$ sowie $h_x = x$, $h_y = y$ entsteht aus (60) die *MacLaurin-Formel*:

$$\begin{aligned}f(x,y)&=f(0,0)+\sum_{k=1}^{n}\frac{\mathrm{d}^kf(0,0)}{(\mathrm{d}t)^kn!}+R_n(\xi,0,0),\\ \mathrm{d}^kf/\mathrm{d}t^k&=\sum_{r=0}^{k}\binom{k}{r}x^{n-r}y^r\frac{\partial^kf}{\partial x^{k-r}\partial y^r},\\ R_n(\xi,0,0)&=\frac{1}{(n+1)!}\cdot\frac{\mathrm{d}^{n+1}f(\xi x,\xi y)}{(\mathrm{d}t)^{n+1}},\\ &0<\xi<1.\end{aligned} \tag{62}$$

Beispiel:
$f(x, y) = (\sin x)(\sin y)$. Gesucht: Entwicklung an der Stelle $x = 0$, $y = 0$ für $n = 2$.

$$\begin{aligned}f(x,y)&=\left[f_{,x}(0,0)x+f_{,y}(0,0)y\right]+\frac{1}{2}\left[f_{,xx}(0,0)x^2\right.\\&\left.+2f_{,xy}(0,0)xy+f_{,yy}(0,0)y^2\right]+R_2=xy+R_2.\\ R_2&=\frac{1}{6}\left[f_{,xxx}(\xi x,\ \xi y)x^3+3f_{,xxy}(\xi x,\xi y)x^2y\right.\\&\left.+3f_{,xyy}(\xi x,\xi y)xy^2+f_{,yyy}(\xi x,\xi y)y^3\right]\\&=-\frac{1}{6}\left[x\left(x^2+3y^2\right)\cos\xi x\sin\xi y\right.\\&\left.+y\left(3x^2+y^2\right)\sin\xi x\cos\xi y\right],\ 0<\xi<1.\end{aligned}$$

Abschätzung:

$$|R_2|\leqq\frac{1}{6}\left[|x|\left(x^2+3y^2\right)+|y|\left(3x^2+x^2\right)\right],$$
$$|R_2|\leqq\frac{1}{6}(|x|+|y|)^3.$$

3.3.2.2 Extrema

Wie in Abschn. 3.1.2.3 dargestellt, zeichnen sich relative oder lokale Maxima (Minima) einer Funktion $f(x, y)$ an einer Stelle (x_0, y_0) dadurch aus, dass in ihrer Umgebung kein größerer (kleinerer) Wert existiert. Der Größtwert (Kleinstwert) der Funktion $f(x, y)$ innerhalb eines vorgegebenen Gebietes G, $(x, y) \in G$, heißt absolutes Maximum (Minimum).

Notwendige Bedingung für Extremum bei (x_0, y_0):

$$\mathrm{d}f(x_0,y_0)=0\rightarrow f_{,x}(x_0,y_0)=0,\ f_{,y}(x_0,y_0)=0.$$

$f(x_0,y_0)$ heißt auch stationärer Wert. (63)

Durch Diskussion der Taylor-Entwicklung (60) an der Stelle (x_0, y_0) mit $n = 2$ entsprechend der Theorie von Flächen 2. Ordnung (▶ Abschn. 1.4.2.5 in Kap. 1, „Mathematische Grundlagen") klärt man den Charakter des stationären Punktes.

$$D=f_{,xx}(x_0,y_0)f_{,yy}(x_0,y_0)-f^2_{,xy}(x_0,y_0)$$

$D>0$ $f_{,xx}>0$ Minimum,
$D>0$ $f_{,xx}<0$ Maximum,
$D<0$ Sattelpunkt,
$D=0$ Untersuchung durch Taylor-Entwicklung mit $n>2$ im stationären Punkt. (64)

Für eine Funktion $f(\boldsymbol{x})$ endlich vieler Argumente x_1 bis x_n verläuft die Berechnung und Klassifizierung von Extrema ähnlich.

Notwendige Bedingungen für Extremum bei $\boldsymbol{x}_0$:

$$f_{,i}(\boldsymbol{x}_0)=0\quad\text{für}\quad i=1\ \text{bis}\ n.$$

Charakter des stationären Punktes erkennbar aus der Definitheit der *Hesse-Matrix*.

$$H = \begin{bmatrix} f_{,11} & f_{,12} & \dots & f_{,1n} \\ f_{,21} & f_{,22} & \dots & f_{,2n} \\ \vdots & & & \vdots \\ f_{,n1} & \dots & \dots & f_{,nn} \end{bmatrix}, \quad f_{,ij} = f_{,ji}(\boldsymbol{x}_0). \tag{65}$$

$\boldsymbol{H}$ positiv definit: Minimum,
$\boldsymbol{H}$ negativ definit: Maximum,
$\boldsymbol{H}$ indefinit: kein Extremum.

Extrema mit Nebenbedingungen. Wird die Argumentmenge D einer Funktion $f(\boldsymbol{x})$ mit $\boldsymbol{x} \in D$ durch die Erfüllung zusätzlicher Bedingungen

$$g_1(\boldsymbol{x}) = 0 \,\text{bis}\, g_r(\boldsymbol{x}) = 0, \quad \text{kurz} \quad \boldsymbol{g}(\boldsymbol{x}) = \boldsymbol{o},$$

eingeschränkt, so kann man die sogenannten Nebenbedingungen $\boldsymbol{g} = \boldsymbol{o}$ zur Elimination von r Argumenten aus $\boldsymbol{x}$ benutzen oder aber eine Darstellung mithilfe der **Lagrange'schen Multiplikatoren** λ_1 bis λ_r, kurz $\boldsymbol{\lambda}$, verwenden:

$$\begin{aligned} &\text{Darstellung 1}: \quad && z = f(\boldsymbol{x}) \,\text{mit}\, \boldsymbol{g}(\boldsymbol{x}) = \boldsymbol{o}. \\ &\text{Darstellung 2}: \quad && F(\boldsymbol{x},\boldsymbol{\lambda}) = f(\boldsymbol{x}) + \boldsymbol{\lambda}^{\mathrm{T}}\boldsymbol{g}(\boldsymbol{x}), \\ & && \boldsymbol{g}(\boldsymbol{x}) = \boldsymbol{o}. \end{aligned} \tag{66}$$

Darstellung 1 und Darstellung 2 sind gleichwertig. Notwendige Bedingungen für Extrema von

$F(\boldsymbol{x}_0, \boldsymbol{\lambda}_0)$ an der Stelle $\boldsymbol{x}_0,\boldsymbol{\lambda}_0$:

$$F_{,i}(\boldsymbol{x}_0, \boldsymbol{\lambda}_0) = f_{,i}(\boldsymbol{x}_0) + \boldsymbol{\lambda}_0^{\mathrm{T}}\boldsymbol{g}_{,i}(\boldsymbol{x}_0) = 0, \tag{67}$$

$$i = 1, \dots, n, \quad g_k(\boldsymbol{x}_0) = 0, \quad k = 1, \dots, r.$$

Es gibt insgesamt $n + r$ Gleichungen für n Argumente in $\boldsymbol{x}_0$ und r Multiplikatoren in $\boldsymbol{\lambda}_0$.

Beispiel: Auf einer Halbkugel $z = +\sqrt{1 - x^2 - y^2}$ sind Extrema mit der Nebenbedingung $g = x + y - 1 = 0$ gesucht.

$$\begin{aligned} f_{,1} + \lambda_0 g_{,1} &= \frac{-x_0}{z_0} + \lambda_0 = 0, \\ f_{,2} + \lambda_0 g_{,2} &= \frac{-y_0}{z_0} + \lambda_0 = 0, \\ & x_0 + y_0 - 1 = 0, \\ \to x_0 = y_0 = 1/2,\ \lambda_0 &= 1/\sqrt{2}; \quad z_0 = 1/\sqrt{2}. \end{aligned}$$

3.4 Integration reeller Funktionen mehrerer Variablen

3.4.1 Parameterintegrale

Eine Funktion $F(x)$ kann als bestimmtes Integral

$$F(x) = \int_{y_1(x)}^{y_2(x)} f(x,y)\,\mathrm{d}y \tag{68}$$

einer Variablen y dargestellt werden. Bezüglich der Integration ist x ein konstanter Parameter, daher der Name Parameterintegral. Falls Grenzen und Funktion f differenzierbar sind, kann die Ableitung nach x gebildet werden.'

Leibniz-Regel

$$\begin{aligned} \frac{\mathrm{d}F(x)}{\mathrm{d}x} = &\int_{y_1(x)}^{y_2(x)} f_{,x}\mathrm{d}y + f(x, y_2(x))y_{2,x}(x) \\ &- f(x, y_1(x))y_{1,x}(x). \end{aligned} \tag{69}$$

Beispiel: Durch zweifaches Ableiten der Funktion

$$\begin{aligned} u(t) &= \frac{1}{k}\int_0^t f(\tau)\sin k(t-\tau)\mathrm{d}\tau: \\ \frac{\mathrm{d}}{\mathrm{d}t}u(t) &= \frac{1}{k}\int_0^t f(\tau)k\cos k(t-\tau)\mathrm{d}\tau + 0, \\ \frac{\mathrm{d}^2}{\mathrm{d}t^2}u(t) &= \frac{1}{k}\int_0^t f(\tau)(-k^2)\sin k(t-\tau)\mathrm{d}\tau \\ &\quad + f(t)\cos k(t-t)\cdot 1 \\ &= -k^2u(t) + f(t), \end{aligned}$$

stellt man fest, dass $u(t)$ der Schwingungsgleichung

$$\ddot{u}(t) + k^2u(t) = f(t)$$

genügt und die Partikularlösung für eine beliebige analytische Erregerfunktion $f(t)$ als sog. Duhamel-Integral darstellt.

3.4.2 Doppelintegrale

Ist in der x, y-Ebene eine stetige Funktion $f(x, y)$ auf einem Definitionsbereich B gegeben, der durch stetige Funktionen $y(x)$ bzw. $x(y)$ begrenzt wird (hierbei sind eventuell Bereichsunterteilungen nach Abb. 9 erforderlich), so sind folgende Parameterintegrale erklärt:

$$F_y(y) = \int\limits_{x_0(y)}^{x_1(y)} f(x,y)\mathrm{d}x, \quad F_x(x) = \int\limits_{y_0(x)}^{y_1(x)} f(x,y)\mathrm{d}y. \tag{70}$$

Deren neuerliche Integration ergibt denselben Wert.

$$V = \int\limits_{x_0}^{x_1}\left(\int\limits_{y_0(x)}^{y_1(x)} f(x,y)\mathrm{d}y\right)\mathrm{d}x \tag{71}$$

$$= \int\limits_{y_0}^{y_1}\left(\int\limits_{x_0(y)}^{x_1(y)} f(x,y)\mathrm{d}x\right)\mathrm{d}y = \int\limits_B f(x,y)\mathrm{d}B.$$

Im Raum $\mathbb{R}^3$ unserer Anschauung entspricht der Wert V dem Volumen zwischen der ebenen Grundfläche des Definitionsbereiches B und der Deckfläche als Darstellung der Funktion $f(x, y)$. Die Mantelfläche steht senkrecht auf der x, y-Ebene. Entsprechend dieser Interpretation kann das Volumen V auch als Summe von Elementarquadern dargestellt werden:

$$V = \lim_{n\to\infty} \sum_{k=1}^{n} f(x_k, y_k)\Delta B_k. \tag{72}$$

Die Unterteilung des Definitionsbereiches B in Gebiete mit eindeutigen Berandungsfunktionen ist abhängig von der Reihenfolge der Integrationen, sodass diese mit Bedacht festzulegen ist.

Es gelten folgende Regeln:

$$\int\limits_B cf\,\mathrm{d}B = c\int\limits_B f\,\mathrm{d}B, \qquad \int\limits_B (f+g)\mathrm{d}B = \int\limits_B f\,\mathrm{d}B + \int\limits_B g\,\mathrm{d}B, \tag{73}$$

$$\sum_{k=1}^{n} \int\limits_{B_k} f\,\mathrm{d}B = \int\limits_B f\,\mathrm{d}B. \qquad \left\{\begin{array}{l}\int\limits_B f\,\mathrm{d}B = f(\xi,\eta)B \quad \text{(Mittelwertsatz)},\\ \text{Punkt } P(\xi,\ \eta)\in B.\end{array}\right. \tag{74}$$

Speziell für $f \equiv 1$:

$$\int\limits_B \mathrm{d}B = B. \quad \text{Fläche des Grundgebietes}, \tag{75}$$

beschrieben durch den Definitionsbereich $(x,y)\in B$.

Beispiel: Gesucht ist das Integral $B = \int\limits_B \mathrm{d}B$ über dem schraffierten Gebiet in Abb. 10.

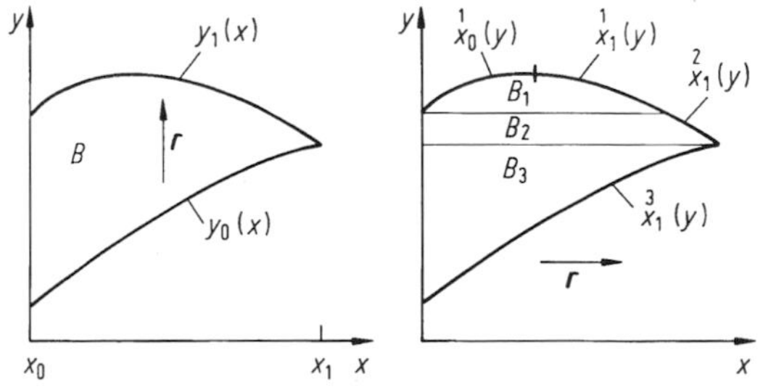

Abb. 9 Aufteilung der Berandung des Definitionsbereiches B in stetige Funktionen. ***r***: Integrationsrichtung

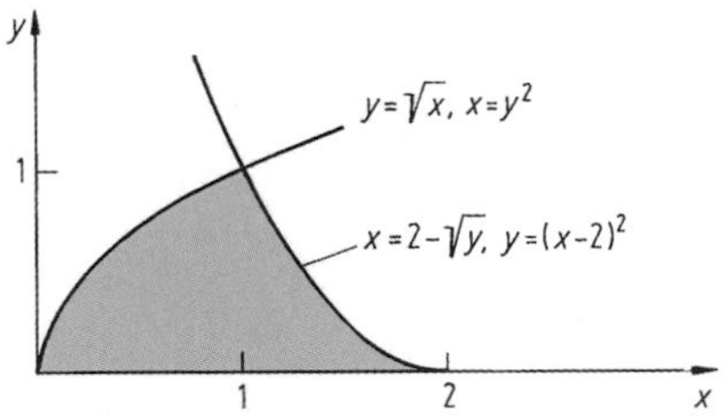

Abb. 10 Mehrfach berandeter Definitionsbereich in der Ebene

$$V = \int_0^1 \left(\int_{y^2}^{2-\sqrt{y}} \mathrm{d}x \right) \mathrm{d}y = \int_0^1 (2 - \sqrt{y} - y^2) \mathrm{d}y = 1$$

oder

$$V = \int_0^1 \left(\int_0^{\sqrt{x}} \mathrm{d}y \right) \mathrm{d}x + \int_1^2 \left(\int_0^{(x-2)^2} \mathrm{d}y \right) \mathrm{d}x = 1.$$

3.4.3 Uneigentliche Bereichsintegrale

Sie entstehen bei unbeschränktem Integranden $f(x_0, y_0)$ in einem Punkt $P_0(x_0, y_0)$ und/oder bei unbeschränktem Definitionsgebiet B.

Unbeschränktes Gebiet: $B \to B_\infty$. Falls $f > 0$ in B, gilt

$$\int_{B_\infty} f \mathrm{d}B = \lim_{n\to\infty} \int_{B_n} f \mathrm{d}B.$$

$B_1, B_2, \ldots$ ist eine Folge mit $\lim\limits_{n\to\infty} B_n = B_\infty$. (76)

Integrand f unbeschränkt (singulär) für $f(x, y) \to f(x_0, y_0)$:

$$\int_{B_0} f \mathrm{d}B = \lim_{n\to\infty} \int_{B_n} f \mathrm{d}B. \tag{77}$$

$B_1, B_2, \ldots$ ist eine Folge mit $\lim\limits_{n\to\infty} B_n = B_0 = 0$.

Beispiel 1: Gesucht ist $V = \iint \mathrm{e}^{-(x+y)} \mathrm{d}x\, \mathrm{d}y$ im Definitionsbereich $x, y \geqq 0$.

$$V = \int_0^\infty \int_0^\infty \mathrm{e}^{-(x+y)} \mathrm{d}x\, \mathrm{d}y = \lim_{n\to\infty} \int_0^n \int_0^n \mathrm{e}^{-(x+y)} \mathrm{d}x\, \mathrm{d}y$$

$$= \lim_{n\to\infty} \left[\int_0^n \mathrm{e}^{-x} \mathrm{d}x \right]^2 = 1.$$

Tab. 9: $\int_0^\infty \mathrm{e}^{-x} \mathrm{d}x = 1$.

Beispiel 2: Gesucht ist $V = \int\int (y/\sqrt{x}) \mathrm{d}x\, \mathrm{d}y$ über dem Gebiet $0 \leqq x \leqq 1$, $0 \leqq y \leqq 1$. $P(0, y)$ ist unbeschränkt.

$$V = \lim_{\varepsilon\to 0} \int_\varepsilon^1 x^{-1/2} \left(\int_0^1 y \mathrm{d}y \right) \mathrm{d}x = \lim_{\varepsilon\to 0} \left[\sqrt{x}\right]_\varepsilon^1 = 1.$$

3.4.4 Dreifachintegrale

Ist auf einem räumlichen Definitionsbereich B (z. B. beschrieben durch ein kartesisches x, y, z-System) eine stetige Funktion $f(x, y, z)$ gegeben, so ist das Dreifachintegral erklärt als Grenzwert der mit f gewichteten Elementarvolumina ΔB.

$$R = \lim_{n\to\infty} \sum_{k=1}^{n} f(x_k, y_k, z_k) \Delta B_k = \int_B f \, \mathrm{d}B. \tag{78}$$

Der Wert R entspricht einem Volumen im vierdimensionalen Riemann-Raum ($\mathbb{R}^4$). Für die konkrete Berechnung ist das Volumenintegral in Produkte von Parameterintegralen zu zerlegen. Die Reihenfolge der Integration folgt aus einer zweckmäßigen Aufteilung des Definitionsbereiches. Entscheidend sind auch hier eindeutige Berandungsfunktionen.

$$\begin{aligned} R &= \int_B f \, \mathrm{d}B \\ &= \int_{z_0}^{z_1} \left(\int_{y_0(z)}^{y_1(z)} \left(\int_{x_0(y,z)}^{x_1(y,z)} f \mathrm{d}x \right) \mathrm{d}y \right) \mathrm{d}z \\ &= R_{xyz}. \end{aligned} \tag{79}$$

Entsprechend gilt:

$$R = R_{xzy} = R_{yxz} = R_{yzx} = R_{zxy} = R_{zyx} = R_{xyz}.$$

Für $f \equiv 1$ entspricht R dem Volumen

$$V = \int_B \mathrm{d}B. \tag{80}$$

Tab. 9 Einige Werte bestimmter Integrale

$f(x)$	a	e	$F = \int_a^e f(x)\mathrm{d}x$
$(\sin x)^{2n}$ $(\cos x)^{2n}$	0	$\frac{\pi}{2}$	$\frac{\pi}{2} \cdot \frac{1 \cdot 3 \cdot 5 \ldots (2n-1)}{2 \cdot 4 \cdot 6 \ldots (2n)}, \quad n \in \mathbb{N}\backslash\{0\}.$
$(\sin x)^{2n+1}$ $(\cos x)^{2n+1}$	0	$\frac{\pi}{2}$	$\frac{2 \cdot 4 \cdot 6 \ldots (2n)}{3 \cdot 5 \cdot 7 \ldots (2n+1)}, \quad n \in \mathbb{N}.$
$\cos mx \cos nx$ $\sin mx \sin nx$	0	π	$\begin{cases} 0 & \text{für} \quad m \neq n \\ \frac{\pi}{2} & \text{für} \quad m = n \end{cases}, \quad m, n \in \mathbb{N}.$
$(\sin x)^{2m+1}(\cos x)^{2n+1}$	0	$\frac{\pi}{2}$	$\begin{cases} \frac{\Gamma(m+1)\Gamma(n+1)}{2\Gamma(m+n+2)}; & m,\ n \neq -1. \\ \frac{m!n!}{2(m+n+1)!}; & m,\ n \in \mathbb{N}\backslash\{0\}. \\ \text{Gammafunktion } \Gamma & \\ \Gamma(r) = \lim_{n\to\infty} \frac{n^r n!}{r(r+1)(r+2)\ldots(r+n)}, & r > 0. \end{cases}$
$\mathrm{e}^{-x}x^{r-1}$	0	∞	$\begin{cases} \Gamma(r), & r > 0. \\ (r-1)!, & r \in \mathbb{N}\backslash\{0\}. \end{cases}$
$\mathrm{e}^{-ax} \cos bx$	0	∞	$a/(a^2 + b^2)$, $1/a$ für $b = 0$
$\mathrm{e}^{-ax} \sin bx$	0	∞	$b/(a^2 + b^2)$
$\exp(-x^2a^2)$	0	∞	$\sqrt{\pi}/(2a)$
$\sin mx \cos nx$ $m - n = d$	0	π	$\begin{cases} 0 & d \text{ gerade} \\ \frac{2m}{m^2 - n^2} & d \text{ ungerade} \end{cases}$

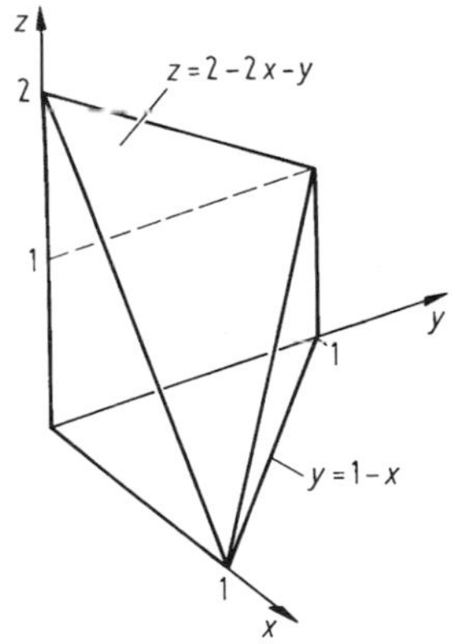

Abb. 11 Fünffach begrenzter Definitionsbereich im Raum

$$R = \int_0^1 \left(\int_0^{1-x} \left(\int_0^{2-2x-y} x^2 \mathrm{d}z \right) \mathrm{d}y \right) \mathrm{d}x$$

$$= \int_0^1 \left(\int_0^{1-x} x^2(2 - 2x - y)\mathrm{d}y \right) \mathrm{d}x$$

$$= \int_0^1 \left[2x^2(1-x)^2 - x^2(1-x)^2/2 \right] \mathrm{d}x = 1/20.$$

Es gelten entsprechende Regeln wie (73), (74) bei Doppelintegralen. Uneigentliche Integrale werden entsprechend (76), (77) behandelt. Günstiger sind hierfür häufig Kugelkoordinaten.

Beispiel: Über dem Fünfflächner nach Abb. 11 ist das Flächenmoment 2. Grades $R = \int x^2 \mathrm{d}B$ zu berechnen.

3.4.5 Variablentransformation

Bei der Integration kann eine Transformation der Variablen sehr nützlich sein. Wesentlich ist dabei die Determinante J der *Jacobi- oder Funktionalmatrix*, siehe Abschn. 3.3.2, (53) und Tab. 10.

Tab. 10 Krummlinige Koordinaten (vgl. ▶ Abschn. 1.4.1 in Kap. 1, „Mathematische Grundlagen")

Koordinaten	$\boldsymbol{J}$	$J\,du\,dv\,(dw)$
Polarkoordinaten (r,φ) (siehe ▶ Abschn. 1.4.1.3 in Kap. 1, „Mathematische Grundlagen")	$\begin{bmatrix} \cos\varphi & \sin\varphi \\ -r\sin\varphi & r\cos\varphi \end{bmatrix}$	$r\,dr\,d\varphi$
Zylinderkoordinaten (z,ϱ,φ) (siehe ▶ Abschn. 1.4.1.6 in Kap. 1, „Mathematische Grundlagen")	$\begin{bmatrix} 0 & 0 & 1 \\ \cos\varphi & \sin\varphi & 0 \\ -\varrho\sin\varphi & \varrho\cos\varphi & 0 \end{bmatrix}$	$\varrho\,dz\,d\varrho\,d\varphi$
Kugelkoordinaten (r,φ,ϑ) (siehe ▶ Abschn. 1.4.1.7 in Kap. 1, „Mathematische Grundlagen")	$\begin{bmatrix} \sin\varphi\cos\vartheta & \sin\varphi\sin\vartheta & \cos\varphi \\ r\cos\varphi\cos\vartheta & r\cos\varphi\sin\vartheta & -r\sin\varphi \\ -r\sin\varphi\sin\vartheta & r\sin\varphi\sin\vartheta & 0 \end{bmatrix}$	$r^2\sin\varphi\,dr\,d\varphi\,d\vartheta$

Doppelintegrale

$$x = x(u,v), \quad y = y(u,v);$$

$$\iint_B f\,\mathrm{d}x\,\mathrm{d}y = \iint_T fJ\,\mathrm{d}u\,\mathrm{d}v, \quad J > 0. \qquad (81)$$

B: Originalbereich,
T: transformierter Bereich,

$$J = \begin{vmatrix} x_{,u} & y_{,u} \\ x_{,v} & y_{,v} \end{vmatrix}.$$

Dreifachintegrale

$$x = x(u,v,w), \quad y = y(u,v,w), \quad z = z(u,v,w);$$

$$\iiint_B f\,\mathrm{d}x\,\mathrm{d}y\,\mathrm{d}z = \iiint_T f\,J\,\mathrm{d}u\,\mathrm{d}v\,\mathrm{d}w, \quad J > 0. \qquad (82)$$

$$J = \begin{vmatrix} x_{,u} & y_{,u} & z_{,u} \\ x_{,v} & y_{,v} & z_{,v} \\ x_{,w} & y_{,w} & z_{,w} \end{vmatrix}.$$

Transformation in das Einheitsdreieck nach Abb. 12a. Sie folgt aus einer linearen Transformation mit punktweiser Zuordnung der Eckkoordinaten.

$$x = a_0 + a_1\xi + a_2\eta, \qquad y = b_0 + b_1\xi + b_2\eta.$$
$$P_1: x = x_1,\ y = y_1; \qquad \xi = 0,\ \eta = 0.$$
$$P_2: x = x_2,\ y = y_2; \qquad \xi = 1,\ \eta = 0.$$
$$P_3: x = x_3,\ y = y_3; \qquad \xi = 0,\ \eta = 1.$$

$$\begin{bmatrix} x_1 \\ x_2 \\ x_3 \end{bmatrix} = \begin{bmatrix} 1 & 0 & 0 \\ 1 & 1 & 0 \\ 1 & 0 & 1 \end{bmatrix} \begin{bmatrix} a_0 \\ a_1 \\ a_2 \end{bmatrix} \quad \text{ergibt} \quad a_i(x_i). \qquad (83)$$

$$\begin{bmatrix} x \\ y \end{bmatrix} = \begin{bmatrix} x_1 \\ y_1 \end{bmatrix} + \begin{bmatrix} x_2 - x_1 & x_3 - x_1 \\ y_2 - y_1 & y_3 - y_1 \end{bmatrix} \begin{bmatrix} \xi \\ \eta \end{bmatrix}.$$

$$\text{Jacobi-Matrix } \boldsymbol{J} = \begin{bmatrix} x_2 - x_1 & y_2 - y_1 \\ x_3 - x_1 & y_3 - y_1 \end{bmatrix},$$

$$\to \iint f\,\mathrm{d}x\,\mathrm{d}y = \iint fJ\,\mathrm{d}\xi\,\mathrm{d}\eta,$$

$$J = 2A_\Delta = (x_2 - x_1)(y_3 - y_1) - (x_3 - x_1)(y_2 - y_1).$$

Transformation zum Einheitstetraeder nach Abb. 12b.

$$\begin{bmatrix} x \\ y \\ z \end{bmatrix} = \begin{bmatrix} x_1 \\ y_1 \\ z_1 \end{bmatrix} + \begin{bmatrix} x_2 - x_1 & x_3 - x_1 & x_4 - x_1 \\ y_2 - y_1 & y_3 - y_1 & y_4 - y_1 \\ z_2 - z_1 & z_3 - z_1 & z_4 - z_1 \end{bmatrix} \begin{bmatrix} \xi \\ \eta \\ \zeta \end{bmatrix},$$

kurz $\boldsymbol{x} = \boldsymbol{x}_1 + \boldsymbol{J}\boldsymbol{\xi}$,

(84)

$$\iiint f\,\mathrm{d}x\,\mathrm{d}y\,\mathrm{d}z = \iiint f\,J\,\mathrm{d}\xi\,\mathrm{d}\eta\,\mathrm{d}\zeta, \quad J = 6V.$$

V Volumen des Originaltetraeders.

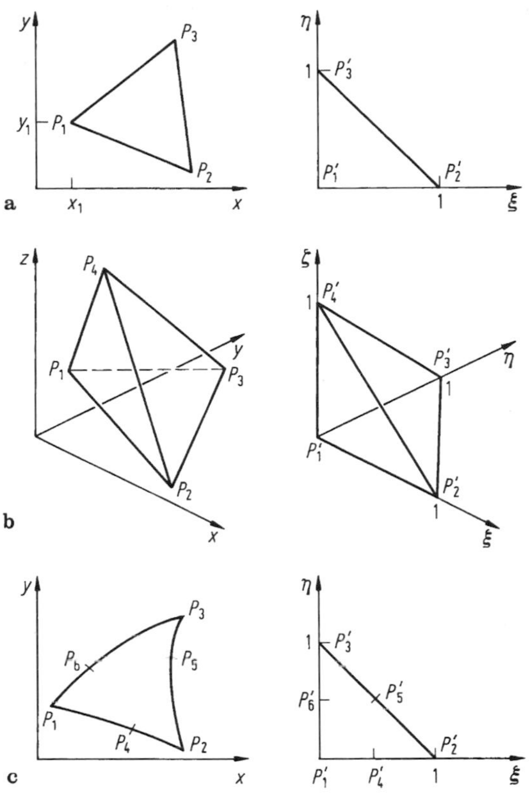

Abb. 12 Transformationen auf Einheitsgebiete

Nichtlineare kartesische Transformationen ermöglichen die *Abbildung von krummlinig begrenzten Gebieten* auf gradlinig begrenzte. Für ein krummliniges Dreieck nach Abb. 12c gilt

$$\begin{aligned} x &= a_0 + a_1\xi + a_2\eta + a_3\xi^2 + a_4\xi\eta + a_5\eta^2, \\ y &= b_0 + b_1\xi + b_2\eta + b_3\xi^2 + b_4\xi\eta + b_5\eta^2. \end{aligned} \quad (85)$$

Aus sechsmaliger Koordinatenzuordnung $(x_i, y_i) \rightarrow (\xi_i, \eta_i)$ folgt

$$\boldsymbol{a} = \boldsymbol{A}\boldsymbol{x}\ ,\ \boldsymbol{b} = \boldsymbol{A}\boldsymbol{y}\ ,$$

$$\boldsymbol{A} = \begin{bmatrix} 1 & 0 & 0 & 0 & 0 & 0 \\ -3 & -1 & 0 & 4 & 0 & 0 \\ -3 & 0 & -1 & 0 & 0 & 4 \\ 2 & 2 & 0 & -4 & 0 & 0 \\ 4 & 0 & 0 & -4 & 4 & -4 \\ 2 & 0 & 2 & 0 & 0 & -4 \end{bmatrix}, \quad (86)$$

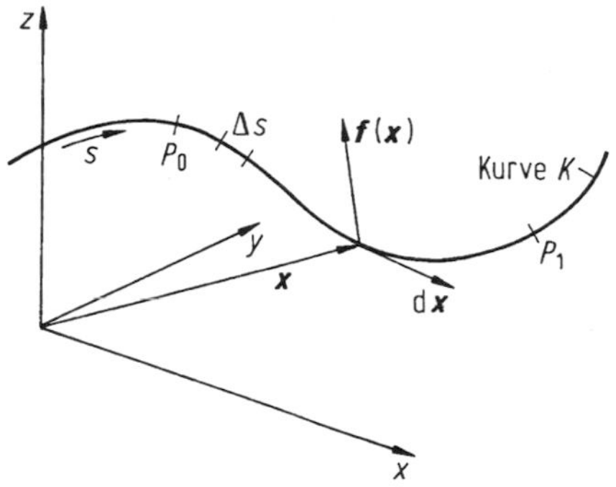

Abb. 13 Funktion $f(x)$ längs einer Kurve K

$$\begin{aligned} \boldsymbol{a}^{\mathrm{T}} &= [a_0\ \ a_1\ \ a_2\ \ a_3\ \ a_4\ \ a_5], \\ \boldsymbol{b}^{\mathrm{T}} &= [b_0\ \ b_1\ \ b_2\ \ b_3\ \ b_4\ \ b_5], \\ \boldsymbol{x}^{\mathrm{T}} &= [x_1\ \ x_2\ \ x_3\ \ x_4\ \ x_5\ \ x_6], \\ \boldsymbol{y}^{\mathrm{T}} &= [y_1\ \ y_2\ \ y_3\ \ y_4\ \ y_5\ \ y_6]. \end{aligned}$$

$$\rightarrow \iint f\,\mathrm{d}x\,\mathrm{d}y = \iint fJ\,\mathrm{d}\xi\,\mathrm{d}\eta,$$

$$\boldsymbol{J} = \boldsymbol{J}(\xi,\eta) = \begin{vmatrix} a_1 + 2a_3\xi + a_4\eta & b_1 + 2b_3\xi + b_4\eta \\ a_2 + a_4\xi + 2a_5\eta & b_2 + b_4\xi + 2\,b_5\eta \end{vmatrix}.$$

3.4.6 Kurvenintegrale

Ist über einer Kurve K nach Abb. 13 eine eindeutige Funktion $f(x)$ gegeben, so sind über dem Definitionsbereich D zwei Kurvenintegrale erklärt.

Nichtorientiert:

$$\int_K f(\boldsymbol{x})\mathrm{d}s = \lim_{n\to\infty} \sum_{k=1}^{n} f(\boldsymbol{x}_k)\Delta s_k. \quad (87)$$

Orientiert (als Skalarprodukt):

$$\int_K \boldsymbol{f}(\boldsymbol{x}) \cdot \mathrm{d}\boldsymbol{x} = \lim_{n\to\infty} \sum_{k=1}^{n} \boldsymbol{f}(\boldsymbol{x}_k) \cdot \Delta\boldsymbol{x}_k. \quad (88)$$

Bei einer Parameterdarstellung $\boldsymbol{x} = \boldsymbol{x}(t)$ ergeben sich gewöhnliche Integrale in t.

$$\boldsymbol{x} = \boldsymbol{x}(t):$$
$$\mathrm{d}s = \sqrt{\mathrm{d}x^2 + \mathrm{d}y^2 + \mathrm{d}z^2} = \sqrt{\dot{x}^2 + \dot{y}^2 + \dot{z}^2}\mathrm{d}t,$$
$$\mathrm{d}()/\mathrm{d}t = ()^{\cdot} \quad \mathrm{d}\boldsymbol{x} = \dot{\boldsymbol{x}}\,\mathrm{d}t. \tag{89}$$

Für $f = 1$ folgt aus (87) die *Bogenlänge*

$$s = \int_{t_0}^{t_1} \sqrt{\dot{x}^2 + \dot{y}^2 + \dot{z}^2}\mathrm{d}t. \tag{90}$$

Beispiel: Für die Kurve

$\boldsymbol{x}^{\mathrm{T}}(t) = [\sin t,\ \cos t,\ \sin 2t],\ 0 \leqq t \leqq \pi$, und $\boldsymbol{f}^{\mathrm{T}}(\boldsymbol{x}) = [z, 1, y]$

ist das Kurvenintegral (88) zu berechnen.

$$\int \boldsymbol{f}(\boldsymbol{x}) \cdot \mathrm{d}\boldsymbol{x} = \int_0^{\pi} \boldsymbol{f}(t) \cdot \dot{\boldsymbol{x}}\,\mathrm{d}t$$
$$= \int_0^{\pi} \begin{bmatrix} \sin 2t \\ 1 \\ \cos t \end{bmatrix} \cdot \begin{bmatrix} \cos t \\ -\sin t \\ 2\cos 2t \end{bmatrix} \mathrm{d}t = \frac{4}{3} - 2 + 0$$
$$= -\frac{2}{3}.$$

Wegunabhängiges Kurvenintegral. Das Kurvenintegral (88) zwischen zwei Punkten P_0 und P_1 auf K ist unabhängig vom Integrationsweg, falls $\boldsymbol{f}$ Gradient einer Funktion Φ ist.

$$\boldsymbol{f}^{\mathrm{T}}(\boldsymbol{x}) = [\Phi_{,x}\ \Phi_{,y}\ \Phi_{,z}],$$
$$\int_{P_0}^{P_1} \boldsymbol{f}(\boldsymbol{x}) \cdot \mathrm{d}\boldsymbol{x} = \Phi_1 - \Phi_0. \tag{91}$$

3.4.7 Oberflächenintegrale

Ist über einer Oberfläche S nach Abb. 14 eine eindeutige Funktion $f(\boldsymbol{x})$ gegeben, so sind über dem Definitionsbereich D zwei Oberflächenintegrale erklärt.

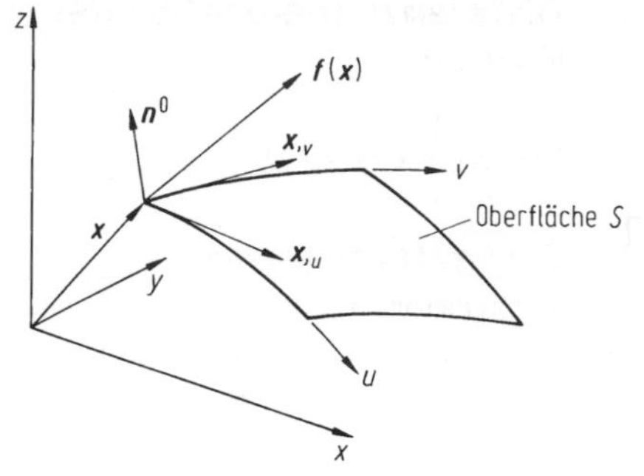

Abb. 14 Funktion $f(\boldsymbol{x})$ über einer Oberfläche S

Nichtorientiert:

$$\int_S f(\boldsymbol{x})\,\mathrm{d}S = \int\int_S f(\boldsymbol{x}(\boldsymbol{u}))\,|\boldsymbol{x}_{,u} \times \boldsymbol{x}_{,v}|\,\mathrm{d}u\,\mathrm{d}v.$$

Falls $z(x, y)$ die Oberfläche beschreibt, gilt

$$\int_S f(\boldsymbol{x})\mathrm{d}S = \int\int_S f(x, y, z(x, y))\sqrt{1 + z_{,x}^2 + z_{,y}^2}\,\mathrm{d}x\,\mathrm{d}y. \tag{92}$$

Orientiert (als Skalarprodukt):

$$\int_S \boldsymbol{f}(\boldsymbol{x}) \cdot \mathrm{d}\boldsymbol{S} = \int\int_S \boldsymbol{f}(\boldsymbol{x}(\boldsymbol{u})) \cdot (\boldsymbol{x}_{,u} \times \boldsymbol{x}_{,v})\mathrm{d}u\,\mathrm{d}v$$
$$= \int_S \boldsymbol{f}(\boldsymbol{x}) \cdot \boldsymbol{n}^0 \mathrm{d}S. \tag{93}$$

Für $f = 1$ folgt aus (92) der Flächeninhalt A der Oberfläche S:

$$A = \int\int_S \sqrt{1 + z_{,x}^2 + z_{,y}^2}\,\mathrm{d}x\,\mathrm{d}y. \tag{94}$$

3.5 Differenzialgeometrie der Kurven

3.5.1 Ebene Kurven

3.5.1.1 Tangente, Krümmung

Ist der Ortsvektor $\boldsymbol{x}$ im Raum $\mathbb{R}^2$ unserer Anschauung eine Funktion eines unabhängigen Parameters t, so wird durch $\boldsymbol{x}(t)$ eine ebene Kurve nach Abb. 15 beschrieben.

$$\boldsymbol{x}(t) = x(t)\boldsymbol{e}_1 + y(t)\boldsymbol{e}_2. \tag{95}$$

Durch Elimination des Parameters t entstehen zwei typische Formen:

$$\begin{aligned} &\text{Explizit}: \quad y = f(x) \quad \text{oder} \quad x = g(y),\\ &\text{implizit}: \quad F(x,y) = 0. \end{aligned} \qquad ((96)$$

Beispiel. Für eine Ellipse (Halbachse a in $\boldsymbol{e}_1$-Richtung, Halbachse b in $\boldsymbol{e}_2$-Richtung) sind die Darstellungen (95), (96) anzugeben. Parameterdarstellung $x = a\cos t$, $y = b\sin t$.

Implizit: $F(x, y) = x^2/a^2 + y^2/b^2 - 1 = 0$.

Explizit: $y = b\sqrt{1 - x^2/a^2}$ oder $x = a\sqrt{1 - y^2/b^2}$.

Bei entsprechender Differenzierbarkeit zeigt der Differenzialvektor $\mathrm{d}\boldsymbol{x}$ mit dem Betrag $\mathrm{d}s$ als Bogenlänge in Richtung der Tangente $\boldsymbol{t}$, die in der Regel als Einheitsvektor mit $\boldsymbol{t} \cdot \boldsymbol{t} = 1$ eingeführt wird.

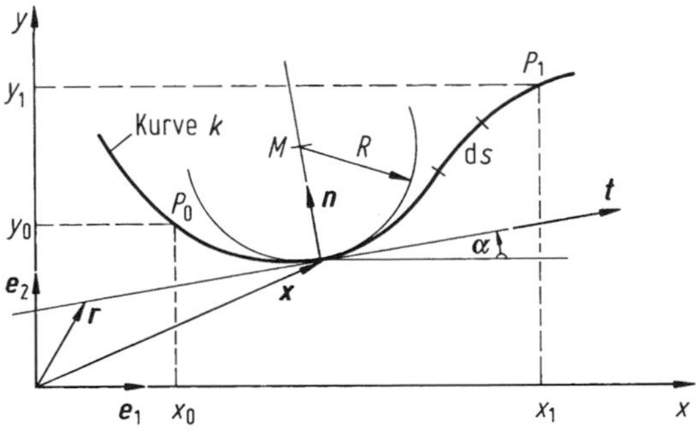

Abb. 15 Ebene Kurve

$$\mathrm{d}\boldsymbol{x} = \mathrm{d}s\boldsymbol{t} = \mathrm{d}x\boldsymbol{e}_1 + \mathrm{d}y\boldsymbol{e}_2, \quad \mathrm{d}s^2 = \mathrm{d}x^2 + \mathrm{d}y^2. \tag{97}$$

$$s = \int_{P_0}^{P_1} \mathrm{d}s.$$

Mit Parameter t:

$$s = \int_{t_0}^{t_1} \sqrt{\dot{x}^2 + \dot{y}^2}\,\mathrm{d}t, \quad ()^{\cdot} = \mathrm{d}()/\mathrm{d}t.$$

Ohne Parameter:

$$s = \begin{cases} \displaystyle\int_{x_0}^{x_1} \sqrt{1 + (\mathrm{d}y/\mathrm{d}x)^2}\,\mathrm{d}x \\ \displaystyle\int_{y_0}^{y_1} \sqrt{(\mathrm{d}x/\mathrm{d}y)^2 + 1}\,\mathrm{d}y \end{cases}. \tag{98}$$

Tangente

$$\boldsymbol{t} = \mathrm{d}\boldsymbol{x}/\mathrm{d}s = \frac{\mathrm{d}\boldsymbol{x}}{\mathrm{d}t} \cdot \frac{\mathrm{d}t}{\mathrm{d}s} = \begin{bmatrix} \dot{x} \\ \dot{y} \end{bmatrix} \frac{1}{\sqrt{\dot{x}^2 + \dot{y}^2}}, \tag{99}$$

$$\boldsymbol{t} = \begin{bmatrix} 1 \\ \mathrm{d}y/\mathrm{d}x \end{bmatrix} \frac{1}{\sqrt{1 + (\mathrm{d}y/\mathrm{d}x)^2}} = \begin{bmatrix} \mathrm{d}x/\mathrm{d}y \\ 1 \end{bmatrix} \frac{1}{\sqrt{(\mathrm{d}x/\mathrm{d}y)^2 + 1}}.$$

Geradengleichung der Tangente:

$\boldsymbol{r} = \boldsymbol{x} + \tau\boldsymbol{t}$, $\quad\tau$ Skalar,
$\boldsymbol{x}$ Ortsvektor zum Kurvenpunkt mit der Tangente $\boldsymbol{t}$. (100)

Steigung:

$$\tan\alpha = \mathrm{d}y/\mathrm{d}x = \dot{y}/\dot{x}. \tag{101}$$

Normale:

$$\boldsymbol{n} \text{ senkrecht zu } \boldsymbol{t}, \quad \boldsymbol{n}\cdot\boldsymbol{t} = 0.$$

$$\boldsymbol{n} = \begin{bmatrix} -\dot{y} \\ \dot{x} \end{bmatrix} \frac{1}{\sqrt{\dot{x}^2+\dot{y}^2}}, \tag{102}$$

$$\boldsymbol{n} = \begin{bmatrix} -\mathrm{d}y/\mathrm{d}x \\ 1 \end{bmatrix} \frac{1}{\sqrt{1+(\mathrm{d}y/\mathrm{d}x)^2}} = \begin{bmatrix} -1 \\ \mathrm{d}x/\mathrm{d}y \end{bmatrix} \frac{1}{\sqrt{(\mathrm{d}x/\mathrm{d}y)^2+1}}.$$

Bei Vorgabe der Kurve in Polarkoordinaten r, φ mit $r = r(\varphi)$ folgt aus der trigonometrischen Parameterdarstellung $x = r\cos\varphi,\ y = r\sin\varphi$ die Steigung in Polarkoordinaten

$$\tan\alpha = \frac{\dot{y}}{\dot{x}} = \frac{\dot{r}\sin\varphi + r\cos\varphi}{\dot{r}\cos\varphi - r\sin\varphi}, \quad r = r(\varphi), \quad \dot{r} = \mathrm{d}r/\mathrm{d}\varphi. \tag{103}$$

Die *Krümmung* κ ist definiert als Änderung der Tangentenneigung beim Fortschreiten entlang der Bogenlänge.

$$\kappa = \mathrm{d}\alpha/\mathrm{d}s = \frac{\mathrm{d}\alpha}{\mathrm{d}t}\cdot\frac{\mathrm{d}t}{\mathrm{d}s} = \frac{\dot{\alpha}}{\sqrt{\dot{x}^2+\dot{y}^2}}, \quad \tan\alpha = \frac{\dot{y}}{\dot{x}}. \tag{104}$$

Jedem Punkt $P(x, y)$ oder $P(r, \varphi)$ der Kurve k kann ein Kreis mit Radius R – der Krümmungskreis – zugeordnet werden, der in P Tangente und Krümmung $\kappa = 1/R$ mit der Kurve k gemeinsam hat.

Evolute einer Kurve k_1 ist die Kurve k_2 als Verbindungslinie aller Krümmungskreis-Mittelpunkte;k_2 ist die Einhüllende der Normalenschar von k_1. Umgekehrt nennt man k_1 die Evolvente zu k_2.

Beispiel. Für eine Kurve k in Parabelform $y^2 = 2ax$ erhält man durch implizites Ableiten $y'y = a$ und $y''y + y'^2 = 0$ und damit die Koordinaten (x_M, y_M) des Krümmungskreis-Mittelpunktes. Wählt man y als Parameter der Kurve k, folgt aus Tab. 11:

$$\begin{bmatrix} x_M \\ y_M \end{bmatrix} = \begin{bmatrix} y^2/2a \\ y \end{bmatrix} + \frac{y^3(1+a^2/y^2)}{(-a^2)} \begin{bmatrix} -a/y \\ 1 \end{bmatrix}$$

und daraus $x_M = 3y^2/2a + a,\ y_M = -y^3/a^2$. Diese Evolutendarstellung im Parameter y lässt sich durch Elimination von y in eine explizite Form $27ay_M^2 - 8(x_M - a)^3 = 0$ überführen; dies ist die Gleichung einer *Neil'schen Parabel*.

3.5.1.2 Hüllkurve

Eine implizite Kurvengleichung $F(x, y, \lambda) = 0$ mit kartesischen Koordinaten x, y kann zusätzlich von einem Parameter λ abhängen, wodurch eine ganze Kurvenschar beschrieben wird. Unter gewissen notwendigen Voraussetzungen kann die Schar durch eine Hüllkurve (*Enveloppe*) umhüllt werden, die jede Scharkurve in einem Punkt berührt (gemeinsame Tangente) und nur aus solchen Punkten besteht.

Tab. 11 Krümmungskreis mit Radius $R = 1/|\kappa|$ und Mittelpunkt $M(x_M, y_M)$ zum Kurvenpunkt $\boldsymbol{x}$

Kurvendarstellung	Krümmung κ	Mittelpunkt $\boldsymbol{x}_M$
Invariante Darstellung	$\begin{vmatrix} \mathrm{d}x/\mathrm{d}s & \mathrm{d}y/\mathrm{d}s \\ \mathrm{d}^2x/\mathrm{d}s^2 & \mathrm{d}^2y/\mathrm{d}s^2 \end{vmatrix}$, s Bogenlänge	$\boldsymbol{x}_M = \boldsymbol{x} + \frac{1}{\kappa}\boldsymbol{n}$
$x = x(t)$, $y = y(t)$	$\frac{\dot{x}\ddot{y} - \dot{y}\ddot{x}}{(\dot{x}^2+\dot{y}^2)^{3/2}}, \quad (\,)^{\cdot} = \frac{\mathrm{d}(\,)}{\mathrm{d}t}$	$\boldsymbol{x}_M = \boldsymbol{x} + \frac{\dot{x}^2+\dot{y}^2}{\dot{x}\ddot{y}-\dot{y}\ddot{x}} \begin{bmatrix} -\dot{y} \\ \dot{x} \end{bmatrix}$
$y = y(x)$	$\frac{y''}{(1+y'^2)^{3/2}}, \quad (\,)' = \frac{\mathrm{d}(\,)}{\mathrm{d}x}$	$\boldsymbol{x}_M = \boldsymbol{x} + \frac{1+y'^2}{y''} \begin{bmatrix} -y' \\ 1 \end{bmatrix}$
$r = r(\varphi)$	$\frac{r^2+2\dot{r}^2-r\ddot{r}}{(r^2+\dot{r}^2)^{3/2}}, \quad (\,)^{\cdot} = \frac{\mathrm{d}(s)}{\mathrm{d}\varphi}$	$\boldsymbol{x}_M = \boldsymbol{x} - \varrho \begin{bmatrix} r\cos\varphi + \dot{r}\sin\varphi \\ r\sin\varphi - \dot{r}\cos\varphi \end{bmatrix}, \ \varrho = \frac{r^2+\dot{r}^2}{r^2+2\dot{r}^2-r\ddot{r}}$

Notwendig für Existenz einer Hüllkurve:

$$\partial^2 F/\lambda^2 \; / \; = 0, \quad \begin{vmatrix} \partial F/\partial x & \partial F/\partial y \\ \partial^2 F/(\partial x \partial \lambda) & \partial^2 F/(\partial y \partial \lambda) \end{vmatrix} \neq 0. \tag{105}$$

Parameterdarstellung $x(\lambda)$, $y(\lambda)$ aus der Lösung zweier Gleichungen:

$$\partial F/\partial \lambda = F_{,\lambda}(x,y,\lambda) = 0, \quad F(x,y,\lambda) = 0. \tag{106}$$

Beispiel. Für die Kurvenschar

$$F(x,y,\lambda) = x^2 + (y-\lambda)^2 - \lambda^2/4 = 0$$

nach Abb. 16 gelten die Voraussetzungen (105) und mit $F_{,\lambda} - 2(y-\lambda)(-1) - \lambda/2$ erhält man die Gleichungen (106) mit den Lösungen $y = 3\lambda/4$ und $x^2 = 3\lambda^2/16$. Nach Elimination von λ erweist sich die Hüllkurve als Paar $y = \pm x\sqrt{3}$ von Nullpunktgeraden.

3.5.2 Räumliche Kurven

Ist der Ortsvektor $\boldsymbol{x}$ im Raum $\mathbb{R}^3$ unserer Anschauung eine Funktion einer Veränderlichen t (man kann dabei an die Zeit denken), so wird durch $\boldsymbol{x}(t)$ eine Raumkurve nach Abb. 17 beschrieben.

$$\boldsymbol{x}(t) = x(t)\boldsymbol{e}_1 + y(t)\boldsymbol{e}_2 + z(t)\boldsymbol{e}_3$$

oder

$$\boldsymbol{x}(t) = \sum_{i=1}^{3} x_i(t)\; \boldsymbol{e}_i = x_i(t)\; \boldsymbol{e}_i \; \text{(Summationskonvention)}. \tag{107}$$

Bei entsprechender Differenzierbarkeit zeigt der Differenzialvektor $\mathrm{d}\boldsymbol{x}$ mit dem Betrag $\mathrm{d}s$ in Richtung der Tangente $\boldsymbol{t}$, mit $\boldsymbol{t} \cdot \boldsymbol{t} = 1$.

$$\mathrm{d}\boldsymbol{x} = \boldsymbol{t}\mathrm{d}s, \quad \mathrm{d}s^2 = (\mathrm{d}\boldsymbol{x}) \cdot (\mathrm{d}\boldsymbol{x}) \tag{108}$$

$$\rightarrow \boldsymbol{t} = \frac{\mathrm{d}\boldsymbol{x}}{\mathrm{d}s} \cdot \frac{\mathrm{d}t}{\mathrm{d}t} = \dot{\boldsymbol{x}}/\sqrt{(\dot{\boldsymbol{x}}) \cdot (\dot{\boldsymbol{x}})}, \quad ()^{\cdot} = \mathrm{d}()/\mathrm{d}t.$$

Die Ableitung $\mathrm{d}(\boldsymbol{t} \cdot \boldsymbol{t} - 1)/\mathrm{d}t = 2\mathrm{d}\boldsymbol{t} \cdot \boldsymbol{t} = 0$ erweist $\mathrm{d}\boldsymbol{t}$ als Senkrechte zur Tangente. Die dazugehörige

Richtung nennt man Normalenrichtung $\boldsymbol{n}$ mit $\boldsymbol{n} \cdot \boldsymbol{n} = 1$.

$$\boldsymbol{n} = \dot{\boldsymbol{t}}/\sqrt{\dot{\boldsymbol{t}} \cdot \dot{\boldsymbol{t}}} \quad \text{(Normale)}. \tag{109}$$

Die Einheitsvektoren $\boldsymbol{t}$ und $\boldsymbol{n}$ spannen eine Ebene auf, in die man nach Abb. 17 einen Kreis-

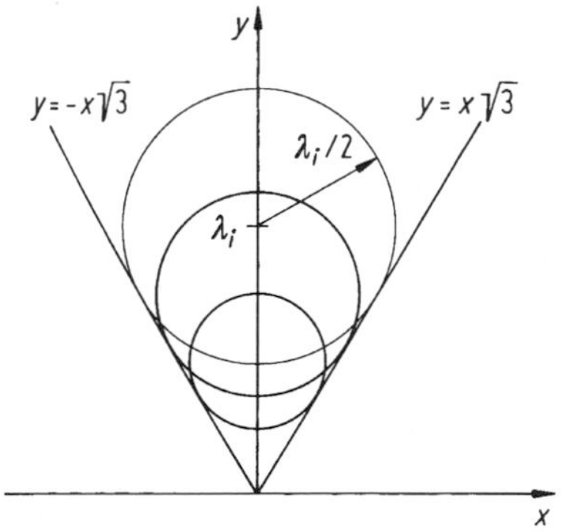

Abb. 16 Kreisschar mit Hüllkurve

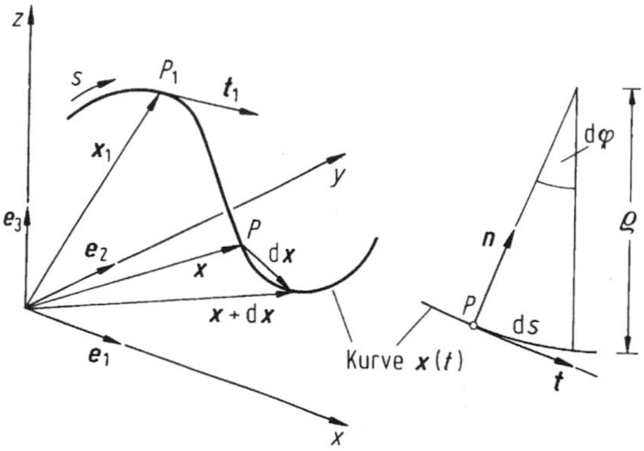

Abb. 17 Raumkurve als Graph eines Vektors $\boldsymbol{x}$ mit nur einer Variablen s

sektor mit Radius ϱ und Öffnungswinkel $\mathrm{d}\varphi$ einbeschreiben kann. Mit $\varrho\,\mathrm{d}\varphi = \mathrm{d}s$ und $\mathrm{d}\boldsymbol{t} = \boldsymbol{n}\,\mathrm{d}\varphi$ enthält $\mathrm{d}\boldsymbol{t}/\mathrm{d}s$ die *Krümmung* $|\kappa| = 1/\varrho$.

$$\boldsymbol{t}' = \mathrm{d}\boldsymbol{t}/\mathrm{d}s = \boldsymbol{n}/\varrho, \quad ()' = \mathrm{d}()/\mathrm{d}s. \tag{110}$$

Insgesamt bilden $\boldsymbol{t}$, $\boldsymbol{n}$ und die Binormale $\boldsymbol{b} = \boldsymbol{t} \times \boldsymbol{n}$ das *begleitende orthogonale Dreibein*:

$$\boldsymbol{t} = \boldsymbol{x}' = \dot{\boldsymbol{x}}/\sqrt{\dot{\boldsymbol{x}} \cdot \dot{\boldsymbol{x}}},$$

$$\boldsymbol{n} = \varrho\boldsymbol{t}' = \dot{\boldsymbol{t}}/\sqrt{\dot{\boldsymbol{t}} \cdot \dot{\boldsymbol{t}}}, \tag{111}$$

$$\boldsymbol{b} = \boldsymbol{t} \times \boldsymbol{n}; \quad ()' = \mathrm{d}()/\mathrm{d}s, \quad ()^{\bullet} = \mathrm{d}()/\mathrm{d}t.$$

Die Veränderung $\mathrm{d}\boldsymbol{b}$ der Binormalen beim Fortschreiten in positiver s-Richtung ist ein Vielfaches von $\boldsymbol{n}$, welches man *Windung* $1/\tau$ nennt:

$$\boldsymbol{b}' = \mathrm{d}\boldsymbol{b}/\mathrm{d}s = -\boldsymbol{n}/\tau. \tag{112}$$

Bei gegebenem Ortsvektor $\boldsymbol{x}(t)$ kann man Krümmung $1/\varrho$ und Windung $1/\tau$ berechnen.

$$\begin{aligned} &x(t) \text{ gegeben } \rightarrow \dot{\boldsymbol{x}}, \ddot{\boldsymbol{x}}. \\ &\dot{s} = \mathrm{d}s/\mathrm{d}t = \sqrt{\dot{\boldsymbol{x}} \cdot \dot{\boldsymbol{x}}}, \\ &\varrho^{-1} = |\dot{\boldsymbol{x}} \times \ddot{\boldsymbol{x}}|/\dot{s}^3, \\ &\tau^{-1} = (\dot{\boldsymbol{x}}, \ddot{\boldsymbol{x}}, \dddot{\boldsymbol{x}})/(\dot{\boldsymbol{x}} \times \ddot{\boldsymbol{x}}^2). \end{aligned} \tag{113}$$

(Spatprodukt, siehe (▶ Abschn. 1.3.3.5 in Kap. 1, „Mathematische Grundlagen"))

Die Differenzialbeziehungen (110), (112) und $\boldsymbol{n}' = (\boldsymbol{b} \times \boldsymbol{t})' = \boldsymbol{b}' \times \boldsymbol{t} + \boldsymbol{b} \times \boldsymbol{t}' = -\boldsymbol{n} \times \boldsymbol{t}/\tau + \boldsymbol{b} \times \boldsymbol{n}/\varrho$ ergeben zusammen die *Frenet'schen Formeln* der Basis $\boldsymbol{N} = [\boldsymbol{t}\ \boldsymbol{n}\ \boldsymbol{b}]$:

$$\begin{aligned} &\frac{\mathrm{d}}{\mathrm{d}s}[\boldsymbol{t}\ \ \boldsymbol{n}\ \ \boldsymbol{b}] = [\boldsymbol{t}\ \ \boldsymbol{n}\ \ \boldsymbol{b}] \begin{bmatrix} 0 & -1/\varrho & 0 \\ 1/\varrho & 0 & -1/\tau \\ 0 & 1/\tau & 0 \end{bmatrix}, \\ &\text{kurz} \quad \boldsymbol{N}' = \boldsymbol{N}\ \tilde{\boldsymbol{\kappa}}, \quad \boldsymbol{\kappa}^{\mathrm{T}} = [1/\tau \quad 0 \quad 1/\varrho]. \end{aligned} \tag{114}$$

$\boldsymbol{\kappa}$ *Darboux'scher Vektor.* $\tilde{\boldsymbol{\kappa}}$ (vgl. ▶ Abschn. 1.3.3.4 in Kap. 1, „Mathematische Grundlagen", (74)).

3.6 Räumliche Drehungen

Die Drehung eines beliebigen Vektors $\boldsymbol{x} = x_i\boldsymbol{e}_i$ (Summationskonvention für $i = 1, 2, 3$) in sein Bild $\boldsymbol{y} = y_i\boldsymbol{e}_i$ ist dann winkel-, richtungs- und längentreu, wenn die Abbildungsmatrix $\boldsymbol{A}$ orthonormal (▶ Abschn. 1.3.3.2 in Kap. 1, „Mathematische Grundlagen") ist.

$$\begin{aligned} &\text{Drehung von } \boldsymbol{x} \text{ in } \boldsymbol{y}: \\ &\boldsymbol{y} = \boldsymbol{A}\boldsymbol{x}, \quad \boldsymbol{A}^{\mathrm{T}}\boldsymbol{A} = \boldsymbol{A}\boldsymbol{A}^{\mathrm{T}} = \boldsymbol{I}, \quad \det \boldsymbol{A} = 1. \end{aligned} \tag{115}$$

Speziell die Achsen $\boldsymbol{e}_i$ werden in die Achsen $\boldsymbol{a}_i$ (Spalten von $\boldsymbol{A}$) gedreht. Durch die Forderung $\boldsymbol{A}^{\mathrm{T}}\boldsymbol{A} = \boldsymbol{I}$ werden 6 Bestimmungsgleichungen für die 9 Koeffizienten a_{ij} formuliert. Für die Beschreibung der eigentlichen Drehung verbleiben dann noch 3 Parameter. Durch ein gegebenes Paar $(\boldsymbol{x}, \boldsymbol{y})$ wird die Drehung bestimmt.

$$\begin{aligned} &\text{Drehachse:} \quad \boldsymbol{c} = \boldsymbol{x} \times \boldsymbol{y}/\,|\boldsymbol{x} \times \boldsymbol{y}|\,, \\ &\text{Drehwinkel } \delta\colon \boldsymbol{x} \cdot \boldsymbol{y} = |\boldsymbol{x}||\boldsymbol{y}|\cos\delta. \end{aligned} \tag{116}$$

$\boldsymbol{A} = \cos\delta\,\boldsymbol{I} + (1 - \cos\delta)\boldsymbol{c}\boldsymbol{c}^{\mathrm{T}} + \sin\delta\tilde{\boldsymbol{c}}$.

$\tilde{\boldsymbol{c}} = (\boldsymbol{c}\times)$, siehe (▶ Abschn. 1.3.3.4 in Kap. 1, „Mathematische Grundlagen", (74)), $\boldsymbol{c} \cdot \boldsymbol{c} = \boldsymbol{c}^{\mathrm{T}}\boldsymbol{c} = 1$.

Man kann unabhängig von einem Paar $(\boldsymbol{x}, \boldsymbol{y})$ diese Matrix $\boldsymbol{A}$ auch als Funktion von vier Parametern mit einer Nebenbedingung auffassen.

$$\begin{aligned} &\text{Parameter einer Drehung:} \\ &\text{Drehachse } \boldsymbol{c} \text{ mit } \boldsymbol{c}^{\mathrm{T}}\boldsymbol{c} = 1 \text{ und Drehwinkel } \delta. \end{aligned} \tag{117}$$

Andere Parameter (*Euler, Gibbs* usw.) lassen sich auf $\boldsymbol{c}$ und δ zurückführen.

Bei einer Drehung mit einem beliebig kleinen Winkel $\mathrm{d}\delta \neq 0$ ($\sin\mathrm{d}\delta = \mathrm{d}\delta$, $\cos\mathrm{d}\delta = 1$) spricht man von einer *infinitesimalen Drehung*

$$\begin{aligned} &\boldsymbol{y} = (\boldsymbol{I} + \mathrm{d}\delta\,\tilde{\boldsymbol{c}})\boldsymbol{x} = \boldsymbol{x} + \mathrm{d}\delta\,\boldsymbol{c} \times \boldsymbol{x}, \\ &\boldsymbol{c}^{\mathrm{T}}\boldsymbol{c} = \boldsymbol{c} \cdot \boldsymbol{c} = 1. \end{aligned} \tag{118}$$

Die Achsen $\boldsymbol{a}_i$ als Spalten der Matrix $\boldsymbol{A}$ werden speziell in ihre Bilder $\boldsymbol{b}_i$ als Spalten der Matrix $\boldsymbol{B}$ gedreht, wobei $\boldsymbol{B} - \boldsymbol{A}$ zu deuten ist als infinitesimale Basisveränderung infolge Drehung mit $\mathrm{d}\delta$ um die Achse $\boldsymbol{c}$, $\boldsymbol{c}^{\mathrm{T}}\boldsymbol{c} = 1$.

$$\begin{aligned} &\boldsymbol{B} = \boldsymbol{A} + \mathrm{d}\delta\tilde{\boldsymbol{c}}\,\boldsymbol{A} \rightarrow \boldsymbol{B} - \boldsymbol{A} = \mathrm{d}\delta\tilde{\boldsymbol{c}}\boldsymbol{A} \\ &\qquad \text{oder} \quad \mathrm{d}\boldsymbol{A}/\mathrm{d}\delta = \tilde{\boldsymbol{c}}\boldsymbol{A} = -\boldsymbol{A}\tilde{\boldsymbol{c}} \end{aligned} \tag{119}$$

$$\tilde{\boldsymbol{c}} = (\boldsymbol{c}\times) = \begin{bmatrix} 0 & -c_3 & c_2 \\ c_3 & 0 & -c_1 \\ -c_2 & c_1 & 0 \end{bmatrix}, \quad \boldsymbol{c} = \begin{bmatrix} c_1 \\ c_2 \\ c_3 \end{bmatrix}.$$

Die schiefsymmetrische Struktur in (119) ist von fundamentaler Bedeutung für die räumliche Kinematik.

3.7 Differenzialgeometrie gekrümmter Flächen

Ist ein Ortsvektor $\boldsymbol{x}$ im Raum $\mathbb{R}^3$ unserer Anschauung Funktion von zwei Veränderlichen u_1, u_2, so wird durch $\boldsymbol{x}(u_1, u_2)$ eine gekrümmte Fläche beschrieben:

$$\boldsymbol{x}(u_1, u_2) = \sum_{i=1}^{3} x_i(u_1, u_2)\boldsymbol{e}_i. \tag{120}$$

Bei entsprechender Differenzierbarkeit liegt der Differenzialvektor $\mathrm{d}\boldsymbol{x}$ im Flächenpunkt P_{00} in der Tangentialebene in P_{00}, die durch die Vektoren $\boldsymbol{x}_{,1}$ und $\boldsymbol{x}_{,2}$ aufgespannt wird:

$$\begin{aligned} &d\boldsymbol{x} = \boldsymbol{x}_{,1}\mathrm{d}u_1 + \boldsymbol{x}_{,2}\mathrm{d}u_2 = \boldsymbol{x}_{,\alpha}\mathrm{d}u_\alpha. \\ &x_{,\alpha} = \partial x/\partial \boldsymbol{u}_\alpha. \end{aligned} \tag{121}$$

Summationskonvention : über gleiche Indizes wird summiert. $i, j, k = 1, 2, 3$; $\alpha, \beta = 1, 2$.

Die Richtungsvektoren $\boldsymbol{x}_{,1}$ (u_1, u_2) und $\boldsymbol{x}_{,2}$ (u_1, u_2) bilden ein *Gauß'sches Koordinatennetz* nach Abb. 18. Es entsteht durch die aufspannenden Vektoren

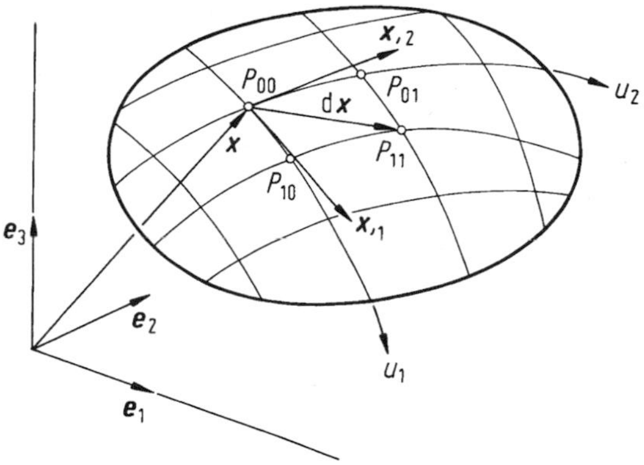

Abb. 18 Raumfläche als Graph eines Vektors $\boldsymbol{x}$ mit zwei unabhängig Veränderlichen u_1 und u_2

$$\boldsymbol{g}_1 = \boldsymbol{x}_{,1}, \; \boldsymbol{g}_2 = \boldsymbol{x}_{,2},$$

einer jedem Punkt zugeordneten lokalen Basis, wobei die Skalarprodukte $\boldsymbol{g}_\alpha \cdot \boldsymbol{g}_\beta$ als Metrikkoeffizienten $g_{\alpha\beta}$ der Matrix $\boldsymbol{G}$,

$$\boldsymbol{G} = \begin{bmatrix} g_{11} & g_{12} \\ g_{21} & g_{22} \end{bmatrix}, \; g_{\alpha\beta} = g_\alpha \cdot g_\beta, \; \alpha, \beta = 1{,}2; \quad g_{12} = g_{21} \tag{122}$$

die Metrik auf der gekrümmten Fläche charakterisieren. Nur im Sonderfall einer Orthonormalbasis wird $\boldsymbol{G}$ zur Einheitsmatrix $\boldsymbol{E}$; in der Regel gilt $\boldsymbol{G} \not\approx \boldsymbol{E}$.

Die Fläche $\mathrm{d}S$ des infinitesimalen Vierecks $P_{00}P_{10}P_{11}P_{01}$ in Abb. 18 wird in erster Näherung durch das Parallelogramm mit den Seiten $\boldsymbol{x}_{,1}\mathrm{d}u_1$ und $\boldsymbol{x}_{,2}\mathrm{d}u_2$ beschrieben.

$$\begin{aligned} &\mathrm{d}S = |\boldsymbol{x}_{,1} \times \boldsymbol{x}_{,2}|\; \mathrm{d}u_1\mathrm{d}u_2 \\ &\text{mit} \quad |\boldsymbol{x}_{,1} \times \boldsymbol{x}_{,2}| = \sqrt{(\boldsymbol{x}_{,1} \times \boldsymbol{x}_{,2})^2} \\ &\qquad = \sqrt{g_{11}g_{22} - g_{12}^2} = \sqrt{G}, \\ &\qquad S = \int\int \sqrt{G}\; \mathrm{d}u_1\mathrm{d}u_2. \end{aligned} \tag{123}$$

Das Kreuzprodukt in (123) beschreibt auch den Normalenvektor $\boldsymbol{f}$, der senkrecht zur Tangentialfläche steht:

$$f = (x_{,1} \times x_{,2})/\sqrt{G}. \quad f \cdot f = 1. \tag{124}$$

Durch Reduktion der Variablen $u_1 = u_1(t)$ und $u_2 = u_2(t)$ auf eine einzige unabhängige Größe t werden Kurven $\boldsymbol{x}(t)$ auf der Fläche $\boldsymbol{x}(u_1, u_2)$ beschrieben. Über die Tangente $\boldsymbol{t} = \mathrm{d}\boldsymbol{x}(u_1(t), u_2(t))/\mathrm{d}s$ erhält man auch die Kurvennormale $\boldsymbol{n} = \varrho\, \mathrm{d}\boldsymbol{t}/\mathrm{d}s$.

$$\begin{aligned} \boldsymbol{t} &= \frac{\mathrm{d}\boldsymbol{x}\,\mathrm{d}t}{\mathrm{d}t\,\mathrm{d}s} = (\boldsymbol{x}_{,1}\dot{u}_1 + \boldsymbol{x}_{,2}\dot{u}_2)\frac{\mathrm{d}t}{\mathrm{d}s}, \quad (\,)^{\cdot} = \mathrm{d}(\,)/\mathrm{d}t, \\ \boldsymbol{n}/\varrho &= \frac{\mathrm{d}\boldsymbol{t}\,\mathrm{d}t}{\mathrm{d}t\,\mathrm{d}s} \\ &= \left(\boldsymbol{x}_{,\alpha\beta}\dot{u}_\alpha\dot{u}_\beta + \boldsymbol{x}_{,\alpha}\ddot{u}_\alpha\right)\left(\frac{\mathrm{d}t}{\mathrm{d}s}\right)^2 + \boldsymbol{x}_{,\alpha}\dot{u}_\alpha\frac{\mathrm{d}^2t}{\mathrm{d}s^2}. \end{aligned} \tag{125}$$

Der Winkel γ zwischen Flächennormale $\boldsymbol{f}$ und Kurvennormale $\boldsymbol{n}$ folgt aus ihrem Skalarprodukt:

$$\cos\gamma = \boldsymbol{f} \cdot \boldsymbol{n} = \boldsymbol{f} \cdot \boldsymbol{x}_{,\alpha\beta}\dot{u}_\alpha\dot{u}_\beta\left(\frac{\mathrm{d}t}{\mathrm{d}s}\right)^2 \varrho.$$

Aus (121) folgt

$$\begin{aligned} (\mathrm{d}\boldsymbol{x})^2 &= \mathrm{d}s^2 = g_{11}\mathrm{d}u_1^2 + 2g_{12}\mathrm{d}u_1\mathrm{d}u_2 + g_{22}\mathrm{d}u_2^2 \\ &= g_{\alpha\beta}\mathrm{d}u_\alpha\mathrm{d}u_\beta. \\ (\mathrm{d}s/\mathrm{d}t)^2 &= g_{\alpha\beta}\dot{u}_\alpha\dot{u}_\beta. \end{aligned} \tag{126}$$

Die Skalarprodukte $\boldsymbol{f} \cdot \boldsymbol{x}_{,\alpha\beta}$ erklärt man zu Komponenten des *Krümmungstensors* B:

$$b_{\alpha\beta} = \boldsymbol{f} \cdot \boldsymbol{x}_{,\alpha\beta} = \frac{(\boldsymbol{x}_{,1} \times \boldsymbol{x}_{,2}) \cdot \boldsymbol{x}_{,\alpha\beta}}{\sqrt{G}}. \tag{127}$$

Für $\cos\gamma = 1$ sind $\boldsymbol{f}$ und $\boldsymbol{n}$ parallel. Die dazugehörigen Krümmungen $(1/\varrho_1)$, $(1/\varrho_2)$ nennt man Hauptkrümmungen, die Hauptkrümmungsrichtungen $\dot{\boldsymbol{x}} = \boldsymbol{x}_{,\alpha}\dot{u}_\alpha$ ergeben sich aus den Eigenvektoren des zu (126) zugeordneten Eigenwertproblems (128).

Hauptkrümmungen $1/\varrho = \lambda$,

Koordinaten $\boldsymbol{h}^\mathrm{T} = [\dot{u}_1, \dot{u}_2]$ der Hauptkrümmungsrichtungen aus $\cos\gamma = 1$ in (126):

$$\lambda = \frac{b_{\alpha\beta}\dot{u}_\alpha\dot{u}_\beta}{g_{\alpha\beta}\dot{u}_\alpha\dot{u}_\beta} = \frac{\boldsymbol{h}^\mathrm{T}\boldsymbol{B}\boldsymbol{h}}{\boldsymbol{h}^\mathrm{T}\boldsymbol{G}\boldsymbol{h}}, \quad \boldsymbol{B}^\mathrm{T} = \boldsymbol{B}, \quad \boldsymbol{G}^\mathrm{T} = \boldsymbol{G}.$$

Eigenwertproblem

$$(\boldsymbol{B} - \lambda\boldsymbol{G})\boldsymbol{h} = \boldsymbol{o} \tag{128}$$

ergibt Lösungen $\lambda_1, \boldsymbol{h}_1; \lambda_2, \boldsymbol{h}_2$.

Für die Eigenwerte λ_1, λ_2 gelten die Vieta'schen Wurzelsätze, siehe (▶ Abschn. 2.1.1 in Kap. 2, „Funktionen", (4)).

Gauß'sches Krümmungsmaß:

$$K = \frac{1}{\varrho_1\varrho_2} = \frac{B}{G} = \frac{b_{11}b_{22} - b_{12}^2}{g_{11}g_{22} - g_{12}^2}. \tag{129}$$

Mittlere Krümmung:

$$\begin{aligned} H &= \frac{1}{2}\left(\frac{1}{\varrho_1} + \frac{1}{\varrho_2}\right) \\ &= \frac{1}{2G}(g_{11}b_{22} - 2g_{12}b_{12} + g_{22}b_{11}). \end{aligned}$$

Klassifizierung der Flächen:

$$\begin{aligned} K(\boldsymbol{x}_P) > 0 &: \text{ elliptischer Flächenpunkt } P, \\ K(\boldsymbol{x}_P) < 0 &: \text{ hyperbolischer Flächenpunkt } P, \\ K(\boldsymbol{x}_P) = 0 &: \text{ parabolischer Flächenpunkt } P. \end{aligned} \tag{130}$$

3.8 Differenzialgeometrie im Raum

3.8.1 Basen, Metrik

Vektoren im Raum $\mathbb{R}^3$ unserer Anschauung werden durch 3 Komponenten in den 3 Richtungen einer Basis $\boldsymbol{g}_1$, $\boldsymbol{g}_2$, $\boldsymbol{g}_3$ dargestellt, wobei man als Bezugssystem gerne eine kartesische Basis $\boldsymbol{e}_1$, $\boldsymbol{e}_2$, $\boldsymbol{e}_3$ benutzt.

Die Basisvektoren müssen einen Raum aufspannen (Spatprodukt $\neq 0$) und sind ansonsten bezüglich Betrag und Richtung zueinander vollkommen beliebig. In der Vektoranalysis und -algebra erweist es sich als nützlich, einer Basis $\boldsymbol{g}_1, \boldsymbol{g}_2, \boldsymbol{g}_3$ eine andere $\boldsymbol{g}^1, \boldsymbol{g}^2, \boldsymbol{g}^3$ zuzuordnen, und zwar so, dass die Basen zueinander orthonormal sind (Tab. 12).

$$\begin{array}{ll} \text{Allgemeine Basis} & \boldsymbol{g}_i \cdot \boldsymbol{g}^j = \delta_i^j, \\ \text{kartesische Basis} & \boldsymbol{e}_j = \boldsymbol{e}^j, \\ \text{Kronecker-Symbol} & \delta_i^j = \begin{cases} 1 & \text{für} \quad i=j \\ 0 & \text{für} \quad i \neq j \end{cases}. \end{array} \qquad (131)$$

Die willkürlich mit unterem Index bezeichnete Basis nennt man *kovariant*, die mit oberem Index *kontravariant*. Die dazugehörigen Koordinaten x^i bzw. x_i ordnet man „umgekehrt" den Basen zu, wobei eine besondere Summationsregel gilt.

Summationsregel
Tritt in einem Produkt ein Zeiger sowohl als Kopf als auch als Fußzeiger auf, ist über ihn im $\mathbb{R}^n$ von 1 bis n zu summieren.

$$\begin{aligned} \text{Speziell im } \mathbb{R}^3\text{: } \boldsymbol{x} &= x^k \boldsymbol{g}_k \\ &= x^1 \boldsymbol{g}_1 + x^2 \boldsymbol{g}_2 + x^3 \boldsymbol{g}_3. \end{aligned} \qquad (132)$$

Durch Einklammerung eines Index wird die Summationsregel blockiert.

Die Beziehungen (131) zwischen ko- und kontravarianten Elementen erlauben die Berechnung von x_i und $\boldsymbol{g}^i$ bei gegebenem x^i und $\boldsymbol{g}_i$ (und umgekehrt):

$$\begin{aligned} &x_i = g_{ij} x^j, \quad x^i = g^{ij} x_j, \\ &\boldsymbol{g}_i = g_{ij} \boldsymbol{g}^j, \quad \boldsymbol{g}^i = g^{ij} \boldsymbol{g}_j, \quad \text{mit} \quad g^{ij} g_{jk} = \delta_k^i. \end{aligned} \qquad (133)$$

Die Matrizen der Metrikkoeffizienten sind invers zueinander: $(g_{jk}) = (g^{ij})^{-1}$.

Tab. 12 Darstellung eines Vektors $\boldsymbol{x} = x^k \boldsymbol{g}_k = x_k \boldsymbol{g}^k$

	Kovariant	Kontravariant
Basis	$\boldsymbol{g}_1,\ \boldsymbol{g}_2,\ \boldsymbol{g}_3$	$\boldsymbol{g}^1,\ \boldsymbol{g}^2,\ \boldsymbol{g}^3$
Koordinaten	$x^1,\ x^2,\ x^3$	$x_1,\ x_2,\ x_3$
Metrikkoeffizienten	$g_{ij} = \boldsymbol{g}_i \cdot \boldsymbol{g}_j$	$g^{ij} = \boldsymbol{g}^i \cdot \boldsymbol{g}^j$

Möglich ist auch eine Berechnung der $\boldsymbol{g}^i$ über Kreuzprodukte.

$$\begin{aligned} &\mathbb{R}^3\text{: } \boldsymbol{g}^i = \left(\boldsymbol{g}_j \times \boldsymbol{g}_k\right) / (\boldsymbol{g}_1, \boldsymbol{g}_2, \boldsymbol{g}_3), \\ &i, j, k \text{ zyklisch vertauschen.} \end{aligned} \qquad (134)$$

(Spatprodukt, siehe ▶ Abschn. 1.3.3.5 in Kap. 1, „Mathematische Grundlagen").

3.8.2 Krummlinige Koordinaten

Im $\mathbb{R}^3$ ist ein Vektor $\boldsymbol{x} = x^k \boldsymbol{e}_k$ in kartesischen Komponenten gegeben, wobei die Koordinaten x^k ihrerseits Funktionen von 3 allgemeinen Koordinaten Θ^k sind:

$$\boldsymbol{x} = x^k \boldsymbol{e}_k, \quad x^k = x^k\left(\Theta^1, \Theta^2, \Theta^3\right). \qquad (135)$$

Das Differenzial $\mathrm{d}\boldsymbol{x}$ ordnet jedem Raumpunkt mit dem Ortsvektor $\boldsymbol{x}$ eine lokale Basis $\boldsymbol{g}_k$ zu.

$$\mathrm{d}\boldsymbol{x} = \boldsymbol{x}_{,k} \mathrm{d}\Theta^k, \quad (\ )_{,k} = \partial(\ )/\partial\Theta^k. \qquad (136)$$

Lokale Basis $\leftrightarrow$ kartesische Basis

$$\begin{aligned} \boldsymbol{g}_k &= \boldsymbol{x}_{,k} = (\partial x^i/\partial\Theta^k)\boldsymbol{e}_i \\ \boldsymbol{e}_k &= (\partial\Theta^i/\partial x^k)\boldsymbol{g}_i \end{aligned} \Bigg\} \ \frac{\partial x^i}{\partial\Theta^k} \cdot \frac{\partial\Theta^j}{\partial x^i} = \delta_k^j. \qquad (137)$$

Die partiellen Ableitungen $\boldsymbol{g}_{i,j}$ der Basisvektoren $\boldsymbol{g}_i$ aus (137) enthalten eine Kette von Differenziationen, für die man spezielle Symbole Γ eingeführt hat:

$$\boldsymbol{g}_{i,j} = \frac{\partial^2 x^k}{\partial\Theta^i \partial\Theta^j} \boldsymbol{e}_k = \Gamma_{ij}^m \boldsymbol{g}_m.$$

Christoffel-Symbole

$$\Gamma_{ij}^m = \frac{\partial^2 x^k}{\partial\Theta^i \partial\Theta^j} \cdot \frac{\partial\Theta^m}{\partial x^k}, \quad \Gamma_{ij}^m = \Gamma_{ji}^m. \qquad (138)$$

Entsprechend $\boldsymbol{g}^i{}_{,j} = -\Gamma^i{}_{jm} \boldsymbol{g}^m$.

Die Christoffel-Symbole lassen sich auf partielle Ableitungen der Metrikkoeffizienten g_{ij} und g^{ij} zurückführen:

$$\Gamma^i_{jk} = \frac{1}{2} g^{im} \left(g_{km},_j + g_{mj},_k - g_{jk},_m \right). \qquad (139)$$

Beispiel. Für Kugelkoordinaten nach Abb. 19 sind die Basen, Metrikkoeffizienten und Christoffel-Symbole als Funktion der Koordinaten Θ^1 bis Θ^3 zu berechnen.

$$x^1 = \Theta^1 \sin \Theta^2 \cos \Theta^3, \quad x^2 = \Theta^1 \sin \Theta^2 \sin \Theta^3, \quad x^3 = \Theta^1 \cos \Theta^2.$$

$$\boldsymbol{g}_k = \frac{\partial x^i}{\partial \Theta^k} \boldsymbol{e}_i = \boldsymbol{E} \begin{bmatrix} \partial x^1 / \partial \Theta^k \\ \partial x^2 / \partial \Theta^k \\ \partial x^3 / \partial \Theta^k \end{bmatrix}, \quad \boldsymbol{E} = [\boldsymbol{e}_1 \ \boldsymbol{e}_2 \ \boldsymbol{e}_3].$$

$$[\boldsymbol{g}_1 \ \boldsymbol{g}_2 \ \boldsymbol{g}_3] = \boldsymbol{E} \begin{bmatrix} \sin \Theta^2 \cos \Theta^3 & \Theta^1 \cos \Theta^2 \cos \Theta^3 & -\Theta^1 \sin \Theta^2 \sin \Theta^3 \\ \sin \Theta^2 \sin \Theta^3 & \Theta^1 \cos \Theta^2 \sin \Theta^3 & \Theta^1 \sin \Theta^2 \cos \Theta^3 \\ \cos \Theta^2 & -\Theta^1 \sin \Theta^2 & 0 \end{bmatrix},$$

$$\left(g_{ij} \right) = \begin{bmatrix} 1 & 0 & 0 \\ 0 & (\Theta^1)^2 & 0 \\ 0 & 0 & \Theta^1 \left(\sin \Theta^2 \right)^2 \end{bmatrix},$$

$$\left(g^{ij} \right) = \left(g_{ij} \right)^{-1} = \begin{bmatrix} 1 & 0 & 0 \\ 0 & (\Theta^1)^{-2} & 0 \\ 0 & 0 & \Theta^1 \left(\sin \Theta^2 \right)^{-2} \end{bmatrix},$$

Aus $\boldsymbol{g}^j = g^{ij} \boldsymbol{g}_i$ folgt wegen $g^{ij} = 0$ für $i \neq j$: $\boldsymbol{g}^k = g^{(kk)} \boldsymbol{g}_k$, z. B. $\boldsymbol{g}^2 = \boldsymbol{g}_2 / (\Theta^2)^2$.

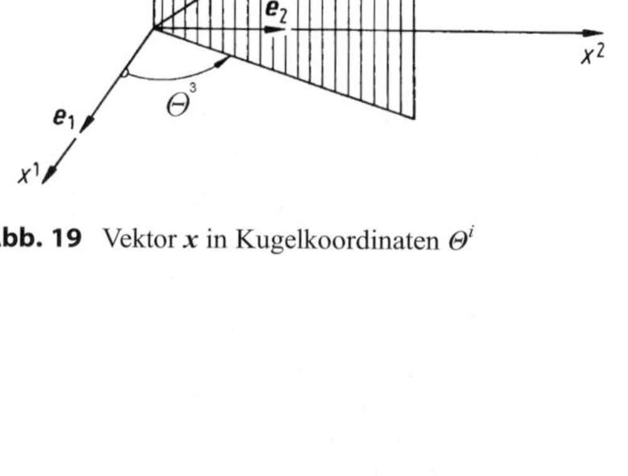

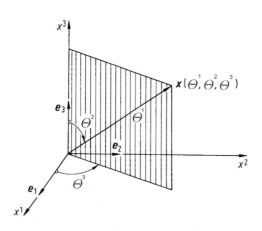

Abb. 19 Vektor $\boldsymbol{x}$ in Kugelkoordinaten Θ^i

Christoffel-Symbole. Wegen $g_{ij} = g^{ij} = 0$ für $i \neq j$ gilt speziell

$$2\Gamma^i_{jk} = g^{ii} \left(g_{ki,j} + g_{ij,k} - g_{jk,i} \right), \text{ z. B.}$$

$$\begin{aligned} 2\Gamma^3_{23} &= g^{33} (g_{33},_2 + g_{32},_3 - g_{23},_3) = g^{33} g_{33},_2 \\ &= \left(\Theta^1 \sin \Theta^2 \right)^{-2} 2 \left(\Theta^1 \sin \Theta^2 \right) \Theta^1 \cos \Theta^2 \\ &= 2 \cot \Theta^2. \end{aligned}$$

$$\left(\Gamma^1_{ij} \right) = \begin{bmatrix} 0 & 0 & 0 \\ 0 & -\Theta^1 & 0 \\ 0 & 0 & -\Theta^1 \left(\sin \Theta^2 \right)^2 \end{bmatrix},$$

$$\left(\Gamma^2_{ij} \right) = \begin{bmatrix} 0 & 1/\Theta^1 & 0 \\ 1/\Theta^1 & 0 & 0 \\ 0 & 0 & -\sin \Theta^2 \cos \Theta^2 \end{bmatrix},$$

$$\left(\Gamma^3_{ij} \right) = \begin{bmatrix} 0 & 0 & 1/\Theta^1 \\ 0 & 0 & \cot \Theta^2 \\ 1/\Theta^1 & \cot \Theta^2 & 0 \end{bmatrix}.$$

3.9 Differenziation und Integration in Feldern

Wenn z. B. im dreidimensionalen Raum $\mathbb{R}^3$ unserer Anschauung jedem Punkt – mit dem Ortsvektor $\boldsymbol{x}$ – eindeutig ein Skalar, Vektor oder Tensor zugeordnet ist, spricht man von einem Feld. Die Orientierung im Raum erfolgt durch eine kartesische Basis mit orthonormalen Einheitsrichtungen $\boldsymbol{e}_1$, $\boldsymbol{e}_2$, $\boldsymbol{e}_3$ und Koordinaten x_1, x_2, x_3. Bei krummlinigen Koordinaten Θ^1, Θ^2, Θ^3 (Kopfzeiger, keine Exponenten) benutzt man zusätzlich lokale Basen $\boldsymbol{g}_1, \boldsymbol{g}_2, \boldsymbol{g}_3$.

Global:

$$\boldsymbol{x} = x_1\boldsymbol{e}_1 + x_2\boldsymbol{e}_2 + x_3\boldsymbol{e}_3, \quad \boldsymbol{e}_i \cdot \boldsymbol{e}_j = \delta_{ij},$$
$$\delta_{ij} = \begin{cases} 1 & \text{für} \quad i = j \\ 0 & \text{für} \quad i \neq j. \end{cases} \tag{140}$$

Lokal:

$$x_j = x_j(\Theta^1, \Theta^2, \Theta^3).$$
$$\text{Kovariante Basis } \boldsymbol{g}_k = \partial\boldsymbol{x}/\partial\Theta^k,$$
$$\boldsymbol{g}_i \cdot \boldsymbol{g}_j = g_{ij} \neq \delta_{ij}. \tag{141}$$
$$\text{Kontravariante Basis } \boldsymbol{g}^k = \left(g_{ij}\right)^{-1} \boldsymbol{g}_k,$$
$$\boldsymbol{g}^i \cdot \boldsymbol{g}^j = g^{ij} \neq \delta_{ij}.$$

Summation nach 8.1, (132) (Tab. 13).

3.9.1 Nabla-Operator

In den Anwendungen treten typische Verkettungen partieller Ableitungen auf, für die man besondere Symbole und einen speziellen vektoriellen Operator ∇ (Nabla) eingeführt hat (Tab. 13):

Tab. 13 Ableitungen von Feldgrößen f

Typ der Feldgröße (allg. Tensor n-ter Stufe)	Name der Ableitung	Darstellung mit Nabla-Operator	Typ der Ableitung (allg. Tensor k-ter Stufe)
Skalar v	grad v (Gradient)	$\nabla(v)$	Vektor ($k = n + 1$)
Vektor $\boldsymbol{v}$	div $\boldsymbol{v}$ (Divergenz)	$\nabla \cdot \boldsymbol{v}$	Skalar ($k = n - 1$)
Vektor $\boldsymbol{v}$	rot $\boldsymbol{v}$ (Rotation)	$\nabla \times \boldsymbol{v}$	Vektor ($k = n$)

Nabla-Operator

$$\nabla() = \frac{\partial()}{\partial x_1}\boldsymbol{e}_1 + \frac{\partial()}{\partial x_2}\boldsymbol{e}_2 + \frac{\partial()}{\partial x_3}\boldsymbol{e}_3 = \boldsymbol{E}\begin{bmatrix} \partial()/\partial x_1 \\ \partial()/\partial x_2 \\ \partial()/\partial x_3 \end{bmatrix},$$
$$\boldsymbol{E} = [\boldsymbol{e}_1 \; \boldsymbol{e}_2 \; \boldsymbol{e}_3]. \tag{142}$$

Der relative Zuwachs in einer vorgegebenen Einheitsrichtung $\boldsymbol{n}$ wird beschrieben durch die Projektion des *Gradienten* in $\boldsymbol{n}$.

Richtungsableitung:

$$\partial f/\partial n = f_{,n} = (\text{grad } f) \cdot \boldsymbol{n}, \quad \boldsymbol{n} \cdot \boldsymbol{n} = 1. \tag{143}$$

Beziehungen zwischen grad, div und rot:

$$\begin{aligned}
\text{grad}\,(u + v) &= \text{grad}\, u + \text{grad}\, v, \\
\text{grad}\,(uv) &= v\text{grad}\, u + u\text{grad}\, v, \\
\text{grad}\,(\boldsymbol{u} \cdot \boldsymbol{v}) &= (\nabla \cdot \boldsymbol{v})\boldsymbol{u} + (\nabla \cdot \boldsymbol{u})\boldsymbol{v} + \boldsymbol{u} \times \text{rot}\, \boldsymbol{v} \\
&\quad + \boldsymbol{v} \times \text{rot}\, \boldsymbol{u}, \\
\text{rot}\,(\boldsymbol{u} + \boldsymbol{v}) &= \text{rot}\, \boldsymbol{u} + \text{rot}\, \boldsymbol{v}, \\
\text{rot}\,(\lambda\boldsymbol{u}) &= \lambda\,\text{rot}\, \boldsymbol{u} + (\text{grad}\, \lambda) \times \boldsymbol{v}, \\
\text{rot}\,(\boldsymbol{u} \times \boldsymbol{v}) &= (\nabla \cdot \boldsymbol{v})\boldsymbol{u} - (\nabla \cdot \boldsymbol{u})\boldsymbol{v} + \boldsymbol{u}\,\text{div}\, \boldsymbol{v} \\
&\quad - \boldsymbol{v}\,\text{div}\, \boldsymbol{u}, \\
\text{div}\,(\boldsymbol{u} + \boldsymbol{v}) &= \text{div}\, \boldsymbol{u} + \text{div}\, \boldsymbol{v}, \\
\text{div}\, \lambda\boldsymbol{u} &= \lambda\,\text{div}\, \boldsymbol{u} + \boldsymbol{u} \cdot \text{grad}\, \lambda, \\
\text{div}\,(\boldsymbol{u} \times \boldsymbol{v}) &= \boldsymbol{v} \cdot \text{rot}\, \boldsymbol{u} - \boldsymbol{u} \cdot \text{rot}\, \boldsymbol{v}, \\
\text{rot}\,(\text{grad}\, u) &= \boldsymbol{0}, \quad \text{div}(\text{rot}\, \boldsymbol{u}) = 0.
\end{aligned} \tag{144}$$

Laplace-Operator $\nabla \cdot \nabla = \Delta$ (Delta).

$$\begin{aligned}
\Delta() &= ()_{,11} + ()_{,22} + ()_{,33}, \\
\Delta u &= \text{div}(\text{grad}\, u), \\
\Delta \boldsymbol{u} &= \text{grad}(\text{div}\, \boldsymbol{u}) - \text{rot}(\text{rot}\, \boldsymbol{u}), \\
\Delta(uv) &= u\Delta v + v\Delta u + 2(\text{grad}\, u) \cdot (\text{grad}\, v).
\end{aligned} \tag{145}$$

Spezielle Darstellungen in Zylinder- und Kugelkoordinaten:

Die dazugehörigen Basen $\boldsymbol{g}_1, \boldsymbol{g}_2, \boldsymbol{g}_3$ sind orthogonal ($g^{ij} = g_{ij} = 0$ für $i \neq j$) aber nicht zu Eins normiert. Es ist üblich und zweckmäßig, auf Einheitsrichtungen $\boldsymbol{g}_k/\sqrt{g_{kk}}$ überzugehen, wobei

Tab. 14 Koordinatendarstellungen der Ableitungen

	Kartesische Basis $\boldsymbol{v} = v_1\boldsymbol{e}_1 + v_2\boldsymbol{e}_2 + v_3\boldsymbol{e}_3$; $()_{,i} = \partial()/\partial x_i$	Krummlinige Basis $()_{,i} = \partial()/\partial \Theta^i$
grad v	$v_{,1}\boldsymbol{e}_1 + v_{,2}\boldsymbol{e}_2 + v_{,3}\boldsymbol{e}_3$	$v_{,k}\boldsymbol{g}^k$
div $\boldsymbol{v}$	$v_{1,1} + v_{2,2} + v_{3,3}$	$(v^j{}_{,i} + v^k\boldsymbol{\Gamma}^j{}_{ki})\boldsymbol{g}^i \cdot \boldsymbol{g}_j$
rot $\boldsymbol{v}$	$(v_{3,2} - v_{2,3})\boldsymbol{e}_1 + (v_{1,3} - v_{3,1})\boldsymbol{e}_2 + (v_{2,1} - v_{1,2})\boldsymbol{e}_3$	$(\boldsymbol{g}^j \times \boldsymbol{g}^k)v_{k,j} + (\boldsymbol{g}^j \times \boldsymbol{g}^k{}_{,j})v_k$

sogenannte *physikalische Koordinaten* X_i auftreten, die hier zur Unterscheidung von Index und Potenz fußindiziert sind.

Zylinderkoordinaten

$$\left.\begin{aligned}
&x_1 = \varrho\cos\varphi,\quad x_2 = \varrho\sin\varphi,\quad x_3 = z.\\
&\Theta^1 = \varrho,\quad \Theta^2 = \varphi,\quad \Theta^3 = z.\\
&x = X_1\boldsymbol{g}_1^0 + X_2\boldsymbol{g}_2^0 + X_3\boldsymbol{g}_3^0.\\
&\boldsymbol{g}_1^0 = \boldsymbol{g}_1 = \begin{bmatrix}\cos\varphi\\ \sin\varphi\\ 0\end{bmatrix},\\
&\boldsymbol{g}_2^0 = \boldsymbol{g}_2/\varrho = \begin{bmatrix}-\sin\varphi\\ \cos\varphi\\ 0\end{bmatrix},\\
&\boldsymbol{g}_3^0 = \boldsymbol{g}_3 = \begin{bmatrix}0\\ 0\\ 1\end{bmatrix}.
\end{aligned}\right\}\quad (146)$$

$$\left.\begin{aligned}
&\textit{Volumenelement}\quad \mathrm{d}V = \varrho\,\mathrm{d}\varrho\,\mathrm{d}\varphi\,\mathrm{d}z.\\
&\textit{Linienelement}\ \mathrm{d}s,\quad \mathrm{d}s^2 = \mathrm{d}\varrho^2 + \varrho^2\mathrm{d}\varphi^2 + \mathrm{d}z^2.
\end{aligned}\right\}\quad (147)$$

$$\left.\begin{aligned}
&(\operatorname{grad} u)^{\mathrm{T}} = \left[\frac{\partial u}{\partial\varrho}, \frac{1}{\varrho}\cdot\frac{\partial u}{\partial\varphi}, \frac{\partial u}{\partial z}\right],\\
&\operatorname{div}\ \boldsymbol{u} = \frac{\partial U_1}{\partial\varrho} + \frac{U_1}{\varrho} + \frac{1}{\varrho}\cdot\frac{\partial U_2}{\partial\varphi} + \frac{\partial U_3}{\partial z},\\
&\boldsymbol{u} = U_1\boldsymbol{g}_1^0 + U_2\boldsymbol{g}_2^0 + U_3\boldsymbol{g}_3^0,
\end{aligned}\right\}\quad (148)$$

$$\left.\begin{aligned}
&(\operatorname{rot}\boldsymbol{u})^{\mathrm{T}} = \left[\frac{1}{\varrho}\cdot\frac{\partial U_3}{\partial\varphi} - \frac{\partial U_2}{\partial z}, \frac{\partial U_1}{\partial z} - \frac{\partial U_3}{\partial\varrho},\right.\\
&\qquad\left.\frac{\partial U_2}{\partial\varrho} - \frac{1}{\varrho}\cdot\frac{\partial U_1}{\partial\varphi} + \frac{U_2}{\varrho}\right].\\
&\Delta u = \frac{1}{\varrho}\cdot\frac{\partial u}{\partial\varrho} + \frac{\partial^2 u}{\partial\varrho^2} + \frac{1}{\varrho^2}\cdot\frac{\partial^2 u}{\partial\varphi^2} + \frac{\partial^2 u}{\partial z^2},
\end{aligned}\right\}\quad (149)$$

$$\Delta\boldsymbol{u} = \begin{bmatrix}
\dfrac{\partial^2 U_1}{\partial\varrho^2} + \dfrac{1}{\varrho}\cdot\dfrac{\partial U_1}{\partial\varrho} - \dfrac{U_1}{\varrho^2} + \dfrac{1}{\varrho^2}\cdot\dfrac{\partial^2 U_1}{\partial\varphi^2}\\
\qquad + \dfrac{\partial^2 U_1}{\partial z^2} - \dfrac{2}{\varrho^2}\cdot\dfrac{\partial U_2}{\partial\varphi}\\
\dfrac{\partial^2 U_2}{\partial\varrho^2} + \dfrac{1}{\varrho}\cdot\dfrac{\partial U_2}{\partial\varrho} - \dfrac{U_2}{\varrho^2} + \dfrac{1}{\varrho^2}\cdot\dfrac{\partial^2 U_2}{\partial\varphi^2}\\
\qquad + \dfrac{\partial^2 U_2}{\partial z^2} + \dfrac{2}{\varrho^2}\cdot\dfrac{\partial U_1}{\partial\varphi}\\
\dfrac{\partial^2 U_3}{\partial\varrho^2} + \dfrac{1}{\varrho}\cdot\dfrac{\partial U_3}{\partial\varrho} + \dfrac{1}{\varrho^2}\cdot\dfrac{\partial^2 U_3}{\partial\varphi^2} + \dfrac{\partial^2 U_3}{\partial z^2}
\end{bmatrix}.\quad (150)$$

Kugelkoordinaten

$$\left.\begin{aligned}
&x_1 = r\cos\vartheta\sin\varphi,\quad x_2 = r\sin\vartheta\sin\varphi,\\
&x_3 = r\cos\varphi\ .\\
&\Theta^1 = r,\quad \Theta^2 = \varphi,\quad \Theta^3 = \vartheta.\\
&\boldsymbol{x} = X_1\boldsymbol{g}_1^0 + X_2\boldsymbol{g}_2^0 + X_3\boldsymbol{g}_3^0.\\
&\boldsymbol{g}_1^0 = \boldsymbol{g}_1 = \begin{bmatrix}\sin\varphi\cos\vartheta\\ \sin\varphi\sin\vartheta\\ \cos\varphi\end{bmatrix},\\
&\boldsymbol{g}_2^0 = \boldsymbol{g}_2/r = \begin{bmatrix}\sin\varphi\cos\vartheta\\ \sin\varphi\sin\vartheta\\ -\sin\varphi\end{bmatrix},\\
&\boldsymbol{g}_3^0 = \boldsymbol{g}_3/(r\sin\varphi) = \begin{bmatrix}-\sin\vartheta\\ \cos\vartheta\\ 0\end{bmatrix}.
\end{aligned}\right\}\quad (151)$$

$$\left.\begin{array}{l} \textit{Volumenelement} \\ \mathrm{d}V = r^2 \sin\varphi \,\mathrm{d}r\,\mathrm{d}\varphi\,\mathrm{d}\vartheta.\ \textit{Linienelement}\ \mathrm{d}s, \\ \mathrm{d}s^2 = \mathrm{d}r^2 + r^2\sin^2\varphi\,\mathrm{d}\vartheta^2 + r^2\mathrm{d}\varphi^2. \end{array}\right\} \tag{152}$$

$$\left.\begin{array}{l} (\operatorname{grad} u)^{\mathrm{T}} = \left[\dfrac{\partial u}{\partial r}, \dfrac{1}{r}\cdot\dfrac{\partial u}{\partial\varphi}, \dfrac{1}{r\sin\varphi}\cdot\dfrac{\partial u}{\partial\vartheta}\right], \\ \operatorname{div}\boldsymbol{u} = \dfrac{\partial U_1}{\partial r} + \dfrac{1}{r}\cdot\dfrac{\partial U_2}{\partial\varphi} + \dfrac{1}{r\sin\varphi}\cdot\dfrac{\partial U_3}{\partial\vartheta} \\ \qquad + \dfrac{2}{r}U_1 + \dfrac{\cot\varphi}{r}U_2, \\ \operatorname{rot}\boldsymbol{u} = \begin{bmatrix} \dfrac{1}{r}\cdot\dfrac{\partial U_3}{\partial\varphi} - \dfrac{1}{r\sin\varphi}\cdot\dfrac{\partial U_2}{\partial\vartheta} + \dfrac{\cot\varphi}{r}U_3 \\ \dfrac{1}{r\sin\varphi}\cdot\dfrac{\partial U_1}{\partial\vartheta} - \dfrac{\partial U_3}{\partial r} - \dfrac{1}{r}U_3 \\ \dfrac{\partial U_2}{\partial r} - \dfrac{1}{r}\cdot\dfrac{\partial U_1}{\partial\varphi} + \dfrac{1}{r}U_2 \end{bmatrix} \end{array}\right\} \tag{153}$$

$$\Delta u = \frac{1}{r^2}\cdot\frac{\partial}{\partial r}\left(r^2\frac{\partial u}{\partial r}\right) + \frac{1}{r^2\sin\varphi}\cdot\frac{\partial}{\partial\varphi}\left(\sin\varphi\frac{\partial u}{\partial\varphi}\right) + \frac{1}{(r\sin\varphi)^2}\cdot\frac{\partial^2 u}{\partial\vartheta^2}, \tag{154}$$

$$\begin{aligned} \Delta\boldsymbol{u} &= \frac{\partial^2}{\partial r^2}\boldsymbol{U} + \frac{1}{r^2}\cdot\frac{\partial^2}{\partial\varphi^2}\boldsymbol{U} + \frac{1}{(r\sin\varphi)^2}\cdot\frac{\partial^2}{\partial\vartheta^2}\boldsymbol{U} \\ &+ \frac{2}{r}\cdot\frac{\partial}{\partial r}\boldsymbol{U} + \frac{\cot\varphi}{r^2}\frac{\partial}{\partial\varphi}\boldsymbol{U} \\ &+ \begin{bmatrix} -\dfrac{2}{r^2}\cdot\dfrac{\partial U_2}{\partial\varphi} - \dfrac{2}{r^2\sin\varphi}\cdot\dfrac{\partial U_3}{\partial\vartheta} - \dfrac{2U_1}{r^2} - \dfrac{2\cot\varphi}{r^2}U_2 \\ -\dfrac{2\cos\varphi}{(r\sin\varphi)^2}\cdot\dfrac{\partial U_3}{\partial\vartheta} + \dfrac{2}{r^2}\cdot\dfrac{\partial U_1}{\partial\varphi} - \dfrac{1}{(r\sin\varphi)^2}U_2 \\ \dfrac{2}{r^2\sin\varphi}\cdot\dfrac{\partial U_1}{\partial\vartheta} + \dfrac{2\cos\varphi}{(r\sin\varphi)^2}\cdot\dfrac{\partial U_2}{\partial\vartheta} - \dfrac{1}{(r\sin\varphi)^2}U_3 \end{bmatrix}, \end{aligned} \tag{155}$$

$$\boldsymbol{U} = \begin{bmatrix} U_1 \\ U_2 \\ U_3 \end{bmatrix},\ \boldsymbol{u} = U_i\boldsymbol{g}_i^0. \tag{156}$$

Polarkoordinaten in der Ebene ergeben sich aus Zylinderkoordinaten mit $\varrho = r$, $\vartheta = \varphi$ und $z = 0$.

$$\left.\begin{aligned} (\operatorname{grad} u)^{\mathrm{T}} &= \left[\frac{\partial u}{\partial r}, \frac{1}{r}\cdot\frac{\partial u}{\partial\varphi}, 0\right], \\ \operatorname{div}\boldsymbol{u} &= \frac{\partial U_1}{\partial r} + \frac{U_1}{r} + \frac{1}{r}\cdot\frac{\partial U_2}{\partial\varphi}, \\ (\operatorname{rot}\boldsymbol{u})^{\mathrm{T}} &= \left[0, 0, \frac{\partial U_2}{\partial r} - \frac{1}{r}\cdot\frac{\partial U_1}{\partial\varphi} + \frac{U_2}{r}\right], \\ \Delta u &= \frac{1}{r}\cdot\frac{\partial u}{\partial r} + \frac{\partial^2 u}{\partial r^2} + \frac{1}{r^2}\cdot\frac{\partial^2 u}{\partial\varphi^2}. \end{aligned}\right. \tag{157}$$

Zweifache Anwendung des Laplace-Operators beschreibt die *Bipotenzialgleichung*

$$\Delta(\Delta u) = \Delta\Delta u.$$

Kartesische Koordinaten x_1, x_2:

$$\begin{aligned} \Delta\Delta u &= \left(\frac{\partial^2}{\partial x_1^2} + \frac{\partial^2}{\partial x_2^2}\right)^2 u \\ &= u_{,1111} + 2u_{,1122} + u_{,2222}. \end{aligned} \tag{158}$$

Polarkoordinaten r, φ:

$$\Delta\Delta u = \left(\frac{\partial^2}{\partial r^2} + \frac{1}{r}\cdot\frac{\partial}{\partial r} + \frac{1}{r^2}\cdot\frac{\partial^2}{\partial\varphi^2}\right)^2 u.$$

3.9.2 Fluss, Zirkulation

Die mit div und rot bezeichneten Ableitungskombinationen lassen sich auf natürliche, koordinatenunabhängige Weise durch Grenzwerte gewisser Integrale darstellen, wobei zwei physikalisch motivierte Begriffe von Belang sind.

Fluss F eines Vektorfeldes $\boldsymbol{f}(\boldsymbol{x})$ durch eine Fläche S:

$$F = \int_S \boldsymbol{f}(\boldsymbol{x})\cdot\mathrm{d}\boldsymbol{S} = \int_S \boldsymbol{f}(\boldsymbol{x})\cdot\boldsymbol{n}\,\mathrm{d}S, \tag{159}$$

$\boldsymbol{n}$ Normaleneinheitsvektor auf S.

Zirkulation Z eines Vektorfeldes $\boldsymbol{f}(\boldsymbol{x})$ längs einer geschlossenen Kurve C:

$$Z = \oint_C \boldsymbol{f}(\boldsymbol{x}) \cdot \mathrm{d}\boldsymbol{x} = \oint_C \boldsymbol{f}(\boldsymbol{x}) \cdot \boldsymbol{t}\, \mathrm{d}k, \qquad (160)$$

$\oint$ Ringintegral, $\mathrm{d}k$ Kurvendifferenzial,
$\boldsymbol{t}$ Tangenteneinheitsvektor an C.

Divergenz eines Vektorfeldes $\boldsymbol{f}(\boldsymbol{x})$ im Punkt $\boldsymbol{x}$ des $\mathbb{R}^3$ ist definiert über den Fluss $\oint_S \boldsymbol{f}(\boldsymbol{x}) \cdot \boldsymbol{n}\, \mathrm{d}S$ durch eine geschlossene Oberfläche S nach Abb. 20, die ein Volumen V (zum Beispiel Kugel mit Radius r) einschließt, das nach einem Grenzübergang ($r \rightarrow 0$) nur noch den Punkt $\boldsymbol{x}$ enthält:

$$\operatorname{div} \boldsymbol{f}(\boldsymbol{x}) = \lim_{V \to 0} \frac{\oint_S \boldsymbol{f}(\boldsymbol{x}) \cdot \boldsymbol{n}\, \mathrm{d}S}{V(r)}. \qquad (161)$$

Rotation (hier speziell als Projektion $\boldsymbol{n} \cdot \operatorname{rot} \boldsymbol{f}$ in eine Einheitsrichtung $\boldsymbol{n}$) eines Vektorfeldes $\boldsymbol{f}(\boldsymbol{x}_p)$ im Punkt $\boldsymbol{x}_p$ des $\mathbb{R}^3$ ist definiert über die Zirkulation $\oint_C \boldsymbol{f}(\boldsymbol{x}) \cdot \mathrm{d}\boldsymbol{x}$ längs einer eindeutigen ebenen Kurve C um P (zum Beispiel einem Kreis um P mit Radius r), die eine Fläche A einschließt. Der Einheitsvektor $\boldsymbol{n}$ steht dabei senkrecht auf der Ebene E mit der Kurve C.

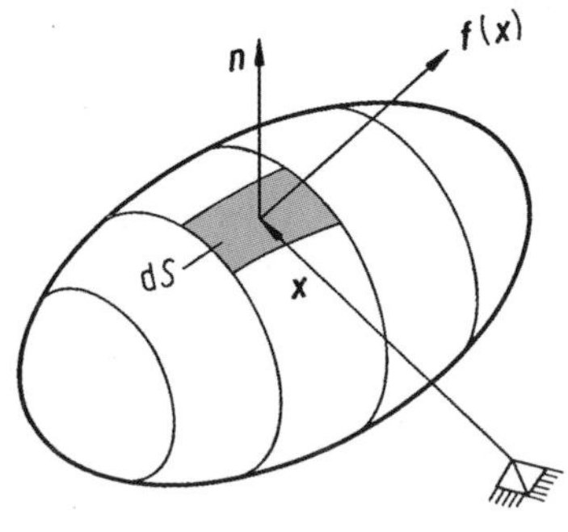

Abb. 20 Zum Fluss des Vektorfeldes $\boldsymbol{f}(\boldsymbol{x})$ durch ein Oberflächenelement $\mathrm{d}S\boldsymbol{n}$

$$\boldsymbol{n} \cdot \operatorname{rot} \boldsymbol{f}(\boldsymbol{x}) = \lim_{A \to 0} \frac{\oint_C \boldsymbol{f}(\boldsymbol{x}) \cdot \mathrm{d}\boldsymbol{x}}{A(r)}. \qquad (162)$$

3.9.3 Integralsätze

Die Integralsätze erlauben die Reduktion von Volumenintegralen auf Oberflächenintegrale und von Oberflächenintegralen auf Randintegrale. Auch der umgekehrte Weg kann in der Rechenpraxis zweckmäßig sein. Sie gelten bei Stetigkeit der beteiligten partiellen Ableitungen und bei bereichsweise eindeutigen Berandungsfunktionen.

Integralsatz von Gauß im Raum:

$$\int_V \operatorname{div} \boldsymbol{f}\, \mathrm{d}V = \oint_S \boldsymbol{f} \cdot \boldsymbol{n}\, \mathrm{d}S, \quad \boldsymbol{n} \cdot \boldsymbol{n} = 1. \qquad (163)$$

V ist das Volumen, das von der Oberfläche S eingeschlossen wird. Der Normalenvektor $\boldsymbol{n}$ zeigt zur volumenabgewandten Seite.

Beispiel. Für ein Zentralkraftfeld

$$\boldsymbol{f}^{\mathrm{T}} = r[x_1,\ x_2,\ x_3], \qquad r^2 = x_1^2 + x_2^2 + x_3^2,$$

ist der Fluss durch eine Kugeloberfläche $x_1{}^2 + x_2{}^2 + x_3{}^2 = R^2$ zu berechnen.

Mit $\operatorname{div} \boldsymbol{f} = 4\, r$ gilt in Kugelkoordinaten

$$\oint_S \boldsymbol{f} \cdot \boldsymbol{n}\, \mathrm{d}S = \iiint_V 4rr^2 \sin\varphi\, \mathrm{d}r\, \mathrm{d}\varphi\, \mathrm{d}\vartheta$$
$$= 4 \int_0^R r^3 \int_0^\pi \sin\varphi\, \mathrm{d}\varphi \int_0^{2\pi} \mathrm{d}\vartheta = 4\pi R^4.$$

Integralsatz von Gauß in der Ebene:

$$\int_A \operatorname{div} \boldsymbol{f}\, \mathrm{d}A = \oint_C \boldsymbol{f} \cdot \boldsymbol{n}\, \mathrm{d}k, \quad \boldsymbol{n} \cdot \boldsymbol{n} = 1. \qquad (164)$$

A ist die Fläche, die von der Kurve C eingeschlossen wird. Der Normalenvektor $\boldsymbol{n}$ steht senkrecht zur Kurve C und zeigt zur flächenabgewandten Seite.

Wendet man den Gauß-Satz auf die spezielle Vektorfunktion $\boldsymbol{f} = u \operatorname{grad} v$ zweier Skalarfelder $u(\boldsymbol{x})$ und $v(\boldsymbol{x})$ an, so gelangt man über die Umformung

$$\operatorname{div}(u \operatorname{grad} v) = \sum_{i=1}^{3} \frac{\partial u}{\partial x_i} \cdot \frac{\partial v}{\partial x_i} + u \Delta v, \qquad (165)$$

$$\Delta v = v_{,11} + v_{,22} + v_{,33},$$

zu den drei **Green'schen Formeln** (Summation über $i = 1, 2, 3$):

1. $$\int_V u_{,i} v_{,i} \,\mathrm{d}V + \int_V u(\Delta v) \,\mathrm{d}V = \oint u\boldsymbol{n} \cdot (\operatorname{grad} v) \,\mathrm{d}S. \qquad (166)$$

2. $$\int_V (u \Delta v - v \Delta u) \,\mathrm{d}V = \oint_S (u \operatorname{grad} v - v \operatorname{grad} u) \cdot \boldsymbol{n} \,\mathrm{d}S. \qquad (167)$$

3. Speziell für $u = 1$:

$$\int_V \Delta v \, dV = \oint_S (\operatorname{grad} v) \cdot \boldsymbol{n} \,\mathrm{d}S. \qquad (168)$$

Weitere Sonderformen des Integralsatzes von Gauß:

$$\int_V \operatorname{grad} f \,\mathrm{d}V = \oint_S f \boldsymbol{n} \,\mathrm{d}S,$$
$$\oint_S \boldsymbol{f} \times \boldsymbol{n} \,\mathrm{d}S = -\int_V \operatorname{rot} \boldsymbol{f} \,\mathrm{d}V. \qquad (169)$$

Der Integralsatz von Stokes stellt eine Beziehung her zwischen Oberflächenintegralen über einer Fläche S und Integralen über deren geschlossene Berandungskurve C, wobei der Umlaufsinn auf der Kurve C im Rechtssystem mit der Richtung der Normalen $\boldsymbol{n}$ übereinstimmen muss; siehe Abb. 21.

Integralsatz von Stokes:

$$\oint_C \boldsymbol{f}(\boldsymbol{x}) \cdot \mathrm{d}\boldsymbol{x} = \int_S (\operatorname{rot} \boldsymbol{f}(\boldsymbol{x})) \cdot \boldsymbol{n} \,\mathrm{d}S. \qquad (170)$$

$$\boldsymbol{n} \,\mathrm{d}S = \boldsymbol{x}_{,1} \times \boldsymbol{x}_{,2} \mathrm{d}x_1 \mathrm{d}x_2, \quad \text{vgl. Kap.7.}$$

Beispiel: Gegeben ist ein Vektorfeld

$$\boldsymbol{f}^{\mathrm{T}}(\boldsymbol{x}) = [x_2 x_3, \; -x_1 x_3, x_1 x_2]$$

und die zusammengesetzte Raumkurve k in Abb. 22 von A über B und C zurück nach A. Gesucht ist die Zirkulation Z von $\boldsymbol{f}$ längs k mithilfe des Satzes von Stokes.

$$(\operatorname{rot} \boldsymbol{f})^{\mathrm{T}} = [2x_1, \; 0, \; -2x_3].$$

Fläche $\boldsymbol{x}$ mit der gegebenen Randkurve:

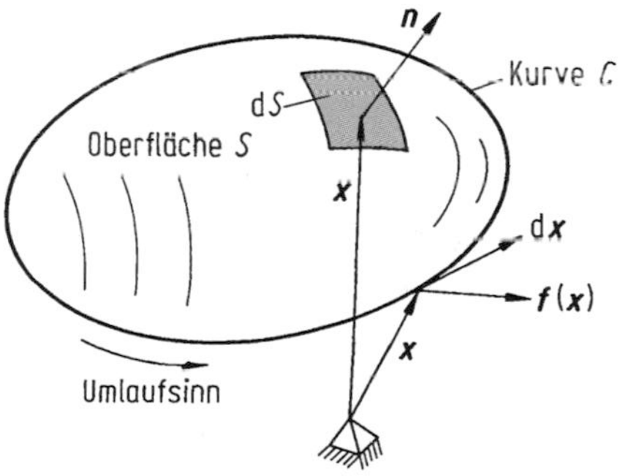

Abb. 21 Zum Integralsatz von Stokes

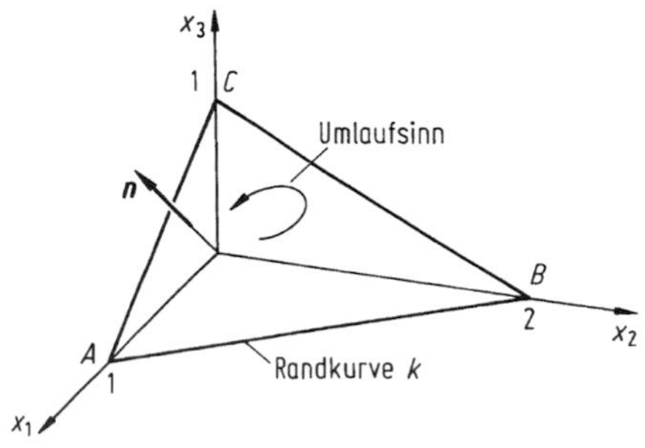

Abb. 22 Beispiel zum Satz von Stokes

$$\boldsymbol{x}^{\mathrm{T}} = [x_1, x_2, 1 - x_1 - x_2/2]; \ \boldsymbol{x}_{,1}^{\mathrm{T}} = [1{,}0, -1],$$

$$\boldsymbol{x}_{,2}^{\mathrm{T}} = [0{,}1, -1/2].$$

$$\boldsymbol{n}^{\mathrm{T}}\mathrm{d}S = [1, 1/2, 1]\,\mathrm{d}x_1\mathrm{d}x_2.$$

$$Z = \iint\limits_S (2x_1 - 2x_3)\,\mathrm{d}x_1\mathrm{d}x_2$$

$$= 2\int\limits_0^1 \left(\int\limits_0^{2(1-x_1)} (-1 + 2x_1 + x_2/2)\mathrm{d}x_2 \right) \mathrm{d}x_1 = 0.$$

3.10 Differenziation und Integration komplexer Funktionen

3.10.1 Darstellung, Stetigkeit komplexer Funktionen

Eine komplexe Zahl z kann in dreifacher Form dargestellt werden:

$$z = x + \mathrm{j}y, \tag{171a}$$

$$z = r(\cos\varphi + \mathrm{j}\sin\varphi), \tag{171b}$$

$$z = r\mathrm{e}^{\mathrm{j}\varphi}, \quad r = |z| = \sqrt{x^2 + y^2}, \quad \tan\varphi = y/x, \tag{171c}$$

wobei x, y Koordinaten in der Gauß'schen Zahlenebene (Abb. 23) sind und r, φ Länge und Richtung eines *Zeigers*. Die Identität der Formen (171b) und (171c) folgt aus der *Euler-Formel*

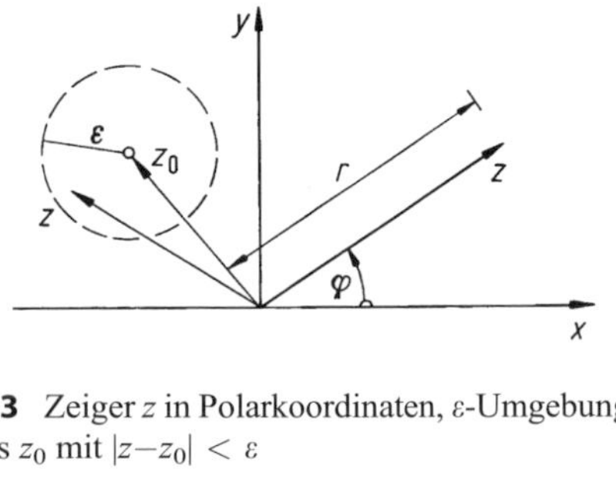

Abb. 23 Zeiger z in Polarkoordinaten, ε-Umgebung eines Punktes z_0 mit $|z - z_0| < \varepsilon$

$$\mathrm{e}^{\mathrm{j}\varphi} = \cos\varphi + \mathrm{j}\sin\varphi, \tag{172}$$

die anhand der Taylor-Reihen (Abschn. 3.1.2.1) für $\exp(\mathrm{j}\varphi)$, $\cos\varphi$ und $\sin\varphi$ bewiesen werden kann:

$$\begin{aligned}\exp(\mathrm{j}\varphi) &= 1 + \mathrm{j}\varphi + (\mathrm{j}\varphi)^2/2! + (\mathrm{j}\varphi)^3/3! + \ldots \\ &= (1 - \varphi^2/2! + \ldots) + \mathrm{j}(\varphi - \varphi^3/3! + \ldots) \\ &= \cos\varphi + \mathrm{j}\sin\varphi.\end{aligned} \tag{173}$$

Die exponentielle Form erlaubt eine einfache Formulierung der Multiplikation und Division (Tab. 15):

$$\begin{aligned} z_1 z_2 &= r_1 r_2 \mathrm{e}^{\mathrm{j}(\varphi_1 + \varphi_2)}, \\ z_1/z_2 &= (r_1/r_2)\mathrm{e}^{\mathrm{j}(\varphi_1 - \varphi_2)}, \\ 1/z &= (1/r)\mathrm{e}^{-\mathrm{j}\varphi}. \end{aligned} \tag{174}$$

Komplexwertige Funktionen $f(z)$ beschreiben eindeutige Zuordnungen von Elementen z einer Teilmenge D der komplexen Zahlen zu Elementen w als Teilmenge W der komplexen Zahlen.

D: Definitionsbereich der Funktion f, Argumentmenge. (175)
W: Wertebereich der Funktion f.

$$W(f) = \{w|\ \ w = f(z) \quad \text{für} \quad z \in D\}.$$

Die kreisförmige ε-Umgebung eines Punktes z_0 in der Gauß'schen Zahlenebene enthält nach Abb. 23 alle Punkte $z \in D$ innerhalb des Kreises.

Tab. 15 Geometrische Bedeutung von Einheitsmultiplikationen für einen Zeiger z

Faktor	exp-Form	$z_0 z$ Geometrische Deutung
j	exp(jπ/2)	Zeiger z wird um $\varphi = \pi/2$ gedreht
(−j)	exp(j · 3π/2)	Zeiger z wird um $\varphi = 3\pi/2$ gedreht
1	exp(j · 0)	Zeiger z bleibt unverändert
(−1)	exp(jπ)	Zeiger z wird um $\varphi = \pi$ gedreht

ε-Umgebung $|z - z_0| < \varepsilon, \quad z \in D$.
Häufungspunkt z_0: Jede ε-Umgebung von z_0 enthält mindestens einen Punkt $z \in D,\ z \neq z_0$, und damit unendlich viele Punkte $z_k \in D$. (176)
Isolierter Punkt z_0: ε-Umgebung enthält keine weiteren $z_k \in D$.

Grenzwert. Konvergiert bei jeder Annäherung von $z \in D$ gegen einen festen Wert z_0 (das heißt $z \to z_0$ ohne $z = z_0$) die zugehörige Folge der Funktionswerte $f(z)$ gegen einen Wert g_0, so heißt g_0 der Grenzwert der Funktion f an der Stelle z_0. Hierbei ist z_0 als Häufungspunkt vorausgesetzt.

$$\lim_{z \to z_0} f(z) = g_0, \quad z \in D.$$

Stetigkeit einer komplexen Funktion $f(z = x + jy) = w = u(x, y) + jv(x, y)$ im Punkt z_0 liegt vor, wenn der Grenzwert g für $z \to z_0$ existiert und mit dem Funktionswert $f(z_0)$ übereinstimmt. Falls die reellen Funktionen $u(x, y)$ und $v(x, y)$ in z_0 stetig sind, so gilt dies auch für die komplexe Funktion $f(z)$.

3.10.2 Ableitung

Eine Funktion f ist im Punkt z_0 differenzierbar, wenn der Differenzenquotient

$$\frac{f(z) - f(z_0)}{z - z_0} \quad \text{mit } z,\ z_0 \in D \quad \text{und} \quad z\ / \tag{177}$$
$$= z_0$$

für $z \to z_0$ einen Grenzwert besitzt, der unabhängig von der Annäherungsrichtung an z_0 ist. Man bezeichnet ihn mit f'.

$$f(z) = u(x,y) + jv(x,y).$$

Annäherung parallel zur x-Achse; $\Delta z = \Delta x$.

$$f' = \lim_{\Delta x \to 0} \frac{\Delta f}{\Delta x} = \lim_{\Delta x \to 0} \left(\frac{\Delta u}{\Delta x} + j \frac{\Delta v}{\Delta x} \right) = u_{,x} + jv_{,x}.$$

Annäherung parallel zur y-Achse; $\Delta z = j\Delta y$.

$$f' = \lim_{\Delta y \to 0} \frac{\Delta f}{j\Delta y} = \lim_{\Delta y \to 0} \left(\frac{\Delta u}{j\Delta y} + j \frac{\Delta v}{j\Delta y} \right)$$
$$= -ju_{,y} + v_{,y}.$$

Daraus folgt die notwendige und auch hinreichende Bedingung für die Differenzierbarkeit der Funktion $f(z)$:

Cauchy-Riemann'sche Differenzialgleichung:

$$u_{,x} - v_{,y} = 0 \quad \text{und} \quad v_{,x} + u_{,y} = 0. \tag{178}$$

$$\text{Ableitung } f' = u_{,x} + jv_{,x} = v_{,y} - ju_{,y}. \tag{179}$$

Funktionen mit der Eigenschaft (178) heißen *holomorphe Funktionen*.

Durch partielles Ableiten der Gleichungen (178) nach x und y erhält man isolierte Gleichungen für $u(x, y)$ und $v(x, y)$, die notwendigerweise erfüllt sein müssen, wenn $u + jv$ eine holomorphe Funktion sein soll.

$$\Delta() = ()_{,xx} + ()_{,yy} \quad \text{(Laplace-Operator)},$$
$$\Delta u = 0, \quad \Delta v = 0. \tag{180}$$

Die Ableitungsbedingung (178) lässt sich auch in Polarkoordinaten formulieren.

Cauchy-Riemann'sche Differenzialgleichung:

$$f(z) = u(r,\varphi) + jv(r,\varphi),$$
$$ru_{,r} - v_{,\varphi} = 0 \quad \text{und} \quad u_{,\varphi} + rv_{,r} = 0. \tag{181}$$

Beispiel: Gegeben ist eine Funktion $u(x, y) = x^3 - 3xy^2$. Zunächst ist zu prüfen, ob u Summand einer holomorphen Funktion sein kann. Trifft dies zu, berechne man den Partner $v(x, y)$ und die Ableitung $df/dz = f'$.

Mit $u_{,xx} = 6x$ und $u_{,yy} = -6x$ gilt $\Delta u = 0$. Den Partner $v(x, y)$ liefert die Integration der Cauchy-Riemann-Gleichung:

$v_{,y} = u_{,x} = 3x^2 - 6y^2$
$\rightarrow v = 3x^2y - 2y^3 + f(x) + c_1.$
$v_{,x} = -u_{,y} = 6xy$
$\rightarrow v = 3x^2y + f(y) + c_2.$

Insgesamt $v(x, y) = 3x^2y - 2y^3 + c$.
Ableitungsfunktion

$$f' = u_{,x} + \mathrm{j}v_{,x} = \left(3x^2 - 6y^2\right) + \mathrm{j}(6xy).$$

3.10.3 Integration

Das bestimmte Integral einer Funktion $f(z)$ längs eines vorgegebenen Weges k in der Gauß'schen Zahlenebene von einem Anfangspunkt A bis zu einem Endpunkt E wird an einem zugeordneten n-gliedrigen Polygonzug nach Abb. 24 erklärt.

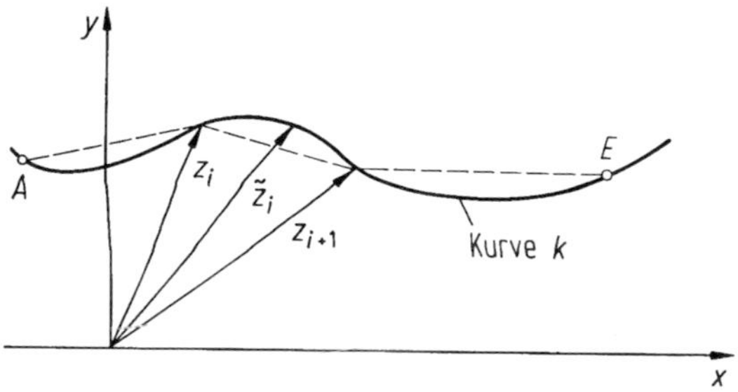

Abb. 24 Integral längs der Kurve k von A nach E

Die elementweisen Produkte $(z_{i+1} - z_i)f(\tilde{z}_i)$ mit einem beliebigen Zwischenpunkt $\tilde{z}_i$ streben zusammengenommen für $n \rightarrow \infty$ einem Grenzwert zu.

$$\lim_{n\rightarrow\infty} \sum_{i=1}^{n} (z_{i+1} - z_i)f(\tilde{z}_i) = \int_k f(z)\mathrm{d}z. \quad (182)$$

k: vorgegebener Integrationsweg von z_A nach z_E.

Mit $w = f(z) = u(x,y) + \mathrm{j}v(x,y), \quad z = x + \mathrm{j}y$:

$$\int f(z)\mathrm{d}z = \int (u\,\mathrm{d}x - v\,\mathrm{d}y) + \mathrm{j}\int (u\,\mathrm{d}y + v\,\mathrm{d}x). \quad (183)$$

Parameterdarstellung

$x = x(t),\ y = y(t),\ \mathrm{d}()/\mathrm{d}t = ()^{\cdot}$:

$$\int f(z)\mathrm{d}z = \int (u\dot{x} - v\dot{y})\mathrm{d}t + \mathrm{j}\int (u\dot{y} + v\dot{x})\mathrm{d}t;$$
$$\text{oder} \int f\,\mathrm{d}z = \int f\dot{z}\,\mathrm{d}t. \quad (184)$$

Jede Punktmenge G in der Gauß-Ebene, die nur aus inneren Häufungspunkten besteht, nennt man Gebiet. Gehören die Randpunkte von G zur Punktmenge, spricht man von einem abgeschlossenen Gebiet. Ein n-fach zusammenhängendes Gebiet besitzt n geschlossene Ränder. Ferner gibt es unbeschränkte Gebiete, siehe Abb. 25.

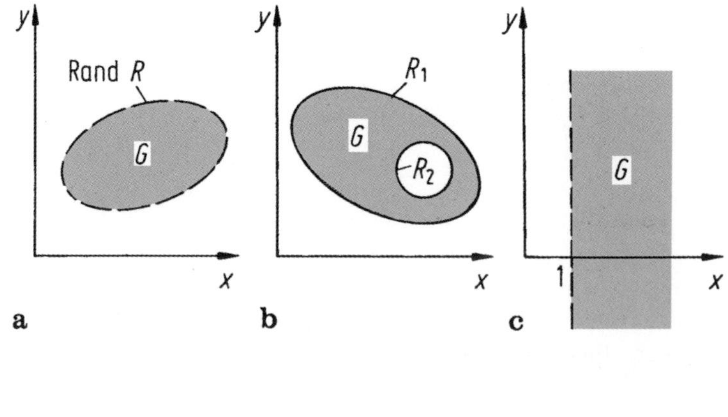

Abb. 25 Gebiete. **a** einfach zusammenhängend, Rand R gehört nicht zu G; **b** zweifach zusammenhängend, abgeschlossen, R_1 und R_2 gehören zu G; **c** unbeschränktes Gebiet mit $\mathrm{Re}(z) > 1$

Es gelten analoge Integrationsregeln wie bei reellen Funktionen.

Beispiel: Das Integral $\int \bar{z}\,dz$ ist auszurechnen von $z_A = 0$ bis $z_E = 2 + j$. $\bar{z} = x - jy$.

1. Weg entlang der Kurve $z = 2t^2 + jt$.
2. Weg von $z_A = 0$ bis $z_B = 2$ und von $z_B = 2$ bis $z_E = 2 + j$. $f(z) = \bar{z} = x - jy$, also $u(x, y) = x$ und $v(x, y) = -y$.

1. Weg:	$x(t) = 2t^2,\ \dot{x} = 4t,\ y(t) = t,\ \dot{y} = 1.0 \leqq t \leqq 1.$ $\int \bar{z}\,dz = \int (x\dot{x} + y\dot{y})dt + j\int (x\dot{y} - y\dot{x})dt.$ $\int_0^{2+j} \bar{z}\,dz = \int_0^1 (8t^3 + t)dt + j\int_0^1 (2t^2 + 4t^2)dt$ $= 5/2 - j2/3.$
2. Weg:	Von z_A bis z_B gilt $v = 0$, $dy = 0$. Von z_B bis z_E gilt $u = 2$, $dx = 0$. $\int_0^{2+j} z\,dz = \int_0^2 x\,dx + \int_0^1 (+y)\,dy + j\int_0^1 2\,dy$ $= 5/2 + 2j.$

Im Allgemeinen ist der Wert des bestimmten Integrals vom Integrationsweg abhängig, doch gilt der *Cauchy'sche Integralsatz*:

Ist die Funktion $f(z)$ in einem einfach zusammenhängenden Gebiet G der Gauß-Ebene holomorph, so hat das Integral

$$\int_A^E f(z)\,dz \text{ für jeden Integrationsweg in } G$$

von z_A nach z_E denselben Wert. (185)

Ist dieser Weg eine geschlossene, hinreichend glatte Kurve k in G, so gilt

$$\oint_k f(z)dz = 0, \quad \text{falls } f(z) \text{ in } G \text{ holomorph.} \tag{186}$$

Dies begründet das Konzept der Konturintegration. Eine wesentliche Bedeutung hat das

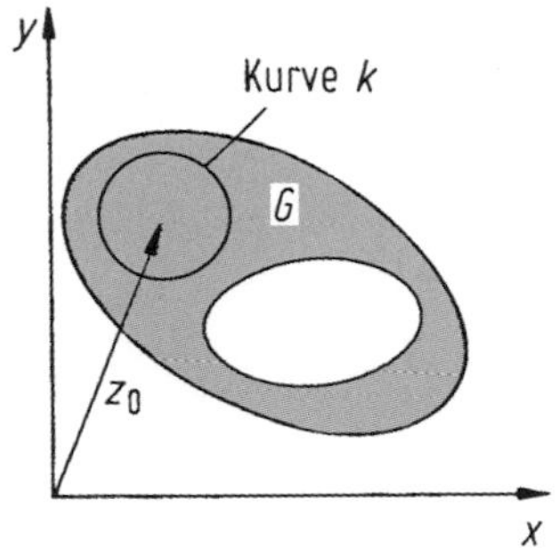

Abb. 26 Integrationsweg k in G um einen Punkt z_0

Integral $\int z^{-1}dz$. Es ist auszurechnen für einen Kreis um den Nullpunkt mit Radius $r > 0$ als Integrationsweg. Bis auf den Nullpunkt $z_0 = 0$ ist $f(z) = z^{-1}$ in der gesamten Zahlenebene holomorph. Der Cauchy'sche Integralsatz (186) ist also nicht anwendbar.

$$I = \int f\,dz = \int f(z)\dot{z}\,dt, \quad z(t) = re^{jt}, \quad 0 \leqq t \leqq 2\pi;$$

$$I = \int_0^{2\pi} \frac{1}{z} rje^{jt}dt - \int_0^{2\pi} j\,dt - j \cdot 2\pi, \int_0^{2\pi} \frac{1}{z}dz = j \cdot 2\pi. \tag{187}$$

Als Konsequenz des Integralsatzes erhält man die *Cauchy'schen Integralformeln*:

$f(z)$ sei in einem n-fach zusammenhängenden beschränkten Gebiet G holomorph. Falls der Integrationsweg k ganz in G liegt, so gilt für einen Punkt z_0 (Abb. 26) innerhalb des Weges k:

$$f(z_0) = \frac{1}{2\pi j}\oint_k \frac{f(z)}{z - z_0}dz,$$
$$f^{(n)}(z_0) = \frac{n!}{2\pi j}\oint_k \frac{f(z)}{(z - z_0)^{n+1}}dz. \tag{188}$$

Ist die Kurve k speziell ein Kreis mit Radius R, so gilt für einen Punkt $z = re^{j\varphi}(r < R)$ innerhalb des Kreises die *Poisson-Formel für einen Kreis in Polarkoordinaten*.

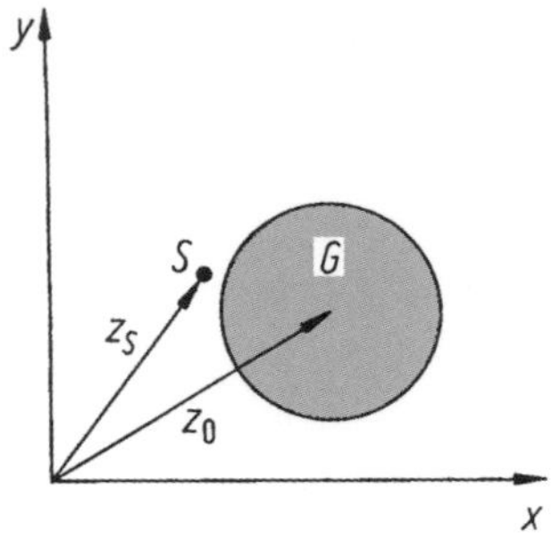

Abb. 27 Umgebung G eines Punktes z_0 ohne singulären Punkt z_s

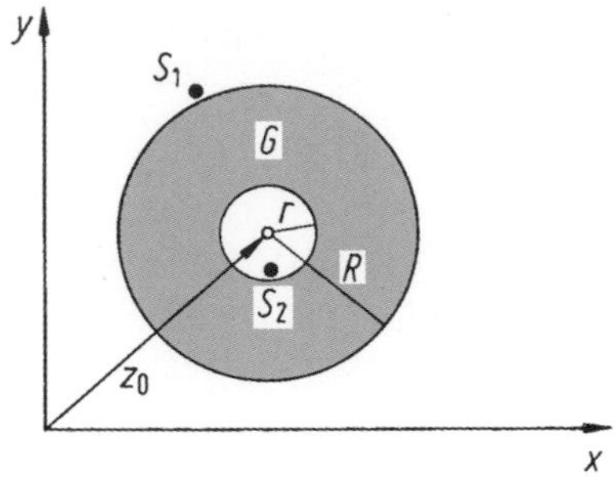

Abb. 28 Entwicklungsgebiet G mit Zentrum z_0 ohne die singulären Punkte S_i

$$f(z_0) = \frac{1}{2\pi}\int_0^{2\pi} \frac{(R^2 - r^2) f(Re^{j\varphi})}{R^2 - 2Rr\cos(\varphi_0 - \varphi) + r^2} d\varphi,$$
$$z_0 = r\exp(j\varphi_0). \tag{189}$$

Ist $f(z)$ in der oberen Halbebene ($y \geqq 0$) holomorph, so gilt eine entsprechende Formel für jeden Punkt z_0 der oberen Halbebene.

Poisson-Formel für Halbebene $y \geqq 0$.

$$z_0 = x_0 + jy_0,$$
$$f(z_0) = \frac{1}{\pi}\int_{-\infty}^{\infty} \frac{y_0 f(x)}{(x - x_0)^2 + y_0^2} dx. \tag{190}$$

Entwicklung einer Funktion. In der Umgebung G eines Punktes z_0 nach Abb. 27 lässt sich jede holomorphe Funktion darstellen als *Taylor-Reihe*

$$f(z) = \sum_{k=0}^{\infty} \frac{1}{k!}\left[f^{(k)}(z_0)\right](z - z_0)^k. \tag{191}$$

Sie konvergiert, solange der Kreis um z_0 keine singulären Punkte enthält.

Ist eine Funktion f in der Umgebung des Punktes z_0 nicht holomorph, wohl aber in dem Kreisgebiet nach Abb. 28 mit Zentrum in z_0, so gibt es eine sogenannte **Laurent-Reihe**

$$f(z) = \sum_{k=1}^{\infty} a_k (z - z_0)^{-k} + \sum_{k=0}^{\infty} b_k (z - z_0)^k$$

kurz

$$f(z) = \sum_{k=-\infty}^{\infty} c_k (z - z_0)^k,\ r < |z - z_0| < R. \tag{192}$$

$$c_k = \frac{1}{2\pi j}\oint \frac{f(z)dz}{(z - z_0)^{k+1}}.$$

Ist $f(z)$ auch im inneren Kreis einschließlich z_0 holomorph, so geht (192) in (191) über.

Beispiel: Gesucht ist die Laurent-Reihe für die Funktion $f(z) = (z-1)^{-1}(z-4)^{-1}$. Sie ist offensichtlich für $z = 1$ und $z = 4$ singulär, also im Ringgebiet $1 < |z| < 4$ holomorph. Durch Partialbruchzerlegung erzeugt man aus $f(z)$ eine Summe einzeln entwickelbarer Teile. Dabei ergibt sich eine Darstellung nach (192).

$$f(z) = \left(\frac{-1}{z-1} + \frac{1}{z-4}\right)\frac{1}{3}.$$
$$\frac{1}{z-1} = \sum_{k=1}^{\infty} z^{-k},\ |z| > 1;$$
$$\frac{1}{1 - z/4} = \sum_{k=0}^{\infty} (z/4)^k,\quad |z| < 4;$$

also insgesamt

$$f(z) = -\frac{1}{3}\left[\sum_{k=1}^{\infty} z^{-k} + \frac{1}{4}\sum_{k=0}^{\infty} (z/4)^k\right].$$

Über die Laurent-Reihe kann das Randintegral längs einer Kurve k in G berechnet werden, die nach Abb. 29 mehrere singuläre Punkte z_1 bis z_s enthält.

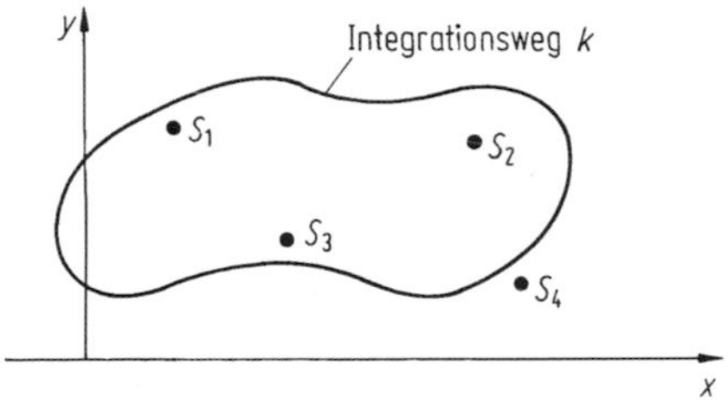

Abb. 29 Integrationsweg k in G mit drei relevanten singulären Punkten S_1 bis S_3

$$\begin{aligned} f(z) &= \sum_{k=1}^{\infty} a_{1k}(z-z_1)^{-k} + \sum_{k=0}^{\infty} b_{1k}(z-z_1)^k \\ &+ \quad \vdots \qquad \vdots \qquad \vdots \qquad \vdots \\ &+ \sum_{k=1}^{\infty} a_{sk}(z-z_s)^{-k} + \sum_{k=0}^{\infty} b_{sk}(z-z_s)^k, \end{aligned} \tag{193}$$

$$\oint f(z)\mathrm{d}z = 2\pi \mathrm{j} \sum_{k=1}^{s} a_{k1}.$$

Die Koeffizienten a_{k1} nennt man auch *Residuen* der Funktion f an der singulären Stelle z_k.

$$\mathrm{Res} f(z)|_{z_k} = a_{k1}. \tag{194}$$

Für eine singuläre Stelle m-ter Ordnung gilt allgemeiner

$$\mathrm{Res} f(z)|_{z_k} = \frac{1}{(m-1)!} \lim_{z \to z_k} \times \frac{\mathrm{d}^{m-1}}{\mathrm{d}z^{m-1}} \left[(z-z_k)^m f(z)\right].$$

Speziell für $m = 1$:

$$\mathrm{Res} f(z) = \lim_{z \to z_k} \left[(z-z_k) f(z)\right]. \tag{195}$$

Beispiel: $f(z) = \dfrac{z^4-2}{z^2(z-1)}$. Gesucht ist das Ringintegral längs des Kreises $z(t) = 2\mathrm{e}^{\mathrm{j}t}$. $z_1 = 0$ ist doppelter Pol ($m = 2$), $z_2 = 1$ einfacher Pol.

$$\mathrm{Res} f|_{z_2} = \lim_{z \to 1} \frac{z^4-2}{z^2} = -1,$$

$$\mathrm{Res} f|_{z_1} = \lim_{z \to 0} \left[\frac{z^4-2}{z-1}\right]' = 2.$$

Also $\oint f\,\mathrm{d}z = 2\pi\mathrm{j}$.

Stammfunktion $F(z)$ zu $f(z)$ heißt eine in G holomorphe Funktion dann, wenn ihre Ableitung F' gleich f ist.

$$F'(z) = f(z): \quad F \text{ Stammfunktion zu } f. \tag{196}$$

Für eine in G holomorphe Funktion $f(z)$ ist das bestimmte Integral in F darstellbar und unabhängig vom Integrationsweg.

$$\int_A^E f(z)\mathrm{d}z = F(z_E) - F(z_A) = [F(z)]_A^E. \tag{197}$$

Die entsprechende Tab. 5 für Stamm- oder Integralfunktionen reeller Variablen in Abschn. 3.2.1 gilt auch für komplexwertige Argumente.

Exponentialfunktionen mit komplexen Argumenten werden häufig benötigt. Es gelten weiterhin die Additionstheoreme aus ▶ Abschn. 2.2.2 und 2.2.3 in Kap. 2, „Funktionen“.

$$\begin{aligned} \sin z &= \left(e^{\mathrm{j}z} - e^{-\mathrm{j}z}\right)/(2\mathrm{j}), \\ \cos z &= \left(\mathrm{e}^{\mathrm{j}z} + \mathrm{e}^{-\mathrm{j}z}\right)/2, \\ \sin \mathrm{j}z &= \mathrm{j}\sinh z, \quad \cos \mathrm{j}z = \cosh z, \\ \sinh \mathrm{j}z &= \mathrm{j}\sin z, \quad \cosh \mathrm{j}z = \cos z, \\ \arcsin z &= (-\mathrm{j})\ln\left[\mathrm{j}z + \sqrt{1-z^2}\right], \\ \arccos z &= (-\mathrm{j})\ln\left[z + \sqrt{z^2-1}\right], \\ \arctan z &= \frac{1}{2\mathrm{j}}\ln\frac{1+\mathrm{j}z}{1-\mathrm{j}z}, \\ \operatorname{arccot} z &= \frac{1}{2\mathrm{j}}\ln\frac{z+\mathrm{j}}{z-\mathrm{j}}, \\ \operatorname{arsinh} z &= \ln\left[z + \sqrt{z^2+1}\right], \\ \operatorname{arcosh} z &= \ln\left[z + \sqrt{z^2-1}\right], \\ \operatorname{artanh} z &= \frac{1}{2}\ln\frac{1+z}{1-z}, \\ \operatorname{arcoth} z &= \frac{1}{2}\ln\frac{z+1}{z-1}. \end{aligned} \tag{198}$$

Beispiel:

$$f(z) = \cos \mathrm{j} = \left(\mathrm{e}^{-1} + \mathrm{e}^{1}\right)/2 = \cosh 1 \\ = 1{,}54308\ldots$$

Trigonometrische Funktionen Sinus und Cosinus eines komplexen Argumentes können also betragsmäßig größer als 1 werden, was bei reellen Argumenten ausgeschlossen ist.

3.11 Konforme Abbildung

Die Abbildung einer komplexen Zahl $z = x + \mathrm{j}y$ in ihr Bild $w = u(x, y) + \mathrm{j}v(x, y)$ kann auch durch zugeordnete Vektoren beschrieben werden:

$$\boldsymbol{z} = \begin{bmatrix} x \\ y \end{bmatrix}, \quad \boldsymbol{f}(\boldsymbol{z}) = \boldsymbol{w} = \begin{bmatrix} u(x,y) \\ v(x,y) \end{bmatrix}. \quad (199)$$

Die totalen Zuwächse spannen in jedem Punkt mit dem Ortsvektor $\boldsymbol{z}$ eine lokale Basis auf,

$$\mathrm{d}\boldsymbol{z} = \boldsymbol{z}_{,x}\mathrm{d}x + \boldsymbol{z}_{,y}\mathrm{d}y = \begin{bmatrix} 1 \\ 0 \end{bmatrix}\mathrm{d}x + \begin{bmatrix} 0 \\ 1 \end{bmatrix}\mathrm{d}y, \quad (200)$$

$$\mathrm{d}\boldsymbol{f} = \boldsymbol{f}_{,x}\,\mathrm{d}x + \boldsymbol{f}_{,y}\,\mathrm{d}y = \begin{bmatrix} u_{,x} \\ v_{,x} \end{bmatrix}\mathrm{d}x + \begin{bmatrix} u_{,y} \\ v_{,y} \end{bmatrix}\mathrm{d}y,$$

die auch für das Bild $\boldsymbol{f}$ orthogonal ist, wenn man die Cauchy-Riemann-Bedingung (206) in 10.2 beachtet.

$$\boldsymbol{f}_{,y} = \begin{bmatrix} u_{,y} \\ v_{,y} \end{bmatrix} = \begin{bmatrix} -v_{,x} \\ u_{,x} \end{bmatrix} \to \boldsymbol{f}_{,x} \cdot \boldsymbol{f}_{,y} = 0. \quad (201)$$

Die Längenquadrate $\mathrm{d}\boldsymbol{z}^2$ vom Original und $\boldsymbol{df}^2$ vom Bild stehen in jedem Punkt P in einem konstanten Verhältnis zueinander, das unabhängig ist von der Orientierung in P.

$$\mathrm{d}\boldsymbol{z}^2 = \mathrm{d}x^2 + \mathrm{d}y^2,$$

$$\mathrm{d}\boldsymbol{f}^2 = \left(\mathrm{d}x^2 + \mathrm{d}y^2\right)\left(u_{,x}^2 + v_{,x}^2\right) \to \mathrm{d}\boldsymbol{f}^2/\mathrm{d}\boldsymbol{z}^2 = |f'|^2. \quad (202)$$

Insgesamt ist die Abbildung f von z nach w winkeltreu und lokal maßstabstreu, falls die Funktion f holomorph ist. Diese besondere Abbildung nennt man *konform*.

Inverse Abbildung nennt man die Abbildung $w = 1/z$.

$$z = x + \mathrm{j}y \to w = (x - \mathrm{j}y)/\sqrt{x^2 + y^2}. \\ z = r\mathrm{e}^{\mathrm{j}\varphi} \to w = 1/r\ \mathrm{e}^{-\mathrm{j}\varphi}. \quad (203)$$

Der längenbezogene Teil $1/r$ dieser Abbildung ist eine sogenannte Spiegelung am Einheitskreis, der richtungsbezogene Teil eine Spiegelung an der reellen Achse.

Beispiel: Das Gebiet $ABCD$ in Abb. 30 wird begrenzt durch 2 Kreisbögen $\overset{\frown}{AB}, \overset{\frown}{CD}$ und durch 2 Geraden BC, AD jeweils durch den Nullpunkt. Nach Tab. 16 wird das Bildgebiet $w = 1/z$ nur durch Geraden begrenzt.

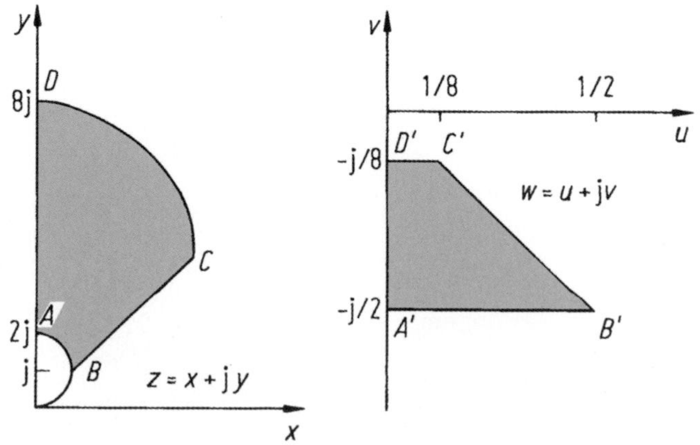

Abb. 30 Konforme Abbildung eines Kreisgebietes $ABCD$ in ein Trapez $A'B'C'D'$

Lineare Abbildung nennt man $w = a + bz$; $a, b \in \mathbb{C}$. Geometrisch interpretiert ist dies eine Kombination von Translation und Drehstreckung, also eine Ähnlichkeitsabbildung.

Gebrochen lineare Abbildung nennt man

$$w = \frac{a_0 + a_1 z}{b_0 + b_1 z}; \quad a_i,\ b_i \in \mathbb{C}. \tag{204}$$

Diese Abbildung ist eine Zusammenfassung inverser und linearer Funktionen, wobei eine Umformung nützlich sein kann.

$$w = a_2 + \frac{a_3}{b_0 + b_1 z}, \quad a_2 = \frac{a_1}{b_1}, \tag{205}$$

$$a_3 = \frac{a_0 b_1 - a_1 b_0}{b_1}.$$

Durch die Vorgabe von 3 Paaren (z_k, w_k) ist die gebrochen lineare Abbildung bestimmt zu

$$\frac{w - w_1}{w - w_3} \cdot \frac{w_2 - w_3}{w_2 - w_1} = \frac{z - z_1}{z - z_3} \cdot \frac{z_2 - z_3}{z_2 - z_1}. \tag{206}$$

Die Abbildung eines durch ein Polygon begrenzten Gebietes nach Abb. 31 in den oberen Teil der z-Ebene bei Vorgabe der Bildpunktkoordinaten x_k zu drei beliebigen Polygonecken w_k leistet die *Schwarz-Christoffel-Abbildung*:

$$\begin{aligned} &\frac{\mathrm{d}w}{\mathrm{d}z} = Ap(z),\ p(z) = \prod_{k=1}^{n} (z - x_k)^{-1 + a_k/\pi}, \\ &w(z) = A \int p(z)\mathrm{d}z + B, \\ &a_k \text{ Innenwinkel im Bogenmaß.} \end{aligned} \tag{207}$$

Falls $x_n = \infty$ gewählt wird, ist das Produkt nur bis $n - 1$ zu erstrecken.

Beispiel: Das geschlitzte Gebiet in Abb. 32 ist auf die obere z-Ebene abzubilden. Mit den Winkeln $a_S = a_U = \pi/2$ sowie $a_T = 2\,\pi$ und den drei vorgegebenen Punkten $x_{S'} = -1, x_{T'} = 0, x_{U'} = +1$ erhält man das Produkt

$$\begin{aligned} p &= (z+1)^{-1/2} \cdot (z-0)^1 \cdot (z-1)^{-1/2} \\ &= z/\sqrt{z^2 - 1}. \end{aligned}$$

Aus Integration und der Zuordnung

$$\begin{array}{llll} S \to S'\,: & \text{für} \quad w = 0 & \text{ist} & z = -1, \\ U \to U'\,: & \text{für} \quad w = 0 & \text{ist} & z = +1, \\ T \to T'\,: & \text{für} \quad w = \mathrm{j}h & \text{ist} & z = 0 \end{array}$$

folgt die gesuchte Abbildung $w(z) = h\sqrt{z^2 - 1}$.

Tab. 16 Eigenschaften von $w = 1/z$

z-Ebene	w-Ebene
Kreis nicht durch Nullpunkt	Kreis nicht durch Nullpunkt
Gerade nicht durch Nullpunkt	Kreis durch Nullpunkt
Kreis durch Nullpunkt	Gerade nicht durch Nullpunkt
Gerade durch Nullpunkt	Gerade durch Nullpunkt

3.12 Orthogonalsysteme

Eine Menge von Funktionen $\beta_k(x)$ mit der besonderen Integraleigenschaft

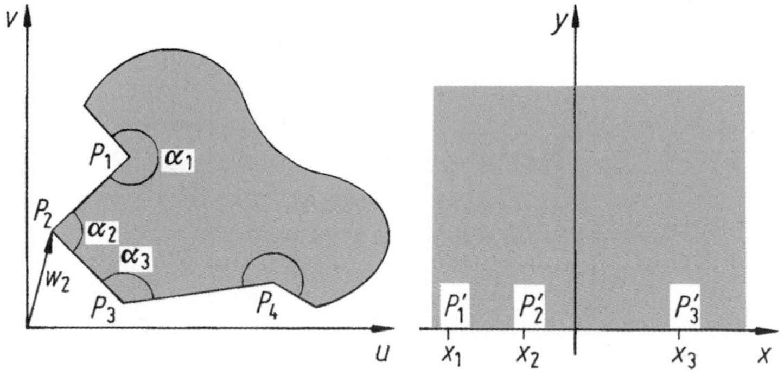

Abb. 31 Schwarz-Christoffel-Abbildung

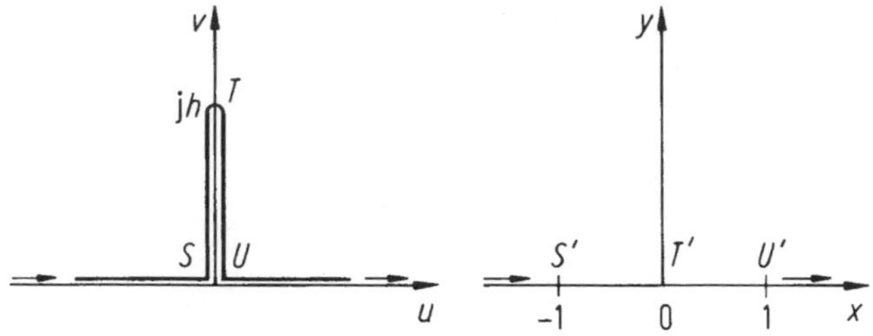

Abb. 32 Abbildung eines geschlitzten Gebietes in die obere z-Ebene

$$\int_a^b \beta_i(x)\beta_j(x)\mathrm{d}x = \begin{cases} 0 & \text{für} \quad i \neq j \\ c_k^2 & \text{für} \quad i = k, \quad j = k \end{cases} \tag{208}$$

bildet ein Orthogonalsystem im Intervall $a \leqq x \leqq b$, das speziell für $c_k = 1$ zum normierten Orthogonalsystem wird. Eine gegebene hinreichend glatte Funktion $f(x)$ lässt sich durch eine Reihenentwicklung in den Funktionen $\beta_k(x)$ darstellen,

$$f(x) = \sum_{k=1}^{\infty} a_k \beta_k(x), \tag{209}$$

wobei die Koeffizienten a_k durch Multiplikation mit $\beta_k(x)$ und Integration im Intervall $a \leqq x \leqq b$ isolierbar sind.

$$\int_a^b f\beta_k \mathrm{d}x = a_k \int_a^b \beta_k^2 \mathrm{d}x = a_k c_k^2 \tag{210}$$

$$\to f(x) = \sum_{k=1}^{\infty} \frac{\int_a^b f\beta_k \mathrm{d}x}{\int_a^b \beta_k\beta_k \mathrm{d}x}\beta_k, \; f_n(x) = \sum_{k=1}^{n}(). \tag{211}$$

Bei vorzeitigem Abbruch der Summation in (211) ist die Differenz δ zwischen gegebener Funktion $f(x)$ und deren Approximation $f_n(x)$ theoretisch angebbar:

$$\delta = f(x) - f_n(x) = \sum_{k=n+1}^{\infty} a_k \beta_k(x). \tag{212}$$

Orthogonalisierung einer gegebenen Menge nicht orthogonaler linear unabhängiger Funktionen $p_k(x)$ ist ein stets möglicher Prozess. Entsprechend der Vorschrift

$$\begin{aligned} \beta_0 &= p_0 \\ \beta_1 &= c_{10}p_0 + p_1 \\ \beta_2 &= c_{20}p_0 + c_{21}p_1 + p_2 \quad \text{usw.} \end{aligned} \tag{213}$$

sind die Koeffizienten c_{jk} sukzessive aus der Orthogonalitätsforderung zu berechnen.

Beispiel: Die Polynome $p_k = x^k$, $k = 0, 1, 2$, sind für das Intervall $-1 \leqq x \leqq 1$ in ein Orthogonalsystem zu überführen. Mit der Abkürzung

$\int_{-1}^{1} f_1(x)f_2(x)\mathrm{d}x = (f_1, f_2)$ gilt

$k = 0 : \beta_0 = 1.$

$k = 1 : \beta_1 = c_{10} + x \;. \quad (\beta_1, \beta_0) = 0 \to c_{10} = 0.$

$k = 2 : \beta_2 = c_{20} + c_{21}x + x^2.$

$$(\beta_2, \beta_0) = 0 \to c_{20} = -1/3,$$

$$(\beta_2, \beta_1) = 0 \to c_{21} = 0.$$

Insgesamt: $\beta_0 = 1 \;;\; \beta_1 = x \;; \quad \beta_2 = x^2 - 1/3 \;.$

Führt man die Entwicklung des vorgehenden Beispiels weiter und normiert speziell auf $\beta_k(x = 1) \overset{!}{=} 1$, so entstehen die *Legendre'schen- oder Kugelfunktionen* $P_k(x)$.

Mit $P_0 = 1$, $P_1 = x$ erhält man alle weiteren aus

$$\begin{aligned} P_k &= [(2k-1)xP_{k-1} - (k-1)P_{k-2}]/k, \\ \int_{-1}^{1} P_k P_k \,\mathrm{d}x &= c_k^2 = \frac{2}{2k+1}. \end{aligned} \tag{214}$$

$$\begin{aligned} P_0 &= 1, \quad P_1 = x, \\ P_2 &= \left(3x^2 - 1\right)/2, \\ P_3 &= \left(5x^3 - 3x\right)/2 \quad \text{usw..} \end{aligned}$$

Ein Funktionssystem in trigonometrischer Parameterdarstellung

$$P_k = \cos kt = P_k(\cos t) \quad \text{mit} \quad \cos t = x, \tag{215}$$

mit der Rückführung aller k-fachen Argumente auf $\cos t$ und anschließender Abbildung auf $x = \cos t$ erzeugt ein sogenanntes gewichtetes Orthogonalsystem

$$\int_{-1}^{1} w(x)P_i(x)P_j(x)\mathrm{d}x = \begin{cases} 0 & \text{für} \quad i \neq j \\ c_k^2 & \text{für} \quad i = k, \quad j = k \end{cases}, \tag{216}$$

falls man als Gewichtsfunktion $w(x) = (1 - x^2)^{-1/2}$ wählt. Mit der Normierung $P_k(x = 1) \stackrel{!}{=} 1$ erhält man die *Tschebyscheff- oder T-Polynome.*

$$\int_{-1}^{1} \frac{T_i T_j}{\sqrt{1 - x^2}} \mathrm{d}x = 0 \quad \text{für} \quad i \neq j.$$

Mit $T_0 = 1$, $T_1 = \cos t = x$ erhält man alle Weiteren aus

$$\begin{aligned} T_k &= 2xT_{k-1} - T_{k-2}, \\ T_2 &= \cos 2t = 2x^2 - 1, \\ T_3 &= \cos 3t = 4x^3 - 3, \\ T_4 &= \cos 4t = 8x^4 - 8x^2 + 1. \end{aligned} \tag{217}$$

Abb. 33 zeigt das auf den Extremalwert $T^2 = 1$ begrenzte Oszillieren der T-Polynome im Intervall, was die gleichmäßige Approximation einer Funktion $f(x)$ nach (209) ermöglicht.

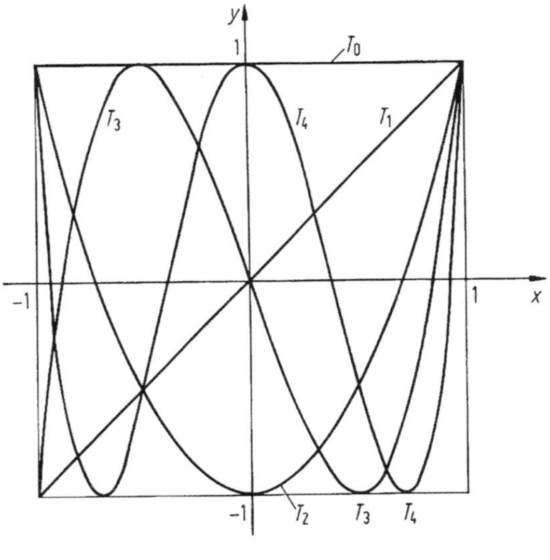

Abb. 33 Tschebyscheff-Polynome T_0 bis T_4 mit Beschränkung $T^2 \leq 1$ im Intervall $x^2 \leqq 1$

3.13 Fourier-Reihen

3.13.1 Reelle Entwicklung

Ein Orthogonalsystem besonderer Bedeutung bilden die trigonometrischen Funktionen im Intervall $-\pi \leqq \xi \leqq \pi$:

$$\begin{aligned} s_k(\xi) &= \sin k\xi, \quad k = 1,\ 2,\ 3 \ldots, \\ c_k(\xi) &= \cos k\xi, \quad k = 0,\ 1,\ 2\ \ldots. \end{aligned} \tag{218}$$

$$\int_{-\pi}^{\pi} f_1(\xi) f_2(\xi)\, \mathrm{d}\xi = (f_1,\ f_2). \tag{219}$$

$$\begin{aligned} (s_j, s_k) &= (c_j, c_k) \\ &= \begin{cases} 0 & \text{für} \quad j \neq k \\ \pi & \text{für} \quad j = k \neq 0, \end{cases} \\ (s_j, c_k) &= 0. \end{aligned} \tag{220}$$

Die Periodizität der trigonometrischen Funktionen lässt sie besonders geeignet erscheinen zur Darstellung periodischer Funktionen der Zeit t oder des Ortes x nach Abb. 34, wobei eine vorbereitende Normierung der Zeitperiode T oder der Wegperiode l auf das Intervall $-\pi \leqq \xi \leqq \pi$ erforderlich ist.

$f(t)$ mit Periode T im Intervall $t_a \leqq t \leqq t_b$, $T = t_b - t_a$.

$$t = \frac{t_\mathrm{a} + t_\mathrm{b}}{2} + \frac{T}{2\pi}\xi \rightarrow \xi = \frac{2\pi}{T}\left[t - \frac{t_\mathrm{a} + t_\mathrm{b}}{2}\right]. \tag{221}$$

Abb. 34 Periodische Funktionen in Ort ($l = x_b - x_a$) und Zeit ($T = t_b - t_a$)

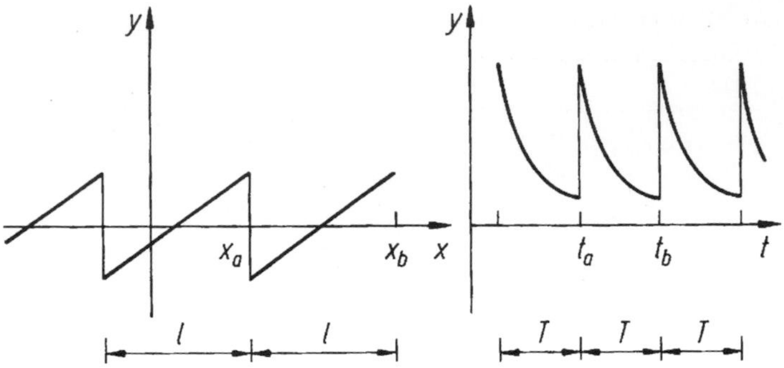

Entsprechend

$$x = \frac{x_a + x_b}{2} + \frac{l}{2\pi}\xi \to \xi = \frac{2\pi}{l}\left[x - \frac{x_a + x_b}{2}\right].$$

Die Koeffizienten a_k, b_k der Fourier-Reihe

$$\mathrm{F}[f(\xi)] = a_0 + \sum_{k=1}^{\infty}(a_k \cos k\xi + b_k \sin k\xi) \quad (222)$$

erhält man durch Multiplikation von (222) mit $\cos k\xi$ sowie $\sin k\xi$ und Integration im Intervall $-\pi \leqq \xi \leqq \pi$:

$$a_0 = \frac{1}{2\pi}\int_{-\pi}^{\pi} f \,\mathrm{d}\xi,$$
$$a_k = \frac{1}{\pi}\int_{-\pi}^{\pi} f \cos k\xi \,\mathrm{d}\xi, \quad b_k = \frac{1}{\pi}\int_{-\pi}^{\pi} f \sin k\xi \,\mathrm{d}\xi. \quad (223)$$

Symmetrieeigenschaften der gegebenen Funktion $f(\xi)$ erleichtern die Berechnung.

$f(-\xi) = f(+\xi)$:
gerade; f ist symmetrisch zur y-Achse; (224)
Sinus-Anteile $b_k = 0$.

$f(-\xi) = -f(\xi)$:
ungerade; f ist punktsymmetrisch zum Nullpunkt;
Cosinus-Anteile $a_k = 0$. (225)

Unstetige Funktionen im Punkt ξ_u werden approximiert durch das arithmetische Mittel der beidseitigen Grenzwerte $f(\xi_u - \delta)$, $f(\xi_u + \delta)$.

$$F(\xi_u) = [f(\xi_u - \delta) + f(\xi_u + \delta)]/2, \quad \delta > 0. \quad (226)$$

Die Integration über unstetige Funktionen im Periodenintervall wird stückweise durchgeführt (Tab. 17).

Beispiel: Die punktsymmetrische Funktion $f(x) = A$ für $0 < x \leqq l/2$ und $f(x) = -A$ für $-l/2 \leqq x < 0$ nach Abb. 35 ist durch eine Fourier-Reihe darzustellen. Nach (225) gilt $a_k = 0$.

$$\pi b_k = \int_{-\pi}^{0}(-A)\sin k\xi \,\mathrm{d}\xi + \int_{0}^{\pi}(+A)\sin k\xi \,\mathrm{d}\xi,$$
$$\xi = 2\pi x/l;$$
$$\pi b_k = 2A\int_{0}^{\pi}\sin k\xi \,\mathrm{d}\xi = -2A(\cos k\pi - 1)/k$$
$$\to b_{2k-1} = \frac{4A}{(2k-1)\pi},$$
$$b_{2k} = 0; \; k = 1, 2, \ldots,$$

oder

$$\mathrm{F}[f(x)] = \frac{4A}{\pi}\left(\sin\frac{2\pi x}{l} + \frac{1}{3}\sin 3\frac{2\pi x}{l} + \frac{1}{5}\sin 5\frac{2\pi x}{l} + \ldots\right),$$
$$-l/2 \leqq x \leqq +l/2;$$

$$\mathrm{F}[f(x=0)] = 0 = [f(-0) + f(+0)]/2 = (-A + A)/2.$$

3.13.2 Komplexe Entwicklung

Mit der exponentiellen Darstellung der trigonometrischen Funktionen in ▶ Abschn. 2.2.1 in Kap. 2, „Funktionen“, (11) $\cos x = (\mathrm{e}^{\mathrm{j}x} + \mathrm{e}^{-\mathrm{j}x})/2$,

Tab. 17 Fourier-Reihen

Bild	$f(\xi)$;	$F(\xi) = F[f(\xi)]$
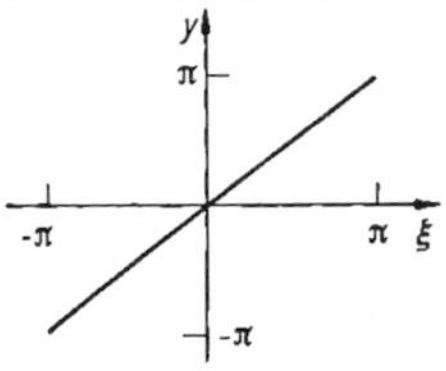	$f = \xi$;	$F = 2\left(\frac{\sin\xi}{1} - \frac{\sin 2\xi}{2} + \frac{\sin 3\xi}{3} - \ldots\right)$
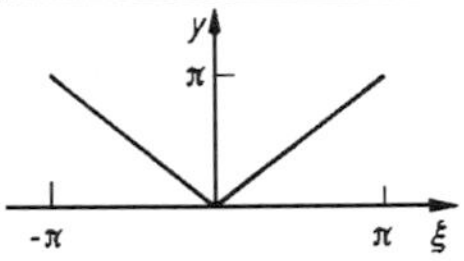	$f = \lvert\xi\rvert$;	$F = \frac{\pi}{2} - \frac{4}{\pi}\left(\cos\xi + \frac{\cos 3\xi}{9} + \frac{\cos 5\xi}{25} + \ldots\right)$
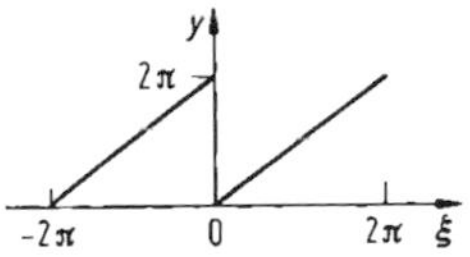	$f = \xi$;	$F = \pi - 2\left(\frac{\sin\xi}{1} + \frac{\sin 2\xi}{2} + \frac{\sin 3\xi}{3} + \ldots\right)$
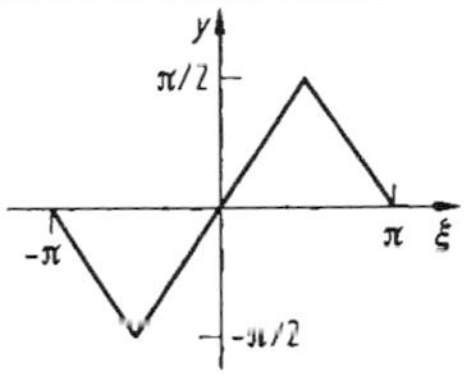		$F = \frac{4}{\pi}\left(\sin\xi - \frac{\sin 3\xi}{9} + \frac{\sin 5\xi}{25} - \ldots\right)$
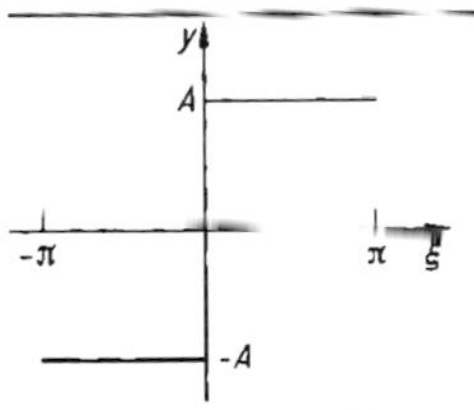		$F = \frac{4A}{\pi}\left(\frac{\sin\xi}{1} + \frac{\sin 3\xi}{3} + \frac{\sin 5\xi}{5} + \ldots\right)$
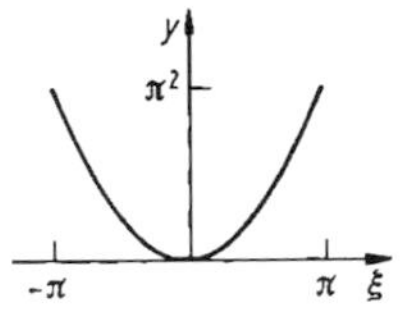	$f = \xi^2$;	$F = \frac{\pi^2}{3} - 4\left(\cos\xi - \frac{\cos 2\xi}{4} + \frac{\cos 3\xi}{9} - \ldots\right)$
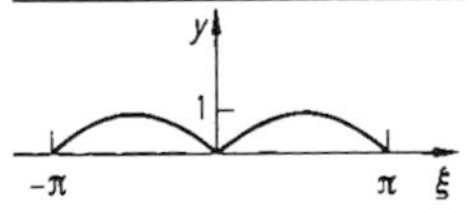	$f = \lvert\sin\xi\rvert$;	$F = \frac{2}{\pi} - \frac{4}{\pi}\left(\frac{\cos 2\xi}{1\cdot 3} + \frac{\cos 4\xi}{3\cdot 5} + \frac{\cos 6\xi}{5\cdot 7} + \ldots\right)$
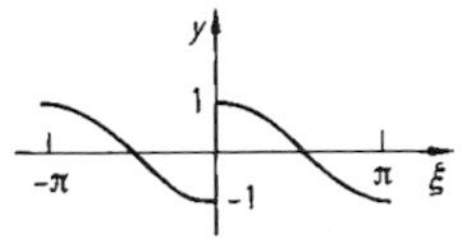	$f = \cos\xi$; $o \leq \xi \leq \pi$ ungerade Fortsetzung	$F = \frac{4}{\pi}\left(\frac{2\sin 2\xi}{1\cdot 3} + \frac{4\sin 4\xi}{3\cdot 5} + \frac{6\sin 6\xi}{5\cdot 7} + \ldots\right)$
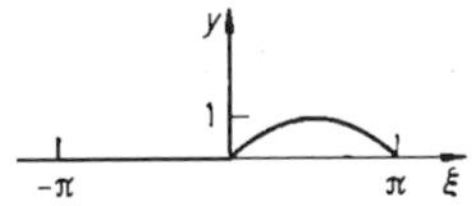	$f = o$ für $-\pi \leq x \leq o$ $f = \sin\xi$ für $o \leq \xi \leq \pi$	$F = \frac{1}{\pi} + \frac{1}{2}\sin\xi - \frac{2}{\pi}\left(\frac{\cos 2\xi}{1\cdot 3} + \frac{\cos 4\xi}{3\cdot 5} + \ldots\right)$

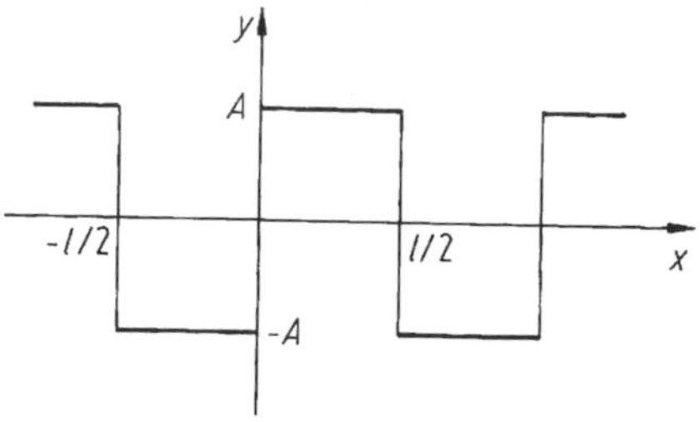

Abb. 35 Ungerade periodische Funktion

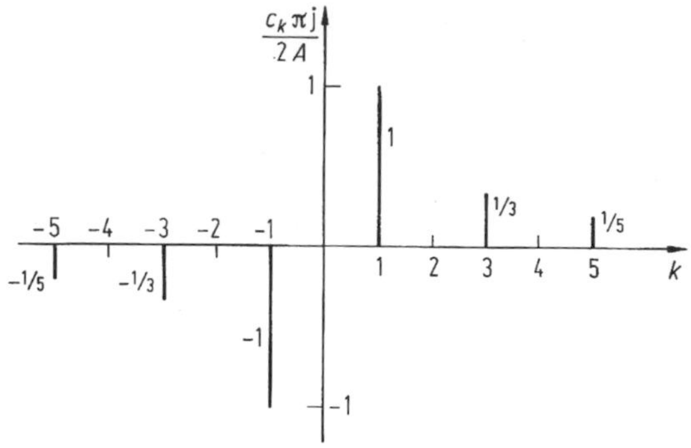

Abb. 36 Diskretes Fourier-Spektrum

$\sin x = -j(e^{jx} - e^{-jx})/2$, lässt sich die Reihe (222) umschreiben,

$$F[f(\xi)] = a_0 + \sum_{k=1}^{\infty} \{(a_k - jb_k)e^{jk\xi} + (a_k + jb_k)e^{-jk\xi}\}/2$$

und mit komplexen Koeffizienten kompakt formulieren:

$$F[f(\xi)] = \sum_{-\infty}^{\infty} c_k e^{jk\xi},$$

$$c_k = \frac{1}{2\pi} \int_{-\pi}^{\pi} f(\xi) e^{-jk\xi} d\xi; \quad k = 0, \ \pm 1, \ \pm 2, \ \ldots \tag{227}$$

Im Zeitbereich $-T/2 \leqq t \leqq T/2$ erhält man mit

$$\xi = 2\pi \frac{t}{T}, \quad \omega = 2\pi/T,$$

$$F[f(t)] = \sum_{-\infty}^{\infty} \frac{1}{T} \left\{ \int_{-T/2}^{T/2} f(t) e^{-j\omega kt} dt \right\} e^{j\omega kt}. \tag{228}$$

Die Koeffizienten c_k bilden das sogenannte *diskrete Spektrum* der fourierentwickelten Funktion $f(t)$.

Beispiel: Für die Rechteckfunktion nach Abb. 35 erhält man die Spektralfolge

$$c_k = \frac{1}{2\pi} \int_{-\pi}^{0} (-A) e^{-jk\xi} d\xi + \frac{1}{2\pi} \int_{0}^{\pi} (+A) e^{-jk\xi} d\xi = \frac{jA}{k\pi} (\cos k\pi - 1).$$

Daraus folgt:

$$c_0 = 0; \quad k \text{ gerade}: \quad c_k = c_{-k} = 0, \qquad k \text{ ungerade}: \quad c_k = \frac{2A}{k\pi j}.$$

Das diskrete Spektrum der c_k-Werte zeigt Abb. 36.

3.14 Polynomentwicklungen

Nichtorthogonale Polynomentwicklungen einer Funktion $f(x)$ spielen im Rahmen der Approximationstheorien eine große Rolle. Man unterscheidet folgende Typen:

1.	Entwicklung in rationaler Form von einem Punkt (x_k) aus (*Taylor*).
2.	Entwicklung in gebrochen rationaler Form von einem Punkt (x_k) aus (*Padé*).
3.	Entwicklung in rationaler Form von zwei Punkten (x_0), (x_1) aus (*Hermite*).
4.	Entwicklung in rationaler Form von vielen Punkten (Stützstellen x_i) aus (*Lagrange*).

Tab. 18 $P(m,n)$-Entwicklungen von e^x

	$m = 0$	$m = 1$	$m = 2$
$n = 0$	$\frac{1}{1}$	$\frac{1+x}{1}$	$\frac{1+x+\frac{1}{2}x^2}{1}$
$n = 1$	$\frac{1}{1-x}$	$\frac{1+\frac{1}{2}x}{1-\frac{1}{2}x}$	$1+\frac{\frac{2}{3}x+\frac{1}{6}x^2}{1-\frac{1}{3}x}$
$n = 2$	$\frac{1}{1-x+\frac{1}{2}x^2}$	$\frac{1+\frac{1}{3}x}{1-\frac{2}{3}x+\frac{1}{6}x^2}$	$\frac{1+\frac{1}{2}x+\frac{1}{12}x^2}{1-\frac{1}{2}x+\frac{1}{12}x^2}$
$n = 3$	$\frac{1}{1-x+\frac{1}{2}x^2-\frac{1}{6}x^3}$	$\frac{1+\frac{1}{4}x}{1-\frac{3}{4}x+\frac{1}{4}x^2-\frac{1}{24}x^3}$	$\frac{1+\frac{2}{5}x+\frac{1}{20}x^2}{1-\frac{3}{5}x+\frac{3}{20}x^2-\frac{1}{60}x^3}$

Tab. 19 Hermite-Entwicklungen

$n = m$	$f(x)$
0	$(1 - x)\,f(0) + xf(1)$
1	$(1 - 3x^2 + 2x^3)\,f(0) + (x - 2x^2 + x^3)\,f'(0)$ $+ (3x^2 - 2x^3)\,f(1) + (-x^2 + x^3)\,f'(1)$
2	$(1 - 10x^3 + 15x^4 - 6x^5)\,f(0)$ $+ (x - 6x^3 + 8x^4 - 3x^5)\,f'(0)$ $+ (x^2 - 3x^3 + 3x^4 - x^5)/2\,f''(0)$ $+ (10x^3 - 15x^4 + 6x^5)\,f(1)$ $+ (-4x^3 + 7x^4 - 3x^5)\,f'(1)$ $+ (x^3 - 2x^4 + x^5)/2\,f''(1)\,.$

Padé-Entwicklungen $P(m,n)$ sind gebrochen rationale Darstellungen der Taylor-Entwicklung $T(x)$; Tab. 18.

$$P(m,n) = \frac{a_0 + a_1x + \ldots + a_mx^m}{b_0 + b_1x + \ldots + b_nx^n} = T(x). \tag{229}$$

Die Koeffizienten a_k, b_k folgen aus einem Koeffizientenvergleich. Von besonderem Interesse ist die Entwicklung der e-Funktion.

$$T(e^x) = \left(1 + x + \frac{x^2}{2} + \frac{x^3}{6} + \ldots\right) = P(m,n). \tag{230}$$

Hermite-Entwicklungen, üblicherweise im normierten Intervall $0 \leqq x \leqq 1$, benutzen die Funktionswerte $f^{(k)}$ an den Intervallrändern; Tab. 19.

Tab. 20 Lagrange-Entwicklungen in Intervall [0, 1] bei äquidistanten Stützstellen

n	x_1 bis x_n	l_1 bis l_n
2	0, 1	$1 - x$, x
3	0, 1/2, 1	$2(x - 1/2)(x - 1)$, $-4\,x(x - 1)$, $2\,x(x - 1/2)$
4	0, 1/3, 2/3, 1	$-\frac{9}{2}\left(x-\frac{1}{3}\right)\left(x-\frac{2}{3}\right)(x-1)$, $\frac{27}{2}x\left(x-\frac{2}{3}\right)(x-1)$, $-\frac{27}{2}x\left(x-\frac{1}{3}\right)(x-1)$, $\frac{9}{2}x\left(x-\frac{1}{3}\right)\left(x-\frac{2}{3}\right)$

$$f(x) = H(m,n) = \sum_{i=0}^{m} h_{0i}(x) f^{(i)}(0) + \sum_{k=0}^{n} h_{1k}(x) f^{(k)}(1), \tag{231}$$

$$f^{(k)} = \frac{d^k f}{dx^k}.$$

Lagrange-Entwicklungen benutzen die Funktionswerte $f(x_i)$ an n-Stützstellen x_i; Tab. 20.

$$l_i(x) = \prod_{j=1, j\neq i}^{n} \frac{(x - x_j)}{(x_i - x_j)}, \quad f(x) = \sum_{i=1}^{n} l_i(x) f(x_i), \tag{232}$$

z. B. $l_3 = \frac{(x - x_1)(x - x_2)1(x - x_4)}{(x_3 - x_1)(x_3 - x_2)1(x_3 - x_4)}$ für $n = 4$.

3.15 Integraltransformationen

3.15.1 Fourier-Transformation

Periodische Funktionen $f(t+T) = f(t)$ mit der Periode T lassen sich nach ▶ Kap. 2, „Funktionen“ durch ein diskretes Spektrum exponentieller (trigonometrischer) Funktionen $\exp(\mathrm{j}k \cdot 2\pi t/T)$ darstellen.

$$2\pi t = T\xi, \quad -T/2 \leqq t \leqq T/2,$$

$$f(t) = \sum_{-\infty}^{\infty} \frac{1}{T} c_k \exp\left(\mathrm{j}\frac{2\pi}{T}kt\right), \tag{233}$$

$$c_k = \int_{-T/2}^{T/2} f(t)\left[\exp\left(-\mathrm{j}\frac{2\pi}{T}kt\right)\right]\mathrm{d}t.$$

Durch den Übergang von diskreten Werten k zum Kontinuum, beschrieben durch Zuwächse $\mathrm{d}k = (k+1) - k = 1$, gelangt man heuristisch zu einer kontinuierlichen sogenannten Spektraldarstellung in einem Parameter ω:

$$\omega = (2\pi/T)k, \ \mathrm{d}\omega = 2\pi/T, \quad \mathrm{d}\omega \to 0 \quad \text{für} \quad \mathrm{T} \to \infty. \tag{234}$$

Spektralfunktion oder Fourier-Transformierte (Tab. 21)

$$F(\omega) = \int_{-\infty}^{\infty} f(t)\mathrm{e}^{-\mathrm{j}\omega t}\,\mathrm{d}t = F[f(t)]. \tag{235}$$

Die Umkehrtransformation überführt $F(\omega)$ zurück in die Originalfunktion $f(t)$:

$$f(t) = \int_{-\infty}^{\infty} \frac{1}{2\pi} F(\omega)\mathrm{e}^{\mathrm{j}\omega t}\,\mathrm{d}\omega.$$

Tab. 21 Originale $f(t)$ und Bilder $F(\omega)$ der Fourier-Transformation

$f(t)$	$F(\omega) = \mathrm{F}[f(t)]$
$\delta(t)$, Dirac-Distribution	1
Heaviside-, Sprungfunktion $H(t)$, $\varepsilon(t)$	$\frac{1}{\mathrm{j}\omega} + \pi\delta(\omega)$
1	$2\pi\delta(\omega)$
$tH(t)$	$\mathrm{j}\pi\delta(\omega) - \frac{1}{\omega^2}$
$\lvert t\rvert$	$-\frac{2}{\omega^2}$
$\mathrm{e}^{-at}H(t), \ a > 0$	$\frac{1}{a + \mathrm{j}\omega}$
$t\mathrm{e}^{-at}H(t), \ a > 0$	$\frac{1}{(a + \mathrm{j}\omega)^2}$
$\exp(-a\lvert t\rvert), \ a > 0$	$\frac{2a}{(a^2 + \omega^2)}$
$\exp(-at^2), \ a > 0$	$\sqrt{\frac{\pi}{a}}\exp\left(-\frac{\omega^2}{4a}\right)$
$\cos\Omega t$	$\pi[\delta(\omega - \Omega) + \delta(\omega + \Omega)]$
$\sin\Omega t$	$-\mathrm{j}\pi[\delta(\omega - \Omega) - \delta(\omega + \Omega)]$
$H(t)\cos\Omega t$	$\frac{\pi}{2}[\delta(\omega - \Omega) + \delta(\omega + \Omega)] + \frac{\mathrm{j}\omega}{\Omega^2 - \omega^2}$
$H(t)\sin\Omega t$	$-\frac{\mathrm{j}\pi}{2}[\delta(\omega - \Omega) - \delta(\omega + \Omega)] + \frac{\Omega}{\Omega^2 - \omega^2}$
$H(t)\mathrm{e}^{-at}\sin\Omega t$	$\frac{\Omega}{(a + \mathrm{j}\omega)^2 + \Omega^2}$
$1 - \lvert t\rvert/h$ für $\lvert t\rvert < h$ 0 für $\lvert t\rvert > h$	$h\left[\frac{\sin(\omega h/2)}{\omega h/2}\right]^2$

Hinreichende Bedingungen für die Fourier-Transformation, denen $f(t)$ genügen muss:

Dirichlet'sche Bedingungen: Endlich viele Extrema und endlich viele Sprungstellen mit endlichen Sprunghöhen in einem beliebigen endlichen Intervall (stückweise Stetigkeit) und

$$\int_{-\infty}^{\infty} |f(t)|\, \mathrm{d}t < \infty. \tag{236}$$

3.15.2 Laplace-Transformation

Die Einschränkung der Fourier-Transformation durch den endlichen Wert des Integrals $\int_{-\infty}^{\infty} |f|\, \mathrm{d}t$ lässt sich abschwächen, wenn man die Gewichtsfunktion $\exp(-\mathrm{j}\omega t)$ exponentiell dämpft mit $\exp(-\sigma t)$, $\sigma + \mathrm{j}\omega = s$, und den Integrationsbereich auf die positive t-Achse beschränkt.

Laplace-Transformierte $\mathrm{L}[f(t)]$ von $f(t)$:

$$f(t) \to F(s) = \int_0^{\infty} f(t)\mathrm{e}^{-st}\mathrm{d}t = \mathrm{L}[f(t)].$$

Die Umkehrtransformation reproduziert $f(t)$ aus $F(s)$:

$$f(t) = \frac{1}{2\pi \mathrm{j}} \lim_{\omega\to\infty} \int_{\sigma-\mathrm{j}\omega}^{\sigma+\mathrm{j}\omega} F(s)\mathrm{e}^{st}\mathrm{d}s \quad \text{für} \quad t \geq 0, \tag{237}$$

$f(t) = 0$ für $t < 0$.
$f(t)$ Originalfunktion; Darstellung im Zeitbereich
$F(s)$ Bildfunktion; Darstellung im Frequenzbereich.

Hinreichende Bedingungen für die Laplace-Transformation, denen $f(t)$ genügen muss:

$$\left.\begin{aligned} &\text{a) Die Dirichlet'schen Bedingungen müssen erfüllt sein.} \\ &\text{b)} \int_0^{\infty} |f(t)|\, \mathrm{e}^{-\sigma t}\mathrm{d}t < \infty. \end{aligned}\right\} \tag{238}$$

Für Operationen mit Laplace-Transformierten gelten folgende Rechenregeln:

Addition

$$\mathrm{L}[f_1(t) + f_2(t)] = \mathrm{L}[f_1(t)] + \mathrm{L}[f_2(t)]. \tag{239}$$

Bei Verschiebung eines Zeitvorganges $f(t)$ um eine Zeitspanne b in positiver Zeitrichtung spricht man von einer *Variablentransformation im Zeitbereich*.

$$\begin{aligned} &\mathrm{L}[f(t-b)] = \mathrm{e}^{-sb}\mathrm{L}[f(t)], \; s = \sigma + \mathrm{j}\omega. \\ &\text{(Stauchung und Phasenänderung)} \end{aligned} \tag{240}$$

Eine lineare Transformation des Spektralparameters s bewirkt eine Dämpfung der Funktion $f(t)$:
Variablentransformation im Frequenzbereich

$$F(s+a) = \int_0^{\infty} f(t)\mathrm{e}^{-(s+a)t}\mathrm{d}t = \mathrm{L}[\mathrm{e}^{-at}f(t)]. \tag{241}$$

Differenziation im Zeitbereich setzt voraus, dass die Laplace-Transformierte von $\dot{f} = \mathrm{d}f/\mathrm{d}t$ existiert.

$$\begin{aligned} \mathrm{L}[\dot{f}] &= \int_0^{\infty} \frac{\mathrm{d}f}{\mathrm{d}t}\mathrm{e}^{-st}\mathrm{d}t = [f\mathrm{e}^{-st}]_0^{\infty} + s\int_0^{\infty} f\mathrm{e}^{-st}\mathrm{d}t \\ &= s\mathrm{L}[f(t)] - f(0). \\ \mathrm{L}[\ddot{f}] &= s^2\mathrm{L}[f] - sf(0) - \dot{f}(0). \end{aligned} \tag{242}$$

Allgemein:

$$\begin{aligned} &\mathrm{L}[\mathrm{d}^n f(t)/\mathrm{d}t^n] = s^n\mathrm{L}[f(t)] - s^{n-1}f(0) \\ &-s^{n-2}\dot{f}(0) - \ldots - f^{(n-1)}(0). \end{aligned} \tag{243}$$

Zu gegebenen Paaren $f_1(t)$, $F_1(s)$ und $f_2(t)$, $F_2(s)$ ist das Bildprodukt $F_1(s) \cdot F_2(s)$ ausführbar; gesucht ist das dazugehörige Original, das als symbolisches Produkt $f_1 \cdot f_2$ geschrieben wird. Es gilt der sogenannte *Faltungssatz* (f_1 gefaltet mit f_2):

Es sei F_1 das Bild zum Original f_1,
F_2 das Bild zum Original f_2,
$f_1 * f_2$ das Original zum Bild $F_1 \cdot F_2$,

dann ist

$$f_1 * f_2 = \int_0^t f_1(t-\tau) f_2(\tau)\mathrm{d}\tau = \int_0^t f_2(t-\tau) f_1(\tau)\mathrm{d}\tau \tag{244}$$

Aus dem Faltungssatz folgt mit $f_2 \equiv 1$ der *Integrationssatz*:

$$\mathrm{L}\left[\int_0^t f(\tau)\mathrm{d}\tau\right] = \mathrm{L}[f(t)]/s, \tag{245}$$

Ähnlichkeitssatz:

$$\mathrm{L}[f(at)] = \frac{1}{a} F(s/a), \quad a > 0, \tag{246}$$

Multiplikationssatz für $n \in \mathbb{N}$:

$$\mathrm{L}[t^n f(t)] = (-1)^n [F(s)]^{(n)} \tag{247}$$

Divisionssatz:

$$\mathrm{L}\left[t^{-1} f(t)\right] = \int_s^\infty F(r)\mathrm{d}r. \tag{248}$$

Transformation einer periodischen Funktion $f(t) = f(t + T)$:

$$\mathrm{L}[f(t)] = \left(1 - \mathrm{e}^{-sT}\right)^{-1} \int_0^T \mathrm{e}^{-st} f(t)\mathrm{d}t, \quad \sigma > 0. \tag{249}$$

Der Nutzen der Integraltransformationen liegt darin, dass sich gegebene Funktionalgleichungen (z. B. Differenzialgleichungen) im Originalbereich nach der Transformation in den Bildbereich dort einfacher lösen lassen. Abschließend ist die Lösung $F(s)$ dann allerdings in den Originalbereich zurück zu transformieren. Dazu benutzt man Korrespondenztabellen zwischen $f(t)$ und $F(s)$, wobei das Bild $F(s)$ gelegentlich vorweg aufzubereiten ist. So zum Beispiel durch eine Partialbruchzerlegung

$$F(s) = \frac{Z(s)}{N(s)} = \sum_k \left(\frac{c_{k1}}{s - s_k} + \frac{c_{k2}}{(s - s_k)^2} + \ldots + \frac{c_{kr_k}}{(s - s_k)^{r_k}} \right), \tag{250}$$

s_k: Nullstellen des Nenners mit Vielfachheit r_k oder durch eine Reihenentwicklung der Bildfunktion $F(s)$. Bei einfachen Nullstellen s_k des Nenners in (250) gilt mit der Korrespondenz $\mathrm{L}[\mathrm{e}^{at}] = 1/(s - a)$ der *Heaviside'sche Entwicklungssatz*

$$f(t) = \sum_k \frac{Z(s_k)}{N'(s_k)} \mathrm{e}^{s_k t}. \quad N' = \mathrm{d}N/\mathrm{d}s. \tag{251}$$

Beispiel: Die Lösungsfunktion $u(t)$ der Differenzialgleichung $\dot{u} + cu = P \cos \Omega t$ ist mithilfe der Laplace-Transformation für beliebige Anfangswerte u_0 zu berechnen.

a) Laplace-Transformation

$$s\mathrm{L}[u] - u_0 + c\mathrm{L}[u] = P \frac{s}{s^2 + \Omega^2},$$
$$\mathrm{L}[u] = P \frac{s}{(s^2 + \Omega^2)(s + c)} + \frac{u_0}{s + c}.$$

b) Partialbruchzerlegung

$$\mathrm{L}[u] = \frac{u_0}{s + c} - \frac{Pc}{(c^2 + \Omega^2)} \cdot \frac{1}{(s + c)} + \frac{Pc}{c^2 + \Omega^2} \cdot \frac{s}{s^2 + \Omega^2} + \frac{P\Omega}{c^2 + \Omega^2} \cdot \frac{\Omega}{s^2 + \Omega^2}.$$

Tab. 22 Originale $f(t)$ und Bilder $F(s)$ der Laplace-Transformation

$f(t)\ t \geqq 0$	$F(s) = \mathrm{L}[f(t)]$
$\delta(t)$, Dirac-Distribution	$1/2$
$\delta(t-a),\ a > 0$	$\exp(-as)$
$\delta_+(t)$	1
$H(t) = 1$ für $t \geqq 0$	$\frac{1}{s}$
$t^n,\ n \in \mathbb{N}$	$\frac{n!}{s^{n+1}}$
$t^n \mathrm{e}^{at}$	$\frac{n!}{(s-a)^{n+1}} \quad (0! = 1)$
$1 - \mathrm{e}^{at}$	$\frac{-a}{s(s-a)}$
$(\mathrm{e}^{at} - 1 - at)\frac{1}{a^2}$	$\frac{1}{s^2(s-a)}$
$(1 + at)\mathrm{e}^{at}$	$\frac{s}{(s-a)^2}$
$\frac{t^2}{2}\mathrm{e}^{at}$	$\frac{1}{(s-a)^3}$
$\sin \Omega t$	$\frac{\Omega}{s^2+\Omega^2}$
$\cos \Omega t$	$\frac{s}{s^2+\Omega^2}$
$t \sin \Omega t$	$\frac{2\Omega s}{(s^2+\Omega^2)^2}$
$t \cos \Omega t$	$\frac{(s^2-\Omega^2)}{(s^2+\Omega^2)^2}$
$\mathrm{e}^{at} \sin \Omega t$	$\frac{\Omega}{(s-a)^2+\Omega^2}$
$\mathrm{e}^{at} \cos \Omega t$	$\frac{s-a}{(s-a)^2+\Omega^2}$
$\mathrm{e}^{at} f(t)$	$F(s-a)$
$(-t)^n f(t)$	$\frac{\mathrm{d}^n F(s)}{\mathrm{d}s^n}$

Tab. 23 Originale f_n und Bilder $Z[f_n]$ der z-Transformation

$f_n\ (n = 0,1,\ldots)$	$Z[f_n]$
δ_+	1
$H(n) = 1$ für $n \geqq 0$	$\frac{z}{z-1}$
n	$\frac{z}{(z-1)^2}$
n^2	$\frac{z(z+1)}{(z-1)^3}$
n^3	$\frac{z(z+4z+1)}{(z-1)^4}$
$\binom{n}{k}$	$\frac{z}{(z-1)^{k+1}}$
a^n	$\frac{z}{z-a}$
e^{an}	$\frac{z}{z-\mathrm{e}^a}$
$n\mathrm{e}^{an}$	$\frac{\mathrm{e}^a z}{(z-\mathrm{e}^a)^2}$
$n^2\mathrm{e}^{an}$	$\frac{\mathrm{e}^a z(z+\mathrm{e}^a)}{(z-\mathrm{e}^a)^3}$
$1 - \mathrm{e}^{an}$	$\frac{(1-\mathrm{e}^a)z}{(z-1)(z-\mathrm{e}^a)}$
$\sin n\Omega$	$\frac{z \sin \Omega}{z^2 - 2z\cos\Omega + 1}$
$\cos n\Omega$	$\frac{z^2 - z\cos\Omega}{z^2 - 2z\cos\Omega + 1}$
$\mathrm{e}^{an}\sin n\Omega$	$\frac{\mathrm{e}^a z \sin\Omega}{z^2 - 2\mathrm{e}^a z\cos\Omega + \mathrm{e}^{2a}}$
$\mathrm{e}^{an}\cos n\Omega$	$\frac{z^2 - \mathrm{e}^a z\cos\Omega}{z^2 - 2\mathrm{e}^a z\cos\Omega + \mathrm{e}^{2a}}$
$1 - (1 - an)\mathrm{e}^{an}$	$\frac{z}{z-1} - \frac{z}{z-\mathrm{e}^a} + \frac{a\mathrm{e}^a z}{(z-\mathrm{e}^a)^2}$
$1 + \frac{b\mathrm{e}^{an} - a\mathrm{e}^{bn}}{a-b}$	$\frac{z}{z-1} + \frac{bz}{(a-b)(z-\mathrm{e}^a)} - \frac{az}{(a-b)(z-\mathrm{e}^b)}$

c) Umkehrtransformation mit Tab. 22

$$u(t) = u_0\mathrm{e}^{-ct} + \frac{P}{c^2+\Omega^2} \cdot \left[-c\mathrm{e}^{-ct} + c\cos\Omega t + \Omega\sin\Omega t\right].$$

3.15.3 *z*-Transformation

Integraltransformationen verknüpfen zeitkontinuierliche Original- und Bildfunktionen (Tab. 24). Die z-Transformation überführt eine Folge f_0, f_1, f_2 diskreter Werte in eine Bildfunktion $F(z)$.

$$Z[f_n] = \sum_{n=0}^{\infty} f_n z^{-n} = F(z), \qquad (252)$$
$$Z[f_{k+1} - f_k] = (z-1)F(z) - zf_0.$$

Auf diese Weise werden Differenzengleichungen in algebraische Gleichungen transformiert.

Beispiel 1: Für $f_n = 1$ für alle n gilt

$$Z[1] = 1 + z^{-1} + z^{-2} + \ldots = \frac{z}{z-1}.$$

Konvergenz für $|z| > 1$.

Tab. 24 Gebräuchliche Transformationen

Integraltransformationen
Laplace-Transformation
$\mathrm{L}[f(t)] = \int_0^\infty f(t)\mathrm{e}^{-st}\mathrm{d}t$; s komplex
Fourier-Transformation
$\mathrm{F}[f(t)] = \int_{-\infty}^{\infty} f(t)\mathrm{e}^{-\mathrm{j}\omega t}\mathrm{d}t$; ω reell
Mellin-Transformation
$\mathrm{M}[f(t)] = \int_0^\infty f(t)t^{s-1}\mathrm{d}t$; s komplex
Stieltjes-Transformation
$\mathrm{S}[f(t)] = \int_0^\infty \frac{f(t)}{t+s}\mathrm{d}t$; s komplex, $\lvert\arg s\rvert < \pi$
Hilbert-Transformation
$\mathrm{H}[f(t)] = \frac{1}{\pi}\int_{-\infty}^{\infty} \frac{f(t)}{t-\omega}\mathrm{d}t$; ω reell
Fourier-Cosinus-Transformation
$\mathrm{F_c}[f(t)] = \int_0^\infty f(t)\cos(\omega t)\mathrm{d}t$; $\omega > 0$, reell
Fourier-Sinus-Transformation
$\mathrm{F_s}[f(t)] = \int_0^\infty f(t)\sin(\omega t)\mathrm{d}t$; $\omega > 0$, reell
Diskrete Transformationen
z-Transformation
$Z[f_n] = \sum_{n=0}^{\infty} f_n z^{-n}$
Diskrete Laplace-Transformation
$\mathrm{L}[f_n] = \sum_{n=0}^{\infty} f_n \mathrm{e}^{-ns}$; s komplex

Beispiel 2: Aus der Differenzengleichung $u_{k+1} - u_k = 2k$ berechne man mithilfe der z-Transformation die Lösung $u_n = f(n)$ mit der Anfangsbedingung $u_0 = 1$

a) z-Transformation

$$(z-1)F(z) - z\cdot 1 = 2\cdot\frac{z}{(z-1)^2}$$
$$\rightarrow F(z) = \frac{z}{z-1} + \frac{2z}{(z-1)^3}.$$

b) Rücktransformation mit Tab. 23.

$$u_n = 1 + 2\binom{n}{2} = 1 + n(n-1).$$

Literatur

Ameling W (1984) Laplace-Transformationen, 3. Aufl. Vieweg, Braunschweig

Andrie M, Meier P (1996) Analysis für Ingenieure, 3. Aufl. Springer, Berlin

Basar Y, Krätzig WB (1985) Mechanik der Flächentragwerke. Vieweg, Braunschweig

Betz A (1964) Konforme Abbildung, 2. Aufl. Springer, Berlin

Burg K, Haf H, Wille F, Meister A (2013) Funktionentheorie. Höhere Mathematik für Ingenieure, Naturwissenschaftler und Mathematiker. Springer, Wiesbaden

Courant R (1971/1972) Vorlesungen über Differential- und Integralrechnung, 2 Bde, 4. Aufl. Springer, Berlin

Epstein M (2014) Differential geometry. Basic notions and physical examples. Springer International Publishing, Cham

Fichtenholz GM (1997, 1990, 1992) Differential- und Integralrechnung, 3 Bde. Deutscher Verlag der Wissenschaften, Berlin

Föllinger O (2011) Laplace-, Fourier- und z-Transformation, 10. Aufl. vde Verlag, Berlin

Gaier D (1964) Konstruktive Methoden der konformen Abbildung. Springer, Berlin

Grauert H, Lieb I (1977) Differential- und Integralrechnung III: Integrationstheorie. Kurven- und Flächenintegrale. Vektoranalysis, 2. Aufl. Springer, Berlin

Heinhold J, Gaede KW (1980) Einführung in die höhere Mathematik. Teil 4. Hanser, München

Iben HK (1999) Tensorrechnung. Vieweg+Teubner Verlag, Stuttgart

Jänich K (2001) Analysis für Physiker und Ingenieure, 4. Aufl. Springer, Berlin

Knopp K (1978) Elemente der Funktionentheorie, 9. Aufl. de Gruyter, Berlin

Knopp K (1987, 1981) Funktionentheorie, 2 Bde, 13. Aufl. de Gruyter, Berlin

Kochubei A, Luchko Y (Hrsg) (2019a) Handbook of fractional calculus with applications. Part 1 basic theory. de Gruyter, Berlin

Kochubei A, Luchko Y (Hrsg) (2019b) Handbook of fractional calculus with applications. Part 2 fractional differential equations. de Gruyter, Berlin

Koppenfels W, Stallmann F (1959) Praxis der konformen Abbildung. Springer, Berlin

Kühnel W (2010) Differentialgeometrie. Kurven – Flächen – Mannigfalten, 5. Aufl. Vieweg+Teubner, Wiesbaden

Meyer zur Capellen W (1950) Integraltafeln. Sammlung unbestimmter Integrale elementarer Funktionen. Springer, Berlin

Miller KS, Ross B (1993) An introduction to the fractional calculus and fractional differential equations. Wiley, New York

Oldham KB, Spanier J (1974) The fractional calculus. Academic, San Diego

Oustaloup A (1995) La derivation non entiere. Hermes, Paris

Ulrich H, Weber H (2017) Laplace-, Fourier- und z-Transformation. Grundlagen und Anwendungen, 10. Aufl. Springer, Wiesbaden

Weber H (2003) Laplace-Transformation für Ingenieure der Elektrotechnik, 7. Aufl. Teubner, Stuttgart

Zurmühl R (1984) Praktische Mathematik für Ingenieure und Physiker, 5. Aufl. Springer, Berlin

4 Gewöhnliche und partielle Differenzialgleichungen

Peter Ruge und Carolin Birk

Zusammenfassung

Dieser Beitrag widmet sich der Klassifizierung und geometrischen Interpretation von gewöhnlichen Differenzialgleichungen und stellt entsprechende Lösungsverfahren vor. Neben Systemen von Differenzialgleichungen und selbstadjungierten Differenzialgleichungen werden klassische nichtelementare Differenzialgleichungen zusammengefasst. Weiterer Gegenstand des Beitrages sind partielle Differenzialgleichungen, insbesondere deren Klassifikation. Vorgestellt werden spezielle Lösungen der Wellen- und Potenzialgleichung sowie Fundamentallösungen einiger linearer partieller Differenzialgleichungen. Weiterhin werden Verfahren zur numerischen Integration von Differenzialgleichungen zusammengefasst.

4.1 Gewöhnliche Differenzialgleichungen

4.1.1 Einteilung

Die Bestimmungsgleichung für eine Funktion f heißt gewöhnliche Differenzialgleichung (Dgl.) n-ter Ordnung, wenn $f = y(x)$ Funktion nur einer Veränderlichen (hier x) ist und $y^{(n)}$ die höchste in der Gleichung

$$F\left(x, y, y', \ldots, y^{(n)}\right) = 0, \quad y^{(n)} = \mathrm{d}^n y/\mathrm{d}x^n \quad (1)$$

vorkommende Ableitung ist. Ist (1) nach $y^{(n)}$ auflösbar, spricht man von der *Normal- oder expliziten Form*

$$y^{(n)} = f\left(x, y, y', \ldots, y^{(n-1)}\right). \quad (2)$$

Eine gewöhnliche lineare Dgl. n-ter Ordnung

$$a_n(x)y^{(n)} + \ldots + a_0(x)y = r(x) \quad (3)$$

mit nichtkonstanten Koeffizienten $a_k(x)$ wird nach der Existenz der rechten Seite (Störglied) nochmals klassifiziert.

P. Ruge
Institut für Statik und Dynamik der Tragwerke, Technische Universität Dresden, Dresden, Deutschland
E-Mail: peter.ruge@tu-dresden.de

C. Birk (✉)
Statik und Dynamik der Flächentragwerke, Universität Duisburg-Essen, Essen, Deutschland
E-Mail: carolin.birk@uni-due.de

M. Hennecke, B. Skrotzki (Hrsg.), *HÜTTE Band 1: Mathematisch-naturwissenschaftliche und allgemeine Grundlagen für Ingenieure*, Springer Reference Technik,
https://doi.org/10.1007/978-3-662-64369-3_4

$$\begin{array}{l}\text{Inhomogene gewöhnliche lineare Dgl.,}\\ \text{falls } r(x)\not\equiv 0,\\ \text{Homogene gewöhnliche lineare Dgl.,}\\ \text{falls } r(x)\equiv 0.\end{array} \tag{4}$$

Periodische Koeffizienten $a_k(x+l) = a_k(x)$ mit der Periode l oder konstante Koeffizienten sind weitere Sonderfälle von (3).

Wie auch bei der Berechnung unbestimmter Integrale enthält die Lösungsschar, auch allgemeine Lösung genannt, einer Dgl. n-ter Ordnung n zunächst freie Integrationskonstanten C_i. Durch Vorgabe von n Paaren $\{x_i, y(x_i)\}$ bis $\{x_j, [y(x_j)]^{(k)}\}$, $k \leqq n-1$, wird die allgemeine zur partikulären oder speziellen Lösung. Je nach Lage der Stellen x_j unterscheidet man 2 Gruppen:

Anfangswertaufgaben:

Alle Vorgaben – hier Anfangsbedingungen – betreffen eine einzige Stelle x_j des Definitionsbereiches der Dgl. (5)

Randwertaufgaben:

Die Vorgaben – hier Randbedingungen – betreffen verschiedene Stellen des Definitionsbereiches. (6)

Eine homogene Randwertaufgabe heißt *Eigenwertaufgabe*, wenn Dgl. und/oder Randbedingungen einen zunächst freien Parameter λ enthalten. Gibt es für spezielle Werte λ_j nichttriviale Lösungen $y_j(x)\not\equiv 0$, so spricht man von *Eigenpaaren* mit dem *Eigenwert* λ_j und der *Eigenfunktion* $y_j(x)$.

4.1.2 Geometrische Interpretation

Explizite Differenzialgleichungen erster Ordnung, $y' = f(x, y)$, ordnen jedem Punkt (x, y) der Ebene eine Richtung zu. Durch Vorgabe eines Punktes (x_0, y_0) wird genau eine Kurve bestimmt, die in das Richtungsfeld hineinpasst. Das aufwändige punktweise Zeichnen des Richtungsfeldes erleichtert man sich durch das Eintragen von Linien gleicher Steigung c – Isoklinen – mit mehrfacher Antragung der Steigungen.

Beispiel: Das Isoklinenfeld für die Dgl. $y' = x/(x-y)$ ist zu zeichnen und die Lösungskurven für $x_0 = 0$, $y_0 = 1$ sowie $x_0 = 0$, $y_0 = -1$ sind einzutragen.

Isoklinenfeld: $c = x/(x-y) \to y = x(c-1)/c$.

Für $c = 0, \infty, 1, -1, 1/2$ sind die Geraden $y(x, c)$ und die Lösungsspiralen in Abb. 1 eingetragen. Ist die Funktion $f(x, y)$ in einem abgeschlossenen Gebiet G um einen Punkt $P_k(x_k, y_k)$ stetig und beschränkt und zudem die *Lipschitz-Bedingung*

$$\begin{array}{l}|f_{,y}| \leqq L \quad \text{oder}\\ |f(x_k,y_k) - f(x_k,y_k+\Delta y)| \leqq |\Delta y| L,\\ L \ \text{Lipschitz-Konstante,}\end{array} \tag{7}$$

für $y' = f(x, y)$ in G erfüllt, so gibt es genau eine Lösungskurve in G zu dem Startpunkt P_k; ansonsten ist P_k ein singulärer Punkt.

Im Sonderfall $y' = g/f$ mit $f(x_0, y_0) = g(x_0, y_0) = 0$ ist (x_0, y_0) ein isolierter singulärer Punkt, dessen Charakteristik aus den Eigenwerten λ der zugehörigen *Jacobi-Matrix* $\boldsymbol{J}$ folgt.

$$\boldsymbol{J} = \begin{bmatrix} f_{,x} & g_{,x} \\ f_{,y} & g_{,y} \end{bmatrix} \quad \text{zu} \quad y' = \frac{g(x,y)}{f(x,y)}, \tag{8}$$
$$f_{,x} = \partial f/\partial x.$$
$$\text{Eigenwerte } \lambda \text{ aus } \det|\boldsymbol{J} - \lambda \boldsymbol{I}| = 0.$$

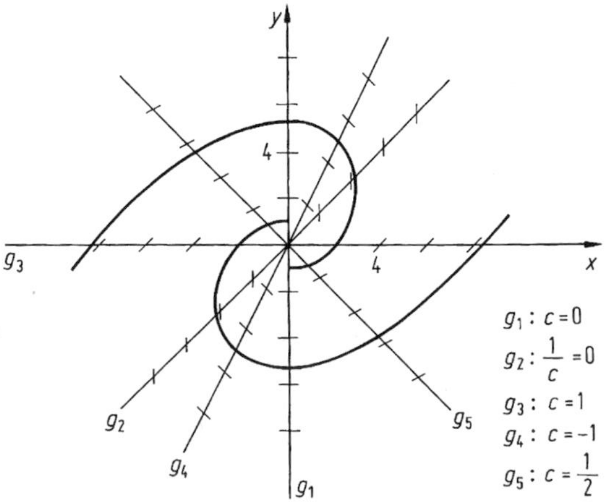

Abb. 1 Isoklinenfeld $y = x(1 - 1/c)$ für verschiedene Steigungen c

$$\begin{aligned} \lambda_1, \lambda_2 \in \mathbb{R}: \quad & \lambda_1 \cdot \lambda_2 > 0 && \text{Knotenpunkt,} \\ & \lambda_1 \cdot \lambda_2 < 0 && \text{Sattelpunkt.} \\ \lambda_1, \lambda_2 = \alpha \pm \mathrm{j}\beta, \alpha \neq 0 & && \text{Strudelpunkt.} \\ \lambda_1, \lambda_2 = \pm \mathrm{j}\beta & && \text{Wirbelpunkt.} \end{aligned} \tag{9}$$

Eine Darstellung der Dgl. $y' = g/f$ mit einem Parameter t (z. B. die Zeit),

$$\begin{aligned} \dot{x} = f(x,y), \ \dot{y} = g(x,y) \quad \text{mit} \\ \dot{y}/\dot{x} = y' = g/f, \ \dot{y} = \mathrm{d}y/\mathrm{d}t, \end{aligned} \tag{10}$$

ordnet jedem Wert t einen Punkt (x, y) des sogenannten *Phasenporträts* zu. Falls eine Funktion H mit dem vollständigen Differenzial

$$\mathrm{d}H = H_{,x}\mathrm{d}x + H_{,y}\mathrm{d}y = \mathrm{d}x\left(H_{,x} + y'H_{,y}\right) = 0$$

die Dgl. $y' = g/f$ erzeugt, nennt man H die *Hamilton-Funktion* zu $y' = g/f$:

$$H_{,x} = -g \quad \text{und} \quad H_{,y} = f. \tag{11}$$

Beispiel, *Fortsetzung*: Für die Dgl. $y' = x(x - y)$ mit $g(x, y) = x$ und $f(x, y) = x - y$ ist der Nullpunkt $x_0 = y_0 = 0$ isoliert singulär. Die Eigenwerte $\lambda_{1,2} = \left(1 \pm \mathrm{j}\sqrt{3}\right)/2$ aus

$$\begin{vmatrix} 1-\lambda & 1 \\ -1 & -\lambda \end{vmatrix} = \lambda^2 - \lambda + 1 = 0$$

kennzeichnen den Nullpunkt als Strudelpunkt.

4.2 Lösungsverfahren für gewöhnliche Differenzialgleichungen

4.2.1 Trennung der Veränderlichen

Lässt sich in $y' = f(x, y)$ die rechte Seite gemäß $f(x, y) = f_1(x)f_2(y)$ mit $f_2(y) \neq 0$ separieren, so verbleiben 2 gewöhnliche Integrale:

$$\begin{aligned} y' = f_1(x)f_2(y) \to \int [f_2(y)]^{-1}\,\mathrm{d}y \\ = \int f_1(x)\,\mathrm{d}x + C. \end{aligned} \tag{12}$$

Ein Sonderfall ist die lineare Dgl. $y' + a(x)y = r(x)$ mit nichtkonstantem Koeffizienten a. Hierfür gilt

$$\begin{aligned} y(x) &= \left[C + \int r\varepsilon(x)\,\mathrm{d}x\right]/\varepsilon(x), \\ \varepsilon(x) &= \exp\left[\int a(x)\,\mathrm{d}x\right]. \end{aligned} \tag{13}$$

Beispiel: Dgl. $y' + y/x = x^2$. $\varepsilon(x) = x$, $y = (C + x^4/4)/x$.

4.2.2 Totales Differenzial

Aus dem Vergleich von Differenzialgleichung

$$f(x,y)\,\mathrm{d}x + g(x,y)\,\mathrm{d}y = 0$$

und totalem Differenzial

$$F_{,x}\,\mathrm{d}x + F_{,y}\,\mathrm{d}y = \mathrm{d}F = 0$$

folgt:

$$\left.\begin{aligned} \text{Falls } f = F_{,x} \text{ und } g = F_{,y}, \\ \text{d.h. wenn } f_{,y} = g_{,x} = F_{,xy}, \\ \text{gilt } F(x,y) = C, \quad C = \text{const.} \end{aligned}\right\} \tag{14}$$

Beispiel:
Dgl. $2x\cos y + 3x^2 + (4y^3 - x^2\sin y)\,y' = 0$.

a) Prüfung:

$$\begin{aligned} f &= 2x\cos y + 3x^2, & f_{,y} &= -2x\sin y, \\ g &= 4y^3 - x^2\sin y, & g_{,x} &= -2x\sin y. \end{aligned}$$

b) Integration:

$$\begin{aligned} F_{,x} = f \to F = x^2\cos y + x^3 + h_1(y), \\ F_{,y} = g \to F = x^2\cos y + y^4 + h_2(x). \end{aligned}$$

c) Lösung:

$$x^2 \cos y + x^3 + y^4 = C.$$

Gilt die Bedingung $f_{,y} - g_{,x} = 0$ eines totalen Differenzials nicht, so kann es einen *integrierenden Faktor* $\varphi(x, y)$ geben, sodass gilt

$$\left.\begin{aligned} &(\varphi f)_{,y} = (\varphi g)_{,x} \\ &\text{Sonderfälle:} \\ &\quad \text{Falls} \quad (f_{,y} - g_{,x})/g = q(x), \quad \text{gilt} \\ &\qquad \varphi(x) = \exp\left[\textstyle\int q\,\mathrm{d}x\right]; \\ &\quad \text{falls} \quad (g_{,x} - f_{,y})/f = q(y), \quad \text{gilt} \\ &\qquad \varphi(y) = \exp\left[\textstyle\int q\,\mathrm{d}y\right]. \end{aligned}\right\} \quad (15)$$

4.2.3 Substitution

Von der Vielzahl der Möglichkeiten wird hier nur eine Auswahl vorgeführt.

Gleichgradige Dgln. $y' = f(x,y)$ zeichnen sich aus durch eine Streckungsneutralität:

$$f(sx, sy) = f(x,y).$$

Durch die Substitution

$$z(x) = y(x)/x \rightarrow y(x) = xz, \quad y' = z + xz' \quad (16)$$

lässt sich die Form $z' = f_1(x) f_2(z)$ erreichen.

Die *Euler'sche Dgl.* mit nichtkonstanten Koeffizienten lässt sich in eine Dgl. mit konstanten Faktoren überführen.

$$\begin{aligned} &\text{Aus } a_n x^n y^{(n)} + \ldots + a_0 y = 0, y^{(n)} = \mathrm{d}^n y/\mathrm{d}x^n, \\ &\text{wird mit} \quad x = \mathrm{e}^t, \quad \mathrm{d}x = x\,\mathrm{d}t, \\ &b_n y^{(n)} + \ldots + b_0 y = 0, \quad y^{(n)} = \mathrm{d}^n y/\mathrm{d}t^n. \end{aligned} \quad (17)$$

Die nicht lineare *Bernoulli'sche Dgl.* lässt sich in eine lineare Dgl. überführen:

$$\begin{aligned} &\text{Aus } y' + a(x)y + b(x)y^n = 0 \\ &\text{wird mit} \quad y = z^{1/(1-n)}, \quad n \neq 1, \\ &z' + (1-n)(az + b) = 0. \end{aligned} \quad (18)$$

Das *Verfahren der wiederholten Ableitung* kann zu einfacheren Dgln. führen:

$$\begin{aligned} &\text{Aus } y = F(x,y') \\ &\text{wird mit} \quad y' = z \\ &y' = \mathrm{d}F/\mathrm{d}x = z = F_{,x} + F_{,z}\,z'. \end{aligned} \quad (19)$$

Die nicht lineare *Riccati'sche Dgl.* lässt sich in eine lineare homogene Dgl. 2. Ordnung überführen:

$$\begin{aligned} &\text{Aus } y' + a(x)y^2 + b(x)y = r(x) \\ &\text{wird mit} \quad y = z'/(az) \\ &a(x)z'' - (a' - ab)z' + a^2 rz = 0. \end{aligned} \quad (20)$$

Bei Kenntnis einer partikulären Lösung y_1 gilt:

$$\begin{aligned} &\text{Aus } y' + ay^2 + by = r \\ &\text{wird mit} \quad y = y_1 + 1/z; \quad y' = y_1' - z'/z^2 \\ &z' - a(2y_1 z + 1) - bz = 0. \end{aligned} \quad (21)$$

Beispiel:

Aus der Dgl $y' + y^2 = 4x + 1/\sqrt{x}$ wird mit $y_1 = 2\sqrt{x}: \; z' = 4\sqrt{x}z + 1$.

4.2.4 Lineare Differenzialgleichungen

Lineare Differenzialgleichungen formuliert man auch abkürzend mithilfe des linearen Differenzialoperators L, der die wichtigen Eigenschaften der *Additivität* und *Homogenität* besitzt:

$$\begin{aligned} &L[y] = a_n(x)y^{(n)} + \ldots + a_0(x)y = r(x). \\ &L[y_1 + y_2] = L[y_1] + L[y_2], \\ &L[\alpha y_1] = \alpha L[y_1]. \end{aligned} \quad (22)$$

Die homogene Dgl. $L[y] = 0$ n-ter Ordnung besitzt n linear unabhängige Lösungsfunktionen

y_1 bis y_n, die man zum *Fundamentalsystem* der Dgl. $L[y] = 0$ zusammenfasst:

$$y_1(x), \ldots, y_n(x). \tag{23}$$

Jede Linearkombination ist Lösung:

$$L[y] = 0 \quad \text{für} \quad y = C_1 y_1(x) + \ldots + C_n y_n(x).$$

Eine Menge von n Funktionen $y_1(x)$ bis $y_n(x)$ ist dann linear abhängig, – also kein Fundamentalsystem – wenn im Definitionsbereich $a \leqq x \leqq b$ der Dgl. ein Wert $x = x_0$ existiert, für den die *Wronski-Determinante*

$$W(x) = \begin{vmatrix} y_1(x) & y_2(x) & \ldots & y_n(x) \\ \vdots & \vdots & & \vdots \\ y_1{}^{(n-1)}(x) & y_2{}^{(n-1)}(x) & \ldots & y_n{}^{(n-1)}(x) \end{vmatrix} \tag{24}$$

verschwindet.

Fundamentalsystem und eine partikuläre Lösung y_p einer gegebenen rechten Seite $r(x)$ bilden zusammengenommen die

$$\begin{aligned} &\text{Gesamtlösung für } L[y] = 0 + r(x): \\ &L[y_\mathrm{p}] = r, \quad L[y_k] = 0, \\ &y(x) = \sum_{k=1}^{n} C_k y_k(x) + y_\mathrm{p}(x) \ . \ C_k : \text{Konstante}. \end{aligned} \tag{25}$$

Die Partikularlösung y_p einer Summe $r_1(x)$ bis $r_s(x)$ von rechten Seiten ist gleich der Summe der jeweiligen Partikularlösungen; es gilt das sog. *Superpositionsprinzip*:

$$\begin{aligned} &\text{Gegeben}: L[y] = r_1(x) + \ldots + r_s(x). \\ &\text{Mit} \quad L\left[y_{\mathrm{p}1}\right] = r_1(x), \quad \ldots, \quad L\left[y_{\mathrm{p}s}\right] = r_s(x) \\ &\text{gilt} \quad y_\mathrm{p} = y_{\mathrm{p}1} + \ldots + y_{\mathrm{p}s}. \end{aligned} \tag{26}$$

Variation der Konstanten C in (23) ist eine Möglichkeit, bei bekanntem Fundamentalsystem eine partikuläre Lösung von $L[y] = r$ zu bestimmen:

$$\begin{aligned} &L[y] = r, \ L[C_1 y_1 + \ldots + C_n y_n] = 0, \\ &y_\mathrm{p} = C_1(x) y_1(x) + \ldots + C_n(x) y_n(x). \end{aligned} \tag{27}$$

Die neuerliche Integrationsaufgabe zur Berechnung der n Funktionen $C(x)$ eröffnet eine Mannigfaltigkeit weiterer Integrationskonstanten.

Durch $n - 1$ Vorgaben

$$C_1' y_1{}^{(k)} + \ldots + C_n' y_n^{(k)} = 0 \quad \text{für} \quad k = 0 \ \text{bis} \ n - 2$$

und Einsetzen des Ansatzes (27) in die Dgl. erhält man genau n Gleichungen zur Berechnung der n Funktionen C_k.

$$\begin{bmatrix} y_1(x) & y_2(x) & \ldots & y_n(x) \\ \vdots & \vdots & & \vdots \\ y_1{}^{(n-1)} & y_2{}^{(n-1)} & \ldots & y_n{}^{(n-1)} \end{bmatrix} \begin{bmatrix} C_1'(x) \\ \vdots \\ C_n'(x) \end{bmatrix} - \begin{bmatrix} 0 \\ \vdots \\ 0 \\ r(x)/a_n(x) \end{bmatrix}, \tag{28}$$

kurz $\boldsymbol{W}(x)\boldsymbol{C}(x) = \boldsymbol{R}(x)$, $\boldsymbol{W}$: Wronski-Matrix.

$$\begin{aligned} &\text{Speziell } n = 2: \\ &\text{Dgl. } y'' + f(x)y' + g(x)y = r(x). \\ &\boldsymbol{C}' \text{aus} \begin{bmatrix} y_1 & y_2 \\ y_1' & y_2' \end{bmatrix} \begin{bmatrix} C_1' \\ C_2' \end{bmatrix} = \begin{bmatrix} 0 \\ r(x) \end{bmatrix}, \\ &W(x) = y_1 y_2' - y_2 y_1'. \\ &\qquad y_\mathrm{p} = y_2(x) \int y_1(x) \frac{r(x)}{W(x)} \mathrm{d}x \\ &\qquad\qquad - y_1(x) \int y_2(x) \frac{r(x)}{W(x)} \mathrm{d}x. \end{aligned} \tag{29}$$

Beispiel: Gegeben ist eine lineare Euler'sche Dgl. $x^2 y'' + xy' - y = \ln x$ mit dem Fundamentalsystem $y_1 = x$, $y_2 = 1/x$.

$$\begin{aligned} W(x) &= x(-1/x^2) - (1/x) = -2/x, \\ r(x) &= \ln x / x^2. \\ y_\mathrm{p} &= -1/(2x) \int \ln x \, \mathrm{d}x + (x/2) \int (\ln x / x^2) \mathrm{d}x \\ &= -\ln x. \end{aligned}$$

4.2.5 Lineare Differenzialgleichung, konstante Koeffizienten

Das Fundamentalsystem der homogenen Gleichung dieses Typs lässt sich stets aus e-Funktionen mit noch unbekannten Argumenten λ bilden:

$$L[y] = 0 + r(x), \quad L[y] = a_n y^{(n)} + \ldots + a_0 y.$$

Homogene Lösung $y = \exp(\lambda x)$. Einsetzen in die Dgl. gibt die charakteristische Gleichung

$$P_n(\lambda) = a_n \lambda^n + \ldots + a_0 = 0. \tag{30}$$

Folgende Situationen bezüglich der Wurzeln $\lambda_k \in \mathbb{C}$ sind typisch:

Verschiedene Wurzeln λ_k, die jeweils nur einmal auftreten, korrespondieren mit der Lösung $\exp(\lambda_k x)$.

Mehrfache Wurzeln λ_j, die k-fach auftreten, entsprechen einer Lösungsmenge $\exp(\lambda_j x)$, $x\exp(\lambda_j x)$ bis $x^{k-1}\exp(\lambda_j x)$.

Komplexe Wurzeln treten paarweise konjugiert komplex auf. Aufgrund der Euler-Formel $\exp(\mathrm{j}\varphi) = \cos\varphi + \mathrm{j}\sin\varphi$ korrespondiert ein Wurzelpaar $\lambda = \alpha \pm \mathrm{j}\beta$ mit dem Lösungspaar

$$\exp(\alpha x)\cos(\beta x), \quad \exp(\alpha x)\sin(\beta x).$$

Beispiel: Dgl. des Bernoulli-Balkens mit Biegesteifigkeit EI und Axialdruck H. $EI\,w'''' + Hw'' = 0$. Charakteristische Gleichung:

$$\lambda^4 + \delta^2\lambda^2 = 0, \quad \delta^2 = H/(EI), \quad \lambda_{11} = 0,$$
$$\lambda_{12} = 0, \quad \lambda_2 = \pm \mathrm{j}\delta.$$

Fundamentalsystem:

$$y_{11} = 1, \quad y_{12} = x, \quad y_{21} = \cos\delta x, \quad y_{22} = \sin\delta x.$$

Partikuläre Lösungen der inhomogenen Dgl. erhält man über die Variation der Konstanten oder oft einfacher durch einen *Ansatz nach Art der rechten Seite* mit noch freien Faktoren, die aus einem Koeffizientenvergleich folgen.

Beispiel: Eine partikuläre Lösung der Dgl.

$$y'' + ay' + by = \cos\Omega x \quad \text{wird gesucht.}$$

Ansatz nach Art der rechten Seite: $y_\mathrm{p} = p\cos\Omega x + q\sin\Omega x$. Einsetzen in die Dgl. gibt 2 Gleichungen für p und q.

$$\begin{bmatrix} b-\Omega^2 & a\Omega \\ -a\Omega & b-\Omega^2 \end{bmatrix}\begin{bmatrix} p \\ q \end{bmatrix} = \begin{bmatrix} 1 \\ 0 \end{bmatrix}.$$

4.2.6 Normiertes Fundamentalsystem

Die Linearkombination des Fundamentalsystems mit Faktoren C_k kann in eine solche mit Faktoren $y(0)$, $y'(0)$ bis $y^{(n-1)}(0)$ umgeschrieben werden.

$$L[y] = a_n y^{(n)} + \ldots + a_0 y = 0,$$
$$y(x) = C_1 y_1(x) + \ldots + C_n y_n(x).$$

Normiertes Fundamentalsystem:

$$y(x) = y(0)f_1(x) + y'(0)f_2(x) + \ldots + y^{(n-1)}(0)f_n(x). \tag{31}$$

Die auf Randdaten $y^{(k)}$ an der Stelle $x = 0$ normierten Funktionen f_{k+1} sind selbst Linearkombinationen des nicht normierten Systems. Die konkrete Berechnung erfordert die Lösung eines algebraischen Gleichungssystems der Ordnung n.

Beispiel: Für die Dgl. $y'''' - y = 0$ mit dem Fundamentalsystem $\sin x$, $\cos x$, $\sinh x$, $\cosh x$ bestimme man die normierte Version.

Normierung von

$$y(x) = C_0\sin x + C_1\cos x + C_2\sinh x + C_3\cosh x:$$
$$\begin{bmatrix} y(0) \\ y'(0) \\ y''(0) \\ y'''(0) \end{bmatrix} = \begin{bmatrix} 0 & 1 & 0 & 1 \\ 1 & 0 & 1 & 0 \\ 0 & -1 & 0 & 1 \\ -1 & 0 & 1 & 0 \end{bmatrix}\begin{bmatrix} C_0 \\ C_1 \\ C_2 \\ C_3 \end{bmatrix}$$

kurz $\boldsymbol{y}_0 = \boldsymbol{KC}$.

Umkehrung gibt die Elimination der C_i durch Randdaten

$$C = \frac{1}{2}\begin{bmatrix} 0 & 1 & 0 & -1 \\ 1 & 0 & -1 & 0 \\ 0 & 1 & 0 & 1 \\ 1 & 0 & 1 & 0 \end{bmatrix} \boldsymbol{y}_0$$

und das normierte Fundamentalsystem

$$\begin{aligned} 2y(x) = &(\cosh x + \cos x)y(0) \\ &+ (\sinh x + \sin x)y'(0) \\ &+ (\cosh x - \cos x)y''(0) \\ &+ (\sinh x - \sin x)y'''(0). \end{aligned}$$

Das normierte Fundamentalsystem erleichtert die Berechnung einer partikulären Lösung $L[y_\mathrm{p}] = r$. Die Wirkung der rechten Seite $r(\xi)\ \mathrm{d}\xi$ an der Stelle ξ nach Abb. 2, $0 \leqq \xi \leqq x$, auf die Lösung $y_\mathrm{p}(x)$ an der Stelle x entspricht der Wirkung von $y^{(n-1)}(0)$.

Normiertes Fundamentalsystem:

$$y(x) = y(0)f_1(x) + \ldots + y^{(n-1)}(0)f_n(x).$$

Duhamel-Formel:

$$y_\mathrm{p}(x) = \frac{1}{a_n}\int_0^x r(\xi)f_n(x-\xi)\ \mathrm{d}\xi, \qquad (32)$$

$f_n(x-\xi) \quad : f_n$ mit dem Argument $x - \xi$.

Die Duhamel-Formel hat den Charakter eines Faltungsintegrals, wie aus einer entsprechenden Analyse mithilfe der Laplace-Transformation hervorgeht.

Beispiel 1: Für die Dgl. $y'''' - y = x$ ist eine partikuläre Lösung gesucht.

Mit $f_n = (\sinh x - \sin x)/2$ vom vorigen Beispiel gilt

$$y_\mathrm{p}(x) = \frac{1}{2}\int_0^x \xi[\sinh(x-\xi) - \sin(x-\xi)]\mathrm{d}\xi,$$

$$\begin{aligned} y_\mathrm{p}(x) &= \frac{1}{2}(-x + \sinh x - x + \sin x) \\ &= (\sin x + \sinh x)/2 - x. \end{aligned}$$

Beispiel 2: Speziell für die Dgl. des gedämpften Einmassenschwingers

$$m\ddot{x} + b\dot{x} + kx = f(t), \quad ()^{\bullet} = \mathrm{d}()/\mathrm{d}t,$$

gilt mit den Abkürzungen

$$\omega_0^2 - k/m, \quad 2D = b/\sqrt{km}$$

und weiter

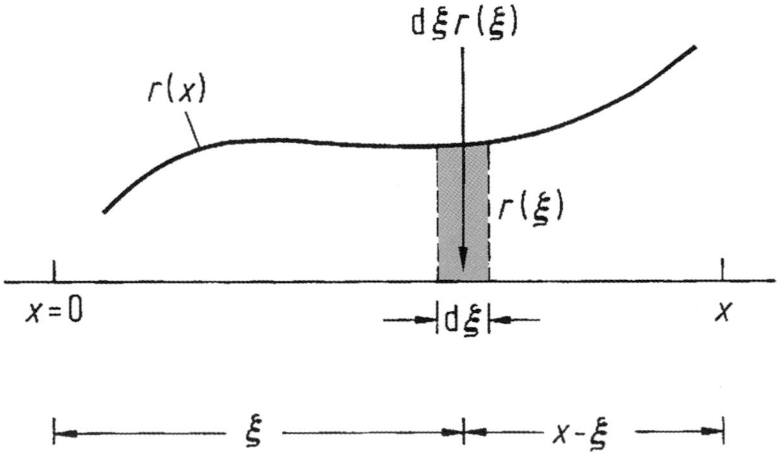

Abb. 2 Über die Länge $\mathrm{d}\xi$ integrierte Wirkung der rechten Seite $r(\xi)$

$$\delta = \omega_0 D, \quad \omega = \omega_0\sqrt{1 - D^2}:$$

Normiertes Fundamentalsystem:

$$x(t) = \mathrm{e}^{-\delta t}\left(\cos\omega t + \frac{\delta}{\omega}\sin\omega t\right)x_0$$
$$+\mathrm{e}^{-\delta t}\frac{\sin\omega t}{\omega}\dot{x}_0,$$
$$x_0 = x(t=0), \quad \dot{x}_0 = \dot{x}(t=0).$$

Partikularlösung über Duhamel-Formel:

$$y_\mathrm{p} = \frac{1}{m\omega}\int_0^t \mathrm{e}^{-\delta(t-\tau)}[\sin\omega(t-\tau)]f(\tau)\,\mathrm{d}\tau.$$

Die normierte Fundamentallösung (31) mit ihren $n - 1$ Ableitungen beschreibt den Einfluss des Zustandes $z(0)$ an der Stelle $x = 0$ auf den Zustand $z(x)$ an einer beliebigen Stelle x mittels der *Übertragungsmatrix* $\ddot{\boldsymbol{U}}$:

$$z(x) = \ddot{\boldsymbol{U}}(x)z_0, \quad z = \begin{bmatrix} y \\ y' \\ \vdots \\ y^{(n-1)} \end{bmatrix},$$

$$\ddot{\boldsymbol{U}} = \begin{bmatrix} f_1 & \dots & f_n \\ f_1' & & f_n' \\ \vdots & & \vdots \\ f_1^{(n-1)} & \dots & f_n^{(n-1)} \end{bmatrix}. \tag{33}$$

$\ddot{\boldsymbol{U}}$ entspricht der Wronski-Matrix.

Aus dem Zusammenhang (33) folgen einige *Eigenschaften der Übertragungsmatrix.*

$$\begin{aligned}
&\ddot{\boldsymbol{U}}(x=0) = \boldsymbol{I}, \quad \text{(Einheitsmatrix)},\\
&\ddot{\boldsymbol{U}}(x)\ddot{\boldsymbol{U}}(-x) = \boldsymbol{I},\\
&\ddot{\boldsymbol{U}}(x_2)\ddot{\boldsymbol{U}}(x_1) = \ddot{\boldsymbol{U}}(x_1 + x_2),\\
&\text{allgemein}\\
&\ddot{\boldsymbol{U}}(x_n)\cdot\ldots\cdot\ddot{\boldsymbol{U}}(x_1) = \ddot{\boldsymbol{U}}(s), \quad s = \sum_{k=1}^{n} x_k.
\end{aligned} \tag{34}$$

4.2.7 Green'sche Funktion

Während Duhamel-Formel (32) und Übertragungsmatrix (33) die Lösung vom Nullpunkt aus entwickeln, was dem Vorgehen bei Anfangswertproblemen entspricht, erzeugt die Green'sche Funktion $G(x,\xi)$ die partikuläre Lösung y_p zur rechten Seite $r(x)$ einer Randwertaufgabe im Definitionsbereich $a \leqq x \leqq b$.

$$\text{Dgl.} \quad L[y] = a_n y^{(n)} + \ldots + a_0 y = r(x),$$
$$L\left[y_\mathrm{p}\right] = r, \quad y_\mathrm{p} = \int_a^b G(x,\xi)r(\xi)\,\mathrm{d}\xi. \tag{35}$$

$$\text{Randbedingungen} \quad R_a[y] = r_a, \quad R_b[y] = r_b.$$

Durch Ableiten von y_p und Einsetzen in die Randwertaufgabe ergeben sich die notwendigen Eigenschaften von $G(x, \xi)$:

a) $L[G(x,\xi)] = 0$ für $x \neq \xi$.
   Ableitungen betreffen nur die Variable x.
b) $G(x,\xi)$ muss die Randbedingung erfüllen.
c) $\partial^k G/\partial x^k (k = 0 \text{ bis } k = n-2)$ muss an der Stelle ξ stetig sein.
d) Die $(n - 1)$-te Ableitung muss an der Stelle $x = \xi$ einen Einheitssprung aufweisen

$$\left[\partial^{n-1}G(x,\xi)/\partial x^{n-1}\right]_{x=\xi-0}^{x=\xi+0} = \frac{1}{a_n(x)}. \tag{36}$$

Die praktische Berechnung der Green'schen Funktion geht aus von einer Linearkombination der Lösungsfunktionen $y_1(x)$ bis $y_n(x)$ des Fundamentalsystems, wobei wegen der Unstetigkeit bei $x = \xi$ zwei Bereiche unterschieden werden.

$$G(x,\xi) = \begin{cases} \sum_{k=1}^{n}(c_k + d_k)y_k; & x \leqq \xi \\ \sum_{k=1}^{n}(c_k - d_k)y_k; & x \geqq \xi \end{cases}, \tag{37}$$

$$c_k = c_k(\xi), \quad d_k = d_k(\xi), \quad y_k = y_k(x).$$

Berechnung der n Funktionen d_k:

Stetigkeit $\partial^i G/\partial x^i$ $(i = 0$ bis $n-2)$ für $x = \xi$ gibt $n-1$ Gleichungen.

$$\sum_{k=1}^{n} d_k(\xi) y_k^{(i)}(\xi) = 0.$$

Einheitssprung von $\partial^{n-1} G/\partial x^{n-1}$ für $x = \xi$, (38)

$$\sum_{k=1}^{n} d_k(\xi) y_k^{(n-1)}(\xi) = -\frac{1}{2a_n}.$$

Berechnung der n-Unbekannten c_k:

Erfüllung der jeweils $n/2$ Randbedingungen in $R_a[G]$ und in $R_b[G]$ für $x = a$ und $x = b$ gibt:

$$R_a\left[\sum_{k=1}^{n} (c_k + d_k) y_k\right] = r_a, \tag{39}$$

$$R_b\left[\sum_{k=1}^{n} (c_k - d_k) y_k\right] = r_b.$$

Beispiel: Zur Dgl. $y'' - \delta^2 y = 0 + r$ berechne man die Green'sche Funktion für das Intervall $0 \leqq x \leqq l$ mit den Randbedingungen $R_0[y] = y'(0) = 0$ und $R_l[y] = y(l) = 0$.

Mit dem Fundamentalsystem $y_1 = \cosh \delta x$, $y_2 = \sinh \delta x$ wird (37) zu:

$$G(x,\xi) = \begin{cases} (c_1 + d_1)\cosh \delta x + (c_2 + d_2)\sinh \delta x; \\ x \leqq \xi \\ (c_1 - d_1)\cosh \delta x + (c_2 - d_2)\sinh \delta x; \\ x \geqq \xi. \end{cases}$$

Berechnung der d_k nach (38):

$$\begin{bmatrix} \cosh \delta\xi & \sinh \delta\xi \\ \delta \sinh \delta\xi & \delta \cosh \delta\xi \end{bmatrix} \begin{bmatrix} d_1 \\ d_2 \end{bmatrix} = \begin{bmatrix} 0 \\ -1/2 \end{bmatrix},$$

$$d_1 = \frac{\sinh \delta\xi}{2\delta}, \quad d_2 = \frac{-\cosh \delta\xi}{2\delta}.$$

Berechnung der c_k nach (39):

$$(c_1 + d_1) y_1'(0) + (c_2 + d_2) y_2'(0) = 0,$$
$$(c_1 - d_1) y_1(l) + (c_2 - d_2) y_2(l) = 0,$$

$$\rightarrow \begin{bmatrix} 0 & 1 \\ \cosh \delta l & \sinh \delta l \end{bmatrix} \begin{bmatrix} c_1 \\ c_2 \end{bmatrix} = \begin{bmatrix} -d_2 \\ d_1 \cosh \delta l + d_2 \sinh \delta l \end{bmatrix}.$$

Nach einigen Umformungen erhält man die Green'sche Funktion, wobei oberer und unterer Teil in x und ξ symmetrisch sind.

$$G(x,\xi) = \begin{cases} \dfrac{\cosh \delta x}{\delta} \cdot \dfrac{\sinh \delta(\xi - l)}{\cosh \delta l}, & x \leqq \xi \\ \dfrac{\cosh \delta\xi}{\delta} \cdot \dfrac{\sinh \delta(x - l)}{\cosh \delta l}, & x \geqq \xi. \end{cases}$$

4.2.8 Integration durch Reihenentwicklung

Unter gewissen Voraussetzungen kann die Lösung einer Differenzialgleichung durch Potenzreihen an einer Entwicklungsstelle x_0 approximiert werden.

$$y = \sum_{k=0}^{\infty} a_k (x - x_0)^k. \tag{40}$$

Durch Einsetzen in die Dgl. und Ordnen nach Potenzen erhält man algebraische Gleichungen für die Koeffizienten.

Die explizite Anfangswertaufgabe

$$y^{(n)} = f\left(x, y, \ldots, y^{(n-1)}\right)$$

mit gegebenen Anfangswerten (41)

$$y(0) = y_0 \quad \text{bis} \quad y^{(n-1)}(0) = y_0^{(n-1)}$$

ist an der Stelle x_0 nach (40) entwickelbar, falls die rechte Seite f in (41) als Funktion

$f(y)$ an der Stelle y_0 in y entwickelbar ist,

⋮

$f(y^{(n-1)})$ an der Stelle $y_0^{(n-1)}$ in $y^{(n-1)}$ entwickelbar ist.

Bei linearen Dgln. zweiter Ordnung,

$$y'' + a(x)y' + b(x)y = r, \qquad (42)$$

kann die an der Stelle $x_0 = 0$ nicht mögliche Entwicklung nach (40) in einem Pol erster Ordnung von $a(x)$ und einem solchen zweiter Ordnung von $b(x)$ begründet sein, wie es sich in folgender Dgl. darstellt:

$$y'' + \frac{A(x)}{x}y' + \frac{B(x)}{x^2}y = 0, \quad A(x),\ B(x) \text{ in } x_0 = 0 \text{ stetig.} \qquad (43)$$

Für eine Dgl. nach (43) ist $x_0 = 0$ eine Stelle der Bestimmtheit mit einer verallgemeinerten Form der Entwicklung für das Fundamentalsystem.

$$y_1 = x^{\lambda_1} \sum_{k=0}^{\infty} a_k x^k, \quad y_2 = x^{\lambda_2} \sum_{k=0}^{\infty} b_k x^k. \qquad (44)$$

$\lambda_1 - \lambda_2 \neq 0, \pm 1, \pm 2, \ldots$
λ_1, λ_2 Wurzeln der determinierenden Gleichung
$\lambda(\lambda - 1) + \lambda A(0) + B(0) = 0.$

4.2.9 Integralgleichungen

Die Green'sche Funktion (35) erzeugt die partikuläre Lösung $y(x)$ zu einer beliebigen rechten Seite $r(x)$ für ein Randwertproblem im Definitionsbereich $a \leqq x \leqq b$.

$$y(x) = \int_a^b G(x,\xi) r(\xi)\, d\xi,$$
$$G(x,\xi), r(\xi) \quad \text{gegeben;} \quad y(x) \quad \text{gesucht.}$$

Die Umkehrung dieser Aufgabenstellung, zu einer gegebenen linken Seite die passende „Belastung" zu finden, definiert die Integralgleichung 1. Art:

$$r(x) = \int_a^b K(x,\xi) y(\xi)\, d\xi,$$
$$\text{Kern } K(x,\xi),\ r(x) \text{ gegeben; } y(\xi) \text{ gesucht.} \qquad (45)$$

Verallgemeinerungen von (45) enthalten $y(x)$ auch außerhalb des Integrals:

$$g(x)y(x) = \int_a^b K(x,\xi) y(\xi)\, d\xi + r(x),$$
$$g(x) = 1\text{: Integralgleichung 2. Art,}$$
$$g(x) \quad \text{beliebig: Integralgleichung 3. Art.} \qquad (46)$$

Für feste Integrationsgrenzen spricht man von *Fredholm'schen*, sonst von *Volterra'schen* Integralgleichungen.

4.3 Systeme von Differenzialgleichungen

Systeme von Differenzialgleichungen – hier werden nur lineare mit konstanten Koeffizienten behandelt – in der kompakten Matrizenschreibweise

$$\dot{z}(t) = Az(t) + b(t),$$
$$z^T = [z_1(t) \ldots z_n(t)], \quad \dot{()} = d()/dt,$$
$$\text{homogen: } \dot{z} - Az = o,$$
$$\text{inhomogen: } \dot{z} - Az = b, \qquad (47)$$

ergeben sich direkt bei Problemen mit mehreren Freiheitsgraden oder durch Umformulierung einer Dgl. n-ter Ordnung in n Dgl. 1. Ordnung. Dazu werden $n - 1$ neue abhängig Veränderliche eingeführt, die möglichst eine physikalische Bedeutung haben sollen.

Beispiel:
Dgl. 4. Ordnung des Biegebalkens:

$EIw'''' = q_z$. Sinnvolle abhängig Veränderliche:
Neigung $\varphi = -w'$, $()' = d()/dx$,

Moment $M = EI\varphi'$,
Querkraft $Q = M'$.

Zusammen mit der ursprünglichen Dgl. in neuer Form $Q' = -q_z$ gilt

$$z = \begin{bmatrix} w \\ \varphi \\ M \\ Q \end{bmatrix}, \quad A = \begin{bmatrix} 0 & -1 & 0 & 0 \\ 0 & 0 & 1/(EI) & 0 \\ 0 & 0 & 0 & 1 \\ 0 & 0 & 0 & 0 \end{bmatrix}, \tag{48}$$

$$b^{\mathrm{T}} = [0 \quad 0 \quad 0 \quad -q_z].$$

Homogene Lösungen zu (47) erhält man auf einem ersten möglichen Weg durch einen Exponentialansatz

$z(t) = ce^{\lambda t}$, c konstante Spalte.
Eingesetzt in $Az - \dot{z} = o$ gibt charakteristisches Gleichungssystem
$(A - \lambda I)c = o$ für $\lambda_1, \ c_1$ bis $\lambda_n, \ c_n$. (49)

Notwendige Bedingung für Lösungen:
$| A - \lambda I | = \lambda^n + a_1\lambda^{n-1} + \ldots + a_n = 0.$ (50)

Die Berechnung der Nullstellen als Eigenwerte λ des speziellen Eigenwertproblems $(A - \lambda I)c = o$ erfolgt mit Hilfe bewährter numerischer Verfahren.

Ein alternativer Weg strebt die Lösung in Form einer *Übertragungsmatrix* an:

$$z(t) = \exp[A \cdot (t - t_0)]z(t_0).$$

Speziell für $t_0 = 0$:

$$\exp(At) = I + At + \frac{1}{2!}(At)^2 + \frac{1}{3!}(At)^3 + \ldots \tag{51}$$

Mit $\frac{\mathrm{d}}{\mathrm{d}t}\exp(At) = A\exp(At) = [\exp(At)]A$ gilt in der Tat $\dot{z} - Az = o$.

Für die Reihenentwicklung der e-Funktion mit Matrixexponenten gilt eine der skalaren Darstellung entsprechende Form.

In der Regel ist die Reihe nach einem bestimmten Kriterium abzubrechen. Im Sonderfall der Matrix A aus (48) verschwindet bereits A^4 und damit alle folgenden Potenzen.

Beispiel: Biegebalken nach (48) mit dem Verfahren der Reihenentwicklung.

$$\text{Mit } A^2 = \begin{bmatrix} 0 & 0 & -1 & 0 \\ 0 & 0 & 0 & 1 \\ 0 & 0 & 0 & 0 \\ 0 & 0 & 0 & 0 \end{bmatrix} \frac{1}{EI},$$

$$A^3 = \begin{bmatrix} 0 & 0 & 0 & -1 \\ 0 & 0 & 0 & 0 \\ 0 & 0 & 0 & 0 \\ 0 & 0 & 0 & 0 \end{bmatrix} \frac{1}{EI}, \quad A^4 = O,$$

gilt $z(x) = \ddot{U}(x)z(0)$,

$$\ddot{U}(x) = \begin{bmatrix} 1 & -x & -\dfrac{x^2}{2EI} & -\dfrac{x^3}{6EI} \\ 0 & 1 & \dfrac{x}{EI} & \dfrac{x^2}{2EI} \\ 0 & 0 & 1 & x \\ 0 & 0 & 0 & 1 \end{bmatrix}.$$

Das charakteristische Polynom (50) dient nicht nur der Berechnung der gesuchten Eigenwerte λ. Es gilt darüber hinaus der wichtige *Satz von Cayley-Hamilton*:

Die Matrix A erfüllt ihr eigenes charakteristisches Polynom : $\det(A - \lambda I) = 0$.
Aus (50) : $\lambda^n + a_1\lambda^{n-1} + \ldots + a_n 1 = 0$
folgt : $A^n + a_1 A^{n-1} + \ldots + a_n I = O$. (52)

Damit kann jede ganzzahlige Potenz A^k mit $k \geqq n$ durch ein Polynom mit höchstens A^{n-1}

dargestellt werden; dies gilt auch für die Entwicklung

$$\exp(\boldsymbol{A}t) = a_0\boldsymbol{I} + a_1\boldsymbol{A} + a_2\boldsymbol{A}^2 + \ldots + a_{n-1}\boldsymbol{A}^{n-1}, \quad a_k = a_k(t), \tag{53}$$

mit weiteren Faktorfunktionen $a_k(t)$, die über die Eigenwerte λ_k mit den Basislösungen $\exp(\lambda_k t)$ verknüpft sind. Bei n verschiedenen λ-Werten gilt

$$\begin{bmatrix} 1 & \lambda_1 & \ldots & \lambda_1^{n-1} \\ 1 & \lambda_2 & \ldots & \lambda_2^{n-1} \\ \vdots & \vdots & & \vdots \\ 1 & \lambda_n & & \lambda_n^{n-1} \end{bmatrix} \begin{bmatrix} a_0(t) \\ a_1(t) \\ \vdots \\ a_{n-1}(t) \end{bmatrix} = \begin{bmatrix} \exp(\lambda_1 t) \\ \exp(\lambda_2 t) \\ \vdots \\ \exp(\lambda_n t) \end{bmatrix}. \tag{54}$$

Die auf Anfangswerte $z(0)$ normierte Übertragungsform (51) erschließt entsprechend der Duhamel-Formel (32) in 2.6 auch die partikuläre Lösung $\dot{\boldsymbol{z}}_\mathrm{p} - \boldsymbol{A}\boldsymbol{z}_\mathrm{p} = \boldsymbol{b}$,

$$\boldsymbol{z}_\mathrm{p}(t) = \int_0^t \exp[\boldsymbol{A}(t-\tau)]\boldsymbol{b}(\tau)\mathrm{d}\tau. \tag{55}$$

Für spezielle rechte Seiten empfiehlt sich die Benutzung der Tab. 1.

Tab. 1 Spezielle Ansätze $z_\mathrm{p}(t)$ zur Lösung der Dgl. $\dot{\boldsymbol{z}}_\mathrm{p} - \boldsymbol{A}\boldsymbol{z}_\mathrm{p} = \boldsymbol{b}$

$\boldsymbol{b}$	Ansatz	Lösungssystem für die Ansatzkoeffizienten
$\boldsymbol{b}_0 t^m$, $m \in \mathbb{N}$	$\sum_{k=0}^{m} \boldsymbol{a}_k t^k$	$\boldsymbol{A}\boldsymbol{a}_m = -\boldsymbol{b}_0$ $\boldsymbol{A}\boldsymbol{a}_{m-1} = m\boldsymbol{a}_m$ $\vdots \quad \vdots$ $\boldsymbol{A}\boldsymbol{a}_0 = 1\boldsymbol{a}_1$
$\boldsymbol{b}_0 \mathrm{e}^{\alpha t}$	$\boldsymbol{a}\mathrm{e}^{\alpha t}$	$(\boldsymbol{A} - \alpha\boldsymbol{I})\,\boldsymbol{a} = -\boldsymbol{b}_0$ falls $\alpha \neq$ Eigenwert von $\boldsymbol{A}$
$\boldsymbol{c}_0 \cos\omega t + \boldsymbol{s}_0 \sin\omega t$	$\boldsymbol{a}\cos\omega t + \boldsymbol{b}\sin\omega t$	$\begin{bmatrix} \boldsymbol{A} & -\omega\boldsymbol{I} \\ \omega\boldsymbol{I} & \boldsymbol{A} \end{bmatrix} \begin{bmatrix} \boldsymbol{a} \\ \boldsymbol{b} \end{bmatrix} = \begin{bmatrix} -\boldsymbol{c}_0 \\ -\boldsymbol{s}_0 \end{bmatrix}$

4.4 Selbstadjungierte Differenzialgleichung

Bei Bilinearformen Zeile × Matrix × Spalte ist das skalare Ergebnis unabhängig von der links- oder rechtsseitigen Multiplikation mit $\boldsymbol{a}$ oder $\boldsymbol{b}$, falls die Matrix $\boldsymbol{A}$ symmetrisch ist.

Bilineare Form:

$$\begin{aligned} &\text{allgemein:} \quad \boldsymbol{a}^\mathrm{T}\boldsymbol{A}\boldsymbol{b} = \boldsymbol{b}^\mathrm{T}\boldsymbol{A}^\mathrm{T}\boldsymbol{a}, \\ &\text{speziell } \boldsymbol{A}^\mathrm{T} = \boldsymbol{A}\colon \boldsymbol{a}^\mathrm{T}\boldsymbol{A}\boldsymbol{b} = \boldsymbol{b}^\mathrm{T}\boldsymbol{A}\boldsymbol{a}. \end{aligned} \tag{56}$$

Die Symmetrieeigenschaft hat weitgehende analytische und numerische Konsequenzen; so sind zum Beispiel die Eigenwerte λ des homogenen Problems $(\boldsymbol{A} - \lambda\boldsymbol{B})\boldsymbol{x} = \boldsymbol{o}$ für definites $\boldsymbol{B}$ stets reell und die Eigenvektoren $\boldsymbol{x}$ haben *Orthogonalitätseigenschaften*.

Falls $(\boldsymbol{A} - \lambda_k\boldsymbol{B})\boldsymbol{x}_k = \boldsymbol{o}$, $k = 1$ bis n, $\boldsymbol{A} = \boldsymbol{A}^\mathrm{T}$, $\boldsymbol{B} = \boldsymbol{B}^\mathrm{T}$ gilt

$$\begin{aligned} &\boldsymbol{x}_i^\mathrm{T}\boldsymbol{B}\boldsymbol{x}_j = 0, \quad \text{falls} \quad i \neq j. \\ &\boldsymbol{x}_i^\mathrm{T}\boldsymbol{A}\boldsymbol{x}_j = \begin{cases} 0, & \text{falls} \quad i \neq j \\ \lambda_k \boldsymbol{x}_k^\mathrm{T}\boldsymbol{B}\boldsymbol{x}_k, & \text{falls} \quad i = j = k. \end{cases} \end{aligned} \tag{57}$$

Die letzte Beziehung in (57) lässt sich nach λ_k auflösen, wobei der entstehende Quotient für beliebige $\boldsymbol{x}$ infolge seiner Extremaleigenschaft fundamentale Bedeutung hat; es ist dies der *Rayleigh-Quotient*

$$R = \frac{\boldsymbol{x}^\mathrm{T}\boldsymbol{A}\boldsymbol{x}}{\boldsymbol{x}^\mathrm{T}\boldsymbol{B}\boldsymbol{x}}, \quad \boldsymbol{A} = \boldsymbol{A}^\mathrm{T}, \quad \boldsymbol{B} = \boldsymbol{B}^\mathrm{T}, \tag{58}$$

$$\begin{aligned} &R_\mathrm{extr} \text{ aus } R_{,i} = 0, \quad i = 1 \ldots n, \quad ()_{,i} = \partial R/\partial x_i. \\ &\rightarrow (\boldsymbol{A} - R_\mathrm{extr}\boldsymbol{B})\boldsymbol{x}_\mathrm{extr} = \boldsymbol{o} \rightarrow R_\mathrm{extr} = \lambda_k. \end{aligned} \tag{59}$$

Aus dem Vergleich von (59) mit (57) erweisen sich die extremalen Werte des Rayleigh-Quotienten als Eigenwerte λ_k des Paares $\boldsymbol{A}$, $\boldsymbol{B}$. Sie werden angenommen, wenn für $\boldsymbol{x}$ die Eigenvektoren $\boldsymbol{x}_k$ eingesetzt werden.

Eine Übertragung von Matrizen $\boldsymbol{A}$ auf lineare Differenzialoperatoren L führt zunächst zur Definition des *adjungierten Operators* $\bar{L}$ zu L:

$$\int u(x)L[v(x)]\,\mathrm{d}x \stackrel{!}{=} \int v(x)\bar{L}[u(x)]\,\mathrm{d}x \rightarrow \bar{L}, \quad (60)$$

und zur besonderen Benennung der wichtigen Situation, falls

$$\int u(x)L[v(x)]\,\mathrm{d}x = \int v(x)L[u(x)]\,\mathrm{d}x. \quad (61)$$

$\bar{L} = L$ ist selbstadjungierter Operator.

Die Überprüfung von (61) bezüglich der Berechnung von $\bar{L}$ aus (60) erfolgt durch partielle Integration, wobei die entstehenden Randterme zunächst nicht beachtet werden. Operatoren der Form

$$\begin{aligned} L[y] &= a_0 y - (a_1 y')' + (a_2 y'')'' - \ldots \\ &\quad + (-1)^m \left(a_m y^{(m)}\right)^{(m)}, \\ a_k &= a_k(x), \quad y = y(x), \end{aligned} \quad (62)$$

sind für hinreichend oft differenzierbare Funktionen a_k selbstadjungiert.

Für ein homogenes Randwertproblem mit Operatoren M, N,

$$\begin{aligned} &\text{Dgl.} \quad M[y] - \lambda N[y] = 0, \\ &\text{Randbedingungen} \quad R_0[y] = 0, \; R_1[y] = 0, \end{aligned} \quad (63)$$

gelten für die Eigenwerte λ_k und Eigenlösungen $y_k(x)$ bei selbstadjungierten Operatoren ebenfalls Orthogonalitätsbedingungen:

Falls

$$M[y_k] - \lambda_k N[y_k] = 0, \quad R_0[y_k] = 0, \quad R_1[y_k] = 0$$

und

$$\bar{M} = M, \quad \bar{N} = N \ \text{gilt:}$$

$$\begin{aligned} N_{ij} &= \int y_i N[y_i]\,\mathrm{d}x = 0, \quad \text{falls} \quad i \neq j, \\ M_{ij} &= \int y_i M\left[y_j\right]\mathrm{d}x = \begin{cases} 0 & \text{falls} \quad i \neq j \\ \lambda_k N_{kk}, & \text{falls} \quad i = j = k. \end{cases} \end{aligned} \quad (64)$$

Falls in R_0 und R_1 noch diskrete Randelemente (in der Mechanik sind dies Federn und Massen) enthalten sind, ist (64) zur sogenannten belasteten Orthogonalität zu erweitern.

Die letzte Aussage in (64) führt wie bei Matrizen zum *Rayleigh-Quotienten*:

$$R = \frac{\int yM[y]\,\mathrm{d}x}{\int yN[y]\,\mathrm{d}x}, \quad M = \bar{M}, \quad N = \bar{N}, \quad (65)$$

$$\begin{aligned} &R_{\text{extr}} \quad \text{aus} \quad M[y_{\text{extr}}] - R_{\text{extr}} N[y_{\text{extr}}] - 0 \\ &\text{mit} \quad R_0[y_{\text{extr}}] = 0, \quad R_1[y_{\text{extr}}] = 0. \\ &\qquad \rightarrow R_{\text{extr}} = \lambda_k. \end{aligned} \quad (66)$$

Die extremalen Werte des Rayleigh-Quotienten entsprechen den Eigenwerten λ_k der Randwertaufgabe (63), falls zur Extremwertberechnung nur solche Funktionen $y(x)$ zugelassen werden, welche gewissen Randstetigkeiten genügen. Einzelheiten werden im Rahmen der Variationsrechnung (siehe ▶ Abschn. 6.1 in Kap. 6, „Angewandte Mathematik“) behandelt.

Für die konkrete Rechnung ist es vorteilhaft, die Operatoren M und N durch partielle Integration gleichmäßig nach links und rechts aufzuteilen:

$$\begin{aligned} \int yM[y]\,\mathrm{d}x &\rightarrow \int \{P[y]\}\{P[y]\}\,\mathrm{d}x, \\ \int yN[y]\,\mathrm{d}x &\rightarrow \int \{Q[y]\}\{Q[y]\}\,\mathrm{d}x. \end{aligned} \quad (67)$$

Beispiel:
Dgl. des Knickstabes mit

$$w'''' + \lambda^2 w'' = 0, \quad \lambda^2 = F/EI,$$
$$w(0) = 0, \quad w'(0) = 0, \quad w(l) = 0, \quad w''(l) = 0.$$
$$\int wM[w]\,\mathrm{d}x = \int ww''''\mathrm{d}x$$
$$= [ww''' - w'w'']_0^l + \int w''w''\mathrm{d}x,$$
$$\int wN[w]\,\mathrm{d}x = -\int ww''\mathrm{d}x$$
$$= -[ww']_0^l + \int w'w'\mathrm{d}x.$$

Alle Randterme sind wegen der Randbedingungen gleich null.

4.5 Klassische nichtelementare Differenzialgleichungen

Die gewöhnlichen Dgln. 2. Ordnung mit variablen Koeffizienten,

$$\begin{aligned} &y'' + a_1(x)y' + a_0(x)y = 0 \\ &\text{oder } (p(x)y')' + q(x)y = 0 \end{aligned} \tag{68}$$

$$\text{mit } p(x) = \exp\int a_1\,\mathrm{d}x, \quad q(x) = a_0 p(x)$$

sind für spezielle Paare $a_1(x)$, $a_0(x)$ mit traditionellen Namen belegt. Die nachfolgende Aufstellung enthält charakteristische Merkmale einiger klassischer Dgln.

Hypergeometrische Dgl.:

$$x(x-1)y'' + [(a+b+1)x - c]y' + aby = 0. \tag{69}$$

Eine Lösung ist

$$y = F(a,b,c;x) = 1 + \frac{ab}{c}x$$
$$+ \frac{1}{2!}\cdot\frac{a(a+1)b(b+1)}{c(c+1)}x^2$$
$$+ \frac{1}{3!}\cdot\frac{a(a+1)(a+2)b(b+1)(b+2)}{c(c+1)(c+2)}x^3$$
$$+ \ldots$$

F : hypergeometrische Funktion.

Fundamentalsysteme:

$$\begin{aligned}
&y_1 = F(a,b,c;x) \\
&y_2 = x^{1-c}F(a-c+1, b-c+1, 2-c;x) \\
&c \neq 0,1,2,\ldots\ ; \ |x| < 1. \\
&y_1 = F(a,b,a+b-c+1;\ 1-x) \\
&y_2 = (1-x)^{c-a-b}\cdot F(c-b,\ c-a,\ c-a-b+1;\ 1-x) \\
&a+b-c \text{ nicht ganzzahlig}, \ |x-1| < 1. \\
&y_1 = x^{-a}F(a,\ a-c+1,\ a-b+1; 1/x) \\
&y_2 = x^{-b}F(b,\ b-c+1,\ b-a+1; 1/x) \\
&a-b \text{ nicht ganzzahlig}, \ |x| > 1.
\end{aligned} \tag{70}$$

Legendre'sche Dgl.:

$$(1-x^2)y'' - 2xy' + (n+1)ny = 0,$$
$$n \geqq 0 \quad \text{ganz.}$$

Eine Lösung ist

$$P_n(x) = F\left(-n, n+1, 1;\ \frac{1-x}{2}\right).$$
$$\int_{-1}^{1} P_m(x)P_n(x)\,\mathrm{d}x = \begin{cases} 0 & m \neq n \\ \dfrac{2}{2n+1} & m = n \end{cases}. \tag{71}$$

Tschebyscheff'sche Dgl.:

$$(1-x^2)y'' - xy' + n^2 y = 0.$$

Eine Lösung ist

$$T_n(x) = F\left(n, -n, \frac{1}{2}; \frac{1-x}{2}\right).$$

$$\int_{-1}^{1} \frac{T_m(x)T_n(x)\,\mathrm{d}x}{\sqrt{1-x^2}} = \begin{cases} 0 & m \neq n \\ \pi/2 & m = n \neq 0\,. \\ \pi & m = n = 0 \end{cases} \tag{72}$$

Kummer'sche Dgl.:

$$xy'' + (1-x)y' + ny = 0. \tag{73}$$

Eine Lösung ist

$$L_n(x) = n!K(-n,1;x) \quad \text{mit der}$$

konfluenten hypergeometrischen Reihe:

$$K(a,c;x) = 1 + \frac{a}{c}x + \frac{1}{2!}\cdot\frac{a(a+1)}{c(c+1)}x^2 + \frac{1}{3!}\cdot\frac{a(a+1)(a+2)}{c(c+1)(c+2)}x^3 + \ldots$$

$$\int_{0}^{\infty} \mathrm{e}^{-x} L_m L_n \,\mathrm{d}x = \begin{cases} 0 & n \neq m \\ (n!)^2 & n = m \end{cases}.$$

$$L_{n+1}(x) = (2n+1-x)L_n(x) - n^2 L_{n-1}(x). \tag{74}$$

Dgl. der Hermite'schen Polynome:

$$y'' - 2xy' + 2ny = 0. \tag{75}$$

Eine Lösung ist

$$H_n(x) = (-1)^n \exp(x^2) \frac{\mathrm{d}^n}{\mathrm{d}x^n}\left[\exp(-x)^2\right].$$

$$\int_{-\infty}^{\infty} \exp(-x^2) H_m(x) H_n(x)\mathrm{d}x = \begin{cases} 0 & m \neq n \\ 2^n n! \sqrt{\pi} & m = n \end{cases}.$$

Bessel'sche Dgl.:

$$x^2 y'' + xy' + (x^2 - n^2)y = 0. \tag{76}$$

Eine Lösung sind die *Zylinderfunktionen 1. Art*

$$J_n(x) = \left(\frac{x}{2}\right)^n \sum_{k=0}^{\infty} (-1)^k \frac{1}{2^{2k} k!(n+k)!} x^{2k},$$
$$x > 0;$$

auch die *Zylinderfunktionen 2. Art* oder *Neumann'schen Funktionen*

$$N_n(x) = \frac{1}{\sin(n\pi)}\left[\cos(n\pi)J_n(x) - J_{-n}(x)\right]; \tag{77}$$

auch die *Zylinderfunktionen 3. Art* oder *Hankel'schen Funktionen*

$$\begin{aligned} H_n^1(x) &= J_n(x) + \mathrm{j}N_n(x) \\ H_n^2(x) &= J_n(x) - \mathrm{j}N_n(x). \end{aligned} \tag{78}$$

Eine besondere Bedeutung hat die **Mathieu'sche Dgl.**:

$$\ddot{y} + (\lambda - 2h\cos 2t)y = 0 \tag{79}$$

mit einem periodischen Koeffizienten $\cos 2t = \cos 2(t + \pi)$. Es gibt nach *Floquet* stets Lösungen

$$y(t+\pi) = \mathrm{e}^{\alpha\pi} y(t), \tag{80}$$

deren Stabilität vom Exponenten α abhängt. Im konkreten Fall wird man von $y(t = 0)$ ausgehend durch numerische Integration $y(\pi)$ errechnen, wobei der Quotient $y(\pi)/y(0)$ stabilitätsentscheidend ist. Bei einem System 1. Ordnung mit Periode T,

$$\dot{z} = \boldsymbol{A}(t)z, \quad \boldsymbol{A}(t+T) = \boldsymbol{A}(t), \tag{81}$$

integriert man über eine Periode (zweckmäßig von $t = 0$ bis $t = T$) und erhält die Übertragungsmatrix $\ddot{\boldsymbol{U}}$ (auch *Transitionsmatrix*):

$$z_1 = \ddot{\boldsymbol{U}} z_0, \quad z_0 = z(t=0), \quad z_1 = z(t=T). \tag{82}$$

Der Lösungsansatz $z_k = \alpha^k z_0$ überführt (82) in ein Eigenwertproblem.

$$(\ddot{U} - \alpha \boldsymbol{I}) z_0 = \boldsymbol{o} \rightarrow \alpha = a + \mathrm{j}b = \sqrt{a^2 + b^2}\, \mathrm{e}^{\mathrm{j}\varphi}. \tag{83}$$

Stabilität, falls $a^2 + b^2 \leqq 1$.

4.6 Partielle Differenzialgleichungen 1. Ordnung

Eine Bestimmungsgleichung für die Funktion $u(x_1, \ldots, x_n)$ von n unabhängig Veränderlichen x_i heißt partielle Differenzialgleichung k-ter Ordnung, falls u in partiell abgeleiteter Form $\partial^j u/\partial x_i^j$ erscheint, wobei die höchste Ableitung $j_{\max} = k$ die Ordnung der Dgl. bestimmt. Das Wesentliche einer linearen Dgl. 1. Ordnung,

$$\sum_{i=1}^{n} a_i(\boldsymbol{x}) u_{,i} + b(\boldsymbol{x}) u + c(\boldsymbol{x}) = 0, \quad \boldsymbol{x} = \begin{bmatrix} x_1 \\ \vdots \\ x_n \end{bmatrix}, \quad \partial()/\partial x_i = ()_{,i}, \tag{84}$$

zeigt sich in der verkürzten homogenen Form

$$\sum_{i=1}^{n} a_i(\boldsymbol{x}) u_{,i} = 0, \quad \text{kurz} \quad \boldsymbol{a}^{\mathrm{T}}(\boldsymbol{x}) \operatorname{grad} u = 0. \tag{85}$$

Mit einer zunächst noch unbekannten Darstellung

$$u[\boldsymbol{x}(t)] = c, \quad c = \text{const}, \tag{86}$$

der Lösung in Form eines parametergesteuerten Zusammenhanges zwischen den Variablen (Reduktion der Vielfalt auf $n-1$) ist über den Zuwachs

$$\mathrm{d}c/\mathrm{d}t = 0 = \sum_{i=1}^{n} u_{,i}\, \mathrm{d}x_i/\mathrm{d}t \tag{87}$$

ein implizites Erfüllen der Dgl. (85) garantiert, falls die Koeffizienten von $u_{,i}$ in (85) und (87) übereinstimmen. Insgesamt gibt dies die n *charakteristischen Gleichungen* für $\boldsymbol{x}(t)$,

$$\begin{aligned} \mathrm{d}x_1/\mathrm{d}t &= a_1(x_1, \ldots, x_n), \\ \mathrm{d}x_n/\mathrm{d}t &= a_n(x_1, \ldots, x_n), \quad x_k = x_k(t). \end{aligned} \tag{88}$$

die unter Einbeziehung von n Integrationskonstanten zu integrieren sind. Durch Elimination des Parameters t erhält man die *Grundcharakteristiken*

$$\begin{aligned} C_1 &= f_1(x_1, \ldots, x_n) \\ C_{n-1} &= f_{n-1}(x_1, \ldots, x_n), \quad C_k = \text{const}, \end{aligned} \tag{89}$$

die in beliebiger funktioneller Verknüpfung

$$\begin{aligned} &\Phi(f_1, \ldots, f_{n-1}) = u, \\ &\boldsymbol{a}^{\mathrm{T}}(\boldsymbol{x}) \operatorname{grad} u = 0, \end{aligned} \tag{90}$$

eine spezielle Lösung der Dgl. (85) darstellen, falls nur Φ stetige partielle Ableitungen 1. Ordnung besitzt. Auf diese Weise lassen sich beliebig viele Lösungen $u(x)$ erzeugen.

Beispiel: Für die Dgl. $x u_{,x} + y u_{,y} + 2(x^2 + y^2) u_{,z} = 0$ mit $x_1 = x, x_2 = y, x_3 = z$ berechne man die Grundcharakteristiken f_1, f_2 und weise nach, dass $\Phi(f_1, f_2) = f_1 f_2$ ebenfalls Lösung der Dgl. ist. Durch Integration der Dgln. $\mathrm{d}x/\mathrm{d}t = x$, $\mathrm{d}y/\mathrm{d}t = y$, $\mathrm{d}z/\mathrm{d}t = 2(x^2 + y^2)$ erhält man zunächst $x(t) = c_1 \mathrm{e}^t$, $y(t) = c_2 \mathrm{e}^t$ und daraus über $\mathrm{d}z/\mathrm{d}t = 2\mathrm{e}^{2t}(c_1^2 + c_2^2)$ die Parameterdarstellung $z(t) = (c_1^2 + c_2^2)\mathrm{e}^{2t} + c_3$. Elimination von t liefert die Grundcharakteristiken $y/x = c_2/c_1 = C_1$, $C_2 = c_3 = z - (x^2 + y^2)$. Die partiellen Ableitungen der Funktion $\Phi = C_1 \cdot C_2$ ergeben in der durch die Dgl. bestimmten Kombination in der Tat die Summe null.

$$\left.\begin{aligned} x \mid \Phi_{,x} &= -\frac{yz}{x^2} - y\left(1 - \frac{y^2}{x^2}\right) \\ y \mid \Phi_{,y} &= \frac{z}{x} - \left(x + \frac{3y^2}{x}\right) \\ 2(x^2 + y^2) \mid \Phi_{,z} &= \frac{y}{x} \end{aligned}\right\} \sum = 0.$$

4.7 Partielle Differenzialgleichungen 2. Ordnung

Das Charakteristische einer linearen partiellen Differenzialgleichung 2. Ordnung

$$\begin{aligned} L[u] &= a_{11}(\boldsymbol{x})u_{,11} + a_{12}(\boldsymbol{x})u_{,12} + \ldots + a_{1n}(\boldsymbol{x})u_{,1n} \\ &+ a_{12}(\boldsymbol{x})u_{,12} + a_{22}(\boldsymbol{x})u_{,22} + \ldots + a_{2n}(\boldsymbol{x})u_{,2n} \\ &+ a_{1n}(\boldsymbol{x})u_{,1n} + a_{2n}(\boldsymbol{x})u_{,2n} + \ldots + a_{nn}(\boldsymbol{x})u_{,nn} \\ &+ b_1(\boldsymbol{x})u_{,1} + b_2(\boldsymbol{x})u_{,2} + \ldots + b_n(\boldsymbol{x})u_{,n} \\ &+ c(\boldsymbol{x})u = r(\boldsymbol{x}), \quad \boldsymbol{x}^{\mathrm{T}} = [x_1, x_2, \ldots, x_n], \end{aligned} \tag{91}$$

mit n Variablen x_i und der gesuchten Funktion $u(\boldsymbol{x})$ zeigt sich in den Eigenwerten $\lambda_1(\boldsymbol{x})$ bis $\lambda_n(\boldsymbol{x})$ der Koeffizientenmatrix $\boldsymbol{A}(\boldsymbol{x})$, die ihrerseits eine Funktion der Koordinaten $\boldsymbol{x}$ des Definitionsgebietes ist; Tab. 2.

Im Sonderfall $n = 2$ entscheidet die Koeffizientendeterminante

$$A = -\begin{vmatrix} a_{11}(\boldsymbol{x}) & a_{12}(\boldsymbol{x}) \\ a_{12}(\boldsymbol{x}) & a_{22}(\boldsymbol{x}) \end{vmatrix} \tag{92}$$

über den Typ der Dgl.:

$$n = 2: \quad A(\boldsymbol{x}) \begin{cases} < 0 & \text{für alle } \boldsymbol{x}: \quad \text{elliptisch} \\ = 0 & \text{für alle } \boldsymbol{x}: \quad \text{parabolisch} \\ > 0 & \text{für alle } \boldsymbol{x}: \quad \text{hyperbolisch} \end{cases} . \tag{93}$$

Wie quadratische Formen auf Diagonalform mit $a_{ij} = 0$ für $i \neq j$ transformiert werden können, lassen sich Dgln. auf ihre Normalformen transformieren. Mit neuen Variablen ξ, η anstelle von $x_1 = x$ und $x_2 = y$ sowie entsprechenden Ableitungen nach ξ und η,

$$\begin{aligned} &\xi = \xi(x,y), \quad \eta = \eta(x,y), \\ &u = u[x(\xi,\eta), y(\xi,\eta)] \leftrightarrow u[\xi(x,y), \eta(x,y)], \\ &u_{,x} = u_{,\xi}\xi_{,x} + u_{,\eta}\eta_{,x} \quad \text{usw.}, \end{aligned} \tag{94}$$

lässt sich der Übergang zur transformierten Form anschreiben.

$$\begin{aligned} &u = f_1(x,y): \quad a_{11}u_{,xx} + 2a_{12}u_{,xy} + a_{22}u_{,yy} \\ &\qquad + F(x, y, u_{,x}, u_{,y}) = 0, \\ &u = f_2(\xi,\eta): \quad b_{11}u_{,\xi\xi} + 2b_{12}u_{,\xi\eta} + b_{22}u_{,\eta\eta} \\ &\qquad + G(\xi, \eta, u, u_{,\xi}, u_{,\eta}) = 0, \\ &a_{ij} = f_{ij}(x,y), \quad b_{ij} = g_{ij}(\xi,\eta). \\ &b_{11} = a_{11}\xi^2_{,x} + 2a_{12}\xi_{,x}\xi_{,y} + a_{22}\xi^2{}_{,y}, \\ &b_{22} = a_{11}\eta^2{}_{,x} + 2a_{12}\eta_{,x}\eta_{,y} + a_{22}\eta^2{}_{,y}, \\ &b_{12} = a_{11}\xi_{,x}\eta_{,x} + a_{12}(\xi_{,x}\eta_{,y} + \xi_{,y}\eta_{,x}) \\ &\qquad + a_{22}\xi_{,y}\eta_{,y}. \end{aligned} \tag{95}$$

Der Typ der Dgl. und die Eindeutigkeit der Umkehrung $(\xi, \eta) \leftrightarrow (x, y)$ ist gewährleistet durch die Jacobi-Determinante

$$\xi_{,x}\eta_{,y} - \xi_{,y}\eta_{,x} \neq 0. \tag{96}$$

Alle Bedingungen der Tab. 3 lassen sich zu zwei Dgln. für $\xi_{,x}$ und $\xi_{,y}$ bez. $\eta_{,x}$ und $\eta_{,y}$ zusammenführen:

$$\begin{aligned} &a_{11}\varphi_{,x} + \left(a_{12} + \sqrt{A}\right)\varphi_{,y} = 0, \\ &a_{11}\varphi_{,x} + \left(a_{12} - \sqrt{A}\right)\varphi_{,y} = 0, \\ &\varphi = \{\xi(x,y), \eta(x,y)\}. \end{aligned}$$

Charakteristische Gleichung:

$$a_{11}y'(x) = a_{12} + \sqrt{A}, \quad a_{11}y' = a_{12} - \sqrt{A}$$

oder zusammengefasst zu

$$a_{11}y'^2 - 2a_{12}y' + a_{22} = 0. \tag{97}$$

Aus den Charakteristiken $\varphi_1(x, y)$ und $\varphi_2(x, y)$ folgen die Transformationen

Tab. 2 Klassifikation von Dgln. 2. Ordnung

Eigenschaften aller λ_i in allen Punkten $\boldsymbol{x}$	Typ der Dgl.
Alle $\lambda_i \neq 0$ und dasselbe Vorzeichen	Elliptisch
Alle $\lambda_i \neq 0$ und genau ein Vorzeichen entgegengesetzt zu allen anderen	Hyperbolisch
Mindestens ein $\lambda_i = 0$	Parabolisch

Tab. 3 Normalformen für $n = 2$

Normalform	Bedingungen für b_{ij}	Typ
$u_{,\xi\eta} + G_1(\xi, \eta, u, u_{,\xi}, u_{,\eta}) = 0$	$b_{11} = 0, b_{22} = 0, b_{12} \neq 0$	Hyperbolisch
$u_{,\xi\xi} - u_{,\eta\eta} + G_2(\xi, \eta, u, u_{,\xi}, u_{,\eta}) = 0$	$b_{11} + b_{22} = 0, b_{12} = 0$	Hyperbolisch
$u_{,\xi\xi} + G(\xi, \eta, u, u_{,\xi}, u_{,\eta}) = 0$	$b_{11} \neq 0, b_{12} = b_{22} = 0$	Parabolisch
$u_{,\xi\xi} + u_{,\eta\eta} + G(\xi, \eta, u, u_{,\xi}, u_{,\eta}) = 0$	$b_{11} = b_{22} \neq 0, b_{12} = 0$	Elliptisch

$$C_1 = \varphi_1(x,y) = \xi, \quad C_2 = \varphi_2(x,y) = \eta. \quad (98)$$

Beispiel. Die Dgl.

$$2yu_{,xx} + 2(x+y)u_{,xy} + 2xu_{,yy} + u = 0$$

ist im Gebiet ohne $x = y$ auf Normalform zu transformieren.

Der Typ ist zufolge $A = (x+y)^2 - 4xy = (x-y)^2 > 0$ hyperbolisch. Die charakteristische Gleichung

$$2yy'^2 - 2(x+y)y' + 2x = 2(yy' - x)(y' - 1) = 0$$

hat die Lösungen $\varphi_1 = y^2 - x^2 = C_1$ und $\varphi_2 = y - x = C_2$ aus der getrennten Integration der Faktoren. Daraus folgen die Transformation mitsamt der Umkehrung:

$$\xi = y^2 - x^2 = (y+x)(y-x), \quad \eta = y - x;$$
$$2x = (-\eta + \xi/\eta), \quad 2y = \eta + \xi/\eta.$$

Zum Einsetzen in die anfangs gegebene Dgl. werden die partiellen Ableitungen von $u[\xi(x, y), \eta(x, y)]$ benötigt.

$$\begin{aligned} u_{,x} &= u_{,\xi}(-2x) + u_{,\eta}(-1), \\ u_{,y} &= u_{,\xi}(2y) + u_{,\eta}(1), \\ u_{,xx} &= 4x^2 u_{,\xi\xi} + 4xu_{,\xi\eta} + u_{,\eta\eta} - 2u_{,\xi}, \\ u_{,yy} &= 4y^2 u_{,\xi\xi} + 4yu_{,\xi\eta} + u_{,\eta\eta} + 2u_{,\xi}, \\ u_{,xy} &= -\left[4xyu_{,\xi\xi} + 2(x+y)u_{,\xi\eta} + u_{,\eta\eta}\right]. \end{aligned}$$

Mit

$$x = x(\xi,\eta) \quad \text{und} \quad y = y(\xi,\eta)$$

erscheint die Ausgangsdgl. in der Tat in der Normalform:

$$u_{,\xi\eta} + u_{,\xi}/\eta - u/\left(4\eta^2\right) = 0.$$

Im Sonderfall konstanter Koeffizienten a_{ij} werden die Charakteristiken zu Geraden

$$\begin{aligned} C_1 &= a_{11}y - \left(a_{12} + \sqrt{A}\right)x, \\ C_2 &= a_{11}y - \left(a_{12} - \sqrt{A}\right)x, \\ A &= a_{12}^2 - a_{11}a_{22}. \end{aligned} \quad (99)$$

Separationsverfahren in Form von Produktansätzen

$$L[u(\boldsymbol{x})] = r(\boldsymbol{x}), \quad (100)$$

$$u(x_1, \ \ldots, \ x_n) = f_1(x_1)f_2(x_2) \cdot \ldots \cdot f_n(x_n)$$

für die Normalformen können auch bei Dgln. mit nichtkonstanten Koeffizienten erfolgreich sein, wenn es nur gelingt, eine Funktion $f_k(x_k)$ zusammen mit der Variablen x_k zu separieren; so zum Beispiel für $k = 1$:

$$\begin{aligned} &F_1\left(x_1, f_1, f_{1,1}, f_{1,11}\right) \\ &= -F\left(x_2, \ldots, x_n, f_2, \ldots, f_n, f_{2,2}, \ldots\right) = c_1, \\ &c_1 = \text{const.} \end{aligned} \quad (101)$$

Beginnend mit der Lösung der gewöhnlichen Dgl. $F_1(x_1, f_1, f_{1,1}, \ldots) = c_1$ gelangt man über eine gleichartige sukzessive Behandlung des Restes zur Gesamtlösung.

Beispiel. Die Dgl. $u_{,xy} + yu_{,x} - xu_{,y} = 0$ ist mittels des Ansatzes $u(x,y) = f_1(x)f_2(y)$ zu lösen. Einsetzen und Separation liefert $xf_1/f_{1,x} = 1 + yf_2/f_{2,y}$. Aus der Integration von $xf_1/f_{1,x} = c_1$ zu $f_1 = c_0 \exp\left(\frac{x^2}{2c_1}\right)$ und der Integration der rechten Seite zu $f_2 = c_2 \exp\left(\frac{y^2}{2(c_1-1)}\right)$ folgt die Gesamtlösung

Tab. 4 Allgemeine Lösungen für einfachste Normalformen. *F*, *G* sind stetig differenzierbare, ansonsten beliebige Funktionen

Einfachste Form	Lösungen
$u_{,xy} = 0$	$u = F(x) + G(y)$
$u_{,xx} = 0$	$u = xF(y) + G(y)$
$u_{,xx} + a^2 u_{,yy} = 0$	$u = F(y + \mathrm{j}ax) + G(y - \mathrm{j}ax)$
$u_{,xx} - a^2 u_{,yy} = 0$	$u = F(y + ax) + G(y - ax)$

$$u(x,y) = C_0 \exp\left[\frac{C_1}{2}\left(x^2 + \frac{y^2}{1 - C_1}\right)\right].$$

Beispiel. Man zeige, dass die speziellen Lösungen $u = (y + \mathrm{j}ax)^n$ die Dgl. $u_{,xx} + a^2 u_{,yy} = 0$ erfüllen. Mit

$$\begin{aligned} u_{,xx} &= n(n-1)(y + \mathrm{j}ax)^{n-2}(-a^2), \\ u_{,yy} &= n(n-1)(y + \mathrm{j}ax)^{n-2} \end{aligned}$$

wird in der Tat die Dgl. befriedigt.

4.8 Lösungen partieller Differenzialgleichungen

4.8.1 Spezielle Lösungen der Wellen- und Potenzialgleichung

Mit der *Wellengleichung*

$$\Delta\Phi = \boldsymbol{a}\ddot{\Phi} + 2b\dot{\Phi} + c\Phi, \dot{()} = \mathrm{d}()/\mathrm{d}t, \quad (102)$$

Δ Laplace-Operator; a,b,c Konstante,
$\Delta\Phi = \Phi_{,xx} + \Phi_{,yy} + \Phi_{,zz}$ in kartesischen Koordinaten,

erfasst man einen weiten Bereich von Schwingungserscheinungen in den Ingenieurwissenschaften. Ein Produktansatz

$$\Phi(\boldsymbol{x},t) = u(\boldsymbol{x})v(t), \quad (103)$$

getrennt für Zeit t und Ort $\boldsymbol{x}$, ermöglicht eine Separation

$$\frac{\Delta u}{u} = \frac{a\ddot{v} + 2b\dot{v} + cv}{v} = -\lambda^2 \quad (104)$$

mit der Konstanten $(-\lambda^2)$. Die Integration der Zeitgleichung belässt Integrationskonstanten A, B zum Anpassen an gegebene Anfangsbedingungen.

$$a\ddot{v} + 2b\dot{v} + (c + \lambda^2)v = 0.$$

$$v(t) = \begin{cases} e^{-\frac{b}{a}t}(A\cos\omega t + B\sin\omega t) \\ \text{mit } \omega^2 = \dfrac{\lambda^2 + c}{a} - \left(\dfrac{b}{a}\right)^2. \\ b = 0: \; A\cos\omega t + B\sin\omega t \\ \text{mit } \omega^2 = (\lambda^2 + c)/a. \\ a = 0: \; A\exp\left(-\dfrac{c + \lambda^2}{2b}t\right). \end{cases} \quad (105)$$

Die Integration der Ortsgleichung $\Delta u + \lambda^2 u = 0$, auch *Helmholtz-Gleichung* genannt, hat gegebene Randbedingungen zu berücksichtigen. Für den Sonderfall nur einer unabhängig Veränderlichen x steht dafür ein weiteres Paar D, E von Integrationskonstanten zur Verfügung.

Dgl. $u_{,xx} + \lambda^2 u = 0$.
Lösung $u(x) = D\sin\lambda x + E\cos\lambda x$.
Spezielle Randbedingungen
$u(x = 0) = 0, \quad u(x = l) = 0$.

Aus $u(x = 0) = 0$ folgt $E = 0$.
Aus $u(x = l) = 0$ folgt $0 = D\sin\lambda l$ mit beliebig vielen Lösungsparametern oder Eigenwerten $\lambda_i l = i\pi$, $i = 1,2,3,\ldots$ und Eigenfunktionen $u_i(x) = D\sin(i\pi x/l)$. (106)

Die Gesamtlösung (103) setzt sich aus den Anteilen (105) und (106) zusammen; z. B. für $b = c = 0$:

$$\Phi(x,t) = \sum_i (\sin i\pi x/l)\left(F_i \cos\frac{i\pi}{l\alpha}t + G_i \sin\frac{i\pi}{l\alpha}t\right), \quad \alpha^2 = a. \quad (107)$$

Die Konstantenpaare F_i, G_i werden durch die gegebene Anfangskonstellation

Tab. 5 Lösungsvielfalt für $\Delta u = 0$, $\Delta\Delta u = 0$

Differenzialgleichung	Lösungen
$u_{,xx} + u_{,yy} = \Delta u = 0$ Kartesische Koordinaten	Alle holomorphen Funktionen $u = F(x + \mathrm{j}y) + G(x - \mathrm{j}y)$, z. B. Real- und Imaginärteil von $(x \pm \mathrm{j}y)^k$ oder $\exp[\alpha(x \pm \mathrm{j}y)]$.
$u_{,rr} + \frac{1}{r}u_{,r} + \frac{1}{r^2}u_{,\varphi\varphi} = 0$ Polarkoordinaten	$u = r^{\pm\alpha}\,\mathrm{e}^{\mathrm{j}\alpha\varphi}$, α beliebig. $u = A + B\ln\frac{r}{r_0}$, A, B, r_0 beliebig. $r^k\cos k\varphi$, $r^k\sin k\varphi$, $k = \ldots, -2, -1, 0, 1, 2\ldots$
$u_{,xx} + u_{,yy} + u_{,zz} = 0$	$u = \left[(x - a_x)^2 + (y - a_y)^2 + (z - a_z)^2\right]^{-\frac{1}{2}}$ a_x, a_y, a_z beliebig. $u = \exp\left[\frac{x}{a_x} + \frac{y}{a_y} + \frac{z}{a_z}\right]$ mit $\left(\frac{1}{a_x}\right)^2 + \left(\frac{1}{a_y}\right)^2 + \left(\frac{1}{a_z}\right)^2 = 0$. $u = A + Bx + Cy + Dz$.
$u_{,rr} + \frac{1}{r}u_{,r} + \frac{1}{r^2}u_{,\varphi\varphi} + u_{,zz} = 0$ Zylinderkoordinaten	$u = \exp[\pm\mathrm{j}(\alpha z + \beta\varphi)]Z_\beta(\mathrm{j}\alpha r)$, Z: Zylinderfunktion. $u = (Az + B)\,r^\alpha\,\mathrm{e}^{\pm\mathrm{j}\alpha\varphi}$. $u = (Az + B)(C\varphi + D)\left(E + F\ln\frac{r}{r_0}\right)$.
$u_{,xxxx} + u_{,yyyy} + 2u_{,xxyy} = \Delta\Delta u = 0$ Kartesische Koordinaten	Mit $\Delta u = 0$ gilt $u = v;\ \ xv;\ \ yv;\ \ (x^2 + y^2)v$ z. B. $\sinh\alpha y\,\sin\alpha x$, $x\cos\alpha y\,\sinh\alpha x$.
$\Delta(\Delta u) = 0$ mit $\Delta() = ()_{,rr} + \frac{1}{r}()_{,r} + \frac{1}{r^2}()_{,\varphi\varphi}$ Polarkoordinaten	z. B. $u = r^2$, $\ln\frac{r}{r_0}$, $r^2\ln\frac{r}{r_0}$, φ, $r^2\varphi$, $\varphi\ln\frac{r}{r_0}$, $r^2\varphi\ln\frac{r}{r_0}$, $r\ln\frac{r}{r_0}\cos\varphi$, $r\varphi\cos\varphi$, $r^k\cos k\varphi$.

$$\Phi(x, t = 0) = u_0(x), \quad \Phi^\bullet(x, t = 0) = \dot{u}_0(x) \tag{108}$$

bestimmt, indem man die Orthogonalität der Eigenfunktionen aus (106)

$$\int_0^l u_i(x)u_j(x)\,\mathrm{d}x = 0 \quad \text{für } i \neq j \tag{109}$$

derart ausnutzt, dass man (108) jeweils mit $u_k(x)$ multipliziert und über dem Definitionsbereich $0 \leqq x \leqq l$ integriert.

$$\begin{aligned} &\sum_i F_i \sin\frac{i\pi}{l}x = u_0(x) \\ &\rightarrow F_k = \frac{2}{l}\int_0^l u_0(x)\sin\frac{k\pi}{l}x\mathrm{d}x, \\ &\sum_i G_i\frac{i\pi}{l\alpha}\sin\frac{i\pi}{l}x = \dot{u}_0(x) \\ &\rightarrow G_k = \frac{2\alpha}{k\pi}\int_0^l \dot{u}_0(x)\sin\frac{k\pi}{l}x\,\mathrm{d}x. \end{aligned} \tag{110}$$

Die Gleichungsfolge (103) bis (110) ist typisch für alle eindimensionalen Ortsprobleme in der Zeit.

Für ebene und räumliche Gebiete besteht zwar kein Mangel an Lösungsfunktionen, so zum Beispiel im Raum,

$$\begin{aligned} &u_{,xx} + u_{,yy} + u_{,zz} + \lambda^2 u = 0, \\ &u(x,y,z) = A\exp[\mathrm{j}(\pm\alpha x \pm \beta y \pm \gamma z)] \\ &\text{mit } \lambda^2 = \alpha^2 + \beta^2 + \gamma^2, \quad \mathrm{j}^2 = -1, \end{aligned} \tag{111}$$

doch gelingt es damit in aller Regel nicht, vorgegebene Randbedingungen zu erfüllen.

Tab. 6 Fundamentallösungen einiger linearer partieller Dgln. $LP[u] + \delta(x-0)\delta(t-0) = 0$

Operator LP	Fundamentallösungen
$u_{,xx} + \delta(x-0) = 0$	$u = r/2,\ r = \sqrt{x^2}$
$u_{,xx} + \lambda^2 u + \delta(x-0) = 0$	$u = -\frac{1}{2\lambda}\sin(\lambda r),\ r = \sqrt{x^2}$
$u_{,xx} - \frac{1}{k}u_{,t} + \delta(x-0)\delta(t-0) = 0$	$u = \frac{-H(t)}{\sqrt{4\pi kt}}\exp\left(-\frac{x^2}{4kt}\right)$, H: Heaviside-Funktion $H(t<0)=0,\ H(t \geqq 0) = 1$
$u_{,xx} + u_{,yy} + \delta(r-0) = 0$	$u = \frac{1}{2\pi}\ln\frac{R}{r},\ r^2 = x^2 + y^2$, R: Konstante
$k_1 u_{,xx} + k_2 u_{,yy} + \delta(r-0) = 0$	$u = \frac{1}{2\pi\sqrt{k_1k_2}}\ln\frac{R}{r},\ r^2 = \frac{x^2}{k_1} + \frac{y^2}{k_2}.$
$c^2(u_{,xx} + u_{,yy}) - u_{,tt} + \delta(r-0)\delta(t-0) = 0$	$u = \frac{H(ct-r)}{2\pi c\sqrt{c^2t^2 - r^2}},\ r^2 = x^2 + y^2.$
$u_{,tt} - \lambda^2\Delta\Delta u + \delta(r-0)\delta(t-0) = 0$	$u = \frac{H(t)}{4\pi\lambda}S\left(\frac{r}{4\lambda t}\right),\ S(\xi) = -\int\limits_{\xi}^{\infty}\frac{\sin z}{z}\,\mathrm{d}z.$
$u_{,xx} + u_{,yy} + u_{,zz} + \delta(r-0) = 0$	$u = \frac{1}{4\pi r},\ r^2 = x^2 + y^2 + z^2$
$u_{,xx} + u_{,yy} + u_{,zz} + \lambda^2 u + \delta(r-0) = 0$	$u = \frac{1}{4\pi r}\exp(-\mathrm{j}\lambda r)$
$k_1 u_{,xx} + k_2 u_{,yy} + k_3 u_{,zz} + \delta(r-0) = 0$	$u = \frac{1}{4\pi r}\cdot\frac{1}{\sqrt{k_1k_2k_3}},\ r^2 = \frac{x^2}{k_1} + \frac{y^2}{k_2} + \frac{z^2}{k_3}.$
$c^2(u_{,xx} + u_{,yy} + u_{,zz}) - u_{,tt} + \delta(r-0)\delta(t-0) = 0$	$u = \frac{\delta\left(t - \frac{r}{c}\right)}{4\pi r}$

Beispiel. Ein lösbarer Sonderfall betrifft die Helmholtz-Gleichung $\Delta u + \lambda^2 u = 0$ in einem homogenen achsenparallelen Quader mit den Kantenlängen a_x, a_y, a_z und vorgeschriebenen Werten $u = 0$ auf allen 6 Oberflächen.

Eigenfunktionen

$$u_{ijk} = A_{ijk}\sin\frac{i\pi}{a_x}x\sin\frac{j\pi}{a_y}y\sin\frac{k\pi}{a_z}z,$$

$$\Delta u_{ijk} = \pi^2\left(-\frac{i^2}{a_x^2} - \frac{j^2}{a_y^2} - \frac{k^2}{a_z^2}\right)u = -\lambda^2 u,$$

Eigenwerte

$$\lambda_{ijk}^2 = \pi^2\left(\frac{i^2}{a_x^2} + \frac{j^2}{a_y^2} + \frac{k^2}{a_z^2}\right);\quad i,j,k \in \mathbb{N},$$

$$\text{z. B. } \lambda_{\min}^2 = \pi^2\left(\frac{1}{a_x^2} + \frac{1}{a_y^2} + \frac{1}{a_z^2}\right).$$

Besonders augenfällig ist die Lösungsvielfalt für die Potenzialgleichung $\Delta u = 0$ und die Bipotenzialgleichung $\Delta\Delta u = 0$ in der Ebene.

4.8.2 Fundamentallösungen

Die Vielzahl möglicher Lösungen für lineare partielle Dgln. $LP[u(\boldsymbol{x},t)] + r = 0$ lässt den Wunsch nach einer charakteristischen oder *Fundamentallösung* aufkommen. Sie ist definiert als Antwort $u(\boldsymbol{x},t,\boldsymbol{x}_0,t_0)$ des Systems in einem Ort $\boldsymbol{x}$ und zu einer Zeit t auf eine punktuelle Einwirkung entsprechend dem Charakter der Störung r im Raum-Zeit-Punkt $\boldsymbol{x}_0$, t_0, auch Aufpunkt genannt. Die punktuelle Einwirkung wird so normiert, dass ihr Integral im Definitionsgebiet zu eins wird.

$$LP[u(\boldsymbol{x},t)] + [\delta(\boldsymbol{x}-\boldsymbol{x}_0)[\delta(t-t_0)] = 0 \text{ im Gebiet } G$$
$$\to u(\boldsymbol{x},\, t,\, \boldsymbol{x}_0, t_0) \text{ Fundamentallösung.}$$
$$\delta(\boldsymbol{x}-\boldsymbol{x}_0) = 0 \quad \text{für} \quad \boldsymbol{x} \neq \boldsymbol{x}_0,$$
$$\delta(t-t_0) = 0 \quad \text{für} \quad t \neq t_0,$$
$$\int_G [\delta(\boldsymbol{x}-\boldsymbol{x}_0)][\delta(t-t_0)]\,\mathrm{d}G = 1,$$
$$\int_G v(\boldsymbol{x},t)[\delta(\boldsymbol{x}-\boldsymbol{x}_0)][\delta(t-t_0)]\,\mathrm{d}G = v(\boldsymbol{x}_0,t_0). \tag{112}$$

Im Gegensatz zur Green'schen Funktion wird die Fundamentallösung nicht durch die Randbedingungen bestimmt, sondern allein durch die Forderung nach totaler Symmetrie bezüglich des Aufpunktes. Die Berandung des Integrationsgebietes ist durch zusätzliche Maßnahmen in die Lösungsmenge einzuführen, zum Beispiel nach dem Konzept der Randintegralmethoden, mit der numerischen Verwirklichung als Randelementmethode (BEM, Boundary Element Method).

Beispiel. Für die Potenzialgleichung $\Delta u + \delta(r - r_0) = 0$ mit $r_0 = 0$ in Kugelkoordinaten bestimme man die Fundamentallösung. Bei totaler Symmetrie gilt $u_{,\varphi} = u_{,\vartheta} = 0$ und es verbleibt eine gewöhnliche Dgl. zunächst für $r \neq r_0 = 0$,

$$\frac{1}{r^2}\left(r^2 u_{,r}\right)_{,r} = u_{,rr} + 2u_{,r}/r = 0,$$

mit der Lösung $u(r) = A/r$. Integration der Dgl. in einem beliebig kleinen Kugelgebiet um den Aufpunkt liefert mithilfe der 3. Green'schen Formel $\int \Delta u\ \mathrm{d}V = \int u_{,n}\ \mathrm{d}S$ aus ▶ Abschn. 3.9.3 in Kap. 3, „Differenzialgeometrie und Integraltransformationen" mit $u_{,n} = u_{,r}$ und $\mathrm{d}S = r^2 \sin\varphi\ \mathrm{d}\varphi\ \mathrm{d}\vartheta$ eine Bestimmungsgleichung für die Konstante A.

$$\begin{aligned}\int (\Delta u + \delta r)\mathrm{d}V &= \int_{\varphi=0}^{\pi}\int_{\vartheta=0}^{2\pi} u_{,r} r^2 \sin\varphi\,\mathrm{d}\varphi\,\mathrm{d}\vartheta + 1\\ &= -4A\pi + 1 = 0\\ \to A &= \frac{1}{4\pi}, \quad u = \frac{1}{4\pi r}.\end{aligned}$$

4.9 Numerische Integration von Differenzialgleichungen

4.9.1 Anfangswertprobleme

Anfangswertprobleme, kurz AWP, werden beschrieben durch gewöhnliche Differenzialgleichungen r-ter Ordnung mit r vorgegebenen Anfangswerten im Anfangspunkt x_0.

$$y^{(r)} = f\left(x, y, \ldots, y^{(r-1)}\right), \quad y^{(r)} = \mathrm{d}^r y/\mathrm{d}x^r,$$
$$\left.\begin{aligned} y^{(r-1)}(x_0) &= y_0^{(r-1)}\\ \vdots\ &\ \vdots\\ y(x_0) &= y_0 \end{aligned}\right\} r \text{ Anfangswerte.} \tag{113}$$

Durch die Einführung von $r-1$ zusätzlichen Zustandsgrößen lässt sich (113) auch stets als System von r Dgln. jeweils 1. Ordnung formulieren, sodass dem Sonderfall $r = 1$,

$$y' = f(x,y), \quad y = y(x), \quad y' = \mathrm{d}y/\mathrm{d}x, \\ y(x_0) = y_0 \text{ vorgegeben,} \tag{114}$$

eine besondere Bedeutung zukommt. Von x_0 und $y(x_0) = y_0$ ausgehend, liefert z. B. eine abgebrochene Taylor-Entwicklung mit der Schrittweite h einen Näherungswert Y_1 für $y_1 = y(x_0 + h)$.

$$Y_1 = y_0 + \frac{h}{1!}y_0' + \frac{h^2}{2!}y_0'' + \ldots + \frac{h^p}{p!}y_0^{(p)},$$
$$y_0' = f(x_0, y_0), \quad y_0'' = y''(x_0) = f'(x_0, y_0), \ldots, \tag{115}$$

$$y'' = f_{,x} + f_{,y}\, y' = f_{,x} + f_{,y}\, f =: f_2,$$
$$f_{,x} = \partial f/\partial x,$$
$$y''' = f_{,xx} + 2ff_{,xy} + f^2 f_{,yy} + f_2 f_{,y}, \quad \text{usw.}$$

Aus der Differenz d_1 zwischen dem berechneten Näherungswert Y_1 und dem in der Regel unbekannt bleibenden exakten Wert y_1 ergibt sich die *lokale Fehlerordnung p*.

$$d_1 = y_1 - Y_1 = \frac{h^{p+1}}{(p+1)!} y^{p+1}(x_0 + \xi h), \quad 0 \leqq \xi \leqq 1.$$

Die Näherung (115) besitzt die lokale Fehlerordnung p für einen Fehler d der Größenordnung (O) von h^{p+1}, kurz

$$d_k = y_k - Y_k = O(h^{p+1}). \tag{116}$$

Runge-Kutta-Verfahren, kurz RKV, gehen in ihrer Fehlerabschätzung auf die Taylor-Entwicklung zurück, lassen sich jedoch kompakter herleiten über eine zugeordnete Integraldarstellung im Intervall $[x_k, x_{k+1}]$ der Länge h.

$$y_{k+1} - y_k = \int_{x_k}^{x_k+h} f(x,y)\,dx.$$

Näherung durch numerische Integration:

$$\begin{aligned} &Y_{k+1} = Y_k + h(w_1 f_1 + \ldots + w_m f_m),\\ &f_i = f(x_k + \xi_i h, Y_i), \quad Y_i = Y(x_k + \xi_i h),\\ &0 \leqq \xi_i \leqq 1. \quad m \text{ Stufenzahl.} \end{aligned} \tag{117}$$

Die Stützstelle ξ_i im Intervall [0,1] und die Gewichtsfaktoren w_i werden für eine konkrete Stufenzahl m so berechnet, dass die lokale Fehlerordnung p möglichst hoch wird.

Explizite RKV
Die Zwischenwerte $Y_i = Y(x_k + \xi_i h)$ werden sukzessive beim Fortschreiten von $\xi_1 = 0$ bis ξ_m eliminiert.

Implizite RKV
Alle Werte Y_i eines Intervalls $[x_k, x_{k+1}]$ sind miteinander gekoppelt. Bei nicht linearen Dgln. führt dies auf ein nicht lineares algebraisches Gleichungssystem.

Die klassischen RK-Formeln ersetzen die Zwischenwerte Y_i durch Steigungen k_i:

Explizite RK-Schemata, Stufenzahl m.
Gegeben: $y' = f(x, y)$, $y(x_0) = y_0$.
Gesucht: Extrapolation von einem Näherungswert Y_k für $y(x_k)$ auf einen Wert Y_{k+1} für $y(x_k + h)$, sog. *Einschrittverfahren*:

$$Y_{k+1} = Y_k + h\sum_{i=1}^{m} \gamma_i k_i. \tag{118}$$

$$\begin{aligned} k_1 &= f(x_k + \xi_1 h, Y_k), \quad \xi_1 = 0,\\ k_2 &= f(x_k + \xi_2 h, Y_2), \quad Y_2 = Y_k + h\beta_{21}k_1,\\ k_3 &= f(x_k + \xi_3 h, Y_3), \quad Y_3 = y_k + h(\beta_{31}k_1 + \beta_{32}k_2),\\ &\vdots\\ k_m &= f(x_k + \xi_m h, Y_m), \quad Y_m = Y_k + h\sum_{i=1}^{m} \beta_{mi}k_i. \end{aligned}$$

Die Koeffizienten ξ_i, β_{ij} und γ_i ordnet man platzsparend in einem Schema an.

$$\begin{array}{l|lllll} \xi_1 = 0 & & & & & \\ \xi_2 & \beta_{21} & & & & \\ \xi_3 & \beta_{31} & \beta_{32} & & & \\ \vdots & \vdots & & \ddots & & \\ \xi_m & \beta_{m1} & \beta_{m2} & \cdots & \beta_{m,m-1} & \\ \hline \gamma & \gamma_1 & \gamma_2 & \cdots & \gamma_{m-1} & \gamma_m \end{array} \tag{119}$$

Konsistenzbedingungen:

$$\sum_{i=1}^{m} \gamma_i = 1, \quad \xi_j = \sum_{i=1}^{j-1} \beta_{j,i} \quad \text{für } p \geqq 1. \tag{120}$$

Interessant für die Schrittweitensteuerung sind Algorithmen, die aus einem Vergleich von 2 Verfahren mit verschiedenen Stufenzahlen m_1 und m_2 auf den lokalen Fehler schließen lassen, wobei die Auswertungen für m_1 vollständig für die Stufe m_2 zu verwerten sind; siehe Tab. 7 und 8.

Bei impliziten RKV folgen die Werte k_i, $i = 1$ bis m, aus einem nicht linearen algebraischen System, z. B. für $m = 2$:

$$\begin{aligned} k_1 &= f(x_k + \xi_1 h, Y_1), \quad Y_1 = Y_k + h(\beta_{11}k_1 + \beta_{12}k_2),\\ k_2 &= f(x_k + \xi_2 h, Y_2), \quad Y_2 = Y_k + h(\beta_{21}k_1 + \beta_{22}k_2).\\ Y_{k+1} &= Y_k + h(\gamma_1 k_1 + \gamma_2 k_2). \end{aligned} \tag{121}$$

Der große numerische Aufwand kommt einer hohen Fehlerordnung p zugute und ist in Anbetracht einer numerisch stabilen Integration sog. steifer Dgln. unumgänglich. Besonders günstige

Tab. 7 Explizites Runge-Kutta-Verfahren mit $m_1 = 4$, $p_1 = 4$ und $m_2 = 6$, $p_2 = 5$. Lokaler Fehler $d = \frac{h}{336}(-42k_1 - 224k_3 - 21k_4 + 162k_5 + 125k_6) + O(h^6)$

0							
$\frac{1}{2}$	$\frac{1}{2}$						$m_1 = 4$
$\frac{1}{2}$	$\frac{1}{4}$	$\frac{1}{4}$					
1	0	-1	2				$m_2 = 6$
$\frac{2}{3}$	$\frac{7}{27}$	$\frac{10}{27}$	0	$\frac{1}{27}$			
$\frac{1}{5}$	$\frac{28}{625}$	$-\frac{1}{5}$	$\frac{546}{625}$	$\frac{54}{625}$	$-\frac{378}{625}$		
γ_i für $m_1 = 4$	$\frac{1}{6}$	0	$\frac{4}{6}$	$\frac{1}{6}$			
γ_i für $m_2 = 6$	$\frac{14}{336}$	0	0	$\frac{35}{336}$	$\frac{162}{336}$	$\frac{125}{336}$	

Tab. 8 Explizites Runge-Kutta-Verfahren mit $m_1 = 6$, $p_1 = 5$ und $m_2 = 8$, $p_2 = 6$. Lokaler Fehler $d \approx \frac{5h}{66}(k_8 + k_7 - k_6 - k_1)$

0								
$\frac{1}{6}$	$\frac{1}{6}$							
$\frac{4}{15}$	$\frac{4}{75}$	$\frac{16}{75}$						
$\frac{2}{3}$	$\frac{5}{6}$	$-\frac{8}{3}$	$\frac{5}{2}$					$m_1 = 6$
$\frac{4}{5}$	$-\frac{8}{5}$	$\frac{114}{25}$	-4	$\frac{16}{25}$				$m_2 = 8$
1	$\frac{361}{320}$	$-\frac{18}{5}$	$\frac{407}{128}$	$-\frac{11}{80}$	$\frac{55}{128}$			
0	$-\frac{11}{640}$	0	$\frac{11}{256}$	$-\frac{11}{160}$	$\frac{11}{256}$	0		
1	$\frac{93}{640}$	$-\frac{18}{5}$	$\frac{803}{256}$	$-\frac{11}{160}$	$\frac{99}{256}$	0	1	
γ_i für $m_1 = 6$	$\frac{31}{384}$	0	$\frac{1125}{2816}$	$\frac{9}{32}$	$\frac{125}{768}$	$\frac{5}{66}$		
γ_i für $m_2 = 8$	$\frac{7}{1408}$	0	$\frac{1125}{2816}$	$\frac{9}{32}$	$\frac{125}{768}$	0	$\frac{5}{66}$	$\frac{5}{66}$

p-Werte relativ zu der Stufenzahl m erzeugen Gaußpunkte ξ_i; siehe Tab. 9.

Steife Differenzialgleichungen sind erklärt an linearen Systemen über die Realteile der charakteristischen Exponenten λ.

$\boldsymbol{y}'(x) = \boldsymbol{A}\boldsymbol{y}(x)$, $\boldsymbol{A} = \text{const}$,
Lösungsansatz $\boldsymbol{y}(x) = e^{\lambda x}\boldsymbol{y}_0$ führt auf $(\boldsymbol{A} - \lambda\boldsymbol{I})\boldsymbol{y}_0 = \boldsymbol{0} \to \lambda_1$ bis λ_n.
Steifheit $S = |\text{Re}(\lambda_j)|_{\max} / |\text{Re}(\lambda_j)|_{\min}$. (122)

Tab. 9 Implizite Runge-Kutta-Gauß-Verfahren

$m=2, p=4$			
$(3-\sqrt{3})/6$	1/4	$(3-2\sqrt{3})/12$	
$(3+\sqrt{3})/6$	$(3+2\sqrt{3})/12$	1/4	
	1/2	1/2	
$m=3, p=6$			
$(5-\sqrt{15})/10$	5/36	$(10-3\sqrt{15})/45$	$(25-6\sqrt{15})/180$
1/2	$(10+3\sqrt{15})/72$	2/9	$(10-3\sqrt{15})/72$
$(5+\sqrt{15})/10$	$(25+6\sqrt{15})/180$	$(10+3\sqrt{15})/45$	5/36
	5/18	4/9	5/18

Bei nicht linearen Dgln. linearisiert man im aktuellen Punkt x_k.

Gegeben

$$\begin{bmatrix} y_1 \\ \vdots \\ y_n \end{bmatrix}' = \begin{bmatrix} f_1(x,\boldsymbol{y}) \\ \vdots \\ f_n(x,\boldsymbol{y}) \end{bmatrix} = \boldsymbol{f}.$$

Linearisierung im Punkt $(x_k, \boldsymbol{y}_k)$;

$$\begin{aligned} &\boldsymbol{y} = \boldsymbol{y}_k + \boldsymbol{z}, \\ &\boldsymbol{z}' = \boldsymbol{J}(x_k, \boldsymbol{y}_k)\boldsymbol{z} + \boldsymbol{f}_k + (x - x_k)\boldsymbol{f}'_k, \quad ()' = \mathrm{d}()/\mathrm{d}x, \\ &\boldsymbol{J} = \begin{bmatrix} f_{1,1} & \dots & f_{1,n} \\ \vdots & & \vdots \\ f_{n,1} & \dots & f_{n,n} \end{bmatrix}, \quad f_{i,j} = \partial f_i/\partial y_j. \end{aligned} \tag{123}$$

Bei großer Steifheit S sind in der Regel nur implizite Verfahren brauchbar, da ansonsten die Rechnung zur Divergenz neigt, oder die Zeitschritte irrelevant klein werden. Das Phänomen der numerischen Stabilität dokumentiert sich in folgender Testaufgabe für Stabilität.

$$\begin{aligned} &\text{Gegeben}: \quad y' + y = 0 \quad \text{mit} \quad y(x=0) = y_0. \\ &\text{Analytische Lösung}: \quad y(x) = y_0 \mathrm{e}^{-x}, \end{aligned} \tag{124}$$

Numerische Lösung:

$$\begin{aligned} &s\text{-Schritt-Verfahren } a_s Y_{k+s} + \ldots + a_1 Y_{k+1} = a_0 Y_k. \\ &1\text{-Schritt-Verfahren } a_1 Y_{k+1} = a_0 Y_k, \quad a_i = a_i(h). \end{aligned} \tag{125}$$

Die Differenzengleichungen (125) lassen sich wiederum analytisch lösen, wobei die Eigenwerte λ über die numerische Stabilität entscheiden.

Ansatz für (125): $Y_k = \lambda^k y_0$.

$$\begin{aligned} &s \ \text{ beliebig}: a_s\lambda^s + \ldots + a_1\lambda = a_0, \\ &s = 1: a_1\lambda = a_0. \end{aligned} \tag{126}$$

Stabilitätscharakter.

$$\begin{aligned} &\text{Falls alle } |\lambda_j| < 1 \text{ für beliebige Schrittweite } h: \\ &\text{Absolute Stabilität.} \\ &\text{Falls alle } |\lambda_j| < 1 \text{ für eine spezielle maximal} \\ &\text{zu-lässige Schrittweite } h_{\max}: \text{Bedingte Stabilität.} \end{aligned} \tag{127}$$

Für steife Dgln. eignen sich nur absolut stabile Verfahren.

Padé-Approximation. Gebrochen rationale Polynomapproximationen P_{mn} nach Padé in Tab. 18 in ▶ Kap. 3, „Differenzialgeometrie und Integraltransformationen", Tab. 18 speziell für die e-Funktion sind offensichtlich besonders geeignete Stabilitätsgaranten, falls nur für den Fall der Dgl. (67) $n \leq m$ gewählt wird.

Beispiel: Die harmonische Schwingung $y'' + y = 0$ mit $y_0 = y(x_0), y'_0 = y'(x_0)$ ist grenzstabil; das heißt, die quadratische Form $y^2 + y'^2 = Q$ bleibt zeitunveränderlich konstant. Die Rechnung geht aus von einem System $\boldsymbol{y}' = \boldsymbol{A}\boldsymbol{y}$ 1. Ordnung mit $y' = v$:

$$\boldsymbol{y} = \begin{bmatrix} y \\ v \end{bmatrix}, \quad \boldsymbol{A} = \begin{bmatrix} 0 & 1 \\ -1 & 0 \end{bmatrix}. \quad \boldsymbol{y}_1 = \exp(\boldsymbol{A}h)\boldsymbol{y}_0.$$

Eine matrizielle P_{22}-Entwicklung nach Tab. 18 in ▶ Kap. 3, „Differenzialgeometrie und Integraltransformationen“, Tab. 18 mit

$$\begin{aligned} \boldsymbol{y}_1 &= \boldsymbol{P}_{22}\boldsymbol{y}_0, \quad \boldsymbol{y}_2 = \boldsymbol{P}_{22}\boldsymbol{y}_1 \quad \text{usw.} \\ \text{und } \boldsymbol{P}_{22} &= \left(\boldsymbol{I} - \frac{h}{2}\boldsymbol{A}\right)^{-1}\left(\boldsymbol{I} + \frac{h}{2}\boldsymbol{A}\right) \\ &= \left(1 + \frac{h^2}{4}\right)^{-1} \begin{bmatrix} 1 - \frac{h^2}{4} & h \\ -h & 1 - \frac{h^2}{4} \end{bmatrix} \end{aligned}$$

garantiert in der Tat mit

$$Q_1 = \boldsymbol{y}_1^{\mathrm{T}}\boldsymbol{y}_1 = \boldsymbol{y}_0^{\mathrm{T}}\boldsymbol{P}_{22}^{\mathrm{T}}\boldsymbol{P}_{22}\boldsymbol{y}_0 = \boldsymbol{y}_0^{\mathrm{T}}\boldsymbol{I}\boldsymbol{y}_0$$

die Erhaltung des Anfangswertes Q_0 unabhängig vom Zeitschritt h.

Die P_{22}-Approximation des obigen Beispiels hat als stabile Variante des sog. *Newmark-Verfahrens* eine große Bedeutung in der Strukturdynamik.

4.9.2 Randwertprobleme

Randwertprobleme, kurz RWP, werden beschrieben durch gewöhnliche oder partielle Dgln. mit einem Differenzialoperator D_G im abgeschlossenen Definitionsgebiet G und zusätzlichen Vorgaben $D_R[y] + r_R = 0$ in allen Randpunkten.

$$\left.\begin{aligned} &\text{Gebiet } G\colon \mathrm{D}_G[y(\boldsymbol{x})] + \boldsymbol{r}_G = 0 \\ &\text{Rand } R\colon \mathrm{D}_R[y(\boldsymbol{x})] + \boldsymbol{r}_R = 0 \end{aligned}\right\} \mathrm{RWP}[y,r] = 0. \tag{128}$$

Gewöhnliches Dgl.-System:

Spalte $\boldsymbol{x}$ enthält nur eine unabhängige Veränderliche.

Alle Verfahren zur Approximation der in aller Regel unbekannt bleibenden exakten Lösung $y(\boldsymbol{x})$ basieren auf einer Interpolation mit gegebenen linear unabhängigen Ansatzfunktionen $f_1(\boldsymbol{x})$ bis $f_n(\boldsymbol{x})$, deren Linearkombination $Y(\boldsymbol{x}) = \sum c_i f_i(\boldsymbol{x})$ mit vorerst unbestimmten Koeffizienten c_i so

Tab. 10 Gebräuchliche Defektfunktionen. n-Ansatzordnung, G Definitionsgebiet, D_G Differenzialoperator des RWP in G, R Rand des RWP

Typ	Darstellung
Diskrete Defektquadrate	$\sum_{k=1}^{m} d^2(\boldsymbol{x}_k) \to$ Minimum, $m > n$.
Integrales Defektquadrat	$\int_{G+R} d^2(\boldsymbol{x})(\mathrm{d}G + \mathrm{d}R) \to$ Minimum.
Gewichtete Residuen	$\int_{G+R} g_k d(\boldsymbol{x})(\mathrm{d}G + \mathrm{d}R) = 0, k = 1$ bis n.
(Galerkin-Verfahren)	g_k Linear unabhängige Gewichts- oder Projektionsfunktionen $g_k \equiv f_k$ Klassisches Ritz-Verfahren (FEM) $D_G[g_k] = 0$ Trefftz-Ansatz $D_G[g_k] = \delta_k$ Randelementmethode (REM)
Kollokation	$d_k = d(\boldsymbol{x}_k) = 0, k = 1$ bis n.

einzurichten ist, dass der Defekt (auch Residuum genannt)

$$d(x) = \mathrm{RWP}[Y, r] \tag{129}$$

oder ein zugeordnetes Funktional minimal wird. Die physikalisch begründeten Aufgaben in den Ingenieurwissenschaften erfordern gewichtete Defektanteile mit identischen Dimensionen.

Beispiel: Die Längsverschiebung $u(x)$ und die Längskraft $L = EA\, \mathrm{d}u/\mathrm{d}x$ eines Stabes mit Dehnsteifigkeit EA nach Abb. 3 werden ganz allgemein durch Gebiets- und Randgleichungen bestimmt. $(\bullet)' = \mathrm{d}(\bullet)/\mathrm{d}\xi = h\mathrm{d}(\bullet)/\mathrm{d}x$, $x = h\xi$.

Gebiet G:

$$\left[-EAu''/h^2 - p\right]_G = 0; \quad \text{hier } p = p_1 x/h.$$

Rand R_0 mit vorgegebener Verschiebung $\bar{u}$:

$$[u - \bar{u}]_{R_0} = 0; \quad \text{hier } R_0 = R \text{ und } \bar{u} = 0.$$

Rand R_1 mit vorgegebener Längskraft $\bar{L} = EA\, \bar{u}'/h$:

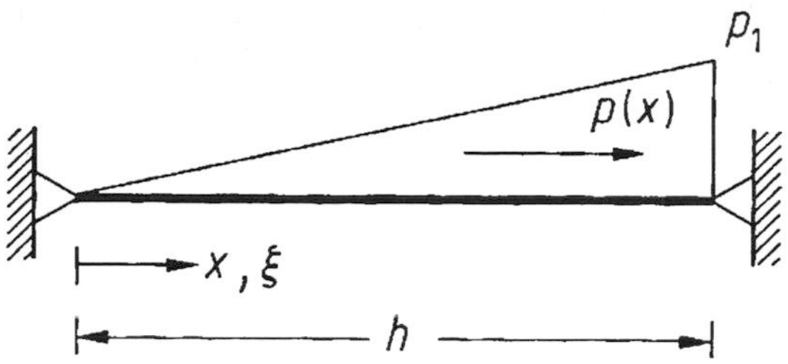

Abb. 3 Dehnstab mit Längsbelastung $p(x)$

$[EAu'/h - EA\bar{u}'/h]_{R_1} = 0;$ hier kein Rand R_1.

Das gewichtete Gebietsresiduum $\int g[\ldots]_G\,\mathrm{d}x$ mit dimensionsloser Gewichtsfunktion g und Länge $\mathrm{d}x = h\,\mathrm{d}\xi$ hat die Dimension einer Kraft.

Der R_1-Anteil wird ebenfalls mit g bewertet (korrespondierend mit der Verschiebung u), der R_0-Anteil hingegen mit $EA\,\mathrm{d}g/\mathrm{d}x$ (korrespondierend mit der Längskraft L).

$$\int_G g\left[-EAu''/h^2 - p\right]h\mathrm{d}\xi + \left\{\frac{EA}{h}g'[\bar{u} - u]\right\}_{R_0} + \left\{\frac{g}{h}[EAu' - EA\bar{u}']\right\}_{R_1} = 0.$$

Bei spezieller Wahl identischer Ansatz- und Gewichtsfunktionen ($f = g$) ist eine partielle Integration für die numerische Auswertung günstig. Für die Sondersituation in Abb. 3 mit ausschließlichem Randtyp R_0 und $\bar{u} = 0$ gilt

$$\int_G \left[\frac{EA}{h}g'u' - phg\right]\mathrm{d}\xi - \left[\frac{EA}{h}(g'u + gu')\right]_{R_0=R} = 0.$$

Ansatzfunktionen $c_i f_i(\xi)$ für $u(\xi)$ mit verschwindenden Randwerten $u_0 = u_1 = 0$ und identische Gewichtsfunktionen stehen zum Beispiel mit kubischen *Hermite-Polynomen* in Tab. 19 in ► Kap. 3, „Differenzialgeometrie und Integraltransformationen", Tab. 19 zur Verfügung. Der Randterm $[\ldots]_R$ verschwindet damit identisch, die Integralmatrix $\boldsymbol{H}_{11} = \boldsymbol{f}'\,\boldsymbol{f}'^T\mathrm{d}\xi$ findet man in (132), die Integration des Belastungsterms ist noch durchzuführen.

$$\frac{EA}{A}\frac{1}{30}\begin{bmatrix} 4 & -1 \\ -1 & 4 \end{bmatrix}\begin{bmatrix} u'_0 \\ u'_1 \end{bmatrix} - \frac{p_1 h}{60}\begin{bmatrix} 2 \\ -3 \end{bmatrix} = \boldsymbol{o}.$$

Lösung:

$$\begin{bmatrix} L_0 \\ L_1 \end{bmatrix} = \frac{EA}{h}\begin{bmatrix} u'_0 \\ u'_1 \end{bmatrix} = \frac{p_1 h}{6}\begin{bmatrix} 1 \\ -2 \end{bmatrix}.$$

In der numerischen Praxis bevorzugt man Lagrange'sche Interpolationspolynome sowohl für die Approximation der Zustandsgrößen $y(x)$ als auch für die Transformation eines krummlinig berandeten auf ein geradlinig begrenztes Gebiet. Bei gleicher Ordnung der Transformation und der Approximation spricht man vom *isoparametrischen Konzept.* Für eindimensionale Aufgaben sind auch Hermite-Interpolationen mit Randwerten $y_0 = y(\xi = 0), y'_0, y''_0$, sowie $y_1 = y(\xi = 1), y'_1, y''_1$ verbreitet. Für Schreibtischtests sehr nützlich sind *Integralmatrizen der Hermite-Polynome.*

Ansatzpolynome Y_k, $k =$ Polynomgrad $+1$.
$\boldsymbol{n}_k$ Spalte der Hermite-Polynome,
$\boldsymbol{p}_k$ Spalte der Knotenparameter.

$$Y_\mathrm{k} = [\boldsymbol{n}^T(\xi)\boldsymbol{p}]_k = [\boldsymbol{p}^T\boldsymbol{n}(\xi)]_k.$$
$$\int_0^1 Y^{(r)}Y^{(r)}\mathrm{d}\xi = \boldsymbol{p}^\mathrm{T}\boldsymbol{H}_{rr}\boldsymbol{p},\quad \boldsymbol{H}_{rr} = \int_0^1 \left[\boldsymbol{n}^{(r)}\right]\left[\boldsymbol{n}^{(r)}\right]^T\mathrm{d}\xi.$$
$$\int_0^1 Y\mathrm{d}\xi = \boldsymbol{p}^T\boldsymbol{h},\quad \boldsymbol{h} = \int_0^1 \boldsymbol{n}\,\mathrm{d}\xi. \tag{130}$$

$$k = 2: \quad \begin{aligned} Y_2 &= (1-\xi)y_0 + \xi y_1, \\ \boldsymbol{n}_2^\mathrm{T} &= [(1-\xi) \quad \xi], \quad \boldsymbol{p}_2^\mathrm{T} = [y_0 \quad y_1], \end{aligned}$$
$$\boldsymbol{H}_{00} = \frac{1}{6}\begin{bmatrix} 2 & 1 \\ 1 & 2 \end{bmatrix},\quad \boldsymbol{H}_{11} = \begin{bmatrix} 1 & -1 \\ -1 & 1 \end{bmatrix},$$
$$\boldsymbol{h} = \frac{1}{2}\begin{bmatrix} 1 \\ 1 \end{bmatrix}. \tag{131}$$

k = 4 : Y_4 siehe, Tabelle 19 in ▶ Kap. 3, „Differenzialgeometrie und Integraltransformationen“, für n = m = 1,

$$\boldsymbol{p}^{\mathrm{T}} = [y_0\ y_0'\ y_1\ y_1'],\quad ()' = \mathrm{d}()/\mathrm{d}\xi,$$

$$\boldsymbol{H}_{22} = 2\begin{bmatrix} 6 & 3 & -6 & 3 \\ 3 & 2 & -3 & 1 \\ -6 & -3 & 6 & -3 \\ 3 & 1 & -3 & 2 \end{bmatrix},\quad \boldsymbol{h} = \frac{1}{12}\begin{bmatrix} 6 \\ 1 \\ 6 \\ -1 \end{bmatrix},$$

$$\boldsymbol{H}_{11} = \frac{1}{30}\begin{bmatrix} 36 & 3 & -36 & 3 \\ 3 & 4 & -3 & -1 \\ -36 & -3 & 36 & -3 \\ 3 & -1 & -3 & 4 \end{bmatrix},$$

$$\boldsymbol{H}_{00} = \frac{1}{420}\begin{bmatrix} 156 & 22 & 54 & -13 \\ 22 & 4 & 13 & -3 \\ 54 & 13 & 156 & -22 \\ -13 & -3 & -22 & 4 \end{bmatrix}. \tag{132}$$

4.9.3 Mehrgitterverfahren (Multigrid method)

Technische Systeme werden häufig durch Differenzialgleichungen beschrieben. Die numerische Lösung hingegen erfolgt in der Regel anhand zugeordneter diskreter Formulierungen. Ersetzt man zum Beispiel in der Gleichgewichtsgleichung $-M'' = q$ des geraden Balkens mit Schnittmoment M und Streckenlast q den Differenzialquotienten $\mathrm{d}^2M/\mathrm{d}x^2$ durch finite Differenzen zwischen den Zustandsgrößen M_{j-1}, M_j, M_{j+1}, in den Knoten $j-1, j, j+1$ eines eindimensionalen Gitters, so erhält man durch Kollokation im Mittelknoten j die zugeordnete Differenzengleichung

$$\frac{1}{h^2}\left(-M_{j-1} + 2M_j - M_{j+1}\right) = q_j. \tag{133}$$

Die Idee der Mehrgittermethode besteht darin, die Lösung entsprechend Abb. 4 für ein feines Gitter darzustellen, den Hauptteil des numerischen Aufwandes dabei jedoch auf ein zugeordnetes grobes Gitter zu verlegen. Auf dem feinen Gitter mit dem System

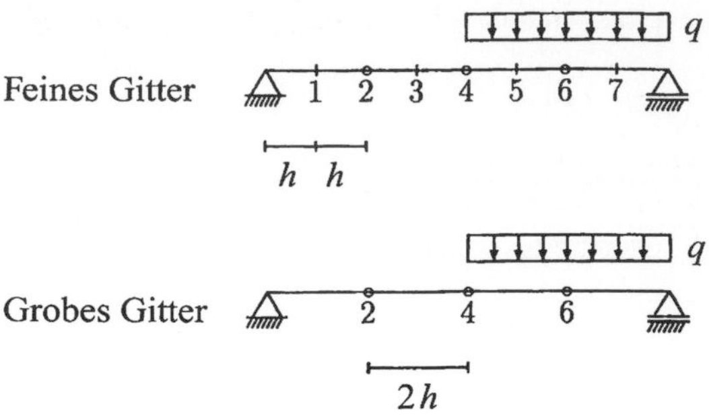

Abb. 4 Diskretisierungen beim 2-Gitterverfahren

$$\boldsymbol{A}_{\mathrm{F}}\boldsymbol{x}_{\mathrm{F}} = \boldsymbol{r}_{\mathrm{F}},\ \boldsymbol{x} \mathrel{\hat{=}} \boldsymbol{M},\ \boldsymbol{r} \mathrel{\hat{=}} \boldsymbol{q},\quad \boldsymbol{A}_{\mathrm{F}} = \boldsymbol{A}_{\mathrm{F}}^{\mathrm{T}} \tag{134}$$

der zusammengefassten Differenzengleichungen (133) wird lediglich eine Startlösung $\boldsymbol{\nu}_0$ für $\boldsymbol{x}_{\mathrm{F}}$ sukzessive in den Koordinatenrichtungen $\boldsymbol{k}_j$ verbessert.

$$\boldsymbol{\nu}_1 = \boldsymbol{\nu}_0 + \boldsymbol{\alpha}_1\boldsymbol{k}_1, \quad \ldots \quad \boldsymbol{\nu}_j = \boldsymbol{\nu}_{j-1} + \boldsymbol{\alpha}_j\boldsymbol{k}_j. \tag{135}$$

Der Parameter $\boldsymbol{\alpha}_j$ wird über das Minimum der dem Gleichungssystem (134) zugeordneten quadratischen Form Q_{F} bestimmt:

$$\begin{gathered} Q_{\mathrm{F}} = \frac{1}{2}\boldsymbol{\nu}^{\mathrm{T}}\boldsymbol{A}_{\mathrm{F}}\boldsymbol{\nu} - \boldsymbol{\nu}^{\mathrm{T}}\boldsymbol{r}_{\mathrm{F}} \rightarrow \text{Minimum}, \\ \frac{\partial Q_{\mathrm{F}}}{\partial \alpha_j} = 0 \rightarrow \boldsymbol{\alpha}_j = \frac{1}{a_{jj}}\left(\boldsymbol{r}_j - \boldsymbol{\nu}_{j-1}^{\mathrm{T}}\boldsymbol{a}_j\right). \\ a_{jj} = \boldsymbol{k}_j^{\mathrm{T}}\boldsymbol{A}_{\mathrm{F}}\boldsymbol{k}_j,\quad \boldsymbol{a}_j = \boldsymbol{A}_{\mathrm{F}}\boldsymbol{k}_j,\quad \boldsymbol{r}_j = \boldsymbol{k}_j^{\mathrm{T}}\boldsymbol{r}_{\mathrm{F}}. \end{gathered} \tag{136}$$

Einen vollständigen Zyklus von $j = 1$ bis $j = n$ bezeichnet man als eine Tour. Diese Methode – unter den Namen Koordinatenrelaxation und Gauß-Seidel-Verfahren wohlbekannt – konvergiert sehr schleppend. Zur Beschleunigung nimmt man den aktuellen Defekt $\boldsymbol{d}_j^{\mathrm{F}} = \boldsymbol{A}_{\mathrm{F}}\boldsymbol{\nu}_j - \boldsymbol{r}_{\mathrm{F}}$ des Gleichungssystems, um den Fehler $\boldsymbol{e}_j^{\mathrm{F}} = \boldsymbol{x}_{\mathrm{F}} - \boldsymbol{\nu}_j$ der Näherung $\boldsymbol{\nu}_j$ zu berechnen.

$$\begin{gathered} \boldsymbol{A}_{\mathrm{F}}\left(\boldsymbol{e}_j^{\mathrm{F}} + \boldsymbol{\nu}_j\right) = \boldsymbol{r}_{\mathrm{F}} \rightarrow \boldsymbol{A}_{\mathrm{F}}\boldsymbol{e}_j^{\mathrm{F}} = -\boldsymbol{d}_j^{\mathrm{F}}; \\ \boldsymbol{d}_j^{\mathrm{F}} = \boldsymbol{A}_{\mathrm{F}}\boldsymbol{\nu}_j - \boldsymbol{r}_{\mathrm{F}}. \end{gathered} \tag{137}$$

Dieser Fehler e_j^{F} wird nun allerdings nicht auf dem feinen, sondern auf dem groben Gitter berechnet. Das ist der Kern des Mehrgitterverfahrens. Das folgende Beispiel nach Abb. 4 zeigt den Ablauf der Rechnung für nur 2 Gitter.

Gleichungssystem $\boldsymbol{A}_{\mathrm{G}}\boldsymbol{x}_{\mathrm{G}} = \boldsymbol{r}_{\mathrm{G}}$ des groben Gitters:

$$\frac{1}{4h^2}\begin{bmatrix} 2 & -1 & 0 \\ -1 & 2 & -1 \\ 0 & -1 & 2 \end{bmatrix}\begin{bmatrix} M_2 \\ M_4 \\ M_6 \end{bmatrix} = q\begin{bmatrix} 0 \\ 1 \\ 1 \end{bmatrix}.$$

Gleichungssystem $\boldsymbol{A}_{\mathrm{F}}\boldsymbol{x}_{\mathrm{F}} = \boldsymbol{r}_{\mathrm{F}}$ des feinen Gitters:

$$\frac{1}{h^2}\begin{bmatrix} 2 & -1 & 0 & 0 & 0 & 0 & 0 \\ -1 & 2 & -1 & 0 & 0 & 0 & 0 \\ 0 & -1 & 2 & -1 & 0 & 0 & 0 \\ 0 & 0 & -1 & 2 & -1 & 0 & 0 \\ 0 & 0 & 0 & -1 & 2 & -1 & 0 \\ 0 & 0 & 0 & 0 & -1 & 2 & -1 \\ 0 & 0 & 0 & 0 & 0 & -1 & 2 \end{bmatrix}\begin{bmatrix} M_1 \\ M_2 \\ M_3 \\ M_4 \\ M_5 \\ M_6 \\ M_7 \end{bmatrix} = q\begin{bmatrix} 0 \\ 0 \\ 0 \\ 1 \\ 1 \\ 1 \\ 1 \end{bmatrix}.$$

Die Startlösung für das feine Gitter wird von der exakten Lösung auf dem groben Gitter geliefert.

$$\boldsymbol{A}_{\mathrm{G}}\boldsymbol{x}_{\mathrm{G}} = \boldsymbol{r}_{\mathrm{G}} \rightarrow \boldsymbol{x}_{\mathrm{G}} = qh^2\begin{bmatrix} 3 \\ 6 \\ 5 \end{bmatrix}.$$

Diese Werte $\boldsymbol{x}_{\mathrm{G}}$ werden auf das feine Gitter interpoliert; dort bilden sie lediglich eine Näherung $\boldsymbol{\nu}_0$. Diesen Prozess nennt man Prolongation.

$$\boldsymbol{\nu}_0 = \boldsymbol{P}\boldsymbol{x}_{\mathrm{G}}, \quad \boldsymbol{P} = \frac{1}{2}\begin{bmatrix} 1 & 0 & 0 \\ 2 & 0 & 0 \\ 1 & 1 & 0 \\ 0 & 2 & 0 \\ 0 & 1 & 1 \\ 0 & 0 & 2 \\ 0 & 0 & 1 \end{bmatrix}, \quad \boldsymbol{\nu}_0 = \frac{qh^2}{2}\begin{bmatrix} 3 \\ 6 \\ 9 \\ 12 \\ 11 \\ 10 \\ 5 \end{bmatrix}.$$

Diese Startlösung $\boldsymbol{\nu}_0$ für das feine Gitter wird einigen Touren auf dem feinen Gitter unterworfen; hier zwei Touren:

$$\boldsymbol{\nu}^{(1)} = \frac{qh^2}{16}\begin{bmatrix} 24 \\ 48 \\ 72 \\ 88 \\ 92 \\ 74 \\ 45 \end{bmatrix}, \quad \text{nach der 1.Tour,}$$

$$\boldsymbol{\nu}^{(2)} = \frac{qh^2}{32}\begin{bmatrix} 48 \\ 96 \\ 136 \\ 176 \\ 178 \\ 150 \\ 91 \end{bmatrix}, \quad \text{nach der 2.Tour.}$$

Der Defekt auf dem feinen Gitter nach 2 Touren

$$\boldsymbol{d}^{\mathrm{F}} = \boldsymbol{A}_{\mathrm{F}}\boldsymbol{\nu}^{(2)} - \boldsymbol{r}_{\mathrm{F}},$$
$$\left(\boldsymbol{d}^{\mathrm{F}}\right)^{\mathrm{T}} = \frac{q}{32}[0 \ 8 \ 0 \ 6 \ -2 \ -1 \ 0]$$

wird auf das grobe Gitter reduziert, (dabei empfiehlt sich $\frac{1}{2}\boldsymbol{P}^T$ als Reduktionsmatrix)

$$\boldsymbol{d}^{\mathrm{G}} = \left(\frac{1}{2}\boldsymbol{P}^{\mathrm{T}}\right)\boldsymbol{d}^{\mathrm{F}} = \frac{q}{128}\begin{bmatrix} 16 \\ 10 \\ -4 \end{bmatrix},$$

um den Fehler $\boldsymbol{e}^{\mathrm{G}}$ auf dem groben Gitter zu berechnen

$$\frac{1}{4h^2}\begin{bmatrix} 2 & -1 & 0 \\ -1 & 2 & -1 \\ 0 & -1 & 2 \end{bmatrix}\boldsymbol{e}^{\mathrm{G}} = \frac{q}{128}\begin{bmatrix} -16 \\ -10 \\ 4 \end{bmatrix}$$
$$\rightarrow \boldsymbol{e}^{\mathrm{G}} = -\frac{qh^2}{16}\begin{bmatrix} 8 \\ 8 \\ 3 \end{bmatrix}$$

und diesen anschließend auf das feine Gitter zu prolongieren:

$$\boldsymbol{e}^{\mathrm{F}} = \boldsymbol{P}\boldsymbol{e}^{\mathrm{G}} \rightarrow \left(\boldsymbol{e}^{\mathrm{F}}\right)^{\mathrm{T}} = \left(-\frac{qh^2}{32}\right)[8 \ 16 \ 16 \ 16 \ 11 \ 6 \ 3],$$

$$\boldsymbol{\nu}_{\mathrm{F}}^{\mathrm{T}} := \left(\boldsymbol{\nu}^{(2)} + \boldsymbol{e}^{\mathrm{F}}\right)^{\mathrm{T}} = \left(\frac{qh^2}{32}\right)[40\ \ 80\ \ 120\ \ 160\ \ 167\ \ 144\ \ 88].$$

Dieses Ergebnis $\boldsymbol{\nu}_{\mathrm{F}}$ wird einem weiteren Rechenzyklus als Startwert zugeführt. Das exakte Ergebnis

$$\boldsymbol{x}_{\mathrm{F}}^{\mathrm{T}} = \frac{qh^2}{32}[40\ \ 80\ \ 120\ \ 160\ \ 168\ \ 144\ \ 88].$$

wird in wenigen Schritten erreicht. Erweiterungen des Verfahrens auf mehrere Diskretisierungsgitter liegen auf der Hand.

Literatur

Arnold VI (2001) Gewöhnliche Differentialgleichungen, 2. Aufl. Deutscher Verlag der Wissenschaften, Berlin

Burg K, Haf H, Wille F, Meister A (2010) Partielle Differentialgleichungen und funktionalanalytische Grundlagen, 5. Aufl. Vieweg+Teubner, Wiesbaden

Collatz L (1990) Differentialgleichungen, 7. Aufl. Teubner, Stuttgart

Courant R, Hilbert D (1993) Methoden der mathematischen Physik, 2 Bde, 4. Aufl. Springer, Berlin

Duschek A (1960) Vorlesungen über höhere Mathematik, Bd III, 2. Aufl. Springer, Wien

Forst W, Hoffmann D (2013) Gewöhnliche Differentialgleichungen, 2. Aufl. Springer Spektrum, Berlin

Frank P, Mises R (1961) Die Differential- und Integralgleichungen der Mechanik und Physik, 2 Bde, Nachdruck der 2. Aufl. Vieweg, Braunschweig

Grauert H, Fischer W (1978) Differential- und Integralrechnung, Bd II, 3. Aufl. Springer, Berlin

Gröbner W (1977a) Differentialgleichungen, Bd I. Bibliographisches Institut, Mannheim

Gröbner W (1977b) Partielle Differentialgleichungen. Bibliographisches Institut, Mannheim

Hackbusch W (2017) Theorie und Numerik elliptischer Differentialgleichungen, 4. Aufl. Springer Spektrum, Wiesbaden

Hellwig G (1960) Partial differential equations, 2. Aufl. Vieweg+Teubner Verlag, Wiesbaden

Jänich K (2001) Analysis für Physiker und Ingenieure, 4. Aufl. Springer, Berlin

Kamke E (1983) Differentialgleichungen, Bd 1, 10. Aufl. Teubner, Stuttgart

Knobloch HW, Kappel F (1974) Gewöhnliche Differentialgleichungen. Teubner, Stuttgart

Schweizer B (2018) Partielle Differentialgleichungen, 2. Aufl. Springer Spektrum, Berlin

Sommerfeld A (1997) Partielle Differentialgleichungen der Physik. Harri Deutsch/BRO, Frankfurt am Main

Walter W (2000) Gewöhnliche Differentialgleichungen, 7. Aufl. Springer, Berlin

Wloka J (1982) Partielle Differentialgleichungen, Sobolevräume und Randwertaufgaben. Teubner, Stuttgart

Lineare Algebra, Nicht lineare Gleichungen und Interpolation

5

Peter Ruge und Carolin Birk

Zusammenfassung

In diesem Kapitel werden Grundlagen der linearen Algebra zusammengefasst. Behandelt werden Gaußverwandte Verfahren zur Lösung linearer Gleichungssysteme, Iterationsverfahren zur Lösung nicht linearer Gleichungen und Newtonsowie Gradientenverfahren zur Lösung nicht linearer Gleichungssysteme. Weiterhin werden Matrizeneigenwertprobleme charakterisiert und zugehörige Lösungsverfahren dargestellt. Der Beitrag wird durch eine Zusammenstellung üblicher Interpolationsverfahren abgerundet.

5.1 Lineare Gleichungssysteme

5.1.1 Gestaffelte Systeme

Die Lösung von n linearen Gleichungen mit n Unbekannten x_1 bis x_n geht zweckmäßig von einer Matrixdarstellung aus:

$$\boldsymbol{A}\boldsymbol{x} = \boldsymbol{r},$$
$$\boldsymbol{A} = \begin{bmatrix} \boldsymbol{a}^1 \\ \boldsymbol{a}^2 \\ \vdots \\ \boldsymbol{a}^n \end{bmatrix} = \begin{bmatrix} a_{11} & a_{12} & \dots & a_{1n} \\ a_{21} & a_{22} & \dots & a_{2n} \\ \vdots & & & \vdots \\ a_{n1} & a_{n2} & \dots & a_{nn} \end{bmatrix},$$
$$\boldsymbol{r} = \begin{bmatrix} r_1 \\ r_2 \\ \vdots \\ r_n \end{bmatrix}, \quad \boldsymbol{x} = \begin{bmatrix} x_1 \\ x_2 \\ \vdots \\ x_n \end{bmatrix}. \tag{1}$$

Das Prinzip aller Verfahren besteht darin, das voll besetzte Koeffizientenschema $\boldsymbol{A}$ durch Transformationen in eine gestaffelte Matrix $\boldsymbol{A}'$ zu überführen derart, dass es eine skalare Gleichung (im folgenden Beispiel die 3.) für nur eine Unbekannte (x_2) gibt, eine zweite Gleichung (im Beispiel die 1.) mit einer weiteren Unbekannten (x_4) und so fort. Durch Umsortieren der Zeilen und Spalten von $\boldsymbol{A}$ tritt die Staffelungsstruktur besonders deutlich hervor, wobei *untere Dreiecksform* $\boldsymbol{L}$ (L steht für „lower") und *obere Dreiecksform* $\boldsymbol{U}$ (U steht

P. Ruge
Institut für Statik und Dynamik der Tragwerke, Technische Universität Dresden, Dresden, Deutschland
E-Mail: peter.ruge@tu-dresden.de

C. Birk (✉)
Statik und Dynamik der Flächentragwerke, Universität Duisburg-Essen, Essen, Deutschland
E-Mail: carolin.birk@uni-due.de

M. Hennecke, B. Skrotzki (Hrsg.), *HÜTTE Band 1: Mathematisch-naturwissenschaftliche und allgemeine Grundlagen für Ingenieure*, Springer Reference Technik,
https://doi.org/10.1007/978-3-662-64369-3_5

für „upper“) gleichermaßen geeignet sind. Für $n = 4$ gilt

$$\boldsymbol{L} = \begin{bmatrix} l_{11} & & & \boldsymbol{O} \\ l_{21} & l_{22} & & \\ l_{31} & l_{32} & l_{33} & \\ l_{41} & l_{42} & l_{43} & l_{44} \end{bmatrix}. \qquad (2)$$
$$\boldsymbol{U} = \begin{bmatrix} u_{11} & u_{12} & u_{13} & u_{14} \\ & u_{22} & u_{23} & u_{24} \\ & & u_{33} & u_{34} \\ \boldsymbol{O} & & & u_{44} \end{bmatrix}.$$

Beispiel. Gestaffeltes Gleichungssystem, $n = 4$.

$$\begin{bmatrix} 0 & 3 & 0 & 5 \\ 1 & -1 & 0 & 2 \\ 0 & 2 & 0 & 0 \\ 2 & 1 & 3 & -1 \end{bmatrix} \begin{bmatrix} x_1 \\ x_2 \\ x_3 \\ x_4 \end{bmatrix} = \begin{bmatrix} 8 \\ 0 \\ 2 \\ 4 \end{bmatrix} = \begin{bmatrix} r_1 \\ r_2 \\ r_3 \\ r_4 \end{bmatrix}.$$

3. Zeile liefert $x_2 = 1$,
1. Zeile liefert $x_4 = (8 - 3x_1)/5 = 1$,
2. Zeile liefert $x_1 = (x_2 - 2x_4) = -1$,
4. Zeile liefert $x_3 = (-2x_1 - x_2 + x_4 + 4)/3 = 2$.

$$\text{Zeilentausch}: \begin{bmatrix} 2 & 1 & 3 & -1 \\ 1 & -1 & 0 & 2 \\ 0 & 3 & 0 & 5 \\ 0 & 2 & 0 & 0 \end{bmatrix} \boldsymbol{x} = \begin{bmatrix} r_4 \\ r_2 \\ r_1 \\ r_3 \end{bmatrix}$$

$$\text{Spaltentausch gibt } \boldsymbol{U}: \begin{bmatrix} 3 & 2 & -1 & 1 \\ 0 & 1 & 2 & -1 \\ 0 & 0 & 5 & 3 \\ 0 & 0 & 0 & 2 \end{bmatrix} \times \begin{bmatrix} x_3 \\ x_1 \\ x_4 \\ x_2 \end{bmatrix} = \begin{bmatrix} 4 \\ 0 \\ 8 \\ 2 \end{bmatrix};$$

$$\text{Zeilentausch}: \begin{bmatrix} 0 & 2 & 0 & 0 \\ 0 & 3 & 0 & 5 \\ 1 & -1 & 0 & 2 \\ 2 & 1 & 3 & -1 \end{bmatrix} \boldsymbol{x} = \begin{bmatrix} r_3 \\ r_1 \\ r_2 \\ r_4 \end{bmatrix}$$

$$\text{Spaltentausch gibt } \boldsymbol{L}: \begin{bmatrix} 2 & 0 & 0 & 0 \\ 3 & 5 & 0 & 0 \\ -1 & 2 & 1 & 0 \\ 1 & -1 & 2 & 3 \end{bmatrix} \times \begin{bmatrix} x_2 \\ x_4 \\ x_1 \\ x_3 \end{bmatrix} = \begin{bmatrix} 2 \\ 8 \\ 0 \\ 4 \end{bmatrix}.$$

5.1.2 Gaußverwandte Verfahren

Bei gegebener Matrix $\boldsymbol{A}$ erhält man die 1. Spalte der $\boldsymbol{U}$-Matrix, indem man in einem 1. Gaußschritt das $(-a_{j1}/a_{11})$-fache der 1. Zeile $\boldsymbol{a}^1$ zur j-ten Zeile $\boldsymbol{a}^j$ ($j = 2$ bis n) hinzufügt. Den Fortschritt der Rechnung für $n = 4$ zeigt Tab. 1.

Die Transformationsmatrizen $\boldsymbol{G}_i$ in Tab. 1 zeichnen sich durch analytisch angebbare Inverse aus,

$$\boldsymbol{G}_i = \boldsymbol{I} - \boldsymbol{q}_i \boldsymbol{e}^i, \quad \boldsymbol{G}_i^{-1} = \boldsymbol{I} + \boldsymbol{q}_i \boldsymbol{e}^i, \qquad (3)$$

da die Produkte $\boldsymbol{q}_i^{\mathrm{T}} \boldsymbol{e}_i$ mit der i-ten Einheitsspalte null sind. Die Transformationskette von $\boldsymbol{A}$ bis $\boldsymbol{U}$ lässt sich demnach durch sukzessive Linksmultiplikation mit $\boldsymbol{G}_k^{-1}$ nach $\boldsymbol{A}$ auflösen, wobei automatisch eine Faktorisierung $\boldsymbol{A} = \boldsymbol{L}\boldsymbol{U}$ auftritt.

Gauß-Transformation von $\boldsymbol{A}\boldsymbol{x} = \boldsymbol{r}$:

$$\begin{aligned} &\boldsymbol{G}_n \dots \boldsymbol{G}_1 \boldsymbol{A} = \boldsymbol{G}_n \dots \boldsymbol{G}_1 \boldsymbol{r}, \\ &\boldsymbol{G}_n \dots \boldsymbol{G}_1 \boldsymbol{A} = \boldsymbol{U}, \ \ \boldsymbol{U} \text{ obere Dreiecksmatrix.} \end{aligned} \qquad (4)$$

Auflösen nach $\boldsymbol{A}$ ergibt die *Gauß-Banachiewicz-Zerlegung*:

$$\begin{aligned} &\boldsymbol{A} = \boldsymbol{G}_1^{-1} \boldsymbol{G}_2^{-1} \dots \boldsymbol{G}_n^{-1} \boldsymbol{U} = \boldsymbol{L}\boldsymbol{U}, \\ &\boldsymbol{L} = \boldsymbol{I} + \sum_{k=1}^{n-1} \boldsymbol{q}_k \boldsymbol{e}^k, \ \ \boldsymbol{L} \text{ untere Dreiecksmatrix.} \end{aligned} \qquad (5)$$

Tab. 1 Gauß-Transformation für $n = 4$

	Aktuelle Koeffizientenmatrix
Anfangsmatrix $\boldsymbol{A}$	$\mathbf{A} = \begin{bmatrix} \boldsymbol{a}^1 \\ \boldsymbol{a}^2 \\ \boldsymbol{a}^3 \\ \boldsymbol{a}^4 \end{bmatrix} = \begin{bmatrix} a_{11} & \dots & a_{14} \\ \vdots & & \vdots \\ a_{41} & \dots & a_{44} \end{bmatrix}.$
Nach 1. Gaußschritt	$\begin{bmatrix} \boldsymbol{a}^1 \\ \boldsymbol{a}^2 - (a_{21}/a_{11})\boldsymbol{a}^1 \\ \boldsymbol{a}^3 - (a_{31}/a_{11})\boldsymbol{a}^1 \\ \boldsymbol{a}^4 - (a_{41}/a_{11})\boldsymbol{a}^1 \end{bmatrix} = \begin{bmatrix} a_{11} & a_{12} & a_{13} & a_{14} \\ 0 & b_{11} & b_{12} & b_{13} \\ 0 & b_{21} & b_{22} & b_{23} \\ 0 & b_{31} & b_{32} & b_{33} \end{bmatrix} = \boldsymbol{G}_1\boldsymbol{A} \quad \text{mit} \quad \boldsymbol{G}_1 = \boldsymbol{I} - \boldsymbol{q}_1\boldsymbol{e}^1.$ $\boldsymbol{q}_1^{\mathrm{T}} = \begin{bmatrix} 0 & \frac{a_{21}}{a_{11}} & \frac{a_{31}}{a_{11}} & \frac{a_{41}}{a_{11}} \end{bmatrix}, \quad \boldsymbol{e}^1 = [1 \quad 0 \quad 0 \quad 0].$
Nach 2. Gaußschritt	$\begin{bmatrix} \boldsymbol{a}^1 & \\ 0 & \boldsymbol{b}^1 \\ 0 & \boldsymbol{b}^2 - (b_{21}/b_{11})\boldsymbol{b}^1 \\ 0 & \boldsymbol{b}^3 - (b_{31}/b_{11})\boldsymbol{b}^1 \end{bmatrix} = \begin{bmatrix} a_{11} & a_{12} & a_{13} & a_{14} \\ 0 & b_{11} & b_{12} & b_{13} \\ 0 & 0 & c_{11} & c_{12} \\ 0 & 0 & c_{21} & c_{22} \end{bmatrix} = \boldsymbol{G}_2\boldsymbol{G}_1\boldsymbol{A} \quad \text{mit} \quad \boldsymbol{G}_2 = \boldsymbol{I} - \boldsymbol{q}_2\boldsymbol{e}^2.$ $\boldsymbol{q}_2^{\mathrm{T}} = \begin{bmatrix} 0 & 0 & \frac{b_{21}}{b_{11}} & \frac{b_{31}}{b_{11}} \end{bmatrix}, \quad \boldsymbol{e}^2 = [0 \quad 1 \quad 0 \quad 0].$
Nach 3. Gaußschritt	$\begin{bmatrix} \boldsymbol{a}^1 & & \\ 0 & \boldsymbol{b}^1 & \\ 0 & 0 & \boldsymbol{c}^1 \\ 0 & 0 & \boldsymbol{c}^2 - (c_{21}/c_{11})\boldsymbol{c}^1 \end{bmatrix} = \begin{bmatrix} a_{11} & a_{12} & a_{13} & a_{14} \\ 0 & b_{11} & b_{12} & b_{13} \\ 0 & 0 & c_{11} & c_{12} \\ 0 & 0 & 0 & d_{11} \end{bmatrix} = \boldsymbol{G}_3\boldsymbol{G}_2\boldsymbol{G}_1\boldsymbol{A} \quad \text{mit} \quad \boldsymbol{G}_3 = \boldsymbol{I} - \boldsymbol{q}_3\boldsymbol{e}^3.$ $\boldsymbol{q}_3^{\mathrm{T}} = \begin{bmatrix} 0 & 0 & 0 & \frac{c_{21}}{c_{11}} \end{bmatrix}, \quad \boldsymbol{e}^3 = [0 \quad 0 \quad 1 \quad 0].$

Die Determinante von $\boldsymbol{A}$ ist das Produkt der Determinanten von $\boldsymbol{L}$ und $\boldsymbol{U}$:

$$\boldsymbol{A} = \boldsymbol{LU} \rightarrow A = \det \boldsymbol{A} = \prod_{k=1}^{n} l_{kk} u_{kk}. \quad (6)$$

Das Wissen von der Existenz der Zerlegung von $\boldsymbol{A}$ hat zu verschiedenen direkten numerischen Zugängen zu $\boldsymbol{L}$ und $\boldsymbol{U}$ geführt.

$$\begin{aligned} &\boldsymbol{A} = \boldsymbol{LDU} \ \text{ mit } \ l_{kk} = u_{kk} = 1 \\ &\text{und } \ \boldsymbol{D} = \operatorname{diag}(d_{kk}). \end{aligned} \quad (7)$$

Doolittle-Algorithmus: Abwechselndes Berechnen der Zeilen $\boldsymbol{u}^k$ und Spalten $\boldsymbol{l}_k$.

Crout-Zerlegung: $\boldsymbol{A} = \boldsymbol{LU}$ mit $u_{kk} = 1$.

Symmetrische Matrizen $\boldsymbol{A} = \boldsymbol{A}^{\mathrm{T}}$ lassen sich symmetrisch zerlegen:

$$\boldsymbol{A} = \boldsymbol{LDL}^{\mathrm{T}} \ \text{ mit } \ l_{kk} = 1 \ \text{ und } \ \boldsymbol{D} = \operatorname{diag}(d_{kk}). \quad (8)$$

$$\textit{Cholesky-Zerlegung} : \boldsymbol{A} = \boldsymbol{LL}^{\mathrm{T}}. \quad (9)$$

Die Cholesky-Zerlegung (9) erfordert Wurzelziehen und gelingt ohne Modifikation nur bei positiv definiten Matrizen. Die Variante (8) vermeidet beide Nachteile.

Determinantenberechnung für $\boldsymbol{A} = \boldsymbol{A}^{\mathrm{T}}$:

$$\boldsymbol{A} = \boldsymbol{LDL}^{\mathrm{T}} \rightarrow A = \prod_{k=1}^{n} d_{kk}.$$

Falls alle $d_{kk} > 0$, ist $\boldsymbol{A}$ positiv definit.

$$\boldsymbol{A} = \boldsymbol{LL}^{\mathrm{T}} \rightarrow A = \prod_{k=1}^{n} l_{kk}^2. \quad (10)$$

Die Zerlegung $\boldsymbol{A} = \boldsymbol{LDL}^{\mathrm{T}}$ erfolgt zeilenweise, beginnend mit d_{11}, l_{12} bis l_{1n}, d_{22}, l_{23} bis l_{2n} und so fort. Die Zerlegung $\boldsymbol{A} = \boldsymbol{LL}^{\mathrm{T}}$ mit l_{kk} anstelle von d_{kk} geschieht ebenso mit der ersten typischen Wurzel $l_{11} = \sqrt{a_{11}}$.

Beispiel. Für die Matrix $\boldsymbol{A} = \boldsymbol{A}^{\mathrm{T}}$ bestimme man die Zerlegung $\boldsymbol{A} = \boldsymbol{LDL}^{\mathrm{T}}$ und prüfe die Definitheit. Für eine Matrix $\boldsymbol{B} = \boldsymbol{B}^{\mathrm{T}}$ wird die Cholesky-Zerlegung gesucht.

$$\boldsymbol{A} = \begin{bmatrix} 2 & 2 & 4 \\ 2 & 0 & 1 \\ 4 & 1 & 3 \end{bmatrix},$$

$$\boldsymbol{LDL}^{\mathrm{T}} = \begin{bmatrix} 1 & & \\ 1 & 1 & \\ 2 & 1{,}5 & 1 \end{bmatrix} \begin{bmatrix} 2 & & \\ & -2 & \\ & & -0{,}5 \end{bmatrix} \begin{bmatrix} 1 & 1 & 2 \\ & 1 & 1{,}5 \\ & & 1 \end{bmatrix}.$$

Infolge verschiedener Vorzeichen der Elemente d_{kk} von $\boldsymbol{D}$ ist $\boldsymbol{A}$ indefinit.

$$\boldsymbol{B} = \begin{bmatrix} 2 & 2 & 4 \\ 2 & 3 & 3 \\ 4 & 3 & 12 \end{bmatrix} = \boldsymbol{LL}^{\mathrm{T}},$$

$$\boldsymbol{L} = \begin{bmatrix} \sqrt{2} & & \\ \sqrt{2} & 1 & \\ 2\sqrt{2} & -1 & \sqrt{3} \end{bmatrix}.$$

Infolge der Möglichkeit der Cholesky-Zerlegung im Reellen ist $\boldsymbol{B}$ positiv definit.

Die unsymmetrische Koeffizientenmatrix $\boldsymbol{A} \neq \boldsymbol{A}^{\mathrm{T}}$ einer Gleichung $\boldsymbol{Ax} = \boldsymbol{r}$ wird durch Linksmultiplikation von links mit $\boldsymbol{A}^{\mathrm{T}}$ symmetrisch:

$$\boldsymbol{A}^{\mathrm{T}}\boldsymbol{Ax} = \boldsymbol{A}^{\mathrm{T}}\boldsymbol{r}, \quad \boldsymbol{S} = \boldsymbol{A}^{\mathrm{T}}\boldsymbol{A} = \boldsymbol{S}^{\mathrm{T}}.$$

Der Aufwand zur Berechnung von $\boldsymbol{S} = \boldsymbol{A}^{\mathrm{T}}\boldsymbol{A}$ und die Konditionsverschlechterung von $\boldsymbol{S}$ gegenüber $\boldsymbol{A}$ sprechen allerdings gegen diese Maßnahme.

Die Zerlegungen $A = LDU$ oder $A = LDL^T$ für $A = A^T$ führen bei der Lösung von Gleichungssystemen auf natürliche Art zu einer Strategie der *Vorwärts- und Rückwärtselimination*:

$Ax = r, \quad A = A^T.$

$LDL^Tx = r$ wird aufgeteilt in

$Ly = r,$ „Vorwärts"-Berechnung der Hilfsgrößen y_1 bis y_n, und

$L^Tx = D^{-1}y,$ „Rückwärts"-Berechnung der Unbekannten x_n bis x_1.

$Ax = r, \quad A \neq A^T.$

$LDUx = r$ wird aufgeteilt in

$Ly = r,$ „Vorwärts"-Berechnung y_1 bis y_n, und

$Ux = D^{-1}y,$ „Rückwärts"-Berechnung x_n bis x_1. (11)

Pivotstrategien. Die schrittweise Überführung einer Matrix A in die faktorisierte Form weist den Hauptdiagonalelementen a_{kk}, b_{kk}, c_{kk} und so fort in Tab. 1 und damit auch in (7) und (8) eine besondere Bedeutung zu. Sie sind „Drehpunkte" der Elimination oder auch die sogenannten Pivotelemente. Sind sie numerisch null, bricht die Rechnung zusammen; dabei ist zu beachten, dass der wahre Wert null in der Regel nur sehr unvollkommen durch die Numerik wiedergegeben wird. Zugunsten der numerischen Stabilität sollten die Beträge der Pivotelemente möglichst groß sein. Im 1. Gaußschritt wählt man deshalb das betragsgrößte Element aller a_{ij} zum Drehpunkt, im 2. Gaußschritt das betragsgrößte b_{ij} und so fort.

Zerlegung modifizierter Matrizen. Im Zuge des Entwurfs eines technischen Systems mit der algebraischen Beschreibung $Ay = r$ ist die Änderung des Systems, die zu einer neuen Matrix B und unveränderter rechter Seite führt, ein Standardproblem. Unterscheiden sich A und B nur in einer Dyade bc^T, geht man wie folgt vor.

Gegeben:

$$Ay = r \quad \text{mit}\; A = LDU, \; r, \; y. \tag{12}$$

Gesucht:

Lösung x für $Bx = r$ mit $B = A - bc^T$.

$$x = y + \frac{c^T y}{1 - c^T h} h, \quad \text{mit Hilfsspalte}$$

h aus $Ah = b$ (Zerlegung von A siehe oben). (13)

Gl. (12) kann bei bekannter Matrix A^{-1} auch zur expliziten Darstellung der Inversen von $B = A - bc^T$ genutzt werden:

$$B = A - bc^T \;. \quad B^{-1} = A^{-1} + \frac{A^{-1}bc^TA^{-1}}{1 - c^TA^{-1}b}. \tag{14}$$

Dies ist die in der Strukturmechanik wohlbekannte *Morrison-Formel.*

Beispiel. Das Problem $Ay = r$ mit

$$A = LL^T = \begin{bmatrix} 1 & 1 & 1 & 0 \\ 1 & 2 & 0 & 1 \\ 1 & 0 & 3 & 1 \\ 0 & 1 & 1 & 6 \end{bmatrix},$$

$$L = \begin{bmatrix} 1 & & & \\ 1 & 1 & & \\ 1 & -1 & 1 & \\ 0 & 1 & 2 & 1 \end{bmatrix},$$

$$y = \begin{bmatrix} 2 \\ 1 \\ 0 \\ -1 \end{bmatrix}, \quad r = \begin{bmatrix} 3 \\ 3 \\ 1 \\ -5 \end{bmatrix},$$

ist gegeben, ebenso die Störung mit

$$c^T = b^T = [0 \quad 1 \quad 0 \quad -1].$$

Gesucht ist die Lösung x der modifizierten Aufgabe $(A - bb^T)x = r$. Aus Vorwärtselimination $Lz = b$ folgt z und aus Rückwärtselimination $L^Th = z$ folgt h.

$$z^{\mathrm{T}} = [0 \quad 1 \quad 1 \quad -4],$$
$$h^{\mathrm{T}} = [-23 \quad 14 \quad 9 \quad -4].$$

$$b^{\mathrm{T}} y = 2, \quad b^{\mathrm{T}} h = 18.$$

$$x^{\mathrm{T}} = [2 \quad 1 \quad 0 \quad -1] + \frac{2}{-17}[-23 \quad 14 \quad 9 \quad -4].$$
$$x^{\mathrm{T}} = [80 \quad -11 \quad -18 \quad -9]/17.$$

5.1.3 Überbestimmte Systeme

Stehen für die Berechnung von n Unbekannten x_1 bis x_n mehr als n untereinander gleichberechtigte Bestimmungsgleichungen zur Verfügung, so sind diese nur in einem gewissen ausgewogenen Mittel möglichst gut erfüllbar derart, dass das Defekt oder Residuenquadrat bezüglich $\boldsymbol{x}$ minimal wird.

Gegeben $\boldsymbol{A}$, $\boldsymbol{r}$.
Gesucht $\boldsymbol{x}$.

$$\boldsymbol{x} = \begin{bmatrix} x_1 \\ \vdots \\ x_n \end{bmatrix}, \quad \boldsymbol{A} = \begin{bmatrix} a_{11} & \dots & a_{1n} \\ \vdots & & \vdots \\ a_{m1} & \dots & a_{mn} \end{bmatrix}, \quad \boldsymbol{r} = \begin{bmatrix} r_1 \\ \vdots \\ r_m \end{bmatrix}.$$
$$\boldsymbol{Ax} = \boldsymbol{r}, \quad m > n.$$

Defekt $\boldsymbol{d} = \boldsymbol{Ax} - \boldsymbol{r}$.
Gauß-Ausgleich:

$$\operatorname*{grad}_{x} \left(\boldsymbol{d}^{\mathrm{T}}\boldsymbol{d}\right) \stackrel{!}{=} \boldsymbol{o}$$

bestimmt die *Normalgleichung*:

$$\boldsymbol{A}^{\mathrm{T}}\boldsymbol{Ax} = \boldsymbol{A}^{\mathrm{T}}\boldsymbol{r}, \quad \boldsymbol{A}^{\mathrm{T}}\boldsymbol{A} = \left(\boldsymbol{A}^{\mathrm{T}}\boldsymbol{A}\right)^{\mathrm{T}}. \qquad (15)$$

Die Koeffizientenmatrix $\boldsymbol{A}^{\mathrm{T}}\boldsymbol{A}$ in (15) ist symmetrisch, doch ist die Kondition der quasi-quadrierten Matrix schlecht, sodass eine Transformation von $\boldsymbol{A}$ zur oberen Dreiecksform $\boldsymbol{R} = \boldsymbol{QA}$ nach (16) mithilfe einer normerhaltenden Methode – Spiegelung oder *Householder-Transformation* – empfohlen wird.

Gegeben

$$\begin{bmatrix} a_{11} & \dots & a_{1n} \\ \vdots & & \vdots \\ a_{m1} & \dots & a_{mn} \end{bmatrix} \begin{bmatrix} x_1 \\ \vdots \\ x_n \end{bmatrix} = \begin{bmatrix} r_1 \\ \vdots \\ r_m \end{bmatrix}, \quad \boldsymbol{Ax} = \boldsymbol{r}. \qquad (16)$$

Gesucht

$$\left[\begin{array}{ccc} r_{11} & \dots & r_{1n} \\ & \ddots & \vdots \\ \boldsymbol{O} & & r_{mn} \\ \hline & \boldsymbol{O} & \end{array}\right] \begin{bmatrix} x_1 \\ \vdots \\ x_n \end{bmatrix} = \left[\begin{array}{c} c_1 \\ \vdots \\ c_n \\ \hline c_{n+1} \\ \vdots \\ c_m \end{array}\right], \quad \begin{array}{l} \boldsymbol{Rx} = \boldsymbol{c}, \\ \boldsymbol{R} = \boldsymbol{QA}, \\ \boldsymbol{c} = \boldsymbol{Qr}, \end{array} \qquad (17)$$

mit Erhaltung der Spaltennormen

$$r_{11}^2 = \sum_{k=1}^{m} a_{k1}^2, \quad r_{12}^2 + r_{22}^2 = \sum_{k=1}^{m} a_{k2}^2 \quad \text{usw.} \qquad (18)$$

und der speziellen Transformationseigenschaft

$$\boldsymbol{Q} = \prod_{i=1}^{n} \boldsymbol{Q}_i, \quad \boldsymbol{Q}_k\boldsymbol{Q}_k = \boldsymbol{I}, \qquad (19)$$

Normalgleichung
$\boldsymbol{R}_{nn}\boldsymbol{x} = \boldsymbol{c}_n$, $\boldsymbol{R}_{nn}$ oberes Dreieck. (20)

Die Orthogonaleigenschaft $\boldsymbol{Q}_k\boldsymbol{Q}_k = \boldsymbol{I}$ wird erfüllt durch die *Householder-Transformation*.

$$\boldsymbol{Q} = \boldsymbol{I} - 2\frac{\boldsymbol{ww}^{\mathrm{T}}}{\boldsymbol{w}^{\mathrm{T}}\boldsymbol{w}} \quad \text{mit} \quad \boldsymbol{Q}^2 = \boldsymbol{I}. \qquad (21)$$

1.Householder-Schritt $\boldsymbol{Q}_1\boldsymbol{a}_1 \stackrel{!}{=} r_{11}\boldsymbol{e}_1$.

$$\boldsymbol{a}_1 - 2\frac{\boldsymbol{w}_1^{\mathrm{T}}\boldsymbol{a}_1}{\boldsymbol{w}_1^{\mathrm{T}}\boldsymbol{w}_1}\boldsymbol{w}_1 \stackrel{!}{=} r_{11}\boldsymbol{e}_1, \quad r_{11}^2 = \sum_{k=1}^{m} a_{k1}^2,$$

Richtung von $\boldsymbol{w}_1 = \boldsymbol{a}_1 - r_{11}\boldsymbol{e}_1$.

Beispiel. Für $a_1^{\mathrm{T}} = [1\ \ 2\ \ 3\ \ 1\ \ 2]$ bestimme man Q_1.

$$r_{11}^2 = (1+4+9+1+4) = 19.$$
$$w_1^{\mathrm{T}} = \left[\left(1-\sqrt{19}\right)\ \ 2\ \ 3\ \ 1\ \ 2\right].$$
$$Q_1 = I - \frac{1}{19-\sqrt{19}} w_1 w_1^{\mathrm{T}}.$$

5.1.4 Testmatrizen

Zum Test vorliegender Rechenprogramme eignen sich Matrizen mit einfach angebbaren Elementen a_{ij} und ebensolchen Elementen b_{ij} der zugehörigen Inversen, die man spaltenweise (b_k) als Lösung einer rechten Einheitsspalte $r = e_k$ auffassen kann.

$$Ab_k = e_k, \quad B = [b_1 \dots b_n] = A^{-1}. \tag{22}$$

Interessant sind speziell Matrizen mit unangenehmen numerischen Eigenschaften, was sich in einer großen Konditionszahl κ ausdrückt; siehe auch (Zielke 1974) und Tab. 2.

Tab. 2 Testmatrizen der Ordnung n

Name	Elemente a_{ij} der Ausgangsmatrix A Elemente b_{ij} der Inversen $B = A^{-1}$.
Dekker $A := D$	$a_{ij} = \frac{n}{i+j-1}\binom{n+i-1}{i-1}\binom{n-1}{n-j}.$ $b_{ij} = (-1)^{i+j} a_{ij}\ .\quad \kappa > \left(\frac{2^{3n}}{13n}\right)^2.$
Hilbert $A := H$	$a_{ij} = 1/(i+j-1)$ $b_{ij} = (-1)^{i+j} a_{ij} q_i q_j,$ $q_k = \frac{(n+k-1)!}{(k-1)!^2 (n-k)!}.$
Zielke $A := Z$	$A = C - e_n e^n + E,$ $e_{ij}\begin{cases} 1 & \text{für } i+j \leqq n \\ 0 & \text{für } i+j > n \end{cases}$ c beliebiger Skalar, $c_{ij} = c$. $\kappa \sim 2nc^2$. $b_{ij}\begin{cases} b_{11} = -c, \quad b_{nn} = -c-1 \\ b_{1n} = b_{n1} = c \\ 1 \quad \text{für } i+j = n \\ -1 \quad \text{für } i+j = n+1 \text{ mit } i,j \neq n \\ 0 \quad \text{sonst.} \end{cases}$

$$\kappa = \frac{|\lambda_{\max}|}{|\lambda_{\min}|}, \quad \lambda \text{ Eigenwerte der Matrix } A,$$
$$\kappa_{\text{optimal}} = 1, \quad \det A \neq 0. \tag{23}$$

Beispiel. Für $n = 4$ werden die Testmatrizen explizit angegeben.

$$D_4 = \begin{bmatrix} 4 & 6 & 4 & 1 \\ 10 & 20 & 15 & 4 \\ 20 & 45 & 36 & 10 \\ 35 & 84 & 70 & 20 \end{bmatrix},$$
$$D_4^{-1} = \begin{bmatrix} 4 & -6 & 4 & -1 \\ -10 & 20 & -15 & 4 \\ 20 & -45 & 36 & -10 \\ -35 & 84 & -70 & 20 \end{bmatrix}.$$

$$H_4 = \begin{bmatrix} 1/1 & 1/2 & 1/3 & 1/4 \\ 1/2 & 1/3 & 1/4 & 1/5 \\ 1/3 & 1/4 & 1/5 & 1/6 \\ 1/4 & 1/5 & 1/6 & 1/7 \end{bmatrix},$$
$$H_4^{-1} = \begin{bmatrix} 16 & -120 & 240 & -140 \\ -120 & 1200 & -2700 & 1680 \\ 240 & -2700 & 6480 & -4200 \\ -140 & 1680 & -4200 & 2800 \end{bmatrix}.$$
$$Z_4 = \begin{bmatrix} c+1 & c+1 & c+1 & c \\ c+1 & c+1 & c & c \\ c+1 & c & c & c \\ c & c & c & c-1 \end{bmatrix},$$
$$Z_4^{-1} = \begin{bmatrix} -c & 0 & 1 & c \\ 0 & 1 & -1 & 0 \\ 1 & -1 & 0 & 0 \\ c & 0 & 0 & -c-1 \end{bmatrix}.$$

5.2 Nicht lineare Gleichungen

5.2.1 Fixpunktiteration, Konvergenzordnung

Die Berechnung der Nullstellen x nicht linearer Funktionen $f(x) = 0$ lässt sich stets auch als Abbildung von x mittels einer zugeordneten Funktion $F(x)$ in sich selbst formulieren.

$$x = F(x) \leftrightarrow f(x) = 0, \quad (24)$$

$$\text{allgemein}: F(x) = x + \lambda(x)f(x), \lambda(x) \neq 0.$$

In der Regel gibt es bei gegebenem $f(x)$ mehrere zugeordnete Funktionen $F(x)$.

Beispiel 1: Für $f(x) = x^2 - 4x + 3 = 0$ erhält man über verschiedene Auflösungsmöglichkeiten nach x folgende zugeordnete Darstellungen $x = F(x)$:

$$F_1(x) = \left(x^2 + 3\right)/4, \quad F_2(x) = 4 - 3/x, \quad F_3(x) = 3/(4 - x).$$

Fixpunktiteration ist eine Interpretation der Zuordnung (24) derart, dass ein Startwert ξ_0 so lange der Abbildung

$$\xi_{k+1} = F(\xi_k), \quad k = 0, 1, 2, \ldots, \quad (25)$$

unterworfen wird, bis ξ_{k+1} und $F(\xi_{k+1})$ numerisch ausreichend übereinstimmen und mit $\xi_k = x$ eine Nullstelle $f(x) = 0$ vorliegt; formal spricht man in dieser besonderen Situation von ξ_k als einem Fixpunkt der Abbildung $x \to F(x)$. Die Konvergenz der Folge (25) gegen eine Nullstelle $x = \xi_k$ der Funktion $f(x)$ ist gesichert, falls der Betrag der Steigung von F, also $|F' = dF/d\xi|$, kleiner ist als der Betrag der Steigung der linken Seite in (25), nämlich $d\xi/d\xi = 1$; siehe Abb. 1.

Konvergenz der Iteration

$$\xi_{k+1} = F(\xi_k) \quad \text{für} \quad |F'| < 1: \quad (26)$$

F ist kontrahierende Abbildung.

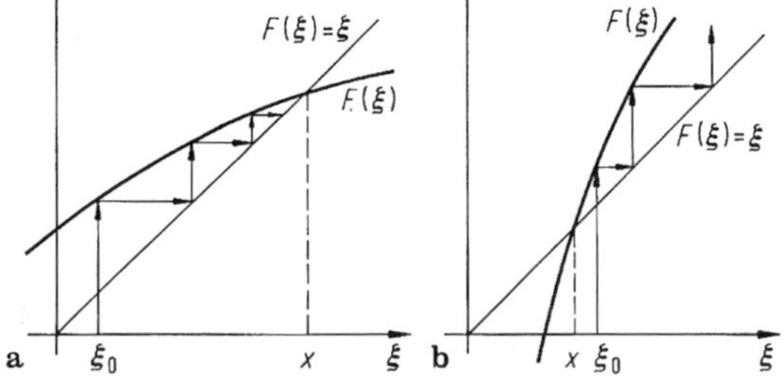

Abb. 1 Iterationsfolge $\xi_{k+1} = F(\xi_k)$. **a** konvergent; **b** divergent

In der Theorie der Normen hat F' die Bedeutung einer *Lipschitz-Konstanten L*.

$$\frac{\|F(\xi_{k+1}) - F(\xi_k)\|}{\|\xi_{k+1} - \xi_k\|} \leqq L. \quad (27)$$

Die Konvergenz hängt durchaus ab von der Art der $f(x)$ zugeordneten Funktion $F(x)$.

Beispiel 1, Fortsetzung: Die Konvergenzbereiche der Abbildungen F_i sind unterschiedlich.

F_i	$\frac{3+\xi^2}{4}$	$4 - \frac{3}{\xi}$	$\frac{3}{4-\xi}$
F'_i	$\xi/2$	$3/\xi^2$	$3/(4-\xi)^2$
$\lvert F'_i\rvert < 1$ für	$\xi^2 < 4$	$\xi^2 > 3$	$\xi < 4 - \sqrt{3}$ $\xi > 4 + \sqrt{3}$

Bei dem Startwert $\xi_0 = 5/2$ kann demnach nur die Version $F_2 = 4 - 3/\xi$ erfolgreich sein. Folgende Tabelle belegt die, wenn auch langsame, Konvergenz gegen die Nullstelle $x = 3$

k	0	1	2	3	4	5
ξ_k	2,500	2,800	2,929	2,976	2,992	2,997
$K_k = \frac{\lvert\xi_{k+1} - 3\rvert}{\lvert\xi_k - 3\rvert}$	0,40	0,35	0,34	0,33	0,33	–

Als Maß für die Konvergenzgeschwindigkeit dient der *Konvergenzquotient*

$$\frac{|\xi_{k+1} - x|}{|\xi_k - x|^p} = K_k, \quad (28)$$

ξ_k Iterierte, x Nullstelle $f(x) = 0$,

p Konvergenzordnung,

der bei ausreichend hoher Iterationsstufe k und passendem Exponenten p gegen einen Grenzwert K konvergiert. Im Sonderfall $p = 1$ lässt sich $K = K(F')$ als Funktion der Abbildung F formulieren.

$$p = 1: K = |F'(x)| < 1.$$
$$p > 1: K \leqq \frac{1}{p!}\max|F^{(p)}(\xi)|, \quad |F'(\xi)| < 1. \quad (29)$$

Im obigen Beispiel stellt man in der Tat für $p = 1$ eine recht schnelle Konvergenz der Quotienten K_k gegen 0,33 fest; ein Wert, der mit $F' = 3/\xi^2 = 3/9$ hinreichend übereinstimmt.

5.2.2 Spezielle Iterationsverfahren

In der Regel wird man sich bei der Suche nach Nullstellen x einer Funktion $f(x)$ vorweg einen groben Eindruck vom ungefähren Funktionsverlauf verschaffen, wobei x-Intervalle $I = [a, b]$ mit wechselndem Vorzeichen der Funktionen auftreten werden ($f(a)f(b) < 0$). Aus Stetigkeitsgründen liegt in einem solchen Intervall mindestens eine Nullstelle $f(x) = 0$.

Intervallschachtelung, auch Bisektion genannt, ist ein Verfahren, das den Funktionswert $f(\xi_k)$ in Intervallmitte $\xi_k = (a + b)/2$ nutzt, um das aktuelle Intervall zu halbieren. Falls $f(a)f(\xi_k) < 0$, wiederholt man die Prozedur für $I = [a, \xi_k]$, ansonsten für $I = [\xi_k, b]$.

Intervallschachtelung:

Startintervall $I = [a,b]$ mit $f(a)f(b) < 0$,
ξ_k Intervallmittelpunkt nach k-Halbierungen.
x gesuchte Nullstelle mit $f(x) = 0$.

$$\begin{aligned}&\text{A-priori-Fehlerabschätzung:}\\ &|\xi_k - x| \leqq \frac{b-a}{2^{k+1}}, \quad k = 0, 1, 2, \ldots\\ &\text{Konvergenzordnung} \quad p = 1.\end{aligned} \tag{30}$$

Regula falsi ist eine Variante, die ebenfalls ein Startintervall $I = [a, b]$ mit ($f(a)f(b) < 0$) benötigt, den Zwischenwert ξ_k des nächstkleineren Intervalls jedoch durch lineare Interpolation bestimmt:

Regula falsi:

$$\begin{aligned}&\text{Startintervall}\\ &I = [a,b] \quad \text{mit} \quad f(a)f(b) < 0,\\ &\text{Zwischenwert}\\ &\xi_k = \frac{af(b) - bf(a)}{f(b) - f(a)}.\\ &\text{Konvergenzordnung}\\ &p = 1 \quad \text{falls} \quad f'(x), f''(x) \neq 0.\end{aligned} \tag{31}$$

Durch zusätzliche Entscheidungen lässt sich die Regula falsi in der Form der *Pegasusmethode* zur Konvergenzordnung $p = 1{,}642$ verbessern.

Sekantenmethode heißt eine Alternative zur Intervallschachtelung, die unabhängig von den Vorzeichen $f(a)$, $f(b)$ zweier Startwerte $\xi_{k-1} = a$, $\xi_k = b$ durch lineare Interpolation eine Näherungs-Nullstelle ξ_{k+1} liefert. Durch Wiederholung des Vorganges mit ξ_{k+1} und ξ_k oder ξ_{k-1} gelangt man zu einer Nullstelle x, falls die monotone Abnahme der Folge $|f(\xi_k)|$ garantiert ist.

Sekantenmethode:

$$\begin{aligned}&\text{Startpaare}\\ &[\xi_{k-1}, f_{k-1} = f(\xi_{k-1})], \quad [\xi_k, f_k = f(\xi_k)].\\ &\text{Interpolation}\\ &\xi_{k+1} = \xi_k - f_k \frac{\xi_k - \xi_{k-1}}{f_k - f_{k-1}}.\\ &\text{Konvergenzordnung}\\ &p = \left(1 + \sqrt{5}\right)/2\\ &\quad = 1{,}618, \quad \text{falls } f'(x),\\ &\quad f''(x) \neq 0.\end{aligned} \tag{32}$$

Newton-Verfahren. Diese Iteration zur Bestimmung einer Nullstelle von f wird gerne benutzt für den Fall, dass die Ableitung $\mathrm{d}f/\mathrm{d}x = f'$ problemlos zu beschaffen ist. Durch lineare Approximation der Funktion $f(\xi_k)$ im aktuellen Näherungswert ξ_k mittels ihrer Tangente (lineare Taylor-Entwicklung im Punkt ξ_k) erhält man eine Folge

$$\xi_{k+1} = \xi_k - \frac{f(\xi_k)}{f'(\xi_k)}. \tag{33}$$

Konvergenzordnung $p \geqq 2$, falls $f'(x) \neq 0$.

Falls ξ_n bereits ein guter Näherungswert ist, dann verkürztes *Newton-Verfahren*

$$\begin{aligned}&\text{mit} \quad p = 1:\\ &\xi_{k+1} = \xi_k - \frac{f(\xi_k)}{f'(\xi_n)}, \quad k \geqq n.\end{aligned} \tag{34}$$

Deflation. Bei bekanntem x_1 mit $f(x_1) = 0$ möchte man bei der Suche nach einer weiteren Nullstelle x_2 nicht abermals auf x_1 zusteuern.

Mittels Division der Originalfunktion $f(x)$ durch $x - x_1$ erzeugt man eine modifizierte Form $\bar{f} = f/(x - x_1)$, die bei $x = x_1$ eine Polstelle besitzt. Bei Polynomfunktionen ist diese Division aus Genauigkeitsgründen auf keinen Fall tatsächlich durchzuführen; vielmehr verbleibt die Differenz $(x - x_1)$ explizit im Iterationsprozess z. B. des Newton-Verfahrens:

Newton-Iteration für die $(n + 1)$-te Nullstelle x_{n+1} bei bekannten Nullstellen x_1 bis x_n:

$$\xi_{k+1} = \xi_k - \left\{ \frac{f'(\xi_k)}{f(\xi_k)} - \sum_{i=1}^{n} (\xi_k - x_i)^{-1} \right\}^{-1}, \quad \xi_k \to x_{n+1}. \tag{35}$$

Horner-Schema. Die Berechnung der Funktionswerte $P(\xi)$ und $P'(\xi)$ eines Polynoms $P(x)$, z. B. im Rahmen des Newton-Verfahrens, kann sehr effektiv nach Horner in rekursiver Art erfolgen.

Gegeben:

$$P_n(x) = a_0 x^n + \ldots + a_{n-1} x + a_n,\ a_0 \neq 0.$$

Gesucht: $P_n(\xi),\ P'_n(\xi),\ P''_n(\xi)$ usw.

Startend mit $b_0 = a_0$ gilt

$$\begin{aligned} &b_1 = a_1 + \xi b_0, \quad b_2 = a_2 + \xi b_1, \ \ldots, \\ &b_n = a_n + \xi b_{n-1} = P_n(\xi). \\ &\text{Start} \quad c_0 = b_0 : c_1 = b_1 + \xi c_0, \ \ldots, \\ &\qquad c_{n-1} = b_{n-1} + \xi c_{n-2} = P'_n(\xi). \\ &\text{Start} \quad d_0 = c_0 : d_1 = c_1 + \xi d_0, \ \ldots, \\ &\qquad d_{n-2} = c_{n-2} + \xi d_{n-3} = P''_n(\xi). \end{aligned} \tag{36}$$

Beispiel: Der fünffache Eigenwert $x = 1$ des Polynoms

$$\begin{aligned} P(x) &= x^5 - 5x^4 + 10x^3 - 10x^2 + 5x - 1 \\ &= (x - 1)^5 \end{aligned}$$

ist mit dem Newton-Verfahren einschließlich Deflation zu berechnen, wobei jeweils 20 Iterationsschritte mit $\xi_0 = 0$ beginnend durchzuführen sind (Tab. 3).

Offensichtlich nimmt die Güte der Ergebnisse für gleiche Iterationsstufen k mit fortschreitender Deflation zu. In der Rechenpraxis wird man ein Abbruchkriterium

$$|(\xi_{k+1} - \xi_k)/\xi_k| < \varepsilon \quad \text{für} \quad \xi_k \neq 0 \quad \text{benutzen.}$$

5.2.3 Nicht lineare Gleichungssysteme

Die simultane Lösung n gekoppelter nichtlinearer Gleichungen

$$\begin{aligned} f_1(x_1, \ldots, x_n) &= 0 \\ &\vdots \\ f_n(x_1, \ldots, x_n) &= 0 \end{aligned}, \quad \text{kurz} \quad \boldsymbol{f}(\boldsymbol{x}) = \boldsymbol{o} \tag{37}$$

für n Unbekannte x_i kann über eine lineare Taylor-Entwicklung der Vektorfunktion $\boldsymbol{f}$ an der Stelle $\boldsymbol{\xi}_k$ einer Näherungslösung für $\boldsymbol{x}$ erfolgen. Ein Startwert $\boldsymbol{\xi}_0$ ist vorzugeben.

Tab. 3 Beispiel: Ermittlung des fünffachen Eigenwertes eines Polynoms mit dem Newton-Verfahren einschließlich Deflation

Iteration bezüglich	$x_1 = 1$	$x_2 = 1$	$x_3 = 1$	$x_4 = 1$	$x_5 = 1$
	ξ_k:	ξ_k:	ξ_k:	ξ_k:	ξ_k:
$k = 0$	0,0	0,0	0,0	0,0	0,0
$k = 5$	0,672320	0,764967	0,873778	0,979439	1,00050
$k = 10$	0,892626	0,946790	1,02200	1,00541	1,00015
$k = 15$	0,964816	0,987606	1,00487	1,00089	1,00005
$k = 20$	0,988471	0,993692	1,00137	1,00035	1,00002
$\|P(\xi_{20})\|$	$2{,}04 \cdot 10^{-10}$	$9{,}98 \cdot 10^{-12}$	$4{,}85 \cdot 10^{-15}$	$5{,}13 \cdot 10^{-18}$	$2{,}01 \cdot 10^{-24}$

$$f_1(\boldsymbol{\xi}+\Delta\boldsymbol{\xi}) = f_1(\boldsymbol{\xi}) + f_{1,1}(\boldsymbol{\xi})\Delta\boldsymbol{\xi}_1 + \ldots + f_{1,n}(\boldsymbol{\xi})\Delta\boldsymbol{\xi}_n \overset{!}{=} 0,$$
$$\vdots$$
$$f_n(\boldsymbol{\xi}+\Delta\boldsymbol{\xi}) = f_n(\boldsymbol{\xi}) + f_{n,1}(\boldsymbol{\xi})\Delta\xi_1 + \ldots + f_{n,n}(\boldsymbol{\xi})\Delta\boldsymbol{\xi}_n \overset{!}{=} 0,$$
$$f_{k,i} = \partial f_k / \partial x_i \ . \qquad \boldsymbol{\xi} \equiv \boldsymbol{\xi}_k.$$

Matrizendarstellung:

$$\boldsymbol{f}(\boldsymbol{\xi}_k) + \boldsymbol{J}(\boldsymbol{\xi}_k)\Delta\boldsymbol{\xi}_k = \boldsymbol{o}, \quad \boldsymbol{\xi}_{k+1} = \boldsymbol{\xi}_k + \Delta\boldsymbol{\xi}_k \quad (38)$$

mit der Funktional- oder Jacobi-Matrix

$$\boldsymbol{J} = \begin{bmatrix} f_{1,1} & \cdots & f_{1,n} \\ \vdots & & \vdots \\ f_{n,1} & \cdots & f_{n,n} \end{bmatrix} = \begin{bmatrix} \boldsymbol{f}_{,1} & \cdots & \boldsymbol{f}_{,n} \end{bmatrix}. \quad (39)$$

Die dem Newton-Verfahren entsprechende Iteration (38) konvergiert quadratisch, wobei man durch Mitführen der Fehlernorm $\boldsymbol{f}^T(\boldsymbol{\xi}_k)\boldsymbol{f}(\boldsymbol{\xi}_k) = \delta^2$ die Monotonie der Iteration überprüfen sollte. Ist diese nicht gegeben, ist die Rechnung mit neuem Startwert $\boldsymbol{\xi}_0$ zu wiederholen. Zur Verringerung des erheblichen Rechenaufwandes infolge einer ständig neuen Koeffizientenmatrix $\boldsymbol{J}$ in (38) empfiehlt es sich, die Jacobi-Matrix für eine gewisse Anzahl von Schritten unverändert beizubehalten. Eine weitere Variante verzichtet auf die simultane Berechnung aller Verbesserungen $\Delta\boldsymbol{\xi}$. Vielmehr wird das Inkrement $\Delta\xi^i$ der i-ten Komponente ξ^i_k der k-ten Iterationsstufe mithilfe schon neuer Werte ξ^1_{k+1} bis ξ^{i-1}_{k+1} und der noch alten Werte ξ^{i+1}_k bis ξ^n_k berechnet.

Newton'sches Einzelschrittverfahren:

$$\Delta\xi^i = \xi^i_{k+1} - \xi^i_k = -\Omega \frac{f_i\left(\xi^1_{k+1}, \xi^2_{k+1}, \ldots, \xi^{i-1}_{k+1}, \xi^i_k, \ldots, \xi^n_k\right)}{f_{i,i}\left(\xi^1_{k+1}, \xi^2_{k+1}, \ldots, \xi^{i-1}_{k+1}, \xi^i_k, \ldots, \xi^n_k\right)}. \quad (40)$$

Häufig ist es zweckmäßig, die Verbesserung mit einem *Relaxationsfaktor* Ω, $0 \leqq \Omega \leqq 2$, zu multiplizieren, also nicht mit dem „an sich richtigen" Wert $\Omega = 1$.

Gradientenverfahren suchen die Lösung $\boldsymbol{x}$ nicht linearer Gleichungssysteme $\boldsymbol{f}(\boldsymbol{x}) = \boldsymbol{o}$ als Null- und gleichzeitig Minimalpunkte einer zugeordneten quadratischen Form

$$Q = \boldsymbol{f}^{\mathrm{T}}\boldsymbol{f} = 0, \quad \operatorname{grad} Q = 2\boldsymbol{J}^{\mathrm{T}}\boldsymbol{f}, \quad (\operatorname{grad} Q)^{\mathrm{T}} = [Q_{,1} \quad \ldots \quad Q_{,n}]. \quad (41)$$

Bei Vorliegen einer Näherung $\boldsymbol{\xi}_k$ mit dem Wert $Q_k = Q(\boldsymbol{f}_k)$ findet man eine Verbesserung $\Delta\boldsymbol{\xi}$ mit einem besseren Wert $Q_{k+1} = Q_k + (\operatorname{grad} Q)^{\mathrm{T}} \Delta\boldsymbol{\xi} + \ldots = 0$ in Richtung des Gradienten $\Delta\boldsymbol{\xi} = t \operatorname{grad} Q$. Aus der Forderung $Q_{k+1} = 0$ der linearen Entwicklung folgt der Skalar t und damit

$$\Delta\boldsymbol{\xi} = \boldsymbol{\xi}_{k+1} - \boldsymbol{\xi}_k = -\left\{ \frac{Q_k}{2\left(\boldsymbol{J}^{\mathrm{T}}\boldsymbol{f}\right)^{\mathrm{T}}\left(\boldsymbol{J}^{\mathrm{T}}\boldsymbol{f}\right)} \boldsymbol{J}^{\mathrm{T}}\boldsymbol{f} \right\}_k. \quad (42)$$

Beispiel. Gegeben ist ein System von zwei nicht linearen algebraischen Gleichungen.

$$f_1 = 3\left(x_1^2 + x_2^2\right) - 10x_1 - 14x_2 + 23 = 0 \quad \text{(Ellipse)},$$
$$f_2 = x_1^2 - 2x_1 - x_2 + 3 = 0 \quad \text{(Parabel)}.$$

Mit der Jacobi-Matrix

$$\boldsymbol{J} = \begin{bmatrix} 6x_1 - 10 & 6x_2 - 14 \\ 2x_1 - 2 & -1 \end{bmatrix}$$

konvergiert die Anfangslösung $\boldsymbol{\xi}_0 = \boldsymbol{o}$ gegen eine Lösung $\boldsymbol{x}^{\mathrm{T}} = [1,\ 2]$. Folgende Tabelle zeigt den Iterationsverlauf des vollständigen Newton-Verfahrens.

k	0	1	2	3	5	7
$\boldsymbol{\xi}_k$	0	1,055	0,2038	0,9341	0,9868	1,000
	0	0,8889	1,908	1,471	1,956	2,000

5.3 Matrizeneigenwertproblem

5.3.1 Homogene Matrizenfunktionen, Normalformen

Die Eigenwerttheorie fragt nach nichttrivialen Lösungen $\boldsymbol{x}$ für homogene Gleichungssysteme $\boldsymbol{F}\boldsymbol{x} = \boldsymbol{o}$ wobei $\boldsymbol{F}$ zunächst quadratisch und reell sei und einen Parameter λ enthalte.

Gegeben: $\boldsymbol{F}(\lambda)\boldsymbol{x} = \boldsymbol{o}$.
Gesucht Lösungen $\boldsymbol{x} \neq \boldsymbol{o}$.
Notwendige Bedingung: $F = \det \boldsymbol{F} = 0 = f(\lambda)$.
Charakteristische Gleichung $f(\lambda) = 0$ zur Berechnung der Eigenwerte $\lambda_1, \lambda_2, \ldots$ (43)

Die Eigenwerte λ_k sind im Allgemeinen konjugiert komplex, doch gibt es Klassen spezieller Matrizenfunktionen mit stets reellen Eigenwerten; siehe Tab. 4.

Beispiel: Eigenwerte für verschiedene Funktionen $\boldsymbol{F}(\lambda)$.

$$\boldsymbol{F} = \begin{bmatrix} 3 & 2 \\ -1 & 1 \end{bmatrix} - \lambda \boldsymbol{I},$$
$$f(\lambda) = (3-\lambda)(1-\lambda) + 2 = 0, \quad \lambda = 2 + \mathrm{j}, 2 - \mathrm{j}.$$
$$\boldsymbol{F} = \begin{bmatrix} 4 & 1 \\ 1 & 0 \end{bmatrix} - \lambda \begin{bmatrix} 3 & 2 \\ 2 & 1 \end{bmatrix},$$
$$f(\lambda) = -\lambda^2 - 1 = 0\,, \quad \lambda = \mathrm{j}, -\mathrm{j}.$$
$$\boldsymbol{F} = \begin{bmatrix} -1 & 1 \\ 0 & 2 \end{bmatrix} + \lambda \begin{bmatrix} 0 & 1 \\ 0 & -2 \end{bmatrix} + \lambda^2 \begin{bmatrix} 1 & 4 \\ 0 & 1 \end{bmatrix},$$
$$f(\lambda) = \left(-1 + \lambda^2\right)\left(2 - 2\lambda + \lambda^2\right) = 0,$$
$$\lambda = -1, 1, 1 + \mathrm{j}, 1 - \mathrm{j}.$$
$$\boldsymbol{F} = \begin{bmatrix} \sin\lambda & \sinh\lambda \\ \cos\lambda & \cosh\lambda \end{bmatrix},$$
$$f(\lambda) = \sin\lambda \cosh\lambda - \sinh\lambda \cos\lambda = 0,$$
$$\lambda = 0; 3{,}9266; 7{,}0686; 10{,}210; 13{,}352; \ldots;$$
$$\lambda_{k+1} \approx (k + 0{,}25)\pi.$$

Expansion. Ein nicht lineares EWP mit $\boldsymbol{F}$ als Matrizenpolynom kann stets zu einem äußerlich linearen *Hypersystem* expandiert werden; für $k = 2$ gilt:

$$\text{Aus} \quad \left(\boldsymbol{A}_0 + \lambda \boldsymbol{A}_1 + \lambda^2 \boldsymbol{A}_2\right)\boldsymbol{x} = \boldsymbol{o}$$
$$\text{wird} \quad (\boldsymbol{H}_0 + \lambda \boldsymbol{H}_1)\boldsymbol{y} = \boldsymbol{o} \quad \text{mit}$$
$$\boldsymbol{H}_0 = \begin{bmatrix} \boldsymbol{O} & \boldsymbol{R} \\ \boldsymbol{A}_0 & \boldsymbol{A}_1 \end{bmatrix},$$
$$\boldsymbol{H}_1 = \begin{bmatrix} -\boldsymbol{R} & \boldsymbol{O} \\ \boldsymbol{O} & \boldsymbol{A}_2 \end{bmatrix}, \quad \boldsymbol{y} = \begin{bmatrix} \boldsymbol{x} \\ \lambda \boldsymbol{x} \end{bmatrix}.$$

R reguläre Hilfsmatrix, zweckmä*ßig* $\boldsymbol{R} = \boldsymbol{I}$. (44)

Bei symmetrischen, zudem positiv definiten Matrizen $\boldsymbol{A}_k$ werden $\boldsymbol{H}_0$, $\boldsymbol{H}_1$ für $\boldsymbol{R} = \boldsymbol{A}_0$ ebenfalls symmetrisch. Dennoch sind die Eigenwerte λ komplex, da $\boldsymbol{H}_1$ indefinit ist.

Die innere Struktur einer Matrix $\boldsymbol{A}$ kann durch eine Links-rechts-Transformation aufgedeckt werden, wobei drei Typen unterschieden werden.

Gegeben

$$(\boldsymbol{A} - \lambda \boldsymbol{I})\boldsymbol{x} = \boldsymbol{o} \quad \text{oder} \quad (\boldsymbol{A} - \lambda \boldsymbol{B})\boldsymbol{x} = \boldsymbol{o}.$$

Transformation

$$\left(\hat{\boldsymbol{A}} - \lambda \boldsymbol{LIR}\right)\boldsymbol{y} = \boldsymbol{o} \quad \text{oder} \quad \left(\hat{\boldsymbol{A}} - \lambda \hat{\boldsymbol{B}}\right)\boldsymbol{y} = \boldsymbol{o}$$
$$\boldsymbol{x} = \boldsymbol{Ry}, \quad \hat{\boldsymbol{A}} = \boldsymbol{LAR}, \quad \hat{\boldsymbol{B}} = \boldsymbol{LBR}, \tag{45}$$
$\boldsymbol{L}, \boldsymbol{R}$ regulär.

Äquivalenz

$$\boldsymbol{LIR} \neq \boldsymbol{I},$$

Ähnlichkeit als spezielle Äquivalenz

$$\boldsymbol{LIR} = \boldsymbol{RIL} = \boldsymbol{I}, \quad \boldsymbol{L} = \boldsymbol{R}^{-1}, \quad \boldsymbol{R} = \boldsymbol{L}^{-1}.$$

Kongruenz als spezielle Ähnlichkeit

Tab. 4 Typische Matrizenfunktionen $\boldsymbol{F}(\lambda)$. $\boldsymbol{F}$ quadratisch, f_{ij} reell, n-Zeilen und n-Spalten. L/NL EWP: Lineares/nicht lineares Eigenwertproblem

Name	Gleichung	Anzahl Eigenwerte	λ reell falls
L EWP speziell	$\boldsymbol{F} = \boldsymbol{A} - \lambda \boldsymbol{I}$	n	$\boldsymbol{A} = \boldsymbol{A}^{\mathrm{T}}$
L EWP allgemein	$\boldsymbol{F} = \boldsymbol{A} - \lambda \boldsymbol{B}$	n	$\boldsymbol{A} = \boldsymbol{A}^{\mathrm{T}}$, $\boldsymbol{B} = \boldsymbol{B}^{\mathrm{T}}$ und $\boldsymbol{B}$ positiv oder negativ definit
NL EWP Matrizenpolynom	$\boldsymbol{F} = \boldsymbol{A}_0 + \lambda \boldsymbol{A}_1 + \ldots + \lambda^k \boldsymbol{A}_k$	nk	–
NL EWP allgemein	Elemente f_{ij} von $\boldsymbol{F}$ sind beliebige Funktionen, z. B. $f_{ij} = \exp(\lambda)$	∞	–

$$L = R^{\mathrm{T}} \quad \text{mit} \quad R^{\mathrm{T}} I R = I.$$

Für ein Paar A, B mit den Eigenschaften

$$\begin{aligned} &B = B^{\mathrm{T}} \quad \text{und definit}, \\ &A^{\mathrm{T}} B^{-1} A = A B^{-1} A^{\mathrm{T}}, \\ &B = I: \quad A \quad \text{heißt normal}, \\ &B \neq I: \quad A \quad \text{heißt } B\text{-normal}, \end{aligned} \tag{46}$$

gibt es stets eine Kongruenztransformation auf Diagonalformen D_k:

$$\left.\begin{aligned} &X^{\mathrm{T}} A X = D_1, \quad X^{\mathrm{T}} B X = D_2. \\ &X = [x_1 \ldots x_n] \quad \text{Modalmatrix} \\ &\text{mit Eigenvektoren } x \text{ aus } Ax = \lambda B x. \\ &\text{Falls} \\ &X^{\mathrm{T}} B X = I, \quad \text{gilt} \quad X^{\mathrm{T}} A X = \Lambda, \\ &\Lambda = \operatorname{diag}(\lambda_k), \quad k = 1 \text{ bis } n. \end{aligned}\right\} \tag{47}$$

Ferner gilt die *dyadische Spektralzerlegung*

$$\begin{aligned} F(\lambda) &= \sum_{k=1}^{n} (\lambda_k - \lambda) S_k = A - \lambda B, \\ S_k &= \frac{(B x_k)(B x_k)^{\mathrm{T}}}{x_k^{\mathrm{T}} B x_k}. \end{aligned} \tag{48}$$

Bei komplexen Eigenwerten und Eigenvektoren ist x^{T} durch $\bar{x}^{\mathrm{T}}$ (konjugiert transponiert) zu ersetzen.

Beispiel: Für das Matrizenpaar

$$A = \begin{bmatrix} -1 & -3 & 8 \\ 3 & 15 & 12 \\ 8 & -12 & 26 \end{bmatrix}, \quad B = \operatorname{diag}(1 \quad 1 \quad 2)$$

gilt die Normalitätsbedingung (46). Mit den Eigenwerten

$$\Lambda = \operatorname{diag}(15 + 9\mathrm{j} \quad 15 - 9\mathrm{j} \quad -3)$$

und der Modalmatrix

$$X = \frac{1}{18} \begin{bmatrix} \mathrm{j} & -\mathrm{j} & 4 \\ 3 & 3 & 0 \\ 2\mathrm{j} & -2\mathrm{j} & -1 \end{bmatrix}$$

verifiziert man

die Diagonaltransformation $\bar{X}^{\mathrm{T}} B X = I$, $\bar{X}^{\mathrm{T}} A X = \Lambda$ und die Zerlegung (48).

Die simultane Diagonaltransformation eines Tripels (A_0, A_1, A_2) mit $A_0 = A_0^{\mathrm{T}}$, und definitem $A_2 = A_2^{\mathrm{T}}$ gelingt nur im Fall der *Vertauschbarkeitsbedingung*

$$A_1 A_2^{-1} A_0 = A_0 A_2^{-1} A_1. \tag{49}$$

Typischer Sonderfall (*modale Dämpfung* in der Strukturdynamik):

$$\begin{aligned} &A_1 = a_0 A_0 + a_2 A_2. \\ &\text{Statt} \quad \left(\lambda^2 A_2 + \lambda A_1 + A_0\right) x = o \\ &\text{berechnet man} \quad (\sigma A_2 + A_0) x = o, \\ &\lambda_{k1}, \lambda_{k2} \quad \text{aus } \lambda^2 + \lambda(a_2 - \sigma_k a_0) - \sigma_k = 0. \end{aligned} \tag{50}$$

Nichtnormale Matrizen sind bestenfalls durch Ähnlichkeitstransformation zu reduzieren auf die sogenannte Jordan'sche Normalform

$$\begin{aligned} &J = T^{-1} A T, \quad j_{kl} = 0 \quad \text{bis auf} \\ &j_{kk} \ (k = 1 \text{ bis } n) \neq 0 \quad \text{und} \\ &j_{k,k+1} \ (k = 1 \text{ bis } n - 1) \neq 0 \\ &\text{für wenigstens einen Index } k. \end{aligned} \tag{51}$$

5.3.2 Symmetrische Matrizenpaare

Ein Paar (A, B) reellsymmetrischer Matrizen mit zumindest einem definiten Partner hat nur reelle Eigenwerte.

$$Ax = \lambda B x, \quad A = A^{\mathrm{T}}, \quad B = B^{\mathrm{T}}, \quad B \quad \text{definit}$$

Faktorisierung Abschn. 5.1.2, (8) entscheidet über Definitheit:

$$\boldsymbol{B} = \boldsymbol{LDL}^{\mathrm{T}}, \quad \boldsymbol{D} = \mathrm{diag}(d_{kk}), \quad l_{kk} = 1.$$
$$\text{alle} \quad d_{kk} \begin{cases} > 0 & \boldsymbol{B} \text{ positiv definit} \\ < 0 & \boldsymbol{B} \text{ negativ definit} \end{cases} \quad (52)$$

Der dem EWP (52) zugeordnete *Rayleigh-Quotient*

$$R = \frac{\boldsymbol{v}^{\mathrm{T}}\boldsymbol{A}\boldsymbol{v}}{\boldsymbol{v}^{\mathrm{T}}\boldsymbol{B}\boldsymbol{v}}, \quad R_{\text{extr}} = R(\boldsymbol{x}_k) = \lambda_k,$$

mit dem reellen Wertebereich

$$\lambda_1 \leqq R \leqq \lambda_n, \ \lambda_1 \leqq \lambda_2 \leqq \ldots \leqq \lambda_n, \quad (53)$$

nimmt seine lokalen Extrema $R = \lambda_2$ bis λ_{n-1} und globalen Extrema $R = \lambda_1, \lambda_n$, an, wenn man für die an sich beliebigen Vektoren $\boldsymbol{v}$ speziell die Eigenvektoren $\boldsymbol{x}_k$ von (52) einsetzt. Die Vielfalt von „Eigenwertlösern" lässt sich in 2 Gruppen einteilen:

Globalalgorithmen
Wesentlich ist als Vorarbeit eine Transformation des Paares $(\boldsymbol{A}, \boldsymbol{B})$ auf eine Tridiagonalmatrix $\boldsymbol{T}$ zum Partner $\boldsymbol{I}$ mithilfe des *Lanczos-* oder *Givens-Verfahrens*. Daran anschliessend liefert der *QR-Algorithmus* eine sukzessive Transformation des Paares $\boldsymbol{T}, \boldsymbol{I}$ auf Diagonalform.

Das *Jacobi-Rotationsverfahren* ist ein klassischer Globalalgorithmus ohne Vorarbeit, allerdings mit dem Nachteil der Profil- oder Bandbreitenzerstörung.

Selektionsalgorithmen
Separate oder gruppenweise Berechnung einiger Eigenwerte unabhängig von den anderen. Typische Vertreter sind die *Vektoriteration* nach von Mises – auch Potenzmethode genannt – mit der *Spektralverschiebung* nach Wielandt und die *Ritz-Iteration* für den Rayleigh-Quotienten mittels sukzessiver Unterraumprojektion. Neuentwicklungen sind der Spezialliteratur zu entnehmen.

Bei der Eigenwertanalyse technischer Systeme sind in aller Regel nur einige Eigenwerte λ von Interesse, wofür Selektionsalgorithmen besonders geeignet sind; sie arbeiten grundsätzlich iterativ. Die wesentliche Frage nach dem Index k des Eigenwertes λ_k, den ein aktueller Näherungswert Λ ansteuert, beantwortet der *Sylvester-Test*.

$$\begin{aligned} &\text{Gegeben}: \boldsymbol{A}\boldsymbol{x} = \lambda\boldsymbol{B}\boldsymbol{x}, \ \Lambda, \quad \text{Ordnung } n. \\ &\qquad \boldsymbol{A} = \boldsymbol{A}^{\mathrm{T}}, \quad \boldsymbol{B} = \boldsymbol{B}^{\mathrm{T}} \quad \text{positiv definit.} \\ &\text{Gesucht}: \quad \text{Anzahl der Eigenwerte mit } \lambda < \Lambda. \\ &\text{Verfahren}: \text{Zerlegung} \\ &(\boldsymbol{A} - \Lambda\boldsymbol{B}) = \boldsymbol{LDL}^{\mathrm{T}}, \quad l_{ii} = 1, \quad \boldsymbol{D} = \mathrm{diag}(d_{ii}), \\ &\text{liefert} \begin{cases} k & \text{Werte} \quad d_{ii} < 0, \\ n-k & \text{Werte} \quad d_{ii} > 0. \end{cases} \end{aligned} \quad (54)$$

Demnach gibt es k-Eigenwerte λ kleiner als Λ.

Der Sylvester-Test erlaubt die Einschließung von Eigenwerten. Gilt für zwei Werte Λ_1, Λ_2:

$$\begin{aligned} &\Lambda_1 && \to k_1 \ \text{Eigenwerte} \ < \Lambda_1, \\ &\Lambda_2 > \Lambda_1 && \to k_2 = k_1 + 1 \ \text{Eigenwerte} \ < \Lambda_2, \end{aligned}$$

dann liegt dazwischen garantiert der k_2-te Eigenwert.

$$\Lambda_1 \leq \lambda_{k_2} \leq \Lambda_2.$$

Gilt für zwei andere Λ-Werte:

$$\begin{aligned} &\Lambda_3 && \to k_3 \ \text{Eigenwerte} \ < \Lambda_3, \\ &\Lambda_4 > \Lambda_3 && \to k_4 = k_3 \ \text{Eigenwerte} \ < \Lambda_4, \end{aligned}$$

dann liegt zwischen Λ_3 und Λ_4 garantiert kein Eigenwert; dies ist ein Ausschliessungssatz.

Vektoriteration. Beginnend mit einem beliebigen Startvektor $\boldsymbol{v}_0$ oder $\boldsymbol{u}_0$ konvergieren die Vektorfolgen

$$\begin{aligned} \boldsymbol{A}\boldsymbol{v}_{k+1} &= \boldsymbol{B}\boldsymbol{v}_k, \quad R_{k+1} = R(\boldsymbol{v}_{k+1}) \to \lambda_{\min} \\ \boldsymbol{B}\boldsymbol{u}_{k+1} &= \boldsymbol{A}\boldsymbol{u}_k, \quad R_{k+1} = R(\boldsymbol{u}_{k+1}) \to \lambda_{\max} \end{aligned}$$

zum Eigenwertproblem

$$\boldsymbol{A}\boldsymbol{x} = \lambda\boldsymbol{B}\boldsymbol{x}, \quad R = \left(\boldsymbol{v}^{\mathrm{T}}\boldsymbol{A}\boldsymbol{v}\right) / \left(\boldsymbol{v}^{\mathrm{T}}\boldsymbol{B}\boldsymbol{v}\right) \quad (55)$$

gegen die äußeren Eigenwerte und die dazugehörigen Vektoren des Paares $(\boldsymbol{A}, \boldsymbol{B})$. Die Konvergenzgeschwindigkeit ist proportional der Inversen der Konditionszahl κ:

Konvergenzgeschwindigkeit $\sim \kappa^{-1} = |\lambda_{\min}| / |\lambda_{\max}|$. (56)

Die Nichtkonvergenz signalisiert die Ansteuerung eines Unterraumes mit mehrfachem Eigenwert oder eines Nestes. In diesem Fall hilft eine *Simultaniteration der Ordnung s*:

$$\boldsymbol{x} = \boldsymbol{V}_k \boldsymbol{n}, \quad \boldsymbol{V} = \left[\overset{1}{\boldsymbol{v}} \ \overset{2}{\boldsymbol{v}} \ldots \overset{s}{\boldsymbol{v}}\right],$$
$$\boldsymbol{n}^{\mathrm{T}} = [n_1 \quad n_2 \ldots n_s], \quad \boldsymbol{A}\boldsymbol{V}_{k+1} = \boldsymbol{B}\boldsymbol{V}_k,$$

wobei den Rayleigh-Quotienten ein Unterraum-Eigenwertproblem der Ordnung s zugeordnet ist.

$$\hat{\boldsymbol{A}} = \boldsymbol{V}_{k+1}^{\mathrm{T}} \boldsymbol{A} \boldsymbol{V}_{k+1}, \quad \hat{\boldsymbol{B}} = \boldsymbol{V}_{k+1}^{\mathrm{T}} \boldsymbol{B} \boldsymbol{V}_{k+1}.$$
$$\hat{\boldsymbol{A}}\boldsymbol{n} = R\hat{\boldsymbol{B}}\boldsymbol{n} \rightarrow R_1 \ldots R_s,$$
$$\boldsymbol{N} = [\boldsymbol{n}_1 \ \boldsymbol{n}_2 \ldots \boldsymbol{n}_s], \quad \boldsymbol{V}_{k+1} := \boldsymbol{V}_{k+1} N. \qquad (57)$$

Spektralverschiebung. Die nach Abspalten der Anteile $\boldsymbol{x}_1$ bis $\boldsymbol{x}_{r-1}$ zum nächsten Eigenpaar $\boldsymbol{x}_r$, λ_r tendierende Iteration kann bei Kenntnis einer Näherung Λ_r für λ_r wesentlich beschleunigt werden durch eine

Spektralverschiebung:

$$\lambda = \Lambda_r + \sigma \quad \text{führt auf}$$
$$(\boldsymbol{A} - \Lambda_r \boldsymbol{B})\boldsymbol{v}_{k+1} = \boldsymbol{B}\boldsymbol{v}_k. \qquad (58)$$

Beispiel: Die Eigenwerte $\lambda = 2, 4, 6, 8$ eines speziellen EWP $\boldsymbol{A}\boldsymbol{x} = \lambda \boldsymbol{x}$ mit

$$\boldsymbol{A} = \begin{bmatrix} 5 & -1 & -2 & 0 \\ -1 & 5 & 0 & 2 \\ -2 & 0 & 5 & 1 \\ 0 & 2 & 1 & 5 \end{bmatrix} \quad \text{seien bekannt.}$$

Beginnend mit $\boldsymbol{v}_0^{\mathrm{T}} = [1 \ -1 \ -1 \ 1]$ zeigt folgende Tabelle die Iteration einmal für $\Lambda = 0$ mit $|\lambda_{\min}/\lambda_{\max}| = 0{,}25$ und dann für $\Lambda = 2{,}1$ mit $|\sigma_{\min}/\sigma_{\max}| = 0{,}1/5{,}9 = 0{,}017$. Die Unterschiede in der Konvergenzgeschwindigkeit sind offensichtlich.

k	1	2	3	4	5	6
R_k für $\Lambda = 0$	3,84	2,2417	2,0818	2,0177	2,0041	2,0010
R_k für $\Lambda = 2{,}1$	1,66	1,9996	2,0000	2,000	2,000	2,000

5.3.3 Testmatrizen

Zum Test vorhandener Rechenprogramme eignen sich Matrizen mit einfach angebbaren Elementen a_{ij}, b_{ij} und ebensolchen Eigenwerten und Eigenvektoren. Ganzzahlige Eigenwerte mit weitgehender Vielfachheit liefert die Links-rechts-Multiplikation eines Paares $\boldsymbol{D}$ = diag (d_{ii}), $\boldsymbol{I}$ mit regulären Matrizen $\boldsymbol{L}$, $\boldsymbol{R}$.

Vorgabe: Paar diag $(d_{ii})\boldsymbol{x} = \lambda \boldsymbol{x}$ mit vorgegebenen Eigenwerten $\lambda_i = d_{ii}$ und Einheitsvektoren $\boldsymbol{e}_i$ als Eigenvektoren $\boldsymbol{x}_i$.

Konstruktion eines voll besetzten Paares:

$$\boldsymbol{A}\boldsymbol{y} = \sigma \boldsymbol{B}\boldsymbol{y} \quad \text{mit} \quad \sigma_i = \lambda_i, \quad \boldsymbol{R}\boldsymbol{y}_i = \boldsymbol{e}_i :$$
$$\boldsymbol{A} = \boldsymbol{L}\boldsymbol{D}\boldsymbol{R}, \quad \boldsymbol{B} = \boldsymbol{L}\boldsymbol{R}, \quad \boldsymbol{L}, \ \boldsymbol{R} \ \text{regulär.} \qquad (59)$$
$$\boldsymbol{A} = \boldsymbol{A}^{\mathrm{T}} \quad \text{für} \quad \boldsymbol{L} = \boldsymbol{R}^{\mathrm{T}}.$$

Reguläre Matrizen $\boldsymbol{L}$, $\boldsymbol{R}$ mit linear unabhängigen Spalten und Zeilen liefern diskrete Abtastwerte kontinuierlicher Funktionen. Analog zu einer Folge x^j von Polynomen mit kontinuierlicher Argumentmenge x konstruiert man Spalten $\boldsymbol{i}^j$ mit diskreten Argumenten i. Durch Nutzung von Orthogonalsystemen lassen sich mühelos Kongruenztransformationen (45) erzeugen.

Polynomtransformation

$$\boldsymbol{R} := \boldsymbol{P}, \quad p_{ij} = \begin{cases} i^{j+c}, & \left(\frac{2i-1}{2}\right)^{j+c} \\ \left(\frac{i}{n}\right)^{j+c}, & \left(\frac{2i-1}{2n}\right)^{j+c} \end{cases} \qquad (60)$$

n : Zeilen- und Spaltenzahl von $\boldsymbol{P}$.
$i, j = 1$ bis n, c : beliebige Konstante.

Transzendente Transformation.

$$\boldsymbol{R}{:=}\boldsymbol{S},\quad s_{ij}=\sqrt{\frac{2}{n+1}}\sin\left(\frac{ij}{n+1}\pi\right).\qquad(61)$$
$$\boldsymbol{S}^2=\boldsymbol{I}.$$

Beispiel: Für $n=4$ erzeuge man eine $\boldsymbol{P}$-Version mit $c=-1$ und die $\boldsymbol{S}$-Transformation. i,j : 1 bis $n=4$. Für

$$p_{ij}=\left(\tfrac{2i-1}{2n}\right)^{j-1}\ \text{gilt}\ \boldsymbol{p}_j=\begin{bmatrix}1/8\\3/8\\5/8\\7/8\end{bmatrix}^{j-1},$$

$$\boldsymbol{P}=\begin{bmatrix}1&1/8&1^2/8^2&1^3/8^3\\1&3/8&3^2/8^2&3^3/8^3\\1&5/8&5^2/8^2&5^3/8^3\\1&7/8&7^2/8^2&7^3/8^3\end{bmatrix}.$$

$$\boldsymbol{S}=\sqrt{\frac{2}{5}}\begin{bmatrix}\sin\beta&\sin2\beta&\sin3\beta&\sin4\beta\\\sin2\beta&\sin4\beta&\sin6\beta&\sin8\beta\\\sin3\beta&\sin6\beta&\sin9\beta&\sin12\beta\\\sin4\beta&\sin8\beta&\sin12\beta&\sin16\beta\end{bmatrix},$$
$$\beta=\frac{\pi}{5}.$$

Ein Eigenwertspektrum $-2<\kappa<+2$ mit Verdichtung an den Rändern erzeugt ein spezielles Paar $\boldsymbol{Ks}=\kappa\boldsymbol{s}$ aus der Theorie der Differenzengleichungen.

Für $\boldsymbol{Ks}=\kappa\mathbf{s}$ mit

$$k_{ij}=\begin{cases}1&\text{für}(i-j)^2=1\\0&\text{sonst}\end{cases},$$

$$\boldsymbol{K}=\begin{bmatrix}0&1&&&&\\1&\cdot&\cdot&&\boldsymbol{O}&\\&\cdot&\cdot&\cdot&&\\&&\cdot&\cdot&\cdot&\\&\boldsymbol{O}&&\cdot&\cdot&1\\&&&&1&0\end{bmatrix},\qquad(62)$$

gilt $\kappa_j=2\cos j\beta,\quad \beta=\dfrac{\pi}{n+1},\quad j=1,\ldots,n.$

$$\boldsymbol{s}_j^{\mathrm{T}}=\sqrt{\frac{2}{n+1}}[\sin j\beta\quad\sin2j\beta\ldots\sin nj\beta].$$

Durch Potenzierung, Spektralverschiebung und weitere Operationen gemäß Tab. 5 erhält man aus (62) einen ganzen Vorrat an Testpaaren; siehe auch (Zurmühl und Falk 1997, S. 24–28).

$$(\boldsymbol{K}+c\boldsymbol{I})\boldsymbol{x}=\lambda\boldsymbol{x},\quad \boldsymbol{x}_j=\boldsymbol{s}_j,\ \lambda_j=\kappa_j+c.$$
$$\boldsymbol{K}^k\boldsymbol{y}=\sigma\boldsymbol{y},\quad \boldsymbol{y}_j=\boldsymbol{s}_j\quad \sigma_j=\kappa_j^k.\qquad(63)$$
$\boldsymbol{K}^k$: symmetrisch, mit Bandstruktur.

Bei einem Test auf komplexe Eigenwerte zum Beispiel eines Tripels $(\lambda^2\boldsymbol{A}_2+\lambda\boldsymbol{A}_1+\lambda\boldsymbol{A}_0)$

Tab. 5 Nützliche Beziehungen zwischen Eigenwerten und Eigenvektoren algebraisch verwandter Eigenwertproblem-Paare

Verwandte Paare	Eigenvektoren	Eigenwerte
$\begin{cases}\boldsymbol{Ax}=\lambda\boldsymbol{x}\\\boldsymbol{A}^k\boldsymbol{y}=\sigma\boldsymbol{y}\end{cases}$	$\boldsymbol{x}=\boldsymbol{y}$	$\sigma=\lambda^k$
$\begin{cases}\boldsymbol{Ax}=\lambda\boldsymbol{Bx}\\(\boldsymbol{AB}^{-1})^k\boldsymbol{Ay}=\sigma\boldsymbol{By}\end{cases}$	$\boldsymbol{x}=\boldsymbol{y}$	$\sigma=\lambda^{k+1}$
$\begin{cases}\boldsymbol{Ax}=\lambda\boldsymbol{Bx}\\\boldsymbol{By}=\sigma\boldsymbol{Ay}\end{cases}$	$\boldsymbol{x}=\boldsymbol{y}$	$\sigma\lambda=1$
$\begin{cases}\boldsymbol{Ax}=\lambda\boldsymbol{Bx}\\(\boldsymbol{A}-\Lambda\boldsymbol{B})\boldsymbol{y}=\sigma\boldsymbol{By}\end{cases}$	$\boldsymbol{x}=\boldsymbol{y}$	$\lambda=\Lambda+\sigma$, Λ Konstante
$\begin{cases}\boldsymbol{Ax}=\lambda\boldsymbol{Bx}\\\boldsymbol{By}=\sigma(\boldsymbol{A}-\Lambda\boldsymbol{B})\boldsymbol{y}\end{cases}$	$\boldsymbol{x}=\boldsymbol{y}$	$\lambda=\Lambda+\dfrac{1}{\sigma}$ $\sigma\to\infty:\lambda\to\Lambda$
$\begin{cases}\boldsymbol{Ax}=\lambda\boldsymbol{Bx}\\\boldsymbol{A}^{\mathrm{T}}\boldsymbol{y}=\sigma\boldsymbol{B}^{\mathrm{T}}\boldsymbol{y}\end{cases}$	$\boldsymbol{x}\neq\boldsymbol{y}$	$\lambda=\sigma$
$\begin{cases}\boldsymbol{Ax}=\lambda\boldsymbol{Bx}\\\boldsymbol{LARy}=\sigma\boldsymbol{LBRy}\end{cases}$	$\boldsymbol{L},\boldsymbol{R}$ regulär $\boldsymbol{x}=\boldsymbol{Ry}$	$\lambda=\sigma$
$\begin{cases}\boldsymbol{Ax}=\lambda\boldsymbol{Bx}\\(\boldsymbol{AB}^{-1}\boldsymbol{A}-s\boldsymbol{A}+p\boldsymbol{B})\boldsymbol{y}=\sigma\boldsymbol{By}\end{cases}$	$\boldsymbol{x}=\boldsymbol{y}$	$\sigma=(\lambda-\Lambda_0)(\lambda-\Lambda_1)$, $s=\Lambda_0+\Lambda_1,\quad p=\Lambda_0\Lambda_1$

$x = o$ übergibt man einem Programm das Problem in der Hyperform (44), wobei man die Matrizen A_k durch Aufblähung einer Diagonalform erzeugt oder die Vertauschbarkeitsbedingung in der einfachen Form (50) in Verbindung mit der Differenzenmatrix K aus (62) nutzt.

Vorgabe:

$$\text{Tripel}\quad (\lambda^2 I + \lambda F + G)x = o.\qquad F = \operatorname{diag}(f_{ii}),\quad G = \operatorname{diag}(g_{ii}).$$

Eigenwerte paarweise als Λ_{j1}, Λ_{j2} vorgebbar.

$$(\lambda - \Lambda_{j1})(\lambda - \Lambda_{j2}) = 0 \to f_{jj} = -(\Lambda_{j1} + \Lambda_{j2}),\quad g_{jj} = \Lambda_{j1}\Lambda_{j2}.\quad \Lambda_{j1} = \overline{\Lambda}_{j2} \to f_{jj},\ g_{jj}\ \text{reell}.$$

Konstruktion eines voll besetzten Tripels.

$$(\sigma^2 A_2 + \sigma A_1 + A_0)y = o,\quad x = Ry,\quad \sigma = \lambda,\quad A_2 = LR,\ A_1 = LFR,\ A_0 = LGR. \tag{64}$$

Beispiel 1: Das Eigenwertproblem $Ax = \lambda x$, $n = 4$, mit $A = (K + 3I)^2$ hat Eigenwerte nach (63).

$$n = 4, c = 3: K + 3I = \begin{bmatrix} 3 & 1 & 0 & 0 \\ 1 & 3 & 1 & 0 \\ 0 & 1 & 3 & 1 \\ 0 & 0 & 1 & 3 \end{bmatrix},$$

$$(K + 3I)^2 = \begin{bmatrix} 10 & 6 & 1 & 0 \\ 6 & 11 & 6 & 1 \\ 1 & 6 & 11 & 6 \\ 0 & 1 & 6 & 10 \end{bmatrix}.$$

$$\left.\begin{aligned} \lambda &= \left(3 + 2\cos\frac{\pi}{5}\right)^2; \left(3 + 2\cos\frac{2\pi}{5}\right)^2; \\ \lambda &= 21{,}326; \qquad 13{,}090; \end{aligned}\right\}$$

$$\left.\begin{aligned} \lambda &= \left(3 + 2\cos\frac{3\pi}{5}\right)^2; \left(3 + 2\cos\frac{4\pi}{5}\right)^2. \\ \lambda &= 5{,}6738; \qquad 1{,}9098. \end{aligned}\right\}$$

Beispiel 2: Mit $L = R^{\mathrm{T}}$ ist nach (64) ein Tripel mit $n = 3$ und 3 vorgegebenen Eigenwertpaaren zu konstruieren.

$$\text{Vorgabe}:\ \Lambda = 1, 1, \mathrm{j}, -\mathrm{j}, \quad -1 + \mathrm{j}, \quad -1 - \mathrm{j}.$$
$$f_{jj} = -2, 0, 2.\quad g_{jj} = 1, 1, 2.$$
$$\text{Mit}\quad R = \begin{bmatrix} 1 & 1 & 1 \\ 1 & 2 & -1 \\ 1 & 3 & 1 \end{bmatrix}$$

erhält man ein Tripel

$$A_2 = R^{\mathrm{T}} I R = \begin{bmatrix} 3 & 6 & 1 \\ 6 & 14 & 2 \\ 1 & 2 & 3 \end{bmatrix},$$
$$A_1 = R^{\mathrm{T}} F R = \begin{bmatrix} 0 & 4 & 0 \\ 4 & 16 & 4 \\ 0 & 4 & 0 \end{bmatrix},$$
$$A_0 = R^{\mathrm{T}} G R = \begin{bmatrix} 4 & 9 & 2 \\ 9 & 23 & 5 \\ 2 & 5 & 4 \end{bmatrix}.$$

Es gilt: $\sigma = \Lambda$ mit $(\sigma^2 A_2 + \sigma A_1 + A_0)\,x = \mathbf{0}$.

Kronecker-Produktmatrix

Die Eigenwerte λ und Eigenvektoren x einer Kronecker-Produktmatrix $K = A \otimes B$ (siehe ▶ Abschn. 1.3.1.2 in Kap. 1, „Mathematische Grundlagen“,) lassen sich mithilfe der Eigendaten von A und B darstellen.

Mit $Ay = \mu y$, $y^{\mathrm{T}} = [y_1 \ldots y_p]$, $Bz = \nu z$ gilt

$$x = y \otimes z = \begin{bmatrix} y_1 z \\ \vdots \\ y_p z \end{bmatrix},\quad \lambda = \mu\nu \ \text{ für }\ Kx = \lambda x. \tag{65}$$

5.3.4 Singulärwertzerlegung

Eine symmetrische Matrix $A = A^{\mathrm{T}}$ der Ordnung n lässt sich nach (47) auf Diagonalform transformieren.

$$X^{\mathrm{T}} A X = \Lambda \quad \text{mit} \quad X^{\mathrm{T}} X = I.\qquad \Lambda = \operatorname{diag}(\lambda_1 \ldots \lambda_n),\quad X = [x_1 \ldots x_n],\qquad x_i, \lambda_i\ \text{Eigenvektoren und Eigenwerte des speziellen EWP}\ Ax = \lambda x. \tag{66}$$

Durch Multiplikation der Gl. (66) von rechts mit X^{T} und von links mit X erhält man die Spektralzerlegung (48) für A.

$$A = X\Lambda X^{\mathrm{T}} = \sum_{i=1}^{n} \lambda_i x_i x_i^{\mathrm{T}}, \quad x_i^{\mathrm{T}} x_i = 1. \tag{67}$$

Die Inverse von A folgt aus der Inversion von (66).

$$\begin{aligned} \left(X^{\mathrm{T}} A X\right)^{-1} &= X^{-1} A^{-1} X^{-\mathrm{T}} = \Lambda^{-1}, \\ A^{-1} &= X \Lambda^{-1} \mathbf{X}^{\mathrm{T}} = \sum_{i=1}^{n} \frac{1}{\lambda_i} x_i x_i^{\mathrm{T}}. \end{aligned} \tag{68}$$

Wenn $\lambda = 0$ s-facher Eigenwert ist, definiert man mit $r = n - s$ die Pseudoinverse

$$A^{+} = \sum_{i=1}^{r} \frac{1}{\lambda_i} x_i x_i^{\mathrm{T}}, \quad \lambda_i \neq 0. \tag{69}$$

Entsprechend definiert man die Singulärwertzerlegung

$$A = \sum_{i=1}^{r} \lambda_i x_i x_i^{\mathrm{T}}, \quad \lambda_1 \text{ bis } \lambda_r \neq 0. \tag{70}$$

Die eigentliche Motivation zur Einführung von (69) und (70) liefern Rechteckmatrizen.

$$R = \begin{bmatrix} r_{11} & \dots & r_{1n} \\ \vdots & & \vdots \\ r_{m1} & \dots & r_{mn} \end{bmatrix}, \quad m > n.$$

Die Eigenwerte $\sigma_i^2 \neq 0$ und die dazugehörigen Eigenvektoren h_i des speziellen EWP

$$R^{\mathrm{T}} R h = \sigma^2 h, \quad \sigma_1^2 \text{ bis } \sigma_r^2 > 0, \tag{71}$$

bestimmen die spektrale Zerlegung.

Singulärwertzerlegung

$$\begin{aligned} R &= \sum_{i=1}^{r} \sigma_i g_i h_i^{\mathrm{T}} = \sum_{i=1}^{r} R h_i h_i^{\mathrm{T}} \\ \text{mit } g_i &= \frac{1}{\sigma_i} R h_i, \quad \sigma_i \neq 0. \end{aligned} \tag{72}$$

Pseudoinverse

$$R^{+} = \sum_{i=1}^{r} \frac{1}{\sigma_i} h_i g_i^{\mathrm{T}} = \sum_{i=1}^{r} \frac{1}{\sigma_i^2} h_i (R h_i)^{\mathrm{T}}. \tag{73}$$

Eigenschaften der Pseudoinversen:

$$\begin{aligned} &R R^{+} R = R, \quad R^{+} R R^{+} = R^{+}, \\ &(R R^{+})^{\mathrm{T}} = R R^{+}, \quad (R^{+} R)^{\mathrm{T}} = R^{+} R. \end{aligned} \tag{74}$$

Beispiel. Die singulären Werte $\sigma_i^2 \neq 0$ der Matrix

$$R^{\mathrm{T}} = \begin{bmatrix} 1 & 2 & 0 & 3 \\ 2 & 1 & 3 & 0 \\ 1 & 1 & 1 & 1 \end{bmatrix}$$

aus $R^{\mathrm{T}} R h = \sigma^2 h$ sind $\sigma_1^2 = 10$, $\sigma_2^2 = 22$,

$$\begin{aligned} &h_1^{\mathrm{T}} = [-1 \;\; 1 \;\; 0]/\sqrt{2}, \; h_2^{\mathrm{T}} = [3 \;\; 3 \;\; 2]/\sqrt{22}, \\ &(R h_1)^{\mathrm{T}} = [1 \;\; -1 \;\; 3 \;\; -3]/\sqrt{2}, \\ &(R h_2)^{\mathrm{T}} = [1 \;\; 1 \;\; 1 \;\; 1]\, 11/\sqrt{22}. \end{aligned}$$

Pseudoinverse:

$$\begin{aligned} R^{+} &= \frac{1}{110} \begin{bmatrix} 3 & 13 & -9 & 24 \\ 13 & 2 & 24 & -9 \\ 5 & 5 & 5 & 5 \end{bmatrix}, \\ R^{+} R &= \frac{1}{11} \begin{bmatrix} 10 & -1 & 3 \\ -1 & 10 & 3 \\ 3 & 3 & 2 \end{bmatrix}. \end{aligned}$$

Mit $R^{+}R$ verifiziert man in der Tat $R(R^{+}R) = R$ nach (74).

5.4 Interpolation

Bei der Interpolation bildet man eine Menge von $k = 0$ bis n diskreten Stützpunkten $P_k(x_k, y_k)$ in der Ebene oder $P_k(x_k, y_k, z_k)$ im Raum auf einen kontinuierlichen Bereich ab; dadurch ist man in der Lage, zu differenzieren, zu integrieren und beliebige Zwischenwerte $y(x)$ in der Ebene und $z(x, y)$ im Raum zu berechnen. Hier wird im Wesentlichen die ebene Interpolation behandelt.

5.4.1 Nichtperiodische Interpolation

Besonders geeignet sind Polynome und gebrochen rationale Funktionen.

Gegeben: $n + 1$ Punkte $P_k(x_k, y_k, z_k)$.

Gesucht: Polynome.

$$\begin{aligned} &y = P_n(x) = c_i x^i, \quad i = 0 \text{ bis } n \text{ (Ebene)}. \\ &z = P_{n_x n_y}(x,y) = c_{ij} x^i y^j, \\ &i = 0 \text{ bis } n_x, \quad j = 0 \text{ bis } n_y, \\ &(n_x + 1)(n_y + 1) = n + 1 \quad \text{(Raum)}. \end{aligned} \tag{75}$$

Gesucht: Gebrochen rationale Funktionen.

$$\begin{aligned} &y = P_{km} = \frac{a_0 + a_1 x + \ldots + a_k x^k}{1 + b_1 x + \ldots + b_m x^m}, \\ &k + 1 + m = n + 1. \end{aligned} \tag{76}$$

Newton-Interpolation. Mit dem Ansatz in Tab. 6 ergeben sich die Koeffizienten c_k als Lösungen eines gestaffelten Gleichungssystems. Bei Hinzunahme eines $(n + 2)$-ten Stützpunktes kann die vorhergegangene Rechnung vollständig eingebracht werden.

$$\begin{aligned} &\begin{matrix} P_n(x_0) = y_0 : \\ P_n(x_1) = y_1 : \\ P_n(x_2) = y_2 : \\ \vdots \\ P_n(x_j) = y_j : \\ \vdots \\ P_n(x_n) = y_n : \end{matrix} \begin{bmatrix} 1 & & & & & & & \\ 1 & a_{11} & & & & & \boldsymbol{o} & \\ 1 & a_{21} & a_{22} & & & & & \\ \vdots & \vdots & \vdots & \ddots & & & & \\ 1 & a_{j1} & a_{j2} & \ldots & a_{jj} & & & \\ \vdots & & & & & \ddots & & \\ 1 & a_{n1} & a_{n2} & \ldots & \ldots & \ldots & a_{nn} \end{bmatrix} \boldsymbol{c} = \boldsymbol{y}. \\ &\boldsymbol{c}^{\mathrm{T}} = [c_0 \ldots c_n], \ \boldsymbol{y}^{\mathrm{T}} = [y_0 \ldots y_n], \\ &a_{jk} = (x_j - x_0)(x_j - x_1) \ldots (x_j - x_{k-1}) \\ &\quad = \prod_{i=0}^{k-1} (x_j - x_i) \\ &j - 1 \text{ bis } n, \ k \leqq j, \\ &\text{z.B. } a_{22} = (x_2 - x_0)(x_2 - x_1). \end{aligned} \tag{77}$$

Die Berechnung der Funktion $y(x)$ an einer Zwischenstelle $x \neq x_k$ beginnt mit der inneren Klammer in (78) und dringt nach außen vor, ein Verfahren, das dem von Horner (Abschn. 5.2.2; (36)) entspricht.

Horner-ähnliche Berechnung eines Zwischenwertes

Tab. 6 Typische Interpolationen in der Ebene. Insgesamt $n + 1$ Paare (x_k, y_k), (x_k, y'_k), (x_k, y''_k) usw. sind gegeben

Name/Typ	Berechnung der Koeffizienten
Lagrange	Explizite Darstellung $P_n(x) = \sum_{k=0}^{n} y_k l_k(x)$, $l_k = \prod_{i=0, i \neq k}^{n} \frac{(x - x_i)}{(x_k - x_i)}$, siehe ▶ Kap. 3, „Differenzialgeometrie und Integraltransformationen", (232).
Newton	$P_n = c_0 + (x - x_0)c_1 + (x - x_0)(x - x_1)c_2 + \ldots + \left[\prod_{i=0}^{n-1} (x - x_i)\right] c_n.$ Die letzte Stützstelle x_n erscheint nicht explizit in $P_n(x)$. Rekursive Berechnung nach (77) aus den Paaren (x_0, y_0) bis (x_n, y_n).
Hermite Splines	Rekursive Berechnung aus den Werten y_k, y'_k, y''_k usw. an verschiedenen Stützstellen x_k. Implizite Berechnung aus Paaren (x_k, y_k) mit intern erzwungener Stetigkeit in Neigung y' und „Krümmung" y''.
Padé	Implizite Berechnung in der Regel aus Paaren (x_k, y_k) mittels einer gebrochen rationalen Darstellung (76).
Bézier	Interpolation der Ortsvektoren $\boldsymbol{r}_k$ in parametrischer Form.

$$
\begin{aligned}
&P_n(x), \quad x \neq x_k, \quad \text{für} \quad n = 4.\\
&P_4(x) = c_0 + (x - x_0)\\
&\times [c_1 + (x - x_1)\ [c_2 + (x - x_2)\ [c_3 + (x - x_3)c_4\ ]\ ]\ ].\\
&\quad 1 \qquad\qquad 2 \qquad\qquad 3 \qquad\qquad 3\ 2\ 1\\
&\text{Start mit Hilfsgröße } b_4 = c_4 :\\
&b_3 = c_3 + (x - x_3)b_4, \quad b_2 = c_2 + (x - x_2)b_3,\\
&b_1 = c_1 + (x - x_1)b_2, \quad b_0 = c_0 + (x - x_0)b_1.\\
&P_4(x) = b_0.
\end{aligned} \tag{78}
$$

Hermite-Interpolation. Stehen an einer Stützstelle x_k Funktionswert y_k und Ableitungen y'_k, y''_k bis $y_k^{(v)}$ zur Verfügung, ist die Differenz $x - x_k$ im Newton-Ansatz bis zur $(v + 1)$-ten Potenz einzubringen. Das letzte Paar $(x_r, y_r^{(\alpha)})$ geht nicht explizit in den Ansatz ein; also ist $(x - x_r)^\alpha$ die höchste Potenz mit x_r.

Beispiel: Hermite-Interpolation der 4 Paare (x_k, y'_k), (x_k, y_k), $k = 0, 1$.

$$
\begin{aligned}
&P_3(x) = c_0 + (x - x_0)\,[c_1 + (x - x_0)\,[c_2 + (x - x_1)c_3\,]\,].\\
&\qquad\qquad\qquad\qquad 1 \qquad\qquad\qquad 2 \qquad\qquad 2\ 1\\
&P_3(x) = c_0 + (x - x_0)c_1\\
&\qquad + (x - x_0)^2 c_2 + (x - x_0)^2 (x - x_1)c_3,\\
&P'_3(x) = c_1 + 2(x - x_0)c_2\\
&\qquad + (x - x_0)[2(x - x_1) + (x - x_0)]c_3.
\end{aligned}
$$

Berechnung der c_k-Werte aus $P_k(x_k) = y_k$, $P'_k(x_k) = y'_k$.

$$
\begin{bmatrix}
1 & 0 & 0 & 0\\
0 & 1 & 0 & 0\\
1 & (x_1 - x_0) & (x_1 - x_0)^2 & 0\\
0 & 1 & 2(x_1 - x_0) & (x_1 - x_0)^2
\end{bmatrix}
\begin{bmatrix} c_0\\ c_1\\ c_2\\ c_3 \end{bmatrix}
=
\begin{bmatrix} y_0\\ y'_0\\ y_1\\ y'_1 \end{bmatrix}.
$$

Splines. Eine Menge von $n + 1$ Stützpunkten $P_k(x_k, y_k)$ in der Ebene wird in jedem Teilintervall $[x_i, x_j]$, $j = i + 1$, durch ein Polynom $s_{ij}(x)$ ungerader Ordnung $p = 3, 5, \ldots$ approximiert.

Durch Stetigkeitsforderungen

$$
\left.
\begin{aligned}
&s'_{ij}(x_j) = s'_{jk}(x_j)\\
&\vdots\\
&s_{ij}^{(p-1)}(x_j) = s_{jk}^{(p-1)}(x_j)
\end{aligned}
\right\}
\begin{aligned}
&\text{stetig für } x = x_j,\\
&j = 1 \text{ bis } n - 1,
\end{aligned} \tag{79}
$$

in den Intervallübergängen wird die Interpolation insgesamt nur durch die y_k-Werte bestimmt. Besonders bewährt haben sich

$$
\begin{aligned}
&\text{kubische Polynome } s(x) \text{ in jedem Intervall}\\
&[x_i, x_j],\ \ j = i + 1\ .\ \ \text{Stetigkeit in } s' \text{ und } s''.\\
&s_{ij}(x) = a_{ij}(x - x_i)^3 + b_{ij}(x - x_i)^2\\
&\qquad + c_{ij}(x - x_i) + d_{ij}.
\end{aligned} \tag{80}
$$

Bilanz der Bestimmungsgleichungen:

Unbekannt sind n Quadrupel $(a_{ij}, b_{ij}, c_{ij}, d_{ij})$, also $4n$ Parameter.

Gleichungen folgen

- aus der Interpolation in jedem Intervall:

$$
\begin{aligned}
s_{ij}(x_i) &= y(x_i) = y_i\\
s_{ij}(x_j) &= y(x_j) = y_j
\end{aligned}
$$

(Insgesamt $2n$ Gleichungen.)

- aus Stetigkeiten in jedem Innenpunkt:

$$
\begin{aligned}
s'_{ij}(x_j) &= s'_{jk}(x_j)\\
s''_{ij}(x_j) &= s''_{jk}(x_j).
\end{aligned}
$$

(Insgesamt $2(n - 1)$ Gleichungen.)

Insgesamt $4n - 2$ Gleichungen für $4n$ Unbekannte.

$$\begin{aligned}&\text{Abhilfe}: y_0'', y_n'' \text{ vorgeben}\\ &\text{oder}\quad y_0', y_n' \text{ vorgeben.}\end{aligned} \tag{81}$$

In der konkreten Rechnung formuliert man pro Intervall die Randgrößen

$$\begin{aligned}
s_{ij}(x_i) &= y_i: \\
s_{ij}(x_j) &= y_j: \\
s''_{ij}(x_i) &= y''_i: \\
s''_{ij}(x_j) &= y''_j: \\
s'_{ij}(x_i) &= y'_i: \\
s'_{ij}(x_j) &= y'_j:
\end{aligned}
\begin{bmatrix} 0 & 0 & 0 & 1 \\ h_{ij}^3 & h_{ij}^2 & h_{ij} & 1 \\ 0 & 2 & 0 & 0 \\ 6h_{ij} & 2 & 0 & 0 \\ 0 & 0 & 1 & 0 \\ 3h_{ij}^2 & 2h_{ij} & 1 & 0 \end{bmatrix}
\begin{bmatrix} a_{ij} \\ b_{ij} \\ c_{ij} \\ d_{ij} \end{bmatrix} =
\begin{bmatrix} y_i \\ y_j \\ y''_i \\ y''_j \\ y'_i \\ y'_j \end{bmatrix} \tag{82}$$

$h_{ij} = x_j - x_i.$

Elimination der a_{ij} bis d_{ij} durch y_i, y_j, y''_i, y''_j mittels der ersten 4 Gleichungen aus (82).

$$\begin{bmatrix} 6h_{ij}a_{ij} \\ 2b_{ij} \\ 6h_{ij}c_{ij} \\ d_{ij} \end{bmatrix} = \begin{bmatrix} 0 & 0 & -1 & 1 \\ 0 & 0 & 1 & 0 \\ -6 & 6 & -2h_{ij}^2 & -h_{ij}^2 \\ 1 & 0 & 0 & 0 \end{bmatrix} \begin{bmatrix} y_i \\ y_j \\ y''_i \\ y''_j \end{bmatrix}. \tag{83}$$

Die Stetigkeitsforderungen in den Stützpunkten bestimmen schließlich ein Gleichungssystem mit tridiagonaler symmetrischer und diagonal dominanter Koeffizientenmatrix. Die allgemeine Struktur ergibt sich offensichtlich aus dem Sonderfall $n = 5$, also bei 4 inneren Stützpunkten.

$n = 5.\ y''_0, y''_n = y''_5$ vorgegeben.

$$\begin{bmatrix} 2(h_{01}+h_{12}) & h_{12} & & \\ h_{12} & 2(h_{12}+h_{23}) & h_{23} & \\ & h_{23} & 2(h_{23}+h_{34}) & h_{34} \\ & & h_{34} & 2(h_{34}+h_{45}) \end{bmatrix} \begin{bmatrix} y''_1 \\ y''_2 \\ y''_3 \\ y''_4 \end{bmatrix} = \boldsymbol{r}, \tag{84}$$

$$\boldsymbol{r} = 6 \begin{bmatrix} -(y_1-y_0)/h_{01} + (y_2-y_1)/h_{12} - h_{01}y''_0/6 \\ -(y_2-y_1)/h_{12} + (y_3-y_2)/h_{23} \\ -(y_3-y_2)/h_{23} + (y_4-y_3)/h_{34} \\ -(y_4-y_3)/h_{34} + (y_5-y_4)/h_{45} - h_{45}y''_5/6 \end{bmatrix}.$$

$n = 4.\ y'_0, y'_n = y'_4$ vorgegeben.

$$\begin{bmatrix} 2h_{01} & h_{01} & & & \\ h_{01} & 2(h_{01}+h_{12}) & h_{12} & & \\ & h_{12} & 2(h_{12}+h_{23}) & h_{23} & \\ & & h_{23} & 2(h_{23}+h_{34}) & h_{34} \\ & & & h_{34} & 2h_{34} \end{bmatrix} \begin{bmatrix} y''_0 \\ y'' \\ y''_2 \\ y''_3 \\ y''_4 \end{bmatrix} = \boldsymbol{r},$$

$$\boldsymbol{r} = 6 \begin{bmatrix} (y_1 - y_0)/h_{01} - y'_0 \\ (y_2 - y_1)/h_{12} - (y_1 - y_0)/h_{01} \\ (y_3 - y_2)/h_{23} - (y_2 - y_1)/h_{12} \\ (y_4 - y_3)/h_{34} - (y_3 - y_2)/h_{23} \\ y'_4 - (y_4 - y_3)/h_{34} \end{bmatrix}. \tag{85}$$

Padé-Interpolation. Eine gebrochen rationale Interpolation ist besonders dann empfehlenswert, wenn die zu interpolierenden Stützpunkte einen Pol anstreben oder eine Asymptote aufweisen.

Beispiel. 3 Punkte (0, 10), (2, 1) und (10, −4) sind durch eine Funktion

$$P = \frac{a_0 + a_1 x}{1 + b_1 x} \quad \text{zu interpolieren.}$$

Aus $(1 + b_1 x_k) y_k = a_0 + a_1 x_k$ oder $a_0 + a_1 x_k - b_1 x_k y_k = y_k$ für $k = 1, 2, 3$ folgt:

$$\begin{bmatrix} 1 & 0 & 0 \\ 1 & 2 & -2 \\ 1 & 10 & 40 \end{bmatrix} \begin{bmatrix} a_0 \\ a_1 \\ b_1 \end{bmatrix} = \begin{bmatrix} 10 \\ 1 \\ -4 \end{bmatrix}, \ \boldsymbol{a} = \begin{bmatrix} 10 \\ -3{,}88 \\ 0{,}62 \end{bmatrix}.$$

$$\text{Grenzwert } \lim_{x \to \infty} P = \frac{a_1}{b_1} = -6{,}258.$$

Bézier-Interpolation. Eine Menge von Stützpunkten $P_k(x_k, y_k)$ in der Ebene mit Ortsvektoren $\boldsymbol{r}_k$ wird in jedem Teilintervall $[\boldsymbol{r}_i, \boldsymbol{r}_j]$, $j = i + 1$, in Parameterform (Parameter t) interpoliert.

Kubische Bézier-Splines in jedem Intervall $[\boldsymbol{r}_i, \boldsymbol{r}_j]$.

$$\begin{aligned} \boldsymbol{r}_{ij} &= f_0(t)\,{}^0\boldsymbol{a}_{ij} + f_1(t)\,{}^1\boldsymbol{a}_{ij} + f_2(t)\,{}^2\boldsymbol{a}_{ij} + f_3(t)\,{}^3\boldsymbol{a}_{ij}. \\ f_k(t) &= \sum_{l=k}^{3} (-1)^{l+k} \binom{3}{l} \binom{l-1}{l-k} t^l. \\ \boldsymbol{r}_{ij} &= {}^0\boldsymbol{a}_{ij} + \left(3t - 3t^2 + t^3\right) {}^1\boldsymbol{a}_{ij} \\ &\quad + \left(3t^2 - 2t^3\right) {}^2\boldsymbol{a}_{ij} + t^{33}\,\boldsymbol{a}_{ij}. \end{aligned} \tag{86}$$

$$\begin{aligned} \boldsymbol{r}_{ij}(t = 0) &= {}^0\boldsymbol{a}_{ij} \overset{!}{=} \boldsymbol{r}_i. \\ \boldsymbol{r}_{ij}(t = 1) &= {}^0\boldsymbol{a}_{ij} + {}^1\boldsymbol{a}_{ij} + {}^2\boldsymbol{a}_{ij} + {}^3\boldsymbol{a}_{ij} \overset{!}{=} \boldsymbol{r}_j. \end{aligned} \tag{87}$$

Mit Koeffizientenspalten ${}^k\boldsymbol{b}_{ij}$ anstelle von ${}^k\boldsymbol{a}_{ij}$ nach der Vorschrift

$${}^k\boldsymbol{b}_{ij} = \sum_{r=0}^{k} {}^r\boldsymbol{a}_{ij} \tag{88}$$

transformiert sich die Interpolation (86).

$$\begin{aligned} \boldsymbol{r}_{ij} &= {}^0\boldsymbol{b}_{ij}(1 - t)^3 + 3\,{}^1\boldsymbol{b}_{ij}(1 - t)^2 t \\ &\quad + 3\,{}^2\boldsymbol{b}_{ij}(1 - t)t^2 + {}^3\boldsymbol{b}_{ij} t^3. \end{aligned} \tag{89}$$

Die geometrische Bedeutung der „Bézier-Punkte“ ${}^k\boldsymbol{b}_{ij}$ folgt aus der Ableitung $\mathrm{d}\boldsymbol{r}_{ij}/\mathrm{d}t = \boldsymbol{r}'_{ij}$.

$$\begin{aligned} \boldsymbol{r}'_{ij}(t = 0) &= -3\,{}^0\boldsymbol{b}_{ij} + 3\,{}^1\boldsymbol{b}_{ij} = 3\,{}^1\boldsymbol{a}_{ij}, \\ \boldsymbol{r}'_{ij}(t = 1) &= -3\,{}^2\boldsymbol{b}_{ij} + 3\,{}^3\boldsymbol{b}_{ij} = 3\,{}^3\boldsymbol{a}_{ij}. \end{aligned} \tag{90}$$

Die Bézier-Interpolation mittels der Ortsvektoren $\boldsymbol{b}_{ij}$ gewährleistet demnach a priori Stetigkeit in $\boldsymbol{r}_{ij}(t = 0), \boldsymbol{r}'_{ij}(t = 0), \boldsymbol{r}_{ij}(t = 1), \boldsymbol{r}'_{ij}(t = 1)$ in jedem Intervall $[\boldsymbol{r}_i, \boldsymbol{r}_j]$, siehe Abb. 2.

5.4.2 Periodische Interpolation

Für eine Menge von $2N + 1$ äquidistanten Stützpunkten $P_k(x_k, y_k)$, die sich entweder 2π-periodisch wiederholt oder die man sich 2π-peri-

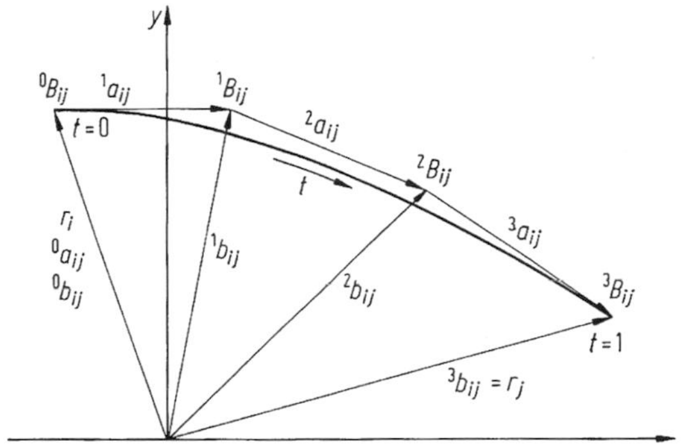

Abb. 2 Vektoren ${}^k\boldsymbol{b}_{ij}$ zu den Bézier-Punkten ${}^k\boldsymbol{B}_{ij}$ des Intervalls $[\boldsymbol{r}_i, \boldsymbol{r}_j]$. ${}^1\boldsymbol{a}_{ij}$ Tangente in ${}^0\boldsymbol{B}_{ij}$, ${}^3\boldsymbol{a}_{ij}$ Tangente in ${}^3\boldsymbol{B}_{ij}$

odisch fortgesetzt denkt, eignet sich eine Fourier-Interpolation $F(x)$ nach dem Leitgedanken, die Summe der Differenzen zwischen y_k und $F_k = F(x_k)$, jeweils an den Stützstellen genommen, zum Minimum zu machen:

Gegeben: $2N + 1$ Stützpunkte (x_k, y_k),

$$x_k = k\frac{2\pi}{2N}, \text{ äquidistant} \quad k = 0, 1, 2, \ldots, 2N, \tag{91}$$

$$2\pi\text{-Periodizität}: \; y_0 = y_{2N}. \tag{92}$$

Gesucht: Koeffizienten a_i, b_i der Fourier-Interpolation

$$F(x) = \frac{1}{2}a_0 + \sum_{j=1}^{N-1}(a_j \cos jx + b_j \sin jx) + \frac{1}{2}a_N \cos Nx \tag{93}$$

aus der Forderung

$$d = \sum_{i=1}^{2N}(F_i - y_i)^2 \to \text{Minimum}, \quad F_i = F(x_i). \tag{94}$$

Durch $2N$ partielle Ableitungen $\partial d/\partial a_j$ ($j = 0$ bis N) und $\partial d/\partial b_j$ ($j = 1$ bis $N - 1$) erhält man die Koeffizienten

$$Na_0 = \sum y_j, \quad Na_n = \sum(-1)^j y_j,$$
$$Na_k = \sum y_j \cos kx_j, \quad Nb_k = \sum y_j \sin kx_j,$$

Summation jeweils von

$$j = 1 \text{ bis } N, \quad k = 1 \text{ bis } N - 1. \tag{95}$$

Sonderfälle:

Punktmenge (x_k, y_k) symmetrisch zur y-Achse $\to$ alle $b_k = 0$.
Punktmenge (x_k, y_k) punktsymmetrisch zum Nullpunkt $\to$ alle $a_k = 0$.

(96)

Die Brauchbarkeit der Fourier-Interpolation steht und fällt mit der Ökonomie der numerischen Auswertung, was zur Konzeption der Schnellen Fourier-Transformation (*Fast Fourier Transform, FFT*) geführt hat.

Für $N = 6$ führt die *harmonische Analyse* nach *Runge* über eine Kette von Summen und Differenzen in Tab. 7 zu den Koeffizienten in (97).

$$\begin{bmatrix} a_0 & a_1 & a_2 & b_1 & b_2 \\ a_6 & a_5 & a_4 & b_5 & b_4 \end{bmatrix} = \boldsymbol{A}\begin{bmatrix} S_0 + S_2 & D_0 + D_2/2 & S_0 - S_2/2 & \bar{S}_1/2 + \bar{S}_3 & \sqrt{3}\bar{D}_2/2 \\ S_1 + S_3 & \sqrt{3}D_1/2 & S_1/2 - S_3 & \sqrt{3}\bar{S}_2/2 & \sqrt{3}\bar{D}_2/2 \end{bmatrix}, \quad \boldsymbol{A} = \frac{1}{6}\begin{bmatrix} 1 & 1 \\ 1 & -1 \end{bmatrix}.$$
$$6a_3 = D_0 - D_2, \quad 6b_3 = \bar{S}_1 - \bar{S}_3. \tag{97}$$

Tab. 7 Sukzessive Summen/Differenzbildung für $2N = 12$

s_j, d_j: Summen, Differenzen der Ordinaten y_k.

S_j, D_j: Summen, Differenzen der Summen s_k.

$\bar{S}_j, \bar{D}_j$. Summen, Differenzen der Differenzen d_k

	–	y_1	y_2	y_3	y_4	y_5	y_6	
	y_{12}	y_{11}	y_{10}	y_9	y_8	y_7	–	
s_j	s_0	s_1	s_2	s_3	s_4	s_5	s_6	
d_j	–	d_1	d_2	d_3	d_4	d_5	–	
	s_0	s_1	s_2	s_3		d_1	d_2	d_3
	s_6	s_5	s_4	–		d_5	d_4	–
S_j	S_0	S_1	S_2	S_3	S_1	$\bar{S}_1$	$\bar{S}_2$	$\bar{S}_3$
D_j	D_0	D_1	D_2	–	D_1	$\bar{D}_1$	$\bar{D}_2$	–

Tab. 8 Integration durch Lagrange'sche Interpolationspolynome mit $n + 1$ Paaren (x_k, f_k), $k = 0$ bis n, an äquidistanten Stützstellen x_k, $h = x_{i+1} - x_i$, gibt die Newton-Cotes-Formeln. Q Näherung für $I = \int_a^b f(x)\,\mathrm{d}x,\ hn = b - a$

Name	Q_n
Trapezregel	$Q_1 = \frac{h}{2}(f_o + f_1)$
Simpson-Regel	$Q_2 = \frac{h}{3}(f_0 + 4f_1 + f_2)$
3/8-Regel von Newton	$Q_3 = \frac{3h}{8}(f_0 + 3f_1 + 3f_2 + f_3)$
4/90-Regel	$Q_4 = \frac{2h}{45}(7f_0 + 32f_1 + 12f_2 + 32f_3 + 7f_4)$
–	$Q_5 = \frac{5h}{288}(19f_0 + 75f_1 + 50f_2 + 50f_3 + 75f_4 + 19f_5)$

Tab. 9 Quadraturfehler $E_n = I - Q_n$ im Intervall [a, b] für Newton-Cotes-Formeln. ξ bezeichnet die Stelle x mit dem Extremum von $f^{(v)}$

n	1	2	3	4	5
E_n	$-\frac{h^3}{12}f''(\xi)$	$-\frac{h^5}{90}f^{(4)}(\xi)$	$-\frac{3}{80}h^5 f^{(4)}(\xi)$	$-\frac{8}{945}h^7 f^{(6)}(\xi)$	$-\frac{275}{12096}h^7 f^{(6)}(\xi)$

Das System (97) ist so zu verstehen, dass die 1. Spalte links gleich ist der 1. Spalte rechts linksmultipliziert mit der Matrix $\boldsymbol{A}$.

5.4.3 Integration durch Interpolation

Die Interpolation dient nicht nur zur Verstetigung diskreter Punktmengen, sondern auch zur Abbildung komplizierter Integranden $f(x)$ auf einfach zu integrierende Ersatzfunktionen, vorzugsweise Polynome, nach Tab. 8. Man spricht auch von „interpolatorischer Quadratur". Alle numerischen Integrationsverfahren basieren auf einer linearen Entwicklung des Integranden in den Funktionswerten

$$f_k = f(\boldsymbol{x}_k),\quad f_{k,i} = f_{,i}(\boldsymbol{x}_k),\quad f_{,i} = \partial f / \partial x_i \quad \text{usw.} \tag{98}$$

an gewissen Stützstellen $\boldsymbol{x}_k$, die entweder vorgegeben werden oder aus gewissen Optimalitätsgesichtspunkten folgen.

Gesucht $I = \int\limits_G f(\boldsymbol{x})\,\mathrm{d}G$,

Annäherung durch

$$\begin{aligned} Q &= \int\limits_G \left\{ \sum f_k p_k(\boldsymbol{x}) + \sum f_{k,i} p_{ki}(\boldsymbol{x}) \right\} \mathrm{d}G \\ &= \sum f_k w_{k0} + \sum f_{k,i} w_{ki}. \end{aligned} \tag{99}$$

Die Gewichtsfaktoren w_{k0} der Ordinaten f_k und w_{ki} der partiellen Ableitungen ergeben sich aus der analytischen Integration der Interpolationspolynome $p_k(\boldsymbol{x})$ und $p_{ki}(\boldsymbol{x})$. Zunächst folgen einige Formeln für gewöhnliche Integrale mit einer Integrationsvariablen. Durch Aufteilung des Integrationsgebietes in ganzzahlige Vielfache von n gelangt man zu den summierten *Newton-Cotes-Formeln* (Tab. 9).

Tschebyscheff'sche Quadraturformeln sind so konzipiert, dass die Gewichtsfaktoren w_k in (99) allesamt gleichgesetzt werden (Tab. 10). Die dazu passenden Stützstellen x_k, $k = 0$ bis n folgen aus der Forderung, dass Polynome bis zum Grad $n + 1$ exakt integriert werden. Weitere Werte in (Abramowitz und Stegun 2014)

Gauß-Quadraturformeln basieren auf der Einbeziehung von $n + 1$ Gewichtsfaktoren w_k und $n + 1$ Stützstellen x_k, $k = 0$ bis n, in die numerische Integration derart, dass ein Polynom bis zum Grad $2n + 1$ exakt integriert wird (Tab. 11, 13, 14). Die Bestimmungsgleichungen sind linear in den w_k und nicht linear in den x_k.

Der Quadraturfehler $E_{n+1} = I - Q_{n+1}$ bei $n + 1$ Stützstellen ist explizit angebbar:

$$\mathrm{E}_{n+1} = \frac{2^{2n+3}[(n+1)!]^4}{(2n+3)[(2n+2)!]^3} h^{2n+3} f^{(2n+2)}(\xi), \quad -h \leqq \xi \leqq h. \tag{100}$$

$$\begin{aligned} n = 1 : E_2 &= \frac{h^5}{135} f^{(4)}(\xi), \\ n = 2 : E_3 &= \frac{h^7}{15750} f^{(6)}(\xi). \end{aligned} \tag{101}$$

Tab. 10 Tschebyscheff-Integration $I = \int\limits_{-h}^{h} f(x)\mathrm{d}x$, $Q_n = \frac{2h}{n+1} \sum\limits_{k=0}^{n} f_k$, $f_k = f(x_k)$

n	x_k/h		
1	$\pm\sqrt{3}/3$		
2	$\pm\sqrt{2}/2$;	0	
3	±0,794654;	±0,187592	
4	±0,832498;	±0,374541;	0

Tab. 11 Gauß-Integration $I = \int\limits_{-h}^{h} f(x)\mathrm{d}x$, $Q_n = \sum\limits_{k=0}^{n} w_k f(x_k)$

n	x_k/h	w_k/h
0	0	2
1	$\pm\sqrt{3/3}$	1
2	$\pm\sqrt{0{,}6}$	5/9
	0	8/9
3	±0,86113631	0,34785485
	±0,33998104	0,65214515
4	±0,90617985	0,23692689
	±0,53846931	0,47862867
	0	128/225
5	±0,93246951	0,17132449
	±0,66120939	0,36076157
	±0,23861919	0,46791393

Tab. 12 Hermite-Integration $Q \approx I = \int\limits_0 f(x)\mathrm{d}x$

n	x_k/h	Q	Fehler E
2	0, 1, 2	$\frac{h}{15}(7f_0 + 16f_1 + 7f_2) + \frac{h^2}{15}(f'_0 - f'_2)$	$\frac{16}{15} \cdot \frac{h^7}{7!} f^{(6)}(\xi)$
1	0, 1	$\frac{h}{2}(f_0 + f_1) + \frac{h^2}{12}(f'_0 - f'_1)$	$\frac{h^5}{750} f^{(4)}(\xi)$
1	0, 1	$\frac{h}{2}(f_0 + f_1) + \frac{h^2}{10}(f'_0 - f'_1) + \frac{h^2}{120}(f''_0 - f''_1)$	$-\frac{h^7}{100\,800} f^{(6)}(\xi)$

Hermite-Quadraturformeln entstehen durch Einbeziehung der Ableitungen $f'_k = f'(x_k), f''_k$ usw. an den Stützstellen x_k, $k = 0$ bis n (Tab. 12).

Tab. 13 Gauß-Integration in Dreiecken. $I = \int\limits_0^1 \int\limits_0^{1-L_1} f(L_1)\,\mathrm{d}L_2\,\mathrm{d}L_3$

Lage der Punkte	Integrationspunkte in Flächenkoordinaten	Gewichtsfaktoren
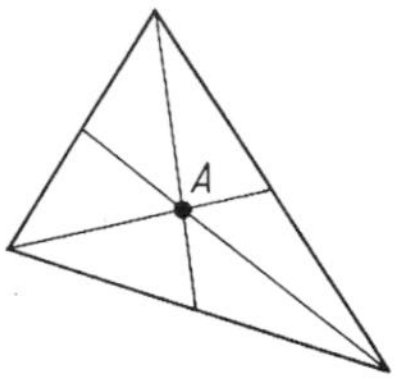	$A: \frac{1}{3}, \frac{1}{3}, \frac{1}{3}$	1
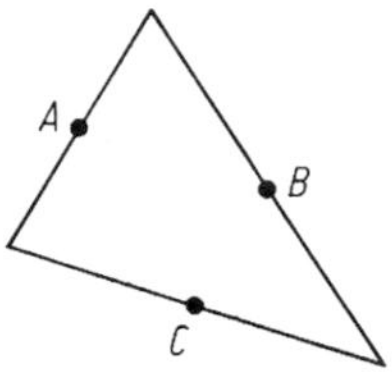	$A: \frac{1}{2}, \frac{1}{2}, 0$ $B: 0, \frac{1}{2}, \frac{1}{2}$ $C: \frac{1}{2}, 0, \frac{1}{2}$	$\frac{1}{3}$
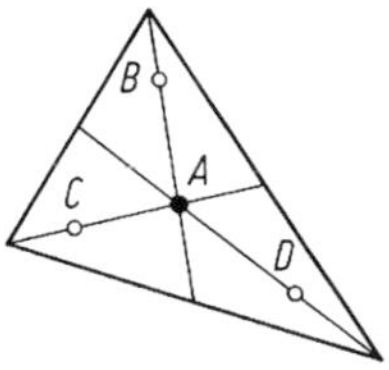	$A: \frac{1}{3}, \frac{1}{3}, \frac{1}{3}$	−27/48
	$B: \frac{3}{5}, \frac{1}{5}, \frac{1}{5}$ $C: \frac{1}{5}, \frac{3}{5}, \frac{1}{5}$ $D: \frac{1}{5}, \frac{1}{5}, \frac{3}{5}$	25/48
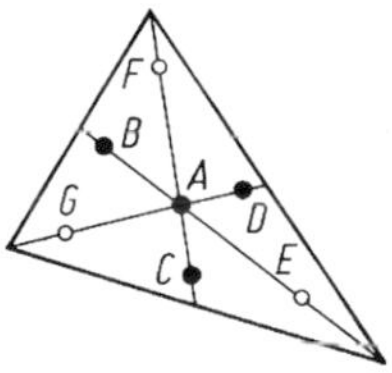	$A: \frac{1}{3}, \frac{1}{3}, \frac{1}{3}$	0,225
	$B: a, b, b$ $C: b, a, b$ $D: b, b, a$	0,132 394 153
	$E: c, d, d$ $F: d, c, d$ $G: d, d, c$	0,125 939 181
	$a = 0{,}059\,715\,871\,7$ $b = 0{,}470\,142\,064$ $c = 0{,}797\,426\,985$ $d = 0{,}101\,286\,507$	

Mehrdimensionale Integrationsgebiete in Quader- oder Rechteckform werden auf Einheitskantenlängen transformiert und durch mehrdimensionale Aufweitung der eindimensionalen Quadraturformeln behandelt, siehe auch (Hammer et al. 1956).

Beispiel: Simpson-Integration im Quadrat nach Abb. 3a für

$$I = \int\limits_{-1}^{1} \int\limits_{-1}^{1} f(x,y)\,\mathrm{d}x\,\mathrm{d}y. \tag{102}$$

Tab. 14 Gauß-Integration in Tetraedern

Lage der Punkte	Integrationspunkte in Volumenkoordinaten	Gewichtsfaktoren
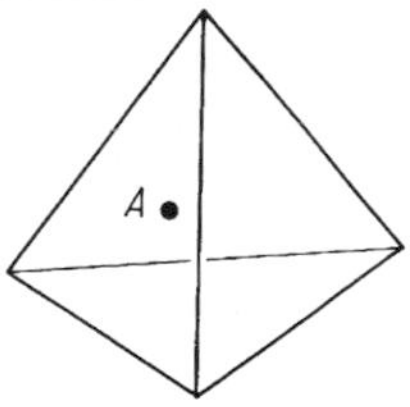	$A: \frac{1}{4}, \frac{1}{4}, \frac{1}{4}, \frac{1}{4}$	1
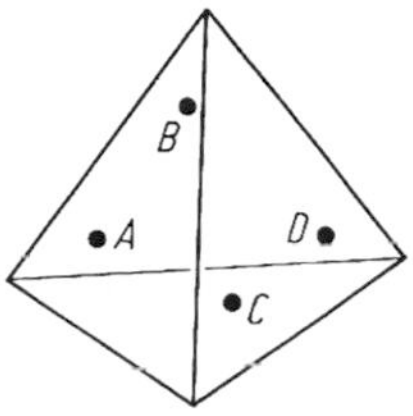	$A: a, b, b, b$ $B: b, a, b, b$ $C: b, b, a, b$ $D: b, b, b, a$ $a = 0{,}585\,410\,20$ $b = 0{,}138\,196\,60$	$\frac{1}{4}$
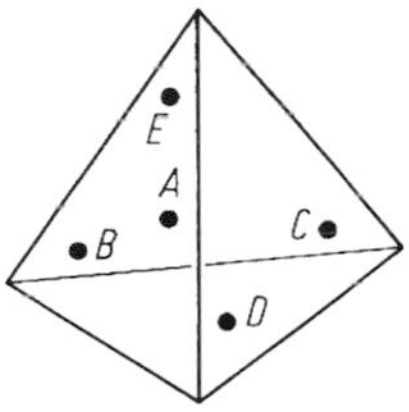	$A: \frac{1}{4}, \frac{1}{4}, \frac{1}{4}, \frac{1}{4}$	$-16/20$
	$B: \frac{1}{2}, \frac{1}{6}, \frac{1}{6}, \frac{1}{6}$ $C: \frac{1}{6}, \frac{1}{2}, \frac{1}{6}, \frac{1}{6}$ $D: \frac{1}{6}, \frac{1}{6}, \frac{1}{2}, \frac{1}{6}$ $E: \frac{1}{6}, \frac{1}{6}, \frac{1}{6}, \frac{1}{2}$	$9/20$

Näherung Q:

$$Q = \frac{1}{9}(f_1 + f_2 + f_3 + f_4) + \frac{4}{9}(f_5 + f_6 + f_7 + f_8) + \frac{16}{9} f_9.$$

Simpson-Integration im Würfel nach Abb. 3b für

$$I = \int_{-1}^{1}\int_{-1}^{1}\int_{-1}^{1} f(x,y,z)\,\mathrm{d}x\,\mathrm{d}y\,\mathrm{d}z,$$

Näherung Q:

$$Q = \frac{1}{27}\sum_{i=1}^{8} f_i + \frac{4}{27}\sum_{j=9}^{20} f_j + \frac{16}{27}\sum_{k=21}^{26} f_k + \frac{64}{27} f_{27}. \tag{103}$$

Singuläre Integranden, wie sie typisch sind für die Randelementmethoden (REM oder BEM), können numerisch regularisiert werden durch eine Aufweitung der singulären Stelle, die zum Beispiel im Nullpunkt des Einheitsdreiecks in Abb. 4 liegen möge. Durch die *Aufweitungstransformation*

$$x = (1 - \xi)x_0 + \xi(1 - \eta)x_1 + \xi\eta x_2,$$
$$y = (1 - \xi)y_0 + \xi(1 - \eta)y_1 + \xi\eta y_2,$$

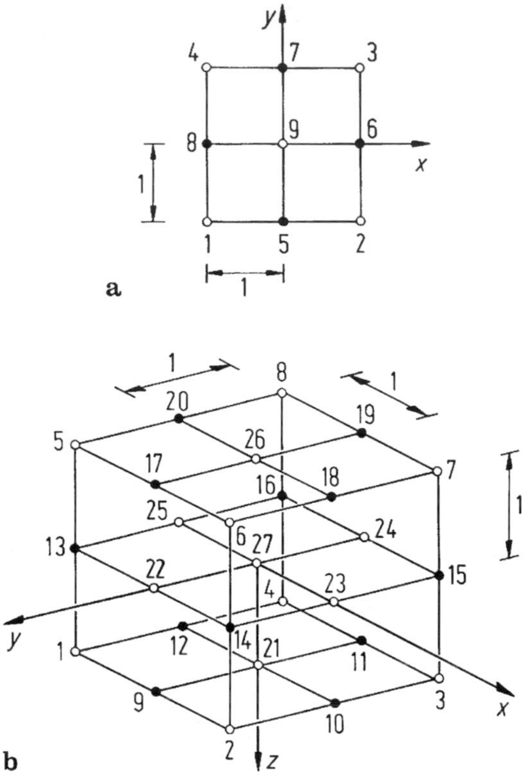

Abb. 3 Simpson-Integration, **a** im Quadrat und **b** im Würfel

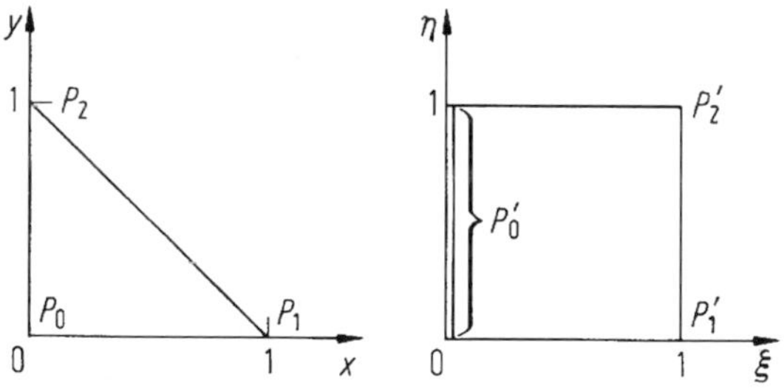

Abb. 4 Aufweitungstransformation bei Singularität im Punkt P_0

mit der Jacobi-Determinante

$$J = \begin{vmatrix} x_{,\xi} & x_{,\eta} \\ y_{,\xi} & y_{,\eta} \end{vmatrix} = \xi.$$

wird die Singularität im Punkt ($x = 0$, $y = 0$) um den Grad 1 vermindert.

$$I = \iint_{\text{Dreieck}} f(x,y)\,\mathrm{d}x\,\mathrm{d}y = \iint_{\text{Quadrat}} F(\xi,\eta)J\,\mathrm{d}\xi\,\mathrm{d}\eta. \tag{104}$$

Literatur

Abramowitz M, Stegun IA (2014) Handbook of mathematical functions. Martino Fine Books, Eastford, CT

Bornemann F (2018) Numerische lineare Algebra. Springer Spektrum, Wiesbaden

Davis PJ, Rabinowitz P (1984) Method of numerical integration, 2. Aufl. Academic, New York

Deuflhard P, Bornemann F (2008) Numerische Mathematik, Bd 2, 3. Auflage. de Gruyter, Berlin

Deuflhard P, Hohmann A (2008) Numerische Mathematik, Bd 1, 4. Aufl. de Gruyter

Engeln-Müllges G, Niederdrenk K, Wodicka R (2011) Numerik-Algorithmen. Springer, Berlin/Heidelberg

Faddejew DK, Faddejewa WN (1984) Numerische Methoden der linearen Algebra. Oldenbourg, München

Forsythe GE, Malcolm MA, Moler CB (1977) Computer methods for mathematical computations. Prentice-Hall, Englewood Cliffs

Golub GH, Van Loan ChF (1989) Matrix computations, 2. Aufl. The John Hopkins University Press, Baltimore

Hairer E, Wanner G (1996) Solving ordinary differential equations, II: stiff and differential-algebraic problems, 2. Aufl. Springer, Berlin

Hairer E, Nørsett SP, Wanner G (1993) Solving ordinary differential equations, I: nonstiff problems, 2. Aufl. Springer, Berlin

Hammer PC, Marlowe OP, Stroud AH (1956) Numerical integration over simplexes and cones. Math Tables Aids Comput 10:130–137

Hämmerlin G, Hoffmann K-H (1994) Numerische Mathematik, 4. Aufl. Springer, Berlin

Jennings A, McKeown JJ (1992) Matrix computation, 2. Aufl. Wiley, Chichester

Kielbasinski A, Schwetlick H (1988) Numerische lineare Algebra. Harri Deutsch, Thun/Frankfurt am Main

Knothe K, Wessels H (2017) Finite Elemente, 5. Aufl. Springer Vieweg, Berlin

Maess G (1985) Vorlesungen über numerische Mathematik I. Birkhäuser, Basel

Meis Th, Marcowitz U (1978) Numerische Behandlung partieller Differentialgleichungen. Springer, Berlin

Parlett BN (1980) The symmetric eigenvalue problem. Prentice-Hall, Englewood Cliffs

Prautzsch H, Boehm W, Paluszny M (2002) Bézier and B-spline techniques. Springer, Berlin/Heidelberg

Rutishauser H (1976) Vorlesungen über numerische Mathematik. Birkhäuser, Basel

Schwarz HR (1991) Methode der finiten Elemente, 3. Aufl. Teubner, Stuttgart

Schwarz HR (2011) Numerische Mathematik, 8. Aufl. Vieweg+Teubner, Wiesbaden

Shampine LF, Gordon MK (1984) Computer-Lösungen gewöhnlicher Differentialgleichungen. Das Anfangswertproblem. Vieweg, Braunschweig

Stoer J (2005) Numerische Mathematik 1, 9. Aufl. Springer, Berlin

Stoer J, Bulirsch R (2005) Numerische Mathematik 2, 5. Aufl. Springer, Berlin

Törnig W, Spellucci P (1988) Numerische Mathematik für Ingenieure und Physiker. Bd. 1: Numerische Methoden der Algebra, 2. Aufl. Springer, Berlin

Törnig W, Spellucci P (1990) Numerische Mathematik für Ingenieure und Physiker. Bd. 2: Numerische Methoden der Analysis, 2. Aufl. Springer, Berlin

Varga RS (2000) Matrix iterative analysis, 2. Aufl. Springer, Berlin

Young DM, Gregory RT (1973) A survey of numerical mathematics. Vols. I + II. Addison-Wesley, Reading

Zielke G (1974) Testmatrizen mit maximaler Konditionszahl. Computing 13:33–54

Zienkiewicz OC, Taylor RL, Zhu JZ (2013) The finite element method. Its basis and fundamentals, 7. Aufl. Butterworth-Heinemann, Amsterdam

Zurmühl R (1984) Praktische Mathematik für Ingenieure und Physiker. Nachdr. d, 5. Aufl. Springer, Berlin

Zurmühl R, Falk S (1997/1986) Matrizen und ihre Anwendungen, Bd 1, 7. Aufl., Bd 2, 5. Aufl. Springer, Berlin

Angewandte Mathematik

6

Carolin Birk und Peter Ruge

Zusammenfassung

In diesem Beitrag werden mathematische Konzepte zusammengefasst, die einen hohen Anwendungsbezug zu Teilgebieten der Ingenieurwissenschaften aufweisen. Es wird in die Variationsrechnung eingeführt, wobei insbesondere der Begriff der Funktionale erläutert wird. Dargestellt werden weiterhin Konzepte der Optimierung sowie mathematische Grundlagen der Kryptografie. Gegenstand des Beitrages ist auch eine kurze Einführung in die mathematischen Grundlagen der Computergrafik.

6.1 Variationsrechnung

6.1.1 Funktionale

Die Lösungsfunktionen $\boldsymbol{y}$ mancher Aufgaben der Angewandten Mathematik lassen sich durch Extremalaussagen charakterisieren mit der Fragestellung, für welche Funktionen $\boldsymbol{y}(\boldsymbol{x})$ eines oder mehrerer Argumente $\boldsymbol{x}$ ein bestimmtes Integral J als Funktion von $\boldsymbol{y}$ einen zumindest stationären Wert annimmt.

Speziell: Gesucht eine Funktion y einer Veränderlichen x.

$$\text{Gegeben}: J = \int_a^b F\left(x, y, y' \ldots, y^{(n)}\right) \mathrm{d}x,$$

$$y^{(n)} = \frac{\mathrm{d}^n y}{\mathrm{d}x^n}.$$

Gesucht: Lösungsfunktionen $y_{\mathrm{E}}(x)$, für die J stationär wird.

$$\begin{aligned} J &: \quad \textit{Funktional}. \\ y_{\mathrm{E}} &: \quad \textit{Extremale} \text{ des Variationsproblems.} \end{aligned} \tag{1}$$

Während die Extremalwerte gewöhnlicher Funktionen $y(x)$ durch die Stelle x_{E} mit verschwindendem Zuwachs $\mathrm{d}y|x_{\mathrm{E}} = 0$ markiert werden, bedarf die Ableitung nach Funktionen einer zusätzlichen Idee. Durch Einbettung der Extremalen y_{E} in eine lineare Vielfalt von Variationsfunktionen $v(x)$ mit einem Parameter ε wird das Funktional unter anderem auch zu einer gewöhnlichen Funktion des Skalars ε, wobei die Lösungsstelle mit verschwindendem Zuwachs $\mathrm{d}J/\mathrm{d}\varepsilon = 0$ durch den besonderen Wert $\varepsilon = 0$ markiert wird.

C. Birk
Statik und Dynamik der Flächentragwerke, Universität Duisburg-Essen, Essen, Deutschland
E-Mail: carolin.birk@uni-due.de

P. Ruge (✉)
Institut für Statik und Dynamik der Tragwerke, Technische Universität Dresden, Dresden, Deutschland
E-Mail: peter.ruge@tu-dresden.de

M. Hennecke, B. Skrotzki (Hrsg.), *HÜTTE Band 1: Mathematisch-naturwissenschaftliche und allgemeine Grundlagen für Ingenieure*, Springer Reference Technik,
https://doi.org/10.1007/978-3-662-64369-3_6

$$y(x) = y_{\mathrm{E}}(x) + \varepsilon v(x)$$
$$\rightarrow J = J\left(x, y_{\mathrm{E}}, v, \quad \ldots, \quad y_{\mathrm{E}}^{(n)}, v^{(n)}, \varepsilon\right). \quad (2)$$
$$y = y_{\mathrm{E}} \quad \text{für} \quad \varepsilon = 0 \ .$$

Notwendige Bedingung für stationäres J:

$$\left.\frac{\mathrm{d}J}{\mathrm{d}\varepsilon}\right|_{\varepsilon=0} = \delta J = 0. \quad (3)$$

δJ: Variation des Funktionals
$\delta y = v$: Variation der Extremalen.

Die Ableitung nach ε im Punkt $\varepsilon = 0$ nennt man auch Variation δJ des Funktionals. Mit Hilfe partieller Ableitungen lässt sich der Integrand von δJ als Produkt mit Faktor v formulieren,

$$\delta J = \int_a^b vG\left(x, y_{\mathrm{E}}, \ldots, y_{\mathrm{E}}^{(2n)}\right)\mathrm{d}x + \text{Randterme} = 0, \quad (4)$$

das bei beliebiger Variationsfunktion v nur verschwindet für

$$G\left(x, y_{\mathrm{E}}, \ldots, y_{\mathrm{E}}^{(2n)}\right) = 0 \quad (5)$$

(Euler'sche Dgl. der Ordnung $2n$ des Variationsproblems).

Damit erhält man eine Bestimmungsgleichung für die Extremale $y_{\mathrm{E}}(x)$, die im Zusammenhang mit der Variationsrechnung speziell *Euler'sche Dgl.* genannt wird.

Im Sonderfall $n = 1$ erhält man über das

$$\text{Funktional } J = \int_a^b F(x,y,y')\mathrm{d}x \ , \text{ die}$$

Einbettung $y(x) = y_{\mathrm{E}}(x) + \varepsilon v(x)$, die Kettenregel

$$\frac{\mathrm{d}F}{\mathrm{d}\varepsilon} = \frac{\partial F}{\partial y} \cdot \frac{\mathrm{d}y}{\mathrm{d}\varepsilon} + \frac{\partial F}{\partial y'} \cdot \frac{\mathrm{d}y'}{\mathrm{d}\varepsilon} = F_{,y}v + F_{,y'}v' \quad (6)$$

und durch partielle Integration

$$\frac{\mathrm{d}J}{\mathrm{d}\varepsilon} = \int_a^b \left[F_{,y} - \frac{\mathrm{d}}{\mathrm{d}x}F_{,y'}\right] v\,\mathrm{d}x + \left[F_{,y'}v\right]_a^b = 0$$

die sogenannte *Euler-Lagrange'sche Gleichung* des Variationsproblems für die Extremale $y_{\mathrm{E}}(x)$:

$$\left[F_{,y} - \frac{\mathrm{d}}{\mathrm{d}x}F_{,y'}\right]_{\varepsilon=0} = 0. \quad (7)$$

In der Regel ist (7) eine Dgl. 2. Ordnung für $y(x)$. In Sonderfällen sind sog. *erste Integrale* angebbar:

$$F = F(x,y'):\ F_{,y'} = \text{const.} \quad (8)$$

$$\begin{aligned} F = F(y,y'):\ & y'\left(F_{,y} - \frac{\mathrm{d}}{\mathrm{d}x}F_{,y'}\right) \\ & = \frac{\mathrm{d}}{\mathrm{d}x}\left(F - y'F_{,y'}\right) = 0 \\ & \rightarrow F - y'F_{,y'} = \text{const.} \end{aligned} \quad (9)$$

Beispiel. In einer vertikalen Ebene im Schwerefeld liege ein Punkt P um ein Stück $y_P = h$ unter dem Ursprung O und um $x_P = a$ horizontal gegenüber O versetzt. Gesucht ist die Kurve $y(x)$ minimaler Fallzeit T von O nach P. Dem Funktional J entspricht hier die Zeitspanne $T = \int_0^P \mathrm{d}t = \int \mathrm{d}s/v$ mit der Bogenlänge $\mathrm{d}s^2 = \mathrm{d}x^2 + \mathrm{d}y^2$ und der Bahngeschwindigkeit $v = \sqrt{2gy}$ nach den Regeln der Mechanik, g ist die Erdbeschleunigung; insgesamt ergibt sich ein Minimalfunktional vom Typ (6) mit dem 1. Integral (9).

$$T = \int_0^P F\mathrm{d}x \rightarrow \text{Minimum}, \quad F = \sqrt{\frac{1 + y'^2}{2gy}}.$$

Euler-Lagrange'sche Bestimmungsgleichung:

$$\sqrt{\frac{1 + y_E'^2}{y_{\mathrm{E}}}} = y_E' \frac{y_E'}{\sqrt{y_{\mathrm{E}}\left(1 + y_{\mathrm{E}}'^2\right)}} + c_1$$
$$\text{oder} \quad y_{\mathrm{E}}\left(1 + y_{\mathrm{E}}'^2\right) = c_2^2.$$

Bei der praktischen Rechnung wird der Index E fortgelassen. Die Lösung der Dgl. ist eine Zykloide als Kurve kürzester Fallzeit, auch *Brachystochrone* genannt.

Quadratische Funktionale (hier für den häufigen Fall $n = 2$ formuliert) führen auf lineare Dgln. mit Randtermen, wobei jeder Summand für sich verschwinden muss.

Gesucht: J_{extr} von

$$J = \frac{1}{2}\int_a^b \left(f_2 y''^2 + f_1 y'^2 + f_0 y^2 + 2r_1 y + r_0\right)\mathrm{d}x.$$

Notwendige Bedingung für Extremale y_{E}:

$$\begin{aligned}\delta J &= \left.\frac{\mathrm{d}J}{\mathrm{d}\varepsilon}\right|_{\varepsilon=0} = 0\\ &= \int_a^b \left[(f_2 y''_{\mathrm{E}})'' - (f_1 y'_{\mathrm{E}})' + f_0 y_{\mathrm{E}} + r_1\right] v\,\mathrm{d}x\\ &+ \left[f_2 y''_{\mathrm{E}} v' - (f_2 y''_{\mathrm{E}})' v + f_1 y'_{\mathrm{E}} v\right]_a^b.\end{aligned} \tag{10}$$

Randterme allgemein: $[R[y_{\mathrm{E}}]\cdot S[v]]_a^b$.

$$\begin{aligned}&\text{Falls } R[y_{\mathrm{E}}] = 0: R \text{ natürliche Randbedingung}\\ &\qquad \text{mit } S[v] \text{ beliebig,}\\ &\text{Falls } R[y_{\mathrm{E}}] \neq 0: S \text{ wesentliche Randbedingung}\\ &\qquad \text{mit } S[v] \overset{!}{=} 0.\end{aligned} \tag{11}$$

Wenn der Faktor $R[y_{\mathrm{E}}]$ die Randbedingungen des Randwertproblems darstellt, sind die Randwerte $S[v]$ der Variationsfunktion unbeschränkt. Anderenfalls ist der Extremalpunkt J_{extr} nur extremal bezüglich einer durch $S[v] \overset{!}{=} 0$ beschränkten Variationsvielfalt.

Die Aussage (11) ist von wesentlicher Bedeutung für die klassischen Finite-Element-Methoden. Ansatzfunktionen zur Approximation des Funktionals müssen lediglich die sogenannten wesentlichen Randbedingungen in $y^{(0)}$ bis einschließlich $y^{(n-1)}$ erfüllen (sog. zulässige Ansatzfunktionen). Die restlichen Randbedingungen in $y^{(n)}$ bis $y^{(2n-1)}$ sind implizit in der Variationsformulierung enthalten; man spricht deshalb auch von natürlichen Randbedingungen. Ansatzfunktionen, die alle Randbedingungen (wesentliche und restliche) erfüllen, heißen *Vergleichsfunktionen*.

Bei Variationsaufgaben

$$J = \int_a^b F(x,y,y')\mathrm{d}x \to \text{Extremum}$$

mit festen Grenzen werden die zwei Konstanten bei der Integration der Dgl.

$$F_{,y} - \frac{\mathrm{d}}{\mathrm{d}x}F_{,y'} = 0$$

durch je eine Bedingung pro Rand bestimmt. Bei Variationsaufgaben mit noch freien Grenzen sind diese in den Variationsprozess einzubeziehen und liefern entsprechende Bestimmungsgleichungen für die Integrationskonstanten.

Variation bei fester unterer Grenze und *freier oberer Grenze*:

$$J = \int_{x_0}^{x_1} F(x,y,y')\mathrm{d}x \to \text{Extremum}$$
$$\text{mit} \quad \delta x_0 = 0 \quad \text{und} \quad \delta x_1 \neq 0.$$

Notwendige Extremalbedingungen:

$$\begin{aligned}&F_{,y} - \frac{\mathrm{d}}{\mathrm{d}x}F_{,y'} = 0\\ &\text{und} \quad \left[F - y'F_{,y'}\right]_{x_1}\delta x_1 + \left[F_{,y'}\right]_{x_1}\delta y_1 = 0.\end{aligned} \tag{12}$$

Soll die *Variation* des Endpunktes (x_1, y_1) *längs einer vorgeschriebenen Kurve* $y_1 = f(x_1)$ verlaufen, so gilt die *Transversalitätsbedingung*

$$\left[F + (f' - y')F_{,y'}\right]_{x_1} = 0 \quad \text{und} \quad F_{,y} = \frac{\mathrm{d}}{\mathrm{d}x}F_{,y'}. \tag{13}$$

Funktionale mit mehreren gesuchten Extremalen $y_{\mathrm{E}1}(x)$ bis $y_{\mathrm{E}n}(x)$ werden durch voneinander unabhängige Variationen

$$y_j(x) = y_{Ej}(x) + \varepsilon_j v_j(x), \quad j = 1,\ldots,n, \quad (14)$$

zu gewöhnlichen Funktionen in ε_j, deren lokaler Zuwachs dJ im Extremalpunkt mit $\varepsilon_j = 0$ verschwinden muss.

Gegeben:

$$J = \int_a^b F(x, \boldsymbol{y}, \boldsymbol{y}')\mathrm{d}x \to \text{Extremum},$$
$$\boldsymbol{y}^{\mathrm{T}} = [y_1(x), \ldots, y_n(x)].$$

Notwendige Bedingungen:

$$F_{,y_j} - \frac{\mathrm{d}}{\mathrm{d}x} F_{,y'_j} = 0, \quad j = 1,2,\ldots,n. \quad (15)$$

Variationsproblemen mit Nebenbedingungen ordnet man zwei Typen zu. Erster Typ:

Nebenbedingungen $g_k(x, \boldsymbol{y}, \boldsymbol{y}') = 0$, $k = 1, \ldots, m$.

$$\text{Funktional} \quad J = \int_a^b F(x, \boldsymbol{y}, \boldsymbol{y}')\ \mathrm{d}x \to \text{Extremum},$$
$$\boldsymbol{y}^{\mathrm{T}} = [y_1(x), \ldots, y_n(x)]. \quad (16)$$

Verknüpft man Funktional und Nebenbedingungen mittels Lagrange'scher Multiplikatoren λ_1 bis λ_m, so ist die Hilfsfunktion F^* wie üblich zu variieren.

$$F^* = F + \boldsymbol{\lambda}^{\mathrm{T}} \boldsymbol{g}.$$

Notwendige Bedingungen:

$$F^*_{,y_j} - \frac{\mathrm{d}}{\mathrm{d}x} F^*_{,y'_j} = 0, \quad j = 1,2,\ldots,n,$$
$$g_k(x, \boldsymbol{y}, \boldsymbol{y}') = 0, \quad k = 1,2,\ldots,m. \quad (17)$$

Ingesamt $n + m$ Gleichungen für n Funktionen $y_j(x)$ und m Funktionen $\lambda_k(x)$.

Der zweite Typ, auch *isoperimetrisches* Problem genannt, wird durch Nebenbedingungen in Form konstant vorgegebener anderer Funktionale charakterisiert.

$$\text{Nebenbedingung} \quad \int_a^b G_k(x, \boldsymbol{y}, \boldsymbol{y}')\mathrm{d}x = c_k, \quad k = 1,\ldots,m.$$
$$\text{Funktional} \quad J = \int_a^b F(x, \boldsymbol{y}, \boldsymbol{y}')\mathrm{d}x \to \text{Extremum}. \quad (18)$$

Verknüpft man Funktional und Nebenbedingungen mittels Lagrange'scher Multiplikatoren λ_1 bis λ_m, so ist zunächst deren Konstanz beweisbar und es verbleibt die Variation einer Hilfsfunktion F^*.

$$F^* = F + \boldsymbol{\lambda}^{\mathrm{T}} G, \quad \boldsymbol{\lambda} \text{ Konstantenspalte}.$$

Notwendige Bedingung für J_{extr}

$$F^*_{,y_j} - \frac{\mathrm{d}}{\mathrm{d}x} F^*_{,y'_j} = 0, \quad j = 1,2,\ldots,n, \quad (19)$$

$$\int_a^b G_k\ \mathrm{d}x = c_k, \quad k = 1,2,\ldots,\ m.$$

Insgesamt $n + m$ Gleichungen für n Funktionen $y_j(x)$ und m Konstante λ_k.

Funktionale mit mehrdimensionalen Integralen zum Beispiel einer gesuchten Extremalen $u_E(x, y, z)$ führen auf partielle Dgln.:

Gegeben:

$$J = \int_a^b F\big(x, y, z, u, u_{,x}, u_{,y}, u_{,z}\big)\mathrm{d}V \to \text{Extremum}$$

Einbettung der Extremalen u_E:

$$u(x, y, z) = u_E(x, y, z) + \varepsilon v(x, y, z).$$

Notwendige Bedingung:

$$\delta J = \left.\frac{\mathrm{d}J}{\mathrm{d}\varepsilon}\right|_{\varepsilon=0} = 0 = \int_a^b E(u) v \mathrm{d}V + \text{Randterm}$$

mit der Euler'schen Dgl.

$$E(u) = F_{,u} - \frac{\partial}{\partial x} F_{,u_{,x}} - \frac{\partial}{\partial y} F_{,u_{,y}} - \frac{\partial}{\partial z} F_{,u_{,z}} = 0. \qquad (20)$$

Die *Potenzialgleichung* in ebenen kartesischen Koordinaten mit der Feldgleichung

$$u_{,xx} + u_{,yy} = r_0(x,y)$$

und den Randbedingungen

$$u_{,n} + r_1(s)u(s) = r_2(s); \quad u_{,n} \text{ Normalableitung am Rand}, \quad s \text{ Bogenkoordinate des Randes}, \qquad (21)$$

lässt sich als notwendige Bedingung einer zugeordneten Variationsaufgabe formulieren mit

$$J = \int_G \left[u^2_{,x} + u^2_{,y} + 2r_0 u\right] \mathrm{d}x\mathrm{d}y + \int_R \left[r_1 u^2 - 2r_2 u\right] \mathrm{d}s \to \text{Extremum},$$
$$G: \text{endliches Gebiet}, \ R: \text{endlicher Rand}. \qquad (22)$$

Die *Bipotenzialgleichung* bestehend aus Feldgleichung

$$u_{,xxxx} + 2u_{,xxyy} + u_{,yyyy} = r_0(x,y)$$

und speziellen Randbedingungen

$$u = 0\ , \quad u_{,n} = 0 \quad \text{längs aller Ränder} \qquad (23)$$

lässt sich als notwendige Bedingung einer zugeordneten Variationsaufgabe formulieren mit

$$J = \int_G \left[u^2_{,xx} + u^2_{,yy} + 2u^2_{,xy} - 2r_0 u\right] \mathrm{d}x\mathrm{d}y \to \text{Extremum}. \qquad (24)$$

Für allgemeinere Randbedingungen ist J entsprechend zu ergänzen.

Rayleigh-Quotient ist ein Extremalfunktional in Quotientenform.

$$R = J_1/J_2, \quad J_k = \int_a^b F_k\left(x,y,y',\ldots,y^{(n)}\right) \mathrm{d}x.$$

Gesucht:

Lösungsfunktion $y_{\mathrm{E}}(x)$, für die R stationär wird; $R(y_{\mathrm{E}}) = R_{\mathrm{stat}}$.

Notwendige Bedingung

$$\delta R = \delta J_1/J_2 - \left(J_1/J_2^2\right)\delta J_2 = 0,$$
$$0 = (\delta J_1 - R_{\mathrm{stat}}\delta J_2)/J_2, \ J_2 \neq 0.$$

Bei quadratischen Funktionalen J_k nach (10) erweist sich der stationäre Wert R_{stat} als Eigenwert einer zugeordneten homogenen Variationsgleichung.

6.1.2 Optimierung

Bei der Bewertung dynamischer Prozesse liegt es nahe, die Systemenergie zu minimieren. Enthält der Zustandsvektor $\boldsymbol{x}$ die Zustandsgrößen und deren zeitliche Ableitungen, ist die quadratische Form $\boldsymbol{x}^{\mathrm{T}}\boldsymbol{x}$ ein Energiemaß. Eine Variante $\boldsymbol{x}^{\mathrm{T}}\boldsymbol{Q}\boldsymbol{x}$ mit symmetrischer positiv definiter Matrix $\boldsymbol{Q}$ erlaubt eine Gewichtung der einzelnen Energieanteile. Ein Prozessablauf $\boldsymbol{x}(t)$ mit linearer Zustandsgleichung $\mathrm{d}\boldsymbol{x}/\mathrm{d}t = \dot{\boldsymbol{x}} = \boldsymbol{A}\boldsymbol{x}$ und der Forderung nach minimaler Prozessenergie wird bestimmt durch die

Lyapunov-Gleichung
Energieminimierung mit der Prozessgleichung

$\dot{\boldsymbol{x}} = \boldsymbol{A}\boldsymbol{x}$ als Nebenbedingung.

$$J = \frac{1}{2}\int_0^\infty \boldsymbol{x}^{\mathrm{T}}\boldsymbol{Q}\boldsymbol{x}\,\mathrm{d}t + \int_0^\infty \boldsymbol{\lambda}^{\mathrm{T}}(\boldsymbol{A}\boldsymbol{x} - \dot{\boldsymbol{x}})\mathrm{d}t \to \text{Minimum}. \qquad (25)$$

$$\delta J = 0 \text{ mit } \boldsymbol{Q} = \boldsymbol{Q}^{\mathrm{T}} \text{führt auf}$$
$$\begin{bmatrix} \boldsymbol{A} & \boldsymbol{O} \\ -\boldsymbol{Q} & -\mathbf{A}^{\mathrm{T}} \end{bmatrix} \begin{bmatrix} \boldsymbol{x} \\ \boldsymbol{\lambda} \end{bmatrix} = \begin{bmatrix} \dot{\boldsymbol{x}} \\ \dot{\boldsymbol{\lambda}} \end{bmatrix}. \qquad (26)$$

Der Ansatz $\boldsymbol{\lambda} = \boldsymbol{P}\boldsymbol{x}$ überführt (26) in die Lyapunov-Gleichung

$$\dot{\boldsymbol{P}} + \boldsymbol{Q} + \boldsymbol{A}^{\mathrm{T}}\boldsymbol{P} + \boldsymbol{P}\boldsymbol{A} = \boldsymbol{O}. \qquad (27)$$

Bei Systemen mit Stellgrößen $\boldsymbol{u}$ stellt sich die Frage nach deren optimaler Dimensionierung, die ebenfalls über eine Bilanz aus Systemenergie $\boldsymbol{x}^{\mathrm{T}}\boldsymbol{Q}\boldsymbol{x}$ und Stellenergie $\boldsymbol{u}^{\mathrm{T}}\boldsymbol{R}\boldsymbol{u}$ beantwortet werden kann.

Riccati-Gleichung
Energieminimierung mit der Prozessgleichung $\dot{\boldsymbol{x}} = \boldsymbol{A}\boldsymbol{x} + \boldsymbol{B}\boldsymbol{u}$ als Nebenbedingung.

$$\begin{aligned} J &= \frac{1}{2}\int_0^\infty \left(\boldsymbol{x}^{\mathrm{T}}\boldsymbol{Q}\boldsymbol{x} + \boldsymbol{u}^{\mathrm{T}}\boldsymbol{R}\boldsymbol{u}\right)\mathrm{d}t \\ &+ \int_0^\infty \boldsymbol{\lambda}^{\mathrm{T}}(\boldsymbol{A}\boldsymbol{x} + \boldsymbol{B}\boldsymbol{u} - \dot{\boldsymbol{x}})\mathrm{d}t \to \text{Minimum}. \end{aligned} \qquad (28)$$

$\delta J = 0$ mit $\boldsymbol{Q} = \boldsymbol{Q}^{\mathrm{T}}, \boldsymbol{R} = \boldsymbol{R}^{\mathrm{T}}$ führt auf $\boldsymbol{u} = -\boldsymbol{R}^{-1}\boldsymbol{B}^{\mathrm{T}}\boldsymbol{\lambda}$ und

(29)

$$\begin{bmatrix} \boldsymbol{A} & -\boldsymbol{B}\boldsymbol{R}^{-1}\boldsymbol{B}^{\mathrm{T}} \\ -\boldsymbol{Q} & -\boldsymbol{A}^{\mathrm{T}} \end{bmatrix}\begin{bmatrix} \boldsymbol{x} \\ \boldsymbol{\lambda} \end{bmatrix} = \begin{bmatrix} \dot{\boldsymbol{x}} \\ \dot{\boldsymbol{\lambda}} \end{bmatrix}. \qquad (30)$$

Der Ansatz $\boldsymbol{\lambda} = \boldsymbol{P}\boldsymbol{x}$ überführt (30) in die Riccati-Gleichung

$$\dot{\boldsymbol{P}} + \boldsymbol{Q} + \boldsymbol{A}^{\mathrm{T}}\boldsymbol{P} + \boldsymbol{P}\boldsymbol{A} - \boldsymbol{P}\boldsymbol{B}\boldsymbol{R}^{-1}\boldsymbol{B}^{\mathrm{T}}\boldsymbol{P} = \boldsymbol{O}. \qquad (31)$$

Eine allgemeinere Optimierung aktiver Systeme mit der Systemgleichung

$$\dot{\boldsymbol{x}} = \boldsymbol{f}(\boldsymbol{x}, \boldsymbol{u}, t),$$

der Extremalforderung

$$\int_{t_0}^{t_1} G(\boldsymbol{x}, \boldsymbol{u}, t)\mathrm{d}t \to \text{Extremum}$$

und den Randbedingungen

$$\begin{aligned} &\boldsymbol{x}(t_0) - \boldsymbol{x}_0 = \boldsymbol{o}, \\ &[r_1(\boldsymbol{x},t)]_{t=t_1} = 0 \\ \text{bis} \quad &[r_\alpha(\boldsymbol{x},t)]_{t=t_1} = 0 \end{aligned} \qquad (32)$$

gelingt über die *Hamilton-Funktion*

$$H = p_0 G + \sum_{i=1}^{n} p_i f_i, \qquad (33)$$

$p_i(t)$ adjungierte Funktionen (Lagrange-Multiplikatoren).

Die Variation $\delta \int_{t_0}^{t_1} H\mathrm{d}t = 0$ über der Prozessstrecke führt auf Bestimmungsgleichungen für $\boldsymbol{x}$ und $\boldsymbol{p}$,

$$\begin{aligned} &\dot{x}_i = \partial H/\partial p_i \quad \text{plus Randbedingungen,} \\ &\dot{p}_i = -p_0 \partial G/\partial x_i - \sum_{j=1}^{n} p_j \partial f_j/\partial x_i \\ &\text{und} \quad p_i(t_1) = -\left[\sum_{j=1}^{\alpha} \lambda_j \partial r_j/\partial x_i\right]_{t_1} \end{aligned} \qquad (34)$$

mit noch freien Parametern $\boldsymbol{\lambda}$, die aus den Randbedingungen für $\boldsymbol{x}$ zum Zeitpunkt t_1 folgen. Nach dem *Pontrjagin'schen Prinzip* erhält man schließlich die optimale Steuerung $\boldsymbol{u}_{\text{opt}}$ derart, dass die Hamilton-Funktion damit extremal wird.

$$H(\boldsymbol{x}, \boldsymbol{u}_{\text{opt}}, \boldsymbol{p}, t) = \text{Extremum von } H(\boldsymbol{x}, \boldsymbol{u}, \boldsymbol{p}, t). \qquad (35)$$

Dieses Prinzip gilt auch für Systeme mit Stellgrößenbeschränkungen.

Beispiel. Ein lineares System $\dot{\boldsymbol{x}} = \boldsymbol{A}\boldsymbol{x} + \boldsymbol{b}u$ mit den Randbedingungen $\boldsymbol{x}(t_0 = 0) = \boldsymbol{o}$ und $2x_1 + x_2 - 2 = 0$ zum Endzeitpunkt $t_1 = 1$ soll so gesteuert werden, dass die Stellenergie $\int_0^2 \frac{1}{2} u^2 \mathrm{d}t$ minimal wird.

Gegeben:

$$\boldsymbol{A} = \begin{bmatrix} 0 & 1 \\ 0 & 0 \end{bmatrix}, \quad \boldsymbol{b} = \begin{bmatrix} 1 \\ 1 \end{bmatrix}, \quad \text{also}$$

$$\boldsymbol{f} = \begin{bmatrix} x_2 + u \\ u \end{bmatrix}, \quad G = \frac{1}{2}u^2,$$

$$r_1 = 2x_1 + x_2 - 2.$$

Hamilton-Funktion

$$H = p_0 \frac{1}{2} u^2 + p_1(x_2 + u) + p_2 u.$$

Die Integration des adjungierten Systems $\dot{\boldsymbol{p}} = -\boldsymbol{A}^{\mathrm{T}}\boldsymbol{p}$, $p_1 = 0$, $\dot{p}_2 = -p_1$, mit den Endbedingungen $p_1(t_1 = 1) = -\lambda_1 2$, $p_2(t_1 = 1) = -\lambda_1$ belässt zunächst den Multiplikator $\lambda_1 : p_1 = -2\lambda_1$, $p_2 = \lambda_1(2t - 3)$.

Partielles Ableiten der Hamilton-Funktion nach u gibt eine Bestimmungsgleichung $p_0 u + (p_1 + p_2) = 0$ mit einer willkürlichen Skalierungsmöglichkeit für p_0; üblich ist die Wahl $p_0 = -1$ mit der Lösung $u = p_1 + p_2 = \lambda_1(2t - 5)$. Der Multiplikator λ_1 wird durch die Endbedingung für $\boldsymbol{x}$ bestimmt, was die vorherige Lösung der Systemgleichung erfordert. Aus $\dot{x}_1 = x_2 + u$ und $x_2 = u$ erhält man zunächst $x_2 = \lambda_1(t^2 - 5t)$ und $x_1 = \lambda_1(2t^3 - 9t^2 - 30t)/6$ und schließlich über $2x_1 + x_2 = 2$ zum Zeitpunkt $t_1 = 1$ den Parameter $\lambda_1 = -6/49$ mit der endgültigen Stellgrößenfunktion $u = -6(2t - 5)/49$ und dem Endpunkt $\boldsymbol{x}^{\mathrm{T}}(t_1 = 1) = [37, 24]/49$.

6.1.3 Lineare Optimierung

Die Suche nach Extremwerten linearer Funktionen $z = c_1 x_1 + \ldots + c_n x_n = \boldsymbol{c}^{\mathrm{T}}\boldsymbol{x}$ unter Beachtung gewisser Nebenbedingungen in Form von linearen Ungleichungen $y_1(\boldsymbol{x}) \geqq 0$ bis $y_m(\boldsymbol{x}) \geqq 0$ ist eine Aufgabe der linearen Optimierung, die nicht mithilfe der Differenzialrechnung gelöst werden kann, da die Extremalwerte von z infolge des linearen Charakters nur auf dem Rand des Definitionsgebietes liegen können. Bei realen Problemen sind die Variablen $\boldsymbol{x}$ stets positive Größen.

$$\begin{array}{rll} \boldsymbol{I}\boldsymbol{x} & \geqq \boldsymbol{o} & n \text{ Ungleichungen} \\ \boldsymbol{y} = \boldsymbol{A}\boldsymbol{x} + \boldsymbol{b} & \geqq \boldsymbol{o} & m \text{ Ungleichungen} \\ \hline \multicolumn{3}{c}{z = \boldsymbol{c}^{\mathrm{T}}\boldsymbol{x} \rightarrow \text{Extremum : Zielfunktion}} \end{array} \tag{36}$$

Die Variablen $\boldsymbol{x}$ und $\boldsymbol{y}$ (Schlupfvariable) sind formal gleichberechtigt und werden in der Tat beim bewährten *Simplexverfahren* so ausgetauscht, dass die Zielfunktion stetig gegen ihr Extremum strebt. Grundlage dieses Verfahrens ist die Erkenntnis, dass die Menge der zulässigen Lösungen ein von m-Hyperebenen begrenztes Polyeder P im $\mathbb{R}^n$ darstellt. Die lineare Zielfunktion nimmt ihr Extremum in mindestens einer Ecke von P an. Im Sonderfall $n = 2$ ist der grafische Lösungsweg durchaus konkurrenzfähig.

Beispiel. Drei Verkaufsstellen, V_1 (12), V_2 (18), V_3 (20), sollen von zwei Depots, D_1 (24), D_2 (26), mit Paletten beliefert werden, wobei in Klammern die erwünschten bez. abgebbaren Stückzahlen notiert sind. Die Entfernung in Kilometern zwischen den Depots und Verkaufsstellen ist in einer Tabelle gegeben:

	V_1	V_2	V_3
D_1	3	8	10
D_2	8	4	12

Gesucht ist eine Verteilung derartig, dass die Summe aller Lieferfahrtstrecken von D_i nach V_j minimal wird. Die insgesamt 6 gesuchten Stückzahlen lassen sich auf zwei unabhängig Veränderliche reduzieren, wobei die Zuordnung von x_1, x_2 zu D_1 V_1, D_1 V_2 willkürlich und ohne Einfluss auf das Extremalergebnis ist.

D_1 nach V_1		x_1			$\geqq 0$
D_1 nach V_2			x_2		$\geqq 0$
D_1 nach V_3	$y_1 =$	$-x_1$	$-x_2$	$+24$	$\geqq 0$
D_2 nach V_1	$y_2 =$	$-x_1$		$+12$	$\geqq 0$
D_2 nach V_2	$y_3 =$		$-x_2$	$+18$	$\geqq 0$
D_2 nach V_3	$y_4 =$	x_1	$+x_2$	-4	$\geqq 0$
	$z =$	$-3x_1 + 6x_2 + 360 \rightarrow$ Minimum			

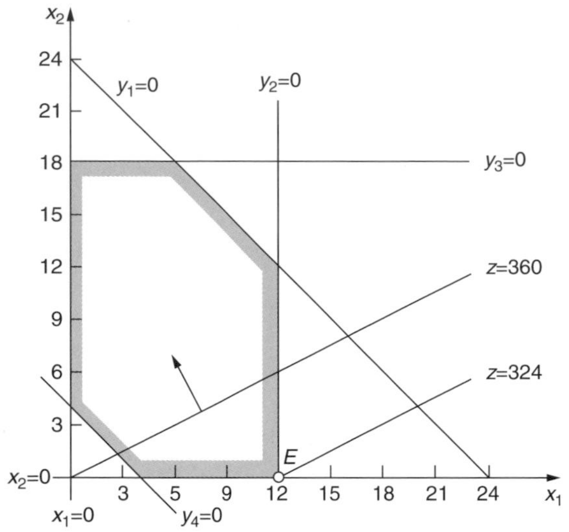

Abb. 1 Zulässiges Lösungsgebiet mit Minimalpunkt E

Die Zielfunktion folgt aus den Stückzahlen x_1, x_2, y_1 bis y_4 multipliziert mit den jeweiligen Entfernungen zu $z = 3x_1 + 8x_2 + 10(-x_1 - x_2 + 24) + 8(-x_1 + 12) + 4(-x_2 + 18) + 12(-4 + x_1 + x_2)$. In Abb. 1 umschreiben die Bedingungen $x_i = 0$ und $y_i = 0$ ein zulässiges Lösungsgebiet. Eine spezielle Zielgerade wird für einen zeichentechnisch günstigen Wert (hier $z = 360$) eingetragen; alle Zielgeraden sind parallel zueinander, wobei die Richtung zunehmender z-Werte durch einen Pfeil gekennzeichnet ist. Im Punkt E mit $x_1 = 12$, $x_2 = 0$ findet man den Minimalwert mit $z_{\text{Min}} = -36 + 360 = 324$ km; die dazugehörigen weiteren Stückzahlen sind $y_1 = 12$, $y_2 = 0$, $y_3 = 18$, $y_4 = 8$.

6.2 Mathematische Grundlagen der Kryptografie

Kryptografische Verfahren werden eingesetzt, um *Vertraulichkeit, Authentizität, Integrität, Verbindlichkeit* oder *Anonymität* zu erreichen.

Vertraulichkeit wird durch *Verschlüsselung* erreicht. Verwendet wird ein **Alphabet** Σ, dessen Elemente **Zeichen** heißen. Eine endliche Folge von Zeichen wird als **Wort** bezeichnet. Oft ist das Alphabet Σ eine **Gruppe** (siehe ▶ Abschn. 1.1 in Kap. 1, „Mathematische Grundlagen“). Die Menge aller endlichen Zeichenfolgen sei Σ^*.

Ein Verschlüsselungsalgorithmus besteht aus einer Funktion f mit den Eingaben **Klartext** m und **Schlüssel** k und der Ausgabe **Geheimtext** c.

$$c := f_k(m) = f(k,m)$$

Um die Nachricht eindeutig entschlüsseln zu können, muss die Verschlüsselungsfunktion umkehrbar sein, d. h.

$$m := f_k^{-1}(c)$$

Die Menge aller Klartexte M und aller Geheimtexte C sind Teilmengen von Σ^*. Ein *Verschlüsselungsverfahren (Kryptosystem)* ist eine Menge $F \subseteq \text{Abb}(M, C)$ von injektiven Abbildungen, die Verschlüsselungsfunktionen heißen. Sie wird durch eine Menge K von Schlüsseln parametrisiert:

$$F := \{f_k \mid k \in K\}.$$

Unterschieden werden *symmetrische Verfahren*, die einen geheimen Schlüssel pro Kommunikationsbeziehung und für alle Operationen verwenden, und *asymmetrische Verfahren*, die pro Teilnehmer einen privaten und einen öffentlichen Schlüssel verwenden. Asymmetrische Verfahren beruhen hautsächlich auf Operationen in diskreten mathematischen Strukturen, wie beispielsweise Ringen und endlichen Körpern (siehe ▶ Abschn. 1.1 in Kap. 1, „Mathematische Grundlagen“), oder elliptischen Kurven. Die zugehörigen schwierig zu lösenden mathematischen Probleme werden in der *algorithmischen Zahlentheorie* untersucht, wie z. B. die *Primfaktorzerlegung* und das Finden *diskreter Logarithmen*.

6.2.1 Algorithmische Zahlentheorie

Modulares Rechnen. Die Funktion *Modulo* ordnet jedem Zahlenpaar (n, m) einen eindeutigen Teilerrest b zu.

Mathematische Modulofunktion (mod):

$$(a \bmod m) := a - \left\lfloor \frac{a}{m} \right\rfloor \cdot m, \ \lfloor x \rfloor = \max\{k \in \mathbb{Z}, k \leq x\}$$

Symmetrische Modulofunktion (mod oder %): $(a \bmod m) = (a\,\%m) := a - m \cdot (a \operatorname{div} m)$,

$(a \operatorname{div} m) = \operatorname{sgn}(a)\operatorname{sgn}(m)\left\lfloor\frac{|a|}{|m|}\right\rfloor$

Beispiel: $5 \bmod 3 = 2 = 5\,\%\,3$; $-5 \bmod 3 = 1 \neq -5\,\%\,3 = -1$.

Zwei ganze Zahlen (a, $b \in \mathbb{Z}$)heißen *kongruent modulo m*, wenn sie bei Division durch m denselben Rest haben, $a \bmod m = R_m(a) = R_m(b) = b \bmod m$. Man schreibt $a \equiv b \bmod m$ (a kongruent b modulo m).

Rechenregeln:

$$\begin{aligned} a \equiv b \bmod m \quad &\Leftrightarrow \quad m \text{ teilt } a-b \\ &\Leftrightarrow \quad \exists t \in \mathbb{Z} : a - b = t \cdot m \\ &\Rightarrow \quad a^k \equiv b^k \bmod m \end{aligned}$$

$$a_i \equiv b_i \bmod m \ \text{ für } i = 1{,}2 \quad \begin{aligned} a_1 + a_2 &\equiv b_1 + b_2 \bmod m \\ a_1 \cdot a_2 &\equiv b_1 \cdot b_2 \bmod m \end{aligned}$$

Restklassen ergeben sich durch Einteilung der ganzen Zahlen $\mathbb{Z}$ in Klassen, die jeweils den gleichen Rest R_m bei Teilung durch eine gegebene Zahl n haben. Da sich die Elemente einer Klasse um Vielfache von n unterscheiden, sind Klassen Teilmengen der Form

$$R_m + n\mathbb{Z} = \{R_m + kn |\, k \in \mathbb{Z}\}.$$

Endlicher Körper oder **Galoiskörper**: endliche Menge, auf der die Grundoperationen Addition und Multiplikation definiert sind, sodass zusammen mit diesen Operationen alle Anforderungen eines Körpers erfüllt werden. Die Mächtigkeit einer solchen Menge $GF(p^n)$ ist immer eine Primzahlpotenz p^n(p - Primzahl, $n \in \mathbb{N}$, $n > 0$). Für $n = 1$ ist

$GF(p)$ der Körper der Restklassen ganzer Zahlen modulo p.

Faktorisierungsbasierte Verfahren. Als öffentlicher Schlüssel wird das Produkt großer Primzahlen verwendet, als privater Schlüssel die dazugehörenden Primfaktoren oder daraus abgeleitete Werte.

Primzahl: natürliche Zahl ungleich 1 ($p \in \mathbb{N}$, $p \neq 1$), die nur durch 1 und sich selbst teilbar ist.

Primzahltests zeigen ohne Bestimmung der Teiler, ob eine Zahl zusammengesetzt ist.

Fermat-Test. Für jede zu p teilerfremde Zahl a gilt die Kongruenz

$$a^{p-1} \equiv 1 \bmod p.$$

Findet man für eine zu testende Zahl n eine Zahl $a < n$ mit $a^{n-1} \not\equiv 1 \bmod n$, so ist n keine Primzahl. Anderenfalls sagt man, n habe den Fermat-Test mit Testbasis a bestanden. Zahlen, die den Fermat-Test bestehen, ohne dass sie Primzahlen sind, heißen *Pseudoprimzahlen.* Pseudoprimzahlen n, die den Fermat-Test für jede zu n teilerfremde Zahl als Basis bestehen, heißen *Carmichael-Zahlen.*

Miller-Rabin-Test. Jede Primzahl $n = 2^s \cdot m + 1$ (m ungerade) besteht den Miller-Rabin-Test:

$$\begin{aligned} &a^m \equiv 1 \bmod n \text{ oder} \\ &a^{2jm} \equiv -1 \bmod n \text{ für ein } j \in \{0,1,\ldots,s-1\}. \end{aligned}$$

Elliptische Kurven. Die Lösungen (x,y) einer kubischen Gleichung der Form

$$y^2 = x^3 + bx + c$$

mit der Diskriminante $D = -4b^3 - 27c^2 \neq 0$ definieren eine elliptische Kurve. Abb. 2 zeigt Beispiele im Reellen. In der Kryptografie werden elliptische Kurven eingesetzt, die über endlichen Körpern definiert sind und damit nur aus endlich vielen Elementen bestehen.

Diskrete Exponentialfunktion: liefert den Rest bei Division von b^x durch n,

$$b^x \bmod n.$$

Beispiel: $2^8 \bmod 11 = 256 \bmod 11 \equiv 3 \bmod 11 = 3$.

Diskreter Logarithmus. Die diskrete Exponentiation in einer zyklischen Gruppe ist die Umkehrfunktion des diskreten Logarithmus. Eine *zyklische Gruppe* ist eine Gruppe, die ein Element g enthält, sodass jedes Element der Gruppe eine Potenz von g ist. Beim Rechnen modulo p (Primzahl) ist der diskrete Logarithmus von m zur Basis g der kleinste Exponent x zu $g^x \equiv m \bmod p$ bei gegebenen (m, a, $p \in \mathbb{N}$).

Beispiel: Rechnen modulo $p = 11$: Diskreter Logarithmus von 3 zur Basis 2 gleich 8, da $2^8 = 256 \equiv 3 \bmod 11$ (Tab. 1 und 2).

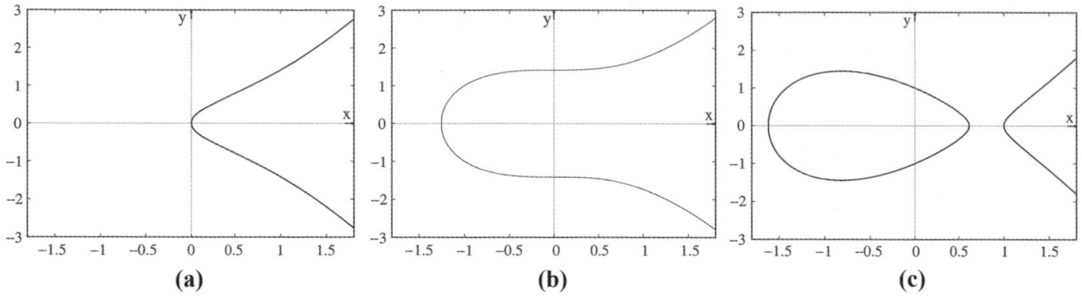

Abb. 2 Beispiele elliptischer Kurven im Reellen. **(a)** $b = 1, c = 0$; **(b)** $b = 0, c = 2$; **(c)** $b = -2, c = 1$

Tab. 1 Wertetabelle der diskreten Exponentiation $g^x \bmod p$ für $g = 2, p = 11$

x	1	2	3	4	5	6	7	8	9	10
$2^a \bmod 11$	2	4	8	4	10	9	7	3	6	1

Tab. 2 Wertetabelle des diskreten Logarithmus für $g = 2, p = 11$

x	1	2	3	4	5	6	7	8	9	10
$\log_2 x$	10	1	8	2	4	9	7	3	6	1

6.3 Computergrafik

Gegenstand sind die computergestützte Erzeugung von Grafiken, deren Bestandteile sich zweidimensional in der Ebene beschreiben lassen sowie Fragestellungen zur geometrischen Modellierung komplexer Formen.

6.3.1 Vektorgrafiken

In *Vektorgrafiken* werden die grafischen Grundobjekte (bspw. Linien, Kreise, Ellipsen, Polygone), aus denen sich Bilder zusammensetzen, verlustfrei abgespeichert. Alle Grundobjekte lassen sich auf Linien und Punkte zurückführen. Beispiele zeigt Abb. 3. Mechanisch begründete Kurven wie Kegelschnitte, Zykloide, Evolute und Evolvente sowie Trochoiden werden im ▶ Abschn. 3.5.1.1 in Kap. 3, „Differenzialgeometrie und Integraltransformationen" zusammengefasst. Freiformkurven lassen sich durch das Einstellen von Parametern kontrollieren, wobei sich lokale Veränderungen der Eingabedaten hauptsächlich lokal auswirken, siehe auch ▶ Abschn. 5.4.1 in Kap. 5, „Lineare Algebra, Nicht lineare Gleichungen und Interpolation".

Bézierkurven: Insgesamt $n + 1$gegebene Kontroll- oder Führungspunkte bestimmen den Kurvenverlauf. Grundlage der Bézierkurven sind *Bernsteinpolynome* $B_i^n(t)$vom Grad n:

$$B_i^n(t) := \binom{n}{k} \cdot (1 - t)^{n-i} t^i \quad \text{mit } t \in [0,1], \quad i = 0,1, \ldots n \tag{37}$$

Das *Kontrollpolygon* der Bézierkurve $X(t)$ vom Grad n wird von den Kontrollpunkten $b_0, \ldots, b_n$ mit ihrer konvexen Hülle aufgespannt:

$$X(t) := \sum_{i=0}^{n} b_i B_i^n(t) \quad \text{mit } t \in [0,1],\ b_i \in \mathbb{R}^3 \tag{38}$$

Eigenschaften von Bézierkurven:

1. $X(0) = b_0$ und $X(1) = b_1$. Andere Punkte liegen im Allgemeinen nicht auf der Kurve.
2. Die Tangente dX/dt verläuft in b_0 in Richtung b_1.
3. Die Tangente dX/dt verläuft in b_n in Richtung b_{n-1}.

B-Spline-Kurven: $n + 1$ gegebene Leitpunkte P_i werden durch Polynomstücke $N_{i,k}$ k-ten Grades

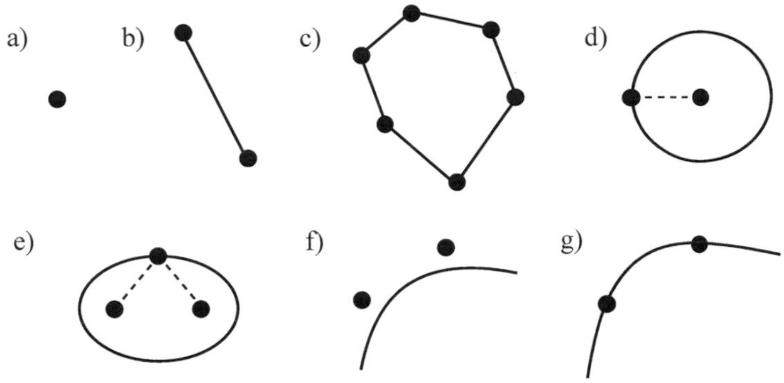

Abb. 3 Grundobjekte von Vektorgrafiken. **(a)** Punkt; **(b)** Linie; **(c)** Polygon; **(d)** Kreis; **(e)** Ellipse; **(f)** Bézierkurve; **(g)** B-Spline-Kurve

interpoliert, wobei bestimmte Glattheitsbedingungen erzwungen werden.

$$p(t) = \sum_{i=0}^{n} P_i N_{i,k}(t) \tag{39}$$

Verwendet werden Basisfunktionen mit lokal begrenztem Träger, welche rekursiv definiert werden.

$$N_{i,1}(t) := \begin{cases} 1, & x_i \leq t \leq x_{i+1}, \quad (x_n \leq t \leq x_{n+1}, \; i = n) \\ 0 & \text{sonst} \end{cases}$$
$$N_{i,k}(t) := \frac{(t - x_i)N_{i,k-1}(t)}{x_{i+k-1} - x_1} + \frac{(x_{i+k} - t)N_{i+1,k-1}(t)}{x_{i+k} - x_{i+1}} \tag{40}$$

Die Parameter x_i, $(i = 0, 1, \ldots, n + k)$ bilden den sogenannten Knotenvektor $\boldsymbol{x}$. Es gelte $0 = x_0 \leq x_1 \leq \cdots \leq x_{n,\,k} = t_{max}$. $p(t)$ ist in $(0, t_{max})$ $(k$-2)-mal stetig differenzierbar.

Non Uniform Rational B-Splines (NURBS): Basisfunktionen der Splines sind rationale Funktionen.

$$p(t) = \sum_{i=0}^{n} P_i R_{i,k}(t), \quad R_{i,k}(t) = \frac{N_{i,k}(t) w_i}{\sum_{j=0}^{n} N_{j,k}(t) w_j} \tag{41}$$

In (41) bezeichnen die Koeffizienten w_i zu den Kontrollpunkten P_i gehörige Gewichte.

6.3.2 Rastergrafiken

Um sie auf einem Bildschirm darzustellen, müssen die Grundobjekte von Vektorgrafiken gerastert werden. Kleinstes Element einer zweidimensionalen Rastergrafik ist das *Pixel*, dem genau eine Farbe zugeordnet ist. Zur Rasterisierung von Linien, Polygonen und Ellipsen stehen verschiedene Algorithmen zur Auswahl, siehe z. B. (Burger und Burge 2016). Zur Rasterisierung von Linien seien hier beispielhaft genannt: *Differential Digital Analyser* und *Algorithmus nach Besenham.*

Differential Digital Analyser: Zugrundegelegt wird die entsprechende Geradengleichung $y = ax + b$. Für ganzzahlige x-Werte zeichnet man Pixel an den Stellen (x_i, y_i) mit $x_i = x + 1$, $y_i = \lfloor ax_i + b + 1/2 \rfloor$.

Beispiel: Linie von $P_1 = (1, 1)$ nach $P_2 = (8, 5)$. Geradengleichung $y = \frac{4}{7}x + \frac{3}{7}$.

x	x_i	$ax_i + b$	$y_i = \lfloor y(x_i) + 1/2 \rfloor$
1	2	11/7	2
2	3	15/7	2
3	4	19/7	3
4	5	23/7	3
5	6	27/7	4
6	7	31/7	4
7	8	35/7	5

Algorithmus nach Besenham: Die minimale Entfernung der idealen Gerade zum Pixelmittelpunkt dients als Entscheidungskriterium, wobei man wie folgt vorgeht:

$$\begin{array}{lll} \text{Start} & & E = \dfrac{\Delta y}{\Delta x} - \dfrac{1}{2} \\ \text{wenn:} & E \leq 0 & x = x + 1 \\ & & E = E + \dfrac{\Delta y}{\Delta x} \\ \text{wenn:} & E \leq 1 & x = x + 1 \\ & & y = y + 1 \\ & & E = E + \dfrac{\Delta y}{\Delta x} - 1 \end{array}$$

Beispiel: Linie von $P_1 = (1,\ 1)$ nach $P_2 = (8,\ 5)$. $\dfrac{\Delta y}{\Delta x} = \dfrac{4}{7}$.

$$\begin{array}{lll} E = \dfrac{4}{7} - \dfrac{1}{2} = \dfrac{1}{14} & & \\ E > 0 & \rightarrow & x = 1 + 1 = 2 \\ & & y = 1 + 1 = 2 \\ E = \dfrac{1}{14} + \dfrac{4}{7} - 1 = -\dfrac{5}{14} & & \\ E < 0 & \rightarrow & x = 2 + 1 = 3 \\ & & y = 2 \\ E = -\dfrac{5}{14} + \dfrac{4}{7} = \dfrac{3}{14} & & \\ E > 0 & \rightarrow & x = 3 + 1 = 4 \\ & & y = 2 + 1 = 3 \qquad \text{usw.} \end{array}$$

Im vorliegenden Beispiel liefern beide Algorithmen zufällig das gleiche Ergebnis, siehe Abb. 4. Der Vorteil des Algorithmus nach Besenham liegt in der Beschränkung auf ganzzahlige Arithmetik.

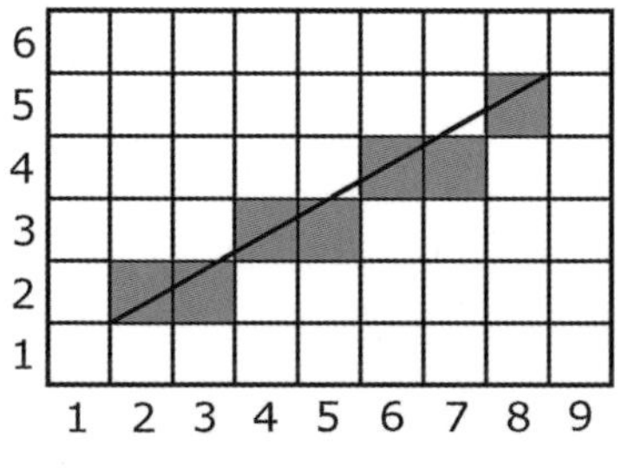

Abb. 4 Rastergrafik der Linie $y = \frac{4}{7}x + \frac{3}{7}$

Typisch für Rastergrafiken ist der sogenannte Treppeneffekt. Maßnahmen zur Begrenzung desselben werden als *Antialiasing* bezeichnet.

6.3.3 Geometrische Modellierung dreidimensionaler Objekte

Man unterscheidet bei der Darstellung von Körpern in direkte und indirekte Darstellungsschemata, wobei im ersten Fall das Volumen selbst beschrieben wird und im zweiten Fall die Beschreibung über Kanten oder Oberflächen erfolgt. Ein Beispiel für direkte Darstellungsschemata sind Constructive Solid Geometry (CSG)-Methoden. Hierbei werden Objekte aus Grundkörpern (bspw. Quader, Zylinder, Kugel) zusammengesetzt, wobei Operationen wie Schnitt, Vereinigung und Differenz angewendet werden (siehe ► Abschn. 1.1.1.2 in Kap. 1, „Mathematische Grundlagen“). Beim Normzellen-Aufzählungsschema teilt man den Raum in Würfel (*Voxel*), denen jeweils ein Farbwert zugeordnet ist. Durch rekursives Teilen eines ausreichend großen Würfels in Teile halber Kantenlänge erhält man einen Oktalbaum (*Octree*) und verringert so den mit dem Normzellen-Aufzellungsschema assoziierten enormen Speicherbedarf. Oberflächendarstellungen (Boundary Representation) beruhen auf der ausschließlichen Beschreibung von Körpern über ihre Oberfläche, welche aus Freiformflächen zusammengesetzt wird. Hierbei kommen häufig die in Abschn. 6.3.1 eingeführten NURBS zum Einsatz. Für praktische Anwendungen werden diese in Dreiecksnetze umgewandelt.

6.3.4 Transformationen

Wechsel zwischen Koordinatensystemen und Operationen an grafischen Elementen werden durch affine Transformationen $\boldsymbol{v}' = \boldsymbol{A}\boldsymbol{v} + \boldsymbol{d}$ erreicht. Einige Beispiele werden für den zweidimensionalen Fall zusammengestellt und in Abb. 5 gezeigt.

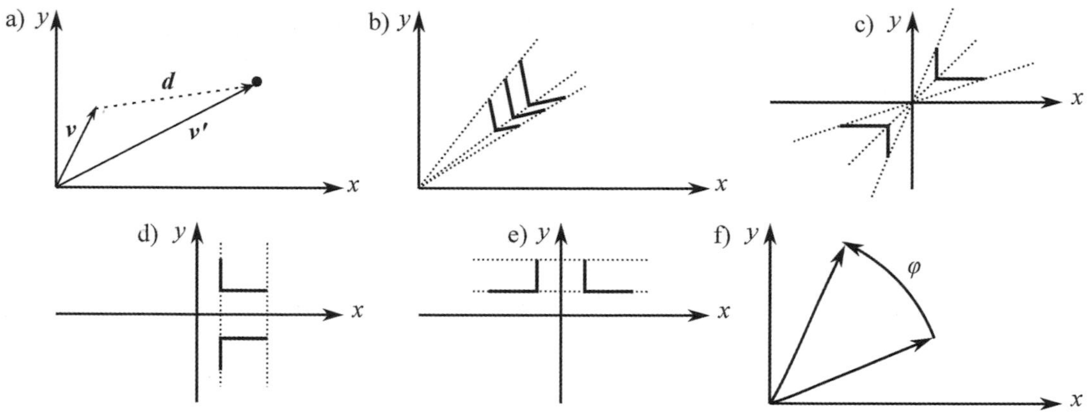

Abb. 5 Affine Transformationen graphischer Elemente. **a)** Translation, **b)** zentrische Streckung, **c)** Spiegelung am Ursprung, **d)** Spiegelung an der x-Achse, **e)** Spiegelung an der y-Achse, **f)** Rotation

Verschiebung oder Translation: $\boldsymbol{A} = \boldsymbol{I}$, $\boldsymbol{v}' = \boldsymbol{v} + \boldsymbol{d}$

Skalierung bezüglich des Ursprungs: $\boldsymbol{A} = \begin{pmatrix} a_{11} & \\ & a_{22} \end{pmatrix}$, $\boldsymbol{d} = 0$. Einige Sonderfälle sind

1. Zentrische Streckung: $a_{11} = a_{22} \neq 0$.
2. Spiegelung am Ursprung: $a_{11} = a_{22} = -1$.
3. Spiegelung an der x-Achse: $a_{11} = 1$, $a_{22} = -1$.
4. Spiegelung an der y-Achse: $a_{11} = -1$, $a_{22} = 1$.

Drehung oder **Rotation** um den Winkel φ um den Ursprung: $\boldsymbol{A} = \begin{pmatrix} \cos\varphi & -\sin\varphi \\ \sin\varphi & \cos\varphi \end{pmatrix}$, $\boldsymbol{d} = \boldsymbol{0}$. Dabei ist $\boldsymbol{A}^{-1} = \boldsymbol{A}^T$, $\det(\boldsymbol{A}) = 1$.

Literatur

Beutelspacher A, Neumann HB, Schwarzpaul T (2010) Kryptografie in Theorie und Praxis, 2. Aufl. GWV Fachverlage GmbH, Wiesbaden

Bungartz H-J, Griebel M, Zenger C (1996) Einführung in die Computergraphik. Vieweg & Sohn Verlagsgesellschaft mbH, Wiesbaden

Burger W, Burge MJ (2016) Digital image processing: an algorithmic introduction using Java. Texts in computer science, 2. Aufl. Springer, London

Courant R, Hilbert D (1993) Methoden der Mathematischen Physik, 4. Aufl. Springer, Berlin

Elsgolc LE (1984) Variationsrechnung. Bibliographisches Institut, Mannheim

Engell S (1988) Optimale lineare Regelung. Springer, Berlin/Heidelberg

Forster, O (2015) Algorithmische Zahlentheorie, 2., überarb. u. erw. Aufl. Springer Fachmedien, Wiesbaden

Funk P (1970) Variationsrechnung und ihre Anwendung in Physik und Technik, 2. Aufl. Springer, Berlin

Kielhöfer H (2010) Variationsrechnung : eine Einführung in die Theorie einer unabhängigen Variablen mit Beispielen und Aufgaben. Vieweg + Teubner, Wiesbaden

Klingbeil E (1988) Variationsrechnung, 2. Aufl. BI-Wiss.-Verlag, Mannheim

Kurzweil H (2008) Endliche Körper. Verstehen, Rechnen, Anwenden, 2. Aufl. Springer, Berlin

Lawrynowicz J (1986) Variationsrechnung und Anwendungen. Springer, Berlin

Luther W, Ohsmann M (1989) Mathematische Grundlagen der Computergraphik. Vieweg, Wiesbaden

Müller-Stach S, Piontkowski J (2011) Elementare und algebraische Zahlentheorie. Ein moderner Zugang zu klassischen Themen, 2., erw. Aufl. Vieweg +Teubner

Piegl L, Tiller W (1997) The NURBS book. Monographs in visual communication, 2. Aufl. Springer, Heidelberg

Schwarz H (1976) Optimale Regelung linearer Systeme. Bibliographisches Institut, Mannheim

Tolle H (1971) Optimierungsverfahren für Variationsaufgaben mit gewöhnlichen Differentialgleichungen als Nebenbedingungen. Springer, Berlin

Velte W (1976) Direkte Methoden der Variationsrechnung. Teubner, Stuttgart

Zeidler E (Hrsg) (2013) Springer-Taschenbuch der Mathematik. Springer Fachmedien, Wiesbaden

Wahrscheinlichkeitsrechnung 7

Manfred J. Wermuth

Zusammenfassung

Die Wahrscheinlichkeitsrechnung (auch: Wahrscheinlichkeitstheorie, Probabilistik) beschreibt die Gesetzmäßigkeiten von Ereignissen und Vorgängen, deren Ergebnisse vom Zufall beeinflusst sind und somit nur mit bestimmten Wahrscheinlichkeiten, d. h. mit reellen Zahlen zwischen 0 und 1, angegeben werden können. Sie hat sich im Laufe des letzten Jahrhunderts zu einer exakten mathematischen Theorie entwickelt. Sie bildet die Grundlage für die mathematische Statistik und gemeinsam mit dieser das Gebiet der Stochastik.

7.1 Wahrscheinlichkeitsrechnung von Zufallsereignissen

7.1.1 Zufallsexperiment und Zufallsereignis

Die Wahrscheinlichkeitsrechnung beschreibt die Gesetzmäßigkeiten zufälliger Ereignisse. *Ein Zufallsereignis* ist das Ergebnis eines *Zufallsexperiments*, d. h. eines unter gleichen Bedingungen im Prinzip beliebig oft wiederholbaren Vorganges mit unbestimmtem Ergebnis.

Jedes mögliche, nicht weiter zerlegbare Einzelergebnis eines Zufallsexperiments heißt *Elementarereignis*, die Menge aller Elementarereignisse *Ergebnismenge E*. Jede Teilmenge der Ergebnismenge E definiert ein zufälliges *Ereignis (Zufallsereignis)*, die Menge aller möglichen Zufallsereignisse heißt *Ereignisraum G*. Zum Ereignisraum G gehören somit neben allen Elementarereignissen auch alle Vereinigungsmengen von Elementarereignissen (zusammengesetzte Ereignisse) sowie die beiden unechten Teilmengen von E, nämlich die leere Menge $\emptyset$ und die Ergebnismenge E selbst.

Beispiel 1 In einer Urne befinden sich drei Lose mit den Nummern 1, 2 und 3. Es wird jeweils ein Los gezogen und wieder zurückgelegt.

Zufallsexperiment: Ziehen eines Loses.

Elementarereignisse: Ziehen der Losnummern $\{1\}$, $\{2\}$, $\{3\}$.

Ergebnismenge: $E = \{1, 2, 3\}$.

Ereignisse: Zum Beispiel Ziehen der Losnummer $\{3\}$, Ziehen einer ungeraden Losnummer $\{1, 3\}$, Ziehen einer Losnummer kleiner 3 $\{1, 2\}$.

Ereignisraum: $G = \{\emptyset, \{1\}, \{2\}, \{3\}, \{1,2\}, \{1, 3\}, \{2, 3\}, \{1, 2, 3\}\}$.

Zufallsereignisse werden mit Großbuchstaben A, B, ... bezeichnet. Durch Anwendung der bekannten Mengenoperationen entstehen neue Zufallsereignisse:

M. J. Wermuth (✉)
Institut für Verkehr und Stadtbauwesen, Technische Universität Braunschweig (im Ruhestand), Braunschweig, Deutschland
E-Mail: manfred.wermuth@gmx.de

M. Hennecke, B. Skrotzki (Hrsg.), *HÜTTE Band 1: Mathematisch-naturwissenschaftliche und allgemeine Grundlagen für Ingenieure*, Springer Reference Technik,
https://doi.org/10.1007/978-3-662-64369-3_7

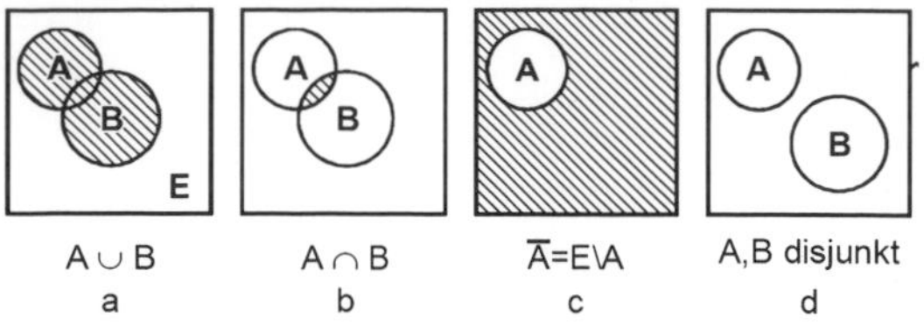

Abb. 1 Venn-Diagramme

Vereinigung der Ereignisse A und B: Das Ereignis $A \cup B$ tritt ein, wenn das Ereignis *A oder* das Ereignis *B* eintritt (Abb. 1a).

Durchschnitt der Ereignisse A und B: Das Ereignis $A \cap B$ tritt ein, wenn das Ereignis *A und* das Ereignis *B* eintreten (Abb. 1b).

Sicheres Ereignis E: Das sichere Ereignis ist das Ereignis, das immer eintritt, d. h. die Ergebnismenge *E*.

Unmögliches Ereignis $\emptyset$: Das unmögliche Ereignis ist das Ereignis, das nie eintritt, d. h. die leere Menge $\emptyset$.

Komplementärereignis $\bar{A}$: Das zum Ereignis *A* (bezüglich *E*) komplementäre Ereignis $\bar{A}$ tritt ein, wenn *A* nicht eintritt. Es gilt: $\bar{A} = E\backslash A$, und demzufolge $A \cup \bar{A} = E$, $A \cap \bar{A} = \emptyset$ (Abb. 1c).

Disjunkte (unvereinbare) Ereignisse: Zwei Ereignisse *A* und *B* heißen disjunkt (unvereinbar), wenn ihr Durchschnitt die leere Menge ist: $A \cap B = \emptyset$. Disjunkte Ereignisse enthalten keine gemeinsamen Elementarereignisse. Elementarereignisse sind disjunkte Ereignisse (Abb. 1d).

Beispiel 2 Für das Zufallsexperiment von Beispiel 1 gilt: Für die Ereignisse $A = \{1, 2\}$ und $B = \{2, 3\}$ sind die *Vereinigung* $A \cup B = \{1, 2, 3\}$, der *Durchschnitt* $A \cap B = \{2\}$ und die *Komplementärereignisse* $\bar{A} = \{3\}$ bzw. $\bar{B} = \{1\}$. Die Ereignisse $\bar{A}$ und $\bar{B}$ sind disjunkt, da $\bar{A} \cap \bar{B} = \emptyset$.

7.1.2 Kombinatorik

Permutationen

Unter der Anzahl der Permutationen einer endlichen Zahl *n* von Elementen versteht man die Anzahl der möglichen verschiedenen Anordnungen, in denen jeweils sämtliche Elemente genau einmal vorkommen.

Die Anzahl P_n der Permutationen von *n* verschiedenen Elementen ist

$$P_n = n! = 1 \cdot 2 \cdot \ldots \cdot (n-1) \cdot n,$$

von *n*-Elementen, von denen $n_1, n_2, \ldots, n_m$ jeweils gleich sind ($n_1 + n_2 + \ldots + n_m \leq n$), ist

$$P_{n;n_1,n_2,\ldots,n_m} = \frac{n!}{n_1!n_2! \cdot \ldots \cdot n_m!}.$$

Beispiel 3

- Die Permutationen der Elemente A, B, C sind die Anordnungen ABC, ACB, BAC, BCA, CAB, CBA. Ihre Anzahl ist

$$P_3 = 1 \cdot 2 \cdot 3 = 6.$$

- Die Permutationen der Elemente A, A, B, B sind die Anordnungen AABB, ABAB, ABBA, BAAB, BABA, BBAA. Ihre Anzahl ist

$$P_{4;2,2} = \frac{4!}{2!2!} = 6.$$

Beispiel 4 Wie viele fünfzifferige Zahlen lassen sich aus den Ziffern 0, 0, 1, 1, 2 bilden?

Die gesuchte Zahl ist die Anzahl der Permutationen der 5 Ziffern abzüglich der Anzahl der Permutationen mit einer führenden Null, d. h.

$$P_{5;2,2} - P_{4;2} = \frac{5!}{2! \cdot 2!} - \frac{4!}{2!} = 30 - 12 = 18.$$

Beispiel 5 Dass in der Kombinatorik häufig große Zahlen auftreten können, zeigt folgendes Beispiel. Beim Skat erhalten die drei Spieler je 10 Karten, die zwei restlichen Karten werden verdeckt in den Skat gelegt. Wie viele verschiedene Möglichkeiten gibt es, die Karten zu verteilen, ohne dass alle drei Spieler dieselben Karten zweimal erhalten? Wie lange müsste maximal gespielt werden, bevor dieselbe Verteilung der Karten zum zweiten Male auftritt?

Bei 32 Karten gibt es 32! Permutationen, d. h. Möglichkeiten, die Karten nebeneinander anzuordnen, ohne dass eine bestimmte Reihenfolge zweimal auftritt. Der erste Spieler erhält jeweils die ersten 10 Karten, der zweite die zweiten zehn, der dritte die dritten zehn, die beiden letzten Karten gehen in den Skat. Es ist zu berücksichtigen, dass die 10 Karten jedes Spielers und die zwei Karten des Skats jeweils in unterschiedlicher Reihenfolge angeordnet werden dürfen. Die gesuchte Zahl der unterschiedlichen Verteilungsmöglichkeiten der Karten, ohne dass eine bestimmte Verteilung ein zweites Mal auftritt, beträgt dann:

$$\begin{aligned} P_{32;10,10,10,2} &= \frac{32!}{10!10!10!2!} \\ &= 2.753.294.408.504.640. \end{aligned}$$

Wenn am Tag 12 Stunden gespielt würde und ein Spiel nur eine Minute dauerte (720 Spiele pro Tag), so bräuchte ein Team von drei Spielern 3.824.020.011.812 Tage oder 10.476.767.005 Jahre. Das heißt, wenn bei Christi Geburt nicht nur ein Team, sondern 5 Millionen Teams begonnen hätten, je 12 Stunden pro Tag zu spielen, benötigten sie mehr als 2095 Jahre und wären somit heute noch nicht fertig.

Kombinationen

Die Anzahl der Kombinationen *k*-ter Klasse von *n* Elementen ist die Anzahl aller möglichen Gruppen von *k* Elementen ($k < n$), die sich aus den *n* Elementen bilden lassen, wobei die Anordnung der Elemente innerhalb der Gruppen unberücksichtigt bleibt.

Man unterscheidet Kombinationen ohne Wiederholung und Kombinationen mit Wiederholung, je nachdem, ob die *k* Elemente einer Kombination voneinander verschieden sein müssen oder nicht.

Die Anzahl $K_{n;k}$ der **Kombinationen ohne Wiederholung** ist

$$K_{n;k} = \binom{n}{k} = \frac{n!}{k!(n-k)!},$$

die Anzahl $K'_{n;k}$ der **Kombinationen mit Wiederholung**

$$K'_{n;k} = \binom{n+k-1}{k} = \frac{(n+k-1)!}{k!(n-1)!}.$$

Beispiel 6

- Die möglichen Kombinationen 2. Klasse *ohne* Wiederholung der 4 Elemente A, B, C, D sind AB, AC, AD, BC, BD, CD. Ihre Anzahl ist

$$K_{4;2} = \binom{4}{2} = \frac{4!}{2!2!} = \frac{3 \cdot 4}{1 \cdot 2} = 6.$$

- Die Anzahl der Kombinationen 2. Klasse *mit* Wiederholung ist um die 4 Gruppen AA, BB, CC, DD größer, ihre Anzahl somit

$$K'_{4;2} = \binom{5}{2} = \frac{5!}{2!3!} = \frac{4 \cdot 5}{2 \cdot 1} = 10.$$

Beispiel 7 Wie viele verschiedene Möglichkeiten gibt es beim Zahlenlotto „6 aus 49“ 6 Zahlen anzukreuzen? Die Zahl der Möglichkeiten ist die Anzahl der Kombinationen 6-ter Klasse von 49 Elementen ohne Wiederholung, d. h.,

$$K_{49;6} = \binom{49}{6} = \tfrac{49!}{6!43!} = 13.983.816.$$

Variationen

Die Anzahl der Variationen *k*-ter Klasse von *n* Elementen ist die Anzahl aller Gruppen zu *k* Elementen ($k < n$) und deren Permutationen, die sich aus *n* Elementen bilden lassen.

Man unterscheidet Variationen ohne Wiederholung und Variationen mit Wiederholung, je nachdem, ob die *k* Elemente einer Variation voneinander verschieden sein müssen oder nicht.

Die Anzahl $V_{n;k}$ der **Variationen ohne Wiederholung** ist

$$\begin{aligned} V_{n;k} &= n \cdot (n-1) \cdot (n-2) \ldots (n-k+1) \\ &= \frac{n!}{(n-k)!} \end{aligned}$$

die Anzahl $V'_{n,k}$ der **Variationen mit Wiederholung**

$$V'_{n,k} = n^k.$$

Beispiel 8

- Die Variationen 2. Klasse *ohne* Wiederholung der 4 Elemente A, B, C, D sind AB, BA, AC, CA, AD, DA, BC, CB, BD, DB, CD, DC. Ihre Anzahl ist

$$V_{4;2} = \frac{4!}{2!} = \frac{2 \cdot 3 \cdot 4}{2} = 12.$$

- Die Anzahl der Variationen 2. Klasse *mit* Wiederholung ist um die 4 Variationen AA, BB, CC, DD größer als $V_{4;2}$:

$$V'_{4;2} = 4^2 = 16.$$

7.1.3 Wahrscheinlichkeit von Zufallsereignissen

Jedem Zufallsereignis A kann ein Zahlenwert zugeordnet werden, der *Wahrscheinlichkeit des Zufallsereignisses A* genannt und mit $P(A)$ bezeichnet wird (vgl. engl. *probability*).

Es gibt keine gleichzeitig anschauliche wie umfassende und exakte Definition der Wahrscheinlichkeit. Im Folgenden sind drei Definitionen mit unterschiedlichen Anwendungsvorteilen in der Reihenfolge ihrer historischen Entstehung angegeben.

Klassische Definition (P. S. De Laplace, 1812). Die Wahrscheinlichkeit für das Eintreten des Ereignisses A ist gleich dem Verhältnis aus der Zahl m der für das Eintreten des Ereignisses A günstigen Fälle zur Zahl n der möglichen Fälle:

$$P(A) = \frac{m}{n} = \frac{\text{Zahl der günstigen Fälle}}{\text{Zahl der möglichen Fälle}}. \quad (1)$$

Diese Definition ist zwar anschaulich, aber nicht umfassend, da sie von der Annahme ausgeht, dass alle Elementarereignisse (alle möglichen Fälle) gleich wahrscheinlich sind. Die Gleichwahrscheinlichkeit setzt zugleich eine endliche Anzahl von Elementarereignissen voraus. Diese Voraussetzung ist bei vielen Problemen in der Praxis nicht erfüllt. Die Definition von Laplace ist jedoch bei den Problemen von Nutzen, für welche die Zahlen der günstigen bzw. möglichen Fälle als die Zahlen von gleichwahrscheinlichen Kombinationen berechnet werden können.

Beispiel 9 Gemäß Beispiel 6 gibt es beim Zahlenlotto „6 aus 49" 13.983.816 verschiedene Kombinationen mit 6 Zahlen. Da von diesen nur eine die 6 Treffer enthält, ist die Wahrscheinlichkeit hierfür 1/13.983.816.

Statistische Definition (R. v. Mises, 1919). Bei einem Zufallsexperiment ist die Wahrscheinlichkeit $P(A)$ eines Ereignisses gleich dem Grenzwert der relativen Häufigkeit $h_n(A)$ des Auftretens des Ereignisses A, wenn die Zahl n der Versuche gegen unendlich geht.

Es ist

$$P(A) = \lim_{n \to \infty} h_n(A) = \lim_{n \to \infty} \frac{m}{n}, \quad (2)$$

wenn n die Anzahl aller Versuche bezeichnet und m die Zahl derjenigen, bei denen das Ereignis A eintritt.

Diese Wahrscheinlichkeitsdefinition ist zwar anschaulich, jedoch formal nicht exakt, da die Existenz des angegebenen Grenzwertes sich analytisch nicht beweisen lässt. Die Definition von v. Mises hat dennoch große praktische Bedeutung, da man in der Realität oft nur relative Häufigkeiten kennt, die man als Wahrscheinlichkeiten interpretiert.

Axiomatische Definition (A. N. Kolmogoroff, 1933). Zur axiomatischen Definition der Wahrscheinlichkeit wird für den Ereignisraum die Struktur einer *σ-Algebra* vorausgesetzt, die dadurch definiert ist, dass sie bezüglich der Komplementbildung und der Bildung von abzählbar unendlich vielen Vereinigungen und Durchschnitten ein geschlossenes Mengensystem darstellt.

Unter dieser Voraussetzung wird jedem Zufallsereignis A aus dem Ereignisraum G eine reelle Zahl $P(A)$ mit folgenden Eigenschaften zugeordnet:

Axiom 1 (Nichtnegativität): Für jedes Zufallsereignis gilt: $P(A) \geqq 0$.

Axiom 2 (Normiertheit): Für das sichere Ereignis E gilt: $P(E) = 1$.

Axiom 3 (σ-Additivität): Für abzählbar unendlich viele paarweise disjunkte Ereignisse A_i gilt:

$$\mathrm{P}(\mathrm{A}_1 \cup \mathrm{A}_2 \cup \ldots) = \mathrm{P}(\mathrm{A}_1) + \mathrm{P}(\mathrm{A}_2) + \ldots$$

Die Eigenschaft der σ-Additivität umfasst auch die endliche Additivität bei n disjunkten Ereignissen. Für den Fall $n = 2$ gilt für die disjunkten Ereignisse A und B : $P(A \cup B) = P(A) + P(B)$. Nur das Axiomensystem von Kolmogoroff erlaubt eine exakte und umfassende Definition der Wahrscheinlichkeit.

7.1.4 Bedingte Wahrscheinlichkeit

Unter der bedingten Wahrscheinlichkeit $P(B|A)$ (in Worten: Wahrscheinlichkeit für B unter der Bedingung A) versteht man die Wahrscheinlichkeit für das Eintreten des Ereignisses B unter der Voraussetzung, dass das Ereignis A bereits eingetreten ist. Sie ist für $P(A) > 0$ definiert als

$$\mathrm{P}(\mathrm{B}|\mathrm{A}) = \frac{\mathrm{P}(\mathrm{A} \cap \mathrm{B})}{\mathrm{P}(\mathrm{A})} \tag{3}$$

Bei gleichwahrscheinlichen Elementarereignissen ist die bedingte Wahrscheinlichkeit $P(B|A)$ also der relative Anteil der Elementarereignisse, die sowohl zum Ereignis A als auch zum Ereignis B gehören, an allen Elementarereignissen des Ereignisses A.

Beispiel 10 Drei Maschinen eines Betriebs stellen 100 Werkstücke her, und zwar die erste 50, die zweite 30 und die dritte 20. Davon sind bei der ersten Maschine 4, bei der zweiten und dritten jeweils 3 Stücke Ausschuss. Greift man zufällig ein Werkstück heraus und betrachtet man die Ereignisse

A_i: Das Werkstück wurde von der i-ten Maschine produziert ($i = 1, 2, 3$) und
B: das Werkstück ist Ausschuss,

so betragen deren Wahrscheinlichkeiten:

$$\begin{aligned}
\mathrm{P}(\mathrm{A}_1) &= 50/100 = 0{,}5,\\
\mathrm{P}(\mathrm{A}_2) &= 30/100 = 0{,}3,\\
\mathrm{P}(\mathrm{A}_3) &= 20/100 = 0{,}2 \text{ und}\\
\mathrm{P}(\mathrm{B}) &= (4+3+3)/100 = 0{,}1.
\end{aligned}$$

Die bedingten Wahrscheinlichkeiten, dass das Werkstück fehlerhaft ist unter der Voraussetzung, von der ersten, zweiten bzw. dritten Maschine zu stammen, betragen:

$$\begin{aligned}
\mathrm{P}(\mathrm{B}|\mathrm{A}_1) &= 4/50 = 0{,}08,\\
\mathrm{P}(\mathrm{B}|\mathrm{A}_2) &= 3/30 = 0{,}10,\\
\mathrm{P}(\mathrm{B}|\mathrm{A}_3) &= 3/20 = 0{,}15.
\end{aligned}$$

Die bedingten Wahrscheinlichkeiten, dass das Werkstück von der ersten, zweiten bzw. dritten Maschine stammt, unter der Voraussetzung, Ausschuss zu sein, berechnen sich zu

$$\begin{aligned}
\mathrm{P}(\mathrm{A}_1|\mathrm{B}) &= 4/10 = 0{,}4,\\
\mathrm{P}(\mathrm{A}_2|\mathrm{B}) &= 3/10 = 0{,}3,\\
\mathrm{P}(\mathrm{A}_3|\mathrm{B}) &= 3/10 = 0{,}3.
\end{aligned}$$

7.1.5 Unabhängigkeit von Ereignissen

Zwei Zufallsereignisse A und B heißen *stochastisch unabhängig*, wenn gilt

$$\mathrm{P}(\mathrm{B}) = \mathrm{P}(\mathrm{B}|\mathrm{A}) \text{ oder } \mathrm{P}(\mathrm{A}) = \mathrm{P}(\mathrm{A}|\mathrm{B}) \tag{4}$$

Dann gilt auch:

$$\mathrm{P}(\mathrm{A} \cap \mathrm{B}) = \mathrm{P}(\mathrm{A}) \cdot \mathrm{P}(\mathrm{B})$$

Zur Prüfung der Unabhängigkeit reicht die Prüfung einer der beiden Bedingungen (4) aus.

Beispiel 11 Im Beispiel 10 ist

$$\mathrm{P(B)} = 0{,}10 \neq \mathrm{P(B}|A_1) = 0{,}08$$

Demzufolge ist das Ereignis B („Werkstück ist Ausschuss") nicht unabhängig von Ereignis A_1 („Produzierende Maschine ist Maschine 1").

Bei mehr als zwei Ereignissen impliziert die Unabhängigkeit von jeweils zwei Ereignissen noch nicht die (vollständige) Unabhängigkeit aller Ereignisse. Die (vollständige) Unabhängigkeit von $n > 2$ Ereignissen $A_1, A_2, \ldots, A_n$ liegt vor, wenn für jede Indexkombination $i_1, i_2, \ldots, i_k$ mit $k \leqq n$ aus der Indexmenge $1, 2, \ldots, n$ gilt:

$$\mathrm{P}(\mathrm{A}_{i_1} \cap \mathrm{A}_{i_2} \cap \ldots \cap \mathrm{A}_{i_k}) = \mathrm{P}(\mathrm{A}_{i_1}) \cdot \mathrm{P}(\mathrm{A}_{i_2}) \ \ldots \cdot \mathrm{P}(\mathrm{A}_{i_k}) \tag{5}$$

Bei drei Ereignissen ist die (vollständige) Unabhängigkeit erst dann gegeben, wenn neben den Bedingungen der paarweisen Unabhängigkeit

$$\begin{aligned}
\mathrm{P}(\mathrm{A}_1 \cap \mathrm{A}_2) &= \mathrm{P}(\mathrm{A}_1) \cdot \mathrm{P}(\mathrm{A}_2),\\
\mathrm{P}(\mathrm{A}_1 \cap \mathrm{A}_3) &= \mathrm{P}(\mathrm{A}_1) \cdot \mathrm{P}(\mathrm{A}_3) \text{ und}\\
\mathrm{P}(\mathrm{A}_2 \cap \mathrm{A}_3) &= \mathrm{P}(\mathrm{A}_2) \cdot \mathrm{P}(\mathrm{A}_3),
\end{aligned}$$

auch gilt

$$\mathrm{P}(\mathrm{A}_1 \cap \mathrm{A}_2 \cap \mathrm{A}_3) = \mathrm{P}(\mathrm{A}_1) \cdot \mathrm{P}(\mathrm{A}_2) \cdot \mathrm{P}(\mathrm{A}_3).$$

7.1.6 Rechenregeln für Wahrscheinlichkeiten

Zufallsereignis A. Es gilt $0 \leqq P(A) \leqq 1$.

Unmögliches Ereignis $\varnothing$. Es gilt $P(\varnothing) = 0$.

Komplementäres Ereignis. Es gilt $P(\bar{A}) = 1 - P(A)$.

Additionssatz. Für die Vereinigung von *paarweise disjunkten* Ereignissen $A_1, \ldots, A_n$ (d. h., $A_i \cap A_j = \varnothing$ für $i \neq j$) gilt gemäß Axiom 3:

$$\mathrm{P}(\mathrm{A}_1 \cup \ldots \cup \mathrm{A}_n) = \mathrm{P}(\mathrm{A}_1) + \ldots + \mathrm{P}(\mathrm{A}_n) \tag{6}$$

Für zwei *nicht disjunkte* Ereignisse A_1 und A_2 gilt:

$$\begin{aligned}
\mathrm{P}(\mathrm{A}_1 \cup \mathrm{A}_2) = \mathrm{P}(\mathrm{A}_1) + \mathrm{P}(\mathrm{A}_2)\\
- \mathrm{P}(\mathrm{A}_1 \cap \mathrm{A}_2)
\end{aligned} \tag{7}$$

Die Verallgemeinerung auf $n > 2$ *nicht disjunkte* Ereignisse liefert die Formel

$$\begin{aligned}
&\mathrm{P}(\mathrm{A}_1 \cup \ldots \cup \mathrm{A}_n)\\
&= \sum_{i=1}^{n} \mathrm{P}(\mathrm{A}_i) - \sum_{i=1}^{n-1} \sum_{j=i+1}^{n} \mathrm{P}\left(\mathrm{A}_i \cap \mathrm{A}_j\right)\\
&+ \sum_{i=1}^{n-2} \sum_{j=i+1}^{n-1} \sum_{k=j+1}^{n} \mathrm{P}\left(\mathrm{A}_i \cap \mathrm{A}_j \cap \mathrm{A}_k\right)\\
&- + \ldots + (-1)^{n-1} \mathrm{P}(\mathrm{A}_1 \cap \ldots \cap \mathrm{A}_n).
\end{aligned} \tag{8}$$

Beispiel 12 Beim Werfen eines homogenen Würfels seien folgende Ereignisse definiert: A: Die Augenzahl ist ungerade; B: Die Augenzahl ist kleiner als 2; C: Die Augenzahl ist größer als 4. Die Wahrscheinlichkeit, dass die Augenzahl bei einem bestimmten Wurf ungerade oder kleiner als 2 oder größer als 4 ist, beträgt dann gemäß (8)

$$\begin{aligned}
&\mathrm{P}(\mathrm{A} \cup \mathrm{B} \cup \mathrm{C}) = \mathrm{P}(\mathrm{A}) + \mathrm{P}(\mathrm{B}) + \mathrm{P}(\mathrm{C})\\
&- \mathrm{P}(\mathrm{A} \cap \mathrm{B}) - \mathrm{P}(\mathrm{A} \cap \mathrm{C}) - \mathrm{P}(\mathrm{B} \cap \mathrm{C})\\
&+ \mathrm{P}(\mathrm{A} \cap \mathrm{B} \cap \mathrm{C})\\
&= \frac{1}{2} + \frac{1}{6} + \frac{1}{3} - \frac{1}{6} - \frac{1}{6} - 0 + 0\\
&= \frac{2}{3}.
\end{aligned}$$

Multiplikationssatz: Aus der Definition (3) der bedingten Wahrscheinlichkeit eines Ereignisses B unter der Bedingung A folgt für die Wahrscheinlichkeit des Durchschnitts zweier beliebiger Ereignisse A und B

$$\mathrm{P}(\mathrm{A} \cap \mathrm{B}) = \mathrm{P}(\mathrm{A}) \cdot \mathrm{P}(\mathrm{B}|\mathrm{A}). \tag{9}$$

Die Verallgemeinerung, die mittels vollständiger Induktion bewiesen werden kann, liefert den Multiplikationssatz für n beliebige Ereignisse:

$$P(A_1 \cap \ldots \cap A_n) = P(A_1) \cdot P(A_2 | A_1) \cdot P(A_3 | A_1 \cap A_2) \cdot \ldots \cdot P(A_n | A_1 \cap \ldots \cap A_{n-1}). \quad (10)$$

Für *unabhängige* Ereignisse A und B gilt

$$P(A \cap B) = P(A) \cdot P(B), \quad (11)$$

ebenso für *vollständig unabhängige* Ereignisse $A_1, \ldots, A_n$

$$= P(A_1 \cap \ldots \cap A_n) = P(A_1) \cdot \ldots \cdot P(A_n) \quad (12)$$

Beispiel 13 Beim Zahlenlotto „6 aus 49" sei das Ereignis, mit dem i-ten Kreuz einen Treffer zu haben, mit A_i bezeichnet.

Dann ist die Wahrscheinlichkeit für 6 Treffer in einem Spiel:

$$P(A_1 \cap \ldots \cap A_6) = P(A_1) \cdot P(A_2 | A_1) \cdot \ldots \cdot P(A_6 | A_1 \cap \ldots \cap A_5) = \frac{6}{49} \cdot \frac{5}{48} \cdot \ldots \cdot \frac{1}{44} = \frac{1}{13.983.816}$$

Dabei sind die Ereignisse A_i jeweils abhängig von den Ereignissen $A_1, A_2, \ldots, A_{i-1}$.

Beispiel 14 In einer Urne befinden sich 6 Lose mit 3 Treffer und 3 Nieten. Wie groß ist die Wahrscheinlichkeit bei dreimaligem Ziehen jedes Mal einen Treffer zu haben, wenn

(a) die gezogenen Lose nicht zurückgelegt werden oder
(b) wenn das gezogene Los jedes Mal zurückgelegt wird?

Es sei A_i das Ereignis, beim i-ten Ziehen einen Treffer zu haben. Dann gilt

(a) für den Fall „ohne Zurücklegen":

$$P(A_1 \cap A_2 \cap A_3) = P(A_1) \cdot P(A_2 | A_1) \cdot P(A_3 | A_1 \cap A_2) = \frac{3}{6} \cdot \frac{2}{5} \cdot \frac{1}{4} = \frac{1}{20},$$

da z. B. die Wahrscheinlichkeit für das Eintreten des Ereignisses A_2 vom Ergebnis der ersten Ziehung abhängt: Sie ist 2⁄5, wenn A_1 eingetreten ist, aber 3⁄5, wenn A_1 nicht eingetreten ist;

(b) für den Fall „mit Zurücklegen" gilt

$$P(A_1 \cap A_2 \cap A_3) = P(A_1) \cdot P(A_2) \cdot P(A_3) = \frac{3}{6} \cdot \frac{3}{6} \cdot \frac{3}{6} = \frac{1}{8},$$

da hierbei bei allen drei Ziehungen dieselben Gegebenheiten vorliegen, unabhängig vom Ausgang der vorausgegangenen Ziehungen.

Totale Wahrscheinlichkeit. Die Ereignisse $A_1, A_2, \ldots, A_n$ seien eine vollständige Ereignismenge, d. h. $A_1 \cup \ldots \cup A_n = E$ und $A_i \cap A_j = \emptyset (i \neq j)$. B sei ein beliebiges Ereignis.

Wegen

$$B = B \cap E = B \cap (A_1 \cup \ldots \cup A_n) = (B \cap A_1) \cup (B \cap A_2) \cup \ldots \cup (B \cap A_n)$$

gilt

$$P(B) = \sum_{i=1}^{n} P(B \cap A_i) = \sum_{i=1}^{n} P(A_i) \cdot P(B \mid A_i) \quad (13)$$

Bayes'sche Formel. Für die umgekehrte Fragestellung, nämlich die nach der Wahrscheinlichkeit für das Eintreten von A_i aus einer vollständigen Ereignismenge unter der Bedingung, dass Ereignis B eingetreten ist, gilt für alle $i = 1, \ldots, n$:

$$P(A_i | B) = \frac{P(A_i \cap B)}{P(B)} = \frac{P(A_i) \cdot P(B \mid A_i)}{\sum_{i=1}^{n} P(A_i) \cdot P(B \mid A_i)} \quad (14)$$

Beispiel 15 Im Beispiel 10 bilden die Ereignisse A_1, A_2, A_3 eine vollständige Ereignismenge. Die totale Wahrscheinlichkeit für B ist gemäß (13)

$$\begin{aligned} P(B) &= 0{,}5 \cdot 0{,}08 + 0{,}3 \cdot 0{,}10 + 0{,}2 \cdot 0{,}15 \\ &= 0{,}10 \end{aligned}$$

und mit (14) gilt

$$\begin{aligned} P(A_1|B) &= 0{,}5 \cdot 0{,}\frac{08}{0}{,}10 = 0{,}4 \\ P(A_2|B) &= 0{,}3 \cdot 0{,}\frac{10}{0}{,}10 = 0{,}3 \\ P(A_3|B) &= 0{,}2 \cdot 0{,}15/0{,}10 = 0{,}3. \end{aligned}$$

Diese Ergebnisse stimmen mit den entsprechenden von Beispiel 10 überein.

Anwendung auf die Sicherheitstheorie

Die Zuverlässigkeit von Systemen kann durch ihre Funktions- bzw. Versagenswahrscheinlichkeit quantifiziert werden.

Ein *System* bestehe aus n *Einzelkomponenten* i (i = 1,...,n).

Als *Ereignisse* werden definiert:

A_i: Komponente i ist funktionstüchtig,
$\bar{A}_i$: Komponente i versagt,
S: System ist funktionstüchtig,
$\bar{S}$: System versagt.

Die Ereignisse $A_1,\ldots,A_n$ seien voneinander unabhängig. Dann sind auch $\bar{A}_1,\ldots,\bar{A}_n$ voneinander unabhängig.

Reihensysteme (Abb. 2)

Ein Reihensystem versagt, wenn *mindestens eine* Komponente versagt. Das gesamte System funktioniert nach dem Multiplikationssatz (12) mit der Wahrscheinlichkeit

Abb. 2 Reihensystem

$$\begin{aligned} P(S) &= P(A_1 \cap A_2 \cap \ldots \cap A_n) \\ &= P(A_1) \cdot P(A_2) \cdot \ldots \cdot P(A_n) \\ &= \prod_{i=1}^{n} P(A_i) = \prod_{i=1}^{n} [1 - P(\bar{A}_i)] \end{aligned} \tag{15}$$

Die Wahrscheinlichkeit, dass das System versagt, ist dann

$$\begin{aligned} P(\bar{S}) &= P(\bar{A}_1 \cup \bar{A}_2 \cup \ldots \cup \bar{A}_n) \\ &= 1 - P(A_1 \cap A_2 \cap \ldots \cap A_n) \\ &= 1 - P(S) = 1 - \prod_{i=1}^{n} P(A_i) \\ &= 1 - \prod_{i=1}^{n} [1 - P(\bar{A}_i)] \end{aligned} \tag{16}$$

Beispiel 16 Eine Kette mit n = 30 Gliedern mit einer Versagenswahrscheinlichkeit von jeweils $P(\bar{A}_i) = 0{,}01$ reißt mit der Wahrscheinlichkeit

$$P(\bar{S}) = 1 - (1 - 0{,}01)^{30} = 0{,}26 = 26\ \%$$

Wenn ein Glied k davon eine Versagenswahrscheinlichkeit von $P(\bar{A}_k) = 0{,}10$ aufweist, so reißt die Kette mit der Wahrscheinlichkeit

$$\begin{aligned} P(\bar{S}) &= 1 - 0{,}99^{29} \cdot 0{,}90 = 1 - 0{,}67 = 0{,}33 \\ &= 33\ \% \end{aligned}$$

Parallelsysteme (Abb. 3)

Ein Parallelsystem versagt, wenn *alle* Komponenten versagen, d. h. mit der Wahrscheinlichkeit:

Abb. 3 Parallelsystem

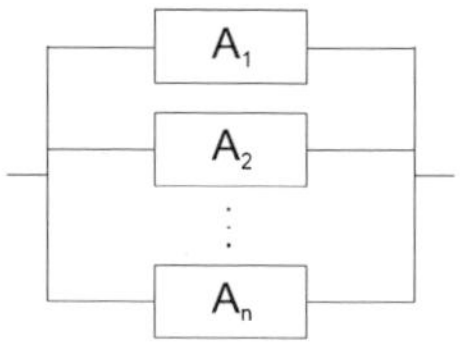

$$\begin{aligned} P(\bar{S}) &= P(\bar{A}_1 \cap \bar{A}_2 \cap \ldots \cap \bar{A}_n) \\ &= P(\bar{A}_1) \cdot P(\bar{A}_2) \ldots P(\bar{A}_n) \\ &= \prod_{i=1}^{n} P(\bar{A}_i) = \prod_{i=1}^{n} [1 - P(\bar{A}_i)] \end{aligned} \tag{17}$$

$$\begin{aligned} P(S) &= 1 - P(\bar{S}) = 1 - \prod_{i=1}^{n} P(\bar{A}_i) \\ &= 1 - \prod_{i=1}^{n} [1 - P(A_i)] \end{aligned} \tag{18}$$

Beispiel 17 In einem Hochhaus befinden sich 2 Aufzüge, von denen jeder durchschnittlich an 10 Werktagen im Jahr nicht funktioniert. Es gilt also

$$P(\bar{A}_1) = P(\bar{A}_2) = \frac{10}{250} - 0{,}04$$

Die Wahrscheinlichkeit, dass an einem zufällig ausgewählten Werktag keiner der beiden Aufzüge funktioniert, beträgt dann

$$\begin{aligned} P(\bar{S}) &= P(\bar{A}_1) \cdot P(\bar{A}_2) = 0{,}04^2 = 0{,}0016 \\ &= 0{,}16\ \% \end{aligned}$$

Gemischte Systeme

Gemischte Systeme können für die Berechnung der Funktions- bzw. Versagenswahrscheinlichkeit in Teilsysteme von Reihen- und Parallelsystemen zerlegt werden (Abb. 4).

Für die Funktionsfähigkeit der Reihensysteme $S_{1,2}$ und $S_{3,4}$ gilt gemäß (15)

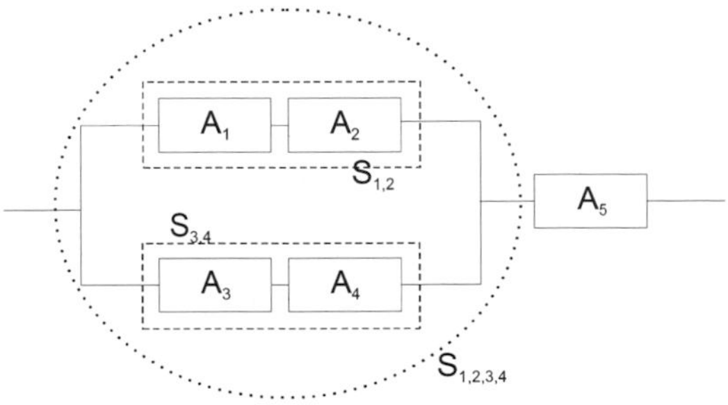

Abb. 4 Gemischtes System S

$$\begin{aligned} P(S_{1,2}) &= P(A_1) \cdot P(A_2) \\ P(S_{3,4}) &= P(A_3) \cdot P(A_4) \end{aligned}$$

Für das Parallelsystem $S_{1,2,3,4}$, bestehend aus den Systemen $S_{1,2}$ und $S_{3,4}$, gilt gemäß (18)

$$\begin{aligned} P(S_{1,2,3,4}) &= 1 - P(\bar{S}_{1,2}) \cdot P(\bar{S}_{3,4}) \\ &= 1 - [1 - P(S_{1,2})] \cdot [1 - P(S_{3,4})] \\ &= P(S_{1,2}) + P(S_{3,4}) - P(S_{1,2}) \cdot P(S_{3,4}) \end{aligned}$$

Für das gemischte System S gilt dann:

$$\begin{aligned} P(S) &= P(S_{1,2,3,4}) \cdot P(A_5) \\ &= P(S_{1,2}) \cdot P(A_5) + P(S_{3,4}) \cdot P(A_5) \\ &\quad - P(S_{1,2}) \cdot P(S_{3,4}) \cdot P(A_5) \\ &= P(A_1) \cdot P(A_2) \cdot P(A_5) + P(A_3) \cdot P(A_4) \cdot P(A_5) \\ &\quad - P(A_1) \cdot P(A_2) \cdot P(A_3) \cdot P(A_4) \cdot P(A_5) \end{aligned}$$

Beispiel 18 Wenn gilt $\bar{A}_i = 0{,}03$ für alle $i = 1, \ldots 5$, so ist

$P(S) = 0{,}97^3 + 0{,}97^3 - 0{,}97^5 = 0{,}913 + 0{,}913 - 0{,}859 = 0{,}967$

7.2 Zufallsvariable und Wahrscheinlichkeitsverteilungen

7.2.1 Zufallsvariable

In der Praxis ist häufig das Elementarereignis als Ergebnis eines Zufallsexperiments (z. B. Zufallsauswahl eines Bolzens aus einer Produktionsmenge) von geringerem Interesse als vielmehr ein dadurch bestimmter reeller Zahlenwert (z. B. Bolzendurchmesser 32,7 mm).

Eine eindeutige Abbildung der Elementarereignisse E_i in die Menge R der reellen Zahlen

$$X : E_i \rightarrow X(E_i) \in \mathbb{R} \tag{19}$$

definiert eine *Zufallsgröße X*. Die Zufallsgröße wird mit einem Großbuchstaben (z. B. X), ihre Zahlenwerte (Realisationen) werden mit kleinen Buchstaben (z. B. x_1, x_2, …) bezeichnet.

Eine Zufallsgröße heißt *diskret*, wenn sie endlich viele Werte $x_1, x_2, \ldots, x_n$ oder abzählbar unendlich viele Werte x_i ($i \in \mathbb{R}$) annehmen kann. Eine Zufallsgröße heißt *stetig*, wenn sie alle Werte eines gegebenen endlichen oder unendlichen Intervalls der reellen Zahlenachse annehmen kann.

Beispiel 19 Beim Würfeln ist die Augenzahl eine diskrete Zufallsgröße, die nur die Zahlen $1, 2, \ldots, 6$ annehmen kann. Der Durchmesser von Bolzen kann theoretisch, d. h. beliebige Messgenauigkeit vorausgesetzt, beliebig viele Werte annehmen und ist somit eine stetige Zufallsgröße.

7.2.2 Wahrscheinlichkeits- und Verteilungsfunktion einer diskreten Zufallsvariablen

Durch die Abbildung (19), welche die Zufallsvariable definiert, kann verschiedenen Elementarereignissen derselbe reelle Zahlenwert x_i zugeordnet werden. Bezeichnet A_i die Menge aller Elementarereignisse E_j, für die $X(E_j) = x_i$ gilt, so ist auf diese Weise die gesamte Ergebnismenge E in disjunkte Teilmengen A_i zerlegt. Da durch ein auf der Ergebnismenge E definiertes Wahrscheinlichkeitsmaß P den Elementarereignissen E_j Wahrscheinlichkeiten $P(E_j)$ zugeordnet sind, ist damit auch die Wahrscheinlichkeit bestimmt, mit der die Zufallsgröße X einen Wert x_i annimmt.

Unter der *Wahrscheinlichkeitsfunktion* einer *diskreten* Zufallsgröße X versteht man eine Abbildung

$$\begin{aligned} f: \mathrm{x_i} \rightarrow \mathrm{P(A_i)} &= \mathrm{P}\left(\bigcup_{\mathrm{E_j} \in \mathrm{A_i}} \mathrm{E_j} \right) = \sum_{\mathrm{E_j} \in \mathrm{A_i}} \mathrm{P(E_j)} \\ &= \mathrm{P(X = x_i)} \end{aligned} \tag{20}$$

die den Realisationen x_i der diskreten Zufallsgröße X Wahrscheinlichkeiten zuordnet.

Es gilt somit für die *Wahrscheinlichkeitsfunktion* $f(x)$ einer diskreten Zufallsgröße X:

$$\mathrm{f(x)} = \begin{cases} \mathrm{f(x_i) = P(X = x_i)} & \text{für} \quad \mathrm{x = x_i} \\ 0 & \text{sonst.} \end{cases} \tag{21}$$

Da die Teilmengen A_i disjunkt sind und ihre Vereinigung den Ergebnisraum E darstellt, gilt

$$\sum_i f(x_i) = 1.$$

Die *Verteilungsfunktion* $F(x)$ einer Zufallsgröße X gibt die Wahrscheinlichkeit dafür an, dass die Zufallsgröße Werte annimmt, die kleiner oder gleich dem Wert x sind. Für eine *diskrete* Zufallsgröße gilt:

$$\mathrm{F(x) = P(X \leq x)} = \sum_{\mathrm{x_i \leq x}} \mathrm{f(x_i)}. \tag{22}$$

Die Verteilungsfunktion ist eine nicht fallende monotone Funktion.

Beispiel 20 Beim Werfen von jeweils zwei Würfeln wird jedem der 36 gleichwahrscheinlichen Zahlenpaare (j, k) als Elementarereignisse ($j, k = 1, \ldots, 6$) die Augensumme $X((j, k)) = j + k$ zugeordnet und damit eine Zufallsgröße definiert. Die möglichen Realisationen x_i der Zufallsgröße „Augensumme" X die entsprechenden Teilmengen A_i, die Werte $f(x_i)$ und $F(x_i)$ zeigt Abb. 5.

In Tab. 1 sind wichtige diskrete Wahrscheinlichkeitsverteilungen zusammengestellt.

7.2.3 Wahrscheinlichkeits- und Verteilungsfunktion einer stetigen Zufallsvariablen

Die Anzahl der möglichen Realisationen einer stetigen Zufallsvariable ist nicht abzählbar. Es kann daher einem bestimmten Wert x keine von null verschiedene Wahrscheinlichkeit $P(X = x)$ zugeordnet werden, sondern nur einem Intervall $I(x, x + \Delta x)$. Das Intervall kann dabei abgeschlossen, halb offen oder offen sein.

Die *Verteilungsfunktion* $F(x)$ einer *stetigen* Zufallsgröße X besitzt eine im Intervall $-\infty < x <$

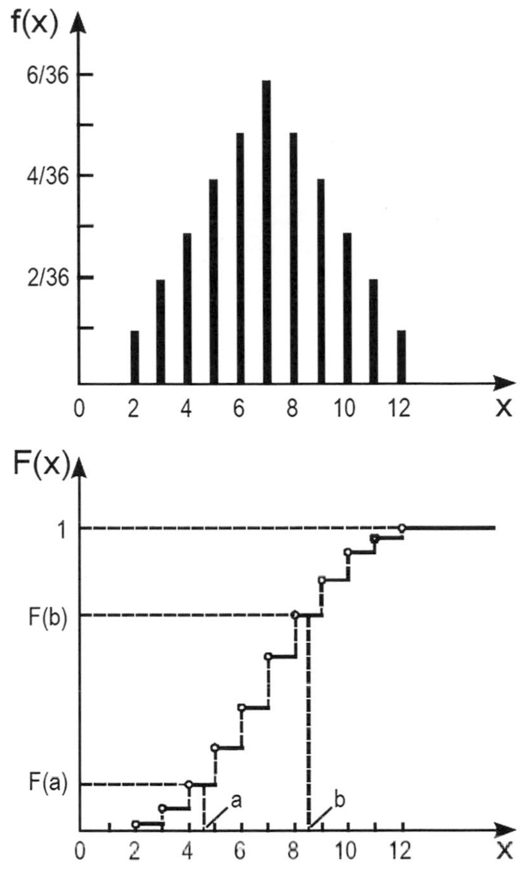

Abb. 5 Wahrscheinlichkeits- und Verteilungsfunktion einer diskreten Zufallsgröße

∞ bis auf höchstens endlich viele Punkte überall stetige Ableitung

$$\frac{dF}{dx} = f(x)$$

Es gilt

$$F(x) = P(X \leq x) = \int_{-\infty}^{x} f(t)dt. \quad (23)$$

Die Funktion $f(x)$ heißt *Wahrscheinlichkeitsdichte* oder *Dichtefunktion.*

Im Gegensatz zur diskreten Zufallsgröße, die als Verteilungsfunktion eine Treppenfunktion mit abzählbar vielen Sprungstellen besitzt, ist die Verteilungsfunktion einer stetigen Zufallsgröße eine stetige Funktion. Da $F(x)$ eine nicht fallende monotone Funktion ist, folgt für die Ableitung $f(x) \geqq 0$ (Abb. 6).

Die Tab. 2 enthält wichtige *stetige* Wahrscheinlichkeitsverteilungen.

7.2.4 Kenngrößen von Wahrscheinlichkeitsverteilungen

Zu Wahrscheinlichkeitsverteilungen gibt es charakteristische Kennzahlen, von denen in der Praxis meist wenige zur Beschreibung der jeweiligen Verteilung ausreichen. Sie sind zum größten Teil Erwartungswerte bestimmter Funktionen der Zufallsvariablen X.

7.2.4.1 α-Quantil

Als α-Quantil bezeichnet man den Wert x_α, der Zufallsvariablen X, für den $P(X \leq x_\alpha) \geq \alpha$ und $P(X \geq x_\alpha) \leq 1 - \alpha$ gilt.

Besitzt eine Zufallsgröße X eine stetige Verteilung, so gilt für das α-Quantil x_α

$$F(x_\alpha) = P(X \leq x_\alpha) = \alpha.$$

Ist die Verteilung von X dagegen diskret, so gilt für das α-Quantil x_α

$$F(x_\alpha) \geq \alpha.$$

und für jedes $x < x_\alpha$

$$F(x) < \alpha.$$

7.2.4.2 Erwartungswert einer Funktion einer Zufallsgröße

Der Erwartungswert $E(g(X))$ einer Funktion $g(X)$ einer diskreten oder stetigen Zufallsgröße X ist definiert als

$$\begin{aligned} E(g(X)) &= \sum_i g(x_i)f(x_i) \quad \text{bzw.} \\ &= \int_{-\infty}^{\infty} g(x)f(x)\,dx, \end{aligned} \quad (24)$$

wenn die Summe bzw. das Integral absolut konvergieren.

Tab. 1 Wichtige diskrete Wahrscheinlichkeitsverteilungen

Zufallsgröße Parameter	Wahrscheinlichkeitsfunktion $f(x)=P(X=x)$ Verteilungsfunktion $F(x)=P(X\leqq x)$	Erwartungswert $E(X)$ Varianz $\mathrm{Var}(X)$	Additionssätze Approximationssätze	Wahrscheinlichkeitsfunktion
1. *Hypergeometrische Verteilung* $H(n, N_A, N)$				
In einer Grundgesamtheit von N Elementen befinden sich N_A Elementes mit einer bestimmten Eigenschaft A. *Zufallsgröße X:* Anzahl der Elemente mit Eigenschaft A in einer Zufallsstichprobe von n Elementen „ohne Zurücklegen" der gezogenen Elemente. *Parameter:* $n, N_A, N \in \mathbb{N}$ $(n < N, N_A < N)$ *Beispiele:* Zahl der Treffer bei Zahlenlotto „6 aus 49"	$f(x)=\begin{cases}\frac{\binom{N_A}{x}\binom{N-N_A}{n-x}}{\binom{N}{n}} & \max(0, n+N_A-N)\leq x \leq \min(n, N_A)\\ 0 & \text{sonst}\end{cases}$ $F(x)=\begin{cases}\sum_{i=0}^{i\leq x} f(i) & x\geq 0\\ 0 & x<0\end{cases}$	$E(X)=n\frac{N_A}{N}$ $\mathrm{Var}(X)= n\frac{N_A}{N}\left(1-\frac{N_A}{N}\right)\frac{N-n}{N-1}$	Ist $n > 30$, $n/N \leq 0{,}05$, $N_A/N \leq 0{,}1$ oder $N_A/N \geq 0{,}9$, so kann die $H(n, N_A, N)$- durch eine $Ps(\lambda)$-Verteilung mit $\lambda = n \cdot N_A/N$ ersetzt werden. Ist $N > 10$, $n/N \leq 0{,}05$ und $0{,}1 < N_A/N < 0{,}9$, so kann die $H(n, N_A, N)$- durch eine $B(n, p)$-Verteilung mit $p = n \cdot N_A/N$ ersetzt werden.	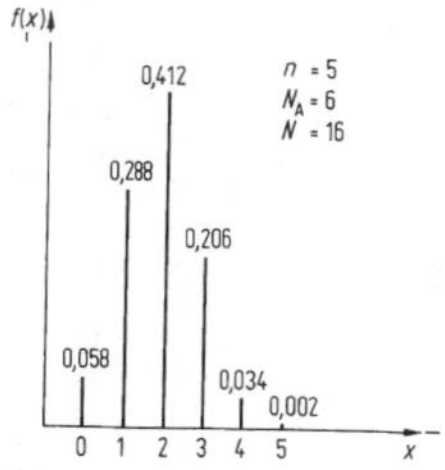
2. *Binomialverteilung* $B(n, p)$				
Bei einem Zufallsexperiment tritt das Ereignis A mit der Wahrscheinlichkeit $P(A) = p$ auf. *Zufallsgröße X*: Anzahl des Auftretens des Ereignisses A bei n-maliger unabhängiger Durchführung des Experiments *Parameter*: $0 < p < 1$ *Beispiele:* Augenzahl „6" beim Würfeln, Anzahl der Elemente mit Eigenschaft A in einer Stichprobe „mit Zurücklegen" (vgl. 1)	$f(x)=\begin{cases}\binom{n}{x}p^x(1-p)^{n-x} & \text{für } x=0,1,\ldots,n\\ 0 & \text{sonst}\end{cases}$ $F(x)=\begin{cases}0 & \text{für } x<0\\ \sum_{i=0}^{m}\binom{n}{i}p^i(1-p)^{n-i} & \text{für } m\leqq x<m+1 \text{ mit } m=0,1,\ldots,n-1\\ 1 & \text{für } n\leqq x\end{cases}$	$E(X) = np$ $\mathrm{Var}(X) = np(1-p)$	Sind X_1, X_2 unabhängig $B(n_1, p)$- bzw. $B(n_2, p)$-verteilt, so ist $X = X_1 + X_2$ $B(n, p)$-verteilt mit $n = n_1 + n_2$. Für $np \leqq 10$ und $n \geqq 1\,500\,p$ kann die $B(n, p)$- durch die Ps(λ)-Verteilung ersetzt werden mit $\lambda = n \cdot p$. Für $np(1-p) \geqq 10$ kann die $B(n, p)$- durch die $N(\mu, \sigma^2)$-Verteilung ersetzt werden mit $\mu = np$ und $\sigma^2 = np(1-p)$.	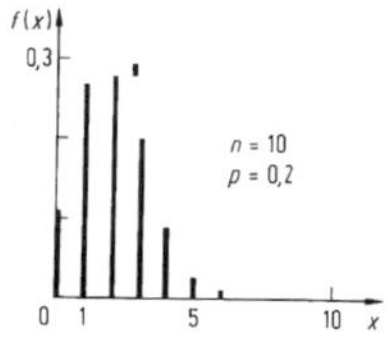

Zufallsgröße Parameter	Wahrscheinlichkeitsfunktion $f(x)=P(X=x)$ Verteilungsfunktion $F(x)=P(X\leqq x)$	Erwartungswert $E(x)$ Varianz $\mathrm{Var}(X)$	Additionssätze Approximationssätze	Wahrscheinlichkeitsfunktion
3. *Negative Binomialverteilung* NB(r, p) *und Geometrische Verteilung* NB$(1, p)$				
Wie 2. *Zufallsgröße X:* Zahl der Durchführungen des Zufallsexperiment bis zum r-ten Mal das Ereignis A auftritt. *Parameter:* $0 < p < 1$, $r \in \mathbb{N}$ *Beispiel:* Zahl der Passanten, die abgewartet werden müssen, um 10 Personen einer bestimmten Altersklasse interviewen zu können. Die Negative Binominalverteilung für $r = 1$ heißt Geometrische Verteilung.	$f(x)=\binom{x-1}{r-1}(1-p)^{x-r}p^r \quad x=r, r+1, \ldots$ $F(x)=\sum_{i\leq x} f(i) \quad x>0$	$E(X)=\frac{r}{p}$ $\mathrm{Var}(X)=\frac{r(1-p)}{p^2}$		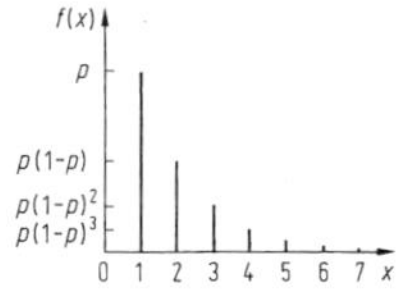
4. *Poisson-Verteilung* Ps(λ)				
Wie 2; jedoch p sehr klein und n sehr groß, so daß $np = \lambda = \text{const}$. *Parameter*: $\lambda > 0$ *Beispiel*: Zahl seltener Ereignisse in einem großen Zeitintervall, z. B. Unfälle.	$f(x)=\begin{cases}\frac{\lambda^x}{x!}e^{-\lambda} & \text{für } x=0,1,2,\ldots\\ 0 & \text{sonst}\end{cases}$ $F(x)=\begin{cases}0 & \text{für } x<0\\ \sum_{i=0}^{m}\frac{\lambda^x}{x!}e^{-\lambda} & \text{für } m\leqq x<m+1;\ m=0,1,2,\ldots\end{cases}$	$E(X) = \lambda$ $\mathrm{Var}(X) = \lambda$	Sind X_1, X_2 unabhängig Ps(λ_1)- bzw. Ps(λ_2)-verteilt, so ist $X = X_1 + X_2$ $Ps(\lambda)$-verteilt mit $\lambda = \lambda_1 + \lambda_2$. Für $\lambda \geqq 10$ kann Ps(λ) durch eine $N(\lambda, \lambda)$-Verteilung ersetzt werden.	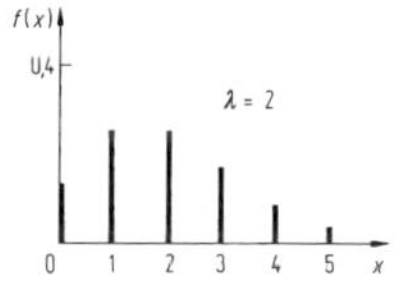

7.2.4.3 Lageparameter einer Verteilung

Erwartungswert. Der Erwartungswert $\mu = E(X)$ einer diskreten oder stetigen Zufallsgröße X selbst lautet mit $g(X) = X$ gemäß (24)

$$\mu = \mathrm{E}(x) = \sum_i x_i f(x_i) \quad \text{bzw.} \qquad = \int_{-\infty}^{\infty} x\, f(x)\, dx. \tag{25}$$

Es gelten folgende *Rechenregeln für Erwartungswerte* (a, b Konstante):

$$\mathrm{E}(a) = a \tag{26}$$

$$\mathrm{E}(aX + b) = a\mathrm{E}(X) + b \tag{27}$$

$$\mathrm{E}(aX + bY) = a\mathrm{E}(X) + b\mathrm{E}(Y) \tag{28}$$

Für stochastisch *unabhängige* Zufallsgrößen gilt zudem (vgl. Abschn. 7.2.5):

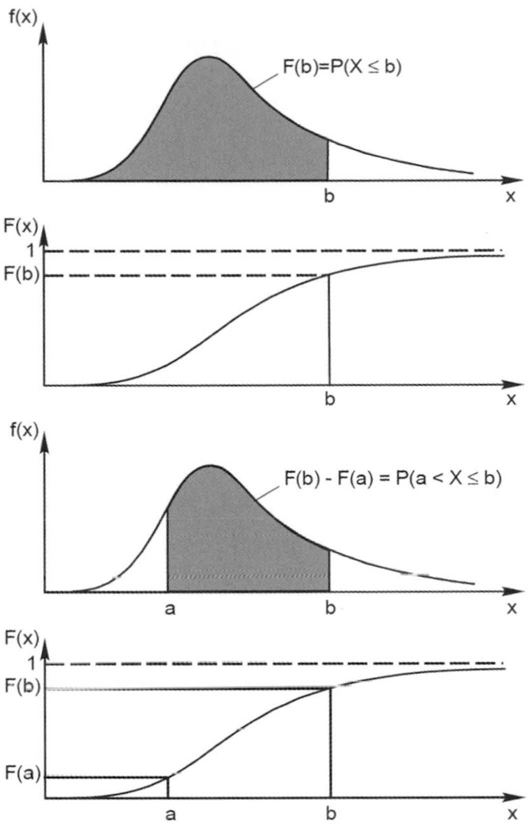

Abb. 6 Wahrscheinlichkeits- und Verteilungsfunktion einer stetigen Zufallsgröße

$$E(X{\cdot}Y) = E(X){\cdot}E(Y) \tag{29}$$

Median. Als Median $x_{0,5}$ wird das 0,5 Quantil bezeichnet. Es stellt bei einer stetigen Zufallsgröße den Wert dar, auf dessen linker und rechter Seite die Flächen unter der Verteilungsdichte $f(x)$ genau gleich sind, d. h. $F(x_{0,5}) = 0{,}5$, und bei einer diskreten Verteilung die kleinste aller Realisationen x_i, für die gilt $F(x_i) \geqq 0{,}5$.

Modalwert. Der Modalwert x_D ist bei diskreten Zufallsgrößen der Wert mit der größten Wahrscheinlichkeit und bei stetigen Zufallsgrößen der Wert mit der maximalen Verteilungsdichte, d. h. $f(x_D) \geqq f(x)$ für alle $x \neq x_D$.

7.2.4.4 Streuungsparameter einer Verteilung

Varianz und Standardabweichung. Die Varianz $\sigma^2 = \mathrm{Var}(X)$ der diskreten bzw. stetigen Zufallsgröße X ist der Erwartungswert des Quadrates der Abweichung vom Mittelwert μ, also der Funktion $g(X) = (X - \mu)^2$, und berechnet sich gemäß (24) zu

$$\begin{aligned}\sigma^2 &= \mathrm{Var}(X) = E\left[(X-\mu)^2\right]\\ &= \sum_i (x_i-\mu)^2 f(x_i)\\ &= \sum_i x_i^2 f(x_i) - \mu^2 \text{ bzw.}\\ &= \int_{-\infty}^{\infty} (x-\mu)^2 f(x)\,dx\\ &= \int_{-\infty}^{\infty} x^2 f(x)\,dx - \mu^2. \end{aligned} \tag{30}$$

Die Quadratwurzel aus der Varianz heißt *Standardabweichung* $\sigma = \sqrt{\mathrm{Var}\,(X)}$.

Es gelten folgende *Rechenregeln für Varianzen* (a, b Konstanten):

$$\mathrm{Var}(X) = E(X^2) - \mu^2 \tag{31}$$

$$\mathrm{Var}(X) = E\left[(X-a)^2\right] - (\mu - a)^2 \tag{32}$$

$$\mathrm{Var}(aX + b) = a^2\,Var(X) \tag{33}$$

Für stochastisch unabhängige Zufallsgrößen X und Y gilt:

$$\mathrm{Var}(aX + bY) = a^2\,Var(X) + b^2\,Var(Y) \tag{34}$$

Variationskoeffizient. Zum Vergleich der Standardabweichungen von Zufallsgrößen mit unterschiedlichen Mittelwerten eignet sich der *Variationskoeffizient*

$$\nu = \frac{\sigma}{\mu} \tag{35}$$

Beispiel 21 Ein Bohrgerät besteht aus einem Verschleißteil (Meißel) und dem Maschinenteil.

Die Lebensdauer des Meißels und der Maschine sind jeweils exponentialverteilt mit den Wahrscheinlichkeitsfunktionen

$$f_X(x) = \alpha \cdot e^{-\alpha x} \quad (x \geq 0)$$

bzw.

$$f_Y(y) = \beta \cdot e^{-\beta y} \quad (y \geq 0)$$

Die Lebensdauern X und Y seien unabhängig. Bei Ausfall eines Bauteiles (Meißel oder Maschine) fällt das Gerät aus. Die Lebensdauer des Bohrgerätes ist eine Zufallsgröße T.

a) Wie groß ist die Wahrscheinlichkeit, dass der Meißel bis zum Zeitpunkt t noch nicht ausgefallen ist?
b) Wie groß ist die Wahrscheinlichkeit, dass das Bohrgerät bis zum Zeitpunkt t noch nicht ausgefallen ist?

Tab. 2 Wichtige stetige Wahrscheinlichkeitsverteilungen

Zufallsgröße Parameter	Wahrscheinlichkeitsdichte $f(x) = dF/dx$ Verteilungsfunktion $F(x) = P(X \leqq x)$	Erwartungswert $E(x)$ Varianz $\mathrm{Var}(X)$	Wahrscheinlichkeitsdichte
1. *Gleichverteilung* $U(a, b)$ *Zufallsgröße X:* Die Wahrscheinlichkeit für jeden Wert der Zufallsgröße X im Intervall $a \leq x \leq b$ ist gleich. *Parameter:* $a, b \in \mathbb{R}$, $b > a$. *Beispiel:* Zeitpunkt des Eintreffens eines Fahrzeugs innerhalb einer Messdauer von einer Stunde.	$f(x) = \begin{cases} \frac{1}{b-a} & a \leq x \leq b \\ 0 & \text{sonst} \end{cases}$ $F(x) = \begin{cases} 0 & x < a \\ \frac{x-a}{b-a} & a \leq x \leq b \\ 1 & x > b \end{cases}$	$E(X) = \frac{a+b}{2}$ $\mathrm{Var}(X) = \frac{(b-a)^2}{12}$	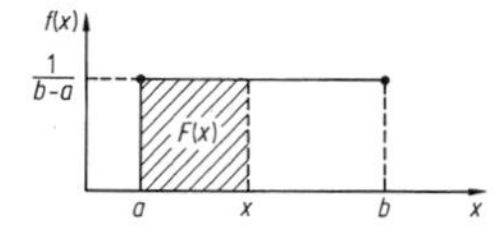
2. *Normalverteilung* $N(\mu, \sigma^2)$ *Zufallsgröße X*: Die Summe vieler beliebig verteilter Zufallsgrößen liefert eine normalverteilte Zufallsgröße (Zentraler Grenzwertsatz). *Parameter:* $\mu, \sigma \in \mathbb{R}$; $\sigma > 0$. *Beispiel:* Messfehler.	$f(x) = \frac{1}{\sqrt{2\pi}\,\sigma} \exp\left(-\frac{1}{2}\left(\frac{x-\mu}{\sigma}\right)^2\right)$ $F(x) = \frac{1}{\sqrt{2\pi}\,\sigma} \int_{-\infty}^{x} \exp\left(-\frac{1}{2}\left(\frac{t-\mu}{\sigma}\right)^2\right) dt$ Den Funktionswert $F(x)$ erhält man nach Transformation $z = (x-\mu)/\sigma$ aus der Tabelle $F(z)$ der Standardnormalverteilung.	$E(X) = \mu$ $\mathrm{Var}(X) = \sigma^2$	Sind X_1, X_2 unabhängig $N(\mu_1, \sigma_1^2)$ bzw. $N(\mu_2, \sigma_1^2)$-verteilt, so ist $X = X_1 + X_2$ $N(\mu, \sigma_1^2)$-verteilt mit $\mu = \mu_1 + \mu_2$ und $\sigma^2 = \sigma_1^2 + \sigma_2^2$. 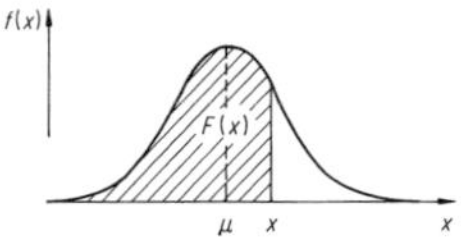
3. *Standardnormalverteilung* $N(0, 1)$ *Zufallsgröße Z*: Eine standardnormalverteilte Zufallsgröße entsteht aus einer (μ, σ)-normalverteilten Zufallsgröße X durch die Transformation $Z = \frac{X-\mu}{\sigma}$. *Parameter*: keine.	$\varphi(z) = \frac{1}{\sqrt{2\pi}} \exp\left(-\frac{z^2}{2}\right)$ $\Phi(z) = \frac{1}{\sqrt{2\pi}} \int_{-\infty}^{z} \exp\left(-\frac{t^2}{2}\right) dt$ Die Funktionswerte $\Phi(z)$ liegen als Tabelle vor (s. Tabelle 39.4).	$E(Z) = 0$ $\mathrm{Var}(Z) = 1$	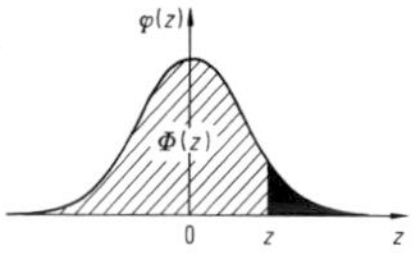
Zufallsgröße Parameter	Wahrscheinlichkeitsdichte $f(x) = dF/dx$ Verteilungsfunktion $F(x) = P(X \leqq x)$	Erwartungswert $E(x)$ Varianz $\mathrm{Var}(X)$	Wahrscheinlichkeitsdichte
4. *Lognormalverteilung* *Zufallsgröße X*: $\ln X$ ist $N(\mu, \sigma^2)$-normalverteilt. Das Produkt $X = X_1 \cdot \ldots \cdot X_n$ vieler beliebig verteilter Zufallsgrößen X_i $(i = 1, \ldots, n)$ liefert eine (annähernd) lognormalverteilte Zufallsgröße, da nach Ziffer 2, Tabelle 39-2, $\ln X = \ln X_1 + \ldots + \ln X_n$ $N(\mu, \sigma^2)$-verteilt ist. *Parameter*: $\mu, \sigma \in \mathbb{R}$; $\sigma > 0$. *Beispiele*: Umsatzzahlen von Unternehmen, Lebensdauer nach Extrembelastungen usw.	$f(x) = \begin{cases} 0 & \text{für } x \leqq 0 \\ \frac{1}{\sqrt{2\pi}\,\sigma x} \exp[-(\ln x - \mu)^2/(2\sigma^2)] & \text{für } x > 0 \end{cases}$ $F(x) = \begin{cases} 0 & \text{für } x \leqq 0 \\ \int_{-\infty}^{x} \frac{1}{\sqrt{2\pi}\,\sigma t} \exp[-(\ln t - \mu)^2/(2\sigma^2)]\, dt & \text{für } x > 0 \end{cases}$	$E(X) = \exp[\mu + \sigma^2/2]$ $\mathrm{Var}(X) = \exp[2\mu + \sigma^2](\exp[\sigma^2] - 1)$	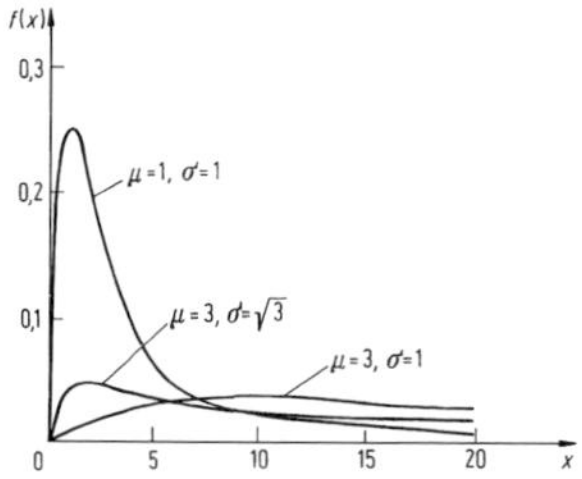
5. *Exponentialverteilung* $\mathrm{Ex}(\lambda)$ *Zufallsgröße X*: Die Lebensdauer von Objekten, die nicht altern, ist exponentialverteilt. *Parameter*: $\lambda > 0$. *Beispiel*: Länge der Zeitlücken zwischen poissonverteilten Ereignissen.	$f(x) = \begin{cases} 0 & \text{für } x < 0 \\ \lambda \exp(-\lambda x) & \text{für } x \geqq 0; \lambda > 0 \end{cases}$ $F(x) = \begin{cases} 0 & \text{für } x < 0 \\ 1 - \exp(-\lambda x) & \text{für } x \geqq 0; \lambda > 0 \end{cases}$	$E(X) = 1/\lambda$ $\mathrm{Var}(X) = 1/\lambda^2$	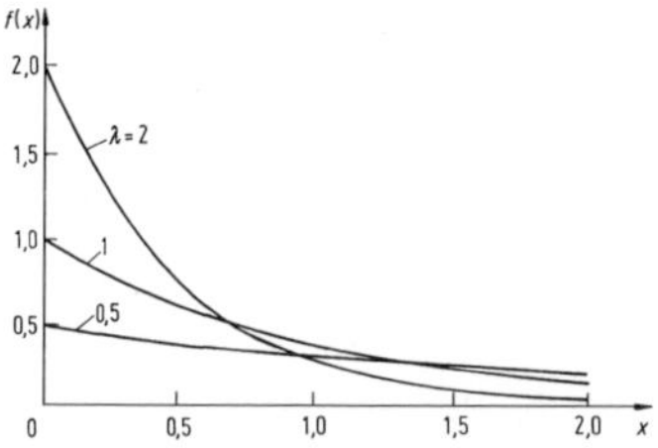

(Fortsetzung)

Tab. 2 (Fortsetzung)

Zufallsgröße Parameter	Wahrscheinlichkeitsdichte $f(x) = \mathrm{d}F/\mathrm{d}x$ Verteilungsfunktion $F(x) = P(X \leqq x)$	Erwartungswert $E(x)$ Varianz $\mathrm{Var}(X)$	Wahrscheinlichkeitsdichte
6. *Erlang-n-Verteilung* ER (λ, n) *Zufallsgröße X:* $X = \sum_{i=1}^{n} X_i$ mit $X_1, \ldots, X_n$ unabhängige Zufallsgrößen mit $X_i \sim \mathrm{Ex}(\lambda)$ *Parameter:* $\lambda > 0$, $n \in \mathbb{N}$ *Beispiel:* Lebensdauer eines Reihensystems von n Komponenten, die jeweils eine exponentialverteilte Lebensdauer mit Parameter λ aufweisen und nacheinander in Betrieb sind, sodass immer nur eines arbeitet.	$f(x) = \begin{cases} 0 & x < 0 \\ \dfrac{\lambda^n n^{n-1} \mathrm{e}^{-\lambda x}}{(n-1)!} & x \geq 0 \end{cases}$ $F(x) = \begin{cases} 0 & x < 0 \\ 1 - \mathrm{e}^{-\lambda x} \sum_{i=1}^{n} \dfrac{(\lambda x)^{i-1}}{(i-1)!} & x \geq 0 \end{cases}$	$E(X) = \dfrac{n}{\lambda}$ $\mathrm{Var}(X) = \dfrac{n}{\lambda^2}$	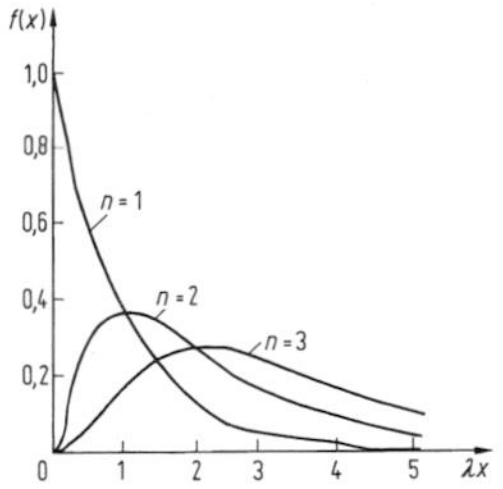
7. *Gammaverteilung* $G(\lambda, k)$ *Zufallsgröße X:* Erweiterung der Erlang-n-Verteilung auf kontinuierliche Parameterwerte k $(k > 0)$ *Parameter:* $\lambda > 0$ (Maßstab) $k > 0$ (Gestalt). *Beispiel:* Lebensdauer von Systemen	$f(x) = \begin{cases} 0 & x < 0 \\ \dfrac{\lambda^k x^{k-1} \mathrm{e}^{-\lambda x}}{\Gamma(k)} & x \geq 0 \end{cases}$ $F(x) = \begin{cases} 0 & x < 0 \\ \dfrac{\Gamma(k, \lambda x)}{\Gamma(k)} & x \geq 0 \end{cases}$	$E(X) = \dfrac{k}{\lambda}$ $\mathrm{Var}(X) = \dfrac{k}{\lambda^2}$ Gammafunktion $\Gamma(k) = \int_0^\infty x^{k-1} \mathrm{e}^{-x}\, \mathrm{d}x$ 1. $\Gamma(k) = (k-1) \cdot \Gamma(k-1)$ für alle $k > 0$ 2. $\Gamma(n) = (n-1)!$ $n = 1, 2, \ldots$ 3. $\Gamma(0{,}5) = \sqrt{\pi}$ Unvollständige Gammafunktion $\Gamma(k, x) = \int_0^x t^{k-1} \mathrm{e}^{-t}\, \mathrm{d}t$	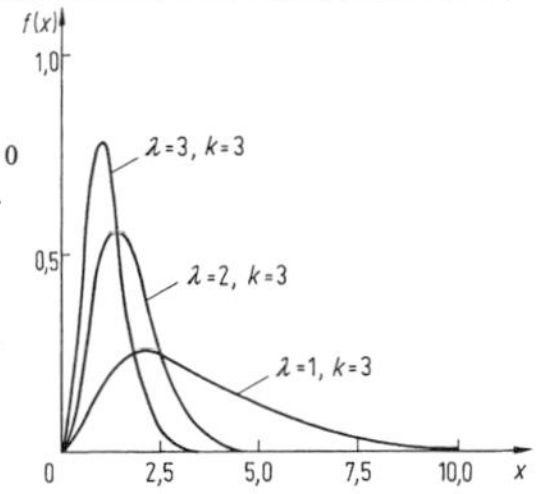

Zufallsgröße Parameter	Wahrscheinlichkeitsdichte $f(x) = \mathrm{d}F/\mathrm{d}x$ Verteilungsfunktion $F(x) = P(X \leqq x)$	Erwartungswert $E(x)$ Varianz $\mathrm{Var}(X)$	Wahrscheinlichkeitsdichte
8. *Weibull-Verteilung* $W(\lambda, \alpha)$ *Zufallsgröße X:* Die Lebensdauer von Objekten, die einem Alterungsprozess unterliegen (z. B. Materialermüdung), kann durch die Weibull-Verteilung beschrieben werden. Für sie gilt $(\lambda X)^\alpha \sim \mathrm{Ex}(1)$ *Parameter:* $\lambda > 0$ (Maßstab) $\alpha > 0$ (Gestalt) *Beispiel:* Lebensdauer von Werkzeugen, Elektronenröhren, Kugellagern usw.	$f(x) = \begin{cases} 0 & x < 0 \\ \alpha \lambda^\alpha x^{\alpha-1} \exp(-(\lambda x)^\alpha) & x \geq 0 \end{cases}$ $F(x) = \begin{cases} 0 & x < 0 \\ 1 - \exp(-(\lambda x)^\alpha) & x \geq 0 \end{cases}$	$E(X) = \dfrac{1}{\lambda} \Gamma\left(1 + \dfrac{1}{\alpha}\right)$ $\mathrm{Var}(X) = \dfrac{1}{\lambda^2} \left\{ \Gamma\left(1 + \dfrac{2}{\alpha}\right) \left[\Gamma\left(1 + \dfrac{1}{\alpha}\right)\right]^2 \right\}$	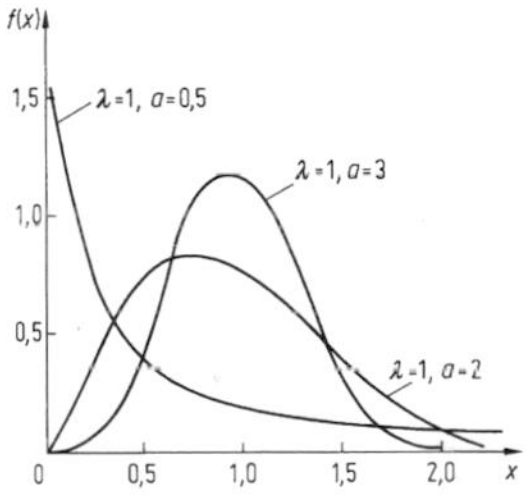
9. *Betaverteilung* BT (α, β, a, b) *Zufallsgröße X:* Die Betaverteilung eignet sich zur Beschreibung empirischer Verteilungen in einem Intervall $a \leq x \leq b$. *Parameter:* $\alpha, \beta > 0$, $a, b \in \mathbb{R}$ *Beispiel:* Relativer Anteil $(0 \leq x \leq 1)$, Windrichtung $(0° \leq x \leq 360°)$	$f(x) = \begin{cases} \dfrac{\Gamma(\alpha + \beta)}{\Gamma(\alpha)\Gamma(\beta)} \dfrac{1}{(b-a)^{\alpha+\beta-1}} (x-a)^{\alpha-1} (b-x)^{\beta-1} & a \leq x \leq b \\ 0 & \text{sonst} \end{cases}$ $F(x) = \begin{cases} 0 & x < a \\ \int_0^x f(t)\, \mathrm{d}t & a \leq x \leq b \\ 1 & x > b \end{cases}$	$E(X) = a + \dfrac{\alpha}{\alpha + \beta} (b - a)$ $\mathrm{Var}(X) = \dfrac{\alpha\beta}{(\alpha+\beta)^2 (\alpha+\beta+1)} (b-a)^2$	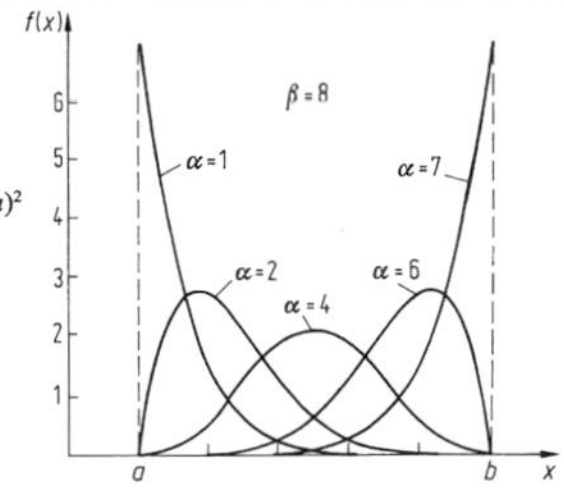

c) Welche Wahrscheinlichkeitsfunktion f(t) weist die Lebensdauer T des Bohrgerätes auf?

d) Wie lautet die mittlere Lebensdauer E(T) und die Varianz Var(T) des Gerätes?

Lösung:

a) $P(X > t) = 1 - P(X \leq t) = 1 - F_X(t)$

$$F_X(t) = \int_0^t \alpha e^{-\alpha x}\, \mathrm{d}x = \left[-\alpha \frac{1}{\alpha} e^{-\alpha x}\right]_0^t$$

$$= 1 - e^{-\alpha t}$$

$$P(X > t) = 1 - 1 + e^{-\alpha t} = e^{-\alpha t}$$

b) $P(T>t)=P[(X>t)\cap(Y>t)]=P(X>t)\cdot P(Y>t)$
$= e^{-\alpha t}\cdot e^{-\beta t} = e^{-(\alpha+\beta)t}$

c) $F(t)=P(T\leq t)=1-P(T>t)=1-1-e^{-(\alpha+\beta)t}$

$$f\ (t) = \frac{dF}{dt} = (\alpha+\beta)\ e^{-(\alpha+\beta)t}$$

d) $\gamma = \alpha + \beta$

$$E(T) = \int_0^{\infty} t\cdot\gamma\cdot e^{-\gamma t}dt$$

$$= -\left[t\cdot\gamma\ \frac{1}{\gamma}\cdot e^{-\gamma t}\right]_0^{\infty} + \frac{1}{\gamma}\int_0^{\infty}\gamma\cdot e^{-\gamma t}\ dt$$

$$\text{Wegen} \int_0^{\infty}\gamma\cdot e^{-\gamma t}\ dt = 1 \text{ gilt}$$

$$E(T) = 0 + \frac{1}{\gamma}\cdot 1 = \frac{1}{\alpha+\beta}$$

Wenn die mittleren Lebensdauern der beiden Maschinenteile α und β gleich sind, hat das Bohrgerät die halbe Lebensdauer.

$$\mathrm{Var}(T) = E\left(T^2\right) - (E(T))^2$$

$$E\left(T^2\right) = \int_0^{\infty} t^2\cdot\gamma\cdot e^{-\gamma t}dt$$

$$= -\left[t^2\cdot e^{-\gamma t}\right]_0^{\infty} + 2\cdot\int_0^{\infty} t\cdot e^{-\gamma t}\ dt$$

$$= 0 - 2\cdot\left[t\cdot\frac{1}{\gamma}\cdot e^{-\gamma t}\right]_0^{\infty} + \frac{2}{\gamma^2}\int_0^{\infty}\gamma\cdot e^{-\gamma t}\ dt$$

$$= 0 + 0 + \frac{2}{\gamma^2}\cdot 1 = \frac{2}{\gamma^2}$$

$$\mathrm{Var}(T) = E\left(T^2\right) - (E(T))^2 = \frac{2}{\gamma^2} - \frac{1}{\gamma^2} = \frac{1}{(\alpha+\beta)^2}$$

Bei exponentialverteilten Zufallsgrößen sind Erwartungswert $\mu = E(T)$ und Standardabweichung $\sigma = \sqrt{\mathrm{Var}(T)}$ gleich.

7.2.4.5 Schiefe und Exzess

Schiefe und Exzess haben nur im Zusammenhang mit eingipfeligen Verteilungen eine Bedeutung.

Die Schiefe γ einer Verteilung von X ist definiert als

$$\gamma = \frac{E\left[(X-\mu)^3\right]}{\sigma^3} \tag{36}$$

und charakterisiert die Asymmetrie einer Verteilung: Symmetrische Verteilungen haben die Schiefe $\gamma = 0$, linksschiefe Verteilungen $\gamma > 0$, rechtsschiefe $\gamma < 0$. Je größer γ im positiven Bereich ist umso linksschiefer ist die Verteilung und je weiter γ im negativen Bereich liegt desto rechtsschiefer ist die Verteilung (Abb. 7).

Der Exzess ε einer Verteilung von X ist definiert als

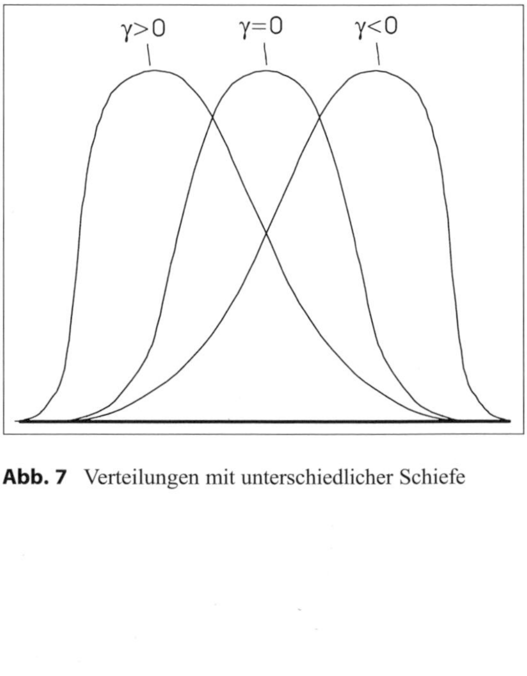

Abb. 7 Verteilungen mit unterschiedlicher Schiefe

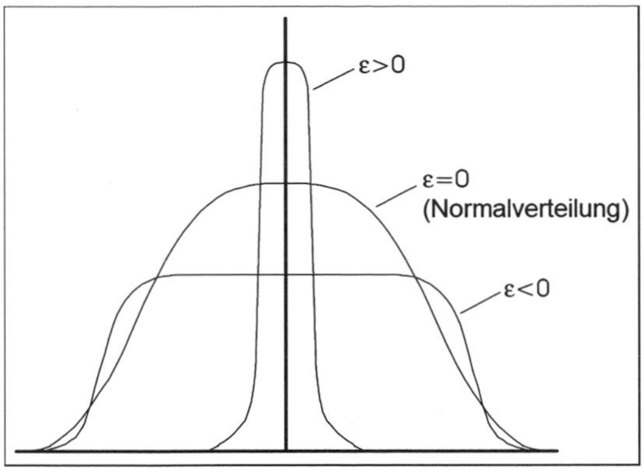

Abb. 8 Verteilungen mit unterschiedlichem Exzess

$$\varepsilon = \frac{E\left[(X-\mu)^4\right]}{\sigma^4} - 3 \qquad (37)$$

Die Normalverteilung hat einen Exzess $\varepsilon = 0$. Der Exzess ist somit ein Maß für die Abweichung gegenüber einer Normalverteilung mit gleichem Erwartungswert und gleicher Varianz. Er beschreibt wie flach oder steil eine Verteilung im Vergleich zur Normalverteilung ist. Je größer ein positiver Exzess ist, desto schlanker ist die Verteilungsdichte und desto größer ist ihr Maximum. Je stärker der Exzess im negativen Bereich liegt, desto gedrungener ist die Verteilung und desto niedriger ist das Maximum der Verteilungsdichte (Abb. 8).

7.2.5 Stochastische Unabhängigkeit von Zufallsgrößen

Analog zur Unabhängigkeit von Ereignissen in Abschn. 7.1.5 lässt sich auch die Unabhängigkeit von Zufallsgrößen definieren. Dazu betrachtet man zu den Zufallsgrößen $X_1, X_2, \ldots, X_n$ die Ereignisse $X_i \leq x_i$ $(i = 1, 2, \ldots, n)$. Gemäß dem Multiplikationssatz für unabhängige Ereignisse (vgl. (9)) gilt für stochastisch unabhängige Zufallsgrößen $X_1, X_2, \ldots, X_n$ mit den Verteilungsfunktionen $F_i(x_i) = P(X_i \leq x_i)$ und mit der gemeinsamen Verteilungsfunktion $F(x_1, \ldots, x)$

$$\begin{aligned} F(x_1,\ldots,x_n) &= P[(X_1 \leq x_1) \cap \ldots \cap (X_n \leq x_n)] \\ &= P(X_1 \leq x_1) \cdot \ldots \cdot P(X_n \leq x_n) \\ &= F_1(x_1) \cdot \ldots \cdot F_n(x_n). \end{aligned} \qquad (38)$$

Sind die Zufallsgrößen $X_1, \ldots, X_n$ stochastisch unabhängig, so gilt für ihre Dichtefunktionen $f_i(x_i)$ und die gemeinsame Dichtefunktion $f(x_1, \ldots, x_n)$

$$f(x_1,\ldots,x_n) = f_1(x_1) \cdot \ldots \cdot f_n(x_n) \qquad (39)$$

Umgekehrt folgt aus (38) oder (39) die Unabhängigkeit der n Zufallsgrößen.

Aus der Unabhängigkeit der n Zufallsgrößen folgt auch die Unabhängigkeit von k beliebig ausgewählten Zufallsgrößen ($k < n$). Diese Aussage gilt jedoch nicht umgekehrt.

Beispiel 22 Aus einer Urne mit zwei schwarzen und drei weißen Kugeln werden nacheinander zwei Kugeln zufällig entnommen, ohne die erste zurückzulegen. Es werden die zwei Zufallsgrößen definiert:

X_1: Farbe der zuerst entnommenen Kugel: $x_1 = 1$ (schwarz), $x_1 = 2$ (weiß)

X_2: Farbe der zweiten entnommenen Kugel: $x_2 = 1$ (schwarz), $x_2 = 2$ (weiß)

a) Gesucht sind die Wahrscheinlichkeitsfunktionen $f_1(x_1)$ und $f_2(x_2)$ sowie die gemeinsame Wahrscheinlichkeitsfunktion $f(x_1,x_2)$.
b) Sind die beiden Zufallsgrößen X_1 und X_2 unabhängig?

$$f(1,1) = P(X_1 = 1) \cdot P(X_2 = 1 | X_1 = 1) = 0{,}4 \cdot 0{,}25 = 0{,}1$$

$$f(1,2) = P(X_1 = 1) \cdot P(X_2 = 2 | X_1 = 1) = 0{,}4 \cdot 0{,}75 = 0{,}3$$

$$f(2,1) = P(X_1 = 2) \cdot P(X_2 = 1 | X_1 = 2) = 0{,}6 \cdot 0{,}5 = 0{,}3$$

$$f(2,2) = P(X_1 = 2) \cdot P(X_1 = 2 | X_1 = 2) = 0{,}6 \cdot 0{,}5 = 0{,}3$$

$$f_1(1) = 0{,}1 + 0{,}3 = 0{,}4$$

$f_1(2) = 0{,}3 + 0{,}3 = 0{,}6$

$f_2(1) = 0{,}1 + 0{,}3 = 0{,}4$

$f_2(2) = 0{,}3 + 0{,}3 = 0{,}6$

Die beiden Zufallsgrößen X_1 und X_2 sind *nicht unabhängig*, da z. B.

$f(1, 1) = 0{,}1$
nicht gleich ist dem Produkt
$f_1(1)\cdot f_2(1) = 0{,}4\cdot 0{,}4 = 0{,}16$ (Abb. 9).

7.2.6 Korrelation von Zufallsgrößen

Ein Maß für den Grad des linearen Zusammenhangs zwischen zwei Zufallsgrößen *X* und *Y* liefert die Korrelationsrechnung.

Die *Kovarianz* der Zufallsgrößen *X* und *Y* ist definiert als

$$\begin{aligned}\mathrm{Cov}(X,Y) &= \sigma_{XY}\\ &= E[(X - E(X))(Y - E(Y))]. \quad (40)\end{aligned}$$

Die normierte Kovarianz heißt *Korrelationskoeffizient*

$$\varrho\,(X,Y) = \frac{\mathrm{Cov}\,(X,Y)}{\sqrt{\mathrm{Var}(X)\cdot \mathrm{Var}(Y)}} = \frac{\sigma_{XY}}{\sigma_X \cdot \sigma_Y} \quad (41)$$

Es gilt stets: $-1 \leqq \varrho(X, Y) \leqq 1$. Zwei Zufallsgrößen, deren Korrelationskoeffizient $\varrho = 0$ ist, heißen *unkorreliert*. Da für stochastisch unabhängige Zufallsgrößen *X* und *Y* gilt

$$\begin{aligned}\mathrm{Cov}(X,Y) &= E[(X - E(X))] \cdot E[(Y - E(Y))]\\ &= 0,\end{aligned}$$

sind *unabhängige* Zufallsgrößen unkorreliert. Die Umkehrung dieser Aussage gilt nicht immer.

7.3 Wichtige Wahrscheinlichkeitsverteilungen

Die im Folgenden behandelten Wahrscheinlichkeitsverteilungen sind in der Praxis von großer Bedeutung, weil sie Zufallsgrößen beschreiben, die das Ergebnis häufig vorkommender Zufallsexperimente sind. Diese Verteilungen mit ihren zugrunde liegenden Prinzipien und wichtigsten Eigenschaften sind übersichtlich in den Tab. 1, 2 und 3 zusammengestellt, in Tab. 1 Verteilungen *diskreter* Zufallsgrößen, in Tab. 2 *stetiger* Zufallsgrößen. Tab. 3 enthält *Prüfverteilungen*, die insbesondere für das Schätzen und Testen von Hypothesen von großer Bedeutung sind (siehe ► Kap. 8, „Deskriptive und induktive Statistik“).

Neben den Definitionen der Zufallsgrößen und Parametern sind jeweils die Wahrscheinlichkeits- und Verteilungsfunktionen mit ihren Erwartungswerten und Varianzen sowie existierende Additionssätze und Approximationsmöglichkeiten durch andere Verteilungen angegeben, die eine einfachere Berechnung erlauben.

Die Prinzipien einiger Zufallsexperimente ähneln sich oder stehen in engem Zusammenhang, sodass ihre Verteilungen unter bestimmten Bedingungen in andere übergehen und durch diese approximiert werden können. In Tab. 4 sind diese Zusammenhänge im Überblick dargestellt sowie „Faustregeln“ für die Approximierbarkeit in der Praxis angegeben. Im Folgenden werden die wichtigsten genauer betrachtet.

Abb. 9 Wahrscheinlichkeitstabelle

x_1 \ x_2	1 schwarz	2 weiß	$P(X_1=x_1) = f_1(x_1)$
1 schwarz	0,1	0,3	0,4
2 weiß	0,3	0,3	0,6
$P(X_2=x_2) = f_2(x_2)$	0,4	0,6	1,0

Tab. 3 Wichtige Prüfverteilungen

Zufallsgröße Parameter	Erwartungswert $E(X)$ Varianz $\mathrm{Var}(X)$	Tabelle der Quantilen	Wichtige Eigenschaften	Wahrscheinlichkeitsdichte
1. *χ^2-Verteilung* $\chi^2(m)$ *Zufallsgröße:* $Y = \sum_{i=1}^{m} X_i^2$ mit $X_1, \ldots, X_m$ unabhängige $N(0,1)$-verteilte Zufallsgrößen. *Parameter:* $m = 1, 2, \ldots$ (Zahl der Freiheitsgrade der χ^2-Verteilung)	$E(Y) = m$ $\mathrm{Var}(Y) = 2m$	Die Quantile $y_{1-\alpha}$, für die gilt $P(Y \leqq y_{1-\alpha}) = 1 - \alpha$, liegen als Tabellenwerte (bezeichnet mit $\chi^2_{m;1-\alpha}$) für einzelne $m = 1, 2, \ldots$ und α-Werte vor (siehe Tabelle 39-5).	Für $m \geqq 100$ kann die $\chi^2(m)$-Verteilung näherungsweise durch die $N(m, 2m)$-Verteilung ersetzt werden. Für $m \geqq 30$ ist die Zufallsgröße $Z = \sqrt{2Y} - \sqrt{2m-1}$ näherungsweise $N(0,1)$-verteilt.	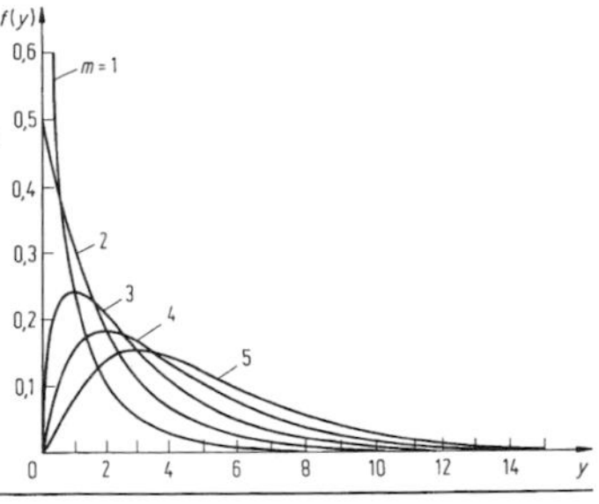
2. *t-Verteilung* (Student-Verteilung) $t(m)$ *Zufallsgröße:* $T = Z / \sqrt{Y/m}$ *mit* Z $N(0;1)$-verteilte und Y davon unabhängige $X^2(m)$-verteilte Zufallsgröße. *Parameter:* $m = 1, 2, \ldots$ (Freiheitsgrade der t-Verteilung)	$E(T) = 0$ für $m \geqq 2$ $\mathrm{Var}(T) = \frac{m}{m-2}$ für $m \geqq 3$	Die Quantile $t_{m:1-\alpha}$, für die gilt $P(T \leqq t_{m;1-\alpha}) = 1 - \alpha$ liegen als Tabellenwerte für einzelne $m = 1, 2, \ldots$ und α-Werte vor (siehe Tabelle 39-6).	Für $m \geqq 30$ kann die $t(m)$-Verteilung näherungsweise durch die $N(0,1)$-Verteilung ersetzt werden.	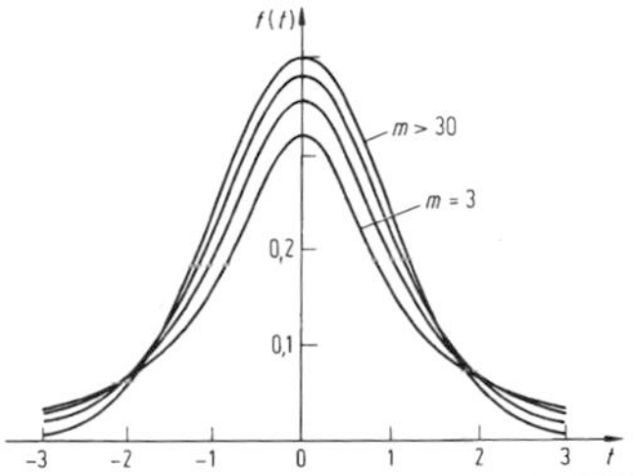
3. *F-Verteilung* (Fisher-Verteilung) $F(m_1, m_2)$ *Zufallsgröße:* $X = \frac{Y_1/m_1}{Y_2/m_2}$ mit Y_1 und Y_2 voneinander unabhängige $\chi^2(m_1)$- bzw. $\chi^2(m_2)$-verteilte Zufallsgrößen. *Parameter:* $m_1, m_2 = 1, 2, \ldots$ (Freiheitsgrade der F-Verteilung)	$E(X) = \frac{m_2}{m_2 - 2}$ für $m_2 \geqq 3$ $\mathrm{Var}(X) = \frac{2m_2^2(m_1 + m_2 - 2)}{m_1(m_2-2)^2(m_2-4)}$ für $m_2 \geqq 5$	Die Quantile $x_{1-\alpha}$, für die gilt $P(X \leqq x_{1-\alpha}) = 1 - \alpha$, liegen als Tabellenwerte (bezeichnet mit $F_{m_1, m_2; \alpha}$) für einzelne Kombinationen $m_1, m_2 = 1, 2, \ldots$ und α-Werte in der angegebenen Literatur vor. Für $\alpha = 0{,}05$ siehe Tabelle 39-7.	Für $m_1 = 1, m_2 = m$ ist $\sqrt{X}$ $t(m)$-verteilt. Für $m_1 = m$, $m_2 \geqq 200$ ist mX asymptotisch $\chi^2(m)$-verteilt. Ist X $F(m_1, m_2)$-verteilt, so ist $1/X$ $F(m_2, m_1)$-verteilt.	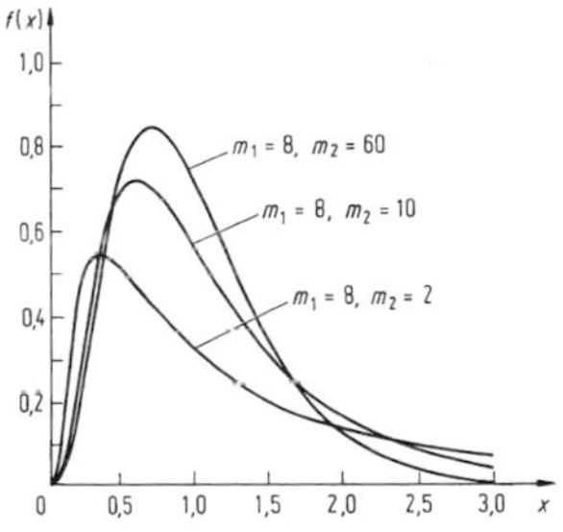

7.3.1 Wichtige diskrete Verteilungen

7.3.1.1 Hypergeometrische Verteilung H (n, N_A, N)

Der Hypergeometrischen Verteilung liegt folgendes Prinzip eines Zufallsexperiments zugrunde:

Grundgesamtheit:	N Elemente, davon N_A mit Eigenschaft A
Stichprobe:	Zufällige Entnahme von n Elementen *ohne* Zurücklegen
Zufallsgröße X:	Anzahl der Elemente mit Eigenschaft A in der Stichprobe
Schreibweise:	$X \sim H(n, N_A, N)$.

Da die Grundgesamtheit als endlich – und möglicherweise klein – vorausgesetzt wird und die Entnahme der Stichprobenelemente ohne Zurücklegen erfolgt, verändert die Entnahme jedes Elements die Zusammensetzung der Grundgesamtheit nach Elementen mit und ohne Eigenschaft A, sodass die Entnahmen einzelner Elemente keine unabhängigen Zufallsexperimente sind.

Herleitung der Wahrscheinlichkeitsfunktion:

1) Die Gesamtzahl der Möglichkeiten, aus den N Elementen der Grundgesamtheit ohne Zurücklegen und ohne Beachtung der Reihenfolge n Elemente zu entnehmen, entspricht gemäß

Tab. 4 Approximationen der wichtigsten Verteilungen

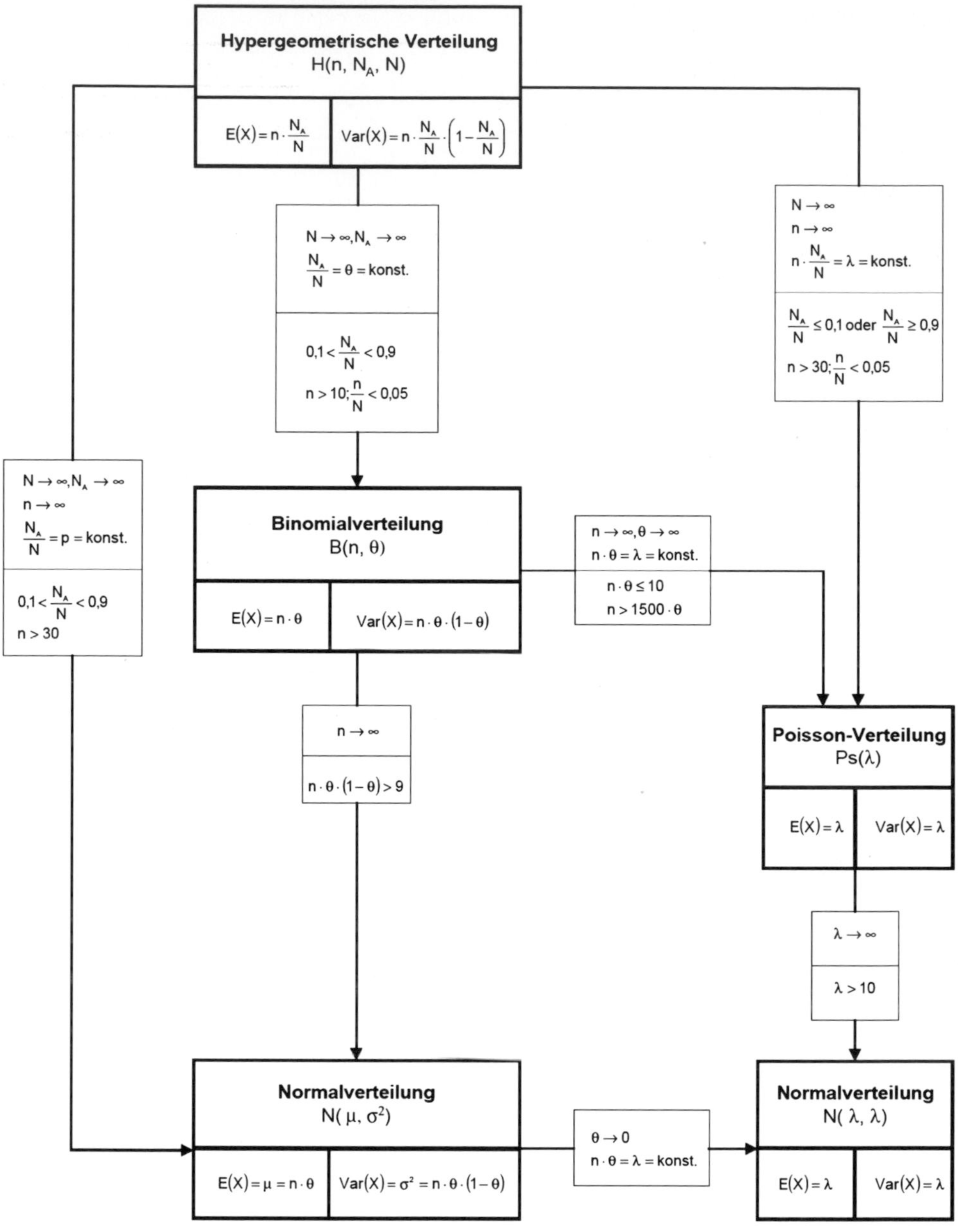

Erläuterung:

X	Zufallsgröße
N	Anzahl der Elemente der Grundgesamtheit
N_A	Anzahl der Elemente in der Stichprobe mit Eigenschaft A
N	Anzahl der Elemente in der Zufallsstichprobe
λ	Parameter der Poisson-Verteilung
θ	relativer Anteil von Elementen mit der Eigenschaft A
μ	Mittelwert der Normalverteilung
σ^2	Streuung der Normalverteilung

...	theoretische Approximationsbedingungen
...	in der Praxis ausreichende Bedingungen

Abschn. 7.1.2 der Anzahl der Kombinationen ohne Wiederholung aus N Elementen zur n-ten Klasse: $\binom{N}{n}$.

2) Die Anzahl der Möglichkeiten, aus der Teilmenge der N_A Elemente *mit* Eigenschaft A x Elemente zu entnehmen, entspricht der Zahl der Kombinationen x-ter Klasse von N_A Elementen, somit: $\binom{N_A}{x}$.

Die Anzahl der Möglichkeiten, aus der Teilmenge $N - N_A$ der Elemente *ohne* Eigenschaft A in der Grundgesamtheit n – x Elemente zu entnehmen, beträgt: $\binom{N-N_A}{n-x}$

Die Gesamtzahl der Möglichkeiten, aus der Grundgesamtheit von N Elementen in einer Stichprobe vom Umfang n genau x Elemente mit Eigenschaft A zu erhalten, beträgt dann

$$\binom{N_A}{x} \cdot \binom{N - N_A}{n - x}$$

3) Die Wahrscheinlichkeit, dass X den Wert x annimmt, ist gleich dem Verhältnis der Zahl der Möglichkeiten, dass die Stichprobe genau x Elemente mit Eigenschaft A enthält, zur Gesamtzahl aller Möglichkeiten.

Somit ergibt sich die Wahrscheinlichkeitsfunktion

$$\begin{aligned} f(x) &= P(X = x; n, N_A, N) \\ &= \frac{\binom{N_A}{x} \cdot \binom{N - N_A}{n - x}}{\binom{N}{n}} \qquad (42) \\ & x = 0, 1, \ldots, \min(n, N_A) \end{aligned}$$

und die Verteilungsfunktion

$$\begin{aligned} F(x) &= P(X \leq x; n, N_A, N) \\ &= \sum_{i=0}^{i=x} \frac{\binom{N_A}{x} \cdot \binom{N - N_A}{n - x}}{\binom{N}{n}} \qquad (43) \end{aligned}$$

Die Werte für f(x) können durch folgende *Rekursionsformeln* auf- oder absteigend berechnet werden:

$$\begin{aligned} f(0) &= \frac{(N-n)! \cdot (N - N_A)!}{N! \cdot (N - N_A - n)!} \\ f(x+1) &= \frac{(n-x) \cdot (N_A - x)}{(x+1) \cdot (N - N_A - n + x + 1)} \cdot f(x) \\ f(x-1) &= \frac{x \cdot (N - N_A - n + x)}{(n - x + 1) \cdot (N_A - x + 1)} \cdot f(x) \end{aligned} \qquad (44)$$

Für den *Erwartungswert* und die *Varianz* erhält man

$$\begin{aligned} E(X) &= n\frac{N_A}{N} \qquad \text{bzw.} \\ Var(X) &= n\frac{N_A}{N}\left(1 - \frac{N_A}{N}\right)\frac{N-n}{N-1}. \end{aligned} \qquad (45)$$

Beispiel 23 Wie groß ist die Wahrscheinlichkeit, beim Zahlenlotto „6 aus 49" mit einem Spiel

a) 6 Treffer
b) einen Gewinn (mindestens 3 Treffer)
c) keinen Gewinn

zu erzielen?

Lösung:

Grundgesamtheit:	N = 49 Zahlen, $N_A = 6$ Ziehungszahlen
Stichprobe:	n = 6 angekreuzte Zahlen auf Lottoschein
Zufallsgröße	X: Anzahl der Treffer in einem Spiel ist hypergeometrisch verteilt: $X \sim H(6, 6, 49)$

Die Wahrscheinlichkeit für x Treffer (x = 0, 1, . . ., 6) ist

$$\begin{aligned} f(x) &= P(X = x; 6, 6, 49) = \frac{\binom{6}{x} \cdot \binom{43}{6 - x}}{\binom{49}{6}} \\ &= \frac{6!}{x! \cdot (6-x)!} \cdot \frac{43!}{(6-x)!(37+x)!} \cdot \frac{6! \cdot 43!}{49!} \end{aligned}$$

a) Die Wahrscheinlichkeit für 6 Treffer in einem Spiel beträgt somit (vgl. Beispiel 7)

$$f(6) = \frac{6! \cdot 43!}{49!} = \frac{1 \cdot 2 \cdot 3 \cdot 4 \cdot 5 \cdot 6}{44 \cdot 45 \cdot 46 \cdot 47 \cdot 48 \cdot 49}$$
$$= \frac{1}{13.983.816} = 0{,}000\,000\,072$$

b) Unter Verwendung der Rekursionsformel (44) erhält man

$$f(5) = \frac{6 \cdot 43}{1 \cdot 1} \cdot f(6) = 0{,}000\,018\,576$$
$$f(4) = \frac{5 \cdot 42}{2 \cdot 2} \cdot f(5) = 0{,}000\,097\,524$$
$$f(3) = \frac{4 \cdot 41}{3 \cdot 3} \cdot f(4) = 0{,}017\,771\,104$$

Die Wahrscheinlichkeit für einen Gewinn beträgt somit

$$P(X \geq 3;6,6,49) = f(3) + f(4) + f(5) + f(6)$$
$$= 0{,}017\,887\,214 = 1{,}79\ \%$$

c) Die Wahrscheinlichkeit, keinen Gewinn zu erzielen, beträgt

$$P(X \leq 2;6,6,49) = 1 - P(X \geq 3;6,6,49)$$
$$= 0{,}982\,112\,786 = 98{,}21\ \%$$

7.3.1.2 Binomialverteilung B(n, p)

Der Binomialverteilung liegt dasselbe Prinzip des Zufallsexperiments wie der Hypergeometrischen Verteilung zugrunde, nur wird angenommen, dass die Entnahme der Stichprobenelemente *mit* Zurücklegen erfolgt oder dass der Stichprobenumfang sehr klein ist gegenüber der Grundgesamtheit (Faustregel: $n/N < 0,05$). In beiden Fällen erfolgt durch die Entnahme eines Stichprobenelements keine wesentliche Änderung des relativen Anteils der Elemente mit Eigenschaft A in der Grundgesamtheit.

Grundgesamtheit:	N Elemente, davon N_A Elemente mit Eigenschaft A
Stichprobe:	n Elemente *mit* Zurücklegen des jeweils gezogenen Elements
oder:	
Grundgesamtheit:	N Elemente, davon ein relativer Anteil θ mit Eigenschaft A
Stichprobe:	n Elemente *ohne* Zurücklegen, aber n/N < 0,05
Zufallsgröße X:	Anzahl der Elemente mit Eigenschaft A in der Stichprobe
Schreibweise:	$X \sim B(n,\theta)$

Herleitung der Wahrscheinlichkeitsfunktion
Die Wahrscheinlichkeit, bei der zufälligen Entnahme von n Elementen genau x Elemente mit Eigenschaft A und n-x Elemente ohne Eigenschaft A zu ziehen, beträgt $\theta^x \cdot (1-\theta)^{n-x}$, da die einzelnen Ziehungen infolge der gleichbleibenden Bedingungen unabhängig sind. Gemäß Abschn. 7.1.2 sind insgesamt $\binom{n}{x}$ Kombinationen x-ter Klasse ohne Wiederholung von n Elementen möglich, bei Entnahme von n Elementen genau x mit Eigenschaft A und n-x Elementen ohne Eigenschaft A zu ziehen. Somit gilt für die

Wahrscheinlichkeitsfunktion

$$f(x) = P(X = x)$$
$$= \binom{n}{x} \theta^x (1-\theta)^{n-x} \qquad (x = 0,1, \ldots n) \tag{46}$$

und für die Verteilungsfunktion

$$F(x) = P(X \leq x) = \sum_{i=0}^{i=x} f(i)$$

Zur Ermittlung der Werte f (x) können die *Rekursionsformeln* benutzt werden:

$$
\begin{aligned}
f(0) &= (1-\theta)^n \\
f(x+1) &= \frac{n-x}{x+1} \cdot \frac{\theta}{1-\theta} \cdot f(x) \\
f(x-1) &= \frac{x}{n-x+1} \cdot \frac{1-\theta}{\theta} \cdot f(x)
\end{aligned} \quad (47)
$$

Die Wahrscheinlichkeitsverteilung der Zufallsgröße X kann auch durch Grenzübergang $N \rightarrow \infty$ und $N_A \rightarrow \infty$ mit $\theta = N_A/N$ aus der Hypergeometrischen Verteilung abgeleitet werden.

Auf diese Weise ergeben sich auch *Erwartungswert* und *Varianz* aus (45) zu

$$
E(X) = n \cdot \theta \text{ und } Var(X) = n \cdot \theta \cdot (1-\theta) \quad (48)
$$

Beispiel 24 In einer Multiple-Choice-Prüfung werden 10 Fragen mit jeweils 3 Antwortmöglichkeiten gestellt, von denen jeweils nur eine richtig ist. Wie groß ist die Wahrscheinlichkeit, dass ein nicht vorbereiteter Prüfling allein durch zufälliges Ankreuzen jeweils einer Antwort mindestens die Hälfte der Fragen richtig beantworten kann?

Grundgesamtheit: Unendliche Anzahl denkbarer Fragen mit jeweils einer richtigen Antwort

Anteil richtiger Antworten (Eigenschaft A) je Frage: $\theta = 1/3$

Stichprobenumfang: n = 10 Fragen

Zufallsgröße X: Anzahl richtig beantworteter Fragen (mit Eigenschaft A)

$$
X \sim B\left(10, \frac{1}{3}\right)
$$

$$
\begin{aligned}
P(X \geq 5) &= 1 - P(X \leq 4) = 1 - F(4) \\
F(4) &= f(0) + f(1) + f(2) + f(3) + f(4) \\
&= 0{,}017 + 0{,}087 + 0{,}195 + 0{,}260 + 0{,}156 \\
&= 0{,}715 \\
P(X \geq 5) &= 1 - 0{,}715 = 0{,}285 = 28{,}5\ \%
\end{aligned}
$$

Die Wahrscheinlichkeit, mindestens 5 Fragen durch zufälliges Ankreuzen richtig zu beantworten, beträgt 28,5 %.

7.3.1.3 Poisson-Verteilung Ps(λ)

Die besondere praktische Bedeutung der Poisson-Verteilung liegt in der Beschreibung des zufälligen Auftretens von Ereignissen in einem vorgegebenen (kurzen) Zeitraum t, wenn nur die durchschnittliche Häufigkeit α dieser Ereignisse über einen langen Zeitraum T bekannt ist. Beispiel:

- Anzahl der einen Straßenquerschnitt passierenden Fahrzeuge innerhalb einer bestimmten Minute, wenn die durchschnittliche Anzahl der stündlichen Verkehrsmenge bekannt ist.

Herleitung der Wahrscheinlichkeitsfunktion

Die Wahrscheinlichkeitsdichte f(x) der Poisson-Verteilung erhält man durch Grenzbetrachtung aus der Binomialverteilung für $T \rightarrow \infty$, wobei

$n = \alpha \cdot T \rightarrow \infty$ und $\theta = t/T \rightarrow 0$,
sodass gilt:

$$
\lambda = n \cdot \theta = \alpha \cdot T \cdot t/T = \alpha \cdot t = \text{konst.}
$$

Man erhält

$$
\begin{aligned}
f(x) &= \lim_{n\to\infty} \binom{n}{x} \cdot \Theta^x \cdot (1-\Theta)^{n-x} \\
&= \lim_{n\to\infty} \frac{n!}{x!(n-x)!} \cdot \left(\frac{\lambda}{n}\right)^x \cdot \left(1-\frac{\lambda}{n}\right)^{n-x} \\
&= \frac{\lambda^x}{x!} \cdot \lim_{n\to\infty} \frac{n}{n} \cdot \frac{n-1}{n} \cdot \ldots \cdot \frac{n-x+1}{n} \cdot \left(1-\frac{\lambda}{n}\right)^n \cdot \left(1-\frac{\lambda}{n}\right)^{-x} \\
&= \frac{\lambda^x}{x!} \cdot \lim_{n\to\infty} \left(1-\frac{\lambda}{n}\right)^n
\end{aligned}
$$

und mit

$$
\lim_{n\to\infty} \left(1-\frac{\lambda}{n}\right)^n = e^{-\lambda}
$$

die *Wahrscheinlichkeitsfunktion*

$$
f(x) = P(X = x; \lambda) = \frac{\lambda^x}{x!} \cdot e^{-\lambda} \quad x = 0,1,2,\ldots \quad (49)
$$

und die *Verteilungsfunktion*

$$F(x) = P(X \leq x) = \sum_{i=0}^{i=x} f(i)$$

Schreibweise: $X \sim Ps(\lambda)$

Zur Ermittlung der Werte dienen die *Rekursionsformeln*

$$\begin{aligned} f(0) &= e^{-\lambda} \\ f(x+1) &= \frac{\lambda}{x+1} \cdot f(x) \\ f(x-1) &= \frac{x}{\lambda} \cdot f(x) \end{aligned} \qquad (50)$$

Beispiel 25 Durch das Schließen der Schranke an einem beschränkten Bahnübergang wird der Verkehr auf einer kreuzenden Straße für 3 Minuten unterbrochen. Wie groß ist die Wahrscheinlichkeit, dass die sich bildende Autoschlange länger wird als der Stauraum von 70 Metern, wenn der Verkehr auf der Straße eine mittlere Verkehrsstärke von 240 Fz/h aufweist und der mittlere Bruttoabstand der wartenden Fahrzeuge mit 8 m angenommen wird?

Die Zufallsgröße X „Anzahl der am Bahnübergang ankommenden Fahrzeuge innerhalb von 3 Minuten" ist aufgrund der geringen Verkehrsstärke als zufällig anzunehmen und somit poissonverteilt: $X \sim Ps(\lambda)$ mit $\lambda = E(X) = 3 \cdot 240/60 = 12$ Fz/3min.

Die Länge des Stauraums von 70 m wird überschritten bei mindestens 9 Fahrzeugen. Die gesuchte Überschreitungswahrscheinlichkeit beträgt

$$P(X \geq 9) = 1 - P(X \leq 8) = 1 - F(8)$$

wobei nach (49) gilt

$$F(8) = \sum_{x=0}^{x=8} \frac{12^x}{x!} \cdot e^{-12}$$

Tab. 6 enthält nur Werte bis $\lambda = 10$. Die einzelnen Werte f(x) für $x = 0$ bis $x = 8$ lassen sich mit der Rekursionsformel (50) berechnen:

$$\begin{aligned} F(8) &= f(0) + f(1) + f(8) \\ &= e^{-12}\left(1 + \frac{12}{1} + \frac{12^2}{2!} + \frac{12^3}{3!} + \ldots + \frac{12^8}{8!}\right) \\ &= 0{,}155 \end{aligned}$$

$$\begin{aligned} P(X \geq 9) &= 1 - F(8) \\ &= 1 - 0{,}155 \\ &= 0{,}845 = 84{,}5\ \% \end{aligned}$$

Der Stauraum reicht somit nur in 15,5 % der Schrankenschließungen aus.

7.3.2 Wichtige stetige Wahrscheinlichkeitsverteilungen

7.3.2.1 Exponentialverteilung Ex(α)

Die Bedeutung der Exponentialverteilung liegt vor allem in der Beschreibung der Länge der Zeitintervalle zwischen zwei aufeinander folgenden zufälligen Ereignissen, wenn angenommen werden kann, dass diese zeitlich zufällig mit einer Durchschnittsrate von α Ereignissen pro Zeiteinheit auftreten (z. B. Unfälle, Kraftfahrzeuge an einem Straßenquerschnitt).

Herleitung der Wahrscheinlichkeitsdichte

Die Zufallsgröße X der Anzahl der Ereignisse in einem beliebigen festen Zeitintervall der Länge t ist poissonverteilt (vgl. 3.1.3):

$$X \sim Ps(\alpha \cdot t)$$

Die Wahrscheinlichkeit, dass im Zeitintervall der Länge t *kein* Ereignis auftritt, beträgt nach (46)

$$P(X = 0) = \frac{(\alpha \cdot t)^0}{0!} \cdot e^{-\alpha \cdot t} = e^{-\alpha \cdot t}$$

Für die Länge T der Zeitlücke als Zufallsgröße bedeutet dies andererseits, dass diese größer sein muss als t:

$$P(T > t) = e^{-\alpha \cdot t}$$

Tab. 5 Binomialverteilung B(n,θ) Verteilungsfunktion F(x)

	x \ θ	0,05	0,10	0,20	0,30	0,40	0,50	0,60	0,70	0,80	0,90	0,95
n=2	0	0,903	0,810	0,640	0,490	0,360	0,250	0,160	0,090	0,040	0,010	0,003
	1	0,998	0,990	0,960	0,910	0,840	0,750	0,640	0,510	0,360	0,190	0,098
	2	1,000	1,000	1,000	1,000	1,000	1,000	1,000	1,000	1,000	1,000	1,000
n=3	0	0,857	0,729	0,512	0,343	0,216	0,125	0,064	0,027	0,008	0,001	0,000
	1	0,993	0,972	0,896	0,784	0,648	0,500	0,352	0,216	0,104	0,028	0,007
	2	1,000	0,999	0,992	0,973	0,936	0,875	0,784	0,657	0,488	0,271	0,143
	3	1,000	1,000	1,000	1,000	1,000	1,000	1,000	1,000	1,000	1,000	1,000
n=4	0	0,815	0,656	0,410	0,240	0,130	0,063	0,026	0,008	0,002	0,000	0,000
	1	0,986	0,948	0,819	0,652	0,475	0,313	0,179	0,084	0,027	0,004	0,000
	2	1,000	0,996	0,973	0,916	0,821	0,688	0,525	0,348	0,181	0,052	0,014
	3	1,000	1,000	0,998	0,992	0,974	0,938	0,870	0,760	0,590	0,344	0,185
	4	1,000	1,000	1,000	1,000	1,000	1,000	1,000	1,000	1,000	1,000	1,000
n=5	0	0,774	0,590	0,328	0,168	0,078	0,031	0,010	0,002	0,000	0,000	0,000
	1	0,977	0,919	0,737	0,528	0,337	0,188	0,087	0,031	0,007	0,000	0,000
	2	0,999	0,991	0,942	0,837	0,683	0,500	0,317	0,163	0,058	0,009	0,001
	3	1,000	1,000	0,993	0,969	0,913	0,813	0,663	0,472	0,263	0,081	0,023
	4	1,000	1,000	1,000	0,998	0,990	0,969	0,922	0,832	0,672	0,410	0,226
	5	1,000	1,000	1,000	1,000	1,000	1,000	1,000	1,000	1,000	1,000	1,000
n=6	0	0,735	0,531	0,262	0,118	0,047	0,016	0,004	0,001	0,000	0,000	0,000
	1	0,967	0,886	0,655	0,420	0,233	0,109	0,041	0,011	0,002	0,000	0,000
	2	0,998	0,984	0,901	0,744	0,544	0,344	0,179	0,070	0,017	0,001	0,000
	3	1,000	0,999	0,983	0,930	0,821	0,656	0,456	0,256	0,099	0,016	0,002
	4	1,000	1,000	0,998	0,989	0,959	0,891	0,767	0,580	0,345	0,114	0,033
	5	1,000	1,000	1,000	0,999	0,996	0,984	0,953	0,882	0,738	0,469	0,265
	6	1,000	1,000	1,000	1,000	1,000	1,000	1,000	1,000	1,000	1,000	1,000
n=7	0	0,698	0,478	0,210	0,082	0,028	0,008	0,002	0,000	0,000	0,000	0,000
	1	0,956	0,850	0,577	0,329	0,159	0,063	0,019	0,004	0,000	0,000	0,000
	2	0,996	0,974	0,852	0,647	0,420	0,227	0,096	0,029	0,005	0,000	0,000
	3	1,000	0,997	0,967	0,874	0,710	0,500	0,290	0,126	0,033	0,003	0,000
	4	1,000	1,000	0,995	0,971	0,904	0,773	0,580	0,353	0,148	0,026	0,004
	5	1,000	1,000	1,000	0,996	0,981	0,938	0,841	0,671	0,423	0,150	0,044
	6	1,000	1,000	1,000	1,000	0,998	0,992	0,972	0,918	0,790	0,522	0,302
	7	1,000	1,000	1,000	1,000	1,000	1,000	1,000	1,000	1,000	1,000	1,000
n=8	0	0,663	0,430	0,168	0,058	0,017	0,004	0,001	0,000	0,000	0,000	0,000
	1	0,943	0,813	0,503	0,255	0,106	0,035	0,009	0,001	0,000	0,000	0,000
	2	0,994	0,962	0,797	0,552	0,315	0,145	0,050	0,011	0,001	0,000	0,000
	3	1,000	0,995	0,944	0,806	0,594	0,363	0,174	0,058	0,010	0,000	0,000
	4	1,000	1,000	0,990	0,942	0,826	0,637	0,406	0,194	0,056	0,005	0,000
	5	1,000	1,000	0,999	0,989	0,950	0,855	0,685	0,448	0,203	0,038	0,006
	6	1,000	1,000	1,000	0,999	0,991	0,965	0,894	0,745	0,497	0,187	0,057
	7	1,000	1,000	1,000	1,000	0,999	0,996	0,983	0,942	0,832	0,570	0,337
	8	1,000	1,000	1,000	1,000	1,000	1,000	1,000	1,000	1,000	1,000	1,000
n=9	0	0,630	0,387	0,134	0,040	0,010	0,002	0,000	0,000	0,000	0,000	0,000
	1	0,929	0,775	0,436	0,196	0,071	0,020	0,004	0,000	0,000	0,000	0,000
	2	0,992	0,947	0,738	0,463	0,232	0,090	0,025	0,004	0,000	0,000	0,000
	3	0,999	0,992	0,914	0,730	0,483	0,254	0,099	0,025	0,003	0,000	0,000
	4	1,000	0,999	0,980	0,901	0,733	0,500	0,267	0,099	0,020	0,001	0,000
	5	1,000	1,000	0,997	0,975	0,901	0,746	0,517	0,270	0,086	0,008	0,001
	6	1,000	1,000	1,000	0,996	0,975	0,910	0,768	0,537	0,262	0,053	0,008
	7	1,000	1,000	1,000	1,000	0,996	0,980	0,929	0,804	0,564	0,225	0,071
	8	1,000	1,000	1,000	1,000	1,000	0,998	0,990	0,960	0,866	0,613	0,370
	9	1,000	1,000	1,000	1,000	1,000	1,000	1,000	1,000	1,000	1,000	1,000
n=10	0	0,599	0,349	0,107	0,028	0,006	0,001	0,000	0,000	0,000	0,000	0,000
	1	0,914	0,736	0,376	0,149	0,046	0,011	0,002	0,000	0,000	0,000	0,000
	2	0,988	0,930	0,678	0,383	0,167	0,055	0,012	0,002	0,000	0,000	0,000
	3	0,999	0,987	0,879	0,650	0,382	0,172	0,055	0,011	0,001	0,000	0,000
	4	1,000	0,998	0,967	0,850	0,633	0,377	0,166	0,047	0,006	0,000	0,000
	5	1,000	1,000	0,994	0,953	0,834	0,623	0,367	0,150	0,033	0,002	0,000
	6	1,000	1,000	0,999	0,989	0,945	0,828	0,618	0,350	0,121	0,013	0,001
	7	1,000	1,000	1,000	0,998	0,988	0,945	0,833	0,617	0,322	0,070	0,012
	8	1,000	1,000	1,000	1,000	0,998	0,989	0,954	0,851	0,624	0,264	0,086
	9	1,000	1,000	1,000	1,000	1,000	0,999	0,994	0,972	0,893	0,651	0,401
	10	1,000	1,000	1,000	1,000	1,000	1,000	1,000	1,000	1,000	1,000	1,000

Tab. 6 Poisson-Verteilung Ps(λ) Wahrscheinlichkeitsfunktion f(x) und Verteilungsfunktion F(x)

λ	0,01		0,02		0,03		0,04		0,05	
x	f(x)	F(x)	f(x)	F(x)	f(x)	F(x)	f(x)	F(x)	f(x)	F(x)
0	0,9900	0,9900	0,9802	0,9802	0,9704	0,9704	0,9608	0,9608	0,9512	0,9512
1	0,0099	1,0000	0,0196	0,9998	0,0291	0,9996	0,0384	0,9992	0,0476	0,9988
2	0,0000	1,0000	0,0002	1,0000	0,0004	1,0000	0,0008	1,0000	0,0012	1,0000
3	0,0000	1,0000	0,0000	1,0000	0,0000	1,0000	0,0000	1,0000	0,0000	1,0000
λ	0,06		0,07		0,08		0,09		0,10	
x	f(x)	F(x)	f(x)	F(x)	f(x)	F(x)	f(x)	F(x)	f(x)	F(x)
0	0,9418	0,9418	0,9324	0,9324	0,9231	0,9231	0,9139	0,9139	0,9048	0,9048
1	0,0565	0,9983	0,0653	0,9977	0,0738	0,9970	0,0823	0,9962	0,0905	0,9953
2	0,0017	1,0000	0,0023	0,9999	0,0030	0,9999	0,0037	0,9999	0,0045	0,9998
3	0,0000	1,0000	0,0001	1,0000	0,0001	1,0000	0,0001	1,0000	0,0002	1,0000
λ	0,11		0,12		0,15		0,20		0,25	
x	f(x)	F(x)	f(x)	F(x)	f(x)	F(x)	f(x)	F(x)	f(x)	F(x)
0	0,8958	0,8958	0,8869	0,8869	0,8607	0,8607	0,8187	0,8187	0,7788	0,7788
1	0,0985	0,9944	0,1064	0,9934	0,1291	0,9898	0,1637	0,9825	0,1947	0,9735
2	0,0054	0,9998	0,0064	0,9997	0,0097	0,9995	0,0164	0,9989	0,0243	0,9978
3	0,0002	1,0000	0,0003	1,0000	0,0005	1,0000	0,0011	0,9999	0,0020	0,9999
4	0,0000	1,0000	0,0000	1,0000	0,0000	1,0000	0,0001	1,0000	0,0001	1,0000
λ	0,30		0,35		0,40		0,45		0,50	
x	f(x)	F(x)	f(x)	F(x)	f(x)	F(x)	f(x)	F(x)	f(x)	F(x)
0	0,7408	0,7408	0,7047	0,7047	0,6703	0,6703	0,6376	0,6376	0,6065	0,6065
1	0,2222	0,9631	0,2466	0,9513	0,2681	0,9384	0,2869	0,9246	0,3033	0,9098
2	0,0333	0,9964	0,0432	0,9945	0,0536	0,9921	0,0646	0,9891	0,0758	0,9856
3	0,0033	0,9997	0,0050	0,9995	0,0072	0,9992	0,0097	0,9988	0,0126	0,9982
4	0,0003	1,0000	0,0004	1,0000	0,0007	0,9999	0,0011	0,9999	0,0016	0,9998
5	0,0000	1,0000	0,0000	1,0000	0,0001	1,0000	0,0001	1,0000	0,0002	1,0000
λ	0,55		0,60		0,65		0,70		0,75	
x	f(x)	F(x)	f(x)	F(x)	f(x)	F(x)	f(x)	F(x)	f(x)	F(x)
0	0,5769	0,5769	0,5488	0,5488	0,5220	0,5220	0,4966	0,4966	0,4724	0,4724
1	0,3173	0,8943	0,3293	0,8781	0,3393	0,8614	0,3476	0,8442	0,3543	0,8266
2	0,0873	0,9815	0,0988	0,9769	0,1103	0,9717	0,1217	0,9659	0,1329	0,9595
3	0,0160	0,9975	0,0198	0,9966	0,0239	0,9956	0,0284	0,9942	0,0332	0,9927
4	0,0022	0,9997	0,0030	0,9996	0,0039	0,9994	0,0050	0,9992	0,0062	0,9989
5	0,0002	1,0000	0,0004	1,0000	0,0005	0,9999	0,0007	0,9999	0,0009	0,9999
6	0,0000	1,0000	0,0000	1,0000	0,0001	1,0000	0,0001	1,0000	0,0001	1,0000
λ	0,80		0,85		0,90		0,95		1,00	
x	f(x)	F(x)	f(x)	F(x)	f(x)	F(x)	f(x)	F(x)	f(x)	F(x)
0	0,4493	0,4493	0,4274	0,4274	0,4066	0,4066	0,3867	0,3867	0,3679	0,3679
1	0,3595	0,8088	0,3633	0,7907	0,3659	0,7725	0,3674	0,7541	0,3679	0,7358
2	0,1438	0,9526	0,1544	0,9451	0,1647	0,9371	0,1745	0,9287	0,1839	0,9197
3	0,0383	0,9909	0,0437	0,9889	0,0494	0,9865	0,0553	0,9839	0,0613	0,9810
4	0,0077	0,9986	0,0093	0,9982	0,0111	0,9977	0,0131	0,9971	0,0153	0,9963
5	0,0012	0,9998	0,0016	0,9997	0,0020	0,9997	0,0025	0,9995	0,0031	0,9994
6	0,0002	1,0000	0,0002	1,0000	0,0003	1,0000	0,0004	0,9999	0,0005	0,9999
7	0,0000	1,0000	0,0000	1,0000	0,0000	1,0000	0,0001	1,0000	0,0001	1,0000

(Fortsetzung)

Tab. 6 (Fortsetzung)

λ	1,10		1,20		1,30		1,40		1,50	
x	f(x)	F(x)	f(x)	F(x)	f(x)	F(x)	f(x)	F(x)	f(x)	F(x)
0	0,3329	0,3329	0,3012	0,3012	0,2725	0,2725	0,2466	0,2466	0,2231	0,2231
1	0,3662	0,6990	0,3614	0,6626	0,3543	0,6268	0,3452	0,5918	0,3347	0,5578
2	0,2014	0,9004	0,2169	0,8795	0,2303	0,8571	0,2417	0,8335	0,2510	0,8088
3	0,0738	0,9743	0,0867	0,9662	0,0998	0,9569	0,1128	0,9463	0,1255	0,9344
4	0,0203	0,9946	0,0260	0,9923	0,0324	0,9893	0,0395	0,9857	0,0471	0,9814
5	0,0045	0,9990	0,0062	0,9985	0,0084	0,9978	0,0111	0,9968	0,0141	0,9955
6	0,0008	0,9999	0,0012	0,9997	0,0018	0,9996	0,0026	0,9994	0,0035	0,9991
7	0,0001	1,0000	0,0002	1,0000	0,0003	0,9999	0,0005	0,9999	0,0008	0,9998
8	0,0000	1,0000	0,0000	1,0000	0,0001	1,0000	0,0001	1,0000	0,0001	1,0000

λ	1,60		1,70		1,80		1,90		2,00	
x	f(x)	F(x)	f(x)	F(x)	f(x)	F(x)	f(x)	F(x)	f(x)	F(x)
0	0,2019	0,2019	0,1827	0,1827	0,1653	0,1653	0,1496	0,1496	0,1353	0,1353
1	0,3230	0,5249	0,3106	0,4932	0,2975	0,4628	0,2842	0,4337	0,2707	0,4060
2	0,2584	0,7834	0,2640	0,7572	0,2678	0,7306	0,2700	0,7037	0,2707	0,6767
3	0,1378	0,9212	0,1496	0,9068	0,1607	0,8913	0,1710	0,8747	0,1804	0,8571
4	0,0551	0,9763	0,0636	0,9704	0,0723	0,9636	0,0812	0,9559	0,0902	0,9473
5	0,0176	0,9940	0,0216	0,9920	0,0260	0,9896	0,0309	0,9868	0,0361	0,9834
6	0,0047	0,9987	0,0061	0,9981	0,0078	0,9974	0,0098	0,9966	0,0120	0,9955
7	0,0011	0,9997	0,0015	0,9996	0,0020	0,9994	0,0027	0,9992	0,0034	0,9989
8	0,0002	1,0000	0,0003	0,9999	0,0005	0,9999	0,0006	0,9998	0,0009	0,9998
9	0,0000	1,0000	0,0001	1,0000	0,0001	1,0000	0,0001	1,0000	0,0002	1,0000

λ	2,10		2,20		2,30		2,40		2,50	
x	f(x)	F(x)	f(x)	F(x)	f(x)	F(x)	f(x)	F(x)	f(x)	F(x)
0	0,1225	0,1225	0,1108	0,1108	0,1003	0,1003	0,0907	0,0907	0,0821	0,0821
1	0,2572	0,3796	0,2438	0,3546	0,2306	0,3309	0,2177	0,3084	0,2052	0,2873
2	0,2700	0,6496	0,2681	0,6227	0,2652	0,5960	0,2613	0,5697	0,2565	0,5438
3	0,1890	0,8386	0,1966	0,8194	0,2033	0,7993	0,2090	0,7787	0,2138	0,7576
4	0,0992	0,9379	0,1082	0,9275	0,1169	0,9162	0,1254	0,9041	0,1336	0,8912
5	0,0417	0,9796	0,0476	0,9751	0,0538	0,9700	0,0602	0,9643	0,0668	0,9580
6	0,0146	0,9941	0,0174	0,9925	0,0206	0,9906	0,0241	0,9884	0,0278	0,9858
7	0,0044	0,9985	0,0055	0,9980	0,0068	0,9974	0,0083	0,9967	0,0099	0,9958
8	0,0011	0,9997	0,0015	0,9995	0,0019	0,9994	0,0025	0,9991	0,0031	0,9989
9	0,0003	0,9999	0,0004	0,9999	0,0005	0,9999	0,0007	0,9998	0,0009	0,9997
10	0,0001	1,0000	0,0001	1,0000	0,0001	1,0000	0,0002	1,0000	0,0002	0,9999
11	0,0000	1,0000	0,0000	1,0000	0,0000	1,0000	0,0000	1,0000	0,0000	1,0000

λ	2,60		2,70		2,80		2,90		3,00	
x	f(x)	F(x)	f(x)	F(x)	f(x)	F(x)	f(x)	F(x)	f(x)	F(x)
0	0,0743	0,0743	0,0672	0,0672	0,0608	0,0608	0,0550	0,0550	0,0498	0,0498
1	0,1931	0,2674	0,1815	0,2487	0,1703	0,2311	0,1596	0,2146	0,1494	0,1991
2	0,2510	0,5184	0,2450	0,4936	0,2384	0,4695	0,2314	0,4460	0,2240	0,4232
3	0,2176	0,7360	0,2205	0,7141	0,2225	0,6919	0,2237	0,6696	0,2240	0,6472
4	0,1414	0,8774	0,1488	0,8629	0,1557	0,8477	0,1622	0,8318	0,1680	0,8153
5	0,0735	0,9510	0,0804	0,9433	0,0872	0,9349	0,0940	0,9258	0,1008	0,9161
6	0,0319	0,9828	0,0362	0,9794	0,0407	0,9756	0,0455	0,9713	0,0504	0,9665
7	0,0118	0,9947	0,0139	0,9934	0,0163	0,9919	0,0188	0,9901	0,0216	0,9881
8	0,0038	0,9985	0,0047	0,9981	0,0057	0,9976	0,0068	0,9969	0,0081	0,9962
9	0,0011	0,9996	0,0014	0,9995	0,0018	0,9993	0,0022	0,9991	0,0027	0,9989
10	0,0003	0,9999	0,0004	0,9999	0,0005	0,9998	0,0006	0,9998	0,0008	0,9997
11	0,0001	1,0000	0,0001	1,0000	0,0001	1,0000	0,0002	0,9999	0,0002	0,9999
12	0,0000	1,0000	0,0000	1,0000	0,0000	1,0000	0,0000	1,0000	0,0001	1,0000

(Fortsetzung)

Tab. 6 (Fortsetzung)

λ	3,50		4,00		4,50		5,00		5,50	
x	f(x)	F(x)	f(x)	F(x)	f(x)	F(x)	f(x)	F(x)	f(x)	F(x)
0	0,0302	0,0302	0,0183	0,0183	0,0111	0,0111	0,0067	0,0067	0,0041	0,0041
1	0,1057	0,1359	0,0733	0,0916	0,0500	0,0611	0,0337	0,0404	0,0225	0,0266
2	0,1850	0,3208	0,1465	0,2381	0,1125	0,1736	0,0842	0,1247	0,0618	0,0884
3	0,2158	0,5366	0,1954	0,4335	0,1687	0,3423	0,1404	0,2650	0,1133	0,2017
4	0,1888	0,7254	0,1954	0,6288	0,1898	0,5321	0,1755	0,4405	0,1558	0,3575
5	0,1322	0,8576	0,1563	0,7851	0,1708	0,7029	0,1755	0,6160	0,1714	0,5289
6	0,0771	0,9347	0,1042	0,8893	0,1281	0,8311	0,1462	0,7622	0,1571	0,6860
7	0,0385	0,9733	0,0595	0,9489	0,0824	0,9134	0,1044	0,8666	0,1234	0,8095
8	0,0169	0,9901	0,0298	0,9786	0,0463	0,9597	0,0653	0,9319	0,0849	0,8944
9	0,0066	0,9967	0,0132	0,9919	0,0232	0,9829	0,0363	0,9682	0,0519	0,9462
10	0,0023	0,9990	0,0053	0,9972	0,0104	0,9933	0,0181	0,9863	0,0285	0,9747
11	0,0007	0,9997	0,0019	0,9991	0,0043	0,9976	0,0082	0,9945	0,0143	0,9890
12	0,0002	0,9999	0,0006	0,9997	0,0016	0,9992	0,0034	0,9980	0,0065	0,9955
13	0,0001	1,0000	0,0002	0,9999	0,0006	0,9997	0,0013	0,9993	0,0028	0,9983
14	0,0000	1,0000	0,0001	1,0000	0,0002	0,9999	0,0005	0,9998	0,0011	0,9994
15	0,0000	1,0000	0,0000	1,0000	0,0001	1,0000	0,0002	0,9999	0,0004	0,9998
16	0,0000	1,0000	0,0000	1,0000	0,0000	1,0000	0,0000	1,0000	0,0001	0,9999
17	0,0000	1,0000	0,0000	1,0000	0,0000	1,0000	0,0000	1,0000	0,0000	1,0000
18	0,0000	1,0000	0,0000	1,0000	0,0000	1,0000	0,0000	1,0000	0,0000	1,0000

λ	6,00		7,00		8,00		9,00		10,00	
x	f(x)	F(x)	f(x)	F(x)	f(x)	F(x)	f(x)	F(x)	f(x)	F(x)
0	0,0025	0,0025	0,0009	0,0009	0,0003	0,0003	0,0001	0,0001	0,0000	0,0000
1	0,0149	0,0174	0,0064	0,0073	0,0027	0,0030	0,0011	0,0012	0,0005	0,0005
2	0,0446	0,0620	0,0223	0,0296	0,0107	0,0138	0,0050	0,0062	0,0023	0,0028
3	0,0892	0,1512	0,0521	0,0818	0,0286	0,0424	0,0150	0,0212	0,0076	0,0103
4	0,1339	0,2851	0,0912	0,1730	0,0573	0,0996	0,0337	0,0550	0,0189	0,0293
5	0,1606	0,4457	0,1277	0,3007	0,0916	0,1912	0,0607	0,1157	0,0378	0,0671
6	0,1606	0,6063	0,1490	0,4497	0,1221	0,3134	0,0911	0,2068	0,0631	0,1301
7	0,1377	0,7440	0,1490	0,5987	0,1396	0,4530	0,1171	0,3239	0,0901	0,2202
8	0,1033	0,8472	0,1304	0,7291	0,1396	0,5925	0,1318	0,4557	0,1126	0,3328
9	0,0688	0,9161	0,1014	0,8305	0,1241	0,7166	0,1318	0,5874	0,1251	0,4579
10	0,0413	0,9574	0,0710	0,9015	0,0993	0,8159	0,1186	0,7060	0,1251	0,5830
11	0,0225	0,9799	0,0452	0,9467	0,0722	0,8881	0,0970	0,8030	0,1137	0,6968
12	0,0113	0,9912	0,0263	0,9730	0,0481	0,9362	0,0728	0,8758	0,0948	0,7916
13	0,0052	0,9964	0,0142	0,9872	0,0296	0,9658	0,0504	0,9261	0,0729	0,8645
14	0,0022	0,9986	0,0071	0,9943	0,0169	0,9827	0,0324	0,9585	0,0521	0,9165
15	0,0009	0,9995	0,0033	0,9976	0,0090	0,9918	0,0194	0,9780	0,0347	0,9513
16	0,0003	0,9998	0,0014	0,9990	0,0045	0,9963	0,0109	0,9889	0,0217	0,9730
17	0,0001	0,9999	0,0006	0,9996	0,0021	0,9984	0,0058	0,9947	0,0128	0,9857
18	0,0000	1,0000	0,0002	0,9999	0,0009	0,9993	0,0029	0,9976	0,0071	0,9928
19	0,0000	1,0000	0,0001	1,0000	0,0004	0,9997	0,0014	0,9989	0,0037	0,9965
20	0,0000	1,0000	0,0000	1,0000	0,0002	0,9999	0,0006	0,9996	0,0019	0,9984
21	0,0000	1,0000	0,0000	1,0000	0,0001	1,0000	0,0003	0,9998	0,0009	0,9993
22	0,0000	1,0000	0,0000	1,0000	0,0000	1,0000	0,0001	0,9999	0,0004	0,9997
23	0,0000	1,0000	0,0000	1,0000	0,0000	1,0000	0,0000	1,0000	0,0002	0,9999
24	0,0000	1,0000	0,0000	1,0000	0,0000	1,0000	0,0000	1,0000	0,0001	1,0000

Daraus folgt für die *Verteilungsfunktion* F(t) der Zeitlückenlänge

$$\begin{aligned} F(t) &= P(T \leq t) \\ &= 1 - P(T > t) \\ &= 1 - e^{-\alpha \cdot t} \end{aligned}$$

und für die *Wahrscheinlichkeitsdichte*

$$f(t) = \frac{dF}{dt} = \alpha \cdot e^{-\alpha \cdot t}$$

Damit ist die Länge der Zeitlücken exponentialverteilt mit Parameter α:

Schreibweise: $T \sim Ex(\alpha)$.

Die mittlere Zeitlückenlänge beträgt $\mu = E(T) = \frac{1}{\alpha}$ (siehe Beispiel 21).

Somit gilt auch

$$f(t) = \frac{1}{\mu} \cdot e^{-\frac{t}{\mu}}$$

$$F(t) = 1 - e^{-\frac{t}{\mu}}$$

Beispiel 26 Eine vorfahrtsberechtigte Landstraße wird in einer Richtung von 400 Fz/h und in der Gegenrichtung von 500 Fz/h im freien Verkehrsfluss befahren. Eine einspurige Nebenstraße kreuzt die Vorfahrtsstraße, deren Vorfahrt durch ein STOP-Schild geregelt ist. Zu ermitteln ist die *Grundleistungsfähigkeit G_N des Nebenstroms*, d. h. die maximale Verkehrsstärke des Nebenstroms, der beide Fahrstreifen des Hauptstroms durchqueren kann, ohne dass sich auf der Nebenstraße ein permanent wachsender Stau aufbaut.

Lösung:

Es wird angenommen, dass ein im Nebenstrom wartendes Fahrzeug jeweils die erste vollständige Zeitlücke im Hauptstrom zum Queren nutzt, wenn diese mindestens $t_g = 6$ Sekunden lang ist (*Grenzzeitlücke*). Wegen des Anhaltezwangs vor dem STOP-Schild, wird angenommen, dass jedes Fahrzeug eine Zeitlücke von $t_g = 6$ Sekunden benötigt, sodass erst bei einer Zeitlücke von mindestens 12 Sekunden zwei, von mindestens 18 Sekunden drei usw. Fahrzeuge den Hauptstrom durchqueren können.

Wegen des freien Verkehrsflusses der Fahrzeugströme beider Richtungen auf der Hauptstraße sind deren Anzahlen X_1 bzw. X_2 der ankommenden Fahrzeuge pro Zeiteinheit (z. B. Minute) poisson-verteilt:

$$\begin{aligned} &X_1 \sim Ps(\lambda_1) \text{ bzw. } X_2 \sim Ps(\lambda_2) \\ &\text{mit} \quad \lambda_1 = \alpha_1 \cdot t \,\text{bzw.}\, \lambda_2 = \alpha_2 \cdot t \end{aligned}$$

Da die Verkehrsstärken beider Richtungen als unabhängig anzusehen sind, gilt aufgrund des Additionssatzes der Poisson-Verteilung (vgl. Tab. 1 Punkt 4), dass die Anzahl der an der Nebenstraße von beiden Seiten ankommenden Fahrzeuge ebenfalls poisson-verteilt ist:

$$\begin{aligned} &X = X_1 + X_2 \sim Ps(\lambda) \\ &\text{mit } \lambda = \lambda_1 + \lambda_2 = (\alpha_1 + \alpha_2) \cdot t = \left(\frac{400}{3600} + \frac{500}{3600}\right) \cdot t = \frac{900}{3600}\, t = 0{,}25\, t \end{aligned}$$

Die Zufallsgröße T der Zeitlücke [s] zwischen zwei aufeinander folgenden Fahrzeugen des Hauptstroms ist somit exponentialverteilt:

$$T \sim Ex(\lambda)$$

mit

$$\lambda = \frac{q_H}{3600} = \frac{900}{3600} = 0{,}25 \text{ Fz/s}$$

Damit genau n Fahrzeuge aus dem Nebenstrom den Hauptstrom durchqueren können, muss gelten:

$$n \cdot t_g \leq T < (n+1) \cdot t_g$$

Die Wahrscheinlichkeit für eine Zeitlücke, in der genau n Fahrzeuge queren können ist:

$$\begin{aligned} p_n &= P\left(n \cdot t_g \leq T < (n+1) \cdot t_g\right) \\ &= P\left(T < (n+1) \cdot t_g\right) - P\left(T < n \cdot t_g\right) \\ &= 1 - e^{-\lambda(n+1)t_g} - \left(1 - e^{-\lambda n t_g}\right) \\ &= e^{-0,25nt_g} - e^{-0,25(n+1)t_g} \end{aligned} \quad (51)$$

Die durchschnittliche Anzahl der Zeitlücken pro Stunde im Hauptstrom, in denen jeweils n Fahrzeuge queren können, ist $q_H.p_n.$

Die Gesamtzahl der Fahrzeuge, die in einer Stunde unter Ausnutzung sämtlicher Zeitlücken den Hauptstrom durchqueren können, errechnet sich dann zu:

$$G_N = \sum_{n=1}^{\infty} n \cdot q_H \cdot p_n = q_H \sum_{n=1}^{\infty} n \cdot p_n$$

$$\begin{aligned} \sum_{n=1}^{\infty} n \cdot p_n &= 1 \cdot \left(e^{-\lambda t_g} - e^{-\lambda 2 t_g}\right) \\ &+ 2 \cdot \left(e^{-\lambda 2 t_g} - e^{-\lambda 3 t_g}\right) \\ &+ 3 \cdot \left(e^{-\lambda 3 t_g} - e^{-\lambda 4 t_g}\right) + \ldots \\ &= e^{-\lambda t_g} + e^{-\lambda 2 t_g} + e^{-\lambda 3 t_g} + e^{-\lambda 4 t_g} + \ldots \\ &= e^{-\lambda t_g}\left(1 + e^{-\lambda t_g} + e^{-\lambda 2 t_g} + e^{-\lambda 3 t_g} + e^{-\lambda 4 t_g} + \ldots\right) \end{aligned}$$

Da $\exp(-x) < 1$ für $x > 0$ ist, konvergiert die unendliche geometrische Reihe, ihre Summe beträgt

$$S = \frac{1}{1 - e^{-\lambda t_g}}$$

und somit ist

$$\sum_{n=1}^{\infty} n \cdot p_n = \frac{e^{-\lambda t_g}}{1 - e^{-\lambda t_g}} = \frac{1}{e^{\lambda t_g} - 1}$$

Damit ergibt sich die Grundleistungsfähigkeit des Nebenstroms

$$\begin{aligned} G_N &= \frac{q_H}{e^{\lambda t_g} - 1} \\ &= \frac{900}{e^{0,25 \cdot 6} - 1} \\ &= \frac{900}{4,48 - 1} \\ &= 258,6 \end{aligned}$$

Somit können maximal 258 Fahrzeuge pro Stunde den Hauptstrom durchqueren (Grundleistungsfähigkeit des Nebenstromes), ohne dass sich ein zunehmender Autostau auf der Nebenstraße aufbaut.

Die Exponentialverteilung stellt eine spezielle Lebensdauerverteilung dar. Ihre *bedingte Überlebenswahrscheinlichkeit bezogen auf den Zeitpunkt t_0* ist definiert als die Wahrscheinlichkeit, unter der Bedingung, das Alter t_0 bereits erreicht zu haben, den Zeitpunkt $t_0 + t$ zu überleben:

$$\begin{aligned} P\left(T > t_0 + t \mid T > t_0\right) &= \frac{1 - F(t_0 + t)}{1 - F(t_0)} \\ &= \frac{1 - \left(1 - e^{-\alpha(t_0 + t)}\right)}{1 - \left(1 - e^{-\alpha t_0}\right)} \\ &= e^{-\alpha(t_0 + t) + \alpha \cdot t_0} \\ &= e^{-\alpha t} \end{aligned}$$

Somit die bedingte Überlebenswahrscheinlichkeit im Bezug auf einen Zeitpunkt t_0 unabhängig von dem bereits erreichten Alter. Die Exponentialverteilung ist somit eine „gedächtnislose“ Lebensdauerverteilung und beispielsweise geeignet für ermüdungsfreie Materialien, Geräte usw. Auch die Zeitlücken in einem Poisson-Prozess, siehe Beispiel 26, sind ermüdungsfreie Erscheinungen.

7.3.2.2 Normalverteilung N(μ, σ²) und Standardnormalverteilung N(0,1)

Die große Bedeutung der Normalverteilung liegt in ihrer Eigenschaft als Grenzverteilung der Summe von mehreren beliebig verteilten Zufallsgrößen („**Zentraler Grenzwertsatz**“).

Standardisierung
Die normalverteilte Zufallsgröße $X \sim N(\mu,\sigma^2)$ mit Wahrscheinlichkeitsfunktion f(x) und Verteilungsfunktion F(x) sowie Erwartungswert $E(x) = \mu$ und Varianz $Var(X) = \sigma^2$, wie sie in Tab. 2, Nr. 3 aufgeführt ist, kann durch die Transformationsfunktion

$$Z = \frac{X-\mu}{\sigma}$$

in die standardnormalverteilte Zufallsgröße $Z \sim N(0,1)$ mit der Wahrscheinlichkeitsfunktion $\varphi(z)$, der Verteilungsfunktion $\phi(z)$, dem Erwartungswert $E(Z) = 0$ und der Varianz $Var(Z) = 1$ umgeformt werden. Die Werte der Verteilungsfunktion $\phi(z)$ der Standardnormalverteilung liegen in Form der Tab. 7 vor, die für die Lösung der Probleme in der Praxis ausreicht, ohne die funktionale Gestalt der Verteilung im Detail berücksichtigen zu müssen.

Additionstheorem
Sind die Zufallsgrößen $X_1, X_2,\ldots,X_n$ unabhängig und normalverteilt

$$X_1 \sim N(\mu_1,\sigma_1^2),\ldots X_n \sim N(\mu_n,\sigma_n^2)$$

so ist ihre Linearkombination

$$X = k_1X_1 + \ldots + k_nX_n$$

wieder normalverteilt

$$X \sim N(\mu,\sigma^2)$$

wobei nach den Rechenregeln für Erwartungswerte (28) und Varianzen (34) gilt

$$\mu = k_1 \cdot \mu_1 + \ldots + k_n \cdot \mu_n \text{ und}$$

$$\sigma^2 = k_1^2 \cdot \sigma_1^2 + \ldots + k_n^2 \cdot \sigma_n^2$$

Zentraler Grenzwertsatz
Sind die Zufallsgrößen $X_1, X_2,\ldots X_n$ unabhängige, jedoch beliebig verteilte Zufallsgrößen mit den Erwartungswerten $E(X_i) = \mu_i$ und den Varianzen $Var(X_i) = \sigma_i^2$ ($i = 1,\ldots,n$), so gilt für die Summe $X = X_1 + X_2 + \ldots + X_n$ nach den Rechenregeln für Erwartungswerte (28) und Varianzen (34):

$$E(X) = \mu_1 + \ldots + \mu_n$$

$$Var(X) = \sigma_1^2 + \ldots + \sigma_n^2$$

Die *zentrierte und normierte Summe*

$$Z_n = \frac{X - E(X)}{\sqrt{Var(X)}} = \frac{\sum_{i=1}^{n}(X_i - \mu_i)}{\sqrt{\sum_{i=1}^{n}\sigma_i^2}}$$

besitzt dann – wiederum nach den Rechenregeln für Erwartungswerte und Varianzen – den Erwartungswert $E(Z_n) = 0$ und die Varianz $Var(Z_n) = 1$.

Unter gewissen, nur sehr schwach einschränkenden Bedingungen, gilt auch ohne die Annahme normalverteilter Summanden

$$F_{Z_n(z)} \to \phi(z) \textit{ für } n \to \infty$$

wobei $\phi(z)$ wieder die Verteilungsfunktion der Standardnormalverteilung bezeichnet. Folglich gilt für die Zufallsgröße der Summe $X = X_1 + \ldots + X_n$

$$F_X(x) \to F(x),$$

wobei F(x) die Verteilungsfunktion der Normalverteilung $N(\mu, \sigma^2)$

$$\text{mit } \mu = \mu_1 + \ldots + \mu_n$$
$$\text{und } \sigma^2 = \sigma_1^2 + \ldots + \sigma_n^2$$

darstellt.

Beispiel 27 Der Anhalteweg eines fahrenden PKW setzt sich additiv zusammen aus dem *Reaktionsweg* X_1 und dem *Bremsweg* X_2. Es kann angenommen werden, dass Reaktionsweg und Bremsweg unabhängige Zufallsgrößen sind und den folgenden Normalverteilungen näherungsweise genügen:

Tab. 7 Standardnormalverteilung N(0,1) Verteilungsfunktion Φ(z)

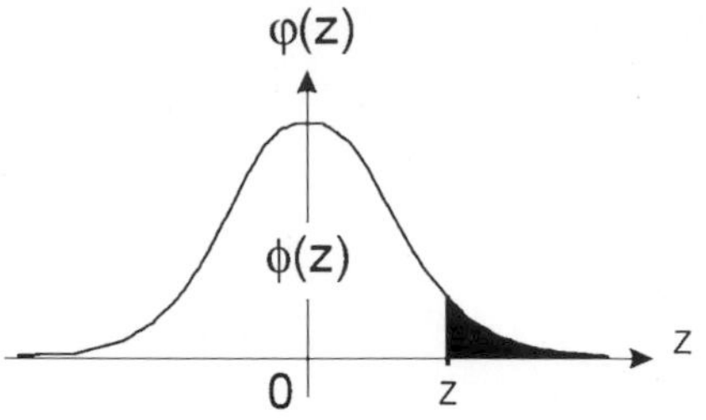

$$\phi(z) = P\,(Z\ \leq z) = \int_{-\infty}^{z} \varphi(\mathrm{t})\,\mathrm{dt}$$

$$\phi(-z) = 1 - \phi\,(z)$$

z	0	1	2	3	4	5	6	7	8	9
0,0	0,5000	0,5040	0,5080	0,5120	0,5160	0,5199	0,5239	0,5279	0,5319	0,5359
0,1	0,5398	0,5438	0,5478	0,5517	0,5557	0,5596	0,5636	0,5675	0,5714	0,5753
0,2	0,5793	0,5832	0,5871	0,5910	0,5948	0,5987	0,6026	0,6064	0,6103	0,6141
0,3	0,6179	0,6217	0,6255	0,6293	0,6331	0,6368	0,6406	0,6443	0,6480	0,6517
0,4	0,6554	0,6591	0,6628	0,6664	0,6700	0,6736	0,6772	0,6808	0,6844	0,6879
0,5	0,6915	0,6950	0,6985	0,7019	0,7054	0,7088	0,7123	0,7157	0,7190	0,7224
0,6	0,7257	0,7291	0,7324	0,7357	0,7389	0,7422	0,7454	0,7486	0,7517	0,7549
0,7	0,7580	0,7611	0,7642	0,7673	0,7704	0,7734	0,7764	0,7794	0,7823	0,7852
0,8	0,7881	0,7910	0,7939	0,7967	0,7995	0,8023	0,8051	0,8078	0,8106	0,8133
0,9	0,8159	0,8186	0,8212	0,8238	0,8264	0,8289	0,8315	0,8340	0,8365	0,8389
1,0	0,8413	0,8438	0,8461	0,8485	0,8508	0,8531	0,8554	0,8577	0,8599	0,8621
1,1	0,8643	0,8665	0,8686	0,8708	0,8729	0,8749	0,8770	0,8790	0,8810	0,8830
1,2	0,8849	0,8869	0,8888	0,8907	0,8925	0,8944	0,8962	0,8980	0,8997	0,9015
1,3	0,9032	0,9049	0,9066	0,9082	0,9099	0,9115	0,9131	0,9147	0,9162	0,9177
1,4	0,9192	0,9207	0,9222	0,9236	0,9251	0,9265	0,9279	0,9292	0,9306	0,9319
1,5	0,9332	0,9345	0,9357	0,9370	0,9382	0,9394	0,9406	0,9418	0,9429	0,9441
1,6	0,9452	0,9463	0,9474	0,9484	0,9495	0,9505	0,9515	0,9525	0,9535	0,9545
1,7	0,9554	0,9564	0,9573	0,9582	0,9591	0,9599	0,9608	0,9616	0,9625	0,9633
1,8	0,9641	0,9649	0,9656	0,9664	0,9671	0,9678	0,9686	0,9693	0,9699	0,9706
1,9	0,9713	0,9719	0,9726	0,9732	0,9738	0,9744	0,9750	0,9756	0,9761	0,9767
2,0	0,9772	0,9778	0,9783	0,9788	0,9793	0,9798	0,9803	0,9808	0,9812	0,9817
2,1	0,9821	0,9826	0,9830	0,9834	0,9838	0,9842	0,9846	0,9850	0,9854	0,9857
2,2	0,9861	0,9864	0,9868	0,9871	0,9875	0,9878	0,9881	0,9884	0,9887	0,9890
2,3	0,9893	0,9896	0,9898	0,9901	0,9904	0,9906	0,9909	0,9911	0,9913	0,9916
2,4	0,9918	0,9920	0,9922	0,9925	0,9927	0,9929	0,9931	0,9932	0,9934	0,9936
2,5	0,9938	0,9940	0,9941	0,9943	0,9945	0,9946	0,9948	0,9949	0,9951	0,9952
2,6	0,9953	0,9955	0,9956	0,9957	0,9959	0,9960	0,9961	0,9962	0,9963	0,9964
2,7	0,9965	0,9966	0,9967	0,9968	0,9969	0,9970	0,9971	0,9972	0,9973	0,9974
2,8	0,9974	0,9975	0,9976	0,9977	0,9977	0,9978	0,9979	0,9979	0,9980	0,9981
2,9	0,9981	0,9982	0,9982	0,9983	0,9984	0,9984	0,9985	0,9985	0,9986	0,9986
3,0	0,9987	0,9987	0,9987	0,9988	0,9988	0,9989	0,9989	0,9989	0,9990	0,9990
3,1	0,9990	0,9991	0,9991	0,9991	0,9992	0,9992	0,9992	0,9992	0,9993	0,9993
3,2	0,9993	0,9993	0,9994	0,9994	0,9994	0,9994	0,9994	0,9995	0,9995	0,9995

$$X_1 \sim N(12;9) \text{ und } X_2 \sim N(33;16)$$

a) Welcher Verteilung genügt der Anhalteweg X?
b) Wie groß ist die Wahrscheinlichkeit, dass der Anhalteweg eines PKW länger als 55 Meter ist?

Lösung:

a) Es gilt

$$X = X_1 + X_2$$

und damit nach dem Additionssatz für Normalverteilungen (Tab. 2, Nr. 2)

Tab. 8 χ^2-Verteilung χ^2_m (1–α)-Quantile

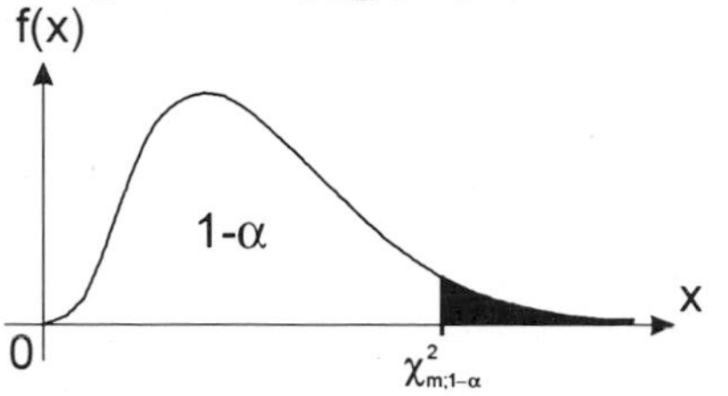

m Anzahl der Freiheitsgrade

Für große Werte von m gilt näherungsweise:

$$\chi^2 = m \cdot \left[1 - \frac{2}{9 \cdot m} + z_\alpha \cdot \sqrt{\frac{2}{9 \cdot m}}\right]^3$$

(Näherungsformel von Wilson und Hilferty)

1-α / m	0,010	0,025	0,050	0,100	0,900	0,950	0,975	0,990
1	0,000	0,001	0,004	0,016	2,706	3,841	5,024	6,635
2	0,020	0,051	0,103	0,211	4,605	5,991	7,378	9,210
3	0,115	0,216	0,352	0,584	6,251	7,815	9,348	11,345
4	0,297	0,484	0,711	1,064	7,779	9,488	11,143	13,277
5	0,554	0,831	1,145	1,610	9,236	11,070	12,833	15,086
6	0,872	1,237	1,635	2,204	10,645	12,592	14,449	16,812
7	1,239	1,690	2,167	2,833	12,017	14,067	16,013	18,475
8	1,646	2,180	2,733	3,490	13,362	15,507	17,535	20,090
9	2,088	2,700	3,325	4,168	14,684	16,919	19,023	21,666
10	2,558	3,247	3,940	4,865	15,987	18,307	20,483	23,209
11	3,053	3,816	4,575	5,578	17,275	19,675	21,920	24,725
12	3,571	4,404	5,226	6,304	18,549	21,026	23,337	26,217
13	4,107	5,009	5,892	7,042	19,812	22,362	24,736	27,688
14	4,660	5,629	6,571	7,790	21,064	23,685	26,119	29,141
15	5,229	6,262	7,261	8,547	22,307	24,996	27,488	30,578
16	5,812	6,908	7,962	9,312	23,542	26,296	28,845	32,000
17	6,408	7,564	8,672	10,085	24,769	27,587	30,191	33,409
18	7,015	8,231	9,390	10,865	25,989	28,869	31,526	34,805
19	7,633	8,907	10,117	11,651	27,204	30,144	32,852	36,191
20	8,260	9,591	10,851	12,443	28,412	31,410	34,170	37,566
25	11,524	13,120	14,611	16,473	34,382	37,652	40,646	44,314
30	14,953	16,791	18,493	20,599	40,256	43,773	46,979	50,892
35	18,509	20,569	22,465	24,797	46,059	49,802	53,203	57,342
40	22,164	24,433	26,509	29,051	51,805	55,758	59,342	63,691
45	25,901	28,366	30,612	33,350	57,505	61,656	65,410	69,957
50	29,707	32,357	34,764	37,689	63,167	67,505	71,420	76,154
60	37,485	40,482	43,188	46,459	74,397	79,082	83,298	88,379
70	45,442	48,758	51,739	55,329	85,527	90,531	95,023	100,425
80	53,540	57,153	60,391	64,278	96,578	101,879	106,629	112,329
90	61,754	65,647	69,126	73,291	107,565	113,145	118,136	124,116
100	70,065	74,222	77,929	82,358	118,498	124,342	129,561	135,807
α	**0,990**	**0,975**	**0,950**	**0,900**	**0,100**	**0,050**	**0,025**	**0,010**

Tab. 9 t-Verteilung (Studentverteilung) t_m (1–α)-Quantile

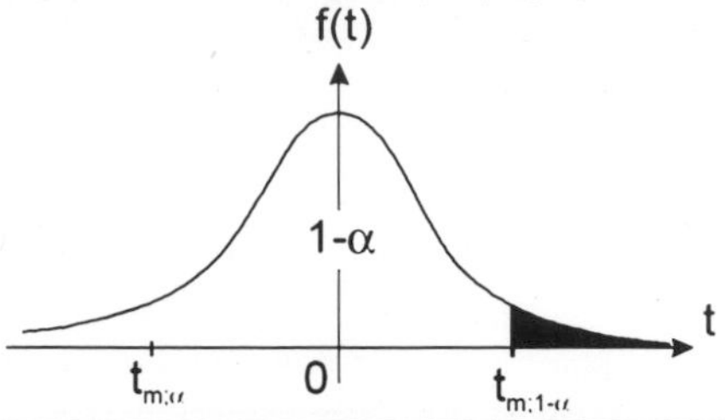

m Anzahl der Freiheitsgrade

$$t_{m;\alpha} = -t_{m;1-\alpha}$$

$$t_{\infty;\alpha} = z_\alpha$$

1-α / m	0,900	0,950	0,975	0,990	0,995
1	3,078	6,314	12,706	31,821	63,657
2	1,886	2,920	4,303	6,965	9,925
3	1,638	2,353	3,182	4,541	5,841
4	1,533	2,132	2,776	3,747	4,604
5	1,476	2,015	2,571	3,365	4,032
6	1,440	1,943	2,447	3,143	3,707
7	1,415	1,895	2,365	2,998	3,499
8	1,397	1,860	2,306	2,896	3,355
9	1,383	1,833	2,262	2,821	3,250
10	1,372	1,812	2,228	2,764	3,169
11	1,363	1,796	2,201	2,718	3,106
12	1,356	1,782	2,179	2,681	3,055
13	1,350	1,771	2,160	2,650	3,012
14	1,345	1,761	2,145	2,624	2,977
15	1,341	1,753	2,131	2,602	2,947
16	1,337	1,746	2,120	2,583	2,921
17	1,333	1,740	2,110	2,567	2,898
18	1,330	1,734	2,101	2,552	2,878
19	1,328	1,729	2,093	2,539	2,861
20	1,325	1,725	2,086	2,528	2,845
25	1,316	1,708	2,060	2,485	2,787
30	1,310	1,697	2,042	2,457	2,750
35	1,306	1,690	2,030	2,438	2,724
40	1,303	1,684	2,021	2,423	2,704
45	1,301	1,679	2,014	2,412	2,690
50	1,299	1,676	2,009	2,403	2,678
100	1,290	1,660	1,984	2,364	2,626
200	1,286	1,653	1,972	2,345	2,601
500	1,283	1,648	1,965	2,334	2,586
∞	1,282	1,645	1,960	2,326	2,576
α	0,100	0,050	0,025	0,010	0,005

Tab. 10 F-Verteilung (Fisher-Verteilung) F_{m_1,m_2} (1–α)-Quantile

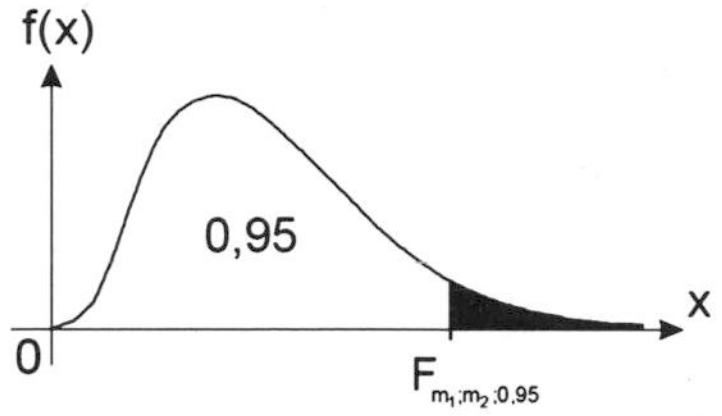

$m_1 \geq m_2$ Anzahl der Freiheitsgrade

$$F_{m_1;m_2;1-\alpha} = \frac{1}{F_{m_1;m_2;\alpha}}$$

$$F_{1,m;\alpha} = t^2_{m;(1+\alpha)/2}$$

m_2	m_1 / 1-α	1	2	3	4	5	6	7	8	9	10	11
1	0,990	4052,18	4999,50	5403,35	5624,58	5763,65	5858,99	5928,36	5981,07	6022,47	6055,85	6083,32
	0,975	647,789	799,500	864,163	899,583	921,848	937,111	948,217	956,656	963,285	968,627	973,025
	0,950	161,448	199,500	215,707	224,583	230,162	233,986	236,768	238,883	240,543	241,882	242,983
	0,900	39,863	49,500	53,593	55,833	57,240	58,204	58,906	59,439	59,858	60,195	60,473
2	0,990	98,503	99,000	99,166	99,249	99,299	99,333	99,356	99,374	99,388	99,399	99,408
	0,975	38,506	39,000	39,165	39,248	39,298	39,331	39,355	39,373	39,387	39,398	39,407
	0,950	18,513	19,000	19,164	19,247	19,296	19,330	19,353	19,371	19,385	19,396	19,405
	0,900	8,526	9,000	9,162	9,243	9,293	9,326	9,349	9,367	9,381	9,392	9,401
3	0,990	34,116	30,817	29,457	28,710	28,237	27,911	27,672	27,489	27,345	27,229	27,133
	0,975	17,443	16,044	15,439	15,101	14,885	14,735	14,624	14,540	14,473	14,419	14,374
	0,950	10,128	9,552	9,277	9,117	9,013	8,941	8,887	8,845	8,812	8,786	8,763
	0,900	5,538	5,462	5,391	5,343	5,309	5,285	5,266	5,252	5,240	5,230	5,222
4	0,990	21,198	18,000	16,694	15,977	15,522	15,207	14,976	14,799	14,659	14,546	14,452
	0,975	12,218	10,649	9,979	9,605	9,364	9,197	9,074	8,980	8,905	8,844	8,794
	0,950	7,709	6,944	6,591	6,388	6,256	6,163	6,094	6,041	5,999	5,964	5,936
	0,900	4,545	4,325	4,191	4,107	4,051	4,010	3,979	3,955	3,936	3,920	3,907
5	0,990	16,258	13,274	12,060	11,392	10,967	10,672	10,456	10,289	10,158	10,051	9,963
	0,975	10,007	8,434	7,764	7,388	7,146	6,978	6,853	6,757	6,681	6,619	6,568
	0,950	6,608	5,786	5,409	5,192	5,050	4,950	4,876	4,818	4,772	4,735	4,704
	0,900	4,060	3,780	3,619	3,520	3,453	3,405	3,368	3,339	3,316	3,297	3,282
6	0,990	13,745	10,925	9,780	9,148	8,746	8,466	8,260	8,102	7,976	7,874	7,790
	0,975	8,813	7,260	6,599	6,227	5,988	5,820	5,695	5,600	5,523	5,461	5,410
	0,950	5,987	5,143	4,757	4,534	4,387	4,284	4,207	4,147	4,099	4,060	4,027
	0,900	3,776	3,463	3,289	3,181	3,108	3,055	3,014	2,983	2,958	2,937	2,920
7	0,990	12,246	9,547	8,451	7,847	7,460	7,191	6,993	6,840	6,719	6,620	6,538
	0,975	8,073	6,542	5,890	5,523	5,285	5,119	4,995	4,899	4,823	4,761	4,709
	0,950	5,591	4,737	4,347	4,120	3,972	3,866	3,787	3,726	3,677	3,637	3,603
	0,900	3,589	3,257	3,074	2,961	2,883	2,827	2,785	2,752	2,725	2,703	2,684
8	0,990	11,259	8,649	7,591	7,006	6,632	6,371	6,178	6,029	5,911	5,814	5,734
	0,975	7,571	6,059	5,416	5,053	4,817	4,652	4,529	4,433	4,357	4,295	4,243
	0,950	5,318	4,459	4,066	3,838	3,687	3,581	3,500	3,438	3,388	3,347	3,313
	0,900	3,458	3,113	2,924	2,806	2,726	2,668	2,624	2,589	2,561	2,538	2,519
9	0,990	10,561	8,022	6,992	6,422	6,057	5,802	5,613	5,467	5,351	5,257	5,178
	0,975	7,209	5,715	5,078	4,718	4,484	4,320	4,197	4,102	4,026	3,964	3,912
	0,950	5,117	4,256	3,863	3,633	3,482	3,374	3,293	3,230	3,179	3,137	3,102
	0,900	3,360	3,006	2,813	2,693	2,611	2,551	2,505	2,469	2,440	2,416	2,396
10	0,990	10,044	7,559	6,552	5,994	5,636	5,386	5,200	5,057	4,942	4,849	4,772
	0,975	6,937	5,456	4,826	4,468	4,236	4,072	3,950	3,855	3,779	3,717	3,665
	0,950	4,965	4,103	3,708	3,478	3,326	3,217	3,135	3,072	3,020	2,978	2,943
	0,900	3,285	2,924	2,728	2,605	2,522	2,461	2,414	2,377	2,347	2,323	2,302

(Fortsetzung)

Tab. 10 (Fortsetzung)

m_2	m_1 / 1-α	12	13	14	15	20	24	30	40	60	120	∞
1	0,990	6106,321	6125,865	6142,674	6157,285	6208,730	6234,631	6260,649	6286,782	6313,030	6339,391	6366,000
	0,975	976,708	979,837	982,528	984,867	993,103	997,249	1001,414	1005,598	1009,800	1014,020	1018,000
	0,950	243,906	244,690	245,364	245,950	248,013	249,052	250,095	251,143	252,196	253,253	254,300
	0,900	60,705	60,903	61,073	61,220	61,740	62,002	62,265	62,529	62,794	63,061	63,330
2	0,990	99,416	99,422	99,428	99,433	99,449	99,458	99,466	99,474	99,482	99,491	99,500
	0,975	39,415	39,421	39,427	39,431	39,448	39,456	39,465	39,473	39,481	39,490	39,500
	0,950	19,413	19,419	19,424	19,429	19,446	19,454	19,462	19,471	19,479	19,487	19,500
	0,900	9,408	9,415	9,420	9,425	9,441	9,450	9,458	9,466	9,475	9,483	9,491
3	0,990	27,052	26,983	26,924	26,872	26,690	26,598	26,505	26,411	26,316	26,221	26,130
	0,975	14,337	14,304	14,277	14,253	14,167	14,124	14,081	14,037	13,992	13,947	13,900
	0,950	8,745	8,729	8,715	8,703	8,660	8,639	8,617	8,594	8,572	8,549	8,526
	0,900	5,216	5,210	5,205	5,200	5,184	5,176	5,168	5,160	5,151	5,143	5,134
4	0,990	14,374	14,307	14,249	14,198	14,020	13,929	13,838	13,745	13,652	13,558	13,460
	0,975	8,751	8,715	8,684	8,657	8,560	8,511	8,461	8,411	8,360	8,309	8,257
	0,950	5,912	5,891	5,873	5,858	5,803	5,774	5,746	5,717	5,688	5,658	5,628
	0,900	3,896	3,886	3,878	3,870	3,844	3,831	3,817	3,804	3,790	3,775	3,761
5	0,990	9,888	9,825	9,770	9,722	9,553	9,466	9,379	9,291	9,202	9,112	9,020
	0,975	6,525	6,488	6,456	6,428	6,329	6,278	6,227	6,175	6,123	6,069	6,015
	0,950	4,678	4,655	4,636	4,619	4,558	4,527	4,496	4,464	4,431	4,398	4,365
	0,900	3,268	3,257	3,247	3,238	3,207	3,191	3,174	3,157	3,140	3,123	3,105
6	0,990	7,718	7,657	7,605	7,559	7,396	7,313	7,229	7,143	7,057	6,969	6,880
	0,975	5,366	5,329	5,297	5,269	5,168	5,117	5,065	5,012	4,959	4,904	4,849
	0,950	4,000	3,976	3,956	3,938	3,874	3,841	3,808	3,774	3,740	3,705	3,669
	0,900	2,905	2,892	2,881	2,871	2,836	2,818	2,800	2,781	2,762	2,742	2,722
7	0,990	6,469	6,410	6,359	6,314	6,155	6,074	5,992	5,908	5,824	5,737	5,650
	0,975	4,666	4,628	4,596	4,568	4,467	4,415	4,362	4,309	4,254	4,199	4,142
	0,950	3,575	3,550	3,529	3,511	3,445	3,410	3,376	3,340	3,304	3,267	3,230
	0,900	2,668	2,654	2,643	2,632	2,595	2,575	2,555	2,535	2,514	2,493	2,471
8	0,990	5,667	5,609	5,559	5,515	5,359	5,279	5,198	5,116	5,032	4,946	4,859
	0,975	4,200	4,162	4,130	4,101	3,999	3,947	3,894	3,840	3,784	3,728	3,670
	0,950	3,284	3,259	3,237	3,218	3,150	3,115	3,079	3,043	3,005	2,967	2,928
	0,900	2,502	2,488	2,475	2,464	2,425	2,404	2,383	2,361	2,339	2,316	2,293
9	0,990	5,111	5,055	5,005	4,962	4,808	4,729	4,649	4,567	4,483	4,398	4,311
	0,975	3,868	3,831	3,798	3,769	3,667	3,614	3,560	3,505	3,449	3,392	3,333
	0,950	3,073	3,048	3,025	3,006	2,936	2,900	2,864	2,826	2,787	2,748	2,707
	0,900	2,379	2,364	2,351	2,340	2,298	2,277	2,255	2,232	2,208	2,184	2,159
10	0,990	4,706	4,650	4,601	4,558	4,405	4,327	4,247	4,165	4,082	3,996	3,909
	0,975	3,621	3,583	3,550	3,522	3,419	3,365	3,311	3,255	3,198	3,140	3,080
	0,950	2,913	2,887	2,865	2,845	2,774	2,737	2,700	2,661	2,621	2,580	2,538
	0,900	2,284	2,269	2,255	2,244	2,201	2,178	2,155	2,132	2,107	2,082	2,055

(Fortsetzung)

$$X \sim N\left(\mu_1 + \mu_2; \sigma_1^2 + \sigma_2^2\right) = N(12 + 33; 9 + 16) = N(45;25)$$

b) Die gesuchte Wahrscheinlichkeit ergibt sich zu (Tab. 7)

$$\begin{aligned} P(X > 55) &= 1 - P(X \leq 55) \\ &= 1 - P\left(Z \leq \frac{55 - 45}{5}\right) \\ &= 1 - P(Z \leq 2) \\ &= 1 - 0{,}9772 \\ &= 0{,}0228 = 2{,}28\ \% \end{aligned}$$

Tab. 10 (Fortsetzung)

m_2 \ m_1	$1-\alpha$	1	2	3	4	5	6	7	8	9	10	11
11	0,990	9,646	7,206	6,217	5,668	5,316	5,069	4,886	4,744	4,632	4,539	4,462
	0,975	6,724	5,256	4,630	4,275	4,044	3,881	3,759	3,664	3,588	3,526	3,474
	0,950	4,844	3,982	3,587	3,357	3,204	3,095	3,012	2,948	2,896	2,854	2,818
	0,900	3,225	2,860	2,660	2,536	2,451	2,389	2,342	2,304	2,274	2,248	2,227
12	0,990	9,330	6,927	5,953	5,412	5,064	4,821	4,640	4,499	4,388	4,296	4,220
	0,975	6,554	5,096	4,474	4,121	3,891	3,728	3,607	3,512	3,436	3,374	3,321
	0,950	4,747	3,885	3,490	3,259	3,106	2,996	2,913	2,849	2,796	2,753	2,717
	0,900	3,177	2,807	2,606	2,480	2,394	2,331	2,283	2,245	2,214	2,188	2,166
13	0,990	9,074	6,701	5,739	5,205	4,862	4,620	4,441	4,302	4,191	4,100	4,025
	0,975	6,414	4,965	4,347	3,996	3,767	3,604	3,483	3,388	3,312	3,250	3,197
	0,950	4,667	3,806	3,411	3,179	3,025	2,915	2,832	2,767	2,714	2,671	2,635
	0,900	3,136	2,763	2,560	2,434	2,347	2,283	2,234	2,195	2,164	2,138	2,116
14	0,990	8,862	6,515	5,564	5,035	4,695	4,456	4,278	4,140	4,030	3,939	3,864
	0,975	6,298	4,857	4,242	3,892	3,663	3,501	3,380	3,285	3,209	3,147	3,095
	0,950	4,600	3,739	3,344	3,112	2,958	2,848	2,764	2,699	2,646	2,602	2,565
	0,900	3,102	2,726	2,522	2,395	2,307	2,243	2,193	2,154	2,122	2,095	2,073
15	0,990	8,683	6,359	5,417	4,893	4,556	4,318	4,142	4,004	3,895	3,805	3,730
	0,975	6,200	4,765	4,153	3,804	3,576	3,415	3,293	3,199	3,123	3,060	3,008
	0,950	4,543	3,682	3,287	3,056	2,901	2,790	2,707	2,641	2,588	2,544	2,507
	0,900	3,073	2,695	2,490	2,361	2,273	2,208	2,158	2,119	2,086	2,059	2,037
16	0,990	8,531	6,226	5,292	4,773	4,437	4,202	4,026	3,890	3,780	3,691	3,616
	0,975	6,115	4,687	4,077	3,729	3,502	3,341	3,219	3,125	3,049	2,986	2,934
	0,950	4,494	3,634	3,239	3,007	2,852	2,741	2,657	2,591	2,538	2,494	2,456
	0,900	3,048	2,668	2,462	2,333	2,244	2,178	2,128	2,088	2,055	2,028	2,005
17	0,990	8,400	6,112	5,185	4,669	4,336	4,102	3,927	3,791	3,682	3,593	3,519
	0,975	6,042	4,619	4,011	3,665	3,438	3,277	3,156	3,061	2,985	2,922	2,870
	0,950	4,451	3,592	3,197	2,965	2,810	2,699	2,614	2,548	2,494	2,450	2,413
	0,900	3,026	2,645	2,437	2,308	2,218	2,152	2,102	2,061	2,028	2,001	1,978
18	0,990	8,285	6,013	5,092	4,579	4,248	4,015	3,841	3,705	3,597	3,508	3,434
	0,975	5,978	4,560	3,954	3,608	3,382	3,221	3,100	3,005	2,929	2,866	2,814
	0,950	4,414	3,555	3,160	2,928	2,773	2,661	2,577	2,510	2,456	2,412	2,374
	0,900	3,007	2,624	2,416	2,286	2,196	2,130	2,079	2,038	2,005	1,977	1,954
19	0,990	8,185	5,926	5,010	4,500	4,171	3,939	3,765	3,631	3,523	3,434	3,360
	0,975	5,922	4,508	3,903	3,559	3,333	3,172	3,051	2,956	2,880	2,817	2,765
	0,950	4,381	3,522	3,127	2,895	2,740	2,628	2,544	2,477	2,423	2,378	2,340
	0,900	2,990	2,606	2,397	2,266	2,176	2,109	2,058	2,017	1,984	1,956	1,932
20	0,990	8,096	5,849	4,938	4,431	4,103	3,871	3,699	3,564	3,457	3,368	3,294
	0,975	5,871	4,461	3,859	3,515	3,289	3,128	3,007	2,913	2,837	2,774	2,721
	0,950	4,351	3,493	3,098	2,866	2,711	2,599	2,514	2,447	2,393	2,348	2,310
	0,900	2,975	2,589	2,380	2,249	2,158	2,091	2,040	1,999	1,965	1,937	1,913

(Fortsetzung)

Beispiel 28 Die Zugfestigkeit der Stäbe einer bestimmten Baustahlsorte sei näherungsweise normalverteilt mit einem Erwartungswert von $\mu = 513\ \text{N/mm}^2$ und einer Standardabweichung von $\sigma = 10\ \text{N/mm}^2$.

a) Wie groß ist die Wahrscheinlichkeit, dass ein aus der Serie zufällig herausgegriffener Stahlstab eine Zugfestigkeit von 500 N/mm^2 oder weniger aufweist?

Tab. 10 (Fortsetzung)

m_2	m_1 / $1-\alpha$	12	13	14	15	20	24	30	40	60	120	∞
11	0,990	4,397	4,342	4,293	4,251	4,099	4,021	3,941	3,860	3,776	3,690	3,602
	0,975	3,430	3,392	3,359	3,330	3,226	3,173	3,118	3,061	3,004	2,944	2,883
	0,950	2,788	2,761	2,739	2,719	2,646	2,609	2,570	2,531	2,490	2,448	2,404
	0,900	2,209	2,193	2,179	2,167	2,123	2,100	2,076	2,052	2,026	2,000	1,972
12	0,990	4,155	4,100	4,052	4,010	3,858	3,780	3,701	3,619	3,535	3,449	3,361
	0,975	3,277	3,239	3,206	3,177	3,073	3,019	2,963	2,906	2,848	2,787	2,725
	0,950	2,687	2,660	2,637	2,617	2,544	2,505	2,466	2,426	2,384	2,341	2,296
	0,900	2,147	2,131	2,117	2,105	2,060	2,036	2,011	1,986	1,960	1,932	1,904
13	0,990	3,960	3,905	3,857	3,815	3,665	3,587	3,507	3,425	3,341	3,255	3,165
	0,975	3,153	3,115	3,082	3,053	2,948	2,893	2,837	2,780	2,720	2,659	2,595
	0,950	2,604	2,577	2,554	2,533	2,459	2,420	2,380	2,339	2,297	2,252	2,206
	0,900	2,097	2,080	2,066	2,053	2,007	1,983	1,958	1,931	1,904	1,876	1,846
14	0,990	3,800	3,745	3,698	3,656	3,505	3,427	3,348	3,266	3,181	3,094	3,004
	0,975	3,050	3,012	2,979	2,949	2,844	2,789	2,732	2,674	2,614	2,552	2,487
	0,950	2,534	2,507	2,484	2,463	2,388	2,349	2,308	2,266	2,223	2,178	2,131
	0,900	2,054	2,037	2,022	2,010	1,962	1,938	1,912	1,885	1,857	1,828	1,797
15	0,990	3,666	3,612	3,564	3,522	3,372	3,294	3,214	3,132	3,047	2,959	2,868
	0,975	2,963	2,925	2,891	2,862	2,756	2,701	2,644	2,585	2,524	2,461	2,395
	0,950	2,475	2,448	2,424	2,403	2,328	2,288	2,247	2,204	2,160	2,114	2,066
	0,900	2,017	2,000	1,985	1,972	1,924	1,899	1,873	1,845	1,817	1,787	1,755
16	0,990	3,553	3,498	3,451	3,409	3,259	3,181	3,101	3,018	2,933	2,845	2,753
	0,975	2,889	2,851	2,817	2,788	2,681	2,625	2,568	2,509	2,447	2,383	2,316
	0,950	2,425	2,397	2,373	2,352	2,276	2,235	2,194	2,151	2,106	2,059	2,010
	0,900	1,985	1,968	1,953	1,940	1,891	1,866	1,839	1,811	1,782	1,751	1,718
17	0,990	3,455	3,401	3,353	3,312	3,162	3,084	3,003	2,920	2,835	2,746	2,653
	0,975	2,825	2,786	2,753	2,723	2,616	2,560	2,502	2,442	2,380	2,315	2,247
	0,950	2,381	2,353	2,329	2,308	2,230	2,190	2,148	2,104	2,058	2,011	1,960
	0,900	1,958	1,940	1,925	1,912	1,862	1,836	1,809	1,781	1,751	1,719	1,686
18	0,990	3,371	3,316	3,269	3,227	3,077	2,999	2,919	2,835	2,749	2,660	2,566
	0,975	2,769	2,730	2,696	2,667	2,559	2,503	2,445	2,384	2,321	2,256	2,187
	0,950	2,342	2,314	2,290	2,269	2,191	2,150	2,107	2,063	2,017	1,968	1,917
	0,900	1,933	1,916	1,900	1,887	1,837	1,810	1,783	1,754	1,723	1,691	1,657
19	0,990	3,297	3,242	3,195	3,153	3,003	2,925	2,844	2,761	2,674	2,584	2,489
	0,975	2,720	2,681	2,647	2,617	2,509	2,452	2,394	2,333	2,270	2,203	2,133
	0,950	2,308	2,280	2,256	2,234	2,155	2,114	2,071	2,026	1,980	1,930	1,878
	0,900	1,912	1,894	1,878	1,865	1,814	1,787	1,759	1,730	1,699	1,666	1,631
20	0,990	3,231	3,177	3,130	3,088	2,938	2,859	2,778	2,695	2,608	2,517	2,421
	0,975	2,676	2,637	2,603	2,573	2,464	2,408	2,349	2,287	2,223	2,156	2,085
	0,950	2,278	2,250	2,225	2,203	2,124	2,082	2,039	1,994	1,946	1,896	1,843
	0,900	1,892	1,875	1,859	1,845	1,794	1,767	1,738	1,708	1,677	1,643	1,607

(Fortsetzung)

Tab. 10 (Fortsetzung)

m_2	m_1 / 1-α	1	2	3	4	5	6	7	8	9	10	11
22	0,990	7,945	5,719	4,817	4,313	3,988	3,758	3,587	3,453	3,346	3,258	3,184
	0,975	5,786	4,383	3,783	3,440	3,215	3,055	2,934	2,839	2,763	2,700	2,647
	0,950	4,301	3,443	3,049	2,817	2,661	2,549	2,464	2,397	2,342	2,297	2,259
	0,900	2,949	2,561	2,351	2,219	2,128	2,060	2,008	1,967	1,933	1,904	1,880
24	0,990	7,823	5,614	4,718	4,218	3,895	3,667	3,496	3,363	3,256	3,168	3,094
	0,975	5,717	4,319	3,721	3,379	3,155	2,995	2,874	2,779	2,703	2,640	2,586
	0,950	4,260	3,403	3,009	2,776	2,621	2,508	2,423	2,355	2,300	2,255	2,216
	0,900	2,927	2,538	2,327	2,195	2,103	2,035	1,983	1,941	1,906	1,877	1,853
26	0,990	7,721	5,526	4,637	4,140	3,818	3,591	3,421	3,288	3,182	3,094	3,021
	0,975	5,659	4,265	3,670	3,329	3,105	2,945	2,824	2,729	2,653	2,590	2,536
	0,950	4,225	3,369	2,975	2,743	2,587	2,474	2,388	2,321	2,265	2,220	2,181
	0,900	2,909	2,519	2,307	2,174	2,082	2,014	1,961	1,919	1,884	1,855	1,830
28	0,990	7,636	5,453	4,568	4,074	3,754	3,528	3,358	3,226	3,120	3,032	2,959
	0,975	5,610	4,221	3,626	3,286	3,063	2,903	2,782	2,687	2,611	2,547	2,494
	0,950	4,196	3,340	2,947	2,714	2,558	2,445	2,359	2,291	2,236	2,190	2,151
	0,900	2,894	2,503	2,291	2,157	2,064	1,996	1,943	1,900	1,865	1,836	1,811
30	0,990	7,562	5,390	4,510	4,018	3,699	3,473	3,304	3,173	3,067	2,979	2,906
	0,975	5,568	4,182	3,589	3,250	3,026	2,867	2,746	2,651	2,575	2,511	2,458
	0,950	4,171	3,316	2,922	2,690	2,534	2,421	2,334	2,266	2,211	2,165	2,126
	0,900	2,881	2,489	2,276	2,142	2,049	1,980	1,927	1,884	1,849	1,819	1,794
40	0,990	7,314	5,179	4,313	3,828	3,514	3,291	3,124	2,993	2,888	2,801	2,727
	0,975	5,424	4,051	3,463	3,126	2,904	2,744	2,624	2,529	2,452	2,388	2,334
	0,950	4,085	3,232	2,839	2,606	2,449	2,336	2,249	2,180	2,124	2,077	2,038
	0,900	2,835	2,440	2,226	2,091	1,997	1,927	1,873	1,829	1,793	1,763	1,737
60	0,990	7,077	4,977	4,126	3,649	3,339	3,119	2,953	2,823	2,718	2,632	2,559
	0,975	5,286	3,925	3,343	3,008	2,786	2,627	2,507	2,412	2,334	2,270	2,216
	0,950	4,001	3,150	2,758	2,525	2,368	2,254	2,167	2,097	2,040	1,993	1,952
	0,900	2,791	2,393	2,177	2,041	1,946	1,875	1,819	1,775	1,738	1,707	1,680
80	0,990	6,963	4,881	4,036	3,563	3,255	3,036	2,871	2,742	2,637	2,551	2,478
	0,975	5,218	3,864	3,284	2,950	2,730	2,571	2,450	2,355	2,277	2,213	2,158
	0,950	3,960	3,111	2,719	2,486	2,329	2,214	2,126	2,056	1,999	1,951	1,910
	0,900	2,769	2,370	2,154	2,016	1,921	1,849	1,793	1,748	1,711	1,680	1,653
120	0,990	6,851	4,787	3,949	3,480	3,174	2,956	2,792	2,663	2,559	2,472	2,399
	0,975	5,152	3,805	3,227	2,894	2,674	2,515	2,395	2,299	2,222	2,157	2,102
	0,950	3,920	3,072	2,680	2,447	2,290	2,175	2,087	2,016	1,959	1,910	1,869
	0,900	2,748	2,347	2,130	1,992	1,896	1,824	1,767	1,722	1,684	1,652	1,625
∞	0,990	6,635	4,605	3,782	3,319	3,017	2,802	2,639	2,511	2,407	2,321	2,247
	0,975	5,024	3,689	3,116	2,786	2,567	2,408	2,288	2,192	2,114	2,048	1,992
	0,950	3,841	2,996	2,605	2,372	2,214	2,099	2,010	1,938	1,880	1,831	1,788
	0,900	2,706	2,303	2,084	1,945	1,847	1,774	1,717	1,670	1,632	1,599	1,570

(Fortsetzung)

Tab. 10 (Fortsetzung)

m_2	m_1 / 1-α	12	13	14	15	20	24	30	40	60	120	∞
22	0,990	3,121	3,067	3,019	2,978	2,827	2,749	2,667	2,583	2,495	2,403	2,305
	0,975	2,602	2,563	2,528	2,498	2,389	2,331	2,272	2,210	2,145	2,076	2,003
	0,950	2,226	2,198	2,173	2,151	2,071	2,028	1,984	1,938	1,889	1,838	1,783
	0,900	1,859	1,841	1,825	1,811	1,759	1,731	1,702	1,671	1,639	1,604	1,567
24	0,990	3,032	2,977	2,930	2,889	2,738	2,659	2,577	2,492	2,403	2,310	2,211
	0,975	2,541	2,502	2,468	2,437	2,327	2,269	2,209	2,146	2,080	2,010	1,935
	0,950	2,183	2,155	2,130	2,108	2,027	1,984	1,939	1,892	1,842	1,790	1,733
	0,900	1,832	1,814	1,797	1,783	1,730	1,702	1,672	1,641	1,607	1,571	1,533
26	0,990	2,958	2,904	2,857	2,815	2,664	2,585	2,503	2,417	2,327	2,233	2,131
	0,975	2,491	2,451	2,417	2,387	2,276	2,217	2,157	2,093	2,026	1,954	1,878
	0,950	2,148	2,119	2,094	2,072	1,990	1,946	1,901	1,853	1,803	1,749	1,691
	0,900	1,809	1,790	1,774	1,760	1,706	1,677	1,647	1,615	1,581	1,544	1,504
28	0,990	2,896	2,842	2,795	2,753	2,602	2,522	2,440	2,354	2,263	2,167	2,064
	0,975	2,448	2,409	2,374	2,344	2,232	2,174	2,112	2,048	1,980	1,907	1,829
	0,950	2,118	2,089	2,064	2,041	1,959	1,915	1,869	1,820	1,769	1,714	1,654
	0,900	1,790	1,771	1,754	1,740	1,685	1,656	1,625	1,592	1,558	1,520	1,478
30	0,990	2,843	2,789	2,742	2,700	2,549	2,469	2,386	2,299	2,208	2,111	2,006
	0,975	2,412	2,372	2,338	2,307	2,195	2,136	2,074	2,009	1,940	1,866	1,787
	0,950	2,092	2,063	2,037	2,015	1,932	1,887	1,841	1,792	1,740	1,683	1,622
	0,900	1,773	1,754	1,737	1,722	1,667	1,638	1,606	1,573	1,538	1,499	1,456
40	0,990	2,665	2,611	2,563	2,522	2,369	2,288	2,203	2,114	2,019	1,917	1,805
	0,975	2,288	2,248	2,213	2,182	2,068	2,007	1,943	1,875	1,803	1,724	1,637
	0,950	2,003	1,974	1,948	1,924	1,839	1,793	1,744	1,693	1,637	1,577	1,509
	0,900	1,715	1,695	1,678	1,662	1,605	1,574	1,541	1,506	1,467	1,425	1,377
60	0,990	2,496	2,442	2,394	2,352	2,198	2,115	2,028	1,936	1,836	1,726	1,601
	0,975	2,169	2,129	2,093	2,061	1,944	1,882	1,815	1,744	1,667	1,581	1,482
	0,950	1,917	1,887	1,860	1,836	1,748	1,700	1,649	1,594	1,534	1,467	1,389
	0,900	1,657	1,637	1,619	1,603	1,543	1,511	1,476	1,437	1,395	1,348	1,291
80	0,990	2,415	2,361	2,313	2,271	2,115	2,032	1,944	1,849	1,746	1,630	1,491
	0,975	2,111	2,071	2,035	2,003	1,884	1,820	1,752	1,679	1,599	1,508	1,396
	0,950	1,875	1,845	1,817	1,793	1,703	1,654	1,602	1,545	1,482	1,411	1,322
	0,900	1,629	1,609	1,590	1,574	1,513	1,479	1,443	1,403	1,358	1,307	1,242
120	0,990	2,336	2,282	2,234	2,192	2,035	1,950	1,860	1,763	1,656	1,533	1,381
	0,975	2,055	2,014	1,977	1,945	1,825	1,760	1,690	1,614	1,530	1,433	1,310
	0,950	1,834	1,803	1,775	1,750	1,659	1,608	1,554	1,495	1,429	1,352	1,254
	0,900	1,601	1,580	1,562	1,545	1,482	1,447	1,409	1,368	1,320	1,265	1,193
∞	0,990	2,185	2,129	2,080	2,039	1,878	1,791	1,696	1,592	1,473	1,325	1,000
	0,975	1,945	1,902	1,865	1,833	1,708	1,640	1,566	1,484	1,388	1,268	1,000
	0,950	1,752	1,719	1,691	1,666	1,571	1,517	1,459	1,394	1,318	1,221	1,000
	0,900	1,546	1,523	1,504	1,487	1,421	1,383	1,342	1,295	1,240	1,169	1,000

b) Wie groß ist die Wahrscheinlichkeit, dass unter 10 zufällig ohne Zurücklegen aus der Serie herausgegriffenen Stahlstäben höchstens *einer* eine Zugfestigkeit von 500 N/mm^2 oder weniger aufweist?

Lösung:

a) Die Zufallsgröße X („Zugfestigkeit [N/mm^2]") ist normalverteilt:

$$X \sim N(\mu;\sigma^2) = N(513;100).$$

Nach Standardisierung von X ergibt sich die gesuchte Wahrscheinlichkeit zu (Tab. 7)

$$\begin{aligned}P(X \le 500) &= P\left(Z \le \frac{500-513}{10}\right)\\ &= P(Z \le -1{,}3)\\ &= \Phi(-1{,}3)\\ &= 1-\Phi(1{,}3)\\ &= 1-0{,}9032\\ &= 0{,}0968 \approx 0{,}1,\end{aligned}$$

b) Die Zufallsgröße Y („Anzahl der Stahlstäbe mit einer Zugfestigkeit von 500 N/mm^2 oder weniger in einer Stichprobe von 10 Stäben") ist binomialverteilt

$$\text{mit } n = 10 \text{ und } \theta = 0{,}1:$$

$$Y \sim B(10;0{,}1).$$

Damit ergibt sich die gesuchte Wahrscheinlichkeit gemäß (Tab. 5) zu

$$P(Y \le 1) = F(1) = 0{,}736$$

Beispiel 29 Kann im Beispiel 24 der Multiple-Choice-Prüfung die Binomialverteilung durch die Normalverteilung ersetzt werden?

Die Normalverteilung kann anstelle der Binomialverteilung verwendet werden, wenn gilt $n \cdot \theta \cdot (1-\theta) > 9$ (vgl. Tab. 1, Nr. 2). Die Binomialverteilung kann im vorliegenden Fall nicht durch die Normalverteilung approximiert werden, da diese Bedingung nicht erfüllt ist:

$$10 \cdot \frac{1}{3}\left(1-\frac{1}{3}\right) = 10 \cdot \frac{2}{9} = 2{,}2 < 9.$$

Die Bedingung ist erst erfüllt, wenn gilt

$$n > \frac{9}{\theta(1-\theta)} = \frac{9}{2/9} = 40{,}5$$

d. h. wenn mindestens 41 Fragen gestellt werden.

Mit welcher Wahrscheinlichkeit können bei 41 Fragen durch zufälliges Beantworten a) mindestens 5 Fragen bzw. b) mindestens 20 Fragen (rund die Hälfte) richtig beantwortet werden?

Bei Approximation der Binomialverteilung durch die Normalverteilung N (μ, σ^2)mit

$$\mu = 41 \cdot \frac{1}{3} = 13{,}7$$

und

$$\sigma^2 = 41 \cdot \frac{1}{3} \cdot \left(1-\frac{1}{3}\right) = 9{,}1$$

sowie nach deren Standardisierung erhält man die (0,1)-normalverteilte Zufallsgröße

$$Z = \frac{X-13{,}7}{3{,}0}$$

a) Die Wahrscheinlichkeit, durch zufälliges Beantworten der 41 Fragen 5 Fragen richtig zu beantworten, beträgt

$$\begin{aligned}1-\phi(z) &= 1-\phi\left(\frac{5-13{,}7}{3{,}0}\right) = 1-\phi(-2{,}9)\\ &= 1-1+\phi(2{,}9) = 0{,}998 = 99{,}8\ \%\end{aligned}$$

b) 20 Fragen richtig zu beantworten dagegen

$$\begin{aligned}1-\phi(z) &= 1-\phi\left(\frac{20-13{,}7}{3{,}0}\right) = 1-\phi(+2{,}1)\\ &= 1-0{,}982 = 0{,}018 = 1{,}8\ \%\end{aligned}$$

Bei 41 Fragen ist es erwartungsgemäß wesentlich leichter, durch zufälliges Beantworten mindestens 5 Fragen richtig zu beantworten als bei 10 Fragen. Dagegen ist es bei 41 Fragen wesentlich schwieriger, die Prüfung durch zufälliges Beantworten der Fragen zu bestehen als bei 10 Fragen, wenn zum Bestehen der Prüfung rund die Hälfte der Fragen richtig beantwortet werden müssen.

7.3.2.3 Lebensdauerverteilungen

In Tab. 2 sind mit den Nr. 5 bis 8 stetige Verteilungen und ihre Merkmale aufgeführt, die sich zur Beschreibung der Lebensdauer von Werkzeugen, Geräten etc. eignen. Die Exponentialverteilung als „gedächtnislose" Lebensdauerverteilung ist bereits im vorausgehenden Abschnitt aufgeführt.

Die *Erlang-n-Verteilung* und die *Gammaverteilung* beschreiben die Lebensdauer von Systemen. Die Weibullverteilung stellt im Gegensatz zur Exponentialverteilung die Lebensdauer von Werkstücken, Geräten usw. dar, die z. B. infolge von Materialermüdung einem Alterungsprozess unterliegen, sodass die bedingte Überlebenswahrscheinlichkeit mit zunehmendem Alter abnimmt.

7.3.3 Wichtige Prüfverteilungen

Die in Tab. 3 aufgeführten Prüfverteilungen bauen auf der Standardnormalverteilung auf, wie aus den Definitionen der Zufallsgröße in der Tabelle jeweils ersichtlich ist. Ihre großen Bedeutungen werden im ► Kap. 8, „Deskriptive und induktive Statistik" ersichtlich.

Formelzeichen der Wahrscheinlichkeitsrechnung und Statistik

$A,\ B,\ \ldots$	Zufallsereignisse
$P(A)$	Wahrscheinlichkeit von A
$\cup$	Vereinigung
$\cap$	Durchschnitt
$X,\ Y,\ \ldots$	Zufallsvariablen
$x_i,\ y_i,\ \ldots$	Realisationen von Zufallsvariablen
$f(x)$	Wahrscheinlichkeits(dichte)funktion, relative Häufigkeit
$F(x)$	Verteilungsfunktion, relative Summenhäufigkeit
$E(X)$	Erwartungswert der Zufallsgröße X
μ	arithmetischer Mittelwert einer Grundgesamtheit
$x_{0,5}$	Median einer Zufallsgröße
X_D	Modalwert einer Zufallsgröße
σ^2, Var(X)	Varianz der Zufallsgröße X

(Fortsetzung)

$A,\ B,\ \ldots$	Zufallsereignisse
σ	Standardabweichung
v	Variationskoeffizient
$\sigma_{X\,Y}$, Cov $(X,\ Y)$	Kovarianz zwischen X und Y
$\varrho(X,\ Y)$	Korrelationskoeffizient zwischen X und Y
h	absolute Häufigkeit
H	absolute Summenhäufigkeit
$\bar{x}$	arithmetischer Mittelwert einer Stichprobe
$\bar{x}_{0,5}$	Median einer Stichprobe (empirischer Median)
$\bar{x}_D$	Modalwert einer Stichprobe (empirischer Modalwert)
s^2	(empirische) Varianz
$s,\ s_x,\ s_y$	(empirische) Standardabweichung
s_{xy}	(empirische) Kovarianz
$\boldsymbol{r}_{xy}$	(empirischer) Korrelationskoeffizient
$\hat{\Theta}_n$	Schätzfunktion
$\hat{\vartheta}_n$	Realisation der Schätzfunktion
T	Testfunktion
B	Bestimmtheitsmaß
$X \sim Y$	„X unterliegt der Y-Verteilung"
$H\ (n,\ N_{\mathrm{A}},\ N)$	Hypergeometrische Verteilung
$B(n,\ p)$	Binominalverteilung
NB($r,\ p$)	Negative Binominalverteilung
NB($1,\ p$)	Geometrische Verteilung
Ps(λ)	Poisson-Verteilung
$U(a,\ b)$	Gleichverteilung (auch: Rechteckverteilung)
$N(\mu,\ \sigma^2)$	Normalverteilung
$N(0,\ 1)$	Standardnormalverteilung
LN($\mu,\ \sigma^2$)	Lognormalverteilung
Ex(λ)	Exponentialverteilung
ER($\lambda,\ n$)	Erlang-n-Verteilung
$G(\lambda,\ k)$	Gammaverteilung
$W(\lambda,\ \alpha)$	Weibull-Verteilung
BT $(\alpha,\ \beta,\ a,\ b)$	Betaverteilung
χ^2_m	χ^2-Verteilung
t_m	t-Verteilung
F_{m_1,m_2}	F-Verteilung
$\Phi(z)$	Verteilungsfunktion der Standardnormalverteilung
$\varphi(z)$	Dichtefunktion der Standardnormalverteilung
Z	standardnormalverteilte Zufallsgröße
z_α	α-Quantil der Standardnormalverteilung

(Fortsetzung)

$A, B, \ldots$	Zufallsereignisse
$t_{m;\alpha}$	α-Quantil der t-Verteilung mit Freiheitsgrad m
$\chi^2_{m;\alpha}$	α-Quantil der χ^2-Verteilung mit Freiheitsgrad m
$F_{m_1,m_2;\alpha}$	α-Quantil der F-Verteilung mit Freiheitsgraden m_1 und m_2

Weiterführende Literatur

Fisz M (1989) Wahrscheinlichkeitsrechnung und mathematische Statistik, 11. Aufl. Deutscher Verlag der Wissenschaften, Berlin

Graf U, Henning H-J et al (1987) Formeln und Tabellen der angewandten mathematischen Statistik, 3. Aufl. Springer, Berlin

Hartung J (1998) Statistik, 11. Aufl. Oldenbourg, München

Heinhold J, Gaede KW (1979) Ingenieurstatistik, 4. Aufl. Oldenbourg, München

Herz R, Schlichter HG, Siegener W (1992) Angewandte Statistik für Verkehrs- und Regionalplaner, 2. Aufl. Werner, Düsseldorf

Rosanow JA (1970) Wahrscheinlichkeitstheorie. Vieweg, Braunschweig

Sachs L (1997) Angewandte Statistik, 8. Aufl. Springer, Berlin

Weber H (1992) Einführung in die Wahrscheinlichkeitsrechnung und Statistik für Ingenieure, 3. Aufl. Teubner, Stuttgart

Deskriptive und Induktive Statistik

8

Manfred J. Wermuth

Zusammenfassung

Mit den Methoden der mathematischen Statistik werden anhand von Daten aus Stichproben Eigenschaften und Zusammenhänge analysiert und beschrieben (deskriptive Statistik) sowie daraus durch Rückschlüsse in Form von Schätzungen und Tests Erkenntnisse über die Grundgesamtheit gewonnen (induktive Statistik). Die allgemeingültige theoretische Basis dieser Methoden bildet die Wahrscheinlichkeitsrechnung (Wahrscheinlichkeitstheorie). Zusammen mit dieser bilden sie die Stochastik als Teilgebiet der Mathematik.

8.1 Deskriptive Statistik

8.1.1 Aufgaben der mathematischen Statistik

Drei wichtige Aufgaben des Ingenieurs sind: (1) die Ermittlung bestimmter Eigenschaften einer begrenzten Zahl von Untersuchungseinheiten aus einer Zufallsstichprobe, (2) die Beschreibung der Eigenschaften und deren Zusammenhänge und (3) die Verallgemeinerung der Ergebnisse aus der Stichprobe in Bezug auf die Grundgesamtheit. Die *deskriptive* (beschreibende) Statistik stellt Methoden für die ersten beiden Tätigkeiten bereit, mit deren Hilfe Beobachtungsdaten möglichst effektiv charakterisiert und zusammenfassend beschrieben werden können. Sie ist eine Vorstufe der *induktiven* (schließenden) Statistik, deren Methoden sich auf den dritten Tätigkeitsbereich beziehen, d. h. auf die Fragen der Auswahl von Untersuchungseinheiten (Stichprobentheorie) und auf die Generalisierung der Ergebnisse.

8.1.2 Grundbegriffe

Untersuchungseinheit. Die Untersuchungseinheit (auch: statistische Einheit) ist das Einzelobjekt der statistischen Untersuchung. Untersuchungseinheiten können Gegenstände (z. B. Werkzeuge, Schrauben etc.), Materialien (z. B. Beton, Asphalt etc.) oder auch Personen sein.

Grundgesamtheit und Stichprobe. Die Grundgesamtheit (auch: Population) ist die Menge aller Untersuchungseinheiten, über die man Informationen gewinnen will. Eine Stichprobe ist eine i. A. zufällig ausgewählte Teilmenge der Grundgesamtheit.

Merkmale und Ausprägungen. Die *Daten* werden durch die *Datenerhebung*, d. h. durch die Feststellung der interessierenden Eigenschaften der Untersuchungseinheiten in der Stichprobe gewonnen. Die Datenerhebung – allgemein auch „Messen" genannt – kann in Form von Zählun-

M. J. Wermuth (✉)
Institut für Verkehr und Stadtbauwesen, Technische Universität Braunschweig (im Ruhestand), Braunschweig, Deutschland

M. Hennecke, B. Skrotzki (Hrsg.), *HÜTTE Band 1: Mathematisch-naturwissenschaftliche und allgemeine Grundlagen für Ingenieure*, Springer Reference Technik,
https://doi.org/10.1007/978-3-662-64369-3_8

gen, Messungen, Befragungen oder Beobachtungen erfolgen. Die Eigenschaften, auf die sich die Erhebungen beziehen, heißen (Untersuchungs-) *Merkmale*. Bei der Datenerhebung stellt man die *Ausprägungen* der Untersuchungsmerkmale jeweils auf Basis einer zugrundegelegten Skala fest. Merkmale können nach dem Niveau der jeweiligen Messskala eingeteilt werden in

- *nominale Merkmale* mit nur namentlich bezeichneten Ausprägungen (z. B. Beruf),
- *ordinale Merkmale*, deren Ausprägungen eine Rangreihung charakterisieren (z. B. schulische Leistung in Form von Zensuren),
- *intervallskalierte Merkmale*, d. h. metrische Merkmale ohne natürlichen Nullpunkt (z. B. Temperatur), sodass nur Differenzen, jedoch keine Quotienten aussagefähig sind und
- *rationalskalierte Merkmale* mit einem natürlichen Nullpunkt, sodass auch Quotienten aussagefähige Größen bilden (z. B. Alter).

Nominale und ordinale Merkmale werden auch als *qualitative*, intervall- und rationalskalierte Merkmale als *quantitative* Merkmale bezeichnet.

Quantitative Merkmale heißen auch *Größen* (oder *Variablen*), da ihre Ausprägungen *stetige* oder *diskrete* Variablen darstellen, je nachdem, ob sie beliebige Werte in einem Intervall der reellen Zahlenachse oder nur endlich oder abzählbar unendlich viele Werte annehmen können.

Qualitative Merkmale haben immer diskrete Ausprägungen. Wenn den Ausprägungen eines *qualitativen* Merkmals Zahlen zugeordnet werden (z. B. 1 = männlich, 2 = weiblich), so liegt auch hier eine Größe oder Variable vor, wenngleich ihre Zahlenwerte nur eine willkürlich vereinbarte und keine inhaltliche Bedeutung haben.

8.1.3 Häufigkeit und Häufigkeitsverteilung

Urliste. Die aus einer Erhebung gewonnenen Daten x_i $(i = 1,2,\ldots,n)$ über ein bestimmtes Untersuchungsmerkmal liegen zunächst ungeordnet in einer sog. Urliste vor. Die x_i können Ausprägungen qualitativer Merkmale sein oder Messwerte (diskreter oder stetiger) quantitativer Variablen (Tab. 1).

Tab. 1 Urliste der Messwerte x_i $(i = 1, 2, \ldots, 25)$ der Druckfestigkeit in N/mm2

40,7	39,6	29,8	38,7	43,6
36,6	43,5	37,5	46,3	38,1
38,9	47,9	43,8	41,1	33,1
32,1	39,8	42,1	33,4	46,7
41,2	39,6	40,0	36,9	39,8

Klasseneinteilung. Bei größeren Datenmengen ist es zur Verbesserung der Übersichtlichkeit notwendig, die in der Urliste enthaltenen Daten in Klassen einzuteilen und deren Besetzungszahlen durch Tabellen oder Diagramme zu veranschaulichen. Die Klassen müssen den gesamten Bereich der vorliegenden Ausprägungen überdecken und es sollte keine Klasse unbesetzt sein. Bei quantitativen Merkmalen müssen die Klassen möglichst gleich breit sein. Als Anhalt für die zu wählende *Klassenanzahl k* kann in Abhängigkeit vom Datenumfang n folgende Faustregel dienen:

$$\begin{aligned} &k = 5 && \text{für } n \leq 25, \\ &k \approx \sqrt{n} && \text{für } 25 \leq n \leq 100 \\ &k \approx 1 + 4{,}5 \lg n && \text{für } n > 100. \end{aligned}$$

Absolute und relative Häufigkeit. Im Folgenden bezeichnen $\tilde{x}_j$ $(j = 1,2,\ldots,k)$ bei qualitativen und diskreten quantitativen Merkmalen die Ausprägungen, bei stetigen (quantitativen) Merkmalen die Klassenmitten, d. h. in jeder Klasse das arithmetische Mittel von Ober- und Untergrenze. Die Besetzungszahl $h(\tilde{x}_j)$ der Beobachtungswerte aus der Urliste, die in die Klasse j fallen, heißt *absolute Häufigkeit* der Merkmalsausprägung $\tilde{x}_j$, ihr relativer Anteil $f(\tilde{x}_j)$ an der Gesamtzahl n der erhobenen Werte *relative Häufigkeit.* (Abb. 1 und 2a) Es gilt:

$$f(\tilde{x}_j) = h(\tilde{x}_j)/n \quad \text{mit} \quad \sum_{j=1}^{k} h(\tilde{x}_j) = n \quad \text{und} \quad \sum_{j=1}^{k} f(\tilde{x}_j) = 1. \tag{1}$$

Häufigkeitsverteilung. Die geordneten Merkmalsklassen mit den zugehörenden (absoluten

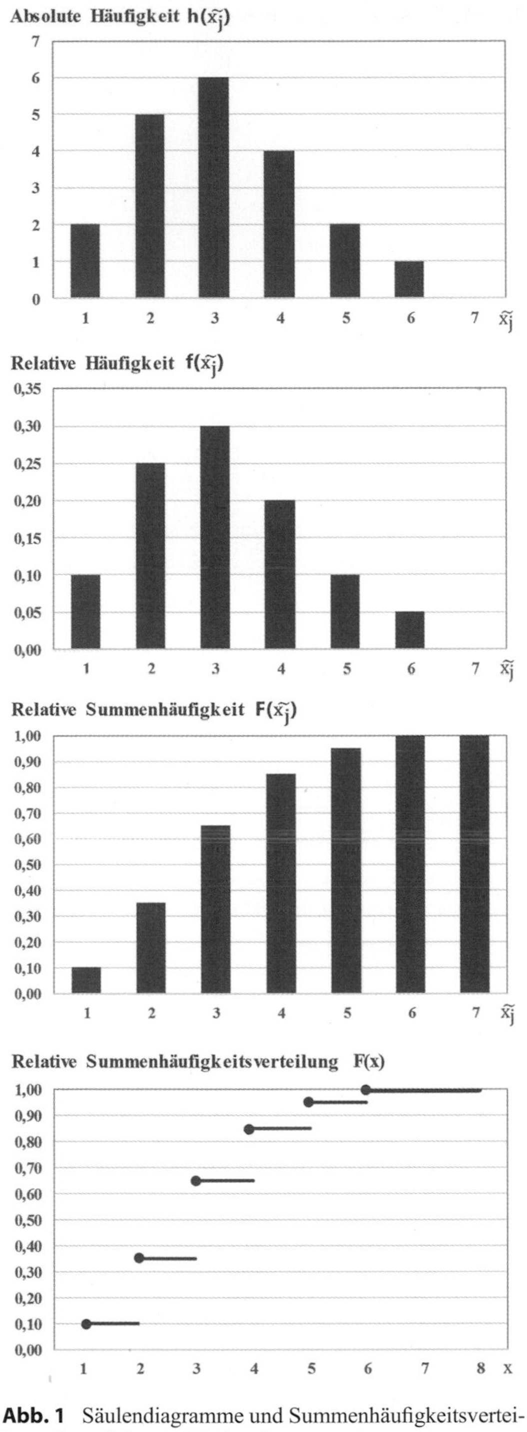

Abb. 1 Säulendiagramme und Summenhäufigkeitsverteilung eines diskreten Merkmals

oder relativen) Häufigkeiten definieren die Häufigkeitsverteilung des Merkmals (Abb. 1). Die tabellarische oder grafische Darstellung einer Häu-

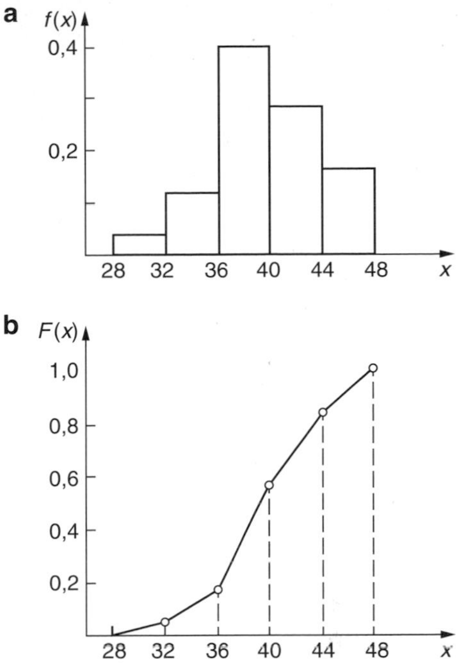

Abb. 2 (**a**) Histogramm und (**b**) Summenhäufigkeitskurve eines stetigen Merkmals

figkeitsverteilung heißt *Häufigkeitstabelle* (Tab. 2) bzw. *Histogramm* (Abb. 2a).

Summenhäufigkeit. Die einer Merkmalsausprägung $\tilde{x}_j$ eines ordinalen oder diskreten quantitativen Merkmals zugeordnete Häufigkeit aller Beobachtungswerte aus der Urliste, die diese Merkmalsausprägung bzw. Klassengrenze nicht überschreiten, heißt Summenhäufigkeit. Für die *absolute Summenhäufigkeit* gilt:

$$H(\tilde{x}_j) = \sum_{\tilde{x}_i \leqq \tilde{x}_j} h(\tilde{x}_i) = \sum_{i=1}^{j} h(\tilde{x}_i), \qquad (2)$$

und für die *relative Summenhäufigkeit* (Abb. 1)

$$F(\tilde{x}_j) = \frac{H(\tilde{x}_j)}{n} = \sum_{\tilde{x}_i \leqq \tilde{x}_j} f(\tilde{x}_i) = \sum_{i=1}^{j} f(\tilde{x}_i). \qquad (3)$$

Bei einem *stetigen* Merkmal kennzeichnet hierbei $\tilde{x}_j$ die Obergrenze der betreffenden Klasse *j*. Für ein nominales Merkmal ist die Summenhäufigkeit *nicht* definiert.

Summenhäufigkeitsverteilung. Die geordneten Merkmalsausprägungen mit den zugehörenden Summenhäufigkeiten definieren die Summenhäufigkeitsverteilung. Die tabellarische oder graphische Darstellung einer Summenhäufigkeitsverteilung heißt *Summenhäufigkeitstabelle* (vgl. Tab. 2) bzw. *Summenhäufigkeitskurve* (Abb. 2b). Bei diskreten Merkmalen ist die Darstellung der Summenhäufigkeitsverteilung eine (linksseitig stetige) Treppenkurve, bei stetigen Merkmalen eine stückweise lineare Kurve (Polygonzug), deren Knickpunkte an den Klassenobergrenzen liegen (Abb. 2b).

Beispiel 1 Ausschussstücke einer Palettenlieferung (Abb. 1). Die Zufallsauswahl von 20 Paletten einer größeren Lieferung mit jeweils 1000 Werkstücken je Palette zeigte bis zu sechs Ausschussstücke je Palette.

Urliste der Anzahlen x_i fehlerhafter Werkstücke der Paletten $i = 1, 2, \ldots, 20$:

2, 4, 4, 6, 2, 3, 3, 3, 4, 5, 2, 2, 3, 1, 3, 3, 4, 5, 2, 1

Beispiel 2 Druckfestigkeit von Beton. Bei einer Materialprüfung wurde die Druckfestigkeit von 25 Betonwürfeln untersucht. Die 25 Druckfestigkeitswerte in der Urliste lagen in einem Bereich von 29,8 bis 47,9 N/mm^2 (Tab. 1 und 2).

8.1.4 Kenngrößen empirischer Verteilungen

Wie bei den Wahrscheinlichkeitsverteilungen (► Abschn. 7.2.4 in Kap. 7, „Wahrscheinlichkeitsrechnung") gibt es auch für empirische Häufigkeitsverteilungen Kenngrößen ihrer Lage und Streuung.

8.1.4.1 Lageparameter

Arithmetischer Mittelwert $\bar{x}$: Nur für quantitative Merkmalsausprägungen lässt sich der arithmetische Mittelwert

$$\bar{x} = \frac{1}{n}\sum_{i=1}^{n} x_i \approx \frac{1}{n}\sum_{j=1}^{k} \tilde{x}_j \cdot h(\tilde{x}_j) = \sum_{j=1}^{k} \tilde{x}_j \cdot f(\tilde{x}_j) \quad (4)$$

definieren. Der arithmetische Mittelwert besitzt folgende wichtige Eigenschaften: Die Summe der Abweichungen vom arithmetischen Mittelwert ist Null

$$\sum_{i=1}^{n} (x_i - \bar{x}) = \sum_{i=1}^{n} x_i - n\bar{x} = 0 \quad (5)$$

Die quadratische Abweichung ist kleiner als jede auf einen von $\bar{x}$ verschiedenen Wert $\bar{\bar{x}}$ bezogene quadratische Abweichung:

$$\sum_{i=1}^{n} (x_i - \bar{x})^2 < \sum_{i=1}^{n} \left(x_i - \bar{\bar{x}}\right)^2 \quad \text{für } \bar{\bar{x}} \neq \bar{x} \quad (6)$$

Beispiel 3 Für die Druckfestigkeit von Beton in Beispiel 2 ergibt sich

$$\bar{x} = \frac{1}{25}\sum_{i=1}^{25} x_i = \frac{990{,}8}{25}\,\text{N/mm}^2 = 39{,}63\ \text{N/mm}^2$$

$$\bar{x} \approx \sum_{j=1}^{5} \tilde{x}_j f(\tilde{x}_j) = 39{,}6\ \text{N/mm}^2.$$

Empirischer Median $\tilde{x}_{0,5}$: Stichprobendaten eines quantitativen Merkmals können in eine

Tab. 2 Häufigkeits- und Summenhäufigkeitstabelle

Klasse	Klassengrenzen	Klassenmitte	Absolute Häufigkeit	Relative Häufigkeit	Relative Summenhäufigkeit
j		$\tilde{x}_j$	$h(\tilde{x}_j)$	$f(\tilde{x}_j)$	$F(\tilde{x}_j)$
1	28,1–32,0	30	1	0,04	0,04
2	32,1–36,0	34	3	0,12	0,16
3	36,1–40,0	38	10	0,40	0,56
4	40,1–44,0	42	7	0,28	0,84
5	44,1–48,0	46	4	0,16	1,00
Summe			**25**	**1,00**	

geordnete Reihe x_i $(i = 1, 2, \ldots, n)$ gebracht werden mit $x_i \leqq x_{i+1}$, wobei *i* die Ordnungsnummer darstellt. Ein Wert, der diese geordnete Reihe in zwei gleiche Hälften teilt, heißt empirischer Median $\bar{x}_{0,5}$. Dieser ist ein bestimmter Messwert, wenn n ungerade ist, und liegt zwischen zwei Messwerten bei geradem n. Es gilt:

$$\bar{x}_{0,5} = \begin{cases} x_{(n+1)/2} & \text{wenn n ungerade} \\ \left(x_{n/2} + x_{n/2+1}\right)/2 & \text{wenn n gerade} \end{cases} \tag{7}$$

Beispiel 4 Im Beispiel 2 ist $n = 25$ ungerade und somit $\bar{x}_{0,5}$ gleich dem 13. Wert in der nach Größe geordneten Reihe:

$$\bar{x}_{0,5} = 39{,}8\ \mathrm{N/mm^2}$$

Empirischer Modalwert $\bar{x}_D$: Die Merkmalsausprägung, die am häufigsten vorkommt, ist der Modalwert $\bar{x}_D$. Für ihn gilt: $h(\bar{x}_D) = \max_j h(x_j)$. Liegen mehrere Ausprägungen mit der größten Häufigkeit vor, so gibt es ebenso viele Modalwerte.

Beispiel 5 Im Beispiel 2 ist $\bar{x}_D = 38{,}0$ N/mm^2.

8.1.4.2 Streuungsparameter

Die folgenden wichtigen Streuungsparameter haben nur bei quantitativen Merkmalen eine Bedeutung.

Varianz s^2 *und Standardabweichung s.* Das am häufigsten verwendete Streuungsmaß ist die (empirische) Varianz oder Streuung, definiert als

$$\begin{aligned} s^2 &= \frac{1}{n-1}\sum_{i=1}^{n}(x_i - \bar{x})^2 \\ &= \frac{1}{n-1}\left[\sum_{i=1}^{n} x_i^2 - \frac{1}{n}\left(\sum_{i=1}^{n} x_i\right)^2\right]. \end{aligned} \tag{8}$$

Mit den Klassenmitten $\tilde{x}_j$ und den relativen Häufigkeiten $f(\tilde{x}_j)$ gilt annähernd:

$$\begin{aligned} s^2 &\approx \sum_{j=1}^{k}(\tilde{x}j - \bar{x})^2 \cdot f(\tilde{x}j) \\ &= \sum_{j=1}^{k} \tilde{x}_j^2 \cdot f(\tilde{x}j) - \bar{x}^2 \end{aligned} \tag{9}$$

Beispiel 6 Für Beispiel 2 erhält man:

$$\begin{aligned} s^2 &= \frac{1}{24}\left(\sum_{i=1}^{25} x_i^2 - 25\,\bar{x}^2\right) \\ &= \frac{1}{24}\cdot\left(39750{,}14 - 25 \cdot 39{,}63^2\right) \\ &= 20{,}11\ \mathrm{N^2/mm^4} \end{aligned}$$

bzw. $s = 4{,}49$ N/mm^2.

Die Näherungsformel (9) liefert die Streuung

$$s^2 \approx \sum_{j=1}^{5} \tilde{x}_j^2 \cdot f(\tilde{x}j) - \bar{x}^2 = 14{,}10\ \mathrm{N^2/mm^4}$$

sowie die Standardabweichung

$$s \approx 3{,}86\mathrm{N/mm^2}.$$

Empirischer Variationskoeffizient $\hat{v}$. Der empirische Variationskoeffizient ist definiert als Quotient von Standardabweichung s und arithmetischem Mittelwert $\bar{x}$:

$$\hat{v} = \frac{s}{\bar{x}}$$

Beispiel 7 Im Beispiel 2 ist $\hat{v} = 4{,}49/39{,}63 = 0{,}113$.

8.1.5 Empirischer Korrelationskoeffizient

Werden an den *n*-Untersuchungseinheiten einer Stichprobe jeweils zwei Merkmale X und Y gemessen, so kann eine sog. *Mehrfeldertafel* oder *Kontingenztabelle*, aufgestellt werden, deren *Randverteilungen* die Häufigkeitsverteilungen der Merkmale X bzw. Y angeben. Bei zwei quantitativen Merkmalen X und Y kann jedes Messwertepaar auch in einem sog. *Streuungsdiagramm* als Punkt dargestellt werden (vgl. Abb. 3).

Ein Maß für den linearen Zusammenhang der beiden Merkmale X und Y in der Stichprobe liefert ähnlich wie in ► Abschn. 7.2.6 in Kap. 7, „Wahrscheinlichkeitsrechnung“ die *empirische Kovarianz*

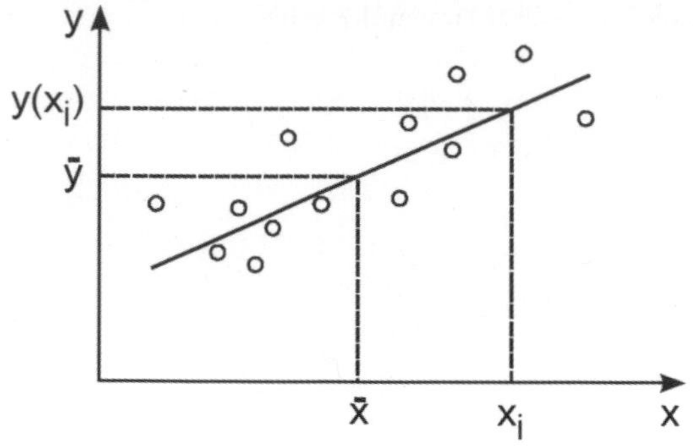

Abb. 3 Streuungsdiagramm

$$s_{xy} = \frac{1}{n-1}\sum_{i=1}^{n}(x_i - \bar{x})(y_i - \bar{y}) \quad (10)$$

$$= \left(\sum_i x_i y_i - n\overline{xy}\right)/(n-1)$$

bzw. der empirische Korrelationskoeffizient

$$r = \frac{s_{xy}}{s_x \cdot s_y} = \frac{\sum_i (x_i - \bar{x})(y_i - \bar{y})}{\sqrt{\sum_i (x_i - \bar{x})^2 \sum_i (y_i - \bar{y})^2}} \quad (11)$$

$$= \frac{n\sum x_i y_i - \sum x_i \sum y_i}{\sqrt{\left[n\sum x_i^2 - \left(\sum x_i\right)^2\right]\left[n\sum y_i^2 - \left(\sum y_i\right)^2\right]}},$$

der die auf $-1 \leqq r \leqq 1$ normierte Kovarianz darstellt. Liegen die Stichprobenwertepaare alle auf einer Geraden, so ist der Korrelationskoeffizient +1 bzw. −1 (vgl. Abb. 4).

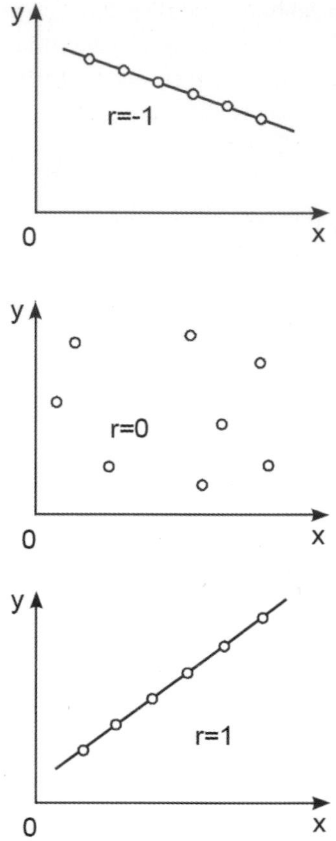

Abb. 4 Streuungsdiagramme für verschiedene Werte des Korrelationskoeffizienten r

8.2 Induktive Statistik

Die Methoden der induktiven (schließenden, beurteilenden) Statistik ermöglichen Schlüsse von den Ergebnissen einer Stichprobe auf die Grundgesamtheit. Dieser *statistische Rückschluss* ist auf zweierlei Arten möglich: erstens als Schätzen von Parametern von Verteilungen (*Schätzverfahren*) und zweitens als Prüfen von Hypothesen (*Prüf- oder Testverfahren*).

8.2.1 Stichprobenauswahl

Der statistische Rückschluss von der Stichprobe auf die Grundgesamtheit ist nur dann möglich, wenn die Stichprobenauswahl nach einem Zufallsverfahren erfolgt, in dem jedes Element der Grundgesamtheit eine von Null verschiedene Wahrscheinlichkeit besitzt, in die Stichprobe zu gelangen.

Es gibt in der Stichprobentheorie eine Reihe von unterschiedlichen Zufallsauswahlverfahren. Im Folgenden wird von der Einfachen Zufallsauswahl (auch: uneingeschränkte Zufallsauswahl) ausgegangen, bei der n Stichprobenelemente aus einer Grundgesamtheit von N Untersuchungseinheiten ausgewählt werden.

Die Anzahl der möglichen Stichproben ist gleich der Anzahl der Kombinationen nach ▶ Abschn. 7.1.2 in Kap. 7, „Wahrscheinlichkeitsrechnung“

$$\binom{N}{n} = \frac{N!}{n!(N-n)!}$$

die alle die gleich große Auswahlwahrscheinlichkeit besitzen.

Die Grundgesamtheit muss eindeutig abgrenzbar sein und ihre Elemente müssen unterscheidbar sein. Sie kann endlich oder unendlich viele Untersuchungseinheiten umfassen. Die Zufallsauswahl der Stichprobenelemente kann entweder ohne oder mit Zurücklegen der jeweils gezogenen Stichprobenelemente erfolgen.

In der Praxis betrachtet man aber auch eine endliche Grundgesamtheit mit N Elementen als „unendlich“, wenn sich die Grundgesamtheit durch das Herausnehmen einer vergleichsweise geringen Anzahl n von Stichprobenelementen nicht wesentlich ändert. Ein oft benutzter Grenzwert hierfür ist ein Auswahlsatz von 5 %: $n/N \leq 0{,}05$.

8.2.2 Stichprobenfunktionen

Werden aus einer Grundgesamtheit n-Untersuchungseinheiten entnommen, so sind die n-Ausprägungen bzw. Werte des zu messenden Merkmals X Zufallsgrößen $X_1, \ldots, X_n$, für die nach der Messung die Realisationen $x_1, \ldots, x_n$ vorliegen. Eine Funktion $g(X_1, \ldots, X_n)$ der Zufallsgrößen $X_1, \ldots, X_n$ heißt *Stichprobenfunktion*. Sie ist ihrerseits eine Zufallsvariable, für die eine Stichprobe mit den Messwerten $x_1, \ldots, x_n$ eine Realisation $g(x_1, \ldots, x_n)$ liefert.

8.3 Statistische Schätzverfahren

Statistische Schätzverfahren dienen dazu, aus den Stichprobenwerten möglichst genaue Schätzwerte für die Parameter einer Verteilung (z. B. Erwartungswert, Varianz) eines Merkmals zu ermitteln.

8.3.1 Schätzfunktion

Eine Stichprobenfunktion, deren Realisation Schätzwerte für einen Parameter einer Verteilung liefern, heißt *Schätzfunktion*. Eine Schätzfunktion $\widehat{\Theta}_n = g(X_1, \ldots, X_n)$ für den Parameter ϑ heißt *erwartungstreu*, wenn sie den Parameter ϑ als Erwartungswert besitzt:

$$E\left(\widehat{\Theta}_n\right) = \vartheta.$$

8.3.2 Punktschätzung

Ist $\widehat{\Theta}_n = g(X_1, \ldots, X_n)$ eine Schätzfunktion für den Parameter ϑ einer Verteilung, so liefern die Stichprobenwerte $x_1, \ldots, x_n$ eine Realisation $\widehat{\vartheta}_n = g(x_1, \ldots, x_n)$ der Schätzfunktion, d. h. einen *Schätzwert* für den Parameter ϑ. Für einen Parameter sind mehrere Schätzfunktionen möglich, z. B. für den Erwartungswert μ das arithmetische Mittel $\bar{x}$, der Median $x_{0,5}$ und der Modalwert $\bar{x}_D$ (vgl. Abschn. 8.1.4.1). Deshalb ist es wichtig, wenn möglich eine erwartungstreue Schätzfunktion zu verwenden.

Beispiel 8 Für ein Merkmal X mit $E(X) = \mu$ in der Grundgesamtheit ist die Funktion des arithmetischen Mittels

$$\bar{X} = \frac{1}{n} \sum_i X_i$$

eine erwartungstreue Schätzfunktion für den Erwartungswert μ, da mit (27) und (28) (vgl. ▶ Abschn. 7.2.4.3 in Kap. 7, „Wahrscheinlichkeitsrechnung“) gilt:

$$E(\bar{X}) = \frac{1}{n} E\left(\sum_i X_i\right) = \frac{1}{n} \sum_i E(X_i) = \frac{1}{n} \sum_i \mu$$
$$= \mu$$

Somit ist das arithmetische Mittel $\bar{x} = \sum_i x_i/n$ der Stichprobenwerte ein erwartungstreuer Schätzwert für den Erwartungswert μ. Ebenso ist

$$S^2 = \frac{1}{n-1} \sum_{i=1}^{n} (X_i - \bar{X})^2$$

$$= \frac{1}{n-1} \left(\sum_{i=1}^{n} X_i^2 - n\bar{X}^2 \right) \quad (12)$$

eine erwartungstreue Schätzungsfunktion und die in Gl. (8) in Abschn. 8.1.4.2 beschriebene Streuung s^2 ein erwartungstreuer Schätzwert der Varianz σ^2.

Maximum-Likelihood-Methode. Ein sehr allgemein anwendbares Verfahren zur Bestimmung von Schätzfunktionen und somit zum Schätzen von Parametern einer Verteilung, deren Typ bekannt ist, ist das Maximum-Likelihood-Verfahren (Verfahren der größten Mutmaßlichkeit).

Es sei $f(x|\vartheta)$ die Wahrscheinlichkeits- bzw. Dichtefunktion einer vom Parameter ϑ abhängenden Verteilung einer Zufallsgröße X in der Grundgesamtheit, aus der eine Stichprobe von n Stichprobenwerten x_i $(i = 1,\ldots, n)$ entnommen wurde. Die Funktion des Parameters ϑ

$$L(\vartheta) = f(x_1|\vartheta) \cdot f(x_2|\vartheta) \cdot \ldots \cdot f(x_n|\vartheta)$$

heißt *Likelihood-Funktion.*

Für ein diskretes Merkmal *X* ist die Likelihood-Funktion $L(\vartheta)$ die (zusammengesetzte) Wahrscheinlichkeit für das Auftreten der vorliegenden Stichprobe, für ein stetiges Merkmal das Produkt der entsprechenden Werte der Wahrscheinlichkeitsdichte. Der Maximum-Likelihood-Schätzwert (ML-Schätzwert) $\widehat{\vartheta}$ für den Parameter ist der Wert, für den die Likelihood-Funktion $L(\vartheta)$ ihren größten Wert annimmt. Die Berechnung des Schätzwerts $\widehat{\vartheta}$ ist einfacher am Logarithmus der Likelihood-Funktion $L(\vartheta)$ vorzunehmen. Da der Logarithmus eine streng monoton wachsende Funktion ist, liegen die Maxima von $L(\vartheta)$ und $\ln L(\vartheta)$ an derselben Stelle. Wegen

$$\ln L(\vartheta) = \sum\nolimits_{i=1}^{n} \ln f(x_i)$$

erhält man den Schätzwert $\widehat{\vartheta}$ aus der notwendigen Extremwertbedingung

$$\frac{d \ln L(\vartheta)}{d\vartheta} = \sum\nolimits_{i=1}^{n} \frac{d \ln f(x_i|\vartheta)}{d\vartheta} = 0.$$

Bei Verteilungen mit mehreren Parametern ϑ_j $(j = 1, \ldots, m)$ lassen sich die Parameterschätzwerte ermitteln aus dem System von *m* Gleichungen $j = 1, \ldots, m$

$$\frac{\partial}{\partial \vartheta_j} \ln L(\vartheta_1, \ldots \vartheta_m) = 0.$$

Beispiel 9 Den ML-Schätzwert $\widehat{\lambda}$ des Parameters λ einer Poisson-Verteilung (vgl. Tab. 1, Nr. 4 in ▶ Kap. 7, „Wahrscheinlichkeitsrechnung") mit der Wahrscheinlichkeitsfunktion

$$f(x|\lambda) = \frac{\lambda^x}{x!} e^{-\lambda}$$

erhält man aus der Likelihood-Funktion

$$L(\lambda) = \prod_i \frac{\lambda^{x_i}}{x_i!} e^{-\lambda}$$

und ihrem Logarithmus

$$\mathit{ln}\, L(\lambda) = \sum_i [x_i \ln\lambda - \ln(x_i!) - \lambda]$$

durch Nullsetzen der Ableitung:

$$\frac{d[\ln L(\lambda)]}{d\lambda} = \sum_i \left[\frac{x_i}{\lambda} - 1\right] = 0$$

$$\widehat{\lambda} = \frac{1}{n} \sum\nolimits_i x_i = \bar{x}.$$

Momentenmethode. Ein meist einfacheres Verfahren zur Schätzung von Parametern einer Verteilung besteht darin, den Parameter direkt aus den Kennwerten der empirischen Verteilung (vgl. Abschn. 8.1.4) des Merkmals X aus der Stichprobe zu berechnen.

Beispiel 10 Für eine poissonverteilte Zufallsgröße X gilt gemäß Tab. 1, Nr. 4 in ► Kap. 7, „Wahrscheinlichkeitsrechnung“: $E(X) = \lambda$. Gemäß Beispiel 8 ist der arithmetische Mittelwert $\bar{x} = \sum_i x_i/n$ einer Stichprobe ein erwartungstreuer Schätzwert für E(X) und somit für den Parameter λ der Poisson-Verteilung. Wie mit der Maximum-Likelihood-Methode im Beispiel 9 erhält man $\widehat{\lambda} = \bar{x}$.

8.3.3 Intervallschätzung

Aus der Verteilung der Zufallsgröße in der Grundgesamtheit kann die Verteilung der Schätzfunktion, die selbst eine Zufallsvariable ist, bestimmt werden. Daraus lassen sich Intervalle ableiten, in denen der gesuchte Parameter ϑ mit einer vorgegebenen Wahrscheinlichkeit $1-\alpha$ liegt:

$$P\left(\widehat{\Theta}_n^{(1)} \leq \vartheta \leq \widehat{\Theta}_n^{(2)}\right) = 1 - \alpha. \quad (13)$$

α kennzeichnet dabei eine geringe Irrtumswahrscheinlichkeit unter 10 %, z. B. $\alpha = 0{,}05$.

Das Zufallsintervall $\left[\widehat{\Theta}_n^{(1)} \widehat{\Theta}_n^{(2)}\right]$ heißt *Konfidenzschätzer* für den Parameter ϑ, eine Realisation $\left[\widehat{\vartheta}_n^{(1)}, \widehat{\vartheta}_n^{(2)}\right]$ des Konfidenzschätzers heißt *Konfidenzintervall* (konkret auch: *(1–α)-Konfidenzintervall* oder *(1–α) ·100 %-Konfidenzintervall*).

Man schreibt deshalb auch

$$\text{Konf}\left(\widehat{\vartheta}_n^{(1)} \leq \vartheta \leq \widehat{\vartheta}_n^{(2)}\right) = 1 - \alpha. \quad (14)$$

In der Praxis sind neben zweiseitigen auch *einseitige* Konfidenzintervalle von Bedeutung, und zwar als *oberes* Konfidenzintervall

$$\text{Konf}\left(\vartheta \geq \vartheta_n^{(2)}\right) = 1 - \alpha$$

sowie als *unteres* Konfidenzintervall

$$\text{Konf}\left(\vartheta \leq \vartheta_n^{(1)}\right) = 1 - \alpha.$$

8.3.3.1 Konfidenzintervall für den Erwartungswert μ eines quantitativen Merkmals

Zur Bestimmung von Konfidenzintervallen sind verschiedene Fälle zu unterscheiden, je nachdem, ob

- die Zufallsgröße X normalverteilt ist oder nicht,
- die Varianz σ^2 der Zufallsgröße X bekannt ist oder nicht,
- der Stichprobenumfang n im Vergleich zur Grundgesamtheit N (Auswahlsatz n/N) hinreichend klein ist oder nicht.

In der Praxis kann als *Faustregel* für einen hinreichend kleinen Auswahlsatz gelten: $n/N \leq 0{,}05$. Diese Bedingung ist insbesondere bei sehr großer oder unendlich großer Grundgesamtheit erfüllt oder wenn die Stichprobenziehung „mit Zurücklegen“ des jeweils gezogenen Elements in die Grundgesamtheit erfolgt, sodass sich die Auswahlwahrscheinlichkeit der Elemente bei fortgesetzter Ziehung praktisch nicht ändert.

Zufallsgröße X normalverteilt, Varianz σ^2 bekannt

Für eine $N(\mu, \sigma^2)$-verteilte Zufallsgröße X ist die Schätzfunktion $\bar{X} = \sum_i X_i/n$ eine $N(\mu, \sigma^2/n)$-verteilte Zufallsgröße und somit die standardisierte Zufallsgröße Z standardnormalverteilt:

$$Z = \frac{\bar{X} - \mu}{\frac{\sigma}{\sqrt{n}}} \sim N(0{,}1).$$

Somit gilt

$$P\left[-z_{1-\alpha/2} \leq \frac{\bar{X} - \mu}{\frac{\sigma}{\sqrt{n}}} \leq z_{1-\alpha/2}\right] = 1 - \alpha$$

und umgeformt

$$P\left[\bar{X} - z_{1-\alpha/2}\,\frac{\sigma}{\sqrt{n}} \le \mu \le \bar{X} + z_{1-\alpha/2}\,\frac{\sigma}{\sqrt{n}}\right] = 1 - \alpha$$

mit dem (1–α/2)-Quantil der Standardnormalverteilung (siehe Tab. 7 in ► Kap. 7, „Wahrscheinlichkeitsrechnung").

Bei einer Stichprobe mit n Messwerten und dem arithmetischen Mittel $\bar{x}$ erhält man daraus für den unbekannten Erwartungswert μ das *zweiseitige Konfidenzintervall* (Abb. 5a)

$$P\left[\bar{x} - z_{1-\alpha/2}\,\frac{\sigma}{\sqrt{n}} \le \mu \le \bar{x} + z_{1-\alpha/2}\,\frac{\sigma}{\sqrt{n}}\right] = 1 - \alpha, \tag{15}$$

das *obere Konfidenzintervall* (Abb. 5b)

$$\mathrm{Konf}\left(\mu \ge \bar{x} - z_{1-\alpha}\frac{\sigma}{\sqrt{n}}\right) = 1 - \alpha \tag{15a}$$

sowie das *untere Konfidenzintervall* (Abb. 5c)

$$\mathrm{Konf}\left(\mu \le \bar{x} + z_{1-\alpha}\frac{\sigma}{\sqrt{n}}\right) = 1 - \alpha. \tag{15b}$$

Endliche Grundgesamtheit, Stichprobe ohne Zurücklegen, Auswahlsatz n/N > 0,05

Wird die Stichprobe aus einer endlichen Grundgesamtheit ohne Zurücklegen gezogen, so ist bei der Varianz die Endlichkeitskorrektur zu berücksichtigen. Dann gilt für die Schätzfunktion $\bar{X}$ des Erwartungswerts μ

$$\bar{X} = \frac{1}{n}\cdot\sum_{i=1}^{n} X_i \sim N\left(\mu, \frac{\sigma^2}{n}\cdot\frac{N-n}{N-1}\right)$$

und nach Standardisierung für die Stichprobenfunktion Z

$$Z = \frac{\bar{X} - \mu}{\frac{\sigma}{\sqrt{n}}\sqrt{\frac{N-n}{N-1}}} \sim N\,(0{,}1)$$

Das *zweiseitige (1–α)-Konfidenzintervall* für den unbekannten Erwartungswert μ lautet dann

$$\mathrm{Konf}\left(\bar{x} - z_{1-\frac{\alpha}{2}}\cdot\frac{\sigma}{\sqrt{n}}\cdot\sqrt{\frac{N-n}{N-1}} \le \mu \le \bar{x} + z_{1-\frac{\alpha}{2}}\cdot\frac{\sigma}{\sqrt{n}}\cdot\sqrt{\frac{N-n}{N-1}}\right) = 1 - \alpha \tag{16}$$

sowie das einseitige obere und das einseitige untere Konfidenzintervall

$$\mathrm{Konf}\left(\mu \ge \bar{x} - z_{1-\alpha}\cdot\frac{\sigma}{\sqrt{n}}\cdot\sqrt{\frac{N-n}{N-1}}\right) = 1 - \alpha \tag{16a}$$

$$\mathrm{Konf}\left(\mu \le \bar{x} + z_{1-\alpha}\cdot\frac{\sigma}{\sqrt{n}}\cdot\sqrt{\frac{N-n}{N-1}}\right) = 1 - \alpha \tag{16b}$$

Varianz σ^2 unbekannt

In der Praxis ist im Allgemeinen die Varianz σ^2 aller Elemente der Grundgesamtheit nicht bekannt. Für sie kann als Schätzwert die Streuung s^2 aus der Stichprobe dienen. Die Zufallsgröße Z ist dann t-verteilt mit n-1 Freiheitsgraden (vgl. Tab. 3, Nr. 2 in ► Kap. 7, „Wahrscheinlichkeitsrechnung"):

$$Z = \frac{\bar{X} - \mu}{\frac{S}{\sqrt{n}}} \sim t_{n-1}$$

mit der Schätzfunktion für die Varianz σ^2

$$S^2 = \frac{1}{n-1}\sum_{i=1}^{n}\left(X_i - \overline{X}\right)^2$$

Für diese liefern die Stichprobenwerte x_i eine Realisation

$$s^2 = \frac{1}{n-1}\sum_{i=1}^{n}\left(x_i - \bar{x}\right)^2$$

Somit erhält man

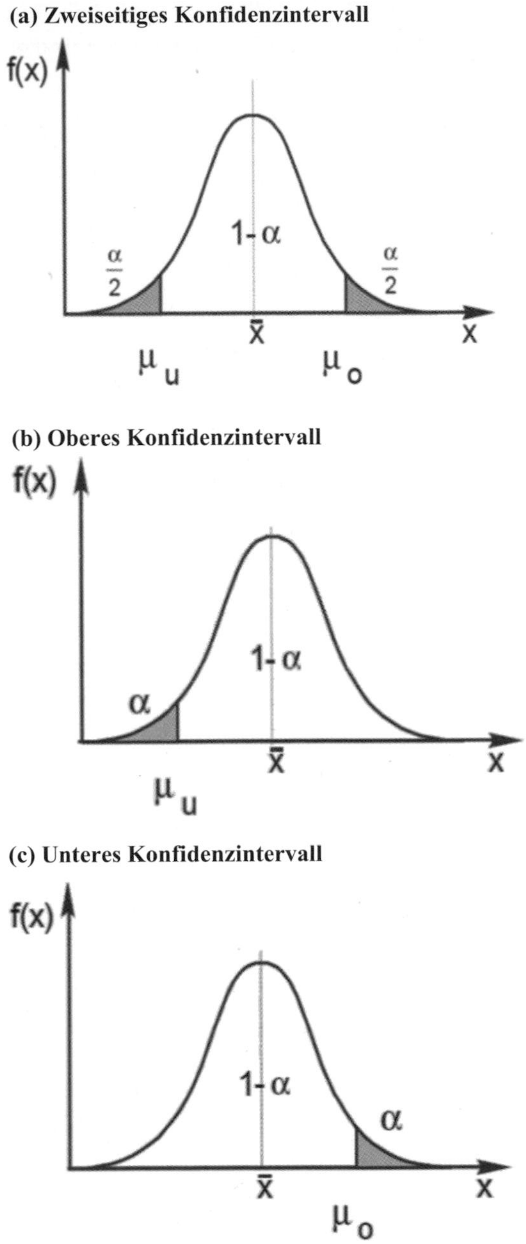

(a)
$$\mu_u = \bar{x} - z_{1-\frac{\alpha}{2}} \frac{\sigma}{\sqrt{n}}$$
$$\mu_o = \bar{x} + z_{1-\frac{\alpha}{2}} \frac{\sigma}{\sqrt{n}}$$

(b)
$$\mu_u = \bar{x} - z_{1-\alpha} \frac{\sigma}{\sqrt{n}}$$

(c)
$$\mu_o = \bar{x} + z_{1-\alpha} \frac{\sigma}{\sqrt{n}}$$

Abb. 5 Konfidenzintervalle für den Mittelwert μ

a) bei unendlicher Grundgesamtheit oder bei endlicher Grundgesamtheit und Stichprobenziehung mit Zurücklegen oder bei endlicher Grundgesamtheit und kleinem Auswahlsatz $n/N < 0{,}05$ das zweiseitige Konfidenzintervall

$$\text{Konf}\left(\bar{x} - t_{n-1,1-\frac{\alpha}{2}} \cdot \frac{s}{\sqrt{n}} \leq \mu \leq \bar{x} + t_{n-1,1-\frac{\alpha}{2}} \cdot \frac{s}{\sqrt{n}}\right) = 1 - \alpha \qquad (17)$$

und das einseitige obere bzw. untere Konfidenzintervall

$$\text{Konf}\left(\mu \geq \overline{x} - t_{n-1,1-\alpha} \cdot \frac{s}{\sqrt{n}}\right) = 1 - \alpha \quad (17a)$$

$$\text{Konf}\left(\mu \leq \bar{x} + t_{n-1,1-\alpha} \cdot \frac{s}{\sqrt{n}}\right) = 1 - \alpha \quad (17b)$$

b) bei endlicher Grundgesamtheit und Stichprobenziehung **ohne** Zurücklegen mit Auswahlsatz n/N > 0,05

das zweiseitige Konfidenzintervall

$$\text{Konf}\left(\bar{x} - t_{n-1,1-\frac{\alpha}{2}} \cdot \frac{s}{\sqrt{n}} \cdot \sqrt{\frac{N-n}{N-1}} \leq \mu \leq \bar{x} + t_{n-1,1-\frac{\alpha}{2}} \cdot \frac{s}{\sqrt{n}} \cdot \sqrt{\frac{N-n}{N-1}}\right) = 1 - \alpha \quad (18)$$

und das obere bzw. untere einseitige Konfidenzintervall

$$\text{Konf}\left(\mu \geq \bar{x} - t_{n-1,1-\alpha} \cdot \frac{s}{\sqrt{n}} \cdot \sqrt{\frac{N-n}{N-1}}\right) = 1 - \alpha \quad (18a)$$

$$\text{Konf}\left(\mu \leq \bar{x} + t_{n-1,1-\alpha} \cdot \frac{s}{\sqrt{n}} \cdot \sqrt{\frac{N-n}{N-1}}\right) = 1 - \alpha \quad (18b)$$

Zufallsgröße X beliebig verteilt, Varianz σ^2 unbekannt

Wenn die Zufallsgröße X in der Grundgesamtheit nicht als annähernd normalverteilt angenommen werden kann, gelten für große Stichproben ($n \geq 30$) aufgrund des Zentralen Grenzwertsatzes (▶ Abschn. 7.3.2.2 in Kap. 7, „Wahrscheinlichkeitsrechnung“) die Konfidenzintervalle (15) und (16), weil in diesem Fall die Quantile der t-Verteilung $t_{n-1,1-\alpha/2}$ und $t_{n-1,1-\alpha}$ in den Formeln (17) und (18) durch die Quantile der Standardnormalverteilung $z_{1-\alpha/2}$ bzw. $z_{1-\alpha}$ ersetzt werden können (Abb. 6).

Abb. 6 zeigt ein *Entscheidungsdiagramm* zur Ermittlung des geeigneten Konfidenzintervalls unter den jeweils gegebenen Bedingungen.

Beispiel 11: Laufleistung von Autoreifen

Eine Probeserie von $n = 26$ Autoreifen eines bestimmten Herstellers wies eine durchschnittliche Kilometerleistung von $\bar{x} = 43.600$ km mit einer Standardabweichung $s = 3500$ km auf.

Wie hoch ist die durchschnittliche Kilometerleistung der Autoreifen mindestens, wenn eine statistische Sicherheit von 99 % zugrunde gelegt wird?

Gegeben ist: $n = 26$, $\bar{x} = 43.600$ km, $s = 3500$ km, $\alpha = 0{,}01$.

a) Die Grundgesamtheit der von dem Hersteller produzierten Reifen kann als sehr groß angenommen werden, sodass keine Endlichkeitskorrektur notwendig ist. Da die Standardabweichung s lediglich aus der Stichprobe vom Umfang $n < 30$ ermittelt wurde, muss mit der t-Verteilung gerechnet werden.

Gesucht ist das obere 99 %-Konfidenzintervall (17a), das sich mit der 99 %-Quantile $t_{25;0.99} = 2{,}485$ gemäß Tab. 9 in ▶ Kap. 7, „Wahrscheinlichkeitsrechnung“ ergibt zu

$$\mu \geq 43.600 - 2485 \frac{3500}{\sqrt{26}} = 41.895 \text{ km}$$

$$\text{Konf}\,(\mu \geq 41.895 \text{ km}) = 0{,}99$$

Die Laufleistung der Autoreifen ist somit mit einer Wahrscheinlichkeit von 99 % höher als 41.895 km.

b) Wäre die Standardabweichung σ der Grundgesamtheit bekannt und wäre sie mit $\sigma = 3500$ km genau so groß wie s im Fall a), so könnte mit der 99 %-Quantile $z_{0,99} = 2{,}326$ der Standardnormalverteilung gerechnet werden mit dem Resultat

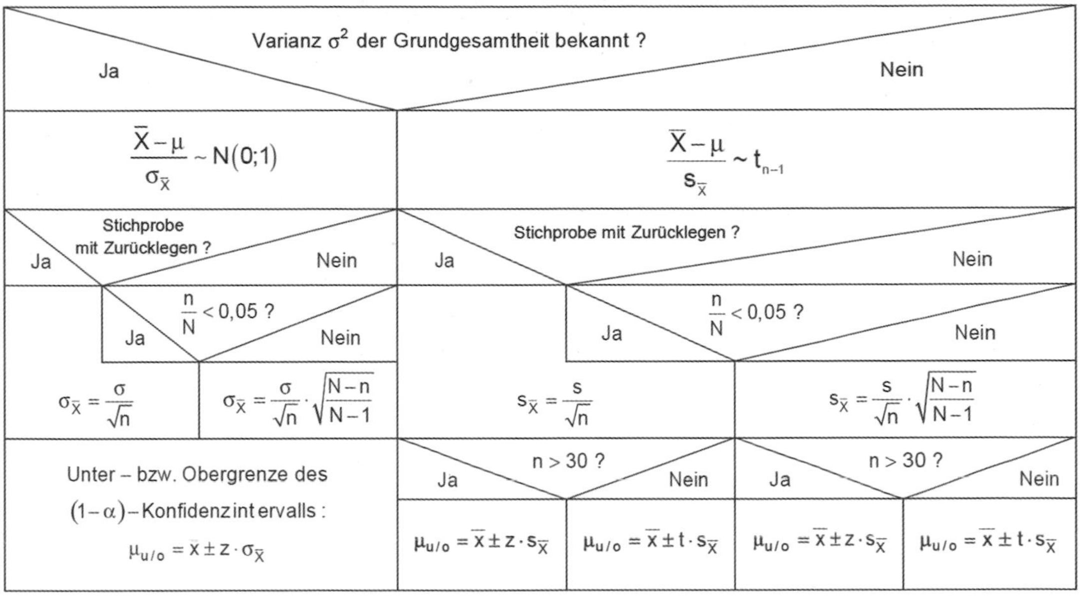

N	Umfang der Grundgesamtheit
n	Stichprobenumfang
$\overline{x}$	Mittelwert aus der Stichprobe
s	Standardabweichung aus der Stichprobe
$z = z_{1-\alpha}$ bzw. $z_{1-\alpha/2}$	Quantil der Standardnormalverteilung bei einseitigem bzw. zweiseitigem Konfidenzintervall (Tab.7, Kap. 7, „Wahrscheinlichkeitsrechnung")
$t = t_{n-1;\,1-\alpha}$ bzw. $t_{n-1;1-\alpha/2}$	Quantil der t-Verteilung mit n-1 Freiheitsgraden bei einseitigem bzw. zweiseitigem Konfidenzintervall (Tab. 9, Kap. 7, „Wahrscheinlichkeitsrechnung")

Abb. 6 Ermittlung des Konfidenzintervalls für den Erwartungswert μ eines quantitativen Merkmals

$$\mu \geq 43.600 - 2{,}326 \frac{3500}{\sqrt{26}} = 42.004 \text{ km}$$

$$\text{Konf } (\mu \geq 42.004 \text{ km}) = 0{,}99$$

Allein die größere Sicherheit hinsichtlich der Kenntnis der Standardabweichung bewirkt einen höheren Mindestwert der Kilometerleistung.

8.3.3.2 Konfidenzintervall für den Anteilswert θ eines qualitativen Merkmals

Bei der Bestimmung von Konfidenzintervallen für den relativen Anteil θ einer bestimmen Merkmalsausprägung in der Grundgesamtheit greift man im Allgemeinen nicht unmittelbar auf die Binomial- oder Hypergeometrische Verteilung zurück. Man bedient sich vielmehr der Approximationsmöglichkeiten der genannten Verteilungen (Tab. 1 und 4 in ▶ Kap. 7, „Wahrscheinlichkeitsrechnung").

Eine Grundgesamtheit enthalte einen relativen Anteil θ von Elementen mit der interessierenden Eigenschaft A. Die Zufallsgröße X_i gebe an, ob das i-te zufällig aus der Grundgesamtheit entnommene Element die Eigenschaft A aufweist ($X_i = 1$) oder nicht ($X_i = 0$). Die Zufallsgröße X_i besitzt dann die Wahrscheinlichkeitsverteilung:

$$P\,(X_i = 0) = 1 - \theta,\ P\,(X_i = 1) = \theta$$

mit dem Erwartungswert

$$\mu_i = E(X_i) = 0 \cdot (1 - \theta) + 1 \cdot \theta = \theta$$

und der Varianz

$$\sigma_i^2 = \mathrm{Var}(X_i) = E(X_i^2) - \mu_i^2$$
$$= 0^2 \cdot (1-\theta) + 1^2 \cdot \theta - \theta^2 = \theta \cdot (1-\theta)$$

Eine geeignete, d. h. erwartungstreue Schätzfunktion für θ aus einer Stichprobe vom Umfang n ist die Stichprobenfunktion

$$\bar{X} = \frac{1}{n} \cdot \sum_{i=1}^{n} X_i \tag{19}$$

wobei alle X_i die oben genannte Verteilung besitzen.

Eine Stichprobe mit den empirischen Werten $x_1, \ldots, x_n$, von denen m die Eigenschaft A aufweisen, liefert eine Realisation für $\bar{X}$, nämlich

$$p = \frac{1}{n} \cdot \sum_{i=1}^{n} x_i = \frac{m}{n} \tag{20}$$

Stichprobe mit Zurücklegen oder mit kleinem Auswahlsatz n/N < 0,05

In diesem Fall ist $\bar{X}$ binomialverteilt (siehe ► Absch. 7.3.1.2 in Kap. 7, „Wahrscheinlichkeitsrechnung"):

$$\bar{X} \sim B\,(n;\theta)$$

$$\text{mit } \mu = E(\bar{X}) = \theta \text{ und}$$
$$\sigma^2 = \mathrm{Var}(\bar{X}) = \theta\,(1-\theta)/n$$

a) Für große Stichproben mit n > 30 Elementen und $n \cdot \theta \cdot (1-\theta) > 9$ ist wegen des Zentralen Grenzwertsatzes die Stichprobenfunktion $\bar{X}$ annähernd normalverteilt

$$\bar{X} \sim N\left(\theta; \frac{\theta \cdot (1-\theta)}{n}\right)$$

und somit nach Standardisierung

$$Z = \frac{\bar{X} - \theta}{\sqrt{\theta \cdot (1-\theta)}} \cdot \sqrt{n} \sim N(0;1). \tag{21}$$

Das Konfidenzintervall lässt sich daraus bestimmen zu

$$P\left(-z_{1-\frac{\alpha}{2}} \leq \frac{p-\theta}{\sqrt{\frac{\theta \cdot (1-\theta)}{n}}} \leq z_{1-\frac{\alpha}{2}}\right) = 1-\alpha$$

oder umgeformt

$$\mathrm{Konf}\left(p - z_{1-\frac{\alpha}{2}} \cdot \sqrt{\frac{\theta \cdot (1-\theta)}{n}} \leq \theta \leq p + z_{1-\frac{\alpha}{2}} \cdot \sqrt{\frac{\theta \cdot (1-\theta)}{n}}\right) = 1-\alpha \tag{22}$$

Diese Form ist noch ungeeignet, da die Intervallgrenzen den noch unbekannten und zu ermittelnden Parameter θ enthalten. Da für $0 \leq \theta \leq 1$ gilt

$$\theta \cdot (1-\theta) \leq \frac{1}{4}$$

liefert eine *Grobabschätzung* das Konfidenzintervall

$$\mathrm{Konf}\left(p - z_{1-\frac{\alpha}{2}} \cdot \frac{1}{2 \cdot \sqrt{n}} \leq \theta \leq p + z_{1-\frac{\alpha}{2}} \cdot \frac{1}{2 \cdot \sqrt{n}}\right) = 1-\alpha \tag{23}$$

Dieses Konfidenzintervall ist für θ im Bereich $0{,}4 \leq \theta \leq 0{,}6$ angemessen, für kleinere bzw. größere θ jedoch zu groß.

Zur Ermittlung eines genaueren Konfidenzintervalls muss die Gl. (22) nach θ aufgelöst werden. Als Konfidenzintervall ergibt sich dann

$$\mathrm{Konf}(\theta_u \leq \theta \leq \theta_o) = 1-\alpha$$

mit den Unter- und Obergrenzen

$$\theta_{u/o} = \frac{n \cdot p + \frac{z^2_{1-\frac{\alpha}{2}}}{2} \mp z_{1-\frac{\alpha}{2}} \cdot \sqrt{\frac{z^2_{1-\frac{\alpha}{2}}}{4} + n \cdot p \cdot (1-p)}}{n + z^2_{1-\frac{\alpha}{2}}} \quad (24)$$

$$\approx p \mp z_{1-\frac{\alpha}{2}} \cdot \sqrt{\frac{p \cdot (1-p)}{n}} \quad (24a)$$

b) Ist der Stichprobenumfang n klein ($n < 30$), so ist die Approximation der Binomial- durch die Normalverteilung nicht mehr möglich. In diesem Fall lässt sich das ($1-\alpha$)-Konfidenzintervall für θ wie folgt ermitteln:

Die Zufallsgröße X, die die Ziehungshäufigkeit eines Elements mit Eigenschaft A beschreibt, ist binomialverteilt, sodass gilt (vgl. (46), ► Kap. 7, „Wahrscheinlichkeitsrechnung“):

$$P(X = m) = \binom{n}{m} \cdot \theta^m \cdot (1-\theta)^{n-m}$$

$$P(X \geq m) = \sum_{k=m}^{n} \binom{n}{k} \cdot \theta^k \cdot (1-\theta)^{n-k}$$

Die Intervallgrenzen θ_u und θ_o des ($1-\alpha$)-Konfidenzintervalls sind so zu bestimmen, dass gilt:

$$P(X \geq m) = \sum_{k=m}^{n} \binom{n}{k} \cdot \theta_u^k \cdot (1-\theta_u)^{n-k} = \frac{\alpha}{2}$$

$$P(X \leq m) = \sum_{k=0}^{m} \binom{n}{k} \cdot \theta_o^k \cdot (1-\theta_o)^{n-k} = \frac{\alpha}{2}$$

Mit der Beziehung zwischen Binomial- und F-Verteilung

$$P(X < m) = 1 - P\left(F \leq \frac{n-m}{m+1} \cdot \frac{\theta}{1-\theta}\right)$$

$$\text{mit } F \sim F_{2(m+1),2(n-m)}$$

ergibt sich – unter Verwendung der in Tab. 10 in ► Kap. 7, „Wahrscheinlichkeitsrechnung“, tabellierten Quantile der F-Verteilung – das gesuchte zweiseitige ($1-\alpha$)-Konfidenzintervall für θ

$$\theta_u = \frac{m \cdot F_{2m,2(n-m+1);\frac{\alpha}{2}}}{n - m + 1 + m \cdot F_{2m,2(n-m+1);\frac{\alpha}{2}}} \quad \text{und} \quad (25a)$$

$$\theta_o = \frac{(m+1) \cdot F_{2(m+1),2(n-m);1-\frac{\alpha}{2}}}{n - m + (m+1) \cdot F_{2(m+1);2(n-m);1-\frac{\alpha}{2}}} \quad (25b)$$

Stichprobe ohne Zurücklegen und mit Auswahlsatz $n/N > 0{,}05$

In diesem Fall ist $\bar{X}$ (aus (19)) hypergeometrisch verteilt.

c) Wenn n groß ist ($n > 30$) und $0{,}1 < \theta < 0{,}9$, so ist $\bar{X}$ näherungsweise normalverteilt. Die Grenzen des zweiseitigen Konfidenzintervalls ergeben sich dann analog zum Fall einer Stichprobe mit Zurücklegen, jedoch mit Berücksichtigung der Endlichkeitskorrektur bei der Streuung

$$\theta_{u/o} = p \mp z_{1-\frac{\alpha}{2}} \cdot \sqrt{\frac{p \cdot (1-p)}{n} \cdot \frac{N-n}{N-1}} \quad (26)$$

d) Wenn n klein ist ($n < 30$), so muss mit der Hypergeometrischen Verteilung gerechnet werden, analog zum Fall b) mit Binomialverteilung.

Beispiel 12: Politbarometer

Bei dem Politbarometer werden in Deutschland in jedem Monat ca. 1000 Personen u. a. darüber befragt, welche Partei sie wählen würden, wenn am jeweils kommenden Sonntag Bundestagswahlen stattfänden („Sonntagsfrage“).

a) In welchem Bereich liegt mit einer statistischen Sicherheit von mindestens 95 % der tatsächliche Stimmenanteil θ einer Partei in der Gesamtbevölkerung von rd. 65 Mio. Wahlberechtigten, wenn die Partei in der Umfrage einen Anteil von 40 Prozent der Stimmen erhält?

$$\begin{aligned} &\text{Grundgesamtheit:} && N = 65.000.000 \\ &\text{Stichprobenumfang:} && n = 1000 \\ &\text{Anteil in der Stichprobe:} && p = 0{,}4 \\ &\text{Statistische Sicherheit:} && 1 - \alpha = 0{,}95 \end{aligned}$$

Somit gilt:

$n \cdot p\,(1-p) = 1000 \cdot 0{,}4 \cdot 0{,}6 = 240 > 9$

$n/N < 0{,}05$

Gemäß (22) und Entscheidungsdiagramm Abb. 7 ergibt sich der gesuchte Konfidenzbereich für den Stimmenanteil in der Grundgesamtheit mit einer Sicherheitswahrscheinlichkeit von 95 % zu

$$\theta_{u/o} = 0{,}40 \mp 1{,}96 \cdot \sqrt{\frac{0{,}4 \cdot (1 - 0{,}4)}{1000}}$$

$0{,}371 \leq \theta \leq 0{,}429.$

Der gesuchte Stimmenanteil in der Grundgesamtheit liegt also mit einer statistischen Sicherheit von mindestens 95 % zwischen 37 und 43 Prozent.

b) Für eine Partei mit einem Stimmenanteil von 5 % in der Umfrage gilt

$n \cdot p \cdot (1-p) = 1000 \cdot 0{,}05 \cdot 0{,}95 = 47{,}5 > 9$

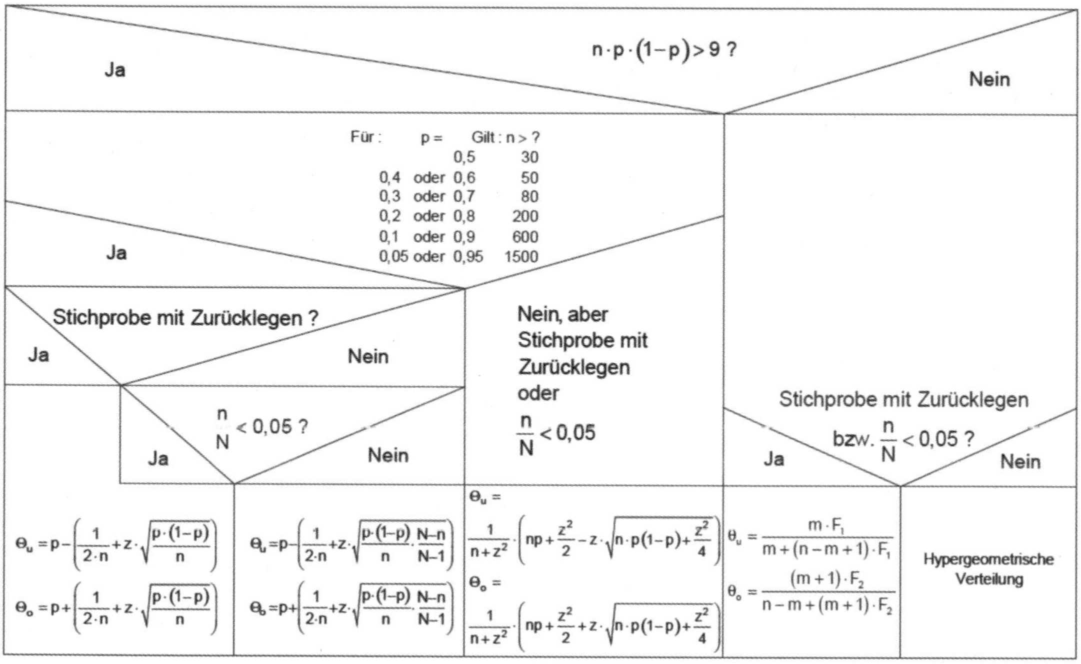

N	Umfang der Grundgesamtheit
n	Stichprobenumfang
m	Anzahl der Elemente mit der Eigenschaft A in der Stichprobe
$p = \frac{m}{n}$	Anteil der Elemente mit der Eigenschaft A in der Stichprobe
$z = z_{1-\alpha}$ bzw. $z_{1-\alpha/2}$	Quantil der Standardnormalverteilung bei einseitigen bzw. zweiseitigem Konfidenzintervall (Tab. 7, Kap. 7, „Wahrscheinlichkeitsrechnung")

$F_1 = F_{2m,\,2(n-m+1);\,1-\alpha}$ bzw. $= F_{2m,\,2(n-m+1);\,1-\frac{\alpha}{2}}$

$F_2 = F_{2(m+1),2(n-m);\,1-\alpha}$ bzw. $= F_{2(m+1),2(n-m);\,1-\frac{\alpha}{2}}$

Quantile der F-Verteilung bei einseitigen (1-α) bzw. zweiseitigem (1-α/2) Konfidenzintervall (Tab. 10, Kap. 7, „Wahrscheinlichkeitsrechnung")

Abb. 7 Ermittlung eines Konfidenzintervalls für den Anteilswert θ eines qualitativen Merkmals

jedoch ist $n < 1500$, sodass die genauere Formel (24) angewandt werden muss:

$$\theta_{u/o} = 0{,}05 \mp 1{,}96 \cdot \sqrt{\frac{0{,}05 \cdot (1 - 0{,}05)}{1000}}$$

$0{,}0365 \leq \theta \leq 0{,}0635$

Für eine Partei mit einem Stimmenanteil von 5 % in der Umfrage liegt somit der Stimmenanteil in der Grundgesamtheit mit einer statistischen Sicherheit von mindestens 95 % zwischen 3,7 und 6,4 %.

c) Wegen der 5 %-Hürde für die Zulassung einer Partei im Parlament ist das *obere* 95 %-Konfidenzintervall von besonderer Bedeutung, nämlich die Frage nach dem zu mindestens 95 % abgesicherten minimalen Stimmenanteil in der Grundgesamtheit. Er ermittelt sich gemäß (24) unter Verwendung der 95 %-Quantile der Standardnormalverteilung $z_{1-\alpha} = z_{0,95} = 1{,}645$ zu

$$\theta_u \geq \frac{(50 + 1{,}35 - 1{,}645)\sqrt{0{,}67 + 47{,}5}}{1000 + 2{,}70}$$

$\theta_u \geq 0{,}0398$

Die Partei kann also mit einer statistischen Sicherheit von 95 % mit einem minimalen Stimmenanteil in der Grundgesamtheit von rund 4,0 % rechnen.

8.4 Notwendiger Stichprobenumfang

Vor der Berechnung eines Konfidenzintervalls stellt sich häufig die Frage nach dem Stichprobenumfang, der notwendig ist, um einen Verteilungsparameter mit einer vorgegebenen statistischen Sicherheit $1-\alpha$ auf einen maximalen statistischen Fehler e genau ermitteln zu können.

Dabei kann die Fehlerschranke als

• absoluter Fehler	$e_a = \lvert\bar{x} - \mu\rvert$ oder als
• relativer Fehler	$e_r = \left\lvert\frac{\bar{x}-\mu}{\mu}\right\rvert$

vorgegeben werden.

Da die Größe eines Konfidenzintervalls sowie der maximale statistische Fehler mit steigendem Stichprobenumfang n abnimmt, kann der notwendige Stichprobenumfang nach Vorgabe der gewünschten Genauigkeit für den gesuchten Parameter in Form eines maximal zulässigen statistischen Fehlers berechnet werden.

8.4.1 Notwendiger Stichprobenumfang für den Erwartungswert μ eines quantitativen Merkmals

Zufallsgröße X normalverteilt, Varianz σ^2 bekannt

Zunächst wird wieder vorausgesetzt, dass die Zufallsgröße X in der Grundgesamtheit normalverteilt und ihre Varianz σ^2 beispielsweise aus einer Voruntersuchung bekannt sei.

Die Konfidenzintervalle (15) für den Erwartungswert μ eines quantitativen Merkmals X liefern unmittelbar die maximalen absoluten Abweichungen der arithmetischen Mittelwerte $\bar{x}$ aus der Stichprobe vom jeweiligen unbekannten Erwartungswert μ mit einer statistischen Sicherheit von $1-\alpha$

$$e_a = \lvert\bar{x} - \mu\rvert \leq z \cdot \frac{\sigma}{\sqrt{n}}$$

wobei für z das jeweilige Quantil der Standardnormalverteilung einzusetzen ist, also bei zweiseitigem Konfidenzintervall $z = z_{1-\alpha/2}$ und bei einseitigen Konfidenzintervallen $z = z_{1-\alpha}$. Bei einer vorgegebenen Fehlerschranke e_a oder e_r für den zulässigen absoluten bzw. relativen statistischen Fehler folgt daraus für den notwendigen Stichprobenumfang

$$n \geq z^2 \cdot \frac{\sigma^2}{e_a^2} \quad \text{bzw.} \quad n \geq z^2 \cdot \frac{\sigma^2}{e_r^2 \cdot \mu^2} \tag{27}$$

Bei Vorgabe einer Fehlerschranke für den maximal zulässigen *relativen* Fehler e_r ist auch für den zu bestimmenden unbekannten Erwartungswert μ ein Schätzwert beispielsweise aus einer Voruntersuchung, aus Erfahrungen oder logischen Überlegungen vorzugeben. Dabei ist zu berücksichtigen, dass der notwendige Stichprobenumfang für kleine Erwartungswerte μ sehr groß werden kann.

Stichprobe ohne Zurücklegen und mit Auswahlsatz n/N > 0,05
In diesem Fall ist wieder die Endlichkeitskorrektur zu berücksichtigen, die zu einem kleineren Stichprobenumfang führt. Aus den Konfidenzintervallen (16) folgt für die absoluten statistischen Fehler

$$e_a = |\bar{x} - \mu| \leq z \cdot \frac{\sigma}{\sqrt{n}} \cdot \sqrt{\frac{N-n}{N-1}}$$

und daraus bei vorgegebenen Schranken für den maximal zulässigen absoluten bzw. relativen statistischen Fehler

$$n \geq \frac{z^2 \cdot \sigma^2 \cdot N}{e_a^2 \cdot (N-1) + z^2 \cdot \sigma^2} \quad \text{bzw.} \qquad n \geq \frac{z^2 \cdot \sigma^2 \cdot N}{e_r^2 \cdot \mu^2 \cdot (N-1) + z^2 \cdot \sigma^2} \tag{28}$$

mit

$z = z_{1-\alpha/2}$ bei zweiseitigem Konfidenzintervall
$z = z_{1-\alpha}$ bei einsetigen Konfidenzintervall

Varianz σ^2 unbekannt
Im Allgemeinen ist vor Stichprobenziehung die Varianz σ^2 nicht bekannt. In diesem Fall ist aufgrund von Erfahrungen und logischen Annahmen ein maximaler Schätzwert zu ermitteln, der nach Stichprobenziehung und Ermittlung der Streuung s^2 aus der Stichprobe überprüft werden kann. In diesem Fall sind wiederum die Quantilen $t_{1-\alpha/2}$ bzw. $t_{1-\alpha}$ der t-Verteilung anstelle der entsprechenden Quantilen $z_{1-\alpha/2}$ und $z_{1-\alpha}$ der Standardnormalverteilung zu verwenden.

Zufallsgröße X beliebig verteilt, Varianz σ^2 unbekannt
Wie bei der Ermittlung eines Konfidenzintervalls kann in diesem Fall ab einer geplanten Stichprobengröße n>30 mit der Normalverteilung für X gerechnet werden, sodass die Quantilen der t-Verteilung wiederum durch die Quantilen der Standardnormalverteilung $z_{1-\alpha/2}$ bzw. $z_{1-\alpha}$ ersetzt werden können.

Beispiel 13: Geschwindigkeitsmessung
An einem gut ausgebauten Autobahnabschnitt mit drei Fahrstreifen soll die mittlere Geschwindigkeit μ von Pkw im freien Verkehrsfluss (d. h. bei freier Fahr- und Überholmöglichkeit) mit einer Sicherheitswahrscheinlichkeit von 95 % auf einen maximalen absoluten statistischen Fehler von 1 km/h ermittelt werden. Wie groß muss der Stichprobenumfang mindestens gewählt werden?

Die Geschwindigkeitsverteilung von Pkw kann annähernd als normalverteilt angenommen werden. Da die Standardabweichung σ der Verteilung nicht bekannt ist, muss sie geschätzt werden. Dazu kann davon ausgegangen werden, dass nahezu der gesamte Geschwindigkeitsbereich der Fahrzeuge zwischen 80 km/h und 200 km/h liegt und etwa dem Bereich von $\mu-3\sigma$ bis $\mu+3\sigma$ mit 99,8 % Wahrscheinlichkeit der Normalverteilung entspricht, sodass die Standardabweichung auf maximal $\hat{\sigma} = 20\,\text{km/h}$ geschätzt werden kann. Nach Durchführung der Messung kann die Richtigkeit dieser Annahme überprüft werden.

Die Grundgesamtheit umfasst alle Fahrzeuge, die den Straßenquerschnitt bei freiem Verkehrsfluss an allen Tagen eines beliebig langen Zeitraumes passieren. Ihr Umfang N kann somit als sehr groß im Vergleich zum Stichprobenumfang n angenommen werden, sodass $n/N < 0,05$ erfüllt ist. Ferner ist mit $n > 30$ Fahrzeugen zu rechnen, deren Geschwindigkeiten zu messen sind, sodass gemäß dem Zentralen Grenzwertsatz (siehe ▶ Abschn. 7.3.1.3 in Kap. 7, „Wahrscheinlichkeitsrechnung“) ohnehin die Normalverteilung vorausgesetzt werden kann. Weitere Genauigkeits- und Sicherheitsangaben: $e_a = 1$ km/h und $1-\alpha = 0,95$.

Der notwendige Stichprobenumfang berechnet sich damit gemäß (27) und Entscheidungsdiagramm (Abb. 8) zu

$$n \geq z_{1-\alpha/2}^2 \cdot \frac{\sigma^2}{e_a^2} = 1,96^2 \cdot \frac{20^2}{1^2} = 1536,6$$

sodass bei mindestens 1537 Pkw eine Geschwindigkeitsmessung durchzuführen ist.

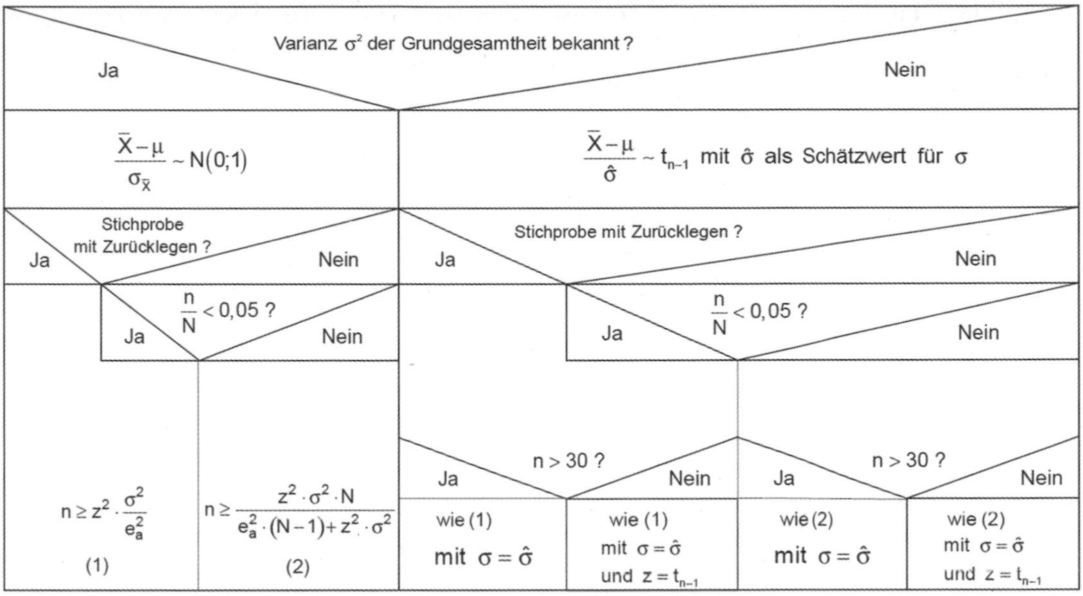

N	Umfang der Grundgesamtheit
n	Stichprobenumfang
$\bar{x}$	Mittelwert aus der Stichprobe
$\hat{\sigma}$	Schätzwert für σ (z. B. aus Vorerhebung)
$z = z_{1-\alpha}$ bzw. $z_{1-\alpha/2}$	Quantil der Standardnormalverteilung bei einseitigem bzw. zweiseitigem Konfidenzintervall (Tab. 7, Kap. 7, „Wahrscheinlichkeitsrechnung")
$t = t_{n-1;\,1-\alpha}$ bzw. $t_{n-1;1-\alpha/2}$	Quantil der t-Verteilung mit n-1 Freiheitsgraden bei einseitigem bzw. zweiseitigem Konfidenzintervall (Tab. 9, Kap. 7, „Wahrscheinlichkeitsrechnung")

e_a "Fehlerschranke" für den absoluten Fehler $|\bar{x} - \mu|$

e_r "Fehlerschranke" für den relativen Fehler $\left|\frac{\bar{x} - \mu}{\mu}\right|$

$$e_a = e_r \cdot |\mu| \approx e_r \cdot |\bar{x}|$$

Abb. 8 Notwendiger Stichprobenumfang zur Ermittlung des Erwartungswerts μ eines quantitativen Merkmals

8.4.2 Notwendiger Stichprobenumfang für den Anteilswert θ eines qualitativen Merkmals

Stichprobe mit Zurücklegen oder mit kleinem Auswahlsatz n/N < 0,05

Aus den Konfidenzintervallen (22), (23) und (24) ergeben sich für die maximalen statistischen Abweichungen des Anteilswertes p aus der Stichprobe vom Erwartungswert θ des relativen Anteils von Elementen mit Eigenschaft A in der Grundgesamtheit

$$e_a = |p - \theta| \leq \frac{1}{2 \cdot n} + z \cdot \frac{\sqrt{\theta \cdot (1 - \theta)}}{\sqrt{n}}$$

Da der Summand 1/2n in der Praxis i. A. vernachlässigbar klein ist, erhält man für den notwendigen Stichprobenumfang bei einer vorgegebenen Schranke für den maximal zulässigen absoluten oder relativen statistischen Fehler e_a bzw. e_r

$$n \geq z^2 \cdot \frac{\theta \cdot (1-\theta)}{e_a^2} \quad \text{bzw.} \quad n \geq z^2 \cdot \frac{1-\theta}{e_r^2 \cdot \theta} \qquad (29)$$

Für den unbekannten Anteilswert θ, der erst durch die Stichprobe ermittelt werden soll, kann oft aus Erfahrung oder logischen Überlegungen ein Schätzwert gewonnen werden. Wenn ein solcher nicht zu finden ist, sollte – um den Stichprobenumfang nicht zu unterschätzen – mit dem Wert $\theta = 0{,}5$ gerechnet werden, der den Stichprobenumfang wegen $\theta \cdot (1-\theta) \leq 0{,}25$ bei vorgegebener absoluter Fehlergrenze e_a maximiert:

$$n \geq \frac{z^2}{4 \cdot e_a^2} \quad \text{bzw.} \quad n \geq \frac{z^2}{4 \cdot e_r^2 \cdot \theta^2} \qquad (30)$$

Im Gegensatz dazu lässt sich bei Vorgabe einer relativen Fehlerschranke e_r kein in jedem Fall ausreichender Stichprobenumfang angeben, da dieser bei sehr kleinen Anteilswerten θ des Merkmals in der Grundgesamtheit sehr groß werden kann.

Stichprobe ohne Zurücklegen und mit Auswahlsatz n/N > 0,05

In diesem Fall ist wiederum die Endlichkeitskorrektur zu berücksichtigen. Aus Konfidenzintervall (26) mit dem maximalen absoluten statistischen Fehler

$$e_a = |p - \theta| \leq \frac{1}{2 \cdot n} + z \cdot \frac{\sqrt{\theta \cdot (1-\theta)}}{\sqrt{n}} \cdot \sqrt{\frac{N-n}{N-1}}$$

ergibt sich unter Vernachlässigung des Summanden 1/2n und der Vorgabe einer maximalen absoluten oder relativen Fehlerschranke e_a bzw. e_r der notwendige Stichprobenumfang zu:

$$n \geq \frac{z^2 \cdot \theta \cdot (1-\theta) \cdot N}{e_a^2 \cdot (N-1) + z^2 \cdot \theta \cdot (1-\theta)} \quad \text{bzw.}$$
$$n \geq \frac{z^2 \cdot (1-\theta) \cdot N}{e_r^2 \cdot \theta\,(N-1) + z^2 \cdot (1-\theta)} \qquad (31)$$

Bei vorgegebener absoluter Fehlerschranke e_a lässt sich wiederum bei unbekanntem Schätzwert für θ der in jedem Fall ausreichende notwendige Stichprobenumfang ermitteln indem $\theta = 0{,}5$ gesetzt wird. Demgegenüber kann bei vorgegebener relativer Fehlerschranke e_r der notwendige Stichprobenumfang nicht ohne einen minimalen Schätzwert für θ angegeben werden, da er für sehr kleine Anteilswerte θ sehr groß werden kann (Abb. 9):

$$n \geq \frac{z^2 \cdot N}{4 \cdot e_a^2 \cdot (N-1) + z^2} \quad \text{bzw.}$$
$$n \geq \frac{z^2 \cdot N}{4\, e_r^2 \cdot \theta^2\,(N-1) + z^2} \qquad (32)$$

Beispiel 14 Beim Politbarometer (vgl. Beispiel 12) ergab sich für den Stimmenanteil einer Partei von ca. 40 % ein 95 %-Konfidenzbereich von –3 % bis +3 %. Wie viele Wähler müssten befragt werden, um bei einem geschätzten Stimmenanteil von 40 % und einer statistischen Sicherheit von 95 %

a) ein Ergebnis mit einem maximalen absoluten statistischen Fehler von 1 % (Prozentpunkt!) bzw.
b) mit einem maximalen relativen Fehler von 1 % zu erzielen ?

Schätzwert für θ: $p = 0{,}4$

a) Absoluter statistischer Fehler $e_a = 0{,}01$
Als notwendiger Stichprobenumfang ergibt sich gemäß (29):

$$n \geq 1{,}96^2 \frac{0{,}4(1-0{,}4)}{0{,}01^2} = 9220$$

b) Relativer statistischer Fehler $e_r = 0{,}01$ (d. h. absoluter Fehler $e_a = 0{,}004$)
Als notwendiger Stichprobenumfang ergibt sich gemäß (29):

$$n \geq 1{,}96^2 \frac{1-0{,}4}{0{,}01^2 \cdot 0{,}4} = 57.624$$

8.5 Statistische Prüfverfahren (Tests)

8.5.1 Grundprinzip und Ablauf eines Tests

Neben dem Schätzen von Parametern ist das Prüfen von Hypothesen (Testen) über die Größe eines Parameters (z. B. Erwartungswert μ, Anteilswert

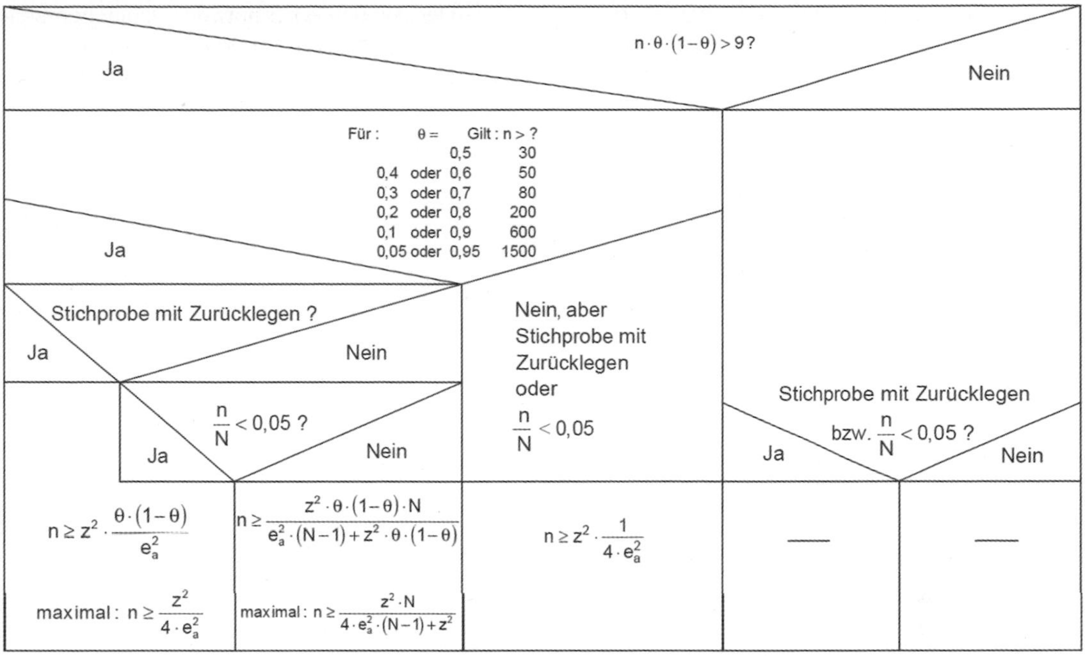

N	Umfang der Grundgesamtheit
n	Stichprobenumfang
m	Anzahl der Elemente mit der Eigenschaft A in der Stichprobe
$p = \frac{m}{n}$	Anteil der Elemente mit der Eigenschaft A in der Stichprobe
θ	Schätzwert für den Anteil der Elemente mit Eigenschaft A in der Grundgesamtheit
z $z_{1-\alpha}$ bzw. $z_{1-\alpha/2}$	Quantil der Standardnormalverteilung bei einseitigen bzw. zweiseitigem Konfidenzintervall (Tab. 7, Kap. 7, „Wahrscheinlichkeitsrechnung")
e_a	Schranke für den absoluten Fehler $\lvert p-\theta \rvert$
e_r	Schranke für den relativen Fehler $\left\lvert \frac{p-\theta}{\theta} \right\rvert$ $e_a = e_r \cdot \lvert\theta\rvert \approx e_r \cdot \lvert p \rvert$

Abb. 9 Notwendiger Stichprobenumfang zur Ermittlung des Anteilswerts θ eines qualitativen Merkmals

θ, Varianz σ^2) einer Verteilung (Parametertest) oder über den Typ einer Verteilung (Anpassungstest) eines Merkmals bzw. einer Zufallsgröße X in einer bestimmten Grundgesamtheit eine wichtige Aufgabe von Stichprobenerhebungen. Ein Test erfolgt nach folgendem generellen Ablauf in mehreren Schritten:

1. Formulierung der Nullhypothese:

   Zunächst wird die Hypothese als prüfbare mathematische Aussage (*Nullhypothese* H_0, auch *Prüfhypothese*) formuliert. Diese soll dann mittels einer aus der Grundgesamtheit entnommenen Stichprobe bei einer vorzugebenden zulässigen *Irrtumswahrscheinlichkeit* α (auch: *Signifikanzniveau* oder *Testniveau*) überprüft werden.

Es gibt grundsätzlich zwei Arten von Nullhypothesen:

- *zweiseitige Nullhypothesen* (*Punkthypothesen*):

  Hier ist die Nullhypothese eine Gleichung, z. B. H_0: $\mu = \mu_0$, d. h., der Erwartungswert μ ist gleich einem vorgegebenen Wert μ_0. Die Alternativhypothese H_1: $\mu \neq \mu_0$ umfasst also die *zwei* getrennten Bereiche $\mu < \mu_0$ und $\mu > \mu_0$.
- *einseitige Nullhypothesen (Bereichshypothesen):*

  Hier ist die Nullhypothese eine Ungleichung, z. B. H_0: $\mu \leqq \mu_0$ d. h., die Alternativhypothese H_1: $\mu > \mu_0$ ist ebenfalls eine Ungleichung, beschreibt also nur einen Bereich $\mu > \mu_0$.

Der jeweils zugehörige Test wird als *zweiseitiger* bzw. *einseitiger Test* bezeichnet.

2. Festlegung des Signifikanzniveaus α: Die zulässige Irrtumswahrscheinlichkeit α wird i. Allg. zwischen 0,001 und höchstens 0,10 – je nach erforderlicher Sicherheit der Testentscheidung – festgelegt.
3. Bildung der Prüfgröße:

   Zur Testentscheidung wird eine geeignete Stichprobenfunktion U (Prüfgröße, auch: Testgröße) gebildet, die selbst eine Zufallsgröße ist, da sie von dem Stichprobenergebnis abhängt. Auch bei zutreffender Nullhypothese unterliegt die Prüfgröße daher zufallsbedingten Schwankungen, d. h. einer bestimmten Wahrscheinlichkeitsverteilung. Im Allgemeinen versucht man eine Prüfgröße zu finden, deren Verteilung bekannt ist und in Tabellenform vorliegt (z. B. Standardnormalverteilung, t-, F-, χ^2-Verteilung).

   Die Festlegung der Prüfgröße U und Bestimmung ihrer Verteilung erfolgen unter der Annahme, die Nullhypothese H_0 sei richtig (bei zweiseitiger Nullhypothese) bzw. „gerade noch" richtig (bei einseitiger Nullhypothese). Beispiel: $H_0 : \mu \geqq \mu_0$ ist für $\mu = \mu_0$ „gerade noch" richtig.
4. Bestimmung des kritischen Bereiches: Man bestimmt dann ein Intervall (Annahmebereich), in dem die Realisationen der Prüfgröße – bei richtiger Nullhypothese – mit der Wahrscheinlichkeit $1 - \alpha$ liegen. Das bedeutet (vgl. Abb. 10)
   - bei zweiseitiger Nullhypothese H_0:

     Bestimmung einer unteren Annahmegrenze c_u und einer oberen Annahmegrenze c_0, sodass gilt

     $$P(c_u \leq U \leq c_o) = 1 - \alpha.$$

   - bei einseitiger Nullhypothese H_0:

     Bestimmung einer unteren Annahmegrenze c_u bzw. einer oberen Annahmegrenze c_o, sodass gilt

     $$P(U \leq c_o) = 1 - \alpha$$

     $$P(U \geq c_u) = 1 - \alpha.$$

   Der Bereich außerhalb des Annahmebereiches wird als *kritischer Bereich* bezeichnet.
5. Ermittlung des Prüfwertes:

   Mit den Werten einer Stichprobe wird dann eine Realisation der Prüfgröße U, der Prüfwert u, berechnet.
6. Testentscheidung:

   Für die Testentscheidung sind zwei Fälle möglich:

   Fall 1: Der Prüfwert u liegt im *kritischen* Bereich:

   Die Zufälligkeit der Stichprobenziehung wird in diesem Fall nicht mehr als einziger Grund der Abweichung des Prüfwertes von dem – bei richtiger Nullhypothese – erwarteten Wert akzeptiert.

   Die Abweichung heißt dann auch signifikant (deutlich) bei dem gegebenen Signifikanzniveau α. Folglich lehnt man die Nullhypothese zugunsten des logischen Gegenteils (Alternativhypothese H_1) ab.

   Die Wahrscheinlichkeit einer Fehlentscheidung (Fehler 1. Art, α-Fehler) ist dann höchstens gleich der vorgegebenen Irrtumswahrscheinlichkeit α.

Fall 2: Der Prüfwert u liegt nicht im kritischen Bereich: In diesem Fall ist nicht mit „hinreichender" Sicherheit auszuschließen, dass die Abweichung des Prüfwertes von dem – *bei richtiger Nullhypothese* – zu erwartenden Wert nur durch die Zufälligkeit der Stichprobenziehung bedingt ist.

Die Abweichung ist dann nicht signifikant bei dem gegebenen Signifikanzniveau α. Die Nullhypothese wird daher *nicht* abgelehnt, *womit ihre Richtigkeit jedoch nicht bewiesen ist!*

Die Wahrscheinlichkeit einer Fehlentscheidung *(Fehler 2. Art, β-Fehler)* ist in diesem Falle nicht ohne Weiteres zu bestimmen.

Bei *Parametertests* wird daher i. Allg. die Nullhypothese als Gegenteil der zu prüfenden Annahme bzw. der Vermutung, die man logisch bestätigen („beweisen") möchte, formuliert. Da α i. Allg. sehr klein gewählt wird ($\alpha = 0{,}05$ oder $\alpha = 0{,}01$), entspricht die Ablehnung der Nullhypothese dann dem *statistischen Nach-*

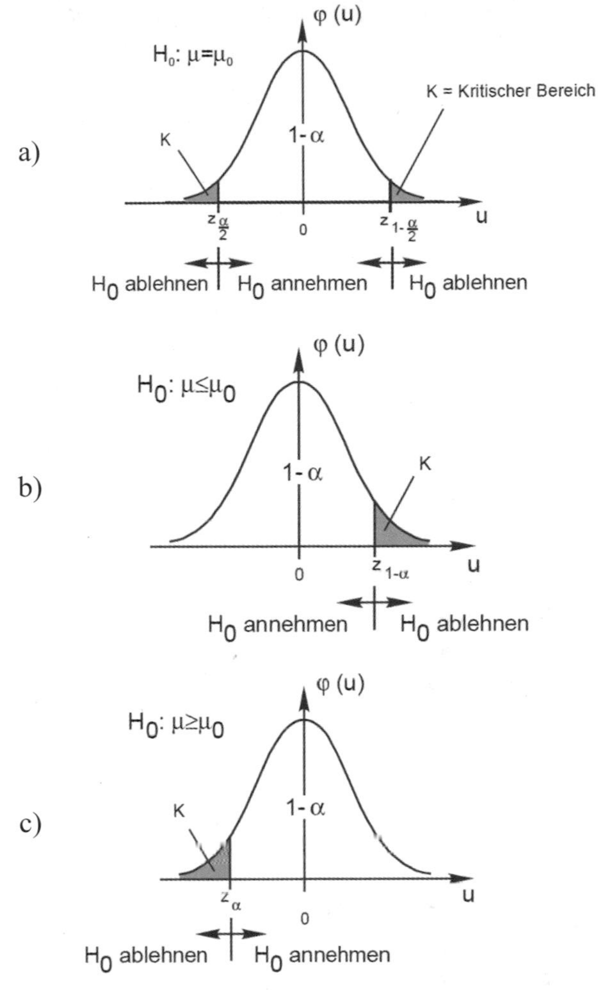

Abb. 10 Annahme- und kritische Bereiche für ein- und zweiseitige Tests des Erwartungswertes mit standardnormalverteilter Prüfgröße

weis der Alternativhypothese H_1 mit der hohen *statistischen Sicherheit* $1-\alpha$.

Die folgenden Abschnitte behandeln Beispiele für Tests verschiedener Hypothesen. In allen Beispielen gilt die Testentscheidung: Die Nullhypothese H_0 wird abgelehnt, wenn der jeweilige Prüfwert im kritischen Bereich liegt, anderenfalls wird sie nicht abgelehnt.

Wenn sie nicht abgelehnt werden kann, ist sie damit jedoch nicht bewiesen. Es könnte beispielsweise sein, dass lediglich der Stichprobenumfang n nicht ausreicht, um bei der vorgegebenen statistischen Sicherheit $1-\alpha$ ein hinreichend kleines Konfidenzintervall zu erhalten, sodass der Prüfwert außerhalb diese Konfidenzintervalls zu liegen kommt. Es könnte auch sein, dass das Signifikanzniveau α (Irrtumswahrscheinlichkeit) sehr klein und damit die statistische Sicherheit $1-\alpha$ sehr groß gewählt wurde, während eine kleinere statistische Sicherheit zur Ablehnung der Nullhypothese geführt hätte.

8.5.2 Tests für quantitative Merkmale

8.5.2.1 Vergleich des Mittelwerts $\bar{x}$ einer Stichprobe mit einem gegebenen Erwartungswert μ_0

In der Praxis ist häufig zu prüfen, ob der Erwartungswert μ eines quantitativen Merkmals X einer endlich oder unendlich großen Grundgesamtheit mit einem vorgegebenen Wert μ_0 übereinstimmt, ihn übertrifft oder unterschreitet. Dazu wird eine Stichprobe vom Umfang n gezogen. Der arithmetische Mittelwert $\bar{x}$ der Stichprobenwerte wird mit dem vorgegebenen Wert μ_0 verglichen und geprüft, ob die Abweichung des Mittelwertes von dem vorgegebenen Erwartungswert μ_0 signifikant ist.

Wie bei der Bestimmung der Konfidenzbereiche in Abschn. 8.3 gelten die folgenden Tests für normalverteilte Zufallsgrößen oder große Stichprobenumfänge $n > 30$, bei kleinen Stichprobenumfängen müssen die Quantilen z der Standardnormalverteilung durch die der t-Verteilung ersetzt werden, wenn die Varianz σ^2 nicht bekannt ist und nur ein Schätzwert s^2 aus der Stichprobe ermittelt werden kann.

Zufallsgröße X normalverteilt oder $n > 30$, Varianz σ^2 bekannt

• Zweiseitiger Test:			
Nullhypothese H_0:	$\mu = \mu_0$		
Prüfgröße:	$U = \frac{\bar{X}-\mu_0}{\sigma_{\bar{X}}} \sim N(0,1)$		
Prüfwert:	$u = \frac{\bar{x}-\mu_0}{\sigma_{\bar{X}}}$		(33)
mit	$\sigma_{\bar{X}} = \frac{\sigma}{\sqrt{n}}$	bei Stichprobe mit Zurücklegen oder $n/N < 0{,}05$	
	bzw.		
	$\sigma_{\bar{X}} = \frac{\sigma}{\sqrt{n}} \cdot \sqrt{\frac{N-n}{N-1}}$	bei Stichprobe ohne Zurücklegen und $n/N \geq 0{,}05$	
Kritischer Bereich:	$\lvert u \rvert > z_{1-\alpha/2}$	$z_{1-\alpha/2}$ aus Tab. 7 in ► Kap. 7, „Wahrscheinlichkeitsrechnung"	

• Einseitiger Test:		
Nullhypothese H_0:	$\mu \leq \mu_0$	$\mu \geq \mu_0$
Prüfgröße und Prüfwert:	Wie bei zweiseitigem Test	
Kritischer Bereich:	$u > z_{1-\alpha}$	$u < -z_{1-\alpha}$

Zufallsgröße X normalverteilt oder $n > 30$, Varianz σ^2 ist unbekannt

Als Schätzwert für die Varianz σ^2 wird die Streuung s^2 aus der Stichprobe verwendet:

$$s^2 = \frac{1}{n-1}\sum_{i=1}^{n}(x_i - \bar{x})^2$$

als Realisation der Zufallsgröße

$$S^2 = \frac{1}{n-1}\sum_{i=1}^{n}\left(X_i - \overline{X}\right)^2$$

• Zweiseitiger Test:			
Nullhypothese H_0:	$\mu = \mu_0$		
Prüfgröße:	$U = \frac{\bar{X}-\mu_0}{S_{\bar{X}}} \sim t_{n-1}$	mit	$S_{\bar{X}} = \frac{S}{\sqrt{n}}$
Prüfwert:	$u = \frac{\bar{x}-\mu_0}{s_{\bar{X}}}$		(34)
mit	$s_{\bar{X}} = \frac{s}{\sqrt{n}}$	bei Stichprobe mit Zurücklegen oder $n/N < 0{,}05$	
bzw.	$s_{\bar{X}} = \frac{s}{\sqrt{n}} \cdot \sqrt{\frac{N-n}{N-1}}$	bei Stichprobe ohne Zurücklegen und $n/N \geq 0{,}05$	
Kritischer Bereich:	$\lvert u \rvert > t_{n-1;\,1-\alpha/2}$	$t_{n-1;\,1-\alpha/2}$ aus Tab. 9 in ► Kap. 7, „Wahrscheinlichkeitsrechnung" (Abb. 11)	

• Einseitiger Test:			
Nullhypothese H_0:	$\mu \leq \mu_0$	oder	$\mu \geq \mu_0$
Prüfgröße und Prüfwert:	Wie bei zweiseitigem Test		
Kritischer Bereich:	$u > t_{n-1;\,1-\alpha}$	bzw.	$u < -t_{n-1;1-\alpha}$

Beispiel 15: Kapillarkohäsion

a) Für 16 Proben eines Baugrundes wurde die Kapillarkohäsion ermittelt. Für Mittelwert und Standardabweichung ergab sich:

$$\bar{x} = 12\ \mathrm{kN/m^2} \text{ und } s = 4\ \mathrm{kN/m^2}$$

Aus Erfahrung wird für einen Boden dieser Klasse ein Mittelwert von $\mu_0 = 14\ \mathrm{kN/m^2}$ erwartet. Auf dem Signifikanzniveau von 5 % ist zu prüfen, ob der vorliegende Boden zu dieser Bodenklasse gehört.

b) Wäre das Prüfungsergebnis dasselbe, wenn aus zahlreichen Voruntersuchungen eine Varianz der Probenwerte von $\sigma^2 = 16\ \mathrm{kN^2/m^4}$ hätte vorausgesetzt werden können?

Varianz σ^2 der Grundgesamtheit bekannt?			
Ja		Nein	
Prüfgröße: $U = \dfrac{X - \mu_0}{\sigma_{\overline{x}}} \sim N(0,1)$		Prüfgröße: $U = \dfrac{X - \mu_0}{s_{\overline{x}}} \sim t_{n-1}$	
Stichprobe mit Zurücklegen?		Stichprobe mit Zurücklegen?	
Ja	Nein	Ja	Nein
$\dfrac{n}{N} < 0{,}05$?		$\dfrac{n}{N} < 0{,}05$?	
Ja	Nein	Ja	Nein
$\sigma_{\overline{x}} = \dfrac{\sigma}{\sqrt{n}}$	$\sigma_{\overline{x}} = \dfrac{\sigma}{\sqrt{n}} \cdot \sqrt{\dfrac{N-n}{N-1}}$	$s_{\overline{x}} = \dfrac{s}{\sqrt{n}}$	$s_{\overline{x}} = \dfrac{s}{\sqrt{n}} \cdot \sqrt{\dfrac{N-n}{N-1}}$
zweiseitiger Test?		zweiseitiger Test?	
Ja	Nein	Ja	Nein
$H_0 : \mu = \mu_0$	$H_0 : \mu \leq \mu_0 \,/\, \mu \geq \mu_0$	$H_0 : \mu = \mu_0$	$H_0 : \mu \leq \mu_0 \,/\, \mu \geq \mu_0$
Kritischer Bereich: $\lvert u \rvert > z$	Kritischer Bereich: $u > z \,/\, u < -z$	Kritischer Bereich: $\lvert u \rvert > t$	Kritischer Bereich: $u > t \,/\, u < -t$

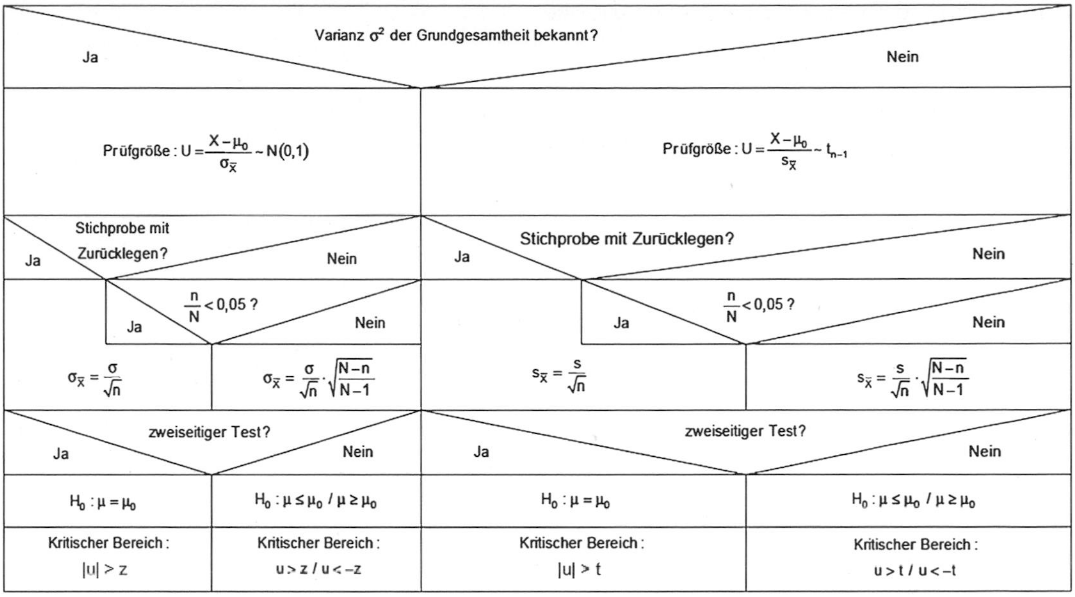

N	Umfang der Grundgesamtheit
n	Stichprobenumfang
$\overline{x}$	Mittelwert aus der Stichprobe
s	Standardabweichung aus der Stichprobe
$z = z_{1-\alpha}$ bzw. $z_{1-\alpha/2}$	Quantil der Standardnormalverteilung bei einseitigem bzw. zweiseitigem Konfidenzintervall (Tab. 7, Kap. 7, „Wahrscheinlichkeitsrechnung")
$t = t_{n-1;\,1-\alpha}$ bzw. $t_{n-1;\,1-\alpha/2}$	Quantil der t-Verteilung mit $n-1$ Freiheitsgraden bei einseitigem bzw. zweiseitigem Konfidenzintervall (Tab. 9, Kap. 7, „Wahrscheinlichkeitsrechnung")

Abb. 11 Test für den Erwartungswert μ eines quantitativen Merkmals

Lösung:

a) Nullhypothese

$$H_0 : \mu = \mu_0 = 14$$

Gegeben ist:

- $n = 16$
- Zufallsgröße X (Kapillarkohäsion) kann als annähernd normalverteilt vorausgesetzt werden.
- Die Varianz σ^2 der Grundgesamtheit ist nicht bekannt. Schätzwert aus der Stichprobe: $s = 4$.
- $\dfrac{n}{N} < 0{,}05$ kann unterstellt werden („große" Grundgesamtheit)

Prüfwert:

$$u = (12 - 14) \cdot \frac{\sqrt{16}}{4} = -2$$

Kritischer Bereich:
$\lvert u \rvert > t_{n-1;\,1-\frac{\alpha}{2}} = t_{15;\,0,975} = 2,131$ (Tab. 9 in
► Kap. 7, „Wahrscheinlichkeitsrechnung")
Testentscheidung:

$$\lvert u \rvert = 2 < 2{,}131$$

Der Prüfwert liegt *nicht im kritischen Bereich*. Die Nullhypothese *kann auf dem gegebenen Signifikanzniveau 5 % nicht abgelehnt werden*. Die Bodenklasse des Baugrundes weicht nicht signifikant von der erwarteten Bodenklasse ab.

b) Im Gegensatz zu a) ist die Varianz σ^2 der Grundgesamtheit bekannt. Wegen $\sigma^2 = s^2 = 16$ ergibt sich auch derselbe Prüfwert $u = -2$.
Kritischer Bereich:
$|u| > z_{1-\frac{\alpha}{2}} = z_{0{,}975} = 1{,}96$ (Tab. 7 in ► Kap. 7, „Wahrscheinlichkeitsrechnung")
Testentscheidung:

$$|u| = 2 > 1{,}96$$

Der Prüfwert liegt *im kritischen Bereich*. Die Nullhypothese *wird mit Irrtumswahrscheinlichkeit 5 % abgelehnt*. Der Boden des Baugrundes gehört mit der statistischen Sicherheit von 95 % *nicht* der erwarteten Bodenklasse an. Die Kenntnis der wahren Varianz lässt eine schärfere Aussage zu als nur ein Schätzwert aus der Stichprobe.

8.5.2.2 Vergleich der Streuung s^2 einer Stichprobe mit einer gegebenen Varianz $\sigma_0{}^2$

(1) Erwartungswert μ ist bekannt

• Zweiseitiger Test:				
Nullhypothese H_0:	$\sigma^2 = \sigma_0^2$			
Prüfgröße:	$U = \frac{n \cdot S^2}{\sigma_0^2} \sim \chi_n^2$	mit	$S^2 = \frac{1}{n}\sum_{i=1}^{n}(X_i - \mu)^2$	
Prüfwert:	$u = \frac{n \cdot s^2}{\sigma_0^2}$	mit	$s^2 = \frac{1}{n}\sum_{i=1}^{n}(x_i - \mu)^2$	(35)
Kritischer Bereich:	$\chi^2_{n;1\ \frac{\alpha}{2}} < u < \chi^2_{n;\frac{\alpha}{2}}$	(Tab. 8 in ► Kap. 7, „Wahrscheinlichkeitsrechnung")		

• Einseitige Tests:	
Nullhypothese H_0:	$\sigma^2 \le \sigma_0^2 \mid \sigma^2 \ge \sigma_0^2$
Prüfgröße und Prüfwert:	Wie beim zweiseitigen Test
Kritischer Bereich	$u > \chi^2_{n;1-\alpha} \mid u < \chi^2_{n;\alpha}$

(2) Erwartungswert μ ist unbekannt

• Zweiseitiger Test:	
Nullhypothese H_0:	$\sigma^2 = \sigma_0^2$
Prüfgröße:	$U = \frac{(n-1) \cdot S^2}{\sigma_0^2} \sim \chi^2_{n-1}$ mit $S^2 = \frac{1}{n-1}\sum_{i=1}^{n}(X_i - \bar{X})^2$
Prüfwert:	$u = \sum_{i=1}^{n}(x_i - \bar{x})^2 / \sigma_0^2$ (36)
Kritischer Bereich:	$\chi^2_{n-1;1-\frac{\alpha}{2}} < u < \chi^2_{n-1;\frac{\alpha}{2}}$

• Einseitige Tests:	
Nullhypothese H_0:	$\sigma^2 \le \sigma_0^2 \mid \sigma^2 \ge \sigma_0^2$
Prüfgröße und Prüfwert:	Wie beim zweiseitigen Test
Kritischer Bereich	$u > \chi^2_{n-1;1-\alpha} \mid u < \chi^2_{n-1;\alpha}$

8.5.2.3 Vergleich der empirischen Verteilung einer Stichprobe mit einer theoretischen Verteilung (χ^2-Anpassungstest)

Anhand der n Stichprobenwerte einer quantitativen Zufallsgröße X wird geprüft, ob sich deren unbekannte Verteilungsfunktion F(x) von einer vorgegebenen theoretischen Verteilungsfunktion $F_o(x)$ unterscheidet oder. wie gut sich die empirische Verteilung der Stichprobe an $F_o(x)$ „anpasst". Ein für diese Problemstellung gebräuchlicher Test ist der sog. χ^2-*Anpassungstest.*

Voraussetzung: $n \ge 50$

Nullhypothese: H_0: $F(x) = F_0(x)$.

Vorbereitung: Unterteilung des Wertebereichs der Stichprobe in *k* Klassen gleicher Breite, sodass gilt:

$np_j \ge 1$ für jede Klasse $j = 1, \ldots k$ und

$np_j \ge 5$ für mindestens 80 % der Klassen.

Dabei ist p_j die Wahrscheinlichkeit, dass bei zutreffender Nullhypothese die Zufallsgröße X einen Wert der Klasse j annimmt, d. h., falls X stetig ist und x_{ju}, x_{jo} die Unter- bzw. Obergrenze der Klasse *j* bezeichnen, gilt:

$$p_j = F_0(x_{jo}) - F_0(x_{ju})$$

Prüfgröße:		$U = \sum_{j=1}^{k} \frac{(N_j - n_{ej})^2}{n_{ej}} \sim \chi_m^2$
mit	N_j	Zufallsgröße der Anzahl der Stichprobenwerte in Klasse j
	$n_{ej} = n \cdot p_j$	erwartete Anzahl der Stichprobenwerte in Klasse j bei richtiger Nullhypothese:
	$m = k-q-1$	Anzahl der Freiheitsgrade

Prüfwert:	$u = \sum_{j=1}^{k} \frac{(n_j - n_{ej})^2}{n_{ej}}$

mit	n_j	Anzahl der Stichprobenwerte in Klasse j

$$\text{kritischer Bereich:} \quad u > \chi^2_{m;1-\alpha} \quad (37)$$

q ist die Anzahl der aus der Stichprobe geschätzten Parameter der Verteilungsfunktion $F_0(x)$, z. B. $q = 2$ für die Parameter μ und σ^2 einer Normalverteilung.

8.5.2.4 Vergleich der Mittelwerte $\bar{x}_1$ und $\bar{x}_2$ zweier unabhängiger Stichproben (t-Test)

Anhand von zwei unabhängigen Stichproben ist zu prüfen, ob die Erwartungswerte μ_1 und μ_2 beider zugrunde liegender Grundgesamtheiten gleich sind.

- Beide Zufallsgrößen $\bar{x}_1$ und $\bar{x}_2$ (näherungsweise) normalverteilt: $\bar{x}_1 \sim N(\mu_1, \sigma_1^2)$, $\bar{x}_2 \sim N(\mu_2, \sigma_2^2)$, oder große Stichprobenumfänge $n_1 > 30$ und $n_2 > 30$
- Beide Stichproben mit Zurücklegen oder $n_1/N_1 < 0{,}05$, $n_2/N_2 < 0{,}05$

(1) **Varianzen σ_1^2 und σ_2^2 sind bekannt**

• Zweiseitiger Test:		
Nullhypothese H_0:	$\mu_1 = \mu_2$	
Prüfgröße:	$U = \frac{\bar{X}_1 - \bar{X}_2}{\sigma_{\bar{x}_1 - \bar{x}_2}} \sim N(0,1)$	
Prüfwert:	$u = \frac{\bar{x}_1 - \bar{x}_2}{\sigma_{\bar{x}_1 - \bar{x}_2}}$	(38)
	mit $\sigma_{\bar{x}_1 - \bar{x}_2} = \sqrt{\frac{\sigma_1^2}{n_1} + \frac{\sigma_2^2}{n_2}}$	
Kritischer Bereich:	$\lvert u \rvert > z_{1-\frac{\alpha}{2}}$	

• Einseitige Tests:	
Nullhypothese H_0:	$\mu_1 \leq \mu_2 / \mu_1 \geq \mu_2$
Prüfgröße und Prüfwert:	Wie beim zweiseitigen Test
Kritischer Bereich:	$u > z_{1-\alpha} \vert u < z_\alpha = -z_{1-\alpha}$

(2) **Varianzen σ_1^2 und σ_2^2 sind unbekannt**

• Zweiseitiger Test:		
Nullhypothese H_0:	$\mu_1 = \mu_2$	
Prüfgröße:	$U = \frac{\bar{X}_1 - \bar{X}_2}{S_{\bar{x}_1 - \bar{x}_2}} \sim t_{n_1+n_2-2}$	
	mit $S_{\bar{x}_1 - \bar{x}_2} = \sqrt{\frac{S_1^2(n_1-1)+S_2^2(n_2-1)}{n_1+n_1-2} \cdot \left(\frac{1}{n_1} + \frac{1}{n_2}\right)}$	
Prüfwert:	$u = \frac{\bar{x}_1 - \bar{x}_2}{s_{\bar{x}_1 - \bar{x}_2}}$	(39)
	$s_{\bar{x}_1 - \bar{x}_2} = \sqrt{\frac{s_1^2(n_1-1)+s_2^2(n_2-1)}{n_1+n_1-2} \cdot \left(\frac{1}{n_1} + \frac{1}{n_2}\right)}$	
Kritischer Bereich:	$\lvert u \rvert > t_{n_1+n_2-2;1-\frac{\alpha}{2}}$	

(Fortsetzung)

• Einseitige Tests:	
Nullhypothese H_0:	$\mu_1 \leq \mu_2/\mu_1 \geq \mu_2$
Prüfgröße und Prüfwert:	Wie beim zweiseitigen Test
Kritischer Bereich:	$t_{n_1+n_2-2;1-\alpha} < u < -t_{n_1+n_2-2;1-\alpha}$

Beispiel 16: Druckfestigkeit von Beton

Die Druckfestigkeitsprüfung zweier Betonsorten A und B lieferte folgende Ergebnisse:

Stichprobenumfang	$n_A = 40$	$n_B = 35$
Arithm. Mittelwert	$x_A = 35{,}1$ N/mm²	$x_B = 33{,}5$ N/mm²
Streuung	$s_A^2 = 20{,}3$ N²/mm⁴	$s_B^2 = 18{,}4$ N²/mm⁴

Es sind folgende Fragen zu klären:

a) Welches sind die 95 %-Konfidenzintervalle für die Erwartungswerte μ_A und μ_B der beiden Betonsorten?
b) Die beiden Erwartungswerte μ_A und μ_B sind auf Gleichheit auf einem Signifikanzniveau von 5 % zu testen.
c) Auf einem Signifikanzniveau von 5 % ist die Hypothese $\mu_A \leq \mu_B$ gegen die Alternativhypothese $\mu_A > \mu_B$ zu testen.

Lösung:

a) Die Druckfestigkeit von Beton kann als annähernd normalverteilt angenommen werden. Da die Stichprobenumfänge n_A und n_B jeweils größer sind als 30, kann ohnehin mit den Quantilen der Standardnormalverteilung gerechnet werden. Die 95 %-Konfidenzintervalle für die wahren Erwartungswerte der beiden Betonsorten ergeben sich gemäß (15) zu

$$\mu_A = \bar{x}_A \pm z_{0{,}975} \cdot \frac{s_A}{\sqrt{n_A}}$$

$$= 35{,}1 \pm 1{,}96 \cdot \frac{\sqrt{20{,}3}}{\sqrt{40}}$$

$$= 35{,}1 \pm 1{,}4$$

$$\text{Konf}(33{,}7 \leq \mu_A \leq 36{,}5) = 0{,}95$$

$$\mu_B = 33{,}5 \pm 1{,}96 \cdot \frac{\sqrt{18{,}4}}{\sqrt{35}}$$

$$= 33{,}5 \pm 1{,}4$$

$$\text{Konf}(32{,}1 \leq \mu_B \leq 34{,}9) = 0{,}95$$

b) Test der Gleichheit der Erwartungswerte μ_A und μ_B auf einem Signifikanzniveau von 5 %

• Zweiseitiger Test:	
Nullhypothese H_0:	$\mu_A = \mu_B$
Prüfwert:	$u = \frac{\bar{x}_A - \bar{x}_B}{s_{\bar{x}_A - \bar{x}_B}}$ *gemäß* (39)
mit	$s_{\bar{x}_A - \bar{x}_B} = \sqrt{\frac{20{,}3 \cdot 39 + 18{,}4 \cdot 34}{40 + 35 - 2}\left(\frac{1}{40} + \frac{1}{35}\right)} = 1{,}02$
	$u = \frac{35{,}1 - 33{,}5}{1{,}02} = 1{,}57$
Kritischer Bereich:	$\lvert u \rvert > t_{40+35-2;0{,}975} = 1{,}99$

Ergebnis: Da der Prüfwert u nicht im kritischen Bereich liegt, kann mit den vorliegenden Stichprobenergebnissen die Nullhypothese nicht widerlegt werden.

c) Test der Hypothese $\mu_A \leq \mu_B$, gegen die Alternative $\mu_A > \mu_B$ auf einem Signifikanzniveau von 5 %

• Einseitiger Test:	
Nullhypothese H_0:	$\mu_A \leq \mu_B$
Prüfwert:	Wie bei zweiseitigem Test $u = 1{,}57$
Kritischer Bereich:	$u > t_{40+35-2;0{,}95} = t_{73;\,0{,}95} = 1{,}67$

Ergebnis: Da u nicht im kritischen Bereich liegt, ist die Nullhypothese $\mu_A \leq \mu_B$ aufgrund der vorliegenden Stichprobenergebnisse nicht abzulehnen. Sie ist damit aber auch nicht bewiesen.

8.5.2.5 Vergleich der Streuungen s_1^2 und s_2^2 zweier unabhängiger Stichproben

• Zweiseitiger Test:		
Nullhypothese H_0:	$\sigma_1^2 = \sigma_2^2$	
	wobei die **als größer vermutete Varianz** mit σ_1^2 bezeichnet wird.	
Prüfgröße:	$U = \frac{S_1^2}{S_2^2} \sim F_{n_1-1;n_2-1}$	

(Fortsetzung)

Prüfwert:	$u = \frac{s_1^2}{s_2^2}$	(40)
Kritischer Bereich:	$F_{n_1-1,n_2-1;\frac{\alpha}{2}} > u > F_{n_1-1,n_2-1;1-\frac{\alpha}{2}}$	

• Einseitige Tests:	
Nullhypothese H_0:	$\sigma_1^2 \leq \sigma_2^2 \mid \sigma_1^2 \geq \sigma_2^2$
Prüfgröße und Prüfwert:	Wie beim zweiseitigen Test
Kritischer Bereich:	$u > F_{n_1-1,n_2-1;1-\alpha} \mid u < F_{n_1-1,n_2-1;\alpha}$

Beispiel 17: Druckfestigkeit von Beton (Fortsetzung Beispiel 16)
Im Vergleich der beiden Betonsorten im Beispiel 16 soll geprüft werden, ob die Hypothese $\sigma_A^2 \leq \sigma_B^2$ auf einem Signifikanzniveau von 5 % widerlegt werden kann.

$$H_0 : \sigma_A^2 \leq \sigma_B^2; H_1 : \sigma_A^2 > \sigma_B^2$$

$$u = s_A^2/s_B^2 = 20{,}3/18{,}4 = 1{,}10$$

$$F_{39,34;0{,}95} = 1{,}75$$

Da u nicht im kritischen Bereich liegt, kann die Hypothese, dass die Varianz der Betonsorte A kleiner oder gleich der Varianz der Betonsorte B ist nicht widerlegt werden.

8.5.2.6 Vergleich der Mittelwerte mehrerer (k>2) unabhängiger Stichproben (F-Test)

Grundgesamtheit: Alle k Zufallsgrößen X_i ($i = 1, \ldots, k$) sind (annähernd) normalverteilt: $X_i \sim N(\mu_i, \sigma^2)$ mit der gleichen (unbekannten) Varianz σ^2.

Stichprobenumfänge:	$n_1, \ldots, n_k; n = \sum_{i=1}^{k} n_i$
Stichprobenwerte:	$x_{i1}, \ldots, x_{in_i}$ $(i = 1, \ldots, k)$
Stichprobenmittelwerte:	$\bar{x}_1, \ldots, \bar{x}_k;$
Gesamtmittelwert:	$\bar{x} = \frac{1}{n} \cdot \sum_{i=1}^{k} n_i \cdot \bar{x}_i;$

In einer Varianzanalyse wird die Summe der Abweichungsquadrate aller Stichprobenwerte x_{ij} vom Gesamtmittelwert $\bar{x}$ zerlegt

- in die Summe SQZ der Abweichungsquadrate der Mittelwerte $\bar{x}_i$ der einzelnen Stichproben vom Gesamtmittelwert $\bar{x}$ (Abweichungsquadratsumme „zwischen" den Stichproben) und
- in die Summe SQI aller Abweichungsquadrate der Stichprobenwerte x_{ij} vom Mittelwert $\bar{x}_i$ der jeweiligen Stichprobe (Abweichungsquadratsumme „innerhalb" der Stichproben).

Die gemittelten Abweichungsquadratsummen SQZ/(k−1) und SQI/(n−k) als Streuungen zwischen und innerhalb der Stichproben sind dann jeweils χ^2-verteilt mit k–1 bzw. n–k Freiheitsgraden. Der Quotient von beiden als Prüfgröße U ist somit F-verteilt mit k–1 und n–k Freiheitsgraden (vgl. Tab. 3, Nr. 1 und 3 in ► Kap. 7, „Wahrscheinlichkeitsrechnung"). Wenn die Streuung zwischen den Stichproben zu groß ist im Vergleich zur Streuung innerhalb der Stichproben, so muss die Nullhypothese der Gleichheit der Erwartungswerte μ_i aller Stichproben verworfen werden.

Nullhypothese H_0:	$\mu_1 = \ldots = \mu_k$	
Prüfgröße:	$U = \frac{SQZ}{k-1} / \frac{SQI}{n-k} \sim F_{k-1,n-k}$	
Prüfwert:	$u = \frac{sqz(n-k)}{sqi(k-1)}$	(41)
mit	$sqz = \sum_{i=1}^{k} n_i (\bar{x}_i - \bar{x})^2$	
	$sqi = \sum_{i=1}^{k} \sum_{j=1}^{n_i} (x_{ij} - \bar{x}_i)^2$	
Kritischer Bereich:	$u > F_{k-1;\, n-k,\, 1-\alpha}$	

8.5.2.7 Vergleich der Varianzen mehrerer (k>2) unabhängiger Stichproben: Bartlett-Test

Grundgesamtheit: Alle k Zufallsgrößen X_i (i = 1,. . .,k) sind annähernd normalverteilt.

Stichprobe-numfänge:	$n_1,\ldots,n_k$; $n_i \geq 5$ für $i = 1,\ldots,k$; $n = \sum_{i=1}^{k} n_i$	
Nullhypothese H_0:	$\sigma_1^2 = \ldots = \sigma_k^2$	
Prüfgröße:	$U = \frac{1}{c} \left((n-k) \ln S^2 - \sum_{i=1}^{k} (n_i - 1) \ln S_i^2 \right) \sim \chi^2_{k-1}$	
mit	$c = \frac{1}{3(k-1)} \left(\sum_{i=1}^{k} \frac{1}{n_i - 1} - \frac{1}{n-k} \right) + 1$	

(Fortsetzung)

	S_i^2 Zufallsgrößen der Varianzen innerhalb der Stichproben	
	S^2 Zufallsgröße der Streuung zwischen den Stichproben	
Prüfwert:	$u = \frac{1}{c} \left((n-k) \ln s^2 - \sum_{i=1}^{k} (n_i - 1) \ln s_i^2 \right)$	(42)
mit	c wie oben	
	$s_i^2 = \frac{1}{n_i - 1} \sum_{j=1}^{n_i} (x_{ij} - \bar{x}_i)^2 = \frac{1}{n_i - 1} \left(\sum_{j=1}^{n_i} x_{ij}^2 - n_i \bar{x}_i^2 \right)$	
	$s^2 = \frac{1}{n-k} \sum_{i=1}^{k} (n_i - 1)\, s_i^2$	
Kritischer Bereich:	$u > \chi^2_{k-1;1-\alpha}$	

8.5.3 Tests für qualitative Merkmale

8.5.3.1 Vergleich des Anteilswerts *p* einer Stichprobe mit einem gegebenen Wert θ_0

Grundgesamtheit:

N	Elemente, jeweils mit der Ausprägung A oder Ā des qualitativen Merkmals.
θ	relativer Anteil der Elemente mit der Ausprägung A.

Stichprobe:

n	Anzahl der zufällig entnommenen Elemente; wenn n/N ≧ 0,05, muss jedes entnommene Element vor Entnahme des nächsten wieder in die Grundgesamtheit zurückgelegt werden.
x	Anzahl der Elemente mit Ausprägung A.
p = x/n	relativer Anteil der Elemente mit Ausprägung *A*.

(1) **$n\, \theta_0(1 - \theta_0) > 9$**

• Zweiseitiger Test:		
Nullhypothese H_0:	$\theta = \theta_0$	
Prüfgröße:	$U = \frac{P - \theta_0}{\sqrt{\theta_0(1-\theta_0)}} \sqrt{n} \sim N(0,1)$	
Prüfwert:	$u = \frac{p - \theta_0}{\sqrt{\theta_0(1-\theta_0)}} \sqrt{n}$	(43)
Kritischer Bereich:	$\lvert u \rvert > z_{1-\alpha/2}$	

• Einseitige Tests:	
Nullhypothese H_0:	$\theta \leq \theta_0$ oder $H_0 : \theta \geq \theta_0$
Prüfgröße und Prüfwert:	Wie bei zweiseitigem Test
Kritischer Bereich:	$u > z_{1-\alpha}$ bzw. $u < z_\alpha = -z_{1-\alpha}$

(2) $n\,'\theta_0(1-'\theta_0)\leq 9$; Stichprobe mit Zurücklegen oder Auswahlsatz n/N < 0,05

• **Zweiseitiger Test:**	
Nullhypothese H_0:	$\theta=\theta_0$
Prüfgröße:	$U = X \sim B(n, \theta_0)$
Prüfwert:	$u = x$
Kritischer Bereich:	$u < c_{\frac{\alpha}{2}}{}^{*})$ oder $u > c_{1-\frac{\alpha}{2}}{}^{**})$

• **Einseitige Tests:**	
Nullhypothese H_0:	$\theta \geq \theta_0/\theta \leq \theta_0$
Prüfgröße und Prüfwert:	Wie bei zweiseitigem Test
Kritischer Bereich:	$u < c_\alpha{}^{*})$ oder $u > c_{1-\alpha}{}^{**})$
	*) $c_{\frac{\alpha}{2}}$ bzw. c_α ist der größte Wert λ mit
	$\sum_{k=0}^{\lambda-1}\binom{n}{k}\cdot\theta_0^k\cdot(1-\theta_0)^{n-k}\leq\frac{\alpha}{2}$ bzw. α
	**) $c_{1-\frac{\alpha}{2}}$ bzw. $c_{1-\alpha}$ ist der kleinste Wert λ mit
	$\sum_{k=\lambda+1}^{n}\binom{n}{k}\cdot\theta_0^k\cdot(1-\theta_0)^{n-k}\leq\frac{\alpha}{2}$ bzw. α (Abb. 12)

(Fortsetzung)

Beispiel 18: Ferntest der Gleichheit der 49 Ziehungskugeln des Zahlenlotto „6 aus 49“: Beim Zahlenlotto „6 aus 49“ wurden in den ersten 1419 Ausspielungen mit jeweils 6 Zahlen insgesamt 8514 Zahlen gezogen, und zwar die 49 Zahlen mit den in Tab. 3 aufgeführten Häufigkeiten. Der Erwartungswert für die *absolute* Ziehungshäufigkeit beträgt somit für jede Zahl 8514/49 = 173,76, für ihre *relative* Ziehungshäufigkeit somit 173,76/1419 = 0,1224. Mit Hilfe des Vergleichs der relativen Ziehungsanteile der einzelnen Zahlen soll geprüft werden, ob die Ziehungswahrscheinlichkeiten für alle 49 Zahlen gleich sind.

a) Können die beiden größten Abweichungen der Zahlen 13 und 21 noch als zufällig angesehen werden?

Grundgesamtheit :	unbegrenzte Anzahl von Ausspielungen ($N \to \infty$)
Stichprobenumfang :	$n = 1419$
Gegebener Anteilswert :	$\theta_0 = 173{,}75/1419 = 0{,}1224$
Signifikanzniveau :	$\alpha = 0{,}05$.

Prüfung der Voraussetzung:

$$n\cdot\theta_0\,(1-\theta_0) = 1419\cdot 0{,}1224\cdot 0{,}8776 = 152 > 9.$$

Nullhypothese H_0: $p = \theta_0$

- Anteil der Zahl 13 in der Stichprobe: $p_{13} = 139/1419 = 0{,}0980$. Aus (43) folgt:

Prüfwert:	$u=\frac{0{,}0980-0{,}1224}{\sqrt{0{,}1224\cdot 0{,}8776}}\cdot\sqrt{1419}=-2{,}81$
Kritischer Bereich:	$\lvert u\rvert = 2{,}81 > 1{,}96$

- Anteil der Zahl 21 in der Stichprobe: $p_{21} = 202/1419 = 0{,}1424$

Prüfwert:	$u=\frac{0{,}1424-0{,}1224}{\sqrt{0{,}1224\cdot 0{,}8776}}\cdot\sqrt{1419}=2{,}30$
Kritischer Bereich:	$\lvert u\rvert = 2{,}30 > 1{,}96$

Die Abweichungen der Ziehungshäufigkeiten der Zahlen 13 und 21 vom Erwartungswert $\theta_0 = 173{,}75$ können bei einer Irrtumswahrscheinlichkeit von 5 % nicht mehr als zufällig angesehen werden.

b) Wie groß dürfen die Abweichungen der Ziehungshäufigkeiten vom Erwartungswert $\theta_0 = 173{,}75$ höchstens sein, damit sie als nur zufällig angesehen werden können?

Nach (24a) darf die Abweichung nach unten oder nach oben höchstens

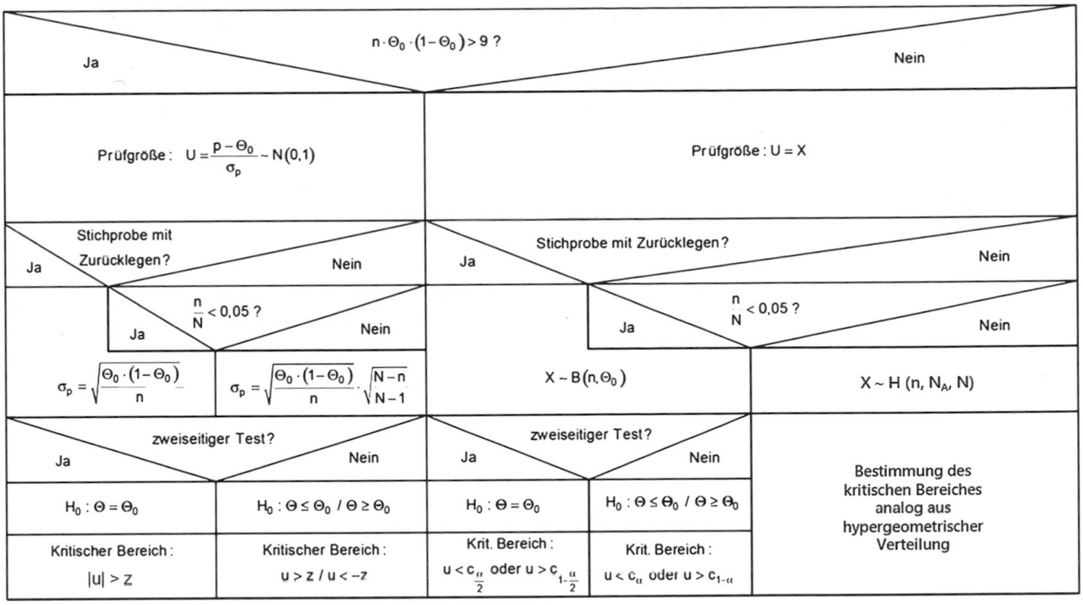

N	Umfang der Grundgesamtheit
n	Stichprobenumfang
m	Anzahl der Elemente mit der Eigenschaft A in der Stichprobe
$p = \frac{m}{n}$	Anteil der Elemente mit der Eigenschaft A in der Stichprobe
$\theta = \frac{N_A}{N}$	Schätzwert für den Anteil der Elemente mit Eigenschaft A in der Grundgesamtheit
$z = z_{1-\alpha}$ bzw. $z_{1-\alpha/2}$	Quantil der Standardnormalverteilung bei einseitigen bzw. zweiseitigem Konfidenzintervall (Tab. 7, Beitrag Wahrscheinlichkeitsrechnung)
c_a	Schranke für den absoluten Fehler $\lvert p-\theta \rvert$
e_r	Schranke für den relativen Fehler $\left\lvert \frac{p-\theta}{\theta} \right\rvert$ $\quad e_a = e_r \cdot \lvert\theta\rvert \approx e_r \cdot \lvert p \rvert$

Abb. 12 Test für den Anteilswerts θ eines qualitativen Merkmals

Tab. 3 Ziehungshäufigkeit der Lottozahlen

Wie oft schon gezogen?						
[1] **176**	[2] **184**	[3] **176**	[4] **163**	[5] **166**	[6] **171**	[7] **163**
[8] **161**	[9] **181**	[10] **162**	[11] **169**	[12] **167**	[13] **139**	[14] **174**
[15] **158**	[16] **170**	[17] **180**	[18] **173**	[19] **178**	[20] **169**	[21] **202**
[22] **177**	[23] **173**	[24] **157**	[25] **189**	[26] **187**	[27] **175**	[28] **160**
[29] **167**	[30] **172**	[31] **184**	[32] **197**	[33] **183**	[34] **163**	[35] **176**
[36] **183**	[37] **167**	[38] **187**	[39] **182**	[40] **181**	[41] **171**	[42] **172**
[43] **173**	[44] **164**	[45] **175**	[46] **175**	[47] **160**	[48] **191**	[49] **191**

$$|\, p - \theta_0 \,| \leq z_{1-\alpha/2} \cdot \sqrt{\frac{\theta_0(1-\theta_0)}{n}} = 1{,}96 \cdot 0{,}0087$$
$$= 0{,}017$$

betragen, d. h. für die Anteilswerte muss gelten:

$$0{,}105 \leq p \leq 0{,}139$$

bzw. für die absoluten Häufigkeiten der Zahlen

$$149 \leq p \cdot 1419 \leq 197.$$

Aus dem Tableau der Ziehungshäufigkeiten (Tab. 3) ist ersichtlich, dass lediglich die beiden Zahlen 13 und 21 nicht in diesem Bereich liegen. Ihr Anteil an den 49 Zahlen beträgt 4,08 % und entspricht annähernd der „zulässigen" Irrtumswahrscheinlichkeit von 5 %.

8.5.3.2 Vergleich der empirischen Verteilung einer Stichprobe mit einer theoretischen Verteilung (χ^2-Anpassungstest)

Grundgesamtheit:	Relative Anteile der Elemente mit Eigenschaft A in k−Klassen: θ_i (i = 1, ... ,k)	
Stichprobenumfänge:	n_i (i = 1,...,k),so dass $\theta_{0i} \cdot n \geq 5$ (i = 1,...k); $n = \sum_{i=1}^{k} n_i$	
Nullhypothese H_0:	$\theta_i = \theta_{0i}$ (i = 1, ..., k)	
Prüfgröße:	$U = \sum_{i=1}^{k} \frac{(N_i - \theta_{0i} \cdot n)^2}{\theta_{0i} \cdot n} \sim \chi^2_{k-1}$	
Prüfwert:	$u = \sum_{i=1}^{k} \frac{(n_i - \theta_{0i} \cdot n)^2}{\theta_{0i} \cdot n}$	(44)
Kritischer Bereich:	$u > \chi^2_{k-1;1-\alpha}$	

Beispiel 19: Zahlenlotto (Fortsetzung Beispiel 18)

Die Prüfung der Gleichheit der Ziehungswahrscheinlichkeiten der 49 Zahlen kann durch den Vergleich der relativen Ziehungshäufigkeiten θ_i der einzelnen Zahlen mit der theoretischen mittleren Ziehungshäufigkeit $\theta_{0i} = 0{,}1224$ für alle i = 1, ... ,49 (Gleichverteilung) erfolgen:

Die Nullhypothese lautet: H_0: $\theta_i = 0{,}1224$ (i = 1, ... ,49)

Der Prüfwert berechnet sich gemäß (44) mit den Häufigkeiten n_i in Tab. 3 und mit

$\theta_{0i} \cdot n = 0{,}1224 \cdot 1419 = 173{,}76$ zu:

$$u = \frac{(176 - 173{,}76)^2}{173{,}76} + \frac{(184 - 173{,}76)^2}{173{,}76} + \ldots + \frac{(191 - 173{,}76)^2}{173{,}76} = 36{,}23$$

Somit ist $u = 36{,}23 < \chi^2_{48;\,0{,}95} = 65{,}16$

Da der Prüfwert u kleiner ist als die 95 %-Quantile der χ^2-Verteilung mit 48 Freiheitsgraden (Tab. 8 in ▶ Kap. 7, „Wahrscheinlichkeitsrechnung"), kann die Nullhypothese, dass alle 49 Zahlen eine gleich große Ziehungswahrscheinlichkeit aufweisen, mit einer statistischen Sicherheit von 95 % nicht widerlegt werden.

8.5.3.3 Vergleich zweier unabhängiger Stichproben (4-Felder-χ^2-Test)

Zunächst werden zwei Stichproben betrachtet, deren Elemente das Merkmal A oder Ā aufweisen (Tab. 4).

Geprüft wird die Frage, ob die relativen Anteile θ_1 und θ_2 der Elemente mit Eigenschaft A in den beiden Grundgesamtheiten gleich sind oder nicht, d. h. geprüft wird die

Nullhypothese H_0: $\theta_1 = \theta_2$ gegen die Alternativhypothese H_1: $\theta_1 \neq \theta_2$.

Unter Annahme der Gültigkeit der Nullhypothese können die Häufigkeiten n_{ij} mit den bei Unabhängig- keit der beiden Stichproben zu erwartenden Häufig-keiten

$$\hat{n}_{ij} = \frac{n_{i*}\, n_{*j}}{n_{**}}$$

verglichen und die Unterschiede mit dem χ^2-Test geprüft werden.

Der Prüfwert errechnet sich gemäß (44) zu

$$u = (n_{11} - \hat{n}_{11})^2/\hat{n}_{11} + (n_{12} - \hat{n}_{12})^2/\hat{n}_{12} + \\ +(n_{21} - \hat{n}_{21})^2/\hat{n}_{21} + (n_{22} - \hat{n}_{22})^2/\hat{n}_{22}$$

und nach einigen Umformungen zu den Prüfwerten (45) bzw. (45a).

Vierfelder-χ^2-Test

$n_{**} \geq 60$:		
Prüfgröße:	$U = \frac{n_{**}(N_{11}N_{22} - N_{12}N_{21})^2}{n_{1*}n_{2*}n_{*1}n_{*2}} \sim \chi^2_1$	
Prüfwert:	$u = \frac{n(n_{11}n_{22} - n_{12}n_{21})^2}{n_{1*}\, n_{2*}\, n_{*1}\, n_{*2}}$	(45)

(Fortsetzung)

Tab. 4 4-Felder-Tafel

	Eigenschaft		
	A	**$\bar{A}$**	$\sum$
Stichprobe 1	n_{11}	n_{12}	n_{1*}
Stichprobe 2	n_{21}	n_{22}	n_{2*}
$\sum$	n_{*1}	n_{*2}	n_{**}

Kritischer Bereich:	$u>\chi^2_{1;1-\alpha}$	Tab. 8 in ► Kap. 7, „Wahrscheinlichkeitsrechnung“

20 ≤ n_{**} ≤ 60:		
Prüfgröße:	$U=\frac{n_{**}\left(\lvert N_{11}N_{22}-N_{12}N_{21}\rvert-\frac{n_{**}}{2}\right)^2}{n_{1*}n_{2*}n_{*1}n_{*2}}$ $\sim\chi^2_1$	
Prüfwert:	$u=\frac{n_{**}\left(\lvert n_{11}n_{22}-n_{12}n_{21}\rvert-\frac{n_{**}}{2}\right)^2}{n_{1*}n_{2*}n_{*1}n_{*2}}$	(45a)
Kritischer Bereich:	$u>\chi^2_{1;1-\alpha}$	Tab. 8 in ► Kap. 7, „Wahrscheinlichkeitsrechnung“

Gauß-Test

Die χ^2-Verteilung besitzt in diesem Fall nur einen Freiheitsgrad, da bei gegebenen Randsummen in der Vierfeldertafel nur eine der vier Häufigkeiten frei wählbar ist.

Für ausreichend große Fallzahlen der beiden Stichproben lassen sich die Vertrauensbereiche für die Differenz $\theta_1 - \theta_2$ durch die Normalverteilung approximieren.

Die relativen Häufigkeiten

$$p_1 = \frac{n_{11}}{n_{1*}} \quad \text{und} \quad p_2 = \frac{n_{21}}{n_{2*}}$$

aus den beiden Stichproben sind normalverteilte Schätzwerte für die relativen Anteile θ_1 und θ_2 der Elemente mit Eigenschaft A in den Grundgesamtheiten. Hieraus ergibt sich der Prüfwert u gemäß (45 b).

Prüfgröße:	$U=\frac{P_1-P_2}{\sqrt{\frac{P_1(1-P_1)}{n_{1*}}+\frac{P_2(1-P_2)}{n_{2*}}}}$ $\sim N(0,1)$	
mit	$P_i=\frac{N_{i1}}{n_{i*}}$	
Prüfwert:	$u=\frac{p_1-p_2}{\sqrt{\frac{p_1(1-p_1)}{n_{1*}}+\frac{p_2(1-p_2)}{n_{2*}}}}$	
mit	$p_i=\frac{n_{i1}}{n_{i*}}$	(45a)
Kritischer Bereich:	$\lvert u\rvert > z_{1-\frac{\alpha}{2}}$	Tab. 7 in ► Kap. 7, „Wahrscheinlichkeitsrechnung“

(Fortsetzung)

Für endliche Grundgesamtheiten mit N_1 und N_2 Elementen ist die Endlichkeitskorrektur zu berück-sichtigen und die beiden Brüche unter der Wurzel in 45 b durch

$$\frac{1}{n_i}\, p_i(1\text{-}p_i)\,(1-n_i/N_i) \qquad (i=1{,}2)$$

zu ersetzen.

Der Vierfelder-χ^2-Test ermöglicht nicht nur eine Aussage darüber, ob die relativen Anteile der Elemente mit einer bestimmten Eigenschaft A in beiden Stichproben gleich groß sind und damit auch, ob beide Stichproben aus ein und derselben Grundgesamtheit stammen können (*Homogenität zweier Stichproben*).

Wenn man die Elemente einer Zufallsstichprobe nach zwei Merkmalen A und B mit jeweils zwei Ausprägungen (A_1 und A_2 bzw. B_1 und B_2) gliedert, so liefert der Test auch eine Aussage darüber, ob die beiden Merkmale A und B unabhängig sind (*Unabhängigkeit zweier Merkmale*). Wenn beispielsweise Männer und Frauen signifikant unterschiedliche relative Anteile von Rauchern aufweisen, dann ist das Merkmal Rauchverhalten abhängig vom Merkmal Geschlecht.

8.5.3.4 Vergleich zweier verbundener Stichproben (McNemar-Test)

Um die Veränderung des Stimmenanteils einer politischen Partei im Laufe eines Jahres festzustellen, kann zu beiden Zeitpunkten jeweils eine bestimmte Anzahl von Wahlberechtigten zufällig ausgewählt und befragt werden. Ein zuverlässigeres Ergebnis ist dem gegen-über zu erzielen, wenn zu beiden Zeitpunkten dieselben Personen befragt werden (*verbun-dene* Stichproben). In diesem Fall kann man sich auf die Wechsler zwischen

Tab. 5 4-Felder-Tafel

		Stichprobe 2		
		A	Ā	Σ
Stichprobe 1	A	n_{11}	n_{12}	n_{1*}
	Ā	n_{21}	n_{22}	n_{2*}
Σ		n_{*1}	n_{*2}	n_{**}

den beiden Alternativen A und Ā konzentrieren (Tab. 5).

Geprüft wird die Nullhypothese H_0: $n_{12} = n_{21}$ gegen die Alternativhypothese H_1: $n_{12} \neq n_{21}$.

Wenn die Zahl der Wechsler mit $n_w = n_{12} + n_{21}$ gegeben ist, so ist die Anzahl n_{12} der Wechsler von Alternative A zu Ā unter der Nullhypothese binomialverteilt: $N_{12} \sim B(n_w, 1/2)$. Die Nullhypothese ist dann abzulehnen, wenn n_{12} nicht im Annahmebereich $g_u < n_{12} \leq g_o$ liegt, wobei die Intervallgrenzen g_u und g_o das α/2-Quantil bzw. das 1–α/2-Quantil der Binomialverteilung darstellen.

Wenn die Zahl der Wechsler groß (n >30) ist, kann die Binomialverteilung wieder durch die Normalverteilung approximiert werden: $N_{12} \sim N(\mu,\sigma^2)$
mit

$$\mu = \frac{n_w}{2} \text{ und } \sigma^2 = n_w \cdot \frac{1}{2} \cdot \left(1 - \frac{1}{2}\right) = \frac{n_w}{4}$$

Nach Standardisierung erhält man

Prüfgröße:	$Z = \frac{N_{12} - \frac{n_w}{2}}{\sqrt{\frac{n_w}{4}}} = \frac{N_{12} - \frac{n_{12}+n_{21}}{2}}{\sqrt{\frac{n_{12}+n_{21}}{4}}} \sim N(0,1)$	
Prüfwert:	$\lvert u \rvert = \left\lvert \frac{n_{12}-n_{21}}{\sqrt{n_{12}+n_{21}}} \right\rvert > z_{1-\alpha}$	(Tab. 7 in ► Kap. 7, „Wahrscheinlichkeitsrechnung")

Der McNemar-Test kann auch durchgeführt werden, indem man berechnet:

Prüfgröße:	$U = \frac{(N_{12}-N_{21})^2}{N_{12}+N_{21}} \sim \chi_1^2$	
Prüfwert:	$u = \frac{(n_{12}-n_{21})^2}{n_{12}+n_{21}}$	
Kritischer Bereich:	$u > \chi^2_{1;1-\alpha}$	(Tab. 8 in ► Kap. 7, „Wahrscheinlichkeitsrechnung")

Beispiel 20 Im Rahmen einer Verkehrsberuhigungsmaßnahme in einem Innenstadtgebiet sollte die Wirkung einer Verbesserung des öffentlichen Verkehrsanschlusses überprüft werden. Dazu wurden vor und nach der Maßnahme dieselben 500 Personen nach ihrem hauptsächlich benutzten Verkehrsmittel befragt. Die Befragung lieferte folgendes Ergebnis:

	nachher			
vorher		Pkw	ÖV	Σ
	Pkw	244	26	**270**
	ÖV	12	218	**230**
	Σ	**256**	**244**	**500**

a) Da dieselben 500 Personen befragt wurden, kann die Berechnung nur auf die Verkehrsmittelwechsler begrenzt werden:

$$u = \frac{(26-12)^2}{26+12} = 5{,}16 \quad > \chi^2_{1;0,95} = 3{,}84$$

Da der Prüfwert im kritischen Bereich liegt, ist die Nullhypothese mit der Sicherheit von 95 % widerlegt.

b) Wären die beiden Stichproben jeweils mit 500 nicht identischen Personen – jedoch mit denselben Ergebnissen – durchgeführt worden, würde die Berechnung nach (45) wie folgt aussehen:

	Pkw	ÖV	Σ
Stichprobe 1 (vorher)	270	230	**500**
Stichprobe 2 (nachher)	256	244	**500**
Σ	**526**	**474**	**1000**

$$u = \frac{1000 \cdot (270 \cdot 244 - 230 \cdot 256)^2}{500 \cdot 500 \cdot 526 \cdot 474} = 0{,}786$$
$$< \chi^2_{1;0,95} = 3{,}84$$

In diesem Fall liegt der Prüfwert nicht im kritischen Bereich., so dass die Nullhypothese mit 95 % Sicherheit nicht widerlegt werden kann. Diese geringere Aussagekraft resultiert aus der Tatsache, dass bei unabhängigen Stichproben der Einfluss verschiedener Personen zu einer größeren Unsicherheit führt.

Man erhält dasselbe Ergebnis mit dem χ^2-Test von unabhängigen Stichproben nach Abschn. 8.5.3.5 für 2 Stichproben.

8.5.3.5 Vergleich mehrerer Stichproben (Mehrfelder-χ^2-Test)

Nun sollen k (k $\geq$ 3) Zufallsstichproben verglichen werden, deren Elemente jeweils m Ausprägungeneines Merkmals aufweisen können. Die Darstellung erfolgt in Form einer k x m-Felder-Tafel (Tab. 6).

Geprüft wird, ob die relativen Anteile der Stichprobenelemente mit denselben Ausprägungen in allen Stichproben als gleich groß angesehen werden können, sodass alle Stichproben aus ein und derselben Grundgesamtheit stammen könnten.

Geprüft wird somit die Nullhypothese $H_0: \theta_{1j} = \theta_{2j} = \ldots = \theta_{kj}$ (j = 1, …, m) gegen die Alternativhypothese H_1, dass das nicht für alle Stichproben und Merkmalsausprägungen gilt.

Geprüft wird wiederum die Abweichung der Häufigkeiten n_{ij} von den bei Gültigkeit der Nullhypothese zu erwartenden Häufigkeiten

$$n_{ij} = \frac{n_{i*}\, n_{*j}}{n_{**}}$$

Die Prüfung erfolgt wieder als χ^2-Test:

Mehrfelder-χ^2-Test:

Voraussetzungen:	$n_{**} \geq 50$	
	$\hat{n}_{ij} = \frac{n_{i*} \cdot n_{*j}}{n_{**}} \geq 5$	$i = 1, \ldots, k$ $j = 1, \ldots, m$
Nullhypothese H_0:	$\theta_{1j} = \ldots = \theta_{kj}$	$(j = 1, \ldots, m)$
Prüfgröße:	$U = \sum_{i=1}^{k} \sum_{j=1}^{m} \frac{(N_{ij} - \hat{n}_{ij})^2}{\hat{n}_{ij}}$	$\sim \chi^2_{(k-1)\cdot(m-1)}$
Prüfwert:	$u = \sum_{i=1}^{k} \sum_{j=1}^{m} \frac{(n_{ij} - \hat{n}_{ij})^2}{\hat{n}_{ij}}$	mit $\hat{n}_{ij} = \frac{n_{i*} \cdot n_{*j}}{n_{**}}$
Kritischer Bereich:	$u > \chi^2_{(k-1)(m-1);1-\alpha}$	Tab. 8 in ► Kap. 7, „Wahrscheinlichkeitsrechnung“

Beispiel 21 In einer Stadt sollte festgestellt werden, ob vier Pläne für die Einrichtung eines neuen Geschäftszentrums von den Ansässigen in fünf verschiedenen Stadtteilen unterschiedlich beurteilt werden. Dazu wurde eine für jeden Stadtteil repräsentative Auswahl von Personen um ihre Zustimmung oder Ablehnung zu den Plänen befragt. Das Befragungsergebnis ist in folgender Tabelle ersichtlich:

Tab. 6 k x m-Felder-Tafel

	Merkmalsausprägungen				
	1	**2**	...	**m**	Σ
Stichprobe 1	n_{11}	n_{12}	...	n_{1m}	n_{1*}
Stichprobe 2	n_{21}		...	n_{2m}	n_{2*}
.	.	.	.	.	.
.	.	.	.	.	.
.	.	.	.	.	.
Stichprobe k	n_{k1}	n_{k2}	...	n_{km}	n_{k*}
Σ	n_{*1}	n_{*2}	...	n_{*m}	n_{**}

Plan / Stadtteil	A	B	C	D	Σ
1	40	10	15	5	**70**
2	5	3	42	30	**80**
3	5	3	35	17	**60**
4	15	4	61	10	**90**
5	5	60	20	15	**100**
Σ	**70**	**80**	**173**	**77**	**400**

$$u = \frac{(40 - 12{,}2)^2}{12{,}2} + \frac{(10 - 14)^2}{14} + \ldots + \frac{(15 - 19{,}3)^2}{19{,}3} = 254{,}34$$

Da der Prüfwert wesentlich größer ist als die 95 %-Quantile der χ^2-Verteilung mit 12 Freiheitsgraden $\chi^2_{12;0{,}95} = 21$ wird die Einrichtung des neuen Geschäftszentrums in den 5 Stadtteilen signifikant unterschiedlich beurteilt.

8.5.3.6 Vergleich mehrerer verbundener Stichproben (Q-Test)

m Stichprobenelemente (z. B. Personen) weisen in k verschiedenen Stichproben (z. B. Zeitpunkten) jeweils ein bestimmtes Merkmal A (n_{ij} = 1 in Tab. 7) oder ein alternatives Merkmal A (n_{ij} = 0) auf.

Tab. 7 k x m-Felder-Tafel

	Stichprobenelemente				$\sum$
	1	2	...	m	
Stichprobe 1	n_{11}	n_{12}	...	n_{1m}	n_{1*}
Stichprobe 2	n_{21}		...	n_{2m}	n_{2*}
.	.	.	.	.	.
.	.	.	.	.	.
.	.	.	.	.	.
Stichprobe k	n_{k1}	n_{k2}	...	n_{km}	n_{k*}
$\sum$	n_{*1}	n_{*2}	...	n_{*m}	n_{**}

θ_{ij} stellt die Wahrscheinlichkeit dar, dass das Stichprobenelement j (z. B. Person j) in Stichprobe i das Merkmal A aufweist.

$p_{ij} = n_{ij}/n_{i*}$ ist Schätzwert für θ_{ij} aus Stichprobe i.

Geprüft wird die Nullhypothese H_0, dass jedes Stichprobenelement j (Person j) in allen k Stichproben eine gleich große Wahrscheinlichkeit für Merkmal A aufweist, dass also alle k verbundenen Stichproben aus einer gemeinsamen Grundgesamtheit stammen. Alternativhypothese H_1 besagt, dass mindestens zwei verbundene Stichproben ausunterschiedlichen Stichproben stammen.

Für nicht zu kleine m und $k \times m \geq 30$ ergibt sich mit Hilfe des χ^2-Tests und Umformungen der sog. Q-Test.

Q-Test

Nullhypothese H_0:	$\theta_{1j} = \theta_{2j} = \ldots = \theta_{kj}$ $(j = 1, \ldots, m)$	
Prüfgröße:	$U = \dfrac{k \cdot (k-1) \cdot \sum_{i=1}^{k} N_{i*}^2 - (k-1) \cdot N_{**}^2}{k \cdot N_{**} - \sum_{j=1}^{m} N_{*j}^2} \sim \chi^2_{k-1}$	
Prüfwert:	$u = \dfrac{k \cdot (k-1) \cdot \sum_{i=1}^{k} n_{i*}^2 - (k-1) \cdot n_{**}^2}{k \cdot n_{**} - \sum_{j=1}^{m} n_{*j}^2}$	
Kritischer Bereich:	$u > \chi^2_{k-1;1-\alpha}$	Tab. 8 in ▶ Kap. 7, „Wahrscheinlichkeitsrechnung“

8.5.4 Prüfen der Unabhängigkeit zweier Zufallsgrößen (Korrelationskoeffizient)

Gl. (11) in Abschn. 8.1.5 liefert einen Schätzwert r für den Korrelationskoeffizienten ϱ zweier Zufallsgrößen X und Y ((2–23), ▶ Abschn. 7.2.6 in Kap. 7, „Wahrscheinlichkeitsrechnung“). Die Unabhängigkeit von X und Y kann als Nullhypothese $H_0 : \varrho = 0$ gegen die Alternativhypothese $H_1 : \varrho \neq 0$ geprüft werden anhand des Wertes

$$t = r\sqrt{n-2}/\sqrt{1-r^2},$$

der eine Realisation einer *t*-verteilten Zufallsgröße *T* als Prüffunktion mit n − 2 Freiheitsgraden ist. Die Nullhypothese wird demzufolge bei einem Signifikanzniveau von α abgelehnt, wenn *t* im kritischen Bereich liegt:

$$|t| > t_{n-2;1-\alpha/2} \tag{45}$$

Beispiel 22 Die Untersuchung des Zusammenhangs zwischen der oberen Streckgrenze und der Zugfestigkeit einer Stahlsorte lieferte an 18 Proben einen empirischen Korrelationskoeffizienten $r = 0{,}69$. Bei einem Signifikanzniveau von $\alpha = 0{,}05$ ist

$$t = 0{,}69\,\sqrt{18-2}/\sqrt{1-0{,}69^2}$$

$$= 3{,}81 > t_{16;0{,}975} = 2{,}12$$

und somit die Nullhypothese abzulehnen, d. h. der Zusammenhang ist bei einer Irrtumswahrscheinlichkeit von 0,05 als gegeben nachgewiesen.

8.6 Regression

8.6.1 Grundlagen

Eine Vielzahl praktischer Probleme bezieht sich auf die Frage nach der Abhängigkeit einer Zufallsgröße Y von einer praktisch fehlerfrei messbaren Zufallsgröße X, wobei anders als bei der Korrelation Y eindeutig als die abhängige Variable feststeht. Zu jedem festen X = x weist die abhängige Zufallsgröße Y eine Wahrscheinlichkeitsverteilung auf mit einem von x abhängigen Erwartungswert $\mu((x)) = E(Y|X = x)$.

Der von x abhängige Erwartungswert $\mu(x)$ heißt *Regressionsfunktion* des Merkmals Y bezüglich des Merkmals X. Eine lineare Regressionsfunktion heißt *Regressionsgerade*

$$\mu(x) = \alpha + \beta x, \tag{46}$$

die Steigung β der Geraden *Regressionskoeffizient*.

Wenn die zufällige Abweichung Z des Merkmals Y vom entsprechenden Erwartungswert $\mu(x)$ als stochastisch unabhängig von X und Y und als normalverteilt mit konstanter Varianz σ^2 angesehen werden kann, d. h. wenn gilt $Z \sim N(0, \sigma^2)$, so ist die abhängige Zufallsgröße Y darstellbar als

$$Y = \alpha + \beta x + Z = \mu(x) + Z \tag{47}$$

und Y ist $N(\mu((x)), \sigma^2)$-verteilt.

8.6.2 Schätzwerte für α, β und σ²

Anhand einer Stichprobe von n Messwertepaaren (x_i, y_i) lassen sich für die Parameter α, β und σ^2 erwartungstreue Schätzwerte a, b bzw. s^2 durch Minimierung der Summe der Abweichungsquadrate

$$Q(a,b) = \sum_i [y_i - y(x_i)]^2$$
$$= \sum_i (y_i - a - bx_i)^2 - \text{Min}$$

der Messwerte y_i von den entsprechenden Werten $y(x_i)$ der empirischen Regressionsfunktion

$$y(x) = \alpha + bx$$

an den Stellen x_i ermitteln. Nullsetzen der partiellen Ableitung $\partial Q/\partial a$ und $\partial Q/\partial b$ liefert die Schätzwerte

$$a = \frac{\sum y_i \sum x_i^2 - \sum x_i \sum x_i y_i}{n \sum x_i^2 - (\sum x_i)^2}$$

$$b = \frac{n \sum x_i y_i - \sum x_i \sum y_i}{n \sum x_i^2 - (\sum x_i)^2} = \frac{s_{xy}}{s_x^2} \tag{48}$$

mit den Schätzwerten s_{xy} für die Kovarianz von X und Y sowie s_x^2 für die Varianz von X gemäß (10) in Abschn. 8.1.5 bzw. (8) in Abschn. 8.1.4.2. Daraus erhält man als Schätzwert für die Varianz σ^2

$$s^2 = \frac{1}{n-2} \sum_i (y_i - a - bx_i)^2. \tag{49}$$

Da die Regressionsgerade y(x) durch den Schwerpunkt mit den Koordinaten $\bar{x}_i$ und $\bar{y}$ geht, gilt auch

$$y(x) = \bar{y} + b(x - \bar{x})$$

Ein normiertes Maß für die Güte der Anpassung der empirischen Regressionsfunktion y(x) an die Beobachtungswerte liefert das

Bestimmtheitsmaß

$$B = \frac{\sum_i [y(x_i) - \bar{y}]^2}{\sum_i [y_i - \bar{y}]^2} = \frac{b^2 . \sum_i (x_i - \bar{x})^2}{\sum_i (y_i - \bar{y})^2}$$
$$= b^2 \frac{s_x^2}{s_y^2}, \tag{50}$$

wobei mit (8) in Abschn. 8.1.4.2 gilt:

$$s_x^2 = (n-1)\, s_x^2 = \sum_i (x_i - \bar{x})^2$$
$$= \sum_i x_i^2 - n\bar{x}^2 \tag{51}$$

$$S_y^2 = (n-1)\, s_y^2 = \sum_i (y_i - \bar{y})^2$$
$$= \sum_i y_i^2 - n\bar{y}^2 \tag{52}$$

Mit (48) folgt:

$$B = \frac{s_{xy}^2}{s_x^2\, s_{xy}^2} = r^2 \tag{53}$$

und somit auch $0 \leqq B \leqq 1$, wobei $B = 1$ nur dann möglich ist, wenn alle Stichprobenwerte auf der Regressionsgeraden liegen.

8.6.3 Konfidenzintervalle für die Parameter β, σ² und μ(χ)

Als Konfidenzintervalle ergeben sich

(a) für den Regressionskoeffizienten β

$$\text{Konf}\left[b - \frac{t_{n-2;1-\frac{\alpha}{2}} \cdot s}{s_x} \le \beta \le b + \frac{t_{n-2;1-\frac{\alpha}{2}} \cdot s}{s_x}\right] = 1 - \alpha \qquad (54)$$

mit s aus (49) und s_x aus (51),

(b) für die Varianz σ^2

$$\text{Konf}\left[\frac{(n-2)s^2}{\chi^2_{n-2;1-\alpha/2}} \le \sigma^2 \le \frac{(n-2)s^2}{\chi^2_{n-2;\alpha/2}}\right] = 1 - \alpha, \quad (55)$$

(c) für den Funktionswert $\mu(x) = \alpha + \beta\, x$ an der Stelle x

$$\text{Konf}\left[y(x) - t_{n-2;1-\alpha/2} \cdot s\sqrt{g(x)} \le \mu(x) \le y(x) + t_{n-2;1-\alpha/2} \cdot s\sqrt{g(x)}\right] = 1 - \alpha \qquad (56)$$

mit

$$g(x) = \frac{1}{n} + \frac{(x - \bar{x})^2}{\sum_i (x_i - \bar{x})^2} = \frac{1}{n} + \frac{(x_i - \bar{x})^2}{S_x^2}.$$

Dabei kennzeichnen $t_{n-2;1-\alpha/2}$, $\chi^2_{n-2;1-\alpha/2}$ und $\chi^2_{n-2;\alpha/2}$ die entsprechenden Quantile der *t*- bzw. χ^2-Verteilung mit $n-2$ Freiheitsgraden (vgl. Tab. 9 bzw. Tab. 8 in ► Kap. 7, „Wahrscheinlichkeitsrechnung"). Da die Funktion g(x) mit zunehmendem Abstand von $\bar{x}_i$ zunimmt, stellt sich das Konfidenzintervall als ein nach beiden Seiten vom Schwerpunkt breiter werdender Konfidenzstreifen dar.

8.6.4 Prüfen einer Hypothese über den Regressionskoeffizienten

Eine Hypothese über den Regressionskoeffizienten β kann mithilfe einer t-verteilten Prüffunktion geprüft werden. Man erhält bei einem Signifikanzniveau von α als kritischen Bereich für die Prüfgröße *t* bezüglich der *Nullhypothese* H_0: $\beta = \beta_0$ (Alternativhypothese H_1: $\beta \neq \beta_0$):

$$t = |\, b - \beta_0 \,| \frac{\sqrt{\sum_i (x_i - \bar{x})^2}}{s} = |\, b - \beta_0 \,| \frac{s_x}{s} > t_{n-2;1-\alpha/2}, \qquad (57)$$

bezüglich der Nullhypothesen H_0: $\beta \leqq \beta_0$ (H_1 : $\beta > \beta_0$) bzw. H_0: $\beta \geqq \beta_0$ (H_1: $\beta < \beta_0$):

$$t = |\, b - \beta_0 \,| \frac{\sqrt{\sum_i (x_i - \bar{x})^2}}{s} = |\, b - \beta_0 \,| \frac{s_x}{s} > t_{n-2;1-\alpha} \qquad (58)$$

jeweils mit s_x aus (51) und s aus (49).

8.6.5 Beispiel zur Regressionsrechnung

Zur Untersuchung der Abhängigkeit des Elastizitätsmoduls von der Prismenfestigkeit β_P bei Beton wurden 8 Messwertepaare ermittelt vgl. Tab. 8. Mit Hilfe der Rechentabelle in Tab. 8 lassen sich folgende Berechnungen durchführen:

Schätzwerte für α, β und σ²

$$a = \frac{255{,}5 \cdot 9291{,}29 - 262{,}1 \cdot 8624{,}05}{8 \cdot 9291{,}29 - (262{,}1)^2} = 20{,}16\ \text{kN/mm}^2$$

$$b = \frac{8 \cdot 8624{,}05 - 262{,}1 \cdot 255{,}5}{8 \cdot 9291{,}29 - (262{,}1)^2} = 0{,}3596$$

$$s^2 = 13{,}6613/(8-2) = 2{,}2769\ \text{k}N^2/\text{mm}^4$$

$$s = 1{,}509\ \text{kN/mm}^2.$$

Empirische Regressionsgerade

$$y(x) = 20{,}16 + 0{,}3596x.$$

Bestimmtheitsmaß und Korrelationskoeffizient

$$S_x^2 = 9291{,}29 - (262{,}1)^2/8 = 704{,}239$$

$$S_y^2 = 8264{,}75 - (255{,}5)^2/8 = 104{,}719$$

$$B = 0{,}3596^2 \cdot 704{,}24/104{,}719 = 0{,}8696$$

$$r = \sqrt{0{,}8696} = 0{,}9325.$$

Konfidenzintervalle für β, σ² und μ(x)

Für $\alpha = 0{,}05$ sind die Intervallgrenzen nach (54)

$$\beta_u = 0{,}3596 - 2{,}447 \cdot 1{,}509/26{,}54 = 0{,}221$$

$$\beta_o = 0{,}3596 + 2{,}447 \cdot 1{,}509/26{,}54 = 0{,}499$$

und somit

$$\mathrm{Konf}(0{,}221 \leq \beta \leq 0{,}499) = 0{,}95.$$

Analog berechnet sich nach (55)

$$\sigma_u^2 = (8-2) \cdot 2{,}2769/14{,}45 = 0{,}945$$

$$\sigma_o^2 = (8-2) \cdot 2{,}2769/1{,}24 = 11{,}017$$

und somit

$$\mathrm{Konf}\left(0{,}945 \leq \sigma^2 \leq 11{,}017\right) = 0{,}95.$$

Tab. 8 Messwerte und Rechentabelle

Messwertpaare								
x_i in N/mm²	22,0	28,0	36,8	28,5	42,6	23,0	30,2	51,0
y_i in kN/mm²	27,0	31,5	35,0	31,5	34,0	26,5	32,0	38,0

Rechentabelle							
i	x_i	y_i	x_i^2	y_i^2	$x_i\,y_i$	$y(x_i) = a + b\,x_i$	$[y_i - y(x_i)]^2$
1	22,0	27,0	484,00	729,00	594,00	28,07	1,1404
2	28,0	31,5	784,00	992,25	882,00	30,23	1,6243
3	36,8	35,0	1354,24	1225,00	1288,00	33,39	2,5921
4	28,5	31,5	812,25	992,25	897,75	30,41	1,1983
5	42,5	34,0	1814,76	1156,00	1448,40	35,48	2,1776
6	23,0	26,5	529,00	702,25	609,50	28,43	3,7153
7	30,2	32,0	912,04	1024,00	966,40	31,02	0,9670
8	51,0	38,0	2601,00	1444,00	1938,00	38,50	0,2463
Σ	262,1	255,5	9291,29	8264,75	8624,05		13,6613

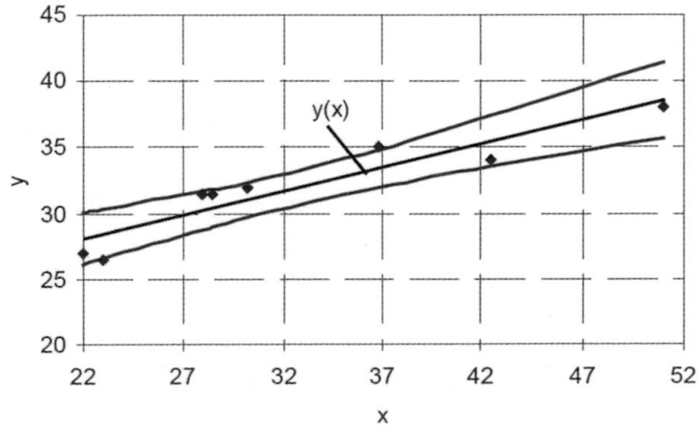

Abb. 13 Empirische Regressionsgerade und Konfidenzstreifen

Für die Regressionsfunktion $\mu(x)$ gilt nach (56), siehe Abb. 13.

$$\text{Konf}[26{,}08 \leq \mu(22) \leq 30{,}06] = 0{,}95$$

$$\text{Konf}[30{,}35 \leq \mu(32) \leq 32{,}97] = 0{,}95$$

$$\text{Konf}[33{,}43 \leq \mu(42) \leq 37{,}09] = 0{,}95$$

$$\text{Konf}[35{,}88 \leq \mu(52) \leq 41{,}84] = 0{,}95.$$

Prüfen der Nullhypothese $H_0 : \beta = 0$.
Bei einem Signifikanzniveau von $\alpha = 0{,}05$ ist nach (57)

$$t = |\,0{,}3596 - 0\,| \cdot 26{,}537/1{,}509 = 6{,}32$$

größer als der Tabellenwert $t_{6;0,975} = 2{,}447$.

Somit ist die Nullhypothese abzulehnen d. h. β signifikant größer als null, und eine Abhängigkeit des Elastizitätsmoduls von der Prismenfestigkeit bei einer statistischen Sicherheit von 0,95 als nachgewiesen anzusehen.

Formelzeichen der Wahrscheinlichkeitsrechnung und Statistik

A, B, ...	Zufallsereignisse
P(A)	Wahrscheinlichkeit von *A*
$\cup$	Vereinigung
$\cap$	Durchschnitt
X, Y, ...	Zufallsvariablen
$x_i, y_i, \ldots$	Realisationen von Zufallsvariablen
f(x)	Wahrscheinlichkeits(dichte)funktion, relative Häufigkeit
F(x)	Verteilungsfunktion, relative Summenhäufigkeit
E(X)	Erwartungswert der Zufallsgröße *X*
μ	arithmetischer Mittelwert einer Grundgesamtheit
$x_{0,5}$	Median einer Zufallsgröße
X_D	Modalwert einer Zufallsgröße
σ^2, Var(X)	Varianz der Zufallsgröße *X*
σ	Standardabweichung
v	Variationskoeffizient
$\sigma_{X\,Y}$, Cov(X, Y)	Kovarianz zwischen *X* und *Y*

(Fortsetzung)

ϱ(X, Y)	Korrelationskoeffizient zwischen *X* und *Y*
h	absolute Häufigkeit
H	absolute Summenhäufigkeit
$\bar{x}$	arithmetischer Mittelwert einer Stichprobe
$\bar{x}_{0,5}$	Median einer Stichprobe (empirischer Median)
$\bar{x}_D$	Modalwert einer Stichprobe (empirischer Modalwert)
s^2	(empirische) Varianz
s, s_x, s_y	(empirische) Standardabweichung
s_{xy}	(empirische) Kovarianz
r_{xy}	(empirischer) Korrelationskoeffizient
$\widehat{\Theta}_n$	Schätzfunktion
$\widehat{\vartheta}_n$	Realisation der Schätzfunktion
T	Testfunktion
B	Bestimmtheitsmaß
X ∼ Y	„*X* unterliegt der *Y*-Verteilung"
H(n, N_A, N)	Hypergeometrische Verteilung
B(n, p)	Binomialverteilung
NB(r, p)	Negative Binomialverteilung
NB(1, p)	Geometrische Verteilung
Ps(λ)	Poisson-Verteilung
U(a, b)	Gleichverteilung (auch: Rechteckverteilung)
N(μ, σ^2)	Normalverteilung
N(0, 1)	Standardnormalverteilung
LN(μ, σ^2)	Lognormalverteilung
Ex(λ)	Exponentialverteilung
ER(λ, n)	Erlang-*n*-Verteilung
G(λ, k)	Gammaverteilung
W(λ, α)	Weibull-Verteilung
BT(α, β, a, b)	Betaverteilung
χ^2_m	χ^2-Verteilung
t_m	*t*-Verteilung
F_{m_1,m_2}	*F*-Verteilung
Φ(z)	Verteilungsfunktion der Standardnormalverteilung
φ(z)	Dichtefunktion der Standardnormalverteilung
Z	standardnormalverteilte Zufallsgröße
z_α	α-Quantil der Standardnormalverteilung
$t_{m;\alpha}$	α-Quantil der *t*-Verteilung mit Freiheitsgrad *m*
$\chi^2_{m;\alpha}$	α-Quantil der χ^2-Verteilung mit Freiheitsgrad *m*
$F_{m_1,m_2;\alpha}$	α-Quantil der *F*-Verteilung mit Freiheitsgraden m_1 und m_2

Weiterführende Literatur

Benninghaus H (1998) Deskriptive Statistik, 8. Aufl. Teubner, Stuttgart

Cochran WG (1972) Stichprobenverfahren. de Gruyter, Berlin

Graf U, Henning H-J et al (1987) Formeln und Tabellen der angewandten mathematischen Statistik, 3. Aufl. Springer, Berlin

Hartung J (1998) Statistik, 11. Aufl. Oldenbourg, München

Heinhold J, Gaede KW (1979) Ingenieurstatistik, 4. Aufl. Oldenbourg, München

Herz R, Schlichter HG, Siegener W (1992) Angewandte Statistik für Verkehrs- und Regionalplaner, 2. Aufl. Werner, Düsseldorf

Sachs L (1993) Statistische Methoden, 7. Aufl. Springer, Berlin

Sachs L (1997) Angewandte Statistik, 8. Aufl. Springer, Berlin

Sahner H (1997) Schließende Statistik (Statistik für Soziologen, 2), 4. Aufl. Teubner, Stuttgart

Stenger H (1986) Stichproben. Physica-Verlag, Heidelberg

Weber H (1992) Einführung in die Wahrscheinlichkeitsrechnung und Statistik für Ingenieure, 3. Aufl. Teubner, Stuttgart

Teil II

Physik

Physikalische Größen und Einheiten

9

Heinz Niedrig und Martin Sternberg

Zusammenfassung

Die Physik bedient sich zur Beschreibung der Natur der Sprache der Mathematik. Dabei werden physikalische Größen zueinander in Beziehung gesetzt, die sich (jedenfalls prinzipiell) aus Messungen ergeben. Die Messung ist der Vergleich einer Größe mit einer Einheit. Weltweit hat man sich auf ein Internationales Einheitensystem verständigt (SI), das aus sieben Basiseinheiten besteht. Ebenso hat man sich auf die Werte der Naturkonstanten sowie auf Normwerte für relevante Erd- und Umweltgrößen verständigt.

9.1 Einführung

Physik ist die Wissenschaft von den Eigenschaften, der Struktur und der Bewegung der (unbelebten) Materie und von den Kräften oder Wechselwirkungen, die diese Eigenschaften, Strukturen und Bewegungen hervorrufen. Aufgabe der Physik ist es, solche physikalischen Vorgänge in Raum und Zeit zu verfolgen (zu beobachten) und in logische Beziehungen zueinander zu setzen. Die Sprache, in der das geschieht, ist die der Mathematik. Die Beobachtungsergebnisse müssen daher in messbaren, d. h. zahlenmäßig erfassbaren Werten (Vielfachen oder Teilen von festgelegten Einheiten) ausgedrückt werden, um physikalische Gesetzmäßigkeiten erkennen zu können. Der Vergleich mit der Einheit stellt einen *Messvorgang* dar. Er ist stets mit einem *Messfehler* verknüpft, der die Genauigkeit der Messung begrenzt.

9.2 Physikalische Größen

Physikalische Gesetzmäßigkeiten sind mathematische Zusammenhänge zwischen *physikalischen Größen*. Physikalische Größen G kennzeichnen (im Prinzip) *messbare* Eigenschaften und Zustände von physikalischen Objekten oder Vorgängen. Sie werden ihrer Qualität nach bestimmten *Größenarten* (z. B. Länge, Zeit, Kraft, Ladung usw.) zugeordnet. Der Wert einer physikalischen Größe ist das Produkt aus einem *Zahlenwert* $\{G\}$ und einer *Einheit* $[G]$:

$$G = \{G\}[G] \ . \quad (1)$$

Man unterscheidet zwischen Basisgrößenarten und abgeleiteten Größenarten. Letztere können als Potenzprodukte mit ganzzahligen Exponenten

H. Niedrig
Technische Universität Berlin (im Ruhestand), Berlin, Deutschland
E-Mail: heinz.niedrig@t-online.de

M. Sternberg (✉)
Hochschule Bochum, Bochum, Deutschland
E-Mail: martin.sternberg@hs-bochum.de

M. Hennecke, B. Skrotzki (Hrsg.), *HÜTTE Band 1: Mathematisch-naturwissenschaftliche und allgemeine Grundlagen für Ingenieure*, Springer Reference Technik,
https://doi.org/10.1007/978-3-662-64369-3_9

der Basisgrößenarten dargestellt werden (z. B. Geschwindigkeit = Länge · Zeit^{-1}). Welche Größenarten als Basisgrößenarten gewählt werden, ist in gewissem Maße willkürlich und geschieht nach Gesichtspunkten der Zweckmäßigkeit.

9.3 Das Internationale Einheitensystem, Konstanten und Einheiten

Die in der Physik verwendeten Einheiten basieren auf dem internationalen Einheitensystem SI (Système International d'Unités). Auf seiner Sitzung im November 2018 hat die Generalkonferenz für Maß und Gewicht mit Wirkung vom 20. Mai 2019 eine grundlegende Neufassung des Einheitensystems beschlossen (CGPM 2018). Dies beruht nun auf physikalischen Zusammenhängen und der Festlegung von Naturkonstanten und ist damit erstmalig für alle Einheiten unabhängig von Messvorschriften und materiellen Normalen, allerdings auch in den Definitionen weniger anschaulich als bisher. Die sieben Basisgrößen und -einheiten des SI sind in Tab. 1 aufgeführt. Alle anderen physikalischen Größen lassen sich als Potenzprodukte der Basisgrößen darstellen (abgeleitete Größen). Bei wichtigen abgeleiteten Größen werden die zugehörigen Potenzprodukte der Basiseinheiten durch weitere Einheitennamen abgekürzt, z. B. für die elektrische Spannung: $kg \cdot m^2 \cdot A^{-1} \cdot s^{-3} = V$ (Volt). Das SI hat sich historisch entwickelt und enthält pragmatische Elemente. So wird anstelle der sich als Basisgröße natürlich anbietenden elektrischen Ladung die besser messbare elektrische Stromstärke verwendet. Kelvin, Mol und Candela sind als Basiseinheiten eigentlich verzichtbar, werden aber in vielen Bereichen der Naturwissenschaften und Technik verwendet.

Tab. 1 Basisgrößen und Basiseinheiten des SI

	Basiseinheit	
Basisgröße	Name	Zeichen
Zeit	Sekunde	s
Länge	Meter	m
Masse	Kilogramm	kg
elektr. Stromstärke	Ampere	A
Temperatur	Kelvin	K
Stoffmenge	Mol	mol
Lichtstärke	Candela	cd

Definitionen der *Basiseinheiten*:

- 1 *Sekunde* (s) ist definiert, indem der numerische Wert der Übergangsfrequenz des ungestörten Übergangs zwischen den beiden Hyperfeinstrukturniveaus des Grundzustands des ^{133}Cs-Atoms festgelegt wird auf 9192631770, ausgedrückt in der Einheit Hz bzw. s^{-1}. Experimentelle Realisierungen finden sich etwa in Caesium-Uhren.
- 1 *Meter* (m) ist definiert, indem der numerische Wert der Lichtgeschwindigkeit im Vakuum festgelegt wird auf 299792458, ausgedrückt in der Einheit $m\ s^{-1}$ (Definition der Sekunde wie oben). Experimentelle Realisierungen ergeben sich z. B. durch interferometrische Messungen (PTB 2016-2, S. 35).
- 1 *Kilogramm* (kg) ist definiert, indem der numerische Wert der Planck-Konstante h festgelegt wird zu $6{,}62607015 \cdot 10^{-34}$, ausgedrückt in der Einheit J s bzw. $kg\ m^2\ s^{-1}$ (Definition von Meter und Sekunde wie oben). Experimentelle Realisierungen ergeben sich über die genaue Ermittlung von Atomen in einer hochreinen Siliziumkugel und Massenbetrachtungen im Atom oder über eine sogen. Wattwaage mit Kräftegleichgewicht (PTB 2016-2, S. 63 bzw. S. 79).
- 1 *Ampere* (A) ist definiert, indem der numerische Wert der elektrischen Elementarladung e festgelegt wird zu $1{,}602176634 \cdot 10^{-19}$, ausgedrückt in der Einheit C bzw. A s (Definition der Sekunde wie oben). Experimentelle Realisierungen ergeben sich über Quanteneffekte (Josephson- und Quanten-Hall-Effekt) oder über die Zählung von Elektronen, die aufgrund des Fortschritts der Elektronik möglich geworden ist (PTB 2016-2, S. 53).
- 1 *Kelvin* (K) ist definiert, indem der numerische Wert der Boltzmann-Konstante k festgelegt wird zu $1{,}380649 \cdot 10^{-23}$, ausgedrückt in der Einheit $J\ K^{-1}$ bzw. $kg\ m^2\ s^{-2}\ K^{-1}$ (Definition von Kilogramm, Meter und Sekunde wie oben). Experimentelle Realisierungen ergeben sich

über Thermometeranordnungen, bei denen über die Messung makroskopischer Größen die mikroskopische thermische Energie von Teilchen bestimmt wird (PTB 2016-2, S. 89).

- 1 *Mol* (mol) ist definiert, indem der numerische Wert der Avogadro-Konstanten N_A festgelegt wird zu $6{,}02214076 \cdot 10^{23}$, ausgedrückt in der Einheit mol^{-1}. Aus ebensovielen Einzelteilchen (Atomen, Molekülen, Ionen, weiteren Teilchen oder Gruppen von Teilchen) besteht ein Mol. Experimentelle Realisierungen ergeben sich analog zur Teilchenbestimmung bei einer hochreinen und exakten Siliziumkugel (PTB, 2016-2, S. 63).
- 1 *Candela* (cd) ist definiert, indem der numerische Wert der Strahlstärke einer monochromatischen Strahlung der Frequenz $540 \cdot 10^{12}$ Hz festgelegt wird zu 683, ausgedrückt in der Einheit lm W^{-1} bzw. cd sr W^{-1} bzw. cd sr kg^{-1} m^{-2} s^3 (Definition von Kilogramm, Meter und Sekunde wie oben). Experimentelle Realisierungen ergeben sich über fotometrische Versuche (PTB 2016-2, S. 99).

Es ist Aufgabe der staatlichen Mess- und Eichlaboratorien, in der Bundesrepublik Deutschland der Physikalisch-Technischen Bundesanstalt (PTB 2016-2), für die experimentelle Realisierung der Basiseinheiten in *Normalen* mit größtmöglicher Genauigkeit zu sorgen, da hiervon die Messgenauigkeiten physikalischer Beobachtungen und die Herstellungsgenauigkeiten technischer Geräte abhängen.

9.4 Dezimale Vielfache, international vereinbarte Vorsätze

Zur Vervielfachung bzw. Unterteilung der Einheiten sind international vereinbarte Vorsätze und Vorsatzzeichen zu verwenden (Tab. 2).

Aus der theoretischen Beschreibung der physikalischen Gesetzmäßigkeiten, d. h. der mathematischen Zusammenhänge zwischen den physikalischen Größen, ergeben sich universelle Proportionalitätskonstanten, die sog. *Naturkonstanten*, die entweder im Einheitensystem SI festgelegt sind (Mohr et al. 2018) oder entsprechend den Fortschritten der physikalischen Messtechnik von der CODATA Task Group on Fundamental Constants als konsistenter Satz von Naturkonstanten empfohlen und hier verwendet werden (CODATA 2014).

Tab. 2 Vorsätze zur Bildung dezimaler Vielfacher und Teile von Einheiten

Faktor	Vorsatz	Vorsatzzeichen
10^{24}	Yotta	Y
10^{21}	Zetta	Z
10^{18}	Exa	E
10^{15}	Peta	P
10^{12}	Tera[a]	T
10^{9}	Giga[a]	G
10^{6}	Mega[a]	M
10^{3}	Kilo[a]	k
10^{2}	Hekto[b]	h
10^{1}	Deka[b]	da
10^{-1}	Dezi[b]	d
10^{-2}	Zenti[b]	c
10^{-3}	Milli	m
10^{-6}	Mikro	µ
10^{-9}	Nano	n
10^{-12}	Piko	p
10^{-15}	Femto	f
10^{-18}	Atto	a
10^{-21}	Zepto	z
10^{-24}	Yocto	y

[a]Die Vorsätze Kilo (k), Mega (M), Giga (G) und Tera (T) sind in der Informatik abweichend wie folgt definiert: $k = 2^{10} = 1024$, $M = 2^{20} = 1048576$, $G = 2^{30} = 1073\,741\,824$, $T = 2^{40} = 1099511627776$

[b]Die Vorsätze c, d, da und h werden heute im Wesentlichen nur noch in folgenden 9 Einheiten angewandt: cm, dm; ha; cl, dl, hl; dt, hPa sowie (in Österreich) dag

9.5 Ältere Einheiten und Einheitensysteme

In der älteren Literatur sind verschiedene andere Einheitensysteme verwendet, aus denen man manche Einheiten noch antrifft. Tab. 3 enthält daher einige Umrechnungen heute ungültiger und sonstiger Einheiten.

Tab. 3 Einheiten außerhalb des SI

Einheit	Einheitenzeichen, Definition, Umrechnung in das SI			Anwendung
Gesetzliche Einheiten				
Gon	gon	=	$(\pi/200)$ rad	ebener Winkel
Grad	°	=	$(\pi/180)$ rad	ebener Winkel
Minute	′	=	(1/60)°	ebener Winkel
Sekunde	″	=	(1/60)′	ebener Winkel
Liter	l = L	=	1 $dm^3 = 10^{-3}$ m^3	Volumen
Minute	min	=	60 s	Zeit
Stunde	h	=	60 min	Zeit
Tag	d	=	24 h	Zeit
Tonne	t	=	10^3 kg	Masse
Bar	bar	=	(10^6 dyn/cm^2) = 10^5 Pa	Druck
– mit beschränktem Anwendungsbereich				
Dioptrie	dpt	=	1/m	Brechwert opt. Systeme
Ar	a	=	100 m^2 [1 ha = 100 a]	Fläche von Grundstücken
Barn	b	=	10^{-28} m^2 = 100 fm^2	Wirkungsquerschnitt in der Kernphysik
atomare Masseneinheit	u	= =	kg/($10^3 \cdot N_A \cdot$ mol) 1,66053886 · 10^{-27} kg	Masse in der Atomphysik
metrisches Karat	(Kt = ct)	=	0,2 g	Masse von Edelsteinen
mm Quecksilbersäule	mmHg	=	133,322 Pa	Blutdruck in der Medizin
Elektronenvolt	eV	=	$e \cdot$ (1 V) = 1,602176634 · 10^{-19} J	Energie in der Atomphysik
Englische und US-amerikanische Einheiten mit verbreiteter Anwendung				
inch (vereinheitl.)	in	=	0,0254 m	Länge
– imperial inch (U.K.)	imp. in	=	25,399978 mm	Länge
– US inch		=	(1/39,37) m = 25,4000508 mm	Länge
Foot	ft	=	12 in = 0,3048 m	Länge
Yard	yd	=	3 ft = 0,9144 m	Länge
Mile	mile	=	1760 yd = 1609,344 m	Länge
gallon (U.K.)	imp. gallon	=	277,42 in^3 = 4,54609 l	Volumen (Hohlmaß)
gallon (US)	gal	=	231 in^3(US) = 3,7854345 l	Volumen (Hohlmaß) f. Flüss.
petroleum gallon (US)	ptr. gal	=	230,665 in^3(US) = 3,779949 l	Volumen von Erdöl
petroleum barrel (US)	ptr. bbl	=	42 ptr. gal = 158,7579 l	Volumen von Erdöl
pound (vereinheitl.)	lb	=	0,45359237 kg	Masse
Ounce	oz	=	(1/16) lb = 28,349523 g	Masse
troy ounce	ozt = oztr	=	(480/7000) lb = 31,1034768 kg	Masse von Edelmetallen
pound-force (U.K.)	lbf	=	lb · g_n = 4,4482216 N	Kraft
horse-power (U.K.)	h.p.	=	550 ft · lbf/s = 745,700 W	Leistung
International übliche SI-fremde Einheiten für besondere Gebiete				
internationale Seemeile	sm	=	1852 m	Länge in der Seefahrt

(Fortsetzung)

Tab. 3 (Fortsetzung)

Einheit	Einheitenzeichen, Definition, Umrechnung in das SI			Anwendung
international nautical air mile	NM	=	NAM = 1 sm	Länge in der Luftfahrt
Knoten	kn	=	$\text{sm/h} = 1{,}852\ \text{km/h} = 0{,}514\bar{4}\,\text{m/s}$	Geschw. in der Seefahrt
Knoten	kt	=	$\text{NM/h} = 0{,}514\bar{4}\ \text{m/s}$	Geschw. in der Luftfahrt
astronom. Einheit	AE	=	$149{,}597870 \cdot 10^9$ m	Länge in der Astronomie
Lichtjahr	ly	=	$c_0 \cdot a_{\text{tr}}(a_{\text{tr}} = 365{,}24219878\ \text{d}) = 9{,}460528 \cdot 10^{15}$ m	Länge in der Astronomie
Parsec	pc	=	$\text{AE}/\sin 1'' = 30{,}856776 \cdot 10^{15}$ m	Länge in der Astronomie
Nicht mehr gesetzliche abgeleitete CGS-Einheiten mit besonderem Namen und verwandte				
Dyn	dyn	=	$\text{g} \cdot \text{cm/s}^2 = 10^{-5}$ N	Kraft
Erg	erg	=	$\text{dyn} \cdot \text{cm} = 10^{-7}$ J	Energie
Poise	P	=	$\text{g/(cm} \cdot \text{s)} = 10^{-1}\ \text{Pa} \cdot \text{s}$	dynamische Viskosität
Stokes	St	=	$\text{cm}^2/\text{s} = 10^{-4}\ \text{m}^2/\text{s}$	kinematische Viskosität
Gal	Gal	=	$\text{cm/s}^2 = 10^{-2}\ \text{m/s}^2$	Fallbeschleunigung
Stilb	sb	=	$\text{cd/cm}^2 = 10^4\ \text{cd/m}^2$	Leuchtdichte
Phot	ph	=	$\text{cd} \cdot \text{sr/cm}^2 = 10^4$ lx (lux)	Beleuchtungsstärke
Oersted	Oe	=	$10/4\,\pi$ A/cm = $1000/4\,\pi$ A/m	magnetische Feldstärke
Gauß	G	=	10^{-4} T (Tesla)	magnetische Flussdichte
Maxwell	M	=	$\text{G} \cdot \text{m}^2 = 10^{-8}$ Wb (Weber)	magnetischer Fluss
Sonstige nicht mehr gesetzliche Einheiten				
Kilopond	kp	=	$\text{kg} \cdot g_\text{n} = 9{,}80665$ N	Kraft
Kalorie	cal	=	$c_{\text{H}_2\text{O}} \cdot \text{K} \cdot \text{g} = 4{,}1868$ J	Wärmemenge, (Energie)
Pferdestärke	PS	=	$75\ \text{m} \cdot \text{kp/s} = 735{,}49875$ W	Leistung
Apostilb	asb	=	$(10^{-4}/\pi)\ \text{sb} = 1/\pi\ \text{cd/m}^2$	Leuchtdichte
Röntgen	R	=	$2{,}58 \cdot 10^{-4}$ C/kg	Ionendosis
Rad	rd	=	10^{-2} J/kg = 10^{-2} Gy (Gray)	Energiedosis
Rem	rem	=	10^{-2} J/kg = 10^{-2} Sv (Sievert)	Äquivalentdosis
Curie	Ci	=	$3{,}7 \cdot 10^{10}\ \text{s}^{-1} = 37 \cdot 10^9$ Bq (Becquerel)	Aktivität eines Radionuklids
Ångstrom	Å	=	10^{-10} m	Länge in der Spektroskopie und Elektronenmikroskopie
X-Einheit	XE	=	$(1{,}00202 \pm 3 \cdot 10^{-5}) \cdot 10^{-13}$ m	Länge in der Röntgenspektr.

Tab. 4 Genormte Werte von physikalischen Umweltdaten

Größe (Quelle)	Formelzeichen	Wert
Sonnenstrahlung		
Solarkonstante (DIN 5031-8)	$E_{\text{e}\,0}$	$1{,}37\ \text{kW/m}^2$
Erde, Geodätisches Referenzsystem 1980 (Moritz 2000)		
Äquatorradius	a	6.378.137 m
Polradius	b	6.356.752 m
mittlerer Erdradius (der volumengleichen Kugel)	$R_\text{E} = (a^2 \cdot b)^{1/3}$	6.371.000 m
Oberfläche	S_E	$510{,}0656 \cdot 10^6\ \text{km}^2$
Volumen	$V_\text{E} = (4\,\pi/3)\,a^2\,b$	$1083{,}207 \cdot 10^9\ \text{km}^3$
Masse	M_E	$5{,}9742 \cdot 10^{24}$ kg
Normfallbeschleunigung	g_n	$9{,}80665\ \text{m/s}^2$
Breitenabhängigkeit der Fallbeschleunigung auf NN	$g(\varphi)$	$9{,}780327(1 + 0{,}00530244 \sin^2 \varphi)$

(Fortsetzung)

Tab. 4 (Fortsetzung)

Größe (Quelle)	Formelzeichen	Wert
Luft im Normzustand (DIN ISO 2533, basiert auf älteren Werten der Fundamentalkonstanten)		
Normdruck	p_n	101.325 Pa
Normtemperatur (anders DIN 1343!)	T_n	228,15 K = 15 °C
Dichte der trockenen Luft	ϱ_n	1,225 kg/m^3
molare Masse der trockenen Luft	$M_L = \varrho_n R T_n/p_n$	28,964420 kg/kmol
spezifische Gaskonstante der trockenen Luft	$R_L = R/M_L = p_n/(\varrho_n T_n)$	287,05287 J/(kg · K)
Schallgeschwindigkeit	$a_n = c_{a.n} = (1{,}4\, p_n/\varrho_n)$	340,294 m/s
Druckskalenhöhe	$H_{p\,n} = p_n/(g_n \varrho_n)$	8434,5 m
mittlere freie Weglänge der Luftteilchen	l_n	66,328 nm
Teilchendichte	$n_n \approx n_0 T_0/T_n$	25,471 · 10^{24} m^{-3}
mittlere Teilchengeschwindigkeit	$\bar{v}_n$	458,94 m/s
Wärmeleitfähigkeit	λ_n	25,383 mW/(m · K)
dynamische Viskosität	μ_n	17,894 μ Pa · s
Brechzahl (DIN 5030-1) im sichtb. Spektralber.	$n(\lambda)$	1,00021 ...1,00029
Wasser		
Dichte bei 4 °C und p_n (DIN 1306)	ρ	999,972 kg/m^3
Eispunkttemperatur bei p_n	T_0	273,15 K ≙ 0 °C
dyn. Viskosität bei 20 °C (DIN 51 550)	η	1,002 mPa · s
Verdampfungsenthalpie bei 25 °C, spezifische –,	$r(= h_{1g})$	2442,5 kJ/kg
molare	r_m	44,002 kJ/mol

9.6 International vereinbarte Normwerte

International vereinbarte Normwerte von Kenngrößen der Erde sowie von Luft, Wasser und Sonnenstrahlung enthält Tab. 4.

Literatur

CGPM (2018) 26th CGPM Resolutions 2018

CODATA (2014) Internationally recommended 2014 values of the Fundamental Physical Constants. https://physics.nist.gov/cuu/Constants/index.html. Zugegriffen am 25.10.2018

DIN 1306:1984-06; Dichte; Begriffe, Angaben

DIN ISO 5031-8:1982-03, Strahlungsphysik im optischen Bereich und Lichttechnik; Strahlungsphysikalische Begriffe und Konstanten

Mohr PJ, et al (2018) Metrologia 55 125. https://iopscience.iop.org/article/10.1088/1681-7575/aa99bc/meta. Zugegriffen am 13.02.2019

Moritz H (2000) Geodetic reference system 1980. J Geodesy 74(1):128–113

PTB (2016) Die gesetzlichen Einheiten in Deutschland, Broschüre der Physikalisch-Technischen Bundesanstalt Braunschweig und Berlin, Mai 2016

PTB (2016-2) PTB-Mitteilungen 126 2016, Heft 2

Weiterführende Literatur

Alonso M, Finn E (2000) Physik, 3. Aufl. de Gruyter, Oldenbourg, Braunschweig

Berkeley Physik-Kurs (1991), 5 Bde. Versch. Aufl. Vieweg +Teubner Verlag, Braunschweig

Bergmann, Schaefer (2006) Lehrbuch der Experimentalphysik, 8 Bde. Versch. Aufl. de Gruyter, Berlin

BIPM (2014) The International System of Units, Broschüre des Bureau International des Poids et Mesures, 8. Aufl. 2008, Aktualisierung von 2014

Demtröder W (2017) Experimentalphysik, Bd 4, 5–8. Aufl. Springer Spektrum, Berlin

DIN 1343:1990-01, Referenzzustand, Normzustand, Norm-volumen; Begriffe und Werte

DIN 51550:1978-12, Viskosimetrie – Bestimmung der Viskosität – Allgemeine Grundlagen DIN ISO 2533:1979-12, Normatmosphäre

DIN ISO 5031-8:1982-03, Strahlungsphysik im optischen Bereich und Lichttechnik; Strahlungsphysikalische Begriffe und Konstanten

Feynman RP, Leighton RB, Sands M (2015) Vorlesungen über Physik, 5 Bde. Versch. Aufl. de Gruyter, Berlin

Gerthsen C, Meschede C (2015) Physik, 25. Aufl. Springer Spektrum

Greulich W (2003) Lexikon der Physik, Bd 6. Spektrum Akademischer Verlag, Heidelberg

Halliday D Resnick R Walker J (2017) Physik, 3. Aufl. Wiley-VCH Weinheim

Hänsel H, Neumann W (2002) Physik, Bd 4. Spektrum Akademischer Verlag, Heidelberg

Hering E, Martin R, Stohrer M (2016) Physik für Ingenieure, 12. Aufl. Springer Vieweg, Berlin

Hering E, Martin R, Stohrer M (2017) Taschenbuch der Mathematik und Physik, 6. Aufl. Springer, Berlin

Kuchling H Taschenbuch der Physik, 21. Aufl. Hanser, München

Niedrig H (1992) Physik. Springer, Berlin

Orear J (1992) Physik, Bd 2, 4. Aufl. Hanser, München

Paul H (Hrsg) (2003) Lexikon der Optik, 2 Bde. Springer Spektrum, Berlin

Rumble J (Hrsg) (2018) CRC Handbook of Chemistry and Physics, 99. Aufl. Taylor & Francis Ltd, London

Stöcker H (2018) Taschenbuch der Physik, 8. Aufl. Europa-Lehrmittel Nourney, Vollmer GmbH & Co. KG, Haan-Grüten

Stroppe H (2018) Physik, 16. Aufl. Hanser, München

Tipler PA, Mosca G (2015) Physik, 7. Aufl. Springer Spektrum, Berlin

Westphal W (Hrsg) (1952) Physikalisches Wörterbuch. Springer, Berlin

Mechanik von Massenpunkten 10

Heinz Niedrig und Martin Sternberg

Zusammenfassung

Die kinematischen Zusammenhänge zwischen Weg, Geschwindigkeit und Beschleunigung werden für translatorische und rotatorische Bewegungen hergeleitet. Koordinatentransformationen im nichtrelativistischen und relativistischen Fall werden betrachtet ebenso wie relativistische Kinematik mit Längenkontraktion und Zeitdilatation. In der Dynamik von Massenpunkten werden verschiedene Kräfte behandelt, einschließlich der Reibungskräfte. Drehmoment und Gleichgewichtsbedingungen, Drehimpuls, Arbeit, Energie und Leistung werden eingeführt. Besonderes Augenmerk liegt auf den Erhaltungssätzen für Energie, Impuls und Drehimpuls. Betrachtungen zur relativistischen Dynamik runden das Kapitel ab.

10.1 Kinematik

Die *Kinematik* (Bewegungslehre) behandelt die Gesetzmäßigkeiten, die die Bewegungen von Körpern rein geometrisch beschreiben, ohne Rücksicht auf die Ursachen der Bewegung. Die die Bewegung erzeugenden bzw. dabei auftretenden Kräfte werden erst in der Dynamik behandelt. Es wird zunächst die Kinematik des Massenpunktes besprochen.

Definition des *Massenpunktes*: Der Massenpunkt ist ein idealisierter Körper, dessen gesamte Masse in einem mathematischen Punkt vereinigt ist. Jeder reelle Körper, dessen Größe und Form bei dem betrachteten physikalischen Problem ohne Einfluss bleiben, kann als Massenpunkt behandelt werden (Beispiele: Planetenbewegung, Satellitenbahnen, H-Atom). Die Lage oder der Ort eines Massenpunktes zur Zeit t in einem vorgegebenen Bezugssystem (Abb. 1) kann durch einen (bei Bewegung des Massenpunktes zeitabhängigen) *Ortsvektor*

$$\boldsymbol{r}(t) = (x(t), y(t), z(t))$$

mit

$$r(t) = |\,\boldsymbol{r}(t)\,| = \sqrt{x^2(t) + y^2(t) + z^2(t)} \quad (1)$$

oder durch die entsprechenden Ortskoordinaten $x(t)$, $y(t)$, $z(t)$ beschrieben werden.

H. Niedrig
Technische Universität Berlin (im Ruhestand), Berlin, Deutschland
E-Mail: heinz.niedrig@t-online.de

M. Sternberg (✉)
Hochschule Bochum, Bochum, Deutschland
E-Mail: martin.sternberg@hs-bochum.de

M. Hennecke, B. Skrotzki (Hrsg.), *HÜTTE Band 1: Mathematisch-naturwissenschaftliche und allgemeine Grundlagen für Ingenieure*, Springer Reference Technik,
https://doi.org/10.1007/978-3-662-64369-3_10

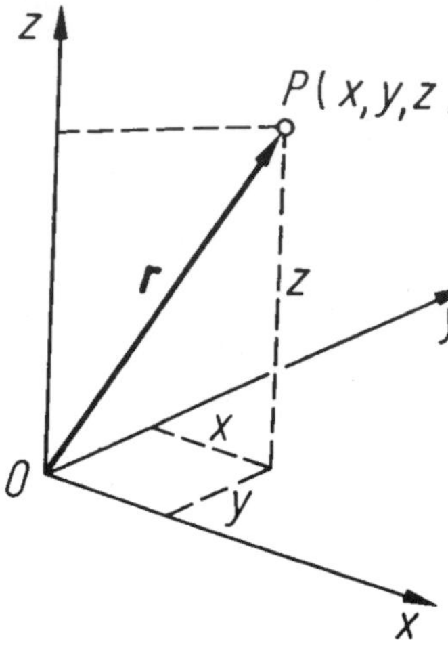

Abb. 1 Ortsvektor eines Massenpunktes P

Kinematische Operationen: Hierunter wird die Durchführung bestimmter Bewegungsoperationen verstanden, die zu einer Veränderung der Lage ausgedehnter Körper im Raum führen (Translation, Rotation, Spiegelung). Die Lageveränderung einzelner Massenpunkte wird allein durch die Translation ausreichend beschrieben.

10.1.1 Geschwindigkeit und Beschleunigung

Die geradlinige Bewegung eines Massenpunktes wird durch die Größen Weg $\boldsymbol{s}$, Zeit t, Geschwindigkeit $\boldsymbol{v}$ und Beschleunigung $\boldsymbol{a}$ beschrieben.

Definitionen der Geschwindigkeit:

$$\text{Mittlere Geschwindigkeit } \bar{\boldsymbol{v}} = \frac{\Delta \boldsymbol{s}}{\Delta t} = \frac{\Delta \boldsymbol{r}}{\Delta t}, \quad (2)$$

$$\text{Momentangeschwindigkeit } \boldsymbol{v} = \lim_{\Delta t \to 0} \frac{\Delta \boldsymbol{s}}{\Delta t} = \frac{\mathrm{d}\boldsymbol{s}}{\mathrm{d}t} = \dot{\boldsymbol{s}} = \frac{\mathrm{d}\boldsymbol{r}}{\mathrm{d}t} = \dot{\boldsymbol{r}}. \quad (3)$$

$$\text{SI-Einheit}: [\boldsymbol{v}] = \mathrm{m/s}.$$

Für die *gleichförmig geradlinige Bewegung* gilt:

$$\boldsymbol{v} = \text{const}$$

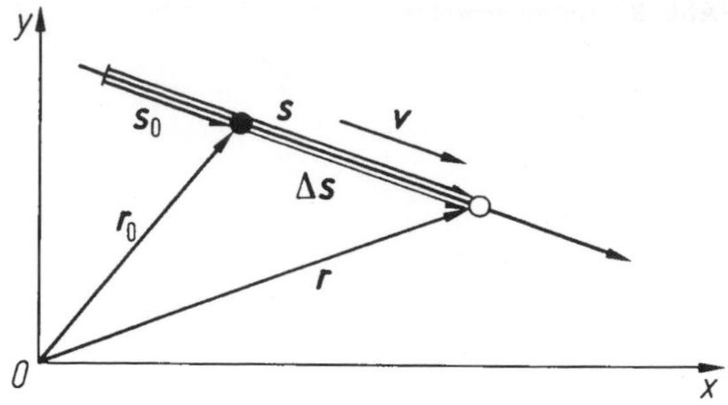

Abb. 2 Geradlinige Bewegung eines Massenpunktes

Ist zum Zeitpunkt t_0 der Ort des Massenpunktes $\boldsymbol{s}_0$ (Abb. 2), so ergibt sich sein Ort $\boldsymbol{s}$ zu einem späteren Zeitpunkt t durch Integration aus (3):

$$\boldsymbol{s} = \boldsymbol{s}_0 + \int_{t_0}^{t} \boldsymbol{v}\mathrm{d}t. \quad (4)$$

Im Fall einer konstanten Geschwindigkeit $\boldsymbol{v}$ wird daraus

$$\boldsymbol{s} = \boldsymbol{s}_0 + \boldsymbol{v}(t - t_0).$$

Definitionen der Beschleunigung:

$$\text{mittlere Beschleunigung } \bar{\boldsymbol{a}} = \frac{\Delta \boldsymbol{v}}{\Delta t}, \quad (5)$$

$$\text{Momentanbeschleunigung } \boldsymbol{a} = \lim_{\Delta t \to 0} \frac{\Delta \boldsymbol{v}}{\Delta t} = \frac{\mathrm{d}\boldsymbol{v}}{\mathrm{d}t} = \dot{\boldsymbol{v}} = \frac{\mathrm{d}^2\boldsymbol{s}}{\mathrm{d}t^2} = \ddot{\boldsymbol{s}} = \frac{\mathrm{d}^2\boldsymbol{r}}{\mathrm{d}t^2} = \ddot{\boldsymbol{r}}. \quad (6)$$

$$\text{SI-Einheit}: [a] = \mathrm{m/s^2}.$$

Verzögerung liegt vor, wenn $a < 0$ ist, d. h. der Betrag der Geschwindigkeit mit t abnimmt. Verzögerung ist also *negative Beschleunigung*.

Für die geradlinige Bewegung ist eine skalare Schreibweise ausreichend. In der hier gewählten vektoriellen Schreibweise sind die Definitionen (2), (3), (5) und (6) auch für *krummlinige Bewegungen* gültig. In diesem Fall ist die Geschwindigkeitsänderung und damit die Beschleunigung $\boldsymbol{a}$ i. Allg. nicht parallel zu $\boldsymbol{v}$ (Abb. 3).

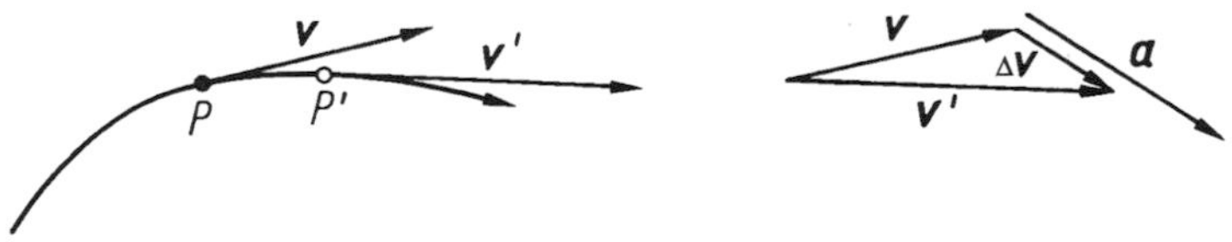

Abb. 3 Änderung von Geschwindigkeitsbetrag und – richtung bei krummliniger Bewegung

Sonderfälle

a) Ändert sich nur der Geschwindigkeitsbetrag, nicht aber die Richtung, so handelt es sich um eine geradlinige Bewegung mit $\boldsymbol{a} \parallel \boldsymbol{v}$: *Bahnbeschleunigung.*

b) Ändert sich nur die Geschwindigkeitsrichtung, nicht aber der Betrag, so handelt es sich um eine krummlinige Bewegung mit $\boldsymbol{a} \perp \boldsymbol{v}$: *Normalbeschleunigung.*

Für die *gleichmäßig beschleunigte, geradlinige Bewegung* gilt

$$\boldsymbol{a} = \text{const,Anfangsgeschwindigkeit } \boldsymbol{v}_0 \parallel \boldsymbol{a}.$$

Ist zum Zeitpunkt t_0 der Ort des Massenpunktes $\boldsymbol{s}_0$ und seine Geschwindigkeit $\boldsymbol{v}_0$ (Anfangsgeschwindigkeit), so ergibt sich für einen späteren Zeitpunkt t durch Integration aus (6)

$$\boldsymbol{v}(t) = \boldsymbol{v}_0 + \int_{t_0}^{t} \boldsymbol{a}\mathrm{d}t, \tag{7}$$

Im Falle der konstanten Beschleunigung wird daraus

$$\boldsymbol{v}(t) = \boldsymbol{v}_0 + \boldsymbol{a}(t - t_0),$$

und durch Integration aus (3)

$$\begin{aligned} \boldsymbol{s} &= \boldsymbol{s}_0 + \int_{t_0}^{t} \boldsymbol{v}\mathrm{d}t = \boldsymbol{s}_0 + \int_{t_0}^{t} [\boldsymbol{v}_0 + \boldsymbol{a}(t - t_0)]\mathrm{d}t \\ \boldsymbol{s} &= \boldsymbol{s}_0 + \boldsymbol{v}_0(t - t_0) + \frac{\boldsymbol{a}}{2}(t - t_0)^2. \end{aligned} \tag{8}$$

Für die Anfangswerte $s_0 = 0$ und $t_0 = 0$ folgt aus (7) und (8) für die eindimensionale Bewegung

$$v = v_0 + at \tag{9}$$

$$s = v_0 t + \frac{a}{2} t^2 \tag{10}$$

und durch Elimination von t aus (9) und (10)

$$v = \sqrt{v_0^2 + 2as}. \tag{11}$$

Freier Fall

Im Schwerefeld der Erde unterliegen Massen der Fallbeschleunigung $\boldsymbol{g}$, deren Betrag in der Nähe der Erdoberfläche näherungsweise konstant etwa mit dem Wert $g = 9{,}81\ \text{m/s}^2$ angesetzt werden kann. Für die Fallhöhe h $(= s)$ und $a = g$ folgt aus (9) bis (11)

$$v = v_0 + gt, \tag{12}$$

$$h = v_0 t + \frac{g}{2} t^2, \tag{13}$$

$$v = \sqrt{v_0^2 + 2gh}, \tag{14}$$

wobei v_0 die Fallgeschwindigkeit zur Zeit $t = 0$ ist. Dieselben Gleichungen gelten auch für den *senkrechten Wurf* nach *unten* mit der Anfangsgeschwindigkeit v_0.

Der *senkrechte Wurf* nach *oben* ist in der Steigphase (bis zur maximalen Steighöhe $h_{\max}$) eine gleichmäßig verzögerte Bewegung mit der Anfangsgeschwindigkeit v_0 und der Beschleunigung $a = -g$. Aus (9) bis (11) folgt dann:

$$v = v_0 - gt \tag{15}$$

$$h = v_0 t - \frac{g}{2} t^2 \tag{16}$$

$$v = \sqrt{v_0^2 - 2gh}. \tag{17}$$

Aus (17) ergibt sich die maximale Steighöhe $h_{\max}$ für $v = 0$:

$$h_{\max} = \frac{v_0^2}{2g}. \tag{18}$$

Aus (15) folgt für $v = 0$ die Steigzeit

$$t_m = \frac{v_0}{g}. \tag{19}$$

Schräger Wurf im Erdfeld

Die Bahnkurve $\boldsymbol{r}(t)$ beim schrägen Wurf unter dem Winkel α zur Horizontalen (Abb. 4) ergibt sich analog zu (8) oder (10) aus der Vektorgleichung

$$\boldsymbol{r} = \boldsymbol{v}_0 t + \frac{\boldsymbol{g}}{2} t^2, \tag{20}$$

lässt sich also interpretieren als zusammengesetzt aus zwei geradlinigen Bewegungen:

1. einer gleichförmigen Translation in Richtung der Anfangsgeschwindigkeit $\boldsymbol{v}_0$,
2. dem freien Fall in senkrechter Richtung; siehe Abb. 4.

Aus (20) folgen die Koordinaten des Massenpunktes zur Zeit t:

$$\begin{aligned} x &= v_0 t \cos\alpha \\ z &= v_0 t \sin\alpha - \frac{g}{2} t^2. \end{aligned} \tag{21}$$

Durch Elimination von t ergibt sich als Bahnkurve eine Parabel:

$$z = x \tan\alpha - \frac{g}{2v_0^2 \cos^2\alpha} x^2. \tag{22}$$

Die Wurfweite w lässt sich aus der Koordinate des zweiten Schnittpunktes der Bahnkurve mit der Horizontalen berechnen:

$$w = v_0^2 \frac{\sin 2\alpha}{g}. \tag{23}$$

Die maximale Wurfweite ergibt sich für $\sin 2\,\alpha = 1$, d. h. für $\alpha = 45°$, und beträgt

$$w_{max} = \frac{v_0^2}{g}. \tag{24}$$

10.1.2 Kreisbewegung

Die die Kreisbewegung eines Massenpunktes beschreibenden Größen sind der Drehwinkel $\boldsymbol{\varphi}$, die Zeit t, die Winkelgeschwindigkeit $\boldsymbol{\omega}$ sowie die Winkelbeschleunigung $\boldsymbol{\alpha}$.

Diese Größen beschreiben die Kreisbewegung in analoger Weise wie die Größen Weg, Zeit, Geschwindigkeit und Beschleunigung die geradlinige Bewegung. Der Drehwinkel $\boldsymbol{\varphi}$ und die Winkelgeschwindigkeit $\boldsymbol{\omega}$ sind axiale Vektoren, die senkrecht auf der Ebene der Kreisbewegung stehen und deren Richtung sich aus der Rechtsschraubenregel in Bezug auf den Drehsinn der Bewegung ergeben (Abb. 5). Winkelbeträge können in der Einheit Grad (°) oder im Bogenmaß (Einheit: rad) angegeben werden. Der Winkel im Bogenmaß ist definiert als die Länge des von den Winkelschenkeln eingeschlossenen Kreisbogens im Einheitskreis. Der Zusammenhang zwischen Winkel φ im Bogenmaß, zugehöriger Bogenlänge b auf einem Kreis und dessen Radius r ist dann (Abb. 5)

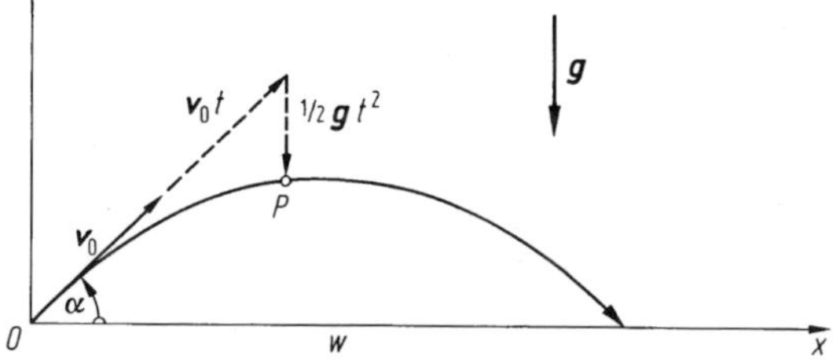

Abb. 4 Schräger Wurf unter dem Winkel α

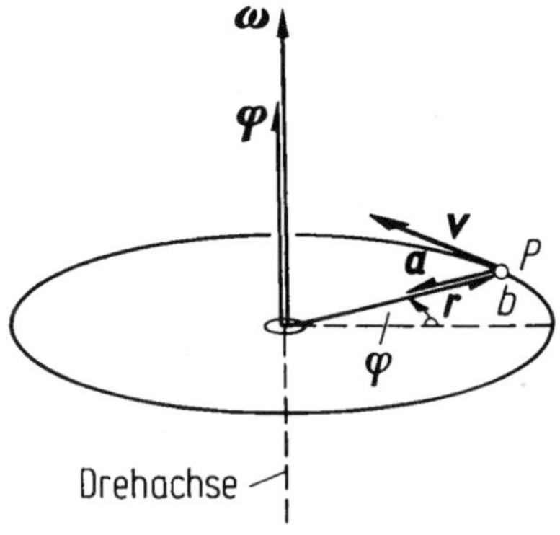

Abb. 5 Gleichförmige Kreisbewegung

$$\varphi = \frac{b}{r} \text{ rad.}$$

Umrechnungen:

$$\frac{\varphi/\text{rad}}{\varphi/^\circ} = \frac{\pi}{180}, \quad 1 \text{ rad} = 57{,}29\ldots^\circ,$$
$$1^\circ = 0{,}01745\ldots\text{rad} = 17{,}45\ldots\text{mrad.}$$

Definitionen:

$$\text{Winkelgeschwindigkeit } \boldsymbol{\omega} = \frac{\mathrm{d}\boldsymbol{\varphi}}{\mathrm{d}t} = \dot{\boldsymbol{\varphi}}, \quad (25)$$

$$\text{Winkelbeschleunigung } \boldsymbol{\alpha} = \frac{\mathrm{d}\boldsymbol{\omega}}{\mathrm{d}t} = \dot{\boldsymbol{\omega}} = \frac{\mathrm{d}^2\boldsymbol{\varphi}}{\mathrm{d}t^2} = \ddot{\boldsymbol{\varphi}}. \quad (26)$$

SI-Einheiten :
$[\omega] = \text{rad/s} = 1/\text{s}, \ [\alpha] = \text{rad/s}^2 = 1/\text{s}^2.$

Für die *gleichförmige Kreisbewegung* gilt

$$\boldsymbol{\omega} = \text{const.}$$

Ist zum Zeitpunkt t_0 die Lage des Massenpunktes auf der Kreisbahn durch den Winkel $\boldsymbol{\varphi}_0$ gegeben, so ergibt sich seine Lage $\boldsymbol{\varphi}$ zu einem späteren Zeitpunkt t durch Integration aus (25) zu

$$\boldsymbol{\varphi} = \boldsymbol{\varphi}_0 + \boldsymbol{\omega}(t - t_0). \quad (27)$$

Nennen wir die Dauer eines vollständigen Umlaufs T (Umlaufzeit, Periodendauer) und die auf die Zeit bezogene Zahl der Umläufe Drehzahl (Umdrehungsfrequenz) n, so gelten die Zusammenhänge

$$n = \frac{1}{T} \quad \text{und} \quad \omega = 2\pi n = \frac{2\pi}{T}. \quad (28)$$

Die Winkelgeschwindigkeit $\boldsymbol{\omega}$ bei der Kreisbewegung wird auch Drehgeschwindigkeit genannt. Zwischen den Vektoren $\boldsymbol{\omega}$, $\boldsymbol{v}$ und $\boldsymbol{r}$ bei der Kreisbewegung (Ursprung von $\boldsymbol{r}$ auf der Drehachse, Abb. 5, jedoch nicht notwendig in der Kreisebene) besteht der Zusammenhang

$$\boldsymbol{v} = \boldsymbol{\omega} \times \boldsymbol{r}. \quad (29)$$

Durch Einsetzen in (6) und Ausführen der Differenziation unter Beachtung von $\boldsymbol{\omega} = \text{const}$ ergibt sich für die Beschleunigung bei der gleichförmigen Kreisbewegung

$$\boldsymbol{a} = \boldsymbol{\omega} \times \boldsymbol{v} = \boldsymbol{\omega} \times (\boldsymbol{\omega} \times \boldsymbol{r}). \quad (30)$$

Demnach ist $\boldsymbol{a} \parallel -\boldsymbol{r}$ (Abb. 5), also eine reine Normalbeschleunigung ($\boldsymbol{a} \perp \boldsymbol{v}$), bei der Kreisbewegung auch *Zentripetalbeschleunigung* genannt. Für den Betrag der Zentripetalbeschleunigung folgt aus (29) und (30)

$$a = \omega v = \omega^2 r = \frac{v^2}{r}. \quad (31)$$

Wenn ω zeitabhängig ist, also eine Tangentialbeschleunigung auftritt, so ergibt sich aus (6), (26) und (29) für die Kreisbewegung die Gesamtbeschleunigung

$$\boldsymbol{a} = \boldsymbol{\alpha} \times \boldsymbol{r} + \boldsymbol{\omega} \times \boldsymbol{v} \quad (32)$$

mit der Tangentialbeschleunigung

$$\boldsymbol{a}_\text{t} = \boldsymbol{\alpha} \times \boldsymbol{r} \quad (33)$$

und der Normalbeschleunigung

$$\boldsymbol{a}_\text{n} = \boldsymbol{\omega} \times \boldsymbol{v}. \quad (34)$$

10.1.3 Gleichförmig translatorische Relativbewegung

Die Angaben der kinematischen Größen einer Bewegung gelten stets für ein vorgegebenes *Bezugssystem.* Soll die Bewegung in einem anderen Bezugssystem beschrieben werden, so müssen die kinematischen Größen umgerechnet (transformiert) werden. Ruhen beide Bezugssysteme relativ zueinander, so sind lediglich die Ortskoordinaten zu transformieren, während die zurückgelegten Wege, die Geschwindigkeiten und Beschleunigungen in beiden Systemen gleich bleiben. Das wird anders, wenn sich beide Bezugssysteme gegeneinander bewegen. Nicht beschleunigte, relativ zueinander mit konstanter Geschwindigkeit sich bewegende Bezugssysteme werden *Inertialsysteme* genannt. Ist die Relativgeschwindigkeit v der beiden Inertialsysteme klein, so kann die *Galilei-Transformation* verwendet werden. Bei großer Relativgeschwindigkeit ist die *Lorentz-Transformation* zu benutzen.

10.1.3.1 Galilei-Transformation

Die Galilei-Transformation drückt das Relativitätsprinzip der klassischen Mechanik aus. Sie ist gültig, wenn für die Relativgeschwindigkeit $\boldsymbol{v} = (v_x, v_y, v_z)$ der beiden Bezugssysteme S und S′ gilt: $v \ll c_0$ (c_0 Vakuumlichtgeschwindigkeit).

Die Koordinaten eines betrachteten Massenpunktes P (Abb. 6) seien durch die Ortsvektoren

$$\boldsymbol{r} = (x,y,z) \text{ im System S und}$$
$$\boldsymbol{r}' = (x',y',z') \text{ im System S}' \text{ gegeben.}$$

Das System S′ bewege sich nur in x-Richtung gegenüber dem System S ($v = v_x$). Zur Zeit $t = 0$ mögen sich die Ursprünge 0 und 0′ der beiden Systeme decken. Aus Abb. 6 lässt sich die Transformation der Ortskoordinaten ablesen:

$$\begin{aligned} x' &= x - vt, \\ y' &= y, \\ z' &= z. \end{aligned} \tag{35}$$

Für die Zeitkoordinate wird in der klassischen Mechanik angenommen, dass in beiden Inertialsystemen die Zeit in gleicher Weise abläuft:

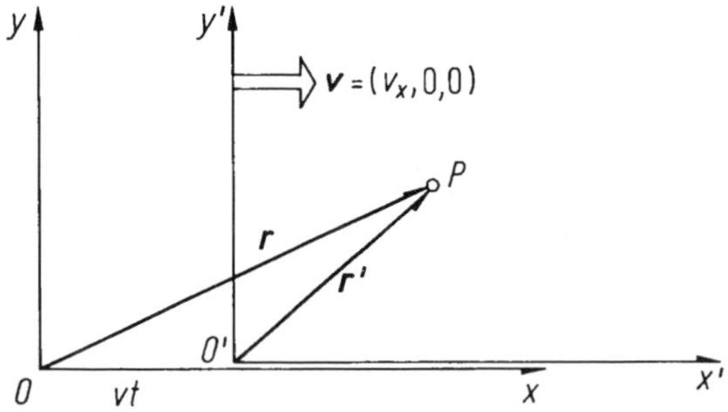

Abb. 6 Zwei Inertialsysteme, die sich gegeneinander mit der Relativgeschwindigkeit $\boldsymbol{v}$ bewegen

$$t' = t. \tag{36}$$

Zusammengefasst lautet die *Galilei-Transformation für Koordinaten*:

$$\boldsymbol{r}' = \boldsymbol{r} - \boldsymbol{v}t, \quad t' = t. \tag{37}$$

Die Geschwindigkeit des Massenpunktes P sei

$$\boldsymbol{u} = (u_x, u_y, u_z) \text{ im System S und}$$
$$\boldsymbol{u}' = (u'_x, u'_y, u'_z) \text{ im System S}'.$$

Bei Übergang von S nach S′ transformieren sich die Geschwindigkeiten im Falle der Relativgeschwindigkeit mit alleiniger x-Komponente (Abb. 6) gemäß

$$\begin{aligned} u'_x &= u_x - v_x \\ u'_y &= u_y \\ u'_z &= u_z, \end{aligned} \tag{38}$$

oder zusammengefasst und allgemeiner (*Galilei-Transformation für Geschwindigkeiten*)

$$\boldsymbol{u}' = \boldsymbol{u} - \boldsymbol{v} \quad \text{bzw.} \quad \boldsymbol{u} = \boldsymbol{u}' + \boldsymbol{v}, \tag{39}$$

wie sich durch zeitliche Differenziation von (35) bzw. (37) ergibt. In der klassischen Galilei-Transformation verhalten sich also Geschwindigkeiten additiv. Sie können sich nach Betrag und Richtung ändern.

Die Beschleunigung des Massenpunktes P sei

$$\boldsymbol{a} = (a_x, a_y, a_z) \text{ im System S und}$$
$$\boldsymbol{a}' = (a'_x, a'_y, a'_z) \text{ im System S}'.$$

Durch Differenziation nach der Zeit folgt aus (38) bzw. (39)

$$\begin{aligned} a'_x &= a_x, \\ a'_y &= a_y, \\ a'_z &= a_z \end{aligned} \tag{40}$$

oder zusammengefasst (*Galilei-Transformation für Beschleunigungen*)

$$\boldsymbol{a}' = \boldsymbol{a}. \tag{41}$$

Die Umkehrungen der Galilei-Transformation (Transformation von S′ nach S) lauten

$$\boldsymbol{r} = \boldsymbol{r}' + \boldsymbol{v}t \;, \quad \boldsymbol{u} = \boldsymbol{u}' + \boldsymbol{v} \;, \quad \boldsymbol{a} = \boldsymbol{a}' . \tag{42}$$

Bei kleinen Relativgeschwindigkeiten ändern sich demnach die Beschleunigungen nicht, wenn von einem Inertialsystem zu einem anderen übergegangen wird. Sie sind invariant gegen die Galilei-Transformation, ebenso wie allgemein die Gesetze der klassischen Mechanik, denen das die Beschleunigung enthaltende 2. Newton'sche Axiom (vgl. Abschn. 10.2.2) zugrunde liegt.

10.1.3.2 Lorentz-Transformation

Die Anwendung der Galilei-Transformation auf die Lichtausbreitung parallel und senkrecht zur Richtung der Relativgeschwindigkeit zweier Inertialsysteme ergibt unterschiedliche Vakuumlichtgeschwindigkeiten im gegenüber dem System S mit $v = v_x$ bewegten System S′:

$$\begin{aligned} &c_0 - v \text{ bzw. } c_0 + v \quad &&\text{für} \quad \boldsymbol{c}_0 \parallel \boldsymbol{v} \text{ bzw. } \boldsymbol{c}_0 \parallel -\boldsymbol{v} \\ &\text{und } \sqrt{c_0^2 - v^2} \quad &&\text{für} \quad \boldsymbol{c}_0 \perp \boldsymbol{v}. \end{aligned}$$

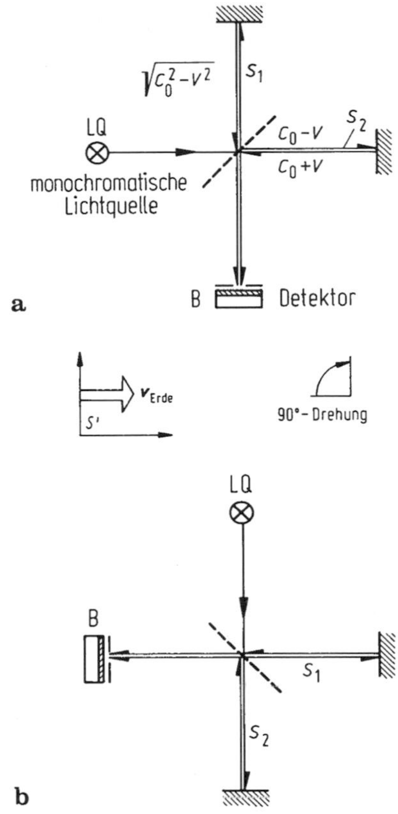

Abb. 7 Das Michelson-Morley-Experiment

Michelson und später Morley und Miller versuchten diesen sich aus der Galilei-Transformation ergebenden Unterschied experimentell mit einem Interferometer nachzuweisen (Abb. 7). Das Licht einer monochromatischen Lichtquelle wird durch einen halbdurchlässigen Spiegel (gestrichelt in Abb. 7) aufgespalten und über die Wege s_1 oder s_2 geleitet. Die Teilstrahlen werden wieder zusammengeführt und interferieren im Detektor B, d. h., je nach Phasendifferenz der beiden Teilwellen verstärken bzw. schwächen diese sich. Die Phasendifferenz durch Wegunterschiede $s_2 - s_1$ ist konstant. Eine weitere Phasendifferenz könnte durch Laufzeitunterschiede infolge unterschiedlicher Ausbreitungsgeschwindigkeit des Lichtes längs s_1 und s_2 auftreten (s. o.), wenn das Interferometer z. B. in Richtung von s_2 bewegt wird (Abb. 7a). Als bewegtes System hoher Geschwindigkeit benutzten sie die Erde selbst, die sich mit $v \approx 30$ km/s um die Sonne bewegt. Während einer Drehung des Interferometers um 90° müsste dann die Interferenzintensität sich ändern, da s_1 und s_2 gegenüber $\boldsymbol{v}_{\text{Erde}}$ ihre Rollen vertauschen (Abb. 7b).

Das *Michelson-Morley-Experiment* ergab jedoch trotz ausreichender Messempfindlichkeit, dass die Lichtgeschwindigkeit in jeder Richtung des bewegten Systems Erde im Rahmen der Messgenauigkeit gleich ist. Diese Erfahrung führte zur Annahme des Prinzips von der

Konstanz der Lichtgeschwindigkeit: Der Betrag der Vakuumlichtgeschwindigkeit ist in allen Inertialsystemen unabhängig von der Richtung gleich groß.

Dieses Prinzip und die daraus folgende Lorentz-Transformation sind die Grundlage der *speziellen Relativitätstheorie* (Einstein).

Im Folgenden werden die gleichen Bezeichnungen wie in Abschn. 10.1.3.1 verwendet, vgl. auch Abb. 6. *Lorentz-Transformation für Koordinaten* und ihre Umkehrung:

$$x' = \frac{x - vt}{\sqrt{1-\beta^2}}, \qquad x = \frac{x' + vt'}{\sqrt{1-\beta^2}}; \tag{43}$$

$$\begin{aligned} y' &= y, & y &= y'; \\ z' &= z, & z &= z'; \\ t' &= \frac{t - \frac{v}{c_0^2}x}{\sqrt{1-\beta^2}}, & t &= \frac{t' + \frac{v}{c_0^2}x'}{\sqrt{1-\beta^2}} \end{aligned} \tag{44}$$

$$\text{mit} \quad \beta = \frac{v}{c_0} \quad \text{und} \quad v = v_x. \tag{45}$$

Für $v \ll c_0$, d. h. $\beta \ll 1$ geht die Lorentz-Transformation (43) und (44) über in die Galilei-Transformation (35) und (36). Die klassische Mechanik erweist sich damit als Grenzfall der relativistischen Mechanik für kleine Geschwindigkeiten. Es erweist sich ferner, dass die Grundgesetze der Elektrodynamik, die Maxwell-Gleichungen (siehe ▶ Kap. 16, „Magnetische Wechselwirkung und zeitveränderliche elektromagnetische Felder"), invariant gegen die Lorentz-Transformation, nicht aber gegen die Galilei-Transformation sind.

Das *Relativitätsprinzip* der speziellen Relativitätstheorie: In Bezugssystemen, die sich gegeneinander gleichförmig geradlinig bewegen (Inertialsysteme), sind die physikalischen Zusammenhänge dieselben, d. h., *alle physikalischen Gesetze sind invariant* gegen die *Lorentz-Transformation.* Wesentliches Merkmal ist, dass nach (44) $t' \neq t$ ist, d. h., dass jedes System seine *Eigenzeit* hat.

10.1.3.3 Relativistische Kinematik

Nach der klassischen Galilei-Transformation bleiben Längen $\Delta x = x_2 - x_1$ und Zeiträume $\Delta t = t_2 - t_1$ beim Übergang vom System S zum System S′ gleich. Nach der Lorentz-Transformation ändern sich jedoch Längen und Zeiträume beim Übergang S → S′: Längenkontraktion und Zeitdilatation.

Längenkontraktion

Eine Länge $l' = x_2' - x_1'$ im System S′ erscheint im System S verändert. Aus der Lorentz-Transformation (43) folgt für die Koordinaten x_2' und x_1' zur Zeit t'

$$x_2' = x_2\sqrt{1-\beta^2} - vt', \quad x_1' = x_1\sqrt{1-\beta^2} - vt'.$$

Für die Länge l' im System S′ ergibt sich damit in Koordinaten des Systems S

$$l' = (x_2 - x_1)\sqrt{1-\beta^2}. \tag{46}$$

Umgekehrt ergibt sich für eine Länge l im System S in Koordinaten des Systems S′ in entsprechender Weise

$$l = \left(x_2' - x_1'\right)\sqrt{1-\beta^2}. \tag{47}$$

Das heißt, in jedem System erscheinen die in Bewegungsrichtung liegenden Abmessungen eines sich dagegen bewegenden Körpers (zweites System) verkürzt. Seine Abmessungen senkrecht zur Bewegungsrichtung erscheinen unverändert.

Zeitdilatation

Eine Zeitspanne $\Delta t = t_2 - t_1$, die durch zwei Ereignisse am gleichen Ort im System S definiert wird, erscheint im System S′ als Zeitspanne $\Delta t' = t_2' - t_1'$, für die sich aus (44) ergibt

$$\Delta t' = \frac{\Delta t}{\sqrt{1-\beta^2}} \geqq \Delta t. \tag{48}$$

Eine Zeitspanne Δt′ im System S′ erscheint andererseits im System S als Zeitspanne Δt, für den sich entsprechend ergibt

$$\Delta t = \frac{\Delta t'}{\sqrt{1-\beta^2}} \geqq \Delta t'. \tag{49}$$

Das heißt, in jedem System erscheinen Zeitspannen eines anderen Inertialsystems gedehnt: Eine gegenüber dem Beobachter bewegte Uhr scheint langsamer zu gehen. Der mitbewegte Beobachter merkt nichts davon. Dies gilt auch umgekehrt: Uhrenparadoxon.

Geschwindigkeitstransformation

Die Geschwindigkeit eines Massenpunktes P sei

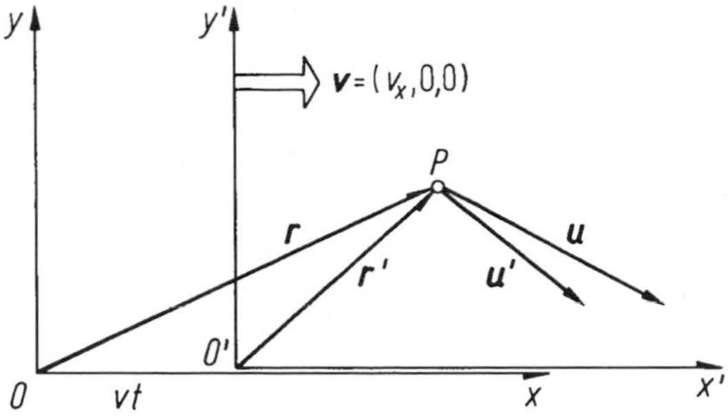

Abb. 8 Zur relativistischen Geschwindigkeitstransformation

$$u = (u_x, u_y, u_z) = \left(\frac{dx}{dt}, \frac{dy}{dt}, \frac{dz}{dt}\right)$$

im System S und

$$u' = \left(u'_x, u'_y, u'_z\right) = \left(\frac{dx'}{dt'}, \frac{dy'}{dt'}, \frac{dz'}{dt'}\right)$$

im System S′ (Abb. 8).

Durch Differenziation der Koordinatentransformation (43) nach t und Verwendung von dt/dt' aus (44) folgt für die Geschwindigkeitskomponenten im System S′

$$u'_x = \frac{u_x - v}{1 - \frac{\beta u_x}{c_0}}, \quad u'_y = \frac{u_y\sqrt{1-\beta^2}}{1 - \frac{\beta u_x}{c_0}}, \quad u'_z = \frac{u_z\sqrt{1-\beta^2}}{1 - \frac{\beta u_x}{c_0}} \tag{50}$$

mit $v = v_x$. Für die Umkehrung ergibt sich in analoger Weise

$$u_x = \frac{u'_x + v}{1 + \frac{\beta u'_x}{c_0}}, \quad u_y = \frac{u'_y\sqrt{1-\beta^2}}{1 + \frac{\beta u'_x}{c_0}}, \quad u_z = \frac{u'_z\sqrt{1-\beta^2}}{1 + \frac{\beta u'_x}{c_0}}. \tag{51}$$

Dies ist die *Lorentz-Transformation für Geschwindigkeiten*. Im Gegensatz zur Galilei-Transformation sind hier auch Geschwindigkeiten senkrecht zur Relativgeschwindigkeit der beiden Systeme S und S′ nicht invariant gegenüber einer Lorentz-Transformation. Für u, $v \ll c_0$, also $\beta \ll 1$ geht auch die Lorentz-Transformation für Geschwindigkeiten (50) und (51) über in die entsprechende Galilei-Transformation (38).

Sonderfall: Ist in einem der Systeme die betrachtete Geschwindigkeit gleich der Lichtgeschwindigkeit c_0, so hat der Vorgang auch im zweiten System die Geschwindigkeit c_0: In jedem Inertialsystem ist die Vakuumlichtgeschwindigkeit gleich groß, unabhängig von der Richtung. Daraus folgt, dass sie auch unabhängig von der Bewegung der Lichtquelle ist.

Aus (50) oder (51) lässt sich diese Aussage leicht für $u_x = c_0$ $(u_y = u_z = 0)$ oder $u'_x = c_0$ $\left(u'_y = u'_z = 0\right)$ verifizieren. Für z. B. $u_y = c_0$ $(u_x = u_z = 0)$ ist dagegen zu beachten, dass die Bewegungsrichtung im System S′ nicht mehr genau in y'-Richtung erfolgt, sondern auch eine x'-Komponente auftritt.

Auf die relativistische Dynamik wird in Abschn. 10.3 eingegangen.

10.1.4 Geradlinig beschleunigte Relativbewegung

Es werden zwei gegeneinander konstant beschleunigte Bezugssysteme betrachtet, bei denen die Relativgeschwindigkeit jederzeit so klein bleibt, dass die Galilei-Transformation anstelle der Lorentz-Transformation angewendet werden kann: $v(t) \ll c_0$ $(\beta \ll 1)$. Wegen des Bezuges zum freien Fall wählen wir für die betrachteten Beschleweunigungen hier die z-Richtung (Abb. 9). Das System S′ werde gegenüber dem System S mit $\boldsymbol{a}_r = (0{,}0, -a_r)$ beschleunigt. Für $t = 0$ mögen die Ursprünge 0 und 0′ zusammenfallen und die Anfangs-Relativgeschwindigkeit gleich null sein (o. B. d. A.).

Ein Massenpunkt P werde im ruhenden System S mit $\boldsymbol{a} = (0{,}0, a_z)$, z. B. mit der Fallbeschleunigung $\boldsymbol{a} = \boldsymbol{g} = (0{,}0, -g)$ nach unten beschleu-

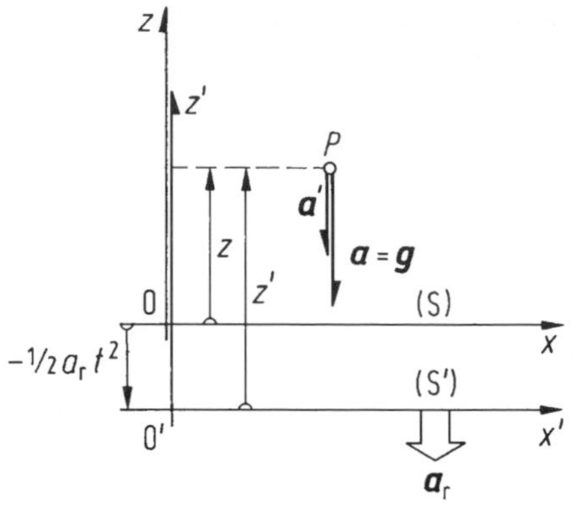

Abb. 9 Vertikal beschleunigtes System

nigt. Die Beschleunigung $\boldsymbol{a}'$ des Massenpunktes P im selbst mit $\boldsymbol{a}_\mathrm{r}$ beschleunigten System S′ errechnet sich durch zeitliche Differenziation der Ortskoordinaten (Abb. 9):

$$z = z' - \frac{a_\mathrm{r}}{2} t^2,$$

Mit $a = \mathrm{d}^2 z/\mathrm{d}\,t^2$, $a' = \mathrm{d}^2 z'/\mathrm{d}\,t^2$ und $\boldsymbol{a}_\mathrm{r} = (0{,}0, -a_\mathrm{r})$ folgt daraus

$$\boldsymbol{a} = \boldsymbol{a}' + \boldsymbol{a}_\mathrm{r}, \quad \boldsymbol{a}' = \boldsymbol{a} - \boldsymbol{a}_\mathrm{r}, \qquad (52)$$

$$\text{bzw.mit } \boldsymbol{a} = \boldsymbol{g}: \quad \boldsymbol{a}' = \boldsymbol{g} - \boldsymbol{a}_\mathrm{r}. \qquad (53)$$

Das heißt, die Beschleunigung, der ein Körper in einem ruhenden (oder gleichförmig bewegten) System S unterliegt, ändert sich beim Übergang zu einem beschleunigten System S′ um dessen Beschleunigung. Entsprechendes gilt für die mit der Beschleunigung des Körpers verbundenen Kräfte (siehe 3), es treten *Trägheitskräfte* auf, die in ruhenden oder gleichförmig bewegten Systemen nicht vorhanden sind.

Ist insbesondere die Beschleunigung $\boldsymbol{a}_\mathrm{r}$ des Systems S′ gleich der des beschleunigten Körpers $\boldsymbol{a}$ im System S, so verschwindet dessen Beschleunigung im System S′:

$$\boldsymbol{a}' = 0 \quad \text{für} \quad \boldsymbol{a}_\mathrm{r} = \boldsymbol{a}.$$

In einem Labor, das z. B. im Erdfeld frei fällt ($\boldsymbol{a}_\mathrm{r} = \boldsymbol{g}$), herrscht demzufolge „Schwerelosigkeit“,

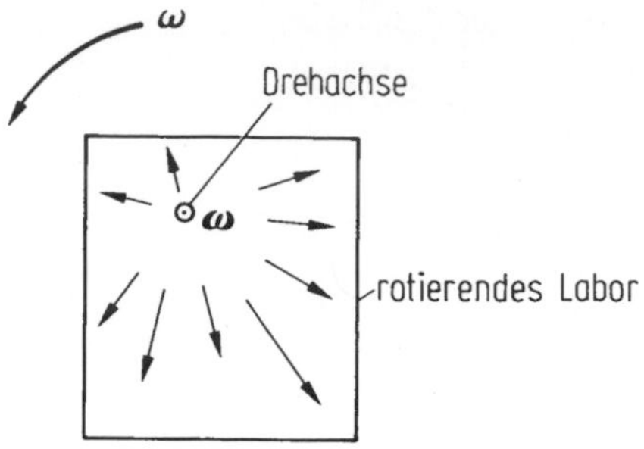

Abb. 10 Zentrifugalbeschleunigung im rotierenden Labor

was nur bedeutet, dass der Körper gegenüber seiner Umgebung keine Beschleunigung erfährt.

10.1.5 Rotatorische Relativbewegung

In zueinander gleichförmig translatorisch bewegten Bezugssystemen treten keine durch die Systembewegung bedingten Beschleunigungen auf. Ein Beobachter in einem geschlossenen, gleichförmig geradlinig bewegten Labor könnte die Bewegung nicht feststellen.

Anders bei beschleunigten Systemen: Hier treten Trägheitsbeschleunigungen und -kräfte sowohl bei geradlinig beschleunigten (vgl. Abschn. 10.1.4) als auch bei rotierenden Systemen auf, die durch die Systembewegung bedingt sind.

Bei *gleichförmig rotierenden Systemen* tritt einerseits die

$$\text{Zentripetalbeschleunigung } \boldsymbol{a}_\mathrm{zp} = \boldsymbol{\omega} \times (\boldsymbol{\omega} \times \boldsymbol{r})$$

auf (30), die einen Massenpunkt auf der Kreisbahn mit dem Radius r hält. Ein Beobachter im rotierenden System S′ registriert die entsprechende Trägheitsbeschleunigung (Abb. 10), die radial gerichtete Zentrifugalbeschleunigung

$$\boldsymbol{a}_\mathrm{zf} = -\boldsymbol{\omega} \times (\boldsymbol{\omega} \times \boldsymbol{r}). \qquad (54)$$

Im rotierenden System Erde ist die Zentrifugalbeschleunigung neben der (ebenfalls durch die Zentrifugalbeschleunigung bzw. -kraft bedingten) Abplattung der Erde für die Abhängigkeit der effektiven Erdbeschleunigung vom geografischen Breitengrad verantwortlich. Die lokale

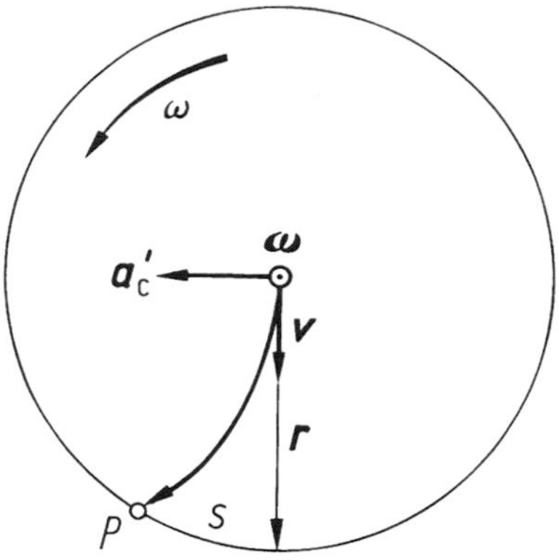

Abb. 11 Zur Coriolis-Beschleunigung

Fallbeschleunigung variiert von etwa 9,78 m/s^2 am Äquator bis 9,83 m/s^2 an den Polen.

Eine weitere Trägheitsbeschleunigung in rotierenden Systemen tritt auf, wenn ein Massenpunkt sich mit einer Geschwindigkeit $\boldsymbol{v}$ bewegt: *Coriolis-Beschleunigung* (Abb. 11).

Ein im ruhenden System S sich mit konstanter Geschwindigkeit $\boldsymbol{v}$ bewegender Massenpunkt P sei zur Zeit $t = 0$ im rotierenden System S′ z. B. gerade im Drehpunkt ($r = 0$). Der Beobachter im System S stellt dann eine mit t zunehmende Abweichung von der geraden Bahn fest, die offenbar von einer senkrecht zu $\boldsymbol{v}$ (und zu $\boldsymbol{\omega}$) wirkenden Beschleunigung a'_C, der Coriolis-Beschleunigung, herrührt. Hat der Massenpunkt nach der Zeit t den radialen Weg $r = v\,t$ zurückgelegt, so ist die Abweichung von der geraden Bahn im rotierenden System S′ das Bogenstück $s = r\,\omega\,t = v\,\omega\,t^2$, das wegen $s \sim t^2$ offensichtlich beschleunigt zurückgelegt wurde. Für die gleichmäßig beschleunigte Bewegung gilt andererseits nach (10) $s = a\,t^2/2$, sodass aus dem Vergleich $a'_C = 2v\omega$ folgt, oder in vektorieller Schreibweise für die *Coriolis-Beschleunigung*:

$$\boldsymbol{a}'_C = 2\boldsymbol{v} \times \boldsymbol{\omega}. \qquad (55)$$

Die experimentelle Bestimmung der Coriolis-Beschleunigung auf der Erdoberfläche ermöglicht die Berechnung der Winkelgeschwindigkeit der Erde unabhängig von der Beobachtung des Sternenhimmels: Die Drehung der Schwingungsebene des Foucault-Pendels durch die Coriolis-Beschleunigung ist ein Nachweis für die Drehung der Erde um ihre Achse und wurde von Léon Foucault bereits 1851 beobachtet.

Die Komponente des Winkelgeschwindigkeitsvektors der Erdrotation senkrecht zur Erdoberfläche liegt auf der Nordhalbkugel in positiver z-Richtung, auf der Südhalbkugel in negativer z-Richtung. Die Coriolis-Beschleunigung führt daher auf der Nordhalbkugel zu einer Rechtsabweichung von der Bewegungsrichtung, auf der Südhalbkugel zu einer Linksabweichung. Tiefdruckzyklone, bei denen die Luftbewegung zum Zentrum gerichtet ist, zeigen als Folge der Coriolis-Beschleunigung in der nördlichen Hemisphäre einen Drehsinn entgegengesetzt zum Uhrzeigersinn, in der südlichen Hemisphäre einen Drehsinn im Uhrzeigersinn.

10.2 Kraft und Impuls

Kräfte (allgemeiner: Wechselwirkungen) als Ursache der Bewegung von Körpern werden in der *Dynamik* behandelt. In diesem Kapitel wird die Dynamik des Massenpunktes behandelt, die Dynamik von Teilchensystemen und starren Körpern findet sich im ► Kap. 11, „Schwingungen, Teilchensysteme und starre Körper“. Dabei werden vorerst nur die Folgen des Wirkens von Kräften auf die Bewegung betrachtet, ohne auf die Natur der unterschiedlichen Kräfte einzugehen (siehe hierzu die ► Kaps. 14, „Gravitationswechselwirkung“, ► 15, „Elektrische Wechselwirkung“, and ► 16, „Magnetische Wechselwirkung und zeitveränderliche elektromagnetische Felder“ sowie ► Kap. 18, „Starke und schwache Wechselwirkung: Atomkerne und Elementarteilchen“). Grundlage dafür sind die *Newton'schen Axiome* (1686): Trägheitsgesetz, Kraftgesetz und Reaktionsgesetz. Außerdem gehört hierzu das Superpositionsprinzip (Überlagerungsprinzip) für Kräfte.

10.2.1 Trägheitsgesetz

Erstes Newton'sches Axiom
Jeder Körper mit konstanter Masse m verharrt im Zustand der Ruhe oder der gleichförmig geradlini-

gen Bewegung, falls er nicht durch äußere Kräfte $\boldsymbol{F}$ gezwungen wird, diesen Zustand zu ändern:

$$\boldsymbol{v} = \text{const} \quad \text{für} \quad m = \text{const} \quad \text{und} \quad \boldsymbol{F} = 0. \tag{56}$$

Diese Eigenschaft aller Körper wird Trägheit oder Beharrungsvermögen genannt. Die Trägheit eines Körpers ist mit seiner Masse m verknüpft. Ein Maß für die Trägheitswirkung ist der *Impuls* oder die *Bewegungsgröße*

$$\boldsymbol{p} = m\boldsymbol{v}. \tag{57}$$

$$\text{SI-Einheit}: \quad [\boldsymbol{p}] = \text{kg} \cdot \text{m/s}.$$

Aus (56) folgt damit

$$\boldsymbol{p} = m\boldsymbol{v} = \text{const} \quad \text{für} \quad \boldsymbol{F} = 0. \tag{58}$$

Dies ist die einfachste Form des Impulserhaltungssatzes (für einen Massenpunkt oder Teilchen).

10.2.2 Kraftgesetz

Die experimentelle Untersuchung der Beziehungen zwischen der wirkenden Kraft und der daraus sich ergebenden Änderung des Bewegungszustandes (Beschleunigung) einer Masse m zeigt:

1. Die Beschleunigung ist der wirkenden Kraft proportional und erfolgt in Richtung der Kraft:

$$\boldsymbol{F} \sim \boldsymbol{a}.$$

2. Das Verhältnis zwischen wirkender Kraft und erzielter Beschleunigung ist für jeden Körper eine konstante Größe: seine Masse $m = F/a$.

Das heißt, jeder Körper setzt seiner Beschleunigung Widerstand entgegen durch seine *träge Masse*. Zusammengefasst ergibt sich daraus das *Newton'sche Kraftgesetz*:

$$\boldsymbol{F} = m\boldsymbol{a} = m\frac{\mathrm{d}\boldsymbol{v}}{\mathrm{d}t}. \tag{59}$$

Bei sich während der Bewegung ändernder Masse (z. B. bei einer Rakete, oder bei relativistischen Geschwindigkeiten) ist stattdessen die allgemeinere Formulierung des Kraftgesetzes anzuwenden:

Zweites Newton'sches Axiom: Die zeitliche Änderung des Impulses ist der bewegenden Kraft proportional und erfolgt in Richtung der Kraft:

$$\boldsymbol{F} = \frac{\mathrm{d}}{\mathrm{d}t}(m\boldsymbol{v}) = \frac{\mathrm{d}\boldsymbol{p}}{\mathrm{d}t}. \tag{60}$$

Für $m = \text{const}$ geht (60) in (59) über.

$$\text{SI-Einheit}: \quad [\boldsymbol{F}] = \text{kg} \cdot \text{m/s}^2 = \text{N} \quad (\text{Newton}).$$

Überlagerungsgesetz
Eine Kraft, die an einem Punkt P angreift, verhält sich wie ein ortsgebundener Vektor $\boldsymbol{F}$, der nur entlang der Wirkungslinie der Kraft verschoben werden darf. Greifen mehrere Kräfte $\boldsymbol{F}_i$ in einem Punkt P an, so addieren sich die Kräfte wie Vektoren zu einer Gesamtkraft (Abb. 12)

$$\boldsymbol{F}_\Sigma = \sum_{i=1}^{n} \boldsymbol{F}_i. \tag{61}$$

10.2.2.1 Gewichtskraft

Die Gewichtskraft $\boldsymbol{F}_\mathrm{G}$ eines Körpers (früher: Gewicht) ist die im Schwerefeld eines Himmelskörpers auf den Körper wirkende Schwerkraft. Kann der Körper der Kraft folgen, so ruft sie eine Beschleunigung $\boldsymbol{g}$ hervor, die *Fallbeschleunigung* oder Schwerebeschleunigung genannt wird, im Fall der Erde auch Erdbeschleunigung (vgl. Abschn. 10.1.1). Entsprechend (59) gilt

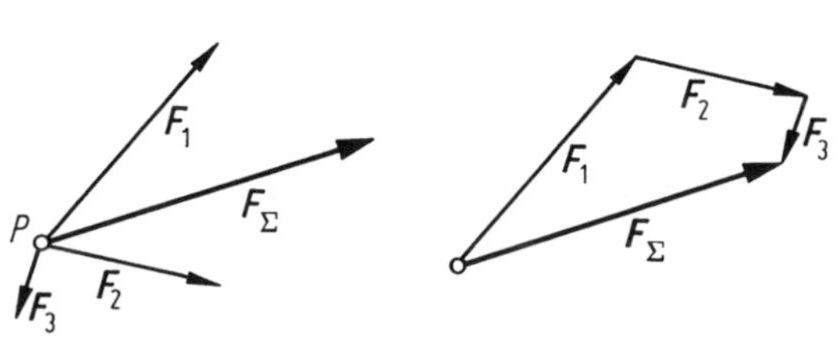

Abb. 12 Kräfteaddition

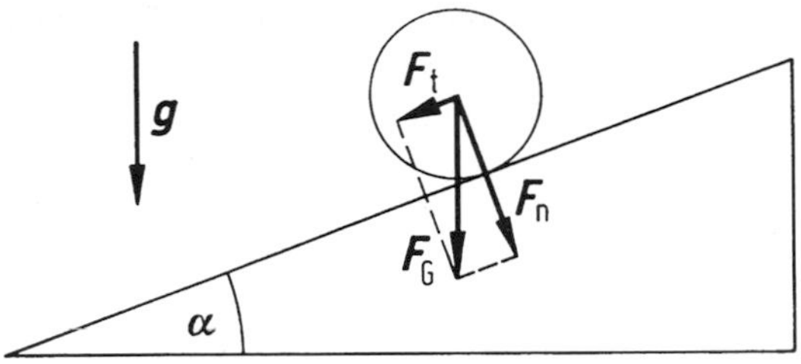

Abb. 13 Zerlegung der Gewichtskraft auf einer geneigten Ebene

$$F_G = mg. \tag{62}$$

Für die Erde gilt: Die Normfallbeschleunigung $g_n = 9{,}80665\ \mathrm{m/s^2}$ beruht auf ungenauen älteren Messungen für 45° nördl. Br. auf Meereshöhe. Die internationale Formel in Tab. 5, ► Kap. 9, „Physikalische Größen und Einheiten", ergibt für 45° 9,80620 m/s², den Normwert aber für die Breite 45,497°, am Äquator 9,78033 m/s² und an den Polen 9,83219 m/s².

Für den Mond gilt: $g_{\mathrm{Mond}} \approx 0{,}167\ g_{\mathrm{Erde}} \approx 1{,}64\ \mathrm{m/s^2}$. Kräfte lassen sich wie Vektoren auch in Komponenten zerlegen. Abb. 13 zeigt dies am Beispiel der Gewichtskraft eines Körpers auf einer geneigten (schiefen) Ebene, die sich in eine Hangabtriebskraft $\boldsymbol{F}_t$ tangential zur geneigten Ebene und in eine Normalkraft $\boldsymbol{F}_n$, die auf die Bahnebene drückt, zerlegen lässt:

$$F_t = F_G \sin\alpha, \quad F_n = F_G \cos\alpha. \tag{63}$$

10.2.2.2 Federkraft

Kräfte können neben Beschleunigungen eines Körpers auch Formänderungen des Körpers hervorrufen, wenn der Körper an der Bewegung gehindert wird. Zum Beispiel können einseitig befestigte Schraubenfedern durch einwirkende Kräfte gedrückt oder gedehnt werden (Abb. 14).

Bei im Vergleich zur Federlänge kleinen Längenänderungen s sind Kraft und Dehnung proportional (Hooke'sches Gesetz), der Proportionalitätsfaktor $c = F/s$ wird Federsteife, Richtgröße oder Federkonstante genannt. Die um die Strecke s gedehnte Feder erzeugt eine *rücktreibende Kraft* der Größe

$$\boldsymbol{F}_f = -c\boldsymbol{s} \tag{64}$$

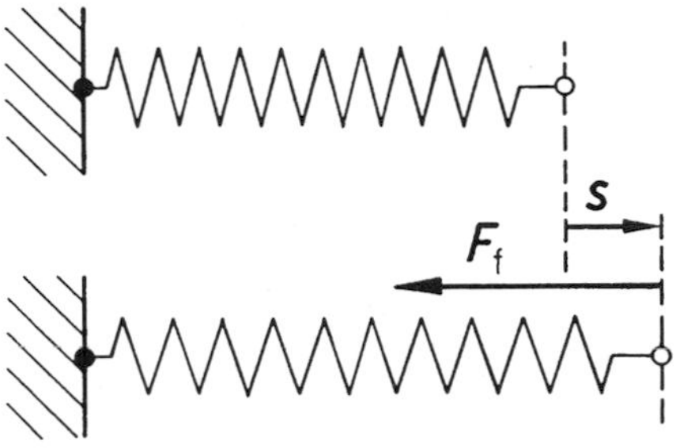

Abb. 14 Rücktreibende Kraft einer gedehnten Feder

Federanordnungen gemäß Abb. 14 sind als Kraftmesser geeignet.

10.2.2.3 Reibungskräfte

Reibungskräfte treten auf, wenn sich berührende Körper (Festkörper, Flüssigkeiten, Gase) relativ zueinander bewegt werden. Reibungskräfte wirken der bewegenden Kraft entgegen und müssen stets auf das betreffende Reibungssystem (allg. tribologisches System) bezogen interpretiert werden.

Festkörperreibung

Die Reibungskraft F_R ist unabhängig von der Größe der Berührungsfläche und in erster Näherung von der Normalkraft auf die Berührungsfläche (Abb. 15) sowie von der Reibungszahl μ abhängig:

$$F_R = \mu F_n. \tag{65}$$

Es muss zwischen Haftreibung (Ruhereibung) und Bewegungsreibung, z. B. Gleitreibung, unterschieden werden:

Haftreibung tritt zwischen gegeneinander ruhenden Körpern auf, die zueinander in Bewegung gesetzt werden sollen. Bei kleinen Tangentialkräften $\boldsymbol{F}$ ist die Reibungskraft zunächst entgegengesetzt gleich $\boldsymbol{F}$, sodass der Körper weiterhin ruht. Die Reibungskraft steigt mit der Tangentialkraft $\boldsymbol{F}$ an bis zu einem Maximalwert, bei dem der Körper anfängt zu gleiten. Für diesen Punkt gilt (65) mit $\mu = \mu_0$: Haftreibungszahl. Dabei muss die Haftung (Adhäsion) an den Berührungsstellen der Grenzflächen (bei Metallen häufig kaltverschweißt) aufgebrochen werden.

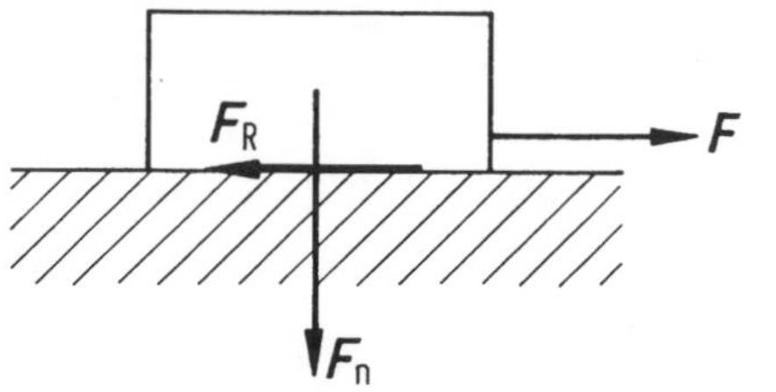

Abb. 15 Reibung zwischen festen Körpern

Danach, d. h. bei bereits bestehender Gleitbewegung, wirkt die i. Allg. niedrigere *Gleitreibung* μ ($< \mu_0$). Dabei treten stoßförmige Deformationen an den Berührungspunkten der Grenzflächen auf und (dadurch bedingt) Anregung elastischer Wellen, Temperaturerhöhung (Reibungswärme). An der Energiedissipation bei der Festkörperreibung können daneben elastisch-plastische Kontaktdeformationen (elastische Hysterese, Erzeugung von Versetzungen) sowie reibungsinduzierte Emissionsprozesse (Schallabstrahlung, Tribolumineszenz, Exoelektronen) beteiligt sein. Die Gleitreibungskraft ist i. Allg. kleiner als die Normalkraft ($\mu < 1$). Je nach Materialkombination liegt μ bei trockener Reibung in folgenden Bereichen:

$$\text{Haftreibungszahlen } \mu_0 \approx (0,15 \ldots 0{,}8),$$
$$\text{Gleitreibungszahlen } \mu \approx (0,1 \ldots 0{,}6) < \mu_0.$$

Reibungszahlen sind tribologische Systemkenngrößen und müssen experimentell, z. B. durch Gleitversuche auf einer geneigten Ebene (vgl. Abschn. 10.2.2.1) mit veränderlichem Neigungswinkel α, ermittelt werden.

Bei Körpern, die auf einer Unterlage rollen, tritt *Rollreibung* auf. Sie ist durch Deformationen der aufeinander abrollenden Körper bedingt. Der Rollreibungswiderstand ist sehr viel kleiner als der Gleitreibungswiderstand:

$$\text{Rollreibungszahlen } \mu' \approx (0,002 \ldots 0{,}04) \ll \mu$$

Flüssigkeitsreibung
Befindet sich eine Flüssigkeit zwischen den aneinander gleitenden Körpern, so bilden sich gegenüber den Körpern ruhende Grenzschichten aus. Die Reibung findet nur noch innerhalb der tragenden Flüssigkeitsschicht statt und führt zu deren Temperaturerhöhung. Flüssigkeitsreibung ist erheblich kleiner als Haft- und Gleitreibung (Schmierung!) und von der Relativgeschwindigkeit zwischen beiden Körpern abhängig (vgl. ► Kap. 13, „Transporterscheinungen und Fluiddynamik").

Näherungsweise gilt bei

$$\begin{aligned}&\text{kleinen Geschwindigkeiten}\\&F_R \sim v \quad \text{(laminare Strömung)},\\&\text{größeren Geschwindigkeiten}\\&F_R \sim v^2 \quad \text{(turbulente Strömung)}.\end{aligned}$$

Gasreibung
Gasreibung liegt vor, wenn sich eine tragende Gasschicht zwischen den aneinander gleitenden Flächen ausbildet. Der Mechanismus ist ähnlich wie bei der Flüssigkeitsreibung, der Reibungswiderstand ist noch geringer (Ausnutzung: Gaslager, Luftkissenfahrzeug).

Elektromagnetische „Reibung" (Wirbelstrombremsung)
Bewegt sich ein Metallkörper im Felde eines Magneten (Abb. 16), so treten durch elektromagnetische Induktion energieverzehrende Wirbelströme im Metall auf, deren Effekt eine bremsende Wirkung auf die Bewegung ist (vgl. ► Kap. 16, „Magnetische Wechselwirkung und zeitveränderliche elektromagnetische Felder"). Für die Reibungskraft gilt dabei streng

$$\boldsymbol{F}_R \sim -\boldsymbol{v}.$$

10.2.3 Reaktionsgesetz

Drittes Newton'sches Axiom
Übt ein Körper 1 auf einen Körper 2 eine Kraft $\boldsymbol{F}_{12}$ aus, so reagiert der Körper 2 auf den Körper 1 mit einer Gegenkraft $\boldsymbol{F}_{21}$. Kraft und Gegenkraft bei der Wechselwirkung zweier Körper sind einander entgegengesetzt gleich („actio = reactio"):

$$\boldsymbol{F}_{21} = -\boldsymbol{F}_{12}. \qquad (66)$$

Beispiele für das Reaktions- oder Wechselwirkungsgesetz:

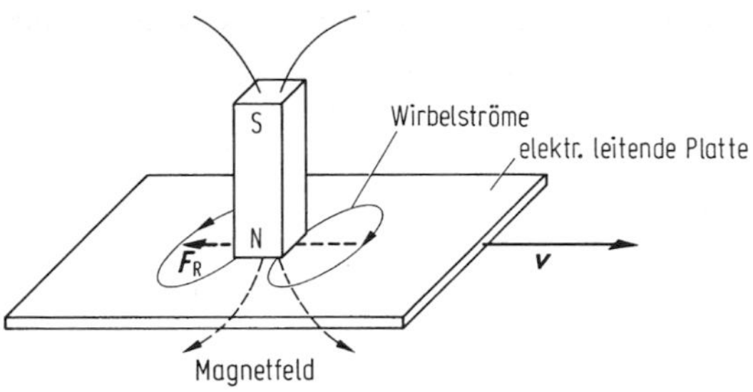

Abb. 16 Wirbelstrombremsung

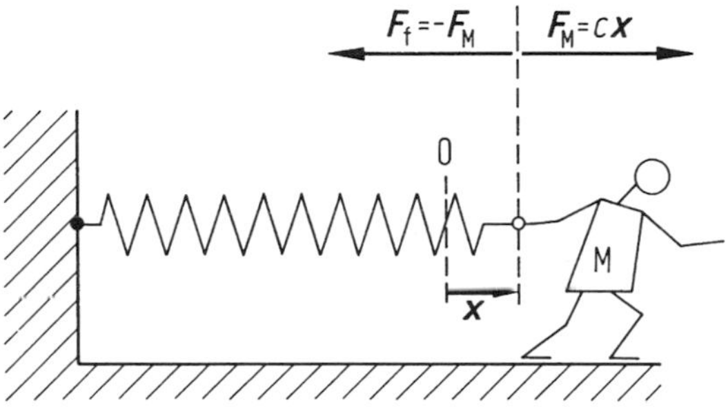

Abb. 17 Kräfte bei der Federdehnung

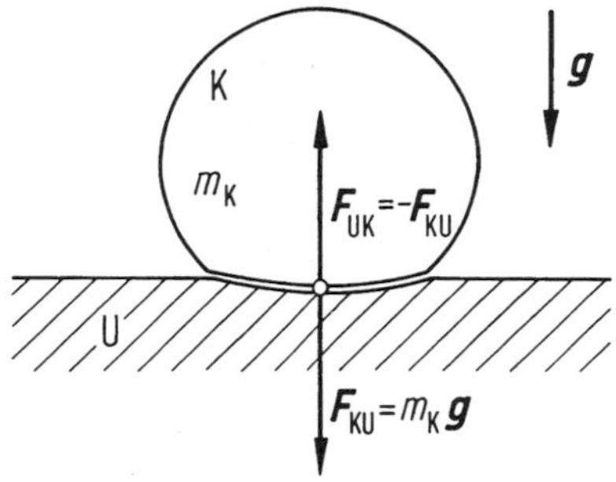

Abb. 18 Kräfte bei elastischen Deformationen zwischen einer Kugel und ihrer Unterlage

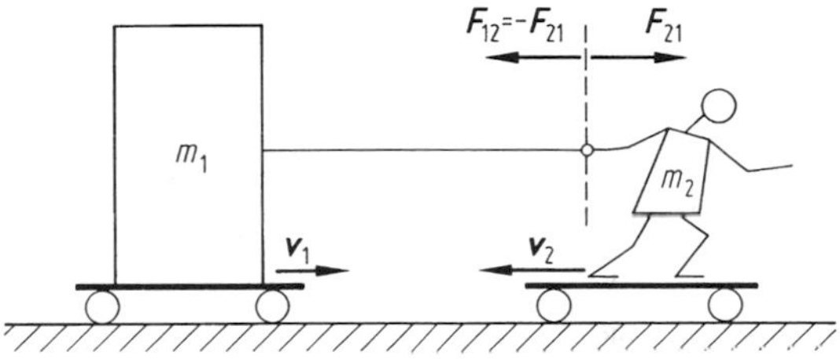

Abb. 19 Impulsänderung bei Wirken innerer Kräfte

10.2.3.1 Kräfte bei elastischen Verformungen

Bei der Dehnung einer Feder (Abb. 17) durch Ziehen mit einer Kraft $\boldsymbol{F}_\mathrm{M} = c\,\boldsymbol{x}$ reagiert die Feder mit der Gegenkraft $\boldsymbol{F}_\mathrm{f} = -\boldsymbol{F}_\mathrm{M} = -c\,\boldsymbol{x}$ (vgl. Abschn. 10.2.2.2).

Eine auf eine Unterlage durch ihre Gewichtskraft $\boldsymbol{F}_\mathrm{KU} = m_\mathrm{K}\,\boldsymbol{g}$ drückende Kugel erfährt durch die auftretenden elastischen Deformationen (Abb. 18) eine Gegenkraft $\boldsymbol{F}_\mathrm{UK} = -\boldsymbol{F}_\mathrm{KU} = -m_\mathrm{K}\,\boldsymbol{g}$.

10.2.3.2 Kräfte zwischen freien Körpern („innere Kräfte")

Bei Körpern, die sich in Kraftrichtung frei bewegen können (z. B. Massen auf reibungsfrei rollenden Wagen, Abb. 19), wirkt sich das Auftreten „innerer Kräfte" nach dem Reaktionsgesetz gemäß (60) durch entgegengesetzt gleiche Impulsänderungen aus:

$$\boldsymbol{F}_{12} = \frac{\mathrm{d}(m_2\boldsymbol{v}_2)}{\mathrm{d}t} = -\boldsymbol{F}_{21} = -\frac{\mathrm{d}(m_1\boldsymbol{v}_1)}{\mathrm{d}t}. \quad (67)$$

Aus (67) folgt

$$\frac{\mathrm{d}}{\mathrm{d}t}(m_1\boldsymbol{v}_1 + m_2\boldsymbol{v}_2) = 0$$

und daraus für den Gesamtimpuls

$$m_1\boldsymbol{v}_1 + m_2\boldsymbol{v}_2 = \mathrm{const}. \quad (68)$$

Wenn keine äußeren, nur innere Kräfte wirken, bleibt der Gesamtimpuls zeitlich konstant: Impulserhaltungssatz (für zwei Teilchen). Dies lässt sich auf n Teilchen verallgemeinern:

Impulserhaltungssatz:

$$\sum_{i=1}^{n} m_i\boldsymbol{v}_i = \sum_{i=1}^{n} \boldsymbol{p}_i = \boldsymbol{p}_\mathrm{tot} = \mathrm{const}^{(t)} \quad (69)$$

(äußere Kräfte null).

Der Gesamtimpuls eines Systems von n Teilchen bleibt zeitlich konstant, wenn keine äußeren Kräfte wirken. Der Impulserhaltungssatz gilt unabhängig von der Art der inneren Wechselwirkung immer.

Im Falle abstoßender Kräfte zwischen zwei Massen (Abb. 20) ergibt sich, wenn ursprünglich der Gesamtimpuls null war, aus (68)

$$\frac{v_1}{v_2} = (-)\frac{m_2}{m_1}. \tag{70}$$

Gl. (70) gestattet den Vergleich zweier Massen allein aus den Trägheitseigenschaften, indem nach einer bestimmten Zeit das Geschwindigkeitsverhältnis gemessen wird. Diese Beziehung ist auch die Grundlage des *Rückstoßprinzips* (Abb. 20):

Stößt ein Körper eine Masse m_2 mit einer Geschwindigkeit $\boldsymbol{v}_2$ aus, so erhält der Körper mit der verbleibenden Masse m_1 eine Geschwindigkeit $\boldsymbol{v}_1 = \boldsymbol{v}_2\, m_2/m_1$ in entgegengesetzter Richtung. Das Rückstoßprinzip liegt auch dem Raketenantrieb zugrunde.

10.2.4 Äquivalenzprinzip: Schwer- und Trägheitskräfte

Die Masse eines Körpers ist für sein Trägheitsverhalten maßgebend. Im Newton'schen Kraftgesetz (59) und im Reaktionsgesetz, z. B. (67) und (70) ist daher die *träge Masse* m_t anzusetzen, die zugehörigen Kräfte sind *Trägheitskräfte*. Die Masse

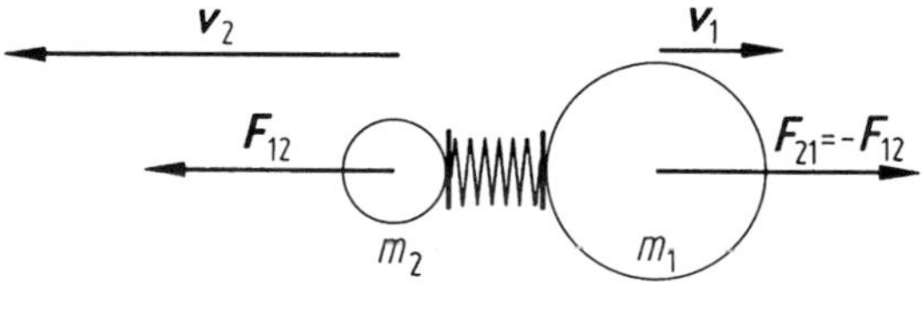

Abb. 20 Rückstoßprinzip

ist jedoch gleichzeitig auch Ursache für die *Schwerkraft* (Gewichtskraft), z. B. in (62). Hier ist die *schwere Masse* m_s anzusetzen. Im Sinne der klassischen Physik sind dies durchaus phänomenologisch verschiedene Eigenschaften der Masse. Schwere Masse und träge Masse treten jedoch in allen Beziehungen gleichwertig auf, und alle Experimente zeigen:

$$\text{schwere Masse} = \text{trägeMasse}, \qquad m_{\text{schwer}} = m_{\text{träge}}. \tag{71}$$

Dementsprechend sind auf eine Masse m wirkende Schwer- und Trägheitskräfte in einem geschlossenen Labor nicht prinzipiell unterscheidbar. Sie sind äquivalent. Die Wirkung einer Beschleunigung $\boldsymbol{a}$ auf physikalische Vorgänge in einem Labor, z. B. in einer durch Rückstoß angetriebenen Rakete im Weltraum, ist dieselbe wie die einer Schwerebeschleunigung $\boldsymbol{g}$ ($= -\boldsymbol{a}$) auf die Vorgänge in einem ruhenden Labor auf einer Planetenoberfläche (Abb. 21).

Das *Äquivalenzprinzip* von Einstein postuliert die Ununterscheidbarkeit (Äquivalenz) von schwerer und träger Masse (bzw. von Schwer- und Trägheitskräften) bei allen physikalischen Gesetzen (allgemeines Relativitätsprinzip).

Daraus folgt z. B., dass auch die Lichtfortpflanzung der Schwerkraftablenkung unterliegt (Abb. 22). Wegen des großen Wertes der Lichtgeschwindigkeit macht sie sich jedoch nur bei sehr

Abb. 21 Äquivalenzprinzip bei der Parabelbahn einer Masse

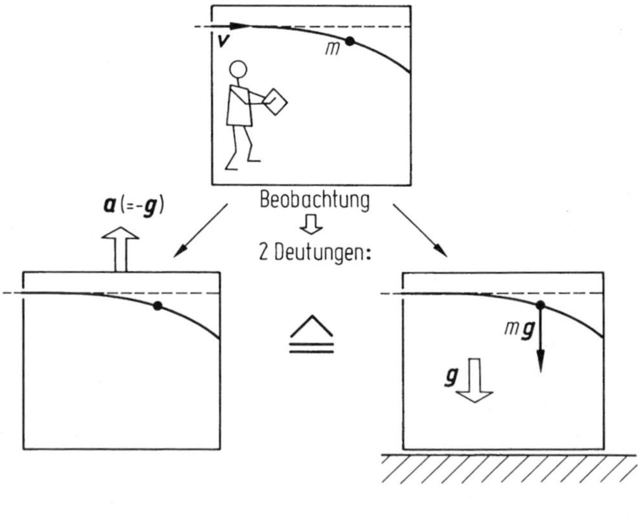

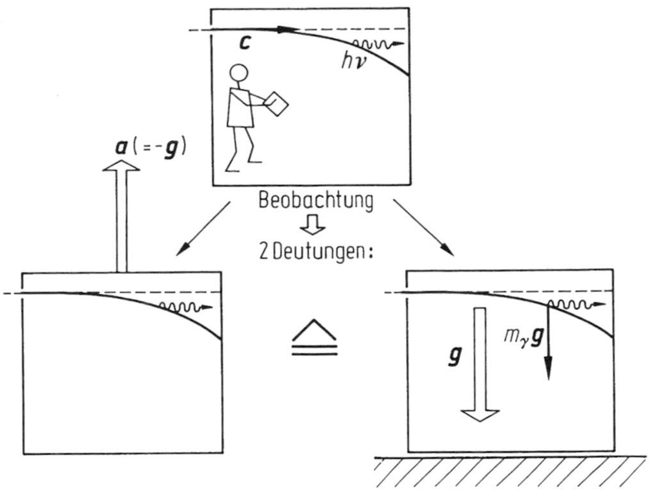

Abb. 22 Äquivalenzprinzip bei der Parabelbahn eines Lichtquants

großen Schwerkraftbeschleunigungen bemerkbar, z. B. als Lichtablenkung dicht an der Sonnenoberfläche durch eine Schwerkraft $m_\gamma\, \boldsymbol{g}_{\text{sonne}}$, die auf die Masse m_γ eines Lichtquants (siehe ▶ Kap. 19, „Wellen und Strahlung") wirkt.

10.2.5 Trägheitskräfte bei Rotation

10.2.5.1 Zentripetal- und Zentrifugalkraft

Um einen Massenpunkt auf einer kreisförmigen Bahn zu halten, muss eine Kraft in Richtung Bahnmittelpunkt auf die Masse m wirken, die gerade die

$$\text{Zentripetalbeschleunigung } \boldsymbol{a}_{\text{zp}} = \boldsymbol{\omega} \times (\boldsymbol{\omega} \times \boldsymbol{r})$$

hervorruft, vgl. (30), und den Massenpunkt hindert, seiner Trägheit folgend, tangential weiterzufliegen. Nach (59) folgt dann für die Radialkraft (Zentripetalkraft) $\boldsymbol{F}_{\text{zp}} = m\, \boldsymbol{a}_{\text{zp}}$

$$\boldsymbol{F}_{\text{zp}} = m\boldsymbol{\omega} \times (\boldsymbol{\omega} \times \boldsymbol{r}). \tag{72}$$

Der Massenpunkt m selbst übt infolge seiner Trägheit nach dem Reaktionsgesetz (siehe Abschn. 10.2.3) eine entgegengesetzt gleich große Kraft in Radialrichtung auf die haltende Bahn oder den haltenden Faden aus (Abb. 23), die *Zentrifugalkraft*

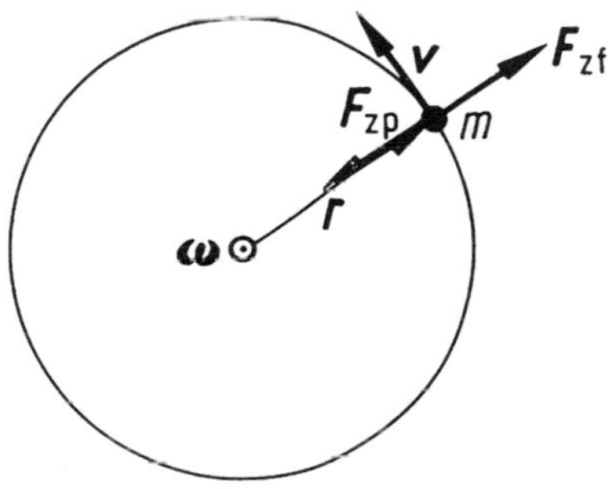

Abb. 23 Zentripetal- und Zentrifugalkraft bei der Kreisbewegung

$$\boldsymbol{F}_{\text{zf}} = -m\boldsymbol{\omega} \times (\boldsymbol{\omega} \times \boldsymbol{r}). \tag{73}$$

Der Betrag der Zentrifugalkraft ergibt sich mit (29) und (57) zu

$$F_{\text{zf}} = mr\omega^2 = mv\omega = p\omega = m\frac{v^2}{r}. \tag{74}$$

10.2.5.2 Coriolis-Kraft

Der in rotierenden Systemen bei Massenpunkten mit einer Geschwindigkeit $\boldsymbol{v}$ auftretenden Coriolis-Beschleunigung (55) $\boldsymbol{a}'_{\text{C}} = 2\boldsymbol{v} \times \boldsymbol{\omega}$ entspricht gemäß (59) eine Coriolis-Kraft

$$\boldsymbol{F}_{\text{C}} = 2m\boldsymbol{v} \times \boldsymbol{\omega}, \tag{75}$$

die stets senkrecht zu $\boldsymbol{v}$ und $\boldsymbol{\omega}$ wirkt (Abb. 24).

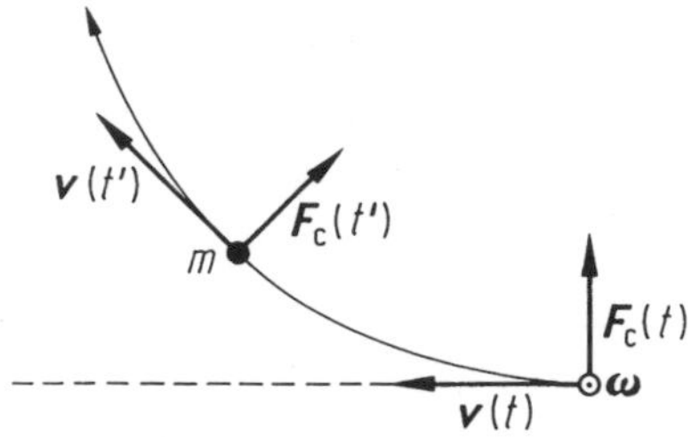

Abb. 24 Richtung der Coriolis-Kraft

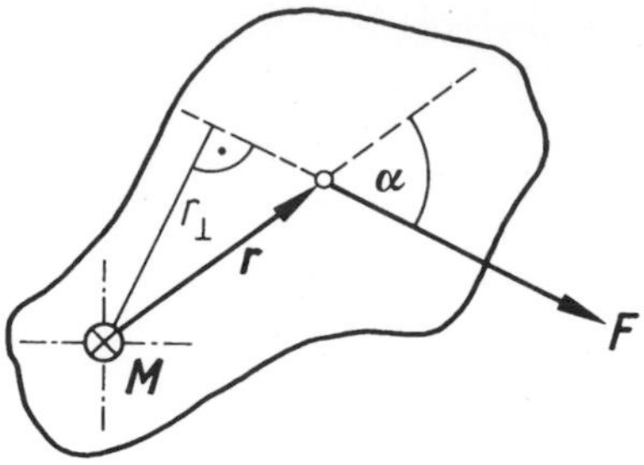

Abb. 25 Zur Definition des Drehmomentes

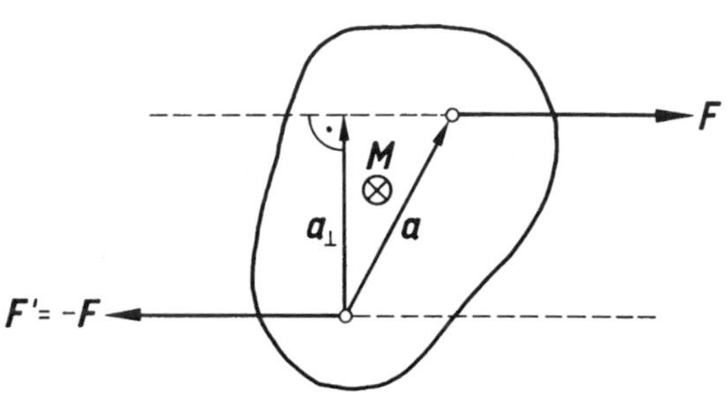

Abb. 26 Drehmoment eines Kräftepaars

10.2.6 Drehmoment und Gleichgewicht

Ein drehbarer starrer Körper (siehe ▶ Kap. 11, „Schwingungen, Teilchensysteme und starre Körper") kann durch eine Kraft $\boldsymbol{F}$, deren Wirkungslinie nicht durch die Drehachse geht, in Drehung versetzt werden (Abb. 25). Ein geeignetes Maß für diese Wirkung der Kraft ist das folgendermaßen definierte *Drehmoment* oder *Kraftmoment*

$$\boldsymbol{M} = \boldsymbol{r} \times \boldsymbol{F}, \tag{76}$$

wobei $\boldsymbol{r}$ der Abstand des Angriffspunktes der Kraft vom Drehpunkt ist. Der Betrag des Drehmomentes ist mit $r_\perp = r \sin\alpha$ (senkrechter Abstand der Kraftwirkungslinie vom Drehpunkt)

$$M = rF \sin\alpha = r_\perp F. \tag{77}$$

$\boldsymbol{M}$ ist ein Vektor parallel zur Drehachse und steht senkrecht auf $\boldsymbol{r}$ und $\boldsymbol{F}$. Seine Richtung ergibt sich aus dem Rechtsschraubensinn.

$$\text{SI-Einheit}: \quad [M] = \text{N} \cdot \text{m (Newtonmeter)}.$$

Kräftepaar: Zwei gleich große, entgegengesetzt gerichtete Kräfte, deren parallele Wirkungslinien einen Abstand $\boldsymbol{a}_\perp$ haben, werden ein Kräftepaar genannt (Abb. 26). Sie üben ein Drehmoment aus von der Größe

$$\boldsymbol{M} = \boldsymbol{a} \times \boldsymbol{F} = \boldsymbol{a}_\perp \times \boldsymbol{F}. \tag{78}$$

Die auf einen ausgedehnten Körper wirkenden Kräfte können sowohl eine Translation als auch eine Rotation hervorrufen. Notwendige Bedingungen für das Gleichgewicht eines Körpers sind das Verschwinden der Summe aller Kräfte und der Summe aller Drehmomente:

Gleichgewichtsbedingungen

$$\sum_{i=1}^{m} \boldsymbol{F}_i = 0 \ , \quad \sum_{j=1}^{n} \boldsymbol{M}_j = 0. \tag{79}$$

Ein Körper befindet sich in einer Gleichgewichtslage, wenn die Gleichgewichtsbedingungen (79) erfüllt sind. Die potenzielle Energie (vgl. Abschn. 10.2.2) hat dann einen Extremwert. Man spricht von stabilem, labilem oder indifferentem Gleichgewicht, je nachdem, ob bei Auslenkung des Körpers aus der Gleichgewichtslage die potenzielle Energie E_p (siehe Abschn. 10.2.2) steigt, fällt oder konstant bleibt (Abb. 27).

10.2.7 Drehimpuls (Drall)

Eine ähnliche Rolle wie der Impuls bei der geradlinigen Bewegung (z. B. Erhaltungsgröße bei fehlenden Kräften) spielt der Drehimpuls bei der

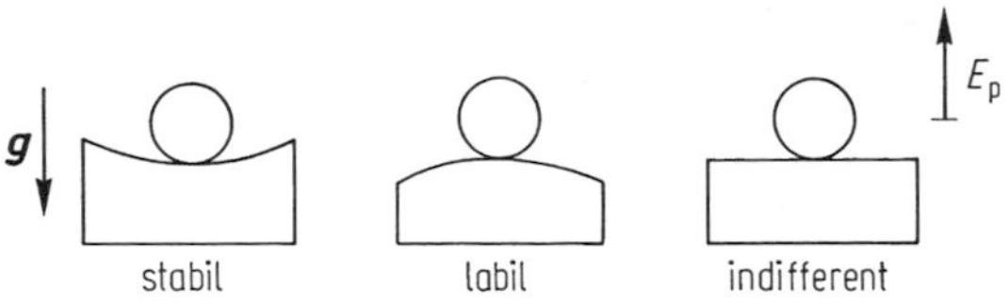

Abb. 27 Gleichgewichtslagen

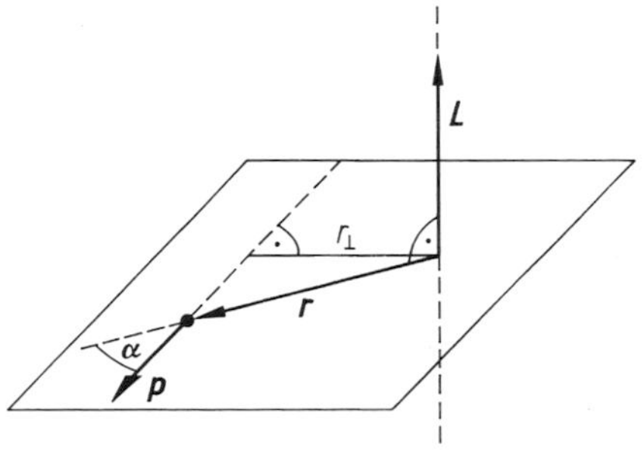

Abb. 28 Zur Definition des Drehimpulses

Kreisbewegung, er ist Erhaltungsgröße bei fehlenden Drehmomenten, siehe Abschn. 10.2.8.

Definition des *Drehimpulses* eines Massenpunktes m mit dem Impuls $\boldsymbol{p} = m\,\boldsymbol{v}$ im Abstande $\boldsymbol{r}$ von einem Drehpunkt (Abb. 28):

$$\boldsymbol{L} = \boldsymbol{r} \times \boldsymbol{p} = \boldsymbol{r} \times m\boldsymbol{v}. \qquad (80)$$

Betrag des Drehimpulses:

$$L = rp \sin \alpha = r_\perp p. \qquad (81)$$

Der Drehimpuls $\boldsymbol{L}$ ist ein Vektor und steht senkrecht auf $\boldsymbol{r}$ und $\boldsymbol{v}$, seine Richtung ergibt sich aus dem Rechtsschraubsinn.

$$\text{SI-Einheit}: \quad [L] = \text{kg} \cdot \text{m}^2/\text{s} = \text{N} \cdot \text{m} \cdot \text{s}.$$

Nach der Definition (80) tritt auch bei der geradlinigen Bewegung ein Drehimpuls auf, wenn die Bewegung nicht durch die Bezugsachse geht. Die Angabe eines Drehimpulses erfordert immer die Angabe der Bezugsachse!

Der Drehimpuls eines Teilchens in einer Kreisbahn wird in der Atomphysik häufig *Bahndrehimpuls* genannt und beträgt bezüglich des Kreiszentrums

$$L = mrv = m\omega r^2, \qquad (82)$$

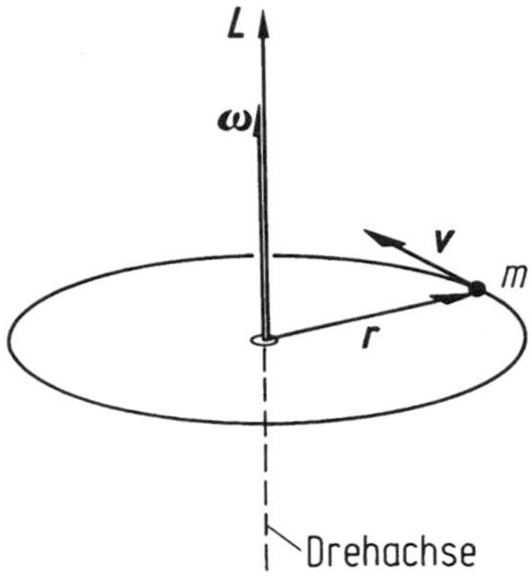

Abb. 29 Bahndrehimpuls eines Massenpunktes in einer Kreisbahn

bzw., da $\boldsymbol{L}$ in die Richtung der Winkelgeschwindigkeit $\boldsymbol{\omega}$ zeigt (Abb. 29),

$$\boldsymbol{L} = mr^2\boldsymbol{\omega}. \qquad (83)$$

Die zeitliche Änderung des Drehimpulses ergibt sich durch zeitliche Differenziation von (80) und liefert einen Zusammenhang mit dem Drehmoment (76)

$$\frac{\mathrm{d}\boldsymbol{L}}{\mathrm{d}t} = \boldsymbol{r} \times \boldsymbol{F} = \boldsymbol{M}, \qquad (84)$$

d. h., die zeitliche Änderung des Drehimpulses ist dem wirkenden Drehmoment gleich. Wirkt das Drehmoment während einer Zeit $\Delta t = t_2 - t_1$, so ergibt sich die dadurch bewirkte Änderung des Drehimpulses $\Delta\boldsymbol{L}$ durch Integration von (84):

$$\Delta\boldsymbol{L} = \int_{t_1}^{t_2} \boldsymbol{M}\,\mathrm{d}t \quad (= \boldsymbol{M}\Delta t \text{ bei } \boldsymbol{M} = \text{const}). \qquad (85)$$

$\boldsymbol{M}\,\Delta$t heißt Drehmomentenstoß oder Antriebsmoment. Ist das Drehmoment zeitlich konstant, so ist die Drehimpulsänderung nach (85) der Zeit proportional.

10.2.8 Drehimpulserhaltung

Wenn kein Drehmoment wirkt ($\boldsymbol{M} = 0$), folgt aus (84), dass der Drehimpuls zeitlich konstant bleibt:

$$\boldsymbol{L} = \text{const} \quad \text{für} \quad \boldsymbol{M} = 0. \tag{86}$$

Dies ist der *Drallsatz* oder Drehimpulserhaltungssatz, der sich auch auf Teilchensysteme (siehe ▶ Abschn. 11.2 in Kap. 11, „Schwingungen, Teilchensysteme und starre Körper“) und starre Körper (siehe ▶ Abschn. 11.3 in Kap. 11, „Schwingungen, Teilchensysteme und starre Körper“) verallgemeinern lässt.

Beispiele für die Drehimpulserhaltung bei der Bewegung eines Einzelpartikels:

- Bei der gleichförmig geradlinigen Bewegung eines Massenpunktes gemäß Abb. 29 bleibt der Drehimpuls bezüglich einer beliebigen Achse nach (81) wegen $r_\perp = \text{const}$ konstant ($\boldsymbol{M} = 0$, da keine Kräfte wirken).
- Bei reinen Zentralkräften (Gravitation, siehe ▶ Kap. 14, „Gravitationswechselwirkung“; Coulomb-Kraft, siehe ▶ Kap. 15, „Elektrische Wechselwirkung“) ist $\boldsymbol{F} \parallel \boldsymbol{r}$ und demzufolge nach (76) $\boldsymbol{M} = 0$, somit nach (84) $\boldsymbol{L} = \text{const}$. Dies gilt z. B. für die gleichförmige Kreisbewegung, für die Bewegung von Planeten im Gravitationsfeld einer schweren Sonne (Kepler-Problem) oder auch für die Streuung geladener Elementarteilchen im Coulombfeld von Atomkernen (Rutherford-Streuung, siehe ▶ Kap. 18, „Starke und schwache Wechselwirkung: Atomkerne und Elementarteilchen“).

10.3 Arbeit und Energie

Bei der Verschiebung eines Körpers (Massenpunktes) P längs eines Weges $\boldsymbol{s}$ durch eine Kraft $\boldsymbol{F}$ wird eine Arbeit verrichtet. Die physikalische Größe *Arbeit* ist definiert als das Skalarprodukt aus Kraft und Weg. Bei konstanter Kraft und geradliniger Verschiebung (Abb. 30) ergibt sich die Arbeit zu

$$W = \boldsymbol{F} \cdot \boldsymbol{s} = Fs \cos \alpha. \tag{87}$$

Sind Kraft und Weg parallel ($\alpha = 0$), so ist $W = F\ s$. Steht die Kraft senkrecht auf dem Weg ($\alpha = 90°$), wird keine Arbeit verrichtet.

SI-Einheit:

$$[W] = \text{kg} \cdot \text{m}^2/\text{s}^2 = \text{N} \cdot \text{m} = \text{W} \cdot \text{s} = \text{J} \ \ (\text{Joule}).$$

Bei einem beliebigen Weg und/oder einer ortsveränderlichen Kraft kann (87) nur auf ein kleines Wegelement $\Delta\boldsymbol{s} = \Delta\boldsymbol{r}$ näherungsweise angewendet werden (Abb. 30):

$$\begin{aligned} \Delta W &= \boldsymbol{F}(\boldsymbol{r}) \cdot \Delta\boldsymbol{s} = \boldsymbol{F}(\boldsymbol{r}) \cdot \Delta\boldsymbol{r} \\ &= F(s) \cos \alpha(s) \Delta s. \end{aligned} \tag{88}$$

Die Gesamtarbeit bei Verschiebung von 1 nach 2 ergibt sich dann aus (88) durch Integration längs des Weges (Abb. 30):

$$W_{12} = \int_1^2 \boldsymbol{F}(\boldsymbol{r}) \cdot \mathrm{d}\boldsymbol{s} = \int_1^2 F(s) \cos \alpha(s) \ \mathrm{d}s. \tag{89}$$

Allgemein gilt also: Die *Arbeit* ist das *Wegintegral der angewandten Kraft*.

Die einem Körper oder einem System geeignet zugeführte Arbeit erhöht dessen Fähigkeit, seinerseits Arbeit zu verrichten. Diese Fähigkeit, Arbeit zu verrichten, wird als Energie bezeichnet und in denselben Einheiten wie die Arbeit gemessen.

Wird die Arbeit W in einer Zeit t verrichtet, so wird der Quotient beider Größen als *Leistung* bezeichnet. Man definiert als *mittlere Leistung*

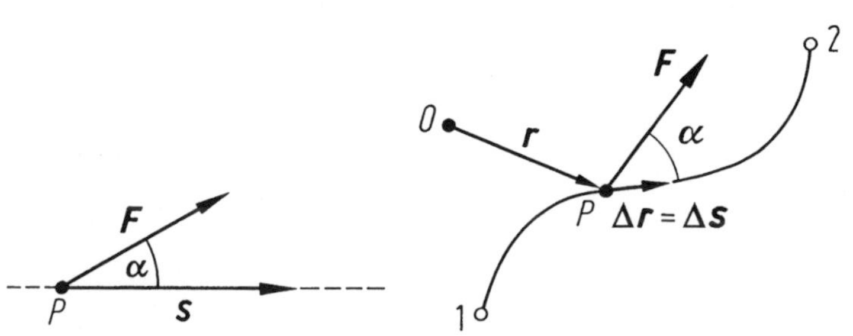

Abb. 30 Zur Definition der Arbeit

$$\bar{P} = \frac{W}{t}, \tag{90}$$

und als *Momentanleistung*

$$P(t) = \frac{\mathrm{d}W(t)}{\mathrm{d}t}. \tag{91}$$

Mit (88) und der Definition (3) der Geschwindigkeit folgt daraus

$$P = \boldsymbol{F} \cdot \boldsymbol{v}. \tag{92}$$

$$\text{SI-Einheit} : [P] = \mathrm{J/s} = \mathrm{W} \ \ (\text{Watt}).$$

Eine wichtige Rolle bei den Integralprinzipien der Mechanik und in der Quantenmechanik spielt ferner die Größe *Wirkung* mit der Dimension

$$\begin{aligned} \text{Wirkung} &= \text{Arbeit} \cdot \text{Zeit} = \text{Impuls} \cdot \text{Länge} \\ &= \text{Länge}^2 \cdot \text{Zeit}^{-1} \cdot \text{Masse} \end{aligned}$$
$$\text{SI-Einheit}:$$
$$[\text{Wirkung}] = \mathrm{N \cdot m \cdot s} = \mathrm{J \cdot s} = \mathrm{kg \cdot m^2/s}.$$

10.3.1 Beschleunigungsarbeit, kinetische Energie

Beim Beschleunigen eines Körpers (Massenpunktes) der Masse m gegen seine Trägheit muss Arbeit verrichtet werden, die dann als Bewegungsenergie oder *kinetische Energie* E_k im Körper steckt. Das Arbeitsintegral (58) liefert mit (60) und (4)

$$W = \int_0^s \boldsymbol{F} \cdot \mathrm{d}\boldsymbol{s} = \int_0^v m\boldsymbol{v} \cdot \mathrm{d}\boldsymbol{v} = \frac{m}{2} v^2 = E_k. \tag{93}$$

Die durch die Beschleunigungsarbeit dem Körper erteilte kinetische Energie E_k hängt eindeutig von seiner Masse m und dem Betrag seiner Geschwindigkeit v bzw. seines Impulses p ab:

$$E_k = \frac{m}{2} v^2 = \frac{p^2}{2m}. \tag{94}$$

Bei Beschleunigung eines Massenpunktes von $\boldsymbol{v}_1$ auf $\boldsymbol{v}_2$ (Abb. 31) ergibt sich die erforderliche Beschleunigungsarbeit analog zu (93)

$$W_{12} = \int_1^2 \boldsymbol{F} \cdot \mathrm{d}\boldsymbol{s} = \frac{m}{2} v_2^2 - \frac{m}{2} v_1^2, \tag{95}$$

$$W_{12} = E_{k2} - E_{k1}. \tag{96}$$

Die an einem Körper geleistete Beschleunigungsarbeit ist gleich der Änderung seiner kinetischen Energie (vgl. Energieflussdiagramm Abb. 31).

10.3.2 Potenzielle Energie, Hub- und Spannungsarbeit

Die Arbeit W_{12}, die durch eine räumlich und zeitlich konstante Kraft $\boldsymbol{F}$ an einem Körper verrichtet wird, der sich infolge dieser Kraft lediglich gegen seine Trägheit längs verschiedener Wege (z. B. auf den Wegen s_1 oder s_2 in Abb. 32) von 1 nach 2 bewegt, ergibt sich aus dem Wegintegral der Kraft zu

$$W_{12} = \int_1^2 \boldsymbol{F} \cdot \mathrm{d}\boldsymbol{r} = \boldsymbol{F} \cdot \boldsymbol{r}_2 - \boldsymbol{F} \cdot \boldsymbol{r}_1 \quad \text{für} \quad \boldsymbol{F} = \text{const.} \tag{97}$$

Das Ergebnis ist nur von der Lage der Punkte 1 und 2 bzw. von deren Ortsvektoren $\boldsymbol{r}_1$ und $\boldsymbol{r}_2$ abhängig, nicht dagegen von der Wahl der Weg-

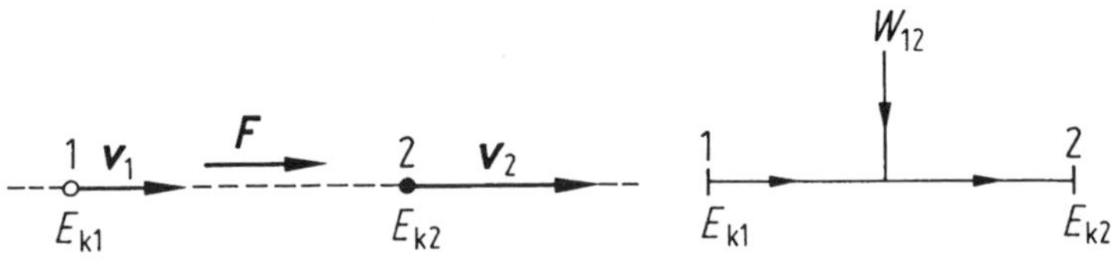

Abb. 31 Beschleunigungsarbeit und Energieflussdiagramm

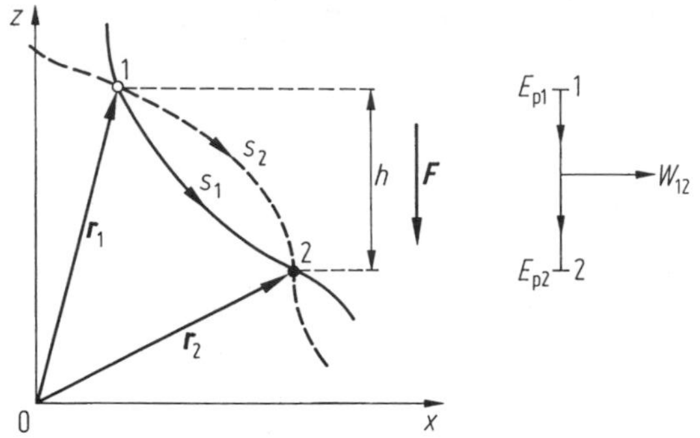

Abb. 32 Potenzielle Energie bei konstanter Kraft, Energieflussdiagramm

kurve; für die Wege s_1 und s_2 in Abb. 32 ist das Ergebnis (97) dasselbe:

Bei konstanter Kraft ist die Arbeit unabhängig vom Wege. Kräfte, für die eine Unabhängigkeit der Arbeit vom Wege gegeben ist, werden *konservative Kräfte* genannt.

Da W_{12} in (97) nur von der Differenz zweier gleichartiger Größen $\boldsymbol{F}\cdot\boldsymbol{r}_i$ von der Dimension einer Energie abhängt, ist es sinnvoll, jedem Ort dieses Kraftfeldes eine entsprechende, nur vom Orte $\boldsymbol{r}$ (der „Lage") abhängige Energiegröße zuzuordnen, sodass sich durch Differenzbildung dieser Größen für zwei Punkte stets sofort die Arbeit ergibt, die bei der Bewegung eines Körpers zwischen den beiden Punkten verrichtet wird. Diese Größe wird Energie der Lage oder *potenzielle Energie* E_p genannt. In unserem Falle ist

$$E_p(\boldsymbol{r}) = -\boldsymbol{F}\cdot\boldsymbol{r} \quad \text{für} \quad \boldsymbol{F} = \text{const.} \tag{98}$$

Das Vorzeichen ist so gewählt, dass die potenzielle Energie E_p sinkt, wenn der Körper der Kraft folgt, also vom Kraftfeld Arbeit an dem Körper verrichtet wird ($W > 0$; vgl. Energieflussdiagramm, Abb. 32). Man kann das so auffassen, dass der Körper potenzielle Energie „verzehrt", z. B. als Reibungsarbeit an seine Umgebung abgibt oder in kinetische Energie umwandelt. Gl. (98) in (97) eingesetzt ergibt die Beziehung

$$W_{12} = E_{p1} - E_{p2}, \tag{99}$$

die allgemein für *konservative Kräfte* gilt:

Die Differenz der potenziellen Energien eines Körpers an zwei Punkten 1 und 2 ist gleich der Arbeit, die von der wirkenden konservativen Kraft an dem Körper geleistet wird, wenn sie ihn von 1 nach 2 bringt.

Ist das Kraftfeld konservativ, aber $\boldsymbol{F} = \boldsymbol{F}(\boldsymbol{r})$, so gilt (98) näherungsweise nur für kleine Verschiebungen $\Delta\boldsymbol{r}$:

$$\Delta E_p = -\boldsymbol{F}(\boldsymbol{r})\cdot\Delta\boldsymbol{r}. \tag{100}$$

Wird der Weg parallel zu $\boldsymbol{F}(\boldsymbol{r})$ gewählt, so lässt sich der Betrag von $\boldsymbol{F}(\boldsymbol{r})$ aus der örtlichen Änderung der potenziellen Energie längs $\boldsymbol{F}(\boldsymbol{r})$ berechnen:

$$F = -\left(\frac{\mathrm{d}E_p}{\mathrm{d}r}\right)_{\mathrm{d}\boldsymbol{r}\parallel\boldsymbol{F}}. \tag{101}$$

Allgemein lautet dieser Zusammenhang bei Verwendung des Operators Gradient

$$\boldsymbol{F} = -\text{grad } E_p. \tag{102}$$

Potenzielle Energie im Erdfeld, Hubarbeit

In hinreichend kleinen Bereichen an der Erdoberfläche kann die Schwerebeschleunigung als konstant angesehen werden, es gilt also $\boldsymbol{F} = \boldsymbol{F}_G = m\,\boldsymbol{g} = \text{const}$. Da $\boldsymbol{g} = (0{,}0,\,-g)$ nur eine z-Komponente hat, folgt aus (98) für die potenzielle Energie im Erdfeld

$$E_p = -m\boldsymbol{g}\cdot\boldsymbol{r} = mgz. \tag{103}$$

Wird ein Körper der Masse m auf einer Bahn (z. B. s_1 in Abb. 14) durch die Schwerkraft von 1 nach 2 bewegt, so ist die lediglich gegen seine Trägheit verrichtete Arbeit nach (99) und (103)

$$W_{12} = mg(z_1 - z_2) = mgh, \tag{104}$$

d. h., die Arbeit hängt nur von der Höhendifferenz $z_1 - z_2 = h$ (vgl. Abb. 32) ab. Wie die Höhendifferenz durchlaufen wird, ob schräg, vertikal oder auf einer beliebigen Kurve, spielt keine Rolle. Wenn der Körper um eine Höhe h angehoben wird, so wird an ihm von einer äußeren Kraft F^a Arbeit gegen die Schwerkraft verrichtet. Hierfür sind die

Richtungen im Energieflussdiagramm Abb. 32 umzukehren. In diesem Falle ergibt sich für die Hubarbeit der äußeren Kraft

$$W_{21}^{a} = -W_{21} = W_{12} = E_{p1} - E_{p2} = mgh. \quad (105)$$

Potenzielle Energie der Deformation, Verformungsarbeit
Die bei der Verformung elastischer Körper, z. B. bei der Dehnung einer Feder (Abb. 17), aufzuwendende *Verformungsarbeit* ergibt sich aus (89) mit $\boldsymbol{F} = c\,\boldsymbol{x}$ (vgl. Abschn. 10.2.3.1)

$$W = \int_0^x c\boldsymbol{x} \cdot \mathrm{d}\boldsymbol{x} = \frac{1}{2}cx^2. \quad (106)$$

Die Verformungsarbeit wird als potenzielle Energie (*Spannungsenergie*) gespeichert:

$$E_p = \frac{1}{2}cx^2. \quad (107)$$

Da sich gemäß (99) die Arbeit als Differenz zweier nur vom Ort abhängiger potenzieller Energien ergibt, lässt sich zu E_p stets eine beliebige, aber für alle $\boldsymbol{r}$ gleiche Konstante hinzufügen, da sie bei der Arbeitsberechnung herausfällt. Dies lässt sich ausnutzen, um den Nullpunkt der Energieskala geeignet zu wählen.

Die potenzielle Energie ist nur bis auf eine beliebige, vom Ort unabhängige Konstante bestimmt.

10.3.3 Energieerhaltung bei konservativen Kräften

Wirkt eine konservative Kraft auf einen Körper (Massenpunkt), so ist die Arbeit für die durch die Kraft bewirkte Änderung der kinetischen Energie durch (96) gegeben. Die potenzielle Energie ändert sich dabei gleichzeitig um den durch (99) gegebenen Betrag. Gleichsetzung beider Beziehungen liefert

$$E_{k1} + E_{p1} = E_{k2} + E_{p2}. \quad (108)$$

Führt man die Summe aus kinetischer und potenzieller Energie als *Gesamtenergie*

$$E = E_k + E_p$$

ein, so bleibt nach (108) bei der Bewegung des Körpers von 1 nach 2 die Gesamtenergie E offenbar ungeändert. Das ist die Aussage des *Energieerhaltungssatzes der Mechanik*:

$$E = E_k + E_p = \text{const.} \quad (109)$$

Bei konservativen Kräften bleibt die Gesamtenergie (Summe aus kinetischer und potenzieller Energie) konstant.

Die kinetische Energie kann auch Rotationsenergie (bei ausgedehnten Körpern, vgl. ▶ Kap. 11, „Schwingungen, Teilchensysteme und starre Körper") enthalten.

Beispiele für die Anwendung des Energiesatzes:

Freier Fall eines Körpers im Erdfeld
Für den freien Fall einer Masse m aus einer Höhe $z_{max} = h$ lautet der Energiesatz mit (94) und (103) für eine Höhe z (Abb. 33)

$$\frac{1}{2}mv^2 + mgz = E = mgz_{max}, \quad (110)$$

woraus sich die Geschwindigkeit in der Höhe z zu

$$v = \sqrt{2g(z_{max} - z)} \quad (111)$$

und die Aufprallgeschwindigkeit bei $z = 0$ zu

$$v_{max} = \sqrt{2gh} \quad (112)$$

ergibt, vgl. (100). Beim Fall von $z_{max} = h$ bis $z = 0$ wird also potenzielle Energie $E_p = m\,g\,h$ vollständig in kinetische Energie $E_k = mv_{max}^2/2$ umgewandelt.

Kugeltanz
Ist der fallende Körper in Abb. 33 eine Stahlkugel und die Unterlage bei $z = 0$ eine Stahlplatte, so verformen sich beide Körper elastisch (Abb. 18). Dabei wird die kinetische Energie der Kugel in potenzielle Energie der Verformung (Spannungsenergie) umgewandelt. Die dadurch auftretende rücktreibende Kraft bewirkt eine Rückwandlung

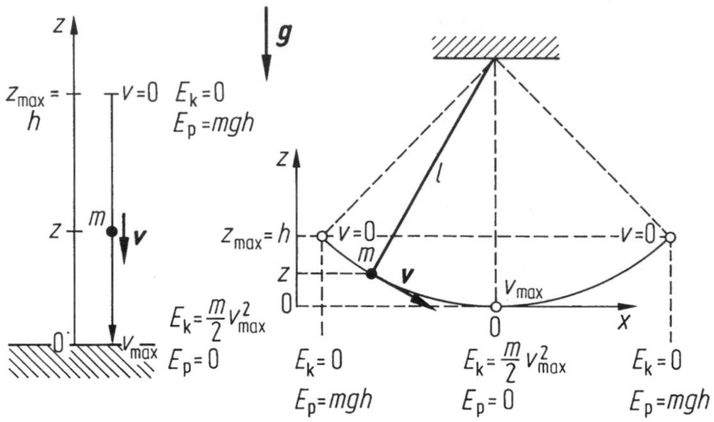

Abb. 33 Energieerhaltung beim freien Fall und beim Pendel

der Spannungsenergie in kinetische Energie, die Kugel prallt ab und bewegt sich wieder aufwärts bis $z_{\max} = h$ (bei vernachlässigter Reibung), worauf sich der Vorgang periodisch wiederholt.

Fadenpendel im Erdfeld

In den Umkehrpunkten eines schwingenden Fadenpendels (Abb. 33) ist $v = 0$ und damit $E_k = 0$, jedoch E_p maximal. Umgekehrt ist es im Nulldurchgang. Es wird also periodisch potenzielle Energie $E_p = m\,g\,h$ in kinetische Energie $E_k = mv_{\max}^2/2$ und wieder in potenzielle Energie umgewandelt. Die Rechnung ist identisch mit der im ersten Beispiel, die Geschwindigkeit im Nulldurchgang ist durch (112) gegeben.

Durch Taylor-Entwicklung (vgl. Teil Mathematik) findet man $z \approx x^2/(2\,l)$ und damit aus $E_p = m\,g\,z$

$$E_p \approx \frac{mg}{2l}x^2, \qquad (113)$$

also eine parabolische Abhängigkeit ($\sim x^2$) der potenziellen Energie des Pendels von der horizontalen Auslenkung. Dieser wichtige Fall liegt allgemein bei harmonischen Schwingungen (vgl. ▶ Abschn. 11.1.2 in Kap. 11, „Schwingungen, Teilchensysteme und starre Körper") vor.

10.3.4 Energiesatz bei nichtkonservativen Kräften

In Umkehrung der Definition konservativer Kräfte in Abschn. 10.3.2 hängt bei nichtkonservativen Kräften die Arbeit meistens vom Wege ab. Wird z. B. Arbeit allein gegen Reibungskräfte verrichtet, etwa beim Verschieben eines Klotzes auf einer horizontalen Unterlage (Abb. 34), so ist die Arbeit gemäß (89) offensichtlich davon abhängig, ob die Verschiebung von 1 nach 2 über A oder B erfolgt:

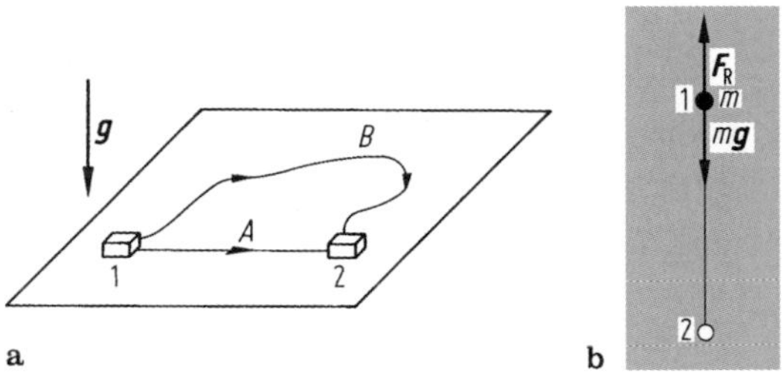

Abb. 34 Zum Energiesatz beim Auftreten von Reibungskräften

$$W_{12,A} < W_{12,B}.$$

Die verrichtete Arbeit dient hier nicht zur Erzeugung oder Änderung von $E = E_k + E_p$, sodass (96) und (99) nicht gültig sind.

Allgemein gilt der Energieerhaltungssatz der Mechanik gemäß (109) bei Auftreten von Reibungskräften nicht mehr, sondern muss durch weitere Energieterme ergänzt werden.

Sinkt z. B. ein Körper in einer zähen Flüssigkeit unter Wirkung des Erdfeldes von 1 nach 2 (Abb. 34), so wird ein Teil der bei 1 vorhandenen Energie $E_1 = E_{k1} + E_{p1}$ in Reibungsarbeit W_R umgesetzt, sodass bei 2 die Summe aus kinetischer und potenzieller Energie E_2 kleiner als bei

1 ist. Der Energiesatz muss daher durch W_R ergänzt werden:

$$E_{k1} + E_{p1} = E_{k2} + E_{p2} + W_R. \tag{114}$$

Die Reibungsarbeit äußert sich letztlich in Wärmeenergie. Der Energieerhaltungssatz in allgemeiner Form ist der I. Hauptsatz der Wärmelehre (vgl. ▶ Kap. 12, „Statistische Mechanik – Thermodynamik").

10.3.5 Relativistische Dynamik

Die Grundgleichung der klassischen Dynamik (klassische Bewegungsgleichung) ist das Newton'sche Kraftgesetz (60)

$$\boldsymbol{F} = \frac{\mathrm{d}}{\mathrm{d}t}(m_0 \boldsymbol{v}) = m_0 \frac{\mathrm{d}\boldsymbol{v}}{\mathrm{d}t} = m_0 \boldsymbol{a}, \tag{115}$$

wobei gegenüber (60) bei der Masse m der Index 0 hinzugefügt wurde, um die im Sinne der klassischen Mechanik zeit- und geschwindigkeitsunabhängige Masse m_0 von der noch einzuführenden relativistischen Masse m zu unterscheiden. Diese klassische Grundgleichung ist nun so zu ändern, dass sie dem Relativitätsprinzip der speziellen Relativitätstheorie genügt, nämlich, dass alle physikalischen Gesetze invariant gegen die Lorentz-Transformation sind (vgl. Abschn. 10.1.3.2). Dazu werde das bewegte System S′ in den Massenpunkt mit der Geschwindigkeit $\boldsymbol{v}$ gelegt.

Aufgrund der für einen sog. Vierervektor der Geschwindigkeit (der hier nicht behandelt wird), zu fordernden Eigenschaften (Unabhängigkeit des Zeitdifferenzials vom Bewegungszustand des Beobachters) folgt für die Raumkomponente der „relativistischen" Geschwindigkeit des Massenpunktes

$$\boldsymbol{u} = \frac{\mathrm{d}\boldsymbol{r}}{\mathrm{d}\tau}, \tag{116}$$

worin $\boldsymbol{r}$ der Ortsvektor im System des Beobachters und τ die Eigenzeit des Massenpunktes ist. Letzteres hängt mit der Zeit t des Beobachters gemäß (49) zusammen:

$$\tau = \sqrt{1-\beta^2}\, t \quad \text{mit} \quad \beta = v/c_0, \tag{117}$$

sodass mit $\boldsymbol{v} = \mathrm{d}\boldsymbol{r}/\mathrm{d}t$ für die Raumkomponente der „relativistischen" Geschwindigkeit folgt

$$\boldsymbol{u} = \frac{\boldsymbol{v}}{\sqrt{1-\beta^2}}, \tag{118}$$

und entsprechend für die Raumkomponente des relativistischen Impulses

$$\boldsymbol{p} = m_0 \boldsymbol{u} = \frac{m_0 \boldsymbol{v}}{\sqrt{1-\beta^2}}. \tag{119}$$

m_0 wird hier als die Ruhemasse des bewegten Massenpunktes bezeichnet, d. h., m_0 ist die Masse in seinem eigenen Koordinatensystem ($\beta = 0$). Damit lautet die Grundgleichung der relativistischen Dynamik:

$$\boldsymbol{F} = \frac{\mathrm{d}}{\mathrm{d}t}\left(\frac{m_0 \boldsymbol{v}}{\sqrt{1-\beta^2}}\right). \tag{120}$$

Für kleine Geschwindigkeiten geht (120) in die klassische Bewegungsgleichung (115) über. In (120) lässt sich der Gesamtkoeffizient von $\boldsymbol{v}$ als nunmehr geschwindigkeitsabhängige relativistische Masse m auffassen:

$$m = m(v) = \frac{m_0}{\sqrt{1-\beta^2}}. \tag{121}$$

Für $v \to c_0$ geht m nach unendlich (Abb. 35). Daraus folgt: Für Partikel mit endlicher Ruhemasse m_0 ist die Lichtgeschwindigkeit nicht zu erreichen, denn wegen $m \to \infty$ für $v \to c_0$ müsste die beschleunigende Kraft $\boldsymbol{F}$ unendlich werden, d. h.:

Die Vakuumlichtgeschwindigkeit ist die obere Grenze für Partikelgeschwindigkeiten.

Die kinetische Energie im relativistischen Fall lässt sich wie im klassischen Fall aus der Arbeit berechnen, die bei Beschleunigung eines Massenpunktes der Ruhemasse m_0 von 0 auf die Geschwindigkeit $\boldsymbol{v}$ verrichtet wird:

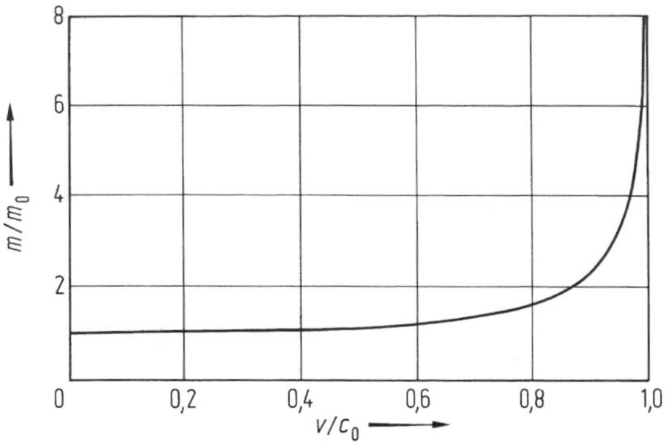

Abb. 35 Relativistische Abhängigkeit der Masse von der Geschwindigkeit

$$E_\mathrm{k} = W = \int \boldsymbol{F} \cdot \mathrm{d}\boldsymbol{r} = \int \boldsymbol{F} \cdot \boldsymbol{v}\ \mathrm{d}t. \tag{122}$$

Für das Integral ergibt sich mit (120)

$$\begin{aligned}\int \boldsymbol{F} \cdot \mathrm{d}\boldsymbol{r} &= \int \boldsymbol{v} \cdot \boldsymbol{F}\ \mathrm{d}t = \int \boldsymbol{v} \cdot \frac{\mathrm{d}}{\mathrm{d}t}\left(\frac{m_0 \boldsymbol{v}}{\sqrt{1-\beta^2}}\right)\mathrm{d}t \\ &= \int \frac{m_0 \boldsymbol{v}}{\left(1-\beta^2\right)^{3/2}}\mathrm{d}\boldsymbol{v} = \int \mathrm{d}\left(\frac{m_0 c_0^2}{\sqrt{1-\beta^2}}\right).\end{aligned}$$

Die Gleichheit der Differenzialausdrücke lässt sich durch Ausführen der Differenziationen zeigen. Damit folgt aus (122)

$$\begin{aligned}E_\mathrm{k} &= \int_0^v \mathrm{d}\left(\frac{m_0 c_0^2}{\sqrt{1-\beta^2}}\right) \\ &= \frac{m_0 c_0^2}{\sqrt{1-\beta^2}} - m_0 c_0^2,\end{aligned} \tag{123}$$

bzw. mit (121) für die *relativistische kinetische Energie*

$$E_\mathrm{k} = m c_0^2 - m_0 c_0^2 = (m - m_0) c_0^2. \tag{124}$$

Für kleine Geschwindigkeiten geht (124) in den klassischen Ausdruck für die kinetische Energie über, wie sich durch Reihenentwicklung der Wurzel in (123) zeigen lässt:

$$\begin{aligned}E_\mathrm{k} &= m_0 c_0^2\left[1 + \frac{1}{2}\beta^2 + \frac{3}{8}\beta^4 + \ldots - 1\right] \\ &= \frac{1}{2} m_0 v^2\left[1 + \frac{3}{4}\beta^2 + \ldots\right].\end{aligned} \tag{125}$$

In erster Näherung ergibt sich also der klassische Wert $E_\mathrm{k} = m_0\, v^2/2$. Die Beziehung (124) lässt sich auch in der Form schreiben

$$E = E_0 + E_\mathrm{k}, \tag{126}$$

worin

$$E_0 = m_0 c_0^2 \tag{127}$$

die Bedeutung einer *Ruheenergie* hat und

$$E = m c_0^2 \tag{128}$$

die *Gesamtenergie* des bewegten freien Teilchens entsprechend (126) darstellt. Bewegt sich das Teilchen in einem konservativen Kraftfeld, so tritt noch die potenzielle Energie hinzu. Unter Berücksichtigung der Ruheenergie lautet also der Energiesatz der Mechanik nunmehr

$$\begin{aligned}E &= m c_0^2 + E_\mathrm{p} = m_0 c_0^2 + E_\mathrm{k} + E_\mathrm{p} \\ &= \text{const.}\end{aligned} \tag{129}$$

Nach (128) entspricht der Energie E eine träge Masse

$$m = \frac{E}{c_0^2}. \tag{130}$$

Die hier für die kinetische Energie abgeleiteten Beziehungen (127), (128) und (130) haben nach Einsteins Relativitätstheorie allgemeine Gültigkeit:

Für alle Energieformen gilt die Äquivalenz von Energie und Masse.

Wegen des großen Wertes von c_0 können Massen als gewaltige Energieanhäufungen betrachtet werden.

Der Zusammenhang zwischen Gesamtenergie $E = m\, c_0{}^2$ und Impuls $\boldsymbol{p} = m\, \boldsymbol{v}$ folgt aus (121) zu

$$E = c_0\sqrt{m_0^2c_0^2 + p^2}. \qquad (131)$$

Literatur

Handbücher und Nachschlagewerke

Bergmann, Schaefer (1999–2006) Lehrbuch der Experimentalphysik, Bd 8. Versch. Aufl. Berlin: de Gruyter
Greulich W (Hrsg) (2003) Lexikon der Physik, Bd 6. Spektrum Akademischer Verlag, Heidelberg
Hering E, Martin R, Stohrer M (2017) Taschenbuch der Mathematik und Physik, 6. Aufl. Springer, Berlin
Kuchling H Taschenbuch der Physik (2000), 21. Aufl. Hanser Fachbuchverlag, München
Rumble J (Hrsg) (2018) CRC handbook of chemistry and physics, 99. Aufl. Taylor & Francis Ltd, Gruiten
Stöcker H (2018) Taschenbuch der Physik, 8. Aufl. Europa-Lehrmittel Nourney,Vollmer GmbH & Co. KG
Westphal W (Hrsg) (1952) Physikalisches Wörterbuch. Springer, Berlin

Allgemeine Lehrbücher

Alonso M, Finn E (2000) Physik, 3. Aufl. de Gruyter, Oldenbourg
Berkeley Physik-Kurs (1991) 5 Bde. Versch. Aufl. Vieweg +Teubner Verlag, Braunschweig
Demtröder W (2017) Experimentalphysik, Bd 4, 5.–8. Aufl. Springer Spektrum, Berlin
Feynman RP, Leighton RB, Sands M (2015) Vorlesungen über Physik, Bd 5. Versch. Aufl. de Gruyter, Berlin
Gerthsen C, Meschede C (2015) Physik, 25. Aufl. Springer Spektrum, Berlin
Halliday D, Resnick R, Walker J (2017) Physik, 3. Aufl. Wiley VCH, Weinheim
Hänsel H, Neumann W (2000–2002) Physik, Bd 4. Spektrum Akademischer Verlag, Heidelberg
Hering E, Martin R, Stohrer M (2016) Physik für Ingenieure, 12. Aufl. Springer Vieweg, Berlin
Niedrig H (1992) Physik. Springer, Berlin
Orear J (1992) Physik, Bd 2, 4. Aufl. Hanser, München
Paul H (Hrsg) (2003) Lexikon der Optik, Bd 2. Springer Spektrum, Berlin
Stroppe H (2018) Physik, 16. Aufl. Hanser, München
Tipler PA, Mosca G (2015) Physik, 7. Aufl. Springer Spektrum, Berlin

11 Schwingungen, Teilchensysteme und starre Körper

Heinz Niedrig und Martin Sternberg

Zusammenfassung

Schwingungen mit und ohne Dämpfung sowie mit und ohne periodische Anregung werden in allgemeiner Form und anhand von Beispielen behandelt, einschließlich des quantenmechanischen harmonischen Oszillators. Die Überlagerung von Schwingungen und die Fourieranalyse werden ebenso besprochen wie gekoppelte Oszillatoren. In die Physik von Teilchensystemen wird eingeführt und ausführlich auf Teilchenstöße eingegangen. Schließlich werden die charakteristischen Größen starrer Körper und ihre dynamischen Zusammenhänge erläutert.

11.1 Schwingungen

Schwingungen sind z. B. zeitperiodische Änderungen einer physikalischen Größe. Mechanische Schwingungen sind wiederholte, spezieller periodische Bewegungen eines Körpers um eine Ruhelage, bei denen sich jeder auftretende Bewegungszustand (Auslenkung, Geschwindigkeit, Beschleunigung) nach einer Schwingungsdauer T (Periodendauer) näherungsweise oder exakt wiederholt. Eine Schwingung entsteht durch Zufuhr von Energie an ein schwingungsfähiges System, das bei mechanischen Schwingern aus einem trägen Körper und einer rücktreibenden Kraft besteht, die bei Auslenkung aus der Ruhelage auftritt (Beispiele, siehe Abschn. 11.1.2).

Die zeitliche Darstellung einer beliebigen periodischen Bewegung, z. B. die Auslenkung (Elongation) $x = f(t)$ zeigt Abb. 1.

Periodizität einer Schwingung $f(t)$ liegt dann vor, wenn stets gilt

$$f(t) = f(t+T) . \qquad (1)$$

Die Amplitude $\hat{x}$ (Maximalwert der Auslenkung) bleibt bei periodischen Bewegungen zeitlich konstant (Abb. 1): *ungedämpfte Schwingungen*. Hierbei bleibt die zugeführte Energie erhalten (siehe Abschn. 11.1.2.2). In realen Schwingungssystemen bleibt auch bei sehr kleinen Energieverlusten die Amplitude nur angenähert während kurzer Beobachtungszeiten konstant, es sei denn, dass der Energieverlust durch periodische Energiezufuhr ausgeglichen wird.

Ist dies nicht der Fall, so liegen in realen Schwingungssystemen immer *gedämpfte Schwingungen* mit zeitlich abnehmender Amplitude $\hat{x}$ vor, die dem Kriterium der Periodizität (1) nicht mehr genügen.

H. Niedrig
Technische Universität Berlin (im Ruhestand), Berlin, Deutschland
E-Mail: heinz.niedrig@t-online.de

M. Sternberg (✉)
Hochschule Bochum, Bochum, Deutschland
E-Mail: martin.sternberg@hs-bochum.de

M. Hennecke, B. Skrotzki (Hrsg.), *HÜTTE Band 1: Mathematisch-naturwissenschaftliche und allgemeine Grundlagen für Ingenieure*, Springer Reference Technik,
https://doi.org/10.1007/978-3-662-64369-3_11

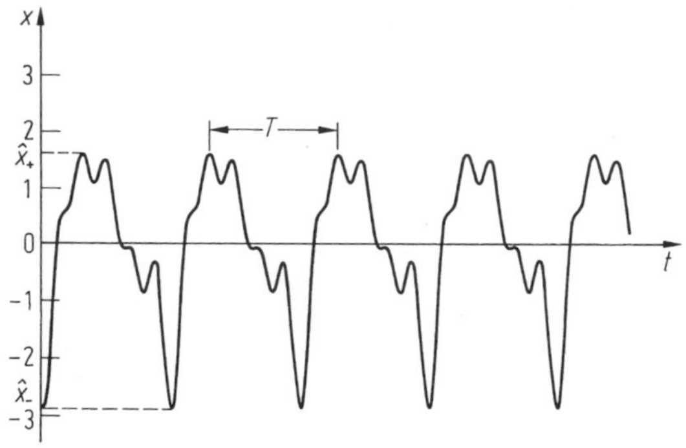

Abb. 1 Periodische Bewegung

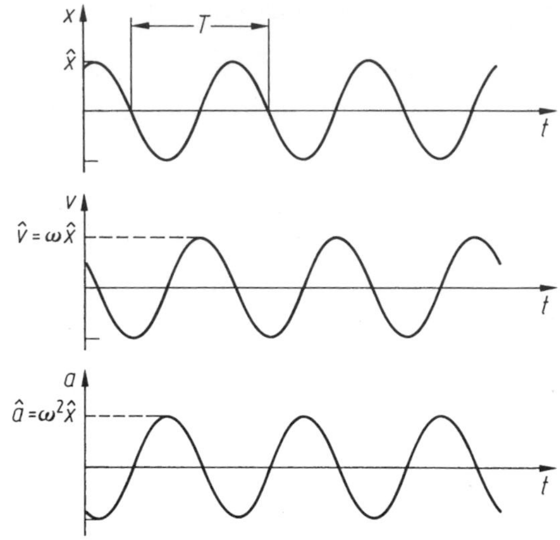

Abb. 2 Auslenkung, Geschwindigkeit und Beschleunigung als Funktion der Zeit bei der harmonischen Schwingung

11.1.1 Kinematik der harmonischen Bewegung

Eine besonders wichtige periodische Bewegung ist die *harmonische Bewegung*, bei der die Auslenkung sinus- oder cosinusförmig von der Zeit abhängt (Abb. 2). Sie tritt z. B. bei der gleichförmigen Kreisbewegung auf, wenn die Projektion des Massenpunktes auf eine der Koordinatenachsen betrachtet wird.

Mathematische Darstellung der harmonischen Bewegung:

$$x = \hat{x}\sin(\omega t + \varphi_0)\,. \tag{2}$$

Hierin sind (vgl. Abb. 2):

x	Auslenkung (Elongation) zur Zeit t
$\hat{x}$	Amplitude, Maximalwert der Auslenkung
t	Zeit
$\varphi = \omega\, t + \varphi_0$	Phase, kennzeichnet den momentanen Zustand der Schwingung
φ_0	Nullphasenwinkel (Anfangsphase), zur Zeit $t = 0$
$\omega = 2\,\pi\nu = 2\,\pi/T$	Kreisfrequenz
$\nu = 1/T$	Frequenz, Zahl der Schwingungen durch die Zeitdauer
$T = 1/\nu$	Schwingungsdauer, Periodendauer

Differenziation von (2) nach der Zeit liefert die Geschwindigkeit, nochmalige Differenziation die Beschleunigung bei der harmonischen Bewegung, die ebenfalls einen harmonischen Zeitverlauf haben, jedoch um den Phasenwinkel π/2 bzw. π gegenüber der Auslenkung phasenverschoben sind (Abb. 2):

$$v = \hat{v}\cos(\omega t + \varphi_0) \quad \text{mit} \quad \hat{v} = \omega\hat{x}\,, \tag{3}$$

$$a = -\hat{a}\sin(\omega t + \varphi_0) = -\omega^2 x \quad \text{mit} \quad \hat{a} = \omega^2\hat{x}\,. \tag{4}$$

Die Beschleunigung ist nach (4) stets entgegengesetzt zur Auslenkung gerichtet, wirkt also immer in Richtung zur Ruhelage.

11.1.2 Der ungedämpfte, harmonische Oszillator

Der harmonische Oszillator ist ein physikalisches Modell zur generalisierten Beschreibung von harmonischen Bewegungen. Solche Bewegungen treten immer dann auf, wenn in einem trägen physikalischen System kleine Auslenkungen aus einer stabilen Gleichgewichtslage lineare rücktreibende Kräfte erzeugen.

11.1.2.1 Mechanische harmonische Oszillatoren

Beispiele für Schwingungssysteme, die bei Vernachlässigung von Reibungseinflüssen (d. h. ohne Dämpfung) nach Energiezufuhr harmonische Schwingungen durchführen:

Federpendel, linearer Oszillator

Eine Auslenkung um x (Abb. 3), d. h., Zufuhr von Spannungsenergie (siehe ▶ Abschn. 10.3.2 im Kap. 10, „Mechanik von Massenpunkten"), ruft eine rücktreibende Kraft $F_f = -c\,x$ hervor (64 im ▶ Kap. 10, „Mechanik von Massenpunkten"), die bei Freigeben der Masse m zu einer Beschleunigung a führt:

$$ma = -cx\,.$$

Daraus ergibt sich die Differenzialgleichung der Federpendelschwingung:

$$m\frac{d^2x}{dt^2} = -cx\,. \tag{5}$$

Die Lösung dieser Differenzialgleichung, d. h., die Berechnung von $x = x(t)$ erfolgt durch einen harmonischen Ansatz, z. B. $x = \hat{x}\cos\omega t$. Einsetzen in (5) ergibt für ω:

$$\omega = \sqrt{\frac{c}{m}}\,, \tag{6}$$

und daraus für die Schwingungsfrequenz

$$\nu = \frac{1}{2\pi}\sqrt{\frac{c}{m}}$$

$$\text{SI-Einheit:}[\nu] = 1/\text{s} = \text{Hz (Hertz)}$$

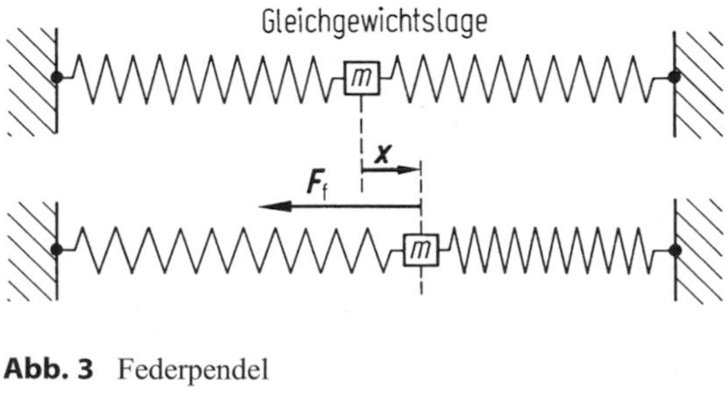

Abb. 3 Federpendel

und für die Schwingungsdauer

$$T = 2\pi\sqrt{\frac{m}{c}}\,. \tag{7}$$

Frequenz und Schwingungsdauer hängen nicht von der Schwingungsamplitude $\hat{x}$ ab, ein wichtiges Kennzeichen harmonischer Schwingungssysteme (Oszillatoren), das diese besonders zur Zeitmessung geeignet macht. Beim Federpendel gilt dies nur, solange $F_f \sim x$ (Hooke'sches Gesetz) gültig ist, d. h., solange die Federdehnung klein gegen die Federlänge bleibt.

Fadenpendel (mathematisches Pendel)

Ein Fadenpendel (Abb. 4) verhält sich wie ein mathematisches Pendel (punktförmige Masse an masselosem Faden), wenn die Masse des Fadens vernachlässigbar klein gegenüber der Pendelmasse m ist und wenn deren Abmessung vernachlässigbar klein gegenüber der Fadenlänge l ist.

Eine Auslenkung um das Bogenstück s aus der Ruhelage bedeutet im Erdfeld Zufuhr potenzieller Energie (vgl. ▶ Abschn. 10.3.3 im Kap. 10, „Mechanik von Massenpunkten"). Die Gewichtskraft $\boldsymbol{mg}$ wirkt sich als fadenspannende Normalkraft F_n und als rücktreibende Tangentialkraft $F_t = -\boldsymbol{mg}\sin\vartheta$ in $-s$-Richtung aus. Diese führt bei Freigabe der Pendelmasse zu einer Bahnbeschleunigung $a = d^2 s/d\,t^2$. Für kleine Auslenkungswinkel ϑ gilt $\sin\vartheta \approx \vartheta = s/l$ und damit

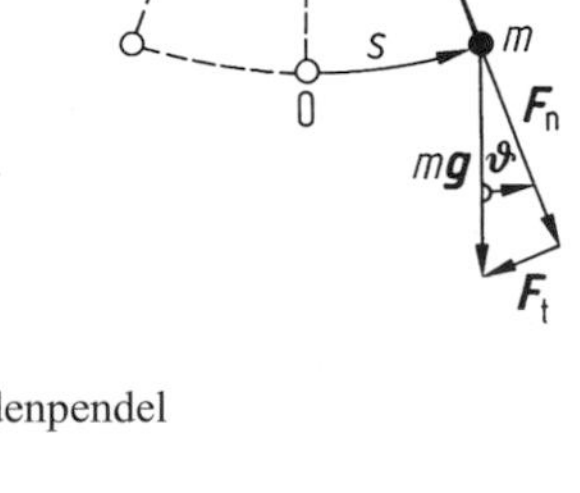

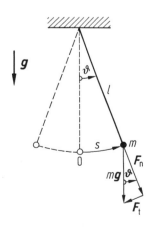

Abb. 4 Fadenpendel

$$ma \approx -\frac{mg}{l}s \quad \text{mit der Richtgröße} \quad c = \frac{mg}{l}. \qquad (8)$$

Daraus ergibt sich die Differenzialgleichung der Fadenpendelschwingung (bzw. des mathematischen Pendels):

$$\frac{d^2 s}{dt^2} = -\frac{g}{l}s\,. \qquad (9)$$

Diese Differenzialgleichung hat die gleiche mathematische Struktur wie (5). Eine Lösung erhält man durch einen entsprechenden harmonischen Ansatz, z. B. $s = \hat{s}\cos\omega t$, und Einsetzen in (9) oder einfach durch Vergleich mit (5) bis (7). Daraus folgt für die Kreisfrequenz

$$\omega = \sqrt{\frac{g}{l}}\,, \qquad (10)$$

und daraus für die Schwingungsfrequenz

$$\nu = \frac{1}{2\pi}\sqrt{\frac{g}{l}}$$

und für die Schwingungsdauer

$$T = 2\pi\sqrt{\frac{l}{g}}\,. \qquad (11)$$

Da die rücktreibende Kraft in (8) hier ebenso wie die Trägheitskraft die Masse enthält, fällt diese in der Differenzialgleichung heraus, sodass (anders als beim Federpendel) die Schwingungsdauer unabhängig von der Pendelmasse ist. Wegen der Näherung in (8) sind die Pendelschwingungen nur bei kleinen Amplituden ($\hat{\vartheta}$ unter ungefähr 8°) harmonisch.

Drehpendel, Rotationsoszillator

Drehschwingungen können bei um eine Achse drehbaren Körpern auftreten, wenn eine Auslenkung um einen Drehwinkel ϑ ein rücktreibendes Drehmoment $\boldsymbol{M} = -D\,\boldsymbol{\vartheta}$ hervorruft, das bei Freigeben des Oszillators zu einer Winkelbeschleunigung $\boldsymbol{\alpha}$ bzw. einem zunehmenden Drehimpuls $\boldsymbol{L}$ führt. Das rücktreibende Drehmoment kann z. B. durch einen Torsionsstab oder eine Spiralfeder bewirkt werden (Drehsteife, Direktionsmoment oder Winkelrichtgröße D). Der rotationsfähige Körper sei z. B. eine Hantel mit zwei Massen m im Abstand r von der Drehachse mit vernachlässigbarer Masse der Hantelachse (Abb. 5).

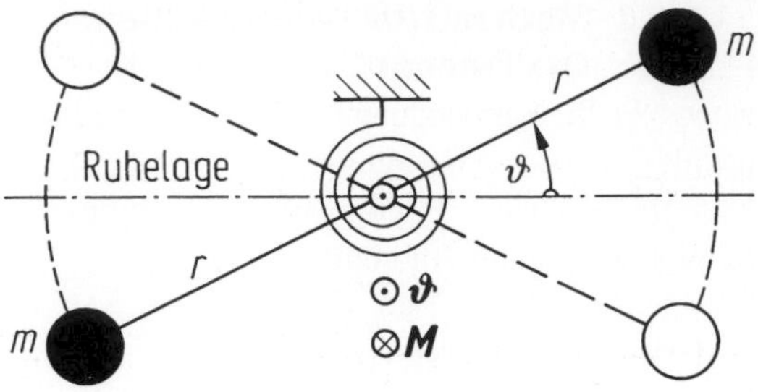

Abb. 5 Drehpendel

Der Hantelkörper hat bei Drehung um seine Symmetrieachse senkrecht zur Hantelachse (Abb. 5) einen Bahndrehimpuls (83 im ▶ Kap. 10, „Mechanik von Massenpunkten")

$$\boldsymbol{L} = 2mr^2\boldsymbol{\omega}\,. \qquad (12)$$

Mit

$$J = 2m^2\,, \qquad (13)$$

dem Trägheitsmoment des Hantelkörpers bezüglich der gegebenen Drehachse (vgl. Abschn. 11.3.2), folgt aus (12) der für beliebige Körper mit dem Trägheitsmoment J gültige Zusammenhang zwischen Drehimpuls und Winkelgeschwindigkeit (vgl. Abschn. 11.3.2)

$$\boldsymbol{L} = J\boldsymbol{\omega} = J\frac{d\boldsymbol{\vartheta}}{dt}\,. \qquad (14)$$

Mit (84) im ▶ Kap. 10, „Mechanik von Massenpunkten" folgt $\boldsymbol{M} = d\boldsymbol{L}/d\,t = -D\boldsymbol{\vartheta}$ und daraus mit (14) die Differenzialgleichung der Drehschwingung

$$J\frac{d^2\vartheta}{dt^2} = -D\vartheta\,. \qquad (15)$$

Wie in den vorher behandelten Beispielen folgt mithilfe eines harmonischen Lösungsansatzes, z. B. $\vartheta = \hat{\vartheta}\cos 2\pi\nu t$, durch Einsetzen in (15) für die Frequenz ν

$$\nu = \frac{1}{2\pi}\sqrt{\frac{D}{J}}$$

und für die Schwingungsdauer

$$T = 2\pi\sqrt{\frac{J}{D}}\,. \qquad (16)$$

(Beachte: ω ist hier die Winkelgeschwindigkeit des schwingenden Körpers, nicht – wie in den vorangehenden Beispielen – die Kreisfrequenz der Schwingung.)

Physikalisches Pendel
Wird ein beliebiger Körper an einer Drehachse außerhalb seines Schwerpunktes (Massenzentrum, vgl. Abschn. 11.3.1) im Schwerefeld aufgehängt (Abb. 6), so kann dieser ebenfalls Pendelschwingungen durchführen. Die rücktreibende Kraft wird hier wie beim Fadenpendel von der Tangentialkomponente der Gewichtskraft $F_t = -m\,g \sin\vartheta \approx -m\,g\,\vartheta$ an die Bahn des Schwerpunktes S geliefert. Sie erzeugt ein rücktreibendes Drehmoment

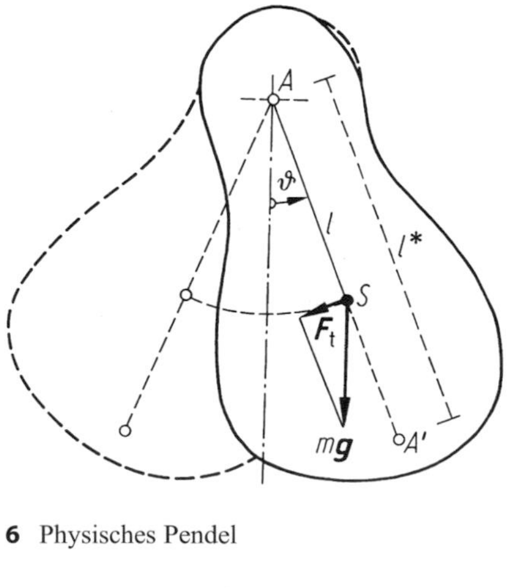

Abb. 6 Physisches Pendel

$$M = lF_t = -D\vartheta \quad \text{mit} \quad D = mgl \qquad (17)$$

als Winkelrichtgröße.

Damit folgt aus (16) für die Frequenz

$$\nu = \frac{1}{2\pi}\sqrt{\frac{mgl}{J_A}}\,,$$

und für die Schwingungsdauer des physikalischen (oder physischen) Pendels

$$T = 2\pi\sqrt{\frac{J_A}{mgl}}\,. \qquad (18)$$

Wegen der verwendeten Näherung sin $\vartheta \approx \vartheta$ gilt (18) nur für Winkel unter ungefähr 8°. J_A ist das Trägheitsmoment des Körpers bezüglich der Drehachse A (vgl. Abschn. 11.3.2). Ein mathematisches Pendel gleicher Schwingungsdauer müsste eine Länge

$$l^* = \frac{J_A}{ml}\,, \quad \text{die sog. reduzierte Pendellänge}\,, \qquad (19)$$

haben. Die in Abb. 6 von A über S aufgetragene reduzierte Pendellänge definiert den Schwingungs- oder Stoßmittelpunkt A'. Wie beim mathematischen Pendel der Länge l^* (20) müssen schwingungsanregende Stöße gegen diesen Punkt gerichtet sein, um Stoßkräfte auf den Aufhängepunkt zu vermeiden.

Es lässt sich zeigen, dass die reduzierte Pendellänge l^* (20) und damit die Schwingungsdauer

$$T = 2\pi\sqrt{\frac{l^*}{g}} \qquad (20)$$

sich nicht ändern, wenn statt A der Punkt A' als Drehpunkt gewählt wird. Dies wird bei den *Reversionspendeln* ausgenutzt, die zur Präzisionsbestimmung der Erdbeschleunigung g verwendet werden.

11.1.2.2 Schwingungsgleichung und Schwingungsenergie des harmonischen Oszillators

Die Differenzialgleichungen der verschiedenen Pendelschwingungen in Abschn. 11.1.2.1, (5), (9) und (15) haben alle dieselbe mathematische Struktur. Ersetzt man darin die lineare Auslenkung x, die Bogenauslenkung s, die Winkelauslenkung ϑ usw. durch eine generalisierte Koordinate ξ, die auch Druck p, elektrische Feldstärke $\boldsymbol{E}$, magnetische Feldstärke $\boldsymbol{H}$ usw. bedeuten kann, sowie die Konstanten mithilfe von (6), (10) und (16) durch die Kreisfrequenz $\omega = \omega_0$, so folgt für die generalisierte Schwingungsgleichung des harmonischen Oszillators

$$\frac{\mathrm{d}^2\xi}{\mathrm{d}t^2} + \omega_0^2\xi = 0\,. \tag{21}$$

Sie hat die allgemeine Lösung

$$\xi = \hat{\xi}\sin(\omega_0 t + \varphi_0) \tag{22}$$

mit den beiden wählbaren Konstanten $\hat{\xi}$ und φ_0. Sie lassen sich z. B. durch die *Anfangsbedingungen* festlegen, d. h. durch Vorgabe von Auslenkung und Geschwindigkeit bei $t = 0$. Wird z. B. der Oszillator bei $t = 0$ mit der Auslenkung $\xi(0) = \xi_0$ freigegeben, ohne ihm gleichzeitig eine Geschwindigkeit zu erteilen, d. h., $v(0) = \dot{\xi}(0) = 0$, so folgt aus den beiden Bedingungen: $\varphi_0 = \pi/2$ und $\xi_0 = \hat{\xi}$, sodass die spezielle Lösung für diesen Fall $\xi = \hat{\xi}\cos\omega_0 t$ lautet. Die Lösung der Schwingungsgleichung (21) ist also eine harmonische Schwingung mit zeitlich konstanter Amplitude $\hat{\xi}$ (ungedämpfte Schwingung).

Der *Energieinhalt des harmonischen Oszillators* wird am Beispiel des Federpendels berechnet (vgl. Abschn. 11.1.2.1). Auslenkung x und Geschwindigkeit v sind bei der Federpendelschwingung durch (2) und (3) und (6) gegeben:

$$x = \hat{x}\sin(\omega_0 t + \varphi_0) \quad \text{und} \quad v = \omega_0\hat{x}\cos(\omega_0 t + \varphi_0) \tag{23}$$

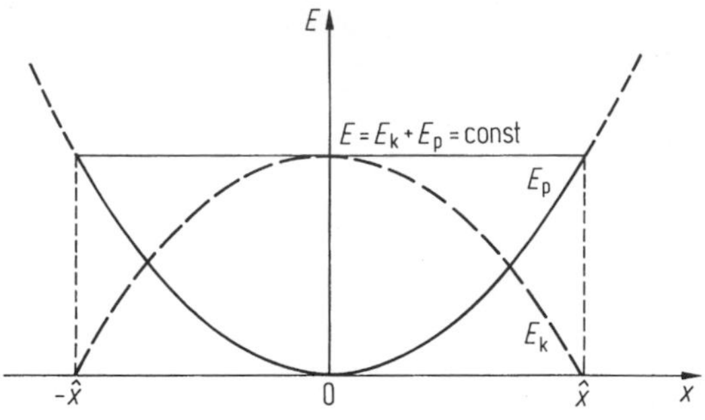

Abb. 7 Potenzielle und kinetische Energie des harmonischen Oszillators als Funktion der Auslenkung

mit

$$\omega_0 = \sqrt{c/m} \quad \text{bzw.} \quad c = m\omega_0^2\,. \tag{24}$$

Damit folgt für die kinetische Energie (vgl. ▶ Abschn. 10.3.1 im Kap. 10, „Mechanik von Massenpunkten") zu einem Zeitpunkt t

$$E_\mathrm{k} = \frac{1}{2}mv^2 = \frac{1}{2}m\omega_0^2(\hat{x}^2 - x^2)\,. \tag{25}$$

Für die potenzielle Energie ergibt sich gemäß (107) im ▶ Kap. 10, „Mechanik von Massenpunkten" und mit (24) ein parabelförmiger Verlauf über der Auslenkung x (Abb. 7):

$$E_\mathrm{p} = \frac{1}{2}cx^2 = \frac{1}{2}m\omega_0^2x^2\,. \tag{26}$$

Die Gesamtenergie ist damit

$$E = E_\mathrm{k} + E_\mathrm{p} = \frac{1}{2}m\omega_0^2\hat{x}^2 = \frac{1}{2}c\hat{x}^2 = \mathrm{const}\,, \tag{27}$$

also zeitlich konstant, da die Federkraft eine konservative Kraft ist.

Es findet eine periodische Umwandlung von potenzieller in kinetische Energie statt und umgekehrt.

Die zeitliche Mittelung über eine Periodendauer T

$$\overline{E} = \frac{1}{T}\int_0^T E(t)\mathrm{d}t \qquad (28)$$

ergibt durch Einsetzen von (25), (26) und (23) in (28) und Ausführen der Integration, dass die zeitlichen Mittelwerte von kinetischer und potenzieller Energie gleich groß und gleich dem halben Wert der Gesamtenergie sind:

$$\overline{E}_\mathrm{k} = \overline{E}_\mathrm{p} = \frac{1}{2}E\,. \qquad (29)$$

Eine verallgemeinerte Form dieser Aussage ist der sog. Gleichverteilungssatz (siehe ▶ Abschn. 12.1.3 im Kap. 12, „Statistische Mechanik – Thermodynamik").

Quantenmechanischer harmonischer Oszillator

In der klassischen Mechanik kann die Amplitude $\hat{x}$ jeden beliebigen Wert annehmen und damit dem Oszillator jede beliebige Gesamtenergie erteilt werden. In der Quantenmechanik, die hier nicht behandelt werden kann, ist diese Aussage nicht mehr gültig. Der quantenmechanische harmonische Oszillator kann danach nur diskrete Energiewerte E_n für die Gesamtenergie annehmen, die sich z. B. mit der Schrödinger-Gleichung der Wellenmechanik (siehe ▶ Abschn. 20.4.3 im Kap. 20, „Optik und Materiewellen") berechnen lassen. Dieses Verhalten ist dadurch bedingt, dass Materie auch Welleneigenschaften zeigt und in begrenzten Schwingungsbereichen stehende Wellen (vgl. ▶ Kap. 19, „Wellen und Strahlung") ausbilden muss.

Für ein Parabelpotenzial, wie beim harmonischen Oszillator, erhält man als mögliche Energiewerte (Abb. 8)

$$E_n = \left(n + \frac{1}{2}\right)h\nu_0 = \left(n + \frac{1}{2}\right)\hbar\omega_0 \qquad (30)$$

$$\text{mit} \quad n = 0, 1, 2, \ldots$$

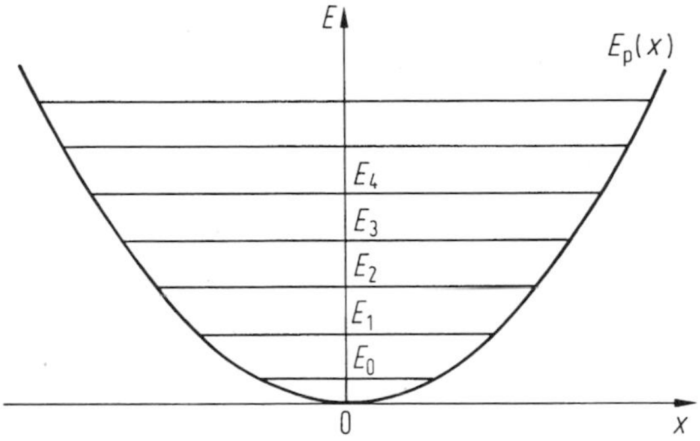

Abb. 8 Erlaubte Energiewerte beim quantenmechanischen harmonischen Oszillator

Hierin ist (CGPM 2018)

$h = 6{,}62607015 \cdot 10^{-34}\,\mathrm{J \cdot s}$

Planck'sches Wirkungsquantum,

Planck-Konstante,

$\hbar = h/2\pi = 1{,}05457180\ldots \cdot 10^{-34}\,\mathrm{J \cdot s}.$

Der Energieunterschied zwischen benachbarten Energiewerten („Energieniveaus") beträgt nach (30)

$$\Delta E = h\nu_0 = \hbar\omega_0 \quad \text{für} \quad \Delta n = 1\,. \qquad (31)$$

Für Frequenzen makroskopischer Oszillatoren ist ΔE praktisch nicht messbar klein, die möglichen Energiewerte liegen so dicht, dass die „Quantelung" der Oszillatorenergien praktisch nicht bemerkbar ist. Die klassische Mechanik erweist sich hier als Grenzfall der Quantenmechanik. Anders bei Oszillatoren im atomaren Bereich: Ein Atom, das bei Frequenzen $\nu_0 \approx 10^{14}\,\mathrm{s}^{-1} = 100\,\mathrm{THz}$ schwingt (Lichtfrequenzen), zeigt gut messbare diskrete Energieniveaus.

11.1.3 Freie gedämpfte Schwingungen

Bei realen Schwingungssystemen bleibt die anfängliche Gesamtenergie des Systems nicht erhalten, sondern geht durch das zusätzliche Wirken nichtkonservativer Kräfte (Luftreibung, Lagerreibung, inelastische Deformationen u. a.) allmählich auf die Umgebung über. Die Amplitude einer freien, d. h. nach einer einmaligen Anregung ungestört bleibenden Schwingung nimmt daher zeitlich ab: *Dämpfung*. Abweichend vom ungedämpften harmonischen Oszillator als idealisiertem Grenzfall gilt daher für reale Oszillatoren $\mathrm{d}E/\mathrm{d}t < 0$. Mit der plausiblen, empirisch gerechtfertigten Annahme, dass die Abnahme der Energie proportional der im Schwingungssystem vorhandenen Energie ist, folgt der Ansatz:

$$\frac{\mathrm{d}E}{\mathrm{d}t} = -\delta^* E\,. \tag{32}$$

Variablentrennung und Integration liefert die zeitliche Änderung der Energie in einem solchen nichtkonservativen System:

$$E(t) = E_0 \mathrm{e}^{-\delta^* t}. \tag{33}$$

E_0 ist die Energie des Oszillators zur Zeit $t = 0$. Die Konstante δ^* heißt Abklingkoeffizient (hier der Energie). Der exponentielle Abfall mit der Zeit ist charakteristisch für gedämpfte Systeme.

Als Beispiel eines solchen Schwingungssystems werde das Federpendel (vgl. Abschn. 11.2.2) betrachtet. Ein häufig vorkommender Fall und mathematisch leicht zu behandeln ist die Dämpfung durch eine Reibungskraft, die der Geschwindigkeit proportional und ihr entgegengesetzt gerichtet ist (vgl. ▶ Abschn. 10.2.2.3 im Kap. 10, „Mechanik von Massenpunkten"):

$$F_\mathrm{R} = -rv = -r\frac{\mathrm{d}x}{\mathrm{d}t}. \tag{34}$$

r heißt Dämpfungskonstante. Die Kraftgleichung des ungedämpften harmonischen Oszillators (5) muss jetzt durch die Reibungskraft (34) ergänzt werden:

$$ma = -cx - rv\,, \tag{35}$$

woraus sich die Differenzialgleichung des gedämpften Federpendels ergibt:

$$m\frac{\mathrm{d}^2x}{\mathrm{d}t^2} + r\frac{\mathrm{d}x}{\mathrm{d}t} + cx = 0. \tag{36}$$

Durch Ersetzen der speziellen Koeffizienten m, r und c durch generalisierte Koeffizienten gemäß

$$\frac{r}{m} = 2\delta, \tag{37}$$

δ *Abklingkoeffizient* (der Amplitude)

$$\frac{c}{m} = \omega_0^2, \tag{38}$$

ω_0 Kreisfrequenz des ungedämpften Oszillators,

ergibt sich die generalisierte Schwingungsgleichung des freien gedämpften Oszillators

$$\frac{\mathrm{d}^2x}{\mathrm{d}t^2} + 2\delta\frac{\mathrm{d}x}{\mathrm{d}t} + \omega_0^2 x = 0. \tag{39}$$

Diese Differenzialgleichung lässt sich durch einen Exponentialansatz analog (33)

$$x = c_i \exp(\gamma_i t) \tag{40}$$

lösen. Einsetzen in (39) ergibt die allgemeine Lösung

$$x = c_1 \exp(\gamma_1 t) + c_2 \exp(\gamma_2 t) \tag{41}$$

$$\text{mit} \quad \gamma_{1,2} = -\delta \pm \sqrt{\delta^2 - \omega_0^2}. \tag{42}$$

Die Integrationskonstanten $c_{1,2}$ sind aus den Anfangsbedingungen zu bestimmen. Wichtige Spezialfälle der allgemeinen Lösung ergeben sich je nachdem, wie groß δ gegenüber ω_0 ist, ob also die Wurzel in (42) imaginär, null oder reell ist. Mit steigender Dämpfung (wachsendem Abklingkoeffizienten δ) unterscheidet man:

1. $\delta^2 - \omega^2{}_0 < 0$: → periodischer Fall,
2. $\delta^2 - \omega^2{}_0 = 0$: → aperiodischer Grenzfall,
3. $\delta^2 - \omega^2{}_0 > 0$: → aperiodischer Fall.

Als Anfangsbedingungen nehmen wir wie in Abschn. 11.1.2.2 an, dass der gedämpfte Oszillator bei $t = 0$ mit der Auslenkung $x(0) = x_0$ freigegeben wird, ohne ihm gleichzeitig eine Geschwindigkeit zu erteilen, d. h. $v(0) = \dot{x}(0) = 0$. Für die Integrationskonstanten folgt dann

$$c_{1,2} = \frac{x_0}{2}\left(1 \mp \frac{\delta}{\sqrt{\delta^2 - \omega_0^2}}\right). \tag{43}$$

11.1.3.1 Periodischer Fall (Schwingfall)

Dieser Fall liegt bei geringer Dämpfung vor:

$$\delta^2 < \omega_0^2 \,.$$

Aus (41), (42) und (43) ergibt sich dann unter Beachtung der Exponentialdarstellung der trigonometrischen Funktionen (vgl. Bereich Mathematik)

$$x = x_0 e^{-\delta t}\left(\frac{\delta}{\omega}\sin\omega t + \cos\omega t\right) \tag{44}$$

$$\text{mit} \quad \omega = \sqrt{\omega_0^2 - \delta^2}. \tag{45}$$

Für sehr geringe Dämpfung, d. h. $\delta \ll \omega_0$, wird $\omega \approx \omega_0$ bzw. $\omega \gg \delta$, womit sich aus (44) näherungsweise ergibt

$$x \approx x_0 e^{-\delta t}\cos\omega t, \tag{46}$$

also eine Cosinusschwingung, deren Amplitude $\hat{x} = x_0 e^{-\delta t}$ mit dem Abklingkoeffizienten δ zeitlich exponentiell abnimmt (Abb. 9). Nach (27) ist die Schwingungsenergie $E \sim \hat{x}^2$, d. h., sie klingt exponentiell mit $\delta^* = 2\,\delta$ ab, zeigt also das gemäß (33) erwartete Verhalten. Mit steigender Dämpfungskonstante r bzw. steigendem Abklingkoeffizienten δ nimmt die Amplitude $\hat{x}$ zunehmend schneller zeitlich ab. Das Verhältnis zweier im zeitlichen Abstand einer Schwingungsdauer T aufeinander folgender Amplituden ist

$$\frac{\hat{x}_i}{\hat{x}_{i+1}} = e^{\delta T}. \tag{47}$$

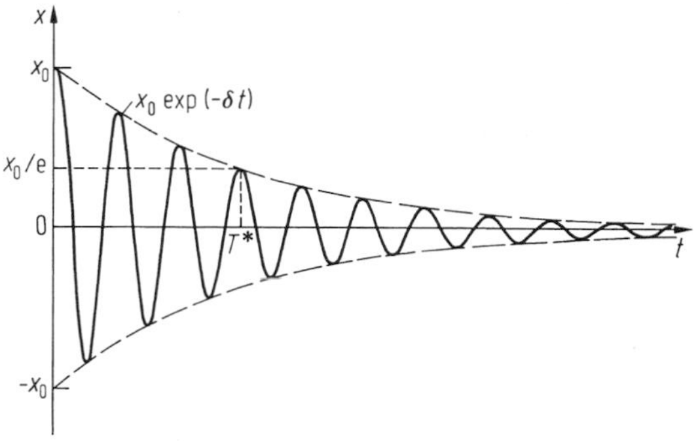

Abb. 9 Zeitliches Abklingen einer gedämpften Schwingung (Schwingfall)

Der Exponent δT wird als *logarithmisches Dekrement* Λ der gedämpften Schwingung bezeichnet:

$$\Lambda = \delta T = \ln\frac{\hat{x}_i}{\hat{x}_{i+1}}. \tag{48}$$

11.1.3.2 Aperiodischer Grenzfall

Dieser Fall liegt bei mittlerer Dämpfung dann vor, wenn die Wurzel in (42) und (43) verschwindet: $\delta^2 = {\omega_0}^2$.

Die Lösung für die vorgegebenen Anfangsbedingungen ergibt sich aus (44) durch Grenzübergang $\omega \to 0$ zu

$$x = x_0 e^{-\delta t}(\delta t + 1). \tag{49}$$

Es findet kein periodischer Nulldurchgang mehr statt (Abb. 10), das Schwingungssystem reagiert nach der Anfangsauslenkung mit der schnellstmöglichen Annäherung an die Ruhelage.

11.1.3.3 Aperiodischer Fall (Kriechfall)

Dieser Fall liegt bei großer Dämpfung vor: $\delta^2 > {\omega_0}^2$.

Mit den gleichen Anfangsbedingungen wie in Abschn. 11.1.3.1 ergibt sich unter Beachtung der Exponentialdarstellung der hyperbolischen Funktionen aus (41) bis (43) oder unter Verwendung der Beziehungen zwischen trigonometrischen und hyperbolischen Funktionen aus (44) und (45)

$$x = x_0 e^{-\delta t}\left(\frac{\delta}{\beta}\sinh\beta t + \cosh\beta t\right) \tag{50}$$

$$\text{mit} \quad \beta = \sqrt{\delta^2 - \omega_0^2}. \tag{51}$$

Für sehr große Dämpfung, d. h. $\delta \gg \omega_0$, wird

$$\beta \approx \delta - \frac{\omega_0^2}{2\delta} \tag{52}$$

und damit aus (50)

$$x \approx x_0 \exp\left(-\frac{\omega_0^2}{2\delta}t\right). \tag{53}$$

Nach der Anfangsauslenkung „kriecht" das Schwingungssystem exponentiell mit der Zeit in die Ruhelage zurück. Da δ hier im Nenner des Exponenten steht, geht dieser Vorgang umso langsamer vor sich, je größer die Dämpfungskonstante r bzw. der Abklingkoeffizient δ ist (Abb. 11).

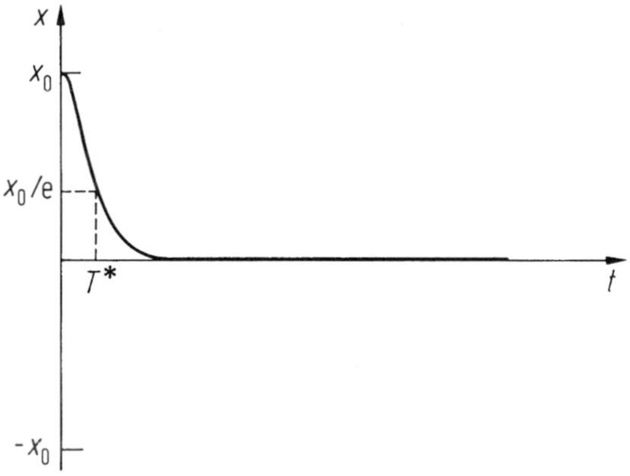

Abb. 10 Zeitliches Abklingen im aperiodischen Grenzfall

11.1.3.4 Abklingzeit

Als Maß für die Zeit, die ein Schwingungssystem benötigt, um sich der Endlage zu nähern, wird die Abklingzeit T^* als diejenige Zeit eingeführt, in der die Amplitude $\hat{x} = x_0 e^{-\delta t}$ (im Schwingfall) bzw. die Auslenkung x (im Kriechfall) von x_0 auf den Wert x_0/e gesunken ist. Aus (46) und mit (37) folgt bei sehr kleiner Dämpfung für den Schwingfall:

$$T^* = \frac{1}{\delta} = \frac{2m}{r} \sim \frac{1}{r}. \tag{54}$$

Aus (53) und mit (37) und (38) folgt bei sehr großer Dämpfung für den Kriechfall:

$$T^* = \frac{2\delta}{\omega_0^2} = \frac{r}{c} \sim r. \tag{55}$$

Mit steigender Dämpfung r nimmt die Abklingzeit T^* zunächst im Schwingfall ab und nimmt dann im Kriechfall wieder zu (Abb. 12). Das Minimum der Abklingzeit liegt etwa im aperiodischen Grenzfall vor, der deshalb für viele technische Systeme von Bedeutung ist, bei denen einerseits Schwingungen, andererseits zu große Abklingzeiten vermieden werden sollen. Er kann durch Einstellung der Dämpfung auf $\delta = \omega_0$ bzw. gemäß (37) und (38) auf

$$r = 2\sqrt{mc} \tag{56}$$

erreicht werden.

Abb. 11 Zeitliches Abklingen im Kriechfall

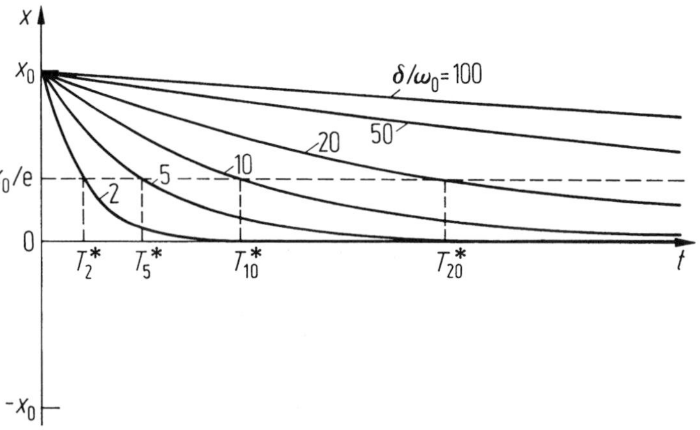

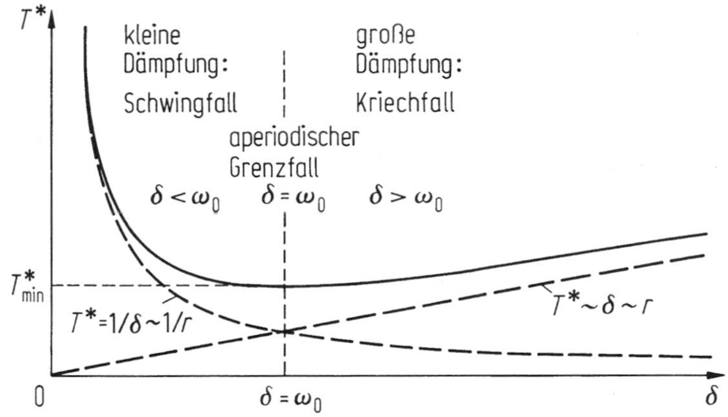

Abb. 12 Abklingzeit eines Schwingungssystems als Funktion der Dämpfung

11.1.4 Erzwungene Schwingungen, Resonanz

Wirkt auf das schwingungsfähige System von außen über eine Kopplung eine periodisch veränderliche Kraft ein, z. B.

$$F(t) = \hat{F} \sin \omega t, \qquad (57)$$

so wird das System zum Mitschwingen gezwungen: erzwungene Schwingungen. Wählen wir als Beispiel wieder das Federpendel (mit Dämpfung), so ist dessen Kraftgleichung (36) nun durch die periodische Kraft (57) zu ergänzen:

$$m\frac{d^2x}{dt^2} + r\frac{dx}{dt} + cx = F(t) = \hat{F} \sin \omega t. \qquad (58)$$

Durch Einführung der generalisierten Koeffizienten $\delta = r/2\,m$ und ${\omega_0}^2 = c/m$ aus (37) und (38) folgt daraus die Differenzialgleichung der erzwungenen Schwingung:

$$\frac{d^2x}{dt^2} + 2\delta\frac{dx}{dt} + \omega_0^2 x = \frac{\hat{F}}{m} \sin \omega t. \qquad (59)$$

Die allgemeine Lösung dieser inhomogenen Differenzialgleichung ergibt sich als Summe zweier Anteile:

1. der Lösung der homogenen Differenzialgleichung $\left(\hat{F} = 0\right)$, die der freien gedämpften Schwingung entspricht und durch (41) und (42) gegeben ist. Sie beschreibt den zeitlich abklingenden Einschwingvorgang.
2. der stationären Lösung der inhomogenen Gleichung (59) für den eingeschwungenen Zustand ($t \gg 1/\delta$).

Für den stationären Fall ist ein geeigneter Lösungsansatz

$$x = \hat{x} \sin(\omega t + \varphi). \qquad (60)$$

Einsetzen in die Differenzialgleichung (59) und Anwendung der Additionstheoreme trigonometrischer Funktionen für Argumentsummen liefert

$$\begin{aligned} &\left[\left(\omega^2 - \omega_0^2\right) \sin \varphi - 2\delta\omega \cos \varphi\right] \hat{x} \cos \omega t \\ &+ \left[\left(\omega^2 - \omega_0^2\right) \cos \varphi + 2\delta\omega \sin \varphi\right] \hat{x} \sin \omega t \\ &= -\frac{\hat{F}}{m} \sin \omega t. \end{aligned}$$

Diese Gleichung ist nur dann für alle t gültig, wenn die Koeffizienten der linear unabhängigen Zeitfunktionen $\sin \omega t$ und $\cos \omega t$ auf beiden Seiten der Gleichung übereinstimmen, das heißt unter anderem, dass der Koeffizient von $\cos\,\omega t$ verschwinden muss. Aus diesen beiden Bedingungen ergibt sich für die stationäre *Amplitude* der erzwungenen Schwingung mit der Kreisfrequenz ω der anregenden periodischen Kraft $F = \hat{F} \sin \omega\, t$

$$\hat{x} = \frac{\hat{F}}{m\sqrt{\left(\omega^2 - \omega_0^2\right)^2 + 4\delta^2\omega^2}}, \qquad (61)$$

und für die Phasendifferenz φ zwischen der Phase der Auslenkung und der Phase der periodischen äußeren Kraft

$$\tan\varphi = \frac{2\delta\omega}{\omega^2 - \omega_0^2}. \qquad (62)$$

Anders als bei der freien Schwingung (vgl. Abschn. 11.1.2.2 und 11.1.3) sind Amplitude und Phasenwinkel der erzwungenen Schwingung nicht mehr von den Anfangsbedingungen abhängig, sondern von der Frequenz bzw. Kreisfrequenz ω und der Amplitude $\hat{F}$ der erregenden äußeren Kraft sowie von der Dämpfung (Abklingkoeffizient δ) des Schwingungssystems.

11.1.4.1 Resonanz

Die Amplitude der erzwungenen Schwingung zeigt aufgrund der Differenz $(\omega^2 - {\omega_0}^2)$ im Nenner von (61) eine ausgeprägte Frequenzabhängigkeit. Bei konstanter, zeitunabhängiger Erregerkraft ($\omega = 0$) ist die statische Auslenkung

$$\hat{x}_{\text{st}} = \frac{\hat{F}}{m\omega_0^2} = \frac{\hat{F}}{c}. \qquad (63)$$

Mit steigender Erregerfrequenz ω und niedriger Dämpfung δ erreicht die Amplitude besonders hohe Werte bei $\omega \approx \omega_0$: *Resonanz* (Abb. 13). Die Lage des Resonanzmaximums $\hat{x}_{\text{r}} = \hat{x}(\omega_{\text{r}})$ (ω_{r} *Resonanzkreisfrequenz*) ergibt sich aus (61) durch Bildung von $\mathrm{d}\hat{x}/\mathrm{d}\omega = 0$:

$$\omega_{\text{r}} = \sqrt{\omega_0^2 - 2\delta^2} < \omega_0 \qquad (64)$$

Die *Resonanzamplitude* $\hat{x}_{\text{r}}$ ergibt sich damit aus (61) zu

$$\hat{x}_{\text{r}} = \frac{\hat{F}}{2m\delta\sqrt{\omega_0^2 - \delta^2}}. \qquad (65)$$

Sie ist stets etwas größer als die Amplitude $\hat{x}_0$ bei $\omega = \omega_0$:

$$\hat{x}_0 = \frac{\hat{F}}{2m\delta\omega_0}. \qquad (66)$$

Für kleine Dämpfungen ($\delta \ll \omega_0$) gilt $\omega_{\text{r}} \approx \omega_0$ und $\hat{x}_{\text{r}} \approx \hat{x}_0$. Das Verhältnis von Resonanzamplitude $\hat{x}_{\text{r}}$ zur statischen Auslenkung $\hat{x}_{\text{st}}$ wird als *Resonanzüberhöhung* oder *Güte* Q bezeichnet. Mit (63) und (65) bzw. (66) folgt

$$Q = \frac{\hat{x}_{\text{r}}}{\hat{x}_{\text{st}}} = \frac{\omega_0^2}{2\delta\sqrt{\omega_0^2 - \delta^2}} \approx \frac{\hat{x}_0}{\hat{x}_{\text{st}}} = \frac{\omega_0}{2\delta} \qquad (67)$$
$$\text{für} \quad \delta \ll \omega_0.$$

Mit steigender Dämpfung, d. h. sinkender Güte Q, wird $\omega_{\text{r}} < \omega_0$, die Resonanzamplitude sinkt, bis schließlich $\omega_{\text{r}} = 0$ wird bei $\delta = \omega_0/\sqrt{2}$ (Abb. 13).

Für Dämpfungen $\delta > \omega_0/\sqrt{2}$ verschwindet das Resonanzverhalten völlig, die stationäre

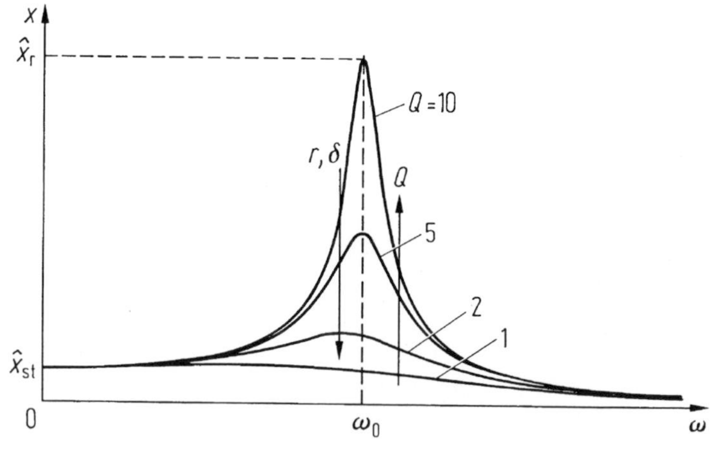

Abb. 13 Resonanzkurven bei verschiedenen Güten Q

Schwingungsamplitude $\hat{x}$ ist dann bei allen Frequenzen kleiner als die statische Auslenkung $\hat{x}_{st}$.

Umgekehrt wird mit verschwindender Dämpfung ($\delta \to 0$) die Resonanzamplitude beliebig groß. Da fast jedes mechanische System (z. B. Brücken, Gebäudedecken, rotierende Maschinen) durch periodische Kräfte zu Schwingungen erregt werden kann, können im Resonanzfalle die Schwingungsamplituden größer werden als es die Festigkeitsbedingungen erlauben, sodass das System zerstört wird: *Resonanzkatastrophe.* Dies muss vermieden werden durch hohe Dämpfung, Umgehung periodischer Kräfte oder große Differenz zwischen Erreger- und Resonanzfrequenz.

Als Maß für den Frequenzbereich, in dem sich die Resonanzerscheinung bei geringer Dämpfung ($\delta \ll \omega_0$, $\omega_r \approx \omega_0$) besonders stark auswirkt, kann die Halbwertsbreite $2\Delta\omega$ benutzt werden (Abb. 14). Werden die Kreisfrequenzen, bei denen die Amplitude auf den halben Wert der Resonanzamplitude gefallen ist, mit $\omega_{-1/2}$ bzw. $\omega_{+1/2}$ bezeichnet, sowie

$$\Delta\omega = \omega_{+1/2} - \omega_0 \approx \omega_0 - \omega_{-1/2} \tag{68}$$

eingeführt, so kann $\Delta\omega$ gemäß der Bedingung

$$\hat{x}(\omega_{1/2}) = \frac{\hat{x}_0}{2}$$

aus (61) und (66) näherungsweise berechnet werden:

$$\Delta\omega \approx 2\delta = 2/T^*. \tag{69}$$

T^* ist die Abklingzeit des freien, gedämpften Schwingungssystems, vgl. Abschn. 11.1.3.4. Daraus folgt die generell für Schwingungssysteme gültige Beziehung

$$\Delta\omega/\delta = \Delta\omega T^* = \text{const.} \tag{70}$$

Mit (69) folgt für die Güte aus (67)

$$Q = \frac{\omega_0}{\Delta\omega}. \tag{71}$$

Der Phasenwinkel zwischen einander entsprechenden Phasen der Auslenkung und der Erregerkraft beträgt nach (62)

$$\varphi = \arctan \frac{2\delta\omega}{\omega^2 - \omega_0^2}. \tag{72}$$

Für verschwindende Dämpfung ($\delta = 0$) ist das eine Sprungfunktion, die unterhalb der Resonanz ($\omega < \omega_0$) den Wert $\varphi = 0$, oberhalb ($\omega > 0$) den Wert $\varphi = -\pi$ annimmt (Abb. 15).

Mit zunehmender Dämpfung (abnehmende Güte) wird der Übergang stetig und zunehmend breiter, wobei $\varphi(\omega_0) = -\pi/2$ ist. Das heißt, bei tiefen Erregerfrequenzen schwingt das System nahezu in gleicher Phase mit der Erregerkraft, bei hohen Erregerfrequenzen dagegen gegenphasig.

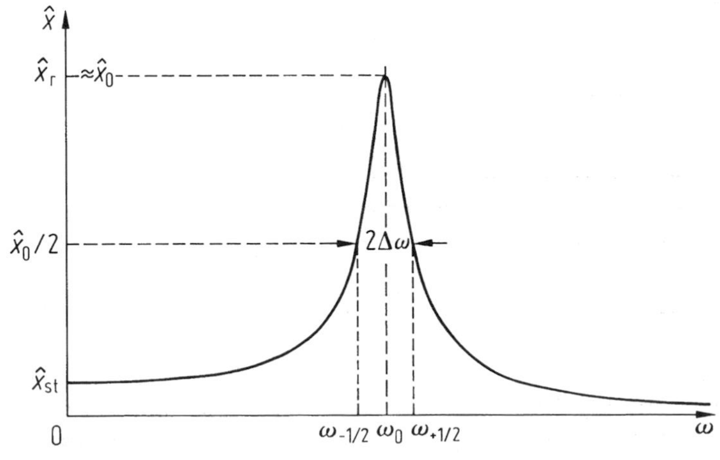

Abb. 14 Halbwertsbreite der Resonanzkurve

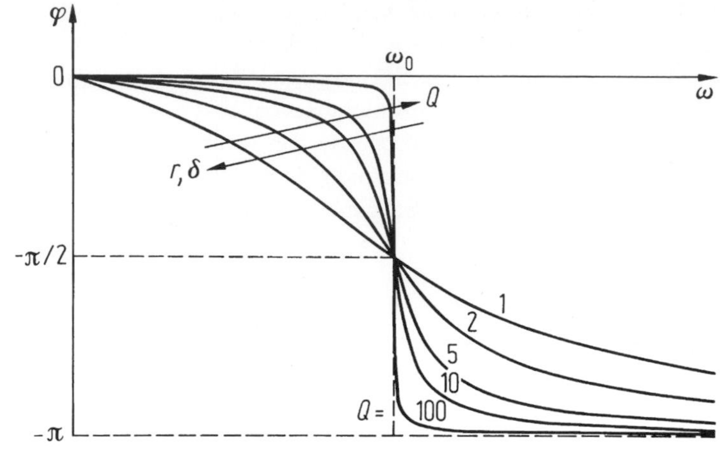

Abb. 15 Phasenkurven der Auslenkung erzwungener Schwingungen bei verschiedenen Güten Q

Im Resonanzfall ($\omega = \omega_0$) läuft die Phase der Auslenkung der der Erregerkraft um $\pi/2$ nach. Die Zeitfunktionen sind dann:

Auslenkung	$x(\omega_0)$	$= \hat{x}\sin(\omega_0 t - \pi/2)$,
Geschwindigkeit	$\dot{x}(\omega_0)$	$= \omega_0\hat{x}\cos(\omega_0 t - \pi/2)$
		$= \omega_0\hat{x}\sin\omega_0 t$,
Erregerkraft	$F(\omega_0)$	$= \hat{F}_0\sin\omega_0 t$.

Erregerkraft und Geschwindigkeit sind also im Resonanzfall phasengleich: die Kraft wirkt während der gesamten Periode in die gleiche Richtung wie die Geschwindigkeit, d. h. stets beschleunigend. Bei anderen Frequenzen ist das nicht der Fall. Daraus folgt die hohe Amplitude bei Resonanz.

11.1.4.2 Leistungsaufnahme des Oszillators

Die Leistung, die von der Erregerkraft auf den Oszillator übertragen wird, ergibt sich aus (92) im ▶ Kap. 10, „Mechanik von Massenpunkten" zu $P = F\dot{x} = \hat{F}\sin(\omega t)\omega\hat{x}\cos(\omega t + \varphi)$Zeitliche Mittelung über eine ganze Periode und Einsetzen von (61) und (62) liefert

$$\bar{P} = \frac{\hat{F}_2}{m\delta}\cdot\frac{\delta^2\omega^2}{\left(\omega^2-\omega_0^2\right)^2+4\delta^2\omega^2}. \tag{73}$$

Einführung der Güte $Q = \omega_0/2\,\delta$ nach (67) und einer normierten Frequenz

$$\Omega = \omega/\omega_0 \tag{74}$$

ergibt weiter

$$\bar{P} = \frac{\hat{F}^2}{2m\omega_0}\cdot\frac{Q\Omega^2}{Q^2\left(\Omega^2-1\right)^2+\Omega^2}. \tag{75}$$

Im Gegensatz zur Amplitudenresonanzkurve hat die Leistungsresonanzkurve ihr Maximum exakt bei $\omega = \omega_0$ ($\Omega = 1$), unabhängig von der Dämpfung bzw. Güte (Abb. 16). Analog zu (68) kann hier eine Leistungshalbwertsbreite definiert werden, die sich als halb so groß wie die Amplitudenhalbwertsbreite erweist:

$$(\Delta\omega)_P \approx \delta \approx \Delta\omega/2. \tag{76}$$

Die Halbwertsbreite $\Delta\omega$ entspricht also der vollen Breite der Leistungsresonanzkurve bei halber Leistung.

11.1.5 Überlagerung von harmonischen Schwingungen

Oszillatoren können zu mehreren, gleichzeitigen Schwingungen angeregt werden, die sich zu einer resultierenden Schwingung überlagern. Solange die resultierenden Amplituden die Grenze des linearen Verhaltens (z. B. (64) im ▶ Kap. 10, „Mechanik von Massenpunkten") nicht über-

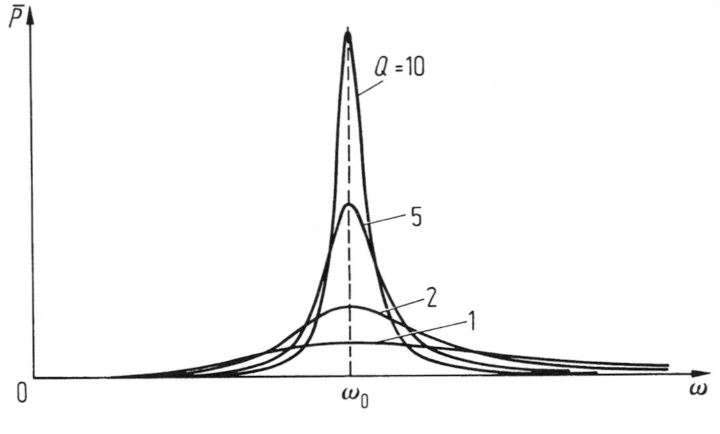

Abb. 16 Leistungsresonanzkurven bei verschiedener Güte Q

schreiten, gilt das *Prinzip der ungestörten Superposition*:

> Wird ein Körper zu mehreren Schwingungen angeregt, so überlagern (addieren) sich deren Auslenkungen ohne gegenseitige Störung.

11.1.5.1 Schwingungen gleicher Frequenz

Zwei Schwingungen gleicher Richtung und gleicher Frequenz

$$x_1 = \hat{x}_1 \sin(\omega t + \varphi_1) \quad \text{und}$$
$$x_2 = \hat{x}_2 \sin(\omega t + \varphi_2)$$

überlagern sich zu einer resultierenden harmonischen Schwingung derselben Frequenz

$$x = x_1 + x_2 = \hat{x} \sin(\omega t + \varphi). \tag{77}$$

Anwendung der Additionstheoreme auf (77) und Vergleich der Koeffizienten von sin ωt und cos ωt liefert Amplitude und Anfangsphase der resultierenden Schwingung:

$$\hat{x} = \sqrt{\hat{x}_1^2 + \hat{x}_2^2 + 2\hat{x}_1\hat{x}_2 \cos(\varphi_1 - \varphi_2)}, \tag{78}$$

$$\tan \varphi = \frac{\hat{x}_1 \sin \varphi_1 + \hat{x}_2 \sin \varphi_2}{\hat{x}_1 \cos \varphi_1 + \hat{x}_2 \cos \varphi_2}. \tag{79}$$

Bei gleichen Amplituden $\hat{x}_1 = \hat{x}_2$ und gleichen Anfangsphasen $\varphi_1 = \varphi_2$ überlagern sich beide Schwingungen zur doppelten resultierenden Amplitude (gegenseitige maximale Verstärkung beider Schwingungen); bei der Anfangsphasendifferenz $\varphi_1 - \varphi_2 = \pi$ heben sich beide Schwingungen auf (gegenseitige Auslöschung beider Schwingungen). Diese Sonderfälle spielen bei der *Interferenz* zweier Schwingungen eine wichtige Rolle.

Die Auslenkungen zweier Schwingungen, die zueinander senkrecht bei Kreisfrequenzen ω_x und ω_y erfolgen, z. B.

$$x = \hat{x} \sin(\omega_x t + \varphi_x) \quad \text{und}$$
$$y = \hat{y} \sin\left(\omega_y t + \varphi_y\right),$$

müssen vektoriell addiert werden (Abb. 17). Die Polarkoordinaten der resultierenden Auslenkung zur Zeit t sind

$$r = \sqrt{x^2 + y^2} \quad \text{und} \quad \tan \varepsilon = \frac{y}{x}. \tag{80}$$

Im Falle gleicher Frequenzen $\omega_x = \omega_y$ ergeben sich als Bahnkurven der resultierenden Auslenkung Ellipsen (Abb. 17), deren Exzentrizität und Lage von den Amplituden und Anfangsphasen der Einzelschwingungen abhängen. Bei ungleichen Frequenzen ergeben sich kompliziertere Bahnkurven, sog. *Lissajous-Figuren*.

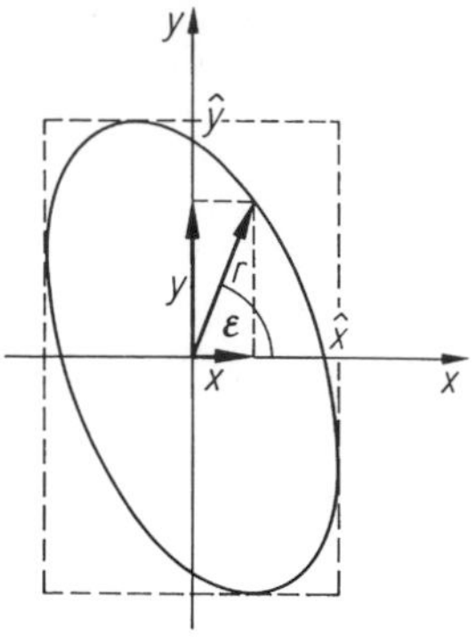

Abb. 17 Bahnkurve der resultierenden Schwingung aus zwei zueinander senkrechten linearen Schwingungen gleicher Frequenz

11.1.5.2 Schwingungen verschiedener Frequenz

Die Überlagerung von linearen harmonischen Schwingungen mit gleicher Schwingungsrichtung, aber verschiedener Frequenz ergibt eine nichtharmonische oder anharmonische Schwingung. Wir betrachten einige wichtige Sonderfälle:

Schwebungen

Schwebungen treten bei Überlagerung zweier Schwingungen mit *geringem Frequenzunterschied* auf. Im einfachen Fall gleicher Amplituden beider Schwingungen folgt für eine beliebige Auslenkungskoordinate ξ

$$\xi = \xi_1 + \xi_2 = \hat{\xi}\sin 2\pi\nu_1 t + \hat{\xi}\sin 2\pi\nu_2 t$$
$$\text{mit} \quad \nu_1 - \nu_2 = \Delta\nu \ll \nu_{1,2}.$$

$\Delta\nu$ ist die Differenzfrequenz. Die Anwendung der Additionstheoreme ergibt daraus

$$\xi = 2\hat{\xi}\cos 2\pi\frac{\Delta\nu}{2}t \ \sin 2\pi\nu t \tag{81}$$

mit der Mittenfrequenz

$$\frac{\nu_1 + \nu_2}{2} = \nu.$$

Es ergibt sich also eine Schwingung mit der Mittenfrequenz ν, deren Amplitude periodisch zwischen $2\hat{\xi}$ und 0 schwankt: die Schwingung ist „moduliert“ mit einer Frequenz $\nu_{\text{mod}} = \Delta\nu/2 = 1/\text{T}_{\text{mod}}$ (Abb. 18). Die langsam zeitveränderliche Funktion $2\hat{\xi}\cos(2\pi\Delta\nu t/2)$ stellt die Amplitudenhüllkurve dar. Als *Schwebungsdauer* T_s wird der zeitliche Abstand zweier benachbarter Amplitudenmaxima oder Nullstellen der Amplitude bezeichnet. Sie ist gleich der halben Modulationsperiodendauer T_{mod} und damit

$$T_\text{s} = \frac{1}{\Delta\nu}. \tag{82}$$

Die Erscheinung der Schwebung wird häufig zum Frequenzvergleich ausgenutzt: Die Schwebungsdauer wird ∞, wenn $\nu_2 = \nu_1$ ist.

Amplitudenmodulation

Wird die Amplitude einer Schwingung der hohen Frequenz Ω periodisch mit einer niedrigeren Modulationsfrequenz ω_{mod} verändert, so spricht man von Amplitudenmodulation. Die Schwebung stellt bereits einen Spezialfall der Amplitudenmodulation dar. Deren allgemeine Beschreibung (Abb. 19) lautet

$$\xi = \hat{\xi}(1 + m\cos\omega_{\text{mod}}t)\sin\Omega t \quad \text{mit} \quad m \leqq 1, \tag{83}$$

m wird *Modulationsgrad* genannt.

Nach Anwendung der Additionstheoreme lässt sich (83) auch in folgender Form schreiben:

$$\xi = \hat{\xi}\left[\sin\Omega t + \frac{m}{2}(\sin(\Omega - \omega_{\text{mod}})t + \sin(\Omega + \omega_{\text{mod}})t)\right]. \tag{84}$$

Die Amplitudenmodulation einer Schwingung der Frequenz Ω mit einer Modulationsfrequenz ω_{mod} ist also gleichbedeutend mit einer Überlagerung dreier Schwingungen konstanter Amplitude und den Frequenzen Ω (sog. Trägerfrequenz), $(\Omega - \omega_{\text{mod}})$ und $(\Omega + \omega_{\text{mod}})$, den unteren und oberen sog. Seitenfrequenzen, vgl. Frequenzspektrum Abb. 19b, ein für die Nachrichtenübertragung mit modulierten elektrischen Schwingungen äußerst wichtiger Befund, vergleiche Bereich Nachrichtentechnik.

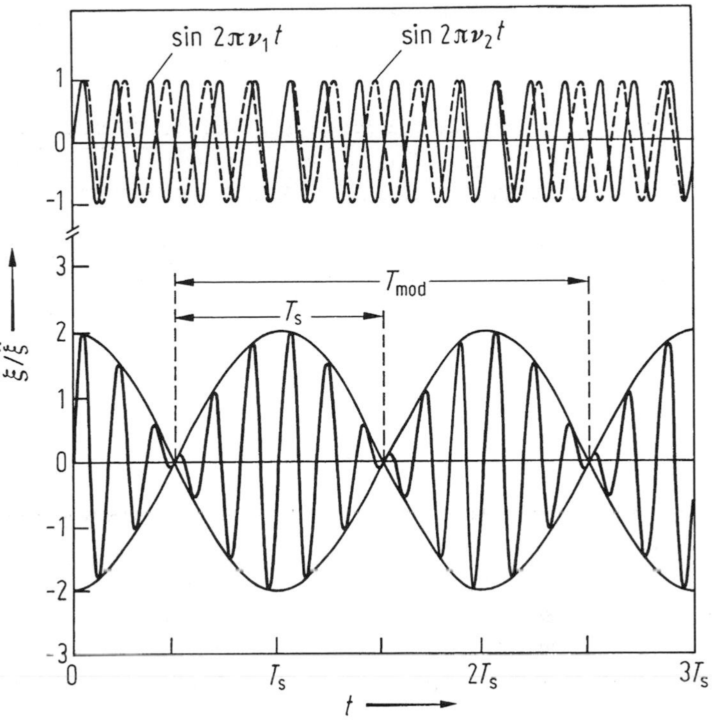

Abb. 18 Überlagerung zweier Schwingungen mit geringem Frequenzunterschied: Schwebung

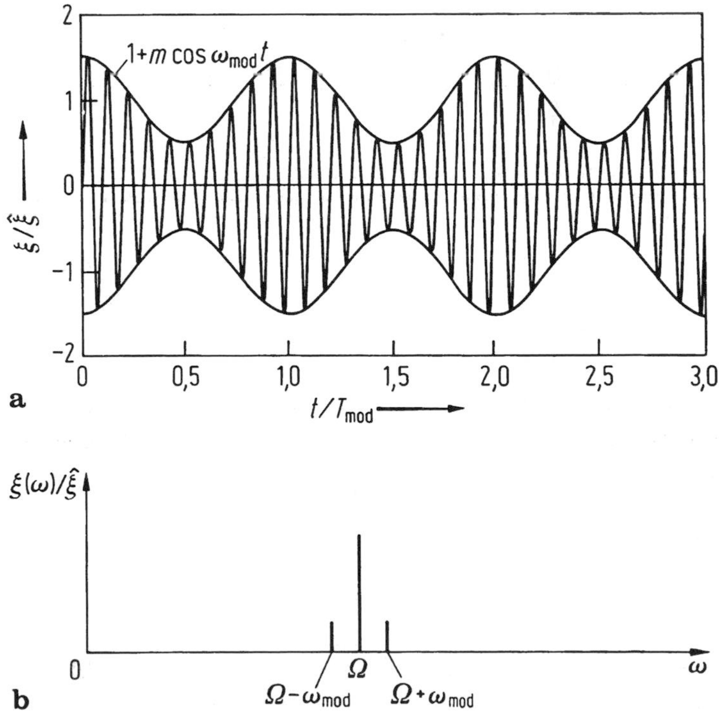

a

b

Abb. 19 Amplitudenmodulierte Schwingung und deren Frequenzspektrum

Anharmonische Schwingungen, Fourier-Darstellung

Die Schwebung und die amplitudenmodulierte Schwingung sind bereits Beispiele für anharmonische Schwingungen, die als Überlagerung harmonischer Schwingungen mit konstanter Amplitude und unterschiedlichen Frequenzen dargestellt werden konnten. Zwei weitere Beispiele zeigt Abb. 20.

Allgemein lassen sich beliebige anharmonische periodische Vorgänge als Überlagerung von (im Grenzfall unendlich vielen) harmonischen Schwingungen auffassen und als *Fourier-Reihe* darstellen:

$$\xi(t) = \xi_0 + \sum_{n=1}^{\infty} \xi_n \sin(n\omega_1 t + \delta_n). \tag{85}$$

Dabei legt die Periode $T_1 = 2\pi/\omega_1$ der anharmonischen Schwingung die *Grundfrequenz* ω_1 fest, während die Feinstruktur der anharmonischen Schwingung durch die Amplituden ξ_n und die Anfangsphasen δ_n der *Oberschwingungen* ω_1 bestimmt wird.

Bei akustischen Schwingungen („Klängen") entsprechen dem der „Grundton" und die „Obertöne", wobei die Frequenz des Grundtones die Klanghöhe bestimmt und die Amplituden- und Phasenverteilung der Obertöne die Klangfarbe festlegt. Die Bestimmung der Koeffizienten ξ_n der einzelnen Teilschwingungen, aus denen sich eine vorgegebene anharmonische Schwingung zusammensetzt, auf mathematischem Wege wird *Fourier*-Analyse genannt (siehe Abschn. Bereich Mathematik). Experimentell kann sie durch einen Satz Frequenzfilter mit unterschiedlichen Durchlassfrequenzen erfolgen.

Beispiele für anharmonische Schwingungen:

Dreieckschwingung (Abb. 21), vgl. auch Abb. 20a:

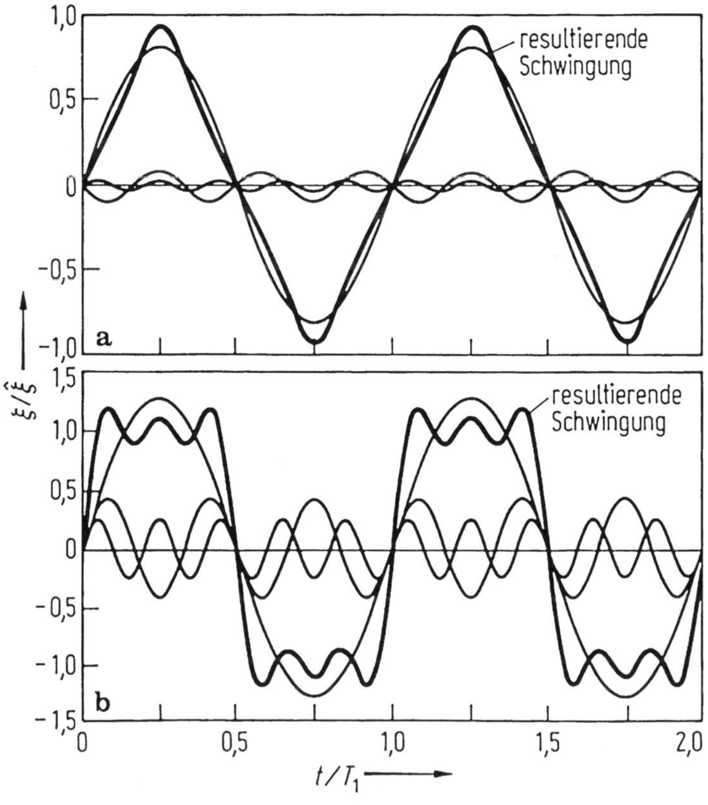

Abb. 20 Entstehung anharmonischer Schwingungen durch Überlagerung harmonischer Schwingungen (jeweils die ersten drei Terme von (86) und (87))

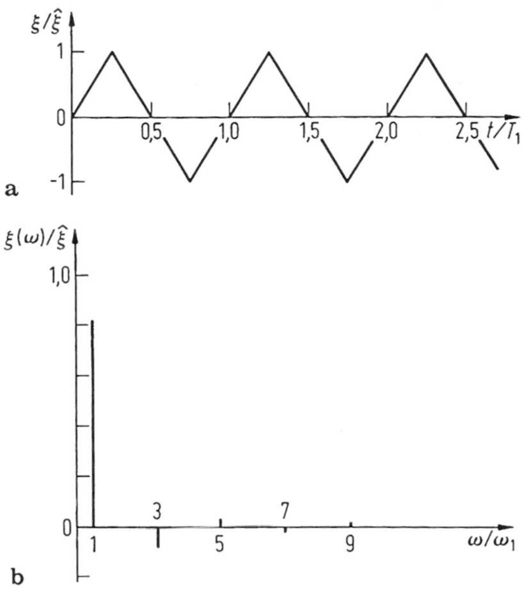

Abb. 21 Dreieckschwingung und zugehöriges Frequenzspektrum

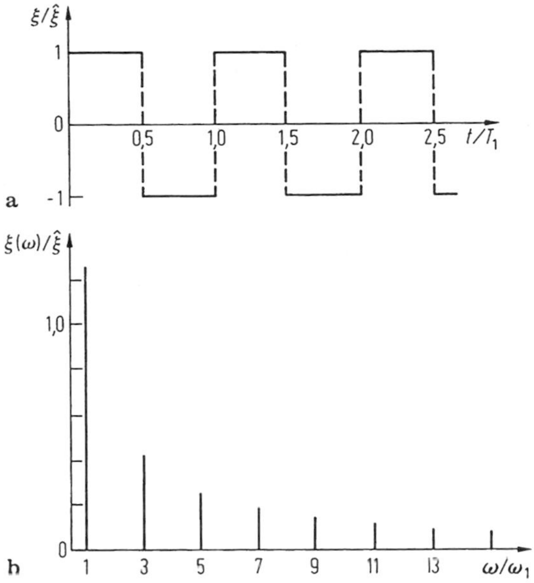

Abb. 22 Rechteckschwingung und zugehöriges Frequenzspektrum

$$\xi = \hat{\xi}\frac{8}{\pi^2}\left(\sin\omega_1 t - \frac{1}{3^2}\sin 3\omega_1 t + \frac{1}{5^2}\sin 5\omega_1 t - + \ldots\right). \quad (86)$$

Rechteckschwingung (Abb. 22), vgl. Abb. 20b:

$$\xi = \hat{\xi}\frac{4}{\pi}\left(\sin\omega_1 t + \frac{1}{3}\sin 3\omega_1 t + \frac{1}{5}\sin 5\omega_1 t + \ldots\right). \quad (87)$$

Nichtperiodische Vorgänge

Vorgänge, denen keine Periode zugeordnet werden kann (in der Akustik z. B. Zischlaute, Knalle, oder auch begrenzte, nicht unendlich lange harmonische Wellenzüge), lassen sich nicht durch eine Fourier-Reihe mit diskreten Frequenzen $n\omega_1$, darstellen. Stattdessen ist dies möglich durch Überlagerung unendlich vieler, kontinuierlich verteilter Frequenzen. Die Summe über ein diskretes Frequenzspektrum bei der Fourier-Reihe (85) ist dann durch das *Fourier-Integral* über ein kontinuierliches Frequenzspektrum zu ersetzen:

$$\xi(t) = \int_0^\infty \xi_A(\omega)\sin[\omega t + \delta(\omega)]\mathrm{d}\omega. \quad (88)$$

Aufgabe der Fourier-Analyse (siehe Abschn. „Bereich Mathematik") ist hier die Bestimmung der Amplitudenfunktion $\xi_A(\omega)$. Als Beispiel sei eine Sinusschwingung der begrenzten zeitlichen Länge $2\,\tau$ betrachtet (Abb. 23a). Als Teilschwingungen kommen dann nur Sinusschwingungen mit der Anfangsphase 0 in Frage. Das Fourier-Integral lautet für diesen Fall:

$$\xi(t) = \int_0^\infty \xi_A(\omega)\sin\omega t\ \mathrm{d}\omega = \begin{cases} \sin\omega_0 t & \text{für } -\tau < t < +\tau \\ 0 & \text{sonst} \end{cases} \quad (89)$$

Die Amplitudenfunktion $\xi_A(\omega)$ ergibt sich dann zu

$$\xi_A(\omega) = \frac{1}{\pi}\int_{-\infty}^{+\infty} \xi(t')\sin\omega t'\ \mathrm{d}t' = \frac{1}{\pi}\int_{-\tau}^{+\tau} \sin\omega_0 t'\ \sin\omega t'\ \mathrm{d}t'$$

$$\xi_A(\omega) = \frac{\sin(\omega_0 - \omega)\tau}{\pi(\omega_0 - \omega)} - \frac{\sin(\omega_0 + \omega)\tau}{\pi(\omega_0 + \omega)}. \quad (90)$$

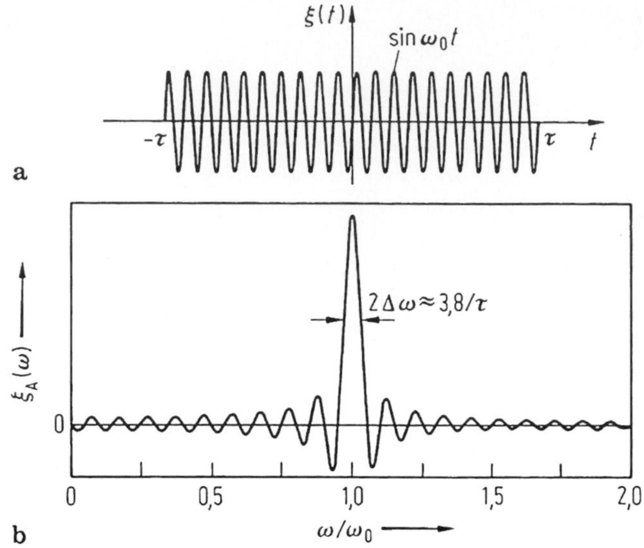

Abb. 23 Zeitlich begrenzte Sinusschwingung und zugehöriges Frequenzspektrum

Diese Amplitudenfunktion hat, wie anschaulich zu erwarten, ihr Maximum bei $\omega = \omega_0$ (Abb. 23b) und eine Halbwertsbreite

$$2\Delta\omega \approx \frac{3{,}8}{\tau}. \tag{91}$$

Je größer die Dauer 2τ der Sinusschwingung ist, desto mehr engt sich das Frequenzspektrum auf ω_0 ein. Es liegt ein ganz ähnliches Verhalten vor wie bei der Resonanz, vgl. (69).

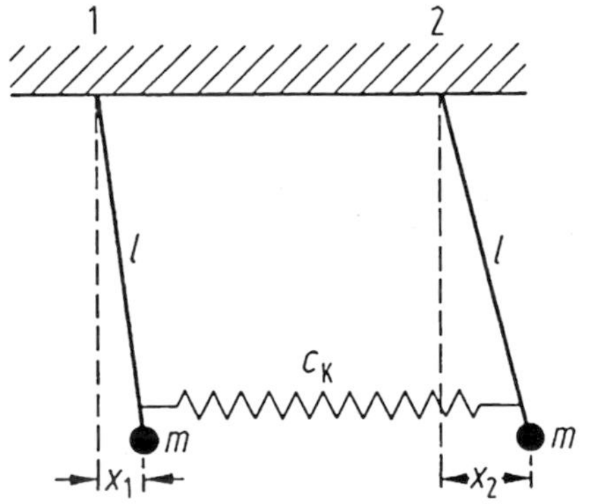

Abb. 24 Gekoppelte Pendel

11.1.6 Gekoppelte Oszillatoren

Oszillatoren werden dann als gekoppelt bezeichnet, wenn sie über eine *Kopplung* Energie austauschen können. Bei mechanischen Schwingern kann der Kopplungsmechanismus z. B. auf elastischer Deformation des Kopplungselementes (Feder zwischen zwei Pendeln), auf Reibung zwischen zwei Schwingern oder auf Trägheit beruhen (Aufhängung eines Fadenpendels an der Masse eines zweiten).

11.1.6.1 Gekoppelte Pendel

Als Beispiel zweier linearer, gekoppelter Oszillatoren werde ein System aus zwei identischen Pendeln mit starren Pendelstangen von vernachlässigbarer Masse betrachtet, die über eine Kopplungsfeder verbunden sind (Abb. 24).

Wird eines der Pendel angestoßen und ihm damit Schwingungsenergie übertragen, so regt es über die Kopplungsfeder das zweite Pendel zu erzwungenen Schwingungen an (mit π/2 Phasenverzögerung, vgl. Abb. 25), bis der Energievorrat des ersten Pendels erschöpft, d. h. vollständig an das zweite Pendel übertragen worden ist. Dann übernimmt dieses die Rolle des Erregers für das erste Pendel und so fort. Die Oszillatoren führen Schwebungen durch, die zeitlich um eine halbe Schwebungsdauer T_s gegeneinander versetzt sind.

Die Schwingungsenergie pendelt dabei periodisch zwischen den beiden Oszillatoren hin und her (Abb. 25).

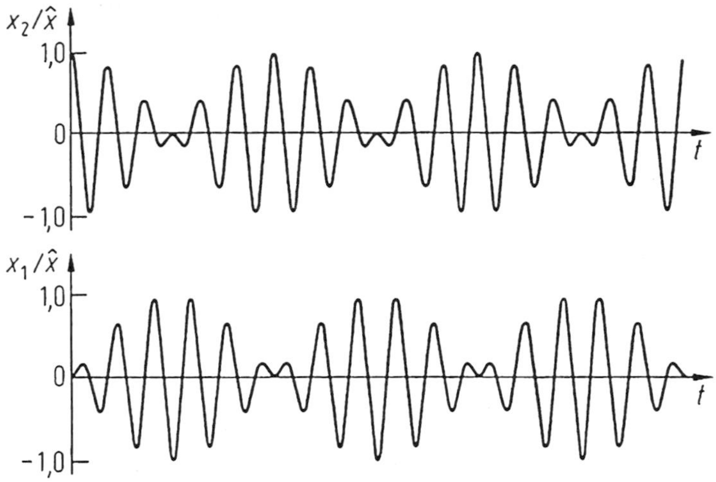

Abb. 25 Schwebungen gekoppelter Pendel

Die Eigenkreisfrequenz der isolierten Pendel (ohne Kopplung) ist durch (10) und (8) gegeben:

$$\omega_0 = \sqrt{\frac{c}{m}} \quad \text{mit} \quad c = \frac{mg}{l}. \tag{92}$$

Mit Kopplung wird die (hier durch die Schwerkraft bedingte) Richtgröße c der Pendel durch die Richtgröße c_K der Kopplungsfeder verändert, sodass sich gemäß Abb. 24 folgende Kraftgleichungen für die beiden Pendel ergeben:

$$\begin{aligned} \text{Pendel 1}: \quad & m\frac{\mathrm{d}^2 x_1}{\mathrm{d}t^2} = -cx_1 + c_\mathrm{K}(x_2 - x_1), \\ \text{Pendel 2}: \quad & m\frac{\mathrm{d}^2 x_2}{\mathrm{d}t^2} = -cx_2 - c_\mathrm{K}(x_2 - x_1), \end{aligned} \tag{93}$$

Daraus folgen die *Differenzialgleichungen der gekoppelten Schwingungen*

$$\begin{aligned} & \frac{\mathrm{d}^2 x_1}{\mathrm{d}t^2} + \omega_0^2 x_1 + K(x_1 - x_2) = 0, \\ & \frac{\mathrm{d}^2 x_2}{\mathrm{d}t^2} + \omega_0^2 x_2 - K(x_1 - x_2) = 0 \end{aligned} \tag{94}$$

mit dem *Kopplungsparameter*

$$K = \frac{c_\mathrm{K}}{m}. \tag{95}$$

Es handelt sich um zwei gekoppelte Differenzialgleichungen mit x_1 und x_2 als gekoppelte, zeitabhängige Variable. Durch Addition und Subtraktion der beiden Gleichungen und Einführung von *Normalkoordinaten*

$$q_1 = x_1 + x_2 \,, \quad q_2 = x_1 - x_2 \tag{96}$$

lassen sich (94) zu normalen Schwingungsgleichungen eines harmonischen Oszillators (vgl. (21)) entkoppeln:

$$\begin{aligned} & \frac{\mathrm{d}^2 q_1}{\mathrm{d}t^2} + \Omega_1^2 q_1 = 0, \\ & \frac{\mathrm{d}^2 q_2}{\mathrm{d}t^2} + \Omega_2^2 q_2 = 0. \end{aligned} \tag{97}$$

Die Frequenzen dieser *Normalschwingungen* (auch *Fundamentalschwingungen* oder Fundamentalmoden genannt) sind, wie sich bei der Herleitung von (97) zeigt,

$$\Omega_1 = \omega_0 \quad \text{und} \quad \Omega_2 = \sqrt{\omega_0^2 + 2K}. \tag{98}$$

Die allgemeinen Lösungen von (97) lassen sich aus (22) übernehmen, woraus sich mit (96) die allgemeinen Lösungen von (94) bzw. (93) ergeben. Sie setzen sich aus einer Linearkombination von Normalschwingungen zusammen:

$$x_1(t) = \hat{x}_1 \sin(\Omega_1 t + \varphi_{01}) + \hat{x}_2 \sin(\Omega_2 t + \varphi_{02})$$
$$x_2(t) = \hat{x}_1 \sin(\Omega_1 t + \varphi_{01}) - \hat{x}_2 \sin(\Omega_2 t + \varphi_{02}) \qquad (99)$$

Die Konstanten $\hat{x}_i$ und φ_{0i} sind aus den Anfangsbedingungen zu bestimmen. So ist z. B. die isolierte Anregung der Normalschwingungen durch folgende Wahl der Anfangsbedingungen möglich:

1. *Normalschwingung*: Die Anfangsbedingungen $x_1(0) = x_2(0) = \hat{x}$, $\dot{x}_1(0) = \dot{x}_2(0) = 0$ liefern eine gleichsinnige Schwingung (Abb. 26a):

$$x_2(t) = x_1(t) = \hat{x} \cos \Omega_1 t. \qquad (100)$$

Hierbei wird die Kopplung überhaupt nicht beansprucht, die Pendel schwingen mit ihrer Eigenfrequenz

$$\Omega_1 = \omega_0. \qquad (101)$$

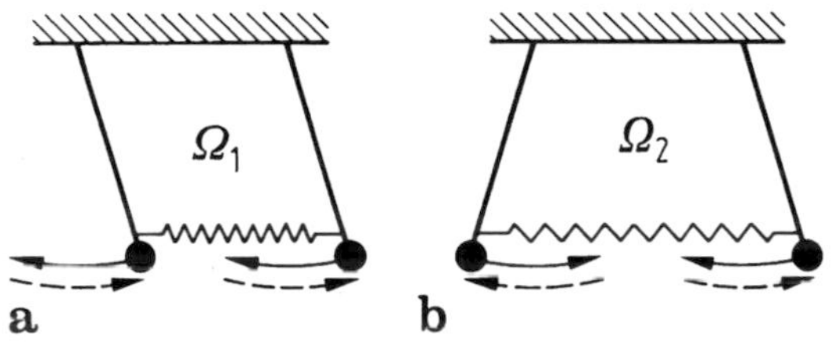

Abb. 26 Normalschwingungen gekoppelter Pendel

2. *Normalschwingung*: Die Anfangsbedingungen $x_1(0) = -x_2(0) = -\hat{x}$, $\dot{x}_1(0) = \dot{x}_2(0) = 0$ liefern eine gegensinnige Schwingung (Abb. 26b):

$$x_2(t) = -x_1(t) = \hat{x} \cos \Omega_2 t. \qquad (102)$$

Hierbei wird die Kopplung maximal beansprucht, die Pendel schwingen symmetrisch zur Ruhelage und wegen der um c_K erhöhten Richtgröße mit der gemäß (98) erhöhten Eigenfrequenz

$$\Omega_2 = \omega_0 \sqrt{1 + 2\frac{K}{\omega_0^2}} = \omega_0 \sqrt{1 + 2\frac{c_K}{c}}. \qquad (103)$$

Für die beiden Normalschwingungen Ω_1 und Ω_2 sind die beiden Differenzialgleichungen (93) wegen $x_2 = x_1$ bzw. $x_2 = -x_1$ entkoppelt und können auch direkt gelöst werden.

Aus (101) und (103) folgt, dass die Frequenzaufspaltung, d. h. der Abstand der beiden Normalfrequenzen, mit steigender Kopplung zunimmt (Abb. 27). Für $K = 0$ ($c_K = 0$: keine Kopplung) fallen die Frequenzen der Normalschwingungen zusammen („Entartung"):

$$\Omega_1 = \Omega_2 = \omega_0 \quad \text{für} \quad K = 0. \qquad (104)$$

Schwebung

Die Anfangsbedingungen $x_2(0) = \hat{x}$, $\dot{x}_2(0) = x_1(0) = \dot{x}_1(0) = 0$ als Beispiel liefern

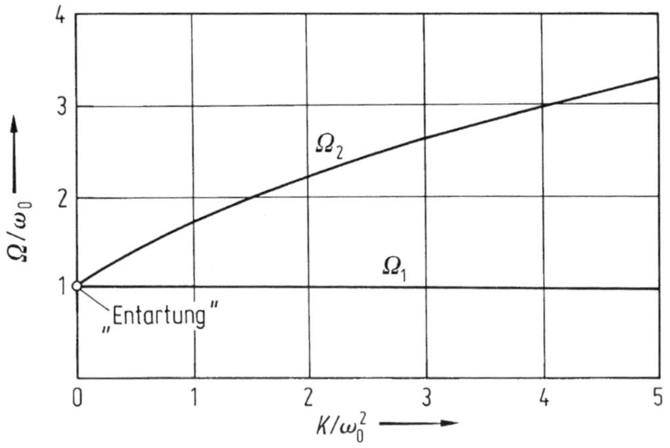

Abb. 27 Normalfrequenzaufspaltung als Funktion der Kopplung

$$x_1(t) = \frac{\hat{x}}{2}(\cos \Omega_1 t - \cos \Omega_2 t)$$
$$x_2(t) = \frac{\hat{x}}{2}(\cos \Omega_1 t + \cos \Omega_2 t). \quad (105)$$

Mit

$$\Omega = \frac{1}{2}(\Omega_1 + \Omega_2) \quad \text{und} \quad \Delta\Omega = \Omega_2 - \Omega_1 \quad (106)$$

folgt durch Anwendung der Additionstheoreme auf (105) die Beschreibung der eingangs erwähnten Schwebungen (Abb. 25, vgl. auch Abschn. 11.1.5.2)

$$x_1(t) = \hat{x}\sin\frac{\Delta\Omega}{2}t\sin\Omega t,$$
$$x_2(t) = \hat{x}\cos\frac{\Delta\Omega}{2}t\cos\Omega t, \quad (107)$$

sofern die Frequenzaufspaltung $\Delta\Omega \ll \Omega$, d. h. die Kopplung schwach ($K \ll \omega_0{}^2$) ist.

11.1.6.2 Mehrere gekoppelte Oszillatoren

Ein System von N gekoppelten eindimensionalen Oszillatoren besitzt im Allgemeinen N Freiheitsgrade der Bewegung (d. h., es sind N voneinander unabhängige Koordinaten zur Beschreibung der einzelnen Auslenkungen notwendig). Analog dem Beispiel für $N = 2$ im vorigen Abschnitt wird es durch ein System von N gekoppelten Differenzialgleichungen beschrieben:

$$\frac{\mathrm{d}^2 x_i(t)}{\mathrm{d}t^2} = \sum_j A_{ij}x_j(t) \quad \text{mit } i,j = 1,\ 2, \ldots,\ N. \quad (108)$$

Durch eine lineare Variablentransformation und Einführung der Normalkoordinaten $q_1, q_2, \ldots, q_N$ kann eine Entkopplung der N Differenzialgleichungen (108) erreicht werden: Man erhält N kopplungsfreie Systeme mit je einem Freiheitsgrad:

$$\frac{\mathrm{d}^2 q_i(t)}{\mathrm{d}t^2} = -\Omega_i^2 q_i(t) \quad \text{mit } i = 1,2,\ldots,N, \quad (109)$$

worin die Ω_i die Eigenfrequenzen der Fundamentalmoden sind. Eine solche Entkopplung lässt sich in jedem System gekoppelter Oszillatoren durchführen, solange die Kräfte linear oder näherungsweise linear von den Auslenkungen abhängen. Die tatsächlichen Schwingungen des gekoppelten Schwingungssystems lassen sich stets als lineare Überlagerung der so gewonnenen Fundamentalschwingungen darstellen. Kann der einzelne Oszillator in allen drei Raumrichtungen schwingen, so erhalten wir $3N$ Fundamentalschwingungen. Dies gilt z. B. für elastische Atomschwingungen im Kristallgitter des Festkörpers. Auch eine Federkette mit z. B. 3 Massen (Abb. 28) hat demnach $3 \cdot 3 = 9$ Fundamentalmoden.

Die Anregung einzelner Fundamentalschwingungen lässt sich durch geeignete Wahl der Anfangsbedingungen erreichen (siehe Abschn. 11.1.6.1). Die 9 Fundamentalmoden einer Federkette mit 3 Massen sind in (Abb. 28) angedeutet. Ähnliche Fundamentalschwingungen treten bei Molekülen auf,

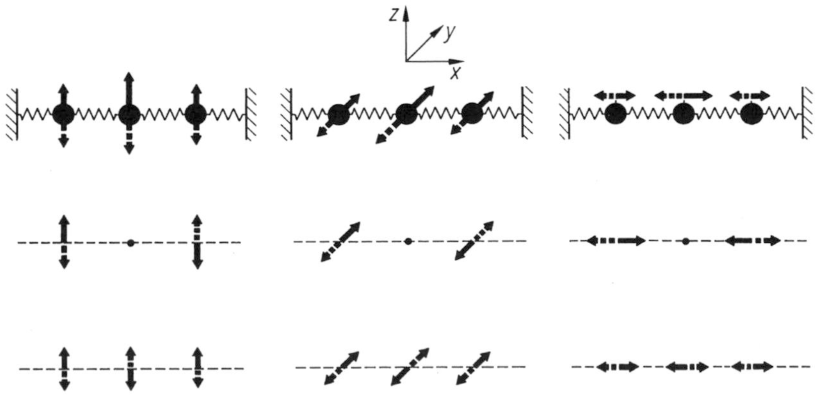

Abb. 28 Fundamentalmoden einer Federkette

jedoch fallen wegen der fehlenden Einspannung hier u. a. diejenigen mit gleichsinniger Schwingungsrichtung aller Atommassen aus.

11.1.7 Nichtlineare Oszillatoren. Chaotisches Schwingungsverhalten

Bei der mathematischen Beschreibung der in Abschn. 11.1.2 bis 11.1.4 behandelten Oszillatoren werden Näherungen (kleine Federdehnungen, kleine Winkelauslenkungen) benutzt, sodass die rücktreibenden Größen proportional zur Auslenkung angesetzt werden konnten. Die die Schwingungssysteme beschreibenden Differenzialgleichungen sind dadurch linear bezüglich der Auslenkungsvariablen ξ und leicht lösbar. Tatsächlich sind physikalische Systeme i. Allg. nichtlinear. Für nichtlineare Gleichungen gibt es aber kaum allgemeine analytische Lösungsverfahren, sodass die Approximation nichtlinearer Vorgänge durch lineare Gesetze in den meisten Fällen ein notwendiger Kompromiss bei der mathematischen Beschreibung ist. Bei den Schwingungssystemen kommt hinzu, dass im Gültigkeitsbereich der linearen Näherung das für die Anwendungen besonders wichtige *harmonische* Schwingungsverhalten vorliegt.

Wenn die Schwingung jedoch den Gültigkeitsbereich der linearen Näherung verlässt, so muss man auch für die in Abschn. 11.1.2 bis 11.1.4 behandelten Oszillatoren die genaueren nichtlinearen Differenzialgleichungen heranziehen.

So erhält man für das periodisch angeregte Stabpendel (Abb. 29a) unter Berücksichtigung einer Dämpfung rv die Kraftgleichung (vgl. Abschn. 11.1.2.1 und 11.1.4)

$$m\frac{\mathrm{d}^2 s}{\mathrm{d}t^2} + r\frac{\mathrm{d}s}{\mathrm{d}t} + mg\ \sin\frac{s}{l} = \hat{F}\sin\omega t, \qquad (110)$$

die durch den Sinusterm in s nichtlinear ist. Eine ähnliche Differenzialgleichung erhält man für die Drehmomente beim periodisch angeregten Drehpendel in Abb. 29b, bei dem eine Unwuchtmasse m_u angebracht ist. Dadurch tritt bei Auslenkung aus der ursprünglichen Ruhelage ein zusätzliches, auslenkendes Drehmoment $\boldsymbol{r}\cdot(m_\mathrm{u}\,\boldsymbol{g})$ auf, das erst bei größerer Auslenkung ϑ durch das von der Spiralfeder ausgeübte rücktreibende Drehmoment $-D\,\vartheta$ kompensiert wird:

$$J\frac{\mathrm{d}^2\vartheta}{\mathrm{d}t^2} + d\frac{\mathrm{d}\vartheta}{\mathrm{d}t} + D\vartheta - m_\mathrm{u}g\mid\boldsymbol{r}\mid\vartheta = \hat{M}\sin\omega t. \qquad (111)$$

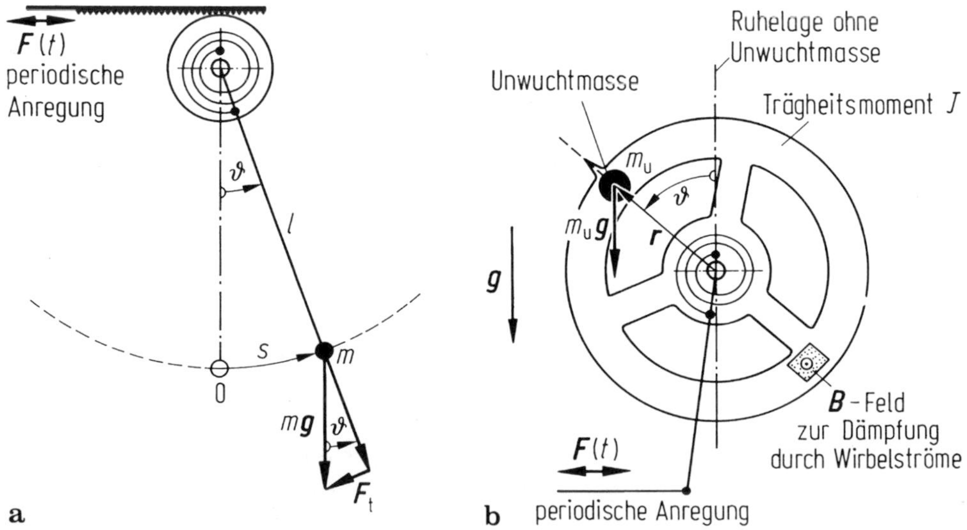

Abb. 29 Nichtlineare Oszillatoren: **a** periodisch zu größeren Amplituden angeregtes Stabpendel, **b** periodisch angeregtes Drehpendel mit Unwucht

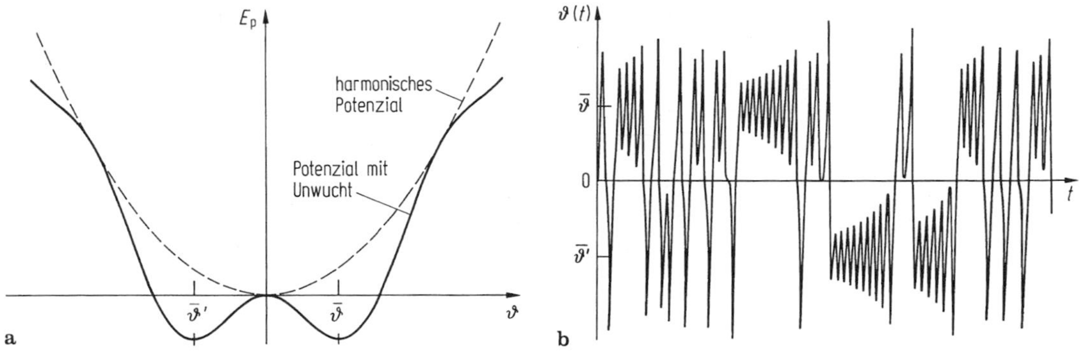

Abb. 30 **a** Potenzialkurve des Drehpendels mit Unwucht (Abb. 29b); **b** Chaotische Schwingung des Drehpendels mit Unwuchtmasse, die teilweise um die beiden Ruhelagen $\overline{\vartheta}$ bzw. $\overline{\vartheta}'$ erfolgt (nach Bergé 1990)

Die Unwuchtmasse m_u bewirkt zwei Gleichgewichtslagen $\overline{\vartheta}$ und $\overline{\vartheta'}$ links bzw. rechts von der ursprünglichen Ruhelage $\vartheta = 0$ des Drehpendels ohne Unwuchtmasse. Die Potenzialkurve des Drehpendels (ursprünglich eine Parabel, siehe Abschn. 11.1.2.2 und Abb. 7) hat nun zwei Minima (Abb. 30a). Solche Systeme neigen bei bestimmten Parametern zu völlig unregelmäßigen (nichtperiodischen) *chaotischen* Schwingungen, deren Ablauf nicht ohne Weiteres vorhersehbar ist (Abb. 30b).

Charakteristisch für solche chaotischen Vorgänge ist, dass kleinste Veränderungen der Anfangsbedingungen ein völlig anderes Schwingungsverhalten zur Folge haben können. Hier ist das sonst meist geltende Prinzip außer Kraft, dass kleine stetige Änderungen der Anfangsbedingungen auch stetige Änderungen der Reaktion eines Systems zur Folge haben. Seitdem leistungsfähige Rechner zur Verfügung stehen, mit denen Differenzialgleichungen wie (110) und (111) numerisch gelöst werden können, kann man Vorgänge wie in Abb. 30 auch berechnen, und zwar für genau definierte Anfangsbedingungen, wie sie experimentell gar nicht einzuhalten wären. Dabei erhält man tatsächlich bei nur minimal veränderten Bedingungen völlig andere Kurven $\vartheta(t)$, bei exakt gleichen Bedingungen aber natürlich immer dieselben Kurven. Die scheinbar regellose Bewegung ist also in der Theorie wohl determiniert, man spricht deshalb auch von *deterministischem Chaos*.

Ein weiteres Beispiel für ein System, das chaotisches Verhalten zeigen kann, ist ein Planet in einem Doppelsternsystem (Dreikörperproblem). Während ein Planet eines einzelnen Zentralsterns Kepler-Ellipsen durchläuft (siehe ▶ Kap. 14, „Gravitationswechselwirkung"), also eine periodische Bewegung ausführt, durchläuft ein Planet in einem Doppelsternsystem i. Allg. sehr komplizierte Bahnen, die sich zeitweise um das eine, zeitweise um das andere Kraftzentrum bewegen, in gewisser Analogie zum Drehpendel mit Unwucht (Abb. 29b und 30). Auch hier gilt, dass eine minimale Änderung der Anfangsbedingungen u. U. zu völlig veränderten Bahnkurven führen kann.

Die Theorie des deterministischen Chaos (kurz: *Chaostheorie*) ist gegenwärtig Gegenstand einer intensiven Forschung, wie sie erst durch die heutigen Rechner möglich geworden ist. Man versucht beispielsweise, das turbulente Strömungsverhalten (siehe ▶ Kap. 13, „Transporterscheinungen und Fluiddynamik") und viele andere Phänomene mithilfe der Chaostheorie zu verstehen.

11.2 Teilchensysteme

Reale Materie kann stets als Vielteilchensystem aufgefasst werden, dessen Bestandteile (die Teilchen des Systems) z. B. die Atome oder Moleküle der betrachteten Materiemenge sind, oder auch fiktive „Massenelemente", d. h. differenziell kleine Bruchteile dm der gesamten Masse m des

Vielteilchensystems. Materiemengen können in unterschiedlichen Aggregatzuständen auftreten, die charakteristische Eigenschaften als Vielteilchensysteme aufweisen:

1. *Gase*: Die Teilchen (Atome, Moleküle) haben beliebige, stochastisch wechselnde Abstände (Brown'sche Bewegung). Zwischen ihnen gibt es weder Fern- noch Nahordnung. Gase füllen jedes verfügbare Volumen aus. Der mittlere Teilchenabstand und damit die Dichte hängen von äußeren Kräften (Druck) ab (hohe Kompressibilität).
2. *Flüssigkeiten*: Die Teilchen einer Flüssigkeit haben ebenfalls zeitlich variierende Abstände (Brown'sche Bewegung), jedoch eine ausgeprägte Nahordnung (keine Fernordnung). Angreifende Kräfte und Drehmomente verformen eine Flüssigkeit ohne dauerhafte Rückstellkräfte zu erzeugen. Der mittlere Teilchenabstand ($\sim$ Dichte$^{-1/3}$) hängt kaum von äußeren Kräften (Druck) ab (geringe Kompressibilität), Flüssigkeiten haben ein definiertes Volumen.
3. *Festkörper*: Die Teilchen besitzen feste Abstände untereinander, es besteht eine feste Nah- und Fernordnung (Kristallstruktur). Unter Einwirkung äußerer Kräfte und Drehmomente können sich Festkörper unter Ausbildung von Rückstellkräften elastisch verformen. Unterhalb bestimmter Grenzwerte sind die Deformationen bei Entlastung reversibel, die Festkörper nehmen dann ihre vorherige Form wieder an. Oberhalb dieser Grenzwerte verhalten sich Festkörper plastisch oder brechen. Die Kompressibilität ist noch geringer als bei Flüssigkeiten.

   Als weiterer Aggregatzustand der Materie wird nach Langmuir der Plasmazustand (siehe ► Abschn. 17.2.6.3 im Kap. 17, „Elektrische Leitungsmechanismen") angesehen:
4. *Plasmen*: Kollektive aus neutralen und einer großen Anzahl elektrisch geladener Teilchen, die quasineutral sind (gleich viele positiv und negativ geladene Teilchen), und deren Verhalten durch kollektive Phänomene aufgrund der starken elektromagnetischen Wechselwirkung zwischen den geladenen Teilchen bestimmt ist. Die geladenen Teilchen können z. B. positive oder negative Ionen und freie Elektronen (oder Löcher beim Halbleiter) sein. Plasmen können hochionisierte Gase, elektrolytische Flüssigkeiten oder elektrisch leitende Festkörper sein.

Viele Eigenschaften solcher Vielteilchensysteme lassen sich durch idealisierte Modelle beschreiben, wovon in den folgenden Abschnitten mehrfach Gebrauch gemacht wird, z. B.:

Gase: Modell des *idealen Gases* (Teilchen punktförmig, keine Wechselwirkungen usw.), siehe ► Kap. 12, „Statistische Mechanik – Thermodynamik".

Flüssigkeiten: Modell der *idealen Flüssigkeit* (Inkompressibilität, keine innere Reibung), siehe ► Kap. 13, „Transporterscheinungen und Fluiddynamik".

Festkörper: Modell des *starren Körpers*. In diesem Modell bleiben die Abstände aller Elemente des Körpers untereinander konstant, auch wenn äußere Kräfte oder Drehmomente angreifen (siehe Abschn. 11.3).

In mancher Hinsicht kann ein Teilchensystem wie ein Massenpunkt behandelt werden, dessen Masse gleich der Summe der Massen aller Teilchen im System ist, in anderer Hinsicht nicht. Die Massen der Teilchen in den betrachteten Teilchensystemen werden als konstant angenommen.

11.2.1 Schwerpunkt (Massenzentrum), Impuls und Drehimpuls von Teilchensystemen

Wir betrachten ein System von Teilchen der Masse m_i (Gesamtmasse $m = \sum m_i$) bei den Ortskoordinaten $\boldsymbol{r}_i$ in einem Kraftfeld mit konstanter Beschleunigung $\boldsymbol{a}$ (z. B. Erdfeld: $\boldsymbol{a} = \boldsymbol{g}$), sodass auf jedes Teilchen eine Kraft $\boldsymbol{F}_i = m_i\,\boldsymbol{a}$ wirkt (Abb. 31). Bezüglich des vorgegebenen Bezugssystems treten dann Drehmomente

$$\boldsymbol{M}_i = \boldsymbol{r}_i \cdot \boldsymbol{F}_i = \boldsymbol{r}_i \cdot m_i \boldsymbol{a}$$

auf. Das Gesamtdrehmoment $\boldsymbol{M} = \sum \boldsymbol{M}_i$ lässt sich nun darstellen als Vektorprodukt zwischen einer Schwerpunktskoordinate $\boldsymbol{r}_{\mathrm{S}}$ und der resultierenden Gesamtkraft $\boldsymbol{F} = \sum \boldsymbol{F}_i = \sum m_i\boldsymbol{a}$:

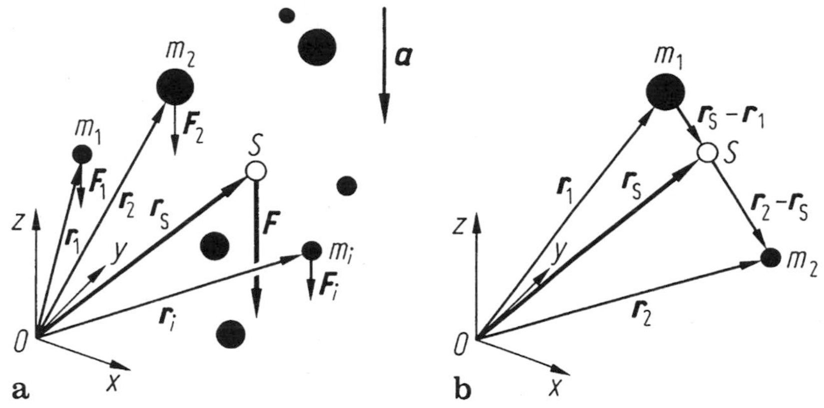

Abb. 31 Zur Definition des Schwerpunktes eines Teilchensystems, **b** Schwerpunkt eines Systems aus zwei Massen

$$\begin{aligned} \boldsymbol{M} &= \sum_i \boldsymbol{r}_i \cdot m_i \boldsymbol{a} = \boldsymbol{r}_S \cdot \sum_i m_i \boldsymbol{a}, \\ \left(\sum_i \boldsymbol{r}_i m_i\right) \cdot \boldsymbol{a} &= \left(\boldsymbol{r}_S \sum_i m_i\right) \cdot \boldsymbol{a}. \end{aligned} \tag{112}$$

Aus der Gleichheit der Klammerterme folgt für die Schwerpunktskoordinate in dem betrachteten Bezugssystem (meist als Laborsystem bezeichnet)

$$\boldsymbol{r}_S = \frac{\sum m_i \boldsymbol{r}_i}{\sum m_i} = \frac{1}{m} \sum_i m_i \boldsymbol{r}_i. \tag{113}$$

Für kontinuierliche Massenverteilungen (starre Körper) müssen die Summierungen durch Integration ersetzt werden.

Beispiel: System aus zwei Massen. Aus (113) folgt

$$\boldsymbol{r}_S = \frac{m_1 \boldsymbol{r}_1 + m_2 \boldsymbol{r}_2}{m_1 + m_2} \tag{114}$$

und weiter $m_1(\boldsymbol{r}_S - \boldsymbol{r}_1) = m_2(\boldsymbol{r}_2 - \boldsymbol{r}_S)$. Dies bedeutet, dass $(\boldsymbol{r}_S - \boldsymbol{r}_1) \parallel (\boldsymbol{r}_2 - \boldsymbol{r}_S)$ ist und der Schwerpunkt auf der Verbindungslinie der beiden Massen liegt (Abb. 31b).

Wegen

$$\frac{|\,\boldsymbol{r}_S - \boldsymbol{r}_1\,|}{|\,\boldsymbol{r}_2 - \boldsymbol{r}_S\,|} = \frac{m_2}{m_1} \tag{115}$$

teilt der Schwerpunkt die Verbindungslinie im umgekehrten Verhältnis der Massen.

Die Schwerpunktskoordinate $\boldsymbol{r}_S$ ist nach (113) eine mittlere Koordinate der mit den Massen m_i gewichteten Teilchenkoordinaten $\boldsymbol{r}_i$. Der dadurch definierte *Schwerpunkt S* wird daher auch als *Massenzentrum* bezeichnet. In einem Bezugssystem mit *S* als Ursprung (*Schwerpunktsystem*) verschwindet nach (112) das resultierende Drehmoment, weil hierin $\boldsymbol{r}_S = 0$ wird.

Für den Gesamtimpuls eines Teilchensystems, in dem die einzelnen Teilchen *i* Geschwindigkeiten $\boldsymbol{v}_i = \mathrm{d}\boldsymbol{r}_i/\mathrm{d}t$ haben, folgt

$$\boldsymbol{p} = \sum \boldsymbol{p}_i = \sum m_i \frac{\mathrm{d}\boldsymbol{r}_i}{\mathrm{d}t} = \frac{\mathrm{d}}{\mathrm{d}t} \sum m_i \boldsymbol{r}_i,$$

und daraus mit (113)

$$\boldsymbol{p} = \frac{\mathrm{d}}{\mathrm{d}t}(m\boldsymbol{r}_S) = m\frac{\mathrm{d}\boldsymbol{r}_S}{\mathrm{d}t}.$$

$\mathrm{d}\boldsymbol{r}_S/\mathrm{d}t = \boldsymbol{v}_S$ ist die Geschwindigkeit des Schwerpunktes (Systemgeschwindigkeit), sodass sich für den *Gesamtimpuls des Teilchensystems* im Laborsystem

$$\boldsymbol{p} = m\boldsymbol{v}_S \tag{116}$$

ergibt. Gleichung (116) entspricht der Impulsdefinition (113) im ▶ Kap. 10, „Mechanik von Massenpunkten“ für einen einzelnen Massenpunkt. Hinsichtlich des Impulses verhält sich also das Teilchensystem so, als ob die gesamte Masse des Systems im Massenzentrum (Schwerpunkt) vereinigt ist und sich mit dessen Geschwindigkeit bewegt. Im Schwerpunktsystem verschwindet $\boldsymbol{p} = \boldsymbol{p}_{\mathrm{int}}$ wegen $\boldsymbol{v}_S = 0$:

$$\boldsymbol{p}_{\text{int}} = \sum_i \boldsymbol{p}_{\text{int},i} = 0. \qquad (117)$$

$\boldsymbol{p}_{\text{int,i}}$ ist hierin der Impuls des i-ten Teilchens, $\boldsymbol{p}_{\text{int}}$ der Gesamtimpuls des Teilchensystems, beide gemessen im Schwerpunktsystem. Im Folgenden muss zwischen „inneren" („internen") und „äußeren" („externen") Kräften unterschieden werden:

Innere Kräfte $\boldsymbol{F}_{\text{int}}$: Kräfte zwischen den Teilen eines betrachteten Systems.

Äußere Kräfte $\boldsymbol{F}_{\text{ext}}$: Kräfte, die zwischen dem System oder Teilen davon und der Umgebung wirken.

11.2.1.1 Schwerpunktbewegung ohne äußere Kräfte

Ohne äußere Kräfte bleibt der Gesamtimpuls eines Teilchensystems erhalten.

$$\boldsymbol{p} = m\boldsymbol{v}_{\text{S}} = \text{const}$$

und damit

$$\boldsymbol{v}_{\text{S}} = \text{const} \quad \text{für } \boldsymbol{F}_{\text{ext}} = 0. \qquad (118)$$

Der Schwerpunkt (das Massenzentrum) des Teilchensystems beschreibt also eine geradlinige Bahn. Eventuell auftretende innere Kräfte ändern daran nichts: Wegen „actio = reactio" (vgl. ▶ Abschn. 10.1.3.2 im Kap. 10, „Mechanik von Massenpunkten") ändern sich Impulse von Teilchen, zwischen denen innere Kräfte wirken, um entgegengesetzt gleiche Werte, sodass der Gesamtimpuls nicht beeinflusst wird.

Beispiel: Das Massenzentrum eines Raumfahrzeugs, das sich fern von Gravitationseinwirkungen ohne Antrieb geradlinig bewegt, beschreibt auch dann weiter dieselbe geradlinige Bahn, wenn z. B. durch Federkraft eine Raumsonde ausgestoßen wird (Abb. 32). Das Raumfahrzeug selbst weicht dann von der Bahn des gemeinsamen Massenzentrums S ab!

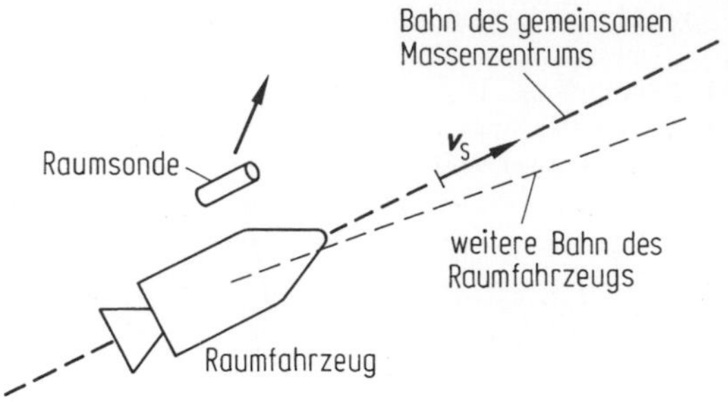

Abb. 32 Geradlinige Bahn des gemeinsamen Massenzentrums eines Raumfahrzeuges und einer von ihm ausgestoßenen Raumsonde bei fehlender Gravitation

11.2.1.2 Schwerpunktbewegung bei Einwirkung äußerer Kräfte

Unterliegen die Teilchen des betrachteten Systems äußeren Kräften $\boldsymbol{F}_{\text{ext},i}$, so gilt z. B. für das i-te Teilchen (vgl. 60 ▶ Kap. 10, „Mechanik von Massenpunkten")

$$\boldsymbol{F}_{\text{ext},i} = \frac{\text{d}\boldsymbol{p}_i}{\text{d}t}.$$

Für die resultierende Gesamtkraft auf das System ergibt sich damit wegen $\sum \boldsymbol{p}_i = \boldsymbol{p}$

$$\boldsymbol{F}_{\text{ext}} = \sum_i \boldsymbol{F}_{\text{ext},i} = \sum_i \frac{\text{d}\boldsymbol{p}_i}{\text{d}t} = \frac{\text{d}}{\text{d}t}\sum_i \boldsymbol{p}_i = \frac{\text{d}\boldsymbol{p}}{\text{d}t},$$

und mit (116)

$$\boldsymbol{F}_{\text{ext}} = \frac{\text{d}\boldsymbol{p}}{\text{d}t} = \frac{\text{d}(m\boldsymbol{v}_{\text{S}})}{\text{d}t}. \qquad (119)$$

Gl. (119) entspricht wiederum dem Kraftgesetz (60 im ▶ Kap. 10, „Mechanik von Massenpunkten") für einen einzelnen Massenpunkt. Die Bahn des Schwerpunktes (Massenzentrum) eines Teilchensystems verläuft also so, als ob die resultierende äußere Kraft $\boldsymbol{F}_{\text{ext}}$ auf die im Massenzentrum vereinigte Gesamtmasse m des Teilchensystems wirkt. Voraussetzung ist nach Abschn. 11.2.1 ein äußeres Kraftfeld mit konstanter Beschleunigung $\boldsymbol{a}$.

Beispiel: Stößt eine Raumfähre, die sich im Schwerefeld der Erde auf einer Kreisbahn bewegt,

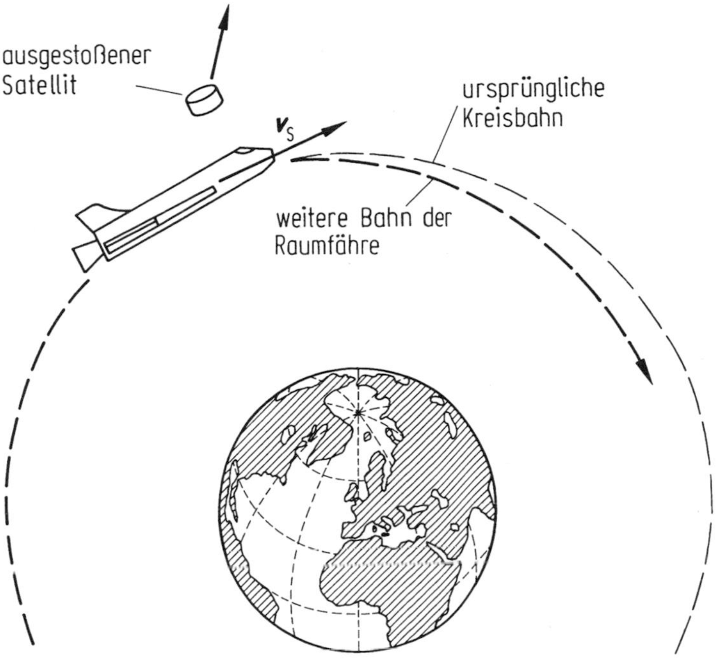

Abb. 33 Die Bahnkurve des gemeinsamen Massenzentrums einer Raumfähre und eines von ihr ausgestoßenen Satelliten ist anfänglich mit der ursprünglichen Kreisbahn identisch

durch Federkraft einen schweren Satelliten oder eine Raumstation aus, so bewegt sich das gemeinsame Massenzentrum beider Raumkörper weiterhin auf der ursprünglichen Bahn, solange die Schwerebeschleunigung noch als konstant betrachtet werden kann (Abb. 33). Die Raumfähre weicht danach von der ursprünglichen Kreisbahn ab. (Wegen der tatsächlichen Ortsabhängigkeit der Schwerebeschleunigung im Radialfeld gilt die Aussage über die Schwerpunktbahn für den weiteren Flugverlauf nicht mehr).

11.2.1.3 Drehimpuls eines Teilchensystems

Der Drehimpuls eines *einzelnen Teilchens* mit der Ortskoordinate $\boldsymbol{r}$, der Masse m und der Geschwindigkeit $\boldsymbol{v}$, d. h. mit dem Impuls $\boldsymbol{p} = m\boldsymbol{v}$, ist in (80) des ► Kap. 10, „Mechanik von Massenpunkten“ definiert als

$$\boldsymbol{L} = \boldsymbol{r} \cdot \boldsymbol{p} = \boldsymbol{r} \cdot m\boldsymbol{v}. \tag{120}$$

Durch Einwirkung einer Kraft $\boldsymbol{F}$, die ein Drehmoment $\boldsymbol{M} = \boldsymbol{r} \cdot \boldsymbol{F}$ erzeugt, wird eine zeitliche Änderung des Drehimpulses $\boldsymbol{L}$ bewirkt (76 bzw. 84 im ► Kap. 10, „Mechanik von Massenpunkten“):

$$\frac{\mathrm{d}\boldsymbol{L}}{\mathrm{d}t} = \boldsymbol{M} = \boldsymbol{r} \cdot \boldsymbol{F}. \tag{121}$$

Bei *Teilchensystemen* kompensieren sich Drehmomente, die durch innere Kräfte zwischen den Teilchen des Systems hervorgerufen werden, zu null (Abb. 34): Da wegen „actio = reactio“ (vgl. ► Abschn. 10.2.3 im Kap. 10, „Mechanik von Massenpunkten“) innere Kräfte zwischen zwei Teilchen 1 und 2 entgegengesetzt gleich groß sind, d. h. $\boldsymbol{F}_{21} = -\boldsymbol{F}_{12}$, gilt für die dadurch bewirkten Drehmomente $\boldsymbol{M}_{\text{int}}$

$$\begin{aligned}\boldsymbol{M}_{\text{int},12} &= \boldsymbol{M}_{\text{int},1} + \boldsymbol{M}_{\text{int},2} = \boldsymbol{r}_1 \\ &\cdot \boldsymbol{F}_{21} + \boldsymbol{r}_2 \cdot \boldsymbol{F}_{12} = (\boldsymbol{r}_2 - \boldsymbol{r}_1) \cdot \boldsymbol{F}_{12} \\ &= 0,\end{aligned}$$

weil die beiden Faktoren parallele Vektoren sind (Abb. 34). Dabei ist vorausgesetzt, dass die inneren Kräfte $\boldsymbol{F}_{12}$ und $\boldsymbol{F}_{21}$ längs der Verbindungslinie $\boldsymbol{r}_2 - \boldsymbol{r}_1$ wirken.

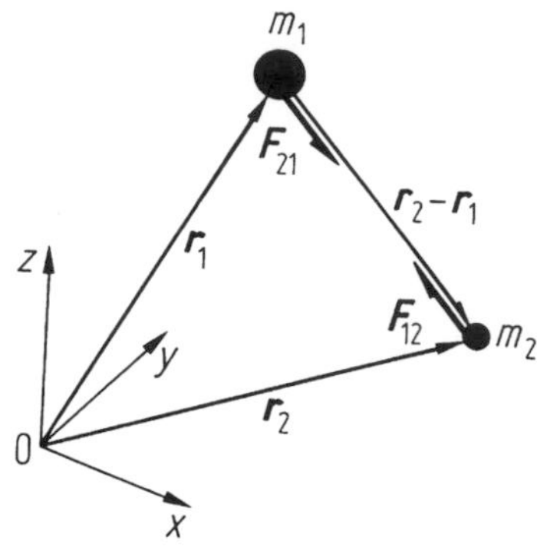

Abb. 34 Zur Berechnung von Drehmomenten durch innere Kräfte

Verallgemeinert auf viele Teilchen ergibt sich dann

$$\sum_{i,j} \boldsymbol{M}_{\text{int},ij} = 0. \tag{122}$$

Der Gesamtdrehimpuls eines Teilchensystems $\boldsymbol{L} = \sum \boldsymbol{L}_i$ wird daher durch innere Kräfte und die dadurch erzeugten Drehmomente nicht verändert. Fehlen ferner äußere Kräfte $\boldsymbol{F}_{\text{ext,i}}$ und dadurch hervorgerufene äußere Drehmomente $\boldsymbol{M}_{\text{ext,i}}$, so gilt

$$\boldsymbol{L} = \sum_i \boldsymbol{L}_i = \text{const} \quad \text{für} \quad \boldsymbol{M}_{\text{ext}} = 0. \tag{123}$$

Dies ist die allgemeine Form des Drehimpulserhaltungssatzes (vgl. ▶ Abschn. 10.2.8 im Kap. 10. „Mechanik von Massenpunkten"):

Wirken keine äußeren Drehmomente, so bleibt der Gesamtdrehimpuls eines Teilchensystems zeitlich konstant.

Unterliegen die Teilchen des betrachteten Systems jedoch äußeren Kräften $\boldsymbol{F}_{\text{ext,i}}$ und dadurch hervorgerufenen äußeren Drehmomenten $\boldsymbol{M}_{\text{ext,i}} = \boldsymbol{r}_i \cdot \boldsymbol{F}_{\text{ext,i}}$, so gilt für den Gesamtdrehimpuls $\boldsymbol{L}$ des Teilchensystems im selben Bezugssystem, in dem auch die Drehmomente definiert sind, unter Beachtung von (10)

$$\frac{\mathrm{d}\boldsymbol{L}}{\mathrm{d}t} = \frac{\mathrm{d}}{\mathrm{d}t} \sum_i \boldsymbol{L}_i = \sum_i \frac{\mathrm{d}\boldsymbol{L}_i}{\mathrm{d}t} = \sum_i \boldsymbol{M}_i.$$

In der letzten Summe können die Drehmomentanteile, die durch innere Kräfte bedingt sind, wegen (122) weggelassen werden:

$$\begin{aligned}\sum_i \boldsymbol{M}_i &= \sum_i \boldsymbol{M}_{\text{ext},i} + \sum_{i,j} \boldsymbol{M}_{\text{int},ij} \\ &= \sum_i \boldsymbol{M}_{\text{ext},i} = \boldsymbol{M}_{\text{ext}}.\end{aligned} \tag{124}$$

Damit ergibt sich für die zeitliche Änderung des Gesamtdrehimpulses eines Teilchensystems unter Einwirkung eines äußeren Gesamtdrehmomentes $\boldsymbol{M}_{\text{ext}}$ ganz entsprechend wie beim einzelnen Massenpunkt, vgl. (84 im ▶ Kap. 10, „Mechanik von Massenpunkten"),

$$\frac{\mathrm{d}\boldsymbol{L}}{\mathrm{d}t} = \boldsymbol{M}_{\text{ext}}. \tag{125}$$

Drehimpuls und Drehmoment hängen von der Wahl des Bezugssystems ab. Um von dieser Willkürlichkeit wegzukommen, kann als Bezugssystem das Schwerpunktsystem gewählt werden. Der Gesamtdrehimpuls des Teilchensystems bezogen auf das Massenzentrum werde innerer Drehimpuls $\boldsymbol{L}_{\text{int}}$ genannt:

$$\boldsymbol{L}_{\text{int}} = \sum_i \boldsymbol{r}_{\text{int},i} \cdot \boldsymbol{p}_{\text{int},i}. \tag{126}$$

Im Falle von Elementarteilchen wird der innere Drehimpuls auch *Spin S* genannt. Bezüglich eines anderen Bezugssystems kann ferner ein *Bahndrehimpuls* $\boldsymbol{L}_{\text{Bahn}}$ definiert werden:

$$\boldsymbol{L}_{\text{Bahn}} = \boldsymbol{r}_{\text{S}} \cdot \boldsymbol{p} = \boldsymbol{r}_{\text{S}} \cdot m\boldsymbol{v}_{\text{S}}, \tag{127}$$

worin $\boldsymbol{p}$ der Gesamtimpuls und m die Gesamtmasse des Teilchensystems sind, und $\boldsymbol{r}_{\text{S}}$ die Koordinate des Massenzentrums und $\boldsymbol{v}_{\text{S}}$ seine Geschwindigkeit. Der Gesamtdrehimpuls des Teilchensystems kann als Summe beider dargestellt werden (ohne Ableitung):

$$\boldsymbol{L} = \boldsymbol{L}_{\text{Bahn}} + \boldsymbol{L}_{\text{int}}. \tag{128}$$

11.2.2 Energieinhalt von Teilchensystemen

Die folgenden Betrachtungen enthalten vor allem für Zweiteilchensysteme (z. B. Stöße, siehe Abschn. 11.3.3) und für die statistische Mechanik (Gase als Vielteilchensysteme: ▶ Kap. 12, „Statistische Mechanik – Thermodynamik") benötigte Festlegungen und Folgerungen.

Die Geschwindigkeit $\boldsymbol{v}_i$ des Teilchens i eines Teilchensystems in einem beliebigen Bezugssystem (Laborsystem) lässt sich zerlegen in die Geschwindigkeit $\boldsymbol{v}_S$ des Massenzentrums und in die Geschwindigkeit $\boldsymbol{v}_{\text{int,i}}$ des i-ten Teilchens im Schwerpunktsystem (Abb. 35):

$$\begin{aligned}\boldsymbol{v}_i &= \boldsymbol{v}_S + \boldsymbol{v}_{\text{int},i};\\ \boldsymbol{v}_i^2 &= \boldsymbol{v}_S^2 + \boldsymbol{v}_{\text{int},i}^2 + 2\boldsymbol{v}_S\boldsymbol{v}_{\text{int},i}.\end{aligned} \qquad (129)$$

Für die gesamte kinetische Energie eines Teilchensystems folgt mit (129)

$$\begin{aligned}E_k &= \sum_i \frac{1}{2} m_i \boldsymbol{v}_i^2 = \sum_i \frac{1}{2} m_i \boldsymbol{v}_S^2 + \sum_i \frac{1}{2} m_i \boldsymbol{v}_{\text{int},i}^2\\ &\quad + \sum_i m_i \boldsymbol{v}_S \boldsymbol{v}_{\text{int},i}\\ &= \frac{1}{2} m \boldsymbol{v}_S^2 + E_{\text{k,int}} + \boldsymbol{v}_S \sum_i \boldsymbol{p}_{\text{int},i}.\end{aligned} \qquad (130)$$

In (130) bedeutet der erste Term die kinetische Energie der im Massenzentrum vereinigten Gesamtmasse im Laborsystem, der zweite Term stellt die kinetische Energie im Schwerpunktsystem dar, während der dritte Term verschwindet, weil $\sum \boldsymbol{p}_{\text{int},i} = \boldsymbol{p}_{\text{int}} = 0$ im Schwerpunktsystem, vgl. (117). Damit gilt für die *kinetische Energie eines Teilchensystems* in einem beliebigen Laborsystem

$$E_k = \sum_i \frac{1}{2} m_i \boldsymbol{v}_i^2 = \frac{1}{2} m \boldsymbol{v}_S^2 + E_{\text{k,int}}. \qquad (131)$$

Bei Stoßvorgängen (siehe Abschn. 11.3.3) interessieren beide Terme, während z. B. in der statistischen Mechanik (siehe ▶ Kap. 12, „Statistische Mechanik – Thermodynamik") die Schwerpunktsbewegung und damit der erste Term in (131) meist ohne Interesse ist.

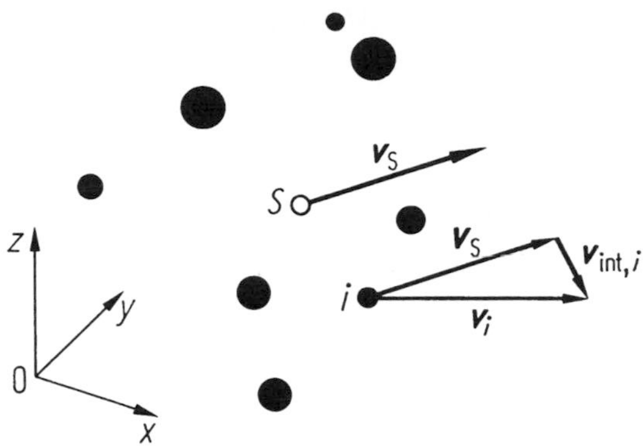

Abb. 35 Teilchengeschwindigkeit im Laborsystem und im Schwerpunktsystem

Die potenzielle Energie aufgrund innerer konservativer Kräfte (*innere potenzielle Energie des Teilchensystems*) lässt sich als Summe der potenziellen Energien $E_{\text{p},ij}$ der nichtgeordneten Teilchenpaare $\{i, j\}$ aufgrund der Kräfte zwischen den Teilchen i und j (unabhängig vom Bezugssystem, Paare (i, j) und (j, i) nur einfach gezählt) darstellen:

$$E_{\text{p,int}} = \sum_{\{i,j\}} E_{\text{p},ij}. \qquad (132)$$

$E_{\text{k,int}}$ und $E_{\text{p,int}}$ hängen nicht von äußeren Kräften ab (obwohl sich E_k durch äußere Kräfte zeitlich ändern kann). Als *Eigenenergie* des Teilchensystems sei daher definiert

$$\begin{aligned}U &= E_k + E_{\text{p,int}}\\ &= \frac{1}{2} m \boldsymbol{v}_S^2 + E_{\text{k,int}} + E_{\text{p,int}}.\end{aligned} \qquad (133)$$

Im Schwerpunktsystem fällt der erste Term weg und man erhält die sogenannte *innere Energie*

$$U_{\text{int}} = E_{\text{k,int}} + E_{\text{p,int}}. \qquad (134)$$

Damit ergibt sich für die Eigenenergie im Laborsystem

$$U = U_{\text{int}} + \frac{1}{2} m \boldsymbol{v}_S^2. \qquad (135)$$

11.2.2.1 Energieerhaltungssatz in Teilchensystemen

Wenn an einem Teilchensystem keine äußere Arbeit W durch äußere Kräfte geleistet wird, oder äußere Kräfte überhaupt fehlen, so bleibt die Eigenenergie des Systems nach dem Energieerhaltungssatz zeitlich konstant:

$$U = E_\mathrm{k} + E_\mathrm{p,int} = \mathrm{const} \quad \text{für} \quad \mathrm{W} = 0. \tag{136}$$

Dabei können sich durch innere Kräfte E_k und $E_\mathrm{p,int}$ durchaus ändern, ihre Summe bleibt dennoch erhalten.

Wenn dagegen dem Teilchensystem durch äußere Kräfte äußere Arbeit W_{12} zugeführt wird (ohne dass sonstige Energien zwischen dem System und der Umgebung ausgetauscht werden), so erhöht sich dessen Eigenenergie um W_{12} von U_1 auf U_2 (Energieflussdiagramm Abb. 36):

$$U_2 - U_1 = W_{12}. \tag{137}$$

Wird die äußere Arbeit durch eine äußere Kraft geleistet, die ebenfalls konservativ ist, so existiert zusätzlich zur inneren potenziellen Energie auch eine äußere potenzielle Energie, und es gilt entsprechend (99) im ► Kap. 10, „Mechanik von Massenpunkten"

$$W_{12} = E_\mathrm{p,ext,1} - E_\mathrm{p,ext,2}. \tag{138}$$

Gleichsetzung von (137) und (138) liefert

$$U_2 + E_\mathrm{p,ext,2} = U_1 + E_\mathrm{p,ext,1}. \tag{139}$$

Daraus folgt, dass die Gesamtenergie E des Teilchensystems sich nicht ändert. Der Energieerhaltungssatz für Teilchensysteme lautet demnach bei konservativen äußeren Kräften analog zu (109) im ► Kap. 10, „Mechanik von Massenpunkten"

$$E = U + E_\mathrm{p,ext} = \mathrm{const}. \tag{140}$$

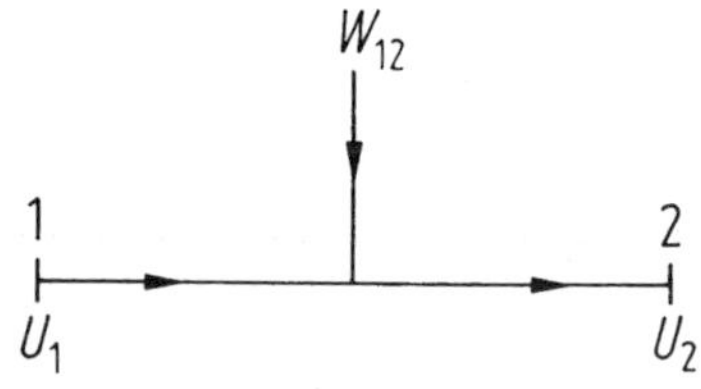

Abb. 36 Energieflussdiagramm zur Leistung äußerer Arbeit an einem Teilchensystem

11.2.2.2 Bindungsenergie eines Teilchensystems

Es werde ein Teilchensystem (der Einfachheit halber im Schwerpunktsystem) betrachtet, dessen Teilchen zunächst ∞ weit voneinander entfernt ruhen. Die innere Energie des Systems werde für diesen Fall auf $U_\infty = 0$ normiert, was wegen der beliebigen Normierbarkeit von $E_\mathrm{p,int}$ immer möglich ist (vgl. ► Abschn. 10.2.2 im Kap. 10, „Mechanik von Massenpunkten"). Werden die Teilchen nun durch irgendeinen Mechanismus zusammengebracht, so hat das Teilchensystem die innere Energie

$$U_\mathrm{int} = E_\mathrm{k,int} + E_\mathrm{p,int}. \tag{141}$$

E_k ist immer positiv. $E_\mathrm{p,int}$ kann positiv oder negativ sein, je nachdem, ob beim Zusammenbringen Arbeit zugeführt werden muss (abstoßende Kräfte: $\mathrm{d}E_\mathrm{p} > 0$) oder frei wird (anziehende Kräfte: $\mathrm{d}E_\mathrm{p} < 0$). U_int kann daher positiv oder negativ sein. Nach (137) gilt für den Vorgang des Zusammenbringens der Teilchen

$$U_\mathrm{int} - U_\infty = U_\mathrm{int} = W. \tag{142}$$

Ist die innere Energie des Teilchensystems nach dem Zusammenbringen positiv ($U_\mathrm{int} > 0$), so musste hierfür äußere Arbeit aufgebracht werden ($W > 0$). Es herrschen abstoßende Kräfte, die Teilchen trennen sich wieder. Das System ist nicht stabil (ungebunden). Beispiel: Streuung eines positiv geladenen α-Teilchens an einem positiv geladenen Atomkern.

Ist dagegen die innere Energie nach dem Zusammenbringen negativ ($U_\mathrm{int} < 0$), so ist bei der Formierung des Systems Energie (Arbeit) nach außen abgegeben worden ($W < 0$), das System hat weniger Energie als die getrennten Teilchen. Um das System wieder aufzulösen, muss der Energiebetrag $-U_\mathrm{int}$ wieder von außen zuge-

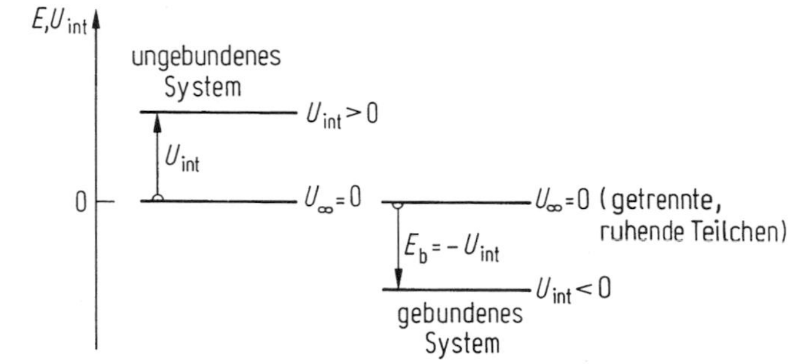

Abb. 37 Energietermschema eines ungebundenen und eines gebundenen Systems

führt werden. Ein System mit negativer innerer Energie ist daher stabil oder „gebunden". Beispiel: Planetensystem der Sonne. $-U_{\text{int}}$ ist die *Bindungsenergie des Systems*:

$$-U_{\text{int}} = E_{\text{b}}. \tag{143}$$

Abb. 37 zeigt die beiden Fälle in einer Energieskala als sog. Termschemata.

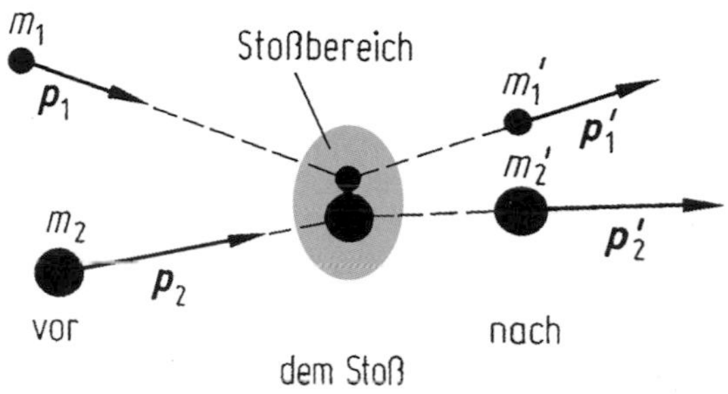

Abb. 38 Stoß zwischen zwei Teilchen

11.2.3 Stöße

Es sei als einfachstes Vielteilchensystem ein solches mit zwei Teilchen betrachtet, die sich mit in großer Entfernung voneinander vorgegebenen Impulsen einander nähern, dabei Kräfte aufeinander ausüben und infolgedessen ihren Bewegungszustand ändern („Stoß"), und schließlich mit geänderten Impulsen wieder auseinanderfliegen.

Definierte Stoßexperimente sind in der Physik besonders wichtig, weil aus deren Ergebnissen (z. B. Häufigkeit einer bestimmten Ablenkung oder Energieänderungen der Stoßpartner) auf die Art der Wechselwirkung zwischen den stoßenden Teilchen geschlossen werden kann (Kraftfeld der Teilchen, innere Energiezustände). Bei atomaren und elementaren Teilchen sind Stoßversuche oft die einzige Möglichkeit zur Untersuchung dieser Größen. Hier sollen nur die einfachen dynamischen Grundlagen des Stoßvorganges betrachtet werden.

Aus dem Kraftgesetz (60 im ▶ Kap. 10, „Mechanik von Massenpunkten") folgt für eine während der Stoßzeit $\Delta t = t_2 - t_1$ wirkende Kraft $\boldsymbol{F}(t)$, dass sie eine Impulsänderung $\Delta\boldsymbol{p} = \boldsymbol{p}_2 - \boldsymbol{p}_1$ hervorruft:

$$\Delta\boldsymbol{p} = \boldsymbol{p}_2 - \boldsymbol{p}_1 = \int_{t_1}^{t_2} \boldsymbol{F}(t)\,\mathrm{d}t. \tag{144}$$

Das Integral über den Zeitverlauf der Kraft wird Kraftstoß genannt. Gl. (144) zeigt, dass es für die Impulsänderung nicht auf den zeitlichen Verlauf der Kraft im Einzelnen ankommt, sondern nur auf das Zeitintegral, den Kraftstoß. Wir zerlegen nun den Stoßvorgang in drei Phasen (Abb. 38):

1. die Phase vor dem Stoß mit vernachlässigbaren Wechselwirkungen zwischen den Teilchen,
2. die Stoßphase mit Wechselwirkungskräften zwischen den stoßenden Teilchen im Stoßbereich, und
3. die Phase nach dem Stoß mit wieder vernachlässigbaren Wechselwirkungen.

Der experimentellen Messung am einfachsten zugänglich sind die Phasen vor und nach dem Stoß. Ohne den Ablauf im Stoßbereich genauer zu kennen, folgt allein daraus, dass nur innere Kräfte beim Stoß wirken, bereits, dass sowohl der Gesamtimpuls als auch die Gesamtenergie erhalten bleiben (die gestrichenen Größen gelten für die Phase nach dem Stoß, die ungestrichenen für die Phase vor dem Stoß):

Impulserhaltung für den Gesamtimpuls beider Teilchen:

$$\begin{aligned} \boldsymbol{p}_1 + \boldsymbol{p}_2 &= \boldsymbol{p}'_1 + \mathbf{p}'_2, \\ m_1\boldsymbol{v}_1 + m_2\boldsymbol{v}_2 &= m'_1\boldsymbol{v}'_1 + m'_2\boldsymbol{v}'_2. \end{aligned} \tag{145}$$

Ist E_k bzw. E'_k die Summe der kinetischen Energien vor bzw. nach dem Stoß und U_int bzw. U'_int die Summe der inneren Energien vor bzw. nach dem Stoß, so fordert die *Energieerhaltung* für die Gesamtenergie beider Teilchen:

$$E_\mathrm{k} + U_\mathrm{int} = E'_\mathrm{k} + U'_\mathrm{int}. \tag{146}$$

Ändert sich beim Stoß die innere Energie der Teilchen (z. B. bei Atomen als Stoßpartner durch Anregung höherer Energiezustände, oder beim Stoß bereits vorher angeregter Atome durch Übergang zu niedrigeren Energiezuständen) um die sog. Reaktionsenergie

$$Q = U_\mathrm{int} - U'_\mathrm{int}, \tag{147}$$

so muss sich nach (146) auch die kinetische Energie ändern:

$$\begin{aligned} Q = {} & E'_\mathrm{k} - E_\mathrm{k} \\ = {} & \left(\frac{1}{2}m'_1\boldsymbol{v}'^2_1 + \frac{1}{2}m'_2\boldsymbol{v}'^2_2\right) \\ & - \left(\frac{1}{2}m_1\boldsymbol{v}^2_1 + \frac{1}{2}m_2\boldsymbol{v}^2_2\right). \end{aligned} \tag{148}$$

Aus Stoßversuchen, bei denen die kinetischen Energien der Stoßpartner vor und nach dem Stoß gemessen werden, lassen sich daher nach (148) die Reaktionsenergien berechnen und z. B. bei Atomen oder Molekülen als Stoßpartner deren Anregungsenergien bestimmen. Das ist das Prinzip der Teilchenspektroskopie bzw. *Energieverlustspektroskopie* (siehe ▶ Kap. 18, „Starke und schwache Wechselwirkung: Atomkerne und Elementarteilchen").

Fallunterscheidung:

$Q \neq 0$:	*unelastischer Stoß*, siehe Abschn. oben.
$Q = 0$:	*elastischer Stoß*, keine Änderung der inneren Energien: Die gesamte kinetische Energie bleibt nach (148) erhalten.

11.2.3.1 Zentraler elastischer Stoß

Der zentrale elastische Stoß ist der einfachste Stoßvorgang. Die Stoßpartner bewegen sich vor und nach dem Stoß auf einer gemeinsamen Geraden (Abb. 39), und die gesamte kinetische Energie bleibt erhalten (Ferner wird angenommen, dass die Teilchenmassen sich nicht ändern.). Die Erhaltungssätze liefern für diesen eindimensionalen Stoßvorgang:

Impulserhaltung:

$$m_1\boldsymbol{v}_1 + m_2\boldsymbol{v}_2 = m_1\boldsymbol{v}'_1 + m_2\boldsymbol{v}'_2, \tag{149}$$

Energieerhaltung:

$$m_1v_1^2 + m_2v_2^2 = m_1v'^2_1 + m_2v'^2_2. \tag{150}$$

Wegen des eindimensionalen Vorganges können die Geschwindigkeitsvektoren $\boldsymbol{v}_i$ in (149) durch ihre Beträge v_i ersetzt werden. Ohne Be-

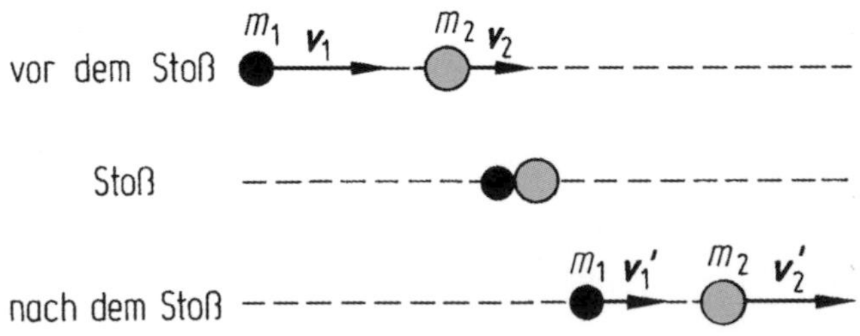

Abb. 39 Zentraler elastischer Stoß

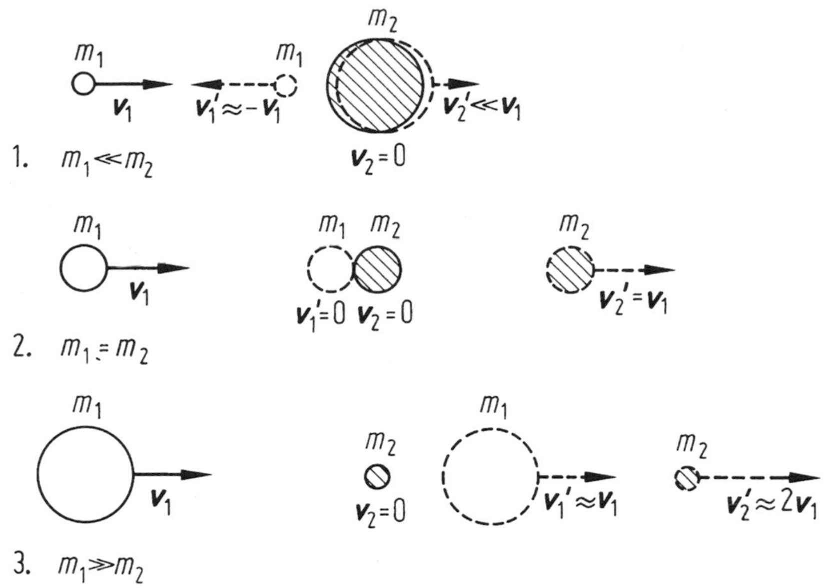

Abb. 40 Sonderfälle des zentralen elastischen Stoßes. Gestrichelt: Massen und Geschwindigkeiten nach dem Stoß

schränkung der Allgemeingültigkeit kann ferner durch geeignete Wahl des Koordinatensystems $v_2 = 0$ gesetzt werden (Ursprung vor dem Stoß in m_2). Dann folgt aus (149) und (150)

$$v_2' = \frac{2m_1}{m_1 + m_2} v_1, \qquad v_1' = \frac{m_1 - m_2}{m_1 + m_2} v_1 \quad \text{für} \quad v_2 = 0. \tag{151}$$

Aus (151) ergeben sich folgende Sonderfälle (Abb. 40):

1. $m_1 \ll m_2 : v_1' \approx - v_1, v_2' \approx 2 \frac{m_1}{m_2} v_1 \ll v_1$:
   Impulsumkehr des stoßenden Teilchens, nur geringe Energieabgabe.
2. $m_1 = m_2 : v_1' = 0, v_2' = v_1$:
   Vollständige Impuls- und Energieübertragung.
3. $m_1 \gg m_2 : v_1' \approx v_1, v_2' \approx 2v_1$:
   Impuls des stoßenden Teilchens fast ungeändert, nur geringe Energieabgabe.

Für den betrachteten Fall $\boldsymbol{v}_2 = 0$ ist die Energie des gestoßenen Teilchens nach dem Stoß E_2' gleich der vom stoßenden Teilchen übertragenen Energie ΔE, seinem Energieverlust, mit (40) demnach:

$$\Delta E = E_2' = \frac{1}{2} m_2 v_2' 2 = \frac{2m_1^2 m_2}{(m_1 + m_2)^2} v_1^2. \tag{152}$$

Bezogen auf die Energie des stoßenden Teilchens vor dem Stoß $E_1 = m_1 {v_1}^2/2$ ergibt sich daraus der Anteil der beim Stoß übertragenen Energie (relativer Energieverlust des stoßenden Teilchens):

$$\frac{\Delta E}{E_1} = \frac{4m_1 m_2}{(m_1 + m_2)^2} = \frac{4m_1/m_2}{(1 + m_1/m_2)^2}. \tag{153}$$

In Abhängigkeit vom Massenverhältnis m_1/m_2 zeigt der relative Energieverlust ein Maximum bei $m_1/m_2 = 1$, d. h. für $m_1 = m_2$ (Abb. 41).

Die Abbremsung von schnellen Teilchen durch Stoß mit anderen Teilchen ist daher am wirkungsvollsten mit Stoßpartnern von etwa gleicher Masse. Anwendung: Abbremsung schneller Neutronen im Kernreaktor durch Neutronenmoderator. Da Neutronen die Massenzahl 1 haben, werden als Moderatorsubstanzen solche mit möglichst niedrigen Massenzahlen ihrer Atome verwendet, z. B. schwerer Wasserstoff oder Grafit. Zu beachtende Nebenbedingung: Moderatoratome dürfen Neutronen nicht absorbieren (unelastischer Stoß).

Als Beispiel für den elastischen Stoß werde die Impulsübertragung von aus einem Rohr des Querschnitts A mit hoher Geschwindigkeit $\boldsymbol{v}$ strömenden Teilchen der Masse m betrachtet, die an einer Wand elastisch reflektiert werden (Abb. 42a). Die Teilchengeschwindigkeit lässt sich in eine Nor-

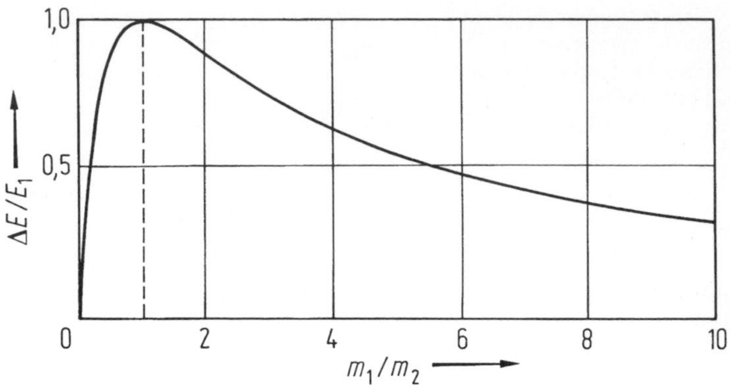

Abb. 41 Relativer Bruchteil der beim zentralen elastischen Stoß übertragenen Energie als Funktion des Massenverhältnisses der Stoßpartner

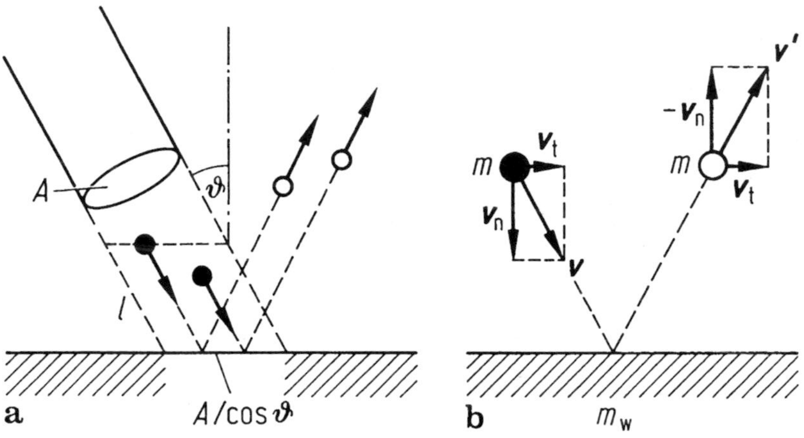

Abb. 42 Elastische Reflexion **a** eines Teilchenstroms **b** eines einzelnen Teilchens an einer Wand

malkomponente $\boldsymbol{v}_n$ und eine Tangentialkomponente $\boldsymbol{v}_t$ zerlegen. Der Stoßvorgang ist dann darstellbar als zentraler Stoß der kleinen Masse m mit der Geschwindigkeit $\boldsymbol{v}_n$ gegen die sehr große Wandmasse m_w, wobei eine Tangentialgeschwindigkeit $\boldsymbol{v}_t$ überlagert ist, die durch den Stoß nicht beeinflusst wird. Die Normalkomponente des Teilchenimpulses wird dabei entsprechend dem oben beschriebenen Sonderfall 1 in der Richtung umgekehrt, sodass der pro Teilchen an die Wand übertragene Impulsbetrag

$$\Delta p = | m\mathbf{v}_n - (-m\mathbf{v}_n) | = 2mv_n = 2mv\cos\theta \qquad (154)$$

ist (Abb. 42b).

In einer Zeit Δt treffen alle im Strahlvolumen $V = A\,l$ der Länge $l = v\,\Delta t$ befindlichen Teilchen auf die Wand. Ist die Teilchenzahldichte im Teilchenstrahl n, so sind dies

$$Z = nV = nAv\Delta t \qquad (155)$$

Teilchen. In der Zeit Δt wird daher insgesamt der Impuls

$$\Delta p_{tot} = Z\Delta p = 2nmv^2 A\Delta t\cos\vartheta \qquad (156)$$

an die Wand übertragen. Nach dem 2. Newton'schen Axiom (60 im ▶ Kap. 10, „Mechanik von Massenpunkten") entspricht dem eine zeitlich gemittelte Normalkraft auf die Wand

$$\bar{F}_n = \frac{\Delta p_{tot}}{\Delta t} = 2nmv^2 A\cos\theta. \qquad (157)$$

Der Quotient aus Normalkraft F_n und beaufschlagter Wandfläche A_w wird als Druck p bezeichnet:

$$p = \frac{F_\mathrm{n}}{A_\mathrm{w}} \tag{158}$$

$$\text{SI-Einheit}: \quad [p] = \mathrm{N/m^2} = \mathrm{Pa}\ (\text{Pascal}).$$

(Weitere Druckeinheiten, siehe ▶ Kap. 12, „Statistische Mechanik – Thermodynamik")

Der Druck p darf nicht mit dem Impuls $\boldsymbol{p}$, insbesondere nicht mit dessen Betrag p verwechselt werden.

Die vom Teilchenstrom getroffene Wandfläche ist $A_\mathrm{w} = A/\cos\vartheta$. Mit $v \cos\vartheta = v_\mathrm{n}$ folgt aus (157) und (158) für den durch den gerichteten Teilchenstrom auf die Wand ausgeübten Druck

$$p = 2nmv_\mathrm{n}^2. \tag{159}$$

Dieses Ergebnis wird später für die Berechnung des Gasdruckes (siehe ▶ Kap. 12, „Statistische Mechanik – Thermodynamik") sowie des Strahlungsdruckes elektromagnetischer Strahlung (siehe ▶ Kap. 19, „Wellen und Strahlung") benötigt.

11.2.3.2 Nichtzentraler elastischer Stoß

Der zentrale Stoß, bei dem stoßendes und gestoßenes Teilchen auf derselben Bahngeraden bleiben, ist der einfachste Fall des Stoßes zwischen zwei Teilchen. Im Allgemeinen stoßen die Teilchen nicht zentral aufeinander, es existiert ein Stoßparameter b, der den Abstand des (hier wieder als ruhend angenommenen) gestoßenen Teilchens m_2 von der Bahn des stoßenden Teilchens m_1 angibt (Abb. 43a). Dann bilden die Bahnen der

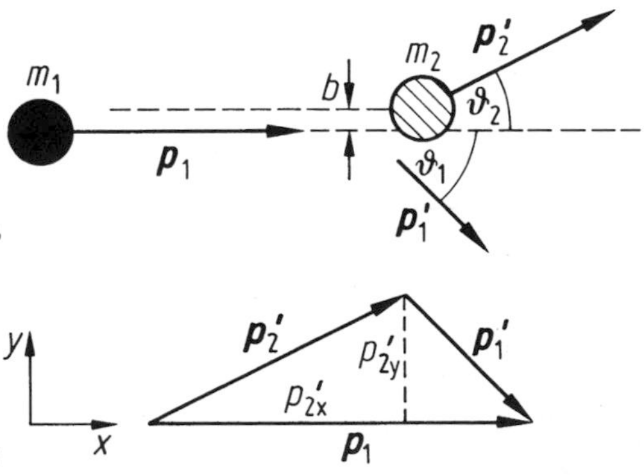

Abb. 43 Nichtzentraler elastischer Stoß und zugehöriges Vektordiagramm

Teilchen m_1 und m_2 nach dem Stoß Winkel ϑ_1 und ϑ_2 mit der Bahn des stoßenden Teilchens m_1 vor dem Stoß, die von der Größe des Stoßparameters und vom Massenverhältnis m_1/m_2 abhängen.

In Impulsvektoren ausgedrückt lauten Impuls- und Energieerhaltungssatz (38) und (39) für $\boldsymbol{v}_2 = 0$

$$\boldsymbol{p}_1 = \boldsymbol{p}'_1 + \boldsymbol{p}'_2 \tag{160}$$

$$\frac{p_1^2}{2m_1} = \frac{p'^2_1}{2m_1} + \frac{p'^2_2}{2m_2}. \tag{161}$$

Aus dem Impulsdiagramm Abb. 43b folgt für die Quadrate der Impulse nach dem Stoß

$$p'^2_2 = p'^2_{2x} + p'^2_{2y} \tag{162}$$

$$p'_1 2 = \left(p_1 - p'_{2x}\right)^2 + p'^2_{2y}, \tag{163}$$

worin p'_{2x} und p'_{2y} die x- bzw. y-Komponente des Impulses des gestoßenen Teilchens nach dem Stoß sind. Durch Einsetzen in den Energiesatz (161) folgt nach einiger Umrechnung

$$\left(p'_{2x} - \mu v_1\right)^2 + p'^2_{2y} = (\mu v_1)^2$$

mit der *reduzierten Masse*

$$\mu = \frac{m_1 m_2}{m_1 + m_2}. \tag{164}$$

Dies ist die Gleichung eines Kreises in den Impulskoordinaten p'_{2x} und p'_{2y}, des sog. *Stoßkreises*

$$\left(p'_{2x} - R\right)^2 + p'^2_{2y} = R^2. \tag{165}$$

Er ist um den Stoßkreisradius

$$R = \mu v_1 = \frac{m_1 m_2}{m_1 + m_2} v_1 = \frac{p_1}{1 + m_1/m_2} \tag{166}$$

in positiver x-Richtung verschoben (Abb. 44). Bei vorgegebenen Werten m_1, m_2, v_1 ($v_2 = 0$) ist der Stoßkreis der geometrische Ort der Spitzen aller möglicher Impulsvektoren des gestoßenen Teilchens nach dem Stoß, vgl. (162) und Abb. 44 (Tab. 1).

Aus Abb. 44 folgt, dass das gestoßene Teilchen nur Impulse $\boldsymbol{p}_2'$ in Richtungen des Winkelbereichs $\vartheta_2 = (0 \ldots \pm 90)°$ erhalten kann. Der Winkelbereich des Impulses $\boldsymbol{p}_1'$ des stoßenden Teilchens nach dem Stoß hängt von der Größe des Stoßkreisradius R im Vergleich zum Anfangsimpuls p_1 ab, d. h. nach (166) von m_1/m_2 (Abb. 45).

11.2.3.3 Unelastischer Stoß

Beim unelastischen Stoß geht mechanische, d. h. kinetische Energie verloren und wird in eine andere Energieform (z. B. Wärme, oder innere Energie durch Vermittlung elektronischer Anregung, Kernanregung) umgewandelt. Der Energieverlust $Q' = -Q$ (vgl. (148)) muss daher in der Energiebilanz berücksichtigt werden, wobei wir wieder durch geeignete Wahl des Koordinatensystems $v_2 = 0$ setzen:

$$E_1 = \frac{p_1^2}{2m_1} = \frac{p_1'^2}{2m_1} + \frac{p_2'^2}{2m_2} + Q'. \tag{167}$$

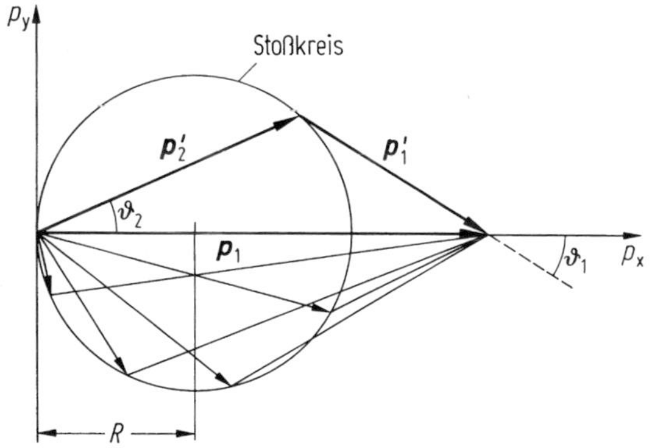

Abb. 44 Stoßkreis und Lage der möglichen Impulsvektoren für $m_2 < m_1$

Der Impulssatz gilt unverändert:

$$\boldsymbol{p}_1 = \boldsymbol{p}_1' + \boldsymbol{p}_2', \tag{168}$$

damit ebenso das Impulsdiagramm Abb. 43b und die Zerlegung nach (162) und (163). Diese eingesetzt in den Energiesatz (167) liefern

$$\left(p_{2x}' - \mu v_1\right)^2 + p'^2_{2y} = (\mu v_1)^2 - 2\mu Q'. \tag{169}$$

Hierin ist μ die reduzierte Masse gemäß (164). Gl. (169) ist wiederum die Gleichung eines Kreises in den Impulskoordinaten p_{2x}' und p_{2y}':

$$\left(p_{2x}' - R\right)^2 + p'^2_{2y} = R_u^2 \tag{170}$$

Stoßkreis (unelastischer Stoß).

$R = \mu v_1$ ist der Stoßkreisradius für den elastischen Stoß (166), während der für den unelastischen Stoß geltende Stoßkreisradius

$$R_u = R\sqrt{1 - \frac{Q'}{E_1}\left(1 + \frac{m_1}{m_2}\right)} \tag{171}$$

kleiner als R ist. Für $Q' = 0$ geht R_u in R über. Aus der Forderung, dass der Stoßkreisradius reell sein muss, folgt, dass der Radikand in (171) ≥ 0 sein muss. Für den möglichen Energieverlust ergibt sich daraus die Bedingung

$$Q' \leqq \frac{E_1}{1 + m_1/m_2}. \tag{172}$$

Aus (172) ergeben sich folgende Sonderfälle für den in Wärme usw. umgewandelten maximalen Energieverlust Q'_{max} (total unelastischer zentraler Stoß):

Tab. 1 Charakteristische Fälle elastischer Stöße

Massenverhältnis	Stoßkreisradius	Streuwinkelbereich $\lvert\vartheta_1\rvert$	Bemerkungen
1. $m_1/m_2 < 1$	$\frac{p_1}{2} < R < p_1$	$0° \ldots 180°$	Vor- oder Rückwärtsstreuung von m_1
2. $m_1/m_2 = 1$	$R = \frac{p_1}{2}$	$0° \ldots 90°$	Nach dem Stoß fliegen beide Teilchen unter 90° auseinander
3. $m_1/m_2 > 1$	$m_2 v_1 < R < \frac{p_1}{2}$	$0° \ldots < 90°$	Nur Vorwärtsstreuung von m_1

Abb. 45 Charakteristische Fälle elastischer Stöße

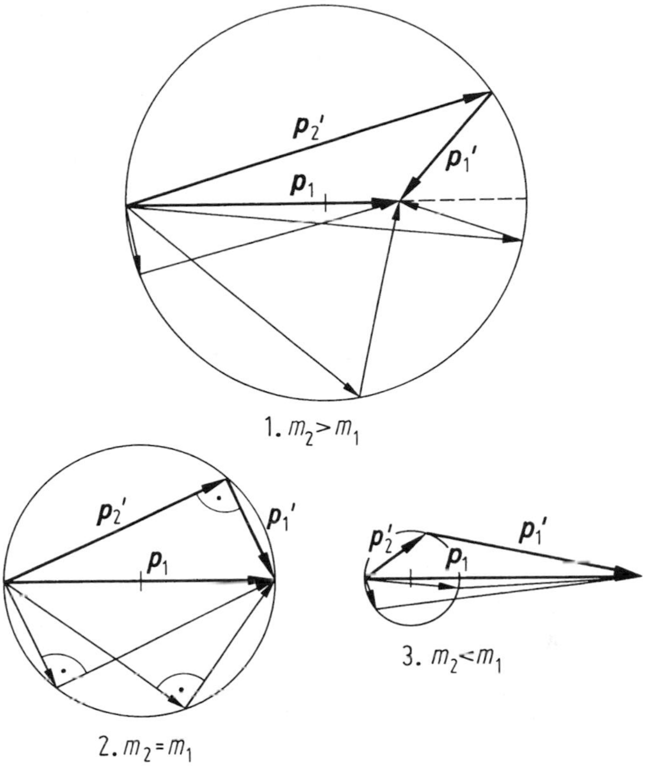

1. $m_1 \ll m_2$: $Q'_{\max} \approx E_1$: kinetische Energie des stoßenden Teilchens wird fast vollständig vernichtet.
2. $m_1 = m_2$: $Q'_{\max} = \frac{E_1}{2}$: kinetische Energie wird zur Hälfte vernichtet.
3. $m_1 \gg m_2$: $Q'_{\max} \approx \frac{m_2}{m_1} E_1 \ll E_1$: kinetische Energie bleibt nahezu ganz erhalten.

Beim *total unelastischen zentralen Stoß* wird durch die auftretende Deformation keine auseinander-treibende elastische Kraft erzeugt, beide Stoßpartner bewegen sich nach dem Stoß gemeinsam mit derselben Geschwindigkeit v' (Abb. 46). Der Impulssatz lautet dann ($v_2 = 0$)

$$m_1 v_1 = (m_1 + m_2)v' : v' = \frac{m_1}{m_1 + m_2} v_1. \quad (173)$$

Beispiel 1: Für gleiche Massen $m_1 = m_2$ z. B. aus Blei als unelastischem Material reduziert sich die Geschwindigkeit nach dem Stoß gemäß (173) auf die Hälfte:

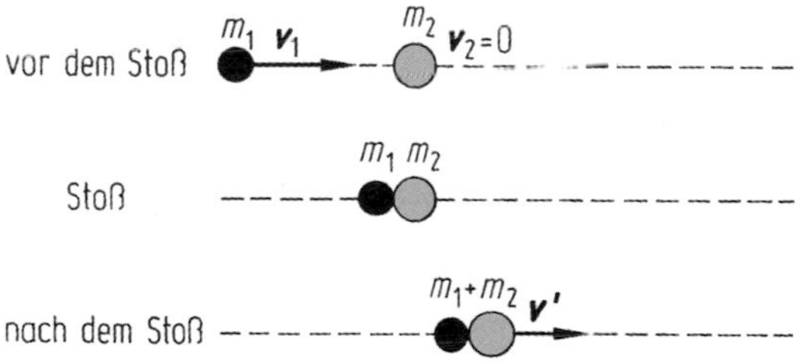

Abb. 46 Total unelastischer zentraler Stoß

$$v' = \frac{v_1}{2}. \quad (174)$$

Beispiel 2: Ballistisches Pendel zur Bestimmung hoher Teilchengeschwindigkeiten (Abb. 47).

Ein schnelles Projektil mit unbekanntem Impuls $\boldsymbol{p} = m\,\boldsymbol{v}$ trifft horizontal auf die Masse m_{p} ($m_{\mathrm{p}} \gg m$) eines Fadenpendels der Länge l und bleibt dort stecken. Die Impulserhaltung fordert

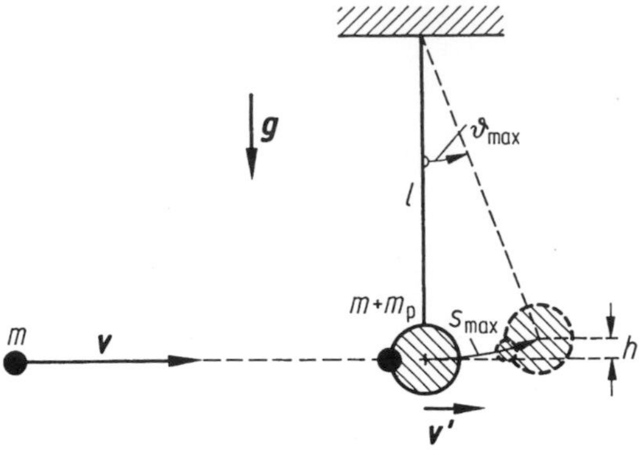

Abb. 47 Ballistisches Pendel

$$mv = (m + m_p)v',$$
$$\text{d. h., } v' = \frac{m}{m + m_p} v \approx \frac{m}{m_c} v. \quad (175)$$

Die Geschwindigkeit v des Projektils wird also etwa im Verhältnis der Massen auf v' herabgesetzt. Die Geschwindigkeit v' der Pendelmasse im Moment des Stoßes lässt sich nach (112) im ▶ Kap. 10, „Mechanik von Massenpunkten" aus der Hubhöhe h bei maximalem Pendelausschlag s_{max} bzw. ϑ_{max} bestimmen. Mit $s_{max} = l\vartheta_{max}$ und $h \approx s_{max}\vartheta_{max}/2$ (Abb. 47) folgt für kleine Ausschläge:

$$v' = \sqrt{2gh} \approx \sqrt{gl}\ \vartheta_{max} = \sqrt{\frac{g}{l}}\ s_{max}. \quad (176)$$

Aus den Messwerten ϑ_{max} oder s_{max} lässt sich dann über (176) und (175) der Impuls des Projektils bzw. bei bekannter Masse m dessen Geschwindigkeit v berechnen.

11.3 Dynamik starrer Körper

Ein starrer Körper ist dadurch definiert, dass seine N Massenelemente konstante Abstände untereinander haben und unter der Wirkung äußerer Kräfte keine gegenseitigen Verschiebungen erleiden. Für viele Fälle, vor allem bei Bewegungen, stellt dieses Modell eine ausreichende Näherung für die Beschreibung des Verhaltens eines festen Körpers dar, insbesondere, wenn Deformationen des Körpers dabei keine wesentliche Rolle spielen.

11.3.1 Translation und Rotation eines starren Körpers

Kräfte, die an einem starren Körper angreifen, bewirken beschleunigte Translationen und beschleunigte Rotationen. Deformationen sind beim starren Körper ausgeschlossen.

Die Anzahl f der Parameter (*Freiheitsgrade*), die die räumliche Lage von N Massenpunkten eindeutig festlegen, beträgt im allgemeinen Falle der gegenseitigen Verschiebbarkeit der Massenpunkte

$$f = 3N.$$

Im Falle des starren Körpers reduziert sich die Zahl der Freiheitsgrade der Bewegung wegen der untereinander festen Abstände der Massenelemente auf

3 Freiheitsgrade der Translation (in 3 Raumrichtungen) und

3 Freiheitsgrade der Rotation (um 3 Achsen im Raum).

Als *Translation* wird eine solche Bewegung eines starren Körpers bezeichnet, bei der eine beliebige, mit dem Körper fest verbundene Gerade ihre Richtung im Raum nicht verändert. Alle Punkte eines sich in Translationsbewegung befindlichen Körpers haben in jedem beliebigen, festen Zeitpunkt dieselbe Geschwindigkeit und Beschleunigung, ihre Bahnkurven s können durch Parallelverschiebung zur Deckung gebracht werden (Abb. 48a). Daher kann die Betrachtung der Translation eines starren Körpers auf die Untersuchung der Bewegung irgendeines Punktes (z. B. des Schwerpunktes) reduziert werden.

Bei der *Rotation* eines starren Körpers ändert eine mit dem Körper fest verbundene Gerade ihre Richtung im Raum um einen zeitabhängigen Winkel α. Alle Punkte des Körpers beschreiben kreisförmige Bahnen mit der *Rotationsachse* als Zentrum (Abb. 48b).

Die *allgemeine Bewegung* eines starren Körpers kann stets als Überlagerung einer Translati-

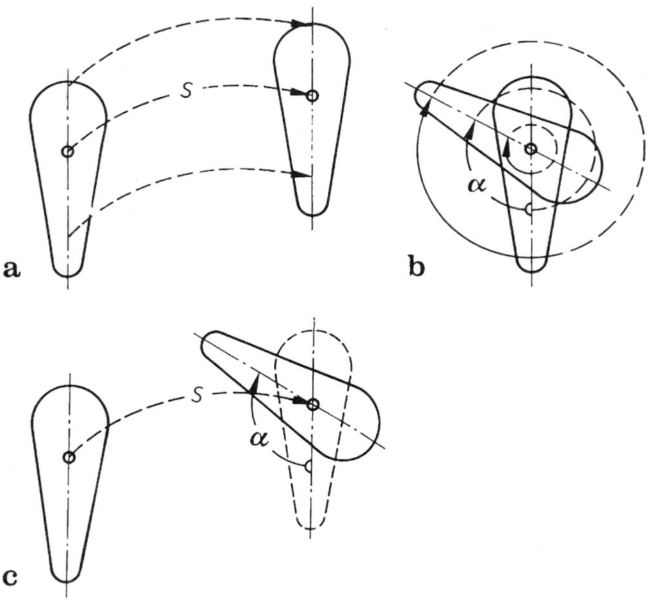

Abb. 48 **a** Translation, **b** Rotation und **c** allgemeine Bewegung eines starren Körpers

ons- und einer Rotationsbewegung beschrieben werden (Abb. 48c).

Der Ortsvektor des Schwerpunktes (des Massenzentrums) eines starren Körpers ergibt sich durch Summation bzw. Integration über alle Massenelemente

$$\int \mathrm{d}m = \int \varrho \mathrm{d}V \tag{177}$$

des starren Körpers gemäß der Vorschrift (113), wobei die Summation hier durch eine Integration über den gesamten Körper K zu ersetzen ist:

$$\begin{aligned} \boldsymbol{r}_{\mathrm{S}} &= \frac{\int \boldsymbol{r}\ \mathrm{d}m}{\int \mathrm{d}m} = \frac{1}{m}\int_K \boldsymbol{r}\ \mathrm{d}m \\ &= \frac{1}{m}\int_K \varrho(\boldsymbol{r})\boldsymbol{r}\ \mathrm{d}V. \end{aligned} \tag{178}$$

$\mathrm{d}V$ ist das zum Massenelement $\mathrm{d}m$ gehörige Volumenelement. ϱ ist die (im allgemeinen Fall ortsabhängige) *Dichte*

$$\varrho(\boldsymbol{r}) = \frac{\mathrm{d}m}{\mathrm{d}V}. \tag{179}$$

$$\text{SI-Einheit}: \quad [\varrho] = \mathrm{kg/m^3}.$$

Der Translationsanteil einer allgemeinen Bewegung eines starren Körpers, z. B. beim Wurf (Abb. 49), kann nun durch die Bewegung des Schwerpunktes beschrieben werden, der gemäß (119)

$$\boldsymbol{F}_{\mathrm{ext}} = \frac{\mathrm{d}\boldsymbol{p}}{\mathrm{d}t} = \frac{\mathrm{d}(m\boldsymbol{v}_{\mathrm{S}})}{\mathrm{d}t} \tag{180}$$

beispielsweise die aus Abb. 4 im ▶ Kap. 10, „Mechanik von Massenpunkten“ bekannte Wurfparabel durchläuft. Dieser Bewegungsanteil erfolgt also nach den Regeln der Einzelteilchendynamik und braucht hier nicht weiter behandelt zu werden. Gleichzeitig kann der Körper eine Rotationsbewegung ausführen (Abb. 49), die durch die Erhaltungssätze für Energie und Drehimpuls (Abschn. 11.2.1 und 11.2.2) bestimmt ist, und auf die im Folgenden eingegangen wird.

11.3.2 Rotationsenergie, Trägheitsmoment

Wenn ein starrer Körper um eine Achse mit der Winkelgeschwindigkeit $\boldsymbol{\omega}$ rotiert, so ist $\boldsymbol{\omega}$ für alle seine Massenelemente $\mathrm{d}m$ gleich. Jedes Massenelement im Abstand $\boldsymbol{r}$ von der Drehachse bewegt sich dann mit einer Geschwindigkeit $\boldsymbol{v}(\boldsymbol{r}) = \boldsymbol{\omega} \cdot \boldsymbol{r}$

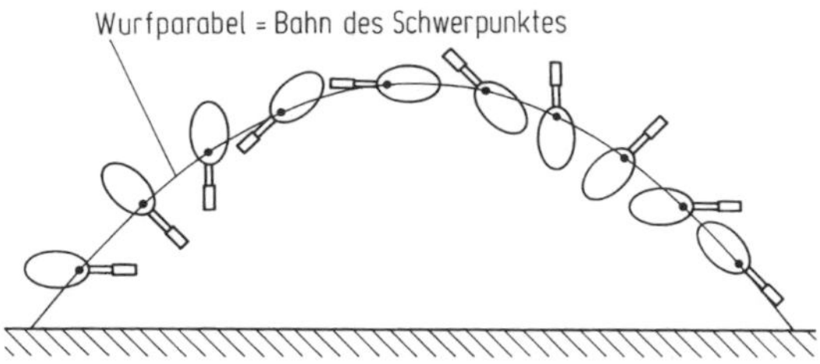

Abb. 49 Wurfbewegung eines starren Körpers im Erdfeld

senkrecht zu $\boldsymbol{r}$ (Abb. 50), hat also eine kinetische Energie

$$\mathrm{d}E_{\mathrm{k}} = \frac{1}{2}v^2(r)\mathrm{d}m = \frac{1}{2}\omega^2 r^2 \mathrm{d}m. \tag{181}$$

Die gesamte kinetische Energie des rotierenden starren Körpers (Rotationsenergie) folgt aus (181) durch Integration über den ganzen Körper K unter Beachtung von $\omega = \text{const}$ (Abb. 50):

$$E_{\mathrm{k}} = \frac{1}{2}\omega^2 \int_K r^2 \mathrm{d}m = E_{\mathrm{rot}}. \tag{182}$$

Der Integralausdruck in (182), der nicht von der aufgeprägten Winkelgeschwindigkeit ω abhängt, sondern eine Trägheitseigenschaft bezogen auf die Rotation um die Drehachse darstellt, wird als *Trägheitsmoment*

$$J = \int_K r^2 \mathrm{d}m = \int_K \varrho(\boldsymbol{r}) r^2 \mathrm{d}V \tag{183}$$

des Körpers bezüglich der vorgegebenen Drehachse bezeichnet. Damit schreibt sich die *Rotationsenergie*

$$E_{\mathrm{rot}} = \frac{1}{2}J\omega^2 \tag{184}$$

in völliger Analogie zur kinetischen Energie (93) im ▶ Kap. 10, „Mechanik von Massenpunkten" bei der Translation. Das Trägheitsmoment J und die Winkelgeschwindigkeit $\boldsymbol{\omega}$ bei der Rotationsbewegung entsprechen darin der Masse m und der Geschwindigkeit $\boldsymbol{v}$ bei der Translationsbewegung. Das Trägheitsmoment eines Körpers ist jedoch im Gegensatz zur Masse von der Lage der Drehachse abhängig (Abb. 51)!

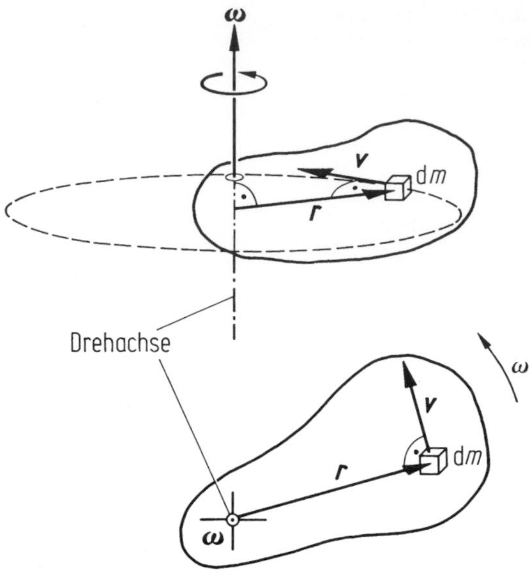

Abb. 50 Zu Rotationsenergie und Trägheitsmoment eines rotierenden starren Körpers

SI-Einheit des Trägheitsmomentes :
$[J] = \mathrm{kg} \cdot \mathrm{m}^2$.

Das Trägheitsmoment J_{S} eines Körpers bezüglich einer Achse, die durch den Schwerpunkt S geht, lautet in kartesischen Koordinaten des Schwerpunktsystems:

$$J_{\mathrm{S}} = \int_K r^2 \mathrm{d}m = \int_K \left(x^2 + y^2\right) \mathrm{d}m. \tag{185}$$

Hat die Drehachse bei einem rotierenden Körper einen Abstand s von einer parallelen Achse durch den Schwerpunkt (Abb. 52), so lässt sich das Trägheitsmoment J_{A} des Körpers bezüglich der vorgegebenen Drehachse A in folgender Weise darstellen:

$$\begin{aligned} J_{\mathrm{A}} &= \int_K \left[(x+s)^2 + y^2\right] \mathrm{d}m \\ &= J_{\mathrm{S}} + s^2 m + 2s \int_K x \ \mathrm{d}m. \end{aligned} \tag{186}$$

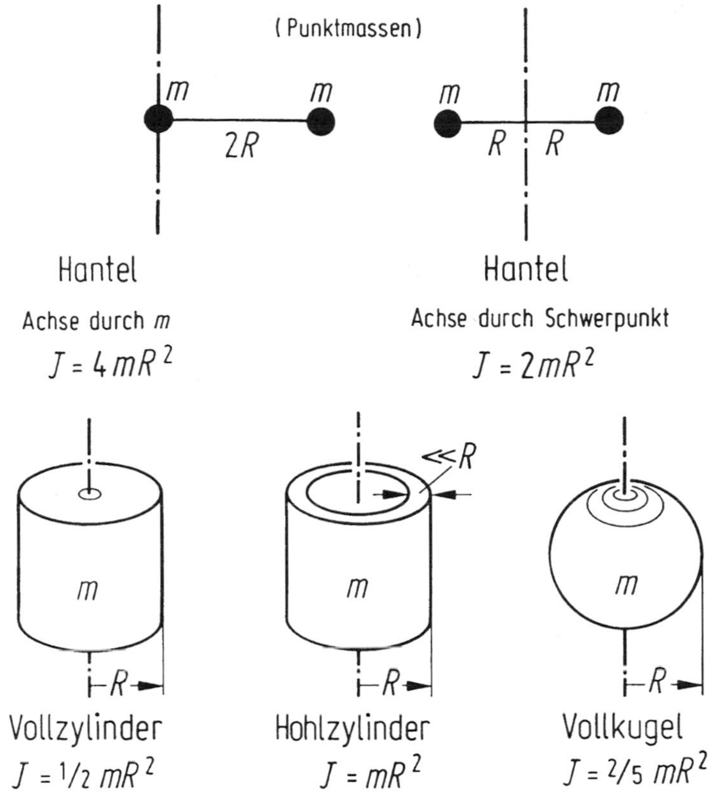

Abb. 51 Trägheitsmomente einfacher Körper

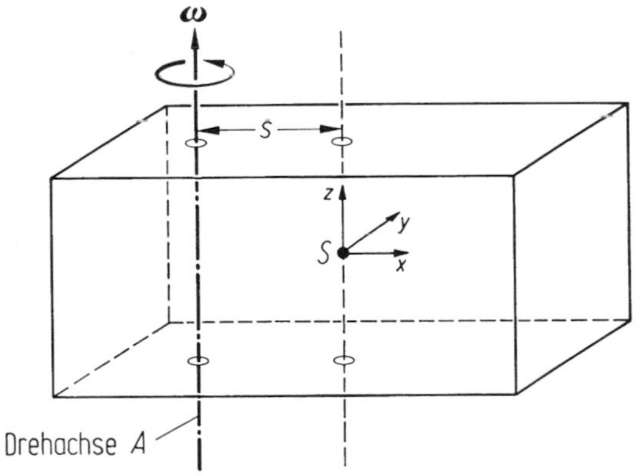

Abb. 52 Zum Satz von Steiner

x ist die x-Koordinate von $\mathrm{d}m$ im Schwerpunktsystem. Nach (178) ist $\int x \; \mathrm{d}m = mx_\mathrm{S}$ mit x_S als x-Koordinate des Schwerpunktes. Im Schwerpunktsystem ist $x_\mathrm{S} = 0$, sodass der letzte Integralterm in (186) verschwindet. Es resultiert der *Satz von Steiner*

$$J_\mathrm{A} = J_\mathrm{S} + ms^2. \tag{187}$$

Der Bewegungsablauf bei der Rotation um die Achse A kann in die folgenden Teilbewegungen zerlegt werden:

1. Translation der im Schwerpunkt S vereinigten Masse m des Körpers auf einer Kreisbahn mit dem Radius s und der Geschwindigkeit $v = \omega\, s$ (Winkelgeschwindigkeit ω).

2. Rotation des Körpers mit der gleichen Winkelgeschwindigkeit ω um die zu A parallele Achse durch seinen Schwerpunkt S.

Die Rotationsenergie setzt sich dann aus der kinetischen Energie der Schwerpunktbewegung und aus der Energie der Körperrotation um die Schwerpunktachse zusammen:

$$E_\mathrm{rot} = \frac{1}{2} mv^2 + \frac{1}{2} J_\mathrm{S}\omega^2 = \frac{1}{2} ms^2\omega^2 + \frac{1}{2} J_\mathrm{S}\omega^2,$$

$$E_\mathrm{rot} = \frac{1}{2}\left[ms^2 + J_\mathrm{S}\right]\omega^2. \tag{188}$$

Durch Vergleich mit (184) folgt auch hieraus der Satz von Steiner.

Das Trägheitsmoment eines starren Körpers bezüglich einer Achse durch den Schwerpunkt hängt im Allgemeinen von der Orientierung dieser Achse ab. Symmetrieachsen des Körpers sind gleichzeitig sog. *Hauptträgheitsachsen*; die zugehörigen Trägheitsmomente sind Extremwerte und heißen *Hauptträgheitsmomente* (Näheres siehe Teil „Technische Mechanik").

Nach (131) ist die gesamte kinetische Energie eines Teilchensystems, hier des starren Körpers, gleich der Summe aus der kinetischen Energie der im Schwerpunkt vereinigten Masse gemessen im Laborsystem und der inneren kinetischen Energie des Systems gemessen im Schwerpunktsystem:

$$E_\mathrm{k} = \frac{1}{2} m v_\mathrm{S}^2 + E_\mathrm{k,int}. \quad (189)$$

Der erste Term stellt die kinetische Energie der Translationsbewegung dar, während der zweite Term beim starren Körper identisch mit der Rotationsenergie ist, da die Rotation die einzige Bewegungsmöglichkeit des starren Körpers im Schwerpunktsystem darstellt:

$$E_\mathrm{k} = E_\mathrm{trans} + E_\mathrm{rot} = \frac{1}{2} m v_\mathrm{S}^2 + \frac{1}{2} J_\mathrm{S} \omega^2. \quad (190)$$

Der Energiesatz für die Bewegung eines starren Körpers in einem konservativen Kraftfeld lautet daher

$$\begin{aligned} E = \; & E_\mathrm{k} + E_\mathrm{p} = \frac{1}{2} m v_\mathrm{S}^2 + \frac{1}{2} J_\mathrm{S} \omega^2 + E_\mathrm{p} \\ = \; & \mathrm{const}. \end{aligned} \quad (191)$$

Beispiel: Rollender Zylinder auf einer geneigten Ebene im Erdfeld (Abb. 53).

Die potenzielle Energie im Erdfeld ist nach (103) im ► Kap. 10, „Mechanik von Massenpunkten" $E_\mathrm{p} = mgz$. Mit abnehmender Höhe z wird potenzielle Energie in kinetische Energie der Translation und der Rotation umgewandelt. Bei einer nicht gleitenden Rollbewegung ist die Schwerpunktgeschwindigkeit mit der Winkelgeschwindigkeit gemäß $v_\mathrm{S} = \omega r$ (Abrollbedingung) gekoppelt. Der Energiesatz lautet damit

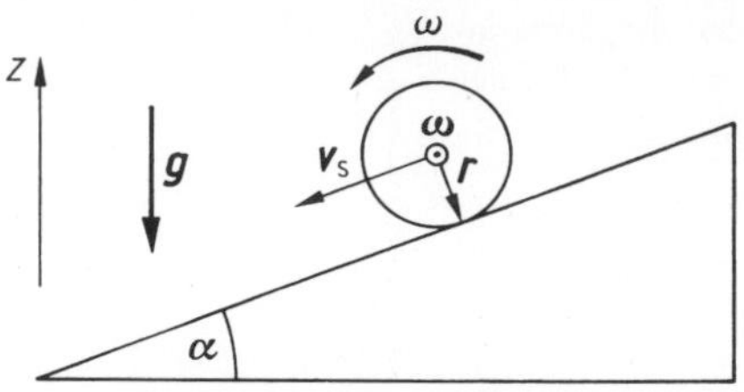

Abb. 53 Rollender Zylinder auf geneigter Ebene

$$E = \frac{1}{2} m v_\mathrm{S}^2 + \frac{1}{2} J_\mathrm{S} \omega^2 + mgz = \mathrm{const} \quad \text{mit} \quad v_\mathrm{S} = \omega r. \quad (192)$$

Wegen der Kopplung $v_\mathrm{S} = \omega r$ hängt das Verhältnis von Translations- zu Rotationsenergie und damit die Translationsgeschwindigkeit v_S bei der jeweiligen Höhe z von der Größe des Rollradius r des Zylinders ab.

11.3.3 Drehimpuls eines starren Körpers

Der Drehimpuls wurde zunächst für einen Massenpunkt durch (80) im ► Kap. 10, „Mechanik von Massenpunkten" definiert. Entsprechend gilt für ein Massenelement dm eines starren Körpers

$$\mathrm{d}\boldsymbol{L} = (\boldsymbol{r} \cdot \boldsymbol{v}) \; \mathrm{d}m. \quad (193)$$

Wählen wir für r den senkrechten Abstand von der Drehachse ($\boldsymbol{r} \perp \boldsymbol{\omega}$, vgl. Abb. 54), so folgt aus (193) mit $\boldsymbol{v} = \boldsymbol{\omega} \cdot \boldsymbol{r}$ für den Drehimpuls von dm in Richtung von $\boldsymbol{\omega}$

$$\mathrm{d}L_\omega = \omega r^2 \mathrm{d}m, \quad (194)$$

und daraus durch Integration über den ganzen Körper K und unter Beachtung von $\omega = \mathrm{const}$ sowie der Definition des Trägheitsmomentes (183) der Drehimpuls des starren Körpers

$$L_\omega = \omega \int_K r^2 \mathrm{d}m = J\omega. \quad (195)$$

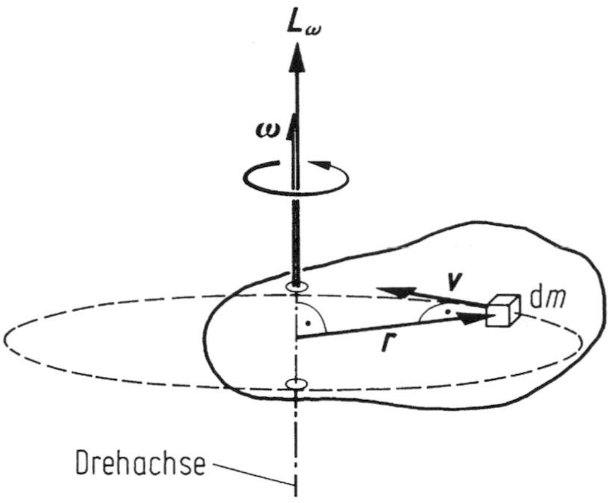

Abb. 54 Zum Drehimpuls eines starren Körpers

Anmerkung: In (194) und (195) bedeutet L_ω die Drehimpulskomponente in Richtung der Rotationsachse $\boldsymbol{\omega}$, die sich in der obigen Ableitung deshalb ergab, weil für $\boldsymbol{r}$ der senkrechte Abstand von der Drehachse gewählt wurde. Der Drehimpuls eines Massenelementes ist jedoch nach (80) im ▶ Kap. 10, „Mechanik von Massenpunkten" bezüglich eines Punktes definiert. Wird für alle Massenelemente des starren Körpers der gleiche Bezugspunkt auf der Drehachse gewählt, so zeigt $\mathrm{d}\boldsymbol{L}$ gemäß (193) für jedes $\mathrm{d}m$ i. Allg. (außer für $\boldsymbol{r} \perp \boldsymbol{\omega}$) nicht in die Richtung von $\boldsymbol{\omega}$, sondern rotiert mit $\boldsymbol{\omega}$ um die Drehachse. Bei der Integration über den ganzen Körper kompensieren sich die verschiedenen $\mathrm{d}L$-Komponenten senkrecht zur Drehachse nur dann, wenn diese identisch mit einer Hauptträgheitsachse (vgl. Abschn. 11.3.2) des Körpers ist, z. B. bei einer Symmetrieachse. Anderenfalls haben der resultierende Drehimpuls $\boldsymbol{L}$ und die Winkelgeschwindigkeit $\boldsymbol{\omega}$ eines starren Körpers nicht die gleiche Richtung, und der Verknüpfungsoperator zwischen beiden ist ein Tensor: *Trägheitstensor* (Näheres siehe Teil „Technische Mechanik"). $\boldsymbol{L}$ rotiert („präzediert", auch: „präzessiert") dann mit der Winkelgeschwindigkeit ω um die Richtung von $\boldsymbol{\omega}$. Es lässt sich jedoch zeigen, dass es für jeden Körper (mindestens) drei zueinander senkrechte Hauptträgheitsachsen gibt, für die der Drehimpuls parallel zur Rotationsachse ist. Dann ist das Trägheitsmoment ein Skalar und es gilt für die Hauptträgheitsachsen

$$\boldsymbol{L} = J\boldsymbol{\omega}. \tag{196}$$

In Abschn. 11.2.1.3 wurde gezeigt, dass für ein Teilchensystem die zeitliche Änderung des Gesamtdrehimpulses $\boldsymbol{L}$ gleich dem einwirkenden äußeren Gesamtdrehmoment $\boldsymbol{M}_{\text{ext}}$ ist (125). Dasselbe gilt für den starren Körper, der sich als System von Massenelementen $\mathrm{d}m$ mit starren Abständen beschreiben lässt. Analog zum Newton'schen Kraftgesetz der Translation gilt also für die Rotation des starren Körpers das Bewegungsgesetz

$$\frac{\mathrm{d}\boldsymbol{L}}{\mathrm{d}t} = \boldsymbol{M}_{\text{ext}}. \tag{197}$$

Wenn keine äußeren Drehmomente wirken, folgt aus (197) die Drehimpulserhaltung

$$\boldsymbol{L} = \text{const} \quad \text{für} \quad \boldsymbol{M}_{\text{ext}} = 0. \tag{198}$$

Dieser Fall liegt auch vor, wenn der Körper einem konstanten Kraftfeld ausgesetzt ist, z. B. dem Schwerefeld. Die Gewichtskraft greift am Schwerpunkt an, erzeugt aber kein resultierendes Drehmoment, wenn die Drehachse durch den Schwerpunkt geht. Ist die Drehachse gleichzeitig eine Hauptträgheitsachse, so folgt aus (196) und (198)

$$J\boldsymbol{\omega} = \text{const} \quad \text{für} \quad \boldsymbol{M}_{\text{ext}} = 0. \tag{199}$$

Ein starrer Körper, der sich um eine Hauptträgheitsachse bei konstantem Trägheitsmoment dreht, rotiert bei fehlendem äußeren Gesamtdrehmoment mit konstanter Winkelgeschwindigkeit. Ein Beispiel ist in Abb. 49 dargestellt.

Wenn bei einem nichtstarren Körper während der Rotation durch innere Kräfte das Trägheitsmoment J geändert wird, so ändert sich nach (199) die Winkelgeschwindigkeit im entgegengesetzten Sinne. Beispiel: Die Pirouettentänzerin erhöht die Winkelgeschwindigkeit ihrer Rotation durch Verringerung ihres Trägheitsmomentes, indem sie die Arme eng an den Körper legt.

Drehimpuls von atomaren Systemen und Elementarteilchen

Die Erhaltungsgröße Energie ist beim quantenmechanischen harmonischen Oszillator gequantelt, kann also nur diskrete Energiewerte annehmen, die sich um $\Delta E = \hbar\omega_0$ unterscheiden (vgl. Abschn. 11.1.2.2, (31)), was sich besonders in atomaren Systemen beobachten lässt.

Ähnliches gilt für den *Bahndrehimpuls* in Atomen und den *Eigendrehimpuls* von Elementarteilchen. Auch diese sind, wie die Quantenmechanik zeigt, gequantelt (vgl. ► Kap. 18, „Starke und schwache Wechselwirkung: Atomkerne und Elementarteilchen"), d. h., sie können nur diskrete Werte

$$L = \sqrt{l(l+1)}\ \hbar \quad (l = 0,1,\dots,n-1) \tag{200}$$

mit der Komponente $L_z = l\hbar$ in einer physikalisch (z. B. durch ein Magnetfeld) ausgezeichneten Richtung z annehmen, die sich jeweils um

$$\Delta L_z = \hbar \tag{201}$$

unterscheiden. h ist das Planck'sche Wirkungsquantum (vgl. Abschn. 11.1.2.2) und hat die gleiche Dimension wie der Drehimpuls ($\hbar = h/2\,\pi$). Auch hier gilt der Drehimpulserhaltungssatz. Bei makroskopischen Systemen wird die Drehimpulsquantelung wegen der Kleinheit von $\hbar$ im Allgemeinen nicht bemerkt.

11.3.4 Kreisel

Ein Kreisel ist ein rotierender starrer Körper. Wir betrachten als einfachen Fall einen symmetrischen Kreisel, dessen Masse rotationssymmetrisch um eine Drehachse verteilt ist. Durch eine Aufhängung im Schwerpunkt, die eine freie Drehbarkeit in alle Richtungen erlaubt (sog. „kardanische" Aufhängung), wird der Kreisel *kräftefrei* (Abb. 55 ohne das Gewicht m). Nach (198) und (199, Drehimpulserhaltung) ist dann $\boldsymbol{L} = \text{const} \parallel \boldsymbol{\omega} = \text{const}$, die Kreiselachse behält ihre einmal eingestellte Richtung bei. Anwendung: Kreiselstabilisierung.

Lässt man dagegen ein äußeres Drehmoment $\boldsymbol{M}$ dauernd angreifen, z. B. durch Anbringen eines Gewichtes der Masse m im Abstand $\boldsymbol{r}$ vom Lagerpunkt ($\boldsymbol{M} = \boldsymbol{r} \cdot \boldsymbol{F} = \boldsymbol{r} \cdot m\boldsymbol{g}$, Abb. 55), so weicht der Kreisel (die Spitze des Vektors $\boldsymbol{\omega}$) senkrecht zur angreifenden Kraft $\boldsymbol{F}$ aus. Ursache hierfür ist das Bewegungsgesetz der Rotation (197), wonach ein angreifendes Drehmoment eine zeitliche Änderung des Drehimpulses bewirkt,

$$\mathrm{d}\boldsymbol{L} = \boldsymbol{M}\,\mathrm{d}t. \tag{202}$$

Die Änderung $\mathrm{d}\boldsymbol{L}$ erfolgt in Richtung des Drehmomentes $\boldsymbol{M}$, steht also senkrecht auf dem Drehimpulsvektor $\boldsymbol{L}$. Während der Zeit $\mathrm{d}t$ dreht sich daher der Drehimpulsvektor um den Winkel

$$\mathrm{d}\varphi = \frac{\mathrm{d}L}{L} = \frac{M\,\mathrm{d}t}{L} \tag{203}$$

in die Richtung von $\boldsymbol{L}'$ (Abb. 55): Präzessionsbewegung des Kreisels. Für die *Winkelgeschwin-*

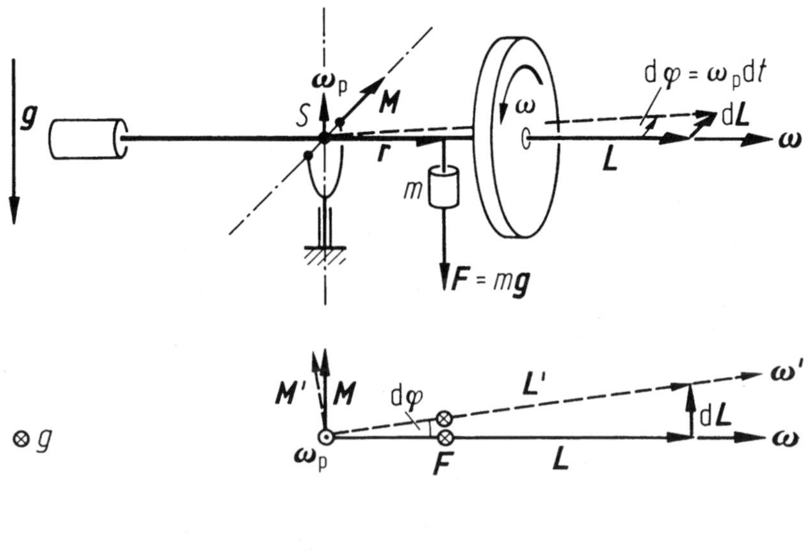

Abb. 55 Kreiselpräzession unter Einwirkung eines Drehmomentes

digkeit der Präzession $\omega_\mathrm{p} = \mathrm{d}\varphi/\mathrm{d}t$ folgt aus (203) mit (196)

$$\omega_\mathrm{p} = \frac{M}{L} = \frac{rF}{J\omega} = \frac{rmg}{J\omega}, \quad (204)$$

in vektorieller Schreibweise:

$$\boldsymbol{\omega}_\mathrm{p} \cdot \boldsymbol{L} = \boldsymbol{M} = \boldsymbol{r} \cdot \boldsymbol{F}. \quad (205)$$

Anmerkung: Die Beziehung (204) gilt nur näherungsweise, solange $\omega \gg \omega_\mathrm{p}$. Anderenfalls hat die resultierende Winkelgeschwindigkeit nicht mehr die Richtung von $\boldsymbol{L}$, sodass (196) nicht anwendbar ist. Wird ω zu klein, so wird die Präzessionsbewegung instabil.

Wird auf einen kräftefreien Kreisel ein dauerndes Drehmoment $\boldsymbol{M}$ mit konstanter Richtung ausgeübt (also anders als in Abb. 55, wo die Richtung des Drehmomentes sich mit der Präzession mitdreht), so richtet sich aufgrund von (202) $\boldsymbol{L}$ in Richtung von $\boldsymbol{M}$ aus. Dieser Effekt wird beim *Kreiselkompass* ausgenutzt: Lässt man einen kräftefreien Kreisel z. B. durch eine schwimmende Lagerung sich nur in einer horizontalen Ebene frei bewegen, so übt die Erddrehung ein Drehmoment auf den Kreisel aus, das parallel zur Winkelgeschwindigkeit der Erde wirkt. Dadurch richtet sich der Kreiselkompass stets in Richtung des geografischen Nordpols aus: *Trägheitsnavigation*.

Bahndrehimpulse von Atomen und Eigendrehimpulse von Atomkernen und Elementarteilchen erfahren infolge ihrer meist existierenden magnetischen Momente in Magnetfeldern Drehmomente, die wie beim Kreisel zu Präzessionsbewegungen führen: *Elektronenspinresonanz, Kernresonanz*.

11.3.5 Vergleich Translation – Rotation

Ein Massenpunkt kann nur Translationsbewegungen durchführen. Ein starrer Körper kann dagegen neben der Translation auch Rotationsbewegungen ausführen. Die einander entsprechenden Größen beider Bewegungsarten und ihre Verknüpfungen zeigt Tab. 2, die wichtigsten Gesetze für beide Bewegungsarten sind in Tab. 3 aufgeführt.

Tab. 2 Kinematische und dynamische Größen von Translation und Rotation

Größen der Translation		Verknüpfung	Größen der Rotation	
Weg	s	$s = \varphi\, r$	Winkel	φ
Geschwindigkeit	$\boldsymbol{v} = \dot{\boldsymbol{s}}$	$\boldsymbol{v} = \boldsymbol{\omega} \cdot \boldsymbol{r}$	Winkelgeschwindigkeit	$\boldsymbol{\omega} = \dot{\boldsymbol{\varphi}}$
Beschleunigung	$\boldsymbol{a} = \dot{\boldsymbol{v}} = \ddot{\boldsymbol{s}}$	$\boldsymbol{a} = \alpha \cdot \boldsymbol{r} + \boldsymbol{\omega} \cdot \boldsymbol{v}$	Winkelbeschleunigung	$\boldsymbol{\alpha} = \dot{\boldsymbol{\omega}} = \ddot{\boldsymbol{\varphi}}$
Masse	m	$J = \int r^2 \mathrm{d}m$	Trägheitsmoment	J
Kraft	$\boldsymbol{F}$	$\boldsymbol{M} = \boldsymbol{r} \cdot \boldsymbol{F}$	Drehmoment	$\boldsymbol{M}$
Kraftstoß	$\boldsymbol{I} = \Delta\boldsymbol{p} = \int \boldsymbol{F}\, \mathrm{d}t$	$\boldsymbol{H} = \boldsymbol{r} \cdot \boldsymbol{I}$	Drehstoß	$\boldsymbol{H} = \Delta\boldsymbol{L} = \int \boldsymbol{M}\, \mathrm{d}t$
Bewegungsgröße, Impuls	$\boldsymbol{p} = m\,\boldsymbol{v}$	$\boldsymbol{L} = \boldsymbol{r} \cdot \boldsymbol{p}$	Drall, Drehimpuls	$\boldsymbol{L} = J\,\boldsymbol{\omega}$[a]

[a]gilt nur für Rotation um eine Hauptträgheitsachse

Tab. 3 Gesetze der Translation und Rotation

Translation		Rotation	
Kraft	$\boldsymbol{F} = \frac{\mathrm{d}}{\mathrm{d}t}\boldsymbol{p}$	Drehmoment	$\boldsymbol{M} = \frac{\mathrm{d}}{\mathrm{d}t}\boldsymbol{L}$
$m = \text{const}$:	$\boldsymbol{F} = m\frac{\mathrm{d}^2\boldsymbol{s}}{\mathrm{d}t^2}$	$J = \text{const}$:	$\boldsymbol{M} = J\frac{\mathrm{d}^2\boldsymbol{\varphi}}{\mathrm{d}t^2}$[a]
kinetische Energie, Transl.	$E_\mathrm{k,trl} = \frac{1}{2}mv^2 = \frac{p^2}{2m}$	Rotationsenergie	$E_\mathrm{k,rot} = \frac{1}{2}J\omega^2 = \frac{L^2}{2J}$
Leistung	$P = \boldsymbol{F} \cdot \boldsymbol{v}$	Leistung	$P = \boldsymbol{M} \cdot \boldsymbol{\omega}$
rücktreibende Kraft	$\boldsymbol{F} = -c\,\boldsymbol{x}$	rücktreibendes Drehmoment	$\boldsymbol{M} = -D\,\boldsymbol{\varphi}$
Federpendel	$\omega_0 = \sqrt{c/m}$	Drehpendel	$\omega_0 = \sqrt{D/J}$

[a]gilt nur für Rotation um eine Hauptträgheitsachse

Literatur

CGPM (2018) 26th CGPM Resolutions 2018
CODATA (2014) Internationally recommended 2014 values of the Fundamental Physical Constants. www.nist.gov/pml. Zugegriffen am 13.12.2018
Bergé P (1990) Chaos und seltsame Attraktoren, in phys Bl. 46 Nr. 7, Physik-Verlag GmbH, Weinheim
Schuster HG (1995) Deterministisches Chaos, 3. Aufl. Wiley-VCH, Weinheim

Handbücher und Nachschlagewerke

Bergmann, Schaefer (1999–2006) Lehrbuch der Experimentalphysik, 8 Bde. Versch. Aufl. de Gruyter, Berlin
Greulich W (Hrsg) (2003) Lexikon der Physik, 6 Bde. Spektrum Akademischer Verlag, Heidelberg
Hering E, Martin R, Stohrer M (2017) Taschenbuch der Mathematik und Physik, 6. Aufl. Springer, Berlin
Kuchling H (2014) Taschenbuch der Physik, 21. Aufl. Hanser, München
Rumble, J (Hrsg) (2018) CRC handbook of chemistry and physics, 99. Aufl. Taylor & Francis Ltd, London
Stöcker H (2018)Taschenbuch der Physik, 8. Aufl. Europa-Lehrmittel Nourney, Vollmer GmbH & Co. KG, Haan-Gruiten
Westphal W (Hrsg) (1952) Physikalisches Wörterbuch. Springer, Berlin

Allgemeine Lehrbücher

Alonso M, Finn E (2000) Physik, 3. Aufl. de Gruyter/Oldenbourg, München
Berkeley Physik-Kurs (1989), 5 Bde. Versch. Aufl. Vieweg +Teubner.
Demtröder W (2017) Experimentalphysik, 4 Bde., 5.–8. Aufl. Springer Spektrum Berlin, Heidelberg
Feynman RP, Leighton RB, Sands M (2015) Vorlesungen über Physik, 5 Bde. Versch. Aufl. de Gruyter, Berlin
Gerthsen C, Meschede C (2015) Physik, 25. Aufl. Springer Spektrum, Berlin
Halliday D, Resnick R, Walker J (2017) Physik, 3. Aufl. Wiley VCH, Weinheim
Hänsel H, Neumann W (2000–2002) Physik, 4 Bde. Spektrum Akademischer Verlag, Heidelberg
Hering E, Martin R, Stohrer M (2016) Physik für Ingenieure, 12. Aufl. Springer Vieweg, Heidelberg
Niedrig H (1992) Physik. Springer, Berlin
Orear J (1992) Physik, 2 Bde., 4. Aufl. Hanser, München
Paul H (Hrsg) (2003) Lexikon der Optik, 2 Bde. Springer Spektrum, Berlin
Stroppe H (2018) Physik, 16. Aufl. Hanser, München
Tipler PA, Mosca G (2015) Physik, 7. Aufl. Springer Spektrum, Berlin

Statistische Mechanik – Thermodynamik

12

Heinz Niedrig und Martin Sternberg

Zusammenfassung

Ausgehend von der Vorstellung eines idealen Gases werden statistische Größen wie die mittlere und wahrscheinlichste Molekülgeschwindigkeit sowie auch Zustandsgleichungen für ideale Gase hergeleitet. Eine Betrachtung möglicher Freiheitsgrade der Bewegung liefert Aussagen über die Energieverteilung sowie über Wärmekapazitäten. Nach einer Einführung des Begriffs der Wärme werden der 1. und der 2. Hauptsatz der Thermodynamik erläutert. Über eine Betrachtung von Kreisprozessen wird mit Einführung der Entropie die Ablaufrichtung thermodynamischer Prozesse beschrieben.

12.1 Statistische Mechanik – Thermodynamik

Bei Ein- und Zweiteilchensystemen können die individuellen kinematischen und dynamischen Größen der Teilchen aus den Anfangsvorgaben und den wirkenden Kräften (Bewegungsgleichungen $\boldsymbol{F}_i = m_i\ddot{\boldsymbol{r}}_i$) bzw. Energie- und Impulserhaltungssatz für jeden Zeitpunkt berechnet werden. Dasselbe gilt für die Massenelemente des starren Körpers, da mit dessen Bewegung auch diejenige seiner Massenelemente bekannt ist.

Die Situation ist völlig anders bei Systemen aus einer großen Zahl von Teilchen, die nicht starr gekoppelt sind, etwa die N Atome oder Moleküle eines Gases (Teilchendichte $n \approx 10^{26}/\text{m}^3$) oder einer Flüssigkeit ($n \approx 10^{29}/\text{m}^3$). Die Lösung eines Systems von N Bewegungsgleichungen ist bei solchen Zahlen unmöglich, zumal dazu die Anfangsbedingungen für alle N Teilchen bekannt sein müssten. Als Ausweg werden statistische Methoden angewandt, die Aussagen über repräsentative Mittelwerte ergeben. Diese sind umso genauer, je größer die Zahl N der Teilchen des Systems ist. In der *kinetischen Theorie der Gase* werden so makrophysikalische Eigenschaften (z. B. der Druck einer Gasmenge) aus mikroskopischen Modellvorstellungen berechnet. Im Gegensatz dazu wird in der *phänomenologischen Thermodynamik* der Makrozustand eines solchen Vielteilchensystems durch makrophysikalische Eigenschaften (sog. Zustandsgrößen wie Druck, Temperatur, Volumen usw.) beschrieben, ohne auf die mikrophysikalischen Ursachen Bezug zu nehmen.

Die in diesem Abschnitt darzustellenden Gesetzmäßigkeiten über Vielteilchensysteme bilden die Grundlage für die weiterführende Behandlung im Teil Technische Thermodynamik. Die in

H. Niedrig
Technische Universität Berlin (im Ruhestand), Berlin, Deutschland
E-Mail: heinz.niedrig@t-online.de

M. Sternberg (✉)
Hochschule Bochum, Bochum, Deutschland
E-Mail: martin.sternberg@hs-bochum.de

M. Hennecke, B. Skrotzki (Hrsg.), *HÜTTE Band 1: Mathematisch-naturwissenschaftliche und allgemeine Grundlagen für Ingenieure*, Springer Reference Technik,
https://doi.org/10.1007/978-3-662-64369-3_12

Abschn. 12.1.5 bis 12.1.9 formulierten Hauptsätze der Thermodynamik sind ferner die Basis für die Thermodynamik chemischer Reaktionen (Teil Chemie).

12.1.1 Kinetische Theorie der Gase

Als Modellvorstellung eines Gases wird das *ideale Gas* benutzt. Es soll folgende Eigenschaften haben:

- Atome bzw. Moleküle werden als *Massenpunkte* betrachtet.
- *Keine Wechselwirkungskräfte* zwischen den Molekülen, außer beim Stoß.
- Stöße zwischen den Molekülen untereinander oder mit der Wand werden als *ideal elastisch* behandelt.

Insbesondere die ersten beiden Annahmen sind umso besser erfüllt, je größer der Molekülabstand gegenüber den Moleküldimensionen ist, also bei stark verdünnten Gasen (niedriger Druck bei hoher Temperatur).

Die Atome bzw. Moleküle sind statistisch im betrachteten Volumen des Gases verteilt und bewegen sich mit nach Betrag und Richtung statistisch verteilten Geschwindigkeiten. Diese Vorstellung wird durch die Beobachtung der *Brown'schen Bewegung* gestützt, einer Wimmelbewegung von im Mikroskop gerade noch sichtbaren Teilchen (z. B. Rauchteilchen in Luft oder suspendierte Teilchen in Wasser) infolge sich nicht genau kompensierender Stoßimpulse durch die umgebenden, im Mikroskop nicht sichtbaren Moleküle.

Das Teilchensystem befinde sich ferner im sog. statistischen Gleichgewicht, d. h., die individuellen Größen, wie die Teilchengeschwindigkeit oder die Teilchenenergie, sollen in der wahrscheinlichsten Verteilung vorliegen, sodass die jeweilige Verteilung ohne äußeren Eingriff zeitlich gleich bleibt.

Auf dieser Basis lassen sich durch wahrscheinlichkeitstheoretische Überlegungen Vorhersagen z. B. über die Geschwindigkeitsverteilung der N Teilchen eines Gases machen. Ohne genauere Betrachtung lassen sich sofort folgende Aussagen machen:

- Die Geschwindigkeit v bestimmter Teilchen ist nicht bekannt, liegt aber sicher zwischen 0 und ∞.
- Ist ΔN die Zahl der Teilchen mit Geschwindigkeiten zwischen v und $v + \Delta v$, also im Intervall Δv, so ist

$$\Delta N \sim N \Delta v.$$

- Insbesondere geht $\Delta N \to 0$ für $\Delta v \to 0$, d. h., die Wahrscheinlichkeit, ein Teilchen mit genau einer Geschwindigkeit anzutreffen, ist gleich null.
- Für sehr kleine Δv wird ΔN von v selbst abhängen:

$$\Delta N \sim N f(v) \Delta v. \tag{1}$$

Hierin ist $f(v) = (1/N) \cdot \mathrm{d}N/\mathrm{d}v$ die Verteilungsfunktion für den Betrag der Teilchengeschwindigkeit, für die hinsichtlich ihrer Grenzwerte sicher gilt: $f(0) = 0$, $f(\infty) = 0$. Zwischen $v = 0$ und $v = \infty$ wird ein Maximum vorliegen. Maxwell hat diese Verteilung unter Zugrundelegung einfacher, klassischer Wahrscheinlichkeitsannahmen berechnet (Abb. 1):

Maxwell'sche Geschwindigkeitsverteilung

$$f(v) = 4\pi \left(\frac{m}{2\pi kT} \right)^{3/2} v^2 \exp\left(-\frac{mv^2/2}{kT} \right) \tag{2}$$

mit

m Teilchenmasse,
$k = 1{,}380649 \cdot 10^{-23}$ J/K, Boltzmann-Konstante (siehe Abschn. 12.1.2), (CGPM 2018)
T Temperatur (siehe Abschn. 12.1.2).

Der Exponentialfaktor in (2) wird auch Boltzmann-Faktor genannt (siehe Abschn. 12.1.2). Das Maximum der Verteilungskurve ergibt sich mit $\mathrm{d}f(v)/\mathrm{d}v = 0$ aus (2). Es liegt dann vor, wenn die kinetische Energie der Teilchen $mv^2/2 = kT$ ist,

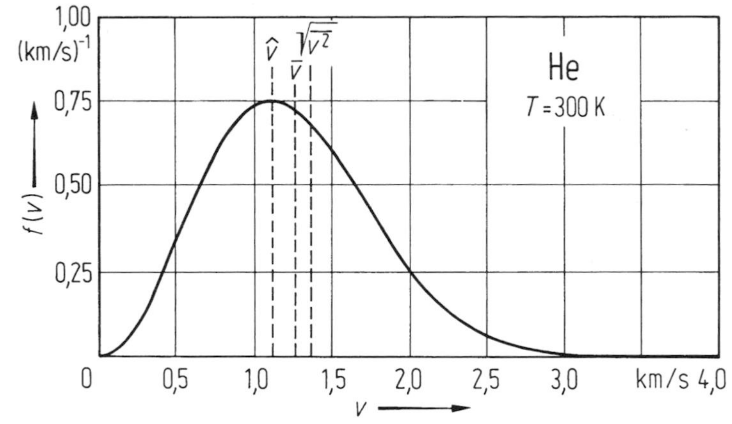

Abb. 1 Maxwell'sche Geschwindigkeitsverteilung

d. h., wenn der Boltzmann-Faktor den Wert 1/e hat, und liefert die *wahrscheinlichste Geschwindigkeit*

$$\hat{v} = \sqrt{2\frac{kT}{m}}. \qquad (3)$$

Da die Verteilung unsymmetrisch ist, besteht keine Übereinstimmung mit der *mittleren Geschwindigkeit*

$$\bar{v} = \int_0^\infty f(v) v \, \mathrm{d}v = \frac{2}{\sqrt{\pi}} \hat{v} = 1{,}128 \ldots \hat{v}. \qquad (4)$$

Das mittlere Geschwindigkeitsquadrat $\overline{v^2}$ ist für die Berechnung der mittleren kinetischen Energie wichtig. Aus der Maxwell-Verteilung (2) ergibt sich

$$\begin{aligned} \overline{v^2} &= \int_0^\infty f(v) v^2 \, \mathrm{d}v = 3\frac{kT}{m} \\ &= \frac{3}{2}\hat{v}^2 = (1{,}2247 \ldots \hat{v})^2. \end{aligned} \qquad (5)$$

Für die mittlere kinetische Energie erhält man daraus die Beziehung $m\overline{v^2}/2 = (3/2)kT$ (vgl. Abschn. 12.1.2). Zur experimentellen Bestimmung der Gültigkeit der Maxwell'schen Geschwindigkeitsverteilung lässt man Gas aus einer Öffnung in einen hochevakuierten Raum strömen, blendet einen Molekülstrahl mittels Kollimatorblenden aus und lässt den Strahl nacheinander durch zwei gemeinsam rotierende Scheiben mit versetzten Schlitzen treten (Abb. 2). Je nach Abstand s, Winkelgeschwindigkeit ω und Winkelversatz der Schlitze φ gelangen nur Moleküle eines bestimmten Geschwindigkeitsintervalls Δv in den Detektor. Mit Anordnungen dieser Art konnte die Maxwell'sche Geschwindigkeitsverteilung durch Variation von ω sehr gut bestätigt werden. Umgekehrt kann eine Anordnung nach Abb. 2 als Geschwindigkeitsselektor (Monochromator) für Molekularstrahlen benutzt werden.

Berechnung des Gasdruckes auf eine Wand

Der Gasdruck p (nicht zu verwechseln mit dem Impuls!) entsteht durch elastische Reflexion der Gasmoleküle an der Wand und lässt sich aus dem Impulsübertrag an die Wand berechnen. Für einen gerichteten Teilchenstrom ergab sich nach (47) und (48) im ▶ Kap. 11, „Schwingungen, Teilchensysteme und starre Körper"

$$p = 2nmv_n^2.$$

In einem Gas sind dagegen die Molekülgeschwindigkeiten und ihre Richtungen isotrop verteilt, sodass bei einer Moleküldichte n nur $n/2$ Moleküle in die Richtung der betrachteten Wand fliegen (Abb. 3). Aus dem gleichen Grunde gilt für die Komponenten des mittleren Geschwindigkeitsquadrates

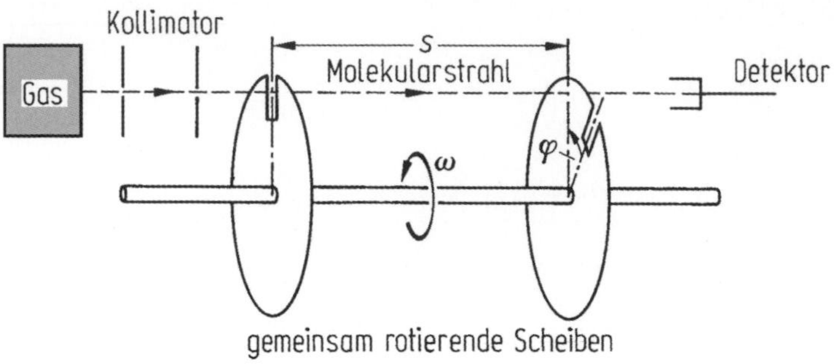

Abb. 2 Geschwindigkeitsselektor für Molekularstrahlen

Abb. 3 Zur Berechnung des Gasdruckes. Nur die Moleküle mit $v_n < 0$ bewegen sich zur Wand

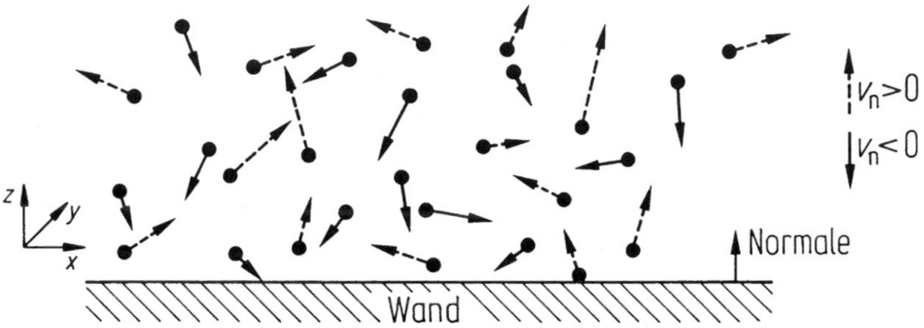

$$\overline{v_n^2} = \overline{v_x^2} = \overline{v_y^2} = \overline{v_z^2} = \frac{1}{3}\overline{v^2}, \tag{6}$$

sodass für den Gasdruck folgt:

$$p = \frac{1}{3} nm\overline{v^2}. \tag{7}$$

SI - Einheit : $[p] = \text{Pa} = \text{N/m}^2$. Weitere Druckeinheiten siehe Tab. 1.

Mit der mittleren kinetischen Energie eines Teilchens

$$\bar{\varepsilon}_k = \frac{1}{2} m\overline{v^2} \tag{8}$$

lässt sich der Gasdruck (7) darstellen durch

$$p = \frac{2}{3} n\bar{\varepsilon}_k. \tag{9}$$

Definition der Stoffmenge und einiger darauf bezogenen Größen:

Die *Stoffmenge* ν ist die Menge gleichartiger Teilchen (z. B. Atome, Moleküle, Ionen, Elektronen oder sonstige Teilchen), die in einem System enthalten sind. Sie ist eine Basisgröße im Internationalen Einheitensystem (SI):

$$\text{SI-Einheit}: \ [\nu] = \text{mol (Mol)}.$$

Ein *Mol* enthält $6{,}02214076 \cdot 10^{23}$ Teilchen.

Avogadro-Konstante

$$N_A = 6{,}02214076 \cdot 10^{23} \ \text{mol}^{-1}.$$

Anmerkung: In der deutschsprachigen Literatur wird N_A gelegentlich noch Loschmidt-Zahl L genannt (CGPM 2018). Dieser Name bezeichnet jedoch heute die Zahl der Moleküle im Volumen 1 m^3 des idealen Gases im *Normzustand* ($p = p_n = 101.325$ Pa, $T = T_0 = 273{,}15\,\text{K} \mathrel{\widehat{=}} 0°\text{C}$, vgl. Abschn. 12.1.2 und Tab. 1), die

Loschmidt-Konstante

$$n_0 = \frac{N_A}{V_{m,0}} = 2{,}6867777 \cdot 10^{25}/\text{m}^3.$$

Die *molare Masse M* (Molmasse) ist die Masse der Stoffmenge 1 mol. Der Zahlenwert der mola-

Tab. 1 Druckeinheiten

Name (Zeichen)	Definition, Umrechnung in Pascal
Pascal (Pa)	$1\ \text{Pa} = 1\ \text{N/m}^2 = 1\ \text{kg/(m} \cdot \text{s}^2)$
Bar (bar)	$1\ \text{bar} = 10^6\ \text{dyn/cm}^2 = 10^5\ \text{Pa}$
physikalische Atmosphäre (atm)	1 atm = 101.325 Pa
Torr	1 Torr = (1/760) atm = 133,322 ... Pa
technische Atmosphäre (at)	$1\ \text{at} = 1\ \text{kp/cm}^2 = 98.066{,}5\ \text{Pa}$
pound per square inch (psi)	$1\ \text{psi} = 1\ \text{(lb wt)/in}^2 = 6894{,}75 \ldots \text{Pa}$
Für den Normdruck gilt	
p_n = 101.325 Pa = 1,01325 bar = 1 atm = 760 Torr = 1,03322 ... at = 14,6959 ... psi	

ren Masse ist gleich der relativen Molekülmasse M_r (Molekülmasse bezogen auf die Atommassenkonstante $m_u = 1$ u).

Das *molare Volumen* V_m (Molvolumen) ist das Volumen der Stoffmenge 1 mol. Insbesondere bei Gasen ist es stark von Druck und Temperatur abhängig. Im Normzustand beträgt das Molvolumen eines idealen Gases $V_m = V_{m,0} = 22{,}41396954$ l/mol (CODATA 2018). Es gilt

$$V_m = \frac{V}{\nu}. \tag{10}$$

Ist m die Masse eines Teilchens des betrachteten Stoffes und n die Teilchenzahldichte, so gilt

$$N_A = \frac{M}{m} = nV_m. \tag{11}$$

Durch Multiplikation von (9) mit V_m folgt unter Beachtung von (11)

$$pV_m = \frac{2}{3} N_A \bar{\varepsilon}_k. \tag{12}$$

$$N_A \bar{\varepsilon}_k = \bar{E}_{k,m} \tag{13}$$

ist die gesamte in einem Mol enthaltene kinetische Energie, d. h.,

$$pV_m = \frac{2}{3} \bar{E}_{k,m}. \tag{14}$$

Solange $\bar{E}_{k,m}$ sich nicht ändert (das ist für T = const der Fall, siehe Abschn. 12.1.2), gilt demnach das *Gesetz von Boyle und Mariotte*:

$$pV_m = \text{const} \quad \text{bzw.} \quad pV = \text{const}, \tag{15}$$

das experimentell gefunden worden ist.

12.1.2 Temperaturskalen, Gasgesetze

Die Temperatur T einer Materiemenge ist ein Maß für die Bewegungsenergie seiner Moleküle. Sie kennzeichnet einen Zustand der Materiemenge, der von ihrer Masse und stofflichen Zusammensetzung unabhängig ist. Die Temperatur wird deshalb als Zustandsgröße bezeichnet. Wie noch gezeigt werden wird (27), gilt für das ideale Gas der folgende Zusammenhang zwischen mittlerer kinetischer Energie der Teilchen und der Temperatur:

$$\overline{E_k} = CT. \tag{16}$$

C ist eine noch zu bestimmende Konstante. Für $T = 0$ findet danach keine Wärmebewegung mehr statt. Dieser Punkt stellt die tiefste mögliche Temperatur dar und dient als Nullpunkt der absoluten oder thermodynamischen Temperatur (Kelvin-Skala). Die Temperatur ist eine Basisgröße des Internationalen Einheitensystems (SI).

$$\text{SI-Einheit}: \ [T] = \text{K}.$$

1 Kelvin ist definiert, indem der numerische Wert der Boltzmann-Konstante k festgelegt wird zu $1{,}380649 \cdot 10^{-23}$, ausgedrückt in der Einheit J K^{-1} bzw. $\text{kg m}^2\ \text{s}^{-2}\ \text{K}^{-1}$ (CGPM 2018).

Der Tripelpunkt einer reinen Substanz ist der durch charakteristische, feste Werte von Temperatur und Druck definierte Punkt, an dem allein alle drei Phasen koexistieren (vgl. Abschn. 12.1.4). Der Tripelpunkt von Wasser liegt etwa bei 273,15 K. Der Zahlenwert 273,15 folgt aus der früher festgelegten, auf der Temperaturausdehnung des Quecksilbers basierenden Celsius-Skala mit den Fixpunkten $\vartheta = 0$ °C (0 Grad Celsius) für den Eispunkt und $\vartheta = 100$ °C für den Siedepunkt des reinen, luftgesättigten Wassers beim Normdruck $p_n = 101.325$ Pa, wenn man für Temperaturdifferenzen fordert

$$\Delta T_{[\mathrm{K}]} = \Delta\vartheta_{[^\circ\mathrm{C}]}. \tag{17}$$

Die Werte der Celsius-Temperatur und die der thermodynamischen (Kelvin-)Temperatur sind miteinander verknüpft durch

$$T = T_0 + \vartheta \quad \text{mit} \quad T_0 = 273{,}15\,\mathrm{K}. \tag{18}$$

T_0 ist die Temperatur des Eispunktes $\vartheta = 0$ °C. T und ϑ dürfen in einer Formel nicht gegeneinander gekürzt werden! In angelsächsischen Ländern ist ferner die Fahrenheit-Skala noch üblich, Umrechnung:

$$\vartheta_{[^\circ\mathrm{C}]} = \left(\vartheta_{[^\circ\mathrm{F}]} - 32\right) \cdot 5/9. \tag{19}$$

Viele physikalische Größen sind temperaturabhängig, z. B. die Linearabmessungen fester Körper, das Volumen von Flüssigkeiten, der elektrische Widerstand von Metallen und Halbleitern, die Temperaturstrahlung von erhitzten Körpern, die elektrische Spannung von Thermoelementen, der Druck von Gasen (bei konstantem Volumen), usw. Sie können zur Temperaturmessung mit Thermometern ausgenutzt werden. Tab. 2 führt einige Prinzipien und Messbereiche absoluter und praktischer Thermometer auf.

Gasgesetze

Die experimentelle Untersuchung der Temperaturabhängigkeit des Druckes und des Volumens einer Gasmenge ergibt das Gasgesetz:

$$pV = p_0 V_0 (1 + \alpha\vartheta); \tag{20}$$

p_0 und V_0 sind Druck und Volumen bei $\vartheta = 0$ °C ($T = T_0$). Dieses Gasgesetz enthält die folgenden empirischen Einzelgesetze:

Gesetz von Boyle und Mariotte (vgl. (15)):

$$pV = \text{const} \quad \text{für} \quad \vartheta = \text{const},$$

1. Gesetz von Gay-Lussac:

$$V = V_0(1 + \alpha\vartheta) \quad \text{für} \quad p = \text{const} = p_0, \tag{21}$$

2. Gesetz von Gay-Lussac:

$$p = p_0(1 + \alpha\vartheta) \quad \text{für} \quad V = \text{const} = V_0. \tag{22}$$

Für die meisten Gase (insbesondere in Zuständen fern vom Kondensationsgebiet, vgl. Abschn. 12.1.4) gilt für die Konstante α:

$$\alpha = \frac{1}{273{,}15\,\mathrm{K}} = \frac{1}{T_0}. \tag{23}$$

Mit (18) lässt sich daher (20) umformen in

$$pV = \frac{p_0 V_0}{T_0} T. \tag{24}$$

Der Quotient p_0V_0/T_0 ist für eine feste Gasmenge konstant, da p_0V_0 nach (15) für $T = T_0$ konstant ist. Ferner besagt das empirisch gefundene Gesetz von Avogadro (vgl. Teil Chemie), dass die Molvolumina verschiedener Gase bei gleichem Druck und gleicher Temperatur gleich sind. Für die Gasmenge 1 mol ist dann der Quotient $p_0V_{\mathrm{m},0}/T_0$ eine universelle Konstante, deren Wert sich aus der Boltzmann-Konstanten und der Definition des Mol ergibt (CGPM 2018), die *universelle (molare) Gaskonstante*

$$R = \frac{p_0 V_{\mathrm{m},0}}{T_0} = 8{,}314462618\,\mathrm{J}/(\mathrm{mol}\cdot\mathrm{K}). \tag{25}$$

Das Gasgesetz (24) bekommt damit die Form der *allgemeinen Gasgleichung (Zustandsgleichung des idealen Gases)*

Tab. 2 Methoden der Temperaturmessung

Temperatur T (K)	Absolute Thermometer	Praktische Thermometer (müssen geeicht werden)
10^4	Pyrometer (Strahlungsgesetze,	
10^3	Planck-Formel)	
		Thermoelement
10^2	Gasthermometer (Zustands-	Pt-Widerstands-thermometer
10	gleichung)	Hg-Thermometer
1	Dampfdruck-thermometer	
10^{-1}	(Clausius-Clapeyron-Gl.)	Ge-, C-Widerstands-thermometer
10^{-2}	Paramagnetische Suszeptibilität	
10^{-3}	(Curie-Gesetz)	
10^{-4}	Kernsuszeptibilität	

$$pV = \nu RT. \tag{26}$$

Mit (10) gilt

$$pV_m = RT.$$

Die allgemeine Gasgleichung gilt in guter Näherung für reale Gase, deren Zustand fern vom Kondensationsgebiet ist (siehe Abschn. 12.1.4), exakt gilt sie für das ideale Gas.

Abb. 4 zeigt die Abhängigkeit $p(V_m)$ für $T =$ const, sog. Isothermen, nach (26) im p, V-Diagramm. Wie die Temperatur sind auch Druck und Volumen Zustandsgrößen.

Die kinetische Gastheorie ergibt für das Modell des idealen Gases, dass pV_m proportional zur gesamten mittleren kinetischen Energie der Gasmoleküle ist (14). Der Vergleich mit (26) ergibt für die mittlere molare kinetische Energie

$$\bar{E}_{k,m} = \frac{3}{2}RT. \tag{27}$$

Nach Division durch die Avogadro Konstante N_A (vgl. (13)) folgt daraus die mittlere kinetische Energie pro Molekül

$$\bar{\varepsilon}_k = \frac{3}{2} \cdot \frac{R}{N_A} T = \frac{3}{2} kT, \tag{28}$$

mit der *Boltzmann-Konstanten*

$$k = \frac{R}{N_A} = 1{,}380649 \cdot 10^{-23}\,\text{J/K}. \tag{29}$$

(27) und (28) stellen die Begründung für die in (16) angenommene Proportionalität zwischen der im Gas enthaltenen mittleren kinetischen Energie und der Temperatur dar (CGPM 2018). Die zunächst empirisch-experimentell definierte Größe *Temperatur* stellt sich hiermit als Maß für die *Energie der statistisch ungeordneten Bewegung* der Moleküle heraus und ist heute auf dieser Basis definiert. Die thermodynamische Temperaturskala hängt damit nicht mehr von speziellen

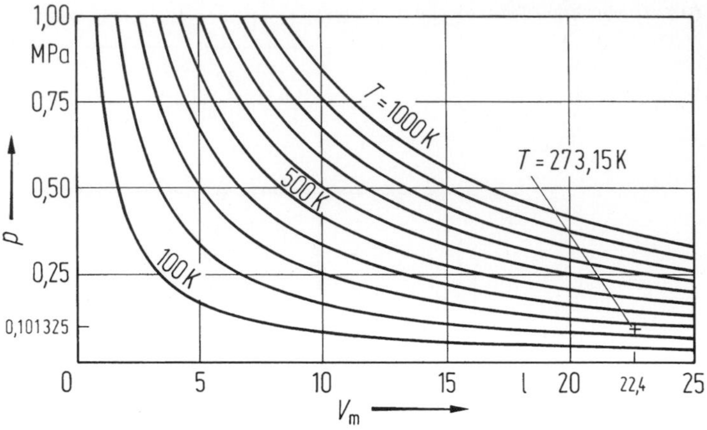

Abb. 4 Isothermen des idealen Gases im *p*, *V*-Diagramm

Stoffeigenschaften ab (z. B. von dem Ausdehnungsverhalten des Quecksilbers, wie bei der ursprünglichen Celsius-Skala). Für Flüssigkeiten und Festkörper gibt es zu (27) und (28) entsprechende Beziehungen.

Die *innere Energie U* eines idealen Gases aus *N* Atomen (bezogen auf das Schwerpunktsystem, vgl. (23) im ▶ Kap. 11, „Schwingungen, Teilchensysteme und starre Körper"; der Index int wird hier weggelassen) ist nach (28)

$$U = N\bar{\varepsilon}_k = \frac{3}{2}NkT. \tag{30a}$$

Die molare (stoffmengenbezogene) innere Energie $U_m = U/\nu$ ergibt sich mit $\nu = N/N_A$ und (29) zu

$$U_m = \frac{3}{2}RT \tag{30b}$$

und ist allein von der Temperatur abhängig. Für mehratomige Molekülgase ergibt sich anstatt 3/2 ein anderer Zahlenfaktor, siehe Abschn. 12.1.3. Aus (8) und (28) ergibt sich die *gaskinetische Molekülgeschwindigkeit*

$$v_m = \sqrt{\overline{v^2}} = \sqrt{\frac{3kT}{m}}. \tag{31}$$

Sie steigt mit $\sqrt{T}$, wie auch aus Abb. 5 zu entnehmen ist.

Für den *Druck* eines idealen Gases bei der Teilchendichte *n* ergibt sich aus (9) mit (28)

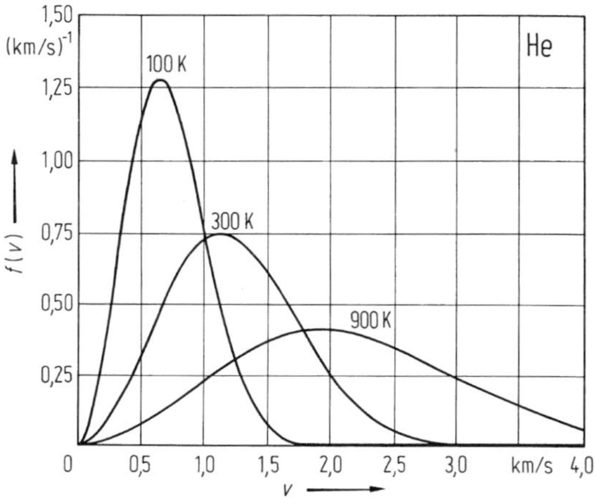

Abb. 5 Maxwell'sche Geschwindigkeitsverteilungen für Helium bei $T = 100$, 300 und 900 K

$$p = nkT. \tag{32}$$

Unter der Einwirkung äußerer Kräfte wird der Gasdruck ortsabhängig, im Gravitationsfeld also höhenabhängig. Zur Berechnung werde eine vertikale Gassäule vom Querschnitt *A* betrachtet (Abb. 6). Zwischen den Höhen *h* und *h* + d *h* entsteht eine Druckdifferenz d*p*, die gleich der an den Teilchen im Volumenelement *A*d*h* angreifenden Kraft *nA* d*h mg*, dividiert durch die Querschnittsfläche *A* ist:

$$dp = -\frac{nA\ dh\ mg}{A} = -nmg\ dh. \tag{33}$$

Unter Beachtung von (32) folgt daraus

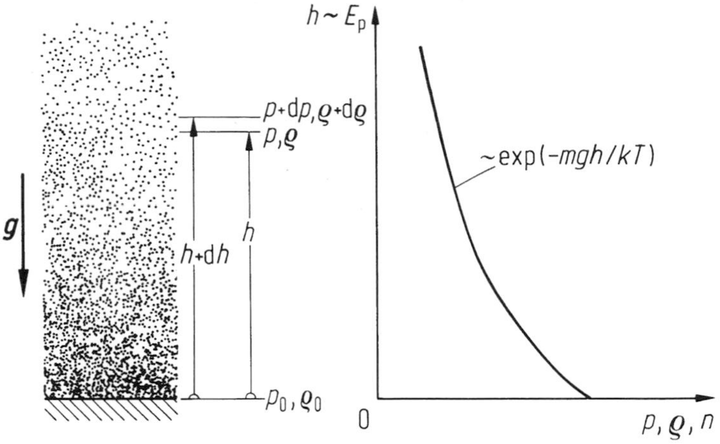

Abb. 6 Ideales Gas im Schwerefeld (zur barometrischen Höhenformel)

$$\frac{dp}{p} = -\frac{mg\ dh}{kT}. \tag{34}$$

Die Integration unter der Annahme $T = \text{const}$ liefert

$$p = p_0\ e^{-\frac{mgh}{kT}} \quad \text{bzw.} \quad n = n_0\ e^{-\frac{mgh}{kT}}. \tag{35}$$

Mit (32) und durch Einführen der Dichte

$$\varrho = \frac{dm}{dV} = nm \tag{36}$$

ergibt sich

$$\frac{m}{kT} = \frac{nm}{p} = \frac{\varrho}{p} = \frac{\varrho_0}{p_0}. \tag{37}$$

Damit folgt aus (35) die *barometrische Höhenformel*

$$p = p_0 \cdot \exp(-h \cdot \varrho_0 g/p_0) = p_0 \cdot \exp(-h/H). \tag{38}$$

Die sog. Druckhöhe $H = p_0/(\varrho_0\, g)$ wird für die Normatmosphäre mit $p_0 = p_n = 1013{,}25$ hPa, $\varrho_0 = \varrho_n = 1{,}225$ kg/dm^3 und $g = g_n = 9{,}80665$ m/s^2 (vgl. Tab. 4 im ▶ Kap. 9, „Physikalische Größen und Einheiten") leicht gerundet zur international vereinbarten *Druckskalenhöhe* $H_{p_n} = p_n/(\varrho_n g_n) = 8434{,}5$ m. Bei etwa konstanter Temperatur ist demnach in 8 km Höhe der Luftdruck auf den e-ten Teil gefallen, (38) kann für nicht zu große Höhen zur näherungsweisen Höhenbestimmung aus dem Luftdruck benutzt werden.

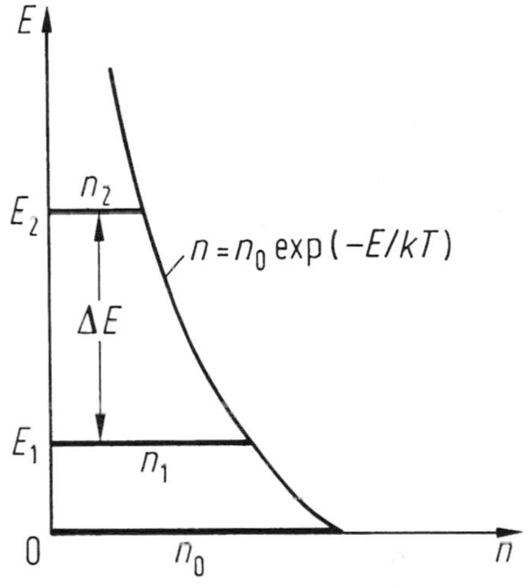

Abb. 7 Zusammenhang zwischen Teilchenenergie und Teilchenzahldichte (zum Boltzmann'schen e-Satz)

Der Zähler im Exponenten von (35) stellt die potenzielle Energie $E_p = m\ g\ h$ der Teilchen im Erdfeld dar gemäß (17) im ▶ Kap. 10, „Mechanik von Massenpunkten", sodass für die Teilchenzahldichte folgt (Abb. 7)

$$n = n_0 e^{-\frac{E_p}{kT}}. \tag{39}$$

Aus (39) folgt für das Verhältnis der Teilchenzahldichten bei Energien, die sich um $\Delta E = E_2 - E_1$ unterscheiden (Abb. 7), der sog. *Boltzmann'sche e-Satz*

$$\frac{n_2}{n_1} = \mathrm{e}^{-\frac{\Delta E}{kT}}. \qquad (40)$$

Dieses Gesetz stellt eine wichtige Beziehung von allgemeiner Gültigkeit für Vielteilchensysteme im thermischen Gleichgewicht ($T = \text{const}$) dar. Der Boltzmann-Faktor (rechte Seite von (40)) ist auch bereits im Maxwell'schen Geschwindigkeitsverteilungsgesetz (2) aufgetreten.

12.1.3 Freiheitsgrade, Gleichverteilungssatz

Freiheitsgrade der Bewegung eines Teilchens:

> Die Zahl f der Freiheitsgrade ist gleich der Anzahl der Koordinaten, durch die der Bewegungszustand eindeutig bestimmt ist.

Ein einatomiges Gasmolekül hat demnach 3 Freiheitsgrade der Translation, weil es Translationsbewegungen in allen drei Raumrichtungen ausführen kann. Mehratomige Moleküle haben außerdem Freiheitsgrade der Rotation und der Schwingung.

In einem Vielteilchensystem, in dem keine Raumrichtung ausgezeichnet ist, ist die Geschwindigkeitsverteilung isotrop, und es gilt nach (6)

$$\overline{v_x^2} = \overline{v_y^2} = \overline{v_z^2} = \frac{1}{3}\overline{v^2}. \qquad (41)$$

Das lässt sich auf die Moleküle eines Gases übertragen. Nach Multiplikation mit $m/2$ folgt mit der mittleren kinetischen Energie pro Molekül (28) im thermischen Gleichgewicht

$$\frac{m}{2}\overline{v_x^2} = \frac{m}{2}\overline{v_y^2} = \frac{m}{2}\overline{v_z^2} = \frac{1}{3}\cdot\frac{m}{2}\overline{v^2} = \frac{1}{2}kT. \qquad (42)$$

Auf jede der drei möglichen Richtungen der Translationsbewegung eines Moleküls, d. h. auf jeden der drei Translationsfreiheitsgrade, entfällt danach im Mittel der Energiebetrag $k\,T/2$. Verallgemeinert wird dies im

Gleichverteilungssatz (Äquipartitionsprinzip):

> Auf jeden Freiheitsgrad eines Moleküls entfällt im Mittel die gleiche Energie: die mittlere Energie pro Freiheitsgrad und Molekül ist

$$\bar{\varepsilon}_\mathrm{f} = \frac{1}{2}kT, \qquad (43)$$

die mittlere molare (innere) Energie pro Freiheitsgrad ist

$$\bar{E}_{\mathrm{m,f}} = \frac{1}{2}RT = U_{\mathrm{m,f}}. \qquad (44)$$

Bei mehratomigen Molekülen können durch Stoß auch Rotationsbewegungen angeregt werden, sodass kinetische Energie auch als Rotationsenergie aufgenommen werden kann. Bei zweiatomigen Molekülen (H_2, N_2, O_2) sowie bei gestreckten (linearen) dreiatomigen Molekülen (CO_2) können zwei Rotationsfreiheitsgrade angeregt werden, nämlich Rotationen um die beiden Symmetrieachsen senkrecht zur Molekülachse (Abb. 8a). Eine Rotation um die Molekülachse ist durch Stoß nicht anregbar. Bei drei- und mehratomigen (nicht gestreckten) Molekülen sind alle drei möglichen Rotationsfreiheitsgrade anregbar (Abb. 8b).

Schließlich können bei mehratomigen Molekülen durch Stoß auch Schwingungen angeregt werden, wobei je Fundamentalschwingung (Schwingungsmodus, vgl. ► Abschn. 11.1.6 im ► Kap. 11, „Schwingungen, Teilchensysteme und starre Körper") Energie in Form von kinetischer und potenzieller Energie aufgenommen werden kann, sodass je Fundamentalschwingung zwei Schwingungsfreiheitsgrade zu rechnen sind (für die eindeutige Festlegung des Bewegungszustandes bei der Schwingung sind zwei Angaben notwendig, z. B. Auslenkung und Geschwindigkeit; das ergibt zwei Freiheitsgrade). Die Zahl der Fundamentalschwingungen bei Molekülen ergibt sich ähnlich wie bei der Federkette (Abb. 28 im ► Kap. 11, „Schwingungen, Teilchensysteme und starre Körper"), jedoch fallen einige Schwingungsmoden wegen der fehlenden Einspannung weg (Abb. 9).

Bei Festkörpern haben die an ihre Ruhelagen gebundenen Atome allein die Möglichkeit der

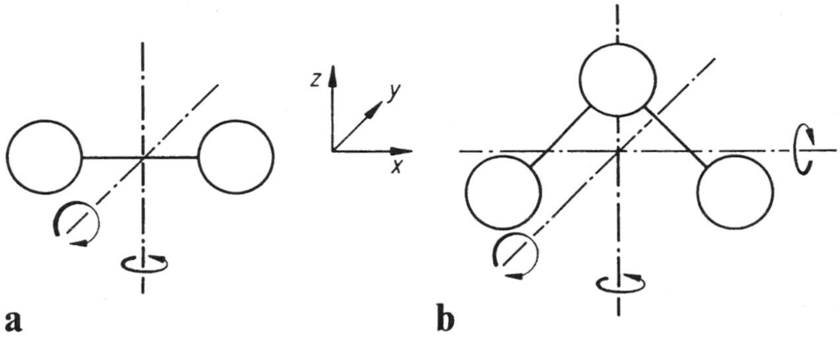

Abb. 8 Rotationsfreiheitsgrade bei **a** zwei- und **b** dreiatomigen Molekülen

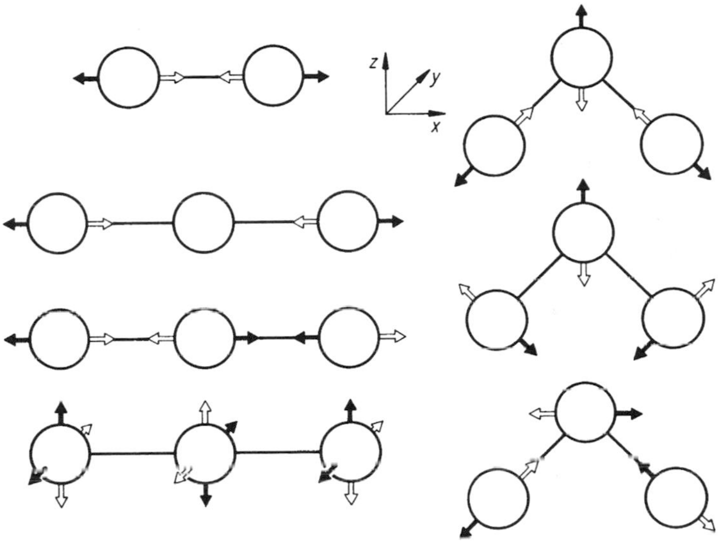

Abb. 9 Schwingungsmoden zwei- und dreiatomiger Moleküle

Schwingung in drei Raumrichtungen, sodass hier 6 Schwingungsfreiheitsgrade auftreten. Eine Übersicht über die Zahl der anregbaren Freiheitsgrade gibt Tab. 3.

Nach dem Gleichverteilungssatz hängt demnach die molare innere Energie eines Gases von der Zahl f der angeregten Freiheitsgrade ab:

$$U_\mathrm{m} = \frac{1}{2} fRT. \tag{45}$$

Da sowohl der Rotationsdrehimpuls (und damit die Rotationsenergie) als auch die Schwingungsenergie gequantelt sind (vgl. ► Abschn. 11.1.2.2 und ► 11.3.3 im ► Kap. 11, „Schwingungen, Teilchensysteme und starre Körper"), muss die mittlere thermische Energie pro Freiheitsgrad mindestens für die Anregung der ersten Quantenstufe der Rotations- bzw. Schwingungsenergie pro Freiheitsgrad ausreichen. Bei tieferen Temperaturen werden daher Schwingungs- und Rotationsfreiheitsgrade nicht angeregt.

Berechnung der Grenztemperaturen am Beispiel des Wasserstoffmoleküls:

Anregung der Rotationsfreiheitsgrade

Die Rotationsenergie beträgt nach (8) mit (20) im ► Kap. 11, „Schwingungen, Teilchensysteme und starre Körper"

$$E_\mathrm{rot} = \frac{1}{2} J\omega^2 = \frac{(J\omega)^2}{2J} = \frac{L^2}{2J}. \tag{46}$$

Nach (25) im ► Kap. 11, „Schwingungen, Teilchensysteme und starre Körper" ist der Drehimpuls L in einer physikalisch ausgezeichneten Richtung z durch $L_z = l\,\hbar$ (l Drehimpuls-Quan-

Tab. 3 Zahl der anregbaren Freiheitsgrade. Die eingeklammerten Schwingungsfreiheitsgrade sind bei Raumtemperatur meist nicht angeregt

Stoff	Freiheitsgrade			
	Translation	Rotation	Schwingung	Summe
Gas (einatomig)	3	–	–	3
Gas (zweiatomig)	3	2	(2)	5 (7)
Gas (dreiatomig, gestreckt)	3	2	(8)	5 (13)
Gas (dreiatomig, gewinkelt)	3	3	(6)	6 (12)
Festkörper	–	–	6	6

tenzahl) gegeben. Der kleinste mögliche Wert für den Drehimpuls (außer 0) ist derjenige für $l = 1$. Daraus folgt als Bedingung für die Anregung eines Rotationsfreiheitsgrades

$$\frac{1}{2}kT \geqq \frac{\hbar^2}{2J}, \tag{47}$$

und die Grenztemperatur ergibt sich zu

$$T_{\text{rot}} = \frac{\hbar^2}{kJ}. \tag{48}$$

Die H-Atome im Wasserstoffmolekül haben den Abstand $r_0 = 77$ pm und die Masse $m_\text{p} = 1.67 \cdot 10^{-27}$ kg. Das Trägheitsmoment ist $J = m_\text{p} r_0^2/2 = 4{,}95 \cdot 10^{-48}\,\text{kg} \cdot \text{m}^2$. Damit folgt für die Grenztemperatur $T_{\text{rot}} = 163$ K. Die Rotationsfreiheitsgrade sind demnach bei Zimmertemperatur angeregt.

Anregung der Vibrations- oder Schwingungsfreiheitsgrade

Die Energie des quantenmechanischen Oszillators ist nach (30) im ► Kap. 11, „Schwingungen, Teilchensysteme und starre Körper" gegeben durch

$$E_n = \left(n + \frac{1}{2}\right)h\nu_0. \tag{49}$$

Um mindestens eine Stufe anzuregen (von $n = 0$ nach $n = 1$), muss eine Energie von $\Delta\text{E} = h\nu_0$ aufgebracht werden, für jeden der beiden Schwingungsfreiheitsgrade also $h\nu_0/2$. Die Bedingung für die Anregung der Schwingungsfreiheitsgrade lautet also

$$\frac{1}{2}kT \geqq \frac{h\nu_0}{2}. \tag{50}$$

Die Grenztemperatur ergibt sich daraus zu

$$T_{\text{vib}} = \frac{h\nu_0}{k}. \tag{51}$$

Experimentell findet man für das Wasserstoffmolekül $\Delta\text{E} \approx 0{,}3$ eV, d. h., $\nu_0 = 73$ THz. Aus (51) ergibt sich damit die Grenztemperatur $T_{\text{vib}} \sim 3500$ K. Bei Zimmertemperatur sind daher die Schwingungsfreiheitsgrade (anders als die Rotationsfreiheitsgrade) bei Wasserstoff nicht angeregt.

Diese Grenztemperaturen bestimmen die Temperaturabhängigkeit der Wärmekapazität von Gasen, siehe Abschn. 12.1.6. Die bei der Rotations- und Schwingungsanregung auftretenden Quanteneffekte treten grundsätzlich auch bei der Translation auf: Wegen der experimentell unvermeidlichen Beschränkung auf endliche Volumina ist auch die Translationsenergie gequantelt. Infolgedessen können auch die Translationszustände von Gasen bei sehr tiefen Temperaturen nicht mehr angeregt werden.

12.1.4 Reale Gase, tiefe Temperaturen

Zur Beschreibung des Phasenüberganges vom gasförmigen in den flüssigen Zustand und umgekehrt (Kondensation und Verdampfung) ist die Zustandsgleichung des idealen Gases (26) nicht geeignet, da sie Wechselwirkungskräfte zwischen den Molekülen nach der Definition des idealen Gases nicht berücksichtigt. Gerade diese bewirken jedoch die Bindung zwischen den Molekülen im flüssigen Zustand. Bei hoher Gasdichte, wie sie in der Nähe der Verflüssigungstemperatur herrscht, müssen daher die *Van-der-Waals-Kräfte* zwischen den Molekülen und ferner das Eigenvolumen der Moleküle in einer Zustandsgleichung realer Gase berücksichtigt werden. Interpretiert man das ideale Gasgesetz $p/R\,T = 1/V_m$ als 1. Näherung einer sogenannten *Virialentwicklung* der Form

$$\frac{p}{RT} = \frac{1}{V_m}\left[1 + \frac{B_1(T)}{V_m} + \frac{B_2(T)}{V_m^2} + \ldots\right] \qquad (52)$$

für den Grenzfall sehr großer molarer Volumina V_m, so erhält man eine bessere Näherung für reale Gase unter Berücksichtigung von $B_1(T)$. Experimentell ergibt sich für die Temperaturabhängigkeit von B_1

$$B_1(T) = b - \frac{a}{RT}. \qquad (53)$$

Eingesetzt in (52) ergibt sich unter Vernachlässigung höherer Glieder als eine in weiten Bereichen brauchbare *Zustandsgleichung für reale Gase* die *Van-der-Waals-Gleichung*

$$\left(p + \frac{a}{V_m^2}\right)(V_m - b) = RT, \qquad (54)$$

bzw. für eine beliebige Stoffmenge ν:

$$\left(p + \frac{a\nu^2}{V^2}\right)(V - \nu b) = \nu RT. \qquad (55)$$

a/V_m^2 *Binnendruck* oder *Kohäsionsdruck*, berücksichtigt die Wechselwirkung der Moleküle und wirkt wie eine Vergrößerung des Außendrucks. Der Binnendruck ist proportional dem inversen Abstand und der Anzahl der benachbarten Moleküle und damit $\sim n^2$, also $\sim V_m^{-2}$, vgl. (54).

b *Covolumen*, berücksichtigt das Eigenvolumen der Moleküle, das das freie Bewegungsvolumen der Gasmoleküle, etwa zwischen zwei Stößen, reduziert. Es stellt den unteren Grenzwert von V_m bei hohem Druck dar (flüssiger Zustand).

Bei kugelförmigen Teilchen mit dem Radius r_P ist der Stoßradius $r_S = 2\,r_P$ (vgl. ▶ Abschn. 13.1.1 im Kap. 13, „Transporterscheinungen und Fluiddynamik"), das Stoßvolumen des stoßenden Teilchens also $V_S = 8\,V_P$, das des gestoßenen ist dann gleich 0 zu setzen. Im Mittel ist daher das Stoßvolumen gleich $4\,V_P$ und bezogen auf ein Mol

$$b = 4N_A\frac{4\pi r_p^3}{3} \qquad (56)$$

Für hohe Temperaturen und große Molvolumina sind die Korrekturen vernachlässigbar und (54) geht in die Zustandsgleichung des idealen Gases (26) über. Die Isothermen eines Van-der-Waals-Gases im p, V-Diagramm sind in Abb. 10 dargestellt.

Die zu höheren Temperaturen gehörenden Isothermen entsprechen erwartungsgemäß denen des idealen Gases (vgl. Abb. 4). Unterhalb einer *kritischen Temperatur* T_k bilden die Isothermen Maxima und Minima aus, zwischen denen der Kurvenverlauf eine Druckabnahme bei Volumenverringerung bedeuten würde. Derartige Zustandsänderungen treten jedoch nicht auf. Stattdessen werden innerhalb des in Abb. 10a als *Zweiphasengebiet* gekennzeichneten Bereiches horizontale Geraden durchlaufen, d. h., der Druck bleibt bei Volumenverringerung (für T = const) unverändert. Dies geschieht durch Kondensation eines Teils des Gases in den flüssigen Zustand, einsetzend an der Taugrenze (Abb. 10a) und fortschreitend bis zur vollständigen Kondensation an der Siedegrenze. Dann steigt der Druck steil an, da Flüssigkeiten nur eine geringe Kompressibilität besitzen. Der Flüssigkeitsbereich links von der Siedegrenze ist zu kleinen Volumina hin durch das Covolumen b begrenzt. Die Fläche unter einer Isotherme entspricht der Volumenarbeit $\int p\mathrm{d}V$ (siehe Abschn. 12.1.5.1) bei der Kompression. Die Lage der horizontalen Isothermenstücke regelt sich so, dass die Volumenarbeit bei der Kompression über das ganze Zweiphasengebiet hinweg dieselbe ist wie beim Durchlaufen der Kurve. Daraus folgt, dass die Flächenstücke im Zweiphasengebiet (Abb. 10a) paarweise gleichen

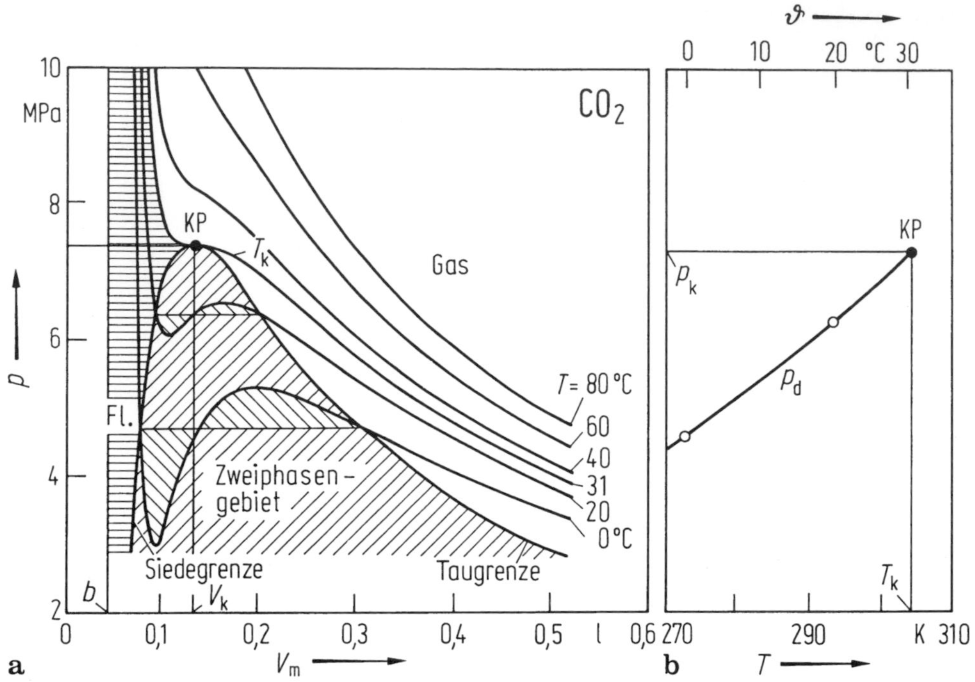

Abb. 10 **a** Isothermen eines realen Gases (CO_2) im p,V-Diagramm, berechnet aus (54). **b** Dampfdruckkurve für das Zweiphasengebiet

Flächeninhalt haben. Die gasförmige Phase unterhalb der kritischen Isotherme wird auch Dampf genannt. Oberhalb der kritischen Temperatur ist eine Verflüssigung allein durch Kompression bei konstanter Temperatur nicht möglich.

Der kritische Punkt KP (Abb. 10a) ist durch einen Wendepunkt der kritischen Isotherme mit horizontaler Tangente gekennzeichnet. Die kritischen Größen T_k, p_k, $V_{m,k}$ lassen sich daher aus der Van-der-Waals-Gleichung (54) mittels der Bedingungen $dp/dV = 0$ und $d^2p/dV^2 = 0$ berechnen:

$$\begin{aligned} T_k &= \frac{8a}{27Rb} \\ p_k &= \frac{a}{27b^2}, \quad p_k V_{m,k} = \frac{3}{8} R T_k \\ V_{m,k} &= 3b. \end{aligned} \tag{57}$$

Werte für die kritischen Größen und Van-der-Waals-Konstanten finden sich in Tab. 4.

Innerhalb des Zweiphasengebietes ist im Gleichgewicht der *Sättigungsdampfdruck* p_d allein eine Funktion der Temperatur. Die zugehörige *Dampfdruckkurve* ist in Abb. 10b dargestellt. Ihr Verlauf lässt sich mittels eines Kreisprozesses (siehe Abschn. 12.1.8) berechnen. Dazu werde zunächst 1 mol einer Flüssigkeit bei der Temperatur $T + dT$ und dem Sättigungsdampfdruck $p_d + dp_d$ verdampft, wobei sich das Volumen von $V_{m,l}$ auf $V_{m,g}$ vergrößert. Anschließend wird der Dampf bei der Temperatur T wieder kondensiert. Die dabei insgesamt geleistete Volumenarbeit $(V_{m,g} - V_{m,l})\, dp_d$ entspricht der schraffierten Fläche in Abb. 11 und hängt mit der beim Verdampfen erforderlichen molaren Verdampfungsenthalpie $\Delta H_{m,lg}$ (vgl. Abschn. 12.1.6.2) über den Wirkungsgrad des Carnot-Prozesses (siehe Abschn. 12.1.9) zusammen:

$$\eta = \frac{\left(V_{m,g} - V_{m,l}\right) dp_d}{\Delta H_{m,lg}} = \frac{dT}{T}. \tag{58}$$

Daraus folgt für den Anstieg der Dampfdruckkurve die *Clausius-Clapeyron'sche Gleichung*

Tab. 4 Van-der-Waals-Konstanten, kritische Temperatur und kritischer Druck

	A	b	T_k	P_k
	Pa · m⁶/ mol²	cm³/ mol	K	MPa
Ammoniak	0,423	37,1	405,5	11,35
Argon	0,136	32,0	150,9	4,90
Butan	1,39	116,4	425,1	3,80
Chlor	0,634	54,2	416,9	7,99
Ethan	0,558	65,1	305,3	4,87
Helium	0,00346	23,8	5,19	0,227
Kohlendioxid	0,366	42,9	304,1	7,38
Krypton	0,519	10,6	209,4	5,50
Luft			132,5	3,77
Methan	0,230	43,1	190,6	4,50
Neon	0,0208	16,7	44,4	2,76
Propan	0,0939	90,5	369,8	4,25
Sauerstoff	0,138	31,9	154,6	5,04
Schwefeldioxid	0,686	56,8	430,8	7,88
Stickstoff	0,137	38,7	126,2	3,39
Wasserstoff	0,0245	26,5	32,97	1,29
Wasserdampf	0,5537	30,5	647,1	22,06
Xenon	0,419	51,6	289,7	5,84

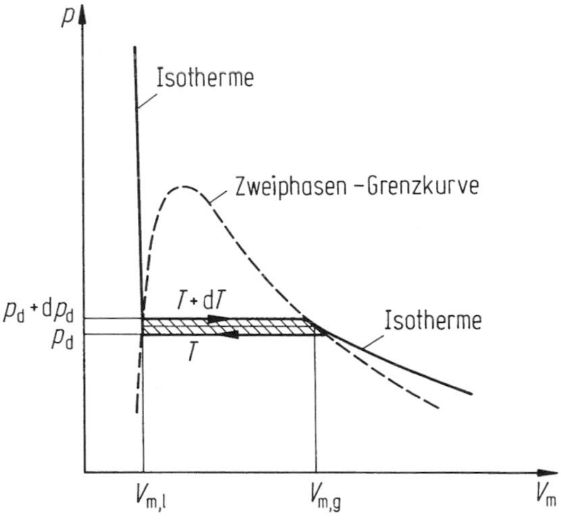

Abb. 11 Carnot-Prozess mit einer verdampfenden Flüssigkeit als Arbeitssubstanz (zur Clausius-Clapeyron-Gleichung)

$$\frac{\mathrm{d}p_\mathrm{d}}{\mathrm{d}T} = \frac{\Delta H_{\mathrm{m,lg}}}{\left(V_{\mathrm{m,g}} - V_{\mathrm{m,l}}\right)T}. \tag{59}$$

Wird das vergleichsweise kleine Molvolumen der flüssigen Phase gegen das des Dampfes vernachlässigt, ebenso die Temperaturabhängigkeit der molaren Verdampfungswärme, und wird der gesättigte Dampf näherungsweise als ideales Gas behandelt, so folgt aus (59) durch Integration

$$p_\mathrm{d} = C\exp\left(-\frac{\Delta H_{\mathrm{m,lg}}}{RT}\right)$$
$$\text{mit} \quad C = p_\mathrm{k}\exp\left(\frac{\Delta H_{\mathrm{m,lg}}}{RT_\mathrm{k}}\right). \tag{60}$$

Vorrichtungen, die in einem festen Volumen teilweise kondensierte Flüssigkeiten enthalten, und deren Dampfdruck mit einem angeschlossenen Manometer gemessen werden kann, werden als Dampfdruckthermometer zur Temperaturmessung verwendet (vgl. Tab. 2).

Die Van-der-Waals-Gleichung erfasst neben dem gasförmigen auch den flüssigen Zustand (Abb. 10), nicht jedoch den festen Zustand. Dieser muss bei sehr kleinen Molvolumina auftreten. Das vollständige Zustandsdiagramm zeigt Abb. 12: An den Flüssigkeitsbereich schließt sich links ein schmales Zweiphasengebiet an, in dem Flüssigkeit und fester Zustand gleichzeitig existieren können. Das Durchlaufen dieses Gebietes etwa auf einer Isothermen ist wiederum mit einer Volumenveränderung bei konstantem Druck verbunden. Bei noch kleineren Molvolumina schließt sich der Bereich des festen Zustandes an. Unterhalb des Zweiphasengebietes, in dem Dampf und Flüssigkeit koexistieren, liegt der Bereich der Sublimation, in dem Dampf und fester Zustand koexistieren. Beide sind durch die Tripellinie getrennt. An dieser Linie im p, V-Diagramm können alle drei Phasen (fest, flüssig, gasförmig) gleichzeitig existieren. Im p, T-Diagramm entspricht dem ein einziger Punkt, der *Tripelpunkt.*

Der Tripelpunkt von reinen Substanzen wird gern als Temperaturfixpunkt benutzt, da er genau definiert ist und sich wegen der mit Phasenänderungen verbundenen Umwandlungsenthalpien (siehe Abschn. 12.1.6.2) experimentell leicht über längere Zeit halten lässt.

Die *Verflüssigung* ist bei Gasen, deren kritische Temperatur oberhalb der Raumtemperatur liegt (z. B. CO_2 oder H_2O, vgl. Tab. 4), allein durch Kompression möglich. Gase mit kritischen Temperaturen unterhalb der Raumtemperatur (z. B. Luft, H_2, He, vgl. Tab. 4) müssen jedoch zunächst unter die kritische Temperatur abgekühlt werden. Dies kann z. B. durch adiabatische Entspannung unter Arbeitsleistung geschehen (siehe Abschn. 12.1.7, auch bei idealen Gasen möglich) oder durch adiabatische gedrosselte Entspannung.

Joule-Thomson-Effekt. Hierbei handelt es sich um die adiabatische (d. h. wärmeaustauschfreie, siehe Abschn. 12.1.7), gedrosselte Entspannung eines realen Gases bei der Strömung durch eine Drosselstelle in einer Anordnung z. B. nach

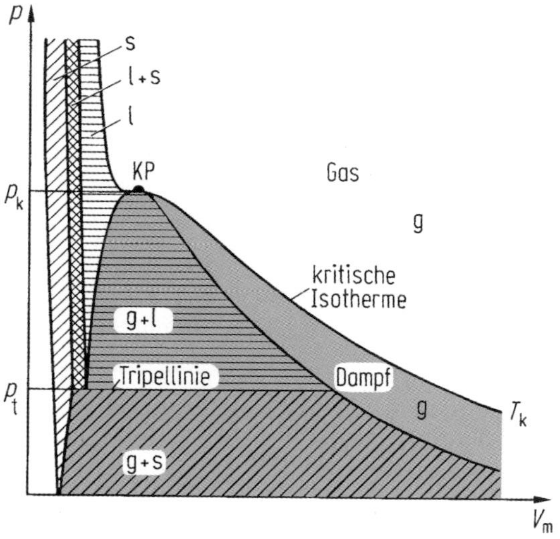

Abb. 12 Vollständiges Zustandsdiagramm einer realen Substanz (nicht maßstabsgerecht). s fester, l flüssiger, g gasförmiger Zustand

Abb. 13. Mittels langsam bewegter Kolben wird links der Druck p_1 und rechts der Druck $p_2 < p_1$ aufrecht erhalten. Dabei strömt Gas durch die Drosselstelle von der linken in die rechte Kammer und ändert dabei sein Volumen von V_1 auf $V_2 > V_1$. Bei diesem Vorgang bleibt die Enthalpie $H = U + pV$ (vgl. Teil Technische Thermodynamik; U innere Energie, siehe Abschn. 12.1.5) konstant. Bei idealen Gasen sind innere Energie U nach (30a) und pV aufgrund der Gasgleichung (26) allein von der Temperatur abhängig, damit auch die Enthalpie. Bei idealen Gasen ändert sich daher die Temperatur für $H = \text{const}$ nicht. Bei realen Gasen ist dagegen die innere Energie volumen- bzw. druckabhängig. Bei der gedrosselten Entspannung ($\Delta p < 0$) ist wegen der damit verbundenen Abstandsvergrößerung zwischen den Molekülen Arbeit gegen die zwischenmolekularen Kräfte bzw. gegen den Binnendruck zu verrichten: die mittlere kinetische Energie sinkt. Die eintretende Temperaturerniedrigung $\Delta T < 0$ (Joule-Thomson-Effekt) beträgt für kleine Druckunterschiede Δp in erster Näherung

$$\frac{\Delta T}{\Delta p} \approx \frac{1}{C_{mp}} \left(\frac{2a}{RT} - b \right). \tag{61}$$

C_{mp} ist die molare Wärmekapazität bei konstantem Druck (vgl. Abschn. 12.1.6.1). Bei Temperaturen oberhalb der aus (61) folgenden *Inversionstemperatur*, für die sich mit (57) ergibt

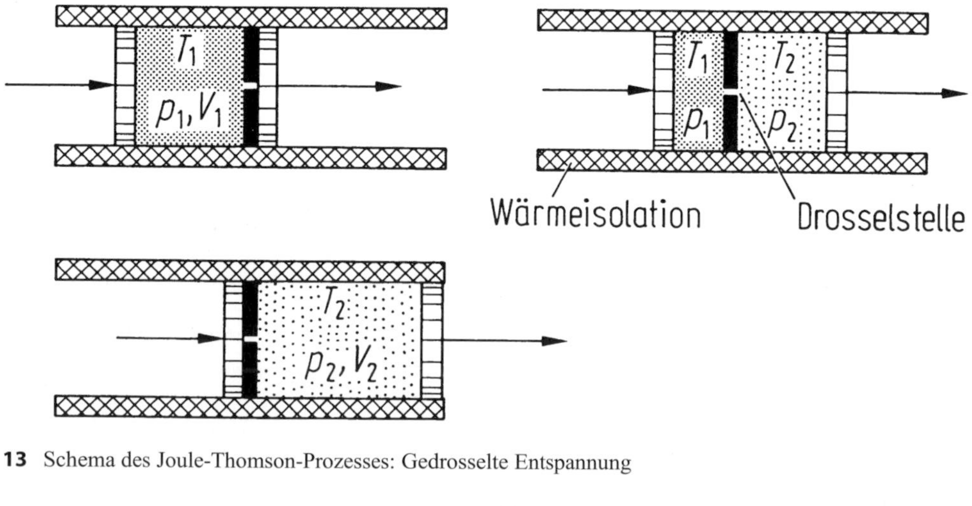

Abb. 13 Schema des Joule-Thomson-Prozesses: Gedrosselte Entspannung

$$T_{\text{inv}} = \frac{2a}{Rb} = \frac{27}{4} T_{\text{k}} = 6{,}75 T_k, \qquad (62)$$

überwiegt in (61) der Einfluss des Covolumens b, d. h., abstoßende Kräfte dominieren. Dann steigt die innere Energie bei der gedrosselten Entspannung, die Temperatur wird höher. Unterhalb der Inversionstemperatur ist der Joule-Thomson-Effekt positiv, es tritt Abkühlung auf.

Linde'sches Gegenstromverfahren zur Luftverflüssigung: Wird hochkomprimierte Luft (z. B. $p = 200$ bar $= 20$ MPa) durch ein Drosselventil entspannt (auf z. B. 20 bar), und die durch den Joule-Thomson-Effekt abgekühlte Luft ($\Delta T = -45$ K) zur Vorkühlung der Hochdruckluft verwendet (Gegenstromkühlung), so führt dies bei fortgesetztem Kreislauf zu einer sukzessiven Absenkung der Temperatur bis zur Verflüssigung (Abb. 14). Die rückströmende, entspannte Luft wird jeweils erneut komprimiert und muss wegen der dabei auftretenden Erwärmung vorgekühlt werden.

Tab. 5 enthält die Siedetemperaturen einiger für die Tieftemperaturtechnik (Kryotechnik) wichtiger Gase.

Tiefere Temperaturen lassen sich durch Verflüssigung z. B. von Helium erreichen (^{4}He: $T_{\text{lg}} = 4{,}2$ K, vgl. Tab. 5). Wegen der niedrigen Inversionstemperatur von ^{4}He von 47 K reicht jedoch die Vorkühlung des komprimierten Gases selbst mit flüssigem Stickstoff ($T_{\text{lg}} = 77{,}4$ K) nicht aus. Es muss daher durch adiabatische Expansion des vorgekühlten Gases unter Arbeitsleistung (siehe Abschn. 12.1.7) in einer Expansionsmaschine eine weitere Abkühlung bewirkt werden, ehe die Joule-Thomson-Entspannung nach Gegenstromvorkühlung gemäß Abb. 14 zur Verflüssigung führt. Weitere Ausführungen und Daten über reale Gase finden sich in den Teilen Chemie und Technische Thermodynamik.

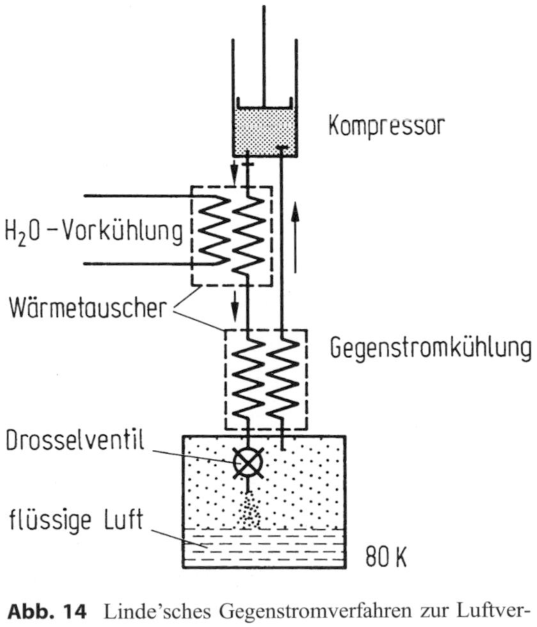

Abb. 14 Linde'sches Gegenstromverfahren zur Luftverflüssigung

12.1.5 Energieaustausch bei Vielteilchensystemen

In ▶ Abschn. 11.2.2.1 des Kap. 11, „Schwingungen, Teilchensysteme und starre Körper" ist der Energieerhaltungssatz für den Fall formuliert, dass ein Vielteilchensystem Energie mit der Umgebung austauscht, z. B. durch äußere Arbeit W. Dabei ändert sich die Eigenenergie gemäß (26) im ▶ Kap. 11, „Schwingungen, Teilchensysteme und starre Körper" um

$$\Delta U = U_2 - U_1 = W, \qquad (63)$$

wenn sonst kein weiterer Energieaustausch (z. B. als Wärme, siehe Abschn. 12.1.5.2) stattfindet. Die Schwerpunktbewegung des Teilchensystems möge vernachlässigbar sein. Die Eigenenergie U ist dann identisch mit der inneren Energie U_{int}. Für U wird daher im Weiteren die üblichere Bezeichnung innere Energie benutzt.

Vorzeichenfestlegung: Dem Teilchensystem zugeführte Energien (z. B. Arbeit und Wärme) werden positiv gerechnet.

Tab. 5 Siedetemperatur kryogener Flüssigkeiten bei Normdruck $p_{\text{n}} = 101.325$ Pa

	ϑ_{lg} in °C	T_{lg} in K
Helium (^{4}He)	−268,9279	4,2221
Wasserstoff	−252,87	20,28
Neon	−246,08	27,07
Stickstoff	−195,80	77,35
Sauerstoff	−182,962	90,188
Luft	−194,48	78,67

12.1.5.1 Volumenarbeit

Die von einem Vielteilchensystem, z. B. einer Gasmenge, geleistete (d. h. nach außen abgegebene) Arbeit setzt sich zusammen aus den individuellen Arbeiten aller Einzelteilchen. Bei einer Gasmenge, die in einem Zylinder mit beweglichem Kolben eingeschlossen ist (Abb. 15), üben die Moleküle durch impulsübertragende Stöße auf die Kolbenfläche A eine mittlere Normalkraft $F = pA$ aus (p Druck). Folgt der Kolben der Kraft (dazu muss die durch den Außendruck bedingte Gegenkraft nur differenziell kleiner sein), so lässt sich die dabei abgegebene Arbeit $-\mathrm{d}W$ aus der Kolbenversetzung dx berechnen (Abb. 15):

$$\begin{aligned} -\mathrm{d}W &= F\mathrm{d}x = pA\ \mathrm{d}x = p\mathrm{d}V, \\ -\mathrm{d}W &= p\mathrm{d}V \quad \text{differenzielle Volumenarbeit.} \end{aligned} \tag{64}$$

Erfolgt die Expansion von einem Anfangsvolumen V_1 auf das Endvolumen V_2, so beträgt die dabei nach außen geleistete Volumenarbeit

$$-W_{12} = \int_{V_1}^{V_2} p\ \mathrm{d}V. \tag{65}$$

Sie entspricht im p, V-Diagramm (Abb. 15) der Fläche unter der Kurve $p = p(V)$, deren Verlauf

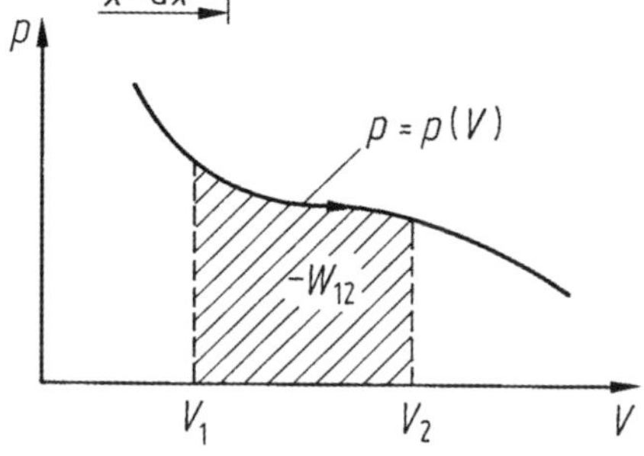

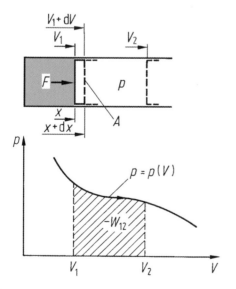

Abb. 15 Volumenarbeit bei Expansion einer Gasmenge

von der Prozessführung abhängt und zur Berechnung des Integrals in (65) bekannt sein muss.

Volumenarbeiten bei der Expansion einer Stoffmenge ν eines idealen Gases für verschiedene Prozessführungen:

Volumenarbeit bei *isobarer Expansion*:

Ein isobarer Prozess erfolgt bei konstantem Druck p = const (Abb. 16). Aus (65) folgt dann

$$-W_{12} = p(V_2 - V_1) = p\Delta V. \tag{66}$$

Volumenarbeit bei *isothermer Expansion*:

Ein isothermer Prozess erfolgt bei konstanter Temperatur T = const (Abb. 16). Mit der Zustandsgleichung des idealen Gases (26) folgt aus (65)

$$-W_{12} = \nu RT\ \ln\frac{V_2}{V_1}. \tag{67}$$

Volumenarbeit bei *adiabatischer Expansion*:

Bei einem adiabatischen Prozess wird außer Arbeit keine andere Energieform mit der Umgebung ausgetauscht (insbesondere keine Wärme, siehe Abschn. 12.1.5.2). Für diesen Fall gilt der Energiesatz in der Form (63), und mit der inneren Energie (30) des idealen (einatomigen) Gases folgt

$$\begin{aligned} -W_{12} &= -\Delta U = U_1 - U_2 \\ &= \frac{3}{2}\nu R(T_1 - T_2). \end{aligned} \tag{68}$$

Für mehratomige Gase muss der Faktor 3 $R/2$ nach Abschn. 12.1.6.1 durch die dann geltende molare Wärmekapazität $C_{\mathrm{m}V}$ ersetzt werden:

$$-W_{12} = \nu C_{\mathrm{m}V}(T_1 - T_2). \tag{69}$$

Bemerkung: (68) lässt sich auch durch direkte Berechnung des Arbeitsintegrals (65) mithilfe der Funktion $p = p(V)$ für die adiabatische Zustandsänderung (Abb. 16)

$$pV^\gamma = \text{const} \tag{70}$$

$$\text{mit } \gamma = C_{\mathrm{m}p}/C_{\mathrm{m}V} : \text{Adiabatenexponent}$$

(Adiabatengleichung, siehe Abschn. 12.1.7) gewinnen. $C_{\mathrm{m}p}$, $C_{\mathrm{m}V}$: Molare Wärmekapazität

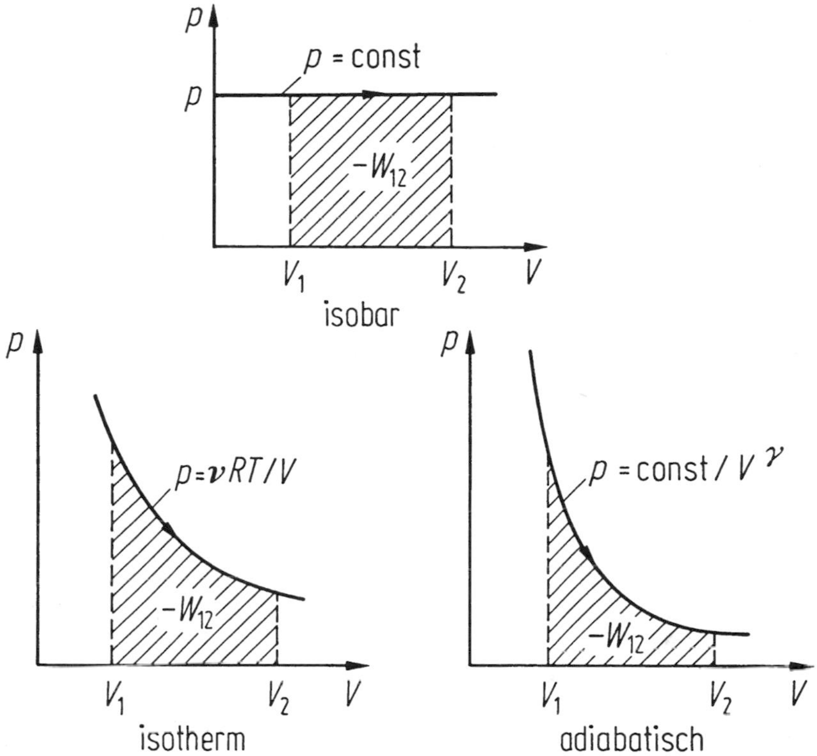

Abb. 16 Isobare, isotherme und adiabatische Expansion im *p*, *V*-Diagramm

bei konstantem Druck bzw. bei konstantem Volumen (vgl. Abschn. 12.1.6.1).

Bei der isobaren und bei der isothermen Expansion gilt der Energiesatz in der Form (63) nicht, da bei diesen Prozessführungen auch Wärme ausgetauscht werden muss (vgl. Abschn. 12.1.7).

12.1.5.2 Wärme

Ein Energieaustausch zwischen einem Vielteilchensystem und seiner Umgebung, etwa zwischen einer Gasmenge und der einschließenden Zylinderwand (Abb. 15), kann auch dann stattfinden, wenn z. B. das Verschieben eines beweglichen Kolbens und dadurch geleistete Volumenarbeit nicht möglich sind: So können z. B. Stöße von Gasmolekülen auf die Wand Schwingungen von Wandatomen anregen, wobei die Gasmoleküle kinetische Energie (d. h. innere Energie) verlieren. Umgekehrt können Gasmoleküle bei der Reflexion an der Wand von schwingenden Wandatomen auch kinetische Energie aufnehmen, wobei die Schwingungsenergie der Wandatome abnimmt. Es findet daher ein Energieaustausch in beiden Richtungen durch die Systemgrenzfläche statt. Da die Temperatur eines Gases durch dessen innere Energie, d. h. durch die kinetische Energie der statistisch ungeordneten Bewegung der Gasmoleküle, bestimmt ist (siehe Abschn. 12.1.2), und Entsprechendes für die Schwingungsenergie der Festkörperatome gilt (siehe Abschn. 12.1.3 und 12.1.6), ändern sich die Temperaturen von Teilchensystem und Umgebung, wenn die mittleren Energieströme in beiden Richtungen verschieden sind. Bei gleicher Temperatur von System und Umgebung sind die Energieströme in beiden Richtungen gleich und der resultierende Energiefluss verschwindet: *thermisches Gleichgewicht.*

Zur phänomenologischen Erfassung des resultierenden Energieflusses wird der Begriff der Wärme Q eingeführt:

Die *Wärme* Q ist der mittlere Wert der Summe der mikroskopischen, individuellen Teilchenarbeiten bzw. der dadurch übertragenen Energien zwischen dem System und seiner Umgebung. Die Wärme ist also eine *Energieform* und wird in Energieeinheiten gemessen.

SI-Einheit: $[Q] = \text{J}$ (Joule).

Für die Wärme wurde früher als besondere Einheit die Kalorie (cal) verwendet (Definition, siehe Abschn. 12.1.6). Der Zusammenhang mit dem Joule

$$1\ \text{cal} = 4{,}1868\,\text{J} \tag{71}$$

wurde experimentell bestimmt und je nach Erzeugung der Wärmemenge aus mechanischer oder elektrischer Energie das *mechanische* oder *elektrische Wärmeäquivalent* genannt. Bei Verwendung der Kalorie als Energieeinheit nimmt die universelle Gaskonstante (vgl. (25)) einen besonders einfachen Zahlenwert an:

$$\begin{aligned} R &= 8{,}314462618\,\text{J}/(\text{mol}\cdot\text{K}) \\ &= 1{,}99\,\text{cal}/(\text{mol}\cdot\text{K}) \approx 2\,\text{cal}/(\text{mol}\cdot\text{K}). \end{aligned} \tag{72}$$

12.1.5.3 Energieerhaltungssatz für Vielteilchensysteme

Der Energieaustausch eines Vielteilchensystems mit seiner Umgebung kann nach Abschn. 12.1.5.1 und 12.1.5.2 u. a. durch (am oder vom System verrichtete) Arbeit (z. B. Volumenarbeit) und durch (Aufnahme oder Abgabe von) Wärme geschehen. Beide Energieformen führen beim Austausch zu einer Änderung der inneren Energie des Systems und müssen bei der Formulierung des Energieerhaltungssatzes berücksichtigt werden. (26) im ▶ Kap. 11, „Schwingungen, Teilchensysteme und starre Körper" bzw. (63) in diesem Kapitel muss daher ergänzt werden: Zufuhr von Arbeit W oder Wärme Q führen zu einer Erhöhung der inneren Energie des Systems um $\Delta U = U_2 - U_1$ (Abb. 17). Das ist der Inhalt des 1. *Hauptsatzes der Thermodynamik*

$$\Delta U = Q + W. \tag{73}$$

Ein abgeschlossenes thermodynamisches System enthält eine bestimmte, zeitlich unveränderliche innere Energie U, die den thermodynamischen Zustand des Systems eindeutig kennzeichnet. U ändert sich nur dann, wenn dem System von außen Energie in Form von Wärme Q oder Arbeit W zugeführt wird.

Zur inneren Energie tragen im allgemeinen Falle noch weitere Energieformen bei, die einem thermodynamischen System zugeführt werden können, so die elektrische, die magnetische, die chemische und sonstige Energieformen.

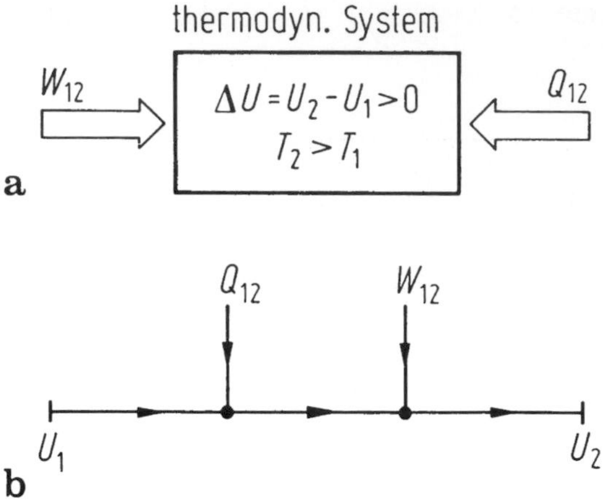

Abb. 17 Zum 1. Hauptsatz der Thermodynamik: **a** Vorzeichenvereinbarung und **b** Energieflussdiagramm

Differenzielle Form des 1. Hauptsatzes:

$$\mathrm{d}U = \delta Q + \delta W. \tag{74}$$

Bemerkung: Q und W sind keine Zustandsgrößen des Systems, die differenziellen Größen δQ und δW für sich genommen sind daher keine totalen Differenziale. Deshalb wird statt des gewöhnlichen Differenzialzeichens das Zeichen δ verwendet.

Wenn man beachtet, dass z. B. gemäß (30) die innere Energie eines abgeschlossenen Systems beschränkt ist, kann der 1. Hauptsatz auch als Unmöglichkeitsaussage formuliert werden:

> Es ist unmöglich, ein Perpetuum mobile erster Art, d. h. eine periodisch arbeitende Maschine, die ohne Energiezufuhr permanent Arbeit verrichtet, zu konstruieren.

12.1.6 Wärmemengen bei thermodynamischen Prozessen

Thermodynamische Prozesse (Zustandsänderungen) sind mit dem Austausch von Wärme zwischen dem betrachteten System und seiner Umgebung verbunden (außer beim adiabatischen Prozess, siehe Abschn. 12.1.7). Hier sollen Wärmemengen betrachtet werden, die zur Änderung der Temperatur eines betrachteten Systems erforderlich sind (Wärmekapazitäten), oder zur Änderung des Aggregatzustandes oder auch des kristallinen Ordnungszustandes bei Festkörpern (Umwandlungswärmen oder auch Umwandlungsenthalpien).

12.1.6.1 Spezifische und molare Wärmekapazitäten

Die zur Erhöhung der Temperatur eines Körpers zuzuführende Wärme Q ist proportional zu dessen Masse m und zu der zu erzielenden Temperaturdifferenz ΔT:

$$Q = cm\ \Delta T \quad \text{bzw.}\ \delta Q = cm\ \mathrm{d}T. \qquad (75)$$

Hierin ist c die spezifische Wärmekapazität

$$c = \frac{1}{m} \cdot \frac{\delta Q}{\mathrm{d}T}. \qquad (76)$$

$$\text{SI-Einheit}: [c] = \mathrm{J/(kg \cdot K)}.$$

Die bis 1977 für die Wärmemenge zugelassene Einheit Kalorie (cal) war dadurch definiert, dass für Wasser von $\vartheta = 15\ °\mathrm{C}$ die spezifische Wärmekapazität $c = 1\ \mathrm{cal/(g \cdot K)} = 1\ \mathrm{kcal/(kg \cdot K)}$ gesetzt wurde. Umrechnung, siehe (71).

Die auf das Mol einer Substanz bezogene Wärmekapazität ist die *molare Wärmekapazität*

$$C_\mathrm{m} = \frac{1}{\nu} \cdot \frac{\delta Q}{\mathrm{d}T}. \qquad (77)$$

$$\text{SI-Einheit}: [C_\mathrm{m}] = \mathrm{J/(mol \cdot K)}.$$

Der Zusammenhang zwischen beiden Wärmekapazitäten ergibt sich aus (76) und (77) zu

$$C_\mathrm{m} = \frac{m}{\nu} c. \qquad (78)$$

Wärmemischung: Werden zwei Körper von verschiedener Temperatur in Berührung gebracht, so erfolgt ein Wärmeaustausch, wobei die Temperaturdifferenz verschwindet und sich eine gemeinsame Mischungstemperatur T_x einstellt. Für die abgegebene bzw. aufgenommene Wärmemenge gilt die Richmann'sche Mischungsregel

$$c_1 m_1 (T_1 - T_\mathrm{x}) = c_2 m_2 (T_\mathrm{x} - T_2), \qquad (79)$$

bzw. für n Körper

$$\sum_{i=1}^{n} c_i m_i T_i = T_\mathrm{x} \sum_{i=1}^{n} c_i m_i. \qquad (80)$$

Diese Mischungsregeln können zur Bestimmung unbekannter spezifischer Wärmekapazitäten von Körpern mithilfe von Kalorimetern angewendet werden. Als zweite Substanz von bekannter spezifischer Wärmekapazität wird meist Wasser verwendet.

Bei Festkörpern und Flüssigkeiten sind die spezifischen und die molaren Wärmekapazitäten (Tab. 6) nur wenig von den Zustandsgrößen Volumen, Druck und Temperatur abhängig. Allgemein gilt das nicht, da nach dem 1. Hauptsatz (74) die für eine bestimmte Temperaturerhöhung erforderliche Wärmemenge von der Prozessführung abhängt:

$$\frac{\delta Q}{\mathrm{d}T} = \frac{\mathrm{d}U}{\mathrm{d}T} - \frac{\delta W}{\mathrm{d}T}. \qquad (81)$$

Der Wert von $\delta Q/\mathrm{d}T$ bzw. von c und C_m (76) und (77) hängt also davon ab, ob bei der Erwärmung Arbeit *nach außen* abgegeben wird, z. B. durch Volumenausdehnung (Volumenarbeit (64)). Bei Festkörpern und Flüssigkeiten ist diese gering.

Molare Wärmekapazitäten von Gasen

Die Erwärmung eines Gases bei konstantem Volumen (isochorer Prozess, siehe Abschn. 12.1.7) erfolgt wegen $\mathrm{d}V = 0$ ohne Volumenarbeit, sodass der 1. Hauptsatz (74) sich zu $\delta Q = \mathrm{d}U$ reduziert. Aus (77) folgt daher für die molare Wärmekapazität bei konstantem Volumen

$$C_{\mathrm{m}V} = \frac{1}{\nu}\left(\frac{\delta Q}{\mathrm{d}T}\right)_V = \frac{1}{\nu} \cdot \frac{\mathrm{d}U}{\mathrm{d}T}. \qquad (82)$$

Mit (45) folgt daraus bei f angeregten Freiheitsgraden

Tab. 6 Spezifische Wärmekapazität c und molare Wärmekapazität C_m einiger fester und flüssiger Stoffe bei 20 °C

Stoff	C	C_m
	$\frac{kJ}{kg \cdot K}$	$\frac{J}{mol \cdot K}$
Feste Stoffe:		
Aluminium	0,897	24,4
Beryllium	1,825	16,5
Beton	0,84	
Blei	0,129	26,85
Diamant	0,502	6,03
Grafit	0,708	8,50
Eis (0 °C)	2,1	37,7
Eisen	0,449	25,15
Fette	2	
Glas, Flint-	0,481	
Glas, Kron-	0,666	
Gold	0,129	25,4
Grauguss	0,540	
Kupfer	0,385	24,3
Marmor	≈ 0,80	
Messing	0,385	
Natriumchlorid	0,867	50,7
Nickel	0,444	26,3
Platin	0,133	26,0
Sand (trocken)	0,84	
Schwefel	0,73	22,8
Silber	0,235	25,4
Silicium	0,703	20,0
Stahl(X5CrNi1810)	0,50	
Teflon (PTFE)	1,0	
Wolfram	0,139	24,3
Zink	0,388	25,5
Zinn	0,228	26,9
Flüssigkeiten:		
Aceton	2,18	
Benzol	1,74	134,7
Brom	0,46	36,8
Ethanol	2,44	
Glyzerin	2,38	
Methanol	2,53	80,0
Nitrobenzol	1,51	
Olivenöl	1,97	
Petroleum	2,14	
Quecksilber	0,139	27,7
Silikonöl	1,45	
Terpentinöl	1,80	
Tetrachlorkohlenstoff	0,861	
Toluol	1,70	
Trichlorethylen	0,95	
Wasser	4,1818	75,3

$$C_{mV} = f\frac{R}{2}. \tag{83}$$

Nach Tab. 3 sind für einatomige Gase $f = 3$ Freiheitsgrade der Translation angeregt, d. h. theoretisch, C_m $V = 3$ $R/2 = 12{,}47 \ldots$ J/(mol · K).

Für zweiatomige Gase sind bei Zimmertemperatur zwei Freiheitsgrade der Rotation zusätzlich angeregt, sodass hier $f = 5$ und theoretisch $C_{mV} = 5$ $R/2 = 20{,}78 \ldots$ J/(mol · K) sind (vgl. Tab. 7). Bei Wasserstoff (H_2) zum Beispiel werden die Rotationsfreiheitsgrade nach (48) oberhalb $T_{rot} \approx 163$ K angeregt, die beiden Schwingungsfreiheitsgrade nach (51) erst oberhalb $T_{vib} \approx 3500$ K. Daraus ergibt sich der Verlauf der molaren Wärmekapazität mit der Temperatur in Abb. 18.

Die Erwärmung eines idealen Gases bei konstantem Druck (isobarer Prozess, siehe Abschn. 12.1.5) erfolgt nach dem Gasgesetz (26) mit einer Volumenvergrößerung $\mathrm{d}V = \nu R\, \mathrm{d}T/p$, es wird also eine Volumenarbeit $-\mathrm{d}W = p\, \mathrm{d}V = \nu R\, \mathrm{d}T$ geleistet, die durch erhöhte Wärmezufuhr aufgebracht werden muss. Der 1. Hauptsatz (74) lautet damit

$$\mathrm{d}Q = \mathrm{d}U + \nu R \mathrm{d}T \quad \text{für} \quad p = \text{const.} \tag{84}$$

Tab. 7 Molare Wärmekapazitäten und Adiabatenexponent von Gasen

Gas	$C_{m\,p}$	C_{mV}	C_{mp}/C_{mV}	$C_{mp} - C_{mV}$
	$\frac{J}{mol \cdot K}$	$\frac{J}{mol \cdot K}$		$\frac{J}{mol \cdot K}$
Ar	20,9	12,7	1,65	8,2
He	20,9	12,7	1,63	8,2
Ne	20,8	12,7	1,64	8,1
Xe	20,9	12,6	1,67	8,3
Cl_2	52,8	39,2	1,35	13,6
CO	29,2	20,9	1,40	8,3
O_2	29,3	21,0	1,40	8,3
N_2	29,1	20,8	1,40	8,3
H_2	28,9	20,5	1,41	8,4
CO_2	36,9	28,6	1,29	8,3
NH_3	34,9	26,6	1,32	8,3
CH_4	35,6	27,2	1,31	8,4
O_3	38,2	27,3	1,40	10,9
SO_2	41,0	32,2	1,27	8,8

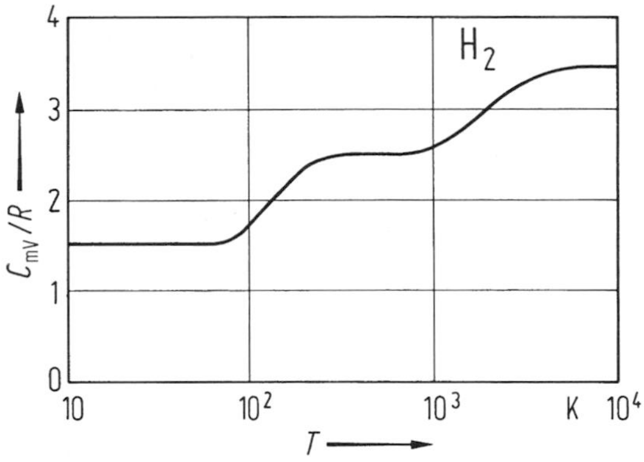

Abb. 18 Temperaturabhängigkeit der molaren Wärmekapazität C_{mV} von Wasserstoff

Aus (77) folgt dann mit (82) die molare Wärmekapazität bei konstantem Druck

$$C_{\mathrm{m}p} = \frac{1}{\nu}\left(\frac{\delta Q}{\mathrm{d}T}\right)_p = C_{\mathrm{m}V} + R \qquad (85)$$

$$\text{und} \quad C_{\mathrm{m}p} - C_{\mathrm{m}V} = R. \qquad (86)$$

Mit (83) ergibt sich für f angeregte Freiheitsgrade

$$C_{\mathrm{m}p} = (f+2)\frac{R}{2}. \qquad (87)$$

Für einatomige Gase ($f = 3$) ist demnach $C_{\mathrm{mp}} = 5\,R/2 = 20{,}78\ldots$ J/(mol · K) und für zweiatomige Gase($f = 5$) der Wert $C_{\mathrm{mp}} = 7\,R/2 = 29{,}1\ldots$ J/(mol · K) (vgl. Tab. 7).

Das Verhältnis $C_{\mathrm{mp}}/C_{\mathrm{mV}}$ wird *Adiabatenexponent* genannt (vgl. Abschn. 12.1.7):

$$\frac{C_{\mathrm{m}p}}{C_{\mathrm{m}V}} = \gamma. \qquad (88)$$

Molare Wärmekapazitäten von Festkörpern

Bei Festkörpern kann sich die Temperaturbewegung nicht als Translations- oder Rotationsbewegung, sondern nur in Form von Schwingungen der gebundenen Atome äußern. Nach Abschn. 12.1.3 (Tab. 3) ergeben sich für die drei linear unabhängigen Schwingungsrichtungen $f = 6$ Schwingungsfreiheitsgrade. Da sich Festkörper bei

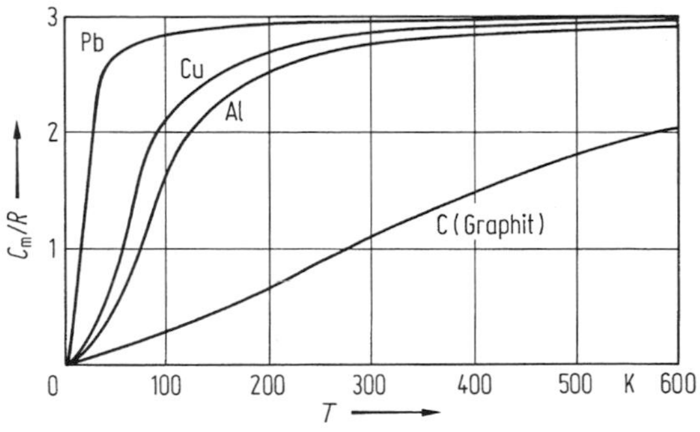

Abb. 19 Temperaturabhängigkeit der molaren Wärmekapazität von Festkörpern

Erwärmung nur wenig ausdehnen, gilt ferner $C_{\mathrm{mp}} \approx C_{\mathrm{mV}} = C_{\mathrm{m}}$. Aus (83) folgt daher für die molare Wärmekapazität einatomiger Festkörper (Atomwärme) die experimentell gefundene Regel von *Dulong-Petit*:

$$\begin{aligned} C_{\mathrm{m}} &\approx 3R = 24{,}94\,\mathrm{J}/(\mathrm{mol}\cdot\mathrm{K}) \\ &\approx 6\,\mathrm{cal}/(\mathrm{mol}\cdot\mathrm{K}), \end{aligned} \qquad (89)$$

die für viele Festkörper gut erfüllt ist (Tab. 6).

Abweichungen zeigen sich vor allem bei sehr harten Festkörpern (z. B. Be, Diamant, Si), bei denen die Schwingungsfrequenzen sehr hoch sind und nach (51) die Schwingungsfreiheitsgrade bei Zimmertemperatur noch nicht voll angeregt sind. Dies wird durch Messungen der Temperaturabhängigkeit der molaren Wärmekapazität bestätigt (Graphit in Abb. 19).

12.1.6.2 Phasenumwandlungsenthalpien

Hierunter seien die Wärmemengen oder genauer Enthalpien ΔH verstanden, die bei den sogenannten Phasenübergängen 1. Art auftreten, z. B. beim Schmelzen bzw. Erstarren, Verdampfen bzw. Kondensieren und Sublimieren, aber z. B. auch bei Änderungen der Kristallstruktur im festen Zustand (Strukturumwandlung). Bei diesen Phasenumwandlungen findet der Wärmeaustausch ohne Temperaturänderung statt, bis die Umwandlung vollständig ist. Beim Schmelzen und Verdampfen muss Arbeit gegen die anziehenden Bindungskräfte geleistet werden, sowie, wegen der Volumenausdehnung vor allem beim Verdampfen, außerdem Volumenarbeit gegen den äußeren

Druck. Bei $dT = 0$ muss daher eine bestimmte massenbezogene Energie in Form von *Schmelzenthalpie* Δh_{sl} bzw. *Verdampfungsenthalpie* Δh_{lg} zugeführt werden. Die Verdampfungs- bzw. Schmelzenthalpien werden beim Kondensieren bzw. Erstarren wieder frei. Da die Volumenarbeit vom äußeren Druck abhängt, ist vor allem die Verdampfungsenthalpie etwas vom äußeren Druck abhängig. Einige spezifische Schmelz- und Verdampfungsenthalpien sind in Tab. 8 angegeben (Enthalpie, siehe Abschn. 12.1.4 sowie Teile Chemie und Technische Thermodynamik).

\Beim Erwärmen einer definierten Stoffmenge, ausgehend vom festen Zustand, steigt deren Temperatur entsprechend der zugeführten Wärmemenge nach Maßgabe der spezifischen Wärmekapazität (Abb. 20). Die Schmelz- und die Siedetemperatur machen sich dabei als sogenannte Haltepunkte bemerkbar, bei denen die kontinuierlich zugeführte Wärme zunächst zur Phasenumwandlung dient, und erst nach vollständiger Umwandlung die Temperatur weiter erhöht (Abb. 20).

Das Beobachten von Haltepunkten bei Erwärmungsvorgängen wird daher zur experimentellen Bestimmung von Schmelztemperaturen benutzt, aber auch zur Entdeckung anderer Phasenumwandlungen wie etwa Kristallstrukturänderungen.

12.1.7 Zustandsänderungen bei idealen Gasen

Der Zustand eines idealen Gases ist durch die drei Zustandsgrößen Druck p, Volumen V und Temperatur T bestimmt (anstelle des Volumens V kann auch das spezifische Volumen $v = V/m$ oder das molare (stoffmengenbezogene) Volumen $V_m = V/\nu$ als Zustandsgröße gewählt werden). Davon können zwei unabhängig gewählt werden, die dritte ergibt sich dann aus der Zustandsgleichung $f(p, V, T) = 0$. Im Falle des idealen Gases ist dies die allgemeine Gasgleichung (26). Die einem Gas zugeführte Wärme Q und Arbeit W sind sog. Prozessgrößen, keine Zustandsgrößen, wohl aber die innere Energie $U = U(T)$, vgl. (30), und die Enthalpie $H = U + pV$, die beim idealen Gas wegen $pV = \nu RT$ ebenfalls eine Funktion allein der Temperatur ist. Der Zustand eines thermodynamischen Systems heißt stationär, wenn er sich nicht mit der Zeit ändert. Ein stationärer Zustand wird Gleichgewichtszustand genannt, wenn er ohne äußere Eingriffe besteht.

Jede thermodynamische Zustandsänderung wird Prozess genannt. Als Kreisprozess wird eine Zustandsänderung eines thermodynamischen Systems bezeichnet, in deren Verlauf das System wieder seinen Anfangszustand erreicht. Bei Zustandsänderungen, z. B. Volumenänderungen (Kompression, Expansion), muss grundsätzlich zwischen zwei Arten der Prozessführung unterschieden werden, die bei Vielteilchensystemen möglich sind:

Reversible Zustandsänderungen: Prozesse, die sehr langsam, in infinitesimal kleinen Schritten durchgeführt werden, sodass das System jeweils nur sehr wenig aus dem statistischen Gleichgewicht gebracht wird. Im Grenzfall ist also jeder Zwischenzustand zwischen zwei betrachteten Endzuständen ein Gleichgewichtszustand. Nach Umkehrung des Prozesses und Wiedererreichung des Ausgangszustandes oder nach Ablauf eines Kreisprozesses sind keine Änderungen im System oder in seiner Umgebung zurückgeblieben. (Dieses Verhalten entspricht dem von Bewegungsvorgängen von Einzelteilchen in der Mechanik, z. B. lässt sich kinetische Energie vollständig in potenzielle Energie umwandeln und umgekehrt.)

Irreversible Zustandsänderungen sind demnach solche, bei denen das thermodynamische System nicht in den Ausgangszustand zurückkehren kann, ohne dass in der Umgebung Änderungen eintreten. Reale Prozesse spielen sich mit endlicher Geschwindigkeit ab. Sie sind daher nicht im Gleichgewicht und wegen der immer stattfindenden Ausgleichsvorgänge irreversibel. Im Folgenden werden nur reversible (also idealisierte) Zustandsänderungen betrachtet.

Prozesse, bei deren Ablauf eine der Zustandsgrößen konstant bleibt (Tab. 9):

- bei konstantem Volumen V: isochore Prozesse
- bei konstantem Druck p: isobare Prozesse
- bei konstanter Temperatur T: isotherme Prozesse
- bei konstanter Entropie S: isentropische Prozesse
- bei konstanter Enthalpie H: isenthalpische Prozesse

Tab. 8 Thermische Kenngrößen einiger Stoffe. Molare Masse M, Schmelztemperatur ϑ_{sl} und molare Schmelzenthalpie ΔH_{sl} sowie Verdampfungstemperatur ϑ_{lg} und molare Verdampfungsenthalpie ΔH_{lg}. Die Verdampfungsgrößen gelten für den Normdruck $p_n = 101325$ Pa. In einigen Fällen ist anstatt der Schmelztemperatur die Tripelpunkttemperatur angegeben und durch tp gekennzeichnet. Temperaturen, die mit einem Sternchen bezeichnet sind, dienen als Fixpunkte der Internationalen Temperaturskala von 1990 (ITS-90)

Stoff	M	ϑ_{sl}	ΔH_{sl}	ϑ_{lg}	ΔH_{lg}
	g/mol	°C	kJ/mol	°C	kJ/mol
Aluminium	26,982	660,323*	10,71	2519	294
Ammoniak NH_3	17,031	−77,73	5,66	−33,33	23,33
Argon	39,948	−189,3442* tp	1,18	−185,85	6,43
Benzol C_6H_6	78,112	5,49	9,87	80,09	30,72
Blei	207,2	327,46	4,77	1749	179,5
Brom Br_2	159,808	−7,2	10,57	58,8	29,96
Calcium	40,078	842	8,54	1484	153
Chlor Cl_2	70,905	−101,5	6,40	−34,04	20,41
Eisen	55,845	1538	13,81	2861	354
Ethanol C_2H_5OH	46,068	−114,14	4,931	78,3	38,56
Fluor F_2	37,997	−219,66	0,51	−188,12	6,62
Gallium	69,723	29,76	5,59	2204	254
Germanium	72,61	938,25	36,94	2833	334
Gold	196,967	1064,18*	12,55	2856	324
Helium	4,0026			−268,93	0,08
Indium	114,818	156,60	3,28	2072	226,4
Iod I_2	253,809	113,7	15,52	184,4	41,57
Iridium	192,217	2446	41,12	4428	563,6
Kalium	39,098	63,38	2,33	759	79,16
Kohlendioxid CO_2	44,010	−56,56 tp	9,02	−78,4	6,02
Kohlenmonoxid CO	28,010	−205,02	0,833	−191,5	6,04
Kohlenstoff, Diamant	12,011	3550[a]			
–, Grafit	12,011	3825[b]			
Krypton	83,80	−157,38 tp	1,64	−153,22	9,08
Kupfer	63,546	1084,62*	13,26	2562	304,6
Magnesium	24,305	650	8,48	1090	131,8
Methan CH_4	16,042	−182,47	0,94	−161,48	8,19
Methanol CH_3OH	32,042	−97,53	3,215	64,6	35,21
Natrium	22,990	97,80	2,60	883	89,1
Natriumchlorid NaCl	58,442	800,7	28,16	1465	170,75
Neon	20,180	−248,59	0,328	−246,08	1,71
Nickel	58,693	1455	17,48	2913	381
Ozon O_3	47,998	−193		−111,35	15,17
Platin	195,078	1768,4	22,17	3825	469
Quecksilber	200,59	−38,83	2,29	356,73	59,11
Sauerstoff O_2	31,9988	−218,7916* tp	0,44	−182,95	6,82
Schwefelkohlenstoff CS_2	76,143	−112,1	4,39	46,3	26,74
Schwefelwasserstoff H_2S	34,082	−85,5	2,38	−59,55	18,67
Silber	107,868	961,78*	11,30	2162	254
Silicium	28,086	1414	50,21	3265	394,6
Stickstoff N_2	28,013	−210,0	0,71	−195,79	5,57
Wasser H_2O	18,015	0,00	6,01	100,00	40,65
Wasserstoff H_2	2,016	−259,34	0,12	−252,87	0,90

(Fortsetzung)

Tab. 8 (Fortsetzung)

Stoff	M	ϑ_{sl}	ΔH_{sl}	ϑ_{lg}	ΔH_{lg}
	g/mol	°C	kJ/mol	°C	kJ/mol
Wismut	208,980	271,40	11,30	1564	151
Wolfram	183,84	3422	52,31	5555	799
Wood'sches Metall		71,7			
Xenon	131,29	−111,79 tp	2,27	−108,11	12,57
Zink	65,39	419,527*	7,32	907	114,8
Zinn	118,710	231,928*	7,03	2602	290,4

[a]Zersetzungstemperatur tp Tripelpunkttemperatur
[b]Sublimationstemperatur

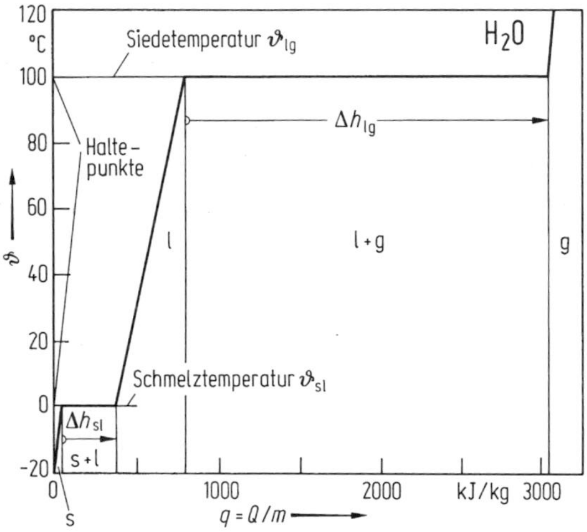

Abb. 20 Erwärmungsverlauf für 1 kg H_2O: Haltepunkte bei Schmelz- und Siedetemperatur. s: fester, l: flüssiger und g: gasförmiger Zustand

Prozesse, bei denen das System keine Wärme mit der Umgebung austauscht, werden adiabatische Prozesse genannt.

Es werden diejenigen Zustandsänderungen der Stoffmenge ν eines idealen Gases betrachtet, die für die in Abschn. 12.1.8 behandelten Kreisprozesse wichtig sind. Dabei interessieren die jeweils umgesetzten Energien (Wärme Q, Arbeit W, Änderung der inneren Energie ΔU), die sich aus dem 1. Hauptsatz der Thermodynamik, (73) oder (74), ergeben.

Isochore Zustandsänderung

Bei konstantem Volumen V wird keine Volumenarbeit geleistet, demnach ist $W = 0$. Der 1. Hauptsatz ergibt dann in Verbindung mit (82)

$$\Delta U = Q = \nu C_{mV} \Delta T = \nu C_{mV}(T_2 - T_1). \quad (90)$$

Die zugeführte Wärme Q wird vollständig in innere Energie überführt, die um ΔU erhöht wird (Temperaturzunahme um ΔT). Die Zustandsfunktion für die isochore Zustandsänderung folgt aus der Zustandsgleichung des idealen Gases (26) für $V = \text{const}$:

$$\frac{p}{T} = c_{ic} \quad \text{mit} \quad c_{ic} = \text{const} = \frac{\nu R}{V}. \quad (91)$$

Isotherme Zustandsänderung

Bei konstanter Temperatur bleibt nach (30) die innere Energie konstant, also $\Delta U = 0$. Dann folgt aus dem 1. Hauptsatz

$$Q = -W. \quad (92)$$

Die zugeführte Wärme wird vollständig in abgegebene Arbeit umgewandelt und umgekehrt. Die Zustandsfunktion für die isotherme Zustandsänderung folgt aus der Zustandsgleichung des idealen Gases (26) für $T = \text{const}$:

$$pV = c_{it} \quad \text{mit} \quad c_{it} = \text{const} = \nu RT. \quad (93)$$

Bei einer isothermen Expansion eines idealen Gases muss die nach außen abgegebene Volumenarbeit W_{12} (vgl. Abschn. 12.1.5.1) durch Zufuhr von Wärme aus einem Wärmereservoir der Temperatur T ausgeglichen werden, damit die Temperatur des Gases konstant gehalten werden kann (Abb. 21). Nach (67) betragen die umgesetzten Energien

$$-W_{12} = Q_{12} = \nu RT \ln \frac{V_2}{V_1} = \nu RT \ln \frac{p_1}{p_2}. \quad (94)$$

Tab. 9 Zustandsänderungen idealer Gase

Prozess	Zustandsfunktion	Abgegebene Arbeit	Zugeführte Wärme	Innere Energie
Isochor $V = \text{const}$ 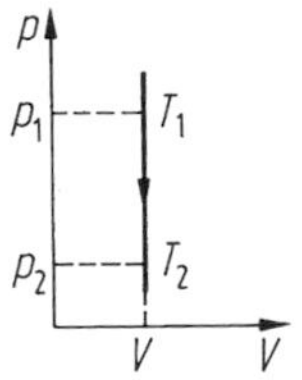	$p/T = c_{\text{ic}}$	$-\delta W = 0$ $-W_{12} = 0$	$\delta Q = \nu C_{\text{m}V}\,\text{d}T$ $Q_{12} = \nu C_{\text{m}V}(T_2 - T_1)$	$\text{d}U = \nu C_{\text{m}V}\,\text{d}T$
Isobar $p = \text{const}$ 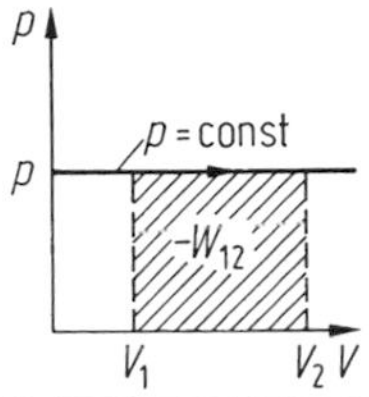	$V/T = c_{\text{ib}}$	$-\delta W = p\,\text{d}V$ $-W_{12} = p(V_2 - V_1)$	$\delta Q = \nu C_{\text{m}p}\text{d}T$ $Q_{12} = \nu C_{\text{m}p}(T_2 - T_1)$	$\text{d}U = \nu C_{\text{m}V}\text{d}T$
Isotherm $T = \text{const}$ 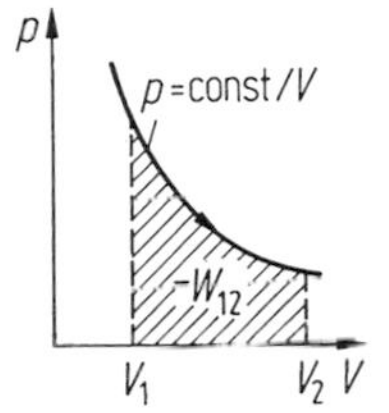	$pV = c_{\text{it}}$	$-\delta W = p\,\text{d}V$ $-W_{12} = \nu RT \ln(V_2/V_1)$ $= \nu RT \ln(p_1/p_2)$	$\delta Q = -\delta W = p\text{d}V$ $Q_{12} = -W_{12}$	$\text{d}U = 0$
Adiabatisch $\delta Q = 0$ 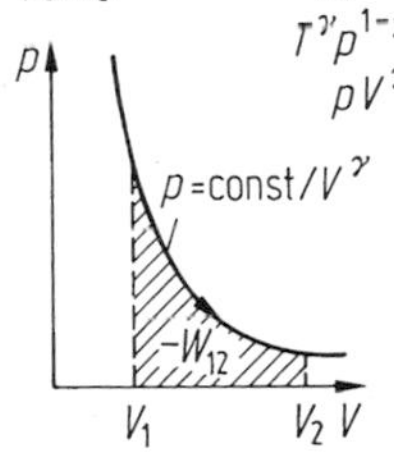	$TV^{\gamma-1} = c_{\text{ad},1}$ $T^{\gamma}p^{1-\gamma} = c_{\text{ad},2}$ $pV^{\gamma} = c_{\text{ad},3}$	$-\delta W = -\text{d}U$ $= p\text{d}V$ $= -\nu C_{\text{m}V}\text{d}T$ $-W_{12} = \nu C_{\text{m}V}(T_1 - T_2)$	$\delta Q = 0$ $Q_{12} = 0$	$\text{d}U = \delta W$ $= \nu C_{\text{m}V}\text{d}T$

Der für diesen Prozess zu definierende Wirkungsgrad ist $\eta = -W_{12}/Q_{12} = 1$.

Adiabatische Zustandsänderung

Bei einem adiabatischen Prozess wird der Wärmeaustausch zwischen Arbeitsgas und Umgebung unterbunden, d. h. $Q = 0$ bzw. $\delta Q = 0$, z. B. durch Wärmeisolation des Arbeitszylinders und -kolbens (Abb. 22). Der 1. Hauptsatz lautet dann

$$\Delta U = W \quad \text{bzw.} \quad \text{d}U = \text{d}W = -p\text{d}V. \qquad (95)$$

Mit (82) folgt weiter (vgl. (69))

$$-W_{12} = -\Delta U = -\nu C_{\text{m}V}\Delta T = \nu C_{\text{m}V}(T_1 - T_2)$$
$$\text{bzw.} \quad \text{d}U = \nu C_{\text{m}V}\text{d}T = -p\text{d}V. \qquad (96)$$

Arbeit kann wegen der Unterbindung des Wärmeaustausches nur unter entsprechender Verringerung der inneren Energie nach außen abgege-

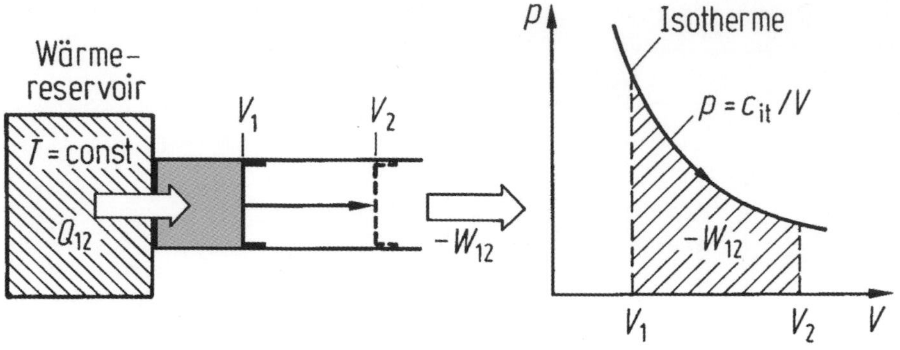

Abb. 21 Isotherme Expansion eines Gases

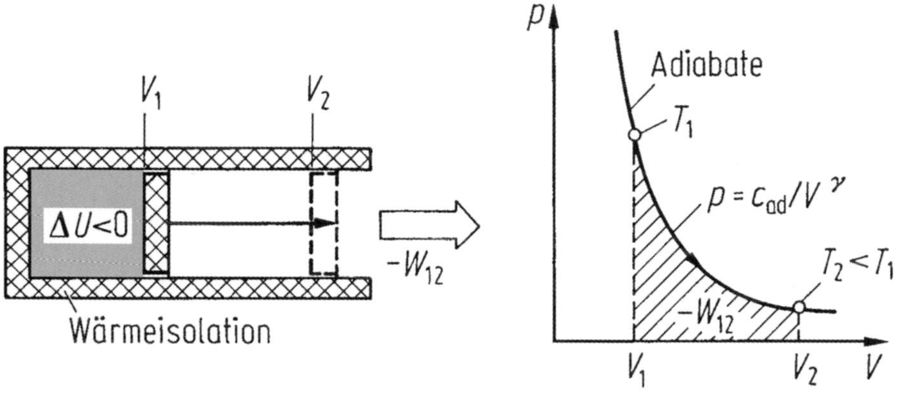

Abb. 22 Adiabatische Expansion eines Gases

ben werden, wobei die Temperatur abnimmt. Der hierfür zu definierende Wirkungsgrad ist $\eta = (-W)/(-\Delta U) = 1$.

Die Zustandsfunktion für die adiabatische Zustandsänderung ergibt sich mithilfe der Zustandsgleichung des idealen Gases (26) durch Integration von (96) zu

$$TV^{\gamma-1} = c_{\text{ad},1}, \quad T^{\gamma}p^{1-\gamma} = c_{\text{ad},2}, \quad pV^{\gamma} = c_{\text{ad},3}. \tag{97}$$

In diesen *Adiabatengleichungen* (auch *Poisson'sche Gleichungen*) bedeuten die $c_{\text{ad},i}$ Konstanten und $\gamma = C_{\text{mp}}/C_{\text{mV}}$ den Adiabatenexponenten (vgl. (88)). γ ist wegen (85) stets größer als 1, z. B. für einatomige Gase $5/3 \approx 1{,}67$, für zweiatomige Gase $7/5 = 1{,}40$, siehe Abschn. 12.1.6.1. Im p, V-Diagramm verlaufen Adiabaten $p(V)_{\text{ad}}$ daher steiler als Isothermen $p(V)_{\text{it}}$, vgl. Abb. 16.

Adiabatische Zustandsänderungen treten typisch bei Vorgängen auf, die einerseits so schnell verlaufen, dass kein Wärmeausgleich mit der Umgebung möglich ist, andererseits so langsam, dass innerhalb des Systems zu jedem Zeitpunkt die Einstellung des thermischen Gleichgewichts möglich ist. Beispiele: Schallausbreitung (adiabatische Kompression), Dieselmotor (Zündung durch adiabatische Kompression), Detonation (Explosionsausbreitung durch Stoßwelle mit adiabatischer Kompression).

12.1.8 Kreisprozesse

Zur kontinuierlichen Umwandlung von Wärme in mechanische Arbeit sind periodisch arbeitende Maschinen notwendig, in denen Kreisprozesse (siehe Abschn. 12.1.7) ablaufen. Beim Kreisprozess nach Carnot (1824) werden vier verschiedene, abwechselnd isotherme und adiabatische Prozesse zyklisch wiederholt (Abb. 23). Die dazu benutzte Maschine besteht aus einem Zylinder mit Kolben gemäß Abb. 21, der als Arbeitssubstanz eine konstante Menge (z. B. 1 mol) eines idealen Gases enthält. Durch Kontakt mit Wärmereservoirs sehr großer Wärmekapazität mit den Temperaturen T_1 und $T_2 < T_1$ kann das Arbeitsgas isotherm auf T_1 oder T_2 gehalten werden (Abb. 23a). Der Carnot-Prozess ist ein idealisierter Kreisprozess, der reversibel geführt wird (vgl. Abschn. 12.1.7) und demzufolge auch umkehrbar ist. Reibungs- und Wärmeleitungsverluste werden vernachlässigt. Er hat nur theoretische Bedeutung zur Berechnung des bestmöglichen Wirkungsgrades η bei der Umwandlung von Wärme in mechanische Arbeit. Eine technische Realisierung dieses Kreisprozesses existiert nicht.

Nach Abschn. 12.1.7 ergeben sich die in Tab. 10 angegebenen Energieumsetzungen bei den Einzelprozessen der Carnot-Maschine. Die Volumenarbeiten der adiabatischen Teilprozesse heben sich gegenseitig auf. Aus der Anwendung von (97) auf die beiden Adiabaten in Abb. 23b ergibt sich $V_2/V_1 = V_3/V_4$. Damit folgt als resultierende Arbeit des Carnot-Prozesses aus der Summe der Teilarbeiten (Tab. 10)

$$\begin{aligned} -W_\square &= -W_{12} - W_{34} \\ &= \nu R(T_1 - T_2)\ln\frac{V_2}{V_1}. \end{aligned} \tag{98}$$

Ferner wird während der isothermen Expansion die Wärme Q_{12} bei der Temperatur T_1 aufgenommen und die Wärme $-Q_{34}$ bei der niedrigeren Temperatur T_2 abgegeben:

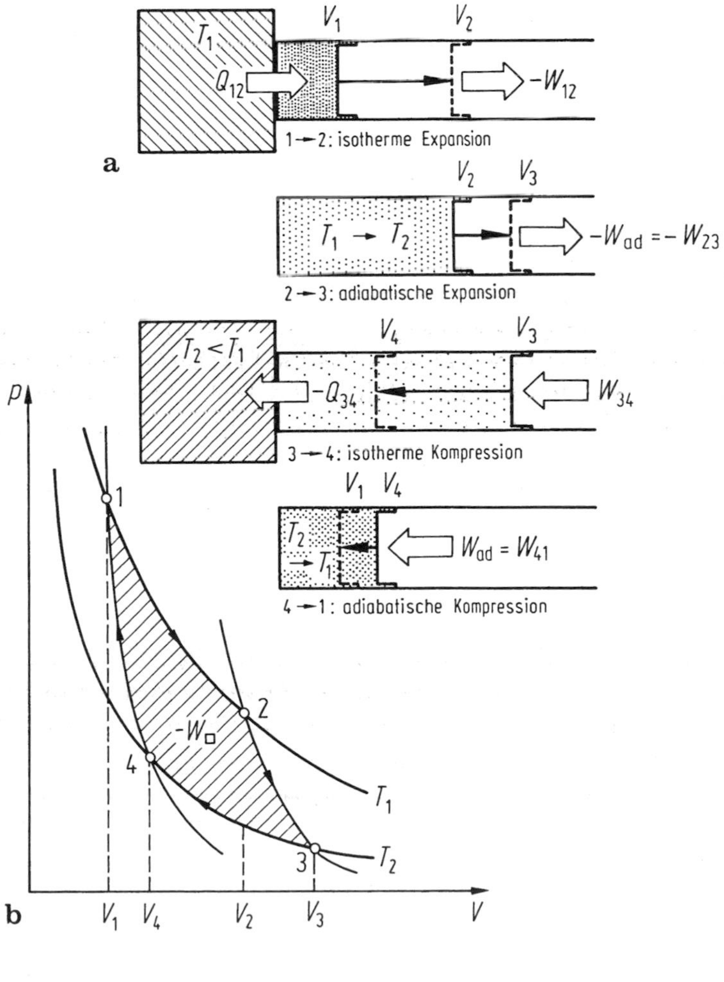

Abb. 23 Der Carnot-Prozess

Tab. 10 Energieumsetzungen beim Carnot-Prozess

Teilprozess	$i \to j$	T	V	$-W_{ij}$	Q_{ij}
isotherme Expansion	$1 \to 2$	T_1	$V_1 \to V_2$	$\nu RT_1 \ln \frac{V_2}{V_1}$	$\nu RT_1 \ln \frac{V_2}{V_1}$
adiabatische Expansion	$2 \to 3$	$T_1 \to T_2$	$V_2 \to V_3$	$\nu\, C_{mV}(T_1 - T_2)$	0
isotherme Kompression	$3 \to 4$	T_2	$V_3 \to V_4$	$-\nu RT_2 \ln \frac{V_3}{V_4}$	$-\nu RT_2 \ln \frac{V_3}{V_4}$
adiabatische Kompression	$4 \to 1$	$T_2 \to T_1$	$V_4 \to V_1$	$-\nu\, C_{mV}(T_1 - T_2)$	0

$$Q_{12} = \nu RT_1 \ln \frac{V_2}{V_1}, \quad -Q_{34} = \nu RT_2 \ln \frac{V_2}{V_1}. \tag{99}$$

Zur Berechnung des Wirkungsgrades muss die gewonnene (d. h. vom Prozess abgegebene) Arbeit $-W_\square$ nur zur aufgewendeten Wärme Q_{12} in Beziehung gesetzt werden, da die bei der Temperatur T_2 freiwerdende Wärme $-Q_{34}$ für den Carnot-Prozess nicht nutzbar ist. Aus (98) und (99) folgt

$$\eta = \frac{-W_\square}{Q_{12}} = \frac{T_1 - T_2}{T_1}. \tag{100}$$

Der Wirkungsgrad des Carnot-Kreisprozesses als Wärmekraftmaschine ist demnach immer kleiner als 1 und geht nur im Grenzfall $T_2 \to 0$ gegen 1. Wie später mithilfe des 2. Hauptsatzes der Thermodynamik gezeigt wird, stellt (100) den maximal möglichen Wirkungsgrad einer periodisch arbeitenden Wärmekraftmaschine bei der Umwandlung von Wärme in Arbeit dar. Im Gegensatz zu allen anderen Energieformen lässt sich Wärme infolge ihrer statistisch ungeordneten Natur nicht vollständig in andere Energieformen überführen (außer theoretisch für $T_2 \to 0$).

Die von den stofflichen Eigenschaften einer Thermometersubstanz unabhängige *thermodynamische Temperaturskala* kann mithilfe der Carnot-Maschine definiert werden. Lässt man zwischen zwei Wärmereservoirs der Temperaturen T_1 und T_2 einen Carnot-Prozess ablaufen und bestimmt dessen Wirkungsgrad, so ergibt sich bei Festlegung eines Temperaturwertes, z. B. des Eispunktes des Wassers auf 273,15 K, aus dem gemessenen Wirkungsgrad mit (100) der zweite Temperaturwert.

Im Gegensatz zum Carnot-Kreisprozess lässt sich der *Stirling-Kreisprozess* technisch ausnutzen (Stirling-Motor). Beim Stirling-Prozess werden die adiabatischen Teilprozesse durch isochore Prozesse ersetzt (Abb. 24). Deren Gesamteffekt ist nach Tab. 11 zunächst die Überführung der Wärmemenge $-Q_{23} = Q_{41} = \nu\, C_{mV}\,(T_1 - T_2)$ von T_1 nach T_2. Durch Zwischenspeicherung der bei der isochoren Abkühlung ($2 \to 3$) freiwerdenden Wärme $-Q_{23}$ (z. B. im Verdrängerkolben, Abb. 25) und Wiederverwendung bei der isochoren Erwärmung ($4 \to 1$) lässt sich jedoch dieser Verlust beliebig klein halten. Für die Bilanz verbleiben dann die isothermen Prozesse, für die sich dieselben Beziehungen (98) und (99) ergeben, wie für den originalen Carnot-Prozess. Daher ergibt sich derselbe Wirkungsgrad (100) auch für den Stirling-Prozess.

Eine technische Form stellt der Heißluftmotor (Stirling-Motor, Abb. 25) dar. Dabei wird das Arbeitsgas mithilfe eines Verdrängerkolbens, der auch als Wärmezwischenspeicher dient, zwischen einem geheizten und einem gekühlten Bereich des Arbeitszylinders bewegt. Eine über das Schwungrad gekoppelte, um 90° phasenverschobene Steuerung von Arbeits- und Verdrängerkolben bewirkt eine näherungsweise Realisierung der Teilprozesse des Stirling-Prozesses nach Abb. 24.

12.1.8.1 Wärmekraftmaschine

Kreisprozesse wie der Carnot-Prozess oder der Stirling-Prozess können als Wärmekraftmaschinen genutzt werden. Die dabei auftretenden Energieflüsse lassen sich in einem vereinfachten Schema (Abb. 26) darstellen, aus dem sich der Wirkungsgrad ablesen lässt. Die Wärmekraftmaschine (im Schema: Kreis) arbeitet zwischen einem Wärmereservoir höherer Temperatur T_1 (Beispiel: Dampfkessel) und einem weiteren Wärmereservoir tieferer Temperatur T_2 (Beispiel: Kühlwasser), im Schema als Kästen dargestellt.

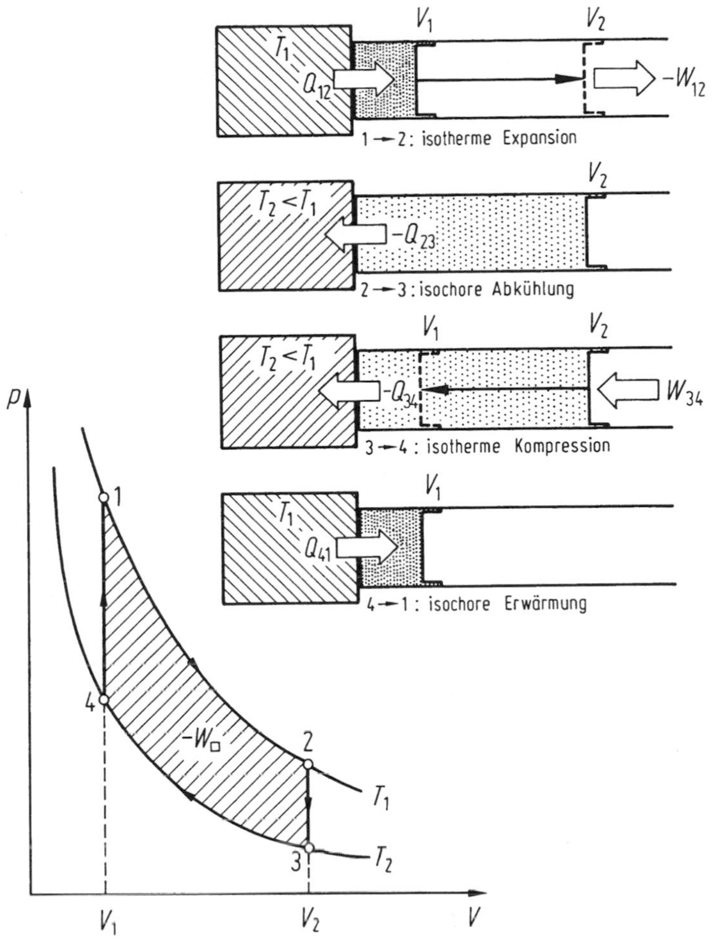

Abb. 24 Der Stirling-Prozess

Tab. 11 Energieumsetzungen beim Stirling-Prozess

Teilprozess	$i \to j$	T	V	$-W_{ij}$	Q_{ij}
isotherme Expansion	$1 \to 2$	T_1	$V_1 \to V_2$	$\nu R T_1 \ln \frac{V_2}{V_1}$	$\nu R T_1 \ln \frac{V_2}{V_1}$
isochore Abkühlung	$2 \to 3$	$T_1 \to T_2$	V_2	0	$-\nu\, C_{\mathrm{mV}}\,(T_1 - T_2)$
isotherme Kompression	$3 \to 4$	T_2	$V_2 \to V_1$	$-\nu R T_2 \ln \frac{V_2}{V_1}$	$-\nu R T_2 \ln \frac{V_2}{V_1}$
isochore Erwärmung	$4 \to 1$	$T_2 \to T_1$	V_1	0	$\nu\, C_{\mathrm{mV}}\,(T_1 - T_2)$

Gemäß (98) bis (100) und mit $Q_{12} = Q_1$ beträgt der

Wirkungsgrad der Wärmekraftmaschine

$$\eta = \frac{-W_{\square}}{Q_1} = \frac{T_1 - T_2}{T_1}, \qquad (101)$$

d. h., es ist stets $\eta < 1$.

Der ideale Wirkungsgrad hängt allein von den Arbeitstemperaturen ab.

12.1.8.2 Kältemaschine und Wärmepumpe

Die reversibel geführten Kreisprozesse können auch im entgegengesetzten Umlaufsinn durchlaufen werden. Beim Stirling-Motor (Abb. 25) lässt sich das durch eine Umkehrung der Drehrichtung des Schwungrades erreichen. Dann kehren sich die Energieflussrichtungen um (Abb. 27), d. h., es muss Arbeit $W_{\square}$ zugeführt werden. Dabei wird die Wärme Q_2 ($= Q_{43}$) dem Wärmereservoir tie-

Abb. 25 Die vier Arbeitsphasen des Stirling-Motors

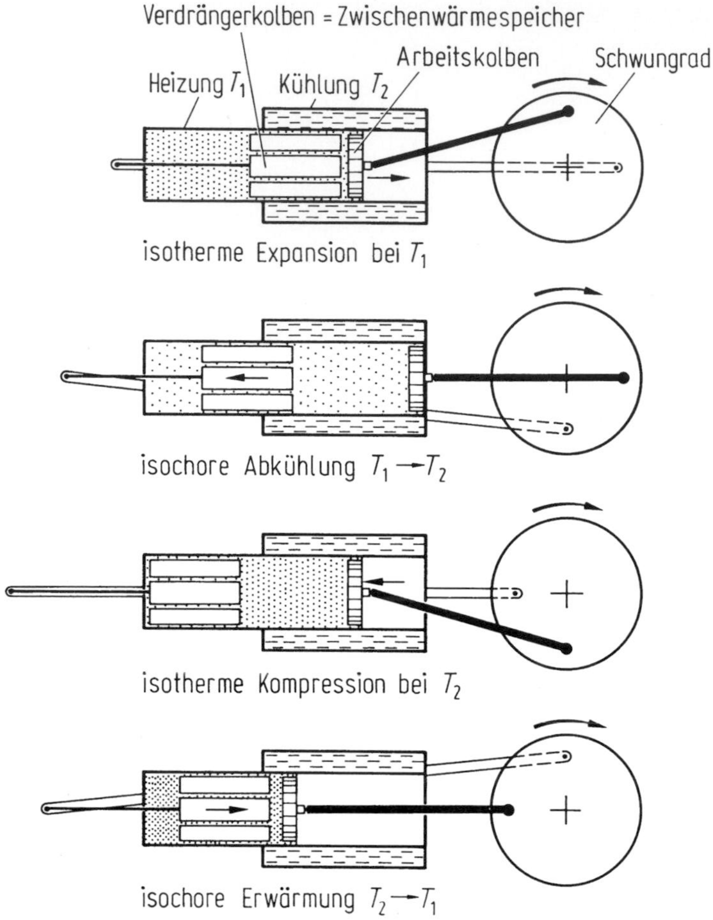

ferer Temperatur entnommen und eine um $W_\square$ vergrößerte Wärme $-Q_1$ $(= -Q_{21})$ dem Wärmereservoir höherer Temperatur zugeführt.

Beim Betrieb als *Kältemaschine* interessiert die dem kälteren Wärmereservoir entnommene Wärme Q_2. Für den dementsprechend gemäß Abb. 27 definierten Wirkungsgrad ergibt sich mit (98) und (99) der *Wirkungsgrad der Kältemaschine*

$$\eta = \frac{Q_2}{W_\square} = \frac{T_2}{T_1 - T_2} \lesseqqgtr 1, \qquad (102)$$

d. h., je nach der Temperaturdifferenz der Wärmereservoire (z. B. Kühlfach eines Kühlschrankes bei T_2, Umgebung bei T_1) im Vergleich zur tieferen Temperatur T_2 kann hier der Wirkungsgrad auch größer als 1 sein. In der Technik werden Stirling-Maschinen (Abb. 25) als Kältemaschinen zur Erzeugung flüssiger Luft eingesetzt.

Beim Betrieb als *Wärmepumpe* interessiert dagegen die bei der höheren Temperatur T_1 abgegebene Wärme $-Q_1$, die etwa zur Raumheizung eingesetzt werden soll, während die bei tieferer Temperatur T_2 aufgenommene Wärme Q_2 z. B. dem Erdboden, einem Fluss, oder der Umgebungsluft entnommen werden kann. Der dementsprechend gemäß Abb. 27 definierte *Wirkungsgrad der Wärmepumpe* beträgt mit (98) und (99)

$$\eta = \frac{-Q_1}{W_\square} = \frac{T_1}{T_1 - T_2} > 1, \qquad (103)$$

ist also immer größer als 1, wie auch aus dem Energieflussschema Abb. 27 sofort entnommen werden kann. Beträgt die Temperaturdifferenz zwischen geheiztem Raum und Umgebung nicht mehr als 25 K, so ergeben sich theoretische Wir-

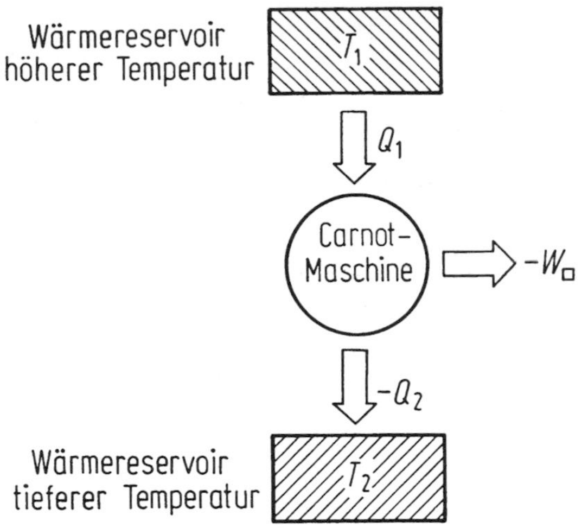

Abb. 26 Wärmekraftmaschine (Energiefluss)

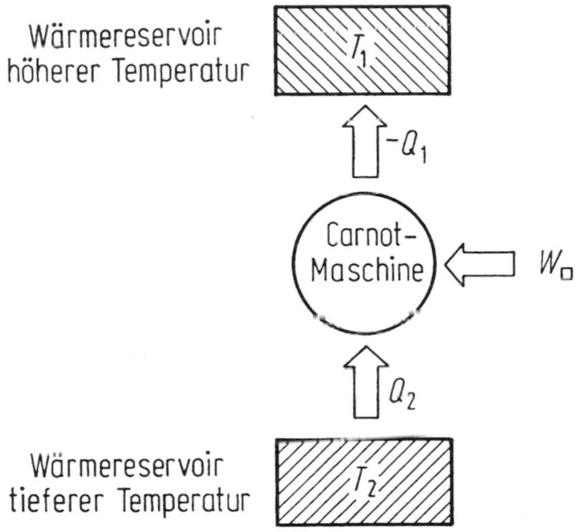

Abb. 27 Kältemaschine und Wärmepumpe (Energiefluss)

kungsgrade von mehr als 10! Im Gegensatz dazu beträgt der Wirkungsgrad einer elektrischen Heizung mittels Joule'scher Wärme lediglich 1.

12.1.9 Ablaufrichtung physikalischer Prozesse (Entropie)

Reversibel geführte thermodynamische Prozesse sind umkehrbar, laufen jedoch nicht von allein ab, da sie voraussetzungsgemäß jederzeit im Gleichgewicht sind. Von selbst laufen hingegen Vorgänge ab, die einen endlichen Unterschied, z. B. der Dichte oder der Temperatur, ausgleichen (Diffusion, Wärmeleitung usw.). Solche Prozesse, bei denen Systemteile nicht im Gleichgewicht sind, laufen jedoch nur in der Richtung von selbst ab, in der die vorhandenen Unterschiede ausgeglichen werden, d. h. die Diffusion in Richtung der niedrigeren Teilchenkonzentration oder die Wärmeleitung in Richtung der niedrigeren Temperatur usw.: irreversible Prozesse.

Der umgekehrte Prozess, also etwa ein von selbst ablaufender Wärmetransport von einem Wärmespeicher tieferer Temperatur zu einem mit höherer Temperatur wird nicht beobachtet, obwohl er dem 1. Hauptsatz der Thermodynamik, der Energieerhaltung, nicht widersprechen würde. Er ist jedoch bei einem Vielteilchensystem (z. B. einer makroskopischen Gasmenge) extrem unwahrscheinlich. Diese Aussage ist der Inhalt des

2. *Hauptsatzes der Thermodynamik*:

Wärme fließt nie von selbst von einem Körper tieferer Temperatur zu einem Körper höherer Temperatur (Theorem von Clausius, 1850).

Eine andere Formulierung des 2. Hauptsatzes stammt von Carnot:

Es gibt keine periodisch arbeitende Maschine, die nur einem Körper Wärme entzieht und in Arbeit umwandelt: Unmöglichkeit des perpetuum mobile zweiter Art (auch: Theorem von Thomson).

Beide Theoreme sind äquivalent. Dies kann durch den Nachweis gezeigt werden, dass beide Theoreme gegenseitig auseinander folgen. So folgt das Theorem von Thomson aus dem von Clausius: Nimmt man zunächst an, das Theorem von Thomson gelte nicht, dann wäre eine Maschine möglich, die nur bei T_2 Wärme entzieht und dafür Arbeit abgibt (I in Abb. 28). Die Kombination mit einer (in jedem Falle möglichen) Maschine II, die bei $T_1 > T_2$ die gleiche Arbeit in Wärme umwandelt (z. B. durch Reibung oder Joule'sche Wärme), ergibt eine Maschine, die ohne Zufuhr von Arbeit Wärme von T_2 nach $T_1 > T_2$ transportiert (I + II in Abb. 28), und damit dem Theorem von Clausius widerspricht. Also war die Voraussetzung falsch, dass das Theorem von Thomson nicht gelte.

Abb. 28 Zum Theorem von Thomson

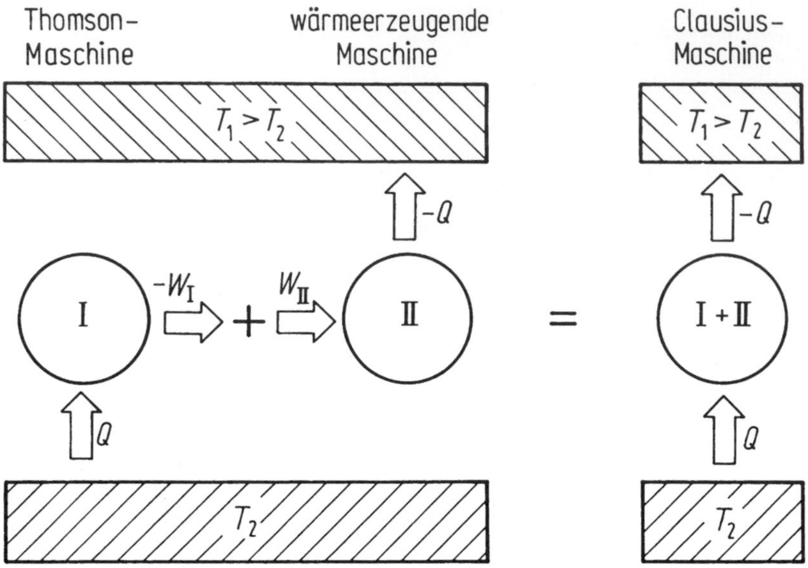

In ähnlicher Weise lässt sich zeigen, dass das Theorem von Clausius aus dem von Thomson folgt.

Der 2. Hauptsatz der Thermodynamik ist wie der 1. Hauptsatz eine reine Erfahrungstatsache. Mit seiner Hilfe lässt sich zeigen, dass der Carnot-Kreisprozess den größtmöglichen Wirkungsgrad besitzt. Dazu wird in einem Gedankenexperiment eine Wärmekraftmaschine (I) mit einer Wärmepumpe (II) gekoppelt. Beide sollen zwischen den gleichen Wärmereservoirs arbeiten (Abb. 29). Die von der Wärmekraftmaschine (I) geleistete Arbeit $-W_1$ werde vollständig dazu verwendet, die Wärmepumpe (II) zu betreiben, d. h., es sei

$$-W_{\rm I} = W_{\rm II} = -W. \qquad (104)$$

Zunächst seien beide Maschinen Carnot-Maschinen mit den Wirkungsgraden (101) bzw. (103):

$$\eta_{\rm C,I} = \frac{-W_{\rm I}}{Q_{1,\rm I}} = \frac{T_1 - T_2}{T_1} \text{und}$$
$$\eta_{\rm C,II} = \frac{-Q_{1,\rm II}}{W_{\rm II}} = \frac{T_1}{T_1 - T_2}. \qquad (105)$$

Aus den beiden reziproken Wirkungsgraden (105) folgt $Q_{1,\rm I} = -Q_{1,\rm II}$ und damit auch $-Q_{2,\rm I} = Q_{2,\rm II}$. Der Gesamteffekt der beiden gekoppelten Carnot-Maschinen ist also null, da den beiden Wärmereservoirs die gleichen Wärmemengen entzogen und zugeführt werden.

Nun werde angenommen, dass die Wärmekraftmaschine (I) bei gleicher Arbeit $-W_{\rm I}$ einen größeren als den Carnot-Wirkungsgrad habe, also eine „Übercarnot-Maschine“ darstelle:

$$\eta_{\rm ÜC,I} = \frac{-W_{\rm I}}{Q_{\rm ÜC1,I}} > \eta_{\rm C,1} = \frac{-W_{\rm I}}{Q_{1,\rm I}}. \qquad (106)$$

Damit wird die für die Erzeugung der Arbeit $-W_{\rm I}$ aufgewendete Wärme $Q_{\rm ÜC1,I}$ kleiner als die entsprechende Wärmemenge $Q_{1,\rm II}$. Wegen $W = |Q_{\rm ÜC1,I}| - |Q_{\rm ÜC2,I}|$ (1. Hauptsatz) gilt dann auch $|Q_{\rm ÜC2,I}| < |Q_{2,\rm II}|$. Da nun die durch die Übercarnot-Maschine (I) von T_1 nach T_2 transportierten Wärmen kleiner sind als die durch die Carnot-Maschine (II) von T_2 nach $T_1 > T_2$ transportierten Wärmen, wäre der Gesamteffekt der beiden gekoppelten Maschinen nicht mehr null, sondern es würde periodisch ohne Arbeitsaufwand Wärme vom Wärmereservoir tieferer Temperatur zum Wärmereservoir höherer Temperatur transportiert werden. Das ist jedoch nach dem 2. Hauptsatz der Thermodynamik (Theorem von Clausius) nicht möglich. Die Voraussetzung, die Existenz einer „Übercarnot-Maschine“, trifft

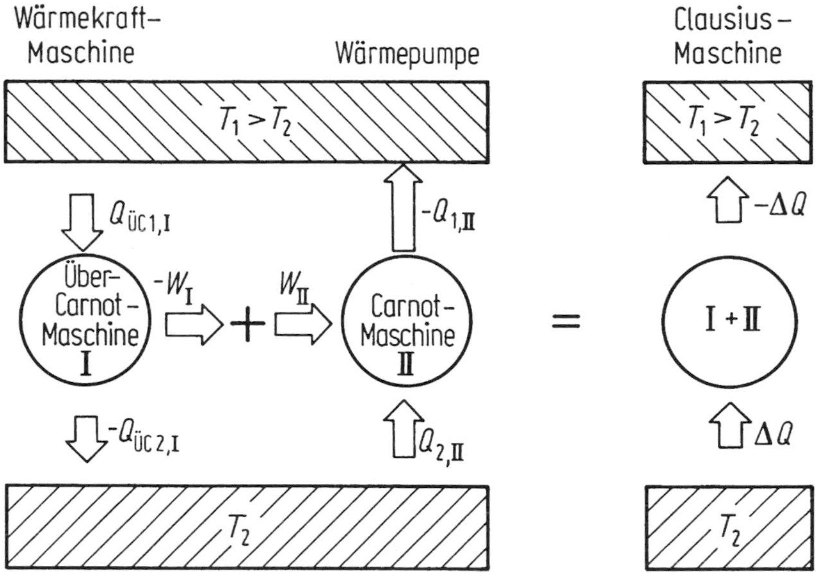

Abb. 29 Effekt der Kopplung einer „Übercarnot-Maschine“ mit einer Carnot-Maschine

also nicht zu, der Carnot-Wirkungsgrad ist der größtmögliche.

Daraus folgt ferner, dass der thermische Wirkungsgrad des Carnot-Prozesses (100) für jeden reversibel geführten Kreisprozess zwischen den gleichen Temperaturen gilt. Technische Kreisprozesse sind jedoch mehr oder weniger irreversibel und haben stets einen kleineren Wirkungsgrad als der Carnot-Prozess:

$$\eta_{\text{irr}} < \eta_{\text{rev}} = \frac{-W}{Q_1} = \frac{T_1 - T_2}{T_1}. \qquad (107)$$

Für den reversibel geführten Carnot-Prozess gilt nach (98) und (99) die Energiebilanz $-W = Q_1 + Q_2$ mit $Q_2 < 0$. Damit folgt aus (106)

$$\frac{Q_2}{Q_1} = -\frac{T_2}{T_1} \quad \text{bzw.} \quad \frac{Q_1}{T_1} + \frac{Q_2}{T_2} = 0. \qquad (108)$$

Danach sind die reversibel ausgetauschten Wärmen Q_i den Temperaturen T_i während des Austausches proportional. Die Betrachtung des Carnot-Prozesses hat gezeigt, dass Wärmeenergie bei höherer Temperatur besser nutzbar ist als bei tieferer Temperatur. Ein (reziprokes) Maß für die „Nutzbarkeit“ ist die reduzierte Wärme Q/T. Nach (108) ist für *reversible Kreisprozesse* die Summe der reduzierten Wärmen gleich 0:

$$\sum \frac{Q_{\text{rev}}}{T} = 0 \quad \text{bzw.} \quad \oint \frac{dQ_{\text{rev}}}{T} = 0. \qquad (109)$$

Bei *irreversiblen Kreisprozessen* folgt dagegen aus (107)

$$\sum \frac{Q}{T} < 0 \quad \text{bzw.} \quad \oint \frac{dQ}{T} < 0. \qquad (110)$$

Für zwei Punkte 1 und 2 eines beliebigen, reversiblen Kreisprozesses (Abb. 30), der sich z. B. aus differenziell kleinen isothermen und adiabatischen Zustandsänderungen zusammensetzen lässt, gilt dann nach (109) für die beiden Prozessteilwege (a) und (b)

$$\underset{(a)}{\int_1^2} \frac{dQ_{\text{rev}}}{T} + \underset{(b)}{\int_2^1} \frac{dQ_{\text{rev}}}{T} = 0 \quad \text{bzw.} \qquad \underset{(a)}{\int_1^2} \frac{dQ_{\text{rev}}}{T} = \underset{(b)}{\int_1^2} \frac{dQ_{\text{rev}}}{T}. \qquad (111)$$

(111) zeigt, dass bei reversibler Prozessführung das Integral über die reduzierten Wärmen allein vom Anfangs- und Endzustand abhängig ist, nicht aber vom Wege, längs dessen die Zu-

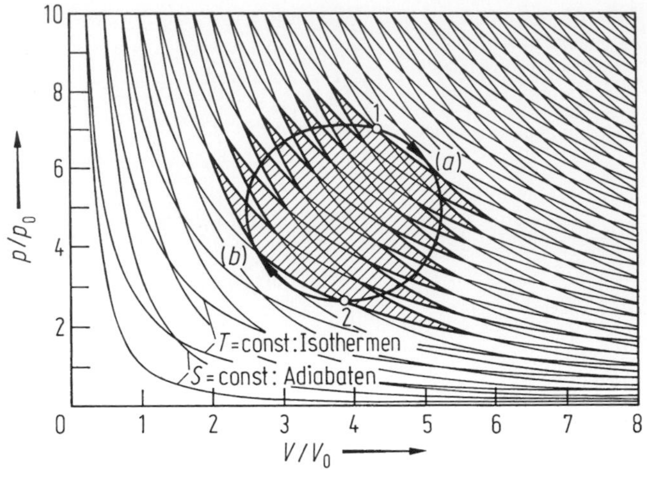

Abb. 30 Beliebiger Kreisprozess aus Isothermen- und Adiabatenstücken

standsänderung erfolgt. Das Integral der reduzierten Wärmen bei reversibler Zustandsänderung stellt daher eine Zustandsfunktion dar, die als Entropie S bezeichnet wird. Die differenzielle *Entropieänderung* dS und die *Entropiedifferenz* ΔS zwischen zwei Zuständen betragen dann

$$\mathrm{d}S = \frac{\mathrm{d}Q_{\mathrm{rev}}}{T}$$
$$\text{bzw.}\quad \Delta S = S_2 - S_1 = \int_1^2 \frac{\mathrm{d}Q_{\mathrm{rev}}}{T}. \tag{112}$$

Für die *Zustandsfunktion* Entropie lässt sich allgemein schreiben

$$S = \int \frac{\mathrm{d}Q_{\mathrm{rev}}}{T} + S_0. \tag{113}$$

Die Konstante S_0 kann frei gewählt und damit der Nullpunkt der Entropie beliebig festgelegt werden, da physikalisch nur Entropieänderungen von Bedeutung sind. In der Technik wird daher der Nullpunkt der Entropie meist willkürlich auf die Temperatur $T_0 = 273{,}15\ \mathrm{K} = 0\ °\mathrm{C}$ gelegt.

$$\text{SI-Einheit}: [S] = \mathrm{J/K}.$$

Bei reversibel geführten adiabatischen Prozessen ist $\mathrm{d}Q_{\mathrm{rev}} = 0$, d. h., $\Delta S = 0$ oder $S = \mathrm{const}$: Die Entropie bleibt konstant. *Reversible adiabatische Prozesse* sind daher gleichzeitig *isentropische Prozesse*. Für irreversible Zustandsänderungen folgt aus (110) und (112)

$$\int_1^2 \frac{\mathrm{d}Q}{T} < \int_1^2 \frac{\mathrm{d}Q_{\mathrm{rev}}}{T} = S_2 - S_1 = \Delta S. \tag{114}$$

d. h., der Entropiezuwachs ist größer als das Integral der reduzierten Wärme. Für abgeschlossene Systeme ist $\mathrm{d}Q = 0$. Ist das System nicht im thermischen Gleichgewicht, so laufen die Prozesse in ihm insgesamt irreversibel ab, das System strebt dem thermischen Gleichgewicht zu. Aus (114) ergibt sich wegen $\mathrm{d}Q = 0$ für *abgeschlossene Systeme*

$$S_2 - S_1 = \Delta S > 0 \quad \text{oder} \quad S_2 > S_1. \tag{115}$$

Daraus folgt eine andere Formulierung des 2. Hauptsatzes der Thermodynamik:

Entropiesatz: In einem endlichen, abgeschlossenen System nimmt die Entropie stets zu und strebt einem Maximalwert zu. Nur solche Prozesse, bei denen die Entropie wächst, laufen von selbst ab.

Beispiele für Entropieänderungen:
Entropie des idealen Gases:
Besteht die bei einer reversiblen Expansion eines idealen Gases geleistete Arbeit aus Volumenarbeit $-\mathrm{d}W = p\,\mathrm{d}V$, so lautet der 1. Hauptsatz (74)

$$\mathrm{d}Q_{\mathrm{rev}} = \mathrm{d}U + p\mathrm{d}V. \qquad (116)$$

Mit (111) folgt daraus für die Entropieänderung

$$\mathrm{d}S = \frac{\mathrm{d}U + p\mathrm{d}V}{T}. \qquad (117)$$

Durch Einsetzen der Zustandsgleichung für die Stoffmenge ν eines idealen Gases (26) und von $\mathrm{d}U = \nu\, C_{\mathrm{mV}}\, \mathrm{d}T$ (82) ergibt sich nach Integration für die Entropiedifferenz eines idealen Gases zwischen den Zuständen (V_1, T_1) und (V_2, T_2)

$$\Delta S = S_2 - S_1 = \nu C_{\mathrm{m}V} \ln\frac{T_2}{T_1} + \nu R \ln\frac{V_2}{V_1}. \qquad (118)$$

Sonderfälle:

Isochore Zustandsänderung: $V_2 = V_1 = \mathrm{const}$, d. h.,

$$\Delta S = \nu C_{\mathrm{m}V} \ln\frac{T_2}{T_1}. \qquad (119)$$

Isotherme Zustandsänderung: $T_2 = T_1 = \mathrm{const}$, d. h.,

$$\Delta S = \nu R \ln\frac{V_2}{V_1}. \qquad (120)$$

Die Entropiezunahme (120) gilt auch für die irreversible Expansion eines idealen Gases in das Vakuum (Gay-Lussac-Versuch). Der hierbei ausbleibende Wärmeaustausch mit der Umgebung bedeutet nicht, dass die Entropie konstant bliebe.

Phasenübergänge von Stoffen

Beim Schmelzen (Erstarren) oder Verdampfen (Kondensieren) der Stoffmenge ν eines Stoffes muss die Umwandlungsenthalpie $\nu\, \Delta H_{\mathrm{mu}}$ zugeführt (freigesetzt) werden, wobei die Umwandlungstemperatur T_{u} konstant bleibt (ΔH_{mu} molare Umwandlungsenthalpie, siehe Abschn. 12.1.6.2). Die Entropiezunahme (-abnahme) beträgt demnach

$$\Delta S = \frac{1}{T_{\mathrm{u}}} \int_1^2 \mathrm{d}Q_{\mathrm{rev}} = \nu \frac{\Delta H_{\mathrm{mu}}}{T_{\mathrm{u}}}. \qquad (121)$$

Wärmeleitung:

Die Entropiezunahme beim Übergang einer Wärmemenge Q von einem wärmeren Körper der Temperatur T_1 auf einen kälteren Körper der Temperatur T_2 beträgt nach (112)

$$\Delta S = S_2 - S_1 = \frac{Q}{T_2} - \frac{Q}{T_1} = Q \frac{T_1 - T_2}{T_1 T_2}. \qquad (122)$$

Entropie und Wahrscheinlichkeit

Wahrscheinlichkeitsbetrachtung: Ein Volumen V_2 enthalte 1 mol eines idealen Gases (d. h. $N_{\mathrm{A}}* = N_{\mathrm{A}} \cdot (1\ \mathrm{mol}) = 6{,}022 \ldots \cdot 10^{23}$ Moleküle). Die Wahrscheinlichkeit W, dass sich davon ein bestimmtes Molekül in einem bestimmten, kleineren Teilvolumen V_1 befinde, ist $W_{1,1} = V_1/V_2$. Die Wahrscheinlichkeit dafür, dass sich zwei Moleküle gleichzeitig in V_1 befinden, ist $W_{1,2} = (V_1/V_2)^2$, usw., entsprechend für alle $N_{\mathrm{A}}*$ Moleküle in V_1: $W_{1,N_{\mathrm{A}*}} = (V_1/V_2)^{N_{\mathrm{A}*}}$. Wegen der Größe der Avogadro-Konstante N_{A} (siehe Abschn. 12.1.1) ist diese Wahrscheinlichkeit sehr klein. Hingegen ist es gewiss, dass sich alle $N_{\mathrm{A}}*$ Moleküle in V_2 befinden: $W_{2,N_{\mathrm{A}*}} = 1$. Das Verhältnis der Wahrscheinlichkeiten dafür, dass sich alle Moleküle in V_2 bzw. in V_1 befinden, ist demnach

$$\frac{W_{2,N_{\mathrm{A}*}}}{W_{1,N_{\mathrm{A}*}}} = \left(\frac{V_2}{V_1}\right)^{N_{\mathrm{A}*}}. \qquad (123)$$

Wegen der großen Teilchenzahl $N_{\mathrm{A}}*$ ist dieses Verhältnis sehr groß. Die Wahrscheinlichkeit dafür, dass sich das Gas gleichmäßig in dem Gesamtvolumen V_2 verteilt, ist also außerordentlich viel größer als die Wahrscheinlichkeit, dass es sich in dem kleineren Teilvolumen V_1 konzentriert, obwohl dies vom 1. Hauptsatz nicht ausgeschlossen wird. Nur wenn sehr wenige Teilchen vorhanden sind, ist die letztere Wahrscheinlichkeit merklich von null verschieden. Aus (123) folgt

$$\ln\frac{W_2}{W_1} = N_{A*}\ln\frac{V_2}{V_1}, \tag{124}$$

und weiter aus dem Vergleich mit der Entropieänderung (120) bei der Expansion $V_1 \to V_2$ in das Vakuum und bei Beachtung von $R/N_A = k$

$$\Delta S = k\ln\frac{W_2}{W_1}, \tag{125}$$

oder allgemein die Boltzmann-Beziehung

$$S = k\ln W. \tag{126}$$

Die Entropie ist demnach ein Maß für die Wahrscheinlichkeit eines Zustandes. Die Entropie nimmt zu mit steigender Wahrscheinlichkeit des erreichten Zustandes. Prozesse, bei denen der Endzustand wahrscheinlicher ist als der Anfangszustand ($\Delta S > 0$), laufen in abgeschlossenen Systemen von selbst ab (z. B. Diffusion, Wärmeleitung, vgl. ► Kap. 13, „Transporterscheinungen und Fluiddynamik"). Vorgänge, bei denen $\Delta S < 0$ ist, sind nur unter Energiezufuhr von außen möglich. Auch reversible Prozesse (z. B. Carnot-Prozess) laufen nicht von allein ab, da hier $\Delta S = 0$ bzw. in jedem Stadium Gleichgewicht vorausgesetzt ist.

Literatur

CGPM (2018) 26th CGPM Resolutions 2018

CODATA (2018) Internationally recommended 2018 values of the Fundamental Physical Constants. www.nist.gov/pml. Zugegriffen am 04.09.2019

Handbücher und Nachschlagewerke

Bergmann, Schaefer (1999–2006) Lehrbuch der Experimentalphysik, 8 Bde, versch. Aufl. de Gruyter, Berlin

Greulich W (Hrsg) (2003) Lexikon der Physik, 6 Bde. Spektrum Akademischer Verlag, Heidelberg

Hering E, Martin R, Stohrer M (2017) Taschenbuch der Mathematik und Physik, 6. Aufl. Springer, Berlin

Kuchling H (2014) Taschenbuch der Physik, 21. Aufl. Hanser, München

Rumble J (Hrsg) (2018) CRC Handbook of chemistry and physics, 99. Aufl. Taylor & Francis Ltd, London

Stöcker H (2018) Taschenbuch der Physik, 8. Aufl. Europa-Lehrmittel Nourney, Vollmer GmbH & Co. KG

Westphal W (Hrsg) (1952) Physikalisches Wörterbuch. Springer, Berlin

Allgemeine Lehrbücher

Alonso M, Finn E (2000) Physik, 3. Aufl. de Gruyter/Oldenbourg, München

Berkeley Physik-Kurs (1989–1991), 5 Bde, versch. Aufl. Vieweg+Teubner, Braunschweig

Demtröder W (2017) Experimentalphysik, 4 Bde, 5.–8. Aufl. Springer Spektrum, Berlin

Feynman RP, Leighton RB, Sands M (2015) Vorlesungen über Physik, 5 Bde, versch. Aufl. de Gruyter, Berlin

Gerthsen C, Meschede C (2015) Physik, 25. Aufl. Springer Spektrum, Berlin

Halliday D, Resnick R, Walker J (2017) Physik, 3. Aufl. Wiley VCH, Weinheim

Hänsel H, Neumann W (2000–2002) Physik, 4 Bde. Spektrum Akademischer Verlag, Heidelberg

Hering E, Martin R, Stohrer M (2016) Physik für Ingenieure, 12. Aufl. Springer Vieweg, Berlin

Niedrig H (1992) Physik. Springer, Berlin

Orear J (1992) Physik, 2 Bde, 4. Aufl. Hanser, München

Paul H (Hrsg) (2003) Lexikon der Optik, 2 Bde. Springer Spektrum, Berlin

Stroppe H (2018) Physik, 16. Aufl. Hanser, München

Tipler PA, Mosca G (2015) Physik, 7. Aufl. Springer Spektrum, Berlin

Transporterscheinungen und Fluiddynamik

13

Heinz Niedrig und Martin Sternberg

Zusammenfassung

Der Transport von Materie, Energie und Impuls durch Diffusion, Wärmeleitung und innere Reibung wird auf Prinzipien der statistischen Mechanik zurückgeführt. Bei realen Fluiden werden laminare sowie turbulente Strömung behandelt und verschiedene Beispiele dargestellt. Wandkräfte in Strömungen sowie Kavitation werden ebenso wie die Grundzüge der Behandlung von Wirbeln erläutert. Das Kapitel schließt mit Betrachtungen zu hydrodynamisch ähnlichen Strömungen.

13.1 Transporterscheinungen

Atome bzw. Moleküle in Gasen, Flüssigkeiten und Festkörpern oder auch elektrische Ladungsträger (Elektronen, Löcher bzw. Defektelektronen, Ionen) in Gasplasmen, Elektrolyten, Halbleitern und Metallen sind nach dem ► Kap. 12, „Statistische Mechanik – Thermodynamik" in ständiger thermischer Bewegung. Ist außerdem ein räumliches Ungleichgewicht vorhanden, z. B. ein Teilchenkonzentrationsgefälle, ein Temperaturgefälle, ein Geschwindigkeitsgefälle oder (bei elektrischen Ladungsträgern) ein elektrisches Potenzialgefälle, so entstehen Ströme von Teilchen, Ladungen usw., die so gerichtet sind, dass das Gefälle (der Gradient) abgebaut wird. Es handelt sich also um irreversible Ausgleichsvorgänge in Vielteilchensystemen, die unter dem gemeinsamen Oberbegriff „Transporterscheinungen" behandelt werden können. Insbesondere gehören dazu

- Diffusion: Transport von *Teilchen* (*Materie*),
- Wärmeleitung: Transport von *Energie*,
- innere Reibung (Viskosität) bei Strömungen: Transport von *Impuls*,
- elektrische Leitung: Transport von *Ladung* (siehe ► Kap. 17, „Elektrische Leitungsmechanismen").

Die folgenden Betrachtungen insbesondere zur Wärmeleitung, Diffusion und Viskosität sind die Grundlage für die weitergehende Behandlung des Energie- und Stofftransports im Teil Technische Thermodynamik und der reibungsbehafteten Strömungen im Teil Technische Mechanik.

H. Niedrig
Technische Universität Berlin (im Ruhestand), Berlin, Deutschland
E-Mail: heinz.niedrig@t-online.de

M. Sternberg (✉)
Hochschule Bochum, Bochum, Deutschland
E-Mail: martin.sternberg@hs-bochum.de

M. Hennecke, B. Skrotzki (Hrsg.), *HÜTTE Band 1: Mathematisch-naturwissenschaftliche und allgemeine Grundlagen für Ingenieure*, Springer Reference Technik,
https://doi.org/10.1007/978-3-662-64369-3_13

13.1.1 Stoßquerschnitt, mittlere freie Weglänge

Eine wichtige Größe bei Transportvorgängen ist die „mittlere freie Weglänge“ l_c, das ist der Weg, der im Mittel von einem Teilchen zwischen zwei Stößen mit anderen Teilchen zurückgelegt werden kann. Sie hängt vor allem vom „Stoßquerschnitt“ ab, der sich beim Modell der starren Kugeln mit endlichem Radius r für die Teilchen wie folgt berechnen lässt:

Bewegt sich ein Strom von Teilchen (Radius r_1) durch ein System von anderen Teilchen (Radius r_2), so gilt mit $R = r_1 + r_2$ und dem Stoßparameter b als Abstand des Mittelpunktes des Teilchens 2 von der ungestörten Bahn des Mittelpunktes des Teilchens 1 (Abb. 1):

$$\text{Es erfolgt ein Stoß, wenn } b < R,$$
$$\text{kein Stoß, wenn } b > R.$$

Stöße erfolgen also dann, wenn innerhalb eines Zylinders vom Radius $R = r_1 + r_2$ um die Bewegungsrichtung des stoßenden Teilchens Mittelpunkte anderer Teilchen liegen (Abb. 2). Die Querschnittsfläche σ dieses Zylinders heißt *Stoßquerschnitt* oder *gaskinetischer Wirkungsquerschnitt*:

$$\sigma = \pi R^2 = \pi(r_1 + r_2)^2 \quad \text{bzw.} \quad \sigma = 4\pi r^2 \quad \text{für} \quad r_1 = r_2 = r. \tag{1}$$

Die mittlere Stoßzahl $\bar{Z}$ während der Zeit t ergibt sich aus dem vom stoßenden Teilchen mit seinem Stoßquerschnitt σ in der Zeit t im Mittel überstrichenen Zylindervolumen der Länge $\bar{v}_r t$ (Abb. 2) sowie aus der Teilchenzahldichte n:

$$\bar{Z} = \sigma \bar{v}_r t n \ ; \tag{2a}$$

mittlere Stoßfrequenz:

$$\nu_c = \frac{\bar{Z}}{t} = \sigma \bar{v}_r n. \tag{2b}$$

Hierin ist $\bar{v}_r$ die mittlere Relativgeschwindigkeit zwischen stoßendem und gestoßenen Teilchen. Da sich auch die gestoßenen Teilchen bewegen, ist $\bar{v}_r$ nicht gleich der mittleren Teilchengeschwindigkeit $\bar{v}$, sondern ergibt sich aus den Einzelgeschwindigkeiten $\boldsymbol{v}_1$ und $\boldsymbol{v}_2$ gemäß

$$\overline{\boldsymbol{v}_r^2} = \overline{(\boldsymbol{v}_1 - \boldsymbol{v}_2)^2} = \overline{\boldsymbol{v}_1^2} + \overline{\boldsymbol{v}_2^2}, \quad \text{da} \quad \overline{\boldsymbol{v}_1 \cdot \boldsymbol{v}_2} = 0. \tag{3}$$

Vernachlässigt man den Unterschied zwischen $\overline{v^2}$ und $\bar{v}^2$, so gilt, wenn beide Stoßpartner Teilchen gleicher Sorte sind ($\bar{v}_1 = \bar{v}_2 = \bar{v}$),

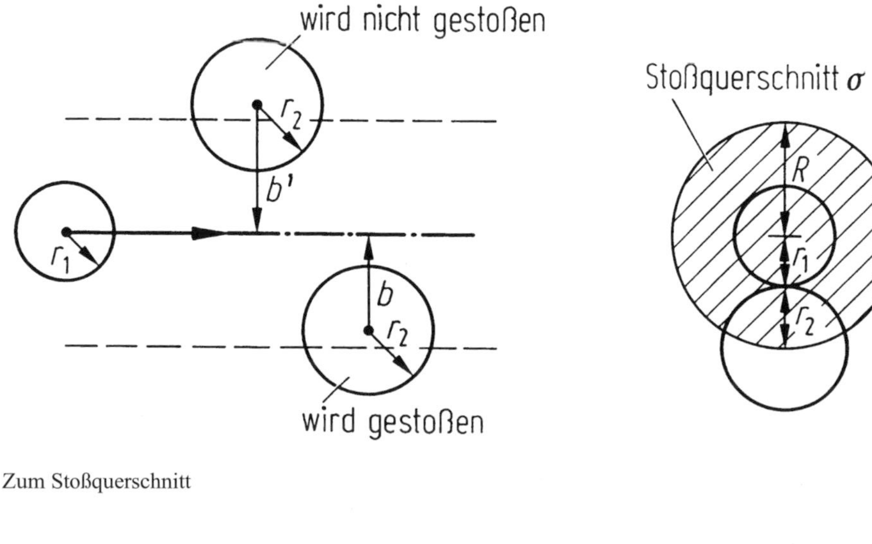

Abb. 1 Zum Stoßquerschnitt

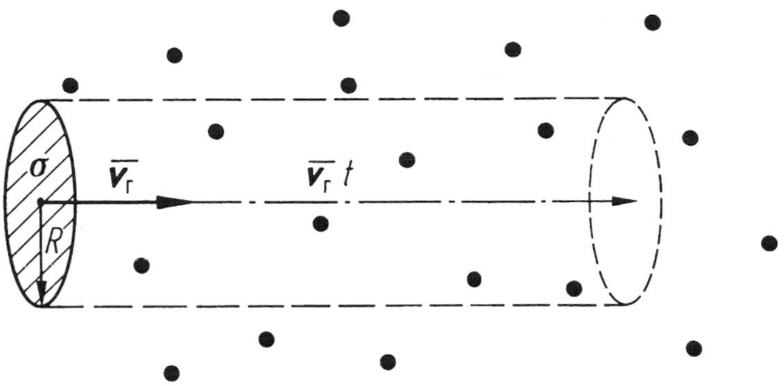

Abb. 2 Zur Berechnung der Stoßzahl

$$\bar{v}_\mathrm{r} \approx \bar{v}\sqrt{2}. \quad (4)$$

$\bar{v}$ kann bei Gasmolekülen aus (4) oder näherungsweise aus (31), beide Gleichungen im ▶ Kap. 12, „Statistische Mechanik – Thermodynamik", berechnet werden. Damit folgt für die mittlere Flugzeit zwischen zwei Stößen

$$\tau_\mathrm{c} = \frac{1}{\nu_\mathrm{c}} = \frac{1}{\sqrt{2}\sigma\bar{v}n} \quad (5)$$

und für die *mittlere freie Weglänge* zwischen zwei Stößen

$$l_\mathrm{c} = \bar{v}\tau_\mathrm{c} = \frac{1}{\sqrt{2}\ \sigma n} = \frac{1}{\sqrt{2}\pi R^2 n} = \frac{1}{4\sqrt{2}\pi r^2 n}. \quad (6)$$

Mittlere quadratische Verrückung

Die statistische thermische Bewegung der Moleküle führt zu einer Versetzung, die sich z. B. in x-Richtung aus den x-Komponenten $s_{x,\mathrm{i}}$ der statistischen Einzelversetzungen zwischen jeweils zwei Stößen zusammensetzen (Abb. 3), bei Z Stößen also:

$$x = \sum_{i=1}^{Z} s_{x,i}. \quad (7)$$

Im zeitlichen Mittel wird die Versetzung wegen der statistischen Unabhängigkeit der Einzelversetzungen verschwinden, jedoch wird die

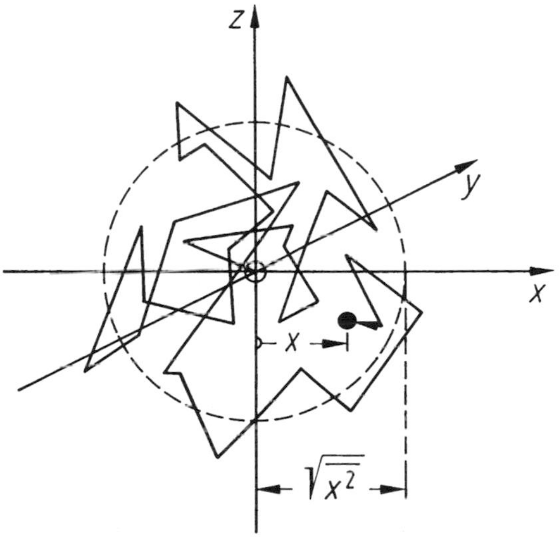

Abb. 3 Bereich der mittleren quadratischen Verrückung bei der statistischen Molekularbewegung

Schwankung (Streuung) von x mit der Zeit zunehmen. Für das mittlere Verrückungsquadrat folgt

$$\overline{x^2} = \sum_i \overline{s_{x,i}^2} = Z\overline{s_x^2}, \quad (8)$$

da die gemischten Glieder ebenfalls wegen der statistischen Unabhängigkeit der Einzelversetzungen verschwinden. Mit $\overline{s_x} = \overline{v_x}\tau_c$ und mit (6) im ▶ Kap. 12, „Statistische Mechanik – Thermodynamik" wird aus (8)

$$Z\overline{s_x^2} \approx Z\overline{v_x^2}\tau_\mathrm{c}^2 = \frac{1}{3}\overline{v^2}\tau_\mathrm{c}^2 Z, \quad (9)$$

worin τ_c die mittlere freie Flugdauer zwischen zwei Stößen ist. Wegen $Z\ \tau_c = t$ ergibt sich schließlich als *mittlere quadratische Verrückung* näherungsweise

$$\overline{x^2} \approx \frac{1}{3}\overline{v^2}\tau_c t. \tag{10}$$

Der Schwankungsbereich $\Delta x = \sqrt{\overline{x^2}} \sim \sqrt{t}$ wird also mit der Beobachtungszeit t größer.

13.1.2 Molekulardiffusion

Der durch die thermische Bewegung bewirkte Transport von Atomen und Molekülen in Gasen, Flüssigkeiten und Festkörpern wird Diffusion genannt. Bei der Diffusionsbewegung von Molekülen in einem Stoff, der aus Molekülen derselben Art besteht, spricht man von Eigen- oder Selbstdiffusion, im anderen Falle von Fremddiffusion.

Ist ein räumliches Gefälle der Teilchenkonzentration n vorhanden, so führt die Diffusion zu einem gerichteten Massentransport, einem Teilchenstrom in Richtung der geringeren Teilchenkonzentration. Bei einem eindimensionalen Konzentrationsgefälle $\mathrm{d}n/\mathrm{d}x$ in x-Richtung (Abb. 4) gilt im stationären (zeitunabhängigen) Fall für die Teilchenstromdichte j das 1. *Fick'sche Gesetz*

$$j \equiv \frac{\mathrm{d}N}{A\mathrm{d}t} = -D\frac{\mathrm{d}n}{\mathrm{d}x}, \tag{11}$$

$\mathrm{d}N$: effektive Teilchenzahl, die in der Zeit $\mathrm{d}t$ durch einen Querschnitt A geht (Abb. 4).

D Diffusionskoeffizient, temperaturabhängig.

$$\text{SI-Einheit}: [D] = \mathrm{m^2/s}.$$

Selbstdiffusion in Gasen

Trotz der hohen mittleren thermischen Geschwindigkeit $\bar{v}$ (Abb. 1 und 5 im ▶ Kap. 12, „Statistische Mechanik – Thermodynamik") geht die Diffusion zweier Gase ineinander verhältnismäßig langsam vonstatten, wie bei farbigen Gasen, z. B. Bromdampf in Luft, leicht beobachtet werden kann. Das liegt an der ständigen Richtungsumlenkung der Moleküle durch Stöße (Abb. 3) und wird vor allem durch die mittlere freie Weglänge bestimmt. Die Selbstdiffusion von Molekülen in einem Gas gleichartiger Moleküle kann experimentell nur durch Markierung einer Zahl von Molekülen, deren Diffusion verfolgt werden soll, untersucht werden. Die Markierung der Moleküle kann z. B. darin bestehen, dass ihre Atomkerne radioaktiv sind. Ihre Konzentration sei n_1 und in x-Richtung ortsabhängig: $n_1 = n_1(x)$. Die Gesamtkonzentration n der Moleküle sei jedoch ortsunabhängig. Dann gilt nach (11) für die Diffusionsstromdichte j_x der markierten Moleküle das Fick'sche Gesetz

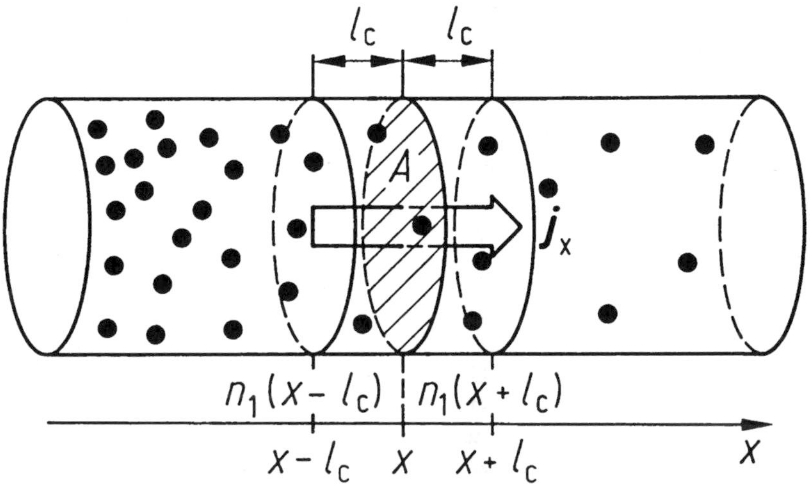

Abb. 4 Zum Fick'schen Gesetz der Diffusion

$$j_x = -D_s \frac{dn_1}{dx}, \qquad (12)$$

worin D_s der Selbstdiffusionskoeffizient ist. Er lässt sich durch eine Teilchenstrombilanz über die mittlere freie Weglänge berechnen. Im Mittel bewegen sich etwa 1/6 der markierten Moleküle in $+x$-Richtung und 1/6 in $-x$-Richtung. Durch eine Querschnittsfläche A an der Stelle $x = \text{const}$ (Abb. 4) bewegen sich in $+x$-Richtung Moleküle, die im Durchschnitt in der Ebene $x - l_c = \text{const}$ den letzten Stoß erlitten haben und daher eine Teilchenkonzentration $n_1(x - l_c)$ haben (kein Produkt!). Ihre Teilchenstromdichte ist also $\bar{v}n_1(x - l_c)/6$. Entsprechendes gilt für die $-x$-Richtung. Die Netto-Teilchenstromdichte beträgt daher

$$\begin{aligned} j_x &= \frac{1}{6}\bar{v}n_1(x - l_c) - \frac{1}{6}\bar{v}n_1(x + l_c) \\ &= \frac{1}{6}\bar{v}\left[-2l_c \frac{\partial n_1}{\partial x}\right]. \end{aligned} \qquad (13)$$

Der Vergleich mit (12) liefert für den Selbstdiffusionskoeffizienten

$$D_s = \frac{1}{3}\bar{v}l_c \qquad (14)$$

Mit (31) und (32) im ▶ Kap. 12, „Statistische Mechanik – Thermodynamik" und (6) folgt daraus

$$D_s = \frac{1}{\sqrt{6}} \cdot \frac{1}{n\sigma}\sqrt{\frac{kT}{m}} = \frac{1}{\sqrt{6}} \cdot \frac{1}{p\sigma}\sqrt{\frac{(kT)^3}{m}}, \qquad (15)$$

d. h., es gilt für

$$T = \text{const}: \quad D_s \sim \frac{1}{n} \sim \frac{1}{p}, \qquad (16a)$$

und für

$$p = \text{const}: \quad D_s \sim T^{3/2}. \qquad (16b)$$

Ferner diffundieren leichte Moleküle (z. B. He, H_2) wegen $D_s \sim 1/\sqrt{m}$ schneller als schwere.

13.1.3 Wärmeleitung

Thermische Energie wird durch Wärmeleitung, durch Konvektion und durch Wärmestrahlung transportiert. Die *Wärmestrahlung* (Transport von Energie durch elektromagnetische Strahlung) wird in ▶ Abschn. 19.3.2 des Kap. 19, „Wellen und Strahlung" behandelt. *Konvektion* ist die durch unterschiedliche Massendichte als Folge von Temperaturunterschieden in Flüssigkeiten oder Gasen hervorgerufene Auftriebsströmung im Schwerefeld, die hier nicht weiter behandelt wird. *Wärmeleitung* bezeichnet den Wärmestrom in Materie, der im Gegensatz zur Konvektion nicht durch einen Massenstrom vermittelt wird, sondern durch Weitergabe der thermischen Energie, z. B. in Gasen durch Stoß von Molekül zu Molekül, in Festkörpern über elastische Wellen (Phononen), in Metallen zusätzlich durch Stöße zwischen den Elektronen des quasifreien Leitungselektronengases, in Richtung der niedrigeren Temperatur, d. h. der niedrigeren Energiekonzentration.

Bei Vorhandensein eines Temperaturgefälles dT/dz in z-Richtung (Abb. 5) gilt im stationären Fall für die Wärmestromdichte q analog zum Fick'schen Gesetz der Diffusion das *Fourier'sche Gesetz*

$$q \equiv \frac{dQ}{A\ dt} = -\lambda \frac{dT}{dz}. \qquad (17)$$

(dQ Wärmemenge, die in der Zeit dt effektiv durch einen Querschnitt A geht (Abb. 5), λ Wär-

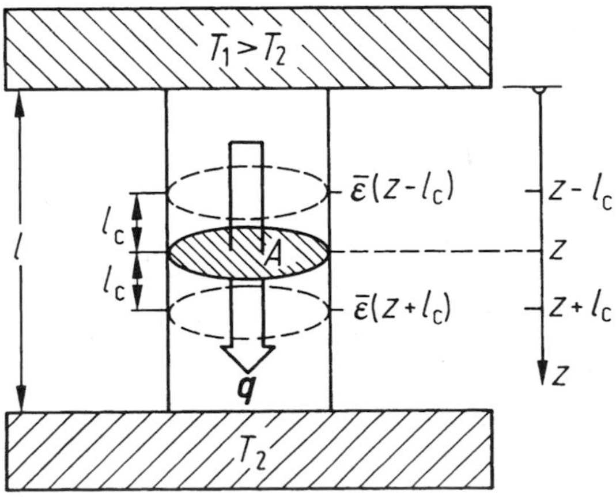

Abb. 5 Zum Fourier'schen Gesetz der Wärmeleitung

meleitfähigkeit), Werte für die Wärmeleitfähigkeit von Werkstoffen siehe Teil Wekstoffe.

$$\text{SI-Einheit}: \quad [\lambda] = \mathrm{J/(s \cdot m \cdot K) = W/(m \cdot K)}.$$

Für einen homogenen Zylinder der Länge l folgt aus (17) für den *Wärmestrom* Φ bei einer Temperaturdifferenz $\Delta T = T_1 - T_2$ (in Analogie zum Ohm'schen Gesetz des elektrischen Stromes, vgl. ► Abschn. 15.1.6 im Kap. 15, „Elektrische Wechselwirkung") das sog. *Ohm'-sche Gesetz der Wärmeleitung*

$$\Phi = \frac{\mathrm{d}Q}{\mathrm{d}t} = \frac{\Delta T}{R_{\mathrm{th}}}$$

mit dem Wärmewiderstand

$$R_{\mathrm{th}} = \frac{l}{\lambda A}. \tag{18}$$

Wärmeleitung in Gasen
Die Wärmeleitfähigkeit von Gasen kann in ähnlicher Weise wie der Selbstdiffusionskoeffizient durch eine Wärmestrombilanz über die mittlere freie Weglänge berechnet werden. Im Mittel bewegen sich 1/6 der Moleküle in $+z$-Richtung und 1/6 in $-z$-Richtung. Durch eine Querschnittsfläche A an der Stelle $z = \text{const}$ (Abb. 5) bewegen sich in $+z$-Richtung Moleküle, die im Durchschnitt in der Ebene $z - l_{\mathrm{c}} = \text{const}$ den letzten Stoß erlitten haben und daher eine mittlere thermische Energie $\bar{\varepsilon}(z - l_{\mathrm{c}})$ haben (kein Produkt!). Die zugehörige Wärmestromdichte ist also $\bar{v}n\bar{\varepsilon}(z - l_{\mathrm{c}})/6$. Entsprechendes gilt für die $-z$-Richtung. Für die Netto-Wärmestromdichte folgt daher analog zu (13)

$$q_z = \frac{1}{6}\bar{v}n\left[-2l_{\mathrm{c}}\frac{\partial\bar{\varepsilon}}{\partial z}\right] = -\frac{1}{3}\bar{v}nl_{\mathrm{c}}\frac{\partial\bar{\varepsilon}}{\partial T}\cdot\frac{\partial T}{\partial z}. \tag{19}$$

Der Vergleich mit (17) liefert für die *Wärmeleitfähigkeit von Gasen*

$$\lambda = \frac{1}{3}\bar{v}nl_{\mathrm{c}}\frac{\partial\bar{\varepsilon}}{\partial T}. \tag{20}$$

$\partial\bar{\varepsilon}/\partial T$ ist die Wärmekapazität bei konstantem Volumen pro Molekül, siehe ► Abschn. 12.1.6.1 im Kap. 12, „Statistische Mechanik – Thermodynamik". Sie hängt von der Zahl der angeregten Freiheitsgrade ab. Für einatomige Gase ist gemäß (28) im ► Kap. 12, „Statistische Mechanik – Thermodynamik" die mittlere thermische Energie pro Molekül $\bar{\varepsilon} = 3kT/2$ und damit die *Wärmeleitfähigkeit einatomiger Gase*

$$\lambda = \frac{1}{2}k\bar{v}nl_{\mathrm{c}}. \tag{21}$$

Da nach (6) die mittlere freie Weglänge $l_{\mathrm{c}} \sim n^{-1} \sim p^{-1}$ ist, bleibt die Wärmeleitfähigkeit von Gasen unabhängig vom Druck p. Wenn jedoch bei niedrigen Drücken die mittlere freie Weglänge größer als die Dimension des Vakuumgefäßes wird, in dem das Gas eingeschlossen ist, so ist in (20) und (21) l_{c} durch d (= const) zu ersetzen. In diesem Druckbereich wird die Wärmeleitfähigkeit wegen des verbleibenden Faktors n proportional zum Druck (Anwendung im Pirani-Manometer).

Sowohl $\bar{v}$ als auch l_{c} nehmen mit steigender Molekülmasse bzw. -größe ab. Daher ist die Wärmeleitfähigkeit für leichte Atome bzw. Moleküle größer als für schwere. Dieser Effekt wird z. B. für Gasdetektoren zum Nachweis von Wasserstoff (im Stadtgas enthalten) ausgenutzt.

13.1.4 Innere Reibung: Viskosität

Bei strömenden Flüssigkeiten und Gasen tritt neben dem Massentransport der Strömung noch ein weiteres Transportphänomen auf, bei dem die transportierte Größe nicht so deutlich zutage liegt: Die Viskosität (Zähigkeit) als Folge der inneren Reibung, die zu beobachten ist, wenn benachbarte Schichten des Mediums unterschiedliche Strömungsgeschwindigkeiten v haben, also ein Geschwindigkeitsgefälle vorhanden ist.

Molekularkinetisch lässt sich die innere Reibung als *Impulstransport* quer zur Strömungsrichtung deuten. Durch die thermische Bewegung der Moleküle tauschen benachbarte, mit unterschiedlicher Geschwindigkeit strömende Flüssigkeitsschichten Moleküle aus (Abb. 6). Dadurch

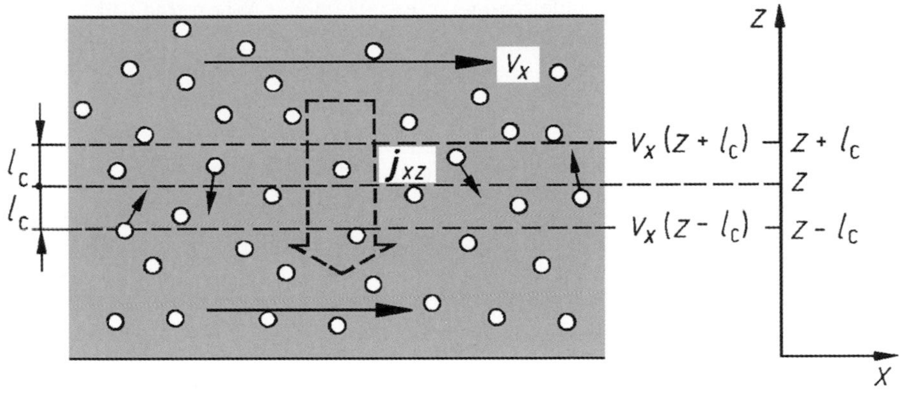

Abb. 6 Impulstransport senkrecht zur Strömungsrichtung bei viskoser Strömung

gelangen aus der langsamer strömenden Schicht Moleküle mit entsprechend niedrigem Strömungsimpuls in die benachbarte, schneller strömende Schicht und erniedrigen damit dort die mittlere Strömungsgeschwindigkeit. In umgekehrter Richtung gelangen Moleküle mit höherem Strömungsimpuls aus der schneller strömenden in die langsamer strömende Schicht und erhöhen dort die mittlere Strömungsgeschwindigkeit.

Um die ursprüngliche Geschwindigkeitsdifferenz aufrecht zu erhalten und die Wirkung des Impulsaustausches zu kompensieren, muss daher eine dementsprechende Schubspannung τ_x angewendet werden. Die Impulsstromdichte j_{xz}, d. h. der auf Fläche und Zeit bezogene, effektiv in z-Richtung transportierte Strömungsimpuls, ist nach dem Newton'schen Kraftgesetz (59, 60) im ▶ Kap. 10, „Mechanik von Massenpunkten" gleich der erzeugten Schub- oder Scherspannung τ_x:

$$j_{xz} \equiv \frac{dp_x}{A\ dt} = \tau_x. \tag{22}$$

Andererseits ist die Impulsstromdichte analog zu den schon behandelten Transportvorgängen proportional zum Geschwindigkeitsgefälle dv_x/dz anzusetzen:

$$j_{xz} \sim -\frac{dv_x}{dz}. \tag{23}$$

Aus (22) und (23) folgt das *Newton'sche Reibungsgesetz* der viskosen Strömung:

$$\tau_x = -\eta\frac{dv_x}{dz}. \tag{24}$$

η dynamische Viskosität (früher auch Zähigkeit)
SI-Einheit: $[\eta] = \mathrm{N \cdot s/m^2 = Pa \cdot s}$.
Bis 1977 gültige CGS-Einheit:
1 Poise = 1 P = 1 g/(cm · s) = 0,1 Pa · s.
Üblich: 1 cP = 1 mPa · s.

Gelegentlich wird auch die auf die Dichte ϱ bezogene *kinematische Viskosität* $\nu = \eta/\varrho$ benutzt.

Flüssigkeiten, für die der Ansatz (24) streng gilt, werden *Newton'sche* bzw. rein oder linear viskose *Flüssigkeiten* genannt (vgl. Teil Technische Mechanik). Die Viskosität ist stark temperaturabhängig (Motorenöle!). Bei manchen zähen Medien hängt die Viskosität auch von der Geschwindigkeit v ab: η steigt (Honig, spezielle Polymerkitte) oder sinkt mit v (Margarine, thixotrope Farben).

Viskosität von Gasen

In analoger Weise wie bei der Selbstdiffusion und bei der Wärmeleitung von Gasen kann die Viskosität von Gasen mithilfe der obigen Vorstellung des thermischen Impulstransportes senkrecht zur Strömungsrichtung durch eine Impulsstrombilanz über die mittlere freie Weglänge berechnet werden. Im Mittel bewegen sich 1/6 der Moleküle thermisch in $+z$-Richtung und 1/6 in $-z$-Richtung. Durch eine Ebene

$z = \text{const}$ (Abb. 6) bewegen sich in $+z$-Richtung Moleküle (Teilchenstromdichte $n\bar{v}/6$; $\bar{v}$ mittlere thermische Geschwindigkeit), die im Durchschnitt in der Ebene $z - \lambda_c = \text{const}$ den letzten Stoß erlitten haben und daher einen Strömungsimpuls $mv_x(z - \lambda_c)$ haben. Die mit diesem Teilchenstrom in $+z$-Richtung verbundene Impulsstromdichte ist also $n\bar{v}mv_x(z - \lambda_c)/6$. Entsprechendes gilt für die $-z$-Richtung. Für die Netto-Impulsstromdichte senkrecht zur Strömungsrichtung folgt daher analog zu (13) und (19)

$$j_{xz} = \frac{1}{6} n\bar{v}m \left[-2l_c \frac{\partial v_x}{\partial z} \right]. \tag{25}$$

Der Vergleich mit (24) ergibt für die dynamische Viskosität von Gasen

$$\eta = \frac{1}{3} n\bar{v}ml_c. \tag{26}$$

Da $l_c \sim n^{-1} \sim p^{-1}$ ist, ist die Viskosität von Gasen ebenso wie die Wärmeleitfähigkeit unabhängig vom Druck p, steigt aber wegen $\bar{v} \sim \sqrt{T}$ mit der Temperatur an. Auch hier gilt die Einschränkung, dass die Unabhängigkeit vom Druck nur so lange zutrifft, wie die mittlere freie Weglänge klein gegen die Abstände der begrenzenden Flächen ist. Für sehr kleine Gasdrücke geht dagegen die Viskosität gegen null.

Zum anderen gilt für alle drei Transportkoeffizienten für Gase, dass die obigen Herleitungen nur gelten, solange die mittlere freie Weglänge groß gegen den Molekülradius ist, sodass nur Zweiteilchenstöße eine Rolle spielen. Trifft dies nicht mehr zu, etwa bei Flüssigkeiten, so sind die oben abgeleiteten Ausdrücke für die Transportkoeffizienten nicht mehr richtig. Beispielsweise nimmt die Viskosität bei Flüssigkeiten mit steigender Temperatur nicht zu (wie bei Gasen), sondern ab.

Für den Quotienten aus Wärmeleitfähigkeit und Viskosität von Gasen ergibt sich aus (21) und (26) nach Erweiterung mit der Avogadro-Konstanten N_A und unter Berücksichtigung von (43), (83) im ► Kap. 12, „Statistische Mechanik – Thermodynamik" sowie von $k\,N_A = R$ und $m\,N_A = M$

$$\frac{\lambda}{\eta} = \frac{C_{mV}}{M}, \tag{27}$$

die experimentell näherungsweise bestätigt wird. Abweichungen ergeben sich vor allem bei der Wärmeleitfähigkeit dadurch, dass bei der Ableitung in Abschn. 13.1.3 die Verteilung der Molekülgeschwindigkeiten nicht berücksichtigt wurde, obwohl die schnellen Moleküle in der Verteilung für die Wärmeleitung besonders wichtig sind.

Laminare Strömung viskoser Flüssigkeiten an festen Grenzflächen
Strömungen ohne Wirbelbildung, bei denen die einzelnen Flüssigkeitsschichten sich nebeneinander bewegen, und die vorwiegend durch die Viskosität der Flüssigkeit bestimmt sind, werden *laminare* oder *schlichte Strömungen* genannt. Bei viskosen Strömungen entlang festen Grenzflächen kann angenommen werden, dass die an die festen Flächen angrenzenden Flüssigkeitsschichten an diesen haften.

Für eine Flüssigkeitsschicht der Dicke D zwischen zwei Platten mit Lineardimensionen $L \gg D$ bildet sich nach (24) ein lineares Geschwindigkeitsgefälle aus, wenn die eine Platte parallel zur anderen mit einer Geschwindigkeit v_0 bewegt wird (Abb. 7, siehe auch Teil Technische Mechanik).

Aus (24) folgt für die zur Aufrechterhaltung der Geschwindigkeit v_0 der oberen Platte gegen die Reibungskraft $\boldsymbol{F}_R = -\boldsymbol{F}$ notwendige Schubkraft $F = \tau_x A$

$$F = \eta A \frac{v_0}{D}. \tag{28}$$

Bei einer gemäß Abb. 7 bewegten Platte der Fläche A mit Abmessungen L (z. B. Schleppkahn der Länge L), die vergleichbar oder kleiner als D sind, wird die Dicke der Schicht mit etwa linearem Geschwindigkeitsgefälle begrenzt sein. Die bewegte Platte schleppt dann eine Grenzschicht mit sich, deren Dicke δ sich nach Prandtl mit folgender Überlegung abschätzen lässt: Für eine vorwiegend durch Reibung kontrollierte Strömung lässt sich annehmen, dass die Reibungsarbeit W_R größer als die kinetische Energie

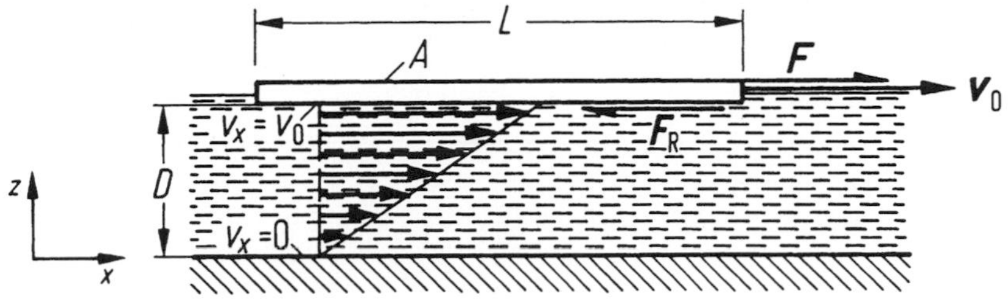

Abb. 7 Lineares Geschwindigkeitsgefälle in einem fluiden Medium zwischen zwei gegeneinander bewegten Grenzflächen

E_k der bewegten Flüssigkeit ist. Um eine Platte der Fläche A um ihre eigene Länge L zu verschieben, muss die Reibungsarbeit

$$W_R = \eta A \frac{v_0}{\delta} L \qquad (29)$$

aufgebracht werden. Die kinetische Energie der mitbewegten Flüssigkeitsmenge lässt sich durch Integration über alle schichtförmigen Massenelemente $dm = \varrho A\, dz$ mit der Geschwindigkeit $v - v_0\, z/\delta$ zwischen $z = 0$ und $z = \delta$ bestimmen zu

$$E_k = \frac{1}{6} A \varrho \delta v_0^2. \qquad (30)$$

Aus der Bedingung $W_R > E_k$ folgt dann für die Dicke der Grenzschicht der laminaren Strömung

$$\delta < \sqrt{6 \frac{\eta L}{\varrho v_0}}. \qquad (31)$$

Außerhalb der Grenzschicht kann die Strömung in erster Näherung als ungestört (im betrachteten Falle also als ruhend) angenommen werden. Mit steigender Geschwindigkeit v_0 nimmt die Dicke der Grenzschicht ab. Zur Abschätzung des Strömungswiderstandes eines Schiffes oder eines Flugzeuges der Länge L kann angenommen werden, dass der umströmte Körper von einer Grenzschicht der Dicke $\delta \approx (\eta L/\varrho v_0)^{0,5}$ umgeben ist, innerhalb der die Strömungsgeschwindigkeit sich von v_0 etwa linear auf 0 ändert (vgl. Teil Technische Mechanik).

Die Grenzschicht spielt eine wichtige Rolle bei realen Strömungen, wo sie die Bereiche angenähert idealer Strömung mit der Grenzbedingung der viskosen Strömung verknüpft, dass die unmittelbar an einem umströmten Körper angrenzende Flüssigkeit an diesem haftet (siehe Abschn. 13.2.2).

Auch *Rohrströmungen* lassen sich mithilfe des Newton'schen Reibungsgesetzes (24) berechnen (siehe auch Teil Technische Mechanik):

Die durch die Viskosität bei an der Rohrwand haftender Flüssigkeit auftretende Reibungskraft muss im stationären Fall durch ein Druckgefälle $\Delta p = p_1 - p_2$ überwunden werden. Durch Integration von (24) ergibt sich ein parabelförmiges Strömungsgeschwindigkeitsprofil (Abb. 8):

$$v = \frac{\Delta p}{4\eta l}\left(R^2 - r^2\right). \qquad (32)$$

Die über die Querschnittsfläche des Rohres gemittelte Strömungsgeschwindigkeit ergibt sich aus (32) zu

$$\bar{v}_{\text{Rohr}} = \frac{\Delta p}{8\eta l} R^2, \qquad (33)$$

die demnach halb so groß ist wie die sich aus (32) für $r = 0$ ergebende maximale Strömungsgeschwindigkeit. Daraus erhält man das in der Zeit t durch das Rohr strömende Flüssigkeitsvolumen, den Volumendurchsatz

$$Q = \frac{V}{t} = \frac{\pi \Delta p R^4}{8\eta l}, \qquad (34)$$

das *Gesetz von Hagen und Poiseuille*,

das durch den starken Anstieg mit der 4. Potenz des Rohrradius R gekennzeichnet ist. Aus der Druckdifferenz Δp in (33) lässt sich der Reibungswiderstand bestimmen:

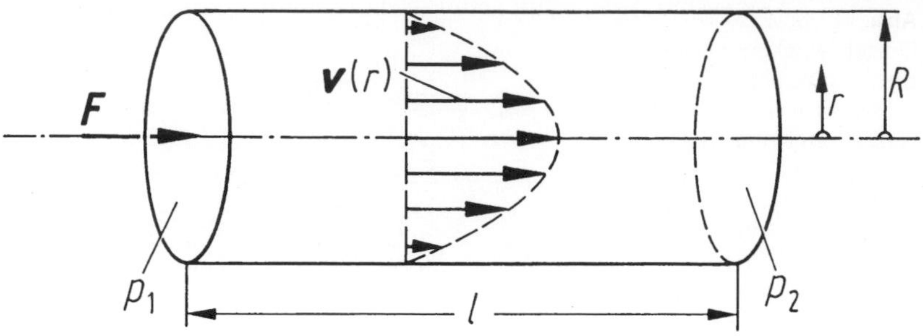

Abb. 8 Laminare Strömung durch ein Rohr

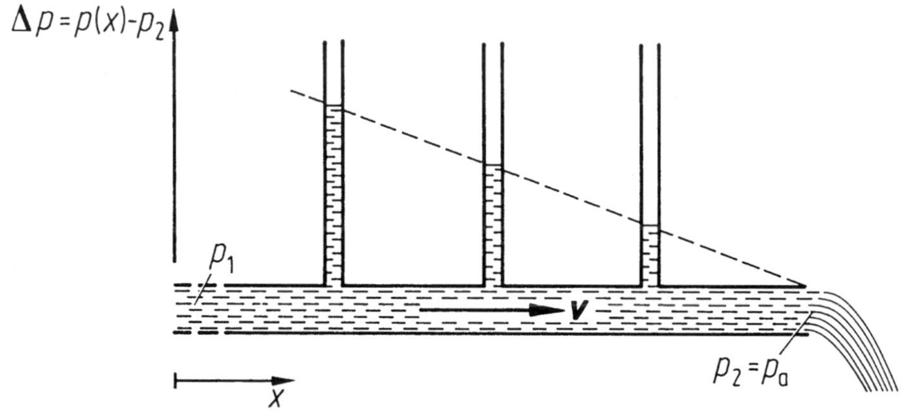

Abb. 9 Linearer Druckabfall in einem Rohr mit konstantem Querschnitt

$$F_{\mathrm{R}} = -8\pi\eta l\bar{v}_{\mathrm{Rohr}}. \quad (35)$$

Der Druckabfall in einem Rohr mit konstantem Querschnitt ist daher proportional zur Länge, wie sich experimentell leicht mittels Steigrohrmanometern zeigen lässt (Abb. 9).

Bei der *laminaren Umströmung einer Kugel* durch eine viskose Flüssigkeit möge die Strömungsgeschwindigkeit im ungestörten Bereich v betragen. Die an die Kugeloberfläche angrenzende Flüssigkeitsschicht haftet an der Kugel, wodurch in einem Störungsbereich der Größenordnung r ein Geschwindigkeitsgefälle $\mathrm{d}v/\mathrm{d}z \approx v/r$ auftritt (Abb. 10). An der Oberfläche $4\ \pi r^2$ der Kugel greift also nach (28) eine Reibungskraft

$$F_{\mathrm{R}} \approx \eta 4\pi r^2 \frac{v}{r} = 4\pi\eta r v \quad (36)$$

an, die durch eine entgegengesetzte äußere Kraft gleichen Betrages kompensiert werden muss, um die Kugel am Ort zu halten (Abb. 10).

Da die Kugel in ihrer Umgebung den Strömungsquerschnitt für die Flüssigkeit einengt, ist in der Realität die Strömungsgeschwindigkeit in der Nachbarschaft der Kugel größer (Kontinuitätsgleichung, siehe Abschn. 13.2.1), d. h., direkt angrenzend an die Kugel ist das Geschwindigkeitsgefälle größer als für (36) angenommen wurde. Die exakte, aufwändigere Theorie liefert daher einen etwas größeren Wert (vgl. Teil Technische Mechanik):

$$F_{\mathrm{R}} = 6\pi\eta r v \quad (37)$$

(*Stokes'sches Widerstandsgesetz* für die Kugel).

Laminare und turbulente Rohrströmung

Anstelle der laminaren Hagen-Poiseuille-Strömung (32) kann in einem Rohr auch ein anderer Strömungszustand auftreten, der durch unregelmäßige makroskopische Geschwindigkeitsschwankungen quer zur Hauptströmungsrichtung gekennzeichnet ist: *Turbulenz*. Reynolds hat dies durch Anfärbung

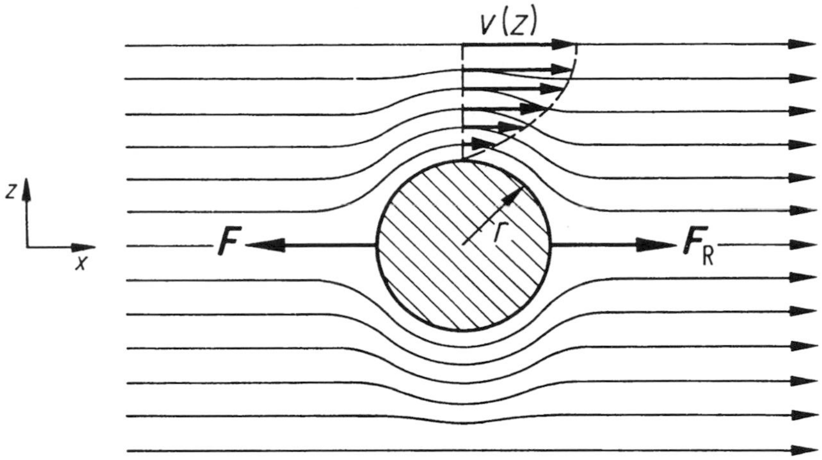

Abb. 10 Viskose Umströmung einer Kugel

eines Stromfadens in einer Rohrströmung gezeigt (Abb. 11, siehe auch Teil Technische Mechanik):

Laminare Strömung: Bei niedrigen mittleren Strömungsgeschwindigkeiten $\bar{v}_{\mathrm{Rohr}}$ strömt die Flüssigkeit in Schichten, die sich nicht vermischen.

Turbulente Strömung: Wird bei steigender Strömungsgeschwindigkeit ein Grenzwert $\bar{v}_{\mathrm{crit}}$ überschritten, so überlagern sich unregelmäßige Schwankungen, benachbarte Schichten verwirbeln sich, die Strömung wird stärker vermischt. Das Strömungsprofil ändert sich von einem parabolischen bei der laminaren Strömung zu einem ausgeglicheneren bei der turbulenten Strömung, bei der nur in der Nähe der Wand die Strömungsgeschwindigkeit stark abfällt (Abb. 11), siehe auch Teil Technische Mechanik.

Der Umschlagpunkt zwischen laminarer und turbulenter Strömung hängt nicht nur von der Strömungsgeschwindigkeit $\bar{v}_{\mathrm{Rohr}}$, sondern auch vom Radius R und von der kinematischen Viskosität $\nu = \eta/\varrho$ in der Weise ab, dass die dimensionslose Kombination dieser drei Größen ein Kriterium für den Strömungszustand darstellt (siehe auch Teil Technische Mechanik), die sog. *Reynolds-Zahl*

$$Re \equiv \frac{\bar{v}_{\mathrm{Rohr}} R}{\nu} = \frac{\varrho \bar{v}_{\mathrm{Rohr}} R}{\eta}. \qquad (38)$$

Für andere Strömungsgeometrien muss der Rohrradius R durch eine andere charakteristische Länge L ersetzt werden. Damit lautet das *Reynolds'sche Turbulenzkriterium*:

$$\begin{aligned} Re < Re_{\mathrm{crit}} &: \quad \text{laminare Strömung,} \\ Re > Re_{\mathrm{crit}} &: \quad \text{turbulente Strömung.} \end{aligned} \qquad (39)$$

Die kritische Reynolds-Zahl Re_{crit} muss experimentell bestimmt werden. Für die Rohrströmung gilt $Re_{\mathrm{crit}} \approx 1200$. Bei besonders sorgfältiger Vermeidung jeglicher Strömungsstörungen sind jedoch auch wesentlich höhere kritische Reynolds-Zahlen möglich. Die Reynolds-Zahl Re bestimmt ferner das Ähnlichkeitsgesetz für Strömungen (siehe Abschn. 13.2.2).

Das Reynolds'sche Kriterium lässt sich anschaulich begründen aus dem Verhältnis zwischen Trägheitseinfluss (kinetische Energie $\sim \varrho\, v^2$) und Viskositätseinfluss (Reibungsarbeit $\sim \eta\, v/R$): Bei Störungen der laminaren Strömung treten Druckänderungen aufgrund des Trägheitseinflusses (Bernoulli-Gleichung, siehe Abschn. 13.2.1) auf, die die Störung verstärken. Die allein trägheitsbestimmte Strömung ist daher instabil. Dem wirkt jedoch die Viskosität entgegen. Das Einsetzen der Turbulenz hängt danach vom Verhältnis der beiden Einflüsse ab, d. h. von

$$\frac{\text{Trägheitseinfluss}}{\text{Reibungseinfluss}} \sim \frac{\varrho v^2}{\eta v/R} = \frac{\varrho R v}{\eta} = Re. \qquad (40)$$

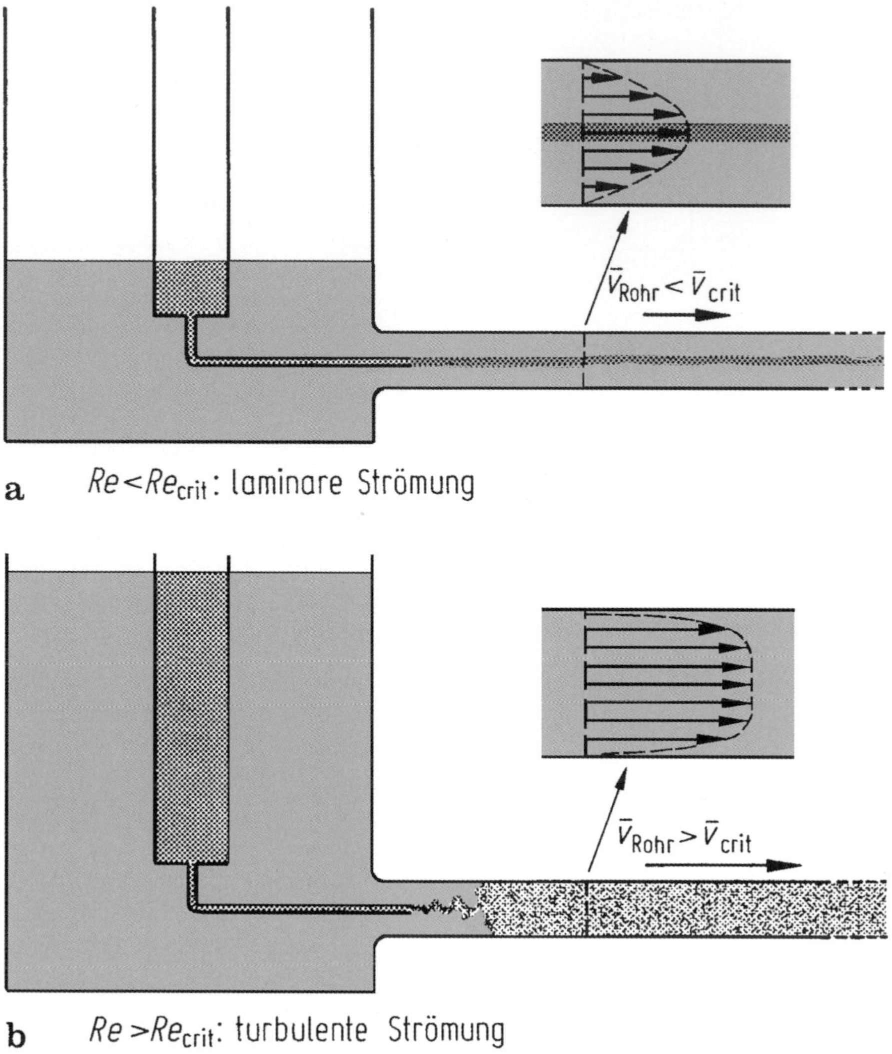

Abb. 11 Reynolds'scher Strömungsversuch: **a** laminare und **b** turbulente Strömung

Nach dem Umschlag zur Turbulenz wächst der Strömungswiderstand nicht mehr linear zur Strömungsgeschwindigkeit v an, wie bei der laminaren Strömung (z. B. (35) oder (37)) sondern mit v^2 (siehe Abschn. 13.2.2), also wesentlich stärker. Turbulente Strömung muss also dort vermieden werden, wo es auf minimalen Strömungswiderstand ankommt (Blutkreislauf, Pipelines). Bei Heizungs- oder Kühlröhren ist dagegen Turbulenz erwünscht wegen des besseren Wärmeaustausches zwischen Flüssigkeit und Wand.

13.2 Hydro- und Aerodynamik

In der Hydro- bzw. Aerodynamik werden die Bewegungsgesetze von Flüssigkeiten und Gasen, d. h. der sogenannten *Fluide* behandelt, sowie die Wechselwirkung der strömenden Fluide mit umströmten festen Körpern oder mit berandenden festen Wänden. Die Fluide werden dabei als kontinuierliche Medien betrachtet, die den verfügbaren Raum erfüllen.

Flüssigkeiten und Gase unterscheiden sich im Sinne der Hydrodynamik lediglich durch die Druckabhängigkeit ihrer Dichte: Flüssigkeiten sind praktisch inkompressibel (z. B. Wasser ca. 4 % Volumenverringerung bei Druckerhöhung um 1000 bar), bei Gasen ist die Dichte eine Funktion des Druckes.

Für jedes Massenelement gilt die Newton'sche Bewegungsgleichung (59) bzw. (60) im ▶ Kap. 10, „Mechanik von Massenpunkten", wonach die Beschleunigung aus der Summe der angreifenden Kräfte resultiert. Dazu zählen

- Volumenkräfte, das sind äußere Kräfte, die dem Volumen (der Masse) des Flüssigkeitselementes proportional sind (z. B. Schwerkraft),
- Druckkräfte, die auf ein Flüssigkeitselement durch benachbarte Elemente infolge eines Druckgefälles ausgeübt werden, und die senkrecht auf die Oberfläche des betrachteten Elementes wirken,
- Reibungskräfte, die tangential zur Oberfläche des betrachteten Flüssigkeitselementes wirken (Schub- bzw. Scherkräfte, siehe Abschn. 13.1.4).

Unter Berücksichtigung dieser Anteile erhält man aus der Newton'schen Bewegungsgleichung die *Navier-Stokes'schen Gleichungen* (vgl. Teil Technische Mechanik). Hier sollen nur einige Sonderfälle betrachtet werden, bei denen zum leichteren Verständnis der Grundphänomene und zur Vereinfachung bestimmte Vernachlässigungen vorgenommen werden:

1. *Laminare Strömungen*: Hier werden äußere Volumenkräfte und Massenträgheitskräfte vernachlässigt. Das Strömungsverhalten wird allein durch die Reibungskräfte bestimmt. Die stationäre viskose Strömung wurde bereits in 1.4 behandelt.
2. *Turbulente Strömungen*: Hier sind die Massenträgheitskräfte von größerem Einfluss als die Reibungskräfte, siehe Abschn. 13.1.4, Reynolds-Kriterium. Über einzelne Aspekte der Wirbelbildung, siehe Abschn. 13.2.2.
3. *Strömungen idealer Flüssigkeiten*: Hier werden die Reibungskräfte vernachlässigt. Auf diesen Fall lassen sich viele Gesetze der Potenzialtheorie übertragen: *Potenzialströmung* = wirbel- und quellenfreie Strömung. Potenzialströmungen in inkompressiblen Medien lassen sich beliebig überlagern. Aus den Navier-Stokes'schen Gleichungen werden dann die *Euler'schen Bewegungsgleichungen* (siehe Teil Technische Mechanik). Durch Integration der Euler'schen Bewegungsgleichung längs einer Stromlinie erhält man die *Bernoulli-Gleichung*, die sich auch aus einfachen Grundannahmen herleiten lässt und viele Strömungsphänomene erklärt (Abschn. 13.2.1). Über die Änderungen, die durch die Viskosität bei der Beschreibung von Strömungen realer Flüssigkeiten bedingt sind, siehe Abschn. 13.2.2.

Das Strömungsfeld kann durch Stromlinien und durch Bahnlinien beschrieben werden. Die Tangenten der Stromlinien geben die Geometrie des Geschwindigkeitsfeldes wieder. Die Bahnlinien beschreiben den Weg der einzelnen Flüssigkeitselemente. Für stationäre Strömungen sind Strom- und Bahnlinien identisch (siehe Teil Technische Mechanik). Sie können in Flüssigkeiten durch Anfärben oder in Gasen mittels Rauchinjektionen sichtbar gemacht werden.

13.2.1 Strömungen idealer Flüssigkeiten

Um bestimmte Gesetzmäßigkeiten strömender Flüssigkeiten einfacher zu erkennen, werde zunächst von der Reibung, d. h. von der Viskosität ganz abgesehen und die stationäre Strömung einer idealen Flüssigkeit der Dichte ϱ durch ein Rohr mit örtlich variablem Querschnitt A betrachtet (Abb. 12).

Für den stationären Zustand fordert die Massenerhaltung, dass der Massendurchsatz für jeden Querschnitt (z. B. für A_1 und A_2) gleich ist, sofern zwischen A_1 und A_2 keine Quellen oder Senken vorhanden sind. Daraus folgt die *Kontinuitätsgleichung*

$$\varrho_1 A_1 v_1 = \varrho_2 A_2 v_2 \tag{41}$$

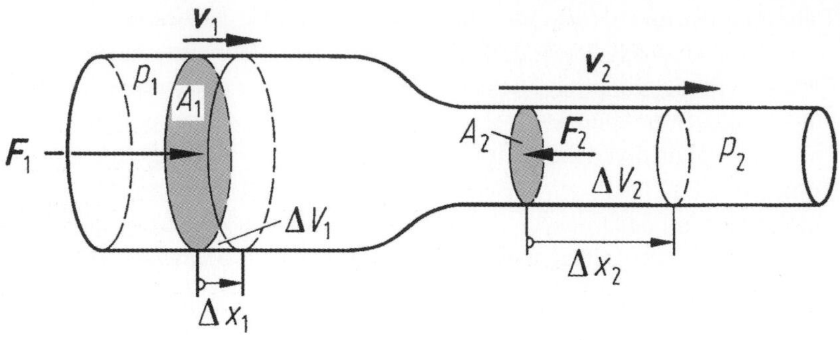

Abb. 12 Zur Herleitung der Kontinuitätsgleichung und der Bernoulli-Gleichung

und für inkompressible Flüssigkeiten ($\varrho_1 = \varrho_2 = \varrho$)

$$A_1 v_1 = A_2 v_2 \quad \text{bzw.} \quad \Delta V_1 = \Delta V_2 = \Delta V. \tag{42}$$

In engeren Querschnitten ist also die Strömungsgeschwindigkeit größer als in weiten Querschnitten. Zwischen A_1 und A_2 findet daher eine Beschleunigung, eine Erhöhung der kinetischen Energie E_k statt, die durch ein Druckgefälle mit $p_1 > p_2$ bewirkt werden muss. Die Arbeit ΔW, die dabei zur Beschleunigung aufgewandt werden muss, beträgt unter Berücksichtigung der Kontinuitätsgleichung (42)

$$\Delta W = F_1 \Delta x_1 - F_2 \Delta x_2 = (p_1 - p_2)\Delta V. \tag{43}$$

Der Energiesatz $\Delta W = E_{k2} - E_{k1}$ liefert dann mit (94) im ▶ Kap. 10, „Mechanik von Massenpunkten" und (43) entlang einer Stromlinie:

$$p_1 + \frac{1}{2}\varrho v_1^2 = p_2 + \frac{1}{2}\varrho v_2^2 = \text{const.} \tag{44}$$

Bei einem im Schwerefeld geneigt stehenden Rohr muss außerdem die Änderung der potenziellen Energie *mgz* aufgebracht werden, wodurch als weiteres Glied in (44) der hydrostatische Druck ϱgz auftritt. Die Druckbilanz für jeden Punkt einer Stromlinie lautet damit (*Bernoulli-Gleichung*)

$$p + \frac{1}{2}\varrho v^2 + \varrho gz = \text{const} = p_{\text{tot}}. \tag{45}$$

Entlang einer Stromlinie ist die Summe aus statischem Druck p, dynamischem Druck (Staudruck) $p_{\text{dyn}} = \varrho\, v^2/2$ und Schweredruck $\varrho\, g\, z$ konstant und gleich dem Gesamtdruck p_{tot}. (Die Koordinate z kann auch durch $-h$ ersetzt werden, wenn h die Tiefe unter der Flüssigkeitsoberfläche darstellt.)

Obwohl für inkompressible ideale Flüssigkeiten hergeleitet, gilt die Bernoulli-Gleichung näherungsweise auch für reale Flüssigkeiten, und in Grenzen auch für Gase, da deren Kompressibilität sich erst für Strömungsgeschwindigkeiten in der Nähe der Schallgeschwindigkeit erheblich bemerkbar macht. Längs einer Stromlinie gilt sie sowohl für wirbelfreie als auch für wirbelhafte Strömungen. Der Gesamtdruck p_{tot} ist jedoch nur bei wirbelfreien Strömungen für alle Stromlinien gleich.

Die Messung von Gesamtdruck p_{tot}, statischem Druck p und dynamischem (Stau-) Druck $p_{\text{dyn}} = \varrho\, v^2/2$ lässt sich z. B. mit U-Rohr-Manometern durchführen (vgl. Teil Technische Mechanik). Dabei wird der Gesamtdruck gemessen, wenn die Strömung senkrecht auf die Messöffnung trifft und $v = 0$ wird (Pitotrohr), der statische Druck, wenn die Messöffnung tangential an einer Stelle ungestörter Strömung liegt (Druckmesssonde). Die Differenz dieser beiden Drucke ergibt den dynamischen Druck und wird mit dem Prandtl'schen Staurohr gemessen (Anwendung: Geschwindigkeitsbestimmung).

Einige Beispiele für die Anwendung der Bernoulli-Gleichung (weitere im Teil Technische Mechanik):

Ausfluss aus einem Druckgefäß

Die Ausflussgeschwindigkeit v aus einer engen Öffnung (Querschnitt A) eines Gefäßes, in dem durch einen Kolben (Querschnitt A_{K}) ein

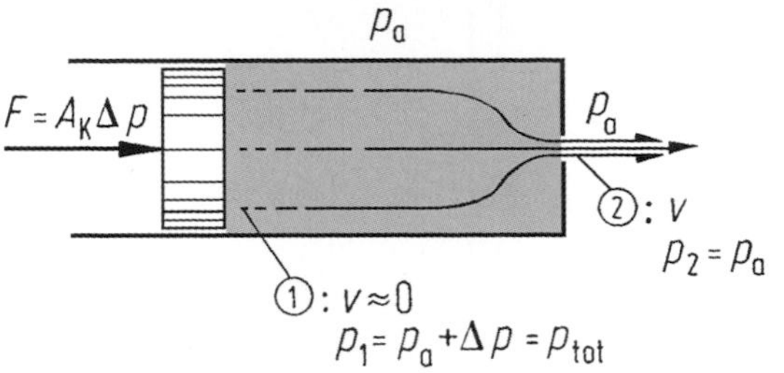

Abb. 13 Ausströmung aus einem Druckgefäß

Überdruck Δp gegenüber dem Außendruck p_a aufrechterhalten wird (Abb. 13), lässt sich mithilfe des Energiesatzes oder einfacher aus der Bernoulli-Gleichung berechnen. Aufgrund der Kontinuitätsgleichung (42) und wegen $A_K \gg A$ kann die Strömungsgeschwindigkeit in Kolbennähe vernachlässigt werden. Für eine Stromlinie, die in Kolbennähe (1: statischer Druck $p = p_a + \Delta p$) beginnt und durch die Ausflussöffnung (2: statischer Druck $p_2 = p_a$) geht, gilt dann nach Bernoulli (44)

$$p_a + \Delta p = p_a + \frac{1}{2}\varrho v^2 \quad \text{bzw.} \quad v = \sqrt{\frac{2\Delta p}{\varrho}}. \tag{46}$$

Für zwei verschiedene Gase bei gleichem Druck und gleicher Temperatur folgt aus der allgemeinen Gasgleichung (26) im ▶ Kap. 12, „Statistische Mechanik – Thermodynamik" und mit $V_m = M/\varrho$, dass die molare Masse $M \sim \varrho$ ist. Aus (46) ergibt sich damit

$$\frac{v_1}{v_2} = \sqrt{\frac{\varrho_2}{\varrho_1}} = \sqrt{\frac{M_2}{M_1}}. \tag{47}$$

Anwendung: Effusiometer von Bunsen zur Molmassenbestimmung.

Wird der Druck im Gefäß nicht durch einen Kolben erzeugt, sondern durch die Schwerkraft (siehe Teil Technische Mechanik), so muss Δp in (46) durch den hydrostatischen Druck ϱgh hersetzt werden:

$$v = \sqrt{2gh}, \tag{48}$$

d. h., bei Vernachlässigung der Viskosität strömt die Flüssigkeit in der Tiefe h unter der Flüssigkeitsoberfläche aus einer Öffnung mit der gleichen Geschwindigkeit aus, als ob sie die Strecke h frei durchfallen hätte, vgl. (112) im ▶ Kap. 10, „Mechanik von Massenpunkten": Torricelli'sches Ausströmgesetz, vgl. Teil Technische Mechanik.

Strömung durch Querschnittsverengungen

In Querschnittseinschnürungen von Rohren ($A_0 \to A_e$) erhöht sich nach der Kontinuitätsgleichung (42) die Strömungsgeschwindigkeit von v_0 auf $v_e = v_0 A_0/A_e$. Infolgedessen ist nach der Bernoulli-Gleichung dort der statische Druck p_e geringer als im Normalquerschnitt des Rohres (p_0). Dies lässt sich experimentell durch Steigrohrmanometer zeigen (Abb. 14), wobei bei realen Flüssigkeiten der lineare Druckabfall aufgrund der inneren Reibung überlagert ist (Abb. 9).

Sieht man in der unmittelbaren Nachbarschaft der Verengung vom Druckabfall durch die innere Reibung ab, so ergibt sich aus der Bernoulli'schen Gl. (42) für die lokale Druckerniedrigung

$$\Delta p = p_0 - p_e = \frac{1}{2}\varrho\left(v_e^2 - v_0^2\right) = \frac{1}{2}\varrho v_0^2\left[\left(\frac{A_0}{A_e}\right)^2 - 1\right]. \tag{49}$$

Für $A_e \ll A_0$ folgt daraus

$$p_e \approx p_0 - \frac{1}{2}\varrho v_0^2\left(\frac{A_0}{A_e}\right)^2, \tag{50}$$

d. h., bei genügend großem Querschnittsverhältnis A_0/A_e kann der statische Druck p_e in der Verengung auch kleiner als der Außendruck p_a werden. Dann verschwindet die Flüssigkeitssäule über der Verengung (Abb. 14) völlig und es entsteht ein Unterdruck, das Steigrohr saugt aus der Umgebung Gas oder Flüssigkeit an, es wirkt als Pumpe. Das ist das Prinzip der *Wasser-* und *Dampfstrahlpumpen*, der Zerstäuber und Spritzpistolen, des Bunsenbrenners usw.

Eine Differenzmessung der statischen Drücke in und außerhalb der Verengung z. B. mit einem

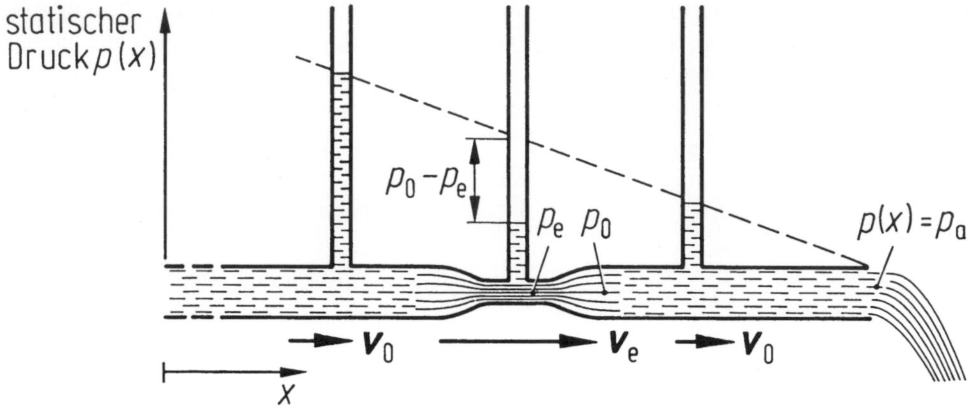

Abb. 14 Druckerniedrigung in Rohrverengung

U-Rohrmanometer erlaubt mit (49) auch die Bestimmung der Strömungsgeschwindigkeit v_0 im Rohr: *Venturirohr* (vgl. Teil Technische Mechanik).

Kavitation

Sinkt bei einer Strömung durch eine Rohrverengung (oder bei einem sehr schnell durch eine Flüssigkeit bewegten Körper) der statische Druck p_e lokal unter den Dampfdruck der Flüssigkeit p_d (siehe ▶ Abschn. 12.1.4 im Kap. 12, „Statistische Mechanik – Thermodynamik"), so treten Dampfblasen auf, die in dahinterliegenden Strömungsbereichen mit höherem Druck implosionsartig wieder in sich zusammenfallen. Die entstehenden Druckstöße führen zu Zerstörungen angrenzender Oberflächen (Schiffsschrauben, Turbinen). Zur Vermeidung der Kavitation muss die Bedingung

$$p_e = p_{tot} - \frac{\varrho}{2} v_e^2 > p_d \tag{51}$$

eingehalten werden. Daraus ergibt sich als kritische Geschwindigkeit, oberhalb der Kavitation auftritt,

$$v_{crit} = \sqrt{\frac{2(p_{tot} - p_d)}{\varrho}}. \tag{52}$$

Wandkräfte in Strömungen

Der statische Druck p_0 in freien Strömungen ist etwa gleich dem Druck p_a des umgebenden, ruhenden Mediums. Wird eine solche Strömung durch Wände eingeengt, so hat der dadurch dort verringerte statische Druck p_e oft unerwartete Kräfte auf die strömungsbegrenzenden Wände zur Folge. Wird z. B. eine Strömung durch bewegliche, gewölbte Flächen eingeengt (Abb. 15), so entsteht eine Druckdifferenz Δp zwischen dem verringerten statischen Druck p_e und dem äußeren Druck p_a, wodurch die beiden Wände zusammengetrieben werden. Solche unerwarteten Seitenkräfte sind z. B. bei nebeneinander mit hoher Geschwindigkeit fahrenden Kraftfahrzeugen zu beachten.

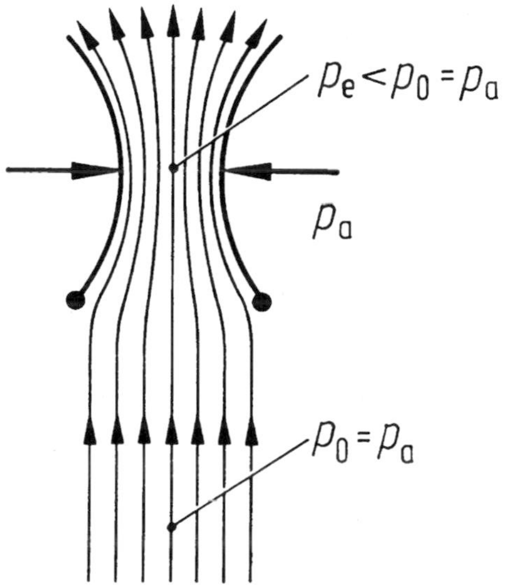

Abb. 15 Seitenkräfte auf strömungseinengende Flächen

Ähnlich unerwartet ist der als hydrodynamisches Paradoxon bezeichnete Effekt: Ein Gas- oder Flüssigkeitsstrahl, der aus einem Rohr gegen eine quergestellte, bewegliche Platte strömt (Abb. 16), drückt diese nicht weg, sondern zieht sie im Gegenteil sogar an, weil die im zentralen Bereich hohe Strömungsgeschwindigkeit einen kleineren statischen Druck p_i erzeugt als die geringe Strömungsgeschwindigkeit am Rande, wo der dort höhere statische Druck p_0 etwa dem Außendruck p_a entspricht. Im zentralen Bereich entsteht daher eine Druckdifferenz $\Delta p = p_a - p_i$, die die bewegliche Platte auf die Rohröffnung zutreibt.

Umströmte Körper in idealer Flüssigkeit

Bei der Umströmung eines Körpers, der symmetrisch zu einer Ebene parallel zu den ungestörten Stromlinien geformt ist (Kugel, Zylinder, Platte quer oder längs usw., Abb. 17 und 18), weichen die Stromlinien symmetrisch zu dieser Ebene aus. Die Stromlinie, die die Trennungslinie zwischen den beiden Strömungsbereichen darstellt, die den Körper auf entgegengesetzten Seiten umströmen, heißt Staulinie. Sie stößt auf der Anströmseite senkrecht auf die Körperoberfläche und startet auf der Rückseite ebenfalls senkrecht von der Körperoberfläche (Abb. 17). An diesen Stellen, den Staupunkten, ist die Strömungsgeschwindig-

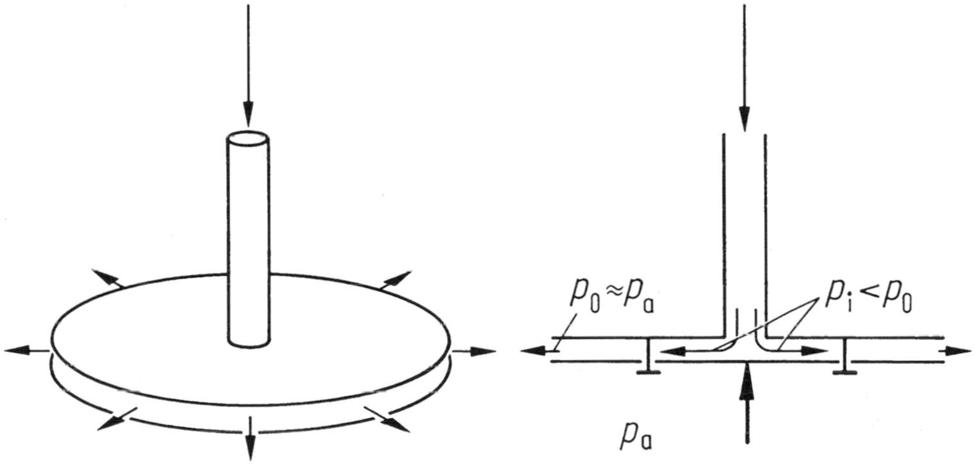

Abb. 16 Hydrodynamisches Paradoxon

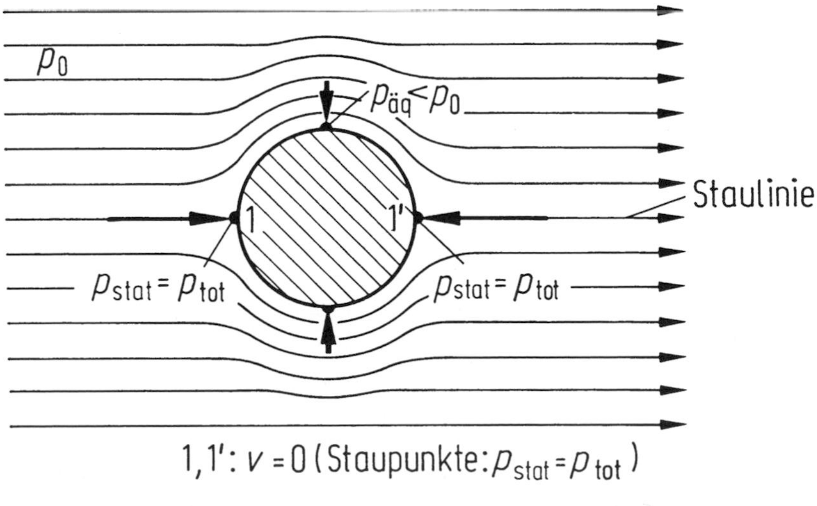

Abb. 17 Umströmung einer Kugel (ähnlich Zylinder)

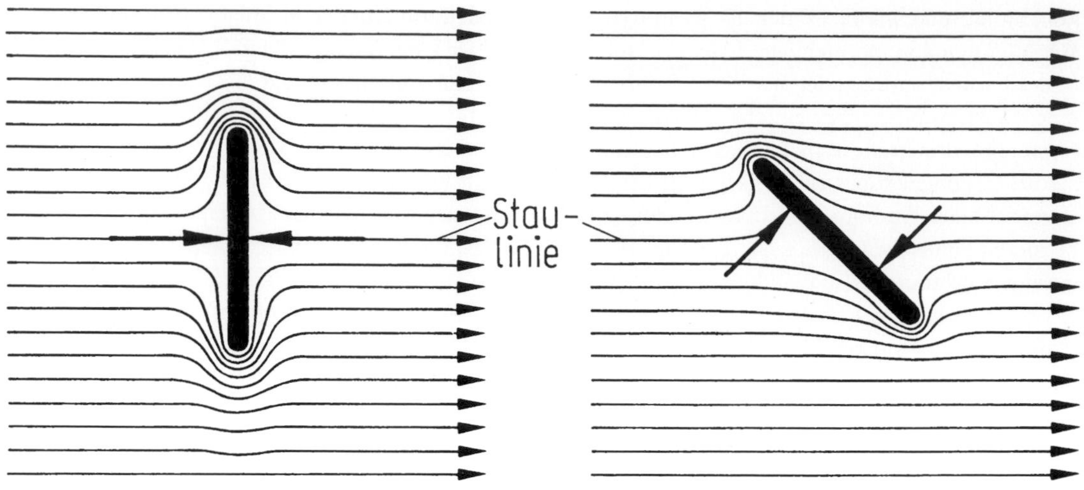

Abb. 18 Symmetrische und unsymmetrische Umströmung einer Platte

keit $v = 0$, der dynamische Druck verschwindet demzufolge, und der statische Druck p_{stat} wird gleich dem Gesamtdruck $p_{tot} : p = p_{stat} = p_{tot}$. Am Äquator (Kugel, Abb. 17) ist hingegen die Strömungsgeschwindigkeit maximal und der statische Druck $p_{äq}$ ein Minimum, kleiner als der statische Druck p_0 im ungestörten Strömungsbereich. Bei symmetrischer Umströmung liegen die Staupunkte gegenüber, ebenso die Stellen niedrigsten Druckes. Die Druck- und Kraftverteilung ist daher vollständig symmetrisch, die resultierende Kraft auf den umströmten Körper verschwindet. Das heißt, symmetrisch geformte und orientierte Körper erfahren in einer Strömung einer idealen Flüssigkeit keine resultierende Kraft, bzw. sie lassen sich widerstandslos durch eine ideale Flüssigkeit ziehen. Dieses im Widerspruch zur Erfahrung bei realen Flüssigkeiten stehende Ergebnis muss deshalb modifiziert werden (siehe Abschn. 13.2.2).

Bei unsymmetrisch geformten und/oder orientierten Körpern, z. B. einer schräg in der Strömung orientierten Platte (Abb. 18), verschieben sich die Staupunkte gegeneinander. Die aus der Asymmetrie folgende Druckverteilung bewirkt das Auftreten eines resultierenden Kräftepaars und damit eines Drehmomentes, das den Körper soweit dreht, bis das Drehmoment verschwindet, d. h. die Platte senkrecht zur Strömung orientiert ist. Dieser Effekt lässt sich zur Bestimmung der Teilchengeschwindigkeit in Longitudinalwellen (Schallschnelle) durch Messen des Drehmomentes ausnutzen (Rayleigh-Scheibe).

Wirbel in idealen Flüssigkeiten

Wirbel sind rotierende Flüssigkeitsbewegungen mit in sich geschlossenen Stromlinien. Sie bestehen aus einem Wirbelkern mit dem Radius r_0, in dem im Idealfall (Rankine-Wirbel) die Flüssigkeit wie ein fester Körper mit einheitlicher Winkelgeschwindigkeit ω rotiert. Er ist umgeben von einer sog. Zirkulationsströmung, in der die Geschwindigkeit nach außen abnimmt, z. B. umgekehrt proportional zum Abstand r von der Wirbelachse (Abb. 19, siehe auch Teil Technische Mechanik):

$$\text{Wirbelkern}: r < r_0 : \quad v = \omega r, \qquad (53)$$

$$\text{Zirkulationsströmung}: \quad r > r_0 : \quad v = \frac{k}{r} = \frac{\omega r_0^2}{r}. \qquad (54)$$

Das Produkt aus Querschnittsfläche $A = \pi r_0^2$ des Wirbelkerns und seiner Winkelgeschwindigkeit ω heißt

$$\text{Wirbelintensität}: \quad J = A\omega = \pi\omega r_0^2. \qquad (55)$$

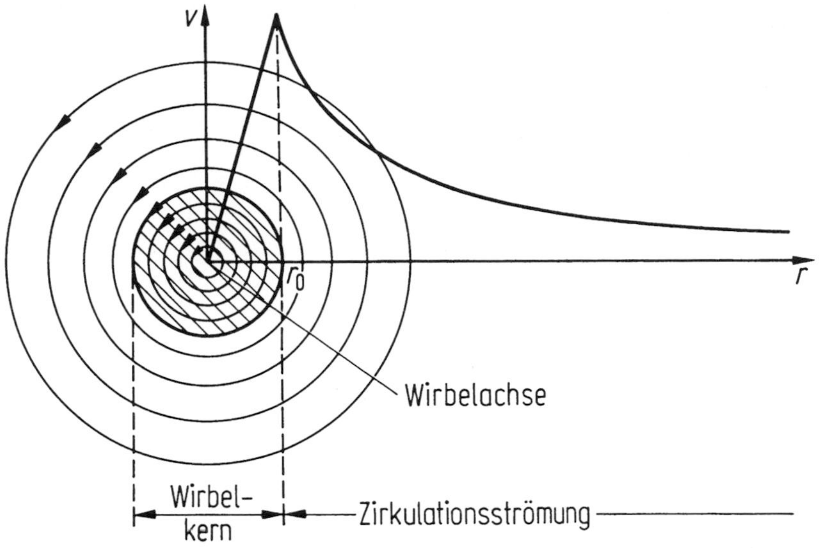

Abb. 19 Aufbau eines Wirbels

Eine Größe, die eine Aussage über Wirbelzustände in einer Strömung macht, ist die *Zirkulation*

$$\Gamma \equiv \oint_C \boldsymbol{v} \cdot \mathrm{d}\boldsymbol{s}. \qquad (56)$$

Schließt der Integrationsweg auch Wirbelkerne oder Teile davon ein, so ist die Zirkulation $\Gamma \neq 0$. Das trifft z. B. auch für viskose laminare Strömungen zu, etwa bei Abb. 7. Solche Strömungen sind also wirbelbehaftet. Dagegen ist die Zirkulation in Strömungen idealer Flüssigkeiten außerhalb von Wirbelkernen null, wenn der Integrationsweg den Wirbelkern nicht umschließt, also auch in der Zirkulationsströmung, die den Wirbelkern umgibt. Die Aussage $\Gamma = 0$ ist gleichbedeutend mit der Aussage, dass die Rotation von $\boldsymbol{v}$ (vgl. Teil Mathematik) verschwindet (rot $\boldsymbol{v} = 0$). Eine solche Strömung wird daher als wirbelfrei oder rotationsfrei bezeichnet. Da man sie dann mit Methoden der Potenzialtheorie beschreiben kann, wird sie auch *Potenzialströmung* genannt.

Wird die Zirkulation längs einer Linie gebildet, die den Wirbelkern vollständig umschließt, z. B. längs eines Kreises mit $r > r_0$ (Abb. 19), so ergibt sich mit (55) die doppelte Wirbelintensität:

$$\Gamma = \oint_C \boldsymbol{v} \cdot \mathrm{d}\boldsymbol{s} = 2\Delta\omega r_0^2 = 2J. \qquad (57)$$

Der Zirkulationsbegriff ist wichtig zur Beschreibung von Kräften auf umströmte Körper, die quer zur Strömungsrichtung wirken (Magnus-Effekt, Flugauftrieb usw., siehe Teil Technische Mechanik).

Auf Helmholtz gehen die folgenden allgemeinen Aussagen über Wirbelströmungen in idealen Flüssigkeiten zurück (*Helmholtz'sche Wirbelsätze*):

1. Satz von der räumlichen Konstanz der Wirbelintensität: Die Zirkulation Γ ist für jeden Querschnitt A senkrecht zur Wirbelachse konstant. Im Innern der Flüssigkeit können daher keine Wirbel beginnen oder enden: Wirbelachsen enden stets an Grenzflächen der Flüssigkeit (Wände, freie Oberflächen) oder sind in sich geschlossen (Wirbelringe).
2. Eine Wirbelröhre besteht dauernd aus denselben Flüssigkeitsteilchen: Wirbel haften an der Materie.
3. Satz von der zeitlichen Konstanz der Wirbelintensität: Die Zirkulation einer Wirbelröhre bleibt zeitlich konstant. In idealer, reibungsfreier Flüssigkeit können daher Wirbel weder entstehen noch verschwinden.

Die Wirbelsätze gelten angenähert auch für Fluide mit geringer Viskosität (z. B. für die Atmosphäre). Ändert sich der Wirbelquerschnitt

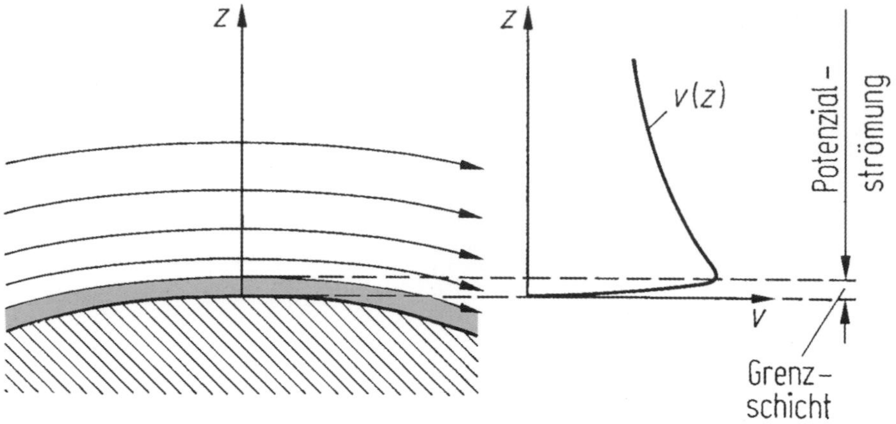

Abb. 20 Prandtl'sche Grenzschicht als Übergang zwischen viskoser Wandhaftung und idealer Strömung

A örtlich oder zeitlich, so ändert sich wegen der Konstanz der Wirbelintensität die Winkelgeschwindigkeit ω gemäß (55) und (57) umgekehrt proportional zu A. Die Einschnürung eines atmosphärischen Tiefdruckwirbels kann daher zu sehr hohen Windstärken führen.

13.2.2 Strömungen realer Flüssigkeiten

Strömungen realer Flüssigkeiten können näherungsweise umso besser durch die Bernoulli-Gleichung (44) oder (45) als Strömung idealer Flüssigkeiten beschrieben werden, je kleiner die dynamische Viskosität η ist. Diese Näherung versagt jedoch in der unmittelbaren Nachbarschaft einer angrenzenden Wand oder eines umströmten Körpers wegen der Grenzbedingung der viskosen Strömung, wonach die unmittelbar angrenzende Flüssigkeit an der Wand bzw. dem Körper haftet. Am Beispiel der umströmten Kugel zeigte sich im Falle der idealen Flüssigkeit ($\eta = 0$), dass am Kugeläquator die Strömungsgeschwindigkeit nach Bernoulli besonders hoch ist (Abschn. 13.2.1, Abb. 17). Im Falle der viskosen Umströmung (siehe Abschn. 13.1.4) ist hier dagegen wie an jedem anderen Oberflächenpunkt die Strömungsgeschwindigkeit 0!

Dieser Widerspruch löst sich nach Prandtl durch Berücksichtigung der Viskosität innerhalb einer Grenzschicht (siehe Abschn. 13.1.4), in der die lokale Strömungsgeschwindigkeit von null an der Wand bzw. am Körper mit steigendem Abstand anfangs etwa linear bis auf den Wert in der daran angrenzenden Potenzialströmung ansteigt (Abb. 20). Die Dicke dieser Grenzschicht kann nach (31) abgeschätzt werden. Sie ist umso dünner, je kleiner die Viskosität und je größer die Strömungsgeschwindigkeit in der Potenzialströmung ist.

Die Änderung der Strömungsverhältnisse beim Übergang von der reibungsfreien, idealen Strömung zur Strömung in einer realen (nicht zu zähen) Flüssigkeit sei am Beispiel der Zylinderumströmung betrachtet (Abb. 21).

Auf der Anströmseite entspricht das Strömungsbild qualitativ demjenigen der Potenzialströmung (ähnlich Abb. 17), wobei zusätzlich die viskose Grenzschicht zwischen der Zylinderoberfläche und der Potenzialströmung anzunehmen ist. Ein Flüssigkeitselement, das dicht an der Staulinie entlangströmt und in die Grenzschicht gelangt, wird von dem Druckgefälle zwischen Staupunkt und dem Punkt maximaler Strömungsverdrängung beschleunigt. Aufgrund der Viskosität in der Grenzschicht erreicht es jedoch nicht die kinetische Energie, die erforderlich wäre, um das Flüssigkeitselement gegen den Druckanstieg auf der Rückseite des Zylinders wieder bis in die Nähe des hinteren Staupunktes zu bringen, es kommt vielmehr schon vorher zur Ruhe bzw. wird von weiter außen liegenden Stromfäden mitgenommen: *Grenzschichtablö-*

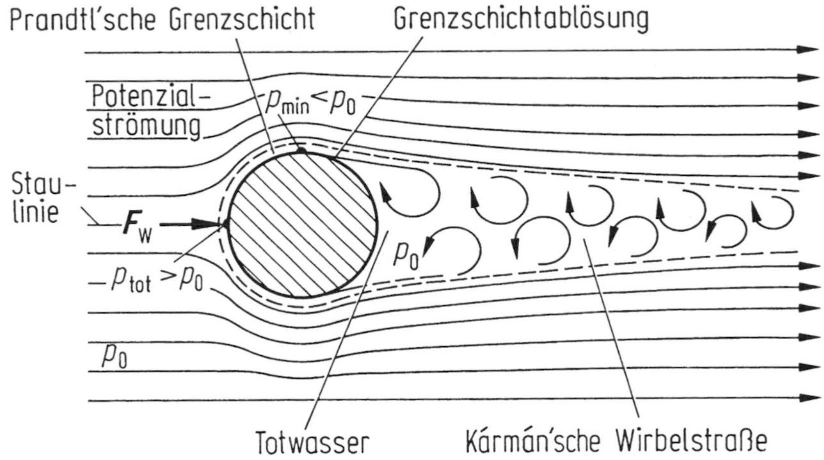

Abb. 21 Umströmung eines Zylinders in einer realen Flüssigkeit

sung (siehe auch Teil Technische Mechanik). Die abgelösten Grenzschichten auf beiden Seiten umschließen das *Totwassergebiet* direkt hinter dem umströmten Körper, in dem die Bernoulli-Gleichung nicht angewandt werden kann. Zwischen Totwasser und äußerer Potenzialströmung bilden sich Wirbel aus, wobei mit zunehmender Reynolds-Zahl (38) sich zunächst zwei Wirbel entgegengesetzten Drehsinns (Drehimpulserhaltung) hinter dem Körper ausbilden. Bei höheren Reynolds-Zahlen werden diese Wirbel abwechselnd von der Strömung mitgenommen, es entsteht die *Kármán'sche Wirbelstraße* (Abb. 21).

Die Wirbel sorgen auch für einen Druckausgleich zwischen dem statischen Druck p_0 der ungestörten Strömung und der hinteren, an das Totwasser angrenzenden Körperoberfläche. Auf der Anströmseite herrscht dagegen der Gesamtdruck P_{tot} der Potenzialströmung, sodass auf einen beliebigen umströmten Körper eine maximale Druckdifferenz

$$\Delta p = p_{tot} - p_0 = \frac{1}{2}\varrho v_0^2 \qquad (58)$$

wirkt, die zu einer Widerstandskraft

$$F_W = c_W A \Delta p = \frac{1}{2} c_W A \varrho v_0^2 \qquad (59)$$

führt (siehe auch Teil Technische Mechanik). Hierin ist A die der Strömung dargebotene Querschnittsfläche des Körpers und c_W ein dimensionsloser Widerstandsbeiwert, der von der Form des umströmten Körpers abhängt (Abb. 22). Er berücksichtigt einerseits, dass der statische Druck auf der Anströmseite nur am Staupunkt gleich dem Gesamtdruck ist, und andererseits die von der Körperform abhängige Stärke der Wirbelbildung, deren Energie der Strömungsenergie entnommen werden muss und ebenfalls zu einem Strömungswiderstandsanteil führt. Bei gleichem Querschnitt A ist der Strömungswiderstand am kleinsten, wenn die Wirbelbildung unterdrückt wird. Dies kann dadurch geschehen, dass das Totwasser- und Wirbelgebiet durch den Körper selbst ausgefüllt wird: „Stromlinienkörper". Hierfür ist daher der Widerstandsbeiwert besonders klein (Abb. 22; weitere Werte im Teil Technische Mechanik). Im Gegensatz zur linearen Abhängigkeit des Strömungswiderstandes von der Geschwindigkeit bei der laminaren Strömung für kleine v_0, (28), (35) und (37), ist nach (59) bei der turbulenten Strömung für größere v_0 der Strömungswiderstand proportional zum Quadrat der Strömungsgeschwindigkeit.

Hydrodynamisch ähnliche Strömungen

Die exakte Berechnung des Strömungswiderstandes ist bereits bei einfachen Körpern mathematisch extrem aufwändig, sodass Strömungswiderstände im Allgemeinen experimentell bestimmt werden müssen. Bei extremen Abmessungen der zu untersuchenden Körper (Flugzeuge, Schiffe, Kühltürme) müssen solche Messungen an verklei-

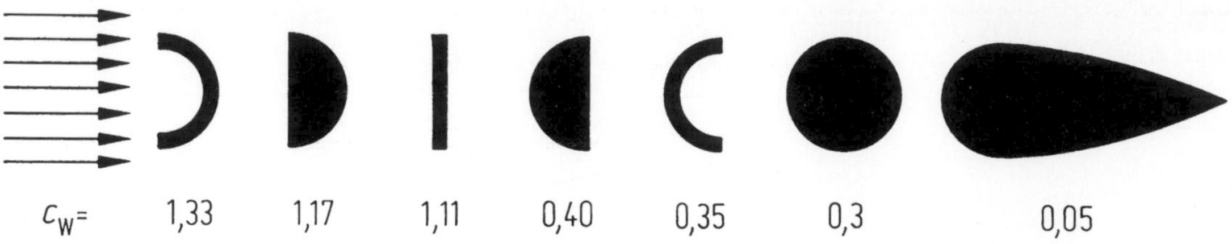

Abb. 22 Widerstandsbeiwerte verschiedener Strömungskörper

nerten Modellen durchgeführt werden. Die geometrische Ähnlichkeit zwischen Original- und Modellkörper reicht jedoch hinsichtlich des Strömungsverhaltens noch nicht. Es müssen auch die auftretenden Energieformen (kinetische Energie, Reibungsarbeit) bei der Originalströmung und bei der Modellströmung im gleichen Verhältnis zueinander stehen. Dieses Verhältnis wird aber gerade durch die Reynolds-Zahl (38) gekennzeichnet. Daher gilt: Zwei Strömungsvorgänge sind hydrodynamisch ähnlich, wenn ihre Reynolds-Zahlen

$$Re = \frac{\varrho L v}{\eta} \tag{60}$$

gleich sind. L ist hierin eine charakteristische Länge der Strömungsgeometrie, etwa der Rohrradius bei der Strömung durch ein Rohr oder der Kugelradius bei der Kugelumströmung.

Setzt man beispielsweise für die Reibungskraft bei der laminaren Kugelumströmung gemäß (37) formal die Beziehung (59) an, so erhält man aus dem Vergleich ($L = r =$ Kugelradius) für den Widerstandsbeiwert der Kugel

$$c_W = 12 \, \frac{\eta}{\varrho r v} = \frac{12}{Re}. \tag{61}$$

Da ähnliche Strömungen gleiche Reynolds-Zahlen haben, haben sie nach (61) auch gleiche Widerstandsbeiwerte. Das gilt nicht nur für die Kugel. Eine ausführlichere Behandlung der Strömungsmechanik findet sich im Teil Technische Mechanik.

Literatur

Oertel H, Prandtl L (Hrsg) (2017) Führer durch die Strömungslehre, 14. Aufl. Springer, Berlin
Schade H, Kunz E (2013) Strömungslehre, 4. Aufl. de Gruyter, Berlin

Handbücher und Nachschlagewerke

Bergmann, Schaefer (1999–2006) Lehrbuch der Experimentalphysik (8 Bde.), Versch. Aufl. de Gruyter, Berlin
Greulich W (Hrsg) (2003) Lexikon der Physik, 6 Bde. Spektrum Akademischer Verlag, Heidelberg
Hering E, Martin R, Stohrer M (2017) Taschenbuch der Mathematik und Physik, 6. Aufl. Springer, Berlin
Kuchling H (2014) Taschenbuch der Physik, 21. Aufl. Hanser, München
Rumble J (Hrsg) (2018) CRC handbook of chemistry and physics, 99. Aufl. Taylor & Francis, London
Stöcker H (2018) Taschenbuch der Physik, 8. Aufl. Europa-Lehrmittel Nourney, Vollmer GmbH & Co. KG, Haan-Gruiten
Westphal W (Hrsg) (1952) Physikalisches Wörterbuch. Springer, Berlin

Allgemeine Lehrbücher

Alonso M, Finn E (2000) Physik, 3. Aufl. de Gruyter Oldenbourg, München
Berkeley Physik-Kurs, 5 Bde, Versch. Aufl. Vieweg+Teubner 1989–1991
Demtröder W (2017) Experimentalphysik, 4 Bde, 5.–8. Aufl. Springer Spektrum, Berlin
Feynman RP, Leighton RB, Sands M (2015) Vorlesungen über Physik (5 Bde.). Versch. Aufl. de Gruyter, Berlin
Gerthsen C, Meschede C (2015) Physik, 25. Aufl. Springer Spektrum, Berlin
Halliday D, Resnick R, Walker J (2017) Physik, 3. Aufl. Wiley VCH, Weinheim
Hänsel H, Neumann W (2000–2002) Physik, 4 Bde. Spektrum Akademischer Verlag, Heidelberg
Hering E, Martin R, Stohrer M (2016) Physik für Ingenieure, 12. Aufl. Springer Vieweg, Berlin
Niedrig H (1992) Physik. Springer, Berlin
Orear J (1992) Physik, 2 Bde, 4. Aufl. Hanser, München
Paul H (Hrsg) (2003) Lexikon der Optik (2 Bde.). Springer Spektrum, Berlin
Stroppe H (2018) Physik, 16. Aufl. Hanser, München
Tipler PA, Mosca G (2015) Physik, 7. Aufl. Springer Spektrum, Berlin

Gravitationswechselwirkung 14

Heinz Niedrig und Martin Sternberg

Zusammenfassung

Nach einer Übersicht über die fundamentalen Wechselwirkungen werden die Gesetzmäßigkeiten des Gravitationsfelds ausgehend von den historischen Betrachtungen Keplers, den Folgen des Newton'schen Gravitationsgesetzes sowie der Drehimpulserhaltung hergeleitet. Potenzielle Energie des Gravitationsfelds sowie das Gravitationspotenzial werden anhand des Beispiels der Erde behandelt. Es folgen Betrachtungen zu möglichen Satellitenbahnen sowie zu Drehimpulsen in Zentralfeldern.

Übersicht über die fundamentalen Wechselwirkungen

Nach dem Stand unseres Wissens lassen sich alle bekannten Kräfte auf vier fundamentale Wechselwirkungen zurückführen:

Gravitationswechselwirkung: Sie wirkt zwischen Massen und manifestiert sich z. B. in der Planetenbewegung und in der Gewichtskraft (siehe ▶ Abschn. 10.2.2.1 im Kap. 10, „Mechanik von Massenpunkten"). Obwohl die schwächste der bekannten Wechselwirkungen (Tab. 1), ist sie als erste quantitativ untersucht worden (Fallgesetze. Kepler-Gesetze, Newtonsches Gravitationsgesetz). Das Kraftgesetz $F \sim r^{-2}$ (siehe Abschn. 14.1.3) hat eine unendliche Reichweite zur Folge.

Elektromagnetische Wechselwirkung: Sie wirkt zwischen elektrischen Ladungen und ist die heute am besten verstandene Wechselwirkung. Chemische und biologische Prozesse, die Struktur kondensierter Materie, der überwiegende Teil der Technik beruhen auf elektromagnetischen Wechselwirkungen zwischen Elektronen und Atomkernen und zwischen Atomen untereinander. Das Kraftgesetz (Coulomb-Gesetz, siehe ▶ Abschn. 15.1.1 im Kap. 15, „Elektrische Wechselwirkung") zeigt, wie bei der Gravitation, die Abstandsabhängigkeit $F \sim r^{-2}$, die wiederum zu einer unendlichen Reichweite führt.

Starke Wechselwirkung oder Kernwechselwirkung: Sie ist verantwortlich für die Bindungskräfte zwischen den Teilchen im Atomkern (Protonen, Neutronen: Nukleonen, siehe ▶ Kap. 18, „Starke und schwache Wechselwirkung: Atomkerne und Elementarteilchen"). Sie ist die Grundlage der Kernenergie und damit auch Ursache der Strahlungsenergie der Sonne. Die Reichweite der Kernkräfte ist von der Größenordnung des Kernradius.

Schwache Wechselwirkung: Leptonen (Elektronen, Positronen, siehe ▶ Abschn. 18.1.5 im Kap. 18, „Starke und schwache Wechselwirkung:

H. Niedrig
Technische Universität Berlin (im Ruhestand), Berlin, Deutschland
E-Mail: heinz.niedrig@t-online.de

M. Sternberg (✉)
Hochschule Bochum, Bochum, Deutschland
E-Mail: martin.sternberg@hs-bochum.de

M. Hennecke, B. Skrotzki (Hrsg.), *HÜTTE Band 1: Mathematisch-naturwissenschaftliche und allgemeine Grundlagen für Ingenieure*, Springer Reference Technik,
https://doi.org/10.1007/978-3-662-64369-3_14

Tab. 1 Die fundamentalen Wechselwirkungen

Wechselwirkung	Reichweite	relative Stärke	Beispiel
Gravitationswechselwirkung	∞	10^{-38}	Kräfte zwischen Himmelskörpern, z. B. Planetenbewegung
elektromagnetische Wechselwirkung	∞	10^{-3}	Kräfte zwischen Ladungen, z. B. im Atom, im Molekül, in Festkörpern
starke Wechselwirkung	$10^{-16} \dots 10^{-15}$ m	1	Kräfte zwischen Nukleonen, z. B. im Atomkern
schwache Wechselwirkung	$<10^{-16}$ m	10^{-14}	Wechselwirkungen zwischen Elementarteilchen, z. B. beim Betazerfall

Atomkerne und Elementarteilchen") zeigen eine um 14 Größenordnungen schwächere Wechselwirkung. Die schwache Wechselwirkung ist maßgebend bei Umwandlungen von Elementarteilchen, u. a. beim ß-Zerfall, bei dem ein Neutron ein Elektron e^- und ein Antineutrino $\overline{\nu_e}$ emittiert und sich in ein Proton p verwandelt (siehe (16) im ► Kap. 18, „Starke und schwache Wechselwirkung: Atomkerne und Elementarteilchen").

Der schwache Prozess (29) im ► Kap. 18, „Starke und schwache Wechselwirkung: Atomkerne und Elementarteilchen", bei dem aus zwei Protonen ein Deuteron d (Deuteriumkern $2D^+$), ein Positron e^+ und ein Neutrino ν_e entstehen, steuert den Brennzyklus der Sonne, insbesondere deren gleichmäßiges und langsames Brennen. Die Reichweite der schwachen Wechselwirkung ist noch geringer als die der Kernkräfte.

Bei der Gravitationswechselwirkung und bei der elektromagnetischen Wechselwirkung können sich wegen der bis ins Unendliche gehenden Reichweite die Kräfte vieler Teilchen zu makroskopisch messbaren Kräften überlagern. Bei der starken und bei der schwachen Wechselwirkung ist das nicht möglich, da diese kaum über das erzeugende Teilchen hinausreichen. Das Kraftgesetz kann hier nur durch Teilchensonden (Streuexperimente, siehe ► Abschn. 17.2.1.1 im Kap. 17, „Elektrische Leitungsmechanismen") erschlossen werden.

14.1 Gravitationswechselwirkung

14.1.1 Der Feldbegriff

Die Kraftgesetze für die Gravitationswechselwirkung zwischen zwei Punktmassen (Newton'sches Gravitationsgesetz, ► Abschn. 15.1.1 im Kap. 15, „Elektrische Wechselwirkung") oder für die elektrische Wechselwirkung zwischen zwei Punktladungen (Coulomb-Gesetz,) sind typische Fernwirkungsgesetze, die keine Aussagen über die Vermittlung der Kraft machen. Nach der Nahwirkungstheorie (Faraday) geschieht hingegen die Kraftvermittlung mithilfe des Feldbegriffes: Eine Punktmasse oder eine elektrische Ladung verändern den umgebenden Raum, indem sie ein (Gravitations- oder ein elektrisches) Feld erzeugen. Eine zweite Masse oder Ladung erfährt dann eine Kraft, die sich aus der lokalen Stärke des Feldes am Ort der zweiten Masse oder Ladung ergibt: Feldstärke. Im Falle der Gravitation ergibt sich die Kraft $\boldsymbol{F}$ in diesem Bild aus der Masse m und der Gravitationsfeldstärke $\boldsymbol{A}$ am Ort der Masse:

$$\boldsymbol{F} = m\boldsymbol{A}. \quad (1)$$

Die räumliche Richtungsverteilung der Kraft bzw. der Feldstärke in einem solchen Vektorfeld lässt sich besonders anschaulich durch das Feldlinienbild beschreiben: Kraftlinien oder *Feldlinien* sind Raumkurven, deren Tangenten an jeder Stelle P mit der Richtung der Kraft $\boldsymbol{F}$ bzw. des Feldstärkevektors $\boldsymbol{A}$ an dieser Stelle übereinstimmt (Abb. 1).

14.1.2 Planetenbewegung: Kepler-Gesetze

Die Beobachtung der Gestirnbahnen und insbesondere der Planetenbahnen durch den Menschen favorisierte das *geozentrische Weltsystem* (Aristoteles, 384–322 v. Chr.), das die zentrale Stellung der Erde auch philosophisch festlegte. Eine einigermaßen genaue Beschreibung der Planetenbah-

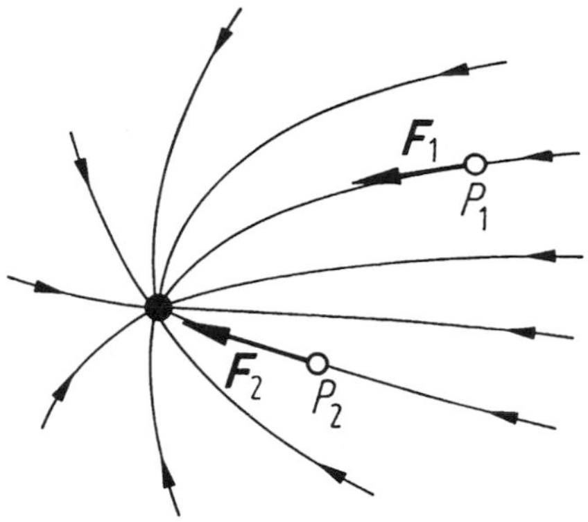

Abb. 1 Feldliniendarstellung eines Kraftfeldes, das von einer Punktquelle ausgeht

nen war in diesem System allerdings nur durch komplizierte Epizykloiden möglich (Ptolemäus, um 100–160 n. Chr.).

Eine einfachere Beschreibung der Planetenbahnen gelang Kopernikus (1473–1543) durch Einführung des *heliozentrischen Weltsystems*, dessen Ursprünge auf Heraklid (4. Jh. v. Chr.) und Aristarch von Samos (3. Jh. v. Chr.) zurückgehen. Danach ließen sich die Planetenbahnen näherungsweise auf Kreisbahnen um die Sonne zurückführen. Gestützt auf die astronomischen Beobachtungen von Kopernikus und vor allem auf die noch ohne Fernrohr durchgeführten, sehr sorgfältigen Messungen von Tycho Brahe (1546–1601) konnte Kepler (1571–1630) drei empirische Gesetzmäßigkeiten über die Bewegung der Planeten gewinnen, die *Kepler'schen Gesetze*:

1. *Kepler'sches Gesetz* (*Astronomia nova*, 1609): Die Planetenbahnen sind Ellipsen, in deren gemeinsamen Brennpunkt die Sonne steht (Abb. 2a).
2. *Kepler'sches Gesetz* (*Astronomia nova*, 1609): Der Radiusvektor $\boldsymbol{r}$ des Planeten überstreicht in gleichen Zeiten Δt gleiche Flächen ΔS (*Flächensatz*) (Abb. 2b):

$$\frac{\mathrm{d}\boldsymbol{S}}{\mathrm{d}t} = \text{const.} \tag{2}$$

3. *Kepler'sches Gesetz* (*Harmonices mundi*, 1619): Die Quadrate der Umlaufzeiten T_i der Planeten verhalten sich wie die Kuben ihrer großen Bahnhalbachsen a_i (Abb. 2c):

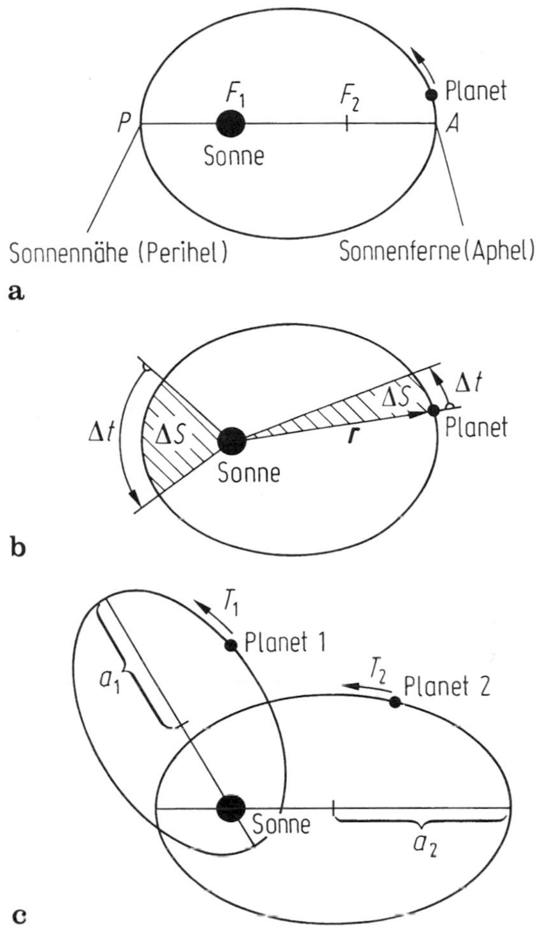

Abb. 2 Kepler-Gesetze: **a** 1. über die Planetenbahnen, **b** 2. über den Flächensatz, **c** 3. über die Umlaufzeiten

$$\frac{T_1^2}{T_2^2} = \frac{a_1^3}{a_2^3} \quad \text{oder} \quad T_i^2 = \text{const} \cdot a_i^3, \tag{3}$$

wobei die Konstante für alle Planeten derselben Sonne gleich ist.

Das vom Radiusvektor $\boldsymbol{r}$ in der Zeit $\mathrm{d}t$ überstrichene Flächenelement ist $\mathrm{d}\,\boldsymbol{S} = \boldsymbol{r} \times \mathrm{d}\,\boldsymbol{r}/2$ (Abb. 3). Der Drehimpuls $\boldsymbol{L}$ des Planeten der Masse m lässt sich damit ausdrücken durch die Flächengeschwindigkeit $\mathrm{d}\boldsymbol{S}/\mathrm{d}t$:

$$\boldsymbol{L} = \boldsymbol{r} \times (m\boldsymbol{v}) = m\left(\boldsymbol{r} \times \frac{\mathrm{d}\boldsymbol{r}}{\mathrm{d}t}\right) = 2m\frac{\mathrm{d}\boldsymbol{S}}{\mathrm{d}t}. \tag{4}$$

Der Flächensatz ist daher eine Folge der Drehimpulserhaltung.

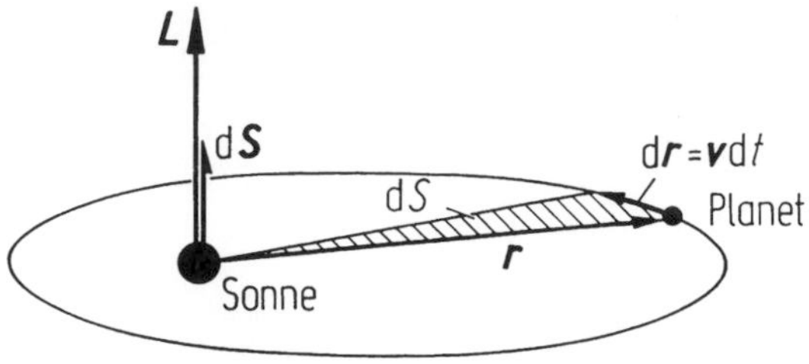

Abb. 3 Zum Flächensatz (2. Kepler-Gesetz)

14.1.3 Newton'sches Gravitationsgesetz

Kepler hatte bereits die Vorstellung einer Anziehungskraft zwischen Planeten und Sonne entwickelt, die die Planeten entgegen ihrer Trägheit auf Ellipsenbahnen hält, und den Namen Gravitation hierfür eingeführt. Für den Fall der kreisförmigen Planetenbahn lässt sich die Gravitationskraft leicht aus den Kepler'schen Gesetzen (siehe Abschn. 14.1.2) herleiten:

Wegen der Gültigkeit des Flächensatzes (2. Kepler'sches Gesetz), d. h. der Drehimpulserhaltung, handelt es sich um eine Zentralkraft (vgl. ▶ Abschn. 10.2.8 im Kap. 10, „Mechanik von Massenpunkten"). Die Zentripetalkraft auf den Planeten der Masse m in der Kreisbahn (Sonderfall des 1. Kepler'schen Gesetzes) mit dem Radius r

$$F_{\mathrm{g}} = m\omega^2 r = \frac{4\pi^2 mr}{T^2} \tag{5}$$

wird durch die Gravitationsanziehung ausgeübt (Abb. 4). Mit dem 3. Kepler'schen Gesetz (3) und $a = r$ folgt daraus

$$F_{\mathrm{g}} = \mathrm{const}\frac{m}{r^2}, \tag{6}$$

wobei die Konstante für alle Planeten einer Sonne der Masse M gleich ist (vgl. Abschn. 14.1.2). Nach dem Reaktionsgesetz (66) im ▶ Kap. 10, „Mechanik von Massenpunkten" ziehen sich die Massen M und m gegenseitig an, sodass F_{g} auch $\sim M$ sein muss. Aus (6) folgt

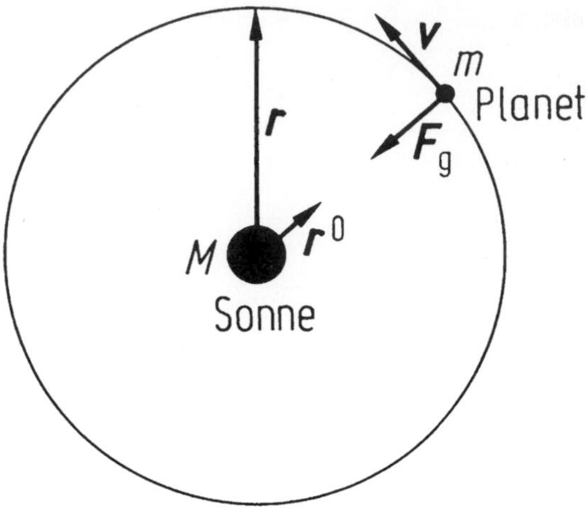

Abb. 4 Zur Herleitung des Newton'schen Gravitationsgesetzes

dann in vektorieller Schreibweise das *Newton'sche Gravitationsgesetz*

$$\boldsymbol{F}_{\mathrm{g}} = -G\frac{Mm}{r^2}\boldsymbol{r}^0, \tag{7}$$

$\boldsymbol{r}^0$ Einheitsvektor in Richtung des Radiusvektors (Abb. 4).
$G = (6{,}67408 \pm 0{,}00032) \cdot 10^{-11}\ \mathrm{N \cdot m^2/kg^2}$ Gravitationskonstante.

Newton hat 1665 gezeigt, dass aus dem Kraftgesetz $F \sim r^{-2}$ (7) die elliptischen Umlaufbahnen des 1. Kepler'schen Gesetzes folgen, siehe Abschn. 14.1.5 (*Philosophiae naturalis principia mathematica*, 1687).

Die Gravitationskonstante G selbst ist nicht aus den Planetenbewegungen bestimmbar, sondern nur GM. Sie muss deshalb durch die direkte Messung der Anziehungskraft zwischen zwei bekannten Massen bestimmt werden. Obwohl die Gravitationsanziehung zwischen zwei wägbaren Massen außerordentlich klein ist, sodass sie normalerweise nicht bemerkt wird, kann sie mit der Drehwaage nach Cavendish (1798) gemessen werden (Abb. 5). Im Prinzip wird dabei die Beschleunigung a einer kleinen Masse m infolge der Massenanziehung durch eine größere Masse M im Abstand r mithilfe eines langen Lichtzeigers gemessen und daraus die Gravitationskraft bestimmt.

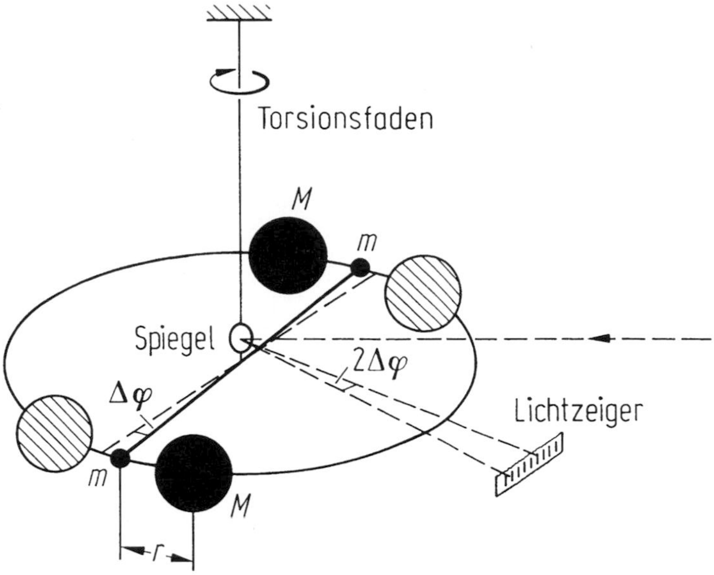

Abb. 5
Gravitationsdrehwaage nach Cavendish. Die Massen M können in zwei symmetrische Positionen gebracht werden

14.1.4 Das Gravitationsfeld

Die Geometrie eines Gravitationsfeldes lässt sich durch Feldlinien beschreiben, die die Richtung der *Gravitationsfeldstärke* $\boldsymbol{A}$ (1) in jedem Punkt angeben. Der Vergleich von (1) mit dem Newton'schen Kraftgesetz (59) im ▶ Kap. 10, „Mechanik von Massenpunkten" zeigt, dass im Falle der Gravitation die Feldstärke gleich der durch sie bewirkten Gravitationsbeschleunigung a_g auf eine Punktmasse m ist:

$$A \equiv \frac{F_g}{m} = a_g, \qquad (8)$$

$$\text{SI-Einheit}: \quad [A] = [a_g] = \mathrm{m/s^2}.$$

Aus dieser Definition von $\boldsymbol{A}$ und dem Gravitationsgesetz (7) folgt für die von einer Punktmasse M erzeugte Gravitationsfeldstärke

$$\boldsymbol{A} = \boldsymbol{a}_g = -G\frac{M}{r^2}\boldsymbol{r}^0. \qquad (9)$$

Dieselbe Gravitationsfeldstärke herrscht im Außenraum einer kugelsymmetrischen, ausgedehnten Masse M vom Radius R, die demnach für $r > R$ dieselbe Gravitationsfeldstärke oder -beschleunigung erzeugt wie eine gleich große Punktmasse im Abstand r. Dies wird später im analogen Fall der homogen elektrisch geladenen Kugel gezeigt (▶ Abschn. 15.1.2 im Kap. 15, „Elektrische Wechselwirkung"). Eine näherungsweise kugelsymmetrische Massenverteilung wie die Erde (Masse M_E, Erdradius $R_E = 6371$ km) zeigt daher an der Erdoberfläche eine Gravitationsbeschleunigung

$$\boldsymbol{a}_g = \boldsymbol{A} = -G\frac{M_E}{R_E^2}\boldsymbol{r}^0 = \boldsymbol{g}, \qquad (10)$$

die den Betrag der Fallbeschleunigung $g \approx 9{,}81\ \mathrm{m/s^2}$ hat. Aus (10) folgt dann sofort für die *Masse der Erde* (ohne Atmosphäre) die Abschätzung

$$M_E = \frac{gR_E^2}{G} = 5{,}9675 \cdot 10^{24}\ \mathrm{kg}. \qquad (11)$$

(Als richtiger Wert gilt (IAU, 1984) $M_E = 5{,}9742 \cdot 10^{24}$ kg).

Aufgrund der Kenntnis der Gravitationskonstante G kann auch die Masse anderer Himmelskörper aus dem Abstand r und der Umlaufzeit T ihrer Satelliten bestimmt werden, z. B. im System Sonne – Planet oder Planet – Mond. Einige

Tab. 2 Daten unseres Sonnensystems. (Werte nach Gerthsen/Vogel, 20. Aufl.)

Körper	Masse	mittlerer Äquatorradius	siderische Rotationsperiode[a]	große Bahnhalbachse	Exzentrizität	siderische Umlaufzeit
	M	R	T_r	a	ε	T
	10^{24} kg	km	d	10^6 km		a = 365 d
Sonne	$1{,}989 \cdot 10^6$	696.000	27	–	–	–
Merkur	0,3302	2440	58,65	57,91	0,206	0,240
Venus	4,869	6052	−243	108,21	0,007	0,616
Erde	5,9742	6378,137	0,99726968	149,598	0,016751	1,000702
Erdmond	0,07348	1738	27,322	0,3844	0,0549	0,075
Mars	0,6419	3397	1,026	227,94	0,093	1,88
Jupiter	1898,8	71492	0,4135	778,3	0,048	11,86
Saturn	568,5	60.268	0,4375	1427	0,056	29,46
Uranus	86,62	25.559	−0, 65	2871	0,046	84,02
Neptun	102,8	24.764	0,678	4497	0,010	164,79
Pluto	0,015	1151	−6, 387	5914	0,249	247,69

[a]negative Werte kennzeichnen entgegengesetzten Rotationssinn

Daten unseres Sonnensystems zeigt Tab. 2. Für Kreisbahnen folgt aus

$$F_g = G\frac{Mm}{r^2} = mr\omega^2 = mr\frac{4\pi^2}{T^2} \qquad (12)$$

für die Masse des Zentralkörpers ($M \gg m$)

$$M = \frac{4\pi^2 r^3}{GT^2}. \qquad (13)$$

Aus (9) und (11) ergibt sich ferner für den Betrag der Gravitationsfeldstärke bzw. -beschleunigung in größerer Entfernung r vom Erdmittelpunkt

$$A_a = a_g = G\frac{M_E}{r^2} = g\frac{R_E^2}{r^2} \quad \text{für} \quad r > R_E. \qquad (14)$$

Es lässt sich zeigen, dass Massen im Innern einer homogen mit Masse erfüllten Kugelschale keine Kraft erfahren, da sich die Gravitationswirkungen aller Massenelemente der Kugelschale im Inneren gegenseitig aufheben. Die Gravitationsfeldstärke an einer Stelle r im Innern einer Vollkugel (Abb. 6), z. B. der Erde, ergibt sich daher allein aus der Gravitationswirkung der Masse $m = 4\pi r^3\varrho/3$ innerhalb des Radius r (konstante Dichte ϱ angenommen):

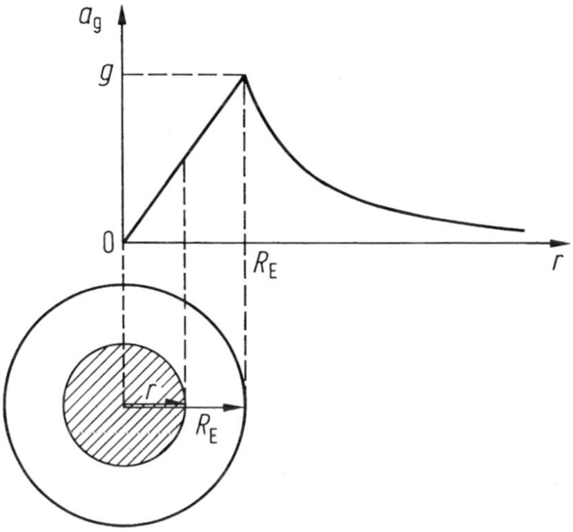

Abb. 6 Gravitationsfeldstärke bzw. -beschleunigung innerhalb und außerhalb der als homogen angenommenen Erdkugel

$$A_i = a_g = \frac{4}{3}\pi\varrho G r = G\frac{M_E}{R_E^3} r \quad \text{für} \quad r < R_E. \qquad (15)$$

Gravitationspotenzial und potenzielle Energie
Zur Bewegung einer Masse m in einem Gravitationsfeld $\boldsymbol{A}(\boldsymbol{r})$ von $\boldsymbol{r}_1$ nach $\boldsymbol{r}_2$ (Abb. 7) gegen die Feldkraft $\boldsymbol{F}_g$ ist eine Arbeit

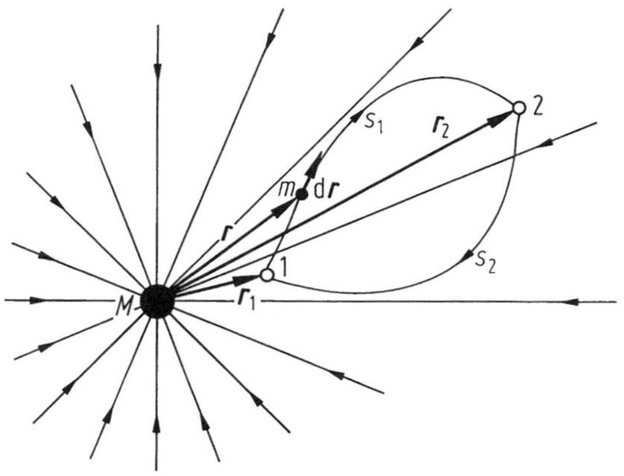

Abb. 7 Zur Arbeit bei Verschiebung einer Masse im Gravitationsfeld

$$W_{12} = -\int_1^2 \boldsymbol{F}_\mathrm{g} \cdot \mathrm{d}\boldsymbol{r} = -m \int_1^2 \boldsymbol{A} \cdot \mathrm{d}\boldsymbol{r} \qquad (16)$$

erforderlich. Längs eines geschlossenen Weges $s_1 + s_2$ (Abb. 7) muss dagegen die Arbeit null sein, da anderenfalls beim Herumführen einer Masse auf einer geschlossenen Bahn ohne Zustandsänderung des Feldes Arbeit gewonnen werden könnte (Verstoß gegen den Energieerhaltungssatz), d. h.,

$$\oint \boldsymbol{A} \cdot \mathrm{d}\boldsymbol{r} = 0. \qquad (17)$$

Aus (17) folgt weiter, dass die Arbeit längs zweier verschiedener Wege s_1 und $-s_2$ zwischen 1 und 2 gleich ist, da

$$\int_{s_1} \boldsymbol{A} \cdot \mathrm{d}\boldsymbol{r} = \int_{-s_2} \boldsymbol{A} \cdot \mathrm{d}\boldsymbol{r} \qquad (18)$$

d. h., die Arbeit im Gravitationsfeld ist unabhängig vom Wege: die Gravitationskraft ist eine *konservative Kraft* (vgl. ▶ Abschn. 10.3.2 im Kap. 10, „Mechanik von Massenpunkten").

W_{12} hängt daher nur von $\boldsymbol{r}_1$ und $\boldsymbol{r}_2$ ab. Analog zu ▶ Abschn. 10.3.2 im Kap. 10, „Mechanik von Massenpunkten" lässt sich dann eine nur vom Ort abhängige *potenzielle Energie* $E_\mathrm{p}(\boldsymbol{r})$ so angeben, dass die für die Verschiebung aufzuwendende Arbeit als Differenz zweier potenzieller Energien darzustellen ist:

$$W_{12} = E_\mathrm{p}(\boldsymbol{r}_2) - E_\mathrm{p}(\boldsymbol{r}_1). \qquad (19)$$

Da nach (16) die Größe der bewegten Masse m in die potenzielle Energie eingeht, ist es sinnvoll, die massenunabhängige Größe des *Gravitationspotenzials* $V_\mathrm{g}(\boldsymbol{r})$ einzuführen:

$$V_\mathrm{g}(\boldsymbol{r}) \equiv \frac{E_\mathrm{p}(\boldsymbol{r})}{m} \qquad (20)$$

$$\text{SI-Einheit}: \quad [V_\mathrm{g}] = \mathrm{J/kg} = \mathrm{m^2/s^2}.$$

Die Arbeit W_{12} gemäß (16) für die Verschiebung der Masse m von $\boldsymbol{r}_1$ nach $\boldsymbol{r}_2$ lässt sich mit (20) auch durch eine Potenzialdifferenz ausdrücken:

$$W_{12} = -m \int_1^2 \boldsymbol{A} \cdot \mathrm{d}\boldsymbol{r} = m\left[V_\mathrm{g}(\boldsymbol{r}_2) - V_\mathrm{g}(\boldsymbol{r}_1)\right]. \qquad (21)$$

Da es zur Berechnung der Arbeit oder der Feldstärke (bzw. der Kraft) stets nur auf Differenzen der potenziellen Energie (19) und (24) oder des Potenzials (21) und (23) ankommt, kann der Nullpunkt der potenziellen Energie bzw. des Potenzials frei gewählt werden. Bei *Zentralfeldern* ist es üblich, den Nullpunkt in die Entfernung $\boldsymbol{r}_2 = \infty$ zu legen, d. h., $E_\mathrm{p}(\infty) = 0$ und $V_\mathrm{g}(\infty) = 0$. Dann folgt aus (21) für das Gravitationspotenzial an der Stelle $\boldsymbol{r}$

$$V_\mathrm{g}(\boldsymbol{r}) = \frac{W_{\infty \vec{r}}}{m} = -\int_\infty^r \boldsymbol{A} \cdot \mathrm{d}\boldsymbol{r} \qquad (22)$$

als auf die Masse bezogene Verschiebungsarbeit aus dem Unendlichen an die Stelle $\boldsymbol{r}$ bzw. als Wegintegral der Gravitationsfeldstärke. Die Umkehrung des Zusammenhanges (22) zwischen

Gravitationspotenzial und -feldstärke lautet (vgl. ► Abschn. 10.3.2 im Kap. 10, „Mechanik von Massenpunkten")

$$\boldsymbol{A} = -\text{grad } V_{\text{g}}(\boldsymbol{r}). \tag{23}$$

Durch Multiplikation mit der Masse m folgt daraus mit (1) und (13) der bereits bekannte Zusammenhang (102) im ► Kap. 10, „Mechanik von Massenpunkten" zwischen Kraft und potenzieller Energie

$$\boldsymbol{F}_{\text{g}} = -\text{grad } E_{\text{p}}(\boldsymbol{r}). \tag{24}$$

Aus dem differenziell geschriebenen Zusammenhang (22)

$$\text{d}V_{\text{g}}(\boldsymbol{r}) = -\boldsymbol{A} \cdot \text{d}\boldsymbol{r} \tag{25}$$

folgt, dass Flächen, die überall senkrecht zur Gravitationsfeldstärke sind, Flächen konstanten Gravitationspotenzials (Äquipotenzialflächen) darstellen, weil Wegelemente d$\boldsymbol{r}$, die in solchen Flächen liegen, stets senkrecht zu $\boldsymbol{A}$ sind. Aus (25) folgt dann weiter $\text{d}V_{\text{g}}(\boldsymbol{r}) = 0$, d. h., $V_{\text{g}}(\boldsymbol{r}) = \text{const}$:

Äquipotenzialflächen stehen senkrecht auf Feldlinien.

Potenzialflächen kugelsymmetrischer Massen sind demnach konzentrische Kugelflächen.

Für das Gravitationspotenzial der Erde ergibt sich aus (11), (14) und (22) nach Integration

$$V_{\text{g}}(r) = -G\frac{M_{\text{E}}}{r} = -\frac{gR_{\text{E}}^2}{r}, \tag{26}$$

und daraus an der Erdoberfläche, $r = R_{\text{E}}$,

$$V_{\text{g}}(R_{\text{E}}) = -gR_{\text{E}}. \tag{27}$$

Die Arbeit im Gravitationsfeld der Erde ist nach (21) mit (26)

$$\begin{aligned} W_{12} &= GM_{\text{E}}m\left(\frac{1}{r_1} - \frac{1}{r_2}\right) \\ &= mgR_{\text{E}}^2\left(\frac{1}{r_1} - \frac{1}{r_2}\right). \end{aligned} \tag{28}$$

Die Beziehungen (26) bis (28) gelten sinngemäß auch für andere Himmelskörper.

Fluchtgeschwindigkeit

Wird einem Körper (z. B. einem Raumfahrzeug) in der Nähe der Erdoberfläche $r \approx R_{\text{E}}$ eine kinetische Energie erteilt, die ausreicht, um die Arbeit (28)

$$\begin{aligned} W_{\text{R}\infty} &= m\left[V_{\text{g}}(\infty) - V_{\text{g}}(R_{\text{E}})\right] \\ &= E_{\text{k}}(R_{\text{E}}) = \frac{m}{2}v_{\text{f}}^2 \end{aligned} \tag{29}$$

gegen die Gravitationsanziehung zu leisten, so bewegt er sich ohne weiteren Antrieb bis $r \to \infty$. Die dazu erforderliche Geschwindigkeit ergibt sich aus (27) und (29) unter Beachtung von $V_{\text{g}}(\infty) = 0$ zu

$$\begin{aligned} v_{\text{f}} &= \sqrt{2gR_{\text{E}}} \approx 11{,}2 \text{ km/s} \\ &\approx 40200 \text{ km/h}, \end{aligned} \tag{30}$$

Fluchtgeschwindigkeit der Erde oder *2. astronautische Geschwindigkeit* genannt (vgl. Abschn. 14.1.5, (49)).

14.1.5 Satellitenbahnen im Zentralfeld

Im Folgenden soll die Bahngleichung der Bewegung eines Körpers der Masse m im Feld einer ruhenden Zentralmasse $\boldsymbol{M}$ ($\gg m$), d. h. unter Einwirkung einer Zentralkraft, berechnet werden. Übergang zu Polarkoordinaten ergibt für die Geschwindigkeit (Abb. 8)

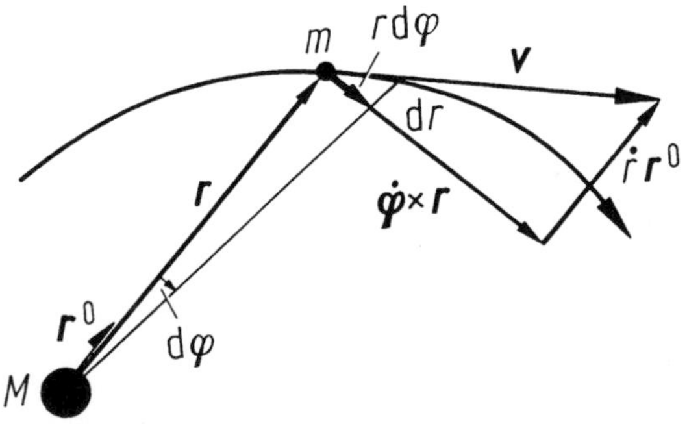

Abb. 8 Zur Berechnung der Geschwindigkeit in Polarkoordinaten

$$\boldsymbol{v} = \dot{\boldsymbol{\varphi}} \times \boldsymbol{r} + \dot{r}\boldsymbol{r}^0 \quad \text{und daraus} \, v^2 = \dot{r}^2 + r^2\dot{\varphi}^2. \tag{31}$$

Der bei Zentralkräften geltende Drehimpulserhaltungssatz liefert

$$L = mr^2\dot{\varphi} = \text{const} \quad \text{und daraus} \, \mathrm{d}\varphi = \frac{L}{mr^2}\,\mathrm{d}t. \tag{32}$$

Der Energieerhaltungssatz lautet mit (31) und (32)

$$E = E_\mathrm{k} + E_\mathrm{p} = \frac{m}{2}\dot{r}^2 + \frac{L^2}{2mr^2} + E_\mathrm{p} = \text{const}. \tag{33}$$

Durch Auflösen nach dt und Ersetzen durch dΦ aus (32) erhält man die allgemeine Bahngleichung in Polarkoordinaten für die Bewegung im Zentralfeld:

$$\varphi(r) = \int \frac{L/r^2}{\sqrt{2m(E - E_\mathrm{p}) - (L/r)^2}}\,\mathrm{d}r + \text{const}. \tag{34}$$

Im vorliegenden Fall einer Zentralkraft von der allgemeinen Form

$$\boldsymbol{F} = -\frac{\Gamma}{r^2}\boldsymbol{r}^0, \tag{35}$$

wie sie bei der Gravitationskraft ($\Gamma = G\,M\,m$) oder bei der Coulomb-Kraft ($\Gamma = -Q\,q/4\pi\varepsilon_0$, siehe ▶ Kap. 15, „Elektrische Wechselwirkung") zutrifft, hat entsprechend Abschn. 14.1.4 die potenzielle Energie die Form

$$E_\mathrm{p} = -\frac{\Gamma}{r}. \tag{36}$$

Nach Einsetzen von E_p in die allgemeine Bahngleichung (34) und Anwendung der Substitution $1/r = -w$ und $\mathrm{d}r = r^2\,\mathrm{d}w$ lässt sich die Integration ausführen mit dem Ergebnis

$$\varphi(r) = \arcsin \frac{1 - \dfrac{L^2}{m\Gamma r}}{\sqrt{1 + \dfrac{2EL^2}{m\Gamma^2}}} + \text{const}. \tag{37}$$

Durch Einführung der Abkürzungen

$$p = \frac{L^2}{m\Gamma} \quad \text{und} \quad \varepsilon = \sqrt{1 + \frac{2EL^2}{m\Gamma^2}} \tag{38}$$

und geeignete Wahl des Nullpunktes für Φ ergibt sich schließlich aus (37) als Bahngleichung die Polarkoordinatendarstellung eines Kegelschnittes

$$r = \frac{p}{1 - \varepsilon\cos\varphi} \tag{39}$$

mit der Exzentrizität ε und dem Bahnparameter p (Abb. 9).

$r + r' = 2\,a$ Definition der Ellipse, a halbe Hauptachse, b halbe Nebenachse, F_1, F_2 Brennpunkte, $e = \sqrt{a^2 - b^2}$ Brennweite, $\varepsilon = e/a < 1$ Exzentrizität, $p = b^2/a$ Bahnparameter, $R_\mathrm{a} = p$ Hauptachsenscheitel-Krümmungsradius,
$R_\mathrm{b} = a^2/b$ Nebenachsenscheitel-Krümmungsradius

Je nach Größe der Gesamtenergie E ergeben sich nach (38) unterschiedliche Bahnformen:

$E < 0$, $\varepsilon < 1$: Ellipse
$E = 0$, $\varepsilon = 1$: Parabel
$E > 0$, $\varepsilon > 1$: Hyperbel.

Eine geschlossene Bahn (gebundener Zustand) erhält man also nur für negative Gesamtenergie, d. h., wenn die kinetische Energie überall auf der

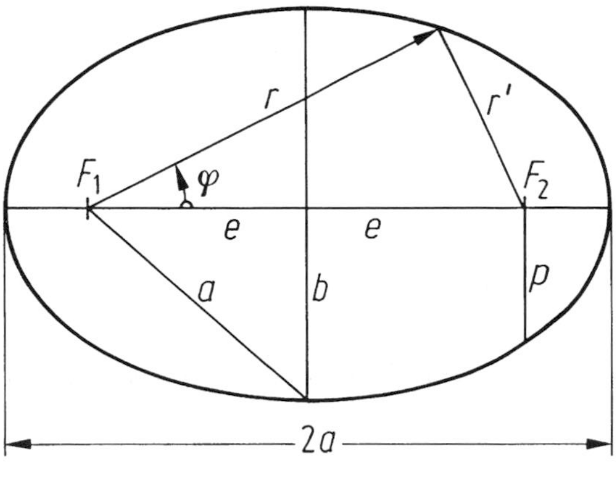

Abb. 9 Zur Geometrie der Ellipse

Bahn kleiner ist als der Betrag der negativen potenziellen Energie. Bei positiver potenzieller Energie, d. h. bei abstoßender Zentralkraft (z. B. zwischen elektrischen Ladungen gleichen Vorzeichens, siehe ► Kap. 15, „Elektrische Wechselwirkung"), sind nur Hyperbelbahnen möglich (ungebundener Zustand), da bei $E > 0$ nach (38) die Exzentrizität $\varepsilon > 1$ ist.

Kreisbahngeschwindigkeit von Satelliten

Für einen Satelliten auf einer Kreisbahn im Abstand r vom Erdmittelpunkt bzw. in der Höhe h über der Erdoberfläche (Abb. 11) erhält man aus der Gleichsetzung des Ausdruckes für die Zentripetalkraft (72) im ► Kap. 10, „Mechanik von Massenpunkten" mit der Gravitationskraft (7) unter Beachtung von (11)

$$v_\circ = \sqrt{\frac{GM_\mathrm{E}}{r}} = R_\mathrm{E}\sqrt{\frac{g}{r}} = R_\mathrm{E}\sqrt{\frac{g}{R_\mathrm{E}+h}}. \quad (40)$$

Die Kreisbahngeschwindigkeit hängt nicht von der Satellitenmasse, sondern allein von der Höhe h ab, wodurch antriebsfreie Gruppenflüge von Raumschiffen in der gleichen Bahn möglich sind. Satelliten in geringer Höhe (z. B. $h = 100$ km $\ll R_\mathrm{E} \approx 6371$ km) haben nach (40) eine Kreisbahngeschwindigkeit

1\. *astronautische Geschwindigkeit*

$$v_\circ(R_\mathrm{E}) = \sqrt{gR_\mathrm{E}} = 7{,}9\,\mathrm{km/s} \approx 28500\,\mathrm{km/h} \quad (41)$$

und benötigen daher knapp 1,5 h für eine Erdumkreisung.

Synchronsatelliten haben die gleiche Winkelgeschwindigkeit wie die Erdrotation (ω_E). Wenn ihre Bahnebene in der Äquatorebene der Erde liegt, bewegen sie sich stationär über einem Punkt des Äquators (Fernsehsatelliten!). Mit der Bedingung $v_\circ = \omega_\mathrm{E}(R_\mathrm{E} + h)$ folgt für die Bahnhöhe der Synchronsatelliten aus (40)

$$h = \sqrt[3]{\frac{gR_\mathrm{E}^2}{\omega_\mathrm{E}^2}} - R_\mathrm{E} \approx 36000\,\mathrm{km}. \quad (42)$$

Bahnenergie

Für die Diskussion der möglichen Bahnformen von Satellitenbahnen ist es zweckmäßig, die Gesamtenergie E zu betrachten. Aus (38) erhält man zusammen mit den Beziehungen zwischen den Ellipsenparametern (Abb. 9)

$$E = -\frac{\Gamma}{2a}, \quad (43)$$

d. h., die Gesamtenergie ist durch die Länge der Ellipsen-Hauptachse 2 a bestimmt.

Im Fall der Gravitationsanziehung durch die Erde ist $\Gamma = G\,M_\mathrm{E}\,m > 0$. Zu einer endlich langen, positiven halben Hauptachse a (Ellipse, $\varepsilon < 1$) gehört nach (43) eine negative Gesamtenergie (Abb. 10)

$$E = -\frac{1}{2}G\frac{M_\mathrm{E}m}{a}, \quad (44)$$

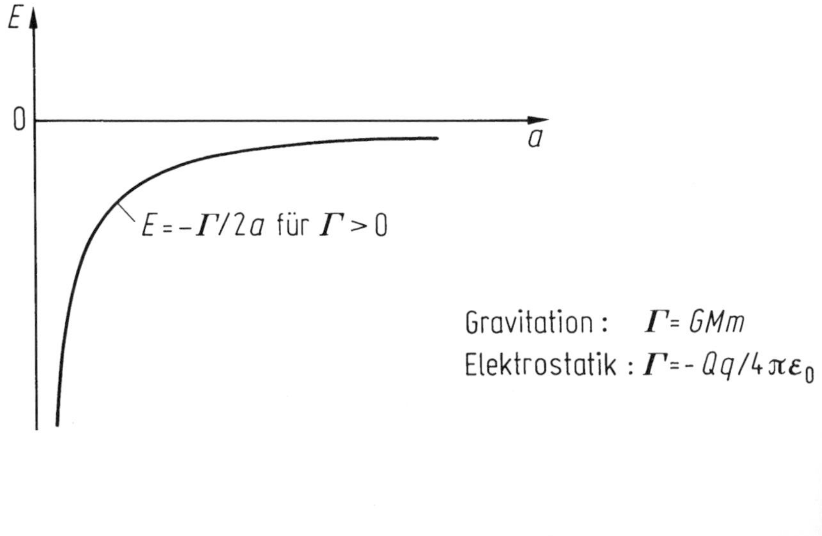

Abb. 10 Gesamtenergie bei Ellipsenbahnen als Funktion der großen Bahnachse

d. h., die stets positive kinetische Energie bleibt in jedem Bahnpunkt kleiner als der Betrag der negativen potenziellen Energie (36)

$$E_p = -G\frac{M_E m}{r} = -\frac{gR_E^2 m}{r}. \quad (45)$$

Im Fall der Kreisbahn wird $a = r$ und $\varepsilon = 0$. Für die kinetische Energie ergibt sich dann mit (40)

$$E_k = \frac{m}{2}v_\circ^2 = \frac{1}{2}G\frac{M_E m}{r} = -\frac{1}{2}E_p, \quad (46)$$

und die *Gesamtenergie* bei der *Kreisbahn* beträgt

$$E = E_k + E_p = -\frac{1}{2}G\frac{M_E m}{r} = \frac{1}{2}E_p. \quad (47)$$

Lässt man in (44) $a \to \infty$ gehen, so wird $E = 0$ und die Ellipse geht in eine Parabel ($\varepsilon = 1$) über. In diesem Fall ist die kinetische Energie $E_k = -E_p$ (d. h., $E_k(\infty) = 0$), und für die Geschwindigkeit des Satelliten folgt mit (45)

$$v = R_E\sqrt{\frac{2g}{r}}. \quad (48)$$

Im Scheitelpunkt der Parabel $r = R_E + h$ (Abb. 11) ergibt sich daraus als notwendige Einschussgeschwindigkeit in die Parabelbahn und damit als Fluchtgeschwindigkeit für die Starthöhe h das $\sqrt{2}$-fache der Kreisbahngeschwindigkeit (40)

$$v_f = R_E\sqrt{\frac{2g}{R_E + h}} = v_\circ\sqrt{2}. \quad (49)$$

Bei niedriger Starthöhe $h \ll R_E$ folgt daraus der schon aus einer einfacheren Energiebetrachtung erhaltene Wert $v_f(R_E) = \sqrt{2gR_E} = 11{,}2\ \mathrm{km/s}$ für die 2. astronautische Geschwindigkeit (30).

Für die Sonne als Zentralkörper und die Erde als Startpunkt für eine Parabelbahn um die Sonne ergibt sich analog die 3. astronautische Geschwindigkeit $v_3 \approx 16$ km/s.

Bei Einschussgeschwindigkeiten $v > v_f$ gemäß (47) wird $E > 0$, das entspricht formal einem negativen Wert der großen Bahnachse 2 a in (43). Eine positive Gesamtenergie bedeutet nach (38) $\varepsilon > 1$, also Hyperbelbahnen (Abb. 11). In diesem Fall hat die kinetische Energie selbst für $r \to \infty$ einen nicht verschwindenden Wert.

Drehimpuls bei Ellipsenbahnen

Während die Bahnenergie E nach (43) allein von der Länge der Hauptachse 2 a der Bahnellipse abhängt, ist der Bahndrehimpuls L zusätzlich von der Länge der Nebenachse 2 b abhängig. Aus (38) und (43) sowie $p = b^2/a$ (Abb. 9) folgt

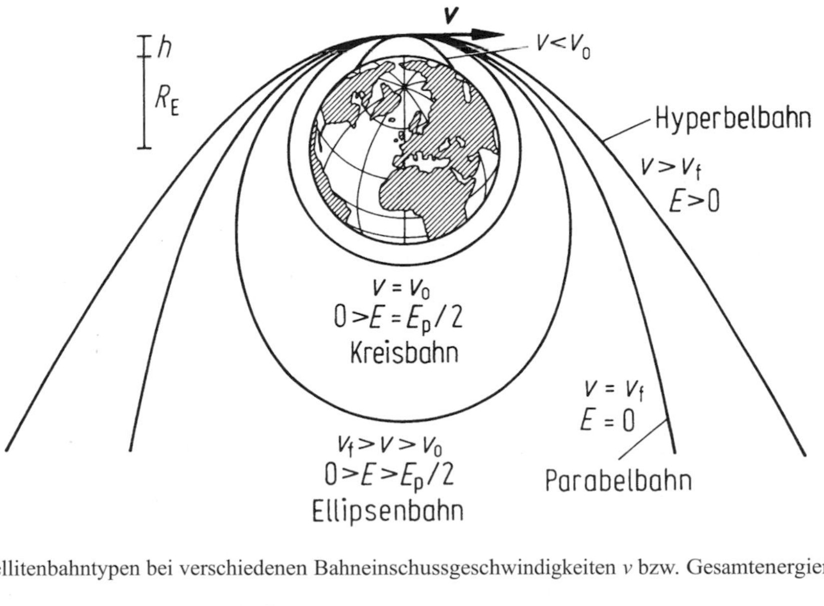

Abb. 11 Satellitenbahntypen bei verschiedenen Bahneinschussgeschwindigkeiten v bzw. Gesamtenergien E

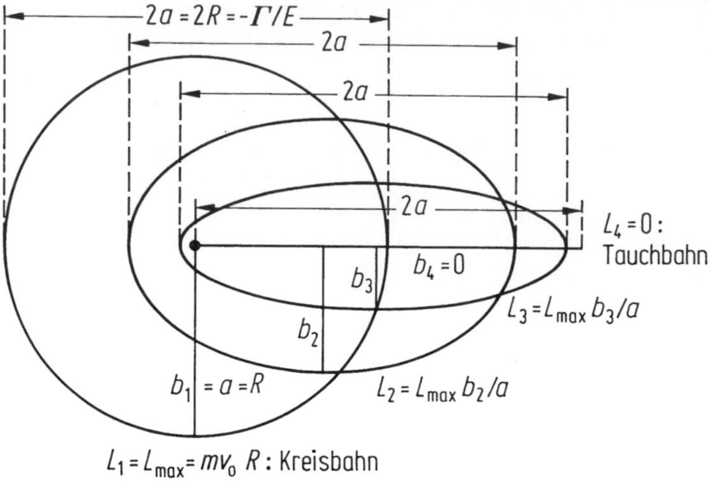

Abb. 12 Ellipsenbahnen gleicher Energie mit unterschiedlichen Drehimpulsen

$$L = \frac{b}{a}\sqrt{am\Gamma} = b\sqrt{-2mE}. \quad (50)$$

Der Maximalwert des Drehimpulses liegt für die Kreisbahn $b = a$ vor:

$$L_{\max} = \sqrt{am\Gamma}: \quad L = \frac{b}{a}L_{\max}. \quad (51)$$

Im Grenzfall der linearen Tauchbahn ($b = 0$) verschwindet der Drehimpuls. Ellipsenbahnen gleicher Bahnenergie können also verschiedene Drehimpulse haben. Dies ist ein wesentlicher Aspekt des Bohr-Sommerfeld'schen Atommodells (siehe ▶ Abschn. 17.2.1.1 im Kap. 17, „Elektrische Leitungsmechanismen"). Abb. 12 zeigt einige Beispiele.

Literatur

Handbücher und Nachschlagewerke

Bergmann, Schaefer (1999–2006) Lehrbuch der Experimentalphysik, 8 Bde, Versch. Aufl. de Gruyter, Berlin
Greulich W (Hrsg) (2003) Lexikon der Physik, 6 Bde. Spektrum Akademischer Verlag, Heidelberg
Hering E, Martin R, Stohrer M (2017) Taschenbuch der Mathematik und Physik, 6. Aufl. Springer, Berlin
Kuchling H (2014) Taschenbuch der Physik, 21. Aufl. Hanser, München
Rumble J (Hrsg) (2018) CRC Handbook of chemistry and physics, 99. Aufl. Taylor & Francis Ltd, London
Stöcker H (2018) Taschenbuch der Physik, 8. Aufl. Europa-Lehrmittel Nourney, Vollmer GmbH & Co. KG, Haan-Gruiten
Westphal W (Hrsg) (1952) Physikalisches Wörterbuch. Springer, Berlin

Allgemeine Lehrbücher

Alonso M, Finn E (2000) Physik, 3. Aufl. de Gruyter, Oldenbourg
Berkeley Physik-Kurs (1991) 5 Bde. Versch. Aufl. Vieweg+Teubner Verlag, Braunschweig
Demtröder W (2017) Experimentalphysik, 4 Bde, 5–8. Aufl. Springer Spektrum, Berlin
Feynman RP, Leighton RB, Sands M (2015) Vorlesungen über Physik, 5 Bde., Versch. Aufl. de Gruyter, Berlin
Gerthsen C, Meschede C (2015) Physik, 25. Aufl. Springer Spektrum, Berlin
Halliday D, Resnick R, Walker J (2017) Physik, 3. Aufl. Wiley-VCH, Weinheim
Hänsel H, Neumann W (2000–2002) Physik, 4 Bde. Spektrum Akademischer Verlag, Heidelberg
Hering E, Martin R, Stohrer M (2016) Physik für Ingenieure, 12. Aufl. Springer Vieweg, Berlin
Niedrig H (1992) Physik. Springer, Berlin
Orear J (1992) Physik, 2 Bde., 4. Aufl. Hanser, München
Paul H (Hrsg) (2003) Lexikon der Optik, 2 Bde. Springer Spektrum, Berlin
Stroppe H (2018) Physik, 16. Aufl. Hanser, München
Tipler PA, Mosca G (2015) Physik, 7. Aufl. Springer Spektrum, Berlin

Elektrische Wechselwirkung 15

Heinz Niedrig und Martin Sternberg

Zusammenfassung

Beginnend mit dem Coulomb'schen Gesetz werden die Gesetzmäßigkeiten des elektrischen Felds sowie die Bewegung von Ladungsträgern im Feld entwickelt. Aus der Arbeit im elektrischen Feld werden die Zusammenhänge von potenzieller Energie, Potenzial, Spannung, Ladung und Feldstärke hergeleitet. Es schließen sich Abschnitte zur Quantisierung der elektrischen Ladung, zur Energieaufnahme im elektrischen Feld sowie zum elektrischen Strom an. Schließlich wird das Verhalten von Materie im elektrischen Feld untersucht.

15.1 Elektrische Wechselwirkung

15.1.1 Elektrische Ladung, Coulomb'sches Gesetz

Materielle Körper lassen sich in einen „elektrisch geladenen" Zustand versetzen (z. B. durch Reiben von manchen nichtmetallischen Stoffen), in dem sie Kräfte auf andere „elektrisch geladene" Körper ausüben, die nicht auf Gravitationsanziehung zurückzuführen sind. Auf den gleichen Stoffen gleichartig erzeugte *elektrische Ladungen* stoßen sich ab. Es existieren jedoch zwei verschiedene Arten der elektrischen Ladung (entdecht von du Fay 1733), die sich gegenseitig anziehen: Positive und negative Ladungen. Die Definition der Vorzeichen ist willkürlich und ist historisch bedingt (Einführung durch Lichtenberg 1777): Harze, z. B. Bernstein, mit Katzenfell gerieben: (+); Glas mit Leder gerieben: (−). Nach heutiger Auffassung ist die elektrische Ladung neben Ruhemasse und Spin eine grundlegende Eigenschaft der Elementarteilchen. In der uns umgebenden Materie sind die geladenen Elementarteilchen normalerweise die negativ geladenen Elektronen und die positiv geladenen Protonen (siehe ▶ Abschn. 17.2.1 im Kap. 17, „Elektrische Leitungsmechanismen").

Das Kraftgesetz für die Abstoßung bzw. Anziehung zwischen zwei Ladungen Q und q gleichen bzw. entgegengesetzten Vorzeichens wurde experimentell von Coulomb im Jahr 1785 mithilfe der von ihm erfundenen Torsionswaage gefunden. Das Prinzip der Torsionswaage wurde später auch von Cavendish für die Gravitationsdrehwaage (Abb. 5 im ▶ Kap. 14, „Gravitationswechselwirkung") eingesetzt, wobei dort die elektrisch geladenen Körper durch elektrisch neutrale Massen ersetzt wurden. Das Kraftgesetz entspricht hinsichtlich Form und Abstandsverhalten völlig dem Gravitationsgesetz und heißt *Coulomb'sches Gesetz:*

H. Niedrig
Technische Universität Berlin (im Ruhestand), Berlin, Deutschland
E-Mail: heinz.niedrig@t-online.de

M. Sternberg (✉)
Hochschule Bochum, Bochum, Deutschland
E-Mail: martin.sternberg@hs-bochum.de

M. Hennecke, B. Skrotzki (Hrsg.), *HÜTTE Band 1: Mathematisch-naturwissenschaftliche und allgemeine Grundlagen für Ingenieure*, Springer Reference Technik,
https://doi.org/10.1007/978-3-662-64369-3_15

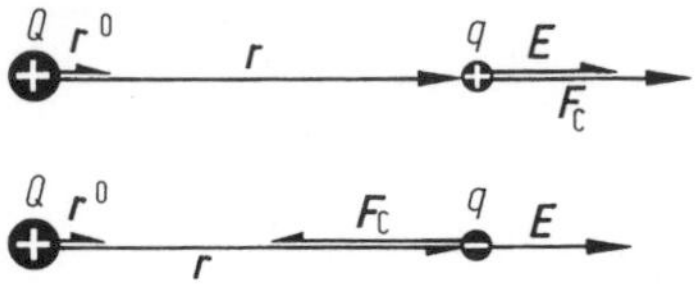

Abb. 1 Kraftwirkung zwischen zwei Ladungen Q und q gleichen bzw. verschiedenen Vorzeichens

$$\boldsymbol{F}_{\mathrm{C}} = \frac{1}{4\pi\varepsilon_0} \cdot \frac{Qq}{r^2} \boldsymbol{r}^0 . \tag{1}$$

Wie bei der Gravitationskraft handelt es sich um eine Zentralkraft, die längs der Verbindungslinie zwischen den beiden Ladungen wirkt (Abb. 1).

Die Einheit der Ladungsmenge Q ist das Coulomb und kann über das Coulomb-Gesetz festgelegt werden, wird jedoch aus Genauigkeitsgründen über die noch einzuführende Stromstärke I (Abschn. 15.1.6) definiert:

$$\text{SI-Einheit}: \quad [Q] = \mathrm{A} \cdot \mathrm{s} = \mathrm{C} \quad (\text{Coulomb}).$$

Die Proportionalitätskonstante wird aus praktisch-rechnerischen Gründen in der Form $1/4\pi\varepsilon_0$ geschrieben und muss im Prinzip experimentell bestimmt werden. Mit der heute gültigen Definition der Vakuumlichtgeschwindigkeit c_0 (siehe ▶ Abschn. 9.3 im Kap. 9, „Physikalische Größen und Einheiten" und ▶ Abschn. 19.2.1 im Kap. 19, „Wellen und Strahlung") und der magnetischen Feldkonstante $\mu_0 = 4\,\pi \cdot 10^{-7}$ Vs/Am (siehe ▶ Abschn. 16.1.1 im Kap. 16, „Magnetische Wechselwirkung und zeitveränderliche elektromagnetische Felder") ergibt sich die elektrische Feldkonstante

$$\begin{aligned} \varepsilon_0 &= \frac{1}{\mu_0 c_0^2} \\ &= 8{,}854187817\ldots \cdot 10^{-12} \mathrm{A \cdot s/(V \cdot m)}. \end{aligned} \tag{2}$$

Die hier verwendete Einheit Volt (V) ist die Einheit des elektrischen Potenzials (Abschn. 15.1.3).

Zur Messung elektrischer Ladungsmengen können Geräte verwendet werden, die die Abstoßungskräfte zwischen gleichartig geladenen Körpern anzeigen (Elektrometer). Empfindlicher sind Geräte, in denen durch periodische Bewegung der zu messenden Ladung eine periodische Potenzialänderung erzeugt wird, die als Wechselspannung verstärkt und gemessen werden kann (Schwingkondensator-Verstärker, siehe Abschn. 15.1.3).

15.1.2 Das elektrostatische Feld

Das Coulomb-Gesetz (1) ist ein Fernwirkungsgesetz, das eine Kraft beschreibt, die von einer Ladung Q über eine Entfernung r auf eine zweite Ladung q ausgeübt wird. Im Sinne der Nahwirkungstheorie (nach Faraday 1852) sind positive und negative elektrische Ladungen Quellen und Senken eines elektrischen Feldes, dessen *Feldstärke* durch die lokale Kraft auf eine Probeladung q definiert wird:

$$\boldsymbol{E} = \lim_{q \to 0} \frac{\boldsymbol{F}}{q} \tag{3}$$

$$\text{SI-Einheit}: \quad [E] = \mathrm{N/C} = \mathrm{V/m}.$$

Der Betrag E der elektrischen Feldstärke darf nicht mit der Energie E verwechselt werden. Die Vorschrift $q \to 0$ ist nur dann von Bedeutung, wenn durch die Kraftwirkung der Probeladung Verschiebungen der felderzeugenden Ladungen (z. B. auf elektrisch leitenden Körpern: Influenz, Abschn. 15.1.7) auftreten können. Die Kraft auf die Probeladung folgt daraus zu

$$\boldsymbol{F} = q\boldsymbol{E}, \tag{4}$$

wobei die Richtung sich aus dem Vorzeichen der Ladung q ergibt (Abb. 1). Wie beim Gravitationsfeld lässt sich die Geometrie des elektrischen Feldes durch Feldlinien beschreiben, die die Richtung der elektrischen Feldstärke (3) in jedem Punkt angeben.

Das elektrostatische Feld wird durch ruhende elektrische Ladungen erzeugt. Das einfachste Feld ist das *homogene Feld*, in dem $\boldsymbol{E}$ überall gleich ist. Es ist in guter Näherung realisierbar durch parallele, verschieden geladene Platten, deren Ausdehnung groß gegen den Abstand ist (Abb. 2a). (Anmerkung: ein homogenes Gravitationsfeld ist in entsprechender Weise nicht erzeugbar.)

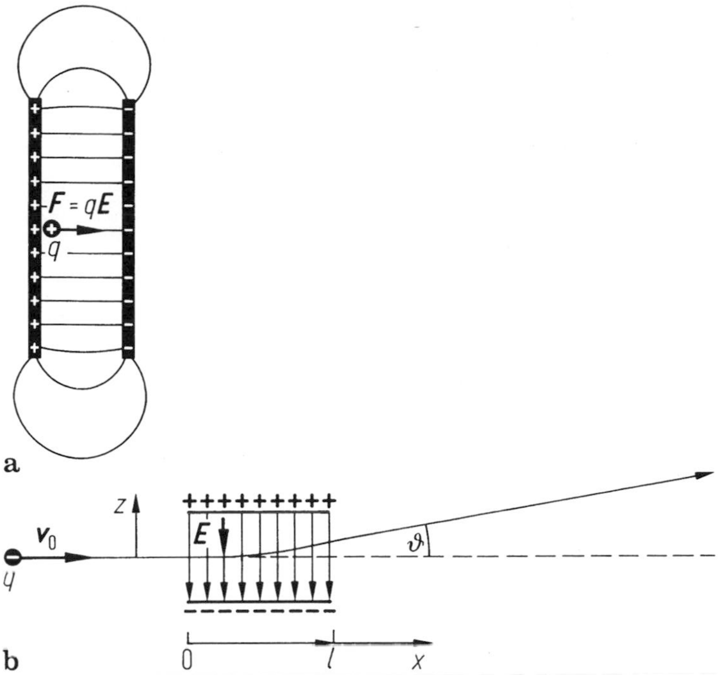

Abb. 2 Bewegung von Ladungen im homogenen elektrischen Feld. **a** Plattenkondensator, **b** Ablenkplatten

Bewegung von Ladungen im homogenen Feld
Nach (4) erfährt eine Ladung q im elektrischen Feld eine Beschleunigung

$$\boldsymbol{a} = \frac{\boldsymbol{F}}{m} = \frac{q}{m}\boldsymbol{E}. \quad (5)$$

Im homogenen Feld ist daher $\boldsymbol{a} = \text{const}$, sodass frei bewegliche positive Ladungen eine Fallbewegung in Richtung, negative Ladungen entgegen der Richtung des elektrischen Feldvektors durchführen. Zur Beschreibung können die Beziehungen für die gleichmäßig beschleunigte Bewegung (► Abschn. 10.1.1 im Kap. 10, „Mechanik von Massenpunkten") zusammen mit (5) herangezogen werden. So folgt für eine senkrecht in ein elektrisches Feld mit der Anfangsgeschwindigkeit $\boldsymbol{v}_0$ eingeschossene negative Ladung $-q$ (Abb. 2b) als Bahnkurve aus (22) im ► Kap. 10, „Mechanik von Massenpunkten" eine Parabel ($\alpha = 0$)

$$z = \frac{qE}{2mv_0^2}x^2. \quad (6)$$

Der Ablenkwinkel ϑ nach Durchfliegen des Feldes der Länge l lässt sich nach Differenzieren aus der Steigung an der Stelle l gewinnen:

$$\tan\vartheta = \frac{ql}{mv_0^2}E. \quad (7)$$

Anwendung: Ablenkung des Elektronenstrahls in der Oszillographenröhre mittels Ablenkplatten.

Felder von Punktladungen
Die Feldstärke einer einzelnen Punktladung ergibt sich durch Einsetzen der Coulomb-Kraft (1) in die Feldstärke-Definition (3):

$$\boldsymbol{E} = \frac{Q}{4\pi\varepsilon_0 r^2}\boldsymbol{r}^0. \quad (8)$$

Die zugehörigen Feldlinien haben also überall radiale Richtung (Abb. 3).

Feldlinienbilder mehrerer Punktladungen lassen sich durch vektorielle Addition der von den Einzelladungen am jeweiligen Ort erzeugten Feldstärken konstruieren. Während die Feldstärke des aus zwei entgegengesetzt gleichgroßen Ladungen bestehenden Dipols (Abb. 4) mit der Entfernung schnell abnimmt, nähert sich das Feld zweier gleicher Ladungen Q (Abb. 5) mit zunehmender Entfernung demjenigen einer Punktladung 2 Q. An dem hier auftretenden Sattelpunkt

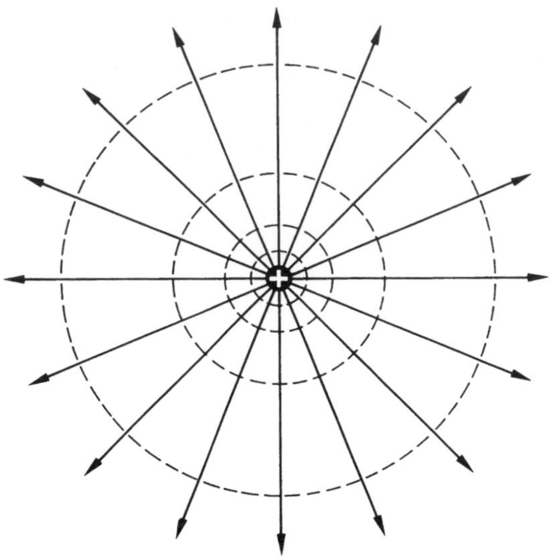

Abb. 3 Feldlinienbild einer Punktladung (gestrichelt: Äquipotenziallinien)

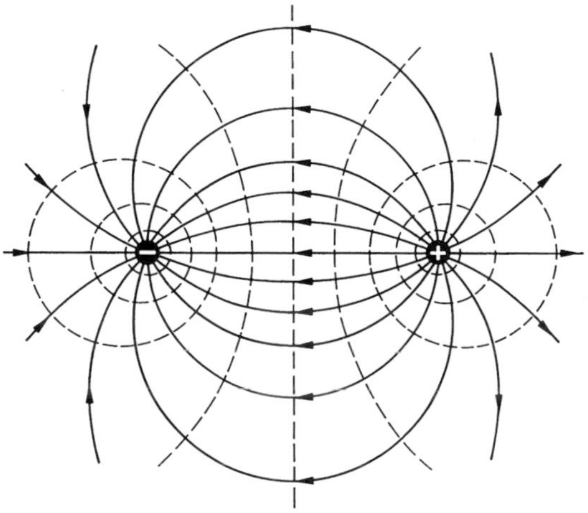

Abb. 4 Feldlinienbild zweier entgegengesetzt gleichgroßer Ladungen: Dipol (gestrichelt: Äquipotenziallinien)

des Potenzials in der Mitte zwischen beiden Ladungen, wo zwei Feldlinien frontal aufeinanderstoßen, zwei andere senkrecht dazu abgehen, ist die Feldstärke null. Dies gilt generell für Sattelpunkte des Potenzials.

Im allgemeinen Fall von N Punktladungen an den Stellen $\boldsymbol{r}_i$ erhält man die resultierende Feldstärke $\boldsymbol{E}(\boldsymbol{r})$ durch vektorielle Addition (lineare Superposition) aller Punktladungsfeldstärken $\boldsymbol{E}_i(\boldsymbol{r}_i)$ aus (8):

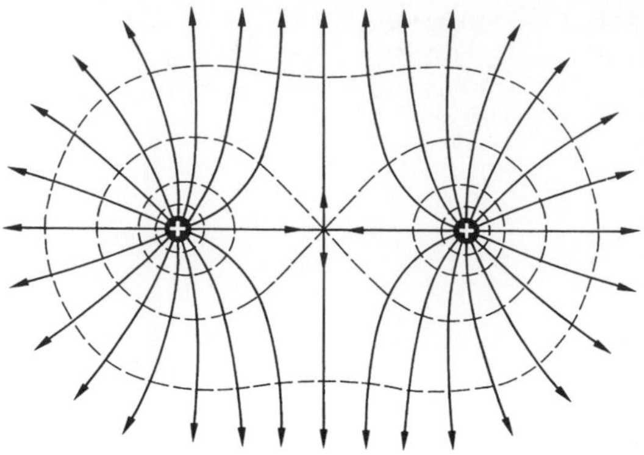

Abb. 5 Feldlinienbild zweier gleicher Ladungen (gestrichelt: Äquipotenziallinien)

$$\boldsymbol{E}(\boldsymbol{r}) = \sum_{i=1}^{N} \boldsymbol{E}_i(\boldsymbol{r}) = \sum_{i=1}^{N} \frac{Q_i}{4\pi\varepsilon_0} \cdot \frac{\boldsymbol{r} - \boldsymbol{r}_i}{|\boldsymbol{r} - \boldsymbol{r}_i|^3}. \quad (9)$$

Liegt statt diskreter Punktladungen eine kontinuierliche Ladungsverteilung im Volumen V vor mit der Raumladungsdichte

$$\varrho(\boldsymbol{r}) = \frac{\mathrm{d}Q}{\mathrm{d}V}, \quad (10)$$

so erhält man die resultierende Feldstärke durch Integration über die von jedem Ladungselement dQ im Volumen V erzeugte Feldstärke d$\boldsymbol{E}$ (Abb. 6):

$$\boldsymbol{E}(\boldsymbol{r}) = \frac{1}{4\pi\varepsilon_0} \int_V \varrho(\boldsymbol{r}') \frac{\boldsymbol{r} - \boldsymbol{r}'}{|\boldsymbol{r} - \boldsymbol{r}'|^3} \mathrm{d}V. \quad (11)$$

Experimentell lässt sich der Verlauf elektrischer Feldlinien mittels kleiner, länglicher Kristalle (Gips, Hydrochinon o. ä.) sichtbar machen, die – z. B. auf einer Glasplatte im Feld – sich durch Dipolkräfte (Abschn. 15.1.9) in Feldrichtung ausrichten.

Elektrischer Fluss

Im elektrostatischen Feld beginnen und enden elektrische Feldlinien stets auf Ladungen: Die Gesamtheit der Feldlinien, die von einer Ladungsmenge ausgehen, oder besser: das von der Ladungsmenge Q erzeugte Feld ist daher auch ein Maß für die Ladung Q. Eine geeignete Größe zur Beschreibung

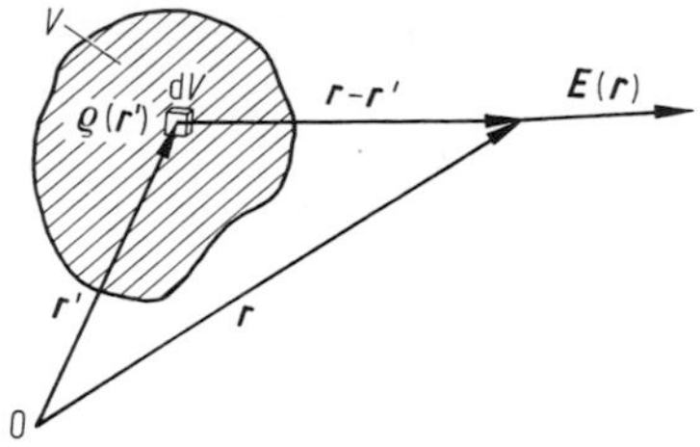

Abb. 6 Zur Berechnung der von einer kontinuierlichen Raumladungsverteilung erzeugten elektrischen Feldstärke

eines allgemeinen Zusammenhangs zwischen Ladung Q und Feld $\boldsymbol{E}$ ist der elektrische Fluss Ψ. Die folgenden Betrachtungen gelten zunächst für das elektrostatische Feld im Vakuum und werden in Abschn. 15.1.9 auf das mit nichtleitender Materie erfüllte Feld erweitert. In einem homogenen Feld ist der elektrische Fluss durch eine zur Feldrichtung senkrechte Fläche A (Abb. 7a) definiert durch

$$\Psi = \varepsilon_0 EA, \tag{12}$$

und entsprechend die *elektrische Flussdichte* (im Vakuum)

$$D_0 = \frac{\Psi}{A} = \varepsilon_0 E. \tag{13}$$

D_0 wird auch *elektrische Verschiebungsdichte* (im Vakuum) genannt und ist ein Vektor in Richtung der Feldstärke $\boldsymbol{E}$:

$$\boldsymbol{D}_0 = \varepsilon_0 \boldsymbol{E}. \tag{14}$$

In Verallgemeinerung von (12) ist der *elektrische Fluss* Ψ eines beliebigen (inhomogenen) Feldes durch eine beliebig orientierte Fläche A (Abb. 7b) im Vakuum

$$\Psi = \int_A \varepsilon_0 \boldsymbol{E} \cdot \mathrm{d}\boldsymbol{A} = \int_A \boldsymbol{D}_0 \cdot \mathrm{d}\boldsymbol{A}. \tag{15}$$

SI-Einheit : $[\Psi] = \mathrm{A \cdot s} = \mathrm{C}$,
SI-Einheit : $[D] = \mathrm{C/m^2}$.

Der von einer Ladung Q insgesamt ausgehende elektrische Fluss ergibt sich durch Integration

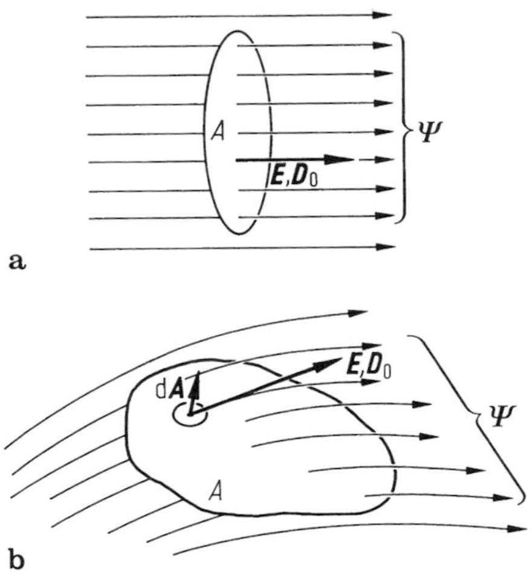

Abb. 7 Zur Definition des elektrischen Flusses (im Vakuum). **a** homogenes, **b** inhomogenes Feld

gemäß (15) über eine geschlossene Oberfläche S, z. B. über eine zu Q konzentrische Kugeloberfläche (Abb. 8a):

$$\Psi = \oint_S \boldsymbol{D}_0 \cdot \mathrm{d}\boldsymbol{A} = \varepsilon_0 E 4\pi r^2. \tag{16}$$

Mit der Feldstärke (8) für die Punktladung folgt daraus als eine der *Feldgleichungen des elektrischen Feldes* das allgemein gültige *Gauß'sche Gesetz* (im Vakuum):

$$\Psi = \oint_S \boldsymbol{D}_0 \cdot \mathrm{d}\boldsymbol{A} = \oint_S \varepsilon_0 \boldsymbol{E} \cdot \mathrm{d}\boldsymbol{A} = Q, \tag{17}$$

d. h., der gesamte elektrische Fluss Ψ durch eine geschlossene Oberfläche ist gleich der eingeschlossenen Ladung Q (Abb. 8b). In (17) geht weder die Geometrie der geschlossenen Fläche S noch die Lage der Ladung Q ein. Q kann daher auch aus mehreren Punktladungen q_i oder aus einer Ladungsverteilung der Ladungsdichte $\varrho(\boldsymbol{r})$ bestehen:

$$Q = \sum q_i = \int_V \varrho(\boldsymbol{r})\mathrm{d}V, \tag{18}$$

wobei das Integrationsvolumen V innerhalb der geschlossenen Fläche S liegen muss. Enthält die

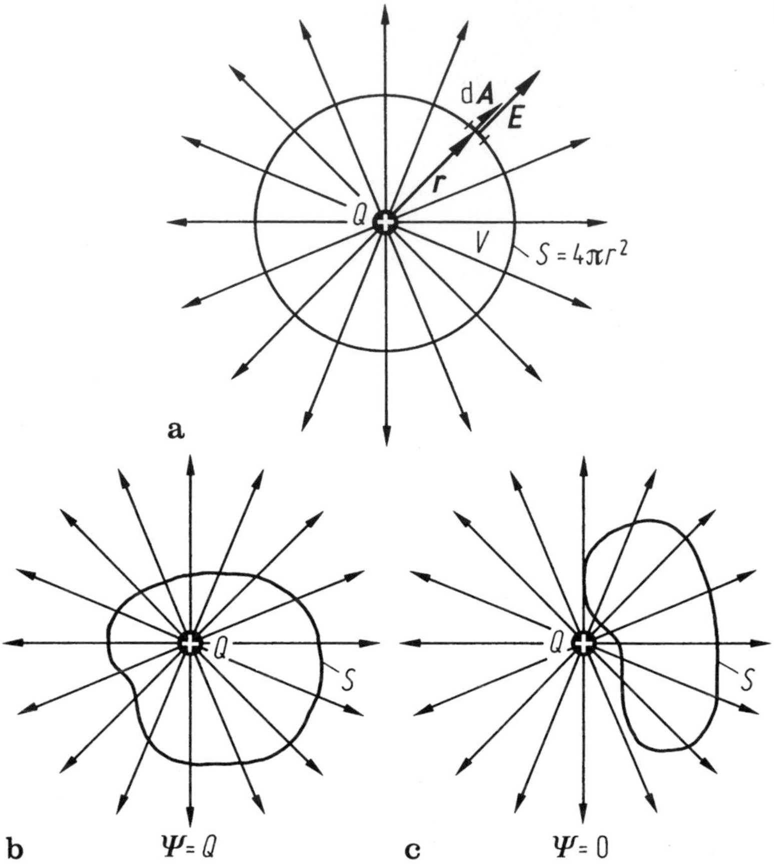

Abb. 8 Zum Gauß'schen Gesetz im elektrischen Feld

geschlossene Fläche keine Ladung (Abb. 8c), so ist der Gesamtfluss durch die Oberfläche null.

Beispiele für die Anwendung des Gauß'schen Gesetzes:

Homogen geladene Kugeloberfläche

Eine z. B. metallische Kugel des Radius R trage eine Gesamtladung Q, die sich im statischen Fall gleichmäßig auf der Oberfläche $A = 4\pi R^2$ verteilt (siehe Abschn. 15.1.7), sodass die *Flächenladungsdichte*

$$\sigma = \frac{dQ}{dA} \tag{19}$$

$\sigma = Q/4\pi R^2$ beträgt. Wird als Integrationsfläche die Oberfläche der Metallkugel gewählt (Abb. 9a), so folgt aus dem Gauß'schen Gesetz (17) wie in (16) für die Oberflächenfeldstärke

$$E_R = \frac{Q}{4\pi\varepsilon_0 R^2} = \frac{\sigma}{\varepsilon_0}, \tag{20}$$

und entsprechend für einen Radius $r > R$ im Außenraum der geladenen Kugel

$$E(r) = \frac{Q}{4\pi\varepsilon_0 r^2}. \tag{21}$$

Die Feldstärke im Außenraum der geladenen Kugel ist also identisch mit der Feldstärke einer gleichgroßen Punktladung im Zentrum der Kugel.

Linienladung

Die Feldlinien im Außenraum einer homogen geladenen Linie (Draht, Linienladungsdichte q_L) verlaufen aus Symmetriegründen senkrecht und radial von der Linie weg. Zur Berechnung der Feldstärke benutzen wir eine Integrationsfläche S nach Abb. 9b.

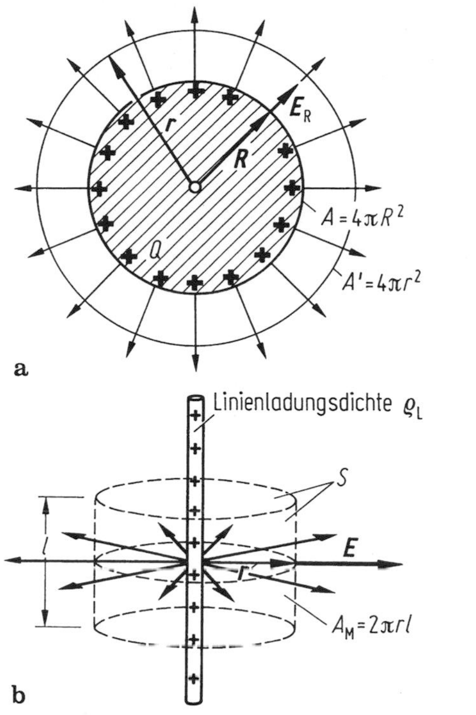

Abb. 9 Außenfeld **a** einer geladenen Kugel und **b** einer Linienladung

Von der Zylinderoberfläche trägt nur die Mantelfläche $A_M = 2\pi rl$ zum Oberflächenintegral über die Feldstärke bei, da in den Stirnkreisflächen die Feldstärke senkrecht auf der Flächennormalen steht. Die von der Zylinderoberfläche eingeschlossene Ladung ist $Q = q_L l$. Das Gauß'sche Gesetz (17) ergibt dann für den Betrag der elektrischen Feldstärke im Abstand r von der Linienladung (Rechnung siehe Teil Elektrotechnik)

$$E = \frac{q_L}{2\pi\varepsilon_0 r}. \quad (22)$$

Geladener Plattenkondensator

Zwei parallele Metallplatten der Fläche A mögen die Ladungen $+Q$ und $-Q$ tragen (Abb. 10). Sind die linearen Abmessungen der Platten groß gegen den Plattenabstand d, so ist das Feld zwischen den Platten homogen (Abb. 2) und außen vernachlässigbar klein. Zur Berechnung der Feldstärke $\boldsymbol{E}$ im Innern werde eine Platte mit einer geschlossenen Fläche S umhüllt, von der das homogene Feld die Fläche A durchsetzt (Abb. 10, gestrichelte Berandung). Zum Gauß'schen Gesetz (17) angewandt auf die Fläche S liefert dann nur der Fluss durch die Fläche A einen Beitrag

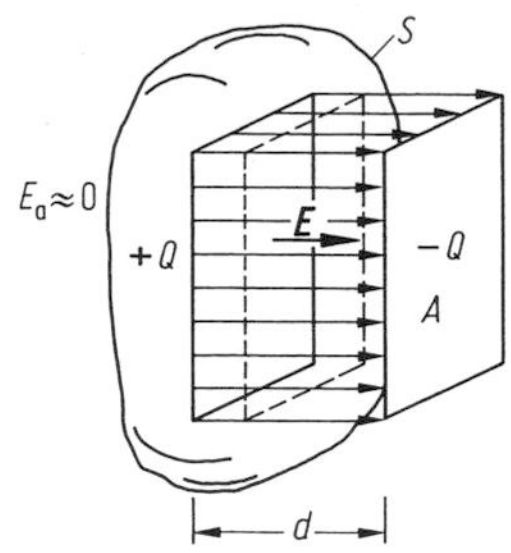

Abb. 10 Zur Berechnung der Feldstärke im Plattenkondensator mit dem Gauß'schen Gesetz

$$\Psi = Q = \oint_S \boldsymbol{D}_0 \cdot \mathrm{d}\boldsymbol{A} = \int_A \varepsilon_0 \boldsymbol{E} \cdot \mathrm{d}\boldsymbol{A} = \varepsilon_0 EA. \quad (23)$$

Daraus errechnet sich die *Feldstärke im Plattenkondensator* mit (19) zu

$$E = \frac{Q}{\varepsilon_0 A} = \frac{\sigma}{\varepsilon_0}. \quad (24)$$

E ist gleichzeitig die Oberflächenfeldstärke auf den Platten, für die sich demnach der gleiche Zusammenhang mit der Flächenladungsdichte σ ergibt wie für die geladene Kugel (20). Da die Geometrie der geladenen Körper hierbei nicht eingeht, gilt offenbar für geladene (leitende) Flächen generell der Zusammenhang

$$\sigma = \varepsilon_0 E = D_0, \quad (25)$$

der sich auch allgemein aus (17) und (19) herleiten lässt.

15.1.3 Elektrisches Potenzial, elektrische Spannung

Eine Ladung q in einem elektrostatischen Feld der Feldstärke $\boldsymbol{E}$ erfährt eine Kraft $\boldsymbol{F} = q\ \boldsymbol{E}$ und besitzt daher eine potenzielle Energie E_p, die z. B. in kinetische Energie umgewandelt wird, wenn die Ladung im Vakuum der Kraft ungebremst folgen kann. Die zur Verschiebung der im Abb. 11 negativen Ladung q von $\boldsymbol{r}_1$ nach $\boldsymbol{r}_2$ mit einer Kraft $-\ q\ \boldsymbol{E}(\boldsymbol{r})$ gegen die

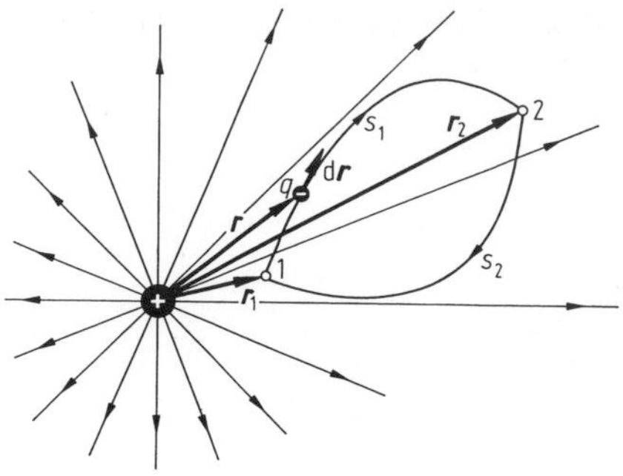

Abb. 11 Zur Arbeit im elektrischen Feld

Feldkraft in einem beliebigen elektrostatischen Feld (Abb. 11) aufzuwendende äußere Arbeit ist nach dem Energiesatz

$$\begin{aligned} W^{\mathrm{a}}_{12} &= -\int_1^2 \boldsymbol{F}(\boldsymbol{r}) \cdot \mathrm{d}\boldsymbol{r} = -q\int_1^2 \boldsymbol{E}(\boldsymbol{r}) \cdot \mathrm{d}\boldsymbol{r} \\ &= E_{\mathrm{p}}(\boldsymbol{r}_2) - E_{\mathrm{p}}(\boldsymbol{r}_1). \end{aligned} \tag{26}$$

So wie beim Gravitationsfeld die potenzielle Energie proportional zur Masse ist, gilt für das elektrostatische Feld nach (26), dass die potenzielle Energie proportional zur Ladung q ist. Wie in ▶ Abschn. 14.1.4 im Kap. 14, „Gravitationswechselwirkung“ ist es daher sinnvoll, eine dem Gravitationspotenzial (20) im ▶ Kap. 14, „Gravitationswechselwirkung“ entsprechende, ladungsunabhängige Größe $V(\boldsymbol{r})$ (auch $\Phi(\boldsymbol{r})$) einzuführen: das *elektrische Potenzial*

$$V(\boldsymbol{r}) = \frac{E_{\mathrm{p}}(\boldsymbol{r})}{q}. \tag{27}$$

SI-Einheit: $[V] = \mathrm{J/C} = \mathrm{V}$ (Volt). Hieraus folgt die für die Umrechnung zwischen mechanischen und elektrischen Einheiten im SI-System wichtige Beziehung

$$1\,\mathrm{J} = 1\,\mathrm{V} \cdot \mathrm{A} \cdot \mathrm{s}. \tag{28}$$

Die äußere Arbeit (26) zur Verschiebung von einem Punkt 1 nach einem Punkt 2 beträgt mit (27)

$$\begin{aligned} W^{\mathrm{a}}_{12} &= E_{\mathrm{p}}(\boldsymbol{r}_2) - E_{\mathrm{p}}(\boldsymbol{r}_1) \\ &= q[V(\boldsymbol{r}_2) - V(\boldsymbol{r}_1)]. \end{aligned} \tag{29}$$

Ebenso wie die potenzielle Energie ist auch das Potenzial nur bis auf eine willkürliche additive Konstante bestimmt, die bei der Berechnung der Arbeit aufgrund der Differenzbildung herausfällt. Häufig ist es zweckmäßig, die potenzielle Energie bzw. das Potenzial im Unendlichen null zu setzen:

$$E_{\mathrm{p}}(\infty) = 0, \quad V(\infty) = 0. \tag{30}$$

Aus (26) folgt dann mit $\boldsymbol{r}_1 \to \infty$ und $\boldsymbol{r}_2 = \boldsymbol{r}$ für das Potenzial

$$V(\boldsymbol{r}) = \frac{E_{\mathrm{p}}(\boldsymbol{r})}{q} = \frac{W^{\mathrm{a}}_{\infty,\mathrm{r}}}{q} = -\int_\infty^r \boldsymbol{E} \cdot \mathrm{d}\boldsymbol{r}, \tag{31}$$

das also der Arbeit zur Verschiebung der Probeladung q aus dem Unendlichen an die Stelle $\boldsymbol{r}$, dividiert durch die Probeladung, entspricht.

Die Potenzialdifferenz zwischen zwei Punkten 1 und 2 wird die *elektrische Spannung*

$$\begin{aligned} -U_{12} &= V(\boldsymbol{r}_1) - V(\boldsymbol{r}_2) \quad \text{bzw.} \\ U_{21} &= V(\boldsymbol{r}_2) - V(\boldsymbol{r}_1) = -U_{12} \end{aligned} \tag{32}$$

genannt. Sie hat natürlich dieselbe Einheit Volt wie das elektrische Potenzial. Damit folgt aus (29) der Zusammenhang für die äußere Arbeit bei Bewegung der Ladung gegen die Feldkräfte von 1 nach 2:

$$W^{\mathrm{a}}_{12} = qU_{21} = -qU_{12},$$

für die Arbeit durch die Feldkräfte bei Bewegung der Ladung q von 2 nach 1:

$$W_{12} = qU_{21} = -qU_{12},$$

allgemein:

$$W = qU. \tag{33}$$

Für die auf die Ladung bezogene erforderliche äußere Arbeit W_{12}^{a} zur Bewegung der Ladung q von 1 nach 2 längs des Weges s_1 (Abb. 11) folgt aus (26) mit (27) und (32)

$$\frac{W_{12}^{a}}{q} = V(\boldsymbol{r}_2) - V(\boldsymbol{r}_1) = U_{21}$$
$$= -\int_1^2 \boldsymbol{E}(\boldsymbol{r}) \cdot d\boldsymbol{r}. \quad (34)$$

Längs eines geschlossenen Weges $C = s_1 + s_2$ (Abb. 11) ist im elektrostatischen Feld die Arbeit null, da andernfalls beim Herumführen einer Ladung auf dem geschlossenen Weg ohne Zustandsänderung des Feldes Arbeit gewonnen werden könnte (Verstoß gegen den Energieerhaltungssatz), d. h.,

$$-\oint_C \boldsymbol{E} \cdot d\boldsymbol{r} = 0 \quad \text{im elektrostatischen Feld.} \quad (35)$$

Dies ist neben (17) eine weitere *Feldgleichung des elektrostatischen Feldes*. Das geschlossene Linienintegral über die elektrische Feldstärke wird *elektrische Umlaufspannung* genannt. Sie verschwindet im statischen Fall. Aus (35) folgt weiter, dass die Arbeit längs zweier verschiedener Wege s_1 und $-s_2$ zwischen 1 und 2 (Abb. 11) gleich ist,

$$\int_{s_1} \boldsymbol{E}(\boldsymbol{r}) \cdot d\boldsymbol{r} = \int_{-s_2} \boldsymbol{E}(\boldsymbol{r}) \cdot d\boldsymbol{r}, \quad (36)$$

d. h., die Arbeit ist unabhängig vom Wege, das elektrostatische Feld ist ein *konservatives Kraftfeld*. Mit dem Stokes'schen Integralsatz (vgl. Teil Mathematik) lässt sich zeigen, dass (35) auch bedeutet, dass

$$\text{rot}\ \boldsymbol{E}(\boldsymbol{r}) = 0, \quad (37)$$

d. h., das *elektrostatische Feld* ist wirbelfrei. Für das Coulomb-Feld lässt sich dies auch direkt durch Einsetzen von (8) zeigen. Die verschiedenen Formulierungen (35), (36) und (37) sind gleichwertig Die Umkehrung des Zusammenhangs (31) zwischen elektrischem Potenzial und Feldstärke lautet (vgl. ▶ Abschn. 10.3.2 im Kap. 10, „Mechanik von Massenpunkten" und ▶ Abschn. 14.1.4 im Kap. 14, „Gravitationswechselwirkung", sowie Teil Elektrotechnik)

$$\boldsymbol{E}(\boldsymbol{r}) = -\text{grad}\ V(\boldsymbol{r}). \quad (38)$$

Aus der differenziellen Formulierung von (31)

$$dV(\boldsymbol{r}) = -\boldsymbol{E}(\boldsymbol{r}) \cdot d\boldsymbol{r} \quad (39)$$

folgt analog zu ▶ Abschn. 14.1.4 im Kap. 14, „Gravitationswechselwirkung", dass Flächen, die überall senkrecht zur elektrischen Feldstärke sind, Flächen konstanten elektrischen Potenzials (*Potenzialflächen*) darstellen. Schnitte solcher Potenzialflächen (Potenziallinien) sind in Abb. 3, 5 und 12 gestrichelt eingezeichnet.

Für ein *homogenes Feld* in x-Richtung erhält man durch Integration von (39) eine lineare Ortsabhängigkeit des Potenzials ($V = 0$ bei $x = 0$ vereinbart)

$$V = -Ex \quad (40)$$

und Ebenen $x =$ const als Potenzialflächen (Abb. 12). Die *Feldstärke im Plattenkondensator*

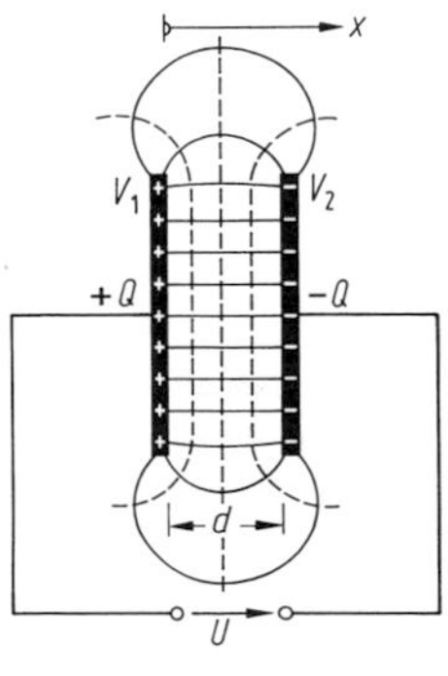

Abb. 12 Plattenkondensator

ergibt sich daraus mit (32) zu

$$E = \frac{U}{d}. \tag{41}$$

Zusammen mit (24) erhält man aus (41)

$$U = Q\frac{d}{\varepsilon_0 A}. \tag{42}$$

Bei konstanter Ladung Q ist $U \sim d$. Dies wird im Schwingkondensator-Verstärker zur empfindlichen Messung von Ladungsmengen ausgenutzt (siehe Abschn. 15.1.1).

Das *Potenzial* im Feld *einer Punktladung* ergibt sich durch Integration über die Feldstärke (8) gemäß (31) zu

$$V(r) = \frac{Q}{4\pi\varepsilon_0 r}. \tag{43}$$

Potenzialflächen bei der Punktladung sind demnach konzentrische Kugelflächen $r = \text{const}$ (Abb. 3). Auch das Potenzial im Außenfeld einer geladenen Kugel (vgl. Abschn. 15.1.2, Abb. 9) wird durch (43) beschrieben, da die Feldstärken (21) und (8) in beiden Fällen gleich sind. Mit (21) ergibt sich ein einfacher Zusammenhang zwischen Feldstärke und Potenzial im Zentralfeld:

$$E(r) = \frac{V(r)}{r}. \tag{44}$$

Entsprechend beträgt die Oberflächenfeldstärke einer auf das Potenzial V geladenen leitenden Kugel (Radius R, Abb. 9)

$$E_\text{R} = \frac{V}{R}. \tag{45}$$

15.1.4 Quantisierung der elektrischen Ladung

Aus vielen experimentellen Untersuchungen hat sich gezeigt, dass die elektrische Ladung nicht in beliebigen Werten auftritt: Es gibt eine kleinste Ladungsmenge, die Elementarladung. Die absolute Messung des Betrages der Elementarladung erfolgte erstmals durch Vergleich der elektrischen Kraft auf geladene Teilchen mit ihrem Gewicht im Schwerefeld (Millikan-Versuch): Geladene feine Öltröpfchen werden unter mikroskopischer Beobachtung in einem Kondensatorfeld durch Einstellung der richtigen Feldstärke mittels der am Kondensator angelegten Spannung zum Schweben gebracht (Abb. 13).

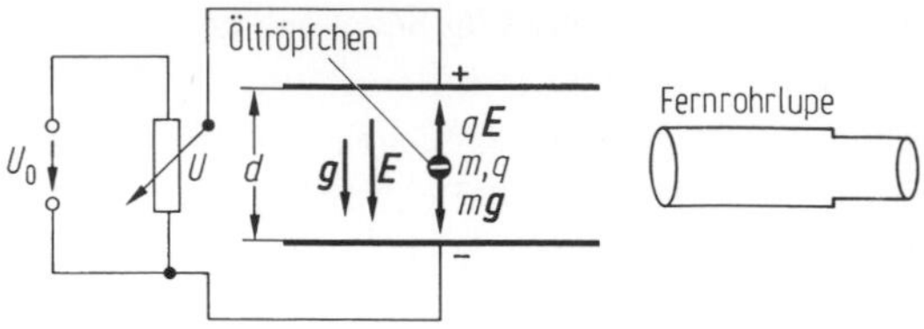

Abb. 13 Millikan-Versuch zur Bestimmung der Elementarladung

Aus der Gleichsetzung von Gewichtskraft F_G (62) im ► Kap. 10, „Mechanik von Massenpunkten" und elektrischer Kraft F_e (4) folgt für die unbekannte Ladung q eines Öltröpfchens

$$q = \frac{mg}{E} = \frac{mgd}{U}. \tag{46}$$

Die zunächst ebenfalls unbekannte Masse m des Öltröpfchens (Dichte ϱ) wird aus einem Fallversuch bei ausgeschalteter Spannung ($E = 0$) bestimmt. Wegen der Stokes'schen Reibungskraft (37) im ► Kap. 13, „Transporterscheinungen und Fluiddynamik" der als kugelförmig angenommenen Öltröpfchen beim Fall in dem zähen Medium Luft (Viskosität η) stellt sich eine konstante Fallgeschwindigkeit v der Tröpfchen ein, die unter dem Mikroskop gemessen wird. Die Gleichsetzung von Gewichtskraft und Reibungskraft ergibt

$$F_\text{G} = mg = \frac{4}{3}\pi r^3 \varrho g = F_\text{R} = 6\pi\eta r v. \tag{47}$$

Hieraus kann der Tröpfchenradius r und damit m berechnet werden (genaugenommen muss noch der Auftrieb des Öltröpfchens in Luft berücksichtigt werden). Aus vielen Einzelmessungen mit verschiedenen Öltröpfchen ergab sich, dass nur ganzzahlige Vielfache einer kleinsten Ladung e auftreten:

$$q = \pm ne \quad (n = 0, 1, 2, \ldots) \tag{48}$$

mit der *Elementarladung*

$$e = 1{,}602176634 \cdot 10^{-19}\mathrm{C}$$

Die elektrische Ladung ist gequantelt in Einheiten der Elementarladung. Alle in der Natur beobachteten Ladungsmengen sind gleich oder ganzzahlige Vielfache der Elementarladung e. Die Beträge der positiven und negativen Elementarladungen sind exakt gleich (CGPM 2018).

Die meisten Elementarteilchen sind Träger einer Elementarladung (Tab. 1). Die nur gebunden als Bausteine der Hadronen (Mesonen und Baryonen, vgl. Tab. 1) auftretenden *Quarks* haben jedoch die Ladung $\pm e/3$ oder $\pm 2\, e/3$ (siehe ► Abschn. 18.1.5 im Kap. 18, „Starke und schwache Wechselwirkung: Atomkerne und Elementarteilchen").

Bausteine der Atome der uns umgebenden Materie sind die positiv geladenen Protonen, die negativ geladenen Elektronen und die Neutronen, die keine Ladung tragen.

Erhaltungssatz für die *elektrische Ladung*:

Die gesamte elektrische Ladung – d. h. die algebraische Summe der positiven und negativen Ladungen – in einem elektrisch isolierten System ändert sich zeitlich nicht.

Beispiele: Ionisation neutraler Atome durch Photonen; Paarerzeugung; Elementarteilchenumwandlungen.

Eine mathematische Formulierung des Erhaltungssatzes der elektrischen Ladung ist die Kontinuitätsgleichung für die elektrische Ladung (64).

Tab. 1 Eigenschaften von Elementarteilchen (nach Gerthsen und Voge 1999). m_e Elektronenmasse, e Elementarladung, $\hbar = h/2\,\pi$, h Planck'sches Wirkungsquantum

Teilchenfamilie	Teilchenname	Symbol		Ruhemasse	Ladung Q	mittlere Lebensdauer τ	Spin J
		Teilchen	Antiteilchen	m_e	e	s	$\hbar$
	Photon	Γ	Γ	0	0	∞	1
Leptonen	Elektron-Neutrino	ν_e	$\overline{\nu}_e$	0 ? ($< 29 \cdot 10^{-6}$)	0	∞	1/2
	My-Neutrino	ν_μ	$\overline{\nu}_\mu$	0 ?($< 0{,}33$)	0	∞	1/2
	Tau-Neutrino	ν_τ	$\overline{\nu}_\tau$	0 ?($< 35{,}6$)	0	∞	1/2
	Elektron/ Positron	e (e^-)	e^+	1	∓ 1	∞	1/2
	Myon	μ^-	μ^+	207	∓ 1	$2{,}2 \cdot 10^{-6}$	1/2
	Tau-Lepton	τ^-	τ^+	3491	∓ 1	$5 \cdot 10^{-13}$	1/2
Mesonen	Pion (π-Meson)	π^-	π^+	273	∓ 1	$2{,}6 \cdot 10^{-8}$	0
		π^0	π^0	264	0	$0{,}8 \cdot 10^{-16}$	0
	Kaon (K-Meson)	K^-	K^+	967	∓ 1	$1{,}24 \cdot 10^{-8}$	0
		K^0	K^0	974	0	$0{,}89 \cdot 10^{-10}/5{,}2 \cdot 10^{-8}$	0
Baryonen	Proton	p (p^+)	$\bar{p}$ (p^-)	1836	± 1	$>10^{34}$ a	1/2
	Neutron	n	$\bar{n}$	1839	0	918	1/2
	Λ-Hyperon	Λ^0	$\overline{\Lambda^0}$	2183	0	$2{,}6 \cdot 10^{-10}$	1/2
	Σ-Hyperon	Σ^+	$\overline{\Sigma^+}$	2328	+1	$0{,}8 \cdot 10^{-10}$	1/2
		Σ^0	$\overline{\Sigma^0}$	2334	0	$< 10^{-14}$	1/2
		Σ^-	$\overline{\Sigma^-}$	2343	-1	$1{,}5 \cdot 10^{-10}$	1/2
	Ξ-Hyperon	Ξ^0	$\overline{\Xi^0}$	2573	0	$3{,}0 \cdot 10^{-10}$	1/2
		Ξ^-	Ξ^+	2586	∓ 1	$1{,}7 \cdot 10^{-10}$	1/2
	Ω-Hyperon	Ω^-	Ω^+	3272	∓ 1	$1{,}3 \cdot 10^{-10}$	3/2

15.1.5 Energieaufnahme im elektrischen Feld

Ein Teilchen der Ladung q, der Masse m und der Geschwindigkeit $\boldsymbol{v}$ besitzt in einem elektrischen Feld am Ort $\boldsymbol{r}$ mit dem elektrischen Potenzial $V(\boldsymbol{r})$ die Gesamtenergie

$$E = E_\mathrm{k} + E_\mathrm{p} = \frac{1}{2}mv^2 + qV. \tag{49}$$

Kann das Teilchen zwischen den Orten 1 und 2 der elektrischen Feldstärke folgen, so folgt aus dem Energiesatz (29)

$$\frac{1}{2}mv_2^2 - \frac{1}{2}mv_1^2 = q(V_1 - V_2) = qU_{12}. \tag{50}$$

Ein Teilchen, das eine Spannung U durchläuft, erfährt also einen Zuwachs seiner kinetischen Energie um qU. Wenn q bekannt ist, dann ist auch die durchlaufene Spannung U ein Maß für die Energie. Dies trifft z. B. bei der Beschleunigung von geladenen Elementarteilchen zu, deren Ladung stets $+e$ oder $-e$ ist (Tab. 1). Die Multiplikation der Spannung U mit dem Wert der Ladung in $\mathrm{A \cdot s = C}$ kann dann unterbleiben, und die Energieänderung kann in *Elektronenvolt* (eV) angegeben werden. Umrechnung in die SI-Einheit:

$$\begin{aligned} 1\ \mathrm{eV} &= 1{,}602176634 \cdot 10^{-19}\mathrm{V \cdot C} \\ &= 1{,}602 \ldots 10^{-19}\mathrm{J}. \end{aligned} \tag{51}$$

Ist die Anfangsgeschwindigkeit des geladenen Teilchens $v_1 = 0$, so ergibt sich seine Endgeschwindigkeit $v_2 = v$ aus (50) zu

$$v = \sqrt{\frac{2qU}{m}}. \tag{52}$$

Die Masse von Elektronen lässt sich z. B. aus ihrer Ablenkung im Magnetfeld bestimmen gemäß (▶ Abschn. 16.1.2 im Kap. 16, „Magnetische Wechselwirkung und zeitveränderliche elektromagnetische Felder“ und beträgt für kleine Geschwindigkeiten (CODATA 2014))

$$m_\mathrm{e} = \left(9{,}10938356 \pm 1{,}2 \cdot 10^{-8}\right) \cdot 10^{-31}\mathrm{kg}.$$

Aufgrund dieser geringen Masse wird die Geschwindigkeit von Elektronen im Vakuum schon bei Durchlaufen von nur mäßigen Spannungen sehr hoch:

$$U = 1\ \mathrm{V}: \quad v_\mathrm{e} \approx 593\,\mathrm{km/s}.$$

Die Anwendung von (52) auf Elektronen ist daher nur gültig, solange die Geschwindigkeit im nichtrelativistischen Bereich bleibt (▶ Abschn. 10.3.5 im Kap. 10, „Mechanik von Massenpunkten“):

$$v_\mathrm{e} = \sqrt{\frac{2eU}{m_\mathrm{e}}} \quad \text{für} \quad U < \left(10^4 \ldots 10^5\right)\mathrm{V}. \tag{53}$$

Für höhere Beschleunigungsspannungen U muss statt (50) der relativistische Energiesatz (129) im ▶ Kap. 10, „Mechanik von Massenpunkten“ angewendet werden. Mit (124) im ▶ Kap. 10, „Mechanik von Massenpunkten“ lautet dieser

$$mc_0^2 - m_\mathrm{e}c_0^2 = \Delta E_\mathrm{p} = eU \tag{54}$$

mit m_e Ruhemasse des Elektrons.

Mithilfe der Beziehung (121) im ▶ Kap. 10, „Mechanik von Massenpunkten“ für die geschwindigkeitsabhängige relativistische Masse folgt daraus anstelle von (53) für die Elektronengeschwindigkeit

$$v_\mathrm{e} = \sqrt{\frac{2eU}{m_\mathrm{e}}} \cdot \frac{\sqrt{1 + \dfrac{eU}{2m_\mathrm{e}c_0^2}}}{1 + \dfrac{eU}{m_\mathrm{e}c_0^2}}. \tag{55}$$

Für kleine U geht (55) in (53) über. Für $U \to \infty$ wird dagegen $v_\mathrm{e} \to c_0$, d. h., die Vakuumlichtgeschwindigkeit stellt auch hier die Grenzgeschwindigkeit dar. Gl. (55) wird durch Messungen genauestens bestätigt (Abb. 14).

Elektronen und andere geladene Elementarteilchen können im Vakuum durch elektrische Felder

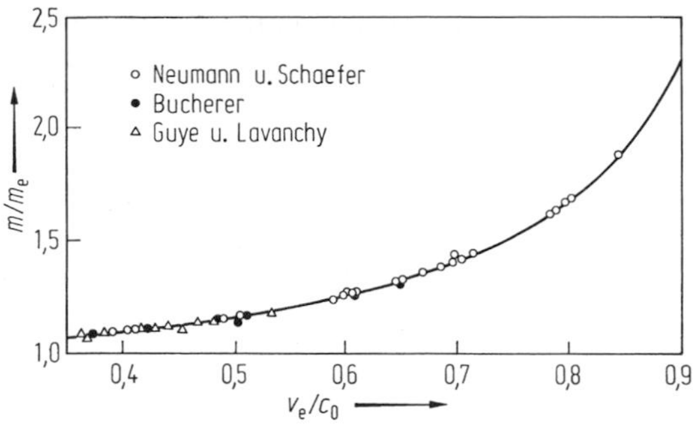

Abb. 14 Zunahme der Elektronenmasse mit steigender Geschwindigkeit: Theorie (55) und Messungen

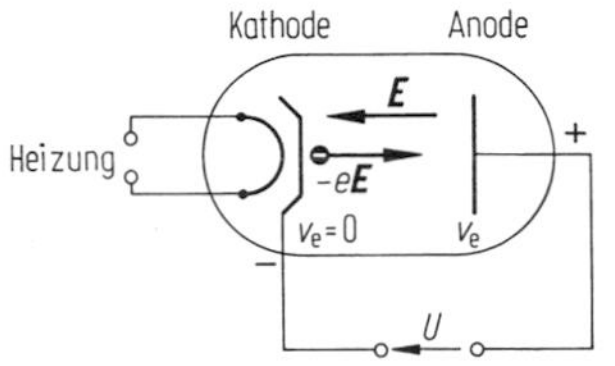

Abb. 15 Vakuumdiode

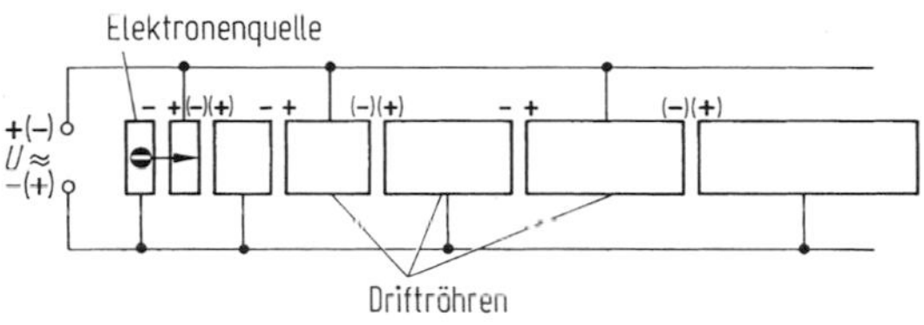

Abb. 16 Hochfrequenz-Linearbeschleuniger

beschleunigt werden, die durch Anlegen einer Spannung U zwischen zwei Elektroden erzeugt werden, z. B. in einer Vakuumdiode (Abb. 15) oder im Beschleunigerrohr eines Van-de-Graaf-Generators. Die auf diese Weise maximal erreichbare Energie entspricht der angelegten Spannung: $E_k = e\,U$. Aus Isolationsgründen sind die Beschleunigungsspannungen auf einige Millionen Volt (MV) beschränkt.

Höhere Energien lassen sich durch mehrfache Ausnutzung derselben Beschleunigungsspannung z. B. im Hochfrequenzlinearbeschleuniger (erstmalig Malisiert durch Wideroe 1930) erreichen (Abb. 16). Dabei durchlaufen die Ladungsträger (z. B. Elektronen) nacheinander zunehmend längere Driftröhren, die abwechselnd mit den beiden Polen einer periodisch das Vorzeichen wechselnden Spannung $U \approx$ verbunden sind. Wird die halbe Periodendauer der Wechselspannung gleich der Driftdauer durch eine Röhre gemacht, so finden phasenrichtig startende Elektronen zwischen zwei Driftröhren immer ein beschleunigendes Feld vor. Bei einer Anzahl von N Driftröhren lässt sich eine Beschleunigungsenergie $E_k = N\,e\,U$ erreichen, allerdings ist der Teilchenstrom gepulst. Es sind Linearbeschleuniger bis zu mehreren Kilometern Länge gebaut worden.

Hochenergetische Teilchen können auch in Kreisbeschleunigern erzeugt werden (▶ Abschn. 16.1.2 im Kap. 16, „Magnetische Wechselwirkung und zeitveränderliche elektromagnetische Felder").

15.1.6 Elektrischer Strom

Bewegte elektrische Ladungsträger, wie sie z. B. durch Beschleunigung in elektrischen Feldern erzeugt werden können (Abschn. 15.1.5), stellen einen elektrischen Strom dar. Elektrische Ströme können in leitfähiger Materie (Metallen, Halbleitern, elektrolytischen Flüssigkeiten, ionisierten Gasen) oder auch im Vakuum erzeugt werden. Die während eines Zeitintervalls dt durch einen beliebigen Querschnitt transportierte elektrische Ladungsmenge dQ definiert die *elektrische Stromstärke*

$$I = \frac{dQ}{dt}. \tag{56}$$

$$\text{SI-Einheit: } [I] = \text{C/s} = \text{A (Ampere)}.$$

Zur Definition und Realisierung des Ampere, siehe ▶ Abschn. 9.3 im Kap. 9, „Physikalische Größen und Einheiten" und ▶ Abschn. 16.1.3, Abb. 16 im Kap. 16, „Magnetische Wechselwirkung und zeitveränderliche elektromagnetische Felder".

Die Stromstärke I ist kein Vektor. Das Vorzeichen des elektrischen Stromes ist positiv definiert, wenn positive Ladungen in Richtung des elektrischen Feldes fließen bzw. wenn negative Ladungen entgegen der Feldrichtung fließen (Abb. 17). Anderenfalls ist I negativ.

Die räumliche Verteilung der Stromstärke wird durch die *elektrische Stromdichte* $\boldsymbol{j}$ (oder $\boldsymbol{J}$) beschrieben, mit

$$j = \frac{\mathrm{d}I}{\mathrm{d}A}, \tag{57}$$

worin dA ein Flächenelement senkrecht zum Vektor der Stromdichte $\boldsymbol{j}$ ist. Bei räumlich konstanter Stromdichte gilt z. B. für Abb. 17: $I = j\,A$. Zeigt der Flächennormalenvektor $\boldsymbol{A}$ nicht in die Richtung des Stromdichtevektors $\boldsymbol{j}$, so gilt

$$I = \boldsymbol{j} \cdot \boldsymbol{A}$$

bzw. allgemein

$$I = \int_A \boldsymbol{j} \cdot \mathrm{d}\boldsymbol{A}, \tag{58}$$

wenn die Stromdichte $\boldsymbol{j}$ örtlich unterschiedlich ist (Abb. 18).

Zusammenhang zwischen Stromdichte und Ladungsträger-Driftgeschwindigkeit: Der Einfachheit halber sei angenommen, dass nur eine Sorte Ladungsträger mit der Ladung q vorhanden sei, die sich mit einer mittleren Geschwindigkeit, der Driftgeschwindigkeit v_{dr} (vgl. ► Abschn. 17.2.2 im Kap. 17, „Elektrische Leitungsmechanismen") bewegen. Dann durchqueren in der Zeit dt alle Ladungsträger dN, die sich in dem Volumenelement

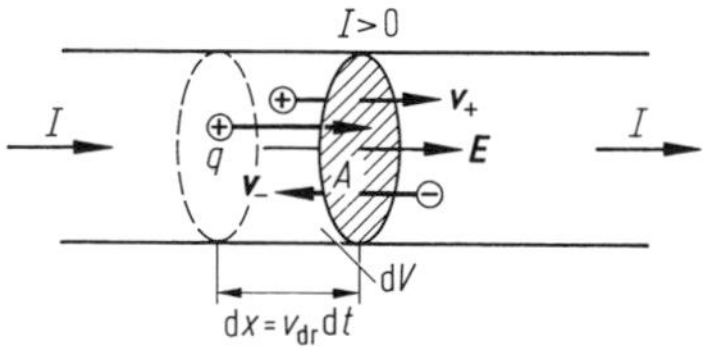

Abb. 17 Zur Definition der Stromrichtung

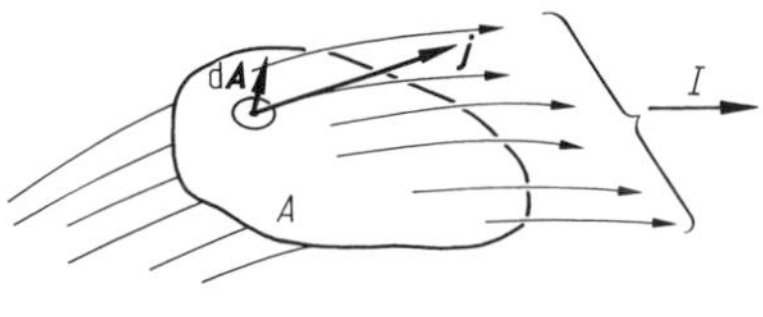

Abb. 18 Zur Definition der Stromdichte

$$\mathrm{d}V = A\mathrm{d}x = Av_{\mathrm{dr}}\mathrm{d}t$$

befinden, den Querschnitt A, also insgesamt die Ladungsmenge

$$\mathrm{d}Q = n\mathrm{d}Vq$$

(n Teilchenkonzentration der Ladungsträger). Mit (56) ergibt sich daraus die Stromstärke

$$I = nqv_{\mathrm{dr}}A \tag{59}$$

bzw. mit (57) die Stromdichte

$$\boldsymbol{j} = nq\boldsymbol{v}_{\mathrm{dr}}. \tag{60}$$

Für Elektronen als Ladungsträger z. B. in Metall gilt mit $q = -e$

$$\boldsymbol{j} = -ne\boldsymbol{v}_{\mathrm{dr}}. \tag{61}$$

Als *Beispiel* werde die Driftgeschwindigkeit der Leitungselektronen in Kupfer berechnet:

Wird die Dichte der Leitungselektronen abgeschätzt mit der Annahme, dass jedes Kupferatom ein Elektron in das Leitungsband (siehe ► Kap. 17, „Elektrische Leitungsmechanismen") abgibt, so beträgt $n_{\mathrm{Cu}} = 84 \cdot 10^{27}$ /m³. Mit den Vorgaben $I = 10$ A, $A = 1$ mm², $e = 1{,}6 \cdot 10^{-19}$ As folgt aus (61) für die Driftgeschwindigkeit der Elektronen $v_{\mathrm{dr}} = 0{,}74$ mm/s $= 2{,}7$ m/h $= 64$ m/d. Für die Strecke Berlin–München benötigen die Elektronen daher etwa 25 Jahre. Allein daraus folgt, dass die Driftgeschwindigkeit der Elektronen nichts mit der Ausbreitungsgeschwindigkeit elektrischer Signale zu tun hat.

Kontinuitätsgleichung

Wird das Flächenintegral in (58) bei der Berechnung der Stromstärke aus der Stromdichte über eine geschlossene Fläche S erstreckt (Abb. 19), so erhält

Abb. 19 Zur Kontinuitätsgleichung für die elektrische Ladung

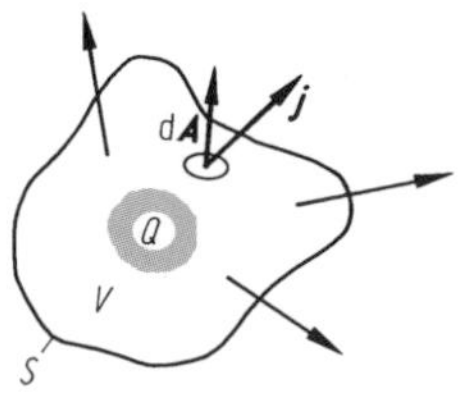

man den insgesamt aus dem von S umschlossenen Volumen V abfließenden Strom

$$I = \oint_S \boldsymbol{j} \cdot \mathrm{d}\boldsymbol{A} = \frac{\mathrm{d}Q_{\mathrm{tr}}}{\mathrm{d}t}, \tag{62}$$

worin Q_{tr} die dabei durch die Oberfläche transportierte Ladung ist.

Die durch die geschlossene Oberfläche S in der Zeit $\mathrm{d}t$ tretende Ladungsmenge $\mathrm{d}Q_{\mathrm{tr}}$ ist gleich der Abnahme $-\mathrm{d}\,Q$ der in V enthaltenen Ladung Q (Ladungserhaltung, siehe Abschn. 1.4):

$$\frac{\mathrm{d}Q_{\mathrm{tr}}}{\mathrm{d}t} = -\frac{\mathrm{d}Q}{\mathrm{d}t} = -\dot{Q}. \tag{63}$$

Aus (62) ergibt sich damit die Kontinuitätsgleichung für die elektrische Ladung

$$\oint_S \boldsymbol{j} \cdot \mathrm{d}\boldsymbol{A} = -\frac{\mathrm{d}}{\mathrm{d}t}\int_V \varrho \; \mathrm{d}V - -\dot{Q}, \tag{64}$$

die eine mathematische Formulierung für die Ladungserhaltung (Abschn. 1.4) darstellt, ϱ Raumladungsdichte (10).

Stromarbeit und Leistung

Die Energie, die ein konstanter elektrischer Strom I im elektrischen Feld infolge der Beschleunigung der Ladung beim Durchlaufen der Spannung U aufnimmt, beträgt pro Ladungsträger qU, für N Ladungsträger $NqU = QU$. Mit $Q = It$ (56) ergibt sich daher die vom Feld aufzubringende Beschleunigungsarbeit

$$W = QU = UIt. \tag{65}$$

Die damit verknüpfte elektrische Leistung, (91) im ▶ Kap. 10, „Mechanik von Massenpunkten", beträgt

$$P = \frac{\mathrm{d}W}{\mathrm{d}t} = UI. \tag{66}$$

SI - Einheit : $[P] = \mathrm{V} \cdot \mathrm{A} = \mathrm{W}(\mathrm{Watt})$.

Gl. (65) und (66) gelten auch, wenn bei Strömen in leitender Materie die Energie der Ladungsträger fortlaufend durch Stöße z. B. an das Kristallgitter abgegeben wird (▶ Abschn. 17.2.2 im Kap. 17, „Elektrische Leitungsmechanismen").

Für leitende Materie gilt in den meisten Fällen eine von Ohm im jahr 1825 gefundene lineare Beziehung, das *Ohm'sche Gesetz*

$$U = IR, \tag{67}$$

worin R, der *elektrische Widerstand*, eine Bauteilkenngröße ist, die für viele leitende Stoffe bei konstanter Temperatur näherungsweise unabhängig von U und I ist. Eine modellmäßige Begründung für das Ohm'sche Gesetz folgt im ▶ Kap. 17, „Elektrische Leitungsmechanismen".

SI - Einheit : $[R] = \mathrm{V/A} = \Omega$ (Ohm).

15.1.7 Elektrische Leiter im elektrostatischen Feld, Influenz

In elektrisch leitender Materie (elektrische Leiter) können sich Ladungen q unter Einfluss der elektrischen Kraft $\boldsymbol{F} = q\,\boldsymbol{E}$ bewegen, z. B. Elektronen in Metallen. Unter Einwirkung eines elektrischen Feldes verschieben sich daher die Ladungen im Leiter so lange, bis das Innere des Leiters feldfrei wird und damit der Anlass für weitere Ladungsverschiebungen entfällt. Die durch das Feld bewirkte Ladungsverschiebung heißt *Influenz*. Die Influenzladungen treten an den äußeren Oberflächen des leitenden Körpers auf (Abb. 20) und erzeugen ein dem äußeren Feld entgegengesetztes Influenzfeld, das das äußere Feld exakt kompensiert.

Das Auftreten von Influenzladungen lässt sich auch dadurch zeigen, dass als leitender Körper in Abb. 20 zwei zunächst im Kontakt befindliche

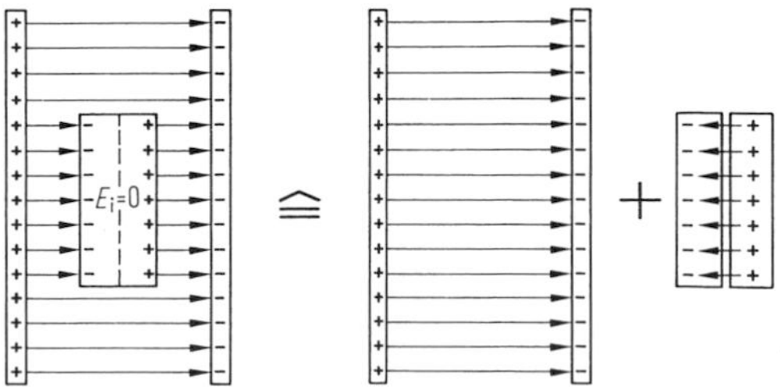

Abb. 20 Zur Wirkung der Influenz

Teilkörper (z. B. zwei an der Strichlinie in Abb. 20 aneinanderliegende Platten) verwendet werden. Werden diese ungeladen in das Feld gebracht, im Feld getrennt und dann herausgeführt, so tragen sie beide entgegengesetzt gleich große Ladungen.

Auch für elektrisch geladene Leiter im Feld der eigenen Ladungen (z. B. Abb. 9) gilt, dass die Ladungen sich im Felde der umgebenden Ladungen so lange verschieben, bis die Feldstärke im Innern des Leiters verschwindet. Auch hier verteilt sich die Ladung auf der äußeren Oberfläche.

Das Innere von elektrisch leitenden Körpern in elektrostatischen Feldern ist feldfrei. Das elektrische Potenzial im Körper ist daher konstant, insbesondere ist seine Oberfläche eine Potenzialfläche. Die Feldstärke steht deshalb senkrecht auf der Leiteroberfläche (siehe Abschn. 1.3), auf der sich die aufgebrachten Ladungen oder die Influenzladungen verteilen.

$$\boldsymbol{E}_\mathrm{i} = 0, \quad V_\mathrm{i} = \text{const.} \tag{68}$$

Gl. (68) gilt auch für das Innere metallischer Hohlräume, sofern sich darin keine isolierten Ladungen befinden. Zur Abschirmung vor äußeren elektrischen Feldern können daher metallisch umschlossene Räume verwendet werden: *Faraday-Käfig*. In das Innere eines metallischen Hohlraumes gebrachte Ladungen fließen bei Kontakt vollständig auf die Außenfläche der Metallumhüllung ab: *Faraday-Becher* zur vollständigen Ladungsübertragung (Abb. 21).

Oberflächenfeldstärke und Krümmung

Der Einfluss der Krümmung einer leitenden Oberfläche auf die Oberflächenladungsdichte σ bzw. auf die Oberflächenfeldstärke $\boldsymbol{E}$ lässt sich mit einer Anordnung aus zwei leitenden Kugeln 1 und 2 (Radius R_1 und R_2) abschätzen, die miteinander leitend verbunden sind und dadurch das gleiche Potenzial V besitzen (Abb. 22).

Feldstärke und Flächenladungsdichte können auf den äußeren Kugelseiten, wo die Störung durch die leitende Verbindung und die zweite Kugel gering ist, in guter Näherung wie bei einzelnen Kugeln berechnet werden. Aus (20) und (44) folgt dann

$$\frac{E_2}{E_1} = \frac{\sigma_2}{\sigma_1} \approx \frac{R_1}{R_2} \quad \text{für} \quad V_1 = V_2. \tag{69}$$

Auf beliebig geformte leitende Körper übertragen bedeutet das, dass an Stellen mit kleinen Krümmungsradien R bei Aufladung des Körpers auf ein Potenzial V bzw. eine Spannung U gegenüber der Umgebung besonders hohe Oberflächenfeldstärken

$$E_\mathrm{R} \approx \frac{V}{R} \tag{70}$$

auftreten (44). Das ist bei hochspannungsführenden Teilen zu beachten: An Spitzen, dünnen Drähten und scharfen Kanten treten bereits bei mäßigen Spannungen U Glimmentladungen oder sogar Feldemission (▶ Abschn. 17.2.7 im Kap. 17, „Elektrische Leitungsmechanismen") auf und führen zu Überschlägen. Kleine Krümmungsradien sind daher zu vermeiden. Ausgenutzt wird dagegen dieser Effekt beim Feldemissions-Elektronenmikroskop (Abb. 23) und beim Feldionenmikroskop, von E. Müller erstmalig 1936 bzw. 1951 vorgestellt.

Hierbei werden chemisch geätzte Metallspitzen mit Krümmungsradien von 0,1 bis 1 µm verwendet, sodass bei einer Spannung von 1000 V Feld-

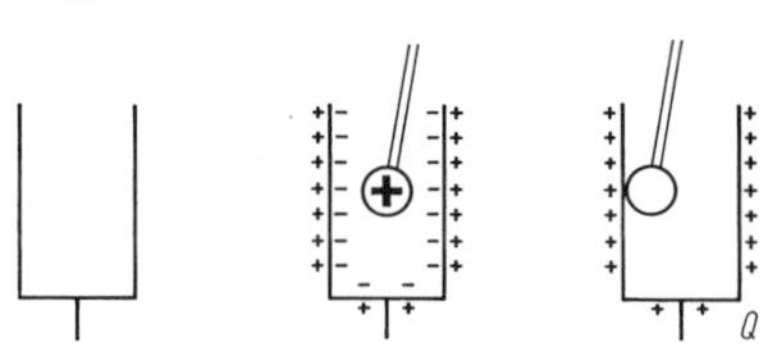

Abb. 21 Faraday-Becher zur Ladungsübertragung

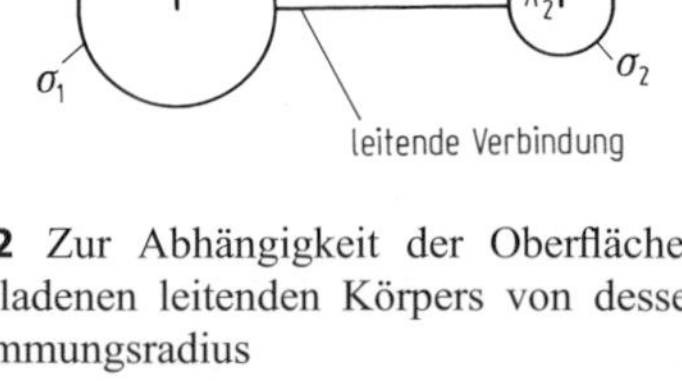

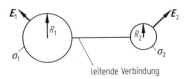

Abb. 22 Zur Abhängigkeit der Oberflächenfeldstärke eines geladenen leitenden Körpers von dessen Oberflächenkrümmungsradius

stärken von 10^9 bis 10^{10} V/m (1 bis 10 MV/mm) erzeugt werden. Bei solchen Feldstärken werden aus der Spitze Elektronen durch Feldemission (▶ Abschn. 17.2.7 im Kap. 17, „Elektrische Leitungsmechanismen") freigesetzt und im umgebenden Radialfeld auf den Leuchtschirm zu beschleunigt. Strukturen auf der Spitze, z. B. örtliche Variationen der Austrittsarbeit (▶ Abschn. 17.2.7 im Kap. 17, „Elektrische Leitungsmechanismen") oder angelagerte Moleküle, werden dann auf dem Leuchtschirm per Zentralprojektion mit einer Vergrößerung von 10^5 bis 10^6 sichtbar.

Elektrische Bildkraft

Ladungen vor ungeladenen, leitenden Oberflächen bewirken durch Influenz eine Ladungsverschiebung in der Weise, dass die Feldlinien senkrecht auf der Leiteroberfläche enden (Abb. 24). Der entstehende Feldlinienverlauf vor einer ebenen Leiteroberfläche kann durch gedachte Spiegelladungen entgegengesetzten Vorzeichens im gleichen Abstand d hinter der Leiteroberfläche (das

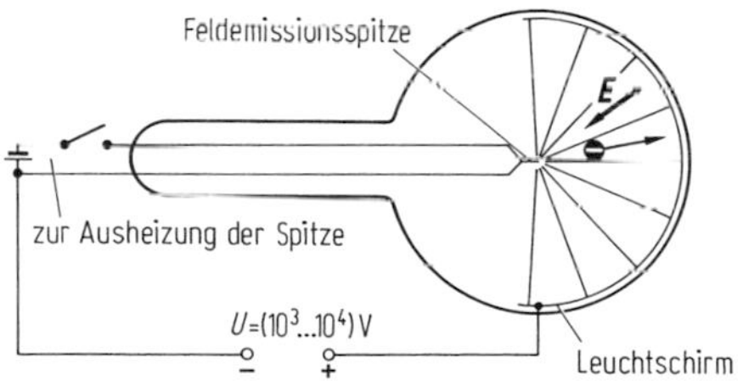

Abb. 23 Feldemissions-Elektronenmikroskop

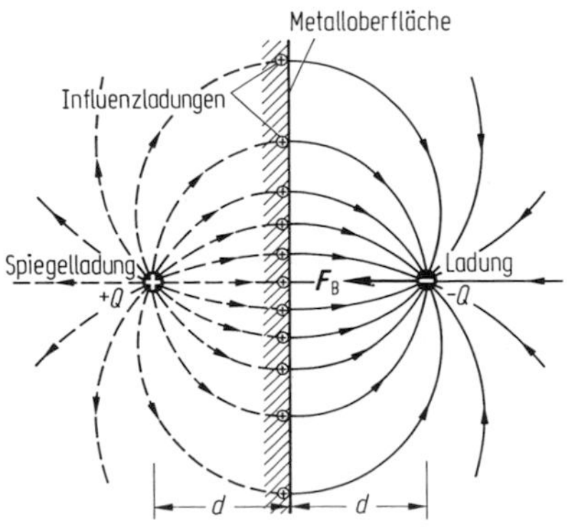

Abb. 24 Zur Entstehung der Bildkraft: Spiegelladungen durch Influenz an leitenden Flächen

„Bild" der felderzeugenden Ladung) beschrieben werden (siehe auch Abb. 4).

Daraus resultiert eine Kraft zwischen Ladung Q und ungeladener Leiteroberfläche, die sich aus dem Coulomb-Gesetz (1) berechnen lässt und senkrecht auf die Leiteroberfläche gerichtet ist:

$$F_\mathrm{B} = \frac{Q^2}{4\pi\varepsilon_0(2d)^2}. \tag{71}$$

15.1.8 Kapazität leitender Körper

Das Potenzial V einer leitenden Kugel (Radius R) ist nach (43) proportional zur Ladung Q auf der Kugel. Der Quotient beträgt

$$\frac{Q}{V} = 4\pi\varepsilon_0 R \tag{72}$$

und hängt nur von der Geometrie der Kugel (Radius R) ab. Das gilt entsprechend für jeden leitenden Körper. Der Quotient Q/V wird Kapazität C des leitenden Körpers,

$$C = \frac{Q}{V}, \tag{73}$$

genannt und stellt das Aufnahmevermögen des Körpers für elektrische Ladung Q bei gegebenem Potenzial V dar.

$$\text{SI-Einheit: } [C] = \mathrm{A\cdot s/V = C/V = F\ (Farad)}.$$

Aus dem Vergleich mit (72) ergibt sich die Kapazität der Kugel zu

$$C = 4\pi\varepsilon_0 R. \tag{74}$$

Kondensatoren

Der Begriff der Kapazität lässt sich auch übertragen auf Systeme aus zwei leitenden Körpern (den Elektroden), die entgegengesetzt gleiche Ladungen tragen (Abb. 25): Kondensator.

An die Stelle des Potenzials V tritt dann die Potenzialdifferenz (Spannung) $U = V_1 - V_2$, und die *Kapazität des Kondensators* beträgt

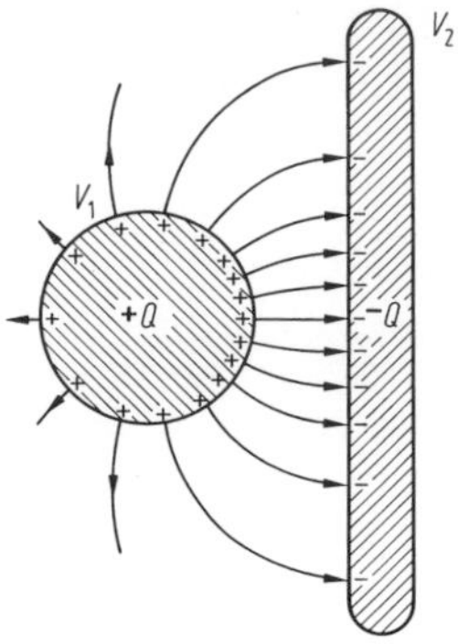

Abb. 25 Kondensator aus zwei leitenden Körpern

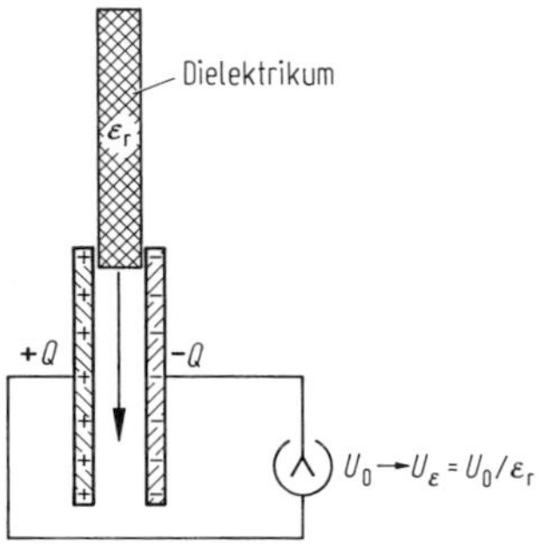

Abb. 26 Zur Wirkung eines Dielektrikums im Kondensator

$$C = \frac{Q}{U}. \quad (75)$$

Für den *Plattenkondensator* ergibt sich daraus mit (42)

$$C = \varepsilon_0 \frac{A}{d}. \quad (76)$$

Zur Kapazität geometrisch anders geformter Kondensatoren (Zylinderkondensator, Kugelkondensator) vgl. Teil Elektrotechnik.

Nichtleitende Materie im Kondensatorfeld
Wird ein elektrisch isolierendes Material (*Dielektrikum*) in einen Plattenkondensator geschoben (Abb. 26), so sinkt die am Kondensator mit einem statischen Instrument (Elektrometer) gemessene Spannung von $U_0 = Q/C_0$ auf den kleineren Wert U_ε.

Da sich die gespeicherte Ladung Q dabei nicht geändert hat, wie sich durch Entfernen des Dielektrikums zeigen lässt, ist durch das Dielektrikum offenbar die Kapazität von C_0 auf $C_\varepsilon > C_0$ gestiegen, sodass $U_\varepsilon = Q/C_\varepsilon < U_0$. Ursache hierfür ist die Polarisation des Dielektrikums (siehe Abschn. 1.9). Bei vollständiger Ausfüllung des felderfüllten Volumens durch das Dielektrikum wird das Verhältnis

$$\frac{C_\varepsilon}{C_0} = \frac{U_0}{U_\varepsilon} = \varepsilon_r > 1 \quad (77)$$

Permittivitätszahl (Dielektrizitätszahl) ε_r genannt. Sie ist eine charakteristische Größe des Dielektrikums (Tab. 2).

Für das Vakuum gilt $\varepsilon_r = 1$. Aus $C_\varepsilon = \varepsilon_r C_0$ folgt mit (76) für die Kapazität des *Plattenkondensators mit Dielektrikum*

$$C = \varepsilon_r \varepsilon_0 \frac{A}{d}. \quad (78)$$

An die Stelle der elektrischen Feldkonstante ε_0 des Vakuums tritt also die *Permittivität* (Dielektrizitätskonstante)

$$\varepsilon = \varepsilon_r \varepsilon_0 \quad (79)$$

des Dielektrikums im Feld. Das gilt generell für elektrische Felder in Dielektrika.

Energieinhalt eines geladenen Kondensators
Die differenzielle Arbeit zur weiteren Aufladung eines Kondensators der Kapazität C um die Ladung dq bei der Spannung u ist nach (29) und mit (75)

$$\mathrm{d}W = u\mathrm{d}q = \frac{1}{C} q \mathrm{d}q. \quad (80)$$

Die gesamte Aufladearbeit W und damit die im Kondensator gespeicherte Energie E_C erhält man daraus durch Integration ($q = 0$ bis Q, $u = 0$ bis U) und Umformung mit (75):

$$W = E_C = \frac{1}{2} \cdot \frac{Q^2}{C} = \frac{1}{2} QU = \frac{1}{2} CU^2 \quad (81)$$

(vgl. auch Teil Elektrotechnik). Die im Kondensator gespeicherte Energie manifestiert sich als Feldenergie des elektrostatischen Feldes zwischen den Elektroden des Kondensators.

Tab. 2 Permittivitätszahl ε_r einiger Stoffe

Stoff	ε_r
Feste Stoffe:	
Bariumtitanat	1000 ... 9000
Bernstein	2,2 ... 2,9
Diamant	5,68
Eis	3,2
Gläser	3 ... 15
Glimmer	5 ... 9
Hartpapier	5
Hartporzellan	5 ... 6,5
Kochsalz	5,8
Kunstharze	3,5 ... 4,5
Marmor	8,4 ... 14
Ölpapier	5
Papier	1,2 ... 3
Paraffin	2,2
Polyethylen (PE)	2,2 ... 2,7
Polypropylen (PP)	2,2 ... 2,6
Polystyrol (PS)	2,3 ... 2,8
Polytetrafluorethylen (PTFE)	2,1
Polyvinylchlorid (PVC, z. B. Vinidur)	3,3 ... 4,6
Quarz	3,5 ... 4,5
Quarzglas	4
Schwefel	3,6 ... 4,3
Ziegel	2,3
Flüssigkeiten:	
Benzol	2,28
Ethanol	25,3
Glycerin	46,5
Kabelöl	2,25
Methanol	33,5
Petroleum	2,2
Transformatorenöl	2,2 ... 2,5
Wasser	80,1
Gase(0 °C; 101325 Pa):	
Argon	1,0005172
Helium	1,0000650
Kohlendioxid	1,000922
Luft, trocken	1,0005364
Sauerstoff	1,0004947
Stickstoff	1,0005480
Wasserstoff	1,0002538

Energiedichte des elektrostatischen Feldes

Die Dichte der elektrischen Feldenergie w_e lässt sich für den Fall des Plattenkondensators leicht aus dem Quotienten W/V berechnen, worin $V = A\,d$ das Volumen des homogenen Feldes zwischen den Kondensatorplatten ist (vgl. Teil Elektrotechnik). Durch Einsetzen der Kapazität des Plattenkondensators (78) und Einführen der Feldstärke $\boldsymbol{E}$ nach (41) ergibt sich für die *Energiedichte*

$$w_e = \frac{1}{2}\varepsilon \boldsymbol{E}^2 = \frac{1}{2}\boldsymbol{D} \cdot \boldsymbol{E}. \tag{82}$$

$\boldsymbol{D}$ ist die elektrische Flussdichte gemäß (14), hier allerdings bereits für den allgemeinen Fall des Dielektrikums im Feld geschrieben (siehe Abschn. 15.1.9). Gl. (82) enthält keine kondensatorspezifischen Größen und gilt für beliebige elektrostatische Felder.

15.1.9 Nichtleitende Materie im elektrischen Feld, elektrische Polarisation

Wird Materie in ein elektrisches Feld gebracht, so wird der elektrische Zustand der Materie infolge der elektrischen Kraft auf die in der Materie vorhandenen Ladungen verändert. Im bereits in Abschn. 1.7 behandelten Fall elektrisch leitender Materie können sie der Kraft folgen, Ladungen entgegengesetzten Vorzeichens sammeln sich daher an gegenüberliegenden Oberflächen: Influenz (Abb. 20). Bei einem Leiter im Feld bildet sich also eine makroskopische Ladungsverteilung aus, die qualitativ der eines elektrischen Dipols (Abb. 4) entspricht.

In Nichtleitern (Dielektrika) ist eine makroskopische Ladungsverschiebung nicht möglich. Dennoch bilden sich auch hier im Feld Dipolzustände aus, allerdings im molekularen Maßstab, die Materie wird polarisiert.

Der elektrische Dipol

Der elektrische Dipol ist ein elektrisch neutrales Gebilde. Er besteht aus zwei gleich großen Punktladungen entgegengesetzten Vorzeichens (Abb. 4), die im Abstand l auf dem Verbindungsvektor $\boldsymbol{l}$ sitzen (Abb. 27).

Seine Eigenschaften werden durch das *elektrische Dipolmoment* $\boldsymbol{p}$ beschrieben:

Abb. 27 Elektrischer Dipol

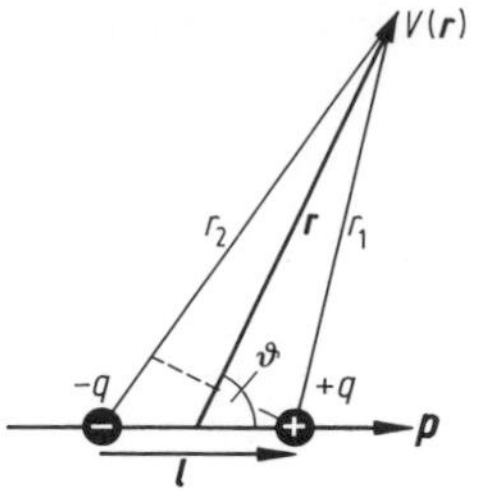

$$p = ql. \tag{83}$$

$$\text{SI-Einheit}: \quad [p] = \mathrm{C \cdot m = A \cdot s \cdot m}.$$

Anmerkungen: In der Chemie wird das Vorzeichen des Dipolmoments meist entgegengesetzt definiert. $\boldsymbol{p}$ darf nicht mit dem Impuls verwechselt werden.

Das Potenzial eines Dipols lässt sich durch Überlagerung der Potenziale zweier Punktladungen darstellen (Abb. 27):

$$V(\boldsymbol{r}) = \frac{1}{4\pi\varepsilon_0}\left(\frac{q}{r_1} - \frac{q}{r_2}\right) = \frac{q}{4\pi\varepsilon_0} \cdot \frac{r_2 - r_1}{r_1 r_2}. \tag{84}$$

Für Entfernungen r, die groß gegen die Dipollänge l sind, gilt

$$r_1, r_2 \gg l: \quad r_2 - r_1 = l\cos\vartheta, \quad r_1 r_2 = r^2. \tag{85}$$

Mit (83) und (84) folgt dann für das Potenzial einer Probeladung im Feld eines Dipols

$$V(\boldsymbol{r}) = \frac{p\cos\vartheta}{4\pi\varepsilon_0 r^2} = \frac{\boldsymbol{p} \cdot \boldsymbol{r}^0}{4\pi\varepsilon_0 r^2}. \tag{86}$$

Das Potenzial eines Dipols nimmt danach mit $1/r^2$ ab, während das Potenzial der einzelnen Punktladung nach (42) nur mit $1/r$ abnimmt. Der schnellere Abfall beim Dipol rührt daher, dass mit steigender Entfernung die beiden Ladungen sich in ihrer Wirkung immer mehr kompensieren. Die Feldgeometrie eines elektrischen Dipols zeigt Abb. 4.

Im *homogenen elektrischen Feld* wirkt ein Kräftepaar auf die beiden Ladungen des Dipols (Abb. 28). Die resultierende Kraft auf den Dipol ist null. Das Kräftepaar bewirkt jedoch ein *Drehmoment* $\boldsymbol{M}$, das sich nach (78) im ► Kap. 10, „Mechanik von Massenpunkten" mit $\boldsymbol{F} = q\,\boldsymbol{E}$ ergibt zu

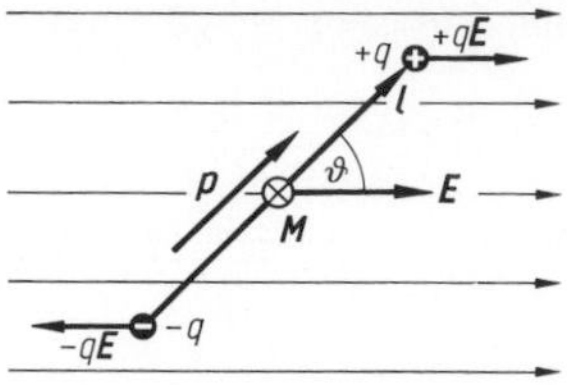

Abb. 28 Drehmoment auf einen elektrischen Dipol im homogenen elektrischen Feld

$$\boldsymbol{M} = \boldsymbol{p} \times \boldsymbol{E} \tag{87}$$

und den Dipol in Feldrichtung zu drehen versucht.

Der Dipol im Feld besitzt daher eine potenzielle Energie, die sich aus den potenziellen Energien seiner Einzelladungen zusammensetzt:

$$\begin{aligned} E_{\mathrm{p,\,dp}} &= qV_+ + (-qV_-) \\ &= -ql\frac{\Delta V}{l} = -pE\cos\vartheta. \end{aligned} \tag{88}$$

Daraus folgt für die potenzielle Energie eines elektrischen Dipols im elektrischen Feld

$$E_{\mathrm{p,\,dp}} = -\boldsymbol{p} \cdot \boldsymbol{E}. \tag{89}$$

Sie ist minimal, wenn der Dipolvektor $\boldsymbol{p}$ in Feldrichtung zeigt, und maximal für die entgegengesetzte Richtung.

Im *inhomogenen Feld* sind die Kräfte auf die beiden Ladungen eines Dipols vom Betrag verschieden, sodass neben dem Drehmoment auch eine resultierende Kraft auftritt. Für einen in Feldrichtung ausgerichteten Dipol mit differenziell kleiner Länge $l = \mathrm{d}x$ (Abb. 29) ist die *resultierende Kraft* proportional zum Feldgradienten $\mathrm{d}E/\mathrm{d}x$:

$$F = p\frac{\mathrm{d}E}{\mathrm{d}x}. \tag{90}$$

Elektrische Polarisation eines Dielektrikums

Wie in Abb. 26 betrachten wir einen Plattenkondensator mit Dielektrikum. Bei geladenem Kondensator bewirkt das elektrische Feld eine Polarisation des Dielektrikums: Durch Verschiebungspolarisation in

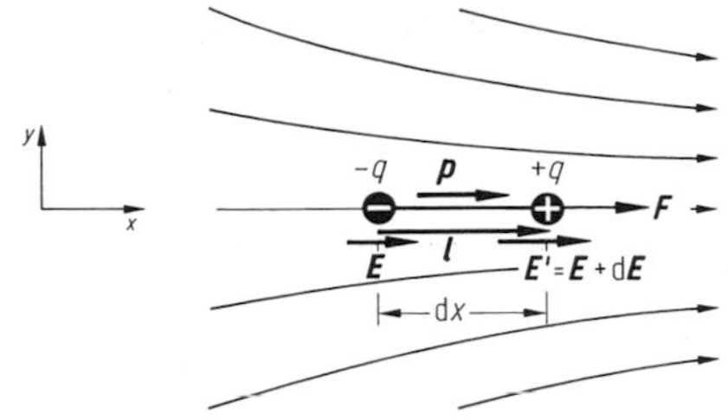

Abb. 29 Resultierende Kraft auf einen elektrischen Dipol im inhomogenen elektrischen Feld

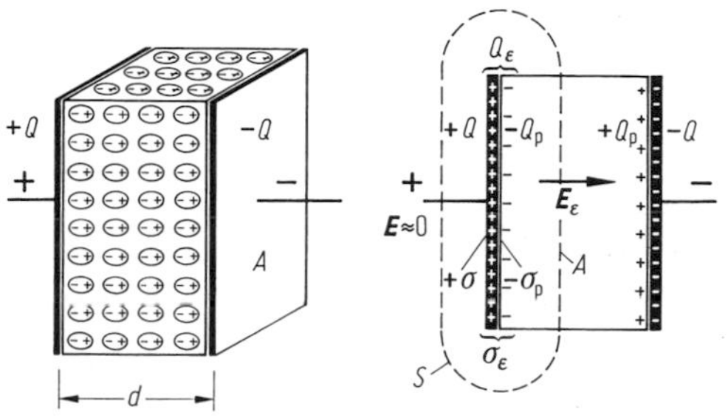

Abb. 30 Polarisation eines Dielektrikums: Entstehung von Polarisationsladungen an den Grenzflächen

den Atomen und bei polaren Molekülen durch Orientierungspolarisation (siehe unten) wird ein System elektrisch wirksamer Dipole (Abb. 30) mit Dipolmomenten einer mittleren Größe $\boldsymbol{p}$ erzeugt. Als Polarisation $\boldsymbol{P}$ ist das auf das Volumen bezogene Dipolmoment definiert, also der Quotient aus dem Gesamtdipolmoment $\boldsymbol{p}_\Sigma$ des Dielektrikums, das sich durch vektorielle Addition aller Einzeldipole $\boldsymbol{p}$ ergibt, und seinem Volumen V. Ist n die Dipolzahldichte, so folgt für die *elektrische Polarisation*

$$\boldsymbol{P} = \frac{\boldsymbol{p}_\Sigma}{V} = n\boldsymbol{p}. \tag{91}$$

Als Folge der Polarisation entstehen Polarisationsladungen $Q_\mathrm{p} = \boldsymbol{\sigma}_\mathrm{p} \cdot \boldsymbol{A}$ an den Grenzflächen A mit der Flächenladungsdichte $\boldsymbol{\sigma}_\mathrm{p}$ (Abb. 30). $\boldsymbol{\sigma}_\mathrm{p}$ ist ein Vektor parallel zum Flächennormalenvektor $\boldsymbol{A}$. Für das Gesamtdipolmoment ergibt sich hieraus

$$\boldsymbol{p}_\Sigma = Q_\mathrm{p}\boldsymbol{d} = \boldsymbol{\sigma}_\mathrm{p} A d = \boldsymbol{\sigma}_\mathrm{p} V. \tag{92}$$

Mit (91) und (24) folgt weiter

$$\boldsymbol{P} = n\boldsymbol{p} = \boldsymbol{\sigma}_\mathrm{p} = -\varepsilon_0 \boldsymbol{E}_\mathrm{p}, \tag{93}$$

worin $\boldsymbol{E}_\mathrm{p}$ die durch die Polarisationsladungen erzeugte Polarisationsfeldstärke ist, die dem Polarisationsvektor $\boldsymbol{P}$ entgegengerichtet ist.

Die resultierende Feldstärke $\boldsymbol{E}_\varepsilon$ im dielektrikumerfüllten Feld ergibt sich aus der Überlagerung der Feldstärke $\boldsymbol{E}$ ohne Dielektrikum (bei vorgegebener Ladung Q auf den Kondensatorplatten) und der Polarisationsfeldstärke $\boldsymbol{E}_\mathrm{p}$ des eingeschobenen Dielektrikums

$$\boldsymbol{E}_\varepsilon = \boldsymbol{E} + \boldsymbol{E}_\mathrm{p} = \boldsymbol{E} - \frac{\boldsymbol{P}}{\varepsilon_0}. \tag{94}$$

Sie ist kleiner als die Vakuumfeldstärke, da die Ladungen Q auf den Platten durch die Polarisationsladungen Q_p des Dielektrikums teilweise kompensiert werden. Es bleibt lediglich die Ladung $Q_\varepsilon = Q - Q_\mathrm{p} = \sigma_\varepsilon A = \varepsilon_0 E_\varepsilon A$ wirksam. Damit ist die in Abb. 26 dargestellte Beobachtung erklärt. Für die Permittivitätszahl ε_r in (77) ergibt sich mit (94) für kleine Polarisationen

$$\varepsilon_\mathrm{r} = \frac{U_0}{U_\varepsilon} = \frac{Q_0}{Q_\varepsilon} = \frac{E}{E_\varepsilon} = \frac{E}{E - \dfrac{P}{\varepsilon_0}} \approx 1 + \frac{P}{\varepsilon_0 E} = 1 + \frac{np}{\varepsilon_0 E}. \tag{95}$$

Die Abweichung von ε_r von 1 wird *elektrische Suszeptibilität* χ_e genannt und ist gleich dem Quotienten aus Polarisation P und elektrischer Vakuumflussdichte $D_0 = \varepsilon_0 E$:

$$\chi_\mathrm{e} = \frac{P}{\varepsilon_0 E} = \frac{np}{\varepsilon_0 E}, \quad \boldsymbol{P} = \chi_\mathrm{e}\varepsilon_0 \boldsymbol{E}. \tag{96}$$

Suszeptibilität und Permittivitätszahl beschreiben die elektrischen Eigenschaften eines Dielektrikums gleichwertig und sind verknüpft durch

$$\varepsilon_\mathrm{r} = 1 + \chi_\mathrm{e}. \tag{97}$$

Multiplikation von (97) mit $\varepsilon_0 \boldsymbol{E} = \boldsymbol{D}_0$ führt mit (96) zu der Größe

$$\varepsilon_r \varepsilon_0 \boldsymbol{E} = \boldsymbol{D}_0 + \boldsymbol{P}, \quad (98)$$

die als *dielektrische Verschiebung* oder *elektrische Flussdichte* (in Materie) bezeichnet wird:

$$\boldsymbol{D} = \varepsilon_r \varepsilon_0 \boldsymbol{E} = \varepsilon \boldsymbol{E}, \quad (99)$$

und sich aus der Flussdichte im Vakuum und der Polarisation der Materie zusammensetzt:

$$\boldsymbol{D} = \boldsymbol{D}_0 + \boldsymbol{P} = (1 + \chi_e)\varepsilon_0 \boldsymbol{E}. \quad (100)$$

In (99) und (100) ist $\boldsymbol{E}$ die Feldstärke, die sich beispielsweise aus der am Kondensator liegenden Spannung U und dem Plattenabstand d gemäß (41) ergibt.

Der Name „dielektrische Verschiebung" wurde in Hinblick auf den Vorgang der Verschiebungspolarisation gewählt (siehe unten). In isotropen Dielektrika sind ε_r und χ_e Skalare, in anisotropen Dielektrika (Kristallen) dagegen Tensoren, d. h., Verschiebungsvektor $\boldsymbol{D}$ und Feldstärkevektor $\boldsymbol{E}$ haben dann i. Allg. nicht dieselbe Richtung.

Wir wenden nun das Gauß'sche Gesetz in der Formulierung (17) ähnlich wie in Abb. 10 auf eine geschlossene Fläche S an, die eine der Elektroden des mit Dielektrikum gefüllten Plattenkondensators umschließt (Abb. 30). Das Volumen dieser Fläche enthält dann die wirksame Ladung

$$Q_\varepsilon = Q - Q_p = \frac{Q}{\varepsilon_r}. \quad (101)$$

Da außerhalb des Plattenkondensators die Feldstärke als vernachlässigbar klein angenommen werden kann, wenn die linearen Abmessungen der Plattenfläche A groß gegen den Plattenabstand d sind, trägt von der Gesamtfläche S nur der Flächenausschnitt A im Kondensatordielektrikum zum Gauß-Integral bei:

$$\oint_S \varepsilon_0 \boldsymbol{E} \cdot \mathrm{d}\boldsymbol{A} = \int_A \varepsilon_0 \boldsymbol{E}_\varepsilon \cdot \mathrm{d}\boldsymbol{A} = Q_\varepsilon = \frac{Q}{\varepsilon_r}. \quad (102)$$

Wir bilden nun das entsprechende Integral über die elektrische Flussdichte in Materie (99), und erhalten analog

$$\oint_S \varepsilon_r \varepsilon_0 \boldsymbol{E} \cdot \mathrm{d}\boldsymbol{A} = \int_A \varepsilon_r \varepsilon_0 \boldsymbol{E}_\varepsilon \cdot \mathrm{d}\boldsymbol{A}. \quad (103)$$

Das Integral der rechten Seite wird nur über den homogenen Feldbereich im Kondensator erstreckt, wo ε_r konstant ist und vor das Integral gezogen werden kann. Mit (99) und (102) folgt dann die allgemein gültige Form des *Gauß'schen Gesetzes* für das elektrische Feld in Materie:

$$\oint_S \boldsymbol{D} \cdot \mathrm{d}\boldsymbol{A} = \oint_S \varepsilon_r \varepsilon_0 \boldsymbol{E} \cdot \mathrm{d}\boldsymbol{A} = Q, \quad (104)$$

worin Q die tatsächlich in das von der geschlossenen Fläche S berandete Volumen eingebrachte Ladung ist.

Verschiebungspolarisation

Makroskopische Materie ist aus Atomen aufgebaut. Diese bestehen aus der negativen Elektronenhülle und dem positiven Atomkern (siehe ► Abschn. 17.2.1 im Kap. 17, „Elektrische Leitungsmechanismen"). Die Schwerpunkte der positiven und negativen Ladungsverteilungen im Atom fallen normalerweise zusammen. In einem äußeren elektrischen Feld $\boldsymbol{E}$ wirken jedoch auf die atomaren Ladungen verschiedenen Vorzeichens entgegengesetzt gerichtete Kräfte $\boldsymbol{F} = \pm q\, \boldsymbol{E}$, sodass eine Verschiebung der Ladungsschwerpunkte gegeneinander erfolgt, bis die Coulombanziehungskraft der äußeren Kraft entgegengesetzt gleich ist: Es sind *induzierte Dipole* in Richtung des äußeren Feldes entstanden (Abb. 31): *Verschiebungspolarisation*. Neben dieser elektronischen Verschiebungspolarisation, die bei allen Substanzen auftritt, gibt es z. B. in Ionenkristallen auch eine ionische Verschiebungspolarisation.

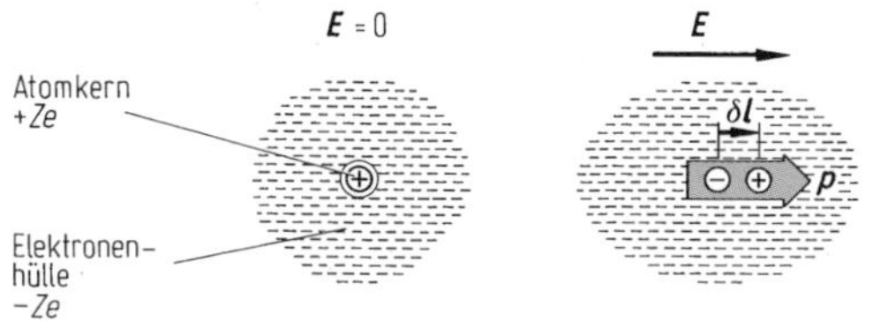

Abb. 31 Induzierter atomarer Dipol im elektrischen Feld

Das pro Atom induzierte elektronische Dipolmoment $\boldsymbol{p} = Q\,\delta\boldsymbol{l} = Ze\delta\boldsymbol{l}$ kann für nicht zu große Feldstärken proportional zu $\boldsymbol{E}$ angesetzt werden, mit der Polarisierbarkeit α gemäß

$$\boldsymbol{p} = \alpha\boldsymbol{E}. \qquad (105)$$

Um eine Größenordnung für α abzuschätzen, kann als Modell für die Verschiebungspolarisation eines kugelsymmetrischen Atoms eine leitende Kugel angenommen werden, deren Radius dem Atomradius r_0 entspricht. Das äußere Feld $\boldsymbol{E}$ induziert in einer solchen Kugel Influenzladungen, deren Feld außerhalb der Kugel durch das Feld eines Dipols im Kugelzentrum mit dem Dipolmoment (ohne Ableitung)

$$\boldsymbol{p} = 4\pi r_0^3 \varepsilon_0 \boldsymbol{E} \qquad (106)$$

wiedergegeben wird. Ein Vergleich mit (105) liefert eine nach diesem Modell mit dem Atomvolumen V_0 steigende Polarisierbarkeit

$$\alpha = 3\varepsilon_0 \frac{4}{3}\pi r_0^3 = 3\varepsilon_0 V_0. \qquad (107)$$

Die Polarisation aufgrund der induzierten Dipole beträgt nach (91) und (105)

$$\boldsymbol{P} = n\boldsymbol{p} = n\alpha\boldsymbol{E}. \qquad (108)$$

Der Vergleich mit (96) liefert für Suszeptibilität und Permittivitätszahl

$$\chi_e = \frac{n\alpha}{\varepsilon_0}, \quad \varepsilon_r = 1 + \frac{n\alpha}{\varepsilon_0}. \qquad (109)$$

Diese Beziehungen gelten für dünne Medien (Dipolzahldichte n klein), z. B. Gase, in denen die gegenseitige Wechselwirkung der Dipole noch keine Rolle spielt. In dichten Medien muss für die Polarisation eines induzierten Dipols das von der Polarisation des umgebenden Mediums erzeugte zusätzliche Feld (etwa die ausrichtende Wechselwirkung innerhalb einer Dipolkette) berücksichtigt werden. Das führt (ohne Ableitung) zu den Clausius-Mosotti-Formeln

$$\chi_e = \frac{\dfrac{n\alpha}{\varepsilon_0}}{1 - \dfrac{1}{3}\dfrac{n\alpha}{\varepsilon_0}}, \qquad \varepsilon_r = 1 + \frac{\dfrac{n\alpha}{\varepsilon_0}}{1 - \dfrac{1}{3}\dfrac{n\alpha}{\varepsilon_0}}, \qquad (110)$$

die die Beziehungen (109) als Grenzfall für kleine n enthalten. Sie gestatten die Berechnung der Dielektrizitätszahl einer dichten nichtpolaren Flüssigkeit aus den Daten ihres Gases.

Orientierungspolarisation

Viele Moleküle besitzen auch bei Abwesenheit eines äußeren elektrischen Feldes bereits ein elektrisches Dipolmoment, sie stellen *permanente elektrische Dipole* dar. Dies trifft bei nahezu allen Molekülen zu, die nicht aus gleichen Atomen aufgebaut sind: polare Moleküle (z. B. HCl, H_2O, NH_3, Abb. 32). Lediglich symmetrisch aufgebaute Moleküle, wie CO_2 oder CH_4, haben kein permanentes Dipolmoment.

Eine Stoffportion aus polaren Molekülen (Molekülzahldichte n) zeigt ohne äußeres Feld kein resultierendes Dipolmoment, da die thermische Energie für eine statistische Gleichverteilung der Dipolorientierungen sorgt, d. h., je $n/6$ der molekularen Dipole sind in die 6 Raumrichtungen orientiert und heben sich daher in ihrer Wirkung gegenseitig auf. In einem äußeren elektrischen Feld erfahren

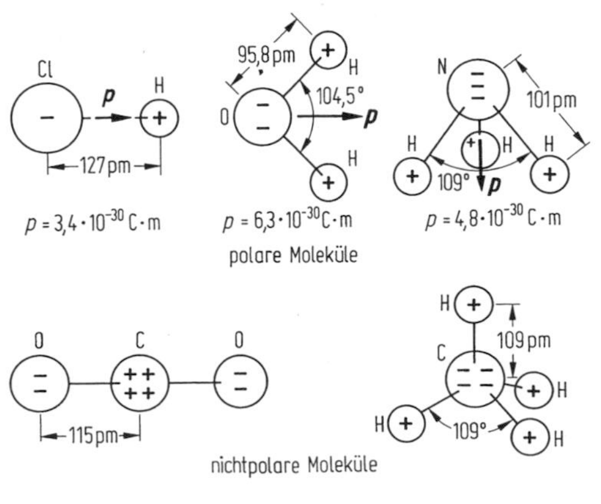

Abb. 32 Beispiele für molekulare Dipole

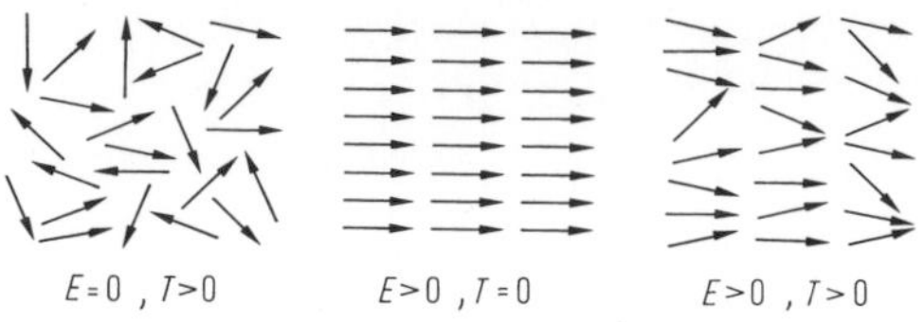

Abb. 33 Ein System elektrischer Dipole unter dem Einfluss von Temperaturbewegung und äußerem elektrischen Feld

die Dipole jedoch gemäß (84) Drehmomente, die für eine mit $\boldsymbol{E}$ zunehmende Ausrichtung in Feldrichtung gegen die Temperaturbewegung sorgen (Abb. 33): *Orientierungspolarisation*.

Anmerkung: Voraussetzung dafür ist eine gegenseitige Wechselwirkung der Moleküle, die einen Energieaustausch ermöglichen. Anderenfalls würde das äußere Feld allein zu Drehschwingungen der Moleküle Anlass geben, vgl. Abb. 5 im ▶ Kap. 11, „Schwingungen, Teilchensysteme und starre Körper".

Im Feld sind daher mehr als $n/6$ Dipole in Feldrichtung orientiert (potenzielle Energie $E_{\mathrm{p}+}$) und entsprechend weniger als $n/6$ entgegengesetzt der Feldrichtung (potenzielle Energie $E_{\mathrm{p}}-$). Die senkrecht zur Feldrichtung orientierten Dipole heben sich weiterhin in ihrer Wirkung auf. Die Polarisation ergibt sich aus der Differenz der $n_+ \gtrsim n/6$ in und $n_- \lesssim n/6$ gegen die Feldrichtung orientierten Dipole. Sie lässt sich mithilfe des Boltzmann'schen e-Satzes aus der Differenz der potenziellen Energien (89) berechnen:

$$\Delta E_{\mathrm{p}} = E_{\mathrm{p}^-} - E_{\mathrm{p}^+} = 2pE, \qquad (111)$$

E ist hierin die angelegte elektrische Feldstärke. Der Boltzmann'sche e-Satz, (40) im ▶ Kap. 12, „Statistische Mechanik – Thermodynamik," liefert dann

$$\frac{n_-}{n_+} = \mathrm{e}^{-\frac{2pE}{kT}}. \qquad (112)$$

Für $E = 0$ und endliche Temperatur $T > 0$ ist demnach die Orientierung gleichverteilt, ebenso für $T \to \infty$. Für $T \to 0$ und $E > 0$ sind dagegen alle Dipole in Feldrichtung ausgerichtet (Abb. 33). Bei Zimmertemperatur ist 2pE $\ll k\,T$ und $n_- \approx n_+ \approx n/6$, sodass (112) entwickelt werden kann:

$$\frac{n_-}{n_+} \approx 1 - \frac{2pE}{kT}. \qquad (113)$$

Die resultierende Polarisation ergibt sich aus der Differenz der in Feldrichtung und gegen die Feldrichtung ausgerichteten Dipole

$$n_{\mathrm{E}} = n_+ - n_- \approx \frac{n}{6}\left(1 - \frac{n_-}{n_+}\right) \approx \frac{npE}{3kT} \qquad (114)$$

zu

$$P = n_{\mathrm{E}}p = \frac{np^2E}{3kT}. \qquad (115)$$

Mit (96) folgt daraus die *paraelektrische Suszeptibilität* und Permittivitätszahl

$$\chi_{\mathrm{e}} = \frac{np^2}{3\varepsilon_0 kT}, \quad \varepsilon_{\mathrm{r}} = 1 + \frac{np^2}{3\varepsilon_0 kT}. \qquad (116)$$

Das Temperaturverhalten $\chi_{\mathrm{e}} \sim 1/T$ wird entsprechend dem Curie-Gesetz der magnetischen Suszeptibilität (▶ Abschn. 16.1.4 im Kap. 16, „Magnetische Wechselwirkung und zeitveränderliche elektromagnetische Felder") als Curie-Verhalten bezeichnet. Es tritt nur bei Vorhandensein permanenter Dipole, also polarer Moleküle auf.

Allgemein lässt sich die elektrische Suszeptibilität unter Zusammenfassung von (109) und (110) und (116) darstellen durch

$$\chi_{\mathrm{e}} = A + \frac{B}{T}, \qquad (117)$$

worin A den temperaturunabhängigen Anteil der Verschiebungspolarisation und B den eventuell vorhandenen Anteil einer Orientierungspolarisation kennzeichnet.

Ferroelektrizität

Kristalline Substanzen mit polarer Struktur können unterhalb einer kritischen Temperatur T_{C} (Curie-Temperatur) ohne angelegtes äußeres Feld eine spontane Polarisation zeigen. Solche Substanzen

Tab. 3 Curie-Temperatur einiger Ferroelektrika

Name	Formel	T_C/K	C/K
Bariumtitanat	$BaTiO_3$	383	$1{,}8 \cdot 10^5$
KDP	KH_2PO_4	123	$3{,}3 \cdot 10^3$
Kaliumniobat	$KNbO_3$	707	
Seignettesalz	$KNaC_4\,H_4\,O_6 \cdot 4\,H_2\,O$	297[a]	

[a]Seignettesalz hat ferner einen unteren Curie-Punkt bei 255 K und ist nur zwischen den beiden Curie-Temperaturen ferroelektrisch

werden in Analogie zur entsprechenden Erscheinung bei Ferromagnetika (vgl. ▸ Abschn. 16.1.4 im Kap. 16, „Magnetische Wechselwirkung und zeitveränderliche elektromagnetische Felder") *Ferroelektrika* genannt (Tab. 2). Die Polarisation ist durch eine entgegengesetzte äußere elektrische Feldstärke $E > E_c$ (= Koerzitivfeldstärke) umkehrbar. Es liegt eine Domänenstruktur vor, wobei eine Domäne einen Bereich mit paralleler Ausrichtung der Dipole darstellt und durch die Summation der Wirkung aller seiner Dipole ein gegenüber dem Einzeldipol sehr großes Dipolmoment hat. Das Drehmoment zur Umorientierung einer solchen Domäne erfordert daher nach (87) nur eine im Vergleich zu paraelektrischen Substanzen geringe äußere Feldstärke: Suszeptibilität χ_e und Permittivitätszahl ε_r sind sehr hoch (z. B. $BaTiO_3$, Tab. 2). Sie sind außerdem von der Feldstärke und von der vorherigen Polarisation abhängig. Der Zusammenhang zwischen Polarisation und angelegtem elektrischem Feld ist bei einem Ferroelektrikum daher nicht linear, sondern folgt einer Hysteresekurve (vgl. ▸ Abschn. 16.1.4 im Kap. 16, „Magnetische Wechselwirkung und zeitveränderliche elektromagnetische Felder"). Die parallele Ausrichtung der Dipole innerhalb einer Domäne ist durch die Dipol-Dipol-Wechselwirkung bedingt. Diese Ordnung wird mit steigender Temperatur durch die Wärmebewegung gestört und bricht mit Erreichen der Curie-Temperatur T_C völlig zusammen.

Oberhalb der Curie-Temperatur T_C verhalten sich manche Ferroelektrika (z. B. $BaTiO_3$) paraelektrisch mit einem Temperaturverhalten gemäß

$$\chi_e = \frac{C}{T - T_C}, \tag{118}$$

das dem Curie-Weiss'schen Gesetz (siehe ▸ Abschn. 16.1.4 im Kap. 16, „Magnetische Wechselwirkung und zeitveränderliche elektromagnetische Felder") entspricht.

Andere Ferroelektrika werden für $T > T_C$ piezoelektrisch (siehe unten), z. B. Seignettesalz (Kaliumnatriumtartrat $KNaC_4\,H_4\,O_6 \cdot 4\,H_2\,O$) oder KDP (Kaliumdihydrogenphosphat $KH_2\,PO_4$).

Piezoelektrizität

Elektrische Polarisation kann bei manchen polaren Kristallen auch durch mechanischen Druck erzeugt werden, sofern sie kein Symmetriezentrum besitzen. Dabei werden die positiven und negativen Ionen so gegeneinander verschoben, dass ein elektrisches Dipolmoment entsteht. Beispiele sind Quarz, Seignettesalz, Bariumtitanat. Einen besonders hohen piezoelektrischen Effekt zeigen speziell entwickelte Piezokeramiken wie Bleizirkonattitanat. Der piezoelektrische Effekt ist umkehrbar: Die Anlegung einer elektrischen Spannung bewirkt eine Längenänderung.

Anwendungen: Frequenznormale mit Schwingquarzen, Frequenzfilter für die Nachrichtentechnik, piezoelektrische Druckmesser und Stellglieder, Erzeugung von Ultraschall, Erzeugung von Hochspannungspulsen.

Literatur

CGPM (2018) 26th CGPM Resolutions 2018

CODATA (2014) Internationally recommended 2014 values of the Fundamental Physical Constants. www.nist.gov/pml. Zugegriffen am 13.12.2018

Handbücher und Nachschlagewerke

Bergmann L, Schaefer C (1999–2006) Lehrbuch der Experimentalphysik (8 Bde.), Versch. Aufl. de Gruyter, Berlin

Greulich W (2003) Lexikon der Physik, 6 Bde. Spektrum Akademischer Verlag, Heidelberg

Hering E, Martin R, Stohrer M (2017) Taschenbuch der Mathematik und Physik, 6. Aufl. Springer, Berlin
Kuchling H Taschenbuch der Physik, 21. Aufl. Hanser, München
Rumble J (2018) CRC handbook of chemistry and physics, 99. Aufl. Taylor & Francis Ltd, London
Stöcker H (2018) Taschenbuch der Physik, 8. Aufl. Europa-Lehrmittel Nourney, Vollmer GmbH & Co. KG, Haan-Gruiten
Westphal W (Hrsg) (1952) Physikalisches Wörterbuch. Springer, Berlin

Allgemeine Lehrbücher

Alonso M, Finn E (2000) Physik, 3. Aufl. de Gruyter, Oldenbourg
Berkeley Physik-Kurs (1991) 5 Bde, Versch. Aufl. Vieweg +Teubner, Braunschweig
Demtröder W (2017) Experimentalphysik, 4 Bde, 5–8. Aufl. Springer Spektrum, Berlin
Feynman RP, Leighton RB, Sands M (2015) Vorlesungen über Physik (5 Bde.), Versch. Aufl. de Gruyter, Berlin
Gerthsen C, Meschede C (2015) Physik, 25. Aufl. Springer Spektrum, Berlin
Gerthsen, Vogel (1999) Physik, 20. Aufl. Springer, Berlin
Halliday D, Resnick R, Walker J (2017) Physik, 3. Aufl. Wiley VCH Weinheim
Hänsel H, Neumann W (2000–2002) Physik, 4 Bde. Spektrum Akademischer Verlag, Heidelberg
Hering E, Martin R, Stohrer M (2016) Physik für Ingenieure, 12. Aufl. Springer Vieweg, Berlin
Niedrig H (1992) Physik. Springer, Berlin
Orear J (1992) Physik, 2 Bde, 4. Aufl. Hanser, München
Paul H (Hrsg) (2003) Lexikon der Optik (2 Bde.). Springer Spektrum, Berlin
Stroppe H (2018) Physik, 16. Aufl. Hanser, München
Tipler PA, Mosca G (2015) Physik, 7. Aufl. Springer Spektrum, Berlin

Magnetische Wechselwirkung und zeitveränderliche elektromagnetische Felder 16

Heinz Niedrig und Martin Sternberg

Zusammenfassung

Das Kapitel führt zunächst in die Theorie des magnetostatischen Feldes ein. Dann wird betrachtet, welche Kräfte auf eine Ladung im magnetischen Feld wirken, und dass sich die magnetische Kraft als relativistische Korrektur zur elektrischen Kraft ergibt. Die magnetischen Eigenschaften von Materie werden anschließend untersucht einschließlich der atomistischen Deutung. Es folgt die Einführung in zeitveränderliche elektromagnetische Felder. Das Kapitel schließt mit der Zusammenstellung der Maxwell'schen Gleichungen.

16.1 Magnetische Wechselwirkung

16.1.1 Das magnetostatische Feld, stationäre Magnetfelder

Magnetische Wechselwirkungen sind seit dem Altertum bekannt, z. B. die Kraftwirkungen des als Erz vorkommenden Magneteisensteins Fe_3O_4 auf Eisen. Der Name Magnetismus ist abgeleitet von der kleinasiatischen Stadt Magnesia, wo der Überlieferung nach das Phänomen erstmals beobachtet wurde. Die magnetische Wechselwirkung tritt im Gegensatz zur Gravitation nicht bei allen Körpern auf, und im Gegensatz zur elektrischen Wechselwirkung wirkt sie nicht auf normale Isolatoren. Bei natürlich vorkommenden oder künstlich erzeugten *Magneten* konzentriert sich die magnetische Wechselwirkung auf bestimmte Gebiete: Magnetpole. Jeder Magnet hat mindestens zwei Pole (magnetischer Dipol): Nordpol und Südpol. Magnetische Einzelpole (Monopole) sind bisher nur unter sehr speziellen Bedingungen als Quasiteilchen beobachtet worden (Morris et al. 2009). Auch das Durchtrennen eines Dipols (z. B. Zerbrechen eines Stabmagneten) ergibt keine magnetischen Monopole, sondern erneut zwei Dipole. Gleichnamige Magnetpole stoßen sich ab, ungleichnamige ziehen sich an. Im Magnetfeld der Erde richten sich drehbar gelagerte Stabmagnete (Magnetnadeln) so aus, dass der Nordpol nach Norden zeigt. Der Nordpol der Erde ist daher ein magnetischer Südpol (und umgekehrt).

Die Geometrie des Feldes eines magnetischen Dipols lässt sich wie beim elektrischen Feld durch Feldlinien beschreiben, deren Verlauf durch die ausrichtende Wirkung des Magnetfeldes auf längliche magnetische Teilchen (z. B. Eisenfeilspäne) erkennbar gemacht werden kann (Abb. 1). Sie entspricht der des elektrischen Dipols (Abb. 5 im ► Kap. 15, „Elektrische Wechselwirkung"). Der

H. Niedrig
Technische Universität Berlin (im Ruhestand), Berlin, Deutschland
E-Mail: heinz.niedrig@t-online.de

M. Sternberg (✉)
Hochschule Bochum, Bochum, Deutschland
E-Mail: martin.sternberg@hs-bochum.de

M. Hennecke, B. Skrotzki (Hrsg.), *HÜTTE Band 1: Mathematisch-naturwissenschaftliche und allgemeine Grundlagen für Ingenieure*, Springer Reference Technik,
https://doi.org/10.1007/978-3-662-64369-3_16

positive Richtungssinn der magnetischen Feldlinien wurde von Nord nach Süd festgelegt.

Magnetfelder können außer von Permanentmagneten (*magnetostatische Felder*) auch durch elektrische Ströme erzeugt werden (entdeckt von Ørsted 1820). Zeitlich und örtlich konstante Ströme erzeugen *stationäre Magnetfelder*. Ursache sind die bewegten elektrischen Ladungen. Die magnetischen Feldlinien eines geraden, stromdurchflossenen Leiters sind konzentrische Kreise mit dem Leiter als Achse (Abb. 2). Der Richtungssinn der magnetischen Feldlinien ergibt sich aus der Stromrichtung mithilfe der *Rechtsschraubenregel* und ist verträglich mit der Festlegung in Abb. 1. Die Feldlinien geben die Richtung der *magnetischen Feldstärke H* an.

Die magnetische Feldstärke wird üblicherweise durch das Feld im Innern einer langen, stromdurchflossenen Zylinderspule definiert ((5), Abb. 4). Wir wollen stattdessen vom allgemeineren Zusammenhang zwischen magnetischer Feldstärke $\boldsymbol{H}$ und felderzeugendem Strom I ausgehen, dem *Ampère'schen Gesetz* oder *Durchflutungssatz*:

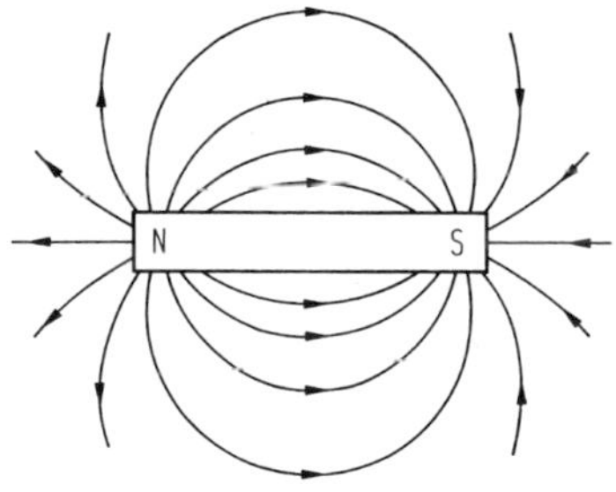

Abb. 1 Feld eines magnetischen Dipols

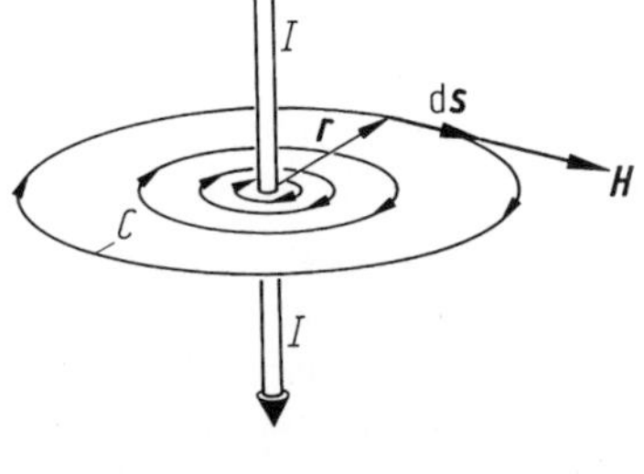

Abb. 2 Magnetisches Feld eines geraden, stromdurchflossenen Leiters

$$\oint_C \boldsymbol{H} \cdot \mathrm{d}\boldsymbol{s} = \Theta = \int_A \boldsymbol{j} \cdot \mathrm{d}\boldsymbol{A}. \tag{1}$$

Das Ampère'sche Gesetz ist eine der Feldgleichungen des stationären magnetischen Feldes. Das Linienintegral über die magnetische Feldstärke längs des geschlossenen Weges C wird *magnetische Umlaufspannung* genannt. Θ ist die gesamte elektrische Stromstärke, die durch die von C berandete Fläche A geht: *Durchflutung*. Bei mehreren Einzelströmen berechnet sich diese durch Summation unter Berücksichtigung der Vorzeichen. Ströme werden positiv gerechnet, wenn ihre Richtung mit der sich aus der Rechtsschraubenregel ergebenden Richtung gemäß dem gewählten Umlaufsinn des Integrationsweges C übereinstimmt (Abb. 3). Bei räumlich ausgedehnten Ladungsströmen berechnet sich die Durchflutung gemäß (58) im ► Kap. 15, „Elektrische Wechselwirkung" aus der Stromdichte $\boldsymbol{j}$ durch A.

Die Formulierung des Durchflutungssatzes (1) in differenzieller Form, die sich durch Anwendung des Stokes'schen Satzes (siehe Teil Mathematik) gewinnen lässt, lautet

$$\mathrm{rot}\ \boldsymbol{H}(\boldsymbol{r}) = \boldsymbol{j}. \tag{2}$$

Im Gegensatz zum elektrostatischen Feld ist also das stationäre magnetische Feld *nicht wirbelfrei*. Für den geraden, stromdurchflossenen Leiter (Abb. 2) liefert das Ampère'sche Gesetz bei Wahl einer kreisförmigen Feldlinie als Integrationsweg

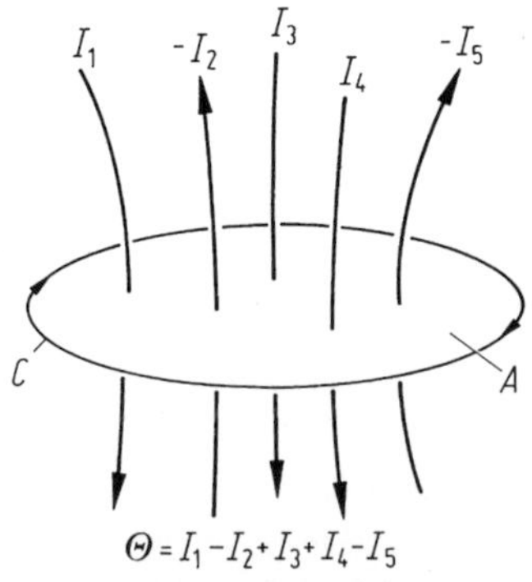

Abb. 3 Zum Begriff der Durchflutung

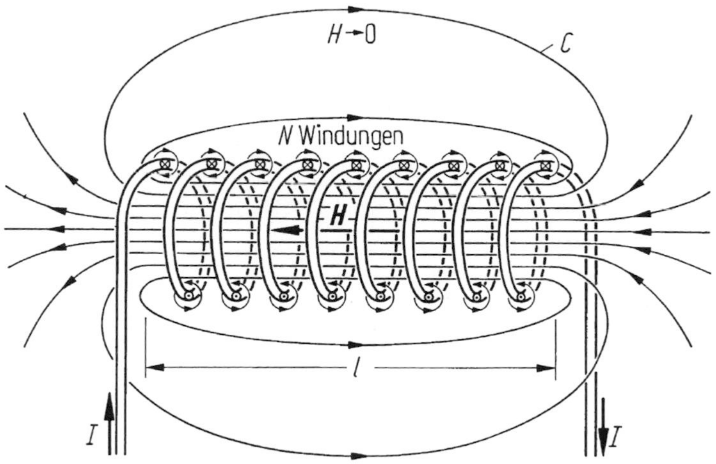

Abb. 4 Homogenes Magnetfeld im Inneren und Dipolfeld im Außenraum einer stromdurchflossenen Zylinderspule

(Abstand r vom Leiter) den Betrag der magnetischen Feldstärke

$$H = \frac{I}{2\pi r}. \tag{3}$$

Das Feld einer Zylinderspule (Abb. 4) ist im Innern weitgehend homogen, während das Feld im Außenraum dem eines Dipols (Abb. 1) entspricht und klein gegen die Feldstärke im Innern ist, sofern die Länge l der Zylinderspule groß gegen den Spulendurchmesser ist. Die Feldstärke im homogenen Bereich lässt sich ebenfalls mit dem Ampère'schen Gesetz berechnen. Wird als Integrationsweg z. B. die Feldlinie C gewählt, so liefert nur der Weg der Länge l im Spuleninnern einen wesentlichen Beitrag zum Integral. Die Durchflutung ist andererseits NI (N Windungszahl der Spule, I Stromstärke):

$$\oint_C \boldsymbol{H} \cdot \mathrm{d}\boldsymbol{s} = \int_l \boldsymbol{H} \cdot \mathrm{d}\boldsymbol{s} = Hl = \Theta = NI. \tag{4}$$

Für das homogene Feld der *langen Zylinderspule* gilt daher

$$H = \frac{IN}{l}. \tag{5}$$

Mithilfe der Zylinderspule lässt sich leicht ein definiertes homogenes Magnetfeld erzeugen, dessen Feldstärke sich sehr einfach aus (5) berechnen lässt. Hieraus lässt sich auch die Einheit der magnetischen Feldstärke $\boldsymbol{H}$ ablesen:

$$\text{SI-Einheit}: \quad [H] = \mathrm{A/m}.$$

Zum Magnetfeld eines stromdurchflossenen Leiters tragen alle Elemente des Stromes bei. Jedes einzelne Element der Länge $\mathrm{d}\boldsymbol{l}$ (Abb. 5) erzeugt im Abstand $\boldsymbol{r}$ einen differenziellen Anteil $\mathrm{d}\boldsymbol{H}$ der magnetischen Feldstärke (vgl. Teil Elektrotechnik) gemäß dem *Biot-Savart'schen Gesetz*:

$$\begin{aligned} \mathrm{d}\boldsymbol{H} &= \frac{I}{4\pi} \cdot \frac{\boldsymbol{r} \times \mathrm{d}\boldsymbol{l}}{r^3}, \\ \text{Betrag}: \mathrm{d}H &= \frac{I}{4\pi} \cdot \frac{\mathrm{d}l}{r^2} \sin\alpha. \end{aligned} \tag{6}$$

Die gesamte magnetische Feldstärke $\boldsymbol{H}$ ergibt sich aus (6) durch Integration über den ganzen Stromfaden C:

$$\boldsymbol{H} = \frac{I}{4\pi} \int_C \frac{\boldsymbol{r} \times \mathrm{d}\boldsymbol{l}}{r^3}. \tag{7}$$

Diese Form des Biot-Savart'schen Gesetzes stellt eine spezielle Form des allgemeineren Durchflutungssatzes (1) dar. Je nach Geometrie der Anordnung ist (1) oder (7) zur Berechnung der Feldstärke besser geeignet. Die Anwendung von (7) auf das Magnetfeld eines geraden, stromdurchflossenen Leiters liefert dasselbe Ergebnis wie (3), jedoch ist hier die Berechnung über (1)

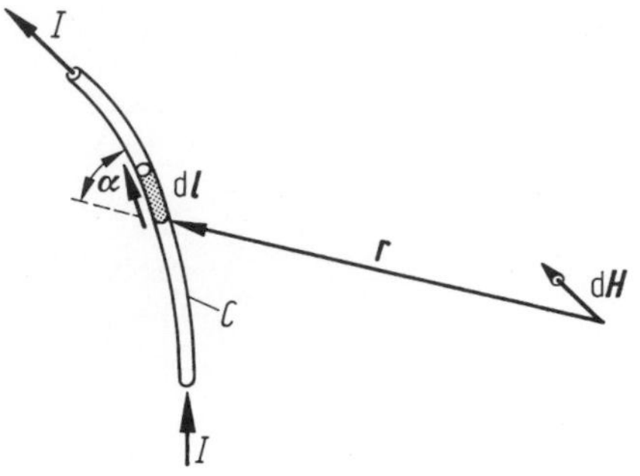

Abb. 5 Zum Biot-Savart'schen Gesetz

einfacher. Für die Berechnung des Magnetfeldes einer Stromschleife (Abb. 6) ist dagegen (7) zweckmäßiger.

Für das Magnetfeld im Zentrum der kreisförmigen Stromschleife (Radius R) ergibt sich aus (7) nach Integration über den gesamten Kreisstrom

$$H = \frac{I}{2R}. \tag{8}$$

Magnetischer Fluss

Nach dem Gauß'schen Gesetz des elektrischen Feldes (17) bzw. (104) im ▶ Kap. 15, „Elektrische Wechselwirkung" ist der von einer elektrischen Ladung Q ausgehende elektrische Fluss $\Psi = Q$, wobei der elektrische Fluss durch (12) bzw. (15) im ▶ Kap. 15, „Elektrische Wechselwirkung" definiert wurde. Obwohl im magnetischen Feld magnetische Einzelladungen (Monopole) nur in Sonderfällen existieren, lässt sich analog zu (12) bzw. (15) im ▶ Kap. 15, „Elektrische Wechselwirkung" ein magnetischer Fluss Φ sowie analog zu (13) im ▶ Kap. 15, „Elektrische Wechselwirkung" eine magnetische Flussdichte $\boldsymbol{B}$ definieren. Diese beiden Größen werden es gestatten, die Wirkungen des magnetischen Feldes auch in Materie zu beschreiben (vgl. Abschn. 16.1.4).

In einem homogenen Magnetfeld sei der magnetische Fluss durch eine zur Feldrichtung senkrechte Fläche A (Abb. 7a) definiert durch

$$\Phi = \mu H A, \tag{9}$$

und entsprechend der Betrag der magnetischen Flussdichte

$$B = \frac{\Phi}{A} = \mu H. \tag{10}$$

Hierin wird μ die Permeabilität des Stoffes genannt, in dem das Magnetfeld vorliegt. Wie die Permittivität $\varepsilon = \varepsilon_r\,\varepsilon_0$ (79) im ▶ Kap. 15, „Elektrische Wechselwirkung" wird auch die *Permeabilität* als Produkt

$$\mu = \mu_r \mu_0 \tag{11}$$

geschrieben, worin nach internationaler Vereinbarung (9. CGPM 1948)

$$\begin{aligned} \mu_0 &= 4\pi \cdot 10^{-7}\,\mathrm{Vs/Am} \\ &= 1{,}2566370614\ldots \cdot 10^{-6}\,\mathrm{Vs/Am} \end{aligned} \tag{12}$$

die *magnetische Feldkonstante* (Permeabilität des Vakuums) ist. $\mu_r = \mu/\mu_0$ wird Permeabilitätszahl des Stoffes genannt und ist dimensionslos. Für das Vakuum ist $\mu_r = 1$. Weiteres zur Permeabilitätszahl, siehe Abschn. 16.1.4.

Die *magnetische Flussdichte* $\boldsymbol{B}$ wird auch *magnetische Induktion* genannt und ist in magnetisch isotropen Stoffen ein Vektor in Richtung der magnetischen Feldstärke $\boldsymbol{H}$:

$$\boldsymbol{B} = \mu_0 \mu_r \boldsymbol{H} = \mu \boldsymbol{H}. \tag{13}$$

In Verallgemeinerung von (9) ist der *magnetische Fluss* Φ eines beliebigen (inhomogenen) Magnetfeldes durch eine beliebig orientierte Fläche A (Abb. 7b)

$$\Phi = \int_A \mu \boldsymbol{H} \cdot \mathrm{d}\boldsymbol{A} = \int_A \boldsymbol{B} \cdot \mathrm{d}\boldsymbol{A}, \tag{14}$$

$$\text{SI-Einheit}: [\Phi] = \mathrm{Vs} = \mathrm{Wb(Weber)},$$
$$\text{SI-Einheit}: [B] = \mathrm{Vs/m^2} = \mathrm{Wb/m^2} = \mathrm{T(Tesla)}.$$

Im elektrischen Feld ergibt das Flächenintegral der elektrischen Flussdichte über eine geschlossene Oberfläche nach (17) bzw. (104) im ▶ Kap. 15, „Elektrische Wechselwirkung" gerade die eingeschlossene Ladung Q als Quellen des elektrischen Feldes und Ausgangspunkt elektrischer Feldlinien.

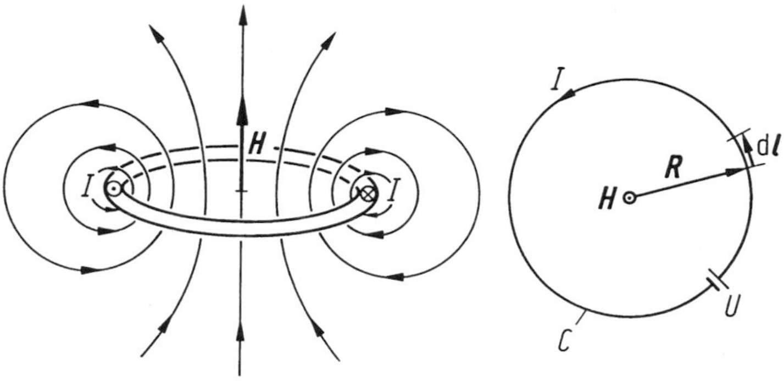

Abb. 6 Das Magnetfeld einer Stromschleife (links stromerzeugende Spannungsquelle U nicht eingezeichnet)

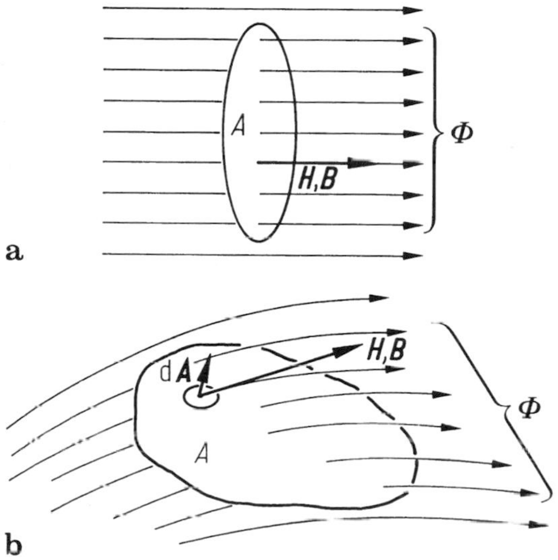

Abb. 7 Zur Definition des magnetischen Flusses. **a** homogenes, **b** inhomogenes Feld

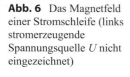

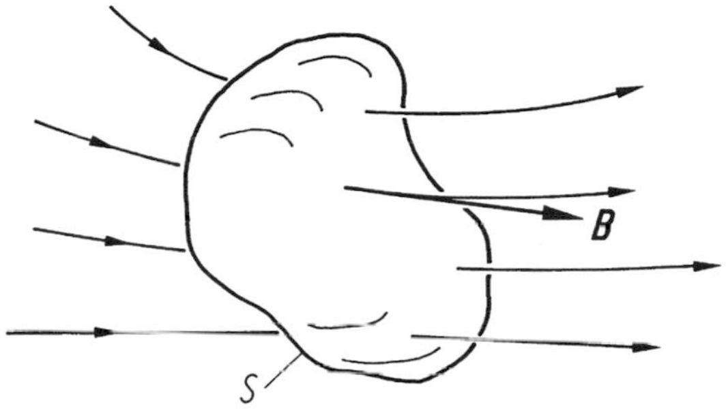

Abb. 8 Zum Gauß'schen Gesetz im magnetischen Feld; eindringende magnetische Feldlinien enden nicht im von S umschlossenen Volumen: Der gesamte magnetische Fluss durch eine geschlossene Oberfläche ist stets null

Im magnetischen Feld gibt es dagegen mit Ausnahme von spezifischen Sonderfällen (Morris et al. 2009) keine magnetischen Einzelladungen als Quellen des magnetischen Feldes bzw. als Ausgangspunkt magnetischer Feldlinien. Magnetische Feldlinien sind daher i. d. R. geschlossene Linien, auch im Falle der Permanentmagnete (Abb. 1), wo man sich die äußeren Feldlinien im Innern des Magneten geschlossen denken kann. Dies wird durch Zerbrechen des Magneten bestätigt, wobei zwei neue magnetische Dipole entstehen. Schließt man den Sonderfall magnetischer Monopole als Quasiteilchen aus, muss das Flächenintegral der magnetischen Flussdichte über eine geschlossene Oberfläche S (Abb. 8) null ergeben (*Gauß'sches Gesetz des magnetischen Feldes*):

$$\oint_S \boldsymbol{B} \cdot \mathrm{d}\boldsymbol{A} = 0. \tag{15}$$

Feldlinien, die in das von der Oberfläche eingeschlossene Volumen eintreten, müssen an anderer Stelle wieder austreten (Abb. 8). Gl. (15) stellt die zweite *Feldgleichung* des magnetischen Feldes dar und drückt die *Quellenfreiheit des magnetischen Feldes* aus.

16.1.2 Die magnetische Kraft auf bewegte Ladungen

Teilchen, die eine elektrische Ladung q tragen und sich mit einer Geschwindigkeit $\boldsymbol{v}$ durch ein Magnetfeld $\boldsymbol{B} = \mu\, \boldsymbol{H}$ bewegen (Abb. 9), z. B. die Elektronen im Elektronenstrahl einer Fernsehbildröhre durch das Magnetfeld der Ablenkspulen, erfahren eine ablenkende Kraft $\boldsymbol{F}_\mathrm{m}$, die senkrecht zu $\boldsymbol{v}$ und zu $\boldsymbol{B}$ wirkt:

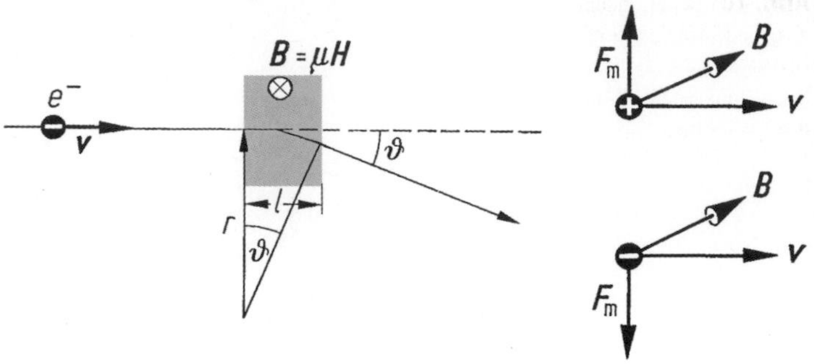

Abb. 9 Ablenkung von bewegten Ladungsträgern im Magnetfeld

$$\boldsymbol{F}_{\mathrm{m}} = q\boldsymbol{v} \times \boldsymbol{B} = \mu q\boldsymbol{v} \times \boldsymbol{H}. \tag{16}$$

Positiv und negativ geladene Teilchen erfahren ablenkende magnetische Kräfte in entgegengesetzten Richtungen (Abb. 9). Die magnetische Kraft leistet keine Arbeit an der Ladung q, da die Kraft $\boldsymbol{F}_{\mathrm{m}}$ stets senkrecht auf der Wegrichtung $\mathrm{d}\boldsymbol{s}$ bzw. auf der Geschwindigkeit $\boldsymbol{v}$ steht, und das Wegintegral der Kraft daher verschwindet:

$$W = \int \boldsymbol{F}_{\mathrm{m}} \cdot \mathrm{d}\boldsymbol{s} = \int \boldsymbol{F}_{\mathrm{m}} \cdot \boldsymbol{v}\mathrm{d}t = 0. \tag{17}$$

Anders als im elektrischen Feld erfährt daher eine elektrische Ladung im Magnetfeld keine Änderung des Geschwindigkeitsbetrages. Liegt neben dem magnetischen Feld $\boldsymbol{B}$ auch ein elektrisches Feld $\boldsymbol{E}$ vor, so wirkt insgesamt auf die Ladung q die *Lorentz-Kraft*

$$\boldsymbol{F} = q(\boldsymbol{E} + \boldsymbol{v} \times \boldsymbol{B}). \tag{18}$$

Hinweis: Oft wird der 2. Term in (18) allein als Lorentz-Kraft bezeichnet.

Die magnetische Kraft als relativistische Korrektur der elektrischen Kraft

Die elektrostatische Kraft $\boldsymbol{F}_{\mathrm{e}} = q\,\boldsymbol{E}$ und die magnetische Kraft $\boldsymbol{F}_{\mathrm{m}} = q\,\boldsymbol{v} \times \boldsymbol{B}$ sind keine grundlegend verschiedenen Wechselwirkungen. Vielmehr lässt sich zeigen, dass die magnetische Kraft als relativistische Korrektur der elektrostatischen Kraft aufgefasst werden kann. Dies sei am Beispiel der Kraft auf eine Ladung gezeigt, die sich mit der Geschwindigkeit $\boldsymbol{v}$ parallel zu einem stromdurchflossenen Leiter bewegt (Abb. 10). Der Strom I im Leiter erzeugt nach (3) im Abstand r ein Magnetfeld $H = I/(2\pi r)$. Daraus ergibt sich nach (16) eine magnetische Kraft auf die bewegte Ladung q (im Vakuum) vom Betrag

$$F_{\mathrm{m}} = \mu_0 q v \frac{I}{2\pi r}. \tag{19}$$

Der Strom I im Leiter wird durch Elektronen der Driftgeschwindigkeit v_{dr} (siehe ▶ Abschn. 15.1.6 im Kap. 15, „Elektrische Wechselwirkung") im Laborsystem erzeugt, während die im Leiter ortsfesten positiven Ionen im Laborsystem die Geschwindigkeit 0 besitzen (Abb. 10a). Wir wollen nun die Verhältnisse im Bezugssystem der mit $\boldsymbol{v}$ bewegten Ladung q betrachten (Abb. 10b). In diesem System hat q die Geschwindigkeit 0, erfährt also keine magnetische Kraft. Die real auf q wirkende Kraft (19) kann jedoch nicht von der Wahl des Koordinatensystems abhängen. Tatsächlich wird sie im mit $\boldsymbol{v}$ bewegten System in derselben Größe durch die Coulomb-Kraft geliefert: Im bewegten System haben die positiven Ionen die Geschwindigkeit $|-\boldsymbol{v}|$, die Elektronen die größere Geschwindigkeit $|-\boldsymbol{v}'| \approx |-\boldsymbol{v} + \boldsymbol{v}_{\mathrm{dr}}| = v + v_{\mathrm{dr}}$ (vgl. (50) im ▶ Kap. 10, „Mechanik von Massenpunkten" für $\beta \ll 1$). Infolgedessen ist die unterschiedliche relativistische Längenkontraktion (Lorentz-Kontraktion, vgl. ▶ Abschn. 10.1.3.3 im Kap. 10, „Mechanik von Massenpunkten") zu - berücksichtigen, wonach die Längen in Richtung der Bewegung sich um den Lorentz-Faktor $\sqrt{1 - v^2/c_0^2}$ für die Ionen bzw. um $\sqrt{1 - (v + v_{\mathrm{dr}})^2/c_0^2}$ für die Elektronen verkürzen. Dadurch erhöhen sich die Ladungsträgerkonzentrationen n_- und n_+ unterschiedlich stark gegenüber n_0 (bei $v = 0$). Die Gesamtladung ist daher

Abb. 10 Magnetische Kraft auf eine bewegte Ladung im Feld eines Stromes: Beschreibung **a** im Laborsystem und **b** im Bezugssystem der bewegten Ladung q

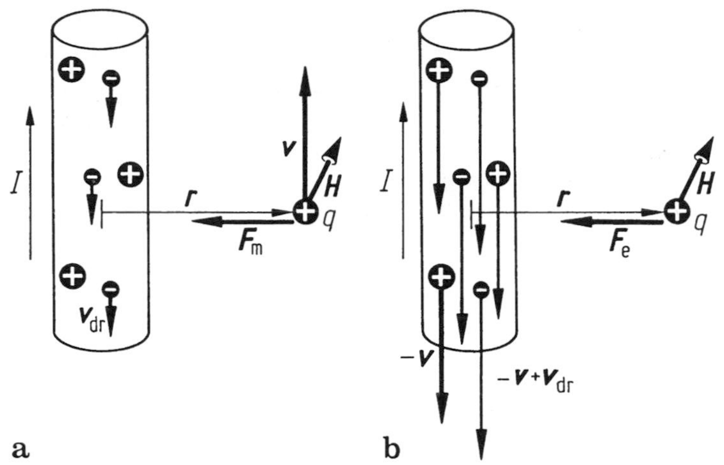

nicht mehr null, der stromführende Leiter erscheint negativ geladen und übt eine elektrostatische Coulomb-Kraft auf die Ladung q aus. In der Näherung $c_0 \gg v \gg v_{\mathrm{dr}}$ ergibt sich ein Überschuss der Konzentration der negativen Ladungsträger

$$\Delta n = \frac{n_0}{\sqrt{1-(v+v_{\mathrm{dr}})^2/c_0^2}} - \frac{n_0}{\sqrt{1-v^2/c_0^2}} \approx \frac{n_0 v v_{\mathrm{dr}}}{c_0^2}. \qquad (20)$$

Für die resultierende Linienladungsdichte $q_{\mathrm{L}} = -Ae\Delta n$ des stromdurchflossenen Leiters (Querschnitt A, Elektronenladung $-e$) erhält man aus (20) mit $c_0{}^2 = 1/\varepsilon_0\,\mu_0$ (vgl. ▶ Kap. 15, „Elektrische Wechselwirkung") und ▶ Abschn. 19.2.1 im Kap. 19, „Wellen und Strahlung" und mit $I = -n_0\, e\, v_{\mathrm{dr}}\, A$ gemäß (59) im ▶ Kap. 15, „Elektrische Wechselwirkung"

$$q_{\mathrm{L}} = -\varepsilon_0\mu_0 v n_0 e v_{\mathrm{dr}} A = \varepsilon_0\mu_0 v I. \qquad (21)$$

Daraus ergibt sich gemäß (22) im ▶ Kap. 15, „Elektrische Wechselwirkung" eine elektrische Feldstärke

$$E = \frac{q_{\mathrm{L}}}{2\pi\varepsilon_0 r} = \frac{\mu_0 v I}{2\pi r} \qquad (22)$$

und weiter eine anziehende elektrische Kraft $F_{\mathrm{e}} = qE$ auf die Ladung q, mit (8)

$$F_{\mathrm{e}} = \mu_0 q v \frac{I}{2\pi r} = \mu_0 q v H, \qquad (23)$$

die identisch mit der im Laborsystem berechneten magnetischen Kraft (19) ist. Je nach dem gewählten Bezugssystem kommt daher der magnetische oder der elektrische Term der Lorentz-Kraft zur Wirkung, beide sind Ausdruck derselben elektromagnetischen Kraft. In dem betrachteten Beispiel ist zwar wegen der geringen Driftgeschwindigkeit der Elektronen (Größenordnung mm/s, siehe ▶ Abschn. 15.1.6 im Kap. 15, „Elektrische Wechselwirkung") der aus der Lorentz-Kontraktion folgende relative Unterschied in den Ladungsträgerkonzentrationen der Gitterionen und der Leitungselektronen extrem klein. Das wird hinsichtlich der elektrostatischen Wirkung jedoch ausgeglichen durch die gewaltige Ladungsmenge, die sich durch den Leiter bewegt.

Bewegung von Ladungsträgern im homogenen Magnetfeld

Elektrische Ladungen q, die sich senkrecht zu den Feldlinien eines homogenen Magnetfeldes $\boldsymbol{B}$ bewegen, z. B. der Elektronenstrahl, der mit einer Vakuumdiode (ähnlich Abb. 15 im ▶ Kap. 15, „Elektrische Wechselwirkung", mit durchbohrter Anode) im Magnetfeld erzeugt wird (Abb. 11), erfahren nach (16) eine magnetische Kraft senkrecht zur Ladungsgeschwindigkeit $\boldsymbol{v}$ und zum Magnetfeld $\boldsymbol{B}$. Ihr Betrag

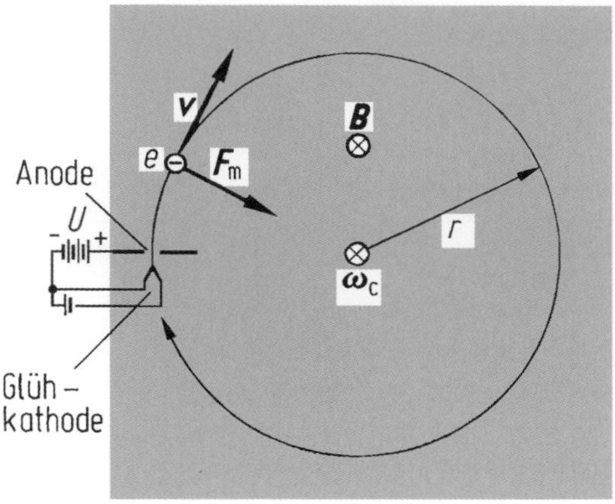

Abb. 11 Kreisbahn einer Ladung im homogenen Magnetfeld

$$F_m = qvB \qquad (24)$$

bleibt konstant, da – wie weiter oben bereits erläutert – der Betrag v der Geschwindigkeit der Ladungsträger sich durch eine stets senkrecht wirkende Kraft nicht ändert. Das führt zu einer Kreisbahn der Ladungsträger mit der Masse m. Die magnetische Kraft (24) wirkt hierbei als Zentralkraft (88) im ▶ Kap. 10, „Mechanik von Massenpunkten"

$$\frac{mv^2}{r} = qvB, \qquad (25)$$

woraus für den Kreisbahnradius folgt

$$r = \frac{mv}{qB}. \qquad (26)$$

Die in Abb. 9 gezeigte Ablenkung eines Elektrons, das ein begrenztes Magnetfeld der Länge l auf einem Kreisbogenstück durchläuft, lässt sich mit (26) berechnen zu

$$\vartheta \approx \frac{l}{r} \approx \frac{eB}{m_e v} l \quad \text{für} \quad l \ll r. \qquad (27)$$

(Anwendung bei der magnetischen Ablenkung des Elektronenstrahls in der Fernsehbildröhre.)

Mit $v = \omega r$ (29) im ▶ Kap. 10, „Mechanik von Massenpunkten" folgt für die Winkelgeschwindigkeit der Ladung der Betrag $\omega_c = q\ B/m$, bzw. unter Berücksichtigung der Vektorrichtungen in Abb. 11 die *Zyklotronfrequenz*

$$\boldsymbol{\omega}_c = -\frac{q}{m}\boldsymbol{B}. \qquad (28)$$

Die Zyklotronfrequenz ist unabhängig von der Geschwindigkeit $\boldsymbol{v}$ der Ladung sowie vom Bahnradius r. Diese Eigenschaften ermöglichen den Bau von Kreisbeschleunigern nach dem Zyklotronprinzip. Ferner ermöglicht die *Zyklotronresonanz* die Messung der effektiven Massen $m^* = q\ B/\omega_c$ der Ladungsträger in Halbleitern (siehe ▶ Abschn. 17.2.4 im Kap. 17, „Elektrische Leitungsmechanismen").

Bei Ladungsträgern, deren Geschwindigkeit $\boldsymbol{v}$ parallel zur magnetischen Flussdichte $\boldsymbol{B}$ gerichtet ist, tritt nach (16) keine magnetische Kraft auf, da das Vektorprodukt paralleler Vektoren verschwindet. In diesem Fall bewegt sich die Ladung geradlinig mit konstanter Geschwindigkeit. Bei schiefer Geschwindigkeitsrichtung der Ladungsträger im Magnetfeld erhält man eine Überlagerung von geradliniger Bewegung für die Parallelkomponente und Kreisbewegung für die Normalkomponente der Geschwindigkeit, sodass eine *Schraubenbewegung* resultiert.

Diese verschiedenen Situationen treten auch beim Einfall geladener Teilchen von der Sonne („Sonnenwind") auf die Magnetosphäre der Erde auf. Das magnetische Dipolfeld der Erde hat an den Polen eine Feldrichtung senkrecht zur Erdoberfläche, am Äquator parallel zur Erdoberfläche. Die Bahn von Sonnenwindteilchen, die in der Äquatorebene einfallen, wird durch die magnetische Kraft zu Schraubenbahnen aufgewickelt. Sie treffen daher meist nicht auf die Erdatmosphäre, haben aber eine erhöhte Aufenthaltsdauer in diesem Gebiet: *Van-Allen-Strahlungsgürtel*. Anders an den Polen: Dort auftreffende Teilchen bewegen sich etwa parallel zu den Erdfeldlinien und gelangen daher nahezu ungehindert bis zur oberen Erdatmosphäre, wo sie u. a. durch Stoßanregung (siehe ▶ Abschn. 19.3.4 im Kap. 19, „Wellen und Strahlung") Moleküle zum Leuchten anregen können: *Polarlichter*.

Kreisbeschleuniger

Die Anwendung der magnetischen Kraft erlaubt es, die großen Längen der Linearbeschleuniger (► Abschn. 15.1.5, Abb. 16 im Kap. 15, „Elektrische Wechselwirkung") zur Teilchenbeschleunigung zu vermeiden, indem durch ein Magnetfeld die Teilchenflugbahn zu Kreis- oder Spiralbahnen aufgewickelt wird. Dieses Prinzip wurde zuerst beim Zyklotron (von Lawrence 1930) angewendet. Es besteht aus einer flachen Metalldose, die zu zwei D-förmigen Drifträumen aufgeschnitten ist (Abb. 12) und senkrecht zur Dosenebene von einem Magnetfeld $\boldsymbol{B}$ durchsetzt wird.

Eine im Zentrum des Spaltes S angeordnete Ionenquelle (z. B. ein durch Elektronenstoß ionisierter Dampfstrahl) emittiert Ionen der Ladung q, die durch die zwischen den beiden Ds angelegte Spannung U in das eine D beschleunigt werden. Im Magnetfeld $\boldsymbol{B}$ laufen die Ionen mit einer Winkelgeschwindigkeit entsprechend der Zyklotronfrequenz (28) auf Kreisbahnen mit einem Radius nach (26) um. Wird die Spannung U während jedes halben Umlaufes umgepolt, so werden die Ionen bei jedem Passieren des Spaltes S entsprechend der Spannung $U = U_0$ beschleunigt, und v und r nehmen entsprechend zu. Da die Winkelgeschwindigkeit nach (28) unabhängig von r ist, lässt sich die periodische Umpolung durch Anlegen einer Hochfrequenzwechselspannung

$$U = U_0 \sin \omega t \quad \text{mit} \quad \omega = \omega_c = \frac{q}{m} B \tag{29}$$

erreichen. Die Grenze der Beschleunigung ist bei $r = R_0$ erreicht. Die Endenergie $E_{k,\,max} = mv^2/2$ beträgt dann mit (26)

$$E_{k,max} = \frac{q^2 B^2}{2m} R_0^2 < m_0 c_0^2. \tag{30}$$

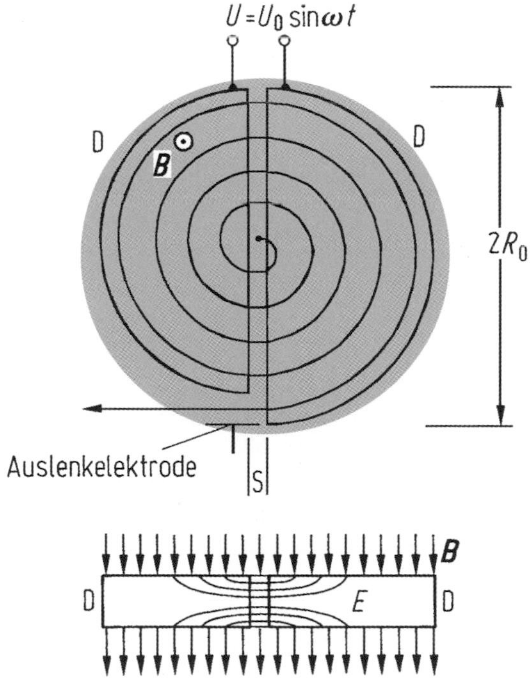

Abb. 12 Kreisbeschleuniger für geladene Teilchen: Zyklotron

Die Resonanzbedingung $\omega = \omega_c$ (29) ist beim Zyklotron nicht mehr erfüllt, wenn relativistische Geschwindigkeitsbereiche erreicht werden (siehe ► Abschn. 10.3.5 im Kap. 10, „Mechanik von Massenpunkten"). Das ist der Fall, wenn die kinetische Energie vergleichbar oder größer als die Ruheenergie $m_0\, c_0^2$ wird. Wegen der mit der Umlaufzahl steigenden Masse (Abb. 14 im ► Kap. 15, „Elektrische Wechselwirkung") sinkt dann die Zyklotronfrequenz, und die Resonanzbedingung bleibt nur erhalten, wenn mit der Umlaufzahl die Hochfrequenz ω gesenkt oder das Magnetfeld B erhöht wird: *Synchrozyklotron*. Wird das Magnetfeld mit zunehmender Umlaufzahl entsprechend der steigenden Teilchenenergie in der Weise erhöht, dass der Bahnradius (26) konstant bleibt (Sollkreis), so lassen sich sehr hohe Energien erreichen: *Synchrotron*.

Massenspektrometer

Die magnetische Kraft kann auch zur Bestimmung der Masse geladener Teilchen im magnetischen Massenspektrometer verwendet werden (Abb. 13). Durch eine Spannung U beschleunigte Ionen werden in ein Magnetfeld $\boldsymbol{B}$ eingeschossen. Der Kreisbahnradius berechnet sich aus (26) mit (53) im ► Kap. 15, „Elektrische Wechselwirkung" zu

$$r = \frac{1}{B}\sqrt{2\frac{m}{q}U}, \tag{31}$$

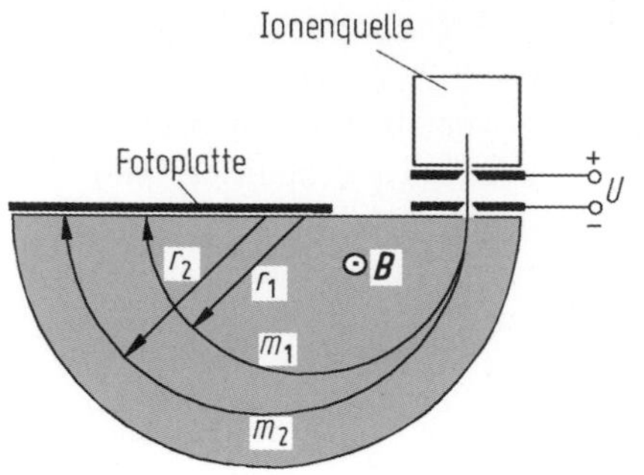

Abb. 13 Magnetisches Massenspektrometer

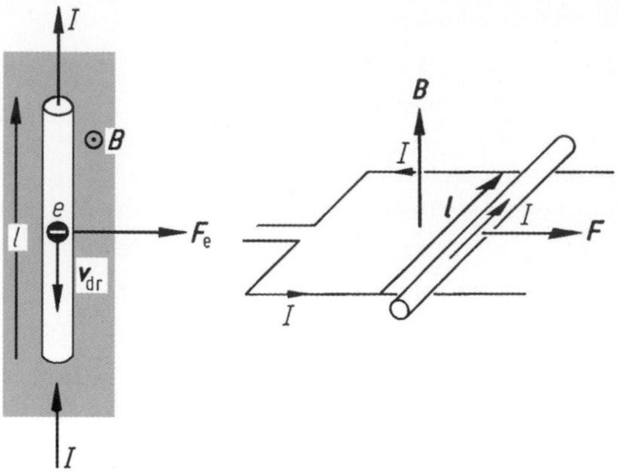

Abb. 14 Kraft auf stromdurchflossene Leiter im Magnetfeld

woraus die *spezifische Ladung* q/m bestimmt werden kann:

$$\frac{q}{m} = \frac{2U}{r^2 B^2}. \tag{32}$$

Der Bahnradius r kann aus den Schwärzungsmarken auf der Fotoplatte bestimmt werden. Bei bekannter Ladung (meist $\pm e$) ist daraus die Masse der Ionen zu berechnen.

16.1.3 Die magnetische Kraft auf stromdurchflossene Leiter

In einem stromdurchflossenen Draht im Magnetfeld (Abb. 14) wirkt auf jeden den Strom bildenden Ladungsträger (d. h. auf die Leitungselektronen bei Metallen) die Lorentz-Kraft (18). Der elektrische Anteil $-e\,\boldsymbol{E}$ bewirkt die Driftgeschwindigkeit $\boldsymbol{v}_{\mathrm{dr}}$ der Elektronen. Infolge der Driftgeschwindigkeit wirkt auf jedes einzelne Elektron die magnetische Kraft

$$\boldsymbol{F}_{\mathrm{e}} = -e\boldsymbol{v}_{\mathrm{dr}} \times \boldsymbol{B}. \tag{33}$$

Die Zahl N der Leitungselektronen (Ladungsträgerkonzentration n) im Leiterstück der Länge l und vom Querschnitt A beträgt $N = n\,l\,A$. Insgesamt wirkt auf das Leiterstück eine Kraft

$$\begin{aligned} \boldsymbol{F} &= N\boldsymbol{F}_{\mathrm{e}} = -nlAe\boldsymbol{v}_{\mathrm{dr}} \times \boldsymbol{B} \\ &= nev_{\mathrm{dr}}A\boldsymbol{l} \times \boldsymbol{B}, \end{aligned} \tag{34}$$

wobei zu beachten ist, dass die Länge $\boldsymbol{l}$ in Richtung des Stromes I zeigt, d. h. bei Elektronen entgegengesetzt zur Driftgeschwindigkeit $\boldsymbol{v}_{\mathrm{dr}}$. Der Faktor $nev_{\mathrm{dr}}A$ ist nach (59) im ▶ Kap. 15, „Elektrische Wechselwirkung" gleich der Stromstärke I, und somit

$$\begin{aligned} \boldsymbol{F} &= I\boldsymbol{l} \times \boldsymbol{B}, \\ \text{Betrag}: F &= IlB \sin\alpha. \end{aligned} \tag{35}$$

Nach (35) wirkt auf einen stromdurchflossenen Draht als Folge der magnetischen Kraft auf die Ladungsträger eine Kraft senkrecht zur Drahtrichtung und zur magnetischen Feldrichtung. Dies ist die Grundlage der elektromechanischen Krafterzeugung, insbesondere des Elektromotors.

Stromschleife im Magnetfeld, magnetischer Dipol

Eine z. B. rechteckige, stromdurchflossene Leiterschleife, die in einem Magnetfeld drehbar angeordnet ist (Abb. 15), erfährt bezüglich der einzelnen Schleifenstücke nach (35) unterschiedliche Kräfte. Auf die Stirnstücke (Länge $\boldsymbol{b}$) wirken entgegengesetzt gleichgroße Kräfte in Drehachsenrichtung, die sich kompensieren. Auf die beiden Längsseiten $\boldsymbol{l}$ wirkt ein Kräftepaar, das nach (92) im ▶ Kap. 10, „Mechanik von Massenpunkten" ein Drehmoment (zur Unterscheidung von der Magnetisierung $\boldsymbol{M}$ in diesem Abschnitt mit dem Index d versehen)

$$\boldsymbol{M}_{\mathrm{d}} = \boldsymbol{b} \times \boldsymbol{F} \tag{36}$$

in Drehachsenrichtung erzeugt. Mit (35) folgt daraus ein doppeltes Vektorprodukt, dessen Berech-

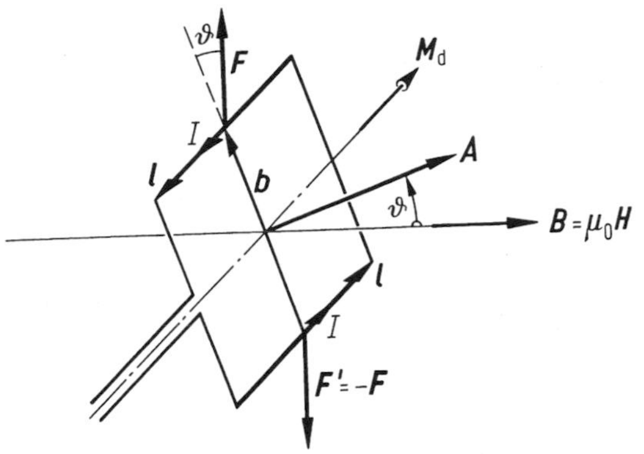

Abb. 15 Drehmoment einer stromdurchflossenen Leiterschleife im Magnetfeld

nung mittels des Entwicklungssatzes (siehe Teil Mathematik) unter Verwendung des Flächennormalenvektors $\boldsymbol{A}$ der Stromschleife (Betrag $A = b\, l$) das Drehmoment

$$\begin{aligned} \boldsymbol{M}_\mathrm{d} &= I\boldsymbol{A} \times \boldsymbol{B} \\ \text{Betrag } M_\mathrm{d} &= IAB \sin\vartheta \end{aligned} \tag{37}$$

ergibt. Die Richtung des Flächennormalenvektors $\boldsymbol{A}$ ist so festgelegt, dass sie sich aus der Stromflussrichtung mit der Rechtsschraubenregel ergibt. Eine stromdurchflossene Leiterschleife erfährt daher im homogenen Magnetfeld ein Drehmoment, das deren Flächennormale in Feldrichtung auszurichten sucht. Sie verhält sich also wie ein magnetischer Dipol (siehe Abschn. 16.1.1) und analog zum elektrischen Dipol im homogenen elektrischen Feld (vgl. ▶ Abschn. 15.1.9 im Kap. 15, „Elektrische Wechselwirkung"). Zur Beschreibung des Verhaltens eines magnetischen Dipols im Feld analog zum elektrischen Fall (87) im ▶ Kap. 15, „Elektrische Wechselwirkung" führen wir durch

$$\boldsymbol{M}_\mathrm{d} = \boldsymbol{m} \times \boldsymbol{B} \tag{38}$$

das *magnetische Dipolmoment* $\boldsymbol{m}$ ein (Anmerkung: Anders als bei der Einführung des elektrischen Dipolmoments $\boldsymbol{p}$ wird hier nicht die Feldstärke, sondern die Flussdichte $\boldsymbol{B}$ zur Berechnung des Drehmoments benutzt. Deshalb unterscheiden sich die weiter berechneten Ausdrücke für das Dipolmoment im elektrischen und im magnetischen Fall um die jeweilige Feldkonstante. Ferner ist wegen der nur in Sonderfällen existierenden magnetischen Ladungen (Monopole) die Einführung des magnetischen Dipolmomentes über eine Definitionsgleichung entsprechend (83) im ▶ Kap. 15, „Elektrische Wechselwirkung" nicht sinnvoll). In entsprechender Weise können die Ausdrücke für die potenzielle Energie im homogenen Feld (89) und für die Kraft auf den Dipol im inhomogenen Feld (90) (beide im ▶ Kap. 15, „Elektrische Wechselwirkung") übernommen werden (Tab. 1).

$$\text{SI-Einheit}: [m] = \mathrm{A} \cdot \mathrm{m}^2 = \mathrm{J/T}.$$

Durch Vergleich von (38) mit (37) erhält man das *Dipolmoment einer Stromschleife als*

$$\boldsymbol{m} = I\boldsymbol{A}. \tag{39}$$

Schaltet man N Stromschleifen zu einer Zylinder- oder Flachspule mit N Windungen zusammen, so ergibt sich für das magnetische *Dipolmoment einer Spule*

$$\boldsymbol{m}_\mathrm{Sp} = NI\boldsymbol{A}. \tag{40}$$

Wird eine drehbar gelagerte Spule im Magnetfeld nach Abb. 15 z. B. durch eine Spiralfeder mit einem rücktreibenden Drehmoment versehen, so stellt sich bei Stromfluss im Drehmomentengleichgewicht ein Ausschlag $\Delta\vartheta$ ein, der mit I ansteigt: Prinzip des *Drehspulmessinstrumentes.*

Die gleiche Anordnung ohne rücktreibende Feder, aber mit einer Schleifkontakteinrichtung zur Umpolung der Stromrichtung bei $\vartheta = 0°$ und $\vartheta = 180°$ („Kommutator") stellt die Grundanordnung eines elektrischen Gleichstrommotors dar. Das hierbei wirkende Drehmoment hat durch die Umpolung bei allen Drehwinkeln die gleiche Richtung.

Kräfte zwischen benachbarten Strömen

Zwei stromdurchflossene, parallele Drähte üben aufeinander Kräfte aus, da sich jeder der beiden Ströme im Magnetfeld des jeweils anderen befindet (Abb. 16).

Tab. 1 Vergleich: elektrischer Dipol – magnetischer Dipol

	Drehmoment	Potenzielle Energie	Kraft im inhomogenen Feld (Dipol ‖ Feld ‖ x)
elektrischer Dipol	$\boldsymbol{M}_\mathrm{d} = \boldsymbol{p} \times \boldsymbol{E}$	$E_{\mathrm{p,\,dp}} = -\boldsymbol{p} \cdot \boldsymbol{E}$	$F = p\frac{\mathrm{d}E}{\mathrm{d}x}$
magnetischer Dipol	$\boldsymbol{M}_\mathrm{d} = \boldsymbol{m} \times \boldsymbol{B}$	$E_{\mathrm{p,\,dp}} = -\boldsymbol{m} \cdot \boldsymbol{B}$	$F = m\frac{\mathrm{d}B}{\mathrm{d}x}$

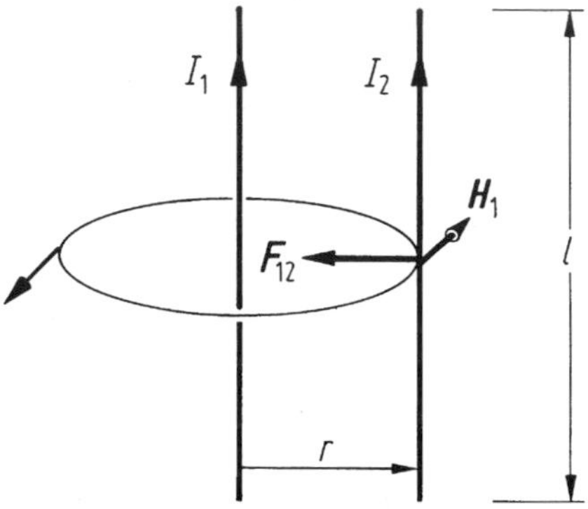

Abb. 16 Kraftwirkung zwischen benachbarten Strömen

Die von I_1 im Abstand r erzeugte magnetische Feldstärke beträgt nach (3)

$$H_1 = \frac{I_1}{2\pi r}. \tag{41}$$

Dadurch erfährt der von I_2 durchflossene Leiter auf der Länge $\boldsymbol{l}$ nach (35) eine Kraft

$$\begin{aligned} \boldsymbol{F}_{12} &= \mu_0 I_2 (\boldsymbol{l} \times \boldsymbol{H}_1), \\ \text{Betrag } F_{12} &= \mu_0 \frac{l}{2\pi r} I_1 I_2. \end{aligned} \tag{42}$$

Nach dem Reaktionsgesetz ► Abschn. 10.2.3 im Kap. 10, „Mechanik von Massenpunkten" wirkt auf I_1 eine gleich große, entgegengesetzt gerichtete Kraft $\boldsymbol{F}_{21}$. Aus (42) folgt, dass gleichgerichtete Ströme einander anziehen, während antiparallele Ströme einander abstoßen. Dieser Effekt wurde früher zur Darstellung der Einheit der Stromstärke, des Ampere, ausgenutzt. Benachbarte Windungen in Spulen, die vom Strom gleichsinnig durchflossen werden, ziehen sich demnach an, während sich die gegenüberliegenden Teile einer Windung abstoßen. Eine stromdurchflossene Spule sucht sich daher zu verkürzen und gleichzeitig aufzuweiten. Solche Kräfte können ganz erhebliche Beträge annehmen und müssen bei der Konstruktion von Spulen berücksichtigt werden.

16.1.4 Materie im magnetischen Feld, magnetische Polarisation

Wird Materie in ein magnetisches Feld gebracht, so bilden sich magnetische Dipolzustände aus: Die Materie erfährt eine magnetische Polarisation bzw. eine Magnetisierung; dabei bezeichnen diese beiden Ausdrücke sowohl den Vorgang der magnetischen Ausrichtung als auch zwei vektorielle Größen, die den resultierenden Zustand der Materie beschreiben. Phänomenologisch wird das nach (11) durch die Einführung der *Permeabilitätszahl* (relativen Permeabilität) μ_r im Zusammenhang (13) zwischen magnetischer Feldstärke $\boldsymbol{H}$ und magnetischer Flussdichte $\boldsymbol{B}$ beschrieben:

$$\boldsymbol{B} = \mu_0 \mu_\mathrm{r} \boldsymbol{H} = \mu \boldsymbol{H}. \tag{43}$$

Bei materieerfüllten Magnetfeldern wird also die magnetische Feldkonstante μ_0 durch die *Permeabilität* $\mu = \mu_0 \mu_\mathrm{r}$ ersetzt. Analog zur Einführung der elektrischen Polarisation (100) im ► Kap. 15, „Elektrische Wechselwirkung" kann die Änderung der magnetischen Flussdichte in Materie auch durch eine additive Größe zur Flussdichte $\boldsymbol{B}_0 = \mu_0 \boldsymbol{H}$ im Vakuum beschrieben werden, die *magnetische Polarisation* $\boldsymbol{J}$ gemäß

$$\boldsymbol{B} = \boldsymbol{B}_0 + \boldsymbol{J} = \mu_0 \boldsymbol{H} + \boldsymbol{J}. \tag{44}$$

Anstelle der magnetischen Polarisation $\boldsymbol{J}$ kann auch eine zur Feldstärke $\boldsymbol{H}$ additive Größe, die *Magnetisierung* $\boldsymbol{M}$ zur Beschreibung der magnetischen Materieeigenschaften benutzt werden:

$$\boldsymbol{B} = \mu_0 (\boldsymbol{H} + \boldsymbol{M}) \tag{45}$$

$$\text{mit} \quad \boldsymbol{M} = \boldsymbol{J}/\mu_0. \tag{46}$$

Die Magnetisierung hängt von der magnetischen Feldstärke $\boldsymbol{H}$ ab. In vielen Fällen (Diamagnetismus, Paramagnetismus) gilt die Proportionalität

$$\boldsymbol{M} = \chi_m \boldsymbol{H}, \tag{47}$$

worin χ_m die sog. *magnetische Suszeptibilität* ist. Suszeptibilität und Permeabilitätszahl beschreiben gleichermaßen die magnetischen Eigenschaften eines Stoffes und sind verknüpft durch

$$\mu_r = 1 + \chi_m, \tag{48}$$

wie sich durch Einsetzen von (47) in (45) und Vergleich mit (43) zeigen lässt.

Der Zusammenhang zwischen der Magnetisierung $\boldsymbol{M}$ eines zylindrischen Stabes und seinem magnetischen Moment $\boldsymbol{m}_\Sigma$ in einem äußeren Magnetfeld $\boldsymbol{H}$ lässt sich durch Vergleich mit einer Zylinderspule gleicher Abmessungen herstellen, die so erregt wird, dass das durch sie erzeugte zusätzliche Magnetfeld $\boldsymbol{H}_z$ gerade der Magnetisierung $\boldsymbol{M}$ entspricht (Abb. 17):

$$H_z = \frac{NI}{l} \equiv M. \tag{49}$$

Das magnetische Moment $\boldsymbol{m}_\Sigma$ des magnetisierten Stabes mit dem Volumen $V = l\,A$ ist dann gleich dem der Spule gleichen Volumens und beträgt gemäß (40) mit (49)

$$\boldsymbol{m}_\Sigma = NIA = \boldsymbol{M}V. \tag{50}$$

Die Magnetisierung $\boldsymbol{M} = \boldsymbol{J}/\mu_0$ ist demnach gleich dem auf das Volumen bezogenen magnetischen Moment und ist damit der elektrischen Polarisation (91) im ▶ Kap. 15, „Elektrische Wechselwirkung“ analog:

$$\boldsymbol{M} = \frac{\boldsymbol{J}}{\mu_0} = \frac{\boldsymbol{m}_\Sigma}{V}. \tag{51}$$

Für das magnetische Moment $\boldsymbol{m}_\Sigma$ eines magnetisierten Körpers gilt nach (50) mit (47) $\boldsymbol{m}_\Sigma \sim \chi_m \boldsymbol{H}$. Je nach Vorzeichen von χ_m (Tab. 2) erfährt daher ein magnetisierter Körper in einem inhomogenen Magnetfeld eine Kraft (Tab. 1), die ihn in den Bereich größerer Feldstärke (für $\chi_m > 0$) oder kleinerer Feldstärke (für $\chi_m < 0$) treibt, d. h. in das Magnetfeld hineinzieht oder aus ihm herausdrängt (Abb. 18).

Je nach Wert der magnetischen Suszeptibilität χ_m werden die folgenden Fälle unterschieden:

$\chi_m < 0$, $\mu_r < 1$: Diamagnetismus
$\chi_m > 0$, $\mu_r > 1$: Paramagnetismus
$\chi_m \gg 0$, $\mu_r \gg 1$: Ferro-, Ferri- und Antiferromagnetismus.

Atomistische Deutung der magnetischen Eigenschaften von Materie

Die magnetischen Eigenschaften von Materie sind durch die Wechselwirkung des Magnetfeldes in erster Linie mit den Elektronen der Atomhülle und deren magnetischen Momenten bedingt. Die Eigenschaften atomarer magnetischer Momente sind quantenmechanischer Natur. Eine anschauliche Behandlung ist problematisch. Dennoch können bestimmte magnetische Eigenschaften gemäß dem Rutherford-Bohr'schen Atommodell (siehe ▶ Abschn. 17.2.1 im Kap. 17, „Elektrische Leitungsmechanismen“, Behandlung der Atomelektronen als Kreisstrom mit dem positiven Atomkern im Zentrum) anschaulich gemacht und teils richtig, teils nur qualitativ zutreffend berechnet werden.

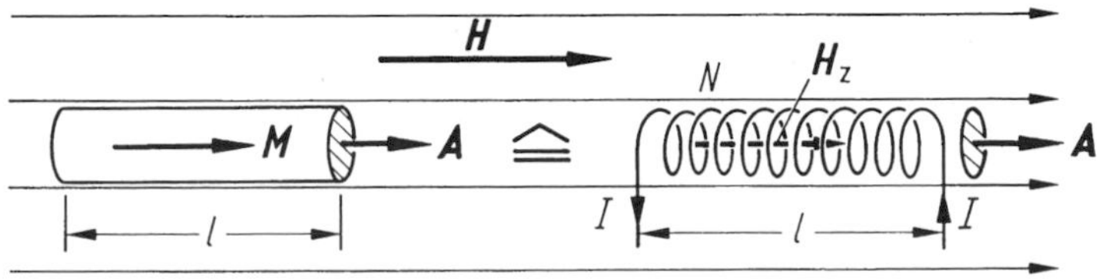

Abb. 17 Zur Berechnung des magnetischen Moments eines magnetisierten Stabes

Tab. 2 Magnetische Suszeptibilität einiger Stoffe

Stoff	$\chi_m = \mu_r - 1$
Diamagnetische Stoffe:	
Helium	$-1{,}05 \cdot 10^{-9}$
Wasserstoff	$-2{,}25 \cdot 10^{-9}$
Methan	$-6{,}88 \cdot 10^{-9}$
Stickstoff	$-8{,}60 \cdot 10^{-9}$
Argon	$-1{,}09 \cdot 10^{-8}$
Kohlendioxid	$-1{,}19 \cdot 10^{-8}$
Methanol	$-6{,}97 \cdot 10^{-6}$
Benzol	$-7{,}82 \cdot 10^{-6}$
Wasser	$-9{,}03 \cdot 10^{-6}$
Kupfer	$-9{,}65 \cdot 10^{-6}$
Glycerin	$-9{,}84 \cdot 10^{-6}$
Petroleum	$-1{,}09 \cdot 10^{-5}$
Aluminiumoxid	$-1{,}37 \cdot 10^{-5}$
Aceton	$-1{,}37 \cdot 10^{-5}$
Kochsalz	$-1{,}39 \cdot 10^{-5}$
Wismut	$-1{,}57 \cdot 10^{-4}$
Paramagnetische Stoffe:	
Sauerstoff	$1{,}86 \cdot 10^{-6}$
Barium	$6{,}94 \cdot 10^{-6}$
Magnesium	$1{,}74 \cdot 10^{-5}$
Aluminium	$2{,}08 \cdot 10^{-5}$
Platin	$2{,}57 \cdot 10^{-4}$
Chrom	$2{,}78 \cdot 10^{-4}$
Mangan	$8{,}71 \cdot 10^{-4}$
flüssiger Sauerstoff	$3{,}62 \cdot 10^{-3}$
Dysprosiumsulfat	$6{,}32 \cdot 10^{-1}$
Ferromagnetische Stoffe:[a]	
Gusseisen	50 ... 500
Baustahl	100 ... 2000
Übertragerblech	500 ... 10.000
Permalloy	6000 ... 70.000
Ferrite	10 ... 1000

[a]Maximalwerte aus größter Steigung der Hysteresekurve

Im Bohr'schen Bild ist der Bahnmagnetismus eines um den Atomkern kreisenden Elektrons leicht richtig zu berechnen (Abb. 19).

In Bezug auf den Atomkern hat das kreisende Elektron einen Bahndrehimpuls (Gl. 97) im ▶ Kap. 10, „Mechanik von Massenpunkten"

$$\boldsymbol{L} = m_e \boldsymbol{r} \times \boldsymbol{v} = m_e \boldsymbol{\omega} r^2. \tag{52}$$

Das rotierende Elektron mit der Umlauffrequenz $\nu = \omega/2\,\pi$ stellt ferner einen Kreisstrom dar:

$$I = \frac{dQ}{dt} = -\nu e = -\frac{\omega e}{2\pi}. \tag{53}$$

Nach (39) ist damit ein magnetisches Moment $\mu_L = IA$ verknüpft, für das sich mit (52) und (53) ergibt

$$\boldsymbol{\mu}_L = -\frac{e}{2m_e}\boldsymbol{L}. \tag{54}$$

(Bei atomaren Teilchen werden magnetische Momente mit $\boldsymbol{\mu}$ anstatt mit $\boldsymbol{m}$ bezeichnet) Dass atomare Drehimpulse mit magnetischen Momenten

$$\boldsymbol{\mu}_L = -\gamma \boldsymbol{L} \tag{55}$$

verknüpft sind, wird als *magnetomechanischer Parallelismus* bezeichnet und wurde durch den *Einstein-de-Haas-Effekt* makroskopisch nachgewiesen. γ heißt *gyromagnetisches Verhältnis* und hat demnach für den Bahnmagnetismus des Elektrons den Wert

$$\gamma = \frac{e}{2m_e}. \tag{56}$$

Nach Bohr hat der Bahndrehimpuls für die Haupt-Quantenzahl $n = 1$ den Wert $L = \hbar$ (siehe ▶ Abschn. 17.2.1.1 im Kap. 17, „Elektrische Leitungsmechanismen"; $\hbar = h/2\,\pi$ Drehimpulsquantum, h Planck-Konstante). Damit folgt für das magnetische Moment der 1. Bohr'schen Bahn, das *Bohr-Magneton*:

$$\begin{aligned}\mu_B &= \frac{e\hbar}{2m_e}\\ &= \left(9{,}274009994 \pm 5{,}7 \cdot 10^{-8}\right)\\ &\quad \cdot 10^{-24}\,\mathrm{J/T}.\end{aligned} \tag{57}$$

Neben dem Bahndrehimpuls und dem damit verbundenen magnetischen Moment besitzt das Elektron außerdem einen *Eigendrehimpuls* oder *Spin* S vom Betrage $S = \hbar/2$. Auch der Spin ist mit einem magnetischen Moment verknüpft, dessen Betrag ebenfalls durch das Bohr'sche Magneton gegeben ist.

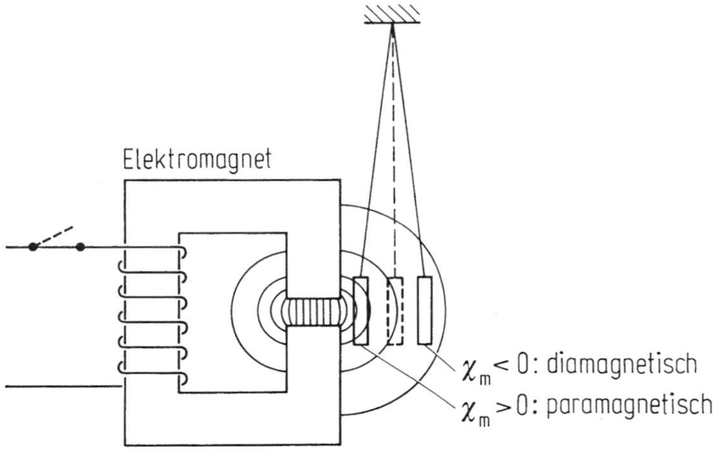

Abb. 18 Kraftwirkung auf dia- und paramagnetische Körper im inhomogenen Magnetfeld eines Elektromagneten

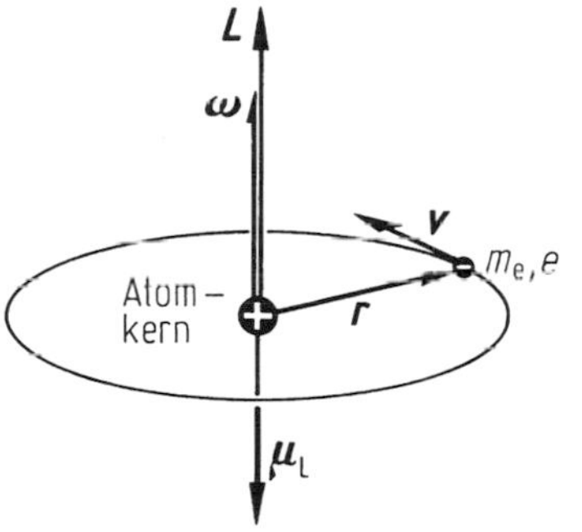

Abb. 19 Drehimpuls und magnetisches Moment eines kreisenden Atomelektrons

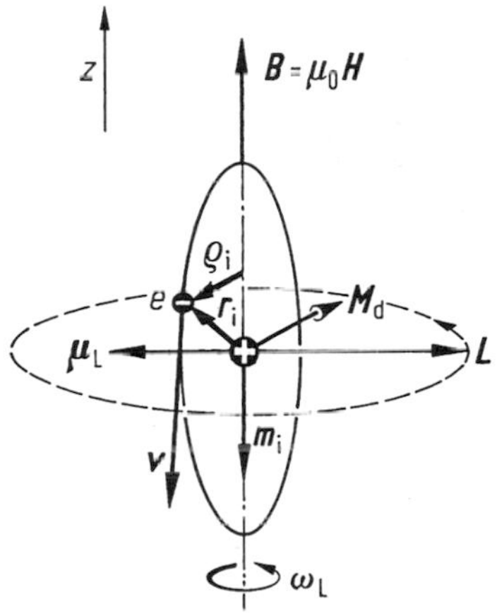

Abb. 20 Präzessionswirkung eines äußeren Magnetfeldes auf atomare Elektronenbahnen

Je nach Aufbau der atomaren Elektronenhülle und der chemischen Bindungsstruktur in Molekülen und Festkörpern und der daraus resultierenden Gesamtwirkung der mit den Bahn- und Eigendrehimpulsen verknüpften magnetischen Momente ergeben sich unterschiedliche magnetische Eigenschaften, deren Grundzüge kurz besprochen werden sollen.

Diamagnetismus

Die meisten anorganischen und fast alle organischen Verbindungen sind diamagnetisch, d. h., sie schwächen das äußere Feld: $\chi_m < 0$, $\mu_r < 1$. Ursache des Diamagnetismus sind die durch das Einschalten des äußeren Magnetfeldes in den Atomen (Molekülen, Ionen) des Stoffes induzierten magnetischen Momente. Diamagnetika sind daher magnetische Analoga zu den unpolaren Dielektrika (siehe ▶ Abschn. 15.1.9 im Kap. 15, „Elektrische Wechselwirkung", Verschiebungspolarisation).

Es werde zunächst eine einzelne Elektronenkreisbahn um den Atomkern betrachtet (z. B. die des i-ten Elektrons der Elektronenhülle), deren Flächennormalenvektor senkrecht zum äußeren Magnetfeld $\boldsymbol{H}$ stehen möge (Abb. 20). Das magnetische Moment $\boldsymbol{\mu}_L$ erfährt dadurch nach (38) ein Drehmoment $\boldsymbol{M}_d = \boldsymbol{\mu}_L \times \boldsymbol{B}$. Wegen des nach (54) mit $\boldsymbol{\mu}_L$ gekoppelten Bahndrehimpulses $\boldsymbol{L}$ wirkt $\boldsymbol{M}_d$ auch auf $\boldsymbol{L}$ und erzeugt eine Kreiselpräzession mit der Präzessionskreisfrequenz $\omega_L = M_d/L$ (vgl. ▶ Abschn. 11.3.4 im Kap. 11,

„Schwingungen, Teilchensysteme und starre Körper“). Mit (54) folgt daraus die *Larmor-Frequenz*

$$\omega_\mathrm{L} = \mu_0 \frac{e}{2m_\mathrm{e}} \boldsymbol{H} = \frac{e}{2m_\mathrm{e}} \boldsymbol{B}. \tag{58}$$

Die Präzession der Elektronenbahn mit der Frequenz ν_L um die Feldrichtung $\boldsymbol{B}$ bedeutet einen zusätzlichen Kreisstrom I senkrecht zur Elektronenkreisbahn, für den sich mit (58) ergibt:

$$I = -\nu_\mathrm{L} e = -\frac{e^2}{4\pi m_\mathrm{e}} B. \tag{59}$$

Daraus folgt ein durch das Einschalten des äußeren Feldes $\boldsymbol{B}$ induziertes magnetisches Moment, das sich nach (39) mit $A = \pi \overline{\varrho}_i^2$ berechnen lässt. Die Präzession ist langsam gegen die Umlaufzeit des Elektrons i auf seiner Kreisbahn. Für die Fläche A des Präzessionskreisstromes I muss daher ein mittlerer Abstand $\overline{\varrho}_i$ von der Präzessionsdrehachse angesetzt werden. Mit $m = IA$ (39) und (59) folgt für das induzierte magnetische Moment des i-ten Elektrons

$$\boldsymbol{m}_i = -\frac{e^2 \overline{\varrho}_i^2}{4m_\mathrm{e}} \boldsymbol{B}, \tag{60}$$

das dem äußeren Feld $\boldsymbol{B}$ entgegengerichtet ist, dieses also schwächt. Ein Atom der Ordnungszahl Z (siehe ▶ Abschn. 17.2.1 im Kap. 17, „Elektrische Leitungsmechanismen“) enthält Z Elektronen in der Hülle. Bei Einschalten des Magnetfeldes liefert jedes Elektron einen Beitrag $\boldsymbol{m}_i$. Das gesamte induzierte magnetische Moment eines Atoms beträgt daher

$$\boldsymbol{m} = \sum_{i=1}^{Z} \boldsymbol{m}_i = -\frac{Ze^2 \overline{\varrho}^2}{4m_\mathrm{e}} \boldsymbol{B}, \tag{61}$$

worin

$$\overline{\varrho}^2 \approx \overline{\varrho^2} = \overline{x^2} + \overline{y^2} \tag{62}$$

der mittlere quadratische Abstand aller Z Elektronen von der Präzessionsdrehachse ist, wenn diese mit der z-Achse zusammenfällt. Unter der Annahme, dass die Z Elektronen kugelsymmetrisch um den Atomkern verteilt sind, gilt für den mittleren Kernabstand $\bar{r}$ der Elektronen

$$\frac{1}{3}\bar{r}^2 \approx \frac{1}{3}\overline{r^2} = \overline{x^2} = \overline{y^2} = \overline{z^2} \quad \text{und} \quad \overline{\varrho}^2 \approx \frac{2}{3}\bar{r}^2. \tag{63}$$

Damit folgt für das *induzierte magnetische Moment eines Atoms* aus (61)

$$\boldsymbol{m} = -\frac{Ze^2 \bar{r}^2}{6m_\mathrm{e}} \boldsymbol{B}, \tag{64}$$

und bei einer Atomzahldichte n für die *Magnetisierung diamagnetischer Stoffe* (47)

$$\boldsymbol{M} = n\boldsymbol{m} = -n\frac{Ze^2 \bar{r}^2}{6m_\mathrm{e}} \mu_0 \boldsymbol{H} = \chi_\mathrm{dia} \boldsymbol{H}, \tag{65}$$

die dem äußeren Magnetfeld proportional ist. Die *magnetische Suszeptibilität für Diamagnetika* beträgt daher

$$\chi_\mathrm{dia} = -\mu_0 \frac{Ze^2 \bar{r}^2}{6m_\mathrm{e}} n < 0 \tag{66}$$

und ist < 0, da alle Größen in (66) positiv sind. Diese diamagnetische Eigenschaft haben die Atome aller Substanzen. Die in (54) berechneten magnetischen Bahnmomente μ_L der einzelnen Elektronenbahnen spielen außer als Ursache der Präzession normalerweise keine Rolle, da sie sich in der Summe aller Elektronenbahnen meist gegenseitig kompensieren, wenn nicht bereits im Atom, dann im Molekül oder im Festkörper. Bei manchen Substanzen trifft dies jedoch nicht zu, dann wird der Diamagnetismus durch nichtkompensierte permanente magnetische Momente überdeckt, die vom Bahn- oder Spinmagnetismus herrühren: Paramagnetismus.

Der oben hergeleitete Diamagnetismus kann auch als Induktionseffekt (siehe Abschn. 16.2.1) beim Einschalten des äußeren Magnetfeldes gedeutet werden. Die Durchrechnung liefert dasselbe Ergebnis (66).

Bei Metallen liefert das Elektronengas (vgl. ▶ Abschn. 17.2.2 im Kap. 17, „Elektrische Leitungsmechanismen“) nach Landau einen zusätzlichen Beitrag zum Diamagnetismus (Landau-Diamagnetismus). Sowohl die diamagnetische Suszeptibilität χ_{dia} nach (66) als auch in guter Näherung der Landau-Diamagnetismus sind unabhängig von Feldstärke und Temperatur.

Paramagnetismus

Sind permanente, nicht kompensierte magnetische Momente $\boldsymbol{m}$ vorhanden, z. B. durch nichtkompensierte Bahn- oder Spinmomente (nicht abgeschlossene Elektronenschalen, ungerade Elektronenzahlen), so zeigt sich ein magnetisches Verhalten analog zum elektrischen Verhalten eines Systems polarer Moleküle (vgl. ▶ Abschn. 15.1.9 im Kap. 15, „Elektrische Wechselwirkung“, Orientierungspolarisation). Ohne äußeres Magnetfeld sind die Orientierungen der magnetischen Momente durch die thermische Bewegung statistisch gleichverteilt, sodass keine makroskopische Magnetisierung resultiert. Ein eingeschaltetes äußeres Feld sucht die Dipole aufgrund des dann wirkenden Drehmomentes (38) gegen die Temperaturbewegung in Feldrichtung auszurichten, es entsteht eine makroskopische Magnetisierung. Der Ausrichtungsgrad lässt sich wie bei der elektrischen Orientierungspolarisation aus der potenziellen Energie E_p der Dipole im Magnetfeld (Tab. 1) mithilfe des Boltzmann'schen e-Satzes (40) im ▶ Kap. 12, „Statistische Mechanik – Thermodynamik“ abschätzen. Wegen $E_\text{p} \ll kT$ ergibt sich analog zu (111) bis (116) im ▶ Kap. 15, „Elektrische Wechselwirkung“ für die paramagnetische Suszeptibilität das *Curie'sche Gesetz*

$$\chi_{\text{para}} = \frac{C_\text{m}}{T} \tag{67}$$

und die Permeabilitätszahl

$$\mu_\text{r} = 1 + \frac{C_\text{m}}{T}$$

mit der Curie-Konstanten

$$C_\text{m} = \mu_0 \frac{m^2}{3k} n. \tag{68}$$

Für die paramagnetische Suszeptibilität gilt also die gleiche Temperaturabhängigkeit wie für die paraelektrische Suszeptibilität (116) im ▶ Kap. 15, „Elektrische Wechselwirkung“.

Zum Paramagnetismus tragen bei Metallen nach Pauli ferner die magnetischen Momente des Leitungselektronengases bei. Der Pauli-Paramagnetismus ist um einen Faktor 3 größer als der Landau-Diamagnetismus und wie dieser temperaturunabhängig.

Magnetisch geordnete Zustände: Ferro-, Antiferro- und Ferrimagnetismus

Kristalline Substanzen, die permanente magnetische Momente enthalten, können unterhalb einer kritischen Temperatur in einen magnetisch geordneten Zustand, d. h. eine *spontane Magnetisierung* ohne äußeres Feld, übergehen. Ursache hierfür ist die gegenseitige Wechselwirkung zwischen den magnetischen Momenten der Atome bzw. zwischen den damit verknüpften Elektronenspins. Die Bahnmomente sowie die Momente des Atomkerns sind dagegen zu vernachlässigen. Die direkte magnetische Wechselwirkung zwischen den magnetischen Momenten ist vergleichsweise klein und führt nur bei sehr tiefen Temperaturen zu spontaner Magnetisierung. Bei Zimmertemperatur sind magnetisch geordnete Zustände nach Heisenberg auf die quantenmechanische Austauschwechselwirkung (aufgrund der Überlappung von Elektronenwellenfunktionen) zwischen den nicht abgesättigten Elektronenspins benachbarter Atome zurückzuführen, die zu Parallel- oder Antiparallelstellung der benachbarten Spins führt. Demzufolge treten folgende charakteristische Ordnungszustände der Spins auf (Abb. 21):

- *Ferromagnetismus*: Parallele Ausrichtung aller Spins. Große Sättigungsmagnetisierung ohne äußeres Magnetfeld unterhalb der Curie-Temperatur T_C. Beispiele: Eisen, Nickel, Kobalt.
- *Antiferromagnetismus*: Antiparallele Ausrichtung benachbarter Spins unterhalb der Néel-Temperatur T_N mit gegenseitiger Kom-

Abb. 21 Ordnung der magnetischen Dipolmomente in ferro-, antiferro- und ferrimagnetischen Stoffen

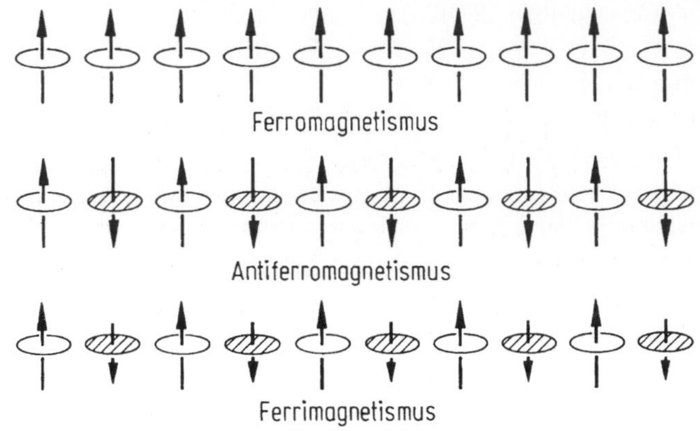

pensation der magnetischen Momente. Trotz geordneten Zustands der Spins ist daher die Magnetisierung ohne äußeres Magnetfeld null. Beispiele: MnO, FeO, CoO, NiO.

– *Ferrimagnetismus*: Antiferromagnetische Ordnung, bei der sich die magnetischen Momente wegen unterschiedlicher Größe nur teilweise kompensieren. Unterhalb der Néel-Temperatur bleibt daher ohne äußeres Feld eine endliche Sättigungsmagnetisierung übrig, die typischerweise kleiner ist als beim Ferromagnetismus. Beispiele sind die Ferrite der Zusammensetzung $MO \cdot Fe_2\,O_3$, wobei M z. B. für Mn, Co, Ni, Cu, Mg, Zn, Cd oder Fe (ergibt Magnetit $Fe_3\,O_4$) steht.

Die Eigenschaften der spontanen Magnetisierung seien anhand der Ferromagnetika betrachtet. Ein einheitlich bis zur Sättigung magnetisierter ferromagnetischer Kristall (alle Spinmomente parallel in eine Richtung ausgerichtet) würde ein großes magnetisches Moment und eine große magnetische Streufeldenergie im Außenraum besitzen. Ohne äußeres Feld zerfällt daher die Magnetisierung des Kristalls in eine energetisch günstigere Anordnung verschieden orientierter ferromagnetischer Domänen: *Weiss'sche Bezirke* (Abb. 22, Abmessungen ca. $(1 \ldots 100\ \mu m)^3$), die in sich selbst bis zur Sättigung magnetisiert und so orientiert sind, dass der magnetische Fluss sich weitgehend innerhalb des Kristalls schließt (unmagnetisierter Zustand, Abb. 22a). In wenig gestörten Einkristallen haben die Weiss'schen Bezirke eine geometrisch regelmäßige Form.

Die Magnetisierung der Domänen erfolgt in den sog. *leichten Kristallrichtungen*. Das sind z. B. im kubischen Eisenkristall die Würfelkanten. Die Sättigungsmagnetisierung lässt sich nur durch Anlegen eines starken äußeren Feldes aus den leichten Richtungen herausdrehen. In den Wänden zwischen verschieden orientierten Domänen springt die Spinrichtung nicht unstetig von der einen in die andere Orientierung, sondern ändert sich allmählich über einen Bereich von etwa 300 Gitterkonstanten: Bloch-Wände.

Die Bloch-Wände können durch das *Bitter-Verfahren* markiert werden: Bei Aufbringen kleiner ferromagnetischer Kristalle auf die polierte Oberfläche des Ferromagnetikums (z. B. durch Aufschlämmen aus kolloidaler Lösung oder durch Aufdampfen von Eisen in einer Gasatmosphäre) sammeln diese sich durch Dipolkräfte im inhomogenen Streufeld der Grenzen zwischen den verschieden orientierten Weiss'schen Bezirken, d. h. an den Bloch-Wänden, und machen sie dadurch sichtbar. Zur Sichtbarmachung verschieden orientierter Weiss'scher Bezirke können magnetooptische Effekte ausgenutzt werden: Die Drehung der Polarisationsebene von Licht durch magnetisierte Stoffe (in Transmission: Faraday-Effekt; in Reflexion: magnetooptischer Kerr-Effekt).

Beim Magnetisieren des Materials durch ein äußeres Magnetfeld wird vom unmagnetisierten Zustand ausgehend zunächst die sog. „Neukurve“ durchlaufen (Abb. 23). Dabei wachsen die Domänen mit Komponenten in Feldrichtung auf Kosten der anderen durch Bloch-Wand-Verschiebungen

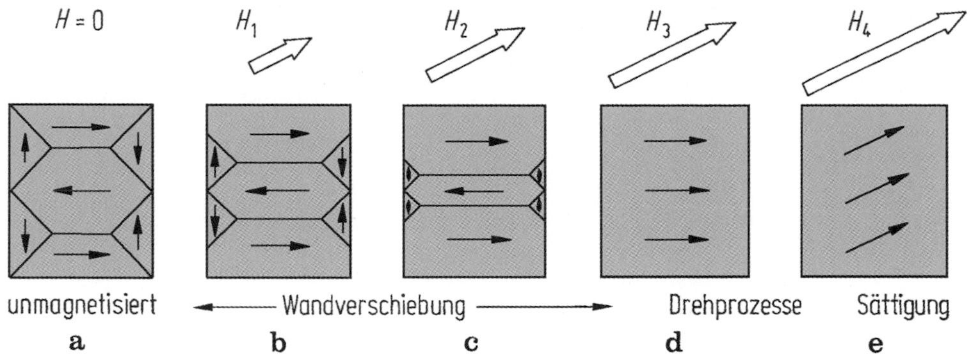

Abb. 22 Zerfall der spontanen Magnetisierung eines wenig gestörten ferromagnetischen Einkristalls in Weiss'sche Bezirke und Magnetisierungsablauf: **a** unmagnetisierter Zustand. **b-d** Magnetisierung etwa in äußerer Feldrichtung durch Wachsen der richtig orientierten Bereiche (Wandverschiebung); **d** magnetischer Einbereich in leichter Kristallrichtung. Durch Drehprozesse Übergang zur Sättigungsmagnetisierung: **e** magnetischer Einbereich in Feldrichtung

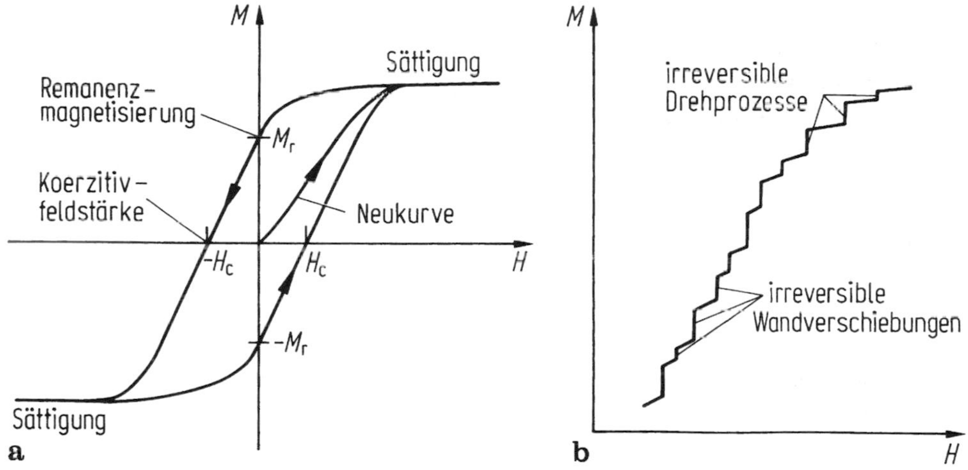

Abb. 23 **a** Hysteresekurve eines Ferromagnetikums, **b** Teil der Magnetisierungskurve höher aufgelöst

(Abb. 22b bis d). Die Bloch-Wände bleiben dabei teilweise an Kristallinhomogenitäten und Störstellen hängen und reißen sich erst nach weiterer Magnetfelderhöhung los (irreversible Wandverschiebungen). Ist durch Wandverschiebung keine weitere Magnetisierungserhöhung mehr zu erreichen (Abb. 22d), so dreht das weiter steigende Magnetfeld die Spins aus leichten Kristallrichtungen heraus in die Feldrichtung (Abb. 22e). Dabei können andere leichte Kristallrichtungen überstrichen werden, die wiederum plötzliche Magnetisierungsänderungen zur Folge haben (irreversible Drehprozesse). Schließlich stehen alle Spins parallel zum Magnetfeld, die Sättigungsmagnetisierung in Feldrichtung ist erreicht (Abb. 22e). Eine weitere Felderhöhung ändert die Magnetisierung nicht mehr. Die Magnetisierungskurve ist daher nicht stetig, sondern enthält eine Vielzahl von kleinen Sprüngen (Abb. 23). Die damit verbundenen plötzlichen Magnetisierungsänderungen lassen sich mit einer Induktionsanordnung nachweisen: *Barkhausen-Sprünge.* Die äußere Feldstärke, die erforderlich ist, um die Magnetisierung eines Weiss'schen Bezirks in die äußere Feldrichtung zu schwenken, ist sehr viel kleiner als diejenige, die bei ungekoppelten Einzeldipolen zur völligen Ausrichtung gegen die Temperaturbewegung erforderlich ist. Ursache dafür – und damit für die große Permeabilitätszahl von Ferromagnetika, vgl. Tab. 2 – ist das gegenüber dem Einzeldipol vielfach höhere magnetische Moment eines Weiss'schen Bezirks und das damit verbundene große Drehmoment im äußeren Feld.

Bei Reduzierung der äußeren Feldstärke bis auf Null verschwindet die Magnetisierung nicht vollständig, sondern es bleibt eine Restmagnetisierung bestehen, diese Erscheinung heißt Remanenz. Sie kann durch die Remanenzmagnetisierung $\boldsymbol{M}_\mathrm{r}$, ebenso gut auch durch die Remanenzinduktion $\boldsymbol{B}_\mathrm{r}$ oder die Remanenzpolarisation $\boldsymbol{J}_\mathrm{r}$ beschrieben werden, wobei gilt: $\boldsymbol{B}_\mathrm{r} = \boldsymbol{J}_\mathrm{r} = \mu_0 \boldsymbol{M}_\mathrm{r}$, siehe Abb. 23a. Diese verschwindet erst bei Anlegen eines entgegengerichteten Feldes in Höhe der *Koerzitivfeldstärke* $-H_\mathrm{c}$. Bei weiterer Variation der äußeren Feldstärke kann die ganze Magnetisierungskurve durchfahren werden, deren beide Äste bei negativer bzw. bei positiver Feldänderung nicht identisch sind: *Hysterese*.

Die Magnetisierung bei einer bestimmten Feldstärke ist daher nicht eindeutig, sondern hängt von der Vorgeschichte ab: Gedächtnis-Effekt. Je nach Richtung der vorherigen Sättigungsmagnetisierung liegt bei $H = 0$ eine Remanenz $+M_\mathrm{r}$ oder $-M_\mathrm{r}$ vor: Prinzip der magnetischen Informationsspeicherung.

Für Permanentmagnete ist eine hohe Remanenz und eine hohe Koerzitivfeldstärke erwünscht (*hartmagnetische* Werkstoffe). Damit verbunden ist eine große Fläche der Hysteresekurve. Diese ist ein Maß für die Ummagnetisierungsverluste pro Volumeneinheit bei einem vollen Durchlauf. Bei Anwendungen mit ständig wechselndem Magnetfeld (Wechselstrom-Transformatoren, Generatoren, Motoren) sind deshalb *weichmagnetische* Werkstoffe mit niedriger Remanenz und geringer Koerzitivfeldstärke erforderlich.

Die spontane Magnetisierung hat bei $T = 0$ K ihren Höchstwert (Sättigungsmagnetisierung M_s). Mit zunehmender Temperatur verringert die thermische Bewegung die Sättigungsmagnetisierung (Abb. 24), insbesondere durch das Auftreten von *Spinwellen* im System der parallelen Spins.

Die Spinwellen sind – wie auch die elastischen Schwingungen des quantenmechanischen Oszillators (siehe ▶ Abschn. 11.1.2.2 im Kap 11, „Schwingungen, Teilchensysteme und starre Körper") oder elastische Wellen im Festkörper – gequantelt, die Quanten heißen *Magnonen*. Oberhalb der Curie-Temperatur (Tab. 3) verschwindet die spontane Magnetisierung. Das Material verhält sich dann paramagnetisch mit einer Temperaturabhängigkeit der paramagnetischen Suszeptibilität, die dem Curie'schen Gesetz (67) entspricht, jedoch mit einer um T_C verschobenen Temperaturabhängigkeit (*Curie-Weiss'sches Gesetz*):

$$\chi_\mathrm{m} = \frac{C}{T - T_\mathrm{C}} \quad \text{für} \quad T > T_\mathrm{C}. \tag{69}$$

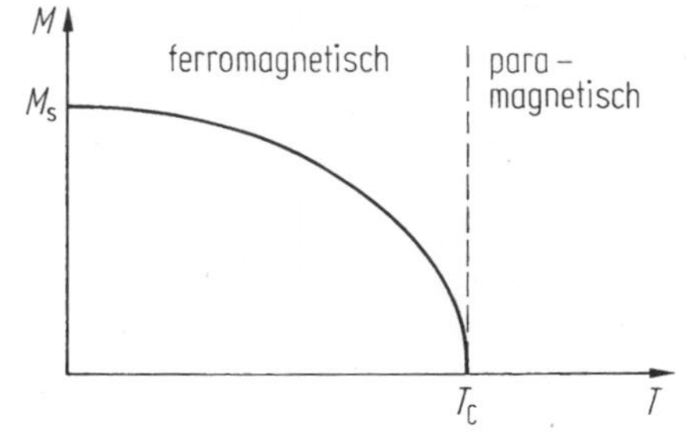

Abb. 24 Temperaturabhängigkeit der spontanen Magnetisierung

16.2 Zeitveränderliche elektromagnetische Felder

Statische, d. h. zeitunabhängige, elektrische und magnetische Felder folgen teilweise sehr ähnlichen Gesetzen (vgl. ▶ Kap. 15, „Elektrische Wechselwirkung"). Eine Verknüpfung beider Felder geschah bisher jedoch allein über das dem Ørsted-Versuch zugrunde liegende Phänomen der Erzeugung eines statischen Magnetfeldes durch einen stationären elektrischen Strom (Abschn. 16.1.1), das durch das Ampère'sche Gesetz (Durchflutungssatz (1) beschrieben wird. Ferner wirkt auf bewegte elektrische Ladungen und auf elektrische Ströme die magnetische Kraft (16) bzw. (35), die in Abschn. 16.1.2 bereits als relativistische Ergänzung der elektrostatischen Kraft erkannt wurde. Der innere Zusammenhang beider Felder wird jedoch erst bei der Betrachtung zeitveränderlicher magnetischer und elektrischer Felder deutlich.

16.2.1 Zeitveränderliche magnetische Felder: Induktion

Die elektromagnetische Induktion (Entdeckung durch Faraday 1831 und Henry 1832) ist das Arbeitsprinzip des Generators, des Transformators und vieler anderer Einrichtungen, auf denen die heutige Elektrotechnik beruht, siehe Teil Elektrotechnik.

Induktion durch zeitveränderliche Magnetfelder

Wird z. B. durch eine stromdurchflossene Spule (Abb. 25) oder mittels eines Permanentmagneten ein magnetisches Feld erzeugt, das gleichzeitig mit einem Fluss Φ eine Leiterschleife durchsetzt, so wird mit einem an die Leiterschleife angeschlossenen Spannungsmessinstrument (z. B. Drehspulmessinstrument, siehe Abschn. 16.1.3) dann eine induzierte Spannung beobachtet, wenn der durch die Leiterschleife gehende magnetische Fluss Φ sich zeitlich ändert, etwa durch Änderung des Stromes in der felderzeugenden Spule, oder durch Abstandsänderung des Permanentmagneten, oder durch Kippung des induzierenden Feldes gegen die Schleifenfläche: *Induktion*. Experimentell ergibt sich das *Induktionsgesetz*

$$u_\mathrm{i} = -N\frac{\mathrm{d}\Phi}{\mathrm{d}t}, \tag{70}$$

worin N die Zahl der Windungen der Leiterschleife ist, in Abb. 25a also $N = 1$. Das Minuszeichen kennzeichnet, dass die Richtung des induzierten elektrischen Feldes bzw. der induzierten Spannung sich aus der Feldänderungsrichtung entgegengesetzt dem Rechtsschraubensinn ergibt.

Ein zeitlich veränderliches Magnetfeld erzeugt also offenbar ein elektrisches Feld, das den magnetischen Fluss umschließt (Abb. 25b). Es ist nicht an einen vorhandenen Leiter geknüpft, sondern auch im Vakuum vorhanden (wie z. B. die Anwendung zur Elektronenbeschleunigung im Betatron nachweist).

Tab. 3 Curie-Temperatur einiger Ferromagnetika

Material	ϑ_C/°C	T_C/K
Eisen	770	1043
Kobalt	1115	1388
Nickel	354	627
AlNiCo	720 ... 760	993 ... 1033

Induktion in bewegten Leitern im Magnetfeld

In einem zeitlich konstanten Magnetfeld lassen sich induzierte Spannungen dadurch erzeugen, dass die Leiterschleife oder Teile davon im Magnetfeld bewegt werden. In diesem Fall lässt sich die induzierte Spannung mithilfe der magnetischen Kraft auf die Leitungselektronen berechnen. Dazu werde die in Abb. 26 dargestellte, besonders einfache Geometrie betrachtet, wobei

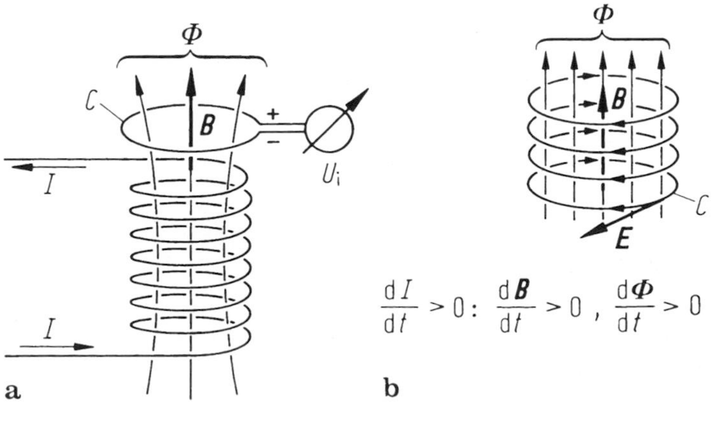

Abb. 25 Induktion durch zeitliche Änderung des magnetischen Flusses

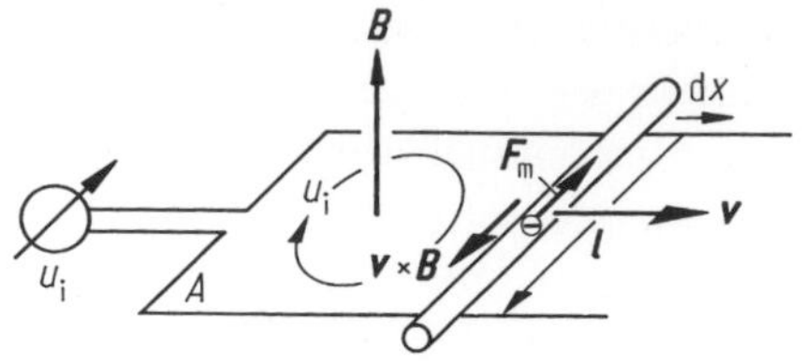

Abb. 26 Induktion in einem bewegten Leiter im Magnetfeld

nur das Leiterstück der Länge $\boldsymbol{l}$ senkrecht zum homogenen Magnetfeld $\boldsymbol{B}$ mit einer Geschwindigkeit $\boldsymbol{v}$ bewegt wird.

Auf die Elektronen im bewegten Leiter wirkt die magnetische Kraft (16). Das entspricht einer durch die Bewegung induzierten elektrischen Feldstärke

$$\boldsymbol{E}_\mathrm{i} = \frac{\boldsymbol{F}_\mathrm{m}}{-e} = \boldsymbol{v} \times \boldsymbol{B}. \tag{71}$$

Die im bewegten Leiterstück $\boldsymbol{l}$ induzierte Spannung $u_\mathrm{i} = \boldsymbol{E}_\mathrm{i} \cdot \boldsymbol{l}$ ist daher

$$u_\mathrm{i} = (\boldsymbol{v} \times \boldsymbol{B}) \cdot \boldsymbol{l} = Blv. \tag{72}$$

Dies ist die gesamte in der Leiterschleife induzierte Spannung, da die anderen Leiterschleifenteile ruhen. Auch bei dieser Induktionsanordnung ändert sich durch die Vergrößerung der Schleifenfläche A

$$\frac{\mathrm{d}A}{\mathrm{d}t} = \frac{l\mathrm{d}x}{\mathrm{d}t} = lv \tag{73}$$

der magnetische Fluss $\Phi = \boldsymbol{B} \cdot \boldsymbol{A} = B\,A$ in der Leiterschleife (Flächennormalenvektor $\boldsymbol{A} \| \boldsymbol{B}$), obwohl $\boldsymbol{B} = \mathrm{const}$ ist:

$$\frac{\mathrm{d}\Phi}{\mathrm{d}t} = \frac{\mathrm{d}(\boldsymbol{B} \cdot \boldsymbol{A})}{\mathrm{d}t} = B\frac{\mathrm{d}A}{\mathrm{d}t} = Blv. \tag{74}$$

Mit (72) ergibt sich daraus wiederum das Induktionsgesetz (70) für $N = 1$, wenn mit einem negativen Vorzeichen der in Abb. 26 eingezeichnete Richtungssinn für u_i im Hinblick auf die positive Flussänderung und den Rechtsschraubensinn berücksichtigt wird:

$$u_\mathrm{i} = -\frac{\mathrm{d}\Phi}{\mathrm{d}t}. \tag{75}$$

Dieser Zusammenhang gilt also offenbar unabhängig davon, auf welche Weise der magnetische Fluss in der Leiterschleife geändert wird, ob durch Änderung des Magnetfeldes $\boldsymbol{B}$ bei stationärer Leiterschleife, oder durch Änderung der Schleifenfläche $\boldsymbol{A}$ bei konstantem Magnetfeld. Im ersten Fall werden die Elektronen im Leiter durch die induzierte elektrische Kraft $-e\,\boldsymbol{E}$, im zweiten Fall durch die geschwindigkeitsinduzierte magnetische Kraft $-e\,\boldsymbol{v} \times \boldsymbol{B}$ in Bewegung gesetzt. Auch hierdurch wird deutlich, dass die Kraft auf Ladungen q in voller Allgemeinheit durch die Lorentz-Kraft (18)

$$\boldsymbol{F} = q(\boldsymbol{E} + \boldsymbol{v} \times \boldsymbol{B}) \tag{76}$$

gegeben ist. Wählen wir die Schleifenkurve C als Integrationsweg (Abb. 25), so folgt aus (75) mit

$$u_\mathrm{i} = \oint_C \boldsymbol{E} \cdot \mathrm{d}\boldsymbol{s} \tag{77}$$

und mit der Definition (14) des magnetischen Flusses für eine beliebige, von C berandete Fläche A die allgemeinere Formulierung des *Induktionsgesetzes (Faraday-Henry-Gesetzes)*:

$$\oint_C \boldsymbol{E} \cdot \mathrm{d}\boldsymbol{s} = -\frac{\mathrm{d}}{\mathrm{d}t}\int_A \boldsymbol{B} \cdot \mathrm{d}\boldsymbol{A}. \tag{78}$$

Dies ist die allgemein gültige Form einer der beiden Feldgleichungen des elektrischen Feldes, die sich vom elektrostatischen Fall (35) im ► Kap. 15, „Elektrische Wechselwirkung“ dadurch unterscheidet, dass die rechte Seite nicht verschwindet.

Weitere Induktionseffekte

Ist das die Leiterschleife mit dem Flächennormalenvektor $\boldsymbol{A}$ durchsetzende Magnetfeld $\boldsymbol{B}$ homogen, so lässt sich (70) mit $\Phi = \boldsymbol{B} \cdot \boldsymbol{A}$ auch schreiben

$$u_{\mathrm{i}} = -N\frac{\mathrm{d}(\boldsymbol{B}\cdot\boldsymbol{A})}{\mathrm{d}t}. \tag{79}$$

Wird eine Leiterschleife gemäß Abb. 15 mit einer Winkelgeschwindigkeit $\omega = \vartheta/t$ im homogenen Magnetfeld gedreht, so wird darin nach (79) eine Spannung

$$\begin{aligned} u_{\mathrm{i}} &= -N\frac{\mathrm{d}(BA\cos\vartheta)}{\mathrm{d}t} = NAB\omega\sin\omega t \\ &= \hat{u}\sin\omega t \end{aligned} \tag{80}$$

erzeugt: Prinzip des Wechselstromgenerators. Die Spannung ändert mit t periodisch ihr Vorzeichen, d. h. ihre Richtung: *Wechselspannung*. Der Maximalwert (Amplitude) ist $\hat{u} = NAB\omega$.

Der bewegte Leiter im Induktionsversuch Abb. 26 muss nicht die Form eines Drahtes haben: Ein bewegter Metallstreifen zwischen Schleifkontakten (Abb. 27a) zeigt aufgrund der auftretenden magnetischen Kraft den gleichen Induktionseffekt. Benutzt man anstelle des Metallstreifens einen ionisierten Gasstrom (Plasma; Abb. 27b), so erhält man das Grundprinzip des *magnetohydrodynamischen Generators* (sog. MHD-Generator), dessen prinzipieller Vorteil darin besteht, keine bewegten Bauteile zu besitzen. Das Plasma wird in einer Brennkammer erzeugt. Da beim MHD-Generator die Umwandlung von thermischer in elektrische Energie direkt erfolgt, kommt der Wirkungsgrad näher an den thermodynamischen Wirkungsgrad (100) im ▶ Kap. 12, „Statistische Mechanik – Thermodynamik" heran als bei herkömmlichen Verfahren der Energiewandlung. Die induzierte Spannung U_{i0} (im Leerlauf) ergibt sich aus (72).

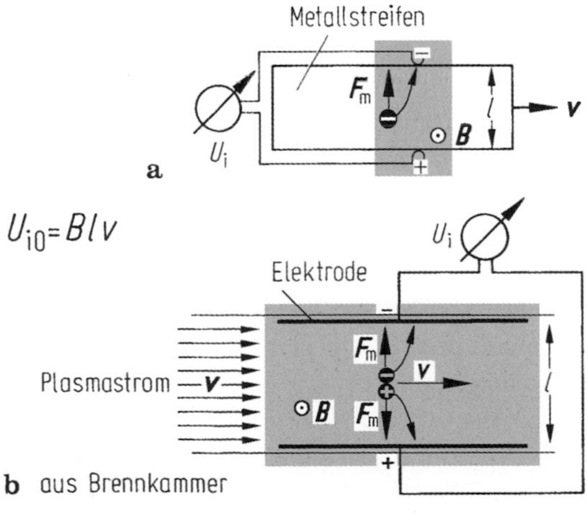

Abb. 27 **a** Induktion in einem ausgedehnten bewegten Leiter und **b** Prinzip des magnetohydrodynamischen Generators

Hall-Effekt

Wird die Bewegung von Ladungsträgern in einem Magnetfeld $\boldsymbol{B}$ nicht durch die Bewegung eines Leiters infolge einer äußeren Kraft erzwungen, sondern durch einen elektrischen Strom in einem ruhenden Leiter, so wirkt auch in diesem Falle die magnetische Kraft (16) senkrecht zur Ladungsträgergeschwindigkeit $\boldsymbol{v}_{\mathrm{dr}}$ und zu $\boldsymbol{B}$. Im Falle eines metallischen Bandleiters werden die Leitungselektronen seitlich abgedrängt (Abb. 28), sodass eine Seite des Leiters einen Elektronenüberschuss, also eine negative Ladung erhält, während die gegenüberliegende Seite infolge Elektronendefizits eine positive Ladung durch die ortsfesten Gitterionen erhält. Der Wirkung der magnetischen Kraft

$$\boldsymbol{F}_{\mathrm{m}} = -e(\boldsymbol{v}_{\mathrm{dr}}\times\boldsymbol{B}) = -e\boldsymbol{E}_{\mathrm{i}} \tag{81}$$

entspricht eine induzierte Feldstärke

$$\boldsymbol{E}_{\mathrm{i}} = \boldsymbol{v}_{\mathrm{dr}}\times\boldsymbol{B} = -\boldsymbol{E}_{\mathrm{H}}. \tag{82}$$

Die dadurch bewirkte Ladungstrennung erzeugt eine entgegengerichtete Coulomb-Feldstärke, die Hall-Feldstärke $\boldsymbol{E}_{\mathrm{H}}$. Mithilfe des Zusammenhangs (59) im ▶ Kap. 15, „Elektrische Wechselwirkung" zwischen Stromstärke I und Driftgeschwindigkeit $\boldsymbol{v}_{\mathrm{dr}}$ folgt daraus ($\boldsymbol{B}$ senkrecht zum Bandleiter)

$$E_{\mathrm{H}} = -\frac{IB}{nebd} = \frac{U_{\mathrm{H}}}{b}, \tag{83}$$

(b, d Breite und Dicke des Bandleiters, Abb. 28) und für die *Hall-Spannung*

$$U_{\mathrm{H}} = A_{\mathrm{H}}\frac{IB}{d} \tag{84}$$

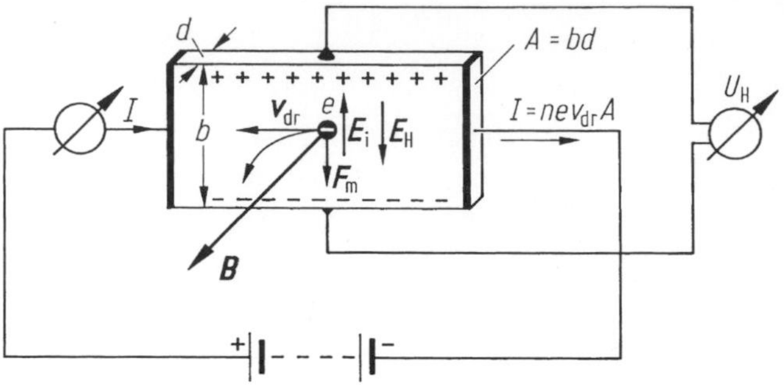

Abb. 28 Hall-Effekt an einem Bandleiter im Magnetfeld

mit dem *Hall-Koeffizienten für Elektronenleitung*

$$A_{\mathrm{H}} = -\frac{1}{ne}. \tag{85}$$

In Halbleitern (▶ Abschn. 17.2.4 im Kap. 17, „Elektrische Leitungsmechanismen") ist neben der Leitung durch Elektronen (N-Leitung) auch Leitung durch sog. Defektelektronen oder Löcher möglich. Bei einem Defektelektron oder Loch handelt es sich um eine durch ein fehlendes Elektron hervorgerufene positive Ladung des betreffenden Gitterions. Diese positive Ladung ist durch Platzwechsel benachbarter Elektronen in das Loch beweglich, verhält sich also wie ein realer, beweglicher positiver Ladungsträger: P-Leitung. Bei reiner P-Leitung (Löcherkonzentration p) kehrt sich das Vorzeichen des *Hall-Koeffizienten für Löcherleitung* (85) um:

$$A_{\mathrm{H}} = \frac{1}{pe} \tag{86}$$

und damit auch das Vorzeichen der Hall-Spannung. Aus Vorzeichen und Betrag der experimentell gewonnenen Hall-Koeffizienten eines Halbleiters lässt sich daher die Art und die Konzentration der vorhandenen Ladungsträger bestimmen, eine wichtige Messmethode zur Bestimmung von Halbleitereigenschaften.

Bei gemischter Leitung (Elektronen und Löcher) erhält man

$$A_{\mathrm{H}} = \frac{1}{e(p-n)}. \tag{87}$$

Anmerkung: Die Ausdrücke für den Hall-Koeffizienten (85) bis (87) gelten korrekt nur bei starkem Magnetfeld $\boldsymbol{B}$ (bzw. $\mu_{\mathrm{e}}B \gg 1$; μ_{e} Beweglichkeit, siehe ▶ Abschn. 17.1.1 im Kap. 17, „Elektrische Leitungsmechanismen"). Bei schwachen Magnetfeldern $\mu_{\mathrm{e}}B \ll 1$ muss die Streuung der Ladungsträger an Kristallfehlern berücksichtigt werden, was zu leicht veränderten Formeln für den Hall-Koeffizienten führt.

Bei bekanntem Hall-Koeffizienten A_{H}, Dicke d des Bandleiters und Stromstärke I kann aus der Messung der Hall-Spannung U_{H} nach (84) die magnetische Flussdichte B bestimmt werden: Prinzip der *Hall-Generatoren* bzw. *Hall-Sonden* zur Ausmessung von Magnetfeldern. Wegen des größeren Hall-Effekts werden Hall-Sonden aus Halbleitern hergestellt: ihre gegenüber Metallen niedrigere Ladungsträgerkonzentration (vgl. ▶ Abschn. 17.2.4 im Kap. 17, „Elektrische Leitungsmechanismen") hat nach (85) und (86) einen größeren Hall-Koeffizienten zur Folge.

Lenz'sche Regel

Die Bedeutung des negativen Vorzeichens im Induktionsgesetz (70) bzw. (75) manifestiert sich in der Lenz'schen Regel:

Induzierte Ströme sind stets so gerichtet, dass der Vorgang, durch den sie erzeugt werden, gehemmt wird.

Beispiele für die Anwendung der Lenz'schen Regel:

Wird in der Anordnung in Abb. 26 das Messgerät für die induzierte Spannung durch einen

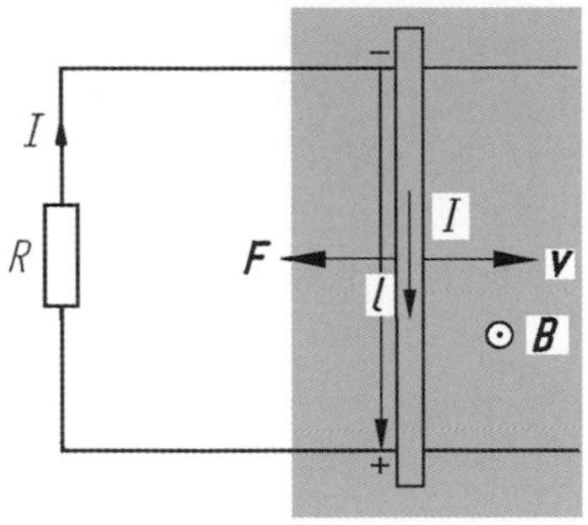

Abb. 29 Zur Lenz'schen Regel: Hemmende Kraft durch induzierte Ströme bei Bewegung eines Leiters im Magnetfeld

Belastungswiderstand R ersetzt, sodass ein Strom $I = U_i/R$ fließt (Abb. 29), so erfährt der mit $\boldsymbol{v}$ bewegte Leiter nach (35) eine hemmende Kraft

$$\boldsymbol{F} = I(\boldsymbol{l} \times \boldsymbol{B}) \tag{88}$$

parallel zu $-\boldsymbol{v}$, deren Betrag sich mit (72) zu

$$F = IlB = \frac{B^2 l^2}{R} v \tag{89}$$

ergibt. Es tritt also eine die Bewegung hemmende Kraft auf, die der Geschwindigkeit des Leiters proportional ist.

Wird statt des Leiters ein leitendes Blech durch ein Magnetfeld bewegt (Abb. 16 im ▶ Kap. 10, „Mechanik von Massenpunkten"), so führt die induzierte Spannung zu Strömen, die sich innerhalb des Bleches schließen: *Wirbelströme*. Auch diese erzeugen eine bremsende Kraft (*Wirbelstrombremsung*):

$$\boldsymbol{F}_{\mathrm{R}} \sim -B^2 \boldsymbol{v}. \tag{90}$$

Die Lenz'sche Regel kann für diese Fälle so formuliert werden: Induzierte Ströme suchen die sie erzeugende Bewegung zu hemmen.

Die Wirbelstrombremsung wird technisch angewandt. Dort, wo der Effekt störend ist, muss die Wirbelstrombildung innerhalb des Leiters durch Einschnitte oder Isolierschichten, die den Stromfluss verhindern, vermieden werden (Demonstrationsbeispiel: Waltenhofen'sches Pendel).

Wirbelströme treten auch auf, wenn der leitende Körper ruht und das Magnetfeld dagegen bewegt wird. Es kommt nur auf die Relativbewegung an. In diesem Falle bewirken die Wirbelströme eine mitnehmende Kraft auf den Leiter, die die Relativgeschwindigkeit zwischen Leiter und Magnetfeld zu verringern sucht (Demonstrationsbeispiel: Arago-Rad). Anwendung z. B. Wirbelstromtachometer, Drehstrommotor.

Die in einer geschlossenen Leiterschleife oder in einem flächenhaft ausgedehnten Leiter (Blech) durch ein sich zeitlich änderndes Magnetfeld induzierten Ströme bzw. Wirbelströme sind ebenfalls so gerichtet, dass ihr Magnetfeld die Änderung des induzierenden Magnetfeldes zu verringern sucht: Steigt das induzierende Magnetfeld an, so ist das induzierte Magnetfeld entgegengesetzt gerichtet. Sinkt das induzierende Magnetfeld, so ist das induzierte Magnetfeld gleichgerichtet (Abb. 30).

Für solche Fälle kann die Lenz'sche Regel so formuliert werden: Induzierte Ströme suchen durch ihr Magnetfeld die Änderung des bestehenden Magnetfeldes zu hemmen.

Demonstrationsbeispiel: Versuch von Elihu Thomson (Abb. 31). Bei Einschalten des Stromes I und damit des von 0 ansteigenden Magnetfeldes $\boldsymbol{B}$ werden in dem Aluminiumring Ströme I_i so induziert, dass ihr Magnetfeld $\boldsymbol{B}_i$ dem ansteigenden Feld $\boldsymbol{B}$ entgegengerichtet ist. Als Folge treten Kräfte $\boldsymbol{F}_i$ auf, die den Ring nach oben beschleunigen.

Der Effekt tritt in entsprechender Weise auch bei Wechselstrom auf, siehe ▶ Abschn. 17.1.3.2 im Kap. 17, „Elektrische Leitungsmechanismen": Transformator.

16.2.2 Selbstinduktion

Ein zeitlich veränderlicher Strom i in einer Leiterschleife oder einer Spule erzeugt ein zeitlich veränderliches Magnetfeld. Nach dem Induktionsgesetz (70) bzw. (75) hat das veränderliche Magnetfeld auch an der felderzeugenden Schleife oder Spule selbst eine induzierte Spannung u_i zur Folge: Selbstinduktion. Die induzierte Spannung

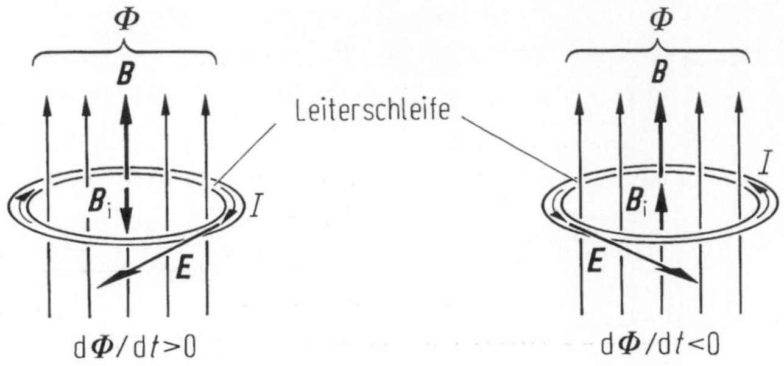

Abb. 30 Zur Lenz'schen Regel: Feldänderungshemmende Wirkung induzierter Ströme

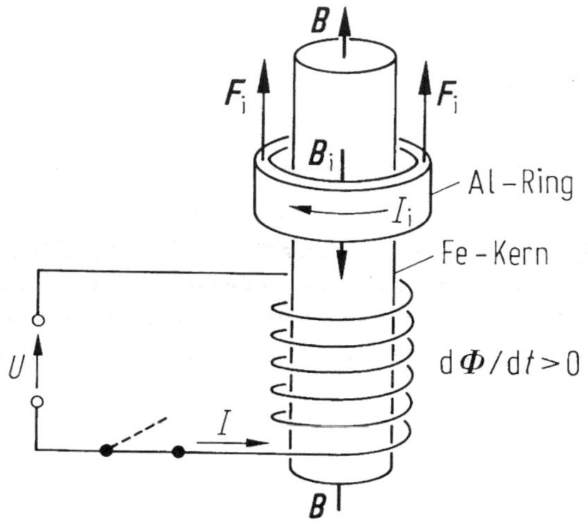

Abb. 31 Lenz'sche Regel: Versuch von Elihu Thomson

u_i wirkt derart auf den zeitveränderlichen Strom i zurück, dass der ursprünglichen Strom- und Feldänderung entgegengewirkt wird (Lenz'sche Regel, siehe Abschn. 16.2.1). Die Spule zeigt daher ein ähnlich träges Verhalten wie die Masse in der Mechanik.

Beispiel: Lange *Zylinderspule* im Vakuum oder in Luft. Aus (9) und (5) folgt für den magnetischen Fluss in der Spule der Länge l

$$\Phi = \mu_0 \frac{NA}{l} i. \tag{91}$$

Mit dem Induktionsgesetz (70) folgt daraus die durch Selbstinduktion entstehende Spannung in der Spule

$$u_i = -N\frac{d\Phi}{dt} = -\mu_0 \frac{N^2 A}{l} \cdot \frac{di}{dt}. \tag{92}$$

Die Spulenwerte werden zu einer Spuleneigenschaft, der Selbstinduktivität oder kurz Induktivität L, zusammengefasst, womit sich die für beliebige Spulen geltende Beziehung

$$u_i = -L\frac{di}{dt} \tag{93}$$

ergibt.

Für eine lange Zylinderspule ergibt sich durch Vergleich von (92) und (93) die *Induktivität*

$$L = \mu_0 \frac{N^2 A}{l}. \tag{94}$$

Allgemein beträgt die Induktivität einer Spule mit N Windungen nach (92) und (93)

$$L = N\frac{\Phi}{I} = \frac{N}{I}\int_A \boldsymbol{B} \cdot d\boldsymbol{A}. \tag{95}$$

$$\text{SI-Einheit}: [L] = \text{V} \cdot \text{s/A} = \text{Wb/A} = \text{H (Henry)}.$$

Umfassen die verschiedenen Windungen einer Spule unterschiedliche Teilflüsse, so ist nach Angaben im Teil Elektrotechnik zu verfahren. Dort befinden sich ebenfalls Hinweise zur Berechnung der Induktivität anderer Spulengeometrien.

Das Selbstinduktionsgesetz (93) zeigt, dass die induzierte Spannung der Stromänderungsgeschwindigkeit di/dt proportional ist. Wird insbesondere ein Spulenstrom i ausgeschaltet, d. h. ein sehr schneller Stromabfall erzwungen, so kann bei großen Induktivitäten eine sehr hohe Induktionsspannung entstehen, die zu Überschlägen und zur

Zerstörung der Spule führen kann. Hier ist durch Einschaltung von Vorwiderständen für ein kleines $\mathrm{d}i/\mathrm{d}t$ zu sorgen. Zu Ein- und Ausschaltvorgängen vgl. Teil Elektrotechnik.

16.2.3 Energieinhalt des Magnetfeldes

Um das Magnetfeld einer Spule (Abb. 32) aufzubauen, muss der Spulenstrom i von 0 auf den Endwert I gebracht werden. Der Strom i muss dabei durch eine äußere Spannung u gegen die selbstinduzierte Spannung u_i (93) getrieben werden (Lenz'sche Regel):

$$u = -u_\mathrm{i} = L\frac{\mathrm{d}i}{\mathrm{d}t}. \qquad (96)$$

Die in der Zeit $\mathrm{d}t$ dafür aufzubringende Arbeit $\mathrm{d}W$ beträgt nach (66) im ▶ Kap. 15, „Elektrische Wechselwirkung" damit

$$\mathrm{d}W = ui\mathrm{d}t = Li\mathrm{d}i. \qquad (97)$$

Die Gesamtarbeit W ist nach dem Energiesatz gleich der im Magnetfeld gespeicherten Energie E_L. Sie ergibt sich aus (97) durch Integration für i von 0 bis I zu

$$E_\mathrm{L} = \frac{1}{2}LI^2, \qquad (98)$$

vgl. Teil Elektrotechnik.

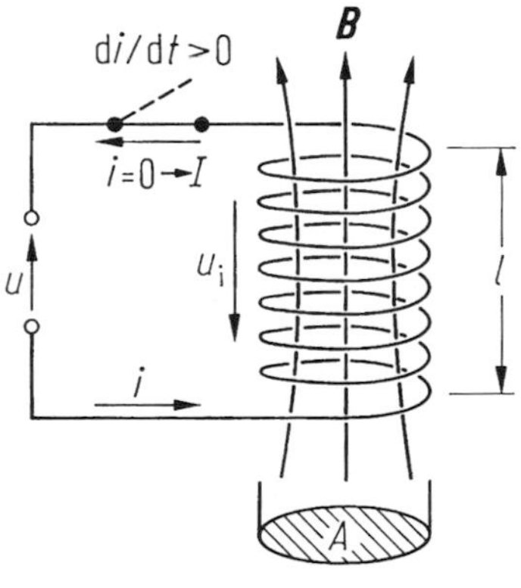

Abb. 32 Zur Berechnung der magnetischen Feldenergie einer Spule

Bei einer langen Zylinderspule ist das Außenfeld gegenüber dem Feld im Inneren der Spule näherungsweise vernachlässigbar. Für diesen Fall lässt sich die *Energiedichte des magnetischen Feldes* $w_\mathrm{m} = E_\mathrm{L}/V$ der Spule leicht aus (98) und dem Spulenvolumen $V = lA$ mithilfe der Feldstärke (5) und der Induktivität (94) der Zylinderspule berechnen zu

$$w_\mathrm{m} = \frac{1}{2}\mu H^2 = \frac{1}{2}\boldsymbol{B}\cdot\boldsymbol{H}. \qquad (99)$$

Diese Beziehung ist nicht auf das Spulenfeld beschränkt, sondern allgemein für alle magnetischen Felder gültig (vgl. Teil Elektrotechnik).

16.2.4 Wirkung zeitveränderlicher elektrischer Felder

Ein zeitveränderliches magnetisches Feld $\boldsymbol{B}$ bzw. ein zeitveränderlicher magnetischer Fluss Φ erzeugt eine elektrische Umlaufspannung $U = \oint_C \boldsymbol{E}\cdot\mathrm{d}\boldsymbol{s}$ (Abb. 25 und 30), die durch das *Induktionsgesetz* oder das *Faraday-Henry-Gesetz* (75) bzw. (78) beschrieben wird:

$$\oint_C \boldsymbol{E}\cdot\mathrm{d}\boldsymbol{s} = -\frac{\mathrm{d}}{\mathrm{d}t}\int_A \boldsymbol{B}\cdot\mathrm{d}\boldsymbol{A} = -\frac{\mathrm{d}\Phi}{\mathrm{d}t}. \qquad (100)$$

Maxwell erkannte 1864, dass der *Durchflutungssatz* oder das *Ampère'sche Gesetz* (1)

$$\oint_C \boldsymbol{H}\cdot\mathrm{d}\boldsymbol{s} = \int_A \boldsymbol{j}\cdot\mathrm{d}\boldsymbol{A} = \Theta = i_\mathrm{L} \qquad (101)$$

durch einen Term zu ergänzen ist, der eine Analogie zum Induktionsgesetz darstellt. Damit lautet das *Ampère-Maxwell'sche Gesetz*:

$$\oint_C \boldsymbol{H}\cdot\mathrm{d}\boldsymbol{s} = \int_A \boldsymbol{j}\cdot\mathrm{d}\boldsymbol{A} + \frac{\mathrm{d}}{\mathrm{d}t}\int_A \boldsymbol{D}\cdot\mathrm{d}\boldsymbol{A}. \qquad (102)$$

Der zweite Term der rechten Seite von (102) heißt Maxwell'sche Ergänzung. In einem elektrisch nicht leitenden Gebiet, in dem keine freien elektrischen Ladungen und damit kein Leitungsstrom i_L vorhanden sind, also die Stromdichte $\boldsymbol{j} = 0$ ist, wird die Analogie zum Induktionsgesetz (100) vollständig:

$$\oint_C \boldsymbol{H} \cdot d\boldsymbol{s} = \frac{d}{dt} \int_A \boldsymbol{D} \cdot d\boldsymbol{A} = \frac{d\Psi}{dt} = i_V \quad (\text{für} \quad \boldsymbol{j} = 0). \tag{103}$$

Diese Gleichung sagt aus, dass ein zeitveränderliches elektrisches Feld $\boldsymbol{E}$ bzw. ein zeitveränderlicher elektrischer Fluss Ψ eine magnetische Umlaufspannung $\oint \boldsymbol{H} \cdot d\boldsymbol{s}$ erzeugt (Abb. 33), sich also genauso wie ein Leitungsstrom $i_L = \int \boldsymbol{j} \cdot d\boldsymbol{A}$ verhält, vgl. (101). Der zeitliche Differenzialquotient des elektrischen Flusses bzw. der dielektrischen Verschiebung Ψ (siehe ▶ Abschn. 15.1.2 und Abschn. 15.1.9 im Kap. 15, „Elektrische Wechselwirkung") wird daher Verschiebungsstrom i_V genannt. Zeitveränderliche elektrische und magnetische Felder verhalten sich also ganz entsprechend (Abb. 33).

Der Ausdruck für die Maxwell'sche Ergänzung lässt sich plausibel machen durch die Betrachtung des Aufladevorganges eines Plattenkondensators (Abb. 34). Der Ladestrom i bewirkt einen Anstieg der elektrischen Feldstärke $\boldsymbol{E}$ im Kondensator und damit eine zeitliche Änderung $d\Psi/dt$ des elektrischen Flusses Ψ. Aus der Definition der Kapazität $C = Q/U$ gemäß (75) im ▶ Kap. 15, „Elektrische Wechselwirkung" folgt durch zeitliche Differenziation unter Berücksichtigung der Stromdefinition (56) im ▶ Kap. 15, „Elektrische Wechselwirkung"

$$\frac{dQ}{dt} = i = C\frac{du}{dt}. \tag{104}$$

Daraus ergibt sich mit der Feldstärke (41) und der Kapazität (78) des Plattenkondensators, beides im ▶ Kap. 15, „Elektrische Wechselwirkung", folgender Zusammenhang zwischen Ladestrom i und zeitlicher Änderung des elektrischen Flusses im Kondensator:

$$i = \varepsilon A \frac{dE}{dt} = \frac{d}{dt}(AD) = \frac{d\Psi}{dt}. \tag{105}$$

i und $d\Psi/dt$ sind also korrespondierende Größen. Da $d\Psi/dt$ gewissermaßen die Fortsetzung des Ladestroms i innerhalb des Kondensators darstellt (Abb. 34 oben), ist es aus Kontinuitätsgründen plausibel anzunehmen, dass die nach dem Durchflutungssatz (101) um den Ladestrom i bestehende magnetische Umlaufspannung $\oint \boldsymbol{H} \cdot d\boldsymbol{s}$ sich auch im Bereich des sich zeitlich ändernden elektrischen Flusses im Kondensator fortsetzt, d. h., dass dort

$$\oint_s \boldsymbol{H} \cdot d\boldsymbol{s} = \frac{d\Psi}{dt} \tag{106}$$

ist, entsprechend der Maxwell'schen Ergänzung (34).

Zum experimentellen Nachweis einer magnetischen Umlaufspannung um ein zeitveränderliches Kondensatorfeld lässt man dieses sich zeitlich periodisch ändern, indem als Ladestrom ein Wechselstrom (▶ Abschn. 17.1.3 im Kap. 17, „Elektrische Leitungsmechanismen") verwendet wird. Dann ist auch die entstehende magnetische Umlaufspannung zeitlich periodisch veränderlich. Mithilfe einer das Kondensatorfeld umschließenden Ringspule oder eines Ferritrings mit Spule

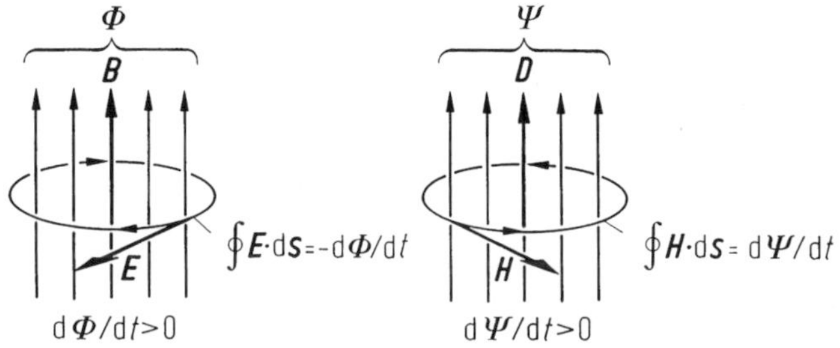

Abb. 33 Elektrische und magnetische Umlaufspannung bei zeitveränderlichen magnetischen und elektrischen Feldern

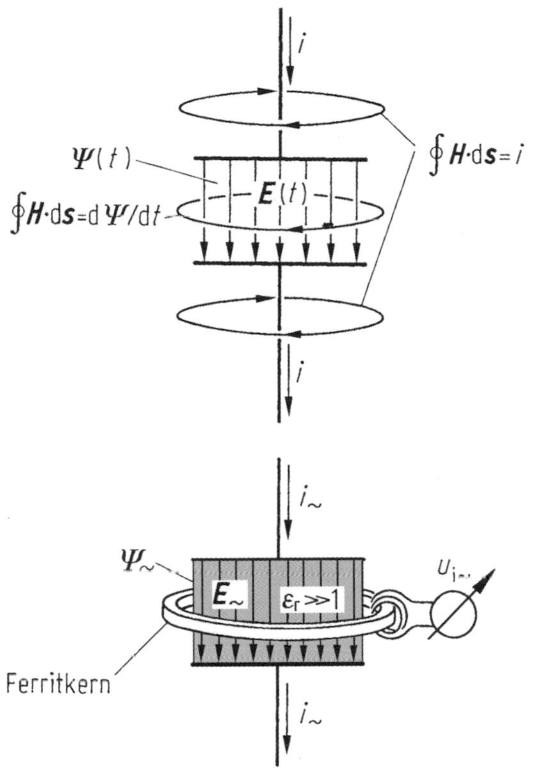

Abb. 34 Magnetische Umlaufspannung um ein zeitveränderliches Kondensatorfeld und deren experimenteller Nachweis

(Abb. 34 unten) lässt sich dann das mit der magnetischen Umlaufspannung verknüpfte zeitperiodische magnetische Ringfeld durch Induktion nachweisen. Um dabei eine vernünftig messbare Induktionswechselspannung zu erhalten, muss eine möglichst hohe Wechselstromfrequenz verwendet und das Kondensatorfeld durch ein Dielektrikum mit hohem ε_r verstärkt werden.

16.2.5 Maxwell'sche Gleichungen

Die bisher gefundenen Feldgleichungen (78), (102), (104) im ▶ Kap. 15, „Elektrische Wechselwirkung" und (15) stellen das Axiomensystem der phänomenologischen Elektrodynamik in integraler Form dar. Da in diesen vier Gleichungen fünf vektorielle Größen ($\boldsymbol{E}$, $\boldsymbol{H}$, $\boldsymbol{D}$, $\boldsymbol{B}$, $\boldsymbol{j}$) und eine skalare Größe (q) als Unbekannte auftreten, werden zur Lösbarkeit des Gleichungssystems noch die sogenannten Materialgleichungen (99) im ▶ Kap. 15, „Elektrische Wechselwirkung", (43) und das Ohm'sche Gesetz (67) im ▶ Kap. 15, „Elektrische Wechselwirkung" benötigt. Das Ohm'sche Gesetz lässt sich in den lokalen Größen $\boldsymbol{j}$ und $\boldsymbol{E}$ ausdrücken (siehe ▶ Abschn. 17.1.1 im Kap. 17, „Elektrische Leitungsmechanismen"):

$$\boldsymbol{j} = \gamma \boldsymbol{E} \tag{107}$$

mit γ elektrische Leitfähigkeit (Konduktivität) (5) im ▶ Kap. 17, „Elektrische Leitungsmechanismen".

Damit erhalten wir das folgende Gleichungssystem der phänomenologischen Elektrodynamik (Maxwell'sche Gleichungen):

Faraday-Henry-Gesetz (*Induktionsgesetz*):

$$\oint_C \boldsymbol{E} \cdot \mathrm{d}\boldsymbol{s} = -\frac{\mathrm{d}}{\mathrm{d}t} \int_A \boldsymbol{B} \cdot \mathrm{d}\boldsymbol{A} = -\frac{\mathrm{d}\Phi}{\mathrm{d}t}. \tag{108}$$

Die zeitliche Änderung des magnetischen Flusses durch eine Fläche A erzeugt in der Randkurve C der Fläche eine elektrische Umlaufspannung von gleichem Betrag und entgegengesetztem Vorzeichen.

Ampère-Maxwell'sches Gesetz (*Durchflutungssatz* für $\mathrm{d}\Psi/\mathrm{d}t = 0$):

$$\begin{aligned} \oint_C \boldsymbol{H} \cdot \mathrm{d}\boldsymbol{s} &= \int_A \boldsymbol{j} \cdot \mathrm{d}\boldsymbol{A} + \frac{\mathrm{d}}{\mathrm{d}t} \int_A \boldsymbol{D} \cdot \mathrm{d}\boldsymbol{A} \\ &= i_\mathrm{L} + \frac{\mathrm{d}\Psi}{\mathrm{d}t} = i_\mathrm{L} + i_\mathrm{V} : \end{aligned} \tag{109}$$

Der Gesamtstrom aus Leitungsstrom und Verschiebungsstrom (bzw. zeitlicher Änderung des elektrischen Flusses) durch eine Fläche A erzeugt in der Randkurve C der Fläche eine magnetische Umlaufspannung von gleicher Größe.

Zusatzaxiome über die *Quellen der Felder* (Gauß'sche Gesetze), S ist eine beliebige geschlossene Oberfläche:

$$\oint_S \boldsymbol{D} \cdot \mathrm{d}\boldsymbol{A} = Q : \tag{110}$$

Die elektrischen Ladungen Q sind Quellen der elektrischen Flussdichte $\boldsymbol{D}$.

$$\oint_S \boldsymbol{B} \cdot \mathrm{d}\boldsymbol{A} = 0 : \qquad (111)$$

Es gibt keine magnetischen Ladungen (magnetische Monopole) als Quellen der magnetischen Flussdichte $\boldsymbol{B}$ (und damit auch keinen dem elektrischen Leitungsstrom entsprechenden magnetischen Strom in (108)).

Materialgleichungen:

$$\boldsymbol{D} = \varepsilon_\mathrm{r}\varepsilon_0 \boldsymbol{E}, \qquad (112)$$

$$\boldsymbol{B} = \mu_\mathrm{r}\mu_0 \boldsymbol{H}, \qquad (113)$$

$$\boldsymbol{j} = \gamma \boldsymbol{E}. \qquad (114)$$

Die Materialgleichungen beschreiben den Einfluss von Stoffen auf das elektrische bzw. das magnetische Feld sowie auf den Stromfluss im elektrischen Feld. Die Verknüpfung zwischen den elektrischen und magnetischen Feldgrößen und der Kraft auf elektrische Ladungen Q wird nach (18) geleistet durch die *Lorentz-Kraft*:

$$\boldsymbol{F} = Q(\boldsymbol{E} + \boldsymbol{v} \times \boldsymbol{B}). \qquad (115)$$

Mit diesem Gleichungssystem lassen sich die makroskopischen Eigenschaften von elektrischen Ladungen und elektrischen und magnetischen Feldern in voller Übereinstimmung mit der experimentellen Erfahrung beschreiben. Insbesondere aus der Verknüpfung der beiden Phänomene, die durch die Maxwell'schen Gleichungen (108) und (111) für $\boldsymbol{j} = 0$ beschrieben werden, hatte Maxwell bereits erkannt, dass elektromagnetische Wellen möglich sind (siehe Abschn. 2 im Kap. ► „Wellen und Strahlung").

Anmerkung: Für die Lösung mancher Probleme der Elektrodynamik ist die integrale Form der Maxwell'schen Gleichungen und der Zusatzaxiome (108) bis (111) weniger geeignet als die differenzielle Form, die im Teil Elektrotechnik behandelt ist.

Literatur

Stierstadt K (2010) Physik der Materie. Wiley-VCH, Weinheim

Handbücher und Nachschlagewerke

Bergmann /Schaefer (1999–2006) Lehrbuch der Experimentalphysik, 8 Bde, Versch. Aufl. de Gruyter, Berlin
Greulich W (Hrsg) (2003) Lexikon der Physik (6 Bde.). Spektrum Akademischer Verlag, Heidelberg
Hering E, Martin R, Stohrer M (2017) Taschenbuch der Mathematik und Physik, 6. Aufl. Springer, Berlin
Kuchling, H (2014) Taschenbuch der Physik. 21. Hanser, München
Morris DJP et al (2009) Dirac strings and magnetic monopoles in the spin ice $Dy_2Ti_2O_7$. Science 326:411–414
Rumble J (Hrsg) (2018) CRC handbook of chemistry and physics, 99. Aufl. Taylor & Francis Ltd London
Stöcker H (2018) Taschenbuch der Physik, 8. Aufl. Europa-Lehrmittel Nourney, Vollmer GmbH & Co. KG Haan-Grüten
Westphal W (Hrsg) (1952) Physikalisches Wörterbuch. Springer, Berlin

Allgemeine Lehrbücher

Alonso M, Finn E (2000) Physik, 3. Aufl. de Gruyter, Oldenbourg. München
Berkeley Physik-Kurs 1989–1991, 5 Bde, Versch. Aufl. Vieweg+Teubner. Braunschweig
Demtröder W (2017) Experimentalphysik (4 Bde.), 5–8. Aufl. Springer Spektrum. Berlin
Feynman RP, Leighton RB, Sands M (2015) Vorlesungen über Physik (5 Bde.). Versch. Aufl. de Gruyter, Berlin
Gerthsen C, Meschede C (2015) Physik, 25. Aufl. Springer Spektrum. Berlin
Halliday D, Resnick R, Walker J (2017) Physik, 3. Aufl. Wiley VCH. Weinheim
Hänsel H, Neumann W (2000–2002) Physik, 4 Bde. Spektrum Akademischer Verlag. Heidelberg
Hering E, Martin R, Stohrer M (2016) Physik für Ingenieure, 12. Aufl. Springer Vieweg. Berlin
Niedrig H (1992) Physik. Springer, Berlin
Orear J (1992) Physik, 2 Bde, 4. Aufl. Hanser, München
Paul H (Hrsg) (2003) Lexikon der Optik, 2 Bde. Springer Spektrum. Berlin
Stroppe H (2018) Physik, 16. Aufl. Hanser, München
Tipler PA, Mosca G (2015) Physik, 7. Aufl. Springer Spektrum. Berlin

Elektrische Leitungsmechanismen 17

Heinz Niedrig und Martin Sternberg

Zusammenfassung

Im ersten Teil werden die Gesetzmäßigkeiten von Gleich- und Wechselstromkreisen behandelt. Ohmsche, kapazitive und induktive Widerstände werden betrachtet. Anschließend geht es um freie und erzwungene elektromagnetische Schwingungen. Zum Verständnis der elektrischen Transportvorgänge wird die elektrische Struktur der Materie beleuchtet. Elektrische Leitung in Festkörpern, Halbleitern und in Fluiden wird behandelt wie auch die metallische Leitung und Supraleitung. Schließlich werden Betrachtungen zur Leitung in Gasen, Plasmen und im Vakuum angestellt.

17.1 Elektrische Stromkreise

Die Zusammenschaltung von elektrischen Stromquellen und Verbrauchern (z. B. Widerstände, Kondensatoren, Spulen, Gleichrichter, Transistoren) wird als Stromkreis bezeichnet. In einem geschlossenen Stromkreis ist ein Stromfluss möglich, in einem offenen Stromkreis ist der Stromfluss, z. B. durch einen nicht geschlossenen Schalter, unterbrochen. Stromkreise können mithilfe des Ohm'schen Gesetzes und der Kirchhoff'schen Gesetze berechnet werden, vgl. auch Teil Elektrotechnik.

17.1.1 Ohm'sches Gesetz

Für elektrische Leiter gilt in den meisten Fällen in mehr oder weniger großen Bereichen der elektrischen Feldstärke $\boldsymbol{E}$ und bei konstanter Temperatur T als Erfahrungsgesetz eine lineare Beziehung zwischen Strom i und Spannung u (von 6.5. ohm 1826 gefunden), das *Ohm'sche Gesetz*:

$$i = Gu \quad \text{bzw.} \quad u = Ri, \tag{1}$$

vgl. (67) im ▶ Kap. 15, „Elektrische Wechselwirkung". *Elektrischer Leitwert* G und *elektrischer Widerstand* R sind definitionsgemäß einander reziprok:

$$G = \frac{1}{R}. \tag{2}$$

$$\text{SI Einheiten}: \quad [G] = \mathrm{A/V} = \mathrm{S}\ \text{(Siemens)}, \quad [R] = \mathrm{V/A} = \Omega\ \text{(Ohm)}.$$

Für ein homogenes zylindrisches Leiterstück der Länge l und vom Querschnitt A (Abb. 1) gilt

H. Niedrig
Technische Universität Berlin (im Ruhestand), Berlin, Deutschland
E-Mail: heinz.niedrig@t-online.de

M. Sternberg (✉)
Hochschule Bochum, Bochum, Deutschland
E-Mail: martin.sternberg@hs-bochum.de

M. Hennecke, B. Skrotzki (Hrsg.), *HÜTTE Band 1: Mathematisch-naturwissenschaftliche und allgemeine Grundlagen für Ingenieure*, Springer Reference Technik,
https://doi.org/10.1007/978-3-662-64369-3_17

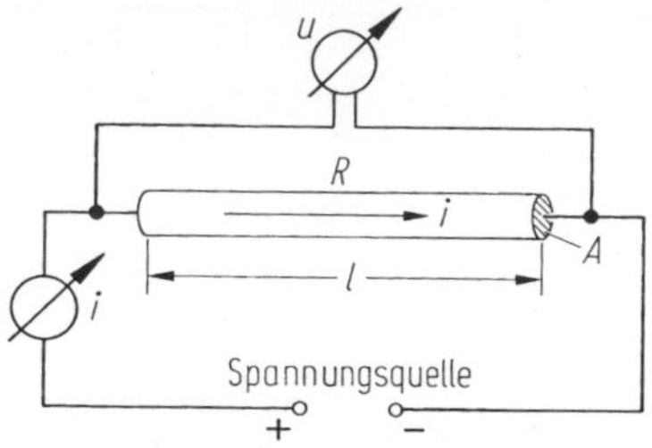

Abb. 1 Zum Ohm'schen Gesetz: Widerstand eines zylindrischen Leiterstücks

der aus $u = El$ sowie aus der Stromdefinition (56) im ▶ Kap. 15, „Elektrische Wechselwirkung" plausible Zusammenhang

$$i = \frac{A}{\varrho l} u, \tag{3}$$

aus dem sich durch Vergleich mit (1) für den elektrischen Widerstand des Leiterstücks ergibt:

$$R = \frac{\varrho l}{A}. \tag{4}$$

Der *spezifische Widerstand* (Resistivität) ϱ ist eine Materialeigenschaft (Tab. 1), die ebenso gut durch ihren Kehrwert, die *elektrische Leitfähigkeit* γ, beschrieben werden kann:

$$\varrho = R\frac{A}{l} \equiv \frac{1}{\gamma}. \tag{5}$$

$$\text{SI-Einheiten} :: \quad [\varrho] = \Omega \cdot \text{m}, \quad [\gamma] = \text{S/m}.$$

Führt man R aus (4) in (1) ein, so folgt mit $u = El$ und $i = jA$ das in Feldgrößen ausgedrückte *Ohm'sche Gesetz* (107) im ▶ Kap. 16, „Magnetische Wechselwirkung und zeitveränderliche elektromagnetische Felder", vektoriell geschrieben:

$$\boldsymbol{j} = \gamma \boldsymbol{E}. \tag{6}$$

Bei Annahme von Elektronen als Ladungsträger des elektrischen Stromes lautet der Zusammenhang zwischen Stromdichte j und Driftgeschwindigkeit $\boldsymbol{v}_{\text{dr}}$ nach (61) im ▶ Kap. 15, „Elektrische Wechselwirkung"

Tab. 1 Spezifischer Widerstand ϱ_{20} und Temperaturkoeffizient α_{20} von Leitermaterialien bei 20 °C

Leitermaterial	ϱ_{20}	α_{20}
	$\text{n}\Omega \cdot \text{m}$[a]	10^{-3}/K
Aluminium[b]	28,264	4,03
Blei	208	4,2
Eisen	100	6,1
Gold	22	3,9
Kupfer[b]	17,241	3,93
Nickel	87	6,5
Platin	107	3,9
Silber	16	3,8
Wismut	1170	4,5
Wolfram	55	4,5
Zink	61	4,1
Zinn	110	4,6
Graphit	8000	−0,2
Kohle (Bürsten-)	40.000	
Quecksilber	960	0,99
Chromnickel (80Ni, 20Cr)	1120	0,2
Konstantan	500	0,03
Manganin	430	0,02
Neusilber	300	0,4
Resistin	510	0,008

(vgl. auch Tabellen in den Abschnitten Werkstoffe und Elektrotechnik)
[a] $1\ \text{n}\Omega \cdot \text{m} = 1\ \Omega\ \text{mm}^2/\text{km}$
[b] Normwerte der Elektrotechnik (IEC)

$$\boldsymbol{j} = -ne\boldsymbol{v}_{\text{dr}}. \tag{7}$$

Für die Driftgeschwindigkeit folgt damit

$$\boldsymbol{v}_{\text{dr}} = -\frac{\gamma}{ne}\boldsymbol{E} = -\mu_{\text{e}}\boldsymbol{E} \tag{8}$$

mit der *Beweglichkeit des Elektrons*

$$\mu_{\text{e}} = \frac{|\,\boldsymbol{v}_{\text{dr}}\,|}{E}, \tag{9}$$

$$\text{SI-Einheit} : [\mu_{\text{e}}] = \text{m}^2/(\text{V} \cdot \text{s}).$$

Die Beweglichkeit gibt die auf die Feldstärke bezogene Driftgeschwindigkeit der Elektronen an. Für die Beweglichkeit der Leitungselektronen gilt

$$\mu_{\text{e}} = \frac{\gamma}{ne} \quad \text{und} \quad \gamma = ne\mu_{\text{e}}. \tag{10}$$

Beispiel: Für Kupfer ist $\mu_e \approx 4{,}3 \cdot 10^{-3}\,\mathrm{m^2/Vs}$, d. h., bei einer Feldstärke von 1 V/m beträgt die Driftgeschwindigkeit 4,3 mm/s (siehe auch ▶ Abschn. 15.1.6 im Kap. 15, „Elektrische Wechselwirkung“).

Ursache für die Bewegung der Ladungsträger ist die elektrische Kraft $\boldsymbol{F} = -e\,\boldsymbol{E}$ (4) im ▶ Kap. 15, „Elektrische Wechselwirkung“. Gl. (8) bedeutet demnach, dass die Kraft geschwindigkeitsproportional ist ($\boldsymbol{v}_{\mathrm{dr}} \sim F$), ein für Reibungskräfte typisches Verhalten (siehe ▶ Abschn. 10.2.2.3 im Kap. 10, „Mechanik von Massenpunkten“). In Leitern wird dieses Reibungsverhalten durch unelastische Stöße mit Gitterstörungen verursacht (siehe Abschn. 17.2.2), bei denen die Leitungselektronen die im elektrischen Feld aufgenommene Beschleunigungsenergie immer wieder per Stoß an das Kristallgitter abgeben und dieses damit aufheizen: *Joule'sche Wärme*. Nach dem Energiesatz ist die Joule'sche Wärme gleich der vom elektrischen Feld geleisteten Beschleunigungsarbeit (65) im ▶ Kap. 15, „Elektrische Wechselwirkung“, woraus sich mit dem Ohm'schen Gesetz (1) für die elektrische Arbeit zur Erzeugung Joule'scher Wärme im Widerstand ergibt:

$$\mathrm{d}W = ui\mathrm{d}t = \frac{u^2}{R}\mathrm{d}t = i^2 R\mathrm{d}t. \qquad (11)$$

Für konstante Spannungen U und Ströme I folgt daraus

$$W = UIt = \frac{U^2}{R}t = I^2 Rt.$$

Mit steigender Temperatur wird auch die Zahl der Gitterstörungen größer, an denen die Elektronen gestreut werden (unelastische Stöße erleiden). Daher ist es verständlich, dass der elektrische Widerstand temperaturabhängig ist (Näheres in Abschn. 17.2.2). In den meisten Fällen sind lineare Ansätze für die Temperaturabhängigkeit des Widerstandes ausreichend:

$$R = R_0[1 + \alpha_0\vartheta] \text{ bzw.}$$
$$R = R_{20}[1 + \alpha_{20}(\vartheta - 20\,^\circ\mathrm{C})]. \qquad (12)$$

Hierin ist ϑ die Celsius-Temperatur, α_0 bzw. α_{20} der Temperaturkoeffizient des Widerstandes (Tab. 1) und R_0 bzw. R_{20} der Widerstandswert bei 0 bzw. 20 °C.

17.1.2 Gleichstromkreise, Kirchhoff'sche Sätze

Die Aufrechterhaltung eines elektrischen Stromes in einem Leiter erfordert eine Energiezufuhr durch eine *Spannungsquelle* (Abb. 1). Die Spannungsquelle enthält die von ihr gelieferte elektrische Energie in Form chemischer Energie (Batterie, Akkumulator, Brennstoffzelle), oder sie wird ihr in Form von Strahlungsenergie (Fotozellen, Solarzellen) oder mechanischer Energie (magnetodynamische oder elektrostatische Generatoren) zugeführt.

Wir betrachten zunächst einen geschlossenen Stromkreis wie in Abb. 2, auch *Masche* genannt. Bei stationären, d. h. zeitlich konstanten Verhältnissen, bei denen die Potenziale in den verschiedenen Punkten des Stromkreises sich nicht ändern, folgt aus (35) im ▶ Kap. 15, „Elektrische Wechselwirkung“, dass die elektrische Umlaufspannung null ist. Legt man einen Umlaufsinn beliebig fest, und gibt man den Teilspannungen in der Masche dann ein positives Vorzeichen, wenn sie von + nach − durchlaufen werden (andernfalls ein negatives Vorzeichen), so gilt z. B. für die Masche in Abb. 2:

$$-U_0 + IR_i + IR = 0. \qquad (13)$$

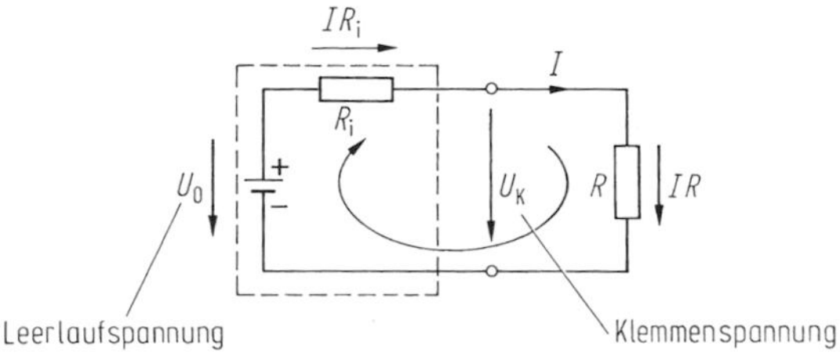

Abb. 2 Zum 2. Kirchhoff'schen Satz: Stromkreis (Masche) aus Spannungsquelle U_0 mit Innenwiderstand R_i und Verbraucherwiderstand R

Im allgemeinen Fall von m Spannungsquellen und n Widerständen in einer einfachen Masche gilt sinngemäß der *2. Kirchhoff'sche Satz* (Maschenregel):

$$\sum_{i=1}^{m} u_{0i} + \sum_{j=1}^{n} iR_j = 0. \qquad (14)$$

Im Falle der Masche Abb. 2 ist der Spannungsabfall am Widerstand R nach dem Ohm'schen Gesetz (1) gegeben durch $U_K = I\,R$. Spannungsquellen haben i. Allg. einen nicht vernachlässigbaren inneren Widerstand R_i. Die von der Spannungsquelle gelieferte sog. Leerlaufspannung U_0 kann daher nur dann an den Anschlussklemmen gemessen werden, wenn der Strom $I = 0$ ist, d. h. kein Verbraucherwiderstand R angeschlossen ist (bzw. $R \to \infty$). Anderenfalls tritt an den Anschlussklemmen die sog. Klemmenspannung U_K auf, für die sich nach (13) ergibt:

$$U_K = U_0 - IR_i. \qquad (15)$$

Die Klemmenspannung ist daher bei Belastung der Quelle ($I \neq 0$) stets kleiner als die Leerlaufspannung. Die Spannungsquelle kann für $R = 0$ ($U_K = 0$) den maximalen sog. Kurzschlussstrom

$$I_k = \frac{U_0}{R_i} \qquad (16)$$

liefern. Sowohl für $R = 0$ als auch für $R = \infty$ ist die im Verbraucher umgesetzte Leistung null. Die maximale Leistung im Verbraucher erhält man für $R = R_i$, sog. Leistungsanpassung.

Bei komplizierteren Netzwerken mit Stromverzweigungen lassen sich stets so viele Maschen definieren, dass jeder Zweig des Netzes in mindestens einer Masche enthalten ist. Aus (14) erhält man dann entsprechend viele Maschengleichungen für die Spannungen.

Bei Stromverzweigungen wird jedoch noch eine zusätzliche Bedingung benötigt, die sich aus der Kontinuitätsgleichung für die elektrische Ladung (64) im ▶ Kap. 15, „Elektrische Wechselwirkung" ergibt. Bei stationären Verhältnissen ist die innerhalb einer geschlossenen Oberfläche S befindliche elektrische Ladung Q konstant, d. h., $dQ/dt = 0$, und damit

$$\oint_S \boldsymbol{j} \cdot d\boldsymbol{A} = 0. \qquad (17)$$

Umschließt die Oberfläche S einen Stromverzweigungspunkt, auch *Knotenpunkt* genannt, von n Zweigen (Abb. 3), so folgt daraus der *1. Kirchhoff'sche Satz* (Knotenregel):

$$\sum_{z=1}^{n} i_z = 0, \qquad (18)$$

d. h., in einem Verzweigungspunkt oder Knoten ist die Summe der zufließend gerechneten Ströme gleich null. Ströme mit abfließender Bezugsrichtung müssen in (18) mit negativem Vorzeichen eingesetzt werden, vgl. Abb. 3.

Allgemein ist zu beachten:

Man unterscheidet bei Netzwerkuntersuchungen den (willkürlichen) *Bezugssinn* von Strömen und Spannungen, der erforderlich ist, um die Beziehungen sinnvoll formulieren zu können und den (physikalischen) *Richtungssinn*, der sich aus Rechnung (und/oder Messung) ergibt und sich im Vorzeichen vom Bezugssinn unterscheiden kann.

Mit den beiden Kirchhoff'schen Sätzen lassen sich auch Parallel- und Reihenschaltungen von Widerständen oder kompliziertere Netzwerke berechnen, vgl. Teil Elektrotechnik.

17.1.3 Wechselstromkreise

Wechselstromgeneratoren erzeugen nach (80) im ▶ Kap. 16, „Magnetische Wechselwirkung und zeitveränderliche elektromagnetische Felder" Induktionsspannungen

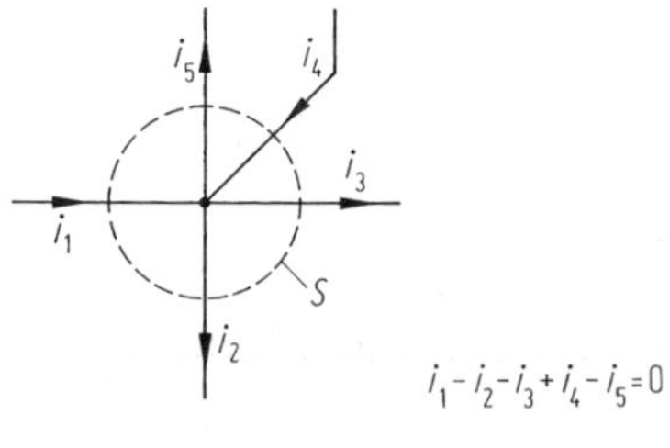

Abb. 3 Zum 1. Kirchhoff'schen Satz: Stromverzweigung (Knoten)

$$u = \hat{u} \sin(\omega t + \alpha) \tag{19}$$

mit dem Spitzenwert $\hat{u}$, deren Vorzeichen zeitlich periodisch wechselt: *Wechselspannung*. Der Nullphasenwinkel α hängt von der Wahl des Zeitnullpunktes ab. Ein an einen solchen Generator angeschlossener Verbraucher wird dann von einem ebenfalls zeitperiodischen *Wechselstrom* durchflossen, der die gleiche *Kreisfrequenz* ω, aber – je nach Verbraucher (vgl. Abschn. 17.1.3.3) – meist einen anderen Wert des Nullphasenwinkels hat:

$$i = \hat{i} \sin(\omega t + \beta). \tag{20}$$

Zwischen den entsprechenden Phasen von u und i herrscht die *Phasenverschiebung*

$$\beta - \alpha = \varphi. \tag{21}$$

Obwohl Wechselströme zeitlich veränderliche Größen sind, lassen sich Gleichstrombeziehungen, wie die für die elektrische Arbeit oder die Kirchhoff'schen Sätze, auch auf Wechselstromkreise anwenden, wenn sie auf differenziell kleine Zeiten dt beschränkt werden, in denen sich Spannungen und Ströme nicht wesentlich ändern, d. h., wenn sie auf die Momentanwerte von Spannungen und Strömen bezogen werden.

17.1.3.1 Wechselstromarbeit

Phasenverschiebungen φ zwischen Strom und Spannung (Abb. 4) treten vor allem dann auf, wenn neben Ohm'schen Widerständen auch Induktivitäten (Spulen) und Kapazitäten (Kondensatoren) im Wechselstromkreis vorhanden sind.

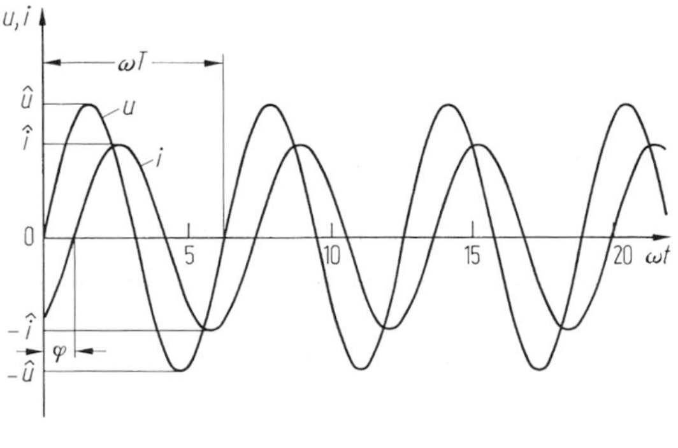

Abb. 4 Spannungs- und phasenverschobener Stromverlauf in einem Wechselstromkreis

Zur Vereinfachung wird durch geeignete Wahl des Zeitnullpunktes $\alpha = 0$ und gemäß (21) $\beta = \varphi$ gesetzt:

$$u = \hat{u} \sin \omega t, \quad i = \hat{i} \sin(\omega t + \varphi). \tag{22}$$

Die Arbeit dW in der Zeit dt beträgt nach (11)

$$\mathrm{d}W = u \; i\mathrm{d}t, \tag{23}$$

worin u und i die Momentanwerte nach (22) sind. Die Stromarbeit während einer endlichen Zeit, z. B. einer Periodendauer $T = 2\pi/\omega = 1/\nu$, ergibt sich daraus durch Integration

$$W = \int_0^T \hat{u} \sin \omega t \; \hat{i} \sin(\omega t + \varphi) \; \mathrm{d}t. \tag{24}$$

Nach Umformung des Integranden mittels der Produktenregel trigonometrischer Funktionen lässt sich das Integral lösen:

$$W = \frac{1}{2} \hat{u} \; \hat{i} \; T \cos \varphi. \tag{25}$$

Für $t \neq n\,T$ $(n = 1, 2, \ldots)$ gilt (25) nicht exakt, da dann über eine Periode nur unvollständig integriert wird. Für $t \gg T$ ist dieser Fehler jedoch zu vernachlässigen, und es gilt

$$W = \frac{1}{2} \hat{u} \; \hat{i} \; t \cos \; \varphi. \tag{26}$$

Anstelle der Spitzenwerte $\hat{u}$ und $\hat{i}$ werden üblicherweise die *Effektivwerte* U (oder U_{eff}) und I (oder I_{eff}) verwendet. Diese sind als quadratische Mittelwerte

$$U = \sqrt{\frac{1}{T} \int_0^T u^2 \; \mathrm{d}t}, \qquad I = \sqrt{\frac{1}{T} \int_0^T i^2 \; \mathrm{d}t} \tag{27}$$

definiert und ergeben im zeitlichen Mittel dieselbe Arbeit wie Gleichspannungen und -ströme gleichen Betrages. Für harmonisch zeitveränderliche u bzw. i ergeben sich aus (22) und (27) die Effektivwerte

$$U = \frac{\hat{u}}{\sqrt{2}} \quad \text{und} \quad I = \frac{\hat{i}}{\sqrt{2}}. \tag{28}$$

Damit folgt aus (26) für die Arbeit im Wechselstromkreis

$$W = UIt \cos\varphi, \tag{29}$$

d. h. formal dasselbe Ergebnis wie bei der Gleichstromarbeit (11), wenn $\varphi = 0$ ist, was bei Ohm'schen Verbrauchern der Fall ist (Abschn. 17.1.3.3). Entsprechend gilt für die *Leistung im Wechselstromkreis*, die *Wirkleistung*

$$P = UI \cos\varphi. \tag{30}$$

Wegen der weiteren Begriffe *Blindleistung* und *Scheinleistung* siehe Teil Elektrotechnik.

17.1.3.2 Transformator

Zwei oder mehr induktiv, z. B. über einen Eisenkern gekoppelte Spulen stellen einen *Transformator* dar, mit dessen Hilfe Wechselspannungen und -ströme induktiv auf andere Spannungs- und Stromwerte übersetzt werden können (Abb. 5).

Hier wird nur der *ideale Transformator* behandelt (zum verlustbehafteten Transformator siehe Teil Elektrotechnik). Der ideale Transformator ist gekennzeichnet durch Verlustfreiheit, Streuungsfreiheit und ideale magnetische Eigenschaften:

- Keine Stromwärmeverluste in den Spulenwicklungen, da deren elektrischer Widerstand verschwindet.

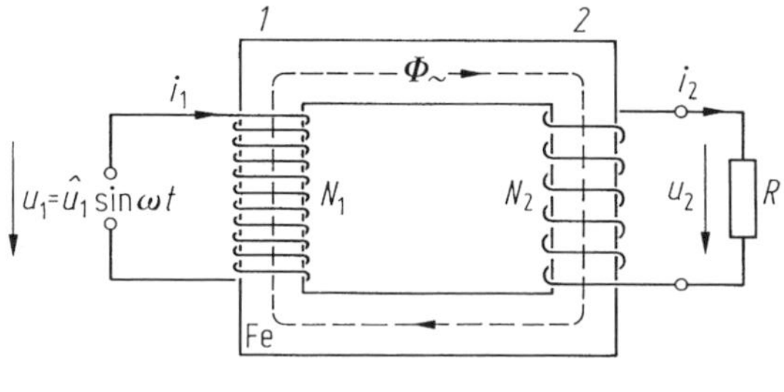

Abb. 5 Prinzipaufbau eines Transformators

- Keine Ummagnetisierungsverluste, da keine Hysterese vorhanden ist (Zweige der Hystereseschleifen, vgl. Abb. 23a im ▶ Kap. 16, „Magnetische Wechselwirkung und zeitveränderliche elektromagnetische Felder", fallen zusammen).
- Keine Wirbelstromverluste, da die Leitfähigkeit des Kernmaterials verschwindet (bei Eisen angenähert durch Lamellierung und Isolierung).
- Die Spulen sind magnetisch fest gekoppelt, d. h. der von einer Spule erzeugte magnetische Fluss geht vollständig durch die andere (kein Streufluss).
- Bei sekundärem Leerlauf ($i_2 = 0$) ist der Eingangsstrom i_1 null, da die Permeabilität des Kernmaterials unendlich ist.
- Die Beziehung $\Phi(i)$ ist (im betrachteten Betriebsbereich) linear, d. h. insbesondere, es tritt keine Sättigung der magnetischen Polarisation auf.

Wird an die Wicklung 1 eine Wechselspannung $u_1 = \hat{u}_1 \sin \omega\, t$ angelegt (Abb. 5), so fließt ein Wechselstrom i_1, der im Eisenkern einen magnetischen Wechselfluss $\Phi_\sim$ erzeugt. Nach dem 2. Kirchhoff'schen Satz (14) gilt für u_1 und für die durch den Wechselfluss $\Phi_\sim$ in der Wicklung 1 (Windungszahl N_1) induzierte Spannung u_i

$$u_1 + u_\mathrm{i} = 0. \tag{31}$$

Mit dem Induktionsgesetz (1) im ▶ Kap. 16, „Magnetische Wechselwirkung und zeitveränderliche elektromagnetische Felder" folgt daraus:

$$u_1 = N_1 \frac{\mathrm{d}\Phi_\sim}{\mathrm{d}t} . \tag{32}$$

Da derselbe magnetische Wechselfluss $\Phi_\sim$ auch die Wicklung 2 (Windungszahl N_2) durchsetzt, wird dort eine Induktionsspannung u_2 erzeugt:

$$u_2 = (-)N_2 \frac{\mathrm{d}\Phi_\sim}{\mathrm{d}t}. \tag{33}$$

Da das Vorzeichen von u_2 auch vom Wicklungssinn abhängt, lassen wir es im Weiteren fort. Aus (32) und (33) folgt

$$\frac{u_1}{u_2} = \frac{U_1}{U_2} = \frac{N_1}{N_2} = n. \tag{34}$$

n ist das *Windungszahlverhältnis*. Die Spannungen transformieren sich also entsprechend dem Windungszahlverhältnis.

Anwendungen: Spannungswandlung, z. B. Hochspannungserzeugung für die Fernübertragung elektrischer Energie (Minimierung der Leitungsverluste), Niederspannungserzeugung für elektronische Anwendungen u. a.

Ist an die Sekundärwicklung ein Verbraucher angeschlossen, sodass ein Strom i_2 (Effektivwert I_2) fließt, so gilt beim idealen Transformator für die primär- und sekundärseitige Leistung

$$P_1 = U_1 I_1 = P_2 = U_2 I_2 \tag{35}$$

und damit für das Verhältnis der Ströme

$$\frac{I_2}{I_1} = \frac{U_1}{U_2} = n. \tag{36}$$

Ströme transformieren sich umgekehrt zum Windungszahlverhältnis. Bei $n \gg 1$ lassen sich daher bei mäßigen Stromstärken im Primärkreis u. U. sehr hohe Stromstärken im Sekundärkreis erzielen.

Anwendungen: Schweißtransformator, Induktions-Schmelzofen u. a.

Auch die Anordnung Abb. 31 im ▶ Kap. 16, „Magnetische Wechselwirkung und zeitveränderliche elektromagnetische Felder“ stellt einen Transformator dar, allerdings mit einem großen Streufluss, da der Eisenkern nicht geschlossen ist. Der Ring kann als Sekundärwicklung mit einer einzigen, kurzgeschlossenen Windung aufgefasst werden. Wird an die Primärwicklung eine Wechselspannung angeschlossen, so wird der Ring als Folge der Lenz'schen Regel wie beim Einschalten einer Gleichspannung nach oben beschleunigt, bzw. je nach Stärke des Primärstromes gegen die Schwerkraft in der Schwebe gehalten. Wird statt des Ringes über dem Eisenkern eine metallische Platte (nicht ferromagnetisch) angebracht, so werden auch darin Kurzschlussströme (Wirbelströme!) induziert, die ebenfalls abstoßende Kräfte bewirken: Prinzip der Magnet(schwebe)bahn.

17.1.3.3 Scheinwiderstand von R, L und C

Neben dem Spannungsabfall an einem nach (4) zu berechnenden Ohm'schen Widerstand, der seine Ursache im Leitungsmechanismus des Leitermaterials hat (Abschn. 17.2.2), treten in Wechselstromkreisen auch Spannungsabfälle an Spulen (Induktivitäten L) und Kondensatoren (Kapazitäten C) auf. Induktivitäten und Kapazitäten stellen damit ähnlich wie der Ohm'sche Widerstand sog. Scheinwiderstände Z dar, die entsprechend dem Ohm'schen Gesetz (1) und mit (28) aus

$$Z = \frac{\hat{u}}{\hat{i}} = \frac{U}{I} \tag{37}$$

zu berechnen sind. Ferner gilt in einem Wechselstromkreis nach Abb. 6 der 2. Kirchhoff'sche Satz (14) in der Form

$$u - u_Z = 0 \quad \text{bzw.} \quad u_Z = u = \hat{u} \sin \omega t \tag{38}$$

für die Momentanwerte der Spannung.

Ohm'scher Widerstand im Wechselstromkreis
Aus dem Ohm'schen Gesetz (1) folgt mit (38) für den Strom im Ohm'schen Widerstand (Abb. 7a)

$$i = \frac{u}{R} = \frac{\hat{u}}{R} \sin \omega t = \hat{i} \sin \omega t \quad \text{mit} \quad \hat{i} = \frac{\hat{u}}{R} \tag{39}$$

und damit aus (37) der Scheinwiderstand des Ohm'schen Widerstandes

$$Z_R = R, \tag{40}$$

der mit seinem Gleichstromwiderstand identisch und frequenzunabhängig ist. Aus (38) und (39)

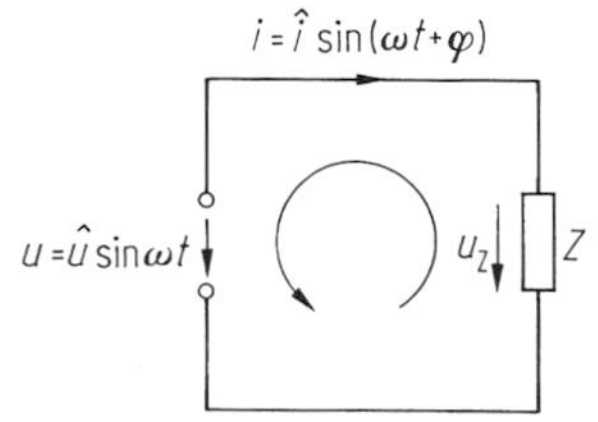

Abb. 6 Scheinwiderstand in einem einfachen Wechselstromkreis

folgt ferner, dass zwischen Spannung und Strom die Phasenverschiebung (21) $\varphi = \varphi_R = 0$ ist (Abb. 7a). Damit folgt aus (30) die Wirkleistung im Ohm'schen Widerstand

$$P = UI. \qquad (41)$$

Der Ohm'sche Widerstand ist ein sog. Wirkwiderstand (oder Resistanz). Das Umgekehrte gilt nicht: Es gibt (nichtlineare) Wirkwiderstände, die nicht Ohm'sch sind.

Induktivität im Wechselstromkreis

Bei einer Spule mit der Induktivität L und vernachlässigbarem Ohm'schem Widerstand im Wechselstromkreis (Abb. 7b) muss die angelegte Spannung $u = u_L$ die nach der Lenz'schen Regel induzierte Gegenspannung u_i überwinden. Aus (38) ergibt sich mit der Selbstinduktion nach (93) im ▶ Kap. 16, „Magnetische Wechselwirkung und zeitveränderliche elektromagnetische Felder"

$$u = \hat{u} \sin \omega t = u_L = -u_i = L \frac{di}{dt}. \qquad (42)$$

Durch Integration folgt daraus für den Strom

$$i = \frac{\hat{u}}{\omega L} \sin\left(\omega t - \frac{\pi}{2}\right) = \hat{i} \sin\left(\omega t - \frac{\pi}{2}\right) \quad \text{mit} \quad \hat{i} = \frac{\hat{u}}{\omega L} \qquad (43)$$

und mit (37) für den *Scheinwiderstand einer Induktivität*

$$Z_L = \omega L. \qquad (44)$$

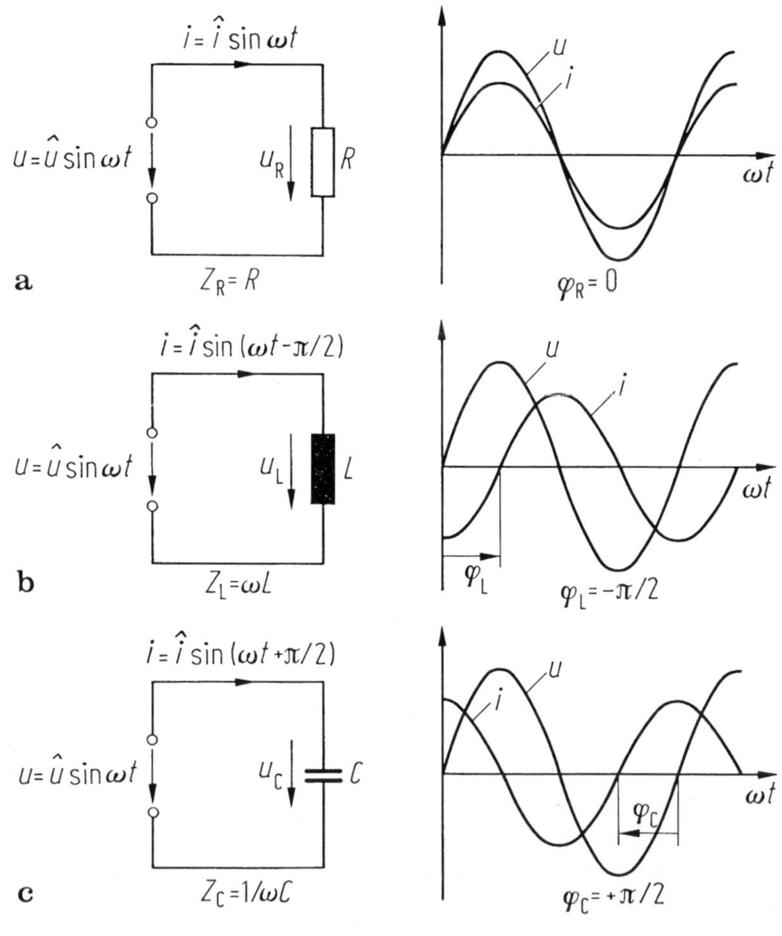

Abb. 7 **a** Ohm'scher, **b** induktiver und **c** kapazitiver Widerstand im Wechselstromkreis

Z_L steigt mit der Frequenz des Wechselstroms linear an. Der Strom i hat nach (43) bei der Induktivität eine Phasennacheilung, d. h. eine Phasenverschiebung von

$$\varphi_L = -\frac{\pi}{2} \tag{45}$$

gegenüber der Spannung u (Abb. 7b). Im Lauf einer Periode T ist daher das Produkt ui genauso lange positiv wie negativ und verschwindet im zeitlichen Mittel. Deshalb ist für eine Induktivität die Wirkleistung nach (30) mit (45) null. Aus diesem Grunde zählt Z_L zu den sog. Blindwiderständen (Reaktanzen).

Kapazität im Wechselstromkreis

Bei einem Kondensator der Kapazität C im Wechselstromkreis (Abb. 7c) lädt der infolge der angelegten Spannung u fließende Strom i den Kondensator gemäß (75) und (56) im ▶ Kap. 15, „Elektrische Wechselwirkung" auf die Spannung

$$u = \hat{u} \sin \omega t = u_C = \frac{q}{C} = \frac{1}{C} \int i \, dt \tag{46}$$

auf. Die Differenziation nach der Zeit liefert für den Strom

$$i = \omega C \hat{u} \sin\left(\omega t + \frac{\pi}{2}\right) = \hat{i} \sin\left(\omega t + \frac{\pi}{2}\right) \quad \text{mit} \quad \hat{i} = \omega C \hat{u} \tag{47}$$

und daraus mit (37) für den *Scheinwiderstand einer Kapazität*

$$Z_C = \frac{1}{\omega C}. \tag{48}$$

Z_C ändert sich umgekehrt proportional mit der Frequenz. Der Strom i hat nach (47) eine Phasenvoreilung von

$$\varphi_C = \frac{\pi}{2} \tag{49}$$

gegenüber der Spannung u (Abb. 7c). Auch für die Kapazität ist daher die Wirkleistung zeitlich gemittelt nach (30) null und Z_C stellt einen *Blindwiderstand* (Reaktanz) dar.

17.1.4 Elektromagnetische Schwingungen

In Zusammenschaltungen von Induktivitäten, Kapazitäten und Ohm'schen Widerständen können freie und erzwungene elektromagnetische Schwingungen angeregt werden. Die zugehörigen Differenzialgleichungen können aus den Kirchhoff'schen Sätzen gewonnen werden und entsprechen denjenigen der mechanischen Schwingungssysteme (▶ Abschn. 11.1.3 und ▶ 11.1.4 im Kap. 11, „Schwingungen, Teilchensysteme und starre Körper"). Die Lösungen werden daher aus diesem Kapitel übernommen, wobei lediglich die Variablen und Konstanten entsprechend umbenannt werden. Auf die zur Beschreibung derartiger Kombinationen von Schaltelementen ebenfalls sehr geeignete komplexe Schreibweise bzw. Zeigerdarstellung wird an dieser Stelle unter Hinweis auf den Teil Elektrotechnik verzichtet.

17.1.4.1 Freie, gedämpfte elektromagnetische Schwingungen

Lässt man einen zuvor auf die Spannung U_0 aufgeladenen Kondensator der Kapazität C sich über eine Spule der Induktivität L und einen Ohm'schen Widerstand R entladen (Reihenschaltung von R, L und C, Abb. 8), so wird durch den über L fließenden Entladungsstrom i während des Zerfalls des elektrischen Feldes des Kondensators ein Magnetfeld in der Spule aufgebaut. Nach Absin-

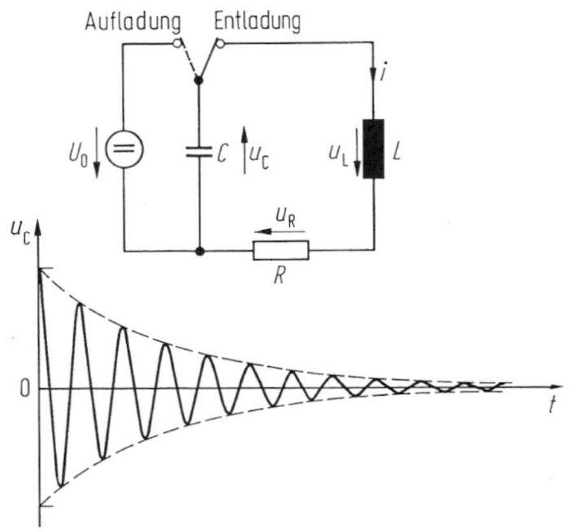

Abb. 8 Anregung gedämpfter elektromagnetischer Schwingungen in einer Reihenschaltung von R, L und C

ken der Kondensatorspannung u_C auf null wird jedoch der Strom i durch die Spule durch Selbstinduktion weitergetrieben (Lenz'sche Regel), was zu einem erneuten Aufbau des elektrischen Feldes im Kondensator in umgekehrter Richtung führt, bis das magnetische Feld in der Spule abgeklungen ist. Nun beginnt der beschriebene Vorgang erneut, jedoch in entgegengesetzter Richtung. Die Energie des Systems pendelt also zwischen elektrischer und magnetischer Feldenergie hin und her. Bei kleinem Widerstand R führt das zu gedämpften elektromagnetischen Schwingungen, wobei die Dämpfung durch den Energieverlust im Ohm'schen Widerstand bedingt ist (Joule'sche Wärme).

Zur Berechnung des Systems werde von der Energie ausgegangen. Zu einem beliebigen Zeitpunkt t ist die Feldenergie im Kondensator nach (81) im ▶ Kap. 15, „Elektrische Wechselwirkung"

$$E_C = \frac{1}{2} C u_C^2 = \frac{1}{2} \cdot \frac{q^2}{C}, \qquad (50)$$

und in der Spule nach (98) im ▶ Kap. 16, „Magnetische Wechselwirkung und zeitveränderliche elektromagnetische Felder"

$$E_L = \frac{1}{2} L i^2. \qquad (51)$$

Die Gesamtenergie $E = E_C + E_L$ bleibt zeitlich nicht konstant, sondern wird durch den Strom i im Widerstand R allmählich in Joule'sche Wärme umgesetzt. Die zeitliche Abnahme der Energie Ergibt sich aus der umgesetzten Leistung:

$$\frac{dE}{dt} = -u_R i = -R i^2. \qquad (52)$$

Durch Einsetzen von (50) und (51) und Beachtung der Stromdefinition (56) im ▶ Kap. 15, „Elektrische Wechselwirkung" folgt daraus die Spannungsbilanz entsprechend dem 2. Kirchhoff'schen Satz:

$$L \frac{di}{dt} + Ri + \frac{q}{C} = u_L + u_R + u_C = 0. \qquad (53)$$

Mit $i = dq/dt$ (56) im ▶ Kap. 15, „Elektrische Wechselwirkung" ergibt sich schließlich eine Differenzialgleichung vom Typ der Schwingungsgleichung (36) im ▶ Kap. 11, „Schwingungen, Teilchensysteme und starre Körper" für die Ladung q:

$$L \frac{d^2 q}{dt^2} + R \frac{dq}{dt} + \frac{1}{C} q = 0. \qquad (54)$$

Die Einführung von allgemeinen Kenngrößen entsprechend (37) und (38) im ▶ Kap. 11, „Schwingungen, Teilchensysteme und starre Körper"

$$\frac{R}{2L} = \delta : \text{Abklingkoeffizient der Amplitude} \qquad (55)$$

$$\frac{1}{LC} = \omega_0^2 : \text{Kreisfrequenz } \omega_0 \text{ des ungedämpften Oszillators} \qquad (56)$$

führt zu der (39) im ▶ Kap. 11, „Schwingungen, Teilchensysteme und starre Körper" entsprechenden Form der Schwingungsgleichung

$$\frac{d^2 q}{dt^2} + 2\delta \frac{dq}{dt} + \omega_0^2 q = 0. \qquad (57)$$

Für geringe Dämpfung $\delta \ll \omega_0$, d. h. $R \ll 2\sqrt{L/C}$, lautet die Lösung entsprechend (46) im ▶ Kap. 11, „Schwingungen, Teilchensysteme und starre Körper" bei den Anfangsbedingungen $q(0) = q_0$ und $\dot{q}(0) = i(0) = 0$:

$$q \approx q_0 e^{-\delta t} \cos \omega t. \qquad (58)$$

Es ergibt sich also eine gedämpfte Schwingung der Ladung q mit der Kreisfrequenz (45) im ▶ Kap. 11, „Schwingungen, Teilchensysteme und starre Körper"

$$\omega = \sqrt{\omega_0^2 - \delta^2} \approx \omega_0 = \frac{1}{\sqrt{LC}} \qquad (59)$$

und damit auch z. B. der Spannung $u_C = q/C$ am Kondensator (Abb. 8):

$$u_C \approx U_0 e^{-\delta t} \cos \omega t \quad \text{mit} \quad U_0 = \frac{q_0}{C}. \qquad (60)$$

Durch Variation der Dämpfung $\delta \lesseqqgtr \omega_0$, also $R \lesseqqgtr 2\sqrt{L/C}$, lassen sich hier in gleicher Weise wie beim mechanischen Schwingungssystem (▶ Abschn. 11.1.3 im Kap. 11, „Schwingungen, Teilchensysteme und starre Körper") neben dem gedämpften Schwingfall auch der aperiodische Grenzfall und der Kriechfall einstellen. Der RLC-Kreis stellt daher ein schwingungsfähiges elektromagnetisches System dar: *Schwingkreis*.

17.1.4.2 Erzwungene elektromagnetische Schwingungen, Resonanzkreise

Reihenschwingkreis

Ein elektromagnetischer Schwingkreis, z. B. aus einer Reihenschaltung von Induktivität L, Widerstand R und Kapazität C wie in Abb. 8, kann durch periodische Anregung, etwa durch Einspeisung einer Wechselspannung $u = \hat{u} \sin \omega t$ (Abb. 9), zu erzwungenen Schwingungen veranlasst werden.

Die Spannungsbilanz (53) ist hierfür um die Spannungsquelle u zu ergänzen:

$$\begin{aligned} L\frac{di}{dt} + Ri + \frac{q}{C} &= u_L + u_R + u_C \\ &= u = \hat{u} \sin \omega t. \end{aligned} \qquad (61)$$

Mit $i = dq/dt$ (56) im ▶ Kap. 15, „Elektrische Wechselwirkung" und den Kenngrößen δ und ω_0 (55) bzw. (56) folgt daraus die Differenzialgleichung der erzwungenen Schwingung für die Ladung q

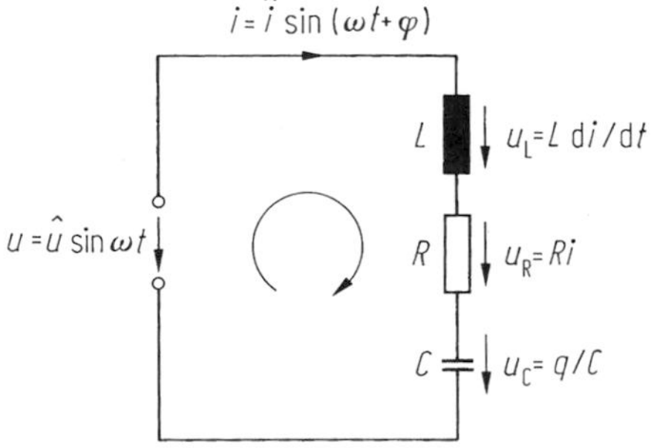

Abb. 9 Reihenschwingkreis mit Wechselspannungsanregung

$$\frac{d^2q}{dt^2} + 2\delta\frac{dq}{dt} + \omega_0^2 q = \frac{\hat{u}}{L} \sin \omega t, \qquad (62)$$

die vollständig analog zur Differenzialgleichung des entsprechenden mechanischen Schwingungssystems (59) im ▶ Kap. 11, „Schwingungen, Teilchensysteme und starre Körper" ist. Als Lösung für den stationären Fall (nach Abklingen von Einschwingvorgängen, siehe ▶ Abschn. 11.1.4 im Kap. 11, „Schwingungen, Teilchensysteme und starre Körper") kann wie in (60) im ▶ Kap. 11, „Schwingungen, Teilchensysteme und starre Körper" angesetzt werden:

$$q = \hat{q} \sin(\omega t + \vartheta) = \hat{q} \sin\left(\omega t + \varphi - \frac{\pi}{2}\right) \qquad (63)$$

$$\text{mit} \quad \varphi = \vartheta + \frac{\pi}{2}.$$

Für den Strom i folgt daraus durch Differenzieren nach der Zeit

$$i = \hat{i} \sin(\omega t + \varphi) \quad \text{mit} \quad \hat{i} = \omega\hat{q}. \qquad (64)$$

ϑ und φ sind die zunächst willkürlich angesetzten Phasenverschiebungen (Phasenwinkel) zwischen der Ladung $q(t)$ bzw. dem Strom $i(t)$ und der Spannung $u(t)$. Sowohl die Amplituden $\hat{q}$ und $\hat{i}$ als auch die Phasenwinkel ϑ und φ sind Funktionen der anregenden Kreisfrequenz ω. Die mathematische Form dieser funktionalen Abhängigkeit lässt sich durch den Vergleich mit den Beziehungen (60), (61) und (62) im ▶ Kap. 11, „Schwingungen, Teilchensysteme und starre Körper" für das mechanische Schwingungssystem gewinnen. Dabei entsprechen sich folgende mechanische und elektrische Größen:

$$\begin{matrix} m \mathrel{\hat{=}} L, & r \mathrel{\hat{=}} R, & c \mathrel{\hat{=}} 1/C, & \hat{F} \mathrel{\hat{=}} \hat{u}, \\ x \mathrel{\hat{=}} q, & v \mathrel{\hat{=}} i, & a \mathrel{\hat{=}} di/dt, & \varphi \mathrel{\hat{=}} \vartheta. \end{matrix} \qquad (65)$$

Anmerkung: Der hier über (63) eingeführte Phasenwinkel φ entspricht also nicht dem gleichbenannten Phasenwinkel beim mechanischen Schwingungssystem, sondern ϑ.

Durch Vergleich mit (61) und (62) im ▶ Kap. 11, „Schwingungen, Teilchensysteme und starre Körper" erhalten wir nun für die Frequenzabhängigkeit der Ladungsamplitude

$$\hat{q}(\omega) = \frac{\hat{u}}{L\sqrt{\left(\omega^2 - \omega_0^2\right)^2 + 4\Delta^2\omega^2}} \quad (66)$$

und für die Frequenzabhängigkeit des Phasenwinkels

$$\tan\vartheta = \frac{2\Delta\omega}{\omega^2 - \omega_0^2}. \quad (67)$$

Mit $\hat{i} = \omega\hat{q}$ nach (64) und durch Ersatz der Kenngrößen δ und ω_0 nach (55) bzw. (56) folgt aus (66) für die Frequenzabhängigkeit des Stromes das sog. *Ohm'sche Gesetz des Wechselstromkreises*

$$\hat{i}(\omega) = \frac{\hat{u}}{\sqrt{R^2 + \left(\omega L - \frac{1}{\omega C}\right)^2}}, \quad (68)$$

wobei anstelle der Spitzenwerte $\hat{u}$ und $\hat{i}$ ebenso gut die Effektivwerte gemäß (37) geschrieben werden können. Gl. (68) hat die Form des Ohm'schen Gesetzes, worin der Wurzelterm den Scheinwiderstand Z der Reihenschaltung der Blindwiderstände von L und C und des Ohm'schen Widerstandes R darstellt:

$$Z(\omega) = \sqrt{R^2 + \left(\omega L - \frac{1}{\omega C}\right)^2}. \quad (69)$$

Für die *Resonanzfrequenz* gilt die *Thomson'sche Schwingungsformel*

$$\omega_0 = \frac{1}{\sqrt{LC}}, \quad (70)$$

für $\omega = \omega_0$ hat Z den kleinsten, rein Ohm'schen Wert (Abb. 10)

$$Z(\omega_0) = R \quad (71)$$

und der Strom nach (68) den maximalen Wert (*Stromresonanz*, Abb. 10):

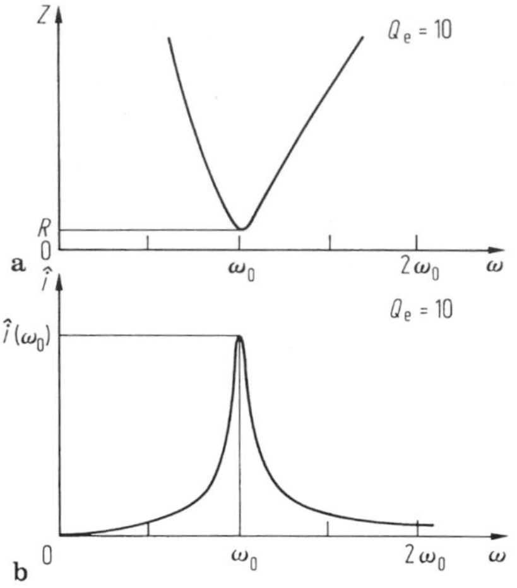

Abb. 10 **a** Frequenzabhängigkeit des Scheinwiderstandes und **b** Resonanzverhalten des Stromes beim Reihenresonanzkreis aus R, L und C

$$\hat{i}(\omega_0) = \frac{\hat{u}}{R}. \quad (72)$$

Dabei ist vorausgesetzt, dass u von einer Konstantspannungsquelle geliefert wird, deren Klemmenspannung sich durch die erhöhte Strombelastung bei Resonanz nicht ändert. Es liegen also (nach der mathematischen Struktur der Differenzialgleichung (62) zwangsläufig) ganz analoge Resonanzmaxima vor (Abb. 10) wie bei den erzwungenen Schwingungen der mechanischen Schwingungssysteme (▶ Abschn. 11.1.4.1 im Kap. 11, „Schwingungen, Teilchensysteme und starre Körper").

In (▶ Abschn. 11.1.4.1 im Kap. 11, „Schwingungen, Teilchensysteme und starre Körper") wurde die Güte Q eines Schwingungssystems als Resonanzüberhöhung (67) im ▶ Kap. 11, „Schwingungen, Teilchensysteme und starre Körper" der Auslenkungsamplitude $\hat{x}$ definiert. Entsprechend können wir hier die Resonanzüberhöhung der Ladungsamplitude $\hat{q}$ als Güte Q einführen (die Güte Q ist nicht zu verwechseln mit der Ladung Q) und erhalten aus (66):

$$Q = \frac{\hat{q}(\omega_0)}{\hat{q}(0)} = \frac{\omega_0}{2\delta} = \frac{\omega_0 L}{R} = \frac{1}{\omega_0 CR}. \quad (73)$$

Die Güte bestimmt gleichzeitig nach (71) im ▶ Kap. 11, „Schwingungen, Teilchensysteme und starre Körper“ die Halbwertsbreite der Resonanzkurve. Die Konstanten ω_0 und δ wurden aus (56) bzw. (55) eingesetzt. Im Resonanzfall erhält man mit (72) sowie mit (44) und (48) für die Spannungen an der Spule bzw. am Kondensator

$$\hat{u}_L(\omega_0) = \hat{i}(\omega_0)Z_L = \frac{\omega_0 L}{R}\hat{u} = Q\hat{u}, \tag{74}$$

$$\hat{u}_C(\omega_0) = \hat{i}(\omega_0)Z_C = \frac{1}{\omega_0 CR}\hat{u} = Q\hat{u}. \tag{75}$$

Die Spitzenspannungen an Spule und Kondensator sind daher im Resonanzfall gleich groß und übersteigen die insgesamt an die Reihenschaltung angelegte Spannungsamplitude $\hat{u}$ um den Gütefaktor Q. Dass die Gesamtspannung u im Resonanzfall dennoch nur dem Spannungsabfall u_R am Ohm'schen Widerstand entspricht, liegt daran, dass u_L und u_C gegenüber dem gemeinsamen Strom i nach (45) und (49) um $\pi/2$ bzw. $-\pi/2$, also gegeneinander um π phasenverschoben sind, sich also gegenseitig kompensieren.

Den Phasenwinkel φ zwischen Strom i und Gesamtspannung u erhalten wir aus (67), indem wir beachten, dass wegen (63) $\tan\varphi = -1/\tan\vartheta$ ist. Nach Einsetzen von δ und ω_0 aus (55) bzw. (56) folgt

$$\varphi = \arctan\frac{\frac{1}{\omega C} - \omega L}{R}. \tag{76}$$

Der Phasenverlauf als Funktion der Frequenz (Abb. 11) zeigt, dass bei niedrigen Frequenzen ($\omega \ll \omega_0$) $\varphi \approx \pi/2$ ist, der Reihenschwingkreis sich also nach (49) kapazitiv verhält. Bei hohen Frequenzen ($\omega \gg \omega_0$) wird $\varphi \approx -\pi/2$, der Reihenschwingkreis wirkt nach (45) wie eine Induktivität. Bei Resonanz ($\omega = \omega_0$) liegt rein Ohm'sches Verhalten vor ($\varphi = 0$).

Die Leistung im Resonanzkreis ist bei Resonanz ein Maximum, da u und i dann phasengleich sind und das Produkt ui wegen der Stromresonanz maximal wird.

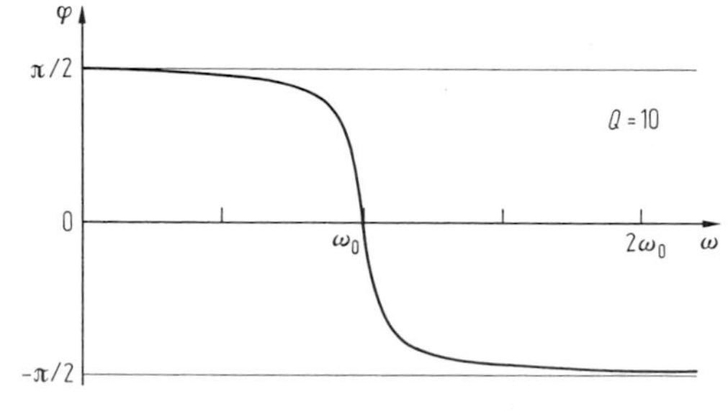

Abb. 11 Phasenverschiebung zwischen Strom und Spannung im Reihenresonanzkreis

Parallelschwingkreis

Auch eine Parallelschaltung von Kapazität C, Widerstand R und Induktivität L (Parallelschwingkreis, Abb. 12), z. B. mit einer amplitudenkonstanten Einströmung $i = \hat{i}\sin\omega t$ zeigt Resonanzverhalten.

Ausgehend von der Strombilanz z. B. im oberen Knotenpunkt (1. Kirchhoff'scher Satz (18))

$$C\frac{\mathrm{d}u}{\mathrm{d}t} + \frac{1}{R}u + \frac{1}{L}\int u\ \mathrm{d}t = i_C + i_R + i_L = \hat{i}\sin\omega t \tag{77}$$

gelangt man zu einer Differenzialgleichung für den Spulenfluss $\Phi = \int u\ \mathrm{d}t$

$$C\frac{\mathrm{d}^2\Phi}{\mathrm{d}t^2} + \frac{1}{R}\cdot\frac{\mathrm{d}\Phi}{\mathrm{d}t} + \frac{1}{L}\Phi = \hat{i}\sin\omega t, \tag{78}$$

die wiederum die Differenzialgleichung der erzwungenen Schwingung darstellt. Analog dem Vorgehen beim Reihenschwingkreis wird als Lösung für den stationären (eingeschwungenen) Fall angesetzt

$$\Phi = \hat{\Phi}\sin\left(\omega t + \varphi - \frac{\pi}{2}\right), \tag{79}$$

woraus durch Differenzieren nach der Zeit folgt

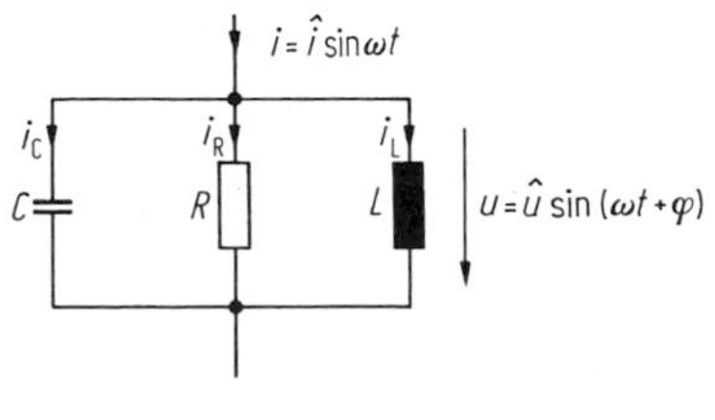

Abb. 12 Parallelschwingkreis mit Wechseleinströmung

$$u = \hat{u}\sin(\omega t + \varphi) \quad \text{mit} \quad \hat{u} = \omega\hat{\Phi}. \tag{80}$$

Für die Frequenzabhängigkeit der Spannungsamplitude ergibt sich analog zu (68)

$$\hat{u} = \frac{\hat{i}}{\sqrt{\frac{1}{R^2} + \left(\omega C - \frac{1}{\omega L}\right)^2}}, \tag{81}$$

worin der Wurzelterm den Scheinleitwert Y (auch: Betrag der Admittanz) der Parallelschaltung von L, R und C darstellt:

$$Y = \sqrt{\frac{1}{R^2} + \left(\omega C - \frac{1}{\omega L}\right)^2}. \tag{82}$$

Hieraus folgt, dass der Parallelschwingkreis bei gleichen L und C dieselbe, durch die Thomson'sche Schwingungsformel gegebene *Resonanzfrequenz*

$$\omega_0 = \frac{1}{\sqrt{LC}} \tag{83}$$

wie der Reihenschwingkreis (70) hat. Bei Resonanz hat der Scheinleitwert einen rein Ohm'schen Minimalwert

$$Y(\omega_0) = Y_{\min} = \frac{1}{R}, \tag{84}$$

die Spannungsamplitude $\hat{u}$ demzufolge ein Maximum (*Spannungsresonanz*)

$$\hat{u}(\omega_0) = \hat{i}R. \tag{85}$$

Für den Phasenwinkel Φ zwischen Spannung u und Gesamtstrom i ergibt sich analog zu (76)

$$\varphi = \arctan\left[R\left(\frac{1}{\omega L} - \omega C\right)\right]. \tag{86}$$

Die Einzelströme i_{C} und i_{L} sind bei Resonanz aufgrund der Spannungsresonanz maximal und um den Gütefaktor höher als der Gesamtstrom i, jedoch gegenphasig. Der Gütefaktor Q beim Parallelkreis ergibt sich als Resonanzüberhöhung aus der Frequenzabhängigkeit des Flusses Φ (hier nicht behandelt) zu

$$Q = \frac{\hat{\Phi}(\omega_0)}{\hat{\Phi}(0)} = \frac{R}{\omega_0 L} = R\omega_0 C. \tag{87}$$

Anders als beim Reihenschwingkreis (73) steigt also beim Parallelschwingkreis die Güte mit dem Widerstand R.

17.1.4.3 Selbsterregung elektromagnetischer Schwingungen durch Rückkopplung

Reale Schwingungssysteme sind stets gedämpft. Eine angestoßene Schwingung klingt daher mit dem durch die Dämpfung bestimmten Abklingkoeffizienten δ zeitlich ab (46) im ▶ Kap. 11, „Schwingungen, Teilchensysteme und starre Körper" oder (60).

Ungedämpfte Schwingungen eines Schwingungssystems lassen sich dadurch erreichen, dass die Dämpfungsverluste durch periodische Energiezufuhr ausgeglichen werden. Das kann durch eine äußere periodische Anregung geschehen (*Fremderregung*) und führt zu erzwungenen Schwingungen (vgl. ▶ Abschn. 11.1.4 im Kap. 11, „Schwingungen, Teilchensysteme und starre Körper" und Abschn. 17.1.4.2). Eine andere Möglichkeit besteht darin, die periodische Anregung durch das Schwingungssystem selbst zu steuern. Das kann mithilfe des *Rückkopplungsprinzips* erreicht werden und führt zur *Selbsterregung* von Schwingungen.

Im Falle der elektromagnetischen Schwingungen wird dazu ein Verstärker benötigt, an dessen Ausgang ein Schwingkreis geschaltet ist (Abb. 13). Ferner ist ein Rückkopplungsweg erforderlich, mit dessen Hilfe ein Bruchteil der Schwingungsenergie des Schwingkreises auf den Eingang des Verstärkers zurückgekoppelt werden kann. Dies kann durch direkten Abgriff von der Schwingkreisspule geschehen (Dreipunktschaltung), oder durch induktive Rückkopplung (Abb. 13). Wird nun der Schwingkreis etwa durch den Einschaltstromstoß der Stromversorgung des

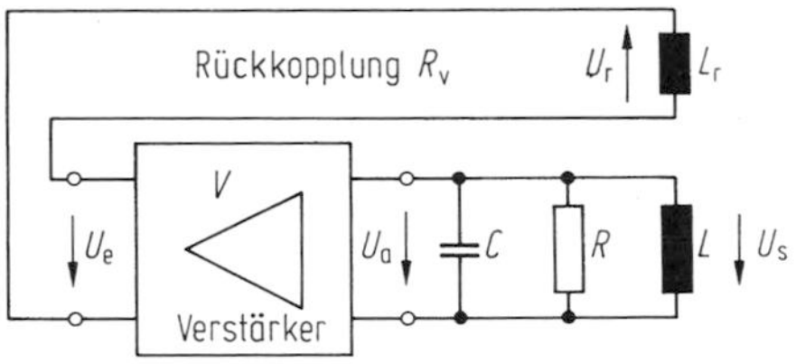

Abb. 13 Rückkopplungsgenerator zur Erzeugung elektromagnetischer Schwingungen

Verstärkers zu einer gedämpften Schwingung der Eigenfrequenz $\omega_0 = 1/\sqrt{LC}$ angeregt, so wird in der Rückkopplungsspule eine Spannung gleicher Frequenz induziert, die verstärkt wieder auf den Schwingkreis am Verstärkerausgang gelangt. Die Phasenlage der rückgekoppelten Spannung muss dabei so sein, dass der Schwingungsvorgang unterstützt wird (Mitkopplung). Ist die Phase dagegen um π verschoben, so wird die Schwingung unterdrückt (Gegenkopplung).

Zur Vereinfachung wird angenommen, dass die Phasenverschiebung zwischen Schwingkreisspannung U_s und der Rückkopplungsspannung U_r null ist, und dass ferner die Phasenverschiebung zwischen Eingangsspannung U_e des Verstärkers und seiner Ausgangsspannung U_a ebenfalls null ist (oder beide Phasenverschiebungen π betragen). Dann lassen sich die Verhältnisse folgendermaßen quantitativ beschreiben:

$$\begin{aligned} &\text{Verstärkungsfaktor:} \quad V = \frac{U_a}{U_e} \\ &\text{Rückkopplungsfaktor:} \quad R_v = \frac{U_r}{U_s} \end{aligned} \tag{88}$$

Da der Schwingkreis am Verstärkerausgang liegt, ist $U_s = U_a$. Ist nun die Rückkopplungsspannung U_r gerade gleich der Verstärkereingangsspannung U_e, die verstärkt gleich der ungeänderten Schwingkreisspannung U_s ist, so ist offensichtlich ein stationärer Zustand erreicht, bei dem die Schwingkreisverluste durch Rückkopplung und Verstärkung ausgeglichen werden. Für diesen gilt

$$VR_v = \frac{U_a}{U_e}\frac{U_r}{U_s} = 1. \tag{89}$$

Für die *Selbsterregungsbedingung*

$$VR_v > 1 \tag{90}$$

führt jede Störung (Stromschwankung) zur Aufschaukelung von Schwingungen der Frequenz $\omega = \omega_0 = 1/\sqrt{LC}$. Im Allgemeinen ist sowohl die Rückkopplung als auch die Verstärkung mit Phasenverschiebungen verbunden, die in der Selbsterregungsbedingung berücksichtigt werden müssen.

Der erste Rückkopplungsgenerator als Oszillator für elektromagnetische Schwingungen wurde von Alexander Meißner 1913 mithilfe einer verstärkenden Elektronenröhre aufgebaut. Heute werden hierfür allgemein Halbleiterverstärker verwendet.

17.2 Transport elektrischer Ladung: Leitungsmechanismen

17.2.1 Elektrische Struktur der Materie

17.2.1.1 Atomstruktur

Das Phänomen der elektrolytischen Abscheidung z. B. von Metallen durch Stromfluss in wässrigen Metallsalzlösungen oder in Metallsalzschmelzen (siehe Abschn. 17.2.5 und Teil Chemie) oder der Ionisierbarkeit von Gasen (vgl. Abschn. 17.2.6) zeigt, dass die Bestandteile der Materie, die Atome, unter geeigneten Bedingungen elektrisch geladen sein, d. h. „Ionen" bilden können. Aus dem Vergleich chemischer Bindungsenergien (Größenordnung 10 eV) mit der elektrostatischen potenziellen Energie zweier Elementarladungen im Abstand von Atomen in kompakter Materie (aus Beugungsuntersuchungen, siehe ▶ Abschn. 20.2 im Kap. 20, „Optik und Materiewellen": Größenordnung 10^{-10} m) lässt sich folgern, dass die strukturbestimmenden Kräfte in kompakter Materie, im Molekül und vermutlich auch im Atom elektrostatischer Natur sein dürften. Da ferner die Materie im Allgemeinen elektrisch neutral ist, müssen pro Atom im Normalfall gleich viele positive und negative Elementarladungen vorhanden sein. Die relativ leicht abstreifbaren Elektronen (z. B. durch Reiben von Kunststoffen) besitzen nicht genügende Masse, um die Masse der Atome zu erklären. Der Hauptteil der Atommasse muss deshalb durch schwerere Teilchen, z. B. positiv geladene Protonen und ungeladene Neutronen gebildet sein.

Die Größe der atomaren Bestandteile lässt sich durch *Streuversuche* mit Teilchensonden bestimmen. Lenard hatte 1913 aus der Durchdringungsfähigkeit von Elektronenstrahlen bei dünnen Metallfolien geschlossen, dass das Atominnere weitgehend materiefreier, leerer Raum ist. Rutherford, Geiger und Marsden haben 1911–1913 Streuexperimente mit α-Teilchen (▶ Abschn. 18.1 im Kap. 18, „Starke und schwache Wechselwirkung: Atomkerne und Elementarteilchen") an dünnen Folien durchgeführt, bei denen aus der Winkelverteilung der gestreuten α-Teilchen auf das Kraftgesetz zwischen diesen und den streuenden Atomen geschlossen werden kann. Dabei ergab sich die Coulomb-Kraft als maßgebende Wechselwirkung: Rutherford-Streuung. Aus Abweichungen vom so gefundenen Streugesetz bei höheren Energien ließ sich schließlich der Radius der streuenden, massereichen positiven Teilchen des Atoms zu etwa 10^{-15} m (= 1 fm) ermitteln.

Solche Beobachtungen und die Tatsache, dass die Coulomb-Kraft (1) im ▶ Kap. 15, „Elektrische Wechselwirkung" dieselbe Abstandabhängigkeit (35) im ▶ Kap. 14, „Gravitationswechselwirkung" wie die Gravitationskraft (7) im ▶ Kap. 14, „Gravitationswechselwirkung" hat, legten ein Planetenmodell für den Atomaufbau nahe: Protonen (und die erst 1932 durch Chadwick entdeckten Neutronen) bilden den positiv geladenen, massereichen Atomkern (Ladung $+Ze$), um den die Z Elektronen auf Bahnen der Größenordnung 10^{-10} m kreisen.

Rutherford-Streuung

Als Messmethode zur Untersuchung atomarer Dimensionen sind Streuexperimente in der Atom- und Kernphysik außerordentlich wichtig. Als Beispiel werde die von Rutherford behandelte Streuung am Coulomb-Potenzial betrachtet. Wird ein Strom von leichten Teilchen der Masse m und der Ladung Z_1e (α-Teilchen: $Z_1 = 2$) auf ein ruhendes, schweres Teilchen der Masse $M \gg m$ und der Ladung Ze geschossen, so findet aufgrund der Coulomb-Kraft (1) im ▶ Kap. 15, „Elektrische Wechselwirkung" eine Ablenkung statt, deren Winkel ϑ vom Stoßparameter b (siehe ▶ Abschn. 11.2.3.2 im Kap. 11, „Schwingungen, Teilchensysteme und starre Körper" und Abb. 14a) abhängt.

Die Primärenergie der gestreuten Teilchen sei $E_0 = mv_0{}^2/2 > 0$. Da die Coulomb-Kraft (1) im ▶ Kap. 15, „Elektrische Wechselwirkung" eine Zentralkraft der Form $F \sim r^{-2}$ (vgl. (35) im ▶ Kap. 14, „Gravitationswechselwirkung") darstellt, sind die Bahnkurven für $E > 0$ Hyperbeln (siehe ▶ Abschn. 14.1.5 im Kap. 14, „Gravitationswechselwirkung"), deren Asymptoten den Streuwinkel ϑ einschließen. Aus dem Zusammenhang zwischen Coulomb-Kraft und Impulsänderung des gestreuten Teilchens folgt unter Berücksichtigung der Drehimpulserhaltung nach Integration über die Bahnkurve die Beziehung

$$\cot\frac{\vartheta}{2} = \frac{2b}{r_0} \quad \text{mit} \quad r_0 = \frac{Z_1 Ze^2}{4\pi\varepsilon_0 E_0}. \tag{91}$$

Die Konstante r_0 ist der Minimalabstand (Umkehrpunkt, Abb. 14b) für den zentralen Stoß ($\vartheta = 180°$, $b = 0$), bei dem die gesamte kinetische Energie E_0 des gestreuten Teilchens in potenzielle Energie im Coulomb-Feld des streuenden Teilchens umgesetzt ist, wie sich durch Vergleich mit (43) im ▶ Kap. 15, „Elektrische Wechselwirkung" erkennen lässt.

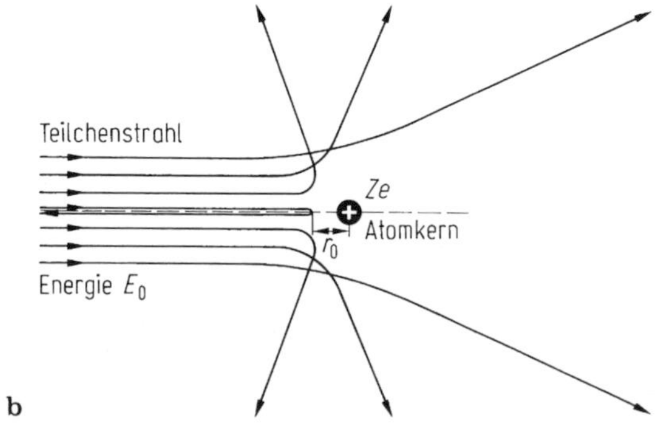

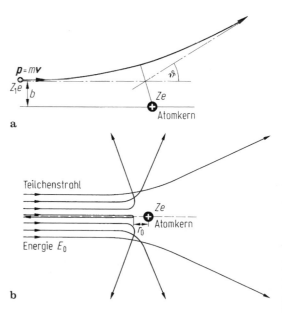

Abb. 14 Streuung am Coulomb-Feld eines schweren geladenen Teilchens

Gl. (91) lässt sich experimentell nicht im Einzelfall prüfen, da in atomaren Dimensionen der zu einem bestimmten Streuwinkel gehörende Stoßparameter b nicht gemessen werden kann. Deshalb wird bei Streuversuchen ein statistisches Konzept angewendet: Durch einen im Vergleich zu den Atomdimensionen breiten, gleichmäßigen Teilchenstrahl wird dafür gesorgt, dass alle Stoßparameter (< Strahlradius) gleichmäßig vorkommen (Abb. 14b). In diesem Fall ist die Winkelverteilung, d. h. die Zahl der in ein Raumwinkelelement $\mathrm{d}\Omega = 2\pi \sin\vartheta \mathrm{d}\vartheta$ (mittlerer Streuwinkel ϑ, Abb. 15) gestreuten Teilchen, eine eindeutige und messbare Funktion des streuenden Potenzials.

In einen Streuwinkelbereich $\mathrm{d}\vartheta$ bei einem mittleren Streuwinkel ϑ werden offensichtlich alle diejenigen Teilchen des primären Strahls gestreut, die ein ringförmiges Flächenstück $\mathrm{d}\sigma = 2\pi b\, \mathrm{d}b$ des Strahlquerschnitts durchsetzen (Abb. 15). Diese Fläche $\mathrm{d}\sigma$ wird differenzieller Streuquerschnitt genannt. Aus $b(\vartheta)$ gemäß (91) erhält man durch Differenzieren nach ϑ den differenziellen *Rutherford-Streuquerschnitt*

$$\begin{aligned} \mathrm{d}\sigma(\vartheta) &= r_0^2 \frac{\mathrm{d}\Omega}{16\sin^4\frac{\vartheta}{2}} \\ &= \left(\frac{Z_1 Z e^2}{4\pi\varepsilon_0 E_0}\right)^2 \frac{\mathrm{d}\Omega}{16\sin^4\frac{\vartheta}{2}}. \end{aligned} \tag{92}$$

Gl. (92) ist hier in klassischer Rechnung für das reine, punktsymmetrische Coulomb-Potenzial des Atomkerns gewonnen worden. Dasselbe Ergebnis liefert die erste Näherung der quantenmechanischen Rechnung („1. Born'sche Näherung"), die hier nicht dargestellt wird. Eine Einschränkung der Gültigkeit besteht ferner darin, dass die Abschirmung des Coulomb-Potenzials des streuenden Atomkerns durch die Elektronenhülle nicht berücksichtigt ist. Diese macht sich vor allem in den Randbereichen des Atoms bemerkbar, also bei großen Stoßparametern b, d. h. nach (91) bei kleinen Streuwinkeln ϑ.

Bei Streuversuchen wird meistens nicht an einzelnen Atomen gestreut, sondern z. B. an dünnen Schichten mit einer Flächendichte n_s der Atome in der Schicht. Wegen der im Vergleich zur Atomgröße sehr geringen Kerngröße überdecken sich die Streuquerschnitte der Atomkerne in dünnen Schichten nur sehr selten. In großer Entfernung von der streuenden Schicht summieren sich dann die Streuintensitäten entsprechend der Zahl der streuenden Atomkerne. Ist N die Zahl der auf die streuende Schicht fallenden Streuteilchen, so ergibt sich aus (92) für die Zahl der in den Raumwinkel $\mathrm{d}\Omega$ gestreuten Teilchen $\mathrm{d}N$ die *Rutherford'sche Streuformel*

$$\frac{\mathrm{d}N}{\mathrm{d}\Omega} = N n_s \left(\frac{Z_1 Z e^2}{4\pi\varepsilon_0 E_0}\right)^2 \frac{1}{16\sin^4\frac{\vartheta}{2}}. \tag{93}$$

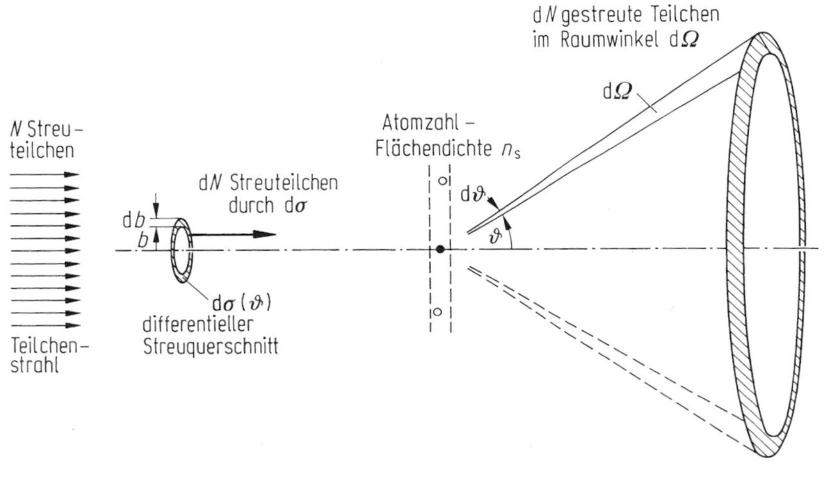

Abb. 15 Zum Begriff des Streuquerschnitts

Bei der Streuung von α-Teilchen an Folien aus verschiedenen Metallen fanden Geiger und Marsden die Rutherford-Streuformel für nicht zu kleine Streuwinkel ϑ gut bestätigt.

Bei hohen Energien können die Streuteilchen dem Atomkern sehr nahe und in den Bereich der Kernkräfte kommen. Dann wird das Kraftgesetz verändert und die Rutherford-Streuformel gilt nicht mehr. Der Kernradius kann daher mithilfe von (91) aus der Energie ermittelt werden, bei der bei Streuwinkeln $\vartheta \approx 180°$ zuerst Abweichungen von (93) beobachtet werden.

Zur Erläuterung des *Rutherford'schen Planetenmodells* des Atoms werde als einfachstes das Wasserstoffatom ($Z = 1$) betrachtet (Abb. 16a). Der Kern des Wasserstoffatoms besteht aus einem einzelnen Proton der Masse $m_\text{p} = 1{,}672621898 \cdot 10^{-27}$ kg (CODATA 2014) (vgl. ▶ Abschn. 18.1.1 im Kap. 18, „Starke und schwache Wechselwirkung: Atomkerne und Elementarteilchen") und der Ladung $+e$. Die Elektronenhülle enthält ein Elektron (Ladung $-e$). Die elektrostatische Wechselwirkung zwischen Elektron und Kern ergibt mit (1) im ▶ Kap. 15, „Elektrische Wechselwirkung" als Radius r der Kreisbahn des Elektrons mit der Geschwindigkeit v

$$r = \frac{e^2}{4\pi\varepsilon_0 m_\text{e} v^2}. \tag{94}$$

Die Gesamtenergie des Elektrons auf einer Kreisbahn ergibt sich aus der kinetischen Energie E_k des Elektrons und seiner potenziellen Energie E_p im Feld des Protons aus (43) im ▶ Kap. 15, „Elektrische Wechselwirkung": $Q = e$) in gleicher Weise wie bei der Gravitation (47) im ▶ Kap. 14, „Gravitationswechselwirkung" zu

$$E = E_\text{k} + E_\text{p} = \frac{1}{2}E_\text{p} = -\frac{1}{2} \cdot \frac{e^2}{4\pi\varepsilon_0 r}. \tag{95}$$

Nach der klassischen Mechanik ist jeder Bahnradius (94) und damit jeder Wert < 0 der Gesamtenergie (95) des Atoms möglich (Abb. 16b; vgl. Abb. 10 im ▶ Kap. 14, „Gravitationswechselwirkung"). Dies führt jedoch zu Widersprüchen hinsichtlich der beobachteten Existenz diskreter, stationärer Energiezustände (▶ Abschn. 19.3.4 im Kap. 19, „Wellen und Strahlung"), sowie hinsichtlich der Stabilität der Atome: Positiver Atomkern und umlaufendes Elektron bilden einen zeitveränderlichen elektrischen Dipol, der nach den

Abb. 16 Zum Rutherford-Bohr'schen Modell des Wasserstoffatoms: **a** Elektronenkreisbahn, und **b** Gesamtenergie

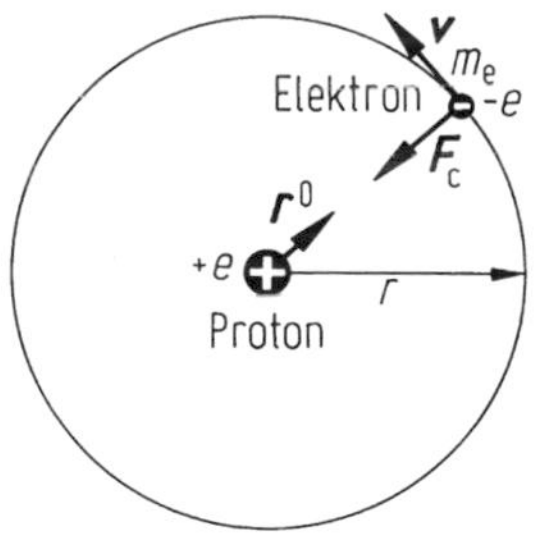

a

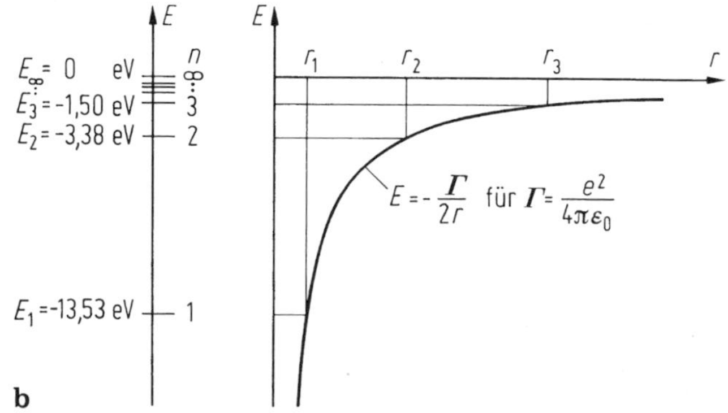

b

Gesetzen der Elektrodynamik (siehe ▶ Abschn. 19.2 im Kap. 19, „Wellen und Strahlung") elektromagnetische Wellen abstrahlt, damit dem Atom Energie entzieht und so zu einer stetigen Annäherung des Elektrons an den Kern führt. Die Durchrechnung ergibt einen „Zusammenbruch" des Atoms in ca. 10^{-8} s. Das Rutherford'sche Atommodell ist daher nicht ausreichend.

Bohr'sches Modell des Atoms

Niels Bohr hat das Rutherford'sche Planetenmodell des Atoms weiterentwickelt und dessen Unzulänglichkeiten dadurch zu beseitigen versucht, dass er annahm, dass die oben genannten, zu Widersprüchen führenden Gesetze der klassischen Makrophysik für das Mikrosystem des Atoms nicht gelten. So postulierte er die Existenz *diskreter, strahlungsfreier Bahnen* im Atom, als deren Auswahlprinzip er für das *Phasenintegral* $\oint p\mathrm{d}q$ die Quantenbedingung (*1. Bohr'sches Postulat*)

$$\oint p\,\mathrm{d}q = nh \quad \text{mit} \quad n = 1{,}2,\ldots \tag{96}$$

fand. Hierin bedeuten $p = mv$ den Impuls des Elektrons und $q = r$ seine Ortskoordinate. h ist die Planck-Konstante (siehe ▶ Abschn. 11.1.2.2 im Kap. 11, „Schwingungen, Teilchensysteme und starre Körper").

Anmerkung: Dieselbe Quantenbedingung (96) stellt auch das Auswahlprinzip für die möglichen Energiewerte des quantenmechanischen harmonischen Oszillators (▶ Abschn. 11.1.2.2 im Kap. 11, „Schwingungen, Teilchensysteme und starre Körper") dar.

Für Kreisbahnen folgt aus (96) für den Drehimpuls des Elektrons

$$L = m_\mathrm{e} v_n r_n = n\frac{h}{2\pi} = n\hbar. \tag{97}$$

Das 1. Bohr'sche Postulat stellt also eine Drehimpulsquantelung dar (vgl. ▶ Abschn. 11.3.3 im Kap. 11, „Schwingungen, Teilchensysteme und starre Körper"). Die genauere Quantenmechanik liefert eine ähnliche, nur für kleinere n abweichende Beziehung. Mit (94) folgt daraus für die möglichen Kreisbahnradien

$$r_n = \frac{4\pi\varepsilon_0\hbar^2}{m_\mathrm{e} e^2} n^2. \tag{98}$$

Für $n = 1$ erhält man den Radius des Wasserstoffatoms im Grundzustand, den sog. Bohr'schen Radius

$$\begin{aligned} r_1 &= a_0 \\ &= \left(52{,}91772108 \pm 18 \cdot 10^{-8}\right)\,\mathrm{pm}. \end{aligned} \tag{99}$$

Aus (95) und (98) folgen schließlich die *stationären Energieniveaus des Wasserstoffatoms* nach Bohr

$$E_n = -\frac{m_\mathrm{e} e^4}{8\varepsilon_0^2 h^2} \cdot \frac{1}{n^2} \tag{100}$$

$$(n = 1{,}2,\ \ldots\ ;\ \text{Haupt-Quantenzahl}).$$

Die gleichen Energiewerte ergeben sich auch aus der Quantentheorie (als Eigenwerte der Schrödinger-Gleichung, siehe ▶ Abschn. 20.4.3 im Kap. 20, „Optik und Materiewellen" sowie Teil Chemie). Da genau genommen das Elektron sich nicht um den Kern, sondern um das Massenzentrum (siehe ▶ Abschn. 11.2.1 im Kap. 11, „Schwingungen, Teilchensysteme und starre Körper") des Systems Elektron – Kern bewegt, muss die Elektronenmasse $m_\mathrm{e} = 9{,}10938356 \cdot 10^{-31}$ kg in (100) durch die reduzierte Masse (164) im ▶ Kap. 11, „Schwingungen, Teilchensysteme und starre Körper" von Kern und Elektron ersetzt werden, im Falle des Wasserstoffatoms:

$$m_\mathrm{e} \rightarrow \frac{m_\mathrm{e}}{1 + m_\mathrm{e}/m_\mathrm{p}} = 0{,}99945568 m_\mathrm{e}. \tag{101}$$

Die im Rutherford'schen Atommodell beliebigen, kontinuierlich verteilten „erlaubten" Energiewerte werden also im Bohr'schen Atommodell mithilfe einer Drehimpulsquantelung auf bestimmte diskrete Energieterme gemäß (100) eingeschränkt, die stationär und nichtstrahlend sind. Das Energieschema eines Atoms (*Termschema*) lässt sich daher durch Markierung der „erlaubten" Energiewerte auf der Energieskala darstellen (Abb. 16b).

Anmerkung: Eine gewisse anschauliche Deutung des Auftretens der Drehimpulsquantelung stellt die Behandlung der Welleneigenschaften von Elektronen (Materiewellen, siehe ► Abschn. 20.4.2 im Kap. 20, „Optik und Materiewellen“) dar.

Eine weitere Annahme von Bohr betrifft den Übergang des Atoms von einem Energiezustand in einen anderen. Analog zur Beschreibung des Verhaltens mikroskopischer harmonischer Oszillatoren (siehe ► Abschn. 11.1.2.2 im Kap. 11, „Schwingungen, Teilchensysteme und starre Körper“) in der zeitlich vorangegangenen Planck'schen Strahlungstheorie (1900, siehe ► Abschn. 19.3.2 im Kap. 19, „Wellen und Strahlung“) postuliert Bohr, dass ein solcher Übergang nur zwischen stationären Energiezuständen E_m und E_n möglich ist, wobei die Energiedifferenz $\Delta E = E_\mathrm{m} - E_\mathrm{n}$ je nach Richtung des Übergangs absorbiert oder emittiert wird. Die Absorption kann z. B. aus einem äußeren elektromagnetischen Strahlungsfeld erfolgen, wobei die Energie des Atoms erhöht wird (das Atom wird „angeregt“). Umgekehrt kann ein „angeregtes“ Atom durch Emission von elektromagnetischer Strahlung der Frequenz ν in einen Zustand geringerer Energie übergehen. Beide Fälle werden durch die Bedingung *(2. Bohr'sches Postulat, Bohr'sche Frequenzbedingung)*

$$\Delta E = E_m - E_n = h\nu \qquad (102)$$

beschrieben (weiteres siehe ► Abschn. 19.3.4, ► 19.3.5 im Kap. 19, „Wellen und Strahlung“ und Teil Chemie).

Der Erfolg des Bohr'schen Atommodells zeigte sich in der außerordentlich genauen Übereinstimmung der aus den Bohr'schen Postulaten berechneten Emissions- und Absorptionsfrequenzen mit den experimentell beobachteten Spektren des Wasserstoffs (► Abschn. 19.3.4 im Kap. 19, „Wellen und Strahlung“). Auch wasserstoffähnliche Systeme (ein- bzw. mehrfach ionisierte Atome der Kernladungszahl Z mit einem einzigen Elektron in der Hülle) lassen sich in analoger Weise aus (100) berechnen, wenn die erhöhte Kernladung durch einen zusätzlichen Faktor Z^2 im Zähler berücksichtigt wird. Mehrelektronensysteme lassen sich dagegen durch das Bohr'sche Modell nicht mehr beschreiben. Sommerfeld versuchte, das Bohr'sche Atommodell durch Annahme von (wiederum diskreten) Ellipsenbahnen der Elektronen zu erweitern. Danach sollten zu jeder Energie E_n mehrere Ellipsenbahnen gleicher Hauptachsenlänge, aber mit unterschiedlicher Nebenachsenlänge und daher mit unterschiedlichem Drehimpuls (Abb. 12 im ► Kap. 14, „Gravitationswechselwirkung“) erlaubt sein. Das Auswahlprinzip ist wiederum die Drehimpulsquantelung entsprechend (97). Das liefert eine weitere Quantenzahl, die Neben- oder Drehimpuls-Quantenzahl. Ihre nach diesem Modell möglichen Werte stimmten jedoch nicht mit den spektroskopischen Daten überein.

Trotz des Erfolges des Bohr'schen Atommodells hinsichtlich der wasserstoffähnlichen Systeme ist der Begriff der Elektronen „bahn“ im Bohr'schen Sinne jedoch nicht aufrecht zu erhalten. Er würde nämlich eine Lokalisierung des Elektrons zumindest im Bereich des Atoms (ca. 10^{-10} m) erfordern. Aus der Heisenberg'schen Unschärferelation (vgl. ► Abschn. 20.4.1 im Kap. 20, „Optik und Materiewellen“) lässt sich dann eine Mindestimpulsunschärfe und daraus wiederum eine Energieunschärfe berechnen, die in der gleichen Größenordnung liegt wie die sich aus (95) ergebenden Energiewerte des Atoms. Der Begriff einer Elektronenbahn im Atom mit definiertem Ort und Impuls des Elektrons verliert daher jeglichen Sinn.

Quantenzahlen

Das heutige *wellenmechanische* oder *quantenmechanische Atommodell* nach Schrödinger bzw. Heisenberg setzt an die Stelle des Bahnbegriffs die (komplexe) Zustands- oder *Wellenfunktion* Ψ des Elektrons, auf die später bei der Behandlung der Materiewellen nochmals eingegangen wird (vgl. ► Abschn. 20.4 im Kap. 20, „Optik und Materiewellen“). Das Betragsquadrat der Ψ-Funktion kann als Dichte der *Aufenthaltswahrscheinlichkeit* des Elektrons gedeutet werden. Die Wellenfunktion erhält man als Lösung der *Schrödinger-Gleichung* des betrachteten atomaren Systems (vgl. ► Abschn. 20.4.3 im Kap. 20, „Optik und Materiewellen“ und Teil Chemie), die auch die zugehörigen Energieniveaus als Eigenwerte liefert. Wegen des erheblichen mathematischen Aufwandes kann darauf in diesem Rahmen nicht im Einzelnen eingegangen werden. Die Lösungsfunktionen der Schrödinger-Gleichung enthalten die Quantenzahlen n, l und m als Parameter, die unterschiedliche Elektronenzustände beschreiben. Die räumliche Verteilung der Aufenthaltswahrscheinlichkeitsamplitude der Elektronen im Atom (nicht ganz korrekt auch „Elektronenwolke" genannt) lässt sich durch die *Orbitale* darstellen (vgl. Teil Chemie). Sie zeigt für unterschiedliche Quantenzahl-Kombinationen ganz verschiedene Symmetrien (vgl. Teil Chemie).

n wurde bereits als *Haupt-Quantenzahl* eingeführt und bestimmt beim Wasserstoffatom die Eigenwerte der Energie (Bindungsenergie des Elektrons je nach Anregungszustand)

$$E_n = -\frac{m_e e^4}{8\varepsilon_0^2 h^2} \cdot \frac{1}{n^2} = \frac{E_1}{n^2}$$

mit dem unbeschränkten Wertevorrat

$$n = 1,2,\ldots,$$

ein Ergebnis, das auch aus der Bohr'schen Rechnung (100) erhalten wurde. Bei Mehrelektronenatomen hängen die Energieniveaus auch von den anderen Quantenzahlen ab.

Die *Neben-* oder *Bahndrehimpuls-Quantenzahl* l bestimmt den Betrag des gequantelten Bahndrehimpulses L eines Elektronenzustandes

$$L = \sqrt{l(l+1)}\hbar, \qquad (103)$$

wobei seine maximale Komponente in einer physikalisch ausgezeichneten Richtung (etwa durch ein Magnetfeld z. B. in z-Richtung definiert) durch

$$L_{z,\max} = l\hbar \qquad (104)$$

mit dem Wertevorrat

$$l = 0,1,\ldots,(n-1)$$

(das sind n mögliche Werte) gegeben ist. Da der Betrag des Drehimpulses L nach (103) stets etwas größer als $L_{z,\max}$ ist, bildet der Drehimpulsvektor $\boldsymbol{L}$ einen Winkel φ mit der physikalisch ausgezeichneten Richtung (Abb. 17). Dieser Winkel kann verschiedene Werte annehmen (Richtungsquantelung, siehe unten).

Die *magnetische Quantenzahl* m legt die gequantelte Orientierung des Bahndrehimpulses hinsichtlich einer physikalisch vorgegebenen Richtung fest, indem seine Projektion auf die ausgezeichnete Raumrichtung z wiederum nur Beträge

$$L_z = m\hbar \qquad (105)$$

mit dem Wertevorrat

$$m = 0, \pm 1, \pm 2, \ldots, \pm l$$

(das sind $2l + 1$ Werte) annehmen kann: *Richtungsquantelung*. Deren erster experimenteller Nachweis erfolgte durch den *Stern-Gerlach-Versuch* (1921). Abb. 17a zeigt die möglichen Orientierungen des Bahndrehimpulses für $n = 3$ in den Fällen $l = 2$ und $l = 1$. Im ferner möglichen Fall $l = 0$ verschwindet der Bahndrehimpuls.

Der Bahndrehimpuls ist mit einem magnetischen Dipolmoment $\boldsymbol{\mu}_L$ verknüpft (magnetomechanischer Parallelismus, siehe ► Abschn. 16.1.4

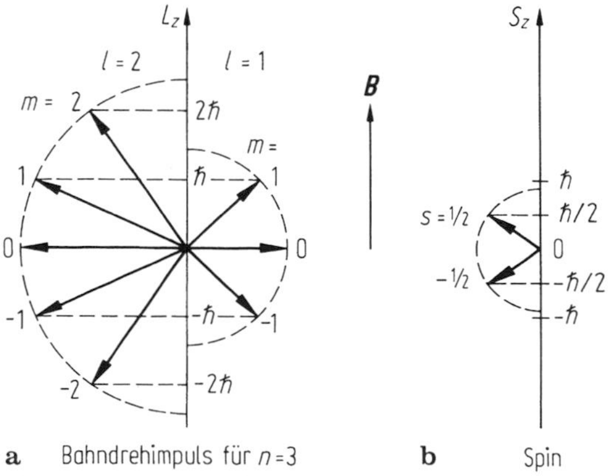

Abb. 17 Richtungsquantelung: Mögliche Orientierungen **a** des Bahndrehimpulses $\boldsymbol{L}$ für $n = 3$ und **b** des Eigendrehimpulses $\boldsymbol{S}$ des Elektrons (Spin) zu einer physikalisch ausgezeichneten Richtung (Magnetfeld $\boldsymbol{B}$)

im Kap. 16, „Magnetische Wechselwirkung und zeitveränderliche elektromagnetische Felder"). In einem Magnetfeld wird daher ein Drehmoment auf den Bahndrehimpuls ausgeübt, das zu einer Präzession des Drehimpulses um die Feldrichtung und zu einer zusätzlichen potenziellen Energie $E_\mathrm{p} = -\boldsymbol{\mu}_\mathrm{L} \cdot \boldsymbol{B} = -\mu_L\, B \cos \Phi$ (Tab. 1 im ► Kap. 16, „Magnetische Wechselwirkung und zeitveränderliche elektromagnetische Felder") führt. Je nach der Orientierung des Bahndrehimpulses bzw. des damit verbundenen magnetischen Momentes zur Feldrichtung (Abb. 17) haben daher die durch unterschiedliche Quantenzahlen gekennzeichneten Elektronenzustände etwas unterschiedliche Energien im Magnetfeld: Mit zunehmender Magnetfeldstärke $\boldsymbol{H}$ oder Flussdichte $\boldsymbol{B}$ spalten Energiezustände gleicher Haupt-Quantenzahl n auf in mehrere Energieniveaus, deren Anzahl durch den Wertevorrat der magnetischen Quantenzahl m gegeben ist.

Eine weitere Eigenschaft des Elektrons neben Masse und Ladung ist sein *Eigendrehimpuls* oder *Spin*, der sich nicht auf eine Bahnbewegung zurückführen lässt. Der Spin des Elektrons wurde 1925 zunächst hypothetisch von Goudsmit und Uhlenbeck zur Erklärung der Feinstruktur der Spektrallinien eingeführt. Diese Eigenschaft wird in der Schrödinger-Gleichung nicht berücksichtigt, sondern erst in deren relativistischer Verallgemeinerung (z. B. von Dirac). Der Betrag des Spinvektors $\boldsymbol{S}$ ist analog zu (103)

$$S = \sqrt{l_\mathrm{s}(l_\mathrm{s}+1)}\hbar = \frac{\sqrt{3}}{2}\hbar \quad \text{mit} \quad l_\mathrm{s} = \frac{1}{2}. \tag{106}$$

Auch der Spin unterliegt der Richtungsquantelung (Abb. 4b). Er kann zwei Orientierungen annehmen, die durch die Spinquantenzahl s beschrieben werden. Seine Projektion auf eine physikalisch ausgezeichnete Richtung z ist durch

$$S_z = s\hbar \quad \text{mit} \quad s = \pm\frac{1}{2} \tag{107}$$

gegeben. Auch der Spin des Elektrons ist mit einem magnetischen Dipolmoment verknüpft (Bohr'sches Magneton, siehe ► Abschn. 16.1.4 im Kap. 16, „Magnetische Wechselwirkung und zeitveränderliche elektromagnetische Felder").

Elektronenschalen-Aufbau des Atoms

Zur Erklärung des Periodensystems der Elemente (vgl. Teil Chemie) führte Pauli 1925 das folgende Ausschließungsprinzip ein:

Pauli-Prinzip:

> Ein durch eine räumliche Wellenfunktion mit einer gegebenen Kombination von Quantenzahlen n, l und m sowie durch eine Spinquantenzahl s charakterisierter Quantenzustand in einem Atom kann höchstens durch *ein* Teilchen besetzt werden.

Danach müssen sich alle Elektronen eines Atoms voneinander um mindestens eine der vier Quantenzahlen unterscheiden. Aufgrund der oben genannten Wertevorräte für die verschiedenen Quantenzahlen lässt sich für jede Haupt-Quantenzahl n eine Anzahl von $2n^2$ verschiedenen Quantenzahlkombinationen angeben. Jeder Zustand n kann also maximal $2\,n^2$ Elektronen aufnehmen. Das System von Elektronen mit der gleichen Haupt-Quantenzahl n wird *Elektronenschale* genannt. Diese wiederum gliedern sich in Unterschalen, deren Elektronen die gleiche Neben-Quantenzahl l aufweisen.

In einem Atom der Ordnungszahl Z (Protonenzahl gleich Hüllenelektronenzahl) nehmen die Elektronen im Grundzustand die niedrigsten Energiezustände ein. Mit steigender Ordnungszahl werden die einzelnen Elektronenschalen aufgefüllt. Ab $n = 3$ bleiben einige Unterschalen aus energetischen Gründen zunächst frei, um erst bei höheren Z aufgefüllt zu werden. Wie sich daraus mit zunehmendem Z die Elektronenkonfigurationen der verschiedenen Atome des *Periodensystems der Elemente* ergeben, ist im Teil Chemie dargestellt.

Chemische Bindungsvorgänge zwischen zwei oder mehreren Atomen zu *Molekülen* spielen sich in den äußersten Elektronenschalen ab, die noch Elektronen enthalten:

Valenzelektronen. Dabei zeigen Atome mit voll gefüllten (abgeschlossenen) äußeren Elektronenschalen eine besonders hohe Energie zum Abtrennen eines Valenzelektrons (Ionisierungsenergie).

Sie sind daher stabil und chemisch inaktiv (z. B. Edelgase). Valenzelektronenschalen, die nur ein oder zwei Elektronen enthalten, oder denen nur ein oder zwei Elektronen zur abgeschlossenen Schale fehlen, sind dagegen chemisch besonders aktiv. Bei der chemischen Bindung zweier Atome werden meist abgeschlossene Elektronenschalen dadurch erreicht, dass z. B. Valenzelektronen von einem Atom abgegeben und vom anderen aufgenommen werden (*Ionenbindung*), oder dass Elektronenpaare beiden Atomen gemeinsam angehören (*Atombindung*). Einzelheiten siehe Teil Chemie.

17.2.1.2 Elektronen in Festkörpern

Dieselben Bindungsarten, die zu Molekülen führen, können auch makroskopische raumperiodische Strukturen erzeugen: kristalline Festkörper. Die Ionenbindung (heteropolare Bindung) führt zu *Ionenkristallen*, die aus mindestens zwei Atomsorten bestehen (z. B. NaCl, CaF_2, MgO). Die Atombindung (homöopolare oder kovalente Bindung) liegt z. B. bei nichtmetallischen Kristallen vor, die nur aus einer einzigen Atomsorte bestehen (*kovalente Kristalle*, z. B. B, C, Si, P, As, S, Se).

Zusätzlich können bei Festkörpern noch weitere Bindungsarten auftreten. Dipolkräfte zwischen permanenten oder induzierten elektrischen Dipolmomenten der beteiligten Atome oder Moleküle (Van-der-Waals-Kräfte) führen zu *Van-der-Waals-Kristallen* (z. B. bei sehr tiefen Temperaturen auftretende feste Edelgase oder Molekülgitterkristalle wie fester Wasserstoff oder alle Kristalle organischer Verbindungen).

Atome, die nur wenige Valenzelektronen in der äußersten Schale haben (z. B. Na, K, Mg, Ca und andere Metalle), lassen sich bis zur „Berührung“ der inneren abgeschlossenen Schalen zusammenbringen. Die Bereiche der maximalen Aufenthaltswahrscheinlichkeit der Valenzelektronen überlappen sich dann so stark, dass die Valenzelektronen nicht mehr einem bestimmten Atom zuzuordnen sind. Sie gehören allen Gitterionen gemeinsam an („*freies Elektronengas*“) und können sich im Metall quasi frei bewegen: *Metallische Leitfähigkeit*. Die Bindung der sich abstoßenden Gitterionen durch die freien Elektronen (*metallische Bindung*) ähnelt der kovalenten Bindung, ist jedoch nicht lokalisiert.

Energiebändermodell des Festkörpers

Das Energietermschema eines einzelnen Atoms weist scharf definierte Terme auf (Abb. 16b links). Im Festkörper (Kristall) beeinflussen sich die Elektronen benachbarter Atome gegenseitig, die Festkörperatome stellen gekoppelte Systeme dar. Bei den Schwingungen haben wir kennen gelernt, dass N gleiche Schwingungssysteme auf eine Kopplung in der Weise reagieren, dass die Eigenfrequenz in 3 N Eigenfrequenzen aufspaltet (siehe ► Abschn. 11.1.6.2 im Kap. 11, „Schwingungen, Teilchensysteme und starre Körper“), wobei die Aufspaltung zwischen zwei benachbarten Frequenzen umso größer ist, je stärker die Kopplung zwischen den Oszillatoren ist (Abb. 27 im ► Kap. 11, „Schwingungen, Teilchensysteme und starre Körper“).

Ein dazu analoges Verhalten zeigen die diskreten Eigenenergien der Atome. Bei der Kopplung von N Atomen im Festkörper spalten die Energieterme der Atome in sehr viele (N ist bei einer Stoffmenge von 1 mol von der Größenordnung 10^{23}!) benachbarte Energiewerte auf, die bei einem Festkörper von makroskopischer Größe praktisch beliebig dicht liegen: Es entstehen quasikontinuierliche *Energiebänder* (Abb. 18). Für die Diskussion elektrischer Leitungsphänomene wird oft horizontal noch eine Ortskoordinate aufgetragen.

Da die höheren Energieniveaus des Atoms zu weiter außen liegenden Bereichen der Elektronenhülle gehören, die die Kopplung mit den Nachbaratomen stärker spüren, als die zu inneren Elektronenschalen gehörenden, tiefer liegenden Energieniveaus, werden die höheren Niveaus (höhere Quantenzahlen) zu breiteren Energiebändern

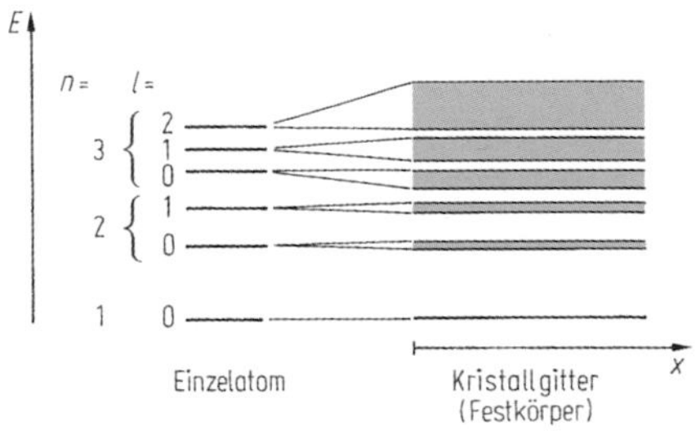

Abb. 18 Übergang von diskreten Energieniveaus eines einzelnen Atoms zu Energiebändern im Festkörper (Kristallgitter)

aufgespalten. Die Aufspaltung der Energieniveaus von ganz innen liegenden Elektronenschalen (niedrige Quantenzahlen) bleibt insbesondere bei Atomen mit höherer Ordnungszahl Z gering. Dies ist wichtig bei der Anregung atomspezifischer, charakteristischer Röntgenstrahlung (siehe ► Abschn. 19.2.1 im Kap. 19, „Wellen und Strahlung").

Die Elektronen des Festkörpers besetzen Energiezustände innerhalb der Energiebänder, die durch sog. verbotene Zonen (Energielücken) voneinander getrennt sind. Entsprechend der Zahl der vorhandenen Elektronen (Z für jedes Atom) sind bei einem nicht angeregten Festkörper die unteren Energiebänder mit Elektronen vollständig gefüllt. In vielen Fällen, z. B. bei den Ionenkristallen, sind die äußersten, die Valenzelektronen enthaltenden Schalen der Gitterbausteine (Ionen) voll besetzt (damit wird ja gerade die Bindung erreicht). Das überträgt sich auf die Energiebänder: Das oberste, noch Elektronen enthaltende Band ist voll besetzt: *Valenzband*. Das nächsthöhere Band ist leer (Abb. 19). Es wird wegen seiner Bedeutung für elektrische Leitungsvorgänge bei energetischer Anregung (siehe Abschn. 17.2.4) *Leitungsband* genannt. Dazwischen liegt eine „verbotene Zone" (*Energielücke*), in der keine Elektronenzustände vorhanden sind. Elektronen in vollbesetzten (abgeschlossenen) Schalen bzw. Bändern sind besonders fest an ihre Ionen gebunden, können sich daher auch bei Anlegung eines elektrischen Feldes nicht ohne Weiteres bewegen. Die äquivalente Betrachtung im Bändermodell ergibt ebenfalls keine Bewegungsmöglichkeit: Die Aufnahme von Bewegungsenergie würde die Besetzung eines etwas höheren Zustandes im Valenzband erfordern. Diese sind jedoch alle ebenfalls durch Elektronen besetzt, und eine Mehrfachbesetzung von Energiezuständen durch Elektronen ist nach dem Pauli-Verbot (vgl. Pauli-Prinzip, siehe oben) nicht möglich. In einem voll besetzten Energieband können Elektronen daher keine Bewegungsenergie aufnehmen. Ein Festkörper mit einem Bänderschema gemäß Abb. 19 stellt daher (insbesondere bei $T = 0$ K, vgl. Abschn. 17.2.4) einen elektrischen Isolator dar.

In einem Metallkristall (z. B. Elemente der I. Hauptgruppe des Periodensystems) sind dagegen die Valenzelektronen in nicht abgeschlossenen Schalen, das entsprechende Energieband ist nur teilweise gefüllt (Abb. 20). Wie oben bei der metallischen Bindung diskutiert, sind solche Elektronen nicht mehr an ein bestimmtes Gitterion gebunden, sie sind vielmehr quasifrei beweglich (energetisch allerdings auf die Energiebänder beschränkt). Bei Anlegen eines elektrischen Feldes nehmen sie Bewegungsenergie auf und stellen einen elektrischen Strom dar. Im Bändermodell bedeutet dies, dass sie durch die Energieaufnahme etwas höhere Zustände im vorher unbesetzten Teil des Bandes einnehmen. Metalle sind daher elektrische Leiter. Teilweise unbesetzte Energiebänder können auch dadurch auftreten, dass Valenz- und Leitungsband einander überlappen (z. B. Elemente der II. Hauptgruppe des Periodensystems).

E_F wird *Fermi-Energie* oder Fermi-Niveau genannt und kennzeichnet die Grenze zwischen besetztem und unbesetztem Energiebereich. E_F ist

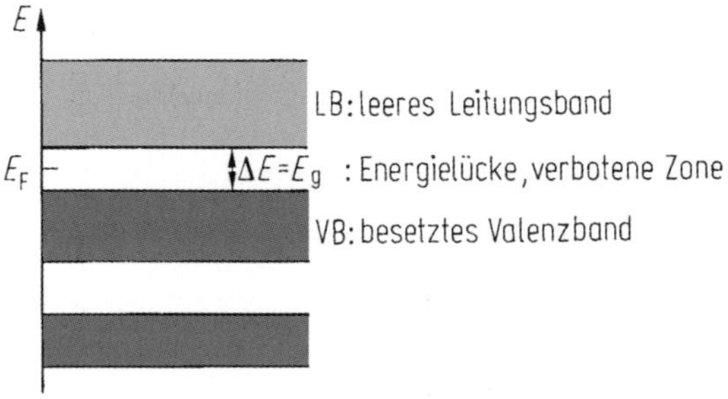

Abb. 19 Valenzband VB, Leitungsband LB und verbotene Zone $\Delta E = E_g$ im Energiebänderschema eines Festkörpers (Isolator)

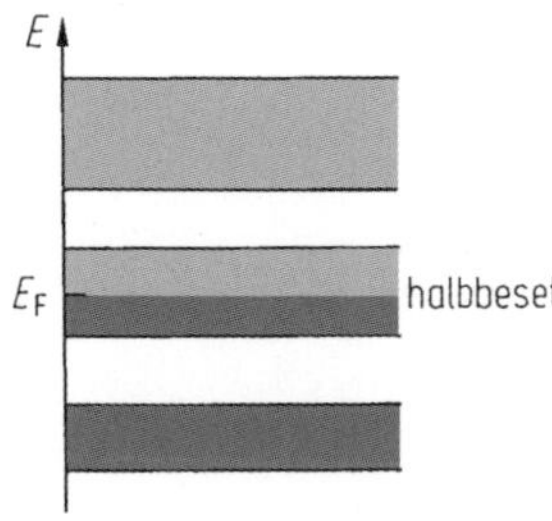

Abb. 20 Energiebänderschema eines elektrischen Leiters (Metall)

eine charakteristische Größe der *Fermi-Dirac-Verteilungsfunktion*

$$f_{\mathrm{FD}}(E) = \frac{1}{\mathrm{e}^{(E-E_{\mathrm{F}})/kT} + 1}, \qquad (108)$$

die die Wahrscheinlichkeit beschreibt, mit der ein bestimmter Energiezustand mit Elektronen besetzt ist. Die Fermi-Dirac-Statistik gilt für Teilchen mit halbzahligem Spin, zu denen die Elektronen nach dem ▶ Kap. 18, „Starke und schwache Wechselwirkung: Atomkerne und Elementarteilchen" gehören.

Für $T = 0$ K stellt (108) eine Sprungfunktion dar (*Fermi-Kante* bei $E = E_{\mathrm{F}}$):

$$f_{\mathrm{FD}}(E) = \begin{cases} 1 & \text{für} \quad E < E_{\mathrm{F}} \\ 0 & \text{für} \quad E > E_{\mathrm{F}} \end{cases}, \qquad (109)$$

d. h., unterhalb der Fermi-Kante sind alle Zustände mit Elektronen besetzt, oberhalb E_{F} leer (Abb. 8). Bei Temperaturen $T > 0$ können Elektronen in einem Bereich der Größenordnung kT (k Boltzmann-Konstante, vgl. (29) im ▶ Kap. 12, „Statistische Mechanik – Thermodynamik") unterhalb der Fermi-Kante thermisch angeregt werden, d. h., ihre Energie erhöht sich um einen Betrag von der Größenordnung kT. Für energetisch tiefer liegende Elektronen ist dies nicht möglich, da sie keine freien Zustände vorfinden. Die Fermi-Kante wird daher mit steigender Temperatur weicher: Die Besetzungswahrscheinlichkeit dicht unterhalb der Fermi-Kante sinkt auf Werte < 1, d. h., es sind nicht alle vorhandenen Zustände mit Elektronen besetzt. Die dort fehlenden Elektronen besetzen nun Zustände dicht oberhalb der Fermi-Kante, die Besetzungswahrscheinlichkeit ist jetzt dort > 0 (Abb. 21). Die Breite des Übergangsbereiches ist von der Größenordnung der thermischen Energie kT und bei normalen Temperaturen sehr klein im Vergleich zur Fermi-Energie. Dies ändert sich erst bei Temperaturen T in der Größenordnung der *Fermi-Temperatur*

$$T_{\mathrm{F}} = \frac{E_{\mathrm{F}}}{k}, \qquad (110)$$

(vgl. z. B. Abb. 8 für $T = 0{,}5T_{\mathrm{F}}$). Da die Fermi-Temperatur bei Metallen $T_{\mathrm{F}} > 10^4$ K beträgt (Tab. 2), tritt dieser Fall bei Festkörpern nicht auf.

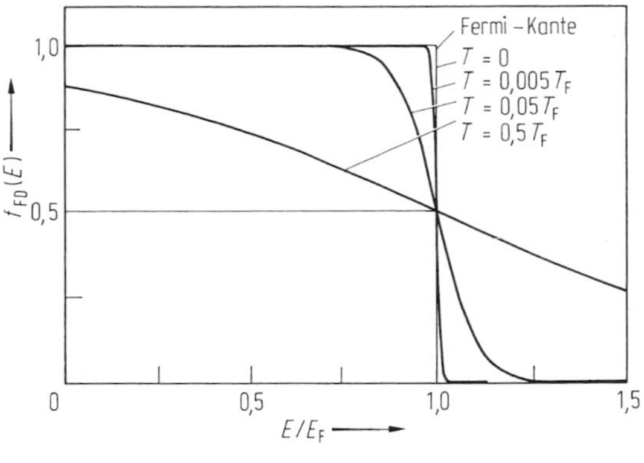

Abb. 21 Fermi-Dirac-Verteilung der Besetzungswahrscheinlichkeit

Tab. 2 Parameter des Fermi-Niveaus von Metallen

Metall	n	E_{F}	T_{F}
	10^{27} /m^3	eV	$10^3 \cdot$ K
Li	46	4,7	54
Na	25	3,1	36
K	13,4	2,1	24
Cu	85,0	7,0	81
Ag	57,6	5,5	64
Au	59,0	5,5	64

Der höherenergetische Teil der Fermi-Dirac-Verteilung (108) geht in die Boltzmann-Verteilung über (vgl. (40) im ▶ Kap. 12, „Statistische Mechanik – Thermodynamik"):

$$f_{\mathrm{FD}}(E) \to \mathrm{e}^{-(E-E_{\mathrm{F}})/kT} = f_{\mathrm{B}}(E - E_{\mathrm{F}}) \quad \text{für} \quad (E - E_{\mathrm{F}}) \gg kT. \qquad (111)$$

Die Fermi-Dirac-Verteilung ist auch gültig für den Fall, dass zwischen besetztem und unbesetztem Bandbereich eine Energielücke auftritt (Abb. 19). Die Fermi-Kante liegt dann in der Mitte der Energielücke zwischen Valenzband VB und Leitungsband LB.

17.2.2 Metallische Leitung

Die elektrischen Leitungseigenschaften der Metalle lassen sich weitgehend durch das Modell des *freien Elektronengases* verstehen. Es beschreibt die Leitungselektronen ähnlich wie die frei beweglichen Moleküle eines Gases. Dabei wird die Wechselwirkung der Leitungselektronen mit den gitterperiodisch angeordneten Atomrümpfen vernachlässigt, es wird lediglich die Begrenzung des metallischen Körpers für die Bewegung der Elektronen berücksichtigt. Wird z. B. ein Würfel der Kantenlänge L (Volumen $V = L^3$) betrachtet, so können im Sinne der Wellenmechanik (siehe ▶ Abschn. 20.4 im Kap. 20, „Optik und Materiewellen") nur solche Wellenfunktionen für die Aufenthaltswahrscheinlichkeit der Elektronen im Würfel existieren, für die in jeder der drei Würfelkantenrichtungen eine ganzzahlige Anzahl von Materiewellenlängen hineinpasst. Zählt man die Möglichkeiten hierfür ab, so erhält man die Zahl der möglichen Elektronenzustände als Funktion der zugehörigen Energie. Die hier nicht dargestellte Rechnung ergibt für diese *Zustandsdichte*

$$Z(E) = \frac{1}{V} \cdot \frac{\mathrm{d}N}{\mathrm{d}E} = \frac{1}{2\pi^2} \left(\frac{2m_e}{\hbar^2}\right)^{3/2} \sqrt{E}, \tag{112}$$

die nur von der Energie der Zustände, nicht aber von der gewählten Geometrie des Metallkörpers abhängt. Sind N Leitungselektronen im Volumen V enthalten, beträgt ihre Dichte also $n = N/V$, so ergibt sich (ohne Rechnung) als energetische Grenze der mit Elektronen besetzten Zustände, also für die *Fermi-Energie* (siehe Abschn. 17.2.1)

$$E_F = \frac{\hbar^2}{2m_e} \left(3\pi^2 n\right)^{2/3}. \tag{113}$$

Daraus berechnete Werte für die Fermi-Energie verschiedener Metalle zeigt Tab. 2. Die Dichte der besetzten Zustände im Bänderschema (Abb. 20) ergibt sich nun aus dem Produkt der Zustandsdichte $Z(E)$ nach (112) und der Fermi-Dirac-Verteilung $f_{FD}(E)$ nach (108) zu

$$Z(E) f_{FD}(E) = \frac{1}{2\pi^2} \left(\frac{2m_e}{\hbar^2}\right)^{3/2} \sqrt{E}\, \frac{1}{\exp[(E - E_F)/kT] + 1}. \tag{114}$$

Bei Zimmertemperatur ist demnach nur ein sehr geringer Anteil der Leitungselektronen thermisch angeregt (Abb. 22). Das ist auch der Grund dafür, dass das freie Elektronengas im Metall praktisch nicht zu dessen Wärmekapazität beiträgt, obwohl dies vom Gleichverteilungssatz her eigentlich zu erwarten wäre (vgl. ▶ Abschn. 12.1.6 im Kap. 12, „Statistische Mechanik – Thermodynamik").

Dass sich die Leitungselektronen im Metall etwa wie freie Teilchen verhalten, kann mit dem *Tolman-Versuch* gezeigt werden. Wird ein Metall beschleunigt oder abgebremst (Beschleunigung $\boldsymbol{a}$), so zeigen freie Elektronen träges Verhalten, d. h., hinsichtlich des Metallkörpers als Bezugssystem tritt eine Beschleunigung der Elektronen der Größe $-\boldsymbol{a}$ auf. Der zugehörigen Trägheitskraft $-m_e\, \boldsymbol{a}$ entspricht eine elektrische Feldstärke $\boldsymbol{E} = m_e\, \boldsymbol{a}/q$ bzw. eine spezifische Ladung

$$\frac{q}{m} = \frac{a}{E}. \tag{115}$$

Tolman hat $\boldsymbol{a}$ und $\boldsymbol{E}$ bei Drehschwingungen eines Metallringes gemessen. Die elektrische Feldstärke $\boldsymbol{E}$ erzeugt dabei einen oszillierenden Ringstrom, dessen magnetisches Wechselfeld induktiv gemessen werden kann. Er erhielt Werte für die spezifische Ladung der Leitungselektronen, die im Rahmen der Messgenauigkeit mit der *spezifischen Ladung freier Elektronen*

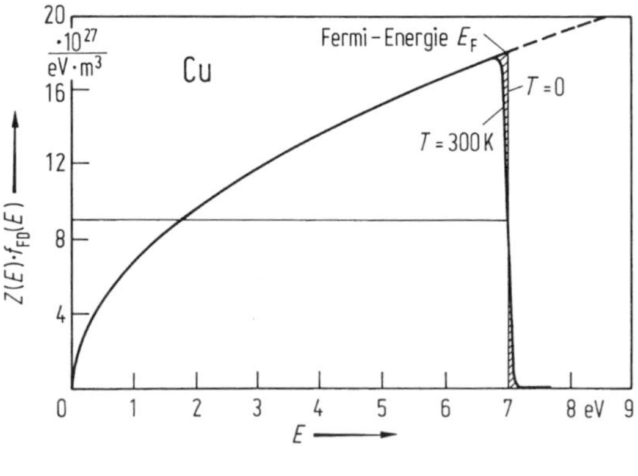

Abb. 22 Dichte der mit Leitungselektronen besetzten Energiezustände in Kupfer bei $T = 300$ K

$$\frac{e}{m_\mathrm{e}} = \left(1{,}758820024 \pm 11 \cdot 10^{-9}\right) \cdot 10^{11}\,\mathrm{As/kg}, \qquad (116)$$

wie sie im Vakuum durch Versuchsanordnungen gemäß Abb. 11 im ▶ Kap. 16, „Magnetische Wechselwirkung und zeitveränderliche elektromagnetische Felder“ bestimmt werden kann, übereinstimmten. Damit ist nachgewiesen, dass die Ladungsträger des elektrischen Stromes in Metallen quasifreie Elektronen sind.

Klassische Theorie des Elektronengases

Nach P. Drude und H. A. Lorentz wird die Bewegung der freien Elektronen im Metall wie die Bewegung der Moleküle eines Gases behandelt. Die Leitungselektronen bewegen sich statistisch ungeordnet, tauschen durch Stöße Energie und Impuls mit dem Kristallgitter aus und nehmen daher dessen Temperatur T an. Bei Anlegen eines elektrischen Feldes $\boldsymbol{E}$ erhalten sie eine Beschleunigung $\boldsymbol{a} = -e\,\boldsymbol{E}/m_\mathrm{e}$, die ihnen in der Zeit τ zwischen zwei unelastischen Zusammenstößen mit dem Gitter eine Geschwindigkeit $\boldsymbol{v}_\mathrm{E} = \boldsymbol{a}\,\tau = -e\,\tau\,\boldsymbol{E}/m_\mathrm{e}$ in (negativer) Feldrichtung erteilt. Ferner sei angenommen, dass die Elektronen bei den unelastischen Stößen mit dem Gitter alle im Feld auf der mittleren freien Weglänge $l_\mathrm{e} = \bar{v}\tau$ aufgenommene Energie als Gitterschwingungsenergie (Phononen), d. h. als Joule'sche Wärme, an das Gitter abgeben und nach jedem solcher Stöße erneut im Feld starten müssen. Dann ergibt sich als mittlere, durch die Feldstärke $\boldsymbol{E}$ verursachte *Driftgeschwindigkeit* der Leitungselektronen (vgl. ▶ Abschn. 15.1.6 im Kap. 15, „Elektrische Wechselwirkung“)

$$\boldsymbol{v}_\mathrm{dr} = -\frac{1}{2}\tau\frac{e}{m_\mathrm{e}}\boldsymbol{E} = -\frac{el_\mathrm{e}}{2m_\mathrm{e}\bar{v}}\boldsymbol{E}. \qquad (117)$$

Die Driftgeschwindigkeit $\boldsymbol{v}_\mathrm{dr}$ überlagert sich der viel höheren thermischen Geschwindigkeit $\bar{v}$, jedoch führt nur $\boldsymbol{v}_\mathrm{dr}$ zu einem resultierenden elektrischen Strom. Gl. (117) hat die Form der Definitionsgleichung (8) bzw. (9) der Beweglichkeit. Durch Vergleich erhält man für die *Beweglichkeit* der Elektronen

$$\mu_\mathrm{e} = \frac{1}{2}\tau\frac{e}{m_\mathrm{e}} = \frac{el_\mathrm{e}}{2m_\mathrm{e}\bar{v}}. \qquad (118)$$

Der Zusammenhang (7) zwischen Stromdichte $\boldsymbol{j}$ und Driftgeschwindigkeit liefert schließlich mit (117)

$$\boldsymbol{j} = \frac{1}{2}\tau\frac{ne^2}{m_\mathrm{e}}\boldsymbol{E} = \frac{ne^2 l_\mathrm{e}}{2m_\mathrm{e}\bar{v}}\boldsymbol{E}. \qquad (119)$$

Für Metalle ist $v_\mathrm{dr} \ll \bar{v}$ (siehe ▶ Abschn. 15.1.6 im Kap. 15, „Elektrische Wechselwirkung“), sodass $\bar{v}$ bei konstanter Temperatur durch das Anlegen des Feldes praktisch nicht geändert wird. Auch die anderen Faktoren vor der Feldstärke sind von $\boldsymbol{E}$ unabhängig. Damit stellt (119) das aus dem Drude-Lorentz-Modell hergeleitete *Ohm'sche Gesetz* dar. Durch Vergleich mit (6) ergibt sich für die *elektrische Leitfähigkeit*

$$\gamma = \frac{1}{2}\tau\frac{ne^2}{m_\mathrm{e}} = \frac{ne^2 l_\mathrm{e}}{2m_\mathrm{e}\bar{v}}. \qquad (120)$$

Anmerkung: Bei der elektrischen Leitung in verdünnten ionisierten Gasen (Abschn. 17.2.6) kann v_dr in die Größenordnung der mittleren thermischen Geschwindigkeit $\bar{v}$ kommen, sodass diese durch $\boldsymbol{E}$ verändert wird. Dann treten Abweichungen vom Ohm'schen Gesetz auf.

Es liegt nahe anzunehmen, dass die besonders große Wärmeleitfähigkeit der Metalle ebenfalls auf das freie Elektronengas zurückzuführen ist. Wir können dazu die Beziehung für die Wärmeleitfähigkeit einatomiger Gase (21) im ▶ Kap. 13, „Transporterscheinungen und Fluiddynamik“ übernehmen:

$$\lambda = \frac{1}{2}k\bar{v}nl_\mathrm{e}. \qquad (121)$$

Bilden wir nun den Quotienten λ/γ und setzen gemäß (42) im ▶ Kap. 12, „Statistische Mechanik – Thermodynamik“ $m\bar{v}^2 \approx 3kT$, so erhalten wir das von Wiedemann und Franz 1853 empirisch gefundene, von Lorenz 1872 ergänzte Gesetz (*Wiedemann-Franz'sches Gesetz*):

$$\frac{\lambda}{\gamma} = LT \quad \text{mit} \quad L = \frac{3k^2}{e^2}. \qquad (122)$$

Die korrektere Berechnung unter Berücksichtigung der Fermi-Dirac-Verteilung (108) bzw. (114) liefert für die Konstante L den von Sommerfeld 1928 gefundenen, nur wenig abweichenden Wert für alle Metalle (und für Temperaturen weit oberhalb der Debye-Temperatur Θ_D, die hier nicht erläutert werden kann)

$$L = \frac{\pi^2 k^2}{3e^2} = 2{,}443\ldots \cdot 10^{-8}\,\mathrm{V}^2/\mathrm{K}^2. \qquad (123)$$

Experimentelle Werte liegen bei 2,2 bis $2{,}6 \cdot 10^{-8}$ $\mathrm{V}^2/\mathrm{K}^2$ für verschiedene reine Metalle ($T \gtrsim 200$ K). Die relativ gute Übereinstimmung der klassischen Rechnung mit (123) liegt mit daran, dass sowohl für die elektrische Leitung als auch für die Wärmeleitung vor allem die schnellen Elektronen maßgebend sind, deren Energieverteilung sich der klassischen Boltzmann-Verteilung annähert (111). Dagegen versagt die klassische Vorstellung bei der Berechnung der Wärmekapazität des Elektronengases. Hier muss die Fermi-Dirac-Verteilung beachtet werden, die bewirkt, dass bei normalen Temperaturen nur ein sehr geringer Anteil der Leitungselektronen thermisch angeregt ist.

Temperaturabhängigkeit des elektrischen Widerstandes von Metallen

Reine Metalle zeigen empirisch nach (12) und Tab. 1 einen von der Temperatur abhängigen spezifischen Widerstand

$$\varrho = \varrho_0(1 + \alpha\vartheta) = \varrho_0(1 - \alpha T_0 + \alpha T), \qquad (124)$$

worin $\vartheta = T - T_0$ die Celsius-Temperatur und $T_0 = 273{,}15$ K bedeuten. Für reine Metalle ist nach Tab. 1 in den meisten Fällen $\alpha \approx 0{,}004\ \mathrm{K}^{-1} \approx 1/T_0$, sodass $\alpha\, T_0 \approx 1$ ist. Damit erhalten wir für reine Metalle aus (124) in grober Näherung das empirische Ergebnis

$$\varrho \approx \varrho_0 \alpha T \approx \frac{\varrho_0}{T_0} T, \qquad (125)$$

das anhand des Modells des freien Elektronengases zu interpretieren ist. Aus (120) ergibt sich für den spezifischen Widerstand

$$\varrho = \frac{2 m_e \bar{v}}{n e^2 l_e}. \qquad (126)$$

Als temperaturabhängige Größen kommen hierin die Leitungselektronendichte n, die mittlere Geschwindigkeit $\bar{v}$ und die mittlere freie Weglänge l_e in Frage. n ist jedoch nach der Vorstellung vom freien Elektronengas in Metallen nicht temperaturabhängig. Für $\bar{v}$ trifft aufgrund der Fermi-Dirac-Verteilung (Abb. 22) praktisch das gleiche zu. Als einzige temperaturabhängige Größe bleibt l_e als mittlere freie Weglänge zwischen zwei unelastischen Stößen der Elektronen mit dem Gitter. Solche unelastischen Stöße treten an Störungen des periodischen Aufbaues des Kristallgitters auf, während das regelmäßige, periodische Gitter (aus wellenmechanischen Gründen) von den Leitungselektronen frei durchlaufen werden kann. Solche Störungen sind z. B. die thermischen Gitterschwingungen. Mit steigender Temperatur nimmt daher die freie Weglänge l_e ab, der Widerstand steigt mit T gemäß (125). Bei tiefen Temperaturen sind dagegen die temperaturunabhängigen Gitterstörungen (wie Fremdatome, Leerstellen, Korngrenzen zwischen verschiedenen Kristalliten usw.) maßgebend für l_e bzw. ϱ. Der temperaturproportionale Widerstand geht daher bei tiefen Temperaturen ($T \lesssim 10$ K) in einen konstanten *Restwiderstand* über, dessen Wert ein Maß für die Reinheit und Ungestörtheit des Metallkristalls ist (Abb. 23).

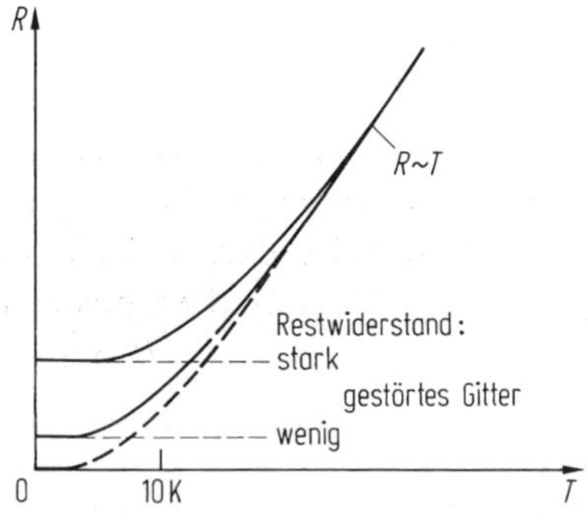

Abb. 23 Temperaturabhängigkeit des elektrischen Widerstandes verschieden stark gestörter Metallkristalle

Metallegierungen sind stark gestörte Kristalle, in denen l_e klein und damit ϱ groß ist und beide kaum von der Temperatur abhängen: Widerstandslegierungen (Tab. 1).

17.2.3 Supraleitung

Der elektrische Widerstand von Metallen nimmt nach 2.2 mit sinkender Temperatur ab, geht aber für $T \to 0$ in den konstanten Restwiderstand über (Abb. 10), der durch die Gitterstörungen bestimmt ist. Mit abnehmender Konzentration der Gitterstörungen nähert sich der Widerstand dem Wert 0, verschwindet jedoch nicht vollständig, da absolute Fehlerfreiheit und $T = 0$ nicht erreichbar sind. Einige Metalle, z. B. Quecksilber oder Blei, zeigen jedoch bei Unterschreiten einer materialabhängigen *kritischen Temperatur* T_c von wenigen Kelvin (Abb. 24) einen unmessbar kleinen Widerstand: *Supraleitung* (entdeckt von Kamerlingh Onnes 1911). Für Elementsupraleiter liegen die *Sprungtemperaturen* durchweg unter 10 K (Tab. 3), bei Verbindungs- und Legierungssupraleitern bisher maximal bei 23 K. Für die Nutzung der idealen Leitfähigkeit von Supraleitern ist daher die Kühlung mit flüssigem Helium (Siedetemperatur 4,2 K, Tab. 5 im ▶ Kap. 12, „Statistische Mechanik – Thermodynamik") Voraussetzung. Erst 1986 wurden höhere Sprungtemperaturen entdeckt (Bednorz und Müller): Bestimmte keramische Stoffe mit Perowskit-Struktur zeigen Supraleitung bei 37 K, bei 93 K und sogar bei über 100 K (Tab. 3): *Hochtemperatur-Supraleiter*.

Für solche Supraleiter genügt die Kühlung mit flüssigem Stickstoff (Siedetemperatur 77,4 K, Tab. 5 im ▶ Kap. 12, „Statistische Mechanik – Thermodynamik"), ein enormer technischer Vorteil.

Die in Tab. 3 angegebenen Sprungtemperaturen T_c gelten für den Fall, dass keine äußere

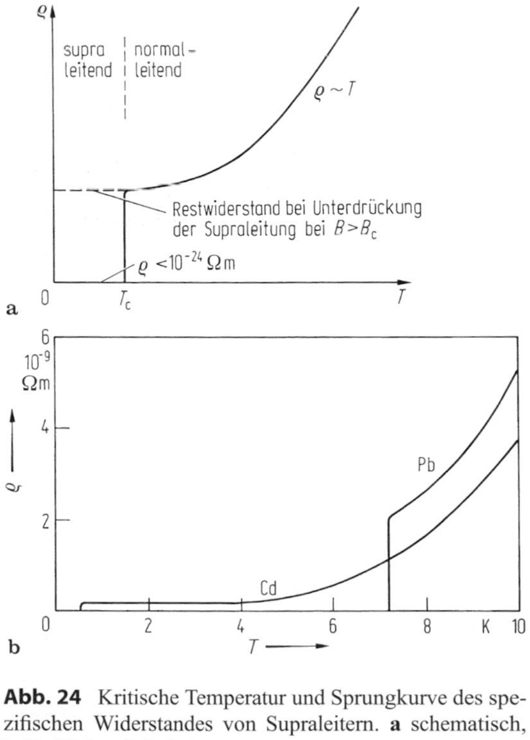

Abb. 24 Kritische Temperatur und Sprungkurve des spezifischen Widerstandes von Supraleitern. **a** schematisch, **b** für Blei und Cadmium

Tab. 3 Sprungtemperatur T_c und kritische Flussdichte B_c verschiedener Supraleiter, vgl. auch Teil Elektrotechnik

Stoff	T_c K	$B_c(T \to 0)$ mT	B_{c2} $(T \to 0)$ T
Supraleiter 1. Art:			
Al	1,18	9,9	
Cd	0,52	5,3	
Hg(α)	4,15	41,2	
In	3,41	29,3	
Pb	7,20	80,3	
Sn	3,72	30,9	
Supraleiter 2. Art:			
Nb	9,46		0,198
Ta	4,48		0,108
V	5,30		0,132
Zn	0,9		0,0053
Supraleiter 3. Art:			
Nb_3Al	17,5		
Nb_3Ge	23		
Nb_3Sn	18		≈ 25
NbTi (50 %)	10,5		≈ 14
NbZr (50 %)	11		
V_3Ga	16,8		≈ 21
V_3Si	17		$\approx 23,5$
Keramische Supraleiter (Hochtemperatursupraleiter):			
$La_{1,85}Sr_{0,15}CuO_4$	37		
$YBa_2Cu_3O_7$	93		≈ 350 ($B_{c2}\|\|$)
$Bi_2Sr_2Ca_2Cu_3O_{10}$	110		
$Tl_2Ba_2Ca_2Cu_3O_{10}$	125		
$HgBa_2Ca_2Cu_3O_8$	133		

magnetische Feldstärke anliegt. Für eine äußere magnetische Flussdichte $B_a > 0$ wird dagegen die Sprungtemperatur kleiner, der supraleitende Zustand wird oberhalb einer kritischen äußeren magnetischen Flussdichte B_c zerstört. Der Zusammenhang zwischen der *kritischen Flussdichte* B_c und der Temperatur T lässt sich in den meisten Fällen in guter Näherung durch die empirische Beziehung

$$B_c = B_{c0}\left[1 - \left(\frac{T}{T_c}\right)^2\right] \quad (127)$$

darstellen. Die Abb. 25 und 26 zeigen diesen Zusammenhang für einige Supraleiter 1. Art und 3. Art.

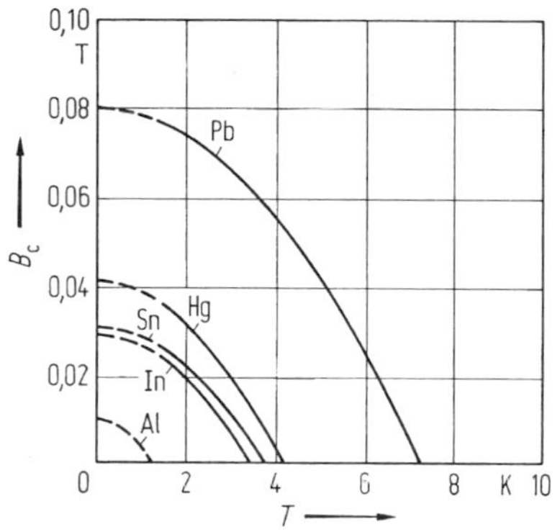

Abb. 25 Kritische Flussdichte B_c als Funktion der Temperatur für einige Elementsupraleiter 1. Art

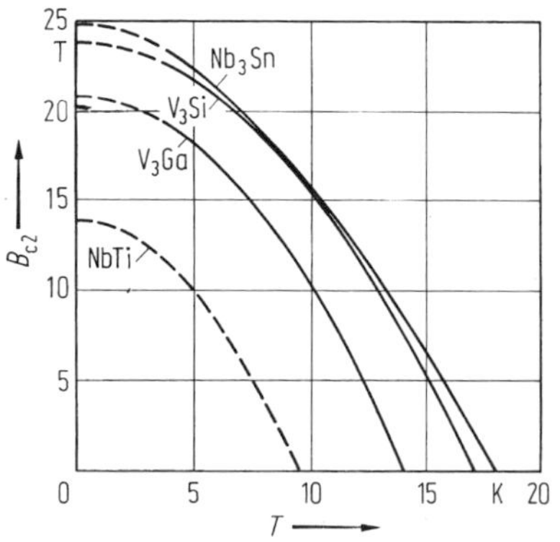

Abb. 26 Kritische Flussdichte B_{c2} als Funktion der Temperatur für einige Supraleiter 3. Art (Hochfeldsupraleiter)

Diese Erscheinung hängt mit dem zweiten wichtigen Phänomen der Supraleitung neben der idealen Leitfähigkeit, dem *Meißner-Ochsenfeld-Effekt* (1933) zusammen. Danach wird ein Magnetfeld aus dem Inneren eines Supraleiters verdrängt, solange die Energie hierfür kleiner ist, als der Energiegewinn durch den Eintritt des supraleitenden Zustandes. Das erfolgt unabhängig davon, ob das Magnetfeld nach oder vor der Abkühlung unter T_c eingeschaltet wird. Im ersten Fall könnte die ideale Leitfähigkeit allein zur Erklärung der Feldfreiheit des Supraleiters herangezogen werden (Induktion von Abschirmströmen nach der Lenz'schen Regel, siehe ► Abschn. 16.2.1 im Kap. 16, „Magnetische Wechselwirkung und zeitveränderliche elektromagnetische Felder"). Im zweiten Fall ist das nicht möglich.

Ein Supraleiter, aus dem das äußere Magnetfeld $\boldsymbol{B}_a$ verdrängt wird ($\boldsymbol{B}_i = \mu_r \mu_0 \boldsymbol{H} = 0$), zeigt damit einen *idealen Diamagnetismus*:

$$\mu_r = 0 \quad \text{für} \quad T < T_c. \quad (128)$$

Derselbe Sachverhalt lässt sich auch durch die Magnetisierung $\boldsymbol{M}$ ausdrücken (45) im ► Kap. 16, „Magnetische Wechselwirkung und zeitveränderliche elektromagnetische Felder": $\boldsymbol{B}_i = \boldsymbol{B}_a + \mu_0 \boldsymbol{M} = 0$. Die Magnetisierung eines Supraleiters mit vollständigem Meißner-Effekt ergibt sich daher aus

$$-\mu_0 \boldsymbol{M} = \boldsymbol{B}_a \quad \text{für} \quad T < T_c. \quad (129)$$

Vollständigen Meißner-Effekt zeigen nur die *Supraleiter 1. Art* (Tab. 3), deren Magnetisierungskurve (für einen langen Zylinder parallel zu $\boldsymbol{B}_a$) Abb. 27a zeigt. Für $B_a < B_c$ fließen dabei in einer dünnen Oberflächenschicht (Eindringtiefe $\lambda \approx (10^{-7} \ldots 10^{-8})$ m, siehe unten) des supraleitenden Körpers Abschirmströme, deren Feld das äußere Feld (bis auf die Oberflächenschicht) exakt kompensiert. Für $B_a \geq B_c$ bricht die Supraleitung sprunghaft zusammen.

Stromführende supraleitende Drähte erzeugen selbst ein Magnetfeld (3) im ► Kap. 16, „Magnetische Wechselwirkung und zeitveränderliche elektromagnetische Felder", das schließlich die Supraleitung zerstören kann. Die *Stromtragfähig-*

keit ist daher begrenzt und umso geringer, je größer ein von außen angelegtes Feld ist.

Phänomenologisch lassen sich die beiden Haupteigenschaften der Supraleiter durch die London'sche Theorie (nach F. und H. London, 1935) mit den *London'schen Gleichungen* beschreiben:

$$\begin{aligned} &(\mathrm{I}) \quad \frac{\mathrm{d}}{\mathrm{d}t}(\Lambda \boldsymbol{j}_\mathrm{s}) = \boldsymbol{E} \\ &(\mathrm{II}) \quad \mathrm{rot}(\Lambda \boldsymbol{j}_\mathrm{s}) = -\boldsymbol{B} \end{aligned} \tag{130}$$

$\boldsymbol{j}_\mathrm{s} = -n_\mathrm{s}\, e_\mathrm{s}\, \boldsymbol{v}_\mathrm{s}$ ist die Suprastromdichte. Die I. London'sche Gleichung beschreibt daher einen idealen Leiter mit verschwindendem Ohm'schen Widerstand, in dem die Ladungen in einem elektrischen Feld beschleunigt werden, sodass $\dot{\boldsymbol{v}}_\mathrm{s} \sim \boldsymbol{E}$ (im Gegensatz zum Ohm'schen Gesetz mit $\boldsymbol{v} \sim \boldsymbol{E}$). Ferner ist

$$\Lambda = \frac{m_\mathrm{s}}{n_\mathrm{s} e_\mathrm{s}^2}. \tag{131}$$

n_s, m_s, e_s und $\boldsymbol{v}_\mathrm{s}$ sind Anzahldichte, Masse, Ladung und Geschwindigkeit der supraleitenden Ladungsträger. Die II. London'sche Gleichung liefert für das Magnetfeld an einer supraleitenden Oberfläche (Ebene $x = 0$, supraleitend für $x > 0$)

$$B_z(x) = B_z(0)\mathrm{e}^{-x/\lambda}. \tag{132}$$

Das äußere Magnetfeld klingt also innerhalb des supraleitenden Bereiches exponentiell ab. Seine Eindringtiefe λ ist nach der London'schen Theorie

$$\lambda = \sqrt{\Lambda/\mu_0}. \tag{133}$$

Damit beschreibt die II. London'sche Gleichung den idealen Diamagnetismus. Bei *Supraleitern 2. Art* (Tab. 3) gibt es bei niedrigem Außenfeld zunächst ebenfalls eine Meißner-Phase (Abb. 27b).

Bei einer ersten kritischen Flussdichte B_c1 beginnt das äußere Magnetfeld in Form von normalleitenden magnetischen Flussschläuchen in den Supraleiter einzudringen, sodass die Magnetisierung $-\boldsymbol{M}$ wieder kleiner wird (bei nach wie vor verschwindendem elektrischen Widerstand!), bis schließlich bei einer sehr viel höheren zweiten kritischen Flussdichte B_c2 die gesamte Probe normalleitend geworden ist. Für theoretische Betrachtungen kann eine fiktive kritische Flussdichte $B_\mathrm{c,th}$ definiert werden derart, dass die getönten Flächen in Abb. 27b gleich sind. Die Magnetisierungskurve der Supraleiter 2. Art ist reversibel, sie kann in beiden Richtungen durchlaufen werden.

Der supraleitende Zustand im Außenfeldbereich $B_\mathrm{c1} < B_\mathrm{a} < B_\mathrm{c2}$ heißt *gemischter Zustand*. Im gemischten Zustand von supraleitenden Proben aus reinen, ungestörten Kristallen bilden die normalleitenden magnetischen Flussschläuche reguläre trigonale oder rechteckige Flussliniengitter (je nach Orientierung der Kristallstruktur zum Magnetfeld). Die Flussliniengitter wurden erstmals 1966 von Essmann und Träuble durch Dekoration mittels eines Bitter-Verfahrens (siehe ▶ Abschn. 16.1.4 im Kap. 16, „Magnetische Wechselwirkung und zeitveränderliche elektromagnetische Felder") sichtbar gemacht.

Der gemischte Zustand kann durch die phänomenologische Ginsburg-Landau-Theorie (1950) beschrieben werden, indem für die Grenzfläche zwischen normal- und supraleitendem Bereich eine *Grenzflächenenergie* eingeführt wird. Je nach deren Vorzeichen wird die Bildung solcher Grenzflächen energetisch begünstigt (Supraleiter 2. Art im gemischten Zustand) oder behindert (Supraleiter 1. Art).

Anmerkung: Der gemischte Zustand ist vom *Zwischenzustand* zu unterscheiden, der in Supraleitern 1. und 2. Art bei solchen Probengeometrien auftritt, bei denen durch die Feldverdrängung lokal am Probenrand B_c (bzw. B_c1) überschritten wird, obwohl im entfernteren, ungestörten Außenfeld noch $B_\mathrm{a} < B_\mathrm{c}$ (bzw. $B_\mathrm{a} < B_\mathrm{c1}$) gilt. Im Zwischenzustand ist die supraleitende Probe von makroskopischen, normalleitenden magnetischen Bereichen durchzogen.

Die normalleitenden, magnetischen Flussschläuche sind vollständig von supraleitendem Material umschlossen. Für einen magnetischen Fluss Φ in einem zweifach zusammenhängenden, supraleitenden Gebiet gilt, wie die Wellenmecha-

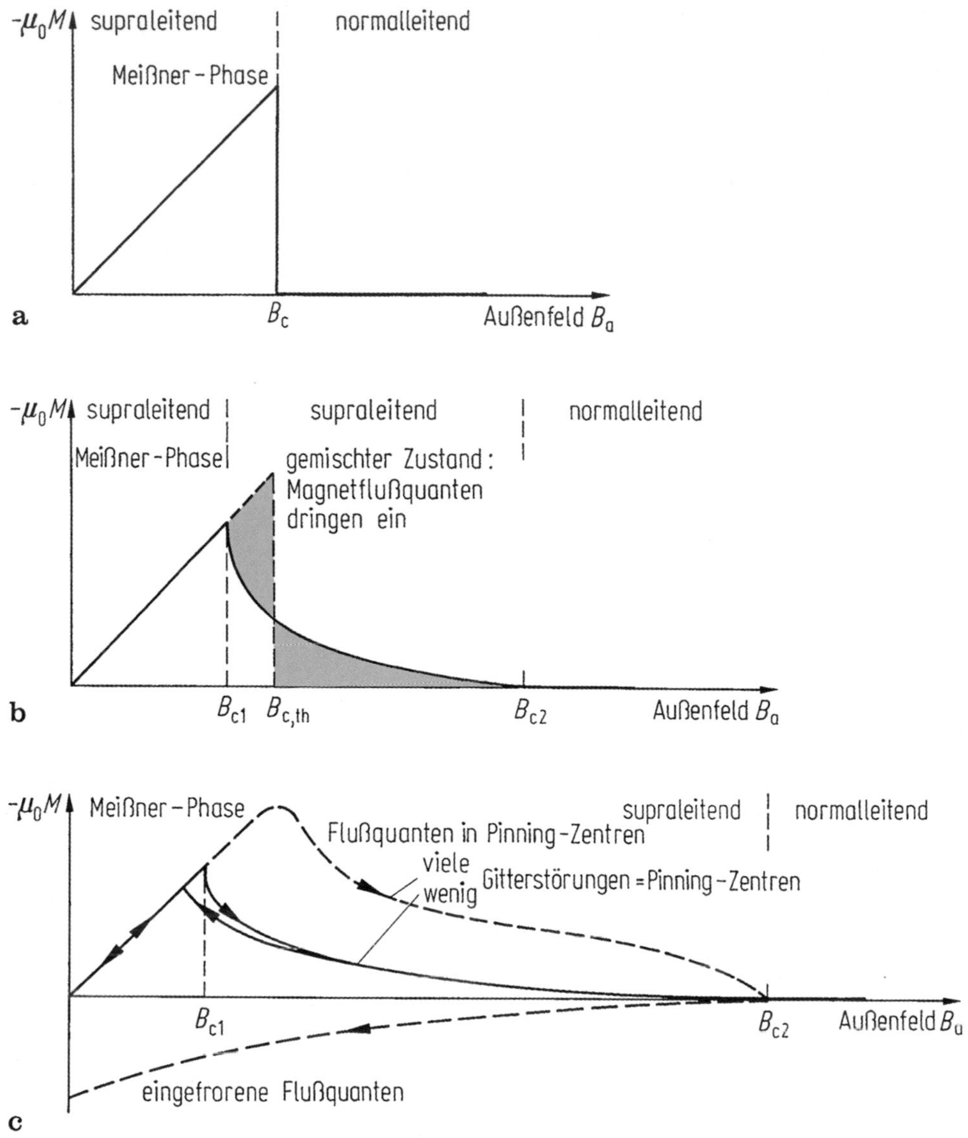

Abb. 27 Magnetisierungskurven von Supraleitern (lange Stäbe parallel zu B_a). Supraleiter **a** 1. Art, **b** 2. Art, **c** 3. Art

nik der Supraleitung zeigt, eine Quantenbedingung

$$\Phi = n\Phi_0 \quad (n = 0, 1, 2 \ldots) \tag{134}$$

mit

$$\Phi_0 = \frac{h}{2e} = 2{,}067\ldots \cdot 10^{-15}\,\text{Wb} \tag{135}$$

$$(magnetischesFlussquant).$$

Die *Flussquantisierung* wurde 1961 von Doll und Näbauer sowie von Deaver und Fairbank (mittels sehr empfindlicher magnetischer Messmethoden) und später von Boersch und Lischke (mittels elektroneninterferometrischer Methoden) nachgewiesen. Das Auftreten der Ladung $2e$ im Nenner von (135) ist ein Hinweis auf die Existenz von Elektronenpaaren im Supraleiter, siehe unten.

Im gemischten Zustand des Supraleiters 2. Art enthalten die Flussschläuche gerade ein Flussquant, also den kleinsten, von null verschiedenen

Wert. Damit wird ein maximaler Wert der Grenzfläche zwischen supraleitender und normalleitender Phase geschaffen. Bei Supraleitern 2. Art ist dieser Zustand für $B_a > B_{c1}$ energetisch günstig, da hier die Grenzflächenenergie negativ ist. Bei Supraleitern 1. Art ist hingegen die Grenzflächenenergie positiv, weshalb ein gemischter Zustand dort nicht auftritt.

Stark gestörte Supraleiter 2. Art werden *Supraleiter 3. Art* genannt (Tab. 3). Die Kristallstörungen wirken als sogenannte Pinning-Zentren, an denen die Flussquanten haften bleiben. Das hat Hystereseeffekte zur Folge, wobei nach Durchlaufen der Magnetisierungskurve bis $B_a > B_{c2}$ bei verschwindendem Außenfeld eine Restmagnetisierung durch eingefrorene, haftende Flussquanten bestehen bleibt (Abb. 27c). Die Pinning-Zentren sind für die Stromtragfähigkeit der Supraleiter von großer Bedeutung, da ein von außen aufgeprägter Strom gemäß (35) im ▶ Kap. 16, „Magnetische Wechselwirkung und zeitveränderliche elektromagnetische Felder“ eine Kraft auf die Flussschläuche ausübt. Ohne Pinning-Zentren würde dies zum Wandern der Flussschläuche, das heißt, zum Auftreten einer Induktionsspannung und damit zu Ohm'schen Verlusten führen.

Supraleiter 3. Art haben sehr hohe kritische Flussdichten (Tab. 3) bei gleichzeitig großer Stromtragfähigkeit. Sie sind deshalb von technischer Bedeutung vor allem für die Erzeugung großer Magnetfelder im sogenannten *Dauerstrombetrieb*: In einer supraleitend kurzgeschlossenen, supraleitenden Spule fließt der Strom zeitlich konstant beliebig lange ohne Spannungsquelle weiter, und das erzeugte Magnetfeld bleibt ohne weitere Energiezufuhr erhalten, wenn man von der Energie für die Kühlung gegen äußere Wärmezufuhr durch flüssiges Helium absieht. Während des Hochfahrens des Stromes durch die supraleitende Spule wird der eingebaute supraleitende Kurzschluss durch eine kleine Heizwicklung normalleitend gehalten (Abb. 28). Nach Einstellung des erforderlichen Stromes wird die Heizung ausgeschaltet, die Spule arbeitet im Dauerstrombetrieb und die Stromzufuhr kann abgeschaltet werden.

Die mikrophysikalische Begründung der Supraleitung erfolgte 1957 durch Bardeen, Cooper und Schrieffer (*BCS-Theorie*). Diese mathematisch sehr anspruchsvolle Theorie geht von folgenden Grundgedanken aus: Für $T < T_c$ besteht das Leitungselektronensystem des Supraleiters aus normalen freien Elektronen, die sich wie bei der metallischen Leitung (Abschn. 17.2.2) verhalten, und aus Elektronenpaaren mit antiparallelem Impuls und Spin (*Cooper-Paare*), die den reibungsfreien Suprastrom tragen. Die Kopplung zweier Elektronen zu einem Cooper-Paar erfolgt über die Wechselwirkung mit dem Gitter (Austausch von Phononen, Nachweis durch den *Isotopeneffekt*, d. h. die Abhängigkeit der Sprungtemperatur von der Masse der Gitterionen). Anschauliche Vorstellung: Ein sich durch das Metallgitter bewegendes Elektron polarisiert das Gitter in seiner Nähe, d. h., es zieht die positiven Ionen etwas an. Entfernt es sich schneller, als die

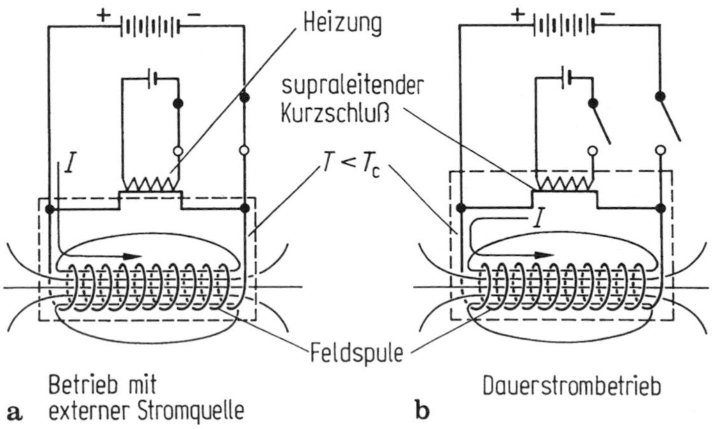

Abb. 28 Magnetfelderzeugung durch Supraleitungsspulen: Kurzgeschlossene supraleitende Spule **a** im Lade- und **b** im Dauerstrombetrieb

Gitterionen zurückschwingen können, so wirkt diese lokale Gitterdeformation als positive Ladung anziehend auf ein weiteres Elektron in der Nähe. Dieser dynamische Vorgang kann zu einer zeitweisen Bindung beider Elektronen zu einem Cooper-Paar führen, wobei die Reichweite (*Kohärenzlänge*) bis etwa 10^{-6} m betragen kann. Die Bindungsenergie liegt bei 10^{-3} eV. Dies führt für $T < T_c$ zur Bildung einer *Energielücke* 2Δ von der Breite der Bindungsenergie symmetrisch zur Fermi-Energie im Energieschema der Elektronen. Die thermische Energie muss klein gegen Δ sein, deshalb tritt Supraleitung vorwiegend bei sehr tiefen Temperaturen auf (Tab. 3). Bei Hochtemperatursupraleitern scheint die Cooper-Paar-Bildung von Löchern (Abschn. 17.2.4) eine Rolle zu spielen.

Wegen des antiparallelen Spins sind Cooper-Paare Quasiteilchen mit dem Spin 0. Sie unterliegen daher nicht der Fermi-Dirac-Statistik (108), sondern der hier nicht behandelten Bose-Einstein-Statistik, sie sind Bose-Teilchen. Diese unterliegen nicht dem Pauli-Verbot (siehe Abschn. 17.2.1) und können daher alle in einen untersten Energiezustand übergehen. Alle Cooper-Paare können dann durch eine einzige Wellenfunktion beschrieben werden, sie sind zueinander kohärent. Dieser Zustand kann nur durch Zuführung einer Mindestenergie gestört werden (2Δ pro Cooper-Paar). Dadurch kommt es zum verlustlosen Fließen des Stromes bei Anlegen eines elektrischen Feldes.

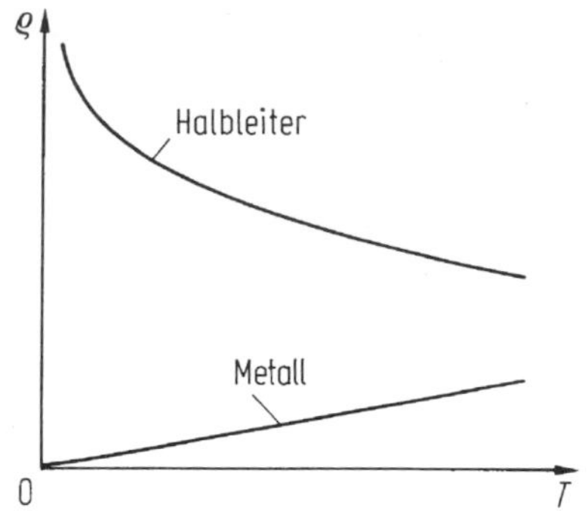

Abb. 29 Temperaturabhängigkeit des spezifischen Widerstandes ϱ von Metallen und Halbleitern (schematisch)

17.2.4 Halbleiter

Halbleiter unterscheiden sich insbesondere durch zwei Eigenschaften von metallischen Leitern:

1. Ihre Leitfähigkeit γ liegt in einem weiten Bereich zwischen etwa 10^{-7} S/m und 10^5 S/m, also zwischen der Leitfähigkeit von Metallen (10^7 bis 10^8 S/m) und derjenigen von Isolatoren (10^{-17} bis 10^{-10} S/m).
2. Die Temperaturabhängigkeit des Widerstandes von Halbleitern ist entgegengesetzt zu derjenigen von Metallen (Abb. 29).

17.2.4.1 Eigenleitung

Ein Halbleiter ist bei tiefen Temperaturen fast ein Isolator und wird erst bei höheren Temperaturen elektrisch leitend. Anders als bei Metallen gibt es bei tiefen Temperaturen kein quasifreies Elektronengas, die Elektronen sind weitgehend gebunden. Die Bindungsenergie liegt unter 1 bis 2 eV. Die Verteilung der thermischen Energie reicht bei Zimmertemperatur aus, um einige Elektronen von ihren Atomen zu trennen, die sich nun im elektrischen Feld bewegen können. Die daraus resultierende elektrische Leitfähigkeit steigt mit der Temperatur aufgrund der zunehmenden Anzahldichte n der nicht mehr gebundenen Elektronen, vgl. (120). Dieser Temperatureffekt übersteigt bei weitem den auch bei Halbleitern vorhandenen Effekt der Verringerung der mittleren freien Weglänge l_c bzw. der mittleren Stoßzeit τ (auch: Relaxationszeit) mit steigender Temperatur. Die Relaxationszeit τ und gemäß (118) die Beweglichkeit μ zeigen nach der (nicht dargestellten) Theorie aufgrund der Wechselwirkung mit den Gitterschwingungen in reinen Halbleitern eine Temperaturabhängigkeit

$$\mu(T) = \text{const} \cdot T^{-3/2}. \qquad (136)$$

Im Bändermodell des Halbleiters (Abb. 19, mit einer schmaleren Energielücke $\Delta E = E_g$ als beim Isolator, Tab. 5) bedeutet die thermische Anregung der Elektronen, dass entsprechend der Besetzungswahrscheinlichkeit gemäß der Fermi-Dirac-Verteilung (Abb. 21) mit einer bei höheren Temperaturen stärker verrundeten Fermi-Kante einige Valenzelektronen in das Leitungsband gehoben werden, wo sie für die elektrische Leitung zur Verfügung stehen. Im Valenzband entstehen dadurch unbesetzte Zustände, die sich wegen des Ionenhintergrundes wie positive Ladungen verhalten. Sie werden *Löcher* oder *Defektelektronen* genannt. Durch Platzwechsel von benachbarten gebundenen Elektronen kann ein Loch an deren Ort wandern (Abb. 30). Im elektrischen Feld bewegen sich Löcher wie positive Ladungen $+e$ in Feldrichtung und tragen als solche zur Stromstärke bei.

Wegen der paarweisen Anregung von Elektronen und Löchern in reinen Halbleitern, d. h. bei reiner *Eigenleitung*, sind die Anzahldichte n der Elektronen im Leitungsband und die Anzahldichte p der Löcher im Valenzband gleich der sog. *Eigenleitungsträgerdichte* (auch: intrinsische Trägerdichte):

$$n = p = n_\mathrm{i}. \tag{137}$$

Die Leitfähigkeit beliebiger Halbleiter ergibt sich in Erweiterung von (10) zu

$$\gamma = e\left(p\mu_\mathrm{p} + n\mu_\mathrm{n}\right), \tag{138}$$

bzw. für Eigenleitung

$$\gamma = en_\mathrm{i}\left(\mu_\mathrm{p} + \mu_\mathrm{n}\right), \tag{139}$$

wobei μ_n und μ_p die Beweglichkeiten von Elektronen und Löchern sind (Tab. 4).

Die Zustandsdichten in der Nähe der Bandkanten E_c des Leitungsbandes und E_v des Valenzbandes (Abb. 31) ergeben sich analog zu (112) für die Elektronenzustände

$$Z_\mathrm{n}(E) = \frac{1}{2\pi^2}\left(\frac{2m_\mathrm{n}^*}{\hbar^2}\right)^{3/2}\sqrt{E - E_\mathrm{c}} \tag{140}$$

im Leitungsband
und für Löcherzustände

$$Z_\mathrm{p}(E) = \frac{1}{2\pi^2}\left(\frac{2m_\mathrm{p}^*}{\hbar^2}\right)^{3/2}\sqrt{E_\mathrm{v} - E} \tag{141}$$

im Valenzband.

m_n^* und m_p^* sind die *effektiven Massen* der Leitungselektronen und Löcher in der Nähe der jeweiligen Bandkanten, die durch den Einfluss des Kristallpotenzials von der Masse der freien Elektronen abweichen können. Wie bei der metallischen Leitung (Abschn. 17.2.2) ergibt sich auch hier die Besetzungsdichte durch Multiplikation mit der Besetzungswahrscheinlichkeit, die durch die Fermi-Dirac-Verteilung $f_\mathrm{FD}(E)$ nach (108) gegeben ist. Für die Elektronen nahe der unteren Leitungsbandkante folgt

Tab. 4 Beweglichkeit von Elektronen und Löchern für einige wichtige Halbleiter ($T = 300$ K)

Halbleiter	μ_n in cm²/V s	μ_p in cm²/V s
Ge	3900	1900
Si	1350	480
GaAs	8500	435

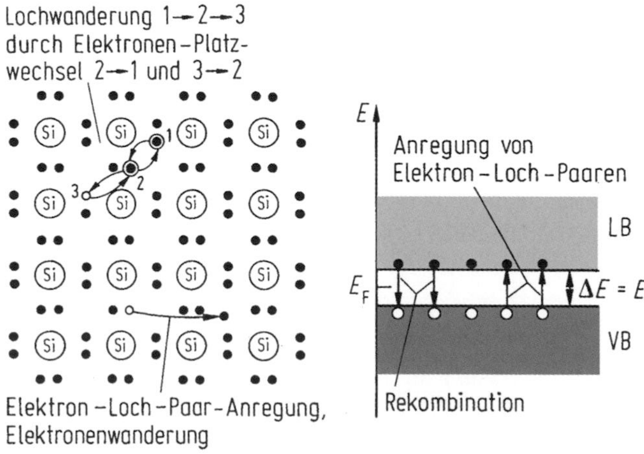

Abb. 30 Elektron-Loch-Paar-Anregung im planaren Gittermodell und im Bänderschema (Eigenleitung)

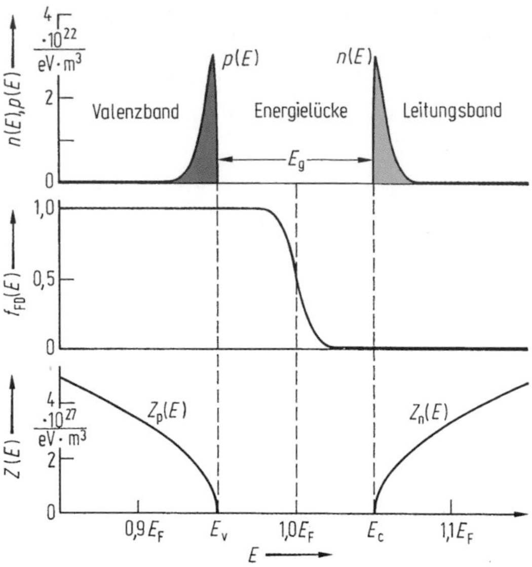

Abb. 31 Zustandsdichten $Z(E)$, Besetzungswahrscheinlichkeit $f(E)$ und Elektronendichte $n(E)$ bzw. Löcherdichte $p(E)$ im Valenz- und Leitungsband (berechnet für $E_F = 5$ eV, $E_g = 0{,}5$ eV, $T = 300$ K)

$$n(E) = Z_n(E) f_{FD}(E) \tag{142}$$

und für die Löcher an der oberen Valenzbandkante

$$p(E) = Z_p(E)[1 - f_{FD}(E)]. \tag{143}$$

Ist die thermische Energie kT klein gegen die Breite der Energielückc $\Delta E = E_c - E_v = E_g$, so liegt die Fermi-Energie E_F in der Mitte der Energielücke, d. h., $E_F = E_c - E_g/2 = E_v + E_g/2$. Ferner gilt dann für das Leitungsband $E - E_F \gg kT$, d. h., anstelle der Fermi-Dirac-Verteilung kann innerhalb des Bandes die Boltzmann-Näherung (111) verwendet werden. Die Gesamtdichte der Leitungselektronen im Leitungsband folgt aus

$$n = \int_{E_c}^{\infty} Z_n(E) f_{FD}(E) \mathrm{d}E. \tag{144}$$

Gl. (144) kann in der Näherung $f_{FD}(E) \approx f_{MB}(E)$ als bestimmtes Integral geschlossen angegeben werden und liefert

$$n(T) = a_n T^{3/2} \mathrm{e}^{-E_g/2kT} \tag{145}$$

mit

$$a_n = 2\left(\frac{2\pi m_n^* k}{h^2}\right)^{3/2}. \tag{146}$$

Entsprechend ergibt sich wegen der Symmetrie der Zustandsdichten und der Fermi-Dirac-Verteilung für die Gesamtdichte der Löcher im Valenzband

$$p(T) = a_p T^{3/2} \mathrm{e}^{-E_g/2kT}, \tag{147}$$

worin a_p sich wie (138) mit $m_n^* \to m_p^*$ berechnet. Das Produkt von freier Elektronen- und Löcherdichte beträgt nach (145), (146), (147) und (137)

$$\begin{aligned} n(T)p(T) &= n_i^2(T) \\ &= 4\left(\frac{2\pi kT}{h^2}\right)^3 \left(m_n^* m_p^*\right)^{3/2} \mathrm{e}^{-E_g/kT}. \end{aligned} \tag{148}$$

Für einen gegebenen Halbleiter ist np bei fester Temperatur eine Konstante, die sich auch bei Dotierung (Abschn. 17.2.4.2) nicht ändert.

Aus (136), (138), (145) und (147) folgt für die *Temperaturabhängigkeit* des spezifischen Widerstandes von Halbleitern

$$\varrho(T) = \text{const} \cdot \mathrm{e}^{E_g/2kT}. \tag{149}$$

Wegen der starken, exponentiellen Abhängigkeit besonders bei tiefen Temperaturen (Abb. 29) sind Halbleiterwiderstände (C, Ge) gut zur Messung tiefer Temperaturen geeignet.

Die Breite der verbotenen Zone E_g (Energielücke, Tab. 5) lässt sich aus der Frequenzabhängigkeit der Lichtabsorption bestimmen. Nach der Lichtquantenhypothese (▶ Abschn. 19.3.3 im Kap. 19, „Wellen und Strahlung") beträgt die Energie eines Lichtquants $E = h\,\nu$. Von einem Halbleiter kann die Energie eines Lichtquants erst dann durch Erzeugung eines Elektron-Loch-Paares absorbiert werden, wenn

Tab. 5 Energielücke E_g zwischen Valenz- und Leitungsband in Halbleitern und Isolatoren ($T = 300$ K)

Kristall	E_g/eV	Kristall	E_g/eV	Kristall	E_g/eV	Kristall	E_g/eV
C (Diamant)	5,4	InSb	0,165	CdO	2,5	ZnO	3,2
Si	1,107	InAs	0,36	CdS	2,42	ZnS	3,6
Ge	0,67	InP	1,27	CdSe	1,74	ZnSe	2,58
Te	0,33	GaSb	0,67	CdTe	1,44	ZnTe	2,26
Se	1,6 ... 2,5	GaAs	1,35	PbS	0,37	ZnSb	0,50
As (amorph)	1,18	GaP	2,24	PbSe	0,526	Cu_2O	2,06
		BN	4,6	PbTe	0,25	CuO	0,6
		SiC	2,8	MgO	7,4	NaCl	8,97
		Al_2O_3	7,0	BaO	4,4	TiO_2	3,05

$$E = h\nu \geqq E_g \qquad (150)$$

(*Fotoleitung*). Bei angelegtem elektrischen Feld setzt dann ein Fotostrom bei Bestrahlung mit Licht der Frequenz $\nu \geqq \nu_c = E_g/h$ ein. Für Licht unterhalb der Grenzfrequenz ν_c bleibt der Halbleiter durchsichtig und nichtleitend.

Kristalle mit Energielücken $E_g > 2$ eV werden zu den Isolatoren gerechnet. Nach der Breite der Energielücke lassen sich damit die Leitungseigenschaften von Metallen, Halbleitern und Isolatoren gemäß Abb. 32 charakterisieren:

Metalle:
Energielücke zwischen besetztem und unbesetztem Bandbereich nicht vorhanden, elektrische Leitung ist immer möglich.

Halbleiter:
Kleine Energielücke zwischen Valenz- und Leitungsband, elektrische Leitung ist erst nach Energiezufuhr (thermisch, Licht) durch Elektron-Loch-Paarbildung möglich.

Isolatoren:
Keine Leitung möglich, da Energielücke zwischen Valenz- und Leitungsband zu groß für thermische oder andere Anregung.

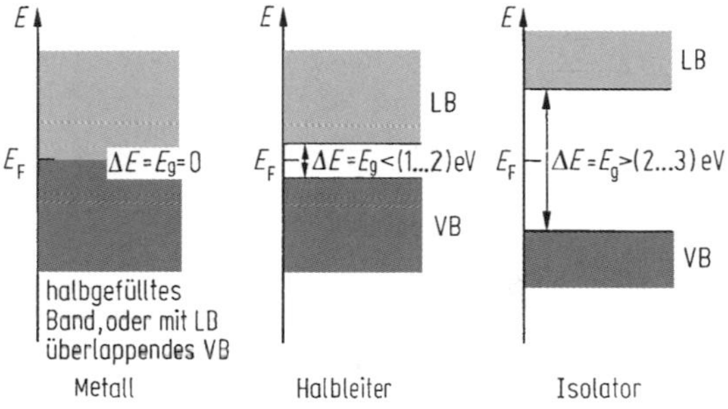

Abb. 32 Energielücke zwischen Valenz- und Leitungsband bei Metallen, Halbleitern und Isolatoren

17.2.4.2 Störstellenleitung

Durch den Einbau von anderswertigen Fremdatomen (Dotierung) in den Halbleiterkristall kann die Leitfähigkeit etwa bei $T = 300$ K um Größenordnungen erhöht werden: Störstellenleitung. Werden z. B. 5-wertige Arsenatome in das 4-wertige Grundgitter (Ge, Si) eingebaut, so sind die überzähligen 5. Valenzelektronen nicht innerhalb von Elektronenpaaren an den nächsten Gitternachbar gebunden, sondern können durch geringe Energiezufuhr E_d (10^{-2} bis 10^{-1} eV) von ihren Atomen abgetrennt werden (Abb. 33a). Solche höherwertigen Fremdatome, die Elektronen liefern, heißen *Donatoren*. Im Bänderschema befinden sich die Donatorniveaus energetisch dicht unterhalb der Leitungsbandkante (Abb. 33b). Im ionisierten Zustand (d. h. bei abgetrenntem Elektron) sind die ortsfesten Donatoren positiv geladen.

Bei Zimmertemperaturen ($kT = 0{,}026$ eV) haben die meisten Donatorniveaus ihre Elektronen durch thermische Anregung an das Leitungsband abgegeben. Die elektrische Leitung in solchen Halbleitern erfolgt daher fast ausschließlich durch Elektronen im Leitungsband: *N-Leiter*. Eigenleitung durch Elektronen-Loch-Paaranregung wird gegenüber der Störstellenleitung je nach Dotierungsdichte erst bei höheren Temperaturen merklich.

Wird mit geringerwertigen Fremdatomen dotiert, z. B. mit 3-wertigen Boratomen im 4-wertigen Si-Gitter, so ist jeweils eine Elektronenpaarbindung nicht vollständig (Abb. 34a). Unter geringem Energieaufwand E_a (10^{-2} bis 10^{-1} eV)

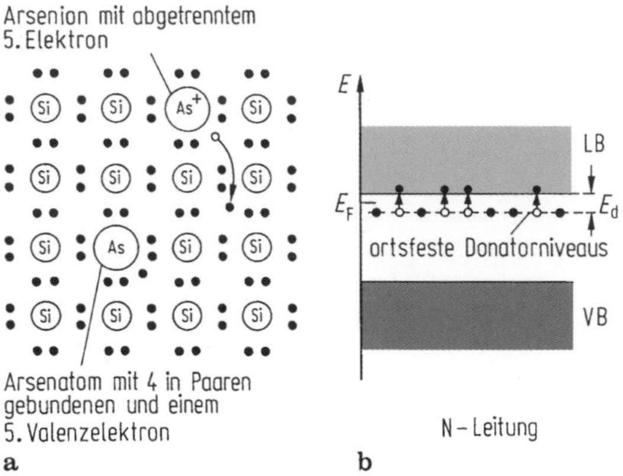

Abb. 33 N-Leitung in Halbleitern mit Donatorstörstellen

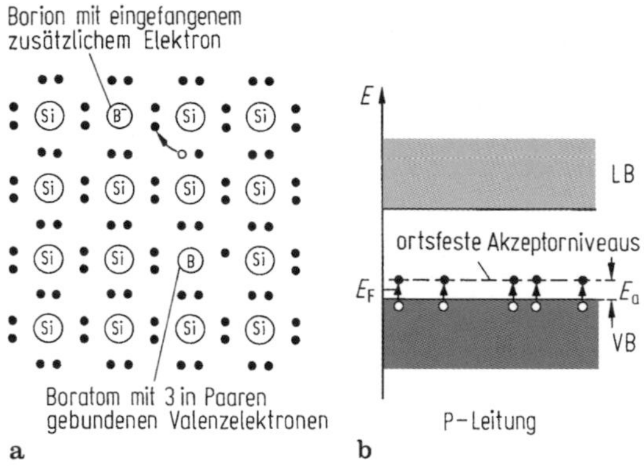

Abb. 34 P-Leitung in Halbleitern mit Akzeptorstörstellen

können solche Fremdatome benachbarte Elektronen aus dem Valenzband aufnehmen (*Akzeptoren*) und damit dort Löcher erzeugen. Im Bänderschema befinden sich die Akzeptorniveaus energetisch dicht oberhalb der Valenzbandkante (Abb. 34b).

Auch hier sind bei Zimmertemperatur die Störstellen weitgehend ionisiert, d. h., sie haben durch thermische Anregung Elektronen aus dem Valenzband aufgenommen. Die ortsfesten Akzeptoren sind dann negativ geladen. Die elektrische Leitung erfolgt fast ausschließlich durch die erzeugten Löcher im Valenzband: *P-Leiter.*

Die Fermi-Kante liegt bei dotierten Halbleitern in der Mitte zwischen den Störstellenniveaus und der zugehörigen Bandkante. Für die Gesamtdichten n, p der Leitungselektronen bzw. Löcher ist nunmehr nicht mehr die Breite E_g der Energielücke zwischen Valenz- und Leitungsband maßgebend, sondern die Anregungsenergie E_d bzw. E_a. Demzufolge ergibt sich für die Temperaturabhängigkeit des spezifischen Widerstandes

$$\varrho(T) \sim [n(T)]^{-1} \sim \mathrm{e}^{E_d/2kT} \qquad (151)$$

für N-Leitung und

$$\varrho(T) \sim [p(T)]^{-1} \sim \mathrm{e}^{E_a/2kT} \qquad (152)$$

für P-Leitung.

17.2.4.3 Hall-Effekt in Halbleitern

Die experimentelle Feststellung, welche Art von Majoritätsladungsträgern vorliegt, kann mittels des Hall-Effekts erfolgen (▶ Abschn. 16.2.1 im Kap. 16, „Magnetische Wechselwirkung und zeitveränderliche elektromagnetische Felder“). Die Hall-Spannung U_H senkrecht zum Strom I in einem Bandleiter im transversalen Magnetfeld B (Abb. 28) ist nach (84) (beides im ▶ Kap. 16, „Magnetische Wechselwirkung und zeitveränderliche elektromagnetische Felder“ gegeben durch

$$U_H = A_H \frac{IB}{d} \qquad (153)$$

mit dem Hall-Koeffizienten (87) im ▶ Kap. 16, „Magnetische Wechselwirkung und zeitveränderliche elektromagnetische Felder“

$$A_H = \frac{1}{e(p-n)}. \qquad (154)$$

Für reine Löcherleitung (P-Leitung) bzw. reine Elektronenleitung (N-Leitung) folgt daraus

$$A_{HP} = \frac{1}{ep}, \quad A_{HN} = -\frac{1}{en}. \qquad (155)$$

N- und P-Leitung sind daher durch die entgegengesetzten Vorzeichen der Hall-Spannung zu erkennen. Aus der Größe der Hall-Spannung bzw. des Hall-Koeffizienten (155) können ferner die Ladungsträgerdichten n und p bestimmt werden.

Aufgrund der formalen Ähnlichkeit von (153) mit dem Ohm'schen Gesetz $U = R\,I$ wird

$$R_H = \frac{A_H B}{d} \quad (156)$$

Hall-Widerstand genannt. Der klassische Hall-Widerstand steigt linear mit der magnetischen Flussdichte B an. Die Hall-Spannung ergibt sich daraus zu

$$U_H = R_H I. \quad (157)$$

In geeigneten Halbleiteranordnungen (Silizium-Metalloxid-Oberflächen-Feldeffekttransistor: MOSFET) lassen sich bei bestimmten Betriebsbedingungen nahezu zweidimensionale Leitergeometrien erzeugen (Dicke $d = 5 \ldots 10$ nm). Das Elektronengas in einer solchen Anordnung kann in guter Näherung als zweidimensional behandelt werden, d. h., dass die Dicke d der leitenden Schicht keinen Einfluss mehr auf die Leitung hat. Der Hall-Widerstand R_H wird dann unabhängig von der Geometrie gleich dem spezifischen Hall-Widerstand ϱ_H. Der Hall-Widerstand im zweidimensionalen Elektronengas zeigt bei tiefen Temperaturen und hohen Magnetfeldern eine Quantisierung in ganzzahligen Bruchteilen eines größten Wertes R_{H0}, den *Quanten-Hall-Effekt* (Klitzing-Effekt, nach von Klitzing, 1980)

$$R_H = \varrho_H = \frac{R_{H0}}{i} \quad (i = 1, 2, \ldots) \quad (158)$$

mit dem allein durch Naturkonstanten bestimmten Wert des elementaren Quanten-Hall-*Widerstandes*

$$R_{H0} = \frac{h}{e^2} = 25812{,}8074593\ \Omega. \quad (159)$$

Der Hall-Widerstand steigt unter diesen Bedingungen nicht mehr linear, sondern stufenförmig mit dem Magnetfeld B an, wobei die Plateaus konstanten Hall-Widerstandes durch (158) gegeben sind (Abb. 35). Die Lagen der Plateaus sind unabhängig vom Material und sehr genau ($3{,}7 \cdot 10^{-9}$) reproduzierbar. Sie eignen sich daher hervorragend als Widerstandnormal.

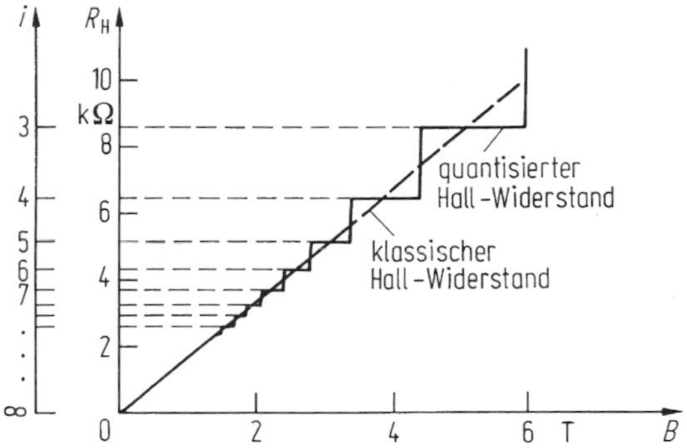

Abb. 35 Abhängigkeit des Hall-Widerstandes eines zweidimensionalen Elektronengases vom transversalen Magnetfeld: klassischer Verlauf und nach dem Quanten-Hall-Effekt ($T = 0{,}008$ K)

17.2.4.4 PN-Übergänge

Grenzt ein P-Halbleiter an einen N-Halbleiter (z. B. durch unterschiedliche Dotierung auf beiden Seiten einer Grenzfläche), so diffundieren im Bereich der Grenzfläche (Diffusionszone) Löcher und Elektronen in das jeweils andere Dotierungsgebiet und rekombinieren dort. Die ortsfesten positiven Donator-Störstellen und negativen Akzeptor-Störstellen bilden schließlich eine Raumladungs-Doppelschicht, deren Feldstärke eine weitere Diffusion unterbindet. Die Diffusionszone eines solchen *PN-Überganges* zeigt daher eine Ladungsträgerverarmung. Durch Anlegen einer elektrischen Spannung U zwischen N- und P-leitendem Bereich eines solchen Überganges kann die Feldstärke im Verarmungsbereich erhöht werden, die Verarmungszone wird breiter. Wegen der fehlenden Ladungsträger in dieser *Sperrschicht* fließt trotz angelegter Spannung kein Strom: Der PN-Übergang ist in *Sperrrichtung* gepolt. Wird die äußere Spannung in umgekehrter Richtung angelegt, so wird die Verarmungszone schmaler, bis sie mit steigender Spannung (ab 0,1 bis 0,5 V) ganz verschwindet und der Strom steil mit U ansteigt: Der PN-Übergang ist in *Flussrichtung* gepolt. Der PN-Übergang stellt daher einen Gleichrichter dar: *Halbleiterdiode*.

Eine Anordnung aus sehr dicht (ca. 50 µm) benachbarten, gegeneinander geschalteten Übergängen (PNP oder NPN) kann zur Verstärkung elektrischer Signale benutzt werden: *Transistor* (Entdekhung durch Bardeen et al. 1948). Näheres zu den Schaltelementen Diode und Transistor siehe Teil Elektrotechnik.

17.2.5 Elektrolytische Leitung

Elektrolyte sind Stoffe, deren Lösung oder Schmelzen den elektrischen Strom leiten. Elektrolytische Leitung tritt bei Substanzen mit Ionenbindung (Abschn. 17.2.1 und Teil Chemie) auf, wenn diese durch thermische Anregung aufgebrochen wird (*Dissoziation*) und die Ionen beweglich sind. Das kann bei hohen Temperaturen in Salzschmelzen der Fall sein. Bei Zimmertemperatur reicht die thermische Energie $kT \approx 0{,}026$ eV dazu i. Allg. nicht aus. Bei Lösung in einem Lösungsmittel wird jedoch die Coulomb-Kraft (1) im ▶ Kap. 15, „Elektrische Wechselwirkung" zwischen den Ionen um den Faktor der Permittivitätszahl ε_r des Lösungsmittels reduziert (Wasser: $\varepsilon_r = 81$, siehe Tab. 2 im ▶ Kap. 15, „Elektrische Wechselwirkung"). Die Dissoziationsarbeit (26) im ▶ Kap. 15, „Elektrische Wechselwirkung"

$$W_{\text{diss}} = -\int_{r_0}^{\infty} F_C \mathrm{d}r = \frac{1}{\varepsilon_r} \cdot \frac{(ze)^2}{4\pi\varepsilon_0 r_0} \quad (160)$$

kann dann teilweise durch die thermische Energie aufgebracht werden (z Wertigkeit; r_0 Bindungsabstand der Ionen). Beispiel: Kochsalzmolekül NaCl ($r_0 \approx 0{,}2$ nm) in Luft: $W_{\text{diss}} = 7{,}2$ eV, in Wasser: $W_{\text{diss}} = 0{,}09$ eV. Mit steigender Temperatur erhöht sich die Leitfähigkeit der Elektrolyte durch Zunahme der Ladungsträgerdichte und Abnahme der Viskosität.

Ein Salz der Zusammensetzung MeA (Me Metall, A Säurerest) dissoziiert in Lösung in die Ionen

$$\begin{aligned} &\text{MeA} \rightarrow \text{Me}^{(z^+)} + \text{A}^{(z^-)}, \\ &\text{Beispiele : NaCl} \rightarrow \text{Na}^+ + \text{Cl}^- \\ &\text{CuSO}_4 \rightarrow \text{Cu}^{2+} + \text{SO}_4^{2-}. \end{aligned}$$

Beim Ladungstransport im angelegten elektrischen Feld wandern die positiven Ionen (Kationen) zur Kathode, die negativen Ionen (Anionen) zur Anode (Abb. 36). Dort geben sie ihre Ladung

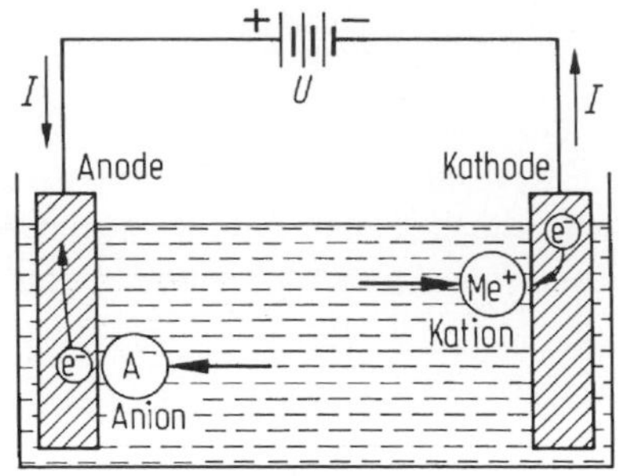

Abb. 36 Elektrolytische Leitung durch Kationen und Anionen

ab und werden an den Elektroden abgeschieden (*Elektrolyse*, vgl. Teil Chemie) oder unterliegen chemischen Sekundärreaktionen. Im Gegensatz zu den Metallen und Halbleitern, die durch den elektrischen Ladungstransport nicht verändert werden, findet bei der elektrolytischen Leitung eine Zersetzung des Leiters statt.

Reine Lösungsmittel haben in der Regel eine sehr geringe Leitfähigkeit. Für die Leitfähigkeit gilt daher bei kleinen Konzentrationen c_B eines gelösten Salzes B die Proportionalität $\gamma \sim c_B$, da mit zunehmender Konzentration die Ladungsträgerdichte erhöht wird. Bei hohen Konzentrationen tritt infolge Abschirmung des äußeren Feldes durch Anlagerung entgegengesetzt geladener Ionen eine Sättigung der Konzentrationsabhängigkeit der Leitfähigkeit ein (Debye-Hückel-Theorie).

Geschwindigkeit des Ionentransports

Ähnlich wie bei den Halbleitern und anders als bei den Metallen übernehmen bei den Elektrolyten zwei Sorten von Ladungsträgern mit i. Allg. unterschiedlichen Beweglichkeiten μ_+ (Kationen) und μ_- (Anionen) den Stromtransport. Die Leitfähigkeit ist daher analog zu (138)

$$\gamma = n_+ ze\mu_+ + n_- ze\mu_- = nze(\mu_+ + \mu_-). \quad (161)$$

Die Größenordnung der Ionenbeweglichkeit lässt sich abschätzen aus dem Gleichgewicht zwischen viskoser Reibungskraft einer Kugel gemäß (37) im ▶ Kap. 13, „Transporterscheinungen und Fluiddynamik" und der elektrischen Feldkraft auf die Ionen:

$$6\pi\eta r_i v = zeE. \quad (162)$$

η ist die dynamische Viskosität (▶ Abschn. 13.1.4 im Kap. 13, „Transporterscheinungen und Fluiddynamik") des Lösungsmittels (z. B. von Wasser bei $\vartheta = 20\,°C$: $\eta = 1{,}002$ mPa·s). Der Ionenradius r_i beträgt etwa 100–200 pm. Daraus ergibt sich eine Ionenbeweglichkeit in Wasser

$$\mu_i = \frac{|v|}{E} = \frac{ze}{6\pi\eta r_i} \approx 5 \cdot 10^{-8}\,\mathrm{m^2/Vs}, \quad (163)$$

die damit um etwa 5 Größenordnungen kleiner als die der Elektronen in Metallen ist (vgl. Abschn. 17.2.1 und Tab. 6).

Elektrolytische Abscheidung

Die beim Ladungstransport durch einen Elektrolyten an den Elektroden abgeschiedene Masse m ist proportional zur transportierten Ladung Q:

$$m = CQ = CIt \quad (1.\ \textit{Faraday-Gesetz})$$
$$C \text{ elektrochemisches Äquivalent,}$$
$$\text{SI-Einheit}: [C] = \mathrm{kg/As} = \mathrm{kg/C}. \quad (164)$$

Die abgeschiedene Stoffmenge ν (in Mol, siehe ▶ Abschn. 12.1.1 im Kap. 12, „Statistische Mechanik – Thermodynamik") ist ferner durch die transportierte Ladung und die Ladung pro Mol gegeben:

$$\nu = \frac{Q}{zF}. \quad (165)$$

Hierin ist die Ladung pro Mol, die *Faraday-Konstante*

$$F = N_A e = 96485{,}3321233\ \mathrm{C/mol} \quad (166)$$

Tab. 6 Ionenbeweglichkeit ($\vartheta = 20\,°C$)

	μ_i
Ionensorte	10^{-8} m²/V s
Na^+	4,6
Cl^-	6,85
OH^-	18,2
H^+	33

mit $N_A = 6{,}02214076 \cdot 10^{23}\,\mathrm{mol^{-1}}$, Avogadro-Konstante (siehe ▶ Abschn. 12.1.1 im Kap. 12, „Statistische Mechanik – Thermodynamik").

Die abgeschiedene Masse ergibt sich daraus mit der molaren Masse M zu (vgl. Teil Chemie)

$$m = \nu M = \frac{MIt}{zF} \quad (2.\textit{Faraday-Gesetz}). \quad (167)$$

17.2.6 Stromleitung in Gasen

Den elektrischen Stromtransport durch ein Gas nennt man *Gasentladung*. Luft und andere Gase sind bei nicht zu hohen Temperaturen Isolatoren. Eine Gasentladung kann daher nur entstehen, wenn Ladungsträger in das Gas injiziert oder in ihm durch Ionisation der Gasmoleküle erzeugt werden. Das kann z. B. geschehen durch Elektronenemission aus einer Glühkathode (siehe Abschn. 17.2.7.1), durch thermische Ionisierung (Flamme, Glühdraht) oder durch eine ionisierende Strahlung (Ultraviolett-, Röntgen-, radioaktive Strahlung). Bei der Ionisation werden Elektronen abgetrennt, sodass positive Ionen entstehen. Beide tragen zum Ladungstransport bei.

17.2.6.1 Unselbstständige Gasentladung

Wenn die Stromleitung nach Ende des ladungsträgerliefernden Vorganges (siehe oben) abbricht, so spricht man von einer *unselbstständigen Gasentladung*. Die Strom-Spannungs-Charakteristik (Kennlinie) einer unselbstständigen Gasentladung, wie man sie etwa mit einer Gasflamme als Ionisationsquelle zwischen zwei Metallplatten als Elektroden in Luft messen kann (Abb. 37a), zeigt ein ausgeprägtes Plateau (Abb. 37b).

Im Bereich des Plateaus zwischen den Spannungen U_1 und U_2 werden alle je Zeiteinheit von der Ionisationsquelle erzeugten Ladungsträger abgesaugt. Bei steigender Spannung ist daher zunächst kein weiterer Stromanstieg möglich: *Sättigung*. Für $U < U_1$ ist die Driftgeschwindigkeit der Ladungsträger so klein, dass die Wahrscheinlichkeit der Wiedervereinigung von Elektronen und Ionen zu neutralen Molekülen beachtlich wird: *Rekombination*. Sie fallen für

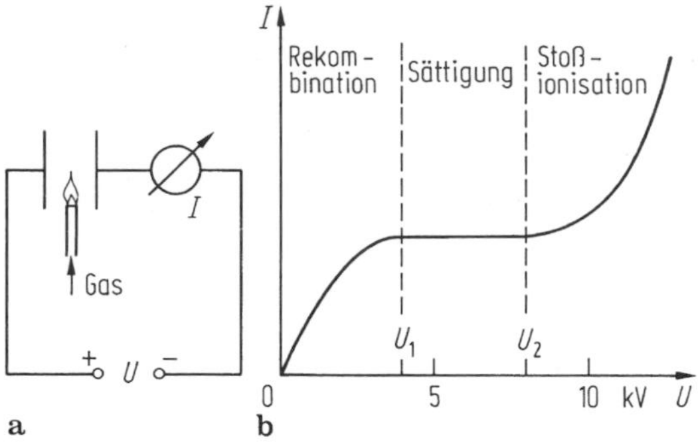

Abb. 37 Kennlinie einer unselbstständigen Gasentladung

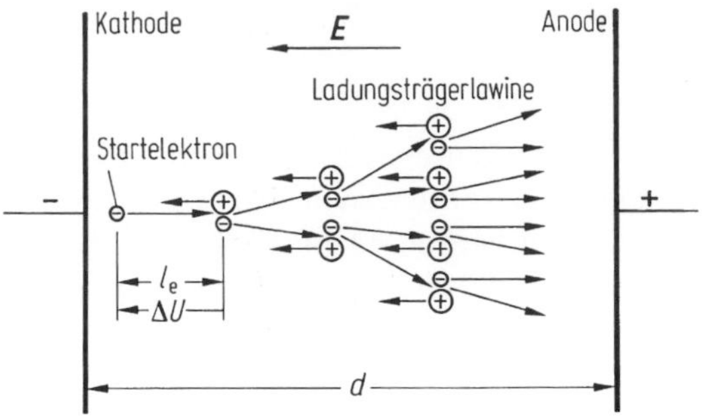

Abb. 38 Entwicklung von Ladungsträgerlawinen bei Stoßionisation durch Elektronen

den Stromtransport aus. Für $U > U_2$ ist dagegen die Feldstärke E so groß, dass die Energieaufnahme der Elektronen zwischen zwei Stößen mit Gasmolekülen ausreicht, um die Gasmoleküle bei den Stößen zu ionisieren: *Stoßionisation*. Dadurch werden zusätzliche Ladungsträger erzeugt, und der Strom steigt oberhalb des Sättigungsbereiches wieder an. Ist l_e die mittlere freie Weglänge der Elektronen, so lautet die Ionisierungsbedingung für Elektronen

$$e\Delta U = eEl_e \geqq E_i \qquad (168)$$

mit E_i Ionisierungsenergie. Die entsprechende Bedingung für die Ionisation durch Ionen wird erst bei höheren Feldstärken erreicht, da die mittlere freie Weglänge der Ionen l_i kleiner als die der Elektronen ist. Die Stoßionisation durch Elektronen führt zu *Ladungsträgerlawinen*, die von jedem „Startelektron" in Kathodennähe ausgelöst werden (Abb. 38), bei Ankunft an den Elektroden aber wieder erlöschen.

Die unselbstständige Gasentladung wird u. a. bei der *Ionisationskammer* zur Strahlungsmessung eingesetzt, da der Strom (in allen drei Bereichen) proportional zur Zahl und Energie von in den Feldraum eindringenden ionisierenden Teilchen ist.

17.2.6.2 Selbstständige Gasentladung

Bei weiterer Erhöhung der Spannung bzw. Feldstärke kann die Gasentladung in eine selbstständige Entladung umschlagen, die auch ohne Fremdionisation weiterläuft. Das tritt dann ein, wenn die Energieaufnahme auch der Ionen innerhalb ihrer freien Weglänge l_i so groß wird, dass durch Ionisation von Gasmolekülen neue Elektronen in Kathodennähe erzeugt werden:

$$e\Delta U = eEl_i \geqq E_i. \qquad (169)$$

Daraus lässt sich eine Beziehung für die *Zündspannung* U_z gewinnen. Die mittlere freie Weglänge l_i hängt nach (6) im ► Kap. 13, „Transporterscheinungen und Fluiddynamik" von der Molekülzahldichte und damit vom Druck p ab: $l_i \sim 1/p$. Ferner gilt für die Feldstärke bei der Zündspannung $E = U_z/d$ mit d Elektrodenabstand. Dann folgt aus (169)

$$U_z = \text{const} \cdot pd. \qquad (170)$$

Die Zündspannung hängt danach nur vom Produkt aus Gasdruck und Elektrodenabstand ab:

$$U_z = f(pd) \quad (\text{Paschen'schesGesetz}). \qquad (171)$$

In der Form (170) gilt das Paschen'sche Gesetz allerdings nur für große Werte von pd. Für niedrige Drücke oder kleine Abstände wird $d < l_i$, die Häufigkeit der Stoßionisation nimmt ab. Die Zündspannung erhöht sich, bis durch Ionenstoß an der Kathode hinreichend Sekundärelektronen (siehe Abschn. 17.2.7.1) zur Aufrechterhaltung der Entladung ausgelöst werden. Die Theorie von *Townsend* ergibt für diesen Fall die *Townsend'sche Zündbedingung*

$$U_z = \frac{C_1 pd}{\ln(pd) - C_2}, \qquad (172)$$

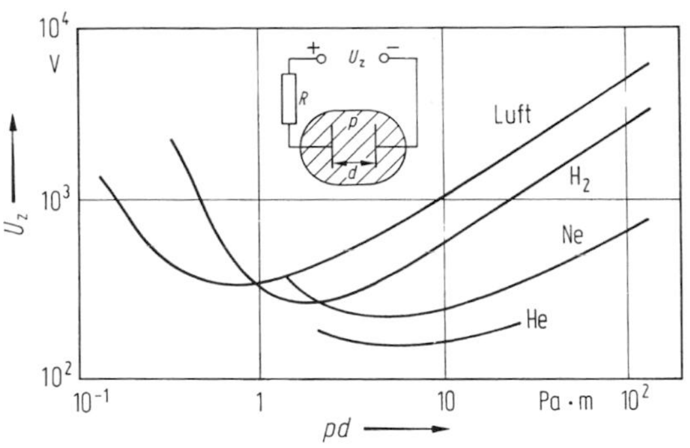

Abb. 39 Zündspannungen verschiedener Gase für ebene Elektroden

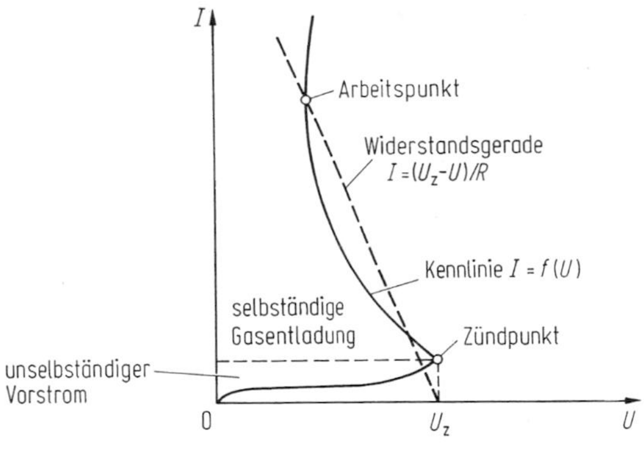

Abb. 40 Vollständige Kennlinie einer selbstständigen Gasentladung

die das Paschen'sche Gesetz mit enthält und bei großen *pd* näherungsweise in (170) übergeht (Abb. 39). Für jede Spannung oberhalb einer Minimumspannung gibt es danach bei konstantem Druck einen kleinen und einen großen Elektrodenabstand, für den bei vorgegebener Spannung die Entladungsstrecke zündet: Nah- und Weitdurchschlag.

Anmerkung: Bei großen Schlagweiten ($pd > 1000$ Pa · m) wird der Zündmechanismus des Lawinenaufbaus abgelöst vom Kanalaufbau, bei dem sich ein Plasmaschlauch hoher Leitfähigkeit zwischen den Elektroden bildet. An dessen Aufbau ist die bei der Stoßanregung auftretende Lichtstrahlung wesentlich beteiligt.

Selbstständig brennende Gasentladungen haben über weite Bereiche eine *fallende Kennlinie*, d. h., die Entladungsstromstärke kann aufgrund der Ladungsträgervermehrung durch Stoßionisation unter Absinken der Brennspannung sehr große Werte annehmen, die zur Zerstörung des Entladungsgefäßes führen können. Gasentladungen müssen daher immer mit einem *strombegrenzenden Vorwiderstand* (oder bei Wechselspannung auch mit einer Vorschaltdrossel) betrieben werden. Die vollständige Kennlinie einer Gasentladung zeigt Abb. 40. Sie besteht aus dem Vorstrombereich der unselbstständigen Gasentladung, dem sich nach Erreichen der Zündspannung die fallende Kennlinie des selbstständigen Entladungsbereiches anschließt. Der obere Schnittpunkt der durch den Vorwiderstand R festgelegten Arbeitsgeraden $I = (U_z - U)/R$ mit der Entladungskennlinie kennzeichnet den sich einstellenden Arbeitspunkt. Der untere Schnittpunkt ist nicht stabil.

Leuchterscheinungen in Gasentladungen treten dadurch auf, dass neben der Stoßionisation auch Stoßanregung der Gasatome erfolgt. Die energetisch um ΔE angeregten Gasatome gehen meist nach sehr kurzer Zeit ($\approx 10^{-8}$ s) unter Aussendung von Lichtquanten der Energie $\Delta E = h\nu$ wieder in den Grundzustand über (siehe ▶ Abschn. 19.3.1 im Kap. 19, „Wellen und Strahlung"). Die Leuchterscheinungen sind sehr verwickelt und von den Entladungsparametern abhängig, in der Farbe aber charakteristisch für das verwendete Gas. Abb. 41a zeigt ein typisches Erscheinungsbild einer Gasentladung bei vermindertem Druck (ca. 100 Pa). Der Potenzial- und Feldstärkeverlauf wird durch die auftretenden Raumladungen gegenüber dem Verlauf ohne Entladung stark verändert (Abb. 41b): Die Feldstärken sind besonders groß im Gebiet vor der Kathode (Kathodenfall) und (weniger groß) im Gebiet vor der Anode (Anodenfall). Im Bereich der positiven Säule mit konstanter Feldstärke sind Elektronen und positive Ionen in gleicher Dichte vorhanden: quasineutrales *Plasma*.

Gasentladungslampen gemäß Abb. 41a mit Edelgasfüllung werden als Glimmlampen mit kleinen Elektrodenabständen (positive Säule unterdrückt) für Anzeigezwecke, als sog. Neonröhren mit großen Elektrodenabständen für Reklamezwecke verwendet. Leuchtstoffröhren haben eine

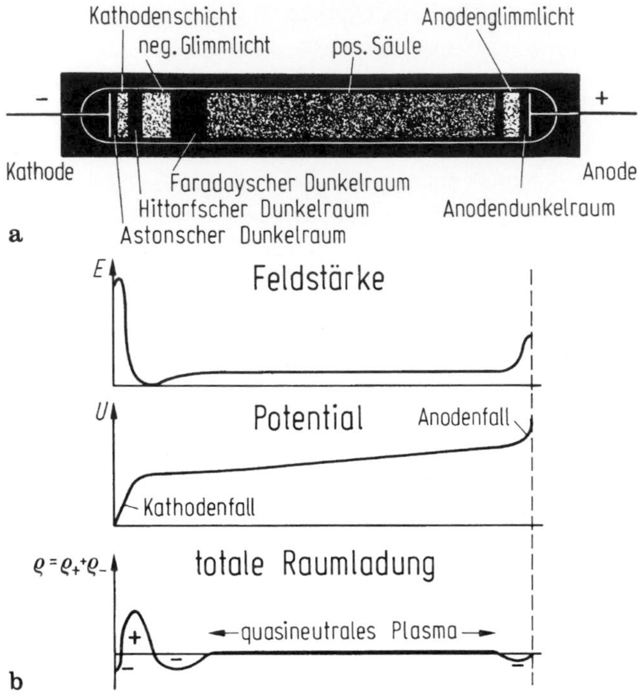

Abb. 41 Leuchterscheinungen, Feldstärke-, Potenzial- und Raumladungsverteilung in einer Gasentladung bei vermindertem Druck

Quecksilberdampfatmosphäre, deren Emission im Ultravioletten durch den auf der Innenwand des Glasrohres aufgebrachten Leuchtstoff in sichtbares Licht umgewandelt wird.

Bei großen Entladungsströmen werden die Elektroden durch die aufprallenden Elektronen (Anode) bzw. Ionen (Kathode) stark erwärmt und können dadurch Elektronen emittieren (Thermoemission, siehe Abschn. 17.2.7.1). Die Folge ist eine erhebliche Verringerung der Brennspannung, da die Ionen nicht mehr zur Elektronenerzeugung durch Stoßionisation beitragen müssen: Bogen-entladung (Lichtbogen). Beispiele: Quecksilberhochdrucklampe, Kohlelichtbogen. Bei letzterem wird die Anodenkohle besonders heiß (ca. 4200 K) und wird deshalb als Lichtquelle kleiner Ausdehnung für Projektionszwecke verwendet. Weitere Anwendung: Lichtbogenschweißen.

Funken sind rasch erlöschende Bogenentladungen in hochohmigen Stromkreisen, bei denen die Spannung an der Funkenstrecke durch den einsetzenden Entladungsstrom zusammenbricht. Bei gegebener Elektrodenform und Druck ist die Zündspannung U_z recht genau definiert: Anwendung als *Kugelfunkenstrecke* zur Hochspannungsbestimmung aus der Schlagweite.

Zum Nachweis ionisierender Teilchen (radioaktive Strahlung, Höhenstrahlung) wird das *Zählrohr* (Geiger u. Müller) verwendet. Es besteht meist aus einem metallischen Zylinder und einem axial ausgespannten Draht als Elektroden in einer geeigneten Gasfüllung. Eine über einen sehr großen Vorwiderstand (10^8 bis 10^9 Ω) angelegte Spannung (500 bis 2000 V) sorgt für eine hohe Feldstärke in Drahtnähe. Eindringende ionisierende Teilchen lösen Ladungsträgerlawinen aus, die als Spannungsimpulse verstärkt und gemessen werden können. Bei niedrigerer Spannung (unselbstständige Entladung) arbeitet das Zählrohr im Proportionalbereich, d. h., die Höhe des Spannungsimpulses ist der Zahl der primär erzeugten Ionen proportional und gestattet damit eine Aussage über die Ionisationseigenschaften des einfallenden Teilchens. Bei höherer Spannung wird eine selbstständige Entladung ausgelöst (Auslösebereich), die jedoch durch den Zusammenbruch der Spannung am Zählrohr infolge des hohen Vorwiderstandes wieder gelöscht wird. Hiermit wird allein die Zahl der einfallenden Teilchen gemessen.

17.2.6.3 Der Plasmazustand

Der in Gasentladungen (insbesondere in der positiven Säule) auftretende Plasmazustand, in den auch ohne elektrisches Feld jedes Gas bei sehr hohen Temperaturen übergeht, unterscheidet sich durch das Auftreten frei beweglicher Ladungen (Elektronen und positive Ionen) grundsätzlich von den anderen Aggregatzuständen: vierter Aggregatzustand. Thermisches Gleichgewicht kann sich hier oftmals nur innerhalb der einzelnen Teilchensorten einstellen, sodass man zwischen Neutralteilchentemperatur, Ionentemperatur und Elektronentemperatur unterscheiden muss. Bei hohen Entladungsströmen wirkt das entstehende Magnetfeld komprimierend auf das Plasma: *Pincheffekt*. Durch die Einschnürung erhöht sich die Temperatur des Plasmas, ein wichtiger Effekt der Plasmaphysik, der bei Kernfusionsanlagen ausgenutzt wird (vgl. ▶ Abschn. 18.1.4 im Kap. 18, „Starke und schwache Wechselwirkung: Atomkerne und Elementarteilchen").

Plasmen können auch zu elektrostatischen Schwingungen angeregt werden: *Plasmaschwingungen* (Rompe u. Steenbeck). Durch Coulomb-Wechselwirkung mit eingeschossenen, schnellen geladenen Teilchen können lokale Ladungstrennungen des quasineutralen Plasmas herbeigeführt werden, oder auch spontan durch Schwankungserscheinungen entstehen. Dadurch ergibt sich bei einer Ladungsträgerdichte n lokal eine elektrische Polarisation (91) im ▶ Kap. 15, „Elektrische Wechselwirkung" $\boldsymbol{P} = n\,\boldsymbol{p} = -n\,e\,\boldsymbol{r}$, bzw. nach (94) im ▶ Kap. 15, „Elektrische Wechselwirkung" eine Polarisationsfeldstärke $\boldsymbol{E}_\mathrm{p} = -n\,e\,\boldsymbol{r}/\varepsilon_0$, was zu einer rücktreibenden Kraft

$$e\boldsymbol{E}_\mathrm{p} = -\frac{ne^2}{\varepsilon_0}\boldsymbol{r} = m\ddot{\boldsymbol{r}} \qquad (173)$$

führt. Gl. (173) stellt eine Schwingungsgleichung dar. Durch Vergleich mit (21) im ▶ Kap. 11, „Schwingungen, Teilchensysteme und starre Körper" ergeben sich als Eigenfrequenzen für Elektronen (Dichte n_e, Masse m_e) bzw. Ionen (Dichte n_i, Masse m_i) die *Elektronen-Plasmakreisfrequenz*

$$\omega_\mathrm{pe} = \sqrt{\frac{n_\mathrm{e}e^2}{\varepsilon_0 m_\mathrm{e}}} \qquad (174)$$

bzw. die *Ionen-Plasmakreisfrequenz*

$$\omega_\mathrm{pi} = \sqrt{\frac{n_\mathrm{i}e^2}{\varepsilon_0 m_\mathrm{i}}}. \qquad (175)$$

Bei einer Elektronendichte von $n_\mathrm{e} \approx 5 \cdot 10^{18}\,/\mathrm{m}^3$ ergibt sich eine Plasmafrequenz $\nu_\mathrm{pe} = \omega_\mathrm{pe}/2\pi = 20 \cdot 10^9$ Hz.

Das freie *Elektronengas in Metallen* stellt unter Berücksichtigung des positiven Gitterionen-Hintergrundes ebenfalls ein Plasma dar, in dem allerdings die Dichten n_e wesentlich höher sind.

Beispiel: Die Atomzahldichte von Aluminium ist $n_\mathrm{Al} = 60{,}3 \cdot 10^{27}\,/\mathrm{m}^3$. Drei Leitungselektronen je Atom ergeben eine Elektronendichte $n_\mathrm{e} = 181 \cdot 10^{27}\,/\mathrm{m}^3$ und daraus eine Plasmafrequenz $\nu_\mathrm{pe} = 3{,}82 \cdot 10^{15}$ Hz. Den Plasmaschwingungen lassen sich Quasiteilchen (*Plasmonen*) der Energie $E_\mathrm{p} = h\nu_\mathrm{p} = 2{,}53 \cdot 10^{-18}$ J $= 15{,}8$ eV zuordnen (Bohm u. Pines). Tatsächlich lassen sich beim Durchgang schneller Elektronen durch dünne Al-Schichten Energieverluste dieser Größe nachweisen, die durch Anregung solcher Plasmonen entstehen.

17.2.7 Elektrische Leitung im Hochvakuum

Im Vakuum stehen keine potenziellen Ladungsträger zur Verfügung. Zur Stromleitung müssen daher Ladungsträger von außen in das Vakuum hineingebracht werden (Ladungsträgerinjektion). Dies kann z. B. durch Elektronenemission aus einer Metallelektrode erreicht werden.

17.2.7.1 Elektronenemission

Obwohl die Leitungselektronen innerhalb eines Metalls sich quasi frei bewegen können (freies Elektronengas, siehe Abschn. 17.2.2), können sie unter normalen Bedingungen nicht aus dem Metall austreten. Dies ist nur möglich bei Aufwendung einer *Austrittsarbeit* Φ, die bei Metallen etwa zwischen 1 und 5 eV beträgt (Tab. 7). Dem entspricht das *Austrittspotenzial*

$$\varphi = \frac{\Phi}{e}, \tag{176}$$

das die Höhe des Potenzialwalles an der Oberfläche des Metalls kennzeichnet, den die Leitungselektronen überwinden müssen, wenn sie aus dem Metall in das Unendliche gebracht werden sollen. Die Kraft, gegen die die Austrittsarbeit geleistet werden muss, hat zweierlei Ursachen: (1.) Bei Austritt eines Elektrons aus der Metalloberfläche wird die Ladungsneutralität gestört, es treten rücktreibende Coulomb-Kräfte auf, die durch die Bildkraft (siehe ► Abschn. 15.1.7 im Kap. 15, „Elektrische Wechselwirkung") beschrieben werden können. (2.) Durch die infolge der thermischen Bewegung austretenden, aber am Potenzialwall sofort wieder reflektierten Elektronen bildet sich eine dünne Ladungsdoppelschicht an der Oberfläche, die selbst zum Potenzialwall beiträgt und weitere Elektronen am Austritt hindert. Das Innere eines Metalls hat also ein niedrigeres Potenzial als das Vakuum, es stellt einen *Potenzialtopf* dar, an dessen Boden sich die Elektronen mit der Fermi-Energie befinden (Fermi-See). Die energetische Darstellung zeigt Abb. 42.

Tab. 7 Austrittsarbeit Φ einiger Metalle, Halbleiter und Oxide

Material	Φ in eV
Aluminium	4,20
Barium	2,52
Caesium	1,95
Eisen	4,67
Germanium	5,02
Gold	5,47
Lithium	2,93
Kohlenstoff	$\approx$ 5,0
Kupfer	5,10
Natrium	2,35
Molybdän	4,53
Nickel	5,09
Palladium	5,22
Platin	5,64
Selen	5,9
Silber	4,43
Silicium	4,85
Thorium	3,45
Wolfram	4,55
Ba auf BaO	1,0
Cs auf W	1,4
Th auf W	2,60
LaB_6	2,7
WO	$\approx$ 10,4

Nur Elektronen mit der Energie $E > E_F + \Phi$ im Metall können die Austrittsarbeit Φ aufbringen und in das Vakuum gelangen. Die notwendige Mindestenergie Φ kann z. B. aufgebracht werden durch

1. Wärmeenergie: Thermoemission,
2. elektromagnetische Strahlungsenergie (Licht): Fotoemission,
3. elektrostatische Feldenergie: Feldemission,
4. kinetische Stoßenergie: Sekundäremission.

Thermoemission (Glühemission)

Bei $T > 0$ ist die Dichte der besetzten Zustände durch die Zustandsdichte $Z(E)$ und die Fermi-Dirac-Verteilung $f_{FD}(E)$ gegeben (siehe Abschn. 17.2.2). Bei Zimmertemperatur und $E > E_F + \Phi$ hat die Fermi-Verteilung extrem kleine Werte (Abb. 22), sodass keine Elektronen emittiert werden. Bei höheren Temperaturen kann jedoch der Thermoemissionsstrom merkliche Werte annehmen und in folgender Weise berechnet werden.

Bei einer Energie $E = E_F + \Phi$ im Metall haben die Leitungselektronen nach Austritt durch die

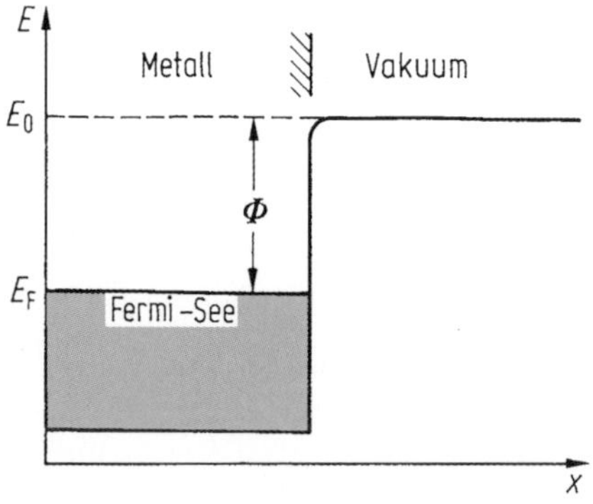

Abb. 42 Energieschema an der Oberfläche eines Metalls (Potenzialtopfmodell)

Metalloberfläche in das Vakuum die kinetische Energie 0. Ihre Zustandsdichte beträgt im Vakuum entsprechend (112)

$$Z_0(E) = \frac{1}{2\pi^2}\left(\frac{2m_e}{\hbar^2}\right)^{3/2}\sqrt{E - E_F - \Phi} \qquad (177)$$

für $E \geqq E_F + \Phi$.

Die Elektronenkonzentration im Vakuum ergibt sich durch Integration über E gemäß

$$n = \int_{E_F+\Phi}^{\infty} Z_0(E) f_{FD}(E)\ \mathrm{d}E = 2\frac{(2\pi m_e kT)^{3/2}}{h^3}\mathrm{e}^{-\Phi/kT}, \qquad (178)$$

wobei für $E \geqq E_F + \Phi$ wie in Abschn. 17.2.4 die Fermi-Dirac-Verteilung durch die Boltzmann-Näherung (111) ersetzt werden kann. Im thermischen Gleichgewicht ist die Stromdichte j_s der aus dem Metall austretenden Elektronen gleich der Stromdichte j_x der aus dem Vakuum auf das Metall treffenden Elektronen

$$j_s = j_x = \frac{1}{2}en\overline{|\,v_x\,|}. \qquad (179)$$

Die mittlere absolute Geschwindigkeitskomponente senkrecht zur Metalloberfläche $\overline{|\,v_x\,|}$ lässt sich durch Mittelung von $|v_x|$ gewichtet mit der eindimensionalen Boltzmann-Verteilung errechnen zu

$$\overline{|v_x|} = \sqrt{\frac{2kT}{\pi m_e}}. \qquad (180)$$

Aus (178), (179) und (180) folgt schließlich für die thermische Elektronenemission bei der Temperatur T die *Richardson-Dushman-Gleichung*

$$j_s = A_R T^2 \mathrm{e}^{-\Phi/kT} \qquad (181)$$

mit der universellen Richardson-Konstante

$$A_R = \frac{4\pi m_e e k^2}{h^3} = 1{,}2\cdot 10^6 \mathrm{A}/(\mathrm{m}^2\cdot \mathrm{K}^2). \qquad (182)$$

Die thermische Emissionsstromdichte hängt also exponentiell von der Temperatur und von der Austrittsarbeit ab. Bei $T = 3000$ K ergibt sich eine Emissionsstromdichte von $j_s = 13{,}5$ A/cm^2. Für A_R werden experimentell Werte im Bereich $(0{,}2\ldots0{,}6)\cdot 10^6$ A/(m$^2\cdot$ K^2) gefunden.

Fotoemission

Die Energie zur Aufbringung der Austrittsarbeit für Elektronen im Fermi-See eines Festkörpers kann auch durch äußere Einstrahlung von Energie in Form elektromagnetischer Strahlung (Licht, Röntgenstrahlung) zugeführt werden: *Fotoeffekt (lichtelektrischer Effekt*, realisiert durch H. Hertz 1887 und Hallwachs 1888). Die experimentelle Untersuchung (Hallwachs, Lenard) ergab für den Fotoeffekt:

1. Die Fotoemissions-Stromdichte ist proportional zur eingestrahlten Lichtintensität.
2. Die maximale kinetische Energie der emittierten Elektronen $E_{k,max}$ ist bei monochromatischer Lichteinstrahlung eine lineare Funktion der Frequenz ν des Lichtes, aber unabhängig von der Lichtintensität. Unterhalb einer Grenzfrequenz ν_c tritt keine Fotoemission auf (Abb. 43b).
3. Die Fotoemission setzt auch bei geringster Bestrahlungsstärke ohne Verzögerung praktisch trägheitslos ein.

Die Erklärung des Fotoeffektes erfolgte 1905 durch die *Lichtquantenhypothese* (Einstein): Die

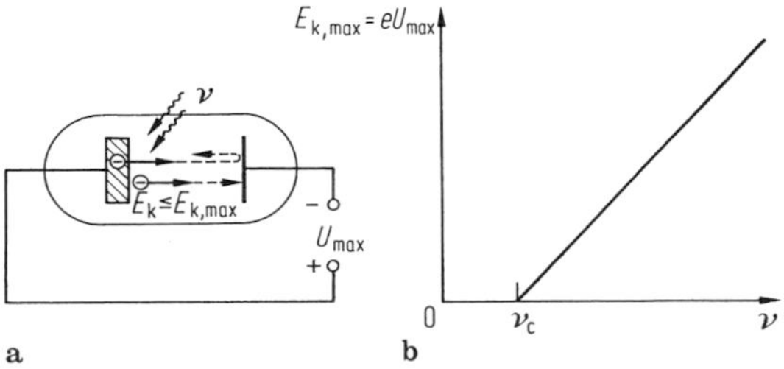

Abb. 43 Fotoeffekt: Emission von Elektronen bei Lichteinstrahlung

Fotoelektronenauslösung erfolgt durch Einzelprozesse zwischen je einem *Lichtquant der Energie*

$$E = h\nu \tag{183}$$

und einem Leitungselektron. Dabei wird das Lichtquant absorbiert. Seine Energie gemäß (183) liefert die Austrittsarbeit, einen eventuellen Überschuss erhält das Fotoelektron als kinetische Energie $E_{k,max}$ mit, von der ein Teil $E_{i,coll}$ durch unelastische Stöße im Innern des Metalls verloren gehen kann. Die Energiebilanz lautet damit

$$h\nu = \Phi + E_{i,coll} + E_k. \tag{184}$$

Die maximal mögliche kinetische Energie eines ausgelösten Fotoelektrons ergibt sich daraus nach der *Lenard-Einstein'schen Gleichung* zu

$$E_{k,max} = h\nu - \Phi, \tag{185}$$

was dem experimentellen Befund entspricht (Abb. 43b). Die *Grenzfrequenz des Fotoeffekts* ergibt sich daraus für $E_{k,max} = 0$ zu

$$\nu_c = \frac{\Phi}{h} \tag{186}$$

und gestattet in einfacher Weise die Bestimmung der Austrittsarbeit Φ. Aus der Steigung der Geraden in Abb. 43b kann ferner das Planck'sche Wirkungsquantum h bestimmt werden. Die maximale kinetische Energie $E_{k,\,max}$ lässt sich mit der Anordnung Abb. 43a messen: Die ausgelösten Fotoelektronen treffen auf die gegenüberliegende Elektrode und laden sie auf, bis das so aufgebaute, stromlos zu messende Gegenpotenzial $U_{max} = E_{k,\,max}/e$ eine weitere Aufladung verhindert.

Die Einstein'sche Erklärung des Fotoeffektes führte die *Quantisierung des elektromagnetischen Strahlungsfeldes* ein, wobei die Quanten (Lichtquanten, Photonen) als räumlich begrenzte elektromagnetische Wellenzüge (*Wellenpakete*, siehe ► Abschn. 19.1.1 im Kap. 19, „Wellen und Strahlung“) zu denken sind, mit einer durch (183) gegebenen Energie.

Schottky-Effekt und Feldemission

Wird an eine Metallkathode ein starkes elektrisches Feld angelegt, so wird die Potenzialschwelle Φ auf eine effektive Austrittsarbeit $\Phi' = \Phi - \Delta\Phi$ erniedrigt, die sich durch die Überlagerung des durch die äußere Feldstärke $\boldsymbol{E}$ bedingten Abfalls der potenziellen Energie ($E_0 - e|\boldsymbol{E}|\,x$) mit der durch die Bildkraft verrundeten Potenzialschwelle der Austrittsarbeit ergibt (Abb. 44). Für den Korrekturterm $\Delta\Phi$ erhält man

$$\Delta\Phi = \sqrt{\frac{e^3\,|\,\boldsymbol{E}\,|}{4\pi\varepsilon_0}}. \tag{187}$$

Diese Absenkung der Austrittsarbeit kann, da sie in den Exponenten der Richardson-Gleichung (181) eingeht, eine erhebliche Erhöhung der Thermoemission zur Folge haben: *Schottky-Effekt* (Thermofeldemission).

Nicht thermisch angeregte Elektronen im Fermi-See des Metalls (Abb. 44) können die auch bei großer Feldstärke $\boldsymbol{E}$ noch vorhandene Potenzialschwelle der Höhe Φ' und der Breite Δx nach den Gesetzen der klassischen Physik nicht überwinden. Die Wellenmechanik zeigt jedoch, dass die Wellenfunktionen der Elektronen, wenn auch stark gedämpft, in die Potenzialschwelle eindringen. Wenn die Schwellenbreite Δx sehr klein ist (einige nm bei Feldstärken $|\boldsymbol{E}| = 10^9$ V/m = 1 V/

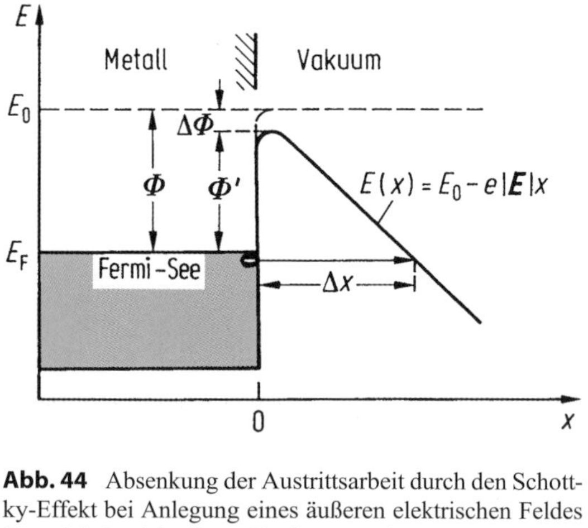

Abb. 44 Absenkung der Austrittsarbeit durch den Schottky-Effekt bei Anlegung eines äußeren elektrischen Feldes $\boldsymbol{E}$, und dadurch bedingte Umformung der Austrittsenergiestufe $\boldsymbol{\Phi}$ in eine Potenzialschwelle endlicher Breite Δx

nm), ist die Amplitude der Wellenfunktionen auf der Vakuumseite der Potenzialschwelle noch merklich, d. h., die Metallelektronen haben auch außerhalb der Austrittspotenzialschwelle noch eine gewisse Aufenthaltswahrscheinlichkeit. Die Elektronen können demnach mit einer gewissen Wahrscheinlichkeit den Potenzialberg wie durch einen Tunnel durchlaufen: *quantenmechanischer Tunneleffekt*. Die Durchtrittswahrscheinlichkeit D für ein Elektron der Energie E_e durch einen Potenzialberg $E(x)$ der Höhe $\Delta E = E_{max} - E_e$ und der Breite $\Delta x = x_2 - x_1$ ergibt sich näherungsweise zu

$$\begin{aligned} D &\approx \exp\left\{-\frac{2}{\hbar}\int_{x_1}^{x_2}\sqrt{2m_e(E(x)-E_e)}\,dx\right\} \\ &\approx \exp\left\{-\frac{\alpha\Delta x}{\hbar}\sqrt{2m_e\Delta E}\right\} \end{aligned} \qquad (188)$$

mit $\alpha \approx (1 \ldots 2)$ je nach der Form des Potenzialberges. Die Energie E ist hier nicht mit dem Betrag der Feldstärke $|\boldsymbol{E}|$ zu verwechseln.

Der Tunneleffekt ermöglicht eine Elektronenemission auch bei kalter Kathode allein durch hohe Feldstärken $|\boldsymbol{E}| \geqq 10^9$ V/m. Bei einem homogenen Feld nach Abb. 44 ergibt die Rechnung, die ähnlich wie für die Thermoemission verläuft (unter Berücksichtigung der Durchlasswahrscheinlichkeit (188)), für die Feldemissionsstromdichte bei nicht zu hohen Temperaturen (*Fowler-Nordheim-Gleichung*)

$$j_F = A_F \frac{|\boldsymbol{E}|^2}{\Phi} e^{-\beta\Phi^{3/2}/|\boldsymbol{E}|} \qquad (189)$$

mit

$$A_F = \frac{e^3}{8\pi h} = 2{,}5 \cdot 10^{-25} A^2 \cdot s/V \qquad (190)$$

und

$$\begin{aligned} \beta &= \frac{4\sqrt{2m_e}}{3\hbar e} \\ &= 1{,}06 \cdot 10^{38} kg^{0{,}5}/(V \cdot A^2 \cdot s^3). \end{aligned} \qquad (191)$$

Die Abhängigkeit der Feldemissions-Stromdichte von der Feldstärke entspricht genau der Abhängigkeit der Thermoemissions-Stromdichte von der Temperatur (181).

Ausreichend hohe elektrische Feldstärken lassen sich nach (70) im ▶ Kap. 15, „Elektrische Wechselwirkung" besonders leicht an feinen Spitzen mit Krümmungsradien von 0,1 bis 1 µm erzeugen. Anwendungen: Feldemissions-Elektronenmikroskop (Abb. 23 im ▶ Kap. 15, „Elektrische Wechselwirkung"), Raster-Tunnelmikroskop (Abb. 40 im ▶ Kap. 20, „Optik und Materiewellen").

Sekundärelektronenemission

Die Austrittsarbeit kann schließlich auch durch die kinetische Energie primärer Teilchen (Elektronen, Ionen), die auf die Festkörperoberfläche fallen, aufgebracht werden. Die so ausgelösten Elektronen werden *Sekundärelektronen* genannt. Der Sekundärelektronen-Emissionskoeffizient für Elektronen

$$\delta = \frac{j_{sec}}{j_0} \qquad (192)$$

(j_{sec} Emissionsstromdichte der Sekundärelektronen; j_0 Stromdichte der auffallenden Primärelektronen) hängt von der Energie der Primärelektronen ab (Abb. 45) und hat bei Metallen Werte um 1, bei Halbleitern und Isolatoren bis über 10. Dieser Unterschied hängt damit zusammen, dass aus Impulserhaltungsgründen (vgl. ▶ Abschn. 11.2.3.2 im Kap. 11, „Schwingungen, Teilchensysteme und starre Körper") beim Stoß äußerer Primärelektronen auf freie Leitungselektronen eine Rückwärtsstreuung sehr viel unwahr-

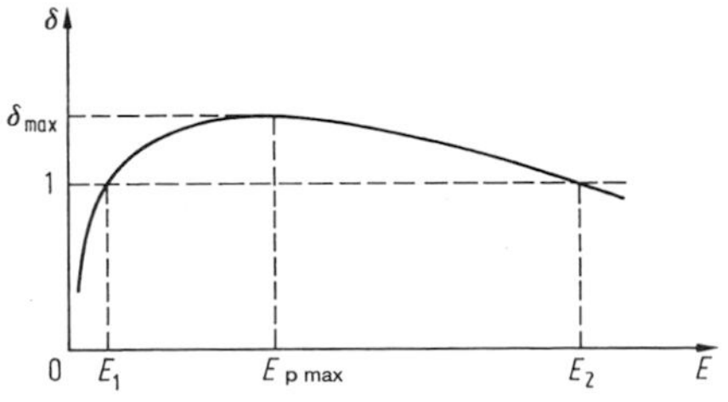

Abb. 45 Sekundärelektronen-Emissionskoeffizient als Funktion der Energie der Primärelektronen (schematisch)

scheinlicher ist als beim Stoß auf gebundene Elektronen in Halbleitern oder Isolatoren.

Die Energie der ausgelösten Sekundärelektronen beträgt $\lesssim 20$ eV. Mit steigender Primärelektronenenergie nimmt δ zunächst zu, um nach Durchlaufen eines maximalen Wertes ($E_{\text{pmax}} \approx (500 \ldots 1500)$ eV) wieder abzusinken, da wegen der steigenden Eindringtiefe der Primärelektronen die Auslösung in so großen Tiefen erfolgt, dass die Austrittswahrscheinlichkeit der Sekundärelektronen abnimmt (siehe Tab. 8).

Im Energiebereich zwischen E_1 und E_2 (Abb. 45), wo δ vor allem bei mit Caesium (sehr kleine Austrittsarbeit, Tab. 7) versetzten Materialien Werte $\gg 1$ annehmen kann, ist demnach die Zahl der Sekundärelektronen u. U. erheblich höher als die Zahl der auslösenden Primärelektronen. Dieser Effekt wird u. a. bei den Sekundärelektronenvervielfachern und Kanalmultipliern ausgenutzt. Die material- und winkelabhängige Sekundärelektronenemission wird ferner als Bildsignal im Rasterelektronenmikroskop verwendet (vgl. ► Abschn. 20.4.5 im Kap. 20, „Optik und Materiewellen“).

Auch Ionen können Sekundärelektronen auslösen, z. B. 1 bis 5 Elektronen pro auftreffendes Ion. Beginnend bei einer Ionenenergie von etwa 2 keV steigt die Ausbeute etwa linear an. Ein Maximum der Ausbeute wie bei Elektronen gibt es bei Ionen bis 20 keV nicht. Die Auslösung von Elektronen durch Ionen spielt eine wichtige Rolle bei der selbstständigen Gasentladung (Abschn. 17.2.6.2).

Tab. 8 Maximaler Sekundärelektronen-Emissionskoeffizient δ_{max} und zugehörige Energie $E_{\text{p max}}$ für einige Festkörper

Stoff	δ_{max}	$E_{\text{p max}}$/eV
Eisen	1,3	400
Germanium	1,15	500
Graphit	1,0	300
Kupfer	1,3	600
Molybdän	1,25	375
Nickel	1,3	550
Platin	1,8	700
Silber	1,5	800
Wolfram	1,4	650
NaCl	6	600
BaO	6	400
MgO	2,4	1500
Al_2O_3	4,8	1300
Glimmer	2,4	350
Ag-Cs_2O-Cs	8,8	550

17.2.7.2 Bewegung freier Ladungsträger im Vakuum

Die Bewegung von freien Ladungsträgern q mit der Geschwindigkeit $\boldsymbol{v}$ im Vakuum, in dem nur elektrische und/oder magnetische Felder $\boldsymbol{E}$ bzw. $\boldsymbol{B}$ auftreten, wird durch die Lorentz-Kraft (18) im ► Kap. 16, „Magnetische Wechselwirkung und zeitveränderliche elektromagnetische Felder“

$$\boldsymbol{F} = q(\boldsymbol{E} + \boldsymbol{v} \times \boldsymbol{B}) \tag{193}$$

beschrieben. Die Bewegung einzelner geladener Teilchen in solchen Feldern wurde bereits früher besprochen: Beschleunigung und Ablenkung im elektrischen Längs- und Querfeld (► Abschn. 15.1.2 im Kap. 15, „Elektrische Wechselwirkung“), Energieaufnahme im elektrischen Feld (► Abschn. 15.1.5 im Kap. 15, „Elektrische Wechselwirkung“), Ablenkung im magnetischen Feld (► Abschn. 16.1.2 im Kap. 16, „Magnetische Wechselwirkung und zeitveränderliche elektromagnetische Felder“).

Treten viele geladene Teilchen als *Raumladung* der Dichte $\varrho(\boldsymbol{r}) = n(\boldsymbol{r})q$ auf, so werden die von außen vorgegebenen Feldstärken und Potenziale durch die Raumladung verändert, da von den Ladungen selbst ein elektrischer Fluss Ψ ausgeht. Für den Fall einer ebenen Geometrie ergibt sich nach dem Gauß'schen Gesetz (17) im ► Kap. 15, „Elektrische Wechselwirkung“ aus der Bilanz für den elektrischen Fluss durch die Oberfläche einer raumladungserfüllten, flachen Scheibe im Vakuum (Abb. 46)

$$\frac{\mathrm{d}E_x}{\mathrm{d}x} = \frac{\varrho(x)}{\varepsilon_0}. \tag{194}$$

Die Feldstärke ergibt sich aus der Änderung des Potenzials $V(x)$ mit x gemäß (39) im ► Kap. 15, „Elektrische Wechselwirkung“, und somit

$$\frac{\mathrm{d}^2 V(x)}{\mathrm{d}x^2} = -\frac{\varrho(x)}{\varepsilon_0}. \tag{195}$$

Dies ist der eindimensionale Sonderfall der allgemein gültigen Potenzialgleichung

$$\Delta V \equiv \frac{\partial^2 V}{\partial x^2} + \frac{\partial^2 V}{\partial y^2} + \frac{\partial^2 V}{\partial z^2} = -\frac{\varrho}{\varepsilon_r \varepsilon_0}, \quad (196)$$

(*Poisson-Gleichung*).

Vakuumdiode

Der Effekt der Raumladung soll anhand des von der Kathode in einer Vakuumdiode (Abb. 47a) ausgehenden Thermoemissions-Elektronenstroms diskutiert werden. Die Kennlinie $i_A = f(u_{AK})$ zeigt drei charakteristisch verschiedene Bereiche (Abb. 47b):

1. $u_{AK} < 0$: Die aus der Kathode entsprechend der Kathodentemperatur T_K austretenden Elektronen (181) müssen gegen ein Anodenpotenzial $-|u_{AK}|$ anlaufen. Sie finden also eine gegenüber der Austrittsarbeit Φ um eu_{AK} erhöhte Energieschwelle vor, die nur von den Elektronen mit $E_k > eu_{AK}$ überwunden wird.

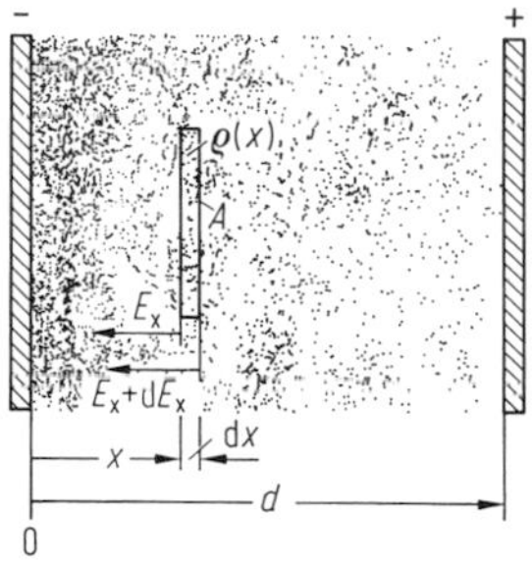

Abb. 46 Zur Herleitung der Potenzialgleichung

Analog zur Richardson-Gleichung (181) ergibt sich daher für den Anodenstrom im *Anlaufstromgebiet*

$$i_A = i_{A0} e^{-e|u_{AK}|/kT_K}, \quad (197)$$

worin T_K die Kathodentemperatur ist.

2. $u_{AK} > 0$: Die Elektronen werden zur Anode beschleunigt. Der Anodenstrom i_A steigt dennoch nicht sofort auf den durch die Richardson-Gleichung (181) gegebenen Wert, da bei niedrigen Spannungen die durch den Anodenstrom $i_A = -n\,e\,v\,A$ hervorgerufene negative Raumladung $\varrho = -n\,e = i_A/v\,A$ in Kathodennähe besonders groß ist (v klein), und die Elektronen geringerer kinetischer Energie von der Raumladung zur Kathode reflektiert werden: *Raumladungsgebiet*. Die Potenzialgleichung (195) lautet für diesen Fall

$$\frac{d^2 V(x)}{dx^2} = -\frac{\varrho(x)}{\varepsilon_0} = -\frac{i_A}{\varepsilon_0 v A}. \quad (198)$$

Die Integration ergibt mit (53) im ▶ Kap. 15, „Elektrische Wechselwirkung"

$$\frac{1}{2}\left(\frac{dV}{dx}\right)^2 - \frac{1}{2}\left(\frac{dV}{dx}\right)^2_{x=0} = \frac{2 i_A}{\varepsilon_0 A}\sqrt{\frac{m_e}{2e}}\sqrt{V}. \quad (199)$$

Wir nehmen nun an, dass die Elektronenemission aus der Kathode raumladungsbegrenzt sei, d. h., dass durch die negative Raumladung vor der Kathode die Feldstärke dort fast 0 sei (tatsächlich ist sie etwas negativ). Dann ist $(dV/dx)_{x=0}$

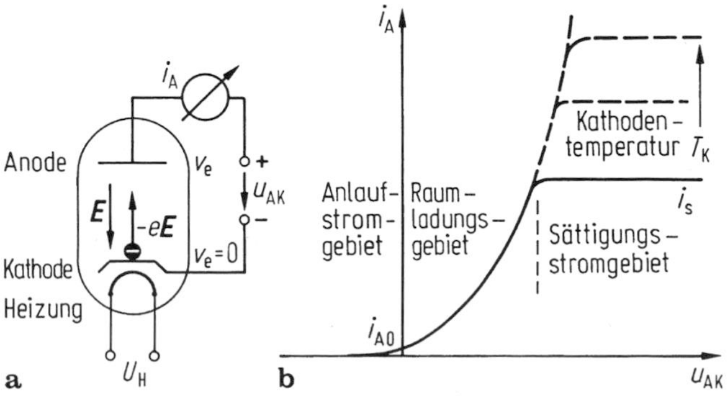

Abb. 47 **a** Vakuumdiode und **b** deren Kennlinien für verschiedene Kathodentemperaturen

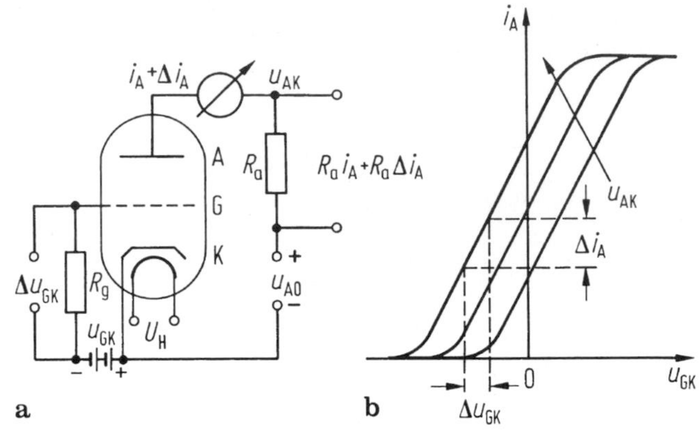

Abb. 48 **a** Triode in Verstärkerschaltung und **b** zugehörige Kennlinien (schematisch)

≈ 0 und (199) kann weiter integriert werden ($x = (0...d)$, $V = (0...u_{AK})$) mit dem Ergebnis

$$i_A = \frac{4}{9}\varepsilon_0 A\sqrt{\frac{2e}{m_e}} \cdot \frac{u_{AK}^{3/2}}{d^2}, \qquad (200)$$

(*Schottky – Langmuir'scheRaumladungsgleichung*),

dem sog. $U^{3/2}$-Gesetz. Mit steigender Anodenspannung steigt auch die Geschwindigkeit v der Elektronen, sodass die Raumladung $\varrho = n\ e \sim 1/v$ abgebaut wird und i_A entsprechend der Schottky-Langmuir-Gleichung ansteigt.

3. $u_{AK} \gg 0$: Eine Grenze für das Ansteigen des Anodenstromes mit u_{AK} ist durch die Richardson-Gleichung (181) gegeben. Bei hinreichend großer Anodenspannung verschwindet die Raumladungsbegrenzung, und alle von der Kathodenoberfläche A emittierten Elektronen werden abgesaugt. Für das *Sättigungsstromgebiet* gilt dann

$$i_s = A \cdot A_R T_K^2 e^{-\Phi/kT_K}, \qquad (201)$$

wonach der Sättigungsstrom nur von der Kathodentemperatur T_K abhängt. Aus der Kennlinie (Abb. 47b) folgt, dass die Vakuumdiode den elektrischen Strom praktisch nur für positive Anodenspannung leitet. (Anwendung zur Gleichrichtung von Wechselströmen.)

Triode

Im Raumladungsgebiet der Vakuumdiode bestimmt die Größe der Raumladung vor der Kathode den Anodenstrom i_A. Durch Einführung eines negativ vorgespannten Steuergitters G zwischen Kathode und Anode erhält man eine künstliche, regelbare Raumladung mit der Möglichkeit, durch kleine Steuergitterspannungsänderungen Δu_{GK} entsprechende Anodenstromänderungen Δi_A zu erzeugen (Abb. 48). Für konstante Spannung u_{AK} wird das Verhältnis

$$\left(\frac{\Delta i_A}{\Delta u_{GK}}\right)_{u_{AK}} = S \quad \textit{Steilheit} \qquad (202)$$

genannt. Übliche Elektronenröhren haben Steilheiten $S = 1\ ...10$ mA/V.

Bei Einschaltung eines Arbeitswiderstandes R_a in den Anodenstromkreis bewirkt Δu_{GK} eine Änderung des Spannungsabfalls an R_a von $\Delta u_{AK} = R_a \Delta i_A \approx S\ R_a\ \Delta u_{GK}$. Daraus folgt ein *Spannungsverstärkungsfaktor*

$$\frac{\Delta u_{AK}}{\Delta u_{GK}} \approx SR_a, \qquad (203)$$

der erheblich größer als 1 sein kann. Da bei negativer Steuergitterspannung u_{GK} praktisch kein Gitterstrom fließt, erfolgt die Spannungsverstärkung mit Elektronenröhren nahezu leistungslos.

Literatur

Buckel W, Kleiner R (2012) Supraleitung, 7. Aufl. Wiley-VCH, Weinheim

CODATA (2014) Internationally recommended 2014 values of the Fundamental Physical Constants. www.nist.gov/pml. Zugegriffen am 13.12.2018

Ibach H, Lüth H (2009) Festkörperphysik, 7. Aufl. Springer, Berlin
Kittel C (2005) Einführung in die Festkörperphysik, 14. Aufl. Oldenbourg, München

Handbücher und Nachschlagewerke

Bergmann, Schaefer (1999–2006) Lehrbuch der Experimentalphysik, 8 Bde, versch. Aufl. de Gruyter, Berlin
Greulich W (Hrsg) (2003) Lexikon der Physik, 6 Bde. Spektrum Akademischer Verlag, Heidelberg
Hering E, Martin R, Stohrer M (2014) Taschenbuch der Mathematik und Physik, 6. Aufl. Springer, Berlin
Kuchling H (2014) Taschenbuch der Physik, 21. Aufl. Hanser, München
Rumble J (2018) CRC Handbook of chemistry and physics, 99. Aufl. Taylor & Francis Ltd, London
Stöcker H (2018) Taschenbuch der Physik, 8. Aufl. Europa-Lehrmittel Nourney, Vollmer GmbH & Co. KG Haan-Gruiten
Westphal W (Hrsg) (1952) Physikalisches Wörterbuch. Springer, Berlin

Allgemeine Lehrbücher

Alonso M, Finn E (2000) Physik, 3. Aufl. de Gruyter, Oldenbourg, Berlin
Berkeley Physik-Kurs (1989–1991), 5 Bde, versch. Aufl. Vieweg+Teubner, Braunschweig
Demtröder W (2017) Experimentalphysik, 4 Bde, 5–8. Aufl. Springer Spektrum, Berlin
Feynman RP, Leighton RB, Sands M (2015) Vorlesungen über Physik, 5 Bde, Versch. Aufl. de Gruyter, Berlin
Gerthsen C, Meschede C (2015) Physik, 25. Aufl. Springer Spektrum, Berlin
Halliday D, Resnick R, Walker J (2017) Physik, 3. Aufl. Wiley VCH, Weinheim
Hänsel H, Neumann W (2000–2002) Physik, 4 Bde Spektrum Akademischer Verlag, Heidelberg
Hering E, Martin R, Stohrer M (2016) Physik für Ingenieure, 12. Aufl. Springer Vieweg, Berlin
Niedrig H (1992) Physik. Springer, Berlin
Orear J (1992) Physik, 2 Bde, 4. Aufl. Hanser, München
Paul H (Hrsg) (2003) Lexikon der Optik, 2 Bde. Springer Spektrum, Berlin
Stroppe H (2018) Physik, 16. Aufl. Hanser, München
Tipler PA, Mosca G (2015) Physik, 7. Aufl. Springer Spektrum, Berlin

Starke und schwache Wechselwirkung: Atomkerne und Elementarteilchen

18

Heinz Niedrig und Martin Sternberg

Zusammenfassung

Die halbempirischen Modelle des Atomkerns werden vorgestellt mit der Erklärung der Kernbindungsenergien. Radioaktiver α-, β- und γ-Zerfall wird behandelt. Anschließend werden die Prinzipien der Energiegewinnung durch Kernspaltung und -fusion erläutert einschließlich verschiedener Reaktorformen. Es folgt eine systematische Einführung in die Elementarteilchen und das Leptonen- und Quark-basierte Standardmodell.

18.1 Starke und schwache Wechselwirkung: Atomkerne und Elementarteilchen

Die Kern- und Elementarteilchenphysik wird in der Hauptsache durch die starke und die schwache Wechselwirkung bestimmt, vgl. Einleitung zum ▶ Kap. 14, „Gravitationswechselwirkung". Die zugehörigen Kräfte haben eine extrem kurze Reichweite $\approx 10^{-15}$ m und spielen daher in der sonstigen Physik gegenüber den elektromagnetischen und Gravitationskräften mit ihrer langen Reichweite keine Rolle. Im Bereich der Atomkerne und Elementarteilchen sind sie jedoch die bestimmenden Kräfte: Die starke Wechselwirkung bewirkt den Zusammenhalt der Atomkerne, indem die anziehenden Kernkräfte zwischen unmittelbar benachbarten Nukleonen die abstoßenden Coulomb-Kräfte übersteigen. Dagegen nehmen die Leptonen (Tab. 1 im ▶ Kap. 15, „Elektrische Wechselwirkung") nicht an der starken Wechselwirkung teil. Bei der Streuung schneller Elektronen an Atomkernen beispielsweise wird daher der Hauptteil des Streuquerschnittes (vgl. ▶ Abschn. 17.2.1.1 im Kap. 17, „Elektrische Leitungsmechanismen") durch die Coulomb-Wechselwirkung mit den positiven Ladungen der Protonen (Tab. 1 im ▶ Kap. 15, „Elektrische Wechselwirkung") im Atomkern verursacht. Zerfälle bzw. Umwandlungen von Elementarteilchen schließlich werden durch die schwache Wechselwirkung geregelt.

18.1.1 Atomkerne

Aus den Streuversuchen von Rutherford, Geiger und Marsden mit α-Teilchen (▶ Abschn. 17.2.1.1 im Kap. 17, „Elektrische Leitungsmechanismen") zeigte sich, dass der Atomkern so viel positive Elementarladungen enthält, wie die Ordnungszahl

H. Niedrig
Technische Universität Berlin (im Ruhestand), Berlin, Deutschland
E-Mail: heinz.niedrig@t-online.de

M. Sternberg (✉)
Hochschule Bochum, Bochum, Deutschland
E-Mail: martin.sternberg@hs-bochum.de

M. Hennecke, B. Skrotzki (Hrsg.), *HÜTTE Band 1: Mathematisch-naturwissenschaftliche und allgemeine Grundlagen für Ingenieure*, Springer Reference Technik,
https://doi.org/10.1007/978-3-662-64369-3_18

Z des Atoms im Periodensystem der Elemente (siehe Teil Chemie) angibt. Massenspektrometrische Untersuchungen (Abb. 13 im ► Kap. 16, „Magnetische Wechselwirkung und zeitveränderliche elektromagnetische Felder") ermöglichen ferner die Bestimmung der Massen der verschiedenen Elemente. Dabei zeigt sich, dass die *Protonen*, die positiv geladenen Kerne der Wasserstoffatome als leichtestem aller Elemente, zur Erklärung der Atomkernmassen nicht ausreichen, sondern dass dazu elektrisch neutrale Teilchen, die *Neutronen* hinzugenommen werden müssen (nachgewiesen von Chadwick 1932).

Bestandteile der Atomkerne sind demnach die *Nukleonen*

Proton (p) mit der Ladung $+e$ und der Ruhemasse

$$m_{\mathrm{p}} = \left(1{,}672621898 \pm 21 \cdot 10^{-9}\right) \cdot 10^{-27}\mathrm{kg}$$

und *Neutron* (n) mit der Ladung 0 und der Ruhemasse

$$m_{\mathrm{n}} = \left(1{,}674927471 \pm 21 \cdot 10^{-9}\right) \cdot 10^{-27}\mathrm{kg}.$$

Die Ruhemasse der Nukleonen ist damit etwa 1840-mal größer als die Ruhemasse des Elektrons, siehe ► Abschn. 15.1.4 im Kap. 15, „Elektrische Wechselwirkung". Ein beliebiger Atomkern enthält A Nukleonen, davon Z Protonen und N Neutronen:

$$A = Z + N \quad (\textit{Nukleonenzahl} \text{ oder } \textit{Massenzahl}). \tag{1}$$

Die Massenzahl A ist gleich der auf ganze Zahlen gerundeten relativen Atommasse A_{r}. Z heißt *Protonenzahl* oder *Kernladungszahl* und ist mit der *Ordnungszahl* im Periodensystem identisch. Schreibweise zur Kennzeichnung eines Atomkerns eines chemischen Elementes X:

$$^{A}_{Z}\mathrm{X}, \quad \text{z. B.} \quad ^{1}_{1}\mathrm{H},\ ^{4}_{2}\mathrm{He},\ ^{235}_{92}\mathrm{U}, \ldots$$

Der Index Z (Protonenzahl) wird häufig auch weggelassen, da diese durch das chemische Symbol X eindeutig bestimmt ist. Atomkernarten werden auch *Nuklide* genannt. Unterschiedliche Nuklide unterscheiden sich in mindestens zwei der Zahlen A, Z, N.

Die *relative Atommasse* A_{r} ist das Verhältnis der Atommasse m_{a} zur sog. vereinheitlichten Atommassenkonstante m_{u}:

$$A_{\mathrm{r}} = \frac{m_{\mathrm{a}}}{m_{\mathrm{u}}}. \tag{2}$$

Entsprechend wird die *relative Molekülmasse* M_{r} (siehe ► Abschn. 12.1.1 im Kap. 12, „Statistische Mechanik – Thermodynamik") eines Moleküls der Masse m_{m} definiert:

$$M_{\mathrm{r}} = \frac{m_{\mathrm{m}}}{m_{\mathrm{u}}}. \tag{3}$$

Die vereinheitlichte *Atommassenkonstante* m_{u} ist definiert als 1/12 der Masse eines Kohlenstoffnuklids der Massenzahl 12 und beträgt

$$\begin{aligned} m_{\mathrm{u}} &= \frac{1}{12} m \left(^{12}\mathrm{C}\right) \\ &= \left(1{,}660539040 \pm 20 \cdot 10^{-9}\right) \cdot 10^{-27}\mathrm{kg}. \end{aligned}$$

Die Masse dieses Betrages wird als sog. *atomare Masseneinheit* verwendet und dann mit u bezeichnet.

Aus Streuversuchen mit α-Teilchen hinreichend hoher Energie (► Abschn. 17.2.1.1 im Kap. 17, „Elektrische Leitungsmechanismen") erhält man auch Aussagen über den Kernradius, für den sich die empirische Beziehung

$$R \approx r_0 \sqrt[3]{A} \quad \text{mit} \quad r_0 \approx 1{,}2\,\mathrm{fm} \tag{4}$$

ergibt. r_0 entspricht dem Radius eines Nukleons. Gl. (4) bedeutet, dass das Kernvolumen ($\sim R^3$) proportional zur Nukleonenzahl A ansteigt, die Dichte der Kernsubstanz also etwa konstant ist für alle Kerne:

$$\varrho_{\mathrm{N}} \approx \frac{A m_{\mathrm{p}}}{\frac{4\pi}{3} R^3} \approx \frac{m_{\mathrm{p}}}{\frac{4\pi}{3} r_0^3} \approx 2 \cdot 10^{17}\mathrm{kg/m^3}. \tag{5}$$

Die Kerndichte ist also etwa um den Faktor 10^{14} größer als die Dichte von Festkörpern!

Atome gleicher Ordnungszahl Z, aber verschiedener Neutronenzahl N und damit auch verschiedener Massenzahl A werden *Isotope* des chemischen Elements mit der Ordnungszahl Z genannt. Die meisten in der Natur vorkommenden Elemente sind Mischungen aus mehreren Isotopen. Dadurch erklärt sich, dass die relativen Atommassen A_r oft von der Ganzzahligkeit relativ stark abweichen.

Sowohl Protonen als auch Neutronen haben wie die Elektronen (► Abschn. 17.2.1 im Kap. 17, „Elektrische Leitungsmechanismen") einen Eigendrehimpuls oder Spin der Größe $\hbar/2$. Ferner muss angenommen werden, dass Nukleonen Bahnbewegungen im Atomkern durchführen, die zu einem Bahndrehimpuls führen. Der resultierende Drehimpuls eines Atomkerns, der *Kernspin* $\boldsymbol{J}$, ist wie der Drehimpuls der Elektronenhülle gequantelt, wobei die zugehörige Quantenzahl J den Betrag des Kernspins $\hbar\sqrt{J(J+1)}$ kennzeichnet. Auch hier gilt eine Richtungsquantelung (vgl. ► Abschn. 17.2.1 im Kap. 17, „Elektrische Leitungsmechanismen"). Kerne mit geraden Zahlen von Protonen und Neutronen (gg-Kerne) haben eine Spinquantenzahl $J = 0$, d. h., die Spins der Nukleonen sind offenbar paarweise antiparallel angeordnet. Mit dem Kernspin ist schließlich auch ein magnetisches Dipolmoment verknüpft.

Bei der Wechselwirkung zwischen zwei Protonen sind die Kernkräfte (starke Wechselwirkung) für Abstände $r > 0{,}7$ fm anziehend und übersteigen die abstoßende Coulomb-Kraft um einen Faktor $>10^2$. Bereits bei $r \geq 2$ fm sind die Kernkräfte abgeklungen. Für $r < 0{,}7$ fm wirken die Kernkräfte abstoßend, halten also die Nukleonen in entsprechenden Abständen. Das steht im Einklang mit der von der Nukleonenzahl unabhängigen, etwa konstanten Kerndichte. Aufgrund der Spinwechselwirkung gibt es ferner nichtzentrale Anteile der Kernkraft. Sieht man von solchen Kraftanteilen ab, so lässt sich qualitativ ein Verlauf des Kernpotenzials annehmen, wie er in Abb. 1 dargestellt ist (Energie-Nullpunkt bei getrennten Nukleonen angenommen: Bei gebundenen Nukleonen ist die innere Energie U_{int} bzw. die potenzielle Energie E_p dann negativ, vgl. Abb. 37 im ► Kap. 11, „Schwingungen, Teilchensysteme und starre Körper"). Für die Wechselwirkung zwischen zwei Neutronen oder zwischen einem Neutron und einem Proton ist dabei allein das Potenzial aufgrund der Kernkraft wirksam, für die Wechselwirkung zwischen zwei Protonen wird dieses noch vom Coulomb-Potenzial überlagert.

18.1.2 Massendefekt, Kernbindungsenergie

Die zur Zerlegung eines Atomkerns gegen die anziehenden Kernkräfte aufzubringende Arbeit stellt die Kernbindungsenergie E_B dar, die meist je Nukleon angegeben wird (E_b, Abb. 2). Bei der

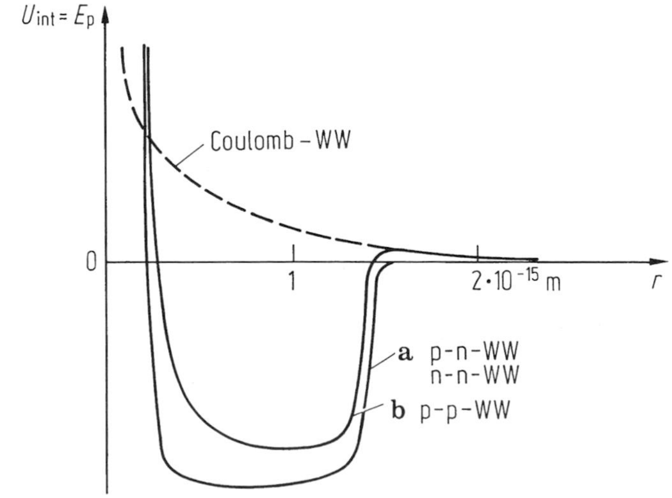

Abb. 1 Potenzielle Energie von Nukleonen (schematisch, Coulomb-Wechselwirkung stark überhöht dargestellt): **a** p-n- und n-n-Wechselwirkung, **b** p-p-Wechselwirkung

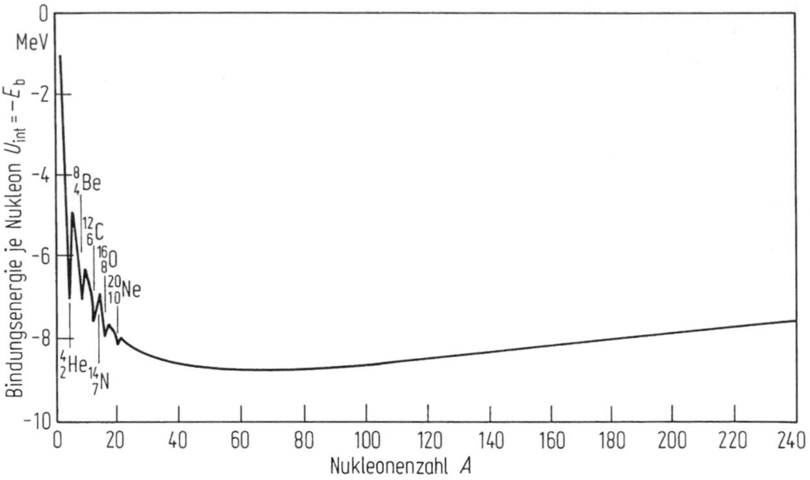

Abb. 2 Bindungsenergie je Nukleon als Funktion der Nukleonenzahl des Kerns (berechnet nach der Weizsäcker-Formel (9) sowie (11))

Zusammenlagerung von mehreren Nukleonen zu einem Atomkern wird die entsprechende Energie frei. Aufgrund der Einstein'schen Masse-Energie-Beziehung (129) im ▶ Kap. 10, „Mechanik von Massenpunkten" ist daher die Masse eines Atomkerns m_N stets kleiner als die Masse aller beteiligten Nukleonen im ungebundenen Zustand ($Zm_p + Nm_n$). Aus der experimentell bestimmbaren Differenz

$$\Delta m = Zm_p + Nm_n - m_N \quad \text{(Massendefekt)} \quad (6)$$

lässt sich die *Bindungsenergie je Nukleon* berechnen:

$$E_b = \frac{\Delta m c_0^2}{A}. \quad (7)$$

Einem Massendefekt von der Größe der atomaren Masseneinheit 1 u entspricht eine Bindungsenergie von 931,49 MeV. Für Atomkerne mit Nukleonenzahlen $A > 20$ beträgt die Bindungsenergie je Nukleon ungefähr 8 MeV (Abb. 2). Bei Atomkernen mit Nukleonenzahlen um 60 hat die Energie je Nukleon ein flaches Minimum (maximale Bindungsenergie).

Die Abhängigkeit der Kernbindungsenergie je Nukleon von der Nukleonenzahl des Kerns lässt sich durch *Kernmodelle* deuten.

Beim *Tröpfchenmodell* wird der Atomkern mit einem makroskopischen Flüssigkeitstropfen verglichen, der ebenfalls eine konstante Dichte unabhängig von seiner Größe aufweist, sowie schnell mit der Entfernung abnehmende Bindungskräfte. So, wie beim Flüssigkeitstropfen die Oberflächenspannung für die kugelförmige Gestalt sorgt, muss auch beim Atomkern eine Oberflächenspannung angenommen werden, die eine etwa kugelförmige Gestalt des Kerns bewirkt. Die Bindung an der Oberfläche ist jedoch geringer als im Volumen. Die Zunahme der Bindungsenergie je Nukleon mit der Nukleonenzahl bei leichten Atomkernen rührt daher vom steigenden Verhältnis der Zahl der Nukleonen im Volumen zu derjenigen an der Oberfläche. Bei schweren Kernen bewirkt hingegen die Zunahme der elektrostatischen Abstoßung der Protonen untereinander aufgrund ihrer steigenden Anzahl eine Verringerung der Bindungsenergie je Nukleon. Die Folge ist eine Verschiebung des Energieminimums (Bindungsenergiemaximums) zugunsten eines Neutronenüberschusses. Andererseits scheint, wie sich bei leichten Kernen zeigt, ein energetischer Vorteil für symmetrische Kerne (Protonenzahl = Neutronenzahl) zu existieren.

Beim *Schalenmodell* des Atomkerns wird davon ausgegangen, dass der Kern ähnlich wie die Elektronenhülle in Schalen unterteilt ist, innerhalb derer die Nukleonen gruppiert und diskreten Energiezuständen zugeordnet sind. Dabei sättigen sich die Drehimpulse je zweier Protonen oder zweier Neutronen gegenseitig ab. Kerne mit gerader Protonenzahl und gerader Neutronenzahl (*gg-Kerne*) enthalten nur gepaarte Protonen und

Neutronen und sind deshalb stabiler als *gu-* oder *ug-Kerne*. Die Bindungsenergie je Nukleon ist bei gg-Kernen besonders hoch. Das Gegenteil ist bei *uu-Kernen* der Fall, die sowohl ein ungepaartes Proton als auch ein ungepaartes Neutron enthalten. Dieser Effekt wirkt sich besonders bei den leichten Atomkernen aus und erklärt die dort starken Schwankungen der Bindungsenergie je Nukleon (Abb. 2). Kerne mit abgeschlossenen Schalen enthalten 2, 8, 20, (28), 50, 82 oder 128 Protonen oder Neutronen (*magische Zahlen*) und sind überdurchschnittlich stabil. Beispiele sind ${}^{4}_{2}\mathrm{He}$, ${}^{16}_{8}O$, ${}^{40}_{20}\mathrm{Ca}$ und ${}^{208}_{82}Pb$.

Die verschiedenen Einflüsse auf die gesamte Kernbindungsenergie E_B lassen sich in der Weizsäcker-Formel zusammenfassen:

$$E_\mathrm{B} = a_\mathrm{V}A - a_O A^{2/3} - a_\mathrm{C}\frac{Z^2}{A^{1/3}} - a_\mathrm{as}\frac{(A-2Z)^2}{A} + a_\mathrm{p}\frac{\delta}{A^{3/4}}, \qquad (8)$$

mit $a_\mathrm{V} = 15{,}75$ MeV, $a_O = 17{,}8$ MeV, $a_\mathrm{C} = 0{,}71$ MeV, $a_\mathrm{as} = 23{,}7$ MeV, $a_\mathrm{p} = 34$ MeV und

$$\delta = \begin{cases} +1 & \text{für gg-Kerne} \\ 0 & \text{für gu- und ug-Kerne} \\ -1 & \text{für uu-Kerne.} \end{cases}$$

Der erste Term beschreibt die Zunahme der Bindungsenergie mit der Anzahl der Nukleonen (Volumenenergie). Der zweite Term berücksichtigt die geringere Bindung der Oberflächen-Nukleonen. Der dritte Term beschreibt die Coulomb-Abstoßung der Protonen $\sim Z^2/r$. Der vierte Term stellt die bindungslockernde Asymmetrieenergie dar, die bei $N = Z = A/2$ verschwindet. Bei großen Nukleonenzahlen liegt jedoch wegen der Coulomb-Abstoßung der Protonen untereinander das Energieminimum (Bindungsenergiemaximum) bei $N > Z$. Der fünfte Term berücksichtigt die Paarenergie der Nukleonen-Spins, er hat bei gg-Kernen einen positiven, bei uu-Kernen einen negativen Wert. Die Kernbindungsenergie je Nukleon E_b ergibt sich daraus zu

$$E_\mathrm{b} = \frac{E_\mathrm{B}}{A} = a_\mathrm{V} - a_\mathrm{O}\frac{1}{A^{1/3}} - a_\mathrm{C}\frac{Z^2}{A^{4/3}} - a_\mathrm{as}\frac{(A-2Z)^2}{A^2} + a_\mathrm{p}\frac{\delta}{A^{7/4}}. \qquad (9)$$

Für jede Massenzahl A zeigt die Energie des Kerns bei einer bestimmten Protonenzahl Z ein Minimum (Maximum der Kernbindungsenergie), dessen Lage sich aus (8) mit der Bedingung

$$\left(\frac{\partial E_\mathrm{B}}{\partial Z}\right)_{A=\mathrm{const}} = 0 \qquad (10)$$

berechnen lässt. Daraus ergibt sich eine *Stabilitätslinie* (Linie der β-Stabilität, siehe Abschn. 18.1.3.2)

$$Z = \frac{A}{2 + 0{,}015A^{2/3}} < \frac{A}{2}$$

bzw.

$$N = A - \frac{A}{2 + 0{,}015A^{2/3}} > \frac{A}{2}, \qquad (11)$$

die bei schweren Kernen zunehmend von der Linie $N = Z = A/2$ der symmetrischen Atomkerne abweicht (Abb. 3). Mit (11) folgt aus (9) der in Abb. 2 dargestellte Verlauf der Bindungsenergiekurve.

Die stabilen Elemente (siehe Abschn. 18.1.3) liegen auf bzw. dicht an der Stabilitätslinie.

18.1.3 Radioaktiver Zerfall

Atomkerne, die nicht dicht an der Stabilitätslinie (Abb. 3) liegen, oder die große Massenzahlen A aufweisen, können Strahlung emittieren und dabei in einen stabileren Zustand übergehen. Solche instabilen Atomkerne heißen *radioaktiv*. Bei der 1896 zuerst an Uransalzen entdeckten (Becquerel), dann an Polonium, Radium, Aktinium, Thorium, Kalium, Rubidium, Samarium, Lutetium u. a. gefundenen und untersuchten *natürlichen Radioaktivität* (Marie und Pierre Curie ab 1898, u. a.) werden verschiedenartige Strahlungen beobachtet:

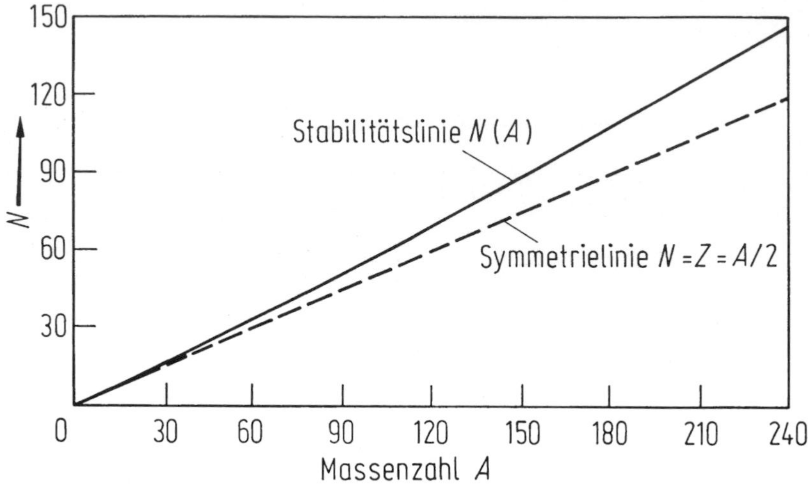

Abb. 3 Stabilitätslinie N (A) nach der Weizsäcker-Formel

1. Die α-*Strahlung* besteht aus zweifach positiv geladenen Teilchen der Massenzahl 4, also He-Kernen.
2. Die β-*Strahlung* besteht aus schnellen Elektronen.
3. Die γ-*Strahlung* besteht aus energiereichen elektromagnetischen Strahlungsquanten.

Die radioaktive Strahlung hängt nicht von äußeren Bedingungen wie Temperatur, Druck, chemische Bindung usw. ab.

18.1.3.1 Alphazerfall

Bei der Emission eines α-Teilchens (He-Kern), das als gg-Kern mit abgeschlossenen Schalen eine besonders stabile Kernstruktur darstellt, aus einem schweren Atomkern X (der sich dabei in einen anderen Atomkern Y umwandelt) wird eine Reaktionsenergie

$$Q = \Delta E = (m_X - m_Y - m_\alpha)c_0^2 = \Delta m c_0^2 > 0 \qquad (12)$$

frei, sofern die Massenzahl A_X des Ausgangskerns hinreichend groß ist, wie sich aus dem Verlauf der Bindungsenergie pro Nukleon (Abb. 2) schließen lässt. α-Strahlung wird in erster Linie für $A_X > 208$ beobachtet. Die Nukleonenzahl des Ausgangskerns reduziert sich beim α-Zerfall um 4, die Protonenzahl um 2, sodass ein anderes chemisches Element (im Periodensystem gegenüber dem Ausgangselement zwei Plätze zurück) entsteht:

$${}_Z^A\mathrm{X} \rightarrow {}_{Z-2}^{A-4}\,\mathrm{Y} + {}_2^4\,\mathrm{He} + \Delta E,$$

z. B.:

$${}_{92}^{238}\mathrm{U} \xrightarrow{4{,}5\cdot 10^9\,\mathrm{a}} {}_{90}^{234}\mathrm{Th} + {}_2^4\mathrm{He}. \qquad (13)$$

Der Zerfall erfolgt bei den natürlich radioaktiven Elementen von selbst (spontan), allerdings sehr langsam, anderenfalls würden sie nicht mehr existieren. Bei der Emission des α-Teilchens muss daher offenbar eine Energieschwelle überwunden werden, die höher ist, als die bei der Emission verfügbare Energie ΔE, die sich wiederum gemäß Energie- und Impulssatz (Rückstoß, siehe ▶ Abschn. 10.2.3.2 im Kap. 10, „Mechanik von Massenpunkten“) auf den neuen Kern Y und das α-Teilchen (E_α) verteilt. Die Energieschwelle wird aus dem Potenzialtopf der Kernkräfte und der Coulomb-Abstoßung zwischen Kern Y und dem α-Teilchen gebildet (Abb. 4a). Das Energiespektrum der α-Strahlung einer Kernsorte mit diskreten Linien (Abb. 4b) ist ein Hinweis auf die Existenz diskreter Quantenzustände im Kern mit entsprechenden Energieniveaus.

Die Wahrscheinlichkeit des Zerfalls wird dann durch den quantenmechanischen Tunneleffekt

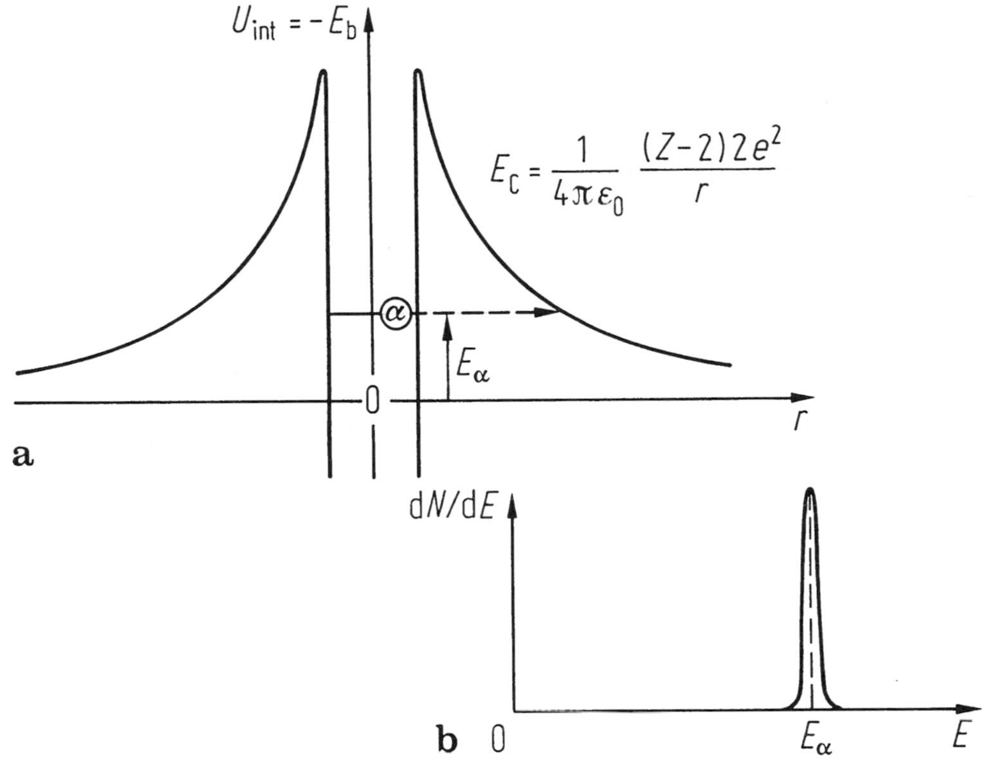

Abb. 4 α-Zerfall: **a** Zu durchtunnelnde Energieschwelle des Kernpotenzials, **b** diskretes Energiespektrum der α-Strahlung

(188) im ► Kap. 17, „Elektrische Leitungsmechanismen" geregelt (Gamow), der auch die Feldemission von Elektronen aus Metallen bestimmt (► Abschn. 17.2.7.1 im Kap. 17, „Elektrische Leitungsmechanismen"). Dementsprechend gibt es eine (zunächst empirisch gefundene) gleichsinnige Beziehung zwischen der Zerfallswahrscheinlichkeit und der Energie E_α des emittierten α-Teilchens:

$$\log\lambda = A + B\log E_A, \quad \text{die Geiger-Nuttall'sche Regel,} \tag{14}$$

mit für alle α-Strahler annähernd gleichen Konstanten A und B. λ ist die Zerfallskonstante des Zerfallsgesetzes (20).

Anmerkung: Üblicherweise wird die Geiger-Nuttall'sche Regel mithilfe der hier nicht eingeführten Reichweite R der α-Teilchen in Materie (z. B. in Luft) formuliert. Diese ist jedoch einer Potenz von E_α proportional, sodass sich nur die Konstante B ändert.

18.1.3.2 Betazerfall

Nuklide, die nicht dicht an der Linie der β-Stabilität (Abb. 3) liegen, können durch Emission eines Elektrons oder eines Positrons (eines positiv geladenen Elektrons) dieser Linie der minimalen Energie näherkommen. Dabei bleibt die Nukleonenzahl A ungeändert, jedoch ändern sich Neutronenzahl N und Protonenzahl Z gegensinnig um je 1.

Der β^--*Zerfall* tritt bei Nukliden mit Neutronenüberschuss oberhalb der Stabilitätslinie (Abb. 3) auf. Es entsteht ein Element mit einer um 1 höheren Ordnungszahl:

$${}^{A}_{Z}\mathrm{X} \rightarrow {}^{A}_{Z+1}\mathrm{Y} + {}^{0}_{-1}\mathrm{e} + \Delta E,$$

z. B.:

$$^{234}_{90}\mathrm{Th} \xrightarrow{24{,}1\,\mathrm{d}} {}^{234}_{91}\mathrm{Pa} + \mathrm{e}^- . \qquad (15)$$

Zugrunde liegt diesem Prozess die Umwandlung eines Neutrons in ein Proton und ein Elektron. Im Gegensatz zur α-Strahlung ist das Energiespektrum der β-Strahlung jedoch nicht diskret (linienhaft), sondern kontinuierlich zwischen 0 und einer maximalen Energie E_β verteilt (Abb. 5). Ferner ergibt sich aus Nebelkammer- oder Blasenkammer-Aufnahmen des β-Zerfalls, dass scheinbar der Impulserhaltungssatz meist nicht erfüllt ist: Der Fall entgegengesetzter Impulse von Rückstoßkern und emittiertem Elektron (Fall a in Abb. 5) tritt nur selten auf. Viel häufiger ist der Fall b, bei dem scheinbar die Impulssumme nicht verschwindet. Außerdem ist scheinbar auch der Drehimpulserhaltungssatz verletzt: Beim β-Zerfall wird der Kernspin (ganz- oder halbzahlig) nicht geändert, dennoch nimmt das Elektron einen Spin $\hbar/2$ mit. All diese Widersprüche ließen sich durch die Annahme eines weiteren Elementarteilchens, des *Elektron-Neutrinos* ν_e (hier genauer des Antiteilchens $\bar{\nu}_e$ wegen der Erhaltung der Leptonenzahl, siehe Abschn. 18.1.5) beseitigen (postuliert durch Pauli 1931). Die Neutrinos besitzen keine elektrische Ladung (ionisieren daher nicht), eine nur sehr kleine Ruhemasse ($< 3 \cdot 10^{-5}\, m_e$, vielleicht 0) und einen Spin $\hbar/2$. Neutrinos zeigen wegen der fehlenden Ladung und Ruhemasse nur eine extrem geringe Wechselwirkung mit anderer Materie und wurden deshalb erst 1956 direkt nachgewiesen (Reines u. Cowan). Wird beim β-Zerfall gleichzeitig mit dem Elektron ein Neutrino emittiert, so nimmt dieses einen vom Emissionswinkel abhängigen Anteil der Energie und des Impulses (Abb. 5c) mit und gleicht den Spin

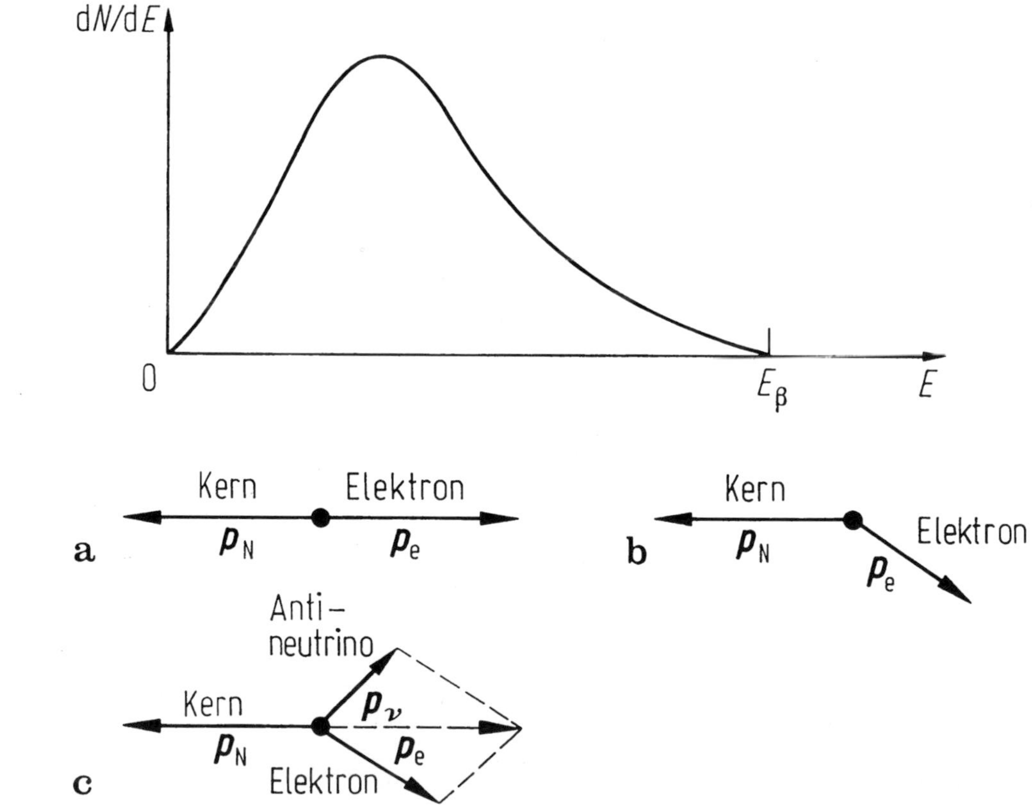

Abb. 5 Kontinuierliches Energiespektrum der β-Strahlung, Impulsdiagramme zum Impulserhaltungssatz beim β-Zerfall

des emittierten Elektrons aus. Damit sind Energie-, Impuls- und Drehimpulssatz erfüllt und das kontinuierliche β-Spektrum wird erklärbar.

Dem β^--Zerfall liegt daher folgende Neutronenumwandlung zugrunde:

$$\mathrm{n} \rightarrow \mathrm{p} + \mathrm{e}^- + \bar{\nu}_\mathrm{e}. \tag{16}$$

Die Reaktionsgleichungen (15) müssen demnach durch ein Antineutrino $\bar{\nu}_\mathrm{e}$ ergänzt werden.

Der β^+-*Zerfall* tritt bei Nukliden auf, die eine geringere Neutronenzahl aufweisen, als es der Linie der β-Stabilität (Abb. 3) entspricht. Es entsteht ein Element mit einer um 1 niedrigeren Ordnungszahl:

$$\begin{aligned} &{}^{A}_{Z}\mathrm{X} \rightarrow {}^{A}_{Z-1}\mathrm{Y} + {}^{0}_{1}\mathrm{e} + \Delta E, \\ &\text{z. B.}: {}^{10}_{6}\mathrm{C} \rightarrow {}^{10}_{5}\mathrm{B} + \mathrm{e}^+. \end{aligned} \tag{17}$$

Der β^+-Zerfall legt die Annahme der Umwandlung eines Protons in ein Neutron nahe unter gleichzeitiger Aussendung eines positiven Elektrons (eines Positrons) e^+ und eines Elektron-Neutrinos ν_e. Dies kann jedoch nicht zutreffen, da die Masse des Protons kleiner ist als die des Neutrons. Statt dessen muss angenommen werden, dass aus überschüssiger Kernbindungsenergie zunächst ein Elektronenpaar (Elektron und Positron) entsteht und das Proton sich mit dem Elektron zu einem Neutron verbindet:

$$\mathrm{p} + \mathrm{e}^- + \mathrm{e}^+ \rightarrow \mathrm{n} + \mathrm{e}^+ + \nu_\mathrm{e}. \tag{18}$$

Dementsprechend müssen auch hier die Reaktionsgleichungen (17) ergänzt werden durch ein Neutrino ν_e. Statt der Aussendung eines Positrons kann der instabile Atomkern auch ein Hüllenelektron einfangen (meist ein K-Elektron): *Elektroneneinfang* oder K-Einfang (K-Elektronen besitzen eine gewisse Aufenthaltswahrscheinlichkeit auch im Kern). Anschließend tritt charakteristische Röntgenstrahlung (siehe ▶ Abschn. 19.3.4 im Kap. 19, „Wellen und Strahlung") durch Auffüllung der Elektronenlücke in der K-Schale auf.

Umwandlungen der Art (16) und (18), bei denen Elektronen und Neutrinos als Ausgangs- oder Endteilchen auftreten, stellen einen speziellen Fall der *schwachen Wechselwirkung* dar (Abschn. 18.1.5).

γ-Emission
Nach Emission von α- oder β-Teilchen verbleiben die Atomkerne meist in einem energetisch mehr oder weniger angeregten Zustand. Beim Übergang in den energieärmeren Grundzustand wird die Energiedifferenz in Form von elektromagnetischer Strahlung mit großem Durchdringungsvermögen, der γ-Strahlung abgegeben. Dabei ändert sich die Stellung des Atomkerns im Periodensystem nicht.

Das Gesetz des radioaktiven Zerfalls
Der radioaktive Zerfall ist rein statistischer Natur, d. h., die Atomkerne wandeln sich unabhängig voneinander mit einer für alle gleichartigen Kerne gleichen Zerfallswahrscheinlichkeit um. Der innerhalb eines Zeitintervalls $\mathrm{d}t$ zerfallende Bruchteil $\mathrm{d}N$ der Atomkerne eines Nuklids bzw. die *Aktivität* $A = -\mathrm{d}N/\mathrm{d}t$ ist deshalb proportional zur Anzahl N der noch vorhandenen, nicht umgewandelten radioaktiven Kerne:

$$A = -\frac{\mathrm{d}N}{\mathrm{d}t} = \lambda N \tag{19}$$

mit der *Zerfallskonstanten* λ.

$$\begin{aligned} \text{SI-Einheit}: \ [A] &= \mathrm{Bq} \ (\text{Becquerel}) = \mathrm{s}^{-1} \\ &= 1/\mathrm{s}. \end{aligned}$$

Früher übliche Einheit: Curie (Ci), die Aktivität von etwa 1 g Radium. $1\ \mathrm{Ci} = 37 \cdot 10^9\ \mathrm{Bq}$.

Durch Integration von (19) folgt das *Zerfallsgesetz*

$$N = N_0 \mathrm{e}^{-\lambda t}, \tag{20}$$

wobei N_0 die anfangs vorhandene Zahl der radioaktiven Kerne ist. Aus (19) oder (20) folgt, dass in gleichen Zeitintervallen stets der gleiche Bruchteil der vorhandenen Kerne zerfällt. Die Zeit in der jeweils die Hälfte zerfällt, wird *Halbwertszeit* $T_{1/2}$ genannt. Sie folgt aus (20) für $N = N_0/2$ zu

$$T_{1/2} = \frac{\ln 2}{\lambda} = \frac{0{,}693\ldots}{\lambda}. \qquad (21)$$

Gelegentlich wird auch die *mittlere Lebensdauer* $\tau = 1/\lambda$ benutzt. Das für die Altersbestimmung nach der Radiokarbonmethode ausgenutzte Kohlenstoffnuklid ^{14}C hat eine Halbwertszeit $T_{1/2} = (5730 \pm 40)$ a.

Ersetzt man die Zahl N der vorhandenen Ausgangskerne durch die Masse m der Substanz, so folgt mit der Avogadro-Konstanten N_A und der Molmasse M aus (19) die für die praktische Anwendung geeignetere Beziehung

$$A = \lambda \frac{m N_A}{M}. \qquad (22)$$

18.1.4 Künstliche Kernumwandlungen, Kernenergiegewinnung

Hochangeregte Atomkerne können bei Neutronenüberschuss unter Emission eines Neutrons, bei Protonenüberschuss unter Emission eines Protons zerfallen. Der hochangeregte Zustand (gekennzeichnet durch ein Sternchen *) kann z. B. aus einem instabilen Kern bei vorausgegangener β-Emission entstanden sein:

$$^{17}_{7}\mathrm{N} \rightarrow {}^{17}_{8}\mathrm{O}^* + {}^{0}_{-1}\mathrm{e} + \bar{\nu}_e \; {}^{17}_{8}\mathrm{O}^* \rightarrow {}^{16}_{8}\mathrm{O} + {}^{1}_{0}\mathrm{n}. \qquad (23)$$

In Fällen dieser Art emittiert der hochangeregte Kern das Neutron sehr schnell, sodass die Halbwertszeit für das Abklingen der Neutronenstrahlung durch diejenige des vorangegangenen β-Zerfalls gegeben ist (*verzögerte Neutronen*). Die Tatsache der Emission verzögerter Neutronen eröffnet eine wichtige Möglichkeit zur Regelung eines Kernreaktors (siehe unten).

Hochangeregte Atomkerne können auch durch Einschuss von energiereichen Teilchen wie Protonen, Neutronen, Deuteronen (Kerne des Schweren Wasserstoffs: 1 Proton + 1 Neutron), Tritonen (Kerne des überschweren Wasserstoffs: 1 Proton + 2 Neutronen), α-Teilchen oder hochenergetischen γ-Quanten erzeugt werden. Wird als Folge ein Teilchen anderer Ladung emittiert, so ist eine *künstliche Kernumwandlung* erfolgt. Die erste künstliche Kernumwandlung wurde von Rutherford beim Beschuss von Stickstoffatomen mit α-Teilchen beobachtet (1919):

$$^{14}_{7}\mathrm{N} + {}^{4}_{2}\alpha \rightarrow {}^{17}_{8}\mathrm{O} + {}^{1}_{1}\mathrm{p}. \qquad (24)$$

Eine kürzere Schreibweise setzt die Symbole für Einschuss- und emittiertes Teilchen in Klammern zwischen die Symbole von Ausgangs- und Tochterkern:

$$^{14}_{7}\mathrm{N}(\alpha,\mathrm{p})\,^{17}_{8}\mathrm{O}.$$

Die bekannten Möglichkeiten für Umwandlungen eines Nuklids bei Beschuss mit energiereichen Teilchen (Austauschreaktionen) zeigt Abb. 6.

Kernspaltung
Statt der Umwandlung durch Emission einzelner Nukleonen oder eines kleinen Aggregats von Nukleonen (Deuteronen, α-Teilchen) können instabile oder hochangeregte Kerne großer Massenzahl auch in zwei Kerne mittlerer Massenzahlen zerfallen (Abb. 7): *Kernspaltung* oder *Fission* (nachgewiesen durch Hahn und Straßmann 1938). Dabei wird nach der Weizsäcker-Kurve (Abb. 2) Bindungsenergie frei.

Die Spaltung eines Atomkerns kann durch Einschuss eines langsamen (thermischen) Neutrons ausgelöst (induziert) werden. Im Tröpfchenmodell lässt sich dieser Vorgang verstehen, wenn angenommen wird, dass durch den Einschuss des Neutrons eine Kerndeformation erfolgt, die – infolge der gegenüber den kurzreichweitigen anziehenden Kernkräften dann zur Auswirkung kommenden langreichweitigen Coulomb-Abstoßung zwischen den beiden positiven Ladungsschwerpunkten – zu einem Zerplatzen in hauptsächlich zwei Teilkerne führt. Eine solche neutroneninduzierte Kernspaltung wird z. B. durch die folgende Reaktionsgleichung dargestellt:

$$^{235}_{92}\mathrm{U} + \mathrm{n} \rightarrow {}^{145}_{56}\mathrm{Ba}^* + {}^{88}_{36}\mathrm{Kr}^* + 3\mathrm{n} + \Delta E. \qquad (25)$$

Es sind auch eine ganze Reihe anderer Spaltungen möglich, wobei eine Häufung von Spalt-

Abb. 6 Übersicht über mögliche künstliche Kernumwandlungen

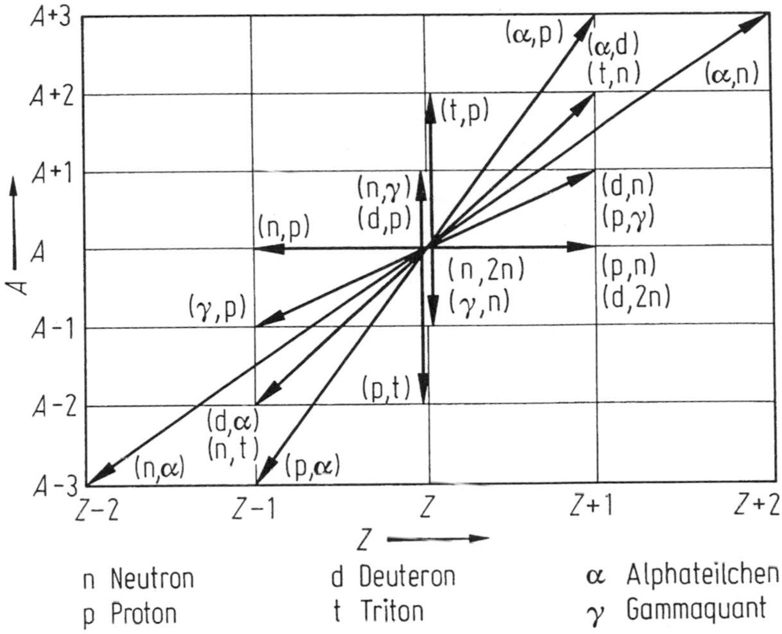

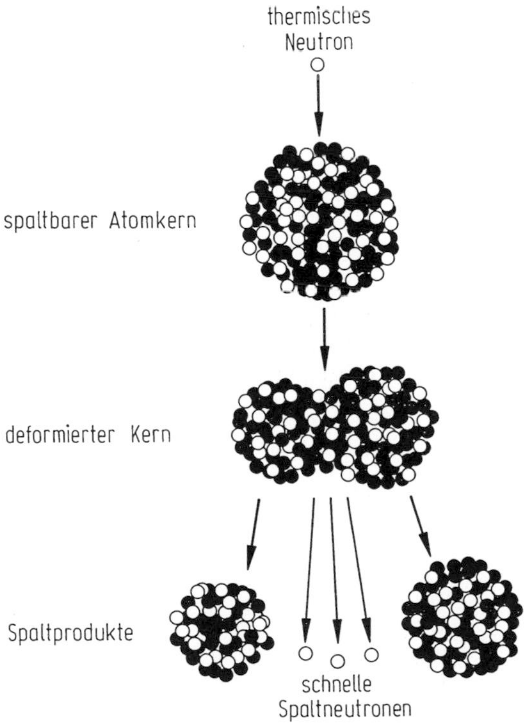

Abb. 7 Neutroneninduzierte Spaltung eines Atomkerns

produkten mit Massenzahlen um 90 bis 100 und um 145 beobachtet wird.

Eine grobe Abschätzung der dabei freiwerdenden Bindungsenergie ΔE lässt sich aus der potenziellen Energie der Coulomb-Abstoßung (1 im ▶ Kap. 15, „Elektrische Wechselwirkung") gewinnen unter der Annahme, dass die beiden Spaltprodukte als näherungsweise kugelförmige Ladungen Z_1e und Z_2e zu Beginn der Trennung entsprechend den beiden Kernradien dicht aneinander liegen (Abb. 8):

$$\Delta E \approx E_\mathrm{p} = Z_1 e V(Z_2 e) = \frac{Z_1 Z_2 e^2}{4\pi\varepsilon_0 d}. \tag{26}$$

Benutzt man als Abstand der Ladungsschwerpunkte $d = R_{\mathrm{Ba}} + R_{\mathrm{Kr}} \approx 11{,}6$ fm aus (4), so ergibt sich aus (26) $\Delta E \approx 250$ MeV an freiwerdender Bindungsenergie. Dieser Betrag stimmt in der Größenordnung überein mit dem Wert, der sich aus der Kurve für die Bindungsenergie je Nukleon (Abb. 2) abschätzen lässt: Für einen schweren Kern wie Uran beträgt die Bindungsenergie ca. 7,5 MeV je Nukleon, für Kerne mittlerer Massenzahl ca. 8,4 MeV je Nukleon. Bei einem Spaltvorgang gemäß (25) werden daher etwa 0,9 MeV je Nukleon frei, oder etwa 210 MeV für alle Nukleonen des Urankerns. Diese Energie ist um

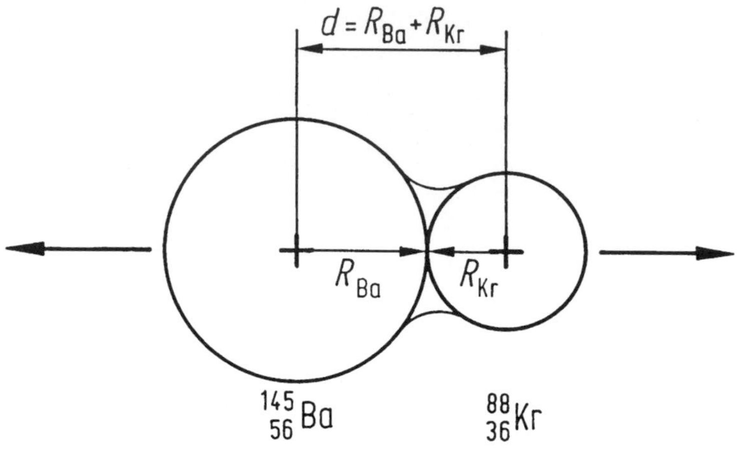

Abb. 8 Zur Berechnung der Spaltenergie aus der potenziellen Energie der Coulomb-Abstoßung

den Faktor 10^7 größer als die chemische Bindungsenergie zweier Atome! Sie wird zu > 80 % von den Spaltprodukten einschließlich der Spaltneutronen als kinetische Energie übernommen.

Das Auftreten der Spaltneutronen erklärt sich aus dem relativen Neutronenüberschuss, der bei schweren Kernen höher ist als bei mittelschweren (Abb. 3), und der daher bei der Spaltung abgebaut wird. Die Spaltneutronen ermöglichen den Vorgang der *Kettenreaktion*, da sie in einer nächsten Generation wiederum Spaltreaktionen hervorrufen können. Die Zahl N_{i+1} der Spaltreaktionen der $(i + 1)$-ten Generation ergibt sich aus der Zahl N_i der Spaltreaktionen der i-ten Generation entsprechend dem Multiplikationsfaktor

$$k = \frac{N_{i+1}}{N_i} \quad (i = 1, 2, \ldots). \tag{27}$$

Für $k < 1$ nimmt die Zahl der Spaltreaktionen je Generation ab, und die Kettenreaktion bricht schließlich ab. Kann dagegen für eine gewisse Zeit $k > 1$ aufrechterhalten werden, so nimmt die Zahl der Kernspaltungen zeitlich exponentiell zu. Bei kurzer Generationsdauer und großem k (bei stark angereichertem oder reinem ^{235}U und überkritischer Masse, siehe unten) kommt es zur Kernexplosion: *Atombombe*.

Kernreaktor

Für eine zeitlich konstante Kernspaltungsrate muss $k = 1$ gehalten werden: Kontrollierte Kettenreaktion im *Kernreaktor* gelang erstmalig Fermi 1942. (Die präzisere Benennung „Kernspaltungsreaktor" ist nicht üblich.) Für die Kernenergiegewinnung mittels Kernreaktoren ist daher die Regelung des Multiplikationsfaktors k von entscheidender Bedeutung. Sie wird dadurch erleichtert, dass bei der Spaltung von ^{235}U etwa 1 % der Spaltneutronen aus dem β-Zerfall von Spaltprodukten stammen mit einer Halbwertszeit von der Größenordnung einer Sekunde (verzögerte Neutronen, siehe oben). Wird die Vermehrungsrate der prompten Neutronen bei 0,99 gehalten und der Multiplikationsfaktor durch die verzögerten Neutronen zu 1 ergänzt, so bleibt im Falle einer Abweichung genügend Zeit zur Nachregelung.

Im Uranreaktor treten aufgrund mehrerer möglicher Kernspaltungsreaktionen ähnlich (25) im Mittel 2,43 Spaltneutronen je ^{235}U-Kern mit einer kinetischen Energie von 1 bis 2 MeV auf. Bei geringer Größe des Uranvolumens gehen jedoch die meisten Spaltneutronen durch die Oberfläche verloren. Das Verhältnis Volumen zu Oberfläche muss daher hinreichend groß gemacht werden, damit mindestens ein Neutron je Spaltreaktion eine weitere Spaltung hervorruft, das führt auf den Begriff der *kritischen Masse* des Spaltmaterials. Die kritische Masse hängt stark von der Anreicherung des Isotops ^{235}U ab, da natürliches Uran im Wesentlichen das neutronenabsorbierende Isotop ^{238}U enthält und nur zu 0,7 % das spaltbare ^{235}U. Die schnellen Spaltneutronen haben nur eine geringe Wahrscheinlichkeit, im ^{235}U-Kern angelagert zu werden und eine Spaltung zu bewirken, sie werden vorwiegend gestreut. Eine hohe Spaltwahrscheinlichkeit tritt erst bei thermischen Geschwindigkeiten auf. Die Neutronen müssen daher abgebremst werden, z. B. durch elastische Stöße mit Kernen vergleichbarer Masse (vgl. (2–42) und Abb. 41, beides im ▶ Kap. 11, „Schwingungen, Teilchensysteme und starre Körper"). Hierzu werden *Moderatorsubstanzen* verwendet, das sind Substanzen mit Kernen möglichst niedriger Massenzahl, die jedoch Neutronen nur schwach absorbieren dürfen, z. B. Deuterium (im schweren Wasser) oder Graphit. Zur Regelung des Multiplikationsfaktors werden hingegen Substanzen mit hohem Neutroneneinfangquerschnitt verwendet, z. B. Cadmiumstäbe, die mehr oder weniger in den Reaktorkern eingefahren werden (Abb. 9).

Die Spaltprodukte geben ihre kinetische Energie durch Stöße an die umgebenden Atome des Kernbrennstoffs und des Moderatormaterials in Form von Wärme ab, die durch ein zirkulierendes Kühlmittel, z. B. Wasser oder flüssiges Natrium aus dem Kernreaktor abgeführt und z. B. zur Erzeugung elektrischer Energie ausgenutzt wird.

Das im Uran-Kernbrennstoff enthaltene Isotop ^{238}U wandelt sich unter Beschuss mit schnellen Neutronen über zwei Zwischenstufen in Plutonium um:

$$^{238}_{92}\mathrm{U} + {}^{1}_{0}\mathrm{n} \rightarrow {}^{239}_{92}\mathrm{U} +$$

$$\gamma\,{}^{239}_{92}\mathrm{U} \rightarrow {}^{239}_{93}\mathrm{Np} + \mathrm{e}^- \tag{28}$$

$$^{239}_{93}\mathrm{Np} \rightarrow {}^{239}_{94}\mathrm{Pu} + \mathrm{e}^- .$$

Im Uranreaktor entsteht daher auch das ebenfalls spaltbare Plutonium: *Brutprozess*. Problematisch ist beim Kernspaltungsreaktor das Entstehen zahlreicher radioaktiver Spaltprodukte.

Kernfusion

Wie die Bindungsenergiekurve Abb. 2 ausweist, wird auch beim Aufbau mittelschwerer Kerne aus sehr leichten Kernen bis zu Massenzahlen um 20 Bindungsenergie frei: Kernfusion. Energetisch besonders ergiebig sind Kernverschmelzungen, die als Endprodukt $^{4}_{2}$He-Kerne mit ihrer großen Bindungsenergie (Abb. 2) ergeben. Solche Fusionsreaktionen liefern die Energie der Sterne und auch der Sonne. Auf der Erde konnte eine Energiefreisetzung auf dieser Basis bisher nur in Form der unkontrollierten Kernfusion in der *Wasserstoffbombe* realisiert werden.

Der Grund dafür sind die hohen Schwellenenergien dieser Prozesse: Die Fusion setzt voraus, dass sich zwei Kerne gegen die Coulomb-Absto-

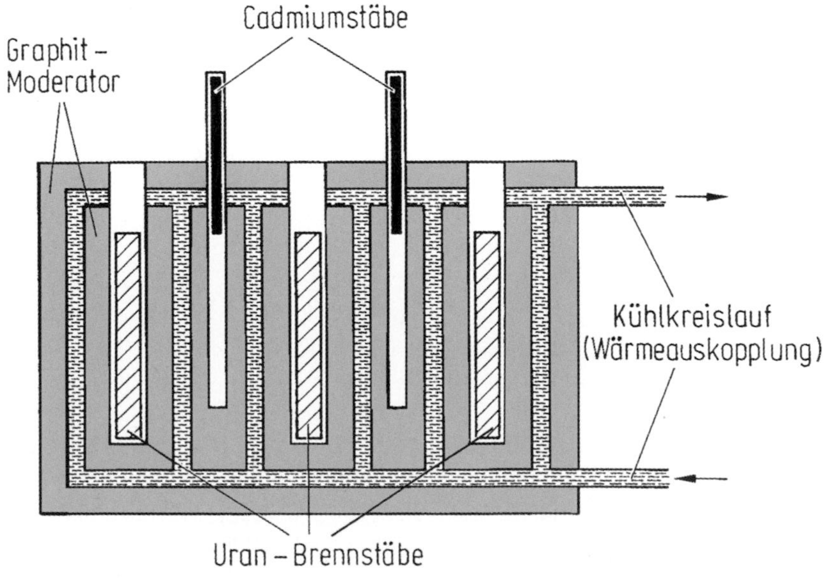

Abb. 9 Prinzipieller Aufbau eines Kernspaltungsreaktors

ßung einander soweit nähern, dass die kurzreichweitige Kernkraft die Oberhand gewinnt. Für zwei Protonen beispielsweise ist dafür nach (26) eine kinetische Energie der Größenordnung 1 MeV erforderlich. Sie sind zwar durch Beschleuniger leicht zu erreichen, jedoch sind so nur vereinzelt Fusionen zu erzielen, da die Reaktionsquerschnitte gegenüber den Streuquerschnitten sehr klein sind. Zur Energiegewinnung muss eine große Anzahl von Kernen eine hinreichend hohe thermische Energie besitzen, damit trotz des kleinen Reaktionsquerschnittes hinreichend viele Fusionsprozesse erfolgen. Im Sonneninnern werden Temperaturen von 10^7 bis 10^8 K angenommen. Die daraus gemäß (1–16) im ▶ Kap. 12, „Statistische Mechanik – Thermodynamik" zu berechnende mittlere thermische Energie beträgt 1 bis 10 keV, reicht also nicht aus, um den MeV-Wall zu übersteigen. Da es sich jedoch sowohl um eine Verteilung (Abb. 1 im ▶ Kap. 12, „Statistische Mechanik – Thermodynamik") mit auch höherenergetischen Kernen handelt, als auch der Potenzialwall (Abb. 31 im ▶ Kap. 17, „Elektrische Leitungsmechanismen" und Abb. 4) dann bereits aufgrund des Tunneleffekts (188) im ▶ Kap. 17, „Elektrische Leitungsmechanismen" durchdrungen werden kann, setzt die Kernfusion bereits bei diesen Temperaturen ein. Bei der Wasserstoffbombe wird eine Uranbombe als Zünder zur Erzeugung der erforderlichen Temperaturen benutzt.

Die *Sonne* und ähnliche Sterne beziehen ihre Energie vorwiegend aus dem sog. *Deuterium-Zyklus* (postuliert durch Bethe 1939):

$$\begin{array}{lllllllll} {}^1_1\mathrm{p} & + & {}^1_1\mathrm{p} & \rightarrow & {}^2_1\mathrm{D} & + & \mathrm{e}^+ + \nu_\mathrm{e} & + & 1{,}4\,\mathrm{MeV}\quad (\text{langsam}) \\ {}^2_1\mathrm{D} & + & {}^1_1\mathrm{p} & \rightarrow & {}^3_2\mathrm{He} & + & \gamma & + & 5{,}5\,\mathrm{MeV}\quad (\text{schnell}) \\ {}^3_2\mathrm{He} & + & {}^3_2\mathrm{He} & \rightarrow & {}^4_2\mathrm{He} & + & 2{}^1_1\mathrm{p} & + & 12{,}9\,\mathrm{MeV}\quad (\text{schnell}). \end{array} \tag{29}$$

Darin bestimmt der erste Prozess als langsamster die Brenngeschwindigkeit der Sonne. Der Bruttoprozess dieser drei Reaktionen lautet:

$$4{}^1_1\mathrm{p} \rightarrow {}^4_2\,\mathrm{He} + 2\mathrm{e}^+ + 2\nu_\mathrm{e} + 2\gamma + 26{,}7\mathrm{MeV}. \tag{30}$$

Etwa 7 % der insgesamt freiwerdenden Energie ($\approx$ 1,9 MeV) geht auf die Neutrinos über und wird mit diesen nicht ausnutzbar weggeführt.

Bei Sternen mit etwas höheren Temperaturen läuft bevorzugt ein weiterer Zyklus ab, der ebenfalls zur Fusion von 4 Protonen zu einem He-Kern führt, der *Bethe-Weizsäcker-Zyklus* oder CN-Zyklus:

$$\begin{array}{lllllllll} {}^{12}_6\mathrm{C} & + & {}^1_1\mathrm{p} & \rightarrow & {}^{13}_7\mathrm{N} & + & \gamma & + & 1{,}95\mathrm{MeV}, \\ {}^{13}_7\mathrm{N} & \rightarrow & {}^{13}_6\mathrm{C} & + & \mathrm{e}^+ & + & \nu_\mathrm{e} & + & 2{,}22\mathrm{MeV}, \\ {}^{13}_6\mathrm{C} & + & {}^1_1\mathrm{p} & \rightarrow & {}^{14}_7\mathrm{N} & + & \gamma & + & 7{,}54\mathrm{MeV}, \\ {}^{14}_7\mathrm{N} & + & {}^1_1\mathrm{p} & \rightarrow & {}^{15}_8\mathrm{O} & + & \gamma & + & 7{,}35\mathrm{MeV}, \\ {}^{15}_8\mathrm{O} & \rightarrow & {}^{15}_7\mathrm{N} & + & \mathrm{e}^+ & + & \nu_\mathrm{e} & + & 2{,}71\mathrm{MeV}, \\ {}^{15}_7\mathrm{N} & + & {}^1_1\mathrm{p} & \rightarrow & {}^{12}_6\mathrm{C} & + & {}^4_2\mathrm{He} & + & 4{,}96\mathrm{MeV}. \end{array} \tag{31}$$

Die Bruttoreaktion ist identisch mit der des Deuterium-Zyklus (30). Die Menge des Kohlenstoffs, der quasi als Katalysator wirkt, ändert sich dabei nicht.

Bei etwa 10^8 K geht das sog. Wasserstoffbrennen in das sog. Heliumbrennen über, z. B. nach dem *Salpeter-Prozess*, dessen Bruttoreaktion

$$3\,{}_2^4\mathrm{He} \rightarrow {}_6^{12}\mathrm{C} + \gamma + 7{,}28\,\mathrm{MeV} \qquad (32)$$

in der Verschmelzung von He-Kernen zu Kohlenstoff-Kernen besteht.

Die *kontrollierte Kernfusion* über einen längeren Zeitraum zur irdischen Fusionsenergiegewinnung ist bisher nicht gelungen. In Betracht gezogen werden z. B. die folgenden Fusionsreaktionen:

$$\begin{aligned} {}_1^2\mathrm{D} &+ {}_1^2\mathrm{D} \rightarrow {}_2^3\mathrm{He} + {}_0^1\mathrm{n} + 3{,}2\mathrm{MeV},\\ {}_1^2\mathrm{D} &+ {}_1^2\mathrm{D} \rightarrow {}_1^3\mathrm{T} + {}_1^1\mathrm{p} + 4{,}2\mathrm{MeV},\\ {}_1^2\mathrm{D} &+ {}_1^3\mathrm{T} \rightarrow {}_2^4\mathrm{He} + {}_0^1\mathrm{n} + 17{,}6\mathrm{MeV}. \end{aligned} \qquad (33)$$

Die potenzielle Bedeutung der Fusionsenergie ist durch die praktische Unerschöpflichkeit des Brennstoffs Deuterium (zu 0,015 % im Wasser enthalten) und durch die fehlende Radioaktivität der Fusionsprodukte bedingt. Allerdings tritt Neutronenstrahlung auf, die in einem Fusionsreaktor abgeschirmt werden müsste, sodass künstliche Radioaktivität aufgrund von Sekundärreaktionen nicht vollständig vermeidbar ist.

Fusionsreaktor-Experimente

Wegen der erwähnten hohen Schwellenenergie von Fusionsreaktionen sind Temperaturen von 10^7 bis 10^8 K erforderlich. Der Fusionsbrennstoff wird dabei zum vollionisierten Plasma. Das Plasma muss bei diesen Temperaturen mit möglichst großer Teilchendichte n möglichst lange zusammengehalten werden (Energieeinschlusszeit τ). Das kann nicht mit materiellen Wänden geschehen. Statt dessen wird versucht, z. B. kleine Mengen (Pellets) aus festem Deuterium oder Tritium durch Beschuss mit Hochleistungslasern (*Laserfusion*) oder Teilchenstrahlen schnell aufzuheizen und zu komprimieren, um bei hoher Dichte die Teilchen aufgrund ihrer Massenträgheit eine gewisse Zeit τ zusammenzuhalten (*Trägheitseinschluss*), damit durch Fusionsreaktionen ein Energieüberschuss gegenüber der Aufheizenergie erzielt werden kann. Eine andere Möglichkeit für Fusionsreaktoren stellt der *magnetische Einschluss* von Plasmen dar, z. B. durch den Pincheffekt (siehe ▶ Abschn. 17.2.6.3 im Kap. 17, „Elektrische Leitungsmechanismen“), der in den im Pulsbetrieb arbeitenden *Tokamaks* ausgenutzt wird. Hierbei bildet ein Plasma-Ringstrom die Sekundärwindung eines Transformators. Die *Stellaratoren* arbeiten dagegen mit externen Magnetfeldern und können kontinuierliche Ringplasmen erzeugen. Neben der Temperatur ist daher der *Einschlussparameter* $n\tau$ wichtig. Die Fusion wird energetisch lohnend, wenn das sog. *Lawson-Kriterium* (1957) erfüllt ist, das z. B. für die Deuterium-Tritium-Reaktion eine Temperatur von 10^8 K und einen Einschlussparameter $n\tau > 10^{14}$ s/cm^3 fordert. Das dem *Lawson-Kriterium* zugrundeliegende *Fusionsprodukt* stellt das Produkt aus Teilchendichte n, Energieeinschlusszeit τ und Temperatur T dar (Abb. 10).

1991 konnte mit dem Experiment JET (Joint European Torus) erstmalig eine kontrollierte Kernfusion für zwei Sekunden bei einer Fusionsleistung von 1,8 MW erreicht werden, 1997 von 16 MW. Das seit 2007 im Aufbau befindliche Nachfolgeexperiment International Thermonuclear Experimental Reactor ITER soll zum ersten Mal ein für längere Zeit energieliefernldes Plasma erzeugen.

18.1.5 Elementarteilchen

Die Untersuchung des Aufbaus der stofflichen Materie führt auf die Frage nach den Elementarbausteinen, aus denen sich alle bekannten Teilchen, Atomkerne, Atome und Moleküle als Grundbausteine der chemischen Elemente und Verbindungen zusammensetzen. Einige solcher Elementarteilchen wurden bereits in Tab. 1 im ▶ Kap. 15, „Elektrische Wechselwirkung“ aufgezählt. Entsprechend ihren Massen werden die Elementarteilchen in drei Familien eingeteilt, in der Reihenfolge steigender Massen: *Leptonen, Mesonen* und *Baryonen*. Baryonen und Mesonen unterliegen allen vier bekannten Wechselwirkungen (siehe Einleitung zum ▶ Kap. 14, „Gravitationswechselwirkung“) einschließlich der starken (Kern-) Wechselwirkung, während Leptonen der starken Wechselwirkung nicht unterliegen, son-

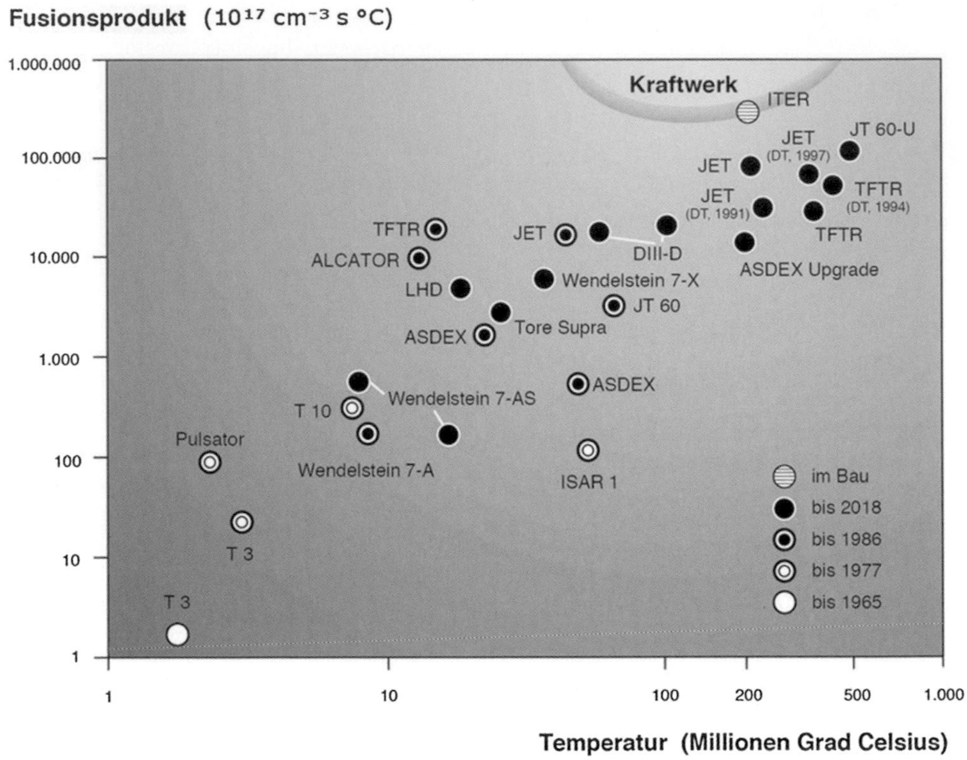

Abb. 10 Diagramm mit Fusionsprodukten von bisherigen und projektierten Fusionsexperimenten (Max-Planck-Institut für Plasmaphysik; MPI, 2019)

dern nur der schwachen, der elektromagnetischen und der Gravitationswechselwirkung. Mit hochenergetischen Elektronen (als Leptonen) oder Protonen (als Baryonen) werden daher bei Streuversuchen an Atomkernen ganz unterschiedliche Kerneigenschaften untersucht: im ersten Falle z. B. die Ladungsverteilung, im zweiten Falle zusätzlich die Verteilung der Kernkräfte. Die der starken Wechselwirkung unterliegenden Mesonen (ganzzahliger Spin, meist 0) und Baryonen (halbzahliger Spin) werden zusammen als *Hadronen* bezeichnet (Abb. 11). Die Hadronen sind nach derzeitigen Erkenntnissen aus jeweils zwei oder drei *Quarks* (s. u.) zusammengesetzt, die jedoch offenbar nicht als isolierte, freie Teilchen existieren können.

Zu jedem Teilchen existiert ein *Antiteilchen* mit entgegengesetzter elektrischer Ladung, entgegengesetztem magnetischen Moment und entgegengesetzten Werten aller ladungsartigen Quantenzahlen (z. B. Baryonenzahl B, Leptonenzahl L, Strangeness S, Charm C, Bottom B^*, Isospinkomponente I_3, siehe unten). Teilchen und zugehörige Antiteilchen (z. B. Elektron und Positron) können sich beim Zusammentreffen gegenseitig vernichten, wobei die den Ruhemassen entsprechende Energie als γ-Strahlung in Erscheinung tritt: *Paarvernichtung* (Zerstrahlung, Annihilation). Aus Gründen der Impulserhaltung entstehen dabei gewöhnlich zwei γ-Quanten mit entgegengesetztem Impuls. Auch der umgekehrte Prozess wird beobachtet: Aus hinreichend energiereicher γ-Strahlung (γ-Quanten der Energie $E_\gamma = h\,\nu > 2m_0{c_0}^2$) kann im Kernfeld ein Teilchenpaar, bestehend aus Teilchen und Antiteilchen gebildet werden: *Paarbildung*. Die Überschussenergie

$$\Delta E = h\nu - 2m_0c_0^2 = E_\mathrm{k} = 2\left(mc_0^2 - m_0c_0^2\right) \quad (34)$$

(mit (94) im ▶ Kap. 10, „Mechanik von Massenpunkten“) wird von den entstandenen Teilchen als

Abb. 11 Teilchen und Antiteilchen mit mittleren Lebensdauern $> 10^{-16}$ s, angeordnet nach Ladung und Ruheenergie bzw. Ruhemasse. (Das γ-Quant ist kein Lepton)

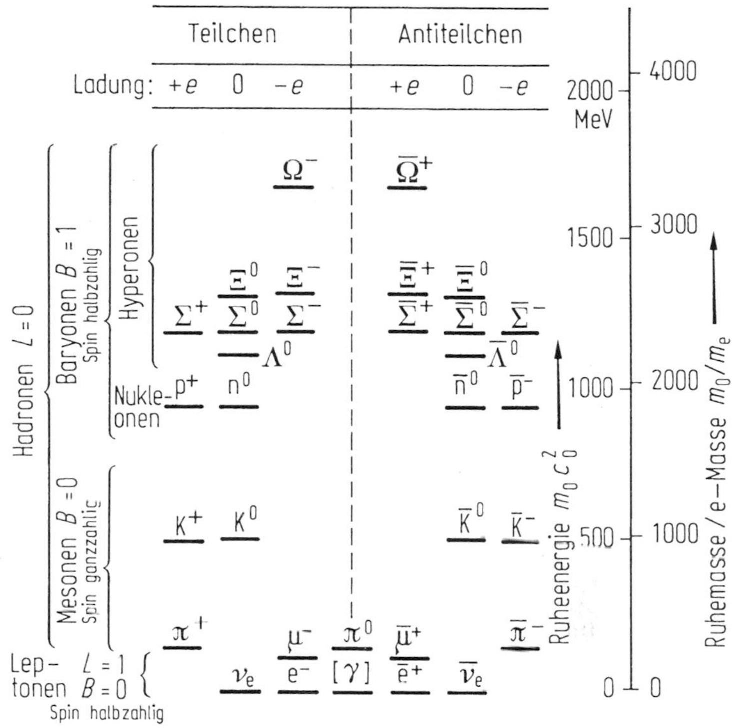

kinetische Energie übernommen (hier für beide Teilchen gleich angesetzt). Der Impulserhaltungssatz ist nicht auf diese Weise erfüllbar: Der Impuls eines γ-Quants ist nach (▶ Abschn. 19.3.3 im Kap. 19, „Wellen und Strahlung") und mit dem Energiesatz (34)

$$p_\gamma = \frac{h\nu}{c_0} = 2mc_0 > 2mv = p_{+-}, \qquad (35)$$

d. h. immer größer als der Impuls $p_{+-} = 2mv$ des Teilchenpaars. Es muss daher stets ein drittes Teilchen (z. B. ein Atomkern) anwesend sein, das den überschüssigen Impuls übernehmen kann. Für die Erzeugung eines Elektron-Positron-Paars ist eine Energie des γ-Quants von $E_\gamma > 1{,}02$ MeV, für die Erzeugung eines Proton-Antiproton- oder eines Neutron-Antineutron-Paars eine Energie von $E_\gamma > 1{,}9$ GeV erforderlich. Dass bei der Paarbildung stets Teilchen mit entgegengesetzten Ladungen oder der Ladung 0 entstehen, folgt aus dem Erhaltungssatz für die elektrische Ladung (▶ Abschn. 15.1.4 im Kap. 15, „Elektrische Wechselwirkung"), da das erzeugende γ-Quant keine Ladung trägt.

Baryonenladung, Leptonenladung

Neben den klassischen Erhaltungssätzen (Energie, Impuls, Drehimpuls, elektrische Ladung) gelten für die Elementarteilchen noch weitere *Erhaltungssätze*, z. B. für die *Baryonenladung* und die *Leptonenladung*, die beide nichts mit der elektrischen Ladung zu tun haben. Den Baryonen wird die Baryonenzahl $B = +1$ (Antiteilchen: $B = -1$), den Mesonen und Leptonen die Baryonenzahl $B = 0$ zugeordnet. Den Leptonen wird die Leptonenzahl $L = +1$ (Antiteilchen $L = -1$), den Hadronen die Leptonenzahl $L = 0$ zugeordnet.

Bei Reaktionen zwischen Elementarteilchen bleibt die Summe der Baryonenladungen und die Summe der Leptonenladungen erhalten.

Beispielsweise lautet die Gleichung für die Erzeugung eines π^+-Mesons (Pion)

$$\mathrm{p} + \mathrm{p} \to \mathrm{p} + \mathrm{n} + \pi^+. \qquad (36)$$

Die Baryonenladungsbilanz lautet hierfür $1 + 1 = 1 + 1 + 0$, die Leptonenladung ist auf beiden Seiten 0, da kein Lepton beteiligt ist. Für den β^--Zerfall des Neutrons (16) lautet die Baryonenladungsbilanz $1 = 1 + 0 + 0$ und die Leptonenladungsbilanz $0 = 0 + 1 - 1$, d. h., das entstehende Elektron-Neutrino muss ein Antiteilchen sein.

Zeitlich stabile Elementarteilchen gibt es nur sehr wenige (Tab. 1 im ► Kap. 15, „Elektrische Wechselwirkung“): Elektron-Neutrino (es gibt auch andere Neutrinos, z. B. die beim Zerfall des Myons auftretenden μ-Neutrinos), Elektron, Proton, Neutron (dieses ist nur im Kernverband völlig stabil) und die dazugehörigen Antiteilchen. Alle anderen zerfallen mit einer Halbwertszeit $< 2 \cdot 10^{-6}$ s in andere Elementarteilchen mit geringerer Ruhemasse, wobei sich u. U. Folgezerfälle anschließen. Die Erhaltung der Baryonenzahl bedingt dann, dass das leichteste Baryon, das Proton, stabil sein muss. Ebenso muss das leichteste ladungstragende Lepton, das Elektron, aufgrund der Erhaltung der elektrischen Ladung stabil sein.

Neben den in Tab. 1 im ► Kap. 15, „Elektrische Wechselwirkung“ und in Abb. 11 aufgeführten Elementarteilchen wurde eine Vielzahl weiterer Teilchen gefunden, die meist extrem kurzlebig sind (10^{-22} bis 10^{-23} s) und die z. T. als Anregungszustände anderer Teilchen interpretiert werden.

Strangeness, Hyperladung

Hyperonen und K-Mesonen, die stets gemeinsam entstehen, wie z. B. beim Zusammenstoß eines Pions mit einem Proton:

$$\pi^- + \mathrm{p} \rightarrow \Lambda^0 + \mathrm{K}^0, \tag{37}$$

haben eine im Vergleich zur theoretischen Erwartung bzw. zu ihrer Erzeugungsdauer (10^{-23} s) sehr lange mittlere Lebensdauer der Größenordnung 10^{-10} s. Zur Kennzeichnung dieses seltsamen Verhaltens wurde eine weitere Quantenzahl, die *Strangeness* (Seltsamkeit) S eingeführt. Für in diesem Sinne normale Teilchen ist $S = 0$, während für die seltsamen Teilchen gilt:

$$\begin{aligned} &\mathrm{K}^+,\ \mathrm{K}^0: && S = +1 \\ &\mathrm{K}^-, \Lambda^0: && S = -1 \\ &\Sigma^+, \Sigma^0, \Sigma^-: && S = -1. \end{aligned} \tag{38}$$

Die Summe der Quantenzahlen S bleibt bei Prozessen der starken und der elektromagnetischen Wechselwirkung erhalten, nicht aber bei der schwachen Wechselwirkung.

Im Beispiel (37) lautet die Bilanz für die Strangeness: $0 + 0 = -1 + 1$.

Der entsprechende Erhaltungssatz gilt wegen der Erhaltung der Baryonenladung auch für die zur *Hyperladung* Y zusammengefassten Baryonenladung B und Strangeness S

$$Y = B + S. \tag{39}$$

Isospin

Bei den Hadronen (Baryonen und Mesonen) existieren verschiedene Gruppen von Teilchen, die jeweils nahezu gleiche Masse haben, sich aber in der Ladung unterscheiden. Solche Teilchen (z. B. Proton und Neutron) können als verschiedene Zustände ein und desselben Teilchens (hier des Nukleons) aufgefasst werden. Unter anderem zur Unterscheidung dieser Zustände wurde der *Isospin* $\boldsymbol{I}$ als Quantenzahl eingeführt. Es handelt sich um einen Vektor mit drei Komponenten im abstrakten Isospinraum, der wie der Drehimpulsvektor $(2I + 1)$ verschiedene Orientierungen annehmen kann (siehe ► Abschn. 17.2.1 im Kap. 17, „Elektrische Leitungsmechanismen“). Die dritte Komponente I_3 des Isospins liefert eine Aussage über die Ladung. Sie kann entsprechend den möglichen Orientierungen $(2I + 1)$ Werte annehmen. Für $I = 1/2$ ergeben sich demnach 2 Werte für I_3, und zwar $+1/2$ für das Proton und $-1/2$ für das Neutron. Pionen ist dagegen der Isospin $I = 1$ zuzuordnen, entsprechend den drei I_3-Werten +1 für das π^+-Meson. 0 für das π^0-Meson und -1 für das π^--Meson. Bei Umwandlungen von Teilchen mit starker Wechselwirkung gilt auch für den Isospin ein Erhaltungssatz ($\Delta I = 0$), während bei der elektromagnetischen Wechselwirkung nur I_3 erhalten bleibt ($\Delta I = 0{,}1$; $\Delta I_3 = 0$).

Die dritte Komponente I_3 des Isospins, die Hyperladung Y und die Quantenzahl $Q^* = Q/e$ der elektrischen Ladung sind über die Formel von *Gell-Mann* und *Nishijima*

$$Q^* = I_3 + \frac{Y}{2} \tag{40}$$

miteinander verknüpft. Für das Proton ergibt sich damit $Q^* = +1$ ($Q = +e$), für das Neutron $Q^* = 0$.

Parität

Die Parität P kennzeichnet den Symmetriecharakter der Wellenfunktion des Teilchens bezüglich der räumlichen Spiegelung: Ändert die Wellenfunktion bei Spiegelung ihr Vorzeichen, so ist $P = -1$ (ungerade Parität); bleibt das Vorzeichen erhalten, so ist $P = +1$ (gerade Parität). Bei Prozessen der schwachen Wechselwirkung kann sich die Parität ändern. Das heißt, dass eine Reaktion der schwachen Wechselwirkung in ihrer räumlich gespiegelten Form nicht in genau derselben Weise (z. B. mit der gleichen Häufigkeit) abläuft und bedeutet eine grundlegende Rechts-links-Asymmetrie.

Quarks

In die Vielfalt der heute bekannten „Elementar"-teilchen brachte 1964 das *Quarkmodell* (Gell-Mann) eine gewisse Ordnung. Nach diesem Modell lassen sich alle bekannten Hadronen aus jeweils drei bzw. zwei Quarks aufbauen. Die Quarks, die gedrittelte elektrische Ladungen haben, scheinen nur in gebundenem Zustand vorzukommen: Die Baryonen bauen sich aus drei Quarks auf (Quarktripletts), die Mesonen aus einem Quark und einem Antiquark (Quarkdoubletts). Aus Streuexperimenten mit hochenergetischen Elektronen und mit Neutrinos lässt sich auf drei Streuzentren in der inneren Struktur des Protons schließen, was als Bestätigung für das Quarkmodell gelten kann. Quarks q treten in sechs Typen oder „Flavours" auf, die die Namen Up (u), Down (d), Charm (c), Strange (s), Top (t) sowie Bottom (b) erhalten haben und in drei Generationen eingeteilt werden:

$$\begin{array}{lccccc} & Q^*: & & & & \\ \text{Quarks}: & \begin{array}{c}+2/3\\-1/3\end{array} & \begin{pmatrix}\mathrm{u}\\\mathrm{d}\end{pmatrix} & \begin{pmatrix}\mathrm{c}\\\mathrm{s}\end{pmatrix} & \begin{pmatrix}\mathrm{t}\\\mathrm{b}\end{pmatrix} & \\ \text{Generation}: & & 1 & 2 & 3 & \end{array} \quad (41)$$

Dazu kommen ferner die Antiteilchen (Antiquarks) $\bar{\mathrm{q}}$. Die Spinquantenzahl aller Quarks und Antiquarks ist $J = 1/2$. Die Baryonenzahl aller Quarks ist $B = 1/3$, die der Antiquarks $B = -1/3$. Um alle Quarks durch Quantenzahlen beschreiben zu können, werden außer den bereits aufgeführten noch die Quantenzahlen *Charm C* und *Bottom B** benötigt, die bei elektromagnetischer und starker Wechselwirkung erhalten bleiben. Bei den Antiquarks sind sämtliche Quantenzahlen (außer Spin J und Isospin I) entgegengesetzt zu denjenigen der entsprechenden Quarks. Tab. 1 gibt eine Übersicht über die Quarks und die zugehörigen Quantenzahlen.

Nach Gell-Mann müssen die Quarks sogar mit einer zusätzlichen Eigenschaft versehen werden, die „Colour" (Farbe) genannt wird und eine Art Ladung

Tab. 1 Quantenzahlen von Quarks und Antiquarks

Name	Symbol	Spin	Baryonenzahl	Isospin		Strangeness	Charm	Bottom	Ladung
	q,$\bar{\mathrm{q}}$	J	B	I	I_3	S	C	B^*	Q^*
Up	u	1/2	+1/3	1/2	+1/2	0	0	0	+2/3
	$\bar{\mathrm{u}}$	1/2	−1/3	1/2	−1/2	0	0	0	−2/3
Down	d	1/2	+1/3	1/2	−1/2	0	0	0	−1/3
	$\bar{\mathrm{d}}$	1/2	−1/3	1/2	+1/2	0	0	0	+1/3
Charm	c	1/2	+1/3	0	0	0	+1	0	+2/3
	$\bar{\mathrm{c}}$	1/2	−1/3	0	0	0	−1	0	−2/3
Strange	s	1/2	+1/3	0	0	−1	0	0	−1/3
	$\bar{\mathrm{s}}$	1/2	−1/3	0	0	+1	0	0	+1/3
Top	t	1/2	+1/3	0	0	0	0	0	+2/3
	$\bar{\mathrm{t}}$	1/2	−1/3	0	0	0	0	0	−2/3
Bottom	b	1/2	+1/3	0	0	0	0	−1	−1/3
	$\bar{\mathrm{b}}$	1/2	−1/3	0	0	0	0	+1	+1/3

der starken Kraft darstellt. Jedes Quark kann danach mit drei verschiedenen *Farbladungen* auftreten, wobei die Quarks als Bestandteile z. B. der Baryonen nur solche Kombinationen bilden können, bei denen sich die Farbladungen insgesamt aufheben, ähnlich wie die additive Mischung von Rot, Grün und Blau das farblose Weiß ergibt.

Die Notwendigkeit der Farbladung und einer entsprechenden Quantenzahl ergibt sich daraus, dass die Quarks Fermionen mit dem Spin 1/2 sind, und sich nach dem Pauli-Prinzip (siehe ► Abschn. 17.2.1.1 im Kap. 17, „Elektrische Leitungsmechanismen") innerhalb eines Systems in mindestens einer Quantenzahl unterscheiden müssen. Bei bestimmten Quarktripletts ließe sich ohne die Existenz der Quantenzahl der Farbladung diese Bedingung nicht erfüllen.

Gewöhnliche Materie baut sich nur aus Quarks und Leptonen der 1. Generation auf (vgl. Abb. 12), z. B. die Nukleonen nur aus u- und d-Quarks:

$$\begin{aligned} \text{Proton}: &\quad \mathrm{p} = 2\mathrm{u} + \mathrm{d}, \\ \text{Neutron}: &\quad \mathrm{n} = \mathrm{u} + 2\mathrm{d}. \end{aligned} \tag{42}$$

Mit Tab. 1 ergibt sich daraus die elektrische Ladungszahl $Q^* = +1$ bzw. 0, die Baryonenzahl $B = 1$ und der Isospin $I_3 = 1/2$ bzw. $-1/2$, sowie ein halbzahliger Spin (bei paarweise antiparalleler Spinanordnung).

Die Pionen setzen sich aus je einem Quark und einem Antiquark der 1. Generation zusammen:

$$\begin{aligned} \pi^+\text{-Meson}: \pi^+ &= \mathrm{u} + \bar{\mathrm{d}}, \\ \pi^-\text{-Meson}: \pi^- &= \bar{\mathrm{u}} + \mathrm{d}. \end{aligned} \tag{43}$$

Das ergibt die elektrische Ladungszahl $Q^* = +1$ bzw. -1, die Baryonenzahl $B = 0$ und den Isospin $I_3 = +1$ bzw. -1, sowie einen ganzzahligen Spin (0).

Die schwereren Teilchen haben als Bestandteile auch Quarks der 2. und 3. Generation.

Standardmodell

Eine ähnliche Systematik wie in (41) hat sich auch für die *Leptonen* herausgestellt, die entweder ganzzahlig geladen oder neutral sind. Neben dem Elektron e und dem Elektron-Neutrino ν_e zählen zu den Leptonen das *Myon* μ, das *Tau-Lepton* τ, dazu das *My-Neutrino* ν_μ bzw. das *Tau-Neutrino* ν_τ (Nachweis erst 2000) sowie die jeweiligen Antiteilchen.

Man kennt heute also zwei Klassen von wirklich elementaren Teilchen: Die Quarks, die die Bestandteile der Hadronen sind, und die Lepto-

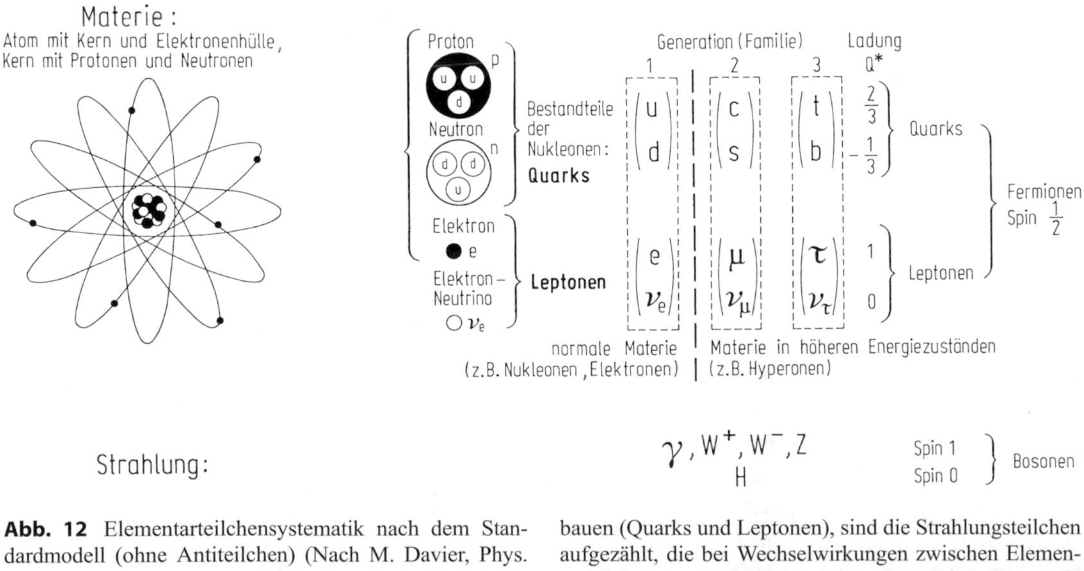

Abb. 12 Elementarteilchensystematik nach dem Standardmodell (ohne Antiteilchen) (Nach M. Davier, Phys. Bl. 50 (1994) 687, vgl. auch Physik J. **2** (2003) Nr. 7/8, S. 57). Neben den Elementarteilchen, die die Materie aufbauen (Quarks und Leptonen), sind die Strahlungsteilchen aufgezählt, die bei Wechselwirkungen zwischen Elementarteilchen ausgetauscht werden. Das Higgs-Boson H wurde erstmalig am CERN 2012 nachgewiesen

nen. Nach dem sog. *Standardmodell* der Elementarteilchensystematik lassen sich alle diese Elementarteilchen in drei Generationen oder Familien einordnen, siehe Abb. 12 (wobei die Antiteilchen nicht mit dargestellt sind).

Die normale Materie setzt sich nur aus Teilchen der 1. Generation zusammen, z. B. bestehen die Atome aus Elektronen e und den Nukleonen Proton p und Neutron n, die sich wiederum aus Up-Quarks u und Down-Quarks d zusammensetzen (Abb. 12). Zur gewöhnlichen Materie kann auch das Elektron-Neutrino ν_e gerechnet werden, das beim radioaktiven Zerfall entsteht (siehe Abschn. 18.1.3.2). Die kurzlebigen Hyperonen stellen dagegen Materie in höheren Energiezuständen dar, die als Bestandteile auch Quarks der höheren Generationen enthalten. Quarks und Leptonen sind Fermi-Teilchen (Fermionen), d. h. Teilchen mit halbzahligem Spin.

In Abb. 12 sind ferner die Strahlungsteilchen aufgeführt, die als Bosonen einen ganzzahligen Spin (1 oder 0) haben. Sie werden bei Wechselwirkungsprozessen zwischen den Elementarteilchen ausgetauscht. Das bekannteste ist das *Gammaquant* γ oder *Photon* der elektromagnetischen Wechselwirkung, das die Ruhemasse 0 hat. Andere sind die ruhemassebehafteten *Bosonen* (Bosonen sind Teilchen mit ganzzahligem Spin) der schwachen Wechselwirkung („*Weakonen*“: das positiv geladene W^+-Boson, das negativ geladene W^--Boson und das neutrale Z- (oder Z^0-) Boson) und das 2012 am CERN in Genf nachgewiesene schwere *Higgs-Boson* H. Die Higgs-Bosonen können nach dem von Higgs vorgeschlagenen Mechanismus nur unter extremen Energiebedingungen existieren, wie sie unmittelbar nach der vermuteten Entstehung des Universums im „Urknall“ geherrscht haben mögen, und sind dann in der sog. Inflationsphase des Universums sehr schnell in Quarks und Leptonen zerfallen.

In Abb. 12 nicht aufgeführt sind die vermuteten Austauschteilchen der starken Wechselwirkung zwischen Quarks, die *Gluonen* (Ruhemasse 0, Ladung 0, Spin 1) und der Gravitationswechselwirkung, die hypothetischen *Gravitonen* (Ruhemasse 0, Ladung 0, Spin 2).

Literatur

Bucka H (1973) Atomkerne und Elementarteilchen. de Gruyter, Berlin, Reprint 2011

Max Planck Institut für Plasmaphysik. https://www.ipp.mpg.de/15144/zuendbedingungen. Zugegriffen am 20.2.2019

Mayer-Kuckuk T (1997) Atomphysik, 5. Aufl. Teubner, Stuttgart

Mayer-Kuckuk T (2002) Kernphysik, 7. Aufl. Teubner, Stuttgart

Handbücher und Nachschlagewerke

Bergmann L, Schaefer C (1999–2006) Lehrbuch der Experimentalphysik, 8 Bde, versch. Aufl. de Gruyter, Berlin

Greulich W (Hrsg) (2003) Lexikon der Physik, 6 Bde. Spektrum Akademischer Verlag, Heidelberg

Hering E, Martin R, Stohrer M (2017) Taschenbuch der Mathematik und Physik, 6. Aufl. Springer, Berlin

Kuchling H (o. J.) Taschenbuch der Physik, 21. Aufl. Hanser, München

Rumble J (Hrsg) (2018) CRC handbook of chemistry and physics, 99. Aufl. Taylor & Francis Ltd, London

Stöcker H (2018) Taschenbuch der Physik, 8. Aufl. Europa-Lehrmittel Nourney, Vollmer GmbH & Co. KG Haan-Grüiten

Westphal W (Hrsg) (1952) Physikalisches Wörterbuch. Springer, Berlin

Allgemeine Lehrbücher

Alonso M, Finn E (2000) Physik, 3. Aufl. de Gruyter, Oldenbourg, München

Berkeley Physik-Kurs, 5 Bde, versch. Aufl. Vieweg+Teubner (1989–1991), Braunschweig

Demtröder W (2017) Experimentalphysik, 4 Bde, 5–8. Aufl. Springer Spektrum, Berlin

Feynman RP, Leighton RB, Sands M (2015) Vorlesungen über Physik, 5 Bde, versch. Aufl. de Gruyter, Berlin

Gerthsen C, Meschede C (2015) Physik, 25. Aufl. Springer Spektrum, Berlin

Halliday D, Resnick R, Walker J (2017) Physik, 3. Aufl. Wiley VCH Weinheim

Hänsel H, Neumann W (2000–2002) Physik, 4 Bde. Spektrum Akademischer Verlag, Heidelberg

Hering E, Martin R, Stohrer M (2016) Physik für Ingenieure, 12. Aufl. Springer Vieweg, Berlin

Niedrig H (1992) Physik. Springer, Berlin

Orear J (1992) Physik, 2 Bde, 4. Aufl. Hanser, München

Paul H (Hrsg) (2003) Lexikon der Optik, 2 Bde. Springer Spektrum, Berlin

Stroppe H (2018) Physik, 16. Aufl. Hanser, München

Tipler PA, Mosca G (2015) Physik, 7. Aufl. Springer Spektrum, Berlin

Wellen und Strahlung 19

Heinz Niedrig und Martin Sternberg

Zusammenfassung

Die allgemeinen Zusammenhänge bei Wellen werden entwickelt und auf Schallwellen, elastische und elektromagnetische Wellen angewendet. Besonders betrachtet wird dann die Erzeugung und Ausbreitung elektromagnetischer Wellen. An die Betrachtung des elektromagnetischen Spektrums schließt sich die Untersuchung der Wechselwirkung mit Materie an. Auf die Quantisierung des Lichts wird eingegangen, auf spektroskopische Methoden sowie die induzierte Emission (Laser). Schließlich erfolgt noch die Anwendung der Wellentheorie auf Reflexion, Brechung und Polarisation.

19.1 Wellenausbreitung

In einem Medium, in dem die Abweichung des physikalischen Zustandes vom Gleichgewicht an einem betrachteten Ort über einen Kopplungsmechanismus eine entsprechende, aber zeitlich verzögerte Zustandsabweichung an den benachbarten Orten hervorruft, können sich Wellen ausbreiten. Eine solche Abweichung kann z. B. die Auslenkung eines Massenpunktes in einem elastischen Medium sein (z. B. Seilwellen, Wasserwellen), oder der Druck in einem Gas (Schallwellen), die elektrische oder magnetische Feldstärke in Materie oder im Vakuum (z. B. Radiowellen, Lichtwellen), die Aufenthaltswahrscheinlichkeit eines sich bewegenden Teilchens im Raum (Materiewellen).

19.1.1 Beschreibung von Wellenbewegungen, Wellengleichung

Der Begriff *Welle* ist meist mit harmonischen, d. h. sinusförmigen Wellen verknüpft; jedoch gibt es auch anharmonische Wellen und sogar nichtperiodische „Störungen", die sich wie Wellen ausbreiten. Zunächst werden harmonische Wellen betrachtet.

Fortschreitende Wellen

Eine (eindimensionale) *harmonische Welle* kann mathematisch dargestellt werden als örtlich sinusförmige Verteilung (z. B. der Auslenkung ξ eines Seiles am Orte x), bei der die Ortskoordinate x durch das orts- und zeitabhängige Argument $(x \mp v_\mathrm{p} t)$ ersetzt wird:

H. Niedrig
Technische Universität Berlin (im Ruhestand), Berlin, Deutschland
E-Mail: heinz.niedrig@t-online.de

M. Sternberg (✉)
Hochschule Bochum, Bochum, Deutschland
E-Mail: martin.sternberg@hs-bochum.de

M. Hennecke, B. Skrotzki (Hrsg.), *HÜTTE Band 1: Mathematisch-naturwissenschaftliche und allgemeine Grundlagen für Ingenieure*, Springer Reference Technik,
https://doi.org/10.1007/978-3-662-64369-3_19

$$\xi = \hat{\xi} \sin \frac{2\pi}{\lambda}\left(x \mp v_{\mathrm{p}} t\right). \qquad (1)$$

Hierin bedeuten: $\hat{\xi}$ Amplitude (der Auslenkung), λ Wellenlänge (örtliche Periodenlänge), $2\,\pi(x \mp v_{\mathrm{p}}t)/\lambda = \Phi$ Phase, v_{p} Phasengeschwindigkeit, Ausbreitungsgeschwindigkeit der Welle, genauer der Phase Φ. Gl. (1) beschreibt die mit der Zeit t zunehmende Verschiebung der örtlich sinusförmigen Verteilung (Abb. 1).

Die zu einer bestimmten Auslenkung (Elongation, z. B. $\xi = 0$ oder $\xi = \hat{\xi}$) gehörende Phase (im Beispiel $\Phi = 0$ bzw. $\Phi = \pi/2$) bewegt sich mit der Geschwindigkeit $v_{\mathrm{p}} = \pm x/t$ in $+x$- bzw. $-x$-Richtung. Nach Ablauf einer Schwingungsdauer T (zeitliche Periodendauer) hat sich die Welle um eine Wellenlänge λ verschoben und jeder Punkt x hat eine vollständige Schwingung durchgeführt. Es gilt daher

$$v_{\mathrm{p}} = \frac{\lambda}{T}. \qquad (2)$$

Durch Einführung der Frequenz $\nu = 1/T$ und der Kreisfrequenz $\omega = 2\pi\nu = 2\pi/T$ (siehe ▶ Abschn. 11.1.1 im Kap. 11, „Schwingungen, Teilchensysteme und starre Körper“) sowie der *Kreiswellenzahl* (oder *Kreisrepetenz*) $k = 2\,\pi/\lambda$ erhält man aus (2) die *Phasengeschwindigkeit*

$$v_{\mathrm{p}} = \nu\lambda = \frac{\omega}{k}. \qquad (3)$$

Die Benennung *Repetenz* (Wellenzahl) bezeichnet die Größe $\sigma = 1/\lambda$, wird aber oft für $k = 2\pi\sigma = 2\pi/\lambda$ verwendet. Die Darstellung (1) einer eindimensionalen, laufenden harmonischen Welle lautet damit

$$\xi = \hat{\xi} \sin\left(kx \mp \omega t\right). \qquad (4)$$

Wellengleichung

Die harmonische laufende Welle (4) stellt sowohl eine zeitliche Sinusverteilung (Schwingung) $\xi(t)$ an einem festem Ort x dar, als auch eine räumliche Sinusverteilung $\xi(x)$ zu einer festen Zeit t. Die Welle $\xi(x, t)$ muss demnach zwei Differenzialgleichungen vom Typ der Schwingungsgleichung (21) im ▶ Kap. 11, „Schwingungen, Teilchensysteme und starre Körper“ gehorchen:

$$\frac{\partial^2 \xi}{\partial t^2} + \omega^2 \xi = 0 \quad \text{für festes } x \text{ und} \qquad (5)$$

$$\frac{\partial^2 \xi}{\partial x^2} + k^2 \xi = 0 \quad \text{für festes } t. \qquad (6)$$

Eliminierung des in ξ linearen Gliedes führt mit (3) zu der *eindimensionalen Wellengleichung*

$$\frac{\partial^2 \xi}{\partial x^2} - \frac{1}{v_{\mathrm{p}}^2} \cdot \frac{\partial^2 \xi}{\partial t^2} = 0. \qquad (7)$$

Die Wellengleichung beschreibt allgemein Wellenausbreitungsvorgänge. Neben den harmonischen Wellen sind auch beliebige Funktionen der Form

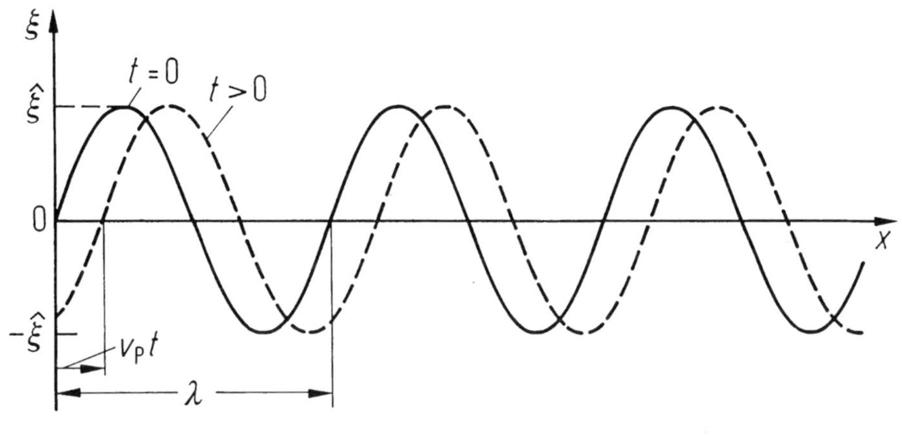

Abb. 1 Eindimensionale laufende Welle

$$\xi = f\left(x \mp v_\mathrm{p} t\right), \quad (8)$$

also z. B. auch impulsartige Störungen, Lösungen der Wellengleichung, wie sich durch Einsetzen in (7) verifizieren lässt. Sie breiten sich wie harmonische Wellen aus.

Neben Wellen in linearen Medien gibt es auch räumlich ausgedehnte Wellen. Eine Fläche in einer Welle, deren sämtliche Punkte zum gleichen Zeitpunkt die gleiche Phase besitzen, wird *Phasenfläche, Wellenfläche* oder *Wellenfront* genannt. Nach der Form der Wellenflächen werden *ebene Wellen, Zylinder-* oder *Kreiswellen* und *Kugelwellen* unterschieden. Während ebene Wellen bei geeigneter Wahl des Koordinatensystems (x-Richtung = Wellenflächennormale) ebenfalls durch (1) bzw. (4) beschrieben werden können, gelten für vom Erregerzentrum bei $r = 0$ weglaufende Zylinder- und Kugelwellen die Gleichungen

$$\xi_\mathrm{Z} = \frac{\xi_1}{\sqrt{r}} \sin\left(kr - \omega t\right) \quad (\textit{Zylinderwelle}) \quad (9)$$

$$\xi_\mathrm{K} = \frac{\xi_1}{r} \sin\left(kr - \omega t\right) \quad (\textit{Kugelwelle}). \quad (10)$$

ξ_1 ist die Amplitude bei $r = 1$. Sie nimmt mit steigendem Abstand r entsprechend der größer werdenden Wellenfläche ab. Solche räumlich ausgedehnten Wellen sind Lösungen der gegenüber (7) erweiterten *dreidimensionalen Wellengleichung*

$$\Delta\xi - \frac{1}{v_\mathrm{p}^2} \cdot \frac{\partial^2 \xi}{\partial t^2} = 0. \quad (11)$$

Hierin bedeutet

$$\Delta = \frac{\partial^2}{\partial x^2} + \frac{\partial^2}{\partial y^2} + \frac{\partial^2}{\partial z^2}$$

den Deltaoperator (siehe Teil Mathematik). In Kugelkoordinaten (siehe Teil Mathematik) lässt sich die dreidimensionale Wellengleichung in der Form

$$\frac{\partial^2 (r\xi)}{\partial r^2} - \frac{1}{v_\mathrm{p}^2} \cdot \frac{\partial^2 (r\xi)}{\partial t^2} = 0 \quad (12)$$

schreiben, aus der die Lösung für die Kugelwelle (10) durch Vergleich mit (4) und (7) direkt ablesbar ist.

Beispiele: Von einem punktförmigen Erregungszentrum in einer Wasseroberfläche ausgehende Wasserwellen sind Kreiswellen. Von einem Lautsprecher ausgehende Schallwellen in Luft oder von einer Punktlampe ausgehende Lichtwellen sind Kugelwellen.

Energietransport

Wie sich etwa bei einer Seilwelle sofort erkennen lässt, ist die Wellenausbreitung nicht mit der Fortbewegung von Elementen des die Welle tragenden Mediums (hier des Seils) verbunden, sondern stellt die Ausbreitung eines Bewegungszustandes dar, der mit dem *Transport von Energie* verbunden ist. Bei den mechanischen (elastischen) Wellen werden zwar die materiellen Elemente des Mediums bewegt, sie schwingen jedoch nur periodisch um die Ruhelage. Ein schwingendes Volumenelement $\mathrm{d}V$ mit der Masse $\mathrm{d}m = \varrho \mathrm{d}V$ hat nach (27) im ▶ Kap. 11, „Schwingungen, Teilchensysteme und starre Körper" die Energie

$$\mathrm{d}E = \frac{1}{2} \varrho \omega^2 \hat{\xi}^2 \mathrm{d}V \quad (13)$$

und die *Energiedichte*

$$w = \frac{\mathrm{d}E}{\mathrm{d}V} = \frac{1}{2} \varrho \omega^2 \hat{\xi}^2 \sim \hat{\xi}^2. \quad (14)$$

Die *Energiestromdichte* oder *Intensität S* einer mechanischen Welle ergibt sich wie jede Stromdichte aus dem Produkt von Dichte und Strömungsgeschwindigkeit, hier also von Energiedichte w und Ausbreitungsgeschwindigkeit v_p

$$S = w v_\mathrm{p} = \frac{1}{2} v_\mathrm{p} \varrho \omega^2 \hat{\xi}^2 \sim \hat{\xi}^2. \quad (15)$$

Die Intensität einer Kugelwelle (10) nimmt demnach mit $1/r^2$ ab, in Übereinstimmung mit der Tatsache, dass die Wellenfläche mit r^2 zunimmt.

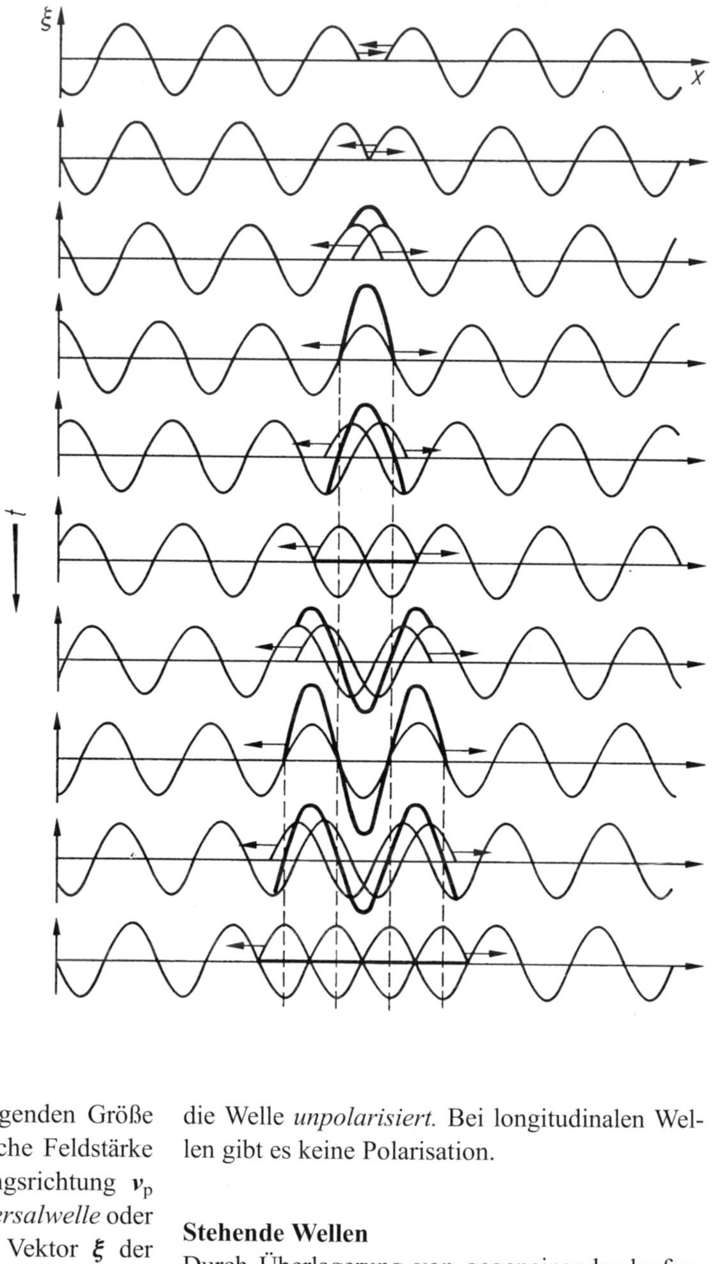

Abb. 2 Entstehung einer stehenden Welle durch Überlagerung von zwei entgegengerichtet laufenden Wellen. Gestrichelt: Knotenlinien

Steht der Vektor $\boldsymbol{\xi}$ der schwingenden Größe (z. B. Auslenkung $\boldsymbol{\xi}$ oder elektrische Feldstärke $\boldsymbol{E}$) senkrecht auf der Ausbreitungsrichtung $\boldsymbol{v}_\mathrm{p}$ der Welle, so wird diese als *Transversalwelle* oder Querwelle bezeichnet. Liegt der Vektor $\boldsymbol{\xi}$ der schwingenden Größe parallel zu $\boldsymbol{v}_\mathrm{p}$ (wie etwa die Auslenkung bei Schallwellen in Gasen, oder allgemein Dichte- bzw. Druckschwingungen), so handelt es sich um eine *Longitudinalwelle* oder Längswelle. Ist bei Transversalwellen die durch $\boldsymbol{\xi}$ und $\boldsymbol{v}_\mathrm{p}$ definierte Schwingungsebene fest oder dreht sie sich definiert um die Ausbreitungsrichtung, so spricht man von einer *polarisierten* Welle. Ändert sich die Schwingungsebene statistisch (wie z. B. beim natürlichen Licht), so heißt die Welle *unpolarisiert*. Bei longitudinalen Wellen gibt es keine Polarisation.

Stehende Wellen

Durch Überlagerung von gegeneinander laufenden Wellen mit gleicher Frequenz und Wellenlänge

$$\xi = \hat{\xi} \sin(kx - \omega t) + \hat{\xi} \sin(kx + \omega t) \qquad (16)$$

gemäß Abb. 2 ergeben sich *stehende Wellen* mit ortsfesten *Schwingungsknoten* (Amplitude ständig 0) und *-bäuchen* mit der Amplitude $2\hat{\xi}$ (Abb. 3).

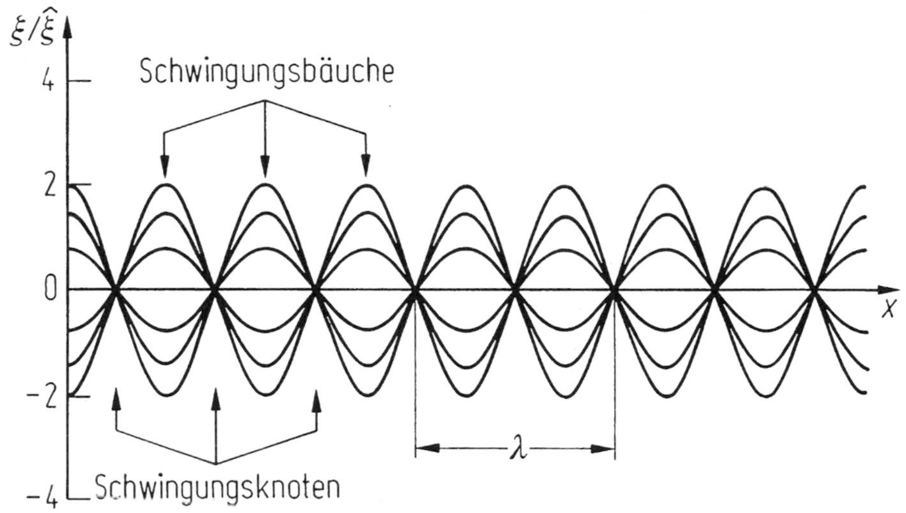

Abb. 3 Stehende Welle: Auslenkungsverteilung zu verschiedenen Zeitpunkten

Trigonometrische Umformung von (16) ergibt eine nur ortsabhängige sinusförmige Auslenkungsverteilung sin kx mit der zeitperiodischen Amplitude $2\hat{\xi}\cos\omega t$ (Abb. 3):

$$\xi = 2\hat{\xi}\cos\omega t \sin kx. \tag{17}$$

Stehende Wellen lassen sich durch Reflexion einer laufenden Welle an der Grenze des Mediums erzeugen, in dem sich die Welle ausbreitet. Die Reflexion kann mit einem Phasensprung verknüpft sein. Dazu werde die Reflexion eines sehr kurzen Wellenzuges, einer Halbwelle, am Seilende betrachtet.

Ist das Seilende fest eingespannt (Abb. 4a), so erfolgt die Reflexion mit einem Phasensprung $\Delta\Phi = \pi$ der reflektierten Welle gegenüber der ankommenden Welle am Seilende, da nur so die Auslenkungen von ankommender und reflektierter Welle sich am Seilende zur Amplitude 0 überlagern, wie es die feste Einspannung erfordert. Bei einem losen Seilende (Abb. 4b) wird dagegen die ankommende Welle ohne Phasensprung ($\Delta\Phi = 0$) reflektiert. Dann überlagern sich ankommende und reflektierte Welle am Seilende zu maximaler Amplitude: Am Seilende liegt ein Schwingungsbauch. Das geschilderte Phasenverhalten tritt generell bei der Reflexion von Wellen an Grenzen zwischen Wellenausbreitungsmedien auf, in denen die Ausbreitungsgeschwindigkeit geringer (dichteres Medium) bzw. höher (dünneres Medium) als im jeweils anderen Medium ist. Der *Phasensprung* beträgt

$$\begin{aligned}\Delta\Phi &= \pi \text{ bei Reflexion am dichteren Medium}\\ &\qquad\text{mit geringerer Phasengeschwindigkeit,}\\ \Delta\Phi &= 0 \text{ bei Reflexion am dünneren Medium}\\ &\qquad\text{mit höherer Phasengeschwindigkeit.}\end{aligned}$$

Ist ein Medium beidseitig (Seil, Saite, Stab, Luftsäule) oder allseitig (Membran, Platte, in Behälter eingeschlossenes Gasvolumen) begrenzt, so sind nur bestimmte, *diskrete Frequenzen stationär* als (ein-, zwei- oder dreidimensionale) stehende Wellen anregbar. Ist die Begrenzung durch eine feste Einspannung bedingt, so müssen an den Einspannungen Schwingungsknoten vorliegen.

Für ein eindimensionales System der Länge L gilt dann mit (3)

$$\begin{aligned}L &= n\frac{\lambda_n}{2}: \qquad \lambda_n = \frac{2L}{n},\\ \nu_n &= n\frac{v_p}{2L}, \qquad n = 1, 2, \ldots.\end{aligned} \tag{18}$$

Die gleiche Bedingung gilt, wenn beide Enden frei schwingen können (z. B. Luftsäule in einem offenen Rohr: offene Pfeife). Dann

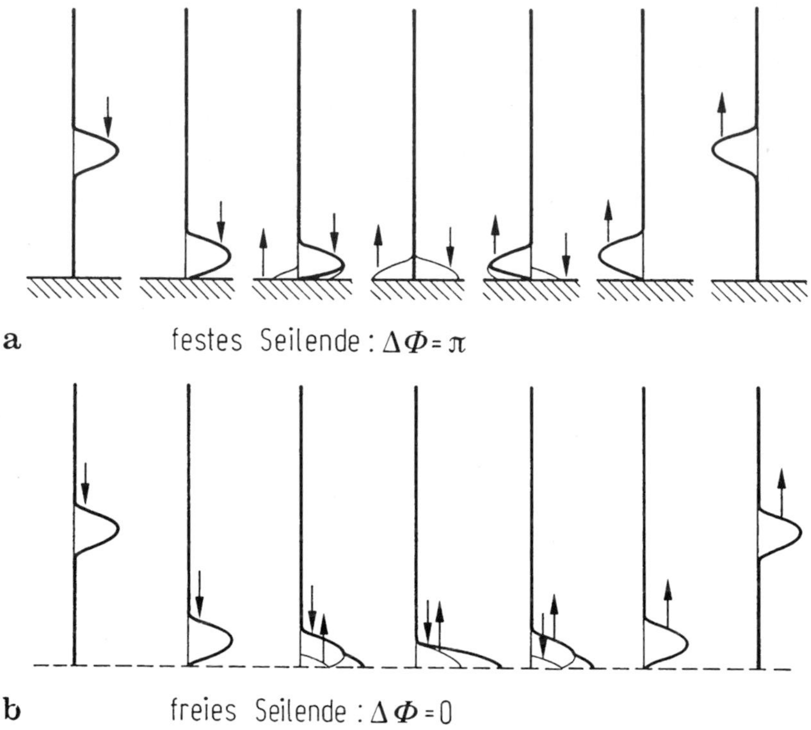

Abb. 4 Reflexion einer Welle **a** am eingespannten Seilende ($\Delta\Phi = \pi$), **b** am losen Seilende ($\Delta\Phi = 0$)

liegen an den Enden Schwingungsbäuche. Sind die Begrenzungen (wie bei der gedackten Pfeife) so, dass ein Ende fest liegt (Knoten), das andere aber frei schwingen kann (Bauch), so gilt

$$L = (2n-1)\frac{\lambda_n}{4}: \qquad \lambda_n = \frac{4L}{(2n-1)}, \\ \nu_n = (2n-1)\frac{v_\mathrm{p}}{4L}, \qquad n = 1, 2, \ldots. \tag{19}$$

Durch die vorgegebenen Randbedingungen können also nur stehende Wellen mit bestimmten, diskreten Frequenzen und Wellenlängen auftreten, die durch die Quantenbedingungen (18) und (19) gegeben sind. Die diskreten Frequenzen der stehenden Wellen (18) entsprechen den Fundamentalfrequenzen der Federkette (vgl. ► Abschn. 11.1.6.2 im Kap. 11, „Schwingungen, Teilchensysteme und starre Körper").

Wellenpakete, Gruppengeschwindigkeit

Bisher wurden Wellen einer bestimmten, diskreten Frequenz ν bzw. Kreisfrequenz ω betrachtet (in der Optik: monochromatische Wellen). Solche Wellen kommen in der Natur nicht vor: Es handelt sich stets um örtlich und zeitlich begrenzte Wellenzüge, sie haben eine bestimmte Länge und Dauer. Begrenzte Wellenzüge lassen sich nach dem Fourier-Theorem (88) im ► Kap. 11, „Schwingungen, Teilchensysteme und starre Körper" als Überlagerung eines kontinuierlichen Spektrums unendlich langer Wellen auffassen, deren Amplitudenverteilung (ähnlich wie bei der zeitlich begrenzten Schwingung Abb. 23 im ► Kap. 11, „Schwingungen, Teilchensysteme und starre Körper") sich um eine Mittenfrequenz ν_0 bzw. ω_0 gruppiert. Die Frequenzbreite $2\Delta\omega$ der Spektralverteilung ist umso kleiner, je länger der Wellenzug ist. In erster Näherung kann daher meist allein mit der Mittenfrequenz als der Frequenz des (langen) Wellenzuges gerechnet werden.

In anderen Fällen, z. B. im Zusammenhang mit der Lokalisierbarkeit von Lichtquanten (Abschn. 19.3.3) und vor allem von Teilchen bei deren Beschreibung durch Materiewellen in der Wellenmechanik (siehe ► Abschn. 20.4 im Kap. 20, „Optik und Materiewellen"), kommt es jedoch auf die besonderen Eigenschaften von begrenzten Wellenzügen, sogenannten Wellen-

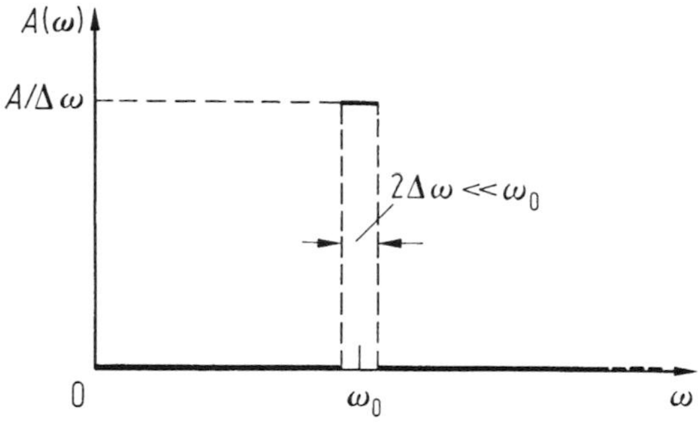

Abb. 5 Frequenzspektrum des Wellenpakets in Abb. 6

gruppen oder Wellenpaketen, an. Um diese kennenzulernen, betrachten wir eine Wellengruppe mit einem schmalen Frequenzspektrum $(\omega_0 - \Delta\omega) < \omega < (\omega_0 + \Delta\omega)$ mit konstanter Amplitude $A/\Delta\omega$ (Abb. 5). Die Fourier-Darstellung lautet dann:

$$\xi(x,t) = \frac{A}{\Delta\omega} \int\limits_{\omega_0-\Delta\omega}^{\omega_0+\Delta\omega} \sin\left[k(\omega)x - \omega t\right]\mathrm{d}\omega. \quad (20)$$

Die Kreiswellenzahl k hängt über (3) von der Kreisfrequenz ω ab. Wir entwickeln k nach Taylor (vgl. Teil Mathematik) in der Umgebung von ω_0:

$$k(\omega) = k_0 + (\omega - \omega_0)\left(\frac{\mathrm{d}k}{\mathrm{d}\omega}\right)_{\omega_0} + \ldots. \quad (21)$$

Bei hinreichend kleinem Intervall $\Delta\omega \ll \omega_0$ kann nach dem 2. Glied abgebrochen werden. Das Fourier-Integral (20) mit (21)

$$\xi(x,t) = \frac{A}{\Delta\omega} \int\limits_{\omega_0-\Delta\omega}^{\omega_0+\Delta_0} \sin\left[k_0 x + (\omega - \omega_0)\left(\frac{\mathrm{d}k}{\mathrm{d}\omega}\right)_{\omega_0} x - \omega t\right]\mathrm{d}\omega \quad (22)$$

lässt sich direkt integrieren und ergibt mit (21)

$$\left(\frac{\mathrm{d}k}{\mathrm{d}\omega}\right)_{\omega_0} = \frac{k - k_0}{\omega - \omega_0} = \frac{\Delta k}{\Delta\omega} \quad (23)$$

die Darstellung

$$\xi(x,t) = 2A\,\frac{\sin(\Delta k x - \Delta\omega t)}{\Delta k x - \Delta\omega t}\,\sin(k_0 x - \omega_0 t). \quad (24)$$

Das Argument $(k_0 x - \omega_0 t)$ stellt die Phase einer Welle dar, die sich mit der Phasengeschwindigkeit $v_\mathrm{p} = \omega_0/k_0$ ausbreitet. Diese Welle ist moduliert durch eine langsamer veränderliche Amplitudenfunktion $\sin\Phi/\Phi$, die ihr Hauptmaximum bei $\Phi = \Delta k x - \Delta\omega t = 0$ hat und sich im Wesentlichen zwischen den Nullstellen $\Phi = -\pi$ und $+\pi$ erstreckt. Sie bewegt sich mit der *Gruppengeschwindigkeit*

$$v_\mathrm{g} = \frac{\Delta\omega}{\Delta k} = \left(\frac{\mathrm{d}\omega}{\mathrm{d}k}\right)_{\omega_0} \quad (25)$$

in $+x$-Richtung weiter (Abb. 6):

$$\xi(x,t) = 2A\,\frac{\sin\Delta k\left(x - v_\mathrm{g}t\right)}{\Delta k\left(x - v_\mathrm{g}t\right)}\,\sin k_0\left(x - v_\mathrm{p}t\right) \quad (26)$$

(*Wellenpaket*).

Phasen- und Gruppengeschwindigkeit können verschieden sein. Durch Differenzieren von (3) und von $k = 2\pi/\lambda$ folgt

$$v_\mathrm{g} = \frac{\mathrm{d}\omega}{\mathrm{d}k} = v_\mathrm{p} + k\frac{\mathrm{d}v_\mathrm{p}}{\mathrm{d}k} = v_\mathrm{p} - \lambda\frac{\mathrm{d}v_\mathrm{p}}{\mathrm{d}\lambda}. \quad (27)$$

Die Gruppengeschwindigkeit ist demnach nur dann gleich der Phasengeschwindigkeit, wenn die Phasengeschwindigkeit nicht von der Wellenlänge λ (bzw. der Kreiswellenzahl k) abhängt, d. h., wenn keine Dispersion vorliegt (Beispiel: Lichtausbreitung im Vakuum). Anderenfalls gilt:

$$\begin{aligned} \frac{\mathrm{d}v_\mathrm{p}}{\mathrm{d}\lambda} &> 0 \quad (\textit{normale Dispersion}): \quad v_\mathrm{g} < v_\mathrm{p}, \\ \frac{\mathrm{d}v_\mathrm{p}}{\mathrm{d}\lambda} &< 0 \quad (\textit{anomale Dispersion}): \quad v_\mathrm{g} > v_\mathrm{p}. \end{aligned} \quad (28)$$

Im Gruppenmaximum der Wellengruppe sind die Amplituden maximal, daher bilden die Gruppenmaxima den Sitz der Energie der Welle. Ferner kann eine Information (Signal) nur mit einem

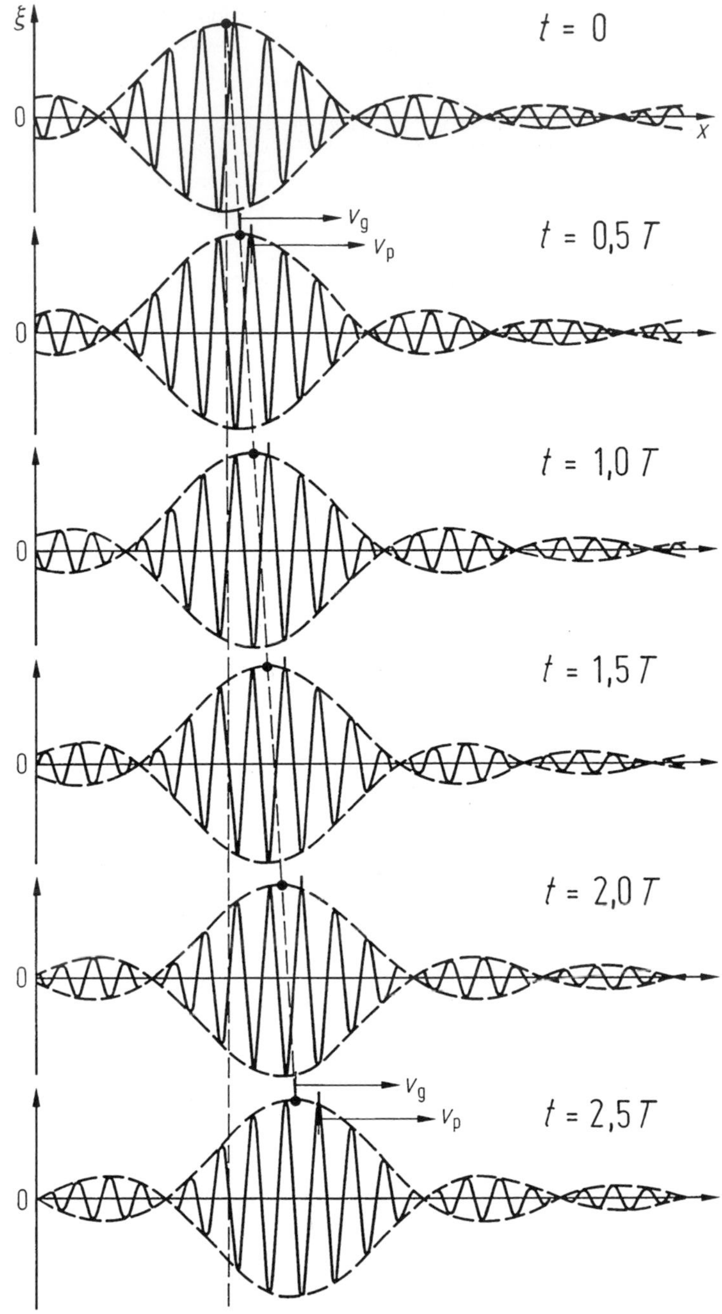

Abb. 6 Ausbreitung einer Wellengruppe bei normaler Dispersion: Phasengeschwindigkeit > Gruppengeschwindigkeit ($v_g = 0{,}8\ v_p$)

begrenzten Wellenzug bzw. einer Wellengruppe oder einer modulierten Welle übertragen werden. Damit gilt:

> Die Ausbreitung der Energie einer Welle erfolgt mit der Gruppengeschwindigkeit. Sie ist gleich der *Signalgeschwindigkeit.*

19.1.2 Elastische Wellen, Schallwellen

Schallwellen sind elastische Wellen in deformierbaren Medien (Festkörpern, Flüssigkeiten, Gasen). Für den Menschen hörbarer Schall umfasst etwa den Frequenzbereich von 16 Hz bis 16 kHz.

Wellen in deformierbaren Medien werden durch die elastischen Eigenschaften des Mediums (vgl. Teile Werkstoffe und Technische Mechanik) bestimmt, die durch die folgenden Beziehungen beschrieben werden:

Festkörper: Relative Längenänderung oder Dehnung $\varepsilon = \Delta L/L$ eines Stabes mit der Länge L, dem Querschnitt A und dem *Elastizitätsmodul* E unter Einwirkung einer Zugspannung $\sigma = F/A$ (Hooke'sches Gesetz):

$$\frac{\Delta L}{L} = \frac{1}{E} \cdot \frac{F}{A}, \qquad \text{d. h.,} \qquad \varepsilon = \frac{\sigma}{E}. \tag{29}$$

Scherung γ eines quaderförmigen Volumens des Festkörpers mit dem *Schubmodul* G unter Einwirkung einer auf die Querschnittsfläche A tangential wirkenden Schub- oder Scherspannung $\tau = F/A$:

$$\gamma = \frac{1}{G} \cdot \frac{F}{A}, \qquad \text{d.h.,} \qquad \gamma = \frac{\tau}{G}. \tag{30}$$

Kompression $-\vartheta = -\Delta V/V$ eines Körpers des Volumens V mit dem Kompressionsmodul K unter allseitigem Druck p bei der Druckänderung Δp:

$$\frac{-\Delta V}{V} = \frac{\Delta p}{K}, \qquad \text{d.h.,} \qquad -\vartheta = \frac{\Delta p}{K}. \tag{31}$$

Flüssigkeiten: Bei Flüssigkeiten ist anstelle des Kompressionsmoduls K dessen Kehrwert, die *Kompressibilität* $\varkappa$ gebräuchlicher:

$$\varkappa = \frac{1}{K} = -\frac{1}{V}\left(\frac{\partial V}{\partial p}\right)_T \approx \frac{-\Delta V}{V} \cdot \frac{1}{\Delta p}. \tag{32a}$$

Für eine Flüssigkeitssäule der Länge L ergibt sich daraus bei konstantem Querschnitt A unter Einwirkung einer Drucksteigerung $\Delta p = -F/A$ eine relative Längenänderung

$$-\frac{\Delta L}{L} = -\frac{\Delta V}{V} = -\vartheta = \varkappa \Delta p = \varkappa \frac{F}{A} = \frac{1}{K} \cdot \frac{F}{A}. \tag{32b}$$

Der Vergleich von (29) mit (32b) zeigt, dass für den Fall der Flüssigkeitssäule der Kompressionsmodul $K = 1/\varkappa$ dem Elastizitätsmodul E von Festkörpern entspricht. Dies benötigen wir unten für die Berechnung der Schallgeschwindigkeit in Flüssigkeiten (44) und in Gasen (45) aus (42).

Gase: Gl. (31) gilt auch für Gase, wobei der Kompressionsmodul K mithilfe der allgemeinen Gasgleichung (26) im ▶ Kap. 12, „Statistische Mechanik – Thermodynamik" berechnet werden kann. Für die schnellen Druckänderungen bei Schallwellen kann ein Wärmeausgleich nicht stattfinden, sodass K unter adiabatischen Bedingungen aus (31) berechnet werden muss. Mithilfe der Adiabatengleichung (97) im ▶ Kap. 12, „Statistische Mechanik – Thermodynamik" erhält man dann

$$K = \frac{1}{\varkappa} = \gamma p = \gamma \frac{RT}{V_\mathrm{m}} \qquad \text{mit } \gamma = \frac{C_{\mathrm{m}p}}{C_{\mathrm{m}V}}. \tag{33}$$

V_m molares Volumen; C_mp, C_mV molare Wärmekapazitäten bei konstantem Druck bzw. konstantem Volumen (vgl. ▶ Abschn. 12.1.6.1 im Kap. 12, „Statistische Mechanik – Thermodynamik").

Ausbreitung transversaler Wellen auf gespannten Seilen und Saiten

Nach einer vorausgegangenen transversalen Auslenkung eines mit einer Kraft F_0 bzw. der Zugspannung $\sigma = F_0/A$ gespannten Seils bzw. einer Saite (Querschnitt A) wirkt auf jedes Saitenelement der Länge dx (Abb. 7) eine rücktreibende Kraft

$$F_\xi = F_0 \sin(\alpha + \mathrm{d}\alpha) - F_0 \sin \alpha \approx F_0 \mathrm{d}\alpha. \tag{34}$$

Aus $\alpha \approx \tan \alpha = \partial\xi/\partial x$ folgt $\mathrm{d}\alpha \approx \mathrm{d}x(\partial^2\xi/\partial x^2)$ und damit für die rücktreibende Kraft

$$F_\xi = F_0 \, \mathrm{d}x \frac{\partial^2 \xi}{\partial x^2}. \tag{35}$$

Die Masse des Saitenelements dx beträgt $\mathrm{d}m = \varrho A \mathrm{d}x$ (ϱ Dichte). Damit lautet die Bewegungsgleichung für dm

$$F_\xi = \mathrm{d}m \frac{\partial^2 \xi}{\partial t^2}. \tag{36}$$

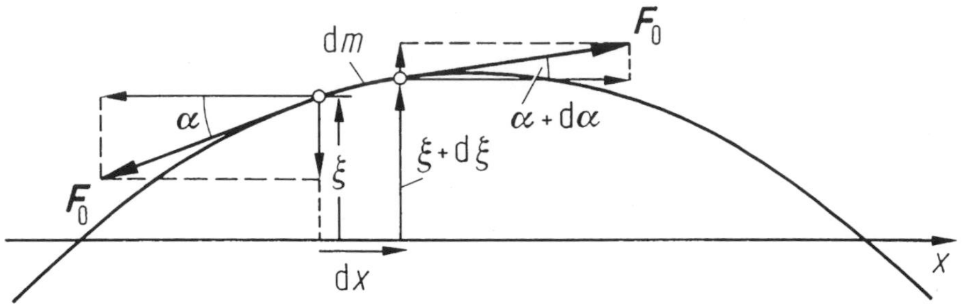

Abb. 7 Zur Herleitung der Wellengleichung für transversale Saitenwellen

Aus (35) und (36) folgt die *Wellengleichung der transversalen Saitenwelle*:

$$\frac{\partial^2 \xi}{\partial x^2} - \frac{\varrho}{\sigma} \cdot \frac{\partial^2 \xi}{\partial t^2} = 0. \tag{37}$$

Durch Vergleich mit (7) ergibt sich die *Phasengeschwindigkeit der transversalen Saitenwelle*

$$v_\mathrm{p} = \sqrt{\frac{\sigma}{\varrho}}. \tag{38}$$

Ausbreitung longitudinaler Wellen in elastischen Medien

Die periodische longitudinale Auslenkung von Massenelementen in einem kontinuierlichen elastischen Medium bewirkt eine periodische Dichteverteilung: Longitudinale elastische Wellen sind *Dichtewellen*. Die zur Behandlung der transversalen Saitenwelle analoge Betrachtung eines Volumenelementes der Masse $\mathrm{d}m$ und der Länge $\mathrm{d}x$ in einem zylindrischen Stab (Massendichte ϱ, Querschnitt A), das durch eine vorausgegangene longitudinale Auslenkung ξ und die dadurch bedingte ortsabhängige Spannung $\sigma = F/A$ um $\mathrm{d}\xi$ gedehnt wird, liefert unter Zuhilfenahme des Hooke'schen Gesetzes (29) und der Bewegungsgleichung für $\mathrm{d}m$ die *Wellengleichung longitudinaler Wellen im Festkörper*:

$$\frac{\partial^2 \xi}{\partial x^2} - \frac{\varrho}{E} \cdot \frac{\partial^2 \xi}{\partial t^2} = 0, \tag{39}$$

aus der sich durch Vergleich mit (7) die Phasengeschwindigkeit longitudinaler Wellen (42) ergibt. Sie ist auch für ausgedehnte Festkörper gültig.

Die Berechnung der Phasengeschwindigkeit c_l longitudinaler Wellen (und damit der Ausbreitungsgeschwindigkeit von Schall) kann auch auf direkterem Wege erfolgen. Dazu betrachten wir die Ausbreitung einer Störung (Verdichtungsstoß) in einem zylindrischen Stab der Dichte ϱ, die durch einen Stoß mit der Kraft F_x während der Zeit $\mathrm{d}t$ auf das linke Stabende erzeugt wird (Abb. 8).

Dadurch wird das linke Ende des Stabes mit einer Geschwindigkeit v um $\mathrm{d}\xi = v\mathrm{d}t$ nach rechts verschoben. Die Kompressionsstörung läuft mit der Phasengeschwindigkeit c_l nach rechts, die Teilchen im Kompressionsbereich erreichen in der Zeit $\mathrm{d}t$ nacheinander die Geschwindigkeit v. Das Massenelement $\mathrm{d}m = \varrho A \mathrm{d}x$, das durch den Kompressionsbereich $\mathrm{d}x = c_\mathrm{l}\mathrm{d}t$ definiert werde, erfährt damit eine Impulsänderung $\mathrm{d}p_x = v\mathrm{d}m$ als Folge der einwirkenden Kraft

$$F_x = \frac{\mathrm{d}p_x}{\mathrm{d}t} = \varrho A v c_\mathrm{l}. \tag{40}$$

Durch die Kraft F_x wird ferner das Massenelement $\mathrm{d}m$ der Länge $\mathrm{d}x$ um $\mathrm{d}\xi = v\mathrm{d}t$ komprimiert. Den Zusammenhang liefert das Hooke'sche Gesetz (29):

$$\frac{\mathrm{d}\xi}{\mathrm{d}x} = \frac{v}{c_\mathrm{l}} = \frac{1}{E} \cdot \frac{F_x}{A} = \frac{1}{E} \varrho v c_\mathrm{l}. \tag{41}$$

Daraus folgt für die *Phasengeschwindigkeit longitudinaler Wellen (Schallgeschwindigkeit) in Festkörpern*

$$c_\mathrm{l} = \sqrt{\frac{E}{\varrho}}. \tag{42}$$

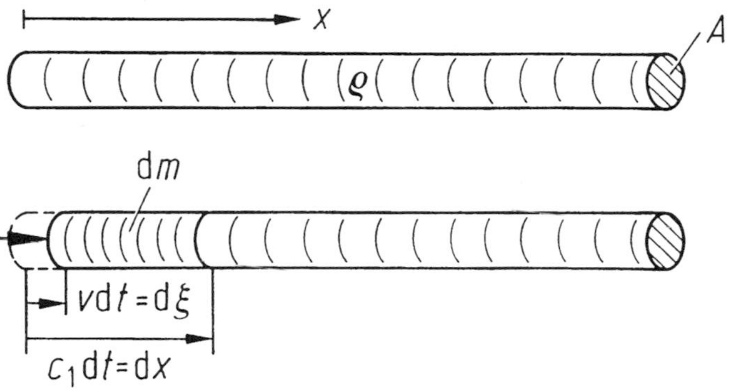

Abb. 8 Ausbreitung einer Longitudinalstörung in einem Stab

Festkörper können auch tangentiale Scherkräfte aufnehmen, wie sie bei Scherschwingungen auftreten. Deshalb können in Festkörpern auch transversale Wellen auftreten. Die elastische Deformation bei Scherung wird durch (30) beschrieben. Statt des Elastizitätsmoduls E tritt hier der Schubmodul G auf. Entsprechend ergibt sich für die *Phasengeschwindigkeit* von *transversalen Scherwellen* und von *Torsionswellen* (die auch auf Scherung beruhen) in Festkörpern

$$c_t = \sqrt{\frac{G}{\varrho}}. \tag{43}$$

Flüssigkeiten und Gase können keine statischen Tangentialkräfte (Scherkräfte) aufnehmen. Demzufolge können sich hier nur Longitudinalwellen über längere Strecken ausbreiten. Transversale Wellen können nur direkt angrenzend an transversal schwingende Erregerflächen auftreten und klingen mit wachsendem Abstand davon schnell exponentiell ab.

Die Schallgeschwindigkeit in Flüssigkeiten, etwa in einer Flüssigkeitssäule, deren elastische Eigenschaften durch (32a) beschrieben werden, lässt sich analog zur Berechnung der Schallgeschwindigkeit im festen Stab bestimmen. Im Ergebnis (42) ist dazu der Elastizitätsmodul E durch den Kompressionsmodul K oder die Kompressibilität $\varkappa$ (32a) zu ersetzen, um die *Schallgeschwindigkeit in Flüssigkeiten* zu erhalten:

$$c_l = \sqrt{\frac{K}{\varrho}} = \sqrt{\frac{1}{\varkappa\varrho}}. \tag{44}$$

Für Gase erhält man die Schallgeschwindigkeit unter Berücksichtigung der elastischen Eigenschaften bei *adiabatischer* Kompression. Mit (33) und der Molmasse $M = \varrho V_m$ folgt dann aus (44) die *Schallgeschwindigkeit in Gasen*

$$c_l = \sqrt{\gamma\frac{p}{\varrho}} = \sqrt{\gamma\frac{RT}{M}}. \tag{45}$$

In Gasen ist daher die Schallgeschwindigkeit stark temperaturabhängig. Sie ist am größten für die Gase mit der kleinsten molaren Masse, Wasserstoff und Helium (Tab. 1).

Physiologische Akustik

Schall führt in Gasen dazu, dass sich zu dem statischen Druck ein Schallwechseldruck addiert. Der Effektivwert des Schallwechseldrucks p_{eff} (der quadratische Mittelwert, siehe ▶ Abschn. 17.1.3.1 (27) im Kap. 17, „Elektrische Leitungsmechanismen") liefert den *Schalldruckpegel*:

$$L_p = 20 \cdot \lg\left(\frac{p_{eff}}{p_0}\right), \tag{46a}$$

wobei der Bezugsschalldruck nach DIN 45630 festgelegt ist als $p_0 = 2 \cdot 10^{-5}$ Pa und etwa den für einen Menschen gerade noch wahrnehmbaren effektiven Schallwechseldruck angibt. Zur Kennzeichnung des Schalldruckpegels wird die Einheit Dezibel (dB) verwendet (0 dB ist bei 2 kHz gerade noch hörbar, ein Presslufthammer erzeugt in 1 m Entfernung 100 dB). Die Empfindlichkeit des menschlichen Ohres ist allerdings stark frequenzabhängig, so dass der Schalldruckpegel keine

Tab. 1 Longitudinale Schallgeschwindigkeit c_l in verschiedenen Stoffen

Stoff	c_l in m/s
Feste Stoffe (20 °C):	
Aluminium	5110
Basalt	≈ 5080
Blei	1200
Eis (-4 °C)	3200
Eisen	5180
Flintglas	≈ 4000
Granit	≈ 4000
Gummi	≈ 54
Hartgummi	≈ 1570
Holz: Buche	≈ 3300
Holz: Eiche	≈ 3800
Holz: Tanne	≈ 4500
Kronglas	≈ 5300
Kupfer	3800
Marmor	≈ 3800
Messing	≈ 3500
Paraffin	≈ 1300
Porzellan	≈ 4880
Quarzglas	≈ 5400
Stahl	≈ 5100
Ziegel	≈ 3650
Zink	3800
Zinn	2700
Flüssigkeiten (20 °C)	
Aceton	1190
Benzol	1320
Ethanol	1170
Glycerin	1923
Methanol	1123
Nitrobenzol	1470
Paraffinöl	≈ 1420
Petroleum	≈ 1320
Propanol	1220
Quecksilber	1421
Schwefelkohlenstoff	1158
Schweres Wasser	1399
Tetrachlorkohlenstoff	943
Toluol	1308
Xylol	1357
Wasser (dest.) 0 °C	1403
Wasser (dest.) 20 °C	1483
Wasser (dest.) 40 °C	1529
Wasser (dest.) 60 °C	1551
Wasser (dest.) 80 °C	1555
Wasser (dest.) 100 °C	1543
Meerwasser[a]	1400 … 1650

(Fortsetzung)

Tab. 1 (Fortsetzung)

Stoff	c_l in m/s
Gase (0 °C, 101325 Pa):	
Acetylen	327
Ammoniak	415
Argon	308
Brom	135
Chlor	206
Helium	971
Kohlendioxid	258
Kohlenmonoxid	337
Luft, trocken -20 °C	319
Luft, trocken 0 °C	332
Luft, trocken +20 °C	344
Luft, trocken +40 °C	355
Methan	430
Neon	433
Sauerstoff	315
Schwefeldioxid	212
Stadtgas	≈ 450
Stickstoff	334
Wasserstoff	1286
Xenon	170

[a]abhängig von Temperatur, Salzgehalt und Druck

angemessene Größe für das Lautheitsempfinden ist. Als *Lautstärke* L_s legt man daher mit der Einheit Phon (phon) denjenigen Zahlenwert fest, den ein 1 kHz Sinuston als Schalldruckpegel haben müsste, um die gleiche Lautstärkeempfindung hervorzurufen. Der Zusammenhang zwischen Schalldruckpegel und Lautstärke ist in DIN 45630 festgelegt. In der akustischen Messtechnik wird allerdings als Maß für das Lautheitsempfinden meist der *bewertete Schalldruckpegel* verwendet. Dabei wird das gesamte hörbare Frequenzspektrum in Terzintervalle (Frequenzverhältnis zwischen Ober- und Untergrenze: $\sqrt[3]{2}$) oder Oktavintervalle (Frequenzverhältnis zwischen Ober- und Untergrenze: 2) aufgeteilt. Der im jeweiligen Frequenzintervall i gemessene Schalldruckpegel L_i wird dann mit einem frequenzabhängigen Faktor $\Delta *_{X,i}$ bewertet. Den bewerteten Schalldruckpegel erhält man dann mit:

$$L_X = 10 \cdot \lg\left(\sum_{i=1}^{n} 10^{\frac{L_i + \Delta^*_{X,i}}{10\,\mathrm{dB}}}\right) dB(X). \quad (46b)$$

Das X steht für den Satz verwendeter Bewertungsfaktoren, z. B. A, B oder C, die in der akustischen Messtechnik durch in den Messsignalweg eingeschaltete standardisierte Bewertungsfilter realisiert werden. Überwiegend wird der Satz A nach DIN-IEC 651 verwendet, der für Lautstärken unter 90 phon den Verlauf der Schallempfindung näherungsweise wiedergibt.

19.1.3 Doppler-Effekt, Kopfwellen

Bewegen sich Wellenerzeuger (Quelle Q mit der Frequenz ν_Q) und Beobachter B relativ zueinander, so wird vom Beobachter eine andere Frequenz ν_B registriert, als im Fall ruhender Quelle und Beobachter (erstmals veröffentlicht von Doppler 1842). Je nachdem, ob sich Quelle oder Beobachter relativ zum Übertragungsmedium der Welle (z. B. Luft bei Schallwellen, Wasseroberfläche bei Wasserwellen) bewegen, oder ob ein solches Medium nicht existiert (Lichtwellen im Vakuum), sind verschiedene Fälle zu unterscheiden.

Doppler-Effekt bei mediengetragenen Wellen: Bewegter Beobachter
Die in ruhender Luft von einer ebenfalls ruhenden Schallquelle mit der Frequenz $\nu_Q = c_s/\lambda$ erzeugten Schallwellen breiten sich in Form von Kugelwellen mit der Schallgeschwindigkeit c_s aus, deren Wellenberge einen radialen Abstand λ (Wellenlänge) haben (Abb. 9). Bewegt sich ein Beobachter B mit der Geschwindigkeit v_B auf die Quelle Q zu (bzw. von ihr weg), so registriert der Beobachter eine Geschwindigkeit $c_s \pm v_B$ der auf ihn zukommenden Wellenberge und demzufolge gemäß (3) eine erhöhte (erniedrigte) Frequenz

$$\nu_B = \frac{c_s \pm v_B}{\lambda} = \nu_Q\left(1 \pm \frac{v_B}{c_s}\right). \tag{47}$$

Doppler-Effekt bei mediengetragenen Wellen: Bewegte Quelle
Bewegt sich bei relativ zum Übertragungsmedium (Luft) ruhendem Beobachter die Schallquelle auf den Beobachter zu (bzw. weg), so verkürzen sich vor der Quelle die Wellenlängen, während sie sich hinter der Quelle verlängern (Abb. 10). Ursache dafür ist, dass sich die von der Quelle mit der Frequenz ν_Q erzeugten Wellen nach wie vor im ruhenden Medium mit der Schallgeschwindigkeit c_s ausbreiten, gegenüber der bewegten Quelle jedoch dann eine (je nach Richtung) andere Geschwindigkeit haben. Auf den Beobachter bewegen sich die Wellen mit der Phasengeschwindigkeit c_s zu, der aufgrund der geänderten Wellenlänge $\lambda' = (c_s \mp v_Q)/\nu_Q$ eine erhöhte (erniedrigte) Frequenz registriert:

$$\nu_B = \frac{c_s}{\lambda'} = \frac{\nu_Q}{1 \mp \frac{v_Q}{c_s}}. \tag{48}$$

Bewegt sich die Schallquelle an einem Beobachter vorbei, so schlägt die Frequenz im Moment

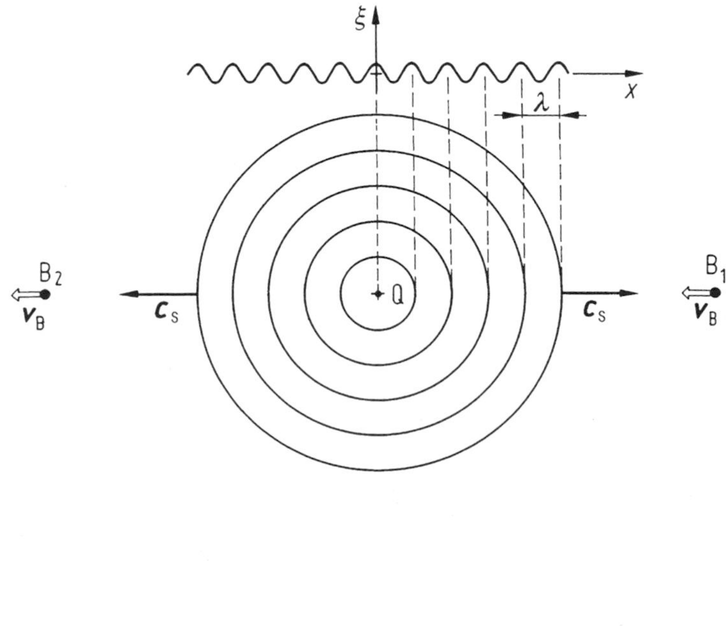

Abb. 9 Zum Doppler-Effekt bei bewegtem Beobachter

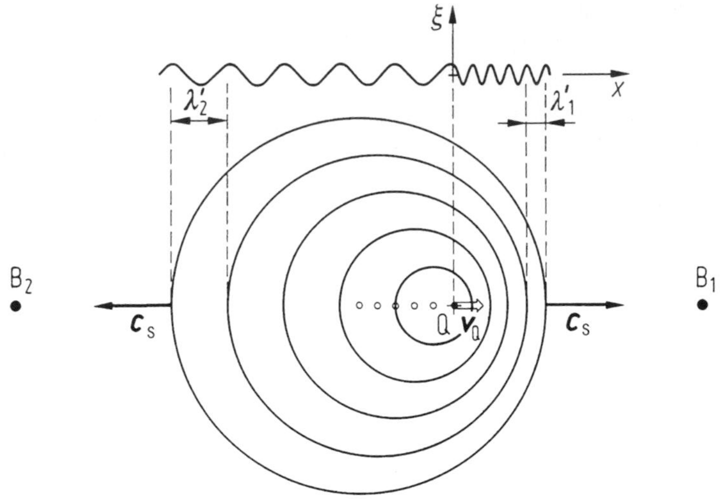

Abb. 10 Zum Doppler-Effekt bei bewegter Schallquelle

des Passierens von einem höheren auf einen niedrigeren Wert um.

Der akustische Doppler-Effekt (47) bzw. (48) zeigt also bei bewegtem Beobachter ein etwas anderes Ergebnis als bei bewegter Quelle. Bewegen sich sowohl die Schallquelle als auch der Beobachter, so gilt

$$\nu_B = \nu_Q \frac{c_s \pm v_B}{c_s \mp v_Q}. \tag{49}$$

Das jeweils obere Vorzeichen von v_B bzw. v_Q gilt für eine Bewegung in Richtung auf die Quelle bzw. auf den Beobachter zu, das jeweils untere Vorzeichen für eine Bewegung von der Quelle bzw. vom Beobachter weg.

Doppler-Effekt elektromagnetischer Wellen (Licht)

Aus dem Prinzip der Konstanz der Vakuumlichtgeschwindigkeit c_0 in zueinander bewegten Inertialsystemen (siehe ▶ Abschn. 10.1.3.2 im Kap. 10, „Mechanik von Massenpunkten") folgt, dass für die Lichtausbreitung kein Übertragungsmedium wie bei der Schallausbreitung existiert. Dann sollte der Doppler-Effekt allein von der Relativgeschwindigkeit v_r zwischen Lichtquelle und Beobachter abhängen. Tatsächlich ergibt sich für den *relativistischen Doppler-Effekt* (ohne Ableitung)

$$\nu_B = \nu_0 \sqrt{\frac{c_0 \pm v_r}{c_0 \mp v_r}}. \tag{50}$$

Der relativistische Doppler-Effekt wird als Rotverschiebung der Spektrallinien von sich schnell entfernenden Sternen beobachtet (untere Vorzeichen), bei umeinander rotierenden Doppelsternen auch als periodisch abwechselnde Rot- und Blauverschiebung.

Für $v_r \ll c_0$ geht der relativistische Doppler-Effekt (50) in den klassischen Doppler-Effekt (49) über. Für diesen Fall ergibt sich die *Doppler-Verschiebung* der Frequenz zu

$$\frac{\Delta\nu}{\nu_Q} \approx \frac{v_r}{c} \quad \text{für} \quad v_r \ll c. \tag{51}$$

Anwendung: Geschwindigkeitsmessung an Licht oder Radiowellen emittierenden Sternen oder Satelliten; Radar-Geschwindigkeitsmessung durch Reflexion an bewegten Körpern.

Kopfwellen, Mach-Kegel

Nähert sich die Geschwindigkeit v_Q einer Schallquelle (z. B. ein Flugzeug) der Schallgeschwindigkeit c_s, so überlagern sich alle bereits emittierten Wellenberge in Vorwärtsrichtung direkt an der Schallquelle (Abb. 11a) und erzeugen sehr hohe Druckamplituden und -gradienten. Nach Durchstoßen dieser sog. Schallmauer fliegt die Quelle mit *Überschallgeschwindigkeit* $v_Q > c_s$

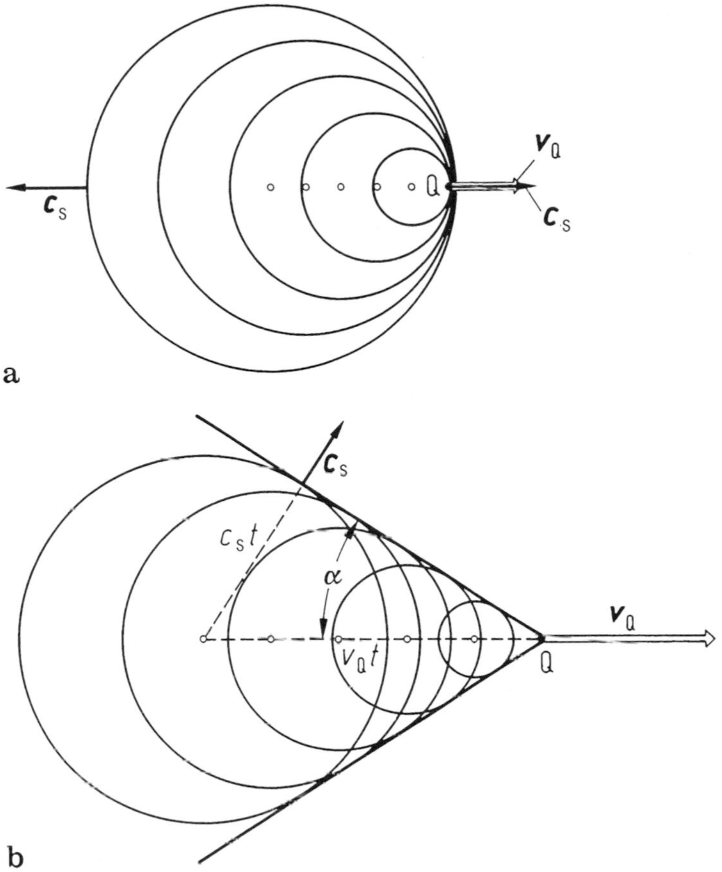

Abb. 11 Wellenfelder einer bewegten Schallquelle, **a** bei $v_\mathrm{Q} \approx c_\mathrm{s}$, **b** bei $v_\mathrm{Q} > c_\mathrm{s}$

und erzeugt ein Wellenfeld gemäß Abb. 11b: Die nacheinander ausgelösten Kugelwellenberge durchdringen einander und überlagern sich zu einer kegelförmigen *Kopfwelle (Schockwelle, Mach-Kegel)*, in deren Spitze sich die Schallquelle bewegt.

Die Quelle muss dazu gar keine Schallwellen in üblicher Weise aussenden. Die durch die Bewegung des Körpers in Luft erzeugte Druckstörung breitet sich ebenfalls in der beschriebenen Weise aus und ist dann an der Erdoberfläche als Überschallknall zu hören. Der Öffnungswinkel α des Mach-Kegels (Abb. 11b) wird durch das Verhältnis von Schall- zu Quellengeschwindigkeit bestimmt:

$$\sin\alpha = \frac{c_\mathrm{s}}{v_\mathrm{Q}} = \frac{1}{Ma}. \qquad (52)$$

Das Größenverhältnis $Ma = v_\mathrm{Q}/c_\mathrm{s}$ wird als *Mach-Zahl* bezeichnet. Sie hängt nicht nur von der Quellengeschwindigkeit v_Q, sondern wegen (45) auch von der Temperatur der Luft ab.

Kopfwellen können auch bei elektromagnetischen Wellen erzeugt werden. Schnell bewegte, elektrisch geladene Teilchen strahlen elektromagnetische Wellen ab. In Substanzen mit der optischen Brechzahl $n > 1$ (siehe Abschn. 19.4.1) ist die Phasengeschwindigkeit des Lichtes $c_n = c_0/n < c_0$. Geladene Teilchen, die mit Geschwindigkeiten $v > c_n$ in solche Substanzen geschossen werden, erzeugen dann elektromagnetische Kopfwellen: *Čerenkov-Strahlung*. Für den Öffnungswinkel folgt aus (52)

$$\sin\alpha = \frac{c_0}{nv}. \qquad (53)$$

Durch Messung von α kann die Teilchengeschwindigkeit bestimmt werden: Čerenkov-Detektoren.

19.2 Elektromagnetische Wellen

Zeitveränderliche elektrische und magnetische Felder sind untrennbar miteinander verknüpft, sie erzeugen einander gegenseitig (Abb. 33 im ▶ Kap. 16, „Magnetische Wechselwirkung und zeitveränderliche elektromagnetische Felder“): Ein zeitveränderliches elektrisches Feld erzeugt ein magnetisches Feld (Maxwell’sches Gesetz (103) im ▶ Kap. 16, „Magnetische Wechselwirkung und zeitveränderliche elektromagnetische Felder“), und ein zeitveränderliches magnetisches Feld erzeugt ein elektrisches Feld (Faraday-Henry-Gesetz bzw. Induktionsgesetz (100) im ▶ Kap. 16, „Magnetische Wechselwirkung und zeitveränderliche elektromagnetische Felder“). Die Kombination beider Prinzipien legt daher die Existenz elektromagnetischer Wellen nahe (postuliert von Maxwell 1865): Die zeitperiodische Änderung eines lokalen elektrischen (oder magnetischen) Feldes erzeugt ein ebenfalls zeitperiodisches, das erzeugende Feld umschlingendes magnetisches (bzw. elektrisches) Feld. Dieses wiederum induziert um sich herum ein weiteres zeitperiodisches elektrisches (bzw. magnetisches) Feld und so fort (Abb. 12). Der periodische Vorgang breitet sich daher wellenartig im Raum aus und stellt eine elektromagnetische Welle dar. Die experimentelle Bestätigung erfolgte 1888 durch H. Hertz.

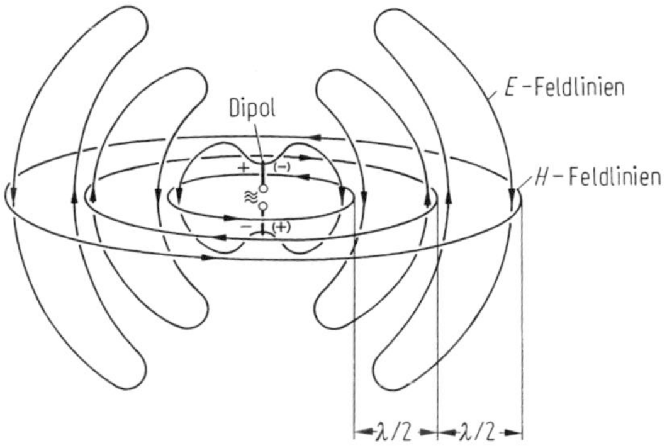

Abb. 12 Elektrische und magnetische Feldlinien um einen schwingenden elektrischen Dipol

19.2.1 Erzeugung und Ausbreitung elektromagnetischer Wellen

Ein zeitperiodisches elektrisches Feld (Wechselfeld) als Quelle einer sich frei ausbreitenden elektromagnetischen Welle kann z. B. durch eine Dipolantenne erzeugt werden, in die eine hochfrequente Wechselspannung eingespeist wird (Abb. 12 und Abb 13). Die Dipolantenne stellt dann einen elektrischen Dipol mit periodisch wechselnder Richtung und Betrag des Dipolmoments (83) im ▶ Kap. 15, „Elektrische Wechselwirkung“ dar. Die erzeugte elektromagnetische Welle ist linear polarisiert, wobei (in der Äquatorebene) die elektrische Feldstärke $\boldsymbol{E}$ parallel zur Dipolachse orientiert ist und die magnetische Feldstärke senkrecht zu $\boldsymbol{E}$ und zur Ausbreitungsrichtung $\boldsymbol{c}$ (Abb. 13a). Der Nachweis kann wiede-

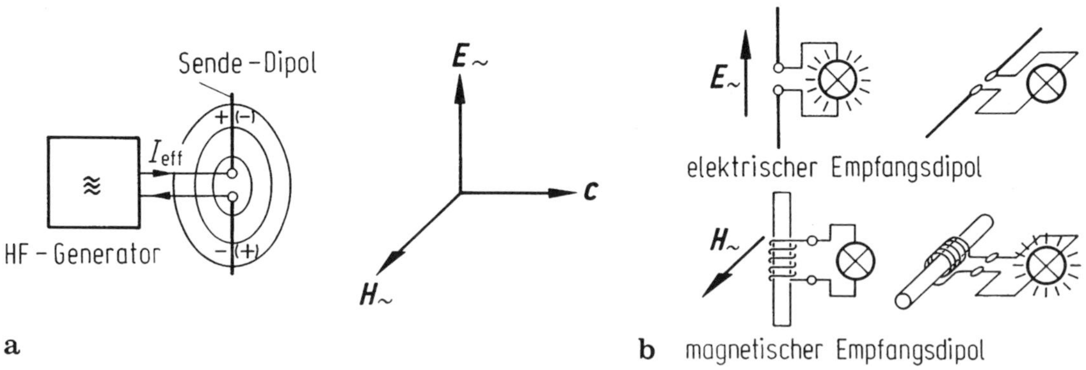

Abb. 13 **a** Abstrahlung polarisierter elektromagnetischer Wellen durch einen elektrischen Sendedipol. **b** Nachweis durch einen elektrischen oder magnetischen Empfangsdipol mit Glühlampe. Der elektrische Dipol muss parallel zum elektrischen Feldstärkevektor, der magnetische Dipol parallel zum magnetischen Feldstärkevektor ausgerichtet sein

rum mit einer Dipolantenne erfolgen, an die ein Messinstrument (oder im Laborexperiment eine Glühlampe) angeschlossen ist. Die Lampe leuchtet maximal, wenn der Empfangsdipol parallel zum Sendedipol und damit parallel zum elektrischen Feldstärkevektor ausgerichtet ist (Nachweis der Polarisation). Ein magnetischer Empfangsdipol muss dagegen senkrecht dazu, d. h. parallel zum magnetischen Feldstärkevektor, orientiert werden (Abb. 13b).

Aus diesen Beobachtungen folgt:

Bei elektromagnetischen Wellen stehen elektrischer und magnetischer Feldstärkevektor senkrecht aufeinander und auf der Ausbreitungsrichtung: Elektromagnetische Wellen sind *Transversalwellen*.

Eine Dipolantenne erzeugt elektromagnetische Kugelwellen, bei denen in unmittelbarer Dipolnähe (Nahfeld: $l \ll r \ll \lambda$) ein Gangunterschied von $\lambda/4$ (Phasendifferenz $\pi/2$) zwischen elektrischem und magnetischem Feld besteht, wie es für die quasistationäre elektrische Schwingung im Dipol anschaulich zu erwarten ist (hier macht sich die endliche Ausbreitungsgeschwindigkeit der Welle noch nicht bemerkbar). Im *Fernfeld* ($r \gg \lambda$) schwingen dagegen elektrisches und magnetisches Feld gleichphasig. In sehr großer Entfernung r kann die Kugelwelle näherungsweise als ebene Welle betrachtet werden (Abb. 14).

Wellengleichung elektromagnetischer Wellen
Einen Ausschnitt der Feldverteilung in einer elektromagnetischen Welle (Abb. 14) zeigt Abb. 15. Im nichtleitenden freien Raum ist die Stromdichte $j = 0$. Die Anwendung des Faraday-Henry-Gesetzes (Induktionsgesetz (100) im ▶ Kap. 16, „Magnetische Wechselwirkung und zeitveränderliche elektromagnetische Felder")

Abb. 14 Linear polarisierte elektromagnetische Welle, die sich in x-Richtung ausbreitet

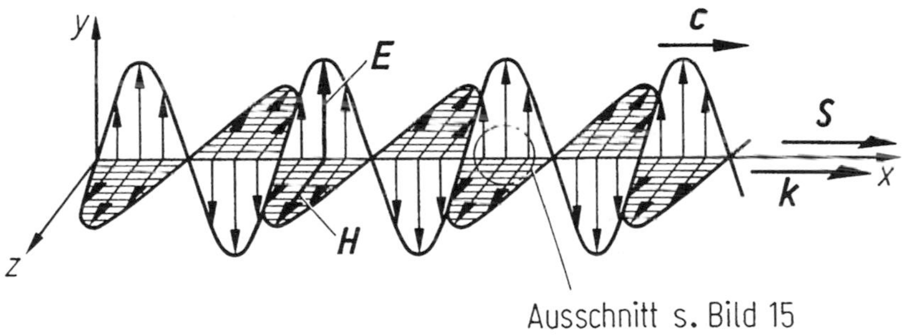

Abb. 15 Zur Herleitung der Wellengleichung elektromagnetischer Wellen

$$\boldsymbol{E} = (0, E_y, 0)$$
$$\mathrm{d}E_y = \frac{\partial E_y}{\partial x}\,\mathrm{d}x$$
$$\boldsymbol{H} = (0, 0, H_z)$$
$$\mathrm{d}H_z = \frac{\partial H_z}{\partial x}\,\mathrm{d}x$$

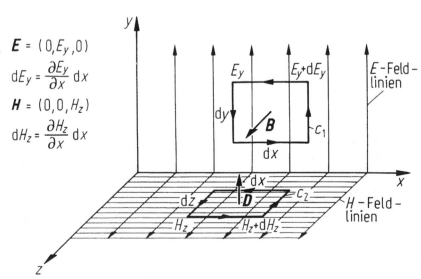

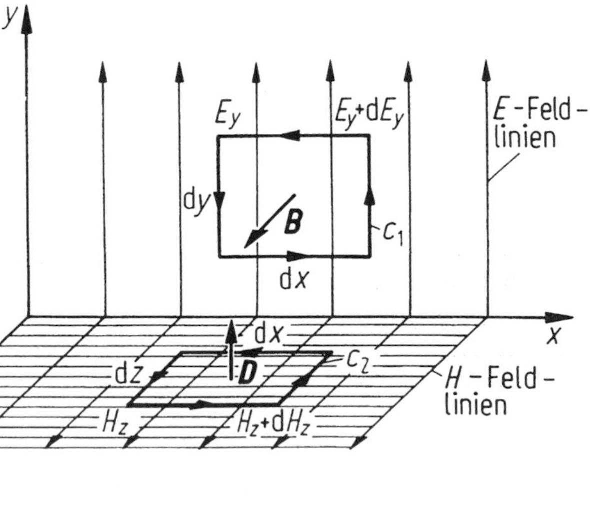

$$\oint_{c_1} \boldsymbol{E} \cdot \mathrm{d}\boldsymbol{s} = -\frac{\mathrm{d}}{\mathrm{d}t} \int \boldsymbol{B} \cdot \mathrm{d}\boldsymbol{A} \qquad (54)$$

auf einen geschlossenen Weg c_1 in der x,y-Ebene mit den Abmessungen dx und dy (Fläche dA = dx dy) liefert mit $\boldsymbol{B} = \mu\,\boldsymbol{H}$ (43) im ► Kap. 16, „Magnetische Wechselwirkung und zeitveränderliche elektromagnetische Felder"

$$\frac{\partial E_y}{\partial x} = -\mu \frac{\partial H_z}{\partial t}. \qquad (55)$$

Entsprechend liefert die Anwendung des Maxwell'schen Gesetzes (103) im ► Kap. 16, „Magnetische Wechselwirkung und zeitveränderliche elektromagnetische Felder"

$$\oint_{c_2} \boldsymbol{H} \cdot \mathrm{d}\boldsymbol{s} = \frac{\mathrm{d}}{\mathrm{d}t} \int \boldsymbol{D} \cdot \mathrm{d}\boldsymbol{A} \qquad (56)$$

auf einen geschlossenen Weg c_2 in der x, z-Ebene mit den Abmessungen dx und dz (Fläche dA = dx dz) und mit $\boldsymbol{D} = \varepsilon\,\boldsymbol{E}$ (112) im ► Kap. 16, „Magnetische Wechselwirkung und zeitveränderliche elektromagnetische Felder"

$$\frac{\partial H_z}{\partial x} = -\varepsilon \frac{\partial E_y}{\partial t}. \qquad (57)$$

Partielle Differenziation von (55) nach x und von (57) nach t und Eliminierung von $\partial^2 H_z/\partial x\,\partial t$ ergibt

$$\frac{\partial^2 E_y}{\partial x^2} - \varepsilon\mu \frac{\partial^2 E_y}{\partial t^2} = 0. \qquad (58)$$

Entsprechend ergibt die partielle Differenziation von (55) nach t und von (57) nach x und Eliminierung von $\partial^2 E_y/\partial x \partial t$

$$\frac{\partial^2 H_z}{\partial x^2} - \varepsilon\mu \frac{\partial^2 H_z}{\partial t^2} = 0. \qquad (59)$$

Gl. (58) und (59) stellen eindimensionale Wellengleichungen für in x-Richtung sich ausbreitende elektromagnetische Wellen dar. Die Verallgemeinerung auf den dreidimensionalen Fall (11) und auf Wellen mit beliebiger Polarisationsrichtung lautet

$$\begin{aligned} \Delta\boldsymbol{E} - \frac{1}{c^2} \cdot \frac{\partial^2 \boldsymbol{E}}{\partial t^2} &= 0, \\ \Delta\boldsymbol{H} - \frac{1}{c^2} \cdot \frac{\partial^2 \boldsymbol{H}}{\partial t^2} &= 0. \end{aligned} \qquad (60)$$

Hierin ist c die *Phasengeschwindigkeit* der elektromagnetischen Wellen, für die sich aus dem Vergleich mit (58) und (59) ergibt:

$$c = \frac{1}{\sqrt{\varepsilon\mu}} = \frac{1}{\sqrt{\varepsilon_\mathrm{r}\mu_\mathrm{r}\varepsilon_0\mu_0}}. \qquad (61)$$

Im Vakuum ist $\varepsilon_\mathrm{r} = \mu_\mathrm{r} = 1$. Mit experimentellen Werten von ε_0 und μ_0 folgt daraus für die *Phasengeschwindigkeit elektromagnetischer Wellen im Vakuum:*

$$c_\mathrm{vac} = \frac{1}{\sqrt{\varepsilon_0\mu_0}} = 3{,}00 \cdot 10^8 \mathrm{m/s}, \qquad (62)$$

unabhängig von der Frequenz bzw. der Wellenlänge (d. h.: keine Dispersion). Der Wert von c_vac ist identisch mit der Vakuumlichtgeschwindigkeit c_0, die heute auf den Wert $c_0 = 299.792.458$ m/s festgelegt ist (siehe ► Abschn. 9.3 im Kap. 9, „Physikalische Größen und Einheiten"). Daher liegt die Annahme nahe, die von Maxwell in seiner elektromagnetischen Lichttheorie aufgestellt wurde:

Licht ist eine *elektromagnetische Welle.*

Diese Annahme wurde bestätigt durch zahlreiche Experimente (z. T. bereits von Heinrich Hertz durchgeführt), die für elektromagnetische Wellen dieselben Eigenschaften ergeben, wie sie für Licht aus der Optik bekannt sind, insbesondere:

Reflexion an Metallflächen; stehende elektromagnetische Wellen im Raum vor der reflektierenden Fläche; Bündelung durch metallische Hohlspiegel.

Brechung an großen Prismen (Abmessungen $\gg \lambda$) aus dielektrischem Material [Pech (Heinrich Hertz), Paraffin]; Fokussierung durch Paraffin-Linsen (vgl. Abschn. 19.4.1).

Lineare *Polarisation* und Transversalität der von Dipolen abgestrahlten elektromagnetischen Wellen: Nachweis durch „Polarisationsfilter" (vgl. Abschn. 19.4.2), hier aus Metallstab-Gittern mit Stababständen $\ll \lambda$, die für elektromagnetische Wellen undurchlässig sind, wenn die Gitterstäbe parallel zum Feldstärkevektor $\boldsymbol{E}$ orientiert sind (Kurzschluss des elektrischen Feldes durch leitende Stäbe), und durchlässig bei senkrechter Orientierung (Gitterstäbe ohne leitende Verbindung miteinander).

Beugung elektromagnetischer Wellen an Doppel- und Mehrfachspalten in Metallschirmen (siehe ▶ Abschn. 20.2 im Kap. 20, „Optik und Materiewellen").

Die ebene elektromagnetische Welle im Fernfeld eines Dipols (Abb. 14) lässt sich beschreiben durch

$$\begin{aligned} E_y &= \hat{E} \sin(kr - \omega t + \varphi_0), \\ H_z &= \hat{H} \sin(kr - \omega t + \varphi_0), \end{aligned} \tag{63}$$

wobei die Amplituden $\hat{E}$ und $\hat{H}$ eine gegenseitige Abhängigkeit zeigen, die sich aus der Kopplung zwischen $\boldsymbol{E}$- und $\boldsymbol{H}$-Feld gemäß (55) und (57) ergibt. Einsetzen von E_y und H_z liefert mit (61) den Zusammenhang

$$\hat{E} = \sqrt{\frac{\mu}{\varepsilon}}\hat{H} = Z_F \hat{H}. \tag{64}$$

Hierin hat Z_F die Dimension eines elektrischen Widerstandes und heißt der *Feldwellenwiderstand*:

$$Z_F = \sqrt{\frac{\mu}{\varepsilon}}. \tag{65}$$

Der Feldwellenwiderstand des Vakuums ist

$$\begin{aligned} Z_0 &= \sqrt{\frac{\mu_0}{\varepsilon_0}} = 376{,}73\ldots\Omega \\ &= \mu_0 c_0 \approx 4\pi \cdot 10^{-7}\mathrm{Vs/Am} \cdot 3 \cdot 10^8 \mathrm{m/s} \\ &= 120\pi\Omega. \end{aligned} \tag{66}$$

Wegen der Gleichphasigkeit von $\boldsymbol{E}$ und $\boldsymbol{H}$ im Fernfeld gilt (64) auch für jeden Augenblickswert der Feldstärken

$$E = Z_F H \qquad \text{(Fernfeld)}. \tag{67}$$

Energiestromdichte, Strahlungscharakteristik
Die Energiedichte des elektromagnetischen Wellenfeldes w setzt sich aus der Energiedichte w_e des elektrischen Feldes (82) im ▶ Kap. 15, „Elektrische Wechselwirkung" und der Energiedichte w_m des magnetischen Feldes (99) im ▶ Kap. 16, „Magnetische Wechselwirkung und zeitveränderliche elektromagnetische Felder" zusammen:

$$w = w_e + w_m = \frac{1}{2}\varepsilon E^2 + \frac{1}{2}\mu H^2. \tag{68}$$

Wegen der Kopplung (65) und (67) zwischen $\boldsymbol{E}$- und $\boldsymbol{H}$-Feld bei der elektromagnetischen Welle sind die Energiedichten w_e und w_m gleich und damit

$$w = \varepsilon E^2 = \mu H^2 = \frac{EH}{c}. \tag{69}$$

Die *Energiestromdichte* oder *Strahlungsintensität* einer elektromagnetischen Welle ergibt sich analog (15) aus Energiedichte w und Ausbreitungsgeschwindigkeit c zu

$$S = wc = EH \tag{70}$$

oder vektoriell geschrieben als sog. *Poynting-Vektor*:

$$\boldsymbol{S} = w\boldsymbol{c} = \boldsymbol{E} \times \boldsymbol{H} \tag{71}$$

$$\text{SI-Einheit}: \quad [\boldsymbol{S}] = \mathrm{W/m^2}.$$

Der Poynting-Vektor gibt Betrag und Richtung der elektromagnetischen Feldenergie an, die 1 m² Fläche in 1 s senkrecht durchströmt. Betrachtet man eine geschlossene Oberfläche A, die einen Raumbereich V umschließt, so lässt sich der *Energieerhaltungssatz* in *elektromagnetischen Feldern* in folgender Weise formulieren:

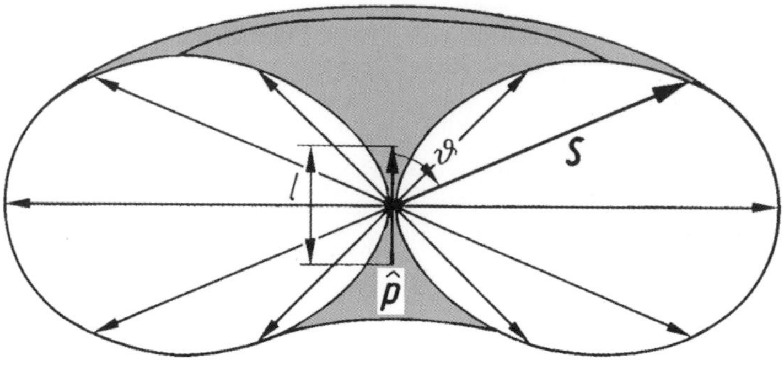

Abb. 16 Schnitt durch die Strahlungsintensitätscharakteristik eines Hertz'schen Dipols (rotationssymmetrisch um die Dipolachse)

$$-\frac{\partial}{\partial t}\int_V w \mathrm{d}V = \int_V \varphi \mathrm{d}V + \oint_A \boldsymbol{S}\cdot \mathrm{d}\boldsymbol{A}. \qquad (72)$$

φ ist die räumliche Dichte der Joule'schen Leistung.

Satz von Poynting:

> Die zeitliche Abnahme der Gesamtenergie eines elektromagnetischen Feldes ist gleich der pro Zeiteinheit im Volumen erzeugten Joule'schen Wärme und der durch die Oberfläche abgestrahlten Strahlungsleistung.

Anmerkung: Der Poynting-Vektor ist für sich genommen nicht eindeutig hinsichtlich der Energieströmung, da z. B. auch gekreuzte statische $\boldsymbol{E}$- und $\boldsymbol{H}$-Felder einen Beitrag zu $\boldsymbol{S}$ liefern, aber natürlich keine Energieströmung bedeuten. Erst die Betrachtung des geschlossenen Oberflächenintegrals in (72) liefert bei statischen Feldern als eindeutige Aussage die Gesamtausstrahlung 0, da die geschlossenen Magnetfeldlinien gleich große Beiträge entgegengesetzten Vorzeichens zu $\oint \boldsymbol{S}\cdot \mathrm{d}\boldsymbol{A}$ ergeben.

Die Hertz'sche Theorie ergibt für die Strahlungsintensität eines kurzen Dipols ($l \ll \lambda$, Hertz'scher Oszillator) mit dem maximalen Dipolmoment $\hat{\boldsymbol{p}}$ die *Dipolcharakteristik*

$$S = \frac{\hat{p}^2\omega^4}{32\pi^2\varepsilon_0 c_0^3}\cdot\frac{\sin^2\vartheta}{r^2}. \qquad (73)$$

ϑ ist der Winkel zur Dipolachse. Maximale Intensität wird demnach in der Äquatorebene abgestrahlt, in Richtung der Dipolachse ist hingegen die Intensität null (Abb. 16).

Die *Gesamtausstrahlung Φ des Hertz'schen Dipols* (Strahlungsleistung) erhält man aus (73) durch Integration über eine den Dipol einschließende geschlossene Oberfläche zu

$$\Phi = \frac{\hat{p}^2\omega^4}{12\pi\varepsilon_0 c_0^3}. \qquad (74)$$

Mit der effektiven Ladung $q(t)$ an den Enden des Dipols der Länge l beträgt das Dipolmoment des periodisch erregten Dipols nach (83) im ▶ Kap. 15, „Elektrische Wechselwirkung" $p = q(t)\ l = \hat{p}\sin\omega t$ und daraus der im Dipol fließende Strom

$$i = \frac{\mathrm{d}q}{\mathrm{d}t} = \frac{1}{l}\cdot\frac{\mathrm{d}p}{\mathrm{d}t} = \frac{\omega\hat{p}}{l}\cos\omega t, \qquad (75)$$

bzw. der Effektivwert des Stromes (28) im ▶ Kap. 17, „Elektrische Leitungsmechanismen"

$$I = \frac{\omega\hat{p}}{\sqrt{2}l}. \qquad (76)$$

Dem Antennenstromkreis geht Energie in Form der abgestrahlten elektromagnetischen Wellen verloren. Die Strahlungsleistung Φ der Antenne (74) ist gleich der durch die Abstrahlung bedingten elektrischen Verlustleistung P der Antenne, die durch die eingespeiste effektive Stromstärke I wie bei den Wechselstromkreisen (siehe ▶ Abschn. 17.1.3 im Kap. 17, „Elektrische Leitungsmechanismen") ausgedrückt werden kann:

$$\Phi = P = R_{\text{rd}} I^2. \tag{77}$$

R_{rd} wird Strahlungswiderstand der Antenne genannt und hat die Dimension eines Ohm'schen Widerstandes.

Einsetzen von (62), (66), (74) und (76) in (77) ergibt für den *Strahlungswiderstand eines Hertz'schen Dipols*

$$\begin{aligned} R_{\text{rd}} &= \frac{2\pi}{3}\sqrt{\frac{\mu_0}{\varepsilon_0}}\left(\frac{l}{\lambda}\right)^2 = \frac{2\pi}{3}Z_0\left(\frac{l}{\lambda}\right)^2 \\ &\approx 789\left(\frac{l}{\lambda}\right)^2 \Omega \qquad \text{für} \qquad l \ll \lambda. \end{aligned} \tag{78}$$

Der Strahlungswiderstand einer auf leitender Erde stehenden (halben) Dipolantenne ist doppelt so groß, da nur das halbe Wellenfeld (Erdoberfläche wirkt als Spiegelebene) und damit die halbe Energie ausgestrahlt wird.

Bei technischen Wechselstromfrequenzen ist $\lambda \gg l$ und demzufolge R_{rd} gegenüber dem Ohm'schen Leitungswiderstand R zu vernachlässigen. Die Abstrahlung steigt jedoch mit steigender Frequenz ν (sinkender Wellenlänge λ) stark an (74). Der Strahlungswiderstand erreicht ein Maximum bei $l = \lambda/2$ (Standardform der Antenne) und beträgt $R_{\text{rd}} \approx 70\,\Omega$ für den $\lambda/2$-Dipol ((78) ist dann nicht mehr gültig).

Abstrahlung elektromagnetischer Wellen durch beschleunigte Ladungen

Das Dipolmoment des schwingenden Hertz'schen Dipols $p(t) = \hat{p}\sin\omega t$ wurde bei konstanter Dipollänge l durch eine zeitperiodische Ladung $q(t)$ gebildet, die vom eingespeisten, hochfrequenten Wechselstrom erzeugt wurde. Derselbe Sachverhalt kann auch dargestellt werden durch eine schwingende konstante Ladung q mit zeitperiodisch veränderlicher Dipollänge $l = \hat{l}\sin\omega t$:

$$p(t) = ql(t) = q\hat{l}\sin\omega t. \tag{79}$$

Zweifache zeitliche Ableitung ergibt einen Zusammenhang zwischen dem Dipolmoment p und der Beschleunigung $a = \ddot{l}$ der Ladung, für die Maximalwerte geschrieben:

$$\hat{p}^2\omega^4 = q^2\hat{a}^2. \tag{80}$$

Wird dies in (73) und (74) eingeführt unter Verwendung des quadratischen Mittelwertes der Beschleunigung $\overline{a^2} = \hat{a}^2/2$, so erhalten wir für die *Strahlungscharakteristik einer beschleunigten Ladung q*

$$S = \frac{q^2\overline{a^2}}{16\pi^2\varepsilon_0 c_0^3}\cdot\frac{\sin^2\vartheta}{r^2}, \tag{81}$$

wobei ϑ der Winkel zwischen dem Poynting-Vektor $\boldsymbol{S}$ und der Beschleunigung $\boldsymbol{a}$ ist. Für die *Gesamtausstrahlung einer beschleunigten Ladung q* folgt entsprechend die *Larmor'sche Formel*

$$\Phi = \frac{q^2\overline{a^2}}{6\pi\varepsilon_0 c_0^3}. \tag{82}$$

Gl. (81) und (82) gelten nicht nur für den betrachteten Fall der schwingenden Ladung, sondern generell für eine mit $\boldsymbol{a}$ beschleunigte Ladung:

Eine beschleunigte Ladung strahlt elektromagnetische Energie ab.

Die Strahlungscharakteristik entspricht (im nichtrelativistischen Fall) derjenigen eines Dipols (81) mit der Achse in Beschleunigungsrichtung. Die beschleunigte Ladung strahlt also vorwiegend senkrecht zur Beschleunigungsrichtung.

Leitungsgeführte elektromagnetische Wellen

Bei Frequenzen $\nu \geqq 100$ MHz (UKW- und Fernsehfrequenzen) wird die Wellenlänge elektromagnetischer Wellen $\lambda \leqq 3$ m. Für Leitungslängen dieser Größenordnung kann daher die endliche Ausbreitungsgeschwindigkeit elektromagnetischer Wellen nicht mehr vernachlässigt werden. Es werde eine Doppelleitung (Lecher-System) betrachtet, die keine Ohm'schen Leitungsverluste habe (ideale Doppelleitung). Dann wird das elektromagnetische Verhalten durch die längenbezogene Induktivität, den Induktivitätsbelag L' der Doppelleitung und durch die längenbezogene Kapazität, den Kapazitätsbelag C' zwischen den Leitern bestimmt (Abb. 17). Hinsichtlich der verlustbehafteten Doppelleitung siehe Teil Elektrotechnik.

Abb. 17 Doppelleitung (Lecher-System) mit Ersatzschaltbild für die Länge dx

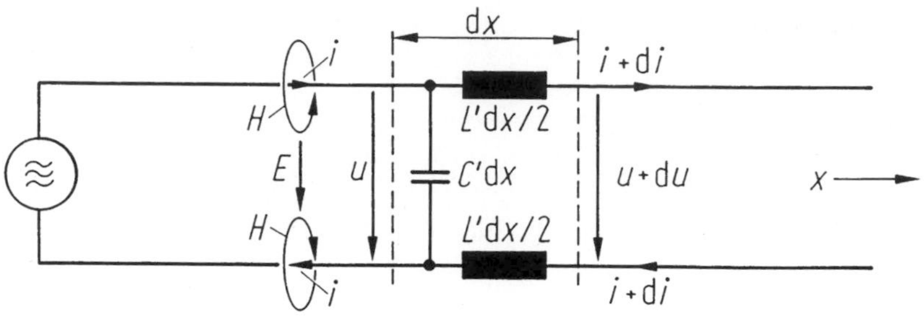

Beträgt der Abstand der beiden Leiter d und der Drahtradius r, so erhält man für Induktivitäts- und Kapazitätsbelag näherungsweise (ohne Ableitung)

$$L' = \frac{\mu}{\pi} \ln \frac{d}{r}, \qquad C' = \frac{\pi\varepsilon}{\ln \frac{d}{r}}. \tag{83}$$

Für einen differenziell kleinen Leitungsabschnitt der Länge dx ist eine quasistatische Betrachtung möglich, und die Kirchhoff'schen Sätze (14) und (18), beide im ► Kap. 17, „Elektrische Leitungsmechanismen", sind auf die Momentanwerte von Strömen und Spannung anwendbar. Die in einem Ersatzschaltbild (Abb. 17) zu berücksichtigenden Induktivitäten und Kapazitäten betragen $\mathrm{d}L = L'\,\mathrm{d}x$, $\mathrm{d}C = C'\,\mathrm{d}x$. Die Anwendung der Kirchhoff'schen Sätze auf das Ersatzschaltbild liefert

$$\frac{\partial u}{\partial x} + L' \frac{\partial i}{\partial t} = 0, \qquad \frac{\partial i}{\partial x} + C' \frac{\partial u}{\partial t} = 0. \tag{84}$$

Durch partielle Differenziation nach x bzw. t und Eliminierung des jeweiligen gemischten Differenzialquotienten ergibt sich die *Wellengleichung für Leitungswellen*

$$\begin{aligned} \frac{\partial^2 i}{\partial x^2} - L'C' \frac{\partial^2 i}{\partial t^2} &= 0, \\ \frac{\partial^2 u}{\partial x^2} - L'C' \frac{\partial^2 u}{\partial t^2} &= 0. \end{aligned} \tag{85}$$

Für die *Phasengeschwindigkeit* c_L *der Leitungswellen* erhält man durch Vergleich mit (60) sowie nach Einsetzen von (83)

$$c_\mathrm{L} = \frac{1}{\sqrt{L'C'}} = \frac{1}{\sqrt{\varepsilon\mu}} = c, \tag{86}$$

die sich damit als identisch erweist mit der Phasengeschwindigkeit freier elektromagnetischer Wellen.

Elektromagnetische Wellen breiten sich daher auf Leitungen ähnlich aus wie elastische Wellen auf Seilen, Drähten oder Stäben. Insbesondere werden sie an den Enden der Leitung reflektiert und bilden stehende Wellen (vgl. Abschn. 19.1.1). Bei offenem Ende der Doppelleitung wird die Spannungswelle ohne Phasensprung reflektiert, d. h., am Leitungsende liegt ein Spannungsbauch und ein Stromknoten, da hier ständig $i = 0$ sein muss (Abb. 18a). Bei kurzgeschlossenem Ende der Doppelleitung wird die Spannungswelle mit einem Phasensprung von π reflektiert, da durch den Kurzschluss ein Spannungsknoten erzwungen wird. Die Stromwelle zeigt einen Strombauch (Abb. 18b). In beiden Fällen besteht zwischen Spannungsbäuchen und Strombäuchen eine Phasendifferenz von $\pi/2$ (Wegdifferenz $\lambda/4$). Dies lässt sich durch einen elektrischen (für Spannungsbäuche) oder magnetischen Nachweisdipol (für Strombäuche) zeigen.

Spannung und Strom einer in $+x$-Richtung laufenden Welle auf der idealen Doppelleitung sind darstellbar durch

$$\begin{aligned} u &= \hat{u} \sin(kx - \omega t + \varphi_u), \\ i &= \hat{i} \sin(kx - \omega t + \varphi_i), \end{aligned} \tag{87}$$

wobei die Kopplung zwischen u und i durch (84) $\varphi_u = \varphi_i$ erzwingt. Mit (86) folgt der *Wellenwiderstand der Doppelleitung*

$$Z_\mathrm{L} = \sqrt{\frac{L'}{C'}} = \frac{\hat{u}}{\hat{i}} = \frac{U}{I}. \tag{88}$$

Wird diese Bedingung, die auch für unsymmetrische Doppelleitungen (z. B. Koaxialkabel) gilt, auch am Leitungsende eingehalten durch Abschluss

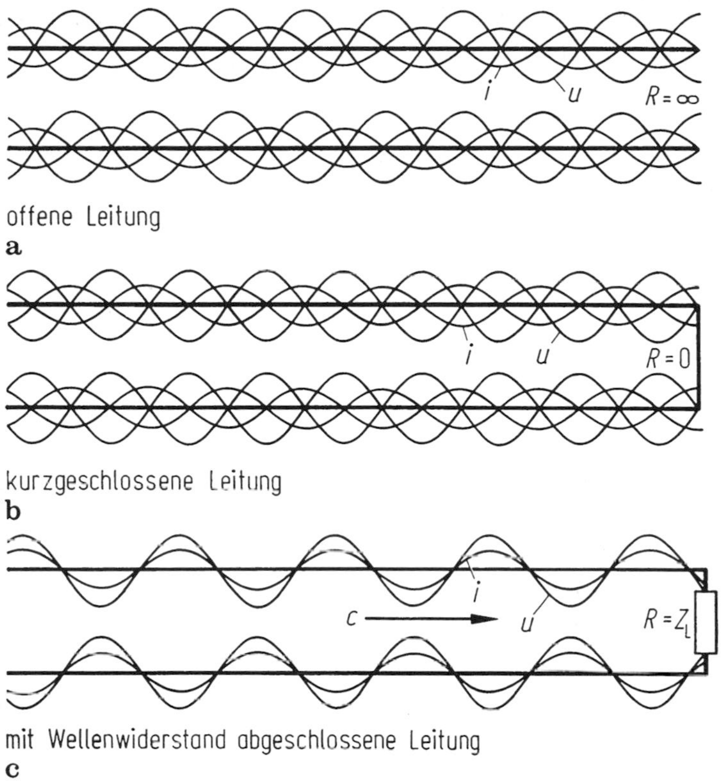

Abb. 18 Stehende und laufende Wellen auf der Doppelleitung (Lecher-System)

mit einem Ohm'schen Widerstand R von der Größe des Wellenwiderstandes (Abb. 18c), so wird die Welle vollständig vom Abschlusswiderstand absorbiert und nicht reflektiert (wichtig u. a. bei Antennenleitungen). Mit (83) folgt für die symmetrische Doppelleitung näherungsweise

$$Z_\mathrm{L} = \frac{1}{\pi} \ln\left(\frac{d}{r}\right) \sqrt{\frac{\mu}{\varepsilon}}, \tag{89}$$

im Vakuum $$Z_\mathrm{L0} \approx 120 \ln\left(\frac{d}{r}\right) \Omega.$$

19.2.2 Elektromagnetisches Spektrum

Nach (82) werden elektromagnetische Wellen bei allen Vorgängen erzeugt, bei denen elektrische Ladungen beschleunigt (oder abgebremst) werden. Der elektrische Feldstärkevektor schwingt dabei wie bei der Dipolcharakteristik in der durch die Ausbreitungsrichtung $\boldsymbol{k}$ und den Beschleunigungsvektor $\boldsymbol{a}$ definierten Ebene senkrecht zum Wellenvektor $\boldsymbol{k}$. Beispiele für die Erzeugung kurzwelliger elektromagnetischer Strahlung durch beschleunigte oder abgebremste elektrische Ladungen sind:

Wärmestrahlung
Die Wärmebewegung in Materie bedeutet, dass die Bestandteile der Atome, die Elektronen und Ionen, mit einer Vielzahl von Frequenzen schwingen (vgl. ▶ Abschn. 11.1.6.2 im Kap. 11, „Schwingungen, Teilchensysteme und starre Körper": Mehrere gekoppelte Oszillatoren), d. h. periodisch beschleunigt werden, und damit elektromagnetische Wellen ausstrahlen, die wir als Wärmestrahlung (*Ultrarot-* oder *Infrarotstrahlung*) registrieren. Bei hohen Temperaturen treten höhere Frequenzen auf, die Materie „glüht", d. h., das Spektrum der erzeugten elektromagnetischen Strahlung reicht bis in das Gebiet der sichtbaren *Lichtstrahlung*, bei sehr hohen Temperaturen (Lichtbogen, Sonnenoberfläche) darüber hinaus in den Bereich der *Ultraviolettstrahlung*. Da die Beschleunigungsrichtungen bei der Wärmebewegung statistisch verteilt sind, ist die Wärmestrahlung unpolarisiert (siehe auch Abschn. 19.3.2).

Röntgenbremsstrahlung

Schnelle geladene Teilchen, etwa Elektronen, die in einem elektrischen Feld auf eine Energie von z. B. 10 keV beschleunigt wurden, haben nach (53) im ▶ Kap. 15, „Elektrische Wechselwirkung“ eine Geschwindigkeit von $v \approx 60.000$ km/s. Treffen sie dann auf einen Festkörper, wie die Anode einer Röntgenröhre (Abb. 19), so werden sie innerhalb einer Strecke von 10 bis 100 nm auf die Driftgeschwindigkeit von Leitungselektronen ((61) im ▶ Kap. 15, „Elektrische Wechselwirkung“, ca. 1 mm/s) abgebremst. Der weit überwiegende Teil der Teilchenenergie wird dabei in Wärmeenergie des Festkörpers umgewandelt. Ein kleiner Teil der Energie geht jedoch in eine elektromagnetische Strahlung über: *Röntgenbremsstrahlung* (entdeckt durch Röntgen 1895). Diese Strahlung, deren Wellencharakter erst 1912 durch Interferenzexperimente an Kristallen nachgewiesen wurde (von Laue) ist sehr durchdringend (Anwendung: Röntgendurchleuchtung).

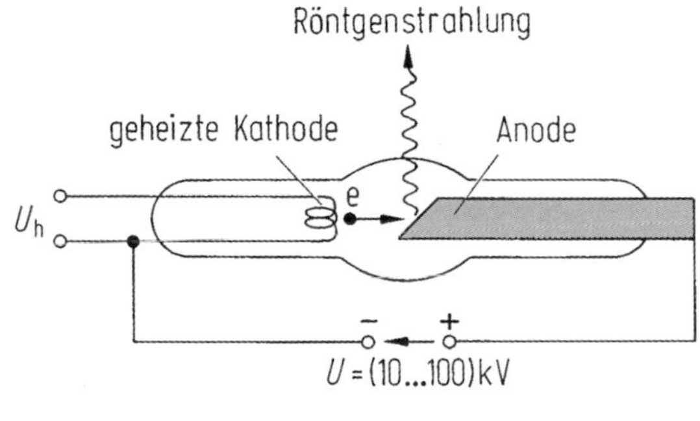

Abb. 19 Röntgenröhre

Da es sich bei der Teilchenabbremsung nicht um periodische, sondern um pulsartige Vorgänge handelt, ist das Frequenzspektrum der Röntgenbremsstrahlung nicht diskret, sondern zeigt nach dem Fourier-Theorem (siehe ▶ Abschn. 11.1.5.2 im Kap. 11, „Schwingungen, Teilchensysteme und starre Körper“) eine breite, kontinuierliche Verteilung (Abb. 20).

Die Spektren zeigen eine von der Beschleunigungsspannung U abhängige obere Grenzfrequenz ν_c bzw. eine untere Grenzwellenlänge λ_c (Abb. 20). Die Erklärung hierfür ergibt sich aus der schon u. a. bei der Fotoleitung (▶ Abschn. 17.2.4) und bei der Fotoemission (▶ Abschn. 17.2.7.1), beides im ▶ Kap. 17, „Elektrische Leitungsmechanismen“, verwendeten Lichtquantenhypothese (Abschn. 19.3.3). Hiernach tritt auch die Röntgenbremsstrahlung in Form von Lichtquanten oder Photonen der Energie $E = h\nu$ (183) im ▶ Kap. 17, „Elektrische Leitungsmechanismen“ auf, hier auch Röntgenquanten genannt, die durch Einzelprozesse bei der Abbremsung eines Elektrons entstehen. Die höchste Quantenenergie, die auf diese Weise entstehen kann, ergibt sich bei vollständiger Umwandlung der Elektronenenergie eU in ein einziges Röntgenquant:

$$eU = h\nu_c. \tag{90}$$

Der im Grunde zu berücksichtigende Energiegewinn der Austrittsarbeit von einigen eV durch die in das Anodenmetall eindringenden Elektronen (Tab. 7 im ▶ Kap. 17, „Elektrische Leitungsmechanismen“) kann gegenüber der Beschleunigungsenergie der Elektronen vernachlässigt

Abb. 20 **a** Frequenz- und **b** Wellenlängenspektrum der Röntgenbremsstrahlung

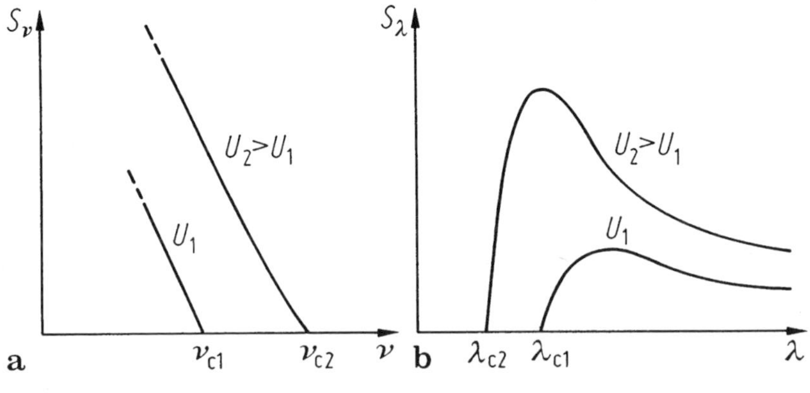

werden. Für die *Grenzfrequenz des Röntgenspektrums* folgt aus (90)

$$\nu_c = \frac{e}{h} U. \qquad (91)$$

Mit $\nu = c/\lambda$ folgt weiter das Duane-Hunt'sche Gesetz

$$U\lambda_c = \frac{hc}{e} = \text{const.} \qquad (92)$$

Dem kontinuierlichen Spektrum der Röntgenbremsstrahlung überlagert tritt eine linienhafte Röntgenstrahlung auf, die aufgrund von Übergängen zwischen diskreten Energieniveaus der Anodenatome emittiert wird und spezifisch für jede Ordnungszahl Z ist: *charakteristische Röntgenstrahlung* (siehe Abschn. 19.3.4).

Synchrotronstrahlung

Geladene Teilchen, die sich auf gekrümmten Bahnen bewegen (z. B. infolge von einwirkenden Magnetfeldern $\boldsymbol{B}$), unterliegen einer Normalbeschleunigung $\boldsymbol{a}$. Dies ist u. a. bei Hochenergie-Kreisbeschleunigern (z. B. Synchrotrons) der Fall und führt dort ebenfalls zur Emission von elektromagnetischer Strahlung: *Synchrotronstrahlung* (Abb. 21).

Die Synchrotronstrahlung ist eine Dipolstrahlung, bei der allerdings die Strahlungscharakteristik des Dipols (Abb. 16) durch relativistische Effekte zu einer schmalen, intensiven Strahlungskeule in Vorwärtsrichtung deformiert ist. In Richtung der Beschleunigung $\boldsymbol{a}$ wird wie beim Dipol keine Strahlung emittiert. Die Synchrotronstrahlung ist wie die Dipolstrahlung polarisiert (Richtung der Feldvektoren $\boldsymbol{E}_s$ und $\boldsymbol{H}_s$, vgl. Abb. 21) und hat ein kontinuierliches Frequenzspektrum, das je nach Beschleunigungsenergie im Ultravioletten und im weichen oder harten Röntgengebiet liegen kann. Eine Übersicht über das gesamte Spektrum der elektromagnetischen Strahlung mit Hinweisen auf weitere Erzeugungsmechanismen zeigt Abb. 22. Das sichtbare Licht nimmt darin nur einen sehr schmalen Frequenzbereich ein.

19.3 Wechselwirkung elektromagnetischer Strahlung mit Materie

19.3.1 Ausbreitung elektromagnetischer Wellen in Materie, Dispersion

Für die Phasengeschwindigkeit elektromagnetischer Wellen in Materie folgt aus (61) und (62)

$$c = \frac{c_0}{\sqrt{\varepsilon_r \mu_r}} < c_0. \qquad (93)$$

Da sowohl die Permittivitätszahl ε_r als auch die Permeabilitätszahl μ_r bis auf ganz spezielle Fälle stets ≥ 1 sind, ist die Phasengeschwindigkeit elektromagnetischer Wellen in Materie kleiner als die Vakuumlichtgeschwindigkeit. So erweist sich z. B. bei gleicher Frequenz ν die Wellenlänge λ stehender Wellen auf einem Lecher-System (Abb. 18), das in Wasser getaucht ist, um einen Faktor 9 kleiner als in Luft oder Vakuum, d. h., $c_{H_2O} \approx c_0/9$.

Das Verhältnis $c_0/c_n > 1$ wird als *Brechzahl* n des Ausbreitungsmediums bezeichnet, wobei c_n die Phasengeschwindigkeit im Medium der

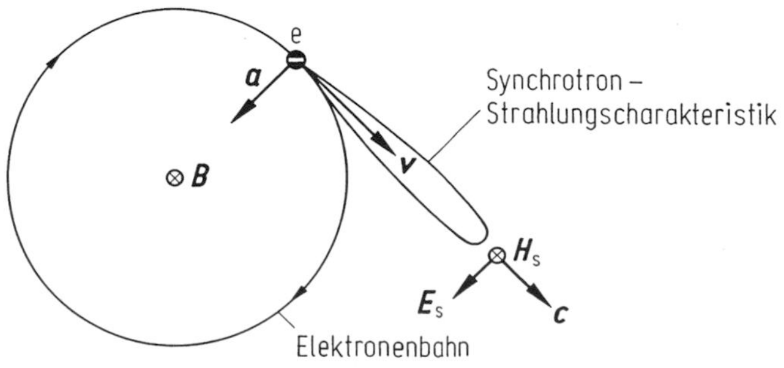

Abb. 21 Synchrotronstrahlung bei Kreisbeschleunigern

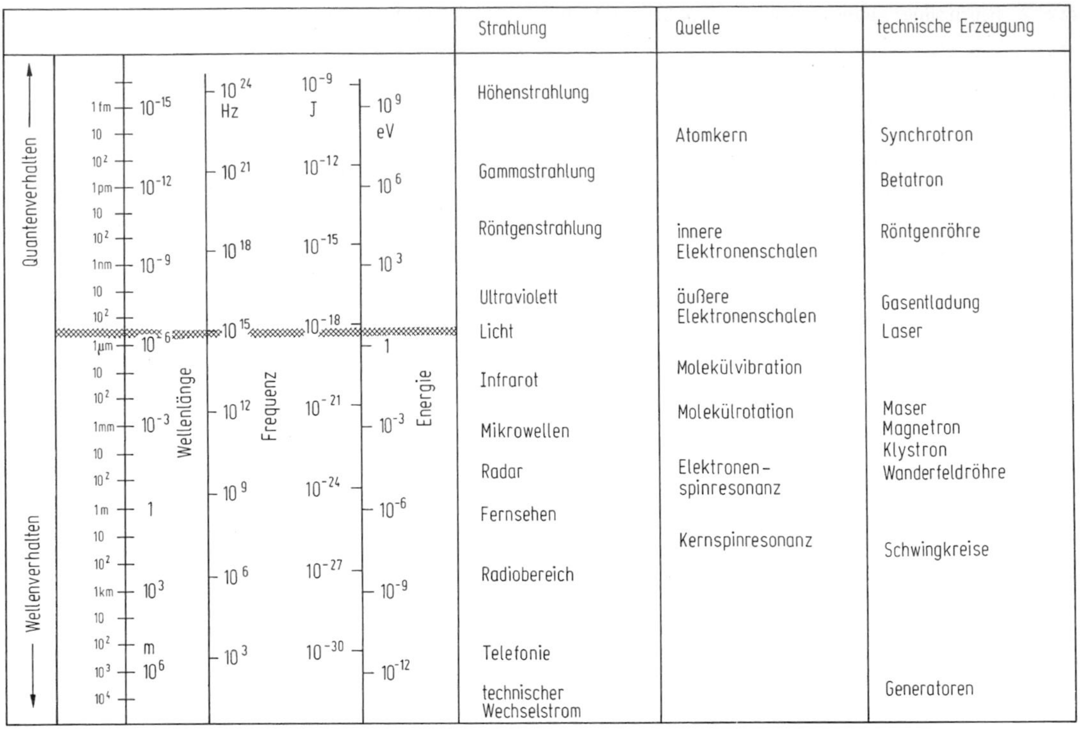

Abb. 22 Spektrum der elektromagnetischen Strahlung

Brechzahl n sei. Aus (93) folgt dann die *Maxwell'sche Relation*

$$n = \frac{c_0}{c_n} = \sqrt{\varepsilon_r \mu_r}. \quad (94)$$

Für nichtferromagnetische Stoffe ist $\mu_r \approx 1$, sodass sich (94) vereinfacht zu

$$n \approx \sqrt{\varepsilon_r}. \quad (95)$$

Die Maxwell'sche Relation wurde experimentell an vielen Stoffen, z. B. an Gasen, bestätigt. Auch für Wasser mit der aufgrund des permanenten Dipolmoments seiner Moleküle (Abb. 32 im ▶ Kap. 15, „Elektrische Wechselwirkung") hohen Permittivitätszahl $\varepsilon_r = 81$ (Tab. 2 im ▶ Kap. 15, „Elektrische Wechselwirkung") ergibt sich $n = \sqrt{81} = 9$ für elektromagnetische Wellen nicht zu hoher Frequenz (siehe oben). Bei Frequenzen des sichtbaren Lichtes allerdings ist die Brechzahl des Wassers $n = 1{,}33$ (vgl. Tab. 2). Hier liegt offenbar eine Abhängigkeit von der Frequenz bzw. Wellenlänge vor: $n = n(\lambda)$, die Dispersion genannt wird.

Die Dispersion von Materie für elektromagnetische Wellen lässt sich als Resonanzerscheinung deuten. Die positiven und negativen Ladungen q im Atom können bei kleinen Auslenkungen als quasielastisch gebunden angesehen werden. Eine äußere elektrische Feldstärke $\boldsymbol{E}$ in x-Richtung induziert ein elektrisches Dipolmoment $\boldsymbol{p} = q\,\boldsymbol{x} = \alpha\,\boldsymbol{E}$: Verschiebungspolarisation (α Polarisierbarkeit, siehe ▶ Abschn. 15.1.9 im Kap. 15, „Elektrische Wechselwirkung"). Eine elektromagnetische Welle regt die Ladungen q zu periodischen Schwingungen an und erzeugt damit periodisch schwingende Dipole. Wird die Dämpfung (z. B. durch Abstrahlung sekundärer elektromagnetischer Wellen, vgl. Abschn. 19.2.1, oder durch Absorption) zunächst vernachlässigt, so folgt aus der für erzwungene Schwingungen berechneten Amplitudenresonanzkurve der Auslenkung x (61) im ▶ Kap. 11, „Schwingungen, Teilchensysteme und starre Körper" bis auf einen Phasenfaktor für die Polarisierbarkeit

Tab. 2 Brechzahlen einiger Stoffe für Licht bei den Wellenlängen wichtiger Fraunhofer'scher Linien

Stoff	Fraunhofer-Linie (Bezeichnung und Wellenlänge in nm):							
	A (O)	B (O)	C (H)	D (Na)[a]	E (Fe)	F (H)	G (Fe)	H (Ca)
	760,8	686,7	656,3	589,3	527,0	486,1	430,8	396,8
	Brechzahl n gegen Luft							
Wasser	1,3289	1,3304	1,3312	1,3330	1,3352	1,3371	1,3406	1,3435
Ethanol	1,3579	1,3593	1,3599	1,3617	1,3641	1,3662	1,3703	1,3738
Quarzglas	1,4544	1,4560	1,4568	1,4589	1,4614	1,4636	1,4676	1,4709
Benzol	1,4910	1,4945	1,4963	1,5013	1,5077	1,5134	1,5243	1,5340
Borkronglas BK1	1,5049	1,5067	1,5076	1,5100	1,5130	1,5157	1,5205	1,5246
Kanadabalsam				1,542				
Steinsalz	1,5368	1,5393	1,5406	1,5443	1,5491	1,5533	1,5614	1,5684
Schwerkronglas SK1	1,6035	1,6058	1,6070	1,6102	1,6142	1,6178	1,6244	1,6300
Flintglas F3	1,6029	1,6064	1,6081	1,6128	1,6190	1,6246	1,6355	1,6542
Schwefelkohlenstoff	1,6088	1,6149	1,6182	1,6277	1,6405	1,6523	1,6765	1,6994
Diamant				2,4173				

[a] D_1(Na): $\lambda_{D1} = 589{,}5932$ nm; D_2(Na): $\lambda_{D2} = 588{,}9965$ nm ($\rightarrow \bar{\lambda}_D = 589{,}29$ nm)

$$\alpha = \frac{q^2}{m\left(\omega_0^2 - \omega^2\right)}. \tag{96}$$

ω_0 ist die Resonanzfrequenz der Ladungen q.

Für Materie geringer Dichte, z. B. für Gase, gilt nach (109) im ▶ Kap. 15, „Elektrische Wechselwirkung" mit der Ladungsträgerdichte n_q

$$n^2 = \varepsilon_r = 1 + \frac{n_q}{\varepsilon_0}\alpha$$
$$= 1 + \frac{n_q}{\varepsilon_0} \cdot \frac{q^2}{m\left(\omega_0^2 - \omega^2\right)}. \tag{97}$$

Im Allgemeinen gibt es mehrere Sorten j unterschiedlich stark gebundener Ladungen mit entsprechenden Resonanzfrequenzen ω_j im Atom (Elektronen in verschiedenen Schalen, bei Ionenkristallen müssen auch die positiven Ionen berücksichtigt werden). Mit $n_q = \sum n_j$ und der Einführung von *Oszillatorenstärken* $f_j = n_j / N$ (N Atomzahldichte, anstelle von n zur Vermeidung von Konfusion mit der Brechzahl) erhalten wir die *Dispersionsformel*

$$n^2 = 1 + \frac{N}{\varepsilon_0} \sum_j \frac{f_j q_j^2}{m_j\left(\omega_j^2 - \omega^2\right)}. \tag{98}$$

Gl. (98) wurde ohne Berücksichtigung von Dämpfung (Absorption) hergeleitet, gilt daher nur außerhalb der Resonanzbereiche (gestrichelt in Abb. 23). Für dichtere Materie als Gas ist n deutlich größer als 1. Hier ist entsprechend den Clausius-Mosotti-Formeln (110) im ▶ Kap. 15, „Elektrische Wechselwirkung" (n^2-1) zu ersetzen durch $3\,(n^2 - 1)/(n^2 + 2)$. Für die Elektronenresonanzen ist $q = e$. Bei durchsichtigen Stoffen kommt man meist mit der Annahme von zwei Resonanzstellen aus, von denen eine im Ultravioletten liegt (Elektronen), die andere im Ultraroten (Ionen). Für sehr hohe Frequenzen jenseits der höchsten Eigenfrequenz ω_j wird nach (98) jedenfalls $n < 1$. Das führt dazu, dass Röntgenstrahlen bei sehr streifendem Einfall totalreflektiert werden (vgl. Abschn. 19.4.1).

Die Quantenmechanik liefert eine entsprechende Dispersionsformel, bei der lediglich ω_j durch die Übergangsfrequenz $\omega_{ji} = (E_j - E_i)/\hbar$ für den Übergang vom Grundzustand der Energie E_i zum angeregten Zustand E_j und f_j durch f_{ji} zu ersetzen ist.

Die Dämpfung lässt sich am einfachsten durch Verwendung der komplexen Schreibweise in der Theorie der Ausbreitung elektromagnetischer Wellen in absorbierenden bzw. leitenden Medien beschreiben, die hier nicht im Einzelnen dargestellt wird. Dabei wird die Brechzahl komplex angesetzt (j imaginäre Einheit, $\mathrm{j}^2 = -1$):

$$\tilde{n} = n(1 + \mathrm{j}\kappa). \tag{99a}$$

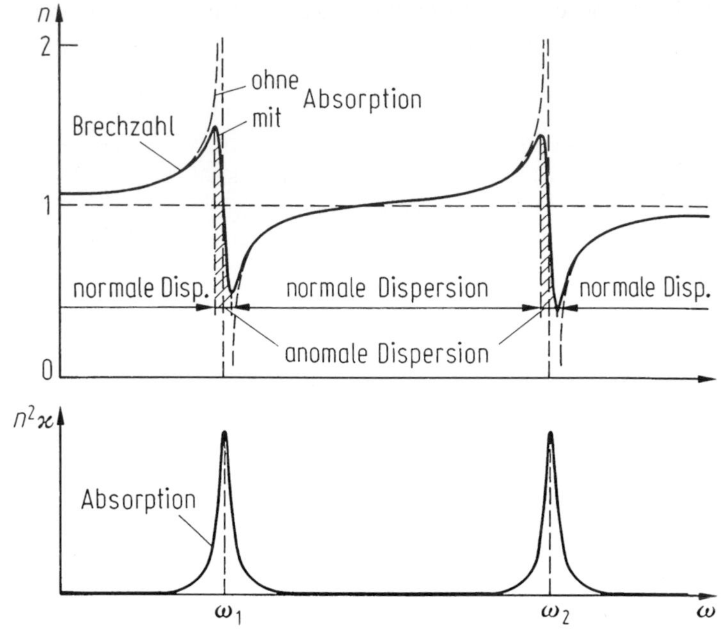

Abb. 23 Brechzahl- und Absorptionsverlauf in einem dispergierenden Medium mit zwei Resonanzfrequenzen

Als Folge muss, wenn $n = \sqrt{\varepsilon_r}$ weitergelten soll, auch die Permittivitätszahl komplex angesetzt werden:

$$\tilde{\varepsilon_r} = \tilde{n}^2 = n^2(1 + \mathrm{j}\kappa)^2 = n^2\left(1 - \kappa^2\right) + \mathrm{j}2n^2\kappa. \qquad (99b)$$

Weiterhin erhält man mit $E(\boldsymbol{r}, t) = E(\boldsymbol{r})\exp(-\,\mathrm{j}\omega t)$ aus der Differenzialgleichung für die durch die einfallende Welle erzwungene, gedämpfte Polarisationsschwingung (nicht dargestellt) anstelle von (98)

$$\tilde{n}^2 = \tilde{\varepsilon_r} = 1 + \frac{N}{\varepsilon_0}\sum_j \frac{f_j q_j^2}{m_j} \cdot \frac{1}{\left(\omega_j^2 - \omega^2\right) - \mathrm{j}2\delta\omega}. \qquad (100)$$

δ ist der Abklingkoeffizient (vgl. ▶ Abschn. 11.1.3 im Kap. 11, „Schwingungen, Teilchensysteme und starre Körper"). Trennung von Real- und Imaginärteil und Vergleich mit (99b) liefert schließlich den Brechzahlverlauf und den durch die Dämpfung bewirkten Absorptionsverlauf

$$\mathrm{Re}\tilde{\varepsilon_r} = n^2(1 - \kappa^2) = 1 + \frac{N}{\varepsilon_0}\sum_j \frac{f_j q_j^2}{m_j} \cdot \frac{\omega_j^2 - \omega^2}{\left(\omega_j^2 - \omega^2\right)^2 + 4\delta^2\omega^2},$$

$$\mathrm{Im}\tilde{\varepsilon_r} = 2n^2\kappa = \frac{N}{\varepsilon_0}\sum_j \frac{f_j q_j^2}{m_j} \cdot \frac{2\delta\omega}{\left(\omega_j^2 - \omega^2\right)^2 + 4\delta^2\omega^2}. \qquad (101)$$

Die Größe κ bestimmt den Amplitudenabfall beim Eindringen der elektromagnetischen Welle in das dämpfende Medium. Abb. 23 zeigt, dass zwischen den Resonanzstellen der Brechzahlverlauf durch die absorptionsfreie Dispersionsformel (98) recht gut wiedergegeben wird. Hier ist $\mathrm{d}n/\mathrm{d}\omega > 0$, d. h., es liegt *normale Dispersion* vor (vgl. auch (28)). Im Absorptionsgebiet ist dagegen $\mathrm{d}n/\mathrm{d}\omega < 0$: *anomale Dispersion* (Abb. 23). Die Absorptionskurve $n^2\kappa(\omega)$ entspricht im Wesentlichen der Funktion für die Leistungsaufnahme des gedämpften Oszillators (73) und Abb. 16, beides im ▶ Kap. 11, „Schwingungen, Teilchensysteme und starre Körper".

Die Ursache für die Beobachtung, dass in Materie $c_n < c_0$ ist, ist demnach die Anregung von Schwingungen der die Atome bildenden Ladungsträger durch die einfallende elektromagnetische Welle. Dadurch werden sekundäre Streuwellen gleicher Frequenz erzeugt, die sich den primären Wellen überlagern, aber gemäß den Eigenschaften der erzwungenen Schwingungen phasenverzögert sind (Abb. 15 im ▶ Kap. 11, „Schwingungen, Teilchensysteme und starre Körper“). Da dies bei der weiteren Ausbreitung ständig und stetig erfolgt, resultiert eine Verringerung der Phasengeschwindigkeit gegenüber der Ausbreitung im Vakuum.

Für frei bewegliche Elektronen, etwa im Plasma eines ionisierten Gases (siehe ▶ Abschn. 17.2.6.3 im Kap. 17, „Elektrische Leitungsmechanismen“), fehlt die Rückstellkraft. Demzufolge ist hier $\omega_0 = 0$ zu setzen. Berücksichtigen wir nur diese Elektronen, so wird aus (98) die *Dispersionsrelation im Plasma*:

$$n^2 = 1 - \frac{Ne^2}{\varepsilon_0 m_e \omega^2} = 1 - \frac{\omega_p^2}{\omega^2}, \qquad (102)$$

worin ω_p die *Plasmafrequenz* nach (174) im ▶ Kap. 17, „Elektrische Leitungsmechanismen“ ist. Auch hier ist $n < 1$ mit der Möglichkeit der Totalreflexion (z. B. von Radiowellen an der Ionosphäre), vgl. die Bemerkung über Totalreflexion von streifend einfallender Röntgenstrahlung im Anschluss an (98).

Spektralanalyse, Emissions- und Absorptionsspektren

Atome unterschiedlicher Ordnungszahl Z haben wegen der unterschiedlichen Kernladungszahl verschiedene Eigenfrequenzen, die charakteristisch sind für die betreffende Atomsorte. Durch Stoß- oder thermische Anregung können die Atome zu Resonanzschwingungen angeregt werden. Sie senden dann elektromagnetische Wellen der Resonanzfrequenz als Dipolstrahlung aus. Wird diese Strahlung durch einen Spektralapparat mit einem Dispersionselement (Prisma, siehe Abschn. 19.4.1; Beugungsgitter, siehe ▶ Abschn. 20.2.2 im Kap. 20, „Optik und Materiewellen“) räumlich zerlegt (Spektrum), so erscheint die Resonanzstrahlung als diskrete Emissionslinie im Spektrum. Das ergibt die Möglichkeit der *Spektralanalyse*, d. h. der chemischen Analyse von nach Anregung lichtemittierenden Substanzen durch Messung der Wellenlängen λ_j der charakteristischen Linien im *Emissionsspektrum*, siehe auch Abschn. 19.3.4.

Dieselben Resonanzstellen absorbieren umgekehrt aus einem angebotenen kontinuierlichen Frequenzgemisch das Licht mit den Frequenzen der Resonanzstellen. Das Spektrum des verbleibenden Frequenzgemisches weist dann dunkle Linien auf: *Absorptionsspektrum* (siehe auch Abb. 34). Fraunhofer hat 1814 solche Absorptionslinien zuerst im Sonnenspektrum gefunden: Analysemöglichkeit von Sternatmosphären.

Die Behandlung von Atomen als Resonanzsysteme mit einer oder mehreren diskreten Resonanzfrequenzen ist geeignet für Materie geringer Dichte, z. B. für Gase. Bei hoher Materiedichte, z. B. in Festkörpern, sind die Resonanzsysteme der Atome stark gekoppelt mit der Folge der Aufspaltung der Atomfrequenzen entsprechend der Zahl der gekoppelten Atome (Größenordnung 10^{23}/mol; vgl. ▶ Abschn. 11.1.6.2 im Kap. 11, „Schwingungen, Teilchensysteme und starre Körper“ und ▶ Abschn. 17.2.1.2 im Kap. 17, „Elektrische Leitungsmechanismen“). Das diskrete *Linienspektrum* geht dann in ein *kontinuierliches Spektrum* über, das seine charakteristischen Eigenschaften weitgehend verliert: Glühende Körper hoher Temperatur emittieren weißes Licht, dessen Spektrum kontinuierlich verteilt ist (vgl. dazu aber Abschn. 19.3.4, charakteristische Röntgenlinien), und dessen vom menschlichen Auge sichtbarer Bereich sich von Violett ($\lambda = 380$ nm, $\nu \approx 790$ THz) bis Rot ($\lambda = 780$ nm, $\nu \approx 385$ THz) erstreckt. Bei diesen Grenzwerten geht die Empfindlichkeit des menschlichen Auges gegen null, während sie ein Maximum im Grüngelben bei $\nu_{max} = 540$ THz und $\lambda_{max} \approx 555$ nm aufweist und damit dem Strahlungsmaximum der Sonne optimal angepasst ist, vgl. Abschn. 19.3.2, Abb. 28.

19.3.2 Emission und Absorption des schwarzen Körpers, Planck'sches Strahlungsgesetz

In jedem Körper der Temperatur $T > 0$ schwingen die Atome des Körpers bzw. deren elektrisch geladene Bestandteile (Elektronen, Ionen) mit statistisch verteilten Amplituden, Phasen und Richtungen (siehe Gl. 61). Nach Abschn. 19.2.1 hat dies die Abstrahlung elektromagnetischer Wellen zur Folge: *Temperaturstrahlung*. Bei höheren Temperaturen als ungefähr $T_0 \approx 273$ K wird sie als *Wärmestrahlung* empfunden. Bei sehr hohen Temperaturen $T \gg T_0$ tritt dabei auch *Lichtstrahlung* auf: der Körper *glüht*.

Zur Beschreibung des Strahlungsaustausches eines Körpers der Temperatur T („Strahler") mit seiner Umgebung („Empfänger") werden folgende Größen eingeführt (*Strahlergrößen* werden mit dem Index 1, *Empfängergrößen* mit dem Index 2 gekennzeichnet, Abb. 24):

Strahlungsleistung Φ: Quotient der emittierten Strahlungsenergie $\mathrm{d}Q$ durch die Zeitspanne $\mathrm{d}t$

$$\Phi = \frac{\mathrm{d}Q}{\mathrm{d}t}, \tag{103}$$

$$\text{SI-Einheit}: \quad [\Phi] = \mathrm{W}.$$

Strahlstärke I: Auf das Raumwinkelelement $\mathrm{d}\Omega_2$ (Raumwinkel, unter dem eine Empfängerfläche $\mathrm{d}A_2$ von $\mathrm{d}A_1$ aus erscheint) entfallende Strahlungsleistung $\mathrm{d}\Phi$

$$I = \frac{\mathrm{d}\Phi}{\mathrm{d}\Omega_2}, \tag{104}$$

$$\text{SI-Einheit}: \quad [I] = \mathrm{W/sr}.$$

Die Strahlstärke einer Strahlungsquelle ist i. Allg. von der Abstrahlungsrichtung bzw. deren Winkel ε_1 zur Flächennormalenrichtung $\mathrm{d}A_1$ (Abb. 24) abhängig. Besonders für den Fall der Gültigkeit des *Lambert'schen Cosinusgesetzes* (diffuse Emission bzw. Reflexion) ist es zweckmäßig, eine neue Größe L einzuführen durch

$$\mathrm{d}I = L \cos\varepsilon_1 \mathrm{d}A_1. \tag{105}$$

L wird *Strahldichte* genannt:

$$L = \frac{1}{\cos\varepsilon_1} \cdot \frac{\mathrm{d}I}{\mathrm{d}A_1}, \tag{106}$$

$$\text{SI-Einheit}: \quad [L] = \mathrm{W}/\left(\mathrm{m}^2 \cdot \mathrm{sr}\right).$$

Im Falle der diffusen Emission bzw. Reflexion ist L konstant, unabhängig von der Abstrahlungsrichtung (Beispiel: Emission der Sonnenoberfläche). In allen anderen Fällen gilt $L = L(\varepsilon_1)$.

Spezifische Ausstrahlung M: Auf ein Flächenelement $\mathrm{d}A_1$ des Strahlers bezogene abgestrahlte Strahlungsleistung $\mathrm{d}\Phi$

$$M = \frac{\mathrm{d}\Phi}{\mathrm{d}A_1}, \tag{107}$$

$$\text{SI-Einheit}: \quad [M] = \mathrm{W/m^2}.$$

Bei einem *Lambert'schen Strahler* ergibt sich für die spezifische Ausstrahlung in den Halbraum mit (104) bis (107) und Wahl des Polarkoordinatensystems mit $\mathrm{d}A_1$ als φ-Achse ($\varepsilon_1 = \vartheta$)

$$\begin{aligned} M &= L \int_{\Omega_2} \cos\varepsilon_1 \mathrm{d}\Omega_2 \\ &= L \int_0^{2\pi} \int_0^{\pi/2} \sin\vartheta \cos\vartheta \mathrm{d}\vartheta \mathrm{d}\varphi = \pi L. \end{aligned} \tag{108}$$

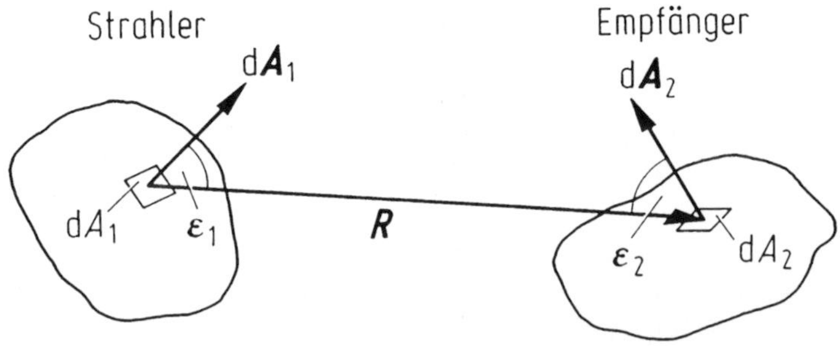

Abb. 24 Zum Grundgesetz der Strahlungsübertragung

Aus (104) und (105) sowie mit $d\Omega_2 = \cos\varepsilon_2\, dA_2/R^2$ folgt ferner das *Grundgesetz der Strahlungsübertragung* im Vakuum

$$d^2\Phi = L\frac{\cos\varepsilon_1 \cos\varepsilon_2}{R^2}\, dA_1 dA_2, \qquad (109)$$

das auch für den Fall $L = L(\varepsilon_1)$ gilt.

Bestrahlungsstärke E: Auf ein Flächenelement dA_2 des Empfängers auftreffender Strahlungsfluss $d\Phi$:

$$E = \cos\varepsilon_2 \frac{d\Phi}{dA_2}. \qquad (110)$$

Die langjährig gemittelte extraterrestrische Sonnenbestrahlungsstärke der Erde heißt *Solarkonstante* E_{e0}. In DIN 5031-8 (03.82) ist der Wert $E_{e0} = 1{,}37\ \mathrm{kW/m^2}$ angegeben.

Bezieht man die Strahlungsgrößen auf einen Wellenlängenbereich $d\lambda$ oder ein Frequenzintervall $d\nu$, so erhält man die entsprechenden spektralen Größen und kennzeichnet sie durch einen Index λ oder ν. Bezogen auf $d\lambda$ erhält man die *spezifische spektrale Ausstrahlung*

$$M_\lambda = \frac{dM}{d\lambda}, \qquad (111)$$

$$\text{SI-Einheit}: \quad [M_\lambda] = \mathrm{W/m^3},$$

und auf $d\nu$ bezogen

$$M_\nu = \frac{dM}{d\nu}, \qquad (112)$$

$$\text{SI-Einheit}: \quad [M_\nu] = \mathrm{W/(Hz \cdot m^2)}.$$

Entsprechendes gilt für die *spektralen Strahldichten* L_λ und L_ν.

Die Emission von Strahlung von der Oberfläche eines Körpers der Temperatur T kann durch die spektrale Strahldichte $L_\lambda = L_\lambda(\lambda,\ T)$ oder auch durch die spezifische spektrale Ausstrahlung in den Halbraum $M_\lambda = M_\lambda(\lambda,\ T)$ angegeben werden. Für diffuse Strahler gilt nach (108) $M_\lambda = \pi L_\lambda$.

Jeder Körper nimmt andererseits Strahlungsleistung Φ_e aus der Umgebung auf und absorbiert einen Anteil Φ_a. Der *Absorptionsgrad* α (integriert über alle Wellenlängen) ist

$$\alpha = \frac{\Phi_a}{\Phi_e} \leqq 1, \qquad (113)$$

und der *spektrale Absorptionsgrad*

$$\alpha(\lambda) = \frac{\Phi_{\lambda,a}}{\Phi_{\lambda,e}} \leq 1. \qquad (114)$$

Sowohl α als auch $\alpha(\lambda)$ haben die Dimension eins. Schwarz gefärbte Körper haben einen Absorptionsgrad dicht bei 1, z. B. gilt für Ruß $\alpha \approx 0{,}99$. Ein ideal absorbierender Körper mit $\alpha = 1$, der also sämtliche auftreffende Strahlung bei allen Wellenlängen und Temperaturen vollständig absorbiert, wird als *schwarzer Körper* bezeichnet. Der *Absorptionsgrad des schwarzen Körpers* ist

$$\alpha = (\lambda, T) = \alpha_s = 1. \qquad (115)$$

Ein solcher schwarzer Körper kann näherungsweise als Hohlraum mit einer kleinen Öffnung realisiert werden (Abb. 25). Durch die Öffnung einfallende Strahlung wird vielfach diffus reflektiert und dabei nahezu vollständig absorbiert, sodass durch die Öffnung keine reflektierte Strahlung wieder nach außen dringt. Die Öffnung erscheint (bei mäßigen Temperaturen) absolut schwarz.

Die experimentelle Erfahrung zeigt, dass Körper mit hohem spektralen Absorptionsgrad $\alpha(\lambda)$ auch eine hohe Emission, d. h. eine hohe spezifische spektrale Ausstrahlung M_λ bzw. eine hohe spektrale Strahldichte L_λ, bei höheren Temperaturen aufweisen. Das Verhältnis beider Größen ist für alle Körper bei gegebener Wellenlänge und Temperatur konstant, bzw. allein eine Funktion von λ und T, vollkommen unabhängig von den individuellen Körpereigenschaften:

$$\frac{L_\lambda(\lambda, T)}{\alpha(\lambda, T)} = \mathrm{const}\,(\lambda, T) \qquad (116)$$

(veröffentlicht durch Kirchhoff 1860). Das gilt auch für den schwarzen Körper. Wegen (115) folgt daraus

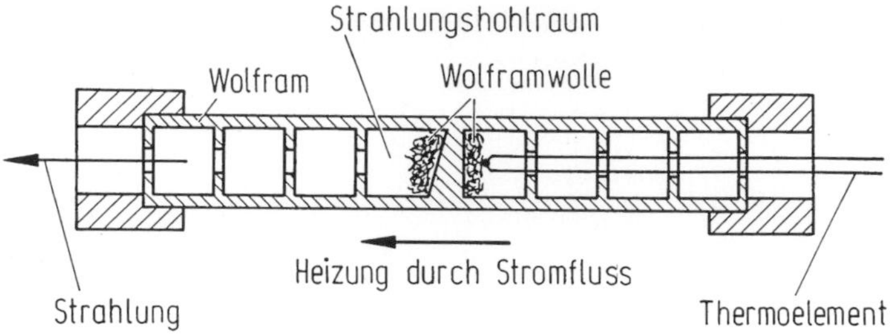

Abb. 25 Realisierung eines schwarzen Körpers als Hohlraumstrahler

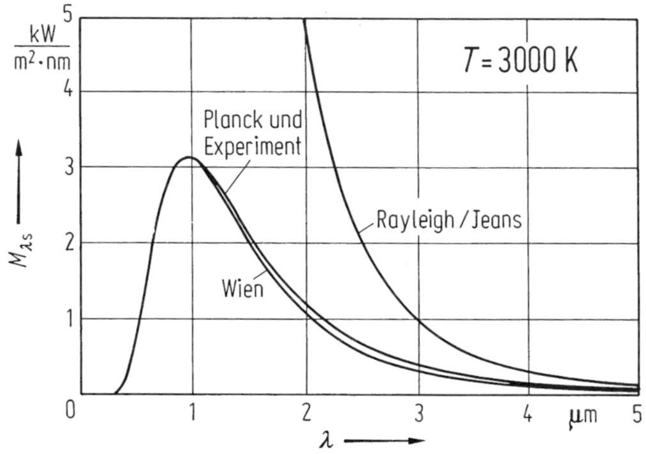

Abb. 26 Spezifische spektrale Ausstrahlung eines schwarzen Körpers bei $T = 3000$ K nach Messungen von Lummer und Pringsheim, die sich mit der Planck'schen Strahlungsformel decken, sowie nach der Wien'schen und der Rayleigh-Jeans'schen Strahlungsformel

$$\frac{L_\lambda(\lambda, T)}{\alpha(\lambda, T)} = L_{\lambda s}(\lambda, T) \tag{117}$$

(Kirchhoff'sches Strahlungsgesetz).

Bei gegebener Wellenlänge und Temperatur ist daher die spektrale Strahldichte des schwarzen Körpers, die *schwarze Strahlung* oder *Hohlraumstrahlung* (z. B. aus einem Hohlraumstrahler gemäß Abb. 25) die maximal mögliche. Sie hängt nicht von der Oberflächenbeschaffenheit und dem Material des strahlenden Hohlraums ab.

Für die spektrale Strahldichte eines *nichtschwarzen Körpers* ($\alpha(\lambda) < 1$) ergibt sich aus (117)

$$L_\lambda(\lambda, T) = \alpha(\lambda, T) \cdot L_{\lambda s}(\lambda, T) \tag{118}$$

Entsprechendes ergibt sich für die spezifische spektrale Ausstrahlung, d. h., wegen $\alpha(\lambda) < 1$ ist die Ausstrahlung M_λ bzw. die Strahldichte L_λ von nichtschwarzen Körpern stets kleiner als die Ausstrahlung $M_{\lambda s}$ bzw. die Strahldichte $L_{\lambda s}$ des schwarzen Körpers bei gleicher Wellenlänge und Temperatur.

Sehr genaue Messungen der Hohlraumstrahlung durch Lummer und Pringsheim 1899 zeigten, dass seinerzeit existierende theoretische Ansätze nicht bestätigt werden konnten: Die sog. *Wien'sche Strahlungsformel* (1896) erwies sich für kleine λ als richtig, zeigt aber Abweichungen bei großen λ. Die sog. *Rayleigh-Jeans'sche Strahlungsformel* wiederum gab die experimentellen Werte nur bei sehr großen Wellenlängen wieder, um bei kleinen λ über alle Grenzen zu wachsen (sog. *Ultraviolettkatastrophe*): Abb. 26.

Max Planck konnte eine zunächst noch nicht theoretisch begründete Interpolation beider Strahlungsformeln angeben (19.10.1900), die mit den Messungen von Lummer und Pringsheim sehr genau übereinstimmte. Die theoretische Deutung seiner Interpolationsformel gelang Planck kurz danach (14.12.1900) unter folgenden Annahmen:

1. Die Hohlraumstrahlung ist eine *Oszillatorstrahlung* von den Wänden des Hohlraums, die mit dem (durch die Maxwell'schen Glei-

chungen beschriebenen) Strahlungsfeld im Hohlraum im Gleichgewicht steht.

2. Die *Energie der Oszillatoren* ist *gequantelt* gemäß

$$E_n = nh\nu = n\hbar\omega \ (n = 0,1,2,\ldots). \quad (119)$$

3. Die Oszillatoren strahlen nur bei Änderung ihres Energiezustandes, z. B. für $\Delta n = 1$. Dabei wird die Energie in *Quanten* der Größe

$$\Delta E = h\nu \quad (120)$$

in das Strahlungsfeld emittiert oder aus dem Strahlungsfeld absorbiert.

Die Annahmen 2 und 3 sind aus der klassischen Physik nicht begründbar: Beginn der *Quantentheorie*.

Anmerkung: Nach der heutigen Quantenmechanik ergibt sich genauer (30) im ▶ Kap. 11, „Schwingungen, Teilchensysteme und starre Körper“ anstelle von (80). h ist das Planck'sche Wirkungsquantum (vgl. ▶ Abschn. 11.1.2.2 im Kap. 11, „Schwingungen, Teilchensysteme und starre Körper“ und ▶ Abschn. 20.4.3 im Kap. 20.„Optik und Materiewellen“).

Für die zeit- und flächenbezogen von einem schwarzen Strahler im Wellenlängenintervall $d\lambda$ unpolarisiert in den Halbraum 2π emittierte Energie (spezifische spektrale Ausstrahlung in den Halbraum) ergibt sich mithilfe der Planck'schen Annahmen (ohne Ableitung, Abb. 27) das *Planck'sche Strahlungsgesetz*

$$M_{\lambda s} d\lambda = \pi L_{\lambda s} d\lambda = \pi \frac{2hc_0^2}{\lambda^5} \cdot \frac{d\lambda}{\exp(hc_0/\lambda kT) - 1}, \quad (121)$$

bzw. mit $|d\lambda/d\nu| = c_0/\nu^2$

$$M_{\nu s} d\nu = \pi L_{\nu s} d\nu = \pi \frac{2h\nu^3}{c_0^2} \cdot \frac{d\nu}{\exp(h\nu/kT) - 1}. \quad (122)$$

Das Wien'sche Strahlungsgesetz ergibt sich daraus als Grenzfall des Planck'schen Strahlungsgesetzes (121) bzw. (122) für kleine Wellenlängen, das Rayleigh-Jeans'sche Strahlungsgesetz als Grenzfall für große Wellenlängen (Abb. 26).

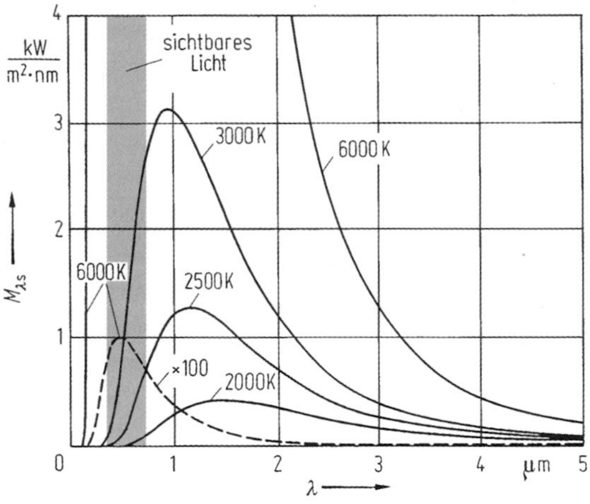

Abb. 27 Strahlungsisothermen des schwarzen Körpers berechnet nach der Planck'schen Strahlungsformel

Abb. 26 zeigt, dass das Maximum der spektralen Ausstrahlung eines schwarzen Strahlers sich mit steigender Temperatur zu kürzeren Wellenlängen verschiebt. Aus (121) folgt durch Bildung von $dM_{\lambda s}/d\lambda = 0$ das *Wien'sche Verschiebungsgesetz*

$$\lambda_{max} T = b \quad (123)$$

mit $b = 2897{,}7729\ \mu m \cdot K$: Wien-Konstante. Beispiel: Die Oberflächentemperatur der Sonne beträgt ca. 6000 K. Daraus folgt ein Strahlungsmaximum bei $\lambda_{max} \approx 500$ nm, dem die Empfindlichkeitskurve des menschlichen Auges optimal angepasst ist (siehe Abschn. 19.3.1). Glühlampen haben dagegen Temperaturen $T \lesssim 3000$ K, ihr Strahlungsmaximum demnach bei $\lambda_{max} \approx 1\ \mu m$. Der größte Teil der elektrischen Energie zum Betreiben von Glühlampen geht daher als Infrarot-, d. h. als Wärmestrahlung verloren (Abb. 27).

Durch Integration des Planck'schen Strahlungsgesetzes (121) über alle Wellenlängen erhält man die spezifische Ausstrahlung des schwarzen Körpers in den Halbraum

$$M_s = \int_0^\infty M_{\lambda s}\ d\lambda = \sigma T^4. \quad (124)$$

Das ist das *Stefan-Boltzmann'sche Gesetz* mit der *Stefan-Boltzmann-Konstante*

$$\sigma = \frac{2\pi^5 k^4}{15 c_0^2 h^3} = \frac{\pi^2 k^4}{60 c_0^2 \hbar^3} \qquad (125)$$
$$= 5{,}670367 \cdot 10^{-8}\ \mathrm{W}/\left(\mathrm{m}^2 \cdot \mathrm{K}^4\right).$$

Die insgesamt von der Fläche A_1 eines schwarzen Strahlers der Temperatur T_1 abgegebene Ausstrahlung (Strahlungsleistung) beträgt mit (107) unter Berücksichtigung der Zustrahlung durch eine Umgebung der Temperatur T_2

$$\Delta\Phi_\mathrm{s} = \sigma A_1\left(T_1^4 - T_2^4\right). \qquad (126)$$

Nichtschwarze Körper strahlen nach (118) geringer, da ihr Absorptionsgrad $\alpha < 1$ ist:

$$\Delta\Phi = \alpha\sigma A_1\left(T_1^4 - T_2^4\right) \qquad (127)$$

(Strahlungsleistung eines Körpers).

Fotometrie

Zusätzlich zu den auf der Strahlungsenergie aufbauenden Größen wie der Strahlungsleistung, der Strahlstärke oder der Bestrahlungsstärke, werden für ingenieurwissenschaftliche Zwecke solche Größen benötigt, die die Lichtwahrnehmung des menschlichen Auges berücksichtigen (fotometrische Größen). Evolutionsbedingt hat das menschliche Auge bei Tageslicht eine spektrale Empfindlichkeit entwickelt, dessen Maximum etwa bei einer Wellenlänge von 555 nm liegt und zu größeren und kleineren Wellenlängen hin stark abnimmt. Die auf empirischen Messungen an vielen Testpersonen basierende normierte *Hellempfindlichkeitskurve* $V(\lambda)$ bei Tageslicht (photopischer Bereich) ist in DIN 5031 festgelegt (Abb. 28).

Ebenso festgelegt sind Empfindlichkeiten für das Dämmerungs- und Nachtsehen: skotopisches Sehen. Die folgenden Ausführungen beziehen sich auf den photopischen Bereich. Die fotometrische SI-Basiseinheit (siehe ► Abschn. 9.3 im Kap. 3, „Physikalische Größen und Einheiten") ist die Candela (cd) für die Lichtstärke, deren Definition etwa beim Maximum der Hellempfindlichkeitskurve erfolgt mit $V(555\ \mathrm{nm}) = 1$. (Eine haus-

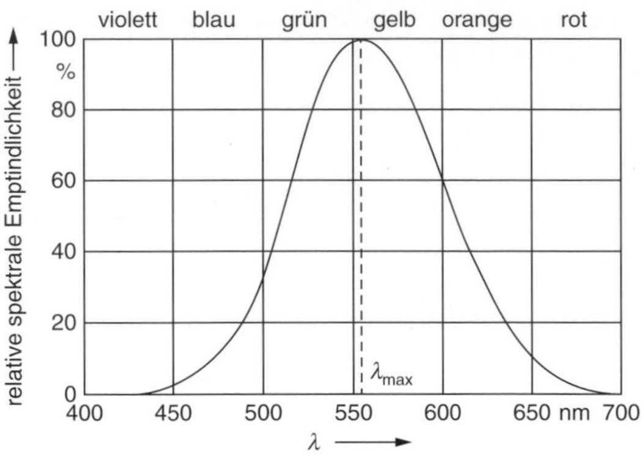

Abb. 28 Spektrale Empfindlichkeit des helladaptierten Auges (photopisches Sehen), gemittelt über viele Testpersonen ($V(\lambda)$-Kurve)

haltsübliche Kerze hat eine Lichtstärke von etwa 1 cd, eine 60 W-Glühlampe von 70 cd.) Soll nun eine Strahlstärke I_e (104) in die entsprechende Lichtstärke I_v umgerechnet werden (der Index $_\mathrm{e}$ kennzeichnet die energetischen Größen, $_\mathrm{v}$ die visuellen bzw. fotometrischen), so muss das Produkt aus der spektralen Strahlstärke $I_{\mathrm{e},\lambda}$ und der Hellempfindlichkeitskurve über den sichtbaren Spektralbereich integriert werden:

$$I_\mathrm{v} = K_\mathrm{m} \int_{380\,\mathrm{nm}}^{780\,\mathrm{nm}} I_{\mathrm{e},\lambda}(\lambda) V(\lambda) \mathrm{d}\lambda. \qquad (128\mathrm{a})$$

Hierin ist $K_\mathrm{m} = 683\ \mathrm{cd} \cdot \mathrm{sr/W}$ bzw. lm/W das fotometrische Strahlungsäquivalent. Zur Bestimmung des *Lichtstroms* Φ_v, der fotometrischen Größe, die der Strahlungsleistung Φ_e (103) entspricht, muss das Produkt aus der spektralen Strahlungsleistung und der Hellempfindlichkeitskurve über den sichtbaren Spektralbereich integriert werden:

$$\Phi_\mathrm{v} = K_\mathrm{m} \int_{380\ \mathrm{nm}}^{780\ \mathrm{nm}} \Phi_{\mathrm{e},\lambda}(\lambda) V(\lambda) \mathrm{d}\lambda,$$
$$\text{SI-Einheit}: \quad [\Phi_\mathrm{v}] = \mathrm{cd} \cdot \mathrm{sr} = \mathrm{lm}\ (\text{Lumen}). \qquad (128\mathrm{b})$$

(Ein Videoprojektor liefert z. B. einen Lichtstrom von 1000 lm, etwa vergleichbar mit dem einer 70 W-Glühlampe.) Die fotometrische Entsprechung der Strahldichte L_e (106) ist die *Leuchtdichte* L_v, die die vom Menschen wahrgenommene Helligkeit einer strahlenden Fläche angibt. Ihre Einheit ist cd/m^2. Von technischer Bedeutung ist auch die *Beleuchtungsstärke* E_v, die fotometrische Entsprechung der Bestrahlungsstärke E_e (110). Während die Leuchtdichte eine strahlende Fläche beschreibt (Strahlergröße), dient die Bestrahlungsstärke der Charakterisierung einer bestrahlten Fläche (Empfängergröße). Wie bei (110) ergibt sich die Beleuchtungsstärke als Quotient aus dem Lichtstrom Φ_v und der bestrahlten Fläche unter Berücksichtigung des Winkels zur Flächennormalen. Die Einheit der Beleuchtungsstärke ist lx (Lux) mit lx = lm/m^2. (Sommerliches Sonnenlicht erzeugt eine Beleuchtungsstärke von etwa $70 \cdot 10^3$ lx, eine als angenehm empfundene Beleuchtungsstärke für Büroarbeitsplätze ist 500 lx.)

19.3.3 Quantisierung des Lichtes, Photonen

Die Strahlungsverteilung des schwarzen Körpers (Hohlraumstrahlers) konnte nach Planck nur erklärt werden durch die Quantisierung der Energie der Hertz'schen Oszillatoren auf der Hohlraumwandung, sodass die Emission und Absorption von Licht nur in Energiemengen einer Mindestgröße $\Delta E = h\nu = \hbar\omega$ erfolgen kann (vgl. Abschn. 19.3.2). Das legt die Vermutung nahe, dass das Wellenfeld des von einer Lichtquelle ausgestrahlten Lichtes selbst im Ausbreitungsraum nicht kontinuierlich verteilt ist, sondern sich in diskreten „Portionen", *Quanten* genannt, ausbreitet: *Lichtquanten* oder *Photonen*, die als räumlich begrenztes *Wellenpaket*, z. B. wie in Abb. 6, darstellbar sind (26). Damit bekommt das elektromagnetische Wellenfeld auch Teilcheneigenschaften in Form der Lichtquanten, die räumlich begrenzt sind und denen Energie, Impuls und Drehimpuls zugeschrieben werden können (Einsteins Lichtquantentheorie, 1905).

Photonenenergie

Zur Erklärung des lichtelektrischen Effektes (Fotoeffekt, siehe ► Abschn. 17.2.7 im Kap. 17, „Elektrische Leitungsmechanismen") hatte Einstein angenommen, dass das Licht einen Strom von Lichtquanten (Photonen) der Energie

$$E = h\nu = \hbar\omega \tag{129}$$

darstellt ($h = 6{,}626 \ldots \cdot 10^{-34}$ Js: Planck'sches Wirkungsquantum; $\hbar = h/2\pi = 1{,}0545 \ldots \cdot 10^{-34}$ Js). Für die Frequenz ν bzw. ω kann dabei die Mittenfrequenz des Frequenzspektrums der Wellenpakete (Abb. 5) angesetzt werden.

Dieselbe Annahme lieferte auch die Erklärung für einige andere hier bereits behandelte Phänomene, wie z. B. für die Frequenzgrenze bei der Fotoleitung in Halbleitern (150) im ► Kap. 17, „Elektrische Leitungsmechanismen", oder für die kurzwellige Grenze des Röntgen-Bremsspektrums (90, Abb. 20). In Abb. 29 sind die diesen Erscheinungen zu Grunde liegenden energetischen Effekte zusammengestellt.

Photonenimpuls

Strahlungsquanten (Photonen) transportieren neben ihrer Energie $E = h\nu$ auch einen Impuls p_γ. Er lässt sich berechnen, indem dem Photon über die Einstein'sche Masse-Energie-Beziehung (128) im ► Kap. 10, „Mechanik von Massenpunkten" eine Masse m_γ zugeordnet wird: $E = h\nu = m_\gamma c_0^2$. Mit $\nu = c_0/\lambda$ ergibt sich die *Photonenmasse*

$$m_\gamma = \frac{h\nu}{c_0^2} = \frac{h}{c_0\lambda}. \tag{130}$$

Daraus folgt der *Impuls eines Photons* durch Multiplikation mit der Ausbreitungsgeschwindigkeit c_0:

$$p_\gamma = m_\gamma c_0 = \frac{h}{\lambda}. \tag{131}$$

Da das Photon der Masse m_γ sich mit Lichtgeschwindigkeit bewegt, ist die relativistische Massenbeziehung (121) im ► Kap. 10, „Mechanik von Massenpunkten" anzuwenden. Mit (130) und $v = c_0$ erhält man dann für die Ruhemasse $m_{\gamma 0}$ des Photons

$$m_{\gamma 0} = \frac{h\nu}{c_0^2}\sqrt{1 - \frac{c_0^2}{c_0^2}} = 0. \tag{132}$$

Abb. 29 Zur Deutung von Fotoeffekt, Fotoleitung und Röntgen-Bremsstrahlung durch die Lichtquantenhypothese (Φ Austrittsarbeit; $\Delta E = E_g$ Energielücke zwischen Valenzband VB und Leitungsband LB eines Halbleiters)

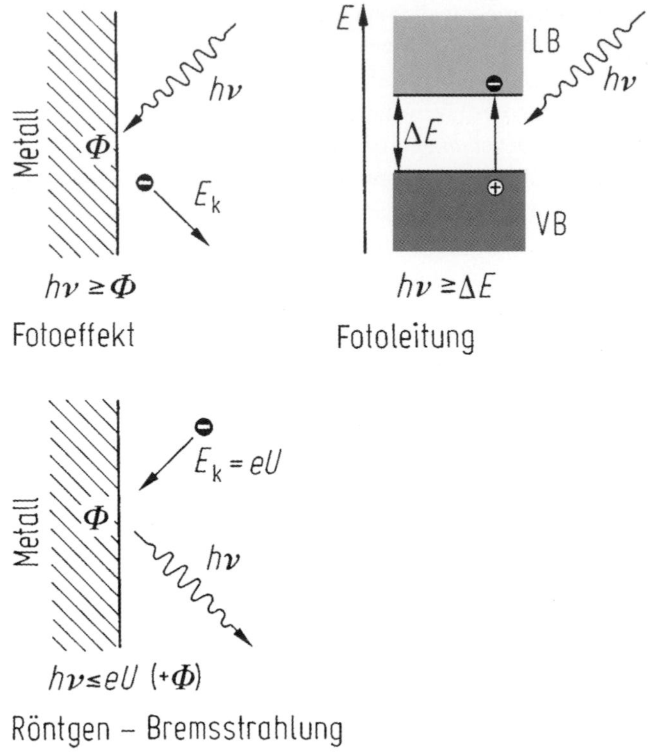

Das *Photon* hat also die *Ruhemasse null*, es ist im Ruhezustand nicht existent.

Mithilfe des Photonenimpulses p_γ lässt sich der *Strahlungsdruck des Lichtes* p_{rd} sehr einfach berechnen. Dazu wenden wir die Beziehung (159) im ► Kap. 11, „Schwingungen, Teilchensysteme und starre Körper" über den durch die elastische Reflexion eines gerichteten Teilchenstromes auf eine Wand ausgeübten Druck $p = 2nmv^2\cos^2\vartheta$ auf einen Photonenstrom der Teilchendichte n an, der an einer Spiegelfläche vollständig reflektiert wird. Mit (129), (130) und $v = c_0$ folgt

$$p_{rd} = 2n\frac{h\nu}{c_0^2}c_0^2\cos^2\vartheta = 2nh\nu\cos^2\vartheta. \qquad (133)$$

$nh\nu$ ist jedoch gerade die räumliche Energiedichte des Photonenstromes, dem entspricht im klassischen Bild der elektromagnetischen Welle die Energiedichte w (69). Bei senkrechtem Einfall ($\vartheta = 0$) beträgt daher der Lichtdruck auf eine vollständig reflektierende Fläche

$$p_{rd} = 2w = 2\frac{|\mathbf{S}|}{c_0}, \qquad (134)$$

auf eine vollständig absorbierende Fläche dagegen

$$p_{rd} = w = \frac{|\mathbf{S}|}{c_0}, \qquad (135)$$

$\mathbf{S}$: Poynting-Vektor (71). Bei einer vollständig absorbierenden Fläche wird nicht der doppelte, sondern nur der einfache Photonenimpuls auf die Fläche übertragen, dadurch halbiert sich der Strahlungsdruck. Bei diffuser Beleuchtung gilt eine Betrachtung analog zu (6) und (7) im ► Kap. 11, „Schwingungen, Teilchensysteme und starre Körper", die statt 2 und 1 die Faktoren 2/3 und 1/3 für reflektierende bzw. absorbierende Flächen ergibt.

Das Photon, dem wir nun eine Energie $E = h\nu$ und einen Impuls $p_\gamma = h/\lambda$ zuschreiben, also typische Teilcheneigenschaften, zeigt diese noch deutlicher beim Stoß mit klassischen Teilchen, z. B.

freien Elektronen. Dabei gelten Energie- und Impulssatz in gleicher Weise wie beim Stoß zwischen klassischen Teilchen (vgl. ► Abschn. 11.2.3.2, Abb. 43 im ► Kap. 11, „Schwingungen, Teilchensysteme und starre Körper"): *Compton-Effekt* (1923). Lässt man monochromatische Röntgenstrahlung der Frequenz ν und der Wellenlänge λ an einem Körper streuen, der quasifreie Elektronen enthält (z. B. aus Graphit), so wird in der Streustrahlung neben einem Anteil mit derselben Frequenz ν ein weiterer Anteil mit niedrigerer Frequenz ν' bzw. größerer Wellenlänge λ' beobachtet (Abb. 30). Während die Streustrahlung mit derselben Frequenz durch Dipolstrahlung der durch die einfallende Welle zu Schwingungen angeregten gebundenen Elektronen zustande kommt, lässt sich der frequenz- bzw. wellenlängenverschobene Anteil nur durch nichtzentralen, elastischen Stoß (siehe ► Abschn. 11.2.3.2 im Kap. 11, „Schwingungen, Teilchensysteme und starre Körper") zwischen den einfallenden Röntgenquanten und freien Elektronen quantitativ erklären, wenn für die Röntgenquanten Energie und Impuls gemäß (129) bzw. (131) angesetzt werden.

Unter der Annahme, dass das gestoßene Elektron ursprünglich in Ruhe ist, liefert der Energiesatz mit der relativistischen kinetischen Energie (124) im ► Kap. 10, „Mechanik von Massenpunkten" und mit (123)

$$h\nu = E_k + h\nu' = (m_e - m_{e0})c_0^2 + h\nu' . \qquad (136)$$

Mit dem relativistischen Zusammenhang zwischen Gesamtenergie und Impuls eines Teilchens (131) im ► Kap. 10, „Mechanik von Massenpunkten" erhält man durch Eliminierung von $m_e c_0{}^2$ für den Impuls $p_e = m_e v$ des Elektrons nach dem Stoß

$$p_e^2 = \frac{1}{c_0^2}\left[(h\nu - h\nu')^2 + 2(h\nu - h\nu')m_{e0}c_0^2\right] . \qquad (137)$$

Der Impulssatz liefert für die beiden zueinander senkrechten Impulsanteile (Abb. 30)

$$x\text{-Komponente}: \quad \frac{h\nu}{c_0} = m_e v \cos\gamma + \frac{h\nu'}{c_0}\cos\vartheta , \qquad (138)$$

$$y\text{-Komponente}: \quad 0 = -m_e v \sin\gamma + \frac{h\nu'}{c_0}\sin\vartheta . \qquad (139)$$

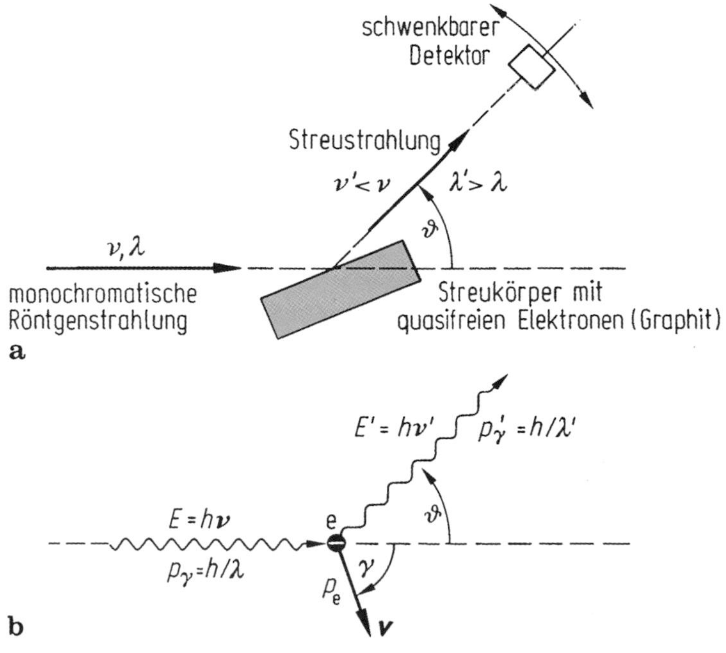

Abb. 30 **a** Compton-Streuung und **b** zugehöriges Impulsdiagramm

Durch Eliminierung von γ folgt hieraus für den Impuls des Elektrons

$$p_e^2 = \frac{1}{c_0^2}\left[h^2\nu^2 + h^2\nu'^2 - 2h^2\nu\nu'\cos\vartheta\right]. \quad (140)$$

Gleichsetzung von (137) und (140) liefert schließlich für die *Wellenlängenänderung bei Compton-Streuung* in Übereinstimmung mit der experimentellen Beobachtung (Index 0 bei der Ruhemasse des Elektrons ab jetzt wieder weggelassen):

$$\lambda' - \lambda = \frac{h}{m_e c_0}(1 - \cos\vartheta), \quad (141)$$

mit der *Compton-Wellenlänge* des Elektrons:

$$\lambda_{C,e} = \frac{h}{m_e c_0} = 2{,}42631\ldots \cdot 10^{-12}\,\text{m}. \quad (142)$$

Die Wellenlängenverschiebung ist danach am größten für 180°-Streuung und verschwindet für $\vartheta = 0°$. Die Compton-Streuung ist ein wichtiger Energieverlustprozess von elektromagnetischer Strahlung höherer Energie in Materie.

Anmerkungen: Der klassische Ausdruck für die kinetische Energie $E_k = mv^2/2$ in (136) liefert das Ergebnis (141) nur näherungsweise.

Das zur Compton-Wellenlänge gehörige Lichtquant hat nach (130) gerade die Masse des ruhenden Elektrons.

Ein weiterer Effekt des Impulses von elektromagnetischen Strahlungsquanten lässt sich bei der γ-Emission von Atomkernen (vgl. ► Abschn. 18.1.3 im Kap. 18, „Starke und schwache Wechselwirkung: Atomkerne und Elementarteilchen") beobachten. Ist $E_\gamma = h\nu$ die Energie des emittierten γ-Quants, so beträgt nach (130) und (131) sein Impuls $p_\gamma = E_\gamma/c_0 = -p_N$, worin p_N der nach dem Impulssatz dem Kern übertragene Rückstoßimpuls ist. Das bedeutet einen Energieübertrag an den Kern, die *Rückstoßenergie*

$$\Delta E_\gamma = \frac{p_N^2}{2m_N} = \frac{E_\gamma^2}{2m_N c_0^2}, \quad (143)$$

die der Energie des γ-Quants entnommen wird. Bei der 14,4-keV-γ-Linie des Eisennuklids ^{57}Fe beträgt die Rückstoßenergie $\Delta E_\gamma \approx 2 \cdot 10^{-3}$ eV und die relative „Verstimmung" des γ-Quants $\Delta E_\gamma/E_\gamma = \Delta\nu/\nu \approx 10^{-7}$. Die Energieniveaus der Atomkerne haben jedoch eine außerordentliche Schärfe, in diesem Falle eine relative Breite von $\Delta E/E_\gamma = 3 \cdot 10^{-13}$! Das bedeutet, dass die durch die abgegebene Rückstoßenergie „verstimmten" γ-Quanten nicht mehr von anderen ^{57}Fe-Kernen absorbiert werden können. Baut man die ^{57}Fe-Atome jedoch in einen Kristall ein, so besteht eine gewisse Wahrscheinlichkeit dafür (besonders bei tiefen Temperaturen), dass der Rückstoß nicht vom emittierenden Atom, sondern vom ganzen Kristall aufgenommen wird (*Mößbauer-Effekt*, 1958). In (143) ist dann statt m_N die um einen Faktor von ca. 10^{23} größere Kristallmasse einzusetzen, womit die Rückstoßenergie praktisch vernachlässigbar wird und das rückstoßfreie γ-Quant von anderen (ähnlich eingebauten) ^{57}Fe-Atomen nunmehr absorbiert werden kann: *rückstoßfreie Resonanzabsorption.*

Wegen der außerordentlichen Resonanzschärfe rückstoßfreier γ-Quanten können mit dem Mößbauer-Effekt kleinste Energie- bzw. Frequenzänderungen gemessen werden, z. B. die Frequenzänderung durch den Doppler-Effekt (50) bei einer Relativgeschwindigkeit zwischen γ-Strahler und Absorber von nur wenigen mm/s. Auf diese Weise gelang es auch, die nach dem Einstein'schen Äquivalenzprinzip (allgemeines Relativitätsprinzip, siehe ► Abschn. 10.2.4 im Kap. 10, „Mechanik von Massenpunkten") zu erwartende, äußerst geringe Frequenzänderung von γ-Quanten durch den Energiegewinn oder -verlust beim Durchlaufen einer vertikalen Strecke im Erdfeld zu messen.

Photonendrehimpuls

Licht kann in verschiedener Weise polarisiert sein (siehe Abschn. 19.4.2), z. B. linear (der elektrische Vektor schwingt in einer Ebene, Abb. 14) oder zirkular (der elektrische Vektor rotiert um die Ausbreitungsrichtung, seine Spitze beschreibt eine Schraubenbahn). Zirkular polarisiertes Licht ist mit einem Drehimpuls verknüpft, der sich experimentell durch Absorption zirkular polarisierten Lichtes durch eine schwarze Scheibe nachweisen lässt, die in ihrem Schwerpunkt an einem Torsionsfaden drehbar aufgehängt ist: Die Scheibe übernimmt den Drehimpuls des absorbierten Lichtes (beobachtet von Beth 1936). Statt der geschwärzten Scheibe kann auch ein Glimmerblättchen verwendet werden, das als $\lambda/4$-Blättchen wirkt und zirkular polarisiertes in linear polarisiertes Licht umwandelt. Die quantitative Messung ergibt die Größenordnung von $\hbar$ für den Drehimpuls (Spin) des Photons. Der genaue Wert $\hbar$ für den Photonendrehimpuls ergibt sich aus spektroskopischen Beobachtungen (siehe Abschn. 19.3.4). Hier ist der Spin $\hbar$ des emittierten oder absorbierten Photons zur Drehimpulserhaltung bei Übergängen zwischen zwei Energieniveaus eines Atoms zwingend notwendig, da sich bei solchen Übergängen i. Allg. der Drehimpuls des Atoms um $\hbar$ ändert.

Für die Orientierung des Spins der Photonen gilt:

Rechtszirkular polarisiertes Licht: Photonenspin parallel zur Ausbreitungsrichtung,
linkszirkular polarisiertes Licht: Photonenspin antiparallel zur Ausbreitungsrichtung.
Linear polarisiertes Licht: Gleich viele Photonenspins in beiden Richtungen.

Elektromagnetische Strahlungsquanten verhalten sich also wie Teilchen mit Energie, Impuls und Drehimpuls, wobei sich der Teilchencharakter der Photonen mit steigender Frequenz, d. h. mit steigender Energie zunehmend deutlicher bemerkbar macht.

19.3.4 Stationäre Energiezustände, Spektroskopie

Die theoretische Beschreibung der Hohlraumstrahlung durch Planck 1900 erzwang die Annahme von quantisierten Oszillatoren, die nur diskrete (stationäre) Energiezustände annehmen und elektromagnetische Strahlung nur „portionsweise" entsprechend den Energiedifferenzen der stationären Zustände emittieren oder absorbieren können (vgl. Abschn. 19.3.2). Zur Erklärung des Fotoeffektes (siehe ► Abschn. 17.2.7 im Kap. 17, „Elektrische Leitungsmechanismen") wurde in Weiterführung dieser Vorstellung angenommen, dass das Licht selbst quantisiert ist: Lichtquantenhypothese von Einstein 1905, später durch den Compton-Effekt (1923) untermauert (Abschn. 2.3). Zur Beschreibung der diskreten Emissions- und Absorptionslinien in den Spektren von Gasatomen wurde schließlich das Bohr'sche Atommodell formuliert (1913; siehe ► Abschn. 17.2.1 im Kap. 17, „Elektrische Leitungsmechanismen"), dessen Kernstück die Annahme diskreter, nichtstrahlender Energiezustände im Atom ist. Mithilfe der Drehimpulsquantelung (97) im ► Kap. 17, „Elektrische Leitungsmechanismen" ließen sich die Energiezustände des H-Atoms mit großer Genauigkeit berechnen (100) im ► Kap. 17, „Elektrische Leitungsmechanismen".

Ein sehr direkter Nachweis für die Existenz diskreter Energiezustände von Atomen ist der *Franck-Hertz-Versuch* (1914). Hierbei werden Elektronen zwischen einer Glühkathode und einer Gitterelektrode durch eine Spannung U beschleunigt und gelangen durch das Gitter hindurch auf eine Auffangelektrode. Im Vakuumgefäß dieser Elektrodenanordnung befindet sich Quecksilberdampf (Abb. 31). Die Auffängelektrode wird schwach negativ gegen das positive Gitter vorgespannt. Mit steigender Spannung U steigt zunächst der Auffängerstrom I entsprechend der Kennlinie der Vakuumdiode (► Abb. 47b im Kap. 17, „Elektrische Leitungsmechanismen") an. Bei $U = 4{,}9$ V geht I jedoch sehr stark zurück, um bei weiterer Spannungserhöhung wieder anzusteigen. Dieselbe Erscheinung wiederholt sich bei 9,8 V, 14,7 V usw. $\Delta E = 4{,}9$ eV entspricht der Quantenenergie $E = h\nu$ der ultravioletten Quecksilberlinie der Wellenlänge $\lambda = 253{,}7$ nm. Die Deutung erfolgt durch die Annahme zweier um $\Delta E = 4{,}9$ eV differierender Energiezustände im Hg-Atom: Wenn die Energie der Elektronen diesen Wert erreicht hat, können sie die Hg-Atome anregen, verlieren durch diesen unelastischen Stoß die Anregungsenergie und können dann zunächst nicht mehr die Gegenspannung des Auffängers überwinden. Dasselbe wiederholt sich bei entsprechend höheren Beschleunigungsspannungen U nach zweifacher, dreifacher usw. Stoßanregung.

Durch *Stoßanregung* wird also ein Übergang von einem niedrigen Energiezustand E_1 zu einem

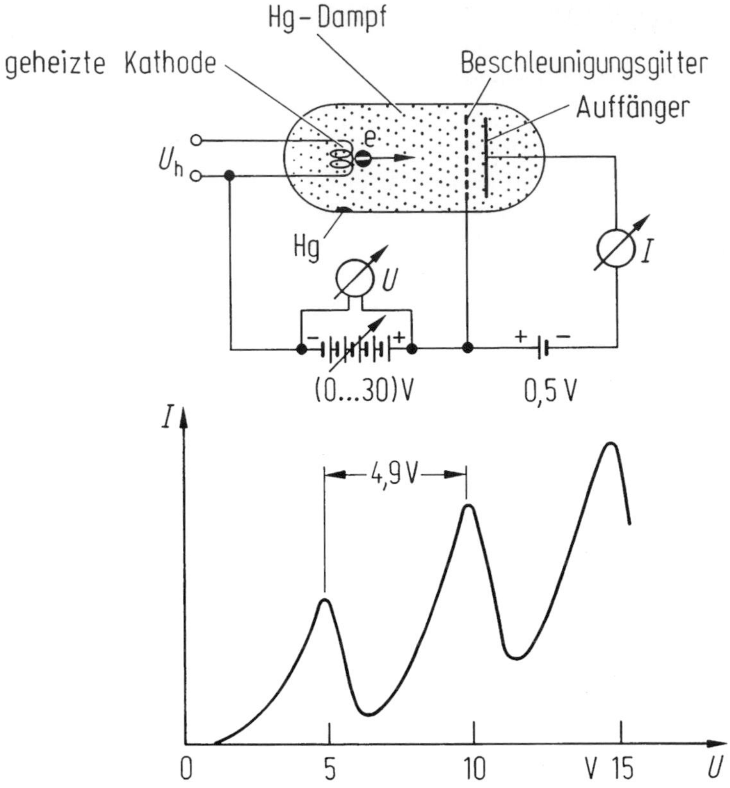

Abb. 31 Franck-Hertz-Versuch: Anregung eines diskreten Energiezustandes in Quecksilberatomen durch Elektronenstoß

höheren Zustand E_2 bewirkt (Abb. 32a). Dieselbe Anregung kann auch durch *Absorption* eines Lichtquants passender Energie $E = h\nu = \Delta E = E_2 - E_1$ bewirkt werden (Abb. 32b).

Der angeregte Zustand E_2 geht meist innerhalb sehr kurzer Zeit (ca. 10^{-8} s) wieder in den Grundzustand E_1 über, wobei entsprechend der *Bohr'schen Frequenzbedingung* gewöhnlich ein Lichtquant der Energie

$$E = h\nu = \Delta E = E_2 - E_1 \tag{144}$$

emittiert wird: *Spontane Emission* (Abb. 32c; vgl. ► Abschn. 17.2.1 im Kap. 17, „Elektrische Leitungsmechanismen"). Die Wechselwirkung zwischen dem elektromagnetischen Strahlungsfeld und einem Atom kann in folgender Weise zusammengefasst werden:

> Der Übergang zwischen zwei Energieniveaus E_1 und E_2 eines Atoms kann durch Absorption oder Emission eines Photons der Energie $E = h\nu = \Delta E = E_2 - E_1$ erfolgen.

In diesem Bild entsprechen die Frequenzen der Emissionslinien denjenigen der Absorptionslinien, da es sich jeweils um Übergänge zwischen den gleichen Energieniveaus handelt. Rückstoßeffekte brauchen bei den Übergangsenergien in der Elektronenhülle (anders als bei den Kernniveaus, vgl. Abschn. 19.3.3) im Normalfall nicht berücksichtigt zu werden, da die Rückstoßenergien klein gegen die energetischen Linienbreiten sind. Insoweit kommt das Bohr'sche Bild zum gleichen Ergebnis wie die klassische Vorstellung des Atoms als Resonanzsystem (vgl. Abschn. 19.3.1).

Für das Wasserstoffatom erhält man aus den Energietermen (100) im ► Kap. 17, „Elektrische Leitungsmechanismen" mit der Bohr'schen Frequenzbedingung (144) die *Frequenzen des Wasserstoffspektrums*:

$$\nu = \frac{E_m - E_n}{h} = R_\nu \left(\frac{1}{n^2} - \frac{1}{m^2}\right) \tag{145}$$

mit der *Rydberg-Frequenz*

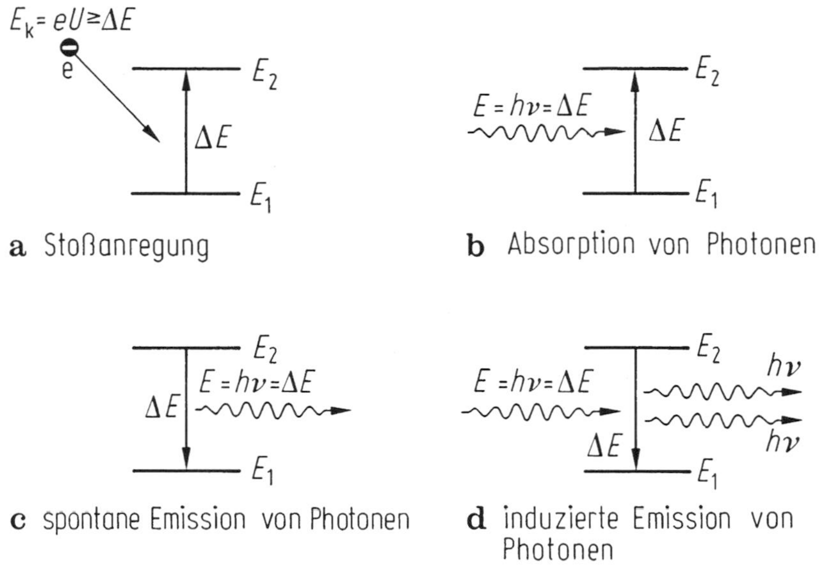

Abb. 32 Übergangsmechanismen zwischen Energieniveaus in Atomen (zur induzierten Emission vgl. Abschn. 3.5)

$$R_\nu = \frac{m_e e^4}{8\varepsilon_0^2 h^3} = 3{,}289841960355 \cdot 10^{15} \mathrm{s}^{-1}. \quad (146)$$

n und m sind die Haupt-Quantenzahlen (vgl. ▶ Abschn. 17.2.1 im Kap. 17, „Elektrische Leitungsmechanismen") des unteren und des oberen Energieniveaus, zwischen denen der Übergang stattfindet. Die Linien, die zu einer vorgegebenen unteren Quantenzahl n gehören, wobei m die Werte $n + 1, \ldots, \infty$ durchlaufen kann, bilden *Serien*: Lyman- ($n = 1$), Balmer- ($n = 2$), Paschen- ($n = 3$), Brackett- ($n = 4$), Pfund-Serie ($n = 5$) usw. (Abb. 33). Jeder Differenz zweier Energieterme m, n entspricht demnach eine definierte Spektrallinie (*Ritz'sches Kombinationsprinzip*).

Bei Anregung mit Photonenenergien $h\nu > E_\infty - E_n = E_i$ (Ionisierungsenergie) findet *Ionisierung* (Fotoeffekt) statt, d. h., ein Elektron aus dem Niveau n wird völlig aus dem Atomverband gelöst. Die Überschussenergie $E_k = h\nu - E_i$ nimmt das Elektron als kinetische Energie mit. Da E_k nicht quantisiert ist, schließt sich an die Seriengrenzen des Absorptionsspektrums jeweils ein *Grenzkontinuum* an.

Die experimentelle Bestimmung der Übergangsenergien und damit die Bestimmung der relativen energetischen Lage der Energieniveaus der Atome erfolgt mittels verschiedener Formen der *Spektroskopie* (Abb. 34), wobei für die jeweilige Strahlung geeignete Dispersionselemente (Spektrometer) die Strahlung nach der Wechselwirkung mit dem Untersuchungsobjekt (meist in Gasform) örtlich nach Frequenzen oder Energieverlusten zerlegen: Spektrum.

Bei Atomen mittlerer und höherer Ordnungszahlen Z sind die Anregungsenergien innerer Elektronen bereits so groß, dass sie in das Röntgengebiet fallen. *Charakteristische Röntgenstrahlung* tritt daher neben der Bremsstrahlung (Abb. 20) bei Anregung von Elektronen in inneren Schalen durch Stoß mit hochenergetischen Elektronen auf, wenn der dadurch freigewordene Platz der inneren Schale durch ein Elektron aus einer weiter außen liegenden Schale aufgefüllt wird (Abb. 35a). Das dabei emittierte Röntgenquant ergibt eine scharfe, für das Material charakteristische Röntgenlinie, die dem Bremsspektrum überlagert ist (Abb. 35b).

Die Röntgenlinien innerer Schalen sind auch bei Atomen im Festkörperverband scharfe Linien, da die Kopplung mit den Nachbaratomen wegen der Abschirmung durch die besetzten äußeren Schalen gering und die dementsprechende Ni-

Abb. 33 Termschema des Wasserstoff-Atoms mit eingezeichneten Serienübergängen

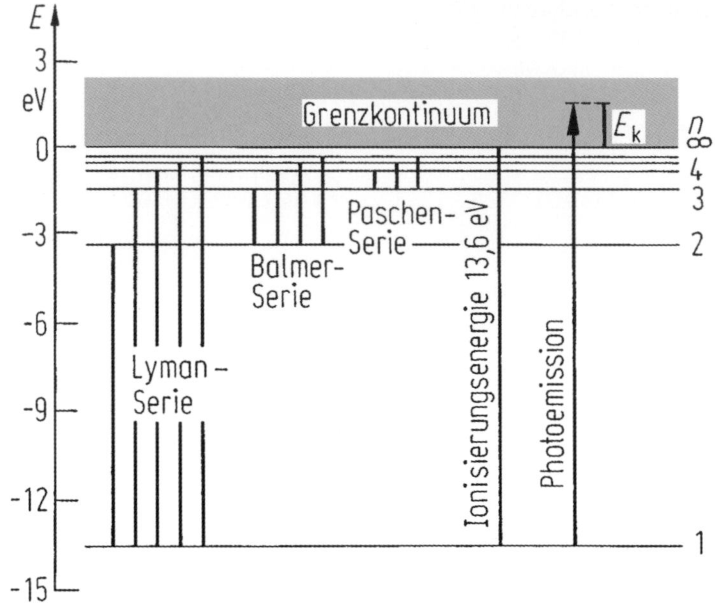

veauaufspaltung (vgl. Abb. 18 im ▶ Kap. 17, „Elektrische Leitungsmechanismen") klein ist.

Charakteristische Röntgenlinien können zur Analyse chemischer Elemente genutzt werden: *Röntgenspektroskopie*. Die Anregung charakteristischer Röntgenlinien kann auch durch ein kontinuierliches Röntgenspektrum erfolgen: *Röntgenfluoreszenzanalyse*.

19.3.5 Induzierte Emission, Laser

Als Übergangsmöglichkeiten zwischen zwei Energieniveaus E_1 und E_2 eines Atoms wurden bisher neben der Stoßanregung die Anregung des Atoms durch Absorption von Photonen aus einem elektromagnetischen Strahlungsfeld und der Übergang aus dem angeregten in den unteren Energiezustand durch spontane Emission von Photonen betrachtet (Abb. 32a, b, c). Für eine einfache Herleitung des Planck'schen Strahlungsgesetzes (121) bzw. (122) hat Einstein (1917) einen weiteren Übergangsprozess angenommen: Erzwungene oder stimulierte oder *induzierte Emission*. Diese stellt die Umkehrung der Absorption aus dem elektromagnetischen Strahlungsfeld dar: Ein angeregtes, d. h. im Zustand E_2 befindliches Atom kann durch ein Strahlungsfeld aus Lichtquanten der Energie $E = h\nu = \Delta E$ zur induzierten Emission eines Lichtquants $h\nu = \Delta E$ zum Zeitpunkt der Wechselwirkung mit dem Strahlungsfeld veranlasst werden, wobei das Atom in den unteren Zustand E_1 übergeht (Abb. 32d).

In einem System von N Atomen wird die Wahrscheinlichkeit der Übergänge der Zahl der Atome im jeweiligen Ausgangszustand (E_1 oder E_2) proportional sein. Außerdem wird die Übergangswahrscheinlichkeit bei der Absorption und der induzierten Emission der Energiedichte w des elektromagnetischen Feldes (69) proportional sein. Sind N_1 Atome im Energiezustand E_1 und N_2 Atome im Energiezustand E_2, so ergibt sich die Zahl dZ der Übergänge in der Zeit dt für

$$\begin{aligned} &\text{Absorption:} && \mathrm{d}Z_{\text{abs}} = BwN_1\mathrm{d}t \\ &\text{spontane Emission:} && \mathrm{d}Z_{\text{em,sp}} = AN_2\mathrm{d}t \\ &\text{induzierte Emission:} && \mathrm{d}Z_{\text{em,ind}} = BwN_2\mathrm{d}t \end{aligned} \tag{147}$$

A, B sind die die Übergangswahrscheinlichkeit bestimmenden Einstein-Koeffizienten, wobei angenommen ist, dass die durch das elektromagnetische Feld der Energiedichte w hervorgerufenen Übergänge in beiden Richtungen gleich wahrscheinlich sind. Im Strahlungsgleichgewicht des

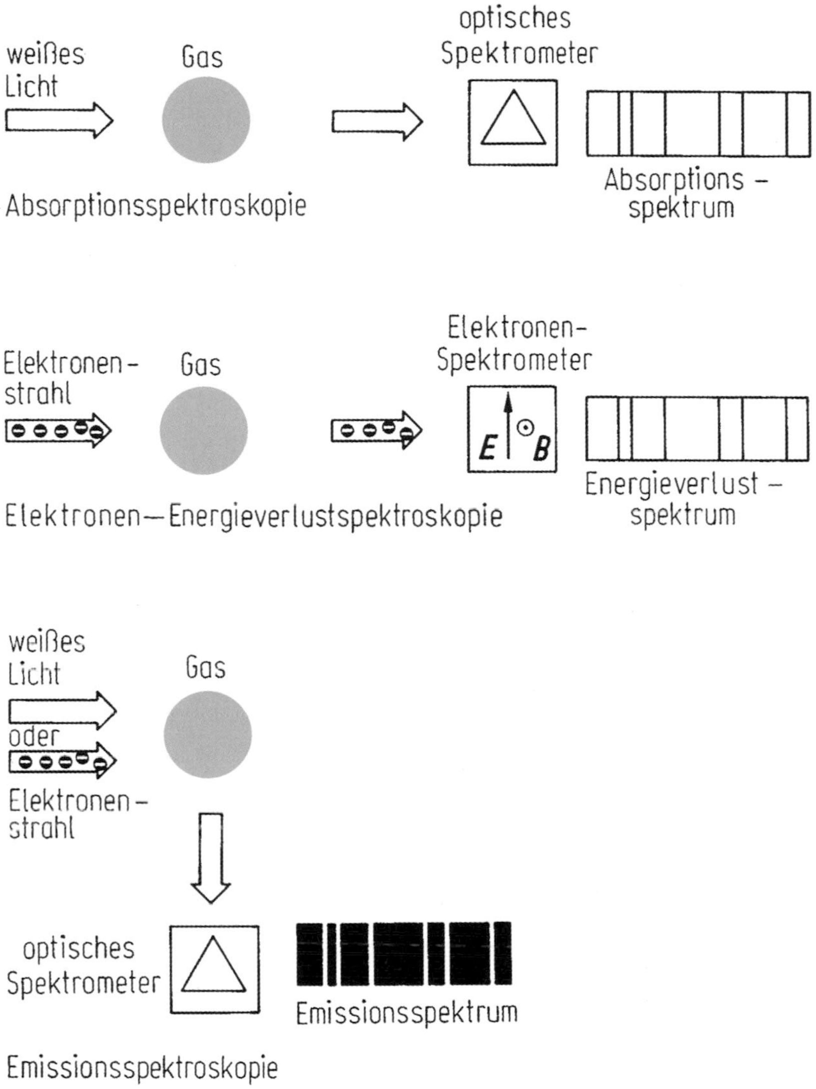

Abb. 34 Verschiedene Arten der Spektroskopie

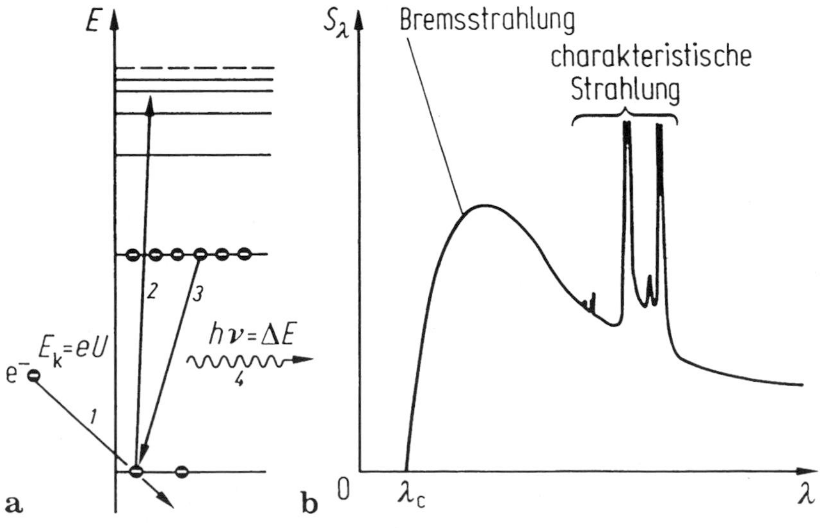

Abb. 35 Anregung charakteristischer Röntgenlinien durch Elektronenstoß. **a** Vorgänge im Termschema: *1*: Eingeschossenes Elektron höherer Energie; *2*: Stoßanregung eines Elektrons einer inneren Schale; *3*: Auffüllung der entstandenen Lücke durch ein Elektron einer höheren Schale; dabei *4*: Emission eines Röntgenquants; **b** Röntgenspektrum

Hohlraumstrahlers (vgl. Abschn. 19.3.2) muss die Bilanz gelten:

$$\mathrm{d}Z_{\mathrm{em,sp}} + \mathrm{d}Z_{\mathrm{em,ind}} = \mathrm{d}Z_{\mathrm{abs}}. \tag{148}$$

Durch Einsetzen von (147) erhält man

$$w = \frac{A}{B} \cdot \frac{1}{N_1/N_2 - 1}. \tag{149}$$

Das Verhältnis der Besetzungsdichten N_2/N_1 regelt sich im thermischen Gleichgewicht nach der Boltzmann-Statistik (40) im ▶ Kap. 12, „Statistische Mechanik – Thermodynamik“:

$$\frac{N_2}{N_1} = \mathrm{e}^{-\frac{\Delta E}{kT}} = \mathrm{e}^{-\frac{h\nu}{kT}}. \tag{150}$$

Zwischen der auf den Raumwinkel 1 bezogenen Strahldichte L und der Energiedichte w besteht der Zusammenhang (ohne Herleitung)

$$L_\nu = \frac{c_0}{4\pi} w, \tag{151}$$

sodass für die spezifische Ausstrahlung $M_{\nu\mathrm{s}} = \pi L_{\nu\mathrm{s}}$ (108) eines schwarzen Körpers schließlich die Beziehung folgt

$$M_{\nu\mathrm{s}} = \frac{A}{B} \cdot \frac{c_0}{4} \cdot \frac{1}{\mathrm{e}^{h\nu/kT} - 1}, \tag{152}$$

die bereits die Form des Planck'schen Strahlungsgesetzes (122) hat. Hierin stammt die 1 im Nenner vom Anteil der induzierten Emission, der bei niedrigeren Frequenzen von Bedeutung ist, wo der Wellencharakter stärker hervortritt. Der Faktor A/B lässt sich durch Vergleich mit dem Rayleigh-Jeans'schen Strahlungsgesetz erhalten, das sich im Grenzfall niedriger Frequenzen ν durch Abzählung der möglichen stehenden Wellen in einem Hohlraum und Anwendung des Gleichverteilungssatzes (vgl. ▶ Abschn. 12.1.3 im Kap. 12, „Statistische Mechanik – Thermodynamik“) gewinnen lässt:

$$\frac{A}{B} = \frac{8\pi h\nu^3}{c_0^3}. \tag{153}$$

Da die Einstein-Koeffizienten A die spontane Emission und B die induzierte Emission beschreiben, folgt daraus, dass die spontane Emission gegenüber der induzierten mit ν^3 ansteigt.

Maser, Laser

Es zeigt sich, dass die durch induzierte Emission erzeugten Photonen kohärent zu den Photonen sind, die den Übergang $E_2 \to E_1$ angeregt haben, d. h., sie stimmen in Ausbreitungsrichtung, Schwingungsebene und Phase überein. Trifft daher ein Photon der Energie $E = h\nu = \Delta E = E_2 - E_1$ nacheinander auf mehrere angeregte Atome im oberen Energiezustand E_2, so kann es durch nacheinander induzierte Emissionen entsprechend verstärkt werden (z. B. Abb. 36). Da bei gleichen Besetzungszahlen die Absorption nach (147) genauso wahrscheinlich wie die induzierte Emission ist, muss zur Erreichung einer effektiven Verstärkung die Zahl N_2 der Atome im oberen Niveau E_2 größer sein als die Zahl N_1 der Atome im unteren Niveau E_1: *Besetzungszahl-Inversion* $N_2 > N_1$. Im thermischen Gleichgewicht ist das nach der Boltzmann-Statistik nicht der Fall, da die

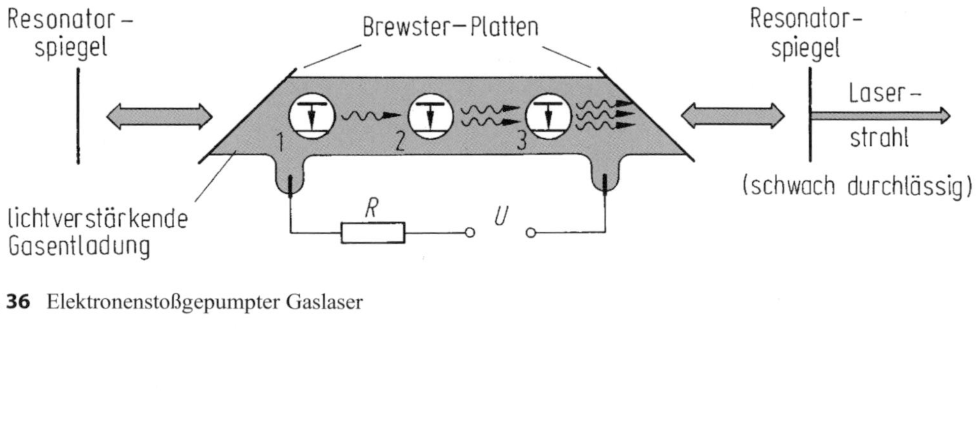

Abb. 36 Elektronenstoßgepumpter Gaslaser

Besetzungszahlen sich nach (150) regeln. Eine Besetzungszahl-Inversion lässt sich nur durch ein System mit mindestens drei Niveaus (Abb. 37) erreichen. Solche Systeme gestatten die kohärente Verstärkung von Mikrowellen (*Maser*, microwave *a*mplification by *s*timulated *e*mission of *r*adiation, realisiert durch Townes u. a., 1954) oder Lichtwellen (*Laser*, light *a*mplification by *s*timulated *e*mission of *r*adiation, theoretisch untersucht durch Schawlow und Townes 1958, realisiert von Maiman 1960).

Drei-Niveau-System

Eine Möglichkeit, eine Überbesetzung des oberen Niveaus E_2 eines Laserüberganges zu erreichen, ist die Anregung von höheren Niveaus, hier in E_3 zusammengefasst dargestellt (Abb. 37a), vom unteren Laserniveau E_1 aus (*Pumpvorgang*) durch Elektronenstoßanregung (z. B. in einer Gasentladung, Abb. 36) oder durch optische Pumpstrahlung (z. B. durch eine Blitzlampe, Abb. 38). Dadurch kann eine Besetzungszahlangleichung zwischen E_1 und E_3 erreicht werden. Wenn für die Übergangszeiten $\tau_{31} \gg \tau_{32}$ gilt, gehen die Atome überwiegend durch spontane Emission oder durch strahlungslose Übergänge (Energieabgabe an das Gitter: Wärme) in das benachbarte Niveau E_2 über. Bei langer Lebensdauer τ_{21} dieses Niveaus (metastabiles Niveau mit nur geringer spontaner Emission) und fortgesetztem Pumpen entsteht hier schließlich eine Überbesetzung oder Besetzungszahl-Inversion gegenüber dem Grundniveau E_1: $N_2 > N_1$.

Vier-Niveau-System

Sehr viel günstiger arbeitet das Vier-Niveau-System (Abb. 37b). Hier ist das untere Laserniveau E_1 nicht identisch mit dem Grundzustand E_0 des Atoms. Ist der energetische Abstand $E_1 - E_0$ nicht zu klein, so ist im thermischen Gleichgewicht die Besetzungszahl N_1 sehr klein. Ist ferner die Übergangszeit $\tau_{10} \ll \tau_{21}$, so bleibt das Niveau E_1 auch bei Übergängen $E_2 \rightarrow E_1$ praktisch leer. Eine Überbesetzung von E_2 gegenüber E_1 durch den Pumpvorgang wird daher sehr leicht erreicht.

Dem Aufbau der Überbesetzung von E_2 gegenüber E_1 wirkt die spontane Emission $E_2 \rightarrow E_1$ entgegen. Da diese nach (153) mit ν^3 ansteigt, ist das Erreichen einer Besetzungszahl-Inversion bei höheren Frequenzen entsprechend schwieriger.

Laser-Anordnungen

In einem Medium, in dem durch einen geeigneten Pumpprozess eine Besetzungszahl-Inversion erzeugt worden ist, etwa in einer Gasentladung eines geeigneten Helium-Neon-Gemisches (Abb. 36), wird ein Lichtquant der Energie $h\nu = \Delta E$, das z. B. durch spontane Emission eines angeregten Atoms entstanden ist, durch induzierte Emission

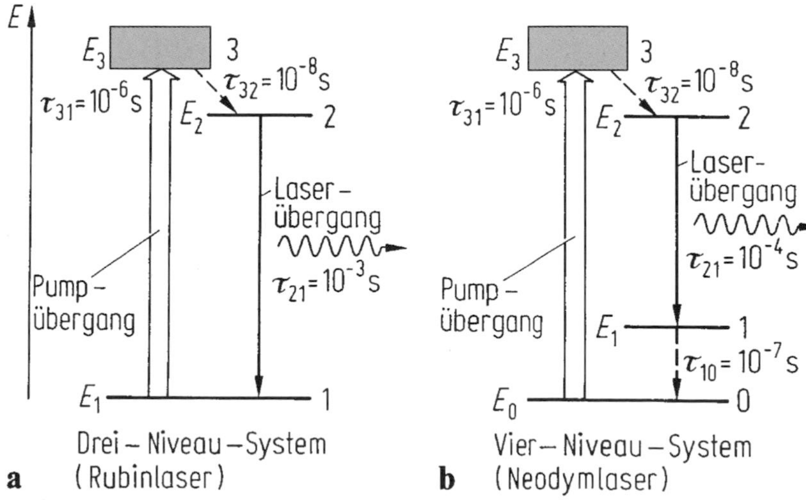

Abb. 37 Energetische Vorgänge beim Laserprozess: **a** Drei-Niveau-System (z. B. Rubin-Laser) und **b** Vier-Niveau-System (z. B. Nd-Glas- oder Nd-YAG-Laser (Neodym-dotierter Yttrium-Aluminium-Granat-Laser), Gaslaser)

Abb. 38 Optisch gepumpter Festkörperlaser

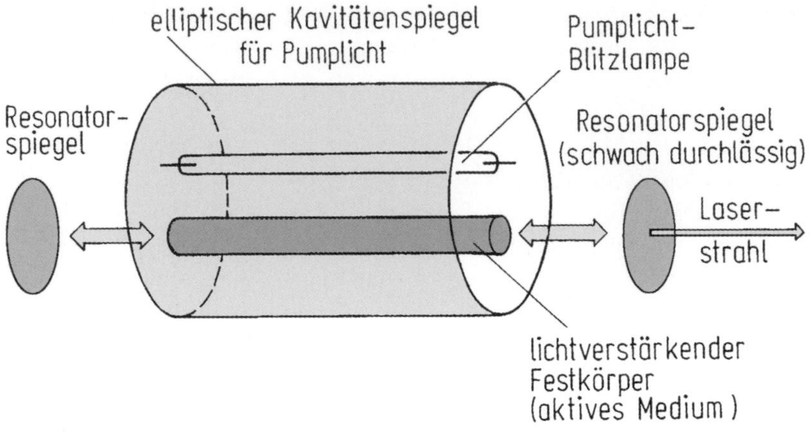

weiterer angeregter Atome verstärkt. Jedoch beträgt die Verstärkung je Meter Länge nur wenige Prozent. Deshalb wird das verstärkte Licht durch parallele Spiegel, die einen optischen Resonator bilden, immer wieder durch das aktive Medium geschickt und weiter verstärkt. Sind die Verluste geringer als die Gesamtverstärkung, so hat diese Rückkopplung eine Selbsterregung zur Folge: Die Anordnung emittiert kohärentes, polarisiertes Licht, in dem die einzelnen Photonen phasengerecht mit gleicher Schwingungsebene gekoppelt sind. (Ein glühender Körper sendet dagegen völlig unkorrelierte Photonen mit statistisch wechselnden Schwingungsebenen aus: unpolarisiertes, natürliches Licht.) Die das Gasentladungsrohr abschließenden Glasplatten sind unter dem Brewster-Winkel (siehe Abschn. 19.4.2) geneigt, um Reflexionsverluste zu vermeiden. Sie legen damit gleichzeitig die Polarisationsebene des vom *Gaslaser* emittierten Laserlichtes fest.

Festkörperlaser (Abb. 38) werden optisch gepumpt. Der lichtverstärkende Festkörper (z. B. Rubin, Neodymglas, Nd-YAG-Kristalle) wird beispielsweise in der einen Brennlinie eines elliptischen Spiegels (Pumplicht-Kavität) angeordnet, in dessen zweiter Brennlinie sich die Pumplichtquelle (Blitzlampe) befindet, sodass das von der Pumplichtquelle ausgehende Licht weitgehend in das aktive Medium überführt wird.

Der Laserprozess kommt zum Erliegen, wenn die Besetzungsinversion abgebaut ist. Blitzlichtgepumpte Laser arbeiten daher im Pulsbetrieb, während kontinuierlich gepumpte Gaslaser im Dauerstrichbetrieb arbeiten können.

Ein Laserlichtstrahl lässt sich mit einer optischen Linse (► Abschn. 20.1.1 im Kap. 20, „Optik und Materiewellen") nahezu ideal fokussieren. Der Fokusfleckdurchmesser d ist im Wesentlichen durch die Beugung infolge der Strahlbegrenzung bestimmt (vgl. ► Abschn. 20.2 und 20.3 im Kap. 20, „Optik und Materiewellen") und ergibt sich in erster Näherung zu

$$d \approx \frac{\lambda f}{D}. \qquad (154)$$

(λ Wellenlänge des Laserlichtes, f Brennweite der Fokussierungslinse, D Durchmesser des Laserstrahls.) Es sind daher Fokusfleckdurchmesser in der Größenordnung der Wellenlänge erreichbar und dementsprechend extrem hohe Leistungsdichten (10 MW/µm^2 und mehr) im Fokus.

Bei Anwendungen des Lasers wird z. B. ausgenutzt:

Extreme Leistungsdichte: nichtlineare Optik, Materialbearbeitung (Bohren, Schneiden, Härten); Fusionsexperimente.

Hohe Kohärenz: kohärente Optik, Holographie (vgl. ► Abschn. 20.3.2 im Kap. 20, „Optik und Materiewellen"), Interferometrie (vgl. ► Abschn. 20.2 im Kap. 20, „Optik und Materiewellen").

Extrem kleine Divergenz: Entfernungsmessung über große Strecken, Satellitenvermessung, Vermessungswesen (z. B. Tunnelbau).

19.4 Reflexion und Brechung, Polarisation

Zur Beschreibung des makroskopischen geometrischen Verlaufes der Ausbreitung elektromagnetischer Wellen (Licht) in Materie lassen sich zu den Wellenflächen (Flächen konstanter Phase, siehe Abschn. 19.1.1) senkrechte (orthogonale) Linien verwenden: Lichtstrahlen (Abb. 39). In isotropen Medien stimmen die Lichtstrahlen mit der Richtung des Poynting-Vektors (71) überein und kennzeichnen den Weg der Lichtenergie im Raum.

Satz von Malus:

Die Orthogonalität zwischen Strahlen und Wellenflächen (Orthotomie) bleibt bei der Wellenausbreitung, d. h. auch bei Reflexion und Brechung, erhalten.

Der Zeitabstand zwischen korrespondierenden Punkten zweier Wellenflächen ist gleich für alle Paare von korrespondierenden Punkten A und A′, B und B′, C und C′ usw. (Abb. 39).

Für viele Zwecke genügt es, die Lichtausbreitung anhand des Strahlenverlaufes zu betrachten (siehe Abschn. 1 Geometrische Optik im ▸ Kap. 20, „Optik und Materiewellen"), insbesondere wenn die das Lichtwellenfeld begrenzenden Geometrien (Schirme, Blenden) Dimensionen besitzen, die groß gegen die Wellenlänge sind. Ein Kriterium hierfür ist die Fresnel-Zahl (siehe ▸ Abschn. 20.2.1 im Kap. 20, „Optik und Materiewellen").

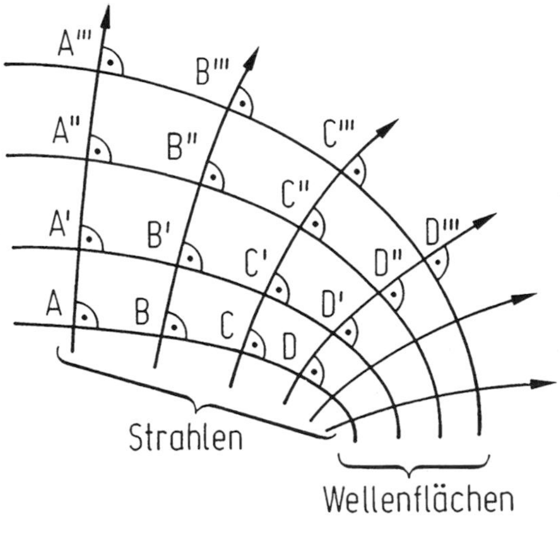

Abb. 39 Strahlen und Wellenflächen stehen überall aufeinander senkrecht

19.4.1 Reflexion, Brechung, Totalreflexion

Unter *Reflexion* und *Brechung* von Licht versteht man die Ausbreitung von Lichtwellen in optisch inhomogener Materie, d. h. in Materie mit örtlich variabler Lichtgeschwindigkeit, insbesondere die Ausbreitung an Grenzflächen zwischen zwei (sonst homogenen) Materiegebieten verschiedener Lichtgeschwindigkeit. Hierüber existieren folgende Erfahrungsgesetze (Abb. 40):

Für die Reflexion von Lichtstrahlen an einer solchen Grenzfläche gilt das *Reflexionsgesetz*

$$\alpha' = \alpha. \tag{155}$$

Für die Brechung (Refraktion) von Lichtstrahlen beim Durchgang durch die Grenzfläche gilt nach Snellius (1621)

$$\sin\alpha = \text{const} \cdot \sin\beta. \tag{156}$$

Die Konstante setzt sich aus den optischen Materialeigenschaften beider Medien zusammen.

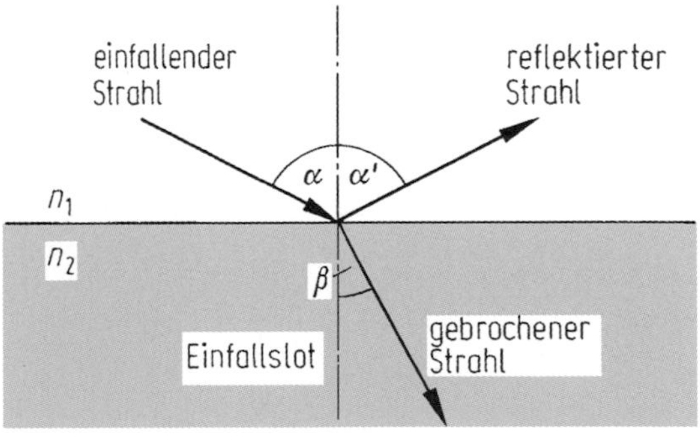

Abb. 40 Reflexion und Brechung von Licht an einer Grenzfläche

Führt man für jedes Material eine eigene Konstante, die optische Brechzahl n ein, so folgt das *Snellius'sche Brechungsgesetz*

$$n_1 \sin\alpha = n_2 \sin\beta \tag{157}$$

oder

$$\frac{\sin\alpha}{\sin\beta} = \frac{n_2}{n_1} = \text{const.}$$

Für Vakuum wird gesetzt:

$$n_0 = 1. \tag{158}$$

Die empirischen Gesetze der Reflexion und Brechung lassen sich mit dem Konzept der Wellenausbreitung, insbesondere des *Huygens'schen Prinzips* (siehe ▶ Abschn. 20.2.1 im Kap. 20, „Optik und Materiewellen") verifizieren. Danach werden von jeder Wellenfläche (Phasenfläche) Kugelwellen (Elementarwellen) phasengleich angeregt, deren Überlagerung (tangierende Hüllfläche) eine neue Wellenfläche der ursprünglichen Welle ergibt.

Wir betrachten eine ebene Welle, die unter dem Einfallswinkel α gegen das Einfallslot (Abb. 41) auf eine Grenzfläche zwischen zwei Medien mit den Brechzahlen n_1 und n_2 sowie den Lichtgeschwindigkeiten c_1 und c_2 fällt. Die Phasenfläche AB löst beim weiteren Fortschreiten auf der Grenzfläche AB′ Elementarwellen sowohl im Medium 1 als auch im Medium 2 aus, die sich zu neuen ebenen Phasenflächen A′ B′ im Medium 1 bzw. A″ B′ im Medium 2 überlagern. Deren unterschiedliche Neigungen ergeben sich aus den unterschiedlich angenommenen Lichtgeschwindigkeiten c_1 im Medium 1 bzw. c_2 im Medium 2 (hier: $c_2 < c_1$). Nach dem *Satz von Malus* sind die Laufzeiten τ zwischen den korrespondierenden Phasenflächenpunkten A und A′, B und B′ sowie A und A″ gleich.

Geometrisch ergibt sich aus Abb. 41:

$$\overline{BB'} = c_1\tau = \overline{AB'}\sin\alpha, \tag{159a}$$

$$\overline{AA'} = c_1\tau = \overline{AB'}\sin\alpha', \tag{159b}$$

$$\overline{AA''} = c_2\tau = \overline{AB'}\sin\beta. \tag{159c}$$

Aus (159a) und (159b) folgt $\sin\alpha = \sin\alpha'$ und damit das Reflexionsgesetz (155). Für das Brechungsgesetz (157) ergibt sich aus (159a) und (159c)

$$\frac{\sin\alpha}{\sin\beta} = \frac{n_2}{n_1} = \frac{c_1}{c_2} = \text{const}, \tag{160}$$

d. h., die Brechzahlen verhalten sich umgekehrt wie die Lichtgeschwindigkeiten. Ist das Medium

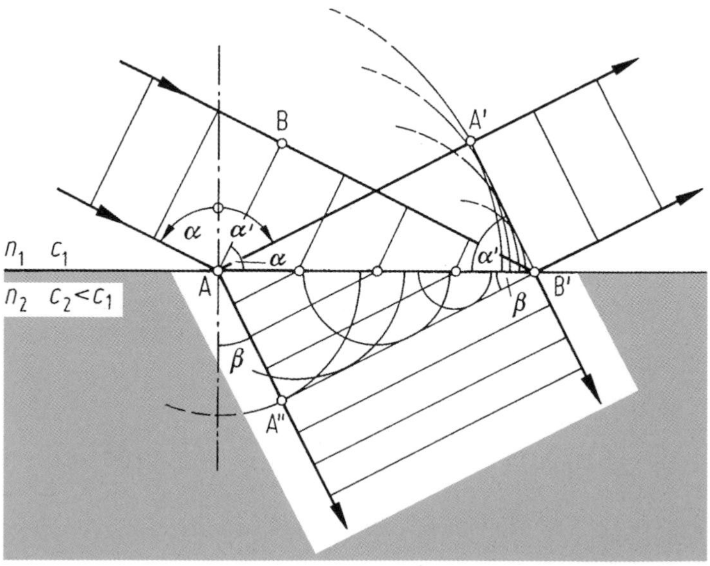

Abb. 41 Reflexion und Brechung einer ebenen Welle an der Grenzfläche zweier Ausbreitungsmedien mit unterschiedlichen Brechzahlen n bzw. Lichtgeschwindigkeiten c

1 Vakuum, d. h., $n_1 = 1$, so gilt mit $n_2 = n$ sowie mit $c_1 = c_0$ (Vakuumlichtgeschwindigkeit) und $c_2 = c_n$ für die *Brechzahl* n eines an Vakuum grenzenden Stoffes

$$n = \frac{c_0}{c_n} \qquad (161)$$

in Übereinstimmung mit (94). Im Normalfall ist $n > 1$ (Tab. 2), d. h., die Lichtgeschwindigkeit c_n in einem Stoff der Brechzahl n ist kleiner als die Vakuumlichtgeschwindigkeit, was durch Messungen der Lichtgeschwindigkeit in durchsichtigen Stoffen, z. B. von Foucault, bestätigt wurde. In Grenzfällen, z. B. bei Röntgenstrahlen, kann n geringfügig kleiner als 1 werden (siehe Abschn. 19.3.1). Das bedeutet, dass die Phasengeschwindigkeit des Lichtes hier $> c_0$ wird. In solchen Fällen bleibt jedoch, wie genauere Überlegungen zeigen, die Gruppengeschwindigkeit (siehe Abschn. 19.1.1) und damit die Signalgeschwindigkeit stets kleiner als c_0. Wie aus der Betrachtung zur Brechung (Abb. 40) erkennbar ist, ist für die Ausbreitung einer Lichtwelle in einer vorgegebenen Zeit τ nicht der geometrische Weg s allein maßgebend, sondern eine Größe ns, die bei gleichem Betrag von der Lichtwelle in gleicher Zeit durchlaufen wird. Man definiert daher als *optische Weglänge*

$$L = \int_{\mathrm{P}}^{\mathrm{P}'} n\mathrm{d}s. \qquad (162)$$

Mithilfe der optischen Weglänge lassen sich Reflexions- und Brechungsgesetz auch aus einem Extremalprinzip gewinnen (hier nicht durchgeführt), das *Fermat'sche Prinzip*:

$$L = \int_{\mathrm{P}}^{\mathrm{P}'} n\mathrm{d}s = \text{Extremum}. \qquad (163)$$

Das Licht verläuft zwischen zwei Punkten P und P′ so, dass die optische Weglänge einen Extremwert, meist ein Minimum, annimmt.

In der Formulierung der Variationsrechnung (vgl. Teil Mathematik) lautet (163):

$$\delta L = \delta \int_{\mathrm{P}}^{\mathrm{P}'} n\mathrm{d}s = c_0 \delta \int_{\mathrm{P}}^{\mathrm{P}'} \frac{\mathrm{d}s}{c_n} = c_0 \delta \int_{\mathrm{P}}^{\mathrm{P}'} \mathrm{d}t = 0. \qquad (164)$$

Aus (164) folgt:

Laufzeit und optische Länge der physikalisch realisierten Wege des Lichtes sind Minimalwerte.

Das Fermat'sche Prinzip (1650) lässt sich als Grenzfall für $\lambda \to 0$ aus der Wellengleichung (60) herleiten und kann auch in der Form der sog. *Eikonalgleichung*

$$(\text{grad } L)^2 = n^2 \qquad (165)$$

geschrieben werden. Die Eikonalgleichung stellt die Grundgleichung der *geometrischen Optik* (siehe ▶ Abschn. 20.1 im Kap. 20, „Optik und Materiewellen") dar.

Aus dem Fermat'schen Prinzip folgen unmittelbar die drei Grundsätze der geometrischen Optik:

- Geradlinigkeit der Lichtstrahlen im homogenen Medium,
- Umkehrbarkeit des Strahlenganges (in der zeitfreien Formulierung),
- Eindeutigkeit und Unabhängigkeit der Lichtstrahlen.

Totalreflexion

Geht eine Lichtwelle aus einem Medium mit höherer Brechzahl n_1 (optisch dichteres Medium) in ein Medium mit niedrigerer Brechzahl $n_2 < n_1$ (optisch dünneres Medium) über, so ist $\beta > \alpha$ und es lassen sich drei Fälle unterscheiden (Abb. 42):

1. $\alpha = \alpha_1 < \alpha_c$: Lichtstrahl 1 wird gemäß Brechungsgesetz (157) und Reflexionsgesetz (155) gebrochen und reflektiert.
2. $\alpha = \alpha_c$: Lichtstrahl 2 verläuft nach der Brechung genau entlang der Grenzfläche: $\beta = 90°$.
3. $\alpha = \alpha_3 > \alpha_c$: Lichtstrahl 3 kann nach dem Brechungsgesetz nicht mehr in das optisch dünnere Medium übertreten. Stattdessen wird das Licht an der Grenzfläche vollständig reflektiert: Totalreflexion.

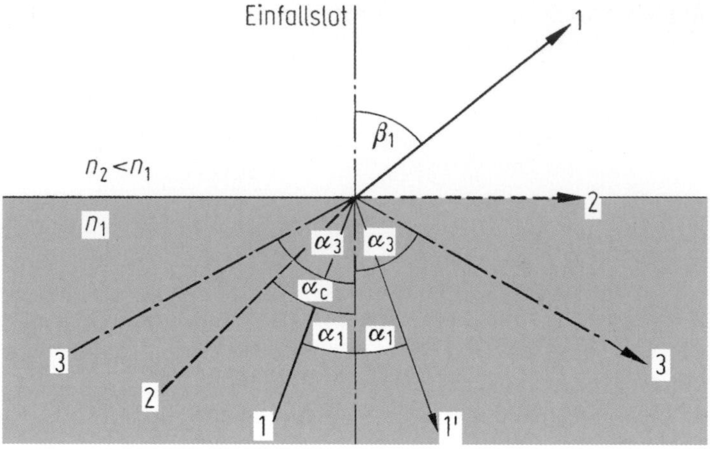

Abb. 42 Lichtübergang vom optisch dichteren in ein optisch dünneres Medium: Partielle Reflexion (1) und Totalreflexion (3)

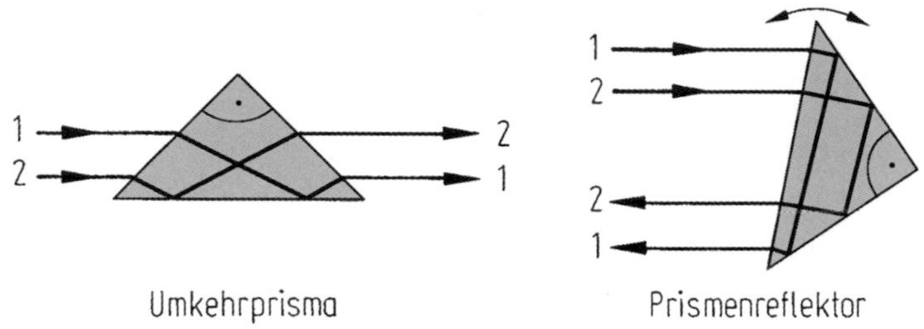

Abb. 43 Totalreflexion im Umkehrprisma und im Rückstrahler

Der *Grenzwinkel der Totalreflexion* α_c ergibt sich aus dem Brechungsgesetz (157) und mit $\beta = \pi/2$ gemäß

$$\sin \alpha_c = \frac{n_2}{n_1}. \tag{166}$$

Grenzt das Medium an das Vakuum ($n_2 = 1$, $n_1 = n$), so vereinfacht sich (166) zu

$$\sin \alpha_c = \frac{1}{n}. \tag{167}$$

Die Totalreflexion wird z. B. in den Umkehrprismen (Abb. 43) ausgenutzt (Prismenferngläser, Rückstrahler).

Von großer technischer Bedeutung für die Nachrichtentechnik (optische Signalübertragung) ist die Ausnutzung der Totalreflexion in dünnen Glasfasern, die bei einem Durchmesser von 10 bis 50 μm flexibel sind: Lichtleiterfasern (Abb. 44).

Das an einem Ende der Glasfaser eingekoppelte Licht wird durch vielfache Totalreflexion bis an das andere Ende geleitet. Das funktioniert (bei etwas eingeschränktem Akzeptanzwinkel ϑ'_m) auch bei gekrümmten Lichtleiterfasern.

Geordnete Bündel solcher Lichtleiterfasern leiten ein auf die eine Stirnfläche projiziertes Bild zur anderen Stirnfläche weiter: Glasfaseroptik (medizinische Anwendung: endoskopische Untersuchung des Körperinneren).

Brechung am Prisma

Lichtstrahlen werden durch Prismen von der Prismen-Dachkante weggebrochen (Abb. 45). Für kleine Dachwinkel γ und senkrechten Einfall auf die erste Prismenfläche ergibt sich für den Ablenkwinkel δ aus dem Brechungsgesetz (157) näherungsweise

$$\delta \approx \gamma(n-1). \tag{168}$$

Der Ablenkwinkel δ steigt also mit dem Dachwinkel γ und der Brechzahl n des Prismas an. Qualitativ gilt das auch für größere Dachwinkel und schrägen Einfall.

Da die Brechzahl $n(\lambda)$ eine Funktion der Wellenlänge ist (Dispersion, siehe Abschn. 19.3.1 und

Abb. 44 Lichtleitung mittels Vielfach-Totalreflexion in Glasfasern

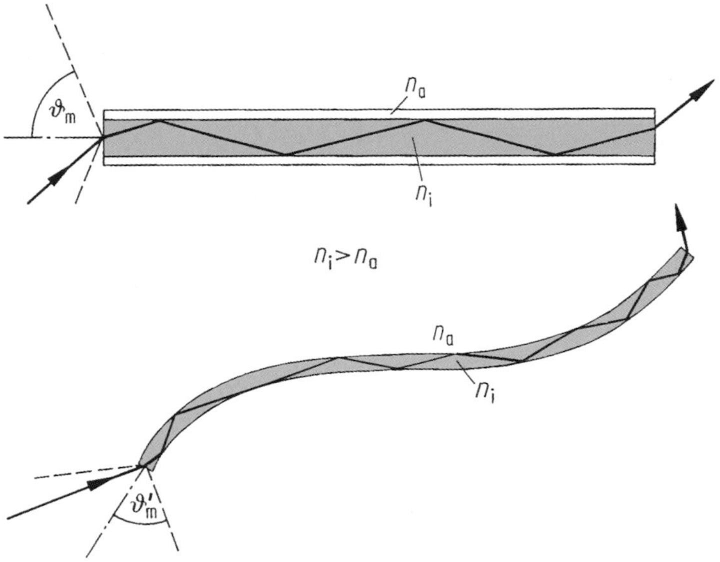

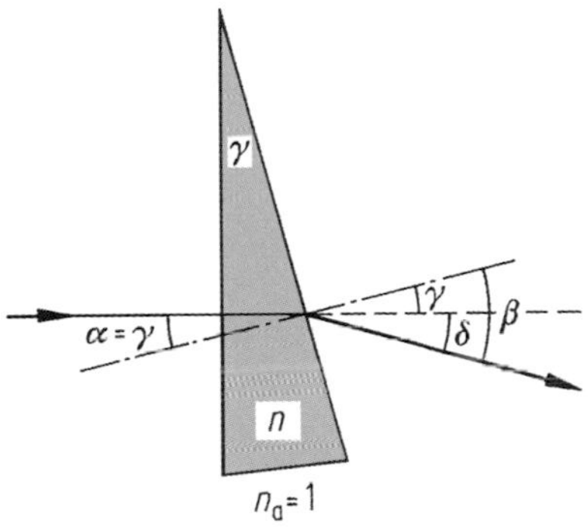

Abb. 45 Ablenkung eines Lichtstrahls durch ein Prisma

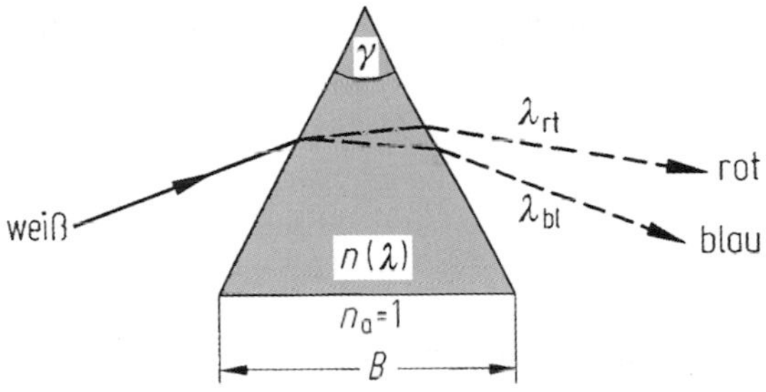

Abb. 46 Dispersion eines Prismas

Tab. 2), wird bei normaler Dispersion kurzwellige Strahlung durch ein Prisma stärker gebrochen als langwellige Strahlung (Abb. 46).

Prismen können daher zur spektralen Analyse von Lichtstrahlung angewendet werden: *Prismenspektrographen*. Bei voller Ausleuchtung beträgt das spektrale Auflösungsvermögen (ohne Ableitung):

$$\frac{\lambda}{\Delta\lambda} = B\frac{\mathrm{d}n}{\mathrm{d}\lambda}. \qquad (169)$$

Das spektrale Auflösungsvermögen eines Prismas hängt nur von seiner Basislänge B und der Dispersion $\mathrm{d}n/\mathrm{d}\lambda$ des Prismenmaterials, nicht aber vom Prismenwinkel γ ab.

19.4.2 Optische Polarisation

Bei longitudinalen Wellen (z. B. Schallwellen) ist die Schwingungsrichtung mit der Ausbreitungsrichtung identisch (siehe Abschn. 19.1.1 und 1.2) und damit eindeutig festgelegt. Bei transversalen Wellen (z. B. elektromagnetische Wellen) ist die Schwingungsrichtung senkrecht zur Ausbreitungsrichtung und muss zur eindeutigen Beschreibung zusätzlich angegeben werden. Eine Welle, die nur in einer, durch die Schwingungs- und die Ausbreitungsrichtung aufgespannten Ebene schwingt, heißt *linear polarisiert.* Bei elektromagnetischen Wellen (z. B. Licht) wird die Schwingungsebene des elektrischen Feldstärkevektors (vgl. Abb. 14) als Schwingungsebene, die des magnetischen Feldstärkevektors als Polarisationsebene bezeichnet. Rotieren die Feldstärkevektoren während des Ausbreitungsvorganges um die Ausbreitungsrichtung, so handelt es sich um *elliptisch* oder *zirkular polarisierte* Wellen.

Bei der Erzeugung elektromagnetischer Wellen durch einen Sendedipol (Abb. 13) ist die Schwingungsebene durch die Orientierung des Sendedipols festgelegt. Zum Nachweis muss auch der Empfängerdipol in der gleichen Richtung orientiert sein. Die Beobachtung solcher Polarisationserscheinungen beweist daher die Transversalität des betreffenden Wellenvorganges. Die Beobachtung von Polarisationserscheinungen bei Licht ist dementsprechend ein Nachweis dafür, dass Licht ein transversaler Wellenvorgang ist.

Die von den Atomen eines glühenden Körpers oder einer normalen Gasentladung (nicht beim Laser) emittierten Lichtquanten haben beliebige Schwingungsebenen. So entstehendes, natürliches Licht ist daher unpolarisiert: Alle Schwingungsebenen kommen gleichmäßig verteilt vor. Durch sog. Polarisatoren, die nur Licht mit einer bestimmten Schwingungsebene passieren lassen (siehe unten), kann aus natürlichem Licht linear polarisiertes Licht erzeugt werden. Durch einen weiteren Polarisator, den Analysator, können die Tatsache der Polarisation und die Lage der Polarisationsebene festgestellt werden (Abb. 47).

Beim schrägen Einfall einer elektromagnetischen Welle S auf eine ebene Grenzfläche zwischen zwei durchsichtigen Medien unterschiedlicher Brechzahlen n_1 und n_2 hängen sowohl der Reflexionsgrad ϱ (= reflektierte Intensität/einfallende Strahlungsintensität) als auch der Transmissionsgrad τ (= Intensität der gebrochenen Welle/einfallende Strahlungsintensität) von der Lage der Schwingungsebene zur Einfallsebene ab. Reflexions- und Transmissionsgrad seien $\varrho_\perp$ und $\tau_\perp$ für eine einfallende Welle $S_\perp$, bei der der elektrische Feldstärkevektor $\boldsymbol{E}_\perp$ senkrecht zur Einfallsebene schwingt (d. h. parallel zur Grenzfläche), und $\varrho_\parallel$ und $\tau_\parallel$ für eine einfallende Welle $S_\parallel$, deren elektrischer Feldstärkevektor $\boldsymbol{E}_\parallel$ in der Einfallsebene schwingt.

Aufgrund des Huygens'schen Prinzips (siehe ▶ Abschn. 20.4.1 in diesem Kapitel und ▶ Abschn. 20.2.1 im Kap. 20, „Optik und Materiewellen") sowie der Strahlungscharakteristik des Dipols (Abb. 16) ist es anschaulich verständlich, dass die Anregung der Elementarwellen, die sich von der Grenzfläche ausgehend zum reflektierten Strahl überlagern, bevorzugt durch $S_\perp$ erfolgt ($\boldsymbol{E}_\perp \perp$ Einfallsebene, d. h. $\parallel$ Grenzfläche). Die Elementarwellen, die durch $S_\parallel$ ($\boldsymbol{E}_\parallel \parallel$ Einfallsebene) in der Grenzfläche angeregt werden, haben aufgrund der Dipol-Strahlungscharakteristik nur eine geringe Amplitude in Reflexionsrichtung. Für einen Einfallswinkel $\alpha = \alpha_P$, bei dem gebrochener und reflektierter Strahl einen Winkel von 90° bilden (Abb. 48), wird die Amplitude von $S_\parallel$ null: Das von einem einfallenden Strahl S unpolarisierten, natürlichen Lichtes an einer Grenzfläche reflektierte Licht S' ist partiell, im Falle $\alpha = \alpha_P$ vollständig linear polarisiert. Der gebrochene Strahl S'' ist stets nur partiell polarisiert (Abb. 49).

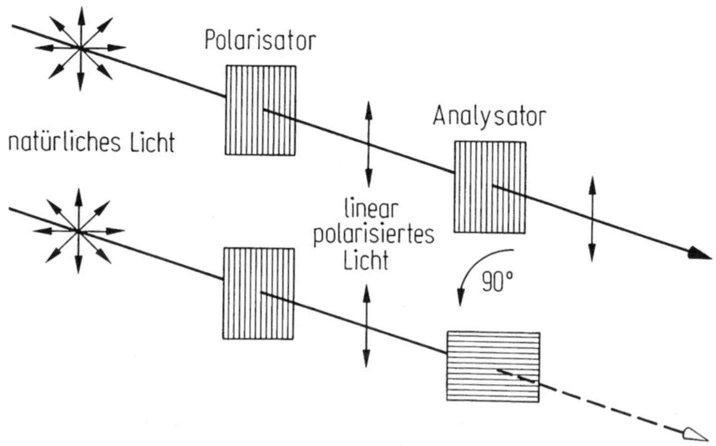

Abb. 47 Erzeugung und Nachweis linear polarisierten Lichtes aus natürlichem Licht mittels Polarisatoren

Der Winkel α_P (Brewster-Winkel) lässt sich unter Beachtung von $\alpha_P + \beta = 90°$ aus dem Brechungsgesetz (157) berechnen. Mit $n_1 = n_a = 1$ (Vakuum) und $n_2 = n$ folgt das *Brewster'sche Gesetz*:

$$\tan \alpha_P = n. \tag{170}$$

Aus den Maxwell'schen Gl. (111) und (110) im ▶ Kap. 16, „Magnetische Wechselwirkung und zeitveränderliche elektromagnetische Felder" lassen sich Grenzbedingungen für die elektrische und magnetische Feldstärke an der Grenzfläche zwischen den beiden Medien herleiten, und aus diesen wiederum Beziehungen für das Reflexionsvermögen $\varrho = 1 - \tau$ (durchsichtige Medien, Absorptionsgrad $\alpha = 0$), die *Fresnel'schen Formeln*:

$$\varrho_\perp = 1 - \tau_\perp = \frac{\sin^2(\alpha - \beta)}{\sin^2(\alpha + \beta)} \tag{171}$$

$$\varrho_\parallel = 1 - \tau_\parallel = \frac{\tan^2(\alpha - \beta)}{\tan^2(\alpha + \beta)}. \tag{172}$$

Für $\alpha + \beta = 90°$ wird $\varrho_\parallel = 0$, in Übereinstimmung mit dem Brewster'schen Gesetz (170). Zusammen mit dem Brechungsgesetz (157) ergibt sich aus (171) und (172) für $\varrho_\perp(\alpha)$ und $\varrho_\parallel(\alpha)$ der in Abb. 49 dargestellte Verlauf für die Reflexion an Glas.

Für Glas ($n = 1{,}50$) erhält man für den Brewster-Winkel $\alpha_P = 56{,}3°$. Wird das unter diesem Winkel von Glasflächen reflektierte, polarisierte Licht durch ein Polarisationsfilter (siehe unten)

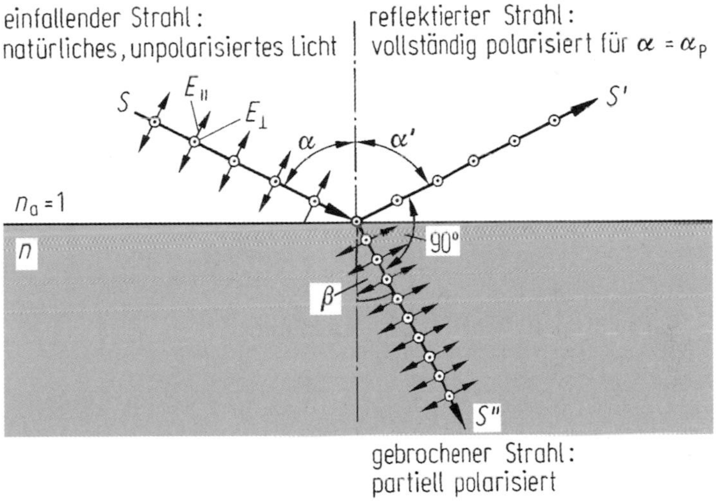

Abb. 48 Polarisation durch Reflexion unter dem Brewster-Winkel $\alpha = \alpha_p$

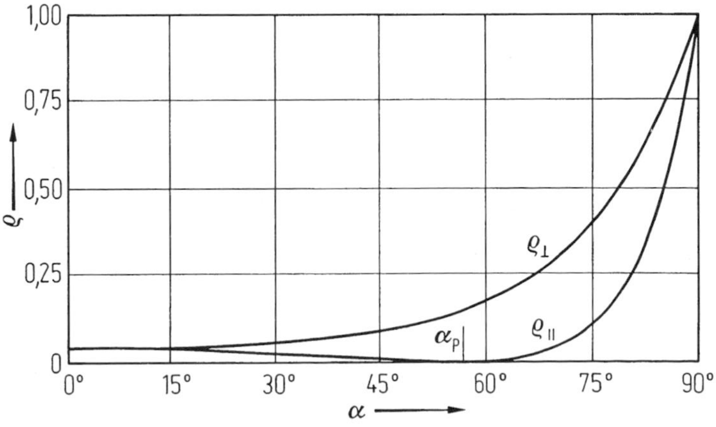

Abb. 49 Reflexionsgrad der Grenzfläche Vakuum/Glas (bzw. Luft/Glas) für linear polarisiertes Licht

betrachtet, so lässt es sich durch geeignete Filterstellung (Durchlassebene $\perp$ Polarisationsebene) stark abschwächen: $\varrho_{\parallel} \to 0$ (Anwendung bei der Fotografie durch Fensterscheiben hindurch).

Linear polarisiertes Licht mit der Schwingungsebene in der Einfallsebene ($E_{\parallel}$ in Abb. 48) wird unter dem Brewster-Winkel α_P ohne Reflexionsverluste gebrochen: Für $\varrho_{\parallel} \to 0$ wird nach (172) das Durchlassvermögen $\tau_{\parallel} = 1$ (Anwendung bei den Brewster-Platten des Gaslasers, Abb. 36).

Bei Übergang zu senkrechtem Einfall wird $\varrho_{\perp} = \varrho_{\parallel} = \varrho$ (Abb. 49). Aus (171) bzw. (172) folgt durch Grenzübergang für kleine Winkel

$$\varrho = 1 - \tau = \left(\frac{n-1}{n+2}\right)^2. \tag{173}$$

Für Glas erhält man mit $n = 1{,}50$ einen Reflexionsgrad $\varrho = 0{,}04$, d. h., an jeder Grenzfläche Vakuum/Glas oder Luft/Glas gehen 4 % der Lichtintensität durch Reflexion verloren, sofern nicht durch geeignete Aufdampfschichten („Entspiegelung“ bzw. „Vergütung“) für eine Verminderung des Reflexionsvermögens gesorgt wird.

Doppelbrechung

Manche durchsichtigen Einkristalle (z. B. Quarz, Kalkspat, Glimmer, Gips) sind *optisch anisotrop*, d. h., die Phasengeschwindigkeit elektromagnetischer Wellen hängt von der Ausbreitungsrichtung ab. Bei optisch einachsigen Kristallen stimmen die Phasengeschwindigkeiten lediglich in einer Richtung, der optischen Achse, überein.

Bei Auftreffen eines Strahlenbündels natürlichen Lichtes auf einen optisch einachsigen Kristall treten im Allgemeinen zwei senkrecht zueinander linear polarisierte Teilbündel auf, die sich mit unterschiedlicher Phasengeschwindigkeit ausbreiten: Der *ordentliche Strahl* folgt dem Brechungsgesetz, der *außerordentliche Strahl* nicht, er wird unter anderem Winkel gebrochen. Diese Erscheinung wird *Doppelbrechung* genannt.

Manche Kristalle (z. B. Turmalin) haben die Eigenschaft, den außerordentlichen Strahl sehr viel stärker zu absorbieren als den ordentlichen Strahl: *Dichroismus*. Geht ein Strahl natürlichen Lichtes durch eine dünne Platte eines solchen dichroitischen Materials, so wird im Wesentlichen der ordentliche Strahl mit nur geringer Schwächung durchgelassen. Solche Stoffe sind als Polarisationsfilter (siehe oben) geeignet.

Literatur

Eichler J, Eichler HJ (2015) Laser, 8. Aufl. Springer, Berlin
Weber H, Herziger G (1985) Laser, 3. Aufl. Wiley-VCH, Weinheim

Handbücher und Nachschlagewerke

Bergmann, Schaefer (1999–2006) Lehrbuch der Experimentalphysik, 8 Bde, versch. Aufl. de Gruyter, Berlin
Greulich W (Hrsg) (2003) Lexikon der Physik, 6 Bde. Spektrum Akademischer Verlag, Heidelberg
Hering E, Martin R, Stohrer M (2017) Taschenbuch der Mathematik und Physik, 6. Aufl. Springer, Berlin
Kuchling, H. (1994) Taschenbuch der Physik, 21. Aufl. München: Hanser
Rumble J (Hrsg) (2018) CRC handbook of chemistry and physics, 99. Aufl. Taylor & Francis Ltd, London
Stöcker H (2018) Taschenbuch der Physik, 8. Aufl. Europa-Lehrmittel Nourney, Vollmer GmbH & Co. KG, Haan-Grüiten
Westphal W (Hrsg) (1952) Physikalisches Wörterbuch. Springer, Berlin

Allgemeine Lehrbücher

Alonso M, Finn E (2000) Physik, 3. Aufl. de Gruyter, Oldenbourg
Berkeley Physik-Kurs (1989–1991) 5 Bde, versch. Aufl. Vieweg+Teubner, Braunschweig
Demtröder W (2017) Experimentalphysik, 4 Bde, 5–8. Aufl. Springer Spektrum, Berlin
Feynman RP, Leighton RB, Sands M (2015) Vorlesungen über Physik, 5 Bde, versch. Aufl. de Gruyter, Berlin
Gerthsen C, Meschede C (2015) Physik, 25. Aufl. Springer Spektrum, Weinheim
Halliday D, Resnick R, Walker J (2017) Physik, 3. Aufl. Wiley VCH, Weinheim
Hänsel H, Neumann W (2000–2002) Physik, 4 Bde. Spektrum Akademischer Verlag, Berlin
Hering E, Martin R, Stohrer M (2016) Physik für Ingenieure, 12. Aufl. Springer Vieweg, Berlin
Niedrig H (1992) Physik. Springer, Berlin
Orear J (1992) Physik, 2 Bde, 4. Aufl. Hanser, München
Paul H (Hrsg) (2003) Lexikon der Optik, 2 Bde. Springer Spektrum, Berlin
Stroppe H (2018) Physik, 16. Aufl. Hanser, München
Tipler PA, Mosca G (2015) Physik, 7. Aufl. Springer Spektrum, Berlin

Optik und Materiewellen

20

Heinz Niedrig und Martin Sternberg

Zusammenfassung

Mit Hilfe des Strahlenkonzepts werden die Gesetzmäßigkeiten der geometrischen Optik entwickelt und einige optische Geräte einschließlich der Abbildungsfehler betrachtet. Die Einbeziehung der Wellenausbreitung führt zu Beugung und Interferenz sowie zur Untersuchung der Auflösungsgrenze optischer Systeme und zur Holografie. Der Dualismus Welle-Teilchen wird anschließend erläutert mit Anwendung auf das Bohr'sche Atommodell und führt schließlich zur Elektronenoptik und -beugung.

20.1 Geometrische Optik

Das in ▶ Abschn. 19.4.1 im Kap. 19, „Wellen und Strahlung" eingeführte Strahlenkonzept für die makroskopische Beschreibung der Wellenausbreitung hat sich insbesondere bei Problemen der praktischen Optik (optische Abbildung) bewährt und sich zu einem besonderen Zweig der Optik entwickelt: *geometrische* oder *Strahlenoptik*. Hier geht es um die Bestimmung des Lichtweges in optischen Geräten und um die Klärung der Grundlagen zur optimalen Konstruktion solcher Geräte. Die Grundannahmen des Strahlenkonzeptes (gradlinige Ausbreitung im homogenen Medium, Unabhängigkeit sich überlagernder Strahlen, Umkehrbarkeit des Strahlenganges, Reflexionsgesetz, Brechungsgesetz) bedeuten eine starke Vereinfachung der Realität, da Beugungserscheinungen (vgl. Abschn. 20.2) und nichtlineare Erscheinungen (bei Laserstrahlen sehr hoher Intensität in Materie) nicht berücksichtigt werden. Die Grenzen der geometrischen Optik liegen daher dort, wo Abbildungsdetails oder die den Strahlengang begrenzenden Abmessungen (Schirme, Blenden usw.) in den Bereich der Wellenlänge des Lichtes kommen (siehe Abschn. 20.2 und 20.3).

20.1.1 Optische Abbildung

Eine Abbildung im Gauß'schen Sinne der geometrischen Optik liegt dann vor, wenn Lichtstrahlen, die von einem Gegenstandspunkt ausgehen, in einem Bildpunkt wieder vereinigt werden, und wenn verschiedene Punkte eines ausgedehnten ebenen Gegenstandes in einer Bildebene derart abgebildet werden, dass das Bild dem Gegenstand

H. Niedrig
Technische Universität Berlin (im Ruhestand), Berlin, Deutschland
E-Mail: heinz.niedrig@t-online.de

M. Sternberg (✉)
Hochschule Bochum, Bochum, Deutschland
E-Mail: martin.sternberg@hs-bochum.de

M. Hennecke, B. Skrotzki (Hrsg.), *HÜTTE Band 1: Mathematisch-naturwissenschaftliche und allgemeine Grundlagen für Ingenieure*, Springer Reference Technik,
https://doi.org/10.1007/978-3-662-64369-3_20

geometrisch ähnlich ist. Ein *optisches System*, das eine derartige Abbildung bewirkt, muss folgende Bedingungen erfüllen (Abb. 1):

Das abbildende optische System sei in seiner Wirkung auf eine Ebene S senkrecht zur optischen Achse GOB konzentriert. Ein von G unter dem Winkel α_1 gegen die optische Achse ausgehender Strahl möge in S so gebrochen werden, dass er die optische Achse hinter dem brechenden System in B unter dem Winkel β_1 schneidet. Eine Abbildung von G nach B liegt dann vor, wenn auch unter anderen Winkeln α_2 von G ausgehende Strahlen so gebrochen werden, dass sie durch B gehen.

Nach Abb. 1 gilt $r/g = \tan\alpha \approx \alpha$ und $r/b = \tan\beta \approx \beta$ für achsennahe Strahlen. Die zur Abbildung notwendige Strahlablenkung δ ergibt sich dann zu

$$\delta = \alpha + \beta \approx r\left(\frac{1}{g} + \frac{1}{b}\right). \qquad (1)$$

Bei gegebener Gegenstandsweite g muss die Bildweite b für alle von G ausgehenden Strahlen gleich sein, darf also nicht von r abhängen. Das ist nach (1) dann erfüllt, wenn die Ablenkung proportional zu r erfolgt:

$$\delta = \alpha + \beta = \text{const} \cdot r. \qquad (2)$$

Eine analoge Betrachtung für nicht auf der optischen Achse liegende, aber achsennahe Gegenstandspunkte führt zu derselben Beziehung. Die geometrische Ähnlichkeit folgt ebenfalls aus (2): Für Strahlen die durch den Mittelpunkt O des optischen Systems gehen, ist $r = 0$ und damit $\delta = 0$, d. h., diese Strahlen werden nicht abgelenkt. Anhand solcher Strahlen lässt sich aber die geometrische Ähnlichkeit zwischen Bild und Gegenstand sofort einsehen. Gl. (2) ist daher die zur Erzielung einer Abbildung notwendige Bedingung.

Die Realisierung einer derartigen Eigenschaft ist z. B. durch um die optische Achse rotationssymmetrische, konvexe Glas- oder Kunststoffkörper möglich, die durch Kugelflächen begrenzt sind. Wegen ihrer Form werden sie *optische Linsen* genannt. Die Abbildung eines Punktes in endlicher Entfernung durch eine dünne *Sammellinse* (z. B. eine Plankonvexlinse mit der Brechzahl n und dem Krümmungsradius R, Abb. 2) kann mithilfe der Ablenkformel (168) im ► Kap. 19, „Wellen und Strahlung“ für das dünne Prisma berechnet werden, da die Linse als ablenkendes

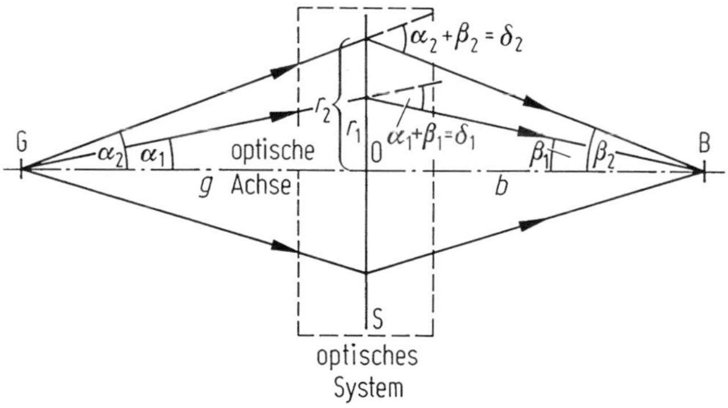

Abb. 1 Zur Herleitung der Abbildungsbedingung

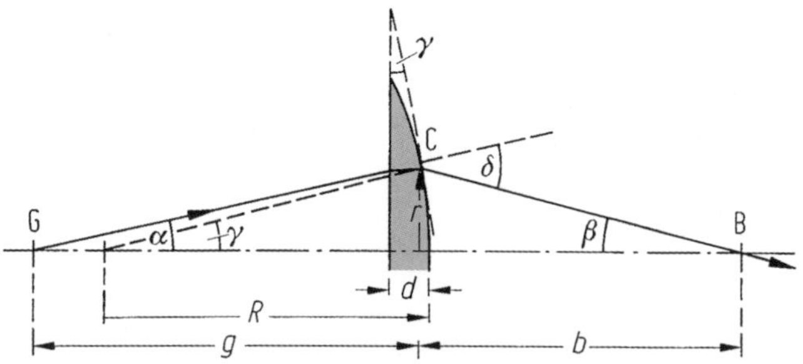

Abb. 2 Zur Berechnung der Linsenformel

Prisma mit vom Achsenabstand r abhängigen Dachwinkel γ aufgefasst werden kann (Abb. 2). Der Begriff dünne Linse bedeutet, dass der optische Weg (vgl. 162) im ▶ Kap. 19, „Wellen und Strahlung" in der Linse $L = nd$ klein gegen die Gegenstandsweite g und die Bildweite b ist.

Für das Dreieck GBC mit dem Ablenkwinkel δ als Außenwinkel zu den Dreieckswinkeln α und β gilt unter Berücksichtigung von (168) im ▶ Kap. 19, „Wellen und Strahlung"

$$\alpha + \beta = \delta = \gamma(n-1). \qquad (3)$$

Für achsennahe Strahlen (kleine Winkel) ist $\alpha \approx r/g$ und $\beta \approx r/b$. Ferner liefert $\gamma \approx r/R$ zusammen mit (3) die erforderliche Abbildungsbedingung (2). Damit folgt aus (3)

$$\frac{1}{g} + \frac{1}{b} = \frac{n-1}{R} = \text{const.} \qquad (4)$$

$b(g)$ ist hiernach unabhängig von α, eine notwendige Voraussetzung für die optische Abbildung. Für $g \to \infty$ (parallel einfallende Strahlen) wird die zugehörige Bildweite b_∞ als *Brennweite* f bezeichnet. Die reziproke Brennweite heißt *Brechkraft* D, sie ist für eine dünne Sammellinse

$$\frac{1}{b_\infty} = \frac{1}{f} = D = \frac{n-1}{R}. \qquad (5)$$

Gesetzliche Einheit :
$[D] = 1\ \text{m}^{-1} = 1$ dpt (Dioptrie).

Damit folgt aus (4), immer für achsennahe Strahlen, die Abbildungsgleichung (Linsenformel)

$$\frac{1}{g} + \frac{1}{b} = \frac{1}{f}. \qquad (6)$$

Bildkonstruktion

Die beiden Brechungen eines Lichtstrahls an den Oberflächen einer Linse können bei dünnen Linsen in guter Näherung durch eine einzige an der Mittelebene, der *Hauptebene* H, der Linse ersetzt werden. Zur geometrischen Konstruktion der Lage des Bildes ist nach (6) lediglich die Kenntnis der Brennweite f der abbildenden Linse und die Vorgabe der Gegenstandsweite g erforderlich. Die Konstruktion selbst kann dann mittels zweier von drei ausgezeichneten Strahlen erfolgen (Abb. 3, 4 und 5):

- Parallelstrahl (1), geht nach der Brechung durch den Brennpunkt F′ (1′);
- Mittelpunktsstrahl (2), durchdringt die Linse ungebrochen (2′);
- Brennpunktsstrahl (3), verläuft nach der Brechung parallel zur optischen Achse (3′).

Für die *Sammellinse* (plankonvexe oder bikonvexe Linsenflächen) erhält man aus der Linsenformel (6) für die Bildweite

$$b = \frac{fg}{g-f}. \qquad (7)$$

Für $g > f$ ist $b > 0$, es erfolgt eine reelle Abbildung, wobei das Bild umgekehrt erscheint (Bildhöhe $B < 0$, Abb. 3). Reelle Abbildung bedeutet, dass das Bild auf einem Schirm an dieser Stelle sichtbar wird. Für $g < f$ wird $b < 0$, das Bild scheint nach dem verlängerten Strahlenver-

Abb. 3 Bildkonstruktion bei der Sammellinse

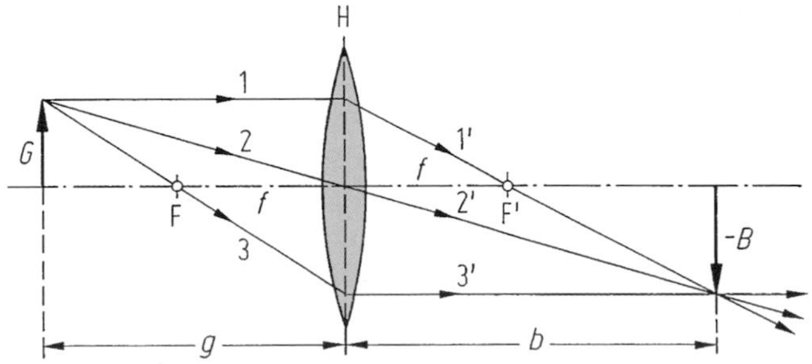

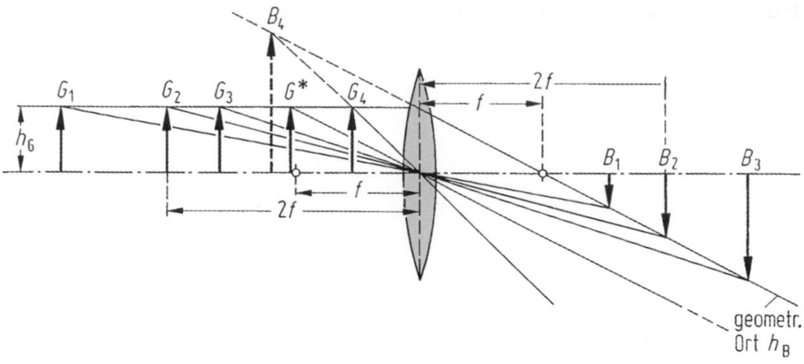

Abb. 4 Zuordnung von Bild und Gegenstand bei der Abbildung durch Sammellinsen

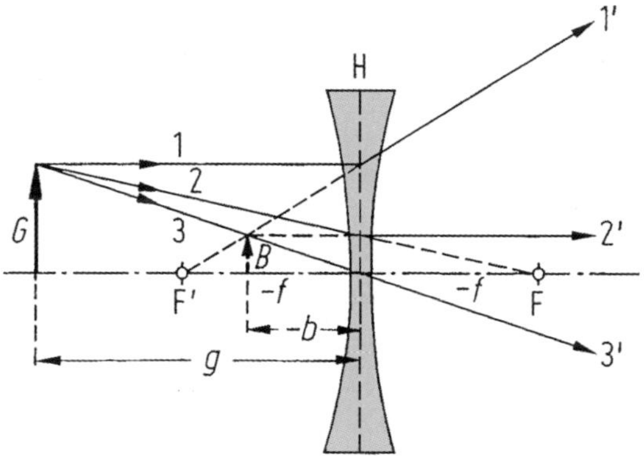

Abb. 5 Bildkonstruktion bei der Zerstreuungslinse

lauf hinter der Linse an einem Ort auf der Gegenstandsseite aufrecht aufzutreten, ohne dass ein Schirm dort das Bild zeigen würde: Virtuelle Abbildung. Der *Abbildungsmaßstab* ergibt sich mittels des Strahlensatzes aus Abb. 3 bzw. 4 zu

$$\beta_\mathrm{m} = \left|\frac{B}{G}\right| = \frac{h_B}{h_\mathrm{G}} = \frac{b}{g} = \frac{b}{f} - 1. \tag{8}$$

Die verschiedenen Fälle der Abbildung bei einer Sammellinse sind in Abb. 4 und Tab. 1 dargestellt.

Bei der *Zerstreuungslinse* (plankonkave oder bikonkave Linsenflächen) entsteht stets ein aufrechtes, verkleinertes, virtuelles Bild (Abb. 5).

Kombination dünner Linsen

Systeme aus dünnen Linsen der Brennweiten f_1 und f_2 mit geringem Abstand d ($\ll f_1, f_2$) voneinander wirken wie eine Linse mit der Brechkraft

$$\frac{1}{f} = \frac{1}{f_1} + \frac{1}{f_2} - \frac{d}{f_1 f_2} \text{ bzw.}$$
$$D = D_1 + D_2 - dD_1D_2. \tag{9}$$

Bei sehr kleinen Abständen d kann das letzte Glied vernachlässigt werden. Für diesen Fall lässt sich (9) sofort anhand des Verlaufs des Brennpunktstrahls herleiten.

Dicke Linsen

Bei dicken Linsen gelten die Abbildungsgesetze (6) bis (8) nur dann, wenn man zwei Hauptebenen H und H′ einführt, zwischen denen alle Strahlen als achsenparallel laufend angenommen werden (Abb. 6). Brennweiten, Gegenstands- und Bildweiten beziehen sich dann stets auf die zugehörige Hauptebene.

Zusammengesetzte optische Geräte

Optische Geräte bestehen meist aus mehreren Linsen oder Linsensystemen, die verschiedene Abbildungs- oder Beleuchtungsfunktionen haben.

Projektor. Abb. 7a zeigt einen Strahlengang zur vergrößerten Projektion, z. B. eines Diapositivs auf eine Leinwand. Dabei wird jedoch der von der Lichtquelle ausgehende Lichtstrom nur zu einem geringen Teil ausgenutzt ($\Omega_1/4\pi$), während der Anteil $(4\pi - \Omega_1)/4\pi$ verloren geht. Deshalb setzt man zwischen Lichtquelle und Gegenstand eine Kondensorlinse, die den ausgenutzten Raumwinkel auf $\Omega_2 > \Omega_1$ vergrößert, sowie einen Kondensorspiegel ein (Abb. 7b).

Die Kondensorlinse bewirkt ferner, dass der Lichtstrom im Wesentlichen durch den achsenna-

Tab. 1 Die verschiedenen Abbildungsfälle bei der Sammellinse

Gegenstand	Lage	Bild	β_m	Bildlage und -art		Anwendungen
G_1	$g > 2f$	B_1	<1	$f < b < 2f$	(reell)	Fernrohr, Kamera
G_2	$g = 2f$	B_2	$=1$	$b = 2f$	(reell)	Korrelator
G_3	$2f > g > f$	B_3	>1	$b > 2f$	(reell)	Projektion
G^*	$g \simeq f$	B^*	$\to\infty$	$b \to \infty$	(reell)	Projektor, Mikroskop
G_4	$g < f$	B_4	>1	$b < 0$	(virtuell)	Lupe

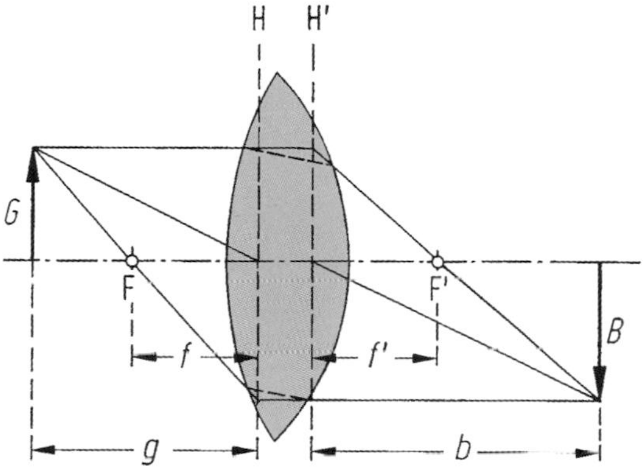

Abb. 6 Bildkonstruktion bei einer dicken Linse

hen Projektivbereich geht, wo die Abbildungsfehler (siehe Abschn. 20.1.2) am geringsten sind. Beim Projektor ist i. Allg. $b \gg g$, sodass aus (8) für den Abbildungsmaßstab folgt

$$\beta_m \approx \frac{b}{f}. \tag{10}$$

Mikroskop. Zur Beobachtung sehr kleiner Gegenstände wird eine zweistufige Abbildung benutzt (Abb. 8). In der ersten Stufe wird mit dem Objektiv ein stark vergrößertes reelles Bild B des Gegenstandes G hergestellt ($g \approx f_1$). In der zweiten Stufe wird das reelle Zwischenbild B mit dem Okular, das als Lupe wirkt, weiter vergrößert. Es entsteht ein virtuelles Bild B'.

Fernrohre benutzen wie Mikroskope eine mindestens zweistufige Abbildung. Hier wird ein weit entfernter Gegenstand ($g \to \infty : b \approx f$) durch das Objektiv in der Nähe des bildseitigen Brennpunktes reell abgebildet. Dieses Zwischenbild wird dann wiederum durch ein Okular als virtuelles, vergrößertes Bild betrachtet.

Auf die das Reflexionsgesetz (155) im ▶ Kap. 19, „Wellen und Strahlung" ausnutzende Abbildung mit Spiegeln wird hier aus Platzgründen nicht eingegangen. Man erhält jedoch für die Abbildung mit gekrümmten Spiegeln grundsätzlich analoge Beziehungen wie für die Abbildung mit Linsen.

20.1.2 Abbildungsfehler

Sphärische Linsen erzeugen nur näherungsweise eine fehlerfreie Abbildung, in der jeder Bildpunkt eindeutig einem Gegenstandspunkt zugeordnet ist, und in der die geometrische Ähnlichkeit zwischen Bild und Gegenstand gewahrt ist. Die folgend geschilderten Abbildungsfehler (Linsenfehler, Aberrationen) können teilweise durch Kombinationen geeigneter Linsen (und heute auch durch Verwendung asphärischer Linsen) reduziert (korrigiert) werden.

Öffnungsfehler (sphärische Aberration)
Die Gültigkeit der Abbildungsgleichung (6) ist auf achsennahe Strahlen begrenzt (Bereich der Gauß'schen Abbildung). Achsenferne Strahlen in den Randbereichen einer sphärischen Linse werden stärker gebrochen, als es der Abbildungsbedingung (2) entspricht. Die zugehörige Bildweite (bei Abbildung eines ∞ fernen Gegenstandpunktes: Brennweite) ist daher kürzer als die der achsennahen Strahlen (Abb. 9). Die Differenz der Bildweiten (bzw. der Brennweiten $\delta_f = f - f_r$) wird im engeren Sinne als Öffnungsfehler bezeichnet.

Die Einhüllende des bildseitigen Strahlenbündels heißt *Kaustiklinie*. Ihr Schnitt mit dem gegenüberliegenden Randstrahl definiert die Ebene kleinster Verwirrung (Radius r_s). Infolge des Öff-

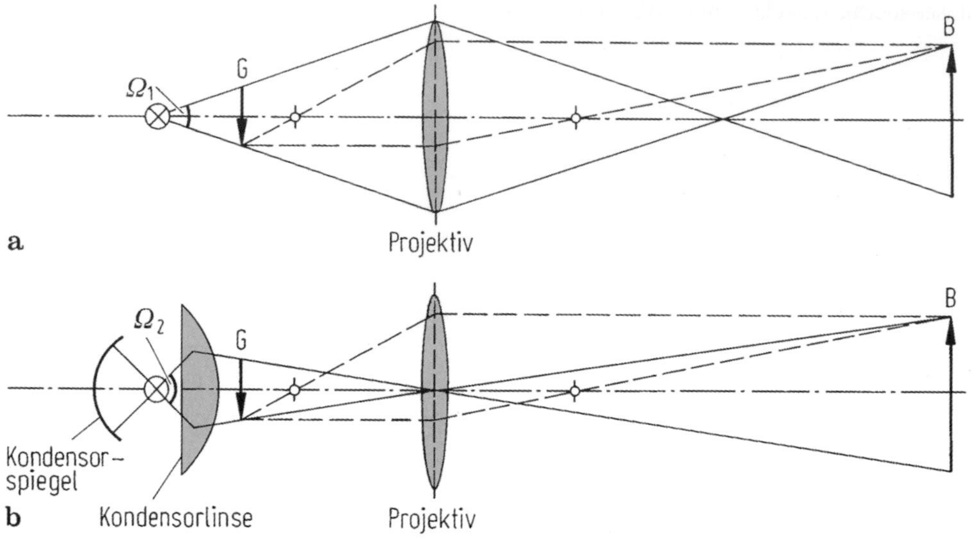

Abb. 7 Projektionsstrahlengang und Projektoranordnung

Abb. 8 Strahlengang im Mikroskop

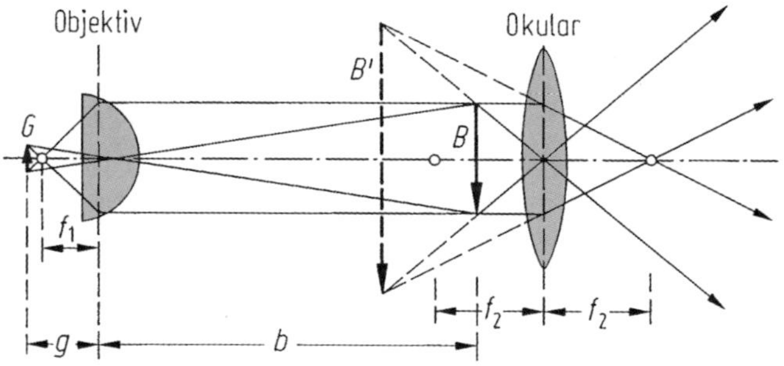

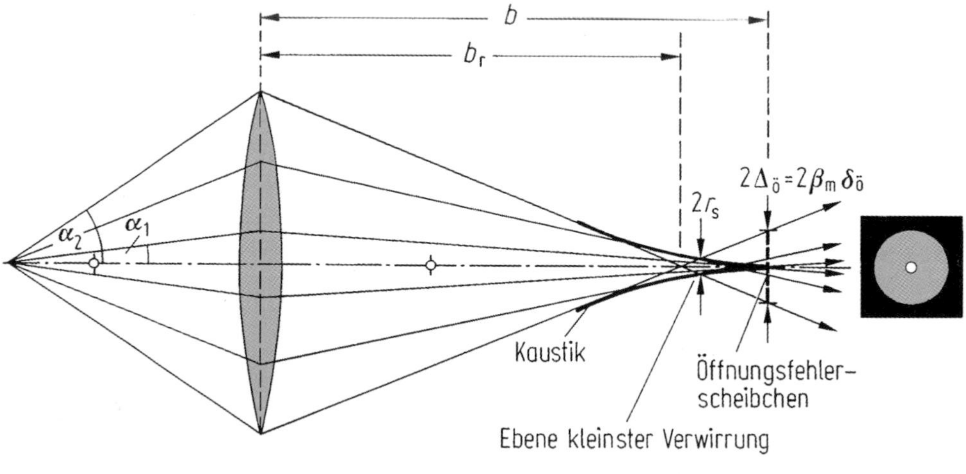

Abb. 9 Öffnungsfehler einer sphärischen Linse

nungsfehlers wird ein Gegenstandspunkt nicht als Punkt abgebildet, sondern am Ort des Gauß'schen Bildes als Fehlerscheibchen vom Radius $\Delta_{\text{Ö}}$. Der mithilfe des Abbildungsmaßstabes β_{m} auf die Gegenstandsseite zurückgerechnete Radius des Fehlerscheibchens $\delta_{\text{Ö}}$ steigt mit der 3. Potenz des Linsenaperturwinkels α (ohne Ableitung; Seidel'sche Fehlertheorie):

$$\delta_{Ö} = \frac{\Delta_{Ö}}{\beta_{m}} = C_{Ö}\alpha^{3} \quad (11)$$

Je nach Linsenform liegt der Öffnungsfehlerkoeffizient $C_{Ö}$ in der Größenordnung mehrerer Brennweiten *f*. Er ist am kleinsten, wenn die gegenstandsseitigen und die bildseitigen Randstrahlen etwa die gleichen Winkel zur Linsenoberfläche haben. Das erfordert je nach Abbildungsproblem meist eine asymmetrische Linsenform (z. B. plankonvex, vgl. Mikroskopobjektiv, Abb. 8). Der Öffnungsfehler kann durch Abblendung auf kleine Aperturwinkel α reduziert werden. Dem stehen jedoch die damit verbundene Lichtschwächung und der steigende Beugungsfehler (siehe unten) entgegen.

Eine spezielle Form des Öffnungsfehlers ist die *Koma*: Das Öffnungsfehlerscheibchen wird asymmetrisch, wenn die Linse seitlich ausgeleuchtet wird (Abb. 10). Komafiguren werden daher bei schlechter Linsenzentrierung beobachtet.

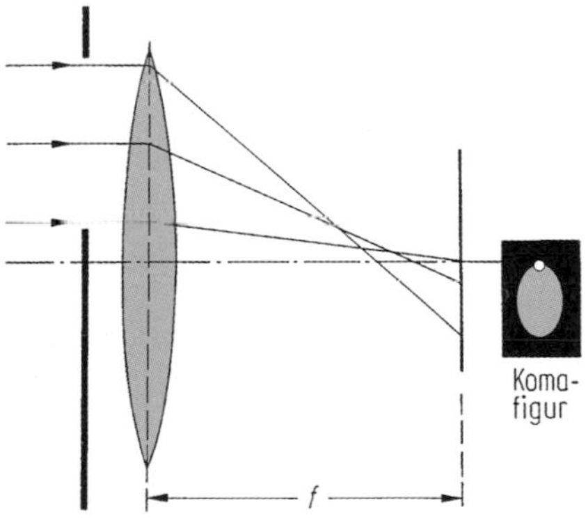

Abb. 10 Zur Entstehung der Komafigur

Astigmatismus
Linsen mit nicht ganz sphärischen Flächen zeigen in zueinander senkrechten, die optische Achse enthaltenden Schnittflächen unterschiedliche Zylinderlinsenwirkung, d. h., die Brennweiten sind für solche Schnittflächen verschieden. Ein Gegenstandspunkt kann dann bestenfalls in zwei unterschiedlichen Bildebenen als Strich abgebildet werden, wobei die beiden Strichbilder aufeinander senkrecht stehen (Abb. 11). Derselbe Effekt tritt an sphärischen Linsen bei schiefer Durchstrahlung auf. Für den Astigmatismus korrigierte Linsensysteme: Anastigmate.

Kissen- und Tonnenverzeichnung
Zu geometrischen Verzeichnungen infolge des Öffnungsfehlers kommt es, wenn das abbildende Strahlenbündel außerhalb der abbildenden Linse durch Blenden eingeengt wird. Eine Blende im Gegenstandsraum bewirkt, dass für die Abbildung der äußeren Gegenstandsbereiche Randbereiche der Linse genutzt werden. Das führt zu kleineren Abbildungsmaßstäben im Randbildbereich als im zentralen Bildbereich: *Tonnenverzeichnung* (Abb. 12a).

Eine Blende im Bildbereich bewirkt das Gegenteil: äußere Bildbereiche werden stärker vergrößert wiedergegeben als innere Bildbereiche: *Kissenverzeichnung* (Abb. 12b).

Farbfehler (chromatische Aberration)
Die Dispersion des Linsenmaterials bewirkt, dass vor allem im Linsenrandbereich blaues Licht stärker gebrochen wird als rotes Licht (vgl. Abb. 46 im ▶ Kap. 19, „Wellen und Strahlung"; Abb. 13). Mit weißem Licht erzeugte Bilder bekommen dann Farbsäume. Der Farbfehler kann für zwei Wellenlängen durch Kombination einer Konvexlinse aus Kronglas und einer Konkavlinse aus

Abb. 11 Astigmatismus einer Linse mit unterschiedlichen Krümmungen: anstelle eines Brennpunktes treten zwei zueinander senkrechte Brennlinien auf

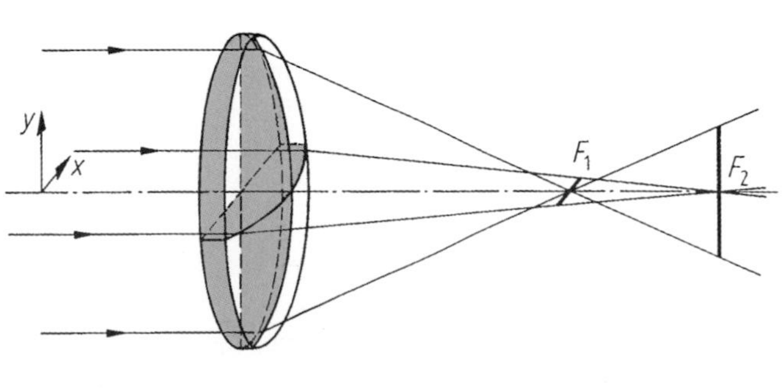

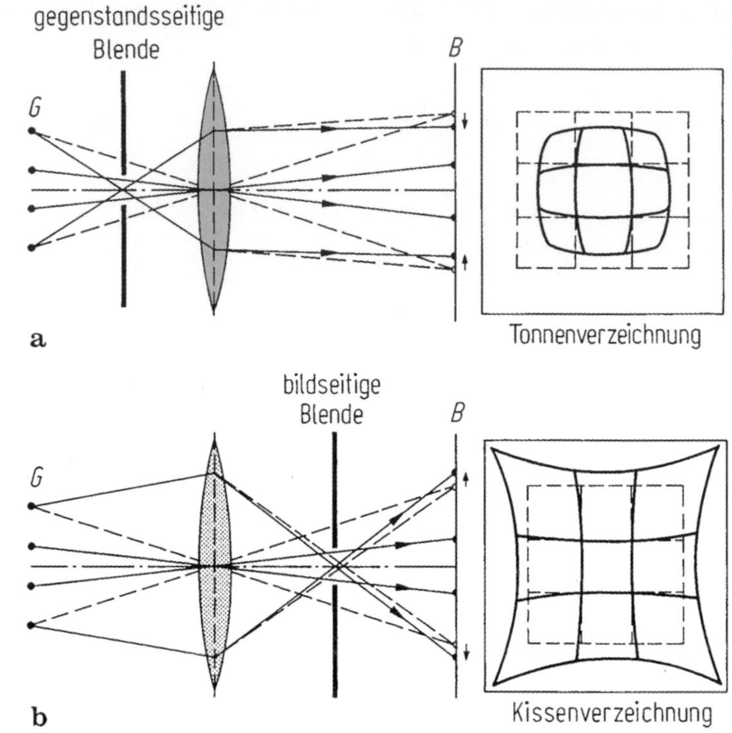

Abb. 12 Zur Entstehung von Tonnen- und Kissenverzeichnung

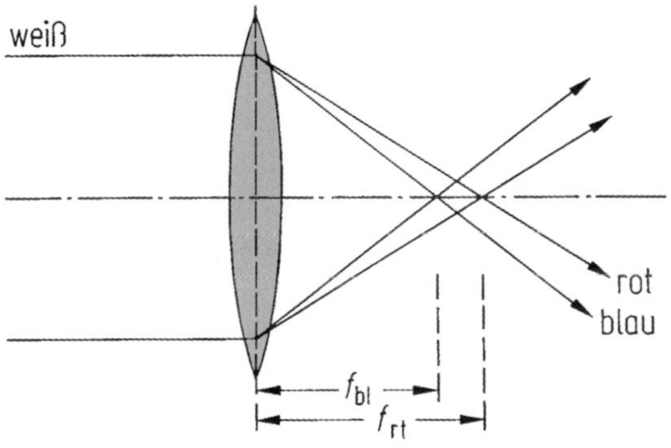

Abb. 13 Zur Entstehung des Farbfehlers

Flintglas, die unterschiedliche Dispersion haben (Tab. 1), korrigiert werden: Achromat.

Bildfeldwölbung

Ein ebener Gegenstand wird durch eine Linse in einer gewölbten Fläche scharf abgebildet. Auf einem ebenen Bildschirm werden dann die Randbereiche unscharf. In dieser Hinsicht korrigiertes Linsensystem: Aplanat.

Beugungsfehler

Die Berücksichtigung der Welleneigenschaften des Lichtes zeigt, dass Lichtbündel von begrenztem Durchmesser D durch Beugung (siehe Abschn. 20.2 und 20.3) aufgeweitet werden. Bei der Abbildung eines fernen Gegenstandspunktes durch eine Linse des Durchmessers D entsteht daher ein Beugungsfehlerscheibchen vom Radius δ_B (Abb. 14).

Der Beugungswinkel beträgt nach (25) $\vartheta \approx \lambda/D$ mit $\lambda =$ Wellenlänge des verwendeten Lichtes. Mit $D \approx 2\,\alpha f$ folgt für den Radius des Beugungsfehlerscheibchens

$$\delta_B = \vartheta f \approx \frac{\lambda f}{D} \approx \frac{\lambda}{2\alpha}. \qquad (12)$$

Beugungsunschärfe δ_B und Öffnungsfehlerunschärfe $\delta_Ö$ (11) hängen also gegensinnig vom Öffnungswinkel (Aperturwinkel) α ab. Die geringste Unschärfe ist daher für einen optimalen Öffnungswinkel α_{opt} zu erwarten, der nahe bei $\delta_Ö \approx \delta_B$ liegt (Abb. 15).

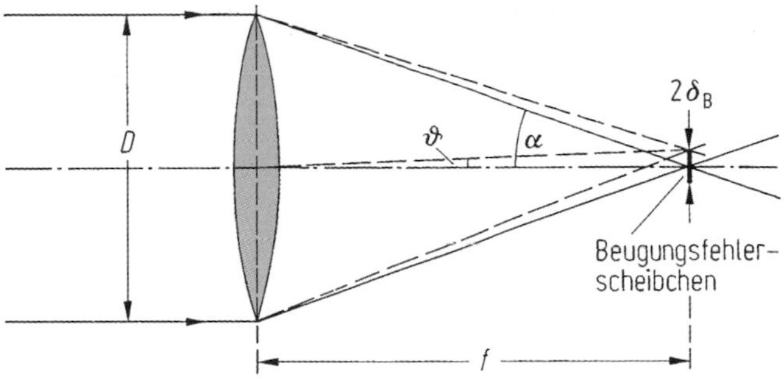

Abb. 14 Zur Berechnung des Beugungsfehlers

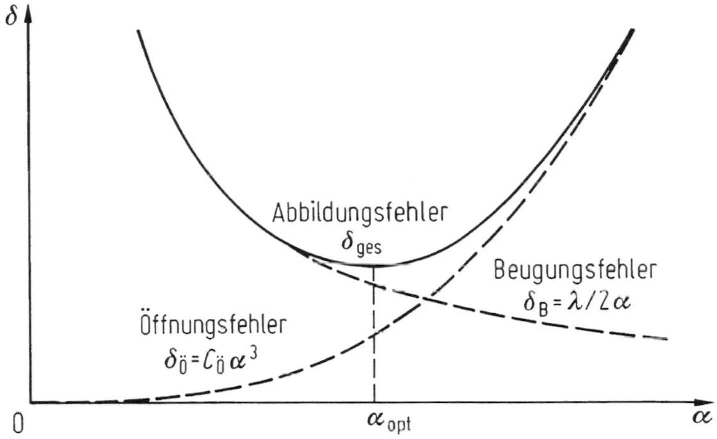

Abb. 15 Abbildungsunschärfe als Funktion des Öffnungswinkels (qualitativ)

20.2 Interferenz und Beugung

Unter *Interferenz* versteht man die Erscheinungen, die durch Überlagerung von am gleichen Ort zusammentreffenden Wellenzügen gleicher Art (elastische, elektromagnetische, Materiewellen, Gravitationswellen usw.) hervorgerufen werden, z. B. gegenseitige Verstärkung oder Auslöschung, stehende Wellen usw. (bei Wellen gleicher Frequenz, vgl. ▶ Abschn. 19.1 im Kap. 19, „Wellen und Strahlung"), oder Schwebungen (bei Wellen von etwas verschiedener Frequenz) usw.

Bringt man in das Feld einer fortschreitenden Welle ein Hindernis (Schirm, Blendenöffnung), so gelangt z. B. auch in den geometrischen Schattenraum eine Wellenerregung: *Beugung*. Die Beugungserscheinungen lassen sich durch die Interferenz der von der primären Welle nach dem Huygens'schen Prinzip ausgelösten Elementarwellen (siehe unten) beschreiben.

20.2.1 Huygens'sches Prinzip

Die Ausbreitung von Wellen beliebiger Form kann auf die Ausbreitung von Kugelwellen, sogenannten Elementarwellen, und deren phasenrichtige Überlagerung (Interferenz) zurückgeführt werden (*Huygens'sches Prinzip*, ca. 1680):

> Jeder Punkt einer Wellenfläche (Phasenfläche) ist Ausgangspunkt einer neuen Elementarwelle (Kugelwelle), die sich im gleichen Medium mit der gleichen Geschwindigkeit wie die ursprüngliche Welle ausbreitet. Die tangierende Hüllfläche aller Elementarwellen gleicher Phase ergibt eine neue Lage der Phasenfläche der ursprünglichen Welle.

Beispiele für die Anwendung dieses Prinzips zeigt Abb. 16.

Die Anwendung des Huygens'schen Prinzips werde für den Durchgang einer ebenen Welle durch eine Schirmöffnung der Breite D betrachtet (Abb. 17):

Sind die Abmessungen der Schirmöffnung groß gegenüber der Wellenlänge ($D \gg \lambda$, Abb. 17a), so erhält man hinter dem Schirm ein nahezu ungestörtes Wellenfeld von der Breite der Schirmöffnung. Für diesen Fall ist das Strahlenkonzept offenbar brauchbar. Es treten lediglich geringe Randstörungen auf, die daher rühren, dass im Schattenbereich keine Elementarwellen vom hier ausgeblendeten primären Wellenfeld angeregt werden.

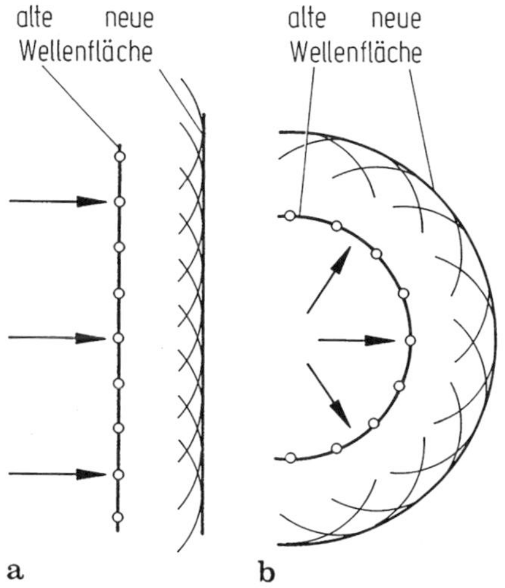

Abb. 16 Entstehung neuer Wellenflächen nach dem Huygens'schen Prinzip **a** für ebene Wellen, **b** für Kugelwellen

Kommt hingegen die Spaltbreite D in die Nähe der Wellenlänge λ ($D \gtrsim \lambda$, Abb. 17b), so wird die Intensitätsverteilung zunehmend stärker durch Interferenzmaxima und -minima strukturiert, sowohl innerhalb als auch außerhalb des geometrischen Strahlbereichs.

Wird schließlich $D \ll \lambda$ (Abb. 17c), so wird gewissermaßen nur noch eine einzelne Elementarwelle von der Schirmöffnung freigegeben. Das Strahlenkonzept ist hier völlig unbrauchbar, während das Huygens'sche Prinzip die zu beobachtenden Beugungsphänomene richtig beschreibt.

Das Huygens'sche Prinzip, insbesondere in der Erweiterung von Fresnel (siehe unten) ist die Grundlage der quantitativen Theorie der Beugung.

Huygens-Fresnel'sches Prinzip:

Die Amplitude einer Welle in einem beliebigen Raumpunkt ergibt sich aus der Überlagerung aller dort eintreffenden Elementarwellen unter Berücksichtigung ihrer Phase.

Bei der Beugung von elektromagnetischen Wellen, insbesondere von Lichtwellen, ist es für viele Zwecke ausreichend, den vektoriellen Charakter des elektromagnetischen Feldes zu vernachlässigen, d. h. eine skalare Wellentheorie zu betreiben. Zur Vereinfachung der mathematischen Schreibweise werden cos- und sin-Wellen nach

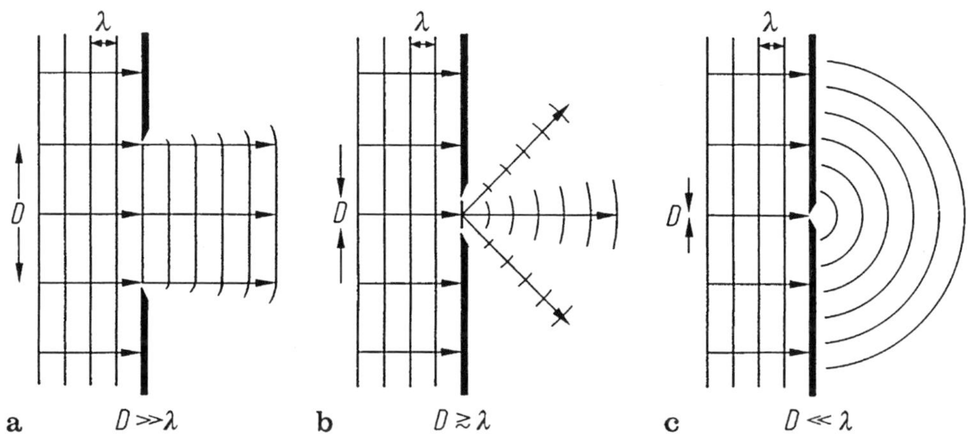

Abb. 17 Durchgang einer Welle durch eine Spaltöffnung bei verschiedenen Spaltbreiten D im Vergleich zur Wellenlänge λ

der Euler'schen Formel (vgl. (12) in ▶ Kap. 2, „Funktionen") komplex zusammengefasst:

$$u(r,t) = \hat{u}[\cos(\omega t - kr) + \mathrm{j}\sin(\omega t - kr)] \\ = \hat{u}\mathrm{e}^{\mathrm{j}(\omega t - kr)} = \hat{u}\mathrm{e}^{-\mathrm{j}kr}\mathrm{e}^{\mathrm{j}\omega t}. \quad (13)$$

u ist hierin die Erregung. Das kann z. B. der Betrag der elektrischen oder der magnetischen Feldstärke sein. Eine auslaufende Kugelwelle (vgl. (10) im ▶ Kap. 19, „Wellen und Strahlung") lautet in dieser Schreibweise

$$u(r,t) = \frac{u_1}{r}\mathrm{e}^{-\mathrm{j}kr}\mathrm{e}^{\mathrm{j}\omega t}. \quad (14)$$

Für die Berechnung der Beugungsintensitäten durch phasenrichtige Überlagerung der elementaren Kugelwellen ist der Zeitfaktor $\mathrm{e}^{\mathrm{j}\omega t}$ nicht wesentlich und wird daher abgespalten. Im Schlussergebnis der Beugungsrechnung kann, wenn nötig, der Realteil der Lichterregung u wiedergewonnen werden durch Addition der konjugiert komplexen Erregung u^*.

Die mathematische Ausformulierung des Huygens-Fresnel'schen Prinzips durch Kirchhoff berechnet die Lichterregung u(P) in einem beliebigen Punkt P als Integral der Lichterregung u über eine den Punkt P einschließende Fläche. Handelt es sich um die Beugung an einer Öffnung in einem Schirm (Fläche A), so wird man als Integrationsfläche den Schirm einschließlich Öffnung wählen. Da die Erregung auf dem Schirm jedoch nicht bekannt ist, wird nach Kirchhoff angenommen, dass in der freien Öffnung die Erregung vorliegt, die auch ohne Vorhandensein des Schirmes dort auftreten würde, während die Erregung (und deren Gradient) auf dem Schirm selbst gleich null gesetzt wird. Da die Materialeigenschaften des Schirms dann gar nicht mehr in die Rechnung eingehen, muss das Ergebnis für die unmittelbare Nähe des Schirmrandes nicht in jedem Falle zutreffen. Davon abgesehen ist jedoch die Kirchhoff'sche Beugungstheorie außerordentlich erfolgreich.

Für einen ebenen Schirm an der Stelle $z = 0$ (Abb. 18) lautet die *Kirchhoff'sche Beugungsformel* in der Formulierung von Sommerfeld

$$u(\mathrm{P}) = \frac{\mathrm{j}}{\lambda}\iint_A u(\xi,\eta)\frac{\mathrm{e}^{-\mathrm{j}kr}}{r}\cos(\boldsymbol{n},\boldsymbol{r})\,\mathrm{d}\xi\,\mathrm{d}\eta. \quad (15)$$

u(P) und $u(\xi, \eta)$ sind die Erregungen im Beobachtungspunkt P(x, y, z) bzw. in der Schirmöffnung (Schirmkoordinaten ξ und η), $\boldsymbol{n}$ ist die Flächennormale des Schirms. Gl. (15) formuliert genau die Huygens'sche Vorstellung: Die resultierende Erregung ergibt sich als Überlagerung aller von der beugenden Öffnung ausgehenden Kugelwellen. Der Faktor $\cos(\boldsymbol{n}, \boldsymbol{r})$ entspricht dabei dem Lambert'schen Cosinusgesetz (siehe ▶ Abschn. 19.3.2 im Kap. 19, „Wellen und Strahlung"). Ferner ist $r \gg \lambda$ vorausgesetzt. Die Erregungsverteilung $u(\xi, \eta)$ in der Schirmöffnung kann z. B. durch eine Lichtquelle Q(x_0, y_0, z_0) im Abstand $\boldsymbol{R}_0$ erzeugt werden.

Sind die linearen Abmessungen der beugenden Öffnung $D \ll r, R$, so kann r im Nenner durch den mittleren Wert R ersetzt werden und zusammen

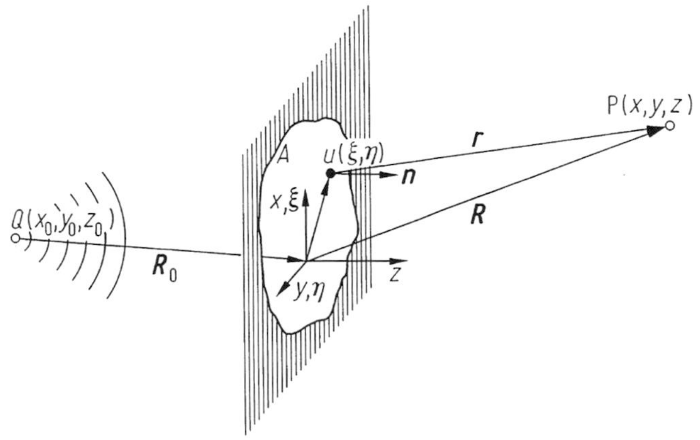

Abb. 18 Zur Beugung an einer Schirmöffnung nach Kirchhoff

mit dem dann wenig veränderlichen Faktor $\cos(\boldsymbol{n}, \boldsymbol{r})$ aus dem Integral herausgezogen werden. Wegen $R \gg \xi, \eta$ kann dann r im Exponenten entwickelt werden:

$$r = R - \alpha\xi - \beta\eta + \frac{1}{2R}\left[\xi^2 + \eta^2 - (\alpha\xi + \beta\eta)^2 + \ldots\right]. \quad (16)$$

Hierbei sind

$$\alpha = \frac{x}{R} \quad \text{und} \quad \beta = \frac{y}{R} \quad (17)$$

die Richtungscosinus von $\boldsymbol{R}$ gegen die ξ- bzw. η-Achse. Diese Entwicklung gestattet eine Einteilung der Beugungserscheinungen:

Fraunhofer-Beugung. Für große Entfernungen von Lichtquelle Q und Beobachtungspunkt P vom Schirm, d. h. $R, R_0 \to \infty$, können die quadratischen Glieder vernachlässigt werden. Aus (15) ergibt sich dann unter Weglassung des konstanten Phasenfaktors $\exp(-\mathrm{j}kR)$

$$u(\mathrm{P}) = \frac{\mathrm{j}\cos(\boldsymbol{n},\boldsymbol{R})}{\lambda R} \iint\limits_A u(\xi,\eta)\mathrm{e}^{\mathrm{j}k(\alpha\xi+\beta\eta)}\mathrm{d}\xi\mathrm{d}\eta. \quad (18)$$

Fresnel-Beugung. In Fällen, in denen die Bedingung für Fraunhofer-Beugung nicht erfüllt ist, müssen mindestens die quadratischen Glieder in (16) berücksichtigt werden.

Entsprechend den genannten Einschränkungen lassen sich die verschiedenen Beugungsbereiche mithilfe der *Fresnel-Zahl*

$$F = \frac{D^2}{z\lambda} \quad (19)$$

(D lineare Abmessung des beugenden Objekts) charakterisieren (Abb. 19):

1. Bereich der geometrischen Optik, $F \gg 1$ ($F \to \infty$): Die Ausbreitung erfolgt entsprechend der von der Lichtquelle ausgehenden geometrischen Projektion des Schirms. Kennzeichen sind: Geradlinigkeit der Ausbreitung in homogenen Medien (siehe 1), scharfe Schattengrenzen, Einfluss der Wellenlänge vernachlässigbar.
2. Bereich der Fresnel-Beugung, $F \approx 1$ ($10^{-2} < F < 10^2$): Die Ausbreitung erfolgt nur näherungsweise im Bereich der geometrischen Schattenprojektion. Mit abnehmenden Werten von F steigt die seitliche Abströmung der Strahlungsenergie und geht in den Beugungswinkel ϑ (siehe Abschn. 20.2.2) über. Die Intensitätsverteilung hinter der Öffnung ist stark strukturiert und zeigt eine ausgeprägte z-Abhängigkeit in der Zahl der Interferenzmaxima.
3. Bereich der Fraunhofer-Beugung, $F \ll 1$ ($F \to 0$): Die Ausbreitung erfolgt hauptsächlich innerhalb des Beugungswinkels $\vartheta = \arcsin(\lambda/D)$. Die Form der Intensitätsverteilung hängt nicht mehr von z ab.

20.2.2 Fraunhofer-Beugung an Spalt und Gitter

Die Beobachtung der Fraunhofer-Beugung setzt voraus, dass Lichtquelle Q und Beobachtungs-

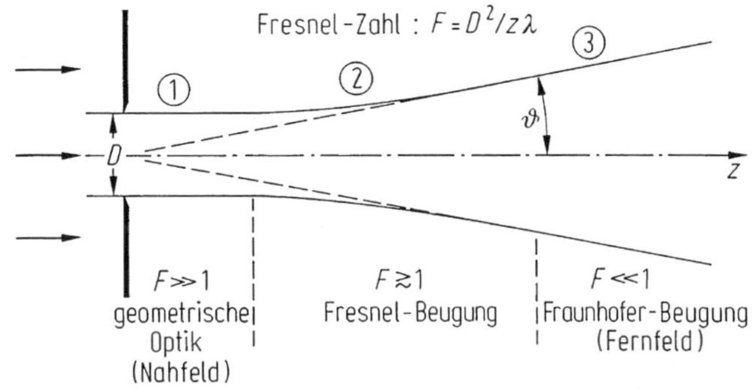

Abb. 19 Zur Einteilung der Beugungserscheinungen hinter einer Öffnung der Breite $D > \lambda$ in charakteristische Bereiche mithilfe der Fresnel-Zahl

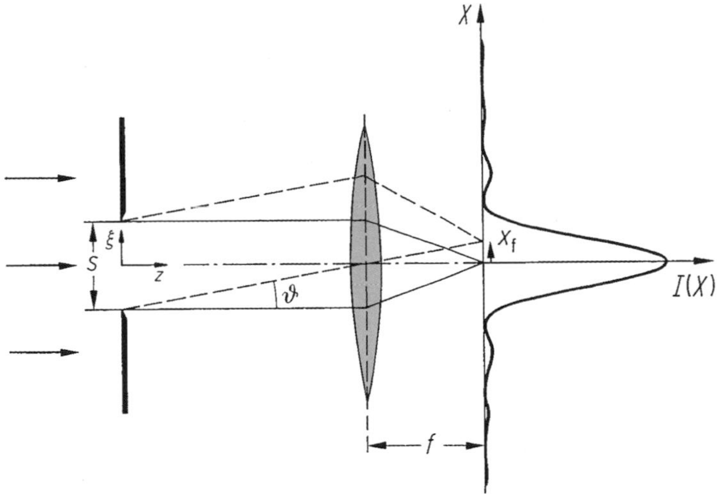

Abb. 20 Erzeugung des Fraunhofer-Beugungsbildes eines Spaltes in der Brennebene einer Linse

punkt P sehr weit von der beugenden Öffnung entfernt sind (R_0, $R \to \infty$). Im Experiment lässt sich dies durch eine Parallelstrahl-Beleuchtung (z. B. mithilfe einer Linse vor dem Objekt, in deren gegenstandsseitigem Brennpunkt sich eine Punktlichtquelle befindet) und eine hinter dem Beugungsobjekt angeordnete Linse erreichen, in deren hinterer Brennebene das Fraunhofer-Beugungsbild auftritt (Abb. 20).

Nimmt man an, dass die Erregung direkt hinter dem Schirm durch eine konstante Primärerregung u_e erzeugt wird (etwa durch eine Punktquelle Q $(0,0,-\infty)$, sodass die Schirmebene eine Phasenfläche ist), die durch den Schirm (und seine Öffnung) örtlich moduliert wird, so lässt sich die Erregung auch durch eine Objektfunktion $O(\xi,\eta)$ beschreiben:

$$u(\xi,\eta) = u_e O(\xi,\eta). \tag{20}$$

Das Kirchhoff'sche Integral (18) lautet dann bis auf nur langsam mit x und y variierende Vorfaktoren

$$u(\mathrm{P}) = \text{const} \iint_A O(\xi,\eta) \mathrm{e}^{\mathrm{j}k(\alpha\xi+\beta\eta)} \mathrm{d}\xi \mathrm{d}\eta \tag{21}$$

und stellt mathematisch eine Fourier-Transformation (siehe Teil Mathematik) dar.

Beugung am Einfachspalt

Die Objektfunktion für einen in η-Richtung ∞-lang ausgedehnten Spalt der Breite s lautet

$$O(\xi,\eta) = O(\xi) = \begin{cases} 1 & \text{für} \quad -s/2 < \xi < s/2 \\ 0 & \text{sonst} \end{cases}. \tag{22}$$

Mit dieser Objektfunktion ergibt das leicht auszuführende Kirchhoff'sche Integral (21) für den Intensitätsverlauf $I(X) \sim u^2(X)$ in der Beugungsebene die *Spaltbeugungsfunktion*

$$I(X) = I_0 \frac{\sin^2 X}{X^2}. \tag{23}$$

I_0 ist die Intensität an der Stelle $X = 0$, also in Geradeausrichtung. $X = k\alpha s/2 = \pi\alpha s/\lambda = \pi s x_f/\lambda f$ ist eine normierte Koordinate in der Bildebene (Brennebene der nachgeschalteten Linse) mit $x_f \approx \alpha f$ und $\alpha = \sin\vartheta$ (Abb. 20):

$$X = \frac{\pi s}{\lambda} \sin\vartheta. \tag{24}$$

Abb. 21 zeigt die Intensitätsverteilung $I(X)$. Sie hat Nullstellen bei $X = \pi, 2\pi, \ldots, n\pi, \ldots$. Hier interferieren alle von der Spaltfläche ausgehenden Elementarwellen so miteinander, dass sie sich ins-

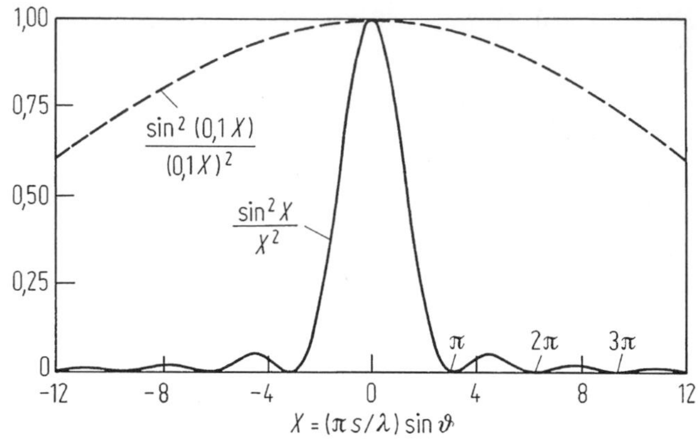

Abb. 21 Spaltfunktion: Fraunhofer-Beugungsintensität hinter Einfachspalten verschiedener Breite s_1 und $s_2 = 0{,}1\,s_1$

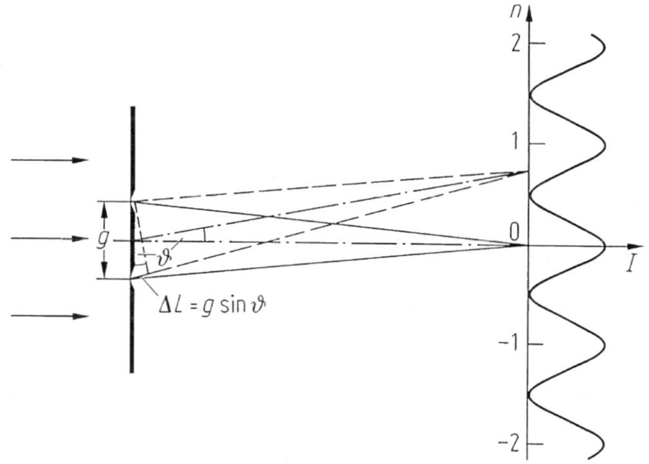

Abb. 22 Beugung am unendlich dünnen Doppelspalt

gesamt auslöschen. Die zu den Minima gehörenden Beugungswinkel beim Einfachspalt ergeben sich aus (24) zu

$$\sin\vartheta_{\min} = \pm n\frac{\lambda}{s} \quad (n = 1{,}2,\ldots). \tag{25}$$

Wird die Spaltbreite s verringert, so wird die Verteilung umgekehrt proportional zu s breiter (die Intensität dabei geringer), bis schließlich eine einfache Kugelwelle mit nahezu richtungsunabhängiger Intensität übrigbleibt (vgl. auch Abb. 17c).

Beugung am Doppelspalt

Die Beugungsintensität hinter zwei oder mehr unendlich dünnen Spalten mit dem Abstand g lässt sich auf direktem Wege berechnen. Die Interferenzamplitude der Erregung auf einem weit entfernten Schirm, die durch Überlagerung der an zwei Spalten gebeugten Wellen entsteht (Abb. 22), ergibt sich aus dem Gangunterschied (Differenz der optischen Weglängen, siehe ► Abschn. 19.4.1 im Kap. 19, „Wellen und Strahlung") $\Delta L = g\sin\vartheta$ bzw. der daraus resultierenden Phasendifferenz

$$\Delta\varphi = k\Delta L = \frac{2\pi}{\lambda}\,g\sin\vartheta. \tag{26}$$

Die Interferenzamplitude der beiden Wellen mit der Einzelamplitude u_e beträgt in der Beugungsrichtung ϑ aufgrund der Phasendifferenz gemäß (26)

$$u_\vartheta = 2u_e\cos\frac{\Delta\varphi}{2}. \tag{27}$$

Daraus ergibt sich für die Beugungsintensität $I_\vartheta \sim {u_\vartheta}^2$ (siehe ► Abschn. 19.2.1 im Kap. 19,

„Wellen und Strahlung") des Doppelspaltes (Abb. 22)

$$I_\vartheta = 4I_e \cos^2\left(\frac{\pi g}{\lambda}\sin\vartheta\right). \quad (28)$$

Diese Beugungsintensitätsverteilung hat Maxima an den Stellen

$$\sin\vartheta_{max} = \pm n\frac{\lambda}{g} \quad (n = 0{,}1,\ldots) \quad (29)$$

und Minima bei

$$\sin\vartheta_{min} = \pm\left(n + \frac{1}{2}\right)\frac{\lambda}{g} \quad (n = 0{,}1,\ldots). \quad (30)$$

Die $\cos^2$-förmige Beugungsintensitätsverteilung beim Doppelspalt ist die typische Erscheinungsform der Zweistrahlinterferenz, die sehr häufig z. B. auch bei Interferometern ausgenutzt wird. Da man es in praxi mit endlichen Wellenzügen zu tun hat (vgl. ▶ Abschn. 19.1.1 im Kap. 19, „Wellen und Strahlung"), treten Interferenzerscheinungen zwischen beiden Wellenzügen nur dann auf, wenn der Weglängenunterschied ΔL nicht größer ist als die Länge der Wellenzüge, die in diesem Zusammenhang als *Kohärenzlänge* bezeichnet wird.

Zweistrahlinterferenzen treten u. a. bei zwei vom gleichen Verstärker angesteuerten Lautsprechern auf, bei zwei Antennen eines Senders usw.

Beugung am Gitter

Erhöht man die Zahl N der Spalte über 2 hinaus, so gilt die Bedingung (29) für das Auftreten für Maxima weiterhin, da bei dem Beugungswinkel ϑ_{max} auch die weiteren Spalten phasenrichtig zur Beugungsintensität beitragen (Abb. 23):

$$\sin\vartheta_{max} = \pm\, n\frac{\lambda}{g}, \quad n = 0{,}1\ldots. \quad (31)$$

Der Abstand g der Gitterspalte wird auch Gitterkonstante genannt.

Zwischen den Hauptmaxima verteilt sich die Beugungsintensität jedoch anders als beim Doppelspalt, da bei diesen Richtungen jeweils viele unterschiedliche Phasen auftreten, die zur destruktiven Interferenz führen. Die Überlagerung der von den einzelnen Spalten ausgehenden Teilwellen in Richtung ϑ ergibt

$$u_\vartheta = u_e\left[1 + e^{jk\Delta L} + \ldots + e^{jk(N-1)\Delta L}\right]. \quad (32)$$

Mit der Summenformel für geometrische Reihen ergibt sich daraus

$$u_\vartheta = u_e\frac{1 - e^{jkN\Delta L}}{1 - e^{jk\Delta L}} = u_e\frac{\sin(kN\Delta L/2)}{\sin(k\Delta L/2)}\, e^{jk(N-1)\Delta L/2}. \quad (33)$$

Der Exponentialterm ist ein Phasenfaktor mit dem Betrag 1. Die Fraunhofer-Beugungsintensität

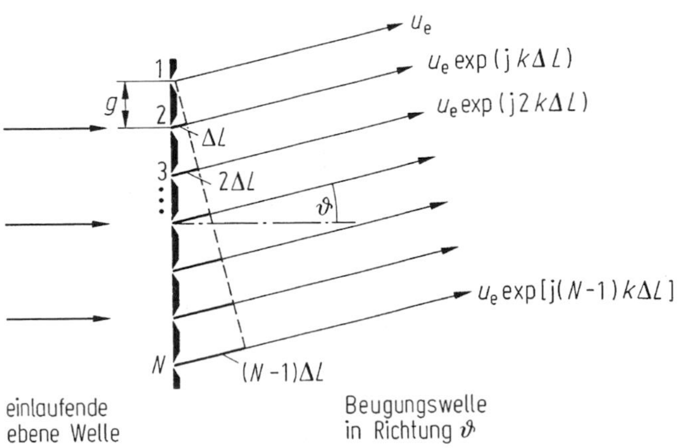

Abb. 23 Zur Beugung am Gitter mit N Spalten

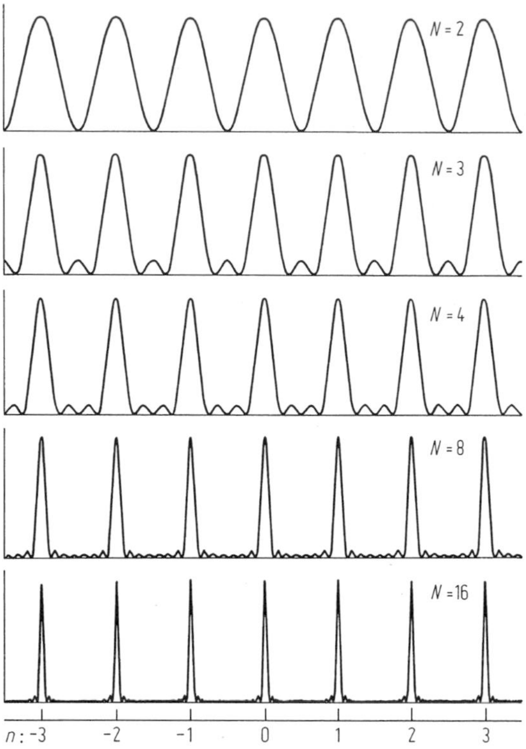

Abb. 24 Verteilung der Fraunhofer-Beugungsintensität eines Gitters mit zunehmender Spaltzahl N

eines Gitters mit N unendlich dünnen Spalten, die sog. Gitterbeugungsfunktion, beträgt demnach mit $k\Delta L/2 = (\pi g/\lambda)\sin\vartheta$

$$I_\vartheta = I_e N^2 \frac{\sin^2\left(N\frac{\pi g}{\lambda}\sin\vartheta\right)}{N^2\sin^2\left(\frac{\pi g}{\lambda}\sin\vartheta\right)}. \quad (34)$$

Der Bruchausdruck hat in den durch (31) gegebenen Hauptmaxima den Wert 1. Hier wächst demnach die Intensität quadratisch mit der Zahl N der Spaltöffnungen des Gitters. Gleichzeitig sinkt die Halbwertsbreite mit N (Abb. 24). Für $N \to \infty$ erhält man eine Folge von Deltafunktionen (vgl. Teil Mathematik) an den Stellen der Hauptmaxima: „Delta"-Kamm.

Reale Gitterspalte haben immer eine endliche Breite s. Daher überlagert sich der Gitterbeugungsfunktion (34) stets die Spaltbeugungsfunktion (23) als Intensitätsfaktor (Abb. 25).

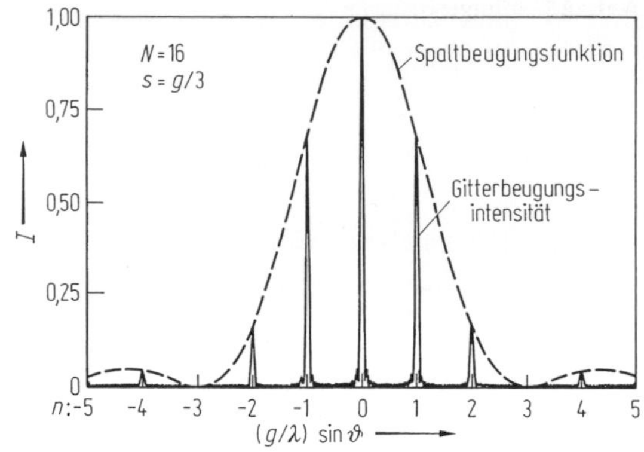

Abb. 25 Beugungsintensitätsverteilung eines Gitters mit der Gitterkonstante g und der Spaltbreite $s = g/3$

Kreuzgitter sind Beugungsschirme mit Gitterstrukturen in zwei verschiedenen Richtungen. Sie erzeugen dementsprechend ein zweidimensionales Beugungspunktmuster. Bei der Beugung an vielen, in einer Ebene liegenden, statistisch orientierten Kreuzgittern ordnen sich die Beugungspunkte gleicher Ordnung zu ringförmigen Beugungsstrukturen um die 0. Ordnung als Zentrum. Dies ist das Analogon zu den Debye-Scherrer-Ringen bei der Beugung von Röntgen- und Elektronenstrahlen an Kristallpulvern oder polykristallinen Schichten (siehe unten und Abschn. 20.4.4).

Gitter-Dispersion

Nach (31) ist der Beugungswinkel für das Auftreten von Beugungsmaxima von der Wellenlänge λ des gebeugten Lichtes abhängig. Bei der Gitterbeugung von weißem Licht sind danach die Beugungswinkel des blauen Strahlungsanteils kleiner als die des roten Anteils. Jede Beugungsordnung spreizt sich daher zu einem Spektrum auf. Anwendung bei der Spektralanalyse: Gitterspektrograf.

Beugung an Raumgittern

Licht wird (wie jede Welle) nicht nur an Öffnungen gebeugt, sondern ebenso an Hindernissen wie kleinen Kugeln o. ä. Sind solche beugenden Objekte dreidimensional periodisch angeordnet, so liegt ein Raumgitter vor. Fällt eine ebene Welle auf ein solches Raumgitter (Abb. 26; die Gitterperiodizität ist senkrecht zur Zeichenebene fortgesetzt zu denken), so lässt sich die Beugung

Abb. 26 Röntgenbeugung am Raumgitter

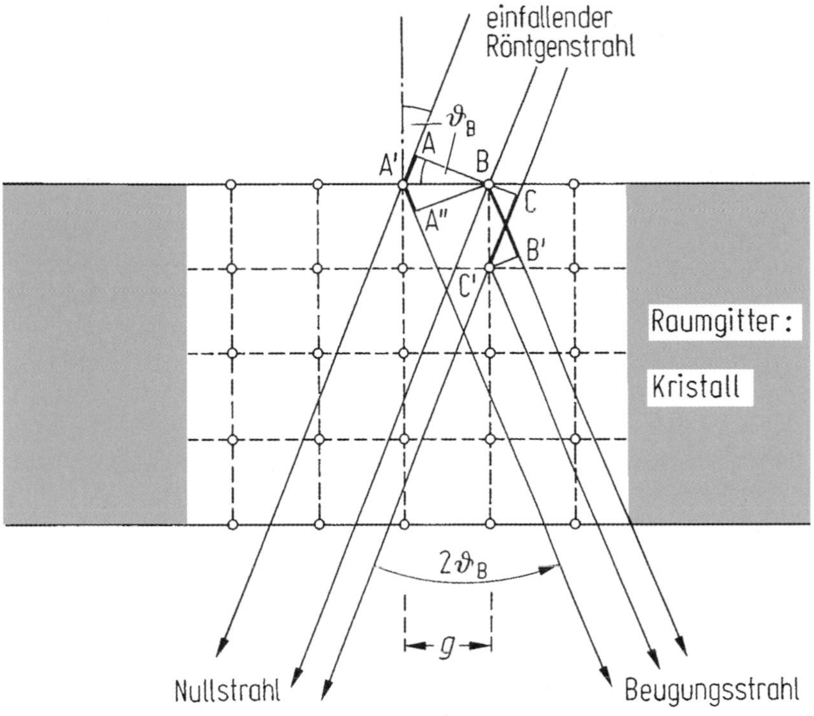

daran als sukzessive Beugung an hintereinander angeordneten Flächengittern darstellen (in Abb. 26 untereinander liegende Kreuzgitter). Während das Entstehen von Beugungsstrahlen an einem einzelnen Flächengitter nicht an bestimmte Einfallswinkel geknüpft ist, tritt bei einem Raumgitter durch die Periodizität auch in der dritten Raumrichtung noch eine dritte Bedingung für die phasenrichtige Überlagerung aller Beugungswellen zu Beugungsmaxima hinzu. Das hat zur Folge, dass Beugungsmaxima von bestimmten Netzebenen des Raumgitters nur bei Einstrahlung unter dem Bragg-Winkel ϑ_B auftreten (Abb. 26). Phasenrichtig überlagern sich Beugungswellen dann in der Richtung $2\,\vartheta_B$.

Der Bragg-Winkel ergibt sich aus der *Bragg'schen Gleichung:*

$$2g \sin \vartheta_B = n\lambda \quad (n = 1,2,\ldots). \qquad (35)$$

Die Bragg'sche Gleichung folgt aus der Forderung, dass der durch die Strecke AA′ A″ gegebene Gangunterschied ein ganzzahliges Vielfaches n der Wellenlänge λ sein muss. Der Beugungsstrahl tritt dann unter dem Winkel $2\vartheta_B$ auf, wird also gewissermaßen an den vertikalen Netzebenen „gespiegelt". Auch die unter dem obersten Flächengitter liegenden beugenden Objekte, z. B. bei C′, liefern dann phasenrichtige Beugungswellen in Richtung $2\vartheta_B$, wie aus Abb. 26 sofort abzulesen ist (die Strecken BB′ und CC′ sind gleich lang).

Solche Raumgitter liegen als Atomgitter in den Kristallen vor. Mit Lichtwellen ($\lambda \approx 500$ nm) sind daran jedoch keine Beugungsmaxima zu erzielen, da die Gitterkonstanten g in der Größenordnung 0,1 bis 1 nm liegen und (35) nicht erfüllbar ist. Hingegen lassen sich mit Röntgenstrahlen (siehe ▶ Abschn. 19.2.2 im Kap. 19, „Wellen und Strahlung") oder mit Elektronenstrahlen (vgl. Abschn. 20.4.4) an Kristallen Beugungsmaxima beobachten, da in beiden Fällen $\lambda < g$ gemacht werden kann.

Durch *Röntgenstrahlbeugung an Kristallen* haben v. Laue, Friedrich und Knipping (1912) erstmals zugleich den Gitteraufbau von Kristallen als auch die Welleneigenschaften der Röntgenstrahlung durch fotografische Registrierung der Laue-Diagramme nachgewiesen. Seitdem hat sich die Röntgenbeugung als wichtiges Hilfsmittel zur

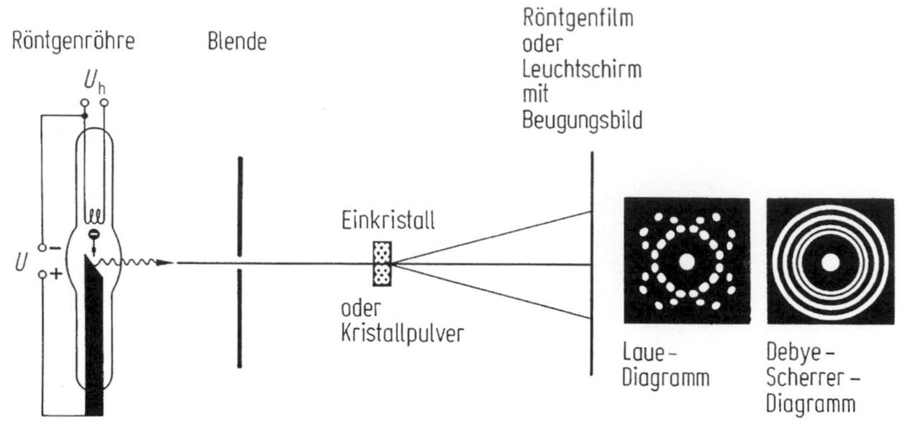

Abb. 27 Röntgenbeugung an Einkristallen (Laue-Diagramm) und an polykristallinen Materialien oder Kristallpulvern (Debye-Scherrer-Diagramm)

Strukturuntersuchung entwickelt, da durch Messung der Beugungswinkel ϑ_B über die Bragg'sche Gl. (35) die zugehörigen Gitterkonstanten bestimmt werden können. Bei der Röntgenbeugung an polykristallinen Stoffen oder an Kristallpulvern erhält man (analog zur oben erwähnten Beugung an vielen statistisch orientierten Kreuzgittern) statt der Laue-Punktdiagramme ringförmige Beugungsdiagramme: Debye-Scherrer-Diagramme (Abb. 27).

20.3 Wellenaspekte bei der optischen Abbildung

Die optische Abbildung ist in 1 im Rahmen der geometrischen Optik behandelt, d. h. unter Verwendung des Strahlenkonzeptes ohne Berücksichtigung der Welleneigenschaften der zur Abbildung verwendeten Lichtstrahlung (Vernachlässigung der Beugung). Nach Behandlung der Beugung in 2 wird die optische Abbildung hier nochmals vom Standpunkt der Wellenausbreitung aus dargestellt.

20.3.1 Abbe'sche Mikroskoptheorie

Wie ähnlich ist bei der optischen Abbildung die geometrische Struktur des Bildes derjenigen des abgebildeten Gegenstands (Objekts)? Dazu werde die Abbildung eines Beugungsgitters (Gitterkonstante d) mittels einer Linse betrachtet (Abb. 28).

Die vom Objektgitter ausgehenden Beugungsstrahlen werden in der hinteren Brennebene der Abbildungslinse (Objektiv) fokussiert, hier entsteht das Fraunhofer-Beugungsbild des Objekts (siehe Abschn. 20.2.2; Abb. 20), im Falle eines Gitters ein System von hellen Punkten, die die verschiedenen Beugungsordnungen repräsentieren. Das im Verlauf der weiteren Wellenausbreitung von den Beugungspunkten ausgehende Licht interferiert in der Bildebene zur Lichtverteilung des Bildes. Im dargestellten Beispiel (Abb. 28) werden von der Objektivöffnung die −1., 0. und +1. Beugungsordnung erfasst und in der Brennebene abgebildet. Dementsprechend ergibt sich in der Bildebene eine Intensitätsverteilung, die der Beugungsintensitätsverteilung eines Dreifachspaltes entspricht (Abb. 24 für $N = 3$). Ersichtlich ist die Ähnlichkeit der Bildintensitätsverteilung mit der des Objekts nur sehr gering. Im Wesentlichen kann aus dem Bild in diesem Falle nur die Gitterkonstante des Objekts (um den Vergrößerungsmaßstab gedehnt) entnommen werden. Um eine größere Ähnlichkeit des Bildes mit dem Objekt zu erzielen, müssen offenbar mehr Beugungsordnungen vom Objektiv erfasst und damit zur Abbildung zugelassen werden. Dann verbessert sich die Wiedergabe gemäß Abb. 24 mit zunehmender Zahl der Quellpunkte in der Brennebene des Objektivs.

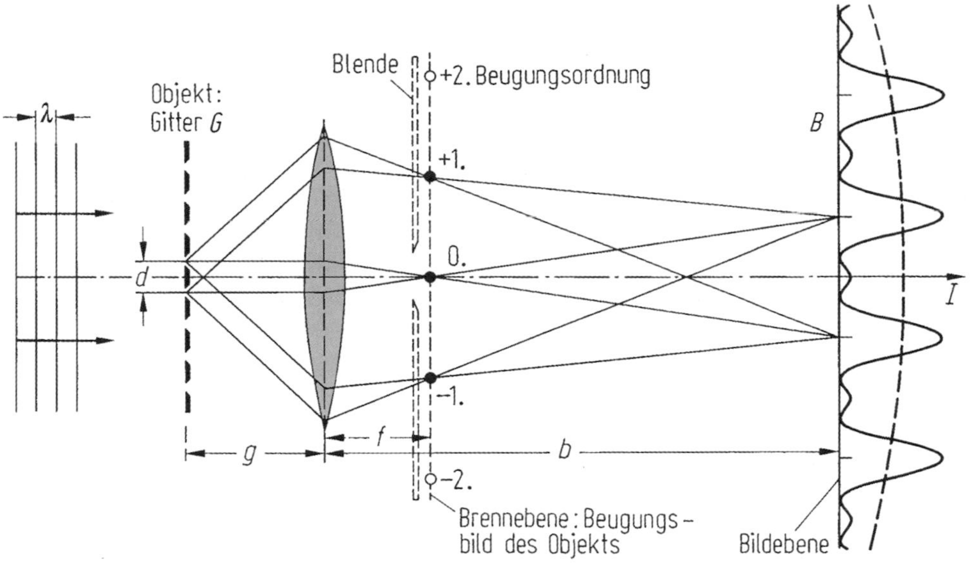

Abb. 28 Zur Abbildung eines Gitterobjekts nach der Abbe'schen Mikroskoptheorie

Demnach erfolgt vom Beugungsstandpunkt her die Abbildung in zwei Schritten: Zunächst entsteht in der Brennebene das Fraunhofer-Beugungsbild des Objekts. Im zweiten Schritt entsteht in der Bildebene das Bild des Objekts als Beugungsbild der Lichtverteilung in der Brennebene. Beide Schritte lassen sich mathematisch durch das Kirchhoff'sche Integral (21) beschreiben, das formal eine Fourier-Transformation (vgl. Teil Mathematik) darstellt. Das Bild entsteht also aus der Objekt-Lichtverteilung durch zweifache Fourier-Transformation. Dies sind die Grundgedanken der *Abbe'schen Mikroskoptheorie* (Abbe, veröffentlicht 1873).

Die Abbe'sche Vorstellung lässt sich durch künstliche Eingriffe in das Beugungsbild in der Objektivbrennebene experimentell überprüfen: Werden alle Beugungsordnungen bis auf eine am weiteren Bildaufbau gehindert (gestrichelte Blende in Abb. 28), so entsteht lediglich die breite Helligkeitsverteilung auf dem Schirm, die durch eine einzelne Kugelwelle erzeugt wird, ohne jede Strukturinformation über das abzubildende Objekt. Eine Mindestinformation über das abgebildete Objekt ergibt sich offenbar erst dann, wenn mindestens zwei Beugungsordnungen zum Bildaufbau beitragen und eine $\cos^2$-Verteilung in der Bildebene erzeugen (vgl. 28).

Beträgt der Öffnungswinkel des Objektivs ϑ_0, so ist der größte noch vom Objektiv zu erfassende Beugungswinkel $\vartheta \approx \vartheta_0$ (bei schräger Beleuchtung des Objektgitters, sodass 0. und 1. Ordnung gerade noch durch die Objektivlinse gehen, vgl. Abb. 29). Dem entspricht ein kleinster, noch abzubildender Gitterspaltabstand $d \approx \lambda/\sin\vartheta_0$, den man für $n = 1$ aus der Beugungsformel (31) erhält. Da dieselbe Beugungsformel auch für den Doppelspalt gilt (29), gilt offenbar generell für den kleinsten bei gegebenem Objektiv-Öffnungswinkel ϑ_0 noch abzubildenden Abstand, die sog. *Abbe'sche Auflösungsgrenze*,

$$d_{\min} \approx \frac{\lambda}{\sin\vartheta_0}. \quad (36)$$

Für das *Mikroskop* ist als untere Grenze $\sin\vartheta_0 = 1$ zu erreichen, d. h., die Auflösungsgrenze des Mikroskops ist

$$d_{\min} \approx \lambda. \quad (37)$$

Ein Lichtmikroskop nach der *Abbe'schen Mikroskoptheorie* kann daher prinzipiell keine Strukturen auflösen, deren Abstand kleiner als die Wellenlänge des Lichtes von etwa 0,5 µm ist.

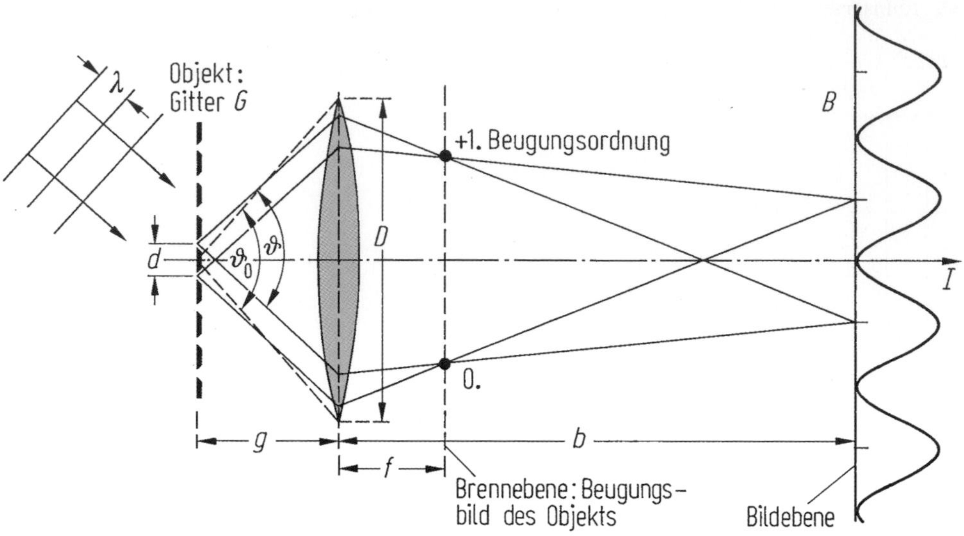

Abb. 29 Zur Auflösungsgrenze bei der optischen Abbildung

Höhere Auflösungen lassen sich nur mit Strahlungen kleinerer Wellenlänge erzielen (Elektronenmikroskop, siehe Abschn. 20.4.5) oder unter Umgehung der Beugungsproblematik. Ein Weg ist die sogenannte *STED-Mikroskopie* (Stimulated Emission Depletion), eine Form der Fluoreszenzmikroskopie (Hell 1994).

Beim *Fernrohr* ist die Gegenstandsweite g sehr groß gegen den Objektivdurchmesser D. Dann ist $\vartheta_0 \approx D/g \approx \sin\vartheta_0$, womit aus (36) für die Auflösungsgrenze des Fernrohrs folgt:

$$d_{\min} \approx \frac{\lambda}{D}\, g. \tag{38}$$

Beispiel: Bei einer sonst störungsfreien Abbildung mit einem Fernrohrobjektiv von $D = 5$ cm Durchmesser beträgt die Auflösungsgrenze für Gegenstände in $g = 100$ km Entfernung $d_{\min} \approx 1$ m.

20.3.2 Holografie

Die Abbe'sche Theorie (Abschn. 20.3.1) stellt die optische Abbildung als zweistufigen Vorgang dar, bei dem zunächst das Beugungsbild des Objekts in der Brennebene des Objektivs erzeugt wird. Anschließend entsteht durch Interferenz aus der Lichtverteilung des Beugungsbildes das Bild in der Bildebene. Diese Vorstellung legt nahe, dass im Grunde die Lichtverteilung nicht nur in der Brennebene des Objektivs, sondern in jeder Ebene zwischen Objekt und Bild die vollständige Objektinformation enthält. Gelingt es, diese Lichtverteilung nach Betrag und Phase z. B. fotografisch zu speichern (*Holografie*, von griech. hólos = ganz und gráphein = schreiben), so muss im Prinzip das Bild daraus rekonstruiert werden können (vorschlagen von Gabor 1948).

Wird danach einfach eine Fotoplatte in die vom Objekt ausgehende Objektwelle gestellt und anschließend entwickelt, so erhält man eine vom Objekt bestimmte Schwärzung, die jedoch nur den Betrag der Amplitude (bzw. deren Quadrat) der Objektwelle am Orte der Fotoplatte wiedergibt, während die Phase nicht registriert wird. Eine Rekonstruktion der Objektwelle, z. B. durch Beleuchtung der (zur Erhaltung eines Positivs umkopierten) Fotoplatte, ist daher so i. Allg. nicht möglich.

Eine gleichzeitige Registrierung von Betrag und Phase der Objektwelle in einem *Hologramm* ist durch zusätzliche Überlagerung einer Referenzwelle erreichbar (Abb. 30).

Die Objektwelle in der Ebene der Fotoplatte (x, y), die hier durch Beleuchtung eines teiltransparenten Gegenstandes (Objekt) erzeugt wird,

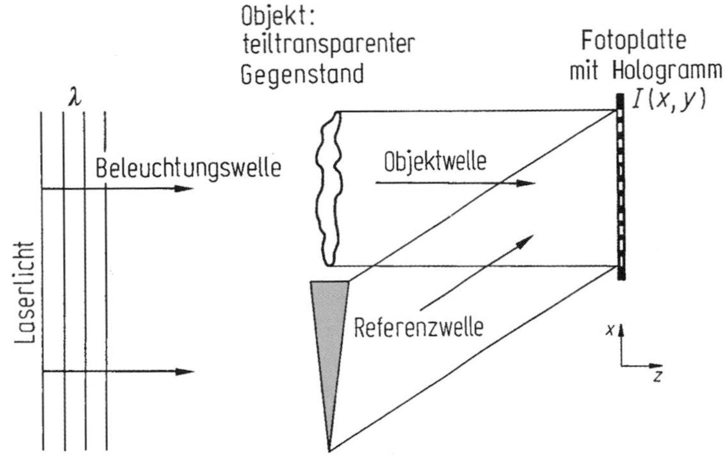

Abb. 30 Aufnahme eines Hologramms durch Überlagerung der Objektwelle mit einer kohärenten Referenzwelle

werde nach Abspaltung des Zeitfaktors exp $(-\mathrm{j}\omega t)$ dargestellt durch

$$u_\mathrm{G}(x,y) = |u_\mathrm{G}(x,y)|\mathrm{e}^{\mathrm{j}\varphi_\mathrm{G}(x,y)}, \tag{39}$$

worin der Betrag der Erregung $|u_\mathrm{G}(x, y)|$ sich als Beugungserregung aus der Lichtverteilung im Objekt durch Anwendung des Kirchhoff'schen Integrals (für ein ebenes Objekt z. B. aus (21)) bestimmen lässt. Bei einiger Entfernung vom Objekt ist $u_\mathrm{G}(x, y)$ dem Objekt i. Allg. nicht mehr erkennbar ähnlich. $\varphi_\mathrm{G}(x, y)$ ist die Phase in der Registrierebene (x, y).

Eine gleichzeitig auf die Registrierebene (Hologrammebene) eingestrahlte, zur Objektwelle kohärente Referenzwelle (gemeinsame Erzeugung von Beleuchtungs- und Referenzwelle mittels eines Lasers, Abb. 30)

$$u_\mathrm{R}(x,y) = |u_\mathrm{R}(x,y)|\,\mathrm{e}^{\mathrm{j}\varphi_\mathrm{R}(x,y)} \tag{40}$$

interferiert mit der Objektwelle und ergibt eine Intensität in der Hologrammebene

$$\begin{aligned} I(x,y) &\sim |u_\mathrm{G} + u_\mathrm{R}|^2 \\ &= |u_\mathrm{G}|^2 + |u_\mathrm{R}|^2 + 2\,|u_\mathrm{G}|\;|u_\mathrm{R}|\cos(\varphi_\mathrm{G} - \varphi_\mathrm{R}). \end{aligned} \tag{41}$$

Hierin sind
$|u_\mathrm{G}|^2$, $|u_\mathrm{R}|^2$: Intensitäten der Objektwelle bzw. der Referenzwelle ohne Interferenz,
$2|u_\mathrm{G}|\,|u_\mathrm{R}|\cos(\varphi_\mathrm{G} - \varphi_\mathrm{R})$: Interferenzglied, beschreibt ein Interferenzstreifensystem im Hologramm, dessen Amplitude durch den Betrag der Objektwelle $|u_\mathrm{G}|$ und dessen örtliche Streifenlage durch die Phasendifferenz $\varphi_\mathrm{G} - \varphi_\mathrm{R}$ zur Referenzwelle bestimmt ist.

Das im Hologramm registrierte Interferenzstreifensystem enthält daher die vollständige Objektwelleninformation.

Nach fotografischer Entwicklung der Hologrammplatte ist deren Amplitudentransmission $t(x, y) \sim I(x, y)$. Nunmehr werde das Hologramm in derselben Anordnung allein durch die Referenzwelle beleuchtet (Abb. 31). Die Lichtverteilung unmittelbar hinter dem Hologramm ist dann mit (41) unter Weglassung des Imaginärteils

$$\begin{aligned} u(x,y) &= t(x,y)\,u_\mathrm{R}(x,y) \\ &\sim \left[|u_\mathrm{G}|^2 + |u_\mathrm{R}|^2 + 2|u_\mathrm{G}||u_\mathrm{R}|\cos(\varphi_\mathrm{G} - \varphi_\mathrm{G})\right] \\ &\times |u_\mathrm{R}|\cos\varphi_\mathrm{R} \end{aligned}$$

$$\begin{aligned} u(x,y) \sim |u_\mathrm{R}| &\left[|u_\mathrm{G}|^2 + |u_\mathrm{R}|^2\right]\cos\varphi_\mathrm{R} \\ &\qquad \text{transmittierte Referenzwelle} \\ &+ |u_\mathrm{R}|^2\,|u_\mathrm{G}|\cos(\varphi_\mathrm{G} - 2\varphi_\mathrm{R}) \quad \text{Zwillingsbild} \\ &+ \underline{|u_\mathrm{R}|^2\,|u_\mathrm{G}|\cos(\varphi_\mathrm{G})} \quad \text{Objektwelle} \end{aligned} \tag{42}$$

Bis auf einen konstanten Faktor $|u_\mathrm{R}|^2$ stellt der dritte Term die gesuchte Lichtverteilung der ursprünglichen Objektwelle dar, die jetzt nicht mehr durch die Beleuchtung des Objekts, sondern des Hologramms erzeugt (rekonstruiert) wird.

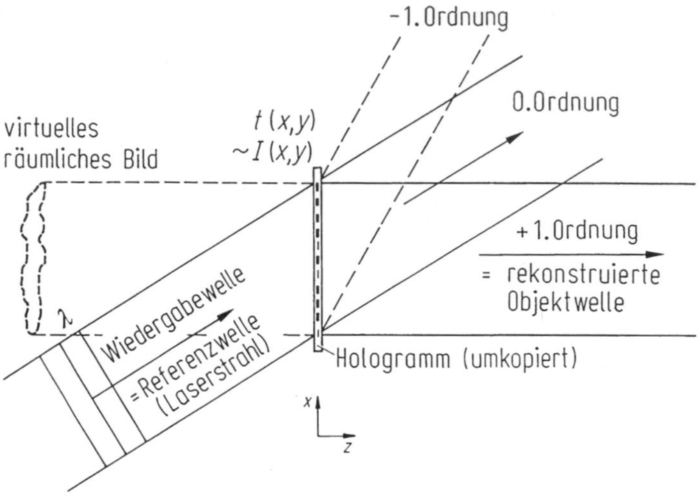

Abb. 31 Rekonstruktion der Objektwelle aus dem Hologramm: +1. Ordnung der Beugung des Beleuchtungsstrahls an den Gitterstrukturen des Hologramms

Damit ist aber nach dem Huygens'schen Prinzip die sich von dieser Lichtverteilung weiter nach rechts ausbreitende neue Objektwelle identisch mit der ursprünglichen, sodass beim Blicken durch das so beleuchtete Hologramm das Objekt an der ursprünglichen Stelle (und zwar räumlich) gesehen wird, ohne dass das Objekt dort vorhanden sein muss. Im Bild der Gitterbeugung ist die rekonstruierte Objektwelle die 1. Ordnung der Beugung der Referenzwelle am Hologrammgitter. Der erste Term in (42) stellt die 0. Ordnung, der zweite Term die –1. Ordnung dar, die hier nicht weiter betrachtet wird.

Achtung: Beim Betrachten eines Hologramms darf zur Vermeidung von Augenschäden nicht in die 0. Ordnung des beleuchtenden Laserstrahls geblickt werden!

Die Holografie ist demnach ein zweistufiges Verfahren zur Aufzeichnung und räumlichen Wiedergabe von Bildern beliebiger Gegenstände, das im Prinzip keine Linsen erfordert. Insbesondere bei der Aufnahme der Hologramme werden Wellen zur Interferenz gebracht, die sehr unterschiedliche Wege zurückgelegt haben. Die Anforderungen an die Kohärenz des verwendeten Lichtes sind daher sehr hoch, sodass im Normalfall Laserlicht verwendet werden muss (siehe ▸ Abschn. 19.3.5 im Kap. 19, „Wellen und Strahlung"). Die hier dargestellte Form der Holografie wird aufgrund der Art der Referenzstrahlführung als Off-axis-Holografie bezeichnet (erstmalig durch Leith und Upatnieks 1963).

20.4 Materiewellen

20.4.1 Teilchen, Wellen, Unschärferelation

Es gibt zwei physikalische Phänomene, die Erhaltungsgrößen wie Energie, Impuls und Drehimpuls speichern und transportieren können (Tab. 2): Teilchen (Partikel) und Wellen.

Die *Teilchen* und ihr Verhalten können im Wesentlichen durch die Erhaltungsgesetze für Energie, Impuls und Drehimpuls beschrieben werden (vgl. ▸ Abschn. 10.2 und 10.3 im Kap. 10, „Mechanik von Massenpunkten"). Im makroskopischen Bereich der Physik sind daher keine Einschränkungen hinsichtlich der Werte dieser Größen erkennbar. Solche Einschränkungen werden jedoch im mikroskopischen Bereich der Physik (Atomphysik, Kernphysik) beobachtet, wo die experimentellen Ergebnisse dazu zwangen, Quantenhypothesen für Energie und Impuls bzw. Drehimpuls einzuführen: Quantisierte Oszillatoren in der Planck'schen Strahlungstheorie (siehe ▸ Abschn. 19.3.2 im Kap. 19, „Wellen und Strahlung"), quantisierte Energien und Drehimpulse in der Atomtheorie (vgl. ▸ Abschn. 17.2.1 im Kap. 17, „Elektrische Leitungsmechanismen"). Viel länger akzeptiert sind Quantenvorstellungen, soweit es die Grundbausteine der Materie, die Elementarteilchen, die elektrische Ladung usw. betreffen. Schließlich ist es ein Merkmal der Par-

Tab. 2 Charakteristika von Teilchen und Wellen im makroskopischen und im mikroskopischen Bereich

	Makroskopischer Bereich	Mikroskopischer Bereich	
Teilchen (Partikel)	räumlich lokalisiert; Energie, Impuls, Drehimpuls, ... können beliebige Werte annehmen	Wellenverhalten: Materiewellen, nicht streng lokalisiert	Energie, Impuls, Drehimpuls, ... quantisiert
Welle	räumlich ausgedehnt; Energie, Impuls, ... können beliebige Werte annehmen, aber: Quantelung bei stehenden Wellen	Partikelverhalten: Lichtquanten, nicht beliebig ausgedehnt	

tikel in der klassischen Mechanik, dass ihr Ort, Impuls usw. im Prinzip zu jedem Zeitpunkt genau angegeben werden kann: Partikel sind lokalisiert.

Bei der Ausbreitung von *Wellen* handelt es sich dagegen um die räumliche Fortpflanzung eines Schwingungsvorganges, der typischerweise ausgedehnt, nicht lokalisiert ist. Es handelt sich nicht wie bei den Teilchen um einen Materietransport, dennoch wird auch hier Energie und Impuls transportiert (vgl. ► Abschn. 19.1.1 und 19.2.1 im Kap. 19, „Wellen und Strahlung"). Quantisierungsvorschriften gibt es hier bereits im makroskopischen Bereich der klassischen Physik: Ist das Medium, in dem sich Wellen ausbreiten, räumlich begrenzt, so gibt es stehende Wellen, die nur für diskrete Wellenlängen, die durch die Abmessungen des Mediums bestimmt sind, stationär existieren können (vgl. ► Abschn. 19.2.1 im Kap. 19, „Wellen und Strahlung"). Im mikroskopischen, atomphysikalischen Bereich musste jedoch auch das Wellenbild modifiziert werden. Die Erklärung der Planck'schen Strahlungsformel (siehe ► Abschn. 19.3.2 im Kap. 19, „Wellen und Strahlung"), des Fotoeffektes (siehe ► Abschn. 17.2.7 im Kap. 17, „Elektrische Leitungsmechanismen" und ► Abschn. 19.3.3 im Kap. 19, „Wellen und Strahlung") und des Compton-Effektes (siehe ► Abschn. 19.3.3 im Kap. 19, „Wellen und Strahlung") erforderte die Einführung partikelähnlicher Wellenpakete (siehe ► Abschn. 19.1.1 im Kap. 19, „Wellen und Strahlung"): Quantisierung des Lichtes (siehe ► Abschn. 19.3.3 im Kap. 19, „Wellen und Strahlung").

Damit erhebt sich die Frage der Lokalisierbarkeit von Wellen. Bei einem klassischen Partikel ist die Ortsbestimmung im Prinzip kein Problem, der Ort eines Partikels lässt sich angeben. Eine Welle hingegen erfüllt immer ein gewisses Gebiet, das beliebig groß sein kann. Dann wird eine Ortsangabe für die Welle unmöglich. Erst der Übergang zu einer endlich langen Welle, einem örtlich begrenzten Wellenpaket (► Abschn. 19.1.1 im Kap. 19, „Wellen und Strahlung"), lässt eine Ortsangabe mit einer gewissen Unschärfe Δx zu, die etwa der Länge des Wellenpakets entspricht (Ausbreitung in x-Richtung angenommen):

$$\Delta x = v_\mathrm{p}\tau. \tag{43}$$

v_p Phasengeschwindigkeit der Welle,
τ zeitliche Dauer des Wellenzuges.

Mit der Ortsunschärfe ist eine weitere Unschärfe verknüpft. Nach dem Fourier-Theorem ist ein zeitlich begrenzter Wellenzug der Zeitdauer τ als Überlagerung eines kontinuierlichen Spektrums von unbegrenzten Wellen anzusehen, deren spektrale Amplitudenverteilung (Abb. 23 im ► Kap. 11, „Schwingungen, Teilchensysteme und starre Körper") die Halbwertsbreite

$$\Delta \nu \approx \frac{1}{\tau} \tag{44}$$

aufweist: Frequenzunschärfe. Die Frequenz eines Lichtquants hängt gemäß (131) im ► Kap. 19, „Wellen und Strahlung" mit seinem Impuls $p_\gamma = h/\lambda$ zusammen:

$$\nu = \frac{v_\mathrm{p}}{\lambda} = \frac{v_\mathrm{p}}{h} p_\gamma. \tag{45}$$

Aus der Frequenzunschärfe $\Delta\nu$ folgt danach eine Impulsunschärfe

$$\Delta p_x = \frac{h}{v_\mathrm{p}} \Delta \nu = \frac{h}{v_\mathrm{p}\tau}, \tag{46}$$

woraus sich mit (43) ergibt:

$$\Delta p_x \ \Delta x = h. \tag{47}$$

Eine genauere Ableitung ergibt die *Heisenberg'sche Unschärferelation* (Heisenberg 1927):

$$\Delta p_x \ \Delta x \geqq \hbar. \tag{48}$$

Die Unschärferelation verknüpft die aufgrund der Struktur von Wellenpaketen entstehenden prinzipiellen Messungenauigkeiten korrespondierender physikalischer Größen (Kennzeichen: das Produkt korrespondierender Größen hat die Dimension einer Wirkung) miteinander:

Ort und Impuls eines Wellenpakets sind nicht gleichzeitig genau messbar. Je genauer der Ort bestimmt wird, desto weniger genau lässt sich sein Impuls bestimmen und umgekehrt.

Wegen der Verwendung von (131) im ► Kap. 19, „Wellen und Strahlung" gilt die obige Ableitung der Unschärferelation zunächst für elektromagnetische Wellen (Lichtquanten), erweist sich aber auch für Materiewellen (Abschn. 20.4.2), elastische Wellen usw. als zutreffend. Dass man in der makroskopischen Physik von der Unschärferelation nichts bemerkt, liegt daran, dass das Planck'sche Wirkungsquantum $h = 6{,}62607015 \cdot 10^{-34}$ Js so außerordentlich klein ist.

20.4.2 Die De-Broglie-Beziehung

Die Zuordnung von im Sinne der klassischen Physik typischen Teilcheneigenschaften wie Lokalisierbarkeit, Energie, Impuls usw., zu Wellen legt aus Symmetriegründen die Idee nahe (vgl. Tab. 2), umgekehrt den Materieteilchen auch Welleneigenschaften zuzuordnen: *Materiewellen* (postuliert von de Broglie 1924). Zwischen dem Impuls $p = mv$ der Teilchen und der Wellenlänge λ der den Teilchen zugeordneten Materiewelle wurde derselbe Zusammenhang wie beim Licht (131) im ► Kap. 19, „Wellen und Strahlung" vermutet:

$$p = \frac{h}{\lambda}. \tag{49}$$

Mit (53) im ► Kap. 15, „Elektrische Wechselwirkung" folgt daraus für die Materiewellenlänge die *De-Broglie-Beziehung*:

$$\lambda = \frac{h}{p} = \frac{h}{mv} = \frac{h}{\sqrt{2emU}}. \tag{50}$$

Für Elektronen gilt (50) nur für Beschleunigungsspannungen $U < (10^4 \ldots 10^5)$ V (vgl. ► Abschn. 15.1.5 im Kap. 15, „Elektrische Wechselwirkung"). Bei relativistischen Geschwindigkeiten muss (55) im ► Kap. 15, „Elektrische Wechselwirkung" verwendet werden. Werte für die De-Broglie-Wellenlänge von Elektronen finden sich in Tab. 3 (siehe Abschn. 20.4.4).

Natürlich wird man hier wie bei den Lichtquanten annehmen, dass die den Teilchen zugeordneten Materiewellen eine begrenzte Länge haben, sodass es sich um Wellenpakete (► Abschn. 19.1.1 im Kap. 19, „Wellen und Strahlung") handelt, die etwa am Ort des betreffenden Teilchens ihr Zentrum haben. Damit gilt aber die Heisenberg'sche Unschärferelation (48), die aus den Wellengruppeneigenschaften und $p = h/\lambda$ resultierte, auch für Materiewellen.

In weiterer Verfolgung der Analogie zur Lichtquantenvorstellung lässt sich die Energie bewegter Teilchen mit einer Frequenz ν entsprechend (129) im ► Kap. 19, „Wellen und Strahlung" verknüpfen. Nehmen wir ferner die Äquivalenz von Masse und Energie hinzu, so folgt mit (128) im ► Kap. 10, „Mechanik von Massenpunkten" für die Frequenz einer Materiewelle

Tab. 3 De-Broglie-Wellenlängen von Elektronen

Beschleunigungsspannung	Wellenlänge λ/pm
1 V	1200
10 V	390
100 V	120
1 kV	39
10 kV	12
100 kV	3,7[a]
1 MV	0,87[a]
10 MV	0,12[a]

[a]relativistisch korrigiert

$$\nu = \frac{mc_0^2}{h}. \quad (51)$$

Damit ergibt sich für die Phasengeschwindigkeit einer Materiewelle mithilfe der De-Broglie-Beziehung (50)

$$v_p = \nu\lambda = \frac{mc_0^2\lambda}{h} = \frac{c_0^2}{v}. \quad (52)$$

Da die Teilchengeschwindigkeit v die Vakuumlichtgeschwindigkeit c_0 nicht übersteigen kann (vgl. ▶ Abschn. 10.3.5 im Kap. 10, „Mechanik von Massenpunkten"), ist offenbar die Phasengeschwindigkeit einer Materiewelle immer größer als c_0. Weil nach (52) die Phasengeschwindigkeit von der Wellenlänge λ abhängt, liegt auch Dispersion vor. Für diesen Fall bestimmt sich die Gruppengeschwindigkeit v_g, also die Ausbreitungsgeschwindigkeit des dem Teilchen zugeordneten Wellenpaketes (siehe ▶ Abschn. 19.1.1 im Kap. 19, „Wellen und Strahlung") aus (27) im ▶ Kap. 19, „Wellen und Strahlung"

$$v_g = v_p - \lambda\frac{dv_p}{d\lambda} = \frac{d\nu}{d(1/\lambda)}. \quad (53)$$

Beschränken wir uns zur Vereinfachung der Rechnung auf nichtrelativistische Teilchen ($v \ll c_0$), so ist nach (122) bis (124) im ▶ Kap. 10, „Mechanik von Massenpunkten"

$$mc_0^2 = m_0c_0^2 + \frac{1}{2}m_0v^2 \quad \text{und} \quad \frac{1}{\lambda} = \frac{m_0v}{h}. \quad (54)$$

Damit folgt aus (51), (53) und (54)

$$v_g = \frac{d\left(c_0^2 + \frac{1}{2}v^2\right)}{dv} = v, \quad (55)$$

d. h., die Teilchengeschwindigkeit ist gleich der Gruppengeschwindigkeit der dem Teilchen zugeordneten Wellengruppe (de Broglie), ein Ergebnis, das befriedigend zur Beschreibung eines Teilchens durch eine Wellengruppe passt. Mit (52) ergibt sich schließlich die für *Materiewellen* gültige Beziehung

$$v_g v_p = c_0^2, \quad (56)$$

die nicht auf elektromagnetische Wellen (Lichtquanten) übertragen werden darf.

Anmerkung: Da die Energie $mc_0{}^2$ in (51) nicht eindeutig ist, sondern durch eine potenzielle Energie $E_p = eV$ mit frei wählbarem Nullpunkt ergänzt werden kann, ist die Phasengeschwindigkeit (52) willkürbehaftet. Andere Rechnungen liefern z. B. $v_p = v_g/2$. Dies zeigt, dass die Phasengeschwindigkeit von Materiewellen unbestimmt und eine nicht direkt beobachtbare Größe ist. Beobachtet wird stets nur die Gruppengeschwindigkeit.

Der erste Erfolg des Materiewellenkonzepts war eine Deutung der stationären Bohr'schen Bahnen im Atom (siehe ▶ Abschn. 17.2.1 im Kap. 17, „Elektrische Leitungsmechanismen") als stehende Materiewelle der Bahnelektronen auf dem Bahnumfang. Dazu betrachten wir zwei Fälle: Abb. 32a zeigt den instationären Fall, in dem der Bahnumfang $2\pi r$ nicht durch die Materiewellenlänge λ teilbar ist. Bei weiterer Verfolgung der Amplitudenverteilung der Materiewelle über den gezeichneten Bereich hinaus wird deutlich, dass sich die Welle durch Interferenz selbst auslöscht. Mit der in der Zeichnung angenommenen Wellenlänge kann sie auf der vorgegebenen Bahn nicht stationär existieren.

Ein stationärer Fall ist nur dann möglich, wenn die Bedingung

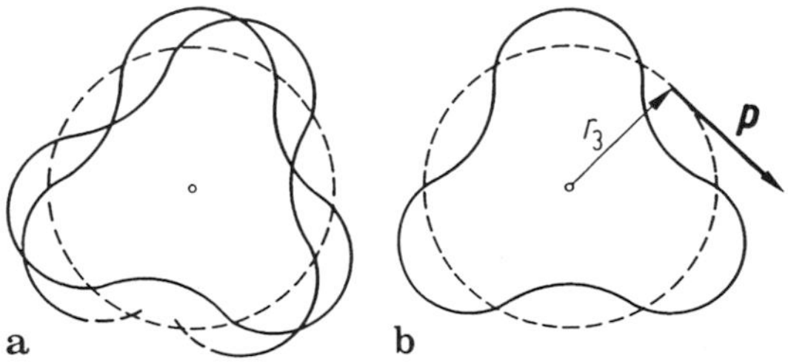

Abb. 32 Materiewellen auf einer Bohr'schen Bahn. **a** instationärer Fall, **b** stationärer Fall für $n = 3$

$$2\pi r_n = n\lambda \quad (n = 1,2,\ldots) \tag{57}$$

erfüllt ist. Mit der De-Broglie-Beziehung (50) folgt dann sofort die Bohr'sche Quantenbedingung (97) im ▶ Kap. 17, „Elektrische Leitungsmechanismen" für den Drehimpuls

$$L = r_n p = n\frac{h}{2\pi} = n\hbar, \tag{58}$$

die sich hier ganz zwanglos aus der Forderung stationärer, stehender Materiewellen ergibt.

Mit den den Elektronen im Atom zugeordneten Materiewellen lässt sich auch die im Bohr'schen Atommodell postulierte Strahlungslosigkeit der stationären Bohr'schen Bahnen deuten (vgl. ▶ Abschn. 17.2.1 im Kap. 17, „Elektrische Leitungsmechanismen"): Eine längs der klassischen Elektronenbahn schwingende Materiewelle bedeutet, dass das Elektron (besser: seine Aufenthaltswahrscheinlichkeit bzw. die Wellenfunktion, vgl. Abschn. 20.4.3) gewissermaßen über den Bahnumfang verschmiert ist. In diesem Bild stellt das System Atomkern – Elektron keinen schwingenden elektrischen Dipol mehr dar, und die Strahlungsnotwendigkeit entfällt.

Noch deutlicher zeigt dies die Unschärferelation (48), wenn wir sie z. B. auf das Wasserstoffatom anwenden. Legt man den Ort des Elektrons nur etwa auf den Bereich des Atoms fest, wählt man also als Ortsunschärfe den Durchmesser der ersten Bohr'schen Bahn $\Delta x = 2r_1 = 106$ pm (siehe (99) im ▶ Kap. 17, „Elektrische Leitungsmechanismen"), so ergibt sich eine aus der Impulsunschärfe folgende Geschwindigkeitsunschärfe, die von gleicher Größenordnung wie die klassisch nach (94) im ▶ Kap. 17, „Elektrische Leitungsmechanismen" zu berechnende Umlaufgeschwindigkeit des Elektrons ist! Die klassische Rechnung verliert hier also völlig ihren Sinn, d. h., ein solches System darf nicht wie ein klassischer elektromagnetischer Dipol behandelt werden.

20.4.3 Die Schrödinger-Gleichung

Über die physikalische Größe, die bei einer Materiewelle schwingt, ist bisher nichts ausgesagt worden. Zur mathematischen Beschreibung wird daher zunächst eine allgemeine *Wellenfunktion* Ψ eingeführt, die z. B. für ein sich in x-Richtung bewegendes Elektron lauten kann

$$\Psi(x,t) = \hat{\Psi}\mathrm{e}^{\mathrm{j}(kx-\omega t)} = \psi(x)\mathrm{e}^{-\mathrm{j}\omega t}. \tag{59}$$

Das Quadrat der Wellenfunktion eines Teilchens $|\Psi(x,t)|^2 = \Psi\Psi^*$ gibt die Wahrscheinlichkeitsdichte dafür an, das Teilchen zur Zeit t am Ort x anzutreffen. Demgemäß wird Ψ auch als Wahrscheinlichkeitsamplitude bezeichnet (genauer: deren Dichte). Handelt es sich um viele Teilchen, die durch dieselbe Wellenfunktion beschrieben werden können, so ist $|\Psi|^2 \sim n$ (n Teilchenzahlkonzentration).

Die Wellenfunktion muss der Wellengleichung (7) im ▶ Kap. 19, „Wellen und Strahlung" genügen

$$\frac{\partial^2\Psi}{\partial x^2} - \frac{1}{v_\mathrm{p}^2}\cdot\frac{\partial^2\Psi}{\partial t^2} = 0. \tag{60}$$

Einsetzen der Wellenfunktion (59) liefert für den ortsabhängigen Teil $\psi(x)$ der Wellenfunktion

$$\frac{\mathrm{d}^2\psi}{\mathrm{d}x^2} + \frac{\omega^2}{v_\mathrm{p}^2}\psi = 0. \tag{61}$$

Mit der de-Broglie'schen Beziehung $p = h/\lambda$ und mit $v_\mathrm{p} = \nu\lambda$ wird

$$\frac{\omega^2}{v_\mathrm{p}^2} = \frac{p^2}{\hbar^2}. \tag{62}$$

Aus dem Energiesatz folgt

$$p^2 = 2m\left(E - E_\mathrm{p}\right), \tag{63}$$

und aus (61) bis (63) schließlich die *eindimensionale zeitfreie Schrödinger-Gleichung* (1926):

$$\frac{\mathrm{d}^2\psi}{\mathrm{d}x^2} + \frac{2m}{\hbar^2}\left(E - E_\mathrm{p}\right)\psi = 0. \tag{64}$$

Wird für E_p die potenzielle Energie des Elektrons in dem jeweiligen System eingesetzt, so beschreibt die Schrödinger-Gleichung dieses System. Beispiele sind (ohne Durchrechnung im Einzelnen):

Freies Elektron: $E_\mathrm{p} = 0$.

Hierfür ergibt sich aus (64) eine räumliche Schwingungsgleichung. Mit dem Lösungsansatz

$$\psi(x) = \hat{\psi}\ \mathrm{e}^{\mathrm{j}kx} \tag{65}$$

erhält man

$$E = \frac{\hbar^2 k^2}{2m} = \frac{p^2}{2m}, \tag{66}$$

d. h. die. kinetische Energie eines freien Elektrons. Dabei ist eine Lösung für jeden Wert von E möglich, die Energie des freien Elektrons ist demnach nicht quantisiert

Harmonische Bindung: $E_\mathrm{p} = \frac{m\omega_0^2}{2}x^2$ (vgl. (26) im ▶ Kap. 11, „Schwingungen, Teilchensysteme und starre Körper").

Bei diesem Potenzial ergeben sich stationäre Lösungen für ψ nur bei bestimmten Eigenwerten der Energie:

$$E = E_n = \left(n + \frac{1}{2}\right)h\nu. \tag{67}$$

Dies sind die schon bei der Behandlung des harmonischen Oszillators angegebenen möglichen Energiewerte (vgl. ▶ Abschn. 11.1.2.2 im Kap. 11, „Schwingungen, Teilchensysteme und starre Körper"). Die Energiequantelung erhält man hier also als Lösung des Eigenwertproblems der Schrödinger-Gleichung. Berechnet man die zugehörigen Wellenfunktionen für die verschiedenen Quantenzahlen $n = 0,1,\ldots$, so zeigt sich, dass es sich auch hier um eine Art stehender Wellen im Parabelpotenzial des harmonischen Oszillators (Abb. 33; vgl. auch Abb. 8 im ▶ Kap. 11, „Schwingungen, Teilchensysteme und starre Körper") handelt.

Coulomb-Potenzial des H-Atoms:

$$E_\mathrm{p} = -\frac{e^2}{4\pi\varepsilon_0 r}$$

(siehe ▶ Abschn. 17.2.1 im Kap. 17, „Elektrische Leitungsmechanismen").

In diesem Falle erhält man stationäre Lösungen für die Wellenfunktion der Elektronen im Wasserstoffatom nur für die Energie-Eigenwerte

$$E_n = -\frac{m_\mathrm{e} e^4}{8\varepsilon_0^2 h^2} \cdot \frac{1}{n^2}. \tag{68}$$

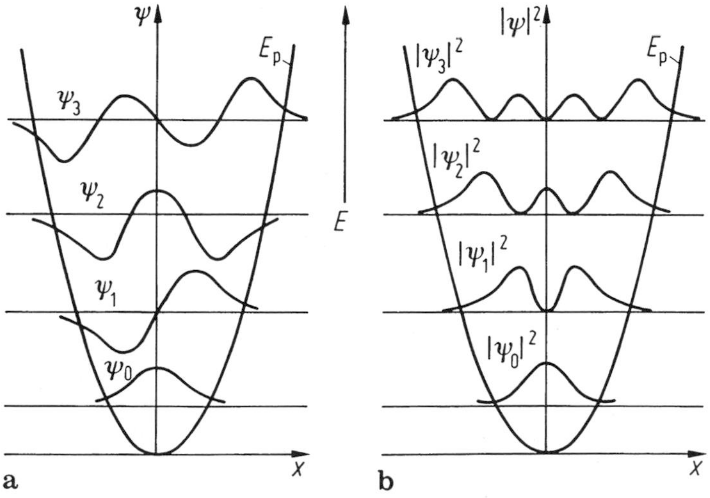

Abb. 33 **a** Wellenfunktion (Wahrscheinlichkeitsamplitude), **b** Aufenthaltswahrscheinlichkeitsdichte für ein Teilchen im Parabelpotenzial der harmonischen Bindung (harmonischer Oszillator)

Dies sind die stationären Energiewerte des Wasserstoff-Atoms, wie sie sich auch aus der Bohr'schen Theorie ergeben haben (100) im ► Kap. 17, „Elektrische Leitungsmechanismen".

Die Schrödinger'sche *Wellenmechanik*, deren Grundgleichung die Schrödinger-Gleichung z. B. in der Form (64) ist, hat sich in der Atomphysik und in der Chemie (vgl. ► Abschn. 21.1.3 in Kap. 21, „Grundlagen zu chemischen Elementen, Verbindungen und Gleichungen") als außerordentlich erfolgreich erwiesen.

20.4.4 Elektronenbeugung, Elektroneninterferenzen

Der Erfolg der Materiewellenhypothese von de Broglie bei der Deutung der stationären Elektronenzustände im Atom wäre unvollständig ohne einen direkten experimentellen Nachweis für die Welleneigenschaften von Teilchen. Dieser Nachweis wurde ähnlich wie bei den Röntgenstrahlen (vgl. Abschn. 20.2.2) durch Beugung am Atomgitter von Kristallen erbracht, und zwar einerseits durch Reflexionsbeugung langsamer Elektronen ($E = (30 \ldots 300)$ eV) an Nickel-Einkristallen Davisson und Germer 1927 und andererseits durch Beugung mittelschneller Elektronen ($E = (10 \ldots 100)$ keV) bei der Durchstrahlung (Transmission) dünner kristalliner Schichten Thomson 1927. Abb. 34a zeigt im Prinzip die Anordnung nach Thomson. Dünne einkristalline Schichten verhalten sich dabei ähnlich wie Kreuzgitter (vgl. Abschn. 20.2.2), d. h., sie ergeben ein zweidimensionales Beugungsmuster (Abb. 34b). Trifft dagegen der Elektronenstrahl auf viele kleine, statistisch orientierte Kristallite, wie sie in einer polykristallinen Schicht vorliegen, so überlagern sich die von den einzelnen Kristalliten stammenden Beugungsreflexe zu Beugungsringen (Abb. 34c), ganz entsprechend den Debye-Scherrer-Beugungsdiagrammen bei der Röntgenbeugung an Kristallpulvern (vgl. Abschn. 20.2.2).

Aus den Beugungswinkeln ϑ_B der beobachteten Reflexe lassen sich über die auch hier gültige Bragg'sche Gl. (35)

$$2g \sin \vartheta_B = n\lambda \qquad (69)$$

die zugehörigen Netzebenenabstände g bzw. Gitterkonstanten bestimmen, wenn man für λ die De-Broglie-Wellenlänge ((50), Tab. 3) einsetzt.

Ähnlich wie die Röntgenbeugung ist daher die Elektronenbeugung heute ein wichtiges Hilfsmit-

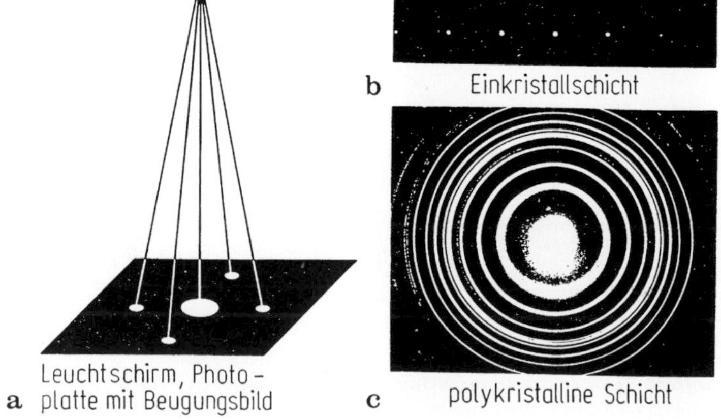

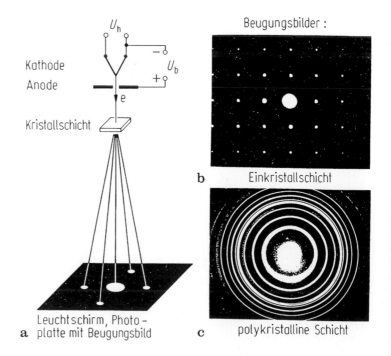

Abb. 34 Elektronenbeugung an kristallinen Schichten (in Transmission): Beugung von 100-keV-Elektronen an Zinnschichten (Dicke: 80 nm). **a** Prinzip der Anordnung, **b** einkristalline Schicht, **c** polykristalline Schicht. (Aufnahmen: G. Jeschke, I. Phys. Inst. TU Berlin)

tel der Kristallstruktur- und Substanzanalyse, und jedes (Transmissions-)Elektronenmikroskop (vgl. Abschn. 20.4.5) ist heute auch für Elektronenbeugungsaufnahmen eingerichtet.

Die aus der Elektronenbeugung an Kristallen resultierenden Beugungsdiagramme (Abb. 34) stellen Fraunhofer'sche Beugungsdiagramme an atomaren Strukturen dar. Letzte mögliche Zweifel an der Aussagekraft solcher Wechselwirkungen von Elektronen mit atomaren Abständen als Nachweis für die Wellennatur der Elektronen können durch die Fresnel'sche Beugung von Elektronen an einer makroskopischen Kante, wie Abb. 35 zeigt (Boersch 1940), als beseitigt gelten.

In der Lichtoptik ist es möglich, das Licht einer Lichtquelle mittels zweier mit den Basisflächen gegeneinandergesetzter Prismen (Fresnel'sches Biprisma) in zwei kohärente Teilbündel aufzuteilen und diese damit gegenseitig zu überlagern. Im Überlagerungsbereich beobachtet man auf einem Schirm Zweistrahlinterferenzen.

Das entsprechende Experiment lässt sich auch mit kohärenten Elektronenstrahlbündeln durchführen (erstmals von Möllenstedt und Düker 1956). Zur Überlagerung beider Teilbündel wird ein elektronenoptisches Biprisma (Abb. 36) verwendet, das im Wesentlichen aus einem sehr dünnen Draht (1 bis 10 µm Durchmesser) besteht, der gegenüber der Umgebung positiv aufgeladen wird und die Umlenkung der Elektronenbündel bewirkt. Im Überlagerungsbereich erhält man Zweistrahlinterferenzen der beiden Elektronenwellenbündel (Abb. 36).

Mit einer solchen Anordnung kann im Prinzip auch *Elektronenholografie* betrieben werden. Die beiden Teilbündel des elektronenoptischen Biprismas können nämlich als Objektwelle einerseits und als Referenzwelle andererseits benutzt werden, in völliger Analogie zur lichtoptischen Holografie (vgl. Abschn. 20.3.2). Dazu wird das Untersuchungsobjekt (z. B. eine sehr dünne Schicht) in das eine Teilbündel gebracht. Das im Überlagerungsbereich unter dem Biprisma (gegebenenfalls nach elektronenoptischer Vergrößerung fotografisch) aufgezeichnete Interferenzmuster stellt das Elektronenhologramm dar, das die Amplituden- und Phaseninformation der Objektwelle enthält (vgl. Abschn. 20.3.2). Die Rekonstruktion des Objektbildes aus dem aufgezeichneten Hologramm kann nun beispielsweise

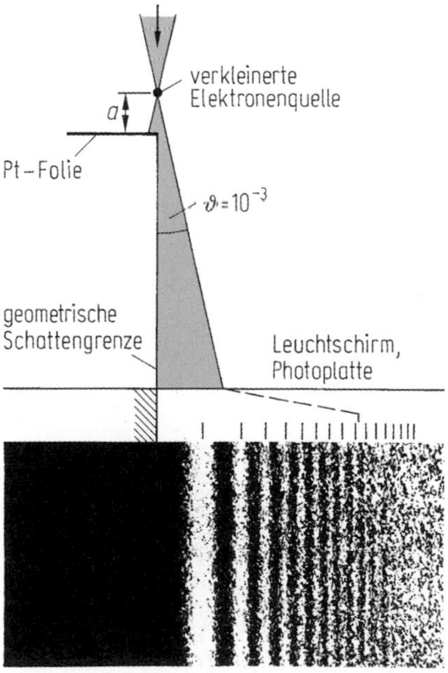

Abb. 35 Fresnel'sche Elektronenbeugung an der Kante nach Boersch. $E = 38$ keV, $a = 140$ µm (Boersch 1940, 1943)

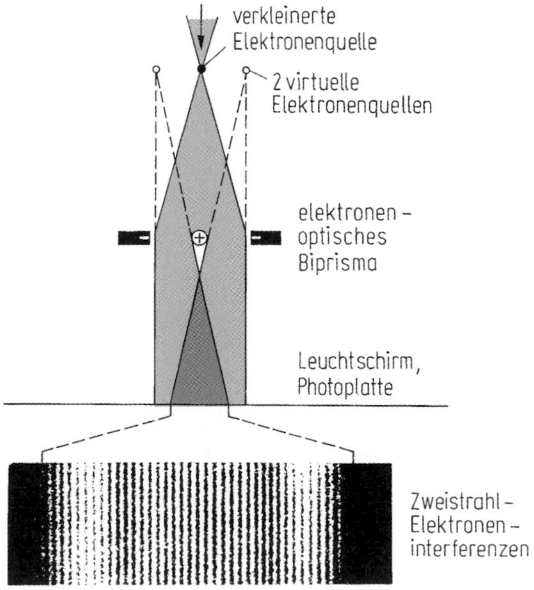

Abb. 36 Zweistrahl-Elektroneninterferenzen am elektronenoptischen Biprisma nach Möllenstedt und Düker(1956)

mit Licht oder rechnerisch per Computer erfolgen. Da sich hierbei die Abbildungsfehler elektronenoptischer Linsen (Abschn. 20.4.5) kompensieren lassen, hat dieses Verfahren eine besondere Bedeutung bei der modernen Höchstauflösungs-Elektronenmikroskopie (erstmals durch Lichte 1986).

20.4.5 Elektronenoptik

Das Auflösungsvermögen des Lichtmikroskops ist auf die Wellenlänge des Lichtes von etwa 500 nm begrenzt (vgl. Abschn. 20.3.1). Ein besseres Auflösungsvermögen ist nach Abbe (36) nur durch Verwendung einer Strahlung kleinerer Wellenlänge erreichbar. Elektromagnetische Strahlung wesentlich kleinerer Wellenlänge bzw. höherer Frequenz (z. B. Röntgenstrahlung) scheidet praktisch aus, da die Brechzahl der Stoffe bei solchen Frequenzen sehr nahe bei 1 liegt (siehe ► Abschn. 19.3.1 im Kap. 19, „Wellen und Strahlung“), sodass sich keine Linsen für derartige Strahlungen herstellen lassen.

Dagegen haben Elektronen bei Energien um 100 keV Wellenlängen von etwa 4 pm (Tab. 3), die damit weit kleiner als die Atomabstände in kondensierter Materie sind. Außerdem lassen sich Elektronen durch elektrische oder magnetische Felder (wie Licht durch ein Prisma) ablenken, sodass eine Elektronenoptik z. B. mit rotationssymmetrischen elektrischen oder magnetischen Feldern als Elektronenlinsen möglich ist (gezeigt von Busch 1926). Abb. 37 zeigt Ausführungsformen solcher Elektronenlinsen, und zwar eine elektrostatische Dreielektrodenlinse (a) sowie eine eisengekapselte magnetische Linse mit Ringspalt (b).

Die Brechkräfte solcher Linsen berechnen sich nach Busch für achsennahe Elektronenstrahlen folgendermaßen (ohne Ableitung):

Brechkraft der elektrischen Einzellinse:

$$\frac{1}{f} \approx \frac{1}{8\sqrt{U_\mathrm{b}}} \int \left(\frac{\mathrm{d}U}{\mathrm{d}z}\right)^2 U^{-3/2}\,\mathrm{d}z. \qquad (70)$$

Brechkraft der magnetischen Linse:

$$\frac{1}{f} \approx \frac{e}{8mU_\mathrm{b}} \int B_z^2\,\mathrm{d}z. \qquad (71)$$

Die Integrale sind längs der optischen Achsen zu erstrecken, soweit die Achsenfeldstärken $E_z = \mathrm{d}U/\mathrm{d}z$ oder B_z von 0 verschieden sind. U_b ist die Beschleunigungsspannung der Elektronen, und $U = U(z)$ das variable Potenzial auf der optischen Achse (bei der elektrischen Linse). Zur Erzielung kurzer Brennweiten muss der Feldbereich kurz, aber von hoher Feldstärke sein. Es kommt daher z. B. bei den magnetischen Linsen sehr auf geeignete Formung der Polschuhe am Ringspalt an.

Entsprechend den beiden Linsentypen hat man zwei Entwicklungslinien von Elektronenmikroskopen verfolgt: *magnetische Elektronenmikroskope* (erstmals von Knoll und Ruska 1931, Abb. 38) und *elektrostatische Elektronenmikroskope* (durch

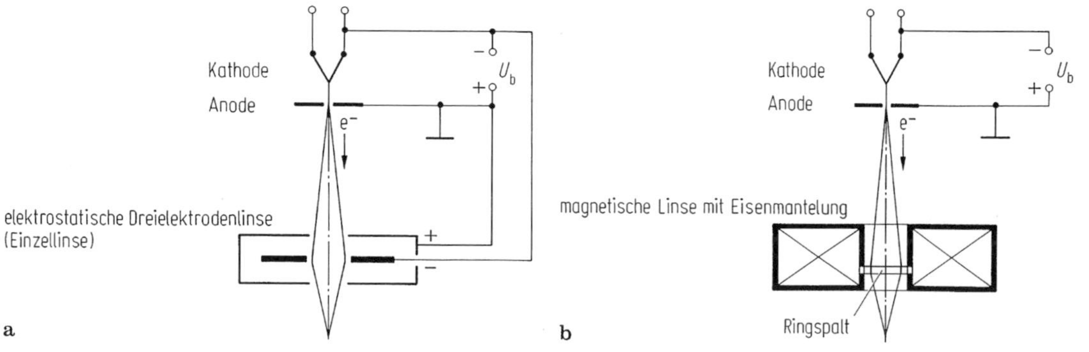

Abb. 37 Elektronenlinsen. **a** elektrische Einzellinse; **b** magnetische Linse

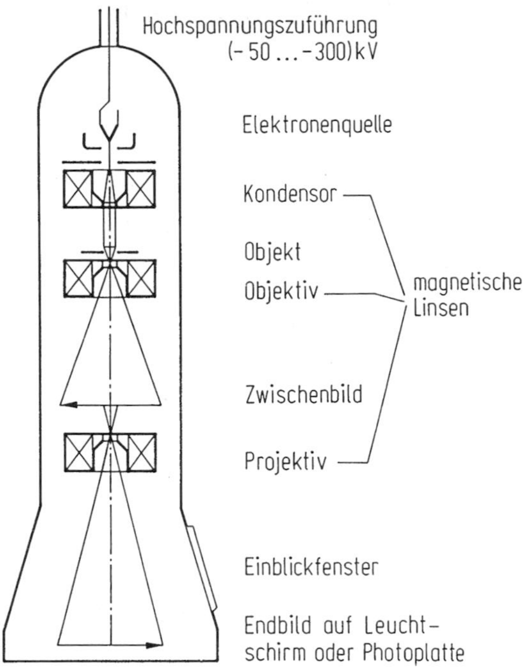

Abb. 38 Prinzipieller, stark vereinfachter Aufbau eines abbildenden Transmissions-Elektronenmikroskops

Brüche und Johannson 1932). Aus technischen Gründen haben sich heute die magnetischen Elektronenmikroskope weitgehend durchgesetzt.

Elektronenlinsen haben sehr große Öffnungsfehlerkoeffizienten $C_{\text{Ö}}$ (siehe Abschn. 20.1.2) im Vergleich zu lichtoptischen Linsen. Für eine minimale Unschärfe (vgl. Abb. 15) muss daher die Objektivöffnung bei Elektronenlinsen auf einen Aperturwinkel $\vartheta_0 \approx 4 \cdot 10^{-2}$ rad ($\approx 2°$) beschränkt werden, sodass die der Wellenlänge entsprechende Grenzauflösung nicht erreicht wird. Die Abbe'sche Auflösungsgrenze (36) beträgt dabei etwa $d_{\text{min}} \approx 0,1$ nm, sodass dennoch eine atomare Auflösung heute möglich ist.

Ein ganz anderes elektronenmikroskopisches Verfahren stellt das Rasterelektronenmikroskop (entwickelt durch Knoll 1935; und v. Ardenne 1938) dar. Hierbei werden die Objektpunkte durch eine sehr feine elektronenoptisch verkleinerte Elektronensonde von 1 bis 10 nm Durchmesser nacheinander rasterförmig abgetastet (Abb. 39). In der getroffenen Objektstelle werden Elektronen rückgestreut (RE) und Sekundärelek-

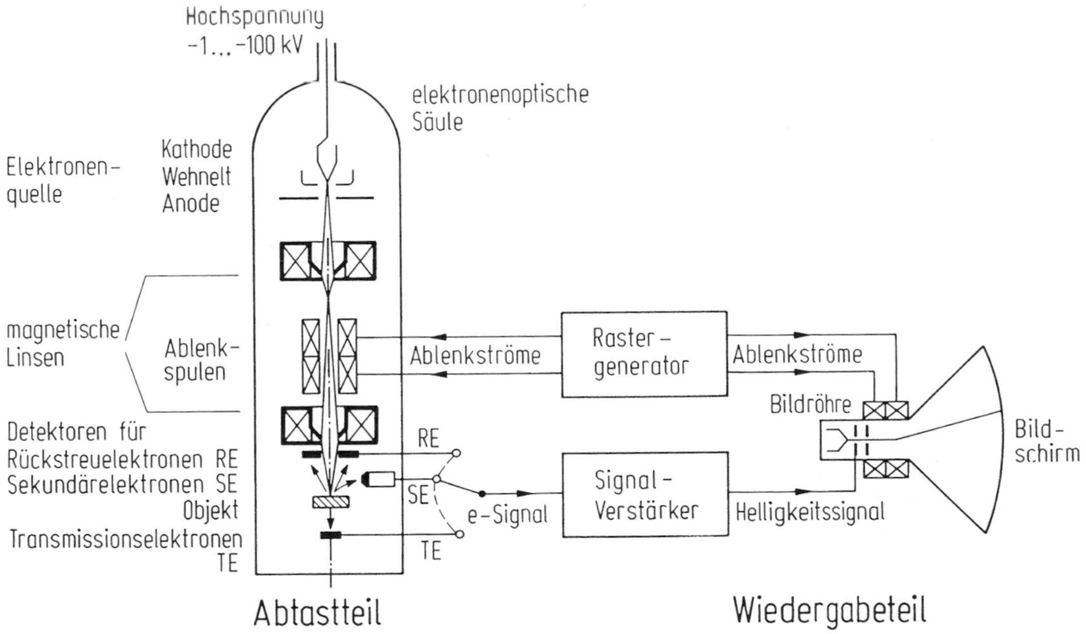

Abb. 39 Prinzipieller Aufbau eines Raster-Elektronenmikroskops zur Abbildung von Oberflächen mit Rückstreuelektronen (RE) oder Sekundärelektronen (SE), bzw. von dünnen Schichten mit transmittierten Elektronen (TE)

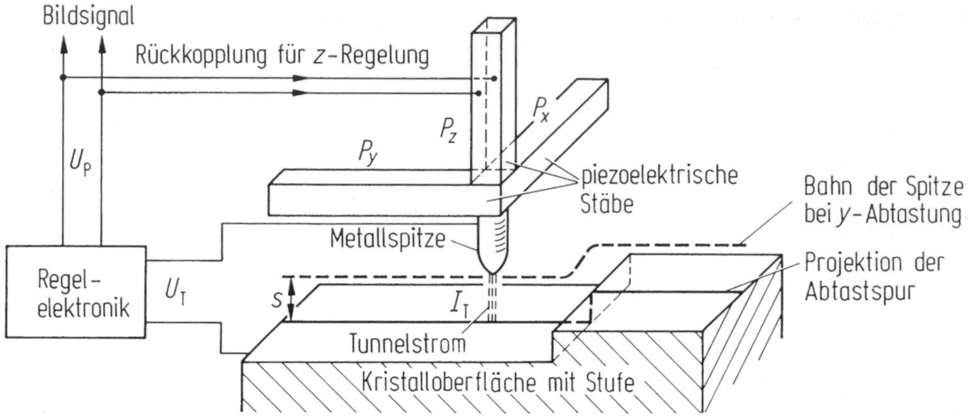

Abb. 40 Objekt-Abtastverfahren beim Raster-Tunnelmikroskop nach Binnig und Rohrer

tronen (SE) ausgelöst und von Elektronendetektoren registriert. Das daraus entstehende elektrische Signal wird verstärkt und zur Helligkeitssteuerung des Elektronenstrahls einer Fernsehbildröhre verwendet, der synchron mit dem Abtaststrahl im Rastermikroskop zeilenweise über den Leuchtschirm geführt wird, auf dem dadurch das Bild der abgetasteten Objektfläche erscheint. Dieses Verfahren gestattet damit auch die elektronenmikroskopische Direktabbildung von Oberflächen massiver Objekte. Bei dünnen Schichten als Objekt können auch die transmittierten Elektronen (TE) als Bildsignal dienen.

Eine vom Prinzip her extrem einfache Art der Abbildung durch Oberflächenabtastung ist die *Raster-Tunnelmikroskopie* (erfanden durch Binnig und Rohrer 1982). Eine mittels piezoelektrischer Verstellelemente dreidimensional verschiebbare, feine Metallspitze wird der zu untersuchenden Oberfläche auf ca. 1 nm genähert (Abb. 40). Wird zwischen Spitze und Objektoberfläche eine elektrische Spannung U_T angelegt, so fließt ein Strom I_T, obwohl keine metallisch leitende Verbindung vorliegt. Ursache ist der quantenmechanische Tunneleffekt, der auch für die Feldemission (siehe ▶ Abschn. 17.2.7 im Kap. 17, „Elektrische Leitungsmechanismen") maßgebend ist. Der „Tunnelstrom" I_T hängt exponentiell vom Abstand s zwischen Spitze und Objektoberfläche ab. Man erhält nach Binnig und Rohrer für den Tunnelstrom die Beziehung

$$I_T \sim \frac{U_T}{s} \sqrt{\Phi}\ e^{-\beta\sqrt{\Phi}s}, \tag{72}$$

mit Φ mittleres Austrittspotenzial von Spitze und Objektoberfläche für Elektronen und $\beta = 2\sqrt{2m_e e/\hbar} = 10{,}25\,V^{-0{,}5}\ nm^{-1}$.

Beim rasternden Abtasten der Objektoberfläche mittels der piezoelektrischen y- und x-Verstellung (P_y und P_x) werden mithilfe einer Rückkopplung auf die Abstandsverstellung P_z der Tunnelstrom I_T und damit der Abstand s der Spitze von den Oberflächenstrukturen konstant gehalten. Die Spitze folgt dann allen Höhenveränderungen der Objektoberfläche. Wird das Regelsignal U_p als Bildsignal über der x, y-Ebene aufgezeichnet, so erhält man ein Rasterbild der Objektoberfläche. Der Raster- und Wiedergabeteil entspricht dabei demjenigen im Raster-Elektronenmikroskop (Abb. 39). Die Auflösung konnte mit sehr feinen Spitzen soweit getrieben werden, dass einzelne Atome aufgelöst werden können.

Literatur

Boersch H (1940) Fresnelsche Elrktronenbeugung Naturwissenschaften 28:909

Boersch H (1943) Fresnelsche beugung elektronenmikroskop. Phys Z 44:202

Born M (2006) Optik, 4. Aufl. Springer, Berlin

Hell SW, Wichmann J (1994) Breaking the diffraction resolution limit by stimulated emission: stimulated-

emission-depletion fluorescence microscopy. Optic Lett 19(11)
Möllenstedt G, Düker H (1956) Beobachtungen und Messungen an Biprisma-interferenzen mit Elektronenwellen. Z Phys 145:377

Handbücher und Nachschlagewerke

Bergmann, Schaefer (1999–2006) Lehrbuch der Experimentalphysik, 8 Bde, versch. Aufl. de Gruyter, Berlin
Greulich W (Hrsg) (2003) Lexikon der Physik, 6 Bde, Spektrum Akademischer Verlag, Heidelberg
Hering E, Martin R, Stohrer M (2017) Taschenbuch der Mathematik und Physik, 6. Aufl. Springer, Berlin
Kuchling H (2014) Taschenbuch der Physik, 21. Aufl. Hanser, München
Rumble J (Hrsg) (2018) CRC handbook of chemistry and physics, 99. Aufl. Taylor & Francis, London
Stöcker H (2018) Taschenbuch der Physik, 8. Aufl. Europa-Lehrmittel Nourney, Vollmer GmbH & Co. KG, Haan-Gruiten
Westphal W (Hrsg) (1952) Physikalisches Wörterbuch. Springer, Berlin

Allgemeine Lehrbücher

Alonso M, Finn E (2000) Physik, 3. Aufl. de Gruyter/Oldenbourg, München
Berkeley Physik-Kurs (1991) 5 Bde, versch. Aufl. Vieweg+Teubner Verlag, Braunschweig
Demtröder W (2017) Experimentalphysik, 5.–8. Aufl. Springer Spektrum
Feynman RP, Leighton RB, Sands M (2015) Vorlesungen über Physik, 5 Bde, versch. Aufl. de Gruyter, Berlin
Gerthsen C, Meschede C (2015) Physik, 25. Aufl. Springer Spektrum, Berlin
Halliday D, Resnick R, Walker J (2017) Physik, 3. Aufl. Wiley VCH, Weinheim
Hänsel H, Neumann W (2000–2002) Physik, 4 Bde, Spektrum Akademischer Verlag, Heidelberg
Hering E, Martin R, Stohrer M (2016) Physik für Ingenieure, 12. Aufl. Springer Vieweg, Berlin
Niedrig H (1992) Physik. Springer, Berlin
Orear J (1992) Physik, 2 Bde, 4. Aufl. Hanser, München
Paul H (Hrsg) (2003) Lexikon der Optik, 2 Bde, Springer Spektrum, Berlin
Stroppe H (2018) Physik, 16. Aufl. Hanser, München
Tipler PA, Mosca G (2015) Physik, 7. Aufl. Springer Spektrum, Berlin

Teil III

Chemie

Grundlagen zu chemischen Elementen, Verbindungen und Gleichungen

21

Manfred Hennecke, Wilhelm Oppermann und Bodo Plewinski

Zusammenfassung

Der Aufbau von Atomen wird anhand verschiedener Modelle erläutert. Die Elektronenkonfiguration stellt das Ordnungsprinzip für die Struktur des Periodensystems der Elemente dar. Chemische Bindungen bilden sich aufgrund dreier Mechanismen: die kovalente Bindung besitzt gemeinsame Elektronenpaare in Molekülorbitalen; bei der Ionenbindung erfolgt ein Elektronentransfer von elektropositiveren auf elektronegativere Atome; die metallische Bindung basiert auf der Delokalisierung des Elektronengases über das gesamte Kristallgitter. Die Mengenverhältnisse der Elemente in Verbindungen und die Umsätze bei Reaktionen werden durch chemische Formeln bzw. Reaktionsgleichungen beschrieben.

Herr Bodo Plewinsky ist als aktiver Autor ausgeschieden.

M. Hennecke (✉)
Bundesanstalt für Materialforschung und -prüfung (im Ruhestand), Berlin, Deutschland
E-Mail: hennecke@bam.de

W. Oppermann
Technische Universität Clausthal (im Ruhestand), Clausthal-Zellerfeld, Deutschland
E-Mail: wilhelm.oppermann@tu-clausthal.de

B. Plewinski
Berlin, Deutschland

21.1 Atombau

21.1.1 Das Atommodell von Rutherford

Nach Rutherford besteht ein Atom aus einer Hülle und einem Kern. Der Durchmesser des Atomkerns beträgt etwa 10^{-14} m, der der Hülle ungefähr 10^{-10} m. Im positiv geladenen Kern des Atoms muss praktisch die gesamte Masse des Atoms vereinigt sein. Um den Kern kreisen die fast masselosen, negativ geladenen Elektronen (Ruhemasse eines Elektrons $m_e = 9{,}11 \cdot 10^{-31}$ kg) mit einer Geschwindigkeit, bei der die Zentrifugalkraft durch die Coulomb'sche Anziehungskraft gerade kompensiert wird (Planetenmodell des Atoms).

Zu diesem Modell gelangte Rutherford 1911 auf Grund seiner Streuversuche von α-Teilchen (das sind zweifach positiv geladene Heliumatome) an dünnen Goldfolien, bei denen er außergewöhnlich große Ablenkungen der relativ schweren α-Teilchen beobachtete.

Vorher hatte bereits Lenard (1903) die Streuung von Elektronen an Metallfolien untersucht. Bei der Verwendung langsamer (energiearmer) Elektronen ergab sich ein Atomradius von etwa 10^{-10} m. Wurden schnelle Elektronen verwendet, so führten die Versuchsergebnisse zu einem vermeintlichen Radius von ca. 10^{-14} m.

M. Hennecke, B. Skrotzki (Hrsg.), *HÜTTE Band 1: Mathematisch-naturwissenschaftliche und allgemeine Grundlagen für Ingenieure*, Springer Reference Technik,
https://doi.org/10.1007/978-3-662-64369-3_21

Kritik des Rutherford'schen Atommodells:

- Dieses Atommodell steht im Widerspruch zu den Gesetzen der klassischen Elektrodynamik, wonach elektrisch geladene Teilchen, die eine beschleunigte Bewegung ausführen, Energie in Form von elektromagnetischer Strahlung abgeben müssen. Deshalb können Elektronen in Atomen, die nach Rutherfords Vorstellungen aufgebaut sind, den Kern nicht mit konstantem Abstand umkreisen, sondern müssten sich spiralförmig dem Atomkern nähern, um schließlich auf ihn zu stürzen.
- Eine Erklärung der Linienstruktur der Atomspektren (vgl. ▶ Abschn. 19.3.4 in Kap. 19, „Wellen und Strahlung") ist mit diesem Atommodell nicht möglich.

21.1.2 Das Bohr'sche Atommodell

Um die unter 1.1 erwähnten Widersprüche der Rutherford'schen Theorie zu beseitigen, stellte Niels Bohr die folgenden zwei Postulate als Grundlagen seines Atommodells auf:

1. Es gibt eine diskontinuierliche Schar von Elektronenbahnen, auf denen die Elektronen den Atomkern umkreisen können, ohne Energie durch Strahlung zu verlieren (so genannte stationäre Zustände). Für sie gilt die Bedingung, dass der Drehimpuls des Elektrons ein ganzzahliges Vielfaches des Drehimpulsquantums $\hbar = h/2\pi$ sein muss ($h = 6{,}63 \cdot 10^{-34}$ J s, Planck-Konstante). Aus dieser Bedingung folgt für den Bahnradius:

$$r_n = n^2 a_0.$$

   Die Zahl n, die als Hauptquantenzahl bezeichnet wird, kann ganzzahlige Werte von 1 bis unendlich annehmen. r_n ist der Radius der n-ten Bahn und a_0 ergibt sich aus einer Reihe physikalischer Konstanten. Für das Wasserstoffatom ist $a_0 = 0{,}529 \cdot 10^{-10}$ m. Diese Größe wird als Bohr-Radius bezeichnet.

   Für die Energie des Elektrons folgt dann:

$$E_n = -E_0/\mathrm{n}^2.$$

   In E_0 werden wieder physikalische Konstanten zusammengefasst. Für das Wasserstoffatom ergibt sich $E_0 = 13{,}6$ eV. Der Nullpunkt der Energieskala entspricht der Hauptquantenzahl unendlich, d. h. einem unendlich großen Abstand des Elektrons vom Atomkern.
2. Beim Übergang eines Elektrons von einem stationären Zustand auf einen anderen wird rein monochromatische Strahlung emittiert bzw. absorbiert. Ihre Frequenz ν ist durch die Energiedifferenz ΔE der stationären Zustände gegeben:

$$h\nu = \Delta E.$$

Leistung und Grenzen des Bohr'schen Atommodells

- *Atomspektren*: Mit Hilfe der Bohr'schen Theorie ist es möglich, das Spektrum des Wasserstoffatoms zu berechnen. Anschaulich lässt sich nach Bohr das Zustandekommen des Linienspektrums des Wasserstoffatoms folgendermaßen interpretieren: Durch Energiezufuhr wird das Elektron vom Grundzustand ($n = 1$) auf einen angeregten Zustand ($n_\mathrm{a} > 1$) angehoben. Wenn das Elektron dann wieder auf eine energieärmere (kernnähere) Bahn ($n_\mathrm{i} < n_\mathrm{a}$) zurückfällt, gibt es Energie in Form eines Photons ab. Die Energie des Photons ist gleich der Energiedifferenz der beiden stationären Zustände (vgl. Abb. 1).

  Dieses Modell erklärt zwanglos die von Balmer empirisch gefundene Gleichung:

$$\nu = R_\nu\left(\frac{1}{n_\mathrm{i}^2} - \frac{1}{n_\mathrm{a}^2}\right), \quad n_a > n_i.$$

  $R_\nu = 3{,}29 \cdot 10^{15}$ Hz, Rydberg-Frequenz, n_i, n_a Haupt-Quantenzahlen.

  Die Spektren von Atomen mit mehr als einem Elektron können mit Hilfe der Bohr'schen Theorie nicht mehr quantitativ beschrieben werden.
- *Periodensystem*: Das Bohr'sche Atommodell wurde besonders von Sommerfeld verfeinert.

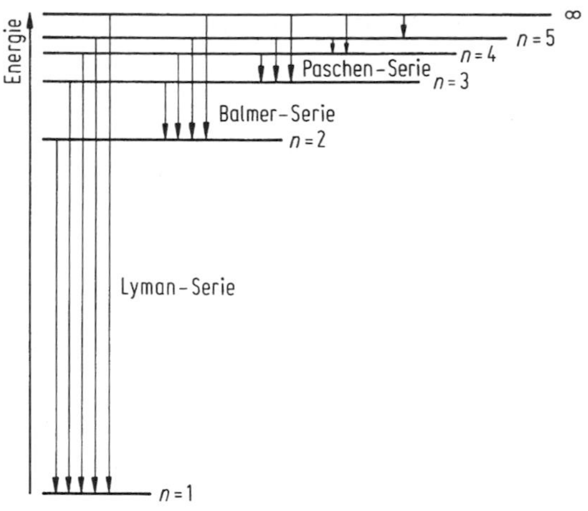

Abb. 1 Termschema des Wasserstoffatoms

Diese erweiterte Theorie ermöglichte es, die Systematik des Periodensystems (siehe Abschn. 21.2) mithilfe weiterer Quantenzahlen (siehe Abschn. 21.1.3.2) zu deuten.

- *Heisenberg'sche Unschärferelation*: Nach Heisenberg ist es nicht möglich, gleichzeitig genaue Angaben über Ort und Impuls von Partikeln zu machen. Es gilt (vgl. ▶ Abschn. 20.4.1 in Kap. 20, „Optik und Materiewellen"):

$$\Delta p_x \Delta x \geq h/2\pi = \hbar.$$

Δp_x, Δx Unbestimmtheit von Impuls- bzw. Ortskoordinaten derselben Raumrichtung. Als Folge dieser Theorie muss die Vorstellung einer exakten Teilchenbahn von Mikroobjekten – z. B. von Elektronen – aufgegeben werden.

21.1.3 Das quantenmechanische Atommodell

21.1.3.1 Die Ψ-Funktion

In der Quantenmechanik wird jedem Zustand eines Atoms eine Funktion Ψ der Ortskoordinaten (x,y,z) seiner sämtlichen Elektronen zugeordnet (vgl. ▶ Abschn. 20.4.1 in Kap. 20, „Optik und Materiewellen"). Aus diesen sog. Zustands- oder Wellenfunktionen lassen sich im Prinzip sämtliche Informationen über das System mathematisch errechnen. Die Wellenfunktion Ψ selbst hat keine anschauliche physikalische Bedeutung (Ψ nimmt in der Regel komplexe Werte an). Ihr Betragsquadrat $|\Psi|^2$ jedoch kann als Wahrscheinlichkeitsdichte bzw. Elektronendichte interpretiert werden. Beim Wasserstoffatom, das nur ein Elektron besitzt, gibt

$$|\Psi|^2(x,y,z)\,\mathrm{d}x\,\mathrm{d}y\,\mathrm{d}z$$

die Wahrscheinlichkeit an, das Elektron im Volumenelement dx dy dz anzutreffen. Entsprechend ist das Produkt

$$\mathrm{e}|\Psi|^2(x,y,z),\ \mathrm{e} \quad \textit{Elementarladung},$$

die Elektronendichte an der Stelle x, y, z.

21.1.3.2 Die Schrödinger-Gleichung für das Wasserstoffatom

Die Wellenfunktionen der stationären Zustände können durch Lösen der Schrödinger-Gleichung (vgl. ▶ Abschn. 20.4.1 in Kap. 20, „Optik und Materiewellen") ermittelt werden. Für das Elektron im Wasserstoffatom nimmt die zeitunabhängige Schrödinger-Gleichung die folgende Form an:

$$\nabla^2\Psi + \frac{8\pi^2 m_\mathrm{e}}{h^2}\left(E - \frac{\mathrm{e}^2}{r}\right)\Psi = 0.$$

∇^2 Laplace-Operator, m_e Ruhemasse des Elektrons, h Planck-Konstante, E Gesamtenergie, e Elementarladung, r Radius.

Die Schrödinger-Gleichung hat nur für ganz bestimmte Werte der Energie E Lösungen Ψ. Diese Energiewerte heißen Eigenwerte, die zugehörenden Lösungen werden Eigenfunktionen oder Eigenzustände genannt.

Gehört zu jedem Energieeigenwert nur eine einzige Eigenfunktion, so bezeichnet man diesen Eigenwert als nicht entartet. Gehören dagegen mehrere Eigenfunktionen zum gleichen Energiewert, so spricht man von Entartung.

Zur Lösung der Schrödinger-Gleichung für das Wasserstoffatom ist es – wie auch bei der Behandlung anderer zentralsymmetrischer Probleme – zweckmäßig, eine Transformation der kartesischen Koordinaten (x, y, z) in Kugelkoordinaten (Radius r, Winkel θ und φ) vorzunehmen. Die Lösungen der Schrödinger-Gleichung für das Wasserstoffatom haben die allgemeine Form

$$\Psi_{n,l,m}(r,\theta,\varphi) = R_{n,l}(r)Y_{l,m}(\theta,\varphi).$$

$R_{n,l}(r)$ ist der Radialteil und $Y_{l,m}(\theta,\varphi)$ der Winkelteil der Wellenfunktion. Die Radialfunktion enthält nur die Parameter n und l, die Winkelfunktion nur l und m. Diese und ähnliche Funktionen, die die Zustände eines Elektrons in einem Atom beschreiben, werden häufig als Atomorbitale oder kurz Orbitale bezeichnet. Die Parameter n, l, m sind *Quantenzahlen*. Sie werden folgendermaßen benannt (vgl. Tab. 1):

Haupt-Quantenzahl n

$$n = 1,2,3,\ldots$$

Bahndrehimpuls-Quantenzahl (Neben-Quantenzahl) l

$$l = 0,1,2,\ldots,n-1$$

Magnetische Quantenzahl m

$$m = -l,-l+1,\ldots,-1,0,+1,\ldots,l-1,l.$$

Aus historischen Gründen bezeichnet man Zustände mit $l = 0,1,2$ und 3 als s-, p-, d- bzw. f-Zustände.

Zustände gleicher Haupt-Quantenzahl bilden eine so genannte Schale. Hierbei gelten folgende Bezeichnungen: Zustände mit $n = 1,2,3,4$ oder 5 heißen K-, L-, M-, N- bzw. O-Schale. Beim Wasserstoffatom hängen die Eigenwerte der Energie nur von der Haupt-Quantenzahl n ab, d. h., innerhalb einer Schale sind alle Zustände entartet. Der Zustand niedrigster Energie (beim Wasserstoffatom bei $n = 1$) wird als Grundzustand bezeichnet.

Spin-Quantenzahl s: Elektronen haben drei fundamentale Eigenschaften: Masse, Ladung und Spin (Eigendrehimpuls). Der Spin kann durch die Spin-Quantenzahl s charakterisiert werden. Bei Elektronen kann s die Werte $+1/2$ und $-1/2$ annehmen.

21.1.3.3 Darstellung der Wasserstoff-Orbitale

Die Darstellung der Wellenfunktion erfordert mit den drei unabhängigen Variablen x, y, z bzw. r, θ, φ ein vierdimensionales Koordinatensystem.

Zweidimensionale Teildarstellungen sind:

- Quasi-dreidimensionale Wiedergabe der Winkelfunktion $Y_{l,m}$. Die in Abb. 2 dargestellten Flächen entstehen, indem man in jeder Raumrichtung den Betrag abträgt, den die jeweilige Winkelfunktion für diese Richtung liefert.
- Darstellung des Radialteils der Wellenfunktion $R_{n,l}$ bzw. der Radialverteilung $4\,\pi\,r^2\,R_{n,l}{}^2$ als Funktion des Radius r.

21.1.3.4 Mehrelektronensysteme

Infolge der Wechselwirkung zwischen den Elektronen ist die Schrödinger-Gleichung für Atome mit mehreren Elektronen nicht mehr exakt lösbar. Ein verbreitetes Näherungsverfahren besteht darin, die Wechselwirkung eines jeden Elektrons mit den anderen durch ein effektives Potential zu ersetzen, das dem elektrostatischen Potential der Anziehung durch den Atomkern überlagert wird. Auf diese Weise gelingt es, ein Mehrelektronensystem näherungsweise in mehrere Einelektronensysteme zu entkoppeln, deren Schrödinger-Gleichungen dann separat gelöst werden können. Die resultierenden Orbitale ähneln weitgehend denen des Wasserstoffatoms. Sie haben dieselben Winkelanteile, jedoch andere Radialanteile als die entsprechenden Wellenfunktionen des Wasserstoffatoms. Wie beim Wasserstoffatom wird der Zustand eines Elektrons vollständig durch die Angabe der Werte der vier Quantenzahlen n, l, m und s beschrieben. Die Energieeigenwerte hängen nun jedoch von n und l ab, d. h., gegenüber dem Wasserstoffatom ist die l-Entartung aufgehoben.

Energien und Wellenfunktionen eines Atoms mit mehreren Elektronen werden nun aus denen

Tab. 1 Besetzungsmöglichkeiten der Elektronenzustände für die ersten vier Haupt-Quantenzahlen n; l Bahndrehimpuls-Quantenzahl, s Spin-Quantenzahl, Z_e maximale Zahl von Elektronen gleicher Haupt-Quantenzahl

n	Schale	l	Symbol	magnetische Quantenzahl	s	Z_e
1	K	0	1s	0	±1/2	2
2	L	0	2s	0	±1/2	
		1	2p	−1, 0, +1	±1/2	8
3	M	0	3s	0	±1/2	
		1	3p	−1, 0, +1	±1/2	
		2	3d	−2, −1, 0, +1, +2	±1/2	18
4	N	0	4s	0	±1/2	
		1	4p	−1, 0, +1	±1/2	
		2	4d	−2, −1, 0, +1, +2	±1/2	
		3	4f	−3, −2, −1, 0, +1, +2, +3	±1/2	32

Abb. 2 Graphische Darstellung der Winkelfunktion von Orbitalen des Wasserstoffatoms

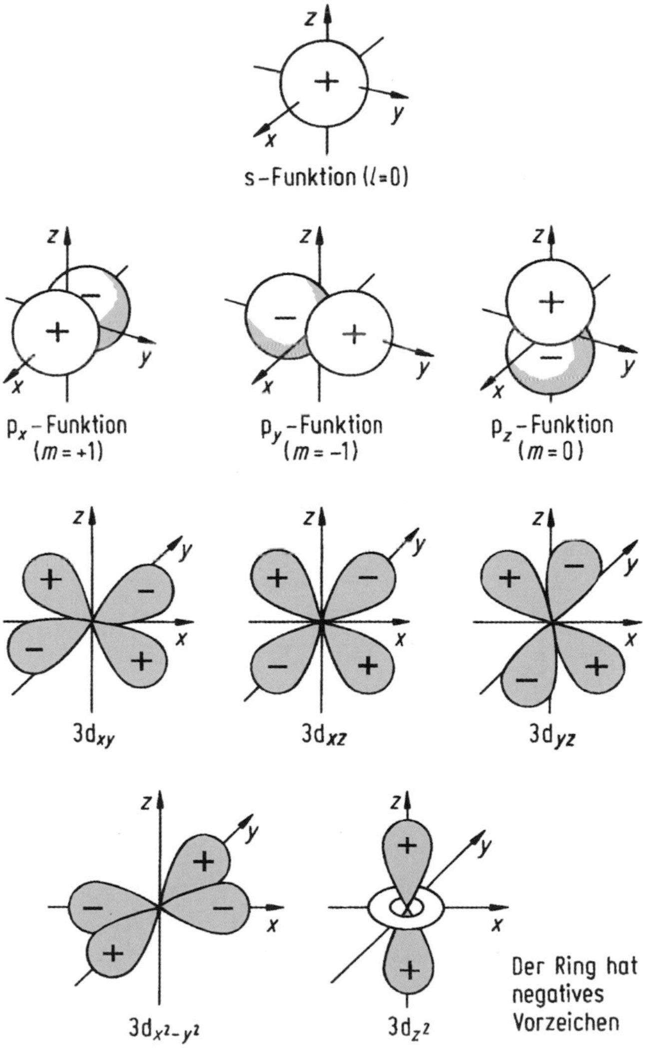

der einzelnen Elektronen aufgebaut: die Energien als Summe, die Wellenfunktionen als Produkte der entsprechenden Einelektronenbeiträge.

21.1.4 Besetzung der Energieniveaus

Für ein Atom mit mehreren Elektronen erhält man den Grundzustand (in der oben beschriebenen Näherung) durch Besetzung der einzelnen Orbitale nach folgenden drei Regeln (häufig spricht man in diesem Zusammenhang auch von der Besetzung der Energieniveaus):

Energieregel: Die Besetzung der Niveaus mit Elektronen geschieht in der Reihenfolge zunehmender Energie. Für diese Reihenfolge gilt in der Regel folgendes Schema:

$$1s < 2s < 2p < 3s < 3p < 4s < 3d < 4p < 5s < 4d < 5p < 6s < 4f < 5d < 6p < 7s < 6d \ldots$$

Pauli-Prinzip: In einem Atom können niemals zwei oder mehr Elektronen in allen vier Quantenzahlen übereinstimmen.

Hund'sche Regel: Atomorbitale, deren Energieeigenwerte entartet sind, werden zunächst mit Elektronen parallelen Spins besetzt.

Die Zahl der Elektronen, die die gleiche Haupt-Quantenzahl haben können, beträgt $2\,n^2$. Diese Verhältnisse sind in Tab. 1 dargestellt.

21.1.5 Darstellung der Elektronenkonfiguration

Die Zusammensetzung eines Atomzustandes aus Zuständen seiner einzelnen Elektronen wird auch als Elektronenkonfiguration bezeichnet. Die Elektronenkonfiguration kann entweder symbolisch formelartig oder graphisch in der sog. *Pauling-Symbolik* angegeben werden. Die formelartige Darstellung verläuft nach folgendem Schema: Der Haupt-Quantenzahl folgt die Angabe der Neben-Quantenzahl in der historischen Bezeichnungsart. Als Exponent der Neben-Quantenzahl erscheint die Zahl der Elektronen, die das betrachtete Energieniveau besetzen.

Bei der Pauling-Symbolik wird jeder durch die Quantenzahlen *n*, *l* und *m* charakterisierte Zustand durch einen waagerechten Strich (oder durch ein Kästchen) markiert. Die Wiedergabe des Spinzustandes erfolgt mit einem Pfeil.

Die Elektronenkonfiguration der Elemente ist in den Tab. 1 bis 18 in ▶ Kap. 25, „Chemische Elemente und deren charakteristische Verbindungen" enthalten.

Beispiel: Elektronenkonfiguration des Phosphoratoms im Grundzustand (Ordnungszahl 15).

$(1s)^2\ (2s)^2\ (2p)^6\ (3s)^2\ (3p)^3$
meist kürzer:
$1s^2 2s^2 2p^6 3s^2 3p^3$
oder:
$[Ne]\ 3s^2 3p^3$

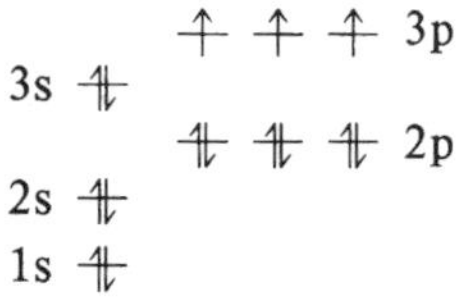

symbolische Darstellung, Pauling-Symbolik

21.1.6 Ionisierungsenergie, Elektronenaffinität

Als *Ionisierungsenergie* wird die Energie bezeichnet, die zur Abtrennung eines Elektrons aus einem Atom A erforderlich ist. Dieser Vorgang kann durch folgende Gleichung beschrieben werden:

$$A \rightarrow A^+ + e^- .$$

Von dem einfach positiv geladenen Ion A^+ können weitere Elektronen abgegeben werden. Auf diese Weise entstehen mehrfach geladene Ionen, z. B.:

$$A^+ \rightarrow A^{2+} + e^- .$$

Die Ionisierungsenergie für die Abtrennung des ersten Elektrons ist für die Hauptgruppenelemente in den Tab. 1 bis 8 in ▶ Kap. 25, „Chemische Elemente und deren charakteristische Verbindungen" angegeben.

Elektronenaffinität heißt die bei der Bildung negativ geladener Ionen aus Atomen freiwerdende oder benötigte Energie entsprechend der folgenden Reaktion:

Tab. 2 Elektronenaffinität E_A einiger Atome

Vorgang					E_A/eV
F	+	e^-	→	F^-	−3,401
Cl	+	e^-	→	Cl^-	−3,613
Br	+	e^-	→	Br^-	−3,364
I	+	e^-	→	I^-	−3,059
H	+	e^-	→	H^-	−0,754
O	+	e^-	→	O^-	−1,461
O	+	2 e^-	→	O^{2-}	+7,20

$$A + e^- \rightarrow A^-.$$

An einfach negativ geladene Ionen können weitere Elektronen angelagert werden, z. B.:

$$A^- + e^- \rightarrow A^{2-}.$$

Tab. 2 enthält einige Werte der Elektronenaffinität.

21.1.7 Aufbau des Atomkerns

Der Atomkern besteht aus *Nukleonen* (vgl. 1.1 Atomkerne, in Kap. ▶ Abschn. 18.1.1 in Kap. 18, „Starke und schwache Wechselwirkung: Atomkerne und Elementarteilchen"). Darunter versteht man positiv geladene *Protonen* und elektrisch neutrale *Neutronen*. Die Massen von Protonen und Neutronen sind annähernd gleich groß ($m_p = 1{,}672622 \cdot 10^{-27}$ kg, $m_n = 1{,}674927 \cdot 10^{-27}$ kg). Bei einem elektrisch neutralen Atom ist die Zahl der Protonen oder die Kernladungszahl gleich der Zahl der Elektronen in der Atomhülle und gleich der Ordnungszahl im Periodensystem (vgl. Abschn. 21.2). Durch diese Zahl werden die chemischen Elemente definiert:

Chemische Elemente bestehen aus Atomen gleicher Kernladungszahl.

Als *Massenzahl* wird die Anzahl der in einem Atomkern enthaltenen Protonen und Neutronen bezeichnet. Kernarten, die durch eine bestimmte Zahl von Protonen und Neutronen charakterisiert sind, werden allgemein *Nuklide* genannt. *Isotope* sind Nuklide, die die gleiche Zahl von Protonen, aber eine unterschiedliche Anzahl von Neutronen enthalten. Nuklide gleicher Massenzahl heißen *Isobare*.

Chemische Elemente können als *Reinelemente* oder als *Mischelemente* vorliegen. Reinelemente sind dadurch gekennzeichnet, dass alle Atome die gleiche Zahl von Neutronen und damit auch die gleiche Massenzahl aufweisen. Bei Mischelementen kommen Nuklide mit unterschiedlicher Anzahl von Neutronen vor.[1] Es ist üblich, die Ordnungszahl unten und die Massenzahl oben vor das Elementsymbol zu setzen.

Beispiele: Fluor ist ein Reinelement. Es existiert in der Natur ausschließlich in Form des Nuklides ${}^{19}_{9}F$. Kohlenstoff ist ein Mischelement. Die natürlich vorkommenden Isotope sind ${}^{12}_{6}C$, ${}^{13}_{6}C$ und ${}^{14}_{6}C$ (Häufigkeiten: 98,89 %, 1,11 %, Spuren). ${}^{14}_{6}C$ ist radioaktiv (Halbwertszeit $T_{1/2} = 5730$ a, vgl. ▶ Abschn. 23.2.4.1 in Kap. 23, „Thermodynamik und Kinetik chemischer Reaktionen") und zerfällt als β-Strahler in ${}^{14}_{7}N$.

21.2 Das Periodensystem der Elemente

Das Periodensystem wurde erstmals 1869 von L. Meyer und D. Mendelejew als Ordnungssystem der Elemente aufgestellt. In diesem System wurden die chemischen Elemente nach steigenden Werten der molaren Masse der Atome (vgl. Abschn. 21.4.5) angeordnet. Das geschah schon damals in der Art, dass chemisch ähnliche Elemente, wie z. B. die Alkalimetalle oder die Halogene (vgl. ▶ Abschn. 25.1.2 bzw. ▶ 25.1.8 in Kap. 25, „Chemische Elemente und deren charakteristische Verbindungen"), untereinander standen und eine Gruppe bildeten. In einigen Fällen war es aufgrund der Eigenschaften der Elemente oder ihrer Verbindungen erforderlich, dieses Ordnungsprinzip durch Umstellungen zu durchbrechen, da sich sonst chemisch nicht verwandte Elemente in einer Gruppe befunden hätten. So steht z. B. das Element Tellur vor dem Iod, obwohl die molare Masse des Iods (126,9 g/mol) kleiner ist als die des Tellurs (127,6 g/mol).

[1]Eine Übersicht gibt die sog. Karlsruher Nuklidkarte, s. https://de.wikipedia.org/wiki/Karlsruher_Nuklidkarte.

21.2.1 Aufbau des Periodensystems

Die verbreitetste Form des Periodensystems (vgl. Tab. 3) besteht aus 7 Perioden mit 18 Gruppen bzw. 8 Haupt- und 8 Nebengruppen sowie den Lanthanoiden und Actinoiden. Als Perioden werden die horizontalen, als Gruppen die vertikalen Reihen bezeichnet. Die Reihenfolge der Elemente wird durch ihre Ordnungszahl (Kernladungszahl, vgl. Abschn. 21.1.7) bestimmt. Die Besetzung der einzelnen Energieniveaus geschieht mit wachsender Ordnungszahl nach den in Abschn. 21.1.4 angegebenen Regeln. Die Periodennummer gibt die Haupt-Quantenzahl des höchsten im Grundzustand mit Elektronen besetzten Energieniveaus an. Innerhalb einer Gruppe des Periodensystems stehen Elemente, die ähnliches chemisches Verhalten zeigen. Die freien Atome dieser Elemente haben in der Regel die gleiche Elektronenkonfiguration in der äußersten Schale.

Nach ihrer Elektronenkonfiguration werden die Elemente folgendermaßen eingeteilt. Die Eigenschaften der Elemente und ihrer Verbindungen werden in den ▶ Abschn. 25.1 bis 25.1.19 in Kap. 25, „Chemische Elemente und deren charakteristische Verbindungen" behandelt.

- *Hauptgruppenelemente* (s- und p-Elemente) Bei diesen Elementen werden die s- und p-Niveaus der äußersten Schale mit Elektronen besetzt. Unter den Hauptgruppenelementen befinden sich sowohl Metalle als auch Nichtmetalle.
- *Nebengruppenelemente* (d-Elemente) Bei den Elementen dieser Gruppen werden die d-Niveaus der zweitäußersten Schale mit Elektronen aufgefüllt. Die Nebengruppenelemente sind ausnahmslos Metalle.
- *Lanthanoide* und *Actinoide* (f-Elemente) Bei diesen Elementgruppen werden die 4f- (bei den Lanthanoiden) bzw. die 5f-Niveaus (bei den Actinoiden) aufgefüllt. Sämtliche Elemente der beiden Elementgruppen sind Metalle.

21.2.2 Periodizität einiger Eigenschaften

Alle vom Zustand der äußeren Elektronenhülle abhängigen physikalischen und chemischen Eigenschaften der Elemente ändern sich periodisch mit der Ordnungszahl. Für die Hauptgruppenelemente gelten z. B. folgende Periodizitäten (vgl. Tab. 3):

- *Atomradien*. Innerhalb jeder Gruppe nehmen die Atomradien von oben nach unten zu. Innerhalb einer Periode nehmen sie mit steigender Ordnungszahl ab.

  Beispiel: Atomradien der Elemente der 2. Periode: $_3$Li: 152 pm, $_4$Be: 112 pm, $_5$B: 79 pm, $_6$C: 77 pm, $_7$N: 55 pm, $_8$O: 60 pm, $_9$F: 71 pm.
- *Ionisierungsenergie*. Innerhalb jeder Gruppe nimmt die Ionisierungsenergie (vgl. Abschn. 21.1.6) von oben nach unten ab, innerhalb einer Periode von links nach rechts zu. Die Alkalimetalle weisen besonders kleine, die Edelgase besonders große Werte der Ionisierungsenergie auf.

  Atomradien und Ionisierungsenergien sind in den Tab. 1 bis 18 in ▶ Kap. 25, „Chemische Elemente und deren charakteristische Verbindungen" aufgelistet.
- *Metallischer und nichtmetallischer Charakter. Reaktivität*. Der metallische Charakter nimmt von oben nach unten und von rechts nach links zu, der nichtmetallische Charakter entsprechend in umgekehrter Richtung. In der I. und II. Hauptgruppe (Alkalimetalle und Erdalkalimetalle) sind nur Metalle, in der VII. und VIII. Hauptgruppe (Halogene und Edelgase) nur Nichtmetalle enthalten. In der III. bis VI. Hauptgruppe finden sich sowohl Metalle als auch Nichtmetalle.

Die Reaktivität der Metalle wie der Nichtmetalle wächst entsprechend ihrem metallischen bzw. nichtmetallischen Charakter. Die reaktionsfähigsten Metalle sind die Alkalimetalle, die reaktionsfähigsten Nichtmetalle die Halogene. Die Elemente der VIII. Hauptgruppe, die Edelgase, sind außerordentlich reaktionsträge.

21.3 Chemische Bindung

Freie, isolierte Atome werden auf der Erde nur selten angetroffen (Ausnahmen sind z. B. die Edelgase).

Tab. 3 Das Periodensystem der Elemente

IUPAC1988	1	2	3	4	5	6	7	8	9	10	11	12	13	14	15	16	17	18
IUPAC1970	I A	II A	III A	IV A	V A	VI A	VII A		VIII A		I B	II B	III B	IV B	V B	VI B	VII B	VIII B
	1 1,0079 H Wasserstoff																	2 4,003 He Helium
	3 6,941 Li Lithium	4 9,012 Be Beryllium				Ordnungszahl → deutscher Name →	29 63,55 Cu Kupfer	← molare Masse ← Atomsymbol					5 10,81 B Bor	6 12,011 C Kohlenstoff	7 14,0067 N Stickstoff	8 15,9994 O Sauerstoff	9 18,9984 F Fluor	10 20,16 Ne Neon
	11 22.99 Na Natrium	12 24,31 Mg Magnesium											13 26,98 Al Aluminium	14 28,0855 Si Silicium	15 30,9738 P Phosphor	16 32,066 S Schwefel	17 35,453 Cl Chlor	18 39,95 Ar Argon
	19 39,10 K Kalium	20 40,08 Ca Calcium	21 44,95 Sc Scandium	22 47,87 Ti Titan	23 50,94 V Vanadium	24 52,00 Cr Chrom	25 54,94 Mn Mangan	26 55,845 Fe Eisen	27 58,93 Co Cobalt	28 58,69 Ni Nickel	29 63,55 Cu Kupfer	30 65,39 Zn Zink	31 69,72 Ga Gallium	32 72,61 Ge Germanium	33 74,92 As Arsen	34 78,96 Se Selen	35 79,904 Br Brom	36 83,80 Kr Krypton
	37 5,47 Rb Rubidium	38 87,62 Sr Strontium	39 88,91 Y Yttrium	40 91,22 Zr Zirconium	41 92,91 Nb Niob	42 95,94 Mo Molybdän	43 (98) Tc Technetium	44 101,1 Ru Ruthenium	45 102,9 Rh Rhodium	46 106,4 Pd Palladium	47 107,9 Ag Silber	48 112,4 Cd Cadmium	49 114,8 In Indium	50 118,7 Sn Zinn	51 121,8 Sb Antimon	52 127,6 Te Tellur	53 126,9 I Iod	54 131,3 Xe Xenon
	55 132,9 Cs Caesium	56 137,3 Ba Barium	57 138,9 La Lanthan	72 178,5 Hf Hafnium	73 180,9 Ta Tantal	74 183.8 W Wolfram	75 186,2 Re Rhenium	76 190,2 Os Osmium	77 192,2 Ir Iridium	78 195,1 Pt Platin	79 197,0 Au Gold	80 200,6 Hg Quecksilber	81 204,4 Tl Thallium	82 207,2 Pb Blei	83 209,0 Bi Bismut	84 (209) Po Polonium	85 (210) At Astat	86 (222) Rn Radon
	87 (223) Fr Francium	88 (226) Ra Radium	89 (227) Ac Actinium	104 (251) Rf Rutherfordium	105 (252) Db Dubnium	106 (266) Sg Seaborgium	107 (264) Bh Bohrium	108 (269) Hs Hassium	109 (268) Mt Meitnerium	110 (269) Ds Darmstadtium	111 (272) Rg Roentgenium	112 (277) Cn Copernicium	113 (287) Nh Nihonium	114 (289) Fl Flerovium	115 (288) Mc Moscovium	116 (289) Lv Livermorium	117 (293) Ts Tenness	118 (294) Og Oganesson

Lanthanoide	58 140,1 Ce Cer	59 140,9 Pr Praseodym	60 144,2 Nd Neodym	61 147,0 Pm Promethium	62 150,4 Sm Samarium	63 152,0 Eu Europium	64 157,3 Gd Gadolinium	65 158,9 Tb Terbium	66 162,5 Dy Dysprosium	67 164,9 Ho Holmium	68 167,3 Er Erbium	69 168,9 Tm Thulium	70 173,0 Yb Ytterbium	71 175,0 Lu Lutetium
Actinoide	90 232,0 Th Thorium	91 231,0 Pa Protactinium	92 238,0 U Uran	93 (237) Np Neptunium	94 (244) Pu Plutonium	95 (243) Am Americium	96 (247) Cm Curium	97 (247) Bk Berkelium	98 (251) Cf Californium	99 (252) Es Einsteinium	100 (257) Fm Fermium	101 (258) Md Mendelevium	102 (259) No Nobelium	103 (262) Lr Lawrencium

Die Zahlen in Klammern sind die Massenzahlen des langlebigsten Nuklids von radioaktiven Elementen

Meist treten die Atome vielmehr in mehr oder weniger fest zusammenhaltenden Atomverbänden auf. Dies können unterschiedlich große Moleküle, Flüssigkeiten oder Festkörper sein (Beispiele: molekularer Wasserstoff H_2, Methan CH_4; flüssige Edelgase, flüssiges Wasser H_2O, flüssiges Quecksilber Hg; Diamant C, festes Natriumchlorid NaCl, metallisches Wolfram W).

Die mit der Ausbildung von Atomverbänden zusammenhängenden Fragen behandelt die Theorie der chemischen Bindung. Folgende drei Grenztypen der chemischen Bindung werden unterschieden:

- *Atombindung* (*kovalente Bindung*),
- *Ionenbindung*,
- *metallische Bindung*,

Häufig müssen zur Beschreibung des Bindungszustandes von Stoffen die Eigenschaften von zwei Grenztypen – meist mit unterschiedlicher Gewichtung – herangezogen werden.

21.3.1 Atombindung (kovalente Bindung)

21.3.1.1 Modell nach Lewis

Nach den Vorstellungen von G. N. Lewis, die vor der Formulierung der Quantenmechanik entwickelt wurden, soll eine kovalente Bindung durch ein zwei Atomen gemeinsam angehörendes, bindendes Elektronenpaar bewirkt werden. Die Bildung des gemeinsamen Elektronenpaares führt beim Wasserstoff zur Vervollständigung eines Elektronenduetts und bei den übrigen Bindungspartnern zur Ausbildung eines Elektronenoktetts. Die Vereinigung einzelner spinantiparalleler Elektronen zu einem bindenden Elektronenpaar führt stets zur Spinabsättigung. Die bindenden Elektronenpaare werden als Bindestriche zwischen die Atome eines Moleküls gesetzt. Die anderen Valenzelektronen (Elektronen der äußersten Schale) können so genannte einsame Elektronenpaare bilden, die als Striche um das jeweilige Atom angeordnet werden.

Beispiele: Chlorwasserstoff H—$\overline{\underline{Cl}}$I,

$$\text{Ammoniak } H-\underset{\underset{H}{|}}{\overset{\overset{H}{|}}{N}}I .$$

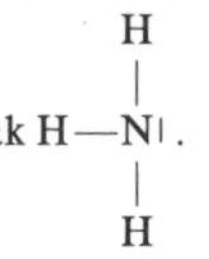

In einigen Fällen können auch zwei oder drei bindende Elektronenpaare vorhanden sein.

Beispiele:

Stickstoff $I N \equiv N I$, Ethylen $\underset{H}{\overset{H}{\diagdown}} C = C \underset{\diagdown H}{\diagup H}$

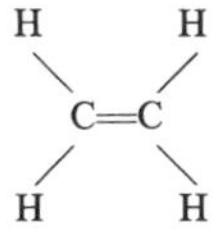

(vgl. ▶ Abschn. 26.1.3.1 in Kap. 26, „Organische Verbindungen und Makromoleküle")

Wenn ein Partner beide Elektronen des bindenden Elektronenpaares zur Verfügung stellt, spricht man von *koordinativer Bindung*.

Beispiel: Bildung des Ammoniumions aus Ammoniak durch Anlagerung eines Wasserstoffions:

$$H-\underset{\underset{H}{|}}{\overset{\overset{H}{|}}{N}}I + H^+ \rightarrow \left[H-\underset{\underset{H}{|}}{\overset{\overset{H}{|}}{N}}-H \right]^+ .$$

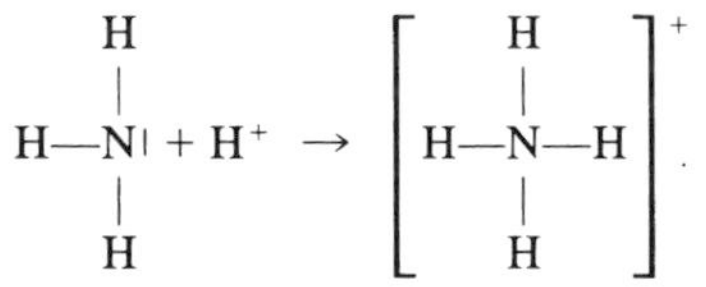

Die Zahl der kovalenten Bindungen, die von einem Atom ausgehen, wird als dessen Bindigkeit bezeichnet.

21.3.1.2 Molekülorbitale

Die Beschreibung der Elektronenstruktur von Molekülen erfordert die Lösung der Schrödinger-Gleichung (vgl. Abschn. 21.1.3.2). Diese ist nur für das einfachste Molekül, das H_2^+-Molekülion, exakt lösbar. Für die Behandlung von Molekülen mit mehreren Elektronen müssen daher – ähnlich wie bei der Beschreibung von Atomen mit mehreren Elektronen (vgl. Abschn. 21.1.3.4) – geeignete Näherungsverfahren angewendet werden. Das am weitesten verbreitete Näherungsverfahren ist die *Molekülorbital-Theorie* (*MO-Theorie*).

In der MO-Theorie beschreibt man die Elektronenzustände eines Moleküls durch Molekülorbitale. Im Gegensatz zu den Atomen haben Moleküle Mehrzentrenorbitale. Molekülorbitale werden – ähnlich wie die Atomorbitale – durch Quantenzahlen charakterisiert. Die Besetzung der einzelnen Orbitale im Grundzustand erhält man unter Berücksichtigung der Energieregel, des Pauli-Prinzips und der Hund'schen Regel (siehe Abschn. 21.1.4). Die Elektronenkonfiguration von Molekülen kann entweder durch ein Zahlenschema oder durch die in Abb. 3 und 4 dargestellte Symbolik angegeben werden.

Molekülorbitale können in guter Näherung aus Orbitalen der am Bindungssystem beteiligten Atome durch lineare Kombination aufgebaut werden. Man unterscheidet grob zwischen bindenden und lockernden („antibindenden") Molekülorbitalen, je nachdem, ob ihre Besetzung im Vergleich zu den Energien der beteiligten Atomorbitale eine Energieabsenkung und damit eine Stabilisierung des Moleküls oder aber eine Energieerhöhung zur Folge hat.

Besonders übersichtlich ist diese Beschreibung bei Molekülen aus zwei gleichen Atomen, wie z. B. beim Wasserstoffmolekül H_2. Aus den beiden 1s-Orbitalen der Wasserstoffatome H_a und H_b lassen sich zwei Linearkombinationen herstellen: die symmetrische

$$\sigma_{1s} = (1s)_a + (1s)_b$$

und die antisymmetrische

$$\sigma^*_{1s} = (1s)_a - (1s)_b.$$

Die umgekehrten Vorzeichenkombinationen (− −) und (− +) ergeben lediglich äquivalente Darstellungen derselben Orbitale. Das σ-MO ist das bindende, $\sigma*$ das lockernde MO; beide Orbitale sind rotationssymmetrisch zur Molekülachse.

Abb. 3 zeigt das entsprechende Energieniveauschema. Im Grundzustand des H_2-Moleküls besetzen beide Elektronen den bindenden σ-Zustand.

Die damit verbundene Energieabsenkung gegenüber den Grundzuständen der freien Atome (um die sog. Bindungsenergie) erklärt die Stabilität des Wasserstoffmoleküls.

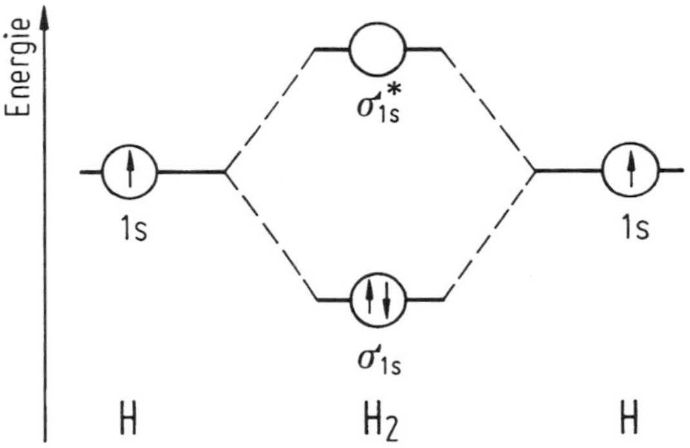

Abb. 3 MO-Energieniveauschema eines A_2-Moleküls der 1. Periode, Elektronenbesetzung für H_2

Beim *molekularen Sauerstoff* O_2 steuert jedes Atom sechs Valenzelektronen bei. Die Valenzschale der Atome besteht aus den 2s-Orbitalen und den drei entarteten 2p-Orbitalen. Kombiniert werden Atomorbitale derselben Energie; die energetische Lage der resultierenden Molekülorbitale zeigt schematisch Abb. 4. Aus den kugelsymmetrischen 2s-Orbitalen sowie den zylindersymmetrischen $2p_x$-Orbitalen, deren Achse mit der Molekülachse zusammenfällt, entstehen rotationssymmetrische, bindende und lockernde σ- bzw. $\sigma*$-MOs. Die restlichen 2p-Orbitale ergeben je zwei entartete bindende π- und lockernde $\pi*$-Zustände; bei diesen Orbitalen ist die Rotationssymmetrie gebrochen. Nach der Hund'schen Regel werden die beiden $\pi*$-Zustände im Grundzustand des O_2-Moleküls mit einzelnen Elektronen parallelen Spins besetzt. Molekularer Sauerstoff ist daher paramagnetisch.

Bei *größeren Molekülen*, wie z. B. beim Methan CH_4 (vgl. ▶ Abschn. 26.1.3.1 in Kap. 26, „Organische Verbindungen und Makromoleküle"), erhält man bei der MO-theoretischen Behandlung des Bindungssystems Resultate, die zunächst der chemischen Erfahrung zu widersprechen scheinen. An den im Grundzustand besetzten Molekülorbitalen sind alle fünf Atome beteiligt, d. h., statt vier äquivalenter und lokalisierbarer C–H-Bindungen scheint die MO-Theorie vier über das ganze Molekül delokalisierte Bindungen zu liefern. Mit sog. Hybridorbitalen (vgl. Abschn. 21.3.1.3) lassen sich die Bindungs-

Abb. 4 MO-Energieniveauschema eines A_2-Moleküls der 2. Periode, Elektronenbesetzung für O_2

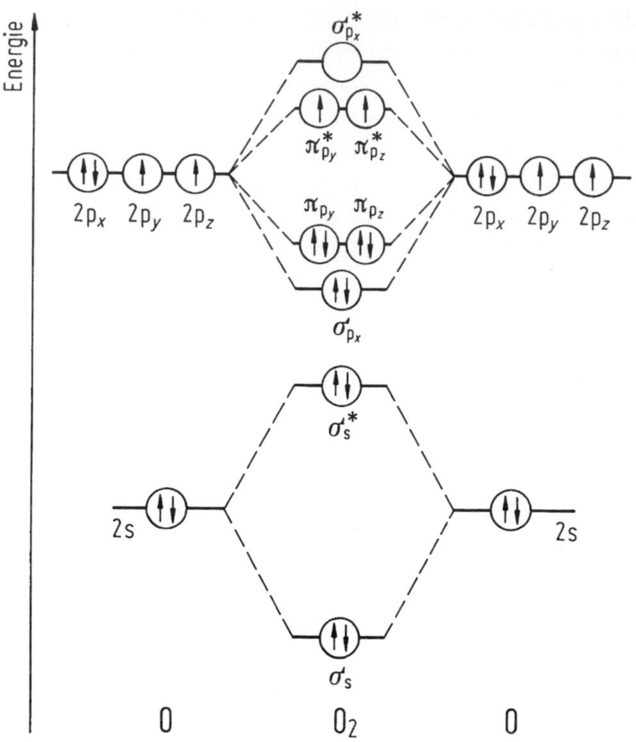

verhältnisse beim Methan wie auch bei vielen anderen mehratomigen Molekülen in Übereinstimmung mit den klassischen Valenzstrichformeln der Chemie beschreiben.

Es gibt jedoch auch Moleküle mit delokalisierten Bindungen, wie z. B. 1,3-Butadien oder Benzol C_6H_6 (vgl. ► Abschn. 26.1.3.3 in Kap. 26, „Organische Verbindungen und Makromoleküle"). Einen Extremfall delokalisierter Bindungen trifft man in Metallen an (vgl. Abschn. 21.3.3).

Die Lage der Energieniveaus in Molekülen lässt sich experimentell z. B. mithilfe der Photoelektronenspektroskopie bestimmen. Die gemessenen Werte zeigen gute Übereinstimmung mit den nach der MO-Theorie berechneten. Die Übereinstimmung bestätigt, dass die in der MO-Theorie gemachten Näherungen brauchbar sind.

21.3.1.3 Hybridisierung

Die Begriffe Hybridisierung und Hybridorbitale wurden von L. Pauling eingeführt. Hybridorbitale (q-Orbitale) ergeben sich – im Gegensatz zu den Molekülorbitalen – durch Linearkombination von Orbitalen *eines* Atoms. Sie werden mit Vorteil anstelle der Atom-Eigenfunktionen bei der Beschreibung gerichteter Bindungen verwendet. Folgende Hybridorbitale haben sich dabei besonders bewährt:

Hybridorbital	**räumliche Anordnung**	**Beispiele** (vgl. ► Abschn. 26.1.3.1 in Kap. 26, „Organische Verbindungen und Makromoleküle")
sp	linear	Acetylen $HC \equiv CH$
sp^2	eben trigonal	Ethylen $H_2C = CH_2$
sp^3	tetraedrisch	Methan CH_4, Ammoniak NH_3, Wasser H_2O, Diamant C

Beispiele

Methan CH_4: Das Kohlenstoffatom hat im Grundzustand die Elektronenkonfiguration $1s^22s^22p^2$ und in einem angeregten Zustand $1s^22s2p^3$. Die für diese Anregung notwendige Energie heißt Promotionsenergie. Ein weiterer

Energiebetrag ist zur Bildung der vier sp^3-Hybridorbitale notwendig. Die Elektronen befinden sich jetzt im sog. Valenzzustand. Dieser Zustand ist spektroskopisch nicht beobachtbar. Das bedeutet, dass isolierte Kohlenstoffatome nicht im Valenzzustand vorkommen können. Die sp^3-Hybridorbitale sind nach den Ecken eines Tetraeders ausgerichtet. Die Energieeigenwerte sind entartet.

Zustandekommen der Bindung: Im CH_4-Molekül überlappen die vier Hybridorbitale des C-Atoms mit den s-Orbitalen von vier H-Atomen. H–C–H-Bindungswinkel im CH_4-Molekül: $109°28'$ (Tetraederwinkel).

Ammoniak NH_3: Das Stickstoffatom ist in dieser Verbindung sp^3-hybridisiert. Die Hybridorbitale überlappen mit den s-Orbitalen von drei H-Atomen. Das vierte Hybridorbital ist durch das einsame Elektronenpaar des N-Atoms besetzt. H–N–H-Bindungswinkel des NH_3-Moleküls (im Gaszustand): 107°.

Wasser H_2O: Analoges Verhalten wie beim NH_3. Zwei Hybridorbitale überlappen mit den s-Orbitalen von zwei H-Atomen, die beiden anderen Hybridorbitale sind durch einsame Elektronenpaare besetzt. H–O–H-Bindungswinkel des H_2O-Moleküls (im Gaszustand): 105°.

21.3.1.4 Elektronegativität

Kovalente zweiatomige Moleküle mit Übergang zur Ionenbindung weisen keine symmetrische Ladungsverteilung auf. Daher haben solche Moleküle ein permanentes elektrisches Dipolmoment. Neben dieser Größe ist nach L. Pauling die Elektronegativität zur Erfassung der Polarität von Atombindungen geeignet.

Erklärung: Die Elektronegativität ist ein Maß für das Bestreben eines kovalent gebundenen Atoms, Elektronen an sich zu ziehen.

Zur Bestimmung der (dimensionslosen Größe) Elektronegativität χ sind verschiedene Vorschläge gemacht worden. Viel benutzt wird die folgende Beziehung nach Pauling:

$$\chi = f\frac{E_I + E_A}{2} \quad . \qquad (1)$$

$f(\approx 0{,}56/eV)$ Proportionalitätsfaktor, E_I Ionisierungsenergie, E_A Elektronenaffinität.

Die Elektronegativität der Hauptgruppenelemente ist in den Tab. 1 bis 7 in ▶ Kap. 25, „Chemische Elemente und deren charakteristische Verbindungen“ angegeben. Im Periodensystem nimmt die Elektronegativität innerhalb einer Periode von links nach rechts zu, innerhalb einer Gruppe in der Regel von oben nach unten ab. Das Element mit dem größten Wert der Elektronegativität ist das Fluor ($\chi = 4$).

21.3.2 Ionenbindung

Verbinden sich Elemente mit starken Elektronegativitätsunterschieden, so können vollständige Elektronenübergänge stattfinden. Elektronen des Atoms mit der kleineren Elektronegativität gehen vollständig auf das Atom mit der größeren Elektronegativität über. Eine derartige Reaktion wird als Redoxreaktion bezeichnet (siehe ▶ Abschn. 24.2 in Kap. 24, „Prinzipien chemischer Systeme und Reaktionen“). Das sich dabei bildende positive Ion heißt *Kation*, das negativ geladene *Anion*. Aufgrund der ungerichteten elektrostatischen Anziehungskräfte kommt es zur Bildung von Ionenkristallen.

Ionenkristalle werden auch als Ionenverbindungen oder als Salze bezeichnet.

Strukturen und Eigenschaften von Ionenkristallen sind im ▶ Abschn. 22.2.2 in Kap. 22, „Zustandsformen der Materie und chemische Reaktionen“ näher beschrieben.

Beispiel: Metallisches Natrium Na reagiert mit molekularem Chlor Cl_2 unter Bildung von Natriumchlorid NaCl. Dabei findet ein Elektronenübergang vom Natrium zum Chlor statt:

$$2Na(s) + Cl_2(g) \rightarrow 2NaCl(s).$$

$$\chi_{Na} = 1{,}0 \quad \chi_{Cl} = 3{,}0$$

χ Elektronegativität.

Als Redoxgleichung formuliert (vgl. ▶ Abschn. 24.2 in Kap. 24, „Prinzipien chemischer Systeme und Reaktionen“) wird der Elektronenübergang deutlich:

$$
\begin{array}{c}
2\,Na \rightarrow 2\,Na^+ + 2\,e^- \\
Cl_2 + 2\,e^- \rightarrow 2\,Cl^- \\
\hline
2\,Na(s) + Cl_2(g) \rightarrow 2\,NaCl(s)\ .
\end{array}
$$

21.3.2.1 Gitterenergie

Unter der Gitterenergie eines Ionenkristalls versteht man die Energie, die bei der Bildung der kristallinen Substanz aus den gasförmigen (bereits vorgebildeten) Ionen abgegeben wird.

Die Gitterenergie kann nur in wenigen Fällen direkt gemessen werden. In der Regel wird sie mithilfe des Born-Haber'schen Kreisprozesses aus thermodynamischen Daten ermittelt. Tab. 4 zeigt einige repräsentative Werte der Gitterenergie.

21.3.2.2 Born-Haber'scher Kreisprozess

Die Bildung eines Salzes aus den Elementen kann nach Born und Haber in folgende Teilschritte unterteilt werden (am Beispiel der Bildung von NaCl):

Bildung der gasförmigen Na^+-Ionen:

$$Na(s) \rightarrow Na(g) \quad \Delta_{subl}H_m = 109\ kJ/mol$$

$$Na(g) \rightarrow Na^+(g) + e^- \quad E_{mI} = 496\ kJ/mol$$

Bildung der gasförmigen Cl^--Ionen:

$$\tfrac{1}{2}\,Cl_2 \rightarrow Cl(g) \quad \tfrac{1}{2}\,\Delta_D H_m = 121\ kJ/mol$$

$$Cl(g) + e^- \rightarrow Cl^-(g) \quad E_{mA} = -361\ kJ/mol$$

Kombination der gasförmigen Ionen zum Ionengitter:

Tab. 4 Molare Gitterenergie E_{mG} einiger Salze

Substanz	E_{mG} /(kJ/mol)
NaF	−907
NaCl	−776
NaBr	−722
NaI	−662
CsF	−722
CsCl	−649
CsBr	−624
CsI	−588

$$Na^+(g) + Cl^-(g) \rightarrow NaCl(s) \quad E_{mG} = -776\,kJ/mol$$

Bildung von festem NaCl aus den Elementen:

$$Na(s) + 1/2\,Cl(g) \rightarrow NaCl(s) \quad \Delta_r H = -411\,kJ/mol$$

$\Delta_{subl}H_m$ molare Sublimationsenthalpie, E_{mI} molare Ionisierungsenergie, $\Delta_D H_m$ molare Dissoziationsenthalpie, E_{mA} molare Elektronenaffinität, E_{mG} molare Gitterenergie, $\Delta_r H$ Reaktionsenthalpie.

Molare Größen werden dadurch gebildet, dass die entsprechenden extensiven Größen durch die Stoffmenge dividiert werden; zu Vorzeichen energetischer Größen, vgl. ► Abschn. 23.1.2.3 in Kap. 23, „Thermodynamik und Kinetik chemischer Reaktionen".

Das folgende Schema zeigt die Reihenfolge der Einzelschritte beim Ablauf des Born-Haber'schen Kreisprozesses:

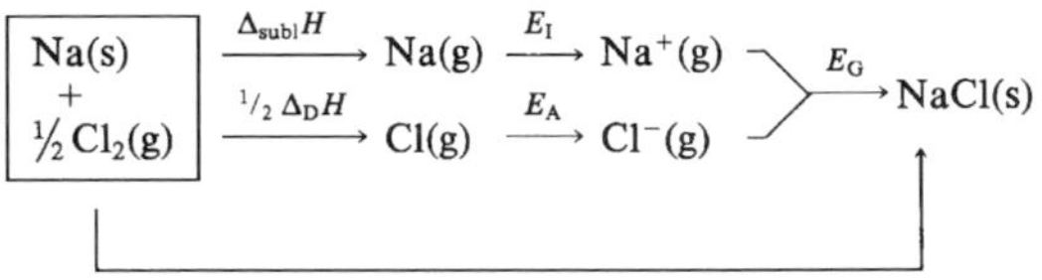

Wie den Zahlenwerten entnommen werden kann, ist zur Bildung der gasförmigen Kationen eine hohe Energie ($\Delta_{subl}H + E_I$) aufzuwenden, die durch die Energie, die bei der Entstehung der gasförmigen Cl^--Ionen frei wird ($1/2\ \Delta_D H + E_A$), nicht kompensiert werden kann. Bei der Bildung des Ionengitters wird jedoch eine beträchtliche Energie, die Gitterenergie, frei. Sie übertrifft die Energie, die zur Bildung der entgegengesetzt geladenen gasförmigen Ionen notwendig ist, bei weitem. Daher verlaufen sehr viele Reaktionen, bei denen Salze gebildet werden, stark exotherm (vgl. ► Abschn. 23.1.2.3 in Kap. 23, „Thermodynamik und Kinetik chemischer Reaktionen").

21.3.2.3 Atom- und Ionenradien

Aus der quantenmechanischen Beschreibung (vgl. Abschn. 21.1.3) folgt, dass Atome und Ionen keine streng definierte Größe haben können. Dennoch werden sie näherungsweise als starre Kugeln mit konstantem Radius aufgefasst. Setzt man den Kernabstand von Nachbarn als Summe der Radien der beteiligten Atome oder Ionen an, so zeigen die daraus ermittelten Radien i. Allg. eine bemerkenswert gute Konstanz.

Die Atom- und einige Ionenradien der Hauptgruppenelemente sind in den Tab. 1 bis 8 in ▶ Kap. 25, „Chemische Elemente und deren charakteristische Verbindungen" aufgeführt. Durch Vergleich der Ionenradien mit den entsprechenden Atomradien folgt, dass die Kationen stets beträchtlich kleiner und die Anionen immer sehr viel größer als die entsprechenden Atome sind.

21.3.3 Metallische Bindung

Das klassische Elektronengasmodell der metallischen Bindung geht davon aus, dass die Valenzelektronen in Metallen nicht mehr einem einzelnen Atom zugeordnet werden können, sondern dem Kristallgitter als Ganzem angehören. Jedes Metallatom kann eine bestimmte Zahl dieser Elektronen abspalten. Das Metall besteht also aus positiv geladenen Metallionen und einem frei beweglichen „Elektronengas", das das Gitter zusammenhält. Dieses Modell erklärt z. B. die hohe elektrische und thermische Leitfähigkeit sowie die mechanischen Eigenschaften der Metalle, versagt aber bei der Beschreibung des Elektronenanteils der molaren Wärmekapazität. Quantenmechanisch können die Bindungsverhältnisse in Metallen mit Hilfe der MO-Theorie interpretiert werden. Dabei tritt an die Stelle eines einzelnen Moleküls der Kristall als Ganzes. Nach dieser Theorie entstehen in einem Metallkristall delokalisierte Orbitale, die über den gesamten Kristall ausgedehnt sind. Die Energiedifferenzen zwischen benachbarten Kristallorbitalen sind außerordentlich klein. Die dicht aufeinander folgenden Energieniveaus sind in Energiebändern angeordnet (vgl. ▶ Abschn. „Energiebändermodell des Festkörpers" in Kap. 17, „Elektrische Leitungsmechanismen").

Die Struktureigenschaften von Metallkristallen werden im ▶ Abschn. 22.2.2 in Kap. 22, „Zustandsformen der Materie und chemische Reaktionen" beschrieben.

21.3.4 Zwischenmolekulare Kräfte und Nebenvalenzbindungen

Zwischenmolekulare Kräfte sind keine starken chemischen Bindungen, sie bewirken die Kohäsion von Stoffen. Man bezeichnet sie auch als van-der-Waals-Kräfte und unterscheidet:

- *Orientierungskräfte*, das sind Anziehungskräfte zwischen permanenten elektrischen Dipolen; sie wirken zwischen polaren Molekülen, d. h. zwischen Molekülen mit einem permanenten elektrischen Dipolmoment, und
- *Dispersionskräfte*, das sind Anziehungskräfte zwischen induzierten elektrischen Dipolen; sie wirken zwischen Atomen sowie zwischen polaren und unpolaren Molekülen.

Der Zusammenhalt von Flüssigkeiten und Festkörpern, die aus unpolaren Molekülen aufgebaut sind, wird praktisch vollständig durch Dispersionskräfte bewirkt (Beispiele: feste und flüssige Edelgase bzw. Kohlenwasserstoffe). Bei wasserstoffhaltigen Verbindungen mit SH-, OH- oder NH-Gruppen sind neben den Orientierungskräften stets auch Wasserstoffbrückenbindungen am Zusammenhalt des Molekülverbandes beteiligt. Wasserstoffbrückenbindungen sind z. B. für die Struktur und die Eigenschaften des festen und flüssigen Wassers (vgl. ▶ Abschn. 22.3.3 in Kap. 22, „Zustandsformen der Materie und chemische Reaktionen") und für die Struktur und die biologische Funktion von Proteinen und Nucleinsäuren von großer Bedeutung.

21.4 Chemische Gleichungen und Stöchiometrie

21.4.1 Chemische Formeln

Jeder chemischen Formel können sowohl qualitative Angaben über die Atomsorten, die in einer bestimmten chemischen Verbindung enthalten sind, als auch quantitative Informationen entnommen werden. Die quantitative Information kann für eine Substanz, die durch die Formel $A_a\ B_b$

charakterisiert ist, folgendermaßen zusammengefasst werden:

$$N(\mathrm{A})/N(\mathrm{B}) = n(\mathrm{A})/n(\mathrm{B}) = a/b. \quad (2)$$

In einem Molekül, das durch die Formel $A_a\,B_b$ gekennzeichnet ist, verhält sich die Zahl der Atome der Sorte A zur Zahl der Atome der Sorte B wie a zu b.

Gl. (2) bildet die Grundlage der Ermittlung von chemischen Formeln aus den Ergebnissen qualitativer und quantitativer Analysen.

Beispiel: Ein bestimmtes Antimonoxid (chemische Formel Sb_xO_y) weist einen Sauerstoffmassenanteil von 24,73 % auf, $M(\mathrm{Sb}) = 121{,}8$ g/mol, $M(\mathrm{O}) = 16{,}0$ g/mol. Für das Stoffmengenverhältnis gilt:

$n(\mathrm{O})/n(\mathrm{Sb}) = y/x$. Mit $n_\mathrm{B} = m_\mathrm{B}/M_\mathrm{B}$ erhält man:

$$\frac{m(\mathrm{O})M(\mathrm{Sb})}{M(\mathrm{O})m(\mathrm{Sb})} = \frac{24{,}73\mathrm{g} \cdot 121{,}8\mathrm{g/mol}}{16{,}0\mathrm{g/mol}(100 - 24{,}73)\,\mathrm{g}}$$

$$= \frac{y}{x} = \frac{2{,}5}{1} = \frac{5}{2}.$$

Das Antimonoxid hat also die chemische Formel $(Sb_2O_5)_k$. Der Faktor k (positive ganze Zahl) kann allein aufgrund der Ergebnisse quantitativer Analysen nicht ermittelt werden. Hierzu sind z. B. Bestimmungen der molaren Masse (bei Gasen: Zustandsgleichung idealer Gase, bei gelösten Stoffen: Messung des osmotischen Druckes, der Lichtstreuung, Ultrazentrifugation) oder röntgenstrukturanalytische Verfahren notwendig. Im Falle des Antimonoxids nimmt k sehr große Werte an, da die Verbindung polymer ist.

21.4.2 Chemische Gleichungen

Chemische Reaktionen können qualitativ und quantitativ durch Umsatzgleichungen beschrieben werden. So kann z. B. der Gleichung

$$\mathrm{Zn} + 2\mathrm{HCl} \rightarrow \mathrm{ZnCl_2} + \mathrm{H_2(g)}$$

entnommen werden, dass das Metall Zink (Zn) mit Salzsäure (wässrige Lösung von HCl) unter Bildung des Salzes Zinkchlorid ($ZnCl_2$) und gasförmigem Wasserstoff (H_2(g)) reagiert. Quantitativ folgt z. B., dass die Zahl der Zinkatome, die bei der Reaktion verbraucht werden, gleich der Zahl der Wasserstoffmoleküle ist, die bei der Reaktion gebildet werden. Mit der Formel

$$N(\mathrm{Zn}) = N(\mathrm{H_2})$$

kann dieser Sachverhalt wesentlich kürzer dargestellt werden. Da die Teilchenzahl N der Stoffmenge n proportional ist, gilt ferner:

$$n(\mathrm{Zn}) = n(\mathrm{H_2}).$$

Verallgemeinert man diesen Sachverhalt, so gilt für die vollständig (oder „quantitativ") ablaufende Reaktion

$$\nu_\mathrm{A}\mathrm{A} + \nu_\mathrm{B}\mathrm{B} + \ldots \rightarrow \nu_\mathrm{X}\mathrm{X} + \nu_\mathrm{Y}\mathrm{Y} + \ldots$$

$$\frac{n(\mathrm{A})}{n(\mathrm{X})} = \frac{\nu_\mathrm{A}}{\nu_\mathrm{X}}\;; \quad \frac{n(A)}{n(\mathrm{Y})} = \frac{\nu_\mathrm{A}}{\nu_\mathrm{Y}}; \quad \text{usw.}$$

ν_A, ν_B, ν_X und ν_Y heißen *stöchiometrische Zahlen*.

Bei vollständig ablaufenden Reaktionen verhalten sich die Stoffmengen wie die stöchiometrischen Zahlen in den Umsatzgleichungen.

Beziehungen der obigen Art können als Grundgleichungen für stöchiometrische Rechnungen angesehen werden.

21.4.3 Grundgesetze der Stöchiometrie

Die Stöchiometrie befasst sich mit der quantitativen Behandlung chemischer Vorgänge und Sachverhalte, soweit ihnen Umsatzgleichungen bzw. chemische Formeln zugrunde liegen.

21.4.3.1 Gesetz von der Erhaltung der Masse

Bei allen (molekular)chemischen Reaktionen bleibt die Gesamtmasse der Reaktionspartner unverändert.

Da chemische Reaktionen praktisch immer mit Energieänderungen verbunden sind, ist dieses Gesetz aufgrund der Einstein'schen Gleichung

$$\Delta E = \Delta m\, c_0^2, \qquad (3)$$

E Energie, m Masse, c_0 Vakuumlichtgeschwindigkeit, nur eine Näherung. Der Betrag der Energieänderung ist jedoch bei (molekular)chemischen Reaktionen so gering, dass eine Änderung der Gesamtmasse der Reaktionspartner im Rahmen der Messunsicherheit nicht nachzuweisen ist.

Bei den mit sehr großen Energieänderungen verknüpften Kernreaktionen (siehe ▶ Abschn. 18.1.4 in Kap. 18, „Starke und schwache Wechselwirkung: Atomkerne und Elementarteilchen") hat das Gesetz von der Erhaltung der Masse keine Gültigkeit, und die Bilanz der Massen und Energien wird dort durch die Einstein'sche Gl. (3) beschrieben.

21.4.3.2 Gesetz der konstanten Proportionen

Für die Mehrzahl chemischer Verbindungen trifft folgender Satz zu:

Die Massenverhältnisse der Elemente in einer bestimmten chemischen Verbindung sind konstant.

Das bedeutet: Unabhängig davon, auf welchem Wege eine solche Verbindung entstanden ist, enthält sie die betreffenden Elemente in einem konstanten Massenverhältnis. Je nachdem ob das Gesetz der konstanten Proportionen befolgt wird oder nicht, können chemische Verbindungen in zwei Gruppen eingeteilt werden:

1. Stöchiometrische Verbindungen.
   Darunter fasst man alle Verbindungen zusammen, die das Gesetz der konstanten Proportionen streng befolgen. Die überwiegende Mehrzahl aller chemischen Substanzen gehört in diese Kategorie.
2. Nichtstöchiometrische Verbindungen.
   Für diese Gruppe von Verbindungen gilt das Gesetz der konstanten Proportionen nicht. Die Zusammensetzung dieser Substanzen variiert innerhalb eines bestimmten Stabilitätsbereiches kontinuierlich. Besonders zahlreiche Beispiele dafür findet man bei Verbindungen zwischen verschiedenen Metallen (intermetallische Phasen). Aber auch viele Oxide, Sulfide sowie Substanzen, die Mischkristalle bilden können, gehören hierzu. So kann beispielsweise Eisen(II)-oxid in allen Zusammensetzungen innerhalb der durch die Formeln $Fe_{0,90}O$ und $Fe_{0,95}O$ angegebenen Grenzen vorkommen.

21.4.3.3 Gesetz der multiplen Proportionen

Die Massenverhältnisse zweier sich zu verschiedenen chemischen Verbindungen vereinigender Elemente stehen im Verhältnis einfacher ganzer Zahlen zueinander.

Beispiel: Wasserstoff und Sauerstoff bilden zwei verschiedene Verbindungen: Wasser (H_2O) und Wasserstoffperoxid (H_2O_2). Die Massenverhältnisse in diesen Verbindungen sind:

WasserWasserstoffperoxid

$$m(\mathrm{O})/m(\mathrm{H}) = 7{,}937 \quad m(\mathrm{O})/m(\mathrm{H}) = 15{,}874.$$

Die Massenverhältnisse verhalten sich also wie 1:2.

21.4.4 Stoffmenge, Avogadro-Konstante

Die Stoffmenge n_B eines Stoffes B ist als Quotient aus Teilchenzahl N_B und Avogadro-Konstante N_A definiert:

$$n_\mathrm{B} = N_\mathrm{B}/N_\mathrm{A}. \qquad (4)$$

(Der Index B bezieht sich auf beliebige Stoffe oder Teilchenarten.)

Die Stoffmenge – eine Basisgröße des internationalen Einheitensystems SI – ist eine einheitenbehaftete Größe. Folglich hat die Avogadro-Konstante die Dimension einer reziproken Stoffmenge. Die SI-Einheit der Stoffmenge ist das Mol; seit der Neuordnung des SI-Systems vom 20.05.2019 ist der Wert der Avogadro-Konstante auf

$$N_A = 6{,}02214076 \cdot 10^{23}\ \mathrm{mol}^{-1}$$

festgesetzt. Ein Mol einer beliebigen Substanz enthält N_A Teilchen. Die bisherige Definition des Mols, nämlich:

Ein Mol ist die Stoffmenge eines Systems, das aus ebenso viel Einzelteilchen besteht, wie Atome in 0,012 kg des Kohlenstoffnuklids $^{12}_{6}C$ enthalten sind.

ist aufgehoben. Die Masse des Nuklids $^{12}_{6}C$ ist nunmehr eine experimentell zu bestimmende Größe.

Anmerkung: Als Nuklide bezeichnet man alle Atomarten, die durch eine bestimmte Anzahl von Protonen und Neutronen in ihrem Kern charakterisiert sind. Der Kern des Nuklides $^{12}_{6}\mathrm{C}$ besteht aus 6 Protonen und 6 Neutronen.

21.4.5 Die molare Masse

Die *molare Masse* (früher: Molmasse, Molekulargewicht) M_B eines Stoffes B ist durch folgende Beziehung definiert:

$$M_\mathrm{B} = m_\mathrm{B}/n_\mathrm{B}, \qquad (5)$$

m_B Masse (einer Portion des Stoffes B).

SI-Einheit kg/mol, häufig verwendete Einheit g/mol.

Die Bezeichnung molare Masse wird auch auf Atome angewendet. Die Beziehungen (5) und (4) liefern den Zusammenhang zwischen der Masse eines Teilchens $m_\mathrm{TB} = m_\mathrm{B}/N_\mathrm{B}$ und der molaren Masse: $m_\mathrm{TB} = M_\mathrm{B}/N_\mathrm{A}$. Danach ist also die molare Masse gleich dem Produkt aus der Masse eines Teilchens und der Avogadro-Konstanten.

Beispiel: Die Masse m_H eines Wasserstoffatoms soll aus der molaren Masse $M(\mathrm{H}) = 1{,}008$ g/mol dieses Atoms berechnet werden:

$$\begin{aligned} m_\mathrm{H} &= M(\mathrm{H})/N_\mathrm{A} \\ &= (1{,}008\mathrm{g/mol})/\left(6{,}022 \cdot 10^{23}\mathrm{mol}^{-1}\right) \\ &= 1{,}674 \cdot 10^{-24}\mathrm{g}. \end{aligned}$$

Die molare Masse einer Verbindung kann durch Addition der molaren Massen der in der Verbindung enthaltenen Atome berechnet werden. Voraussetzung hierfür ist die Gültigkeit des Gesetzes von der Erhaltung der Masse für chemische Reaktionen (siehe Abschn. 21.4.3.1).

Beispiel: Gesucht sei die molare Masse des Natriumsulfats, $M(\mathrm{Na_2SO_4})$. Es gilt:

$$\begin{aligned} M(\mathrm{Na_2SO_4}) &= 2M(\mathrm{Na}) + M(\mathrm{S}) + 4M(\mathrm{O}). \\ &= 2 \cdot 23{,}0\mathrm{g/mol} + 32{,}1\mathrm{g/mol} \\ &\quad + 4 \cdot 16{,}0\mathrm{g/mol} = 142{,}1\mathrm{g/mol}. \end{aligned}$$

21.4.6 Quantitative Beschreibung von Mischphasen

21.4.6.1 Der Massenanteil

Der Massenanteil (früher: Massenbruch) w_B des Stoffes B ist definiert als

$$w_\mathrm{B} = m_\mathrm{B}/m. \qquad (6a)$$

Die Gesamtmasse m setzt sich additiv aus den einzelnen Teilmassen m_i zusammen:

$$m = \sum m_i = m_1 + m_2 + \ldots + m_n. \qquad (6b)$$

Der Massenanteil eines Stoffes ist eine reine Zahl: $w_\mathrm{B} \leq 1$. Die Summe der Massenanteile aller Stoffe in einem gegebenen System ist gleich 1:

$$\sum w_i = 1. \qquad (6c)$$

Häufig wird der Massenanteil auch in Prozent ($1\ \% = 10^{-2}$), Promille ($1\ ‰ = 10^{-3}$), parts per million ($1\ \mathrm{ppm} = 10^{-6}$) und parts per billion ($1\ \mathrm{ppb} = 10^{-9}$) angegeben.

Beispiel: Eine Legierung enthält 1,990 g Au, 0,010 g Ag und $1 \cdot 10^{-5}$ g As. Daraus ergibt sich: $w(\mathrm{Au}) = 0{,}995 = 99{,}5\ \%$; $w(\mathrm{Ag}) = 0{,}005 = 5\ ‰$ und $w(\mathrm{As}) = 5 \cdot 10^{-6} = 5$ ppm.

21.4.6.2 Der Stoffmengenanteil

Der Stoffmengenanteil (früher: Molenbruch) x_B ist in Analogie zum Massenanteil folgendermaßen definiert:

$$x_B = n_B/n, \tag{7a}$$

$$n = \sum n_i = n_1 + n_2 + \ldots + n_n, \tag{7b}$$

$$\sum x_i = 1, \tag{7c}$$

n Stoffmenge.

Auch der Stoffmengenanteil wird häufig in %, ‰, ppm und ppb angegeben. Für eine vorgegebene Stoffmischung sind der Stoffmengenanteil und der Massenanteil einer bestimmten Komponente i. Allg. verschieden.

Zum Massen- und Stoffmengenanteil analoge Beziehungen existieren auch für den Volumenanteil. Bei idealen Gasen (siehe ▶ Abschn. 22.1.1 in Kap. 22, „Zustandsformen der Materie und chemische Reaktionen") sind Volumen- und Stoffmengenanteil gleich.

21.4.6.3 Die Konzentration (oder Stoffmengenkonzentration)

Die Konzentration c_B eines Stoffes B ist definiert als der Quotient aus Stoffmenge n_B dieses Stoffes und dem Volumen V:

$$c_B = n_B/V. \tag{8}$$

SI-Einheit: mol/m^3, häufig verwendete Einheit: mol/l.

Beispiel: Eine Salzsäure (Lösung von Chlorwasserstoff HCl in Wasser, vgl. Tab. 2 in ▶ Kap. 24, „Prinzipien chemischer Systeme und Reaktionen") enthält einen HCl-Massenanteil von 40,0 %. Die Dichte der Säure beträgt $\varrho = 1{,}198$ g/cm^3, M(HCl) = 36,46 g/mol.

Gesucht ist die Konzentration des Chlorwasserstoffs c(HCl).

Lösung: Durch den Vergleich von (6a) und (8),

$$w(\mathrm{HCl}) = m(\mathrm{HCl})/m,\; c(\mathrm{HCl}) = n(\mathrm{HCl})/V$$

erkennt man, dass in (6a) im Zähler die Masse der HCl durch die Stoffmenge dieser Verbindung und im Nenner die (Gesamt)Masse durch das Volumen ersetzt werden muss. Dies geschieht durch die Gleichungen $n_B = m_B/M_B$ und $\varrho = m/V$. Mit

$$w(\mathrm{HCl}) = m(\mathrm{HCl})/m$$

erhält man auf diese Weise:

$$\begin{aligned} w(\mathrm{HCl}) &= n(\mathrm{HCl})M(\mathrm{HCl})/V\varrho \\ &= c(\mathrm{HCl})M(\mathrm{HCl})/\varrho \end{aligned}$$

oder $c(\mathrm{HCl}) = w(\mathrm{HCl})\,\varrho/M(\mathrm{HCl})$.

Die Zahlenrechnung liefert:

$$\begin{aligned} c(\mathrm{HCl}) &= 0{,}400\,\frac{1{,}198\,\mathrm{g/cm^3}}{36{,}46\,\mathrm{g/mol}} \\ &= 0{,}01314\,\mathrm{mol/cm^3} = 13{,}14\,\mathrm{mol/l}. \end{aligned}$$

21.4.7 Stöchiometrische Berechnungen

21.4.7.1 Gravimetrische Analyse

Häufig liegen Stoffe als eine Mischung in flüssiger Phase vor. Gegenstand der gravimetrischen Analyse ist die Ermittlung der Masse eines der Stoffe in dieser Lösung. Dazu wird die Substanz, die gravimetrisch untersucht werden soll, durch Zugabe einer Reagenzlösung in eine schwerlösliche Verbindung überführt. Die Masse der schwerlöslichen Verbindung wird (nach Abfiltrieren und Trocknen) durch Wägung ermittelt. Bei gravimetrischen Analysen muss die Reagenzlösung stets im Überschuss zugeführt werden, damit eine vollständige (oder „quantitative") Ausfällung des zu untersuchenden Stoffes erfolgen kann.

Beispiel: Eine Stoffmischung besteht aus Chlorwasserstoff (HCl) und Wasser. Die Masse des Chlorwasserstoffs in dieser Mischung soll ermittelt werden. Dazu werden die Chloridionen durch Zugabe von Silbernitratlösung ($AgNO_3$ in H_2O) als Silberchlorid (AgCl) gefällt. Das Silberchlorid wird abfiltriert, getrocknet und seine Masse durch Wägung ermittelt.

Berechnung:

1. Die Fällungsreaktion wird durch folgende Umsatzgleichung beschrieben:

$$\mathrm{HCl} + \mathrm{AgNO_3} \rightarrow \mathrm{AgCl(s)} + \mathrm{HNO_3}.$$

(Anmerkung: In Umsatzgleichungen werden schwerlösliche Verbindungen mit dem Buchstaben s (lat. solidus: fest) gekennzeichnet.)

2. Entsprechend der Umsatzgleichung gilt folgende Stoffmengenbeziehung:

$$n(\mathrm{HCl}) = n(\mathrm{AgCl}).$$

3. Die gesuchte Masse des Chlorwasserstoffs erhält man aus der durch Wägung bestimmten Masse des Silberchlorids mit $n_\mathrm{B} = m_\mathrm{B}/M_\mathrm{B}$ aus der Stoffmengenbeziehung (Gl. 5):

$$\frac{m(\mathrm{HCl})}{M(\mathrm{HCl})} = \frac{m(\mathrm{AgCl})}{M(\mathrm{AgCl})},$$
$$m(\mathrm{HCl}) = m(\mathrm{AgCl})\frac{M(\mathrm{HCl})}{M(\mathrm{AgCl})}.$$

21.4.7.2 Maßanalyse

Auch die maßanalytischen Verfahren dienen zur Bestimmung der Masse eines Stoffes in einer aus mehreren Bestandteilen bestehenden Lösung. Hier wird ebenfalls mit dem maßanalytisch zu untersuchenden Stoff eine chemische Reaktion durchgeführt. Die dazu notwendige Substanz befindet sich in einer Reagenzlösung. Im Gegensatz zur Gravimetrie wird hier jedoch nur so viel Reagenzlösung zugefügt, wie zur vollständigen Umsetzung gerade erforderlich ist. Die Konzentration der Reagenzlösung muss hierbei genau bekannt sein. Substanzen oder apparative Einrichtungen, die die Vollständigkeit der Umsetzung – den Reaktionsend- oder Äquivalenzpunkt – anzeigen, heißen Indikatoren.

Beispiel: Es soll die Masse von Natriumthiosulfat ($Na_2S_2O_3$) in einer wässrigen Natriumthiosulfatlösung durch sog. Titration mit einer Iodlösung der Konzentration $c(I_2)$ ermittelt werden. Das Volumen der verbrauchten Iodlösung sei $V(I_2)$.

Berechnung:

1. Der Reaktion liegt die folgende Umsatzgleichung zugrunde:

$$2Na_2S_2O_3 + I_2 \rightarrow 2NaI + Na_2S_4O_6.$$

2. Der Umsatzgleichung entnehmen wir, dass am Reaktionsendpunkt (oder Äquivalenzpunkt) die folgende Stoffmengenbeziehung gilt:

$$n(Na_2S_2O_3) = 2n(I_2).$$

3. Die Stoffmenge in der verbrauchten Iodlösung wird aus der Konzentration und dem verbrauchten Volumen berechnet:

$$n(I_2) = c(I_2) \cdot v(I_2).$$

4. Damit wird unter Heranziehen der Stoffmengenbeziehung $n(Na_2\,S_2\,O_3) = 2\,n(I_2)$ die Stoffmenge des Thiosulfates ermittelt:

$$n(Na_2S_2O_3) = 2 \cdot c(I_2) \cdot v(I_2).$$

5. Mithilfe der Beziehung $n_\mathrm{B} = m_\mathrm{B}/M_\mathrm{B}$ kann dann die Masse des Natriumthiosulfates berechnet werden:

$$m(Na_2S_2O_3) = 2M(Na_2S_2O_3) \cdot c(I_2) \cdot v(I_2).$$

21.4.7.3 Verbrennungsvorgänge

Beispiel: Kohlenstoff soll in Luft verbrannt werden (vgl. ▶ Abschn. 24.2.3.1 in Kap. 24, „Prinzipien chemischer Systeme und Reaktionen"). Das zur Verbrennung von 1 kg Kohlenstoff notwendige Luftvolumen ist bei einer Temperatur von 25 °C und bei einem Druck von 1 bar zu berechnen.

$$M(\mathrm{C}) = 12\,\mathrm{g/mol},$$
$$R = 0{,}08314\,\mathrm{bar} \cdot \mathrm{l}/(\mathrm{mol} \cdot \mathrm{K})$$

1. Der Verbrennungsvorgang wird durch folgende Umsatzgleichung beschrieben:

$$\mathrm{C(s)} + O_2(\mathrm{g}) \rightarrow CO_2(\mathrm{g}).$$

2. Aufgrund dieser Umsatzgleichung gilt bei vollständiger Verbrennung folgende Stoffmengenbeziehung:

$$n(\mathrm{C}) = n(O_2).$$

3. In obiger Beziehung wird mit der Gleichung $n_\mathrm{B} = m_\mathrm{B}/M_\mathrm{B}$ die Stoffmenge des Kohlenstoffs durch die Masse ersetzt. Man erhält auf diese Weise:

$$m(\mathrm{C}) = M(\mathrm{C}) \cdot n(\mathrm{O_2}).$$

4. Unter Anwendung der Zustandsgleichung idealer Gase (siehe ▶ Abschn. 22.1.1 in Kap. 22, „Zustandsformen der Materie und chemische Reaktionen“) wird die Stoffmenge des Sauerstoffs durch das Gasvolumen dieses Elementes ersetzt:

$$p \cdot V(\mathrm{O_2}) = n(\mathrm{O_2}) \cdot RT,$$
$$m(\mathrm{C}) = M(\mathrm{C}) \cdot \frac{p \cdot V(\mathrm{O_2})}{RT}$$
$$\text{oder} \quad V(\mathrm{O_2}) = \frac{m(\mathrm{C}) \cdot RT}{M(\mathrm{C}) \cdot p}.$$

Trockene atmosphärische Luft enthält einen Sauerstoffvolumenanteil von 20,95 % (vgl. Tab. 2 in ▶ Kap. 22, „Zustandsformen der Materie und chemische Reaktionen“), d. h.

$$V(\mathrm{O_2}) = 0{,}2095 \cdot V(\mathrm{Luft}).$$

Mit obiger Beziehung folgt:

$$V(\mathrm{Luft}) = \frac{m(\mathrm{C}) \cdot RT}{0{,}2095 \cdot M(\mathrm{C}) \cdot p}$$
$$V(\mathrm{Luft}) = 98611 = 9{,}861\,\mathrm{m}^3.$$

Weiterführende Literatur

Haken H, Wolf HC (1998) Molekülphysik und Quantenchemie, 3. Aufl. Springer, Berlin

Jander G, Jahr KF (2003) Maßanalyse, 16. Aufl. de Gruyter, Berlin

Küster FW, Thiel A (2003) Rechentafeln für die Chemische Analytik, l05. Aufl. de Gruyter, Berlin

Kutzelnigg W (2001) Einführung in die theoretische Chemie. Wiley-VCH, Weinheim

Müller U (2006) Anorganische Strukturchemie. B.G.Täubner, Wiesbaden

Nylén P, Wigren N, Joppien G (1999) Einführung in die Stöchiometrie, 19. Aufl. Steinkopff, Darmstadt

Otto M (2011) Analytische Chemie, 4. Aufl. VCH, Weinheim

Zustandsformen der Materie und chemische Reaktionen

22

Manfred Hennecke, Wilhelm Oppermann und Bodo Plewinski

Zusammenfassung

Die physikalisch – chemischen Eigenschaften von Stoffen und ihre chemischen Reaktionen hängen stark von Druck und Temperatur ab. Von diesen Zustandsvariablen wird außerdem der physikalische Aggregatzustand der Materie bestimmt.

In den drei klassischen Zustandsformen der Materie, nämlich Kristall, Flüssigkeit und Gas, sind die Positionierung der Atome und Moleküle im Raum, ihre Bewegungsmöglichkeit und ihre Ladung auf jeweils typische Weise festgelegt. Übergänge zwischen den Zustandsformen erfolgen regelmäßig als diskontinuierliche Phasenübergänge mit metastabilen Bereichen beiderseits der Übergangstemperatur (und auch des Übergangsdrucks).

Das klassische Bild der Zustandsformen wird erweitert durch Zwischenformen wie den flüssigen Kristall, durch Nichtgleichgewichtszustände wie den Glaszustand und den Extremzustand des Plasmas. Von Bedeutung für chemische Reaktionen sind außerdem stabile koexistierende Zustandsformen wie Emulsionen oder Suspensionen.

Die Bedingungen und Auswirkungen von chemischen Reaktionen werden durch eine Änderung der Zustandsform wesentlich drastischer beeinflusst als durch die kontinuierliche Veränderung von Druck und Temperatur.

22.1 Gase

Die zwischen den Gasteilchen wirkenden Anziehungskräfte (hauptsächlich Orientierungs- und Dispersionskräfte, vgl. Abschn. 22.3.4) sind nicht groß genug, um Zusammenballungen der Teilchen zu verursachen und um Translationsbewegungen zu verhindern. Bei nicht zu hohen Drücken ist der Abstand zwischen den Gasteilchen groß gegenüber ihrem Durchmesser. Demzufolge füllen die Gase jeden ihnen angebotenen Raum vollständig aus. Auch die große Kompressibilität von Stoffen in diesem Aggregatzustand kann hiermit erklärt werden. Mit steigendem Druck und sinkender Temperatur wird der Einfluss der Anziehungskräfte gegenüber der thermischen Bewe-

Herr Bodo Plewinsky ist als aktiver Autor ausgeschieden.

M. Hennecke (✉)
Bundesanstalt für Materialforschung und -prüfung (im Ruhestand), Berlin, Deutschland
E-Mail: hennecke@bam.de

W. Oppermann
Technische Universität Clausthal (im Ruhestand), Clausthal-Zellerfeld, Deutschland
E-Mail: wilhelm.oppermann@tu-clausthal.de

B. Plewinski
Berlin, Deutschland
E-Mail: plewinsky@t-online.de

M. Hennecke, B. Skrotzki (Hrsg.), *HÜTTE Band 1: Mathematisch-naturwissenschaftliche und allgemeine Grundlagen für Ingenieure*, Springer Reference Technik,
https://doi.org/10.1007/978-3-662-64369-3_22

gung immer größer. Dies führt schließlich zur Verflüssigung aller Gase.

22.1.1 Ideale Gase

- Phänomenologische Definition:
  Als ideal werden die Gase bezeichnet, deren Verhalten durch die Gleichung $pV = nRT$ beschrieben werden kann.
- Atomistische Definition:
  Ideale Gase sind dadurch charakterisiert, dass zwischen den Teilchen, aus denen diese Gase bestehen, keine Anziehungskräfte wirken. Außerdem haben diese Teilchen kein Eigenvolumen; sie sind also Massenpunkte.

22.1.2 Zustandsgleichung idealer Gase

Das Verhalten idealer Gase kann mithilfe der folgenden thermischen Zustandsgleichung idealer Gase (universelle Gasgleichung, „ideales Gasgesetz") beschrieben werden:

$$pV = nRT \tag{1}$$

p Druck, V Volumen, n Stoffmenge, T Temperatur, R wird als universelle Gaskonstante bezeichnet. Diese Konstante hat die Dimension Energie/(Stoffmenge · Temperatur) oder Druck · Volumen/(Stoffmenge · Temperatur). Die universelle Gaskonstante ist das Produkt aus Avogadrokonstante und Boltzmannkonstante; sie hat daher einen festen Wert, näherungsweise:

$$R = 8{,}314472\,\mathrm{J}/(\mathrm{K}\cdot\mathrm{mol}),$$
$$R = 8{,}314472\,\mathrm{Pa}\cdot\mathrm{m}^3/(\mathrm{K}\cdot\mathrm{mol}).$$

Die Gültigkeit der Zustandsgleichung ist – unter Berücksichtigung der in Abschn. 22.1.1 genannten Bedingungen – unabhängig von der chemischen Natur des Gases. Durch drei der vier Variablen wird der Zustand eines idealen Gases vollständig beschrieben.

Beispiel: Eine Druckgasflasche ist mit Sauerstoff gefüllt. Das Volumen der Druckgasflasche ist 50 l, der Druck beträgt bei einer Temperatur von 25 °C 200 bar. Gesucht ist die Masse m des in der Druckgasflasche vorhandenen Sauerstoffs; molare Masse des Sauerstoffs $M(O_2) = 32{,}0$ g/mol.

$$\begin{aligned} pV &= n(\mathrm{O_2})RT = m(\mathrm{O_2})/M(\mathrm{O_2})RT \\ m(\mathrm{O_2}) &= pVM(\mathrm{O_2})/(R\cdot T) \\ &= \frac{200\,\mathrm{bar}\cdot 50\,\mathrm{l}\cdot 32{,}0\,\mathrm{g/mol}}{0{,}0831\,\mathrm{bar}\cdot\mathrm{l}/(\mathrm{mol}\cdot\mathrm{K})\cdot 298{,}15\,\mathrm{K}} \\ &= 12{,}9\,\mathrm{kg} \end{aligned}$$

Die Zustandsgleichung idealer Gase ist ein Grenzgesetz, das von realen Gasen nur bei hohen Temperaturen und bei kleinen Drücken angenähert befolgt wird. Unter sonst gleichen Bedingungen sind die Abweichungen dann besonders groß, wenn die Gasmoleküle polar sind oder wenn sie beträchtliche Eigenvolumina aufweisen. Gase mit polaren Molekülen sind z. B. Kohlendioxid CO_2, Chlorwasserstoff HCl und Ammoniak NH_3. Im Gegensatz dazu werden bei sehr kleinen Atomen oder Molekülen (Bedingung: Aufbau aus Atomen gleicher Elektronegativität, siehe ▶ Abschn. 21.3.1.4 in Kap. 21, „Grundlagen zu chemischen Elementen, Verbindungen und Gleichungen") nur geringe Abweichungen vom idealen Verhalten beobachtet. Beispiele sind Helium He, Neon Ne, und Wasserstoff H_2.

22.1.3 Spezialfälle der Zustandsgleichung idealer Gase

In der Zustandsgleichung idealer Gase (1) sind als Spezialfälle das Boyle-Mariotte'sche Gesetz, das Gesetz von Gay-Lussac und der Satz von Avogadro enthalten:

Gesetz von Boyle und Mariotte

$$pV = \text{const} \quad \text{bei} \quad T,\ n = \text{const.} \tag{2}$$

Stellt man bei verschiedenen Temperaturen den Druck als Funktion des Volumens graphisch dar, so erhält man als Isothermen eine Schar von Hyperbeln, siehe Abb. 1.

Gesetz von Gay-Lussac

Bei konstantem Druck und vorgegebener Stoffmenge ist das Volumen der thermodynamischen Temperatur direkt proportional:

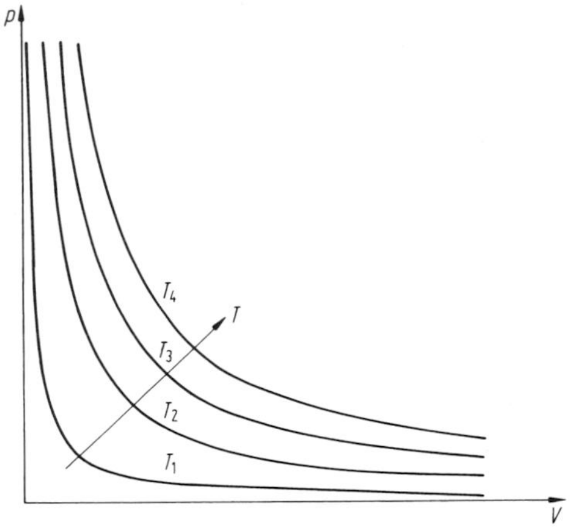

Abb. 1 Der Druck p eines idealen Gases als Funktion des Volumens V (Boyle-Mariotte'sches Gesetz), T Temperatur

$$V = (nR/p)T = \text{const } T \tag{3}$$

oder $V_1/T_1 = V_2/T_2$ bei $p,\ n = \text{const.}$

Ein analoges Gesetz für den Druck erhält man bei konstantem Volumen und vorgegebener Stoffmenge. Auch diese Beziehung wird meist als Gay-Lussac'sches Gesetz bezeichnet:

$$p = (nR/V)T = \text{const} \cdot T \tag{4}$$

oder $p_1/T_1 = p_2/T_2$ bei $V,\ n = \text{const.}$

Satz von Avogadro
Gleiche Volumina verschiedener idealer Gase enthalten bei gleichem Druck und gleicher Temperatur (V, p, T = const) stets dieselbe Zahl von Teilchen.

$$n = pV/(RT) = \text{const} \tag{5}$$

oder $N = \text{const}$ bei $p,\ V,\ T = \text{const}$

N Teilchenzahl

22.1.4 Reale Gase

Anders als bei den idealen Gasen wirken zwischen den Teilchen eines realen Gases Anziehungskräfte. Die Wirkung dieser Kräfte ist umso stärker, je kleiner die Abstände der Teilchen voneinander sind, je größer also der Druck des Gases ist. Außerdem haben die Teilchen eines realen Gases ein mehr oder weniger großes Eigenvolumen. Als Folge hiervon kann ein reales Gas nicht beliebig komprimiert werden.

Kein natürlich vorkommendes Gas verhält sich wie ein ideales Gas.

Zur quantitativen Beschreibung des Verhaltens realer Gase wurde eine Vielzahl empirischer Gleichungen vorgeschlagen. In diesen Beziehungen werden die Anziehungskräfte der Partikel untereinander sowie das Eigenvolumen der Gasteilchen durch eine unterschiedliche Anzahl empirischer Konstanten berücksichtigt. Im Folgenden werden die Virialgleichung und die van-der-Waals'sche Gleichung beschrieben.

22.1.5 Die Virialgleichung

Bei realen Gasen ist das Produkt aus Druck und Volumen bei vorgegebener Temperatur keine Konstante, sondern vielmehr eine Funktion des Druckes. In der Virialgleichung wird diese Abhängigkeit durch eine Potenzreihe von p dargestellt. Die notwendige Zahl von Korrekturgliedern richtet sich nach der gewünschten Genauigkeit bei der Beschreibung des Verhaltens eines bestimmten realen Gases.

$$pV_{\text{m}} = RT + Bp + Cp^2 + Dp^3 + \ldots \tag{6}$$

V Volumen (extensive Größe), $V_{\text{m}} = V/n$ molares Volumen (intensive Größe).

Die temperaturabhängigen Konstanten B, C, D heißen Virialkoeffizienten. Sie müssen mithilfe numerischer Methoden aus Messwerten ermittelt werden.

Eine Beziehung ähnlicher Form wird auch zur Beschreibung der Konzentrationsabhängigkeit des osmotischen Druckes herangezogen (vgl. ▶ Abschn. 24.1.2.3 in Kap. 24, „Prinzipien chemischer Systeme und Reaktionen“).

22.1.6 Die van-der-Waals'sche Gleichung. Der kritische Punkt

Die van-der-Waals'sche Gleichung beschreibt näherungsweise den Zusammenhang der Zustandsgrößen für reale Gase. Qualitativ wird auch das Verhalten von Flüssigkeiten charakterisiert. Diese Beziehung lautet:

$$\left(p + n^2 a/V^2\right)(V - nb) = nRT \quad (7a)$$

oder

$$\left(p + a/V_{\mathrm{m}}^2\right)(V_{\mathrm{m}} - b) = RT. \quad (7b)$$

Die Stoffkonstanten a und b müssen für jedes Gas empirisch ermittelt werden. Der Term a/V_{m}^2 heißt Kohäsionsdruck. Er beschreibt die Auswirkungen der Anziehungskräfte zwischen den Gasteilchen. Die Konstante b wird als Covolumen bezeichnet. Nimmt man an, dass die Gasteilchen kugelförmig sind, kann der Zusammenhang zwischen b und dem Radius r der Gasteilchen durch folgende Gleichung beschrieben werden:

$$b = 4N_{\mathrm{A}}(4\pi/3)r^3$$

N_{A} Avogadro-Konstante.

In Tab. 1 sind die Konstanten a und b der van-der-Waals'schen Gleichung für einige Gase angegeben.

Abb. 2 gibt die mithilfe der van-der-Waals'schen Gleichung für CO_2 berechneten Isothermen wieder. Oberhalb der kritischen Temperatur $T_{\mathrm{k}} = 304$ K (siehe unten) ist der Verlauf der Isothermen ähnlich wie bei einem idealen Gas. Bei Temperaturen unterhalb von T_{k} zeigen alle Isothermen dagegen eine S-förmige Gestalt. Bei der kritischen Temperatur ist die Isotherme durch einen Wendepunkt mit waagerechter Tangente gekennzeichnet. Dieser Wendepunkt wird als *kritischer Punkt P* bezeichnet.

Tab. 1 Konstanten a und b der van-der-Waals'schen Gleichung für einige Gase

Gas	a / $\mathrm{bar \cdot l^2/mol^2}$	b / $\mathrm{l/mol}$
Helium	0,0346	0,0238
Neon	0,208	0,0167
Argon	1,36	0,0320
Wasserstoff	0,2452	0,0265
Stickstoff	1,370	0,0387
Sauerstoff	1,382	0,0319
Kohlendioxid	3,658	0,0429

Der kritische Punkt kann experimentell bestimmt werden. Er ist durch die Stoffkonstanten kritische Temperatur, kritischer Druck und kritisches molares Volumen charakterisiert (vgl. Tab. 2).

Im Folgenden sollen einige Aspekte der Stabilität (vgl. ► Abschn. 23.1.3.5 in Kap. 23, „Thermodynamik und Kinetik chemischer Reaktionen") von Gasen und Flüssigkeiten anhand von Abb. 2 diskutiert werden. Oberhalb der Temperatur T_k ist ausschließlich die Gasphase stabil.

Flüssigkeiten können oberhalb der kritischen Temperatur nicht existieren.

Bei Temperaturen, die kleiner als die kritische Temperatur sind, können reine Gas- bzw. Flüssigkeitsphasen stabil, metastabil oder instabil sein. So ist z. B. bei einer Temperatur von $T = 290$ K, für die die Bedingung $T < T_{\mathrm{k}}$ gilt, die reine Gasphase bei allen molaren Volumina, die größer als V_{mA} sind, stabil. Beim Punkt A setzt die Kondensation der flüssigen Phase ein, bei weiterer Kompression bleibt der Druck konstant bis zum Punkt B. Der Bereich *A B* der Kurve entspricht übersättigtem Dampf. Hier ist eine reine Gasphase metastabil. Die Zufuhr oder die spontane Bildung eines Keimes führt zur Ausbildung einer flüssigen Phase und zum Absinken des Gasdruckes auf den Sättigungswert p_{A}. Im Bereich *B C* sind sowohl die reine Gasphase als auch die reine Flüssigkeitsphase instabil (vgl. ► Abschn. 23.1.3.5 in Kap. 23, „Thermodynamik und Kinetik chemischer Reaktionen"). Entsprechende Zustände sind daher nicht realisierbar. Zwischen *C* und *D* liegt eine überexpandierte Flüssigkeit vor. Dieser Bereich ist wiederum metastabil. Die Zufuhr eines Keimes oder seine spontane Bildung führt zur (teilweise explosionsartig ablaufenden) Bildung einer Gasphase und Erhöhung des Druckes auf den Sättigungswert p_{A}. Bei molaren Volumina, die kleiner als V_{mD} sind, ist bei 290 K nur die reine flüssige Phase existenzfähig.

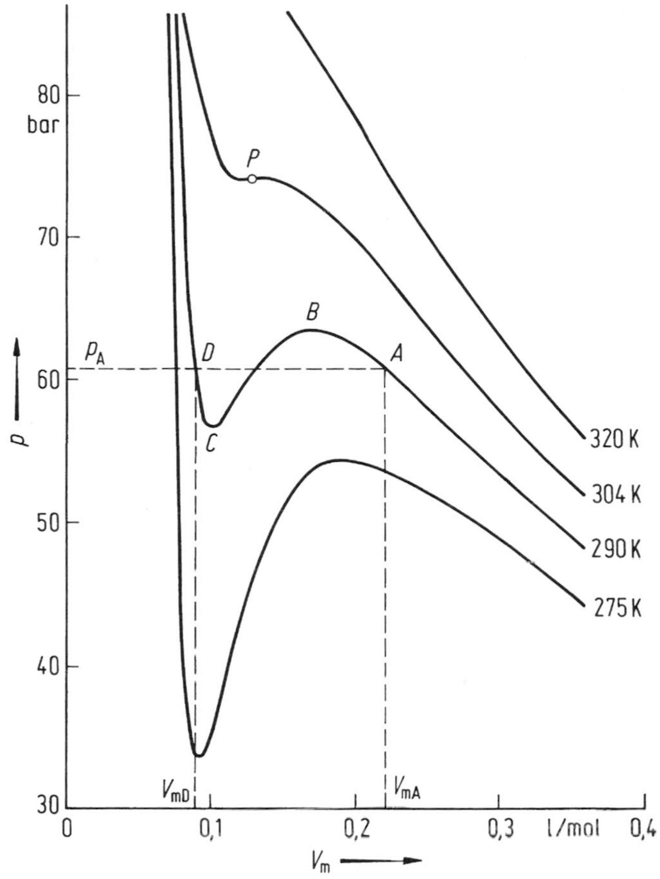

Abb. 2 Der Druck p eines realen Gases als Funktion des molaren Volumens V_m. Die Isothermen wurden für Kohlendioxid nach der van-der-Waals'schen Gleichung berechnet

22.1.7 Chemische Reaktionen in der Gasphase

Die Geschwindigkeitsverteilung der reaktionsfähigen Atome oder Moleküle und ihr Abstand (man spricht von mittlerer freier Weglänge) reichen für die Beschreibung chemischer Reaktionen nicht aus. Denn im Allgemeinen werden die elementaren Schritte der chemischen Reaktion durch Stoßprozesse zwischen den Gasteilchen initiiert, die jedoch nur dann zu einer chemischen Reaktion führen, wenn die wechselseitige Molekülorientierung dafür geeignet ist. Bei Stoßprozessen werden Impuls und Energie übertragen; daher können auch chemisch inerte Gasteilchen die Reaktion beeinflussen. Die Geschwindigkeit chemischer Gasphasenreaktionen wird durch die elementare Reaktionskinetik (s. ▶ Abschn. 23.2 in Kap. 23, „Thermodynamik und Kinetik chemischer Reaktionen") beschrieben.

Verbrennungsreaktionen unter Beteiligung von Kohlenwasserstoffen oder Wasserstoff sind technisch wichtige Gasphasenreaktionen. Ihre Elementarschritte verlaufen nicht nach der Bruttoreaktionsgleichung, beispielsweise

$$CH_4 + 2O_2 \rightarrow CO_2 + 2H_2O$$

sondern in Form einer radikalischen Kettenreaktion, für die als Starter ein geeignetes Radikal (z. B. $O^\bullet$) erforderlich ist (s. ▶ Abschn. 23.2.7 in Kap. 23, „Thermodynamik und Kinetik chemischer Reaktionen").

Startreaktion:	$CH_4 + OH^\bullet. \rightarrow CH_3^\bullet + H_2O$
	oder $CH_4 + O^\bullet. \rightarrow CH_3^\bullet + OH^\bullet$
Kettenreaktionen:	$CH_3^\bullet + O_2. \rightarrow CH_2O^\bullet + OH^\bullet$

Tab. 2 Eigenschaften einiger technisch wichtiger Gase: T_s Siedepunkt (bezogen auf Normdruck $p_N = 101.325$ Pa), T_k kritische Temperatur, p_k kritischer Druck, AGW: Arbeitsplatzgrenzwert, Volumenanteil in ppm = $10^{-6} = cm^3/m^3$

Name	Formel	T_s/°C	T_k/°C	p_k/bar	Bemerkungen
Luft					Zusammensetzung der trockenen Luft (Volumenanteil): N_2: 78,09 %, O_2: 20,95 %, Ar: 0,92 %, CO_2: 0,04 %, Ne: 0,002 %, He: 0,0005 %, Spuren von Kr, H_2 und Xe
Ammoniak	NH_3	−33,3	132,4	113,0	farblos, brennbar, stechender Geruch, giftig, AGW: 20 ppm, sehr große Löslichkeit in Wasser, mit Luft bilden sich explosionsfähige Gemische
Chlor	Cl_2	−34,0	144	77,0	gelbgrün, erstickend stechender Geruch, hochgiftig, AGW: 0,5 ppm, sehr starkes Oxidationsmittel
Chlorwasserstoff	HCl	−85,0	51,5	83,4	farblos, stechender Geruch, giftig, AGW: 2 ppm, sehr große Löslichkeit in Wasser (Bildung von Salzsäure)
Distickstoffmonoxid	N_2O	−88,5	36,4	72,7	„Lachgas", farblos, schwach süßlicher Geruch, narkotisch wirkend, starkes Oxidationsmittel, unter bestimmten Bedingungen explosionsartiger Zerfall in die Elemente
Edelgase					farblos, geruchlos, sehr wenig oder überhaupt nicht reaktionsfähig
Helium	He	−268,9	−267,9	2,3	
Neon	Ne	−246,1	−228,8	26,5	
Argon	Ar	−185,9	−122,3	49,0	
Krypton	Kr	−153,2	−63,8	54,9	
Xenon	Xe	−108,1	16,6	59,0	
Kohlendioxid	CO_2	−78,4	31,1	73,8	Sublimationstemperatur (bezogen auf 101.325 Pa): −78,5 °C, farblos, etwas säuerlicher Geruch und Geschmack, AGW: 5000 ppm, Anhydrid der Kohlensäure
Kohlenmonoxid	CO	−191,5	−140,2	35,0	farblos, brennbar, geruchlos, hochgiftig, AGW: 30 ppm, mit Luft bilden sich explosionsfähige Gemische
Sauerstoff	O_2	−183,0	−118,4	50,8	farblos, geruchlos, sehr starkes Oxidationsmittel
Schwefeldioxid	SO_2	−10,0	157,5	78,8	farblos, stechender Geruch, giftig, AGW: 1 ppm, gute Löslichkeit in Wasser, Anhydrid der schwefligen Säure
Stickstoff	N_2	−195,8	−147,0	34,0	farblos, geruchlos, nicht brennbar, sehr wenig reaktionsfähig
Wasserstoff	H_2	−252,9	−239,9	13,0	farblos, geruchlos, brennbar, mit Luft bilden sich explosionsfähige Gemische
Kohlenwasserstoffe					farblos, mit Luft bilden sich explosionsfähige Gemische
Methan	CH_4	−161,5	−82,6	46,0	geruchlos
Ethan	C_2H_6	−88,6	32,3	48,8	geruchlos
Propan	C_3H_8	−42,1	96,8	42,6	geruchlos, AGW: 1000 ppm
Butan	C_4H_{10}	−0,5	152,0	38,0	geruchlos, AGW: 1000 ppm
Ethylen (Ethen)	C_2H_4	−103,7	9,2	50,2	leicht süßlicher Geruch
Acetylen (Ethin)	C_2H_2		35,2	61,9	Sublimationstemperatur (bezogen auf 101.325 Pa): −84,0 °C, schwach ätherisch riechend, narkotisch wirkend, neigt zu explosivem Zerfall in die Elemente

(Fortsetzung)

Tab. 2 (Fortsetzung)

Name	Formel	T_s/°C	T_k/°C	p_k/bar	Bemerkungen
Ethylenoxid	C_2H_4O	10,4	195,8	71,9	farblos, etherähnlicher Geruch, brennbar, giftig, AGW: 1 ppm, neigt spontan zur Polymerisation (z. T. explosionsartig), neigt zu explosiven Zerfallsreaktionen
Dichlordi-fluormethan	CCl_2F_2	−29,8	112,0	41,2	„R 12", farblos, schwacher Geruch, narkotisch wirksam, AGW: 1000 ppm, chemisch sehr beständig, die Freisetzung von Fluorchlorkohlenwasserstoffen (FCKW) verursacht Umweltschäden (Zerstörung der Ozonschicht der Erdatmosphäre)

(Auswahl) $CH_4 + OH^\bullet \rightarrow CH_3^\bullet + H_2O$

$CH_2O^\bullet + OH^\bullet. \rightarrow CHO^\bullet + H_2O$

$CHO^\bullet + O_2 \rightarrow HO_2^\bullet + CO$

$HO_2^\bullet + CO \rightarrow CO_2 + OH^\bullet$

Abbruchreaktionen; $OH^\bullet + HO_2^\bullet \rightarrow H_2O + O_2$

$HO_2^\bullet + HO_2^\bullet \rightarrow H_2O_2 + O_2$

Ohne ein Starterradikal, das durch einen Zündfunken, hohe Temperatur oder photochemisch erzeugt werden kann, läuft die Reaktion nicht ab.

In der Atmosphärenchemie (z. B. bei der Ozonbildung) spielen photochemisch erzeugte Radikale und ihre Reaktionen ebenfalls eine entscheidende Rolle.

Einige technisch wichtige Gase (nämlich Acetylen, Ethylenoxid, Tetrafluorethylen) können unter bestimmten Bedingungen als Folge von Stoßprozessen explosionsartig zerfallen.

Eine ungewöhnliche, technisch wichtige Gasphasenreaktion ist die unter hohem Druck stattfindende Polymerisation von Ethen, bei der das Polyethylen als fester Stoff aus der Gasphase ausfällt.

22.2 Festkörper

Im allgemeinen Sprachgebrauch werden Substanzen, die volumenkonstant und formelastisch sind, Festkörper genannt. Festkörper im engeren Sinne sind definitionsgemäß jedoch nur solche Stoffe, bei denen die atomaren oder molekularen Bausteine in einem regelmäßigen Gitter angeordnet sind, also Stoffe, die einen kristallinen Aufbau haben. Amorphe Substanzen und Gläser (vgl. Abschn. 22.3.4) werden nach dieser Definition nicht zu den Festkörpern gerechnet.

22.2.1 Kristalle

Kristalle sind Festkörper mit periodisch in einem dreidimensionalen Gitter (Raumgitter, Kristallgitter) angeordneten Bausteinen (Atome, Ionen oder Moleküle).

Kristalle haben zwei wesentliche Eigenschaften: Sie sind homogen und anisotrop. Ein Körper wird als homogen bezeichnet, wenn er in parallelen Richtungen gleiches Verhalten zeigt. Er ist anisotrop, wenn bestimmte Eigenschaften, wie z. B. Spaltbarkeit, Härte, Lichtgeschwindigkeit und Kristallwachstumsgeschwindigkeit, in verschiedenen Raumrichtungen unterschiedliche Werte haben (z. B. Graphit, vgl. Kohlenstoff in Kap. „Die Werkstoffklassen"). Im Gegensatz hierzu sind bei isotropen Körpern die physikalischen Eigenschaften unabhängig von der Raumrichtung. Isotrop verhalten sich alle Gase, Flüssigkeiten (im Normalfall; jedoch mit Ausnahme der flüssigen Kristalle) und Gläser. Flüssigkeiten aus anisometrischen Molekülen können sich in äußeren Feldern anisotrop verhalten, z. B. in Strömung oder elektrischem Feld; entsprechendes gilt für daraus gewonnene Gläser.

Elementarzelle

Bei der Translation der Gitterbausteine um ein Vielfaches der drei unabhängigen Translationsvektoren $\boldsymbol{a}$, $\boldsymbol{b}$ und $\boldsymbol{c}$ erhält man ein dreidimensionales Gitter (Raumgitter).

Hierbei können die Längen der Translationsvektoren unterschiedlich groß sein und die Winkel außer 90° auch beliebig andere Werte annehmen. Das durch die drei Vektoren aufgespannte Parallelepiped heißt Elementarzelle. Als Gitterkonstanten werden die Längen a, b und c der drei Vektoren sowie die Achsenwinkel α, β und γ bezeichnet. Aus einer Elementarzelle lässt sich durch Translation das gesamte Raumgitter aufbauen.

Kristallsysteme
Nach dem Verhältnis der Kantenlängen in den Elementarzellen sowie nach den Achsenwinkeln kann man sieben verschiedene Kristallsysteme voneinander unterscheiden, siehe Aufbauprinzipien von Festkörpern in Kap. „Grundlagen der Werkstoffkunde".

22.2.2 Bindungszustände in Kristallen

Kristallgitter können nach mehreren Gesichtspunkten eingeteilt werden, so z. B. nach Art der Gitterbausteine oder nach der Art der in den Kristallen vorherrschenden Bindung). Wählt man das zuletzt erwähnte Einteilungsprinzip, kann man folgende vier Gittertypen unterscheiden (vgl. ► Abschn. 21.3 in Kap. 21, „Grundlagen zu chemischen Elementen, Verbindungen und Gleichungen"):

- *Metallkristalle*, Bindungsart: metallische Bindung. Gitterbausteine: Atome. Deren positiv geladene Ionen bilden ein Raumgitter, in dem frei bewegliche Elektronen vorhanden sind. Die Bindungskräfte sind ungerichtet. *Eigenschaften*: Gute thermische und elektrische Leitfähigkeit, metallischer Glanz, dehnbar, schmiedbar, duktil. Beispiele: Kupfer, Natrium, Eisen.
- *Ionenkristalle*, Bindungsart: Ionenbindung. Gitterbausteine: Kugelförmige Ionen definierter Ladung. Die Bindungskräfte sind ungerichtet. Eigenschaften: hart, spröde, hohe Schmelz- und Siedepunkte, nur in polaren Lösungsmitteln löslich, sehr geringe elektrische Leitfähigkeit. Beispiele: Natriumchlorid, Caesiumiodid.
- *Kovalente Kristalle*, Bindungsart: Kovalente Bindung, Gitterbausteine: Atome der IV. Hauptgruppe. *Eigenschaften*: hart, sehr hohe Schmelz- und Siedetemperaturen, Isolatoren. Beispiel: Diamant.
- *Molekülkristalle*, Bausteine: Moleküle und Edelgasatome. Bindungsart: Van-der-Waals'-sche Bindung und Wasserstoffbrückenbindung (Beispiele: feste Edelgase, festes Kohlendioxid; Eis, vgl. Abschn. 22.3.3). *Eigenschaften*: weich, tiefe Schmelz- und Siedetemperaturen.

Struktur von Metallkristallen
Die meisten Metalle kristallisieren in einer der folgenden Strukturen:

- hexagonal dichteste Kugelpackung (Koordinationszahl 12),
- kubisch dichteste Kugelpackung (kubisch flächenzentriertes Gitter) (Koordinationszahl 12),
- kubisch raumzentriertes Gitter (Koordinationszahl 8).

Als Koordinationszahl wird die Zahl der nächsten Nachbarn, die ein bestimmtes Teilchen umgeben, bezeichnet.

In Tab. 3 sind neben der Angabe des Strukturtyps die Schmelz- und Siedepunkte einiger Metalle aufgeführt; weitere Angaben siehe Schmelztemperatur in Kap. „Anforderungen, Eigenschaften und Verhalten von Werkstoffen".

Dichteste Kugelpackungen
Für eine zweidimensionale Schicht dichtest gepackter Kugeln gibt es nur eine Möglichkeit der Anordnung. Hierbei ist jede Kugel von sechs anderen umgeben. Die dreidimensionalen dichtesten Kugelpackungen entstehen durch Übereinanderlagerung derartiger Schichten. Dabei müssen die Atome der neuen Schicht in den Lücken der bereits vorhandenen liegen. Für zwei dichtest gepackte Kugelschichten ist dies in Abb. 3 schematisch dargestellt. Die Zahl der theoretisch möglichen Kugelpackungen ist nahezu unbegrenzt.

Verwirklicht werden hauptsächlich die beiden folgenden:

- *Hexagonal dichteste Kugelpackung*

  Die Folge der dichtest gepackten zweidimensionalen Schichten ist hier ABAB ...,

Tab. 3 Strukturtypen, Schmelz- und Siedepunkte einiger metallischer Elemente. kd kubisch dichteste Kugelpackung, hd hexagonal dichteste Kugelpackung, krz kubisch raumzentriert, T_{sl} Schmelzpunkt, T_{lg} Siedepunkt. Die Angaben in Klammern sind Phasenumwandlungstemperaturen

Element	Struktur	T_{sl}/°C	T_{lg}/°C
Cu	kd	1084,62[a]	2562
Ag	kd	961,78[a]	2162
Au	kd	1064,18[y]	2856
Al	kd	660,323[a]	2519
Pb	kd	327	1749
γ-Fe	kd	(1401)	–
Be	hd	1287	2471
Mg	hd	650	1090
Zn	hd	419,527[a]	907
Ti	hd	1668	3287
Zr	hd	1855	4409
Li	krz	180	1342
Na	krz	97,8	883
K	krz	63,4	759
V	krz	1910	3407
Ta	krz	3017	5458
W	krz	3422	5555
α-Fe	krz	(906)	–
δ-Fe	krz	1538	2750

[a]Fixpunkt der Internationalen Temperaturskala von 1990 (ITS-90)

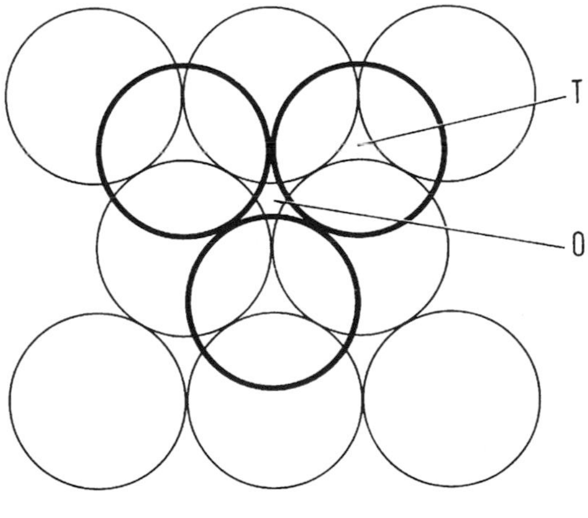

Abb. 3 Dichteste Kugelpackungen, zwei Kugelschichten mit Tetraeder- (T) und Oktaederlücken (O)

d. h., die Kugeln der 3. Schicht sind unmittelbar über der ersten angeordnet. (Elementarzelle der hexagonal dichtesten Kugelpackung, siehe Abb. 4.)

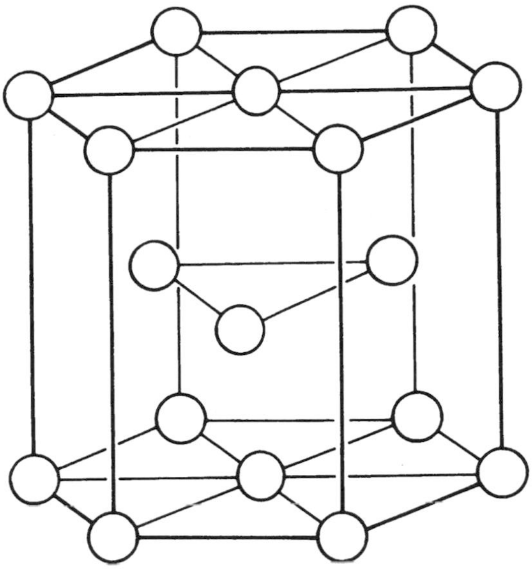

Abb. 4 Elementarzelle der hexagonal dichtesten Kugelpackung

- *Kubisch dichteste Kugelpackung*
  Bei dieser Struktur ist die Stapelfolge ABCABC ..., d. h., die Kugeln der 4. Schicht befinden sich unmittelbar über der ersten. Nach ihrer Elementarzelle wird diese Struktur auch als kubisch flächenzentriert bezeichnet (vgl. Abb. 5).

Bei den dichtesten Kugelpackungen beträgt die Packungsdichte 74 %, d. h., 26 % des Gesamtvolumens entfallen auf die zwischen den Kugeln befindlichen Lücken. Es existieren zwei unterschiedliche Arten von Lücken: a) *Tetraederlücken*, die von vier Atomkugeln in tetraedrischer Anordnung begrenzt sind (vgl. Abb. 3). Die Zahl dieser Lücken ist doppelt so groß wie die Zahl der Metallatome. b) *Oktaederlücken*, das sind von acht Atomkugeln in oktaedrischer Anordnung eingefasste Lücken. Ihre Zahl ist gleich der der atomaren Bausteine (vgl. Abb. 3).

Die Packungsdichte beim kubisch raumzentrierten Gitter (vgl. Abb. 6) ist geringer als bei den dichtesten Kugelpackungen, sie beträgt 68 %.

Struktur von Ionenkristallen

Die Struktur von Ionenkristallen hängt im Wesentlichen von folgenden Faktoren ab:

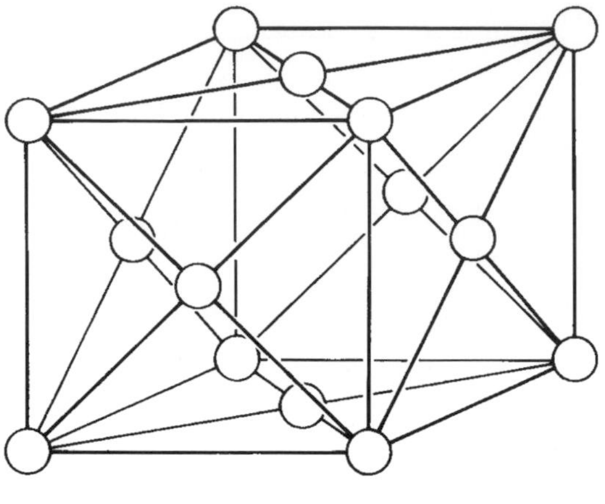

Abb. 5 Elementarzelle der kubisch dichtesten Kugelpackung, kubisch flächenzentriertes Gitter

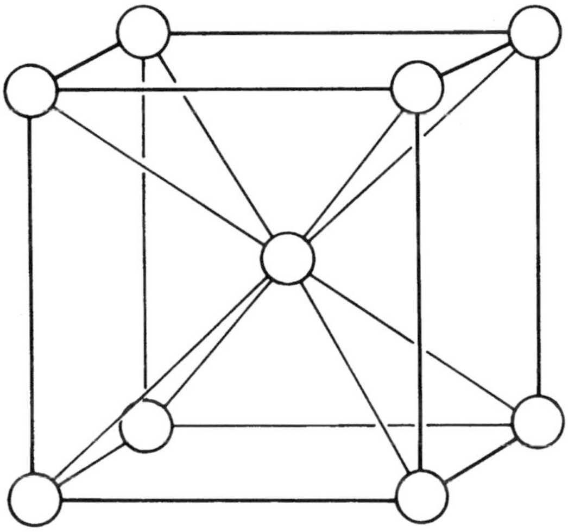

Abb. 6 Kubisch raumzentriertes Gitter

- Von der quantitativen Zusammensetzung des Salzes und
- vom Radienverhältnis der Kationen (A) und Anionen (B).

Für Ionenkristalle des Formeltyps AB treten abhängig vom Radienverhältnis folgende Gitterstrukturen am häufigsten auf:

- *Caesiumchlorid-Gitter.*
  Grenzradienquotient $r_{A^+}/r_{B^-} \geq 0{,}732$. Gitterstruktur: Sowohl die Cs^+-Ionen als auch die Cl^--Ionen bilden kubisch primitive Teilgitter, die um eine halbe Raumdiagonale gegeneinander verschoben sind (vgl. Abb. 7). Jedes Cs^+-Ion ist von acht Cl^--Ionen und jedes Cl^--Ion von acht Cs^+- Ionen umgeben (Koordinationszahl 8). Beispiele: Caesiumchlorid CsCl, CsBr, CsI.
- *Natriumchlorid-Gitter.*
  Grenzradienquotient $0{,}414 \leq r_{A^+}/r_{B^-} \leq 0{,}732$. Gitterstruktur: Die Na^+- und die Cl^--Ionen bilden kubisch flächenzentrierte Teilgitter aus, die um eine halbe Kantenlänge in einer Koordinatenachse verschoben sind (vgl. Abb. 8). Die Cl^--Ionen ($r(Na^+)/r(Cl^-) = 0{,}56$) bilden eine kubisch dichteste Kugelpackung, in deren Oktaederlücken sich die Kationen befinden. Jedes Na^+-Ion ist von sechs Cl^--Ionen und jedes Cl^--Ion von sechs Na^+-Ionen umgeben (Koordinationszahl 6). Beispiele: NaCl, NaF, NaBr, NaI, KF, KCl, KBr, KI, CaO, MgO.
- *Zinkblende-Gitter.*
  Grenzradienquotient $0{,}225 \leq r_{A^+}/r_{B^-} \leq 0{,}414$. (Zinkblende ist eine Modifikation des Zinksulfids ZnS. ZnS kommt noch in einer weiteren Modifikation als Wurtzit vor.) Gitterstruktur: Die S^{2-}-Ionen bilden eine kubisch dichteste Kugelpackung, deren Tetraederlücken die Zinkionen alternierend besetzen; Koordinationszahl 4.

Kovalente Kristalle

Der wichtigste Vertreter dieses Gittertyps ist der Diamant. In dieser Kohlenstoffmodifikation sind die Elektronenzustände sp^3-hybridisiert (vgl. ► Abschn. 21.3.1.3 in Kap. 21, „Grundlagen zu chemischen Elementen, Verbindungen und Gleichungen"). Jedes C-Atom ist daher tetraedrisch von vier anderen C-Atomen umgeben. Die C-Atome bilden gewinkelte Sechsringe aus, die in parallelen Schichten angeordnet sind (vgl. Abb. 9). Im Gegensatz zum Graphit (vgl. Abb. 10) werden die Schichten beim Diamanten jedoch durch Atombindungen fest zusammengehalten. Die skizzierte Struktur bedingt die große Härte des Diamanten.

Kristalle mit komplexen Bindungsverhältnissen

In sehr vielen Fällen können Kristalle durch die Angabe einer der vier Grenztypen der chemischen Bindung nicht ausreichend beschrieben werden. Vielmehr sind Übergänge zwischen den verschiedenen Grenzbindungsarten vorhanden. So werden

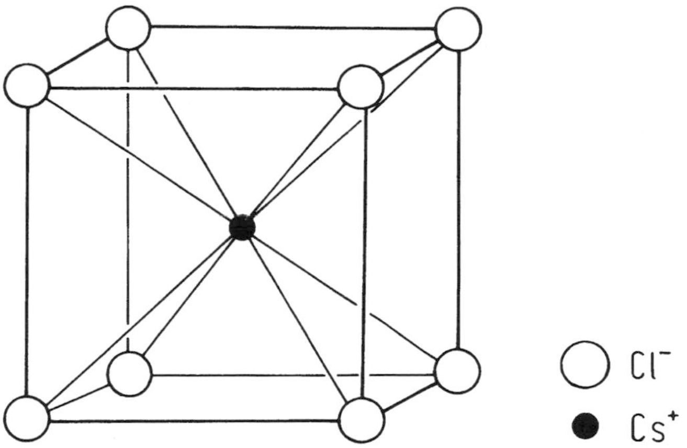

Abb. 7 Elementarzelle der Caesiumchlorid-Struktur

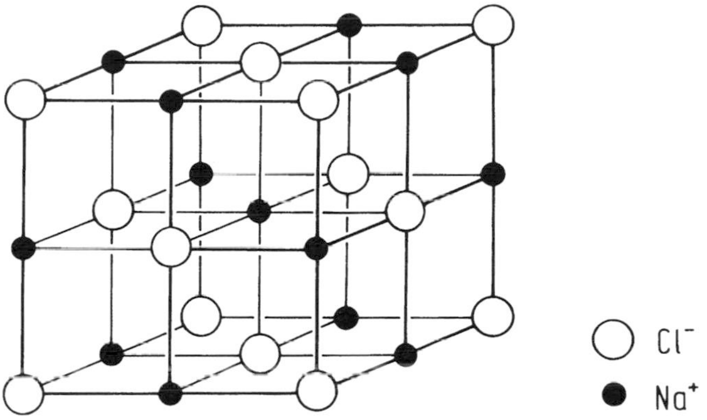

Abb. 8 Elementarzelle der Natriumchlorid-Struktur

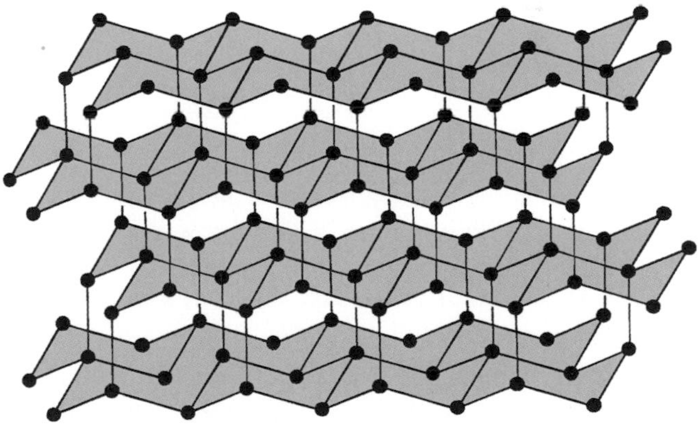

Abb. 9 Diamantstruktur

z. B. bei vielen Schwermetallsulfiden Mischformen von ionischer und metallischer Bindung beobachtet. Es ist auch möglich, dass in verschiedenen Raumrichtungen unterschiedliche Bindungsarten wirksam sind (Beispiel Graphit, vgl. Abb. 10 und Abschn. „Kohlenstoff" in Kap. „Die Werkstoffklassen").

22.2.3 Reale Kristalle

In vorigem Kapitel wurden ausschließlich Idealkristalle behandelt. Hierunter versteht man Kristalle, die sowohl im makroskopischen wie auch im mikroskopischen Bereich einen mathematisch strengen Aufbau zeigen. In der Natur gibt es

Abb. 10 Graphitstruktur

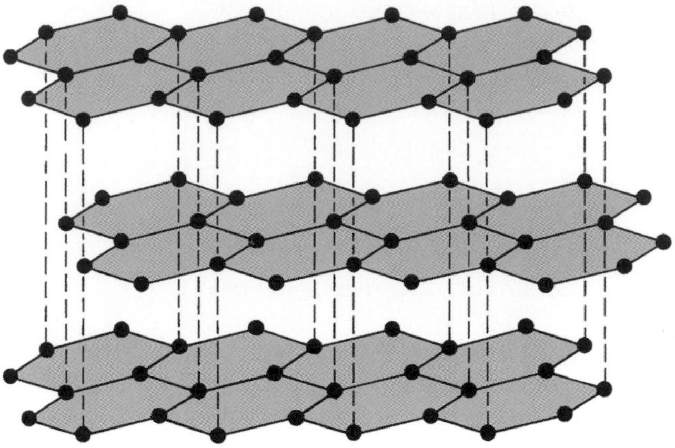

jedoch nur reale Kristalle, die sich von den Idealkristallen durch die Anwesenheit von Kristallbaufehlern unterscheiden; siehe Mikrostruktur in Grundlagen der Werkstoffkunde Kap. „Grundlagen der Werkstoffkunde".

22.2.4 Chemische Reaktionen in fester Phase

Chemische Reaktionen im Festkörper werden durch die positionelle Ordnung und die mangelnde Beweglichkeit der Gitterbausteine erheblich erschwert. Daher ist eine einfache, einphasige Reaktion vom Typ

$$A_s \rightarrow B_s$$

wie z. B. eine Modifikationsumwandlung oder eine Isomerisierung nur möglich, wenn die beiden Kristallgitter übereinstimmen und vorhandene Kristallbaufehler eine gewisse Beweglichkeit zur Umwandlung der Gitterbausteine erlauben. Entsprechendes gilt auch für Reaktionen eines in den Gitterlücken befindlichen Stoffes mit dem Festkörper.

Reaktionen gelöster Stoffe im inerten Festkörper verlaufen extrem langsam, weil sie durch die Platzwechselprozesse zwischen den Lücken begrenzt werden.

Reaktionen, bei denen außer einem Festkörper auch andere Phasen beteiligt sind, werden unter Abschn. 22.4.1 behandelt (z. B. Zersetzungsreaktionen, Korrosion; vgl. ► Abschn. 23.1.4.3 in Kap. 23, „Thermodynamik und Kinetik chemischer Reaktionen").

22.3 Flüssigkeiten

Flüssigkeiten nehmen in ihren Eigenschaften eine Mittelstellung zwischen den Festkörpern und den Gasen ein. Im Gegensatz zu den Festkörpern können Flüssigkeiten beliebige Formen annehmen. Einer Änderung des Volumens wird dagegen ein sehr großer Widerstand entgegengesetzt, d. h., die Kompressibilität von Flüssigkeiten ist mit der von Festkörpern, aber nicht mit der von Gasen vergleichbar.

22.3.1 Einteilung der Flüssigkeiten

Flüssigkeiten können nach der Art der Bindung, die zwischen den einzelnen Teilchen wirksam ist, folgendermaßen eingeteilt werden:

- *Unpolare Flüssigkeiten.* Die Atome bzw. Moleküle werden im Wesentlichen durch Dispersionskräfte zusammengehalten. Beispiel: Tetrachlorkohlenstoff CCl_4.
- *Polare Flüssigkeiten.* Zwischen den Teilchen wirken Dipolkräfte, teilweise zusätzlich auch Wasserstoffbrückenbindungen. Beispiel: Methanol CH_3OH, Wasser (vgl. Abschn. 22.3.3).
- *Flüssige Metalle.* Der Zusammenhalt der Teilchen in diesen Flüssigkeiten wird durch die

metallische Bindung bewirkt. Beispiel: flüssiges Quecksilber.

- *Salzschmelzen, ionische Flüssigkeiten*. Zwischen den Ionen in einer Salzschmelze wirken wie bei den Ionenkristallen elektrostatische Anziehungskräfte.

22.3.2 Struktur von Flüssigkeiten

In (idealen) Festkörpern sind die atomaren Bausteine bis in makroskopische Bereiche periodisch angeordnet (Fernordnung) und zwar sowohl hinsichtlich ihrer Position als auch (bei mehratomigen Bausteinen) hinsichtlich ihrer Orientierung. Im Gegensatz dazu sind Flüssigkeiten durch einen als Nahordnung bezeichneten Zustand charakterisiert. Diese Nahordnung, die sich auf den Abstand und die Orientierung der Atome bzw. Moleküle bezieht, erfasst in erster Linie die nächsten Nachbarn eines beliebig herausgegriffenen Teilchens. Als Folge der Temperaturbewegung ist sie schon bei den zweitnächsten Nachbarn wesentlich geringer ausgeprägt; nach einigen Teilchendurchmessern ist sie überhaupt nicht mehr erkennbar. Bei der Annäherung an den Gefrierpunkt werden die Nahordnungsbereiche vergrößert. Der geschilderte Sachverhalt ist in Abb. 11 verdeutlicht. Die dort dargestellte radiale Dichte-Verteilungsfunktion wurde mit Röntgenbeugungsuntersuchungen an flüssigem Wasser ermittelt.

22.3.3 Eigenschaften des flüssigen Wassers

Unter den kovalenten Hydriden nimmt Wasser aufgrund seiner physikalischen und chemischen Eigenschaften (vgl. Tab. 4 und 5) eine Sonderstellung ein. Dies zeigt sich besonders deutlich, wenn

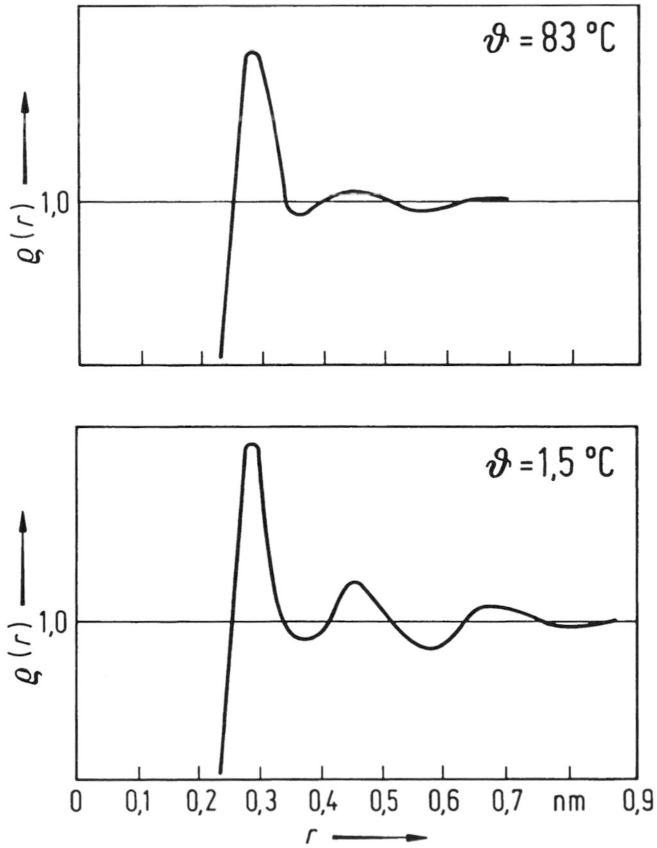

Abb. 11 Radiale Verteilungsfunktion $\varrho(r)$ für Wasser bei 1,5 °C und 83 °C (nach Robinson, R. A.; Stokes, R. H.: Electrolyte solutions)

Tab. 4 Physikalische Eigenschaften des Wassers

Schmelzpunkt	0 °C
Siedepunkt	100 °C
kritische Temperatur	374.1 °C
kritischer Druck	221,2 bar
molare Schmelzenthalpie	6,007 kJ/mol
molare Verdampfungsenthalpie (100 °C)	40,66 kJ/mol
dynamische Viskosität (bei 25 °C)	0,8903 mPa s
elektrische Leitfähigkeit (bei 18 °C)	$4 \cdot 10^{-6}$ S/m
Dichte, Eis (bei 0 °C)	0,9168 kg/dm^3

Tab. 5 Dichte des flüssigen Wassers bei verschiedenen Celsius-Temperaturen

T in °C	ϱ in kg/dm^3
0	0,99987
4	1,00000
10	0,99973
15	0,99913
20	0,99823
25	0,99707

man die Schmelz- und Siedepunkte des Wassers mit den anderen Wasserstoffverbindungen der Elemente der VI. Hauptgruppe sowie mit Ammoniak NH_3 und Fluorwasserstoff HF vergleicht:

Substanz	Schmelzpunkt °C	Siedepunkt °C
H_2O	0	100
H_2S	−85,5	−60,7
H_2Se	−65,7	−41,3
H_2Te	−49	−2
NH_3	−77,7	−33,4
HF	−83,1	19,5

Im Eis ist jedes Wassermolekül tetraedrisch von vier anderen H_2O-Teilchen umgeben, d. h., die Wassermoleküle haben in diesem Festkörper die Koordinationszahl 4. Über kurze Entfernungen bleibt auch in flüssigem Wasser die Tetraederstruktur erhalten. Das zeigen die Ergebnisse von Röntgenbeugungsuntersuchungen. Danach vergrößert sich die Koordinationszahl mit steigender Temperatur von 4,4 bei 1,5 °C auf 4,9 bei 83 °C. Bei fast allen anderen Flüssigkeiten ist die Koordinationszahl wesentlich größer und hat meist Werte zwischen 8 und 11.

Die tetraedrische Nahordnungsstruktur des flüssigen Wassers wird – genau wie beim Eis – hauptsächlich durch Wasserstoffbrückenbindung (vgl. ► Abschn. 21.3.4 in Kap. 21, „Grundlagen zu chemischen Elementen, Verbindungen und Gleichungen“) verursacht. Viele Eigenschaften des Wassers können mit dieser Struktur erklärt werden, so z. B.:

- Der im Vergleich mit den anderen kovalenten Hydriden ungewöhnlich hohe Schmelz- und Siedepunkt. Dieser Effekt kann auf die Wasserstoffbrückenbindung und die Dipoleigenschaften der H_2O-Moleküle zurückgeführt werden.
- Die Ausdehnung des Wassers beim Gefrieren. Diese Volumenvergrößerung ist eine Folge der Verkleinerung der Koordinationszahl beim Übergang vom flüssigen in den festen Aggregatzustand. Im Gegensatz hierzu wird bei fast allen anderen Substanzen beim Gefrieren eine Vergrößerung der Koordinationszahl beobachtet. So ist z. B. im flüssigen Gold die Koordinationszahl 11. Das kubisch flächenzentriert kristallisierende feste Gold hat dagegen die Koordinationszahl 12 (vgl. Abschn. 22.2.2).
- Das Dichtemaximum des flüssigen Wassers bei 4 °C (vgl. Tab. 4). Diese Eigenschaft wird durch zwei gegenläufige Effekte bewirkt: Dem allmählichen Aufbrechen der eisähnlichen Tetraederstruktur (erkennbar an der mit steigender Temperatur einhergehenden Vergrößerung der Koordinationszahl) und der normalen Zunahme des mittleren Teilchenabstandes bei Erhöhung der Temperatur.

22.3.4 Gläser

Definition

Gläser sind eingefrorene, unterkühlte Flüssigkeiten.

Eine unterkühlte Flüssigkeit ist metastabil (vgl. ► Abschn. 23.1.3.5 in Kap. 23, „Thermodynamik und Kinetik chemischer Reaktionen“), befindet sich aber oberhalb der Glastemperatur (siehe unten) im inneren Gleichgewicht, d. h., dass die thermodynamischen Eigenschaften einer vorgegebenen Stoffmenge durch Angabe der Variablen Druck und Temperatur eindeutig bestimmt sind.

Bei einer eingefrorenen unterkühlten Flüssigkeit – also bei einem Glas – ist dies jedoch nicht mehr der Fall. Bei der Glasumwandlung ist der Temperaturverlauf einiger Größen – so z. B. der Freien Enthalpie, der Entropie und des Volumens – stetig. Dagegen erfahren bei dieser Umwandlung z. B. die spezifische Wärmekapazität, der thermische Ausdehnungskoeffizient und die Kompressibilität sprunghafte Änderungen. Am Beispiel des Temperaturverlaufs der spezifischen Enthalpie und der spezifischen Wärmekapazität ist dies in Abb. 12 schematisch dargestellt. Wie dieser Darstellung entnommen werden kann, sinkt der Wert der spezifischen Enthalpie mit einer durch die spezifische Wärmekapazität vorgegebenen Steigung (vgl. Abschn. „Legendre-Transformierte der Inneren Energie“ in Kap. „Grundlagen der Technischen Thermodynamik“). Wenn unterhalb des Gefrierpunktes keine Kristallisation stattfindet, verringert sich die spezifische Enthalpie der (metastabilen) unterkühlten Flüssigkeit mit einer praktisch unveränderten Steigung. Wird die Abkühlung unterhalb der mit T_g bezeichneten Temperatur fortgesetzt, so nimmt die spezifische Enthalpie zwar weiterhin ab, jetzt aber mit einem geringeren Temperaturkoeffizienten. Die Temperatur T_g wird als Glastemperatur bezeichnet. Eine unterkühlte Flüssigkeit ist erst unterhalb dieser Temperatur ein Glas.

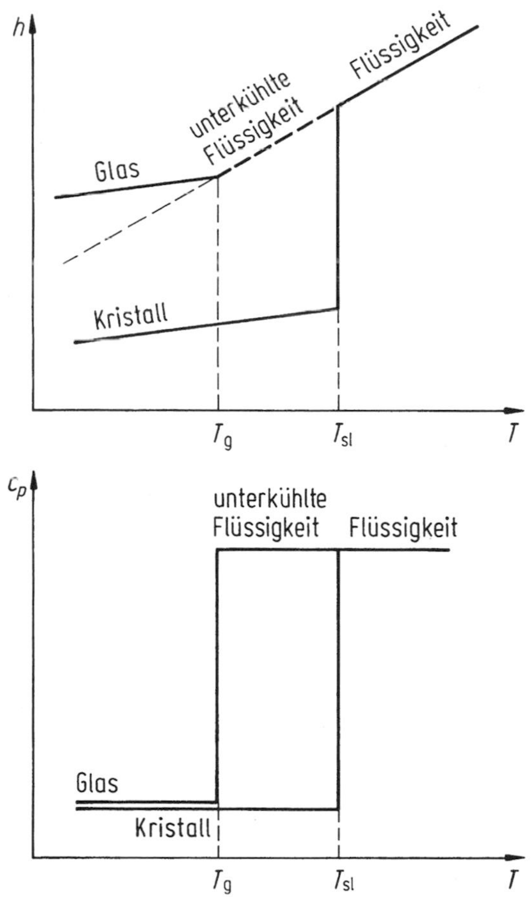

Abb. 12 Der Temperaturverlauf der spezifischen Enthalpie h und der spezifischen Wärmekapazität c_p bei der Glasbildung, *T* Temperatur, T_{sl} Schmelzpunkt, T_g Glastemperatur

Glastemperatur

Die Glastemperatur ist die niedrigste Temperatur, bei der eine unterkühlte Flüssigkeit im Rahmen einer normalen Versuchsdauer das innere Gleichgewicht erreichen kann. Unterhalb dieser Temperatur wird die Relaxationszeit groß im Vergleich zur Dauer eines Experimentes. Aus dem Gesagten folgt, dass die Glastemperatur keine Stoffkonstante ist, sondern je nach der Art und dem Zeitbedarf der ausgeführten Versuche unterschiedliche Werte annehmen kann.

Glasbildende Substanzen

Im Prinzip kann jede Substanz durch Abschrecken der Schmelze in ein Glas überführt werden, wenn es gelingt, die Kristallisation zu vermeiden. Da die experimentell erreichbare Abkühlungsgeschwindigkeit jedoch begrenzt ist, konnte die Glasbildung nur bei einer eingeschränkten Zahl von Stoffen beobachtet werden. Als wichtige Beispiele seien angeführt:

Oxide. In dieser Verbindungsgruppe befinden sich die wichtigsten glasbildenden Substanzen, so z. B. reines SiO_2 (Quarzglas oder Kieselglas) und SiO_2-haltige Mischoxide (Silicatgläser) (vgl. Abschn. „Glas“ in Kap. „Die Werkstoffklassen“).

Metallische Legierungen (metallische Gläser).

Einfache organische Verbindungen (z. B. Zuckerwatte, das ist Glas aus Rohrzucker).

Organische Polymerverbindungen, so z. B. Polymethacrylate, Polystyrol, Polycarbonate (vgl. ► Abschn. 26.2 in Kap. 26, „Organische Verbindungen und Makromoleküle“ und Abschn. „Thermoplaste“ in Kap. „Die Werkstoffklassen“).

22.3.5 Flüssige Kristalle oder Flüssigkristalle

Flüssigkristalle stellen eine Zustandsform der Materie dar, die zwischen dem kristallinen und dem flüssigen Zustand auftreten kann. Sie werden deshalb auch *Mesophasen* genannt. Beobachtet wird diese Zustandsform vor allem bei stark anisometrischen (stäbchen- oder scheibenförmigen) organischen Molekülen. Flüssigkristalle weisen einerseits typische Flüssigkeitseigenschaften wie z. B. Fließfähigkeit auf, andererseits auch typische Festkörpereigenschaften wie optische Anisotropie. Diese Eigenschaftskombination wird dadurch hervorgerufen, dass die Ordnungsmerkmale eines Kristalls (Positionsfernordnung und Orientierungsfernordnung) beim Erhitzen nicht gleichzeitig bei einer Temperatur verschwinden, sondern sukzessive bei unterschiedlichen Temperaturen.

Viele stäbchenförmige Moleküle, die flüssigkristalline Phasen ausbilden, sind aus starren Mittelstücken und flexiblen Endgruppen aufgebaut; Beispiele dafür sind das 4-Methoxybenzyliden-4′-butylanilin (MBBA) sowie das Pentylcyanobiphenyl (5CB).

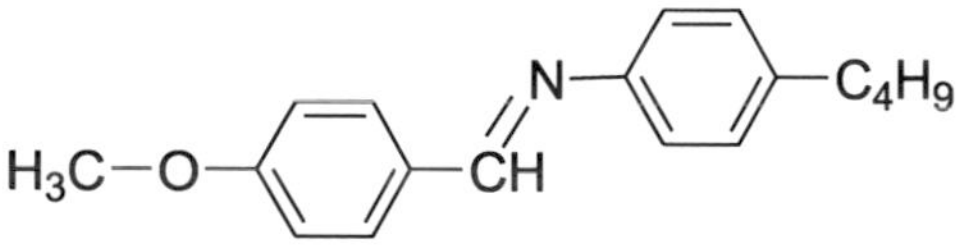

MBBA k 21 °C n 45 °C i

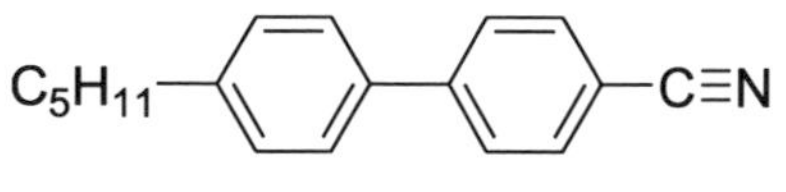

5CB k 23 °C n 35 °C i

Diese beiden Moleküle gehen bei den angegebenen Temperaturen von der kristallinen (k) in die nematische (n) bzw. die isotrope flüssige (i) Phase über. *Nematische Phasen* sind Mesophasen, in denen keine Positionsfernordnung auftritt, die aber eine Orientierungsfernordnung mit relativ großer Fluktuation (mehrere 10°) der Moleküllängsachsen um eine Vorzugsrichtung aufweisen (Abb. 13).

Sofern die anisometrischen Moleküle chiral sind, kommt es zu einer übermolekularen Verdrillung der nematischen Struktur. Man spricht dann von *cholesterischen Phasen* (Abb. 14).

Höher geordnete Flüssigkristalle sind die *smektischen Phasen*, bei denen neben der Orientierungsfernordnung eine Positionsfernordnung in

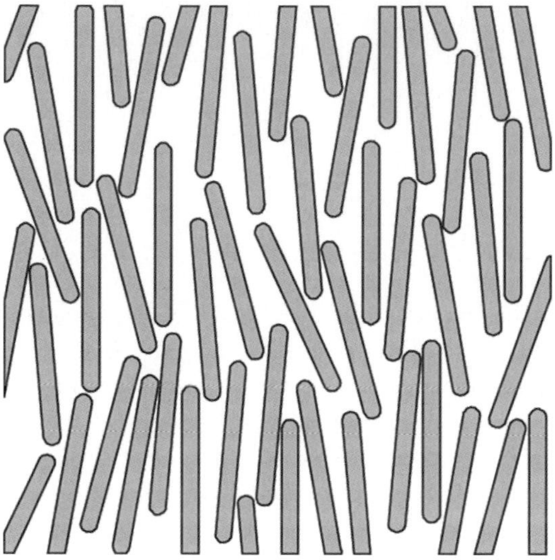

Abb. 13 Struktur einer nematischen Phase

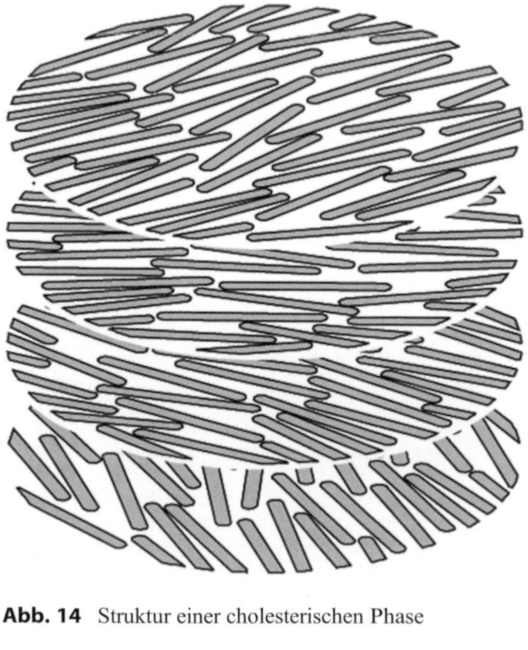

Abb. 14 Struktur einer cholesterischen Phase

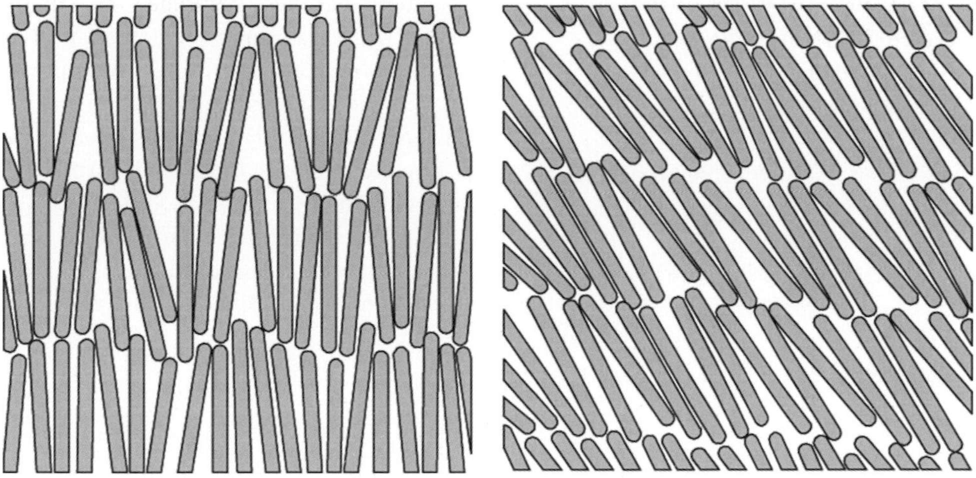

Abb. 15 Strukturen einer smektischen *A* Phase (links) und einer smektischen *C* Phase (rechts)

einer Raumrichtung erhalten bleibt. Die Moleküle sind in Schichten angeordnet, innerhalb einer Schicht liegt jedoch keine Positionsfernordnung vor. Es gibt eine Reihe unterschiedlicher smektischer Strukturen (Abb. 15).

Kolumnare Phasen werden vor allem von scheibenförmigen Molekülen ausgebildet: Die Moleküle werden in Säulen gestapelt, innerhalb derer eine ungeordnete, flüssigkeitsähnliche Abstandsverteilung vorliegt. Die Säulen selbst können zweidimensionale Gitter ausbilden.

Die Moleküle einer flüssigkristallinen Phase lassen sich durch ein elektrisches Feld reorientieren, so dass die Transmission von polarisiertem Licht verändert wird. Dies wird in der Optoelektronik bei Flüssigkristall-Anzeigen ausgenutzt.

22.3.6 Chemische Reaktionen in flüssiger Phase

In flüssiger Phase bestimmt die Viskosität (vgl. ► Abschn. 13.1.4 in Kap. 13, „Transporterscheinungen und Fluiddynamik“) die Geschwindigkeit des Stofftransportes. Außerdem kann die Anwesenheit der (chemisch inerten) Flüssigkeitsteilchen in der unmittelbaren Umgebung der reagierenden Spezies deren Verweildauer beim Zusammentreffen, ihre wechselseitige Orientierung oder ihre molekulare Konformation beeinflussen; ein solcher Einfluss fehlt im Gaszustand. Derartige Solvatationserscheinungen sind besonders ausgeprägt bei wässrigen Lösungen von Salzen, die in Ionen dissoziieren.

Den wichtigsten Typ einer chemischen Reaktion in flüssiger Phase stellen gelöste Stoffe in einem inerten Lösungsmittel dar. Die thermodynamische und kinetische Beschreibung solcher Reaktionen ähnelt derjenigen von Reaktionen in der Gasphase (das Lösungsmittel tritt an die Stelle des Vakuums und bestimmt die Geschwindigkeit des Stofftransportes). Die Form der Ansätze für

- die Abhängigkeit des chemischen Potentials von der Zusammensetzung und
- die Konzentrationsabhängigkeit der Geschwindigkeit chemischer Reaktionen

stimmen überein. Der Fall, dass ein gelöster Stoff mit dem Lösungsmittel (d. h. einem Partner, der im großen Überschuss vorliegt) reagiert, lässt sich mit dem gleichen Formalismus beschreiben.

Reaktionen in flüssiger Phase bieten einige verfahrenstechnische Vorteile, nämlich

- die einfache Dosierbarkeit der Reaktionspartner;
- die Sicherstellung der Homogenität des Systems (z. B. durch Rühren);
- die Kontrolle der Reaktionstemperatur (durch Heizen oder Kühlen);

- den Transport des Reaktionssystems (durch Leitungen und Pumpen);
- die Abtrennung der Produkte (z. B. durch Ausfällung oder Destillation.

Einige dieser Vorteile können noch verstärkt werden, wenn sich das Lösungsmittel im superkritischem Zustand befindet.

Für die Geschwindigkeit von Reaktionen im Glaszustand gilt wegen der extrem hohen Viskosität das Gleiche wie für Festkörperreaktionen.

Der detonative Zerfall einer reinen Flüssigkeit ist für Sprengstoffe von Bedeutung (vgl. ► Abschn. 23.2.8 in Kap. 23, „Thermodynamik und Kinetik chemischer Reaktionen“).

22.4 Grenzflächen

Bei elementaren Betrachtungen (auch in der Thermodynamik, vgl. ► Abschn. 23.1 in Kap. 23, „Thermodynamik und Kinetik chemischer Reaktionen“) sieht man davon ab, dass das Volumen von Festkörpern endlich ist. Dagegen besitzen reale Festkörper Grenzflächen, z. B. zu anderen Festkörpern, zu Flüssigkeiten oder zu Gasen (in den beiden letzten Fällen Oberflächen genannt). Chemische und physikalische Prozesse an Grenzflächen sind von entscheidender Bedeutung für

- das Kristallwachstum bzw. die Auflösung von Kristallen;
- die geschwindigkeitsbestimmenden Schritte chemischer Reaktionen (heterogene Katalyse, vgl. ► Abschn. 23.2.9 in Kap. 23, „Thermodynamik und Kinetik chemischer Reaktionen“);
- Korrosion, Bruch, Reibung und Verschleiß.

Die chemische Zusammensetzung und die Struktur einer Grenzfläche können erheblich von den Verhältnissen im Inneren des Festkörpers abweichen. Beispielsweise besitzen unedle Metalle Oxid- oder Hydroxidschichten (vgl. z. B. ► Abschn. 25.1.13.1 in Kap. 25, „Chemische Elemente und deren charakteristische Verbindungen“) an der Metall-Luft-Grenzfläche; bei der Adsorption werden Teilchen durch van-der-Waals-Wechselwirkungen an einer Oberfläche gebunden. Zur Bestimmung der Struktur und der chemischen Zusammensetzung an Oberflächen dienen die rasterkraftmikroskopischen Methoden (z. B. atomic force microscopy AFM) und oberflächenspektroskopische Methoden (z. B. electronic spectroscopy for chemical analysis ESCA s. Kap. „Chemische Analyse von Werkstoffen in Materialprüfung“).

Auf die Oberflächen von Flüssigkeiten, auch von kolloidalen Flüssigkeitstropfen, können diese Überlegungen mit Einschränkungen übertragen werden.

22.4.1 Chemische Reaktionen an Grenzflächen mehrphasiger Systeme

Nach der Zustandsform der beteiligten Phasen lassen sich fünf Typen von Grenzflächenreaktionen unterscheiden (vgl. ► Abschn. 24.1.1.1 in Kap. 24, „Prinzipien chemischer Systeme und Reaktionen“): gas-flüssig (Nebel, Schaum), gas-fest (Oberflächen, Staub), flüssig-flüssig (Emulsion), flüssig-fest (Suspension), fest-fest. Die Beispiele zeigen, dass dabei eine große Bandbreite der Phasenmengenverhältnisse als auch der Größenverteilung der Phasen möglich ist.

Unter der Voraussetzung, dass die chemische Reaktion ausschließlich an der Phasengrenze stattfindet, sind die Grenzflächenkonzentration der reagierenden Spezies und die Größe der Grenzfläche die entscheidenden Parameter. Außerdem sind, insbesondere für den Fall der heterogenen Katalyse (gas-fest oder flüssig-fest) die Morphologie und die (flächige) Verteilung der chemischen Elemente in der Grenzfläche von Bedeutung.

Wichtige Beispiele von Grenzflächenreaktionen sind:

- die Haber-Bosch-Synthese von Ammoniak (vgl. ► Abschn. 23.2.9.4 in Kap. 23, „Thermodynamik und Kinetik chemischer Reaktionen“);
- die Oxidation an Oberflächen (Korrosion, Elektrodenreaktionen, Vergilbung).

Reaktionen zwischen Festkörpern (sogenannte Mechanochemie) sind im Zusammenhang mit Reibung und Verschleiß von Bedeutung.

Grenzflächenreaktionen liegen nicht vor, wenn chemische Reaktionen aus verfahrenstechnischen Gründen in Emulsion durchgeführt werden und die Reaktion ausschließlich in der flüssigen Phase stattfindet (z. B. Emulsionspolymerisationen).

22.5 Plasmen

Der *Plasmazustand* (vgl. Teilchensysteme in Schwingungen, Teilchensysteme und starre Körper) ▶ Kap. 11, „Schwingungen, Teilchensysteme und starre Körper" wird häufig als vierter Aggregatzustand der Materie bezeichnet. Oberhalb einer Temperatur von 10.000 K liegt die dann ausnahmslos gasförmige Materie vollständig ionisiert vor, sodass sie aus positiv oder negativ geladenen Ionen, Elektronen und (je nach Temperatur noch auftretenden) Neutralteilchen besteht. Während die Materie des Universums ganz überwiegend (>99 %) im Plasmazustand vorliegt, kommt er auf der Erde selten vor, z. B. in thermonuklearen Reaktionen, im Nordlicht oder im Lichtbogen. Bei Niedertemperaturplasmen, die u. a. durch Mikrowelleneinwirkung auf Gase bei geringem Druck (im mbar-Bereich) erzeugt werden können, besitzen nur die Elektronen extrem hohe Temperaturen, nicht aber die (schweren) Ionen oder Neutralteilchen (sogenannte nicht-isotherme Plasmen).

22.5.1 Chemische Reaktionen im Plasma

Technische Anwendungen für Plasmen sind Synthesen im Lichtbogen (z. B. von Acetylen), und das Plasmaschneiden. Niedertemperaturplasmen werden zur Reinigung, Modifizierung und Beschichtung (chemical vapour deposition CVD; Plasmapolymerisation) von Oberflächen eingesetzt.

Weiterführende Literatur

Bergmann L, Schäfer C (2005) Lehrbuch der Experimentalphysik 6. Festkörper. de Gruyter, Berlin/New York
Collings PJ (2002) Liquid crystals. Princeton University Press, Princeton
Kleber W, Bautsch H-J, Bohm J (2010) Einführung in die Kristallographie. Oldenbourg, München
Poling B, Prausnitz J, O'Connell J (2001) The properties of gases and liquids. McGraw-Hill, New York
Doremus RH (1994) Glass science, 2. Aufl. Wiley, NewYork
Scholze H (1988) Glas: Struktur und Eigenschaften, 3. Aufl. Springer, Berlin
Müller U (2006) Anorganische Strukturchemie. Täubner, Wiesbaden
Stroth U (2017) Plasmaphysik: Phänomene, Grundlagen und Anwendungen. Springer, Berlin
Wells AF (1984) Structural inorganic chemistry. Oxford University Press, London

Thermodynamik und Kinetik chemischer Reaktionen 23

Manfred Hennecke, Wilhelm Oppermann und Bodo Plewinski

Zusammenfassung

Die thermodynamische Behandlung chemischer Reaktionen ermöglicht die Berechnung von Reaktionsenergien und -enthalpien sowie von Gleichgewichtskonstanten und deren Druck- und Temperaturabhängigkeit. Zur Beschreibung der Geschwindigkeit chemischer Reaktionen formuliert man Zeitgesetze, die eine temperaturabhängige Geschwindigkeitskonstante und Potenzen der Konzentrationen der beteiligten Stoffe enthalten. Reale chemische Reaktionen verlaufen oft nach einem komplizierten Mechanismus über mehrere Zwischenstufen.

Herr Bodo Plewinski ist als aktiver Autor ausgeschieden.

M. Hennecke (✉)
Bundesanstalt für Materialforschung und -prüfung (im Ruhestand), Berlin, Deutschland
E-Mail: hennecke@bam.de

W. Oppermann
Technische Universität Clausthal (im Ruhestand), Clausthal-Zellerfeld, Deutschland
E-Mail: wilhelm.oppermann@tu-clausthal.de

B. Plewinski
Berlin, Deutschland
E-Mail: plewinsky@t-online.de

23.1 Thermodynamik chemischer Reaktionen. Das chemische Gleichgewicht

23.1.1 Grundlagen

23.1.1.1 Einteilung der thermodynamischen Systeme

Stoffliche Systeme können folgendermaßen eingeteilt werden:

- Nach den Transportmöglichkeiten von Energie und/oder Materie über die Systemgrenzen werden unterschieden: *abgeschlossene Systeme* (weder Materie- noch Energieaustausch möglich), *geschlossene Systeme* (nur Energieaustausch möglich) und *offene Systeme* (sowohl Materie- als auch Energieaustausch möglich).
- Nach der stofflichen Zusammensetzung unterscheidet man zwischen *Einstoff-* und *Mehrstoffsystemen*.
- Nach der Zahl der anwesenden Phasen unterscheidet man zwischen *homogenen* und *heterogenen Systemen*. Homogene Systeme weisen überall dieselben physikalischen und chemischen Eigenschaften auf. Sie bestehen aus nur einer Phase. Ein homogenes Einstoffsystem wird auch als reine Phase bezeichnet. Ein System, das aus mehr als einer Phase aufgebaut ist, heißt heterogen.

M. Hennecke, B. Skrotzki (Hrsg.), *HÜTTE Band 1: Mathematisch-naturwissenschaftliche und allgemeine Grundlagen für Ingenieure*, Springer Reference Technik,
https://doi.org/10.1007/978-3-662-64369-3_23

Beispiele von homogenen Systemen: Mischungen von Gasen, flüssiges Wasser, wässrige Lösungen von Salzen, Metalle und manche Metalllegierungen. *Beispiele von heterogenen Systemen*: Gemisch aus Eisen und Schwefel, Nebel, Gemisch aus flüssigem und festem Wasser, Granit, Kolloide (vgl. ► Abschn. 24.1.1 in Kap. 24, „Prinzipien chemischer Systeme und Reaktionen").

23.1.1.2 Die Umsatzvariable

Die in einer Reaktionsgleichung vor dem Stoffsymbol stehenden Zahlen werden als stöchiometrische Zahlen ν_i bezeichnet. Vereinbarungsgemäß haben die stöchiometrischen Zahlen der Ausgangsstoffe ein negatives und die der Endprodukte ein positives Vorzeichen. Für die Umsatzgleichung

$$N_2 + 3H_2 \rightarrow 2NH_3$$

gilt also:

$$\nu(N_2) = -1$$
$$\nu(H_2) = -3 \quad \text{und} \quad \nu(NH_3) = +2.$$

Die Angabe von stöchiometrischen Zahlen ist nur bei unmittelbarem Bezug auf eine Reaktionsgleichung sinnvoll. Zur Beschreibung des Verlaufs einer chemischen Reaktion benötigt man nur eine einzige Variable, die *Umsatzvariable* ξ. Diese Größe wird auch als Reaktionslaufzahl bezeichnet und ist folgendermaßen definiert:

$$d\xi = dn_i/\nu_i \tag{1}$$

n_i Stoffmenge.

Die Umsatzvariable hat die Dimension einer Stoffmenge.

Wendet man diese Definitionsgleichung auf die oben genannte Reaktionsgleichung an, so erhält man:

$$d\xi = -dn(N_2) = -1/3\; dn(H_2) = 1/2\; dn(NH_3)$$

Die Umsatzvariable kann nicht nur auf chemische Reaktionen und Phasenumwandlungen angewendet werden, sondern auch auf Vorgänge, die nicht mehr mit Umsatzgleichungen beschrieben werden können (z. B. Ordnungs-Unordnungs-Übergänge in Legierungen).

23.1.2 Anwendung des 1. Hauptsatzes der Thermodynamik auf chemische Reaktionen

23.1.2.1 Der 1. Hauptsatz der Thermodynamik

Für ein geschlossenes System kann der 1. Hauptsatz der Thermodynamik folgendermaßen formuliert werden (vgl. Abschn. „Energie und Energieformen" in Kap. „Grundlagen der Technischen Thermodynamik"):

$$\Delta U = U_2 - U_1 = Q_{12} + W_{12}, \tag{2}$$

U innere Energie (Index 2: Endzustand, Index 1: Anfangszustand). Q_{12} Wärme bzw. W_{12} Arbeit, die mit der Umgebung ausgetauscht wird. Die innere Energie ist der Messung nicht zugänglich. Es können nur Differenzen dieser Größe ermittelt werden. Im Gegensatz zur Wärme und zur Arbeit ist die innere Energie eine extensive Zustandsgröße (vgl. Abschn. „Innere Energie" in Kap. „Grundlagen der Technischen Thermodynamik"). Die drei Größen U, Q und W haben die Dimension einer Energie. Vorausgesetzt, dass zwischen dem System und der Umgebung nur Wärme und Volumenarbeit ($W_{12} = -p\,\Delta V$) ausgetauscht wird, erhält man für den 1. Hauptsatz:

$$\begin{aligned} \Delta U &= Q_{12} - p\Delta V \quad \text{oder} \\ dU &= dQ - p dV \end{aligned} \tag{3}$$

Bei isochoren Vorgängen vereinfacht sich die obige Beziehung zu:

$$\Delta U = Q_{12}; \quad V = \text{const.} \tag{4}$$

Bei isochoren Vorgängen ist die mit der Umgebung ausgetauschte Wärme gleich der Änderung der inneren Energie.

Die *Enthalpie H* eines einfachen Bereiches ist folgendermaßen definiert (vgl. Abschn. „Legendre-Transformierte der Inneren Energie" in Kap.

„Grundlagen der Technischen Thermodynamik"):

$$H = U + pV \tag{5}$$

Die Enthalpie ist eine Zustandsgröße. Sie ist eine extensive Größe und hat die Dimension einer Energie. Genau wie bei der inneren Energie ist es auch bei der Enthalpie nicht möglich, ihren Absolutwert zu bestimmen.

Mit $\Delta U = Q_{12} - p\Delta V$ und $\Delta(pV) = V\Delta p + p\Delta V$ folgt aus obiger Beziehung:

$$\Delta H = Q_{12} + V\Delta p \tag{6}$$

Bei isobaren Vorgängen vereinfacht sich diese Gleichung zu

$$\Delta H = Q_{12}; \quad p = \text{const.} \tag{7}$$

Bei isobaren Vorgängen ist die mit der Umgebung ausgetauschte Wärme gleich der Änderung der Enthalpie.

23.1.2.2 Die Reaktionsenergie

Anhand der Modellreaktion

$$\nu_A A + \nu_B B + \ldots \rightarrow \nu_N N + \nu_M M + \ldots$$

kann folgende Beziehung für die *Reaktionsenergie* $\Delta_r U$ angegeben werden:

$$\begin{aligned}\Delta_r U = \; & (\nu_N U_m(N) + \nu_M U_m(M) + \ldots) \\ & - (\nu_A U_m(A) + \nu_B U_m(B) + \ldots)\end{aligned}$$

oder allgemein

$$\Delta_r U = \sum \nu_i U_{mi}; \quad V,T = \text{const.} \tag{8}$$

ν_i stöchiometrische Zahl, U_{mi} molare innere Energie des Stoffes i, also $U_{mi} = U_i/n_i$.

Die Reaktionsenergie ist eine Zustandsgröße. Für die Reaktionsenergie gilt auch die Beziehung

$$\Delta_r U = (\partial U/\partial \xi)_{V,T}.$$

(Hinweis: Zwischen differenziellen und integralen Reaktionsgrößen, wie sie in ausführlichen Darstellungen der chemischen Thermodynamik verwendet werden, wird im Folgenden nicht unterschieden; eigentlich gilt

$$\Delta_r U = \int (\partial U/\partial \xi)_{V,T} \, d\xi = \int \sum \nu_i U_{mi} \, d\xi$$

mit Integration über einen Formelumsatz.)

Messung der Reaktionsenergie

Die Messung der Reaktionsenergie kann mit einem Kalorimeter erfolgen. Besonders häufig werden derartige Untersuchungen bei Verbrennungsreaktionen (vgl. ▶ Abschn. 24.2.3.1 in Kap. 24, „Prinzipien chemischer Systeme und Reaktionen") durchgeführt. Hierbei wird eine Substanz mit Sauerstoff in einer kalorimetrischen Bombe verbrannt und die dabei freiwerdende Wärme ($Q < 0$) gemessen. Da bei diesem Vorgang das Volumen konstant gehalten wird, ist die freiwerdende Wärme gleich der Reaktionsenergie, vgl. (4).

Ein bei der Kalorimetrie von Verbrennungsreaktionen häufig verwendeter Begriff ist der *Brennwert* eines Stoffes (vgl. DIN 51900-1:2000-04):

Als Brennwert wird der Quotient aus dem Betrag der bei der Verbrennung freiwerdenden Wärme und der Masse des eingesetzten Brennstoffs bezeichnet. Das dabei gebildete Wasser soll in flüssiger Form vorliegen (CO_2 und eventuell gebildetes SO_2 müssen als Gas vorhanden sein; Temperatur 25 °C). Da die Bestimmung des Brennwertes in einer kalorimetrischen Bombe vorgenommen wird ($V = \text{const}$), ist der Brennwert gleich der negativen spezifischen Reaktionsenergie.

23.1.2.3 Die Reaktionsenthalpie

Die Reaktionsenthalpie $\Delta_r H$ ist analog zur Reaktionsenergie (Abschn. 23.1.2.2) durch folgende Beziehungen definiert:

$$\Delta_r H = \sum \nu_i \, H_{mi}; \quad p,T = \text{const.} \tag{9}$$

$$\Delta_r H = (\partial H/\partial \xi)_{p,T},$$

ν_i stöchiometrische Zahl, ξ Umsatzvariable, $H_{mi} = H_i/n_i$ ist die molare Enthalpie der Substanz i.

Wie die Reaktionsenergie ist auch die Reaktionsenthalpie eine Zustandsgröße.

Zusammenhang zwischen Reaktionsenergie und -enthalpie
Für den Zusammenhang zwischen Reaktionsenergie $\Delta_r U$ und Reaktionsenthalpie $\Delta_r H$ gilt näherungsweise

$$\Delta_r H = \Delta_r U + p\Delta_r V. \qquad (10)$$

$\Delta_r V$ ist das Reaktionsvolumen, das folgendermaßen definiert ist:

$\Delta_r V = \sum \nu_i V_{mi}$ mit $V_{m\,i} = V_i/n_i$ dem molaren Volumen des Stoffes i.

Laufen Reaktionen ausschließlich in kondensierten Phasen ab, so fällt in (10) der Term $p\ \Delta_r V$ numerisch kaum ins Gewicht. Es gilt

$$\Delta_r H \approx \Delta_r U.$$

Sind Gase an einer chemischen Reaktion beteiligt, so wird die Änderung des Reaktionsvolumens praktisch nur durch die Änderung des Gasvolumens bewirkt. Unter Anwendung der Zustandsgleichung idealer Gase erhält man in diesem Fall:

$$\Delta_r H = \Delta_r U + p\Delta_r V \approx \Delta_r U + RT \sum \nu_i. \qquad (11)$$

Beispiele

1. Bei der homogenen Gasreaktion $N_2(g) + O_2(g) \rightarrow 2\ NO(g)$ ist $\sum \nu_i = 0$, d. h., $\Delta_r H = \Delta_r U$.
2. Für die heterogene Reaktion $2\,H_2(g) + O_2(g) \rightarrow 2\,H_2O(l)$ gilt $\sum \nu_i = -3$, da bei der Anwendung der obigen Beziehung Stoffe in kondensierten Phasen nicht zu berücksichtigen sind.

Exotherme und endotherme Reaktionen
Nach dem Vorzeichen der Reaktionsenthalpie wird zwischen exothermen und endothermen Reaktionen unterschieden:

$\Delta_r H < 0$ exotherme Reaktion,
$\Delta_r H > 0$ endotherme Reaktion.

Diese Unterscheidung wird auch auf Phasenumwandlungen angewandt.

Beim Ablauf exothermer Reaktionen wird (bei konstantem Druck) Wärme an die Umgebung abgegeben. Als Folge hiervon tritt eine Temperaturerhöhung auf (Beispiel: Verbrennungsvorgänge). Entsprechend führt der Ablauf endothermer Prozesse zu einer Temperaturerniedrigung (Beispiel: Verdampfen einer Flüssigkeit).

Das Berthelot-Thomsen'sche Prinzip
Nach einem von Thomsen und Berthelot 1878 aufgestellten Prinzip sollten nur exotherme Reaktionen bzw. Vorgänge freiwillig ablaufen. Die Erfahrung zeigt, dass in der Tat exotherme Reaktionen (z. B. Verbrennungsreaktionen) spontan verlaufen können. Dieser Sachverhalt trifft aber auch auf eine große Zahl endothermer Reaktionen zu. So läuft z. B. die Verdampfung von Flüssigkeiten (endothermer Vorgang) freiwillig ab. Dieses Beispiel zeigt deutlich, dass das Vorzeichen von Reaktions- bzw. Phasenumwandlungsenthalpien nicht als alleiniges Kriterium für den freiwilligen Ablauf von Reaktionen bzw. Vorgängen dienen kann (vgl. Abschn. 23.1.3.4).

23.1.2.4 Der Heß'sche Satz

Da die Reaktionsenthalpie eine Zustandsgröße ist, folgt, dass sie nur vom Anfangs- und Endzustand des Systems abhängt, also unabhängig vom Reaktionsweg ist. Lässt man daher ein System einmal direkt und einmal über verschiedene Zwischenstufen von einem Anfangszustand in einen Endzustand übergehen, so sind die Reaktionsenthalpien in beiden Fällen gleich groß. Diese Aussage wird als Heß'scher Satz bezeichnet. Er dient zur Berechnung von Reaktionsenthalpien, die nicht direkt messbar sind.

Beispiel: Die Reaktionsenthalpie $\Delta_r H_1$ der Reaktion

$$C(s) + 1/2O_2(g) \rightarrow CO(g)$$

soll ermittelt werden. $\Delta_r H_1$ ist auf direktem Wege nicht messbar, weil die Verbrennung des Kohlenstoffs nicht so durchgeführt werden kann, dass dabei ausschließlich Kohlenmonoxid CO entsteht. Messbar sind hingegen die Reaktionsenthalpien der folgenden Reaktionen:

$$C(s) + O_2(g) \rightarrow CO_2(g) \quad \text{mit} \quad \Delta_r H_2$$
$$CO(g) + 1/2 O_2(g) \rightarrow CO_2(g) \quad \text{mit} \quad \Delta_r H_3$$

Zur Bildung des gasförmigen Kohlendioxids aus festem Kohlenstoff sind zwei Reaktionsfolgen möglich: Die erste führt direkt zum CO_2 (2. der hier angegebenen Reaktionen), die zweite benutzt den Umweg der CO-Bildung (1. und 3. der hier genannten Reaktionen). Für die Reaktionsenthalpien gilt daher folgender Zusammenhang:

$$\Delta_r H_2 = \Delta_r H_1 + \Delta_r H_3.$$

Überprüfung dieser Beziehung mithilfe der Definitionsgleichung der Reaktionsenthalpie (vgl. Abschn. 23.1.2.3):

$$\begin{aligned} \Delta_r H_2 &= H_m(CO_2) - H_m(C) - H_m(O_2) \\ \Delta_r H_1 + \Delta_r H_3 &= H_m(CO) - H_m(C) - 1/2 H_m(O_2) \\ &\quad + H_m(CO_2) - H_m(CO) \\ &\quad - 1/2 H_m(O_2) \\ &= H_m(CO_2) - H_m(C) - H_m(O_2). \end{aligned}$$

23.1.2.5 Die Standardbildungsenthalpie von Verbindungen

Die Reaktionsenthalpie, die zur Bildung eines Mols einer chemischen Verbindung aus den Elementen notwendig ist, bezeichnet man als molare Bildungsenthalpie.

So ist z. B. die Reaktionsenthalpie der Reaktion $1/2\ N_2 + 3/2\ H_2 \rightarrow NH_3$ gleich der molaren Bildungsenthalpie $\Delta_B H_m$ des Ammoniaks. Da die Reaktionsenthalpie druck- und temperaturabhängig (vgl. Abschn. 23.1.2.6) ist, muss der Zustand, in dem sich die Elemente befinden sollen, festgelegt werden. Als Standardzustand wählt man

- für kondensierte Stoffe den Zustand des reinen Stoffes bei 25 °C und 101 325 Pa und
- für Gase den Zustand idealen Verhaltens bei ebenfalls 25 °C und 101 325 Pa.

Findet die Bildung eines Mols einer Verbindung aus den Elementen unter Standardbedingungen statt, so heißt die entsprechende Reaktionsenthalpie molare Standardbildungsenthalpie. Die molare Standardbildungsenthalpie einer großen Zahl von Verbindungen ist experimentell ermittelt worden und in Tabellenwerken aufgeführt. Für einige Stoffe ist sie in Tab. 1 angegeben. Die Bedeutung der molaren Standardbildungsenthalpie beruht darauf, dass unter Anwendung des Heß'schen Satzes nach folgender Beziehung Reaktionsenthalpien berechnet werden können (Reaktionsgrößen unter Standardbedingungen sind mit dem Zeichen ^{0} gekennzeichnet):

$$\Delta_r H^0 = \sum \nu_i \Delta_B H^0_{mi} \tag{12}$$

(p = 101325 Pa, T = 298,15 K).

Beispiele

- Berechnung der Reaktionsenthalpie des Acetylenzerfalls unter Standardbedingungen (vgl. ▶ Abschn. 26.1.3 in Kap. 26, „Organische Verbindungen und Makromoleküle"):

$$HC \equiv CH(g) \rightarrow 2C(s) + H_2(g)$$

Für die obige Reaktion erhält man:

Tab. 1 Molare Standardbildungsenthalpien $\Delta_B H_m{}^0$ und molare Standardentropien $S_m{}^0$ einiger Stoffe

Stoff	Formel	$\Delta_B H_m{}^0$ in kJ/mol	$S_m{}^0$ in J/(mol · K)
Graphit		0	5,7
Diamant		1,9	2,4
Kohlenmonoxid	CO	−110,5	197,75
Kohlendioxid	CO_2	−393,5	213,78
Stickstoff	N_2	0	191,6
Wasserstoff	H_2	0	130,7
Ammoniak	NH_3	−45,9	192,8
Stickstoffmonoxid	NO	91,3	210,8
Stickstoffdioxid	NO_2	33,2	240,1
Wasser	$H_2O(g)$	−241,8	188,8
Wasser	$H_2O(l)$	−285,8	69,9
Methan	$CH_4(g)$	−74,6	186,3
Ethan	$C_2H_6(g)$	−84,0	229,2
Propan	$C_3H_8(g)$	−103,8	270,3
Acetylen	$C_2H_2(g)$	226,7	200,9
Benzol	$C_6H_6(g)$	82,9	269,2
Benzol	$C_6H_6(l)$	49,1	173,4
Tetrafluormethan	$CF_4(g)$	−933,6	261,6
Tetrafluorethylen	$C_2F_4(g)$	−658,9	300,1

$$\Delta_r H^0 = \sum \nu_i \Delta_B H^0_{mi} = -\Delta_B H^0_{\mathrm{m}}(\mathrm{H_2C_2}) \\ = -226{,}7\,\mathrm{kJ/mol}\,(\text{vgl. Tabelle 6-1})$$

(Hinweis: Die Standardbildungsenthalpien der Elemente sind null.)

- Berechnung der Reaktionsenthalpie für die Verbrennung von Acetylen unter Standardbedingungen (vgl. ▶ Abschn. 26.1.3 in Kap. 26, „Organische Verbindungen und Makromoleküle“):

$$\mathrm{HC \equiv CH(g) + 5/2\,O_2(g) \\ \rightarrow H_2O(l) + 2\,CO_2(g)}$$

Für die Reaktionsenthalpie unter Standardbedingungen erhält man:

$$\begin{aligned}\Delta_r H^0 &= 2\Delta_B H^0_m(\mathrm{CO_2}) + \Delta_B H^0_m(\mathrm{H_2O(l)}) \\ &\quad - \Delta_B H^0_m(\mathrm{H_2C_2}) \\ &= (-2 \cdot 393{,}5 - 285{,}8 - 226{,}7)\,\mathrm{kJ/mol} \\ &= -1299{,}5\,\mathrm{kJ/mol}.\end{aligned}$$

23.1.2.6 Temperatur- und Druckabhängigkeit der Reaktionsenthalpie

Die Wärmekapazität C_p (extensiv) und die molare Wärmekapazität $C_{\mathrm{m}p}$ (intensiv) sind durch folgende

Gleichungen definiert:

$$(\partial H/\partial T)_P = C_p \qquad (13a)$$

$$\text{und} \quad (\partial H_{\mathrm{m}}/\partial T)_P = C_{\mathrm{m}p} = C_p/n \qquad (13b)$$

n Stoffmenge.

Differenziert man die Definitionsgleichung der Reaktionsenthalpie (9) nach der Temperatur, so erhält man unter Verwendung von (13b)

$$(\partial \Delta_{\mathrm{r}} H/\partial T)_P = \sum \nu_i (\partial H_{\mathrm{m}i}/\partial T)_P = \sum \nu_i C_{\mathrm{m}pi}.$$

Durch Integration folgt

$$\Delta_{\mathrm{r}} H(T_2) = \Delta_{\mathrm{r}} H(T_1) + \int_{T1}^{T2} \sum \nu_i C_{\mathrm{m}pi}\; \mathrm{d}T \qquad (14)$$

Diese Beziehung, die die Temperaturabhängigkeit der Reaktionsenthalpie beschreibt, wird als *Kirchhoff'sches Gesetz* bezeichnet.

Im Gegensatz zur Temperaturabhängigkeit der Reaktionsenthalpie ist der Einfluss des Druckes auf Δ_{r}H sehr gering und kann i. allg. vernachlässigt werden.

Beispiel: Der Ausdruck

$$\int_{T_1}^{T_2} \sum \nu_i C_{\mathrm{m}pi}\; \mathrm{d}T$$

soll für die Gasreaktion $\mathrm{N_2 + 3H_2 \rightarrow 2NH_3}$ berechnet werden.

Die Temperaturabhängigkeit der molaren Wärmekapazität kann durch folgende Potenzreihe beschrieben werden:

$$C_{\mathrm{m}p} = a_0 + a_1 T + a_2 T^2 + \ldots,$$

wobei häufig eine Entwicklung bis T^2 ausreicht. Bei dem gewählten Beispiel erhält man für

$$\begin{aligned}&\sum \nu_i C_{\mathrm{m}pi}: \\ &\sum \nu_i C_{\mathrm{m}pi} = 2C_{\mathrm{m}p}(\mathrm{NH_3}) - C_{\mathrm{m}p}(\mathrm{N_2}) \\ &\qquad -3C_{\mathrm{m}p}(\mathrm{H_2}) \\ &\qquad = 2a_0(\mathrm{NH_3}) + 2a_1(\mathrm{NH_3}) \\ &\qquad T + 2a_2(\mathrm{NH_3})T^2 - a_0(\mathrm{N_2}) \\ &\qquad -a_1(\mathrm{N_2})T - a_2(\mathrm{N_2})T^2 - 3a_0(\mathrm{H_2}) \\ &\qquad -3a_1(\mathrm{H_2})T - 3a_2(\mathrm{H_2})T^2\end{aligned}$$

Mit den Abkürzungen

$$\begin{aligned}&2a_0(\mathrm{NH_3}) - a_0(\mathrm{N_2}) - 3a_0(H_2) = A_0, \\ &2a_1(\mathrm{NH_3}) - a_1(\mathrm{N_2}) - 3a_1(H_2) = A_1 \text{ und} \\ &2a_2(\mathrm{NH_3}) - a_2(\mathrm{N_2}) - 3a_2(H_2) = A_2,\end{aligned}$$

erhält man

$$\sum \nu_i C_{\mathrm{m}pi} = A_0 + A_1 T + A_2 T^2.$$

Damit folgt für

$$\int_{T_1}^{T_2} \sum \nu_i C_{\mathrm{m}pi}\, \mathrm{d}T = A_0 (T_2 - T_1) + 1/2\ A_1 \left(T_2^2 - T_1^2\right) + 1/3\ A_2 \left(T_2^3 - T_1^3\right).$$

23.1.3 Anwendung des 2. und 3. Hauptsatzes der Thermodynamik auf chemische Reaktionen

23.1.3.1 Grundlagen

Die Entropie wird thermodynamisch durch den 2. Hauptsatz definiert (siehe Abschn. „Zweiter Hauptsatz der Thermodynamik" in Kap. „Grundlagen der Technischen Thermodynamik"). Sie ist eine extensive Zustandsgröße der Dimension Energie/Temperatur.

Die Entropie eines Systems kann sich nur auf zwei Arten ändern: Entweder durch Energieaustausch mit der Umgebung ($\mathrm{d_e}S$) oder durch Entropie erzeugung infolge der im System ablaufenden irreversiblen Vorgänge ($\mathrm{d_i}S$):

$$\mathrm{d}S = \mathrm{d_e}S + \mathrm{d_i}S. \tag{15}$$

Beim Ablauf irreversibler Vorgänge kann sich die Entropie in einem abgeschlossenen System ($\mathrm{d_e}S = 0$, $\mathrm{d}S = \mathrm{d_i}S$) nur vergrößern; finden dagegen ausschließlich reversible Vorgänge statt, so bleibt die Entropie konstant:

$$\mathrm{d}S = \mathrm{d_i}S \geq 0,$$

$\mathrm{d_i}S > 0$: irreversibler Vorgang, $\mathrm{d_i}S = 0$: reversibler Vorgang.

Zu den irreversiblen Vorgängen gehören Ausgleichsvorgänge (z. B. chemische Reaktionen, Mischungen, Temperatur- und Druckausgleich) sowie dissipative Effekte (z. B. Reibung, Deformation). Das *Nernst'sche Wärmetheorem*, häufig als der 3. Hauptsatz der Thermodynamik bezeichnet, kann folgendermaßen formuliert werden:

Die Entropie einer reinen Phase im inneren Gleichgewicht ist am absoluten Nullpunkt null:

$$S(T = 0) = 0.$$

Für reine Phasen, die sich, wie z. B. die Gläser, nicht im inneren Gleichgewicht befinden, gilt

$$S(T = 0) > 0.$$

Der 3. Hauptsatz ermöglicht die Ermittlung von Absolutwerten der Entropie für die verschiedensten Stoffe aus rein kalorischen Daten. Bei Kenntnis der Temperaturabhängigkeit der molaren Wärmekapazität kann die *molare Entropie eines reinen Gases* nach folgender Formel berechnet werden:

$$S_\mathrm{m} = S/n = \int_0^{T_\mathrm{sl}} \frac{C_{\mathrm{m}p}(\mathrm{s})}{T}\mathrm{d}T + \frac{\Delta_\mathrm{sl}H_\mathrm{m}}{T_\mathrm{sl}} + \int_{T_\mathrm{sl}}^{T_\mathrm{lg}} \frac{C_{\mathrm{m}p}(\mathrm{l})}{T}\mathrm{d}T + \frac{\Delta_\mathrm{lg}H_\mathrm{m}}{T_\mathrm{lg}} + \int_{T_\mathrm{lg}}^{T} \frac{C_{\mathrm{m}p}(\mathrm{g})}{T}\mathrm{d}T, \tag{16}$$

$C_{\mathrm{m}p}(\mathrm{s})$, $C_{\mathrm{m}p}(\mathrm{l})$, $C_{\mathrm{m}p}(\mathrm{g})$ molare Wärmekapazität des Feststoffes, der Flüssigkeit bzw. des Gases; T_sl, T_lg Schmelz- bzw. Siedetemperatur; $\Delta_\mathrm{sl}H_\mathrm{m}$, $\Delta_\mathrm{lg}H_\mathrm{m}$ molare Schmelz- bzw. molare Verdampfungsenthalpie.

Eventuelle Phasenumwandlungen des Feststoffes sind in dieser Beziehung nicht berücksichtigt. Zur Berechnung der Entropie von Feststoffen bzw. Flüssigkeiten muss die obige Formel sinngemäß vereinfacht werden.

In Tab. 1 sind die molaren Standardentropien einiger Stoffe aufgeführt. Der Standardzustand entspricht dem in Abschn. 23.1.2.5 angegebenen.

23.1.3.2 Reaktionsentropie

Die Reaktionsentropie $\Delta_r S$ ist durch folgende Beziehungen definiert:

$$\Delta_r S = \sum \nu_i S_{mi}; \tag{17a}$$

$$\Delta_r S = (\partial S/\partial \xi)_{p,T}. \tag{17b}$$

$S_{mi} = S_i/n_i$ molare Entropie der Reaktionsteilnehmer, ν_i stöchiometrische Zahl, ξ Umsatzvariable.

Als Standardreaktionsentropie $\Delta_r S^0$ wird die Reaktionsentropie unter Standardbedingungen (vgl. Abschn. 23.1.2.5) bezeichnet.

Bei konstantem Druck kann die Temperaturabhängigkeit der Reaktionsentropie durch folgende Beziehung beschrieben werden (vgl. auch (16)):

$$\Delta_r S(T_2) = \Delta_r S(T_1) + \int_{T_1}^{T_2} \sum \nu_i C_{mpi} \, dT/T. \tag{18}$$

23.1.3.3 Die Freie Enthalpie und das chemische Potenzial

Die Freie Enthalpie G ist durch die folgende Gleichung definiert:

$$G = H - TS. \tag{19}$$

G ist eine extensive Zustandsgröße.

Für das *chemische Potenzial* μ_B der Komponente B in einer Mischphase gilt folgende Definitionsgleichung:

$$\mu_B = (\partial G/\partial n_B)_{p,T,n_j}. \tag{20}$$

Danach ist das chemische Potenzial die partielle molare Freie Enthalpie der Komponente B in dieser Mischphase (siehe Abschnitt Spezifische, molare und partielle molare Größen in Kap. „Grundlagen der Technischen Thermodynamik"). Bei Einkomponentensystemen ist μ_i gleich der molaren Freien Enthalpie des reinen Stoffes. Das chemische Potenzial ist eine intensive Zustandsgröße der Dimension Energie/Stoffmenge und kann somit auch eine Funktion des Ortes sein. Die Absolutwerte des chemischen Potenzials können nicht ermittelt werden. Man kann jedoch Differenzen des chemischen Potenzials zwischen dem interessierenden Zustand und einem willkürlich gewählten Standardzustand (siehe unten) bestimmen.

Die Bedeutung des chemischen Potenzials veranschaulichen folgende Beispiele:

Eine frei bewegliche Substanz wandert stets zum Zustand niedrigeren chemischen Potenzials.

Ein Gas löst sich so lange in einer Flüssigkeit auf, bis das chemische Potenzial des Gases in der Gasphase gleich dem in der Flüssigkeit ist (vgl. ▶ Abschn. 24.1.3 in Kap. 24, „Prinzipien chemischer Systeme und Reaktionen").

Die Bedingung für das chemische Gleichgewicht (Einzelheiten, vgl. Abschn. 23.1.4.1) kann elegant mit Hilfe des chemischen Potenzials formuliert werden. So gilt z. B. für das Iod-Wasserstoff-Gleichgewicht:

$$H_2(g) + I_2(g) \rightleftharpoons 2HI(g),$$

$$\mu(H_2) + \mu(I_2) = 2\mu(HI)$$

Die Abhängigkeit des chemischen Potenzials von der Zusammensetzung wird durch die folgenden Beziehungen beschrieben. In den angeführten Gleichungen werden die Wechselwirkungen der Teilchen untereinander nicht berücksichtigt:

$$\begin{aligned} \mu_B &= \mu^0_{Bc} + RT\ln\{c_B\}, \\ \mu_B &= \mu^0_{Bp} + RT\ln\{p_B\}, \\ \mu_B &= \mu^0_{Bx} + RT\ln x_B. \end{aligned} \tag{21}$$

c_B Konzentration, p_B (Partial-)Druck, x_B Stoffmengenanteil. Die beiden erstgenannten Beziehungen beschreiben auch die Konzentrations- bzw. die Druckabhängigkeit des chemischen Potenzials reiner Gase. μ^0_{Bc}, μ^0_{Bp}, μ^0_{Bx} werden als chemische Standardpotenziale bezeichnet. Unter $\ln\{c_B\}$ bzw. $\ln\{p_B\}$ soll hier und im Folgenden $\ln(c_B/c^*)$ bzw. $\ln(p_B/p^*)$ mit $c^* = 1$ mol/l und $p^* = 1$ bar verstanden werden.

23.1.3.4 Die Freie Reaktionsenthalpie. Die Gibbs-Helmholtz'sche Gleichung

Aus der Definitionsgleichung (19) der Freien Enthalpie folgt durch Differenzieren nach der Umsatzvariablen ξ

$$\begin{aligned}(\partial G/\partial \xi)_{p,T} &= (\partial H/\partial \xi)_{p,T} - T(\partial S/\partial \xi)_{p,T}\\ \Delta_r G &= \Delta_r H - T\Delta_r S.\end{aligned} \tag{22}$$

$\Delta_r G$ wird als Freie Reaktionsenthalpie bezeichnet. Die Beziehung (22) heißt auch Gibbs-Helmholtz'sche Gleichung.

Der Zusammenhang zwischen der Freien Reaktionsenthalpie und dem chemischen Potenzial μ_i der an einer Reaktion beteiligten Stoffe wird durch folgende Beziehung beschrieben:

$$\Delta_r G = \sum \nu_i \mu_i \quad p,T = \text{const.} \tag{23}$$

Berücksichtigt man die Abhängigkeit des chemischen Potenzials von der Zusammensetzung, vgl. (21), so erhält man:

$$\begin{aligned}\Delta_r G &= \Delta_r G_c^0 + RT \sum \nu_i \,\text{in}\{c_i\},\\ \Delta_r G &= \Delta_r G_p^0 + RT \sum \nu_i \,\text{in}\{p_i\},\\ \Delta_r G &= \Delta_r G_x^0 + RT \sum \nu_i \,\text{in} x_i,\end{aligned} \tag{24}$$

Die Größen $\Delta_r G_c^0$, $\Delta_r G_p^0$, und $\Delta_r G_x^0$ werden als Standardwerte der Freien Reaktionsenthalpie bezeichnet (Freie Standardreaktionsenthalpie). Bei Redoxreaktionen kann $\Delta_r G$ leicht durch Messung der elektromotorischen Kraft EMK bestimmt werden (vgl. ► Abschn. 24.2.4 in Kap. 24, „Prinzipien chemischer Systeme und Reaktionen“). Voraussetzung hierfür ist eine geeignete elektrochemische Zelle, in der bei Stromfluss die interessierende Redoxreaktion ungehindert ablaufen kann.

Die Freie Reaktionsenthalpie ist ein Ausdruck für die beim Ablauf einer chemischen Reaktion maximal gewinnbare Arbeit. Der Wert dieser Größe entscheidet darüber, ob eine chemische Reaktion (bzw. ein physikalisch-chemischer Vorgang) freiwillig oder aber nur unter Zwang (d. h. unter Energiezufuhr) ablaufen kann oder ob Gleichgewicht vorhanden ist. Es gelten folgende Kriterien (p, T = const):

$$\begin{array}{ll}\text{freiwilliger Ablauf} & \Delta_r G < 0,\\ \text{Gleichgewicht} & \Delta_r G = 0,\\ \text{Reaktion nur unter Zwang} & \Delta_r G > 0,\end{array} \tag{25}$$

Ein Beispiel für unter Zwang ablaufende chemische Reaktionen stellen Elektrolysen (vgl. ► Abschn. 24.2.8 in Kap. 24, „Prinzipien chemischer Systeme und Reaktionen“) dar. Hierbei werden durch Zufuhr elektrischer Arbeit Reaktionen erzwungen, bei denen $\Delta_r G > 0$ ist.

Die Gibbs-Helmholtz'sche Gleichung besteht aus zwei Termen, dem Enthalpieterm $\Delta_r H$ und dem Entropieterm $T\,\Delta_r S$. Bei niedrigen Temperaturen ist der Einfluss des Entropieterms gering, sodass in erster Linie der Enthalpieterm über die Möglichkeit des Ablaufs chemischer Reaktionen (bzw. physikalisch-chemischer Vorgänge) entscheidet. Bei diesen Temperaturen laufen praktisch nur exotherme Reaktionen freiwillig ab; das Berthelot-Thomsen'sche Prinzip (vgl. Abschn. 23.1.2.3) gilt nahezu uneingeschränkt. Bei höheren Temperaturen gewinnt der Entropieterm in steigendem Maße an Bedeutung. Endotherme Reaktionen können nur dann freiwillig ablaufen, wenn die Bedingung $T\,\Delta_r S > \Delta_r H$ erfüllt ist, wenn also die Entropie beim Ablauf der Reaktion vergrößert wird. Beispiele hierfür sind alle Schmelz- und Verdampfungsvorgänge. Beides sind endotherme Prozesse mit $\Delta_r S > 0$. $\Delta_r S$ ist hierbei positiv, da die molare Entropie (oder, umgangssprachlich ausgedrückt, die „Unordnung“ eines Systems) in der Reihenfolge fest – flüssig – gasförmig ansteigt.

Beispiele

Es soll festgestellt werden, ob Tetrafluorethylen unter Standardbedingungen (25 °C, 1,01325 bar) gemäß der Gleichung

$$F_2C = CF_2(g) \rightarrow CF_4(g) + 2C(s)$$

in Tetrafluormethan CF_4 und Kohlenstoff zerfallen kann.

$$\Delta_r H^0 = \Delta_B H^0_m(CF_4) - \Delta_B H^0_m(F_4C_2) = (-933{,}2 + 648{,}5)\,kJ/mol = -284{,}7\ kJ/mol$$

$$\Delta_r S^0 = 2S^0_m(C) + S^0_m(CF_4) - S^0_m(F_4C_2) = (2 \cdot 5{,}7 + 261{,}3 - 299{,}9)\ J/(mol \cdot K) = -27{,}2\ J/(mol \cdot K)$$

$$\Delta_r G^0 = \Delta_r H^0 - T\Delta_r S^0 = -284{,}7\ kJ/mol + 298{,}2\ K \cdot 27{,}2\ J/(mol \cdot K) = -276{,}6\ kJ/mol$$

Ergebnis: $\Delta_r G^0 < 0$. Daraus folgt, dass die Reaktion unter Standardbedingungen möglich ist, siehe auch ► Abschn. 26.1.4 in Kap. 26, „Organische Verbindungen und Makromoleküle".

Ist die Umwandlung von Graphit in Diamant unter Standardbedingungen möglich?

C (Graphit) → C (Diamant)

$$\Delta_r H^0 = \Delta_B H^0_m(\text{Diamant}) = +1{,}9\ kJ/mol$$

$$\Delta_r S^0 = S^0_m(\text{Diamant}) - S^0_m(\text{Graphit}) = (2{,}4 - 5{,}7)\,J/(mol \cdot K) = -3{,}3\ J/(K \cdot mol)$$

$$\Delta_r G^0 = \Delta_r H^0 - T\Delta_r S^0 = 1{,}9\ kJ/mol + 298{,}2\ K \cdot 3{,}3\ J/(mol \cdot K) = +2{,}9\ kJ/mol$$

Ergebnis: $\Delta_r G^0 > 0$. Daraus folgt, dass die Reaktion unter Standardbedingungen (auch in Gegenwart von Katalysatoren) unmöglich ist. Bei 25 °C sind erst bei Drücken von ca. 15 kbar Diamant und Graphit miteinander im Gleichgewicht, d. h., $\Delta_r G$ wird dann null. Unter diesen Bedingungen ist aber die Geschwindigkeit der Umwandlung erheblich zu klein, sodass man höhere Temperaturen und Drücke anwenden muss, um Diamanten in Gegenwart von Metallkatalysatoren zu synthetisieren (1500 bis 1800 °C und 53 bis 100 kbar).

23.1.3.5 Phasenstabilität

Man unterscheidet stabile, metastabile und instabile Phasen:

- *Stabile Phasen*

Wenn ein Stoff oder eine Stoffmischung in mehreren Phasen auftreten kann und wenn alle anderen möglichen Phasen gegenüber der ursprünglichen einen höheren Wert der Freien Enthalpie aufweisen, dann nennt man die ursprüngliche Phase stabil. Ändern sich die äußeren Parameter, wie z. B. Druck und Temperatur nicht, so liegt eine stabile Phase zeitlich unbegrenzt vor. Die überwiegende Mehrzahl aller chemischen Verbindungen ist bei natürlichen Umgebungsbedingungen stabil. So ist z. B. unter den genannten Bedingungen Graphit die stabile Kohlenstoffmodifikation.

- *Metastabile Phasen*

Bei metastabilen Phasen gibt es mindestens eine Phase, die einen niedrigeren Wert der Freien Enthalpie aufweist. Auch metastabile Phasen können zeitlich unbegrenzt vorliegen, ohne dass eine neue Phase auftritt. Werden jedoch Keime einer neuen stabileren Phase zugeführt oder entstehen diese durch ein statistisches Ereignis spontan, so geht das System in die stabilere Phase über. Diese stabilere Phase ist dadurch gekennzeichnet, dass sie einen kleineren Wert der Freien Enthalpie aufweist. Zur Umwandlung in die stabilere Phase ist die Überwindung einer Energiebarriere erforderlich.

Beispiele

Diamant und weißer Phosphor sind bei Raumbedingungen metastabile Kohlenstoff- bzw. Phosphormodifikationen. Unterkühlte Flüssigkeiten, übersättigte Lösungen (vgl. ► Abschn. 24.1.7.7 in Kap. 24, „Prinzipien chemischer Systeme und Reaktionen"), überhitzte Flüssigkeiten sind weitere Beispiele für metastabile Phasen. Die Umwandlung metastabiler Phasen kann, wie am Beispiel des Siedeverzuges überhitzter Flüssigkeiten gezeigt werden soll, oft mit großer Heftigkeit erfolgen. Staub- und gasfreie Flüssigkeiten lassen sich in sauberen Gefäßen z. T. erheblich über ihren Siedepunkt erwärmen. Diese Erscheinung heißt Siedeverzug. So gelingt es z. B., Wasser in sorgfältig gereinigten Gefäßen bis auf 220 °C zu erhitzen. Durch geringe Erschütterung oder Zufuhr von Keimen (Gasbläschen) kann auf den Siedeverzug ein explosionsartiger Siedevorgang folgen.

- *Instabile Phasen*

Instabile Phasen sind unbeständig gegenüber molekularen Schwankungen. Zur Bildung neuer

Phasen ist die Anwesenheit von Keimen nicht notwendig (spinodale Zersetzung).

23.1.4 Das Massenwirkungsgesetz

23.1.4.1 Chemisches Gleichgewicht

Die meisten chemischen Reaktionen verlaufen nicht vollständig, sondern führen zu einem Gleichgewichtszustand. In diesem Zustand findet makroskopisch kein Stoffumsatz mehr statt (vgl. Abschn. 23.2.5 in ► Kap. 23, „Thermodynamik und Kinetik chemischer Reaktionen"). Die Bedingung für das chemische Gleichgewicht ist (vgl. (25)): $\Delta_r G = 0$.

Mit $\Delta_r G = \sum \nu_i \mu_i$ folgt

$$\Delta_r G = \sum \nu_i \mu_i = 0 \quad , \quad p,T = \text{const.}$$

Unter Anwendung der in (21) angegebenen Beziehungen, die die Abhängigkeit des chemischen Potenzials von der Zusammensetzung beschreiben, erhält man:

$$\begin{aligned} 0 &= \Delta_r G_p^0 + RT \sum \nu_i \ \ln \{p_i\} \\ 0 &= \Delta_r G_c^0 + RT \sum \nu_i \ \ln \{c_i\} \\ 0 &= \Delta_r G_x^0 + RT \sum \nu_i \ \ln x_i \end{aligned} \qquad (26)$$

oder

$$\begin{aligned} K_p &= \exp\left(-\frac{\Delta_r G_p^0}{RT}\right) = \prod p_i^{\nu_i} \\ K_c &= \exp\left(-\frac{\Delta_r G_c^0}{RT}\right) = \prod c_i^{\nu_i} \\ K_x &= \exp\left(-\frac{\Delta_r G_x^0}{RT}\right) = \prod x_i^{\nu_i} \end{aligned} \qquad (27)$$

Diese Beziehungen werden als Massenwirkungsgesetz bezeichnet. Die Größen K_p, K_c und K_x heißen *Gleichgewichts-* oder *Massenwirkungskonstanten*.

Aus historischen Gründen werden K_p und K_c meist als dimensionsbehaftete Größen formuliert. Das bedeutet, dass in das Massenwirkungsgesetz dimensionsbehaftete Partialdrücke und Konzentrationen anstelle von normierten Größen eingesetzt werden.

Nach diesem Formalismus wird die Dimension von K_p und K_c von der Art der chemischen Reaktion bestimmt. K_x ist stets dimensionslos.

Beispiel: Für die homogene Gasreaktion (Einzelheiten, siehe Abschn. 23.1.4.2)

$$N_2(g) + 3\ H_2(g) \rightleftharpoons 2\ NH_3(g),$$

soll das Massenwirkungsgesetz formuliert werden.

Die stöchiometrischen Zahlen des Stickstoffs, Wasserstoffs und Ammoniaks sind bei dieser Reaktionsgleichung: $\nu(NH_3) = 2$, $\nu(N_2) = -1$, $\nu(H_2) = -3$. Damit erhält man für K_p:

$$K_p = \prod p^{\nu_i} = p^2(NH_3) \cdot p^{-3}(H_2) \cdot p^{-1}(N_2)$$

oder

$$K_p = \frac{p^2(NH_3)}{p^3(H_2) \cdot p(N_2)}$$

Bei dieser Reaktion hat K_p die Dimension Druck^{-2}. Da die Gleichgewichtskonstante durch die obige Reaktionsgleichung mit dem Standardwert der Freien Reaktionsenthalpie verknüpft ist (siehe oben), dürfen Zähler und Nenner im ausformulierten Massenwirkungsgesetz nicht vertauscht werden!

23.1.4.2 Homogene Gasreaktionen

Homogene Gasreaktionen laufen ausschließlich in der Gasphase ab. Die Zusammensetzung der Gasmischung wird meist durch Angabe der Partialdrücke (vgl. Abschn. „Gemische" in Kap. „Stoffmodelle der Technischen Thermodynamik") charakterisiert. Teilweise werden hierzu jedoch auch die Konzentrationen bzw. die Stoffmengenanteile verwendet. Daher ergibt sich häufig die Notwendigkeit, K_p, K_c und K_x ineinander umrechnen zu müssen. Dies geschieht mit folgenden Beziehungen:

$$\begin{aligned} K_p &= K_x p^{\sum \nu_i}, \\ K_p &= K_c (RT)^{\sum \nu_i}, \\ K_x &= K_c (RT/p)^{\sum \nu_i}. \end{aligned} \qquad (28)$$

Ist bei homogenen Gasreaktionen $\sum \nu_i = 0$, so gilt: $K_p = K_c = K_x$. Beispiel für eine derartige Reaktion ist das Iod-Wasserstoff-Gleichgewicht:

$$H_2(g) + I_2(g) \rightleftharpoons 2\,HI(g),$$

Beispiel: Für die Gleichgewichtsreaktion

$$CO(g) + Cl_2(g) \rightleftharpoons COCl_2(g),$$

($COCl_2$ Phosgen, CO Kohlenmonoxid) gilt:

$$\nu(COCl_2) = +1,\ \nu(CO) = -1,\ \nu(Cl_2) = -1$$

und

$$\sum \nu_i = \nu(COCl_2) + \nu(CO) + \nu(Cl_2) = -1.$$

Damit erhält man:

$$K_p = K_x \cdot p^{-1}\ ,\quad K_p = K_c(RT)^{-1},$$
$$K_x = K_c(p/RT).$$

23.1.4.3 Heterogene Reaktionen

Bei heterogenen Reaktionen ist mehr als eine Phase am Umsatz beteiligt. Ein Beispiel stellt der thermische Zerfall des Calciumcarbonats $CaCO_3$ dar, der durch folgende Gleichung beschrieben wird:

$$CaCO_3(s) \rightarrow CaO(s) + CO_2(g).$$

$CaCO_3$ und Calciumoxid CaO bilden keine Mischkristalle. In diesem Fall muss das Massenwirkungsgesetz folgendermaßen formuliert werden:

$$K_p \;=\; p(CO_2).$$

Calciumcarbonat und Calciumoxid als reine kondensierte Phasen treten im Massenwirkungsgesetz nicht auf, da das chemische Potenzial reiner kondensierter Phasen gleich dem Standardpotenzial ist (vgl. Abschn. 23.1.3.3).

Bei heterogenen Reaktionen bleiben reine kondensierte Phasen bei der Formulierung des Massenwirkungsgesetzes unberücksichtigt.

23.1.4.4 Berechnung von Gleichgewichtskonstanten aus thermochemischen Tabellen

Die Gleichgewichtskonstanten können leicht mit (27) unter Hinzuziehung der Gibbs-Helmholtz'schen Beziehung (22) aus thermochemischen Daten berechnet werden. Wird der in Abschn. 23.1.2.5 beschriebene Standardzustand gewählt, so erhält man bei Gasreaktionen auf diese Weise die Gleichgewichtskonstante K_p :

$$\ln \frac{K_p}{(p^*)^m} = \frac{\Delta_r S^0}{R} - \frac{\Delta_r H^0}{RT} \qquad (29)$$

p^* Standarddruck.

Der Exponent m ist gleich der Summe der stöchiometrischen Zahlen.

23.1.4.5 Temperaturabhängigkeit der Gleichgewichtskonstante

Die Temperaturabhängigkeit der Gleichgewichtskonstante wird durch folgende Gleichung beschrieben:

$$\left(\frac{\partial \ln K}{\partial T}\right)_p = \frac{\Delta_r H}{RT^2}. \qquad (30)$$

Gleichung (30) wird als *van't-Hoff'sche Reaktionsisobare* bezeichnet. Diese Beziehung beschreibt die Verschiebung der Lage des chemischen Gleichgewichtes infolge von Temperaturänderungen. So vergrößert sich K bei endothermen Reaktionen ($\Delta_r H > 0$) mit steigender Temperatur. Das bedeutet, dass sich die Lage des chemischen Gleichgewichtes in diesem Fall zur Seite der Reaktionsprodukte verschiebt.

In einem kleinen Temperaturintervall kann $\Delta_r H$ angenähert als temperaturunabhängig angesehen werden. Unter dieser Voraussetzung erhält man durch Integration von (30) die Beziehung

$$\ln K = -\frac{\Delta_r H}{RT} + C. \qquad (31)$$

Danach ist ln K eine lineare Funktion der reziproken Temperatur.

23.1.4.6 Prinzip des kleinsten Zwanges

Qualitativ kann die Änderung der Lage eines chemischen Gleichgewichtes durch äußere Einflüsse mit dem Prinzip von Le Chatelier und Braun, das auch das *Prinzip des kleinsten Zwanges* genannt wird, beschrieben werden:

> *Wird auf ein im Gleichgewicht befindliches System ein äußerer Zwang ausgeübt, so verschiebt sich das Gleichgewicht derart, dass es versucht, diesen Zwang zu verringern.*

Unter einem äußeren Zwang versteht man Änderungen von Temperatur, Druck oder Volumen bzw. der Zusammensetzung.

Beispiel: Die Folgerungen aus diesem Prinzip sollen am Beispiel des Ammoniakgleichgewichtes diskutiert werden (vgl. ▶ Abschn. 23.2.9.4 in Kap. 23, „Thermodynamik und Kinetik chemischer Reaktionen").

$$N_2(g) + 3\,H_2(g) \rightleftharpoons 2\,NH_3(g),\ \Delta_r H < 0.$$

- Temperaturerhöhung (durch Zufuhr von Wärme)
  Ein Teil der zugeführten Wärme kann dadurch verbraucht werden, dass sich die Lage des chemischen Gleichgewichtes zur Seite der Ausgangsstoffe (also nach links) verschiebt.
- Druckerhöhung
  Nach der Zustandsgleichung idealer Gase ist der Druck der Stoffmenge und damit auch der Teilchenzahl proportional. Ein Teil der Druckerhöhung kann dadurch kompensiert werden, dass sich die Lage des Gleichgewichtes zur Seite des Ammoniaks (nach rechts) verschiebt, da auf diese Weise die Teilchenzahl verringert werden kann.

23.1.4.7 Gekoppelte Gleichgewichte

Wenn sich in einem System zwei oder mehrere Gleichgewichte gleichzeitig einstellen und ein oder mehrere Stoffe des Systems an verschiedenen Gleichgewichten teilnehmen, spricht man von gekoppelten Gleichgewichten. Über die Zusammensetzungsvariablen der gemeinsamen Stoffe stehen auch die anderen Reaktionsteilnehmer im Gleichgewicht miteinander. Gekoppelte Gleichgewichte sind besonders bei der Chemie der Verbrennungsvorgänge von großer Bedeutung.

Beispiel:

Werden Stickstoff-Sauerstoff-Gemische auf höhere Temperaturen erwärmt, so müssen bei Vernachlässigung der Dissoziation der Stickstoff- und Sauerstoffmoleküle folgende Gleichgewichte berücksichtigt werden:

$$1/2\,N_2 + O_2 \rightleftharpoons NO_2,$$

$$1/2\,N_2 + 1/2\,O_2 \rightleftharpoons NO.$$

Formuliert man für diese Gleichgewichte das Massenwirkungsgesetz, so erhält man:

$$K_{p,1} = \frac{p(NO_2)}{p^{1/2}(N_2)p(O_2)},$$

$$K_{p,2} = \frac{p(NO)}{p^{1/2}(N_2)p^{1/2}(O_2)}.$$

Zur Berechnung der vier Partialdrücke ($p(NO_2)$, $p(NO)$, $p(N_2)$ und $p(O_2)$) muss zusätzlich zu den oben genannten Massenwirkungsgesetzen und dem Massenerhaltungssatz auch die Tatsache berücksichtigt werden, dass der Gesamtdruck gleich der Summe der Partialdrücke ist (Einzelheiten des Rechenweges: siehe z. B. Strehlow 1985).

Die Rechnung liefert für die isobare Erwärmung von Stickstoff-Sauerstoff-Gemischen bei einem Druck von 1 bar folgendes Resultat:

T/K	$p(O_2)$/bar	$p(N_2)$/bar
1000	0,212	0,791
1500	0,212	0,791
2000	0,208	0,787
2500	0,197	0,777
T/K	$p(NO)$/mbar	$p(NO_2)$/µbar
1000	0,0355	1,88
1500	1,33	6,82
2000	8,09	12,9
2500	23,2	18,1

Dieses Ergebnis zeigt, dass bei der Erhitzung von N_2-O_2-Gemischen Stickstoffoxide NO_x gebildet werden, die sich aus Stickstoffmonoxid und Stickstoffdioxid zusammensetzen. Ein derartiger Prozess findet natürlich auch bei jedem Verbrennungsvorgang statt. Werden nun die erhitzten Gasgemische plötzlich abgekühlt, so bleiben die Stickoxide als metastabile Verbindungen weitgehend erhalten, obwohl sie nach der Lage der chemischen Gleichgewichte in N_2 und O_2 zerfallen sollten. Dies ist wegen der Gesundheits- und Umweltschäden, die diese Verbindungen verursachen, sehr unerwünscht. Durch geeignete Katalysatoren gelingt es beim Abkühlungsprozess, die bei tieferen Temperaturen im Gleichgewicht stehenden niedrigeren Stickstoffoxidpartialdrücke einzustellen.

23.2 Geschwindigkeit chemischer Reaktionen. Reaktionskinetik

Die Geschwindigkeiten chemischer Reaktionen unterscheiden sich außerordentlich stark voneinander. Das soll anhand einiger Beispiele verdeutlicht werden:

1. Die schnellste bisher gemessene Ionenreaktion ist die Neutralisation starker Säuren mit starken Basen in wässriger Lösung (vgl. ▶ Abschn. 24.1.7.1 in Kap. 24, „Prinzipien chemischer Systeme und Reaktionen“):

   $$H^+(aq) + OH^-(aq) \rightarrow H_2O.$$

   (Der Zusatz (aq) kennzeichnet hydratisierte Teilchen.)
   Diese Reaktion ist in ca. 10^{-10} s abgeschlossen.
2. Die Detonation des Sprengstoffs Glycerintrinitrat (Nitroglycerin) verläuft im Mikrosekundenbereich.
3. Beim Mischen von Lösungen, die Ag^+- und Cl^--Ionen enthalten, bildet sich ein AgCl-Niederschlag. Hierzu sind Zeiten im Sekundenbereich erforderlich.

Dagegen hat im Bereich der Kernchemie der radioaktive Zerfall des Uranisotops $^{238}_{92}U$ in Thorium und Helium

$$^{238}_{92}U \rightarrow {}^{234}_{90}Th + {}^{4}_{2}He,$$

eine Halbwertszeit (vgl. Abschn. 23.2.4.1) von $4{,}47 \cdot 10^9$ Jahren.

23.2.1 Reaktionsgeschwindigkeit und Freie Reaktionsenthalpie

Chemische Reaktionen können nur dann ablaufen, wenn die Freie Reaktionsenthalpie kleiner als null ist (vgl. Abschn. 23.1.3.4):

$$\Delta_r G < 0.$$

Einen Zusammenhang zwischen dem Wert der Freien Reaktionsenthalpie und der Geschwindigkeit der entsprechenden chemischen Reaktion gibt es jedoch – von einigen Spezialfällen abgesehen – nicht. Außerdem sind viele Reaktionen bekannt, die zwar thermodynamisch möglich sind, die aber aufgrund von Reaktionshemmungen dennoch nicht ablaufen (Beispiel: Reaktion von Wasserstoff mit Sauerstoff bei Raumbedingungen). Diese Reaktionshemmungen können häufig durch Energiezufuhr oder durch Zusatz eines Katalysators (vgl. Abschn. 23.2.9) beseitigt werden.

23.2.2 Reaktionsgeschwindigkeit und Reaktionsordnung

Am Beispiel der Modellreaktion

$$\nu_A A + \nu_B B + \ldots \rightarrow \nu_N N + \nu_M M + \ldots$$

soll die Definitionsgleichung der *Reaktionsgeschwindigkeit* (*Reaktionsrate*) r vorgestellt werden

$$r = 1/V \cdot d\xi/dt = 1/\nu_i \cdot dc_i/dt, \quad (32)$$

ξ Umsatzvariable, V Volumen, c_i Konzentration. Die stöchiometrischen Zahlen ν_i müssen für die verschwindenden Stoffe mit negativem und für die entstehenden Stoffe mit positivem Vorzeichen versehen werden.

Danach erhält man z. B. für die Reaktion

$$N_2 + 3H_2 \rightarrow 2NH_3$$

folgenden Ausdruck für die Reaktionsgeschwindigkeit:

$$r = -\mathrm{d}c(N_2)/\mathrm{d}t = -1/3\ \mathrm{d}c(H_2)/\mathrm{d}t = 1/2\ \mathrm{d}c(NH_3)/\mathrm{d}t.$$

Die Reaktionsgeschwindigkeit ist keine Konstante. Sie hängt im Wesentlichen von folgenden Parametern ab:

- Von der Konzentration der Stoffe, die in der entsprechenden Umsatzgleichung auftreten.
- Von der Konzentration c_K von Stoffen, die nicht in der Umsatzgleichung enthalten sind. Man nennt derartige Stoffe *Katalysatoren* (siehe Abschn. 23.2.9).
- Von der Temperatur.

Es gilt also:

$$r = r(c_A,\ c_B,\ \ldots c_K; T). \tag{33}$$

Diese Funktion wird als Zeitgesetz bezeichnet. Zeitgesetze haben häufig folgende einfache Form:

$$r = k(T)c_A^a c_B^b, \tag{34}$$

$k(T)$ ist hierbei die Geschwindigkeitskonstante.

Die Summe der Exponenten, $a + b$, wird als *Reaktionsordnung* bezeichnet. Häufig spricht man auch von der Ordnung einer Reaktion in Bezug auf einen einzelnen Stoff. Darunter versteht man den Exponenten, mit dem die Konzentration dieses Stoffes im Zeitgesetz erscheint. Beispielsweise ist die Reaktion, die durch (34) beschrieben wird, von a-ter Ordnung bezüglich des Stoffes A.

23.2.3 Elementarreaktion. Reaktionsmechanismus und Molekularität

Eine molekularchemische Reaktion (Gegensatz: Kernreaktion) läuft in der Regel nicht in der einfachen Weise ab, wie es die (stöchiometrische) Umsatzgleichung vermuten lässt. Bei der Umwandlung der Ausgangsstoffe in die Endprodukte werden in den meisten Fällen Zwischenprodukte gebildet. Diese Zwischenprodukte werden in weiteren Reaktionsschritten wieder verbraucht und schließlich zu den Endprodukten umgesetzt. Die durch die Umsatzgleichung beschriebene Gesamtreaktion ist also eine Folge von Teilreaktionen. (In vielen Fällen laufen auch unterschiedliche Folgen von Teilreaktionen gleichzeitig ab.) Diese Teilreaktionen werden als *Elementarreaktionen* bezeichnet. Sie kennzeichnen unmittelbar die Partner, durch deren Zusammenstoß ein bestimmtes Zwischenprodukt gebildet wird.

Die Gesamtheit der Elementarreaktionen einer zusammengesetzten Reaktion heißt *Reaktionsmechanismus*.

Die *Molekularität* gibt die Anzahl der Teilchen an, die als Stoßpartner an einer Elementarreaktion beteiligt sind. Man unterscheidet mono-, bi- und tri-molekulare Elementarreaktionen, je nachdem, ob ein, zwei oder drei Teilchen miteinander reagieren. Eine höhere Molekularität kommt wegen der Unwahrscheinlichkeit gleichzeitiger Zusammenstöße von mehr als drei Teilchen praktisch nicht vor.

Für Elementarreaktionen stimmen Molekularität und Reaktionsordnung überein, d. h., ein bimolekularer Vorgang muss auch 2. Ordnung sein. Umgekehrt darf man aber keinesfalls schließen, dass eine beliebige Reaktion, die nach den Versuchsergebnissen 2. Ordnung ist, bimolekular verläuft.

Beispiele

1. Reaktionsmechanismus

   Bildung von Bromwasserstoff, HBr, aus den Elementen nach folgender Umsatzgleichung:

   $H_2 + Br_2 \rightarrow 2HBr.$

   Der erste Reaktionsschritt besteht in einer Spaltung des Br_2-Moleküls:

   $Br_2 + M \rightarrow 2Br + M.$

   In dieser bimolekularen Reaktion überträgt ein beliebiger Stoßpartner M dem Br_2-Molekül die für die Dissoziation notwendige Energie.

Weitere bimolekulare Elementarreaktionen, durch die HBr gebildet wird, sind:

$$Br + H_2 \rightarrow HBr + H,$$
$$H + Br_2 \rightarrow HBr + Br.$$

2. Molekularität einer Elementarreaktion

   – *Monomolekulare Reaktionen*

   Dieser Reaktionstyp wird z. B. beim thermischen Zerfall kleiner Moleküle (bei hohen Temperaturen) sowie bei strukturellen Umlagerungen beobachtet:

   $$O_3 \rightarrow O_2 + O.$$

   O_3 Ozon, O_2 molekularer Sauerstoff, O atomarer Sauerstoff

   $$H_2C\!-\!CH_2 \rightarrow CH_3\!-\!CH\!=\!CH_2$$
   $$\diagdown\!\diagup$$
   $$CH_2$$

   Cyclopropan   Propen

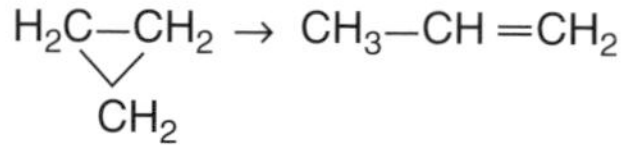

– *Bimolekulare Reaktionen*

   Dieser Reaktionstyp tritt am häufigsten auf. Beispiele wurden bereits oben vorgestellt.

– *Trimolekulare Reaktionen*

   Die am besten untersuchten trimolekularen Reaktionen sind Rekombinationsreaktionen der Art

   $$2\, I + M \rightarrow I_2 + M.$$

   I_2 molekulares Iod, I atomares Iod

   M ist hierbei ein beliebiger Stoßpartner, der einen Teil der Energie der Reaktionspartner (der I-Atome) aufnehmen muss.

23.2.4 Konzentrationsabhängigkeit der Reaktionsgeschwindigkeit

Die folgenden Ausführungen beziehen sich auf die in Abschn. 23.2.2 vorgestellte Modellreaktion; die Temperatur wird als konstant angesehen.

23.2.4.1 Zeitgesetz 1. Ordnung

In diesem Fall ist die Reaktionsgeschwindigkeit r der 1. Potenz der Konzentration des Ausgangsstoffes A proportional:

$$r = 1/\nu_A dc_A/dt = kc_A \qquad (35)$$

Für den Spezialfall $\nu_A = -1$ erhält man:

$$r = -dc_A/dt = kc_A. \qquad (35a)$$

Die Geschwindigkeitskonstante k hat bei Reaktionen 1. Ordnung die Dimension einer reziproken Zeit.

Die Integration von (35a) liefert mit der Anfangsbedingung $c_A\,(t = 0) = c_{0A}$:

$$c_A = c_{0A}\exp(-kt) \text{ oder } \ln c_A$$
$$= \ln c_{0A} - kt, \qquad (36a)$$

$$N_A = N_{0A}\exp(-kt) \text{ oder } \ln N_A$$
$$= \ln N_{0A} - kt, \qquad (36b)$$

N Teilchenzahl.

Die Funktionen $c_A = c_A(t)$ und $\ln c_A = \ln c_A(t)$ sind in Abb. 1 grafisch dargestellt. Die experimentelle Ermittlung von k nach obiger Gleichung kann aus dem Anstieg der beim Auftragen von $\ln c_A$ über t erhaltenen Geraden erfolgen.

Halbwertszeit

Die Halbwertszeit $T_{1/2}$ ist die Zeit, in der die Konzentration des Ausgangsstoffes auf die Hälfte des Anfangswertes gesunken ist.

Es gilt also: $c_A(T_{1/2}) = c_{0\,A}/2$. Aus (36a) folgt für diesen Fall

$$T_{1/2} = \ln 2/k. \qquad (37)$$

Die Halbwertszeit ist bei Reaktionen 1. Ordnung von der Anfangskonzentration unabhängig.

Beispiele

Der radioaktive Zerfall verläuft wie eine Reaktion 1. Ordnung. So zerfällt das radioaktive Kohlenstoffisotop $^{14}_{6}C$ als β-Strahler nach folgender Gleichung:

$$^{14}_{6}C \rightarrow {}^{14}_{7}N + e^-,$$
$$r = -dN(^{14}_{6}C)/dt = kN(^{14}_{6}C)$$

Die Halbwertszeit dieser Reaktion ist 5730 $\pm$ 40 Jahre (Anwendung zur Altersbestimmung archäologischer Objekte, Radiocarbonmethode).

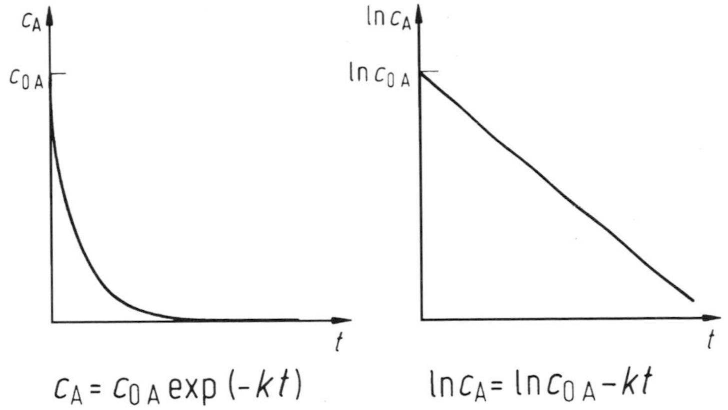

Abb. 1 Zeitlicher Konzentrationsverlauf bei einer Reaktion erster Ordnung, c_A Konzentration, c_{0A} Anfangskonzentration, t Zeit

- Distickstoffpentoxid N_2O_5 reagiert in der Gasphase nach einem Zeitgesetz 1. Ordnung zu Stickstoffdioxid NO_2 und O_2:

$$2N_2O_5 \rightarrow 4NO_2 + O_2,$$
$$r = -1/2 \cdot dc(N_2O_5)/dt = k \cdot c(N_2O_5).$$

23.2.4.2 Zeitgesetz 2. Ordnung

Folgender Spezialfall soll betrachtet werden: Die Reaktionsgeschwindigkeit r sei dem Quadrat der Konzentration des Ausgangsstoffes A proportional; die stöchiometrische Zahl dieses Stoffes sei $\nu_A = -1$. Man erhält dann:

$$r = -dc_A/dt = k \cdot c_A^2. \quad (38)$$

Bei Reaktionen 2. Ordnung hat die Reaktionsgeschwindigkeitskonstante die Dimension Volumen/(Stoffmenge · Zeit). Eine häufig verwendete Einheit dieser Größe ist l/(mol · s). Die Integration von (38) ergibt mit der Anfangsbedingung $c_A(t = 0) = c_{0A}$:

$$c_A = c_{0A}/(1 + c_{0A}kt) \text{ oder } 1/c_A = 1/c_{0A} + kt. \quad (39)$$

Beide Funktionen sind in Abb. 2 dargestellt.

Halbwertszeit

Unter den in Abschn. 23.2.4.1 dargestellten Bedingungen erhält man für die Halbwertszeit $T_{1/2}$ einer Reaktion 2. Ordnung:

$$T_{1/2} = 1/(k \cdot c_{0A}).$$

Im Gegensatz zu Reaktionen 1. Ordnung ist hier die Halbwertszeit der Anfangskonzentration umgekehrt proportional.

Beispiel: Stickstoffdioxid NO_2 zerfällt in der Gasphase nach einem Zeitgesetz 2. Ordnung in Stickstoffmonoxid NO und O_2:

$$2NO_2 \rightarrow 2NO + O_2,$$
$$r = -1/2 \cdot dc(NO_2)/dt = k \cdot c^2(NO_2).$$

23.2.5 Reaktionsgeschwindigkeit und Massenwirkungsgesetz

Molekularchemische Reaktionen verlaufen im Allgemeinen nicht vollständig. Sie führen zu einem Gleichgewicht, bei dem makroskopisch kein Umsatz mehr beobachtet wird (vgl. Abschn. 23.1.4.1). Mikroskopisch finden jedoch auch im Gleichgewicht Reaktionen statt. Im zeitlichen Mittel werden aus den Ausgangsstoffen genauso viele Moleküle der Endprodukte gebildet, wie Moleküle der Endprodukte zu den Ausgangsstoffen reagieren. Am Beispiel der Reaktionen

$$A_2 + B_2 \underset{k''}{\overset{k'}{\rightleftharpoons}} 2AB,$$

bei denen Reaktionsordnung und Molekularität übereinstimmen sollen, werden diese Aussagen

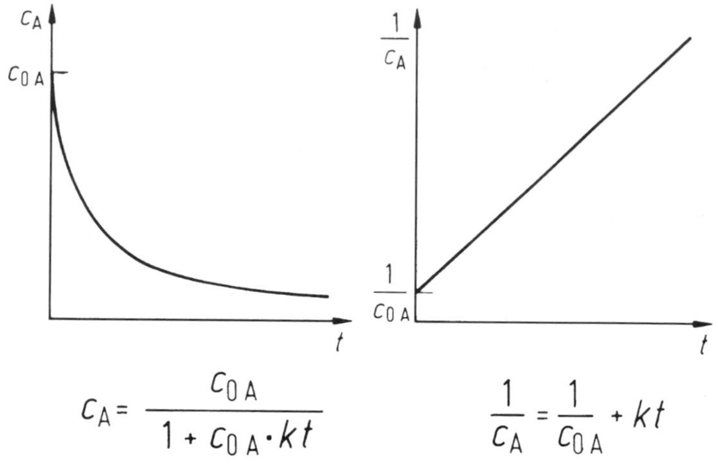

Abb. 2 Zeitlicher Konzentrationsverlauf bei einer Reaktion zweiter Ordnung, c_A Konzentration, c_{0A} Anfangskonzentration, t Zeit

verdeutlicht. Für die Reaktionsgeschwindigkeiten der Bildung und des Zerfalls von AB ergibt sich, wobei ein Strich die Hinreaktion, zwei Striche die Rückreaktion kennzeichnen:

$$r' = k'c(A_2)\ c(B_2)$$

bzw.

$$r'' = k''c^2(AB).$$

Beim Erreichen des Gleichgewichtes wird die makroskopisch messbare Reaktionsgeschwindigkeit null, d. h., die Reaktionsgeschwindigkeiten der Bildung und des Zerfalls von AB müssen gleich sein:

$$r' = r''. \tag{40}$$

Daraus folgt (sogenannte kinetische Herleitung des Massenwirkungsgesetzes, vgl. die thermodynamische Herleitung unter Abschn. 23.1.4):

$$k'/k'' = K_c = c^2(AB)/(c(A_2) \cdot c(B_2)), \tag{41}$$

K_c Gleichgewichtskonstante.

Die Gleichgewichtskonstante ist der Quotient der Geschwindigkeitskonstanten der Hin- und Rückreaktion.

Diese Aussage gilt für jedes chemische Gleichgewicht.

23.2.6 Temperaturabhängigkeit der Reaktionsgeschwindigkeit

Die Temperaturabhängigkeit der Reaktionsgeschwindigkeitskonstante wird durch die *Arrhenius-Gleichung* beschrieben:

$$k = A\exp(-E_A/RT), \tag{42}$$

A Frequenz- oder Häufigkeitsfaktor, E_A (Arrhenius'sche) Aktivierungsenergie (SI-Einheit: *J/mol*; E_A ist eine molare Größe, die Kennzeichnung molar wird jedoch häufig weggelassen), R universelle Gaskonstante.

Aus der differenzierten Form der Arrhenius-Gleichung d ln k/d $T = E_A/(R\ T^2)$, der Beziehung (41) und der van't-Hoff'schen Reaktionsisobaren (vgl. Abschn. 23.1.4.5) folgt, dass die Differenz der Aktivierungsenergien von Hin- und Rückreaktion (E'_A bzw. E''_A) gleich der Reaktionsenthalpie ($\Delta_r H$) ist:

$$E'_A - E''_A = \Delta_r H. \tag{43}$$

Die Beziehung zwischen den Aktivierungsenergien und der Reaktionsenthalpie ist in Abb. 3 dargestellt.

Die Arrhenius-Gleichung gilt nicht nur für Elementarreaktionen, sondern auch für die meisten zusammengesetzten Reaktionen. Im zuletzt erwähnten Fall wird die Größe E_A der Arrhenius-

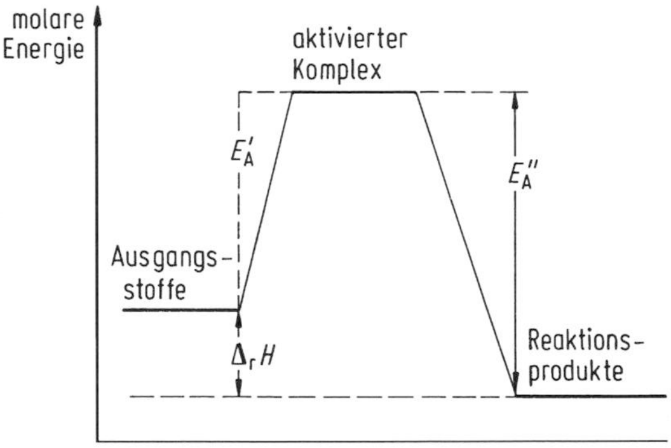

Abb. 3 Schema des Energieverlaufs bei einer Elementarreaktion

Gleichung als scheinbare Aktivierungsenergie bezeichnet.

23.2.7 Kettenreaktionen

Unter den komplizierteren molekularchemischen Reaktionen haben vor allem die Kettenreaktionen große Bedeutung. Dieser Reaktionstyp ist dadurch gekennzeichnet, dass zu Beginn der Reaktion reaktive Zwischenprodukte gebildet werden. Diese aktiven Teilchen reagieren in Folgereaktionen sehr schnell mit den Ausgangsstoffen. Die reaktiven Zwischenprodukte werden dabei ständig regeneriert, sodass der Reaktionszyklus erneut durchlaufen werden kann. Die Reaktionskette endet, wenn die Kettenträger durch Abbruchreaktionen verbraucht sind (vgl. z. B. ▶ Abschn. 26.2.1.3 in Kap. 26, „Organische Verbindungen und Makromoleküle").

Man unterscheidet einfache und verzweigte Kettenreaktionen. Bei einer verzweigten Kettenreaktion wird innerhalb eines Reaktionszyklus mehr als ein aktives Teilchen erzeugt. Beispiele für einfache Kettenreaktionen sind Polymerisationen; verzweigte Kettenreaktionen haben in der Chemie der Verbrennungsvorgänge größte Bedeutung. Als Beispiel für diesen Reaktionstyp sei die Knallgasreaktion ($H_2 + 1/2\ O_2 \rightarrow H_2O$) angeführt. Für den Mechanismus dieser Reaktion kann folgendes Schema gelten ($OH^\bullet$, $H^\bullet$, $O^\bullet$ sind *Radikale*):

Startreaktion

$$H_2 + O_2 \rightarrow 2\ OH^\bullet$$

Reaktionskette

$$OH^\bullet + H_2 \rightarrow H_2O + H^\bullet \qquad \text{(ohne Verzweigung)}$$

$$H^\bullet + O_2 \rightarrow OH^\bullet + O^\bullet \qquad \text{(mit Verzweigung)}$$

$$O^\bullet + H_2 \rightarrow OH^\bullet + H^\bullet \qquad \text{(mit Verzweigung)}$$

Kettenabbruch

$$H^\bullet + H^\bullet + M \rightarrow H_2 + M$$

M ist ein beliebiger Reaktionspartner (auch Wand des Reaktionsgefäßes), der einen Teil der Energie aufnimmt.

Kettenreaktionen mit Verzweigung laufen häufig sehr schnell (explosionsartig) ab (vgl. Abschn. 23.2.8).

23.2.8 Explosionen

Explosionen sind schnell ablaufende exotherme chemische Reaktionen, die mit einer erheblichen Drucksteigerung verbunden sind. (vgl. hierzu EN 1127-1:2011)

Explosionen werden in Deflagrationen und Detonationen unterteilt. Bei *Deflagrationen* ist die Geschwindigkeit des Umsatzes durch Transportvorgänge (z. B. Konvektion, Wärmeleitung) begrenzt. Daher sind die Fortpflanzungsgeschwindigkeiten hier relativ gering; 10 m/s werden in gasförmigen Systemen selten überschritten. Bei *Detonationen* ist die Zone, in der die chemische Umsetzung abläuft, eng an eine sich mit Überschallgeschwindigkeit ausbreitende Stoßwelle gekoppelt. Die Detonationsgeschwindigkeiten liegen in gasförmigen Systemen bei ca. 2000 bis 3000 m/s und erreichen in kondensierten Systemen Werte bis ca. 9400 m/s (Nitroglycerin 7600 m/s, Octogen 9100 m/s, Hexanitro-Isowurtzitan 9400 m/s). Die bei den Detonationen auftretenden Druckgradienten sind denen von Stoßwellen analog. Das bedeutet, dass der Druck in außerordentlich kurzen Zeitspannen ansteigt (Größenordnung kleiner als eine Nanosekunde). Auch in anderen Eigenschaften gleichen sich Detonationen und Stoßwellen. So tritt bei Reflexion der Detonationsfront erneut ein Drucksprung auf (der Druckerhöhungsfaktor nimmt in der Regel Werte zwischen 2 und 3 an, teilweise werden jedoch wesentlich höhere Werte erreicht).

Deflagrationen und Detonationen können in gasförmigen, flüssigen und festen Systemen auftreten. Aber auch feinverteilte Flüssigkeitströpfchen bzw. Feststoffpartikel in Gasen können explosiv reagieren.

Beispiele

1. Bei Normaldruck reagieren H_2-O_2-Gemische explosiv im Bereich des H_2-Volumenanteils x (H_2) zwischen 4,0 % und 94 %. Diese Grenzzusammensetzungen, bei denen gerade noch Deflagrationen zu beobachten sind, werden als untere bzw. obere Explosionsgrenze bezeichnet. Analog sind die Detonationsgrenzen definiert. Im System H_2/O_2 liegen sie bei x (H_2) = 15 % (untere Detonationsgrenze) und x(H_2) = 90 % (obere Detonationsgrenze). Die Explosionsgrenzen von Wasserstoff und von einigen Kohlenwasserstoffen in Luft sind in Tab. 3 in ▶ Kap. 26, „Organische Verbindungen und Makromoleküle", aufgeführt.
2. Nitroglycerin (Glycerintrinitrat) ist einer der wichtigsten und meistgebrauchten Sprengstoffbestandteile. Alfred Nobel bereitete aus ihm das sog. Gur-Dynamit (Nitroglycerin-Kieselgur-Mischung mit einem Nitroglycerin-Massenanteil von 75 %).
3. Als Beispiel für eine Deflagration in einem heterogenen System sei die sog. Staubexplosion angeführt. Eine derartige Deflagration kann auftreten, wenn brennbarer Staub (z. B. Mehl, mittlerer Teilchendurchmesser < 0,5 mm) in Luft oder Sauerstoff aufgewirbelt und gezündet wird. Ungewollt ablaufende Staubexplosionen können in Betrieben – ebenso wie z. B. Gasexplosionen – beträchtlichen Schaden verursachen.

23.2.9 Katalyse

23.2.9.1 Grundlagen

Unter dem Begriff Katalyse versteht man die Veränderung der Geschwindigkeit einer chemischen Reaktion unter der Einwirkung einer Substanz, des Katalysators. Beschleunigen Katalysatoren die Reaktionsgeschwindigkeit, so spricht man von positiver Katalyse, vermindern Stoffe die Reaktionsgeschwindigkeit, so nennt man diesen Vorgang negative Katalyse, den entsprechenden Wirkstoff bezeichnet man als *Inhibitor*. Katalysatoren in lebenden Zellen (Biokatalysatoren) werden als *Enzyme* bezeichnet.

Katalysatoren sind durch folgende Eigenschaften charakterisiert:

> Sie sind Stoffe, die die Reaktionsgeschwindigkeit ändern, ohne selbst in der Umsatzgleichung aufzutreten. Vor und nach der Umsetzung liegen sie in unveränderter Menge vor.

Sie haben keinen Einfluss auf den Wert der Freien Reaktionsenthalpie, können also weder die Gleichgewichtskonstante noch die Lage des chemischen Gleichgewichtes verändern. Dagegen ist die Geschwindigkeit der Einstellung des Gleichgewichtes von ihrer Anwesenheit abhängig. Die Geschwindigkeiten der Hin- und Rückreaktion werden dabei in gleicher Weise beeinflusst.

Katalysatoren verringern die Aktivierungsenergie einer Reaktion (Vernachlässigung der negativen Katalyse). Das ist nur möglich, wenn die Reaktion in Gegenwart des Katalysators nach einem anderen Mechanismus verläuft als in seiner Abwesenheit. Intermediär bilden sich zwischen den Ausgangsstoffen und dem Katalysator unbeständige Zwischenverbindungen, die dann in die Endprodukte und den Katalysator zerfallen.

In der Praxis unterliegen auch Katalysatoren chemischen oder physikalischen Veränderungen, die ihre Effizienz, d. h. die Menge des erzeugten Produktes pro Katalysatormenge, herabsetzen. Insbesondere können Verunreinigungen der Ausgangsprodukte eine „Vergiftung“ des Katalysators bewirken.

23.2.9.2 Homogene Katalyse

Die homogene Katalyse ist dadurch gekennzeichnet, dass Katalysator und Reaktionspartner in der gleichen Phase vorliegen. Eine homogen katalysierte Gasreaktion findet z. B. beim klassischen Bleikammerverfahren statt, das zur Herstellung von Schwefelsäure dient. Hierbei wird Schwefeldioxid SO_2 durch Sauerstoff zu Schwefeltrioxid SO_3 oxidiert. Als Katalysator dienen Stickstoffoxide. Schematisch kann der Vorgang folgendermaßen beschrieben werden:

$$\begin{array}{r} N_2O_3 + SO_2 \rightarrow 2\ NO + SO_3 \\ \underline{2NO + 1/2\ O_2 \rightarrow N_2O_3} \\ SO_2 + 1/2\ O_2 \rightarrow SO_3. \end{array}$$

Anschließend reagiert das gebildete Schwefeltrioxid mit Wasser unter Bildung von Schwefelsäure H_2SO_4.

23.2.9.3 Heterogene Katalyse

Bei der heterogenen Katalyse liegen Katalysator und Reaktionspartner in verschiedenen Phasen vor. Von großer technischer Bedeutung sind die Systeme fester Katalysator und flüssige bzw. gasförmige Reaktionspartner. Der Hauptvorteil gegenüber der homogenen Katalyse besteht in der leichteren Abtrennbarkeit des Katalysators von den Reaktionsprodukten und in der Möglichkeit kontinuierlicher Prozessführung. Aus diesen Gründen werden heute im technischen Bereich fast ausschließlich heterogene Katalysen durchgeführt.

Beispiel: Für die Reaktion mit der Umsatzgleichung

$$A \rightarrow B + C$$

können folgende Teilschritte formuliert werden:

$$\begin{array}{l} A + K \rightarrow AK, \\ AK \rightarrow K + B + C \end{array}$$

Dabei ist K der Katalysator.

In Abb. 4 sind die Energieprofile der katalysierten und der nichtkatalysierten Reaktion dargestellt. Man erkennt, dass die Reaktion in Gegenwart des Katalysators hier über zwei Energiestufen verläuft, von denen jede eine niedrigere Aktivierungsenergie hat, als dies beim nichtkatalysierten Verlauf der Reaktion der Fall ist.

23.2.9.4 Haber-Bosch-Verfahren

Ein Beispiel für einen großtechnischen Prozess, dem eine heterogene Katalyse zugrunde liegt, ist das Haber-Bosch-Verfahren zur Herstellung von Ammoniak NH_3 aus den Elementen (vgl. Abschn. 23.1.4.6):

$$N_2 + 3\ H_2 \rightleftharpoons 2\ NH_3,\ \Delta_r H < 0.$$

Dieses Verfahren wird bei einem Druck von 200 bar und bei einer Temperatur von 500 °C in Gegenwart eines Eisenkatalysators durchgeführt.

Zur Auswahl der Verfahrensparameter

Nach dem Prinzip von Le Chatelier und Braun (vgl. Abschn. 23.1.4.6) wird die Lage des oben erwähnten exothermen Gleichgewichtes durch Verringerung der Temperatur und Erhöhung des Druckes auf die Seite des Ammoniaks verschoben. Bei den von der Thermodynamik geforderten tiefen Temperaturen erfolgt aber die Einstellung des chemischen Gleichgewichtes nicht mehr in

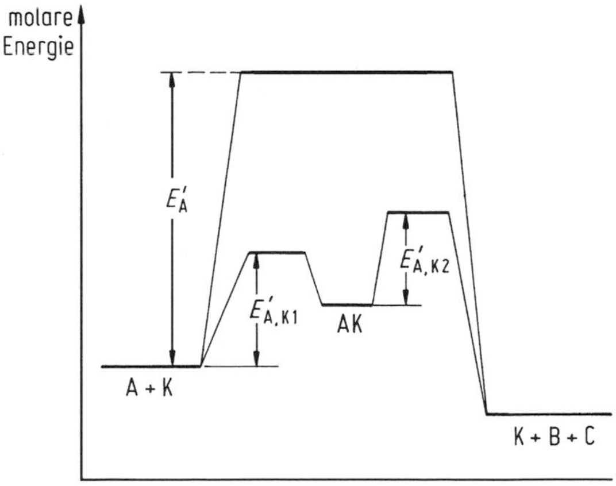

Abb. 4 Schema des Energieverlaufs einer katalysierten und einer nicht katalysierten Reaktion

einem technisch vertretbaren Zeitraum. Darüber hinaus wird die Reaktion durch Katalysatoren erst bei höheren Temperaturen in ausreichendem Maße beschleunigt. Die Optimierung dieser Effekte führte zu den genannten Verfahrensparameter. Ein großer Teil der aufzuwendenden Energie wird nicht zur Herstellung der Reaktionsbedingungen sondern zur Reinigung der Reaktionsgase benötigt, um eine Vergiftung des Katalysators zu vermeiden.

Mechanismus der Ammoniaksynthese
Der Reaktionsablauf bei der Ammoniaksynthese kann wie jede andere durch einen Feststoff katalysierte Gasphasenreaktion in folgende Einzelschritte unterteilt werden:

1. Transport der Ausgangsstoffe durch Konvektion und Diffusion an die innere Oberfläche des Katalysators.
2. Adsorption der Reaktionsteilnehmer an der Oberfläche des Katalysators.
3. Reaktion der adsorbierten Teilchen auf der Katalysatoroberfläche.
4. Desorption des gebildeten Ammoniaks in die Gasphase.
5. Abtransport des Ammoniaks (durch Diffusion und Konvektion).

Der Mechanismus der Ammoniakbildung an der Katalysatoroberfläche kann durch folgendes Schema wiedergegeben werden (die adsorbierten Teilchen sind mit dem Zusatz ad, Moleküle in der Gasphase mit g gekennzeichnet):

$$\mathrm{H_2(g) \rightarrow 2\,H(ad)}$$

$$\mathrm{N_2(g) \rightarrow N_2(ad) \rightarrow 2\,N\,(ad)}$$

$$\mathrm{N(ad) + H(ad) \rightarrow NH(ad)}$$

$$\mathrm{NH(ad) + H(ad) \rightarrow NH_2(ad)}$$

$$\mathrm{NH_2(ad) + H(ad) \rightarrow NH_3(ad) \rightarrow NH_3(g)}$$

Die Geschwindigkeit der Gesamtreaktion wird im Wesentlichen durch die Geschwindigkeit der dissoziativen Stickstoff-Adsorption (Reaktionsschritt 2) bestimmt.

Literatur

Strehlow RA (1985) Combustion fundamentals. McGraw-Hill, New York

Weiterführende Literatur

Baker WE, Tang MJ (1991) Gas, dust and hybrid explosions. Elsevier, Amsterdam
Dörfler H-D (2002) Grenzflächen- und kolloid-disperse Systeme. Springer, Berlin
Haase R (1956) Thermodynamik der Mischphasen. Springer, Berlin
Haase R (1985) Thermodynamik, 2. Aufl. Steinkopff, Darmstadt
Houston PL (2001) Chemical kinetics and reaction dynamics. McGraw-Hill, New York
Kortüm G, Lachmann H (1981) Einführung in die chemische Thermodynamik, 7. Aufl. Vlg. Chemie/Vandenhoeck & Ruprecht, Weinheim/Göttingen
Lewis B, von Elbe G (1987) Combustion, flames and explosions of gases, 3. Aufl. Academic, Orlando
Logan SR (1997) Grundlagen der Chemischen Kinetik. Wiley-VCH, Weinheim
Silbey RJ, Alberty RA, Bawendi MG (2004) Physical chemistry. Wiley, New York
Steen H (Hrsg) (2000) Handbuch des Explosionsschutzes. Wiley-VCH, Weinheim
Warnatz J, Maas U, Dibble RW (2006) Combustion. Springer, Berlin

Prinzipien chemischer Systeme und Reaktionen 24

Manfred Hennecke, Wilhelm Oppermann und Bodo Plewinski

Zusammenfassung

Charakteristische Merkmale von Lösungen werden beschrieben mit besonderem Fokus auf wässrige Lösungen. Gelöste Stoffe dissoziieren häufig unter Bildung von Ionen. Zwei grundlegende Reaktionstypen sind die Protonenübertragung in Säure-Basen-Reaktionen und die Elektronenübertragung in Redoxreaktionen. Zur Quantifizierung der Stärke von Säuren bzw. Basen dienen die Dissoziationskonstanten, während das Oxidations- bzw. Reduktionsvermögen einer Spezies durch das Standardelektrodenpotenzial beschrieben wird.

Herr Bodo Plewinsky ist als aktiver Autor ausgeschieden.

M. Hennecke (✉)
Bundesanstalt für Materialforschung und -prüfung (im Ruhestand), Berlin, Deutschland
E-Mail: hennecke@bam.de

W. Oppermann
Technische Universität Clausthal (im Ruhestand), Clausthal-Zellerfeld, Deutschland
E-Mail: wilhelm.oppermann@tu-clausthal.de

B. Plewinski
Berlin, Deutschland
E-Mail: plewinsky@t-online.de

24.1 Stoffe und Reaktionen in Lösung

24.1.1 Disperse Systeme

Ein *disperses System* ist eine Stoffmischung, die aus zwei oder mehreren Komponenten zusammengesetzt ist. Bei einem derartigen System liegen ein oder mehrere Bestandteile, die als disperse oder dispergierte Phasen bezeichnet werden, fein verteilt in dem so genannten Dispersionsmittel vor. Disperse Systeme können aus einer oder aber auch aus mehreren Phasen bestehen.

Nach der Teilchengröße d der dispersen Phase unterscheidet man

- grobdisperse Systeme ($d > 10^{-6}$ m),
- kolloiddisperse Systeme ($10^{-9} < d/\mathrm{m} < 10^{-6}$) und
- molekulardisperse Systeme ($d < 10^{-9}$ m).

24.1.1.1 Kolloide

In kolloiden Systemen sind die Teilchen der dispersen Phase zwischen 10^{-9} m und 10^{-6} m groß (häufige Bezeichnung: Nanopartikel). Das entspricht etwa 10^3 bis 10^{12} Atomen pro Teilchen. Kolloide nehmen eine Zwischenstellung zwischen den molekulardispersen und den grobdispersen Systemen ein. Aufgrund ihrer geringen Teilchengröße sind Kolloide im Lichtmikroskop nicht sichtbar. In Wasser dispergierte Kolloide

M. Hennecke, B. Skrotzki (Hrsg.), *HÜTTE Band 1: Mathematisch-naturwissenschaftliche und allgemeine Grundlagen für Ingenieure*, Springer Reference Technik,
https://doi.org/10.1007/978-3-662-64369-3_24

Tab. 1 Einteilung der Kolloide

Dispersionsmittel	disperser Bestandteil	Bezeichnung
		Aerosole:
gasförmig	flüssig	Nebel
gasförmig	fest	Staub, Rauch
		Lyosole:
flüssig	gasförmig	Schaum
flüssig	flüssig	Emulsion
flüssig	fest	Suspension
		Xerosole:
fest	gasförmig	fester Schaum, Gasxerosol
fest	flüssig	feste Emulsion
fest	fest	feste Kolloide, Vitreosole

werden von Membranfiltern – nicht aber von Papierfiltern – zurückgehalten.

Kolloide können nach dem Aggregatzustand der dispersen Phase und dem des Dispersionsmittels eingeteilt werden, siehe Tab. 1. Haben die Teilchen der dispersen Phase alle die gleiche Größe, so spricht man von monodispersen Kolloiden, andernfalls liegen polydisperse Kolloide vor.

24.1.1.2 Lösungen

Unter einer Lösung versteht man eine homogene Mischphase, die aus verschiedenen Stoffen zusammengesetzt ist. Die Komponenten müssen molekulardispers verteilt sein. Der Bestandteil, der im Überschuss vorhanden ist, wird in der Regel als Lösungsmittel bezeichnet; die anderen Komponenten werden gelöste Stoffe genannt. Der Begriff Lösung wird üblicherweise auf flüssige und feste Mischphasen beschränkt.

Im Folgenden werden ausschließlich homogene flüssige Mischphasen behandelt. Derartige Lösungen werden in *Elektrolytlösungen* und *Nichtelektrolytlösungen* unterteilt.

Während Elektrolytlösungen gelöste Elektrolyte (siehe Abschn. 24.1.1.3) enthalten, die in polaren Lösungsmitteln in Ionen dissoziieren (z. B. wässrige Lösung von Natriumchlorid), sind in Nichtelektrolytlösungen (z. B. wässrigen Lösungen von Rohrzucker) praktisch keine Ionen vorhanden.

24.1.1.3 Elektrolyte, Elektrolytlösungen

Als Elektrolyt wird eine chemische Verbindung bezeichnet, die im festen oder flüssigen (geschmolzen oder in Lösung) Zustand ganz oder teilweise aus Ionen besteht. Man unterscheidet zwischen:

- *Festen Elektrolyten.* Alle in Ionengittern kristallisierenden Stoffe, also sämtliche Salze (z. B. festes NaCl, dessen Gitter aus Na^+- und Cl^--Ionen aufgebaut ist) und salzartigen Verbindungen (z. B. NaOH) gehören hierzu.
- *Elektrolytschmelzen.* Geschmolzene Salze bzw. geschmolzene salzartige Verbindungen bestehen im flüssigen Zustand weitgehend aus Ionen.
- *Elektrolytlösungen.* Die Lösungen von echten und/oder potentiellen Elektrolyten (siehe unten) in einem polaren Lösungsmittel (dessen Moleküle ein permanentes elektrisches Dipolmoment haben) werden als Elektrolytlösungen bezeichnet. Elektrolytlösungen enthalten stets Ionen in hoher Menge.

Im Hinblick auf ihr Verhalten beim Lösen in polaren Lösungsmitteln werden die Elektrolyte in zwei Gruppen unterteilt:

- *Echte Elektrolyte.* Diese Substanzen sind bereits als Festkörper aus Ionen aufgebaut. Salze und salzartige Verbindungen gehören hierzu. Beim Lösungsvorgang in einem polaren Lösungsmittel wird das Kristallgitter zerstört und die Ionen gehen solvatisiert (siehe Abschn. 24.1.5) in Lösung.
- *Potentielle Elektrolyte.* Diese Verbindungsgruppe ist als reine Phase (vgl. ► Abschn. 23.1.1.1 in Kap. 23, „Thermodynamik und Kinetik chemischer Reaktionen“) nicht aus Ionen aufgebaut. Erst durch eine chemische Reaktion mit einem polaren Lösungsmittel werden Ionen gebildet.

Beispiele für potentielle Elektrolyte: Chlorwasserstoff HCl und Ammoniak NH_3 sind bei Raumbedingungen Gase, die mit flüssigem Wasser unter Bildung der hydratisierten Ionen H^+(aq) und Cl^-(aq) bzw. NH_4^+(aq) und OH^-(aq) reagieren:

$$HCl(g) + xH_2O(l) \rightarrow H^+(aq) + Cl^-(aq)$$

$$NH_3(g) + yH_2O(l) \rightarrow NH_4^+(aq) + OH^-(aq)$$

24.1.2 Kolligative Eigenschaften von Lösungen

Zu den kolligativen Eigenschaften gehören die Dampfdruckerniedrigung, die Gefrierpunktserniedrigung, die Siedepunktserhöhung sowie der osmotische Druck. Diese Eigenschaften hängen bei starker Verdünnung nur von der Zahl (d. h. der Stoffmenge) der gelösten Teilchen, nicht aber von deren chemischer Natur ab. Im Folgenden werden ausschließlich Zweikomponentensysteme betrachtet. Das Lösungsmittel wird durch den Index 1, der gelöste Stoff durch den Index 2 gekennzeichnet. Ferner wird vorausgesetzt, dass der gelöste Stoff keinen messbaren Dampfdruck hat.

24.1.2.1 Dampfdruckerniedrigung

Durch Zusatz eines Stoffes mit den oben geschilderten Eigenschaften zu einem Lösungsmittel wird dessen Dampfdruck erniedrigt. Es gilt

$$p_1 = x_1 \cdot p_{01}, \quad T = \text{const}, \qquad (1)$$

p_1 Dampfdruck über der Lösung, p_{01} Dampfdruck des reinen Lösungsmittels, $x_1 = n_1/(n_1 + n_2)$ Stoffmengenanteil des Lösungsmittels, T Temperatur.

Mit $x_1 + x_2 = 1$ und $\Delta p = p_{01} - p_1$ folgt aus (1) für die relative Dampfdruckerniedrigung

$$\Delta p / p_{01} = x_2, \qquad (2)$$

Die relative Dampfdruckerniedrigung des Lösungsmittels ist gleich dem Stoffmengenanteil des gelösten Stoffes.

Die hier angegebenen Beziehungen gelten nur bei verdünnten Lösungen unter der Voraussetzung, dass der gelöste Stoff ein Nichtelektrolyt (z. B. Rohrzucker) ist.

24.1.2.2 Gefrierpunktserniedrigung und Siedepunktserhöhung

Fügt man zu einem reinen Lösungsmittel einen gelösten Stoff, so führt dies, wie in Abschn. 24.1.2.1 dargelegt wurde, stets zu einer Dampfdruckerniedrigung. Diese bewirkt einerseits, dass über der Lösung der Normalluftdruck (101.325 Pa) erst bei einer höheren Temperatur erreicht wird als über dem reinen Lösungsmittel. Die Dampfdruckerniedrigung führt also zu einer Siedepunktserhöhung. Andererseits bewirkt der Zusatz des gelösten Stoffes, dass die Dampfdruckkurve der Lösung die des festen Lösungsmittels schon bei einer tieferen Temperatur schneidet als die entsprechende Kurve des reinen Lösungsmittels, d. h., der Gefrierpunkt wird durch den Zusatz des gelösten Stoffes erniedrigt. Dies ist schematisch in Abb. 1 dargestellt. Für die *Gefrierpunktserniedrigung* gilt:

$$\Delta T_{sl} = T_{sl1} - T_{sl} = k_G \, b_2, \quad p = \text{const}, \qquad (3)$$

$T_{sl\,1}$ Schmelzpunkt des reinen Lösungsmittels, T_{sl} Schmelztemperatur der Lösung, $b_2 = n_2/m_1$ *Molalität* des gelösten Stoffes, n_2 Stoffmenge des gelösten Stoffes, m_1 Masse des Lösungsmittels, p Druck.

Die Größe k_G, die nur von den Eigenschaften des reinen Lösungsmittels abhängt, heißt *kryoskopische Konstante*. Ihr Wert für Wasser ist bei 101.325 Pa

$$k_G = 1{,}860\,\text{K kg/mol}.$$

Eine analoge Beziehung besteht für die Siedepunktserhöhung:

$$\Delta T_{lg} = T_{lg} - T_{lg1} = k_S b_2 \quad p = \text{const}, \qquad (4)$$

T_{lg} Siedetemperatur der Lösung, $T_{lg\,1}$ Siedetemperatur des reinen Lösungsmittels, k_S *ebullioskopische Konstante*.

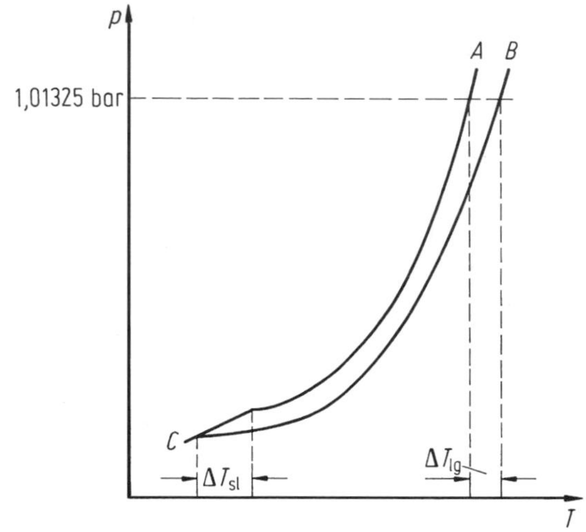

Abb. 1 Schema der Dampfdruckkurve einer Lösung (Kurve B) und des entsprechenden Lösungsmittels (Kurve A). ΔT_{lg} Siedepunktserhöhung, ΔT_{sl} Gefrierpunktserniedrigung. C ist die Dampfdruckkurve des reinen, festen Lösungsmittels

Für Wasser ist

$$k_S = 0{,}513\,\text{K kg/mol}.$$

Die Beziehungen, die für den Zusammenhang zwischen der Siedepunktserhöhung bzw. der Gefrierpunktserniedrigung und der Molalität des gelösten Stoffes angegeben sind, gelten nur für sehr verdünnte Lösungen unter der Voraussetzung, dass der gelöste Stoff ein Nichtelektrolyt ist. Messungen der Gefrierpunktserniedrigung wurden früher häufig zur Bestimmung der molaren Masse eines gelösten Stoffes benutzt. Hierzu wird (3) folgendermaßen umgeformt;

$$\begin{aligned}\Delta T_{sl} &= k_G b_2 = k_G m_2/(M_2 m_1),\\ \mathrm{M}_2 &= k_G\ m_2/(\Delta T_{sl}\ m_1)\end{aligned} \tag{5}$$

M_2 molare Masse des gelösten Stoffes, m_2 Masse des gelösten Stoffes.

Bei Elektrolytlösungen wird die Abhängigkeit der Gefrierpunktserniedrigung bzw. der Siedepunktserhöhung von der Molalität des gelösten Stoffes durch folgende Beziehungen beschrieben: Gefrierpunktserniedrigung

$$\Delta T_{sl}/b_2 = \nu\ k_G + a\sqrt{b_2} \tag{6}$$

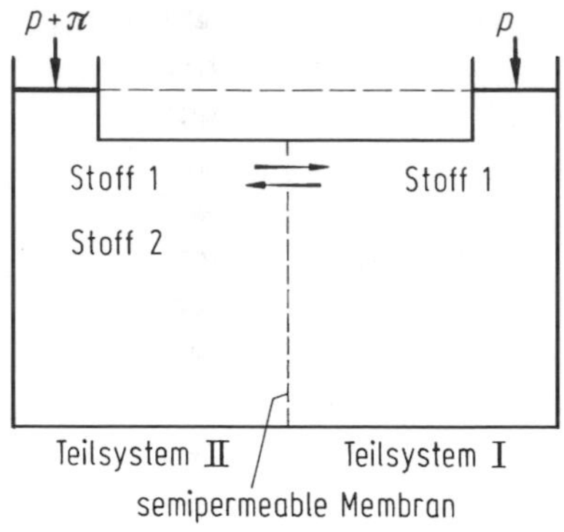

Abb. 2 Osmotisches Gleichgewicht, die semipermeable Membran ist für den Stoff 2 undurchlässig (nach Tombs, M.P.; Peacocke, A.R.: The osmotic pressure of biological macromolecules)

Siedepunktserhöhung

$$\Delta T_{lg}/b_2 = \nu\ k_S + b\sqrt{b_2} \tag{7}$$

b_2 Molalität.

Hierbei sind a und b Konstanten, die auch von den Eigenschaften des gelösten Stoffes abhängen. ν ist die Summe der Zerfallszahlen. Diese Größe ist durch die Zahl der Ionen gegeben, in die die Formeleinheit des Elektrolyten zerfällt.

Beispiel: Natriumsulfat Na_2SO_4 zerfällt in zwei Na^+-Ionen und ein SO_4^{2-}-Ion, daher ist $\nu = 3$.

Messungen der Gefrierpunktserniedrigung und der Siedepunktserhöhung von Elektrolytlösungen können als Nachweis dafür dienen, dass Elektrolyte in wässriger Lösung dissoziiert vorliegen.

24.1.2.3 Osmotischer Druck

In Abb. 2 ist ein System dargestellt, in dem eine semipermeable Membran zwei flüssige Teilsysteme trennt. Eine derartige Membran ist nur für bestimmte Teilchenarten durchlässig, in diesem Fall nur für die Moleküle des Lösungsmittels (Index 1), nicht aber für den gelösten Stoff (Index 2). Im Teilsystem I befindet sich nur das Lösungsmittel, im Teilsystem II zusätzlich ein gelöster Stoff (z. B. Rohrzucker). Im Gleichgewicht muss auf den Kolben II zusätzlich zum Druck p, der auch auf den Kolben I wirkt, der Druck π ausgeübt werden. Ein derartiges Gleichgewicht heißt *osmotisches Gleichgewicht*. Der Zusatzdruck π wird als *osmotischer Druck* bezeichnet.

Wirkt auf den Kolben II kein Zusatzdruck, so wandern Lösungsmittelmoleküle vom Teilsystem I ins Teilsystem II und verdünnen dadurch die Lösung. Als Folge *dieses Vorganges wird der Flüssigkeitsspiegel im Zylinder II erhöht und im Zylinder I* gesenkt. Dieser Vorgang wird so lange fortgesetzt, bis die hydrostatische Druckdifferenz den osmotischen Druck der Lösung erreicht hat. Die Konzentrationsabhängigkeit des osmotischen Druckes π eines gelösten Nichtelektrolyten wird durch folgende Beziehung beschrieben:

$$\pi = c_2RT + Bc_2^2 + Cc_2^3 + \ldots \quad (8a)$$

$$\pi/\varrho_2 = RT/M_2 + B'\varrho_2 + C'\varrho_2{}^2 + \ldots \quad (8b)$$

c_2 Konzentration des gelösten Stoffes, $\varrho_2 = m_2/V$ Massenkonzentration (Partialdichte), R universelle Gaskonstante. Die Konstanten B, C, B' und C' werden als Virialkoeffizienten bezeichnet.

Diese Gleichung stimmt formal mit der Virialform der Zustandsgleichung realer Gase überein (vgl. ► Abschn. 23.1.2.3 in Kap. 23, „Thermodynamik und Kinetik chemischer Reaktionen").

Für sehr verdünnte Nichtelektrolytlösungen vereinfacht sich die obige Beziehung.

Es gilt näherungsweise

$$\pi = c_2\ RT. \quad (9)$$

Diese Beziehung gleicht der Zustandsgleichung idealer Gase.

Elektrolytlösungen weisen bei gleichen Konzentrationen einen höheren osmotischen Druck auf als Nichtelektrolytlösungen. Für stark verdünnte Lösungen von Elektrolyten gilt:

$$\pi = \nu c_2 RT, \quad (10)$$

ν Summe der Zerfallszahlen.

Umkehrosmose

Wirkt auf den linken Kolben des in Abb. 2 dargestellten Systems ein äußerer Druck, der größer als der osmotische Druck π ist, so geschieht folgendes: Lösungsmittelmoleküle wandern durch die semipermeable Membran vom Teilsystem II (Lösungsseite) zum Teilsystem I (Seite des Lösungsmittels). Dieser Vorgang wird als Umkehrosmose bezeichnet und technisch zur Meerwasserentsalzung eingesetzt.

Anwendungen und Beispiele

1. Bestimmung der molaren Masse gelöster Nichtelektrolyte. Hierzu wird π/ϱ_2 als Funktion der Massenkonzentration ϱ_2 aufgetragen und die molare Masse unter Anwendung obiger Beziehung aus dem Ordinatenabschnitt der graphischen Darstellung bestimmt (vgl. (8b)).
2. Im menschlichen Blut besitzen sowohl das Blutplasma als auch der Inhalt der roten Blutkörperchen den gleichen osmotischen Druck (7,7 bar bei 37 °C). Eine Zufuhr von reinem Wasser bewirkt eine Verringerung des osmotischen Druckes des Blutplasmas und führt durch Quellung zum Platzen der roten Blutkörperchen (Hämolyse). Wird der Wassergehalt des Blutplasmas erniedrigt und damit der osmotische Druck erhöht, so schrumpfen die roten Blutkörperchen. Bei intravenösen Injektionen muss daher darauf geachtet werden, dass der osmotische Druck der injizierten Flüssigkeiten gleich dem des Blutplasmas ist.

24.1.3 Löslichkeit von Gasen in Flüssigkeiten

Die Löslichkeit von Gasen in Flüssigkeiten wird quantitativ durch das Gesetz von Henry und Dalton beschrieben:

$$x_2 = k\ p_2, \quad T = \text{const} \quad (11)$$

Bei konstanter Temperatur ist der Stoffmengenanteil x_2 eines Gases in einer Flüssigkeit seinem Partialdruck p_2 in der Gasphase proportional.

k ist eine von der chemischen Natur des Gases und des Lösungsmittels sowie von der Temperatur abhängige Stoffkonstante.

24.1.4 Verteilung gelöster Stoffe zwischen zwei Lösungsmitteln

Zwei (praktisch) unmischbare Flüssigkeiten enthalten beide einen dritten Stoff (Index B). Wenn sich das Verteilungsgleichgewicht eingestellt hat, gilt das *Nernst'sche Verteilungsgesetz*:

$$c_{\mathrm{B}}^{\mathrm{I}}/c_{\mathrm{B}}^{\mathrm{II}} = k, \quad T, p = \text{const.} \tag{12}$$

(Kennzeichnung der beiden flüssigen Phasen durch I und II.)

Das Verhältnis der Konzentrationen eines sich zwischen zwei nicht mischbaren Lösungsmitteln verteilenden Stoffes ist konstant, d. h. unabhängig von der ursprünglich eingesetzten Stoffportion.

Die Konstante *k* wird als *Verteilungskoeffizient* des Stoffes B bezeichnet. Sie ist von der Natur der Lösungsmittel sowie von Druck und Temperatur abhängig. Voraussetzung für die Gültigkeit von (12) ist, dass der molekulare Zustand des Stoffes B in beiden flüssigen Phasen gleich ist.

24.1.5 Wasser als Lösungsmittel

Die Löslichkeit von Ionenkristallen (Salzen) oder Molekülkristallen in einem Lösungsmittel wird durch zwei unterschiedliche energetische Faktoren bestimmt. Beim Auflösen des Kristalls muss dessen Gitter zerstört werden. Dazu ist eine Energie notwendig, die größenordnungsmäßig gleich der Gitterenergie ist. Diese Energie wird durch die Wechselwirkung zwischen den Lösungsmittelmolekülen und den gelösten Teilchen geliefert und heißt *Solvatationsenergie* (beim Lösungsmittel Wasser: *Hydratationsenergie*). Die Wechselwirkung der gelösten Teilchen mit den Lösungsmittelmolekülen wird *Solvatation* (beim Lösungsmittel Wasser: *Hydratation*) genannt.

Es gilt folgende Beziehung zwischen der Gitterenthalpie $\Delta_{\mathrm{G}}H$, der Solvatationsenthalpie $\Delta_{\mathrm{S}}H$ und der Lösungsenthalpie $\Delta_{\mathrm{L}}H$ (der Unterschied zwischen der Energie und der Enthalpie soll hier vernachlässigt werden):

$$\Delta_{\mathrm{L}}H = \mid \Delta_{\mathrm{G}}H \mid - \mid \Delta_{\mathrm{S}}H \mid. \tag{13}$$

Folgende drei Fälle sollen diskutiert werden:

1. $|\Delta_{\mathrm{G}}H| > |\Delta_{\mathrm{S}}H|$. Hier ist $\Delta_{\mathrm{L}}H > 0$, d. h., beim Auflösen des Kristalls kühlt sich die Lösung ab (endothermer Vorgang). Die endotherme Auflösung eines Kristalls ist nur möglich, wenn die Bedingung $T\,\Delta_{\mathrm{r}}S > \Delta_{\mathrm{r}}H$ erfüllt ist (vgl. ► Abschn. 23.1.3.4 in Kap. 23, „Thermodynamik und Kinetik chemischer Reaktionen"), da nur in diesem Fall $\Delta_{\mathrm{r}}G < 0$ sein kann (die Reaktionsgrößen beziehen sich auf den Gesamtvorgang der Auflösung).
2. $|\Delta_{\mathrm{G}}H| < |\Delta_{\mathrm{S}}H|$. In diesem Fall ist $\Delta_{\mathrm{L}}H < 0$, d. h., die Lösung erwärmt sich (exothermer Vorgang).
3. $|\Delta_{\mathrm{G}}H| \gg |\Delta_{\mathrm{S}}H|$. Die energetischen Voraussetzungen für eine Auflösung des Kristalls sind jetzt nicht mehr gegeben.

Hydratation von Ionen

Die direkte Ion-Dipol-Wechselwirkung führt zur Hydratation in der unmittelbaren Umgebung des Ions (primäre Hydratation). In dieser Hydrathülle sind die Wassermoleküle relativ fest gebunden. Die primäre Hydrathülle bleibt sowohl bei der thermischen Eigenbewegung als auch bei der Bewegung unter dem Einfluss eines elektrischen Feldes erhalten. Kleine und hochgeladene Ionen sind besonders stark hydratisiert. Die Zahl der Wassermoleküle in der primären Hydrathülle liegt je nach Ionensorte meist zwischen 1 und 10. Die äußere, locker gebundene Hülle entsteht durch Wechselwirkung der Wassermoleküle mit dem bereits in erster Sphäre hydratisierten Ion (sekundäre Hydratation).

24.1.6 Eigendissoziation des Wassers, Ionenprodukt des Wassers

Auch chemisch reines Wasser besitzt eine elektrische Leitfähigkeit. So fanden Kohlrausch und Heydweiler (1894) für die Leitfähigkeit γ von Wasser bei 18 °C einen Wert von

$$\gamma = 4{,}4 \cdot 10^{-6}\,\mathrm{S/m}.$$

Ursache dieser Restleitfähigkeit ist die Bildung von Ionen durch die Eigendissoziation von Wassermolekülen, die durch folgende Gleichung beschrieben werden kann:

$$H_2O \rightleftharpoons H^+(aq) + OH^-(aq).$$

Die Wasserstoff- und die Hydroxidionen sind hydratisiert, was durch den Zusatz (aq) gekennzeichnet ist.

Wendet man auf die obige Umsatzgleichung das Massenwirkungsgesetz an, so folgt

$$c(H^+)\ c(OH^-) = K_W,$$

$$K_W = 1{,}01 \cdot 10^{-14}\,\mathrm{mol}^2/\mathrm{l}^2 \quad (25\,°\mathrm{C}).$$

K_W wird als Ionenprodukt des Wassers bezeichnet. K_W ist, wie die nachfolgende Tabelle zeigt, stark von der Temperatur abhängig:

T in °C	K_W in ($\mathrm{mol}^2/\mathrm{l}^2$)
0	$0{,}115 \cdot 10^{-14}$
5	$0{,}188 \cdot 10^{-14}$
25	$1{,}006 \cdot 10^{-14}$
40	$2{,}83 \cdot 10^{-14}$
55	$6{,}85 \cdot 10^{-14}$
70	$14{,}7 \cdot 10^{14}$
85	$28{,}3 \cdot 10^{-14}$
100	$49{,}9 \cdot 10^{-14}$

In reinem Wasser ist die Konzentration der $H^+(aq)$- und $OH^-(aq)$-Ionen gleich. Daher gilt:

$$c(H^+) = c(OH^-) = \sqrt{K_W}.$$

Bei 25 °C erhält man mit dieser Beziehung:

$$c(H^+) = c(OH^-) = 1 \cdot 10^{-7}\,\mathrm{mol/l}.$$

Da die Konzentration des undissoziierten Wassers 55,5 mol/l beträgt, folgt, dass lediglich ein Bruchteil von $1{,}8 \cdot 10^{-9}$ der Wassermoleküle dissoziiert ist.

24.1.7 Säuren und Basen

24.1.7.1 Definitionen von Arrhenius und Brønsted

Nach *Arrhenius* werden Säuren und Basen folgendermaßen definiert:

Säuren sind wasserstoffhaltige Verbindungen, die in wässriger Lösung in positiv geladene Wasserstoffionen (H^+) und negativ geladene Säurerest-Ionen dissoziieren. Basen sind hydroxidgruppenhaltige Verbindungen, die in wässriger Lösung in negative Hydroxidionen (OH^-) und positive Baserest-Ionen dissoziieren.

Beispiele: Die Säure Chlorwasserstoff HCl dissoziiert in wässriger Lösung gemäß folgender Gleichung: $HCl \rightleftharpoons H^+(aq) + Cl^-(aq)$. Im Gegensatz zur HCl kann ein Schwefelsäuremolekül H_2SO_4 zwei Wasserstoffionen abgeben:

$$H_2SO_4 \rightleftharpoons H^+(aq) + HSO_4^-(aq)$$
(1. Dissoziationsstufe)

und

$$HSO_4^-(aq) \rightleftharpoons H^+(aq) + SO_4^{2-}(aq)$$
(2. Dissoziationsstufe).

Die Base Natriumhydroxid NaOH dissoziiert in wässriger Lösung in Natrium- und Hydroxidionen:

$$NaOH \rightleftharpoons Na^+(aq) + OH^-(aq).$$

Nach Arrhenius bildet sich bei der Reaktion einer Säure mit einer Base ein Salz und undissoziiertes Wasser. Dieser Reaktionstyp wird als Neutralisation bezeichnet.

Beispiele:

$$HCl + NaOH \rightleftharpoons NaCl + H_2O$$

$$H_2SO_4 + 2\,NaOH \rightleftharpoons Na_2SO_4 + 2\,H_2O.$$

Das Wesentliche der Neutralisation besteht in der Reaktion von Wasserstoffionen und Hydroxidionen zu undissoziiertem Wasser:

$$H^+(aq) + OH^-(aq) \rightleftharpoons H_2O.$$

J.N. Brønsted (dt.: Brönsted) erweiterte 1923 die Definition von Arrhenius folgendermaßen:

Säuren sind Protonendonatoren, d. h. Stoffe, die Protonen abgeben können.

Basen sind Protonenakzeptoren, d. h. Stoffe, die Protonen aufnehmen können.

Diese Definition von Brönsted ist unabhängig vom verwendeten Lösungsmittel.

Arrhenius-Säuren sind stets auch Brönsted-Säuren.

Brönsted-Basen sind z. B. OH^-, NH_3, Cl^- und SO_4^{2-}. Durch Protonenanlagerung werden diese Verbindungen zu H_2O, NH_4^+, HCl und HSO_4^-. Die zuletzt genannten Moleküle bzw. Ionen sind, da sie die aufgenommenen Protonen wieder abspalten können, Brönsted-Säuren.

24.1.7.2 Starke und schwache Säuren und Basen

Säuren wie auch Basen unterscheiden sich durch das Ausmaß, in dem die Aufspaltung in Ionen, die Dissoziation, erfolgt. Die zuverlässigste Größe, die die Dissoziation quantitativ beschreibt, ist die Dissoziationskonstante. Für die Dissoziation einer Säure (HA) bzw. Base (BOH) gilt:

$$\mathrm{HA} \rightleftharpoons \mathrm{H}^+(\mathrm{aq}) + \mathrm{A}^-(\mathrm{aq})$$

$$\mathrm{BOH} \rightleftharpoons \mathrm{B}^+(\mathrm{aq}) + \mathrm{OH}^-(\mathrm{aq}).$$

Wendet man auf diese Gleichgewichte das Massenwirkungsgesetz an, so folgt:

$$K_\mathrm{S} = \frac{c(\mathrm{H}^+) \cdot c(\mathrm{A}^-)}{c(\mathrm{HA})} \qquad K_\mathrm{B} = \frac{c(\mathrm{B}^+) \cdot c(\mathrm{OH}^-)}{c(\mathrm{BOH})}.$$

Hierbei sind $c(\mathrm{H}^+)$, $c(\mathrm{A}^-)$, $c(\mathrm{HA})$, $c(\mathrm{OH}^-)$, $c(\mathrm{B}^+)$ und $c(\mathrm{BOH})$ die Konzentrationen der im Gleichgewicht vorliegenden Teilchen. K_S und K_B werden als Dissoziationskonstanten bezeichnet. $c(\mathrm{HA})$ bzw. $c(\mathrm{BOH})$ unterscheiden sich von der analytischen oder der Gesamtkonzentration c_0. Die zuletzt genannten Größen setzen sich additiv aus der Konzentration der dissoziierten und der undissoziierten Säure bzw. Base zusammen. Es gilt:

$$c_0 = c(\mathrm{H}^+) + c(\mathrm{HA}) \quad \text{bzw.}$$

$$c_0 = c(\mathrm{OH}^-) + c(\mathrm{BOH}).$$

Häufig wird das Ausmaß der Dissoziation durch den Dissoziationsgrad α ausgedrückt. Hierunter versteht man den Quotienten aus der Zahl der dissoziierten Moleküle und der Gesamtzahl der Moleküle, α kann Werte zwischen 0 (undissoziierte Verbindung) und 1 (vollständige Dissoziation) annehmen.

Säuren und Basen werden als stark bezeichnet, wenn die Dissoziationskonstante größer oder gleich 1 mol/l ist. In diesem Fall dissoziiert die Säure bei allen Konzentrationen praktisch vollständig, d. h., α ist bei allen Konzentrationen nahezu 1.

Beispiele für starke Säuren und Basen:

Salzsäure (HCl in Wasser), Salpetersäure HNO_3, Schwefelsäure H_2SO_4 und Perchlorsäure $HClO_4$ sind starke Säuren.

Starke Basen sind die Alkalimetallhydroxide (NaOH, KOH usw.) und die meisten Erdalkalimetallhydroxide ($Ca(OH)_2$, $Ba(OH)_2$, vgl. ► Abschn. 25.1.3 in Kap. 25, „Chemische Elemente und deren charakteristische Verbindungen“).

Säuren und Basen, die Dissoziationskonstanten aufweisen, die kleiner als 1 mol/l sind, werden als schwache Säuren bzw. Basen bezeichnet. Das Ausmaß der Dissoziation ändert sich hier sehr stark mit der Konzentration der Säure bzw. Base. Die Dissoziationskonstanten einiger schwacher Säuren bzw. Basen gibt die folgende Tabelle wieder (Temperatur 25 °C):

Salpetrige Säure	HNO_2	$4{,}6 \cdot 10^{-4}$ mol/l
Essigsäure	CH_3COOH	$1{,}75 \cdot 10^{-5}$ mol/l
Ameisensäure	HCOOH	$1{,}77 \cdot 10^{-4}$ mol/l
Kohlensäure	H_2CO_3	
1. Stufe		$1{,}32 \cdot 10^{-4}$ mol/l
2. Stufe		$4{,}69 \cdot 10^{-11}$ mol/l
Silberhydroxid	AgOH	$1{,}1 \cdot 10^{-4}$ mol/l
Ammoniak	$NH_3 \cdot H_2O$	$1{,}77 \cdot 10^{-5}$ mol/l

Namen und Formeln wichtiger anorganischer Säuren sind in Tab. 2 aufgeführt.

24.1.7.3 Der pH-Wert

Häufig verwendet man anstelle der Wasserstoffionenkonzentration den pH-Wert, der durch folgende Beziehung definiert ist:

$$\mathrm{pH} = -\log(c(\mathrm{H}^+)/(\mathrm{mol/l})). \tag{14}$$

Der pH-Wert ist der negative dekadische Logarithmus des Zahlenwertes der Wasserstoffionenkonzentration in mol/l.

Tab. 2 Wichtige anorganische Säuren

Name	Formel	Anion Formel	(Säurerestion) Name	Bemerkungen
Bromwasserstoff	HBr	Br^-	Bromid	
Chlorwasserstoff	HCl	Cl^-	Chlorid	unter Normalbedingungen farbloses Gas, wässrige Lösungen heißen Salzsäure
Fluorwasserstoff	HF	F^-	Fluorid	bei 19,5 °C siedende Flüssigkeit, wässrige Lösungen heißen Flusssäure
Schwefelwasserstoff	H_2S	HS^-	Hydrogensulfid	farbloses, übelriechendes (wie faule Eier), sehr giftiges Gas
		S^{2-}	Sulfid	
Hypochlorige Säure	HClO	ClO^-	Hypochlorit	
Chlorige Säure	$HClO_2$	ClO_2^-	Chlorit	
Chlorsäure	$HClO_3$	ClO_3^-	Chlorat	
Perchlorsäure	$HClO_4$	ClO_4^-	Perchlorat	
Kohlensäure	H_2CO_3	HCO_3^-	Hydrogencarbonat	Kohlensäure ist nur in wässriger Lösung beständig,
		CO_3^{2-}	Carbonat	CO_2 ist das Anhydrid der Kohlensäure (Oxid reagiert mit Wasser unter Bildung von Kohlensäure)
Phosphorsäure	H_3PO_4	$H_2PO_4^-$	Dihydrogenphosphat	Anhydrid der Phosphorsäure: Phosphorpentoxid P_4O_{10}
		HPO_4^{2-}	Hydrogenphosphat	
		PO_4^{3-}	Phosphat	
Salpetrige Säure	HNO_2	NO_2^-	Nitrit	Stickstoffdioxid NO_2 ist das gemischte Anhydrid
Salpetersäure	HNO_3	NO_3^-	Nitrat	der Salpetrigen und der Salpetersäure
Schweflige Säure	H_2SO_3	SO_3^{2-}	Sulfit	Anhydrid der schwefligen Säure: Schwefeldioxid SO_2
Schwefelsäure	H_2SO_4	SO_4^{2-}	Sulfat	Anhydrid der Schwefelsäure: Schwefeltrioxid SO_3

Reines Wasser hat bei 25 °C wegen $K_W = 10^{-14}$ mol²/l² und $c(H^+) = 10^{-7}$ mol/l den pH-Wert 7. Durch Säurezusatz kann eine höhere Wasserstoffionenkonzentration erreicht werden. Derartige Lösungen haben einen pH-Wert, der kleiner als 7 ist. Sie werden als sauer bezeichnet. Ist durch Zusatz einer Base zu Wasser die Hydroxidionenkonzentration erhöht worden, so muss wegen der Gleichgewichtsbedingung

$$K_W = c(H^+)\ c(OH^-)$$

die Wasserstoffionenkonzentration entsprechend kleiner geworden sein. Derartige alkalische oder basische Lösungen haben einen pH-Wert, der größer als 7 ist:

pH $<$ 7 saure Lösungen
pH $=$ 7 neutrale Lösungen
pH $>$ 7 alkalische Lösungen.

24.1.7.4 pH-Wert der Lösung einer starken Säure bzw. Base

Nach der in Abschn. 24.1.7.2 angegebenen Definition sind *starke Säuren* bei allen Konzentrationen praktisch vollständig dissoziiert. Daraus folgt, dass die Wasserstoffionenkonzentration $c(H^+)$ bei starken Säuren gleich der analytischen oder Gesamtkonzentration c_0 der Säure ist: $c(H^+) = c_0$.

Beispiel: Der pH-Wert einer Salzsäure der Konzentration $c(HCl) = 2$ mol/l ist zu berechnen. Mit $c(H^+) = c_0(HCl) = 2$ mol/l folgt: pH $= -0{,}3$. Man erkennt, dass der pH-Wert der Lösung einer starken Säure auch kleinere Werte als 0 (bei $c(H^+) > 1$ mol/l) annehmen kann.

Bei Lösungen *starker Basen* gilt infolge der vollständigen Dissoziation dieser Verbindungen, dass die Konzentration der Hydroxidionen gleich der analytischen Konzentration der Base ist: $c(OH^-) = c_0$. Die Wasserstoffionen-Konzentration ist durch das Ionenprodukt des Wassers festgelegt:

$$c(H^+) = \frac{K_W}{c(OH^-)} = \frac{K_W}{c_0}.$$

Beispiel: Der pH-Wert einer Natriumhydroxidlösung der Konzentration $c_0(NaOH) = 0{,}1$ mol/l ist gesucht (25 °C).

Ergebnis: $c(OH^-) = 0{,}1$ mol/l, $c(H^+) = 10^{-13}$ mol/l, pH = 13.

24.1.7.5 pH-Wert der Lösung einer schwachen Säure bzw. Base

Gegeben sei die wässrige Lösung einer schwachen Säure HA (z. B. Essigsäure CH_3COOH) mit der analytischen Konzentration c_0. Das Dissoziationsgleichgewicht von HA wird durch die Dissoziationskonstante K_S beschrieben (vgl. Abschn. 24.1.7.2):

$$HA \rightleftharpoons H^+(aq) + A^-(aq),$$
$$K_S = \frac{c(H^+) \cdot c(A^-)}{c(HA)}. \quad (15)$$

Bei Lösungen, die außer dem Lösungsmittel Wasser nur die schwache Säure enthalten, gilt $c(H^+) = c(A^-)$. Ersetzt man in der obigen Beziehung $c(HA)$ durch die analytische Konzentration c_0, so folgt:

$$K_S = \frac{c^2(H^+)}{c_0 - c(H^+)}. \quad (16)$$

Diese Gleichung bildet die Grundlage der Berechnung der Wasserstoffionenkonzentration und damit des pH-Wertes von Lösungen schwacher Säuren.

Für den Fall, dass $c_0 \gg c(H^+)$ ist, wovon bei nicht zu verdünnten Lösungen der schwachen Säure ausgegangen werden kann, vereinfacht sich (16) zu folgender Näherungsbeziehung:

$$K_S = \frac{c^2(H^+)}{c_0}. \quad (17)$$

Beispiel: Der pH-Wert einer wässrigen Essigsäurelösung der Konzentration $c_0 = 0{,}057$ mol/l ist zu berechnen (25 °C).

Mit $K_S = 1{,}75 \cdot 10^{-5}$ mol/l erhält man mit obiger Näherungsgleichung $c(H^+) = 10^{-3}$ mol/l und pH = 3.

Zur Ermittlung des pH-Wertes der wässrigen Lösung einer schwachen Base können die folgenden Bestimmungsgleichungen herangezogen werden (Gleichgewichtsreaktion

$$BOH \rightleftharpoons B^+(aq) + OH^-(aq),$$
$$K_B = \frac{c(B^+) \cdot c(OH^-)}{c(BOH)},$$
$$K_W = c(H^+) \cdot c(OH^-) \text{ und } c(B^+) = c(OH^-).$$

Auch hier kann bei nicht zu verdünnten Lösungen die Konzentration der undissoziierten Base, $c(BOH)$, gleich der analytischen oder Gesamtkonzentration c_0 gesetzt werden. Unter dieser Bedingung folgt:

$$c(H^+) = \sqrt{\frac{K_W^2}{K_B \cdot c_0}}.$$

24.1.7.6 pH-Wert von Salzlösungen (Hydrolyse)

Nach Arrhenius werden Salze durch Neutralisation einer Säure mit einer Base gebildet (vgl. Abschn. 24.1.7.1). Dabei können nun die Säure und/oder die Base stark oder schwach sein. Ist bei der Salzbildung eine schwache Säure und/oder Base beteiligt, so muss sich in der Lösung das Dissoziationsgleichgewicht dieser Verbindung mit dem des Wassers überlagern. Als Folge davon reagiert die Lösung nicht mehr neutral, sondern alkalisch oder sauer.

Beispiele:

1. *Salz aus schwacher Säure und starker Base. (Wässrige Lösung reagiert alkalisch.)*

Natriumacetat $NaCH_3COO$ ist ein Beispiel für ein derartiges Salz. In wässriger Lösung reagiert das Acetation (CH_3COO^-) als Salz der schwachen Essigsäure teilweise mit den Ionen des Wassers unter Bildung undissoziierter Essigsäure. Dadurch bildet sich ein Überschuss an Hydroxidionen, die Lösung reagiert alkalisch:

$$CH_3COO^- + Na^+ + H_2O \rightleftharpoons CH_3COOH + Na^+ + OH^-(aq).$$

2. *Salz aus starker Säure und schwacher Base. (Wässrige Lösung reagiert sauer.)*
   Ammoniumchlorid (NH_4Cl) ist ein Salz, das derartig aufgebaut ist. In wässriger Lösung dissoziiert es in Ammonium- und Chloridionen. Die Ammoniumionen reagieren mit den Hydroxidionen des Wassers teilweise unter Bildung von undissoziiertem Ammoniumhydroxid (NH_4OH). Dadurch entsteht ein Überschuss an Wasserstoffionen und die wässrige Lösung dieses Salzes reagiert sauer:

$$NH_4^+ + Cl^- + H_2O \rightleftharpoons NH_4OH + Cl^- + H^+(aq).$$

3. *Salz aus starker Säure und starker Base.*
   (Beispiel NaCl, wässrige Lösung reagiert neutral.)
4. *Salz aus schwacher Säure und schwacher Base.*
   Ein derartiges Salz reagiert abhängig vom Wert der Dissoziationskonstanten der schwachen Säure bzw. Base neutral, alkalisch oder sauer. Ammoniumacetat (NH_4CH_3COO) ist ein Beispiel für diesen Salztyp. Da in diesem Falle die Dissoziationskonstanten der Essigsäure und des Ammoniumhydroxids praktisch gleich groß sind (vgl. Abschn. 24.1.7.2), reagiert die wässrige Lösung dieses Salzes neutral.

24.1.7.7 Löslichkeitsprodukt

Wir betrachten die Lösung eines (schwerlöslichen) Elektrolyten in Wasser. Die Lösung sei bei konstanter Temperatur und bei konstantem Druck mit der festen Phase des Elektrolyten, dem Bodenkörper, im Gleichgewicht. Unter diesen Bedingungen spricht man von einer gesättigten Lösung. Für einen Elektrolyten des Formeltyps AB (Beispiel Silberchlorid AgCl) kann dieser Vorgang durch die folgende Umsatzgleichung beschrieben werden:

$$AgCl(s) \rightleftharpoons Ag^+(aq) + Cl^-.$$

Wendet man auf das vorstehende heterogene Gleichgewicht das Massenwirkungsgesetz an, so erhält man:

$$c(Ag^+) \cdot c(Cl^-) = K = L.$$

Die Massenwirkungskonstante heißt in diesem Fall Löslichkeitsprodukt. In der Tab. 3 sind die Löslichkeitsprodukte einiger Elektrolyte (in Wasser) bei 20 °C und 1 bar aufgeführt.

Aus dem Wert des Löslichkeitsprodukts lässt sich die Sättigungskonzentration (oder die Löslichkeit) c_S einer Verbindung berechnen. Bei Elektrolyten des Formeltyps AB erhält man für den Zusammenhang zwischen c_S und dem Löslichkeitsprodukt die folgende Beziehung (Beispiel Silberchlorid):

$$c_S = c(Ag^+) = c(Cl^-) = c(AgCl) = \sqrt{L}.$$

In der vorstehenden Gleichung ist $c(AgCl)$ die Konzentration des Silberchlorids. Der Begriff Silberchlorid ist hierbei formal stöchiometrisch zu verstehen. Die Tatsache, dass Silberchlorid – wie auch fast alle anderen Salze bei hinreichend kleinen

Tab. 3 Löslichkeitsprodukte schwerlöslicher Elektrolyte bei 20 °C und 1 bar (Lösungsmittel Wasser)

Elektrolyt	L
AgCl	$1{,}8 \cdot 10^{-10}$ mol²/l²
AgBr	$5{,}4 \cdot 10^{-13}$ mol²/l²
AgI	$8{,}5 \cdot 10^{-17}$ mol²/l²
$BaSO_4$	$1{,}7 \cdot 10^{-10}$ mol²/l²
$PbSO_4$	$2{,}3 \cdot 10^{-8}$ mol²/l²
Hg_2Cl_2[a]	$1{,}4 \cdot 10^{-18}$ mol³/l³
$PbCl_2$	$1{,}7 \cdot 10^{-5}$ mol³/l³
$Mg(OH)_2$	$5{,}6 \cdot 10^{-12}$ mol³/l³

[a]Das Löslichkeitsgleichgewicht von Quecksilber (I)-Chlorid wird durch folgende Umsatzgleichung beschrieben: $Hg_2Cl_2(s) \rightleftharpoons Hg_2^{2+}(aq) + 2\,Cl^-(aq)$.

Konzentrationen – vollständig dissoziiert ist, wird hierbei nicht berücksichtigt. Analoge Überlegungen gelten für den Begriff Sättigungskonzentration.

Beispiel: Fügt man zu einer Silberchlorid-Lösung, die sich im Gleichgewicht mit dem Bodenkörper befindet, eine Lösung, die Cl^--Ionen enthält (z. B. in Form einer Kochsalzlösung), so stellt man eine Verringerung der Konzentration der Ag^+-Ionen fest, da auch in diesem Fall das Produkt der Ionenkonzentrationen von Ag^+ und Cl^- gleich dem Löslichkeitsprodukt sein muss. Es kommt also zu einer Ausscheidung von festem Silberchlorid aus der Lösung.

Aus diesem Grunde sollte die Ausfällung eines schwerlöslichen Salzes zu Zwecken der quantitativen Analyse (vgl. ► Abschn. 21.4.7.1 in Kap. 21, „Grundlagen zu chemischen Elementen, Verbindungen und Gleichungen") mit einem Überschuss des Fällungsmittels geschehen.

Übersättigte Lösungen

In Abwesenheit des festen Bodenkörpers sind auch Konzentrationen des Elektrolyten möglich, die größer als die Sättigungskonzentration sind:

$$c > c_S \,(\text{übersättigte Lösung}).$$

Auch in diesem Falle kann das System zeitlich unbegrenzt als übersättigte Lösung vorliegen, ohne dass eine neue Phase, der feste Bodenkörper, gebildet wird. Werden jedoch zu der flüssigen Phase Keime des Bodenkörpers hinzugefügt, oder entstehen diese spontan, so wachsen die Keime auf Kosten der Konzentration der gelösten Substanz, bis die momentane Konzentration den für den jeweiligen Druck und die jeweilige Temperatur charakteristischen Wert der Sättigungskonzentration erreicht hat. Übersättigte Lösungen sind metastabil (vgl. ► Abschn. 23.1.3.5 in Kap. 23, „Thermodynamik und Kinetik chemischer Reaktionen").

24.1.8 Härte des Wassers

Natürlich vorkommendes Wasser ist im chemischen Sinne niemals rein, sondern enthält verschiedene Verunreinigungen. Zu diesen gehören in erster Linie gelöste Gase (Kohlendioxid, Stickstoff, Sauerstoff) und Salze. Besonders wichtig für die Qualität von technisch nutzbarem Wasser ist sein Gehalt an Erdalkalimetallsalzen. Nutzwasser, das einen geringen bzw. hohen Gehalt dieser Salze aufweist, wird als weich bzw. hart bezeichnet.

Nach dem Verhalten der gelösten Erdalkalimetallsalze beim Kochen unterscheidet man zwei Arten der Härte des Wassers:

1. *temporäre* (*vorübergehende*) Härte und
2. *permanente* (*bleibende*) Härte.

Die temporäre Härte, die durch die Hydrogenkarbonate des Calciums und des Magnesiums hervorgerufen wird, kann durch Kochen beseitigt werden. Dabei bildet sich unlösliches Erdalkalimetallcarbonat, z. B.:

$$Ca^{2+} + 2\ HCO_3^- \rightarrow CaCO_3(s) + CO_2(g) + H_2O.$$

Im Gegensatz dazu wird die permanente Härte, die durch einen hohen Gehalt an Erdalkalimetallsulfaten und Chloriden verursacht wird, durch Kochen nicht beseitigt.

Die Härte des Wassers kann sich in der Technik vor allem durch Bildung von *Kesselstein* negativ auswirken.

24.2 Redoxreaktionen

24.2.1 Oxidationszahl

Eine zur Beschreibung von Redoxvorgängen nützliche, wenn auch künstlich konstruierte Größe ist die Oxidationszahl. Man versteht darunter diejenige Ladungszahl, die ein Atom in einem Molekül aufweisen würde, das nur aus Ionen aufgebaut wäre. Die Oxidationszahl ist eine positive oder negative Zahl.

Die Oxidationszahl wird nach folgenden Regeln ermittelt:

1. Ein chemisches Element hat die Oxidationszahl null.

2. Für ein einatomiges Ion ist die Oxidationszahl gleich dessen (vorzeichenbehafteter) Ladungszahl.
3. Für eine kovalente Verbindung ist die Oxidationszahl gleich der Ladungszahl, die ein Atom erhält, wenn die bindenden Elektronenpaare vollständig dem elektronegativeren Atom zugeordnet werden. Bei gleichen Atomen werden die Elektronenpaare zwischen diesen aufgeteilt.

Die Oxidationszahl wird in Formeln als römische Zahl rechts oben neben das betreffende Elementsymbol gesetzt. Nur negative Vorzeichen werden geschrieben und vor die römischen Ziffern gesetzt.

Beispiele:

Elemente: O_2, N_2, Cl_2, H_2, S_8. Die Oxidationszahl der Elementmoleküle ist null.

Einatomige Ionen: Na^+, Cl^-, Fe^{3+}, Sn^{4+}. Die Oxidationszahlen dieser Ionen sind I, – I, III, IV.

Moleküle: Ammoniak $N^{-III}H_3$, H_2O^{-II}, Wasserstoffperoxid $H_2O_2{}^{-I}$, Methanol $HO^{-II}–C^{-II}H_3$, Formaldehyd $HC^{\circ}HO^{-II}$ (Oxidationszahl des Wasserstoffs in diesen Verbindungen: I).

Molekülionen: Permanganation $Mn^{-VII}O_4^-$, Sulfation $S^{VI}O_4^{2-}$, Nitrition $N^{III}O_2^-$, Nitration $N^V O_3^-$ (Oxidationszahl des Sauerstoffs in diesen Verbindungen: -II).

24.2.2 Oxidation und Reduktion, Redoxreaktionen

Die Abgabe von einen oder mehreren Elektronen aus einem Atom, Molekül oder Ion wird als Oxidation bezeichnet.

Bei diesem Vorgang wird die Oxidationszahl erhöht. (Ursprüngliche historische Definition: Oxidation ist die Aufnahme von Sauerstoff.)

Oxidationsvorgänge:

$$Zn \rightarrow Zn^{2+} + 2\ e^-$$
$$Fe^{2+} \rightarrow Fe^{3+} + e^-$$
$$NO_2^- + H_2O \rightarrow NO_3^- + 2\ H^+ + 2\ e^-$$
$$Cl^- \rightarrow 1/2\ Cl_2 + e^-.$$

Als Reduktion definiert man die Aufnahme von einem oder mehreren Elektronen durch ein Atom, Molekül oder Ion.

Hierbei wird die Oxidationszahl erniedrigt. (Ursprüngliche, historische Definition: Reduktion ist die Abgabe von Sauerstoff.)

Reduktionsvorgänge:

$$Cu^{2+} + 2\ e^- \rightarrow Cu$$
$$Fe^{3+} + e^- \rightarrow Fe^{2+}$$
$$H^+ + e^- \rightarrow 1/2\ H_2$$
$$MnO_4^- + 8\ H^+ + 5\ e^- \rightarrow Mn^{2+} + 4\ H_2O.$$

Freie Elektronen sind in chemischen Systemen i. Allg. nicht beständig. Daher müssen die Elektronen, die von einer Substanz (z. B. Zn, Fe^{2+}, NO) abgegeben werden, von einem anderen Stoff (z. B. Cu^{2+}, Fe^{3+}, H^+, MnO_4^-) aufgenommen werden.

Oxidation und Reduktion können also nie allein, sondern müssen stets gekoppelt als Redoxreaktion ablaufen.

Substanzen, die andere Stoffe oxidieren können, d. h. mehr oder weniger leicht Elektronen aufnehmen können, werden *Oxidationsmittel* genannt (Cu^{2+}, Fe^{3+}, H^+, MnO_4). *Reduktionsmittel* sind dagegen Substanzen, die Elektronen abgeben können (Zn, Fe^{2+}, metallisches Na und K).

Beispiele:

- Metallisches Zink reagiert in wässriger Lösung mit Kupfersulfat $CuSO_4$ unter Bildung von Zinksulfat $ZnSO_4$ und metallischem Kupfer:

$$CuSO_4 + Zn \rightarrow ZnSO_4 + Cu.$$

In einer Teilreaktion (I) wird hierbei Zn zu Zn^{2+} oxidiert:

(I) Oxidation: $Zn \rightarrow Zn^{2+} + 2\ e^-$,

während in einer Teilreaktion (II) die Cu^{2+}-Ionen zu metallischem Kupfer reduziert werden:

(II) Reduktion: $Cu^{2+} + 2\ e^- \rightarrow Cu$.

Die Summation beider Teilreaktionen ergibt die Redoxreaktion:

$$
\begin{array}{lll}
\text{(I)} & Zn & \rightarrow Zn^{2+} + 2\,e^- \\
\text{(II)} & Cu^{2+} + 2\,e^- & \rightarrow Cu \\
\hline
 & Zn + Cu^{2+} & \rightarrow Zn^{2+} + Cu
\end{array}
$$

(Bei dieser Summation muss – wie erwähnt – die Zahl der abgegebenen Elektronen gleich der der aufgenommenen sein.) Berücksichtigt man zusätzlich die Sulfationen, so erhält man schließlich:

$$CuSO_4 + Zn \rightarrow ZnSO_4 + Cu.$$

- Kaliumchlorid KCl wird in saurer Lösung (Zusatz von verdünnter Schwefelsäure H_2SO_4) durch Kaliumpermanganat $KMnO_4$ oxidiert. Das Permanganation wird dabei zu Mn^{2+} reduziert:

  Oxidation

  $$2\,Cl^- \rightarrow Cl_2 + 2\,e^- \qquad \times 5$$

  Reduktion

  $$MnO_4^- + 8\,H^+ + 5e^- \rightarrow Mn^{2+} + 4\,H_2O \qquad \times 2$$

  Summe

  $$10\,Cl^- + 2\,MnO_4^- + 16\,H^+ \rightarrow 5\,Cl_2 + 2\,Mn^{2+} + 8\,H_2O$$

  Berücksichtigt man die Begleitionen, so erhält man:

  $$10\,KCl + 2\,KMnO_4 + 8\,H_2SO_4 \rightarrow 5\,Cl_2 + 2\,MnSO_4 + 6\,K_2SO_4 + 8\,H_2O.$$

Derartige Gleichungen geben selbstverständlich nur die stöchiometrischen Verhältnisse wieder. Sie gestatten keinesfalls Rückschlüsse auf den wirklichen Ablauf der Reaktion.

24.2.3 Beispiele für Redoxreaktionen

24.2.3.1 Verbrennungsvorgänge

Als Verbrennung (im engeren Sinn) wird die in der Regel stark exotherme Reaktion von Substanzen, wie z. B. von Kohlenstoff, Kohlenwasserstoffen, Wasserstoff oder Metallen, mit Sauerstoff bezeichnet. Der Sauerstoff kann hierbei in reiner Form oder als Bestandteil von Gasmischungen (z. B. Luft) vorliegen. Sämtliche Verbrennungsvorgänge sind Redoxreaktionen. Der molekulare Sauerstoff wird hierbei von der Oxidationsstufe 0 in die Oxidationsstufe-II überführt, wird also reduziert. Der Brennstoff wird oxidiert.

Beispiele für Verbrennungsvorgänge:

- Kohlenstoffverbrennung

  $$C + O_2 \rightarrow CO_2,$$
  $$C + 1/2\,O_2 \rightarrow CO.$$

  Die vollständige Verbrennung des Kohlenstoffs führt bis zum Kohlendioxid CO_2. Bei unvollständiger Verbrennung entsteht neben CO_2 auch das giftige Kohlenmonoxid CO.
- Verbrennung von Kohlenwasserstoffen (Beispiel Benzol)

  $$C_6H_6 + 15/2\,O_2 \rightarrow 6\,CO_2 + 3\,H_2O.$$

  Die Reaktionsprodukte bei vollständiger Verbrennung von Kohlenwasserstoffen sind CO_2 und Wasser. Bei unvollständiger Verbrennung werden zusätzlich Kohlenmonoxid und teilweise auch Ruß gebildet. Ruß ist eine grafitische Form des Kohlenstoffs, die wechselnde Mengen an Wasserstoff und Sauerstoff enthält.
- Verbrennung von Schwefel

  $$S + O_2 \rightarrow SO_2.$$

  Schwefel – auch wenn er in organischen Molekülen gebunden ist oder als Sulfid (vgl. Tab. 2) vorliegt – liefert bei der Verbrennung Schwefeldioxid SO_2. SO_2 ist neben den Stickstoffoxiden (siehe ▶ Abschn. 25.1.6.1 in Kap. 25, „Chemische Elemente und deren charakteristische Verbindungen"), Kohlenmonoxid und Kohlenwasserstoffen einer der giftigen Bestandteile des sog. Smog. SO_2 entsteht bei der Verbrennung fossiler Brennstoffe, da diese, mit Ausnahme von Erdgas, stets mehr oder weniger große Mengen Schwefel enthalten. In der Atmosphäre wird SO_2 langsam zu Schwefeltrioxid SO_3 oxidiert. SO_3 reagiert mit Wasser unter Bildung von Schwefelsäure H_2SO_4 (vgl. Tab. 2). Daher ist Schwefeldioxid der Hauptverursacher des umweltschädlichen sauren Regens.

Wird anstelle von reinem Sauerstoff Luft verwendet, so entstehen bei der Verbrennung stets auch Stickstoffoxide (Stickstoffmonoxid NO und Stickstoffdioxid NO_2), da diese bereits bei der Erwärmung von Stickstoff-Sauerstoff-Gasmischungen auf die Flammentemperatur gebildet werden (vgl. ▶ Abschn. 23.1.4.7 in Kap. 23, „Thermodynamik und Kinetik chemischer Reaktionen"). Stickstoffoxide sind Smogbestandteile und für viele Umweltschäden mitverantwortlich.

24.2.3.2 Auflösen von Metallen in Säuren

Unedle Metalle können sich in wässrigen Lösungen von Säuren (teilweise auch in reinem Wasser und in wässrigen Lösungen von Basen) auflösen. Diese Reaktionen sind ebenfalls Redoxvorgänge. Als Beispiel wird die Auflösung von Aluminium in Salzsäure (wässrige Lösung von Chlorwasserstoff HCl) als Redoxvorgang formuliert:

$$\begin{array}{lll} \mathrm{Al} & \rightarrow \mathrm{Al}^{3+} + 3\ \mathrm{e}^- & \times 2 \\ 2\mathrm{H}^+ + 2\ \mathrm{e}^- & \rightarrow \mathrm{H}_2(\mathrm{g}) & \times 3 \\ \hline 2\,\mathrm{Al} + 6\ \mathrm{H}^+ & \rightarrow 2\ \mathrm{Al}^{3+} + 3\ \mathrm{H}_2(\mathrm{g}) & \end{array}$$

Berücksichtigt man die Anionen, so erhält man:

$$2\ \mathrm{Al} + 6\ \mathrm{HCl} \rightarrow 2\ \mathrm{AlCl_3} + 3\ \mathrm{H_2(g)}$$

24.2.3.3 Darstellung von Metallen durch Reduktion von Metalloxiden

Als Reduktionsmittel werden unedle Metalle, Wasserstoff und Koks verwendet.

Auf diese Weise wird z. B. Roheisen durch Reduktion oxidischer Eisenerze mit Koks im Hochofen dargestellt (Hochofenprozess, vgl. Herstellung metallischer Werkstoffe in Kap. „Die Werkstoffklassen"). Die Reduktion der Eisenoxide erfolgt bei diesem Verfahren im Wesentlichen durch Kohlenmonoxid (CO):

$$\begin{aligned} 3\ \mathrm{Fe_2O_3} + \mathrm{CO} &\rightarrow 2\ \mathrm{Fe_3O_4} + \mathrm{CO_2} \\ \mathrm{Fe_3O_4} + \mathrm{CO} &\rightarrow 3\ \mathrm{FeO} + \mathrm{CO_2} \\ \mathrm{FeO} + \mathrm{CO} &\rightarrow \mathrm{Fe} + \mathrm{CO_2}. \end{aligned}$$

Das für die Reduktion der Eisenoxide notwendige CO bildet sich durch Reaktion von Kohlendioxid mit Kohlenstoff nach folgender Gleichung:

$$\mathrm{CO_2} + \mathrm{C(s)} \rightarrow 2\ \mathrm{CO(g)}.$$

24.2.4 Redoxreaktionen in elektrochemischen Zellen

Als Beispiel einer elektrochemischen Zelle sei das Daniell-Element angeführt (vgl. Abb. 3). In dieser Zelle taucht ein Kupferstab in eine Kupfersulfatlösung und ein Zinkstab in eine Zinksulfatlösung. Beide Lösungen sind durch ein Diaphragma D (poröse Wand) an der Vermischung weitgehend gehindert. Die Redoxvorgänge finden hier an den beiden Phasengrenzflächen Zn/Zn^{2+} und Cu/Cu^{2+} statt. Die chemische Reaktion wird durch folgende Umsatzgleichung beschrieben (vgl. Abschn. 24.2.2):

$$\mathrm{Zn} + \mathrm{CuSO_4} \rightarrow \mathrm{ZnSO_4} + \mathrm{Cu}.$$

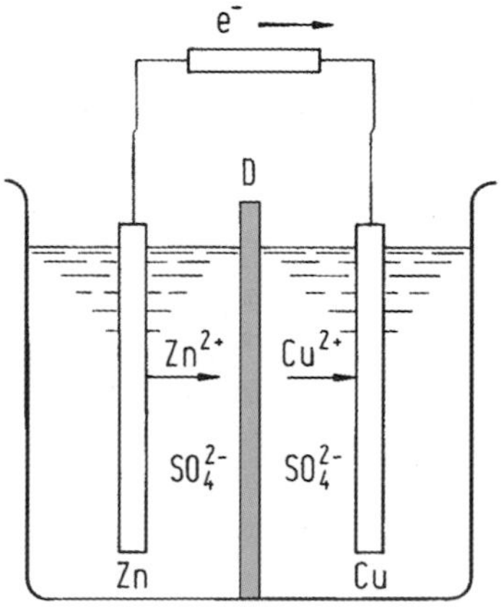

Abb. 3 Schematischer Aufbau des Daniell-Elementes. D Diaphragma

Sie kann jedoch nur stattfinden, wenn die vom Zink abgegebenen Elektronen durch einen metallischen Leiter zum Kupfer befördert werden, um dort die Cu^{2+}-Ionen zu entladen (zu reduzieren). Ursache, dass sich zwischen der Cu- und Zn-Elektrode eine Spannung aufbaut, die den erwähnten Elektronenstrom treibt, ist der negative Wert der Freien Reaktionsenthalpie $\Delta_r G$ (vgl. ► Abschn. 23.1.3.4 in Kap. 23, „Thermodynamik und Kinetik chemischer Reaktionen“).

Die bei Stromlosigkeit an einer elektrochemischen Zelle gemessene Leerlaufspannung heißt auch elektromotorische Kraft (EMK). Quantitativ gilt folgender Zusammenhang zwischen der Freien Reaktionsenthalpie und der EMK E:

$$\Delta_r G = -n^* FE, \tag{18}$$

n^* Anzahl der in der jeweiligen Umsatzgleichung enthaltenen Elektronen.

Beispiel:

$$Zn + CuSO_4 \rightarrow Cu + ZnSO_4 : \quad n^* = 2;$$

$F = N_A\, e = 96485{,}33$ C/mol Faraday-Konstante, N_A Avogadro-Konstante, e Elementarladung.

24.2.5 Elektrodenpotenziale, elektrochemische Spannungsreihe

Potenziale von Einzelelektroden (Halbzellen) kann man nicht direkt messen, doch ist ein paarweiser Vergleich der verschiedenen Elektrodenpotenziale anhand der Potenzialdifferenzen, d. h. der Spannungen zwischen den Elektroden möglich. Für einen solchen Vergleich ist die Festlegung einer Bezugselektrode erforderlich. Als Bezugselektrode wird die *Standardwasserstoffelektrode* verwendet.

Diese Elektrode besteht aus einem Platinblech, das von gasförmigem Wasserstoff ($p(H_2)$ = 101.325 Pa) bei einer Temperatur von 25 °C umspült wird und das in eine Lösung der Wasserstoffionenkonzentration $c(H^+) = 1$ mol/l taucht.

Elektrodenreaktion: $1/2\ H_2 \rightarrow H^+ + e^-$.

Schaltet man eine Standardwasserstoffelektrode mit einer beliebigen Halbzelle zusammen, so wird die bei Stromlosigkeit gemessene Spannung als Elektrodenpotenzial der Halbzelle oder als Halbzellenpotenzial bezeichnet. Die unter Standardbedingungen ($T = 25$ °C, $p = 101.325$ Pa, sämtliche Konzentrationen $c_i = 1$ mol/l) gemessene Spannung heißt Standardelektrodenpotenzial (Standardhalbzellenpotenzial). Dem Standardelektronenpotenzial der Wasserstoffelektrode hat man durch Vereinbarung den Wert null zugeordnet. Die Potenziale der Elektroden haben ein negatives Vorzeichen, wenn sie bei Stromfluss der Standardwasserstoffelektrode Elektronen abgeben, wenn also an diesen Elektroden Oxidationsvorgänge stattfinden. Finden unter den genannten Bedingungen an den Halbzellen Reduktionsvorgänge statt, so wird dem Potenzial dieser Elektroden ein positives Vorzeichen zugeordnet. Zur besseren Übersicht werden die den verschiedenen Elektroden (Halbzellen) zugeordneten Elektrodenreaktionen nach dem Zahlenwert der Halbzellenstandardpotenziale geordnet. Man erhält auf diese Weise die elektrochemische Spannungsreihe (siehe Tab. 4). Je kleiner (negativer) das Standardelektrodenpotenzial ist, umso stärker wirkt ein Redoxpaar als Reduktionsmittel und umso leichter wird es selbst oxidiert. Starke Oxidationsmittel müssen dagegen möglichst große Werte des Standardelektrodenpotenzials aufweisen.

24.2.5.1 Definition von Anode und Kathode

In der Elektrochemie werden die Bezeichnungen Anode und Kathode in Zusammenhang mit den Begriffen Oxidation und Reduktion verwendet. An der Anode werden Stoffe oxidiert, an der Kathode reduziert. Bei galvanischen Zellen ist die Elektrode mit dem niedrigeren Potenzial die Anode.

24.2.5.2 Konzentrations- bzw. Partialdruckabhängigkeit des Elektrodenpotenzials einer Halbzelle

Das Elektrodenpotenzial einer Halbzelle ist von der Konzentration bzw. vom Partialdruck der an der Elektrodenreaktion beteiligten Stoffe abhängig. Diese Abhängigkeit wird durch die *Nernst'*-

Tab. 4 Standardelektrodenpotenziale φ_0 (wässrige Lösungen, 25 °C)

Kurzbezeichnung Elektrode	Elektrodenreaktion		φ_0 in V
K/K^+	K^+	$+ e^- \rightleftharpoons K$	−2,931
Ca/Ca^{2+}	Ca^{2+}	$+ 2\ e^- \rightleftharpoons Ca$	−2,868
Na/Na^+	Na^+	$+ e^- \rightleftharpoons Na$	−2,71
Mg/Mg^{2+}	Mg^{2+}	$+ 2\ e^- \rightleftharpoons Mg$	−2,372
Al/Al^{3+}	Al^{3+}	$+ 3\ e^- \rightleftharpoons Al$	−1,662
Mn/Mn^{2+}	Mn^{2+}	$+ 2\ e^- \rightleftharpoons Mn$	−1,185
Zn/Zn^{2+}	Zn^{2+}	$+ 2\ e^- \rightleftharpoons Zn$	−0,7618
Cr/Cr^{3+}	Cr^{3+}	$+ 3\ e^- \rightleftharpoons Cr$	−0,744
Fe/Fe^{2+}	Fe^{2+}	$+ 2\ e^- \rightleftharpoons Fe$	−0,447
Pb/Pb^{2+}	Pb^{2+}	$+ 2\ e^- \rightleftharpoons Pb$	−0,1262
$Pt/H_2/H^+$	$2\ H^+$	$+ e^- \rightleftharpoons H_2(g)$	0
$Pt/Cu^+, Cu^{2+}$	Cu^{2+}	$+ e^- \rightleftharpoons Cu^+$	+0,153
Cu/Cu^{2+}	Cu^{2+}	$+ 2\ e^- \rightleftharpoons Cu$	+0,3419
$Pt/O_2/OH^-$	$O_2(g) + 2\ H_2O$	$+ 4\ e^- \rightleftharpoons 4\ OH^-$	+0,401
$Pt/I_2/I^-$	I_2	$+ 2\ e^- \rightleftharpoons 2\ I^-$	+0,5355
$Pt/Fe^{2+}, Fe^{3+}$	Fe^{3+}	$+ e^- \rightleftharpoons Fe^{2+}$	+0,771
Ag/Ag^+	Ag^+	$+ e^- \rightleftharpoons Ag$	+0,7996
$Pt/Cl_2/Cl^-$	$Cl_2(g)$	$+ 2\ e^- \rightleftharpoons 2\ Cl^-$	+1,3583
$Pt/Mn^{2+}, MnO_4^-$	$MnO_4^- + 8\ H^+$	$+ 5\ e^- \rightleftharpoons Mn^{2+} + 4\ H_2O$	+1,507
$Pt/F_2/F^-$	$F_2(g)$	$+ 2\ e^- \rightleftharpoons 2\ F^-$	+2,866

sche Gleichung beschrieben. Für die Elektrodenreaktion
$a\ R_1 + b\ R_2 \rightleftharpoons x\ O_1 + y\ O_2 + z\ e^-$ gilt:

$$\varphi = \varphi^0 + \frac{RT}{zF} \frac{c^x(O_1)c^y(O_2)}{c^a(R_1)c^b(R_2)}. \quad (19)$$

Sind an der Elektrodenreaktion Gase beteiligt, so wird ihr Gehalt in der Nernst' schen Gleichung durch Angabe der Partialdrücke berücksichtigt.

Reine kondensierte Phasen und Stoffe, deren Konzentration beim Ablauf der Elektrodenreaktion praktisch unverändert bleibt, werden in der Nernst'schen Gleichung nicht berücksichtigt.

Beispiele für die Formulierung der Nernst'schen Gleichung:

1. Elektrodenreaktion:

$$Zn \rightleftharpoons Zn^{2+} + 2\ e^-$$

Nernst'sche Gleichung:

$$\varphi = \varphi^0 + \frac{RT}{2F} \ln c\left(Zn^{2+}\right)$$

2. Elektrodenreaktion:

$$H_2(g) \rightleftharpoons 2\ H^+ + 2\ e^-$$

Nernst'sche Gleichung:

$$\varphi = \frac{RT}{F} \ln \frac{c(H^+)}{\sqrt{p(H_2)}}.$$

Hinweis: Das Standardpotenzial der Wasserstoffelektrode ist definitionsgemäß null. In reinem Wasser ($c(H^+) = 10^{-7}$ mol/l) nimmt das Halbzellenpotenzial bei einem Wasserstoffpartialdruck von $p(H_2) = 1$ bar den Wert $\varphi = -0{,}41$ V an.

24.2.5.3 Berechnung der EMK elektrochemischer Zellen aus Elektrodenpotenzialen

Die Berechnung der EMK galvanischer Ketten aus den Elektrodenpotenzialen erfolgt derart, dass man das Potenzial der Anode (φ_A), also der Elektrode, an der eine Oxidation stattfindet, von dem Potenzial der Kathode (φ_K) subtrahiert:

$$E = \varphi_K - \varphi_A. \quad (20)$$

Beispiel: Daniell-Element

Bei Stromfluss findet an der Kupferelektrode eine Reduktion der Kupferionen zu metallischem Kupfer und an der Zinkelektrode eine Oxidation des Zinks zu Zn^{2+}-Ionen statt. Die Kupferelektrode ist in diesem Fall Kathode und die Zinkelektrode Anode, da $\varphi^0_{Cu} > \varphi^0_{Zn}$. Mit den aus Tab. 4 entnommenen Werten der Elektrodenpotenziale folgt für die EMK:

$$E^0 = \varphi^0_{\mathrm{K}} - \varphi^0_{\mathrm{A}} = 0{,}3419\,\mathrm{V} - (-0,7613\,\mathrm{V}).$$
$$= 1{,}1032\,\mathrm{V}.$$

24.2.5.4 Edle und unedle Metalle

Je größer die Tendenz von Metallionen ist, aus dem Metallzustand in den hydratisierten Zustand überzugehen, umso kleiner sind die Standardelektrodenpotenziale. Unedle Metalle haben Standardpotenziale, die kleiner als null sind. Entsprechend gilt für edle Metalle, dass ihr Standardpotenzial größer als null ist. Im Gegensatz zu edlen Metallen lösen sich unedle Metalle in Säuren (Wasserstoffionenkonzentration 1 mol/l) auf, wenn sich das chemische Gleichgewicht ungehemmt einstellen kann.

Dagegen können sich im reinem Wasser nur solche Metalle lösen, deren Halbzellenpotenzial kleiner als −0,41 V ist (vgl. Abschn. 24.2.5.2, Hinweis). Einige Metalle, z. B. Aluminium und Zink, werden in reinem Wasser nicht gelöst, obwohl die Halbzellenpotenziale kleiner als −0,41 V sind. Man bezeichnet diese Eigenschaft als Passivität. Ihre Ursache liegt in der Ausbildung unlöslicher, fest haftender Metalloxidschichten auf der Metalloberfläche, die das Metall vor weiterem Angriff der Wasserstoffionen schützen. In stark sauren und in stark alkalischen Lösungen sind diese Schichten löslich, sodass diese Metalle unter diesen Bedingungen von Wasserstoffionen angegriffen werden.

24.2.6 Elektrochemische Korrosion

Die elektrochemische Korrosion von Metallen besteht in einer von der Oberfläche ausgehenden Zerstörung des Metallgefüges. Sie beruht auf einer Oxidation des Metalls. Notwendig ist hierbei die Anwesenheit eines zweiten, edleren Metalls, dessen Standardpotenzial also höher ist als das des korrodierenden Metalls. Die elektrochemische Korrosion findet an der Anode einer elektrochemischen Korrosionszelle (eines Korrosionselementes bzw. Lokalelementes) statt und kann nur in Gegenwart eines Elektrolyten (z. B. eines Feuchtigkeitsfilmes) erfolgen. Ein Korrosionselement ist also nichts anderes als eine kurzgeschlossene elektrochemische Zelle, vgl. Korrosion in Kap. „Anforderungen, Eigenschaften und Verhalten von Werkstoffen".

24.2.7 Erzeugung von elektrischem Strom durch Redoxreaktionen

Prinzipiell kann jede elektrochemische Zelle als Spannungsquelle dienen. Handelsübliche elektrochemische Zellen, die zur Stromerzeugung Verwendung finden, werden auch als galvanische Elemente bezeichnet. Kann die freiwillig ablaufende Zellreaktion durch Elektrolyse (vgl. Abschn. 24.2.8) vollständig rückgängig gemacht werden, so spricht man von Sekundärelementen oder von Akkumulatoren. Im anderen Falle liegen Primärelemente vor.

Primärelemente

Das älteste technisch wichtige Primärelement ist das Leclanché-Element, das folgendermaßen aufgebaut ist: In einem Zinkbecher, der gleichzeitig als Anode dient, befindet sich eine wässrige ammoniumchloridhaltige Elektrolytpaste. Als Gegenelektrode dient ein Graphitstab, der von Mangandioxid (Braunstein) MnO_2 umgeben ist. Diesem sog. Trockenelement liegt folgende Zellreaktion zugrunde:

$$\mathrm{Zn} + 2\,\mathrm{MnO_2} + 2\,\mathrm{H^+} \rightarrow \mathrm{Zn^{2+}} + \mathrm{Mn_2O_3} + \mathrm{H_2O}.$$

Sekundärelemente

Im *Bleiakkumulator* wird folgende chemische Reaktion ausgenutzt:

$$PbO_2(s) + Pb(s) + 2\ H_2SO_4 \underset{\text{Ladung}}{\overset{\text{Entladung}}{\rightleftarrows}} PbSO_4(s) + 2\ H_2O.$$

In einem typischen *Lithium-Ionen-Akkumulator* läuft folgende Reaktion ab:

$$Li_{1-x}Mn_2O_4 + Li_xC_n \underset{\text{Ladung}}{\overset{\text{Entladung}}{\rightleftarrows}} LiMn_2O_4 + n\ C.$$

Brennstoffzellen
In Brennstoffzellen werden die Reaktionspartner für die Redoxreaktion kontinuierlich zugeführt und die Reaktionsprodukte fortwährend entfernt. Für Spezialanwendungen (Raumfahrt, U-Boote) hat sich die *Wasserstoff-Sauerstoff-Zelle*, die auch als *Knallgaselement* bezeichnet wird, bewährt. Als Elektrolytlösungen kommen sowohl Laugen als auch Säuren in Betracht. Platin, Nickel und Graphit werden hauptsächlich (auch in Kombination) als Elektrodenmaterial eingesetzt. In dieser Zelle laufen die folgenden Reaktionen ab:

$$\begin{array}{ll} H_2 \rightarrow 2\ H^+ + 2\ e^- & \text{(Anodenreaktion)} \\ 1/2\ O_2 + H_2O + 2\ e^- \rightarrow 2\ OH^- & \text{(Kathodenreaktion)} \\ \hline H_2 + 1/2\ O_2 \rightarrow 2\ H_2O & \text{(Zellreaktion)} \end{array}$$

24.2.8 Elektrolyse, Faraday-Gesetz

Galvanische Zellen ermöglichen durch den Übergang von Elektronen den freiwilligen Ablauf der Zellreaktion. Solange sich das System noch nicht im thermodynamischen Gleichgewicht befindet, gilt für die Zellreaktion $\Delta_r G < 0$. Die Spannung zwischen den Elektroden verschwindet und der Stromfluss endet, wenn durch die Konzentrationsänderungen der Reaktionsteilnehmer $\Delta_r G = 0$ wird (thermodynamisches Gleichgewicht) oder wenn einer der Reaktionsteilnehmer vollständig verbraucht ist.

Durch Anlegen einer äußeren Spannung und Zufuhr elektrischer Arbeit kann ein Elektronenstrom in umgekehrter Richtung erzwungen werden. In diesem Fall finden Redoxreaktionen statt, bei denen $\Delta_r G > 0$ ist. Einen derartigen Vorgang nennt man Elektrolyse. So ist es z. B. beim Daniell-Element durch Anlegen einer Spannung von mehr als 1,1 V möglich, Zink abzuscheiden und Kupfer aufzulösen.

Faraday-Gesetz
Die Stoffmenge n der an den Elektroden bei einer Elektrolyse umgesetzten Stoffe ist der durch den Elektrolyten geflossenen Elektrizitätsmenge Q direkt und der Ladungszahl z der Ionen umgekehrt proportional:

$$n = \frac{Q}{z \cdot F} = \frac{m}{M} \quad \text{oder} \quad m = \frac{M \cdot Q}{z \cdot F}, \qquad (21)$$

F Faraday-Konstante, M molare Masse, m Masse.

24.2.8.1 Technische Anwendungen elektrolytischer Vorgänge

Darstellung unedler Metalle
Unedle Metalle, wie z. B. Aluminium, Magnesium und die Alkalimetalle, können durch Elektrolyse wasserfreier geschmolzener Salze (Schmelzflusselektrolyse) dargestellt werden. In diesen Salzen müssen die erwähnten Metalle als Kationen enthalten sein.

Bei der Gewinnung von Aluminium geht man von Aluminiumoxid Al_2O_3 aus. Da dessen Schmelzpunkt sehr hoch liegt (2045 °C) elektrolysiert man eine Lösung von Al_2O_3 in geschmolzenem Kryolith Na_3AlF_6 bei ca. 950 °C. Die an den Elektroden stattfindenden Prozesse können schematisch durch die folgenden Gleichungen beschrieben werden:

$$\begin{array}{ll} 2\ Al^{3+} + 6\ e^- \rightarrow 2\ Al & \text{(Kathodenreaktion)} \\ 3\ O^{2-} \rightarrow 3/2\ O_2 + 6\ e^- & \text{(Anodenreaktion)} \\ \hline Al_2O_3 \rightarrow 2\ Al + 3/2\ O_2 & \end{array}$$

Die Dichte der Salzschmelze ist bei der Temperatur, bei der die Elektrolyse durchgeführt wird, kleiner als die des flüssigen Aluminiums. Daher kann sich das flüssige Metall am Boden des Reaktionsgefäßes ansammeln und wird so vor der Oxidation durch den Luftsauerstoff geschützt.

Reinigung von Metallen (elektrolytische Raffination)

Dieses Verfahren wird z. B. zur Gewinnung von reinem Kupfer (Cu-Massenanteil 99,95 %) und von reinem Gold eingesetzt. Zur Reindarstellung von Kupfer werden eine Rohkupferanode und eine Reinkupferkathode verwendet. Als Elektrolyt dient eine schwefelsaure (H_2SO_4 enthaltende) Kupfersulfatlösung. Bei Stromfluss wird metallisches Kupfer an der Anode zu Cu^{2+}-Ionen oxidiert ($Cu \rightarrow Cu^{2+} + 2\ e^-$). Die unedlen Verunreinigungen des Rohkupfers (wie Eisen, Nickel, Kobalt, Zink) gehen ebenfalls in Lösung, die edlen Bestandteile (Silber, Gold, Platin) bleiben als Anodenschlamm ungelöst zurück. An der Kathode wird praktisch nur das Kupfer wieder abgeschieden, während die unedlen Begleitelemente in Lösung bleiben und sich dort allmählich anreichern.

Anodische Oxidation von Aluminium (Eloxal-Verfahren)

Beim Lagern von Aluminium an der Luft überzieht sich die Oberfläche des Metalls mit einer dünnen, festhaftenden Oxidschicht. Sie schützt das Aluminium vor weiterer Korrosion durch atmosphärische Einflüsse. Durch anodische Oxidation lässt sich die Dicke der Oxidschicht und damit die Schutzwirkung ganz erheblich verstärken (Dicke ca. 0,02 mm).

Chloralkali-Elektrolyse

Dieses Verfahren dient zur Darstellung von Chlor und Natronlauge durch Elektrolyse einer wässrigen Natriumchloridlösung. Der Gesamtvorgang kann durch folgende Umsatzgleichung beschrieben werden:

$$2\ H_2O + 2\ NaCl \rightarrow H_2 + 2\ NaOH + Cl_2.$$

Bei diesem Verfahren muss verhindert werden, dass die im Kathodenraum entstehenden Hydroxidionen zum Anodenraum gelangen, da sonst das Chlor mit der Lauge unter Bildung von Chlorid und Hypochlorit ClO^- reagieren würde:

$$Cl_2 + 2\ OH^- \rightarrow Cl^- + ClO^- + H_2O.$$

Derartige Redoxvorgänge, bei denen eine Verbindung mittlerer Oxidationszahl gleichzeitig in eine Substanz mit größerer und kleinerer Oxidationszahl übergeht, werden als *Disproportionierungen* bezeichnet.

Weiterführende Literatur

Haase R (1972) Elektrochemie I: Thermodynamik elektrochemischer Systeme. Steinkopff, Darmstadt

Hamann CH, Vielstich W (2005) Elektrochemie, 4. Aufl. Wiley-VCH, Weinheim

Kortüm G (1972) Lehrbuch der Elektrochemie. Verlag Chemie, Weinheim

Robinson RA, Stokes RH (2002) Electrolyte Solutions, 2. Aufl. Dover Publ, New York

Strehlow RA (1985) Combustion fundamentals. McGraw-Hill, New York

Tombs MP, Peacocke AR (1974) The osmotic pressure of biological macromolecules. Clarendon Press, Oxford

Wang J (2000) Analytical Electrochemistry, 2. Aufl. Wiley-VCH, Heidelberg

Chemische Elemente und deren charakteristische Verbindungen

25

Manfred Hennecke, Wilhelm Oppermann und Bodo Plewinski

Zusammenfassung

Die chemischen Elemente werden im Kontext ihrer Gruppe im Periodensystem besprochen. Dabei wird sowohl auf die Eigenschaften der Elemente als auch auf typische Reaktionen und wichtige Verbindungen eingegangen.

25.1 Die Elementgruppen

25.1.1 Wasserstoff

Elementarer Wasserstoff

Wasserstoff ist ein Mischelement und besteht aus drei Isotopen: ^{1}H, ^{2}H und ^{3}H (Häufigkeiten: 99,985 %, 0,015 % und 10^{-5} %). Die Isotope ^{2}H und ^{3}H werden auch als Deuterium D und Tritium T bezeichnet. Tritium ist radioaktiv und zerfällt als ß-Strahler in $^3_2$He (Halbwertszeit $t_{1/2} = 12{,}346$ a).

Gewinnung:

1. Elektrolyse von Wasser, vgl. ► Abschn. 24.2.8 in Kap. 24, „Prinzipien chemischer Systeme und Reaktionen".
2. Reaktion von Säuren mit unedlen Metallen, vgl. ► Abschn. 24.2.5.4 in Kap. 24, „Prinzipien chemischer Systeme und Reaktionen", z. B.:

$$Zn + 2\,H^+(aq) \rightarrow Zn^{2+} + H_2.$$

3. Umsetzung von Wasserdampf mit glühendem Koks: $H_2O(g) + C \rightleftharpoons CO + H_2$. Eine Mischung von Kohlenmonoxid CO und Wasserstoff wird als Wassergas bezeichnet.

Eigenschaften:

Siehe Tab. 2 in ► Kap. 22, „Zustandsformen der Materie und chemische Reaktionen"; Elektronegativität $\chi = 2{,}1$.

Wasserstoffverbindungen

Wasserstoffverbindungen heißen auch *Hydride*. Nach der Art der Bindung unterscheidet man:

- *Ionische (salzartige) Hydride*. Solche Verbindungen bildet Wasserstoff mit den Elementen der I. und II. Hauptgruppe. Sie werden durch das negativ geladene Hydridion H^- charakterisiert (Oxidationszahl des Wasserstoffs in diesem

---

Herr Bodo Plewinsky ist als aktiver Autor ausgeschieden.

M. Hennecke (✉)
Bundesanstalt für Materialforschung und -prüfung (im Ruhestand), Berlin, Deutschland
E-Mail: hennecke@bam.de

W. Oppermann
Technische Universität Clausthal (im Ruhestand), Clausthal-Zellerfeld, Deutschland
E-Mail: wilhelm.oppermann@tu-clausthal.de

B. Plewinski
Berlin, Deutschland
E-Mail: plewinsky@t-online.de

M. Hennecke, B. Skrotzki (Hrsg.), *HÜTTE Band 1: Mathematisch-naturwissenschaftliche und allgemeine Grundlagen für Ingenieure*, Springer Reference Technik,
https://doi.org/10.1007/978-3-662-64369-3_25

Ion:−I). Beispiele: Lithiumhydrid LiH, Calciumhydrid CaH_2. Alkalimetallhydride kristallisieren im NaCl-Gitter, vgl. ► Abschn. 22.2.2 in Kap. 22, „Zustandsformen der Materie und chemische Reaktionen". Hydridionen reagieren mit Verbindungen, die Wasserstoffionen enthalten, unter Bildung von molekularem Wasserstoff, z. B.

$$H^- + H_2O \rightarrow OH^-(aq) + H_2.$$

- *Kovalente Hydride.* Verbindungen dieses Typs entstehen bei der Reaktion des Wasserstoffs mit den Elementen der III. bis VII. Hauptgruppe. Beispiele: Methan CH_4, Wasser H_2O, Schwefelwasserstoff H_2S.
- *Metallartige Hydride.* Derartige Einlagerungsverbindungen bildet Wasserstoff mit den meisten Übergangsmetallen. Der Wasserstoff besetzt häufig die Oktaeder- und/oder Tetraederlücken in kubisch bzw. hexagonal dichtesten Kugelpackungen, die von den Metallatomen ausgebildet werden (vgl. ► Abschn. 22.2.2 in Kap. 22, „Zustandsformen der Materie und chemische Reaktionen"). Beispiele $TiH_{1,0\,-\,2,0}$ und $ZrH_{1,5\,-\,2,0}$.
- *Komplexe Hydride.* Hierunter versteht man Wasserstoffverbindungen der Art $LiAlH_4$ (Lithiumaluminiumhydrid), an denen außer Alkalimetallen die Elemente Bor, Aluminium oder Gallium beteiligt sind.

25.1.2 I. Hauptgruppe: Alkalimetalle

Zu den Alkalimetallen gehören die Elemente Lithium Li, Natrium Na, Kalium K, Rubidium Rb, Caesium Cs und Francium Fr. Francium ist radioaktiv und kommt in der Natur nur in sehr geringen Mengen als Zerfallsprodukt des Actiniums vor. Die Elemente der I. Hauptgruppe sind silbrig glänzende, kubisch raumzentriert kristallisierende Metalle (vgl. ► Abschn. 22.2.2 in Kap. 22, „Zustandsformen der Materie und chemische Reaktionen"). Sie sind sehr weich, haben eine geringe Dichte und niedrige Schmelz- und Siedepunkte (vgl. Tab. 1). In der äußeren Schale haben die Alkalimetalle ein ungepaartes s-Elektron, das leicht abgegeben werden kann. Sie sind daher sehr starke Reduktionsmittel. In Verbindungen treten die Elemente der I. Hauptgruppe ausschließlich mit der Oxidationszahl I als einfach positiv geladene Ionen auf.

Gewinnung: Schmelzflusselektrolyse (siehe ► Abschn. 24.2.8.1 in Kap. 24, „Prinzipien chemischer Systeme und Reaktionen") der Hydroxide bzw. der Chloride.

Reaktionen

Die Alkalimetalle sind äußerst reaktionsfähig. Sie reagieren z. B. mit Halogenen, Schwefel und Wasserstoff unter Bildung von Halogeniden (z. B. Natriumchlorid NaCl), Sulfiden (z. B. Natriumsulfid Na_2S) und ionischen Hydriden (siehe Abschn. 25.1.1). Die Reaktionsfähigkeit der Alkalimetalle nimmt mit steigender Ordnungszahl zu.

Reaktionen mit Sauerstoff: Lithium reagiert mit Sauerstoff unter Bildung von Lithiumoxid Li_2O. Natrium verbrennt an der Luft zu Natriumperoxid Na_2O_2: $2\ Na + O_2 \rightarrow Na_2\ O_2$. Die anderen Alkalimetalle reagieren mit Sauerstoff unter Bildung von Hyperoxiden, die durch das O_2^-- Ion charakterisiert sind; Beispiel: $K + O_2 \rightarrow KO_2$.

Tab. 1 Eigenschaften der Alkalimetalle In den Tab. 1–18 stellen die in eckigen Klammern stehenden Edelgase die Elektronenkonfiguration dar, zu der dann elementspezifisch weitere Elektronen dazukommen

		Lithium	Natrium	Kalium	Rubidium	Caesium
Elektronenkonfiguration		[He]2s	[Ne]3s	[Ar]4s	[Kr]5s	[Xe]6s
Schmelzpunkt	°C	180,5	97,80	63,38	39,31	28,44
Siedepunkt	°C	1342	883	759	688	671
Ionisierungsenergie (1. Stufe)	eV	5,39	5,14	4,34	4,18	3,89
Atomradius	pm	152	186	227	248	266
Ionenradius	pm	59	99	138	152	167
Elektronegativität		1,0	0,9	0,8	0,8	0,8

Reaktionen mit Wasser: Hierbei werden Alkalimetallhydroxide und Wasserstoff gebildet, z. B.:

$$2\ Na + 2\ H_2O \rightarrow 2\ NaOH + H_2(g).$$

Die Reaktion nimmt mit steigender Ordnungszahl an Heftigkeit zu. Bei der Reaktion von Kalium mit Wasser entzündet sich der gebildete Wasserstoff an der Luft von selbst.

Alkalimetallhydroxide
Wässrige Lösungen der Alkalimetallhydroxide (z. B. Natriumhydroxid NaOH) sind starke Basen (vgl. ▶ Abschn. 24.1.7.4 in Kap. 24, „Prinzipien chemischer Systeme und Reaktionen"). Die Basenstärke nimmt mit wachsender Ordnungszahl der Alkalimetalle zu. Für wässrige Lösungen von Natriumhydroxid und Kaliumhydroxid sind die Trivialnamen Natronlauge und Kalilauge üblich.

25.1.3 II. Hauptgruppe: Erdalkalimetalle

Die Elemente Beryllium Be, Magnesium Mg, Calcium Ca, Strontium Sr, Barium Ba und das radioaktive Radium Ra (vgl. Tab. 2) werden als Erdalkalimetalle bezeichnet. Es sind – mit Ausnahme des sehr harten Berylliums – nur mäßig harte Leichtmetalle. Die Erdalkalimetalle haben in der äußersten Schale zwei Elektronen, die leicht abgegeben werden können. Daher sind diese Elemente starke Reduktionsmittel. In ihren Verbindungen treten sie stets mit der Oxidationszahl II auf.

Reaktionen
Die Erdalkalimetalle sind i. Allg. sehr reaktionsfreudig. Sie reagieren direkt mit Halogenen, Wasserstoff und Sauerstoff zu Halogeniden (z. B. Calciumchlorid $CaCl_2$), ionischen Hydriden (vgl. Abschn. 25.1.1) bzw. Oxiden (z. B. Magnesiumoxid MgO). An feuchter Luft und in Wasser bilden sich Hydroxide. Mg und vor allem Be werden dabei – wie bekanntlich auch Aluminium – mit einer dünnen, fest haftenden oxidischen Deckschicht überzogen. Daher sind diese beiden Metalle gegenüber Wasser beständig. Wie bei den Alkalimetallen nimmt auch bei den Erdalkalimetallen die Reaktionsfähigkeit mit steigender Ordnungszahl zu.

Gewinnung der Erdalkalimetalle: Durch Schmelzflusselektrolyse (siehe ▶ Abschn. 24.2.8.1 in Kap. 24, „Prinzipien chemischer Systeme und Reaktionen") der Halogenide oder durch Reduktion der Oxide mit Koks, Silicium oder Aluminium, letzteres wird als *aluminothermisches Verfahren* bezeichnet.

Beispiel:

$$3\ MgO + 2\ Al \rightarrow Al_2O_3 + 3\ Mg.$$

Erdalkalimetallhydroxide
Erdalkalimetalle bilden Hydroxide des Typs $M(OH)_2$ (M Erdalkalimetall). Der basische Charakter der Hydroxide nimmt mit steigender Ordnungszahl zu. Berylliumhydroxid $Be(OH)_2$ kann je nach Art des Reaktionspartners als Säure oder als Base reagieren und ist daher sowohl in Säuren als auch in starken Basen (vgl. ▶ Abschn. 24.1.7 in Kap. 24, „Prinzipien chemischer Systeme und Reaktionen") löslich. Verbindungen mit einem derartigen Verhalten werden als *amphoter* bezeichnet:

$$Be(aq)^{2+} \underset{-2H_2O}{\xleftarrow{+2H^+}} \underset{\text{Berylliumhydroxid}}{Be(OH)_2} \xrightarrow{+2OH^-} \underset{\text{Beryllation}}{[Be(OH)_4]^{2-}}$$

Magnesiumhydroxid $Mg(OH)_2$ ist eine schwache Base ohne amphotere Eigenschaften. $Ba(OH)_2$ und $Ra(OH)_2$ sind starke Basen.

Tab. 2 Eigenschaften der Erdalkalimetalle

		Beryllium	Magnesium	Calcium	Strontium	Barium	Radium
Elektronenkonfiguration		$[He]2s^2$	$[Ne]3s^2$	$[Ar]4s^2$	$[Kr]5s^2$	$[Xe]6s^2$	$[Rn]7s^2$
Schmelzpunkt	°C	1287	650	842	777	727	700
Siedepunkt	°C	2471	1090	1484	1382	1897	1140
Ionisierungsenergie (1. Stufe)	eV	9,32	7,65	6,11	5,70	5,21	5,28
Atomradius	pm	111	160	197	215	217	
Ionenradius (Ladungszahl 2+)	pm	27	57	100	118	135	148
Elektronegativität		1,6	1,3	1,0	0,95	0,9	0,9

25.1.4 III. Hauptgruppe: die Borgruppe

Die Elemente Bor B, Aluminium Al, Gallium Ga, Indium In und Thallium Tl bilden die III. Hauptgruppe, vgl. Tab. 3. Alle Elemente dieser Gruppe haben drei Valenzelektronen, können also in Verbindungen maximal in der Oxidationszahl III auftreten. Daneben tritt in der Borgruppe auch die Oxidationszahl I auf, deren Beständigkeit mit steigender Ordnungszahl zunimmt. So sind beim Bor nur dreiwertige Verbindungen bekannt, während beim Thallium die Oxidationszahl I vorherrscht. Bor tritt nie als B^{3+}-Kation auf und unterscheidet sich dadurch von allen anderen Elementen der III. Hauptgruppe.

Metallcharakter: Der metallische Charakter nimmt – wie auch innerhalb der anderen Hauptgruppen – mit steigender Ordnungszahl zu. Elementares Bor ist ein hartes Halbmetall mit einem starken kovalenten Bindungsanteil. Die elektrische Leitfähigkeit ist gering ($56 \cdot 10^{-6}$ S/m bei 0 °C) und steigt mit zunehmender Temperatur rasch an. Die Schmelz- und Siedepunkte sind hoch (vgl. Tab. 3).

Aluminium ist bereits ein in der kubisch dichtesten Kugelpackung kristallisierendes Leichtmetall mit hoher elektrischer Leitfähigkeit ($37{,}74 \cdot 10^6$ S/m bei 20 °C).

Säure-Base-Eigenschaften: Die basischen (oder sauren) Eigenschaften der Oxide und Hydroxide der Elemente der Borgruppe nehmen mit steigender Ordnungszahl zu (bzw. ab). Ähnlich verhalten sich die entsprechenden Verbindungen in den anderen Hauptgruppen.

$B(OH)_3$ (Borsäure) ist, wie der Name schon sagt, sauer, die entsprechenden Al- und Ga-Verbindungen sind amphoter und die In- und Tl-Verbindungen reagieren basisch.

Indium-Zinn-Oxid (ITO) hat als transparentes und leitfähiges Beschichtungsmaterial eine erhebliche Bedeutung für die Display- und Solarzellentechnik, für elektrische Abschirmungen und als Sensormaterial gewonnen. ITO ist eine Mischung aus Indium(III)-oxid In_2O_3 und Zinn(IV)-oxid SnO_2, typischerweise mit einem Massenverhältnis 90:10.

25.1.4.1 Bor

Borwasserstoffe (Borane) existieren in großer Vielfalt. Es sind sehr reaktionsfähige und meist giftige Substanzen, die mit Luft oder mit Sauerstoff explosionsfähige Gemische bilden. Die einfachste Verbindung ist das Diboran B_2H_6. Mit Sauerstoff reagiert es unter großer Wärmeentwicklung gemäß folgender Gleichung:

$$\underset{\text{Diboran}}{B_2H_6} + 3\ O_2 \rightarrow \underset{\text{Bortrioxid}}{B_2O_3} + 3\ H_2O.$$

Borsäure H_3BO_3 oder $B(OH)_3$ ist in wässriger Lösung eine sehr schwache einbasige Säure, da die Verbindung als OH^--Akzeptor reagiert:

$$B(OH)_3 + HOH \leftrightharpoons H[B(OH)_4] \leftrightharpoons H^+(aq) + [B(OH_4)]^-$$

Die Salze der Borsäure heißen Borate. Es gibt Orthoborate (z. B. $Li_3[BO_3]$), Metaborate (z. B. $Na_3[B_3O_6]$) und Polyborate (z. B. Borax $Na_2B_4O_7 \cdot 10\ H_2O$). Viele Wasch- und Bleichmittel enthalten Perborate, das sind in der Regel Anlagerungsverbindungen des Wasserstoffper-

Tab. 3 Eigenschaften der Elemente der Borgruppe

		Bor	Aluminium	Gallium	Indium	Thallium
Elektronenkonfiguration		$[He]2s^22p$	$[Ne]3s^23p$	$[Ar]3d^{10}4s^24p$	$[Kr]4d^{10}5s^25p$	$[Xe]4f^{14}5d^{10}6s^26p$
Schmelzpunkt	°C	2075	660,323[a]	29,8	156,6	303,5
Siedepunkt	°C	4000	2519	2204	2072	1473
Ionisierungsenergie (1. Stufe)	eV	8,30	5,99	6,00	5,79	6,11
Atomradius	pm	79	143	122	162,6	170
Elektronegativität		2,0	1,6	1,8	1,8	1,8

[a]Fixpunkt der Internationalen Temperaturskala von 1990 (ITS-90)

oxids H_2O_2 (siehe Abschn. 25.1.7.1) an gewöhnliche Borate.

Bornitrid BN kommt in einer hexagonalen dem Graphit und einer kubischen dem Diamanten analogen Modifikation (Borazon), vor.

Borcarbid B_4C eine chemisch sehr beständige Verbindung, ist in seiner Härte mit dem Diamanten vergleichbar.

Metallboride bilden sich beim Erhitzen von Bor mit Metallen. Es sind sehr harte, chemisch beständige Verbindungen.

25.1.4.2 Aluminium

Aluminium

Vorkommen in Feldspäten z. B. Kalifeldspat oder Orthoklas $K[AlSi_3O_8]$, in Glimmern und in Tonen (Tone sind die Verwitterungsprodukte von Feldspäten oder feldspathaltigen Gesteinen), als reines Aluminiumoxid Al_2O_3 (Korund) und als Aluminiumhydroxid (Bauxit).

Darstellung: Schmelzflusselektrolyse von Aluminiumoxid (vgl. ▶ Abschn. 24.2.8.1 in Kap. 24, „Prinzipien chemischer Systeme und Reaktionen“).

Aluminiumverbindungen

Aluminiumoxid Al_2O_3 kommt in zwei verschiedenen Modifikationen als γ-Al_2O_3 und α-Al_2O_3 vor. γ-Al_2O_3 ist ein weiches Pulver mit großer Oberfläche, das beim Glühen (1100 °C) in das sehr harte α-Al_2O_3 (Korund) übergeht. Im Korund bilden die O^{2-}-Ionen eine hexagonal dichteste Kugelpackung. Die Al^{3+}-Ionen besetzen 2/3 der vorhandenen Oktaederlücken (vgl. ▶ Abschn. 22.2.2 in Kap. 22, „Zustandsformen der Materie und chemische Reaktionen“).

Aluminiumhydroxid $Al(OH)_3$ ist amphoter und löst sich daher sowohl in Säuren als auch in Basen auf:

$$Al(aq)^{3+} \underset{-3H_2O}{\overset{+3H^+}{\longleftarrow}} Al(OH)_3 \xrightarrow{+OH^-} \left[Al(OH)_4\right]^- .$$

Das $[Al(OH)_4]^-$-Ion heißt Tetrahydroxoalumination oder kurz Alumination.

25.1.5 IV. Hauptgruppe: die Kohlenstoffgruppe

Die Elemente Kohlenstoff C, Silicium Si, Germanium Ge, Zinn Sn und Blei Pb bilden die IV. Hauptgruppe des Periodensystems (vgl. Tab. 4). In Verbindungen treten diese Elemente in den Oxidationszahlen IV und II auf. Die Stabilität von Verbindungen mit der Oxidationszahl IV (II) nimmt mit steigender Ordnungszahl ab (zu). Der metallische Charakter wächst in Richtung vom Kohlenstoff zum Blei hin.

25.1.5.1 Kohlenstoff

Elementarer Kohlenstoff

Kohlenstoff kommt in mehreren Modifikationen vor. Die beiden wichtigsten sind *Diamant* und *Graphit* (vgl. Abb. 9 und Abb. 10 in ▶ Kap. 22, „Zustandsformen der Materie und chemische Reaktionen“, siehe auch Kohlenstoff in Kap. „Die Werkstoffklassen“). Die Kohlenstoffsorten mit technischer Bedeutung wie Kunstgraphit (Elektrographit), Koks, Ruß und Aktivkohle besitzen weitgehend Graphitstruktur.

Tab. 4 Eigenschaften der Elemente der Kohlenstoffgruppe

		Kohlenstoff	Silicium	Germanium	Zinn	Blei
Elektronenkonfiguration		$[He]2s^2 2p^2$	$[Ne]$ $3s^2 3p^2$	$[Ar]$ $3d^{10} 4s^2 4p^2$	$[Kr]$ $4d^{10} 5s^2 5p^2$	$[Xe]$ $4f^4 5d^{10} 6s^2 6p^2$
Schmelzpunkt	°C	3550 (Diam.)	1414	938,25	231,928[a]	327,46
Siedepunkt	°C	3825 (Sublim., Graphit)	3265	2833	2602	1749
Ionisierungsenergie (1. Stufe)	eV	11,26	8,15	7,90	7,34	7,42
Atomradius	pm	77	118	122	140	175
Elektronegativität		2,55	1,9	2,0	2,0	1,8

[a]Fixpunkt der ITS-90

Graphit kann als Stapel einer zweidimensionalen Kohlenstoffschicht (sog. *Graphen*) aufgefasst werden, die auch die Grundlage weiterer Kohlenstoffmodifikationen bildet. Bei den *Fullerenen* handelt es sich um sphärische Käfigverbindungen, die z. B. 60 oder 70 Kohlenstoffatome im Molekül enthalten (C_{60}, bzw. C_{70}). *Kohlenstoff-Nanoröhrchen* bestehen aus ein- oder mehrlagigen röhrenförmigen Graphenstrukturen mit Durchmessern im Bereich von 10 nm und Längen im Bereich von 100 nm bis 1 µm.

Kohlenstoffverbindungen

Carbide heißen die Verbindungen des Kohlenstoffs mit Metallen oder Nichtmetallen, wenn der Kohlenstoff der elektronegativere (vgl. ▶ Abschn. 21.3.1.4 in Kap. 21, „Grundlagen zu chemischen Elementen, Verbindungen und Gleichungen") Partner ist. Diese Substanzen werden unterteilt in:

- *Salzartige Carbide* (z. B. Calciumcarbid CaC_2),
- *metallische Carbide* (z. B. Vanadiumcarbid VC) und
- *kovalente Carbide* (z. B. Siliciumcarbid SiC „Carborundum").

Kovalente Carbide sind extrem hart, schwer schmelzbar und chemisch inert. Viele salzartige Carbide reagieren mit Wasser unter Bildung von Acetylen $HC \equiv CH$, Beispiel:

$$CaC_2 + 2\ H^+ \rightarrow Ca^{2+} + HC \equiv CH.$$

Kohlenstoffdioxid (Kohlendioxid) CO_2 ist ein farbloses, etwas säuerlich schmeckendes Gas. CO_2 ist ein natürlicher Bestandteil der Luft (vgl. Tab. 2 in ▶ Kap. 22, „Zustandsformen der Materie und chemische Reaktionen"). Es entsteht bei der Verbrennung von Kohle, Erdöl und Erdgas (vgl. ▶ Abschn. 24.2.3.1 in Kap. 24, „Prinzipien chemischer Systeme und Reaktionen").

Mit Wasser reagiert CO_2 unter Bildung von Kohlensäure H_2CO_3, die als schwache zweibasige Säure in Wasserstoffionen, Hydrogencarbonat- $\left(HCO_3^-\right)$ und Carbonat-Ionen $\left(CO_3^{2-}\right)$ dissoziiert:

$$CO_2 + H_2O \leftrightharpoons H_2CO_3 \leftrightharpoons H^+(aq) + HCO_3{}^- \leftrightharpoons 2\ H^+(aq) + CO_3{}^{2-}.$$

CO_2-Gehalt in der Luft und Klima. Der Gehalt an CO_2 in der Luft hat sich durch die Verbrennung fossiler Energieträger (in Kraftwerken, Haushalten, Verkehr und Industrie) seit 1800 von 280 ppm auf den Stand von 405 ppm (2017) erhöht. Zwischen 1900 und 1973 betrug die mittlere jährliche Zuwachsrate der CO_2-Emission weltweit ca. 4 %. Seit 1973 ist dieser Wert auf 2,3 % gesunken. Da CO_2 (wie andere klimawirksame Spurengase, z. B. Methan CH_4, Distickstoffmonoxid N_2O, Ozon O_3 und Fluorchlorkohlenwasserstoffe) die infrarote Strahlung des Sonnenspektrums und vor allem die von der Erdoberfläche ausgehende Wärmestrahlung absorbiert, ist zu erwarten, dass eine Vergrößerung des CO_2-Gehaltes eine globale Temperaturerhöhung bewirkt. Die damit verbundenen Klimaänderungen können schwere Umweltschäden verursachen. 2016 wurden in Deutschland ca. $802 \cdot 10^6$ t CO_2 aus der Verbrennung fossiler Energierohstoffe (Kohle, Öl, Gas) freigesetzt (pro Einwohner jährlich ca. 9,7 t).

Kohlenstoffmonoxid (Kohlenmonoxid) CO ist ein farb- und geruchloses, sehr giftiges Gas (vgl. Tab. 2 in ▶ Kap. 22, „Zustandsformen der Materie und chemische Reaktionen"). CO ist Nebenprodukt bei der unvollständigen Verbrennung von Kohle, Erdöl oder Erdgas (vgl. ▶ Abschn. 24.2.3.1 in Kap. 24, „Prinzipien chemischer Systeme und Reaktionen"). Technisch kann es durch Reaktion von CO_2 mit Koks (C) bei 1000 °C dargestellt werden (Boudouard-Gleichgewicht):

$$CO_2 + C \leftrightharpoons 2\ CO.$$

CO ist Bestandteil von Wassergas, das beim Überleiten von Wasserdampf über stark erhitzten Koks entsteht, vgl. Abschn. 25.1.1.

Schwefelkohlenstoff oder Kohlenstoffdisulfid CS_2 ist eine wasserklare Flüssigkeit (Siedepunkt 46,2 °C, AGW: 10 ppm). CS_2-Dämpfe bilden mit Sauerstoff oder Luft explosionsfähige Gasgemische.

Cyanwasserstoff (Blausäure) HCN und seine Salze, die Cyanide, zählen zu den anorganischen Kohlenstoffverbindungen. HCN ist eine farblose Flüssigkeit, die bei 26 °C siedet, mit Wasser vollständig mischbar ist und schwach sauer reagiert. HCN und die Cyanide sind hochgiftig.

Organische Kohlenstoffverbindungen werden im ▶ Kap. 26, „Organische Verbindungen und Makromoleküle" behandelt.

25.1.5.2 Silicium

Elementares Silicium

Die bei Raumtemperatur und Normaldruck stabile Modifikation, das α-Silicium, ist ein dunkelgraues, hartes Nichtmetall mit Diamantstruktur. Silicium ist – wie Germanium – ein Halbleiter, dessen elektrische Leitfähigkeit mit steigender Temperatur zunimmt. Geringe gezielt eingebrachte Fremdatome (Dotierungen) können die elektrische Leitfähigkeit um Größenordnungen steigern.

Darstellung: Reduktion von Siliciumdioxid SiO_2 mit Koks, Magnesium oder Aluminium.

Siliciumverbindungen

Siliciumwasserstoffe (Silane) sind durch die Summenformel $Si_{2n}H_{2n+2}$ charakterisiert. Sie gleichen in ihrer Struktur den Alkanen (vgl. ▶ Abschn. 26.1.3.1 in Kap. 26, „Organische Verbindungen und Makromoleküle"). Das erste Glied dieser Reihe ist das Monosilan SiH_4. In den Siliciumwasserstoffen ist Silicium vierbindig (tetraedrische Anordnung). Silane sind sehr oxidationsempfindlich und bilden mit Luft, bzw. mit Sauerstoff, explosionsfähige Gasmischungen. Mit Wasser reagieren sie unter Bildung von Siliciumdioxid und Wasserstoff, so z. B.:

$$SiH_4 + 2\ H_2O \rightarrow SiO_2 + 4\ H_2.$$

Siloxane, Silicone: Die Kondensation von Silanolen $R_3Si–OH$ (R Alkyl-Rest, vgl. ▶ Abschn. 26.1.3.1 in Kap. 26, „Organische Verbindungen und Makromoleküle") führt zu Disiloxanen:

$$R_3Si - OH + HO - SiR_3 \\ \rightarrow R_3Si - O - SiR_3 + H_2O.$$

Bei der Kondensation von Silandiolen $R_2Si(OH)_2$ oder Silantriolen $RSi(OH)_3$ entstehen Polysiloxane

$$\ldots - SiR_2 - O - SiR_2 - O - SiR_2 - O - \ldots$$

bzw. analog aufgebaute Schichtstrukturen. Diese Polymerverbindungen werden zusammengefasst als *Silicone* bezeichnet.

Siliciumoxide: Wie beim Kohlenstoff existieren auch beim Silicium zwei Oxide: Siliciummonoxid SiO und Siliciumdioxid SiO_2. Siliciumdioxid kommt in mehreren Modifikationen vor. Wichtig sind: α- und β-Quarz, β-Tridymit, β-Cristobalit sowie die beiden Hochdruckmodifikationen Stishovit und Coesit. Das technisch wichtige Quarzglas kann durch Abkühlen von geschmolzenem Siliciumdioxid hergestellt werden (vgl. ▶ Abschn. 22.3.4 in Kap. 22, „Zustandsformen der Materie und chemische Reaktionen" und Keramische Werkstoffe in Kap. „Die Werkstoffklassen").

Silicate heißen die Salze der Kieselsäuren, deren einfachstes Glied die Orthokieselsäure H_4SiO_4 ist. Silicate weisen große Strukturmannigfaltigkeiten auf. Man unterscheidet, insbesondere bei der Klassifizierung der Minerale:

- *Inselsilicate* mit isolierten SiO_4-Tetraedern (z. B. Olivin $(Mg, Fe)_2[SiO_4]$).
- *Gruppen- und Ringsilicate* mit einer begrenzten Anzahl verknüpfter SiO_4-Tetraeder (Beispiel für ein Ringsilicat: Beryll $Al_2Be_3[Si_6O_{18}]$).
- *Ketten- und Bandsilicate*, die aus einer unbegrenzten Zahl von verketteten SiO_4-Tetraedern aufgebaut sind.
- *Schichtsilicate* mit zweidimensional unbegrenzten Schichten. Quantitative Zusammensetzung: $[Si_2O_5^{2-}]_x$. Beispiele: Glimmer, Tonminerale, Asbest.
- *Gerüstsilicate* mit dreidimensional unbegrenzter Struktur. In diesen Substanzen ist ein Teil der Si-Atome des Siliciumdioxids durch Aluminium ersetzt. Beispiel: Feldspäte, Zeolithe (Verwendung als Molekularsiebe).

Technisch wichtige Silicate

- *Wasserglas*, eine wässrige Lösung von Alkalisilicaten (Verwendung: Verkitten von Glas und Porzellan, Flammschutzmittel).
- *Silikatgläser* (Gläser im allgemeinen Sprachgebrauch, vgl. ▶ Abschn. 22.3.4 in Kap. 22, „Zustandsformen der Materie und chemische Reaktionen" und Keramische Werkstoffe in Kap. „Die Werkstoffklassen").
- *Silikatkeramik-Erzeugnisse*. Hierunter versteht man im Wesentlichen technische Produkte, die durch Glühen von Tonen (vgl. Abschn. 25.1.4.2) hergestellt werden.

25.1.5.3 Germanium, Zinn und Blei

α-Germanium ist die bei Raumtemperatur und Normaldruck stabile Germanium-Modifikation. Es ist ein grauweißes, sehr sprödes Metall mit Diamantstruktur. α-Ge hat Halbleitereigenschaften.

Zinn kommt in drei verschiedenen Modifikationen als α-, β- und γ-Sn vor. Bei Raumtemperatur ist das metallische β-Sn stabil. Unterhalb 13,2 °C wandelt sich diese Modifikation allmählich in graues α-Zinn mit Diamantstruktur um. Gegenstände aus Zinn zerfallen dabei in viele kleine Kriställchen („Zinnpest").

Blei ist ein graues, weiches Schwermetall. Es kristallisiert in der kubisch dichtesten Kugelpackung, also in einem echten Metallgitter (vgl. ▶ Abschn. 22.2.2 in Kap. 22, „Zustandsformen der Materie und chemische Reaktionen").

25.1.6 V. Hauptgruppe: die Stickstoffgruppe

Zur V. Hauptgruppe gehören die Elemente Stickstoff N, Phosphor P, Arsen As, Antimon Sb und Bismut (auch Wismut) Bi, vgl. Tab. 5.

Oxidationszahl: Gegenüber elektropositiven Elementen (vgl. Tab. 4 in ▶ Kap. 24, „Prinzipien chemischer Systeme und Reaktionen"), so z. B. Wasserstoff, treten die Elemente der Stickstoffgruppe mit der Oxidationszahl −III auf (z. B. NH_3, PH_3, AsH_3). In Verbindungen mit elektronegativen Elementen wie Sauerstoff oder Chlor werden hauptsächlich die Oxidationszahlen III und V beobachtet.

Metallcharakter: Der metallische Charakter der Elemente der V. Hauptgruppe nimmt mit steigender Ordnungszahl zu. Stickstoff ist ein typisches Nichtmetall und Bismut ein reines Metall. Die Elemente Phosphor, Arsen und Antimon kommen sowohl in metallischen als auch in nichtmetallischen Modifikationen vor.

25.1.6.1 Stickstoff

Elementarer Stickstoff

Vorkommen: Bestandteil der Luft.

Gewinnung: Durch fraktionierte Destillation von flüssiger Luft.

Eigenschaften: Stickstoff ist bei Raumtemperatur nur als N_2-Molekül beständig. Er ist unter diesen Bedingungen ein farb- und geruchloses Gas (vgl. Tab. 2 in ▶ Kap. 22, „Zustandsformen der Materie und chemische Reaktionen").

Stickstoffverbindungen

Ammoniak NH_3: Darstellung nach dem Haber-Bosch-Verfahren, siehe ▶ Abschn. 23.2.9.4 in Kap. 23, „Thermodynamik und Kinetik chemischer Reaktionen". Ammoniak ist ein farbloses Gas mit stechendem Geruch. Es ist sehr leicht in Wasser löslich. Die wässrige Lösung reagiert schwach basisch:

$$NH_3 + H_2O \leftrightharpoons NH_4^+ + OH^-.$$

Verwendung von Ammoniak: Herstellung von Salpetersäure und Düngemitteln.

Hydrazin $H_2N{-}NH_2$ *oder* N_2H_4: Darstellung durch Oxidation von Ammoniak:

$$H_2N{-}H + O + H{-}NH_2 \leftrightharpoons H_2N{-}NH_2 + H_2O$$

Hydrazin ist bei Raumtemperatur eine farblose ölige Flüssigkeit (Siedepunkte 113,5 °C), kein AGW da krebserzeugend. Reines Hydrazin kann explosionsartig in Ammoniak und Stickstoff zerfallen:

$$3\ N_2H_4(l) \rightarrow 4\ NH_3(g) + N_2(g).$$

Mit starken Säuren reagiert Hydrazin unter Bildung von Hydraziniumsalzen (z. B. Hydraziniumsulfat $[N_2H_6][SO_4]$).

Tab. 5 Eigenschaften der Elemente der Stickstoffgruppe

		Stickstoff	Phosphor	Arsen	Antimon	Bismut
Elektronenkonfiguration		[He] $2s^2 2p^3$	[Ne] $3s^2 3p^3$	[Ar] $3d^{10} 4s^2 4p^3$	[Kr] $4d^{10} 5s^2 5p^3$	[Xe] $4f^{14} 5d^{10} 6s^2 6p^3$
Schmelzpunkt	°C	−210,0	44,15[a]	817 (28 bar)	630,63	271,40
Siedepunkt	°C	−195,79	280,5[a]	613 (Sublim.)	1587	1564
Ionisierungsenergie (1. Stufe)	eV	14,53	10,49	9,81	8,64	7,29
Atomradius	pm	55	110	124	145	154
Elektronegativität		3,0	2,2	2,2	2,05	1,9

[a] weißer Phosphor

Stickstoffwasserstoffsäure HN_3 ist eine farblose, giftige (AGW: 0,1 ppm), explosive Flüssigkeit:

$$2\ HN_3(l) \rightarrow 3\ N_2(g) + H_2(g).$$

Wässrige Lösungen reagieren schwach sauer. Die Salze der Stickstoffwasserstoffsäure heißen Azide. Schwermetallazide (z. B. Bleiazid $Pb(N_3)_2$ und Silberazid AgN_3) sind schlagempfindlich und werden daher in der Sprengtechnik als Initialzünder verwendet.

Oxide des Stickstoffs

- *Distickstoffmonoxid* N_2O (Lachgas), Oxidationszahl des Stickstoffs I, vgl. Tab. 2 in ► Kap. 22, „Zustandsformen der Materie und chemische Reaktionen".
- *Stickstoffmonoxid* NO ist ein farbloses, giftiges Gas, AGW: 2 ppm, vgl. ► Abschn. 23.1.4.7 in Kap. 23, „Thermodynamik und Kinetik chemischer Reaktionen" und ► Abschn. 24.2.3.1 in Kap. 24, „Prinzipien chemischer Systeme und Reaktionen". Mit Sauerstoff reagiert es in einer Gleichgewichtsreaktion unter Bildung von Stickstoffdioxid NO_2:

$$2\,NO + O_2 \rightleftharpoons 2\,NO_2.$$

- *Stickstoffdioxid* NO_2 ist ein rotbraunes erstickend riechendes Gas, AGW: 0,5 ppm. Mit Wasser reagiert das Oxid unter Bildung von salpetriger Säure HNO_2 und Salpetersäure HNO_3 (s. unten):

$$2\,NO_2 + H_2O \rightarrow HNO_2 + HNO_3.$$

Stickstoffoxide entstehen in der Atmosphäre beim Blitzschlag und im Zusammenhang mit den hohen Temperaturen bei Verbrennungsvorgängen. Sie können durch die Reaktion mit Ozon, bei der Chemilumineszenz entsteht, im Konzentrationsbereich von wenigen $\mu g/m^3$ nachgewiesen werden.

Sauerstoffsäuren des Stickstoffs

- *Salpetrige Säure* HNO_2: Diese Säure ist nur in verdünnter wässriger Lösung beständig. Die Salze heißen Nitrite (z. B. Natriumnitrit $NaNO_2$).
- *Salpetersäure* HNO_3 ist eine farblose stechend riechende Flüssigkeit (Siedepunkt 84,1 °C). Die Verbindung ist eine starke Säure. Ihre Salze heißen Nitrate (z. B. Natriumnitrat $NaNO_3$). Konzentrierte Salpetersäure besitzt ein besonders starkes Oxidationsvermögen. Sie wird dabei zum Stickstoffmonoxid reduziert:

$$NO_3^- + 4H^+ + 3\,e^- \rightarrow NO + 2H_2O.$$

Aufgrund dieses Reaktionsverhaltens werden sämtliche Edelmetalle (vgl. ► Abschn. 24.2.5.4 in Kap. 24, „Prinzipien chemischer Systeme und Reaktionen") außer Gold und Platin von konzentrierter Salpetersäure gelöst.

25.1.6.2 Phosphor

Elementarer Phosphor

Phosphor kommt in mehreren monotropen (einseitig umwandelbaren) Modifikationen vor:

- *Weißer Phosphor*. Metastabil (vgl. ► Abschn. 23.1.3.5 in Kap. 23, „Thermodynamik und Kinetik chemischer Reaktionen"), fest (Schmelzpunkt 44,2 °C), wachsweich, sehr giftig, in Schwefelkohlenstoff CS_2 löslich. Festkörper, Schmelze und Lösung enthalten tetraedrische P_4-Moleküle. Feinverteilter weißer Phosphor entzündet sich an der Luft von selbst und verbrennt zu Phosphorpentoxid P_4O_{10}. Im Dunkeln leuchtet Phosphor an der Luft wegen der Oxidation der von weißem Phosphor abgegebenen Dämpfe (*Chemilumineszenz*).

- *Roter Phosphor* (metastabil) entsteht aus weißem Phosphor durch Erhitzen auf ca. 300 °C (unter Ausschluss von Sauerstoff).
- *Schwarzer Phosphor* (stabil von Raumtemperatur bis ca. 400 °C) bildet sich aus weißem Phosphor bei erhöhter Temperatur (ca. 200 °C) und sehr hohem Druck (12 kbar). Das Gitter besteht aus Doppelschichten. Schwarzer Phosphor hat Halbleitereigenschaften.

Phosphorverbindungen
Phosphin PH_3 ist ein farbloses, sehr giftiges Gas (AGW: 0,1 ppm).

Oxide des Phosphors

- *Diphosphortrioxid* (Phosphortrioxid) P_4O_6 entsteht beim Verbrennen des Phosphors bei ungenügender Sauerstoffzufuhr. Es leitet sich vom tetraedrisch aufgebauten weißen Phosphor dadurch ab, dass zwischen jede P–P-Bindung ein Sauerstoffatom eingefügt ist. Das entspricht der Formel P_4O_6. Mit Wasser reagiert P_4O_6 unter Bildung von *phosphoriger Säure* H_3PO_3:

$$P_4O_6 + 6H_2O \rightarrow 4H_3PO_3 .$$

- *Diphosphorpentaoxid* (Phosphorpentoxid) P_2O_5 bildet sich bei vollständiger Verbrennung von elementarem Phosphor. Die Molekülstruktur der Verbindung unterscheidet sich von der des P_4O_6 dadurch, dass an jedem Phosphoratom zusätzlich ein Sauerstoffatom gebunden ist. Das entspricht der Formel P_4O_{10}. P_4O_{10} ist ein weißes, geruchloses Pulver. Es ist äußerst hygroskopisch (Wasser entziehend). Mit Wasser reagiert es über Zwischenstufen unter Bildung von Phosphorsäure H_3PO_4:

$$P_4O_{10} + 6H_2O \rightarrow 4H_3PO_4 .$$

Phosphorsäure H_3PO_4 bildet drei Reihen von Salzen: primäre Phosphate (Dihydrogenphosphate, z. B. NaH_2PO_4), sekundäre Phosphate (Hydrogenphosphate, z. B. Na_2HPO_4) und tertiäre Phosphate (z. B. Na_3PO_4). Verwendung von Phosphaten: Düngemittel.

Kondensierte Phosphorsäuren: Bei höheren Temperaturen kondensiert Orthophosphorsäure unter Wasserabspaltung zur Diphosphorsäure, die oberhalb 300 °C unter weiterem Austritt von Wasser in kettenförmige Polyphosphorsäuren übergeht.

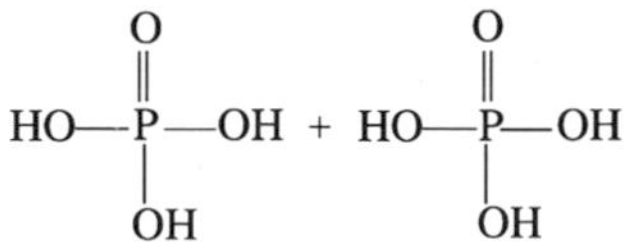

Orthophosphorsäure

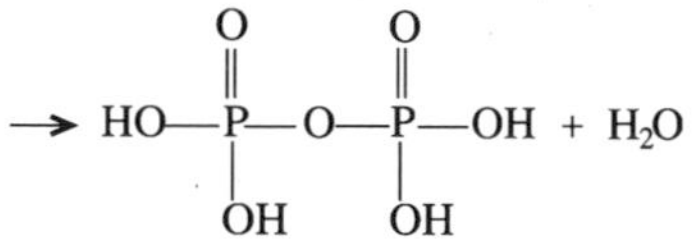

Diphosphorsäure

25.1.6.3 Arsen, Antimon

Arsen und *Antimon* bilden mit Wasserstoff die Verbindungen Arsin AsH_3 bzw. Antimonwasserstoff SbH_3.

AsH_3 ist noch giftiger als Phosphin PH_3.

Die wichtigsten Oxide des Arsens und des Antimons sind As_4O_6 (‚Arsenik') und Sb_4O_6. Beide haben einen dem P_4O_6 analogen molekularen Aufbau.

25.1.7 VI. Hauptgruppe: Chalkogene

Die Elemente der VI. Hauptgruppe sind Sauerstoff O, Schwefel S, Selen Se, Tellur Te und Polonium Po. Polonium ist ein außerordentlich seltenes radioaktives Element. Die Sonderstellung, die der Sauerstoff als erstes Element innerhalb dieser Gruppe einnimmt, beruht auf seinem besonders kleinen Atomradius und seiner hohen Elektronegativität, vgl. Tab. 6.

Oxidationszahl: Die Chalkogene kommen in den Oxidationszahlen-II bis VI vor. Sauerstoff tritt aufgrund seiner großen Elektronegativität (er ist nach Fluor das elektronegativste Element) fast nur in der Oxidationszahl-II auf. Im Wasserstoffperoxid und in anderen Peroxiden hat er die Oxidationszahl-I. In Verbindungen mit Fluor sind die Oxidationszahlen des Sauerstoffs positiv.

Metallcharakter: Der metallische Charakter nimmt mit steigender Ordnungszahl zu. Sauerstoff und Schwefel sind typische Nichtmetalle, Polonium ist ein reines Metall. Die Elemente Selen und Tellur kommen sowohl in metallischen als auch in nichtmetallischen Modifikationen vor.

25.1.7.1 Sauerstoff

Elementarer Sauerstoff

Vorkommen: Elementar als Bestandteil der Luft, gebunden hauptsächlich in Form von Oxiden und Silicaten als Bestandteil der meisten Gesteine. Der Massenanteil des Sauerstoffs am Aufbau der Erdrinde beträgt rund 49 %.

Gewinnung: Durch fraktionierte Destillation von flüssiger Luft.

Modifikationen des Sauerstoffs:

- *Molekularer Sauerstoff* O_2 ist ein farbloses, geruchloses, paramagnetisches Gas, vgl. ► Kap. 22, „Zustandsformen der Materie und chemische Reaktionen". Sauerstoff ist Oxidationsmittel bei der Verbrennung fossiler Brennstoffe (vgl. ► Abschn. 24.2.3.1 in Kap. 24, „Prinzipien chemischer Systeme und Reaktionen") und bei der Verbrennung von Nahrungsmitteln (Kohlenhydrate, Fette, Eiweißstoffe) in Organismen. Verbrennungsreaktionen laufen in reinem Sauerstoff wesentlich heftiger ab als in Luft. Mit flüssigem Sauerstoff reagieren viele Substanzen explosionsartig.
- *Ozon* O_3 ist ein bei Raumtemperatur deutlich blaues, sehr giftiges, charakteristisch riechendes, diamagnetisches Gas; Siedepunkt −110,5 °C, MAK-Wert: 0,1 ppm (kein AGW festgelegt). Ozon ist energiereicher als molekularer Sauerstoff ($\Delta_B H_m{}^0(O_3)$ = 142,7 kJ/mol, vgl. ► Abschn. 23.1.2.5 in Kap. 23, „Thermodynamik und Kinetik chemischer Reaktionen"). Es hat eine große Neigung – unter bestimmten Bedingungen explosionsartig – in molekularen Sauerstoff zu zerfallen. Ozon ist ein sehr starkes Oxidationsmittel. Das O_3-Molekül ist gewinkelt (116,8°). Die äußeren Atome sind vom zentralen 127,8 pm entfernt.

In der Erdatmosphäre wird Ozon fotochemisch aus molekularem Sauerstoff gebildet. Seine größte Teilchendichte hat es in 20 bis 25 km Höhe. Da Ozon einen großen Anteil der kurzwelligen Strahlung des Sonnenlichtes absorbiert, ist die Ozonschicht von großer Bedeutung für das Leben auf der Erde. Besonders Fluorchlorkohlenwasserstoffe (siehe ► Abschn. 26.1.4.1 in Kap. 26, „Organische Verbindungen und Makromoleküle" sowie Tab. 2 in ► Kap. 22, „Zustandsformen der Materie und chemische Reaktionen") verringern die Ozonkonzentration in den oberen Schichten der Atmosphäre. Die dadurch

Tab. 6 Eigenschaften der Chalkogene

		Sauerstoff	Schwefel	Selen	Tellur	Polonium
Elektronenkonfiguration		$[He]2s^2 2p^4$	$[Ne]3s^2 3p^4$	$[Ar]3d^{10}4s^2 4p^4$	$[Kr]4d^{10}5s^2 5p^4$	$[Xe]4f^{14}5d^{10}6s^2 6p^4$
Schmelzpunkt	°C	−218,79	119,6	220,5	449,5	254
Siedepunkt	°C	−182,95	444,6	685	988	962
Ionisierungsenergie (1. Stufe)	eV	13,62	10,36	9,75	9,01	8,42
Atomradius	pm	60	104	116	143	167
Ionenradius (Ladungszahl 2−)	pm	138	184	198	221	
Elektronegativität		3,4	2,6	2,55	2,1	2,0

bedingte Erhöhung der UV-Strahlung auf der Erdoberfläche kann u. a. zu einem Ansteigen der Häufigkeit von bösartigen Hauterkrankungen führen.

Sauerstoffverbindungen

- *Wasser* H_2O, vgl. ▶ Abschn. 22.3.3 in Kap. 22, „Zustandsformen der Materie und chemische Reaktionen“, schweres Wasser D_2O, vgl. Abschn. 25.1.1, Eigenschaften von D_2O: Schmelzpunkt 3,82 °C, Siedepunkt 101,42 °C.
- *Wasserstoffperoxid* H_2O_2 ist eine in reinem Zustand praktisch farblose, sirupartige Flüssigkeit (Siedepunkt 150,2 °C, AGW: in Bearbeitung). Charakteristisch für diese Verbindung ist die folgende exotherme Zerfallsreaktion:

$$2\,H_2O_2 \rightarrow 2\,H_2O + O_2.$$

- In hochreinem Wasserstoffperoxid ist die Zerfallsgeschwindigkeit bei Raumtemperatur sehr klein. In Gegenwart von Katalysatoren (vgl. ▶ Abschn. 23.2.9 in Kap. 23, „Thermodynamik und Kinetik chemischer Reaktionen“), wie z. B. Braunstein MnO_2, Mennige Pb_3O_4, feinverteiltem Silber oder Platin, kann die Zerfallsreaktion explosionsartig ablaufen. Wasserstoffperoxid ist ein starkes Oxidationsmittel. Mischungen von organischen Verbindungen mit konzentriertem Wasserstoffperoxid können explosiv reagieren.

  Verwendung: Bleichmittelzusatz in Waschmitteln, Desinfektionsmittel.

25.1.7.2 Schwefel

Elementarer Schwefel

Vorkommen: Frei (elementar) z. B. in Sizilien und Kalifornien, gebunden vorwiegend in Form von Sulfiden (z. B. Schwefelkies oder Pyrit FeS_2, Zinkblende ZnS, Bleiglanz PbS) oder Sulfaten (z. B. Gips $CaSO_4 \cdot 2\,H_2O$).

Eigenschaften: Die bei Raumtemperatur stabile Schwefelmodifikation ist der rhombische α-Schwefel. Dieser wandelt sich bei 95,6 °C reversibel in den monoklinen β-Schwefel um, der bei 119,6 °C schmilzt. Beide Schwefelmodifikationen sind aus ringförmigen S_8-Molekülen aufgebaut.

Schwefelverbindungen

Schwefelwasserstoff H_2S ist ein farbloses, wasserlösliches, sehr giftiges Gas, das nach faulen Eiern riecht, AGW: 5 ppm. Wässrige Lösungen von H_2S reagieren sauer, vgl. Tab. 2 in ▶ Kap. 24, „Prinzipien chemischer Systeme und Reaktionen“. Schwermetallsulfide sind in der Regel schwerlöslich.

Oxide des Schwefels

- *Schwefeldioxid* SO_2, AGW: 1 ppm, siehe ▶ Abschn. 24.2.3.1 und Tab. 2 in Kap. 24, „Prinzipien chemischer Systeme und Reaktionen“.
- *Schwefeltrioxid* SO_3, ibid. Tab. 2.

Sauerstoffsäuren des Schwefels

- *Schweflige Säure* H_2SO_3, ibid. Tab. 2.
- *Schwefelsäure* H_2SO_4 (ibid. Tab. 2) ist eine ölige, sehr hygroskopische Flüssigkeit (Siedepunkt 330 °C). Sie wird daher als Trockenmittel verwendet. Auf viele organische Verbindungen, damit auch auf Holz, Papier und menschliche Haut, wirkt konzentrierte Schwefelsäure verkohlend, indem sie diesen Substanzen Wasser entzieht. Schwefelsäure ist eine starke zweibasige Säure. Die elektrolytische Dissoziation erfolgt in zwei Stufen:

$$H_2SO_4 \leftrightharpoons H^+ + HSO_4^- \leftrightharpoons 2\,H^+ + SO_4^{2-}$$

25.1.8 VII. Hauptgruppe: Halogene

Zur VII. Hauptgruppe gehören die Elemente Fluor F, Chlor Cl, Brom Br, Iod I und das radioaktive Astat At, vgl. Tab. 7.

Oxidationszahl: Sämtliche Halogene bilden negativ einwertige Ionen (Oxidationszahl –I). Darüber hinaus sind viele Verbindungen bekannt, in denen Halogene die Oxidationszahlen I bis VII haben. Fluor ist das elektronegativste Element. In seinen Verbindungen kommt es stets mit der Oxidationszahl –I vor.

Tab. 7 Eigenschaften der Halogene

		Fluor	Chlor	Brom	Iod	Astat
Elektronenkonfiguration		[He] $2s^2 2p^5$	[Ne] $3s^2 3p^5$	[Ar] $3d^{10} 4s^2 4p^5$	[Kr] $4d^{10} 5s^2 5p^5$	[Xe] $4f^4 5d^{10} 6s^2 6p^5$
Schmelzpunkt	°C	−219,62	−101,5	−7,2	113,7	302
Siedepunkt	°C	−188,12	−34,04	58,8	184,4	337 (gesch.)
Ionisierungsenergie (1. Stufe)	eV	17,42	12,97	11,81	11,81	
Atomradius	pm	71	99	114	133	
Ionenradius (Ladungszahl 1−)	pm	133	181	196	220	
Elektronegativität		4,0	3,2	3,0	2,7	2,2

25.1.8.1 Fluor

Elementares Fluor

Fluor ist ein in dicker Schicht grünlichgelbes, sehr giftiges Gas mit starkem, charakteristischem Geruch, AGW: 1 ppm. Fluor ist das reaktionsfähigste Element und das stärkste Oxidationsmittel. Die Verbindungen des Fluors mit anderen Elementen heißen Fluoride.

Fluorverbindungen

Fluorwasserstoff HF riecht stechend und ist sehr giftig, AGW: 1 ppm, vgl. Tab. 2 in ► Kap. 24, „Prinzipien chemischer Systeme und Reaktionen". Eine bemerkenswerte Eigenschaft von Fluorwasserstoff ist die Fähigkeit, Quarz- und Silicatgläser (vgl. ► Abschn. 22.3.4 in Kap. 22, „Zustandsformen der Materie und chemische Reaktionen" und Glas in Kap. „Die Werkstoffklassen") anzugreifen. Dabei wird neben Wasser gasförmiges Siliciumtetrafluorid SiF_4 gebildet:

$$SiO_2 + 4\ HF \rightarrow SiF_4 + 2\ H_2O.$$

25.1.8.2 Chlor

Elementares Chlor

Eigenschaften des Chlors: siehe Tab. 7 sowie Tab. 2 in ► Kap. 22, „Zustandsformen der Materie und chemische Reaktionen". Chlor gehört nach Fluor zu den reaktionsfähigsten Elementen. Mit Wasserstoff reagiert Chlor unter Bildung von Chlorwasserstoff (sog. Chlorknallgasreaktion). Die explosionsartig verlaufende Reaktion kann durch Bestrahlung mit blauem oder kurzwelligerem Licht gestartet werden. Dabei werden Chlormoleküle in Atome gespalten. Die Umsetzung verläuft nach einem Kettenmechanismus (vgl. ► Abschn. 23.2.7 in Kap. 23, „Thermodynamik und Kinetik chemischer Reaktionen"). Viele Elemente (z. B. Natrium, Arsen, Antimon) reagieren direkt unter Feuererscheinungen mit Chlor.

Die Umsetzung mit Wasser führt zu einem Gleichgewicht. Es entstehen Chlorwasserstoff HCl und hypochlorige Säure HClO (siehe unten):

$$Cl_2 + H_2O \leftrightharpoons HCl + HClO$$

Chlorverbindungen

Chlorwasserstoff HCl, siehe Tab. 2 in ► Kap. 22, „Zustandsformen der Materie und chemische Reaktionen" sowie Tab. 2 in ► Kap. 24, „Prinzipien chemischer Systeme und Reaktionen".

Sauerstoffsäuren des Chlors, ibid, Tab. 2.

- *Hypochlorige Säure* HClO, Oxidationszahl des Chlors I. Wässrige Lösungen von Hypochloriten (Salze der HClO) sind starke Oxidationsmittel und werden in Bleichlösungen und Desinfektionsmitteln verwendet.
- *Chlorige Säure* $HClO_2$, Oxidationszahl des Chlors III.
- *Chlorsäure* $HClO_3$, Oxidationszahl des Chlors V.
- *Perchlorsäure* $HClO_4$, Oxidationszahl des Chlors VII. Die reine Säure ist eine farblose Flüssigkeit, die sich explosiv zersetzen kann. Perchlorsäure gehört zu den stärksten Säuren.

25.1.8.3 Brom und Iod

Brom ist neben Quecksilber das einzige bei Raumtemperatur flüssige Element (Siedepunkt 58,8 °C).

Iod ist bei Raumtemperatur fest. Es bildet blauschwarze, metallisch glänzende Kristalle.

25.1.9 VIII. Hauptgruppe: Edelgase

Zur VIII. Hauptgruppe gehören die Elemente Helium He, Neon Ne, Argon Ar, Krypton Kr, Xenon Xe und das radioaktive Radon Rn. Die Stabilität der Edelgase gegenüber der Aufnahme und der Abgabe von Elektronen folgt aus den hohen Werten der Elektronenaffinität und der Ionisierungsenergie, vgl. Tab. 8.

Vorkommen: Die Edelgase He, Ne, Ar, Kr und Xe sind Bestandteile der Luft. He und Rn kommen auch als Produkte radioaktiver Zerfallsvorgänge in einigen Mineralien vor.

Gewinnung: Helium wird hauptsächlich aus amerikanischen Erdgasen gewonnen. Die Gewinnung von Neon, Argon, Krypton und Xenon erfolgt entweder durch fraktionierte Destillation verflüssigter Luft oder durch selektive Adsorption an Aktivkohle.

Eigenschaften: Die Elemente der VIII. Hauptgruppe sind farb- und geruchlose Gase. Flüssiges Helium existiert unterhalb 2,2 K im supraflüssigen Zustand mit extrem kleiner Viskosität und sehr hoher Wärmeleitfähigkeit.

Edelgasverbindungen

Von den Edelgasen Krypton und Xenon sind zahlreiche Verbindungen mit Sauerstoff und Fluor bekannt. So bildet Xenon die Fluoride Xenondifluorid XeF_2 (Schmelzpunkt 129 °C), Xenontetrafluorid XeF_4 (Schmelzpunkt 117 °C) und Xenonhexafluorid XeF_6 (Schmelzpunkt 49,5 °C). Xenondioxid XeO_2 und Xenontrioxid XeO_3 sind explosiv.

25.1.10 Scandiumgruppe (III. Nebengruppe)

Zur Scandiumgruppe gehören Scandium Sc, Yttrium Y, Lanthan La und Actinium Ac, vgl. Tab. 9. Die auf das Lanthan bzw. das Actinium folgenden Lanthanoide und Actinoide werden in den Abschn. 25.1.18 bzw. Abschn. 25.1.19 behandelt. Actinium kommt als radioaktives Zerfallsprodukt des Urans in geringen Mengen in Uranerzen vor. Die Elemente sind Metalle mit hoher elektrischer Leitfähigkeit und großem Reaktionsvermögen. Dies zeigt sich in den Standardelektrodenpotenzialen (vgl. ▶ Abschn. 24.2.5

Tab. 8 Eigenschaften der Edelgase. (vgl. auch Tab. 2 in Kap. ▶ „Zustandsformen der Materie und chemische Reaktionen")

		Helium	Neon	Argon	Krypton	Xenon	Radon
Elektronenkonfiguration		$1s^2$	$1s^2 2s^2 2p^6$	$[Ne]3s^2 3p^6$	$[Ar]$ $3d^{10} 4s^2 4p^6$	$[Kr]$ $4d^{10} 5s^2 5p^6$	$[Xe]$ $4f^{14} 5d^{10} 6s^2 6p^6$
Schmelzpunkt[a]	°C	$<-272{,}2$[c]	−248,59	−189,3442 tp[d]	−157,38 tp	−111,79 tp	−71
Ionisierungsenergie (1. Stufe)	eV	24,59	21,56	15,76	14,0	12,13	10,75
Atomradius[b]	pm	140	150	180	190	210	

[a]tp: Tripelpunktstemperatur [b]Van-der-Waals-Radius [c]bei 26,3 bar [d]Fixpunkt der ITS-90 Skala

Tab. 9 Eigenschaften der Elemente der Scandiumgruppe

		Scandium	Yttrium	Lanthan	Actinium
Elektronenkonfiguration		$[Ar]3d4s^2$	$[Kr]4d5s^2$	$[Xe]5d6s^2$	$[Rn]6d7s^2$
Atomradius	pm	161	178	187	188
Schmelzpunkt	°C	1541	1522	918	1051
Siedepunkt	°C	2836	3345	3464	3198
Dichte (25 °C)	g/cm^3	2,989	4,469	6,145	10,07

in Kap. 24, „Prinzipien chemischer Systeme und Reaktionen“), die zwischen −2,077 V (Sc) und −2,6 V (Ac) liegen (bezogen auf die Elektrodenreaktion $Me \leftrightharpoons Me^{3+} + 3\ e^-$. In den meisten Verbindungen kommen die Elemente in der Oxidationszahl III vor. Die basischen Eigenschaften der Hydroxide nehmen mit der Ordnungszahl zu. So besitzt $Sc(OH)_3$ nur schwach basische Eigenschaften, während $La(OH)_3$ als starke Base reagiert. Die Darstellung der Metalle erfolgt durch Schmelzflusselektrolyse (vgl. ▶ Abschn. 24.2.8.1 in Kap. 24, „Prinzipien chemischer Systeme und Reaktionen“) der Chloride oder durch Reduktion der Oxide mit Alkalimetallen.

25.1.11 Titangruppe (IV. Nebengruppe)

Zur Titangruppe gehören Titan Ti, Zirconium Zr und Hafnium Hf, vgl. Tab. 10. Die Metalle sind silberweiß und duktil. Sie haben hohe Schmelz- und Siedepunkte. Aufgrund ihrer negativen Standardelektrodenpotenziale, die zwischen −0,88 V (Ti) und −1,57 V(Hf) liegen (bezogen auf die Elektrodenreaktion $Me + H_2O \leftrightharpoons MeO^{2+} + 2H^+ + 4e^-$), sind sie gegenüber den meisten Oxidationsmitteln ziemlich reaktionsfähig (vgl. Abschn. 25.1.11.1 sowie ▶ Abschn. 24.2.5 in Kap. 24, „Prinzipien chemischer Systeme und Reaktionen“).

Die Oxidationszahlen des Titans in seinen Verbindungen sind II, III und IV, die des Zirconiums III und IV. Die beständigste und wichtigste Oxidationszahl ist bei beiden IV. Hafnium kommt in seinen Verbindungen nur in der Oxidationszahl IV vor.

25.1.11.1 Titan

Vorkommen: Titandioxid TiO_2 (in der Natur in den Modifikationen Rutil, Anatas und Brookit), Ilmenit $FeTiO_3$, Perowskit $CaTiO_3$.

Eigenschaften, Darstellung, Verwendung: Titan ist ein silberweißes Metall mit relativ kleiner Dichte (4,54 g/cm^3). Reines Titan wird durch eine kompakte Oxiddeckschicht vor dem Angriff von Luftsauerstoff, Meerwasser und verdünnten Mineralsäuren geschützt. Bei höheren Temperaturen ist es jedoch mit Sauerstoff und Stickstoff recht reaktionsfähig. Darstellung und Verwendung siehe Titan in Kap. „Die Werkstoffklassen“.

25.1.11.2 Zirconium

Eigenschaften, Verwendung: Zirconium ist ein verhältnismäßig hartes, korrosionsbeständiges Metall, das rostfreiem Stahl ähnelt. Es ist bei Raumtemperatur gegen Säuren ziemlich resistent. Zirconium und Zirconiumlegierungen mit mehr als 90 % Zr (Zircaloy) haben als Werkstoffe in der Kerntechnik Bedeutung erlangt.

25.1.12 Vanadiumgruppe (V. Nebengruppe)

Zur Vanadiumgruppe gehören die Metalle Vanadium (früher: Vanadin) V, Niob Nb und Tantal Ta, vgl. Tab. 11. Vanadium kommt in seinen Verbindungen in den Oxidationszahlen II bis V vor. Davon sind IV und V gewöhnlich am stabilsten. Niob und Tantal kommen hauptsächlich in der Oxidationsstufe V vor, sie bilden praktisch keine Kationen, sondern existieren nur in anionischen Verbindungen. Die Metalle sind wichtige Legierungsbestandteile von Stählen.

25.1.12.1 Vanadium

Eigenschaften, Darstellung, Verwendung: Vanadium ist ein stahlgraues, ziemlich hartes Metall, das durch eine dünne Oxidschicht vor dem Angriff von Luftsauerstoff und Wasser geschützt wird. Das reine Metall wird durch Reduktion von

Tab. 10 Eigenschaften der Elemente der Titangruppe

		Titan	Zirconium	Hafnium
Elektronenkonfiguration		$[Ar]3d^2 4s^2$	$[Kr]4d^2 5s^2$	$[Xe]4f^{14} 5d^2 6s^2$
Atomradius	pm	145	159	156
Schmelzpunkt	°C	1668	1855	2233
Siedepunkt	°C	3287	4409	4603
Dichte (20 °C)	g/cm^3	4,54	6,506	13,31

Tab. 11 Eigenschaften der Elemente der Vanadiumgruppe

		Vanadium	Niob	Tantal
Elektronenkonfiguration		$[Ar]3d^3 4s^2$	$[Kr]4d^4 5s$	$[Xe]4f^{14} 5d^3 6s^2$
Atomradius	pm	131	143	143
Schmelzpunkt	°C	1910	2477	3017
Siedepunkt	°C	3407	4744	5458
Dichte	g/cm^3	6,092	8,57 (20 °C)	16,65

Vanadium(V)-oxid V_2O_5 mit Aluminium dargestellt. Vanadium wird hauptsächlich als Legierungsbestandteil von Stählen verwendet (vgl. Stahl in Kap. „Die Werkstoffklassen"). Als Ferrovanadin werden Legierungen aus Vanadium und Eisen mit einem Vanadiumanteil von mindestens 50 Gew.-% V bezeichnet. Ihre Darstellung erfolgt durch Reduktion einer Mischung von Vanadium- und Eisenoxid mit Kohle.

Vanadiumverbindungen: In Kaliummonovanadat K_3VO_4, Kaliumdivanadat $K_4V_2O_7$ und Kaliummetavanadat KVO_3 hat Vanadium die Oxidationszahl V. Kaliummetavanadat liegt in wässriger Lösung in Form tetramerer $[V_4O_{12}]^{4-}$-Ionen vor. Im festen Zustand besteht es aus hochpolymeren VO_3^--Ketten. In beiden Fällen sind die Polyvanadationen aus über Ecken verknüpften VO_4-Tetraedern aufgebaut. Bei Zugabe von Säuren zu wässrigen Monovanadatlösungen erfolgt über die Bildung des Ions HVO_4^{2-} Aggregation unter Wasserabspaltung (Kondensation). Dabei entstehen Salze von Polyvanadinsäuren (unter anderem werden auch Metavanadate gebildet). Diese Säuren gehören zu den Isopolysäuren und sind dadurch charakterisiert, dass ihre Anionen außer den entsprechenden Schwermetallionen nur Sauerstoff und Wasserstoff enthalten.

25.1.13 Chromgruppe (VI. Nebengruppe)

Zur Chromgruppe gehören die hochschmelzenden Schwermetalle Chrom Cr, Molybdän Mo und Wolfram W, vgl. Tab. 12.

25.1.13.1 Chrom

Vorkommen: Chromeisenstein (Chromit) $FeCr_2O_4$, Rotbleierz (Krokoit) $PbCrO_4$.

Eigenschaften, Darstellung: Chrom ist ein silberglänzendes, in reinem Zustand zähes, dehn- und schmiedbares Metall. Metallisches Chrom wird durch eine dünne, zusammenhängende Oxidschicht vor dem Angriff von Luftsauerstoff und Wasser geschützt. Es behält daher trotz seines negativen Standardelektrodenpotenzials (−0,74 V bezogen auf die Elektrodenreaktion $Cr \leftrightharpoons Cr^{3+} + 3\,e^-$ auch an feuchter Luft seinen metallischen Glanz. Darstellung des metallischen Chroms aus Chromeisenstein: Nach der Abtrennung des Eisens wird Chrom(III)-oxid mit Aluminium zu metallischem Chrom reduziert:

$$Cr_2O_3 + 2\,Al \leftrightharpoons Al_2O_3 + 2\,Cr.$$

Verwendung: Chrom ist ein wichtiger Legierungsbestandteil von nichtrostenden Stählen. Es dient als Korrosionsschutz unedler Metalle, indem diese mit einer dünnen Chromschicht überzogen werden. Das Verchromen geschieht auf elektrochemischem Wege auf einer dichten Zwischenschicht aus Nickel, Cadmium oder Kupfer.

Chromverbindungen: Die wichtigsten Oxidationszahlen des Chroms sind III und VI. Beispiele sind Chrom(III)-chlorid $CrCl_3$ und Kaliumdichromat $K_2Cr_2O_7$. Zwischen beiden Oxidationsstufen besteht folgendes Redoxgleichgewicht:

$$2\,Cr^{3+} + 7\,H_2O \leftrightharpoons Cr_2O_7{}^{2-} + 14\,H^+ + 6\,e^-.$$

Das $Cr_2^{VI}O_7^{2-}$-Ion heißt Dichromation. Diese Redoxreaktion ist Grundlage für ein wichtiges maßanalytisches Verfahren (vgl. ▶ Abschn. 24.2 in Kap. 24, „Prinzipien chemischer Systeme und Reaktionen"). Mit Kaliumdichromatlösungen bekannter Konzentration kann beispielsweise der Gehalt von Fe^{2+}-Ionen quantitativ bestimmt werden. Zwischen Dichromationen und Chromationen

Tab. 12 Eigenschaften der Elemente der Chromgruppe

		Chrom	Molybdän	Wolfram
Elektronenkonfiguration		$[Ar]3d^5 4s$	$[Kr]4d^5 5s$	$[Xe]4f^{14}5d^4 6s^2$
Atomradius	pm	125	136	137
Schmelzpunkt	°C	1907	2623	3422
Siedepunkt	°C	2671	4639	5555
Dichte (20 °C)	g/cm^3	7,19	10,22	19,3

CrO_4^{2-} besteht in wässriger Lösung folgende von der Wasserstoffionenkonzentration abhängige Gleichgewichtsreaktion:

$$2\,CrO_4{}^{3+} + 2\,H^+ \leftrightharpoons Cr_2O_7{}^{2-} + H_2O.$$

25.1.13.2 Molybdän

Vorkommen: Molybdänglanz (Molybdänit) MoS_2, Gelbbleierz $PbMoO_4$.

Eigenschaften, Verwendung: Molybdän ist ein zinnweißes, hartes und sprödes Metall. Verwendung als Legierungsbestandteil in Stählen (Molybdänstähle sind besonders hart und zäh).

Molybdänverbindungen: Molybdän tritt in seinen Verbindungen hauptsächlich mit der Oxidationszahl IV oder VI auf. Beispiel für Molybdän (IV)-Verbindungen: Molybdän(IV)-sulfid MoS_2, das in einem Schichtgitter kristallisiert und sich durch leichte Spaltbarkeit und hohe Schmierfähigkeit auszeichnet. In der Oxidationsstufe VI bildet Molybdän wie Vanadium Isopolysäuren (vgl. Abschn. 25.1.12.1).

25.1.13.3 Wolfram

Vorkommen: Wolfram $(Fe^{II}, Mn)WO_4$, Scheelit $CaWO_4$, Wolframocker $WO_3 \cdot xH_2O$.

Eigenschaften, Darstellung: Wolfram ist ein weißglänzendes Metall von hoher Festigkeit. Es hat mit 3422 °C den höchsten Schmelzpunkt aller Metalle. Die Darstellung erfolgt durch Reduktion von Wolfram(VI)-oxid WO_3 mit Wasserstoff. Das dabei entstehende Pulver wird zu größeren Stücken gesintert.

Verwendung: Legierungsbestandteil von Wolframstählen und N-Basislegierungen, Schweißelektroden, Glühfäden in Lampen; Wolframcarbid für Hartmetallwerkzeuge.

Wolframverbindungen: In seinen Verbindungen tritt Wolfram hauptsächlich mit der Oxidationszahl VI auf. Beim Ansäuern wässriger Natriumwolframatlösungen (Natriumwolframat Na_2WO_4) tritt Aggregation zu Isopolysäuren ein (vgl. Vanadium und Molybdän). Beispiel: Natriummetawolframat $Na_6[H_2W_{12}O_{40}]$ ist das Natriumsalz der Metawolframsäure. Wässrige Lösungen von Natriummetawolframat dienen als *Schwereflüssigkeit* (Dichte einer gesättigten Lösung: 3,1 g/cm^3).

25.1.14 Mangangruppe (VII. Nebengruppe)

Zur Mangangruppe gehören Mangan Mn, Technetium Tc und Rhenium Re, vgl. Tab. 13. Technetium kommt in der Natur nicht vor. Es entsteht z. B. beim Beschuss von Molybdän mit Deuteronen d ($= {}^2H^+$) und bei der Uranspaltung.

25.1.14.1 Mangan

Vorkommen: Braunstein (Pyrolusit) MnO_2, Braunit Mn_2O_3, Hausmannit Mn_3O_4, Manganspat $MnCO_3$ und als Bestandteil der in der Tiefsee vorkommenden Manganknollen.

Eigenschaften, Verwendung: Mangan ist ein sprödes, hartes silbergraues Metall. Es erhöht als Legierungsbestandteil des Stahls dessen Härte und Zähigkeit.

Manganverbindungen: In seinen Verbindungen kommt Mangan in den Oxidationszahlen I, II, III, IV, VI und VII vor. Kaliumpermanganat $KMn^{VII}O_4$ ist ein wichtiges Reagenz zur maßanalytischen Bestimmung (vgl. ▶ Abschn. 21.4.7.2 in Kap. 21, „Grundlagen zu chemischen Elementen, Verbindungen und Gleichungen“) von Reduktionsmitteln, wie z. B. Fe^{2+}-Ionen und Oxalationen $C_2O_4^{2-}$ sowie von Wasserstoffperoxid H_2O_2 und Nitritionen NO_2^-. Das Permanganation MnO_4^- wird dabei je nach dem pH-Wert der Lösung zu Mn^{2+}

Tab. 13 Eigenschaften der Elemente der Mangangruppe

		Mangan	Technetium	Rhenium
Elektronenkonfiguration		$[Ar]3d^5 4s^2$	$[Kr]4d^6 5s$	$[Xe]4f^{14} 5d^5 6s^2$
Atomradius	pm	137	135	137
Schmelzpunkt	°C	1246	2157	3186
Siedepunkt	°C	2061	4265	5596
Dichte	g/cm^3	7,21–7,44[a]	11,5 (berechnet)	21,02 (20 °C)

[a]abhängig von der Modifikation

bzw. Mangandioxid $Mn^{IV}O_2$ reduziert (vgl. ▶ Abschn. 24.2.2 in Kap. 24, „Prinzipien chemischer Systeme und Reaktionen“):

$$MnO_4^- + 8\,H^+ + 5\,e^- \leftrightharpoons Mn^{2+} + 4\,H_2O$$

(Reaktion in saurer Lösung) bzw.

$$MnO_4^- + 4\,H^+ + 3\,e^- \leftrightharpoons MnO_2(s) + 2\,H_2O$$

(Reaktion in neutraler oder alkalischer Lösung).

25.1.15 Eisenmetalle und Elementgruppe der Platinmetalle (VIII. Nebengruppe)

Zur *Elementgruppe der Eisenmetalle* gehören die in der 4. Periode der Nebengruppe VIIIA angeordneten Elemente Eisen Fe, Cobalt Co und Nickel Ni, vgl. Tab. 14. Es sind Metalle mit hohem Schmelzpunkt und hoher Dichte. In ihren Verbindungen treten sie hauptsächlich mit den Oxidationszahlen II und III auf. Nickel kommt in seinen Verbindungen überwiegend in der Oxidationsstufe II vor.

Zur *Elementgruppe der Platinmetalle* gehören Ruthenium Ru, Rhodium Rh, Palladium Pd sowie Osmium Os, Iridium Ir und Platin Pt, vgl. Tab. 14. Diese Elemente sind reaktionsträge. Sie zählen, da ihre Standardelektrodenpotenziale positiv sind, zu den Edelmetallen.

25.1.15.1 Eisen

Vorkommen: Magneteisenstein (Magnetit) Fe_3O_4, Roteisenstein (Hämatit) Fe_2O_3, Brauneisenstein $Fe_2O_3 \cdot xH_2O$, Spateisenstein (Siderit), $FeCO_3$ und Eisenkies (Pyrit) FeS_2.

Eigenschaften, Verwendung, Darstellung: Reines Eisen ist ein silberweißes, verhältnismäßig weiches Metall. Es kommt in drei Modifikationen vor: α-Eisen (kubisch raumzentriert), γ-Eisen (kubisch dichteste Kugelpackung) und δ-Eisen (kubisch raumzentriert). Die Umwandlungstemperatur zwischen α- und γ-Fe beträgt 906 °C, die zwischen γ- und δ-Fe 1401 °C. α-Eisen ist, wie auch Cobalt und Nickel, ferromagnetisch.

Bei der Curie-Temperatur von 768 °C wird Eisen paramagnetisch. Das Standardelektrodenpotenzial (Fe/Fe^{2+}) ist −0,440 V. Daher ist reines Eisen recht reaktionsfähig. Von feuchter CO_2-haltiger Luft wird es angegriffen. Es bilden sich Eisen(III)-oxid-hydrate (Rost). Pulverförmiges, gittergestörtes Eisen entzündet sich von selbst an der Luft (pyrophores Eisen). Weiteres siehe Eisenwerkstoffe in Kap. „Die Werkstoffklassen“.

Zur Eisengewinnung werden die oxidischen Erze fast ausschließlich in Hochöfen mit Koks reduziert, vgl. ▶ Abschn. 24.2.3.3 in Kap. 24, „Prinzipien chemischer Systeme und Reaktionen“.

Eisenverbindungen: Eisen tritt in seinen Verbindungen hauptsächlich in den Oxidationszahlen II und III auf. Zwischen beiden Oxidationsstufen existiert folgendes Redoxgleichgewicht:

$$Fe^{2+} \leftrightharpoons Fe^{3+} + e^-.$$

Beispiele für Eisen(II)-Verbindungen: Eisensulfat $FeSO_4$, Beispiele für Eisen(III)-Verbindungen: Fe^{3+}-Ionen in Wasser: Beim Auflösen von Fe (III)-Salzen in Wasser bilden sich $[Fe(H_2O)_6]^{3+}$-Ionen. Bei Basenzusatz entstehen unter Braunfärbung kolloide Kondensate der Zusammensetzung $(FeOOH)_x \cdot yH_2O$.

25.1.15.2 Cobalt

Vorkommen: Speiskobalt (Skutterudit) (Co,Ni) As_3, Kobaltglanz (Cobaltit) CoAsS, Kobaltkies (Linneit) Co_3S_4.

Tab. 14 Eigenschaften der Elemente der VIII. Nebengruppe

		Eisen	Cobalt	Nickel
Elektronenkonfiguration		$[Ar]3d^6 4s^2$	$[Ar]3d^7 4s^2$	$[Ar]3d^8 4s^2$
Atomradius	pm	124	125	125
Schmelzpunkt	°C	1538	1495	1455
Siedepunkt	°C	2861	2927	2913
Dichte (20 °C)	g/cm^3	7,874	8,9	8,902 (25 °C)
		Ruthenium	Rhodium	Palladium
Elektronenkonfiguration		$[Kr]4d^7 5s$	$[Kr]4d^8 5s$	$[Kr]4d^{10}$
Atomradius	pm	133	134	138
Schmelzpunkt	°C	2334	1964	1555
Siedepunkt	°C	4150	3695	2963
Dichte (20 °C)	g/cm^3	12,41	12,41	12,02
		Osmium	Iridium	Platin
Elektronenkonfiguration		$[Xe]4f^{14} 5d^6 6s^2$	$[Xe]4f^{14} 5d^7 6s^2$	$[Xe]4f^{14} 5d^9 6s$
Atomradius	pm	134	136	137
Schmelzpunkt	°C	3033	2446	1768
Siedepunkt	°C	5012	4428	3825
Dichte	g/cm^3	22,57	22,42 (17 °C)	21,45 (20 °C)

Eigenschaften, Verwendung: Cobalt ist ein stahlgraues, glänzendes Metall. Von feuchter Luft wird Cobalt nicht angegriffen. Verwendet wird es z. B. als Bestandteil korrosionsbeständiger und hochwarmfester Legierungen sowie in Lithiumionenbatterien. Ein Sinterwerkstoff aus Wolframcarbid WC in einer Cobaltmatrix von ca. 10 Gew.-% Cobalt wird als Widia („wie Diamant") bezeichnet. Es dient zur Herstellung von Schneidwerkzeugen.

25.1.15.3 Nickel

Vorkommen: Rotnickelkies (Nickelin) NiAs.

Eigenschaften, Darstellung: Nickel ist ein silberweißes, zähes Metall, das sich ziehen, walzen und schmieden lässt. Kompaktes Nickel ist gegenüber Luft und Wasser korrosionsbeständig. Für Weiteres siehe Nickel in Kap. „Die Werkstoffklassen". Da Nickelmineralien verhältnismäßig selten sind, wird es als Nebenprodukt bei der Aufbereitung von Kupferkies $CuFeS_2$ gewonnen.

Nickelverbindungen: Mit Kohlenmonoxid bildet Nickel bei hohen Temperaturen tetraedrisches Nickeltetracarbonyl $Ni(CO)_4$ (Oxidationszahl des Nickels 0). Die Bildung und anschließende Zersetzung von Nickeltetracarbonyl dient zur Reindarstellung von Nickel nach dem sog. Mond-Verfahren. Außer Nickel bilden auch andere Metalle der Nebengruppen V_A bis VIII_A Kohlenmonoxidverbindungen, die als Metallcarbonyle bezeichnet werden.

25.1.16 Kupfergruppe (I. Nebengruppe)

Zur Kupfergruppe, vgl. Tab. 15, gehören Kupfer Cu, Silber Ag und Gold Au. Sie besitzen positive Standardelektrodenpotenziale und sind daher Edelmetalle (vgl. ► Abschn. 24.2.5.4 in Kap. 24, „Prinzipien chemischer Systeme und Reaktionen"). Kupfer, Silber und Gold kristallisieren in der kubisch-dichtesten Kugelpackung (vgl. ► Abschn. 22.2.2 in Kap. 22, „Zustandsformen der Materie und chemische Reaktionen").

25.1.16.1 Kupfer

Vorkommen: Kupferkies (Chalkopyrit) $CuFeS_2$, Buntkupfererz (Bornit) Cu_3FeS_3, Rotkupfererz (Cuprit) Cu_2O, Malachit $Cu_2(OH)_2CO_3$ und gediegen (elementar).

Eigenschaften, Verwendung: Kupfer ist ein hellrotes, verhältnismäßig weiches, schmied- und dehnbares Metall. Bei Raumtemperatur besitzt es nach dem Silber die zweithöchste elektrische Leitfähigkeit aller Metalle ($59{,}59 \cdot 10^6$ S/m, 20 °C).

Wichtiger Legierungsbestandteil z. B. in Messing (Cu-Zn-Legierungen), Bronzen (Kupferle-

Tab. 15 Eigenschaften der Elemente der Kupfergruppe

		Kupfer	Silber	Gold
Elektronenkonfiguration		$[Ar]3d^{10}4s$	$[Kr]4d^{10}5s$	$[Xe]4f^{14}5d^{10}6s$
Atomradius	pm	128	144	144
Schmelzpunkt	°C	1084,62[a]	961,78[a]	1064,18[a]
Siedepunkt	°C	2562	2162	2856
Dichte (20 °C)	g/cm³	8,96	10,50	19,3

[a]Fixpunkt der ITS-90 Skala

gierungen mit mindestens 60 % Cu) und Monel (Ni-Cu-Legierungen). Monel zeichnet sich durch große Korrosionsbeständigkeit, auch gegenüber Chlor und Fluor, aus. Für Weiteres siehe Kupfer in Kap. „Die Werkstoffklassen".

Kupferverbindungen: Kupfer tritt in seinen Verbindungen hauptsächlich in den Oxidationszahlen I und II auf. Kupfer(I)-Verbindungen können leicht zu Kupfer(II)-Verbindungen oxidiert werden:

$$Cu^+ \rightarrow Cu^{2+} + e^-.$$

25.1.16.2 Silber

Vorkommen: Silberglanz (Argenit) Ag_2S, Hornsilber AgCl, in silberhaltigen Erzen (z. B. Bleiglanz PbS (0,01 bis 1 Gew.-% Ag) und Kupferkies $CuFeS_2$) und gediegen.

Eigenschaften, Verwendung: Silber ist ein weißglänzendes, weiches, dehnbares Metall. Bei Raumtemperatur hat es die höchste elektrische Leitfähigkeit aller Metalle ($63{,}01 \cdot 10^6$ S/m, 20 °C). Silber wird als kupferhaltige Legierung (zur Erhöhung der Härte) in der Schmuckindustrie, als Münzmetall und zum Versilbern von Gebrauchsgegenständen verwendet. Insbesondere Silberbromid AgBr wird in der Photographie eingesetzt (s. u.).

Silberverbindungen: In seinen Verbindungen tritt Silber hauptsächlich mit der Oxidationszahl I auf: Silberchlorid AgCl, Silberbromid AgBr und Silberiodid AgI. Die genannten Halogenide sind in Wasser schwerlöslich (vgl. ► Abschn. 24.1.7.7 in Kap. 24, „Prinzipien chemischer Systeme und Reaktionen"). Durch Licht werden sie gemäß folgender Bilanzgleichung zersetzt:

$$AgX + h\nu \rightarrow Ag + 1/2\ X_2$$

$h\nu$ Photon hinreichend hoher Energie; X = Cl, Br oder I.

25.1.16.3 Gold

Vorkommen: Hauptsächlich gediegen.

Eigenschaften, Verwendung: Gold ist ein rötlichgelbes, weiches Metall. Neben Kupfer, Caesium, Calcium, Strontium und Barium ist Gold das einzige Metall, das das Licht des sichtbaren Spektrums nicht fast vollständig reflektiert und deshalb farbig erscheint. Legiertes Gold wird u. a. zur Schmuckherstellung, als Zahngold und für elektrische Kontakte in der Elektronik verwendet. In seinen Verbindungen tritt Gold mit den Oxidationszahlen I, III und V auf. Beispiele für Goldverbindungen sind: Gold(III)-chlorid $AuCl_3$ und Gold(V)-fluorid AuF_5.

25.1.17 Zinkgruppe (II. Nebengruppe)

Zur Zinkgruppe, vgl. Tab. 16, gehören Zink Zn, Cadmium Cd und Quecksilber Hg. Die Standardelektrodenpotenziale von Zink und Cadmium sind negativ, das des Quecksilbers ist positiv. Quecksilber ist also ein edles Metall. Zink und Cadmium kommen hauptsächlich in der Oxidationszahl II vor. Quecksilber tritt in seinen Verbindungen häufig auch in der Oxidationsstufe I auf. An der Luft überziehen sich Zink und Cadmium mit einer dünnen Deckschicht (Oxid, Hydroxid, Carbonat), die sie vor weiterem Angriff durch Wasser und Sauerstoff schützt.

25.1.17.1 Zink

Vorkommen: Zinkblende ZnS (kubisch) bzw. Wurtzit ZnS (hexagonal) (natürliche Modifikationen des Zinksulfids ZnS), Zinkspat $ZnCO_3$.

Eigenschaften, Verwendung, Darstellung: Zink ist ein bläulichweißes Metall, das bei Raumtemperatur recht spröde ist. Seinem Standardelektrodenpotenzial entsprechend (–0,762 V bezogen auf

Tab. 16 Eigenschaften der Elemente der Zinkgruppe

		Zink	Cadmium	Quecksilber
Elektronenkonfiguration		$[Ar]3d^{10}4s^2$	$[Kr]4d^{10}5s^2$	$[Xe]4f^{14}5d^{10}6s^2$
Atomradius	pm	133	149	150
Schmelzpunkt	°C	419,527[a]	321,1	-38,83
Siedepunkt	°C	907	767	356,73
Dichte (20 °C)	g/cm^3	7,133 (25 °C)	8,65	13,546

[a]Fixpunkt der ITS-90 Skala

die Elektrodenreaktion $Zn \leftrightharpoons Zn^{2+} + 2\ e^-$) reagiert Zink mit Säuren unter Bildung von Wasserstoff, z. B.:

$$Zn + 2\,HCl \leftrightharpoons ZnCl_2 + H_2(g).$$

Zink ist Legierungsbestandteil z. B. von Messing (Cu-Zn-Legierung) und dient als dünner Überzug zum Korrosionsschutz von Eisen und Stahl. Über die Anwendung des Zinks in Primärelementen, siehe ▶ Abschn. 24.2.4 und 24.2.5 in Kap. 24, „Prinzipien chemischer Systeme und Reaktionen".

Die Darstellung erfolgt entweder durch Reduktion von Zinkoxid ZnO mit Kohle oder elektrochemisch durch Elektrolyse wässriger Zinksulfatlösungen.

25.1.17.2 Quecksilber

Vorkommen: Zinnober HgS (Quecksilber(II)-sulfid), gediegen (elementar) in Form kleiner Tröpfchen.

Eigenschaften, Verwendung: Quecksilber ist das einzige bei Raumtemperatur flüssige Metall, Schmelzpunkt −38,84 °C, Dichte des flüssigen Quecksilbers 13,546 g/cm^3 (20 °C). Der Sättigungsdampfdruck des flüssigen Hg beträgt bei 25 °C 0,25 Pa. Quecksilberdämpfe sind stark toxisch (AGW: 0,02 mg/m^3). Quecksilberlegierungen heißen Amalgame. Einige Amalgame, wie z. B. Silberamalgam, sind unmittelbar nach der Herstellung weich und knetbar und erhärten nach einiger Zeit. Aufgrund dieser Eigenschaft wird Silberamalgam für Zahnfüllungen eingesetzt. Die Verwendung von reinem Quecksilber in Thermometern und Barometern läuft aus (seit 2009 sind Neugeräte in der EU verboten).

Quecksilberverbindungen: Hg(I)-Verbindungen enthalten die dimeren Ionen Hg_2^{2+}, Beispiel: Quecksilber(I)chlorid (Kalomel) Hg_2Cl_2. Beispiel einer Hg(II)-Verbindung: Quecksilber(II)-chlorid (Sublimat) $HgCl_2$. Im festen Zustand existiert diese Verbindung in Form von $HgCl_2$-Molekülen. Auch in wässriger Lösung bleiben diese Teilchen weitgehend erhalten. Das haben z. B. Untersuchungen der Gefrierpunktserniedrigung und Messungen des osmotischen Druckes (vgl. ▶ Abschn. 24.1.3 in Kap. 24, „Prinzipien chemischer Systeme und Reaktionen") an wässrigen $HgCl_2$-Lösungen bewiesen. Quecksilber(II)-chlorid ist also kein typisches Salz, sondern eine Verbindung mit hohem kovalenten Bindungsanteil. $HgCl_2$ hat den Trivialnamen Sublimat, weil es leicht sublimiert.

25.1.18 Die Lanthanoide

Bei der Elementgruppe der Lanthanoide (früher: Lanthanide) werden die 4f-Niveaus der Elektronenhülle aufgebaut (vgl. ▶ Abschn. 21.2.1 in Kap. 21, „Grundlagen zu chemischen Elementen, Verbindungen und Gleichungen"). Zu dieser Gruppe gehören die auf das Lanthan ($_{57}La$) folgenden 14 Elemente Cer Ce, Praseodym Pr, Neodym Nd, Promethium Pm, Samarium Sm, Europium Eu, Gadolinium Gd, Terbium Tb, Dysprosium Dy, Holmium Ho, Erbium Er, Thulium Tm, Ytterbium Yb und Lutetium Lu, vgl. Tab. 17. Heute wird häufig auch das Lanthan selbst zu den Lanthanoiden gerechnet.

Der Sammelname Seltenerdmetalle bezeichnet die Lanthanoide zusammen mit Lanthan, Scandium und Yttrium.

Lanthanoidenkontraktion: Unter der Lanthanoidenkontraktion versteht man die monotone Abnahme der Ionenradien mit steigender Ordnungszahl (vgl. Tab. 17). Die Lanthanoidenkon-

Tab. 17 Eigenschaften der Lanthanoide

	Elektronen-konfiguration	Atomradius pm	Radius des M^{3+}-Ions pm	Schmelzpunkt °C	Siedepunkt °C	Kristallstruktur	Dichte (25 °C) g/cm^3
Cer	$[Xe]4f^1 5d^1 6s^2$	182,5	115	798	3443	kd	6,770
Praseodym	$[Xe]4f^3 6s^2$	182,8	113	931	3520	hds	6,773
Neodym	$[Xe]4f^4 6s^2$	182,1	112	1021	3074	hds	7,008
Promethium	$[Xe]4f^5 6s^2$	181,1	111	1042	3000	hds	7,264
Samarium	$[Xe]4f^6 6s^2$	180,4	110	1074	1794	rhomb	7,520
Europium	$[Xe]4f^7 6s^2$	204,2	109	822	1527	krz	5,244
Gadolinium	$[Xe]4f^7 5d6s^2$	180,1	108	1313	3273	hd	7,901
Terbium	$[Xe]4f^9 6s^2$	178,3	106	1356	3230	hd	8,230
Dysprosium	$[Xe]4f^{10} 6s^2$	177,4	105	1412	2567	hd	8,551
Holmium	$[Xe]4f^{11} 6s^2$	176,4	104	1474	2700	hd	8,795
Erbium	$[Xe]4f^{12} 6s^2$	175,7	103	1529	2868	hd	9,066
Thulium	$[Xe]4f^{13} 6s^2$	174,6	102	1545	1950	hd	9,321
Ytterbium	$[Xe]4f^{14} 6s^2$	193,9	101	819	1196	kd	6,966
Lutetium	$[Xe]4f^{14} 5d6s^2$	173,5	100	1663	3402	hd	9,841

kd kubisch dichteste Kugelpackung, *hd* hexagonal dichteste Kugelpackung, *krz* kubisch raumzentriert, *rhomb* rhomboedrisch, *hds* dichteste Kugelpackung mit der Stapelsequenz A B A C . . . (Lanthan-Typ)

traktion ist eine Folge der wachsenden Kernladungszahl bei gleichzeitiger Auffüllung der inneren 4f-Niveaus. Sie ist der Grund dafür, dass die auf die Lanthanoide in der 6. Periode folgenden Elemente (Hafnium, Tantal, Wolfram usw.) fast die gleichen Ionenradien aufweisen wie ihre leichteren Homologen (Zirconium, Niob, Molybdän usw.) in der 5. Periode.

Eigenschaften: Die Lanthanoide sind silberweiße, sehr reaktionsfähige Metalle. Die Standardelektrodenpotenziale liegen zwischen −2,48 V (Cer) und −2,25 V (Lutetium) (bezogen auf die Elektrodenreaktion $Me \leftrightharpoons Me^{3+} + 3\ e^-$). Die Metalle reagieren mit Wasser unter Wasserstoffentwicklung. Da sich die Lanthanoide im Wesentlichen nur in der Elektronenkonfiguration des 4f-Niveaus, das nur geringen Einfluss auf die chemischen Eigenschaften hat, unterscheiden, ähneln sich diese Elemente chemisch außerordentlich. Daher bereitete ihre Trennung und Reindarstellung lange Zeit erhebliche Schwierigkeiten. Heute werden die Lanthanoide entweder durch Ionenaustausch mit Kationenaustauschern oder durch Flüssig-Flüssig-Extraktionsverfahren getrennt.

Die reinen Metalle werden durch Reduktion der Trichloride (Ce bis Gd) bzw. der Trifluoride (Tb, Dy, Ho, Er, Tm und Yb) mit Calcium bei 1000 °C dargestellt. Promethium wird durch Reduktion von PmF_3 mit Lithium erhalten.

In den Verbindungen treten die Lanthanoide hauptsächlich als Kationen mit der Ladungszahl +3 auf. Cer bildet auch Ce^{4+}-Ionen, Samarium, Europium und Ytterbium auch Me^{2+}-Ionen.

Verwendung: Aufgrund ihres Fluoreszenz- bzw. Lumineszenzverhaltens werden z. B. Terbium, Holmium und Europium als Oxidphospore in Bildröhren verwendet. Eine Legierung, die neben Eisen leichtere Lanthanoidmetalle enthält, wird als Zündstein in Feuerzeugen eingesetzt. Darüber hinaus finden Lanthanoide u. a. zur Herstellung farbiger Gläser, in Feststofflasern (z. B. Nd-Laser) und als Legierungsbestandteile in hartmagnetischen Werkstoffen Verwendung.

25.1.19 Die Actinoide

Bei der Elementgruppe der Actinoide (früher: Actinide) werden die 5f-Niveaus der Elektronenhülle aufgebaut (vgl. ► Abschn. 21.2.1 in Kap. 21, „Grundlagen zu chemischen Elementen, Verbindungen und Gleichungen“). Die Gruppe umfasst die auf das Actinium ($_{89}Ac$) folgenden 14 Elemente Thorium Th, Protactinium Pa,

Uran U, Neptunium Np, Plutonium Pu, Americium Am, Curium Cm, Berkelium Bk, Californium Cf, Einsteinium Es, Fermium Fm, Mendelevium Md, Nobelium No und Lawrencium Lr, vgl. Tab. 18. Heute wird häufig auch das Actinium selbst mit zu den Actinoiden gerechnet. Die auf das Uran folgenden Elemente heißen Transurane.

Eigenschaften: Die Actinoide sind sehr reaktionsfähige Metalle. Die Standardelektrodenpotenziale liegen zwischen −1,17 V (Thorium) und −2,07 V (Americium) (bezogen auf die Elektrodenreaktion $Me \rightleftharpoons Me^{3+} + 3e^-$). Frische Metalloberflächen oxidieren rasch an der Luft. Im feinverteilten Zustand sind die Actinoide pyrophor, d. h. sie entzünden sich von selbst an der Luft. Alle Actinoide und ihre Verbindungen sind stark toxisch. In den Verbindungen treten die Actinoide mit Oxidationszahlen zwischen II und VII auf. Thorium kommt in seinen Verbindungen praktisch nur mit der Oxidationszahl IV vor (z. B. Thoriumnitrat $Th^{IV}(NO_3)_4$). Bei Uranverbindungen werden Oxidationszahlen zwischen III und VI beobachtet, wobei IV und VI die beständigsten sind (z. B. Uranylnitrat $U^{VI}O_2(NO_3)_2$). Neptunium und Plutonium treten in ihren Verbindungen mit Oxidationszahlen zwischen III und VII auf, wobei V (Np) bzw. IV (Pu) die beständigsten sind. Bis auf die natürlich vorkommenden Actinoide Thorium, Protactinium und Uran (in winzigen Mengen kommen auch ^{237}Np, ^{239}Np und ^{239}Pu in Uranerzen vor) werden die Elemente dieser Gruppe künstlich durch Kernreaktionen dargestellt. Dabei wird vor allem die Bestrahlung von Uran, Plutonium und Americium mit Neutronen angewendet. Bei diesen Verfahren entstehen durch Neutroneneinfang bevorzugt β^--aktive Nuklide. Beim β^--Zerfall erhöht sich die Ordnungszahl um eine Einheit:

$$^{A}_{Z}X \xrightarrow{n,\gamma} {}^{A+1}_{Z}X \xrightarrow{\beta^-} {}^{A+1}_{Z+1}Y$$

X, Y Elemente der Ordnungszahl Z bzw. $Z + 1$, A Massenzahl.

25.1.19.1 Thorium

Vorkommen: Monazit $(Ce,Th)[(P, Si)O_4]$.

Wichtiges Isotop: $^{232}_{90}Th$, Häufigkeit 100 %, Halbwertszeit $T_{1/2} = 1{,}405 \cdot 10^{10}$ a, Zerfall: α, γ. ^{232}Th ist Ausgangsnuklid für die Gewinnung von ^{233}U, das mit thermischen Neutronen spaltbar ist (vgl. ▶ Abschn. 18.1.4 in Kap. 18, „Starke und schwache Wechselwirkung: Atomkerne und Elementarteilchen"). Die Darstellung von ^{233}U erfolgt in einem Brutreaktor. Der Zweck eines derartigen Brutreaktors ist die Erzeugung von spaltbaren Stoffen aus nicht spaltbaren Nukliden. Als Brutreaktoren für die Gewinnung von ^{233}U können z. B. gasgekühlte Hochtemperaturreaktoren eingesetzt werden. Der Brutvorgang kann mit folgender Umsatzgleichung beschrieben werden:

Tab. 18 Eigenschaften der Actinoide

	Elektronen-konfiguration	Atomradius pm	Schmelzpunkt °C	Siedepunkt °C	Dichte g/cm³
Thorium	$[Rn]6d^27s^2$	180	1750	4788	11,72
Protactinium	$[Rn]5f^26d7s^2$	164	1572		15,37
Uran	$[Rn]5f^36d7s^2$	154	1132	4131	18,95
Neptunium	$[Rn]5f^57s^2$	150	640	3903	20,25
Plutonium	$[Rn]5f^67s^2$	152	641	3228	19,84
Americium	$[Rn]5f^77s^2$	173	994	2011	13,67
Curium	$[Rn]5f^76d7s^2$	174	1340		13,51
Berkelium	$[Rn]5f^97s^2$	170	986		
Californium	$[Rn]5f^{10}7s^2$	169	900		
Einsteinium	$[Rn]5f^{11}7s^2$	(169)			
Fermium	$[Rn]5f^{12}7s^2$	(194)			
Mendelevium	$[Rn]5f^{13}7s^2$	(194)			
Nobelium	$[Rn]5f^{14}7s^2$	(194)			
Lawrencium	$[Rn]5f^{14}6d7s^2$	(171)			

$$^{232}Th(n,\gamma) \longrightarrow {}^{233}Th \xrightarrow{\beta^-} {}^{233}Pa \xrightarrow{\beta^-} {}^{233}U.$$

25.1.19.2 Uran

Vorkommen: Uranpecherz (Uranpechblende) UO_2, Uraninit U_3O_8, Uranglimmer (z. B.: Torbernit Cu $(UO_2)_2(PO_4)_2 \cdot 8\,H_2O$), im Meerwasser mit 3,2 mg U pro Tonne.

Wichtige Isotope: $^{238}_{92}U$ relative Häufigkeit 99,276 Gew.-%, $T_{1/2} = 4{,}468 \cdot 10^9$ a, Zerfall: α, γ; ^{235}U, relative Häufigkeit 0,7205 Gew.-%, $T_{1/2} = 7{,}038 \cdot 10^8$ a, Zerfall: α, γ; ^{233}U $T_{1/2} = 1{,}585 \cdot 10^5$ a, Zerfall: α, γ (Gewinnung von ^{233}U, siehe Abschn. 25.1.19.1). Die Trennung der beiden natürlich vorkommenden Isotope ^{235}U und ^{238}U kann durch fraktionierte Diffusion von gasförmigem Uranhexafluorid UF_6 erfolgen. Weitere Verfahren zur Isotopentrennung sind z. B. Ultrazentrifugation, Thermodiffusion und optische Verfahren. Die Isotope ^{235}U und ^{233}U sind mit thermischen Neutronen spaltbar und dienen daher als Kernbrennstoff für Kernreaktoren. Anfangs wurde ^{235}U auch zur Herstellung der Atombomben verwendet. $^{238}_{92}U$ ist Ausgangsmaterial für die Gewinnung von spaltbarem Plutonium $^{239}_{94}Pu$ in Brutreaktoren:

$$^{238}U(n,\gamma) \longrightarrow {}^{239}U \xrightarrow{\beta^-} {}^{239}Np \xrightarrow{\beta^-} {}^{239}Pu.$$

Die Trennung von Uran, Plutonium und Spaltprodukten erfolgt mit einem Wiederaufarbeitungsverfahren. Ein Beispiel ist das Purex-Verfahren (Plutonium and Uranium Recovery by Extraction). Bei diesem Extraktionsverfahren werden die Kernbrennstoffe in wässriger Salpetersäure gelöst und anschließend Uran und Plutonium extrahiert. Als Extraktionsmittel dient ein Gemisch aus Tri-n-butylphosphat mit Dodecan oder mit Kerosin.

25.1.19.3 Plutonium

Wichtiges Isotop: $^{239}_{94}Pu$, α-Strahler, Halbwertszeit $T_{1/2} = 2{,}411 \cdot 10^4$ a, wird bei der Bestrahlung von $^{238}_{92}U$ mit Neutronen gebildet (siehe Abschn. 25.1.19.2). Wie ^{233}U und ^{235}U ist auch ^{239}Pu durch thermische Neutronen spaltbar. Es ist daher als Brennstoff für Kernreaktoren und als Spaltmaterial für Kernwaffen geeignet.

Weiterführende Literatur

Holleman AF, Wiberg E, Wiberg N (2016) Lehrbuch der Anorganischen Chemie. de Gruyter, Berlin/New York

Kratz J-V, Lieser KH (2013) Nuclear- and radiochemistry: fundamentals and applications. Wiley-VCH, Weinheim

Loveland W, Morrissey DJ, Seaborg G (2017) Modern nuclear chemistry. Wiley, New York

Morss LR, Edelstein N, Fuger J, Katz JJ (Hrsg) (2006) The chemistry of the actinide and transactinide elements, Bd 1–5. Chapman & Hall, London

Riedel E, Janiak C (2011) Anorganische Chemie. de Gruyter, Berlin/New York

Sinha SP (Hrsg) (1983) Systematics and the properties of the lanthanides. Reidel, Dordrecht

Organische Verbindungen und Makromoleküle

26

Manfred Hennecke, Wilhelm Oppermann und Bodo Plewinski

Zusammenfassung

Kohlenstoff kann mit sich selbst Einfach-, Doppel- und Dreifachbindungen ausbilden. Daraus resultiert eine große Vielfalt von aliphatischen und aromatischen Kohlenwasserstoffen. Der Einbau von Heteroatomen wie z. B. Sauerstoff, Stickstoff, Schwefel oder Halogenen führt zu funktionellen Gruppen mit charakteristischen Eigenschaften und Reaktionsmöglichkeiten. Synthetische und natürliche Makromoleküle, d. h. Moleküle mit sehr großen, ggf. nicht einheitlichen Molmassen, spielen als Kunststoffe bzw. Biopolymere wichtige Rollen in der Technik und der belebten Natur. Die industrielle Rohstoffbasis der organischen und der Kunststoffchemie besteht aus verhältnismäßig wenigen Grundbausteinen.

Herr Bodo Plewinsky ist als aktiver Autor ausgeschieden.

M. Hennecke (✉)
Bundesanstalt für Materialforschung und -prüfung (im Ruhestand), Berlin, Deutschland
E-Mail: hennecke@bam.de

W. Oppermann
Technische Universität Clausthal (im Ruhestand), Clausthal-Zellerfeld, Deutschland
E-Mail: wilhelm.oppermann@tu-clausthal.de

B. Plewinski
Berlin, Deutschland
E-Mail: plewinsky@t-online.de

26.1 Organische Verbindungen

26.1.1 Organische Chemie: Überblick

Als *organische Chemie* wird die Chemie der Kohlenstoffverbindungen zusammengefasst. Jedoch werden die verschiedenen Modifikationen des Kohlenstoffs und die Oxide des Kohlenstoffs, die Carbonate, Carbide und die Metallcyanide, zur anorganischen Chemie gerechnet. Die meisten organischen Verbindungen enthalten neben Kohlenstoff nur verhältnismäßig wenige andere Elemente, vor allem Wasserstoff, Sauerstoff, Stickstoff und Halogene.

Die Besonderheit des Kohlenstoffs besteht darin, dass er in fast unbegrenztem Maße Bindungen mit sich selbst eingehen und auf diese Weise ketten- und ringförmige Strukturen ausbilden kann. Überschreitet die molare Masse einen gewissen, eigenschaftsabhängigen Wert, spricht man von Makromolekülen (s. Abschn. 26.2).

Nach der Art des Aufbaus der Kohlenstoffgerüste wird zwischen folgenden Verbindungsklassen unterschieden:

- *Aliphatische Verbindungen* enthalten unverzweigte oder verzweigte Kohlenstoffketten.
- *Alicyclische Verbindungen* sind durch unterschiedlich große Kohlenstoffringe charakterisiert. In der Bindungsart ähneln sie den aliphatischen Verbindungen.

M. Hennecke, B. Skrotzki (Hrsg.), *HÜTTE Band 1: Mathematisch-naturwissenschaftliche und allgemeine Grundlagen für Ingenieure*, Springer Reference Technik,
https://doi.org/10.1007/978-3-662-64369-3_26

- *Aromatische Verbindungen* sind zusätzlich zu einem ebenen, ringförmigen Aufbau durch besondere Bindungsverhältnisse charakterisiert (siehe Abschn. 26.1.3.3).
- *Heterocyclische Verbindungen* sind ebenfalls ringförmig aufgebaut. Der Ring enthält jedoch neben Kohlenstoff auch andere Atome (sog. Heteroatome), vgl. Tab. 7.

26.1.2 Isomerie bei organischen Molekülen

Chemische Verbindungen nennt man isomer, wenn sie bei gleicher quantitativer Zusammensetzung – also bei gleicher Summenformel – strukturell verschieden aufgebaut sind. Im Folgenden wird zwischen *Struktur-* und *Stereoisomerie* unterschieden.

Isomere Stoffe unterscheiden sich in ihren physikalischen Eigenschaften, z. B. Schmelz- und Siedepunkte, Löslichkeit, Kristallform oder Verhalten im polarisierten Licht; auch die chemischen Eigenschaften, z. B. Reaktionsfähigkeit oder Toxizität können unterschiedlich sein.

26.1.2.1 Strukturisomerie

Strukturisomere Verbindungen unterscheiden sich voneinander durch eine unterschiedliche Atomverknüpfung in den Molekülen. Zum Teil treten bei diesem Isomerietyp auch unterschiedliche Bindungsarten auf.

Beispiele

- Die strukturisomeren Verbindungen Ethanol (Ethylalkohol) und Dimethylether haben beide dieselbe Summenformel C_2H_6O, weisen aber verschiedene Strukturen mit unterschiedlichen Atomverknüpfungen auf. Ethanol und Dimethylether zeigen neben unterschiedlichen physikalisch-chemischen Eigenschaften auch verschiedenartiges chemisches Verhalten. So reagiert Ethanol im Gegensatz zu Dimethylether mit metallischem Natrium unter Bildung von gasförmigem Wasserstoff und Natriumalkoholat.

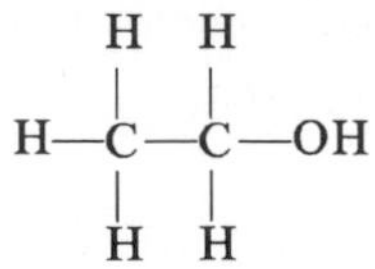

Ethanol
T_{lg} = 78,5 °C
(T_{lg} Siedepunkt).

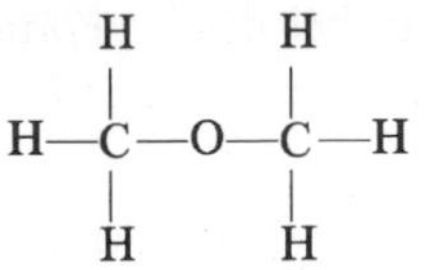

Dimethylether
T_{lg} = −24,9 °C

- Bei dem gesättigten Kohlenwasserstoff Butan (vgl. Abschn. 26.1.3.1) sind folgende strukturisomere Verbindungen möglich (Summenformel C_4H_{10}):

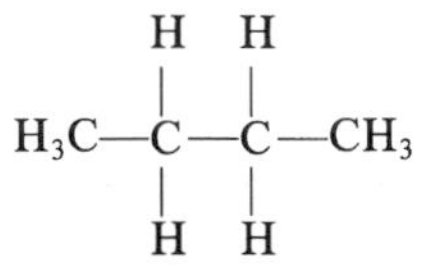

Butan
T_{lg} = −0,5 °C

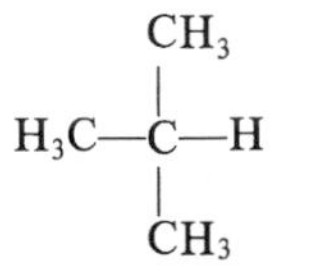

Isobutan
T_{lg} = −11,6 °C

26.1.2.2 Stereoisomerie

Stereoisomere Verbindungen zeigen unterschiedliche räumliche Anordnung von Atomen oder Atomgruppen im Molekül.

Nachfolgend werden zwei Typen der Stereoisomerie näher beschrieben: die *cis-trans-Isomerie* und die *Spiegelbildisomerie.*

Z-, E- Isomerie oder cis-trans-Isomerie

Dieser Isomerietyp tritt z. B. bei den Derivaten des Ethylens auf, bei denen infolge der Doppelbindung die freie Drehbarkeit um die C–C-Achse durch eine hohe Energiebarriere aufgehoben ist (vgl. Abschn. 26.1.3.1). Die Atome oder Atomgruppen können zwei stabile, durch unterschiedliche Atomabstände gekennzeichnete Lagen einnehmen.

Beispiel: 1,2-Dichlorethylen $C_2H_2Cl_2$:

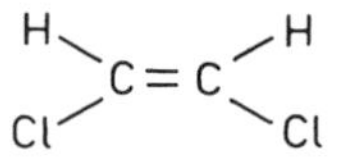

cis-1,2-Dichlorethylen
T_{lg} = 60,3 °C

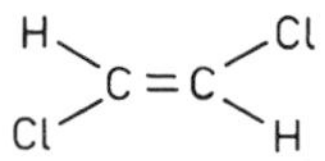

trans-1,2-Dichlorethylen
T_{lg} = 47,5 °C

Der Abstand der Cl-Atome unterscheidet sich bei den beiden Chlorkohlenwasserstoffen. Er beträgt bei der cis-Form dieser Verbindung 370 pm und bei der trans-Form 470 pm.

Spiegelbildisomerie
Spiegelbildisomerie tritt bei Molekülen auf, die in zwei zueinander spiegelbildlichen, aber nicht deckungsgleichen Formen auftreten. Dieser Isomerietyp ist bei allen Verbindungen, die ein asymmetrisches Kohlenstoffatom enthalten, vorhanden. Ein solches C-Atom ist dadurch gekennzeichnet, dass an ihm vier unterschiedliche Atome oder Atomgruppen (sog. Liganden) tetraedrisch gebunden sind. Das chemische Verhalten der beiden spiegelbildisomeren Formen, die auch als optische Antipoden bezeichnet werden, ist bei fast allen Reaktionen völlig gleich. Zwei Spiegelbildisomere unterscheiden sich aber z. B. dadurch, dass sie die Ebene des linear polarisierten Lichtes in entgegengesetzte Richtung drehen. Spiegelbildisomerie wird bei den meisten organischen Naturstoffen, so z. B. bei Kohlenhydraten und Proteinen, beobachtet.

Beispiel:

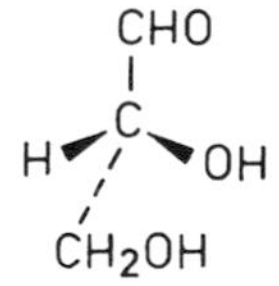

D (+) - Glycerinaldehyd

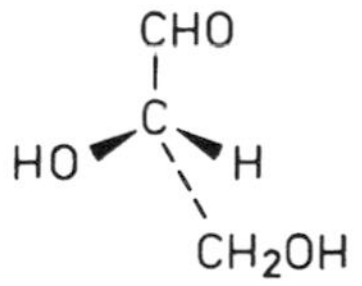

L (-) - Glycerinaldehyd

Keile kennzeichnen Gruppen vor der Papierebene, gestrichelte Linien solche dahinter. Die Buchstaben D und L kennzeichnen die Konfiguration am asymmetrischen C-Atom; D (dexter=rechts) und L (laevus=links) beziehen sich per Konvention auf die Stellung der OH-Gruppe an diesem C-Atom. Die Vorzeichen + und − geben die Drehrichtung der Polarisationsebene des linear polarisierten Lichtes an.

26.1.3 Kohlenwasserstoffe

Kohlenwasserstoffe sind ausschließlich aus Kohlenstoff und Wasserstoff aufgebaut. Kohlenwasserstoffe mit kettenförmiger Anordnung der C-Atome heißen aliphatische Kohlenwasserstoffe. Sind die Kohlenstoffatome ringförmig angeordnet, so spricht man von ringförmigen oder cyclischen Kohlenwasserstoffen. Diese werden nach der Art der Bindung in alicyclische und aromatische Kohlenwasserstoffe unterteilt (vgl. Tab. 1).

26.1.3.1 Aliphatische Kohlenwasserstoffe

Alkane C_nH_{2n+2}
Alkane (früher: Paraffine) sind unverzweigte und verzweigte Kohlenwasserstoffe, die ausschließlich C–H- und C–C-Einfachbindungen enthalten. Verbindungen, die nur einfache C–C-Bindungen enthalten, werden als gesättigt bezeichnet.

Die Zusammensetzung der Alkane wird durch die Summenformel

$$C_nH_{2n+2}$$

Tab. 1 Einteilung der Kohlenwasserstoffe (KW)

aliphatische Kohlenwasserstoffe			cyclische Kohlenwasserstoffe	
Alkane	Alkene	Alkine	alicyclische KW	aromatische KW
$H_3C{-}CH_3$	$H_2C{=}CH_2$	$HC{\equiv}CH$	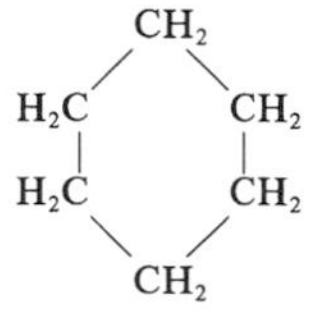	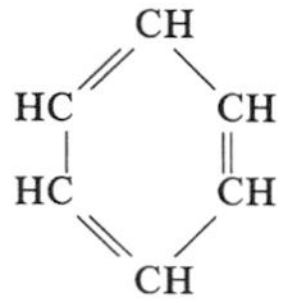
Ethan	Ethylen (Ethen)	Acetylen (Ethin)	Cyclohexan	Benzol

beschrieben. Die Alkane sind das einfachste Beispiel einer homologen Reihe. Darunter versteht man eine Gruppe von Verbindungen, deren einzelne Glieder sich durch eine bestimmte Atomgruppierung (hier CH_2) oder ein Vielfaches davon unterscheiden. Glieder einer homologen Reihe zeigen große Ähnlichkeit im chemischen Verhalten.

Nomenklatur

Die ersten vier Glieder der Alkane werden mit sog. Trivialnamen bezeichnet und heißen:

Methan CH_4
Ethan H_3C-CH_3
Propan $H_3C-CH_2-CH_3$
Butan $H_3C-CH_2-CH_2-CH_3$.

Die Namen der höheren Glieder bestehen aus einem Stamm, der von einem griechischen Zahlwort hergeleitet ist, und der Endung an (siehe Tab. 2).

Benennung verzweigter Alkane: Die Bezeichnungen der Seitenketten werden der längsten vorhandenen Kette vorangestellt. Die längste Kette wird von einem Ende zum anderen nummeriert. Dabei wählt man die Richtung derart, dass Verzweigungsstellen möglichst niedrige Nummern erhalten.

Beispiel: Die Verbindung Isobutan (vgl. Abschn. 26.1.2.1)

$$\overset{3}{CH_3} - \overset{2}{CH} - \overset{1}{CH_3}$$
$$\qquad\ \ |$$
$$\qquad CH_3$$

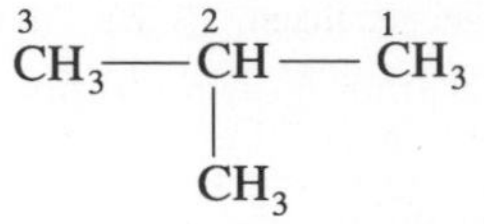

hat den systematischen Namen 2-Methylpropan.

Benennung der Alkyl-Reste: Alkyl-Reste entstehen aus Alkanen durch Wegnahme eines endständigen Wasserstoffatoms. Diese Reste werden benannt, indem man die Endung -an im Namen des entsprechenden Alkans durch -yl ersetzt.

Beispiele: Die Alkyl-Reste CH_3-, CH_3-CH_2-, und $CH_3-CH_2-CH_2-$ heißen Methyl, Ethyl bzw. Propyl.

Für die folgenden verzweigten Alkyl-Reste werden unsystematische Namen verwendet:

Isopropyl $(CH_3)_2CH-$
Isobutyl $(CH_3)_2CH-CH_2-$
sec-Butyl $H_3C-CH_2-(CH_3)CH-$
tert-Butyl $(CH_3)_3C-$

(sec sekundär, tert tertiär)

Struktur des Methans

Im Methanmolekül sind die vier C–H-Bindungen tetraedrisch angeordnet. Der Valenzzwinkel (H–C–H-Winkel) ist 109°28′. Die Elektronenzustände am C-Atom sind beim Methan wie auch bei allen anderen Alkanen sp^3-hybridisiert (vgl. ▶ Abschn. 21.3.1.3 in Kap. 21, „Grundlagen zu chemischen Elementen, Verbindungen und Gleichungen").

Eigenschaften, Reaktionen

Die Alkane sind farblose Verbindungen. Die niedrigen Glieder der Reihe bis einschließlich Butan sind bei Raumtemperatur gasförmig, die mittleren bis zum Hexadekan ($C_{16}H_{34}$) flüssig und die höheren fest (vgl. Tab. 2).

Die Alkane sind recht reaktionsträge und verbinden sich nur mit wenigen Substanzen direkt, so z. B. mit Sauerstoff.

Verbrennungsreaktionen der Alkane

Die Verbrennungsreaktionen (vgl. ▶ Abschn. 24.2.3.1 in Kap. 24, „Prinzipien chemischer Systeme und Reaktionen") der Alkane sind wie die aller Kohlenwasserstoffe stark exotherm. Daher

Tab. 2 Schmelz- und Siedepunkte der Alkane, T_{sl} und T_{lg} (bezogen auf 101.325 Pa) (vgl. auch Tab. 2 in ▶ Kap 22, „Zustandsformen der Materie und Chemische Reaktionen")

Name	Formel	$T_{sl}/°C$	$T_{lg}/°C$
Methan	CH_4	−182	−164
Ethan	C_2H_6	−183,3	−88,6
Propan	C_3H_8	−189,7	−42,1
Butan	C_4H_{10}	−138,4	−0,5
Pentan	C_5H_{12}	−130	36,1
Hexan	C_6H_{14}	−95,0	69,0
Heptan	C_7H_{16}	−90,6	98,4
Octan	C_8H_{18}	−56,8	125,7
Nonan	C_9H_{20}	−51	150,8
Decan	$C_{10}H_{22}$	−29,7	174,1
Undecan	$C_{11}H_{24}$	−25,6	196,8
Dodecan	$C_{12}H_{26}$	−9,6	216,3

Tab. 3 Explosionsgrenzen des Wasserstoffs und einiger organischer Verbindungen in Luft bei 20 °C und 101.325 Pa. Die oberen Explosionsgrenzen der bei Raumbedingungen flüssigen Verbindungen wurden bei den in Klammern aufgeführten Temperaturen angegeben. ϕ_{uL}, ϕ_{oL} Volumenanteil des Brennstoffs an der unteren bzw. oberen Explosionsgrenze. k. A.: keine Temperaturangabe. Z: reines Acetylen kann explosiv in die Elemente zerfallen. Die aufgeführten Werte sind der Datenbank *chemsafe* und dem Tabellenwerk Brandes, W.; Möller, W.: Sicherheitstechnische Kenngrößen. Bremerhaven: Wirtschaftsverlag NW 2003 entnommen

Substanz	ϕ_{uL} (%)	ϕ_{oL} (%)
Methan	4,4	17,0
Ethan	2,4	14,3
Propan	1,7	10,8
Butan	1,4	9,4
Ethylen	2,4	32,6
Acetylen	2,3	100 (Z)
Benzol	1,2	≈ 8,6 (k. A.)
Toluol	1,1	7,8 (k. A.)
Methanol	6,0	50 (100 °C)
Ethanol	3,1	27,7 (100 °C)
Formaldehyd	7,0	73,0 (k. A.)
Acetaldehyd	4,0	57,0 (k. A.)
Aceton	2,5	14,3 (100 °C)
Ameisensäure	10,0	45,5 (k. A.)
Essigsäure	≈ 4,0	≈ 17,0 (k. A.)
Essigsäureethylester	2,0	12,8 (100 °C)
Diethylether	1,7	36,0 (k. A.)
Wasserstoff	4,0	77,0

werden diese Reaktionen technisch in großem Maße zur Energiegewinnung genutzt (Alkane sind die Hauptbestandteile von Erdgas, Benzin, Heizöl und Dieselkraftstoff).

Gasmischungen, die aus Alkanen oder aus anderen Kohlenwasserstoffen und Luft bestehen, reagieren in bestimmten Bereichen der Zusammensetzung explosiv, teilweise sogar detonativ (vgl. ▶ Abschn. 23.2.8 in Kap. 23, „Thermodynamik und Kinetik chemischer Reaktionen").

Ähnliches Verhalten zeigen auch viele andere organische Verbindungen. In Tab. 3 sind die Explosionsgrenzen für einige organische Substanzen aufgeführt.

Wichtige Alkane

Schmelz- und Siedepunkte einiger wichtiger Alkane sind in Tab. 2 aufgeführt; kritische Daten und die Arbeitsplatzgrenzwerte (AGW)-Werte stehen in Tab. 2 in ▶ Kap. 22, „Zustandsformen der Materie und chemische Reaktionen".

Alkene C_nH_{2n}

Alkene (früher: Olefine) sind Kohlenwasserstoffe, die außer C–H- und C–C-Einfachbindungen auch eine C═C-Doppelbindung im Molekül enthalten. Alkene haben die allgemeine Summenformel $C_n H_{2n}$. Kohlenwasserstoffe mit Doppel- oder Dreifachbindungen werden als ungesättigt bezeichnet.

Nomenklatur

Das erste Glied der Alkene heißt:
Ethylen $H_2C{=}CH_2$
(systematischer Name: Ethen).

Die Namen der höheren Glieder der homologen Reihe entsprechen denen der Alkane, jedoch wird hier anstelle der Endung -an die Endung -en verwendet;

Beispiel:

Propen $H_3C{-}CH{=}CH_2$.

Bei höheren Gliedern der Alkene wird die Kette so nummeriert, dass die an den Doppelbindungen beteiligten Atome möglichst niedrige Zahlen erhalten. Man kennzeichnet die Lage der Doppelbindung durch Anführen der Nummer desjenigen C-Atoms, von dem aus sich die Doppelbindung zum nächst höheren C-Atom erstreckt.

Beispiel:

2-Hexen $H_3\overset{6}{C}{-}\overset{5}{C}H_2{-}\overset{4}{C}H_2{-}\overset{3}{C}H{=}\overset{2}{C}H{-}\overset{1}{C}H_3$.

Benennung der Alkylen-Reste: Alkylen-Reste entstehen aus Alkenen durch Wegnahme eines Wasserstoffatoms. Die ersten Glieder dieser Reihe werden nicht systematisch benannt. Sie heißen vielmehr:

Vinyl	$H_2C{=}CH{-}$
Allyl	$H_2C{=}CH{-}CH_2{-}$
Isopropenyl	$H_2C{=}C(CH_3){-}$ (mit H_3C am C)

Die Namen der höheren Glieder entsprechen denen der Alkene. Sie haben jedoch die Endung -enyl.

Beispiele:

$$\text{2-Butenyl}\quad H_3\overset{4}{C}-\overset{3}{C}H=\overset{2}{C}H-\overset{1}{C}H_2-$$

$$\text{3-Pentenyl}\quad H_3\overset{5}{C}-\overset{4}{C}H=\overset{3}{C}H-\overset{2}{C}H_2-\overset{1}{C}H_2-$$

Entfernt man beim Ethylen an einem C-Atom zwei Wasserstoffatome, erhält man den Vinyliden-Rest:

$$\text{Vinyliden}\quad H_2C{=}C=.$$

Struktur des Ethylens

Im Ethylenmolekül sind vier C–H-Bindungen und eine C=C-Doppelbindung vorhanden. Die Elektronenzustände an den beiden C-Atomen sind in diesem Molekül sp^2-hybridisiert (vgl. ► Abschn. 21.3.1.3 in Kap. 21, „Grundlagen zu chemischen Elementen, Verbindungen und Gleichungen"). Die Hybridorbitale sind planar unter einem Winkel von 120° (trigonal) angeordnet. An jedem Kohlenstoffatom verbleibt ein p-Orbital, das senkrecht zur Ebene der Hybridorbitale steht. Die beiden sp^2-Hybrid-Orbitale bilden eine σ-Bindung zwischen den beiden C-Atomen aus. Zusätzlich überlappen sich die beiden p-Orbitale. Dabei entsteht eine π-Bindung. Die π-Bindung ist wegen der geringen Überlappung der p-Elektronenzustände nicht so fest wie die σ-Bindung. Sie besitzt eine geringere Bindungsenergie als die σ-Bindung.

Als Folge der geschilderten Bindungsverhältnisse ist das Ethylen-Molekül eben aufgebaut. Der H–C–H-Winkel beträgt 120°. Dieses Bindungsmodell erklärt die Aufhebung der freien Drehbarkeit um die C–C-Atome folgendermaßen: Jede Drehung um diese Achse führt zu einer weniger guten Überlappung der beiden p-Elektronenzustände, was nur durch Energiezufuhr ermöglicht wird.

Eigenschaften und Reaktionen der Alkene

In ihren physikalischen Eigenschaften ähneln die Alkene den Alkanen. So sind z. B. die Alkene bis einschließlich des Butens bei Raumtemperatur gasförmig. Aufgrund ihrer Doppelbindung sind die Alkene reaktionsfähiger als die Alkane. Typisch für die Alkene sind Additionsreaktionen (z. B. Hydrierung und Halogenierung, siehe unten). Dabei werden aus der π-Bindung zwei neue Einfachbindungen (σ-Bindungen) gebildet.

Einige physikalisch-chemische Eigenschaften des wichtigsten Alkens, des Ethylens, sind in Tab. 2 in ► Kap. 22, „Zustandsformen der Materie und chemische Reaktionen" aufgeführt.

1. *Verbrennung*
   Die leichtflüchtigen Alkene bilden im Gemisch mit Luft explosionsfähige Gasmischungen. Die Explosionsgrenzen des Ethylens sind in Tab. 3 angegeben.
2. *Hydrierung* (Anlagerung von Wasserstoff)
   Mit Wasserstoff reagieren die Alkene in Gegenwart von Katalysatoren zu Alkanen:
   Beispiel: $\underset{\text{Ethylen}}{H_2C=CH_2}+H_2\rightarrow\underset{\text{Ethan}}{H_3C-CH_3}$
3. *Halogenierung* (Anlagerung von Halogenen)
   Die Anlagerung von Halogenen führt spontan zu Dihalogenalkanen:
   Beispiel:

$$H_2C=CH_2+Br_2\rightarrow \underset{\underset{\text{1,2-Dibromethan}}{|\;\;\;\;\;|\\ Br\;\;Br}}{H_2C-CH_2}$$

4. *Polymerisation* (s. Abschn. 26.2.1)
   Verschiedene Alkene lagern sich unter Umwandlung der Doppelbindung zu längeren Kettenmolekülen zusammen. Dieser Reaktionstyp wird als Polymerisation bezeichnet.

Alkine C_nH_{2n-2}

Alkine (früher: Acetylene) sind Kohlenwasserstoffe, die außer C–H- und C–C-Einfachbindungen eine C≡C-Dreifachbindung im Molekül enthalten.

Nomenklatur

Das erste Glied der Alkine heißt:

Acetylen HC≡CH.
(systematischer Name: Ethin)

Die Namen der höheren Glieder der homologen Reihe (Summenformel C_nH_{2n-2}) entsprechen denen der Alkane, jedoch wird bei den Alkinen anstelle der Endung -an die Endung -in verwendet.

Struktur des Acetylenmoleküls
Im Acetylenmolekül sind zwei C–H-Bindungen und eine C≡C-Dreifachbindung vorhanden. Die Elektronenzustände an den beiden C-Atomen sind sp-hybridisiert (vgl. ▶ Abschn. 21.3.1.3 in Kap. 21, „Grundlagen zu chemischen Elementen, Verbindungen und Gleichungen"). Mit diesen Orbitalen werden σ-Bindungen zwischen den Kohlenstoff- und Wasserstoffatomen und zwischen den beiden C-Atomen ausgebildet. Hinzu kommen zwei π-Bindungen durch das Überlappen der jeweils zwei p-Orbitale der beiden Kohlenstoffatome, die senkrecht zur Molekülachse angeordnet sind. Das Acetylenmolekül ist linear.

Eigenschaften und Reaktionen des Acetylens
Der wichtigste Vertreter der homologen Reihe der Alkine ist das Acetylen. Acetylen ist bei Raumtemperatur gasförmig (vgl. Tab. 2 in ▶ Kap. 22, „Zustandsformen der Materie und chemische Reaktionen").

1. *Verbrennungsreaktionen des Acetylens*
   Mit Luft und besonders mit reinem Sauerstoff bildet Acetylen außerordentlich reaktionsfähige Gemische, die in einem großen Bereich der Zusammensetzung explosions- oder detonationsfähig sind (vgl. Tab. 3).
   Die Temperatur von Acetylen-Sauerstoff-Flammen ist ungewöhnlich hoch und erreicht ca. 3400 K (Acetylen-Luft-Flammen erreichen maximal 2500 K). Daher werden Acetylen-Sauerstoff-Flammen zum autogenen Schneiden und zum Schweißen von Stahlteilen eingesetzt.
2. *Zerfallsreaktion des Acetylens*
   Acetylen kann gemäß folgender Umsatzgleichung in die Elemente zerfallen (Reaktionsenthalpie vgl. ▶ Abschn. 23.1.2.5 in Kap. 23, „Thermodynamik und Kinetik chemischer Reaktionen")

$$HC{\equiv}CH(g) \rightarrow 2\ C(s) + H_2(g).$$

   Diese Reaktion kann als Deflagration oder als Detonation ablaufen. Aus diesem Grunde darf Acetylen nur in speziellen Druckgasflaschen in den Handel kommen. Der Hohlraum dieser Acetylenflaschen ist mit einer porösen Masse, in der sich ein geeignetes Lösungsmittel (z. B. Aceton) befindet, ausgefüllt. Diese Füllung verhindert die explosionsartige Zersetzung des Acetylens in der Flasche.
3. *Additionsreaktionen*
   Ähnlich wie bei den Alkenen werden auch beim Acetylen zahlreiche Additionsreaktionen beobachtet, so die folgenden:
   3.1. *Hydrierung*
   Acetylen kann katalytisch über Ethylen als Zwischenprodukt zum Ethan hydriert werden:

$$\underset{\text{Acetylen}}{HC{\equiv}CH} \overset{H_2}{\rightarrow} \underset{\text{Ethylen}}{H_2C{=}CH_2} \overset{H_2}{\rightarrow} \underset{\text{Ethan}}{H_3C{-}CH_3}.$$

   3.2. *Halogenierung*
   Die Anlagerung von Halogen an Acetylen verläuft, wie am Beispiel der Bromierung gezeigt wird, über die Zwischenstufe des 1,2-Dibromethylens:

$$HC{\equiv}CH \overset{Br_2}{\rightarrow} \underset{\text{1,2-Dibromethylen}}{BrHC{=}CHBr}$$

$$\overset{Br_2}{\rightarrow} \underset{\text{1,1,2,2-Tetrabromethan}}{Br_2HC{-}CHBr_2}$$

   3.3. *Addition von Halogenwasserstoffen*
   Diese Reaktion dient hauptsächlich zur Herstellung von Vinylhalogeniden
   (Beispiel: Anlagerung von Chlorwasserstoff):

$$\underset{\text{Acetylen}}{HC{\equiv}CH} + HCl \rightarrow \underset{\text{Vinylchlorid}}{H_2C{=}CHCl}$$

Die Polymerisation von Vinylchlorid führt zum Polyvinylchlorid (PVC) (vgl. Abschn. 2.1.1 und Polymerwerkstoffe in Kap. „Die Werkstoffklassen").

Kohlenwasserstoffe mit zwei oder mehr Doppelbindungen
Enthalten Kohlenwasserstoffe zwei oder mehr C=C-Doppelbindungen im Molekül, so kann man je nach Lage dieser Doppelbindungen drei verschiedene Verbindungstypen unterscheiden:

- Kohlenwasserstoffe mit *kumulierten* Doppelbindungen

  Bei diesem Verbindungstyp sind im Molekül mehrere Doppelbindungen unmittelbar benachbart. Kohlenwasserstoffe mit zwei kumulierten Doppelbindungen werden *Allene* genannt. Der einfachste Vertreter dieser Verbindungsgruppe heißt:

  $$\text{Allen} \quad H_2C{=}C{=}CH_2$$
  (systematischer Name : Propadien).

- Kohlenwasserstoffe mit *konjugierten* Doppelbindungen

  Zwei oder mehr C=C-Doppelbindungen werden als konjugiert bezeichnet, wenn sich zwischen ihnen jeweils eine C–C-Einfachbindung befindet. Verbindungen mit zwei konjugierten C=C-Doppelbindungen heißen Diene. Die wichtigsten Vertreter dieser Verbindungsgruppe sind:

  $$\text{1,3-Butadien} \quad H_2C{=}CH{-}CH{=}CH_2 \quad \text{und}$$
  $$\text{Isopren} \quad H_2C{=}CH{-}\underset{\displaystyle CH_3}{\underset{|}{C}}{=}CH_2$$

  (systematischer Name des Isoprens: 2-Methyl-1,3-butadien).

  1,3-Butadien und Isopren sind Ausgangsstoffe zur Herstellung von synthetischem Kautschuk.

  Bei Dienen und anderen Verbindungen mit konjugierten Doppelbindungen liegen in gewissem Ausmaß delokalisierte π-Elektronenzustände vor. Diese Delokalisation ist mit einer energetischen Stabilisierung des Moleküls verbunden (vgl. Abschn. 26.1.3.3).

  Die formelmäßige Wiedergabe der Delokalisation der π-Elektronenzustände geschieht mithilfe so genannter mesomerer Grenzformeln, die durch das Mesomeriezeichen (↔) verbunden sind. Im Falle des Butadiens werden folgende Grenzformeln formuliert:

  $$CH_2{=}CH{-}CH{=}CH_2$$
  $$\leftrightarrow \; \overset{\ominus}{|CH_2}{-}CH{=}CH{-}\overset{\oplus}{CH_2}$$
  $$\leftrightarrow \; \overset{\oplus}{CH_2}{-}CH{=}CH{-}\overset{\ominus}{\underline{C}H_2}$$

- Kohlenwasserstoffe mit *isolierten* Doppelbindungen

  Sind die C=C-Doppelbindungen eines Kohlenwasserstoffes durch mehr als eine C–C-Einfachbindung getrennt, so spricht man von isolierten Doppelbindungen. Die Wechselwirkungen zwischen derartigen Doppelbindungen können vernachlässigt werden. Kohlenwasserstoffe mit isolierten Doppelbindungen verhalten sich wie Alkene.

26.1.3.2 Alicyclische Kohlenwasserstoffe

Als monocyclische Kohlenwasserstoffe werden diejenigen Kohlenwasserstoffe bezeichnet, die aus nur einem Ringsystem aufgebaut sind. Derartige alicyclische Verbindungen werden folgendermaßen benannt: Dem Präfix Cyclo- folgt der Name des analogen acyclischen Kohlenwasserstoffs.

Beispiele:

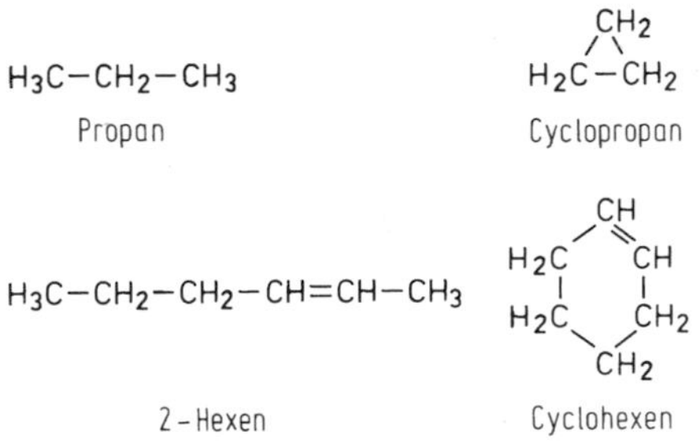

26.1.3.3 Aromatische Kohlenwasserstoffe

Aromatische Kohlenwasserstoffe sind durch folgende Eigenschaften charakterisiert:

- Sie bestehen aus eben aufgebauten Kohlenstoffringen.
- Im Kohlenstoffring sind abwechselnd C–C-Einfach- und C=C-Doppelbindungen vorhanden, die C=C-Doppelbindungen sind also konjugiert angeordnet (vgl. Abschn. 26.1.3.1). Nach der Hückel'schen Regel muss die Zahl der im Ring vorhandenen π-Elektronen $4n + 2$ betragen ($n = 0, 1, \ldots$).
- Die π-Elektronenzustände sind delokalisiert. Dadurch wird eine energetische Stabilisierung des Moleküls erreicht.

Tab. 4 Die wichtigsten aromatischen Kohlenwasserstoffe
o ortho, *m* meta, *p* para

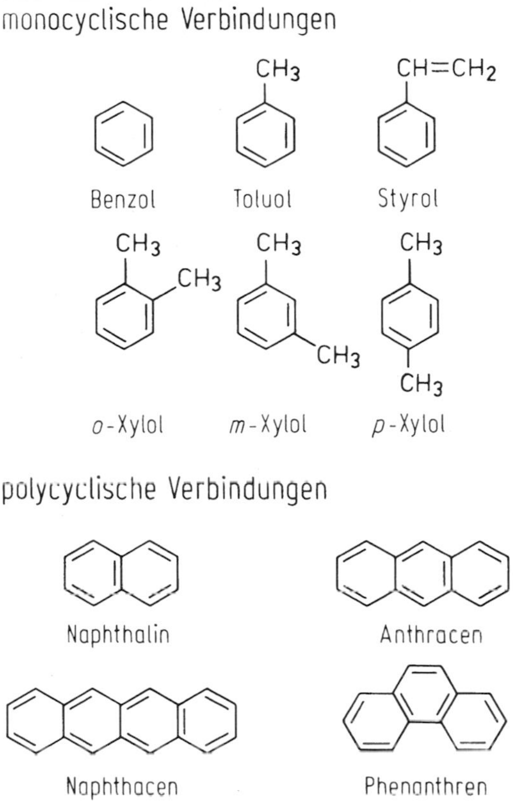

Die Namen und Formeln einiger aromatischer Kohlenwasserstoffe sind in der Tab. 4 zusammengestellt.

Benzol C_6H_6
Struktur des Benzolmoleküls

Benzol – der wichtigste aromatische Kohlenwasserstoff – hat die Summenformel C_6H_6 und wird durch folgende Strukturformel beschrieben. Zur Vereinfachung werden die C- und H-Atome häufig nicht einzeln dargestellt (rechts).

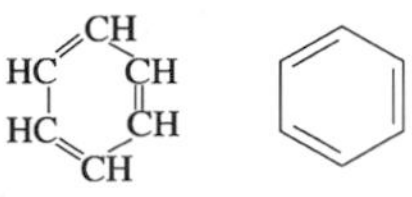

Das Benzolmolekül ist – wie alle aromatischen Verbindungen – eben aufgebaut. Sämtliche Bindungswinkel betragen 120°. In seinen Bindungsverhältnissen ähnelt das Benzolmolekül dem Graphit (vgl. ► Abschn. 22.2.2 in Kap. 22, „Zustandsformen der Materie und chemische Reaktionen"). Die Elektronenzustände der C-Atome sind sp^2-hybridisiert. Es entsteht ein cyclisches Gerüst aus C–C-σ-Bindungen. Das an jedem Kohlenstoffatom verbleibende dritte sp^2-Orbital bildet mit dem 1s-Orbital des Wasserstoffatoms eine C–H-Bindung aus. Die p-Orbitale ergeben ein cyclisches Gerüst aus delokalisierten C–C-π-Bindungen. Diesen Bindungszustand des Benzols symbolisiert die Kurzformel:

Die Delokalisation des π-Elektronensystems führt zu einer energetischen Stabilisierung des Benzolmoleküls. Die molare Stabilisierungsenergie kann theoretisch abgeschätzt werden. Sie beträgt ca. −150 kJ/mol.

Aufgrund des großen Betrages dieser Energie sind Reaktionen, die die Aromatizität des Ringsystems aufheben würden (z. B. Addition von Halogenen, vgl. Abschn. 26.1.3.1), nur sehr schwer durchführbar.

Nomenklatur von Abkömmlingen des Benzols
Der Rest, der durch Entfernen eines H-Atoms vom Benzol entsteht, heißt

Phenyl, C_6H_5 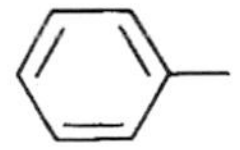

Als Biphenyl $C_{12}H_{10}$ wird der Kohlenwasserstoff bezeichnet, der aus zwei Phenylresten aufgebaut ist:

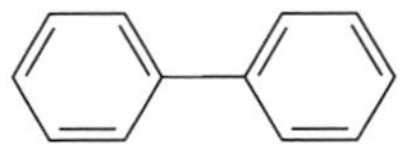

Sind zwei Substituenten am Benzolrest vorhanden, so werden die Kennzeichnungen *o*- (ortho), *m*- (meta) oder *p*- (para) verwendet. Einzelheiten siehe Tab. 4.

Eigenschaften und Reaktionen des Benzols
Benzol ist eine bei Raumtemperatur farblose Flüssigkeit, die bei 80,1 °C siedet (Schmelzpunkt

5,5 °C). Benzol (auch Benzoldampf) ist stark giftig und darüber hinaus kanzerogen. Informationen über kanzerogene Substanzen finden sich in der Gefahrstoffverordnung (GefStoffV). Nähere Angaben zum Umgang mit diesen Stoffen, insbesondere zu den Arbeitsplatzgrenzwerten (AGW) können den Technischen Regeln für Gefahrstoffe (TRGS) entnommen werden.

Substitutionsreaktionen

Charakteristisch für aromatische Verbindungen sind Substitutionsreaktionen. Hierbei wird ein H-Atom durch einen anderen Rest (einen anderen Liganden) ersetzt.

Beispiele:

1. *Halogenierung*

   Die Reaktion gelingt nur in Gegenwart eines Katalysators (z. B. Eisen(III)-chlorid):

2. *Nitrierung*

   Benzol kann mit Nitriersäure, ein Salpetersäure-Schwefelsäure-Gemisch, in Nitrobenzol umgewandelt werden:

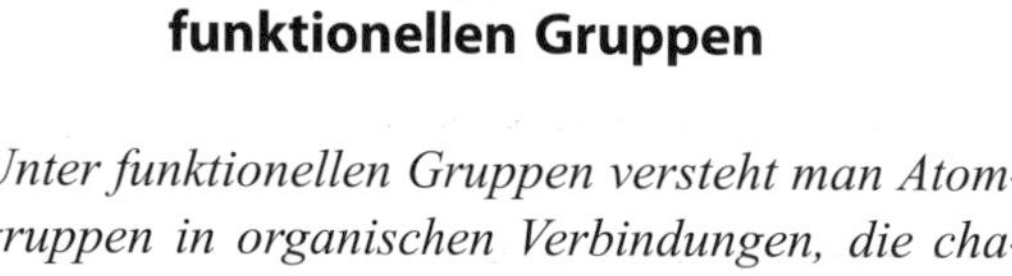

26.1.4 Verbindungen mit funktionellen Gruppen

Unter funktionellen Gruppen versteht man Atomgruppen in organischen Verbindungen, die charakteristische Eigenschaften und ein bestimmtes Reaktionsverhalten verursachen.

Hierzu gehören z. B. die Carboxylgruppe $-\overset{\overset{\displaystyle O}{\|}}{C}-OH$ und die Hydroxylgruppe $-OH$. Organische Verbindungen mit diesen funktionellen Gruppen heißen Carbonsäuren bzw. Alkohole oder Phenole. Bei den Alkoholen ist die Hydroxylgruppe an einen aliphatischen Rest, bei den Phenolen direkt an einen aromatischen Rest gebunden. Einen Überblick über organische Verbindungen mit funktionellen Gruppen gibt die Tab. 6. Die Namen von Verbindungen, bei denen funktionelle Gruppen direkt am Benzol gebunden sind, können Tab. 5 entnommen werden.

26.1.4.1 Halogenderivate der aliphatischen Kohlenwasserstoffe

Unter Halogenkohlenwasserstoffen versteht man Verbindungen, bei denen ein oder mehrere Halogenatome an Stelle von Wasserstoffatomen an einem Kohlenwasserstoff gebunden sind.

Bei Raumbedingungen sind die Halogenkohlenwasserstoffe häufig Flüssigkeiten mit relativ hoher Dichte. Sie werden in großem Umfang als Lösungs- und/oder Entfettungsmittel (besonders Chlorkohlenwasserstoffe), als Kältemittel und Treibgase (besonders Fluorchlorkohlenwasserstoffe, FCKW) verwendet. Einige dieser Substanzen dienen zur Einführung von Alkylgruppen in andere Verbindungen (Alkylierungsmittel).

Wichtige Halogenkohlenwasserstoffe

In Klammern sind hinter den Formeln der Substanzen die Siedepunkte und die AGW-Werte angegeben (vgl. Tab. 2 in ▶ Kap. 22, „Zustandsformen der Materie und chemische Reaktionen").

- Dichlormethan (Methylenchlorid) CH_2Cl_2 (40 °C, 50 ppm),
- Trichlormethan (Chloroform) $CHCl_3$ (61,7 °C, 0,5 ppm),
- 1,1,1-Trichlorethan Cl_3C-CH_3 (74,1 °C, 200 ppm),
- Tetrachlorethylen („Perchlorethylen", „Per") $Cl_2C{=}CCl_2$ (121 °C, 10 ppm)
  werden vornehmlich als Lösungs-, Reinigungs- und/oder Entfettungsmittel eingesetzt.
- Trichlorethylen („Tri") $Cl_2C{=}CHCl$ (87 °C) und
- Tetrachlormethan (Tetrachlorkohlenstoff) CCl_4 (76,7 °C)
  wurden wegen ihrer Gesundheitsschädlichkeit in den meisten Anwendungen ersetzt.

Tab. 5 Derivate des Benzols

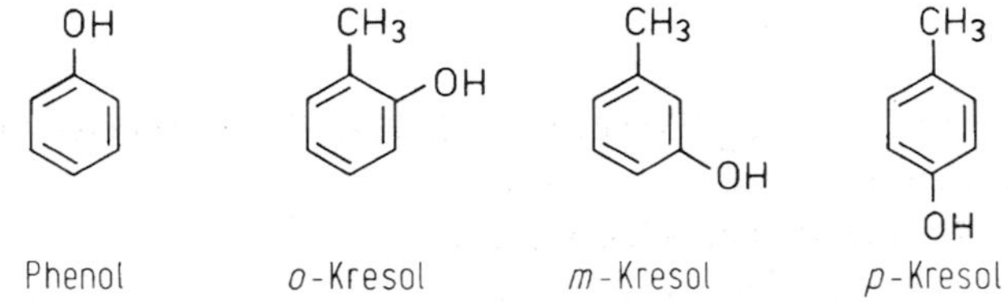

einwertige Phenole

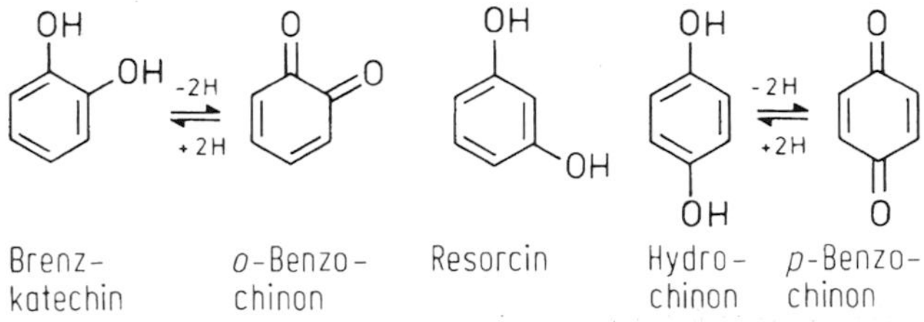

zweiwertige Phenole und ihre Oxidationsprodukte

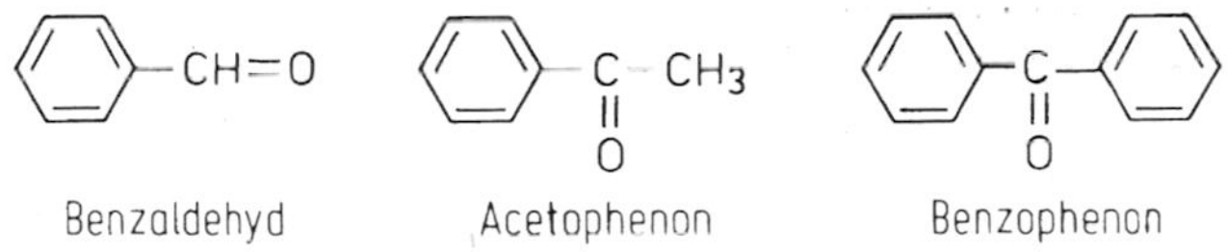

aromatische Aldehyde und Ketone

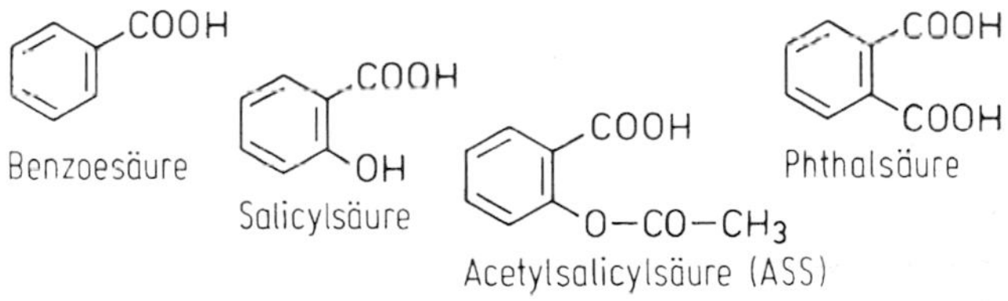

aromatische Carbonsäuren

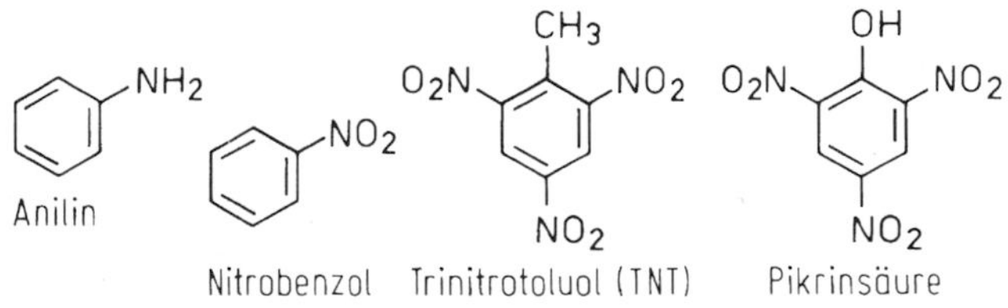

Stickstoffverbindungen

- Trichlorfluormethan („R11") CCl_3F (23,6 °C, 1000 ppm) und Dichlordifluormethan („R12") CCl_2F_2 (−29,8 °C, 1000 ppm)

sind die Verbindungen, die aus der Gruppe der Fluorchlorkohlenwasserstoffe hauptsächlich verwendet werden. Das Freisetzen von Fluor-

Tab. 6 Organische Verbindungen mit funktionellen Gruppen (mit Beispielen). R, R_1 und R_2 stehen für Kohlenwasserstoffreste

Verbindungstyp	Beispiel	
Chlorkohlenwasserstoffe, R–Cl	$H_5C_2{-}Cl$	Chlorethan
Alkohole, R–OH	$H_5C_2{-}OH$	Ethanol (Ethylalkohol)
Ether, R_1–O–R_2	$H_5C_2{-}O{-}C_2H_5$	Diethylether
Aldehyde, R–CHO	$H_3C{-}\overset{\overset{O}{\parallel}}{C}{-}H$	Acetaldehyd
Ketone, R_1–CO–R_2	$H_3C{-}\overset{\overset{O}{\parallel}}{C}{-}CH_3$	Aceton
Carbonsäuren, R–COOH	$H_3C{-}\overset{\overset{O}{\parallel}}{C}{-}OH$	Essigsäure
Ester, R_1–COO–R_2	$H_3C{-}\overset{\overset{O}{\parallel}}{C}{-}O{-}CH_3$	Essigsäuremethylester
Amide, R–$CONH_2$	$H_3C{-}\overset{\overset{O}{\parallel}}{C}{-}NH_2$	Acetamid
Amine, R–NH_2	$H_3C{-}NH_2$	Methylamin
Nitroverbindungen, R–NO_2	$H_3C{-}\overset{\overset{O}{\parallel}}{N}{-}O$	Nitromethan
Nitrile, R–CN	$H_3C{-}C{\equiv}N$	Acetonitril
Sulfonsäuren, R–SO_3H.	$H_5C_2{-}SO_3H$	Ethansulfonsäure

chlorkohlenwasserstoffen verursacht Umweltschäden.

- Vinylchlorid $H_2C{=}CHCl$ (kanzerogenes Gas, $-13{,}9\ °C$)
  ist Ausgangsstoff zur Herstellung von Polyvinylchlorid (PVC) (vgl. Abschn. 2.1.1 und Thermoplaste in Kap. „Die Werkstoffklassen").
- Tetrafluorethylen (TFE) $F_2C{=}CF_2$ ($-76{,}3\ °C$, giftig)
  ist Ausgangsstoff für die Herstellung des Polymerwerkstoffes Polytetrafluorethylen (PTFE). Dieser Kunststoff zeichnet sich durch relativ hohe Hitzebeständigkeit und chemische Widerstandsfähigkeit aus (vgl. Thermoplaste in Kap. „Die Werkstoffklassen"). Zur Verhinderung der Polymerisation von TFE, die äußerst heftig ablaufen kann, werden dem handelsüblichen monomeren Produkt Stabilisatoren zugesetzt. TFE zerfällt auch gemäß folgender Gleichung in Kohlenstoff und Tetrafluormethan (siehe auch ▶ Abschn. 23.1.3.4 in Kap. 23, „Thermodynamik und Kinetik chemischer Reaktionen"):

$$F_2C = CF_2 \rightarrow C(s) + CF_4.$$

Tetrafluorethylen Tetrafluormethan

Diese Zerfallsreaktion kann als Explosion ablaufen. Als Zündquelle kann die Polymerisationsreaktion des TFE fungieren.

26.1.4.2 Alkohole

Alkohole sind Verbindungen, die eine oder mehrere Hydroxylgruppen (OH-Gruppen) im Molekül enthalten. Die Kohlenstoffatome, an denen eine Hydroxylgruppe gebunden ist, dürfen außerdem nur noch C–H- oder C–C-Einfachbindungen eingehen.

Verbindungen mit einer direkt am aromatischen Rest gebundenen OH-Gruppe heißen Phenole (vgl. Tab. 6).

Nach der Zahl der C−C-Bindungen, an denen das Kohlenstoffatom beteiligt ist, an dem sich die Hydroxylgruppe befindet, unterscheidet man

primäre	sekundäre	tertiäre Alkohole:

$$R-CH_2-OH \qquad \begin{matrix} R_1 \\ \diagdown \\ CH-OH \\ \diagup \\ R_2 \end{matrix} \qquad \begin{matrix} R_1 \\ \diagdown \\ R_2-C-OH \\ \diagup \\ R_3 \end{matrix}.$$

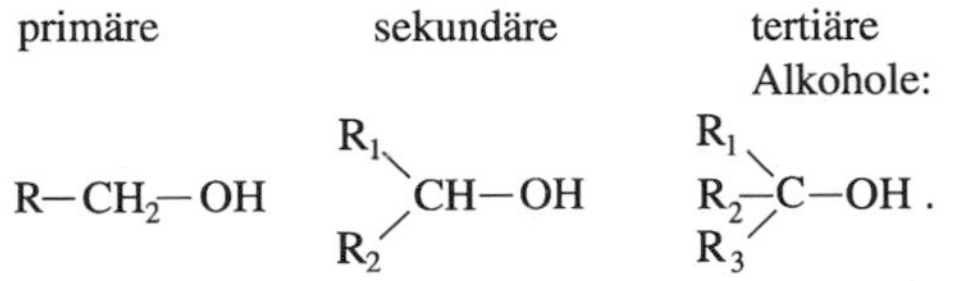

Alkohole werden auch nach der Zahl der im Molekül enthaltenen OH-Gruppen in ein- und mehrwertige Alkohole unterteilt:

Beispiele:

Einwertiger Alkohol	Zweiwertiger Alkohol
H_3C-CH_2-OH	H_2C-OH
	$\mid$
	H_2C-OH
Ethanol(Ethylalkohol)	Ethylenglykol(Glykol)

Reaktionen

1. *Intramolekulare Wasserabspaltung (Bildung von Alkenen)*

Die innerhalb eines Moleküls stattfindende (intramolekulare) Wasserabspaltung erfolgt in der Hitze in Gegenwart von Katalysatoren oder von starken Säuren:

$$H_3C - CH_2 - OH \rightarrow H_2C=CH_2 + H_2O.$$
$$\text{Ethanol} \qquad\qquad \text{Ethylen}$$

2. *Intermolekulare Wasserabspaltung (Bildung von Ethern)*

An der intermolekularen Wasserabspaltung sind zwei Moleküle beteiligt. Bei Alkoholen bilden sich in diesem Fall Ether R−O−R (Erhitzen in Gegenwart von konzentrierter Schwefelsäure):

$$H_3C-CH_2-OH + HO-CH_2-CH_3 \rightarrow$$
$$\text{Ethanol} \qquad\qquad \text{Ethanol}$$
$$H_3C-CH_2 - O-CH_2 - CH_3 + H_2O$$
$$\text{Diethylether}$$

3. *Verbrennung, Oxidation*

Leichtflüchtige Alkohole bilden mit Luft explosionsfähige Gasmischungen (vgl. Tab. 3).

Primäre, sekundäre und tertiäre Alkohole unterscheiden sich in ihrem Verhalten gegenüber Oxidationsmitteln. So können primäre und sekundäre Alkohole bis zu Carbonsäuren bzw. zu Ketonen oxidiert werden. Die Oxidation von tertiären Alkoholen gelingt nicht, ohne dass das Kohlenstoffgerüst zerstört wird:

$$R-CH_2-OH \rightarrow R-C\begin{smallmatrix}\diagup O \\ \diagdown H\end{smallmatrix} \rightarrow R-C\begin{smallmatrix}\diagup O \\ \diagdown OH\end{smallmatrix}$$

primärer Alkohol	Aldehyd	Carbonsäure

$$\begin{matrix} R_1 \\ \diagdown \\ CH-OH \\ \diagup \\ R_2 \end{matrix} \rightarrow \begin{matrix} R_1 \\ \diagdown \\ C=O \\ \diagup \\ R_2 \end{matrix}.$$

sekundärer Alkohol	Keton

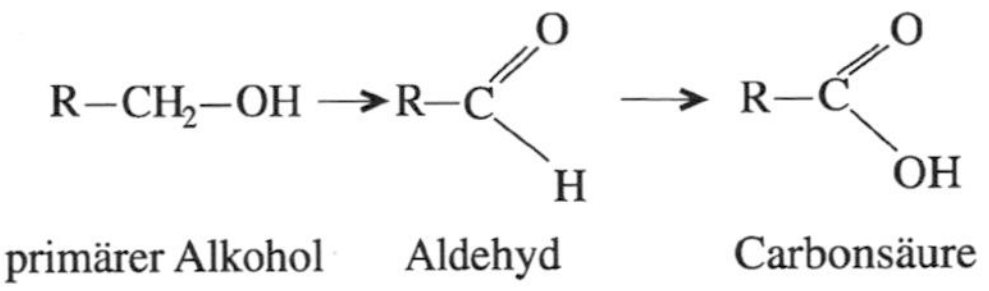

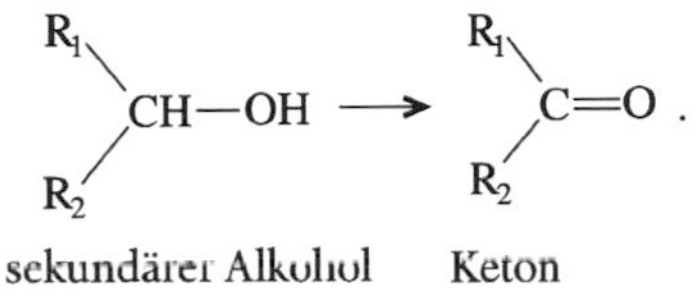

4. *Veresterung*

Säuren und Alkohole reagieren in Gegenwart von Katalysatoren unter Bildung von Estern (siehe Abschn. 26.1.4.5).

Wichtige Alkohole

Methanol (Methylalkohol) H_3C-OH, Siedepunkt 65,1 °C, giftig (letale Dosis: etwa 25 g), AGW 200 ppm).

Verwendung: Treibstoffzusatz, Lösungsmittel, Ausgangsstoff für Synthesen (z. B. Formaldehyd, Polyester).

Ethanol (Ethylalkohol) C_2H_5-OH, Siedepunkt 78,5 °C. Verwendung: verdünnt als Genussmittel (letale Dosis ca. 300 g, AGW 200 ppm). Lösungsmittel, Ausgangsstoff für Synthesen (z. B. Essigsäure), technischer Ethylalkohol wird durch Vergällungsmittel (z. B. Pyridin, Benzin, Campher) ungenießbar gemacht.

Ethylenglykol (Glykol), Siedetemperatur 198,9 °C, giftig, in jedem Verhältnis mit Wasser mischbar.

Verwendung: Frostschutzmittel.

$$\begin{matrix} H_2C-OH \\ \mid \\ H_2C-OH \end{matrix}$$

Glycerin, Siedetemperatur 290 °C, in jedem Verhältnis mit Wasser mischbar.

Vorkommen: Bestandteil aller Fette (vgl. Abschn. 26.1.4.5).

Verwendung: Frostschutzmittel, in pharmazeutischen Präparaten, Herstellung von Nitroglycerin, Lösungsmittel.

$$\begin{array}{c} H_2C-OH \\ | \\ HC-OH \\ | \\ H_2C-OH \end{array}$$

Nitroglycerin (Salpetersäuretriester des Glycerins) detonationsfähiger Stoff (vgl. ▶ Abschn. 23.2.8 in Kap. 23, „Thermodynamik und Kinetik chemischer Reaktionen"), außerordentlich schlagempfindlich.

Verwendung: einer der wichtigsten und meistgebrauchten Sprengstoffbestandteile; Mischungen von Nitroglycerin und Nitrocellulose sind Bestandteile von Treibmitteln und Raketentreibstoffen.

$$\begin{array}{c} H_2C-O-NO_2 \\ | \\ HC-O-NO_2 \\ | \\ H_2C-O-NO_2 \end{array}$$

26.1.4.3 Aldehyde

Aldehyde sind durch die funktionelle Gruppe $-\overset{\overset{H}{|}}{C}=O$ *charakterisiert. Sie haben die allgemeine Formel* R–CH=O. R *kann hierbei ein aliphatischer, aromatischer oder heterocyclischer Rest sein.*

Reaktionen

1. *Verbrennung, Oxidation*

   Leichtflüchtige Aldehyde bilden mit Luft explosionsfähige Gasmischungen (vgl. Tab. 3).

   Die Oxidation der Aldehyde führt unter milderen Bedingungen zu Carbonsäuren:

   $$\underset{\text{Acetaldehyd}}{H_3C-CHO} + 1/2\ O_2 \rightarrow \underset{\text{Essigsäure}}{H_3C-COOH}.$$

2. *Reduktion*

   Aldehyde werden katalytisch mit Wasserstoff zu primären Alkoholen reduziert:

   $$\underset{\text{Acetaldehyd}}{H_3C-CHO} + H_2 \rightarrow \underset{\text{Ethanol}}{H_3C-CH_2-OH}.$$

3. *Polymerisation*

   Aldehyde können wie die Alkene polymerisieren. So führt z. B. die Polymerisation von Formaldehyd zu kettenförmig aufgebautem Polyoxymethylen (POM, Polyformaldehyd) (vgl. Thermoplaste in Kap. „Die Werkstoffklassen"):

   $$n\ \underset{\text{Formaldehyd}}{H_2C=O} \rightarrow \underset{\text{Polyoxymethylen}}{HO[CH_2-O]_nH}.$$

4. *Polykondensation*

   Unter einer Kondensation versteht man eine Reaktion, bei der C–C-Einfach- oder auch C=C-Doppelbindungen unter Abspaltung kleiner Moleküle (z. B. Wasser) entstehen. Werden hierbei polymere Verbindungen gebildet, so spricht man von Polykondensation, vgl. Abschn. 2.1 und Polymerwerkstoffe in Kap. „Die Werkstoffklassen".

   Von den unter Wasserabspaltung verlaufenden Polykondensationsreaktionen soll hier die Bildung von *Phenoplasten* aus Formaldehyd und Phenol angeführt werden.

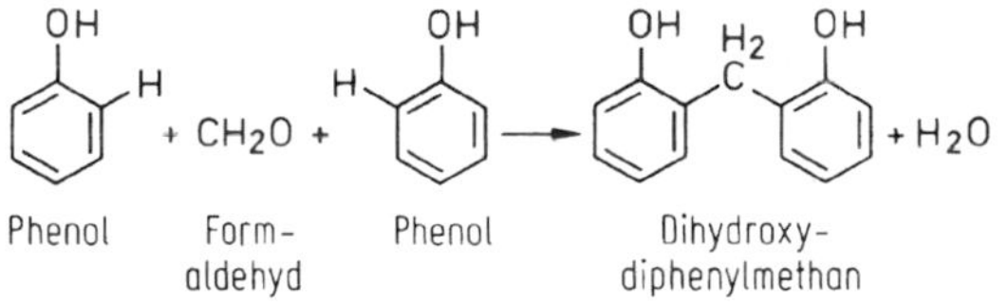

   Durch weitere Kondensationsvorgänge bilden sich dreidimensional vernetzte Makromoleküle.

Wichtige Aldehyde

Formaldehyd $H-\overset{\overset{H}{|}}{C}=O$, Siedepunkt –21 °C, AGW 0,3 ppm.

Verwendung: Desinfektionsmittel. Ausgangsstoff für Polymerwerkstoffe: Polykondensation mit Harnstoff H_2N–CO–NH_2 (Harnstoff-Formaldehydharze), Melamin (Formel, siehe Tab. 7) (Melamin-Formaldehydharze, MF) und mit Phenol (Phenol-Formaldehydharze, PF).

Tab. 7 Heterocyclische Verbindungen

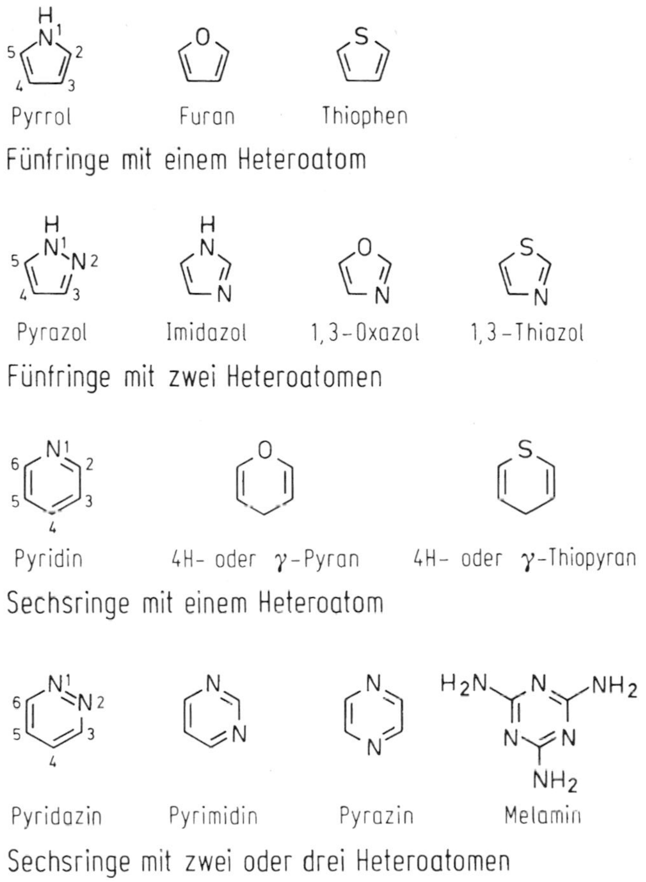
Pyrrol
Furan
Thiophen
Fünfringe mit einem Heteroatom
Pyrazol
Imidazol
1,3-Oxazol
1,3-Thiazol
Fünfringe mit zwei Heteroatomen
Pyridin
4H- oder γ-Pyran
4H- oder γ-Thiopyran
Sechsringe mit einem Heteroatom
Pyridazin
Pyrimidin
Pyrazin
Melamin
Sechsringe mit zwei oder drei Heteroatomen

Polymerisation zu Polyoxymethylen (Einzelheiten siehe Thermoplaste in Kap. „Die Werkstoffklassen").

Acetaldehyd $H_3C-\overset{\displaystyle H}{\overset{|}{C}}=O$, Siedepunkt 20,8 °C, AGW 50 ppm.

26.1.4.4 Ketone

Ketone sind durch die Carbonylgruppe $-\overset{\displaystyle O}{\overset{\|}{C}}-$ *die sich mittelständig in einer Kohlenstoffkette befinden muss, gekennzeichnet. Ketone haben die allgemeine Formel* R_1-CO-R_2.

Reaktionen

1. *Verbrennung, Oxidation*

Leichtflüchtige Ketone bilden mit Luft explosionsfähige Gasmischungen (vgl. Tab. 3).

Die Oxidation unter Spaltung der Kohlenstoffkette gelingt nur mit starken Oxidationsmitteln (z. B. Chromtrioxid CrO_3). Hierbei wird eine von der Carbonylgruppe ausgehende C–C-Bindung gespalten, es entstehen zwei Carbonsäuren:

$$R_1-CH_2-CO-CH_2-R_2+3/2\,O_2 \rightarrow R_1COOH+HOOC-CH_2-R_2$$

2. *Reduktion*

Ketone werden katalytisch oder mit starken Reduktionsmitteln (z. B. Lithiumaluminiumhydrid $LiAlH_4$) zu sekundären Alkoholen reduziert:

$$H_3C-CO-CH_3 + H_2$$
Aceton
$$\rightarrow H_3C-CHOH-CH_3.$$
Isopropanol

Beispiel für ein Keton:
Aceton $H_3C-CO-CH_3$, Siedepunkt 56,2 °C, AGW 500 ppm.

Verwendung: Lösungsmittel für Harze, Lacke, Farben.

26.1.4.5 Carbonsäuren und ihre Derivate

Stoffe, die eine oder mehrere Carboxylgruppen $-\overset{\overset{\displaystyle O}{\|}}{C}-OH$ *enthalten, werden als Carbonsäuren bezeichnet. Allgemeine Formel der Carbonsäuren:* R−COOH.

Namen und Formeln einiger Carbonsäuren
gesättigte Carbonsäuren

Ameisensäure	H−COOH
Essigsäure	CH_3-COOH
Propionsäure	C_2H_5-COOH
Buttersäure	C_3H_7-COOH
Palmitinsäure	$C_{15}H_{31}-COOH$
Stearinsäure	$C_{17}H_{35}-COOH$
Oxalsäure	HOOC−COOH
Malonsäure	$HOOC-CH_2-COOH$

ungesättigte Carbonsäuren
Ölsäure

$$H_3C-(CH_2)_7-CH=CH-(CH_2)_7-COOH$$

Linolsäure

$$H_3C-(CH_2)_4-CH=CH-CH_2-CH=CH-(CH_2)_7-COOH$$

Linolensäure

$$H_3C-CH_2-CH=CH-CH_2-CH=CH-CH_2-CH=CH-(CH_2)_7-COOH$$

aromatische Carbonsäuren (siehe Tab. 5)

Reaktionen

1. *Elektrolytische Dissoziation, Salzbildung*

   Carbonsäuren dissoziieren in wässriger Lösung gemäß der Gleichung:

   $$R-COOH \rightleftharpoons R-COO^- + H^+.$$

   Das Dissoziationsgleichgewicht liegt ganz oder überwiegend auf der Seite der undissoziierten Säure; Carbonsäuren sind schwache Säuren.

   Mit Basen wie NaOH und KOH reagieren Carbonsäuren unter Salzbildung. Wässrige Lösungen dieser Salze reagieren alkalisch (vgl. ▶ Abschn. 24.1.7.6 in Kap. 24, „Prinzipien chemischer Systeme und Reaktionen").

   Seifen sind die Natriumsalze der höheren Carbonsäuren (z. B. Palmitin-, Stearin- und Ölsäure).
2. *Verbrennung*

   Explosionsgrenzen von Ameisen- und Essigsäure sind in Tab. 3 angegeben.
3. *Veresterung*

   Mit Alkoholen reagieren Carbonsäuren in einer Gleichgewichtsreaktion unter Bildung von Carbonsäureestern und Wasser:

   $$\underset{\text{Essigsäure}}{H_3C-COOH} + \underset{\text{Ethanol}}{HO-C_2H_5} \rightleftharpoons \underset{\text{Essigsäureethylester}}{H_3C-\overset{\overset{\displaystyle O}{\|}}{C}-O-C_2H_5} + H_2O$$

   Der umgekehrte Vorgang – also die Spaltung eines Esters in Carbonsäure und Alkohol – heißt Verseifung.

Wichtige Carbonsäuren
Ameisensäure HCOOH, Siedepunkt 100,7 °C, AGW 5 ppm.
Essigsäure $H_3C-COOH$, Siedepunkt 117,9 °C, AGW 10 ppm.
Verwendung: Speiseessig $H_3C-COOH$-Massenanteil: ca. 5 bis 10 %.

Carbonsäurederivate
Carbonsäurehalogenide. Bei diesen Verbindungen ist die OH-Gruppe des Carboxylrestes durch ein Halogenatom ersetzt.

Beispiel:
Acetylchlorid (Säurechlorid der Essigsäure)

$$H_3C-\overset{\overset{O}{\|}}{C}-Cl$$

Carbonsäureester. Anstelle der OH-Gruppe des Carboxylrestes haben Carbonsäureester eine O–R-Gruppierung. Allgemeine Formel dieser Verbindungen:

$$R_1C-\overset{\overset{O}{\|}}{C}-OR_2$$

Fette und Öle sind die Glycerinester der höheren Carbonsäuren. Tierische Fette enthalten hauptsächlich gemischte Glycerinester von Palmitin-, Stearin- und Ölsäure. Pflanzliche Öle bestehen zusätzlich aus Glycerinestern der mehrfach ungesättigten höheren Carbonsäuren (Linol- und Linolensäure).

Carbonsäureamide. Bei diesen Verbindungen ist die OH-Gruppe der Carbonsäure durch eine NH_2-Gruppe ersetzt. Säureamide haben die allgemeine Formel

$$R-\overset{\overset{O}{\|}}{C}-NH_2$$

26.1.4.6 Aminocarbonsäuren (Aminosäuren)

Aminocarbonsäuren – oder kurz Aminosäuren – enthalten neben der Carboxylgruppe eine Aminogruppe im Molekül. Sind die NH_2 *– und die* $-COOH$*-Gruppe benachbart, liegen α-Aminosäuren vor. α-Aminosäuren haben die allgemeine Formel:*

$$R-\underset{\underset{NH_2}{|}}{CH}-COOH$$

Namen und Formeln einiger α-Aminosäuren:

Aminosäuren mit unpolarem Rest

Glycin (Glykokoll) (Gly) H_2N-CH_2-COOH

Alanin (Ala) $H_3C-CH(NH_2)-COOH$

Valin (Val) $(CH_3)_2CH-CH(NH_2)-COOH$

Leucin (Leu) $(CH_3)_2CH-CH_2-CH(NH_2)-COOH$

Isoleucin (Ile) $(C_2H_5)CH(CH_3)-CH(NH_2)-COOH$

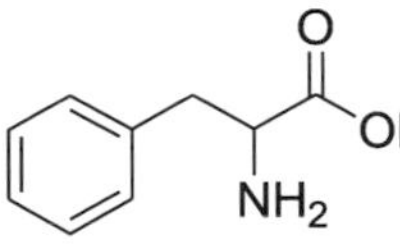

Phenylalanin (Phe)

In dieser und in den folgenden Formeln sind zur besseren Übersicht die C-Atome und die an den C-Atomen befindlichen Wasserstoffatome weggelassen worden.

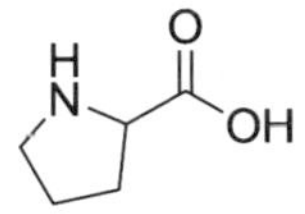

Prolin (Pro)

Aminosäuren mit polaren Resten

Serin (Ser) $HO-H_2C-CH(NH_2)-COOH$

Threonin (Thr) $HO-CH(H_3C)-CH(NH_2)-COOH$

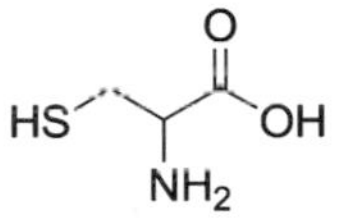

Cystein(Cys)

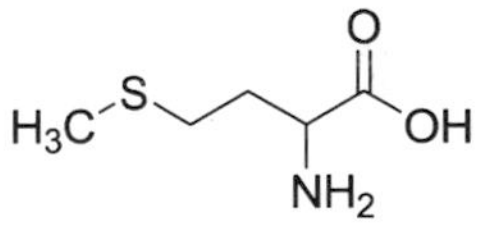

Methionin (Met)

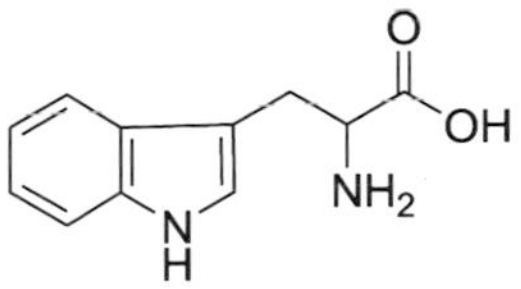

Tryptophan (Trp)

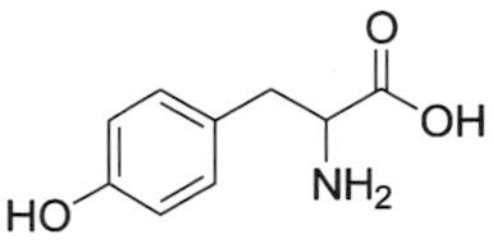

Tyrosin (Tyr)

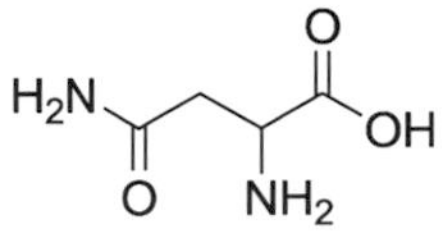

Asparagin (Asn)

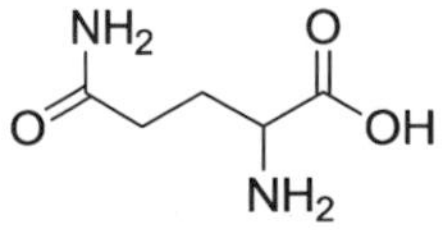

Glutamin (Glu)

Saure Aminosäuren

Asparaginsäure (Asp)

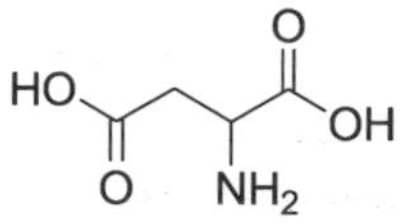

Glutaminsäure (Glu)

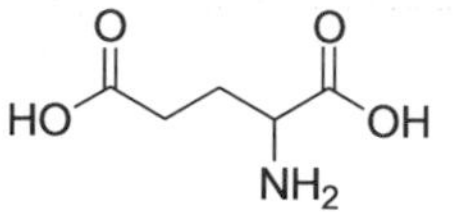

Basische Aminosäuren

Lysin (Lys)

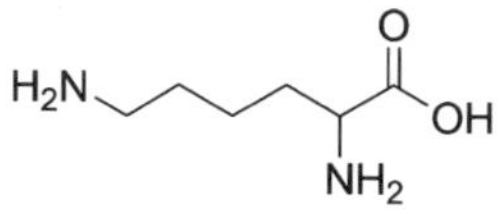

Arginin (Arg)

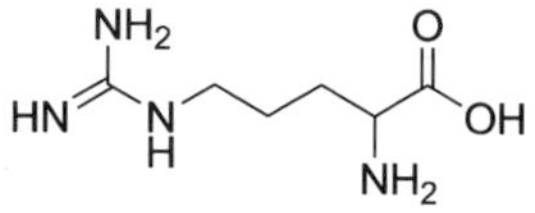

Histidin (His)

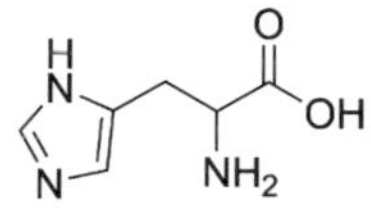

Bis auf Glycin besitzen alle α-Aminosäuren ein oder mehrere asymmetrische Kohlenstoffatome, sie sind also optisch aktive Verbindungen (vgl. Abschn. 26.1.2.2). Die in Proteinen vorkommenden Aminosäuren weisen durchweg die L-Konfiguration auf.

Reaktionen

Bei neutralem pH-Wert im wässrigen Milieu ist die Carbonsäuregruppe dissoziiert und die Aminogruppe protoniert, sodass die Aminosäuren in zwitterionischer Form vorliegen. Aminosäuren kondensieren unter Bildung von Peptiden. Die in diesen Verbindungen enthaltene Säureamid-Bindung heißt *Peptidbindung*;

Beispiel:

$$\underset{\text{Aminosäure 1}}{H_2N-\underset{\substack{|\\R_1}}{CH}-COOH} + \underset{\text{Aminosäure 2}}{H-NH-\underset{\substack{|\\R_2}}{CH}-COOH}$$

$$\rightarrow \underset{\text{Dipeptid}}{H_2N-\underset{\substack{|\\R_1}}{CH}-CO-NH-\underset{\substack{|\\R_2}}{CH}-COOH} + H_2O$$

Proteine (Eiweißstoffe) sind *Polypeptide*. Sie gehören zu den wichtigsten Grundbausteinen des menschlichen und des tierischen Körpers (s. Abschn. 26.2.5.1).

26.2 Synthetische und natürliche Makromoleküle

Unter *Makromolekülen* versteht man Moleküle mit Molmassen in der Größenordnung 10^4–10^7 g/mol. Sie sind in der Regel organischer Natur. Der Grund für eine gesonderte Behandlung liegt darin, dass einige wesentliche Eigenschaften von Stoffen, die aus solchen Molekülen aufgebaut sind, mehr von der Größe der Moleküle als von ihrer individuellen chemischen Zusammensetzung abhängen. Des Weiteren besitzen Stoffe aus solchen Molekülen als Kunststoffe eine erhebliche technische Bedeutung, und natürliche Makromoleküle sind wesentlich am Aufbau lebender Organismen und an den Lebensvorgängen beteiligt.

26.2.1 Synthetische Polymere

Oft wird synonym zum Begriff Makromolekül auch das Wort Polymer (gr.: viele Teile) benutzt, um hervorzuheben, dass ein Makromolekül aus einer großen Zahl kleiner, im einfachsten Fall identischer Bausteine besteht, die durch kovalente Bindungen miteinander verknüpft sind. Ein Monomer ist ein kleines Molekül, das eine oder mehrere polymerisationsfähige Gruppen besitzt und das bei der Polymerisation in einen Baustein des Polymers überführt wird.

Monomere können zu einem linearen Makromolekül (auch Fadenmoleküle oder Kettenmoleküle genannt) verknüpft sein, wie in Abb. 1a dargestellt. Andere Molekülarchitekturen sind in verzweigten (Abb. 1b) oder vernetzten (Abb. 1c) Polymeren realisiert.

Eines der einfachsten linearen Polymere ist Polyethylen, das aus einer Aneinanderreihung von Methylengruppen $-CH_2-$ besteht. Der Name Polyethylen leitet sich von der Tatsache ab, dass es durch Polymerisation von Ethylen (systematischer Name: Ethen) hergestellt wird.

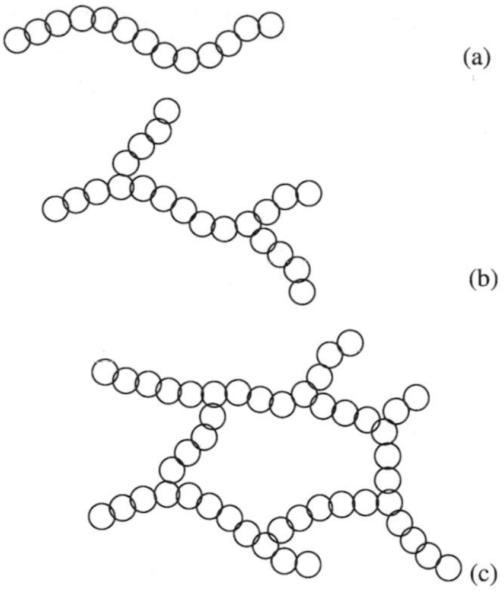

Abb. 1 Lineare (**a**), verzweigte (**b**) und vernetzte (**c**) Makromoleküle

Ausgehend von der Struktur des Polymers könnte es auch Polymethylen genannt werden. In der Regel erfolgt die Bezeichnung des Polymers aber nach den Ausgangsmonomeren, die mit der Vorsilbe Poly- versehen werden. Die Synthese von Polyethylen lässt sich formal folgendermaßen darstellen:

$$nH_2C=CH_2 \rightarrow \ -[CH_2-CH_2]_n- \quad \text{mit } n \gg 1$$

26.2.1.1 Verknüpfung von Monomeren

Es gibt drei grundsätzliche Möglichkeiten, um die Verknüpfung von Monomeren zu einem Polymer zu erreichen:

a) Öffnen einer Doppelbindung,
b) Öffnen eines ringförmigen Moleküls,
c) Verwendung von Monomeren mit zwei funktionellen Gruppen.

Eine große Zahl von Polymeren leitet sich von Monomeren des Typs CH_2=CHX ab, wobei X ein Substituent ist. Diese Polymere werden Vinyl-Polymere genannt. Wichtige Beispiele sind:

Polypropylen

Polystyrol

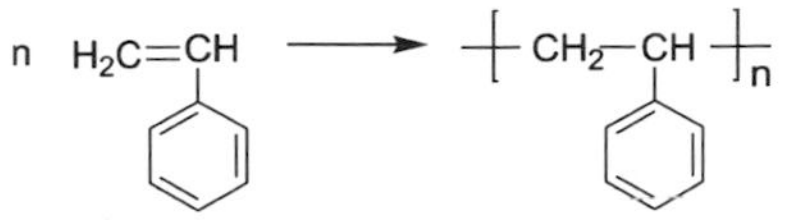

Polyvinylchlorid

Polyacrylnitril

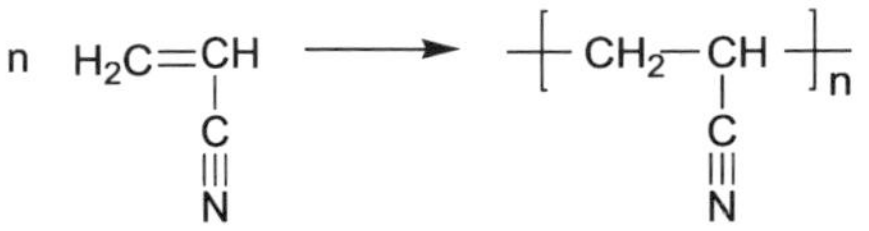

Ein ähnlicher Typ ist:
Polymethylmethacrylat (Acrylglas Plexiglas ™)

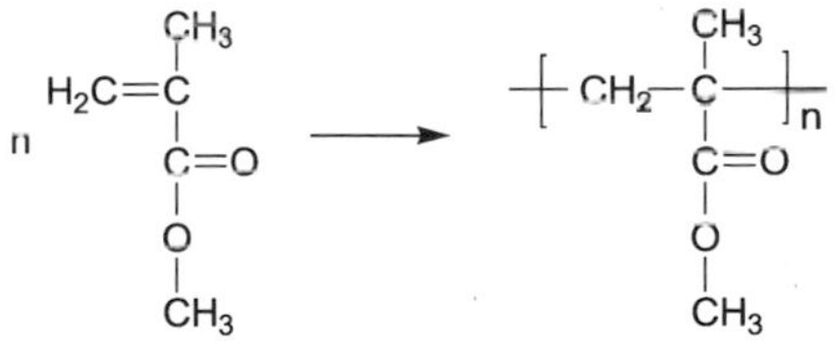

Nach dem Mechanismus b) werden z. B. Polyoxymethylen

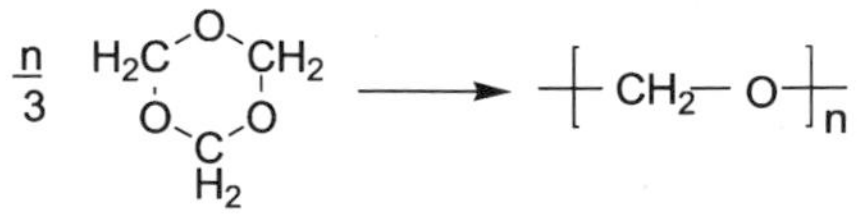

und Polycaprolactam (Nylon 6)

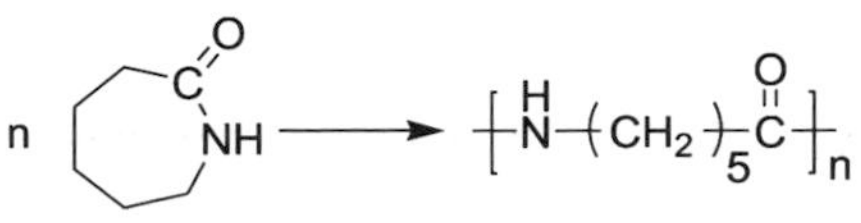

gebildet.
Wichtige Vertreter der Möglichkeit c) sind:
Polyethylenterephthalat

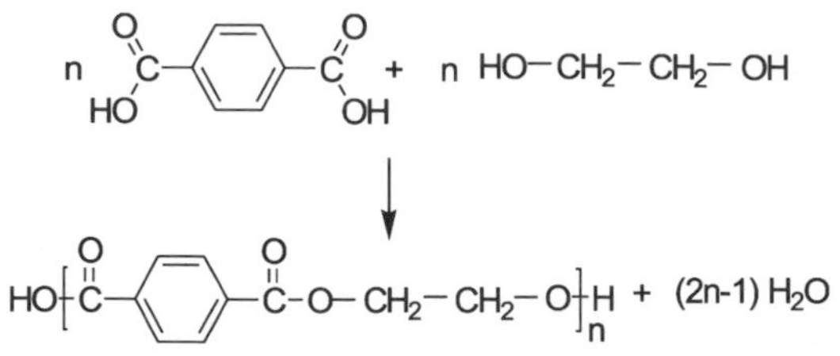

Polyhexamethylenadipinamid (Nylon 66)

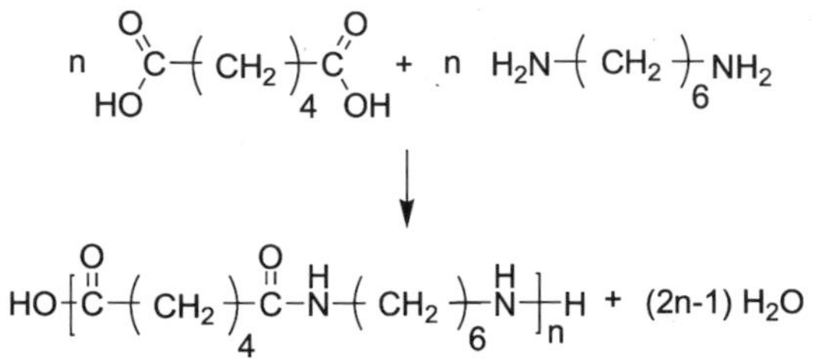

26.2.1.2 Mittelwerte der Molmassen

Die Zahl n nennt man den Polymerisationsgrad. Zwischen der Molmasse des Polymers M und dem Polymerisationsgrad besteht die Beziehung

$$\mathrm{M} = \mathrm{n}\ M_0,$$

wobei M_0 die Molmasse der Wiederholungseinheit darstellt. Bei dieser Betrachtungsweise vernachlässigt man den Einfluss der Kettenenden. In der Regel werden die Kettenenden auch in der Formeldarstellung nicht angegeben; häufig sind sie nicht genau bekannt. n bzw. M weisen in der Regel für ein bestimmtes Material eine Verteilung auf, die man durch Mittelwerte charakterisieren kann. Der Zahlenmittelwert der Molmasse M_N berechnet sich nach

$$M_\mathrm{N} = \sum \mathrm{N}_i \mathrm{M}_i / \sum \mathrm{N}_i. \tag{1}$$

Hierin bedeutet N_i die Zahl der Moleküle mit der Molmasse M_i. Alle Moleküle werden bei der Mittelwertbildung gleich gewichtet, obwohl sie sich deutlich im Polymerisationsgrad unterscheiden können.

Ein anderer wichtiger Mittelwert ist der Massenmittelwert der Molmasse M_w.

$$\begin{aligned} M_w &= \sum w_i M_i / \sum w_i \\ &= \sum \mathrm{N}_i M_i^2 / \sum \mathrm{N}_i M_i. \end{aligned} \tag{2}$$

Bei dieser Mittelwertbildung wird mit dem Massenanteil w_i der Moleküle mit der Molmasse M_i gewichtet. Als Maß für die Breite der Verteilung (Uneinheitlichkeit) wird häufig das Verhältnis M_w/M_N angegeben.

Homopolymere bestehen aus nur einer Sorte von Wiederholungseinheiten (alle bisher vorgestellten Beispiele sind Homopolymere), während *Copolymere* aus zwei oder mehr unterschiedlichen Monomeren gebildet werden, die wiederum in statistischer Abfolge (–A–A–B–A–B– B–A–B–B–B–A–), alternierend (–A–B–A– B–A–B–A–B–) oder blockartig (–A–A–A–A–A–B–B–B–B–B–B–) miteinander verknüpft sein können. Eine weitere wichtige Klasse von Copolymeren sind Pfropfcopolymere, die allerdings zu den verzweigten Polymeren gehören.

26.2.1.3 Synthese von Polymeren

Es existieren zwei grundsätzlich verschiedene Arten der Polymerisation, die man als *Kettenwachstumsreaktion* und *Stufenwachstumsreaktion* bezeichnet.

Kettenwachstumsreaktion

Die Kettenwachstumsreaktion ist eine typische Kettenreaktion (vgl. ▶ Abschn. 23.2.7 in Kap. 23, „Thermodynamik und Kinetik chemischer Reaktionen") mit den Schritten Kettenstart (Initiierung), Kettenwachstum und Kettenabbruch. Für den Fall einer radikalischen Polymerisation ergibt sich folgendes Schema:

Start:

$$\mathrm{I} \rightarrow 2\ \mathrm{R}^\bullet;\quad \mathrm{R}^\bullet + \mathrm{M} \rightarrow \mathrm{R{-}M}^\bullet$$

Der Initiator I zerfällt thermisch oder lichtinduziert in zwei Radikale $\mathrm{R}^\bullet$, die jeweils an ein Monomermolekül M addiert werden. Radikale besitzen ein ungepaartes Elektron (dargestellt durch$^\bullet$) und sind normalerweise äußerst reaktiv. Alternative Mechanismen zur Generierung von Radikalen sind ebenfalls möglich.

Wachstum:

$$R-M^{\bullet} + M \rightarrow R-M-M^{\bullet}$$
$$R-M-M^{\bullet} + M \rightarrow R-M-M-M^{\bullet} \quad \text{etc.}$$

allgemein

$$R-M_n^{\bullet} + M \rightarrow R-M_{n+1}^{\bullet} \quad \text{oder}$$
$$P_n + M \rightarrow P_{n+1}^{\bullet}$$

Das Radikal addiert sukzessive Monomere, wobei der Radikalcharakter immer auf das zuletzt addierte Monomer übertragen wird. Diese Reaktion erfolgt sehr schnell, sodass eine einmal gestartete Reaktion zu relativ großen ($n \gg 1$) Polyradikalen führt.

Abbruch:

$$P_n^{\bullet} + P_m^{\bullet} \rightarrow P_{n+m} \quad \text{oder}$$
$$P_n^{\bullet} + P_m^{\bullet} \rightarrow P_n + P_m$$

Der Kettenabbruch erfolgt durch Kombination zweier Polyradikale oder durch Disproportionierung (Übertragung eines Wasserstoffatoms).

Die kinetische Behandlung dieser Prozesse, bei der von Quasistationarität bezüglich der Radikalkonzentrationen ausgegangen wird, liefert als Bruttopolymerisationsgeschwindigkeit:

$$r_p = -\mathrm{d}c(\mathrm{M})/\mathrm{d}t \sim c(\mathrm{M})\sqrt{c(\mathrm{I})}, \qquad (3)$$

d. h. r_p ist proportional zur Monomerkonzentration und zur Wurzel aus der Initiatorkonzentration. In die Proportionalitätskonstante gehen die Geschwindigkeitskonstanten der einzelnen Teilreaktionen ein. Als weitere und wichtigere Konsequenz der kinetischen Behandlung ergibt sich für die Molmasse des Produkts:

$$M_N \sim c(\mathrm{M})/\sqrt{c(\mathrm{I})}, \qquad (4)$$

d. h. der Zahlenmittelwert der Molmasse ist ebenfalls proportional zur Monomerkonzentration, aber umgekehrt proportional zur Wurzel aus der Initiatorkonzentration. Die Eigenschaften des Produkts sind demnach kinetisch kontrolliert und lassen sich über diese beiden Konzentrationen steuern. Die Verteilungsfunktion der Molmasse hängt davon ab, ob der Abbruch überwiegend durch Kombination oder Disproportionierung erfolgt. In guter Näherung erwartet man im ersten Fall $M_w/M_N = 1{,}5$, im zweiten Fall $M_w/M_N = 2$. Allerdings ergeben sich bei der Polymerisation in Masse oder in hochkonzentrierter Lösung zu hohen Umsätzen Abweichungen zu deutlich höheren Molmassen, die auf starke Viskositätserhöhung und daraus folgende Unterdrückung der Abbruchreaktion zurückzuführen sind.

Eine andere Steuerungsmöglichkeit für die erzielte Molmasse bietet der Zusatz eines Reglers. Dabei handelt es sich um ein Agens S, auf das der Radikalcharakter übertragen werden kann, ohne dass die kinetische Kette unterbrochen wird. Als zusätzliche Reaktion im Wachstumsschritt tritt dann

$$P_n^{\bullet} + S \rightarrow P_n + S^{\bullet}$$
$$S^{\bullet} + M \rightarrow S-M^{\bullet}$$

auf, wodurch die Länge der Molekülkette begrenzt wird. Sehr wirksame Regler sind zum Beispiel Mercaptane. Übertragungen können aber auch auf das Lösemittel, das Monomer, den Initiator oder das Polymer selber erfolgen.

Neben der radikalischen Polymerisation gehören die ionischen (anionischen und kationischen) Polymerisationen und die koordinative Polymerisation zu den Kettenwachstumsreaktionen. Die einzelnen Schritte verlaufen ähnlich wie bei der radikalischen Polymerisation mit dem Unterschied, dass die reaktiven Spezies als Anionen P_n^-, Kationen P_n^+ oder koordinativ an einen Katalysator gebunden vorliegen.

Als Initiatoren verwendet man bei der anionischen Polymerisation typischerweise Alkylverbindungen der Alkalimetalle, z. B. Butyl-Li, bei der kationischen Polymerisation kommen Protonen- oder Lewis-Säuren oder Carbeniumsalze zum Einsatz. Die Polarität des Lösemittels und die Natur des Gegenions sind entscheidend dafür, ob der Initiator in dissoziierter Form, als Ionenpaar oder kovalent vorliegt. Davon hängen wiederum Reaktionsgeschwindigkeiten und Mechanismen ab. Eine Besonderheit, die vor allem bei der anionischen Polymerisation genutzt wird, ist die Vermeidung von Abbruch und Übertragungsreaktionen (sog. lebende Polymerisation). Durch geeignete Reaktionsführung lassen sich so sehr enge Molmassenverteilungen erzielen ($M_w/M_N < 1{,}05$).

Bei der koordinativen Polymerisation, auch Ziegler-Natta-Polymerisation genannt, werden Mischkatalysatoren aus einer Verbindung eines Übergangsmetalls (z. B. $TiCl_4$) und einer metallorganischen Verbindung (z. B. $Al(C_2H_5)_3$) verwendet. Neuere Katalysatoren sind sog. Metallocene, z. B. Bis-cyclopentadienyl-Metall-Komplexe. Die koordinative Polymerisation wird zur Herstellung von linearem Polyethylen, stereoregulärem Polypropylen und Polybutadien eingesetzt.

Stufenwachstumsreaktion

Monomere mit zwei funktionellen Gruppen polymerisieren in der Regel nach dem Stufenwachstumsmechanismus. Ein typisches Beispiel ist die Polykondensation von Adipinsäure mit Hexamethylendiamin zum Nylon 66, einem Polyamid (s. Abschn. 26.2.1.1) oder die Kondensation von Terephthalsäure mit Ethylenglykol zum Polyethylenterephthalat (PET), einem Polyester (s. Abschn. 26.2.1.1).

Nach dem gleichen Schema, aber ohne Abspaltung niedermolekularer Substanzen, erfolgt die Bildung von Polyurethanen aus Diisocyanaten und Diolen:

$$n \ OCN\!-\!\!\left(CH_2\right)_{\!6}\!\!-\!NCO \ + \ (n+1) \ HO\!-\!\!\left(CH_2\right)_{\!4}\!\!-\!OH$$

$$\downarrow$$

$$HO\!-\!\!\left[\!\left(CH_2\right)_{\!4}\!-\!O\!-\!\overset{O}{\overset{\|}{C}}\!-\!\overset{H}{N}\!-\!\left(CH_2\right)_{\!6}\!-\!\overset{H}{N}\!-\!\overset{O}{\overset{\|}{C}}\!-\!O\right]_{\!n}\!\!\!-\!\!\left(CH_2\right)_{\!4}\!\!-\!OH$$

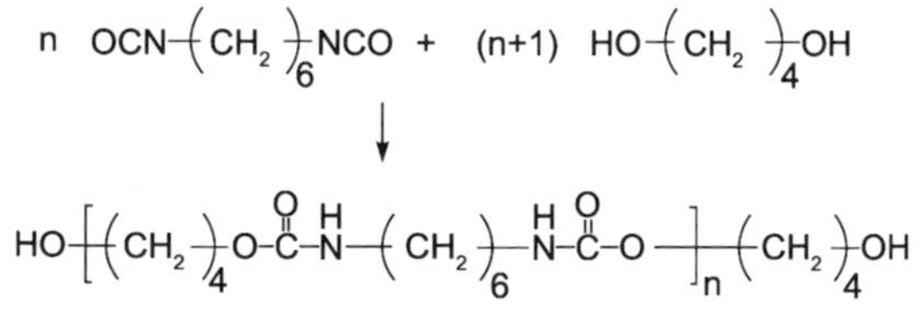

Die statistische Behandlung der Stufenwachstumsreaktion zeigt, dass hohe Molmassen nur bei sehr großen Umsätzen p erreicht werden. Dies wird in der Carothers-Gleichung ausgedrückt:

$$M_N = M_0/(1 - p) \tag{5}$$

Hierin ist M_0 die Molmasse der Wiederholungseinheit, also die Summe aus der Molmasse der beiden Monomere abzüglich der Summe der Molmasse der ggf. abgespaltenen Verbindungen (in obigen Beispielen Wasser). Für den Massenmittelwert ergibt sich:

$$M_w = M_0(1 + p)/(1 - p). \tag{6}$$

und für $p \to 1$ folgt $M_w/M_N = 2$, wie bei der radikalischen Polymerisation mit Abbruch durch Disproportionierung.

Wenn bei einer Stufenwachstumsreaktion auch Monomere eingesetzt werden, die über mehr als zwei funktionelle Gruppen verfügen, bilden sich bei geringem Umsatz verzweigte Polymere, bei höherem Umsatz dreidimensionale Netzwerke. Die Netzwerkbildung äußert sich in einem plötzlichen drastischen Anstieg der Viskosität. Dieser Vorgang wird als Gelierung bezeichnet. Der Übergang von einem löslichen verzweigten Polymer zu einem vernetzten unlöslichen Polymer erfolgt am Gelpunkt. Technisch wichtige Beispiele für derartige vernetzte Polymere, die man auch als Duroplaste bezeichnet, sind Phenol-Formaldehyd-Harze, Melamin-Harze und Epoxidharze (s. Abschn. 1.4.3 und Duroplaste in Kap. „Die Werkstoffklassen").

26.2.2 Gestalt synthetischer Makromoleküle

26.2.2.1 Knäuelmoleküle

Die Gestalt einer flexiblen Kette aus identischen Bausteinen, die keine speziellen Wechselwirkungen aufeinander ausüben, ist ein statistisches Knäuel. Flexibel bedeutet in diesem Zusammenhang, dass durch Rotation um Einfachbindungen unterschiedliche räumliche Anordnungen (Konformationen) ermöglicht werden. Diese Voraussetzung ist für die allermeisten synthetischen Polymere gegeben.

Bei einer Kette mit nur durch Einfachbindungen verknüpften C-Atomen im Rückgrat (z. B. einem Vinylpolymeren) beträgt der Bindungswinkel etwa 109° (Tetraederwinkel). Bezüglich einer herausgegriffenen C–C-Bindung sind die 3 Konformationen, anti, gauche(+) und gauche(−), energetisch in etwa gleich günstig.

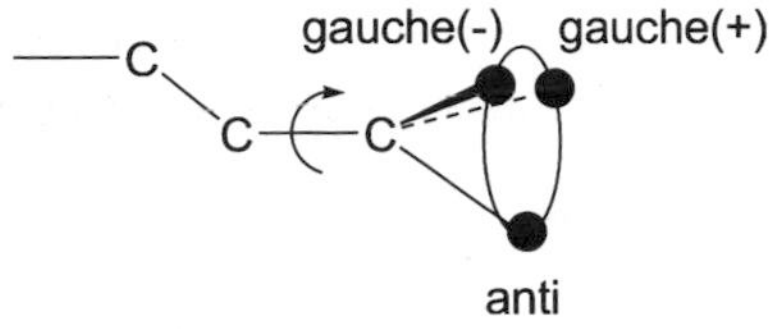

Besteht eine Polymerkette aus n solchen Bindungen, existieren folglich etwa 3^n (genau: $3^{(n-2)}$) energetisch günstige Konformationen, bei großem n also eine sehr große Zahl. Deshalb ist nur eine Beschreibung mit geeigneten Mittelwerten, die als Maß für die wahrscheinlichste Gestalt des Makromoleküls dienen, und mit Verteilungsfunktionen sinnvoll. Die komplexe Problematik wird dadurch etwas erleichtert, als eine reale Polymerkette sich in sehr guter Näherung auf eine Zufallskette, deren Bindungen überhaupt keine Korrelationen zueinander aufweisen, abbilden lässt.

26.2.2.2 Charakterisierung der Gestalt

Eine wichtige Größe ist der *End-zu-End Abstand* einer Polymerkette, für dessen quadratisch gemittelten Mittelwert gilt:

$$\langle r^2 \rangle = C_\infty n l^2. \tag{7}$$

Hierin ist n die Zahl der Bindungen, l deren Länge, und C_∞ stellt einen durch bestimmte Bindungswinkel, Konformationsverhältnisse sowie sterische Effekte für das betreffende Polymer individuellen Parameter dar. C_∞ wird deshalb als charakteristisches Verhältnis bezeichnet. Es liegt für zahlreiche Polymere im Bereich $4 < C_\infty < 10$.

Für die Verteilungsfunktion des Betrags des End-zu-End-Abstands ergibt sich in guter Näherung (für $r \ll n\ l$, $n\ l$ ist die hypothetische Länge des vollständig gestreckten Moleküls und wird auch als Konturlänge bezeichnet):

$$P(r)\mathrm{d}r = \mathrm{const} \cdot r^2 \exp\left(-3r^2/2\langle r^2 \rangle\right)\mathrm{d}r. \tag{8}$$

Hieraus folgt über statistisch-thermodynamische Betrachtungen, dass eine Polymerkette, deren End-zu-End Vektor auf einem Wert r gehalten wird, eine rücktreibende elastische Kraft f entgegen der Richtung des End-zu-End Vektors ausübt.

$$f(r) = -\left(3kT/\langle r^2 \rangle\right)r. \tag{9}$$

Eine Polymerkette verhält sich wie eine Hooke'sche Feder. Die Elastizität hat ihre Ursache darin, dass man das Molekül bei einer Vergrößerung des End-zu-End-Abstands aus einer wahrscheinlicheren Konformation in eine weniger wahrscheinliche bringt. Dadurch verringert sich die Entropie. Man spricht deshalb von Entropieelastizität. Dies kommt dadurch zum Ausdruck, dass die Federkonstante in erster Näherung zur absoluten Temperatur proportional ist. Die Entropieelastizität einzelner Polymerketten wirkt sich makroskopisch als Kautschuk- bzw. Gummielastizität aus.

Als weitere wichtige Größe für die mittlere Ausdehnung eines Polymermoleküls wird der *Trägheitsradius* (*Gyrationsradius*) R_G verwendet, der als quadratisch gemittelter Abstand aller Kettenatome vom Schwerpunkt des Moleküls definiert ist. Er steht zu $\langle r^2 \rangle$ in Beziehung über

$$R_G^2 = \langle r^2 \rangle / 6. \tag{10}$$

R_G lässt sich mit Streumethoden (Licht-, Neutronenstreuung) experimentell ermitteln.

Die mittlere Knäueldichte ϱ ergibt sich als Quotient aus der Molekülmasse einer Polymerkette und dem mittleren Volumen des Knäuels. Wenn letzteres als $(4\pi/3)\ R_G^3$ angenähert wird, ergibt sich:

$$\varrho = nM_0\ / N_A(4\pi/3)R_G^3 \quad \sim \quad n^{-1/2} \tag{11}$$

Hierin wird unter n wieder der Polymerisationsgrad verstanden. Mit zunehmendem Polymerisationsgrad sinkt die Knäueldichte auf recht kleine Werte; eine Rechnung mit typischen Zahlen ergibt eine Größenordnung von etwa 0,01 g/ml, d. h. das Knäuel einer typischen Polymerkette umfasst ein Volumen, das etwa 100-mal so groß ist wie das Eigenvolumen der Monomereinheiten. Der freie Raum wird im Falle einer verdünnten Polymerlösung von Lösemittelmolekülen eingenommen, im Falle eines reinen Polymers von den Segmenten anderer Polymermoleküle, d. h. die Moleküle sind stark miteinander verschlauft.

26.2.3 Konfiguration

Ein wesentliches Strukturmerkmal v. a. von Vinylpolymeren ist die stereochemische Konfiguration. Wegen der Tetraedersymmetrie am C-Atom kann jedes unsymmetrisch substituierte C-Atom in zwei Konfigurationen vorliegen (vgl. Abschn. 26.1.2.2):

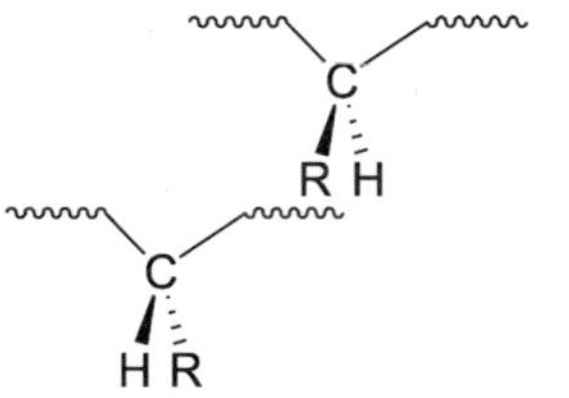

Die beiden Konfigurationen können nicht durch Rotation um Einfachbindungen ineinander überführt werden. Die sterische Ordnung entlang der Hauptkette bezeichnet man mit dem Begriff *Taktizität*. Isotaktische Vinylpolymere sind solche, die alle Substituenten auf einer Seite tragen, wenn die Hauptkette in der Zick-Zack-Konformation dargestellt wird.

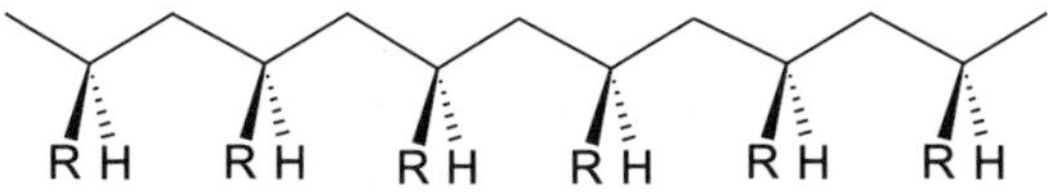

Bei syndiotaktischen Polymeren sind die Substituenten abwechselnd vorn und hinten angeordnet.

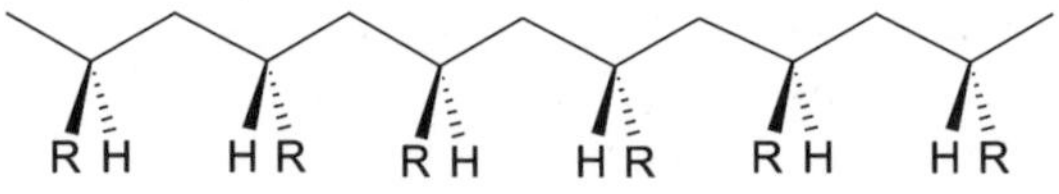

Beide Formen werden als stereoreguläre Polymere bezeichnet. Demgegenüber spricht man bei einer ungeordneten Abfolge von Konfigurationen von einem ataktischen Polymer.

Die Stereoregularität hat eine wichtige Konsequenz: Stereoreguläre Polymere haben einen regelmäßigen Molekülaufbau und können deshalb kristallisieren, ataktische wegen der unregelmäßigen Abfolge der Monomerbausteine hingegen nicht.

Die radikalische Polymerisation von Vinylmonomeren führt in der Regel zu überwiegend ataktischen Polymeren. Zum Aufbau stereoregulärer Polymere werden die koordinative Polymerisation oder ionische Polymerisationen genutzt.

Neben der Taktizität spielen bei einigen Polymeren andere geometrische Isomerien (vgl. Abschn. 26.1.2) eine Rolle. Bei der Polymerisation von Butadien entstehen je nach Katalysator überwiegend cis-1,4-Polybutadien,

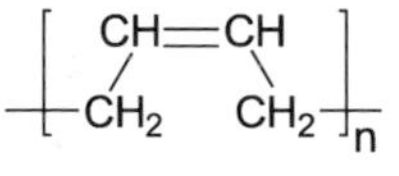

trans-1,4-Polybutadien

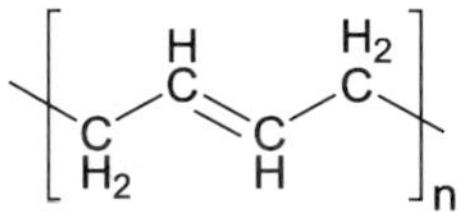

oder 1,2–Polybutadien

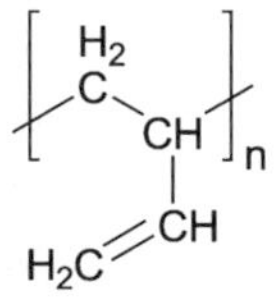

die sich in ihren Eigenschaften deutlich unterscheiden.

26.2.4 Kristallisation von Polymeren

Kristallisation setzt die Möglichkeit einer regelmäßigen Packung von Einheiten in einem Kristallgitter voraus. Polymere können deshalb nur dann kristallisieren, wenn es sich um regelmäßig aufgebaute lineare Ketten handelt. Stark vernetzte und verzweigte Polymere, ataktische Polymere und statistische Copolymere sind in der Regel nicht kristallisierbar; bei hinreichend niedrigen Temperaturen bilden diese Polymere ein Glas (s. ▶ Abschn. 22.3.4 in Kap. 22, „Zustandsformen der Materie und chemische Reaktionen").

Beim Abkühlen der Schmelze eines kristallisationsfähigen Polymers kommt es nur zu einer teilweisen Kristallisation. Der erreichte Kristallisationsgrad hängt stark von der thermischen Vorgeschichte ab, oft lässt sich aber ein Wert in der Größenordnung von 50 % kaum überschreiten (eine Ausnahme ist Polyethylen). Das Material liegt dann zweiphasig vor; der andere Teil ist amorph und befindet sich im (im Prinzip) flüssigen Zustand oder im Glaszustand. Die Ursache für die Teilkristallinität liegt in der Verschlaufung der Ketten in der Schmelze und ist kinetisch bedingt. Die einzelnen Kristallite sind oft sehr klein, was zu einem breiten Schmelzbereich führt, und sie weisen untereinander eine Korrelation auf, die zu überkristallinen Morphologien wie Sphäroliten oder Fibrillen führt.

26.2.5 Biopolymere (natürliche Makromoleküle)

In der belebten Natur spielen Makromoleküle eine wichtige Rolle. Die wesentlichen Typen von Biopolymeren sind

- Polypeptide und Proteine,
- Polynukleotide und
- Polysaccharide.

26.2.5.1 Polypeptide und Proteine

Polypeptide oder Proteine lassen sich als Polykondensate aus α-Aminosäuren auffassen. Dabei wird der Begriff Polypeptid meist für Makromoleküle mit Polymerisationsgraden bis etwa 50–100 verwendet, während als Proteine höhermolekulare Stoffe bezeichnet werden, manchmal auch Aggregate aus mehreren solchen Makromolekülen. Die Abgrenzung ist nicht scharf.

Natürlich vorkommende Proteine sind Copolymere aus etwa 20 verschiedenen Aminosäuren (s. Abschn. 26.1.4.6). Ihre Primärstruktur lässt sich wie folgt darstellen:

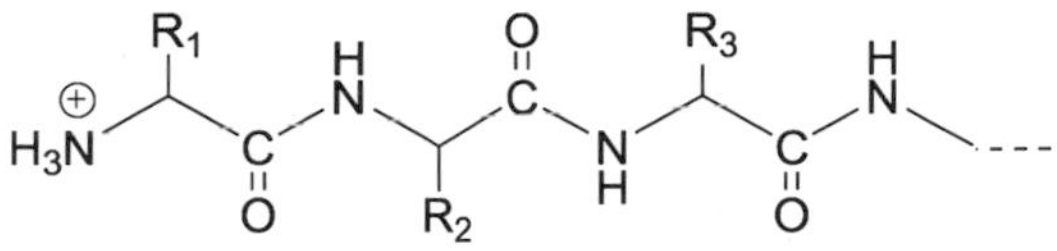

Im Gegensatz zu synthetische Polymeren, die i. Allg. eine zufällige Abfolge der unterschiedlichen Monomerbausteine aufweisen, kommt es bei Proteinen auf die exakte Abfolge (Sequenz) der einzelnen Aminosäurereste an. Diese bestimmt die Struktur des Proteins und ist wesentlich für dessen Funktion.

Die räumliche Gestalt eines Proteins (die Art der Faltung; Sekundärstruktur) wird wesentlich durch intra- oder intermolekulare Wechselwirkungen, insbes. Wasserstoffbrückenbindungen, bestimmt. Die Carbonamidgruppierung kann zu anderen solchen Gruppen H-Brücken ausbilden, es ist aber auch möglich, dass die Funktionalitäten der Seitenketten daran beteiligt sind. Hydrophobe Wechselwirkungen spielen bei Aminosäuresequenzen mit aliphatischen Seitenketten eine Rolle. Darüber hinaus kann es durch Cystein-Cystin Umwandlung zu kovalenten Verknüpfungen (Disulfidbrücken) kommen. Im Cystin sind zwei Cysteinmoleküle unter Wasserstoffabspaltung am Schwefel verbrückt.

Die C–N-Bindung in der Carbonamidgruppe trägt wegen der Mesomerie:

partiellen Doppelbindungscharakter und weist keine freie Drehbarkeit auf. Alle Atome der Einheit liegen deshalb in einer Ebene, Drehbarkeit in der Hauptkette ist nur um die Bindungen am α-C-Atom gegeben:

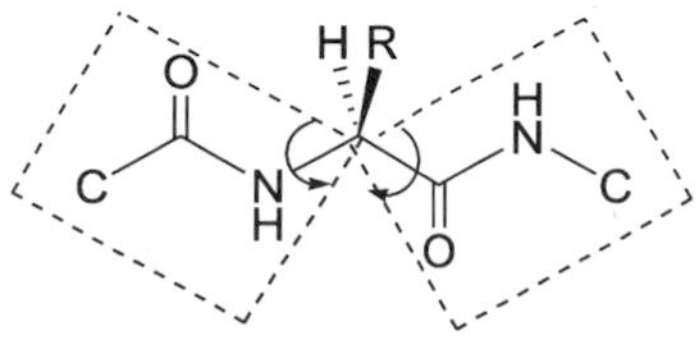

Proteine fallen grob in zwei Gruppen, die Faser- oder Skleroproteine einerseits und die globulären Proteine andererseits.

Faserproteine

Die i. Allg. unlöslichen Faserproteine finden sich als Stütz- und Gerüstmaterial in Haaren, Haut, Nägeln und Krallen, Vogelfedern, Muskeln und Sehnen. Sie haben von Natur aus eine Faserstruktur, bei der Polypeptidketten zu Strängen vereint und ggf. umeinander gewunden sind.

In der β-Faltblattstruktur liegen mehrere Polypeptidketten so parallel oder antiparallel zueinander, dass jeweils intermolekulare Wasserstoffbrückenbindungen zwischen benachbarten Carbonamidgruppen ausgebildet werden. Das Kettenrückgrat ist dabei leicht gefaltet, um dem Platzbedarf der Aminosäurereste zu genügen. Die Seitenketten der Aminosäuren ragen dabei abwechselnd nach beiden Seiten senkrecht von der Faltblatt-Ebene. Die β-Faltblattstruktur findet man gut ausgebildet bei natürlicher Seide.

In der α-Helix werden die Wasserstoffbrückenbindungen intramolekular ausgebildet. Die Polypeptidkette ist dazu in Form einer Helix gewunden, bei der die Seitengruppen nach außen weisen und bei der Wasserstoffbrückenbindungen zwischen der 1. und 5., 2. und 6., 3. und 7., etc., Aminosäure auftreten. Mehrere solcher Helices werden zu Fibrillen umeinander gewunden. α-Helix-Strukturen findet man z. B. im Keratin und in den globulären Proteinen.

Globuläre Proteine

Globuläre Proteine existieren als kompakte, mehr oder weniger sphärische Gebilde aus einer oder wenigen Polypeptidketten, in die ggf. andere funktionale Struktureinheiten eingelagert sind. Beispiele sind Enzyme, Hämoglobin, Myoglobin. Die Polypeptidkette ist dazu in bestimmter Weise gefaltet und wird durch Disulfidbindungen und Nebenvalenzkräfte in dieser Lage gehalten. Abschnittsweise spielen α-Helix und β-Faltblattstruktur als Ordnungsprinzipien eine Rolle.

26.2.5.2 Polynucleotide

Polynucleotide, auch Nucleinsäuren genannt, setzen sich aus über Phosphorsäure esterartig verknüpften Zuckerbausteinen zusammen, die an jedem Zucker eine Pyrimidin- oder Purinbase tragen.

Es gibt zwei Sorten von Polynucleotiden: *Ribonucleinsäuren* (RNA) enthalten als Zucker die Ribose, *Desoxyribonukleinsäuren* (DNA) enthalten 2-Desoxyribose.

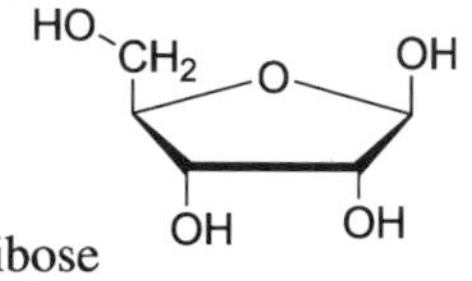

β-D-Ribose

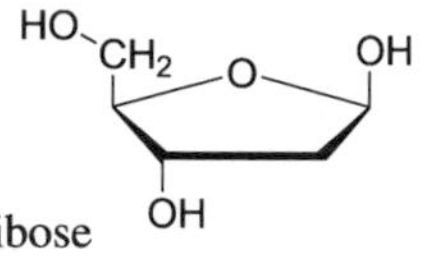

β-D-Desoxyribose

Die Einheit aus Base und Zucker heißt Nucleosid, die Einheit aus Base, Zucker und Phosphorsäure Nucleotid. Die DNA kommt u. a. im Zellkern vor und ist dort in Chromosomen angeordnet. Sie ist das genetische Material, das die Information für die Synthese der Proteine von einer Generation auf die nächste weitergibt. Ein Gen ist ein Abschnitt der DNA, der die dafür notwendige Information beinhaltet. Viren besitzen ca. 50 Gene, Bakterien in der Größenordnung von 1000, höhere Säugetiere 50.000. Die RNA überträgt die Information und ist bei der Biosynthese der Proteine direkt beteiligt. Die Hauptkette beider Polynucleotide ist streng alternierend aus den entsprechenden Zucker- und Phosphorsäureeinheiten aufgebaut. Die darauf gespeicherte Information liegt in der Sequenz der verschiedenen Basen. Dabei handelt es sich um fünf organische Stickstoffbasen: Adenin (A) und Guanin (G) sind Derivate der Grundstruktur Purin; Cytosin (C), Thymin (T) und Uracil (U) leiten sich von Pyrimidin ab (T kommt in DNA vor, U in RNA.). Eine Sequenz aus drei

Basen codiert eine Aminosäure bei der Proteinsynthese (genetischer Code).

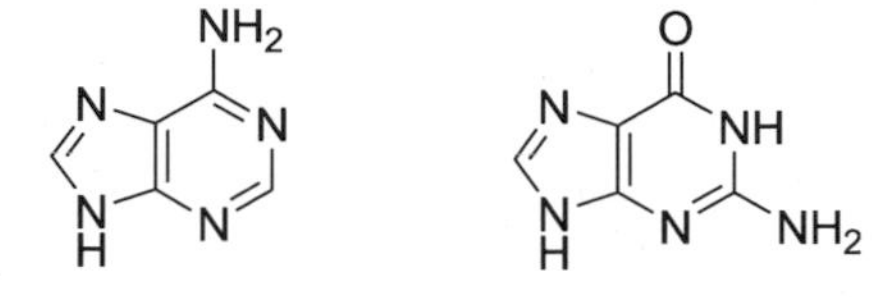

Adenin (A) Guanin (G)

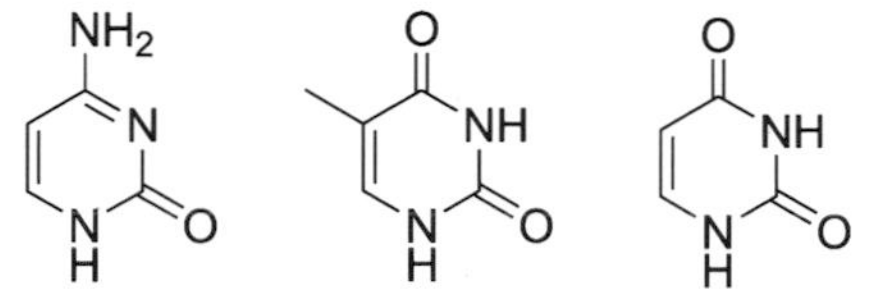

Cytosin (C] Thymin (T) Uracil (U)

Native DNA-Moleküle weisen einen außerordentlich hohen Polymerisationsgrad auf, die Molmassen können in der Größenordnung 10^9–10^{12} g/mol liegen. Zwei solcher Moleküle bilden eine Doppelhelix, bei der die Basen zum Zentrum zeigen und jeweils zwei Basen miteinander mehrere Wasserstoffbrückenbindungen ausbilden. Dies ist nur für die Paarungen A-T (bzw. A-U) und C-G möglich. Auf Grund dieser Basenpaarung legt die Sequenz in einem DNA-Molekül die Sequenz im komplementären Molekül vollständig fest. Die Wasserstoffbrückenbindungen halten die beiden Stränge der Doppelhelix zusammen und stabilisieren sie (s. Abb. 2). Für ein menschliches Gen sind ca. 70.000 Basenpaare erforderlich. Außer den aufgeführten vier (bzw. fünf) Nukleotiden kommen in der Natur chemisch modifizierte (z. B. methylsubstituierte) Formen mit sehr geringem Anteil vor, deren Funktion nur teilweise verstanden wird.

Die Analyse der Reihenfolge der Bausteine der DNA (*Sequenzanalyse*) geschieht heute weitgehend automatisiert. Dabei wird die DNA normalerweise durch Enzyme in kürzere Bruchstücke geschnitten, die vervielfältigt, gelelektrophoretisch aufgetrennt und schließlich spektroskopisch und mit Unterstützung bioinformatischer Methoden analysiert werden. Bei der Teilung von Zellen wird die DNA als Ganzes kopiert. Im Labor dient die sogenannte *polymerase-chain-reaction* (PCR) zur Vervielfältigung der DNA. Dabei können durch enzymatische Katalyse große Mengen identischen Materials hergestellt werden. Auf diese Weise erfolgen Identitätsbestimmungen in der forensischen Medizin.

26.2.5.3 Polysaccharide

Saccharid ist ein anderes Wort für Zucker. Man bezeichnet solche Verbindungen auch als *Kohlenhydrate*, weil sie die Summenformel $C_x(H_2O)_y$

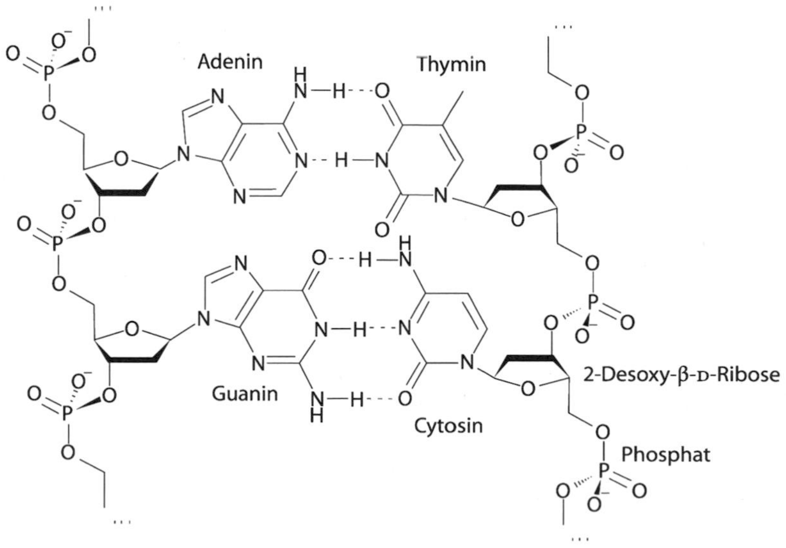

Abb. 2 Struktur der Basenpaare in einem Ausschnitt der DNA-Doppelhelix

aufweisen, wobei x und y ganze Zahlen sind. Aus dieser Summenformel leitet sich der Begriff Kohlenhydrat für Hydrat des Kohlenstoffs ab. Einfache Zucker, sog. Monosaccharide, haben die Zusammensetzung $(CH_2O)_n$ mit $3 \leq n \leq 6$. Die Ribose mit $n = 5$ (eine Pentose) ist der Zucker, der in der RNA auftritt. Desoxyribose ist ein Derivat davon und findet sich in der DNA.

Der am weitesten verbreitete Zucker ist die *Glucose*, eine Hexose mit $n = 6$ und der Summenformel $C_6H_{12}O_6$; die Strukturformel ist aus Abb. 3 ersichtlich. Von der Glucose leiten sich die beiden wichtigsten Polysaccharide ab: *Cellulose* und *Stärke* (Abb. 4).

Cellulose ist das am weitesten verbreitete natürliche Polymer. Sie bildet das strukturelle Gerüst von Holz (s. Holz- und Holzwerkstoffe in Die Werkstoffklassen) und findet sich in der Zellwand fast aller Pflanzen. In nahezu reiner Form kommt sie in Baumwolle vor. Die globale biologische Produktion von Cellulose beträgt etwa 10^{11} t/Jahr.

Cellulose ist ein unverzweigtes β-1,4-Polymer der Glucose mit Polymerisationsgraden in der Größenordnung 500–5000. Intramolekulare Wasserstoffbrückenbindungen sorgen dafür, dass keine freie Drehbarkeit um die glykosidischen Bindungen besteht; glykosidische Bedingungen sind Etherbindungen (vgl. 1-5). Cellulose ist des-

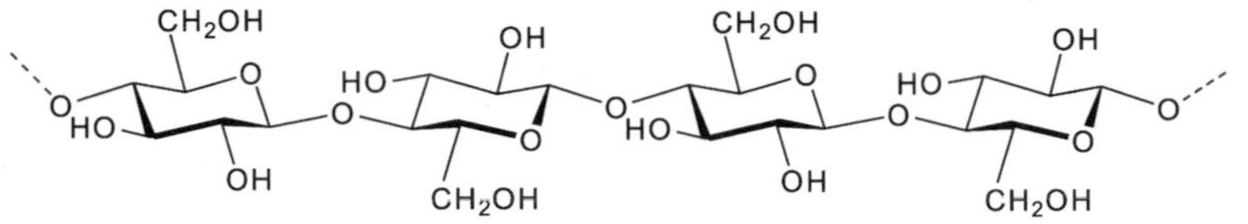

Abb. 3 Struktur der Cellulose. Die Glucoseringe sind β-1,4-glykosidisch verknüpft

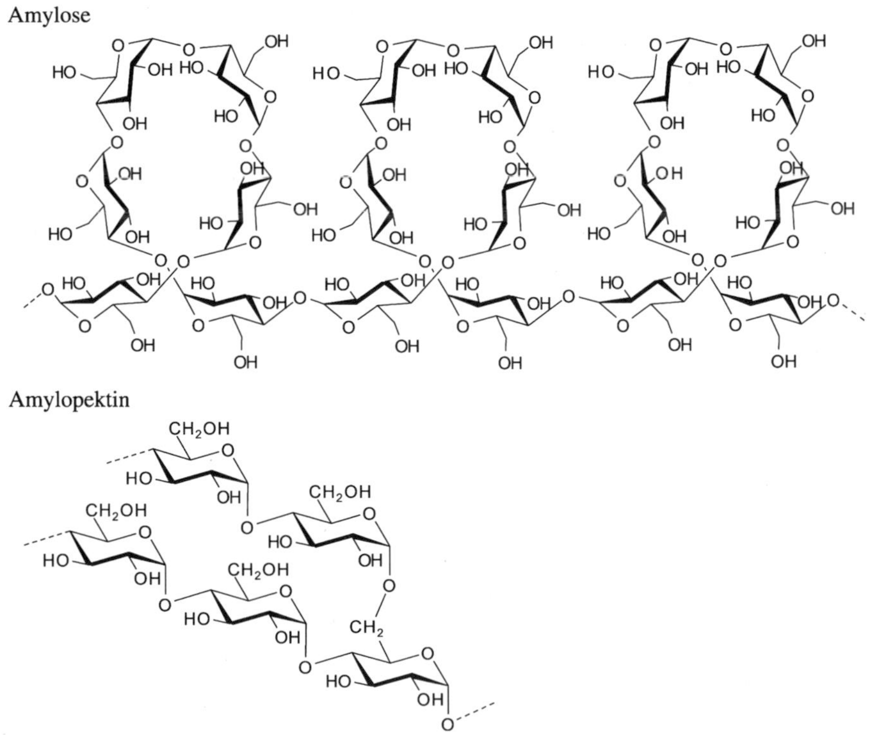

Abb. 4 Struktur der Stärke; Stärke besteht aus Amylose (ca. 25 %), die vom (verzweigten) Amylopektin umhüllt wird. Die Glucoseringe sind α-1,4-glykosidisch (im Amylopektin auch α-1,6-glykosidisch) verknüpft

halb ein recht steifes, bändchenförmiges Molekül. Cellulose ist hoch kristallin, wobei intermolekulare Wasserstoffbrückenbindungen ausgebildet werden. Aufgrund der starken intermolekularen Wechselwirkungen ist Cellulose wasserunlöslich.

Stärke ist ebenfalls aus Glukose-Einheiten aufgebaut, allerdings erfolgt die Verknüpfung hier im Gegensatz zur Cellulose über eine α-glykosidische Bindung. Stärke besteht zu ca. 25 % aus Amylose, die vom Amylopektin umhüllt wird. Amylopektin enthält außer den α-1,4- auch α-1,6-glykosidische Bindungen, die eine verzweigte Struktur ermöglichen, sowie geringe Anteile von Phosphatgruppen. Das Amylopektin ist für die Quellfähigkeit der Stärke in Wasser verantwortlich.

26.3 Industrielle organische Chemie

Trotz der großen Vielfalt der im Gebrauch befindlichen organischen Verbindungen einschließlich der Kunststoffe lässt sich ihre industrielle Ausgangsbasis auf verhältnismäßig wenige Grundbausteine zurückführen, aus denen mittels spezieller Katalysatoren und geeigneter Reaktionsführung alle Zwischen- und Endprodukte synthetisiert werden.

Die wesentlichen Grundbausteine sind:

- Synthesegas, eine Mischung aus Kohlenmonoxid CO und Wasserstoff H_2;
- Verbindungen mit einem C-Atom (C_1-Bausteine) wie Methanol, Formaldehyd oder Cyanwasserstoff HCN;
- C_2-Bausteine, insbesondere Ethen;
- C_3-Bausteine, insbesondere Propen;
- Aromaten wie Benzol oder Toluol.

Die Rohstoffbasis der organischen Chemie in Deutschland setzt sich (Stand 2016, Quelle VCI) folgendermaßen zusammen:

- 74 % (15,3 Mt) Erdöl
- 12 % (2,3 Mt) Erdgas
- 1 % (0,3 Mt) Kohle
- 13 % (2,7 Mt) nachwachsende Rohstoffe.

Nachwachsende Rohstoffe sind vor allem Fette und Öle, Stärke und Zucker sowie Zellulose; sie werden auch biotechnologisch weiter verarbeitet.

Wenn Wasserstoff aus der Elektrolyse von Wasser gewonnen wird, könnte er zur chemischen Speicherung von elektrischer Energie aus Wind- oder Solarkraftwerken dienen. Dieser Prozess hat derzeit noch keine technische Bedeutung; gleiches gilt für die Verwendung von CO_2 als Rohstoff der chemischen Industrie.

Außer den genannten Rohstoffen werden anorganische Salze (z. B. NaCl, $CaCO_3$) und Metalle eingesetzt.

Weiterführende Literatur

Arpe H-J (2007) Industrielle Organische Chemie. Wiley-VCH, Weinheim

Beyer H, Walter W (2015) Organische Chemie, 25. Aufl. S. Hirzel, Stuttgart

Elias HG (2003) Makromoleküle, Bd 1–4, 6. Aufl. Wiley-VCH, Weinheim

Lehninger AL, Nelson DL, Cox MM (2009) Lehninger Biochemie, 4. Aufl. Springer, Berlin

Teil IV

Recht

Recht

27

Walter Frenz

Zusammenfassung

Das Recht ist eine Ordnung menschlichen Zusammenlebens. Die diese Ordnung konstituierenden Regeln sind objektives Recht. Subjektive Rechte sind die aus diesem objektiven Recht resultierenden Ansprüche.

Das Recht besteht nicht nur aus den Regeln der innerstaatlichen Ordnung, sondern umfasst auch das über- und das zwischenstaatliche Recht. Dieses kann auch auf die innerstaatliche Rechtsordnung einwirken. Das gilt insbesondere für das Europarecht. Die innerstaatliche Rechtsordnung gliedert sich in (nationales) öffentliches Recht und Privatrecht.

Das öffentliche Recht ist die Gesamtheit der Normen, die ausschließlich den Staat zu einem Tun oder Unterlassen berechtigen oder verpflichten. Dazu gehören:

- Staatsrecht
- Verwaltungsrecht
- Strafrecht
- Steuerrecht
- Sozialrecht
- Gerichtsverfassungs- und Prozessrecht
- Kirchenrecht.

Das Privatrecht besteht aus den Normen, die nicht ausschließlich eine staatliche Einheit als ein Zuordnungssubjekt haben. Sie ordnen also regelmäßig die Rechtsverhältnisse der Privatrechtssubjekte untereinander. Hauptgebiete sind das Bürgerliche Recht, das Handels-, Gesellschafts- und Arbeitsrecht.

27.1 Europarecht

Das Europarecht im weiteren Sinne bezeichnet die normativen Regelungen aller überstaatlichen europäischen Organisationen, so auch die des europäischen Wirtschaftsraumes (EWR) und des Europarats und damit insbesondere auch die Konvention zum Schutz der Menschenrechte und Grundfreiheiten (EMRK).

Das Europarecht im engeren Sinne wird durch den Vertrag über die Europäische Union (EUV), den Vertrag über die Arbeitsweise der Europäischen Union (AEUV) sowie den Vertrag über die Europäische Atomgemeinschaft (EAGV) konstituiert. Das europäische Unionsrecht lässt sich unterteilen in das primäre und das sekundäre Unionsrecht. Das primäre Unionsrecht wird aus den Bestimmungen der Verträge einschließlich der ungeschriebenen allgemeinen Rechtsgrundsätze des Unionsrechts und des Gewohnheitsrechts gebildet. Das sekundäre Unionsrecht ist das abge-

W. Frenz (✉)
Lehr- und Forschungsgebiet Berg-, Umwelt- und Europarecht, RWTH Aachen, Aachen, Deutschland
E-Mail: frenz@bur.rwth-aachen.de

M. Hennecke, B. Skrotzki (Hrsg.), *HÜTTE Band 1: Mathematisch-naturwissenschaftliche und allgemeine Grundlagen für Ingenieure*, Springer Reference Technik,
https://doi.org/10.1007/978-3-662-64369-3_82

leitete, also das auf der Grundlage der Verträge erlassene Recht der Unionsorgane.

27.1.1 Europäische Union, Europäische Gemeinschaften und Mitgliedstaaten

Die Europäische Union ist der Überbau und auf die Fortentwicklung der Integration angelegt. Ihre Grundlagen waren vor dem Vertrag von Lissabon die Europäischen Gemeinschaften. Dazu traten auf der Basis des EUV die gemeinsame Außen- und Sicherheitspolitik (GASP) und die Zusammenarbeit in den Bereichen Justiz und Inneres.

Die Europäischen Gemeinschaften waren die Europäische Gemeinschaft (EG, ursprünglich: Europäische Wirtschaftsgemeinschaft, EWG) und die Europäische Atomgemeinschaft (EAG); früher gab es auch noch die Europäische Gemeinschaft für Kohle und Stahl (EGKS). Mit den diese Gemeinschaften konstituierenden Verträgen (EGV und EAGV) hatten die Mitgliedstaaten einen Teil ihrer Hoheitsrechte auf diese übertragen. Insoweit haben sie ihre Souveränitätsrechte beschränkt und einen Rechtskörper geschaffen, der für sie selbst wie für ihre Staatsangehörigen verbindlich ist. Mit der Lissabonner Vertragsänderung sind nunmehr der EUV und AEUV maßgeblich; sie umfassen auch die Außen- und Sicherheitspolitik sowie die polizeiliche und justizielle Zusammenarbeit. Zudem blieb der EAGV bestehen.

Konstituiert somit das Unionsrecht nach EUV, AEUV und EAGV eine eigenständige Rechtsordnung, muss diese gegenüber dem Recht der Mitgliedstaaten vorrangig sein. Das gilt sowohl für das Primärrecht als auch für das Sekundärrecht, das dieser autonomen Rechtsordnung entspringt und damit an ihrem Vorrang teilhat.

Durch die Öffnung der innerstaatlichen Rechtsordnung für Rechtsakte von Unionsorganen und die Übertragung von Hoheitsrechten auf diese können europäische Rechtsakte wie Handlungen deutscher Staatsgewalt den Bürger in der Bundesrepublik Deutschland unmittelbar zu einem Tun oder Unterlassen berechtigen oder verpflichten. Damit vermögen auch seine Freiheitsrechte eingeschränkt zu werden. Zudem geht es um die Wahrung seiner demokratischen Rechte (Art. 38 GG). Daher können nach der Konzeption des Bundesverfassungsgerichts Unionsrechtsakte außerhalb der europäischen Kompetenzgrenzen liegen (ultra vires) und deshalb in Deutschland nicht anwendbar sowie an deutschen Grundrechten zu messen sein, wenn die aus nationaler Sicht unabdingbaren Grundrechtstandards durch den Europäischen Gerichtshof nicht sichergestellt werden. Nähme dieses Recht jedes nationale Verfassungsgericht in Anspruch, würde dies indes die für das Zusammenwachsen Europas notwendige einheitliche Geltung des Unionsrechts gefährden. Daher ist die Konzeption des Bundesverfassungsgerichts abzulehnen. Es prüft ohnehin nur noch gravierende Verletzungen, die zudem substanziiert dargelegt sein müssen. Der Vorrang des Unionsrechts bezieht sich deshalb in vollem Umfange auch auf die deutschen Grundrechte.

27.1.2 Unionsorgane

27.1.2.1 Europäischer Rat

Zusammensetzung:

Staats- und Regierungschefs sämtlicher Mitgliedstaaten; Präsident des Europäischen Rates; Präsident der Kommission; der Hohe Vertreter der Union für Außen- und Sicherheitspolitik nimmt nur an Arbeiten teil, Art. 15 Abs. 2 EUV.

Aufgaben:

- Entwicklung erforderlicher Impulse, Festlegung allgemeiner politischer Zielvorstellungen und Prioritäten (Art. 15 Abs. 1 EUV)
- Vermittlerrolle, Formulierung von Grundsätzen und Leitlinien ausdrücklich von der Gesetzgebung ausgeschlossen (Art. 15 Abs. 1 EUV).

Entscheidungsfindung auf Konsens ausgerichtet, Art. 15 Abs. 4 EUV. Bei rechtsförmigen Beschlüssen sind nach den Verträgen Abstimmungsmodalitäten vorgeschrieben, z. B. nach Art. 31 Abs. 1 UAbs. 1 S. 1 EUV, Art. 18 Abs. 1 S. 1 EUV oder Art. 48 Abs. 3 UAbs. 1 S. 1 EUV.

27.1.2.2 Der Rat

Zusammensetzung:

Je ein Vertreter der Mitgliedstaaten auf Ministerebene, Art. 16 Abs. 2 EUV, Vorsitz wechselt nach System der gleichberechtigten Rotation, Art. 16 Abs. 9 EUV; Vertreter ist zu verbindlichem Handeln für Mitgliedstaat und Ausübung des Stimmrechts befugt.

Aufgaben:

- Gesetzgebung gemeinsam mit Europäischem Parlament sowie Festlegung der Politik und Koordinierung nach Maßgabe der Verträge, Art. 16 Abs. 1 EUV
- Außenbeziehungen: gestaltet nach Art. 26 Abs. 2 UAbs. 1 EUV die Gemeinsame Außen- und Sicherheitspolitik
- Haushalt: Art. 314 f. AEUV.

Beschlussfassung nach qualifizierter Mehrheit, Art. 16 Abs. 3 EUV; Zusammenwirken mit Kommission und Europäischem Parlament, in der Regel gemäß Art. 294 f. AEUV.

Als qualifizierte Mehrheit gilt gem. Art. 16 Abs. 4 EUV eine Mehrheit von mindestens 55 % der Mitglieder des Rates, die aus mindestens 15 Mitgliedern gebildet wird. Zusätzlich müssen diese Mitglieder 65 % der Bevölkerung der Europäischen Union vertreten.

27.1.2.3 Kommission

Zusammensetzung:

Die Mitglieder werden von den Mitgliedstaaten im gegenseitigen Einvernehmen ernannt.

Seit dem 1. November 2014 besteht die Kommission nach Art. 17 Abs. 5 EUV neben dem Präsidenten und dem Hohen Vertreter für Außen- und Sicherheitspolitik aus einer Vielzahl von Mitgliedern, die zwei Dritteln der Zahl der Mitgliedstaaten entspricht. Die Mitglieder der Kommission werden so ausgewählt, dass das demografische und geografische Spektrum der Gesamtheit der Mitgliedstaaten abgedeckt wird. Die Mitglieder werden nach einem System der strikt gleichberechtigten Rotation ausgewählt, das nach Art. 244 AEUV vom europäischen Rat festgelegt wird.

Aufgaben:

- sorgt für Anwendung der Verträge und erlassener Maßnahmen, Art. 17 Abs. 1 S. 2 EUV
- Kontrolle der Einhaltung und Durchführung von Unionsrecht, „Hüterin der Verträge", Art. 17 Abs. 1 S. 3 EUV, Art. 258 AEUV
- Initiativmonopol, Art. 17 Abs. 2 S. 1 EUV
- Vertretung der Union nach außen, Art. 17 Abs. 1 S. 6 EUV.

Beschlussfassung:

Die Vorbereitung erfolgt ressortmäßig; in der Regel durch einfache Mehrheit, Art. 250 Abs. 1 AEUV, Art. 7 GeschOKom; neben der gemeinschaftlichen Sitzung kommen weitere Beschlussverfahren in Betracht.

27.1.2.4 Europäisches Parlament

Zusammensetzung:

In den einzelnen Mitgliedstaaten gewählte Abgeordnete, Art. 14 Abs. 2 EUV.

Aufgaben:

- nimmt (mittlerweile gleichberechtigt) Gesetzgebungsbefugnisse zusammen mit dem Rat wahr, Art. 14 Abs. 1 S. 1 EUV, Art. 294 AEUV
- weiter zuständig für Haushalt, Kontrolle, Personalbefugnisse und Beratung, Art. 14 Abs. 1 EUV
- wählt den Präsidenten der Kommission, Art. 14 Abs. 1 S. 3 EUV
- Kontrolle: Misstrauensvotum gegen die Kommission, Art. 234 AEUV, Erörterung der Jahresberichte der Kommission, Art. 233 AEUV.

27.1.2.5 Europäischer Gerichtshof

Zusammensetzung:

Dreigliedriger Aufbau bestehend aus Gerichtshof (EuGH), Gericht (EuG) und Fachgerichten (derzeit nur EuGöD), Art. 19 Abs. 1 EUV.

EuGH: bis Brexit 28, dann 27 Richter, einer pro Mitgliedstaat, Art. 19 Abs. 2 S. 1 EUV, unterstützt von 11 Generalanwälten

EuG: aktuell 47 Richter, ab 2019 56 bzw. wegen Brexit 54 Richter, zwei pro Mitgliedsstaat, Art. 19 Abs. 2 S. 3 EUV.

Aufgaben:
Sicherung der Wahrung des Rechts bei der Auslegung und Anwendung der Unionsverträge einschließlich des Sekundärrechts (Art. 19 Abs. 1 S. 2 EUV).

27.1.2.6 Ausschüsse

Insbesondere Wirtschafts- und Sozialausschuss, Ausschuss der Regionen: Sie nehmen beratende Aufgaben für das Europäische Parlament, den Rat und die Kommission wahr (Art. 300 ff. AEUV).

27.1.2.7 Europäische Investitionsbank

Finanziert europäische Investitionsprojekte. Mitglieder sind die Mitgliedsstaaten (Art. 308 f. AEUV).

27.1.3 Rechtsetzung

Die Rechtsetzung der Unionsorgane ist durch drei Prinzipien beschränkt.

Prinzip der begrenzten Ermächtigung (Art. 5 Abs. 2 EUV):

Die Unionsorgane besitzen keine generelle Befugnis zum Erlass von Rechtshandlungen, sondern ihnen sind nur Einzelermächtigungen im Vertrag zugewiesen. Sie dürfen daher weder über die in den Verträgen geregelten Sachgebiete und für sie geltenden Ziele hinausgehen noch andere als in den Einzelermächtigungen eingeräumte Arten von Rechtshandlungen erlassen.

Subsidiaritätsprinzip (Art. 5 Abs. 3 EUV):

Die Unionsorgane dürfen nur tätig werden, sofern und soweit die Ziele der in Betracht gezogenen Maßnahmen

- von den Mitgliedstaaten weder auf zentraler noch auf regionaler oder lokaler Ebene ausreichend verwirklicht werden können und
- vielmehr wegen ihres Umfangs oder ihrer Wirkungen auf Unionsebene besser zu verwirklichen sind.

Dieses Prinzip hat bislang keine praktische Bedeutung erlangt.

Verhältnismäßigkeitsprinzip (Art. 5 Abs. 4 EUV):

Was die Regelungsintensität anbetrifft, dürfen die Maßnahmen der Union nicht über das für die Erreichung der Ziele erforderliche Maß hinausgehen.

Art. 288 AEUV sieht folgende Arten von Rechtsakten vor:

27.1.3.1 Verordnungen (Art. 288 Abs. 2 AEUV)

- haben allgemeine Geltung.
- sind in allen ihren Teilen verbindlich (Gesamtverbindlichkeit).
- gelten unmittelbar in jedem Mitgliedstaat (Durchgriffswirkung, bedürfen keiner Umsetzung).

27.1.3.2 Richtlinien (Art. 288 Abs. 3 AEUV)

- sind für jeden Mitgliedstaat hinsichtlich des zu erreichenden Zieles verbindlich.
- überlassen den innerstaatlichen Stellen die Wahl der Form und der Mittel.
- gelten also grundsätzlich nicht unmittelbar, sondern bedürfen der Umsetzung durch die Mitgliedstaaten. Das muss nicht förmlich und wörtlich erfolgen, aber so klar und deutlich, dass die Begünstigten in der Lage sind, von allen ihren Rechten Kenntnis zu erlangen und diese gegebenenfalls vor nationalen Gerichten geltend zu machen.
- gelten allerdings dann und insoweit unmittelbar, als sie von einem Mitgliedstaat nicht ordnungsgemäß umgesetzt wurden, hinreichend genau und bestimmt sind und nicht lediglich zwischen Privaten Pflichten begründen.

Besonders wichtig für den Bereich der Technik sind Harmonisierungsrichtlinien. Sie vereinheitlichen die nationalen Rechtsordnungen, um den grenzüberschreitenden Warenverkehr im Binnenmarkt zu erleichtern, beschränken sich aber regelmäßig auf die grundlegenden Anforderungen an die Sicherheit der Produkte und die sonstigen Anforderungen im Interesse des Gemeinwohls. Um hier eine bessere Kohärenz der einzelnen Maßnahmen zu erreichen, gibt es eine Verordnung über die Vorschriften für die Akkreditierung und Marktüberwachung im Zusammenhang mit der Vermarktung von Produkten[1] und einen Beschluss über einen gemeinsamen Rechtsrahmen für die Vermarktung von Produkten.[2]

Technische Details werden in harmonisierten europäischen Normen (CEN, CENELEC, ETSI) festgelegt, deren Anwendung freiwillig bleibt. Hersteller können andere technische Spezifikationen benutzen; sie müssen dann nachweisen, dass die Mindestanforderungen der betreffenden Richtlinie erfüllt sind.

Erzeugnisse dürfen in der Europäischen Union erst dann in den Verkehr gebracht werden, wenn der Hersteller nachgewiesen hat, dass die grundlegenden Anforderungen der betreffenden EU-Richtlinie erfüllt sind. Anforderungen an die Sicherheit von Verbraucherprodukten sind in der Richtlinie 2001/95/EG[3] festgelegt. Jedes in der EU hergestellte oder in die EU eingeführte Produkt, das einen Personen- oder Sachschaden verursacht, fällt unter die Produkthaftungsrichtlinie 85/374/EWG,[4] die mit dem Produkthaftungsgesetz umgesetzt wurde. Für die Benutzer von Erzeugnissen enthalten die nach dem neuen Konzept verfassten Richtlinien keine Bestimmungen.

Für den Nachweis der Erfüllung der grundlegenden Anforderungen an technische Produkte hat der Europäische Rat ein Konformitätsbewertungssystem mit standardisierten Modulen erlassen:

- Konformitätserklärung des Herstellers (in einer der Amtssprachen der EU)
- Baumusterprüfbescheid einer Prüfstelle
- Konformitätsbescheinigung einer Prüfstelle.

Das Konformitätsbewertungssystem ist mit internationalen Normen für die Qualitätssicherung (Normenreihe EN ISO 9000) und für Anforderungen verbunden, denen die für die Qualitätssicherung zuständigen Stellen, z. B. durch Akkreditierung, genügen müssen (Normenreihe DIN EN ISO/IEC 17000 und Norm DIN ISO 45001). Die Koordinierung der im Rahmen der Konformitätsbewertung in Deutschland erfolgenden Tätigkeiten zur Anerkennung von Prüflaboratorien, Kalibrierlaboratorien, Zertifizierungs- und Überwachungsstellen sowie das Führen eines zentralen Akkreditierungs- und Anerkennungsregisters erfolgen durch die Deutsche Akkreditierungsstelle DAkkS GmbH mit Hauptsitz in Berlin. Einzelstaatliche Stellen, denen spezielle (nationale) Aufgaben zur Konformitätsbewertung übertragen werden, sind der Kommission durch die Mitgliedstaaten zu benennen (Notifizierung). Bei erfolgreich durchgeführtem Zertifizierungsverfahren der Konformitätsbewertung sind Hersteller grundsätzlich verpflichtet, das CE-Zeichen an ihrem Produkt anzubringen. Die Kontrolle der CE-Kennzeichnung erfolgt durch Marktaufsichtsbehörden. Allerdings ist darauf zu achten, dass die Funktionsfähigkeit der Geräte tatsächlich sichergestellt ist.[5]

27.1.3.3 Beschlüsse (Art. 288 Abs. 4 AEUV)

- sind in allen ihren Teilen verbindlich.
- für diejenigen, die sie bezeichnen: d. h. sie haben stets unmittelbare Wirkung, wenn sie an Individuen adressiert sind; wenn sie an Mitgliedstaaten gerichtet sind, unter den Voraussetzungen einer Richtlinie, da sie dann grundsätzlich umsetzungsbedürftig sind.

[1]VO (EG) Nr. 765/2008 des Europäischen Parlaments und des Rates vom 09.07.2008, ABl. L 218, S. 30.

[2]Beschluss Nr. 768/2008/EG des Europäischen Parlaments und des Rates vom 09.07.2008, ABl. L 218, S. 82.

[3]Zuletzt geändert durch VO (EG) Nr. 596/2009 des Europäischen Parlaments und des Rates vom 18.6.2009 zur Anpassung einiger Rechtsakte, für die das Verfahren des Art. 251 des Vertrags gilt, an den Beschluss 1999/468/EG des Rates in Bezug auf das Regelungsverfahren mit Kontrolle – Anpassung an das Regelungsverfahren mit Kontrolle – Vierter Teil, ABl. L 188, S. 14.

[4]Zuletzt geändert durch RL 1999/34/EG des Europäischen Parlaments und des Rates vom 10.05.1999 zur Änderung der RL 85/374/EWG des Rates zur Angleichung der Rechts- und Verwaltungsvorschriften der Mitgliedstaaten über die Haftung für fehlerhafte Produkte, ABl. L 141, S. 20.

[5]Frenz, GewArch. 2006, 49 ff.

27.1.3.4 Empfehlungen und Stellungnahmen (Art. 288 Abs. 5 AEUV)

sind nicht verbindlich.

27.1.3.5 Sonstige Rechtsakte

Art. 288 AEUV führt die möglichen Arten von Rechtsakten nicht abschließend auf. Zur wirksamen Durchführung zahlreicher Politiken sind etwa auch Warnungen, Empfehlungen etc. erforderlich. Eine Beschränkung auf die in Art. 288 AEUV genannten Rechtshandlungen ergibt sich aber dann, wenn eine Vorschrift explizit auf diese Formen verweist.

27.1.4 Grundfreiheiten

Die Grundfreiheiten wirken unmittelbar. Sie verpflichten daher die innerstaatlichen Organe und können von Individuen vor den nationalen Gerichten eingefordert werden. Es existieren folgende Grundfreiheiten:

- Zollfreiheit, Art. 28 f. AEUV
- Warenverkehrsfreiheit, Art. 34 ff. AEUV
- Arbeitnehmerfreizügigkeit, Art. 45 ff. AEUV
- Niederlassungsfreiheit, Art. 49 ff. AEUV
- Dienstleistungsfreiheit, Art. 56 ff. AEUV
- Kapitalverkehrsfreiheit, Art. 63 ff. AEUV

gleichzustellen:

- Wettbewerbsfreiheit, Art. 101 ff. AEUV.

27.1.4.1 Grundschema der Grundfreiheiten

I. Verbotstatbestand, der zugleich den Schutzbereich umschreibt.
II. Rechtfertigung von Einschränkungen der Grundfreiheit
  a) Rechtfertigungsgrund
  b) Rechtfertigung im konkreten Fall
    aa) keine willkürliche Diskriminierung
    bb) Wahrung des Verhältnismäßigkeitsprinzips, d. h., die Maßnahme muss sinnvoll, also für den angestrebten Zweck geeignet, sowie erforderlich (kein milderes Mittel) und angemessen (Proportionalität zwischen verfolgtem Zweck und beeinträchtigter Grundfreiheit) sein.

27.1.4.2 Die Warenverkehrsfreiheit

Verbotstatbestand

Art. 34 AEUV verbietet mengenmäßige Einfuhrbeschränkungen sowie alle Maßnahmen gleicher Wirkung. Eine Maßnahme gleicher Wirkung ist grundsätzlich jede Handelsregelung eines Mitgliedstaates, die geeignet ist, den unionsinternen Handel unmittelbar oder mittelbar, aktuell oder potenziell zu behindern. Vertriebsbezogene Maßnahmen, das heißt solche, die bestimmte Verkaufsmodalitäten beschränken oder verbieten, fallen darunter nur bei hinreichendem Produktbezug; sie müssen tatsächlich nachteilige Wirkungen auf den Warenverkehr haben.

Rechtfertigung

1. Rechtfertigungsgrund
   a) Art. 36 AEUV nennt insbesondere:
      - Gründe der öffentlichen Sittlichkeit
      - Ordnung und Sicherheit
      - Schutz der Gesundheit und des Lebens von Menschen, Tieren oder Pflanzen
      - Schutz des gewerblichen und kommerziellen Eigentums
   b) Immanente Schranken (Cassis-Formel) sind insbesondere folgende zwingende nationale Erfordernisse:
      - wirksame steuerliche Kontrollen
      - Schutz der öffentlichen Gesundheit
      - Lauterkeit des Handelsverkehrs
      - Verbraucherschutz
      - sowie Umweltschutz
2. Rechtfertigung im Einzelnen
   a) keine willkürliche Diskriminierung
   b) Verhältnismäßigkeitsgrundsatz
      aa) Geeignetheit
      bb) Erforderlichkeit
      cc) Angemessenheit.

27.1.4.3 Arbeitnehmerfreizügigkeit

Art. 45 AEUV gewährleistet die Freizügigkeit der Arbeitnehmer innerhalb der Union. Sie müssen sich in gleicher Weise wie Einheimische um Beschäftigungsmöglichkeiten bewerben können, gleichermaßen entlohnt werden und den gleichen Arbeitsbedingungen unterliegen. Eingeschlossen ist, dass sie sich zu diesem Zweck im Hoheitsgebiet der anderen Mitgliedstaaten frei bewegen und aufhalten können. Dieses Recht zum Eintritt und zum Aufenthalt erstreckt sich auf Familienangehörige, die z. B. auch an den Sozialleistungen dieses anderen Mitgliedstaates teilhaben. Allerdings steht den Betroffenen innerhalb der ersten fünf Jahre kein Leistungsanspruch auf Grundsicherung zu, wenn diese nicht in Deutschland arbeiten, selbstständig sind oder nach SGB II einen Anspruch aufgrund vorheriger Leistungen erworben haben.[6] Ein Aufenthaltsrecht ist dann an ausreichende eigene Existenzmittel geknüpft; der alleinige Zweck der Arbeitssuche genügt nicht.

Solche Leistungen sind aber an den Beschäftigtenstatus gekoppelt: Das Recht auf Freizügigkeit nach Art. 45 AEUV wird etwa dadurch beeinträchtigt, dass bestimmte Tätigkeiten nicht durch Ausländer ausgeübt werden können, aber auch durch verdeckte mittelbare Diskriminierungen zum Beispiel aufgrund der Notwendigkeit der Zurücklegung bestimmter Wohnzeiten oder der Erfüllung bestimmter Sachverhalte im Inland. Auch Beschränkungen fallen darunter, welche Angehörige aus anderen EU-Staaten von einer grenzüberschreitenden Tätigkeit abhalten könnten, selbst wenn sie formal gleich wie Inländer behandelt werden (Beschränkungsverbot).

Ausgenommen von der Freizügigkeit der Arbeitnehmer sind gemäß Art. 45 Abs. 4 AEUV Tätigkeiten in der öffentlichen Verwaltung. Dazu zählen entsprechend dem Ausnahmecharakter der Vorschrift aber nur solche Tätigkeiten, die eine Ausübung hoheitlicher Befugnisse mit sich bringen oder die Wahrnehmung von Aufgaben beinhalten, die auf die Wahrung der allgemeinen Belange des Staates oder anderer öffentlicher Körperschaften gerichtet sind.

Nach Art. 45 Abs. 3 AEUV besteht für die Mitgliedstaaten die Möglichkeit, das Recht der Arbeitnehmer auf Freizügigkeit aus Gründen der öffentlichen Ordnung, Sicherheit und Gesundheit zu beschränken. Diese Begriffe sind als europarechtliche Begriffe und als Ausnahmetatbestand auszulegen. Die Beschränkung setzt eine tatsächliche und hinreichend schwere Gefährdung voraus, die ein Grundinteresse der Gesellschaft berührt und bedingt ist durch die Anwesenheit oder durch das Verhalten der von der Freizügigkeit Profitierenden. Zudem können wie bei der Warenverkehrsfreiheit sonstige berechtigte nationale Belange Beschränkungen legitimieren.

27.1.4.4 Niederlassungsfreiheit

Die Niederlassungsfreiheit nach Art. 49 AEUV beinhaltet, dass Staatsangehörige aus anderen Mitgliedstaaten sich unter den gleichen Bedingungen wie die einheimischen Staatsangehörigen frei niederlassen oder eine Zweigstelle gründen dürfen. Im Gegensatz zur Arbeitnehmerfreizügigkeit nach Art. 45 AEUV begründet Art. 49 AEUV die Freizügigkeit der Selbstständigen. Sie genießen gleiche Zugangsrechte und gleiche Berufsbedingungen. Der Grundsatz der Gleichbehandlung schließt allerdings – wie bei der Arbeitnehmerfreizügigkeit – nicht ein, dass ihre Abschlüsse ohne Weiteres in dem anderen Mitgliedstaat anerkannt werden. Hierzu bedarf es einer Harmonisierungsrichtlinie. So besteht die Berufsanerkennungsrichtlinie 2005/36/EG, die im Januar 2016 reformiert wurde. Existiert eine solche nicht, müssen die vorhandenen Kenntnisse und Diplome nur angemessen berücksichtigt werden. Art. 49 AEUV schützt vor unmittelbaren wie vor mittelbaren Beeinträchtigungen, die etwa darin bestehen können, dass Anforderungen für die Eröffnung eines Betriebes festgelegt werden, die auf inländische Unternehmen zugeschnitten sind, aber auch vor nichtdiskriminierenden Beschränkungen, die Unionsbürger aus anderen Staaten behindern können.

Ausgenommen von der Niederlassungsfreiheit sind gemäß Art. 51 AEUV, vergleichbar zur Arbeitnehmerfreizügigkeit, solche Tätigkeiten, die in einem Mitgliedstaat dauernd oder zeitweise mit der Ausübung öffentlicher Gewalt verbunden sind. Dazu zählen aber aufgrund der für Ausnahmebestimmungen zu Grundfreiheiten gebotenen restriktiven Auslegung nur solche Tätigkeiten, die eine unmittelbare oder spezifische Teilnahme an

[6] EuGH, Rs. C-333/13, ECLI:EU:C:2014:2358 – Dano.

der Ausübung öffentlicher Gewalt aufweisen. Der Notar zählt nicht mehr dazu.[7]

Einschränkungen sind wie bei der Arbeitnehmerfreizügigkeit aus Gründen der öffentlichen Ordnung, Sicherheit oder Gesundheit sowie sonstigen gewichtigen Gemeinwohlbelangen gerechtfertigt und müssen nichtdiskriminierend sowie verhältnismäßig sein.

27.1.4.5 Freier Dienstleistungsverkehr

Art. 56 AEUV gewährleistet, dass Dienstleistungen über die Grenzen eines Mitgliedstaates hinaus ausgetauscht werden können. Beschränkungen können darin bestehen, dass Unternehmer, die in einem anderen Mitgliedstaat ansässig sind und von dort aus in der Bundesrepublik Deutschland Handwerksleistungen erbringen oder Abfälle entsorgen wollen, besonderen Bedingungen unterworfen oder sonstwie behindert werden.

Von der Dienstleistungsfreiheit ausgenommen sind wie bei der Niederlassungsfreiheit gemäß Art. 62 in Verbindung mit Art. 51 AEUV Tätigkeiten, die eine unmittelbare und spezifische Teilnahme an der Ausübung öffentlicher Gewalt aufweisen. Das gilt etwa nicht für die Abfallentsorgung. Beschränkungen sind wie bei der Niederlassungsfreiheit gemäß Art. 62 in Verbindung mit Art. 52 Abs. 1 AEUV gerechtfertigt aus Gründen der öffentlichen Ordnung, Sicherheit oder Gesundheit, ebenso durch andere gewichtige Gründe des Gemeinwohls.

27.1.4.6 Kapitalverkehrsfreiheit

Art. 63 ff. AEUV gewährleisten die Freiheit des Kapital- und Zahlungsverkehrs. Zum Kapitalverkehr gehören alle einseitigen Wertübertragungen aus einem Mitgliedstaat in einen anderen, die zugleich eine Vermögensanlage darstellen, so der Erwerb von Häusern oder Aktien, nicht hingegen der Austausch von Leistung und Gegenleistung. Insoweit greifen die für die Hauptleistung anwendbaren Vorschriften, insbesondere die Waren- und die Dienstleistungsfreiheit. Art. 63 Abs. 2 AEUV verbietet die Beschränkungen des Zahlungsverkehrs. Beide Vorschriften sind unmittelbar anwendbar. Die beiden Freiheiten können von den Mitgliedstaaten gem. Art. 65 AEUV durch Ausnahmeregelungen, insbesondere aus Gründen der Steuererfassung und Bankenaufsicht, aber auch zur Bekämpfung hinreichend schwerwiegender Rechtsverstöße wie Geldwäsche, Drogenhandel und Terrorismus, beschränkt werden. Diese Beschränkungen dürfen aber kein Mittel zur willkürlichen Diskriminierung bilden und müssen verhältnismäßig sein.

27.1.4.7 Wettbewerbsfreiheit

Verbot wettbewerbsbehindernder Vereinbarungen und Beschlüsse

Art. 101 Abs. 1 AEUV erfasst Vereinbarungen zwischen Unternehmen, Beschlüsse von Unternehmensvereinigungen und aufeinander abgestimmte Verhaltensweisen, worunter auch ein bloßes paralleles Verhalten fällt, sofern es koordiniert erfolgt.

Diese Verhaltensweisen sind dann mit dem Binnenmarkt unvereinbar und verboten, wenn sie

- geeignet sind, den Handel von Mitgliedstaaten zu beeinträchtigen. Es genügt also, wenn sie dem Handel zwischen den Mitgliedstaaten schaden können, etwa durch Abschotten nationaler Märkte oder eine Veränderung der Konkurrenzstruktur. Es muss sich mit hinreichender Wahrscheinlichkeit voraussehen lassen, dass die entsprechende Verhaltensweise unmittelbar oder mittelbar, tatsächlich oder potenziell den Warenverkehr zwischen Mitgliedstaaten beeinflussen kann. Die zu befürchtenden Auswirkungen dürfen mithin nicht lediglich national sein, sondern müssen eine europäische Dimension haben.
- eine Verhinderung, Einschränkung oder Verfälschung des Wettbewerbs innerhalb des Binnenmarktes bezwecken oder bewirken. Wenn also zwei Wirtschaftssubjekte die Absicht haben, den Wettbewerb zu beeinträchtigen, muss dieses Resultat nur wahrscheinlich sein, selbst wenn das Verhalten keine wettbewerbsbeeinträchtigenden Auswirkungen hat. Wenn zwei Wirtschaftssubjekte keine wettbewerbs-

[7] EuGH, Rs. C-359/09, ECLI:EU:C:2011:44 – Ebert.

beeinträchtigende Absicht haben, genügt es, wenn wettbewerbsbeeinträchtigende Wirkungen auftreten, sofern dieses Resultat nur vorhersehbar ist.

Solche Verhaltensweisen können etwa auftreten, wenn sich alle nationalen Unternehmen einer Branche aufeinander abstimmen, um eine bestimmte Quote oder ein bestimmtes Umweltziel zum Beispiel in Form einer Produktverbesserung zu erreichen, ohne die Unternehmen aus dem EU-Ausland einzubeziehen. Diese müssen dann, auf sich allein gestellt, diese Entwicklung nachvollziehen oder sich den entsprechenden Anforderungen anpassen, was ihre Wettbewerbsfähigkeit mindert. Es genügt aber schon, wenn zwei im Wettbewerb stehende Unternehmen mit hohem Marktanteil etwa im Rahmen der Digitalisierung ihr Verhalten koordnieren und so Marktzutrittsschranken für Konkurrenten errichten. Auch ein bloßer Informationsaustausch über Schlüsselfaktoren wie Preis, Produktplanung etc. zwischen großen Unternehmen kann genügen, da so die Ungewissheit am Markt teilweise aufgehoben wird.

Von Art. 101 Abs. 1 AEUV erfasste Verhaltensweisen können gemäß Art. 101 Abs. 3 AEUV unter folgenden Voraussetzungen dem Verbotsverdikt entrinnen:

- sie müssen zur Verbesserung der Warenerzeugung oder -verteilung oder zur Förderung des technischen oder wirtschaftlichen Fortschritts beitragen, etwa durch verbesserten Umweltschutz oder Produktivitätsfortschritt durch Digitalisierung,
- an dem dabei entstehenden Gewinn die Verbraucher angemessen beteiligen,
- dürfen lediglich für die Verwirklichung der verfolgten Ziele unerlässliche Wettbewerbsbeschränkungen wählen und
- nicht die Möglichkeit eröffnen, für einen wesentlichen Teil der betreffenden Waren den Wettbewerb gänzlich auszuschalten.

Missbrauch den Markt beherrschender Stellungen

Art. 102 AEUV erfasst, dass

- ein Unternehmen eine beherrschende Stellung auf dem Binnenmarkt oder einen wesentlichen Teil desselben hat, das heißt in einem je nach Marktverhältnissen ausreichend großen Gebiet eine dominante Position in einem bestimmten Produktbereich besitzt, die es ihm erlaubt, sich unabhängig von den Konkurrenten zu verhalten und damit die Aufrechterhaltung eines wirksamen Wettbewerbs zu verhindern.
- ein Unternehmen diese beherrschende Position missbräuchlich ausnutzt. Das setzt ein Verhalten voraus, das ein objektiv schädliches Resultat für die Konkurrenz hat, auch wenn dieses von dem Unternehmen nicht beabsichtigt wurde. Beispiele dafür sind etwa die Erzwingung von unangemessenen Einkaufs- oder Verkaufspreisen oder sonstigen Geschäftsbedingungen, Absatzbeschränkungen, Koppelungen von Produktabnahmen etc. Auch die Lieferverweigerung ist relevant, wenn die Angebote des Marktbeherrschers für Softwaresysteme die Basis für Fortentwicklungen anderer Unternehmen etwa im Bereich Industrie 4.0 bilden. Microsoft musste anderen Unternehmen Zugang zu seinem Betriebssystem für deren Fortentwicklungen zu angemessenen Preisen gestatten.
- dies dazu führen kann, den Handel zwischen den Mitgliedstaaten zu beeinträchtigen. Insoweit gilt das zu Art. 101 AEUV Ausgeführte.

Beihilfenverbot

Tatbestand

Art. 107 Abs. 1 AEUV will vor einer Verfälschung des Wettbewerbs durch staatliche Beihilfen schützen. Der Begriff „staatliche oder aus staatlichen Mitteln gewährte Beihilfen gleich welcher Art“ ist daher weit und zweckorientiert zu verstehen. Entscheidend ist die Wirkung einer Maßnahme, unabhängig von ihrer Bezeichnung und von ihrem Ziel. Beihilfen sind somit alle Begünstigungen, soweit sie nicht durch eine marktgerechte Gegenleistung des Begünstigten kompensiert oder aber durch eine vorherige Abgabe aufgehoben werden. Es werden daher nicht nur direkte finanzielle Zuwendungen erfasst, sondern alle Entlastungen von Kosten, die ein Unternehmen bei unverfälschtem wirtschaftlichem Ablauf zu tragen hat. Auch die fehlende Inanspruchnahme von bestimmten Unternehmen durch den Staat oder deren spezifische Aussparung von einer gesetzlichen Regelung können eine Beihilfe darstellen.

Erforderlich ist allerdings, dass die Beihilfe staatlich ist oder zumindest aus staatlichen Mitteln gewährt wird. Das bedeutet, dass nicht notwendig staatliche Einheiten die Vergünstigung vergeben müssen. Indes muss der Staat hinter einer solchen Vergabe stehen, sie zumindest steuern und lenken. Für die mittlerweile starke staatliche Prägung der Ökostromförderung nach dem EEG sollte dies nach dem EuG auch insoweit der Fall sein,[8] nicht aber nach dem EuGH.[9] Mit dem Binnenmarkt unvereinbar sind gemäß Art. 107 Abs. 1 AEUV nur solche Beihilfen, die durch die Begünstigung bestimmter Unternehmen oder Produktionszweige den Wettbewerb verfälschen oder zu verfälschen drohen. Es genügt also die Gefahr einer Wettbewerbsverzerrung. Eine solche ist bereits durch die Entlastung von bestimmten Produktionszweigen von Zahlungs- und auch Verhaltenspflichten gegeben.

Um mit dem Binnenmarkt unvereinbar zu sein, müssen Beihilfen schließlich den Handel zwischen Mitgliedstaaten beeinträchtigen. Sie müssen also grenzüberschreitende Auswirkungen haben können.

Das EU-Beihilferecht wurde in den Jahren 2012–2014 grundlegend überarbeitet. So gibt es auch neue Regelungen für De-minimis-Beihilfen.[10] Für staatliche Beihilfen gelten seit dem 1. Juli 2016 sogenannte Transparenzpflichten. Der Schwellenwert, der die Veröffentlichungspflicht zur Folge hat, liegt bei 500.000 Euro.

Ausnahmen

Art. 107 Abs. 2 AEUV nennt verschiedene Fälle, in denen zwar der Beihilfetatbestand des Art. 112 Abs. 1 AEUV erfüllt ist, die aber gleichwohl mit dem Binnenmarkt vereinbar sind. Dazu gehören Beihilfen sozialer Art an einzelne Verbraucher, wenn sie ohne Diskriminierung nach der Herkunft der Waren gewährt werden (lit. a), sowie Beihilfen zur Beseitigung von z. B. durch Naturkatastrophen entstandene Schäden (lit. b).

Art. 107 Abs. 3 AEUV legt Konstellationen fest, für die Beihilfen als mit dem Binnenmarkt vereinbar angesehen werden können. Dazu gehören namentlich Beihilfen zur Förderung der Entwicklung gewisser Wirtschaftszweige oder Wirtschaftsgebiete (lit. c). Umweltschützende Maßnahmen können die Bedingungen in Wirtschaftszweigen verbessern und damit deren Entwicklung fördern. Genehmigungsfähig sind etwa auch Beihilfen zur Förderung wichtiger Vorhaben von gemeinsamem europäischem Interesse (lit. b), zu denen auch Umweltprojekte gehören können. Vor allem der Klimaschutz und damit auch die Ökostromförderung werden darauf gestützt.

Verfahren

Art. 107 Abs. 1 AEUV legt nur die Unvereinbarkeit von bestimmten Beihilfen mit dem Binnenmarkt fest. Diese Unvereinbarkeit muss jedoch gemäß Art. 108 Abs. 2 AEUV erst von der Kommission positiv festgestellt werden, bevor die Mitgliedstaaten eine bestehende Beihilfe aufheben oder umgestalten müssen. Jede neue Beihilfe ist gemäß Art. 108 Abs. 3 AEUV anzumelden. Vor einer Genehmigung besteht aber ein Durchführungsverbot: Die Beihilfe darf nicht ausgezahlt werden. Zur Konkretisierung dieser Praxis kann der Rat gemäß Art. 109 AEUV Durchführungsverordnungen erlassen. Der Rat kann gemäß Art. 108 Abs. 2 UAbs. 3 AEUV selbst Beihilfen für vereinbar mit dem Binnenmarkt erklären. Inzwischen erklärt die AGVO[11] eine Vielzahl von Beihilfen bis zu gewissen Schwellenwerten für mit dem Binnenmarkt vereinbar und entbindet von einer Anmeldung. Insoweit wurde das Sys-

[8] EuG, Rs. T-47/15, ECLI:EU:T:2016:281, Rn. 27 ff. – Deutschland/Kommission.

[9] EuGH, Rs. C-405/16 P, ECLI:EU:C:2019:268 – Deutschland/Kommission.

[10] VO Nr. 1407/2013 vom 18.12.2013, ABl. L 352, S. 1 und VO Nr. 360/2012 vom 25.4.2012, ABl. L 114, S. 8 für DAWI.

[11] VO Nr. 651/2014 vom 17.06.2014, ABl. 2014 L 187, S. 1.

tem umgedreht. Die Kommission kontrolliert nur noch bei Fehlern der Mitgliedstaaten und damit nicht mehr präventiv.

27.1.5 Diskriminierungsverbot

Art. 18 AEUV verbietet jede Diskriminierung aus Gründen der Staatsangehörigkeit. Diese Bestimmung beinhaltet den Grundsatz der Inländergleichbehandlung: Staatsangehörige aus anderen EU-Mitgliedstaaten dürfen nicht schlechter behandelt werden als eigene, sondern müssen die gleichen Rechte genießen. Das gilt umfassend. Es werden also auch versteckte Diskriminierungen erfasst.

Ein Verstoß gegen Art. 18 AEUV liegt nach der Rechtsprechung des EuGH nicht vor, wenn eine unterschiedliche Behandlung aus Gründen der Staatsangehörigkeit objektiv gerechtfertigt werden kann. Eine solche Rechtfertigungsmöglichkeit besteht im Umweltbereich etwa auf der Basis des in Art. 191 Abs. 2 Satz 2 AEUV aufgestellten Prinzips, Umweltbeeinträchtigungen vorrangig an ihrem Ursprung zu bekämpfen.

27.1.6 Grundrechte

Gem. Art. 6 Abs. 1 EUV sind die Grundrechte der Europäischen Grundrechtecharta gleichrangig zu wahren. Im Ergebnis besteht ein mit den deutschen Grundrechten weitgehend vergleichbarer Standard. Fest etabliert sind etwa die Eigentums- und die Berufsfreiheit. Eine Beeinträchtigung dieser Grundrechte ist allerdings nach der traditionellen Rechtsprechung des EuGH bereits dann gerechtfertigt, „sofern

- diese Beschränkungen tatsächlich den gemeinwohldienenden Zwecken der Union entsprechen und
- nicht einen im Hinblick auf den verfolgten Zweck unverhältnismäßigen, nicht tragbaren Eingriff darstellen,
- der die so gewährleisteten Rechte in ihrem Wesensgehalt antastet."

Dem Unionsgesetzgeber und den Mitgliedstaaten wird ein weitgehender Gestaltungsspielraum bei der Regelung wirtschaftlicher Sachverhalte zugebilligt. So prüfte der EuGH im Bananenurteil[12] nur, ob

- die fragliche Maßnahme zur Erreichung des verfolgten Zieles offensichtlich ungeeignet ist und
- ob sie bei Unsicherheiten bezüglich der künftigen Auswirkungen offensichtlich irrig erscheint, und zwar ausgehend von den zur Zeit des Erlasses vorhandenen Erkenntnissen.

Mittlerweile hat der EuGH aber die Grundrechtskontrolle verstärkt und konkret die angestrebten Ziele mit den negativen Auswirkungen auf Einzelne geprüft. So durften natürliche Personen nicht als Empfänger landwirtschaftlicher Subventionen veröffentlicht werden.[13] Im Urteil Parkinson[14] untermauerte der EuGH ausführlich die Auswirkungen des Verkaufs von Arzneimitteln außerhalb von Apotheken auf diese und ließ den grenzüberschreitenden Versandhandel weitgehend zu.

27.2 Staatsrecht

27.2.1 Rangordnung der Rechtsquellen

Das objektive Recht besteht aus verschiedenen Rechtsquellen. Diese haben jeweils eine bestimmte Stellung. Grundsätzlich geht die höherstehende Norm den nachfolgenden vor. Man spricht daher auch von der Normenhierarchie. Für das deutsche Recht stellt sich die Rangfolge folgendermaßen dar:

[12] EuGH, Rs. C-280/93, ECLI:EU:C:1994:367 – Bananen.

[13] EuGH, Rs. C-92 u. 93/09, ECLI:EU:C:2009:284 – Schecke und Eifert.

[14] EuGH, Rs. C-148/15, ECLI:EU:C:2016:776; dazu Frenz, GewArch. 2017, 9 ff.

- Europarecht
- Bundesverfassung
- Allgemeine Regeln des Völkerrechts (Art. 25 GG)
- Bundesgesetze
- Rechtsverordnungen (Bund)
- Landesverfassung
- Landesgesetze
- Rechtsverordnungen (Land und nachgeordnete Stellen)
- Satzungen (z. B. Gemeinden)
- Verwaltungsvorschriften (jedenfalls bei Selbstbindung der Verwaltung)
- Gewohnheitsrecht
- allgemeine Rechtsgrundsätze
- Richterrecht.

27.2.2 Die Grundrechte

27.2.2.1 Allgemeines

Die Grundrechte bilden die Basis, auf der die gesamte Rechtsordnung aufbaut. Sie sind in erster Linie dazu bestimmt, die Freiheitssphäre des Einzelnen vor Eingriffen der öffentlichen Gewalt zu sichern. Daneben bilden sie objektive Wertentscheidungen. Als solche können sie nach der Rechtsprechung des Bundesverfassungsgerichts staatliche Schutzpflichten begründen und beeinflussen auch die Privatrechtsordnung (Drittwirkung). Man unterscheidet zwischen Freiheitsrechten, Gleichheitsrechten und Verfahrensrechten. Die Freiheitsrechte begründen für den Einzelnen Handlungsfreiheiten und bilden insbesondere Abwehrrechte, teilweise auch Leistungsrechte. Die Gleichheitsrechte verbieten den Staatsorganen, einen wesentlich gleichen Sachverhalt ohne sachlichen Grund ungleich zu behandeln. Die Verfahrensgrundrechte gewährleisten die Möglichkeit von Rechtsschutz und die Einhaltung bestimmter Verfahrensgrundsätze. Träger von Grundrechten kann jede natürliche Person sein, wobei das Grundgesetz zwischen sog. Bürger- und Deutschenrechten differenziert. Die Grundrechtsfähigkeit inländischer juristischer Personen bestimmt sich nach Art. 19 Abs. 3 GG. Juristische Personen des Privatrechts sind grundsätzlich Grundrechtsträger, juristische Personen des öffentlichen Rechts prinzipiell nicht.

27.2.2.2 Prüfung der Verletzung eines Freiheitsrechts

I. Eröffnung des Schutzbereichs
  - Persönlicher Schutzbereich
  - Sachlicher Schutzbereich

II. Eingriff in den Schutzbereich
  - Klassischer Eingriffsbegriff: finales staatliches Handeln durch Rechtsakt, das mit Befehl und Zwang durchsetzbar ist und unmittelbar das grundrechtlich geschützte Verhalten einschränkt
  - Im modernen Staat erweitert auch auf faktische Maßnahmen
  - Mittelbare Eingriffe dann, wenn in Intensität unmittelbaren Eingriffen vergleichbar

III. Rechtfertigung
  - Einschränkung durch Gesetz, wenn vorgesehen
  - Jedenfalls verfassungsimmanente Schranken (angemessener Ausgleich zwischen kollidierenden verfassungsrechtlichen Positionen, also i. E. Verhältnismäßigkeit)

IV. Schranken-Schranken
  - v. a. Grundsatz der Verhältnismäßigkeit
    - Herausarbeitung des verfolgten Zwecks und des eingesetzten Mittels
    - Geeignetheit: das eingesetzte Mittel muss den angestrebten Zweck fördern können
    - Erforderlichkeit: kein ebenso wirksames, weniger belastendes und damit milderes Mittel
    - Angemessenheit bzw. Zumutbarkeit bzw. Proportionalität: Vorteile für angestrebten Zweck überwiegen Nachteile für eingeschränktes Grundrecht (Verhältnismäßigkeit im engeren Sinne)
  - Zitierung des eingeschränkten Grundrechts gem. Art. 19 Abs. 1 S. 2 GG.

27.2.2.3 Die Grundrechtsprüfung am Beispiel der Berufsfreiheit

I. Eröffnung des Schutzbereiches des Art. 12 GG
   1. Persönlich: Deutsche, ggf. Erweiterung auf Unionsbürger
   2. Sachlich: Vorliegen eines Berufes: jede auf Dauer angelegte Tätigkeit zur Schaffung und Erhaltung einer Lebensgrundlage, die nicht schlechthin gemeinschädlich ist
   3. Geschützt sind Berufswahl einschließlich Ausbildung und Berufsausübung

II. Eingriff in den Schutzbereich
   1. Unmittelbar, wenn das „Ob" oder „Wie" des Berufes betroffen ist
   2. Mittelbar, wenn die Maßnahme objektiv eine berufsregelnde Tendenz aufweist

III. Verfassungsrechtliche Rechtfertigung mit Schranken-Schranken
   1. Einschränkungsmöglichkeit: einheitlicher Gesetzesvorbehalt (Art. 12 Abs. 1 S. 2 GG), d. h. Eingriff muss durch oder aufgrund eines formell und materiell verfassungsmäßigen Gesetzes erfolgen
   2. Verstoß gegen Art. 19 Abs. 1 S. 2 GG
   3. Prüfung des Übermaßverbots mithilfe der Drei-Stufen-Theorie
      a) Eingriffsstufe: 1. Stufe: Regelung der Berufsausübung; 2. Stufe: subjektive Berufswahlregelung: Berufszulassung von subjektiven Voraussetzungen abhängig; 3. Stufe: objektive Berufswahlregelung: Berufszulassung von objektiven Voraussetzungen abhängig
      b) Verfassungsrechtlich legitimierter Zweck des Eingriffs: 1. Stufe setzt vernünftige Erwägungen des Allgemeinwohls voraus; 2. Stufe erfordert den Schutz eines überragend wichtigen Gemeinschaftsgutes vor abstrakten Gefahren; auf 3. Stufe kann nur die Abwehr nachweisbarer oder höchstwahrscheinlicher schwerer Gefahren für ein überragendes Gemeinschaftsgut mit Verfassungsrang den Eingriff rechtfertigen
      c) Geeignetheit des Eingriffs
      d) Erforderlichkeit des Eingriffs (vor allem, ob Eingriff in weniger beeinträchtigender Stufe zur Erreichung des Zwecks ausreichen würde)
      e) Angemessenheit des Eingriffs.

27.2.2.4 Die Eigentumsgarantie gemäß Art. 14 GG

Art. 14 GG gewährleistet neben dem Erbrecht insbesondere das Eigentum. Damit der Schutzbereich eröffnet ist, muss Eigentum gegeben sein. Dieses wird grundsätzlich zu einem bestimmten Zeitpunkt durch das einfache Recht ausgeformt und von daher durch dieses selbst definiert. Eigentum ist die Zuordnung einer vermögenswerten Position. Dieser Schutzgegenstand umfasst das Sacheigentum, private vermögenswerte Forderungen und öffentlich-rechtliche Positionen, wenn sie ein Äquivalent eigener Leistung sind. Keine vermögenswerten Positionen sind Erwartungen und rechtswidrige Rechtspositionen. Geschützt sind sowohl der Bestand als auch die Nutzung des Eigentums.

Schutzbereichseingriffe können durch eine Inhalts- und Schrankenbestimmung gemäß Art. 14 Abs. 1 S. 2 GG oder durch eine Enteignung nach Art. 14 Abs. 3 GG erfolgen. Inhalts- und Schrankenbestimmungen legen generell und abstrakt die Rechte und Pflichten des Eigentümers fest. Dabei können gravierende Festlegungen getroffen werden – so zum Atomausstieg. Indes ist dann unter Umständen eine Entschädigung zu bezahlen, wenn nämlich der private Nutzen praktisch entfällt.[15]

Die Enteignung ist dagegen auf die Entziehung konkreter subjektiver Rechtspositionen für öffentliche Zwecke gerichtet. Die Entziehung kann durch Gesetz (Legalenteignung) oder durch behördlichen Vollzugsakt (Administrativenteignung) erfolgen.

[15] BVerfG, Urt. v. 06.12.2016 – 1 BvR 2821/11 – u. a., DVBl. 2017, 113 mit Anm. Frenz.

Die verfassungsrechtliche Rechtfertigung von Inhalts- und Schrankenbestimmungen erfordert gemäß Art. 14 Abs. 1 S. 2 GG ein formell und materiell verfassungsmäßiges Gesetz. Der Grundsatz der Verhältnismäßigkeit ist hier von besonderer Struktur. Gegeneinander abzuwägen sind die grundsätzliche Anerkennung des Privateigentums durch Art. 14 Abs. 1 S. 1 GG und die Sozialbindung des Eigentums gemäß Art. 14 Abs. 2 GG, wonach der Gebrauch des Eigentums zugleich der Allgemeinheit dienen soll. Im Einzelnen sind die Eigenart des vermögenswerten Guts oder Rechts, deren Bedeutung für den Eigentümer sowie Härteklauseln und Übergangsregelungen zu berücksichtigen. Eine verfassungswidrige Inhaltsbestimmung stellt nicht zugleich einen „enteignenden Eingriff" im verfassungsrechtlichen Sinne dar und kann wegen des unterschiedlichen Charakters von Inhaltsbestimmung und Enteignung auch nicht in einen solchen umgedeutet werden.

Eine Enteignung muss gem. Art. 14 Abs. 3 S. 2 GG durch Gesetz oder aufgrund eines Gesetzes erfolgen. Enteignungen sind gemäß Art. 14 Abs. 3 S. 1 GG nur zum Wohl der Allgemeinheit zulässig. Die sog. Junktimklausel des Art. 14 Abs. 3 S. 2 GG verlangt, dass das Gesetz Art und Ausmaß einer Entschädigung regelt.

27.2.2.5 Grundrechtliche Schutzpflichten: Art. 2 Abs. 2 S. 1 GG

Art. 2 Abs. 2 S. 1 GG enthält nicht lediglich ein subjektives Abwehrrecht, sondern zugleich eine objektiv-rechtliche Wertentscheidung der Verfassung, die für alle Bereiche der Rechtsordnung gilt. Diese begründet nach der Konzeption des Bundesverfassungsgerichts auch grundrechtliche Schutzpflichten. In seiner ständigen Rechtsprechung hält es den Staat aufgrund von Art. 2 Abs. 2 S. 1 GG für verpflichtet, sich schützend und fördernd vor die Rechtsgüter Leben und körperliche Unversehrtheit zu stellen, d. h. auch, sie vor rechtswidrigen Eingriffen Privater zu bewahren. Diese Pflichten bestehen z. B. zum Schutz gegen die Gefahren durch Aids, gegen terroristische Anschläge, gegen atomare Gefahren, gegen chemische Verseuchung und Schädigung von Luft und Wald oder gegen Flug- und Straßenverkehrslärm.

Dem Gesetzgeber wie der vollziehenden Gewalt kommt bei der Erfüllung dieser Schutzpflichten aber ein weiter Einschätzungs-, Wertungs- und Gestaltungsbereich zu, der auch Raum lässt, etwa konkurrierende öffentliche und private Interessen zu berücksichtigen. Diese weite Gestaltungsfreiheit kann von den Gerichten je nach Eigenart des in Rede stehenden Sachbereichs, den Möglichkeiten, sich ein hinreichend sicheres Urteil zu bilden, und der Bedeutung der auf dem Spiele stehenden Rechtsgüter nur in begrenztem Umfang überprüft werden.

27.2.3 Staatsstrukturprinzipien des Grundgesetzes

- Demokratie
- Rechtsstaat
  - Gewaltenteilung (Art. 20 Abs. 2 S. 2 GG)
  - Rechts- und Gesetzesbindung (Art. 20 Abs. 3, 97 Abs. 1 GG): Vorrang des Gesetzes (kein Handeln gegen das Gesetz)/Vorbehalt des Gesetzes (kein Handeln ohne Gesetz); Bestimmtheit und Transparenz von staatlichen Maßnahmen
  - Gewährleistung von Rechtsschutz (vgl. Art. 19 Abs. 4; 92; 97 Abs. 1; 101; 103; 104 GG)
  - Entschädigung für rechtswidrige staatliche Maßnahmen
  - Rechtssicherheit
  - Vertrauensschutz
- Sozialstaatsprinzip
- Bundesstaat
  - Trennender Rahmen:
  - eigene Verfassungsordnung und Organisationshoheit
  - Aufteilung der Staatsgewalt zwischen Bund (Zentralstaat) und Ländern (Gliedstaaten) (Art. 20 Abs. 1 GG; vgl. auch Art. 23, 28 ff., 50, 70 ff., 83 ff., 92 ff., 104a ff. GG)
  - Länder haben grds. keine Befugnisse nach außen (vgl. Art. 32 Abs. 3 GG)
  - Verbindende Ausfüllung:
  - Homogenitätsprinzip (Art. 28 Abs. 1 S. 1 GG)
  - Länder haben kein Recht zum Austritt

- Länder können neu gegliedert werden (Art. 29 GG; vgl. aber Art. 79 Abs. 3)
- Bund hat verschiedene Aufsichts- und Einwirkungsbefugnisse (Art. 37, 84, 85 GG)
- Gebot zu bundesfreundlichem Verhalten (Bundestreue)

• Umweltstaat
  – Schutz der natürlichen Lebensgrundlagen (Art. 20a GG)
• Einbindung in vereintes Europa und Völkerrechtsgemeinschaft
  – Präambel (Art. 23 ff. GG).

27.2.4 Die Gesetzgebung des Bundes

• Gesetzgebungskompetenz des Bundes (Art. 70 ff. GG)
• Gesetzesinitiative (Art. 76 Abs. 1 GG)
• Vorverfahren (Art. 76 Abs. 2, 3 GG)
• Gesetzesbeschluss (Art. 77 Abs. 1 GG)
• Ein Zustimmungsgesetz kommt nur zustande, wenn
  – der Bundesrat zustimmt
• Ein Einspruchsgesetz kommt zustande, wenn
  – der Bundesrat zustimmt oder
  – den Antrag gem. Art. 77 Abs. 2 GG auf Einberufung des Vermittlungsausschusses nicht stellt oder
  – innerhalb der Frist des Art. 77 Abs. 3 GG keinen Einspruch einlegt oder
  – den Einspruch zurücknimmt oder
  – der Einspruch vom Bundestag überstimmt wird (Art. 77 Abs. 4 GG)
• Gegenzeichnung der Regierung (Art. 58 GG)
• Ausfertigung durch Bundespräsidenten (Art. 82 Abs. 1 GG)
• Verkündung im Bundesgesetzblatt (Art. 82 Abs. 1 GG)
• Abweichungsgesetzgebung: Die Länder können abweichende Regelungen treffen (Art. 72 Abs. 3 GG; z. B. Teile des Naturschutzes).

27.2.5 Der Verwaltungsaufbau

• Bund
  – Unmittelbare Bundesverwaltung (Staat wird selbst durch seine Behörden tätig)
  – Mittelbare Bundesverwaltung (Staat überträgt Verwaltungsaufgaben auf von ihm geschaffene, rechtlich verselbstständigte Körperschaften, Anstalten und Stiftungen oder auf Beliehene)
• Bundesländer
  – Unmittelbare Landesverwaltung (Landesbehörden)
  – Mittelbare Landesverwaltung (insbes. Landkreise, kreisfreie Städte, Gemeinden im übertragenen Wirkungsbereich).

27.3 Verwaltungsrecht

27.3.1 Das Verwaltungsrecht

Das Verwaltungsrecht ist ein Bestandteil des öffentlichen Rechts. Es ist die Summe der (geschriebenen und ungeschriebenen) Rechtssätze, die speziell auf die Erfüllung von Verwaltungsaufgaben bezogen sind. Es handelt sich demnach um das Sonderrecht der öffentlichen Verwaltung.

Das Verwaltungsrecht regelt die Verwaltungstätigkeit, das Verwaltungsverfahren und die Verwaltungsorganisation sowie die Rechtsbeziehungen der Bürger zur Verwaltung.

27.3.2 Die Handlungsformen der Verwaltung

• Verwaltungsakt
  – §§ 35 ff. VwVfG
• Sonstige verwaltungsrechtliche Willenserklärungen
  – §§ 104 ff., 133 ff. BGB analog, außer Sonderregeln
• Verwaltungsvertrag
  – §§ 54 ff. VwVfG
• Rechtsverordnung
  – Art. 80 GG
• Satzung
• Plan
• Rechtsakte im Innenverhältnis
  – Verwaltungsvorschrift
  – Einzelweisung

- Schlichtes Verwaltungshandeln
  - Realhandlungen/Realakte
  - Wissenserklärungen
- Verwaltungsprivatrechtliches Handeln.

27.3.3 Abgrenzung des öffentlich-rechtlichen vom privatrechtlichen Handeln der Verwaltung

Öffentlich-rechtliches Handeln liegt vor, wenn ein Träger öffentlicher Gewalt aufgrund eines Rechtssatzes tätig wird, der ausschließlich einen Träger öffentlicher Gewalt zu einem Tun oder Unterlassen berechtigt oder verpflichtet. Bei öffentlichen Rechtsträgern ist im Zweifel davon auszugehen, dass sie bei der Erfüllung öffentlicher Aufgaben öffentlich-rechtlich handeln.

27.3.4 Der Verwaltungsakt

27.3.4.1 Definition

Gemäß § 35 VwVfG ist ein Verwaltungsakt „jede Verfügung, Entscheidung oder andere hoheitliche Maßnahme, die eine Behörde zur Regelung eines Einzelfalles auf dem Gebiet des öffentlichen Rechts trifft und die auf unmittelbare Rechtswirkung nach außen gerichtet ist. Allgemeinverfügung ist ein Verwaltungsakt, der sich an einen nach allgemeinen Merkmalen bestimmten oder bestimmbaren Personenkreis richtet oder die öffentlich-rechtliche Eigenschaft einer Sache oder ihre Benutzung durch die Allgemeinheit betrifft“ (z. B. Widmung einer Straße, Benutzungsregelung).

27.3.4.2 Begriffsmerkmale des Verwaltungsaktes (VA)

- Behörde: jede Stelle, die Aufgaben der öffentlichen Verwaltung wahrnimmt.
- Maßnahme: jedes Verhalten mit Erklärungsgehalt, das innerhalb von Rechtssätzen ergeht.
- Auf dem Gebiet des öffentlichen Rechts: öffentlich-rechtliches Handeln.
- Regelung: einseitige, verbindliche Maßnahme, die unmittelbar die Herbeiführung von Rechtsfolgen bezweckt.
- Einzelfall: konkret-individuell, auch Allgemeinverfügung.
- Außenwirkung: keine behördeninterne Maßnahme.

27.3.4.3 Die Nebenbestimmung

Begriff

Die in einem Verwaltungsakt begriffswesentlich enthaltene Hauptregelung kann durch eine Nebenaussage ergänzt oder beschränkt werden. Trifft diese zusätzliche Bestimmung eine vom Hauptverwaltungsakt unterscheidbare Regelung, liegt eine sog. Nebenbestimmung vor.

Keine Nebenbestimmung ist

- der Hinweis auf eine bereits bestehende Rechtslage
- die nähere Bezeichnung des Inhalts des Hauptverwaltungsakts
- die Teilgenehmigung (Antragsteller erhält weniger als beantragt: stets selbstständiger VA)
- die modifizierte Genehmigung (Antragsteller bekommt etwas anderes als beantragt: stets selbstständiger VA).

Arten der Nebenbestimmungen

Die Arten der Nebenbestimmungen sind gemäß § 36 Abs. 2 VwVfG

- Befristung: Geltung des VA ist von bestimmtem Zeitpunkt/-raum abhängig.
- Bedingung: Geltung des VA ist von ungewissem Eintritt eines bestimmten Ereignisses abhängig.
- Widerrufsvorbehalt: Wirksamkeit des VA endet nach Widerruf, der selbst VA ist.
- Auflage: Neben VA wird Tun, Dulden oder Unterlassen vorgeschrieben.
- modifizierende Auflage: Regelung einer modifizierenden Gewährung erhält Anordnungsqualität.
- Auflagenvorbehalt: Es wird im VA vorbehalten, nachträglich eine Auflage aufzunehmen, zu ändern oder zu ergänzen.

Rechtmäßigkeit einer Nebenbestimmung
Liegen keine Spezialvorschriften vor, die die Rechtmäßigkeit von Nebenbestimmungen regeln, ist auf die allgemeine Vorschrift des § 36 VwVfG abzustellen. Besteht auf den Grundverwaltungsakt ein Anspruch, ist die Nebenbestimmung rechtmäßig, wenn sie durch Rechtsvorschrift zugelassen ist oder wenn sie sicherstellen soll, dass die gesetzlichen Voraussetzungen des Verwaltungsaktes erfüllt werden, § 36 Abs. 1 VwVfG. Steht der Hauptverwaltungsakt im Ermessen, so muss auch das Ermessen in Bezug auf die Beifügung einer Nebenbestimmung pflichtgemäß ausgeübt worden sein, § 36 Abs. 2 VwVfG. Nach § 36 Abs. 3 VwVfG darf eine Nebenbestimmung dem Zweck des Verwaltungsaktes nicht zuwiderlaufen.

Anfechtbarkeit von Nebenbestimmungen
Ansatzpunkt für die isolierte Anfechtbarkeit von Nebenbestimmungen ist, ob diese vom Hauptverwaltungsakt abtrennbar sind und damit Teilbarkeit besteht. Das ist dann der Fall, wenn der verbleibende begünstigende Verwaltungsakt rechtmäßig ist. So setzt etwa die isolierte Aufhebung der einer Genehmigung beigefügten Auflage voraus, dass die Genehmigung mit einem Inhalt weiterbestehen kann, der der Rechtsordnung entspricht. Der nicht aufgehobene Teil des Verwaltungsakts muss danach ohne Änderung seines Inhalts sinnvollerund rechtmäßigerweise bestehen bleiben können.

Bei der modifizierenden Auflage ist eine Teilbarkeit von Nebenbestimmung und Hauptverwaltungsakt grundsätzlich abzulehnen, weil die Inhaltsänderung auch Inhalt der Auflage ist. Inhaltsänderung und Auflage sind mithin untrennbar miteinander verbunden, denn sie regeln dem Gegenstand nach das Gleiche.

27.3.4.4 Die formelle Rechtmäßigkeit des Verwaltungsaktes

Die formelle Rechtmäßigkeit eines Verwaltungsaktes setzt die Wahrung folgender Punkte voraus:

- Zuständigkeit
  - sachlich
  - örtlich
  - instanziell
- Verfahren
  - Handeln durch geeignete Amtsträger, §§ 20 f. VwVfG
  - richtige Verfahrensart, vgl. etwa § 17 FStrG
  - ggf. Antragsbedürfnis, § 22 VwVfG; Heilung nach § 45 Abs. 1 Nr. 1 VwVfG
  - Untersuchungsgrundsatz, § 24 Abs. 1 S. 1 VwVfG
  - Mitwirkung anderer Stellen/Behörden, vgl. etwa § 36 BauGB; Heilung nach § 45 Abs. 1 Nr. 3 (Abs. 3) VwVfG
  - Beteiligung Betroffener, § 13 VwVfG
  - Anhörung Beteiligter, § 28 VwVfG
  - Beratung und Information Beteiligter, § 25 VwVfG
  - Rechtsbehelfsbelehrung, vgl. §§ 59, 73 Abs. 3 S. 1 VwGO
  - Gestattung von Akteneinsicht, §§ 29 f. VwVfG
  - ggf. besondere Anforderungen: förmliches Verwaltungsverfahren, §§ 70 ff. VwVfG, v. a. Planfeststellungsverfahren, §§ 72 ff. VwVfG
- Form, § 37 Abs. 2–4 VwVfG
- Bekanntgabe, § 41 Abs. 1 VwVfG; vgl. auch § 43 Abs. 1 VwVfG: Wirksamkeitsvoraussetzung!
- Begründung, § 39 Abs. 1 VwVfG, Heilung nach § 45 Abs. 1 Nr. 2 (Abs. 3) VwVfG.

27.3.4.5 Die materielle Rechtmäßigkeit des Verwaltungsaktes

Die materielle Rechtmäßigkeit eines Verwaltungsaktes setzt voraus:

- Rechtsgrundlage für Erlass des VA
- Rechtmäßigkeit der Rechtsgrundlage
- Tatbestandsvoraussetzungen der Rechtsgrundlage
- richtiger Adressat
- rechtmäßige Ermessensausübung
- Beachtung von anderen Rechtssätzen; v. a. einschlägige andere Gesetze, Grundrechte und Übermaßverbot
- Bestimmtheit, § 37 Abs. 1 VwVfG
- VA auf tatsächlich und rechtlich möglichen Erfolg gerichtet.

27.3.4.6 Aufhebung von Verwaltungsakten nach Unanfechtbarkeit

- rechtmäßig nicht begünstigend: Widerruf im Ermessen der Verwaltung, § 49 Abs. 1 VwVfG
- rechtmäßig begünstigend: Widerruf nur nach Voraussetzungen des § 49 Abs. 2, 3 VwVfG
- rechtswidrig nicht begünstigend: Rücknahme im Ermessen der Verwaltung, § 48 Abs. 1 VwVfG
- rechtswidrig begünstigend: Rücknahme im Ermessen der Verwaltung, § 48 Abs. 1 VwVfG, außer
  - bei geldlichem VA, § 48 Abs. 2 VwVfG
    - Vertrauen des Empfängers
    - Schutzwürdigkeit des Vertrauens
  - bei nichtgeldlichem VA, § 48 Abs. 3 VwVfG
    - Vermögensnachteil nicht ausgleichbar und
    - Vertrauen des Begünstigten überwiegt
- erweiterte Aufhebbarkeit im Rechtsbehelfsverfahren auf Anfechtung eines Dritten, § 50 VwVfG
- Wiederaufgreifen des Verfahrens nach § 51 VwVfG.

27.3.5 Weitere Grundbegriffe des Verwaltungsrechts

27.3.5.1 Ermessen

Verwaltungsrechtliche Rechtsnormen bestehen aus Tatbestand und Rechtsfolge. Die Rechtsfolge tritt ein, wenn der Tatbestand erfüllt ist. Ermessen liegt vor, wenn die Verwaltung bei Verwirklichung eines gesetzlichen Tatbestandes durch das Gesetz ermächtigt wird, die Rechtsfolge innerhalb mehrerer Handlungsvarianten bzw. eines gewissen Handlungsspielraumes eigenständig festzulegen. Beim sog. Entschließungsermessen kann die Verwaltung entscheiden, ob sie eine bestimmte Maßnahme überhaupt treffen will. Beim sog. Auswahlermessen kann sie von verschiedenen denkbaren Maßnahmen eine wählen. Ermessensfehler liegen bei Ermessensnichtgebrauch, Ermessensüberschreitung (Rechtsfolge liegt außerhalb Ermessensnorm) und Ermessensfehlgebrauch (Zweckverfehlung) vor. Hat sich die Wahlmöglichkeit im Einzelfall auf eine Alternative reduziert, ist nur diese Entscheidung ermessensfehlerfrei (Ermessensreduzierung auf Null).

27.3.5.2 Unbestimmter Rechtsbegriff

Während das Ermessen auf der Rechtsfolgenseite einer Vorschrift erscheint, ist der unbestimmte Rechtsbegriff Gegenstand des gesetzlichen Tatbestandes. Beispiele sind etwa die Begriffe Eignung, Gemeinwohl und öffentliches Interesse. Die Rechtsanwendung erfordert eine inhaltliche Festlegung dieser Begriffe. Sie bedarf also der Wertung sowie prognostischer Erwägungen. Unbestimmte Rechtsbegriffe sind gerichtlich grundsätzlich voll überprüfbar. Nur ausnahmsweise gesteht die Rechtsprechung der Verwaltung einen von den Gerichten nur beschränkt überprüfbaren Beurteilungsspielraum zu, nämlich wenn es sich um Prüfungs- oder prüfungsähnliche Entscheidungen, Beurteilungen der Eignung und Befähigung von Beamten, verwaltungspolitische Entscheidungen, Risikobewertungen oder Entscheidungen wertender Art handelt.

27.3.5.3 Subjektiv-öffentliches Recht

Ein subjektiv-öffentliches Recht ist gegeben, wenn durch eine Vorschrift des öffentlichen Rechts die Rechtsmacht eingeräumt wird, vom Staat zur Verfolgung eigener Interessen ein bestimmtes Verhalten verlangen zu können. Dass dem Bürger ein subjektiv-öffentliches Recht zusteht, setzt zunächst voraus, dass ein objektiver Rechtssatz die Verwaltung zu einem bestimmten Tun verpflichtet. Darüber hinaus muss diese Rechtsnorm zumindest auch dem Schutz von Individualinteressen dienen. Dies gilt insbesondere auch bei Ermessensspielräumen, sodass ein allgemeiner Anspruch auf ermessensfehlerfreie Entscheidung nicht besteht.

Das subjektiv-öffentliche Recht kann im Klagewege durchgesetzt werden. Zuständig sind die Verwaltungsgerichte. Die VwGO kennt folgende Klagearten:

- Anfechtungsklage: Kläger begehrt Aufhebung eines VA, § 42 Abs. 1, 1. Alt. VwGO (vorheriger Widerspruch notwendig)
- Verpflichtungsklage: Kläger begehrt Erlass eines abgelehnten oder unterlassenen VA,

§ 42 Abs. 1, 2. Alt. VwGO (teilweise vorheriger Widerspruch notwendig)
- Fortsetzungsfeststellungsklage: Kläger begehrt Feststellung der Rechtswidrigkeit eines VA nach Erledigung (str., ob vorheriger Widerspruch notwendig)
- Allgemeine Leistungsklage: Kläger begehrt Vornahme oder Unterlassung einer Handlung, die keinen VA darstellt, also eines Realaktes, ggf. auch einer Rechtsnorm (str.)
- Feststellungsklage: Kläger begehrt Feststellung des Bestehens oder Nichtbestehens eines Rechtsverhältnisses oder der Nichtigkeit eines VA, § 43 Abs. 1 VwGO
- Normenkontrollklage: Antragsteller will Gültigkeit einer Rechtsnorm überprüfen lassen, § 47 Abs. 1 VwGO.

Begehren einstweiligen Rechtsschutzes nach

- §§ 80, 80a VwGO: bei Anfechtungsklage
- § 123 VwGO: nicht für Anfechtungsklage
- § 47 Abs. 8 VwGO: bei Normenkontrolle.

27.3.6 Der öffentlich-rechtliche Vertrag

Ein öffentlich-rechtlicher Vertrag ist ein Vertrag (Einigung über die Herbeiführung einer Rechtsfolge), durch den ein Rechtsverhältnis auf dem Gebiet des öffentlichen Rechts begründet, geändert oder aufgehoben wird, § 54 S. 1 VwVfG.

Rechtmäßigkeit des Verwaltungsvertrages:

- Zulässigkeit der Vertragsform, § 54 VwVfG
- Schriftform, § 57 VwVfG
- Zustimmung von Dritten und Behörden, § 58 VwVfG
- Inhaltliche Rechtmäßigkeit des Vertrages (bestimmt sich nach materiellem Recht)
- Bei einem Austauschvertrag muss die Gegenleistung des Bürgers für einen bestimmten Zweck vereinbart werden, der Erfüllung öffentlicher Aufgaben dienen, angemessen sein und in sachlichem Zusammenhang mit der vertraglichen Leistung stehen.

27.4 Anlagenzulassungsrecht

27.4.1 System

Regelungen zum Immissionsschutz enthält vor allem das Bundes-Immissionsschutzgesetz (BImSchG), auf dessen Grundlage eine Reihe von Verordnungen erlassen wurde. Anlagen, die aufgrund ihrer Beschaffenheit oder ihres Betriebes in besonderem Maße geeignet sind, schädliche Umwelteinwirkungen hervorzurufen oder in anderer Weise die Allgemeinheit oder die Nachbarschaft zu gefährden, erheblich zu benachteiligen oder zu belästigen, bedürfen gem. § 4 BImSchG einer Genehmigung, unabhängig von dieser Qualifizierung alle ortsfesten Anlagen zur Lagerung oder Behandlung von Abfällen.

Die Genehmigung kann gem. § 6 Nr. 1 i. V. m. § 5 BImSchG nur dann erteilt werden, wenn durch die Errichtung und den Betrieb der Anlage

- schädliche Umwelteinwirkungen und sonstige Gefahren, erhebliche Nachteile und erhebliche Belästigungen für die Allgemeinheit und die Nachbarschaft nicht hervorgerufen werden können (§ 5 Abs. 1 Nr. 1 BImSchG)
- Vorsorge gegen schädliche Umwelteinwirkungen getroffen wird, insbesondere durch die dem Stand der Technik entsprechenden Maßnahmen zur Emissionsbegrenzung (§ 5 Abs. 1 Nr. 2 BImSchG). CO_2-Emissionen werden über den Emissionshandel begrenzt.
- Abfälle möglichst vermieden, jedenfalls ordnungsgemäß und schadlos verwertet oder – subsidiär – ohne Beeinträchtigung des Wohls der Allgemeinheit beseitigt werden (§ 5 Abs. 1 Nr. 3 BImSchG) und
- entstehende Wärme für Anlagen des Betreibers genutzt oder an Dritte abgegeben wird, soweit zumutbar und technisch möglich.

Genehmigungsbedürftige Anlagen sind weiter so zu betreiben und stillzulegen, dass auch nach einer Betriebseinstellung

- von der Anlage oder dem Anlagegrundstück keine schädlichen Umwelteinwirkungen oder sonstige Gefahren, erhebliche Nachteile und erhebliche Belästigungen für die Allgemein-

heit und die Nachbarschaft hervorgerufen werden können (§ 5 Abs. 3 Nr. 1 BImSchG),
- vorhandene Abfälle ordnungsgemäß und schadlos verwertet oder ohne Beeinträchtigung des Wohls der Allgemeinheit beseitigt werden und
- die Wiederherstellung eines ordnungsgemäßen Zustandes des Anlagengrundstücks gewährleistet ist.

Damit die genannten Anforderungen eingehalten werden, müssen bestehende Anlagen laufend überwacht werden. Weiterhin können die zuständigen Behörden gem. § 17 BImSchG nachträgliche Anordnungen treffen, um bestehende Pflichtverletzungen des Anlagenbetreibers zu unterbinden. Falls dieser den Anordnungen nicht nachkommt, erlischt die Genehmigung (§ 18 BImSchG).

Auch die Betreiber von Anlagen, die nicht derart gefährlich und daher nicht genehmigungsbedürftig sind, müssen diese gem. § 22 BImSchG so errichten und betreiben, dass

- schädliche Umwelteinwirkungen verhindert werden, die nach dem Stand der Technik vermeidbar sind (§ 22 Abs. 1 S. 1 Nr. 1 BImSchG),
- nach dem Stand der Technik unvermeidbare schädliche Umwelteinwirkungen auf ein Mindestmaß beschränkt werden (§ 22 Abs. 1 S. 1 Nr. 2 BImSchG) und
- die beim Betrieb der Anlage entstehenden Abfälle ordnungsgemäß beseitigt werden können (§ 22 Abs. 1 S. 1 Nr. 3 BImSchG).

Auch bei nicht genehmigungsbedürftigen Anlagen kann die zuständige Behörde Einzelfallanordnungen treffen, um die Einhaltung dieser Anforderungen sicherzustellen (§ 24 BImSchG) und für den Fall von deren Nichtbeachtung den Betrieb der Anlage nach § 25 BImSchG untersagen.

27.4.2 Begriffe

Der Inhalt des Gesetzes hängt maßgeblich davon ab, wie die genannten Begriffe definiert werden. Aus diesem Grund hat der Gesetzgeber in § 3 BImSchG einige Legaldefinitionen getroffen.

27.4.2.1 Anlage

Nach § 3 Abs. 5 BImSchG sind Anlagen im Sinne dieses Gesetzes

- Betriebsstätten und sonstige ortsfeste Einrichtungen
- Maschinen, Geräte und sonstige ortsveränderliche technische Einrichtungen sowie Fahrzeuge, soweit sie nicht der Vorschrift des § 38 BImSchG unterliegen (dazu unten), und
- Grundstücke, auf denen Stoffe gelagert oder abgelagert oder Arbeiten durchgeführt werden, die Emissionen verursachen können, ausgenommen öffentliche Verkehrswege.

Beim Anlagenbegriff ist unerheblich, ob die Emissionen ungewollt entstehen oder gerade beabsichtigt sind, wie zum Beispiel beim Betrieb von Sirenen oder einer Stereoanlage.

27.4.2.2 Emissionen/Immissionen

Nach § 3 Abs. 2 BImSchG sind Immissionen auf Menschen, Tiere und Pflanzen, den Boden, das Wasser, die Atmosphäre sowie Kultur- und sonstige Sachgüter einwirkende Luftverunreinigungen, Geräusche, Erschütterungen, Licht, Wärme, Strahlen und ähnliche Umwelteinwirkungen. Im Gegensatz dazu sind Emissionen nach Absatz 3 die von einer Anlage ausgehenden Erscheinungen, die in Absatz 2 aufgezählt wurden.

27.4.2.3 Luftverunreinigungen

Unter Luftverunreinigungen fallen Veränderungen der natürlichen Zusammensetzung der Luft, insbesondere Rauch, Ruß, Gase, Aerosole, Dämpfe oder Geruchsstoffe (§ 3 Abs. 4 BImSchG).

27.4.2.4 Schädliche Umwelteinwirkungen

Unter schädlichen Umwelteinwirkungen versteht man nach § 3 Abs. 1 BImSchG Immissionen, die nach Art, Ausmaß oder Dauer geeignet sind, Gefahren, erhebliche Nachteile oder erhebliche Belästigungen für die Allgemeinheit oder die

Nachbarschaft herbeizuführen. Die Begriffe Immissionen und Umwelteinwirkungen verwendet der Gesetzgeber synonym.

Aus der genannten Definition ergibt sich, dass nicht bereits jede Einwirkung, die irgendwie negativ wahrnehmbar ist, unter den Begriff der schädlichen Umwelteinwirkung fällt, sondern dass eine bestimmte Qualität dafür erforderlich ist. Keine Probleme ergeben sich, wenn die Gesundheit von Menschen betroffen ist, weil es sich dann immer um eine Gefahr handelt. Anders ist es, wenn es sich um Nachteile und Belästigungen handelt, die nach dem Wortlaut „erheblich" sein müssen.

Unter Nachteilen sind solche Vermögenseinbußen zu verstehen, die zwar physisch einwirken, aber nicht unmittelbar zu einem Schaden in Form einer Substanzverletzung führen, sondern zu anderen Vermögensnachteilen. Darunter fällt zum Beispiel die Wertminderung eines Grundstücks, nicht aber die Erhöhung des Unfall- und Haftungsrisikos eines benachbarten Betriebes. Nachteile sind außerdem Beeinträchtigungen des persönlichen Lebensraums, etwa wenn es unmöglich wird, sich im Garten aufzuhalten. Belästigungen sind Einwirkungen, die das Wohlbefinden der Menschen nachteilig beeinflussen, ohne eine Gefahr für die Gesundheit zu sein, wie zum Beispiel Lärm, der die Verständigung oder die Konzentrationsfähigkeit mindert.

Wann diese Nachteile und Belästigungen als erheblich anzusehen sind, ist nicht nach dem subjektiven Empfinden der Betroffenen, sondern nach einem objektiven Maßstab zu beurteilen. Bei dieser Einschätzung stellt man auf das Interesse eines durchschnittlichen und verständigen Bürgers an einem vor besonderen Umweltgefahren geschützten Lebensraum ab.

27.4.2.5 Stand der Technik

Gemäß § 3 Abs. 6 BImSchG ist der Stand der Technik im Sinne des Gesetzes der Entwicklungsstand fortschrittlicher Verfahren, Einrichtungen oder Betriebsweisen, der die praktische Eignung einer Maßnahme zur Begrenzung von Emissionen gesichert erscheinen lässt. Bei der Bestimmung des Standes der Technik sind insbesondere vergleichbare Verfahren, Einrichtungen oder Betriebsweisen heranzuziehen, die mit Erfolg im Betrieb erprobt wurden. Diese Voraussetzungen erfüllen jeweils nicht nur die allerneuesten Maßnahmen und Techniken, sondern auch ältere, soweit diese in ihrer Wirkung den neueren nahekommen und überhaupt nützlich sind. Indem die Legaldefinition auf die praktische Eignung abstellt, wird auch deren wirtschaftliche Eignung angesprochen. Ausgeschlossen sind dadurch aber nur im Verhältnis von Kosten und Nutzen völlig unzumutbare Maßnahmen.

27.4.3 Verfahren

Im Bundes-Immissionsschutzgesetz (v. a. in § 10) sowie in der darauf basierenden 9. BImSchV – geändert durch ÄnderungsVO vom 08.12.2017 – wird auch das Verfahren der immissionschutzrechtlichen Anlagengenehmigung geregelt. Durch dieses Verfahren soll vor allem gewährleistet werden, dass die Entscheidung materiell richtig ist. Die entsprechenden Vorschriften haben in der Praxis erhebliche Bedeutung.

27.4.3.1 Verlauf des Verfahrens

Nach diesen Vorschriften hat das Genehmigungsverfahren folgenden Verlauf:

- Genehmigungsantrag durch den Anlagenbetreiber,
- falls erforderlich Umweltverträglichkeitsprüfung (§ 1 Abs. 2 S. 1 der 9. BImSchV),
- Beteiligung anderer Behörden, soweit deren Genehmigung durch die nach BImSchG ersetzt wird oder diese eine selbstständige Entscheidung treffen müssen,
- Beteiligung der Öffentlichkeit durch Bekanntmachung des Vorhabens und Auslegung des Antrags und der übrigen Unterlagen für die Dauer von einem Monat,
- Einwendungen, mit denen sich jedermann, also nicht nur von der Errichtung der Anlage Betroffene, bis zwei Wochen nach Auslegung der Unterlagen gegen das gesamte Vorhaben oder bestimmte Teile davon wenden kann. Allerdings keine Präklusion mehr bei umweltrechtlichen Einwendungen.

- ein Erörterungstermin, in dem nach Ablauf der Einwendungsfrist die zuständige Behörde zusammen mit dem Antragsteller und denjenigen, die Einwände erhoben haben, deren Vorbehalte erörtert,
- Erteilung der Genehmigung, wenn alle formellen und materiellen Voraussetzungen erfüllt sind. Die Frist dafür beträgt beim förmlichen Genehmigungsverfahren sieben Monate, bei vereinfachten Verfahren (§ 19 BImSchG) drei Monate; allerdings wird die Erteilung der Genehmigung nach Ablauf dieser Frist nicht fingiert,
- Zustellung der Genehmigungsentscheidung an den Antragsteller und die Einwender (§ 10 Abs. 7 BImSchG), wobei Letzeres nach § 10 Abs. 8 BImSchG durch öffentliche Bekanntmachung ersetzt werden kann.

27.4.3.2 Präklusion

Nach § 10 Abs. 3 S. 3 BImSchG sind mit Ablauf der Frist sämtliche Einwendungen ausgeschlossen, die nicht auf einem besonderen privatrechtlichen Titel beruhen. Das heißt, dass erstens diejenigen, die verspätet Einwendungen erhoben haben, nicht mehr zum Erörterungstermin zugelassen werden und zweitens für sie eine Klage vor dem Verwaltungsgericht unzulässig wird. Diese Wirkungen treten aber nur ein, wenn vorher das Verfahren ordnungsgemäß durchgeführt wurde, insbesondere die Dauer der Auslegung der Unterlagen wirklich einen Monat betrug und die Materialien vollständig und für Dritte verständlich waren. Die Präklusion greift auch nicht ein, wenn Einwendungen erst nach dem Ende der Frist entstehen, etwa wenn sich der wissenschaftliche Erkenntnisstand maßgeblich geändert hat. Für umweltrechtliche Einwendungen ist die Präklusion ausgeschlossen. Es läuft also keine Frist. Es dürfen Einwendungen nur nicht missbräuchlich entgegen § 5 UmwRG erhoben werden.

27.5 Abfallrecht

Das nationale Abfallrecht setzt die EU-Abfallrahmenrichtlinie um. Die vier Änderungsrichtlinien des europäischen Abfallpakets sind im Amtsblatt der EU vom 14.06.2018 veröffentlicht worden[16] und am 04.07.2018 in Kraft getreten. Auch sie sind umuzusetzen – so zur Vermeidung von Plastikabfällen.

27.5.1 Abfallbegriff

Nach § 3 Abs. 1 KrWG sind Abfälle alle Stoffe oder Gegenstände, deren sich ihr Besitzer entledigt, entledigen will oder entledigen muss. Entscheidend ist daher die Entledigungsabsicht (subjektiver Abfallbegriff) bzw. die Pflicht zur Entledigung (objektiver Abfallbegriff).

Eine Entledigung liegt gem. § 3 Abs. 2 KrWG dann vor, wenn der Besitzer Stoffe oder Gegenstände einer Verwertung im Sinne der Anlage 2 oder einer Beseitigung im Sinne der Anlage 1 zuführt oder die tatsächliche Sachherrschaft über sie unter Wegfall jeder weiteren Zweckbestimmung aufgibt. Die Vornahme einer privaten Verwertung schließt die Abfalleigenschaft nicht aus. Denn auch dann wird der entsprechende Stoff entsprechend § 3 Abs. 2 KrWG einem Verwertungsverfahren zugeführt. Auf diese Weise können auch Wertstoffe und Wirtschaftsgüter erfasst werden.

Abzugrenzen ist allerdings die Abfall- von der Produkteigenschaft. Produkte und damit keine Abfälle liegen entsprechend § 3 Abs. 3 KrWG insbesondere dann vor, wenn der Anfall des Stoffes einem Nebenzweck einer bestimmten Handlung entspricht, der ihn weiterhin als Produkt verwendbar macht. Maßgeblich dafür ist,

- ob dieser Stoff allgemeine oder gewerbliche Produktnormen oder Spezifikationen erfüllt,
- einen positiven Marktwert hat
- bzw. von einem Handelsvertrag erfasst wird, mit welchem der Empfänger ihn vom Hersteller oder Besitzer erwirbt.

[16] RL 2018/849, RL 2018/850, RL 2018/851, RL 2018/852 des Europäischen Parlaments und des Rates vom 30.05.2018, ABl. L 150, S. 93, S. 100, S. 109, S. 141.

Ein Beispiel ist 98 %iger Schwefel aus Rauchgasreinigungsanlagen. Diese Stoffe müssen ohne weitere Verarbeitung und sofort weiterverwendet werden können.

27.5.2 Objektiver Abfallbegriff

Abfall im objektiven Sinne besteht aus solchen Stoffen, derer sich der Erzeuger oder Besitzer aufgrund ihrer Gefährlichkeit entledigen muss. Diese Stoffe müssen also

- Gefahren für das Gemeinwohl und damit etwa für Wasser oder Boden gegenwärtig oder künftig erwarten lassen.
- Diese Gefahren dürfen nur durch eine nach den Vorschriften dieses Gesetzes entsprechende ordnungsgemäße und schadlose Verwertung oder gemeinwohlverträgliche Beseitigung ausgeschlossen werden können.

27.5.3 Verwertung und Beseitigung

Die so definierten Abfälle unterfallen gem. § 3 Abs. 1 S. 2 KrWG in zwei Gruppen.

a) Abfälle zur Verwertung sind Abfälle, die verwertet werden. Dann ersetzen sie Primärrohstoffe. Lediglich unter dieser Voraussetzung liegt auch eine energetische Verwertung vor.
b) Abfälle zur Beseitigung sind solche, die nicht verwertet werden (§ 3 Abs. 1 S. 2 KrWG)

Die Entsorgungsverantwortung obliegt vom Ansatz her nicht öffentlich-rechtlichen Entsorgungskörperschaften, sondern gem. §§ 7 Abs. 2, 15 Abs. 1 KrWG den Erzeugern und Besitzern von Abfall selbst.

Gewerbliche Abfälle können nach § 17 Abs. 1 S. 2 KrWG von vornherein nur dann von der öffentlich-rechtlichen Entsorgungsverantwortung erfasst werden, wenn es sich um solche zur Beseitigung handelt; gewerbliche Abfälle zur Verwertung bleiben ausgeschlossen. Aber auch Abfälle zur Beseitigung können nur dann der öffentlich-rechtlichen Entsorgungspflicht unterliegen, wenn die Gewerbetreibenden sie nicht in eigenen Anlagen beseitigen. Das dürfen sie nicht, wenn überwiegende öffentliche Interessen die Überlassung erfordern. Zu ihnen gehört insbesondere die Wahrung der Funktionsfähigkeit öffentlich-rechtlicher Entsorgungssysteme.

27.5.4 Abfallhierarchie

Die Vermeidung hat gem. § 6 Abs. 1 KrWG Vorrang vor der Verwertung und damit vor der Entsorgung insgesamt. Sie ist allerdings nicht als konkrete Rechtspflicht festgelegt. Wie § 7 Abs. 1 KrWG belegt, bedarf sie der Ausgestaltung durch Rechtsverordnungen. Diese erfolgt im Rahmen der Produktverantwortung.

Die Produktverantwortung ist in § 23 KrWG als solche festgeschrieben und definiert. Aus ihr erwachsen jedoch keine konkreten Rechtspflichten. § 23 Abs. 4 KrWG sieht vielmehr vor, dass die Bundesregierung durch Rechtsverordnungen die Verpflichteten der Produktverantwortung und die von ihr betroffenen Erzeugnisse bestimmt. Die Produktverantwortung ist also konkretisierungsbedürftig. Eine solche Ausgestaltung liegt in der Verpackungsverordnung. Im Übrigen sieht § 26 KrWG freiwillige Selbstverpflichtungen als zweiten Weg zur Verwirklichung der Produktverantwortung vor. Durch solche freiwilligen Selbstverpflichtungen oder durch Rechtsverordnungen werden nach § 27 KrWG Hersteller und Vertreiber entsorgungspflichtig.

27.5.5 Betriebsorganisation und Beauftragter für Abfall

Betreiber einer immissionsschutzrechtlich genehmigungsbedürftigen Anlage sowie Hersteller und Vertreiber, die konkreten Pflichten aus der Produktverantwortung unterliegen, müssen aus ihrer Betriebsorganisation nach § 58 KrWG einen Ansprechpartner für die Behörden benennen.

§ 59 KrWG verlangt von demselben Personenkreis sowie von Entsorgern die Bestellung eines Betriebsbeauftragten für Abfall mit den Aufgaben des § 60 KrWG.

27.6 Strafrecht

Bei der Beurteilung der Strafbarkeit von Personen in (größeren) Unternehmen ist zum einen zu berücksichtigen, inwieweit die Unternehmensführung und leitende Mitarbeiter für Handlungen von Mitarbeitern zur Verantwortung gezogen werden können, durch die der Tatbestand einer Straftat erfüllt wurde. Im Regelfall kommt hier eine fahrlässige Begehung in Betracht, wenn Überwachungs- und Kontrollpflichten verletzt wurden.

Zum anderen bereitet es Probleme, einen Verstoß gegen Pflichten, die nur den Unternehmer bzw. das Unternehmen betreffen, zu ahnden, wenn eine Person die Tatbestandshandlung ausgeführt hat, die ursprünglich nicht zum Täterkreis des entsprechenden Sonderdelikts gehört. Hier ist eine Lösung über § 14 StGB, der die strafrechtliche Haftung bei Handlungen für eine andere Person normiert, möglich.

27.6.1 Haftung für Handlungen von untergeordneten Mitarbeitern

27.6.1.1 Vorsätzliches Verhalten der Unternehmensleitung

Nach den allgemeinen Regeln ist der Fall zu beurteilen, dass der Leiter des Unternehmens bzw. leitende Mitarbeiter einen anderen Unternehmensangehörigen vorsätzlich zu einer Handlung verleitet haben, die zur Erfüllung eines Tatbestandes der §§ 324 ff. StGB führt. Handelt es sich dabei um ein Sonderdelikt, weil ein spezifischer Pflichtverstoß Tatbestandsmerkmal ist, so kann der untergeordnete Mitarbeiter kein Normadressat und damit auch kein Täter sein. Hier haftet der Anweisende als mittelbarer Täter gem. § 25 Abs. 1 2. Var. StGB, wobei ihm unter Umständen die jeweilige Sonderpflicht über § 14 zugerechnet werden muss. Verstößt der Mitarbeiter gegen ein Allgemeindelikt, so ist in der Regel gem. § 25 Abs. 2 StGB Mittäterschaft anzunehmen, wenn die allgemeinen Voraussetzungen vorliegen. Unter Umständen kommt bei einer streng hierarchischen Organisationsstruktur auch mittelbare Täterschaft nach den Grundsätzen des Täters hinter dem Täter in Betracht. Lediglich dann, wenn dem unmittelbar Handelnden weitgehende Freiheit bei der Ausführung der Anweisungen gelassen wird, kann die Tatherrschaft entfallen, sodass ausnahmsweise Anstiftung gem. § 26 StGB anzunehmen ist.

27.6.1.2 Fahrlässiges Handeln der Unternehmensleitung

Schwieriger ist die Beurteilung der Haftungsfrage, wenn die Unternehmensleitung nicht vorsätzlich gehandelt hat, sie also keine Kenntnis von Vorgängen hatte, die zu einem Verstoß gegen strafrechtliche Normen führten. Hier kommt eine Bestrafung nur in Betracht, wenn das jeweilige Delikt auch eine fahrlässige Begehung erfasst.

Folgende Grundsätze können dann für die strafrechtliche Haftung aufgestellt werden. So ist die Unternehmensführung zunächst für die Vorgänge innerhalb des Unternehmens in ihrer Gesamtheit verantwortlich. Allerdings können einzelne Aufgabenbereiche gebildet werden, sodass der Bereichsleiter die innerhalb seines Aufgabenbereiches bestehenden Pflichten eigenständig zu erfüllen hat. Bei der Gesamtunternehmensführung verbleiben aber weiterhin Überwachungs- und Organisationspflichten. Das bedeutet zum einen, dass jedenfalls dann, wenn Verdachtsmomente dafür bestehen, dass einzelne Verantwortliche ihre Aufgaben nicht pflichtgemäß erfüllen, deren Tätigkeit genauer zu kontrollieren ist. Zum anderen müssen die Strukturen innerhalb des Unternehmens so klar gegliedert sein, dass Verantwortlichkeiten genau festgelegt sind und eine Erfüllung der umweltrechtlichen Anforderungen gewährleistet ist.

Damit kommt eine Strafbarkeit wegen eines fahrlässigen Normverstoßes in Betracht, wenn die jeweiligen Verantwortlichen diese Pflichten nicht erfüllen und ein schädigendes oder gefährdendes Verhalten untergeordneter Mitarbeiter nicht verhindern. Es handelt sich mithin um eine Strafbarkeit durch Unterlassen, wobei die insofern gem. § 13 StGB notwendige Garantenstellung aus den oben skizzierten unternehmerischen Pflichten erwächst.

27.6.2 Organ- und Vertreterhaftung bei Sonderdelikten

Bei rechtsfähigen Gesellschaften (z. B. GmbH, AG) hat das in dieser Form organisierte Unternehmen als juristische Person eine eigene Rechtspersönlichkeit, sodass das Unternehmen auch Träger der spezifischen rechtlichen Pflichten wird. Das Unternehmen kann jedoch nicht selbstständig handeln, sondern es agiert durch seine Organe (z. B. Geschäftsführer, Vorstand). Aber auch bei Personengesellschaften, die keine eigene Rechtspersönlichkeit haben, ist es im arbeitsteiligen Wirtschaftsleben häufig der Fall, dass der Inhaber des Unternehmens zwar als Täter eines Sonderdeliktes in Frage kommt, da er der Adressat der relevanten umweltrechtlichen Regelungen ist, er jedoch nicht persönlich in strafrechtlich relevanter Weise tätig wird. In diesen Situationen können die tatsächlich Handelnden, die nicht zum gesetzlich festgelegten Täterkreis des Sonderdelikts gehören, nach den allgemeinen Regeln nicht belangt werden.

Diese Strafbarkeitslücke wird durch § 14 StGB geschlossen. Demnach wird der Täterkreis des Sonderdelikts auf solche Personen ausgeweitet, die als Organ einer Gesellschaft oder als Mitglied dieses Organs (Abs. 1 Nr. 1), als vertretungsberechtigter Gesellschafter einer Personengesellschaft (Abs. 1 Nr. 2), als gesetzlicher Vertreter eines anderen (Abs. 1 Nr. 3) handeln, oder die zur Leitung des Betriebes oder eines Teils des Betriebes (Abs. 2 Nr. 1) bzw. zur eigenverantwortlichen Wahrnehmung von Aufgaben des Inhabers des Betriebes (Abs. 2 Nr. 2) beauftragt wurden. Diese Personen werden dann als Täter des Sonderdelikts bestraft, wenn sie aufgrund eines der o. g. Verhältnisse die strafbare Handlung begangen haben, also im Interesse des Unternehmens oder des Vertretenen gehandelt haben. Weiterhin muss dieses Verhältnis nur faktisch bestanden haben, sodass gem. § 14 Abs. 3 StGB die mangelnde zivilrechtliche Wirksamkeit des Grundverhältnisses unbeachtlich ist.

Handelt der direkt oder gem. § 14 StGB Sonderpflichtige nicht unmittelbar, sondern gibt er an untergeordnete Mitarbeiter Anweisungen, so liegen wegen der mangelnden Tätertauglichkeit des Mitarbeiters bei dem Sonderpflichtigen mittelbare Täterschaft gem. § 25 Abs. 1, 2. Var. StGB und bei dem Mitarbeiter Beihilfe dazu gem. § 27 Abs. 1 StGB vor.

27.7 Zivilrecht

27.7.1 Wesen und Vorgehen

Das bürgerliche Recht ist Teil des Zivil- bzw. Privatrechts. Im Gegensatz zum Öffentlichen Recht wird hier der Staat nicht als Träger hoheitlicher Gewalt tätig, wie zum Beispiel im Strafrecht oder Polizeirecht, wo der Staat gegenüber der Privatperson berechtigt ist, Anordnungen zu treffen, sondern die einzelnen Rechtssubjekte sind hier grundsätzlich gleichberechtigt. Die gesetzlichen Regeln sind vor allem im Bürgerlichen Gesetzbuch (BGB) festgelegt. Das Handels- und Gesellschaftsrecht ist darüber hinaus in Spezialgesetzen niedergelegt.

Inhalt der zivilrechtlichen Falllösung ist die Beantwortung der Frage, ob eine Person gegen eine andere einen Anspruch aufgrund einer gesetzlichen Norm hat. Es geht also um die Frage: Wer (Gläubiger: z. B. Käufer oder Verkäufer) hat gegen wen (Schuldner) einen Anspruch auf was (Anspruch auf Leistung: z. B. Übereignung einer Sache; Zahlung des Kaufpreises) woraus (gesetzliche Norm: z. B. § 433 Abs. 1 oder § 433 Abs. 2 BGB). Die Beantwortung dieser Fragen ergibt den Obersatz. In der weiteren Falllösung ist zu prüfen, ob dieser Obersatz mit dem Lebenssachverhalt übereinstimmt. Bei einem positiven Ergebnis besteht der überprüfte Anspruch zu Recht.

Die gesetzliche Norm, aus der sich für jemanden ein Anspruch ergibt, ist die Anspruchsgrundlage. Dabei ist zwischen einer gesetzlichen (Anspruch leitet sich direkt aus dem Gesetz ab) und einer vertraglichen (Anspruch entsteht erst durch einen Vertrag, der durch die gesetzliche Norm näher bezeichnet wird) Anspruchsgrundlage zu unterscheiden. Eine solche Anspruchsgrundlage beinhaltet mehrere Voraussetzungen. Nur wenn alle genannten Voraussetzungen erfüllt sind, steht demjenigen, der den Anspruch geltend gemacht hat, dieses Recht zu.

27.7.2 Die Vertragsentstehung

Ein Vertrag kommt in der Regel durch Angebot gem. § 145 BGB und Annahme gem. § 146 BGB zustande. Das Angebot auf Abschluss eines Vertrages muss von der anderen Partei angenommen werden. Daneben können beide Parteien auch eine gemeinsame Erklärung formulieren, z. B. gemeinsam einen Vertragstext aufsetzen und unterzeichnen.

Ein solches Angebot muss, wie auch die Annahme, sämtliche Tatbestandsmerkmale einer empfangsbedürftigen Willenserklärung enthalten. Der äußere Tatbestand einer Willenserklärung setzt voraus:

- den Handlungswillen; dieser liegt vor, wenn der Erklärende nach dem äußeren Erscheinungsbild bewusst tätig wird,
- den Rechtsbindungswillen; für einen objektiven Erklärungsempfänger ist erkennbar, dass der Erklärende eine rechtliche Bindung erstrebt,
- den bestimmten Geschäftswillen; d. h. die wesentlichen Voraussetzungen eines Rechtsgeschäftes sind durch die Erklärung festgelegt.

Der innere Tatbestand der Willenserklärung ist gegeben, wenn der äußere Tatbestand dem Erklärenden zuzurechnen ist. Dazu müssen folgende beide Elemente vorliegen:

- das Handlungsbewusstsein; d. h. der Erklärende muss bewusst handeln;
- das Erklärungsbewusstsein; d. h. der Erklärende muss sich bewusst sein, dass seine Handlung rechtliche Folgen bewirkt.

Das Aussprechen oder Niederschreiben einer Willenserklärung reicht für deren Wirksamkeit noch nicht aus. Aus § 130 BGB ergibt sich, dass eine empfangsbedürftige Willenserklärung von dem Erklärenden abgegeben werden und dem Erklärungsempfänger zugehen muss, ohne dass sie vorher oder zeitgleich widerrufen wurde.

Notwendig für einen Vertragsschluss ist die Willenseinigung von mindestens zwei Personen. Eine Willenseinigung liegt dann vor, wenn diese inhaltlich übereinstimmende Willenserklärungen abgegeben haben, die dem anderen zugegangen sind, wobei die zeitlich erste Erklärung das Vertragsangebot und die darauf nachfolgende die Vertragsannahme beinhaltet.

27.7.3 Der Kaufvertrag

Beim Kaufvertrag handelt es sich um einen gegenseitigen Vertrag. Der Verkäufer verpflichtet sich, einen Vermögensgegenstand sach- und rechtsmangelfrei zu übergeben und zu übereignen, § 433 Abs. 1 BGB, während für den Käufer die Verpflichtung begründet wird, den vereinbarten Kaufpreis zu zahlen und die Sache abzunehmen, § 433 Abs. 2 BGB. Während die Mängelfreiheit der Kaufsache eine Hauptleistungspflicht des Verkäufers darstellt, verkörpert die Abnahmepflicht des Käufers grundsätzlich keine synallagmatische Hauptleistungs-, sondern eine Nebenpflicht. Ausnahmen können jedoch vertraglich vereinbart werden (z. B. Räumungsverkauf).

Vertragsgegenstand können Sachen (Sachkauf in Form des Gattungs- oder Stückkaufs) oder Rechte (z. B. Forderungen aller Art, Hypotheken, Patente) sowie darüber hinaus alle verkehrsfähigen Güter (z. B. Elektrizität) sein. Beim Sachkauf muss der Verkäufer dem Käufer die Sache mangelfrei übereignen und übergeben, beim Rechtskauf, auf den nach § 453 Abs. 1 BGB die Vorschriften zum Sachkauf entsprechend anzuwenden sind, muss der Käufer Inhaber des Rechts werden.

Leistet der Verkäufer nicht, so finden die allgemeinen Regeln des Schuldrechts Anwendung, §§ 280 ff. BGB (Unmöglichkeit, Verzug). Erweist sich der geleistete Kaufgegenstand dagegen als mangelhaft i. S. v. § 434 f. BGB, so ist das besondere Gewährleistungsrecht nach §§ 437–442 BGB einschlägig. Die Rechte des Käufers richten sich dann nach § 437 BGB (Nacherfüllung, Rücktritt, Minderung, Schadensersatz bzw. Aufwendungsersatz), dessen Grundvoraussetzung ein zur Zeit des Gefahrübergangs vorhandener Sachmangel gemäß § 434 BGB oder ein diesem gleichgestellter Rechtsmangel nach § 435 BGB ist.

Für den Verbrauchsgüterkauf sind die besonderen Normen der §§ 474 ff. BGB zu beachten. Diese führen in Umsetzung von EU-Richtlinien zu einer Besserstellung des Verbrauchers nach § 13 BGB.

27.7.4 Werkvertrag

Bei einem Werkvertrag verpflichtet sich der Unternehmer zur Herstellung eines mangelfreien Werkes, der Besteller zur Zahlung der Vergütung, §§ 631 f. BGB, zur Abnahme des Werkes, § 640 BGB, sowie ferner zur Stellung einer Sicherheit, § 648 BGB.

Der Werkunternehmer muss das versprochene Werk herstellen, wobei er regelmäßig nicht persönlich tätig zu werden braucht, es sei denn, die Herstellung hängt entscheidend von seinen Fähigkeiten und Kenntnissen ab. Des Weiteren gehört es zu seiner Hauptleistungspflicht, das Werk mangelfrei herzustellen. Der Begriff des Mangels nach § 633 BGB ist dabei ebenso wie im Kaufrecht subjektiv zu verstehen. Auch im Werkrecht sind Sach- und Rechtsmangel gleichgestellt.

Im Rahmen der Pflichten des Bestellers ist hervorzuheben, dass bei einem Werkvertrag die Abnahmepflicht eine Hauptleistungspflicht darstellt. Unter einer Abnahme wird nach der h. M. die körperliche Entgegennahme des Werkes und die ausdrückliche oder stillschweigende Erklärung des Bestellers verstanden, dass er das Werk als vertragsgemäße Erfüllung anerkenne. Sie ist auch Voraussetzung für die Fälligkeit des Vergütungsanspruchs des Unternehmers, § 641 Abs. 1 S. 1 BGB.

Auch für das Gewährleistungsrecht nach §§ 633 ff. BGB ist zentral, dass eine Abnahme stattgefunden hat. Vor der Abnahme bestehen dagegen der Herstellungsanspruch aus § 631 BGB bzw. grundsätzlich die Ansprüche nach dem allgemeinen Leistungsstörungsrecht, §§ 280 ff. BGB. Nach der Abnahme greift das Gewährleistungsrecht der §§ 633 ff. BGB, das sich von dem des Kaufrechts unterscheidet. Nach § 634 BGB sind die Rechte des Bestellers bei der Mangelhaftigkeit des abgenommenen Werkes Nacherfüllung (§§ 634 Nr. 1, 635 BGB), Aufwendungsersatz für die Selbstvornahme (§§ 634 Nr. 2, 637 BGB), Rücktritt (§§ 634 Nr. 3, 323 bzw. 326 Abs. 5 BGB) oder Minderung (§§ 634 Nr. 3, 638 BGB), Schadensersatz (§§ 634 Nr. 3, 280, 281, 283 bzw. 311a BGB) oder alternativ zu Letzterem Aufwendungsersatz (§§ 634 Nr. 3, 284 BGB).

Der Nacherfüllungsanspruch setzt einen Werkvertrag und einen Mangel zum Zeitpunkt des Gefahrenübergangs voraus. Anders als im Kaufrecht steht das Wahlrecht zwischen Nachbesserung und Neuherstellung nicht dem Besteller, sondern dem Unternehmer zu.

Macht der Besteller den Aufwendungsersatz für die Selbstvornahme, Rücktritt oder Minderung geltend, so muss überdies grundsätzlich erfolglos eine angemessene Frist zur Nacherfüllung gesetzt worden sein. Die Ansprüche auf Schadensersatz oder Aufwendungsersatz erfordern zusätzlich ein Vertretenmüssen des Unternehmers i. S. v. § 280 Abs. 1 S. 2 BGB.

Die Rechte, die in § 634 BGB aufgeführt sind, können jedoch ausgeschlossen sein. Insbesondere ist auf § 640 Abs. 2 BGB hinzuweisen: Kannte der Besteller den Mangel bei der Abnahme, so sind die Rechte aus § 634 Nr. 1 bis 3 BGB ausgeschlossen, wenn er sich eine Geltendmachung nicht vorbehält.

Ein Werkvertrag ist dann anzunehmen, wenn nicht das bloße Bemühen geschuldet ist, wie dies beim Dienstvertrag nach §§ 611 ff. BGB der Fall ist, sondern der Erfolg selbst.

Abschließend ist jedoch zu betonen, dass das Werkvertragsrecht nach §§ 631 ff. BGB seit der Schuldrechtsreform in 2002 nur noch einen eingeschränkteren Anwendungsbereich hat, vgl. § 651 BGB. Das Werkvertragsrecht ist daher nur noch in drei Fallgruppen einschlägig: Herstellung unkörperlicher, geistiger Leistungen (z. B. Gutachten, Planungsentwürfe), Reparaturarbeiten und Herstellung unbeweglicher Sachen (insb. Gebäudearbeiten).

27.8 Arbeitsrecht

Das Arbeitsrecht ist als Sonderrecht (Schutzrecht) der Arbeitnehmer das Recht der abhängigen Arbeit. Der vom Arbeitsrecht geregelte Lebenssachverhalt betrifft das Recht derjenigen Beschäftigten (Arbeitnehmer), die eingegliedert in einen Betrieb und abhängig von Weisungen verpflichtet sind, einem anderen (Arbeitgeber) Dienste zu leisten.

Der Arbeitnehmer arbeitet also auf fremde Rechnung, seine Tätigkeit ist fremdnützig. Der unmittelbare Arbeitserfolg kommt dem Arbeitgeber zugute. Daher trägt der Arbeitgeber die Verantwortung für die wirtschaftliche Effektivität der Arbeit. Demgegenüber trägt der Arbeitnehmer nicht das unmittelbare wirtschaftliche Risiko für Produktion und Absatz, weil er den Arbeitsprozess nicht steuern kann.

Sozialstaatsprinzip und Demokratieprinzip verlangen im Rahmen einer sozialen Marktwirtschaft einen arbeitsrechtlichen Interessenausgleich, der die Nachteile für den wirtschaftlich und sozial schwächeren Arbeitnehmer beim Vertragsschluss und bei der Vertragsdurchführung abmildert. Dies wird dadurch erreicht, dass das Dienstvertragsrecht der §§ 611 ff. BGB durch zahlreiche Sonderregeln und Schutzvorschriften ergänzt und modifziert wird.

Der Inhalt des Arbeitsverhältnisses wird von verschiedenen Rechtsquellen bestimmt. Von maßgebender Bedeutung sind die allgemeinen Rechtsquellen, nämlich supranationales Recht (vor allem EU-Recht), die Verfassung (insbesondere Art. 3, 6, 9, 12 GG), formelle Gesetze, Rechtsverordnungen, Satzungen und Gewohnheitsrecht einschließlich des Richterrechts. Wichtige Besonderheit im Arbeitsrecht sind darüber hinaus sog. Kollektivvereinbarungen. Dabei handelt es sich einerseits um von den Tarifvertragsparteien (Gewerkschaften und Arbeitgeberverbände bzw. einzelne Arbeitgeber) abgeschlossene Tarifverträge und andererseits um Betriebsvereinbarungen, die zwischen dem Arbeitgeber und dem Betriebsrat zustande kommen. Als individueller Gestaltungsfaktor kommt der Einzelarbeitsvertrag hinzu, der durch den arbeitsrechtlichen Gleichbehandlungsgrundsatz, die betriebliche Übung (aufgrund ständiger betrieblicher Übung können Ansprüche des Arbeitnehmers auf freiwillige Leistungen des Arbeitgebers entstehen) und das Direktionsrecht des Arbeitgebers ergänzt wird. Schließlich sind auch dispositives Gesetzesrecht und dispositive Kollektivvereinbarungen zu berücksichtigen.

Das Arbeitsrecht unterscheidet individuelles und kollektives Arbeitsrecht. Das Individualarbeitsrecht regelt die Rechtsbeziehungen zwischen Arbeitgeber und Arbeitnehmer. Das kollektive Arbeitsrecht beinhaltet das Recht der arbeitsrechtlichen Koalitionen und Belegschaftsvertretungen.

27.9 Handels-, Gesellschafts- und öffentliches Wirtschaftsrecht

Das Recht der Kaufleute ist im Handelsgesetzbuch (HGB) geregelt. Kaufleute sind natürliche oder juristische Personen, die im Handelsregister eingetragen sind oder ein Gewerbe betreiben, es sei denn, dass es nach Art oder Umfang einen in kaufmännischer Weise eingerichteten Geschäftsbetrieb nicht erfordert. Unter einer Firma versteht man den Namen, unter dem ein Kaufmann seinen Gewerbebetrieb betreibt. Es gibt Einzelkaufleute (eK), Offene Handelsgesellschaften (OHG) und Kommanditgesellschaften (KG). Diese Kaufleute haben gemeinsam, dass mindestens einer der „Inhaber" persönlich – also auch mit seinem Privatvermögen – für die Schulden des Betriebes haftet. Der Kommanditist hat nur die Verpflichtung, seine Kommanditeinlage einzuzahlen und ist darüber hinaus von der Haftung der Gesellschaftsschulden befreit, vertritt auch die Gesellschaft nicht nach außen.

Daneben gibt es Kapitalgesellschaften, die gemeinsam haben, dass die Haftung gegenüber Dritten sich auf das Gesellschaftsvermögen beschränkt, dass also weder Vertretungsorgane noch Gesellschafter für die Gesellschaftsschulden haften. Dazu zählen die Aktiengesellschaft (AG) und – für den selbstständigen Ingenieur eher geeignet – die Gesellschaft mit beschränkter Haftung (GmbH). Die GmbH wird durch den Geschäftsführer vertreten. Auch er kann in die persönliche Haftung geraten, wenn er die ihm nach dem GmbH-Gesetz oder der Insolvenzordnung obliegenden Verpflichtungen verletzt. Der Gesellschaftsvertrag einer GmbH bedarf der notariellen Beurkundung. Alle Anmeldungen zum Handelsregister müssen grundsätzlich in notariell beglaubigter Form abgegeben werden.

Jeder Kaufmann ist verpflichtet, Bücher zu führen. Er muss nach vorgeschriebenen Grundsätzen bilanzieren. Im HGB befinden sich besondere Vorschriften über bestimmte wichtige Handelsgeschäfte, insbesondere den Handelskauf, für den gegenüber dem BGB verschärfte Vorschriften bestehen. Gewerbeunternehmen müssen eine Vielzahl von Gesetzen beachten, die zum Schutz der Allgemeinheit der Verbraucher und der Konkurrenten bestehen, z. B. das Gesetz gegen Wettbewerbsbeschränkungen (Kartellgesetz), das Gesetz gegen den unlauteren Wettbewerb (UWG). Die Gewerbeordnung gilt für alle Gewerbetreibende, also auch für Nichtkaufleute. Grundsätzlich ist die Aufnahme eines Gewerbebetriebes frei, einige Betriebe benötigen jedoch Genehmigungen, z. B. die Betreiber von Privatkrankenanstalten, Spielgeräten, das Bewachungsgewerbe und Bauträger. Bei Unzuverlässigkeit kann die Gewerbeausübung durch die Verwaltungsbehörde untersagt werden. Weitere Einschränkungen bringt die Handwerksordnung mit sich, die für eine ganze Reihe handwerklicher Betätigungen vorschreibt, dass die selbstständige Ausübung nur Personen gestattet ist, die die Meisterprüfung in dem Handwerk bestanden haben.

Im Übrigen bestimmt die Handwerksordnung, dass die im Zusammenhang mit der Berufsregelung anfallenden öffentlichen Aufgaben durch Handwerkskammern in Selbstverwaltung des Berufsstandes geregelt werden. Nach gleichen Modellen gibt es Kammern für die Kaufleute (Industrie- und Handelskammern) und für die freien Berufe (z. B. Architekten).

weiterführende Literatur

Frenz W (2004) Handbuch Europarecht, Bd 1–6, 1. Aufl. 2004 ff., 2. Aufl. 2012 ff. Springer, Heidelberg

Frenz W (2016) Europarecht Lehrbuch, 2. Aufl. Springer, Heidelberg

Frenz W (2017) Öffentliches Recht, 7. Aufl. Franz Vahlen, München

Frenz W, Müggenborg HJ (2016) Recht für Ingenieure, 2. Aufl. Springer, Heidelberg

Kotulla M (2018) Umweltrecht – Grundstrukturen und Fälle, 7. Aufl. Richard Boorberg, Stuttgart

Palandt O (2018) Bürgerliches Gesetzbuch, 77. Aufl. Beck, München

Schaub G (2017) Arbeitsrecht-Handbuch, 17. Aufl. Beck, München

Sodan H, Ziekow J (2018) Grundkurs Öffentliches Recht, 8. Aufl. Beck, München

Ziekow J (2016) Öffentliches Wirtschaftsrecht, 4. Aufl. Beck, München

Teil V

Patente

Patente

28

Blanka Zimmerer, Jürgen Schade und Volker Winterfeldt

Zusammenfassung

Das Patent ist das wichtigste gewerbliche Schutzrecht. Es wird erteilt für eine technische Erfindung, die *neu* ist, auf einer *erfinderischen Tätigkeit* beruht und *gewerblich anwendbar* ist. Zuständig für alle Arten gewerblicher Schutzrechte (ausgenommen Sortenschutz) in Deutschland ist das „Deutsches Patent- und Markenamt". Es ist insbesondere zuständig für die Anmeldung, Prüfung und Erteilung von Patenten, für die Eintragung von Gebrauchsmustern und für die Verwaltung dieser Schutzrechte bis zu deren Erlöschen.

28.1 Gewerbliche Schutzrechte

Gewerbliche Schutzrechte regeln die Nutzung und Verwertung von Produkten des geistigen Eigentums. Während der Urheberrechtsschutz ohne formales Verfahren bereits durch die *Schaffung* eines Werkes entsteht, setzen gewerbliche Schutzrechte ein Antrags- oder Eintragungsverfahren voraus. Zu diesen gewerblichen Schutzrechten gehören beispielsweise Marken (Kennzeichnungsmittel für Waren und Dienstleistungen), Design (Schutz für Farb- und Formgestaltungen und bspw. typografische Schriftzeichen) sowie *Patente* und *Gebrauchsmuster*. Geschützt werden können aber auch Topografien (dreidimensionale Strukturen von mikroelektronischen Halbleitererzeugnissen) oder Pflanzensorten. Alle Schutzrechte sind jeweils für sich oder in ihrem Zusammenwirken unentbehrliche Instrumente im technischen und wirtschaftlichen Wettbewerb, sie bieten einen wirksamen Schutz gegen Nachahmung und sind die Grundlage für Maßnahmen gegen Produktpiraterie: Ohne bestehendes Schutzrecht kann meist kein Unterlassungs- oder Schadensersatzanspruch durchgesetzt werden.

28.1.1 Technische Schutzrechte

Technische Schutzrechte (*Patente* und *Gebrauchsmuster*) sollen den *Schöpfern fortschrittlicher Technik* den gerechten Lohn für die von ihnen zum Wohle der Allgemeinheit erbrachten Leistungen sichern. Dies geschieht durch die Gewährung eines Ausschließlichkeitsrechts, kraft dessen *allein* der Patentinhaber über die Nutzung der geschützten Erfindung verfügen kann. Technische Schutzrechte fördern den Fortschritt, sie ermöglichen die Umsetzung technischer Erkenntnisse in konkurrenzfähige

B. Zimmerer (✉) · V. Winterfeldt
Bundespatentgericht München (im Ruhestand), München, Deutschland
E-Mail: Blanka.Zimmerer@bpatg.bund.de

J. Schade
Gauting, Deutschland
E-Mail: jue.scha@web.de

M. Hennecke, B. Skrotzki (Hrsg.), *HÜTTE Band 1: Mathematisch-naturwissenschaftliche und allgemeine Grundlagen für Ingenieure*, Springer Reference Technik,
https://doi.org/10.1007/978-3-662-64369-3_83

neue Produkte, indem Nachahmer durch Schutzrechte abgewehrt werden können.

28.1.2 Patente und Wirtschaft

28.1.2.1 Informationsgehalt von Patenten

Die Gewährung von rechtlichem Schutz wirkt dem Bestreben entgegen, durch Geheimhaltung tatsächliche Ausschließlichkeit und damit die vollständige Verfügungsmöglichkeit über neue technische Ergebnisse zu behalten. Daraus ergibt sich die dem Patentwesen von Anfang an zugeordnete zweite wichtige Funktion, nämlich die Vermittlung technischer Information an alle mit technischen Neuerungen befassten Stellen. Die Patentämter veröffentlichen die angemeldeten Erfindungen in der Regel 18 Monate nach dem Anmelde- oder Prioritätstag und berücksichtigen bei der Beurteilung der Patentfähigkeit den weltweiten Stand der Technik (sog. *Prüfstoff*).

Der Prüfstoff des Deutschen Patent- und Markenamts (DPMA) umfasst rund 98 Millionen Patentdokumente und Literaturfundstellen aus aller Welt, die nach der Internationalen Patentklassifikation (IPC) abgelegt sind, einem international vereinbarten Ordnungssystem mit etwa 70.000 Klassifikationseinheiten; jährlich werden dieser Sammlung circa 2 Millionen neue Dokumente zugeführt. In dem Recherchesaal des DPMA in München und des Technischen Informationszentrums in Berlin steht der Prüfstoff der Öffentlichkeit zur Verfügung. Um den schnellen Zugriff auf die weltweit vorhandene technische Information sicherzustellen, ist diese nach verschiedenen Kriterien (technisches Fachgebiet, Nummer der Patentschrift oder allgemeine Suchbegriffe) geordnet und steht dem Anwender größtenteils auch in elektronisch aufbereiteter Form zur Verfügung (vgl. Abschn. 28.1.3.1).

28.1.2.2 Anmeldestatistik und -analyse

Im Jahre 2017 wurden beim Deutschen Patent- und Markenamt 67.707 neue Patentanmeldungen eingereicht. Davon wurden 61.469 beim DPMA direkt und 6238 als internationale Anmeldungen nach dem Patentzusammenarbeitsvertrag (PCT) angemeldet. Damit war die Zahl der Anmeldungen wie bereits in den letzten Jahren erneut hoch. Insbesondere hat sich im DPMA der Anteil von Anmeldern mit Sitz im Ausland weiter erhöht, er liegt jetzt bei 29,4 % (Tab. 1).

Tab. 1 Patentanmeldungen nach Herkunftsländern mit Wirkung in der Bundesrepublik Deutschland

	Anmeldungen beim DPMA[1]		
	2015	2016	2017
Deutschland	47.377	48.474	47.779
Japan	6424	6839	7274
USA	6147	5858	6084
Republik Korea	1423	1203	1171
Schweiz	887	951	923
Österreich	1026	976	906
China	636	552	646
Sonstige	2978	3054	2924
Insgesamt	66.898	67.907	67.707

[1] Direktanmeldungen und PCT-Anmeldungen in nationaler Phase

Schlüsselt man die eingereichten Patentanmeldungen nach den Ländern ihrer Herkunft auf, vermitteln die Zahlen des DPMA für sich allein betrachtet nur ein unvollkommenes Bild der für Deutschland wirksamen Patentanmeldungen. Die nationalen Zahlen sind durch die beim Europäischen Patentamt eingereichten Anmeldungen zu ergänzen. Der Zugang zum deutschen Markt über das Europäische Patentsystem hat sich – insbesondere im Hinblick auf die Möglichkeiten des sog. PCT-Verfahrens (vgl. Abschn. 28.5.2) – für viele ausländische Anmelder als Alternative zum nationalen Weg erwiesen.

Die 47.779 im Jahre 2017 eingegangenen Inlandsanmeldungen belegen zugleich, dass sich das deutsche Patentwesen auch bei der heimischen Wirtschaft hoher Attraktivität erfreut; darüber hinaus sind diese Zahlen ein Spiegelbild der heimischen Erfindungs- und Innovationskraft.

Wie bereits 2016 wurden die meisten Patentanmeldungen im Technologiefeld Transport aus dem Sektor Maschinenbau angemeldet. Dieses Technologiefeld verzeichnete einen Zuwachs von 9 % auf 11.469 Patentanmeldungen (Tab. 2). Daneben gibt es auch andere Fachgebiete, deren Anmeldezahlen besonders stark durch aktuelle Entwicklungen oder politische Zielsetzungen

Tab. 2 Patentanmeldungen nach Technologiefeldern

	2015	2016	2017
Transport	9953	10.518	11.469
Elektrische Maschinen und Geräte, elektrische Energie	6824	7001	7209
Maschinenelemente	6597	6790	6247
Messtechnik	5251	5151	4911
Motoren, Pumpen, Turbinen	4364	4579	4570
Werkzeugmaschinen	2609	2658	2581
Bauwesen	2257	2438	2359

geprägt sind. So sank wie bereits in den Vorjahren die Zahl der Patentanmeldungen im Bereich der erneuerbaren Energien, was mit dem Abbau der staatlichen Förderungen korreliert.

Die Bedeutung gewerblicher Schutzrechte insgesamt zeigt sich, wenn man bedenkt, dass im DPMA allein im Jahr 2017 insgesamt knapp 200.000 Schutzrechtsanmeldungen (Patente, Gebrauchsmuster, Marken, Designs) eingereicht wurden. Der Bestand der vom DPMA erteilten und in Kraft befindlichen Patente beträgt derzeit 128.921.

28.1.3 Patentämter

28.1.3.1 Deutsches Patent- und Markenamt (DPMA)

Zuständig für alle Arten gewerblicher Schutzrechte (ausgenommen Sortenschutz) in Deutschland ist das 1877 zunächst in Berlin errichtete Patentamt, das am 1. November 1998 in „Deutsches Patent- und Markenamt" umbenannt wurde und seit 1949 seinen Sitz in München hat. Es ist insbesondere zuständig für die Anmeldung, Prüfung und Erteilung von Patenten, für die Eintragung von Gebrauchsmustern und für die Verwaltung dieser Schutzrechte bis zu deren Erlöschen; es ist weiterhin zuständig für die Registrierung von Marken und Designs sowie die Erteilung von ergänzenden Schutzzertifikaten (siehe Abschn. 28.2.6.2) und übt die Aufsicht über urheberrechtliche Verwertungsgesellschaften aus.

Um die Zugriffsmöglichkeiten zu den im DPMA vorhandenen Patentdokumenten zu verbessern, wurde im Deutschen Patent- und Markenamt das ***De****utsche* ***Pa****ten****ti****nformations****s****ystem* (DEPATIS) eingerichtet. Das Herzstück von DEPATIS ist das *Archiv*, in dem die für die Prüfungsarbeit relevanten Patentdokumente besonders wichtiger Staaten als Faksimiledaten gespeichert sind. Darüber hinaus erlaubt die Volltext-Datenbank eine Recherche in den maschinenlesbaren Patentdokumenten des DPMA. Zusammen mit den weiteren Datenbeständen, wie z. B. technischen Wörterbüchern, Stich- und Schlagwortverzeichnissen und externen Datenbanken, wird auf diese Datenbestände ein integrierter Zugang zu allen relevanten Patentdokumenten ermöglicht. Über die Auslegehalle des DPMA in München sowie über das Internet hat auch die Öffentlichkeit die Möglichkeit, dieses System zu nutzen.

Das DPMA hat 2551 Mitarbeiter (Stand 1. Juni 2017). Die Gebühreneinnahmen betrugen 2017 386,9 Mio. Euro; die Ausgaben lagen bei 208,6 Mio. Euro. Nähere Einzelheiten, Informationen, Merkblätter und Anmeldeunterlagen sind beim Deutschen Patent- und Markenamt, Zweibrückenstr. 12, 80331 München oder über Internet (https://www.dpma.de) erhältlich.

28.1.3.2 Europäisches Patentamt (EPA)

Seit dem Inkrafttreten des Europäischen Patentübereinkommens (EPÜ) am 7. Oktober 1977 können Patente auch beim Europäischen Patentamt (EPA) mit Sitz in München und Den Haag angemeldet werden, die in den (benannten) Vertragsstaaten Wirkung entfalten. Das EPA ist für diese Patentanmeldungen *zentrale Prüfungs- und Erteilungsbehörde*; erteilte europäische Patente gelten als nationale Patente und werden während der verbleibenden Laufzeit von den Patentämtern in den vom Anmelder benannten Vertragsstaaten verwaltet. Für den Übergang in die nationale Phase sind die jeweiligen Übergangsvorschriften zu beachten. Nähere Einzelheiten sind direkt beim Europäischen Patentamt, Erhardtstr. 27, 80331 München oder über das Internet (https://www.epo.org) zu erfahren.

28.1.3.3 Das Internationale Büro der WIPO

Im Jahr 1978 trat der Vertrag über die internationale Zusammenarbeit auf dem Gebiet des Patentwesens

(Patent Cooperation Treaty – PCT) in Kraft. Die damit verbundenen Verwaltungsaufgaben werden vom Internationalen Büro der Weltorganisation für Geistiges Eigentum (WIPO) in Genf wahrgenommen (Art. 5 PCT). Das Internationale Büro wirkt als Koordinator zwischen den einzelnen Stellen, die sog. internationale Anmeldungen bearbeiten. Die Aufgaben dieses Büros im Einzelnen ergeben sich aus den nachstehenden Ausführungen zum PCT-Verfahren. Nähere Einzelheiten sind direkt bei der WIPO, 34, Chemin des Colombettes, CH-1211 Genf, oder über das Internet (https://www.wipo.int) erhältlich.

28.2 Patente

Das Patent ist das wichtigste gewerbliche Schutzrecht; es ist ein *geprüftes* Schutzrecht. Es wird in einem förmlichen Verfahren vor dem Patentamt erteilt, wenn die Voraussetzungen der Patentfähigkeit vorliegen.

28.2.1 Grundvoraussetzungen der Patentfähigkeit

Patente werden nur für technische Erfindungen erteilt, die *neu* sind, auf einer *erfinderischen Tätigkeit* beruhen und *gewerblich anwendbar* sind (§ 1 Abs. 1 PatG).

28.2.1.1 Technischer Charakter der Erfindung

Nur *technische Erfindungen* sind dem Patentschutz zugänglich. Als *technisch* gilt eine Lehre zum planmäßigen Handeln unter Einsatz beherrschbarer Naturkräfte zur Erreichung eines kausal übersehbaren Erfolges, der ohne Zwischenschaltung menschlicher Verstandestätigkeit die unmittelbare Folge des Einsatzes dieser Naturkräfte ist.

Demgemäß werden als *nicht patentfähige Erfindungen* insbesondere folgende angesehen: Entdeckungen, wissenschaftliche Theorien und mathematische Methoden; ästhetische Formschöpfungen; Pläne, Regeln und Verfahren für gedankliche Tätigkeiten, für Spiele oder für geschäftliche Tätigkeiten und die Wiedergabe von Informationen, sofern für diese Gegenstände als solche Schutz begehrt wird; auch Computerprogramme *als solche* werden nicht als Erfindungen angesehen (§ 1 Abs. 3 und 4 PatG). Diese gehören zu den durch das Urheberrecht geschützten Werken (§§ 2 Abs. 1 Nr. 1, 69a ff. UrhG). Computerimplementierte Erfindungen können aber dem Patentschutz zugänglich sein, wenn die im Rahmen der Erfindung beanspruchte Lehre Anweisungen enthält, die der Lösung eines konkreten technischen Problems mit technischen Mitteln dienen.

28.2.1.2 Neuheit

Nur *neue* Erfindungen sind dem Patentschutz zugänglich. Eine Erfindung gilt als *neu*, wenn sie nicht zum *Stand der Technik* gehört. Der Stand der Technik umfasst alle Kenntnisse, die vor dem für den Zeitrang der Anmeldung maßgeblichen Tag der Öffentlichkeit durch Beschreibung, Benutzung oder in sonstiger Weise zugänglich gemacht worden sind (§ 3 Abs. 1 PatG). Nach § 3 Abs. 2 PatG gilt als Stand der Technik z. B. auch der Inhalt deutscher Patentanmeldungen mit älterem Zeitrang, die erst an oder nach dem für den Zeitrang der jüngeren Anmeldung maßgeblichen Tag veröffentlicht worden sind. Das gilt sinngemäß auch für europäische Patentanmeldungen, wenn mit der Anmeldung für die Bundesrepublik Deutschland Schutz begehrt wird und die Benennungsgebühr für Deutschland nach Art. 79 Abs. 2 EPÜ gezahlt ist, sowie für internationale Anmeldungen nach dem PCT (vgl. Abschn. 28.5.1), wenn für die Anmeldung das Deutsche Patent- und Markenamt Bestimmungsamt ist.

Unter bestimmten Voraussetzungen kann auch der Zeitpunkt einer früheren Anmeldung (Priorität) beansprucht werden. Dies gilt vor allem für die *Priorität einer ausländischen Anmeldung* (Unionspriorität) nach der Pariser Verbandsübereinkunft zum Schutz des gewerblichen Eigentums (PVÜ). Danach genießt derjenige, der in einem der Verbandsländer eine Patent- oder Gebrauchsmusteranmeldung vorschriftsmäßig hinterlegt hat, für die Anmeldung derselben Erfindung in anderen Ländern innerhalb von zwölf Monaten seit Einreichung der ersten Anmeldung ein Prioritätsrecht (§ 41 PatG).

Wer die Priorität einer früheren ausländischen Anmeldung derselben Erfindung in Anspruch nimmt, hat vor Ablauf des 16. Monats nach dem Prioritätstag Zeit, Land und Aktenzeichen der früheren Anmeldung anzugeben und eine Abschrift der früheren Anmeldung einzureichen, soweit dies nicht bereits geschehen ist (§ 41 PatG). Unter den Voraussetzungen des § 40 PatG kann auch der Altersrang einer früheren *inländischen Anmeldung* beansprucht werden (innere Priorität). Besondere Bedeutung gewinnt die Priorität deshalb, weil sich grundsätzlich auch die eigene Voranmeldung oder eine andere frühere Veröffentlichung des Anmelders „neuheitsschädlich" auswirken kann. Eine sog. *Neuheitsschonfrist* (Unschädlichkeit der eigenen Offenbarung z. B. innerhalb von sechs Monaten vor dem Anmeldetag) kommt dem Anmelder nur noch unter den sehr engen Voraussetzungen des § 3 Abs. 5 PatG und für Gebrauchsmusteranmeldungen (§ 3 Abs. 1 Satz 3 GebrMG) zugute.

28.2.1.3 Erfinderische Tätigkeit

Voraussetzung der Patentfähigkeit ist ferner, dass die angemeldete Erfindung auf einer *erfinderischen* Tätigkeit beruht (§ 1 Abs. 1 PatG). Eine Erfindung gilt als auf einer erfinderischen Tätigkeit beruhend, wenn sie sich für den (durchschnittlichen) Fachmann nicht in nahe liegender Weise aus dem Stand der Technik in seiner Gesamtheit ergibt (§ 4 Satz 1 PatG). Nur eine schöpferische technische Leistung, die über das Können des Durchschnittsfachmanns hinausgeht, rechtfertigt den Patentschutz.

28.2.1.4 Gewerbliche Anwendbarkeit

Eine Erfindung gilt als *gewerblich anwendbar*, wenn ihr Gegenstand auf irgendeinem gewerblichen Gebiet einschließlich der Landwirtschaft hergestellt oder benutzt werden kann (§ 5 PatG).

28.2.1.5 Ausnahmen von der Patentierbarkeit

Für Erfindungen, deren gewerbliche Verwertung gegen die öffentliche Ordnung oder die guten Sitten verstoßen würde, werden keine Patente erteilt (§ 2 PatG Abs. 1). Insbesondere werden Patente nicht erteilt für Verfahren zum Klonen von menschlichen Lebewesen, Verfahren zur Veränderung der genetischen Identität der Keimbahn des menschlichen Lebewesens, die Verwendung von menschlichen Embryonen zu industriellen oder kommerziellen Zwecken, Verfahren zur Veränderung der genetischen Identität von Tieren, die geeignet sind, Leiden dieser Tiere ohne wesentlichen medizinischen Nutzen für den Menschen oder das Tier zu verursachen, sowie die mit Hilfe solcher Verfahren erzeugten Tiere (§ 2 Abs. 2PatG).

Weiter werden Patente nicht erteilt für Pflanzensorten und Tierrassen sowie im Wesentlichen biologische Verfahren zur Züchtung von Pflanzen und Tieren und die ausschließlich durch solche Verfahren gewonnenen Pflanzen und Tiere. Auch Verfahren zur chirurgischen oder therapeutischen Behandlung des menschlichen oder tierischen Körpers und Diagnostizierverfahren, die am menschlichen oder tierischen Körper vorgenommen werden, sind vom Patentschutz ausgeschlossen (§ 2a Abs. 1 PatG).

28.2.1.6 Schutz von biotechnologischen Erfindungen

Das Patentgesetz schließt zwar Patente auf dem Gebiet der belebten Natur für Erfindungen aus, die in § 2 Abs. 2 PatG, § 2a Abs. 1 PatG oder § 5 Abs. 2 PatG genannt sind. Alle anderen Erfindungen auf dem Gebiet der Biologie sind jedoch grundsätzlich dem Patentschutz zugänglich, soweit sie nicht gegen die öffentliche Ordnung oder die guten Sitten verstoßen. Im Patentgesetz ist sogar ausdrücklich festgelegt, dass *mikrobiologische Verfahren* und die mithilfe dieser Verfahren gewonnenen Erzeugnisse patentierbar sind (§ 2a Abs. 2 Nr. 2 PatG). Durch die Biotechnologie-Richtlinie 98/44/EG des Europäischen Parlaments und des Rates wird der rechtliche Schutz biotechnologischer Erfindungen in der Europäischen Union harmonisiert. Diese Richtlinie wurde inzwischen für Deutschland in nationales Recht umgesetzt durch Gesetz vom 21.01.2005; BGBl. I S. 146.

Es sind daher gemäß § 1 Abs. 2 PatG u. a. physikalisch, chemisch oder gentechnisch veränderte Pflanzen, Tiere, Mikroorganismen oder auch Teile davon patentfähig, sofern sie die für die Patentierbarkeit notwendigen Kriterien erfüllen, nicht aber der menschliche Körper einschließlich seiner Gene (§ 1a Abs. 1 PatG).

Das bloße Auffinden eines Naturstoffes wie beispielsweise eines Proteins, eines Mikroorganismus oder das Entschlüsseln einer Erbinformation als Gensequenz selbst ist allerdings noch keine Erfindung, sondern nur eine Entdeckung und damit (ebenso wie eine reine Entdeckung auf einem anderen Gebiet) dem Patentschutz nicht zugänglich (§ 1 Abs. 3 Nr. 1 PatG). Jedoch kann z. B. bereits die Isolierung oder die Züchtung des Mikroorganismus eine Erfindung sein, sodass ein so hergestellter Mikroorganismus eine patentfähige Erfindung darstellen kann.

Betrifft eine Erfindung biologisches Material (z. B. einen Mikroorganismus), das der Öffentlichkeit nicht zugänglich ist und in einer Schutzrechtsanmeldung auch nicht so beschrieben werden kann, dass ein Fachmann diese Erfindung danach ausführen kann, oder wird ein solches Material bei der Erfindung verwendet, so ist es gemäß § 2 BioMatHintV (Biomaterial-Hinterlegungsverordnung vom 24.01.2005) notwendig, dass eine lebensfähige Probe dieses Materials bei einer anerkannten Hinterlegungsstelle gemäß dem Budapester Vertrag hinterlegt wird. Diese zugängliche Probe dient dann in Verbindung mit der Beschreibung dazu, die Durchführbarkeit der Erfindung sicherzustellen.

28.2.2 Die Patentanmeldung

Das Recht auf das Patent steht dem Erfinder oder seinem Rechtsnachfolger zu (§ 6 Satz 1 PatG). Im Verfahren vor dem Patentamt gilt jedoch der Anmelder als berechtigt, die Erteilung des Patents zu verlangen (§ 7 Abs. 1 PatG). Die Anmeldung ist beim oder einem dazu ermächtigten Patentinformationszentrum schriftlich einzureichen und muss enthalten: den Namen des Anmelders; einen Antrag auf Erteilung des Patents, in dem die Erfindung kurz und genau bezeichnet ist; einen oder mehrere Patentansprüche, in denen angegeben ist, was als patentfähig unter Schutz gestellt werden soll; eine Beschreibung der Erfindung sowie Zeichnungen, falls sich die Patentansprüche oder die Beschreibung darauf beziehen (§ 34 Abs. 3 PatG).

Patent- und Gebrauchsmusteranmeldungen können auch in Fremdsprachen abgefasst sein, sofern eine deutsche Übersetzung innerhalb von drei Monaten nachgereicht wird (§§ 35 Abs. 1, 126 PatG). In den Patentansprüchen ist anzugeben, was als patentfähig unter Schutz gestellt werden soll. Der Patentanspruch besteht regelmäßig (nicht zwingend) aus zwei Teilen, nämlich dem *Oberbegriff* und dem *kennzeichnenden Teil* (§ 9 Abs. 1 PatV).

In den *ursprünglichen* Anmeldungsunterlagen muss die Erfindung *so deutlich und vollständig offenbart* werden, dass ein Durchschnittsfachmann sie ausführen kann (§ 34 Abs. 4 PatG). Aus nachträglichen Änderungen, die den Gegenstand der Anmeldung erweitern, können Rechte nicht hergeleitet werden (unzulässige Erweiterung, § 38 PatG).

Mit der Einreichung der Anmeldung beim DPMA oder einem Patentinformationszentrum ist eine Anmeldegebühr fällig. Wird sie nicht gezahlt, gilt die Anmeldung als zurückgenommen, ohne dass von Amts wegen gemahnt wird (§ 6 Abs. 2 PatKostG). Der Anmeldung ist ferner eine *Zusammenfassung* beizufügen, die ausschließlich der technischen Unterrichtung der Öffentlichkeit dient. Sie kann innerhalb von fünfzehn Monaten nach dem Anmelde- oder Prioritätstag nachgereicht werden (§ 36 PatG). Innerhalb der gleichen Frist ist die Erfinderbenennung vorzulegen (§ 37 Abs. 1 PatG).

Mit der Wahrung seiner Interessen im Patentverfahren *kann* der Anmelder einen Vertreter (z. B. einen Patent- oder Rechtsanwalt) beauftragen. Ein Anmelder, der im Inland weder Wohnsitz noch Niederlassung hat, *muss* einen Patentanwalt oder Rechtsanwalt als Vertreter (Inlandsvertreter) bestellen (§ 25 PatG).

28.2.3 Recherche

Auf Antrag ermittelt das DPMA die öffentlichen Druckschriften, die für die Beurteilung der Patentfähigkeit der konkreten angemeldeten Erfindung in Betracht zu ziehen sind. Es erfolgt jedoch keine patentrechtliche Bewertung dieser Druckschriften. Diese sog. „isolierte" Recherche nach § 43

PatG bietet sich bei patentrechtlich erfahrenen Anmeldern an, die bereits aufgrund der vom Patentamt genannten Druckschriften die Erfolgsaussicht einer Anmeldung abschätzen können. Andernfalls sollte von vornherein Prüfungsantrag gestellt werden, da der Anmelder dann zusätzlich eine vorläufige amtliche Beurteilung in Form eines Prüfungsbescheids erhält (siehe Abschn. 28.2.4.2).

Für die Prüfungs- und Recherchetätigkeit stehen den Prüfern des DPMA alle wichtigen Patent- und Literaturdatenbanken zur Verfügung, die seit Jahren selbstverständliches Arbeitsmittel der Prüfer sind. Mit dem im DPMA entwickelten Patentinformationssystem DEPATIS (siehe Abschn. 28.1.3.1) wurde ein elektronisches System geschaffen, das den Prüfer bei seiner Recherche äußerst wirksam unterstützt.

28.2.4 Prüfungsverfahren vor dem Patentamt

Für die Bearbeitung der Patentanmeldungen sind die *Prüfungsstellen* zuständig. Sie werden von technischen Mitgliedern des Patentamts (Prüfern) geleitet (§ 27 Abs. 2 PatG).

Das Prüfungsverfahren erfolgt in mehreren Stufen (Klassifizierung, Offensichtlichkeits- und Formalprüfung, Recherche und materielle Prüfung), die schematisch in Abb. 1 dargestellt sind.

28.2.4.1 Klassifizierung, Offensichtlichkeitsprüfung und Offenlegung

Unabhängig von der Stellung eines Prüfungsantrages erfolgt zunächst die *Klassifizierung* der Anmeldung. Diese ist zum einen das Ordnungskriterium für die Einordnung von Patentdokumenten nach technischen Sachgebieten, um den Zugriff zu der darin enthaltenen Information zu erleichtern. Zum anderen dient sie bei Stellung eines Recherche- bzw. Prüfungsantrags der Zuweisung an den zuständigen Fachprüfer. Das Straßburger Abkommen über die Internationale Patentklassifikation sieht eine international einheitliche Klassifikation für Erfindungspatente einschließlich veröffentlichter Patentanmeldungen und Gebrauchsmuster vor, die „Internationale Patentklassifikation" (IPC).

Im Rahmen der *Offensichtlichkeitsprüfung* (§ 42 PatG) in Verbindung mit der *Formalprüfung* (§§ 34 bis 38) wird der Frage nachgegangen, ob die Anmeldung den *förmlichen* Erfordernissen entspricht oder ob sie einen *offensichtlich* nicht patentfähigen Gegenstand betrifft (bspw. keine Erfindung, fehlende gewerbliche Anwendbarkeit). Behebt der Anmelder die gerügten formalen Mängel nicht rechtzeitig oder wird die Anmeldung aufrechterhalten, obwohl ihr Gegenstand *offensichtlich* nicht patentfähig ist, wird sie durch Beschluss zurückgewiesen.

Achtzehn Monate nach dem Anmelde- oder Prioritätstag wird die Anmeldung vom Patentamt *offengelegt*. Nach der Veröffentlichung eines entsprechenden Hinweises steht die Einsicht in die Akten der Anmeldung jedermann frei (§ 31 Abs. 2 Nr. 2 PatG). Vorher wird Dritten Akteneinsicht nur bei Glaubhaftmachung eines berechtigten Interesses gewährt (§ 31 Abs. 1 Satz 1 PatG). Mit der Offenlegung werden die ursprünglich eingereichten Unterlagen der Patentanmeldung in Form der *Offenlegungsschrift* veröffentlicht (§ 32 Abs. 2 PatG). Nach der Offenlegung der Patentanmeldung kann bis zur Erteilung des Patents jedermann die veröffentlichte Erfindung (befugt) benutzen. Der Anmelder hat lediglich einen Anspruch auf eine nach den Umständen angemessene Entschädigung gegen jeden Dritten, der den Gegenstand der Anmeldung benutzt hat; weitergehende Ansprüche sind ausgeschlossen (§ 33 Abs. 1 PatG).

Über offengelegte Patentanmeldungen und erteilte Patente führt das Patentamt das Patentregister (§ 30 PatG). Es enthält Namen und Wohnort des Anmelders oder Patentinhabers, die Bezeichnung des Gegenstands der Anmeldung oder des Patents sowie bestimmte Verfahrensstandsdaten (Anfang, Teilung, Ablauf, Erlöschen, Beschränkung, Widerruf, Erklärung der Nichtigkeit, Erhebung eines Einspruchs oder einer Nichtigkeitsklage). Wichtig ist die *Legitimationswirkung* des Patentregisters: Nur der eingetragene Anmelder oder Patentinhaber kann Verfahrenshandlungen vor dem Patentamt oder dem Patentgericht vornehmen (vgl. § 30 Abs. 3 Satz 2 PatG).

Abb. 1 Prüfungsverfahren vor dem DPMA

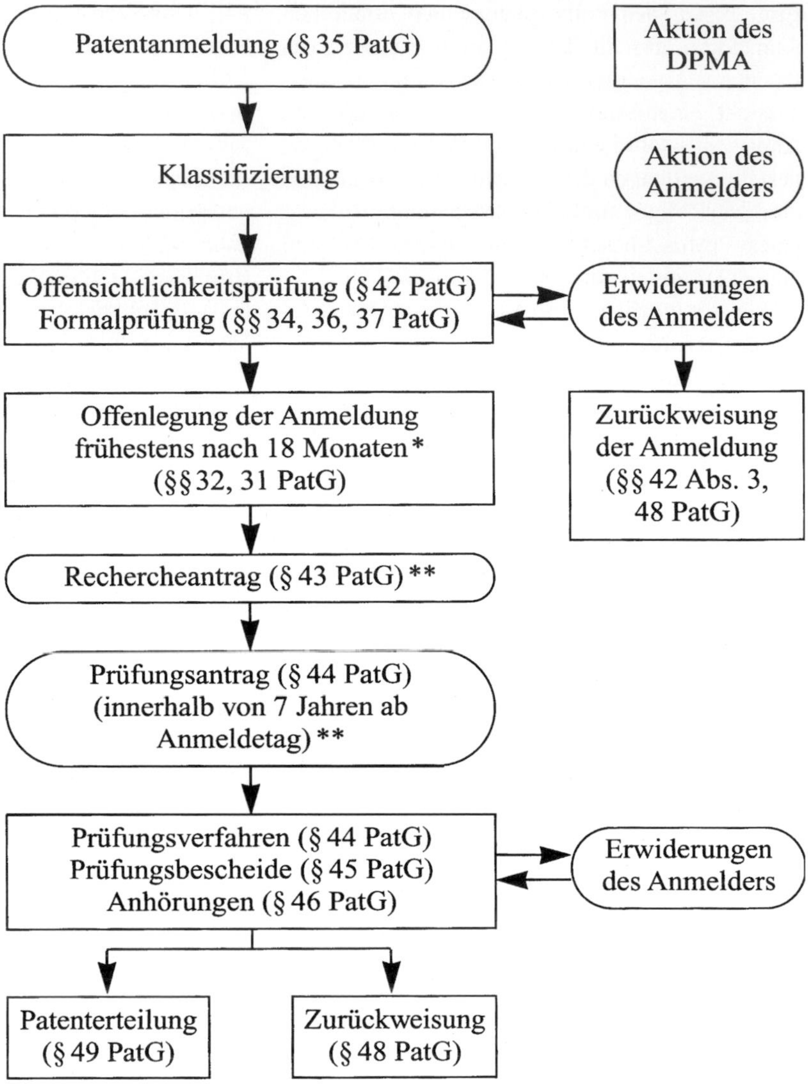

* ab Anmelde- bzw. Prioritätstag, sofern nicht Antrag auf vorzeitige Offenlegung gestellt ist

** auf Grund eines gebührenpflichtigen, gesonderten Antrags; Prüfungsantrag schließt Recherche mit ein

28.2.4.2 Materielle Prüfung auf Patentfähigkeit

Die Prüfung der Anmeldung auf das Vorliegen der Voraussetzungen der Patentfähigkeit wird vom Patentamt nicht von Amts wegen, sondern nur auf besonderen Antrag (*Prüfungsantrag*) vorgenommen. Mit dem Antrag ist die *Antragsgebühr* zu entrichten. Wird sie nicht gezahlt, gilt der Antrag als zurückgenommen (§ 6 Abs. 2 PatKostG). Der Prüfungsantrag kann von dem Patentsucher und jedem Dritten bis zum Ablauf von sieben Jahren nach Einreichung der Anmeldung gestellt werden. Die Prüfungsantragsgebühr beträgt 350 Euro; sie ermäßigt sich auf 150 Euro, wenn vorher die Gebühr für den Recherchenantrag nach § 43 PatG entrichtet wurde. Wird bis zum Ablauf der Prüfungsantragsfrist kein Prüfungsantrag gestellt, so gilt die Anmeldung als zurückgenommen (§ 58 Abs. 3 PatG).

Stellt die Prüfungsstelle fest, dass die Anmeldung den Anforderungen der §§ 34 (Inhalt der Patentanmeldung), 37 (Erfinderbenennung) und 38 PatG (Änderungen der Anmeldung, unzulässige Erweiterung) nicht genügt, so fordert sie den Anmelder in einem Prüfungsbescheid auf, die Mängel innerhalb einer bestimmten Frist zu beseitigen (§ 45 Abs. 1 PatG). Kommt die Prüfungsstelle zu dem Ergebnis, dass eine nach den §§ 1 bis 5 PatG patentfähige Erfindung nicht vorliegt, benachrichtigt sie den Anmelder hiervon unter Angabe von Gründen und fordert ihn auf, sich innerhalb einer bestimmten Frist zu äußern (§ 45 Abs. 2 PatG). Im Verlauf des Prüfungsverfahrens kann die Prüfungsstelle jederzeit die Beteiligten laden und anhören sowie Zeugen und Sachverständige vernehmen (§ 46 Abs. 1 Satz 1 PatG). Beseitigt der Anmelder die nach § 45 Abs. 1 PatG gerügten Mängel nicht oder wird die Anmeldung aufrechterhalten, obgleich eine patentfähige Erfindung nicht vorliegt, so weist die Prüfungsstelle die Anmeldung durch Beschluss zurück (§ 48 PatG).

Stellt die Prüfungsstelle fest, dass die Anmeldung den gesetzlichen Voraussetzungen genügt und der Gegenstand der Anmeldung patentfähig ist, so erlässt sie den *Erteilungsbeschluss* (§ 49 Abs. 1 PatG). Die Erteilung des Patents wird im Patentblatt veröffentlicht; gleichzeitig wird die Patentschrift herausgegeben. Erst mit der Veröffentlichung der Erteilung im Patentblatt treten die Wirkungen des Patents ein (§ 58 Abs. 1 PatG).

28.2.4.3 Beschwerde gegen Entscheidungen der Prüfungsstellen des DPMA

Gegen die Beschlüsse der Prüfungsstelle oder der Patentabteilung findet die *Beschwerde* zum Bundespatentgericht statt, die innerhalb eines Monats nach Zustellung des Beschlusses schriftlich *beim Patentamt* einzulegen ist (§ 73 Abs. 2 Satz 1 PatG). Innerhalb der Beschwerdefrist ist auch die Beschwerdegebühr zu entrichten. Wird sie nicht rechtzeitig gezahlt, gilt die Beschwerde als nicht erhoben (§ 6 Abs. 2 PatKostG).

Die Beschwerde gelangt in der Regel zu den *technischen Beschwerdesenaten* des Bundespatentgerichts. Diese sind mit einem technischen Mitglied als Vorsitzendem (d. h. mit abgeschlossenem Studium einer technischen oder naturwissenschaftlichen Fachrichtung), zwei weiteren technischen Mitgliedern und einem juristischen Mitglied besetzt. Die Beschwerdesenate bestehen somit aus rechtskundigen und technisch sachkundigen Mitgliedern und können direkt und ohne Heranziehung eines zusätzlichen technischen Gutachters über das weitere Schicksal der Anmeldung entscheiden.

28.2.5 Einspruchsverfahren

Innerhalb von neun Monaten nach der Veröffentlichung der Erteilung kann jedermann, im Falle der widerrechtlichen Entnahme nur der Verletzte, beim DPMA Einspruch erheben (§ 59 Abs. 1 Satz 1 PatG). Innerhalb der Einspruchsfrist ist eine Gebühr zu entrichten (200 Eur, Stand November 2018). Wird sie nicht gezahlt, gilt der Einspruch als nicht erhoben. Der Einspruch kann nur auf die Behauptung gestützt werden, dass einer der Widerrufsgründe des § 21 PatG vorliegt (§ 59 Abs. 1 Satz 3 PatG), nämlich fehlende Patentfähigkeit der Erfindung (§§ 1 bis 5 PatG), mangelnde Offenbarung der Erfindung (§ 34 Abs. 4 PatG), widerrechtliche Entnahme (der Gegenstand des Schutzrechts beruht auf der unbefugten Inanspruchnahme fremder technischer Leistungen) oder unzulässige Erweiterung (§ 38 PatG).

Die Patentabteilung (§§ 61 Abs. 1 Satz 1, 27 Abs. 1 Nr. 2 und Abs. 2 PatG) entscheidet durch Beschluss, ob und in welchem Umfang das Patent aufrechterhalten oder widerrufen wird (§ 61 Abs. 1 Satz 1 PatG). Mit einem *Widerruf* gelten die Wirkungen des Patents und der Anmeldung in dem Umfang, in dem das Patent widerrufen wurde, als von Anfang an nicht eingetreten (§ 21 Abs. 3 PatG). Bei beschränkter Aufrechterhaltung ist diese Bestimmung entsprechend anzuwenden. Gegen die Entscheidungen der Patentabteilung findet die Beschwerde statt (§ 73 Abs. 1 PatG).

28.2.6 Gültigkeitszeitraum

28.2.6.1 Schutzdauer

Die Patentlaufdauer beträgt höchstens 20 Jahre. Sie beginnt mit dem Tag, der auf die Anmeldung der Erfindung folgt (§ 16 Abs. 1 PatG). Nach Maßgabe von Verordnungen der Europäischen Gemeinschaft über die Schaffung von *ergänzenden Schutzzertifikaten* kann ein ergänzender Schutz beantragt werden, der sich an den Ablauf des Patents nach § 16 Abs. 1 PatG unmittelbar anschließt. Die Laufzeit des ergänzenden Schutzzertifikats beträgt maximal 5 Jahre.

28.2.6.2 Ergänzende Schutzzertifikate

Durch die (im Folgenden beide als VO abgekürzten) Verordnungen (EWG) Nr. 1768/92 des Rates vom 18. Juni 1992 bzw. (EG) Nr. 1610/96 des Europäischen Parlaments und des Rates vom 23. Juli 1996 (abgedruckt im Tabu DPMA; siehe Literatur) wurden ergänzende Schutzzertifikate für Arzneimittel bzw. Pflanzenschutzmittel geschaffen. Danach muss aus dem in seiner Schutzdauer zu verlängernden, in Deutschland wirksamen Patent, dem „Grundpatent", (mindestens) ein zugelassenes Arznei- oder Pflanzenschutzmittel hervorgegangen sein. Für den Wirkstoff oder die Wirkstoffzusammensetzung (das „Erzeugnis") eines solchen Mittels kann auf Antrag beim DPMA ein ergänzendes Zertifikat erteilt werden (Art. 2 in Verbindung mit Art. 10 VO).

Zusätzliche Erteilungsvoraussetzungen sind neben der Erfüllung einiger Formerfordernisse, dass in Deutschland zum Zeitpunkt der Zertifikatsanmeldung für das Erzeugnis nicht bereits ein Zertifikat erteilt wurde und dass die vorstehend erwähnte Zulassung in Deutschland die *erste* Genehmigung für das Inverkehrbringen dieses Erzeugnisses als Arznei- oder Pflanzenschutzmittel ist (Art. 3 VO). In den Grenzen des durch das Grundpatent gewährten Schutzes erstreckt sich dann der durch das Zertifikat gewährte Schutz allein auf das Erzeugnis, das von der (den) Zulassung(en) dieses Mittels erfasst wird (Art. 4 VO).

Sinn der Erteilung eines Zertifikats ist es, dem Patentinhaber einen Ausgleich dafür zu gewähren, dass er während der Dauer des Zulassungsverfahrens sein Patent nicht zur Amortisierung seiner Entwicklungskosten nutzen konnte. Es wird unterstellt, dass eine solche Nutzung ab dem Tag der ersten Zulassung des betreffenden Mittels in der Gemeinschaft möglich ist. Es sollen daher ab diesem Tag fünfzehn Jahre Ausschließlichkeit eingeräumt werden, jedoch darf eine Gesamtlaufzeit aus Patent und Zertifikat von 25 Jahren nicht überschritten werden. Neben der Anmeldegebühr (300 Euro) sind Jahresgebühren zu entrichten.

28.2.6.3 Erlöschen

Das Patent kann vorzeitig erlöschen, wenn der in das Patentregister eingetragene Patentinhaber durch schriftliche Erklärung an das Patentamt darauf *verzichtet* (§ 20 Abs. 1 Nr. 1 PatG).

Das Patent erlischt ferner, wenn die Jahresgebühr (bei verspäteter Zahlung einschließlich des tarifgemäßen Zuschlags) nicht rechtzeitig entrichtet wird (§ 20 Abs. 1 Nr. 2 PatG). In diesen Fällen erlischt das Patent für die Zukunft (ex nunc), also *nicht rückwirkend.*

28.2.7 Jahresgebühren und Zahlungserleichterungen

Für jede Patentanmeldung und jedes Patent ist für das dritte und jedes folgende Jahr, gerechnet vom Anmeldetag an, eine Jahresgebühr zu entrichten (§ 17 Abs. 1 PatG). Die Jahresgebühren sind der Höhe nach für die einzelnen Jahre gestaffelt (von 70 Euro für das dritte und vierte Patentjahr bis 1940 Euro für das zwanzigste Patentjahr; für den ergänzenden Schutz bei Arzneimitteln von 2650 Euro bis 4520 Euro).

Wird die Jahresgebühr nicht rechtzeitig gezahlt, so muss der tarifmäßige Zuschlag in Höhe von 50 Euro entrichtet werden (§ 7 Abs. 1 PatKostG). Wird der Verspätungszuschlag nicht rechtzeitig gezahlt, so gilt die Patentanmeldung als zurückgenommen (§ 6 Abs. 2 PatKostG) bzw. das Patent erlischt (§ 20 Abs. 1 PatG). Erklärt der Patentanmelder die sog. *Lizenzbereitschaft* (siehe Abschn. 28.2.8), so halbieren sich die Jahresgebühren.

28.2.8 Verfügungen über das Patent und Lizenzvereinbarungen

Das Recht auf das Patent (§ 6 PatG), der Anspruch auf Erteilung des Patents (§ 7 PatG) und das Recht aus dem Patent (§§ 9, 10 PatG) sind vererblich und können beschränkt oder unbeschränkt auf andere übertragen werden (§ 15 Abs. 1 Satz 1 und 2 PatG). Diese Rechte können ganz oder teilweise Gegenstand von ausschließlichen oder nichtausschließlichen Lizenzen sein (§ 15 Abs. 2 Satz 1 PatG). Bei einer einfachen (nichtausschließlichen) Lizenz ist der Lizenzgeber nicht gehindert, Dritten weitere Lizenzen zu erteilen. Dagegen kann bei einer ausschließlichen Lizenz keine weitere Lizenz an Dritte vergeben werden. Die Einräumung der ausschließlichen Lizenz kann auf Antrag im Patentregister vermerkt werden (§ 30 Abs. 4 PatG).

Erklärt sich der Patentsucher oder der im Register (§ 30 Abs. 1 PatG) als Patentinhaber Eingetragene dem Patentamt gegenüber schriftlich bereit, jedermann die Benutzung der Erfindung gegen angemessene Vergütung zu gestatten, so ermäßigen sich die für das Patent nach Eingang der Erklärung fällig werdenden Jahresgebühren auf die Hälfte des im Tarif bestimmten Betrages (§ 23 Abs. 1 PatG).

Diese in das Patentregister eingetragene *Lizenzbereitschaftserklärung* (§ 23 PatG) kann jederzeit gegenüber dem Patentamt schriftlich zurückgenommen werden, solange dem Patentinhaber noch nicht die Absicht angezeigt worden ist, die Erfindung zu nutzen; der Betrag, um den sich die Jahresgebühren ermäßigt haben, ist innerhalb eines Monats nach der Zurücknahme der Erklärung zu entrichten (§ 23 Abs. 7 PatG). Nach dem Wirksamwerden der Zurücknahme ist die Vergabe *ausschließlicher* Lizenzen möglich.

Seit 1. Juli 1985 besteht die Möglichkeit, eine unverbindliche sog. *Lizenzinteresseerklärung* abzugeben, die jederzeit widerrufen werden kann und die Vergabe ausschließlicher Lizenzen ermöglicht; sonstige Vorteile (z. B. Halbierung der Jahresgebühren) treten dadurch nicht ein.

28.2.9 Wirkungen des Patents und Patentverletzung

Das Patent hat vor allem die Wirkung, dass allein der Patentinhaber befugt ist, die patentierte Erfindung zu benutzen; ohne sein Einverständnis ist Dritten die Benutzung verboten (§ 9 PatG). Die Wirkung des Patents erstreckt sich nicht auf die in § 11 PatG ausdrücklich genannten erlaubten Handlungen, z. B. Handlungen, die zu Versuchszwecken oder im privaten Bereich zu nicht gewerblichen Zwecken vorgenommen werden.

Nach dem Grundsatz der *Territorialität* des Patentrechts sind die Wirkungen des erteilten Patents auf das Gebiet des Staates beschränkt, für dessen Geltungsbereich das Patent erteilt wurde.

Für die Wirkungen des erteilten Patents ist dessen *Schutzbereich* maßgebend, der durch den Inhalt der *Patentansprüche* bestimmt wird, wobei die Beschreibung und die Zeichnungen zur Auslegung der Ansprüche heranzuziehen sind (§ 14 PatG). Die Ansprüche wegen Verletzung des Patentrechts können auch verjähren (§ 141 PatG).

Gegen einen Verletzer steht dem Patentinhaber ein *Unterlassungsanspruch* zu (§ 139 Abs. 1 PatG), bei *vorsätzlicher* oder *fahrlässiger* Patentverletzung hat der Geschädigte einen *Schadenersatzanspruch* (§ 139 Abs. 2 Satz 1 PatG).

Der *Vernichtungsanspruch* gemäß § 140a PatG bedeutet, dass der Patentinhaber verlangen kann, dass das im Besitz oder Eigentum des Verletzers befindliche Erzeugnis, das Gegenstand des Patents ist oder aus einem patentierten Verfahren gewonnen wurde, *vernichtet* wird.

Gemäß § 139 Abs. 2 PatG besteht ein *Bereicherungsanspruch* hinsichtlich dessen, was der Patentverletzer auf Kosten des Patentinhabers erlangt hat. Dieser Anspruch kann auch nach Ablauf der Verjährungsfrist geltend gemacht werden. Der *Auskunftsanspruch* (§ 140b PatG) betrifft die Auskunft bezüglich Herkunft, Vertriebsweg und -menge des widerrechtlich benutzten Erzeugnisses.

Für Verletzungsklagen und alle weiteren Klagen, durch die ein Anspruch aus einem im Patentgesetz geregelten Rechtsverhältnis geltend gemacht wird (*Patentstreitsachen*), sind die Zivilkammern der Landgerichte ohne Rücksicht auf den Streitwert erstinstanzlich ausschließlich zuständig (§ 143 Abs. 1 PatG). § 143 Abs. 2 PatG ermächtigt die Landesregierungen, durch Rechtsverordnung die Patentstreitsachen für die Bezirke *mehrerer* Landgerichte *einem von ihnen* zuzuweisen, so ist z. B. das LG Hamburg zuständig für Hamburg, Bremen, Mecklenburg-Vorpommern und Schleswig-Holstein. Das Verfahren in Patentstreitsachen kennt drei Instanzen: LG (Zivilkammer) als Eingangsgericht, OLG (Zivilsenat) als Berufungsgericht, BGH (X. Zivilsenat) als Revisionsgericht.

28.2.10 Nichtigkeitsverfahren

Das erteilte Patent kann (*nach Abschluss* eines etwaigen Einspruchsverfahrens) während der gesamten Laufzeit (und bei bestehendem Rechtsschutzinteresse auch noch rückwirkend) mit einer *Nichtigkeitsklage* angegriffen werden. Für nichtig wird ein Patent erklärt, wenn einer der in § 21 Abs. 1 PatG genannten Widerrufsgründe vorliegt oder wenn der Schutzbereich des Patents unzulässig erweitert worden ist (§ 22 Abs. 1 PatG). Zur Erhebung der Nichtigkeitsklage ist grundsätzlich jedermann berechtigt (Popularklage). Im Falle der widerrechtlichen Entnahme ist nur der dadurch Verletzte klagebefugt (§ 81 Abs. 3 PatG). Die Nichtigkeitsklage ist beim Bundespatentgericht schriftlich zu erheben (§ 81 Abs. 4 Satz 1 PatG). Über die Klage wird durch Urteil entschieden (§ 84 Abs. 1 PatG). Es kann lauten auf *Klageabweisung, Nichtigerklärung* oder *Teilnichtigerklärung*.

Gegen die Urteile der Nichtigkeitssenate des Patentgerichts findet die Berufung an den Bundesgerichtshof statt (§ 110 Abs. 1 Satz 1 PatG). Mit der Nichtigerklärung des Patents gelten die Wirkungen des Patents und der Anmeldung in dem Umfang, in dem das Patent für nichtig erklärt wurde, als von Anfang an (ex tunc) nicht eingetreten (§ 21 Abs. 3 Satz 1 PatG). Eine Zusammenstellung der möglichen Rechtszüge für den Patentbereich einschließlich Patentverletzung, Berufung und Revision zum BGH zeigt Abb. 2.

28.3 Europäisches Patentrecht

Der Europäischen Patentorganisation gehören derzeit (2018) 38 Vertragsstaaten (Albanien, Belgien, Bulgarien, Dänemark, Deutschland, Estland, Frankreich, Finnland, Griechenland, Irland, Island, Italien, Kroatien, Lettland, Liechtenstein, Litauen, Luxemburg, Malta, Monaco, Ehemalige jugoslawische Republik Mazedonien, Niederlande, Norwegen, Österreich, Polen, Portugal, Rumänien, San Marino, Schweden, Schweiz, Serbien, Slowakei, Slowenien, Spanien, Tschechische Republik, Türkei, Ungarn, Vereinigtes Königreich, Zypern) an. Daneben gibt es noch zwei sog. Erstreckungsstaaten, in denen europäische Patente kraft Vereinbarung Wirkung entfalten können (Bosnien-Herzegowina, Montenegro).

Das Europäische Patentamt erteilt Europäische Patente, die in jedem Vertragsstaat, der in der europäischen Patentanmeldung benannt wurde, dieselbe Wirkung wie ein in dem jeweiligen Staat erteiltes nationales Patent haben (Art. 2 EPÜ). Das Europäische Patent stellt ein zentral erteiltes Bündel europäischer Einzelpatente mit jeweils nationaler Wirkung dar, die nach der rechtskräftigen Erteilung in die Verwaltung der nationalen Ämter übergehen (nationale Phase). Rechtsbeständigkeit und Schutzumfang werden von nationalen Gerichten beurteilt.

Für europäische Patente, für die ein Hinweis auf die Erteilung vor dem 1. Mai 2008 im Europäischen Patentblatt veröffentlicht worden war, musste für nicht in deutscher Sprache erteilte Europäische Patente (mit Bestimmungsland Deutschland) innerhalb von drei Monaten nach der Veröffentlichung des Hinweises auf die Erteilung eine deutsche Übersetzung beim DPMA eingereicht werden, das eine entsprechende Veröffentlichung veranlasst. Andernfalls galten die Wirkungen des Europäischen Patents in Deutschland als von Anfang an nicht eingetreten (Art. II § 3 IntPatÜG a.F.). Seit dem Inkrafttreten des Londoner Überein-

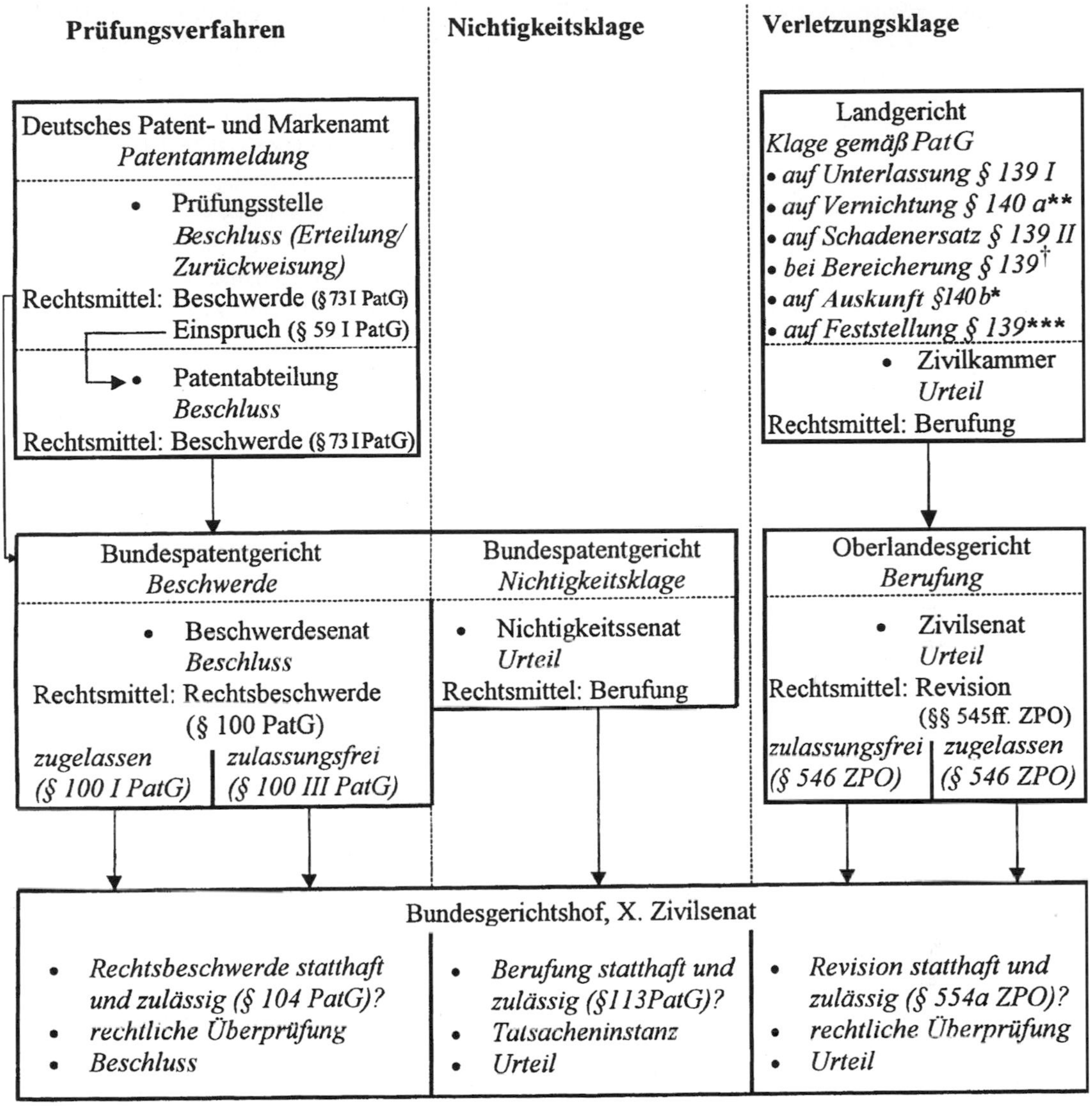

* in Verbindung mit §§ 259 II oder 260 II BGB
** in Verbindung mit §§ 1004 oder 249 BGB
*** in Verbindung mit § 256 ZPO
† in Verbindung mit § 812ff BGB

Abb. 2 Übersicht der möglichen Rechtszüge im Patentverfahren

kommens am 1. Mai 2008 verlangt Deutschland keine Übersetzung mehr.

Die Voraussetzungen der Patentfähigkeit entsprechen im Wesentlichen denen des deutschen Patentgesetzes. Auch Europäische Patente werden nur für Erfindungen erteilt, die *neu* sind, auf einer *erfinderischen Tätigkeit* beruhen und *gewerblich anwendbar* sind (Art. 52 Abs. 1 EPÜ). Das einheitliche Patenterteilungsverfahren ist insbesondere von Vorteil für solche Anmelder, die eine Erfindung in mehreren Vertragsstaaten schützen lassen wollen.

28.3.1 Die europäische Patentanmeldung

Die europäische Patentanmeldung kann beim Europäischen Patentamt oder bei einem nationalen Patentamt eingereicht werden (Art. 75 Abs. 1 EPÜ, Art. II § 4 Abs. 1 IntPatÜG). In Deutschland können europäische Patentanmeldungen gemäß Art. II § 4 Abs. 1 IntPatÜG durch das Zweite Gesetz zur Änderung des Patentgesetzes und anderer Gesetze vom 16. Juli 1998 sowohl beim Deutschen Patent- und Markenamt als auch über ein Patentinformationszentrum eingereicht werden. Das Bundesministerium der Justiz hat bisher zwölf Patentinformationszentren gemäß § 34 Abs. 2 PatG bekanntgemacht, die zur Entgegennahme befugt sind. Entsprechende Informationen sind über die Website des DPMA verfügbar. Die mit der Anmeldung fälligen Gebühren (Anmeldegebühr und Recherchegebühr) sind in jedem Fall unmittelbar an das Europäische Patentamt zu entrichten (Art. II § 4 Abs. 1 IntPatÜG).

Die europäische Patentanmeldung muss enthalten: den Antrag auf Erteilung des Europäischen Patents, die Beschreibung der Erfindung, einen oder mehrere Patentansprüche, die ggf. erforderliche(n) Zeichnung(en) und eine Zusammenfassung (Art. 78 EPÜ). Im Antrag auf Erteilung eines europäischen Patents gelten alle Vertragsstaaten als benannt, die diesem Übereinkommen bei Einreichung der europäischen Patentanmeldung angehören. Für die Benennung eines Vertragsstaats kann eine Benennungsgebühr erhoben werden. Die Benennung eines Vertragsstaats kann bis zur Erteilung des europäischen Patents jederzeit zurückgenommen werden (Art. 79 EPÜ).

Europäische Anmeldungen können in den Amtssprachen Deutsch, Englisch oder Französisch eingereicht werden (Art. 14 Abs. 1 EPÜ). Nach der Pariser Verbandsübereinkunft zum Schutz des gewerblichen Eigentums besteht die Möglichkeit, die Priorität einer früheren Anmeldung derselben Erfindung in Anspruch zu nehmen (Art. 87 bis 89 EPÜ).

28.3.2 Das europäische Verfahren

Im Rahmen einer Eingangs- und Formalprüfung (Art. 90 EPÜ) wird untersucht, ob die Anmeldung den förmlichen Erfordernissen genügt. Ferner erstellt und veröffentlicht das Europäische Patentamt einen europäischen Recherchenbericht zu der europäischen Patentanmeldung auf der Grundlage der Patentansprüche unter angemessener Berücksichtigung der Beschreibung und der vorhandenen Zeichnungen (Art. 93 EPÜ).

Nach Ablauf von 18 Monaten nach dem Anmelde- oder Prioritätstag wird die europäische Anmeldung zusammen mit dem Recherchebericht veröffentlicht (Art. 93 EPÜ). Mit dem Hinweis auf die Veröffentlichung des europäischen Rechercheberichts im Europäischen Patentblatt beginnt die Frist von sechs Monaten für den Prüfungsantrag. Der Antrag kann nicht zurückgenommen werden. Wird der Prüfungsantrag nicht fristgerecht gestellt, gilt die europäische Patentanmeldung als zurückgenommen (Art. 94 EPÜ).

Genügt die Anmeldung den Erfordernissen des Übereinkommens, wird die Erteilung des Europäischen Patentes beschlossen (Art. 97 Abs. 1 EPÜ). Mit dem Hinweis auf die Patenterteilung im Europäischen Patentblatt entsteht der Patentschutz (Art. 97 Abs. 3 EPÜ). Die Laufzeit des Europäischen Patents beträgt zwanzig Jahre vom Anmeldetag an (Art. 63 Abs. 1 EPÜ). Erweist sich die Erfindung als nicht patentfähig, wird die Patentanmeldung zurückgewiesen (Art. 97 Abs. 2 EPÜ). Gegen den Zurückweisungsbeschluss kann der Anmelder Beschwerde beim Europäischen Patentamt einlegen.

Innerhalb von neun Monaten nach der Bekanntmachung des Hinweises auf die Erteilung kann jedermann gegen das Europäische Patent Einspruch erheben. Der Einspruch erfasst das europäische Patent für alle Vertragsstaaten, in denen es Wirkung hat.

Der Einspruch kann nur darauf gestützt werden, dass der Gegenstand des Patents nicht patentfähig ist, das europäische Patent die Erfindung nicht so deutlich und vollständig offenbart, dass ein Fachmann sie ausführen kann, der Gegenstand des europäischen Patents über den Inhalt der Anmeldung in der ursprünglich eingereichten Fassung oder, wenn das Patent auf einer Teilanmeldung oder einer nach Artikel 61 EPÜ eingereichten neuen Anmeldung beruht, über den Inhalt der früheren Anmeldung in der ursprünglich eingereichten Fassung hinausgeht (Art. 99, 100 EPÜ). Die Entscheidungen im Einspruchsverfahren (Art. 101 EPÜ Widerruf des erteilten Patents, Zurückweisung des Einspruchs oder Aufrechterhaltung des Patents in beschränktem Umfang) sind mit der Beschwerde anfechtbar.

Die Kosten für eine europäische Patentanmeldung betragen (Stand: 1. April 2016: Anmeldegebühr: 120 Euro bei Online-Anmeldung, sonst 210 Euro; Recherchegebühr für eine europäische Recherche oder eine ergänzende europäische Recherche: 1300 Euro; Benennungsgebühr für die benannten Vertragsstaaten: 585 Euro; Prüfungsgebühr: 1635 Euro; Erteilungsgebühr: 925 Euro. Darüber hinaus fallen während der Dauer des europäischen Patenterteilungsverfahrens für das dritte und jedes folgende Jahr, gerechnet vom Anmeldetag an, Jahresgebühren an das Europäische Patentamt an, die der Höhe nach für die einzelnen Jahre gestaffelt sind (von 470 Euro für das 3. Jahr über 1165 Euro für das 7. Jahr bis 1575 Euro für das 10. und jedes weitere Jahr).

Für das mit Wirkung für die Bundesrepublik Deutschland erteilte europäische Patent sind Jahresgebühren nach § 17 des Patentgesetzes zu entrichten. Sie werden jedoch erst für die Jahre geschuldet, die dem Jahr folgen, in dem der Hinweis auf die Erteilung des europäischen Patents im Europäischen Patentblatt bekanntgemacht worden ist. Ein Anteil von derzeit 50 % wird von den nationalen Ämtern an das Europäische Patentamt abgeführt. In jedem Fall ist es empfehlenswert, zunächst eine nationale Anmeldung einzureichen und unter Inanspruchnahme von deren Priorität innerhalb von zwölf Monaten das europäische Patent (nach)anzumelden. Die weitaus meisten der europäischen Patentanmeldungen beruhen auf einer nationalen Erstanmeldung.

28.3.3 Das erteilte Europäische Patent

Das erteilte Europäische Patent hat in jedem der benannten Vertragsstaaten grundsätzlich dieselbe Wirkung und unterliegt regelmäßig denselben Vorschriften wie ein in diesem Staat erteiltes nationales Patent (Art. 2 Abs. 2 EPÜ). Gegen das Europäische Patent mit Wirkung für Deutschland kann Nichtigkeitsklage beim Bundespatentgericht erhoben werden, jedoch nur aus den in Art. 138 Abs. 1 EPÜ und Art. II § 6 IntPatÜG genannten Gründen, die im Wesentlichen den Nichtigkeitsgründen des § 22 PatG für ein deutsches Patent entsprechen. Auch die Verletzung eines europäischen Patents wird nach nationalem Recht behandelt (Art. 64 Abs. 3 EPÜ).

28.4 Entwurf eines europäischen Patents mit einheitlicher Wirkung

Die bereits in den sechziger Jahren diskutierte Idee eines gemeinsamen Patents für alle Mitgliedstaaten der Europäischen Wirtschaftsgemeinschaft erschien seinerzeit nicht ausreichend, um den Bedürfnissen der Wirtschaft in Europa gerecht zu werden. Parallel zum Europäischen Patentübereinkommen, das zur Gründung des Europäischen Patentamts führte, kam es zum Entwurf eines Übereinkommens über Gemeinschaftspatente. Während die durch das Europäische Patentamt erteilten Patente in allen Mitgliedstaaten der Europäischen Patentorganisation als nationale Patente unabhängig voneinander gelten, sollte das Gemeinschaftspatent von Anfang an ein einheitliches Schicksal in allen Mitgliedstaaten haben. Das Gemeinschaftspatentübereinkommen (GPÜ), das eine einheitliche Rechtswirkung innerhalb der Gemeinschaft vorsah (Erteilung, aber auch beispielsweise Nichtigerklärung für die gesamte Gemeinschaft) trat nicht in Kraft, da es nicht von allen Mitgliedsstaaten ratifiziert wurde. Im Jahr 2003 legte die Europäische Kommission einen Vorschlag für eine Verordnung über das Gemeinschaftspatent sowie einen Vorschlag zur Revision des Europäischen Patentübereinkommens vor, wonach vorgesehen war, dass die EU dem Europäischen Patentübereinkommen beitritt und wie ein einheitlicher Vertragsstaat behandelt wird. Nachdem keine Einstimmigkeit der EU-Mitgliedsstaaten erreicht werden konnte, haben 25 EU-Mitgliedsstaaten eine „Verstärkte Zusammenarbeit" beschlossen. Derzeit nehmen alle EU-Mitgliedstaaten mit Ausnahme von Kroatien und Spanien an dieser Verstärkten Zusammenarbeit teil. Am 31. Dezember 2012 traten die hierfür zentralen Verordnungen (EU) Nr. 1257/2012 und (EU) Nr. 1260/2012 nach ihrer Genehmigung durch das Europäische Parlament und den Rat im Dezember 2012 am 20. Januar 2013 in Kraft.

Das geplante Einheitspatent basiert auf einem vom EPA nach den Vorschriften und Verfahren des EPÜ erteilten europäischen Patent. Nach Erteilung des europäischen Patents kann für das Hoheitsgebiet der 26 teilnehmenden Mitgliedstaaten einheitliche Wirkung beantragt werden. Die laufende Recherchen-, Prüfungs- und Erteilungstätigkeit des EPA bleibt vom Einheitspatent unberührt. Statt ein europäisches Patent in mehreren Ländern zu validieren, kann sich ein Patentinhaber dafür entscheiden, einen Antrag auf einheitliche Wirkung zu stellen und – in einem einzigen und zentral vom EPA durchgeführten Verfahren – ein Einheitspatent zu erlangen, das einheitlichen Schutz in bis zu 26 teilnehmenden Mitgliedstaaten verleiht.

Zusätzlich wird ein neues internationales Gericht, das Einheitliche Patentgericht (Unified Patent Court – UPC) errichtet, um in Fragen der Verletzung und der Rechtsgültigkeit von Einheitspatenten und klassischen europäischen Patenten nach dem Übereinkommen über ein Einheitliches Patentgericht (EPG-Übereinkommen) vom 19. Februar 2013 zu entscheiden (Kapitel 1 Übereinkommen über ein einheitliches Patentgericht).

Ob das Vereinigte Königreich nach seinem Austritt aus der EU weiter am Einheitspatent und am Einheitlichen Patentgericht teilnimmt, ist derzeit nicht absehbar. Weiter wurde in Deutschland eine Verfassungsbeschwerde gegen die Ratifizierung des EPG-Übereinkommens eingelegt. Damit ist weiter unklar, wann und in welcher Form es ein europäisches Patent mit einheitlicher Wirkung geben wird.

28.5 Internationaler Patentzusammenarbeitsvertrag (PCT)

Dem Vertrag über die Internationale Zusammenarbeit auf dem Gebiet des Patentwesens (Patent Cooperation Treaty, PCT) gehören derzeit 191 Staaten an, darunter alle wichtigen Industrieländer. Er eröffnet dem Anmelder einer Erfindung die Möglichkeit, durch eine einzige internationale Anmeldung Patentschutz in mehreren Staaten zu erlangen. Der PCT schafft ein einheitliches Anmeldeverfahren mit einer internationalen Neuheitsrecherche, Veröffentlichung der Anmeldung durch die WIPO (vgl. Abschn. 28.1.3.3) und – auf gesonderten Antrag – einem vorläufigen Gutachten zur Patentfähigkeit (internationale Phase), während die endgültige Prüfung der internationalen Anmeldung und die Erteilung des Patents in jedem der vom Anmelder bestimmten Staaten gesondert und nach dem dort geltenden Recht erfolgen (nationale Phase).

28.5.1 Die PCT-Anmeldung

In der internationalen Phase wird die Anmeldung vom zuständigen Anmeldeamt entgegengenommen, an das Internationale Büro der Weltorganisation für geistiges Eigentum (WIPO) in Genf weitergereicht, von diesem veröffentlicht und an die Bestimmungsämter geleitet. Anmelder mit deutscher Staatsangehörigkeit oder mit Sitz oder Wohnsitz in der Bundesrepublik Deutschland können internationale Anmeldungen wahlweise beim Deutschen Patent- und Markenamt, über ein Patentinformationszentrum, beim Europäischen Patentamt oder beim Internationalen Büro der WIPO einreichen (Art. 10 PCT, Art. III § 1 Abs. 1 IntPatÜG, Art. 151 EPÜ, Regel 19.1 AusfOPCT). Die internationale Anmeldung muss wenigstens folgende Bestandteile enthalten: ein Gesuch auf Behandlung der internationalen Anmeldung nach dem PCT-Vertrag, die Bestimmung des Vertragsstaats oder der Vertragsstaaten, in denen Schutz für die Erfindung auf der Grundlage der internationalen Anmeldung begehrt wird (sog. „Bestimmungsstaaten"; kann mit Wirkung für einen Bestimmungsstaat ein regionales Patent erteilt werden und wünscht der Anmelder ein regionales Patent an Stelle eines nationalen Patents, so ist im Antrag hierauf hinzuweisen), den Namen des Anmelders und (soweit vorhanden) des Anwalts sowie andere diese Personen betreffende vorgeschriebene Angaben, die Bezeichnung der Erfindung, den Namen des Erfinders und andere den Erfinder betreffende vorgeschriebene Angaben, wenn das nationale Recht mindestens eines Bestimmungsstaats verlangt, dass diese Angaben im Zeitpunkt der nationalen Anmeldung eingereicht werden. In anderen Fällen können die genannten Angaben entweder in dem Antrag oder in besonderen Mitteilungen gemacht werden, die an jedes Bestimmungsamt zu richten sind, dessen nationales Recht die genannten Angaben verlangt, jedoch gestattet, dass sie zu einem späteren Zeitpunkt als dem Zeitpunkt der nationalen Anmeldung eingereicht werden. Für jede Bestimmung ist die vorgeschriebene Gebühr innerhalb der vorgeschriebenen Zeit zu zahlen. Die Bestimmung bedeutet, dass das Schutzbegehren auf die Erteilung eines Patents in dem oder für den Bestimmungsstaat gerichtet ist, sofern der Anmelder nicht eine andere Schutzart nach Art. 43 PCT begehrt.

Soll die internationale Anmeldung in einem Bestimmungs- oder ausgewählten Staat nicht als Patentanmeldung, sondern als Antrag auf eine andere nach dem nationalen Recht vorhandene Schutzrechtart behandelt werden, so muss dies dem Bestimmungs- oder ausgewählten Amt bei Einleitung der nationalen Phase mitgeteilt werden. Als Ausnahme besteht die Möglichkeit, Deutschland, Japan sowie die Republik Korea von der automatischen und umfassenden Bestimmung aller Vertragsstaaten auszunehmen. Die Ausnahme ist darin begründet, dass diese Staaten das Internationale Büro unterrichtet haben, dass nach dem von den Bestimmungsämtern dieser Staaten angewandten nationalen Recht die Einreichung einer internationalen Anmeldung, die diesen Staat bestimmt und die Priorität einer in diesem Staat wirksamen früheren nationalen Anmeldung in Anspruch nimmt, dazu führt, dass die Wirkung der früheren nationalen Anmeldung endet.

Wird die internationale Anmeldung beim Deutschen Patent- und Markenamt eingereicht, sind folgende Gebühren (Stand: Juli 2016) an das Deutsche Patent- und Markenamt zu entrichten (Art. III § 1 Abs. 3, IntPatÜG Art. 3(4) PCT, Regel 14–16 AusfOPCT): Anmeldegebühr (1169 Euro), Übermittlungsgebühr (90 Euro), Recherchegebühr (1775 Euro). Für elektronische Anmeldungen ermäßigt sich die Anmeldegebühr. Für die internationale Anmeldung kann die Priorität einer oder mehrerer in einem oder für einen Mitgliedstaat der Pariser Verbandsübereinkunft eingereichten früheren Anmeldungen in Anspruch genommen werden.

28.5.2 Das PCT-Verfahren

Während nationale Anmeldungen beim DPMA auch in einer Fremdsprache eingereicht werden können, muss die Einreichung einer PCT-Anmeldung beim DPMA in deutscher Sprache erfolgen (Art. III § 1 Abs. 2 IntPatÜG). Insofern sind die Anforderungen beim PCT strenger als das nationale Patentrecht.

Während der internationalen Phase wird obligatorisch für jede internationale Anmeldung eine internationale Recherche zum Stand der Technik durchgeführt (Art. 15 Abs. 1 und 2 PCT), die keine patentrechtliche Bewertung enthält. Achtzehn Monate nach dem Anmelde- oder Prioritätstag wird die Anmeldung in der Regel zusammen mit dem internationalen Recherchebericht veröffentlicht (internationale Veröffentlichung gem. Art. 21 PCT).

Innerhalb von 30 Monaten nach dem Anmelde- oder Prioritätsdatum hat der Anmelder die Erfordernisse für den Eintritt in die nationale Phase vor den jeweiligen Bestimmungsämtern zu erfüllen (Art. 22 PCT). Ist das Deutsche Patent- und Markenamt Bestimmungsamt, so gelten folgende Erfordernisse: Grundsätzlich ist die Anmeldegebühr zu entrichten. Wenn das DPMA Anmeldeamt war, fällt keine Anmeldegebühr mehr an. Für Anmeldungen, die nicht in deutscher Sprache eingereicht worden sind, ist eine Übersetzung erforderlich; die Erfinderbenennung nach den Vorschriften des Patentgesetzes ist vorzulegen. Erforderlichenfalls muss ein Inlandsvertreter bestellt werden.

Beantragt der Anmelder die internationale vorläufige Prüfung (Art. 31 ff. PCT), wird ein vorläufiges, nicht bindendes Gutachten über das Vorliegen von Neuheit, erfinderischer Tätigkeit und gewerblicher Anwendbarkeit erstellt. Durch diesen Antrag wird die Frist für den Eintritt in die nationale Phase von 20 auf 30 Monate verlängert (Art. 39 Abs. 1 PCT, Art. III § 6 Abs. 2 IntPatÜG).

Der PCT erleichtert und verbessert die Möglichkeit internationaler Patentanmeldungen wesentlich. Die Anmeldeunterlagen und Prioritätsbelege sind nur *einmal* und *in einer Sprache* einzureichen. Durch eine einzige Hinterlegung und die einmalige Zahlung in einer Währung können die wichtigsten Anmeldeerfordernisse für *alle* benannten Länder erreicht werden. Bis zum Eintritt der nationalen Phase kann der Anmelder frei entscheiden, ob und in welchen Ländern er sein Patentbegehren letztendlich weiterverfolgen will.

Nach dem Eintritt in die nationale oder regionale Phase (bei Euro-PCT-Anmeldungen) gelten die nationalen bzw. regionalen Bestimmungen, d. h. beispielsweise für die nationalen deutschen Anmeldungen das deutsche Recht und für die Euro-PCT-Anmeldungen das europäische Recht.

28.6 Gebrauchsmuster

Das Gebrauchsmuster hat praktische Bedeutung. Es ist einfach zu erlangen, nicht mit hohen Gebühren belastet und gewährt den vollen Schutz gegen die unbefugte Benutzung einer geschützten Erfindung. Es wird deshalb oft als „kleines Patent" bezeichnet. Gesetzliche Grundlage des Gebrauchsmusterschutzes und des patentamtlichen Eintragungsverfahrens ist das Gebrauchsmustergesetz (GebrMG) in der Fassung vom 28. August 1986, zuletzt geändert durch das Gesetz vom 12. Mai 2017.

28.6.1 Grundvoraussetzungen der Schutzfähigkeit

Das Gebrauchsmuster ist wie das Patent ein Schutzrecht für *technische* Erfindungen. Schutzfähig sind technische Neuerungen – mit Ausnahme von Verfahren –, die auf einem erfinderischen Schritt beruhen und gewerblich anwendbar sind (§ 1 Abs. 1 GebrMG). Dies entspricht damit weitgehend den Voraussetzungen für die Erteilung des Patents nach § 1 Abs. PatG. Insbesondere sind wie beim Patent folgende Gegenstände vom Gebrauchsmusterschutz ausgenommen: Entdeckungen sowie wissenschaftliche Theorien und mathematische Methoden; ästhetische Formschöpfungen; Pläne, Regeln und Verfahren für gedankliche Tätigkeiten, für Spiele oder für geschäftliche Tätigkeiten sowie Programme für Datenverarbeitungsanlagen; die Wiedergabe von Informationen. Im Gegensatz zum Patent sind biotechnologische Erfindungen vom Gebrauchsmusterschutz ausgenommen (§ 1 Abs. 2 Nr. 5 GebrMG).

Insgesamt handelt es sich um ein in seinen Wirkungen dem Patent gleiches Schutzrecht, es ist aber im Gegensatz zum Patent ein in einem reinen Registrierverfahren zu erteilendes, materiell-rechtlich ungeprüftes Schutzrecht, d. h. eine Prüfung auf Neuheit oder auf Vorliegen eines erfinderischen Schritts erfolgt *nicht*.

Weitere Abweichungen vom Patentrecht ergeben sich hinsichtlich der Neuheit und der erfinderischen Tätigkeit: Neuheitsschädlich sind neben schriftlichen Beschreibungen *nur inländische offenkundige Vorbenutzungshandlungen*; öffentliche *mündliche* Beschreibungen sind nicht Stand der Technik. Eine innerhalb von sechs Monaten vor dem für den Zeitrang der Anmeldung maßgeblichen Tag erfolgte Beschreibung oder Benutzung ist nicht neuheitsschädlich, wenn sie auf der Ausarbeitung des Anmelders oder seines Rechtsnachfolgers beruht („Neuheitsschonfrist" § 3 Abs. 1 Satz 3 GebrMG).

An das Vorliegen des „erfinderischen Schritts" (§ 1 Abs. 1 GebrMG) wurden früher (im Sinne des o. g. *kleinen* Patents) geringere Anforderungen als beim Patent gestellt, so dass der Gebrauchsmusterschutz leichter zu erlangen war. Im Jahr 2006 hat der festgestellt, dass unterschiedliche Anforderungen an das Vorliegen einer erfinderischen Tätigkeit und eines erfinderischen Schritts weder im Hinblick auf die durch Patente und Gebrauchsmuster vermittelte vergleichbare Monopolstellung gerechtfertigt noch in der Praxis sinnvoll formulierbar seien (BGH in GRUR 2006, 842).

Die Inanspruchnahme des Altersrangs (Priorität) einer ausländischen Anmeldung oder einer inländischen früheren Patent- oder Gebrauchsmusteranmeldung ist prinzipiell in gleicher Weise geregelt wie im Patentgesetz (§ 6 GebrMG). Der Anmelder kann somit den für eine früher eingereichte Patentanmeldung maßgebenden Anmeldetag für eine Gebrauchsmusteranmeldung in Anspruch nehmen, die denselben Gegenstand betrifft. Im Gegensatz zum Patent gilt die frühere Patentanmeldung nicht als zurückgenommen (§ 6 Abs. 1 Satz 2 GebrMG). Ein für die Patentanmeldung beanspruchtes Prioritätsrecht bleibt dann auch für die Gebrauchsmusteranmeldung erhalten (§ 5 Abs. 1 Satz 2 GebrMG). Im Gegensatz zum Patent (vgl. § 40 Abs. 5 Satz 1 PatG) gilt die frühere Patentanmeldung aber *nicht* als zurückgenommen (§ 6 Abs. 1 Satz 2 GebrMG).

Dieses Recht auf *Abzweigung* kann bis zum Ablauf von zwei Monaten nach dem Ende des Monats ausgeübt werden, in dem die Patentanmeldung oder ein etwaiges Einspruchsverfahren endgültig erledigt ist, jedoch längstens bis zum Ablauf des zehnten Jahres nach dem Anmeldetag der Patentanmeldung (§ 5 Abs. 1 Satz 3 GebrMG). Bei Patenterteilung kann die Abzweigung bis zum Ablauf von zwei Monaten nach Rechtskraft des Erteilungsbeschlusses erklärt werden.

28.6.2 Anmeldung und Eintragung

Die schriftliche Anmeldung muss enthalten (§ 4 Abs. 3 GebrMG): den Namen des Anmelders, einen Antrag auf Eintragung des Gebrauchsmusters mit einer kurzen und genauen Bezeichnung des Gegenstandes, einen oder mehrere Schutzansprüche, eine Beschreibung und die Zeichnungen, auf die sich die Schutzansprüche oder die Beschreibung beziehen. Mit der Anmeldung ist eine Gebühr (40 Euro bei Anmeldung in Papierform, 30 Euro bei elektronischer Anmeldung) zu zahlen. Wird diese nicht fristgerecht entrichtet, so gilt die Anmeldung als zurückgenommen.

Das Gebrauchsmuster ist schneller als das Patent zu erlangen, weil im Eintragungsverfahren – zuständig ist die *Gebrauchsmusterstelle* (§ 10 Abs. 1 GebrMG) – nur das Vorliegen der (förmlichen) Erfordernisse der Anmeldung (§ 4a GebrMG) und der materiell-rechtlichen *Voraussetzungen der Gebrauchsmusterfähigkeit* (§§ 1 und 2 GebrMG) geprüft wird. Eine Prüfung auf Neuheit, erfinderischen Schritt und gewerbliche Anwendbarkeit findet nicht statt (§ 8 Abs. 1 Satz 2 GebrMG). Diese erfolgt erst im Löschungsverfahren(§§ 15 ff. GebrMG), das vor der *Gebrauchsmusterabteilung* (§ 10 Abs. 3 GebrMG) auf Antrag Dritter durchgeführt wird.

Das Patentamt ermittelt auf Antrag (Gebühr 250 Euro) die öffentlichen Druckschriften, die für die Beurteilung der Schutzfähigkeit des Gegenstandes der Gebrauchsmusteranmeldung oder des eingetragenen Gebrauchsmusters in Betracht zu ziehen sind (§ 7 Abs. 1 GebrMG). Der Antrag kann von dem Anmelder, dem als Inhaber des Gebrauchsmusters Eingetragenen und jedem Dritten gestellt werden (§ 7 Abs. 2 GebrMG). Sinn dieser Gebrauchsmusterrecherche ist es, dem Anmelder Klarheit darüber zu verschaffen, ob sein Schutzrecht rechtsbeständig ist oder – wegen fehlender Neuheit oder wegen fehlenden erfinderischen Schritts – nur ein Scheinrecht darstellt. Für denjenigen, der ein Löschungsverfahren einleiten möchte, ermöglicht die Recherche die Abschätzung des Verfahrensrisikos.

28.6.3 Wirkungen und Laufzeit

Durch die Eintragung des Gebrauchsmusters in das Register entsteht ein *Ausschließlichkeitsrecht* (§ 11 Abs. 1 GebrMG). Die Schutzdauer eines eingetragenen Gebrauchsmusters beginnt mit dem Anmeldetag und endet zehn Jahre nach Ablauf des Monats, in den der Anmeldetag fällt. Die Aufrechterhaltung des Schutzes wird durch Zahlung einer Aufrechterhaltungsgebühr für das vierte bis sechste Jahr in Höhe von 210 Euro, für das siebte und achte Jahr in Höhe von 350 Euro sowie für das neunte und zehnte Jahr in Höhe von 530 Euro, gerechnet vom Anmeldetag an, bewirkt. Die Aufrechterhaltung wird im Register vermerkt (§ 23 GebrMG).

Ein besonderer Vorteil des Gebrauchsmusters besteht darin, dass bei gleichzeitiger Patent- und Gebrauchsmusteranmeldung die häufig längere Dauer des Patenterteilungsverfahrens bis zum Entstehen des vollen Patentschutzes durch den Schutz überbrückt werden kann, der mit der Eintragung des Gebrauchsmusters alsbald nach Einreichung der Anmeldung eintritt.

28.7 Arbeitnehmererfindungsrecht

Das Gesetz über Arbeitnehmererfindungen vom 25. Juli 1957 (ArbnErfG; zuletzt geändert am 31. Juli 2009) regelt Rechte und Pflichten an patent-

oder gebrauchsmusterfähigen Erfindungen und technischen Verbesserungsvorschlägen von Arbeitnehmern im privaten und im öffentlichen Dienst, von Beamten und Soldaten (§§ 1 bis 3 ArbnErfG).

Das Gesetz geht von dem Grundsatz aus, dass auch eine *Diensterfindung* oder *gebundene* Erfindung ursprünglich dem Erfinder zusteht. Es gewährt jedoch dem Arbeitgeber ein Aneignungsrecht. Der Arbeitgeber kann durch einseitige Erklärung die Diensterfindung (beschränkt oder unbeschränkt) in Anspruch nehmen. Mit der Inanspruchnahme gehen die Rechte an der Diensterfindung (ganz oder teilweise) auf den Arbeitgeber über. Dem Arbeitnehmererfinder erwächst mit der Inanspruchnahme der Erfindung ein Anspruch auf angemessene Vergütung. Bei sogenannten *freien Erfindungen* ist der Erfinder verpflichtet, dem Arbeitgeber zumindest ein nichtausschließliches Recht zur Benutzung der Erfindung zu angemessenen Bedingungen anzubieten (§ 19 ArbnErfG).

28.7.1 Freie und gebundene Erfindungen

Gebundene Erfindungen (Diensterfindungen) sind nach § 4 Abs. 2 ArbnErfG die während der Dauer des Arbeitsverhältnisses gemachten Erfindungen, die entweder aus der dem Arbeitnehmer im Betrieb oder in der öffentlichen Verwaltung obliegenden Tätigkeit entstanden sind oder maßgeblich auf Erfahrungen oder Arbeiten des Betriebs oder der öffentlichen Verwaltung beruhen. Sonstige Erfindungen von Arbeitnehmern sind *freie Erfindungen*. Sie unterliegen jedoch gewissen Beschränkungen (§§ 4 Abs. 3, 18, 19 ArbnErfG).

Nach dem Wegfall des sogenannten *Hochschullehrerprivilegs* gelten für Erfindungen der an einer Hochschule Beschäftigten folgende besonderen Bestimmungen: Der Erfinder ist berechtigt, die Diensterfindung im Rahmen seiner Lehr- und Forschungstätigkeit zu offenbaren, wenn er dies dem Dienstherrn rechtzeitig angezeigt hat. Lehnt ein Erfinder aufgrund seiner Lehr- und Forschungsfreiheit die Offenbarung seiner Diensterfindung ab, so ist er nicht verpflichtet, die Erfindung dem Dienstherrn zu melden. Will der Erfinder seine Erfindung zu einem späteren Zeitpunkt offenbaren, so hat er dem Dienstherrn die Erfindung unverzüglich zu melden. Dem Erfinder bleibt im Fall der Inanspruchnahme der Diensterfindung ein nichtausschließliches Recht zur Benutzung der Diensterfindung im Rahmen seiner Lehr- und Forschungstätigkeit. Verwertet der Dienstherr die Erfindung, beträgt die Höhe der Vergütung 30 vom Hundert der durch die Verwertung erzielten Einnahmen (§ 42 ArbnErfG).

28.7.2 Meldung und Inanspruchnahme

Der Arbeitnehmer, der eine Diensterfindung gemacht hat, ist verpflichtet, sie unverzüglich (ohne schuldhaftes Zögern, § 121 BGB) dem Arbeitgeber gesondert in Textform zu melden und hierbei kenntlich zu machen, dass es sich um die Meldung einer Erfindung handelt. Der Arbeitgeber hat den Zeitpunkt des Eingangs der Meldung unverzüglich in Textform zu bestätigen (§ 5 Abs. 1 ArbnErfG). Der Arbeitgeber kann eine Diensterfindung durch Erklärung gegenüber dem Arbeitnehmer in Anspruch nehmen (§ 6 Abs. 1 ArbnErfG). Die Inanspruchnahme gilt als erklärt, wenn der Arbeitgeber die Diensterfindung nicht bis zum Ablauf von vier Monaten nach Eingang der ordnungsgemäßen Meldung (§ 5 Abs. 2 Satz 1 und 3 ArbnErfG) gegenüber dem Arbeitnehmer durch Erklärung in Textform freigibt. Mit der Inanspruchnahme gehen alle vermögenswerten Rechte an der Diensterfindung auf den Arbeitgeber über (§ 7 Abs. 1 ArbnErfG).

Auch während der Dauer des Arbeitsverhältnisses entstandene freie Erfindungen sind unverzüglich dem Arbeitgeber durch Erklärung in Textform mitzuteilen (§ 18 Abs. 1 ArbnErfG), es sei denn, dass die Erfindung *offensichtlich* im Arbeitsbereich des Betriebs nicht verwendbar ist (§ 18 Abs. 3 ArbnErfG).

Bevor der Arbeitnehmer eine freie Erfindung während der Dauer des Arbeitsverhältnisses anderweitig verwertet, hat er zunächst dem Arbeitgeber mindestens ein nichtausschließliches Recht zur Benutzung der Erfindung zu angemessenen Bedingungen anzubieten, wenn die Erfindung im Zeitpunkt des Angebots in den vorhandenen oder vorbereiteten Arbeitsbereich des Betriebes des Arbeitgebers fällt (§ 19 Abs. 1 ArbnErfG). Dieses Vorrecht erlischt, wenn der Arbeitgeber das Angebot innerhalb von drei Monaten nicht annimmt (§ 19 Abs. 2 ArbnErfG). Eine Diensterfindung wird frei, wenn sie der Arbeitgeber durch Erklärung in Textform freigibt. Über eine frei gewordene Diensterfindung kann der Arbeitnehmer ohne die Beschränkungen der §§ 18 und 19 ArbnErfG verfügen (§ 8 ArbnErfG).

28.7.3 Pflichten des Arbeitgebers

Der Arbeitgeber ist *verpflichtet und allein berechtigt,* eine gemeldete Diensterfindung *im Inland* zur Erteilung eines Schutzrechts anzumelden. Eine patentfähige Diensterfindung hat er zur Erteilung eines Patents anzumelden, sofern nicht bei verständiger Würdigung der Verwertbarkeit der Erfindung der Gebrauchsmusterschutz zweckdienlicher erscheint (§ 13 ArbnErfG).

Die Verpflichtung des Arbeitgebers zur Anmeldung entfällt, wenn die Diensterfindung frei geworden ist (§ 8 ArbnErfG), wenn der Arbeitnehmer der Nichtanmeldung zustimmt oder wenn die Voraussetzungen des § 17 ArbnErfG vorliegen. Genügt der Arbeitgeber nach Inanspruchnahme der Diensterfindung seiner Anmeldepflicht nicht und bewirkt er die Anmeldung auch nicht innerhalb einer ihm vom Arbeitnehmer gesetzten angemessenen Nachfrist, so kann der Arbeitnehmer die Anmeldung der Diensterfindung für den Arbeitgeber auf dessen Namen und Kosten bewirken. Ist die Diensterfindung frei geworden, so ist nur der Arbeitnehmer berechtigt, sie zur Erteilung eines Schutzrechts anzumelden. Hatte der Arbeitgeber die Diensterfindung bereits zur Erteilung eines Schutzrechts angemeldet, so gehen die Rechte aus der Anmeldung auf den Arbeitnehmer über (§ 13 ArbnErfG).

Nach Inanspruchnahme der Diensterfindung ist der Arbeitgeber berechtigt, diese auch im Ausland zur Erteilung von Schutzrechten anzumelden (§ 14 Abs. 1 ArbnErfG). Für ausländische Staaten, in denen der Arbeitgeber Schutzrechte nicht erwerben will, hat er dem Arbeitnehmer die Diensterfindung freizugeben und ihm auf Verlangen den Erwerb von Auslandsschutzrechten zu ermöglichen (§ 14 Abs. 2 ArbnErfG). Der Arbeitgeber kann sich gleichzeitig mit der Freigabe nach § 14 Abs. 2 ArbnErfG ein nichtausschließliches Recht zur Benutzung der Diensterfindung in den betreffenden ausländischen Staaten gegen angemessene Vergütung vorbehalten und verlangen, dass der Arbeitnehmer bei der Verwertung der freigegebenen Erfindung in den betreffenden ausländischen Staaten die Verpflichtungen des Arbeitgebers aus den im Zeitpunkt der Freigabe bestehenden Verträgen über die Diensterfindung gegen angemessene Vergütung berücksichtigt. Der Arbeitgeber hat den Arbeitnehmer über den Fortgang von Schutzrechtserteilungsverfahren zu unterrichten (§ 15 Abs. 1 ArbnErfG); der Arbeitnehmer hat den Arbeitgeber beim Erwerb von Schutzrechten zu unterstützen und die erforderlichen Erklärungen abzugeben (§ 15 Abs. 2 ArbnErfG).

Wenn berechtigte Belange des Betriebes es erfordern, eine gemeldete Diensterfindung nicht bekanntwerden zu lassen, kann der Arbeitgeber von der Erwirkung eines Schutzrechts absehen, sofern er die Schutzfähigkeit der Diensterfindung gegenüber dem Arbeitnehmer anerkennt (§ 17 Abs. 1 ArbnErfG). Im Übrigen sind beide Seiten zur Geheimhaltung der Erfindung verpflichtet (§ 24 Abs. 1 und 2 ArbnErfG).

28.7.4 Vergütungsanspruch

Sobald der Arbeitgeber die Diensterfindung in Anspruch genommen hat, steht dem Arbeitnehmer eine angemessene Vergütung zu (§ 9 Abs. 1 ArbnErfG). Für die Bemessung der Vergütung sind insbesondere die wirtschaftliche Verwertbarkeit der Diensterfindung, die Aufgaben und die Stellung des Arbeitnehmers im Betrieb sowie der Anteil des Betriebes an dem Zustandekommen der Diensterfindung maßgebend.

Für technische Verbesserungsvorschläge, die dem Arbeitgeber eine ähnliche Vorzugsstellung gewähren wie ein gewerbliches Schutzrecht, hat der Arbeitnehmer gegen den Arbeitgeber einen

Anspruch auf angemessene Vergütung, sobald dieser sie verwertet. Im Übrigen bleibt die Behandlung technischer Verbesserungsvorschläge der Regelung durch Tarifvertrag oder Betriebsvereinbarung überlassen.

Im Regelfall beträgt die Vergütung des Arbeitnehmererfinders einen Anteil (der Anteilsfaktor beträgt in den meisten Fällen 10 % bis 20 %) der marktüblichen Lizenzgebühr, die für die Benutzung des Diensterfindungsschutzrechts bezahlt werden müsste. Die Art und Höhe der Vergütung soll in angemessener Frist nach der Inanspruchnahme der Diensterfindung zwischen dem Arbeitgeber und dem Arbeitnehmer vereinbart werden (§ 12 Abs. 1 ArbnErfG). Kommt eine solche Vereinbarung nicht zustande, so hat der Arbeitgeber die Vergütung durch eine begründete Erklärung in Textform an den Arbeitnehmer festzusetzen und entsprechend der Festsetzung zu zahlen (§ 12 Abs. 3 ArbnErfG). Der Arbeitnehmer kann der Festsetzung innerhalb von zwei Monaten durch Erklärung in Textform widersprechen, wenn er mit der Festsetzung nicht einverstanden ist. Widerspricht er nicht, so wird die Festsetzung für beide Teile verbindlich (§ 12 Abs. 4 ArbnErfG).

Die Vergütungshöhe hängt von den speziellen Gegebenheiten ab. Ein Blick in die Schiedsstellenpraxis (siehe Abschn. 28.7.5) zeigt über alle Industriezweige hinweg eine deutliche maximale Häufigkeit der pro Erfindung gezahlten Jahresvergütungsbeträge im Bereich zwischen 500 und 1000 Euro. Der bisher höchste jährliche Vergütungsbetrag aus der Schiedsstellenpraxis der letzten acht Jahre lag bei 20.000 Euro. Vereinbarungen über Diensterfindungen, freie Erfindungen oder technische Verbesserungsvorschläge (§ 20 Abs. 1 ArbnErfG), die nach diesem Gesetz zulässig sind, sind unwirksam, soweit sie in erheblichem Maße unbillig sind. Das gleiche gilt für die Festsetzung der Vergütung (§ 12 Abs. 4 ArbnErfG). Auf die Unbilligkeit einer Vereinbarung oder einer Festsetzung der Vergütung können sich Arbeitgeber und Arbeitnehmer nur berufen, wenn sie die Unbilligkeit spätestens bis zum Ablauf von sechs Monaten nach Beendigung des Arbeitsverhältnisses durch Erklärung in Textform gegenüber dem anderen Teil geltend machen.

28.7.5 Streitigkeiten

In allen Streitfällen zwischen Arbeitgeber und Arbeitnehmer kann jederzeit die beim Deutschen Patent- und Markenamt errichtete Schiedsstelle angerufen werden. Diese hat den Beteiligten einen begründeten Einigungsvorschlag zu machen. Auf die Möglichkeit des Widerspruchs und die Folgen bei Versäumung der Widerspruchsfrist ist in dem Einigungsvorschlag hinzuweisen. Der Einigungsvorschlag gilt als angenommen und eine dem Inhalt des Vorschlags entsprechende Vereinbarung als zustande gekommen, wenn nicht innerhalb eines Monats nach Zustellung des Vorschlages ein schriftlicher Widerspruch eines der Beteiligten bei der Schiedsstelle eingeht (§ 34 Abs. 2 und 3 ArbnErfG). Für das Verfahren vor der Schiedsstelle werden keine Gebühren oder Auslagen erhoben (§ 36 ArbnErfG).

Rechte oder Rechtsverhältnisse nach dem Arbeitnehmererfindungsgesetz können im Wege der Klage grundsätzlich erst geltend gemacht werden, *nachdem* ein Verfahren vor der Schiedsstelle vorausgegangen ist (§ 37 Abs. 1 ArbnErfG), wobei es sich allerdings auch um ein wegen Nichteinlassung der Antragsgegnerseite erfolglos beendetes Verfahren handeln kann. Klage kann u. a. sofort erhoben werden, wenn der Arbeitnehmer aus dem Betrieb ausgeschieden ist (§ 37 Abs. 2 Nr. 3 ArbnErfG) oder wenn die Parteien vereinbart haben, von der Anrufung der Schiedsstelle abzusehen. Diese Vereinbarung kann erst getroffen werden, nachdem der Streitfall eingetreten ist. Sie bedarf der Schriftform. Bei einem Streit über die Höhe der Vergütung kann die Klage auch auf Zahlung eines vom Gericht zu bestimmenden angemessenen Betrages gerichtet werden (§ 38 ArbnErfG).

Mit Ausnahme von solchen Rechtsstreitigkeiten, die ausschließlich Ansprüche auf Leistung einer festgestellten oder festgesetzten Vergütung für eine Erfindung zum Gegenstand haben, sind für alle Rechtsstreitigkeiten über Erfindungen eines Arbeitnehmers die für Patentstreitsachen zuständigen Gerichte (§ 143 PatG) ohne Rücksicht auf den Streitwert ausschließlich zuständig. Die Vorschriften über das Verfahren in Patentstreitsachen sind anzuwenden.

Literatur

Bartenbach K, Volz F-E (2010) Arbeitnehmererfindungen, 5. Aufl. C. Heymanns, Köln

Bartenbach K, Volz F-E (2012) Arbeitnehmererfindungsgesetz, 5. Aufl. C. Heymanns, Köln

Benkard G (2006) Patentgesetz/Gebrauchsmustergesetz, 10. Aufl. C.H. Beck, München

Bühring M (2011) Gebrauchsmustergesetz, 8. Aufl. C. Heymanns, Köln

Busse R (2012) Patentgesetz, 7. Aufl. de Gruyter, Berlin

Deutsches Patent- und Markenamt (2010). Jahresbericht

Hees A van, Braitmayer, S.-E. (2010) Verfahrensrecht in Patentsachen, 4. Aufl. C. Heymanns, Köln

Hellebrand O, Himmelmann U (2011) Lizenzsätze für technische Erfindungen, 4. Aufl. C. Heymanns, Köln

Kraßer R (2008) Patentrecht, 6. Aufl. C.H. Beck, München

Mes P (2011) PatG, GebrMG, 3. Aufl. C.H. Beck, München

PCT-Leitfaden für Anmelder. C. Heymanns, Köln (Loseblattsammlung, herausgegeben vom Deutschen Patent- und Markenamt, wird laufend aktualisiert)

Schade J, Frosch V, Weinand N (2009) Patent-Tabelle, 10. Aufl. C. Heymanns, Köln

Schulte R (Hrsg) (2008) Patentgesetz mit EPÜ, 8. Aufl. C. Heymanns, Köln

Singer M, Stauder D (Hrsg) (2010) Europäisches Patentübereinkommen, 5. Aufl. C. Heymanns, Köln

Taschenbuch des gewerblichen Rechtsschutzes (Tabu DPMA). C. Heymanns, Köln (Diese Loseblattsammlung, herausgegeben vom Deutschen Patent- und Markenamt, wird laufend aktualisiert und enthält alle amtlichen Gesetzestexte, Verordnungen, Richtlinien, Verwaltungsvorschriften, sowohl für das DPMA als auch für das EPA und den PCT.)

Teil VI

Technikkommunikation, Risikobewertung und Risikokommunikation

Technikkommunikation, Risikobewertung und Risikokommunikation

29

Marc-Denis Weitze und Ortwin Renn

Zusammenfassung

Der Bau von Infrastruktur, wie Kraftwerken oder Windrädern, sowie die Anwendung wenig erprobter Technologien stehen in der öffentlichen Diskussion. Neuere Ansätze der Wissenschafts- und Technikkommunikation zielen daher auf Transparenz bezüglich möglicher Auswirkungen von Technologien, auf den Dialog und schließlich auf die Mitwirkung in gesellschaftlich relevanten technologiepolitischen Fragen. Vertrauen und die Zuversicht in die Sinnhaftigkeit wissenschaftlich-technischen Wandels resultieren demzufolge aus dem Dialog von Wissenschaft und Gesellschaft.

M.-D. Weitze (✉)
acatech, München, Deutschland
E-Mail: weitze@acatech.de

O. Renn
Institute for Advanced Sustainability Studies e.V., Potsdam, Deutschland
E-Mail: ortwin.renn@iass-potsdam.de

29.1 Einleitung: Technik und Gesellschaft

29.1.1 Ausgangspunkte der Wissenschafts- und Technikkommunikation

Ob Fracking, Gentechnik oder Infrastrukturprojekte – kontroverse Diskussionen zu technologischen und wissenschaftlichen Themen gibt es in nahezu allen Bereichen von Wissenschaft und Technik. Während in der Vergangenheit die Bewertung neuer Technologien weitgehend den Fachexperten und den wirtschaftlichen Entscheidungsträgern überlassen wurde, wird die Diskussion über Chancen und Risiken heute von immer mehr gesellschaftlichen Gruppen geführt – insbesondere dann, wenn es um Wertvorstellungen etwa zu Fragen der Umwelt- und Lebensqualität oder um ethische Fragen geht (Weitze und Heckl 2016).

Der Optimismus, der bis in die 1960er-Jahre verbreitet und mit dem jeder wissenschaftlich-technische Fortschritt noch begrüßt wurde, war kurzlebig: Das 1962 erschienene Buch *Silent Spring* von Rachel Carson, der 1972 vom Club of Rome veröffentlichte Bericht *Die Grenzen des Wachstums* sowie das grundlegende Werk von Erich Fromm *Haben oder Sein* bewegten die Öffentlichkeit und können als Ausgangspunkte der weltweiten Umweltbewegung gesehen werden.

M. Hennecke, B. Skrotzki (Hrsg.), *HÜTTE Band 1: Mathematisch-naturwissenschaftliche und allgemeine Grundlagen für Ingenieure*, Springer Reference Technik,
https://doi.org/10.1007/978-3-662-64369-3_84

Auf der anderen Seite haben Chemieunfälle und weitere Technikkatastrophen bis hin zur weltweit live übertragenen Explosion der US-Raumfähre *Challenger* im Jahr 1986 immer wieder die Schattenseiten von Wissenschaft und Technik ins Bewusstsein der Öffentlichkeit gerückt.

Spätestens seit den 1970er-Jahren hätten die immer stärker beschleunigten Entwicklungen in der Wissenschaft und eine Sensibilisierung der Öffentlichkeit für die damit verbundenen Gefahren zu einer Entfremdung geführt. Und das war – mit Blick auf die Tatsache, dass Forschung zum großen Teil aus öffentlichen Geldern finanziert wird – auch ein politisches Problem. Aber nicht nur die finanzielle Förderung durch die Öffentlichkeit und ein davon ableitbares Mitspracherecht, sondern auch die Gewinnung von ausreichend Forschernachwuchs sind abhängig von einem produktiven Verhältnis von Wissenschaft und Öffentlichkeit. Schließlich ist wissenschaftliches Wissen für jedermann alltagsrelevant und Teil der modernen Kultur. 1985 nahm die Diskussion um „Public Understanding of Science" (PUS) ihren Anfang als Titel des Berichts eines von der Royal Society eingesetzten Komitees (Royal Society 1985). Dieser Bericht einer Gruppe um den einflussreichen Biologen Walter Bodmer machte klar, dass die britischen Wissenschaftler zu wenig Kontakt mit der Öffentlichkeit pflegten.

29.1.2 Vom Defizit zum Dialog

Wenige Jahre später wurde PUS zwar von vielen unterstützt, aber es blieb unklar, was es genau bedeutet. Aus heutiger Sicht lassen sich die Aktivitäten am besten mit dem Defizitmodell beschreiben: Die Wissenschaft definiert den Stand des Wissens. Dieses Wissen wird in vereinfachter und kondensierter Form an die Öffentlichkeit weitergegeben. Die bleibt passiv – und soll die Neue Technologie dank der Aufklärung über die „wahren" Folgen akzeptieren. Kommunikation setzte also erst ein, nachdem eine Technologie entwickelt worden war. Hochglanzbroschüren sollten Bewunderung hervorrufen und für Zustimmung sorgen. Das Defizitmodell beherrschte lange Zeit das Denken und war Leitschnur u. a. für die PUS-Programme in Großbritannien in den Jahren nach dem Bodmer Report. Wissenschaftler sahen ihre Aufgabe zunächst darin, die Öffentlichkeit (vorwiegend über die Medien) zu informieren, etwa welche Vorteile „Neue Technologien" haben.

Dabei hatten empirische Befunde auf ein viel komplexeres Verhältnis von Wissenschaft, Technik und Öffentlichkeit hingewiesen. „Mehr wissenschaftliches Wissen sichert keinesfalls immer Unterstützung für die Wissenschaft; es kann auch Skepsis und Unsicherheit hervorbringen" (Felt 2000, S. 20). Und man weiß, nicht zuletzt nach der Diskussion um Kernenergie und Grüne Gentechnik: Mehr (popularisiertes) Wissen führt keineswegs zu mehr Akzeptanz. Vertrauensverluste lassen sich nicht durch Information ausgleichen.

Dialog ist die angemessene Art der Kommunikation – insbesondere, wenn es um Themen geht, die mit Unsicherheiten und Risiken behaftet sind und die Öffentlichkeit direkt betreffen. Relevantes Wissen findet sich auch außerhalb der Wissenschaft (siehe Kasten). Dialog bedeutet Verständigung in beide Richtungen, ermöglicht den Austausch von Meinungen und Sichtweisen und damit eine sachgerechte und ausgewogene Kommunikation. Ein frühes Beispiel hierzu sind Konsensuskonferenzen, die ihren Ausgang Mitte der 1980er-Jahre in Dänemark genommen und sich in vielen Ländern – insbesondere zu Themen der Grünen und Roten Gentechnik – verbreitet haben (Joss 2003). Jeweils rund 20 Bürger, die nach Kriterien demografischer Repräsentativität ausgewählt wurden, holen Informationen zu einem Thema ein, identifizieren Schlüsselthemen, hören Experten an, beraten und verfassen den Schlussbericht, der schließlich der Öffentlichkeit, Medien und Politik präsentiert wird.

Zwischen Expertenwissen und sozial robustem Wissen

Für die sozialwissenschaftliche Technikforschung steht längst fest, dass sich handlungs- und entscheidungsrelevantes Wissen auch außerhalb der Wissenschaft findet. Grenzen des Fachwissens wurden unter anderem in

(Fortsetzung)

biomedizinischer Forschung, in der Agrarpolitik und in Umweltdebatten deutlich. Vor allem ist neben dem systematischen Wissen der Wissenschaften auch das Erfahrungswissen der Entwickler und Nutzer von besonderer Bedeutung. Bei der Entwicklung und Verbreitung von Technologien übernehmen Nutzer durch die aktive Aneignung (etwa die Integration in die Alltagspraxis) eine wichtige Rolle für den Erfolg von Innovationen. Nutzer können – zumal bei Technologien, die in ihren Alltag hineinwirken – auch bei der Gestaltung und Verbesserung Neuer Technologien mitwirken.

Eine grundsätzliche Aufgeschlossenheit gegenüber technischen Innovationen, die etwa durch Dialogformate gestärkt werden kann, ist eine Grundvoraussetzung für eine sich wandelnde und innovative Gesellschaft. Die Studien der Wissenschaftsforschung und Technikfolgenabschätzung heben ebenso wie die Erfahrungsberichte aus Politik und von NGOs die Bedeutung der frühen Einbindung der Öffentlichkeit heraus, wenn es um die Gestaltung von Wissenschaftspolitik oder Technologien geht. Argumente für die Etablierung solcher Dialogformate sind u. a. (acatech 2011):

- Angesichts immer weiter voranschreitender gesellschaftlicher Differenzierung und der Dissoziation von Erfahrungswelten, verschärft durch beschleunigte Wissensproduktion und darauf basierenden technischen Entwicklungen, tut es not, die verschiedenen Wissensformen (hier aus Wissenschaft, Wirtschaft und Gesellschaft) zusammenzubringen.
- Angesichts des immer stärkeren Einflusses Neuer Technologien in der Gesellschaft sind für Entscheidungen, die mit Innovationen verbunden sind, neben dem Fachwissen der Experten auch Wertvorstellungen, Zukunftsvisionen und Wünsche der Bürger relevant.
- Grundsätzliche Aufgeschlossenheit gegenüber technischen Innovationen („Technikakzeptanz"), die durch solche Dialogformate gestärkt werden kann, ist wesentlicher Bestandteil wirtschaftlicher Kalkulation, um neue Produkte, Anlagen und Dienstleistungen hervorzubringen, Problemlösungen anbieten zu können und damit letztendlich zur Modernisierungs- und Wettbewerbsfähigkeit des Standorts Deutschland beizutragen.

War es bisher ausreichend, „verlässliches Wissen" zu produzieren, das von anderen Wissenschaftlern als gültig angesehen wird, lässt sich nun eine Erweiterung hin zu „sozial robustem Wissen" (Nowotny et al. 2001) feststellen: Dieses kennzeichnet den Prozess der Kontextualisierung und weist drei Merkmale auf: Es handelt sich um valides Wissen nicht nur im Labor, sondern auch im praktischen Vollzug im wirtschaftlichen und sozialen Kontext. Es werden zur Gewinnung sozial robusten Wissens verschiedene Experten und ggf. auch Laien einbezogen. Die Gesellschaft ist am Entstehungsprozess dieses Wissens beteiligt. Zudem kommt eine Vielzahl von Perspektiven und Techniken zum Einsatz, sodass dieses Wissen umfassender die Pluralität von Werten und Präferenzen abbilden kann.

29.1.3 Rolle der Medien

Für den Informationsaustausch zwischen Wissenschaft und Technik auf der einen und der Öffentlichkeit auf der anderen Seite spielen seit Jahrzehnten die klassischen Medien (Presse, Rundfunk und Fernsehen) und seit einigen Jahren zunehmend die social media eine wichtige Rolle. Insbesondere das Fernsehen ist dabei für viele noch immer die Hauptinformationsquelle (Wissenschaft im Dialog 2018).

Dass die Medien kein Spiegel der Welt sind, sondern nach bestimmten Regeln und Konventionen Signale aus Umwelt und Kommunikation selektieren und verarbeiten, die nicht immer mit denen von Wissenschaft und Technik übereinstimmen, ist allgemein bekannt: So tritt bei den Medien neben das innerwissenschaftliche Wahrheitskriterium die Medienwirksamkeit. Wichtige Nachrichtenwerte im Journalismus sind Aktualität, Prominenz, Emotionalität, Nähe und Unterhaltsamkeit. Dagegen setzt die Wissenschaft u. a. auf Neuigkeit, Genauigkeit, Überprüfbarkeit. Wenn die Medienberichterstattung vor allem ereignisorientiert ist, sind wissenschaftliche „Durchbrüche", sensationelle Ergebnisse, Nobelpreise, aber auch aktuelle gesellschaftliche Debatten Anlässe für eine ausgedehnte Berichterstattung. Kontinuierliche Entwicklungen in der Wissenschaft und Blicke hinter die Kulissen werden dagegen eher selten thematisiert.

Zudem lassen sich zwei grundsätzliche Rollenverständnisse der Medien gegenüber Wissenschaft und Technik unterscheiden: Nach dem einen Verständnis sind sie Sprachrohr von Wissenschaft und Technik, liefern verständliche Darstellungen bzw. „Übersetzungen" der Ergebnisse (nach diesem Verständnis: Leistungen) aus den Wissenschaften an die Öffentlichkeit, möchten auch Faszination von Wissenschaft und Technik vermitteln. Nach dem anderen Verständnis hinterfragen sie wissenschaftliche Resultate kritisch, bringen sie mit anderen Meinungen zusammen, kontrollieren sogar mögliche Missstände im Wissenschaftsbetrieb oder bei technischen Entwicklungen.

29.1.4 Information, Dialog, Partizipation: Eine große Vielfalt an Formaten

Wie man Bürger in die Diskussion um die Gestaltung von Innovationen einbezieht, ist bis heute ein Experimentierfeld. Hinsichtlich des Dialogcharakters lassen sich verschiedene Typen von Formaten der Wissenschaftskommunikation identifizieren, die spezifische Stärken und Schwächen aufweisen. Der Übergang von „Information" (im Sinne eines allgemeinen und öffentlichen Zugangs zu Information sowie der Informationsvermittlung an spezifische Gruppen) zu „Dialog" (bei dem der Informationsaustausch in beide Richtungen erfolgt und Reaktionen der betroffenen Kommunikationspartner systematisch gesammelt und für die weitere Planung berücksichtigt werden) und „Partizipation" (bei der alle Beteiligten gemeinsam nach Lösungen suchen und Empfehlungen an die Entscheidungsträger – beispielsweise in der Politik – artikulieren) bildet dabei ein Kontinuum.

Ein Forschungsprojekt „Wissenschaft debattieren!" (Universität Stuttgart und Wissenschaft im Dialog), das verschiedene Dialogformate hinsichtlich ihrer Wirkweise, Reichweite und Zielerreichung analysiert hat, kam zu folgenden Erkenntnissen (Wissenschaft im Dialog 2011): Verfahren, die auf Dialog und Mitgestaltung von Teilnehmenden setzen, steigern Sachwissen, Urteilsfähigkeit sowie Interesse an wissenschaftlichen Fragen. Einstellungen bzw. subjektive Wahrnehmungen von Teilnehmenden, zum Beispiel in Bezug auf Wissenschaftler und Wissenschaft, wurden durch die Teilnahme an Dialogveranstaltungen positiv beeinflusst. Der Austausch mit Wissenschaftlern unterstützt die Verständigung und das Verständnis beider Seiten. Dialog kann hier eine urteilsunterstützende Kommunikation fördern.

29.2 Technikfolgenabschätzung und Technikzukünfte

Der Einsatz von Technik, Technologie oder Neuen Technologien ist – anders als etwa Naturgewalten – ein Willensakt. Und an kaum einem anderen Gegenstand entzündet sich der Streit um die Folgen menschlichen Handelns intensiver als an der Frage, ob und in welcher Form eine Technik in Produktion, Konsum oder Infrastruktur eingesetzt werden soll. Charakteristisch für Diskussionen um den Einsatz von Technik sind die folgenden drei Merkmale:

- Ambivalenz,
- Komplexität und
- Unsicherheit.

Es liegt in der Natur der Sache, dass jede Technik ambivalente Seiten ausweist. Messer kann man zum Trennen von Nahrungsmitteln, aber auch zur Verletzung von Mitmenschen einsetzen. Das gilt erst recht für komplexe Technologien wie Gentechnik oder Nanotechnik. Mit Ambivalenz klug umzugehen bedeutet, dass Techniken weder ungefragt entwickelt und eingesetzt werden dürfen, noch dass wir jede Technik verbannen müssen, bei der negative Auswirkungen möglich sind. Eine solche Abwägung wird erschwert durch die Komplexität der Ursache-Wirkungs-Beziehungen. Hinzu kommt Unsicherheit, die sich durch Messfehler, Kontextabhängigkeiten, Nichtwissen und Unbestimmtheit von funktionalen oder kausalen Beziehungsmustern ergibt.

Gleichzeitig muss aber auch bedacht werden, dass Technikfolgen nicht nur negative Begleiterscheinungen hervorrufen, sondern neben ihrem direkten Nutzen auch indirekte Wohlfahrtsgewinne für die Gesellschaft etwa zur Verbesserung von Gesundheit, Mobilität, Wohlstand und Komfort mit sich bringen. Die positiven Folgen sollten die negativen sicherlich überlagern – doch wie die einzelnen Folgen zu bewerten sind, ist nicht wissenschaftlich bestimmbar, sondern setzt eine bewusste Wertung nach kollektiver Wünschbarkeit voraus. Da die Frage, was für die Gesellschaft wünschbar ist, in einer wertepluralen Gesellschaft nicht eindeutig zu beantworten ist, ergeben sich zwangsläufig Kontroversen über die Entwicklung und den Einsatz von Technik (Grunwald 2010). Technikfolgenabschätzung muss sich dabei mit zwei Fragen befassen: Welche Folgen sind mit welcher Wahrscheinlichkeit und Urteilssicherheit mit dem weiteren Einsatz verbunden? Und: Wie wünschbar sind diese Folgen, wenn man die Werte und Präferenzen der von dem Einsatz der Technik betroffenen Personen zugrunde legt?

Vor allem wenn um die Frage der Wünschbarkeit der Technikfolgen und um die Entscheidung für oder gegen eine Technologie geht, gibt es keine Eindeutigkeit, sondern es braucht eine Kultur der Abwägung: Diese umfasst einerseits die Erfassung der zu erwartenden Folgen eines Technikeinsatzes auf der Grundlage eines wissenschaftlichen Instrumentariums und andererseits die Beurteilung von Handlungsoptionen, also dem Einsatz oder Nichteinsatz einer Technik, auf der Basis von Kriterien, die nicht aus der Wissenschaft abzuleiten sind, sondern die in einem politischen Prozess durch die Gesellschaft identifiziert und entwickelt werden. Technikfolgenabschätzung kann zwar weder die Ambivalenz der Technik auflösen noch die zwingende Unsicherheit und Komplexität außer Kraft setzen, aber sie kann helfen, die Dimensionen und die Tragweite unseres Handelns wie unseres Unterlassens zu verdeutlichen.

29.2.1 Frühzeitige Einbindung: Aber wann?

Wann sollen die Folgen einer einzusetzenden Technik diskutiert werden? Möglichst früh, sollte man meinen, aber hier ergibt sich ein Dilemma, das nach dem britischen Technikforscher David Collingridge benannt ist: Solange eine Technologie noch nicht ausreichend entwickelt und weit verbreitet ist, können ihre Wirkungen nicht leicht vorhergesehen werden. Je weiter entwickelt sie jedoch ist, umso schwieriger werden deren Kontrolle und Gestaltung (Abb. 1).

Aus diesem Dilemma ergeben sich einige Fragen: Wie kann man das Urteilsvermögen der von einem Technikanwendung betroffenen Bevölkerung so verbessern, dass die faktischen Implikationen der verschiedenen Handlungsalternativen verstanden werden können und die Wünschbarkeit dieser Folgen rational abgewogen werden kann? Wie kann man ein Thema in einem frühen Forschungsstadium relevant und interessant machen für Bürger, die einerseits mitreden sollen, andererseits dafür wenig Zeit aufwenden wollen? Um diese beiden Fragen konstruktiv anzugehen, könnten zunächst auf der Basis einzelner Forschungsansätze verschiedene „Technikzukünfte" entwickelt werden, also Vorstellungen zukünftiger gesellschaftlicher Wirklichkeiten in Kombination mit dem wissenschaftlich-technischen Fortschritt (Grunwald 2012). Technikzukünfte sind dabei keine Prognosen, sondern sollen vielmehr – auf Grundlage transparenter Voraussetzungen und Annahmen – eine Basis zur Diskussion darstellen,

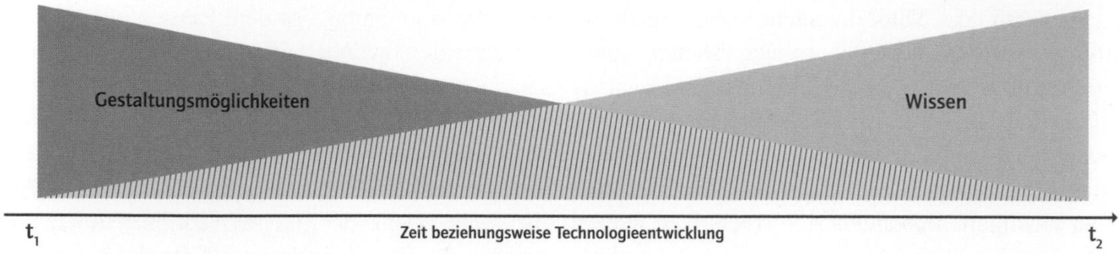

Abb. 1 Das Dilemma der gegenläufigen Entwicklung von Gestaltungsmöglichkeiten und Wissen zu einer Technologie in deren Entwicklungsprozess (nach Collingridge 1982, S. 19)

in welche Richtung die (Forschungs-)Reise gehen soll, was also letztlich Ziel der Forschung und technischen Entwicklung ist.

Tatsächlich spielen Zukunftsvorstellungen eine entscheidende Rolle in gesellschaftlichen Technikdebatten: Sie werden in unterschiedlichen Formen, etwa als Vorhersagen, Szenarien oder Visionen, zum Ausdruck gebracht. Teils werden sie von Wissenschaftlern entworfen, etwa als modellbasierte Szenarien, teils handelt es sich um künstlerische Entwürfe, wie literarische oder filmische Produkte der Science-Fiction, teils sind es Erwartungen oder Befürchtungen, die über Massenmedien Teil der öffentlichen Kommunikation werden.

Insbesondere bringen Vorstellungen über die zukünftige Entwicklung von Technik und Gesellschaft – kurz Technikzukünfte – Ansichten darüber zum Ausdruck, welche zukünftige gesellschaftliche und technologische Realität für möglich, mehr oder weniger wahrscheinlich, gewünscht oder unerwünscht gehalten wird. Von daher verbinden Zukünfte die beiden Komponenten der Technikfolgenabschätzung: Der möglichst faktisch genauen Erfassung der Folgen der jeweiligen Handlungsoptionen und der Bewertung dieser Folgen nach Kriterien der gesellschaftlichen Wünschbarkeit. Solche Technikzukünfte vereinen unterschiedliche Formen von Wissen, beinhalten Annahmen und normative Setzungen. Dabei haben sich die Erwartungen an Zukunftsvorausschau in den letzten Jahrzehnten grundlegend verändert. Heute ist das Denken in Alternativen, in Optionen mit Entscheidungspunkten und Verzweigungen vorherrschend. Der Plural „Technikzukünfte" ist daher Programm.

Technikzukünfte mischen Wissen, Zukunftsvisionen und Werte. Wissenschaftliche und technische Fakten sind darin verwoben mit Erfahrungen und Präferenzen. Sie können umstritten und Schauplatz gesellschaftlicher Kontroversen sein. Sie motivieren – explizit oder implizit – Forscher, leiten die Bestimmung der Forschungsthemen an und sind mithin zentraler Bestandteil von Entscheidungen über Technik sowie Grundlage von gesellschaftlichen Chancen- und Risikodebatten.

Das Denken in Zukünften formt also die Grundlage für einen partizipativen Ansatz der Technikgestaltung. Um eine konkrete Mitgestaltung zu ermöglichen, sind hier Dialogformate mit allen Gruppen der Bevölkerung sinnvoll, um Sachverhalte zu klären und unterschiedliche Handlungsoptionen zu interpretieren vor dem Hintergrund pluraler Präferenzen und Werte.

29.3 Einstellungen und Rezeption

Welche Meinungen, Positionen oder Einstellungen gibt es über Wissenschaft und Technik, wie entstehen diese und wie wirken sie sich auf die Aufnahme von Information aus?

29.3.1 Einstellungen zu Wissenschaft und Technik

Wünsche, Hoffnungen, Befürchtungen, Erwartungen an die Zukunft, aber auch Zustimmung oder Ablehnung von Technologien können durch Umfragen indirekt erfasst werden. Das „Eurobarometer" basiert auf in regelmäßigen Abständen von der Europäischen Kommission in Auftrag gegebene öffentliche Meinungsumfragen in den

Ländern der EU. Diese versuchen u. a., Einstellungen der Bevölkerung zu Wissenschaft und Technik zu erfassen. Dabei zeigen sich teilweise über Jahren hinweg stabile Befunde, aber auch im Zeitablauf sich verstärkende oder abschwächende Trends, sowie viele überraschende Befunde, die nicht einfach interpretiert werden können. Mit überwiegender Mehrheit stimmen die Europäer zu, dass durch Wissenschaft und Technik mehr Möglichkeiten für kommende Generationen geschaffen werden (EU 75 %, Deutschland 80 %; siehe EC 2013, S. 84 f.). Drei Viertel der Bevölkerung halten den Einfluss von Wissenschaft und Technik auf die Gesellschaft insgesamt für positiv (sowohl EU als auch Deutschland; siehe EC 2013, S. 51 f.).

Aufschlussreich ist, wie differenziert einzelne Technologien betrachtet werden. So wird die generelle Haltung gegenüber verschiedenen Technologien abgefragt: „Sagen Sie mir bitte für jeden Bereich, ob Sie meinen, a) dass er Ihr Leben in den nächsten 20 Jahren verbessern wird, b) keine Auswirkungen haben wird oder c) ihr Leben verschlechtern wird?" Eine überwiegend optimistische Einschätzung ist hinsichtlich Sonnen- und Windenergie sowie der Informationstechnologie seit 1991 generell hoch. Für Biotechnologie und Gentechnik liegt der Index deutlich darunter; er sank in den 1990er-Jahren stark, stieg dann bis 2005 wieder an. Für 2010 sank der Index wieder ein wenig; der Anteil der Optimisten blieb dabei gleich, aber es gab einen höheren Anteil an Pessimisten (Gaskell et al. 2010, S. 18 f.).

29.3.2 Rezeption und Beurteilung von Technik

Bereits vorhandene Einstellungen in der Bevölkerung, Spezifika der individuellen und kollektiven Rezeption sowie Informationsverarbeitung sind Randbedingungen der Wissenschaftskommunikation, die für eine adressatengerechte Kommunikation zu berücksichtigen sind. Im Folgenden werden einige Beispiele hierfür gegeben. Als Hintergrund ist hier durchweg zu berücksichtigen, dass das Hauptmotiv der Rezeption wissenschaftlicher Inhalte durch Nicht-wissenschaftler nicht der Erwerb von Wissen ist, sondern die Suche nach Lösungen und Orientierungen für Alltagsprobleme. Insbesondere sollte man sich von der Vorstellung verabschieden, dass Laien bereit wären, sich durch Unmengen an Informationen zu arbeiten, um am Ende nach einer intensiven Abwägung aller Fakten und Werte zum besten Schluss zu kommen. Vielmehr sind die meisten Individuen zunächst einmal „kognitive Geizhälse", die möglichst effizient zu Entscheidungen kommen wollen und müssen – zumindest bei Themen und in Situationen, bei denen es keinen konkreten Anreiz zum genaueren Nachsehen und Nachdenken gibt.

Wissenschaftliche Informationen werden von Laien in Abhängigkeit von ihren jeweiligen Motiven ausgewählt und verarbeitet. Grundlegend ist dabei die Vermeidung von kognitiver Dissonanz. Alle Informationen, die der eigenen Einstellung widersprechen, werden als weniger wahr, als weniger relevant und als weniger glaubwürdig eingestuft. So wird der Einfluss von Einstellungen auf die Informationsverarbeitung unter anderem durch Überlappung bestimmt („message congruency effect"): Demnach ruft eine zur persönlichen Einstellung kongruente Botschaft größeres Vertrauen hervor als eine nichtkongruente Botschaft. Information, die nicht zu den eigenen Einstellungen kongruent ist, wird dann eher angenommen, wenn sie von Experten verschiedener Ausrichtungen beziehungsweise Werthaltungen – gegebenenfalls von verschiedenen Seiten bei einer Kontroverse – vertreten wird („pluralistic advocacy"; siehe Kahan et al. 2011). Pointiert könnte man feststellen, dass Informationen nur dann wirken, wenn sie bestehende Überzeugungen nicht in Frage stellen. Eine Rezeptionsstudie zu Zeitungsartikeln über Gentechnik etwa zeigte, dass der Artikel, der am positivsten über Gentechnik berichtete, die negativsten Bewertungen bei Lesern mit negativen Voreinstellungen zur Gentechnik hatte.

Werte und Einstellungen können die Wahrnehmung deutlich beeinflussen. In einer Studie, die den Einfluss der politischen Orientierung und der Religiosität auf Einstellungen zur embryonalen

Stammzellenforschung untersuchte, konnte gezeigt werden, dass die Informationsverarbeitung stark durch Werte geprägt ist. „Die Ergebnisse zeigen, dass größere Religiosität und eine konservative politische Einstellung mit einer Ablehnung von Stammzellenforschung einhergehen, während kein direkter Einfluss des Wissens zu diesem Thema nachgewiesen werden konnte" (zit. nach Bromme und Kienhues 2014, S. 74).

Kognitive Konflikte führen keineswegs notwendig zu einer Veränderung von Wissensstrukturen oder Einstellungen aufseiten der Rezipienten: So ist die Aufteilung von Wissensbeständen in „Alltägliches" und „Wissenschaftliches" eine Bedingung dafür, dass bestehende Konzepte innerhalb des „Alltäglichen" nicht angegriffen werden, wenn sich Neuigkeiten bei „Wissenschaftlichem" ergeben. Erwartungswidrige Beobachtungen lassen sich auch schlicht ignorieren oder aber im Sinne der bislang bestehenden Überzeugungen uminterpretieren. Störende Gefühle kognitiver Dissonanz, die etwa zwischen Einstellungen und neuen Informationen auftreten können, werden oftmals in einer Weise ausgeräumt, die die Einstellungen unverändert lässt.

Schließlich lässt sich zeigen, dass Einstellungen zu einer Neuen Technologie von anderen Technologien übernommen werden, die man für vergleichbar hält. Sie wird „verankert" in vertrauten Bereichen: Obwohl die meisten noch nie etwas von Synthetischer Biologie gehört haben, werden sie dieses neue Feld möglicherweise mit Gentechnik oder Nanotechnologie in Verbindung bringen (Kronberger et al. 2012, S. 176).

Die regelmäßige Analyse „TechnikRadar" der Deutschen Akademie der Technikwissenschaften und der Körber-Stiftung liefert zahlreiche Belege dafür, dass die Menschen weniger ihre Urteile mit vermuteten Auswirkungen begründen, sondern mit ihren grundlegenden Wertmaßstäben (acatech, Körber-Stiftung 2018). Nicht Technik „an sich" steht im Zentrum des Interesses, sondern ihre soziale Einbettung – die mit ihr verbundenen Ziele ebenso wie die Wünschbarkeit der vermuteten gesellschaftlichen Folgen und Nebenfolgen des Technikeinsatzes. Ob Technik zum Fluch oder Segen gereicht, hängt so gesehen weniger von ihren technischen Eigenschaften als vielmehr von den Bedingungen ihres Einsatzes ab.

29.4 Technikakzeptanz

Es gibt verschiedene Definitionen und Konzeptualisierungen von Akzeptanz in der sozialwissenschaftlichen Literatur. Für die Technikakzeptanz ist vor allem das dreistufige Modell von Renn (2013) angemessen, wonach Akzeptanz in drei Stufen der Zustimmung aufteilbar ist: (i) Toleranz; (ii) positive Einstellung und (iii) aktives Engagement (oder auch Involvement genannt).

- *Toleranz*: In diesem Fall nehmen die Menschen die geplanten Anwendungen der Technik einfach hin, auch wenn sie damit nicht einverstanden sind. Diese Toleranz kann daraus entstehen, dass man das Thema als nicht signifikant genug einschätzt, um sich damit auseinanderzusetzen oder dass man glaubt/weiß, selber nicht davon betroffen zu sein. Ein weiterer Grund für Toleranz kann eine geringe Selbstwirksamkeitsüberzeugung in Bezug auf einen möglichen Protest sein: Man glaubt demnach, ohnehin nichts bewirken zu können. Trotz der eigentlich negativen Einstellung zur Maßnahme, kommt es hier also nicht zu einer aktiven Protestreaktion oder einer öffentlich wirksamen Akzeptanzverweigerung.
- *Positive Einstellung*: Eine positive Einstellung zu einer Maßnahme bedeutet, dass Menschen die Maßnahme für richtig halten und einer Implementierung zustimmen. Diese positive Einstellung kann drei Komponenten haben: Eine emotionale Komponente, d. h. gute Gefühle in Bezug auf die Maßnahme; eine kognitive Komponente, d. h. gute Gründe oder Argumente für die Richtigkeit der Maßnahme; sowie eine Verhaltenskomponente, d. h. die Absicht sich im Falle der Implementierung auch an die Maßnahme zu halten (z. B. sich eine Solaranlage auf das eigene Dach zu setzen).
- *Aktives Engagement*: Diese Form von Akzeptanz geht über die positive Einstellung hinaus. Hier beteiligen sich die Menschen aktiv an

der Ausgestaltung oder Umsetzung einer Maßnahme. Sie versuchen auch andere Menschen von der Richtigkeit der Maßnahme zu überzeugen, z. B. in dem sie Unterschriften sammeln oder im Freundes- und Bekanntenkreis viel über die Vorzüge der zu erwartenden Veränderungen sprechen (etwa bei einer Bürger-Genossenschaft für einen Windpark). Eine weitere Form der Unterstützung ist die Mitarbeit an der lokalspezifischen Ausgestaltung einer Maßnahme, z. B. bei der Planung neuer Fuß- und Radwege im Quartier. Darüber hinaus kann sich aktives Engagement auch in Form einer aktiven Beteiligung an der Umsetzung einer Maßnahme zeigen, z. B. bei sog. Citizen Science Programmen im Bereich der angewandten ökologischen Forschung.

Tatsächlich ist es zur Diskussion von Akzeptanzfragen angebracht, Technik in Kategorien wie den folgenden zu differenzieren (vgl. acatech 2011, S. 11 f., daraus im Folgenden zitiert):

- Produkt- und Alltagstechnik: Hier „gibt es in Deutschland keine Akzeptanzkrise. Es gibt kaum ein Land, das so üppig mit technischen Geräten im Haushalt ausgestattet ist wie die Bundesrepublik Deutschland".
- Technik am Arbeitsplatz: „Akzeptanz bedeutet in diesem Kontext nicht den Kauf, sondern vielmehr die aktive und dabei zwanglose Nutzung der Technik durch die Beschäftigten in einem Unternehmen."
- Externe Technik: Hier geht es um „Technik als ‚Nachbar': Darunter fallen das Chemiewerk, die Müllverbrennungsanlage, das Kernkraftwerk, die Mobilfunkantenne, der Flughafen und das Gentechniklabor." Ambivalente bis skeptische Haltungen bzw. Misstrauen entwickeln sich dabei insbesondere gegenüber „Technologien mit besonderem Gefährdungspotenzial oder einem ideellen Bezug zur Veränderung natürlicher Lebensbedingungen" (z. B. Grüne Gentechnik), wogegen anders geurteilt wird, wenn der „konkrete Mehrwert für den Einzelnen bzw. die individuelle Risiko-Nutzen-Abwägung der Bürger" greifbar ist.

Darüber hinaus variieren die Einstellungen hinsichtlich verschiedener Anwendungsfelder einzelner Technologien. Für die Beurteilung und Akzeptanz einzelner Techniken stellen sich zwei psychologische Faktoren als besonders wichtig heraus: Ein Nutzen für den Einzelnen führt zu einer positiveren Beurteilung, ebenso eine Einschätzung, dass auftretende Risiken individuell oder kollektiv gut beherrscht sind. Großtechnologien, denen einerseits ein Gefährdungspotenzial für den Einzelnen – und zwar ohne großen eigenen Handlungsspielraum – beigemessen wird und andererseits allenfalls ein abstrakter Nutzen, schneiden deshalb eher schlecht ab (siehe auch acatech 2011, S. 18). Je nach Technik und Anwendungsfeld werden bisweilen auch andere Kriterien relevant, wie z. B. Sozialverträglichkeit, Umweltverträglichkeit, ethische Unbedenklichkeit oder die politische Legitimierung im Sinne einer rechtzeitigen und direkten Bürgerbeteiligung.

Zusammenfassend lassen sich vier Bedingungen der Akzeptanz benennen, die hier zu berücksichtigen sind:

- *Orientierung und Einsicht:* Liegt eine Einsicht in die Sinnhaftigkeit des jeweiligen Technikeinsatzes vor und steht man hinter den mit diesem Einsatz angestrebten Zielen und Mitteln, dann ist eher mit Akzeptanz zu rechen.
- *Selbstwirksamkeit:* Hat man den Eindruck, dass die eigenen Handlungsmöglichkeiten durch die Technikanwendung eingeschränkt werden, ist bei den meisten Bürgerinnen und Bürgern Skepsis angesagt. Zu den Errungenschaften der pluralen Gesellschaftsformation gehört die Schaffung und der Erhalt von Freiheitsräumen, in denen man souverän agieren darf, so lange man niemand anderen an seiner oder ihrer Entfaltung störe.
- *Positive Nutzen-Risiko-Bilanz:* Akzeptanz ist umso eher zu erwarten, je mehr die geplanten Konsequenzen des geplanten Technikeinsatzes einem selbst oder den Gruppen und Individuen zugutekommen, die man besonders schätzt. Ohne Informationen über den Nutzen kann man auch schwer die Wünschbarkeit der zur Entscheidung stehenden Optionen beurteilen (acatech 2011). Zur Erfahrung eines Nutzens

für einen selbst bzw. andere, die man wertschätzt, gehört auch die Wahrnehmung eines geringen oder zumindest akzeptablen Risikos. Dabei sind die Risikoabschätzungen vieler Experten und die Risikowahrnehmungen der Laien oft wenig kongruent.

- *Identität:* Je mehr man sich mit einer Technikanwendung auch emotional identifizieren kann, desto größer ist die Akzeptanzbereitschaft. Im Rahmen von technologiepolitischen Entscheidungen, vor allem im Bereich Infrastruktur und Siedlungsplanung, sind also die Informationen von Bedeutung, die den Anwohnern helfen, den Stellenwert der Entscheidung für die weitere Entwicklung des eigenen Umfeldes zu erfassen und die Passgenauigkeit des geplanten Vorhabens in den vertrauten Lebenskontext zu beurteilen. Auf die Energiewende übertragen heißt das, dass die Maßnahmen zur Infrastruktur, etwa neue Überlandleitungen oder eine Windkraftanlagen, als Elemente des eigenen Lebensumfeldes auch emotional anerkannt werden müssen. Dies geschieht um so eher, je mehr diese Anlage von lokalen Genossenschaften, möglichst mit Eigentumsrechten der Anwohner betrieben wird.

Umfragen können messen, welche Technologie und Risiken für die Mehrheit der Bevölkerung akzeptabel sind oder wie differenziert das Meinungsbild einzelner Gruppen erscheint. Die Eurobarometer-Erhebungen zeigen seit vielen Jahren eine grundsätzlich positive und optimistische Einstellung der Europäer zu Wissenschaft und Technik. Die Deutschen sind jedoch skeptisch, wenn es darum geht, mit Technik für eine bessere Zukunft zu sorgen: Nur ein Viertel (24,6 %) ist der Ansicht, dass Technik mehr Probleme löst, als sie schafft. Und dass Technik bei zentralen Herausforderungen der Menschheit wie Hunger, Armut und Klimawandel helfen wird, erwartet nur ein Drittel (32,9 %) (acatech, Körber-Stiftung 2018, S. 15), vgl. Abb. 2.

In einer Zusammenschau der Ergebnisse der empirischen Akzeptanzforschung lässt sich feststellen (vgl. acatech 2011, S. 13 f.; acatech, Körber-Stiftung 2018, S. 81), dass es keine generelle Technikfeindlichkeit in Deutschland gibt. Akzeptanzprobleme treten allerdings im Zusammenhang mit externen Techniken auf (Energie, Mobilität, Abfall, Gentechnik). Die generelle Einstellung der Bevölkerung zur Technik ist durch Ambivalenz geprägt und dabei weitgehend auf reale oder vermutete Umweltprobleme bezogen, bei einzelnen Techniken auch auf Gesundheitsauswirkungen und den Schutz der Privatsphäre. Bei der Ambivalenz in der Bewertung der Technik handelt es sich im Übrigen um ein internationales Phänomen, das auch vermeintlich „technikfreundliche" Nationen wie USA oder Japan betrifft.

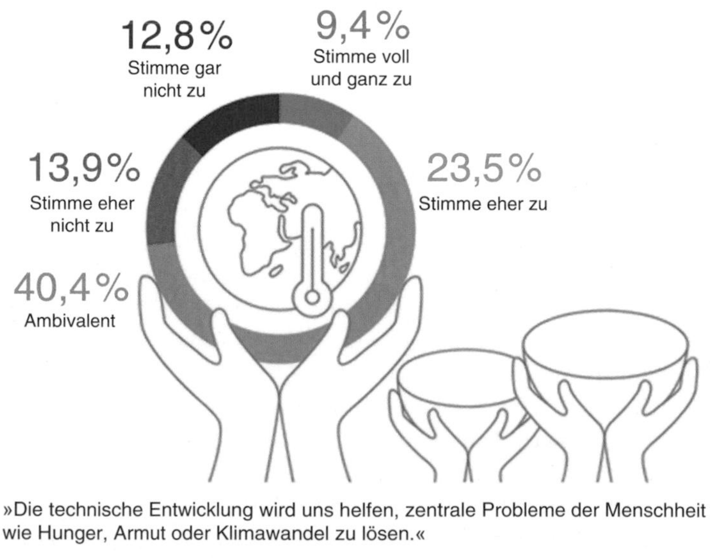

Abb. 2 Technik als Problemlöser? Die Deutschen sind skeptisch. (Quelle: TechnikRadar 2018 (acatech, Körber-Stiftung 2018))

29.5 Risikokommunikation und -bewertung

Die beiden konstitutiven Merkmale von Risiko sind die erwarteten Konsequenzen einer Handlung oder eines Ereignisses und die Unsicherheit ihres Eintreffens. Inwieweit diese Konsequenzen positiv oder negativ beurteilt werden, ist dabei eine Frage der subjektiven Bewertung. Aus diesem Grunde haben eine Reihe von Ökonomen und Soziologen vorgeschlagen, Risiken neutral als Möglichkeit von ungewissen Folgen eines Ereignisses oder einer Handlung zu definieren, ohne Bezug darauf, ob die Konsequenzen positiv oder negativ zu beurteilen sind (IRGC 2016, S. 2). Ein engerer Risikobegriff wiederum beschränkt sich auf ungewisse Konsequenzen von Ereignissen oder Handlungen, die direkt oder indirekt zu Beeinträchtigungen von Sicherheit, Lebens- und Gesundheitsrisiken sowie Beeinträchtigungen der natürlichen Umwelt beitragen. Allerdings können diese Konsequenzen wiederum Auslöser für weitere wirtschaftliche, soziale, politische und psychische Risiken werden, die die OECD als „systemische" Risiken bezeichnet (OECD 2003).

Risiko erweist sich in den verschiedenen Disziplinen als ein ausgesprochen vielfältiger Begriff. Die Berechnung von Risiken als Funktion von Eintrittswahrscheinlichkeiten bzw. relativen Häufigkeiten und dem dazu korrespondierenden Schadensumfang gehört ohne Zweifel in die Domäne der Naturwissenschaften, Medizin und angewandten Mathematik sowie deren Anwendung in Sicherheitstechnik und Versicherungswesen. Die Reaktionen der Menschen auf riskante Situationen sind wiederum zentraler Untersuchungsgegenstand der Psychologie, Anthropologie und der Sozialwissenschaften. Wie Organisationen, Steuerungssysteme und ganze Gesellschaften Risiken regeln und institutionelle Verfahren der Regulierung ausbilden, wird von den Disziplinen der Politikwissenschaft, der Rechtskunde und der Soziologie näher analysiert. Um zu entscheiden, welche Maßnahmen zur Risikoreduktion angebracht und effizient sind, geben die Wirtschaftswissenschaften normative Anleitung. Die Umsetzung der Maßnahmen in aktive Sicherheitssysteme setzt wiederum Kenntnisse der Ingenieurwissenschaften, der Ergonomie und der Organisationslehre voraus.

29.5.1 Risiken aus technisch-naturwissenschaftlicher und psychologischer Sicht

Im Folgenden werden *zum einen* die Grundlagen der naturwissenschaftlich-technischen Risikoanalyse beschrieben, *zum anderen* sozialwissenschaftliche und psychologische Ansätze zur Risikowahrnehmung (Aven und Renn 2010, S. 21 ff.) erläutert. Aus der Gegenüberstellung dieser Ansätze wird das Konfliktpotenzial deutlich, das sich ergeben kann, wenn Risiken gesamtgesellschaftlich reguliert werden sollen – und auch für die Vermittlung von basalem Wissen über Risiko weist diese Gegenüberstellung auf eine Herausforderung hin, die später noch ausführlicher behandelt wird. Die Perspektive der technischen Risikoexperten ist dabei nur eine, wenn auch gut begründete Form, wie Menschen unsichere Ereignisse und Folgen von Ereignissen antizipieren und bewerten.

Ein prominenter Ansatz zur Analyse der Mechanismen der Risikowahrnehmung ist das *psychometrische Paradigma.* Kennzeichnend für diesen Ansatz ist die Verbindung von technisch-physischen Aspekten von Risiko mit sozial-psychologischen Aspekten. Besonders wichtig für die Beurteilung von Risiken sind Eigenschaften von Risiken wie Natürlichkeit, maximales Katastrophenpotenzial oder Plausibilität der Eintrittswahrscheinlichkeit eines Schadens. Dazu kommen Merkmale der riskanten Situation wie Freiwilligkeit, persönliche Kontrolle über das Ausmaß der Risiken oder Gewöhnung an Risiken. Diese Aspekte werden alle unter dem Begriff der qualitativen Risikomerkmale zusammengefasst (Renn 2008, S. 109). Sie haben oft größeren Einfluss auf die wahrgenommene Höhe des Risikos als das Produkt von Eintrittswahrscheinlichkeit und Schadensausmaß. Damit erklärt sich auch ein Großteil der Diskrepanz zwischen der Experteneinschätzung eines Risikos und der Bewertung durch Laien.

29.5.2 Grundlagen der Risikobewertung

Risikobewertung ist in der Moderne weniger ein Produkt von individueller Erfahrung und persönlicher Evidenz, sondern ein Resultat von *sozialer Kommunikation.* Beispielsweise können Lebensmittelzusätze in unserer Nahrung nicht mit den natürlichen Sinnen erfasst und erfahren werden, sondern die Existenz von Zusätzen in unserer Nahrung muss durch Kommunikation vermittelt werden. Dabei spielen die Medien als Informationstransmitter eine prominente Rolle. Gleichzeitig werden aber in heutigen Gesellschaften sehr viel mehr Informationen bereitgestellt und übermittelt, als vom Einzelnen verarbeitet werden können. Die Herausforderung besteht heute also weniger in der Aufnahme, als in der Selektion von Informationen. Dabei kommen uns einige kognitionspsychologische Prozesse zur Hilfe (siehe Kasten).

Eigenschaften von Risiken

So werden von Akteuren oft *semantische Bilder* verwendet, um Risiken zu klassifizieren. Diese Bilder reduzieren die Komplexität des Gegenstandes zu Gunsten einer Einschätzung des Risikos aufgrund einiger herausgehobener Eigenschaften (Renn 2008, S. 110 ff.). Folgende semantische Muster sind für die Risikowahrnehmung und -bewertung von besonderer Bedeutung:

- *Risiko als Bedrohung:* Die Vorstellung, das Ereignis könne zu jedem beliebigen Zeitpunkt die entsprechende Bevölkerung treffen, erzeugt das Gefühl von Bedrohung und Machtlosigkeit. Das Ausmaß des wahrgenommenen Risikos ist hier eine Funktion von drei Faktoren: *Der Zufälligkeit des Ereignisses, des erwarteten maximalen Schadensausmaßes und der Zeitspanne zur Schadensabwehr. Ein prominentes Beispiel ist hier die Kernenergie, auf die diese drei Merkmale in besonderem Maße im Falle eines schweren Unfalls zutreffen.*
- *Risiko als Schicksalsschlag:* Natürliche Katastrophen werden meist als unabwendbare Ereignisse angesehen, die zwar verheerende Auswirkungen nach sich ziehen, die aber als „Launen der Natur" oder als „Ratschluss Gottes" (in vielen Fällen auch als mythologische Strafe Gottes für kollektiv sündiges Verhalten) angesehen werden und damit dem menschlichen Zugriff entzogen sind.
- *Risiko als Herausforderung der eigenen Kräfte:* In diesem Risikoverständnis gehen Menschen Risiken ein, um ihre eigenen Kräfte herauszufordern und den Triumph eines gewonnenen Kampfes gegen Naturkräfte oder andere Risikofaktoren auszukosten. Sich über Natur oder Mitkonkurrenten hinwegzusetzen und durch eigenes Verhalten selbst geschaffene Gefahrenlagen zu meistern, ist der wesentliche Ansporn zum Mitmachen.
- *Risiko als Glücksspiel:* Wird das Zufallsprinzip als Bestandteil des Risikos anerkannt, dann ist die Wahrnehmung von stochastischer Verteilung von Auszahlungen dem technisch-wissenschaftlichen Risikokonzept am nächsten. Nur wird dieses Konzept bei der Wahrnehmung und Bewertung technischer Risiken so gut wie nie angewandt.
- *Risiko als Frühindikator für Gefahren:* Nach diesem Risikoverständnis helfen wissenschaftliche Studien, schleichende Gefahren frühzeitig zu entdecken und Kausalbeziehungen zwischen Aktivitäten bzw. Ereignissen und deren latenten Wirkungen aufzudecken. Beispiele für diese Verwendung des Risikobegriffs findet man bei der kognitiven Bewältigung von geringen Strahlendosen, Lebensmittelzusätzen, chemischen Pflanzenschutzmitteln oder genetischen Manipulationen von Pflanzen und Tieren.

Im folgenden Abschnitt wird dargelegt, wie unterschiedliche Wahrnehmungsprozesse die Kommunikation beeinflussen bzw. beeinflussen sollten. Es gibt beim Umgang mit vielfältigen Risiken in einer pluralistischen Gesellschaft mit unterschiedlichen Wahrnehmungen nicht den einen Königsweg der Kommunikation – dies ist auch der Grund, warum die meisten PR-Konzepte in diesen Situationen scheitern. Kommunikation muss geplant und vorbereitet sein, um dann im Krisenfall gezielt eingesetzt zu werden, um gezielt alle Adressaten für eine bestimmte Krise zu erreichen. Auch hier zeigen sich die Anforderungen an die bestehenden Bildungsangebote augenscheinlich: Es kann nicht das Ziel sein, alle Risikomanager zu Kommunikationsexperten auszubilden. Vielmehr sollte es das Ziel sein, alle Risikomanager dafür zu sensibilisieren, dass Kommunikation von dafür ausgebildeten Kommunikationsexperten geleistet werden muss.

29.5.3 Funktionen und Formen der Risikokommunikation

Risikokommunikation kann definiert werden als Austausch von Informationen und Meinungen zwischen Individuen, Gruppen und Institutionen. Die Kommunikation betrifft Informationen zu den Risiken selbst, aber auch zu Meinungen, Bedenken oder Reaktionen mit Bezug auf Risiken, zu rechtlichen Aspekten und institutionellen Arrangements. Wenn man nun davon ausgeht, dass Risikokommunikation den Zweck hat, Informationen zu übermitteln, dann muss man sich genauer ansehen, welche Intentionen und Ziele mit einer solchen Risikokommunikation verbunden sind. Es können, basierend auf den jeweiligen Zielen einer kommunizierenden Institution, insbesondere vier unterschiedliche Ziele gefunden werden (Renn 2008):

1. *Aufklärung*: Ziel hierbei ist es, dass die Empfänger der Botschaft den Inhalt der Botschaft verstehen und somit ihr Wissen über ein bestimmtes Risiko erweitern;
2. *Vertrauensbildung*: Ziel hierbei ist es, das Vertrauen des Empfängers in den Sender (und somit meist in das Risikomanagement) zu schaffen bzw. zu erhöhen (siehe hierzu auch den nächsten Abschnitt);
3. *Verhaltensänderung*: Ziel hierbei ist es, die Rezipienten von Verhaltensänderungen zu überzeugen bzw. diese zu initiieren. Zum Beispiel: Absage an gesundheitsschädliches Verhalten (z. B. Rauchen), Aufforderung, in einem bestimmten Fall ein Gebiet zu verlassen.
4. *Konfliktlösung*: Ziel hierbei ist es, die kommunikativen Bedingungen für den Einbezug von relevanten Stakeholdern sowie unter bestimmten Umständen auch der Öffentlichkeit zu schaffen. Konfliktlösung bezieht sich dabei einerseits auf bereits aufgetretene Konflikte, die es zu lösen gilt. Andererseits geht es aber auch darum, zukünftige mögliche Konflikte bereits zu bearbeiten. Dieser Gedanke wird im Konzept der Resilienz später wieder aufgenommen.

Innerhalb dieser Zielkategorien von Risikokommunikation können verschiedene Formen der Risikokommunikation eingesetzt werden. Diese unterscheiden sich in der Tiefe und der Reziprozität der Kommunikation (Renn 2008):

- Dokumentationen: Die Dokumentation dient in erster Linie der Herstellung von Transparenz, d. h. es geht vor allem darum zu zeigen, dass der Öffentlichkeit keine Informationen vorenthalten werden. Inwiefern die veröffentlichten Informationen von der gesamten Öffentlichkeit direkt verstanden werden, ist dabei nur die zweite Priorität.
- Information: Im Gegensatz zur Dokumentation geht es bei der Information nicht nur darum, relevante Informationen bereitzustellen, sondern auch darum, dass die Öffentlichkeit in die Lage versetzt wird, diese Informationen verstehen zu können.
- Dialog: Ein Dialog bezieht sich immer auf einen gegenseitigen Austausch, also eine zwei-Wege-Kommunikation bzw. ein zwei-Wege-Lernen. Der Dialog wird durch den Austausch von Argumenten, Erfahrungen, Impressionen oder auch Urteilen gekennzeichnet.
- Partizipation/gemeinsame Entscheidungsfindung: Vermehrt möchte die Öffentlichkeit in

pluralistischen Gesellschaften in die konkrete Entscheidungsfindung und -gestaltung einbezogen werden, zumindest wenn die Entscheidung sie persönlich betrifft. Eine persönliche Betroffenheit kann dabei sein, dass negative Folgen einer Entscheidung auf einzelnen Akteuren lasten, z. B. eine erhöhte Umweltbelastung in einer bestimmten Region durch eine Entscheidung zur Industrieansiedlung. Genauso kommt es jedoch vor, dass die persönliche Betroffenheit durch die Verletzung von bestimmten Werten oder Wertvorstellungen empfunden wird, auch ohne dass ein materieller Schaden für den Einzelnen eintritt. Durch die Einbeziehung der objektiv oder subjektiv Betroffenen können mögliche Konflikte frühzeitig behandelt und gelöst werden. Zudem kann die Entscheidungsumsetzung durch den Einbezug von Alltags- und Erfahrungswissen verbessert werden.

Um die unterschiedlichen Bedürfnisse der vielfältigen gesellschaftlichen Akteure mit einer effektiven Risikokommunikation zu begleiten, müssen alle vier Kommunikationsarten parallel zueinander verfolgt werden. Dabei können die Kommunikationsarten auch den Kommunikationszwecken zugeordnet werden: Information und Dialog eignen sich gut für das Ziel der Aufklärung, zur Vertrauensbildung eigenen sich die Dokumentation und der Dialog sowie, sofern Konflikte virulent sind, die Partizipation, für die Risikoreduzierung wiederum eignen sich Dialog und Information, und die Partizipation für die Konfliktlösung.

29.5.4 Bildung von Vertrauen

Vertrauen ist im Zusammenhang mit der Risikokommunikation eine entscheidende Variable. Insbesondere, da die meisten Risiken heute nicht mit den eigenen Sinnen wahrgenommen werden können, müssen die Rezipienten denjenigen, die über diese Risiken kommunizieren, vertrauen. Auch die Kontrolle über Risiken muss in den meisten Fällen abgegeben werden an Dritte, und auch hier spielt Vertrauen in deren Funktionserfüllung eine tragende Rolle. Anstelle der eigenen direkten Erfahrung mit einem Risiko tritt die Kommunikation mit Risikoexpertinnen und -experten, die quasi zu Sensoren für Gefährdungen werden. Wenn sie diese Rolle als Frühwarnsystem einnehmen, müssen sie vertrauenswürdig sein. Vertrauen und die Glaubwürdigkeit von Risikokommunikation bzw. ihrer Akteure spielt also eine herausragende Rolle. Das Vertrauen in die Akteure des Risikomanagements kann in vielen Fällen sogar eine negative Risikowahrnehmung ausgleichen. Dies bedeutet aber auch im Umkehrschluss, dass Misstrauen in die Akteure erhebliche negative Folgen für den individuellen Umgang bzw. für die individuellen Verhaltensintentionen haben kann. Institutionelles Vertrauen ist dabei ein generalisiertes Urteil, ob die wahrgenommene Leistung (Performanz) einer Institution den subjektiven bzw. gesellschaftlichen Erwartungen von unterschiedlichen Akteuren entspricht; dazu gehören die wahrgenommene Kompetenz, die Art der Kommunikation mit Stakeholdern, den Medien, der Öffentlichkeit und Experten (vgl. Renn 2008, S. 223).

Die Dimensionen von Vertrauen wurden in einer Vielzahl von Studien empirisch und theoretisch analysiert. In einer systematischen Zusammenstellung der in der Literatur vorgeschlagenen Dimensionen haben Renn und Levine (1991) sechs Dimensionen extrahiert, Renn hat dem noch eine siebte Dimension hinzugefügt (Renn 2008), vgl. Tab. 1.

Obgleich Vertrauen auf allen sieben Komponenten beruht, kann ein Mangel in einer Dimension in bestimmten Fällen durch eine andere Dimension ausgeglichen werden. Ein Mangel an wahrgenommener Kompetenz kann z. B. durch die Anerkenntnis des guten Willens kompensiert werden. Konsistenz ist nicht notwendigerweise eine Komponente von Vertrauen die immer vorhanden sein muss, jedoch ist eine wiederholte mangelnde Konsistenz in der Kommunikation dem Vertrauen abträglich. Wenn eine Organisation eine hohe wahrgenommene Kompetenz innehat, ist Empathie für das Vertrauen weniger wichtig; wenn die Kompetenz jedoch als nur gering eingeschätzt wird, kann die wahrgenommen Empathie den entscheidenden Unterschied für das Vertrauen ausmachen.

Wenn sich die Botschaftsempfänger mit dem Kommunikator identifizieren können sowie seine

Tab. 1 Komponenten des Vertrauens (Renn 2008)

Komponente	Beschreibung
Wahrgenommene Kompetenz	Ausmaß der technischen Expertise im Bezug zum institutionellen Mandat
Objektivität	Keine wahrgenommenen einseitigen Informationen oder einseitige Performanz
Fairness	Anerkennung und angemessene Repräsentation aller relevanten Standpunkte
Konsistenz	Vorhersagbarkeit der Argumente sowie des Verhaltens basierend auf Erfahrungen in der Vergangenheit bzw. voriger Kommunikation
Aufrichtigkeit	Ehrlichkeit und Offenheit, Transparenz
Empathie	Verständnis und Solidarität mit potenziell vom Risiko Betroffenen
Integrität	Wahrnehmung des „guten Willens" hinsichtlich der Performanz und der Kommunikation

Erfahrungen oder Überzeugungen teilen, desto stärker kann auch Vertrauen in ihn entwickelt werden. Dabei ist es wichtig, dass der Kommunikator nicht die Rolle eines anonymen Sprechers annimmt, sondern dass er – besonders im Krisenfall – Mitgefühl und Empathie ausdrücken kann. Bevor die Rezipienten in einer Krisensituation wissen wollen, was der Sprecher über die Krise weiß, wollen sie wissen, ob er ihre Angst versteht. Ein distanzierter Sprecher kann inhaltlich korrekte und hilfreiche Informationen geben, allerdings wird das Vertrauen in diese Informationen gering sein. Dieser Zusammenhang zwischen gezeigter Empathie und Vertrauen in die Informationen ist insbesondere dann wichtig, wenn die Rezipienten dazu motiviert werden sollen, eine bestimmte Handlung zu tun oder zu unterlassen (z. B. eine bestimmte Gegend im Katastrophenfall zu verlassen).

29.5.5 Risiko in gesellschaftlicher Perspektive: Integrative Risikogovernance

Risiken stellen Gesellschaften vor Konfliktsituationen. Meistens geht es dabei um drei Konflikttypen:

- Epistemischer Konflikt: Wie hoch ist das Risiko und welche Maßnahmen wären erfolgversprechend, um dieses Risiko zu verringern?
- Distributiver Konflikt: Welche Verteilungswirkungen gehen von dem Risiko aus? Wer hat den Nutzen und wer trägt die Risiken? Sind Dritte betroffen? Können diejenigen, die den Nutzen haben, diejenigen, die das Risiko tragen, angemessen kompensieren? Lässt sich das Risiko versichern?
- Normativer Konflikt: Ist das Risiko gesellschaftlich akzeptabel? Wie sicher ist sicher genug? Wer darf das bestimmen? Wie können wir hier zu einer kollektiv verbindlichen Entscheidung kommen?

In pluralistischen Gesellschaften gibt es auf diese Fragen nicht eine, sondern viele Antworten, und alle Antworten beanspruchen für sich, Richtschnur für alle zu sein. So kommt es zu Konflikten, die sich in der Regel nicht von alleine auflösen, sondern eine explizite Behandlung erfordern.

Um diese Herausforderungen in ihrer Komplexität und Vielschichtigkeit zu bewältigen, braucht es einen umfassenden Ansatz. Dieser muss einen Spagat leisten: Einerseits müssen alle notwendigen Wissensgrundlagen und gesellschaftlichen Erfordernisse einbezogen werden, andererseits muss ein solcher Ansatz gleichzeitig praktikabel, politisch umsetzbar und sozial akzeptabel sein.

Der International Risk Governance Council (IRGC) hat 2005 ein Modell entwickelt, das einen integrativen Ansatz bei der Regulierung von Risiken aufzeigen will (IRGC 2005). Der IRGC-Ansatz beschreitet einen strukturierten Weg, wie die generischen Elemente Risikoabschätzung (risk assessment), Risikomanagement und Risikokommunikation mit der gleichen Bedeutung behandelt werden können, wie die Analyse gesellschaftlicher Bedenken und die Laienrisikowahrnehmung. Die Integration des gesellschaftlichen Kontextes betrifft aber nicht nur unterschiedliche Risikowahrnehmungen in unterschiedlichen Gruppen. Zusätzlich muss der gesamtgesellschaftliche, politische und regulatorische Rahmen in einen integrativen Prozess der Risiko Governance einbezogen werden. Diese Integration von technischen und gesellschaftlichen Perspektiven auf das Risiko hat das

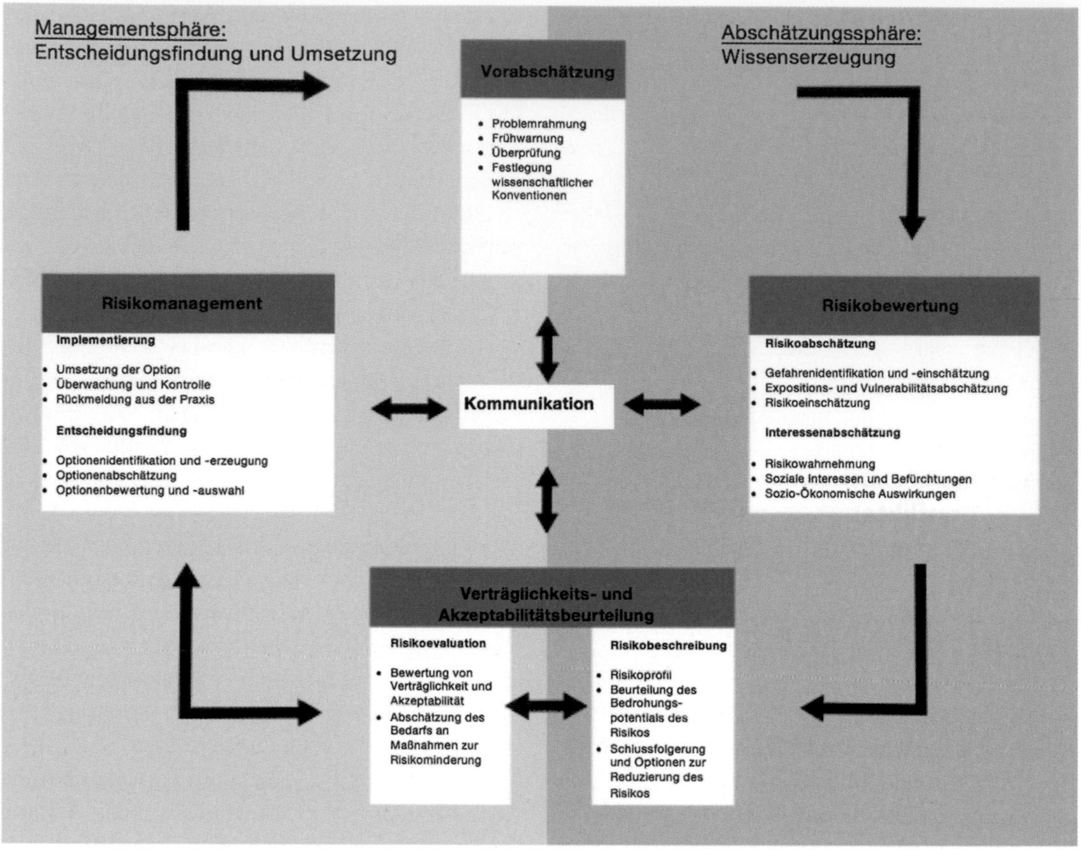

Abb. 3 Vier Phasen der Risk Governance -und die Kommunikation mit allen Stakeholdern als zentrale Querdimension (nach IRGC 2005)

Potenzial, gesellschaftliche Konflikte durch Transparenz und Offenheit sowie durch eine partizipative Teilhabe der Betroffenen zu bewältigen, vgl. Abb. 3.

Das Wissen über ein Risiko systematisch zu kategorisieren, ist ein zentraler Baustein des IRGC-Ansatzes (Renn et al. 2011). Sofern die kausalen Zusammenhänge zwischen Ursache und Wirkung eines Risikos eindeutig und unbestritten sind, spricht man von einem simplen Risiko. Ein Beispiel hierfür ist der Zusammenhang zwischen Zigarettenkonsum und einer erhöhten Krebsgefahr. Oftmals hat man es bei der Risikoabschätzung jedoch auch mit einer sehr komplexen Ursache-Wirkungskette zu tun. Der Zusammenbruch der Finanzmärkte beispielsweise zeigt sich als komplexes Zusammenspiel verschiedener materieller und psychologischer Faktoren. Diese sind aufgrund von intervenierenden Variablen schwer zu modellieren. In der Klassifikation des IRGC werden diese Risiken als ‚komplexe Risiken' gekennzeichnet (IRGC 2005). In anderen Fällen, beispielsweise bei den Auswirkungen der Nanotechnologie, zeigt sich zusätzlich das Problem, dass man manche Auswirkungen (noch) nicht kennt, sondern nur ahnen kann – man weiß nicht, was man nicht weiß. Nichtwissen bezieht sich jedoch auch auf die Möglichkeit von zufälligen Ereignissen oder Messfehlern im Zusammenhang mit einem bestimmten Risiko. Diese Risiken sind nach der IRGC-Klassifikation somit als unsichere Risiken zu bezeichnen (IRGC 2005). Als dritte Kategorie werden Risiken angesprochen, die durch Ambiguität gekennzeichnet sind. Hier treten die im vorigen Kapitel angesprochenen Differenzen zwischen unterschiedlichen Wertsystemen und Überzeugungen zu Tage. Ob man beispielsweise therapeutisches Klonen akzeptabel findet, ist weniger von den vermuteten Nebenwirkungen abhängig als von der grundlegenden Wertentscheidung, ob Embryonen ein eigenes Existenzrecht unabhängig von ihrem instrumentellen Nutzen zugesprochen wird. Unabhängig vom tatsächlichen Risiko kann beispielsweise eine Technologie abgelehnt werden, wenn sie nicht mit ethischen oder weltanschaulichen Überzeugungen übereinstimmt.

29.5.6 Risikopartizipation: Drei Konfliktebenen bei systemischen Risiken

Obwohl die Debatte über systemische Risiken im Einzelnen eine Vielzahl von konkreten Risiken umfasst, stößt man in der Debatte um diese Risiken immer wieder auf drei besondere Eigenschaften. Sie sind erstens hochkomplex hinsichtlich der ihnen zu Grunde liegenden wissenschaftlichen Zusammenhänge. Zweitens ist die Datenbasis, die zur Erstellung einer kausalanalytischen Ursache-Wirkungskette führen könnte, unsicher oder es besteht Ungewissheit über Interdependenzeffekte. Drittens berühren systemische Risiken nicht nur naturwissenschaftliche Problemfelder, sondern werfen auch moralisch-ethische Fragestellungen auf. Sie führen also zu interpretativer und normativer Ambiguität.

Die Kombination und Vernetzung von Komplexität, Unsicherheit und Ambiguität – typische Merkmale von systemischen Risiken – erschweren ein effektives und faires Risikomanagement im Rahmen privatwirtschaftlicher Planung und staatlicher Regulierung durch demokratisch legitimierte Behörden. Zudem lässt sich Ambiguität nicht durch Sachwissen auflösen. Erstens erfährt ein wissenschaftlicher Sachverhalt erst durch seine gesellschaftliche Bedeutung die Aufwertung zum bearbeitungswürdigen „Problem". Selbst ein strittiger Sachverhalt erhält somit nur qua normativer Evaluation seinen (politischen) Stellenwert. Zweitens müssen abstrakte wissenschaftliche Systematisierungen hinsichtlich ihrer konkreten Anwendbarkeit – vor Ort – spezifiziert werden. Drittens geraten selbst Experten bei hochkomplexen Problemstellungen an die Grenzen ihrer Disziplin und es verbleiben große Unsicherheitsspielräume, die nur wertend beurteilt werden können.

Es ist wichtig, dass Risikomanager und regulierende Behörden am Anfang des Risikokommunikationsprogramms eine Einschätzung über die zu erwartende Intensität nach den drei Kategorien Komplexität, Unsicherheit und Ambiguität vornehmen und dementsprechend die eigene Ressourcenplanung konzipierten. Gleichermaßen gilt diese Reihenfolge auch als Anzeiger für die zu erwartende Dauer des öffentlichen Dialogs, denn Risiken mit einem hohen Unsicherheitsfaktor und großen Potenzial an Kontroversen können nur dann zufriedenstellend bearbeitet werden, wenn die verantwortlichen Risikomanager und Regulatoren entschlossen sind, die Debatte so lange weiterzuführen, wie es den Bedürfnissen der Öffentlichkeit entspricht. Für die parallele Bewältigung aller drei Problemfelder ist in jedem Falle eine diskursgestützte Kooperation zwischen Experten, Interessengruppen und betroffenen Bürgerinnen und Bürgern unabdingbar.

29.6 Fazit

Technische Innovationen und neue Technikanwendungen können nur dann auf gesellschaftliche Akzeptanz stoßen, wenn gesellschaftliche Strukturen, Entscheidungsprozesse und Entwicklungen von Anfang an mitgedacht werden. Um diese gesellschaftlichen Wandlungsprozesse ausreichend zu berücksichtigen, bedarf es der frühzeitigen Kommunikation mit möglichen betroffenen Individuen und Gruppen und bei kontroversen Techniken mit systemischen Risiko- und Nutzenprofil der aktiven Einbindung der Bevölkerung bei der Diffusion der entsprechenden Techniken. Denn nur wenn Bürgerinnen und Bürger von Beginn an in Entscheidungsfindung und Planung einbezogen werden, kann es gelingen, den technischen Wandel als gesamtgesellschaftliche Aufgabe wahrzunehmen und erfolgreich umzusetzen.

Das gilt vor allem für noch unbekannte Technikfelder, die in der Bevölkerung noch wenig Resonanz besitzen – etwa die Nanotechnologie, die Synthetische Biologie oder auch die Künstliche Intelligenz. Dort ist die Nutzenerfahrung noch wenig ausgeprägt, während man sich die möglichen Risiken plastisch ausmalen kann. Dazu kommen noch Verteilungskonflikte. Wenn die überwiegende Mehrheit den Eindruck erhält, die neue Technologie begünstige nur einen Teil der Gesellschaft (etwa die Wohlhabenden oder die digital Gebildeten), während andere das Risiko zu tragen hätten, ist mit besonders hoher Skepsis zu rechnen. Wenn dazu noch das Gefühl kommt, dass mit der neuen Technologie die eigene Souveränität eingeengt würde oder man ihr emotional als Fremdkörper gegenübersteht, ist die Ablehnung fast schon vorprogrammiert. Um so wichtiger ist es deshalb, gleich von Anbeginn der Einführung Neuer Technologien ein intensives Kommunikations- und Beteiligungsprogramm mir den Betroffenen ins Leben zu rufen.

Von entscheidender Bedeutung ist dabei, die Akzeptanzkriterien der positiven Nutzen-Risiko-Bilanz einschließlich der mit der jeweiligen Technologie assoziierten Auswirkungen auf eine faire Verteilung von Belastungen und Nutzengewinnen, der Einsicht in die Sinnhaftigkeit der jeweiligen Technologie, den Zugewinn an Selbstwirksamkeit und der emotionalen Identifikationsmöglichkeit proaktiv zu beachten und sowohl in die Ausgestaltung der Technikdesigns wie auch in die Kommunikation über diese Maßnahmen zu beherzigen. Nur eine bewusste Hinwendung zu den Akzeptanzkriterien kann den technischen Wandel im Rahmen einer nachhaltigen und sozialverträglichen Entwicklung sicherstellen.

ANHANG

A. Verständlichkeit

Ob Gebrauchsanweisung, Wissenschafts-Blog oder politische Stellungnahme: Kommunikation muss zuallererst verständlich sein. Auch für Dialog und Partizipation ist Informationsvermittlung eine Voraussetzung. Insofern stellt sich in der Wissenschafts- und Technikkommunikation stets die Frage danach, was Verständlichkeit ist und wie diese erreicht werden kann.

A.1 Textverständlichkeit

Um Textmerkmale zu identifizieren, die eine Einschätzung der Verständlichkeit erlauben, ist das sogenannte Hamburger Verständlichkeitskonzept hilfreich. Schwer verständliche Texte sind nämlich häufig nicht das primäre Problem des Empfängers, sondern des Absenders (Schulz von Thun 1981):

> Sei es nun „Amtsdeutsch" oder „Soziologen-Chinesisch": Nie weiß man so ganz genau, ob die mangelnde Allgemeinverständlichkeit „in der Natur der Sache" begründet liegt, ob eine unterentwickelte Kommunikationsfähigkeit der Autoren vorliegt oder ob ein Stück Imponiergehabe der Fachleute eine Rolle spielt, das auf die Ehrfurcht des unkundigen Empfängers abzielt. [. . .] Jedenfalls sind weite Kreise der Bevölkerung [. . .] ständig Misserfolgserlebnissen ausgesetzt: Sie verstehen wenig, werden mutlos und lassen schließlich „die Finger davon", d. h., sie geben den Wunsch, sich zu informieren, allmählich auf. Diese Entscheidung passt nicht in die Demokratie. Mündig ist nur, wer sich informieren kann. Hinzu kommt, dass die Empfänger meist sich selbst für dumm halten, sodass schwer verständliche Information nicht nur nicht informiert, sondern darüber hinaus das Selbstwertgefühl des Empfängers beschädigt.

Beide müssen lernen: „Der Empfänger muss vor allem lernen, die Ehrfurcht zu verweigern, und selbstbewusst auf seinem Recht auf verständliche Information bestehen" (Schulz von Thun 1981, S. 140). Für den Absender gilt es vier Hauptmerkmale der Verständlichkeit zu beherzigen (siehe Kasten). Diese Merkmale machen Verständlichkeit messbar und zugleich erlernbar.

Vier Hauptmerkmale der Verständlichkeit (nach Schulz von Thun 1981, S. 142–146)

- Einfachheit: Kurze Sätze (9 bis 13 Wörter), kurze Wörter (dreisilbig), vertraute Wörter (keine Fremdwörter oder Fach-

(Fortsetzung)

begriffe), einfacher Satzbau, konkrete Beispiele

- Gliederung und Ordnung: Nur ein Gedanke pro Satz, das Wesentliche zu Beginn des Textes und zu Beginn eines Satzes, Sinnzusammenhänge durch Absätze anzeigen, Wesentliches von Unwesentlichem trennen
- Kürze und Prägnanz: Verben (statt Substantivierungen), keine unnötigen Abschweifungen
- Zusätzliche Anregung: Eine bildhafte Sprache, erklärende Bilder und Grafiken

An dieser Stelle kann auf zahlreiche Anleitungen zum Schreiben verwiesen werden (z. B. Schneider 2001), auf Leitfäden und Handbücher für Wissenschaftler (z. B. Könneker 2012), in denen wiederum auf verschiedene journalistische Formen (z. B. Nachricht, Interview, Kommentar), Medien (z. B. Zeitung, Radio, Fernsehen, Internet), Textelemente (Überschrift, Vorspann, Bildunterschrift etc.) und nonverbale Kommunikationsmerkmale (z. B. Körpersprache) hingewiesen wird.

Einige Aspekte der Verständlichkeit kann man mit Formeln erfassen, von denen zwei genannt seien: „Keep it simple and short (KISS)" und: „Menschen bilden bedeutet nicht, ein *Gefäß zu füllen*, sondern ein Feuer zu entfachen." (Aristophanes).

A.2 Verständlichkeit und Zielgruppenorientierung

Wenn Kinder in der Schule Antworten auf Fragen erhalten, die sie nie gestellt haben, wenn Texte im Museum die Besucher mit Details überschütten, wenn Wissenschaftler bei ihren Vorträgen über die Köpfe der Zuhörer hinweg dozieren, dann passt das Informationsangebot nicht zur Nachfrage. Statt nur die eigenen Forschungsergebnisse anzupreisen oder „was man wissen sollte" unter die Leute bringen zu wollen, ist es Erfolg versprechender, die Leute dort abzuholen, wo sie sind. Und dabei ist zu berücksichtigen, wofür sie sich interessieren: Geht es um Interesse an Wissen um seiner selbst willen oder eher um pragmatische Fragen danach, was es ist, wozu es gut ist, ob es in sicheren Händen ist, ob wir damit leben wollen. Der Schritt von einer Angebots- zu einer Nachfrageorientierung kann sich etwa ausdrücken im Abrücken von der Fachsystematik zu Gunsten alltagsorientierter Fragestellungen. Statt Nanotechnologie, Bauphysik oder Antriebstechnologien können dann gesundes Leben, Nachhaltigkeit und Luftreinhaltung die Themen sein.

Verständlichkeit beginnt mit der Klarheit über die Zielgruppe. Zielgruppe ist dann nicht mehr nur „der interessierte Laie" (der wie „die (breite) Öffentlichkeit" stets nur eine bequeme Fiktion war). Vielmehr sind Einzelgruppen mit jeweils verschiedenen Interessen und Vorkenntnissen möglichst spezifisch anzusprechen. Persönlichkeitseigenschaften (z. B. „Gewissenhaftigkeit", „Offenheit für Erfahrungen") können eine treffendere Beschreibung von Menschen sein, ebenso die Art und Weise, wie sie Informationen verarbeiten und bewerten.

Literatur

acatech (Hrsg) (2011) Akzeptanz von Technik und Infrastrukturen. acatech POSITION Nr. 9. Springer, Heidelberg

acatech, Körber-Stiftung (Hrsg) (2018) TechnikRadar 2018. Was die Deutschen über Technik denken. München/Hamburg

Aven T, Renn O (2010) Risk management and governance. Concepts, guidelines and applications. Springer, Heidelberg

Bromme R, Kienhues D (2014) Wissenschaftsverständnis und Wissenschaftskommunikation. In: Seidel T, Krapp A (Hrsg) Pädagogische Psychologie, 6. Aufl. Beltz, Weinheim, S 55–81

Collingridge D (1982) The social control of technology. Pinter, London

EC – European Commission (Hrsg) (2013) Responsible Research and Innovation (RRI), Science and Technology. Special Eurobarometer 401

Felt U (2000) Why should the public „understand" science? In: Dierkes M, von Grote C (Hrsg) Between understanding and trust. The public, science and technology. Harwoord Academic Publishers, Amsterdam, S 7–38

Gaskell G et al (2010) Europeans and biotechnology in 2010: winds of change? A report to the European Commission's Directorate-General for Research on

the Eurobarometer 73.1 on Biotechnology. Europäische Kommission, Brüssel
Grunwald A (2010) Technikfolgenabschätzung – Eine Einführung. Springer, Berlin
Grunwald A (2012) Technikzukünfte als Medium von Zukunftsdebatten, Karlsruher Studien Technik und Gesellschaft 6. Springer, Berlin
IRGC, International Risk Governance Council (2005) White paper on risk governance. Towards an integrative approach. Author: O. Renn with Annexes by P. Graham. International Risk Governance Council, Geneva
IRGC, International Risk Governance Council (2016) The IRGC Risk Governance framework in revision. IRGC, Lausanne
Joss S (2003) Zwischen Politikberatung und Öffentlichkeitsdiskurs – Erfahrungen mit Bürgerkonferenzen in Europa. In: Schicktanz S, Naumann J (Hrsg) Bürgerkonferenz Streitfall Gendiagnostik. Ein Modellprojekt der Bürgerbeteiligung am bioethischen Diskurs. Opladen, S. 15–35
Kahan D et al (2011) Cultural cognition of scientific consensus. J Risk Res 14:147–174
Könneker C (2012) Wissenschaft kommunizieren. Wiley-VCH, Weinheim
Kronberger N, Holtz P, Wagner W (2012) Consequences of media information uptake and deliberation: focus groups' symbolic coping with synthetic biology. Public Understanding of Science 21(2):174–187
Nowotny H, Scott P, Gibbons M (2001) Rethinking science. Knowledge in an age of uncertainty. Polity, Cambridge
OECD (2003) Emerging systemic risks. Final report to the OECD futures project. OECD Press, Paris
Renn O (2008) Risk Governance: coping with Uncertainty in a complex world. Earthscan, London
Renn O (2013) Bürgerbeteiligung bei öffentlichen Vorhaben. Aktueller Forschungsstand und Folgerungen für die praktische Umsetzung. UVP-Report 27 (1,2):38–44
Renn O, Levine D (1991) Trust and credibility in risk communication. In: Kasperson, Roger E, Stallen Pieter J (eds) Communicating Risk to the Public, pp. 51–81. Dodrecht: Kluwer
Renn O et al (2011) Coping with complexity, uncertainty and ambiguity in risk governance: a synthesis. AMBIO 40(2):231–246
Royal Society (1985) The public understanding of science. Report of a royal society ad hoc group. Royal Society, London
Schneider W (2001) Deutsch für Profis: Wege zu gutem Stil. Goldmann, München
Schulz von Thun F (1981) Miteinander reden 1: Störungen und Klärungen. Rowohlt, Reinbek
Weitze MD, Heckl WM (2016) Wissenschaftskommunikation: Schlüsselideen, Akteure, Fallbeispiele. Springer Spektrum, Berlin/Heidelberg
Wissenschaft im Dialog (Hrsg) (2011) Abschlussbericht Forschungsprojekt „Wissenschaft debattieren!“. Berlin
Wissenschaft im Dialog (Hrsg) (2018) Wissenschaftsbarometer 2018. Berlin. https://www.wissenschaft-im-dialog.de/projekte/wissenschaftsbarometer/wissenschaftsbarometer-2018/

Stichwortverzeichnis

M. Hennecke, B. Skrotzki (Hrsg.), *HÜTTE Band 1: Mathematisch-naturwissenschaftliche und allgemeine Grundlagen für Ingenieure*, Springer Reference Technik,
https://doi.org/10.1007/978-3-662-64369-3

B

C

F

Q

T

U

Printed by Wilco bv, the Netherlands